Guido Hofenbitzer

Grundschnitte und Modellentwicklungen

Schnittkonstruktion für Damenmode

Band 1

3. Auflage

VERLAG EUROPA-LEHRMITTEL · Nourney, Vollmer GmbH & Co. KG
Düsselberger Straße 23 · 42781 Haan-Gruiten

Europa-Nr.: 62369

Autor:

Guido Hofenbitzer
Gewerbeschulrat
Stuttgart

Lektorin:

Hannelore Eberle
Studiendirektorin a.D.
Weingarten

Grafik:

Guido Hofenbitzer

Fotografien:

Guido Hofenbitzer

Grafiksoftware:

GRAFIS (CAD)
CorelDRAW

Fachliteratur:

Schnittkonstruktionen für Röcke und Hosen, Rundschau-Verlag, München
Schnittkonstruktionen für Kleider und Blusen, Rundschau-Verlag, München
Schnittkonstruktionen für Jacken und Mäntel, Rundschau-Verlag, München
Grundlagen der Bekleidungskonstruktion System Optikon, Institut für Textil- und Bekleidungswesen Mönchengladbach
Wilfried Schierbaum, Bekleidungslexikon, Verlag Schiele und Schön, Berlin
Patternmaking for Fashion Design, Pearson Prentice Hall
Patternmaking, A Comprehensive Reference For Fashion Design, Pearson Prentice Hall
Metric Pattern Cutting, Blackwell Publishing

3. Auflage 2024
Druck 5 4 3 2 1
Alle Drucke derselben Auflage sind parallel einsetzbar, da sie bis auf die Korrektur von Druckfehlern identisch sind.

ISBN 978-3-8085-6435-6

www.europa-lehrmittel.de
Umschlaggestaltung: Vitiko Schell nach Vorlagen von Guido Hofenbitzer
Satz und Layout: Guido Hofenbitzer
Druck: Himmer GmbH · Druckerei & Verlag, 86167 Augsburg

Vorwort

Grundschnitte und Modellentwicklungen
Schnittkonstruktion für Damenmode

richtet sich an Auszubildende und Praktiker in den Bekleidungsberufen, an Fortgeschrittene genauso wie an interessierte Hobbynäher/-innen, die mit Interesse, Geschick und viel Ausprobieren sich autodidaktisch die Grundlagen des Schnittzeichnens erschließen möchten.

Wer nach einiger Übung und Erfahrung selbstständig maßgenaue Bekleidungsschnitte nach eigenen Entwürfen erstellen kann, ist unabhängig vom Angebot fertiger Schnittmuster, wie sie im Handel zu erwerben sind.

Dieses Buch enthält die wichtigsten Vorgaben zur Konstruktion von Grundschnitten für Röcke, Hosen und Oberteile sowie Anregungen und Anleitungen für viele Veränderungen bzw. Modifikationen von Grundschnitten zu Modellschnitten. Das Gefühl für gute Passform und perfekte Schnittführung kann allerdings nicht nur vermittelt werden, man muss es durch praktisches Erproben erlernen und erfahren.

Beginnend mit einer ausführlichen Einführung wird in gut nachvollziehbaren Schritten zunächst die Konstruktion von einfacheren Grundschnitten gezeigt. Mit vielen Abbildungen werden dabei auch komplizierte Sachverhalte anschaulich gemacht. Es folgen Entwicklungen von Modellschnitten bis hin zum fertigen Produktionsschnitt, nach dem dann zugeschnitten werden kann.

Die Kapitel sind thematisch gegliedert. Im Verlauf eines Kapitels werden die Konstruktionen immer komplexer. Manche Techniken werden exemplarisch, z.B. am Rock gezeigt, sind aber auch am Kleid anzuwenden, da dieses ja ebenso aus einem Rockteil besteht.

Mit dem Aufkommen der Konfektionierung von Bekleidung Ende des 19. Jahrhunderts wurden auch rationelle Zuschneide-Methoden erforderlich. Es entstanden verschiedene Schnittsysteme, die an Fachschulen vermittelt werden. Nicht selten wird an einer Schule nach einem eigenen System unterrichtet.

Es gibt kein einheitliches System für die Schnittkonstruktion, weder in Deutschland noch in Europa. In diesem Buch wird auch kein neues System zur Schnittkonstruktion vorgestellt. Es wird vielmehr versucht, bewährte und erprobte Schnittentwicklungen zu vereinfachen und für den Unterricht aufzuarbeiten. Insbesondere die Grundkonstruktionen des Schnittsystems "Müller und Sohn", München, aber auch das System "Optikon" der FH Niederrhein waren maßgebliche Inspirationsquellen für die Erstellung der Grundschnitte. Dem Buch "Patterndrawing for Fashion Design" von Helen Joseph-Armstrong verdanke ich interessante Varianten der Schnitt-Modifikationen.

Mein Dank gilt im Besonderen meiner Lektorin Frau Hannelore Eberle für die hervorragende Zusammenarbeit sowie Frau Sonja Decker für die kritische Durchsicht des aktualisierten und erweiterten Werks. Herzlichen Dank auch an alle Kolleginnen sowie Schülerinnen und Schülern, die mir durch die Verwendung der Manuskripte und Erprobung von Details konstruktive Kritik und Anregungen gegeben haben.

Ich wünsche Ihnen viel Erfolg und Freude beim Konstruieren der Grundschnitte und beim Austüfteln der Modellschnitte nach Ihren Bedürfnissen und Ideen.

Anregungen, die zu einer Vervollständigung und Verbesserung des Buches beitragen können, sind für Autor und Verlag hilfreich und werden jederzeit dankbar aufgenommen.

Zur aktualisierten und erweiterten 3. Auflage

Wesentliche Neuerungen sind:

- optimierte Messmethode der Brustumfangsmaße
- erweiterte Hinweise zur Figurbeobachtung
- erweiterte Hinweise zur Problematik bei Figurproblemen mit Lösungsansätzen
- neue Systematik für die Konstruktion der Oberteil-Grundschnitte
- überarbeitete Ärmel-Grundkonstruktion
- Blazer-Ärmel
- ein Mantel-Modell
- Cape-Grundschnitt und einfache Modellvariationen
- Overall-Grundschnitt, zwei Modelle und die Latzhose
- Teileliste und überarbeitete Maßtabelle
- überarbeitete Konstruktionstabellen für alle Grundschnitte und zusätzlich eine Tabelle für das Shirt

Stuttgart, August 2024 Guido Hofenbitzer

Grundschnitte: Oberteile

Grundschnitte: Ärmel

Ärmel-Varianten

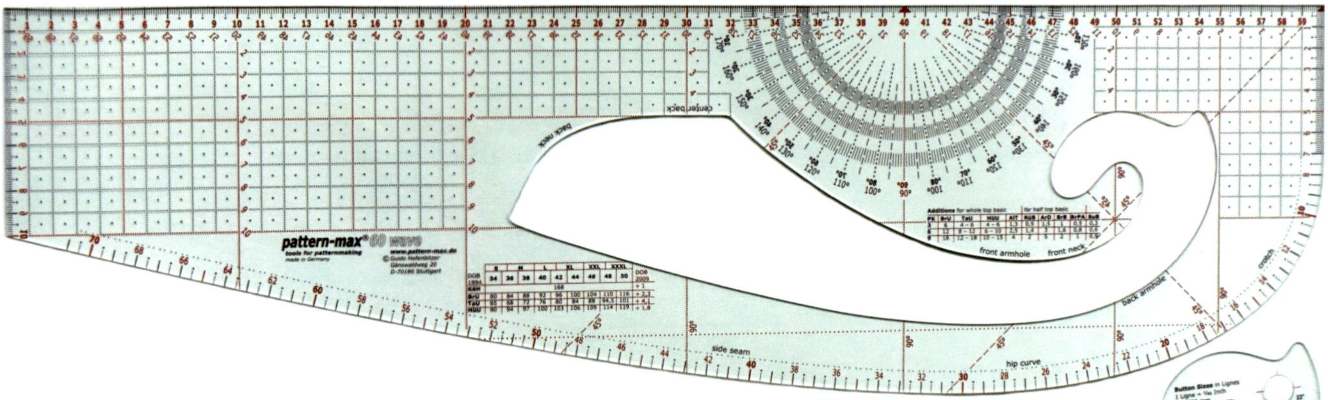

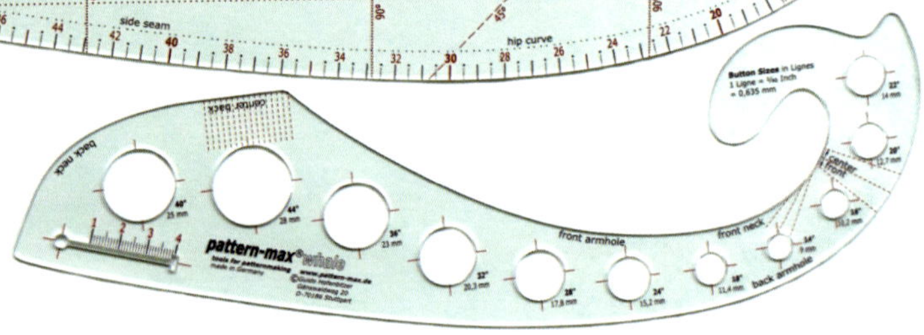

Zeichenschablonen für die Schnittkonstruktion
Die in diesem Buch dargestellten Lineale sind hier erhältlich:
www.pattern-max.de

Kragen, Kapuzen, Taschen

Kragen

Kapuzen

Taschen

Abnäher, Nähte, Ausschnitte ...

Modelle: Kleider Blusen Weste

Modelle: Jacken

Sportswear Wäsche Unisex

Anhang und Sachwortverzeichnis

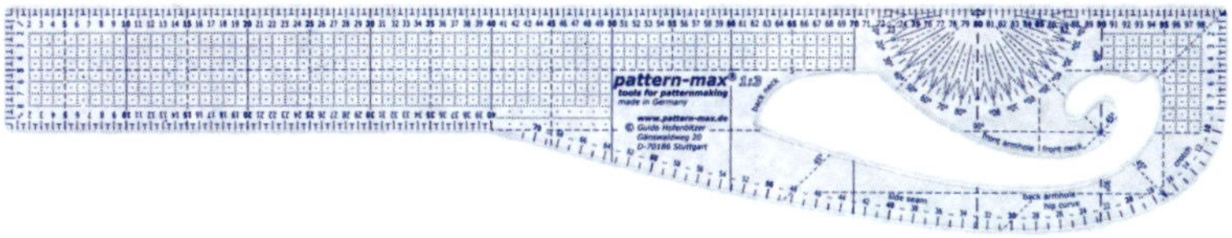

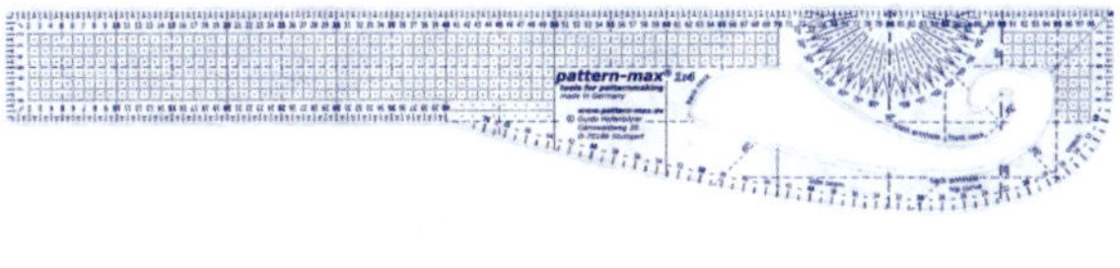

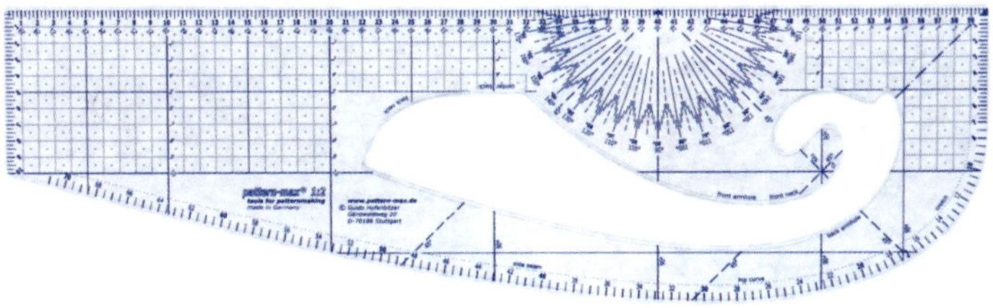

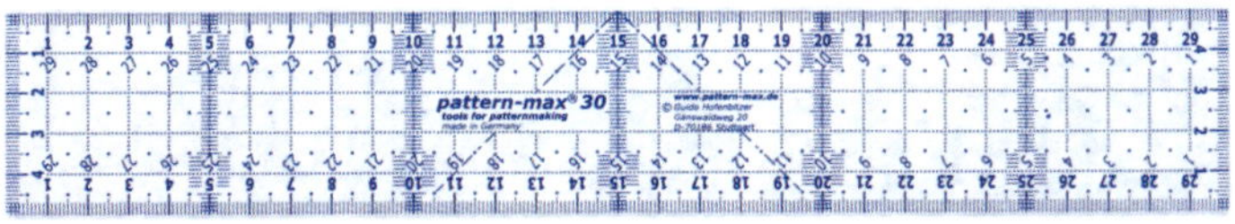

Zur Verwendung des Buches

Ziel des Buches

Dieses Buch soll Ihnen helfen, Grund- und Modellschnittkonstruktionen im Selbststudium zu erstellen, um Ihre Modelle zuschneiden und anfertigen zu können. Das Buch zeigt Modellentwicklungen auf und soll Ihnen Mut machen, eigene Ideen und völlig neue Kreationen mit Hilfe dieser Prinzipien zu realisieren.

Fachsprache und Abkürzungen

Das Buch verwendet eine Fachsprache mit den ihr eigenen Begriffen. Diese werden im Text und in den Konstruktionsanweisungen zumeist erläutert, gehen aber auch häufig aus dem Zusammenhang hervor. Oft tauchen sperrige und zusammenhängende Begriffkombinationen auf, die üblicherweise abgekürzt werden. In diesem Buch werden die Abkürzungen systematisch und eindeutig verwendet. Erläuterungen hierzu und verschiedene Auflistungen sowie Beispiele sind unten und auf den folgenden Seiten aufgeführt.

Reihenfolgen

Sie finden nach einleitenden Informationen und dem Maßnehmen zunächst Formulare, die Ihre Daten übersichtlich und vollständig sammeln. Diese Formulare sind auch online verfügbar.

Es folgen nach dem einfachen Rockgrundschnitt Modelle, die aus diesem Grundschnitt entwickelt werden können.

Die dargestellten Konstruktionen sind größtenteils selbsterklärend. Optimalerweise sollten die Skizzen für eine erfolgreiche Konstruktion genügen. Ergänzende Beschreibungen erläutern mit Infos und Tipps zusätzlich nahezu jede Konstruktion.

Komplexe Modelle und Schnitte sind in Teilschritte unterteilt, z.B. in „Modellgestaltung", Kragenkonstruktion" usw. Diese nummerierten Teilschritte werden Punkt für Punkt (durch blaue Punkte mit Zahlen) in optimaler Reihenfolge beschrieben. Diese Punkte befinden sich im Text und an den Skizzen.

Farbe ist Information

In allen Konstruktionen sind verschiedene Farben verwendet, die für bestimmte Informationen stehen. Flächen, Linien, Begriffe und Abkürzungen sowie Zahlenwerte in bestimmten Farben erleichtern eine schnelle visuelle Wahrnehmung. So kann man eine grüne Futterfläche eindeutig von einem gelben Beleg unterscheiden oder eine dicke schwarze Umfangslinie von einer gestrichelten grünen Bemaßungslinie. Alle Linienarten sind in diesem Kapitel auf Seite 11 erläutert. Seitenverweise erleichtern das Auffinden von Details.

Bei der Arbeit mit diesem Buch werden Sie schnell diese Informationen erkennen und schätzen lernen.

Standards

Die am Ende des Einführungskapitels beschriebenen Standards für Schnittkonstruktionen werden für den Anfänger vermutlich erst nach einigen Erfahrungen wirklich nutzbar sein. Es sind prinzipielle Verfahrenstechniken erläutert, die bei der Schnitterstellung immer wieder angewandt werden.

Abkürzungen und Symbole
Systematik, Eigenschaften, Beträge, Werte, Operanden, Aktionen

Systematik der Abkürzungen

- Die Systematik soll es ermöglichen, einfache und verständliche neue Abkürzungskombinationen selber zusammen zu stellen.
- **Die Abkürzungen werden gelesen, wie man die Begriffskombinationen spricht.**
- Bei **Abkürzungskombinationen** werden die Kurzzeichen ohne Zwischenraum oder Punkt verbunden.
- **Doppelte Bedeutungen** sind sehr selten und lassen sich durch den Zusammenhang klären: AlT = Armloch**t**iefe, TB = **T**aschenbreite, Tb = Taschenbeutel. Abkürzungen für Beträge und Werte (z.B. **T** = Tiefe) stehen immer am Ende einer Abkürzung.
- **Kombinationen** mit ausgeschriebenen Begriffen können durch einen Bindestrich getrennt sein, z.B. Kr-Steg = „Kragensteg".
- Ein **Bindestrich** ersetzt auch eine Präposition oder modale Konjugation, z.B. vM-N = vordere Mitte als Naht oder 2x-p OSt = Zuschnitt von zwei Schnittteilen paarig (spiegelsymmetrisch) aus Oberstoff.
- **Richtungen, Positionen und Eigenschaften** werden durch Kleinbuchstaben symbolisiert, der immer am Anfang einer Abkürzungskombination steht. Ausnahme: "Geschlossen" und "offen", hier werden zwei Kleinbuchstaben verwendet: z.B. geW = geschlossene Weite
- **(Mess-)Beträge und Werte** werden durch einen Großbuchstaben symbolisiert (außer "Radius" = r, weil mathematisch) und stehen immer am Ende einer Abkürzungskombination.
- **Schnitttechnische Begriffe** werden mit einem Großbuchstaben (N = Naht) oder mit zwei Großbuchstaben (OT = Oberteil) oder mit einem Großbuchstaben plus einem oder zwei Kleinbuchstaben (Stb = Stoffbruch) symbolisiert.
- **Körperbereiche** werden mit einem Großbuchstaben plus einem Kleinbuchstaben symbolisiert (z.B. Hl = Halsloch).

Eigenschaften
Richtungen und Positionen

a	außen/äußere/r/s
g	gemessen/e / r
h	hinten, hintere/r/s
i	innen/innere/r/s
l	links, linke/r/s
m	mittig, mittlere/r/s
o	oben, obere/r/s
p	paarig, (spiegel-)symmetrisch
r	rechts, rechte/r/s
s	seitlich, seitliche/r/s
t	tiefste/r/s
u	unten, untere/s/r
v	vorne, vordere/r/s

Beträge und Werte

...A	Abstand
α	Alpha = Gesäßwinkel
B	Breite
D	Durchmesser
F	Faktor (mathematisch)
H	Höhe
I	Inhalt
L	Länge
r...	Radius (mathematisch)
T	Tiefe
U	Umfang
W	Weite
Wi	Winkel
Z	(An-)Zahl
Σ	(Sigma) Summe

Operanden

+	plus	
−	minus	
:	geteilt durch	
·	mal	in Berechnungen
×	mal	im Text
=	ist gleich	
≠	ungleich	
	entspricht	
<	kleiner	
>	größer	
%	Prozent	

Aktionen

auf	aufdrehen, öffnen, sperren
üb	übertragen
me	messen
zu	zudrehen, schließen, kneifen

Weitere wichtige Symbole und Abkürzungen sind auf Seite 30 und ab der Seite 507 abgedruckt.

Einige wichtige Symbole

99	Seitenverweise auf Grundschnitte, Details und Anleitungen
1	Nummerierung der Konstruktionsreihenfolge und Zuordnung der Beschreibungen im Text. Die Punkte sind meistens Blau, in anderen Farben symbolisieren sie Alternativen und Varianten.
46	Nummerierung von Varianten (Ärmel, Abnäher usw.)
!	Hinweis zur besonderen Beachtung
AP	Anlagepunkt
ZP	Zirkelpunkt, Drehpunkt
✂	Hier wird für eine weitere Behandlung eingeschnitten.
⊾	Das Zeichen für einen rechten Winkel (90°).

Fertigungsinformationen

Zuschnittzeichen geben an, wie das gekennzeichnete Produktionsschnittteil zugeschnitten wird.

- Der Zuschnitt erfolgt an der hinteren Mitte (hM) gespiegelt (Symmetrielinie), also ohne Naht (bzw. für den Einzelzuschnitt „im Stoffbruch")

Dressierzeichen geben an, wo und wie die flache Stofffläche vor dem Nähen durch Bügeln dauerhaft zu formen ist:

- Beim **Dehnen** werden z.B. Nahtzugaben, Nähte oder Bereiche innerhalb der Zuschnittfäche ausgedehnt. Hierdurch erhält der Stoff Länge oder Weite - je nach Dehnrichtung.

- Beim **Einhalten** wird der Stoff gestaucht bzw. kurzgehalten. Die Weite oder Länge wird reduziert.

Kräuselzeichen zeigen an, in welchem Bereich die Mehrweite einer Naht durch eine geeignete Methode in kleine, unregelmäßige Fältchen gekräuselt wird.

Einführung in die Schnitttechnik

Was ist ein Schnitt?

“Das Kleid hat einen hervorragenden Schnitt!” hören wir eine Vertreterin* auf der Modemesse schwärmen oder “Der Blazer ist Ihnen wie auf den Leib geschnitten!” bemerkt die charmante Verkäuferin. Was meinen sie damit?

Im ersten Fall scheint das Kleid in der Gestaltung außerordentlich interessant und dem modischen Trend entsprechend produziert worden zu sein.

Im zweiten Fall meint die Verkäuferin die gute Passform des Blazers an der Kundin.

Der **"Schnitt"** bezeichnet also die Formgestaltung der Stoffteile, aus dem die Kleidungsstücke zusammengenäht werden. Hierbei muss die zweidimensionale Fläche des Stoffs auf die dreidimensionale Körperform gebracht werden.

Die **Schnitt-Technik** ist das passform- und modellgerechte Konstruieren der Flächen (Schnittmuster) für die Stoffteile, aus denen ein Kleidungsstück besteht.

Dabei entsteht der Schnitt. Die Schnittteile werden aus Stoff zugeschnitten und durch Nähen wieder zusammengefügt, so dass der Körper wie gewünscht umhüllt ist.

Am Anfang stehen die Bedürfnisse der Kund/-innen und die Ideen der Designer/-innen. Letztere leiten ihre Skizzen und Modellbeschreibungen an die Schnitttechniker/-innen bzw. Modellmacher/-innen weiter.

Auch sie sind maßgeblich an der Gestaltung des Produkts beteiligt. Sie wählen den Grundschnitt, formen Nähte, Kanten oder Ausschnitte, geben Weite in die Kleidungsstücke und positionieren Taschen und Kleinteile. Sie sind somit verantwortlich für den "guten Schnitt" und die optimale Passform. Und sie sind Techniker/-innen, die sich an Regeln halten müssen, damit der Schnitt lesbar und produktionsgerecht wird.

Ein **Schnitt** ist ein Plan aus Papier oder Pappe - für den automatischen Zuschnitt auch in digitaler Form - zum Zuschneiden einer Stofffläche. Er muss von Zuschneider/-innen interpretiert werden können, die vielleicht eine andere Sprache sprechen. Die Informationen auf dem Schnitt müssen klar und eindeutig sein.

Die **Schnittkonstruktion** ist also eine anspruchsvolle und verantwortungsvolle Arbeit zwischen Design und Produktion. Sie erfordert Kreativität, ein gutes Gefühl für Form und Proportion und viel fertigungstechnisches Verständnis für die Herstellung von Bekleidung.

Manuelles Schnittzeichnen

Die Kundin/der Kunde wird vermessen, die Körpermaße werden in einer **Maßtabelle** gesammelt. Die Industrie arbeitet mit Maßen aus Größentabellen.

Für die Konstruktion eines Grundschnitts wird ein **Maßsatz** erstellt. Hier werden zu den Körpermaßen die notwendigen Weitenzugaben addiert, um die Konstruktionsmaße zu erhalten.

Der **Grundschnitt** soll den Körper optimal umhüllen. Er wird mit den Konstruktionsmaßen nach verschiedenen Konstruktionsregeln erstellt. Die Passform wird durch Probenähen kontrolliert.

Für die Konstruktion des **Erstschnitts** eines Modell wird die Fläche des Grundschnitts so verändert, dass am Ende die einzelnen Schnittteile eines Modellschnitts vorliegen. Dieser wird zur Anprobe gefertigt. In der Bekleidungsindustrie überprüfen Designer/innen und Schnitttechniker/innen die Passform und die Schnittführung.

Der **Modellschnitt** ist das Produkt aller weiteren Veränderungen des Erstschnitts.

Am fertigen **Produktionsschnitt** sind zusätzlich alle Nahtzugaben, Markierungen und Beschriftungen angebracht.

Werkzeuge

Die zur Verwendung kommenden Werkzeuge der Schnitterstellung sind verschiedene Winkel- und Kurvenlineale, Stifte, Bleistifte und Radiergummi, Maßbänder, Zirkel, Papierscheren, Gewichte, Stecknadeln, Kopierrädchen, Stanzeisen, Knipszangen und Aufhänger für die Schnitte.

CAD

Die manuelle Schnitterstellung wurde in der Bekleidungsindustrie fast vollständig durch moderne CAD-Systeme ersetzt. Ein CAD-System besteht im Wesentlichen aus Rechner, CAD-Software, Digiatalisier-Tablett und Plotter. Schnitte und ganze Schnittlagenbilder werden digital per Email rund um den Globus gesendet und sind somit ohne Zeitverlust in der Zuschneiderei am anderen Ende der Welt verfügbar.

Gradierung

Der Erstschnitt im Konfektionsbetrieb wird in einer Basisgröße erstellt. Ausgehend von den Schnittteilen eines Modells werden die Modellschnitt-Teile kleinerer und größerer Größen durch proportionales Verkleinern oder Vergrößern (Gradieren) ermittelt. Man unterscheidet manuelles Gradieren, halbautomatisches und digitales Gradieren mit Hilfe eines CAD-Programms.

Methoden des Zuschnitts

Der Produktionsschnitt besteht normalerweise aus mehreren Schnittteilen. Diese werden unter Beachtung verschiedener Regeln auf den Stoff gelegt. Danach werden die Stoffteile ausgeschnitten, markiert und zusammengenäht, so dass das gewünschte Kleidungsstück entsteht.

Für die verschiedenen Fertigungsmethoden gibt es auch unterschiedliche Zuschneidemethoden:

Traditioneller Einzelzuschnitt

Der Stoff wird doubliert (rechte auf rechte Warenseite) gelegt, die Modellschnittteile aufgesteckt. Der Nahtverlauf wird entlang des Schnittpapiers mit Schneiderkreide auf den Stoff gezeichnet. Dann werden parallel hierzu die Naht- und die Saumzugaben angezeichnet, an denen entlang ausgeschnitten wird. Nahtlinien und Markierungen werden mit Heftgarn übertragen bzw. "durchgeschlagen", das Stück wird zur Anprobe geheftet.

Rationelle handwerkliche Methode

Schnittschablonen werden mit oder ohne Nahtzugaben erstellt, auf den Stoff gelegt, festgesteckt oder mit Gewichten beschwert. Die Nahtlinien werden nicht markiert, sondern die Schnittteile werden mit exakten Nahtzugaben zugeschnitten. Kantenmarkierungen werden mit Knipsen an die Schnittkante gezwickt, Flächenmarkierungen erfolgen durch Bohrpunkte. Das Stück kann zur Anprobe genäht oder ohne Anprobe sofort fertig gestellt werden.

Industrielle Methoden

Produktionsschnitte werden mit Nahtzugaben konstruiert. Für diese Schablonen wird ein optimiertes, Abfall sparendes Schnittbild erstellt. In der Regel werden mehrere Stofflagen auf einer langen Bahn ausgelegt. Auf diese Bahn wird das Schnittbild ausgelegt. Die Schnittteile werden mit Zuschneidemaschinen ausgeschnitten, Knipse und Bohrlöcher mit speziellen Geräten angebracht. Die einzelnen Schnittteile werden etikettiert, sortiert und in die Produktion transportiert.

Moderne Betriebe konstruieren ihre Schnitte mit einem CAD-Programm, optimieren die Schnittbild-Legung ebenfalls mit einem Computerprogramm und plotten (drucken) das Schnittbild auf einer breiten Papierbahn entsprechend der Stoffbahn aus. Zuschnitt und Markierung erfolgt wie oben erwähnt.

Viele Betriebe gehen dazu über, auf das Ausplotten des Schnittbildes in 1:1 zu verzichten und den Zuschnitt wie auch die Markierungen mit computergesteuerten Zuschneideautomaten "online" zu erledigen.

Der menschliche Körper

Im Folgenden werden die wichtigsten Proportionen des menschlichen Körpers aufgezeigt. Darunter versteht man das richtige Maßverhältnis der verschiedenen Körperabschnitte zueinander.

Die Designerin/der Designer muss zur Herstellung von Modellentwürfen “ein Auge” bzw. ein Gefühl für die Harmonie der Körperproportionen besitzen.

Bei der Schnittentwicklung benötigt man für das “Lesen” von Modellzeichnungen und Modefotografien das Wissen über die Proportionen und den normalen Körperwuchs. Modellentwürfe müssen richtig interpretiert, proportionale Abweichungen erkannt werden. Man muss wissen, wie der Körper vorteilhaft bekleidet wird und wie die "Problemzonen" kaschiert werden können.

Die Standard-Idealfigur

Sie ist eine Mischung verschiedener Figurtypen und wird ständig neu entwickelt zwischen Konsumenten, Verkäufern und Herstellern. Ihre Standardmaße werden bestimmt von erfolgreichen Herstellern und dem allgemeinen gesellschaftlichen Konsens für das Empfinden eines “Körperideals”. Als ideal gilt, wenn ihre Maße die Mehrheit aller Kunden zufriedenstellen würde. Der Begriff Idealfigur bezeichnet eine Figur, eine Silhouette und die Ansammlung verschiedener Körpermaße.

Designerinnen benötigen diese Silhouette und die Proportionen für das Entwickeln neuer Designs und Trends. Schnitttechnikerinnen benötigen die Maße zum Schnittzeichnen und die Figur zur Passformkontrolle. Die Hersteller orientieren sich an dieser Figur für die Auswahl ihrer Models und zur Präsentation in den Verkaufsräumen. Und die Kundinnen träumen von ihr. Kaum ein Mensch entspricht dieser Idealfigur in allen Punkten.

Auch wenn diese Idealfigur sich ständig dem Zeitgeist anpasst, so hat sie doch einige Standards:

Sie hat immer einen aufrechten Stand, ist symmetrisch, hat ästhetisch harmonische Körperproportionen und bei Damen eine Differenz zwischen Brust- bzw. Hüft- und Taillenumfang von 25 bis 32 cm.

Es wird nie eine weltweit einheitliche Idealfigur geben. Sie differiert wegen der unterschiedlichen Figurtypen der Regionen. Viele Länder haben notwendigerweise ihre eigenen Standards und Größensysteme.

Die Figurine mit Achtelteilung

Nimmt man die Kopflänge eines erwachsenen Menschen und unterteilt die Körperhöhe zwischen der Standebene und der Scheitellinie (ohne Frisur) durch diese Kopflänge, so erhält man 7,5 bis 8 Teillängen.

Die Teilhöhen liegen, je nach Figurtyp leicht verschieden, an markanten Körperpositionen.

Um Figurinen idealtypisch möglichst schlank und ästhetisch erscheinen zu lassen, zeichnet man sie mindestens mit einer Achtelteilung.

Manche Figurinen, insbesondere für Modeillustrationen, werden sogar mit einer 8½-fachen oder 9-fachen Kopflänge gezeichnet, wobei die Beine etwas verlängert werden.

Die Höhe bei der in diesem Buch verwendeten 8-teiligen Figurine ist im **Maßstab 1:16** für eine Normalfigur mit der Körperhöhe 168 cm gestaltet (Länge = 168 cm : 16 = 10,5 cm).

Für eine wirkliche Person mit einer Körperhöhe von 168 cm hat also jedes Achtel optimalerweise eine Höhe von 21 cm (Teillänge = 168 cm : 8 = 21 cm).

Zur Verwendung der Figurine:

Die Längenproportionen können also rechnerisch ermittelt werden. Da Figurinen immer **idealisiert** sind und die Figur einen **dreidimensionalen** Körper darstellen, dürfen die Breitenproportionen nur abgeschätzt werden.

Erschwerend kommt die Einschätzung der wegen der Dreidimensionalität nur **eingeschränkt sichtbaren Fläche** hinzu. Die hier rosa hinterlegten Flächen sind nur zu ca. 25 % bis 75 % sichtbar.

Die noch weiter seitlich gelegenen, durch rote Linien, bzw. Flächen markierte Oberflächen sind so gut wie nicht sichtbar.

Sichtlinien an einer Figurinenskizze und einer Liegeskizze im Vergleich

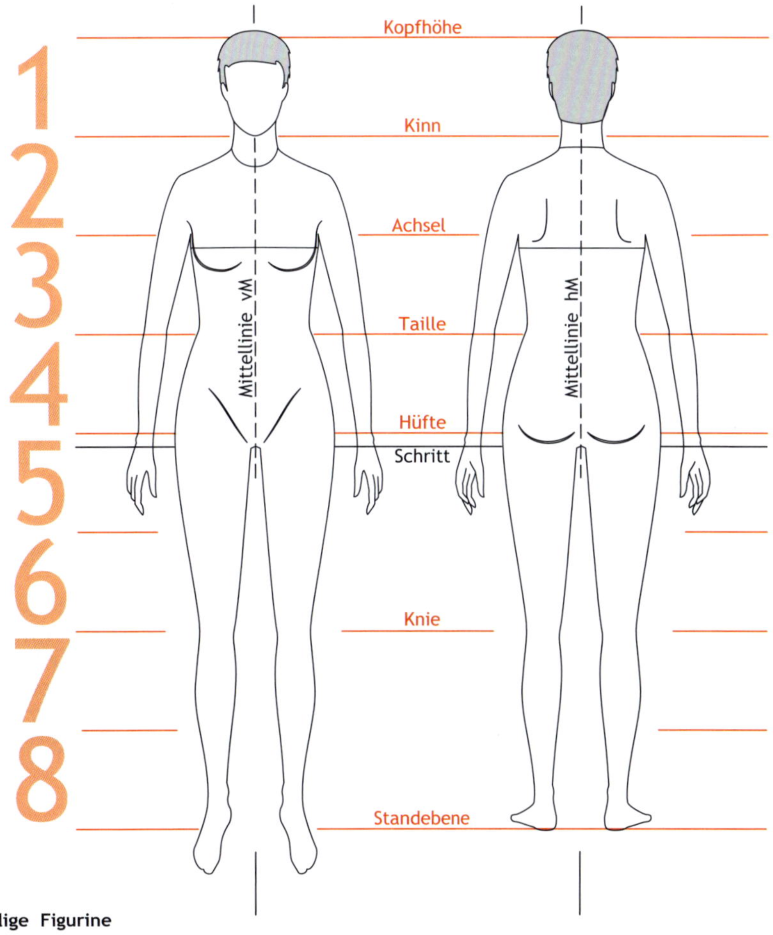

□2 8-teilige Figurine

Körpermaße und Maßnehmen (1)

Das korrekte Maßnehmen und die Figurbeobachtung sind die Grundvoraussetzungen für einen gut passenden Schnitt.

Allerdings wäre es ein Trugschluss zu meinen, man müsse nur genau Maßnehmen und nach diesen Maßen die Schnitte konstruieren, um einen passenden Maßschnitt zu erhalten.

Ohne die Identifizierung und Berücksichtigung von Wuchs- und Haltungsabweichungen, wird ein Schnitt nicht immer optimal passen. Diese Schnitt-Anpassungen für eine Abweichung erfolgen oftmals erst nach der Grundschnittkonstruktion.

Die nachfolgenden Maße sind auf den weiblichen Körper bezogene Messwerte, die als Grundlage für die Schnittkonstruktion gemessen, berechnet oder geschätzt und in Tabellen notiert werden.

Die linke und die rechte Körperseite werden immer aus der Sicht der Kundin genannt und notiert.

Die meisten Maße werden bei aufrecht stehender, natürlich-lockerer Körperhaltung am nur mit Slip und Büstenhalter bekleideten Körper gemessen. Das Maßband muss glatt, also nicht zu stramm und nicht zu locker am Körper anliegen. Es sollte immer zügig und in sinnvoller Reihenfolge gemessen werden.

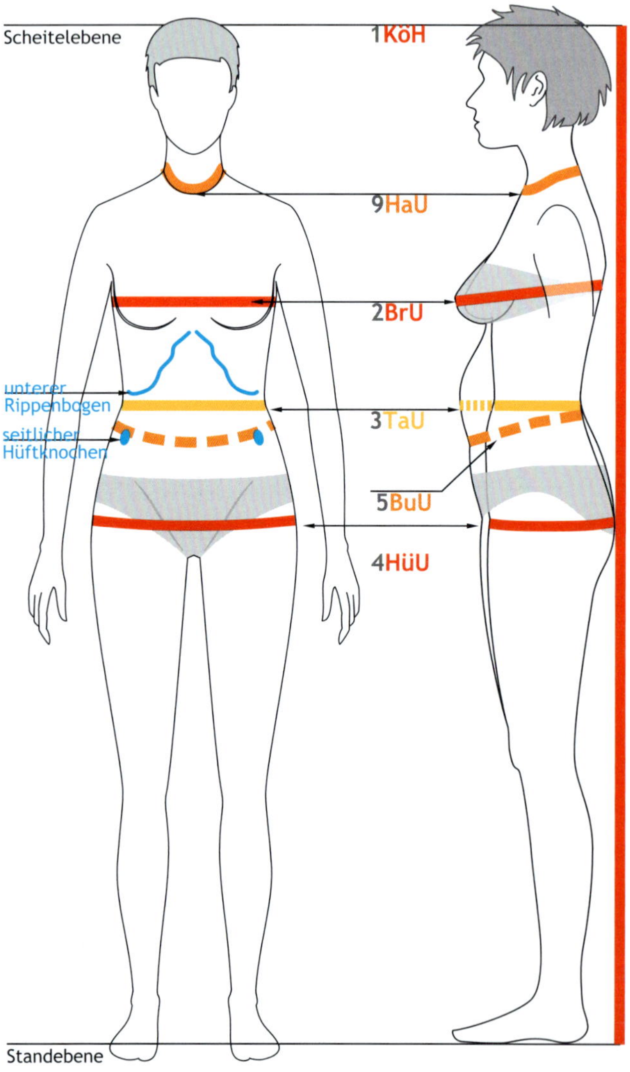

- **Körpermaße** werden nach definierten Regeln an maßgeblichen anatomischen Körperbereichen gemessen.
- **Tabellenmaße** sind durch Serienmessungen ermittelte und dann den Konfektionsgrößen zugeordnete repräsentative Körpermaße.
- **Konstruktionsmaße** sind Maße, die zur Schnittkonstruktion eines Grundschnitts benötigt werden und enthalten ggf. bereits Bequemlichkeitszugaben .
- **Proportionsmaße** sind schwer messbare Konstruktionsmaße, sie werden nach mathematischen Regeln aus den Körpermaßen errechnet.
- **Kontrollmaße** sind Messstrecken am Körper, um die Schnittkonstruktion passformgerecht zu gestalten.
- **Fertigmaße** (Warenmaße) werden am Produktionsschnitt und am fertigen Kleidungsstück gemessen und ggf. mit den Tabellenmaßen zur Qualitätskontrolle verglichen.

1 Körperhöhe KöH

□1 Sie wird von der Schädeldecke bis zur Fußsohle gemessen, d.h. ohne Schuhe und ohne voluminöse Kopfbehaarung. Geeignete Meßgeräte sind ein Anthropometer, ein Lotband oder eine sonstige genaue Messhilfe an einer Senkrechten.

2 Brustumfang BrU

□1 Das Maß wird hinter der Kundin stehend gemessen. Das Maßband waagerecht über die Brustpunkte legen, unter den Armen hindurchführen und **etwas über den unteren Ansatz der Schulterblätter anheben.** Das Maßband wird anliegend, aber nicht zu straff angezogen. Der Wert wird ungefähr an der Rückenmitte abgelesen.

3 Taillenumfang waagerecht TaU

□1 Ein Taillenmaßband wird knapp unterhalb der schmalsten Stelle des Körpers umgelegt, mittig zwischen unterem Rippenbogen und Hüftknochen (blau dargestellt). Es liegt seitlich an der engsten Stelle des Körpers und möglichst waagerecht zur Standebene. Der Taillenumfang wird abgelesen und das Taillenmaßband bleibt bis zum Ende des Maßnehmens umgelegt.

Das Maßband liegt machmal vorne oder hinten wenige Zentimeter höher bzw. tiefer - das ist zunächst akzeptabel.

4 Hüftumfang waagerecht HüU

□1 Man betrachtet den Körper von der Seite und legt das Maßband waagerecht um die stärkste Stelle des Gesäßes. Wenn man es langsam waagerecht über das Gesäß nach unten gleiten lässt, passt sich die Maßbandweite an, so dass auch eine tiefergelegene seitliche Wölbung mitgemessen werden kann.

5 Bundumfang BuU

□1 Das Maßband wird hinten oberhalb des Gesäßes an eine „der Kundin angenehme Position" und (bei starken Figuren) vorne in der Bauchfalte umgelegt, bzw. dort, wo die Person üblicherweise den Rock- oder den Hosenbund zu tragen pflegt. Hier wird (insbesondere bei starken Figuren) der Bund figurbedingt immer zu liegen kommen.

□1 **Hauptmaße**

6	vorderer Bundabstand seitlicher Bundabstand hinterer Bundabstand	vBuA sBuA hBuA

□2 Man misst den Abstand vorne, seitlich und hinten zwischen der Unterkante des waagerechten Taillenbandes und der Unterkante des Bundbandes.

7	mittige Taillenhöhen vordere und hintere Taillenhöhe	mTaH vTaH / hTaH

□2 Mit dem Lot-Maßband werden die Abstände zwischen der Unterkante des waagerechten Taillenbandes und der Standebene gemessen. Das Taillenband sitzt tief an der engsten Stelle der Taille. Laut Definition: auf halber Höhe zwischen unterem Rippenbogen und Hüftknochen.
Insbesondere bei starken Figuren muss das Taillenband zunächst waagerecht verlaufen, um vorne den Abstand zum Bundumfang messen zu können (siehe oben).

8	seitliche Taillenhöhen rechte und linke Taillenhöhe	sTaH rTaH / lTaH

□2 An beiden Körperseiten (links und rechts) wird mit dem Lotband der Abstand zwischen der Unterkante des Taillenbandes und der Standebene am Körper entlang gemessen.

9	Halsansatzumfang	HaU

□1 Das Maßband verläuft hinten über den 7. Halswirbel und vorne entlang des Schlüsselbeinknochens deutlich unterhalb des Adamsapfels durch die dort befindliche Kuhle.

10	gemessene **Rückenlänge**	gRüL

□3 Vom 7. Halswirbel(HW) (bzw. der hinteren Halsmitte) entlang der Wirbelsäule bis zur unteren Kante des waagerecht liegenden Taillenbandes messen. Das Taillenband muss mit der Unterkante an der tiefsten Stelle der waagerechten Taille (engste Stelle am hinteren Rumpf) sitzen.

11	gemessene **Brusttiefe**	gBrT

□3 Vom 7. Halswirbel (HW) wird eng um den Hals bis zum Brustpunkt (BrP) gemessen. Man misst beide Körperhälften. Das Konstruktionsmaß **BrT** wird berechnet.

12	gemessene **Vorderlänge**	gVL

□3 Vom 7.Halswirbel wird entlang des Halses über den Brustpunkt senkrecht bis zur unteren Kante des **exakt waagerecht liegenden Taillenbandes** gemessen und dies an beiden Körperseiten. Das Konstruktionsmaß **VL** wird berechnet. Die gVL darf nicht zur natürlichen Taille gemessen werden!

Häufig lässt sich das Taillenband nicht waagerecht anlegen. Es liegt vorne oder hinten tiefer oder höher. Man beobachtet die Taillenschräglage in Taillenhöhe von der Seite aus.

In der Maßtabelle ist in den Zeilen der Rückenlänge und Vorderlänge diese Taillenschräglage im vorgesehenen Feld zu notieren und die RüL bzw. die VL entsprechend zu korrigieren.

Eine solche Taillenschräglage deutet noch nicht zwingend auf ein Figurproblem hin.

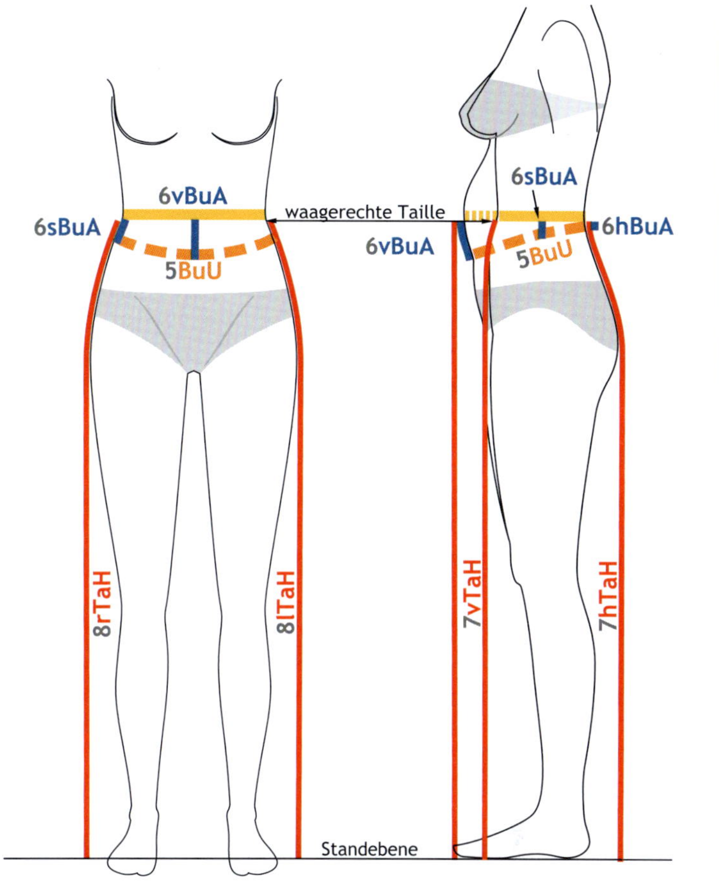

□2 Maße unterhalb der Taille

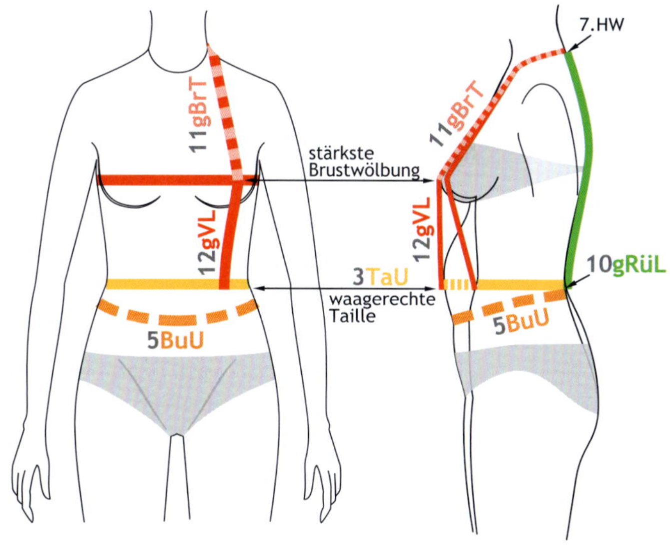

□3 Längenmaße oberhalb der Taille

Für die Vorderlänge (VL) und Rückenlänge (RüL) ist es von Bedeutung, dass diese Taillenschräglage rechnerisch sinnvoll ausgeglichen wird. Beide Werte müssen anschließend so vorliegen, als seien sie zu einem waagerecht liegenden Taillenband gemessen worden.

Beispiel: Liegt z.B. das Taillenband hinten sichtbar um 1 cm tiefer als vorne (−1 cm), muss die RüL um 1 cm reduziert werden, weil eigentlich dort das Taillenband 1 cm höher liegen müsste - also die gemessene RüL hier um 1 cm zu lang ist.

Körpermaße und Maßnehmen (3)

13 obere Rückenbreite oRüB

□4 Kontrollmaß: Zwischen den Armansatzfalten **über die Schulterblätter** messen.

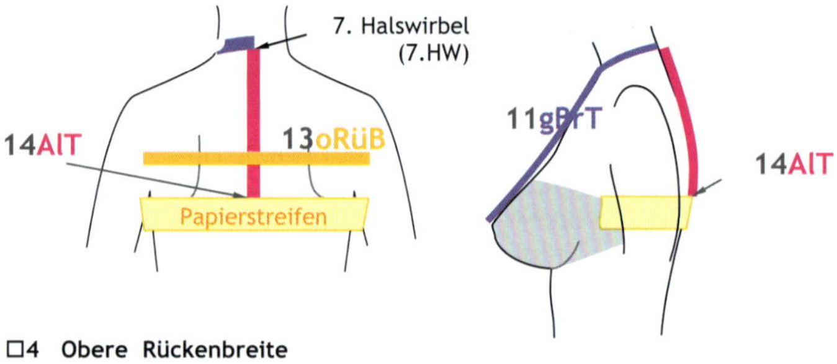

□4 Obere Rückenbreite

Nun einen ca. 2 cm bis 4 cm breiten (ggf. schwach klebenden) **Papier(-klebe)streifen** unter der höchsten Stelle der Arme hindurchführen und exakt waagerecht über den Rücken kleben/legen. Der Streifen muss vorne sichtbar sein.

14 Armlochtiefe AlT

□4 Vom 7. Halswirbel entlang der Wirbelsäule bis zur **Oberkante** des Papierstreifens messen.

Zur Kontrolle kann das Maß auch berechnet werden (siehe Maßtabelle). Bei starker Abweichung korrigiert man das gemessene Maß in die Richtung des berechneten Wertes.

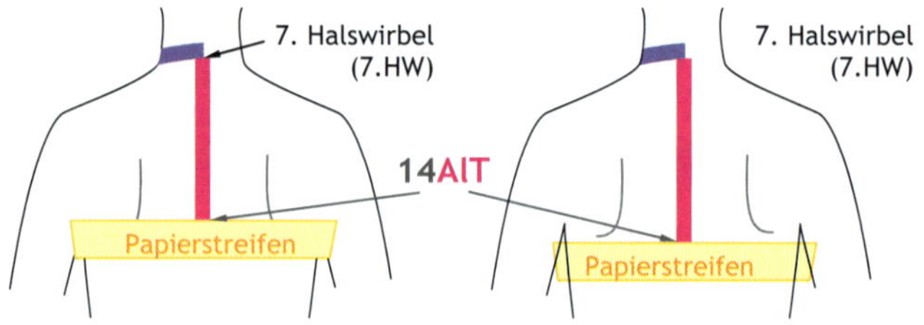

□5 Armlochtiefe

15 gemessene Rückenbreite gRüB

□4 Auf dem Papierstreifen die hinteren Armansätze **bei locker und natürlich hängenden Armen** mit einem senkrecht zum Körper gehaltenen Stift markieren. Die zur Schnittkonstruktion verwendete **RüB** ergibt sich aus **gRüB : 2**

16 gemessener Armdurchmesser gArD

□4+5 Auf den Papierstreifen beide vorderen Armansätze **bei locker und natürlich hängenden Armen** an der Oberkante des Papierstreifens markieren. Der zur Schnittkonstruktion benötigte **ArD** ist der Durchschnittswert zwischen rechter und linker Messung.

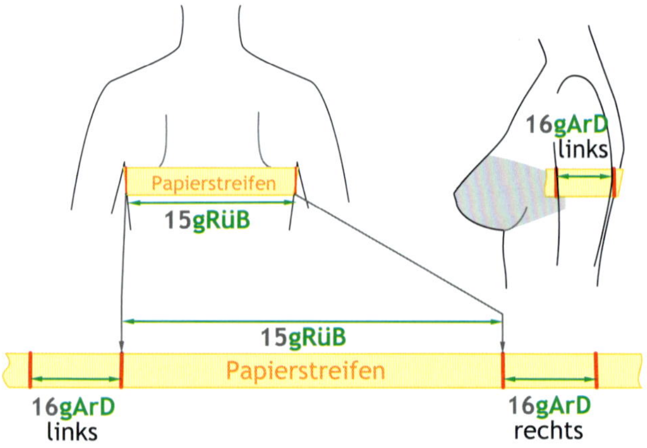

□6 Gemessene Rückenbreite und gemessene Armdurchmesser

17 gemessene Brustbreite gBrB

□5 Über die stärksten Rundungen der Brüste zu den vorderen Armansätzen messen, dabei muss das Maßband exakt waagerecht unter die zumeist höher liegenden vorderen Armansatz-Markierungen verlaufen. Die zur Schnittkonstruktion verwendete **BrB** ergibt sich aus **gBrB : 2**.

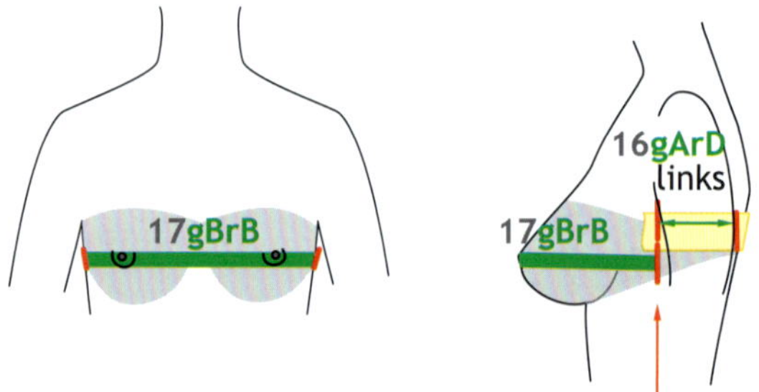

□7 Gemessene Brustbreite

gBrB exakt waagerecht zur vorderen Armansatz-Markierung messen - **nicht zum Oberarm!**

Alternative Bestimmung von RüB, ArD und BrB

Er ergeben sich häufig Messprobleme, insbesondere bei der Bestimmung des gArD und der gBrB.

Die RüB ist vergleichsweise sicher, wie oben beschrieben, zu bestimmen: **RüB = gRüB : 2**

Der ArD ist sicherer aus dem Oberarmumfang (OaU, siehe folgende Seite) zu berechnen:
ArD = OaU · 0,6 – 7,5 cm

Die BrB kann nun mit Hilfe des gemessenen Brustumfangs (BrU) berechnet werden: **BrB = BrU : 2 – RüB – ArD**

Für die Konstruktion eines Oberteilgrundschnitts werden für die hier gezeigten Konstruktionen nur die berechneten bzw. waagerecht gemessenen Teilstrecken Rückenbreite, Armdurchmesser und Brustbreite verwendet.

Die Summe der Teilstrecken kann um einige Zentimeter größer sein als der gemessene BrU. Dies ist darauf zurückzuführen, dass die Einzelstrecken bei den waagerechten Messungen am Papierklebestreifen länger sind als die schräge und direkte Messung des BrU.

Erfahrene Fachleute können diese drei Maße mit einiger Übung auch **ohne Klebestreifen sicher ermitteln:**

Zunächst den **gemessenen Brustumfang (gBrU)**, wie auf Seite 12 beschrieben, messen.

Den **ArD** sicher aus dem Oberarmumfang berechnen.

Die **gRüB** zwischen den Armansätzen messen und halbieren, das ist die **RüB**.

Die **BrB** kann ermittelt werden, indem man vom **halben BrU** die RüB und den ArD abzieht. Trotzdem sollte die **BrB** nochmals wie in □7 kontrolliert werden. Eine **geringfügige** Abweichung kann toleriert werden.

18	obere Brustbreite	oBrB

□6 Bei locker hängenden Armen wird zwischen den vorderen Armansätzen das Maß oberhalb der Brüste gemessen.

19	Oberbrustabstand	oBrA

□6 Gleichzeitig mit der oberen Brustbreite misst man mit dem anderen Ende des Maßbandes den Abstand zwischen der Unterkante des Maßbandes zum Brustpunkt.

20	Unterbrustumfang	uBrU

□6 Das Maßband wird von hinten waagerecht unter der Brust und unter den Armen hindurchgeführt und hinten abgelesen.

21	Unterbrustabstand	uBrA

□6 Gleichzeitig mit dem Unterbrustumfang misst man mit dem anderen Ende des Maßbandes den Abstand zwischen der Oberkante des Maßbandes zum Brustpunkt

22	Schulterbreite	SuB

□2 Das Maßband verläuft vom höchsten Punkt der Schulter am seitlichen Hals (dort wo die Halslochnaht sitzen sollte) zum äußersten seitlichen Schulterknochen (dort wo die Armlochnaht sitzen sollte). Es ist ratsam, beide Seiten zu messen und den Mittelwert zu notieren.

23	Armlänge	ArL

□6 Mit dem Maßband wird entlang der Armaußenkante die Länge zwischen dem Schulterpunkt über die leicht angewinkelte Ellenbogenspitze zum äußeren Handgelenkknöchel gemessen. Der Arm soll am Ellenbogen mit einem Winkel von nicht mehr als 45° angewinkelt werden.

24	Oberarmumfang	OaU

□6 Mit anliegendem Maßband wird bei natürlich herabhängendem Arm der Umfang waagerecht an der stärksten Stelle unterhalb der Achselhöhle gemessen.

25	Handgelenkumfang	HagU

□6 Mit dem Maßband wird der Umfang über die stärkste Stelle der Handgelenk-Knöchel gemessen.

26	Handumfang	HaU

□6 Mit dem Maßband wird der Umfang über die stärkste Stelle der geschlossenen Hand gemessen.

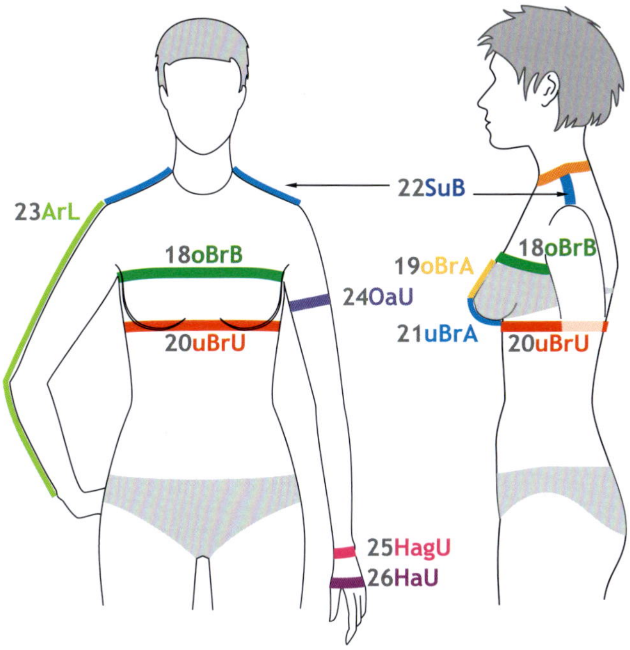

□7 Brust-, Arm- und Schultermaße

27	Armansatzumfang	AraU

□7 Mit einem dünnen Maßband oder einer Kordel wird unter der Achsel hindurch über die seitliche Schulter gemessen.

28	Schulterwinkel	SuWi

□7 Mit einem Winkelmesser (Smartphone mit (Wasserwaagen-App) werden die Winkel der Schulter zwischen Halsansatz und Schulterpunkt gemessen. Der Normalwert ist 20°. Bei unterschiedlichen Werten rechts und links ist unbedingt **der kleinere Wert zu verwenden!**

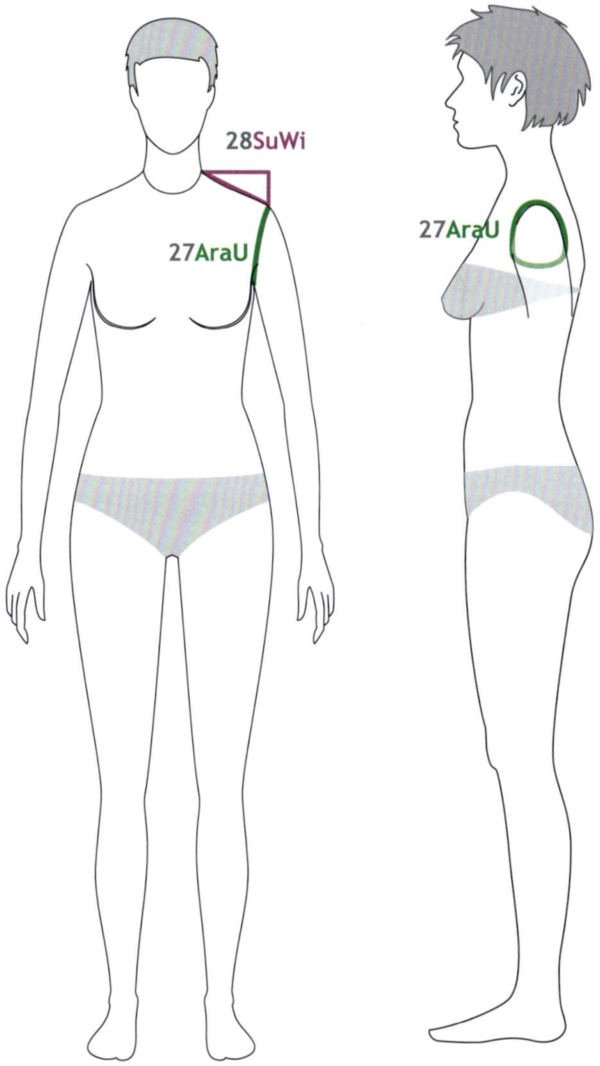

□8 Armansatzumfang, Schulterwinkel

Körpermaße und Maßnehmen (5)

29 Hüfttiefe HüT

□9 Mit dem Maßband wird der Abstand zwischen Unterkante des Taillenbandes und der stärksten Stelle an der seitlichen Hüfte entlang der Körperrundung gemessen.

30 Schritthöhe SrH

□9 Das Maß zwischen Schritt und Standfläche und wird mit einem Schritt-Maßband gemessen - aber häufig bei Damen auch nur berechnet.

31 Sitzhöhe SiH

□10 Die Sitzhöhe wird im Sitzen auf einer ebenen Fläche gemessen. Das Taillenband muss hierbei waagerecht liegen (siehe Taillenhöhen). Das Maß wird links und rechts von der Unterkante des Taillenmaßbandes bis zur Ebene der Sitzfläche entlang der seitlichen Körperrundung gemessen. Man verwendet das mittlere oder kürzere gemessene Maß. Geeignetes Messgerät ist das Lotband.

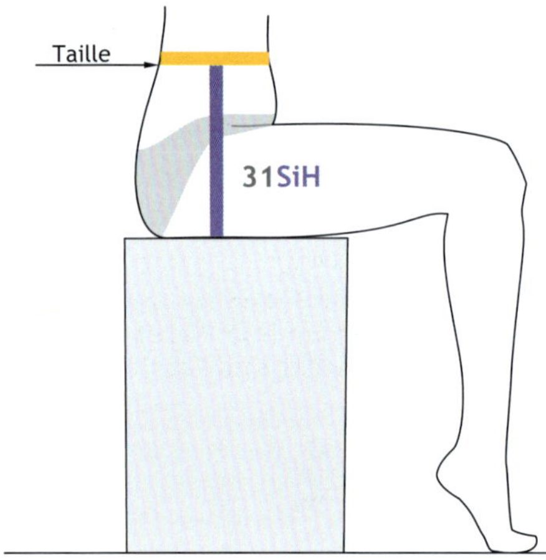

□10 Sitzhöhe von der waagerechten Taille

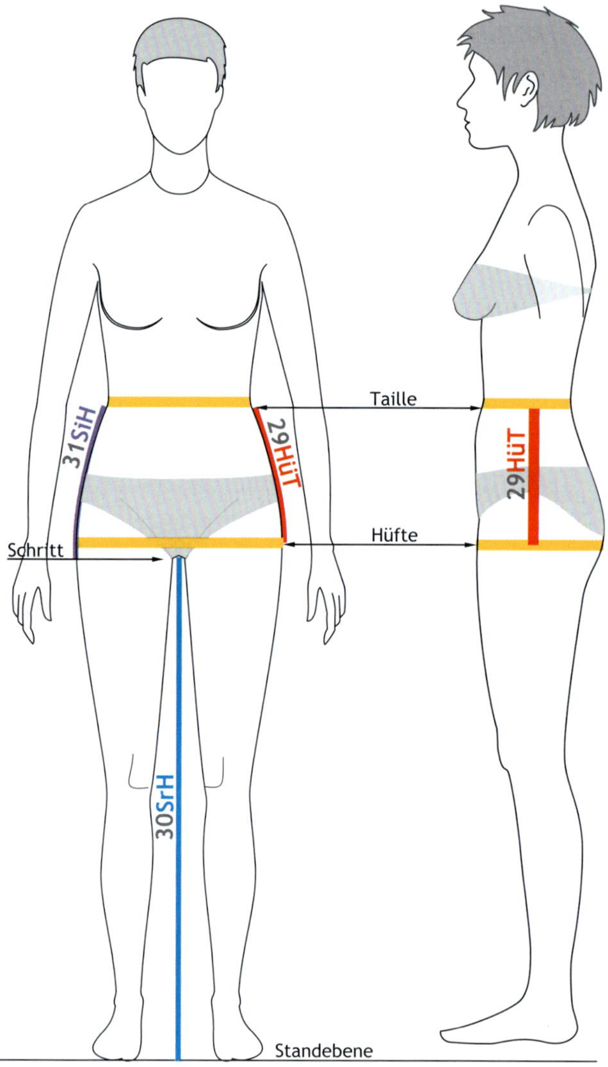

□9 Maße unterhalb der Taille

32 Oberschenkelumfang OsU

□11 Das Maß wird über der stärksten Stelle der Oberschenkel gemessen.

33 Knieumfang KnU

Das Maß wird über die stärkste Stelle des Knies gemessen.

34 Unterknieumfang uKnU

Das Maß wird über der engsten Stelle unter dem Knie gemessen.

35 Wadenumfang WaU

Das Maß wird über der stärksten Stelle der Wade gemessen.

36 Fesselumfang FeU

Das Maß wird über der stärksten Stelle der Fußknöchel gemessen.

37 Fersen-/Ristumfang RiU

Das Maß wird unter der Ferse und über dem Rist (Fußrücken) bei gestrecktem Fuß gemessen.

38 Unterleibumfang UlU

Das Maß wird entlang der vorderen und der hinteren Mitte zwischen den Beinen jeweils zur Unterkante des Taillenbandes extrem eng am Körper gemessen.

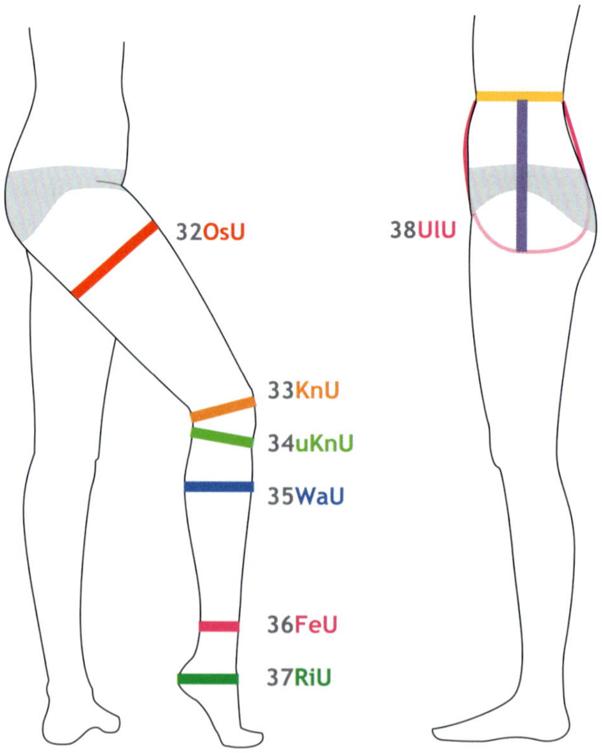

□11 Spezielle Hosenmaße

Hinweise zum Maßnehmen und zur Maßtabelle (1)

Gemessene Maße

Die Maße, z.B. der Taillenumfang, werdengemessenen und in der Maßtabelle (folgende Seite, Kopiervorlagen im Anhang) notiert.

Berechnete Maße

Manche Konstruktionsmaße kann man nur berechnen, wie z.B. die Halslochbreite (HlB), die aus dem Halsansatz-Umfang (HaU) berechnet wird. Die Formeln stehen in der Maßtabelle, die Werte sind ebenfalls dort zu notieren.

Kontrollmaße

Zur Kontrolle werden bestimmte Maße anhand anderer Maße errechnet und somit kontrolliert, wie z.B. die Armlochtiefe (AlT). Hier kann bei starker Abweichung das gemessene Maß an den Wert des Kontrollmaßes anpasst werden.

Beide Körperseiten

Die Brusttiefe (gBrT) wird z.B. an beiden Körperseiten gemessen. Hier wird in der Regel der Durchschnitt errechnet, um die endgültige Brusttiefe (BrT) zu bestimmen.

Figurbedingte Korrekturen

Für die korrekten Maße der Rückenlänge (RüL) und der Vorderlänge (VL) muss man zusätzlich die **Lage des Taillenbandes beobachten**, das, von der Seite aus betrachtet, optimalerweise waagerecht liegen sollte.

☐1 Liegt das Taillenband hinten z.B. um 1 cm tiefer, muss der Wert der gemessenen Rückenlänge (gRüL) um 1 cm gekürzt werden, da es zu lang ist. Steigt z.B. das Taillenband vorne an, muss hier die gemessene Vorderlänge (gVL) entsprechend verlängert werden.

Die Taillenschräglage ist nur für die korrekte Messung von RüL und VL notwendig. Es hat zunächst nichts mit der Lage eines Bundes an der Bundposition, bzw. mit den gemessenen Bundabständen zu tun!

☐2 Größere Probleme können bei Figuren entstehen, an denen sich das Taillenmaßband nicht waagerecht legen lässt. Dies beobachtet man manchmal bei stärkeren Figuren. Bei diesen ist es zudem schwierig, die korrekte Höhe der Taille zu bestimmen, da die unteren Rippenbögen und die Hüftknochen schwer zu ertasten sind.

Hier rutscht das Taillenmaßband gerne in die Bauchfalte, d.h. an die **Bundposition** und das Band fällt von der Seite aus nach vorne hin ab **☐2. Die korrekte Position des Taillenmaßbandes muss hier erzwungen werden!**

Kontrolle der Balance von RüL und VL

Bei den Maßen in der Größentabelle stehen die Rückenlänge (RüL) und Vorderlänge (VL) bei jeder einzelnen Größe in optimaler Balance zueinander.

Bei individuell gemessenen Maßen ist jedoch unbedingt eine **Kontrolle der Balance** (in der Maßtabelle unten rechts) vorzunehmen .

Individuelle Balance

RüL und VL werden also zum waagerechten Taillenmaßband gemessen, bzw. um eine Taillenschräglage korrigiert. Nun kann die **Differenz von VL minus RüL** ermittelt werden. Dies ist die individuelle Balance.

Optimale Balance

Die Werte von VL und RüL müssen bei waagerechtem Taillenumfangs eine bestimmte **Differenz** aufweisen. Man findet die Werte in der Maßtabelle im roten Rahmen.

Balance-Problem

Die **Differenz zwischen individueller und optimaler Balance** stellt das Balance-Problem dar, das es ggf. zu korrigieren gilt.

TIPP:

Stellt man ein Balance-Problem fest, das sich an der Figur zunächst nicht beobachten lässt, ist es immer ratsam, noch einmal die Lage des Taillenmaßbandes zu kontrollieren und die RüL und die VL nachzumessen.

Figurbeobachtung, -Abweichung

☐1+2 Bei der Figurbeobachtung werden die Haltung und die besonderen Proportionen einer Figur analysiert (Seiten 174+175). Dies ist neben dem Messen der Körpermaße die andere wichtige Aufgabe beim Maßnehmen.

Ist die **gVL zu lang**, könnte es sich z.B. um eine Figur mit **großem Busen** oder mit sehr **geradem Rücken** handeln.

Ist die **gRüL zu lang**, könnte es sich z.B. um eine Figur mit **kleinem Busen** oder mit **rundem Rücken** handeln.

Dies sind einige Möglichkeiten, wie solche Maßabweichung interpretiert werden können. Nur durch eine gründliche Figurbeobachtung können sie zweifelsfrei bestimmt und der Schnitt passformgerecht optimiert werden (hierzu sei auf Band 2 **„Maßschnitte und Passform"** verwiesen).

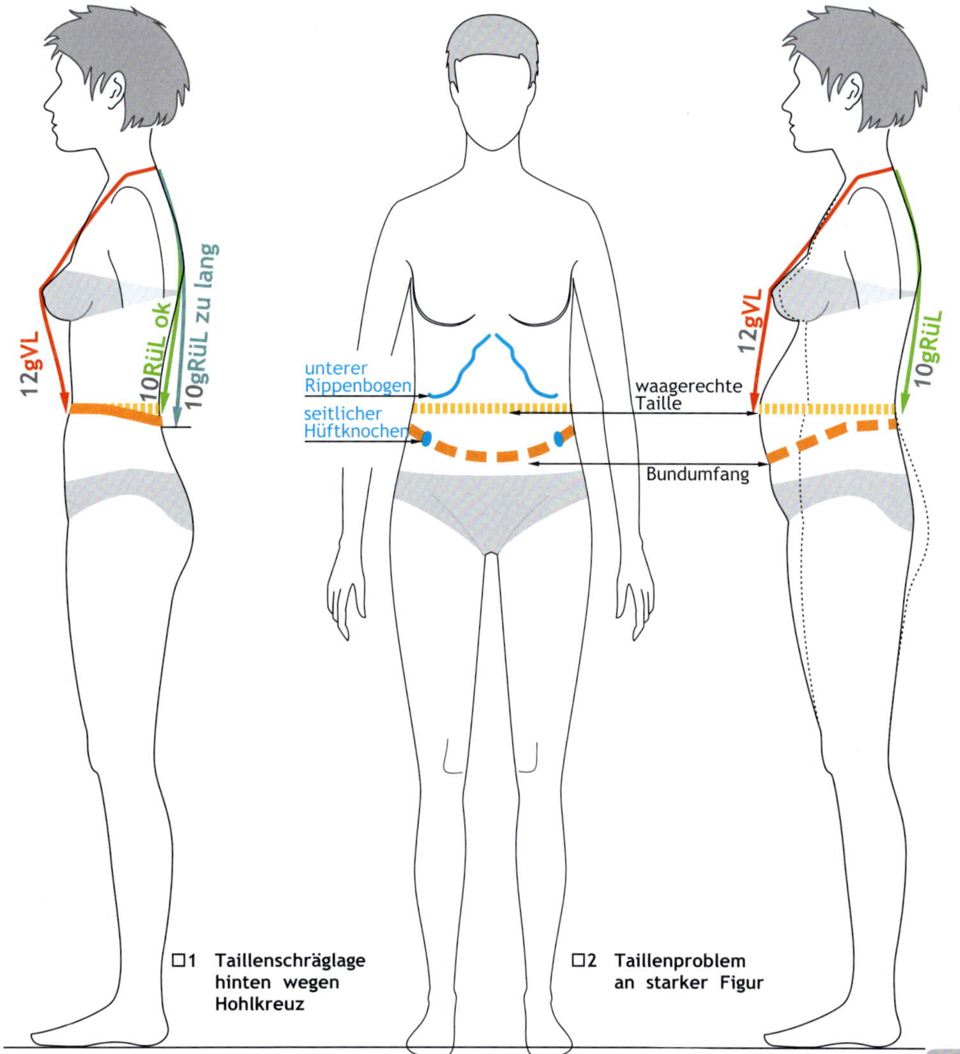

☐1 Taillenschräglage hinten wegen Hohlkreuz

☐2 Taillenproblem an starker Figur

Hinweise zur Maßtabelle und zum Maßnehmen (2)

Maßoptimierung, Schnittkonstruktion und Schnittoptimierung

Für die Grundschnittkonstruktion müssen nun die VL und/oder die RüL entsprechend der Figurbeobachtung so korrigiert werden, dass die optimale Balance zwischen VL und RüL hergestellt ist. Dies wird, wenn notwendig, in der Konstruktonstabelle notiert (siehe Seite 177).

Nach der Grundschnitt-Konstruktion in optimaler Balance werden die Beträge der Maßänderungen an RüL und/ oder VL nach bestimmten Regeln am Grundschnitt rückgängig gemacht, wodurch der Grundschnitt optimiert wird.

Ist z.B. die gemessene RüL bei einem runden Rücken (siehe □**7**) zu lang, wird das Konstruktionsmaß RüL für die Schnitterstellung verringert, damit die Balance passt. Nach der Konstruktion fehlt jetzt Länge im Rückteil. Nun wird der Rücken aufgeschnitten und die zuvor gekürzte RüL wieder in den Schnitt gegeben. Die RüL besitzt jetzt wieder das gemessene Maß. Durch das Öffnen am Rücken vergrößert sich der Schulterabnäher, wodurch das Rückteil die notwendige Form für die entsprechende Figur erhält.

Probleme unterhalb der Taille

□**1+2** Figurabweichungen unterhalb der Taille sind ebenfalls durch eine Figurbeobachtung zu analysieren. Hier erklärt sich z.B. in □**2** eine längere hTaH durch das starke Gesäß. Auch hier ist zum waagerechten Taillenband zu messen.

Der Rock- und Hosen-Grundschnitt ist entsprechend anzupassen.

Leider würde es den Rahmen dieses Buches sprengen, alle Problemfiguren zu besprechen und Lösungen aufzuzeigen. Der vorliegende Band 1 behandelt ausschließlich die **Grundlagen** der Schnittkonstruktion.

Trotzdem sei hier die Problematik kurz erläutert, um einen Hinweis zu geben, dass Probleme auftreten können. Zudem sei darauf hinweisen, wo Lösungen zu Problemen bei **individuellen Konstruktionen** zu finden sind.

Umfangreiche Informationen und Schritt-für-Schritt-Anleitungen zur Behandlung von Passformproblemen finden sich in Band 2 **„Maßschnitte und Passform“.**

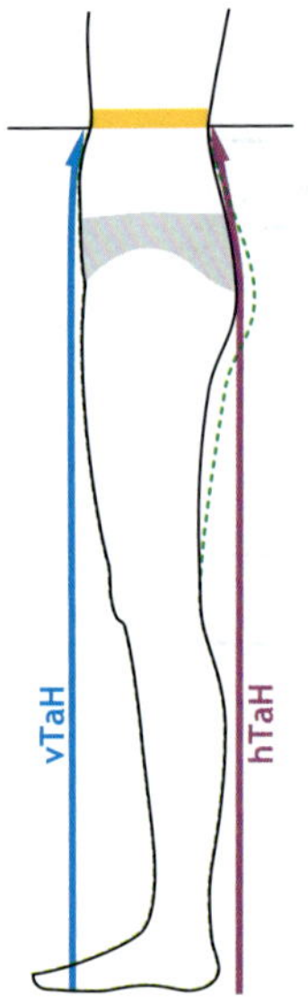

□1 Flaches Gesäß

- Die vTaH ist korrekt.
- Die hTaH ist wegen des flachen Gesäßes **kürzer**

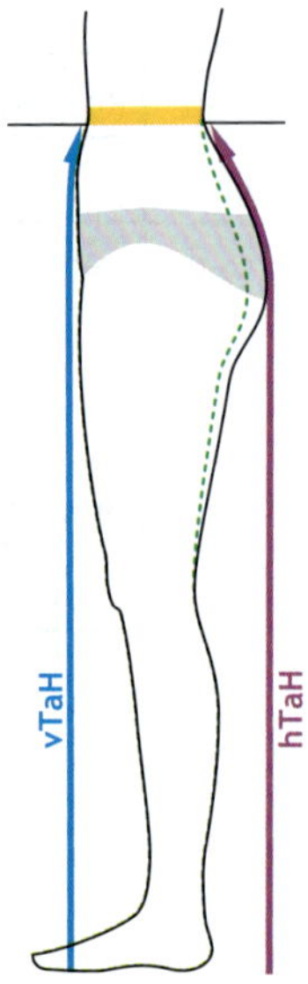

□2 Starkes Gesäß

- Die vTaH ist korrekt.
- Die hTaH ist wegen des starken Gesäßes **länger**

- Die VL ist durch den großen Busen **zu lang**.
- Die RüL ist korrekt.

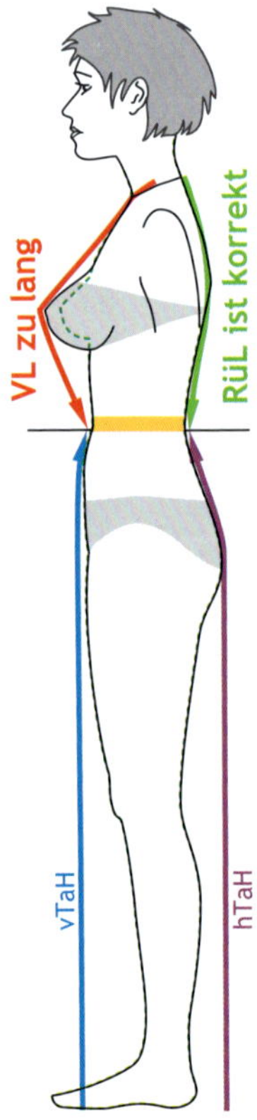

□3 Großer Busen

- Die VL ist wegen der vorgedrückten Brust **zu lang**.
- Die RüL ist wegen der aufrechten Haltung **zu kurz**.

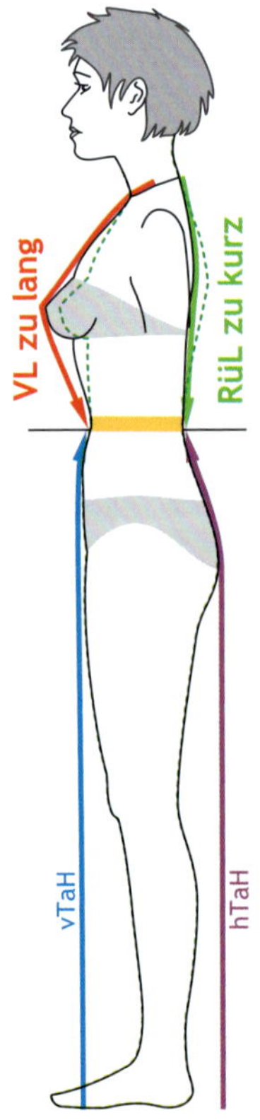

□4 Aufrechte Haltung, vorgedrückte Brust

- Die VL ist durch den flachen Busen **zu kurz**.
- Die RüL ist korrekt.

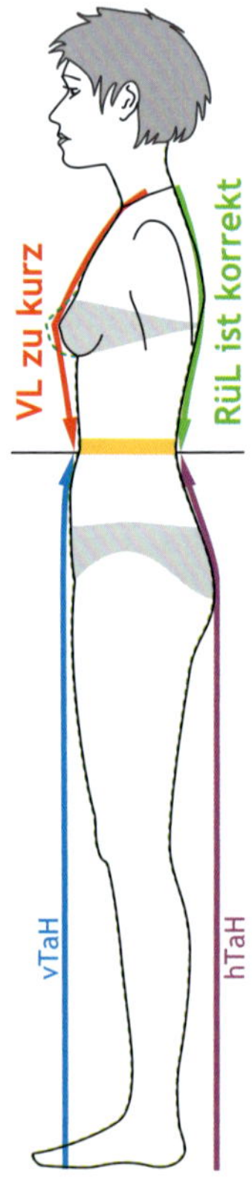

□5 Flacher Busen

- Die VL ist wegen des eingefallenen Brustkorbs **zu kurz**.
- Die RüL ist wegen des runden Rückens **zu lang**.

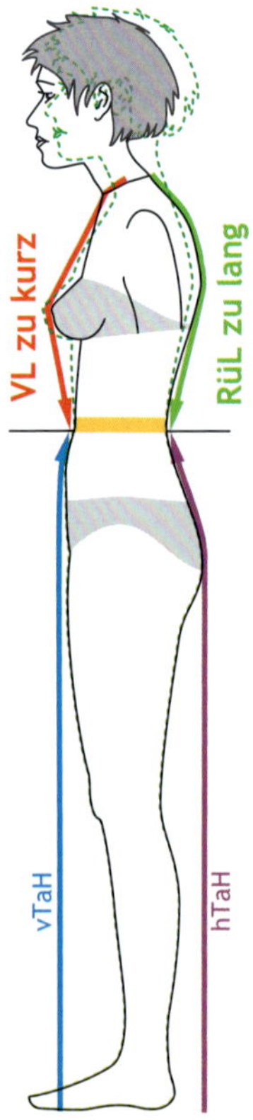

□6 Runder Rücken

Die grün gestrichelten Linien verdeutlichen die Normalfigur

Maßtabelle

Maße in cm

Name	
Datum	
Körpermaße	Bemerkungen:

KöH	Körperhöhe			
gBrU	gemessener Brustumfang			
TaU	Taillenumfang waagerecht		½	¼
HüU	Hüftumfang waagerecht		½	¼

BuU	Bundumfang		½	¼	
BuA	Bundabstände → Ta-Band	v	h	r	l

Vorsicht: Die Taillenabstände sind nicht unbedingt identisch mit der Taillenschräglage!

TaH	Taillenhöhen vom Boden zum Taillen-Band	v	h
		r	l

optimale	mTaH	
	sTaH	

HaU	Halsansatzumfang		HaU : 6 + 0,5 cm =			Halslochbreite	HlB	
gRüL	gemessene Rückenlänge		± Taillenschräglage hinten		=	Rückenlänge	RüL	
gBrT	gemessene Brusttiefe	r	l	Ø	gBrT – HlB =	Brusttiefe	BrT	
gVL	gemessene Vorderlänge	r	l	Ø	gVL – HlB =			
			± Taillenschräglage vorne		=	Vorderlänge	VL	

gAlT	gemessene Armlochtiefe		Kontrolle: (KöH + BrU) :10 – 6 cm =			Armlochtiefe	AlT	
gRüB	gemessene Rückenbreite		gRüB : 2 =		RüB			
gArD	gemess. Armdurchmesser	r	l	Ø	ArD			
gBrB	gemessene Brustbreite		gBrB : 2 =		BrB			
BrU	Brustumfang waagerecht		RüB + ArD + BrB = ½ BrU		Σ =	· 2 =	BrU	

oRüB	obere Rückenbreite		½
oBrB	obere Brustbreite		½
oBrA	Oberbrustabstand → BrP		
uBrU	Unterbrustumfang		½
uBrA	Unterbrustabstand → BrP		
SuWi	Schulterwinkel	r	l

ArL	Armlänge	
OaU	Oberarmumfang	
HagU	Handgelenkumfang	
HaU	Handumfang	
AraU	Armansatzumfang	
SuB	Schulterbreite	

HüT	Hüfttiefe	
SiH	Sitzhöhe	
OsU	Oberschenkelumfang	
KnU	Knieumfang	
uKnU	unterer Knieumfang	
WaU	Wadenumfang	
FeU	Fesselumfang	
RiU	Ristumfang	
UlU	Unterleibumfang	

Brustumfang **BrU**	optimale Balance **Bal**
80 bis 89	+ 3,5
90 bis 99	+ 4,0
100 bis 109	(BrU – 100) : 10 + 4,5
110 bis 119	(BrU – 100) : 10 + 5,0
120 bis 129	(BrU – 100) : 10 + 5,5
130 bis 150	(BrU – 100) : 10 + 6,0
optimale Balance	Bal

Abweichungen von der optimalen Balance bis zu 1 cm vernachlässigt werden, wenn kein Figurproblem beobachtet werden kann.

Bei Zweifeln sollten die Messungen zum waagerechten Taillenmaßband wiederholt werden!

Die **endgültigen Konstruktionswerte** für **RüL** und **VL** sind durch **Figurbeobachtung** zu ermitteln (siehe Band 2).

VL	
minus RüL	–
individuelle Balance	=

Bal – individuelle Balance = Balance-Problem =

Alle Formulare sind auch unter folgendem Link zu finden: www.europa-lehrmittel.de/62369

Alle Formulare sind auch unter folgendem Link zu finden: www.europa-lehrmittel.de/62369

Konfektionsgrößen

National festgelegte Standardgrößen, nach denen Bekleidungsartikel innerhalb eines Wirtschaftsraumes (z.B. Deutschland) verkauft werden, bezeichnet man als Konfektionsgrößen.

In der Damen-Oberbekleidung (DOB) werden die Größenbezeichnungen von den Maßen KöH, BrU und HüU abgeleitet (Konfektionsgröße = BrU:2 - 6 cm).

Die einzelnen Körpermaße werden durch Reihenmessungen ermittelt und gelten so lange, wie die Bekleidungsbetriebe mit diesen Maßen ihre Ware problemlos absetzen können. Die Werte der letzten frei veröffentlichten Reihenmessung von 1994 sind veraltet, die Verwendung allerdings unbedenklich.

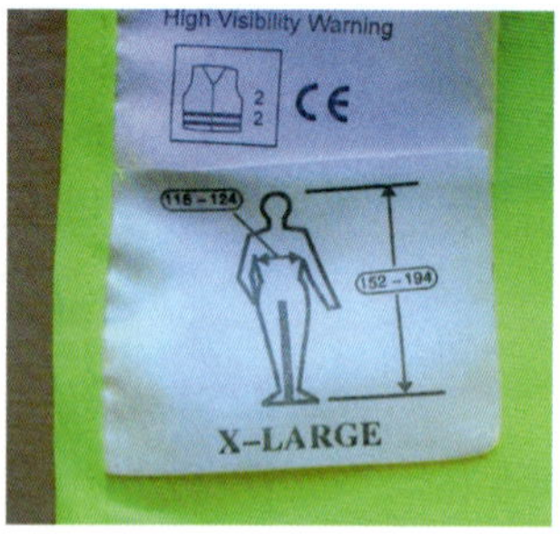

□1 Etikett aus einer Warnweste

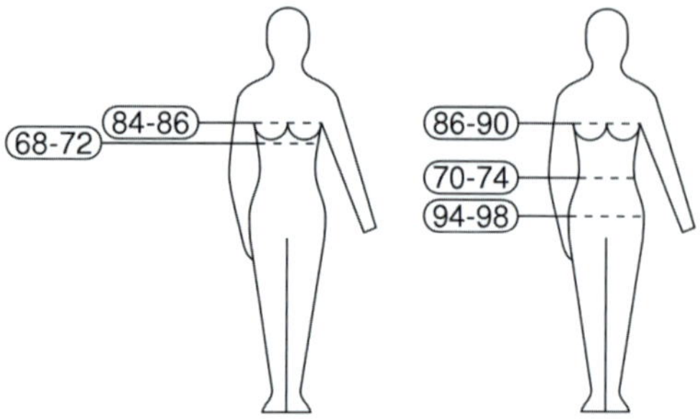

□2 Beispiele für Piktogramme

Mit der EU-Norm EN 13402 soll ein neues Code-System entwickelt werden, das gegebenenfalls die vielen nationalen Größensysteme ablösen soll.

Die neu entwickelten Piktogramme für die Auszeichnung von Bekleidung sollen die für das jeweilige Kleidungsstück relevanten Körpermaße enthalten.

DOB*-Größentabelle der Damen-Konfektionsgrößen

basierend auf den Reihenmessungen von 1994 alle Maßangaben in cm © Europa-Lehrmittel

G	Größe	32	34	36	38	40	42	44	46	48	50	52	54	56	58	60	G
KöH	Körperhöhe alle Größen		168		168						168						KöH
BrU	**Brustumfang**	**76**	**80**	**84**	**88**	**92**	**96**	**100**	**104**	**110**	**116**	**122**	**128**	**134**	**140**	**146**	**BrU**
uBrU	Unterbrustumfang	68	71	74	77	80	84	88	92	98	104	110	116	122	128	134	uBrU
TaU	Taillenumfang	62	65	68	72	76	80	84	88	94,5	101	107,5	114	120,5	127	133,5	TaU
HüU	Hüftumfang	86	90	94	97	100	103	106	109	114	119	124	129	134	139	144	HüU
HaU	Halsansatzumfang	34,2	34,8	35,4	36	36,6	37,2	37,8	38,4	39,6	40,8	42	43,2	44,4	45,6	46,8	HaU
HlB	Halslochbreite (½)	6,2	6,3	6,4	6,5	6,6	6,7	6,8	6,9	7,1	7,3	7,5	7,7	7,9	8,1	8,3	HlB
AlT	Armlochtiefe	18,9	19,3	19,7	20,1	20,5	20,9	21,3	21,7	22,1	22,5	22,9	23,3	23,7	24,1	24,5	AlT
RüL	Rückenlänge	41,4	41,4	41,4	41,6	41,8	42	42,2	42,4	42,7	43	43,3	43,6	43,6	43,6	43,6	RüL
	7.HW bis Kniekehle	100,6	100,9	101,2	101,5	101,8	102,1	102,4	102,7	103,1	103,5	103,9	104,3	104,7	105,1	105,5	
	7.HW bis Fußsohle	146	146,3	146,6	146,9	147,2	147,5	147,8	148,1	148,5	148,9	149,3	149,7	150,1	15,5	150,9	
HüT	Hüfttiefe		21		21						21						HüT
BrT	Brusttiefe	25,7	26,5	27,3	28,1	28,9	29,7	30,5	31,3	32,5	33,7	34,9	36,1	37,3	38,5	39,7	BrT
VL	Vorderlänge	43,9	44,3	44,7	45,3	45,9	46,5	47,1	47,7	48,8	49,9	51	52,1	52,9	53,7	54,5	VL
oRüB	obere Rückenbreite (½)	16,2	16,7	17,2	17,7	18,2	18,7	19,2	19,7	20,5	21,2	22	22,7	23,5	24,2	25	oRüB
RüB	Rückenbreite (½)	15	15,5	16	16,5	17	17,5	18	18,5	19,2	19,9	20,6	21,3	22	22,7	23,4	RüB
ArD	Armdurchmesser	7,2	7,9	8,6	9,3	10	10,7	11,4	12,1	12,2	14,3	15,4	16,5	17,6	18,7	19,8	ArD
BrB	Brustbreite (½)	15,8	16,6	17,4	18,2	19	19,8	20,6	21,4	22,6	23,8	25	26,2	27,4	28,6	29,8	BrB
BrPA	Brustpunktabstand (½)	7,6	8	8,4	8,8	9,2	9,6	10	10,4	11	11,6	12,2	12,8	13,4	14	14,6	BrPA
SuB	Schulterbreite	11,9	12	12,1	12,2	12,4	12,6	12,8	13	13,2	13,4	13,6	13,8	14	14,2	14,4	SuB
SuWi	Schulterwinkel in Grad		20°		20°						20°						SuWi
ArL	Armlänge	59,4	59,6	59,8	60	60,2	60,4	60,6	60,8	61,1	61,4	61,7	62	62	62	62	ArL
OaU	Oberarmumfang	25,6	26,2	26,8	28	29,2	30,4	31,6	32,8	34,6	36,4	38,2	40	41,8	43,6	45,4	OaU
HgU	Handgelenkumfang	14,6	15	15,4	15,8	16,2	16,6	17	17,4	18	18,6	19,2	19,8	20,4	21	21,6	HgU
sTaH	seitliche Taillenhöhe		106		106						106						sTaH
OsU	Oberschenkelumfang	50,2	52	53,8	55,6	57,4	59,2	61	62,8	65	67,2	69,4	71,6	73,8	76	78,2	OsU
SiH	Sitzhöhe	24,9	25,3	25,7	26,1	26,5	26,9	27,3	27,7	28,3	28,9	29,5	30,1	30,7	31,3	31,9	SiH
SrH	Schritthöhe	81,1	80,7	80,3	79,9	79,5	79,1	78,7	78,3	77,7	77,1	76,5	75,9	75,3	74,7	74,1	SrH
FeU	Fesselumfang	23	23,5	24	24,5	25	25,5	26	26,5	27	27,5	28	28,5	29	29,5	30	FeU
KoU	Kopfumfang	55,2	55,4	55,6	55,8	56	56,2	56,4	56,6	56,8	57	57,2	57,4	57,6	57,8	58	KoU

* DOB = Damenoberbekleidung

Internationale Damen-Größen im Vergleich

D (Deutschland)	32	34	36	38	40	42	44	46	48	50	52	54
International	XS	S	M	M/L	L	XL	XXL	XXL	XXXL	XXXL	XXXL	XXXL
UK (Großbritannien)	-	8	10	12	14	16	18	20	22	24	26	28
US (USA)8	9	10	12	14	16	18	20	22	24	26	-	
F (Frankreich)	-	36	38	40	42	44	46	50	52	54	56	58
IT (Italien)	40	42	44	46	48	50	52	54	56	58	60	-
Japan	9	11	13	15	17	19	21	23	25	-	-	-

Standards bei Schnittkonstruktionen (1)
Linienarten, Bemaßungen, Konstruktionsschritte

Linienarten

Bei der Schnittkonstruktion werden Flächen auf Papier oder digital an einem Bildschirm konstruiert. Mit diesen Flächen wird dann der Stoff zugeschnittenen. Zusammengesetzt ergeben sie ein textiles Produkt, z.B. einen Rock.

Linien begrenzen und unterteilen diese Flächen. Sie sind also elementare Bestandteile eines jeden Schnitts.

Bei der manuellen Schnitterstellung und bei digitalen Schnitten wird oft nur eine Linienart, die durchgezogene Linie verwendet. Die Bedeutung der Linien ergeben sich für den Profi aus dem Zusammenhang und der Linienposition.

Verwendung verschiedener Linienarten in diesem Buch

Für ein besseres Verständnis sind hier verschiedenen Linienarten bestimmte Bedeutungen zugeordnet. Linienarten geben somit zusätzliche Informationen:

1 Nahtlinie

Strichlinien in normaler Breite symbolisieren eine Naht bzw. unsichtbare Kanten (dann mit feiner Linie).

2 Hilfslinie

Konstruktions-, Maß- und Maßhilfslinien werden als **schmale bzw. helle Voll-Linien** gezeichnet.

3 Schnittlinie

Die Konturen werden mit einer **breiten Volllinie** gezeichnet. An diesen Linien wird die Schablone bzw. der Stoff ausgeschnitten.

4 Umbruch-Linie

Umbruch- und Bügelkanten werden mit einer **Strich-Zweipunkt-Linie** gezeichnet.

5 Symmetrielinie

Als Mittellinie weist sie darauf hin, dass sich auf beiden Seiten der Linie die selbe Größe und Form einer Schnittfläche befindet (Spiegellinie). Sie wird als **Strich-Punkt-Linie** gezeichnet.

6 Demonstrationslinie

In diesem Buch demonstrieren i.d.R. grüne **Punktlinien** die ursprüngliche Schnittkontur vor einer erfolgten Schnittveränderung.

7 Konstruktionslinien

oder Proportionslinien kennzeichnen bei Schnittteilen z.B. die Brust-, Taillen-, Hüft-, Knie-, Ellenbogen-, Armvortrittslinien usw. Sind mit **langen Strichen und kurzen Unterbrechungen** dargestellt.

8 Bemaßungslinien + Pfeile

Grüne **schmale oder helle Linien mit Pfeilspitzen** sind Bemaßungslinien, als Kontrollstrecken sind sie oft orangefarben.

Bemaßungen in diesem Buch

Linien und Abstände müssen bei einer Konstruktion sehr häufig exakte Maße besitzen. Diese abzutragenden Längen - aber auch Abstände oder Kurvenlängen - werden an den Bemaßungslinien mit grünen Werten beschriftet (siehe unten bei Punkt 8, P8). Es kann sich um reale Zahlenwerte in cm, aber auch um Körper- oder um zuvor berechnete Konstruktionsmaße handeln, die manchmal mit Abkürzungen versehen sind. Diese Abkürzung steht dann für den berechneten oder gemessenen Zahlenwert in cm, der dann **in Richtung des Bemaßungspfeiles** abzutragen oder zu messen ist (z.B. hSuB).

Manchmal sind aus Platzmagel oder wegen der besseren Übersichtlichkeit einige Werte in kleinen grünen Zahlen dargestellt (ohne die in diesem Buch einheitlich verwendete Längeneinheit **Zentimeter**, siehe bei P8).

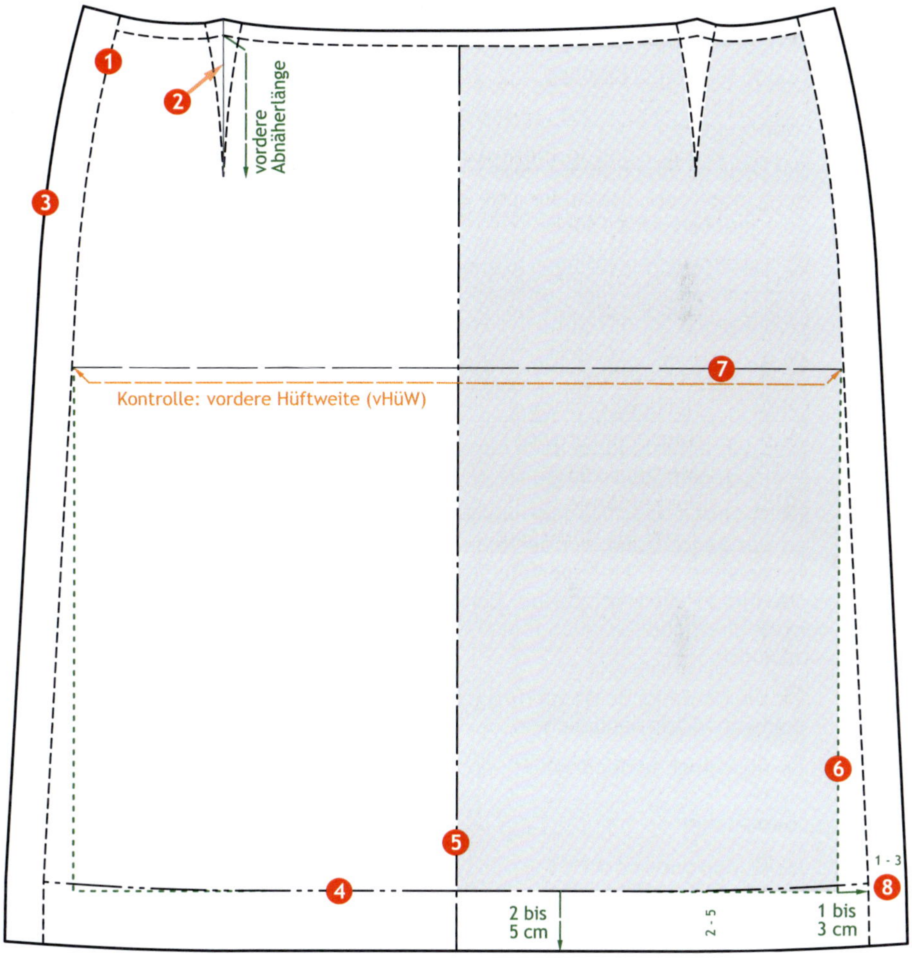

Reihenfolge der Konstruktionsschritte 1 2 3 4 5

In diesem Buch sind bei nahezu allen Konstruktionen die jeweiligen Konstruktionsschritte in einem Text neben der Skizze beschrieben. Die Reihenfolge der Schritte ist immer zu beachten. Diese Schrittabfolge ist durch blaue Punkte mit weißen Zahlen sowohl im Text als auch an den entsprechenden Stellen an den Konstruktions-Skizzen verdeutlicht (siehe oben - hier stellen sie allerdings keine Schrittabfolge dar, sondern Ordnungszahlen). Somit ist eine schnelle und einfache Orientierung bei der Konstruktion gewährleistet.

Mitunter sind die Punkte in anderen Farben dargestellt, um verschiedene Konstruktionen auf einer Doppelseite besser zu unterscheiden.

Standards bei Schnittkonstruktionen (2)
Nahtzugaben und Einschläge

Der Produktionsschnitt

Aus einem **Grundschnitt** entsteht nach einer Modellidee unter Anwendung verschiedener Regeln ein **Modellschnitt**. Meistens besteht der Modellschnitt für ein Modell aus mehreren Schnittteilen. Die Konturen der Modellschnittteile stellen

1. **Nähte** (z.B. die Seitennaht),
2. **Kanten** (z.B. die Saumkante) und
3. **Symmetrie**- bzw. **Bruchlinien** dar.

Ein **Produktionsschnitt** für ein Modell beinhaltet allerdings noch weitere Flächen, die für den Zuschnitt des Stoffes benötigt werden. Dies sind Nahtzugaben und Einschläge. Desweiteren enthält er eine Fülle weiterer Informationen für die Fertigung.

Nahtzugaben

Die Naht ist eine linienförmige Verbindung mehrerer Stoffteile mit einem oder mehreren Nähfäden.

4. Sie erfolgt mit wenigen Ausnahmen immer innerhalb einer Stofffläche (nie genau an der Schnittkante des Stoffs).
5. So sind die von außen sichtbaren Einzelflächen, aus denen ein Textilprodukt (z.B. ein Rock) besteht, meistens durch Nähte (aber auch durch Kanten, z.B. dem Saum) begrenzt.
6. An diese textilen Flächen kommt an die Begrenzung, an der eine Naht vorgesehen ist, eine schmale Stofffläche hinzu - die Nahtzugabe. Erst jetzt ist es überhaupt möglich, eine Naht zu arbeiten.
7. Die Nahtzugabe ist am fertigen Produkt von außen nicht sichbar,
8. allerdings an der Produktinnenseite

Einschläge

An Kanten nennt man diese hinzu kommende Fläche Einschlag, z.B. Saum-, Taschen- oder Schlitzeinschlag.

9. Der Einschlag wird auf die Innenseite des Produkts umgelegt (eingeschlagen) und durch Bügeln ergibt sich die gewünschte Kante.
10. Einschläge sind ebenfalls von außen nicht sichtbar.
11. Nahtzugaben und Einschläge verlaufen (bis auf wenige Ausnahmen) immer in definiertem Abstand parallel zur jeweiligen Naht oder Kante.

Belege

Im Unterschied zum Einschlag wird ein Beleg als separates Schnittteil zugeschnitten und mit einer Kante verstürzt. Er ist nur von der Produktinnenseite sichtbar und verstärkt, befestigt und versäubert die geformte Kante, so wie der Einschlag die gerade Kante.

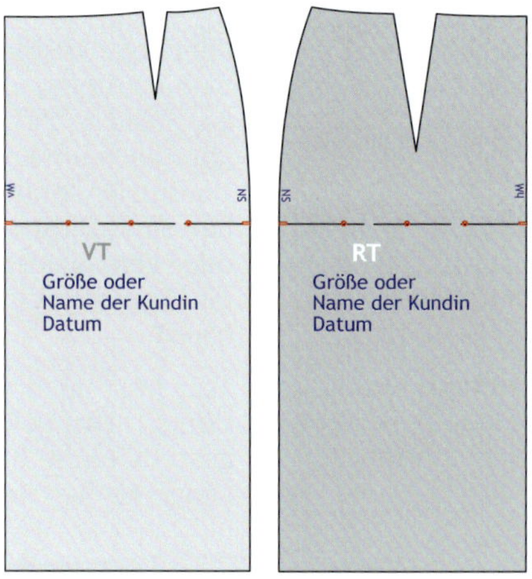

□1 Rock-Grundschnitt-Schablone

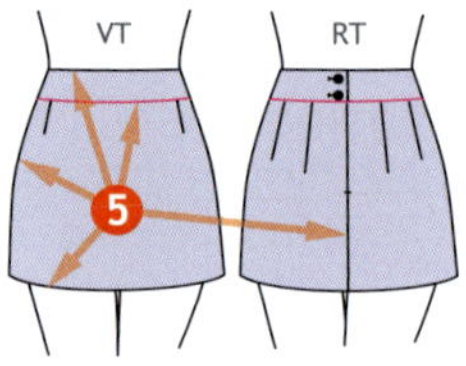

□2 Modellentwurf kurzer Rock mit Formbund

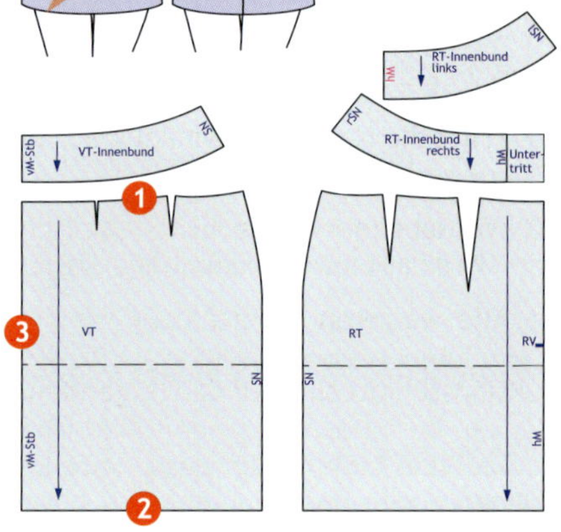

□3 Modellschnitt

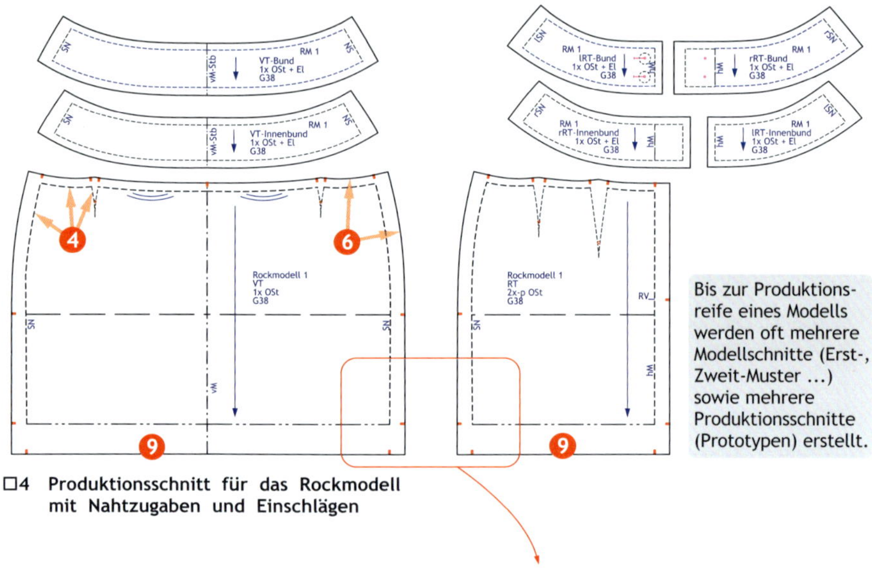

□4 Produktionsschnitt für das Rockmodell mit Nahtzugaben und Einschlägen

Bis zur Produktionsreife eines Modells werden oft mehrere Modellschnitte (Erst-, Zweit-Muster ...) sowie mehrere Produktionsschnitte (Prototypen) erstellt.

□5 Ausschnitt des Rocks mit der Seitennaht und dem Saum.
Die Seitennaht ist mit Kreide, der Saum mit Heftgarn markiert.

□6 Ansicht der Seitennaht mit dem Saum von außen und innen

Standards bei Schnittkonstruktionen (3)
Spiegelungen an Kanten (Tascheneinschlag und einfache Briefecke)

Spiegelungen am Tascheneingriff

❶ Taschenform der aufgesetzten Tasche gestalten.

❷ Den Einschlag in das Schnittteil in gewünschter Breite und Form einzeichnen.

❸ Die Einschlaglinie parallel zur Kante (hier zur Tascheneingriffs-Kante) im selben Abstand oberhalb zeichnen.

❹ Trifft die Naht rechtwinkelig auf die Kante, kann die Naht gerade verlängert werden.

❺ Wo Naht und Kante nicht rechtwinkelig aufeinander treffen, wird das Ende des Einschlags an der Kante gespiegelt.

❻ Alle weiteren Arbeiten wie die Reduzierungen, Nahtzugaben, Knipse und Beschriftungen sowie Symbole für einen Produktionsschnitt sind auf den folgenden Seiten beschrieben.

Einfache Briefecke

❶ Die Ecke z.B. von Saum und Schlitz ist sehr häufig rechtwinkelig.

❷ Die Einschläge anzeichnen; sie können gleich oder unterschiedlich breit sein (hier 2 cm und 4 cm).

❸ Die Einschläge anschließend in das Schnittteil spiegeln.

❹ Die Schnittpunkte an den Einschlägen markieren.

❺ Von dort jeweils die Naht gerade über die Ecke zeichnen.

❻ Der Inhalt der Briefecke kann unter den Einschlägen verbleiben.

❼ Alternativ kann er auch herausgeschnitten, bzw. bereits vorher mit einer Nahtzugabe versehen werden.

Weitere Schritte wie z.B. Rückschnitte, Markierungen usw. siehe folgende Seiten.

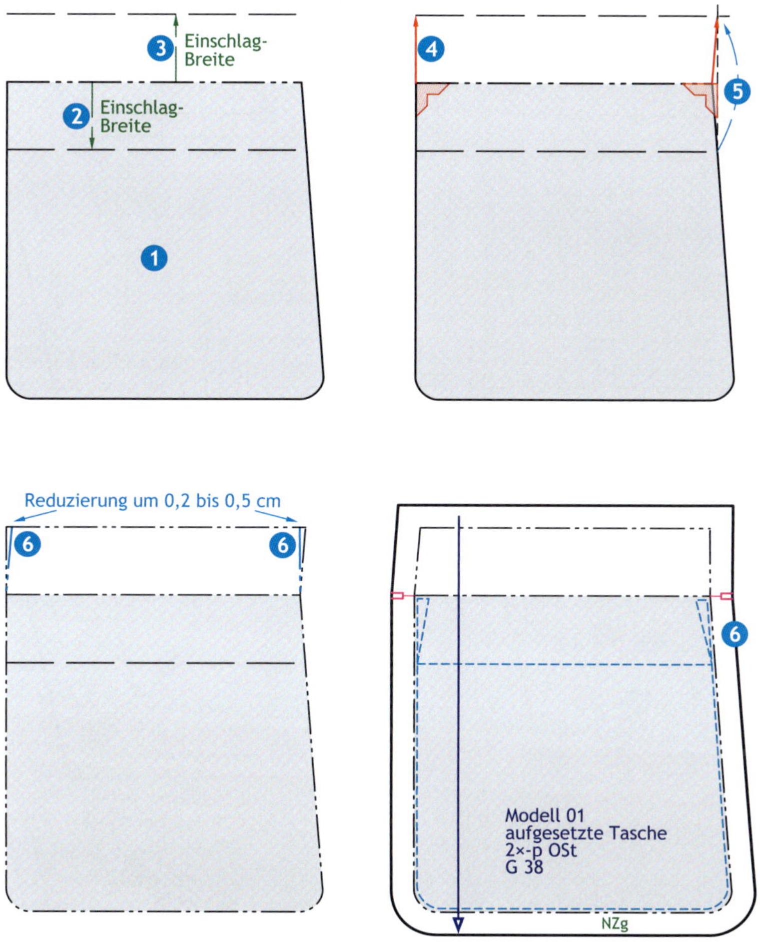

□1 Einschlag an aufgesetzter Tasche konstruieren

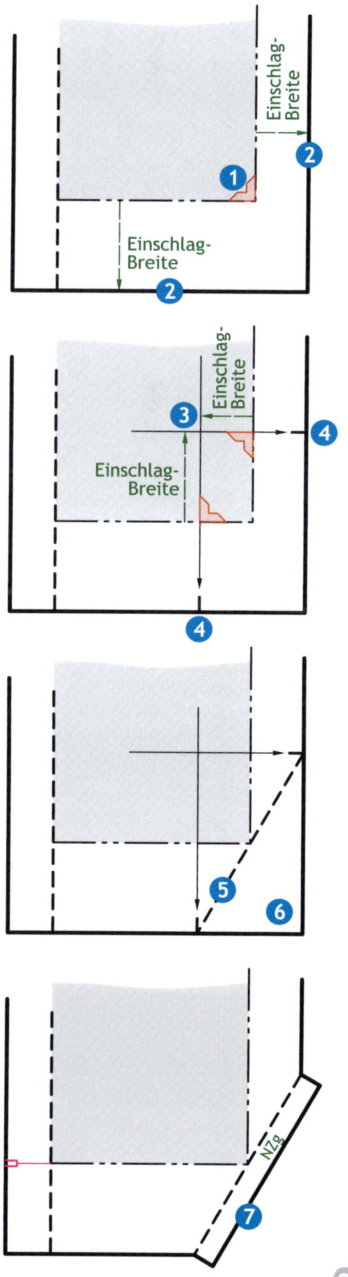

□2 Tascheneinschlag und -Futter vor dem Verstürzen

□3 Rechtwinklige Briefecke von rechts

□4 Rechtwinklige Briefecke von links

Standards bei Schnittkonstruktionen (4)
Spiegelungen an Kanten (besondere Briefecken)

Spitze Briefecke

1 Einschläge anzeichnen.

2 Die Einschläge in das Schnittteil spiegeln.

3 Vom Schnittpunkt an den Kanten zur Einschlagbreite abwinkeln.

4 Von diesen Schnittpunkten die Briefeckennähte zur Spitze verbinden.

5 Den Briefeckeninhalt später herausschneiden oder

6 die Nähte mit Nahtzugaben versehen, da der Briefeckeninhalt stört.

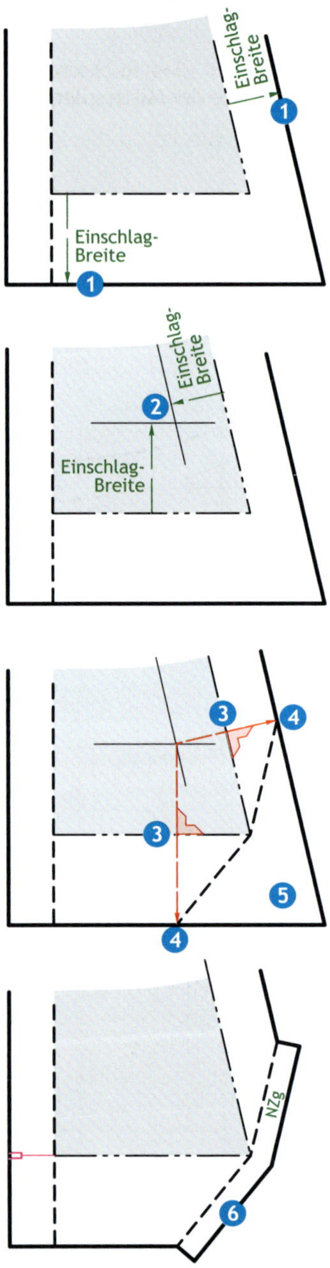

Stumpfe Briefecke mit eingeschlagenen Einschlagkanten

1 Die Einschläge **ohne Zugaben** (Einschläge) anzeichnen.

2 3 4 5 Wie zuvor beschrieben.

6 Nahtzugaben an die Briefeckennaht und

7 0,5 bis 1 cm breite Einschläge an die Einschläge zeichnen. Die entsprechenden Rückschnitte (siehe folgende Seite) setzen.

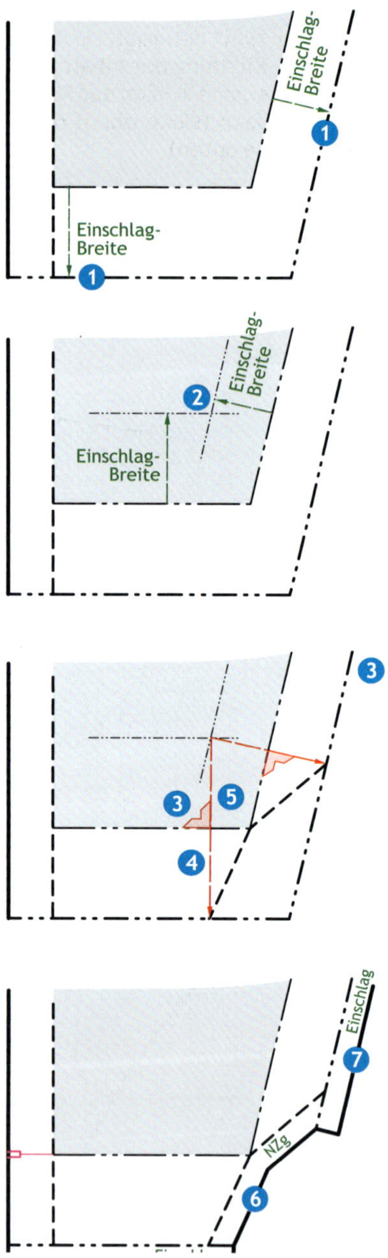

Gefütterte (hier stumpfe) Briefecke

1 Die Einschläge **mit Nahtzugaben** anzeichnen.

2 Den Abstand **zu den Nahtzugaben** in das Schnittteil einzeichnen - auch bei einer rechtwinkeligen Ecke!

3 4 5 zuvor beschrieben.

6 Die Nähte mit Nahtzugaben und entsprechenden Rückschnitten versehen.

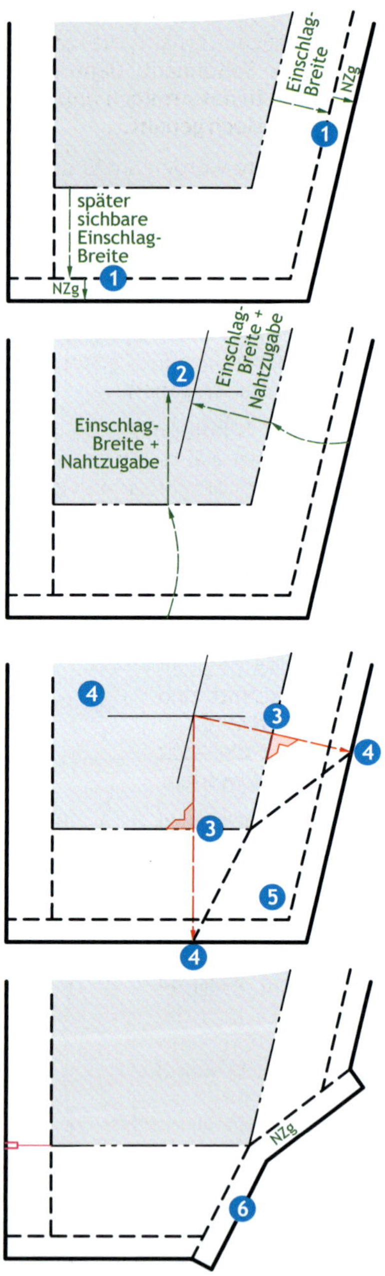

Die Darstellung ist hier noch ohne Futter

Standards bei Schnittkonstruktionen (5)
Rückschnitte und Spiegelungen an Nähten, Abnähern und Falten

Rückschnitte an Nahtenden

Der Rückschnitt zeigt durch seine Form exakt den Nahtbeginn und damit auch die Nahtzugabenbreite an, die „weggenäht" werden muss. **Dies erleichtert das exakte Aneinanderlegen zweier Stoffteile zum Nähen einer Naht.**

Konstruktion an Nahtenden

Rückschnitte werden an denjenigen Nähten vorgenommen, die zuerst genäht werden.

In diesem Beispiel sind dies die runde Naht, die Schulternaht, die hintere Mitte und die Seitennaht. Dann wird erst der Ärmel in das Armloch und der Kragen ins Halsloch genäht.

1. Die Nähte werden am Ende so weit verlängert, bis sie an die Schnittkante (Nahtzugabe) der angrenzenden Naht trifft.
2. Dort wird zur Nahtverlängerung (rechtwinklig) abgewinkelt.
3. Dies ergibt den Rückschnitt an den Ecken der Nahtzugaben.
4. An die Schnittteile, die an die jeweiligen Nähte genäht werden, kommt ebenfalls ein Rückschnitt. Dieser erhält exakt dieselbe Nahtverlängerung zur Schnittkante und ebenfalls den rechtwinkligen Rückschnitt.

Somit können beide Schnittteile bequem am Rückschnitt und den Schnittkanten angelegt und die Naht kann genäht werden.

In der Praxis wird manchmal auf Rückschnitte verzichtet, wenn die Naht nahezu rechtwinklig auf die anstoßende Naht trifft. Am Beispiel hier wären dies die Schulternaht, die hintere Mitte und die Seitennaht.

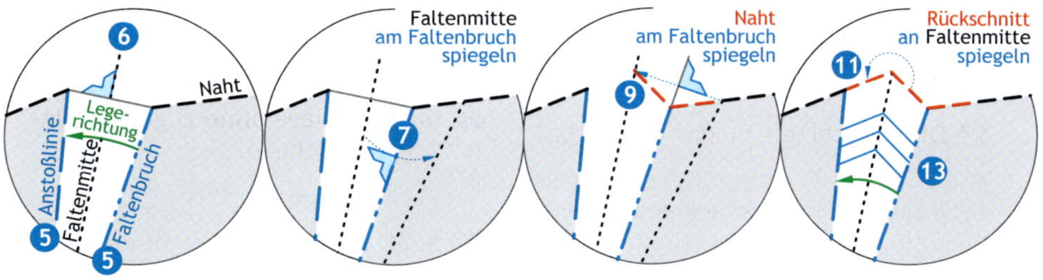

□1 Rückschnitt an einer einseitig gelegten Falte

Rückschnitte an Falten und Abnähern

Dort, wo ein Abnäher oder eine Falte an einer Naht beginnt, wird ebenfalls ein Rückschnitt benötigt. Je nachdem, in welche Richtung der Inhalt gebügelt wird und je nach Winkel zur Naht, entsteht ein Dach (siehe oben) oder eine Kerbe (siehe unten).

5. An einer Falte den Faltenbruch und die (Falten-)Anstoßlinie bestimmen.
6. Abnäher- bzw. Faltenmitte einzeichnen.
7. Die Faltenmitte am Faltenbruch spiegeln oder
8. bei einem Abnäher am Abnäherschenkel in Bügelrichtung spiegeln.
9. Die Naht am Faltenbruch oder
10. am Abnäherschenkel zurückspiegeln
11. Nun diesen Teil des Rückschnitts auf die andere Seite der Mitte spiegeln.
12. Nahtzugaben parallel zu den Rückschnitten zeichnen.
13. Eine Falte wird durch die Faltenschraffur und die Legerichtung als solche kenntlich gemacht.

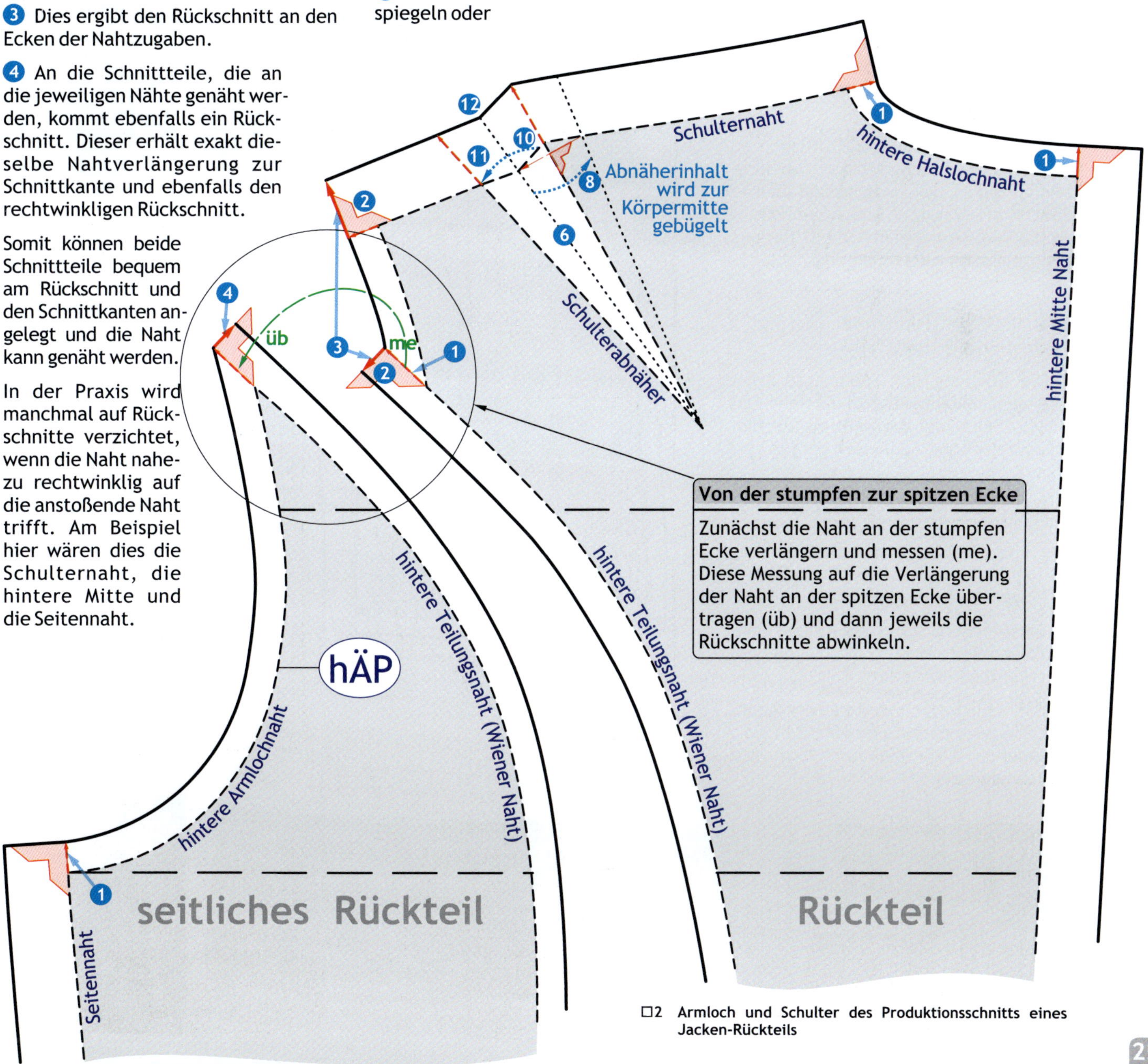

□2 Armloch und Schulter des Produktionsschnitts eines Jacken-Rückteils

Standards bei Schnittkonstruktionen (6)
Einschläge mit Reduzierungen, Nahtdiagramm

Reduzierung an geraden, rechtwinkeligen Säumen

❶ Stößt eine Naht rechtwinkelig auf eine Einschlagkante, wie hier am Saum, so kann die Naht bis zur Einschlagbreite, bzw. Schnittkante verlängert werden.

❷ Da der Einschlag bzw. der Beleg an der Innenseite des Kleidungsstücks liegt, benötigt diese innenliegende Stofffläche durch die Rundung des Körpers etwas weniger Weite. Diese Weite kann an der Saumbreite entfernt werden.

Die Reduzierung ist stoffabhängig:

Z.B. kann bei weichen Wollstoffen eher mehr reduziert werden als bei starren Leinenstoffen

❸ Die Nahtzugaben anzeichnen und

❹ notwendige Knipse markieren (siehe Seite 28).

Die Weite der Saumkante ist nun etwas reduziert (13,5 cm).

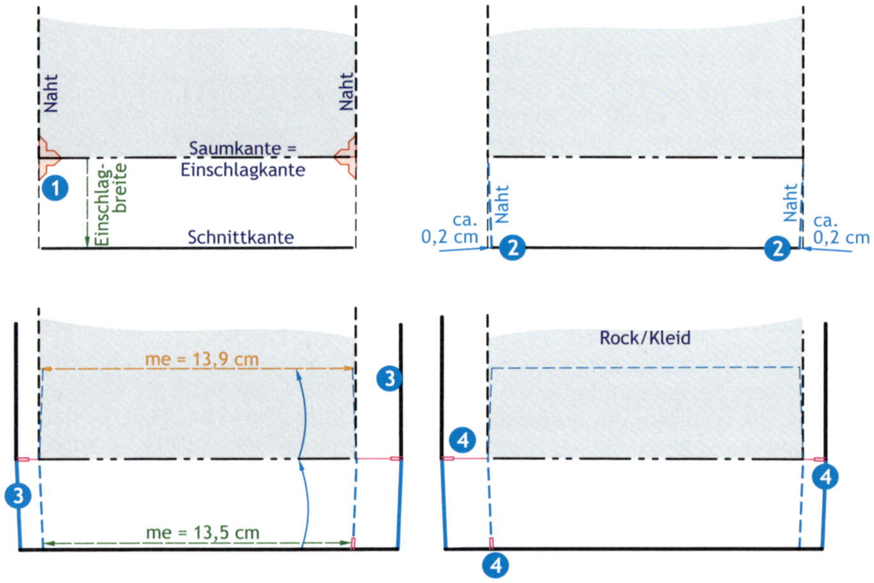

Nahtdiagramm

□1+2 Am Beispiel der abgebildeten Rocksäume sind Querschnitte fotografisch und als Nahtdiagramme (Nahtbilder) abgebildet.

Man kann den Verlauf der Stofflagen an der Fotografie nachverfolgen, entsprechend sind die Lagen im Nahtdiagramm geformt. Kurze Schwarze Linien symbolisieren die Verbindungsnähte, die U-förmige Naht (rot) ist eine Versäuberungsnaht.

□1 Saumverarbeitung von innen mit Nahtquerschnitt und Nahtdiagramm (Nahtbild)

Reduzierung an runden Säumen und ausgestellten Schnittteilen

❺ Die Rundung der Saumkante trifft auch hier rechtwinkelig auf die Naht. Daher wird auch hier die Naht bis zur Einschlagbreite bzw. Saumnaht gerade verlängert.

❻ Die Saumbreite vergrößert sich nun wegen der Rundung der Saumkante. Beim Bügeln der Kante entsteht dort, je nach Breite des Saumeinschlags, viel Weite, die eingebügelt werden muss.

❼ Entsprechend kann an runden Säumen mehr Weite an den Einschlägen reduziert werden (bis maximal 0,4 cm).

❽ Die restliche Mehrweite an der Saumbreite muss nun etwas eingehalten werden (hier ca. 0,5 cm), dadurch formt sich die Saumkante rund.

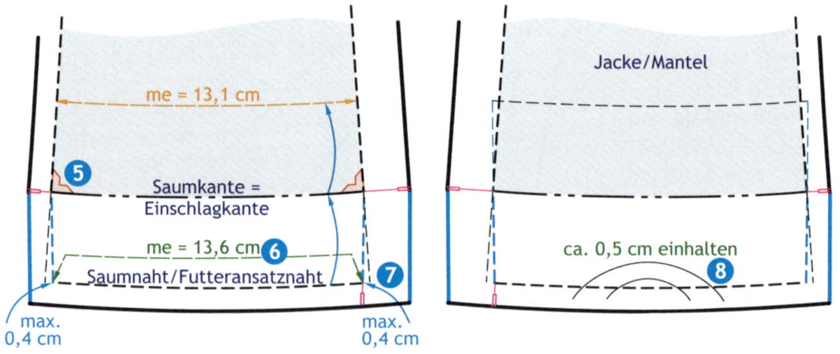

□2 Saumverarbeitung eines runden gefütteten Saumes

Standards bei Schnittkonstruktionen (7)

Belegkonstruktionen mit Reduzierungen, Futter und Rückschnitten an Abnähern

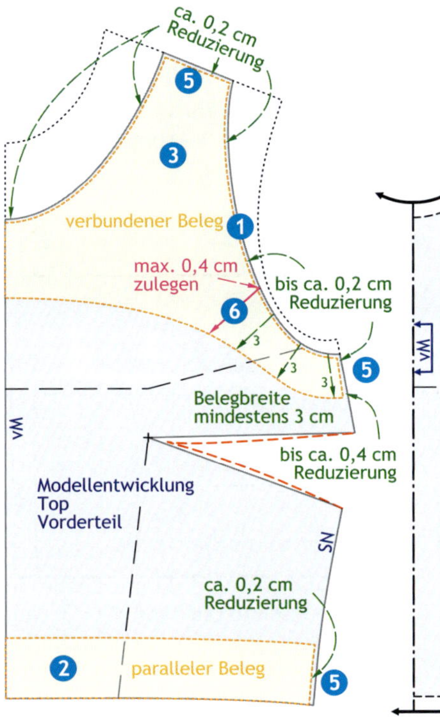

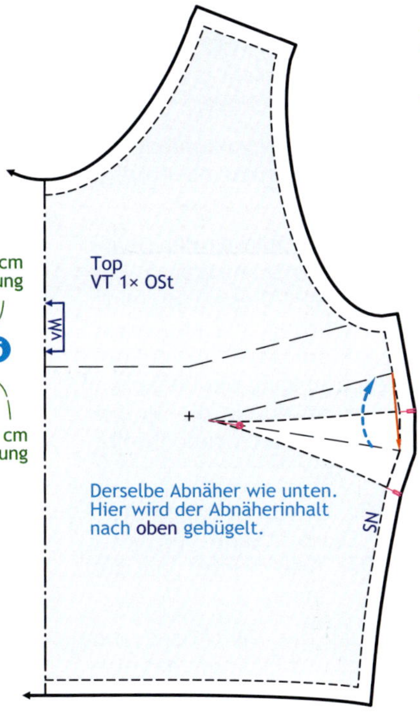

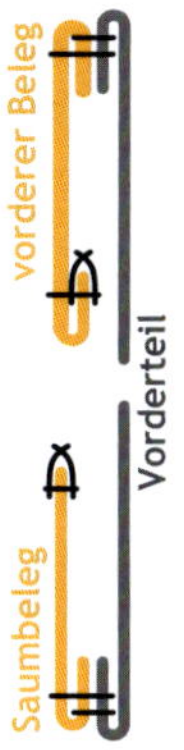

Belegbreiten und Belegformen

1 Zumeist werden runde Kanten mit einem Beleg verstürzt. Die **Mindestbreite** eines Belegs sollte ca. 2 cm sein.

2 Am links abgebildeten Top ist die untere Kante mit einem **parallelen Beleg**

3 und das Halsloch und Armloch mit einem **verbundenen Beleg** verstürzt.

4 An der Weste (unten) ist ein Beleg an der vorderen Kante angeschnitten, der auch den Ausschnitt verstürzt. Ein paralleler Beleg verstürzt das Armloch.

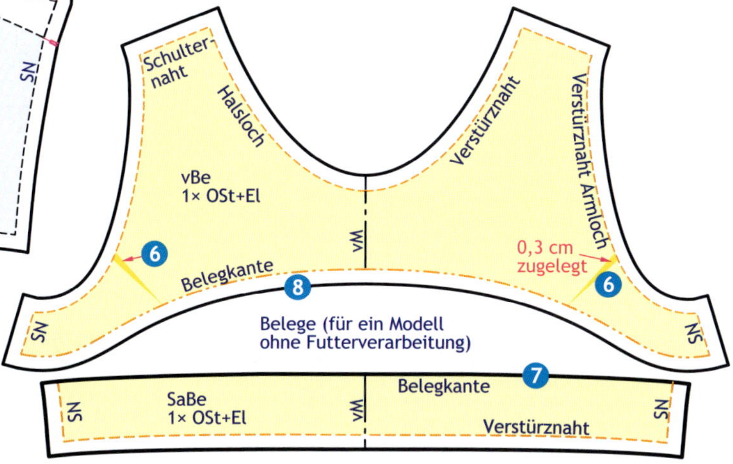

Reduzierung an Belegen

5 Belege liegen innen und benötigen weniger Weite. An Nähten und Ausschnitten können sie materialabhängig um bis zu 0,2 cm, an Innenkanten um bis zu 0,4 cm reduziert werden.

6 An längeren Hals-, Dekolleté- oder Armausschnittkanten - insbesondere bei schrägem Fadenlauf - kann die Weite durch Zulegen um bis zu 0,4 cm reduziert werden. Damit kann die entsprechende Kante kurz-/eingehalten werden, sie dehnt sich dann später weniger stark aus und die Verstürznaht verschwindet eher nach innen.

Belege für die Verarbeitung von Modellen mit und ohne Futter

7 Eine typische Anwendung für ein **Modell mit Belegen, aber ohne Futter** ist z.B. ein Sommertop. Die Saumbelegkante wird ohne Nahtzugaben konstruiert und versäubert.

8 Sollen die Belegkanten eingeschlagen und abgesteppt werden, kommt ein entsprechender Einschlag hinzu.

9 Eine Weste wird oft **gefüttert**. An die Belegkanten kommt dann eine Nahtzugabe für das Annähen des Futters.

10 Der Westensaum wird hier mit dem Futter verstürzt - es gibt noch mehr Varianten.

11 Eine Brustfalte im Futter ergibt Weite an der Brust.

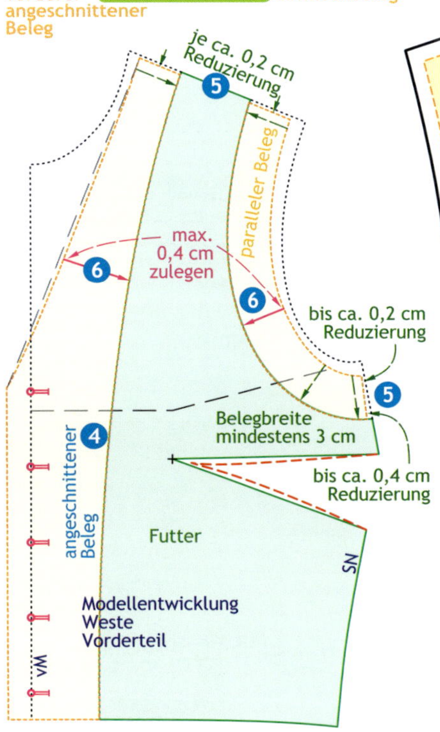

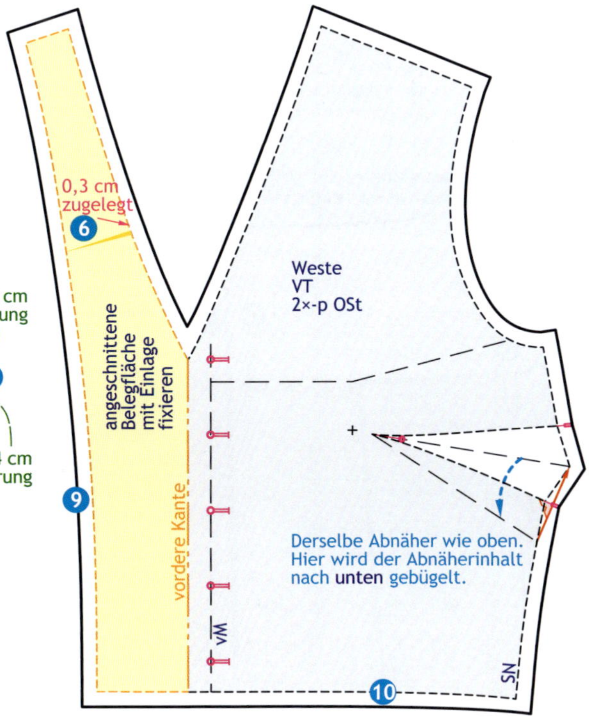

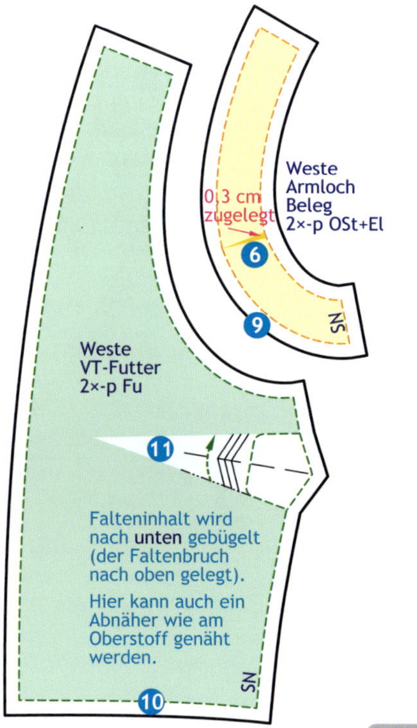

Standards bei Schnittkonstruktionen (8)
Knipse und Bohrlöcher

Die Funktionen von Knipsen

Knipse oder auch **Zwicke** genannt, sind kurze Einschnitte an der Schnittkante der Nahtzugabe. Sie sind Passzeichen und haben verschiedene Funktionen:

1. Sie zeigen die Nahtzugabenbreiten an, wenn sie breiter als die Standardbreite von 1 cm ist
2. Sie zeigen die Einschlagbreiten an
3. Sie unterteilen lange Nahtstrecken an Konstruktions- oder Proportionslinien (z.B. an der Hüftlinie, der vM oder der hM).
4. Mehrere Knipse dienen bei schwierigen Nahtformen als Passzeichen.
5. Sie markieren besondere Positionen, z.B. das Reißverschlussende oder den Beginn der Abnähernähte.
6. Sie helfen beim Zusammensetzen unterschiedlich langer Nahtstrecken bei der Weitenverteilung (z.B. beim Annähen des Bundes an den Rock oder des Ärmels ins Armloch).
7. Sie unterscheiden z.B. durch Doppelknipse an verschiedenen Positionen ähnlich aussehende Schnittteile.

Korrektes Markieren eines Knipses

❶ **□1** Der Knips soll z.B. einen Punkt auf einer Naht definieren (hier den vÄP). Das Problem ist, dass man nie den Punkt selbst markieren kann, da hierdurch (z.B. durch Farbe) der Stoff beschädigt werden würde.

❷ An der Schnittschablone wird vom zu markierenden Punkt (vÄP) aus eine Linie rechtwinklig zur Naht in Richtung der Schnittkante gezeichnet.

❸ Der Knips wird nun exakt mittig auf diese Linie an der Nahtzugabenbreite markiert.

Am Stoff schneidet man an der Nahtzugabe - also an der Schnittkante - einen kurzen Knips ein. Dieser Einschnitt besitzt eine **Richtung,** die nun exakt auf den zu markierenden Punkt auf der Nahtlinie zeigt. So kann ein Punkt auf einer Naht exakt durch die Knips-Richtung und die Nahtzugabenbreite definiert werden.

❹ **□1+2** Bei Abnähern und breiten Nähten oder Säumen kann der Knips die Naht- oder Saumbreite und die Nahtrichtung anzeigen.

❺ Hierzu muss die Naht bzw. die Saumkante auf die angrenzende Schnittkante der Naht verlängert und dann der Knips ebenfalls exakt mittig darauf markiert werden.

Die **Knipslänge ist 5 mm**. Bei schmalen Nahtzugaben von 5 oder 7 mm muss der Knips entsprechend gekürzt werden, damit der Stoff nicht beschädigt wird.

□3 Es sind im Handel Knipszangen mit verschiedenen Knipsformen erhältlich. Die in **□4** verwendete Form hat sich aus folgenden Gründen bewährt:

Die Kerbe ist ziemlich schmal (1,5 mm), wodurch eine Abweichung von der Knipsmitte beim Anzeichnen mit Farbe kaum und beim Knipsen mit der Schere nur um maximal 0,5 mm möglich ist.

Zudem endet der Knips mit einer Rundung, wodurch das Einreißen der Schablone am Knips erschwert wird.

Die Knipslänge von 6 mm bietet noch etwas Spielraum bei schrägen Kerben.

Eine 1 mm breite Kerbe mag genauer sein, ist für die Markierung mit Kreide allerdings zu schmal.

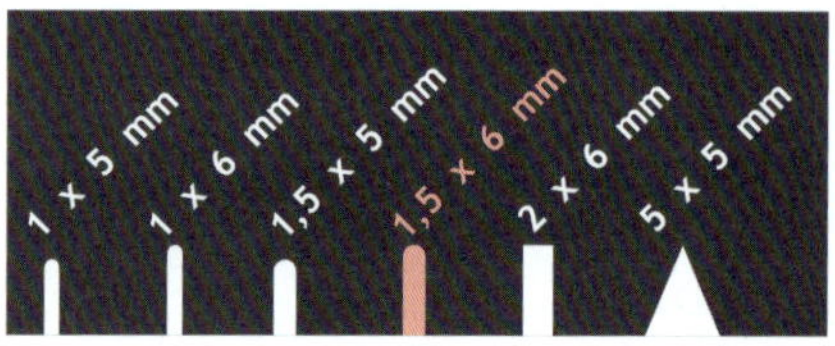

□3 Knipsformen

Markieren eines Bohrlochs

Bohrlöcher sind runde kleine Löcher in der Schnittschablone von ca. 3 mm Durchmesser. Man markiert durch diese mittels Farbe, Faden oder Fadenverdrängung markante Punkte innerhalb einer Stofffläche, z.B. Taschenpositionen, Abnäherspitzen, Knopflöcher usw.

Das Markieren mit Farbe durch ein Bohrloch kann den Stoff an dieser Stelle nachhaltig zerstören. Entsprechend muss eine geeignete Markiermethode gewählt werden. Besonders vorsichtig muss man bei sehr hellen Stoffen sein.

Knöpfe und Knopflöcher können meist genau markiert werden. Die **Bohrlochmitte** wird genau auf den zu markierenden Punkt gesetzt.

Abnäherspitzen und Taschenpositionen werden so markiert, dass das Bohrloch eine Markierung setzt, die später nicht gesehen werden kann, z.B. sich innerhalb des Abnähers befindet oder von der Tasche verdeckt ist.

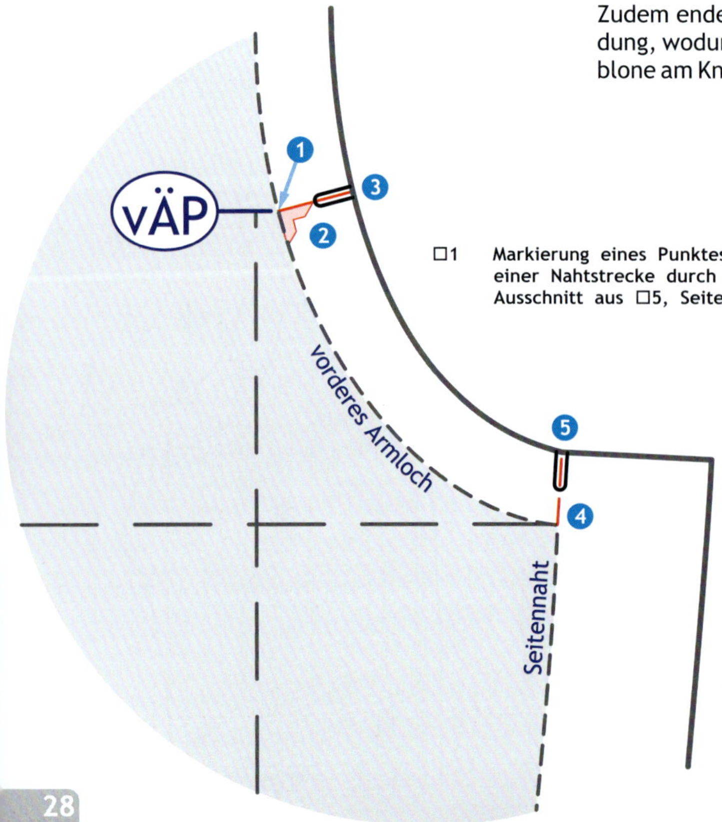

□1 Markierung eines Punktes an einer Nahtstrecke durch Knips. Ausschnitt aus □5, Seite 25.

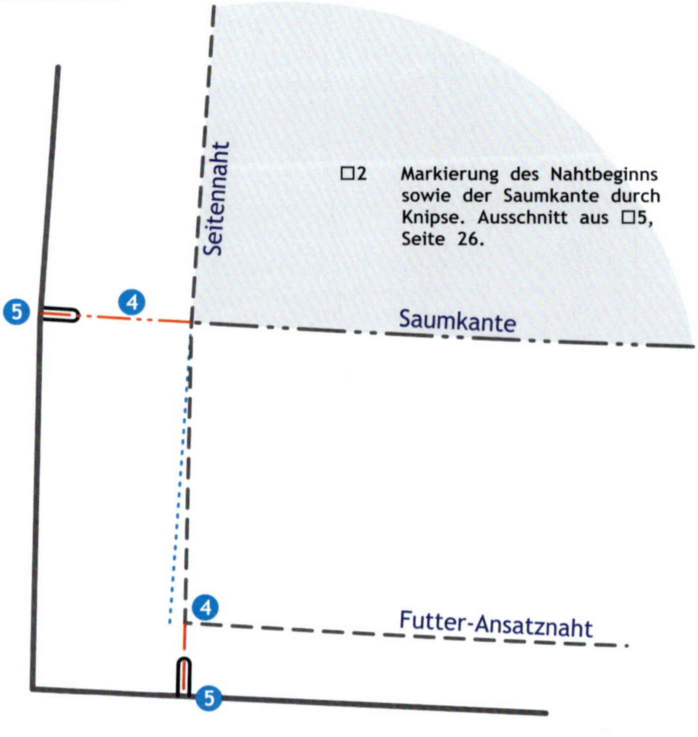

□2 Markierung des Nahtbeginns sowie der Saumkante durch Knipse. Ausschnitt aus □5, Seite 26.

Standards bei Schnittkonstruktionen (9)
Knipse und Bohrlöcher

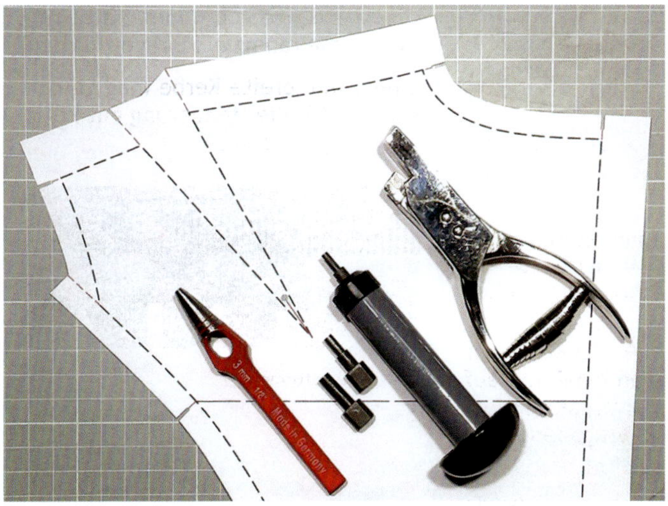

□4 Schablone mit Knipsen, Kerbzange, Bohrloch- und Stanzwerkzeugen

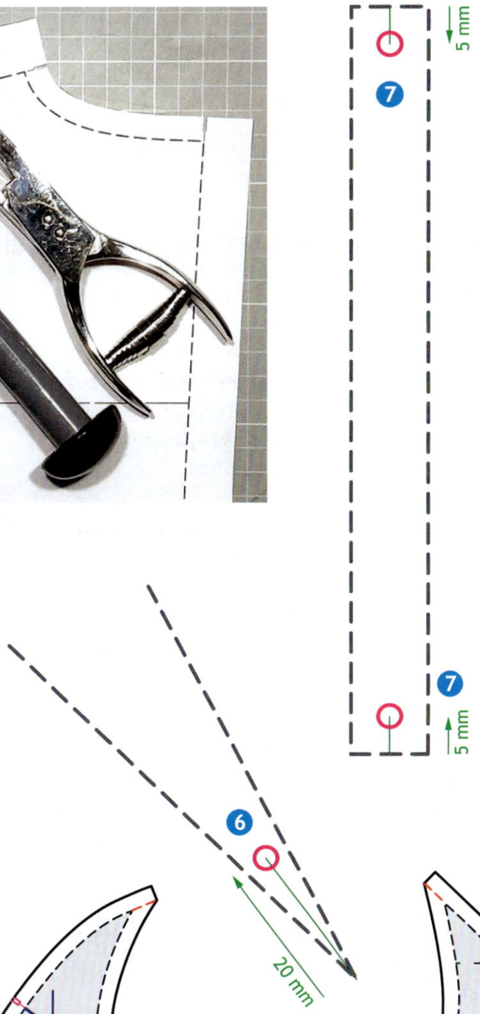

❻ Abnäherenden (-spitzen) werden in der Regel standardmäßig **20 mm** vom Abnäherende entfernt innerhalb der Abnäherfläche markiert. Bei sehr schmalen Abnähern kann der Abstand auch größer gewählt werden.

❼ Taschenpositionen werden standardmäßig **5 mm** von der Taschenkante bzw. Taschenecke entfernt markiert.

Markierungen in diesem Buch

Knipse werden hier in Pink und aus darstellerischen Gründen mit einem offenen Rechteck und abgerundeten Ecken dargestellt. Die Länge ist im verkleinerten Maßstab 5 mm und die Breite ist für eine bessere Sichtbarkeit ca. 3 mm. Oft wird auf die Hilfslinie verzichtet.

Bohrlöcher werden hier in Pink und aus darstellerischen Gründen mit einem Durchmesser von 5 mm dargestellt.

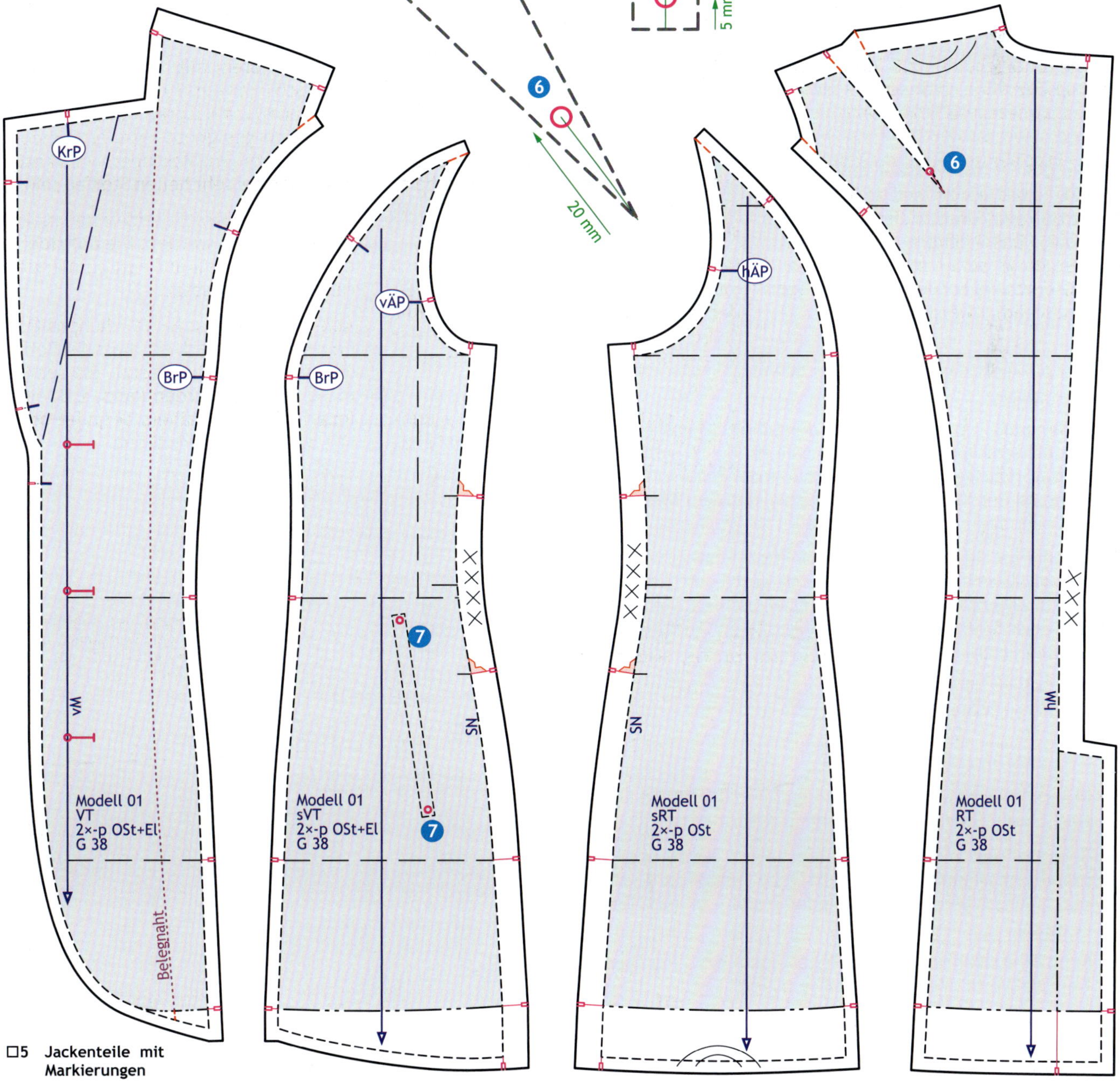

□5 Jackenteile mit Markierungen

Standards bei Schnittkonstruktionen (10)
Beschriftungen und Symbole

Beschriftungen und Zuschneideinformationen

Die Beschriftung der einzelnen Schnittteile dient der Orientierung und erklärt eindeutig dessen Verwendung. Jede Schnittschablone wird nur ein Mal erstellt, kann für ein Modell aber mehrfach - auch gespiegelt - hergestellt werden.

- **Der Modellname** benennt den Namen des Modells. Es kann auch die Kollektion genannt werden. Auf jedem einzelnen Schnittteil muss der Modellname stehen - alle Schnittteile eines Modells haben denselben Modellnamen.
- **Der Teilename** benennt das Schnittteil. Jedes Schnittteil muss einen eindeutigen Namen besitzen. Ein Teilenamen darf nicht zweimal bei einem Modell vorkommen.
- **Zuschnittinformation:**
- **2× OSt** dieses Schnittteil wird zwei Mal identisch aus Oberstoff zugeschnitten. Dies kann z.B. eine symmetrische aufgesetzte Tasche oder ein symmetrischer Riegel sein.
- **2×-p Fu** Von diesem Schnittteil werden "zwei Teile paarig", d.h. **spiegelsymmetrisch**, in diesem Fall aus Futter zugeschnitten. Liegt der Stoff doubliert (doppellagig), wird das Schnittteil 1× als Paar zugeschnitten - d.h., man schneidet **zwei Teile** zu, die spiegelsymmetrisch sind.

  Bei industriellen Schnitten entfällt diese Information, da es für symmetrische Schnittteile jeweils ein linkes und ein rechtes Schnittteil gibt. In der industriellen Serienfertigung kann nicht doubliert zugeschnitten werden.
- **2×-p OSt + El** Von diesem Schnittteil werden zwei spiegelsymmetrische Teile zugeschnitten, die komplett mit **Einlage** fixiert werden (Vollfixierung).
- Die **(Konfektions-)Größe** gibt an, welchen Personen das Kleidungsstück optimal passen wird. Den Konstruktionsmaßen für die Schnitte liegen Durchschnittsmaße zugrunde, die durch Reihenmessungen ermittelt wurden. Hiervon werden ggf. größere und kleinere Größen „gradiert", die dann entsprechend auf den Schnittteilen ausgezeichnet werden.
- Bei individuellen Schnitten wird der **Name der Kundin** mit dem **Datum** (z.B. "Eva Muster, 12.02.2024") notiert. Dies gibt Auskunft darüber, wem der Schnitt zu welchem Zeitpunkt passt.
- **Fadenlauf (FL)** Der Pfeil auf den Schnittschablonen gibt die Richtung vor, wie das Schnittteil für den Zuschnitt auf dem Stoff ausgerichtet werden soll. In der Regel ist dies die Richtung des Kettfadenverlaufs bzw. mit dem Musterverlauf oder dem „Strich" - also parallel zur Webkante.
- **vM oder hM-Stb** Für den Produktionsschnitt wird die Schnittfläche an der jeweiligen Linie gespiegelt. Dies zeigt die **Klammer mit Pfeilen**. Beim Einzelzuschnitt wird bei gedoppelter Stofflage dort das Schnittbild im Stoffbruch **Stb** zugeschnitten.

  Bei industriellem Zuschnitt wird das entsprechende Schnittteil immer gespiegelt dargestellt und zugeschnitten.

Fertigungsinformationen

- **Dressierzeichen** geben an, wo und wie die flache Stofffläche vor dem Nähen durch Bügeln zu formen ist:
- Beim **Dehnen** werden z.B. Nahtzugaben, Nähte oder Bereiche innerhalb der Zuschnittfäche ausgedehnt. Hierdurch erhält der Stoff Länge oder Weite - je nach Dehnrichtung.
- Beim **Einhalten** wird der Stoff gestaucht bzw. kurzgehalten. Die Weite oder Länge wird reduziert.
- **Kräuselzeichen** zeigen an, in welchem Bereich die Mehrweite einer Naht durch eine geeignete Methode in kleine, unregelmäßige Fältchen gekräuselt wird.

Alle hier genannten **Namen und Abkürzungen** sind Beispiele. Weder für Begriffe noch für Abkürzungen existieren Normen. Sie sind teilweise regional und können von Betrieb zu Betrieb sehr unterschiedlich sein.
Die Auflistung ist unvollständig und unverbindlich. Weitere Abkürzungen, die in diesem Buch verwendet werden, findet man auf Seite 9 und im Anhang ab Seite 539.

Beispiele für Modellnamen:

Modell-01	Trenchcoat 02	22-02-24-Luna
Modell 2025-02-18	Kleid Nr.3	FS-25-04-XY1
Modell 2025-04-Marie	Rock Susi	
Modell Luna	Bluse-04-Bella	

Beispiele für Schnittteilenamen:

VT	Vorderteil	Tfu	Taschenfutter	hTb	hint. Taschenbeutel
RT	Rückteil	BrLe	Brustleiste	Tb1	Taschenbeutel 1
ST	Seitenteil	hBe	hinterer Beleg	vST	vorderes Seitenteil
Pa	Passe	oKr	Oberkragen	sVT	seitliches Vorderteil
Bu	Bund	uÄ	Unterärmel	uRT	unteres Rückteil
TSp	Taschenspiegel	SaBe	Saumbeleg	mVT	mittleres Vorderteil

Beispiele für Anzahl und Art des Zuschnitts:

2× OSt	2 identische Teile aus Oberstoff
2× Fu	2 identische Teile aus Futter
4× OSt2	4 identische Teile aus Oberstoff Nr. 2
2×-p OSt	2 spiegelsymmetrisch zugeschnittene Teile aus Oberstoff
2×-p ÄFu	2 spiegelsymmetrisch zugeschnittene Teile aus Ärmelfutter
2×-p OSt+El	2 spiegelsymmetrisch zugeschnittene Teile aus Oberstoff. Die Einlage wird identisch zugeschnitten und der Oberstoff hiermit fixiert.

Beispiele für Größenangaben:

G 38	DOB-Größe 38
G XL	Unisex-Größe XL
Eva Muster 12.02.2024	Individueller Schnitt, passend für Eva Muster mit den Maßen vom 12.02.2024

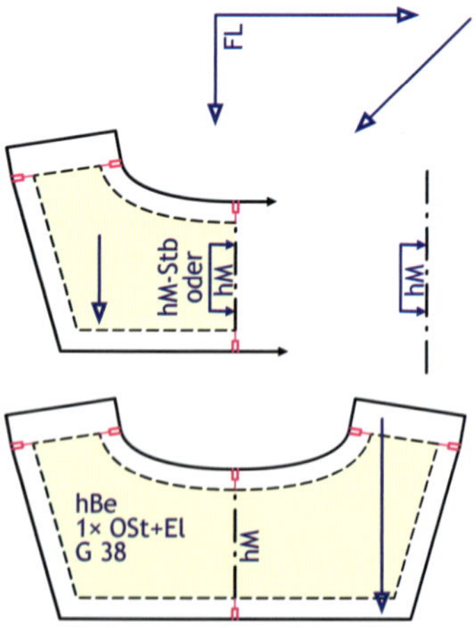

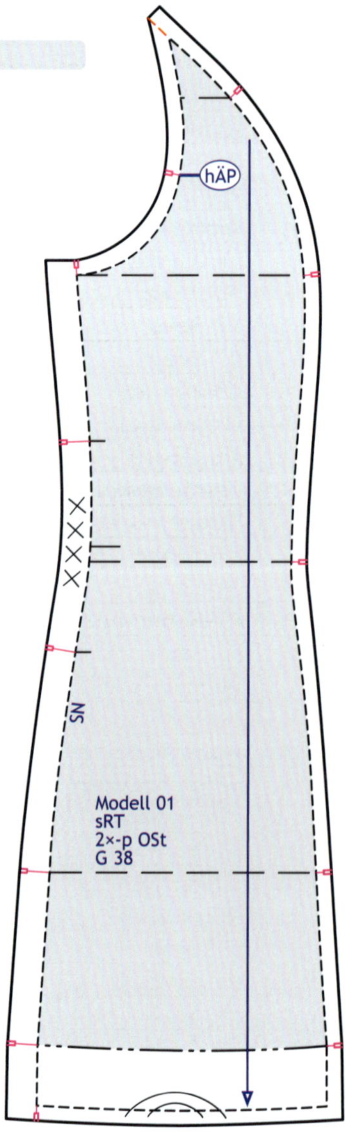

Standards bei Schnittkonstruktionen (11)
Schnittteileliste und Lagerung von Schnitten

Punkt- und Linien-Namen auf Schablonen und Schnittteilen:

vM	vordere Mitte	väp	vorderer Ärmelpunkt
hM	hintere Mitte	häP	hinterer Ärmelpunkt
SN	Seitennaht	tP	tiefster Punkt
BrLi	Brustlinie	SuP	Schulterpunkt
ÜT	Übertritt	Reb	Reversbruch
UT	Untertritt	Krb	Kragenbruch
RV	Reißverschluss(-ende)	SlKa	Schlitzkante

Verwendung der Schnittteileliste

Sämtliche Schnittteile eines Modells, also der komplette **Schnittsatz**, werden immer **gemeinsam gelagert** und müssen auf seine Vollständigkeit überprüft werden können. Hierzu ist die Schnittteileliste unerlässlich.

Modellname, verantwortliche/-r **Bearbeiter/-in** sowie das **Datum** sind notwendige Informationen zum Schnittsatz.

Die **Nummerierung** vereinfacht die Zuordnung und gibt auf einen Blick die Gesamtzahl der Schnittteile für die Kontrolle an.

Jedes **Schnittteilname** darf nur einmal pro Schnittsatz vergeben werden.

Die **Material**angabe gibt an, in welchem Material das jeweilige Schnittteil zugeschnitten, und ob es ggf. mit einer Einlage fixiert werden soll. Sollen mehrere verschiedene Oberstoffe, Einlagen und Futter verwendet werden, können sie ggf. mit verschiedenen Nummern versehen und somit unterschieden werden.

In welcher **Anzahl** das Schnittteil benötigt wird, soll in der letzten Spalte notiert werden. Auch muss angegeben werden, ob es spiegelsymmetrisch zugeschnitten sein soll.

Lagerung von Schnitten

Ein **Schnittsatz** besteht aus sämtlichen Schnittschablonen eines Modells. Hierzu gehören auch Anzeichen- und Bügelscha-blonen.

Die Schnittschablonen aus Karton werden mit einem großen Locher (Hase) gelocht und mit einer speziellen Klammer, einem Haken mit Schlaufe oder einfach mit einem zur Schlaufe gebundenen Band aufgefädelt und aufgehängt.

Die **Produktdokumentation** wird zuoberst angehängt, um eine schnelle Identifikation des Schnittsatzes zu gewährleisten und um die Vollständigkeit des Schnittsatzes überprüfen zu können. Je nach betrieblicher Anforderung kann die Produktdokumentation aus folgenden Dokumenten bestehen:

- Technische Skizze
- Modellbeschreibung
- Schnittteileliste
- Materialliste
- Arbeitsplan
- Betriebsmittelliste

	Schnittteileliste	Modell	Toscana 035			
	Kollektion HW-2026	Bearbeiter	Andrea Muster		Datum	02.08.2024
Nr.	Schnittteilname	Material	Name intern	Farbe	No. intern	Anzahl
1.	Vorderteil	OSt.1, El.1				2x-p
2.	Seitenteil	OSt.1, El.1				2x-p
3.	RT-Passe	OSt.1, El.2				1x
4.	Rückteil	OSt.1				2x-p
5.	Unterärmel	OSt.1				2x-p
6.	Oberärmel	OSt.1				2x-p
7.	VT-Beleg	OSt.1, El.2				2x-p
8.	RT-Beleg	OSt.1, El.2				1x
9.	Oberkragen	OSt.2, El.2				1x
10.	Unterkragen	OSt.2, El.2				2x-p
11.	Kragensteg	OSt.2, El.2				2x
12.	Taschenspiegel	OSt.1				2x-p
13.	Paspelstreifen	OSt.2				4x
14.	VT-Futter	Fu.1				2x-p
15.	ST-Futter	Fu.1				2x-p
16.	RT-Futter links	Fu.1				1x
17.	RT-Futter rechts	Fu.1				1x
18.	v-Ärmel-Futter	Fu.2				2x-p
19.	h-Ärmel-Futter	Fu.2				2x-p
20.	v-Taschenbeutel	Fu.3				2x-p
21.	h-Taschenbeutel	Fu.3				2x-p
22.	v-Ärmelkugel	El.3				2x-p
23.	h-Ärmelkugel	El.3				2x-p
24.	ST-Armloch	El.3				2x-p
25.	RT-Armloch	El.3				2x-p
26.	ST-Saum	El.2				2x-p
27.	RT-Saum	El.2				2x-p
28.	RT-Schlitz	El.2				2x-p
29.	Plack 1	El.4				2x-p
30.	Plack 2	El.4				2x-p
31.	Bügelschablone Kantenabstich	Pappe				1x

Konstruktionstabelle für den Rock Grundschnitt erstellen

Rock-Grundschnitte

□1 Der gerade Rock-Grundschnitt dient als Grundlage für die Konstruktion der meisten Rockmodelle. Die Seitennähte verlaufen ab der Hüfte gerade bis zum Saum. Hüft- und Saumweite sind also gleich.

Neben dem geraden Rock-Grundschnitt gibt es noch den saumerweiterten Rock-Grundschnitt, die verschiedenen Kreisröcke und den Rock mit Kräuselweite. Als ein "Zwitter" gilt der Hosenrock-Grundschnitt, der aus dem geraden oder dem saumerweiterten Rock-GS entwickelt wird.

Der Rock-GS wird mit Hilfe der gemessenen Körpermaße konstruiert. Zu diesen Körpermaßen werden in der Konstruktionstabelle noch Bequemlichkeitsweiten addiert und damit die tatsächlichen Konstruktionsmaße ermittelt.

Erfahrene Schnittzeichner/innen können "Haltungs- und Wuchsprobleme" einer Figur sehen und bereits bei der Maßkonstruktion berücksichtigen. Dieses Vorgehen wird sehr ausführlich in Band 2 „Maßschnitte und Passform“ beschrieben.

Im vorliegenden Band 1 werden lediglich einige einfache Probleme bei Figuren angesprochen und entsprechende Lösungen für die Konstruktion gezeigt.

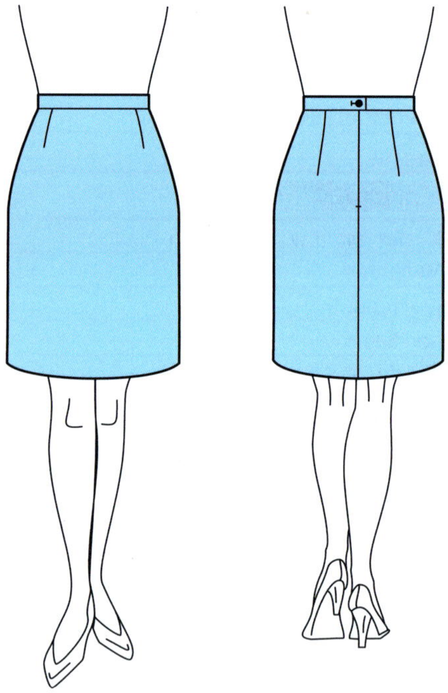

□1 Modellzeichnung für den geraden Rock-Grundschnitt mit einem Abnäher im (halben) Rückteil

1 Konstruktionstabelle erstellen

In der Konstruktionstabelle werden die Konstruktionsmaße zusammengestellt.

Aus der Größentabelle oder aus der individuellen Konstruktionstabelle werden die Körper-Messgrößen in die Spalte "Körpermaße" übertragen. Dann sind die notwendigen Weitenzugaben (hier in Rot) einzutragen und zu addieren. Daraus errechnen sich die Konstruktions- und Fertigmaße. Wo notwendig, werden Halbierungen und Viertelungen errechnet.

Um die Aufteilung des Taillenausfalls (Differenz zwischen halber Hüft- und halber Taillenweite) auf die Abnäher vorzunehmen, sollte die Figur beobachtet und die Abnähergrößen entsprechend gewählt werden.

Grundsätzlich werden nur **halbe Bekleidungsschnitte** konstruiert, weil man annimmt, dass ein menschlicher Körper symmetrisch ist.

Bei der Modellbeschreibung wird in der Regel nur eine Modellhälfte beschrieben. So hat hier das Rückteil des Rocks einen Abnäher.

Alle Konstruktionsmaße beziehen sich i.d.R. auf den halben Schnitt. Oftmals werden in der Maßtabelle und in der Konstruktionstabelle die Maße zusätzlich halbiert und geviertelt, damit man beim Konstruieren nicht nochmals rechnen muss.

Fertigmaße sind Maße, wie sie am fertigen Schnitt und damit auch am Kleidungsstück gemessen werden können. Dies sind z.B. die Modelllänge, Hüftweite, Taillenweite oder die Saumweite. Sie beziehen sich auf den gesamten Schnitt.

Einige Maße werden nicht bei jeder Konstruktion benötigt, hier z.B. der natürliche Taillenumfang (nTaU) und die Taillenabstände (TaA). Die Felder werden dann einfach nicht ausgefüllt.

Für jeden Grundschnitt muss eine besondere Konstruktionstabelle erstellt werden, aus dem hervorgeht, mit welchen Maßen der jeweilige Schnitt konstruiert wird.

Die Konstruktionstabelle wird später auf den Grundschnitt geklebt, damit später immer ersichtlich ist, mit welchen Maßen der Grundschnitt erstellt wurde.

Konstruktionstabelle
Grundgerüst Gerader Rock

Konstruktionstabelle		Name							Größe	38		
Maßangaben in cm	Rock	Datum				Modell	Gerader Rock					
Hauptmaße (Kennmaße)		Körpermaße	Zugaben			Proportionstionsmaße (Konstruktions-, Kontroll-, Hilfsmaße)						
HüU	Hüftumfang	97	+ 2 - 3	3	=	Hüftweite	HüW	100	½	50	¼	25
TaU	Taillenumfang	72	+ 1 - 2	2	=	Taillenweite	TaW	74	½	37	¼	18,5
TaAf	Taillenausfall						½ HüW – ½ TaW =			13	½	6,5
gBuU	gem. Bundumfang	---	+	---	=	Bundumfang	BuU	---	½	---		

HüT	Hüfttiefe		21
MoL	Modelllänge		50
TaA	Taillenabstände	v	---
		s	---
		h	---

Hüftabstich	½ TaAf ± 1	6,5
v. Abnäher	0 oder 1,5 bis 2,5	2,5
1.h. Abnäher	bis 4,5	4
2.h. Abnäher	optional	---
Kontrolle:	Σ = TaAf	13

2 Grundgerüst

1. □3 P1 ist links oben am Blattrand.
2. Von P1 die Modelllänge (MoL) als eine Senkrechte nach unten zeichnen → vordere Mitte (vM).

   Am unteren Ende ist P2.

   Von P1 nach rechts die Taillenlinie abwinkeln (rechtwinklig eine Linie zeichnen).

   Von P2 nach rechts die Saumlinie abwinkeln.
3. Von P1 nach unten die Hüfttiefe (HüT) abtragen → P3 und nach rechts die Hüftlinie abwinkeln.
4. Auf der Taillenline von P1 die halbe Hüftweite (aus dem Maßsatz) abtragen → P4.
5. Auf der Saumlinie nach rechts ebenfalls ½ HüW abtragen → P5.

   P4 und P5 verbinden → hintere Mitte (hM).
6. P6 ist der Schnittpunkt mit der Hüftlinie.
7. Die Taillenlinie halbieren → P7.
8. Die Saumlinie halbieren →P8. P7 und P8 verbinden → Seitenlinie.
9. P9 ist der Schnittpunkt von Seitenlinie und Hüftlinie.

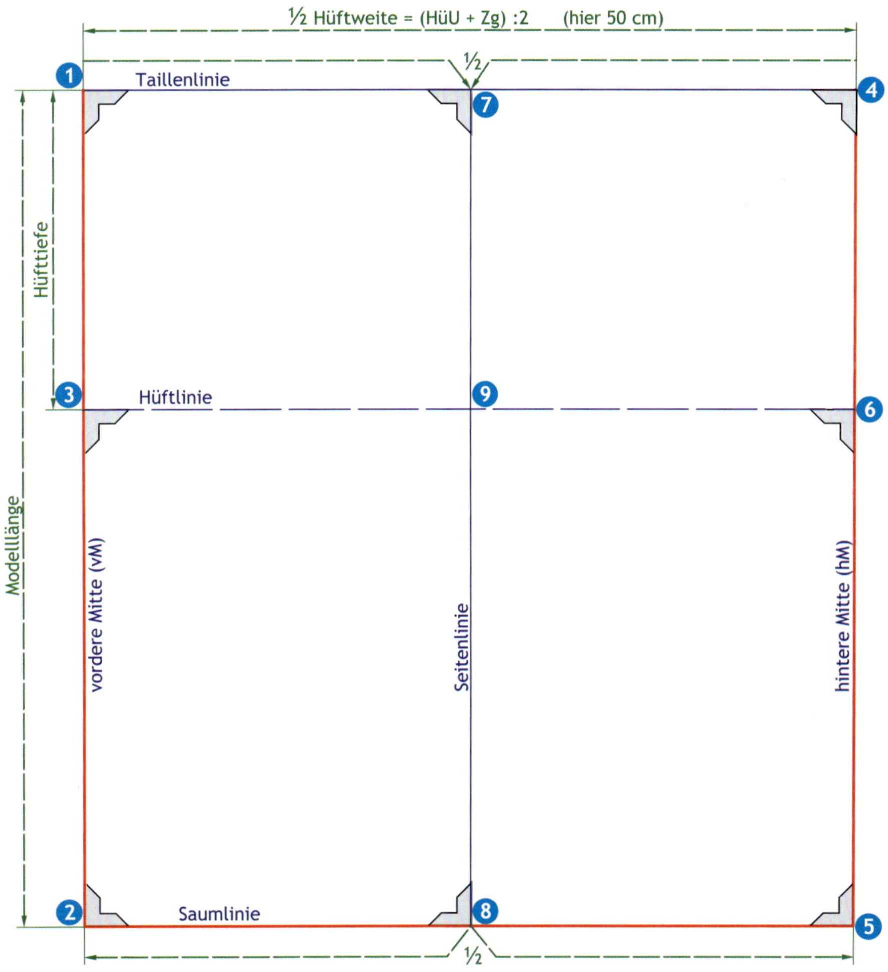

Gerader Rock
Abnäher positionieren

Aus der Differenz zwischen Hüft- und Taillenweite ergibt sich der Taillenausfall, der zur Formung der Figur aufgeteilt und abgenäht wird: Der seitliche Hüftabstich für die Formung des Hüftbogens, ein vorderer Abnäher für die Formung des Hüftknochens sowie ein oder zwei Abnäher für die Formung des Gesäßes.

In □4+6 sind der Hüftabstich und die Abnähergrößen (Inhalte) für eine Figur symbolisch dargestellt.

Legt man um die Hüfte einen Stoffschlauch müssen an der Taille die hier abgebildeten Stoffmengen abgesteckt werden. Diese sind als farbige Dreiecke dargestellt. Die Farben entsprechen den farbigen Abnäherschenkeln bzw. der Formung des Hüftbogens (des Hüftabstichs) in □5+7.

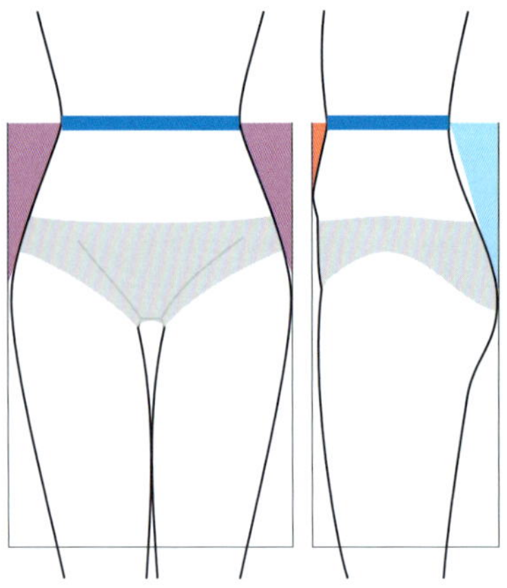

□4 Abnäherinhalte und Hüftabstich für eine normale Figur mit eher ausgeprägtem Beckenknochen

Hüftabstich	½ TaAf ± 1	6,5
v. Abnäher	0 oder 1,5 bis 2,5	2,5
1.h. Abnäher	bis 4,5	4
2.h. Abnäher	optional	---
Kontrolle:	Σ = TaAf	13

Beträgt der Inhalt für den hinteren Abnäher mehr als 4,5 cm, sollten **zwei Abnäher im Rückteil** gezeichnet werden (siehe folgende Seite).

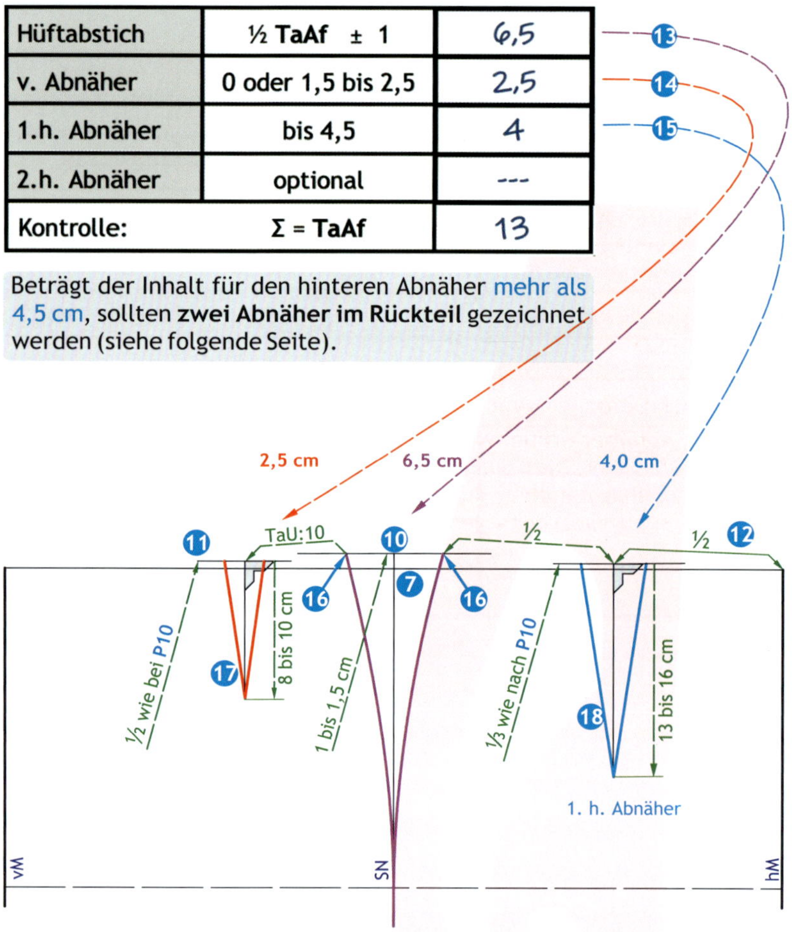

□5 Hüftabstich und Abnäher konstruieren

3 Erhöhte Taillenlinien

⑩ □5+7 Von P7 aus die Seitenlinie um 1 bis 1,5 cm nach oben verlängern → P10 und von dort eine erhöhte Taillenlinie ca. 6 cm nach links und nach rechts auswinkeln.

Für eine normal ausgeprägte Hüftrundung verwendet man 1 cm Taillenerhöhung an der Seitenlinie. Sollte die Figur eine stärkere Hüftrundung haben, nimmt man eine Taillenerhöhung von bis zu 1,5 cm.

⑪ Bei der Erhöhung für den vorderen Abnäher wählt man 0,5 bis 0,7 cm ca. ½ Erhöhung an der Seitenlinie

⑫ und für den hinteren Abnäher 0,3 bis 0,5 cm ≙ ⅓ der Erhöhung an der Seitenlinie.

Die erhöhten Taillenlinien parallel über der Taillenlinie ausreichend lang zeichnen.

4 Taillenausfall aufteilen

⑬ □4+6 Die geschwungene Form des **Hüftbogens** an der Körperseite bezeichnet man als **seitlichen Hüftabstich**. Bei einer durchschnittlich geformten Hüftrundung trägt man den halben Taillenausfall ab (beachte Seite 37).

Bei einer flachen Hüftrundung:
TaAf :2 – 1 bis 1,5 cm
und bei einer starken Hüftrundung:
TaAf :2 + 1 bis 1,5 cm

⑭ Die Formung für den **Beckenknochen** ergibt sich durch den **vorderen Rockabnäher**. Ist der Hüftknochen normal stark ausgeprägt, hat der vordere Abnäher ca. 2 cm Inhalt. Ist er schwach ausgeprägt, verzichtet man auf einen Abnäher oder verwendet 1 bis 1,5 cm Inhalt. Bei starker Ausprägung (oft bei schlanken Figuren) wird er mit bis zu 2,5 cm Inhalt gezeichnet.

⑮ Für die Formung des **Gesäßes** wird der Restbetrag für den bzw. die **hintereren Rockabnäher** verwendet (siehe **□5+7**).

5 Hüftbogen und Abnäher

⑯ □5+7 **Hüftbogen:** Auf der erhöhten Taillenlinie von P10 aus den halben Hüftabstich-Betrag jeweils nach rechts und nach links abtragen. Die Form der Hüftbögen richtet sich nach der Körperform (beachte Seite 36).

⑰ **Vorderer Abnäher:** Die Abnähermitte TaU:10 vom vorderen Hüftbogen auf die erhöhte Abnäherlinie abtragen und senkrecht nach unten die Abnäherlänge 8 bis 10 cm lang auswinkeln → Abnäherspitze.
Den vorderen Abnäherinhalt **jeweils zur Hälfte** nach rechts und links abtragen und die Abnäherschenkel zur Abnäherspitze gerade einzeichnen.

⑱ **Hinterer Abnäher:** In der Abnähermitte zwischen hinterem Hüftbogen und der hinteren Mitte die Abnähermitte markieren und 13 bis 16 cm lang nach unten abwinkeln. Den Abnäherinhalt **jeweils zur Hälfte** nach rechts und links abtragen und die Abnäherschenkel gerade einzeichnen.

Das Zeichnen der Taillennähte wird in **Schritt 7**, **□8+9** gezeigt.

6 Rückteil mit zwei RT-Abnähern

Da hier der Betrag für den hinteren Abnäher **mehr als 4,5 cm** beträgt, muss der Betrag auf **zwei Abnäher im Rückteil** aufgeteilt werden.

19 □7 Der Inhalt des **2. h. Abnähers** sollte ca. 0,5 bis 1 cm geringer sein als der Inhalt des (hinteren) 1. RT-Abnähers.

20 Die Abnähermitte **des 1. h. Abnähers** liegt bei ⅓ der Hüftlinie + 0 bis 1 cm von der hM nach links abgetragen.

21 Die Erhöhung der Taillenlinie für den **2. h. Abnäher** erfolgt wie für den vorderen Abnäher. Die Abnähermitte liegt in der Mitte zwischen Hüftbogen und Abnäherschenkel des 1. h. Abnähers.

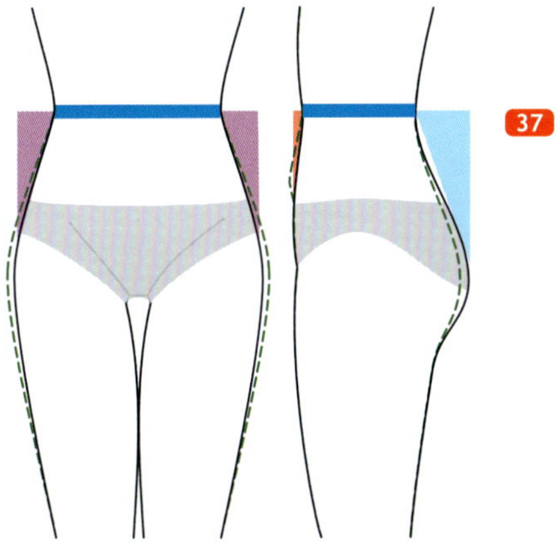

□6 Abnäherinhalte und Hüftabstich für eine Figur mit eher flachen Hüften und kräftigem Gesäß (Grün □4)

Hüftabstich	½ TaAf ± 1	6
v. Abnäher	0 oder 1,5 bis 2,5	1,5
1.h. Abnäher	bis 4,5	3
2.h. Abnäher	optional	2,5
Kontrolle:	Σ = TaAf	13

Man kann prinzipiell immer zwei Abnäher im Rückteil zeichnen, da es stets möglich ist, einen Abnäher in mehrere schmale Abnäher aufzuteilen, sofern die Summe der Abnäherinhalte gleich bleibt.

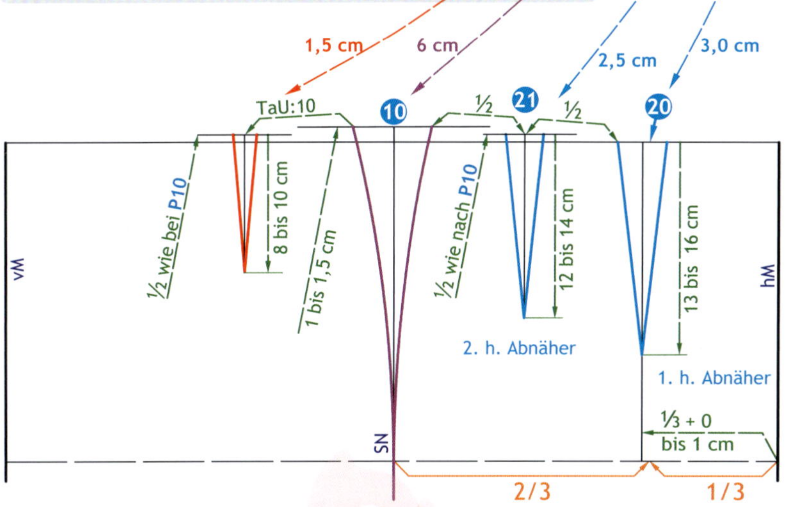

□7 Konstruktion von zwei RT-Abnähern

7 Schnitt fertig stellen

22 □8 Die Taillennaht wird nach unten geschwungen ausgezeichnet.

□9 Das Bild zeigt die Formung der Taillennaht bei zwei hinteren Abnähern.

23 Durch das Trennen von vorderem und hinterem Schnittteil erhält man die beiden Teile des Rock-Grundschnitts.

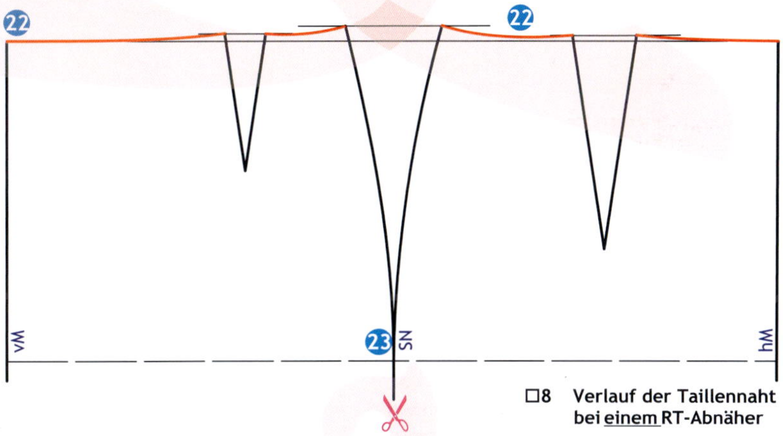

□8 Verlauf der Taillennaht bei einem RT-Abnäher

8 Alternative Seitennaht- und Abnähergestaltung

24 □9 Die **Seitennaht** kann an der erhöhten Taillenlinie um ca. 0,5 cm nach vorne verschoben werden. Dies ergibt am Körper oft einen geraderen Verlauf der Seitennaht zur Taille.

25 Die Abnäherspitzen im VT und ggf. auch der des seitlichen Abnähers im RT können um 0,5 cm zur Seitennaht verschoben werden. Die **verschobenen Abnäher** verlaufen somit etwas harmonischer („optisch paralleler") zur Seitennaht.

26 Die Längen der neuen Abnäher-Schenkel müssen identisch sein. Der kürzere Schenkel ist zu verlängern.

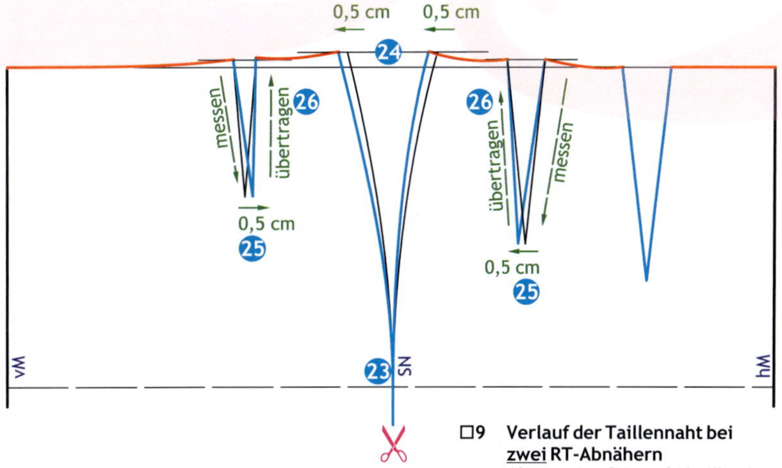

□9 Verlauf der Taillennaht bei zwei RT-Abnähern
Alternative SN- und Abnäherlagen

Abnäherformen

Die Abnäher geben der flachen Stofffläche eine gewölbte Form, wie sie für körpernahe Kleidung benötigt wird. Beim Nähen erhalten sie ihre charakteristische Form, je nach der Position am Körper.

☐1 Der Hüftbogen und der seitliche Abnäher im Rückteil werden, genauso wie der vordere Abnäher im Rock, "sichelförmig" genäht.

Der hintere Abnäher bei einem oder zwei Abnähern im RT (nahe der hinteren Mitte) wird "zwiebelförmig" genäht.

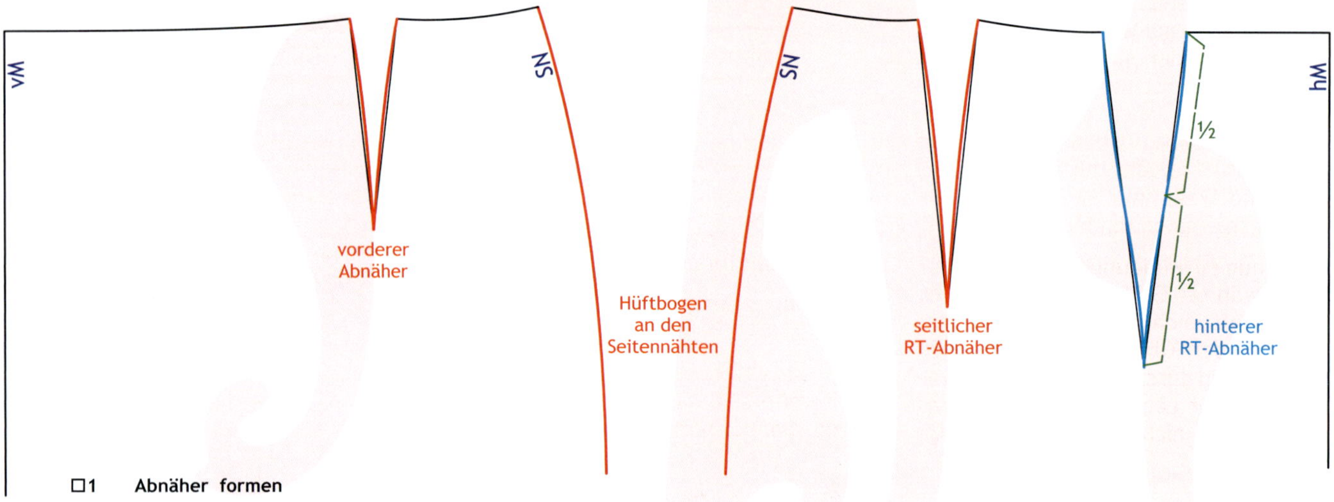

☐1 Abnäher formen

Schablone des geraden Rock-Grundschnitts

Die unten dargestellten **grauen Flächen ohne Nahtzugaben** entsprechen der Schablone eines geraden Rock-Grundschnitts (siehe auch Seite 22). Optional können die Abnäher gerade, also ungeformt herausgeschnitten sein. Die Hüftlinie ist eingezeichnet und beide Teile sind beschriftet. Die Konstruktionstabelle sollte aufgeklebt werden.

Produktionsschnitt des geraden Rock-Grundschnitts

Der Produktionsschnitt enthält zusätzlich zur Grundschnitt-Fläche noch Nahtzugaben, Saumeinschläge, Rückschnitte an Nähten und Schnittkanten, Markierungen und Beschriftungen (siehe ab Seite 22). Das Vorderteil wird zudem an der vM gespiegelt zugeschnitten und ist entsprechend dargestellt.

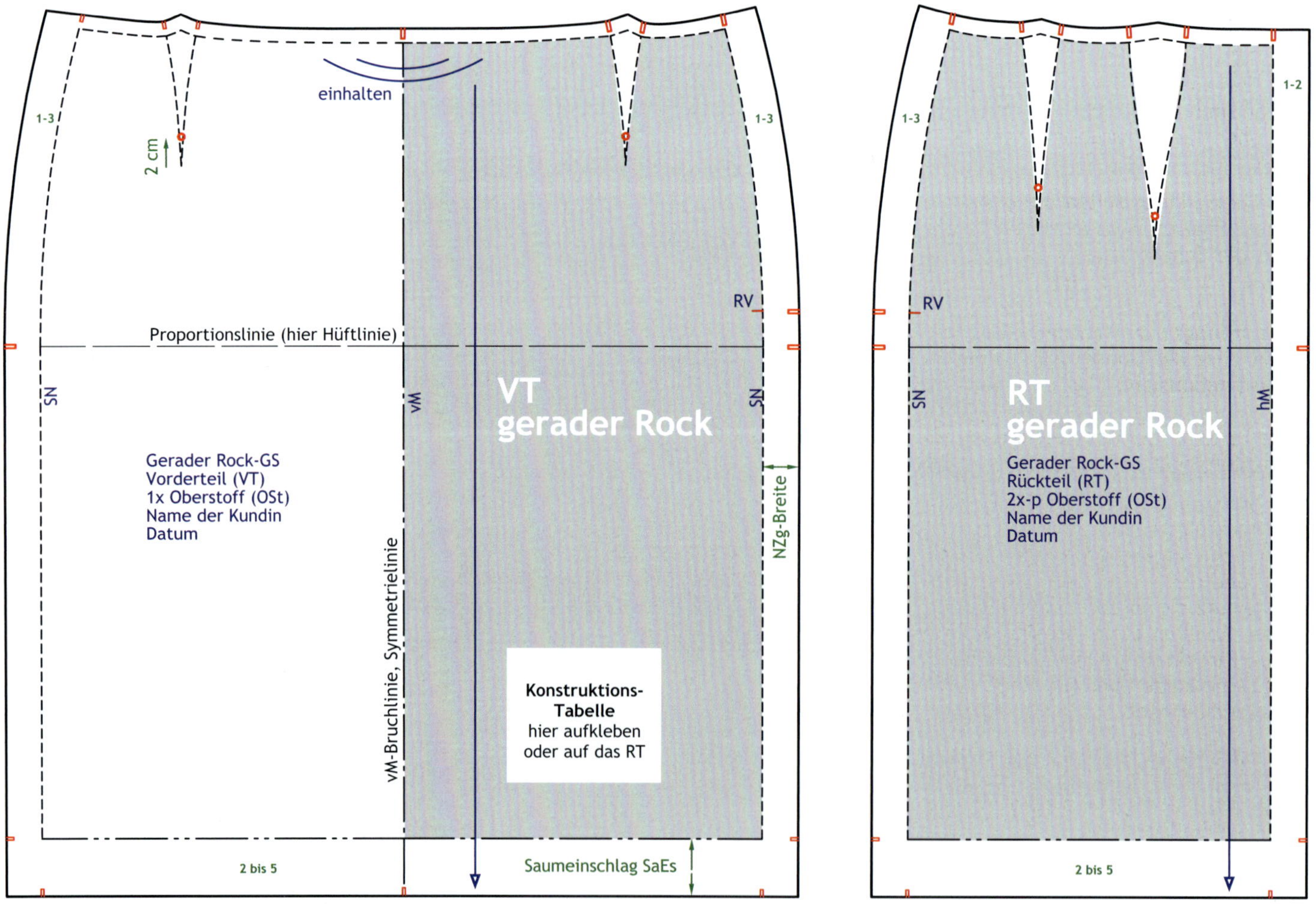

☐2 Produktionsschnitt für den geraden Rock-Grundschnitt

Proportionen von Hüfte und Taille

Warum passt Kleidung manchmal nicht, obwohl die Körpermaße richtig gemessen wurden?

Für die Schnittkonstruktion von Konfektionsware werden sogenannte Normalgrößen verwendet. Die Normalgrößen haben Körpermaße, deren Maße und Proportionen der durchschnittlichen Gestalt des menschlichen Körpers am ehesten entsprechen. Die Maße werden durch Reihenmessungen ermittelt. Auf Figuren mit hiervon abweichenden Längen- und Weitenmaßen geht die Konfektion mit vielen Sondergrößen ein.

Passt nun ein Kleidungsstück trotz richtig gewählter Größe nicht, liegt dies an der abweichenden Form des entsprechenden Körpers von der Normalfigur. Allein durch das Messen von Umfängen oder Längen können Figurabweichungen nicht immer festgestellt werden.

Gesäßstärke und Hüftbreite unabhängig vom Taillen- und Hüftumfang

Am Beispiel unterschiedlicher Gesäß- und Hüftformen werden Abweichungen von der Normalfigur aufgezeigt.

☐1 **Bei einer gut proportionierten ("normalen") Figur** ist die Hüftbreite und die Gesäßform durchschnittlich ausgeprägt.

☐3 **Bei einer breiten Hüfte** sind die seitlichen Hüftrundungen stärker geformt als das Gesäß, es ist eher flach.

☐4 **Bei einem stärker ausgeprägten Gesäß** sind die seitlichen Hüftrundungen eher flach, das Gesäß dagegen ist stark.

Die Querschnitte sollen die verschiedenen Figuren symbolisieren, während die Scheren in ☐1 die Schnittebenen am Körper darstellen. Die schwarze Linie stellt den Umriss des Hüftumfangs dar, während die innere graue Linie den Umriss des Taillenumfangs symbolisiert.

Der Taillen- und der Hüftumfang ist bei allen Figuren identisch.

Die blauen Linien zeigen die Position der Rückteil-Abnäher, die violetten Linien den Hüftabstich an der Seitennaht und die roten Linien symbolisieren jeweils die vorderen Abnäher. Eine lange Abnäher-Linie im Querschnitt steht für einen größeren Abnäherinhalt, eine kurze Linie für einen geringen Abnäherinhalt.

Die Abnäher für eine **Normalfigur** sind in dieser Zeichnung in etwa gleich lang, was eine normal proportionierte Figur symbolisiert.

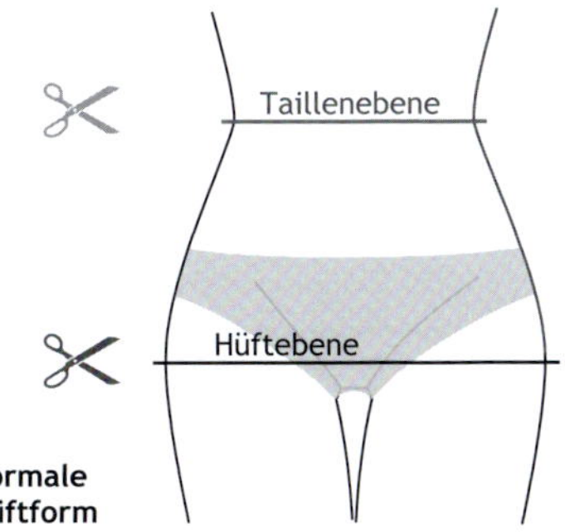

☐1 **Normale Hüftform**

☐3 Die **breite Hüfte** benötigt einen größeren Hüftabstich und einen geringeren Inhalt für den hinteren Abnäher.

Berechnung des größeren Hüftabstichs:
TaAf :2 + 0,5 bis + 1,5 cm

☐4 Das **stärkere Gesäß** benötigt hinten größere Abnäherinhalte. Oft sind zwei Abnäher notwendig. Der Hüftbogen wird flacher gezeichnet.

Berechnung für den kleinen Hüftabstich:
TaAf :2 – 0,5 bis – 1,5 cm

Ein Rock-Grundschnitt mit zwei Rückteil-Abnähern kann für Figuren mit starkem Gesäß aber auch bei Normalfiguren notwendig sein.

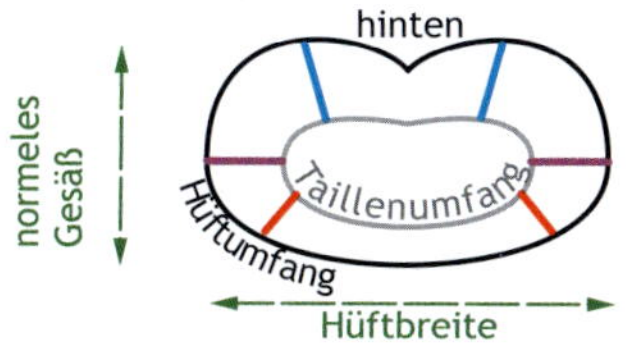

☐2 **Querschnitt Normalfigur**

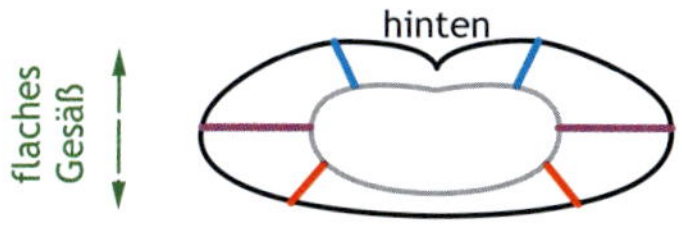

☐3 **Querschnitt Figur mit breiter Hüfte und flachem Gesäß**

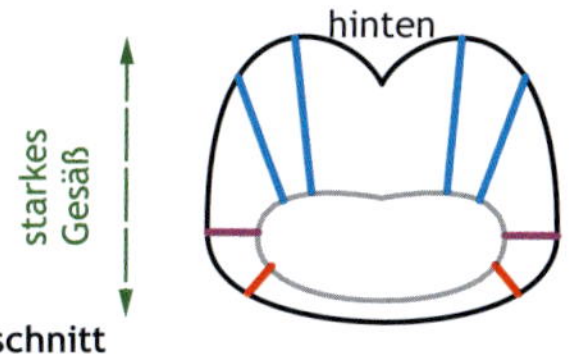

☐4 **Querschnitt Figur mit schmaler Hüfte und starkem Gesäß**

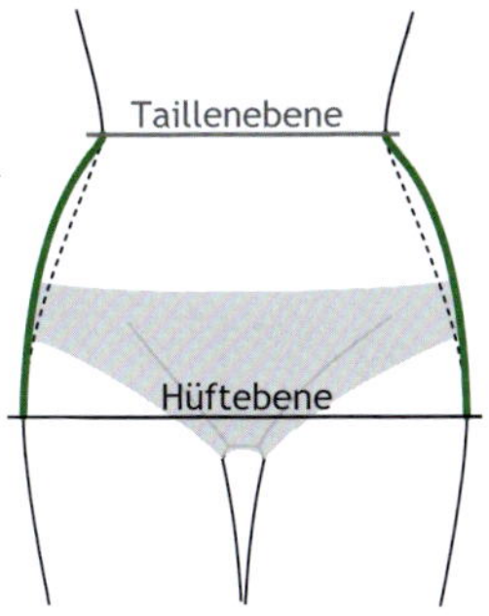

☐5 **Runde Hüftform**

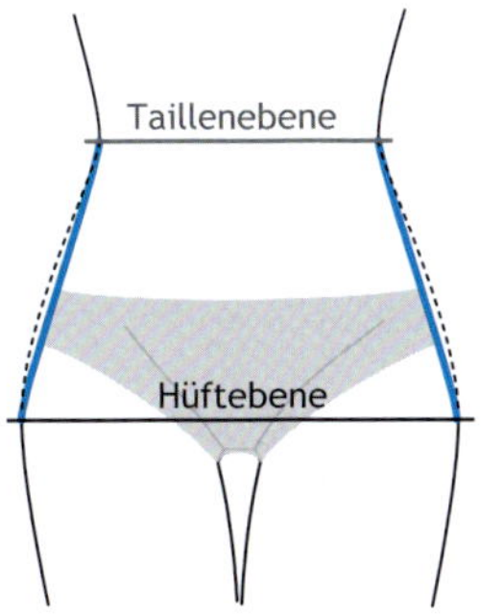

☐6 **Flache Hüftform**

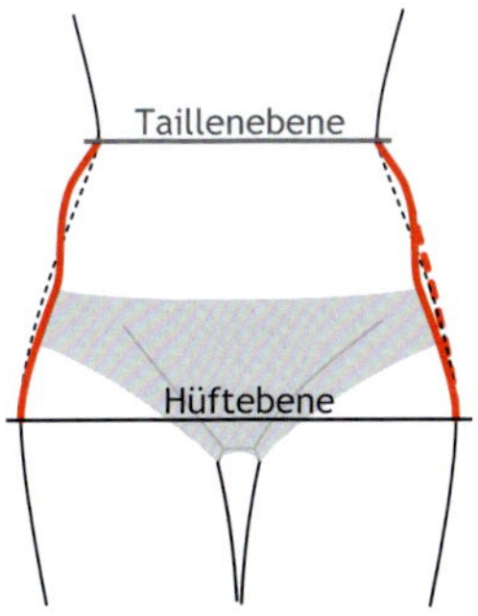

☐7 **Unebene Hüftform**

Hüftform unabhängig vom Taillen- und Hüftumfang

Unabhängig von der Gesäßstärke und Hüftbreite kann die seitliche Form der Hüfte sehr unterschiedlich sein.

Am Schnitt sollte die Hüftform bei der Formung des Hüftbogens an Rock und Hose berücksichtigt werden.

☐1 Bei einer **„normalen"** (gut proportionierten) Figur ist die Hüftrundung durchschnittlich ausgeprägt.

☐5 **Bei einer runden Hüfte** sind die seitlichen Hüftrundungen direkt unterhalb der Taille stärker geformt.

☐6 **Bei einer flachen Hüftrundung** sind die seitlichen Hüftrundungen eher flach, eine deutliche Rundung ist erst in Hüfthöhe sichtbar.

☐7 **Bei einer unebenen Hüftrundung** findet man eine Delle zwischen Taille und Hüfte. Hier sollte die Hüftform am Schnitt **nicht übernommen** werden - **die Delle wird überspielt.** Ggf. wäre eine formende Miederhose anzuraten.

Häufig liegt der Bund von Hüftröcken und Hüfthosen gerade in dieser Delle. Sie könnte durch die ständige Einschnürung an dieser Stelle entstanden sein. Durch die Tendenz des Körpers, Fettgewebe an kühlen Körperregionen anzulagern, könnte das Fettpolster direkt unterhalb der Taille entstanden sein.

Rock-Grundschnitt an figurbedingter tieferer Bundposition (z.B. für Starke Figuren)

51

Figurbedingte tiefere Bundposition – bzw. Taillenvertiefung

Nur annähernd „normal proportionierte“ Frauen werden den Rock an der waagerechten Taille tragen. Modisch und figurbedingt wird der Rock automatisch tiefer, d.h an der figurbedingten Bundposition getragen. Dorthin „rutscht“ der Bund selbstständig von alleine. Bei stärkeren Figuren liegt häufig der Bund vorne in der Bauchfalte, bzw. hinten auf dem stärkeren Gesäß. Siehe auch Seite 51.

Konstruktionstabelle Maßangaben in cm **Rock**		Name						Größe	38	
		Datum			Modell	Gerader Rock mit tiefem Bund				
Hauptmaße (Kennmaße)		Körpermaße	Zugaben			Proportionsmaße (Konstruktions-, Kontroll-, Hilfsmaße)				
HüU	Hüftumfang	97	+ 2 - 3	3	=	Hüftweite	HüW	100	½ 50	¼ 25
TaU	Taillenumfang	78	+ 1 - 2	--	=	Taillenweite	TaW	---	½ ---	¼ ---
TaAf	Taillenausfall					½ HüW – ½ TaW =			---	½ ---
gBuU	gem. Bundumfang	85	+	1	=	Bundumfang	BuU	86	½ 43	

HüT	Hüfttiefe		20
MoL	Modelllänge		60
BuA	Bundabstände	v	-6
		s	-3,5
		h	-2

Hüftabstich	½ TaAf ± 1	
v. Abnäher	0 oder 1,5 bis 2,5	
1.h. Abnäher	bis 4,5	
2.h. Abnäher	optional	
Kontrolle:	Σ = TaAf	

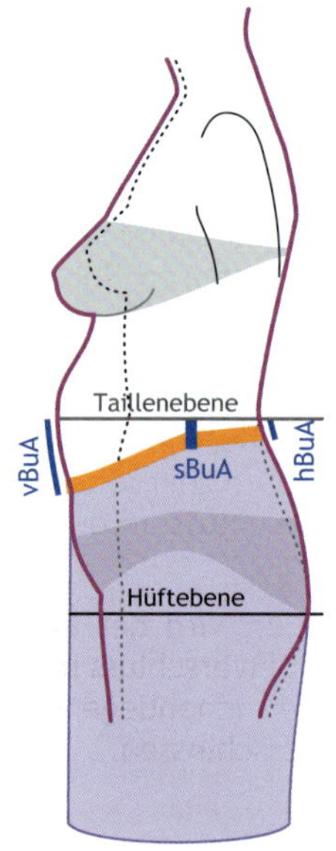

□1 Stärkere Figur mit Taillenband an figurbedingter Bundposition

Das Grundgerüst wird genauso konstruiert wie beim Rock auf Seite 33. Die Ausfallberechnung **mit der besonderen Bundposition** erfolgt erst **nach** dem Einzeichnen der Taillenabtrennung.

□2 Die Taillenabtrennung (gestrichelt) wird mit Hilfe der Bundabstände vorne, seitlich und hinten aus dem Maßsatz in der für die Figur notwendigen Form eingezeichnet.

Die gesamte Taillenabtrennung (gestrichelt) messen und den Taillenausfall (TaAf) berechnen:

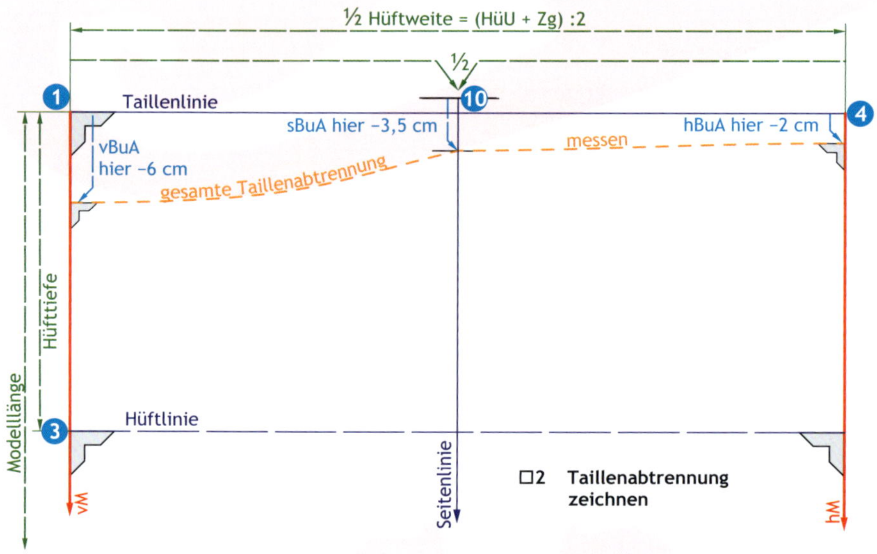

□2 Taillenabtrennung zeichnen

Berechnung des Taillenausfalls

TaAf	=	Taillenabtrennung	– ½ BuW
	=	50,7cm	– 43 cm
	=	7,7 cm	

Mögliche Verteilung des Taillenausfalls in diesem Beispiel:

Hüftabstich: 4,2 cm
VT-Abnäher: 1,0 cm
RT-Abnäher: 2,5 cm

Die Hüftbögen in gleicher Höhe und Länge formen. Die Abnäher wie skizziert und für eine geschwungene Taillennaht leicht erhöht zeichnen. Optional können auch zwei hintere Abnäher gezeichnet werden. Die Abnäherpositionen und -Formen sind wie am Grundschnitt oder figurbedingt zu wählen.

Die Bund- bzw. Taillennaht wie skizziert einzeichnen. An Abnähern und Hüftbögen schöne Nahtübergänge formen. Die Bundnaht wird durch die Formung minimal länger und gewinnt dadurch zusätzliche Einhalteweite.

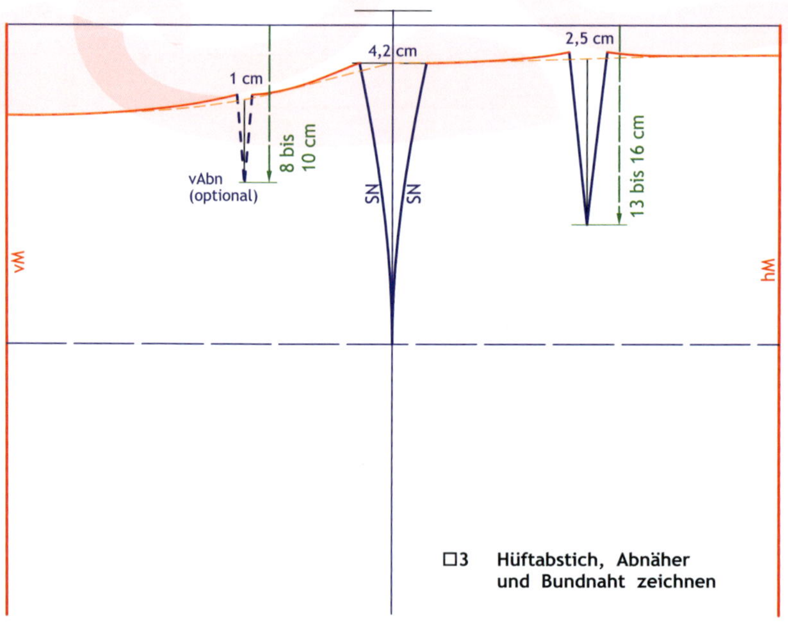

□3 Hüftabstich, Abnäher und Bundnaht zeichnen

Der obere Abschluss eines Rocks oder einer Hose in der Taille bildet oft ein bandähnliches Schnittteil, der Bund. Er soll den Rock fest in der Taille halten und verhindert durch eine stabile eingebügelte Einlage das Ausdehnen der oberen Rockkante. Eine Öffnung (z.B. ein Reißverschlussschlitz) ist notwendig, um den Rock an der Taille beim Anziehen zu erweitern. Ein gerader Bund wird meist nur an Röcken und Hosen gearbeitet, bei denen der Bundabschluss an der waagerechten Taille sitzt.

Hier wird der Rockschlitz mit einem Reißverschluss und der Bund durch einen innenliegenden Knopf mit Riegel verschlossen.

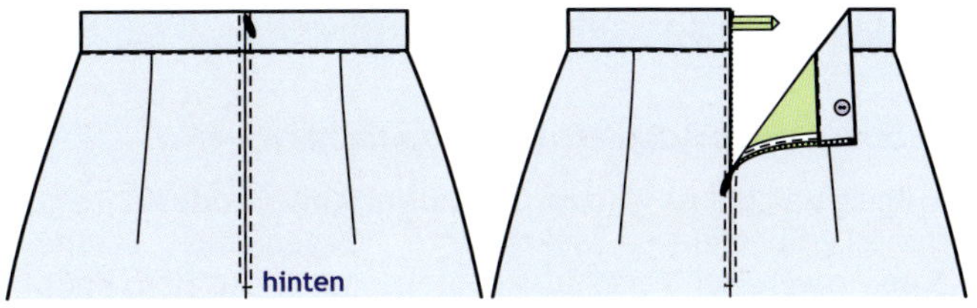

□1 Gerader Bund mit geknöpftem inneren Riegel an der hinteren Mitte

1 Bundform zeichnen

❶ □2 Da der gerade Bund genau in der Taille sitzt, muss die Bundlänge ca. dem Taillenumfang entsprechen.

❷ Ein Rechteck mit der Bundlänge entsprechend ca. dem TaU und einer Höhe (Bundbreite) von 2 bis 5 cm zeichnen.

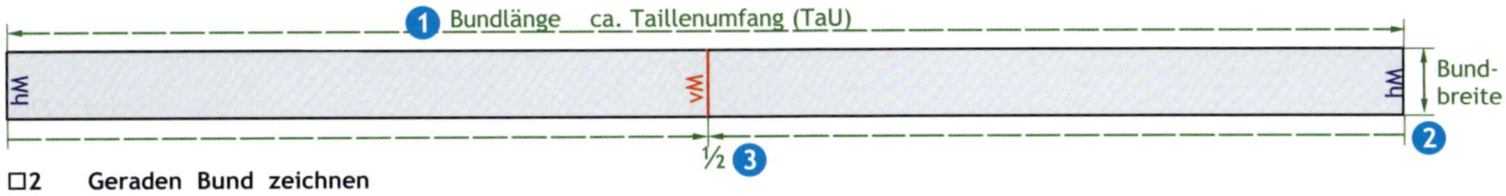

□2 Geraden Bund zeichnen

2 hM und vM markieren

□2 Der Verschluss an den Enden des Bundes ist die hM.

❸ Die vM liegt genau auf der Hälfte der Bundlänge, da rechte und linke Körperseite symmetrisch sind.

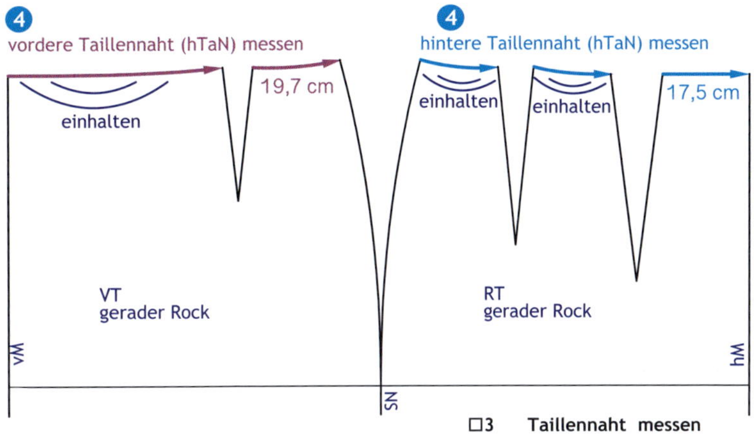

□3 Taillennaht messen

3 Taillennaht messen

❹ Alle Nahtstrecken der vorderen Taillennaht und der hinteren Taillennaht (jeweils ohne Abnäherinhalte) messen.

Die Taillennahtlängen entsprechen der halben Taillenweite.

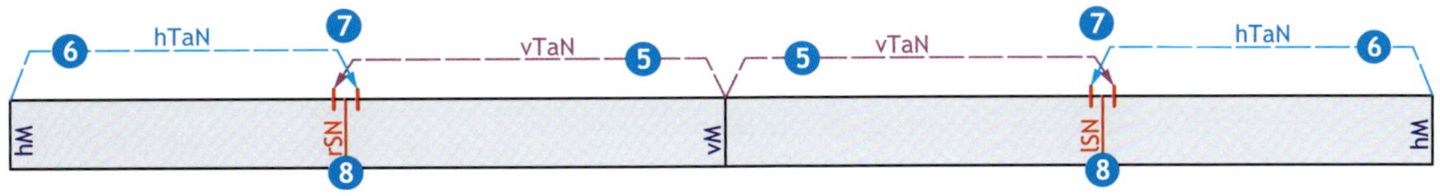

□4 Messstrecken von der Taillennaht am Rock auf den Bund übertragen und Seitennaht markieren

4 Markierung der SN

❺ □4 Die vordere Taillennaht (vTaN) **von der vM** nach links und nach rechts abtragen.

❻ Die Länge der hinteren Taillennaht (TaN) **von der hM** aus abtragen.

❼ Der Überschneidungsbetrag ist die Taillenmehrweite und beträgt ca. 1 bis 1,5 cm.

❽ Genau in der Mitte dieser zwei Markierungen wird nun die Seitennaht (SN) markiert.

Kontrolle der Taillenmehrweite

= vTaN + hTaN − TaU:2
= 19,7 + 17,5 cm − 36,0 cm
= **1,2 cm Einhalteweite**

Sollte die Taillenmehrweite größer als 1,5 cm sein, kann dies ein Anzeichen für einen Fehler z.B. bei der Rock-Konstruktion oder einer Fehlmessung sein. Der Fehler sollte unbedingt identifiziert und berichtigt werden.

Gerader Bund (2)

Variante 1: Bund mit Über- und Untertritt

Platzieren von Knöpfen und Knopflöchern

Ein Knopfverschluss wird an eine zu verschließende Kante gearbeitet (Bundkante, Jackenkante, Kragenkante, Schlitzkante, usw.). Der Verschluss besteht immer aus dem Knopf und dem Knopfloch (oder einer Schlinge oder einem Riegel).

Damen- und Herrenbekleidung schließen unterschiedlich. Damen schließen "rechts über links", während Herren "links über rechts" schließen, d.h. bei Damen liegt die rechte Bekleidungsseite am Verschluss oben, der Übertritt ist auf der rechten Seite des Kleidungsstücks und der Untertritt auf der linken Seite - bei Herren ist der Verschluss traditionell an der anderen Seite.

Wenn der Knopf genau über dem Verschluss-Schlitz, d.h. auf der vM, der hM oder auf der Seitennaht sitzen soll (hier auf der hM), muss am Kleidungsstück oder am Bund ein Übertritt **und** ein Untertritt vorhanden sein.

Die nachfolgende Konstruktion gilt für einen Verschluss an der hM, könnte jedoch genauso an der vM oder seitlich erfolgen.

1. Die Knopfmitte sitzt genau auf der hM. Den Knopf in Originalgröße einzeichnen. Dazu passend die Übertrittkante gestalten: Der Abstand zur Knopfkante soll harmonisch und zum Modell passend sein.
2. Das Knopfloch am Übertritt wird passend zum Knopfdurchmesser markiert. Das Auge (der Knopflochbeginn) liegt an der markierten Knopfmitte. Knopflochlänge = Knopfdurchmesser + ca. 2 mm.
3. Der Untertritt kommt ans andere Bund-Ende. Dort wird die Knopfposition wie am Übertritt genau auf der hM markiert und die Untertrittbreite angezeichnet. Der Untertritt sollte mindestens so lang sein wie das Knopfloch, besser 0,5 bis 1 cm länger.

Platzierung des Übertritts an Damenbekleidung

Bei vorderen Verschlüssen kommt der Übertritt bei Damenmode auf die rechte Körperseite (siehe folgende Seite). Der Verschluss schließt also von rechts nach links um den Körper herum. In dieselbe Richtung wird auch der hintere Verschluss geschlossen. **Der Übertritt kommt hinten auf die linke Körperseite,** bzw. auf das linke hintere Schnittteil.

Bei einem Bund mit Verschluss an der linken Seitennaht, kommt der Übertritt an das linke vordere Bundende. Der Untertritt wird jeweils am anderen Bundende platziert.

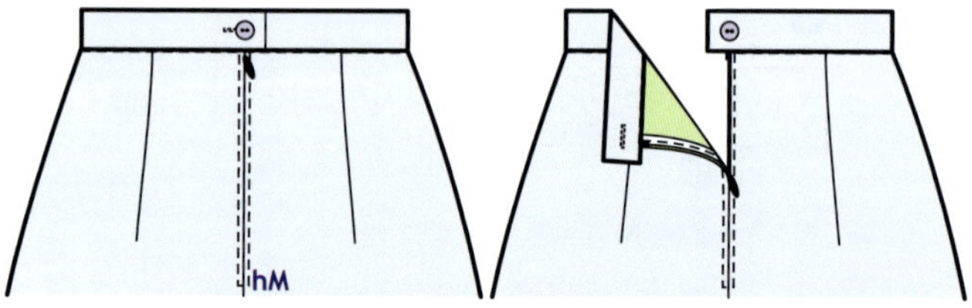

□1 Gerader geknöpfter Bund mit Über- und Untertritt an der hinteren Mitte

□2 Konstruktion von Über- und Untertritt am Bund

Produktionsschnitt für einen Bund mit Verschluss an hM

Wie ab Seite 21 und auf Seite 38 beschrieben, wird eine Zuschneideschablone beschriftet und mit Nahtzugaben sowie mit allen notwendigen Markierungen versehen.

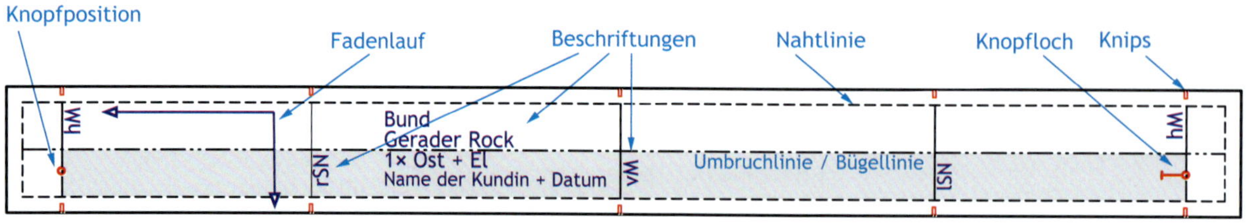

□1 Produktionsschnitt eines geraden Bundes

Gerader Bund (3)

Variante 2: Bund mit Untertritt (typischer vorderer Jeans-Verschluss)

1. □4 Den Bund so einteilen, dass nun die vM am Bund-Ende ist. An der Stelle trennen, wo der Verschluss gewünscht ist und die anderen Enden zusammensetzen.
2. Die Bundkante schließt mit der Schlitzkante ab. Dort das Knopfloch markieren. Somit sitzt der Knopf neben der vM.
3. An der Untertritt-Seite die Knopfposition markieren. Die Länge vom Knopfloch-Auge zum Knopfannähpunkt entspricht dem Bundumfang (TaU).
4. Den Untertritt anzeichnen. Der Abstand zur Kante sollte mindestens dem Knopfdurchmesser (KnoD) + 0,5 cm entsprechen, damit der Untertritt von innen das Knopfloch abdeckt.

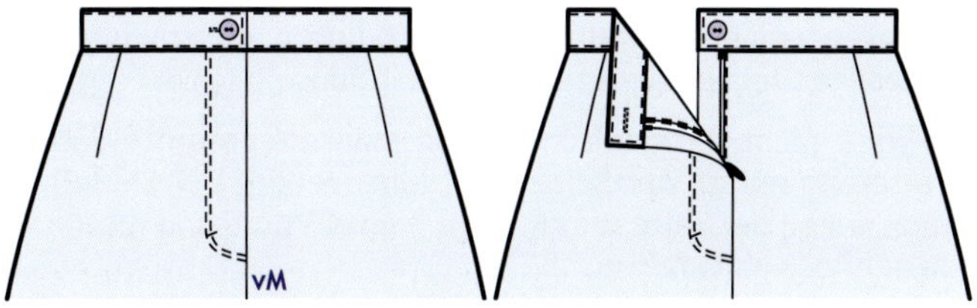

□3 Gerader Bund mit Untertritt und Knopfverschluss an der vM, z.B. an Hosen oder Jeansröcken

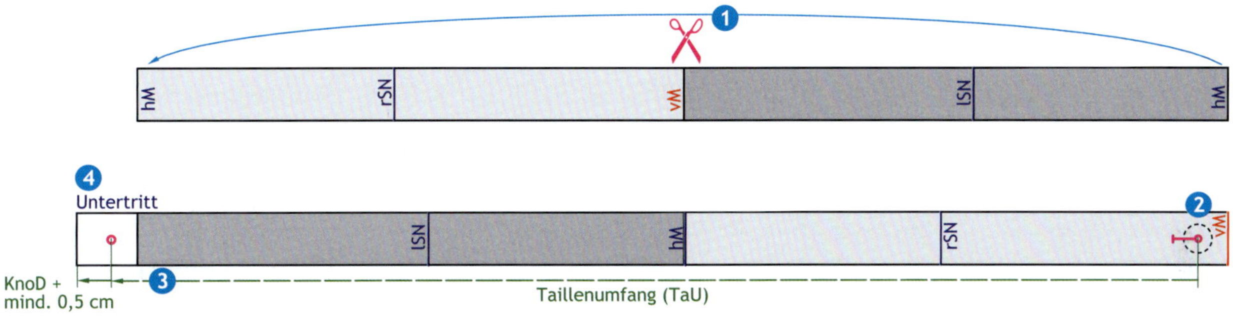

□4 Bund neu einteilen, Untertritt für Knopfverschluss anbringen

Variante 3: Bund mit Übertritt (traditioneller Verschluss an linker Seitennaht)

Röcke und Kleider haben traditionell ihren Verschluss immer an der linken Seitennaht. Als Anfang des zwanzigsten Jahrhunderts die Damenhosen modern wurden, hatten auch diese ihren Verschluss an der linken Seitennaht.

Noch heute haben elegante Röcke und Damenhosen gelegentlich ihren Verschluss an der linken Seitennaht.

Bei seitlichen Verschlüssen kommt der Übertritt bei Damenbekleidung **auf das linke vordere Schnittteil.**

1. □6 Den Bund so einteilen, dass nun die lSN am Bund-Ende ist. An der Stelle trennen, wo der Verschluss gewünscht ist, die anderen Enden zusammensetzen.
2. Den Übertritt in gewünschter Länge und Form einzeichnen und den Haken (oder das Knopfloch) markieren.
3. Das Gegenstück zum Haken (Öse) (oder die Knopfposition) am Untertritt markieren. Der Abstand zum Haken entspricht dem TaU.

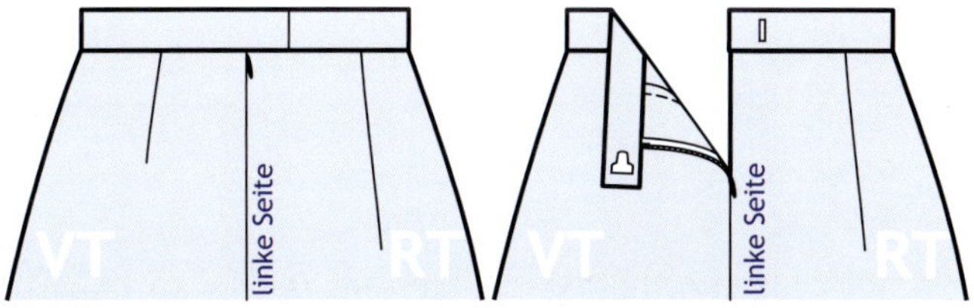

□5 Seitlicher Rockverschluss mit nahtfeinem Reißverschluss, gerader Bund nur mit Übertritt und Hakenverschluss an der SN

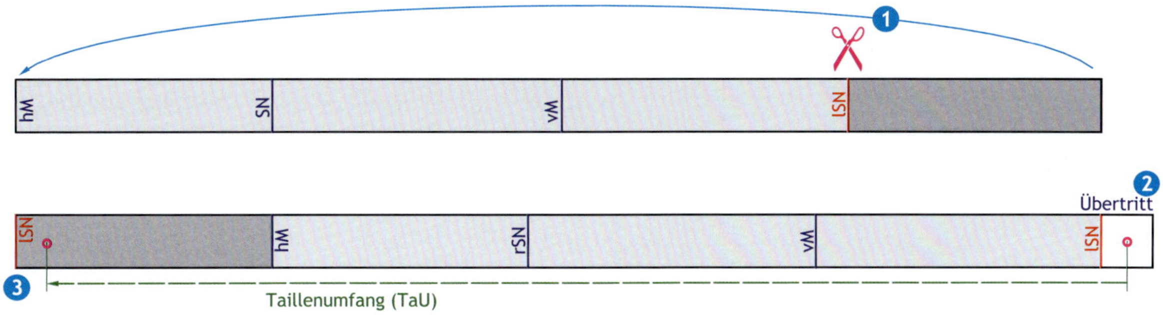

□6 Bund neu einteilen, Übertritt für Hakenverschluss anbringen

Saumerweiterter Rock-Grundschnitt (1)
Einschnitte für Öffnungen

36

Benötigt man einen Rock mit mehr Saumweite, wird ein Grundschnitt mit Saumerweiterung aus dem geraden Rock-Grundschnitt konstruiert. Durch die geschwungene erweiterte Saumkante bilden sich je nach Saumweite und Materialeigenschaften weiche Rollfalten, die nach unten ausschwingen, sogenannte Glocken (hier nicht dargestellt).

Es wäre nicht harmonisch, würde man die gesamte Saumerweiterung nur an der Seitennaht hinzugeben. Der Saum hätte dann nur an der Seite die glockige Weite. Vorne und hinten würde der Rock glatt fallen.

Die Erweiterung muss an VT und RT identisch und gleichmäßig über die gesamte Saumweite verteilt werden. Hierzu ist es notwendig, zusätzliche Weite in ein Schnittteil hinein zu geben.

Dabei verändern sich die Abnäher. Wie man an der Skizze (**☐1**) sieht, ist der vordere Abnäher verschwunden. Der hintere Abnäherinhalt verringert sich. Von einem geraden Rock-Grundschnitt mit ursprünglich zwei Abnähern an einer Rückteilhälfte bleibt beim saumerweiterten Rock-Grundschnitt nur noch einer übrig.

Für ein Rock mit noch größerer Saumweite wäre ein Glockenrock die bessere Wahl.

☐1 Saumerweiterter Rock

1 Einschnittlinien für die Öffnung des Rock-Grundschnitts einzeichnen

1. Um den Rock an der richtigen Stelle am Saum zu erweitern, müssen nun Öffnungslinien konstruiert werden, die den gesamten vorderen und den gesamten hinteren Rock jeweils dritteln (man stelle sich die Rockflächen jeweils an vM und hM gespiegelt vor).

Diese Linien teilen den gesamten Rock in insgesamt 6 Bahnen. Siehe hierzu im Kapitel „Rock-Modelle“ auf Seite 64 den „Sechs-Bahnen-Rock“. Noch harmonischer wird eine Saumerweiterung durch eine Einteilung der Einschnitte wie beim „Zehn-Bahnen-Rock“, siehe Seite 65.

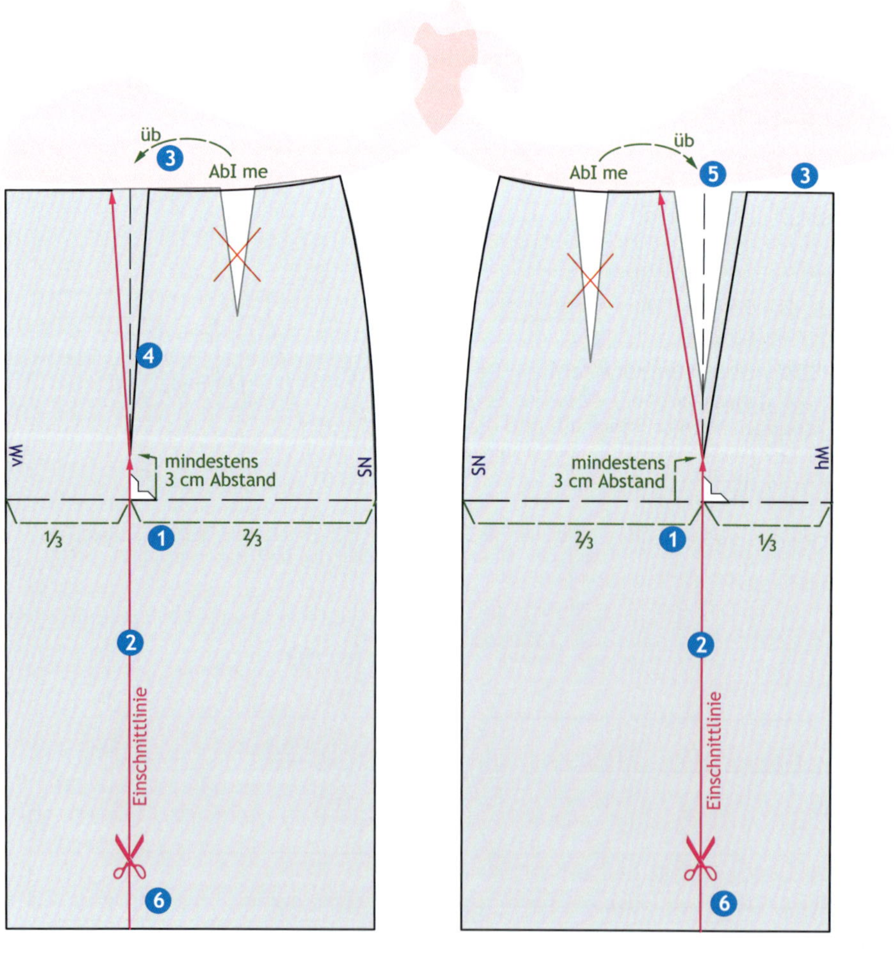

☐2 Einschnittlinien in den geraden Rock-Grundschnitt einzeichnen und Abnäher verschieben

2 Abnäher verschieben

3. Den vorderen Abnäherinhalt messen und zur Öffnungslinie hin verschieben. Die Öffnungslinie ist die neue Abnähermitte.
4. Den Abnäherinhalt anzeichnen und die Abnäherschenkel bis mindestens 3 cm oberhalb der Hüftlinie zeichnen.
5. Den hinteren Abnäherinhalt ebenso zur Einschnittlinie verschieben. **Sind zwei Abnäher im RT vorhanden, werden beide Abnäherinhalte addiert**. Den neuen Abnäher in derselben Länge wie vorne einzeichnen.
6. Vorder- und Hinterrock werden nun an den Einschnittlinien getrennt.

3 Rocksaum öffnen SN ausstellen

7. **☐3** Der vordere Abnäher wird zugelegt. Für noch mehr Saumweite kann an der Abnäherspitze auch mehr geöffnet werden. Der Drehpunkt **ZP** ist jetzt an der Taille.
8. Um denselben Betrag wird der Hinterrock am Saum geöffnet. Der Drehpunkt **ZP** ist in diesem Fall die neue Abnäherspitze.
9. An den Seitennähten wird jeweils der halbe Öffnungsbetrag angezeichnet und die neue Seitennaht gerade als Tangente auf den Hüftbogen gezeichnet.
10. Im Rückteil ist der verbleibende Abnäher immer noch groß genug, um genäht zu werden.

Saumerweiterter Rock-Grundschnitt (2)
Schnitt öffnen und fertigstellen

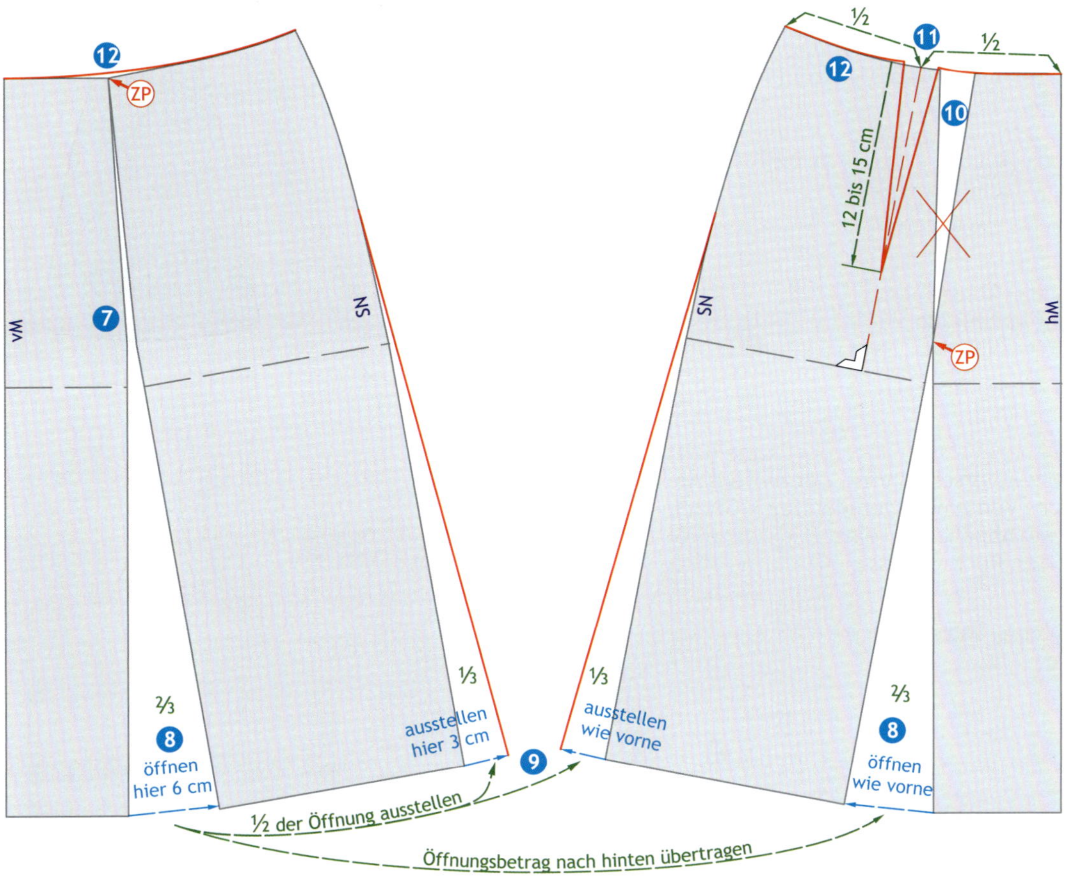

□3 Rocksaum öffnen und Seitennaht ausstellen

□3 + □4: Die weißen Keile am Saum stellen hier die Saumerweiterung dar: ein Keil jeweils im VT und einer im RT und je ein halber Keil an den beiden Seitennähten = 3 Keile am halben Rock. Der gesamte Rock wird also um insgesamt sechs Keile, also an sechs Erweiterungsstellen erweitert. Dies ergibt im Beispiel hier eine Saumerweiterung von: 6 Keile · 6 cm Öffnung = **36 cm Saumerweiterung**

Berechnung des Öffnungsbetrags für eine gewünschte Saumerweiterung:

Öffnungsbetrag = gewünschte Saumerweiterung : Erweiterungsstellen
Beispiel: = **48 cm : 6 = 8 cm**

4 RT-Abnäher verschieben

11 **□4** Eine günstigere Abnäherposition ergibt sich, wenn der RT-Abnäher, wie beim Grundschnitt, in die Mitte des Rückteils zurück verschoben und auf die optimale Länge gekürzt wird.

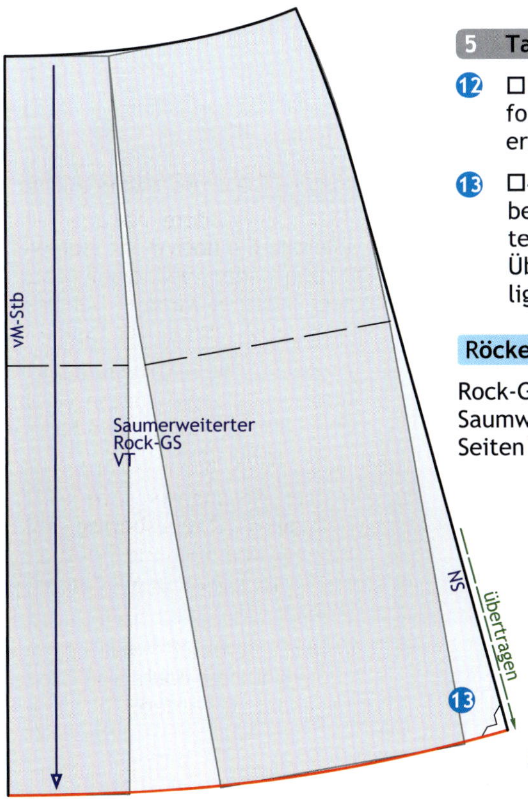

5 Taillennaht und Saum formen

12 **□3** Die Taillennaht schön ausformen, am Abnäher ggf. etwas erhöhen.

13 **□4** Den Saum rund formen. Dabei darauf achten, dass die Seitennähte gleich lang sind und die Übergänge zum Saum rechtwinklig verlaufen.

Röcke mit noch größerer Saumweite

Rock-Grundschnitte mit noch größerer Saumweite sind die auf den folgenden Seiten beschriebenen Kreisröcke.

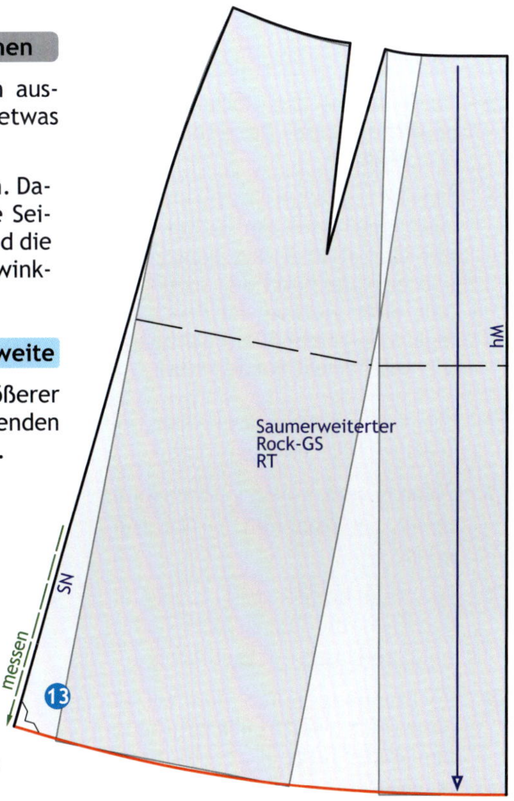

□4 Fertige Schablonen mit ausgerundeten Säumen

Echter Glockenrock
Vollglocke (Tellerrock)

Glockenröcke können aus einem oder mehreren Kreisringen oder aus Kreisringsegmenten gearbeitet werden.

Der echte Glockenrock besteht aus einem Vollkreisring (Vollglocke, Tellerrock). Er umspielt die Hüften und hat weich fallende Glocken am Saum - je nach verwendetem Material und Saumweite.

Genauso werden auch Volants konstruiert. Anstelle der Bundnaht gibt es hier die Volant-Ansatznaht.

Berechnungen ❶

$$r_{TaW} = TaW : (2 \cdot \pi) = 72\ cm : (2 \cdot 3{,}14) = \mathbf{11{,}5\ cm}$$

$$r_{SaW} = r_{TaW} + MoL = 11{,}5\ cm + 50\ cm = \mathbf{61{,}5\ cm}$$

$$SaW = 2 \cdot \pi \cdot r_{SaW} = 2 \cdot 3{,}14 \cdot 61{,}5\ cm = \mathbf{386{,}2\ cm}$$

□1 Tellerrock als Vollglocke

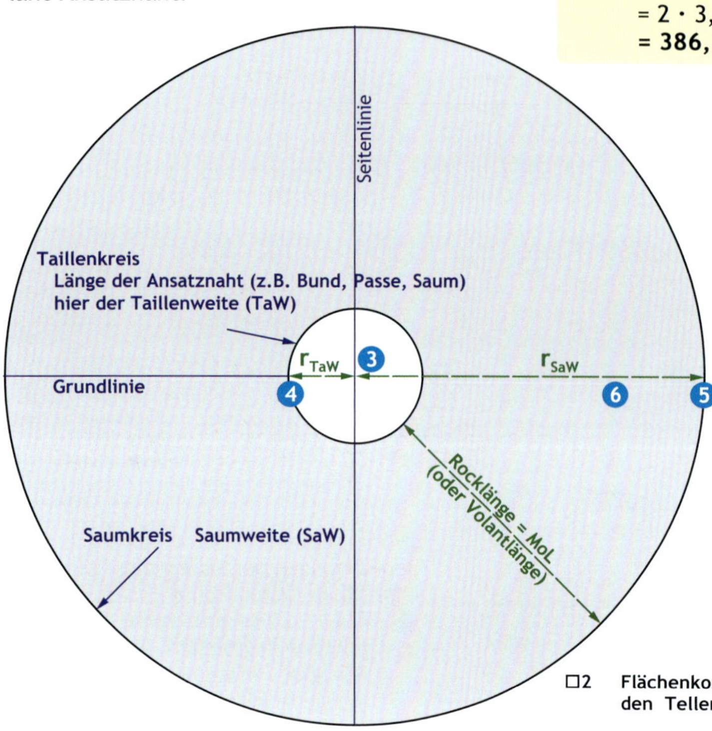

□2 Flächenkonstruktion für den Tellerrock

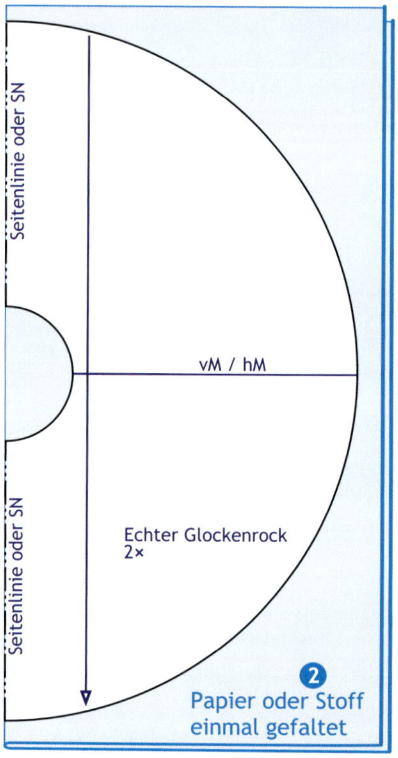

□3 Doppellagiger Zuschnitt (1 Stoffbruch)

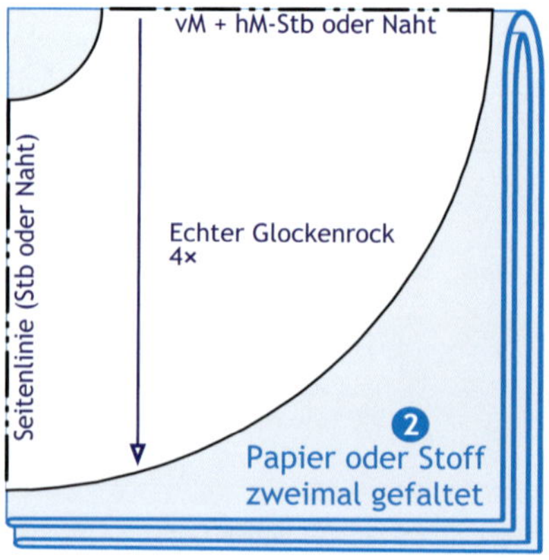

□4 Vierlagiger Zuschnitt (4 Stoffbrüche)

1 Konstruktion

❶ Taillenweite und Rocklänge bestimmen und Berechnungen durchführen.

❷ **□3+4:** Je nach Stoffbreite und Rocklänge wird ein halber oder ein viertel Kreisring konstruiert und entsprechend der Stoff doppelt oder vierfach im Bruch gelegt. Man zeichnet auf Schnittpapier oder direkt auf den Stoff.

❸ **□2** Grundlinie des Kreises und Kreis-Mittelpunkt bestimmen.

❹ Einen Kreis mit dem inneren Radius (r_{TaW}) zeichnen → Taillenkreis.

❺ Ebenfalls um den Mittelpunkt einen Kreis mit dem äußeren Radius (r_{SaW}) zeichnen → Saumkreis.

❻ Rechtwinklig durch den Mittelpunkt eine zweite Linie zum äußeren Kreisbogen zeichnen → Seitenlinie.

2 Zuschnitt

□3 Je nach Stoffbreite und Rocklänge müssen bei Glockenröcken zwei Kreisringe aneinander genäht werden, was für das Einnähen eines Reißverschlusses günstiger ist. Der Zuschnitt kann ggf. auch im Stoffbruch erfolgen,

□3+4 zeigen den **Zuschnitt als kompletten Kreisring**. Dies ist nur möglich, wenn die Stofffläche ausreichend groß ist. In der Taille muss dann ein Schlitz für den Reißverschluss berücksichtigt werden:

$$r_{TaW} = (TaW + \mathbf{2 \cdot NZg}) : (2 \cdot \pi)$$

□4 Auch ein Zuschnitt mit einem ¼-Schnitt ist möglich; sowohl mit, als auch ohne Nähte (wie hier gezeigt).

Am Ende muss immer ein voller Kreisring zusammengenäht sein.

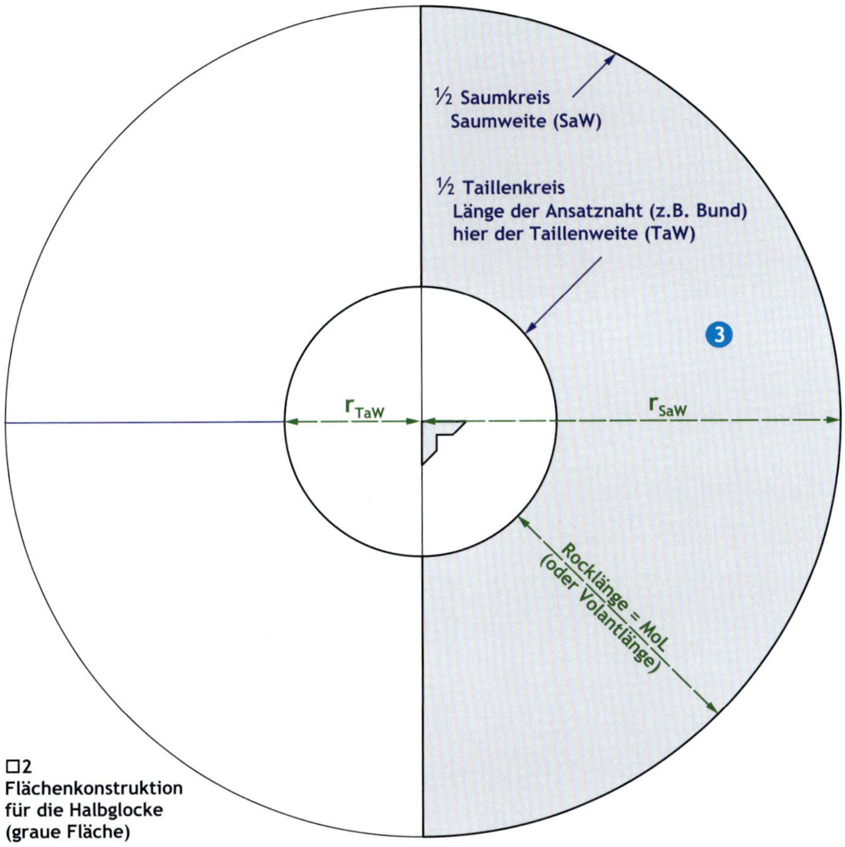

□2 Flächenkonstruktion für die Halbglocke (graue Fläche)

□1 Glockenrock als Halbglocke

Die Fläche des mäßig weiten Rocks besteht nur aus einem halben Kreisring (Halbglocke). Gegenüber der Vollglocke hat dieser Rock weniger Hüft- und Saumweite. Man vergleiche hierzu die unterschiedlichen Ergebnisse bei den Berechnungen der Saumweite, bei gleicher (Rock-) Modelllänge.

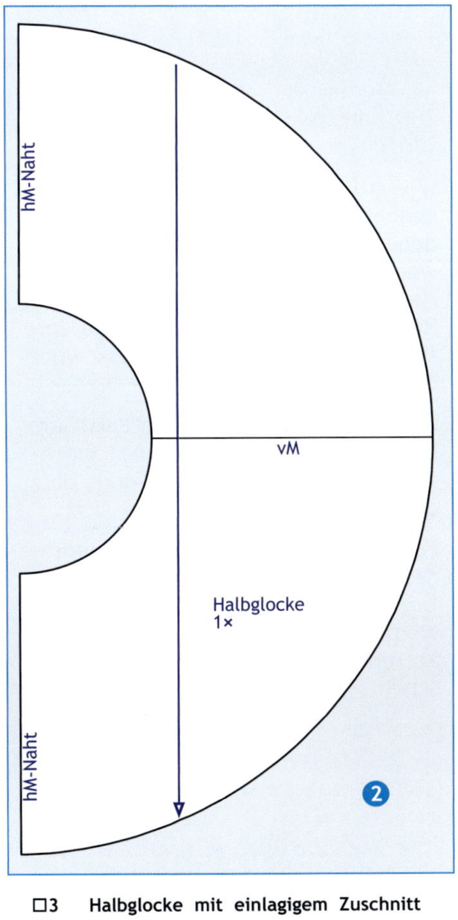

□3 Halbglocke mit einlagigem Zuschnitt

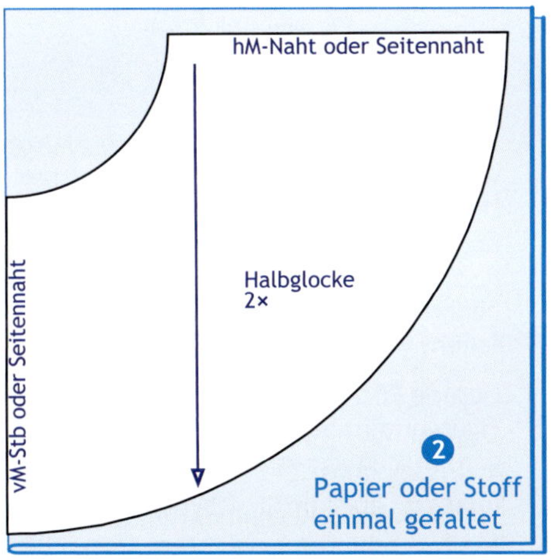

□4 Halbglocke mit doppellagigem Zuschnitt

Berechnungen ❶

r_{TaW} = TaW : π
= 72 cm : 3,14
= 22,9 cm

r_{SaW} = r_{TaW} + MoL
= 22,9 cm + 50 cm
= 72,9 cm

SaW = π · r_{SaW}
= 3,14 · 72,9 cm
= 229 cm

1 Konstruktion

❶ Taillenweite und Rocklänge festlegen und die Berechnungen durchführen.

❷ □2 Je nach Stoffbreite und Rocklänge wird ein viertel oder ein halber Kreisring konstruiert und entsprechend der Stoff einfach oder doppelt (im Bruch) gelegt.

❸ Für die Halbglocke wird ein halber Kreisring mit den berechneten Werten konstruiert.

2 Zuschnitt

□3 Die Halbglocke wird aus einem halben Kreisring zugeschnitten und in der Regel in der hM als Naht genäht (der Reißverschluss kommt in die hM).

□4 Die zweite Möglichkeit ist ein Zuschnitt im Stoffbruch oder in zwei Teilen. Die Nähte legt man an die Seite (der Reißverschluss kommt an die linke Seite).

Am Ende muss ein halber Kreisring zusammengenäht sein.

Ausgestellter und eingestellter Rock Hosenrock

36

Geraden Rock ausstellen und einstellen

Ein gerader Rock kann eine moderate Saumerweiterung durch Ausstellen erhalten. Für knielange Röcke gilt eine maximale Erweiterung von ca. 2,5 cm. Kurze Röcke dürfen entsprechend weniger ausgestellt werden lange Röcke mehr.

Die neue SN verläuft gerade zum Hüftbogen, der Saum ist abgewinkelt und verläuft leicht gerundet zur Körpermitte.

Eine Verringerung der Saumweite durch Einstellen ist an beiden SN um bis zu 1,5 cm möglich.

Die eingestellte SN zunächst ca. 4 cm senkrecht, dann schräg bis ca. 4 cm unterhalb der Hüftlinie zeichnen. Damit verliert der Rock für die Oberschenkel nicht zu viel Weite. Die rechten Winkel am Saum sorgen für einen harmonischen Saumverlauf. Anschließend können die Ecken an den SN ausgeformt werden.

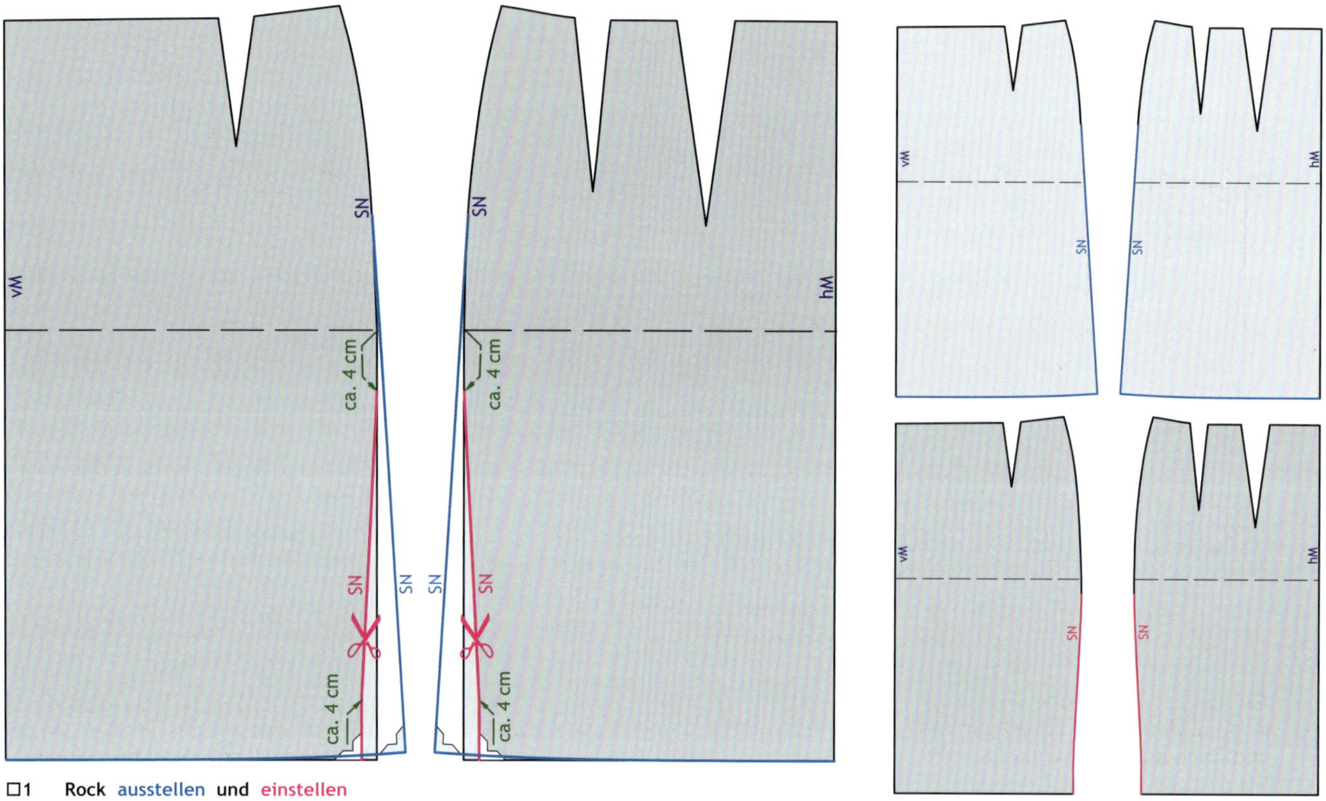

□1 Rock ausstellen und einstellen

36
42

Hosenrock

Ein Hosenrock besitzt die Optik und den Fall eines Rockes. Man bemerkt u.U. die beiden Beinröhren, aus denen er besteht, erst auf den zweiten Blick.

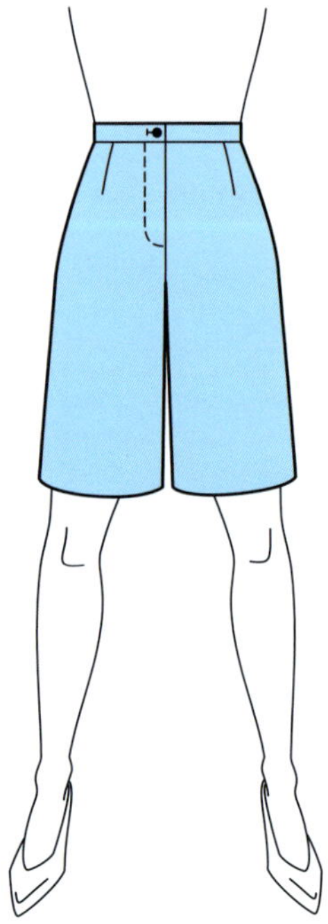

□1 Gerader Hosenrock

□2 Saumerweiterter Hosenrock

An seiner vorderen und hinteren Mitte wird ein “Innenbeinteil” angeschnitten. Dieses Innenbeinteil befindet sich am Körper zwischen den Beinen. Je nach Rockweite und Figurtyp muss dieses Innenbeinteil breiter oder schmaler ausfallen.

Gerade Röcke und normale Figuren bzw. Figuren mit eher flachem Gesäß benötigen ein schmaleres Innenbeinteil.

Weite Röcke und Figuren mit einem tiefen (nach hinten gewölbten) Gesäß benötigen ein breiteres Innenbeinteil.

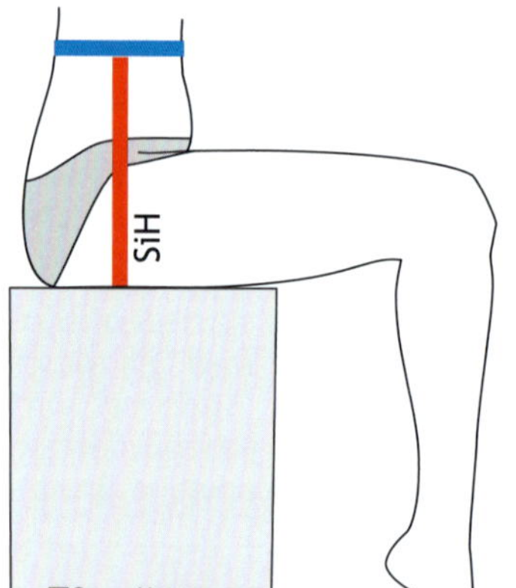

□3 Messung der Sitzhöhe

Zur Konstruktion des Innenbeinteils wird das neue Maß „Sitzhöhe“ benötigt.

Wie auf der folgenden Seite gezeigt, können für einen Hosenrock verschiedene Rock-Grundschnitte verwendet werden. Nicht abgebildet ist die Variante eines Glockenrocks oder eines Rocks mit Kräuselweite. Auch die Umstellung von einem Faltenrock wäre denkbar.

Je nach Rockweite verändert sich die Breite des Innenbeinteils. Eine Längenzugabe für die Sitzhöhe bewirkt, dass die Naht im Schritt etwas tiefer sitzt.

Für kreatives Abwandeln bei Hosenröcken können viele schnitttechnische Gestaltungsmöglichkeiten angewandt werden wie Taillenvertiefung, Passenabtrennung, Teilungsnähte, Falten, Taschen …

Die **Sitzhöhe** (SiH) wird von der Sitzfläche über die seitliche Hüftkurve bis zur Unterkante des Taillenmaßbandes gemessen. Das geeignete Messgerät ist das Lotband.

Gerader und saumerweiterter Hosenrock

36

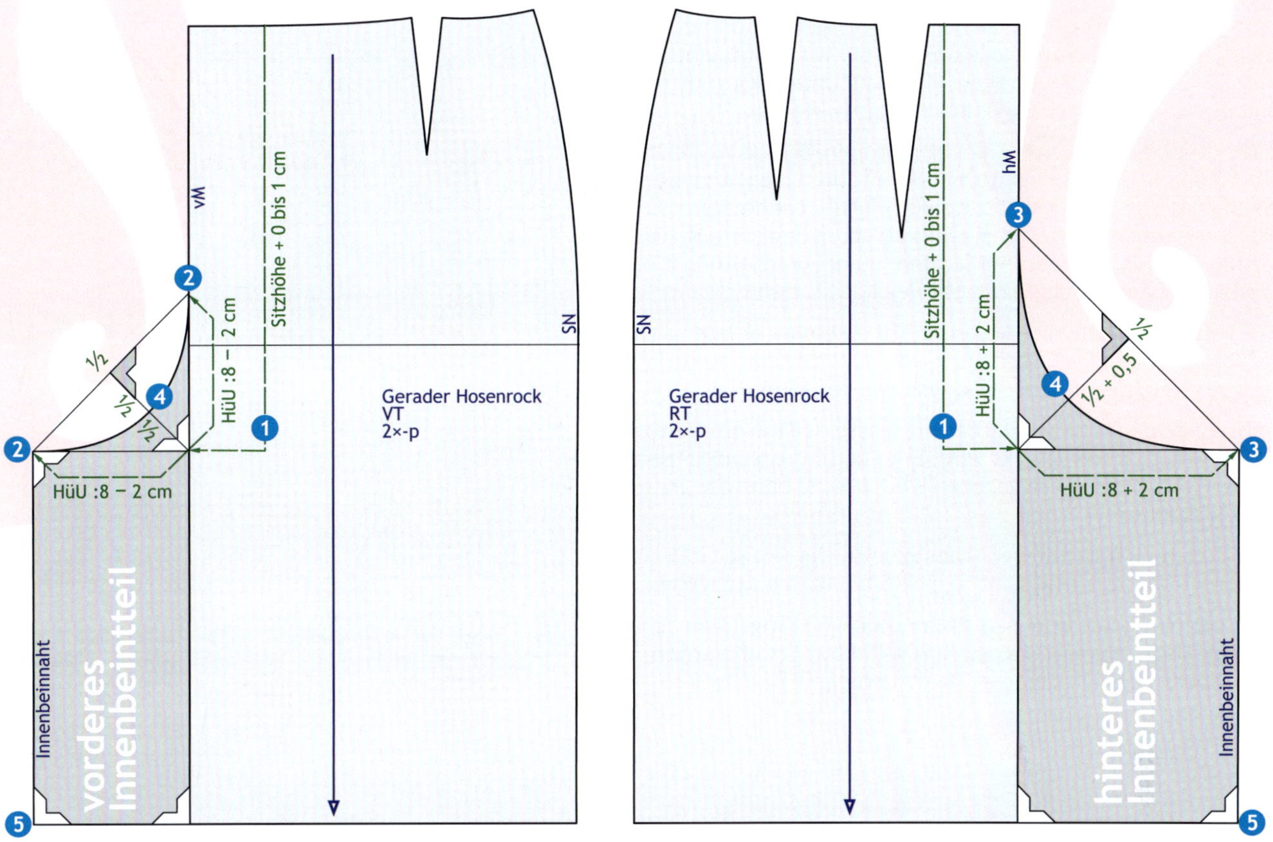

□4 Hosenrock-Konstruktion aus einem geraden Rock-Grundschnitt

❶ □4+5 Sitzhöhe 0 bis + 2 cm an vM und hM nach unten abtragen und nach außen abwinkeln.

❷ An der vM wird HüU :8 – 1,5 bis – 2 cm nach außen und nach oben abgetragen.

❸ An der hM wird HüU :8 + 2 bis + 3 cm nach außen und nach oben abgetragen.

❹ Für die Gesäßnaht jeweils die zwei Hilfslinien entsprechend der Skizze zeichnen und die Gesäßnaht formen.

❺ Saum und Innenbeinnaht jeweils gewinkelt zeichnen.

42

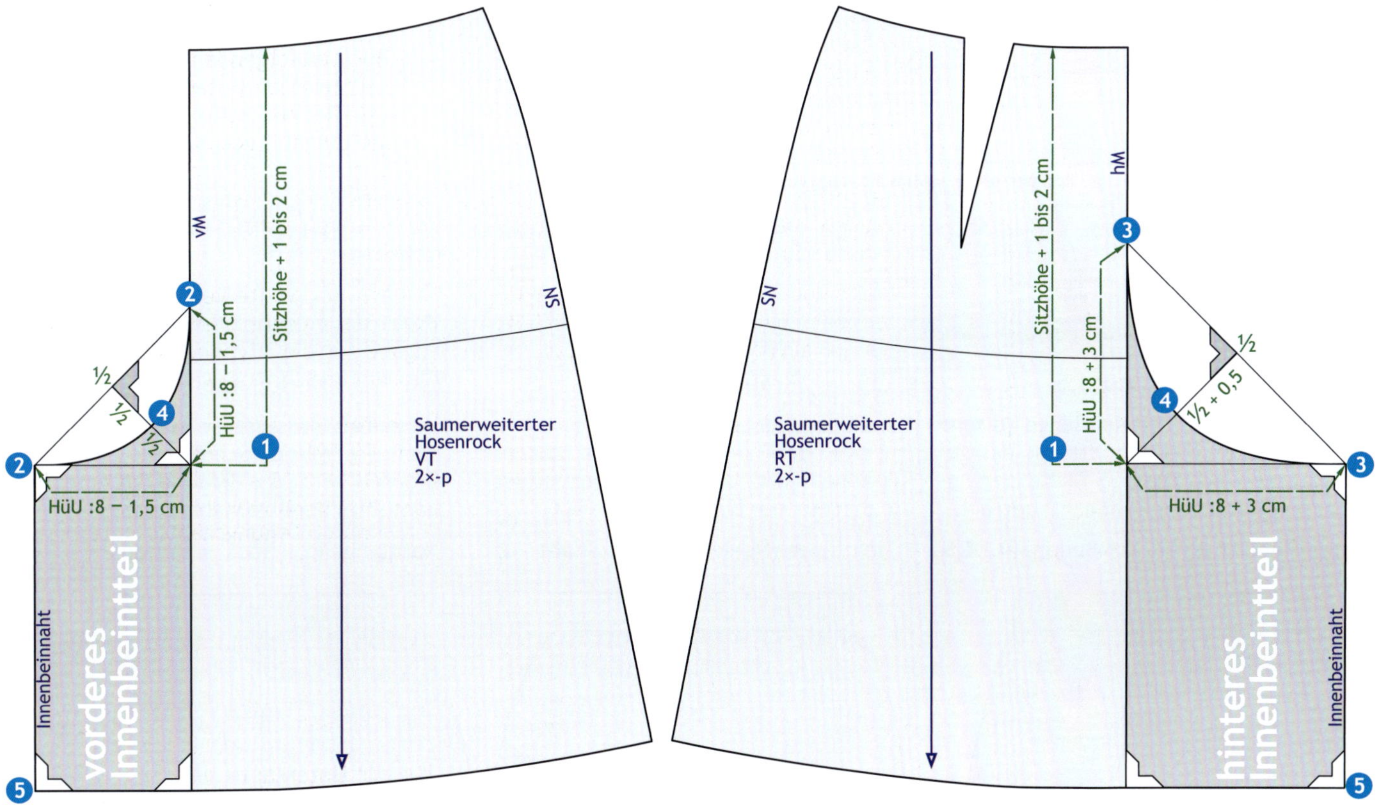

□5 Hosenrock-Konstruktion mit einem saumerweiterten Rock-Grundschnitt mit größerem Innenbeinteil (hier kürzer als in □2)

Röcke mit Kräuselweite
Weiter Rock, Ballonrock

□1 Ein weiter Rock, an der Taille eingekräuselt oder gefältelt, ist in der Trachtenmode üblich bzw. wird aus leichten Stoffen als Sommerrock getragen. Auch als Unterrock (Futterrock) mit einem elastischen Bund findet er Verwendung.

□2 Der **Ballonrock** hat hier eine größere offene Weite und erhält seinen ballonartigen Charakter durch das Annähen des Saums an das deutlich kürzere Rockfutter (siehe Seite 92). Je nach verwendeter Stoffqualität und Innenverarbeitung bauscht er runder (z.B. bei festeren Stoffen, Innenverarbeitung z.B. mit Tüll) oder hängt flacher (z.B. bei weichen Stoffen).

Röcke mit Kräuselweite bestehen aus einem mehr oder weniger weiten rechteckigen Stoffstück, das seitlich über dem Hüftbogen eine leichte Taillenerhöhung aufweisen kann.

Im Bereich der Abnäher und des Hüftabstichs kann die Weite stärker gekräuselt werden. Es wird dann umso mehr gekräuselt, je mehr Weite in den Rock gegeben wird; hier ist dann der „Kräuselfaktor“ größer.

Für den Rock mit mäßiger Kräuselweite werden ab ca. 5 cm am halben Rock, also insgesamt 10 cm Hüftweite hinzu gegeben.

Für weite Röcke und den Ballon-Rock benötigt man je nach Stoffqualität mindestens den Kräuselfaktor 2 (siehe unten). Die Ansatzweite für die Berechnung ist hierbei die Bundweite.

□1 Rock mit Kräuselweite an der Taille, Weiter Rock

□2 Ballon-Rock mit Kräuselweite an Taille und Saum

36

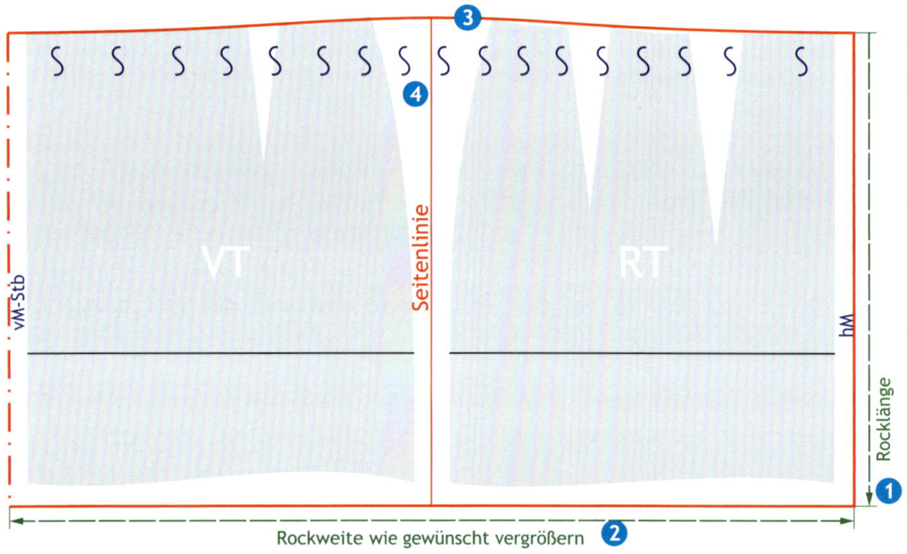

□3 Schnitt für Rock mit Kräuselweite

1. □3 Rocklänge bestimmen.
2. Hüftweite vergrößern: Zwischenraum zwischen VT und RT lassen und neue vM und hM mit Abstand zu den bisherigen zeichnen.
3. Die neue Taillennaht an der Seite leicht erhöht formen. Die Erhöhung kann bei stark gekräuselten Röcken entfallen.
4. Die Kräuselzeichen so markieren, dass dort, wo sich die Abnäher und der Hüftabstich befinden, der Rock evtl. etwas stärker gekräuselt wird. Bei stärker gekräuselten Röcken sollte an der Taille gleichmäßig gekräuselt werden.

Wirkung verschiedener Kräuselfaktoren

□4 Kräuselfaktor 1,5

bedeutet, dass die Nahtlänge (offene Weite, ofW) des Schnittteils, das gekräuselt wird, das **1,5-fache** der Ansatznaht (hier der Bundnaht) beträgt.

Nahtlänge (NL) Rock = **Bundnaht · 1,5**

□5 Kräuselfaktor 2

bedeutet, dass die Nahtlänge (offene Weite, ofW) des Schnittteils, das gekräuselt wird, das **2-fache** der Ansatznaht (hier der Bundnaht) beträgt.

Nahtlänge (NL) Rock = **Bundnaht · 2**

□6 Kräuselfaktor 3

bedeutet, dass die Nahtlänge (offene Weite, ofW) des Schnittteils, das gekräuselt wird, das **3-fache** der Ansatznaht (hier der Bundnaht) beträgt.

Nahtlänge (NL) Rock = **Bundnaht · 3**

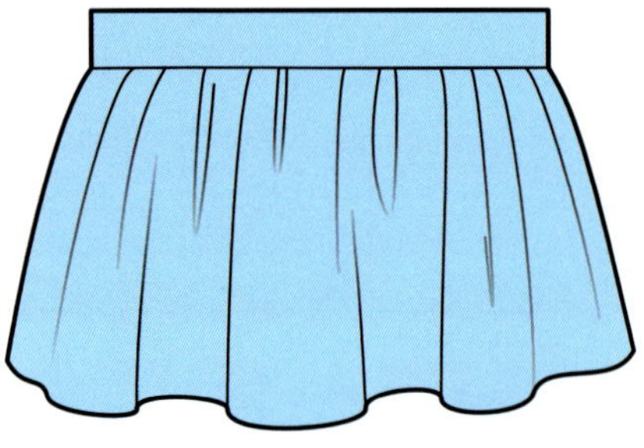

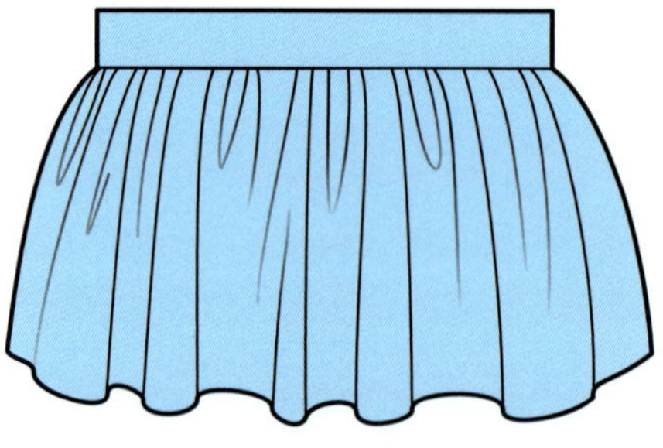

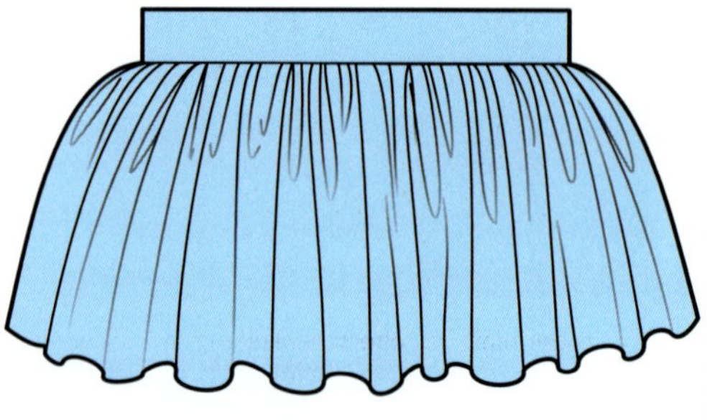

Übersicht

Rocklängen

Individuelle Taillenvertiefung
Hüftrock an figurbedingter tieferer Bundposition

38

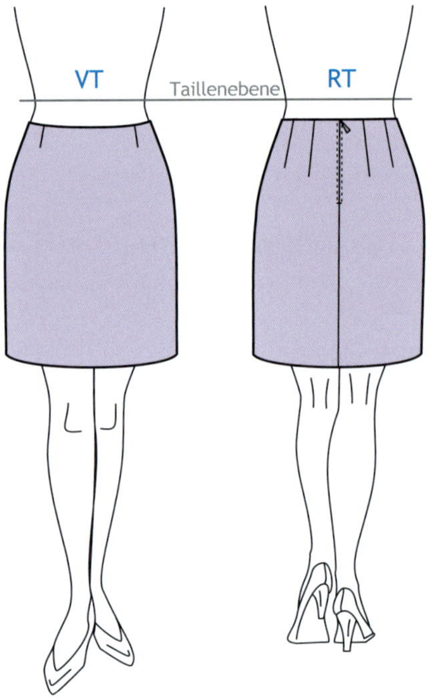

□1 Gerader Rock
mit individueller Taillenvertiefung

Der **Hüftrock** ist eine modische Rockvariante, bei dem die obere Rockkante unter der „normalen" Taille liegt.

Die obere Rockkante befindet sich dann im oberen Bereich zwischen Taille und Hüfte und liegt meist auf der Hüftwölbung. Der tiefer sitzende Rock verlängert optisch den Oberkörper und verkürzt die Beine.

Bei einem Hüftrock verwendet man selten einen geraden Bund. Meist konstruiert man einen Formbund, eine Passe oder einen Innenbund bzw. Taillenbeleg.

Ein Hüftrock kann generell aus jedem Rock-Grundschnitt gestaltet werden.

Für dieses Modell erfolgt die Schnittentwicklung an einem geraden Rock-GS mit zwei Abnähern im (halben) RT.

❗ Weiß man, wo genau bei einer Kundin der Hüftrock sitzen soll und misst man deren Bundabstände (BuA) (siehe Seite 13), kann die Taillenvertiefung wie folgt vorgenommen werden. Man beachte hierbei auch die einführenden Informationen auf Seite 38 sowie die hier folgenden Beobachtungen und Hinweise.

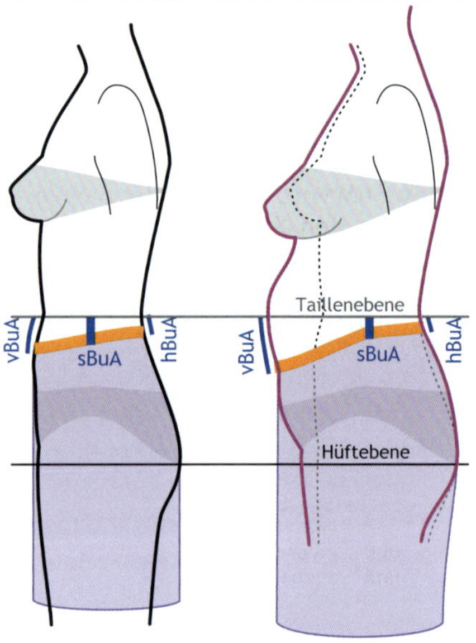

□2 Individuelle Taillenvertiefung bzw. Bund an figurbedingter Bundposition bei Normalfigur und starker Figur

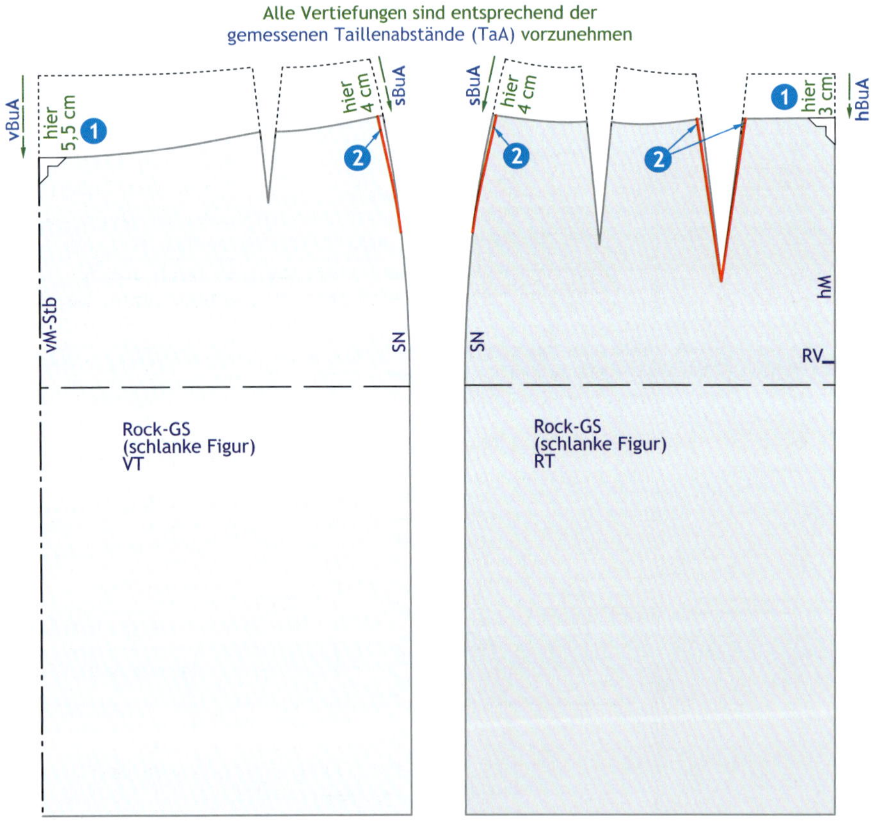

□3 Individuelle Taillenvertiefung an natürlicher Taille konstruieren (schlanke Figur)

1 Taillenvertiefung

❶ □2 Für die Abtrennung sind die gemessenen Bundabstände (BuA) abzutragen und die **obere Rockkante** leicht geschwungen zu zeichnen.

2 Taillenweite reduzieren

Die in den Grundschnitt konstruierte Taillenmehrweite von **ca. 1 bis 1,5 cm** (am halben Rock) wird an der oberen Rockkante wieder weggenommen.

❷ Die Weitenreduzierung wird an den Seitennähten und an einem oder beiden hinteren Abnähern vorgenommen. Insbesondere bei geringen Taillenvertiefungen können zusätzliche Abnäher gezeichnet werden, siehe folgende Seite.

Verarbeitungs- und Optimierungshinweise

Es ist es sehr wichtig, nach dem Zuschnitt diejenigen Schnittteile **vor Ausdehnen zu schützen**, die die **obere Rockkante** bilden. Dies können je nach Modell die Rockteile selber, die Belege, der Formbund oder eine Passe sein. Man näht oder klebt von innen ein nicht dehnbares Band (Lisierband, Nahtband oder Fixierband) an die oberste Naht. Dies verhindert das Ausdehnen der oberen Kante und das Tieferrutschen des Rocks oder der Hose.

Der Reduktionsbetrag an der oberen Rockkante ist u.a. abhängig von der Hüftform der Figur. Oft kann man feststellen, dass bei der ersten Anprobe eines Hüftrocks der Rock trotz der Reduzierung und Sicherung der Taillenweite tiefer unter der Taille sitzt, als gewünscht. Man steckt dann an den Seitennähten und/oder den Abnähern so viel ab, bis der Rock unterhalb der Taille wieder in gewünschter Höhe sitzt.

Ab einer **Taillenvertiefung hinten von ca. 4 cm** wird der **Abnäher dort sichelförmig genäht** (siehe Seite 38).

Bei einer großen Taillenvertiefung verschwinden die vorderen Abnäher ganz.

Weitere Abtrennungs- und Gestaltungsvarianten für Hüftröcke werden auf den folgenden Seiten gezeigt.

Beobachtungen und Hinweise zu Taillenvertiefungen

□1-6 Die Abbildungen unten zeigen den Vergleich von geringen und großen Taillenvertiefungen in der Vorder- und Seitenansicht. Man sieht deutlich, dass bei geringen Taillenvertiefungen der Rockbund zumeist noch waagerecht liegen kann, während er häufig bei einer großen Taillenvertiefung hinten angehoben wird. Lediglich an einem flachen Gesäß oder einem sehr tiefen Hohlkreuz rutscht auch hinten der Bund tiefer.

Man kann schwer abschätzen, wo genau bei welcher Taillenvertiefung die obere Rockkante sitzen wird und wie viel Weite genau entfernt werden muss, wenn man die Figur nicht kennt, für die man den Schnitt erstellt.

Die folgenden Skizzen verdeutlichen die Problematik und zeigen anschaulich, dass eine allgemeine Konstruktionsanweisung für alle Figuren unmöglich ist.

Geringe Taillenvertiefungen

Bei normalem Gesäß und normaler Hüftform wird sich bei geringer Taillenvertiefung in der Regel der Bund an allen Seiten waagerecht legen. **An der vM und hM wird derselbe Betrag vertieft. An den Seiten ca. 10% mehr** (aber nicht mehr als 1 cm!), siehe Seite 52.

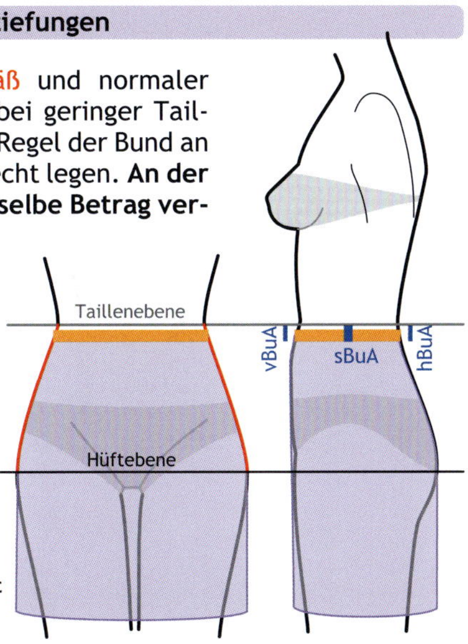

□1 Geringe Taillenvertiefung bei normalem Gesäß und in Vorder- und Seitenansicht

Bei einem Hohlkreuz, bzw. einem tief sitzenden Gesäß rutscht bei geringer Taillenvertiefung der Bund hinten tiefer. **Hier muss hinten ein größerer Betrag entfernt werden als vorne**, damit der Rock gerade fällt. Ansonsten ergeben sich hinten unter dem Bund unschöne Querfalten.

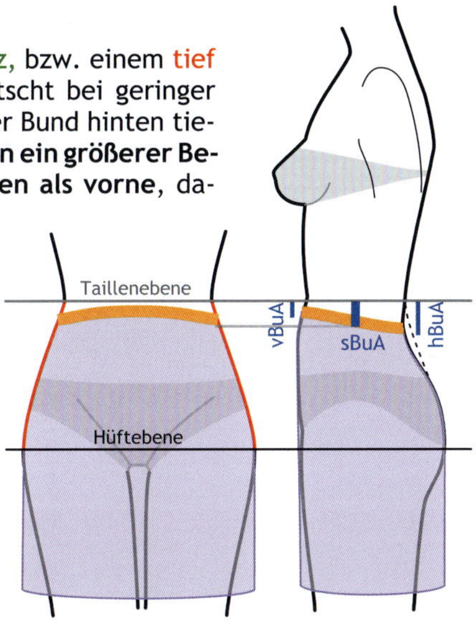

□3 Geringe Taillenvertiefung bei normalem bzw. tiefem Gesäß und Hohlkreuz in Vorder- und Seitenansicht

Beim flachen Gesäß verhält sich der Bundverlauf sehr ähnlich wie oben beim Hohlkreuz. Der Bund hat wegen der fehlenden Gesäßwölbung hinten keinen Halt und rutscht dort stärker nach unten als vorne. Auch **hier muss hinten ein größerer Betrag entfernt werden als vorne.**

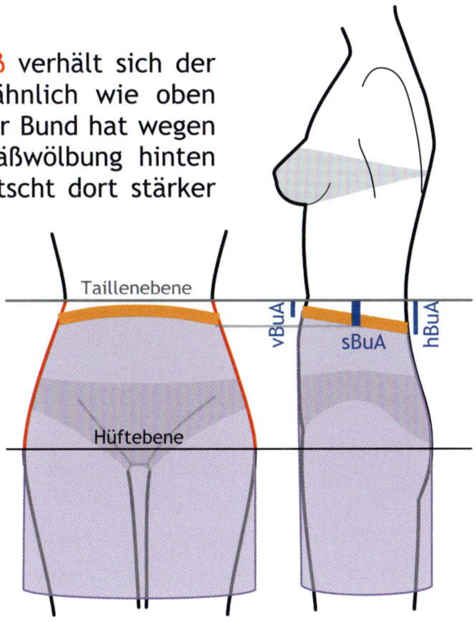

□5 Geringe Taillenvertiefung bei flachem Gesäß in Vorder- und Seitenansicht

Große Taillenvertiefungen

Bei normalem Gesäß und normaler Hüftform wird sich bei großer Taillenvertiefung in der Regel der Bund vorne tiefer unter den Bauch legen. Hinten verhindert die Gesäßwölbung das Herunterrutschen des Bundes. **Man entfernt hinten ⅔ bis ¾ der vorderen Vertiefung** (Seite 54).

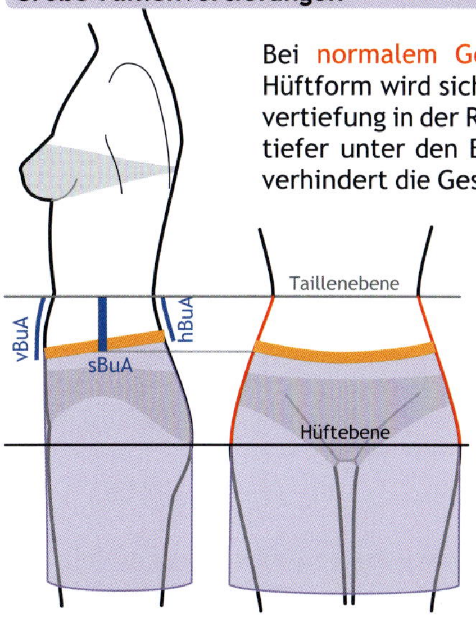

□2 Große Taillenvertiefung bei normalem Gesäß in Seiten- und Vorderansicht

Ein starkes Gesäß bzw. das hinten sehr hoch gewölbte Gesäß (ohne Abbildung) verhindert das Herrunterrutschen des Bundes noch stärker - der Bund sitzt also weiter oben. Der Verlauf des Bundes ist teilweise sehr schräg. Hier wird bei der Taillenvertiefung **an der hM nur die Hälfte der vorderen Vertiefung** oder noch weniger entfernt.

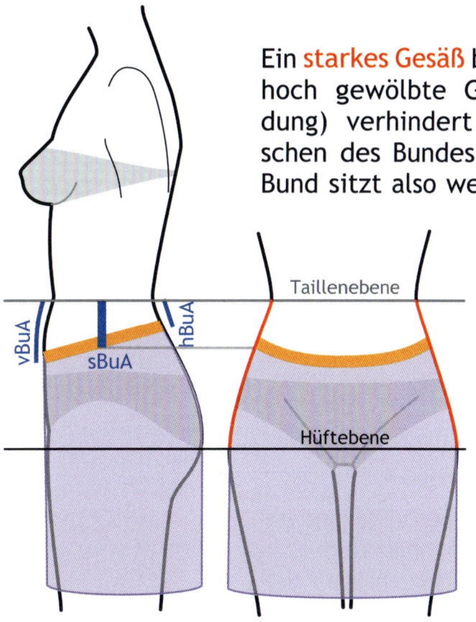

□4 Große Taillenvertiefung bei starkem Gesäß in Seiten- und Vorderansicht

Hier ist das Figurproblem des flachen, bzw. eines tief sitzenden Gesäßes (siehe **□3** erfreulicherweise einmal von Vorteil: Der Bundverlauf bei einer großen Taillenvertiefung ist annähernd waagerecht. **Vorne und hinten können derselbe Betrag entfernt werden, seitlich ca. 10% mehr** (aber nicht mehr als 1 cm).

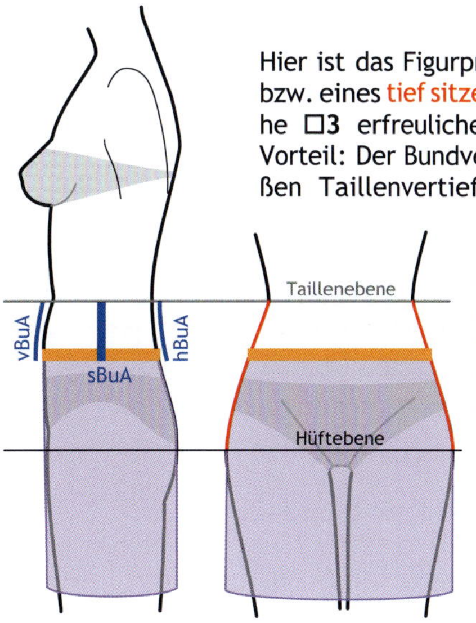

□6 Große Taillenvertiefung bei flachem Gesäß in Seiten- und Vorderansicht

Vereinfachte Taillenvertiefung und Taillenbeleg (1)
Hüftrock mit **kleiner** Taillenvertiefung

36
38
51

Taillenbeleg

Der **Taillenbeleg** deckt die Innenseite der oberen Rock- oder Hosenkante ab. Ein Beleg ist ein mit Einlage verstärktes, bzw. fixiertes Stoffteil, das an die Kante eines Kleidungsstücks genäht und auf die Innenseite des Kleidungsstücks geschlagen wird. Damit versäubert und verstärkt es die Kante. Die Nähtechnik, bei der die Nahtzugabe zwischen Oberstoff und Beleg verschwindet, nennt man "Verstürzen".

Der Beleg hat genau die Form des Schnittteils, an das er gearbeitet wird, wenn die Abnäher genäht sind - er selbst hat keine Abnäher. Da Belege im Inneren des Kleidungsstücks liegen, sollten sie geringfügig kleiner sein, damit sie hinter der Kante verschwinden und von außen nicht sichtbar sind.

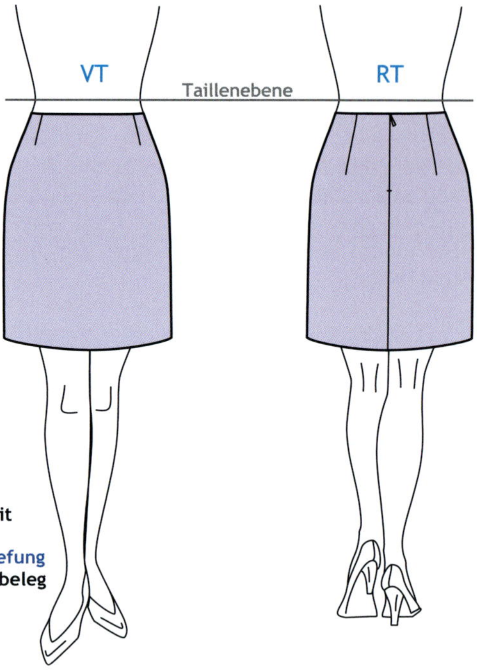

□2 Hüftrock mit kleiner Taillenvertiefung und Taillenbeleg

Vereinfachte Taillenvertiefung

□1 Eine vereinfachte Taillenvertiefung nimmt man vor, wenn nicht bekannt ist, wo genau an einer Kundin der Rock sitzen wird. **Die Bundabstände (BuA) sind nicht bekannt.**

Da bei einem Rock mit einer kleinen Taillenvertiefung (bis ca. 4 cm) häufig der Bund noch waagerecht liegt, kann vorne und hinten jeweils derselbe Betrag entfernt werden, an der Seitennaht zusätzlich ca. 10 %. Siehe hierzu die Beobachtungen und Hinweise auf Seite 38, 50, 51.

Beispiel: Vertiefung an vM und hM je 3 cm, an den SN 3,3 cm.

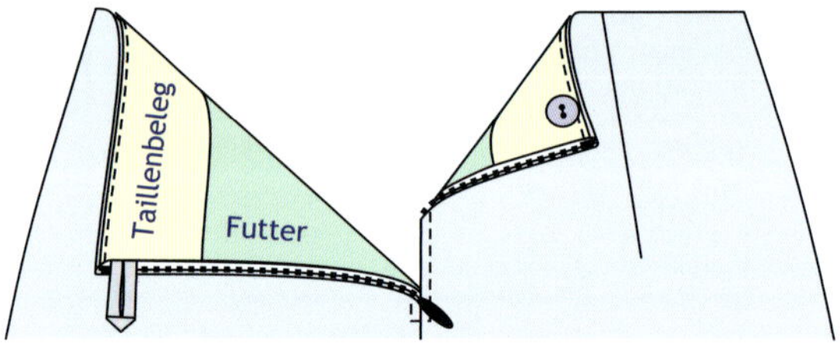

□3 Geöffneter Reißverschluss mit Taillenbeleg, Futter und Riegel zum Knöpfen

! **Die Weite der oberen Rockkante** muss in jedem Fall mindestens um die Taillenzugabe des Grundschnitts von 0,5 bis 1 cm am halben Rock (besser noch mehr) **reduziert** werden.

Bei kleiner Taillenvertiefung ist es möglich, die Taillenmehrweite ganz oder teilweise durch einen zweiten vorderen und einen zweiten hinteren Abnäher zu entfernen, die genau dort sitzen, wo üblicherweise die Taillennaht am Rock eingehalten wird. Siehe auch Seite 38.

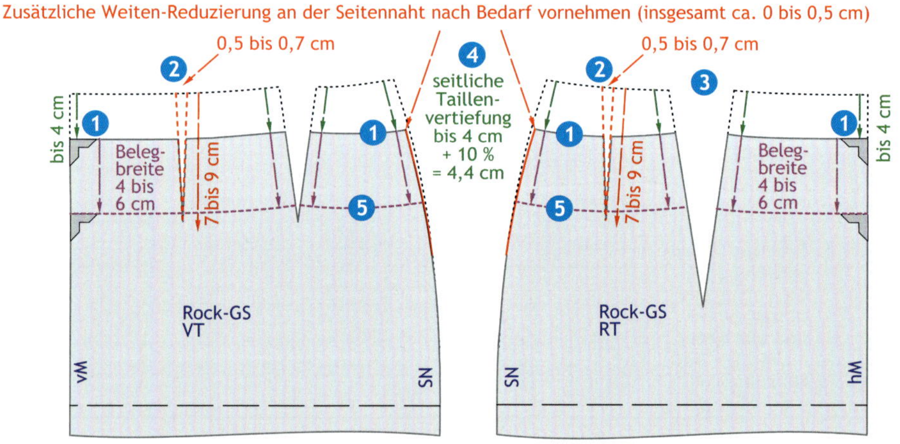

□4 Kleine Taillenvertiefung und Beleg für Rock-GS mit einem RT-Abnäher

1 Geringe Taillenvertiefung

1 □4 Die Abtrennung für eine kleine Taillenvertiefung kann an vM und hM bis zu **4 cm** erfolgen (hier 3 cm). An der Seitennaht + 10% (hier 3,3 cm). Die Abtrennlinie **optisch parallel zur Taillennaht** zeichnen.

2 Die zweiten Abnäher in VT und RT mit 0,5 bis 0,7 cm Inhalt und 7 bis 9 cm Länge wie skizziert an der Taille einzeichnen.

3 □5 Bei einem Rock-GS **mit zwei Abnähern im RT** muss kein dritter Abnäher gezeichnet werden. Man kann zusätzlich etwas an der Seitennaht reduzieren. Optional wäre auch eine Vergrößerung des 2. hinteren Abnähers möglich (hier nicht gezeigt).

2 Taillenbeleg einzeichnen

4 □4+5 Parallel zur Taillenvertiefung bzw. zur neuen oberen Rockkante und rechtwinklig zur vM und hM wird die Belegbreite von 4 bis 6 cm eingezeichnet.

5 Vordere und hintere Belegfläche kopieren und beim Kopieren ggf. bereits die Abnäher samt Weitenreduzierung zulegen.

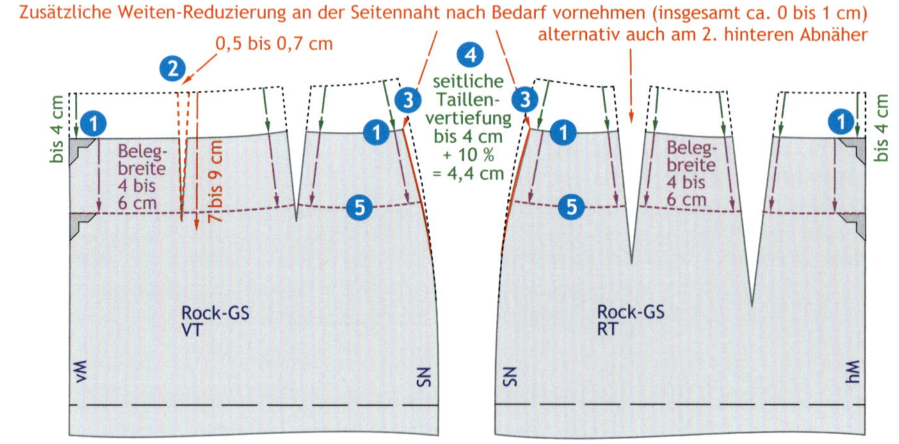

□5 Kleine Taillenvertiefung und Beleg für Rock-GS mit zwei RT-Abnähern

Vereinfachte Taillenvertiefung und Taillenbeleg (2)
Hüftrock mit **kleiner** Taillenvertiefung

□6 Kopierte Belegflächen

□7 Abnäher zulegen und Nähte ausformen

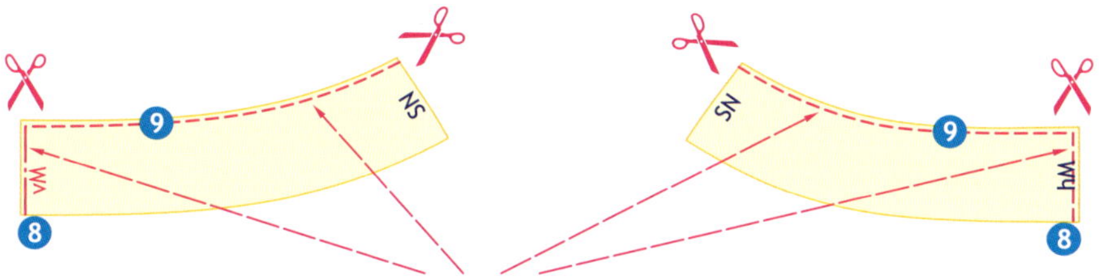

□8 Beleg-Breite und -Weite jeweils ca. 0,2 cm reduzieren

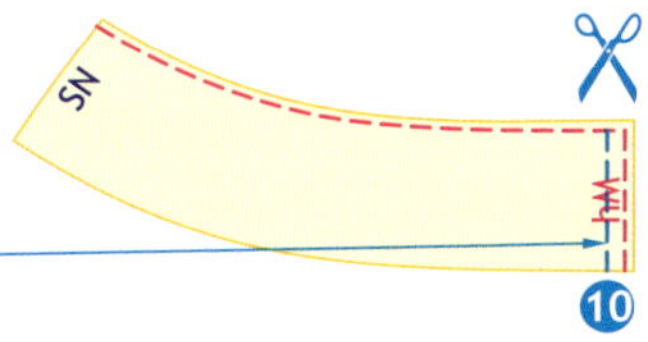

□9 **Reduzierung** für einen **Reißverschluss** — 0,5 bis 0,7 cm Abstand der Belegnaht von den Reißverschlusszähnchen

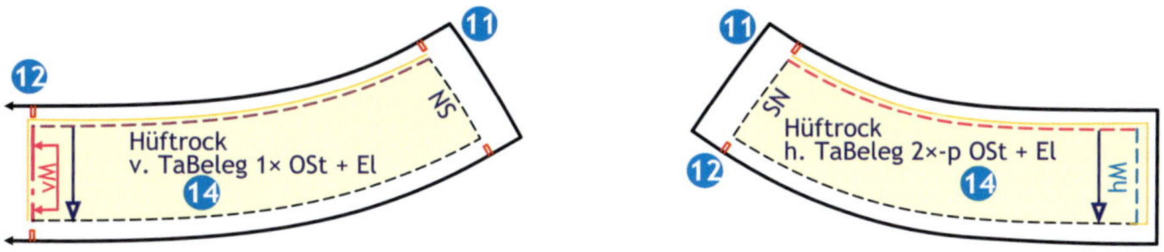

□10 Produktionsschnitte der Belege

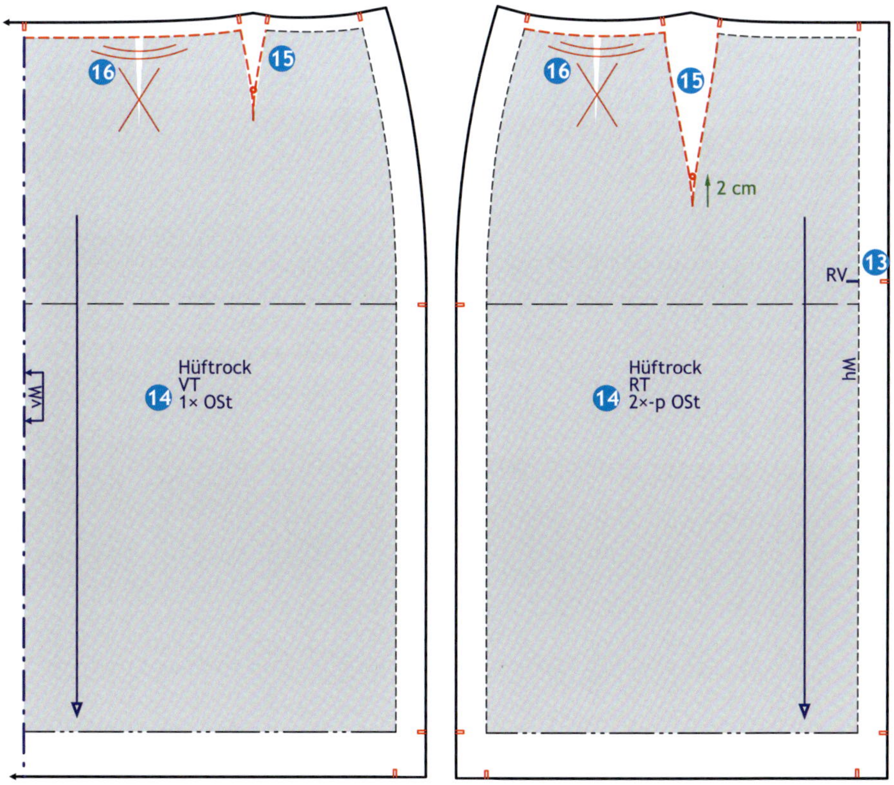

□11 Produktionsschnitte der Rockteile vom Beispiel in □4

3 Abnäher entfernen

❻ **□6+7** Die in der Kopie der Belege befindlichen Abnäher werden eingeschnitten und zugelegt.

Geübte Schnittmacher können bereits beim Kopieren die Abnäher durch Verschieben des Kopierpapiers schließen.

❼ Die obere und untere Kante der Belege können jetzt in einer schönen Form ausgeglichen werden.

4 Breite und Weite reduzieren

□8 Da sich der Beleg im Inneren des Kleidungsstücks befindet, benötigt er weniger Weite.

❽ Die Weite wird an der vM und hM um ca. 0,2 cm reduziert.

❾ An der oberen Kante kann der Beleg um ebenfalls ca. 0,2 cm gekürzt werden, damit er oben nicht hervorschaut.

5 Naht an der Reißverschlussseite reduzieren

❿ **□3+9** Zusätzlich wird am Beleg an der Stelle, an der der Reißverschluss eingarbeitet wird, nochmals ca. 0,5 bis 0,7 cm gekürzt, da der Taillenbeleg vor den Reißverschluss-Zähnchen endet.

6 Nahtzugaben und Markierungen

⓫ **□10** Die Beleg-Schnittteile mit Nahtzugaben (NZg) versehen. Es sind dieselben NZg zu verwenden, wie am Schnittteil, an das der Beleg genäht wird (hier der Vorder- und der Hinter-Rock). Für das Annähen eines Futters (ab Seite 59) wird an der unteren Belegkante ebenfalls eine NZg von 1 cm angezeichnet.

⓬ **□10+11** An NZg von mehr als 1 cm Breite wird ein Knips gesetzt. Ebenfalls an Symmetrielinien (Körpermitten, hier die vM).

⓭ Die Schlitzlänge für den Reißverschluss wird mit einem Knips markiert.

⓮ Sämtliche Schnittteile werden beschriftet, siehe Seite 30.

⓯ Die Abnäher an VT und RT werden je nach Körperposition geformt, mit Knipsen an der Taillennaht sowie mit einem Bohrloch 2 cm oberhalb der Abnäherspitze versehen.

⓰ Die Inhalte der Restabnäher für die Weitenreduzierung werden dressiert bzw. beim Verstürzen mit dem Beleg eingehalten und dann eingebügelt.

Vereinfachte Taillenvertiefung und Taillenbeleg (3)
Hüftrock mit großer Taillenvertiefung

36
38
51

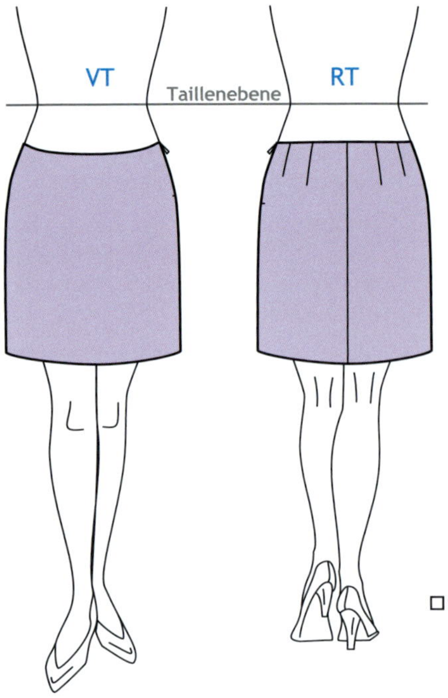

□1 Hüftrock mit **großer Taillenvertiefung** und Taillenbeleg

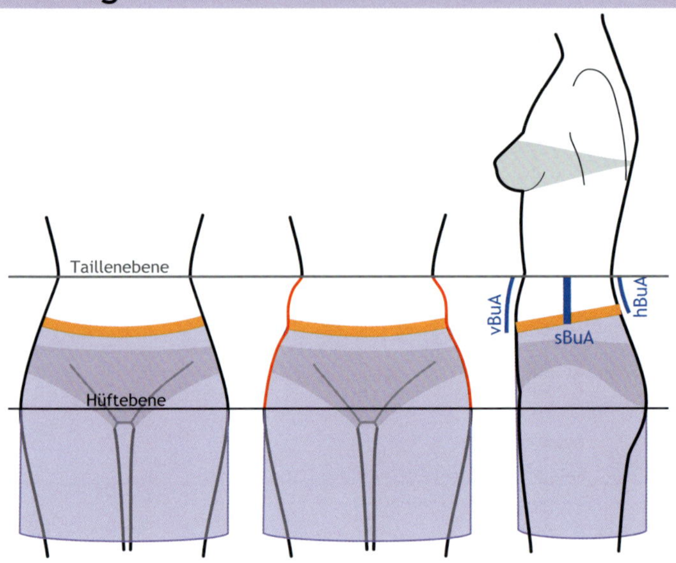

□2 **Große** Taillenvertiefung bei normaler und **unebener Hüftform** in Vorder- und Seitenansicht

Überlegungen und Hinweise bei großer Taillenvertiefung

□1 Die Modellskizze verdeutlicht den tiefen Sitz des Rocks oberhalb der Hüfte. Der Verlauf der oberen Rockkante erscheint vorne und hinten verschieden. Auch wenn dies aus gestalterischen Gründen unerwünscht ist, so ist der höhere Sitz der hinteren Rockkante bei einer großen Taillenvertiefung nahezu unvermeidlich. Figurprobleme können diesen Effekt noch verstärken oder auch abmildern. Siehe hierzu die Beobachtungen und Hinweise auf Seite 51.

□2 Obwohl meistens nicht bekannt ist, wo genau an einer Kundin der Rock bei einer großen Taillenvertiefung sitzen wird, kann man bei den meisten Figuren davon ausgehen, dass der Rock hinten höher sitzen wird, als vorne. In der Regel verhindert hinten ein normal oder stark geformtes Gesäß das weitere Herunterrutschen des Rocks (oder der Hose), während der Bund vorne eher unter den Bauchansatz - also tiefer rutschen wird.

❗ **□2+3** Man kann schlecht abschätzen, wie viel Weite genau an der oberen Rockkante entfernt werden muss, insbesondere dann, wenn man die Figur nicht kennt. Die Form der Hüfte und des Gesäßes beeinflussen die spätere Passform. Bei einer unebenen Hüftform z.B. bemerkt man eine „Delle“ zwischen Taille und Hüfte. Dort wird sich die Rockkante, bzw. der Bund unweigerlich hineinlegen. Für diese enge Stelle an der Körperseite **muss etwas mehr Weite an der Seitennaht reduziert werden** (hier z.B. 1 cm).

Erfahrungsgemäß entfernt man bei einem Rock mit einer Taillenvertiefung ab ca. 5 cm die Mehrweite an der oberen Rockkante besser an den Seitennähten. Nur bei starkem Hohlkreuz und rundem, tiefen Gesäß sollte **auch Weite an den hinteren Abnähern reduziert werden**, um an dieser Stelle mit den dann vergrößerten Abnähern die rundere Gesäßform abzubilden. Bei nur einem Abnäher im Grundschnitt kann ein weiterer wie auf Seite 35 konstruiert werden.

Der vordere Abnäher entfällt ganz, da vorne die Rockkante unter der Bauchwölbung, bzw. unter dem seitlichen Hüftknochen liegt und ein Abnäher dort überflüssig ist.

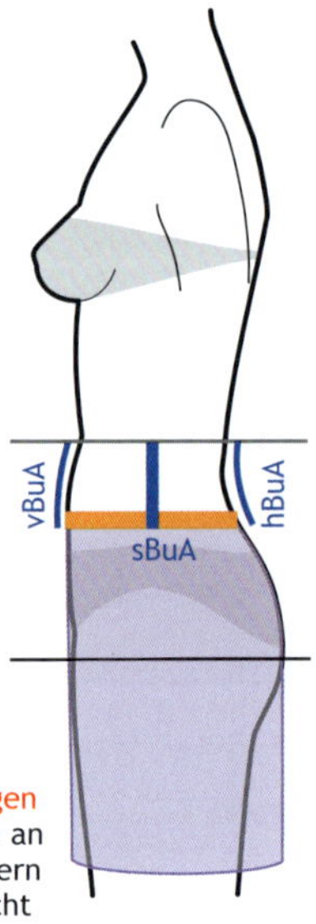

□3 **Große Taillenvertiefung** am **Hohlkreuz** bzw. **tief sitzenden Gesäß**

Weiten-Reduzierungen für obige Figur auch an den hinteren Abnähern vornehmen (hier nicht gezeichnet).

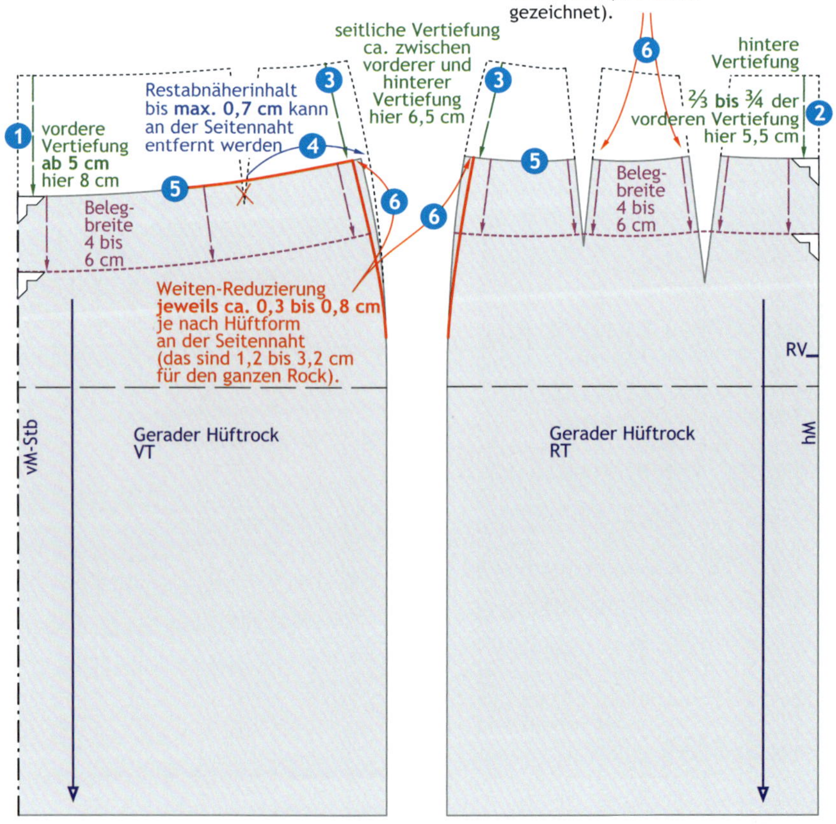

□4 **Große** Taillenvertiefung und Innenbund

Vereinfachte Taillenvertiefung und Taillenbeleg (4)

Hüftrock mit **großer** Taillenvertiefung

36

□5 Kopierte Belegflächen

□6 Hintere Abnäher zulegen und Nähte ausformen

S.53

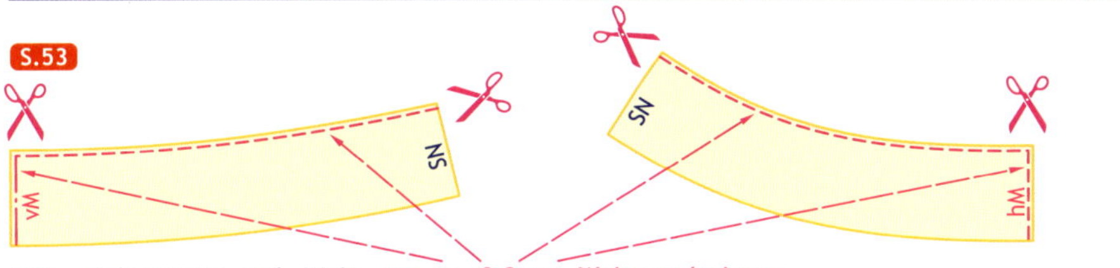

□7 Beleg-Breite und -Weite um ca. 0,2 cm Weite reduzieren

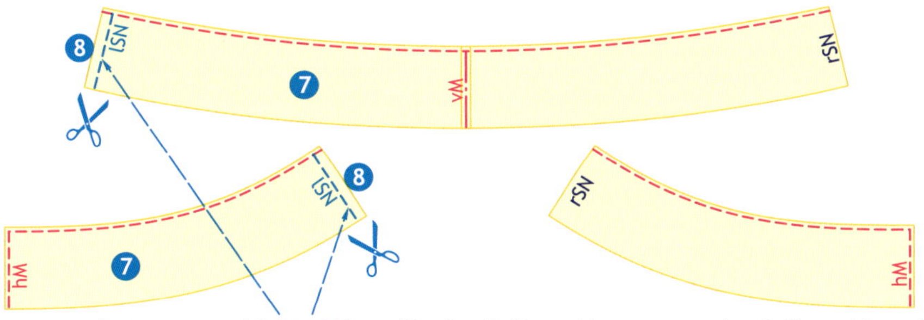

□8 Reduzierung um 0,5 bis 0,7 cm für den Reißverschluss nur an der Reißverschlussseite, hier an der linken Seitannaht. Die rechte Seite bleibt unberührt!

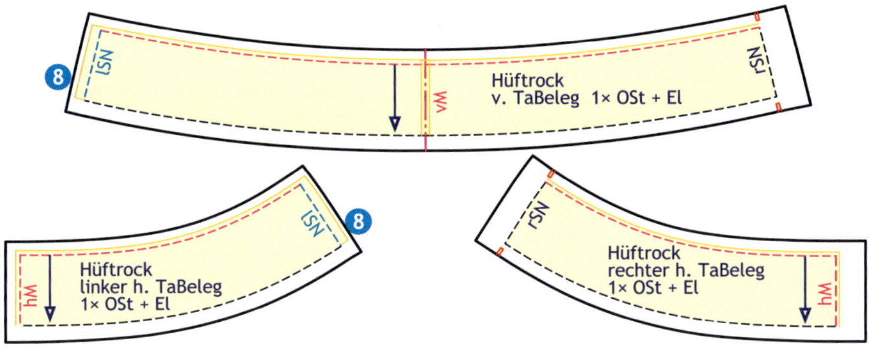

□9 Produktionsschnitte der Belege

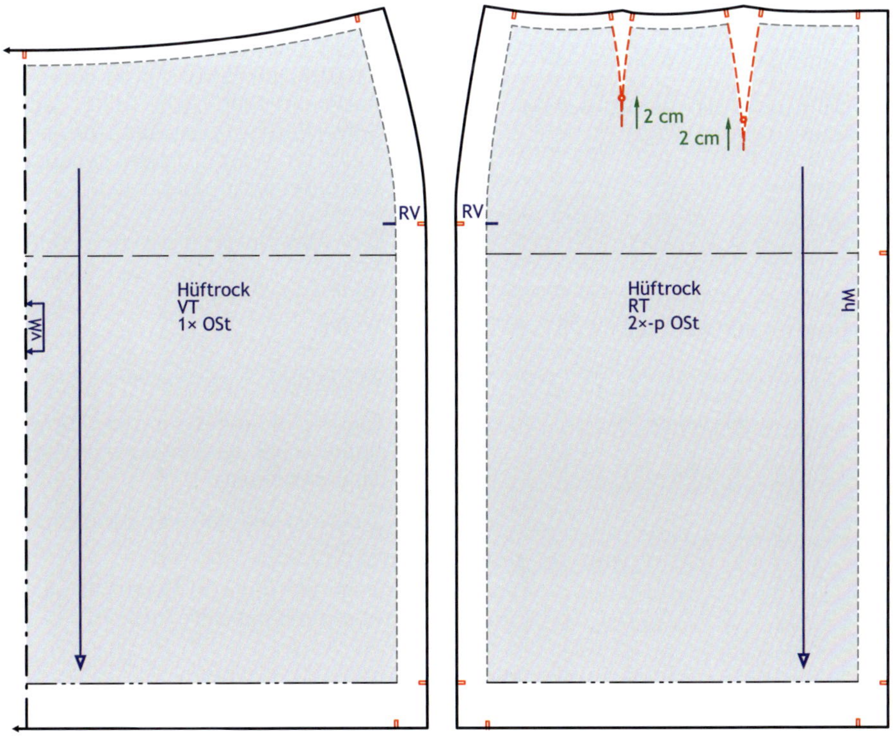

□10 Produktionsschnitte der Rockteile

Hier werden nur diejenigen Schritte beschrieben, die von der vorhergehen Anweisung zur geringen vereinfachten Taillenvertiefung und Taillenbeleg-Konstruktion von Seite 53 abweichen.

1 Große vereinfachte Taillenvertiefung

1. □**4** Taillenvertiefung vorne ab **ca. 5 cm**,
2. hintere Vertiefung ⅔ **ca.** ¾ der vorderen Vertiefung,
3. seitlich ca. der **Durchschnitt** von vorderer und hinterer Vertiefung.
4. Die Abtrennlinie **optisch parallel zur alten Taillennaht** zeichnen.
5. Der restliche Abnäherinhalt von **nicht mehr als 0,7 cm** kann an der Seitennaht entfernt werden werden, da er zum Nähen und zum Zulegen zu kurz ist. Der Abnäherinhalt wird gemessen und an der vorderen Seitennaht entfernt.
6. Die Weitenreduzierung je nach Hüftform (siehe □**2**) an den Seitennähten vornehmen. Zusätzlich kann je nach Gesäßform (siehe □**3**), etwas Weite an den hinteren Abnähern reduziert werden.

2-4 Taillenbelege einzeichnen, Abnäher zulegen, Breite und Weite reduzieren

□**4-7** Bitte die Anweisungen auf Seite 53 beachten.

5 Naht an der Reißverschlussseite reduzieren

□**8+9** Hier ist der Reißverschluss an der linken Seitennaht. Es werden also nur die linken Belegteile an der Seitennaht reduziert. Dadurch sind die Belege nicht mehr symmetrisch.

7. Der vordere Beleg muss an der vM gespiegelt und die beiden hinteren Beleg-Schnittteile müssen separat gespiegelt vorliegen.
8. Bei den Taillenbelegen wird jetzt nur an den linken Seitennähten ca. 0,5 bis 1 cm gekürzt. Sie werden dort mit 1 cm NZg auf das Reißverschlussband genäht.

6 Rockfutter

Das Rockfutter für diesen Rock wird abSeite 59 beschrieben.

Formbund (1)
Rock ohne Taillenvertiefung

36

Ein **Formbund** besteht aus einem äußeren und einem inneren Bund (siehe □**5**). Neben Knopfverschlüssen sind auch Haken und Ösen möglich oder man kann den Reißverschluss bis an die obere Bundkante nähen.

Die Schnittteile des Formbunds entstehen aus Abtrennungen von einem Rock- oder Hosen-Grundschnitt. Weil kein gerader Bund angesetzt wird, der die Taillenmehrweite am Rock zusammenfassen könnte, muss die Weite (1 bis 1,5 cm) jetzt an der oberen Kante des Formbundes reduziert werden. Die Formung der Formbundteile entsteht, wie bei den Taillenbelegen, durch das Zulegen der Taillenabnäher plus der Weiten-Reduzierungen.

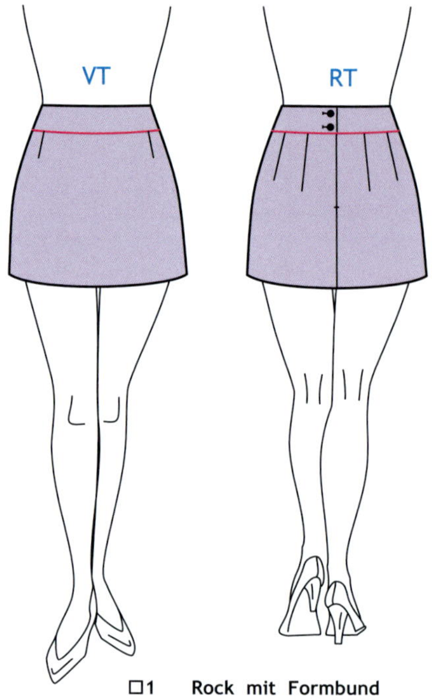

□1 Rock mit Formbund

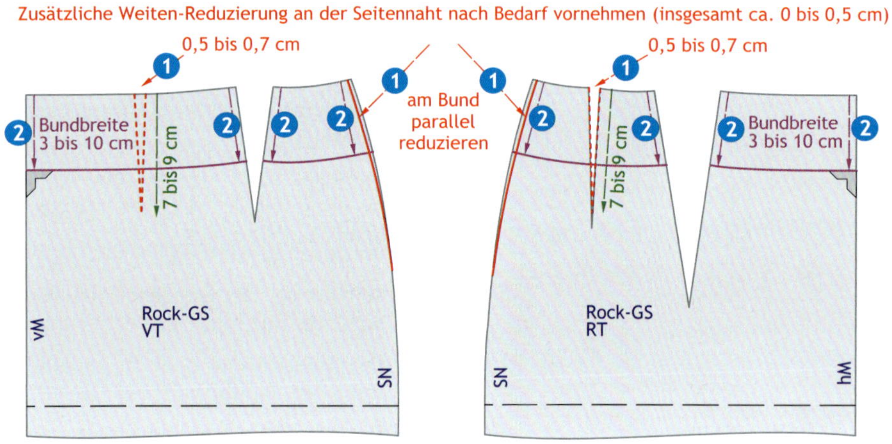

□2 Formbund-Abtrennung und Weiten-Reduzierung am Rock-GS mit einem RT-Abnäher

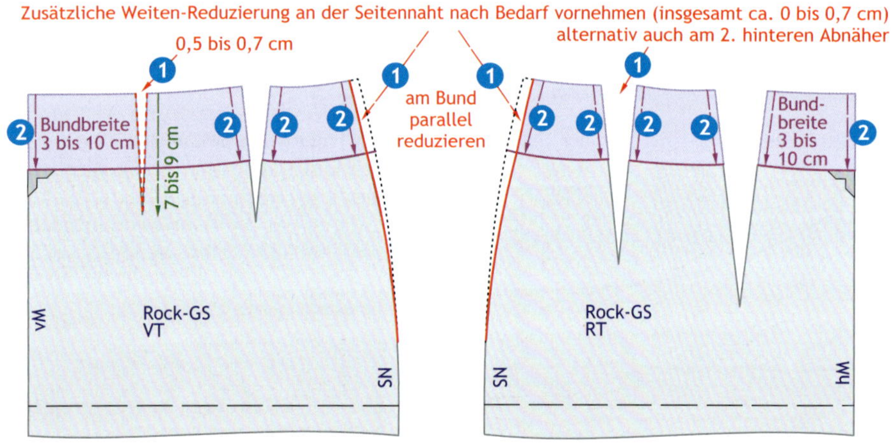

□3 Formbundabtrennung und Weiten-Reduzierung am Rock-GS mit zwei RT-Abnähern

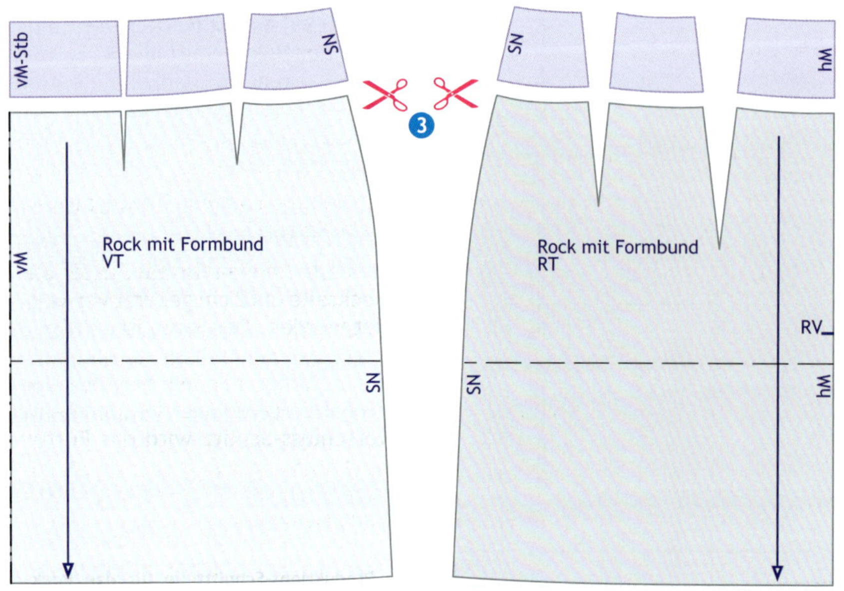

□4 Abtrennen der Formbundteile, Rockfläche (grau), Bundfläche (violett)

Die obere Rockkante dieses Modells sitzt genau an der (natürlichen) Taille - hier also ohne eine Taillenvertiefung.

Für einen tiefer sitzenden **Hüftrock** können Abtrennungen für die Taillenvertiefung vorgenommen (ab Seite50).

1 Taillenweite reduzieren

1 Die Taillenweite ist wie auf den vorhergehenden Seiten zu reduzieren. Allerdings sollte am Bund die Reduzierung parallel zur Seitennaht erfolgen.

2 Formbund abtrennen

2 □**2+3** Abtrennlinie für den Bund parallel zur gewünschten oberen Rockkante (natürliche Taille, Taillenvertiefung) gestalten. Dies erfolgt im Wesentlichen genauso wie bei einem Taillenbeleg.

3 □**4** Im Unterschied zum Taillenbeleg werden nun die Flächen der Formbundteile vom Rock abgetrennt.

3 Abnäher zulegen

□**6** Die abgetrennten Formbundflächen an den Abnähern aneinander legen.

4 Zunächst die (obere) Bundkante ausformen.

5 Dann die (untere) Bundnaht **parallel** zur Bundkante formen.

Formbund (2)
Rock ohne Taillenvertiefung

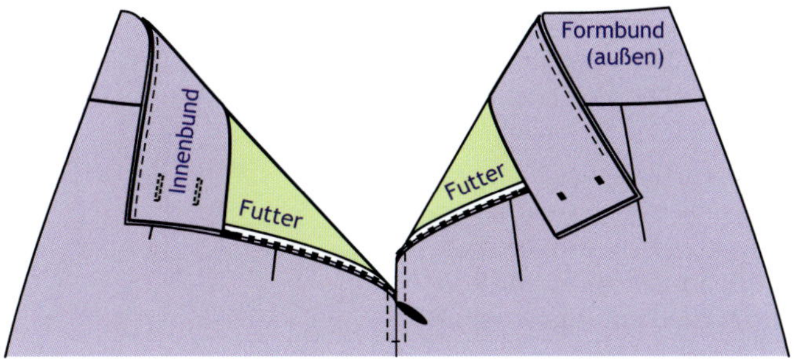

□5 Formbund mit Untertritt und 2 Knöpfen, Futter und Reißverschluss

□6 Formbundflächen aneinanderlegen sowie Bundkante und Bundnaht formen

4 Schnittteile fertig stellen

6 □7 Je nach Verschlussvariante wird entweder ein Über-, ein Untertritt oder beides an die Stelle der Verschlussposition gezeichnet. Siehe dazu die Varianten beim geraden Bund. Hier wird nur ein Untertritt gezeichnet (siehe □1+5). Der linke und der rechte Bund sind verschieden - somit werden zwei RT-Bundschnitte benötigt. Knopfloch und Knopfposition markieren.

7 Die Weite der inneren Formbundteile wird wie beim Taillenbeleg reduziert.

! Die Schnittteile des Innenbundes sind so darzustellen, dass die **rechte Warenseite oben** liegt. Wenn hier die rechte und linke Seite verschieden sind, müssen die inneren Schnittteile gespiegelt werden.

Die Fertigstellung der Produktions-Schnittteile wird auf den vorhergehenden Seiten beschrieben.

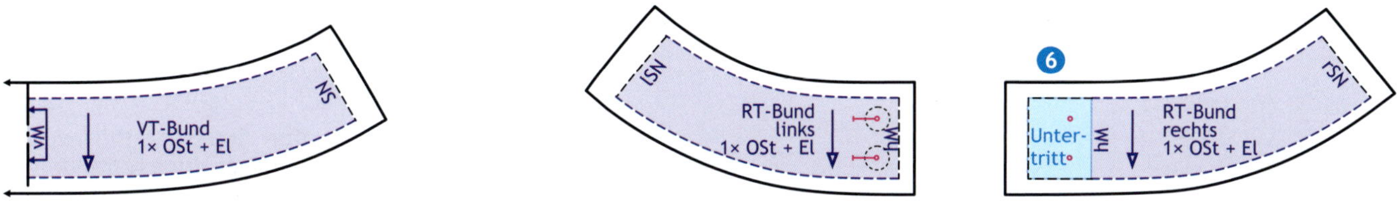

□7 Produktions-Schnittteile des Formbunds mit Übertritt bzw. Untertritt (hier nur Untertritt am rechten hinteren Formbundteil) (VT-Bund noch spiegeln)

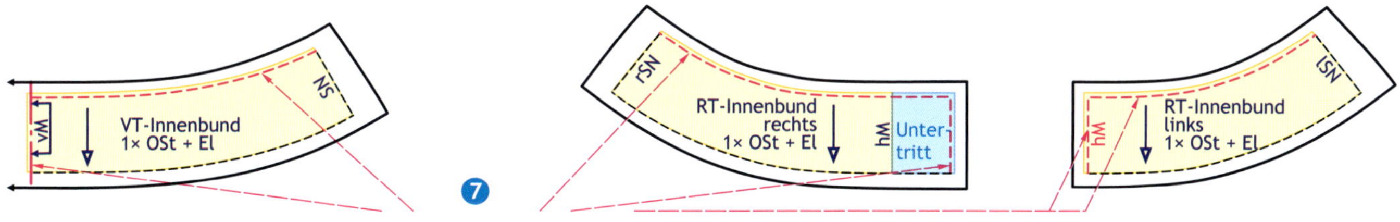

□8 Innenbund-Teile mit Weiten- und Breiten-Reduzierung um ca. 0,2 cm sowie Nahtzugaben und Markierungen für die Produktions-Schnittteile

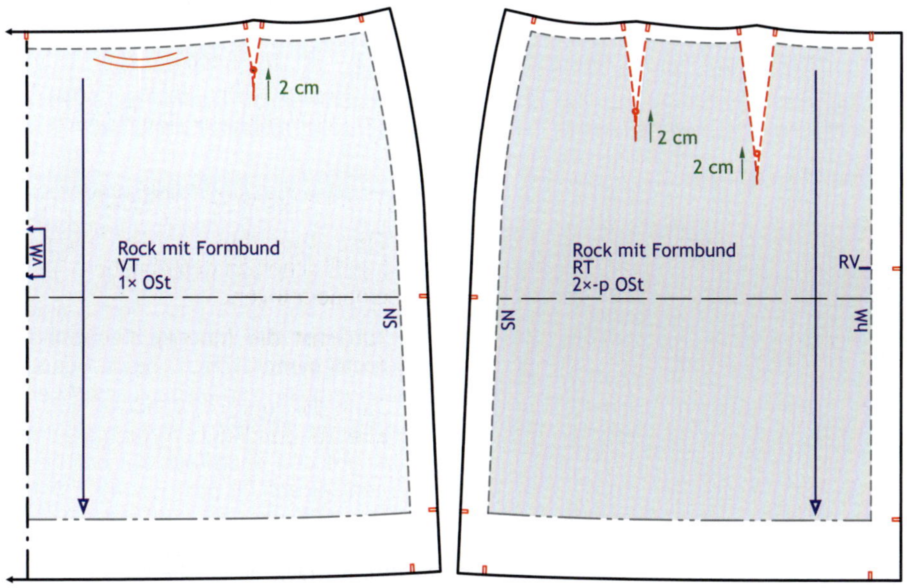

Bei **Einzelanfertigungen** kann man den Rock mit einem provisorischen Formbund anprobieren, bevor man den endgültigen zuschneidet.

Die Konstruktion des **Rockfutters** für einen Rock mit Innenbund/ Taillenbeleg wird ab den Seiten 59 beschrieben. Für den RV an der hM siehe Seite 63.

Hier z.B. können **für das Futter** die Rockteile um 2 cm gekürzt verwendet werden. Der Saum ist mit 2× 2 cm breitem Einschlag zu versehen, die Abnäher können genäht oder als Falten gelegt werden. Am Reißverschluss-Schlitz wird das Futter an der hM-Naht um 1,5 bis 2 cm zurückgeschnitten, um es an das RV-Band zu nähen.

□9 Produktions-Schnittteile für den Rock

Passen (1)
Rock mit Passe, Formbund und seitlichem Knopfverschluss

36

Eine **Passe** formt, ähnlich wie ein Formbund, den oberen Bereich eines Bekleidungsstücks körpernah. Sie entsteht ebenso wie der Formbund durch eine Quer-Abtrennung vom Grundschnitt. Die im Grundschnitt befindlichen Abnäher im Bereich der Passe werden generell durch Zulegen am Schnitt entfernt. Die Passennaht trennt die Passe von den unteren Schnittteilen eines Bekleidungsstücks.

□1 Der Rock hat eine leicht rund geformte Passe im VT und eine spitze RT-Passe. Beide Passen sind ohne Nähte an vM und hM.

Der Formbund hier wird wie auf den vorhergehenden Seiten vorbereitet. Er wird mit einem Knopf und einem Reißverschluss (RV) an der linken Seitennaht geschlossen und hat einen gerundeten **Über- und Untertritt**.

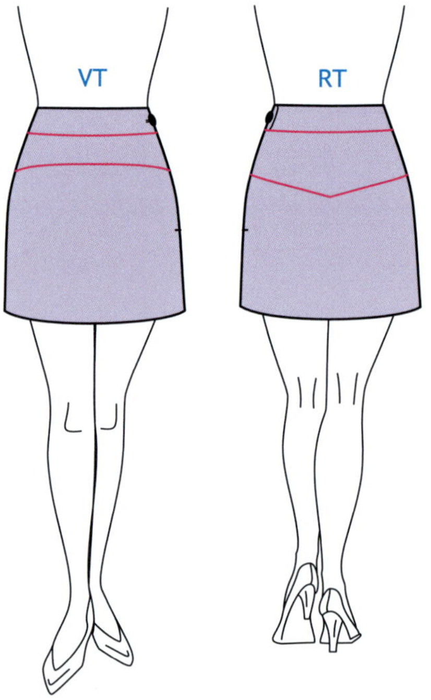

□1 Rock mit Formbund und Passen

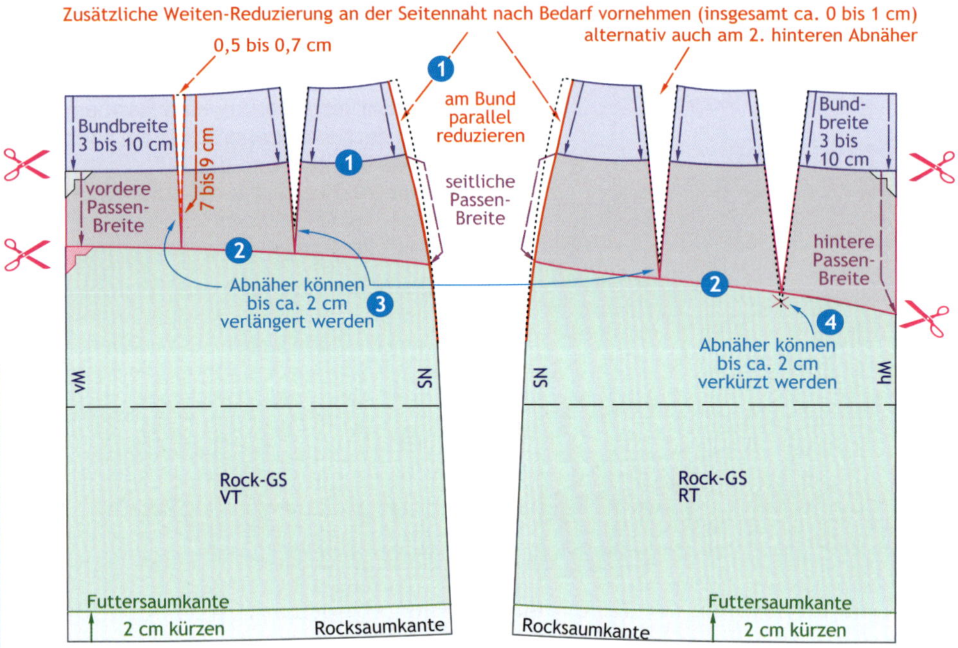

□2 Formbundabtrennung mit Weiten-Reduzierung sowie Passennaht am Rock-GS mit zwei RT-Abnähern

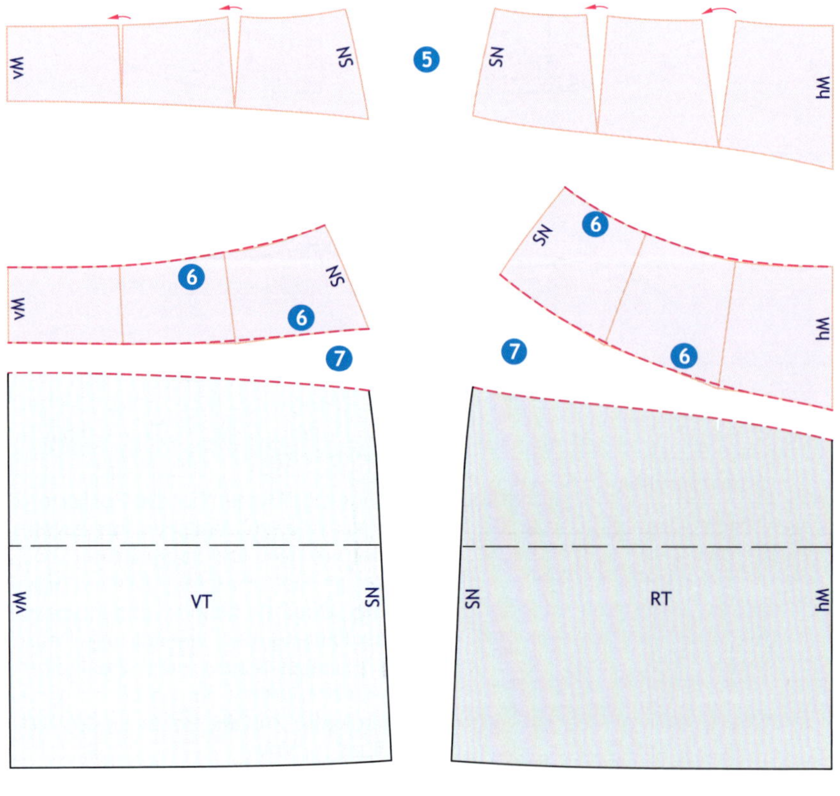

□3 Abnäher an Passenabtrennung zulegen und ausformen; Rockteile für Oberstoff

1 Formbund und Passe gestalten

1 □2 Die Formbundbreite einzeichnen und die Weite reduzieren (siehe vorhergehende Seiten).

2 Die Passenabtrennung so gestalten, dass sie über die Abnäherspitzen, bzw. bis ca. 2 cm davon entfernt verläuft. Dies verhindert Passformprobleme und erleichtert das Zulegen der Abnäher an der Passe.

3 4 Einen zu kurzen Abnäher auf die Passennaht verlängern, einen zu langen Abnäher kürzen.

Passen- und Bundflächen vom Rock abtrennen oder kopieren.

5 □3 Abnäher an Bund und Passe zulegen. Die Drehpunkte liegen bei der Passe **an der unteren Passennaht**.

6 Passen- und Bundnähte schön ausformen.

7 Wenn man wie hier die Passe an das untere Rockteil legt, erkennt man an dem keilförmigen Zwischenraum die Summe der im Passenteil zugelegten Abnäher.

2 Formbund fertig stellen

8 □5 An beiden Formbundteilen befindet sich nur an der linken Seite ein Knopfverschluss mit Über- und Untertritt. Somit sind vorderer und hinterer Formbund **nicht symmetrisch**. Beide Bundteile müssen an vM bzw. an hM gespiegelt werden.

9 Knopf und Knopfloch auf der linken Seitennaht positionieren. Der Übertritt wird passend zur Knopfgröße an die linke Seitennaht des vorderen Bundes gezeichnet.

Passen (2)
Rock mit Passe, Formbund und seitlichem Knopfverschluss

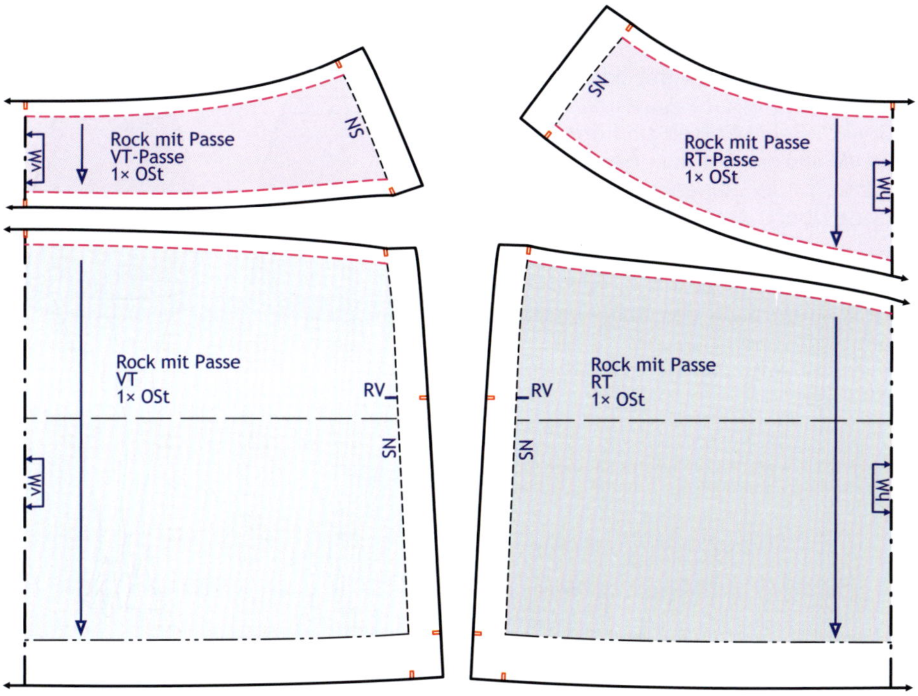

□4 Produktions-Schnittteile der Passen und Rockteile

⑩ Die Untertrittseite kann identisch oder länger gezeichnet sein. Dort wird der Knopfannähpunkt markiert.

3 Innenbund

⑪ □6 Die beiden Formbundteile werden gespiegelt kopiert und die Weite reduziert

4 Futter

⑫ □7 Die beiden Rockteile ohne Formbund (aber mit der Passenfläche) werden aus □2 kopiert und am Saum um 2 cm gekürzt sowie an vM, bzw. hM gespiegelt (hier für günstigen Zuschnitt mit hM-Naht).

⑬ An der linken Seitennaht wird am RV-Schlitz die Naht um ca. 0,5 cm nach innen verschoben und das Schlitzende um ca. 2 bis 3 cm verlängert. Für einen RV an der hM, siehe Seiten 63+92.

⑭ Alle Futterabnäher können auch als Falte gelegt werden.

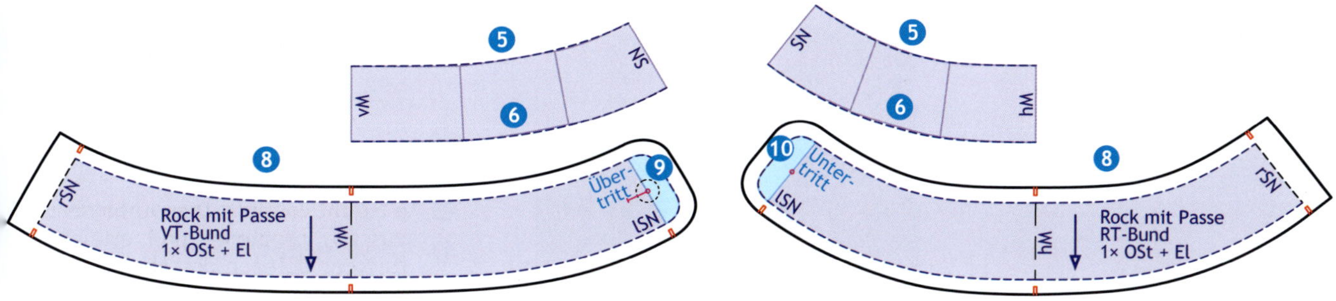

□5 Formbund-Teile aus den Kopien mit Übertritt und Untertritt an der linken Seitennaht sowie Nahtzugaben und Markierungen für die Produktions-Schnittteile

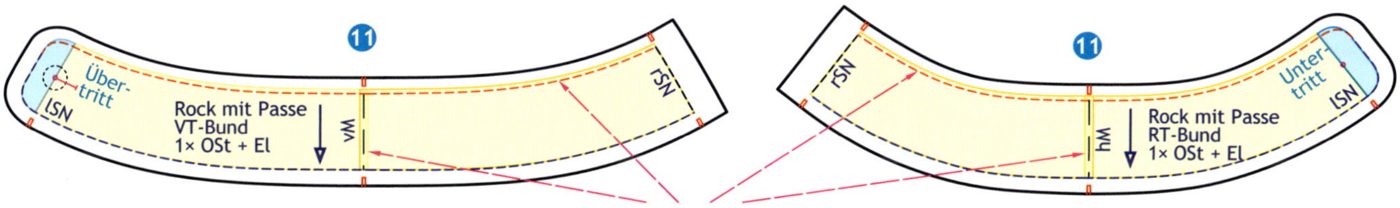

□6 Innenbund-Teile mit Weiten- und Breiten-Reduzierung um ca. 0,2 cm sowie Nahtzugaben und Markierungen für die Produktions-Schnittteile

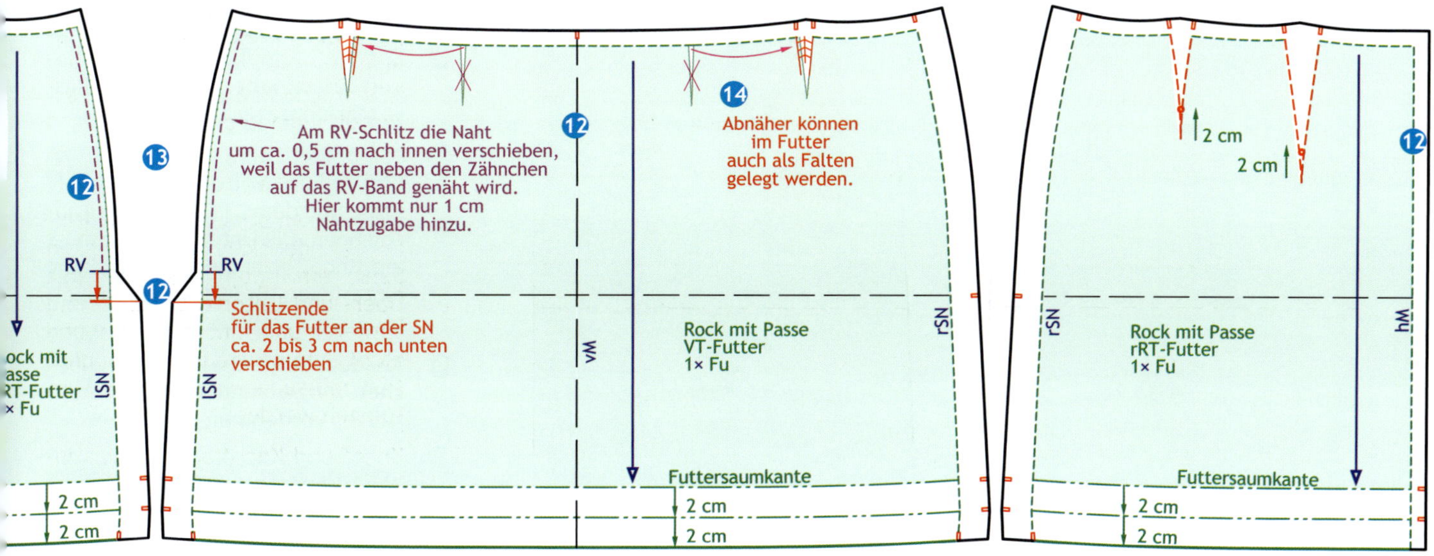

□7 Produktions-Schnittteile des Rockfutters für Reißverschluss an der linken Seitennaht

Passen mit Knopfverschluss (1)
Hüftrock mit Passe, seitlichem Knopfverschluss und Taillenbeleg

36

Eine **Passe** kann auch **ohne Bund** an einen Rock oder eine Hose gestaltet und gearbeitet werden. Im Prinzip stellt diese Variante einen „Formbund in Passenoptik“ dar. Die Passen können ganz einfach mit einem Reißverschluss an der linken Seitennaht oder an der hM gearbeitet werden, der bis zur oberen Rockkante reicht.

❗ Generell wird bei einer solchen Passenantrennung ein einfach geformter Taillenbeleg eingearbeitet.

☐1 Dieser Rock mit geringer Taillenvertiefung hat Passen im „Western-Style“. Beide Passen sind ohne Nähte an vM und hM. Die linke Seitennaht der Passe bildet einen Knopfverschluss **ohne Übertritt aber mit Untertritt.**

Der **einfach geformte Taillenbeleg** verstürzt nicht nur die obere Rockkante sondern auch den Knopfverschluss am Über- und Untertritt. Er muss also dieselbe seitliche Breite besitzen wie die Passe.

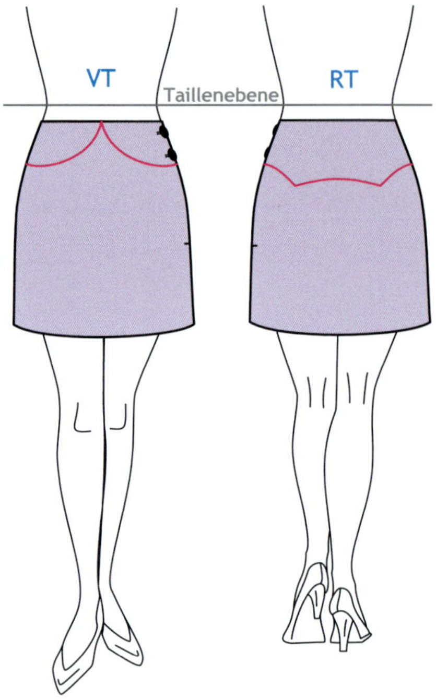

☐1 Passenrock mit seitlichem Knopfverschluss an den Passen

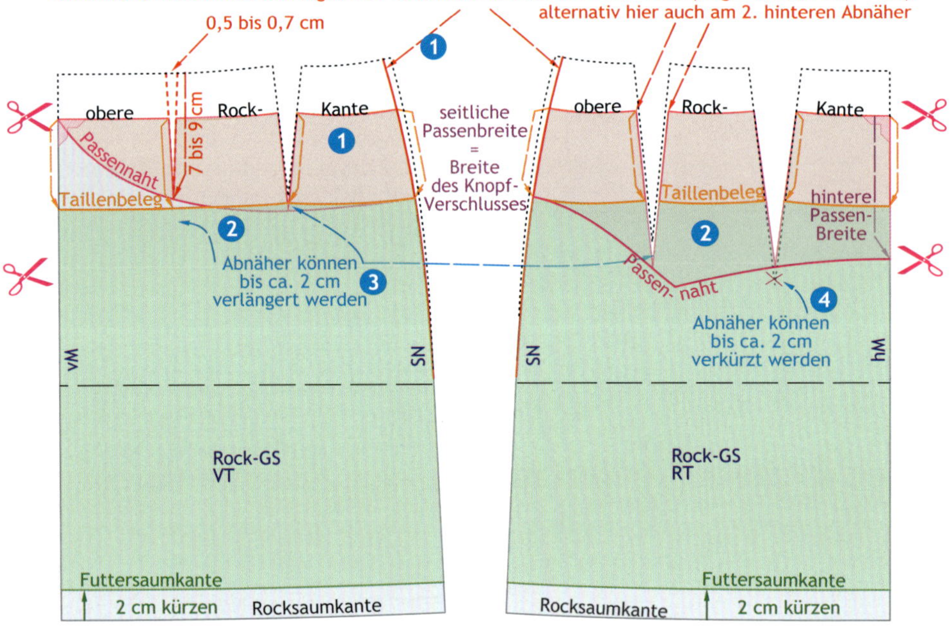

☐2 Taillenvertiefung mit Weiten-Reduzierung sowie Passennaht am Rock-GS mit zwei RT-Abnähern

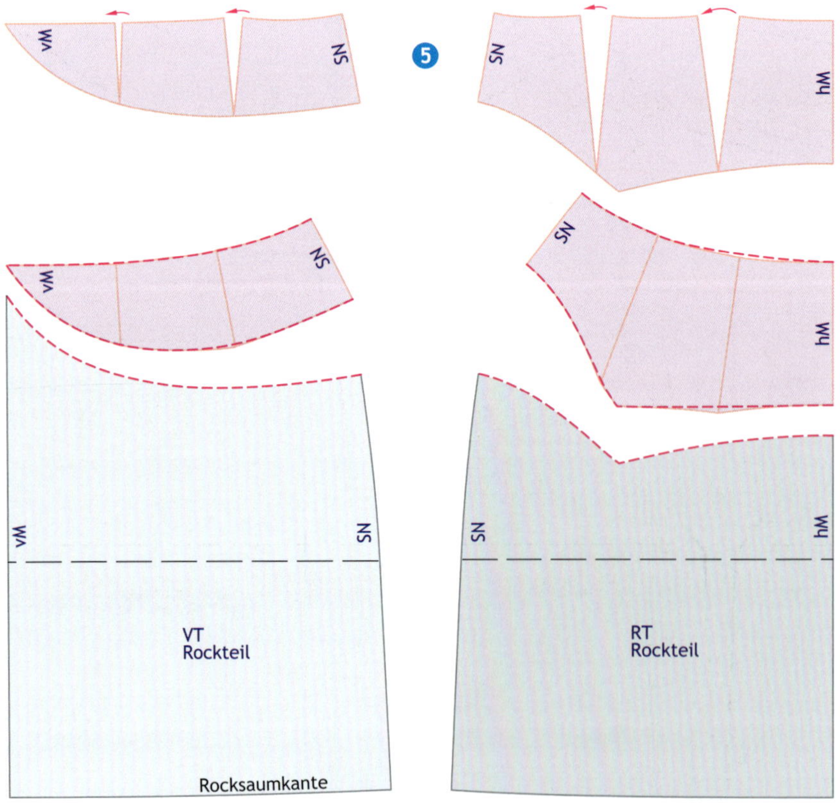

☐3 Abnäher an Passenflächen zulegen und ausformen; Rockteile für Oberstoff

1 Taillenvertiefung, Passe, Taillenbeleg und Futtersaum

1. ☐2 Gewünschte Taillenvertiefung einzeichnen und abtrennen.
2. Weitenreduzierungen vornehmen.
3. Gewünschte Passenform für die äußeren Rockteile einzeichnen.
4. Für die inneren Schnittteile den Taillenbeleg in der Breite des Knopfverschlusses an der Seitennaht und die Futtersaumkanten jeweils parallel zu den oberen und unteren Rockkanten einzeichnen.

2 Passen und Taillenbelege

5. ☐3+5 Abnäher an den Passen- und Taillenbeleg-Flächen zulegen und Nähte ausformen.
6. Vordere und hintere Schnittteile an vM bzw. an hM **spiegeln,** da sie später **nicht symmetrisch** sind.
7. ☐4+5 Knopflöcher an der **linken Seitennaht** der vorderen Passe markieren und
8. einen **identischen Untertritt** an der **linken Seitennaht** der RT-Passe und dem RT-Taillenbeleg anzeichnen. Die Untertittbreite muss die Knopflöcher innen vollständig hinterlegen (Breite: mind. doppelter Knopfdurchmesser).
9. An den Taillenbelegen die üblichen Weiten- und Breitenreduzierungen vornehmen.

3 Rockfutter

☐6 Die Futterfläche wie auf Seite 59 und 93 beschrieben, zum Futterschnitt fertig stellen.

Hüftrock mit Passe, seitlichem Knopfverschluss und Taillenbeleg

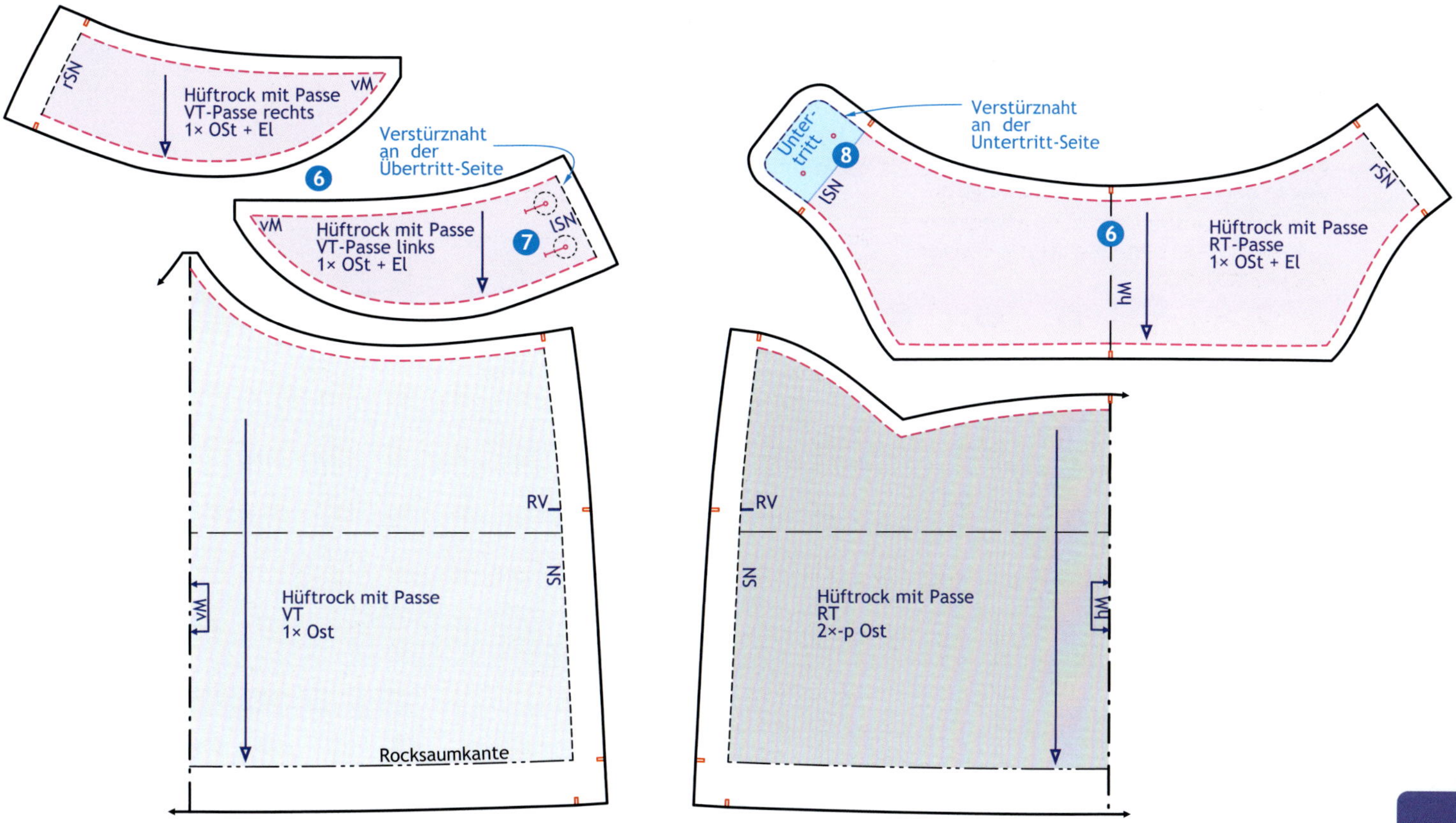

□4 Produktions-Schnittteile der Passen und Rockteile

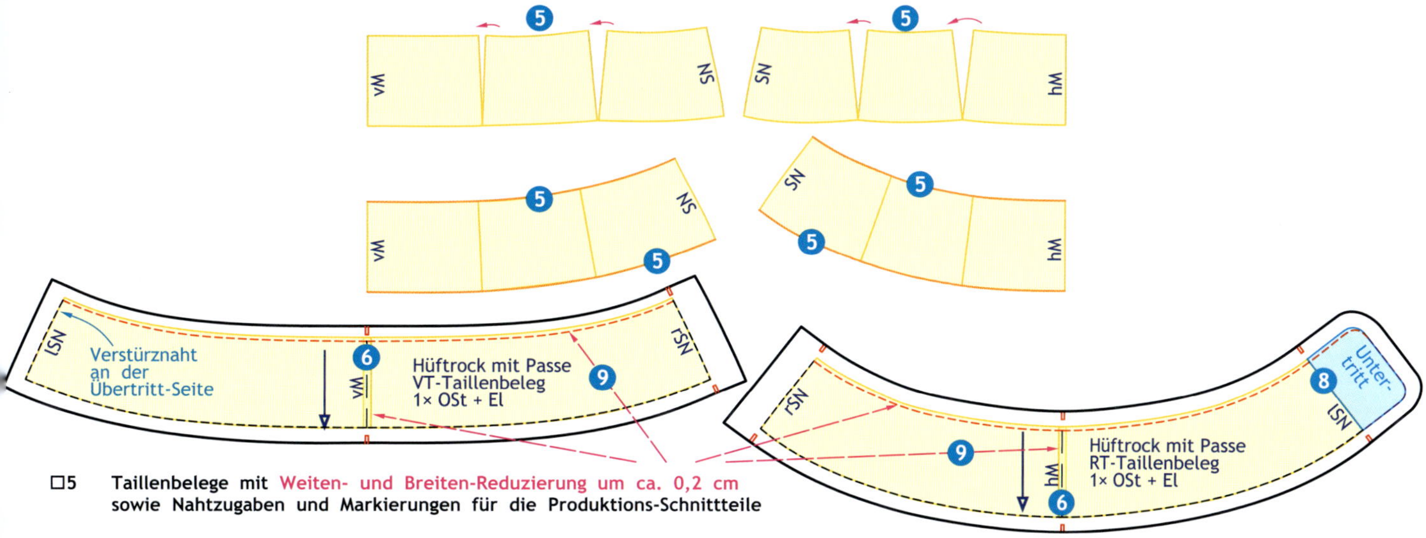

□5 Taillenbelege mit Weiten- und Breiten-Reduzierung um ca. 0,2 cm sowie Nahtzugaben und Markierungen für die Produktions-Schnittteile

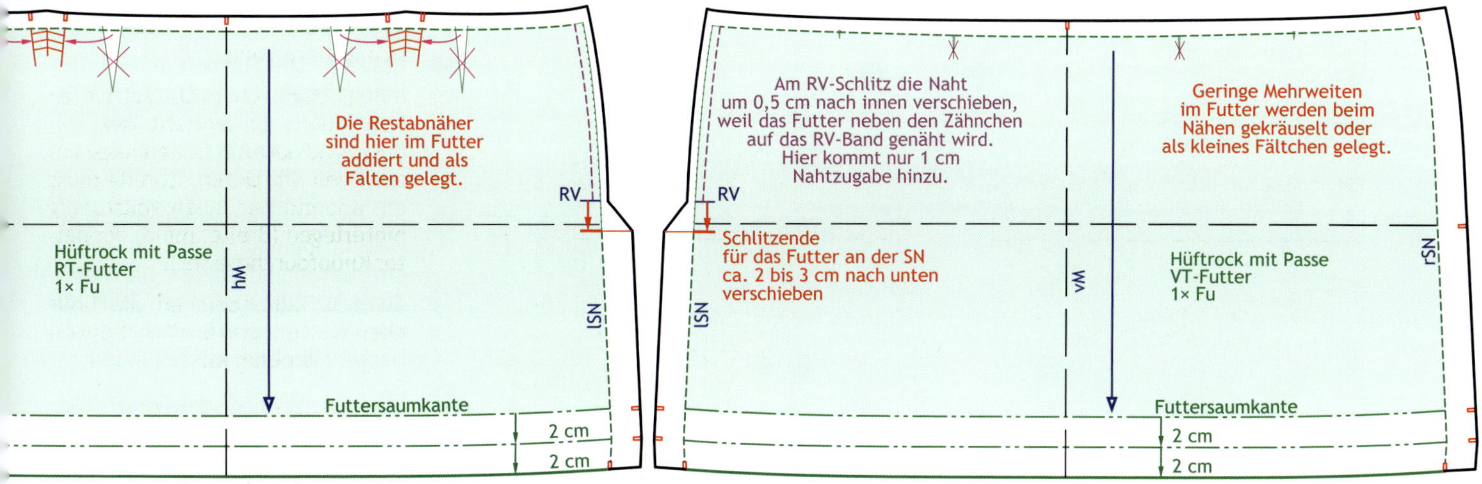

□6 Produktions-Schnittteile des Rockfutters für Reißverschluss an der linken Seitennaht

Miederbund (1)
Rock mit erhöhter Taille bzw. angeschnittenem Bund

36

□1 An diesem engen eingestellten Rock wird die obere Rockkante erhöht. Optisch wird hierdurch die Taille erhöht. Man bezeichnet diese Form auch als angeschnittenen Bund oder als Miederbund. Der Sitz des Rocks an der Taille muss sehr eng sein. Die obere Rockkante sollte etwas lockerer sitzen und kann natürlich auch anders gestaltet sein, z.B. gerade. Sie wird mit einem Taillenbeleg verstürzt, woran dann das Futter angenäht wird.

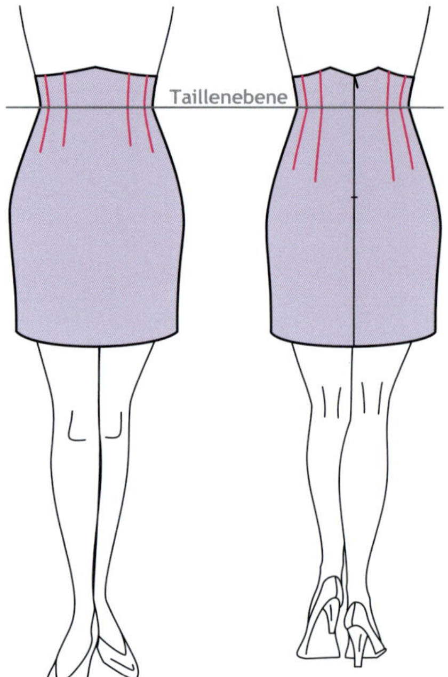

□1 Rock mit Miederbund

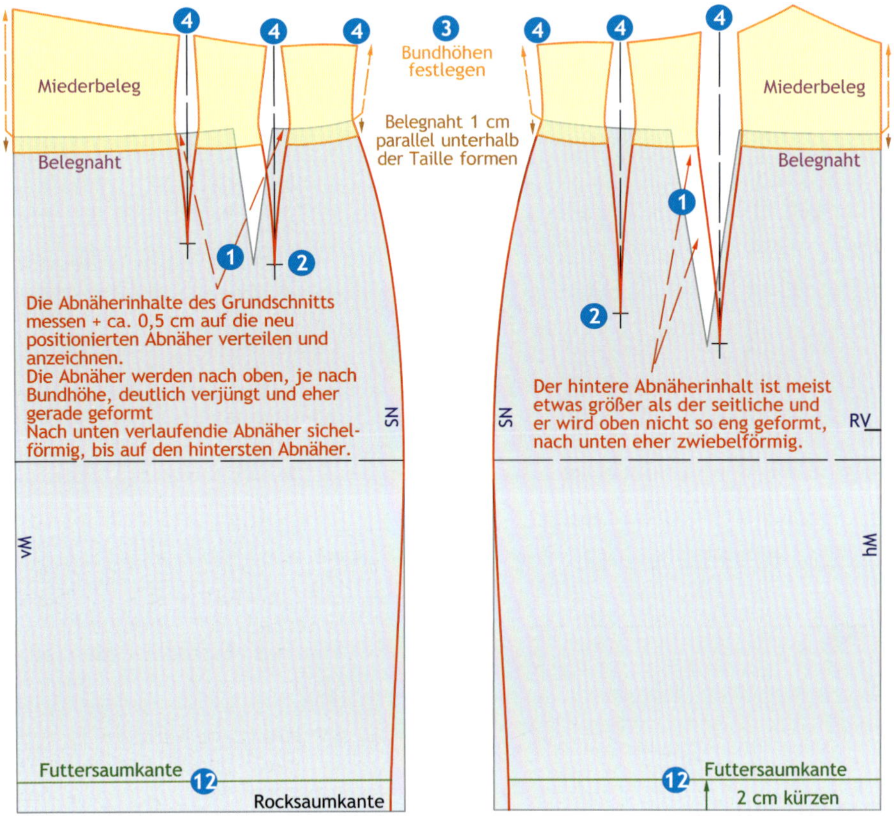

□2 Miederbelege mit Breiten-Reduzierung um ca. 0,2 cm

□3 Kopierte Flächen der Miederbelege

□4 Abnäher zulegen mit gleichzeitiger Weiten-Reduzierung um ca. 0,2 cm an den oberen Kanten und max. 0,5 cm an den unteren Belegnähten

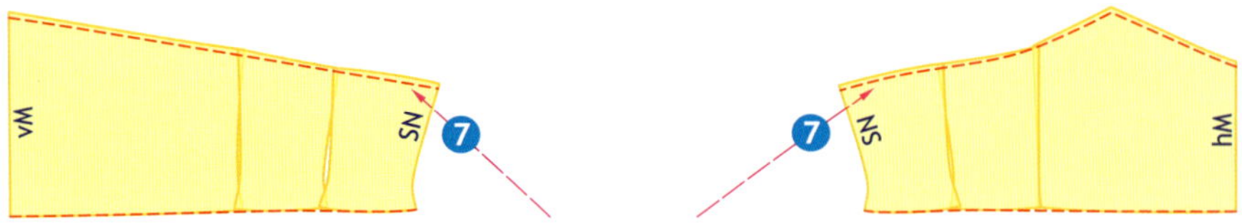

□5 Miederbelege mit Reduzierung an der oberen Kante um ca. 0,2 cm

1 Angeschnittener Bund

1 □2 Die Einhalteweite aus dem Rock-Grundschnitt wird entfernt, indem die Abnäher im Grundschnitt gemessen und die neu positionierten Abnäher an jedem Rockviertel um ca. 0,5 cm größer gezeichnet werden. Die gesamte Taillenweite ist somit um ca. 2 cm reduziert.

2 Seitliche paarweise Abnäherpositionen sehen am besten aus, wenn der vorderste am küzesten und der hinterste am längsten ist.

3 Die Bundhöhe festlegen und die obere Rock-(Bund-)kante gestalten.

4 Oberhalb der Taille wird der Körper wieder breiter. Die Abnäherinhalte sind also an der Taille am größten und werden für mehr Weite nach oben hin wieder kleiner. Abnäher und Seitennähte kann man nach oben spiegeln.

! Bei einer individuellen Fertigung ist eine Anprobe vor dem Zuschnitt der Miederbelege sinnvoll.

2 Miederbelege vorbereiten

5 □3+4 Die Flächen der Miederbelege kopieren und für eine Weitenreduzierung die Abnäher an der oberen Kante um ca. 0,2 cm übereinanderlegen.

6 An der unteren Belegnaht kann man an den Abnähern bis zu 0,5 cm übereinanderlegen. Die hier reduzierte Weite wird am Stoff vor der Weiterverarbeitung durch Dehnen der Naht ausgeglichen.

7 □5 Die Breiten der so entstandenen Belegflächen werden an der oberen Rockkante um ca. 0,2 cm reduziert und die untere Belegnaht geformt.

Miederbund (2)
Rock mit erhöhter Taille bzw. angeschnittenem Bund

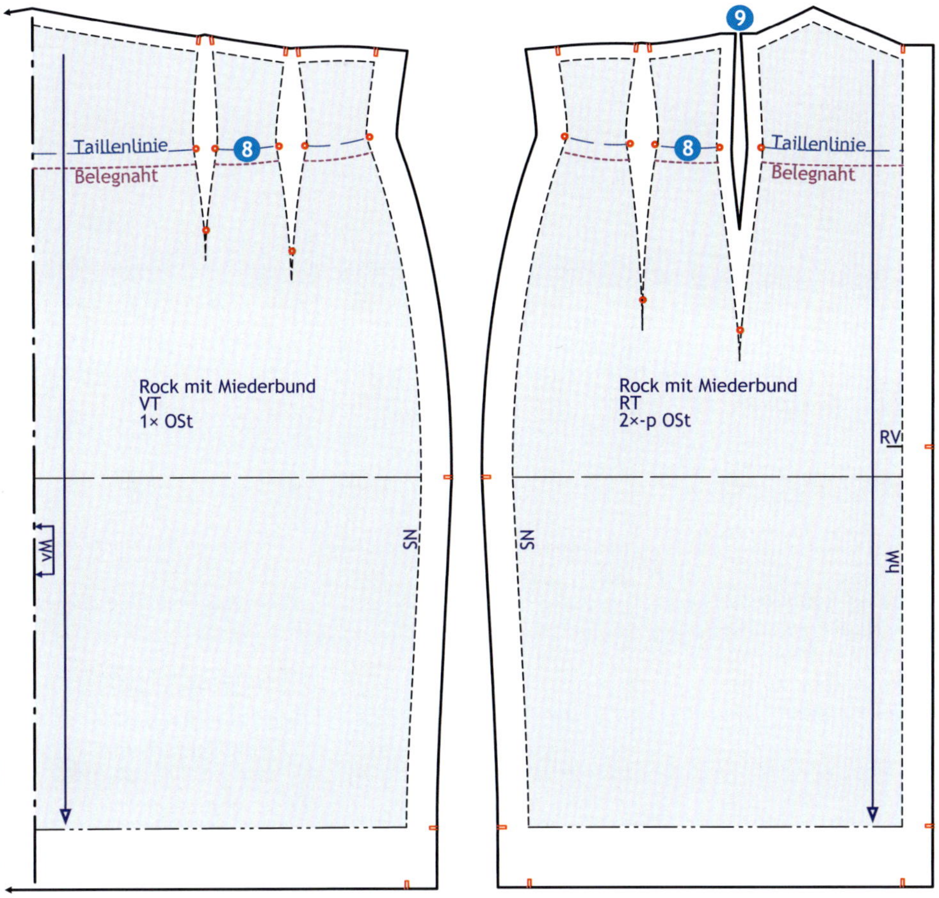

□6 Produktions-Schnittteile der Rockteile

□7 Produktions-Schnittteile der Miederbelege

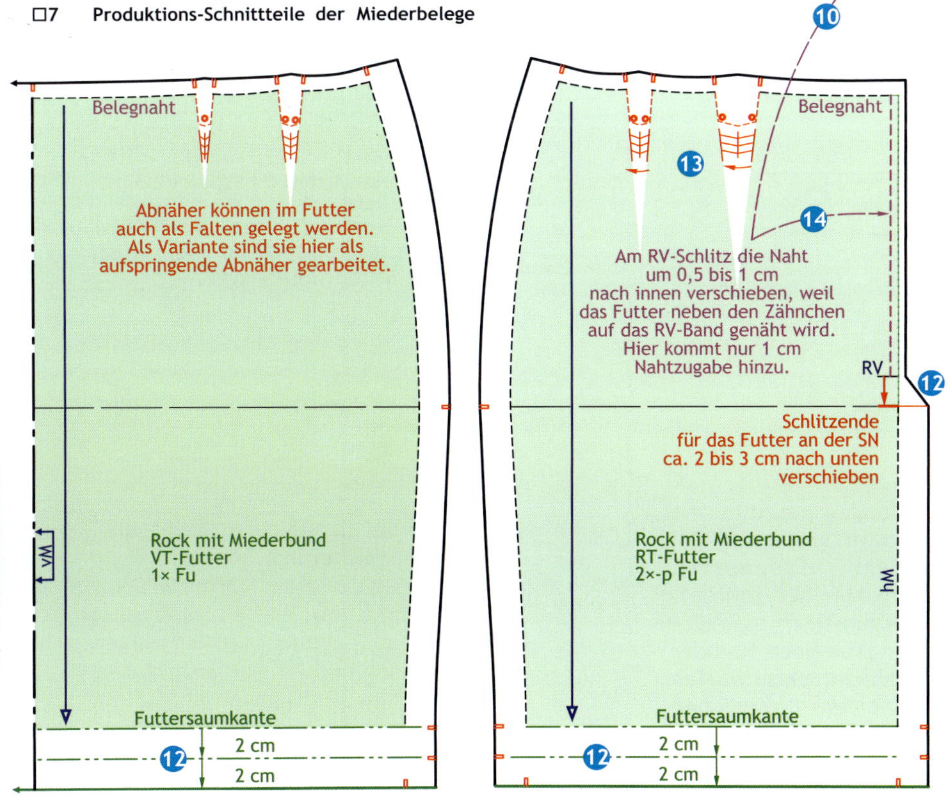

□8 Produktions-Schnittteile des Rockfutters

3 Äußere Rockteile

8 Als äußere Rockteile werden VT und RT jeweils mitsamt der Bundfläche kopiert. Die ursprüngliche Taillenlinie am Grundschnitt markieren.

Die Abnäher mit Bohrlöchern und Knipsen markieren.

9 Große Abnäher kann man mit Nahtzugabe versehen.

4 Taillenbelege

10 Am vorbereiteten hinteren Miederbeleg wird an der hM, dort wo der Reißverschluss eingearbeitet wird, ca. 0,5 bis 1 cm entfernt, um den Beleg auf das Reißverschlussband anzunähen (siehe auch vorhergehende Seiten).

11 Wichtig ist das Dehnen der zugeschnittenen Stoffflächen an den markierten Stellen, dort wo an der unteren Belegnaht stark reduziert wurde.

5 Rockfutter

12 Das Rockfutter ist die Fläche unterhalb der Miederbelege. Für das Futter werden am Saum 2 cm gekürzt und mit 2 x 2 cm Einschlägen versehen. Am RV-Schlitz die Naht um **ca. 0,5 cm** nach innen verschieben und das Schlitzende um ca. **2 bis 3 cm** verlängern (Seite 92).

13 Die Abnäher sind hier als aufspringende Abnäher (halb genähte Abnäher) gearbeitet. Das gibt dem Futter etwas Weite zwischen Taille und Hüfte.

14 Wie am Miederbeleg wird am Reißverschlussschlitz die Naht nach innen verschoben (siehe auch Seiten 59 + 61).

Taillenband

Bei einer sehr hochwertigen Verarbeitung wird innen, genau an der Taille, ein **Taillenband** (z.B. ein Ripsband) **mit Hakenverschluss** (unter dem Reißverschluss) durch den Miederbeleg fest an allen Nähten und Abnähern eingenäht. Nach dem Anziehen des Rocks wird zunächst das Taillenband geschlossen, dann erst der Reißverschluss. Das Taillenband ist etwas enger als der Rock an der Taille, wodurch das Herabrutschen des Rocks verhindert wird und ihn sicher in der Taille hält. Auch entlastet es den Reißverschluss, die Nähte und das Material des Rocks. Der Oberstoff des Rocks muss dann nicht so eng geschnitten sein. Dies verhindert somit die Bildung von Stressfalten.

Bahnenröcke - Längsteilungsnähte an Röcken (1)

6-Bahnenrock und 8-Bahnenrock

Maßstabsfaktor 0,15

36

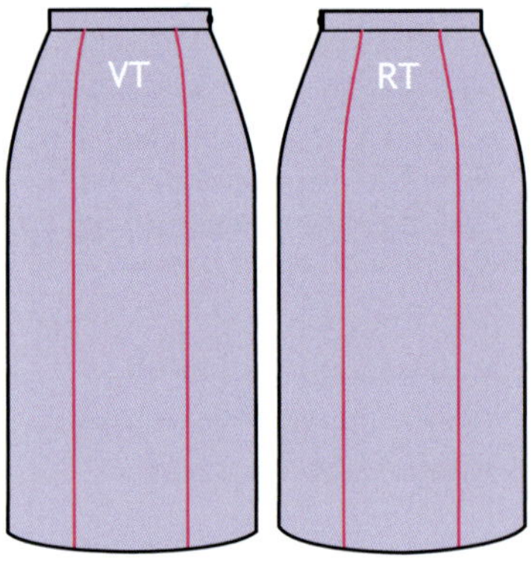

□1 Sechs-Bahnenrock

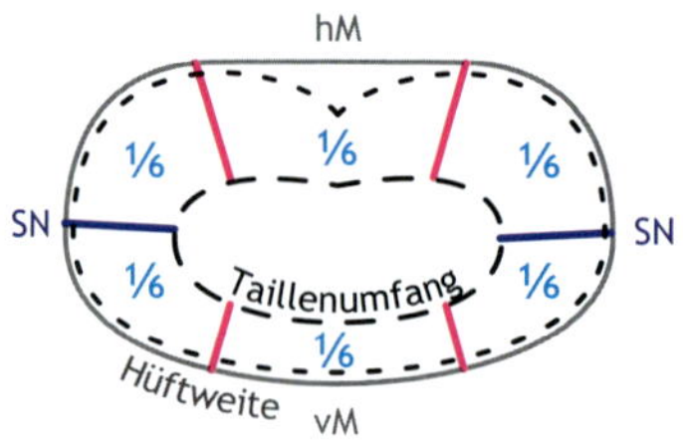

□2 Querschnitt

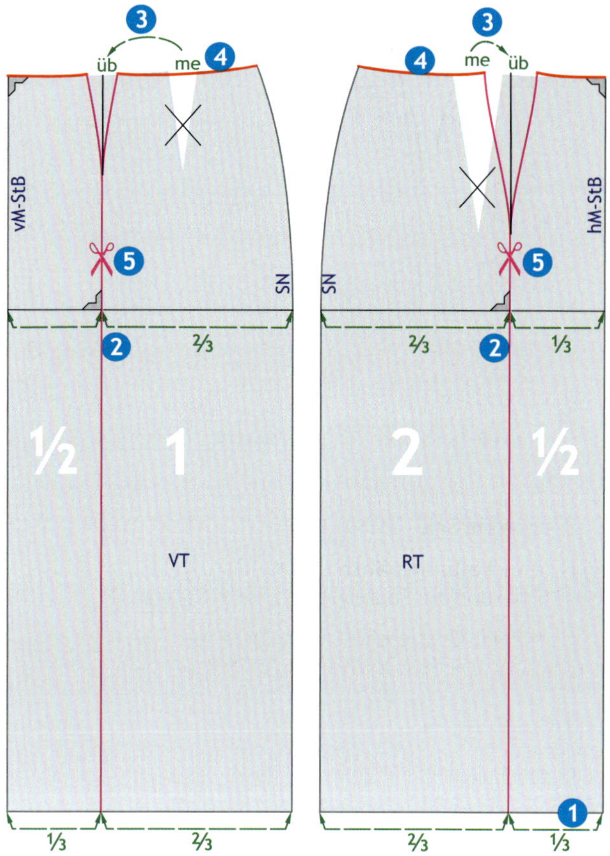

□3 Rock-GS für 6 Bahnen einteilen und Abnäher verschieben

6-Bahnenrock

Die **sechs Teilungsnähte** unterteilen den Rock in sechs gleich breite Bahnen an der Hüfte und am Saum.

Die im Rock-Grundschnitt vorhandenen Abnäher können zumeist ohne größeren Passformverlust an die Nähte verschoben werden. Bei großem Taillenausfall (zwei Abnäher hinten) ist es günstiger, einen 10- oder 12-Bahnenrock zu gestalten oder einen zusätzlichen Abnäher im RT zu nähen.

1 Den Rock auf die gewünschte Länge bringen.

2 Hüftweite und Saumweite an Vorder- und Hinterrock wie skizziert und die Einschnittlinien einzeichnen.

Es ergeben sich im halben Vorderrock und im halben Hinterrock jeweils die entsprechenden Schnittteile für den halben Rock, zusammen **3 bzw. 4 Bahnen**, sowie für den **ganzen Rock 6 bzw. 8 Bahnen**.

3 Die Abnäherinhalte am Grundschnitt messen und an die Einschnittlinien (= Abnähermitte) übertragen. Die Abnäher in der Form einzeichnen, wie sie genäht werden: vorne sichel-, hinten zwiebelförmig. Die alten Abnäher streichen.

4 Die neuen Taillennähte einzeichnen, ggf. für einen gut geschwungenen Verlauf an den Abnähern etwas erhöhen.

5 Die Schnittteile (Rockbahnen) mit den neuen Abnäherformen trennen.

8-Bahnenrock

Die **acht Teilungsnähte** unterteilen den Rock in acht gleich breite Schnittteile an der Hüfte und am Saum.

Die im Rock-Grundschnitt vorhandenen Abnäherinhalte können an die Nähte verschoben werden, wenn dies die Passform gestattet. Bei großem Taillenausfall (zwei Abnäher hinten), ist es günstiger, eine Einteilung für einen 10- oder 12-Bahnenrock zu wählen oder einen zusätzlichen Abnäher im RT zu nähen.

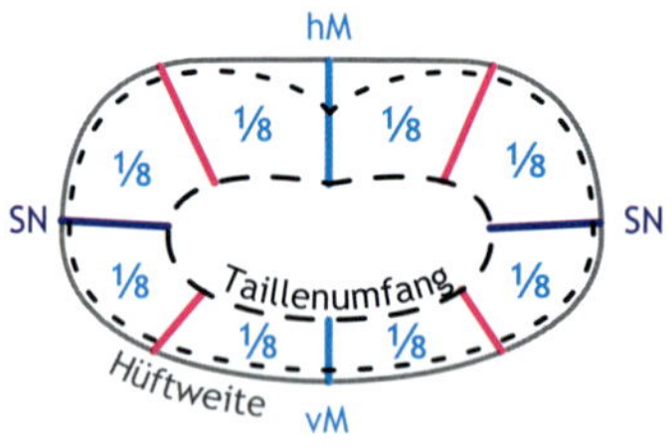

□5 Querschnitt

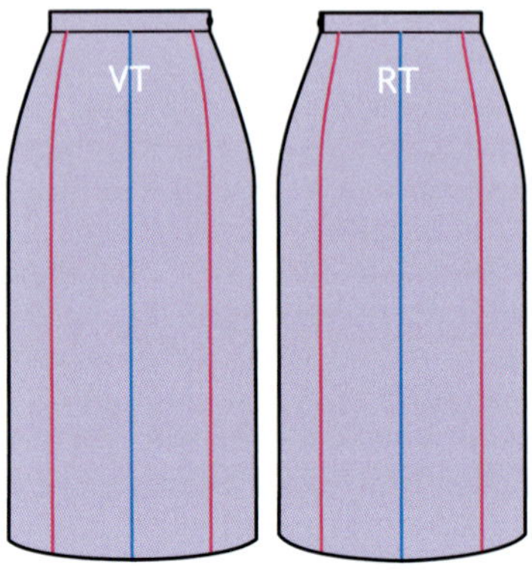

□4 Acht-Bahnenrock

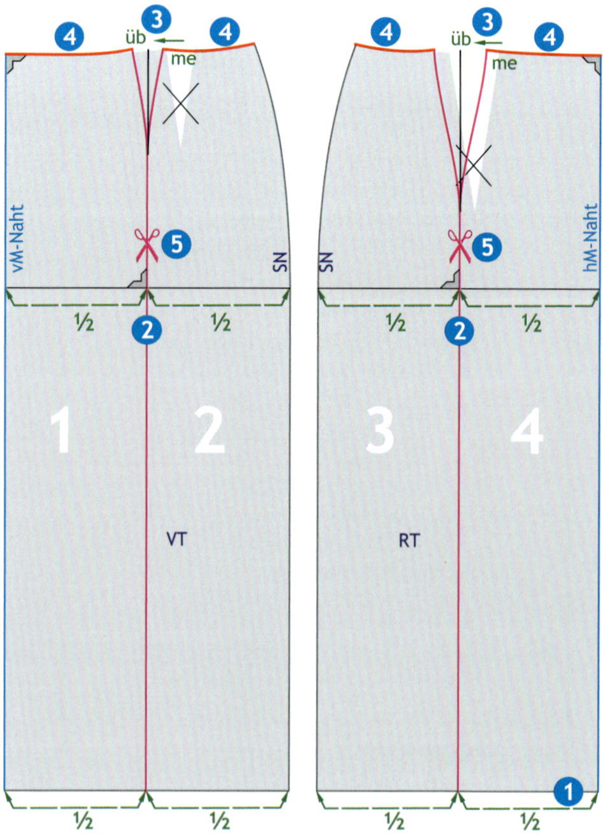

□6 Rock-GS für 8 Bahnen einteilen und Abnäher verschieben

Bahnenröcke - Längsteilungsnähte an Röcken (2)

10-Bahnenrock und 12-Bahnenrock Maßstabsfaktor 0,15

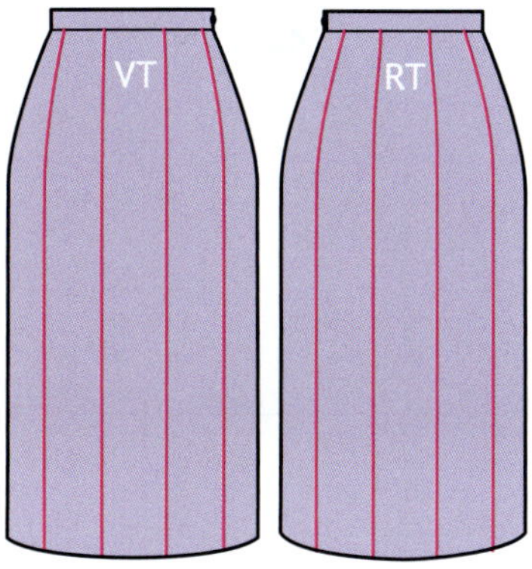

□7 Zehn-Bahnenrock

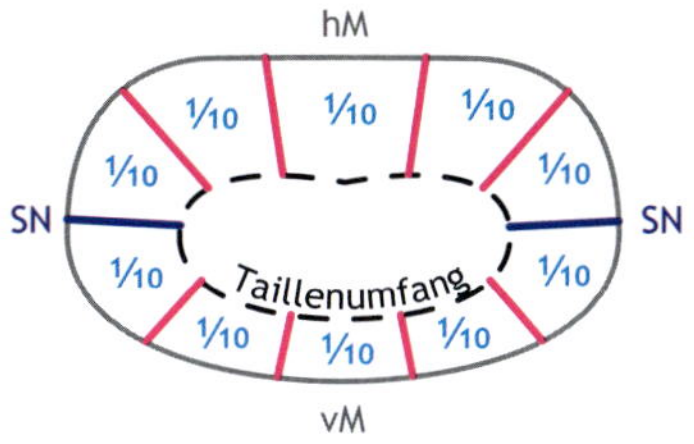

□8 Querschnitt

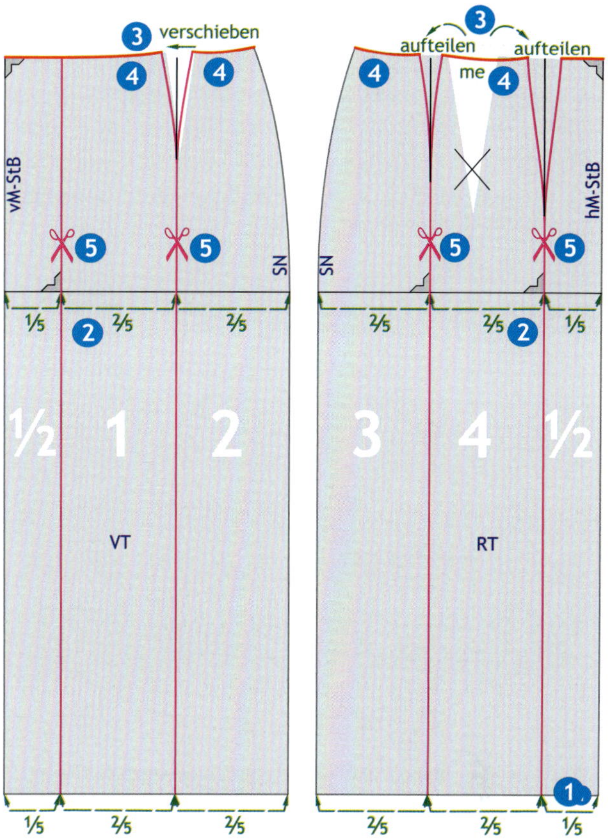

□9 Rock-GS für 10 Bahnen einteilen und Abnäher verschieben

10-Bahnenrock

Die **zehn Teilungsnähte** unterteilen diesen Rock in zehn an der Hüfte und am Saum gleich breite "Bahnen".

Die im Rock-Grundschnitt vorhandenen Abnäher können ohne Passformverlust an die Nähte verschoben werden.

1. Den Rock auf die gewünschte Länge bringen.

2. Hüftweite und Saumweite an Vorder- und Hinterrock wie skizziert und die Einschnittlinien einzeichnen.

Es ergeben sich im halben Vorderrock und im halben Hinterrock jeweils die entsprechenden Schnittteile für den halben Rock, zusammen **5 bzw. 6 Bahnen**, sowie für den **ganzen Rock 10 bzw. 12 Bahnen**.

3. Die Abnäherinhalte am Grundschnitt messen und an die Einschnittlinien (= Abnähermitte) übertragen. Die Abnäher in der Form einzeichnen, wie sie genäht werden: vorne sichel-, hinten zwiebelförmig. Die alten Abnäher streichen.

4. Die neuen Taillennähte einzeichnen, ggf. für einen gut geschwungenen Verlauf an den Abnähern etwas erhöhen.

5. Die Schnittteile (Rockbahnen) mit den neuen Abnäherformen trennen.

12-Bahnenrock

Die **zwölf Teilungsnähte** unterteilen den Rock in zwölf gleich breite Schnittteile an der Hüfte und am Saum.

Die im Rock-Grundschnitt vorhandenen Abnäherinhalte können problemlos und passformneutral an die Nähte verschoben werden.

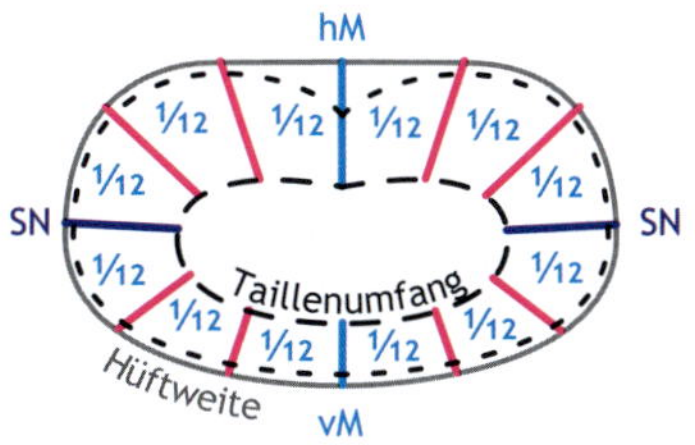

□11 Querschnitt

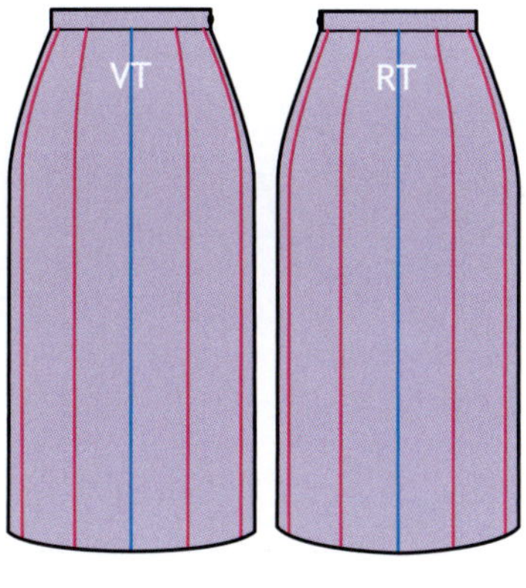

□10 Zwölf-Bahnenrock

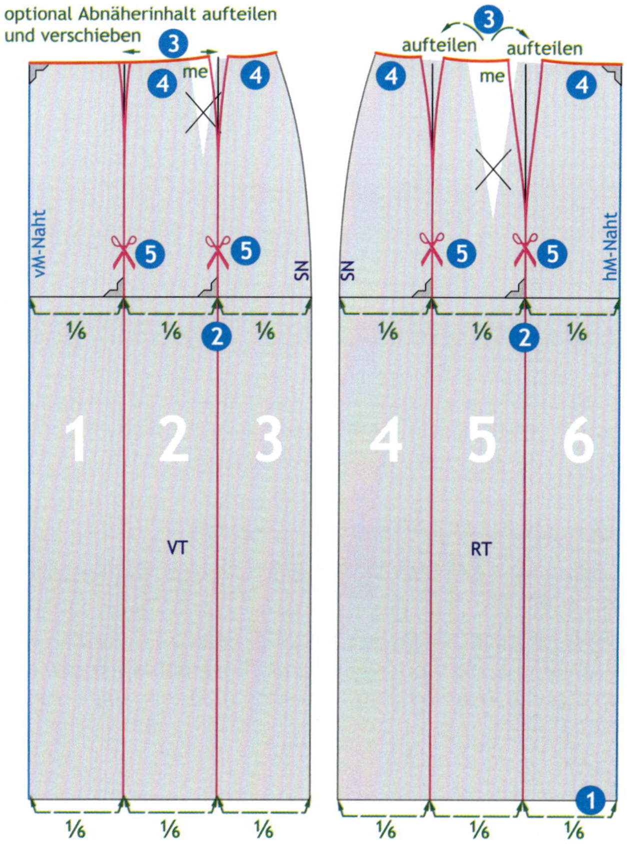

□12 Rock-GS für 12 Bahnen einteilen und Abnäher verschieben

Bahnenröcke

Godetformen (1)

Die französische Bezeichnung **Godet** bedeutet auf die Bekleidungsfertigung bezogen ein in eine Naht eingesetztes keil- bzw. dreieckförmiges Stoffstück, das dem Kleidungsstück die charakteristische Glocken-Form und die große Saumweite verschafft. Man nennt das Godet auch "falsche Falte" oder "Glockenfalte" bzw. "Glocke".

Nachfolgend werden die zwei möglichen Verarbeitungsformen von Godets und deren Schnitt-Konstruktion gezeigt.

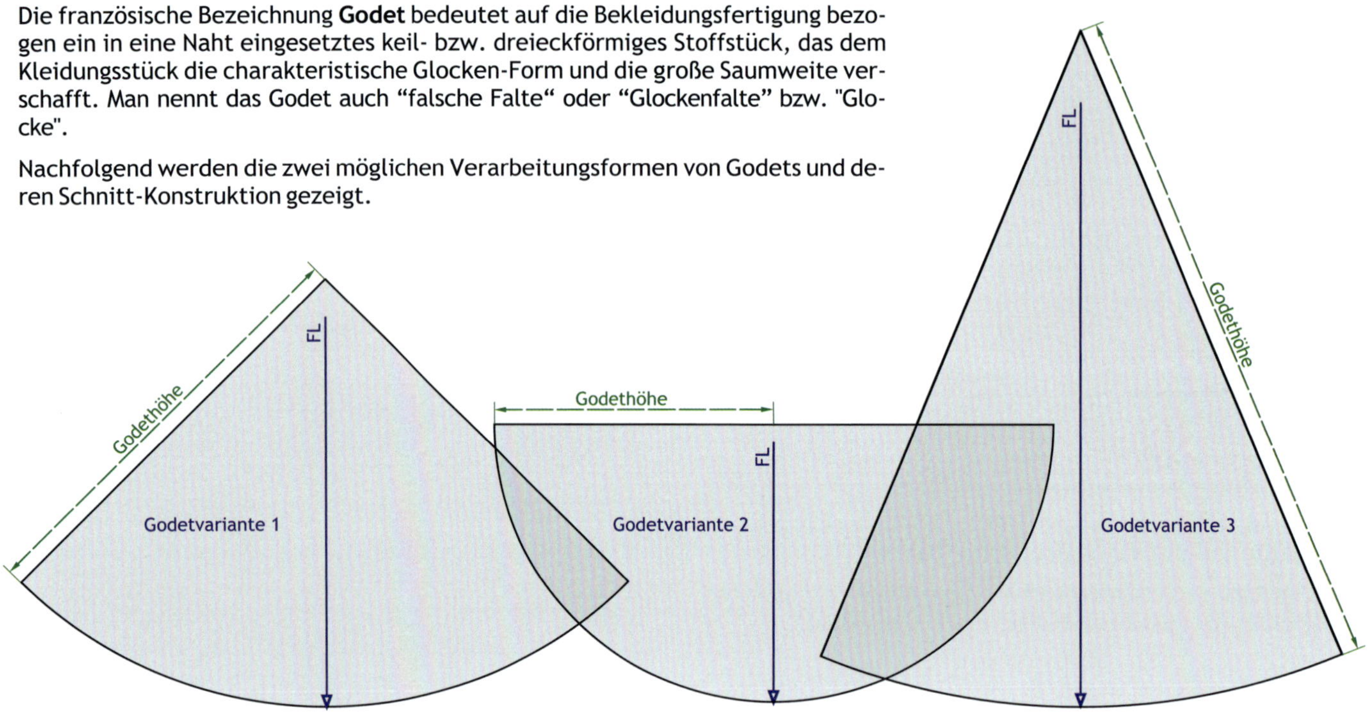

□1 Mögliche Größen und Formen von eingesetzten Godets.

Eingesetzte Godets

Godets sind separat zugeschnittene "tortenstückförmige" Glockenteile aus Stoff, die bei Röcken, Hosen, Kleidern oder Mänteln in eine Naht oder mehrere Nähte eingenäht werden, um den Saum zu erweitern und um ggf. eine glockige Form zu erzielen.

Der Saum fällt mit mehreren in gleichmäßigen Abständen eingesetzten Godets leicht schwingend. Die Godets fallen entweder nach innen oder nach außen, je nachdem, wie die Ansatznaht gebügelt wird.

Angeschnittene Godets

Die Godets werden an jeweils zwei benachbarte Rockbahnen angeschnitten. Da man an eine Bahn immer nur die Hälfte der gewünschten Godetfläche anschneidet, verläuft die Naht in der Mitte des Godets (der Glocke).

Die Teilungsnaht kann in zwei Varianten - nach innen oder nach außen gebügelt - gearbeitet werden.

Godethöhen und Godetwinkel sind stets frei und nach Belieben wählbar.

Die Godethöhe bestimmt die Stelle, an der der Rock an Weite zunimmt. Die Weite kann abrupt bei großem Godetwinkel oder kaum wahrnehmbar bei kleinem Godetwinkel zunehmen.

Wegen der relativ starken Saumrundung bei allen Godet-Arten muss der Saumeinschlag so schmal wie möglich sein.

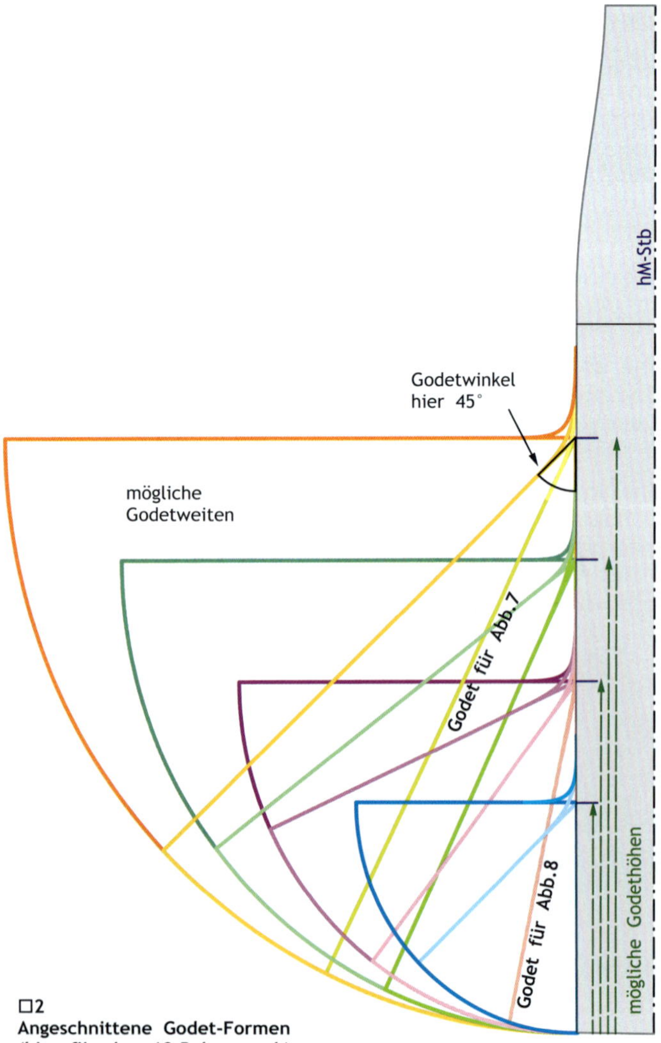

□2
Angeschnittene Godet-Formen
(hier für den 10-Bahnenrock)

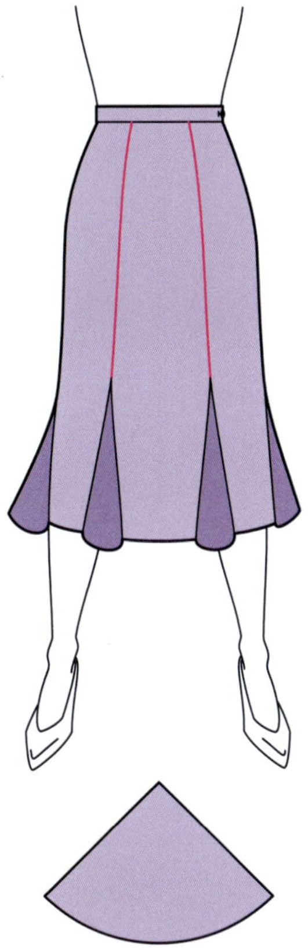

☐3 Godet-Variante 1

☐4 Godet-Variante 2

☐5 Godet-Variante 3

☐6 Godet-Variante 4

Eingesetzte mittelhohe, mäßig weite Godets, nach **außen** gebügelt, aus festem Material.

Eingesetzte mittelhohe, mäßig weite Godets, nach **innen** gebügelt, aus weich fallendem, leichtem Material.

Eingesetzte kurze, weite Godets, nach **außen** gebügelt, aus weich fallendem, leichtem Material.

Eingesetzte hohe, mäßig weite Godets, nach **innen** gebügelt, aus festem Material.

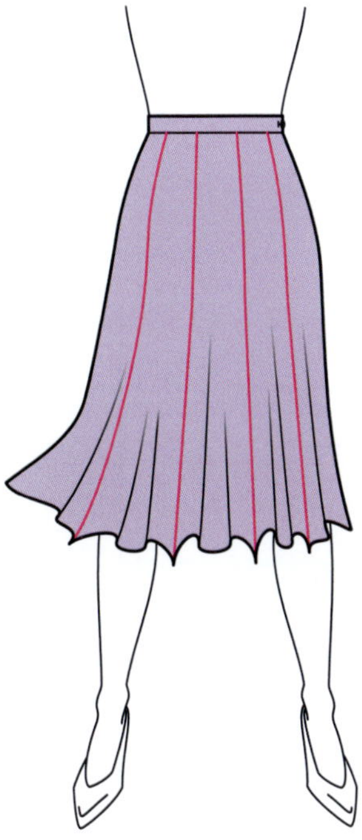

Auswirkung der Godetform auf die Rock-Optik

☐7 Für eine besonders große Saumweite nimmt man eine eher große Godethöhe und einen großen Winkel (maximal 90°).

☐8 Für einen optisch welligen Saum wählt man eine geringe Godethöhe bei mäßigem bis großem Winkel.

Eine dezente Saumweite erzielt man mit geringem Winkel bei jeder Godethöhe.

❗ Feine und leichte Stoffe erfordern eine eher größere Saumweite, während feste und schwere Stoffe eine eher mäßige bis geringe Saumweite benötigen.

☐7
Angeschnittene hohe und weite Godets am 10-Bahnenrock, Nähte nach außen gebügelt.

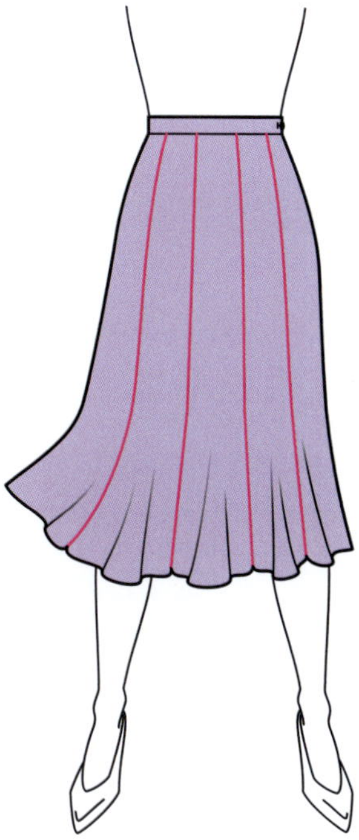

☐8
Angeschnittene kurze und mäßig weite Godets am 10-Bahnenrock, Nähte nach innen gebügelt.

Bahnenrock mit eingesetzten Godets
Modellentwicklung aus dem 10-Bahnenrock (1)

65

Bei diesem Modell wird in die Nähte am Saum ein jeweils andersfarbiges separates Godet (Glockenteil) eingesetzt, wodurch der Rock eine große Saumweite erhält. Die Ansatznähte werden hier ab der Godet-Höhe kantig nach außen gebügelt, so dass das Godet nach innen fällt.

Die Konstruktion verschiedener Godetarten wird auf den vorausgehenden Seiten gezeigt.

□1 Zehn-Bahnenrock mit eingesetzten Godets

1. Bei allen Längsnähten die gewünschte Godethöhe markieren.
2. Das Godet separat mit einem Kreisbogen und mit der Godethöhe als Radius zeichnen.
3. Die gewünschte Godetweite auf dem Kreisbogen abmessen oder die Godetweite mit einem Winkel bestimmen. Diese Fläche bildet das separate Godet (□4).

   Die Godetweite bestimmt die gesamte Saumweite des Rocks und ist ganz entscheidend für die Optik. Verschiedene Godetgrößen und Godetformen sind auf den folgenden Seiten dargestellt.

   $SaW_{Rock} = SaW_{Godet} \times Anzahl_{Godets} + SaW_{Rock\text{-}GS}$
4. Das Godet bekommt wegen der starken Saumrundung nur einen sehr schmalen Saumeinschlag.
5. Der Fadenlauf des Godets zeigt zur Mitte der Godetweite.

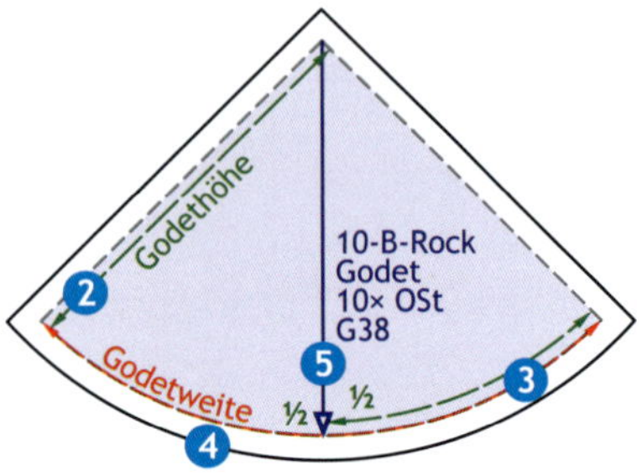

□2 Produktionsschnitt eingesetztes Godet

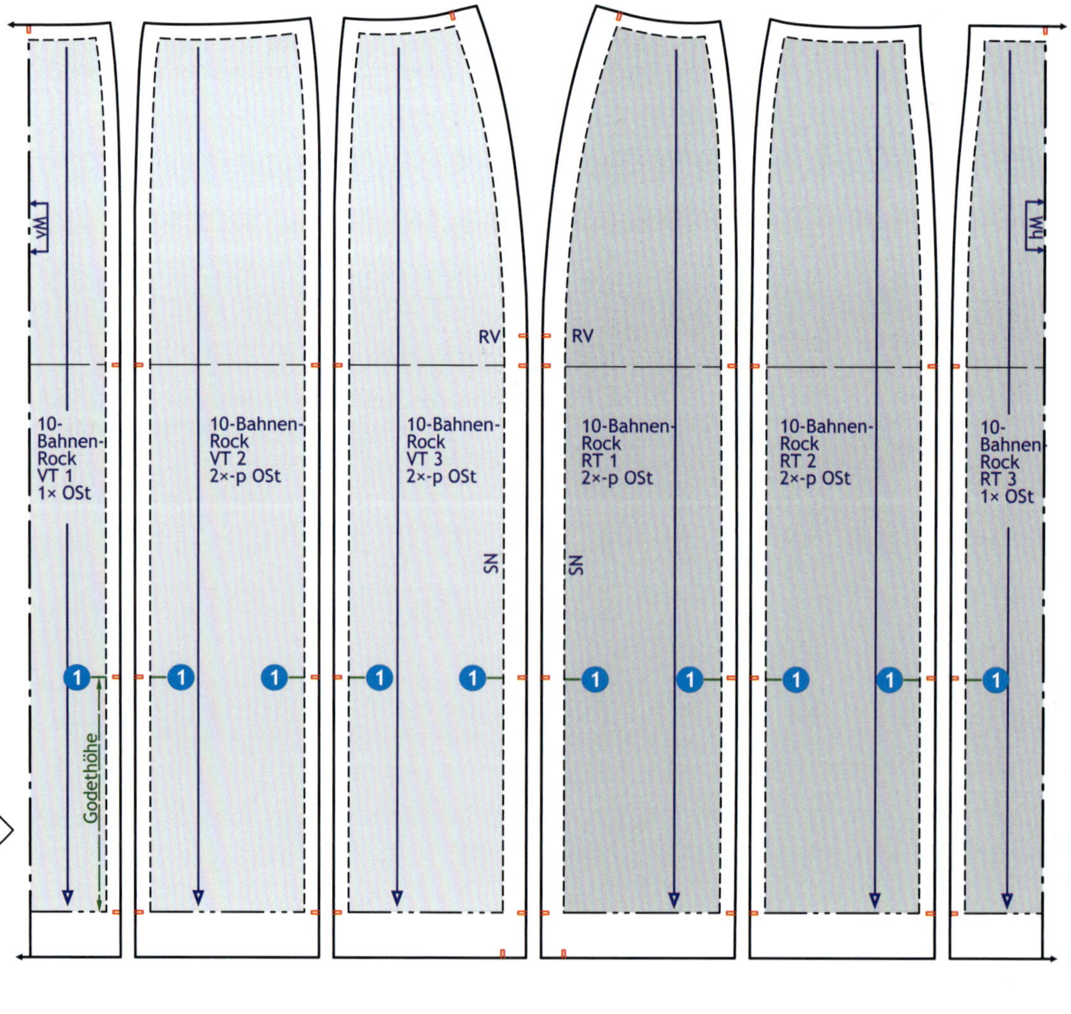

□3 Produktionsschnitt des Zehn-Bahnenrocks für eingesetzte Godets (VT1 und RT3 noch spiegeln)

Bahnenrock mit angeschnittenen Godets
Modellentwicklung aus dem 10-Bahnenrock (2)

Bei diesem Modell wird an allen Nähten jeweils ein mittelhohes Godet mit geringer Weite angeschnitten. Ein angeschnittenes Godet fällt, je nach Verarbeitung der Nähte, im Gegensatz zu einem eingesetzten Godet eher nach außen. Die Teilungsnähte werden hier komplett flach gebügelt, so dass der Saum weit schwingend fällt.

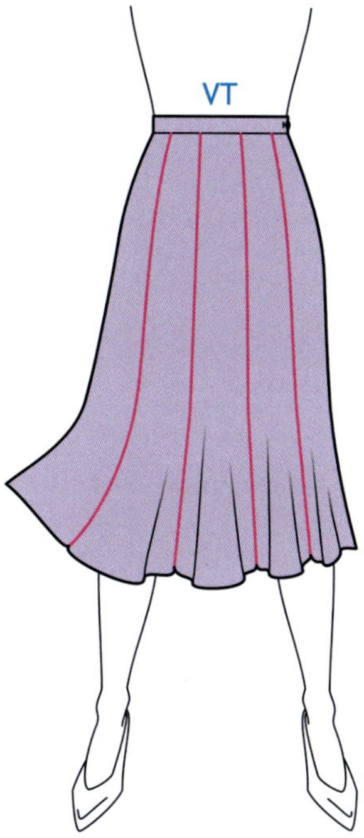

☐1 Zehn-Bahnenrock mit angeschnittenen Godets

1. Die Godethöhe markieren und am Saum den gewünschten Ausstellbetrag an allen Nähten anzeichnen. Der Ausstellbetrag entspricht der halben Godet-Weite.
2. Die mit gegenläufiger Schraffur markierten Überschneidungsflächen der Godets gehören zu beiden jeweils benachbarten Schnittteilen. Sie bilden die gesamte Godet-Fläche.

> **!** Wenn an der vM und der hM keien Naht ist, kann dort **kein Godet** angezeichnet werden.

3. Alle Ecken an der Godethöhe können für einen sanfteren Übergang ausgerundet werden. Für einen klar definierten Glockenbeginn sollten die Ecken so wie abgebildet genäht werden.

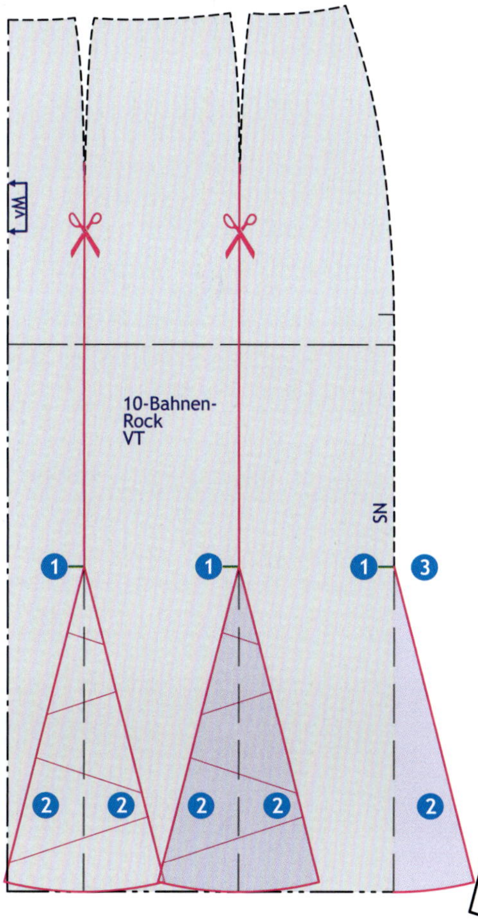

☐2 Modellschnittentwicklung des Vorderteils eines Zehn-Bahnenrocks mit angeschnittenen Godets (für das RT identisch entwickeln)

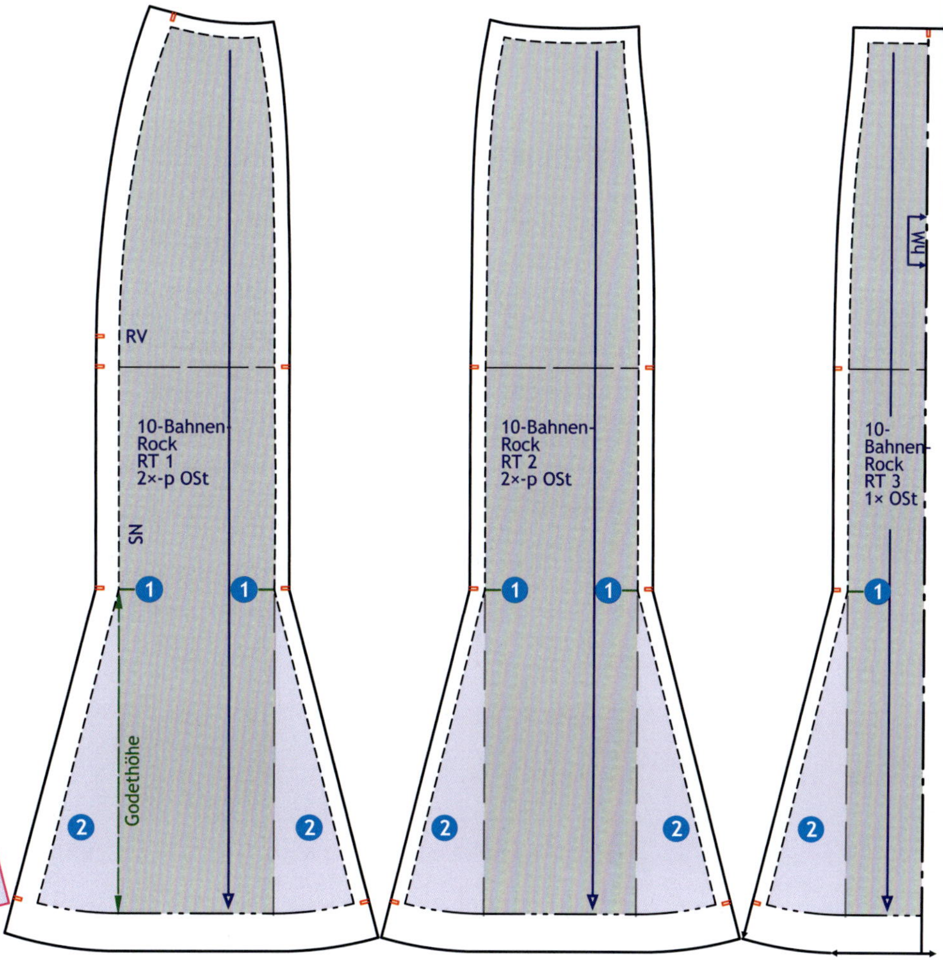

☐3 Produktionsschnitt des Zehn-Bahnenrocks mit angeschnittenen Godets (hier nur die Rückteile dargestellt, die Vorderteile sehen fast identisch aus. Das (RT3 noch spiegeln.)

Bahnenrock mit leichter Saumerweiterung
Modellentwicklung aus dem 10-Bahnenrock (3)

65

Bei einem Bahnenrock verlaufen weitgehend symmetrische Längsbahnen zum Saum hin breiter werdend. Es entstehen ausgestellte bis schwingende Rockweiten.

Die Erweiterung an den Nähten entspringt, im Gegensatz zum Godetrock, hier bereits an den Abnähern bzw. an der Seitennaht oberhalb der Hüfte. Die Saumweite wird an vielen Stellen (hier an den 10 Nähten) hinzu gegeben, was dem Rock eine gleichmäßig erweiterte Form gibt.

1. Die Saumerweiterung wird als Ausstellung an jede Naht gezeichnet. Sie endet an den Abnäherspitzen bzw. als Tangente am Hüftbogen oberhalb der Hüftlinie.
2. Die dreieckigen Erweiterungsflächen in den Grundschnitt (□2) oder - bei bereits vorliegenden getrennten Bahnen eines Bahnenrocks (□3) - an die Teilungsnähte anzeichnen.
3. Den Saum der Erweiterungsfläche leicht gerundet bzw. als Kreisbogen und senkrecht zur Naht zeichnen.

Hier werden aus Platzgründen nur die hinteren Rockteile dargestellt. Die vorderen sind entsprechend zu erstellen.

□1 Mäßig weiter 10-Bahnen-Rock

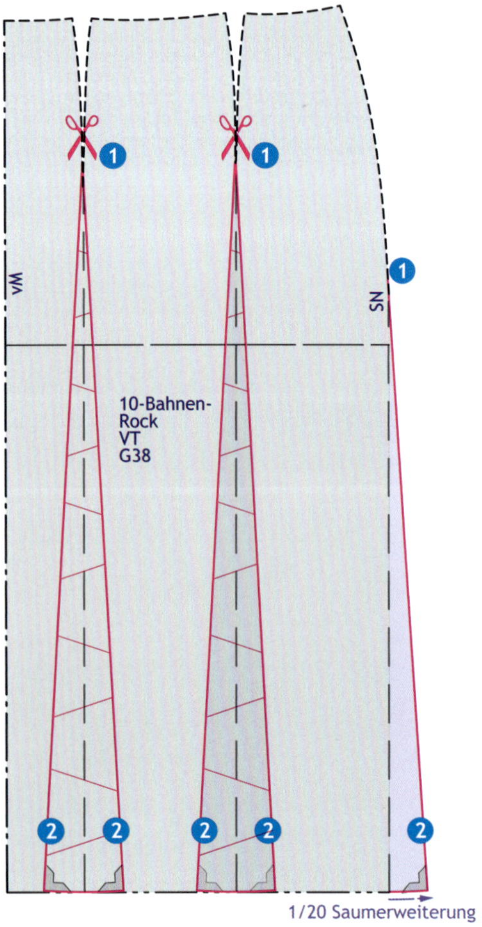

□2 Modellschnittentwicklung des Vorderteils eines Zehn-Bahnenrocks mit mäßiger Saumerweiterung (das RT identisch entwickeln)

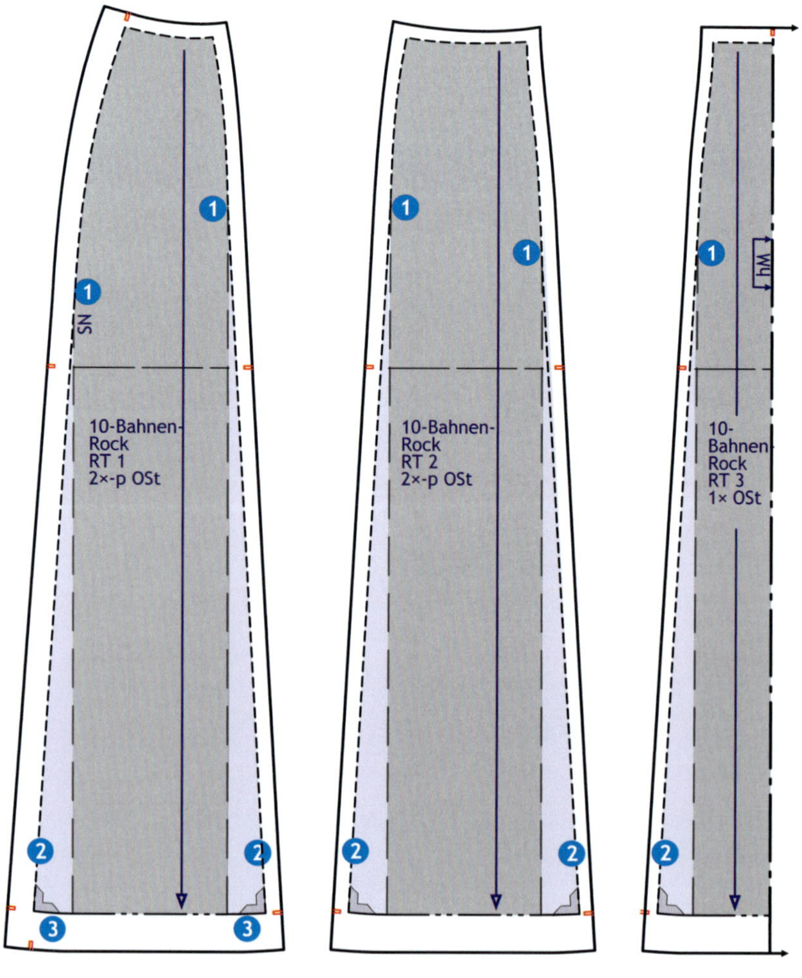

□3 Produktionsschnitt des Rückteils des Zehn-Bahnenrock mit mäßiger Saumerweiterung. Das VT sieht sehr ähnlich aus. (RT3 noch spiegeln)

Glockiger Bahnenrock
Modellentwicklung aus dem 10-Bahnenrock (4)

65

Die Modellabwandlung des glockigen 10-Bahnenrocks mit großer Saumerweiterung erfolgt im Wesentlichen wie beim vorhergehend gezeigten Rock.

Die Saumerweiterung an den Nähten verläuft, im Gegensatz zum leicht erweiterten Rock, bis nach oben an die Taillennähte. Die ausgestellte gerade Seitennaht endet an oder knapp unterhalb der Taille. Die große Saumweite wird an allen Nähten (hier an allen 10 Nähten) hinzu gegeben, was dem Rock eine gleichmäßig glockig schwingende Form gibt.

4 Sollen die Glocken direkt aus der Taille fallen, verbleibt die Ecke an der Taillennnaht.

5 Dürfen die Glocken weicher ab unterhalb der Taille fallen, wird die Ecke an der Taillennaht ausgerundet.

Die Saumrundungen können als Kreisbögen gezeichnet werden. Wegen des schrägen Fadenlaufs der Nähte wird sich dort der Stoff, je nach Beschaffenheit, mehr oder weniger stark ausdehnen.

6 Der Saum kann daher an den Teilungsnähten leicht gekürzt werden.

Hier werden aus Platzgründen nur die hinteren Rockteile dargestellt. Die vorderen sind entsprechend zu erstellen.

□1 Glockiger 10-Bahnen-Rock

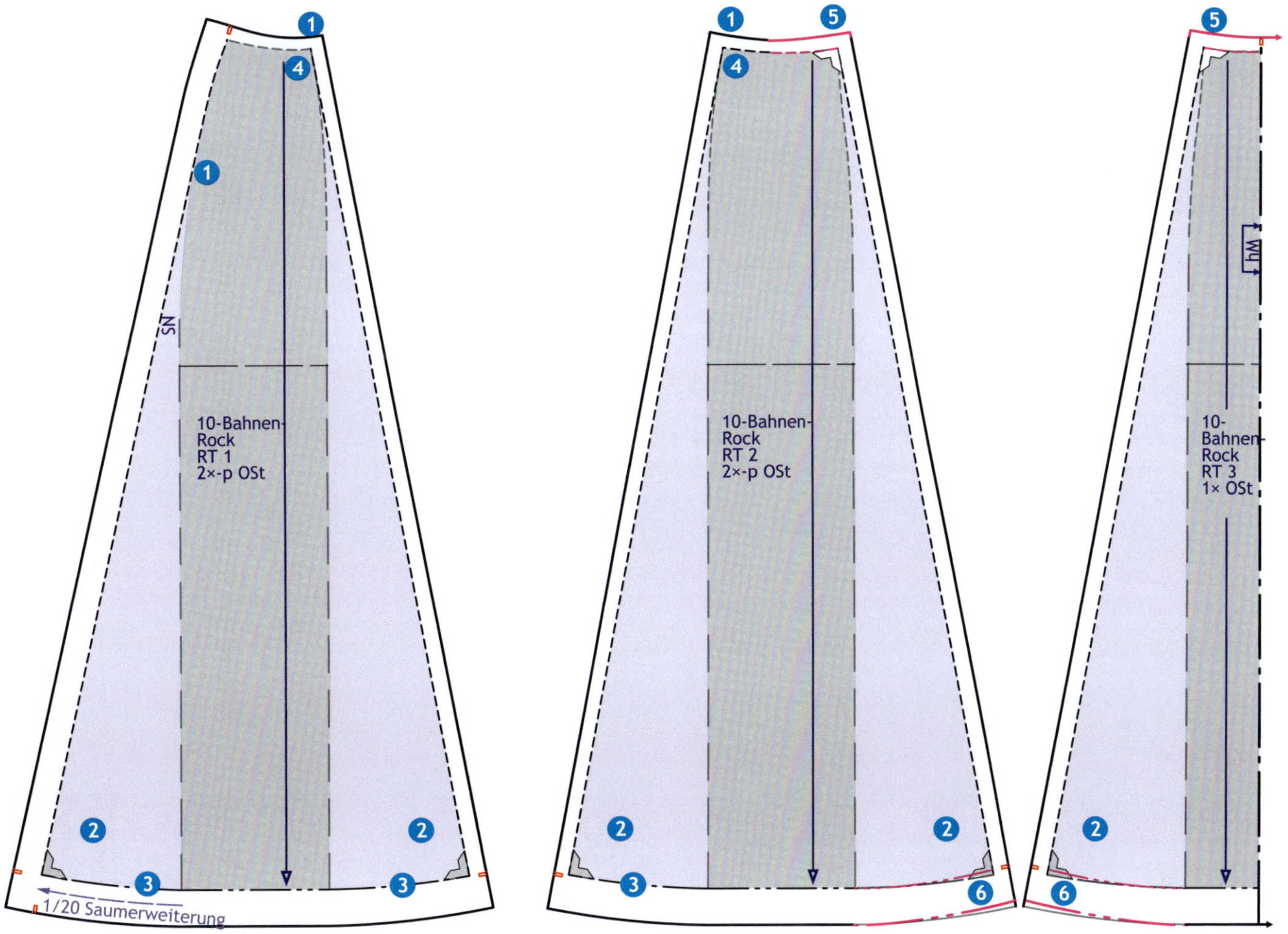

□2 Produktionsschnitt des Rückteils (RT3 noch spiegeln)
Glockiger Zehn-Bahnenrock mit großer Saumerweiterung

Saumerweiterter Rock
Modellentwicklung aus dem 10-Bahnenrock (5)

65 Der hier gezeigte saumerweiterte Rock entsteht aus dem 10-Bahnenrock mit leichter oder großer Saumerweiterung.

Die erweiterten Bahnen werden wieder an den trennenden Nähten zusammengelegt, so dass wieder ein Vorder- und ein Hinterrock entsteht.

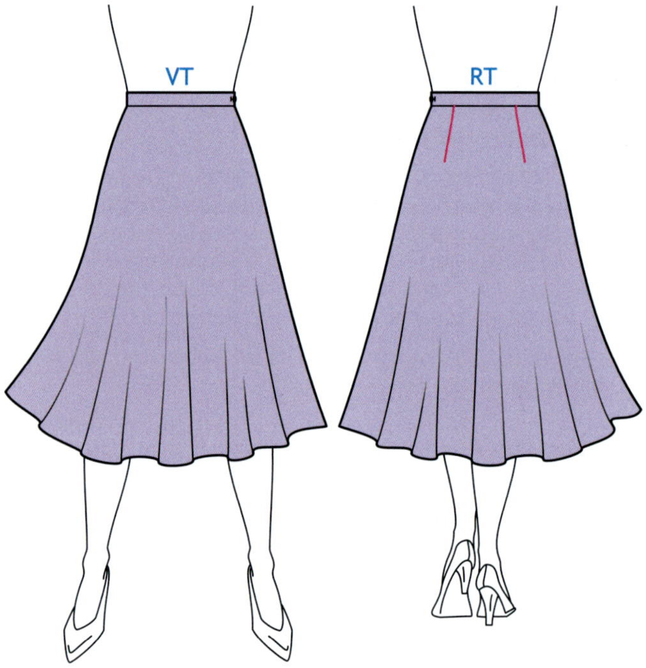

□1 Saumerweiterter Rock

1. Die Teile des saumerweiterten Bahnenrocks werden an den Teilungsnähten wieder aneinandergelegt.

   Es können dabei die Abnäher im Vorderteil, wie hier, ganz zugelegt werden.
2. Da im Rückteil die Abnäher größer sind, werden diese nicht ganz zugelegt. Die entstehenden Restabnäher werden addiert und zu einem einzigen Abnäher in der Mitte des Rückteils gezeichnet.
3. Die Taillennaht schön rund ausformen.
4. Ebenso den Saum über die Erweiterungsflächen gerundet zeichnen.
5. Möchte man die Teile eines Bahnen-Rocks für eine solche Saumwerweiterung öffnen (wie hier am Rückteil gezeigt und auf der nächsten Seite beim Glockenrock), zeichnet man an den Seitennähten nur die Hälfte dessen, was zwischen zwei Teilungsnähten geöffnet wird an. Da an der benachbarten Seitennaht ebenfalls die Hälfte angezeichnet wird, befindet sich nun an den Seitennähten dieselbe Saumerweiterung wie an jeder Teilungsnaht.

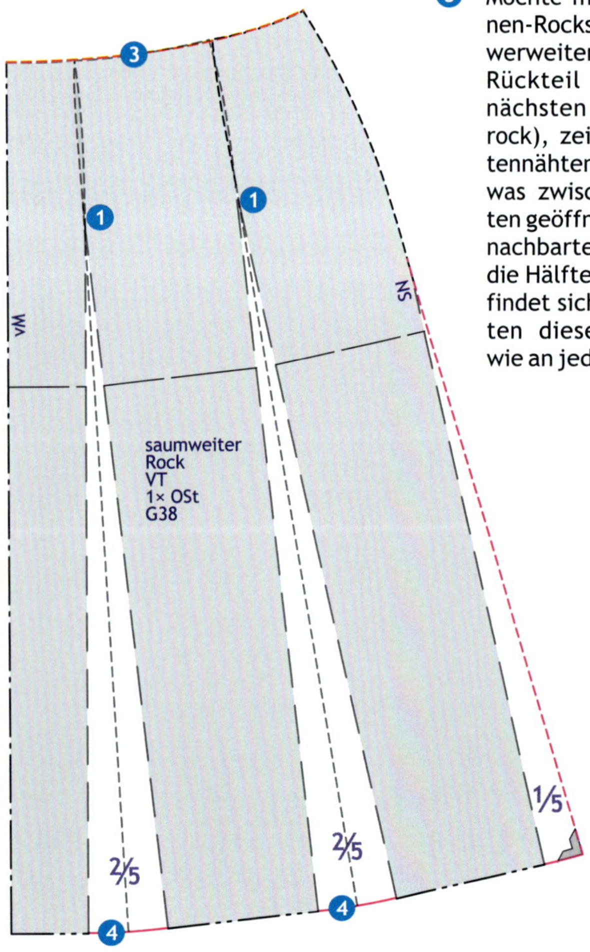

□2 Modellschnittentwicklung saumerweiterter Rock (hier ist nur das VT gezeigt, das RT ist identisch zu entwickeln)

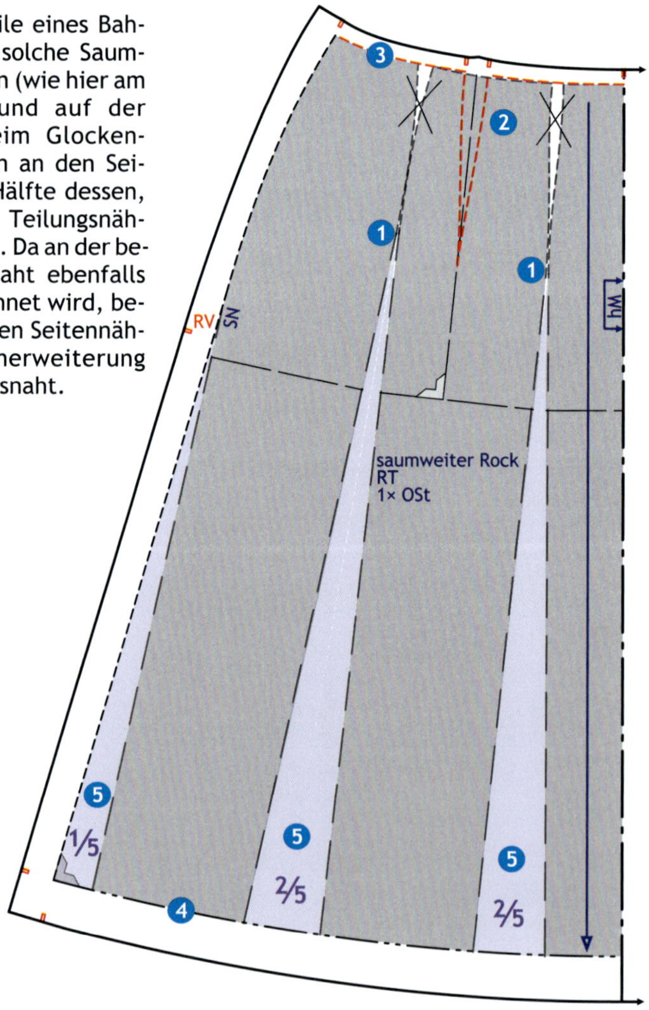

□3 Produktionsschnitt des Rückteils saumerweiterter Rock (noch spiegeln)

Glockenrock mit sehr großer Saumerweiterung
Modellentwicklung aus dem 10-Bahnenrock (6)

Ein Glockenrock, wie er auf Seite 44 als Kreissegment konstruiert ist, kann alternativ auch durch das Aufdrehen eines Bahnenrocks entwickelt werden. Auch kleinere Saumerweiterungen sind selbstverständlich möglich.

Hierbei schneidet man die Rockteile an den Körpermitten symmetrisch (im Stoffbruch) zu.

□1 Glockenrock mit großer Saumweite aus dem 10-Bahnenrock

1. Die Teile des Bahnenrocks werden zwischen den Teilungsnähten sehr weit geöffnet. Der Drehpunkt ist an der Taillennaht.
2. Dabei ist an den Seitennähten die Hälfte des Öffnungsbetrags anzuzeichnen, der zwischen den Teilungsnähten geöffnet wird, d.h. in diesem Beispiel: 2/5 zwischen den Schnittteilen und 1/5 (das ist die Hälfte) an der SN.
3. Um einen Viertelkreis zu erzielen, können die Schnittteile so angeordnet werden, dass die neu angezeichnete Seitennaht im rechten Winkel zur vM bzw. hM verläuft.
4. Die Taillennaht schön rund ausformen oder für deutlich positionierte Glocken die Ecken an der Taillennaht belassen und nähen.
5. Den Saum über die Erweiterungsflächen nachformen.

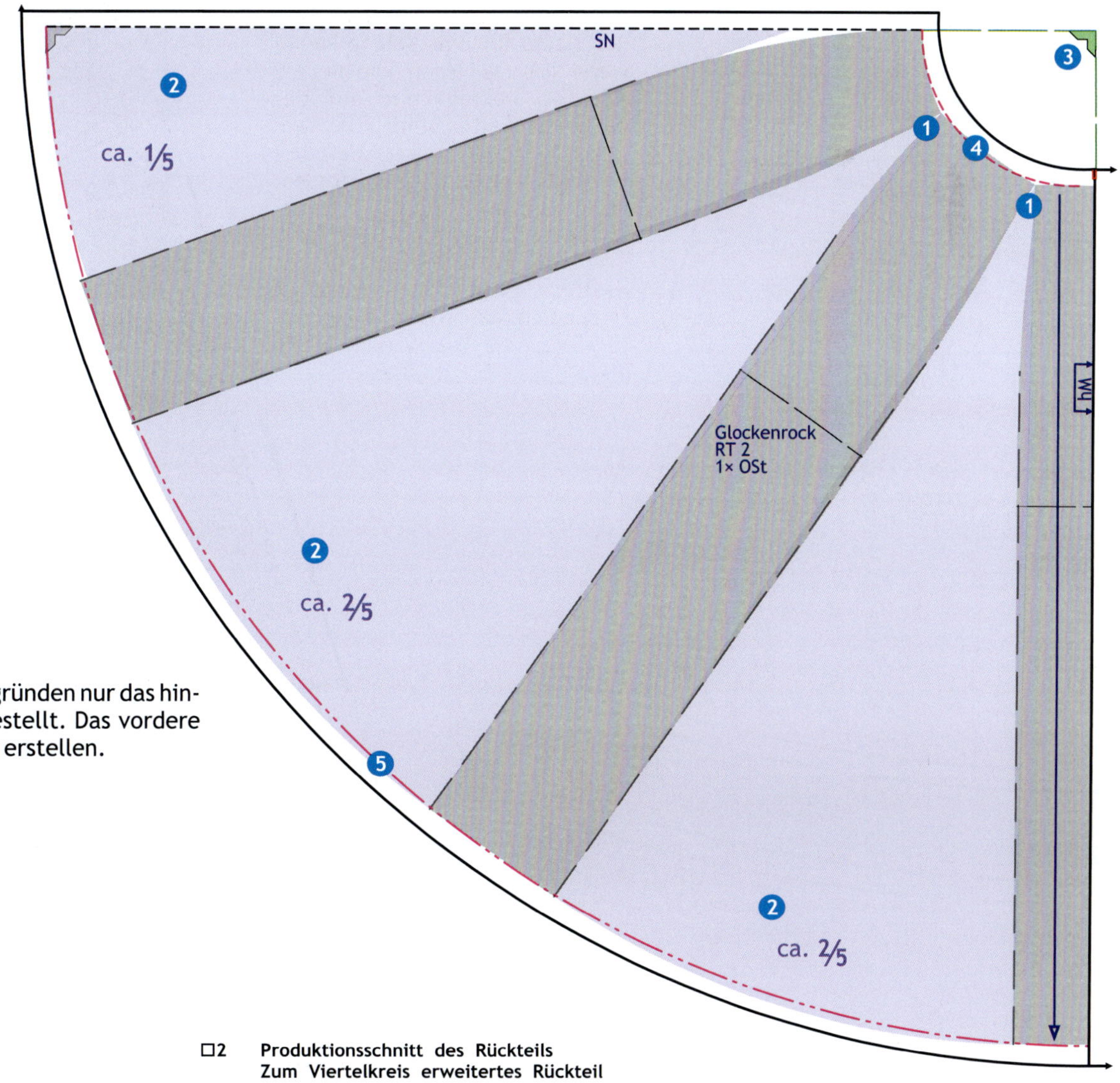

Hier wird aus Platzgründen nur das hintere Rockteil dargestellt. Das vordere ist entsprechend zu erstellen.

□2 Produktionsschnitt des Rückteils
Zum Viertelkreis erweitertes Rückteil

Saumerweiterter Passenrock mit dekorativen Streifen
Modellentwicklung aus dem 10-Bahnenrock (7)

65 Ausgehend von der Modellentwicklung des saumerweiterten Rocks aus dem 10-Bahnenrock können eine Passenabtrennung und weitere gestalterische Schnittabtrennungen erfolgen.

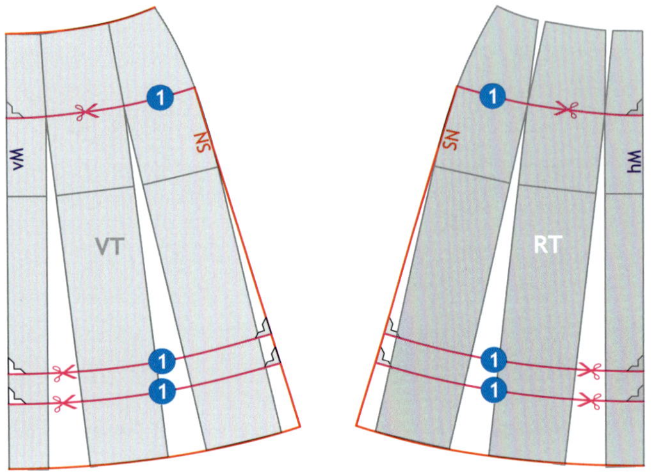

□1 Schnittentwicklung aus dem saumerweiterten Bahnenrock

□2 Saumerweiterter Passenrock mit Passe und Streifen

1. Gewünschte Abtrennungen gestalten und abtrennen.
2. Restabnäher an der Passe zulegen.

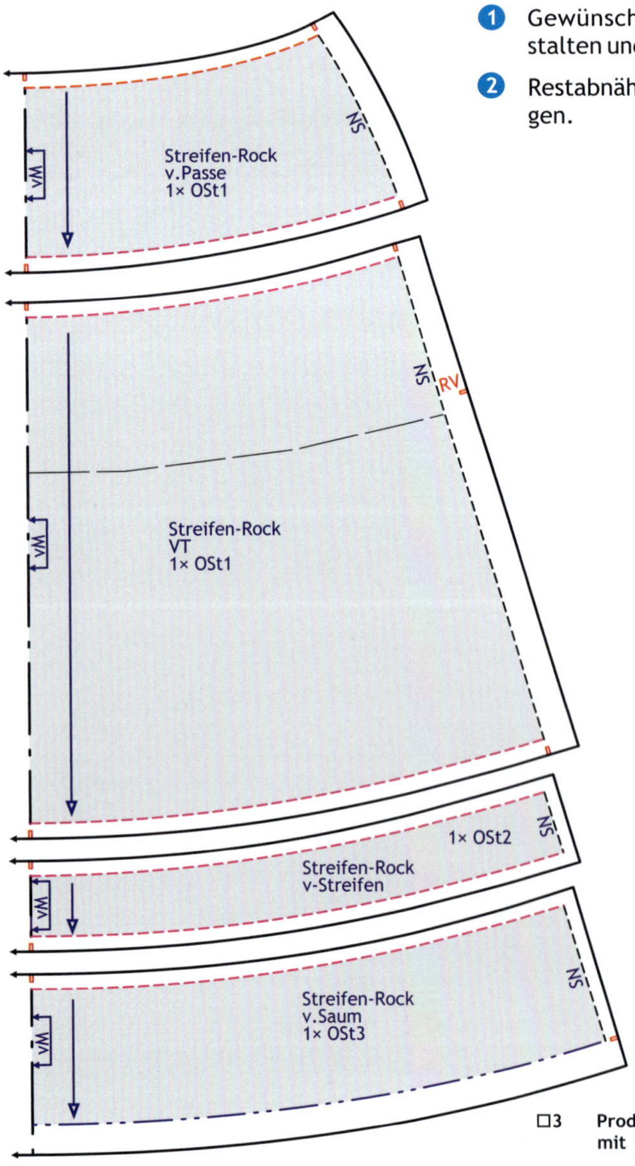

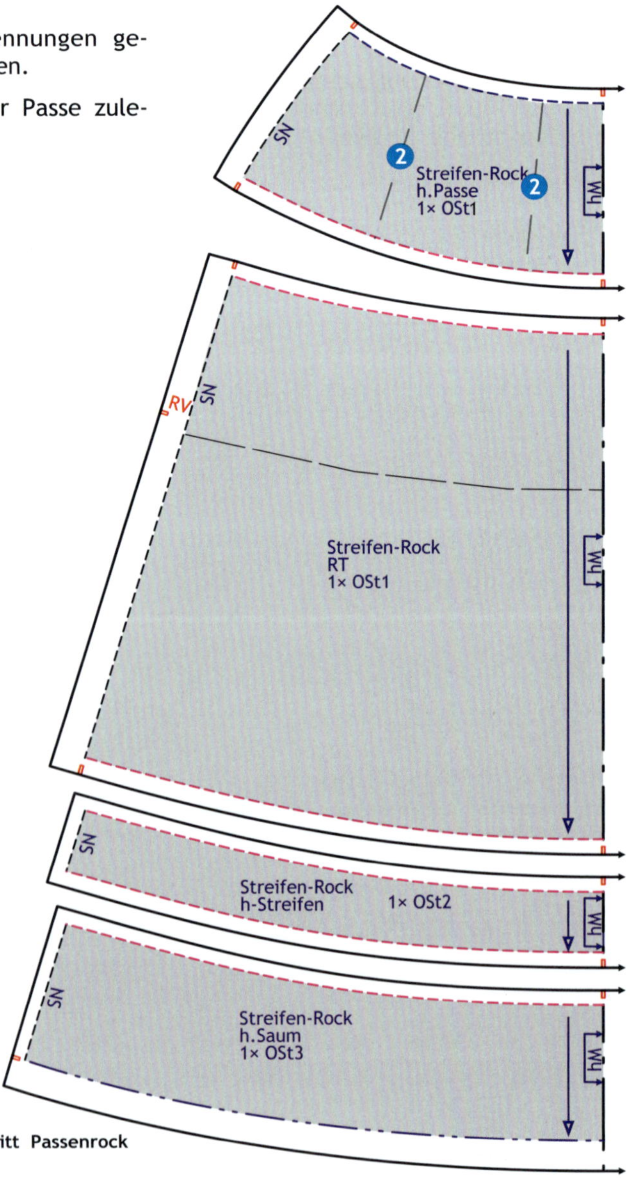

□3 Produktionsschnitt Passenrock mit Streifen

Passenrock mit Saumabtrennung als Volant
Modellentwicklung aus dem10-Bahnenrock (8)

Hier wird ein gerader Passenrock mit einer spitzen Passenform im RT und einer gestalterischen Saumabtrennung, die zu einem Volant aufgedreht. Weitere Formen von Saumabtrennungen findet man auf den folgenden Seiten.

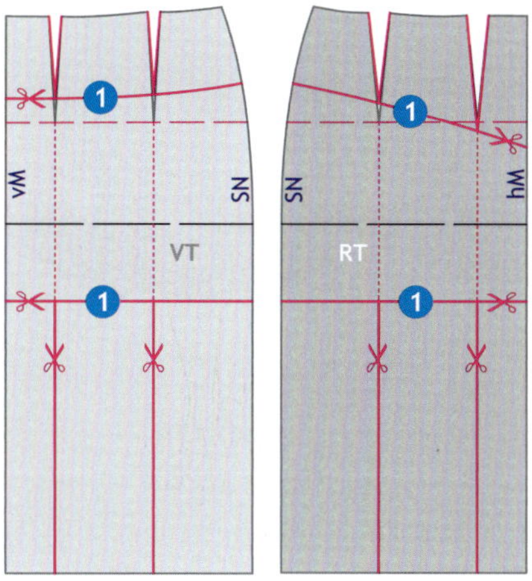

□1 Schnittentwicklung aus der Zehn-Bahnenrock-Einteilung

□2 Saumerweiterter Passenrock mit Saumvolant

1. Gewünschte Abtrennungen gestalten. Hierbei darauf achten, dass die Passennähte keinen größeren Abstand als 2 cm zu den Abnäherspitzen haben.
2. Die Abnäher auf die Passennähte verlängern oder kürzen und die Restabnäher zulegen.
3. Genauso wie beim saumerweiterten und Glockenrock aus dem 10-Bahnen-Rock wird die Abtrennung sowohl an den Teilungsnähten als auch an der Seitennaht um die gewünschte Weite geöffnet. An jeder Teilungsnaht um **1/10** und
4. an den Seitennähten jeweils um **1/20** der gewünschten Mehrweite.

An vM und hM wird, da es sich hier um eine Spiegellinie und keine Naht handelt, keine Mehrweite angezeichnet.

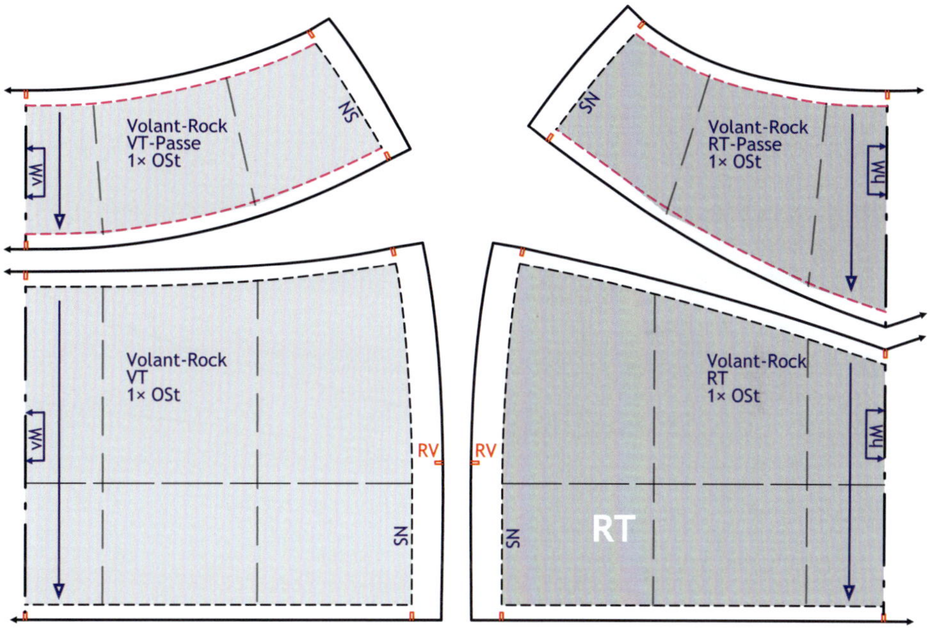

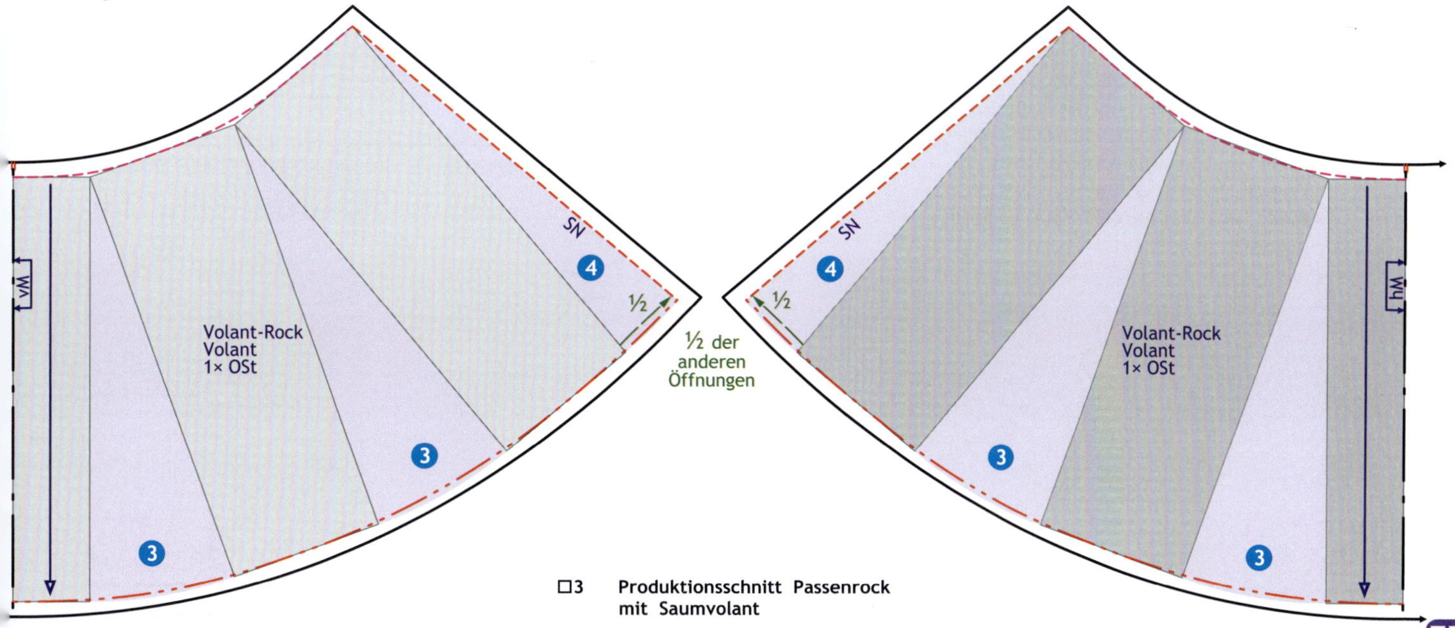

□3 Produktionsschnitt Passenrock mit Saumvolant

Passenrock mit gekräuselter Saumabtrennung (Saumrüsche)
Modellentwicklung aus dem 10-Bahnenrock (9)

65

Hier wird ein gerader Passenrock mit einer spitzen Passenform im RT und einer gekräuselten Saumabtrennung gezeigt. Andere Möglichkeiten von Saumabtrennungen mit Kräuselungen findet man auf den folgenden Seiten. Weitere Informationen zu Rüschenröcken findet man auf Seite 48.

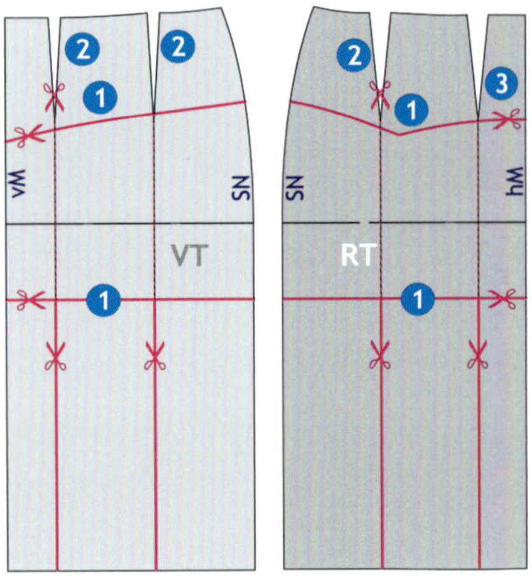

□1 Schnittentwicklung aus der Zehn-Bahnenrock-Einteilung

□2 Passenrock mit Saumrüsche

1. Gewünschte Abtrennungen gestalten. Hierbei darauf achten, dass die Passennähte keinen größeren Abstand als 2 cm zu den Abnäherspitzen haben.
2. Die Abnäher auf die Passennähte verkürzen
3. oder verlängern und die Restabnäher zulegen.
4. Die Saumabtrennung an den Teilungsnähten und der Seitennaht um die gewünschte Weite parallel öffnen.

   An vM und hM wird, da es sich hier um eine Spiegellinie und keine Naht handelt, keine Mehrweite angezeichnet.
5. Da die Form der Abtrennung und die hinzugegebene Weite an vorderem und hinterem Kräuselteil (Rüsche) identisch sind, wird nur ein Schnittteil dargestellt und doppelt zugeschnitten.

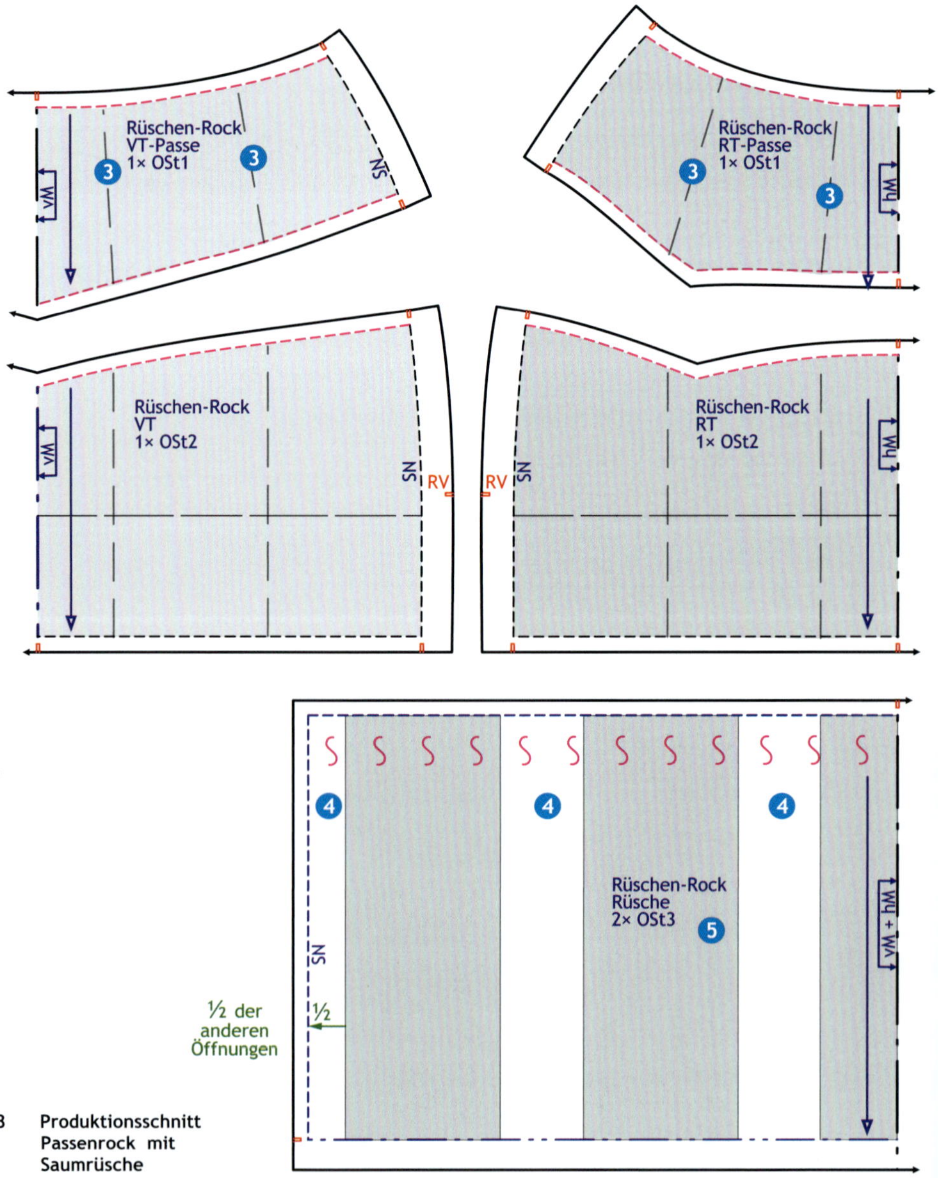

□3 Produktionsschnitt Passenrock mit Saumrüsche

Stufenröcke mit zwei- und dreistufiger Rüsche

Modellentwicklung aus dem 10-Bahnenrock (10)

Hier werden aus dem 10-Bahnenrock mit derselben Schnittentwicklung zwei verschiedene Modelle entwickelt: Modell 1 mit Passe, die bei Modell 2 für eine Kräuselung erweitert ist. Weitere Informationen zu Röcken mit Kräuselweite findet man auf Seite 48.

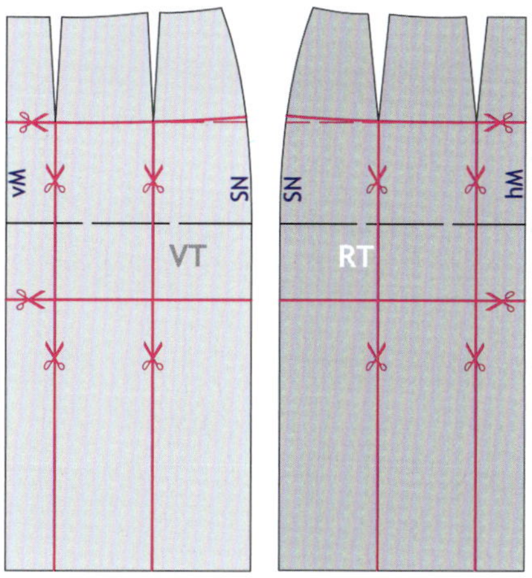

□1 Schnittentwicklung aus der Zehn-Bahnenrock-Einteilung

□2 Stufenrock 2 mit zweistufiger Rüsche

□3 Stufenrock 3 mit dreistufiger Rüsche

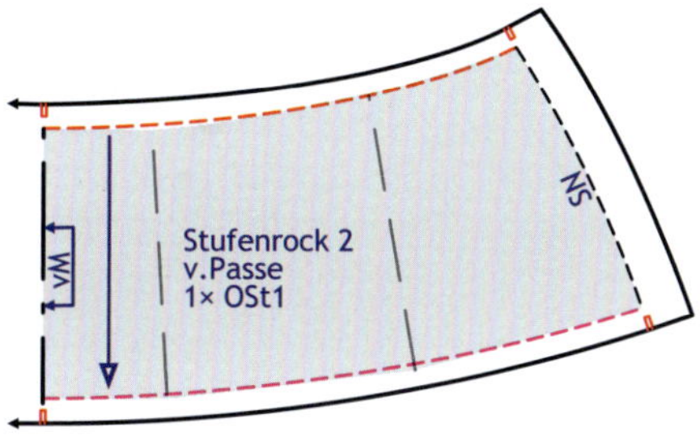

1. Die Rüschenteile sind in der Regel rechteckig, kleinere Abweichungen können ausgeglichen werden.
2. An der gekräuselten seitlichen Taillennaht des h.Oberteils ist es besser, dem Taillenverlauf wie am Grundschnitt zu folgen.

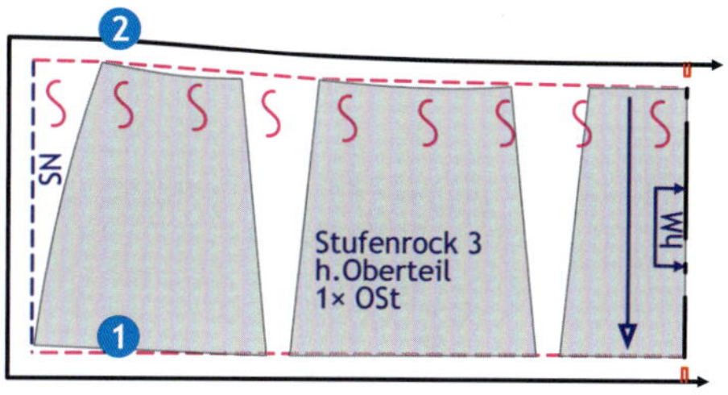

Die gekräuselten Mittelteile und Saumteile dürften dieselbe Form besitzen. Somit könnten sie auch mit einem Schnittteil dargestellt und zugeschnitten werden.

½ der anderen Öffnungen

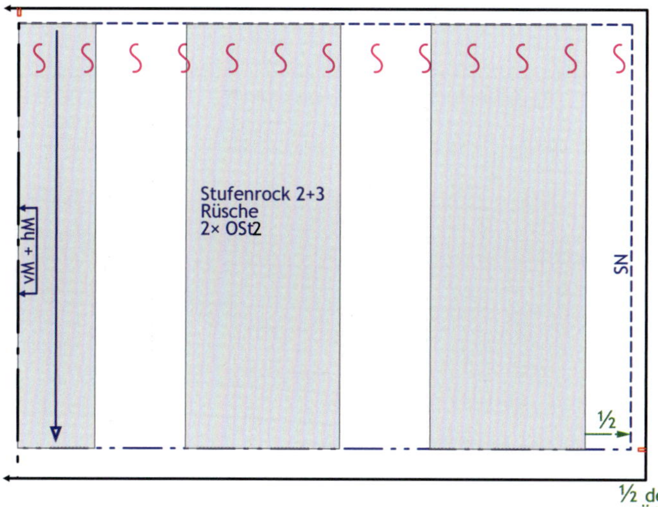

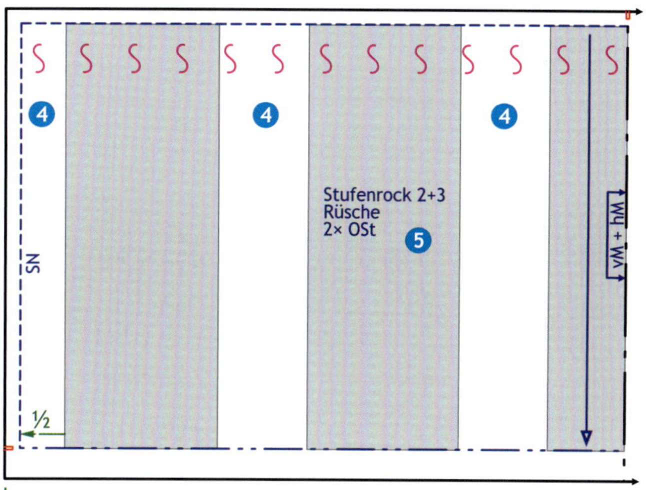

½ der anderen Öffnungen

□4 Produktionsschnitt Modell 2 mit zweistufiger Rüsche

□5 Produktionsschnitt Modell 3 mit dreistufiger Rüsche

Taillenvertiefter Passenrock, Rockteil gekräuselt oder mit Falten
Modellentwicklung aus dem 10-Bahnenrock (11)

65

Ein 10-Bahnenrock wird mit Taillenvertiefung und spitzer Passenabtrennungen gestaltet. Die abgetrennten Rockteile sind hier zu zwei verschiedenen Modellen verändert. Das Modell 1 hat ein Rockteil mit geringer Kräuselweite und großer Saumweite. Das Modell 2 hat gelegte Falten mit großen Faltentiefen und einen gering erweiterten Saum.

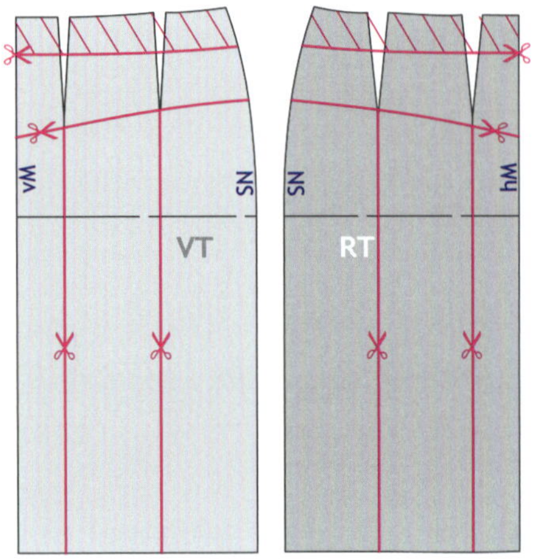

□1 Schnittentwicklung aus der Zehn-Bahnenrock-Einteilung

□2 Modell 1 mit gekräuseltem Rock

□3 Modell 2 mit gelegten Falten

1. Die Taillenvertiefung entfernen und an den Abnähern die Weite der oberen Rockkante reduzieren.
2. Man entscheidet sich für eine Modell-Variante und entsprechend werden die Rockteile an VT und RT identisch geöffnet.

Anstelle der Falten kann die Variante 2 auch gekräuselt werden.

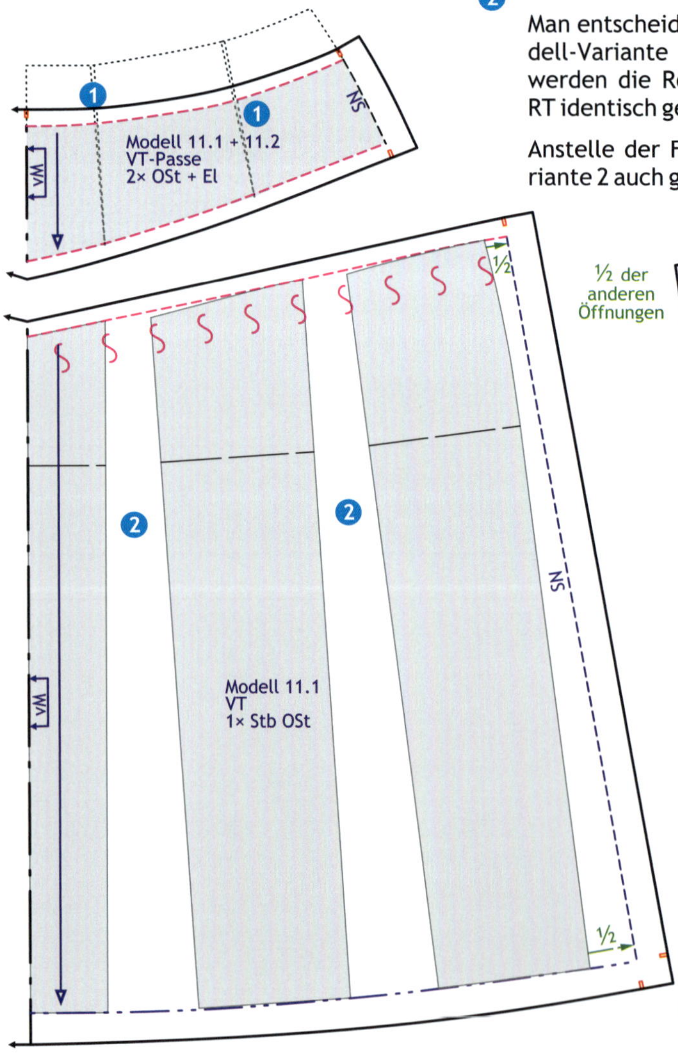

□4 Produktionsschnitt für Vorderteil Modell 1 mit geringer Kräuselung, und größerer Saumerweiterung (VT und VT-Passe noch spiegeln)

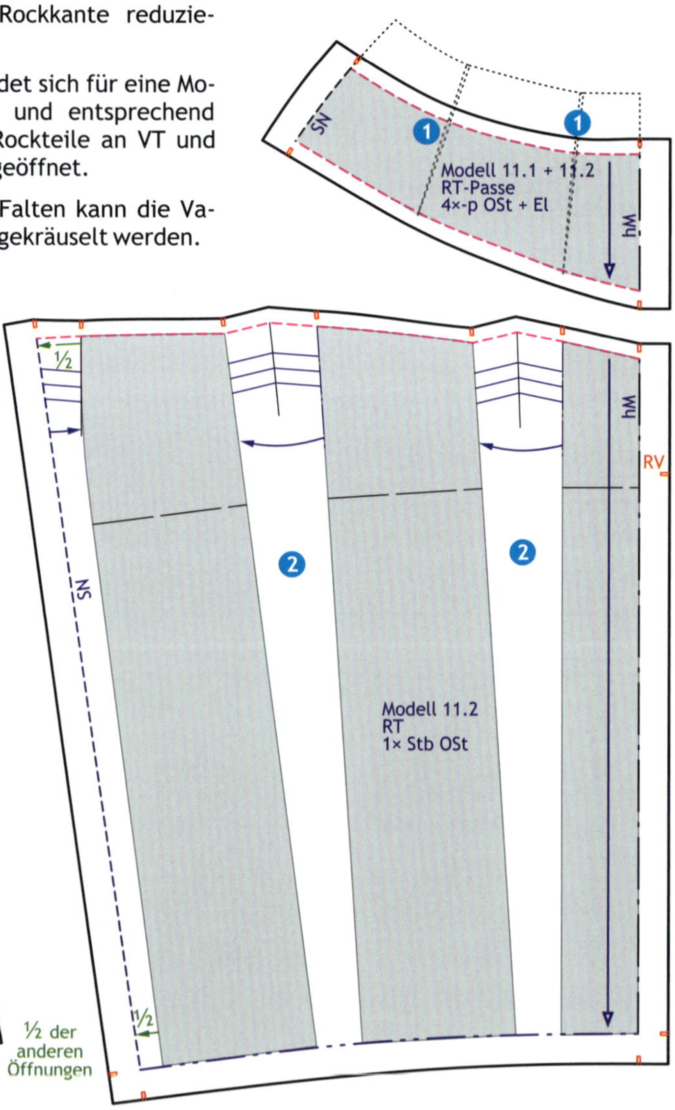

□5 Produktionsschnitt für Rückteil Modell 2 mit größeren Faltentiefen und geringer Saumerweiterung

Ballonrock mit Formbund, gekräuselt oder mit Falten
Modellentwicklung aus dem 10-Bahnenrock (12)

Aus dem 10-Bahnenrock sind hier mit derselben Schnittentwicklung zwei verschiedene Modelle mit Formbund, großer Taillenweite und reduzierter Saumweite entwickelt: Modell 1 an der Taille gekräuselt, bei Modell 2 ist die Taillenweite in gelegte und abgenähte Falten - an der Seite (ohne Naht) als Kellerfalte gelegt. Ein Schlitz an der hM oder wahlweise an der vM ermöglicht ausreichende Schrittweite.

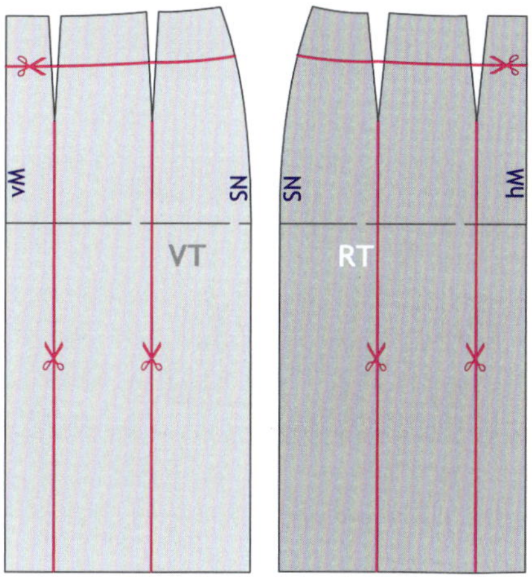

□1 Schnittentwicklung aus der Zehn-Bahnenrock-Einteilung

1. Die Schnittteile am Saum an den Nähten ca. 0,5 bis 1,5 cm übereinander legen (ergibt bei 10 Nähten = 5 bis 15 cm Saumweitenreduzierung)
2. An der Bund-Ansatznaht, wie gewünscht, für Falten oder Kräuselweite öffnen.

   Soll das Rockteil gekräuselt werden, ist die Ansatznaht wie beim Modell 1 auf Seite 78 zu zeichnen.
3. Sollen Falten gelegt werden, sind die Faltendächer entsprechend zu zeichnen.
4. Hier sind die Falten einige Zentimeter tief abgenäht.
5. Für einen offenen oder verdeckten Schlitz an der hM (oder vM), die Länge und die Einschlagbreite wählen und anzeichnen.
6. An den Formbundteilen die Teillenweite reduzieren.

□2 Modell 1 gekräuselt

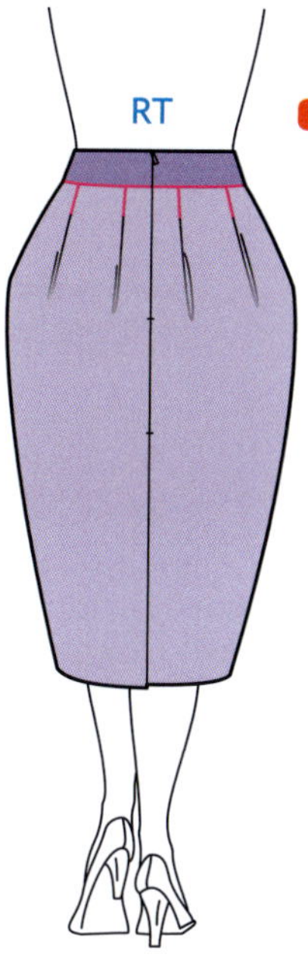

□3 Modell 2 mit abgenähten Falten und verdecktem Schlitz

Die Rockfutter für Röcke mit Schlitz und für den Ballonrock werden ab Seite 92 beschrieben.

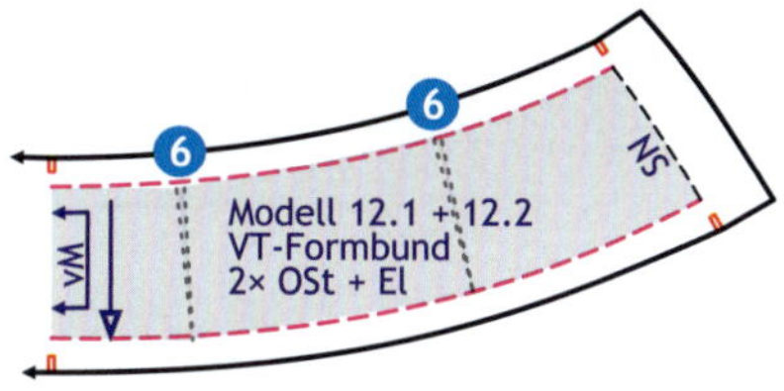

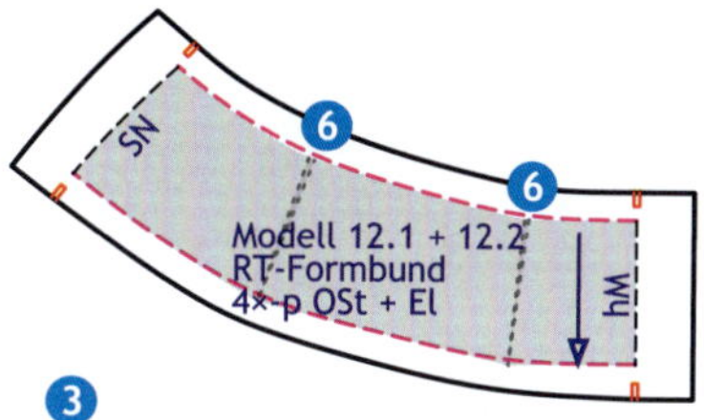

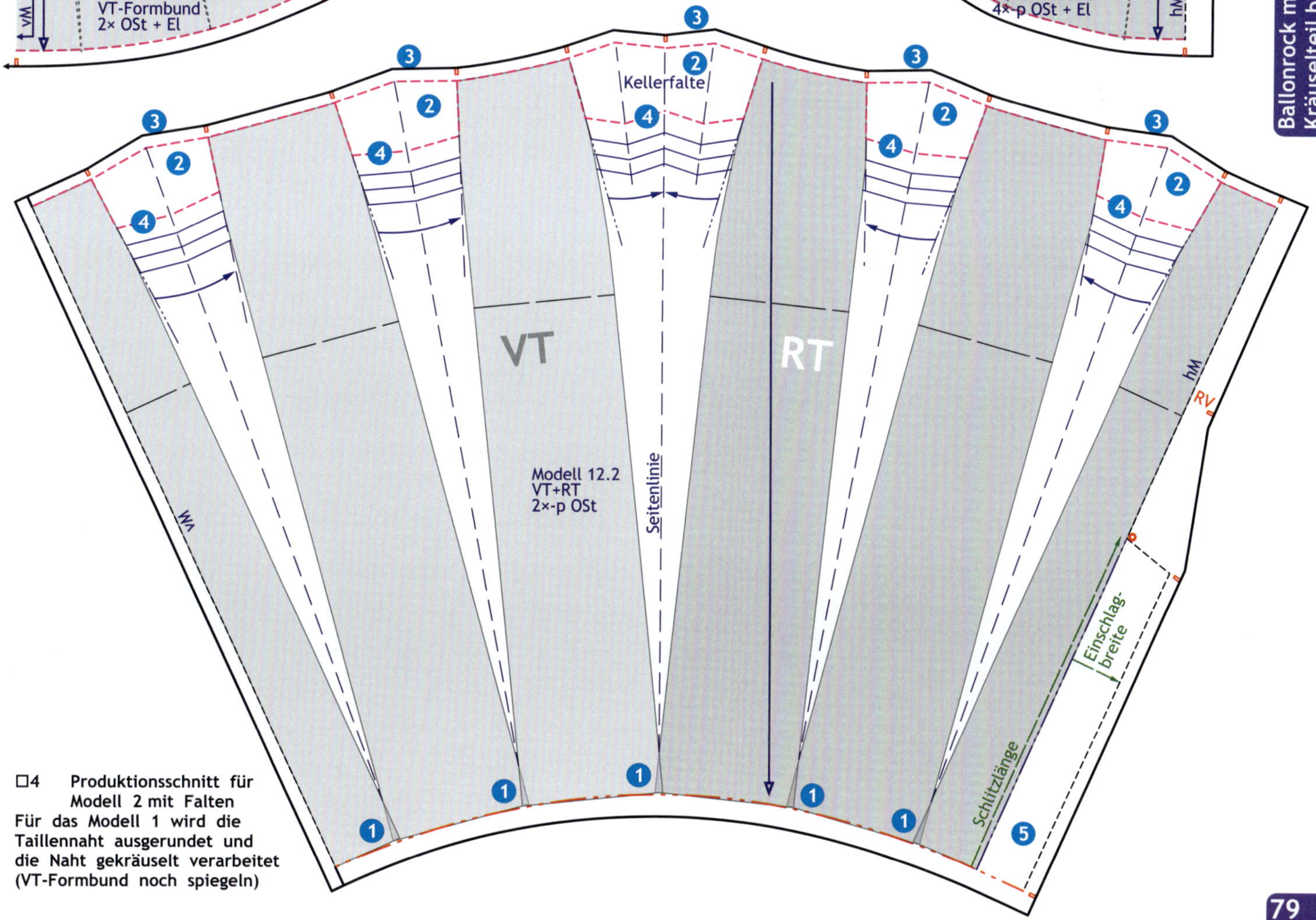

□4 Produktionsschnitt für Modell 2 mit Falten
Für das Modell 1 wird die Taillennaht ausgerundet und die Naht gekräuselt verarbeitet (VT-Formbund noch spiegeln)

Rock mit tiefen Bundfalten
Modellentwicklung aus dem 10-Bahnenrock (13)

65

Übergroße tiefe Bundfalten werden an diesem Rock nur an den seitlichen Teilungsnähten des geraden 10-Bahnenrocks eingearbeitet. Die mittleren Teilungsnähte werden ignoriert. Die Falten können wahlweise direkt aus dem Bund aufspringen (wie hier am VT) oder mehr oder weniger lang abgenäht werden (wie hier am RT gezeigt).

□1 Rock mit tiefen Bundfalten

1. Der Abnäher der mittleren vorderen Teilungsnaht wird zur Öffnungsposition addiert und dort als Faltenbruch und Faltenanstoßlinie gezeichnet.
2. Für die an der Taille beginnende Bundfalte wird ein Faltendach konstruiert. Das Faltendach kann vereinfacht durch Falten des Papierschnitts und Zurückschneiden an der Naht entstehen.
3. Die Legerichtung von Falten zeigen immer zur Seite, damit der Falteninhalt zur Körpermitte liegt und die Falte zur Seite hin offen ist.

Von der Mitte schaut man über die Falte hinweg, von der Seite aus in die Falte hinein.

4. Am RT wird hier die Falte sehr lang bis knapp über die Hüftlinie abgenäht. Damit sitzt der Rock bis zur Hüfte sehr körperanliegend, da erst ab dort Weite hinzu kommt.
5. Den Nahtverlauf formen und die Falte bis zum Falteninnenbruch abnähen.
6. Der im RT verbleibende Abnäher wird dort genäht. Nur bei sehr kleinem Abnäher und wenn dieser für eine gute Passform entbehrlich ist, kann er wie im VT verschoben werden.
7. Oberhalb der Falten eine breit auslaufende Nahtzugabe zeichnen.

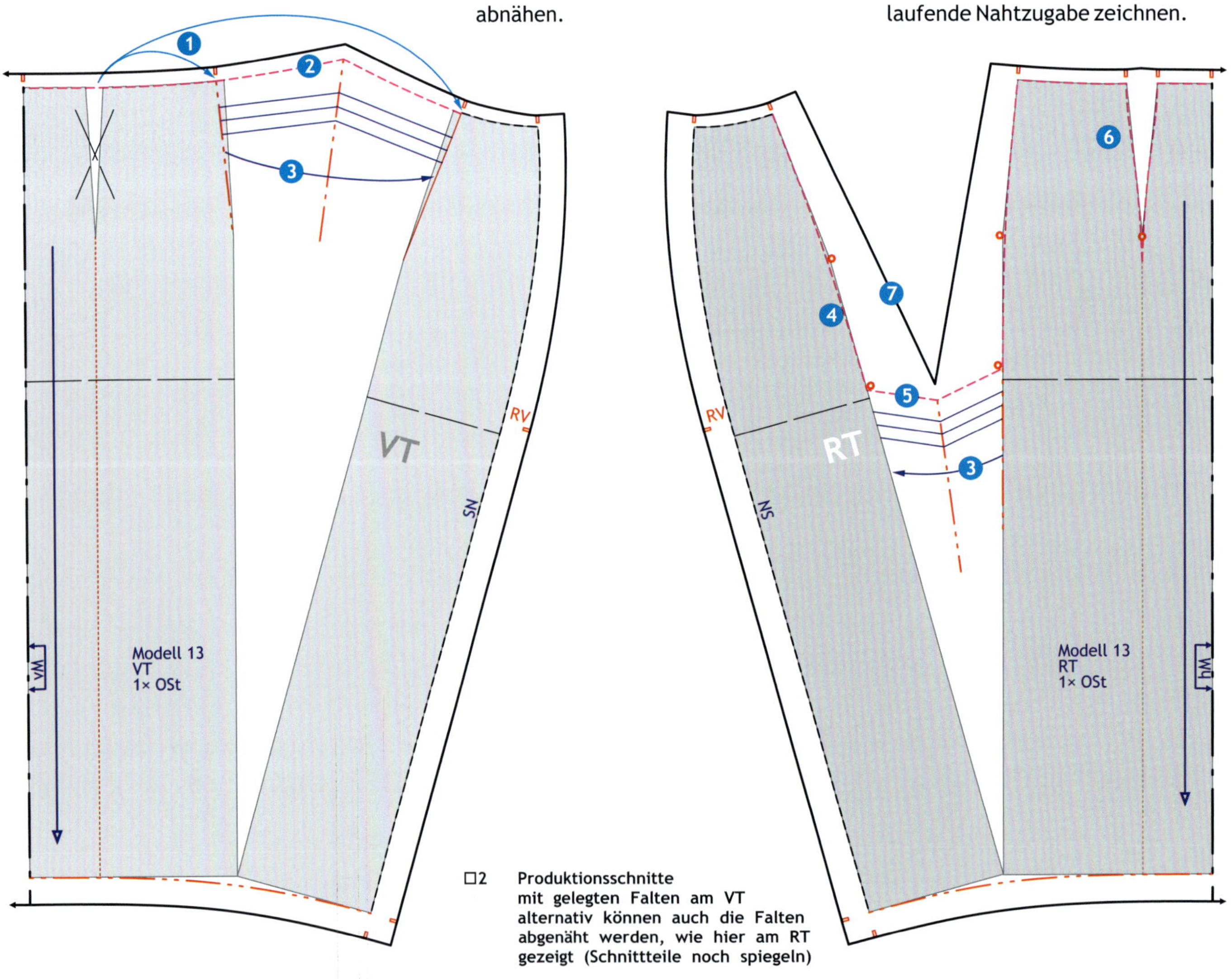

□2 Produktionsschnitte mit gelegten Falten am VT alternativ können auch die Falten abgenäht werden, wie hier am RT gezeigt (Schnittteile noch spiegeln)

Klar positionierte Glocken sind an diesem Rock nur an den seitlichen Teilungsnähten des geraden 10-Bahnenrocks eingearbeitet. Die mittleren Teilungsnähte werden ignoriert und die dort befindlichen Abnäherinhalte müssen verschoben werden. Die Glocken können entsprechend der Formung der Taillennaht wahlweise direkt aus der Taille fallen (wie hier am VT) oder weicher unterhalb der Taille (wie hier am RT gezeigt).

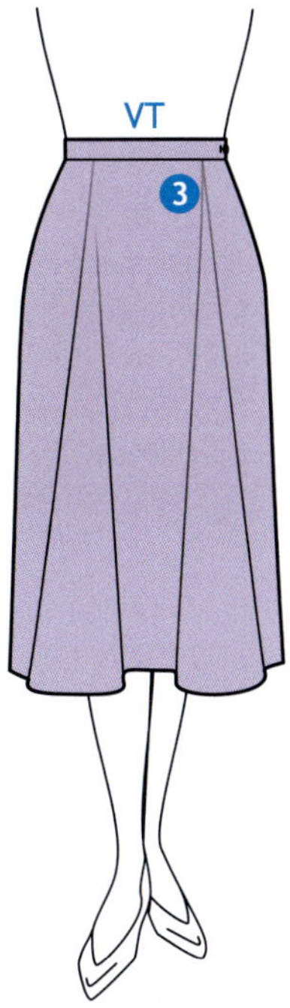

□2 Modell 1
Rock mit positionierten Glocken

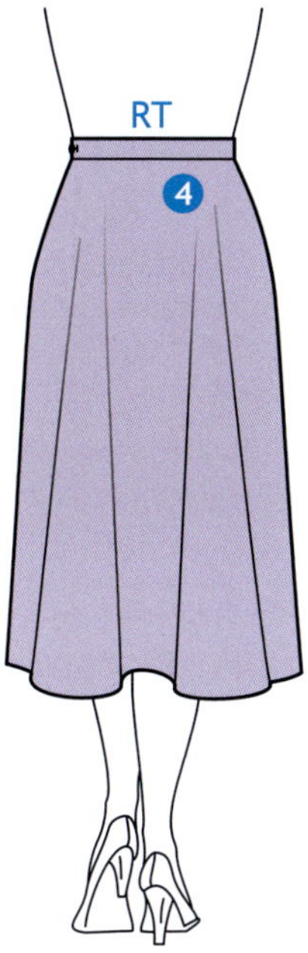

□2 Modell 2
Rock mit positionierten Glocken und ausgestellter Seitennaht

1. Die Abnäher der vorderen bzw. hinterenTeilungsnähte werden an die Öffnungsposition verschoben, indem dort die beiden Schnittteile um die Beträge der Abnäherinhalte überschnitten werden.
2. Am Saum wird für die Glocke die gewünschte Weite geöffnet und der Saumverlauf rund geformt.

Die Formung der Taillennaht ist nun entscheidend für den Fall der Glocke:

3. Wird die entstandene Ecke an der Ansatznaht **nicht ausgerundet**, fällt die Glocke klar und scharf.
4. Bei einem **ausgerundeten** Verlauf der Ansatznaht, fällt die Glocke weicher und breiter.

5. Bei Modell 2 werden **beide** Seitennähte (wie hier am RT gezeigt) für mehr Saumweite ausgestellt.

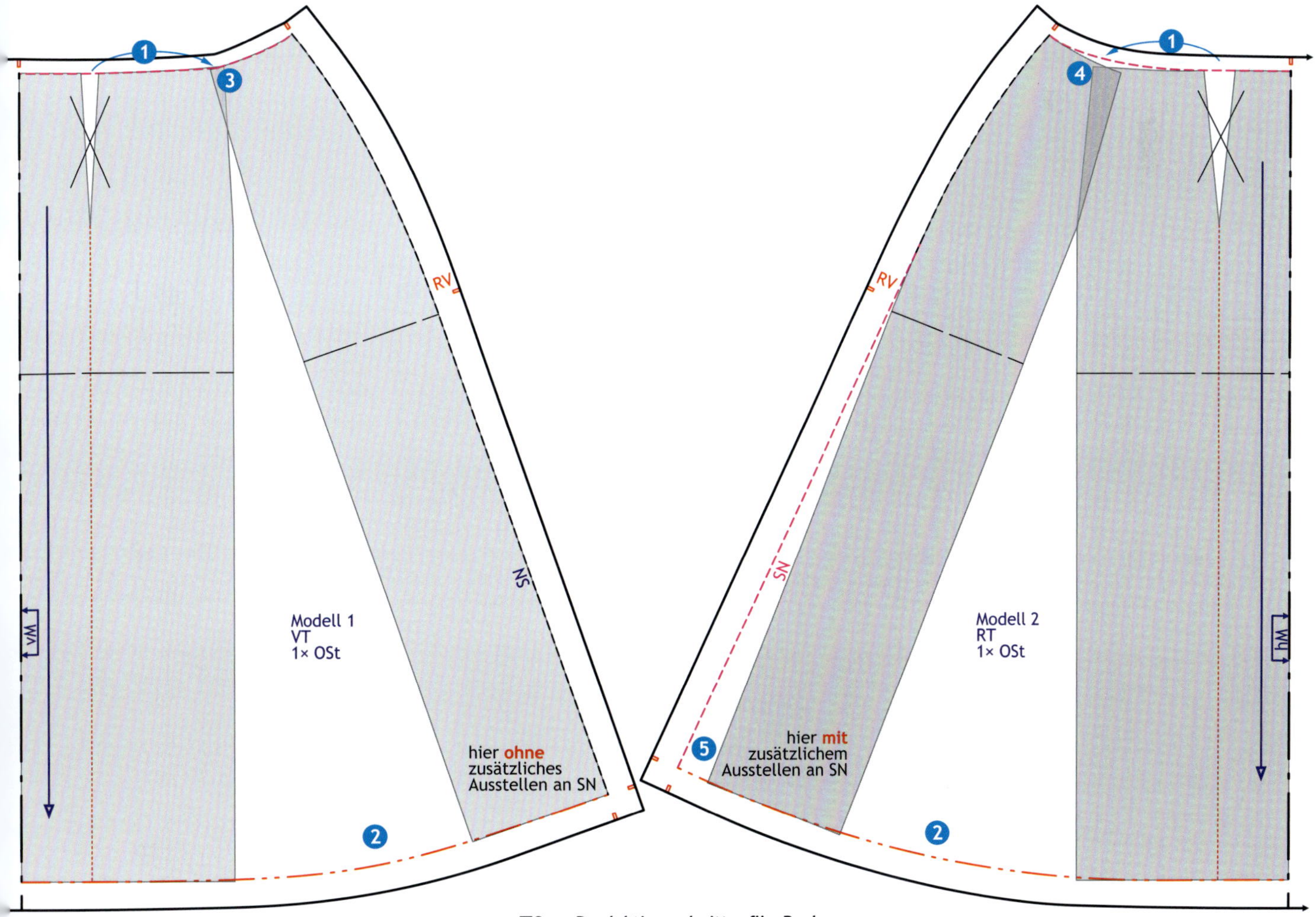

□3 Produktionsschnitte für Rock mit positionierten Glocken (Schnittteile noch spiegeln)

Rundum-Faltenrock
Modellentwicklung aus dem 10-Bahnenrock (15)

65

Aus dem geraden 10-Bahnenrock entsteht durch einseitig gelegte (gebügelte) Falten an jeder Teilungsnaht ein Rundum-Faltenrock mit 10 abgenähten Falten.

Die Falten können bis knapp über die Hüfte reichen und zeigen hier rundum in dieselbe Richtung. Andere Legerichtungen aller oder einzelner Falten sind möglich, sollten aber vor der endgültigen Festlegung ausprobiert werden.

Für die Konstruktion eines Rockfutters siehe ab Seite 92.

□1 Zehn-Bahnenrock-Optik mit gelegten Falten

1. Die Falteninhalte (FaI) werden an allen Teilen des geraden Bahnenrocks gleichmäßig angezeichnet.
2. Die Bruchlinie in der Faltenmitte ist der Falten-Innenbruch. Der Abstand dorthin ist die Faltentiefe (FaT).
3. An den Seitennähten werden jeweils nur die Faltentiefen angezeichnet. So ist die Ansatznaht an den Falten unsichtbar. Bei Faltenröcken werden Abtrennungen immer an den Faltentiefen vorgenommen.
4. Die Faltenschraffur markiert die als Falte zu legende Fläche. Diese Fläche ist bei gelegter (gebügelter) Falte nicht sichtbar. Der Pfeil der Legerichtung kennzeichnet an seinem Ursprung die Faltenkante und an seiner Spitze die Faltenanstoßlinie; die Faltenkante wird auf die Anstoßlinie gelegt.
5. Saum und Nahtzugaben wie skizziert anzeichnen. Oberhalb der Falten hat sich eine breite auslaufende Nahtzugabe zur Faltentiefe bewährt, die das Durchhängen der Falte verhindert.
6. Knipse am Saum und Bohrlöcher an Faltenhöhe und Hüftnaht erleichtern das Nähen der Nähte und Bügeln der Falten.

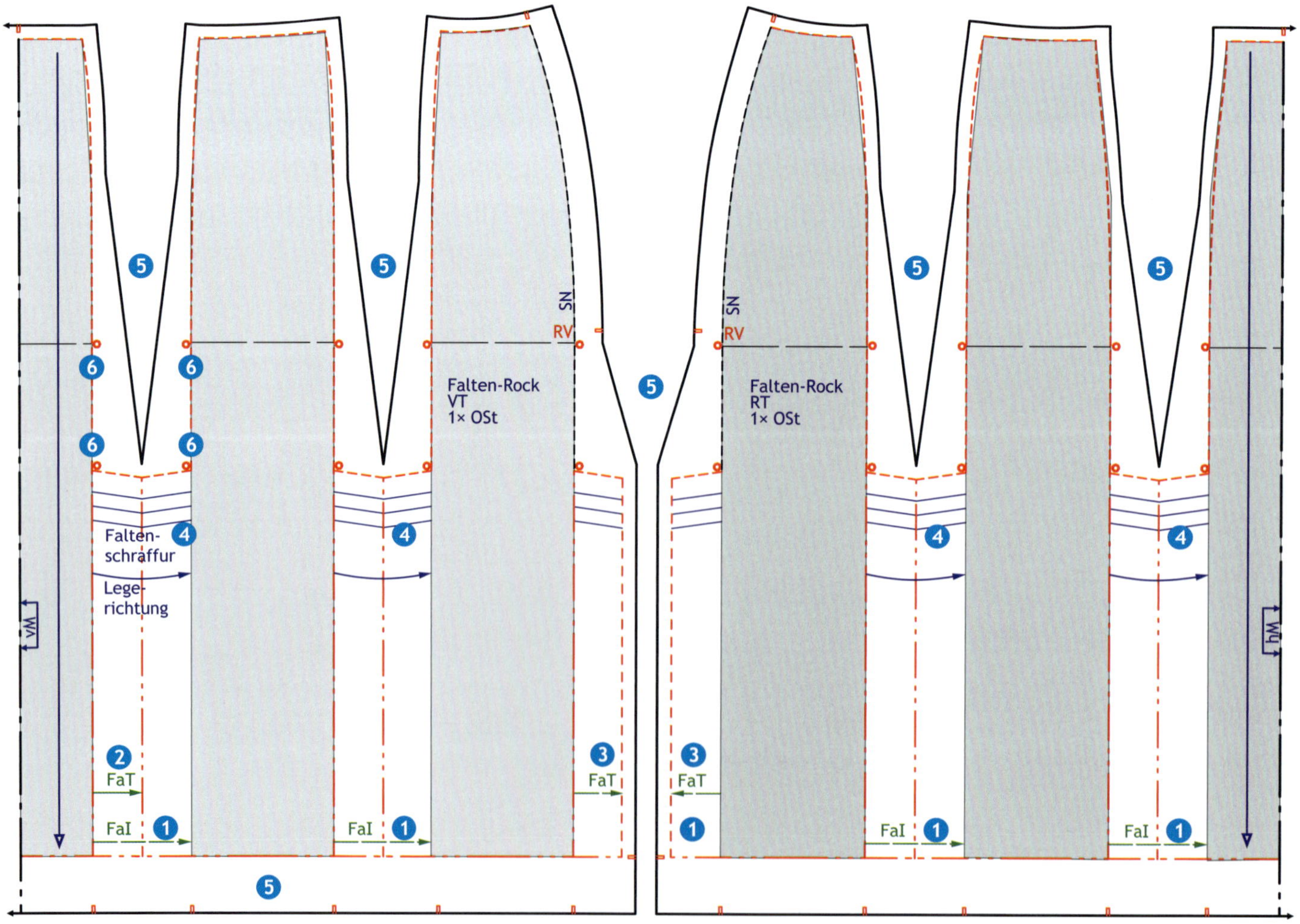

□2 Produktionsschnitt Faltenrock

Rock mit Kellerfalten
Modellentwicklung aus dem10-Bahnenrock (16)

An diesem geraden Rock werden zwei Varianten von Kellerfalten in den seitlichen Teilungsnähten des VT und RT gezeigt. Die vier mittigen Nähte entfallen, die Abnäher werden aus optischen Gründen verschoben und genäht.

Die beiden Varianten von Kellerfalten sind von außen nicht zu unterscheiden.

Für die Konstruktion eines Rockfutters siehe ab Seite 92.

□1 Rock mit Kellerfalten, vorne angeschnitten, hinten mit separatem Faltenboden

1. Die mittleren Teile des Bahnenrocks werden hier wieder zusammengelegt (angeschnitten), so dass diese Nähte entfallen.
2. Die dort befindlichen Abnäher werden aus optischen Gründen zur jeweiligen Teilungsnaht hin verschoben.
3. An die Teilungsnähte in VT und/oder RT werden in gewünschter Faltenhöhe und Faltentiefe die Falteneinschläge gezeichnet.
4. Bei einer Kellerfalte beträgt der Falteninhalt die 4-fache Faltentiefe.
5. Beim Rückteil ist eine Kellerfalte mit separatem Faltenboden gezeigt. Schnittteile mit Falten können einfach getrennt werden. Die Teilung für eine Naht erfolgt immer an der Faltentiefe.
6. Eine Kellerfalte mit Faltenboden ermöglicht i.d.R. einen ökonomischeren Zuschnitt. Das VT wird in einem Schnittteil, das RT wird in drei Schnittteilen zugeschnitten.
7. Saum, Nahtzugaben und Markierungen wie skizziert anzeichnen. Bei Falten hat sich oberhalb eine breit auslaufende Nahtzugabe bewährt. Hier sind die Nahtzugaben im oberen Bereich der Teilungsnaht breiter gewählt.

   Bei der Fertigung sind zunächst die Säume, dann die Faltenkanten zu bügeln.

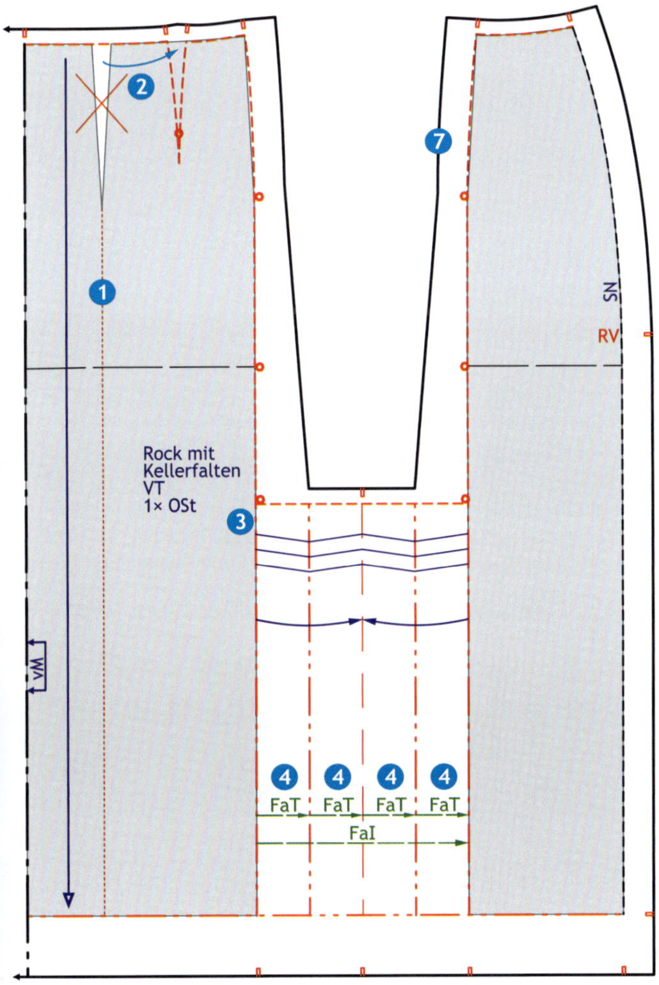

□2 Produktionsschnitt VT mit angeschnittener Kellerfalte

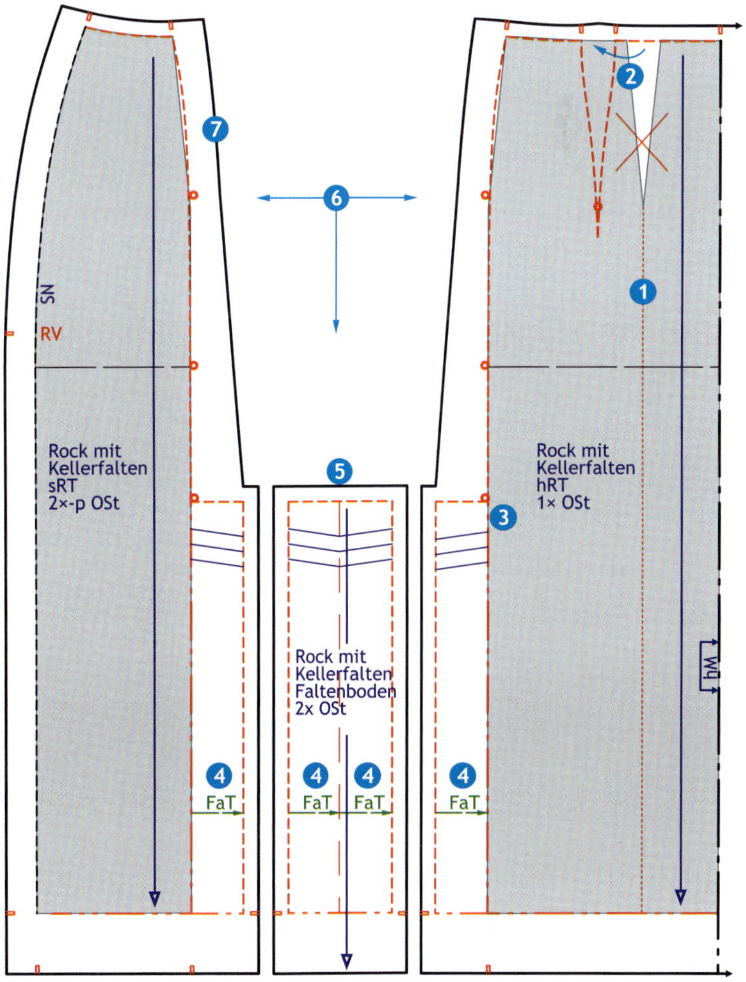

□3 Produktionsschnitt RT mit Kellerfalte und separatem Faltenboden

Rock mit offenen bzw. verdeckten Schlitzen
Modellentwicklung aus dem 10-Bahnenrock (17)

65

Ein gerader Rock mit verschiedenen Schlitzen in den seitlichen Nähten des VT und RT. Die vier mittigen Nähte entfallen, bzw. werden am RT als Abnäher genäht.

Bei diesem Modell werden in die seitlichen Nähte des VT und RT des geraden 10-Bahnen-Rocks verschiedene Schlitze eingearbeitet. **Für ein Modell sollte man sich für die eine oder andere Schlitzvariante entscheiden.** Auch ist es möglich, an einem Modell nur vorne oder nur hinten Schlitze einzuarbeiten.

Ein verdeckter Schlitz ist diskreter, da er sich bei vergleichbarer Schlitzhöhe weniger weit öffnet als ein offener Schlitz. Für die Konstruktion eines Rockfutters siehe ab Seite 96.

□1 Rock mit offenen Schlitzen vorne und verdeckten Schlitzen hinten

1. Die mittleren Teile des Bahnenrocks werden hier wieder zusammengelegt (angeschnitten), so dass diese Nähte entfallen.
2. Der dort befindliche Abnäher im VT entfällt ebenfalls. Der Abnäherinhalt wird an die vordere (seitliche) Teilungsnaht verschoben und die Naht geformt.
3. Der im RT verbleibende Abnäher wird dort genäht. Nur bei sehr schmalem Abnäher und wenn dieser dort entbehrlich ist, kann er wie im VT in die Teilungsnaht verschoben werden.
4. Optional kann der Saum an den Teilungsnähten leicht ausgestellt werden (hier nur am VT gezeigt), um das schnelle Öffnen der Schlitze zu verringern.
5. An die Teilungsnähte in VT und/oder RT werden - wo gewünscht - Falteneinschläge gezeichnet. Die Schlitzhöhe und die Einschlagsbreite 2 bis 5 cm bestimmen. Längere Schlitze sollten einen breiteren Einschlag erhalten, damit beim Umschlagen der Schlitzkante das Futter oder das Ende des Einschlags weniger schnell sichtbar ist.
6. Beim verdeckten Schlitz (hier am RT) wird nur der Einschlag der Schlitzkante umgebügelt; die andere Seite bildet den Untertritt.

Saum, Nahtzugaben und Markierungen wie skizziert anzeichnen. Auch bei Schlitzen hat sich oberhalb eine breit auslaufende Nahtzugabe bewährt.

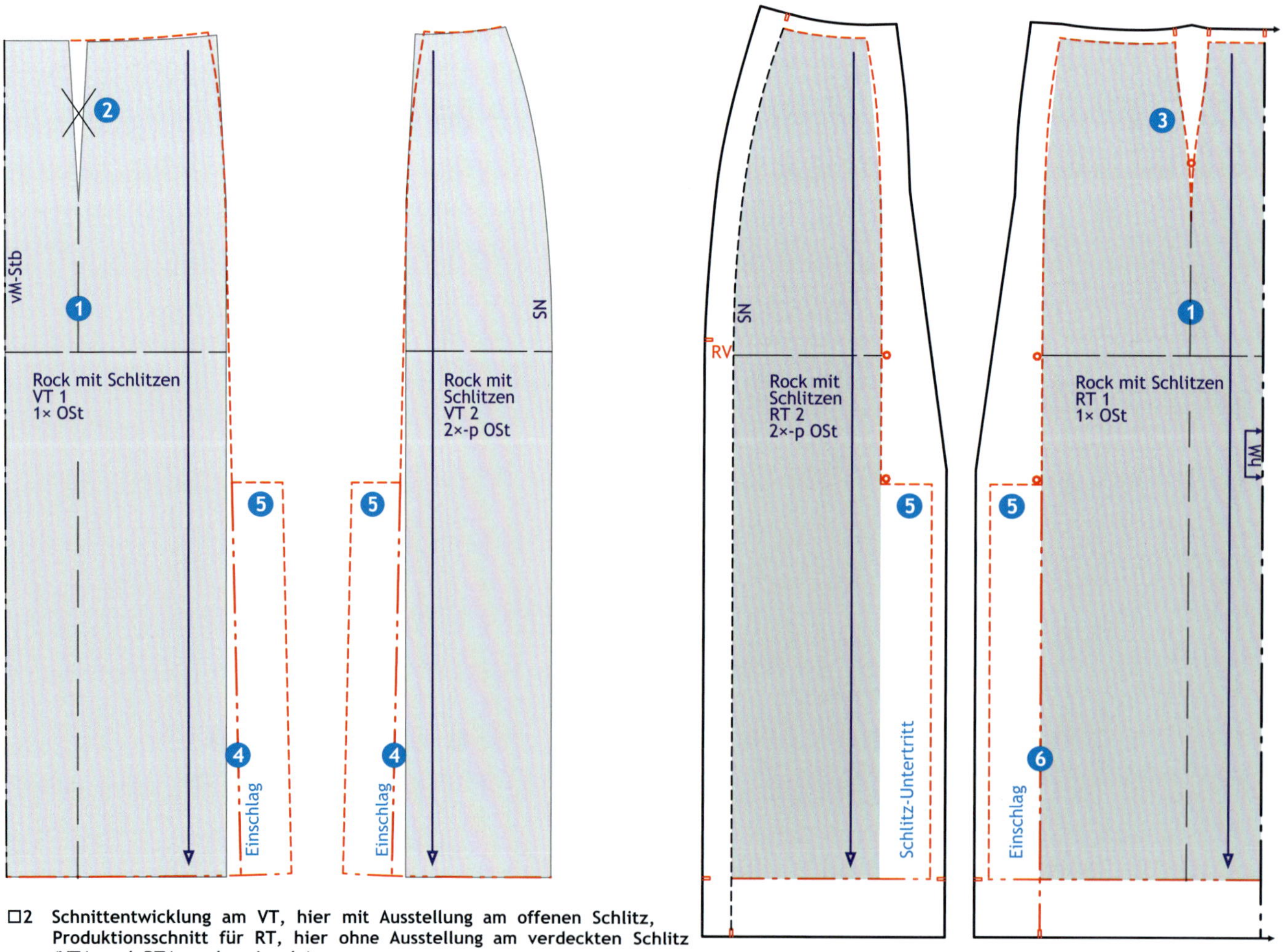

□2 Schnittentwicklung am VT, hier mit Ausstellung am offenen Schlitz, Produktionsschnitt für RT, hier ohne Ausstellung am verdeckten Schlitz (VT1 und RT1 noch spiegeln)

Eingestellter Rock mit Fächerfalte
Vorderteil

36
46

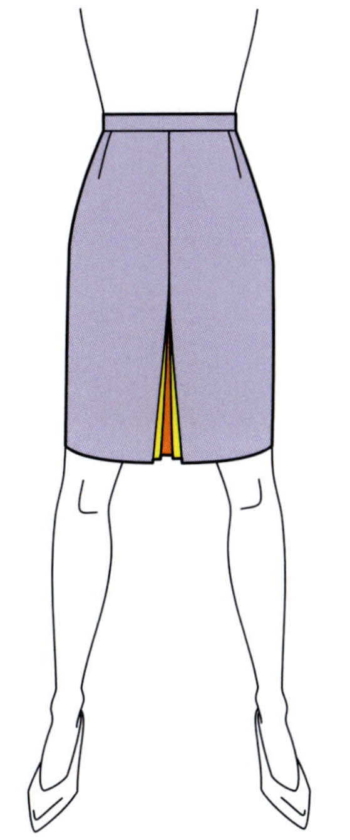

□1 Rock mit Fächerfalte. Mit separatem Faltenteil und separatem Faltenboden

Dieser eingestellte Rock besitzt zur Vergrößerung der Saumweite eine Fächerfalte in der vM.

□1+2 Eine Fächerfalte ist eine mehrfache Kellerfalte mit unterschiedlich großen Faltentiefen und wird wie eine Kellerfalte verarbeitet. Alle Faltenaußenbrüche treffen aneinander.

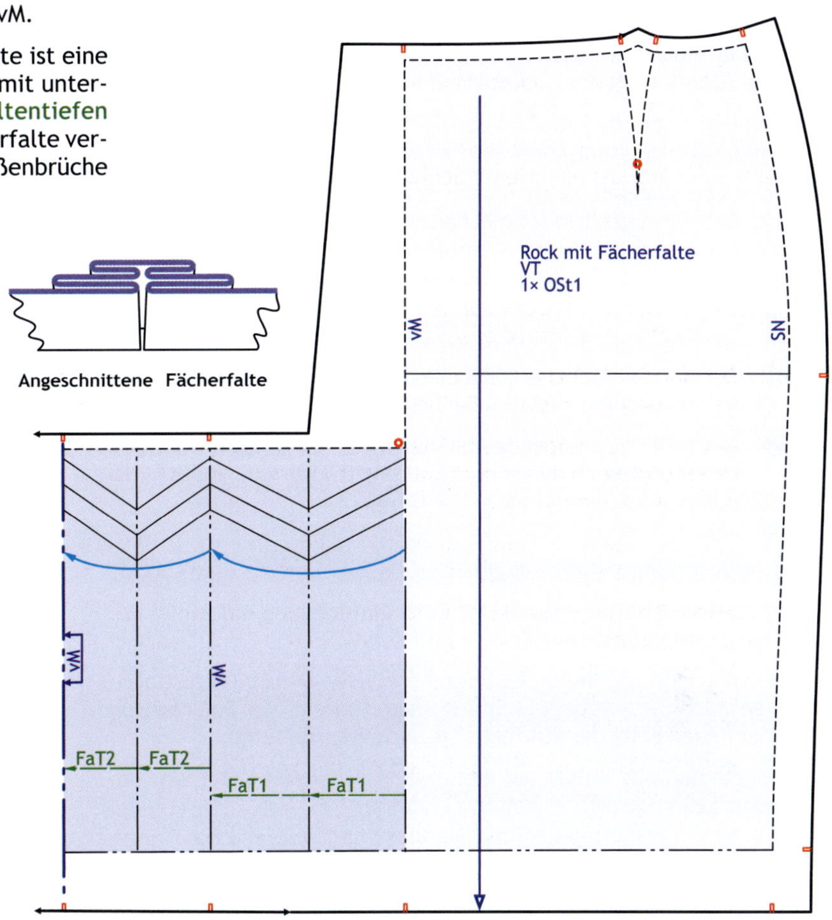

□2 Angeschnittene Fächerfalte

□3 VT mit angeschnittener Fächerfalte (noch spiegeln)

□3+4 Bei **Fächerfalten mit separaten Faltenteilen** können diese aus anderen Materialien gearbeitet werden.

□4 Da an jedem Falteninnenbruch eine Falteninnennaht genäht werden kann, ist auch ein **separater Faltenboden** möglich.

□5 Zur **Faltensicherung** wird oberhalb der Falte eine breit auslaufende Nahtzugabe konstruiert.

Für die **Verarbeitung** sollte das Faltenteil zunächst gesäumt, dann die Faltenkanten gebügelt und erst dann in den fertig vorbereiteten Rock genäht werden.

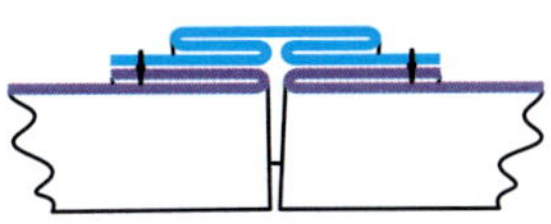

□3 Fächerfalte mit einem separaten Faltenteil

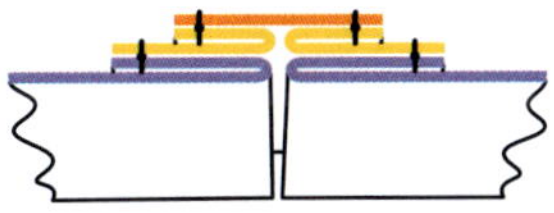

□4 Fächerfalte mit separatem Faltenteil und separatem Faltenboden (□1)

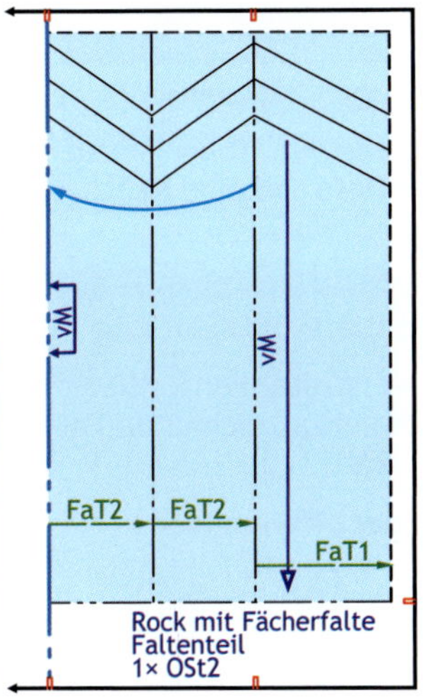

□4a Produnktionsschnitt Faltenteil (noch spiegeln)

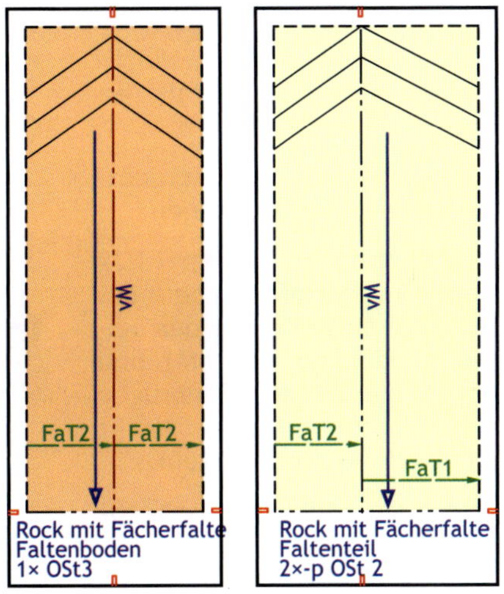

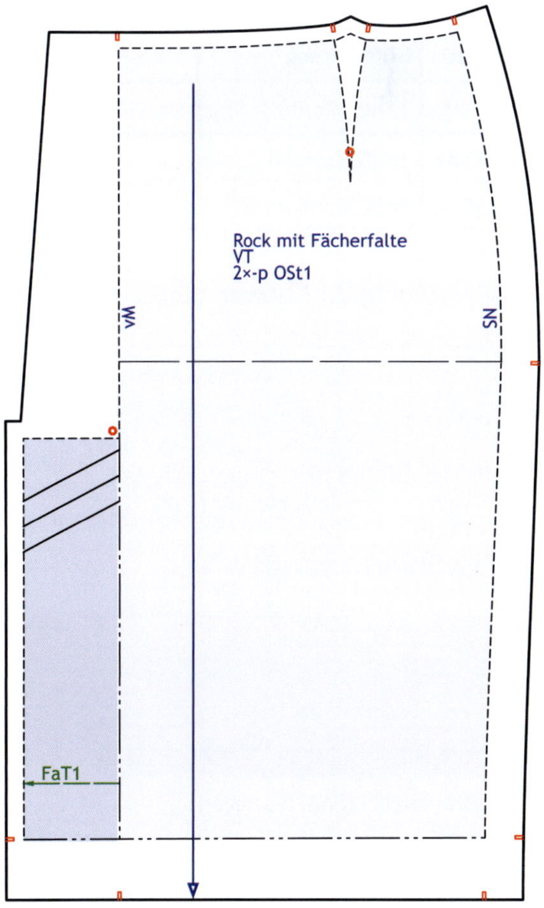

□5 Produktionsschnitte VT für □1 □3 und □4

Rundum-Faltenrock (1)
Modellentwicklung aus Stoffbahnen

Ein Rundum-Faltenrock hat um den ganzen Körper fortlaufende Falten. Da der Taillenumfang geringer ist als der Hüftumfang, sind an der Taille die Faltenabstände kleiner als an der Hüfte.

Die Falten werden unterhalb der Taille ca. 12 bis 20 cm lang abgenäht. Damit liegt der Rock optimal am Körper an.

Man legt entweder die Zahl der Falten (FaZ) fest oder bestimmt einen Faltenabstand sowie die Faltenart.

Bei diesem Modell ist die Anzahl der **Normalfalten** an der Hüfte **22.** Bei Normalfalten ist die Faltentiefe gleich dem Faltenabstand (Faltenkante bis Falteninnenbruch, bzw. Faltenmitte). Der Stoff liegt dreifach übereinander **(siehe □1).**

Durch Abnähen der überschüssigen Weite an der Taille ergeben sich dort **übergreifende Falten.** Hier ist die Faltentiefe größer als der Faltenabstand. Der Stoff liegt teilweise dreifach und teilweise fünffach übereinander **(siehe □1).**

Die **Sparfalte** ist eine weitere mögliche, aber an diesem Modell nicht verwendete Faltenart. Der Stoff liegt teilweise einfach und teilweise dreifach übereinander **(siehe □3).**

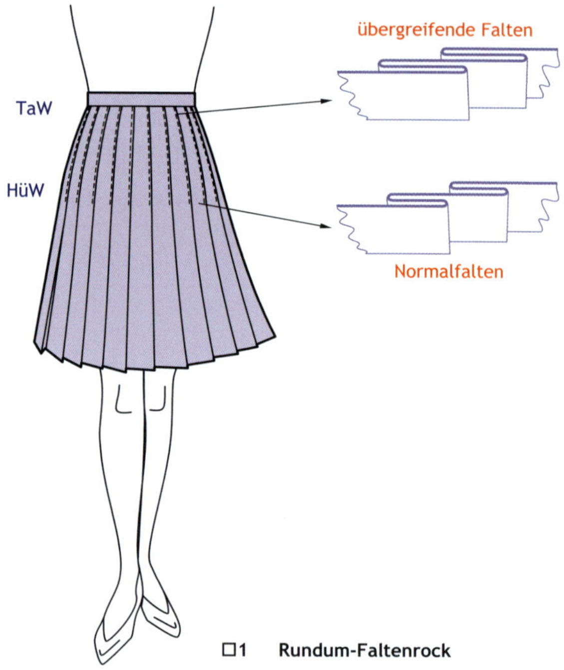

□1 Rundum-Faltenrock

Rundum-Faltenrock fertigen

In der Regel kann man bei der Einzelanfertigung auf einen Papierschnitt verzichten.

Man markiert die Nähte, Faltenaußenbrüche und Faltenanstoßlinien nach dem Abbügeln und Auslegen direkt auf der rechten oder linken Seite der Stoffbahn (je nach Verarbeitung).

Gegebenenfalls muss man mehrere Stoffbahnen ansetzen, um die notwendige offene Weite zu erzielen.

Konstruktionstabelle Maßangaben in cm Rock		Name					Größe	38	
		Datum		Modell	Gerader Rock				
Hauptmaße (Kennmaße)		Körpermaße	Zugaben	Proportionstionsmaße (Konstruktions-, Kontroll-, Hilfsmaße)					
HüU	Hüftumfang	97	+ 2-3: 3 =	Hüftweite	HüW	100	½ 50	¼	25
TaU	Taillenumfang	72	+ 1-2: 2 =	Taillenweite	TaW	74	½ 37	¼	18,5
TaAf	Taillenausfall				½ HüW – ½ TaW =		13	½	6,5
gBuU	gem. Bundumfang	---	+ --- =	Bundumfang	BuU	---	½ ---		

Berechnung der Faltenabstände

Faltenabstand an der Hüfte ($FaA_{Hü}$)
= HüW : Faltenanzahl (FaZ)
= 100 cm : 22
= **4,54 cm**

Faltenabstand an der Taille (FaA_{Ta})
= TaW : Faltenanzahl (FaZ)
= 74 cm : 22
= **3,36 cm**

1 Berechnungen

Faltenanzahl (FaZ) festlegen.

Faltentiefe (FaT) (an der Hüfte) festlegen.

Faltenabstände an der Hüfte $FaA_{Hü}$ und an der Taille FaA_{Ta} errechnen.

2 Falten markieren

Nachdem die benötigten Stoffbahnen zugeschnitten und rechtwinklig ausgerichtet auf dem Tisch liegen, kann man beginnen:

1. □2 Taillenlinie, TaNZg, Hüftlinie, Saumlinie und SaEs parallel anzeichnen.

   Alle folgenden Linien exakt rechtwinklig zu den Linien zeichnen.
2. Man beginnt immer mit einer NZg und einer Faltentiefe (sie befindet sich später entweder an der Seitennaht oder an der hM) und zeichnet die Faltenaußenbrüche und Faltenanstoßlinien exakt rechtwinklig zu den Linien ein.
3. An die erste Faltentiefe schließt sich ein Faltenabstand an.
4. Anschließend wird ein Falteninhalt (FaI = 2 × FaT) markiert.

Fortfahren, bis die gewünschte Faltenanzahl gezeichnet oder die Stoffbahn zu Ende ist.

Reicht die Stoffbahn nicht für alle Falten aus, müssen die noch fehlenden Falten auf einer weiteren Stoffbahn gezeichnet werden.

5. Am Ende jeder Stoffbahn wieder eine Faltentiefe und eine NZg zum Annähen zeichnen.

Man beginnt und endet immer mit einer Faltentiefe und einer NZg.

6. Die offene Weite kontrollieren und ggf. die eingezeichneten Falten korrigieren.

Kontrolle der offenen Weite

ofW = FaZ · FaT · 2 + HüW
= 22 · 9,2 cm + 100 cm
= **302,4 cm**

Alle Linien auf rechte Winkel und Parallelität kontrollieren.

Rundum-Faltenrock (2)
Modellentwicklung aus Stoffbahnen

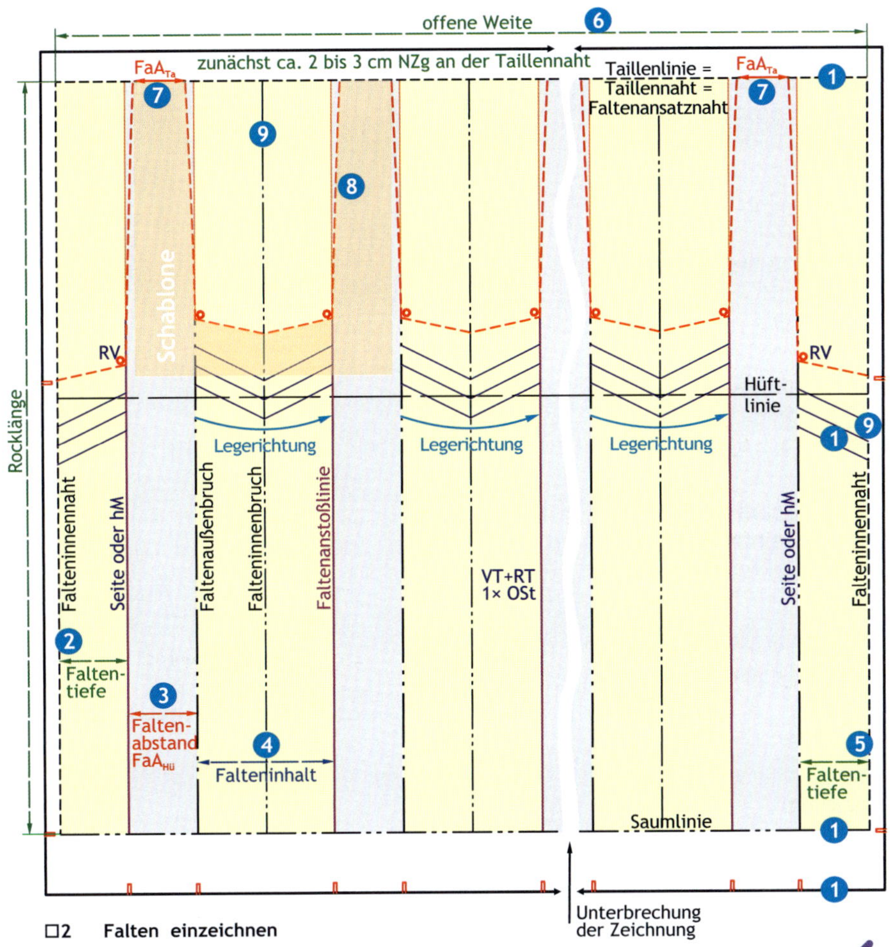

□2 Falten einzeichnen

3 Faltenabstand an der Taille reduzieren

7 □2 An der Taillenlinie die Faltenabstände auf den FaA_{Ta} verringern.

8 Nähte bis zur gewünschten Tiefe formen. Die endgültige Form entsteht bei Maßkleidung durch Abstecken bei der Anprobe.

9 Den Falteninhalt mit Legepfeilen und bei Papierschnitten die Faltenschraffur und Knipse z.B. für den Reißverschluss markieren.

! Beim Zusammennähen von Stoffstreifen für Faltenteile bzw. Faltenröcke, ist die Naht immer an einen **Falteninnenbruch** (Mitte des Falteninhalts) zu legen. Aus dem Falteninnenbruch wird so eine **"Falteninnennaht". Hier kann auch ein Reißverschluss eingearbeitet werden.**

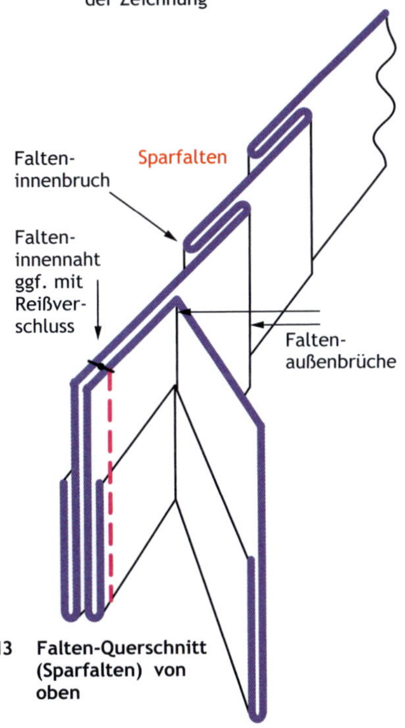

□3 Falten-Querschnitt (Sparfalten) von oben

Markieren von Falten am Schnitt

Faltenaußenbruch und **Falteninnenbruch** werden durch Umbruchlinien markiert. Die **Faltenanstoßlinie** ist eine dünne durchgezogene Linie.

Die **Faltenschraffur** kennzeichnet die von der Falte verdeckte Schnittfläche. Es ist der Falteninhalt (gelbe Fläche). Man schraffiert immer den oberen Teil des Falteninhalts mit mindestens drei parallelen Schraffurlinien. Sie treffen sich, schräg abwärts verlaufend, am Falteninnenbruch.

Die **Legerichtung** symbolisiert durch den Pfeil, dass der **Faltenaußenbruch** auf die **Faltenanstoßlinie** gelegt wird.

Markieren von Falten auf dem Stoff

□3 Für eine rationelle Fertigung kann eine Schablone zum Anzeichnen der Falten verwendet werden. An der Schablone werden die abzunähenden Falteninhalte ausgeschnitten, so dass die Faltenaußenbrüche und Faltenanstoßlinien am Stoff mit Kreide markiert werden können.

□4 Schablone zum Anzeichnen der Falten und der Abnähungen

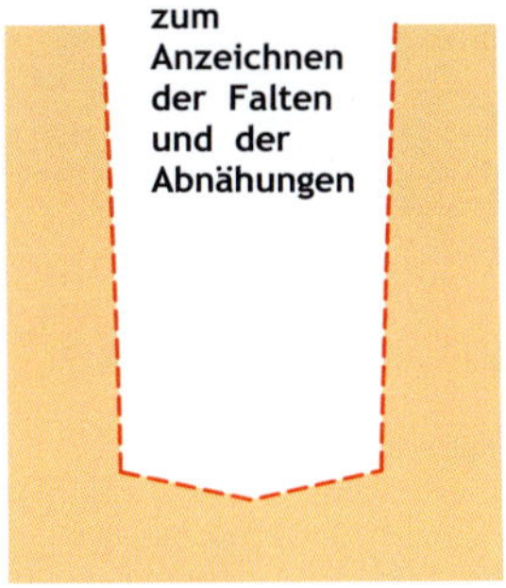

Anprobe

- Zuerst den Saum, dann die Faltenaußenbrüche bügeln.
- Die Faltenaußenbrüche auf die Faltenanstoßlinien legen und die Falteninnenbrüche bis zum Saum bügeln.
- Falteninnennähte schließen (siehe □3).
- Die Falten im Abnähbereich heften oder stecken.
- Bei der Anprobe die Form der abgenähten Falten korrigieren.
- Den Bund anstecken und die Lage der Taillennaht am Rock markieren.

Verarbeitungshinweise

□3 Die Säume der Faltenteile (und ggf. des Rocks) vor dem Bügeln der Falten fertig stellen.

- Die Faltenaußenbrüche und die Faltenanstoßlinien auf der rechten Warenseite markieren.
- Die Faltenaußenbrüche bügeln, auf die Faltenanstoßlinien legen und die Falteninnenbrüche bügeln. Dabei eine feste Zwischenlage benützen, um Abdrücke zu vermeiden
- Beim Schließen einer Falteninnennaht am Saum auf einen passenden Übergang achten.
- Das Abnähen einer Falte sollte vom Ende des Abnähbereichs in Richtung Taille erfolgen.

Passenrock mit Seitentaschen und Faltenteil (1)
Modellentwicklung aus dem 6-Bahnen-Rock

64

An einem eingestellten Rock mit Teilungsnähten wird an den unteren beiden Seitenteilen jeweils eine Fläche abgetrennt und zu einem Faltenteil verändert. Bei diesem Modell entstehen Sparfalten. Die Faltentiefen sind kleiner als die Faltenabstände. Der Stoff liegt teilweise einfach und teilweise dreifach übereinander.

Jeweils parallel zum Verlauf der Abtrennungen für das Faltenteil werden im Vorderteil Seitentaschen mit angeschnittenen Taschenbeuteln eingearbeitet, im Rückteil wird eine spitze Passe geformt.

□1 Rock mit Teilungsnähten, Faltenteil, Schubtaschen und Rückteil-Passe

1 Rock modifizieren

1. □3 Den Rock auf die gewünschte Länge bringen und evtl. an der Seitennaht einstellen.
2. Den Rock zu einem Sechs-Bahnenrock verändern.
3. Die Lage der Faltenteile, der Tasche und der Rückteil-Passe einzeichnen.
4. Ca.0,5 cm Weite in den Tascheneingriff geben und den Taschenbeutel formen. Faltenteile, Tasche und Passe trennen.
5. Die Faltenteile in die Anzahl der gewünschten Faltenabstände gleichmäßig unterteilen und die einzelnen Faltensegmente trennen.

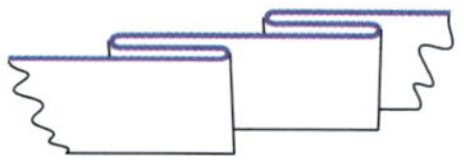

□2 Sparfalten

Vorgaben für das Faltenteil

Für das Faltenteil ist hier nur eine begrenzte Menge Stoff verfügbar. Die vorhandene Stoffbreite (StB) ist 92 cm.

Die geschlossene Weite (geW) des Faltenteils (für vorne und hinten) beträgt 32 cm.

Es sind insgesamt **11 Falten** geplant. Zwei Faltentiefen (das ist ein Falteninhalt) sind jeweils am mittleren VT und mittleren RT angeschnitten. **10 Falteninhalte benötigt man demnach am Faltenteil** (9 ganze und zwei halbe Falteninhalte an den Enden), siehe folgende Seite.

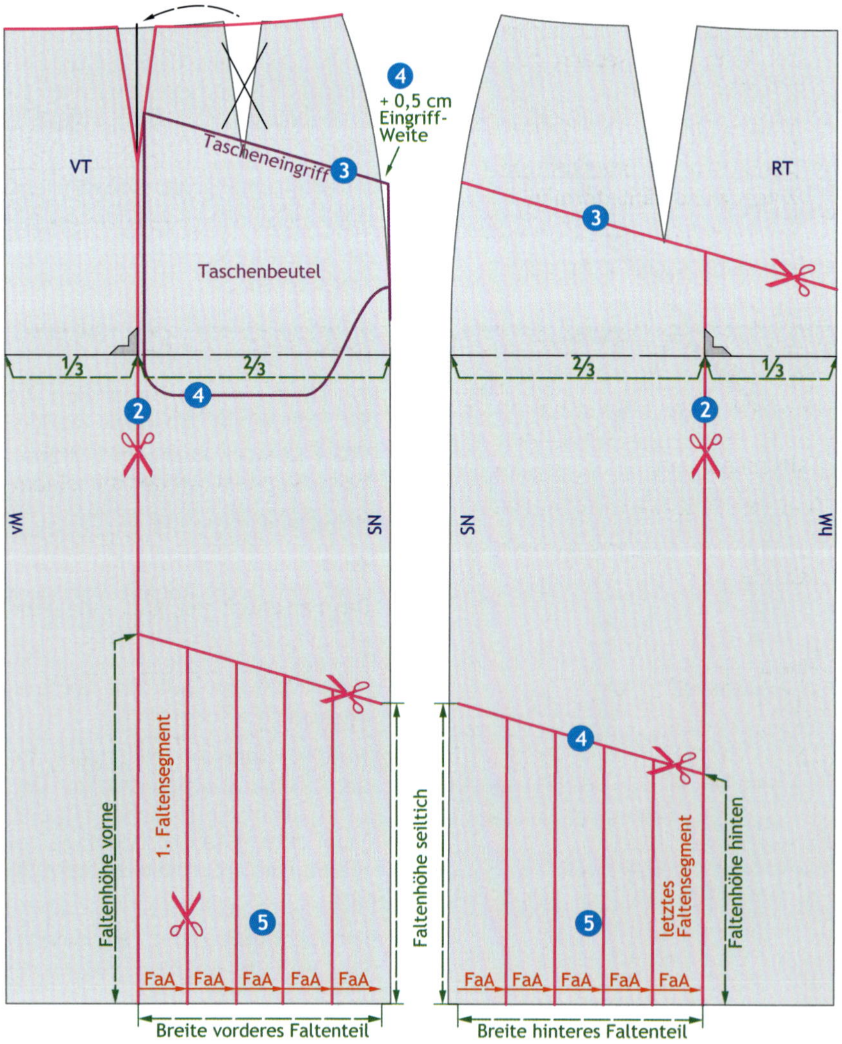

□3 Rock modifizieren, Faltenteil gestalten und einteilen

Berechnung der Falteninhalte:

Verbleibender Stoff für Falteninhalte

Σ FaI	= StB	− 2 · 1 cm NZg	− geW
	= 92 cm	− 2 cm	− 32 cm
	= 58 cm		

Falteninhalt

FaI	= Σ FaI	: Zahl der Falteninhalte
	= 58 cm	: 10
	= **5,8 cm**	

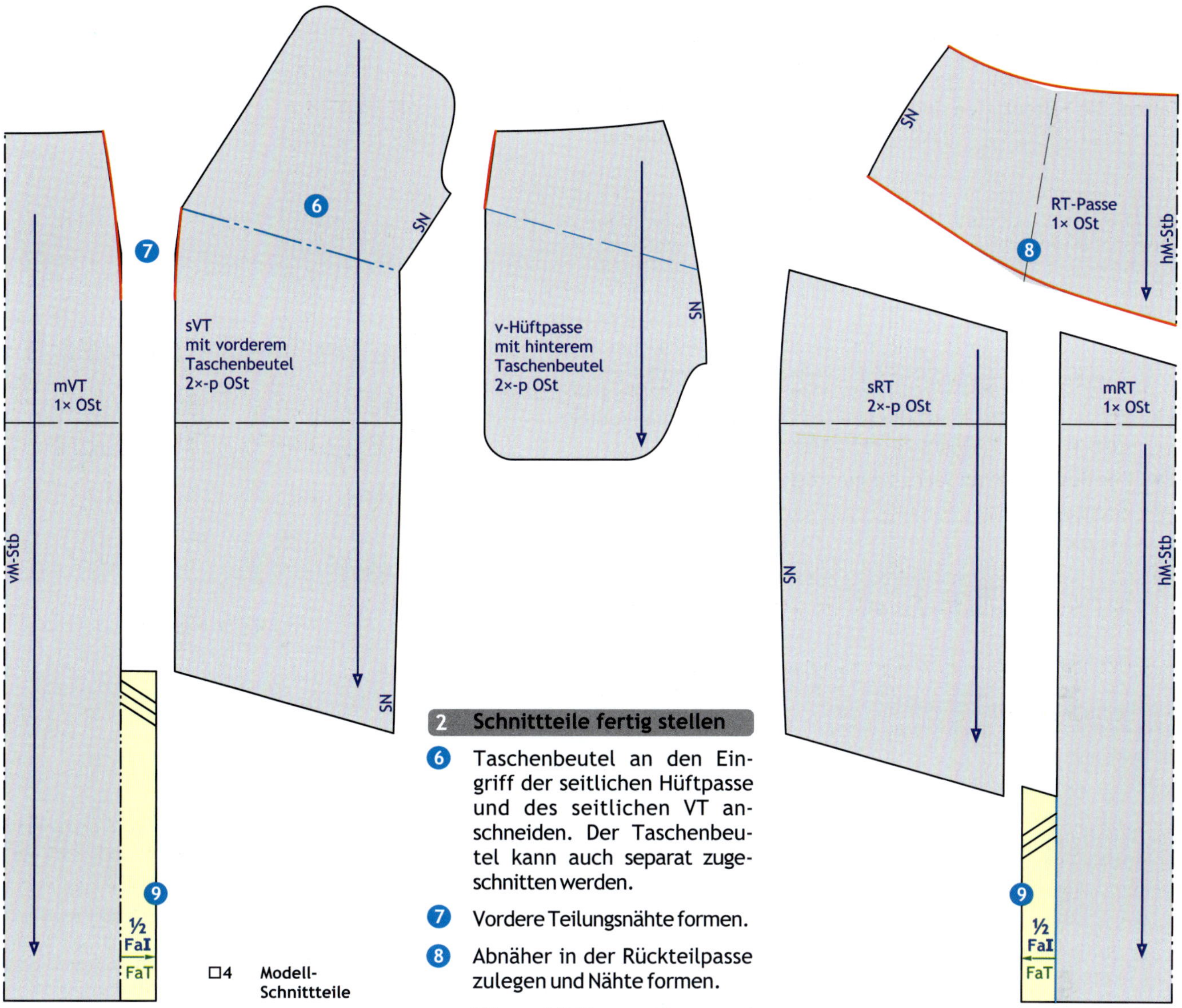

□4 Modell-Schnittteile

2 Schnittteile fertig stellen

6 Taschenbeutel an den Eingriff der seitlichen Hüftpasse und des seitlichen VT anschneiden. Der Taschenbeutel kann auch separat zugeschnitten werden.

7 Vordere Teilungsnähte formen.

8 Abnäher in der Rückteilpasse zulegen und Nähte formen.

NZg und SaEs anzeichnen und markieren (hier nicht gezeigt).

3 Faltenteil fertig stellen

9 □4 Am VT und am RT jeweils einen **halben Falteninhalt** (≙ FaT) in entsprechender Höhe anzeichnen → Falteninnennaht.

10 □5 Am Faltenteil mit der **anderen Hälfte des Falteninhalts** = Faltentiefe (FaT) beginnen → Falteninnennaht.

11 Das erste Faltensegment ansetzen.

12 Daran einen ganzen Falteninhalt zeichnen.

So fortfahren, bis alle Faltensegmente angesetzt sind.

13 Das Faltenteil nach dem letzten Faltensegment wieder mit einem **halben Falteninhalt** = Faltentiefe (FaT) beenden → Falteninnennaht.

14 Das Faltenteil mit Rückschnitten und Markierungen versehen.

NZg, SaEs und Knipse zeichnen.

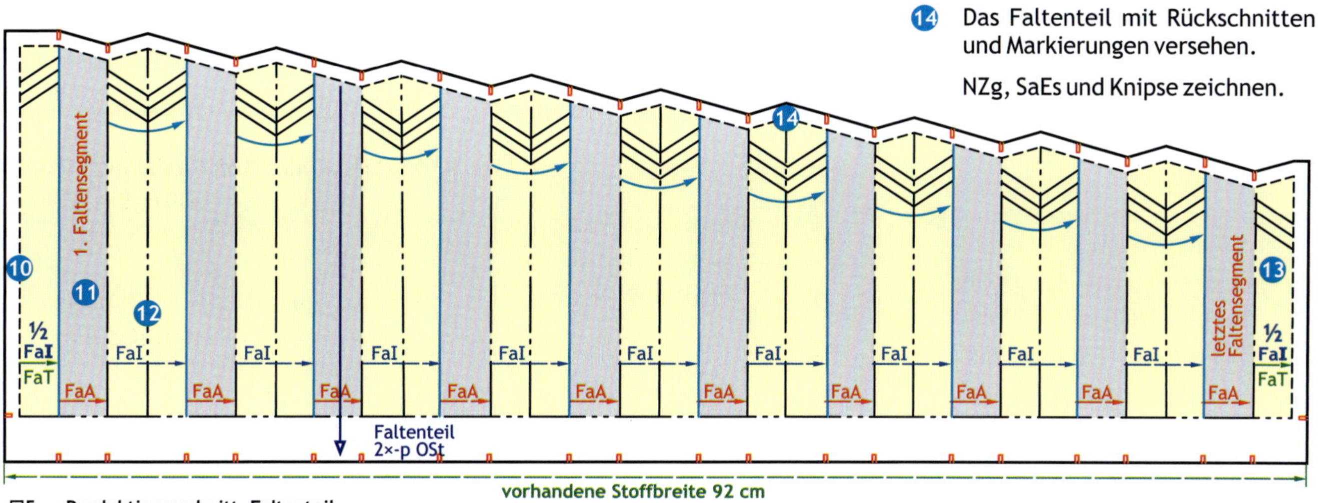

□5 Produktionsschnitt Faltenteil

Röcke mit Saumvolants (1)
Volant aus Kreiskonstruktion

43

☐1 Modell und Schnittkonstruktion für einen Volant aus einem Vollkreis

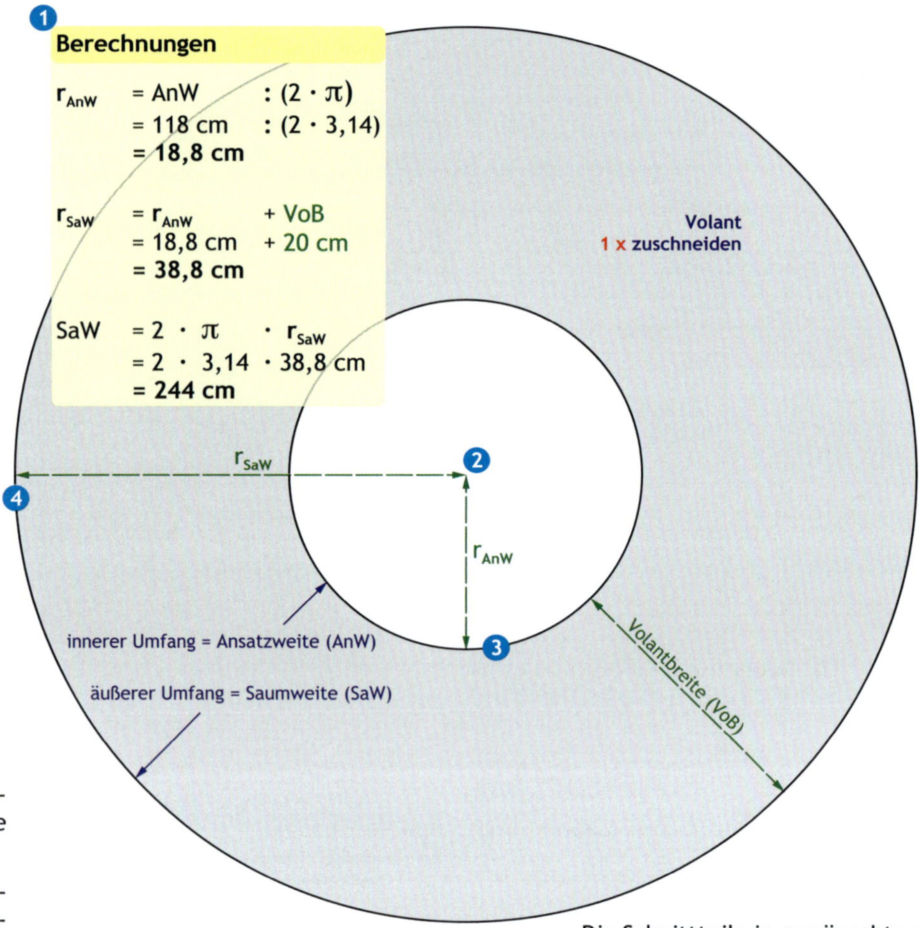

Berechnungen (1)

r_{AnW} = AnW : (2 · π) = 118 cm : (2 · 3,14) = **18,8 cm**

r_{SaW} = r_{AnW} + VoB = 18,8 cm + 20 cm = **38,8 cm**

SaW = 2 · π · r_{SaW} = 2 · 3,14 · 38,8 cm = **244 cm**

Beispielhaft werden hier an einem glockig ausgestellten Rock verschiedene Volants angesetzt.

Man könnte jede beliebige Rockform - aber auch Hosenbeine, Jacken-, Kleider, Mäntelsäume, Ärmel, Armlöcher, Halslöcher, Dekolletés ... mit einem Volant versehen.

Der Volant ist ein aus einem Kreisring oder Kreisringsegment zugeschnittenes Stoffteil, das glockig fällt.

Volants können durch Kreiskonstruktionen entstehen.

Flexibler in der Gestaltung ist man bei der Volantentwicklung aus abgetrennten und erweiterten Schnittteilen. Hierbei muss nicht immer ein kreisförmiges Schnittteil entstehen (siehe folgende Seite).

Je nach gewünschter Volant-Weite kann man einen Volant auch aus mehreren Kreisringen zusammensetzen.

Die Schnittteile in gewünschter Anzahl mit NZg und SaEs zuschneiden.

Werden mehrere Kreisringe benötigt, müssen sie in geradem Fadenlauf eingeschnitten und zusammengenäht werden. Hierfür muss zur Ansatzweite 2 mal die benötigte Nahtzugabe addiert werden, hier z.B.: 2× 1 cm = **2 cm**

Berechnungen (1)

r_{AnW} = (AnW + **NZg**) : (2 · π) : **2** = (118 cm + **2 cm**) : (2 · 3,14) : 2 = **9,6 cm**

r_{SaW} = r_{AnW} + VoB = 9,6 cm + 20 cm = **29,6 cm**

SaW = (2 · π · r_{SaW}) − **NZg** · **2** = (2 · 3,14 · 29,6 cm) − **2 cm** · 2 = **368 cm**

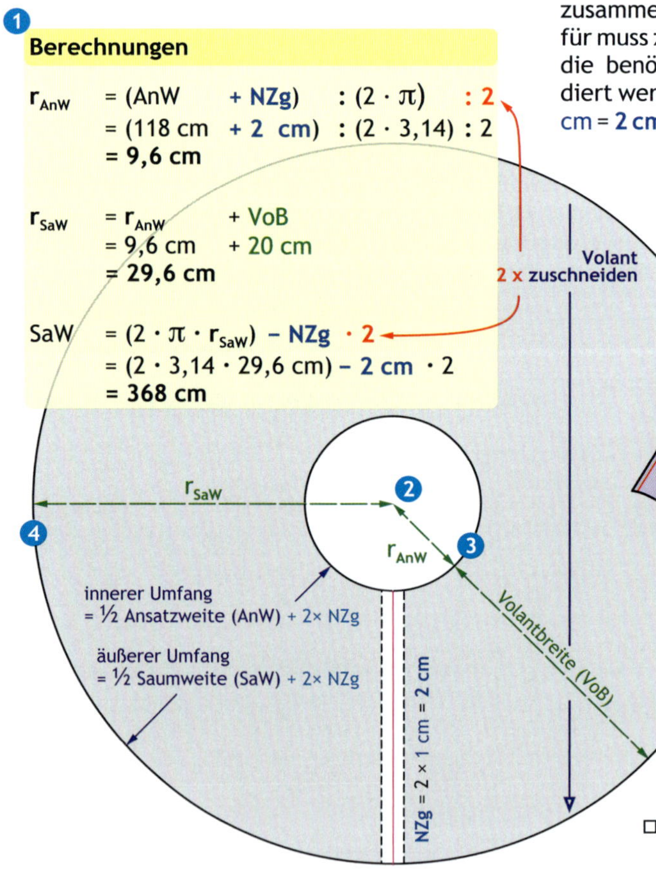

☐2 Modell und Schnittkonstruktion für einen Volant aus zwei Vollkreisen

Volants durch Kreiskonstruktion

Ansatznaht, bzw. Ansatznähte ausmessen, an die der Volant genäht werden soll.

1. Berechnungen für den gewünschten Saumvolant durchführen.
2. Kreis-Mittelpunkt bestimmen.
3. Den inneren Kreis mit dem Radius (r_{AnW}) zeichnen.
4. Den äußeren Kreis mit dem Radius (r_{SaW}) zeichnen.

Röcke mit Saumvolants (2)
Volant aus abgetrenntem Schnittteil

1 Berechnungen

$$r_{AnW} = (AnW + NZg) : (2 \cdot \pi) : 4$$
$$= (118\ cm + 2\ cm) : (2 \cdot 3{,}14) : 4$$
$$= \mathbf{4{,}8\ cm}$$

$$r_{SaW} = r_{AnW} + VoB$$
$$= 4{,}8\ cm + 20\ cm$$
$$= \mathbf{24{,}8\ cm}$$

$$SaW = (2 \cdot \pi \cdot r_{SaW}) - NZg \cdot 4$$
$$= (2 \cdot 3{,}14 \cdot 24{,}8\ cm) - 2\ cm \cdot 4$$
$$= \mathbf{615\ cm}$$

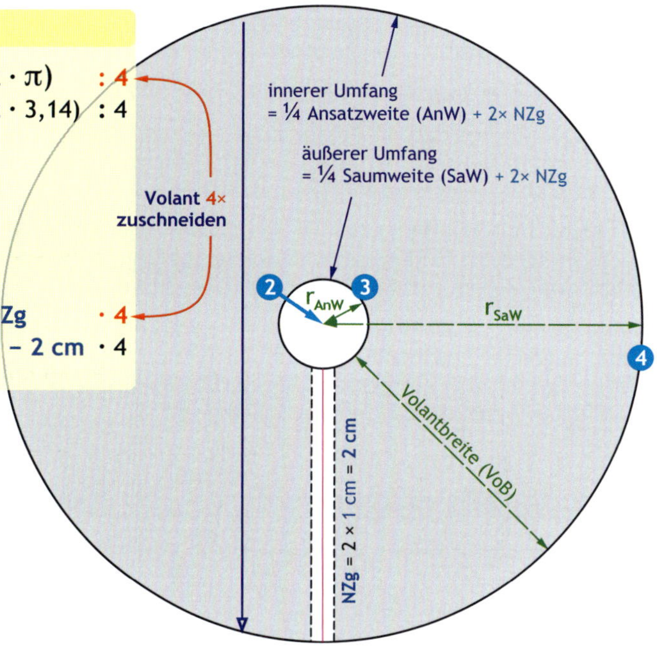

43

□3 Modell und Schnittkonstruktion für einen Volant aus vier Vollkreisen

Volant aus abgetrenntem Schnittteil (Glockenteil)

5 An einem geraden Rock-Grundschnitt ist hier die Form des Volants nach Wunsch eingezeichnet.

6 Entsprechend der gewünschten Anzahl an Glocken die Einschnittlinien positionieren.

7 Den Volant abtrennen, die Öffnungslinien einschneiden und mit der notwendigen Weite unten öffnen.

8 Den Saum und die Ansatznaht formen.

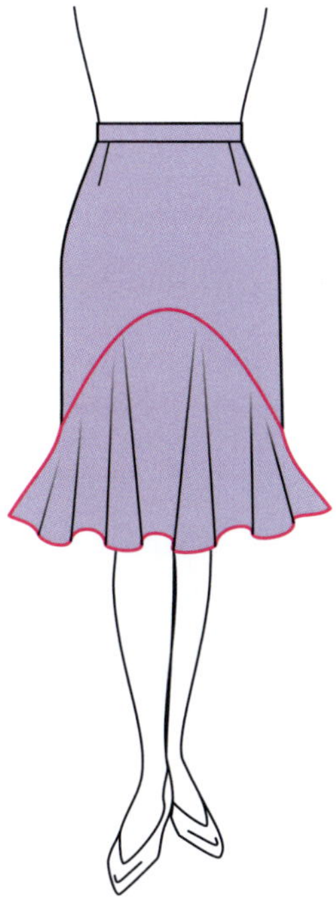

□4 Saum-Volant aus einem beliebig abgetrennten Schnittteil

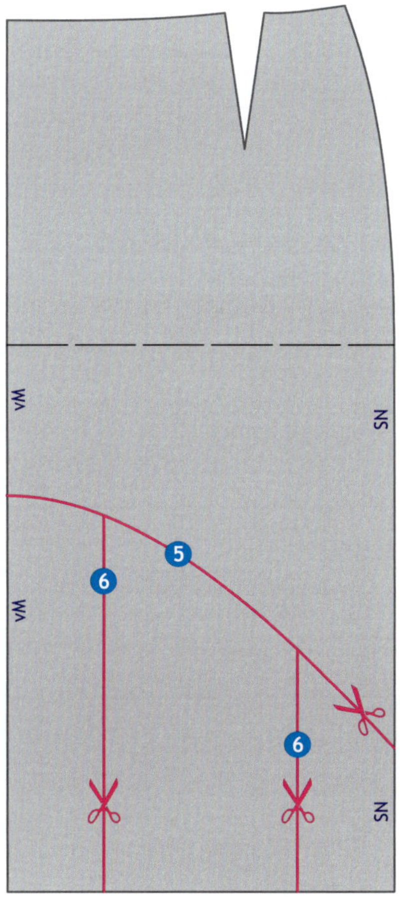

□5 Abtrennung und Öffnungslinien exemplarisch am VT gezeigt

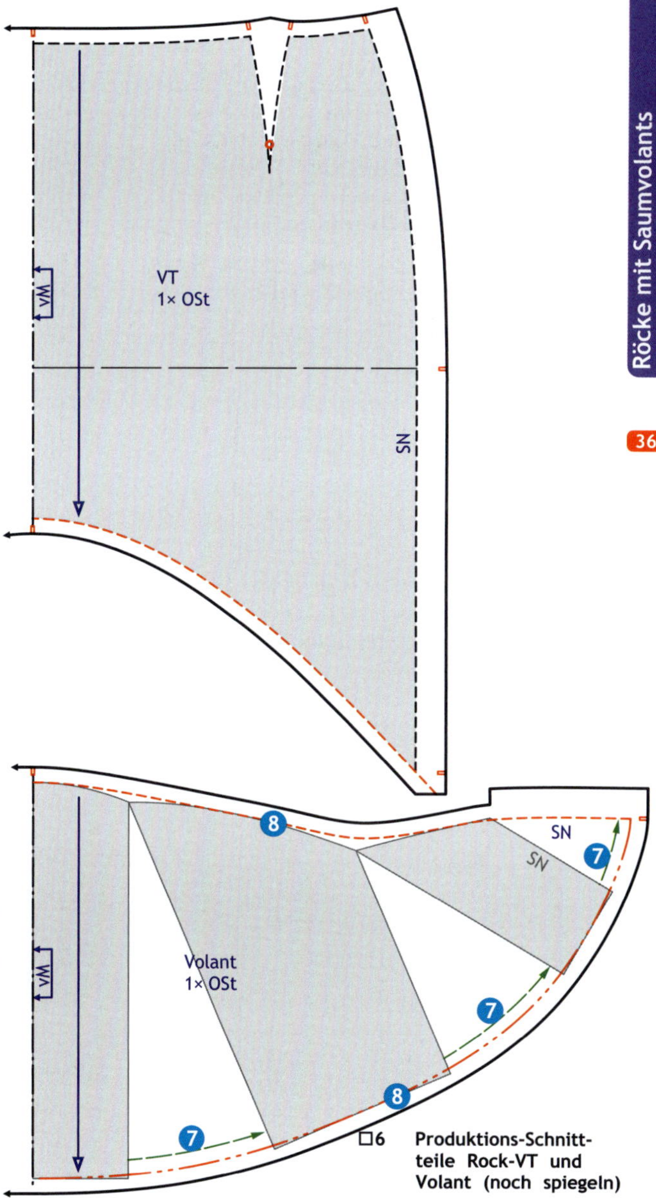

36

□6 Produktions-Schnittteile Rock-VT und Volant (noch spiegeln)

Futterrock und Rockfutter (1) für weite Röcke

43

Ein **"Futterrock"** ist ein separater Rock aus Futterstoff, der unter einem ungefütterten Rock getragen wird (**□1+6**).

Ein **"Rockfutter"** wird in den Rock eingenäht (**□2 bis 5**).

Bei langen Röcken darf die Futterlänge deutlich kürzer, aber insbesondere bei transparenten Röcken nicht zu kurz sein. Sie sollte aber ungefähr über das Knie reichen.

Für Röcke mit großer Saumweite, wie Godet-, Falten-, oder Glockenröcke, ist es sinnvoll, die Saumweite beim Futter zu reduzieren, ggf. mit einem Gehschlitz zu versehen.

Beim Ballonrock wird das wesentlich kürzere Futter am Saum angenäht und somit der Saum nach oben angehoben. Möglich wäre auch ein gerades, an der Taille gekräuseltes Rockfutter (Seite 48, **□1**) mit wenig Saumweite.

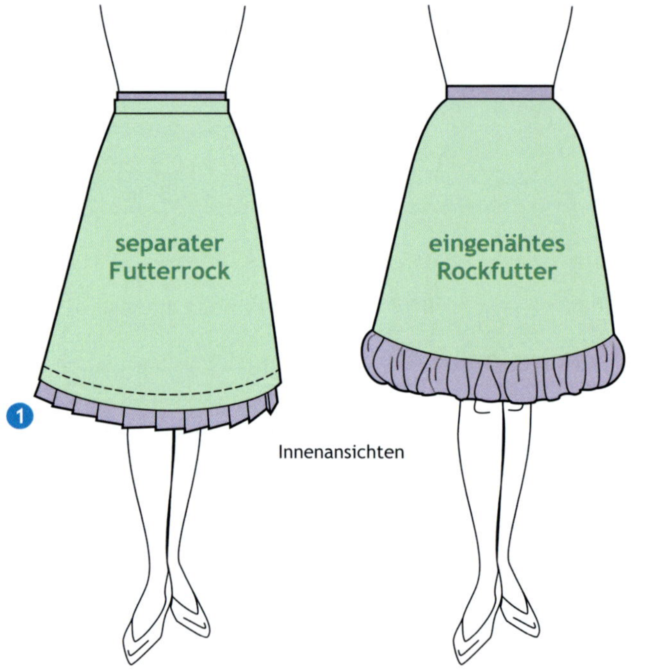

□1
Separater glockiger Futterrock unter einem Faltenrock (gewendet)

□2
Ballonrock mit festgenähtem Rockfutter (gewendet).

Das glockige Rockfutter

Man konstruiert das Futter aus einem ausgestellten oder glockigen Rockgrundschnitt, siehe Seite 42.

1. Der Futterrock muss immer mindestens 2 cm kürzer als der Rock aus Oberstoff gearbeitet sein, damit das Futter am Saum nicht hervor schaut.
2. Am Saum werden bei runden Saumkanten ca. 1,5 bis 2,5 cm Saumeinschlag + 1 cm Einschlag zum Ansteppen angezeichnet.

   Anschließend kommen noch die üblichen Nahtzugaben an den Seitennähten und der Taille (evtl. auch an der hM) hinzu.

Reißverschluss-Schlitz an hinterer Mitte

3. An der hM vom Futter verschiebt man die Futteransatznaht am RV-Schlitz um ca. 0,5 cm nach innen, weil das Futter neben den an der hM befindlichen Zähnchen auf das RV-Band genäht wird (siehe Seite 59).
4. An die Futteransatznaht am RV-Schlitz kommt eine NZg von 1 cm.
5. Den RV-Schlitz an hM um ca. 2 bis 3 cm verlängern und die NZg zwischen RV-Ende und Futter-Schlitzende schräg beschneiden.

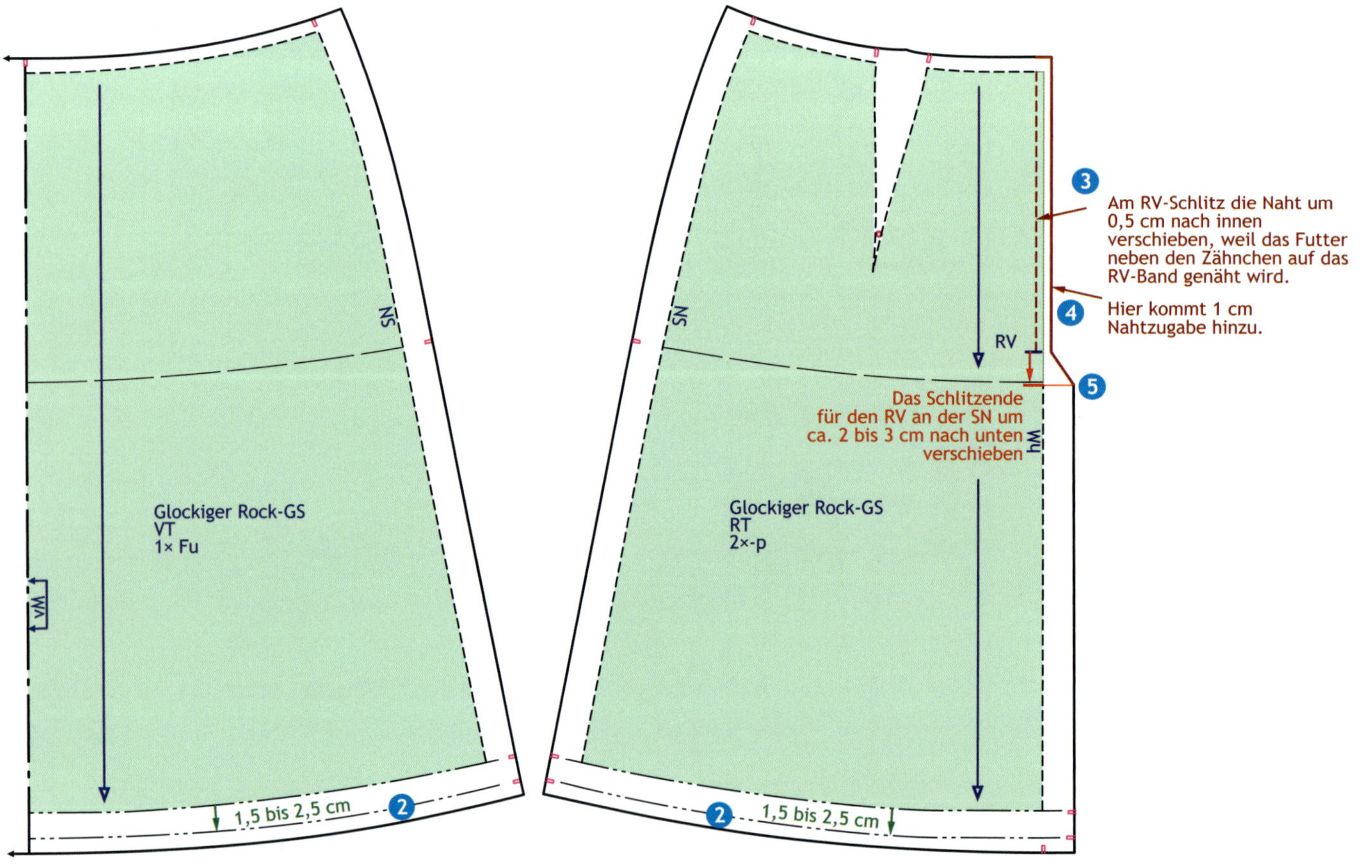

□3 Produktionsschnitt für einen Futterrock oder ein Rockfutter aus dem glockigen Rock-Grundschnitt (VT-Futter noch spiegeln)

Futterrock und Rockfutter (2)
für weite Röcke

□4 Gerades Rockfutter unter einem Rock mit Fächerfalte (gewendet)

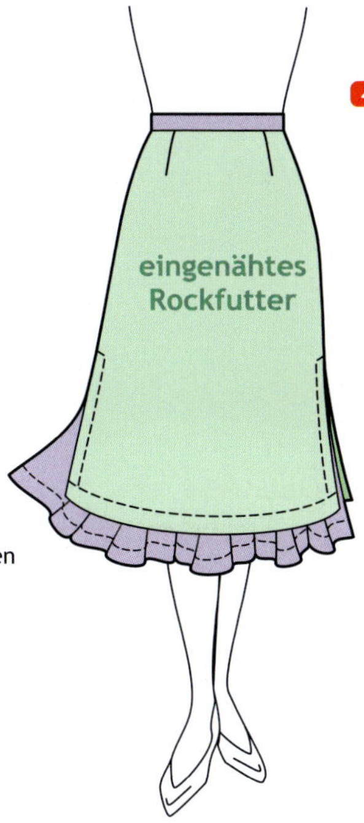

□5 Ausgestelltes Rockfutter unter einem Godetrock (gewendet)

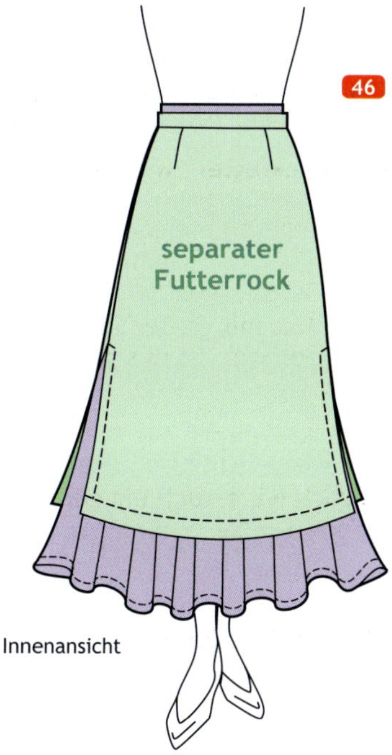

□6 Separater Futterrock unter einem Glockenrock (gewendet)

Rockfutter, gerade oder ausgestellt mit Seitenschlitzen

6 Wird das Rockfutter bzw. ein Futterrock aus einer geraden oder ausgestellten Rockform (siehe Seite 32, 46) gearbeitet, sollte für mehr Schrittweite zusätzlich ein offener Schlitz in die Seitennähte gearbeitet werden. Der doppelte Schlitz-Einschlag wird z.B. mit 2 × 2 cm angezeichnet.

Reißverschluss-Schlitz an der linken Seitennaht

□7 Der Reißverschluss-Schlitz wird an der linken Seitennaht (ggf. auch an der hM, siehe folgende Seiten) berücksichtigt.

Da dieser Reißverschluss-Schlitz sich nur an der linken Seitennaht befindet, ergeben sich **asymmetrische Schnittteile.** Man kann bei einem **Einzelzuschnitt** diese Veränderung am Reißverschluss-Schlitz auch erst **nach dem Zuschnitt** vornehmen.

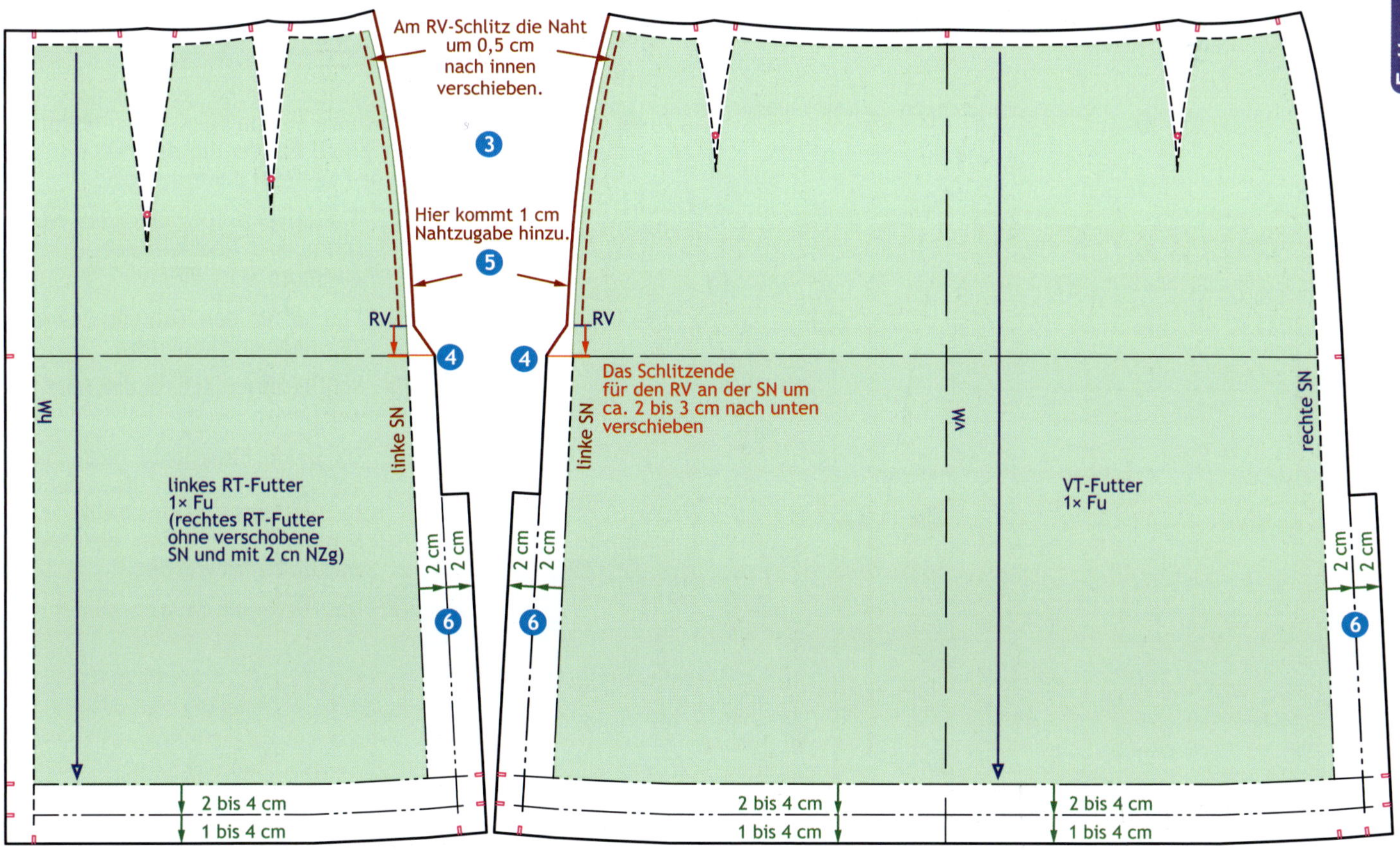

□7 Produktionsschnitt für ein ausgestelltes Rockfutter mit offenen Schlitzen in der Seitennaht.

Rockfutter (1)
für engen Rock mit offenen Schlitzen

36

Hier wird für einen schmalen Hüftrock mit Taillenbeleg (siehe ab Seite 59) und **Seitenschlitzen** ein Rockfutter konstruiert.

In □**1** sieht man das grüne eingenähte Futter am geöffneten Schlitz. Der Schlitzeinschlag und der Saumeinschlag sind mit einer Briefecke gearbeitet.

In □**2** sieht man das gewendete Rückteil-Futter mit Schlitz und Reißverschluss.

Hinweise für enge Futterschnitte

Die Fläche des Futterstoffs umfasst alles, was im Inneren eines Kleidungsstücks nicht Beleg oder Einschlag ist.

Saumkürzungen werden vorgenommen und verarbeitungsbedingte Flächen an Nähten fallen weg, z.B. am Reißverschluss-Schlitz (siehe ab Seite 59).

! An Stellen, wo das Futter oben und unten befestigt wird (z.B. zwischen Taillenbeleg und Schlitzen), muss in das Futter Mehrlänge gegeben werden.

Das Futter muss auch ausreichend Weite besitzen, dass es nicht spannt und nicht an den Nähten einreißt.

50

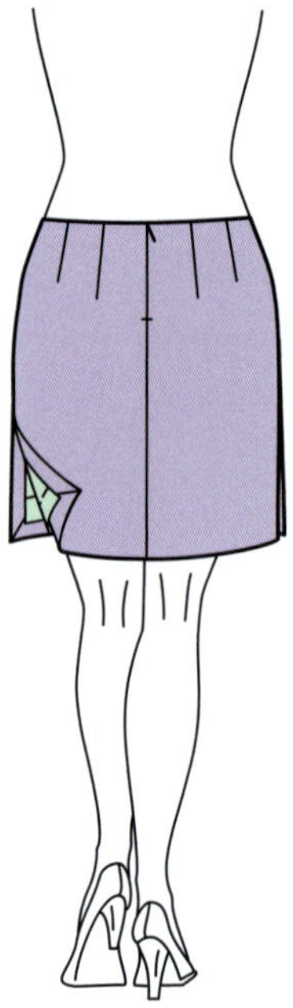

□1 Hinterer Hüftrock mit Taillenbeleg und Seitenschlitzen (Rückansicht)

59

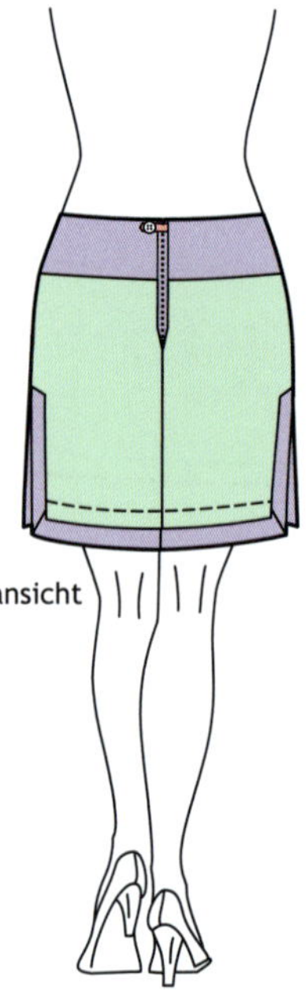

□2 Hinteres Rockfutter am Hüftrock mit Taillenbeleg und Seitenschlitzen (gewendet)

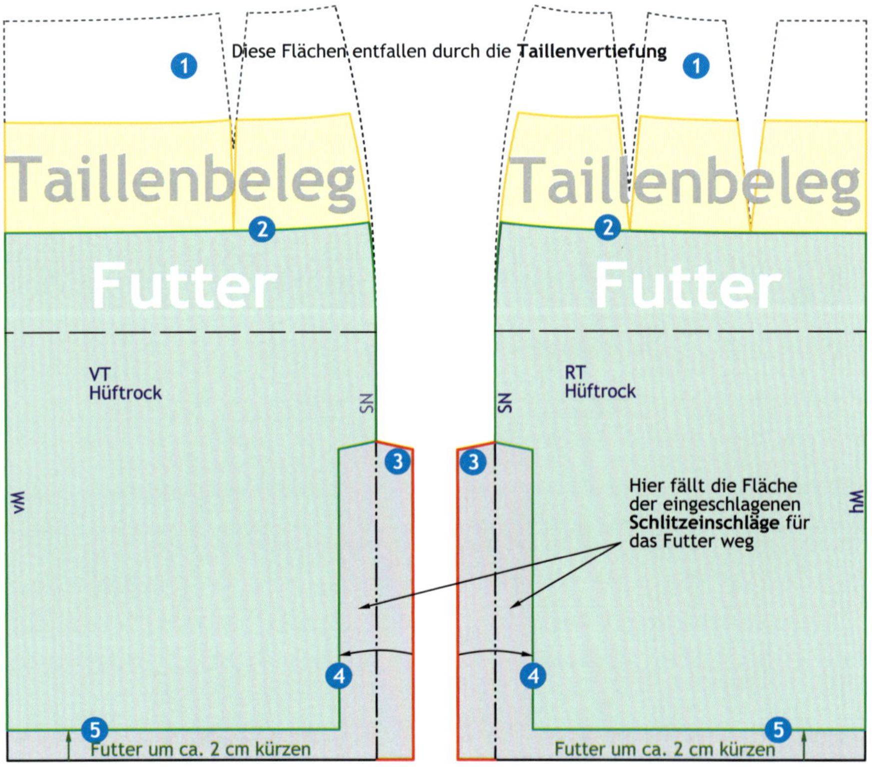

□3 Hüftrock mit Seitenschlitzen und Futter

1 Rock-Abwandlung

Die graue Fläche symbolisiert die sichtbare Fläche des Oberstoff-Rocks, die grüne Fläche die des Futters. Die gelbe Fläche ist der Innenbund.

1. Taillenvertiefung und die Weite der oberen Rockkante reduzieren (siehe ab Seite 50).
2. Fläche für den Taillenbeleg einzeichnen und kopieren.
3. Schlitzeinschläge für den Rock anzeichnen.
4. Da beide Einschläge nach innen gebügelt werden, müssen bei der Futterkonstruktion **beide Einschläge nach innen gespiegelt und entfernt werden.**
5. Das Futter um ca. 2 cm kürzen.

Rockfutter (2)
für engen Rock mit offenen Schlitzen

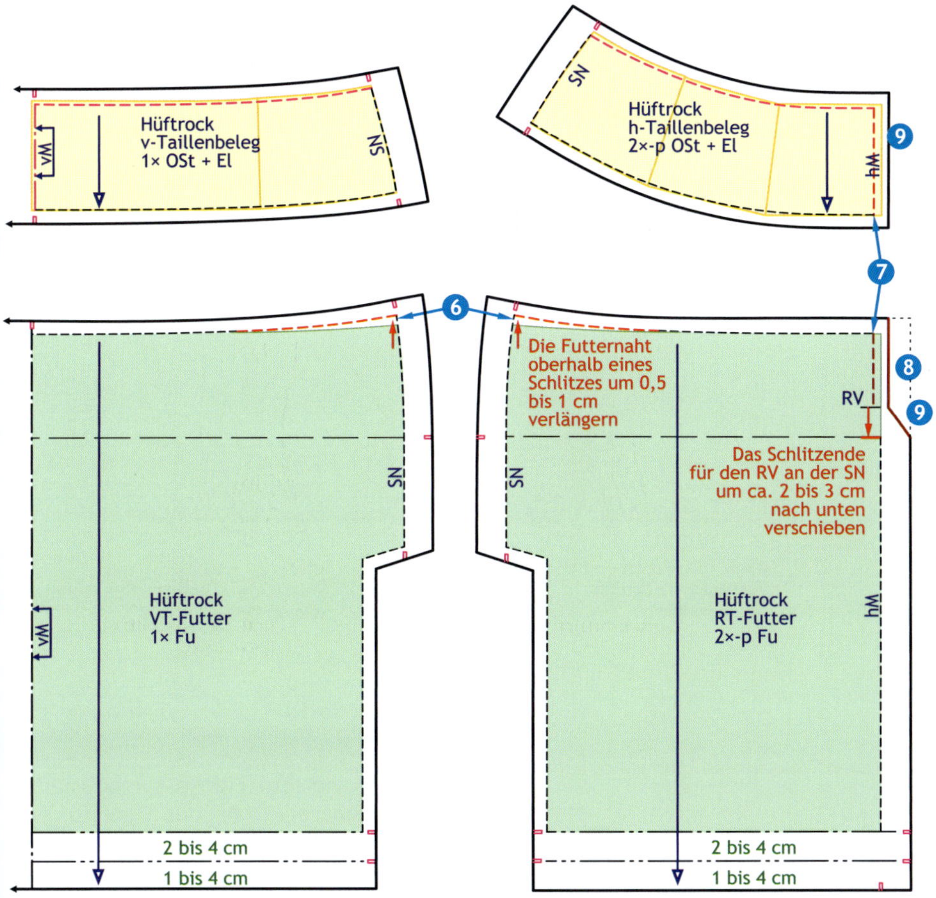

□4 **Produktionsschnitt der Taillenbelege und des Futters (VT und vTaBe noch spiegeln)**

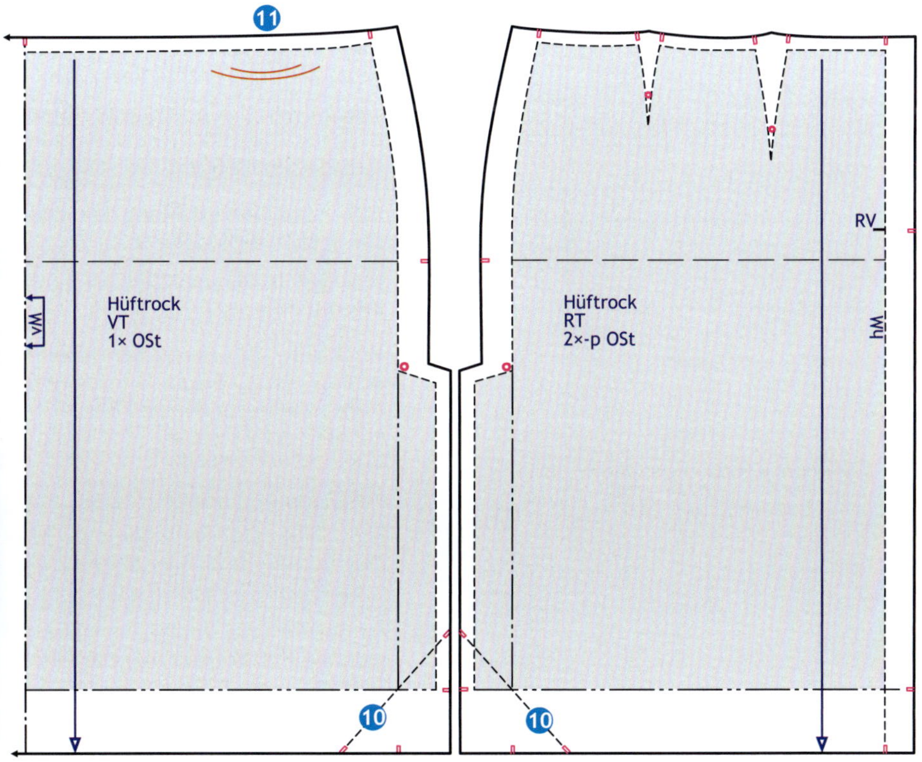

□5 **Produktionsschnitt des Oberstoffs (VT noch spiegeln)**

2 Innere Schnittteile

□4 Für die Fertigstellung der Taillenbelege, siehe Seite 53.

6 Das Futter wird unten am Schlitzeinschlag angenäht. Oberhalb eines gefütterten Schlitzes benötigt das Futter Mehrlänge. Die Futteransatznaht dort um ca. 0,5 bis 1 cm erhöhen.

7 An der hM von Taillenbeleg und Futter verschiebt man die Futteransatznaht am RV-Schlitz um ca. 0,5 cm nach innen, weil das Futter neben den an der hM befindlichen Zähnchen auf das RV-Band genäht wird (siehe Seite 59).

9 An die Futteransatznaht am RV-Schlitz kommt eine NZg von 1 cm.

8 Den RV-Schlitz an hM um ca. 2 bis 3 cm verlängern und die NZg zwischen RV-Ende und Futterschlitzende schräg beschneiden.

NZg und SaEs je nach gewünschter Verarbeitung anzeichnen und die Schnittteile markieren und beschriften.

3 Schnittteile aus Oberstoff

10 **□5** Der Übergang von Schlitz und Saum wird bei diesem Modell innen als Briefecke gearbeitet.

11 Am Vorderrock ist am Taillenbeleg der Restabnäher zugelegt worden. Diese nun im VT befindliche Mehrweite wird an dieser Stelle eingehalten.

Briefecke zeichnen

Saum- und Schlitzeinschlag nach innen falten (bzw. bügeln) und den Berührungspunkt der beiden Schnittkanten markieren.

Von der Markierung zur Ecke die Nahtlinie einzeichnen (bzw. abnähen), siehe ab Seite 23.

Rockfutter (1)
für engen Rock mit verdecktem Schlitz

46

Dieser schmale und eingestellte Rock mit einem Formbund, der seitlich mit einem Reißverschluss geschlossen wird, hat einen verdeckten Schlitz in der hM und wird gefüttert.

In □**1** sieht man die Rückansicht mit dem eingenähten Futter am geöffneten Schlitz.

In □**2** sieht man am gewendeten Rock das Rückteil-Futter mit Schlitz und seitlichem Reißverschluss, der bis zur oberen Rockkante schließt.

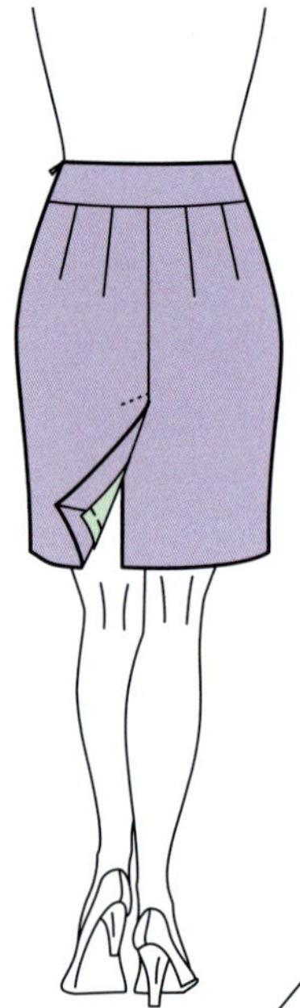

□1 Rock mit Formbund und verdecktem Schlitz (Rückansicht)

56

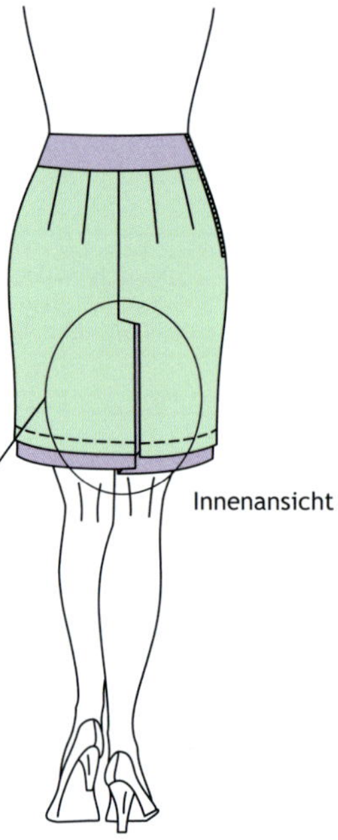

□2 Hinteres Rockfutter mit verdecktem gefüttertem Schlitz (gewendet)

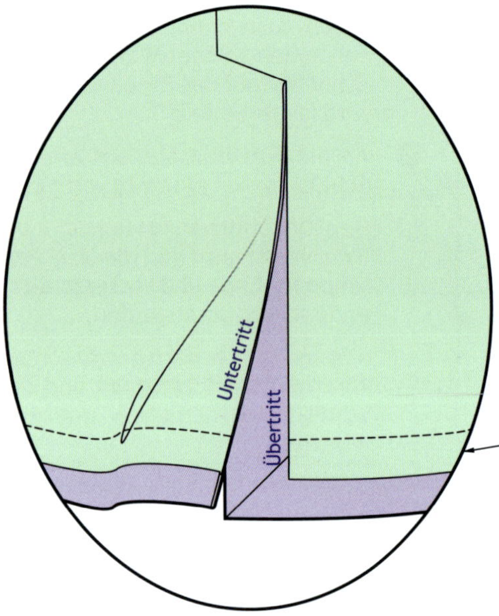

□3 Detailansicht des verdeckten Schlitzes von innen

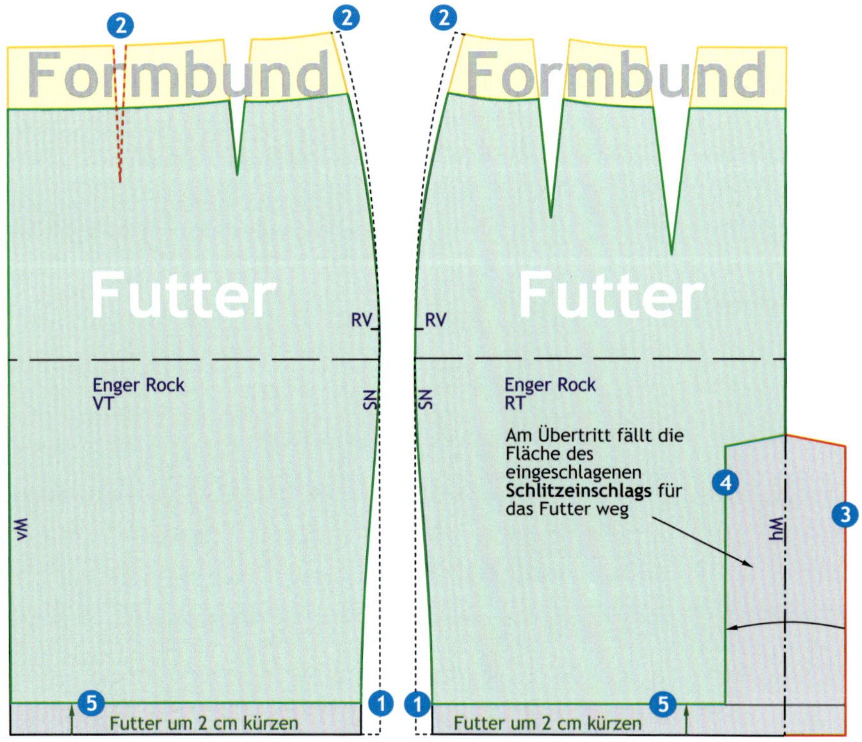

□4 Enger Rock mit verdecktem Schlitz an der hinteren Mitte

1 Rock-Abwandlung

□**4** Die violette Fläche symbolisiert die sichtbare Fläche des Oberstoffs, die grüne Fläche die des Futters. Die gelbe Fläche ist der Innenbund.

1. Rocklänge bestimmen, Seitennaht einstellen.
2. Die Weite der oberen Rockkante reduzieren und den Bund einzeichnen (siehe Seite 52).
3. Schlitzeinschlag an der hM für den Rock aus Oberstoff anzeichnen.
4. Da der Schlitzeinschlag des Übertritts nach innen gebügelt wird, muss er für das Futter nach innen gespiegelt und entfernt werden.
5. Den Futtersaum um 2 cm kürzen.

2 Schnittteile aus Oberstoff

□**5** Zur Fertigstellung der äußeren Schnittteile siehe Seite 52.

6. Für den Reißverschluss erfolgen keine weiteren Veränderungen.

   Rockteile mit dem Schlitzeinschlag, NZg, SaEs, Briefecken-Naht, Markierungen und Beschriftungen fertig stellen.

3 Beleg und Futter

□**7** Für die Taillenbelege ist die Weiten- und Breitenreduzierung ab Seite 57 beschrieben.

7. An der SN vom Futter verschiebt man die Futteransatznaht am RV-Schlitz um ca. 0,5 cm nach innen, weil das Futter neben den an der hM befindlichen Zähnchen auf das RV-Band genäht wird (siehe Seite 59).

Rockfutter (2)
für engen Rock mit verdecktem Schlitz

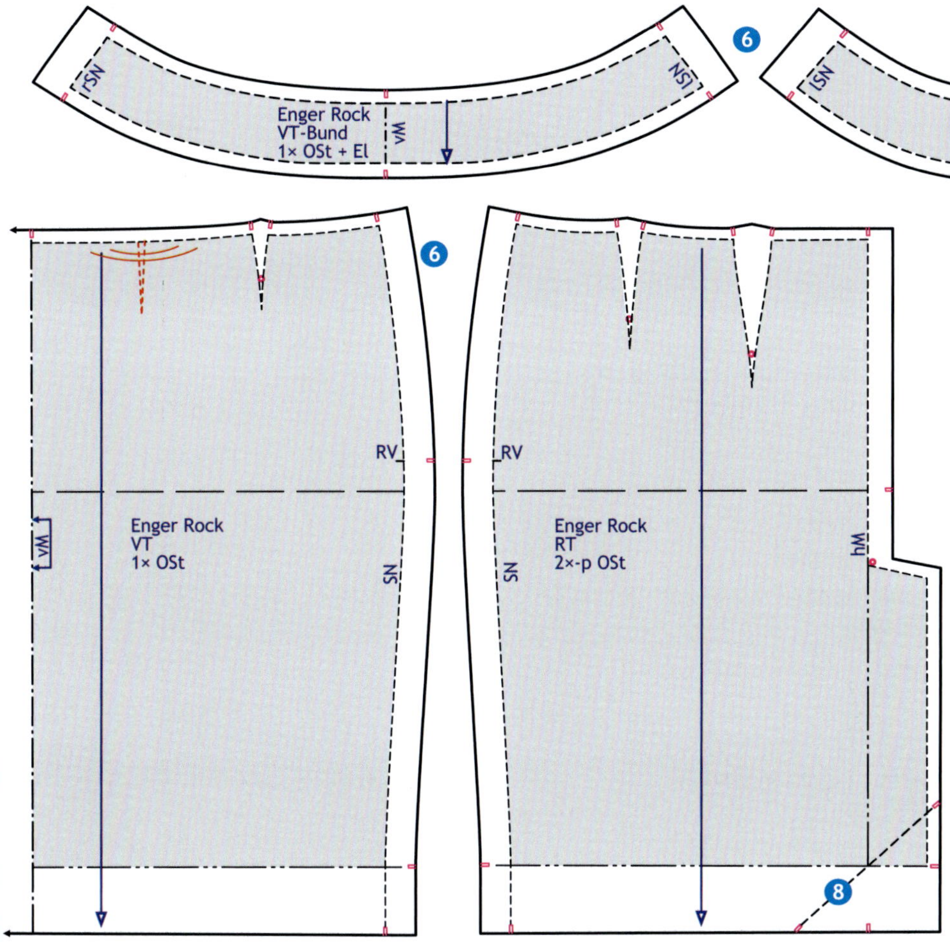

□5 **Produktionsschnitte der Formbunde und der Rockteile (VT noch spiegeln)**

8 An die Futteransatznaht am RV-Schlitz kommt eine NZg von 1 cm.

9 Futter-Schlitz an SN um ca. 2 bis 3 cm verlängern und die NZg zwischen RV-Ende und Futter-Schlitzende schräg beschneiden.

✂ Diese Veränderung kann auch nach dem Zuschnitt erfolgen.

10 An der Übertrittseite des Futters (linkes RT) wird der Schlitzeinschlag nach innen gespiegelt und entfernt

11 Die Untertrittseite des Futters (rechtes RT) wird mit dem Schlitzeinschlag zugeschnitten.

12 Oberhalb eines gefütterten Schlitzes benötigt das Futter Mehrlänge. Die Futteransatznaht dort um ca. 0,5 bis 1 cm erhöhen.

NZg und SaEs je nach gewünschter Verarbeitung anzeichnen.

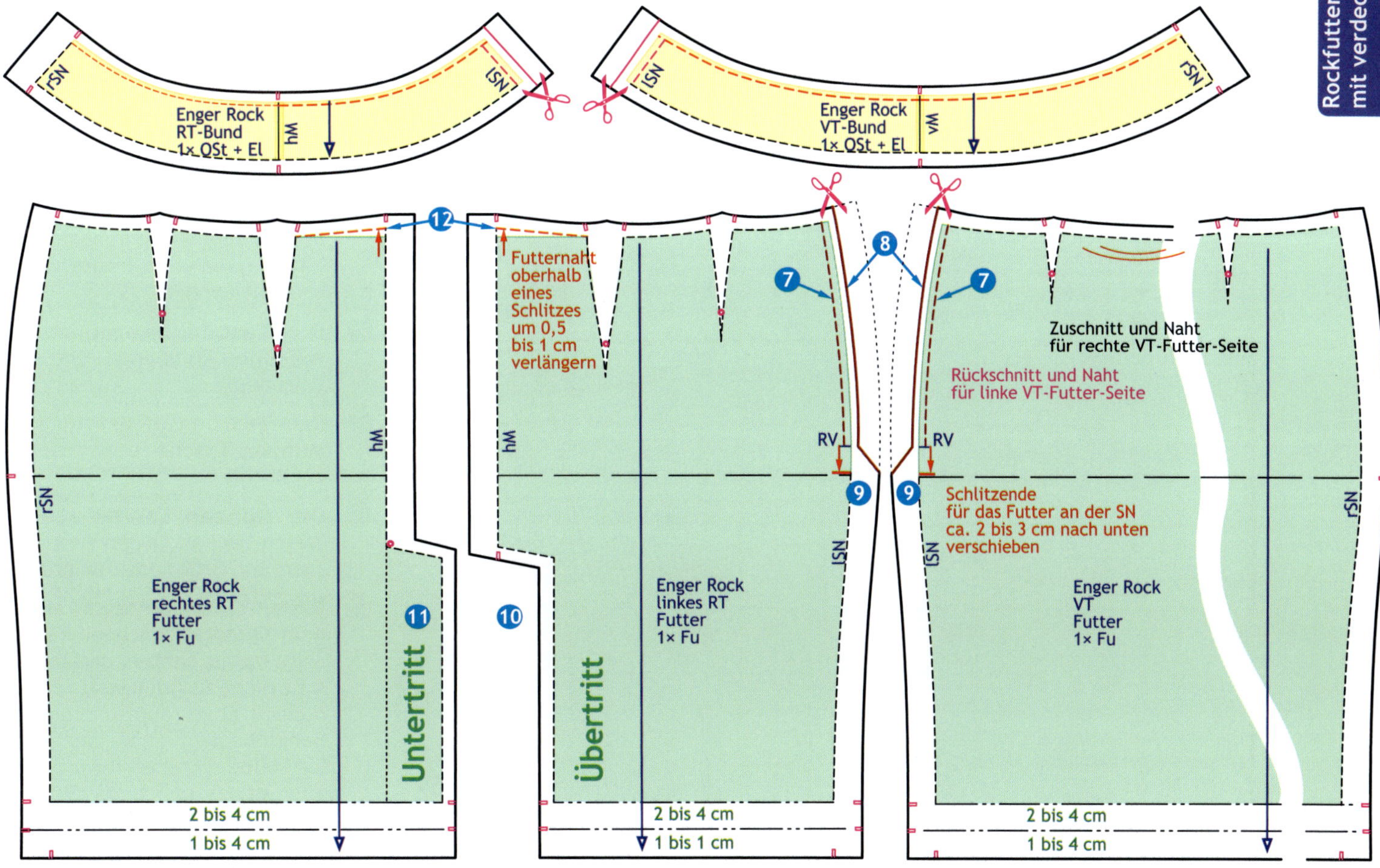

□7 **Produktionsschnitte der Innenbünde und des Futters (VT-Futter unterbrochen dargestellt)**

Jeansrock (1)

46

Der Jeansrock ist ein meist ungefütterter Hüft-Rock, oft mit Formbund und jeanstypischen Seitentaschen (Swing-Pockets) sowie mit einer Münzen-bzw. Uhrentasche (siehe Seite 156).

Das Modell hier ist leicht ausgestellt, das Vorderteil wird durchgeknöpft, das Rückteil mit Passe und Spatentaschen sowie mit einem verdecktem Schlitz in der hinteren Mitte gearbeitet.

Alternativ kann selbstverständlich ein Reißverschluss in Jeansoptik wie an einer Hose gefertigt werden (siehe Seite 118).

Alle Nähte, Kanten und der Saum sind markant abgesteppt.

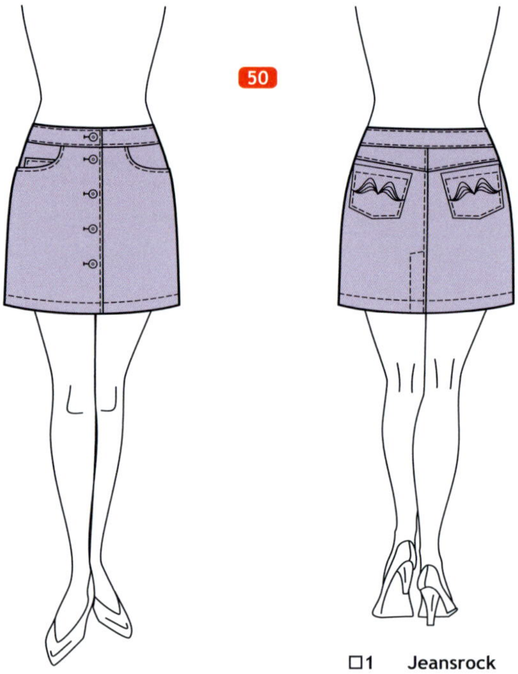

50

□1 Jeansrock

1 Abtrennungen für Formbund und Passe

Die Arbeitsschritte für die Taillenvertiefung, Formbund- und Passenkonstruktion findet man ab Seite 56.

1. Individuelle oder vereinfachte Taillenvertiefung vornehmen.
2. Formbund parallel zur Taillenvertiefung einzeichnen.
3. Passe in gewünschter Breite und Form einzeichnen.
4. Weiten-Reduzierungen ggf. durch einen zweiten vorderen Abnäher und an der Seitennaht vornehmen.
5. Abnäher auf die Formbund- und Passen-Abtrennlinie kürzen oder besser verlängern.
6. Alle Abnäher zulegen, Nähte formen und NZg anzeichnen.

Je nach Materialqualität kann auf den Zuschnitt eines Innenbundes verzichtet werden.

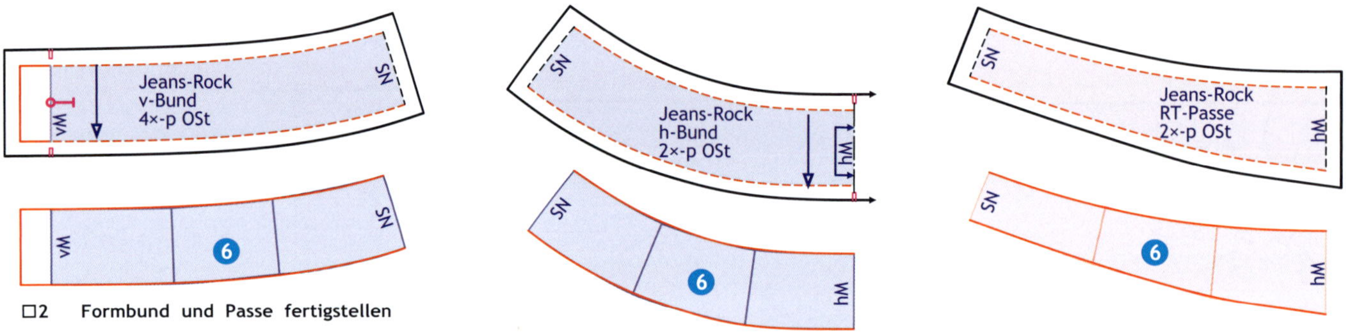

□2 Formbund und Passe fertigstellen

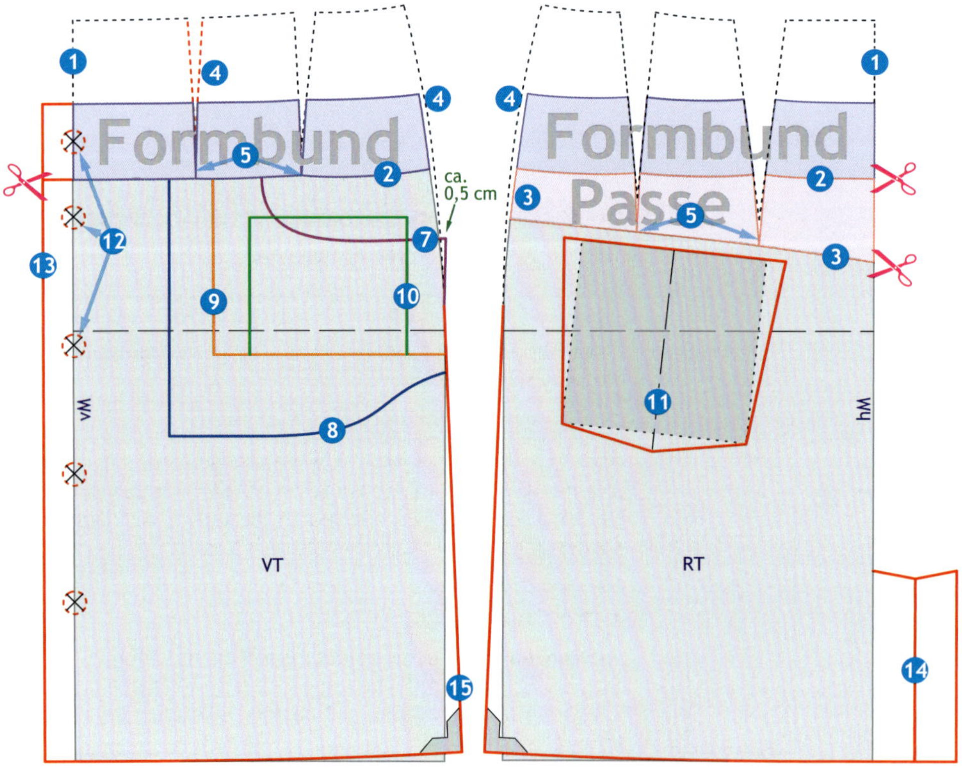

□3 Abtrennungen, Taschen und Verschluss

2 Swing-Pocket + Spatentasche

7. **Tascheneingriff** formen und 0,5 cm über die Seitennaht verlängern, um mehr Eingriffweite zu bekommen.
8. Die **Taschenbeutel** in gewünschter Form und Größe einzeichnen.
9. Den **Taschenspiegel** für die **Münzen-Tasche** etwas tiefer einzeichnen.
10. Die **Münzen-Tasche** (Coin/Watch-Pocket) in gewünschter Form und Größe positionieren.
11. Die hintere **Spatentasche** aus einem **Quadrat** zeichnen (Seite 363). Darauf achten, dass die Tasche nicht zu klein gerät, da sie doppelt abgesteppt und die Innengröße dadurch kleiner wird. Sie sollte zwischen hM und SN, aber etwas näher zur Seitennaht liegen (hier ist eine klassische Form gezeigt).

3 Knopfleiste, Schlitz

12 □3 Knopfpositionen an Bund und Rockkante an vM markieren.

13 Den Übertritt für die Knopfleiste anzeichnen.

14 Schlitzlänge und Einschlagbreite anzeichnen.

Am ungefütterten Schlitz kann man am Untertritt den Schlitzeinschlag nochmals spiegeln.

4 Rockteile fertig stellen

15 Seitennaht ausstellen und die Saum-Übergänge an der Seitennaht rechtwinklig formen.

16 Die Einschlagbreite muss innen breiter als das Knopfloch sein.

17 Die Spatentasche positionieren.

18 Nzg, SaEs und Markierungen setzen.

19 Für die Übertritt-Seite wird am RT der zweite Schlitzeinschlag + NZg am Stoff abgetrennt. Dadurch spart man sich beim Einzelzuschnitt die Konstruktion zweier Schnittteile.

5 Spatentasche

20 □4 Spatentasche kopieren. Aus Pappe zugeschnitten kann dies als Bügelschablone verwendet werden.

21 Evtl. eine Absteppung und eine Ziersteppung gestalten.

22 NZg und Einschlag an die Tasche zeichnen. Knipse markieren.

156
357

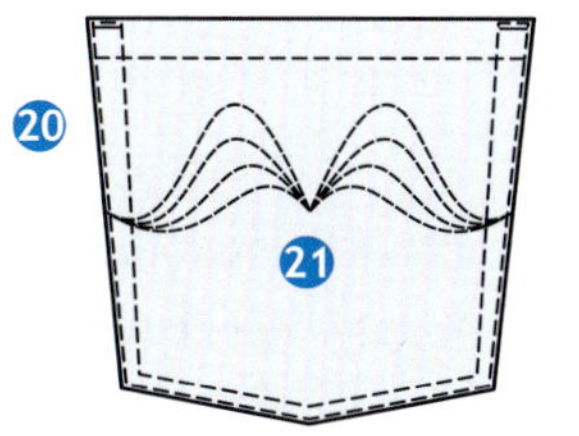

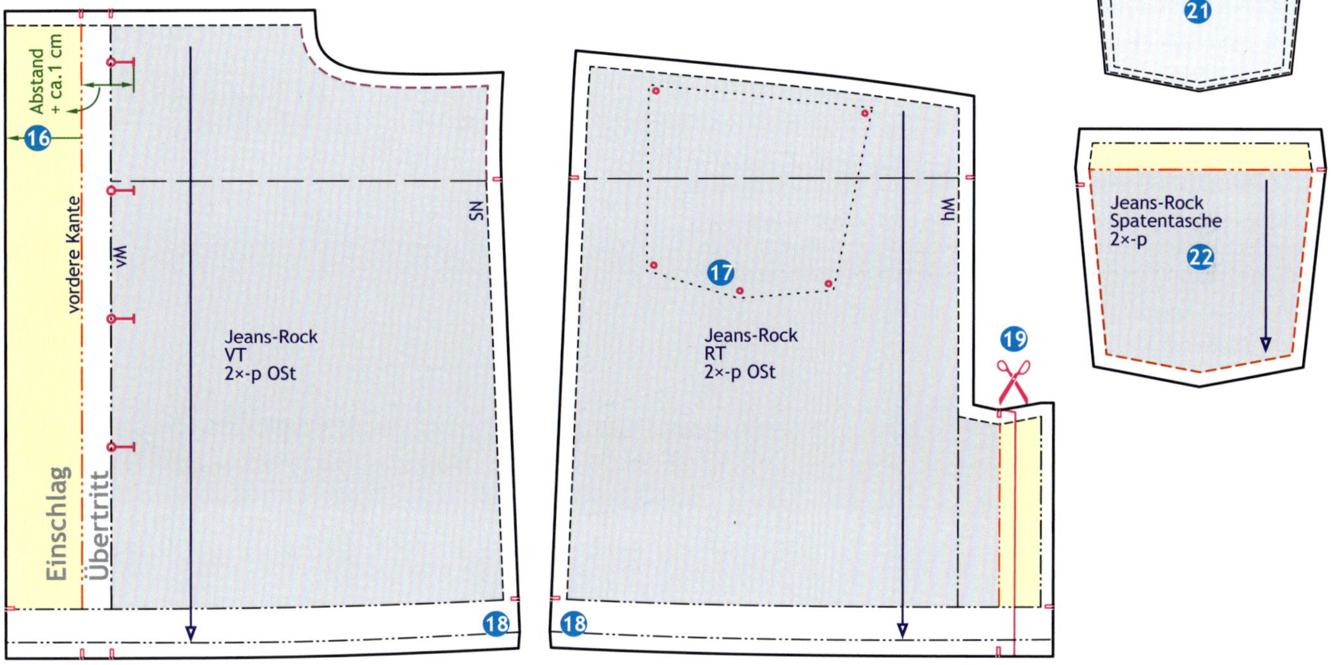

□4 Produktionsschnitt der Rockteile und der Spatentasche

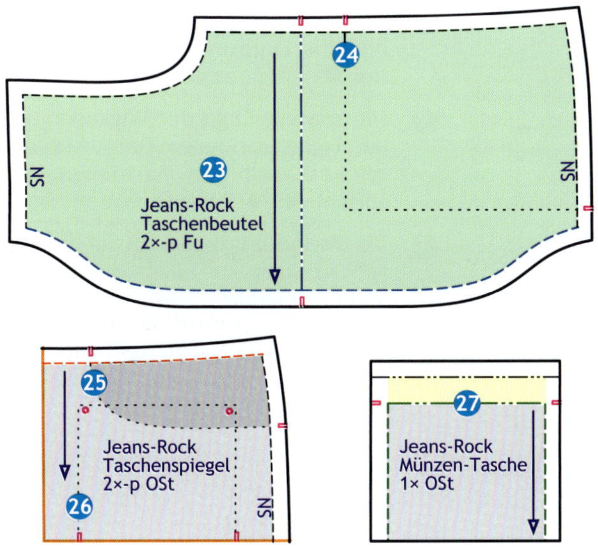

□5 Produktionsschnitt der Taschenteile

6 Swing-Pocket fertig stellen

367

□3 Alle Taschenteile kopieren.

23 □4 Den vorderen Taschenbeutel wenden und wie skizziert an den hinteren Taschenbeutel anlegen (anschneiden). Somit ergibt sich aus zwei Schnittteilen ein einziges Schnittteil.

24 Die Lage des Taschenspiegels einzeichnen.

25 Den Taschenspiegel mit NZg versehen und den Tascheneingriff mit Knipsen markieren. Der Taschenspiegel wird auf den Taschenbeutel gesteppt. An diesen Kanten können die NZg vernachlässigt werden.

26 Die Lage der Münzen-Tasche mit Knipsen und ggf. Bohrlöchern auf dem Taschenspiegel markieren.

27 Die Münzen-Tasche mit einem Einschlag versehen (1 bis 2 cm). NZg anzeichnen (untere Taschenkante wie beim Taschenspiegel mit oder ohne NZg). Knipse am Tascheneingriff markieren.

Wickelrock (1)

46

Dieses Modell wird aus einem leicht ausgestellten Rock mit geradem Bund und Knopfverschluss entwickelt. Damit der Saum nicht durchhängt, wird der Untertritt ebenfalls mit einem innen liegenden Knopf gehalten.

Alternativ wird ein Wickelrock manchmal auch mit einem um die Taille verlaufenden Bindeband gehalten und mit einer Schließe oder einem Knoten geschlossen.

Für das Rückteil bleibt der ausgestellte Rockschnitt unverändert. Er kann an der hM im Stoffbruch zugeschnitten sein.

Hier werden nur die Veränderungen und die Schnittteile für das Vorderteil gezeigt.

Beide VT können mit einem Beleg verstürzt werden (1. Verarbeitungsvariante).

Alternativ kann der Untertritt nur mit Futter verstürzt werden. Man spart dabei Oberstoff. Dann wird nur der Übertritt mit einem Beleg verstürzt (2. Verarbeitungsvariante).

Das Modell kann gefüttert werden. Entsprechend sind die beiden VT-Futter einmal bis zur Belegnaht zuzuschneiden.

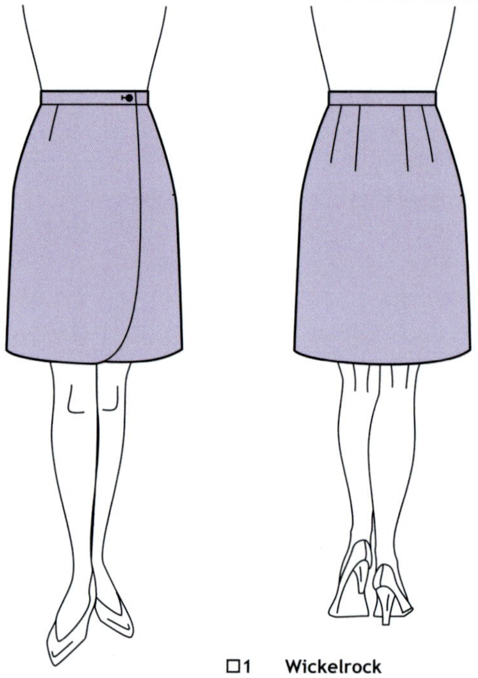

□1 Wickelrock

1 Vorderen Rock an der vM spiegeln

Wenn es sich bei einem Modell um ein asymmetrisches Kleidungsstück handelt, muss das entsprechende Schnittteil vor der Abwandlung an der Körpermitte gespiegelt werden.

Das vordere Rockteil wird kopiert, die Teile werden an der vM zusammengeklebt.

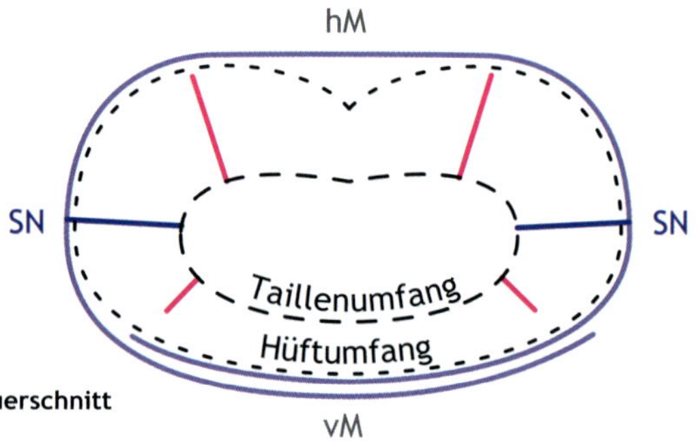

□2 Querschnitt

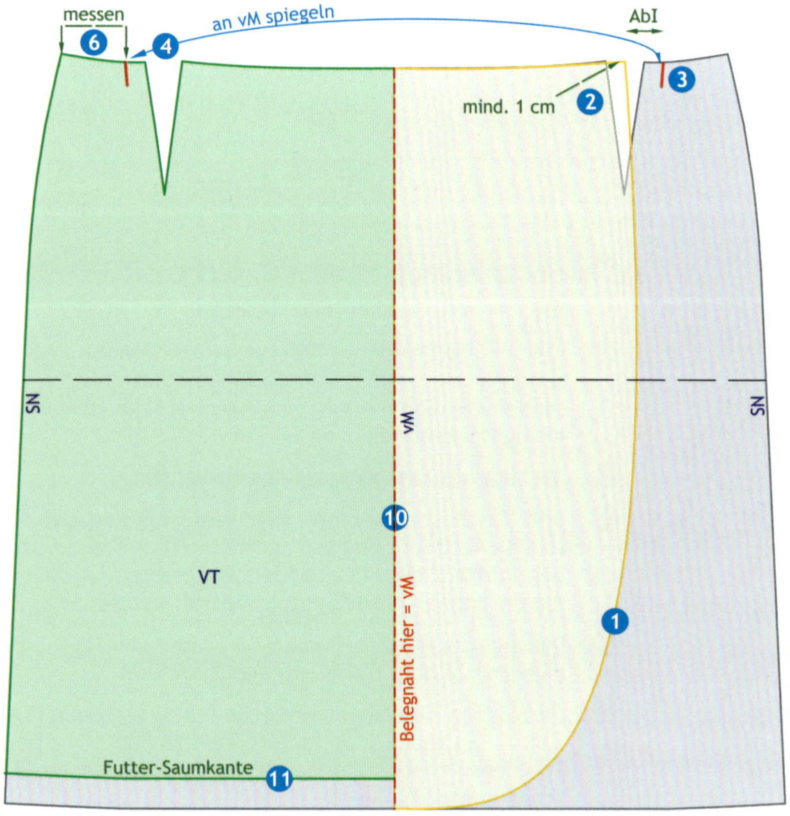

□2 Vorderrock an VM spiegeln und Wickelteil gestalten

2 Wickelteil gestalten

1. Das VT wird als Wickelteil gestaltet. Dazu wird die gewünschte Kante vom Saum zur Taillennaht gezeichnet. Der **Kantenabstich** kann wie hier rund verlaufen oder jede beliebige andere Form haben.
2. Um den Abnäher zu verdecken, wird hier die Linie mindestens 1 cm über den Abnäher gezeichnet.
3. Die spätere Lage der Wickelkante an der Taille markieren: Der Abstand der Wickelkante zur Markierung entspricht dem Abnäherinhalt.
4. Die Markierung an der vM auf die andere Seite spiegeln → Markierung zum Anlegen der Kante.

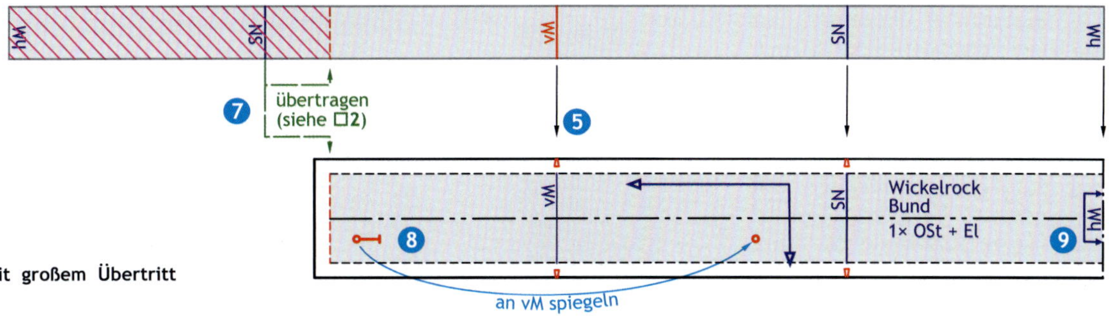

□3 Gerader Bund mit großem Übertritt

3 Gerader Bund mit großem Übertritt

5 □**3** Ausgehend vom geraden Bund wird nur die benötigte Bundfläche kopiert.

6 Am Rock-VT den Abstand von der SN zur Kantenmarkierung messen.

7 Am Bund diesen Betrag von der SN in Richtung vM entfernen. Dieser wird hier nicht benötigt.

8 NZg und Knopfloch markieren. Den Knopfannähpunkt so markieren, dass das Auge des Knopflochs an der vM gespiegelt wird.

9 Die hM am Bund wird im Stoffbruch zugeschnitten, weil er dort symmetrisch und an der hM keine Naht ist.

4 Produktionsschnitte für das Vorderteil

Linkes und rechtes VT sind hier symmetrisch.

Die Übertrittkante muss bei einem runden Kantenabstich mit einem Beleg verarbeitet sein. Ein gerader Kantenabstich kann auch mit einem Einschlag (angeschnittener Beleg) gearbeitet werden.

10 □**4** Die Beleg-(Einschlag-)Breite kann nach Wunsch gewählt werden, sollte aber so breit sein, dass beim Aufklappen der Wickelkante das Futter oder die innere Belegkante nicht direkt sichtbar wird.

11 Für das Futter wird der Saum um 2 cm gekürzt und mit 2× 2 cm Saumeinschlägen versehen. Ebenso am RT-Futter.

NZg und SaEs anzeichnen.

12 Am Übergang des Saums zum Beleg muss hier eine Ecke genäht werden.

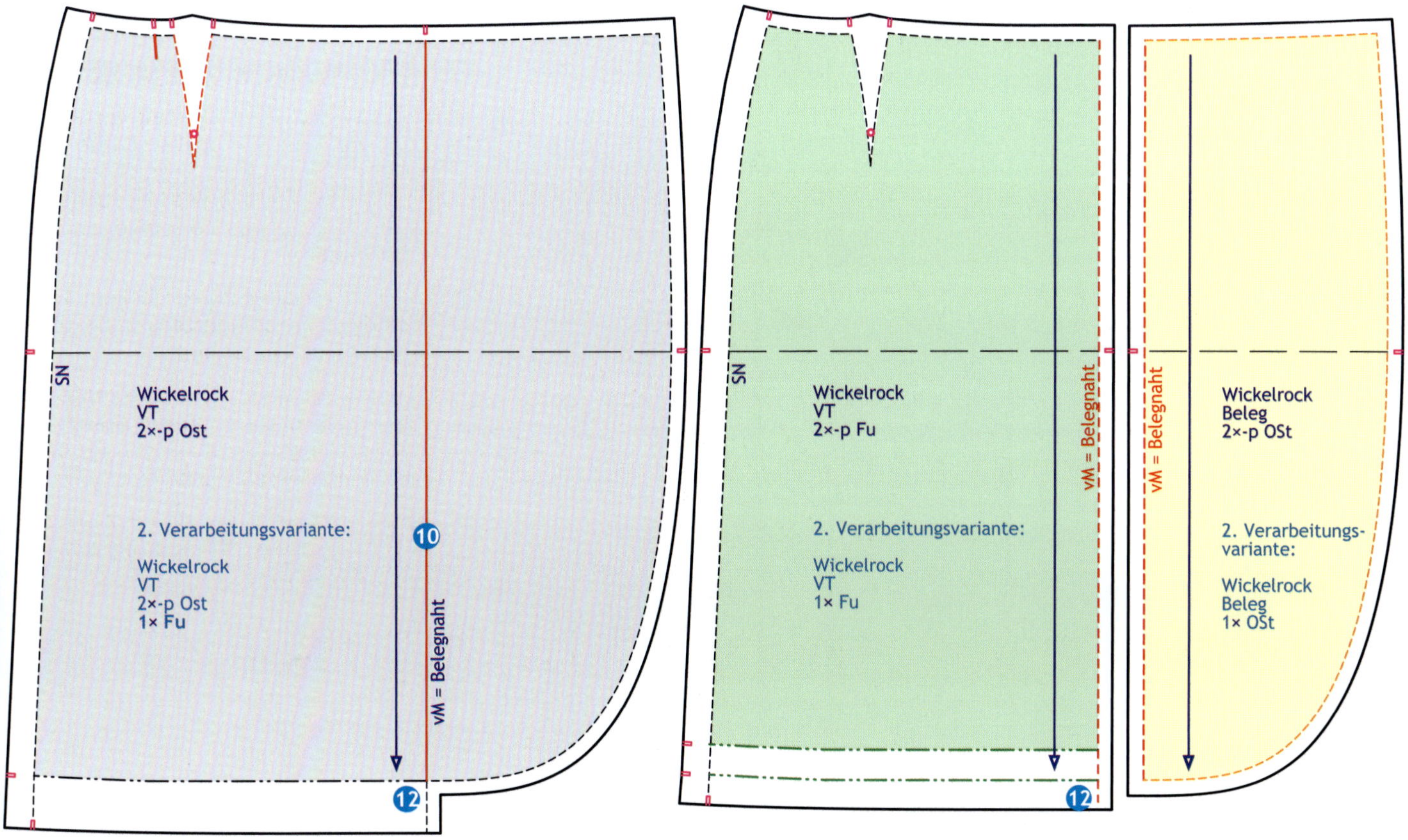

□4 Produktionsschnittteile VT

Wickelrock (1) mit Drapierung und Wasserfall-Kante

46

Ein eingestellter Wickelrock mit geradem Bund wird zu einem Modell mit mit Drapierfalten im oberen vorderen Rockteil und einer Wasserfall-Kante weiterentwickelt. Das untere vordere Wickelteil ist nicht symmetrisch mit dem oberen. Der Verschluss ist durch eine schmückende Blüte verdeckt.

Für das Rückteil kann der eingestellte Rockschnitt von Seite 46 unverändert verwendet werden.

Das Bundteil am Untertritt ist kürzer als am Übertritt; der Bund ist also nicht symmetrisch.

Der Rock kann gefüttert werden. In diesem Beispiel hier wären die beiden VT-Futter wegen der unterschiedlichen Einschlag- und Beleg-Kanten nicht identisch.

□1 Wickelrock mit Drapierfalten und Wasserfall-Kante

1 Rock-VT abwandeln

□3 Den Rock-GS an der SN einstellen.

Da es sich bei diesem Modell um ein asymmetrisches Kleidungsstück handelt, wird das VT vor der Abwandlung an der Körpermitte gespiegelt.

1. Beginn der Übertritt-Kante an der Taille markieren.
2. Länge der Wasserfall-Kante waagerecht anzeichnen.
   Übertrittkante zum Saum formen.
3. Einschnitt von der Übertritt-Kante zur Abnäherspitze zeichnen.
4. Für die Drapierfalten den Faltenbeginn an der Taille markieren.
5. Entsprechend des Faltenverlaufs die Einschnitte zur SN bzw. zur Abnäherspitze zeichnen und einschneiden.

2 Vorderes Untertritt-Teil bestimmen

6. □3: Die Länge des Untertritt-Teils an der Taille bestimmen und die Kante einzeichnen.
7. Den Saum an der Untertritt-Kante um ca. 0,5 cm kürzen und das Schnittteil kopieren (□5).

3 Bund konstruieren

8. □2 Die Taillen-Strecken am Rock messen und auf den passenden Bund-GS für den Übertritt-Bund und den Untertritt-Bund übertragen.
9. Die Bundteile an der hM anschneiden (siehe □4).

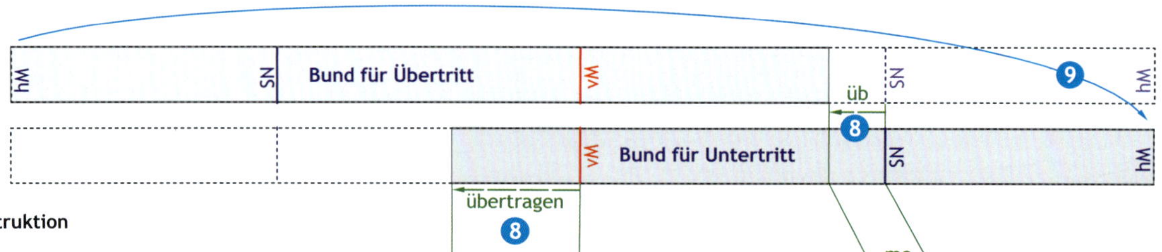

□2 Bund-Konstruktion

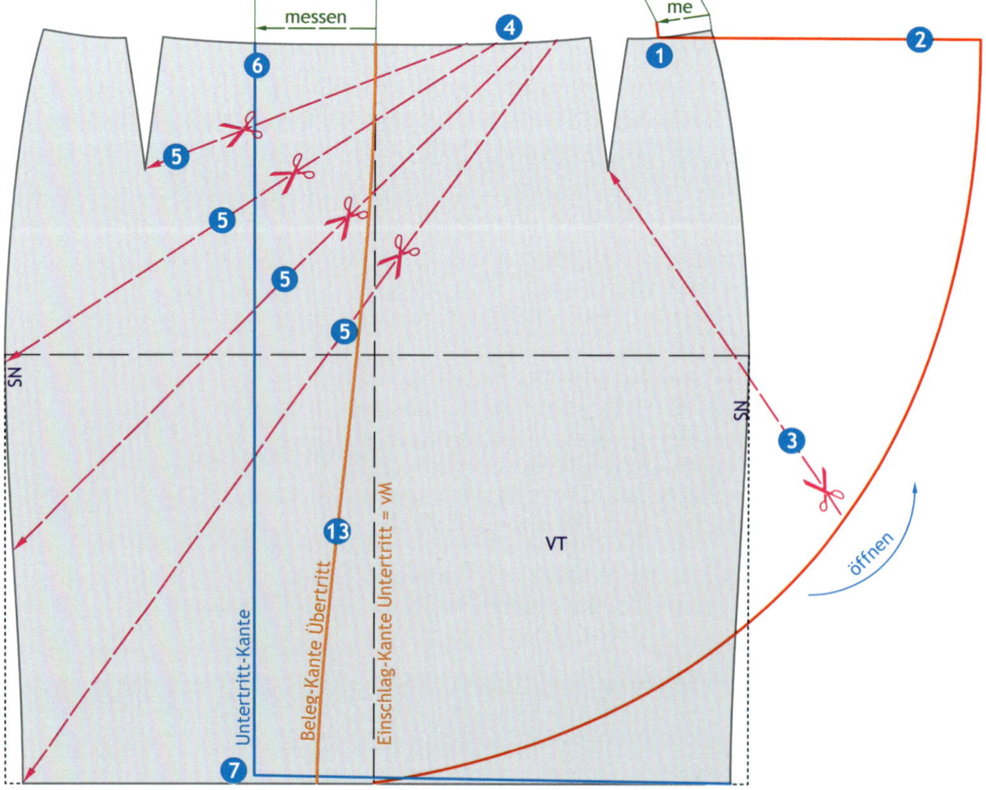

□3 Rock-VT-Abwandlung

Wickelrock (2)
mit Drapierung und Wasserfall-Kante

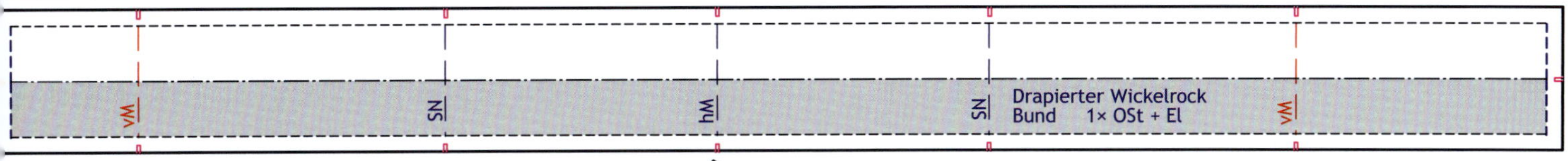

□4 Produktionsschnitt Bund

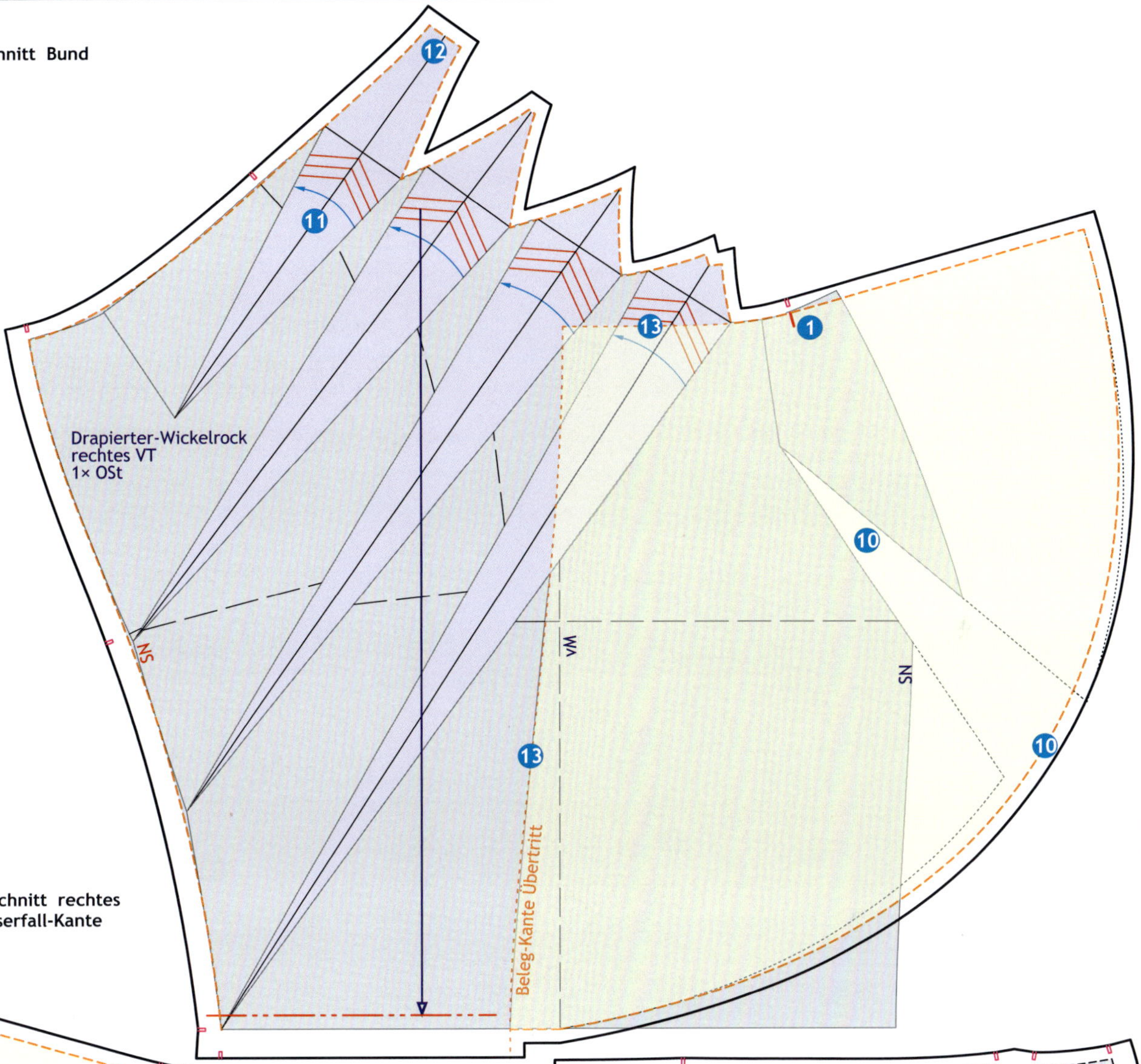

□5 Produktionsschnitt rechtes VT mit Wasserfall-Kante

Vorderteile entwickeln

(10) □6 Die Wasserfallkante öffnen, indem man den linken vorderen Abnäher schließt und die Kante neu formt.

(11) Dann nacheinander alle Falteneinschnitte ungefähr gleich weit öffnen. Dabei möglichst alle im Grundschnitt vorhandenen Abnäher schließen.

(12) Die **Faltenrückschnitte** durch Zulegen und Zurückschneiden der Falten bestimmen. An **P1** (Beginn der Übertritt-Kante) wird der Rückschnitt gerade abgeschnitten.

(13) Für die Wasserfall-Kante muss ein **Beleg** konstruiert werden (hier in Gelb-Orange). Dazu wird oben der ursprüngliche Taillenverlauf verwendet und nach unten die Beleg-Kante so breit zum Saum gezeichnet, dass sie beim Umschlagen der Übertritt-Kante nicht direkt sichtbar wird.

Den Beleg kopieren und spiegeln (der fertige Beleg-Schnitt ist hier unter dem Text hinterlegt).

vM

Drapierter-Wickelrock
Übertritt-Beleg
1× OSt

□6 Poduktionsschnitt Übertritt-Beleg

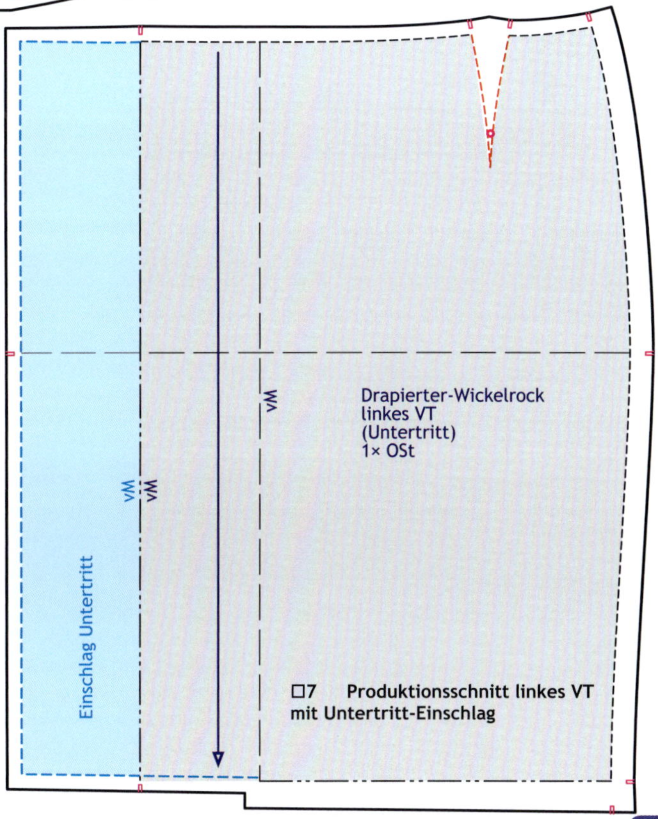

□7 Produktionsschnitt linkes VT mit Untertritt-Einschlag

Asymmetrischer Rock (1)
mit Wasserfall-Drapierung

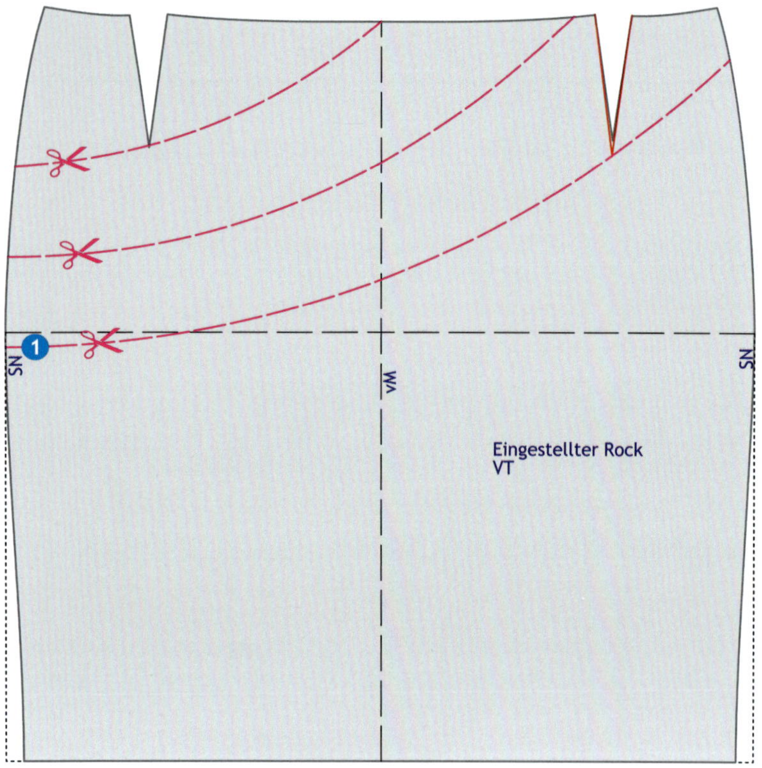

□1 Vorderansicht mit Wasserfall-Drapierung

□2 VT abwandeln

Dieser eingestellte enge Rock wird mit asymmetrischer Wasserfall-Drapierung an der rechten Rockseite gearbeitet. Das Rückteil muss dieselbe Erweiterung erhalten, damit beide rechten Seitennaht-Längen gleich lang sind.

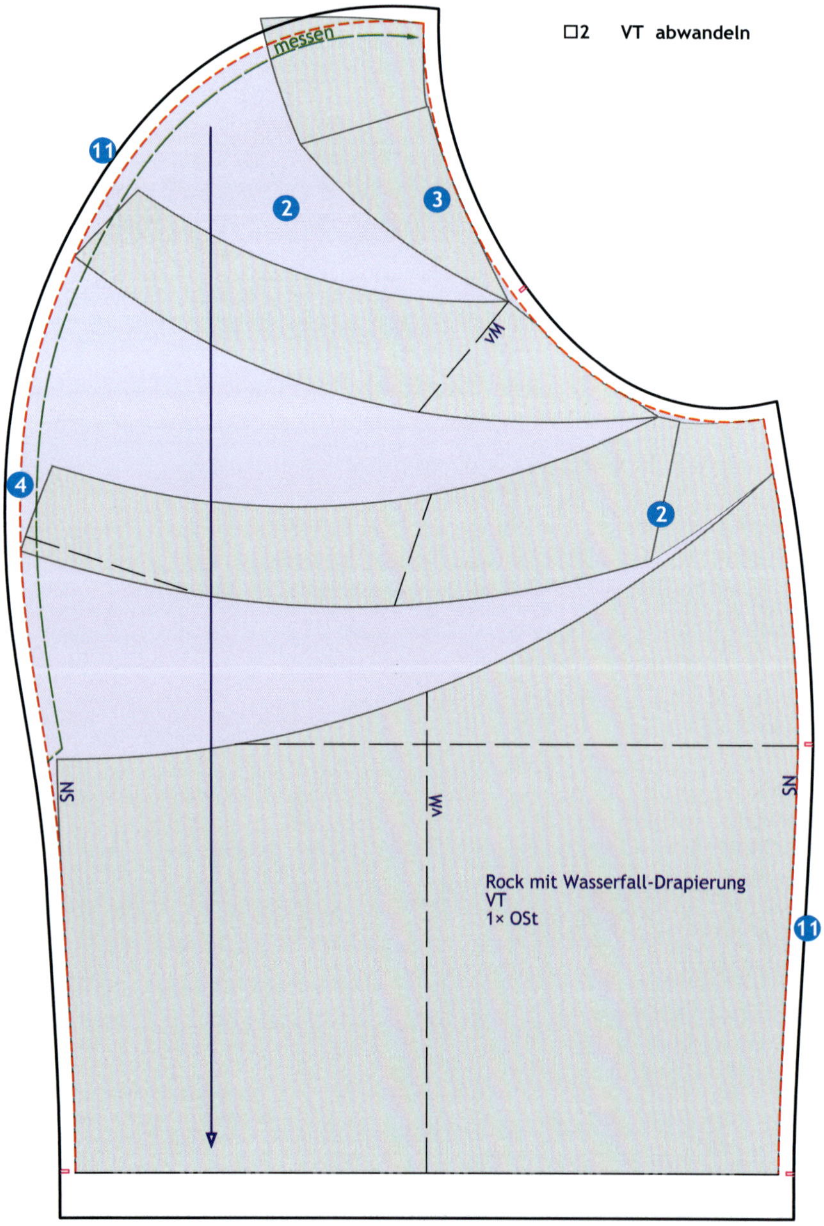

1 Drapierung am VT

Da es sich bei diesem Modell um ein asymmetrisches Kleidungsstück handelt, müssen die entsprechenden Schnittteile vor der Abwandlung an der Körpermitte gespiegelt werden.

1. □2 Die Lage der Einschnitte für die Drapierung an der SN am VT und RT identisch bestimmen. Einschnitte möglichst über die Abnäherspitzen einzeichnen und einschneiden.
2. □3 Am VT beginnen: Die Einschnitte öffnen und die Abnäher schließen. Die Öffnungen an der SN sollten vorne ungefähr gleichmäßig groß sein.
3. Taillennaht ausgleichen.
4. Die Seitennaht in großzügigem Bogen neu formen.

Bei der Anprobe muss die Drapierung sauber gelegt werden. Ggf. kann dann an der SN wieder etwas Weite reduziert werden.

□3 Produktions-Schnitt des VT

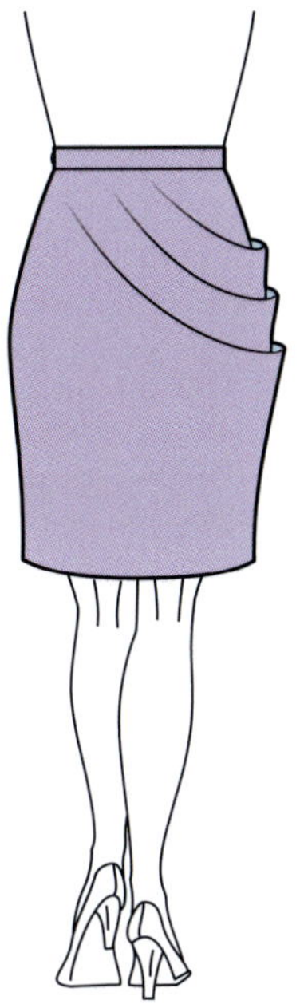

□4 Rückansicht mit Wasserfall-Drapierung

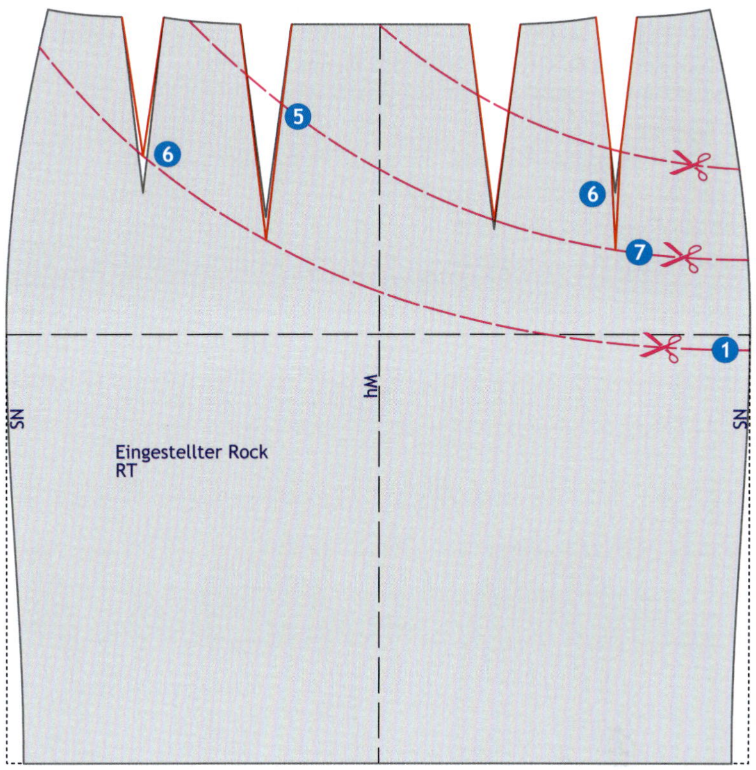

□5 RT abwandeln

2 Drapierung am RT

5 □5+6 Am RT verlaufen einige Einschnitte u.U. über die Abnäherschenkel.

6 Manche Abnäher können auf den nächstliegenden Einschnitt verlängert oder verkürzt werden.

7 Einschnittlinien einschneiden und die Einzelteile an der Taille bzw. an den Abnäherspitzen passend ansetzen.

8 Schnittteil öffnen, indem man alle Abnäher schließt.

! Die Öffnungen werden hinten weniger regelmäßig erfolgen. Insgesamt muss aber die hintere SN-Länge mit der vorderen SN-Länge übereinstimmen.

9 Durch Verändern der Öffnungen an der Seitennaht muss man so lange probieren, bis die SN-Längen übereinstimmen.

10 Taillennaht ausgleichen.

11 Die Breite der NZg an den Seitennähten ist wegen der starken Rundung eher klein.

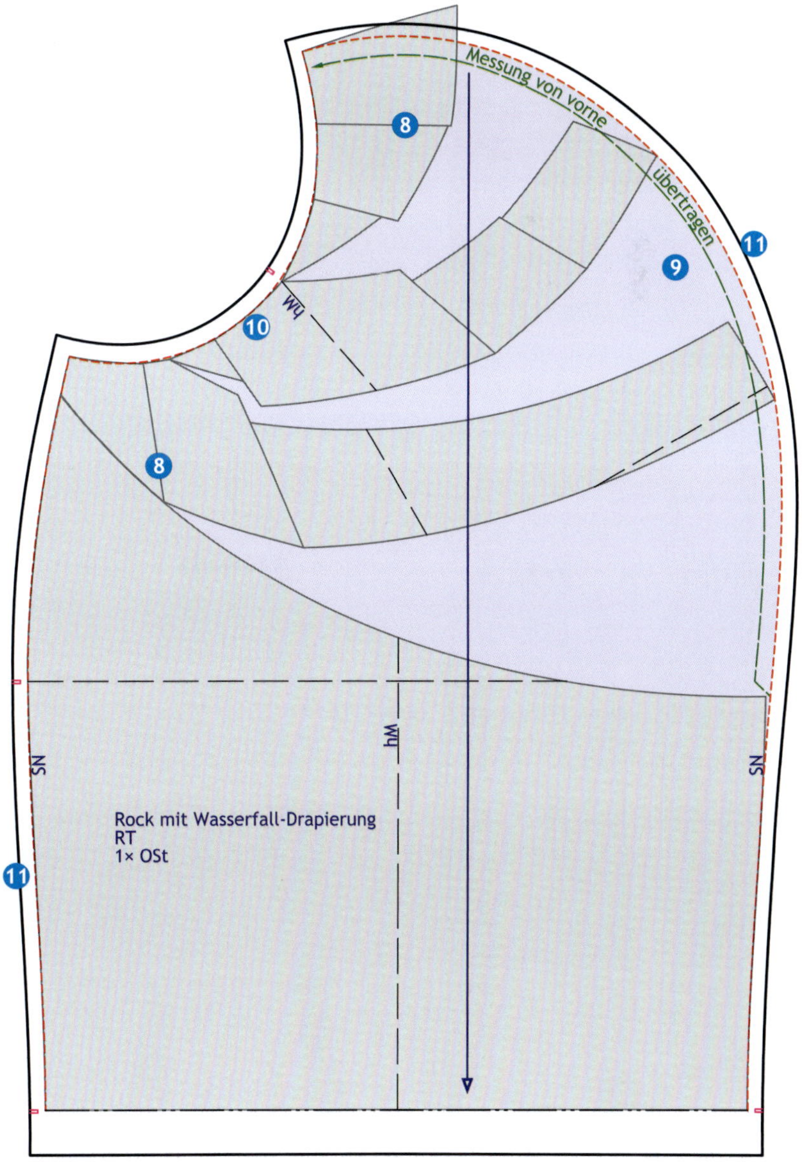

□6 Produktions-Schnitt des RT

Übersicht

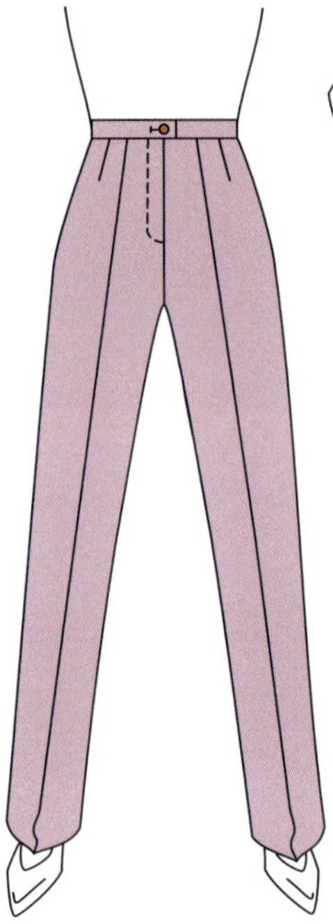

□1 Standard Hose

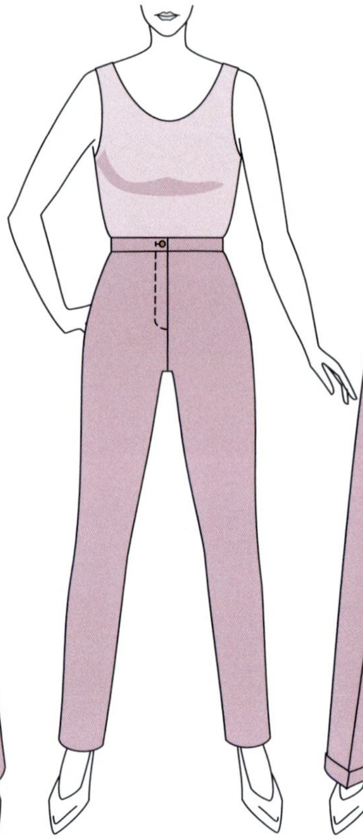

□2 Enge Hose

□3 Bundfaltenhose

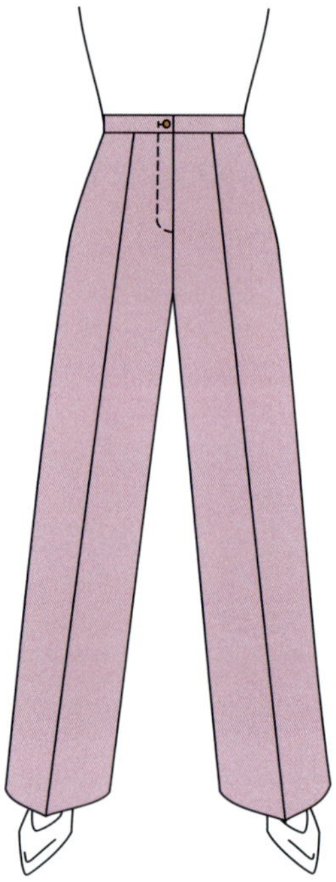

□4 Gerade, legere Hose

Weitere Hosen-Grundschnitte im Kapitel Sport, Wäsche, Unisex-Schnitte

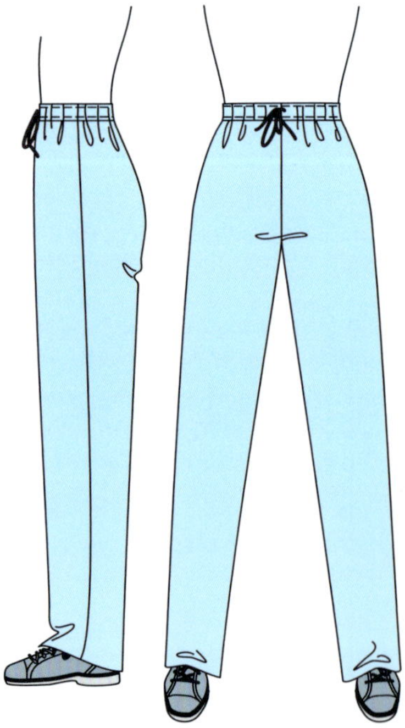

□5 Einfache Hose (unisex)

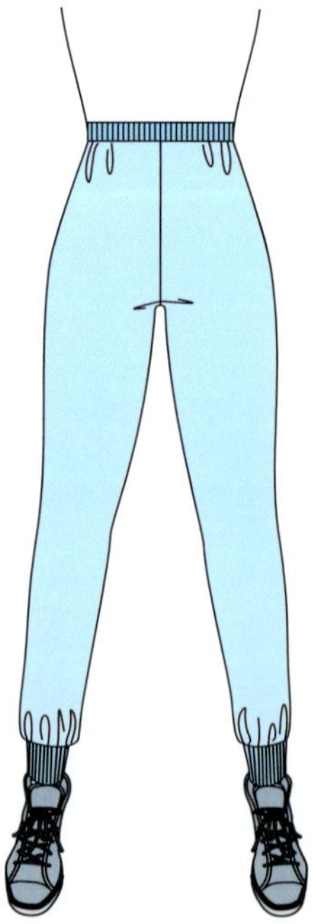

□6 Enge Jogginghose (unisex)

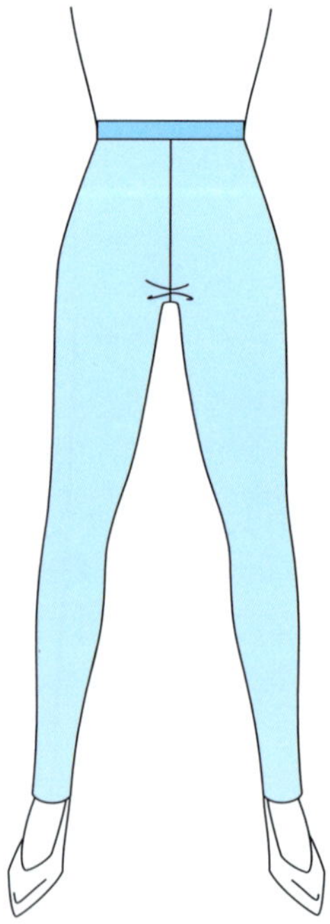

□7 Leggings (unisex)

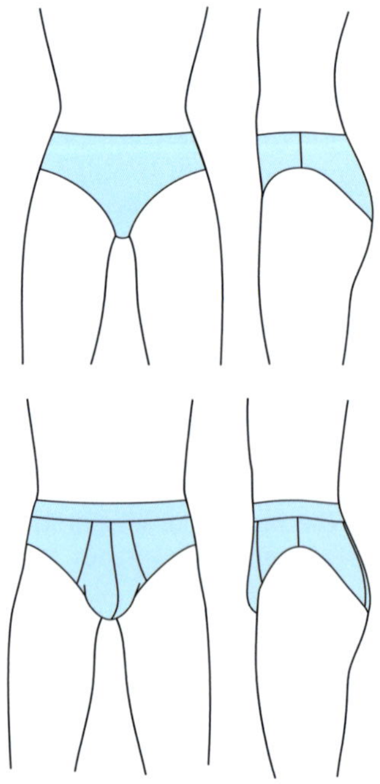

□8 Slips

Bei einer Hose werden an ein Rumpfteil für den Unterleib zwei Röhren für die Beine gearbeitet. Das Kleidungsstück sollte bequem und funktional sein und alle Bewegungen der Beine und des Unterkörpers mitmachen: Gehen, Rennen, Sitzen, Hocken, Beine spreizen, Oberkörper beugen …

Alle wichtigen Körpermaße für die Hose sind im Kapitel "Einführung" beschrieben. Sie müssen mit besonderer Sorgfalt gemessen werden.

Neu erstellte Hosengrundschnitte müssen unbedingt auf einen korrekten Sitz (Passform) und auf den guten Fall der Hosenbeine kontrolliert werden. Hierzu ist es notwendig, die Hose in einem festen (unelastischen) Stoff zuzuschneiden und zur Probe zu nähen, ansonsten "verschleppt" man Passformfehler an alle von diesem Schnitt entwickelten Modelle.

Die nachfolgenden schnitttechnischen Bezeichnungen sind für die Konstruktion einer Hose wichtig. Sie stehen im Zusammenhang mit der menschlichen Figur, die von der Hose bekleidet wird.

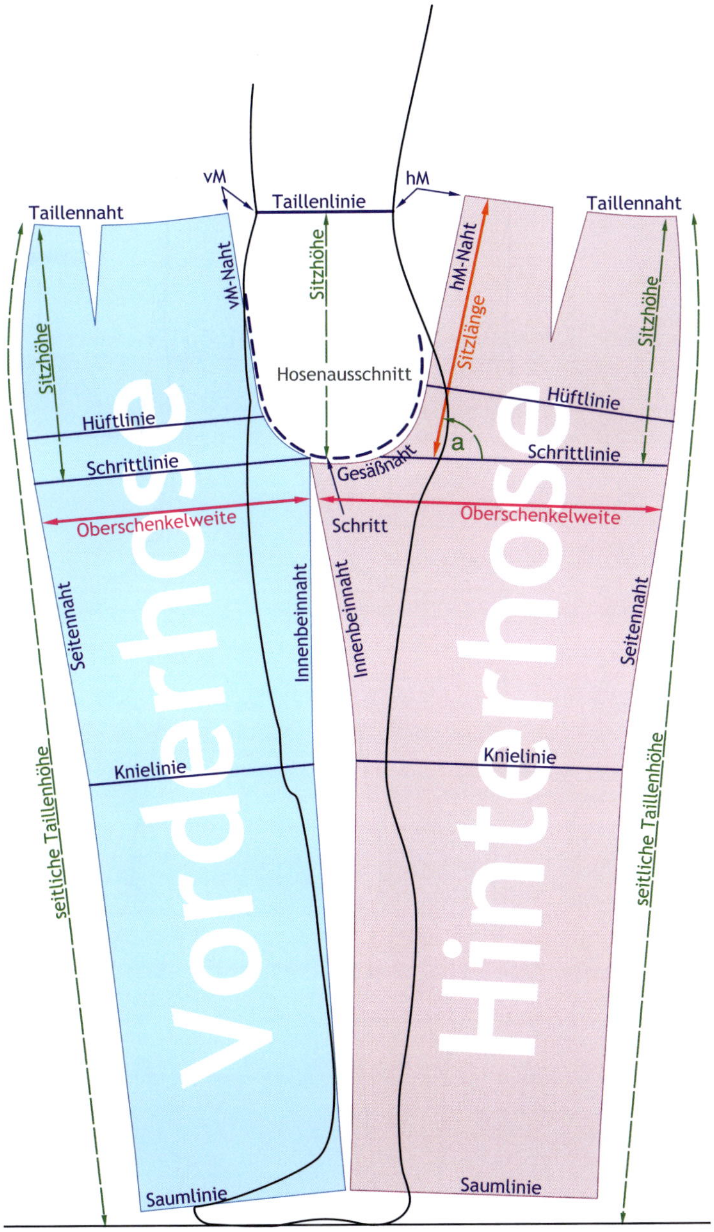

□1 Körper, Hose und Begriffe

Fachbegriffe

Jedes Hosenbein besteht aus zwei zusammen genähten Schnittteilen: Der **Vorderhose** und der **Hinterhose**. Die **Innenbeinnaht** liegt an den Bein-Innenseiten zwischen Schritt und Saum, die **Seitennaht** liegt an der Beinaußenseite zwischen Taille und Saum.

Die Hosenbeine werden an der vorderen **Mittelnaht** und hinten an der **Gesäßnaht** zusammengenäht.

Die **Taillenlinie** ist die Lage der engsten Stelle des Rumpfes zwischen Oberkörper und Unterkörper. Der **Schritt** ist der tiefste Punkt des Unterkörpers zwischen den Beinen.

Die **Sitzhöhe** ist der Abstand zwischen Taillenlinie und Schritt.

Die **seitliche Taillenhöhe** ist die Höhe von der Standfläche zur Taillenlinie, wobei seitlich über den Hüftbogen gemessen wird.

Die **Oberschenkelweite** ist das Weitenmaß an der fertigen Hose, ca. 5 cm unter der Schrittlinie gemessen.

Am Schnitt sprechen wir vom **Hosenausschnitt** und der **Hosenausschnittweite** (siehe Seite 108 und 117), die je nach Gesäßform und Hosenform entsprechend groß sein muss. Je größer die Hosenausschnittweite konstruiert wird, desto mehr Stofffläche ergibt sich an der Hose zwischen den Beinen und an den Oberschenkeln.

Die **Sitzlänge** ist kein Konstruktionsmaß. Sie wird u.a. durch den **Gesäßwinkel** α bei der Konstruktion der Hinterhose bestimmt.

Sportliche und am Oberschenkel enge Hosen benötigen mehr Sitzlänge. Hierbei bildet sich beim Stehen etwas **Mehrlänge** unterhalb des Gesäßes, diese ist für das bequeme Hinsetzen erforderlich.

Eine unter dem Gesäßbereich glatt fallende gerade Hose sollte weniger Sitzlänge besitzen. Sie ist am Oberschenkel weit geschnitten und rutscht dort beim Hinsitzen nach oben.

Hosen aus längselastischem Material können enger geschnitten werden und benötigen trotzdem etwas weniger Sitzlänge. Dabei entfällt die unschöne Länge unter dem Gesäß.

Übersicht der Hosen-Grundschnitte im Querschnitt

Die verschiedenen Hosen-Grundschnitte unterscheiden sich in der Weite der Hosenbeine am Oberschenkel, Knie und ggf. am Saum. An der Taille bis zum oberen Bauchbereich liegen alle Grundschnitte weitestgehend körpernah an.

Der **Hosenrock** wird bereits im Kapitel "Röcke" beschrieben und ist eine weite Hosenform. Entsprechend viel Stoff muss auch zwischen den Beinen zur Verfügung gestellt werden.

Die Hosenausschnittweite ist hier am größten.

Die Sitzlänge ist mit einem Gesäßwinkel α von 90° am kürzesten.

Die **legere Hose** kennzeichnet sich durch gerade geschnittene Hosenbeine, die vom Gesäß und von der Bauchmitte gerade nach unten fallen und am Oberschenkel in der Regel nicht aufliegen.

Aus der Standardhose entwickelt, ist hier die Hosenausschnittweite vergrößert.

Die Sitzlänge ist mit einem Gesäßwinkel α von ca. 86° relativ kurz.

Die **Standardhose** wird als Grundschnitt-Form für die meisten Hosenmodelle verwendet.

Sie formt die Gesäßrundung anliegend aus und sitzt daher meist am vorderen Oberschenkel auf.

Die Hosenausschnittweite wird hier entsprechend des Figurtyps gewählt.

Die Sitzlänge ist mit einem Gesäßwinkel α von ca. 84° mittelmäßig lang.

Die **enge Hosenform** wird z.B. für die Jeanshose und weitere enge Modelle verwendet.

Sie formt das Gesäß und die Oberschenkel optimal aus und ist meist an der Wade eng.

Die Hosenausschnittweite ist deutlich geringer als bei der Standardhose.

Die Sitzlänge ist mit einem Gesäßwinkel α von ca. 80° ziemlich lang.

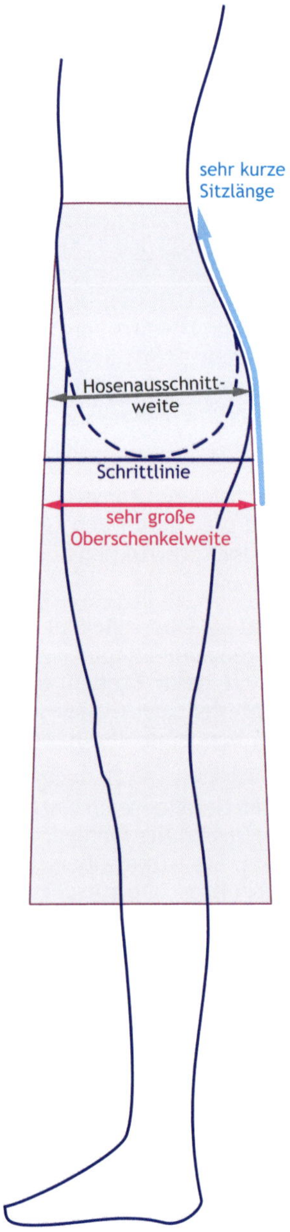

□1 Hosenrock

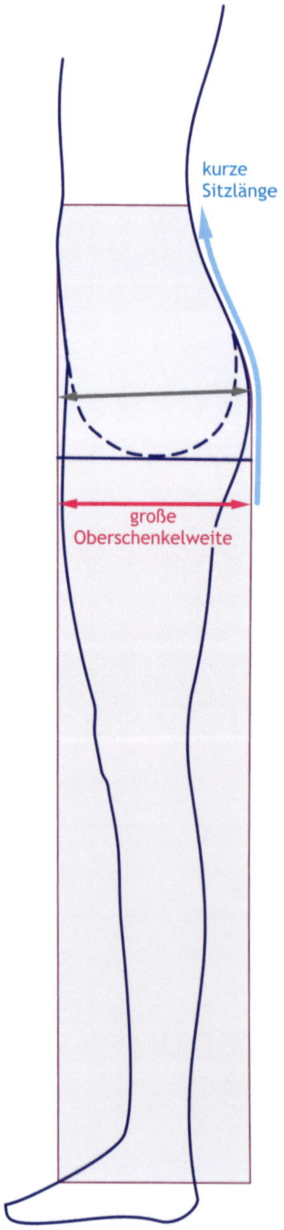

□2 Legere Hose

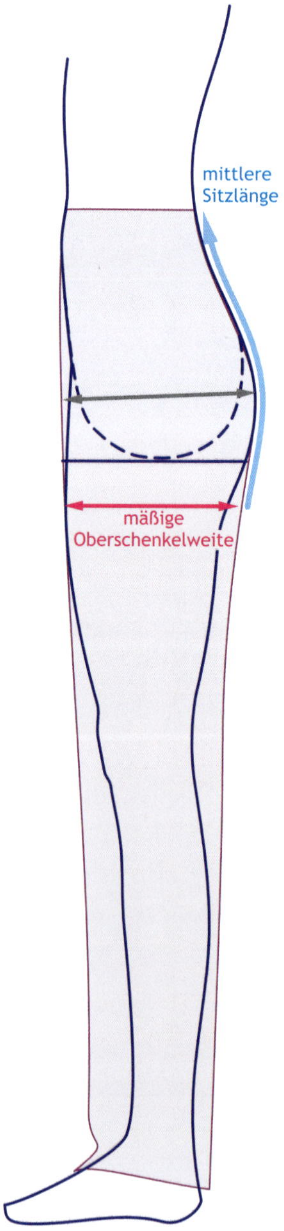

□3 Standardhose

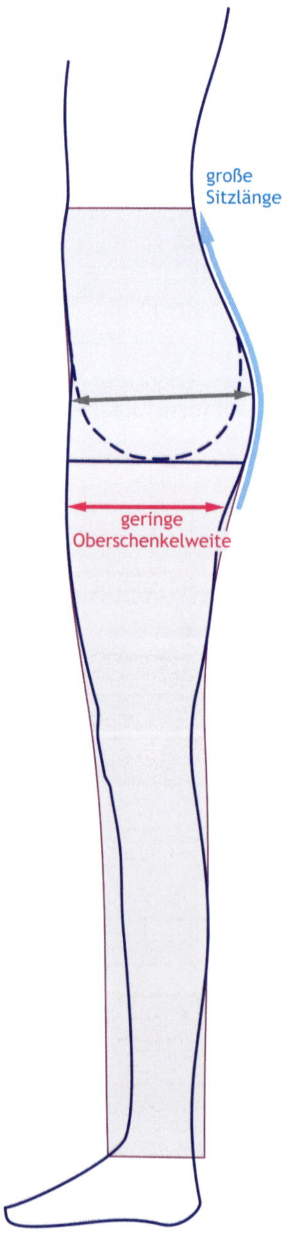

□4 Enge Hose

Standardhose: Konstruktionstabelle

Die Standardhose wird als wichtigste Grundschnittform für viele Hosenmodelle als Vorlage verwendet.

Der gerade Bund sitzt in der natürlichen Taille. Der Gesäßbereich wird optimal abgeformt, die Vorderhose berührt den Oberschenkel, fällt aber ansonsten gerade nach unten. Der Schrittbereich besitzt ausreichend Weite für (fast) alle Bewegungen. Die Oberschenkelweite ist nicht zu knapp.

Die Standardhose besitzt eine **mittlere Sitzlänge** (siehe unten).

Der Verschluss kann an der vorderen Mitte oder an der linken Seitennaht sein.

Bügelfalten in der vorderen und hinteren Hosenmitte verbessern den Fall der Hosenbeine.

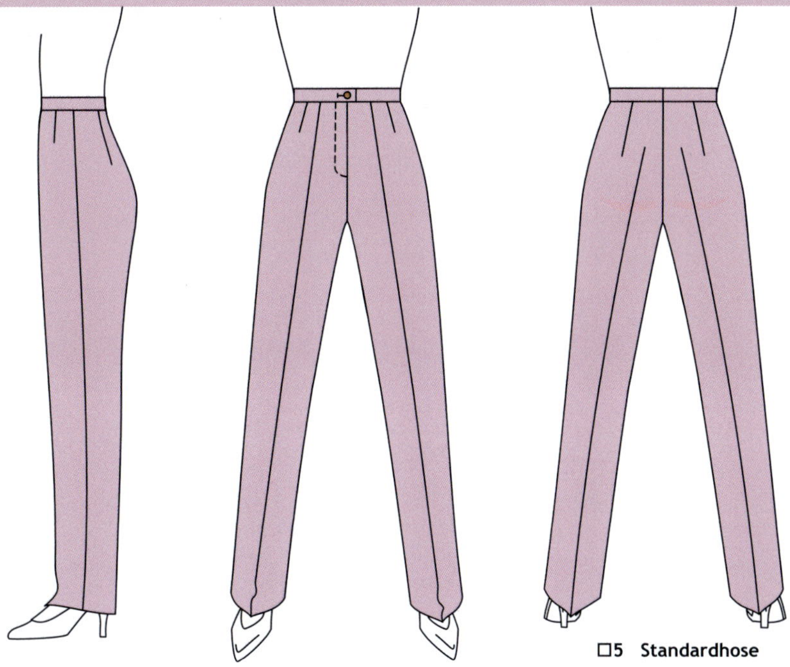

□5 Standardhose

Bestimmung des Gesäßwinkels und der Sitzlänge

□1-4 Verschiedene Hosenformen mit unterschiedlicher Oberschenkelweite sind auf der vorhergehenden Seite an einer Figur mit normaler Gesäßform dargestellt. Man sieht deutlich die wegen der **Oberschenkelweite** benötigten unterschiedlichen Sitzlängen, die bei der Konstruktion der Hinterhose berücksichtigt werden müssen.

□6a-6c Auch die **Gesäßform** beeinflusst die notwendige Sitzlänge und damit die Wahl des Gesäßwinkels α.

Entsprechend der gewünschten **Oberschenkelweite** und der **Gesäßform** muss der Gesäßwinkel α gewählt werden.

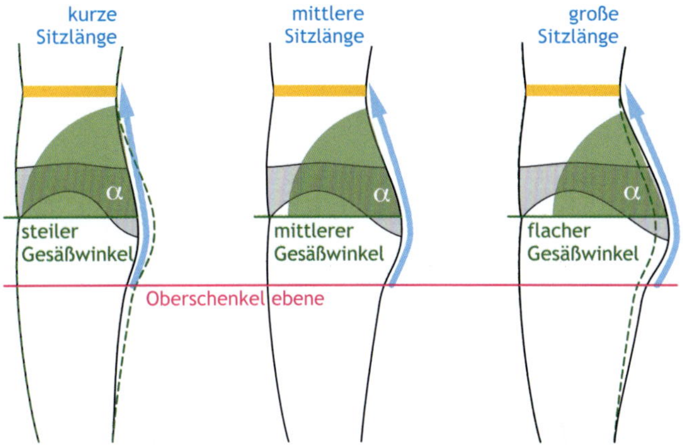

□6a Flache Gesäßform □6b Normale Gesäßform □6c Starke Gesäßform

Konstruktionstabelle Maßangaben in cm **Hose**	Name			Größe	38
	Datum		Modell	Standard-Hose	

Hauptmaße (Kennmaße)		Körpermaße	Proportionsmaße (Konstruktions-, Kontroll-, Hilfsmaße)			
TaU	Taillenumfang	72	½	36	¼	18
HüU	Hüftumfang	97	½	48,5	¼	24,25
BuU	Bundumfang		½		¼	
BuA	Bundabstände	v 0	r 0	l 0	h 0	
sTaH	seitliche Taillenhöhe					106
SiH	Sitzhöhe					26

OsU	Oberschenkelumfang	55,5
KnU	Knieumfang	
uKnU	unterer Knieumfang	
WaU	Wadenumfang	
FeU	Fesselumfang	
RiU	Ristumfang	

vHoB	Vorderhosenbreite	¼ HüU −1 cm	±		23,2
hHoB	Hinterhosenbreite	¼ HüU +1 cm	±		25,2
GeWi	Gesäßwinkel α (in°)	flache	normale	starke	Gesäßform
Enge Hose bzw. große Sitzlänge		80°	77°	74°	82°
Standard bzw. mittlere Sitzlänge		85°	82°	79°	
Legere Hose bzw. kurze Sitzlänge		88°	85°	82°	
Starke Figur (auch starkes Gesäß)		84° bis 90°			
längs-elastischer Stoff		zusätzlich +1° bis +2°			

SrH	Schritthöhe	sTaH − SiH	80
KnH	Kniehöhe	SrH :10 · 4	32
SaW	Saumweite		
	Enge Hose	32 bis 40	
	Standardhose	40 bis 48	42
	Weite Hose	48 bis 56	

Alle Formulare sind auch unter folgenden Link zu finden: www.europa-lehrmittel.de/62383

Standardhose (1)
Grundschnitt

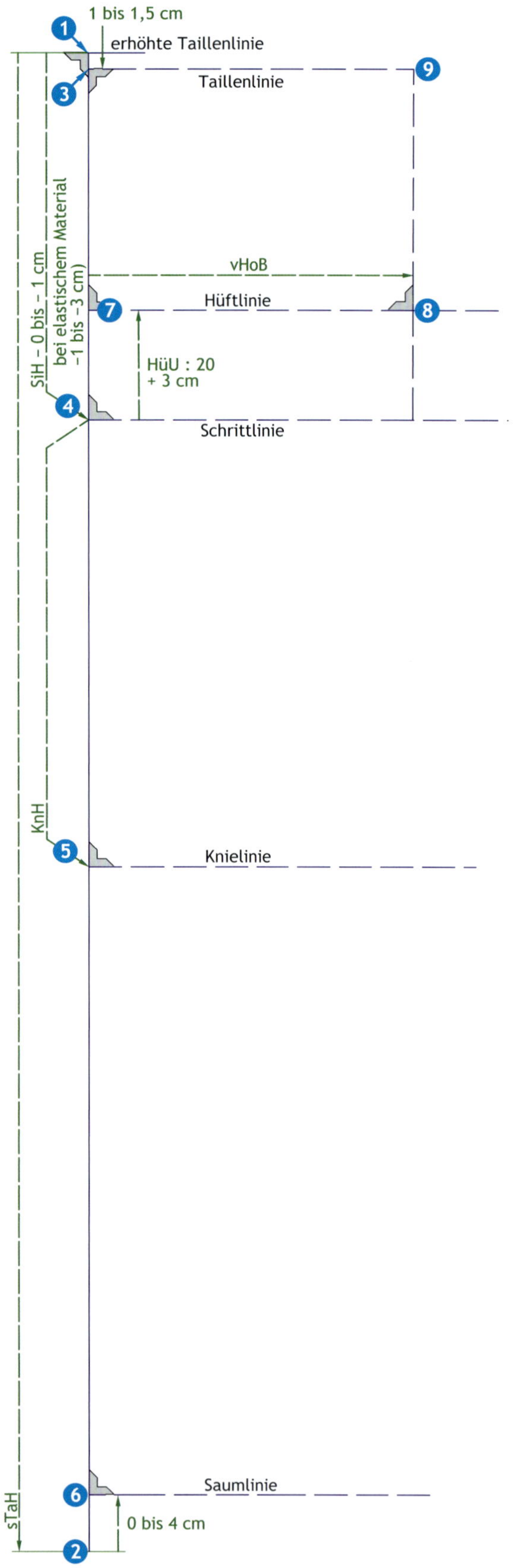

□1 Grundgerüst zeichnen

1 Grundgerüst zeichnen

1. □1 P1 ist links am oberen Blattrand.
2. Von P1 die seitliche Taillenhöhe (sTaH) als eine Senkrechte nach unten zeichnen. Von P1 eine kurze Hilfslinie nach rechts abwinkeln → erhöhte Taillenlinie an der Seite.
3. Von P1 werden 1 bis 1,5 cm nach unten abgetragen. Von dort die Taillenlinie nach rechts abwinkeln. Bei einer starken Hüftrundung werden 1,5 cm nach unten abgetragen, bei flacher oder normaler Hüftrundung wird 1 cm abgetragen.
4. Von P1 die Sitzhöhe (SiH) minus 0 bis minus 1 cm nach unten abtragen. Von dort die Schrittlinie nach rechts abwinkeln.

Wird der Grundschnitt für eine enge Hose aus elastischem Material verwendet, sollte die SiH um ca. 1 bis 3 cm reduziert sein.

Diese Änderung kann auch nachträglich am fertigen Schnitt erfolgen (siehe Seite 123).

5. Von P4 die Kniehöhe (KnH) nach unten abtragen. Von dort die Knielinie nach rechts abwinkeln.
6. Die Saumlinie der Hose wird je nach Modell und gewünschter Saumweite gekürzt. Hier wird von P2 nach oben eine Kürzung um 3 cm vorgenommen. Von dort die Saumlinie abwinkeln.

   Je enger die Hose am Saum ist, desto mehr sollte die Hose gekürzt werden. Für den Grundschnitt muss man nicht unbedingt eine Kürzung vornehmen. Man kann die Hose auch erst bei der Anprobe kürzen.
7. Von P4 aus HüU : 20 + 3 cm nach oben abtragen und nach rechts abwinkeln. Von dort die Hüftlinie abwinkeln.
8. Von P7 auf der Hüftlinie die vHoB abtragen
9. und nach oben abwinkeln → P9 oben an der Taillenlinie.

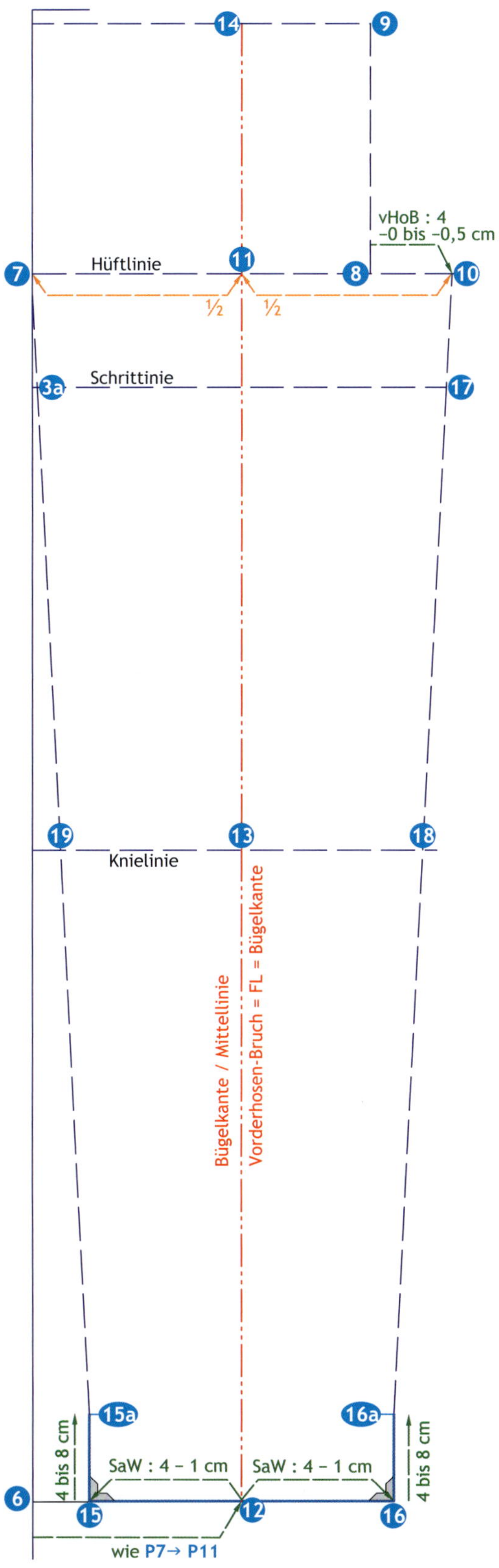

□2 Konstruktion der Vorderhose

2 Vorderhose (vHo)

(10) □2 Von **P8** aus die Hüftlinie nach rechts verlängern und **vHoB : 4 – 0 bis – 0,5 cm** abtragen.

Es entsteht der vordere Hosenausschnitt für eine "normal" proportionierte Figur (siehe Thema „Kontrollen“ auf Seite 117.

Der vordere Hosenausschnitt für **Figuren mit breiten Hüften und flachem Gesäß** benötigt einen kleineren Abtrag:

vHoB : 4 – 0,5 bis – 1 cm

Figuren mit schmalen Hüften und starkem Gesäß benötigen einen größeren Abtrag:

vHoB : 4 + 0 bis + 0,5 cm

(11) Strecke von P7 bis P10 halbieren.

(12) Die selbe Messung an der Saumlinie von Punkt6 nach rechts abtragen.

(13) (14) P11 und P12 verbinden und zur Taillenlinie verlängern → Vorderhosenbruch = Bügelkante = Fadenlauf (FL). → P13 und P14 sind Schnittpunkte.

(15) (16) Von P12 aus SaW : 4 – 1 cm nach rechts und nach links abtragen.

(16a) (15a) Für eine gute Beinform der Hose werden von P15 und P16 jeweils 4 bis 8 cm senkrecht nach oben abgetragen.

(17) (18) P16a und P10 verbinden → P18 und P17 sind Schnittpunkte.

(19) (3a) P15a und P7 verbinden → P19 und P3a sind Schnittpunkte.

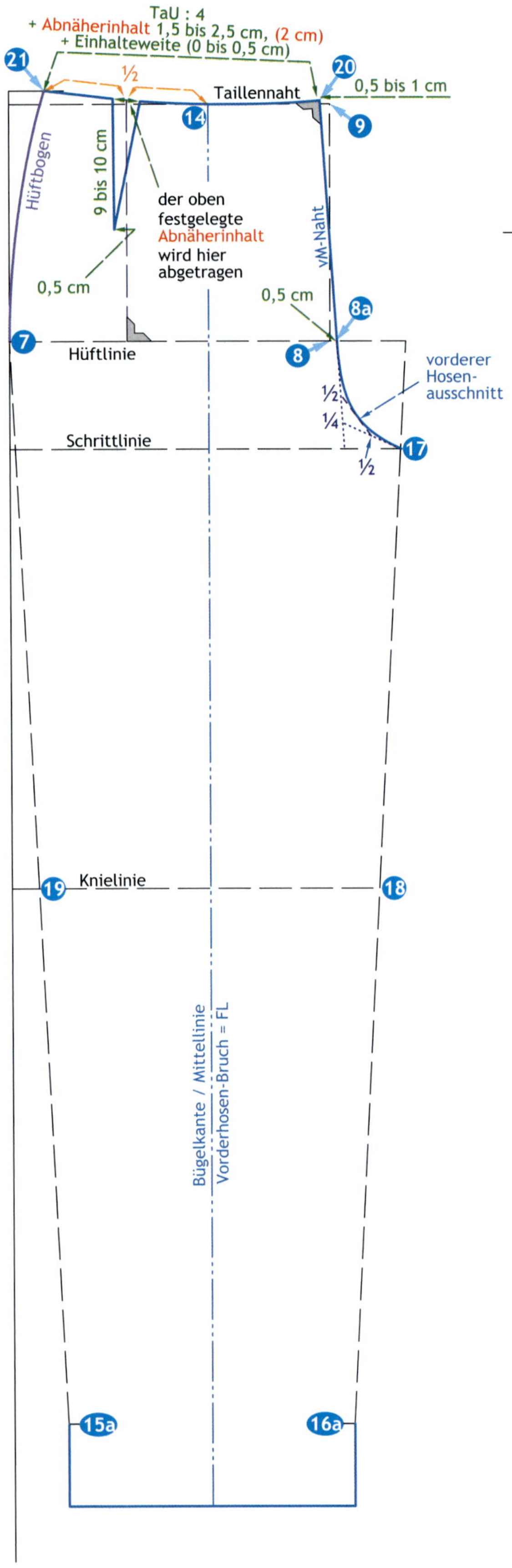

□3 vM, Taillennaht und Abnäher zeichnen

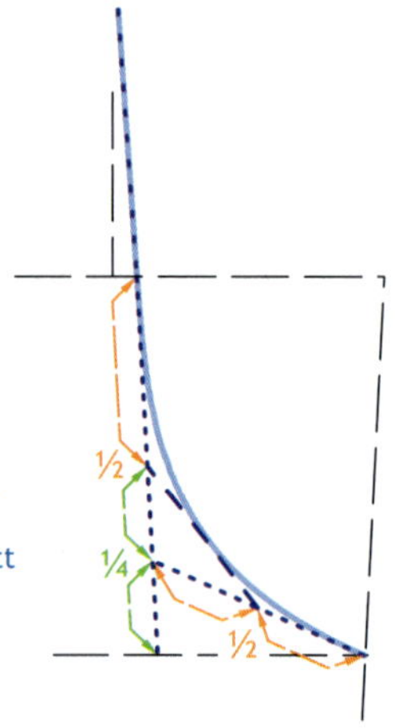

□3a Detail vorderer Hosenausschnitt

3 Vordere Mitte

20 □3 Von P9 aus 0,5 bis 1 cm nach innen, bei großer Differenz zwischen Taille und Hüfte 1 cm abtragen.

8a Von P8 aus 0,5 cm nach außen abtragen und die vM-Naht nach P20 und zur Schrittlinie zeichnen.

□3+3a Die vM-Naht als Hilfslinie verlängern und die untere Strecke zur Schrittlinie halbieren und vierteln.

Eine Hilfslinie von P17 zum Viertel zeichnen (dies ergibt die Steigung der folgenden Kurve) und dann die Hälften der Hilfslinien verbinden (dort liegt die Kurve an).

Den vorderen Hosenausschnitt mit Hilfe der Hilfslinien formen.

4 Taillennaht

Die vM-Naht bei P20 wird um ca. 0,3 cm verlängert und die Taillennaht im rechten Winkel neu in die Richtung von P14 geformt.

1. Variante:

21 Von P20 werden TaU : 4 + gewünschter Abnäherinhalt + gewünschte Einhalteweite auf die erhöhte Taillenlinie abgetragen.

Hüftbogen nach P7 formen.

2. Variante:

21 Hüftbogen frei formen und Abnäherinhalt entsprechend der Figur wählen. Dies erfordert etwas Erfahrung.

Man erhält durch diese Methode zwei identische Hüftbögen an VT und RT.

5 Vorderer Abnäher

Die Taillennaht von P21 nach P14 leicht nach unten geformt zeichnen.

Strecke von P14 bis P21 halbieren und eine Hilfslinie als Senkrechte auf die Hüftlinie zeichnen.

Oben links und rechts der Hilfslinie jeweils den halben gewünschten Abnäherinhalt abtragen.

Den linken Abnäherschenkel 9 bis 10 cm lang ca. 0,5 cm links neben die Hilfslinie zeichnen. Dadurch liegt die Abnähernaht optisch paralleler zur Seitennaht, was oft besser aussieht. Man kann den Abnäher auch gerade zeichnen wie am Rock-Grundschnitt.

Den Abnäher zeichnen.

Kontrollieren, ob die beiden Abnäherschenkel gleich lang sind. Gegebenenfalls die Schenkel angleichen und die Taillennaht ausgleichen.

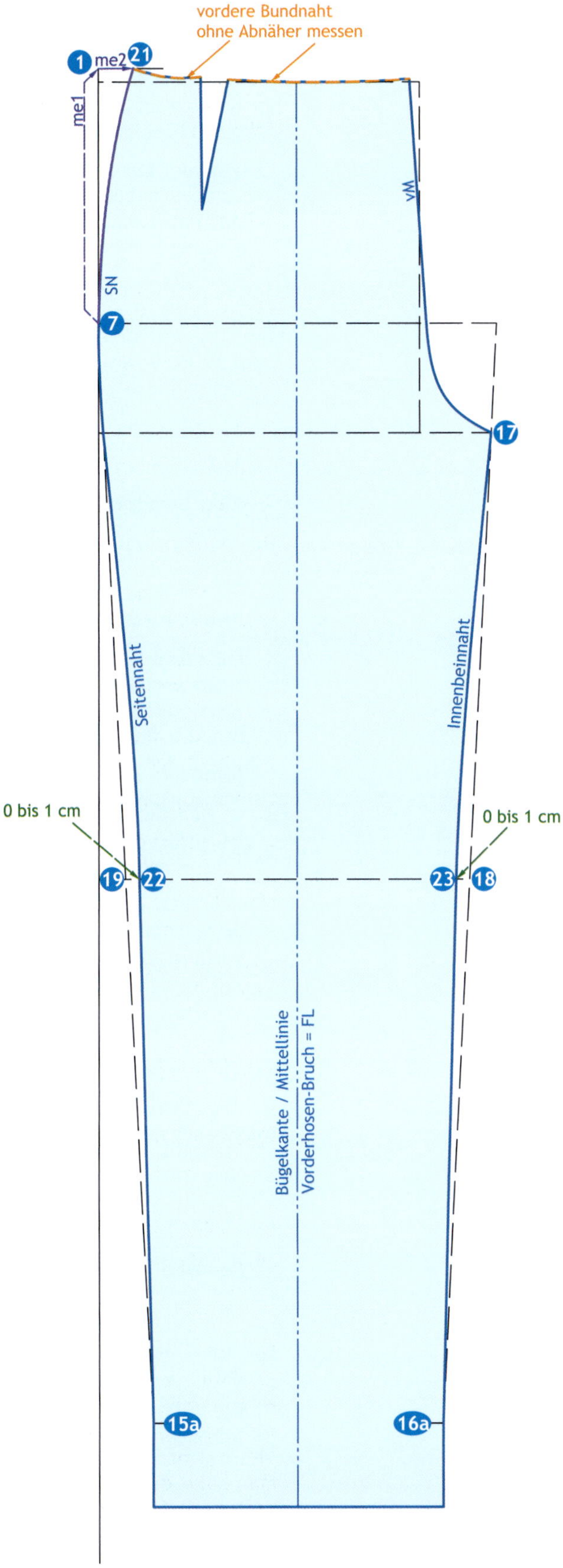

□4 **Hosenbein formen**

6 Hosenbein formen

22 23 □4 An der Knielinie von P18 und P19 jeweils 0 bis 1 cm nach innen abtragen.

Die Seitennaht von P15a nach P22 und eine Linie von P16a nach P23 jeweils gerade zeichnen.

Die obere Innenbeinnaht leicht nach innen geschwungen nach P17 zeichnen.

Die obere Seitennaht geschwungen über P7 nach P21 zeichnen. Den Hüftbogen entsprechend der Hüftform (nicht zu rund) formen.

7 Vorderhose kopieren

□5 **Die Hinterhose wird über die Vorderhose konstruiert.** Dafür muss die Vorderhose kopiert werden. Alle wichtigen Hilfslinien werden ebenfalls kopiert:

Vorderhosenbruch, Taillen-, Hüft-, Schritt-, Knie- und Saumlinie sowie die Seiten- und Innenbeinnaht.

Die Taillennaht, vM-Naht und Abnäher werden für die Hinterhosen-Konstruktion nicht benötigt.

Bei der Hinterhosenkonstruktion sieht man hier die kopierte Vorderhose als blaue Fläche.

für Variante 2:

me1 = zwischen P7 und P1
me2 = zwischen P1 und P21
vordere Bundnaht ohne Abnäher messen

Die Messungen werden später an der Hinterhose verwendet (Seite 116).

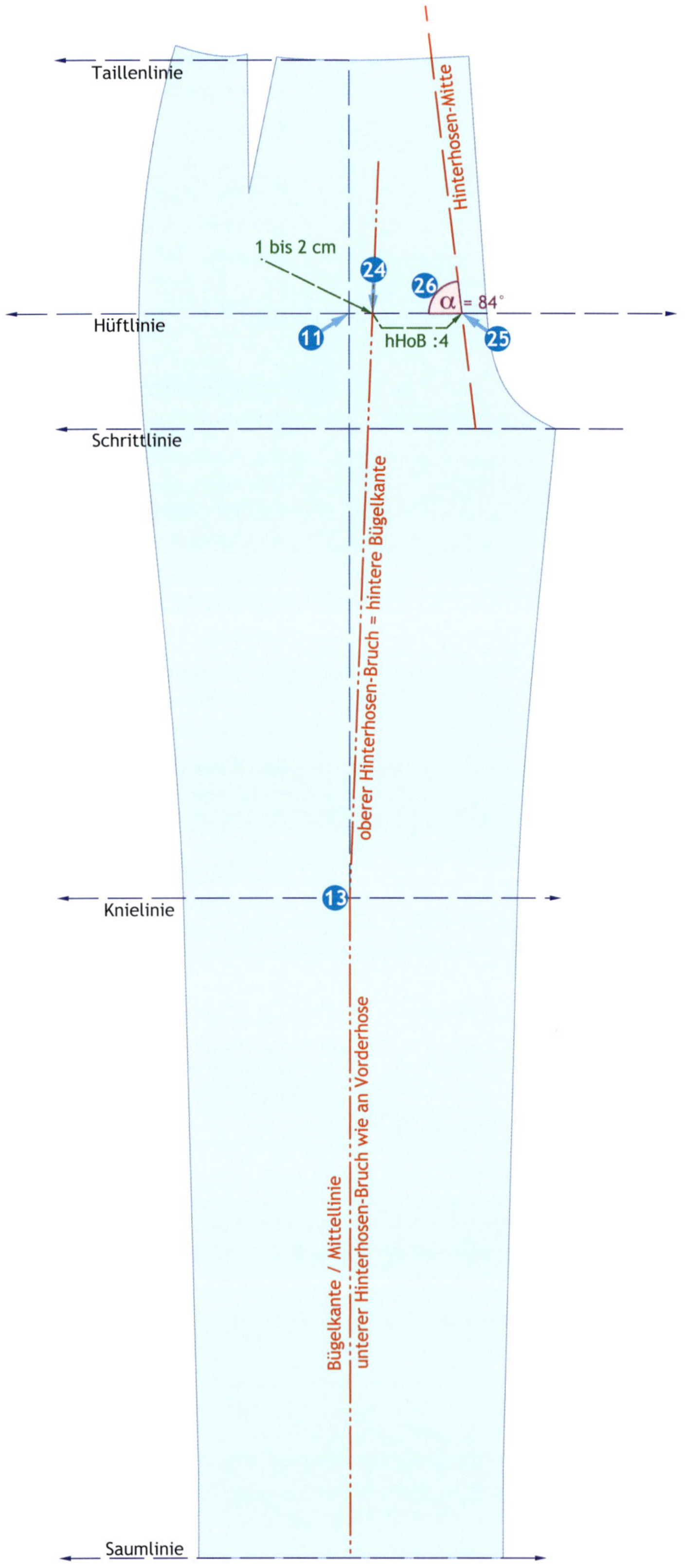

□5 Hintere Hosenmitte bestimmen

8 Hintere Hosenmitte

24 □5 Von **P11** nach rechts 1 bis 2 cm (besser 2 cm) abtragen.

Bei Figuren mit starkem Gesäß wird nur 1 cm abgetragen. Dadurch ergibt sich etwas mehr Länge im Gesäßbereich.

Von hier aus den neuen Hinterhosen-Bruch bis **P13** zeichnen und nach oben verlängern. Dies ist die hintere Bügelkante.

25 Von **P24** aus hHoB :4 nach rechts abtragen.

Durch diese Messung ergibt sich der hintere Hosenausschnitt (siehe Thema „Kontrollen" auf Seite 117.

Figuren mit starkem Gesäß benötigen für einen größeren hinteren Hosenausschnitt einen kleineren Abtrag:

hHoB : 4 – 0,5 bis – 1 cm

Figuren mit flachem Gesäß benötigen für einen kleineren hinteren Hosenausschnitt einen größeren Abtrag:

hHoB : 4 + 0,5 bis + 1 cm

26 In **P25** den Gesäßwinkel α (hier 84°) für die Schrägstellung der Hinterhosen-Mitte nach oben und unten abwinkeln.

Je flacher die Hinterhosen-Mitte verläuft, desto länger wird der Gesäßbereich, umso mehr Sitzlänge entsteht im hinteren Hosenbereich (für enge Hosen, siehe Seite 124).

Je steiler die Hinterhosen-Mitte verläuft, desto weniger Sitzlänge entsteht.

Hosen aus längselastischem Material benötigen einen um 1° bis 2° größeren Gesäßwinkel α, siehe Maßsatz.

Alle Hilfslinien nach links verlängern.

Die Hüft-, Knie- und Saumlinie zusätzlich nach rechts verlängern.

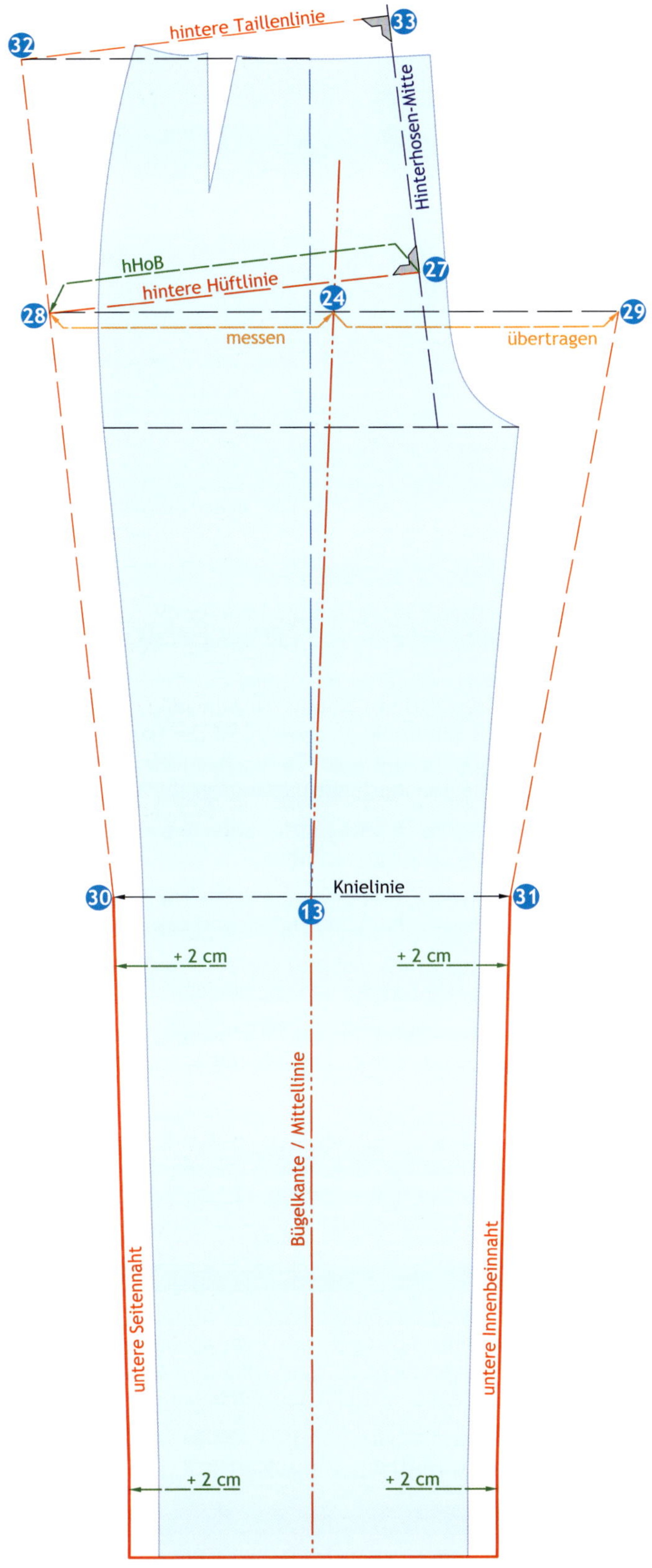

☐6 Konstruktion der Hinterhose

9 Hinterhose (hHo)

27 ☐6 Auf die Hüftlinie eine Senkrechte zur Hinterhosen-Mitte im Abstand hHoB zeichnen → hintere Hüftlinie.

28 P28 ist der Schnittpunkt mit der verlängerten Hüftlinie.

Oder

zur Hinterhosen-Mitte eine Parallele im Abstand hHoB zeichnen, Schnittpunkt ist P28. Auch so erhält man den P28.

Nun die hintere Hüftlinie zeichnen.

29 Die Strecke von P28 bis P24 messen und diesen Betrag von P24 nach rechts übertragen.

Die untere Innenbeinnaht- und untere Seitennaht für die Hinterhose 2 cm parallel zu den Vorderhosen-Nähten anzeichnen.

30 31 Schnittpunkte mit den neuen Nähten sind die P30 und P31.

32 Gerade Hilfslinien von P29 bis P31 und von P30 über P28 zur Taillenlinie zeichnen.

33 Von der Hinterhosen-Mitte auf den P32 abwinkeln → hintere Taillenlinie.

Bei Figuren mit **flachem Gesäß** benötigt man weniger, bei Figuren mit **starkem Gesäß** mehr Sitzlänge. Bei der Schnittkonstruktion ist dies zunächst nicht zu berücksichtigen. Erst bei der Schnittoptimierung (siehe Band 2) wird diese Mehrlänge am Schnitt entfernt bzw. hinzu gegeben.

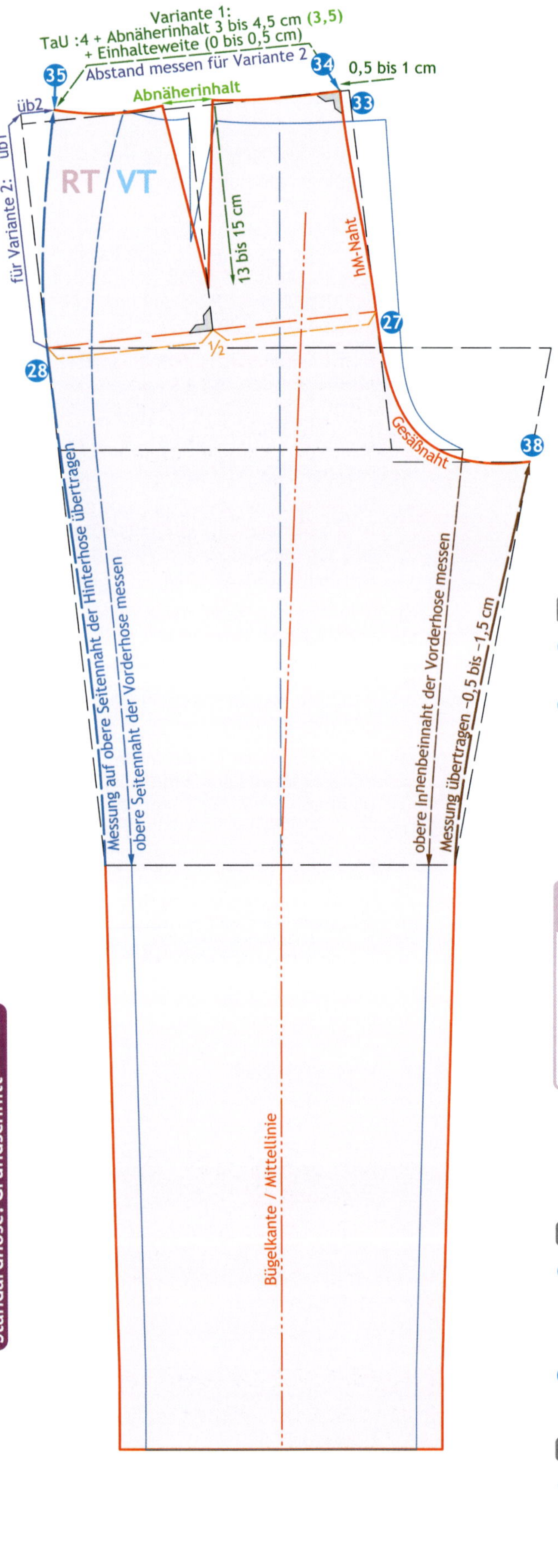

☐7a Hinterhose fertig stellen

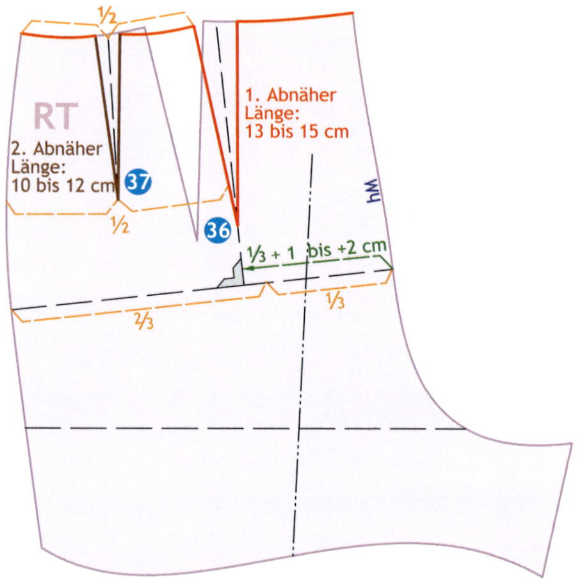

☐7b Hinterhose mit 2 Abnähern

10 Hinterer Abnäher, Seiten- und Taillennaht

34 **☐7a** Von P33 aus 0,5 bis 1 cm für die hM-Naht einrücken. Bei großer Differenz zwischen Taille und Hüfte 1 cm einrücken.

35 **Variante 1: Abnäher bestimmen und Hüftbogen zeichnen**
Von P34 aus TaU :4 + Abnäherinhalt + ggf. Einhalteweite auf der hinteren Taillenlinie abtragen. Auf der Hälfte zwischen P27 und P28 die Abnähermitte zur Taille abwinkeln und von oben 13 bis 15 cm lang die Abnäherlänge nach unten abtragen.

Den oben zum ¼ TaU hinzu addierten Abnäherinhalt abtragen und den Abnäher einzeichnen.

Mit **Variante 2** erhält man **identische Hüftbögen** an VT und RT
Abnäher bestimmen und Hüftbogen zeichnen

35 Die Messungen me1 und me2 von der Vorderhose (siehe Seite 113, **☐4)** auf die Hinterhose wie skizziert übertragen (üb1 und üb2).

Abstand zwischen **P34** und **P35** **messen,** die gemessene vordere Bundnaht (siehe Seite 113, **☐4) addieren**, minus **½ TaU** = **Abnäherinhalt.**

Die obere Seitennaht mit dem Hüftbogen formen. Die Seitennaht der Vorderhose bis zur Knielinie messen und diesen Betrag von der Knielinie an der Hinterhose über P28 abtragen und ggf. einen neuen P35 markieren und den Hüftbogen dorthin verlängern.

11 Schnitt mit zwei Abnähern in der Hinterhose

36 **☐7b** Wird hinten ein größerer Abnäher benötigt, ist es sinnvoll, die Hinterhose ggf. mit zwei Abnähern zu zeichnen, damit der Hüftbogen nicht zu rund wird. Die Abnähermitte des ersten Abnähers liegt dann bei ⅓ der Hüftlinie + ca. 1 bis 2 cm.

37 Die Abnähermitte des zweiten Abnähers mittig zwischen erstem Abnäher und Hüftbogen einzeichnen.

12 Hinterhosenform

38 Die Innenbeinnaht der Vorderhose bis zur Knielinie messen und von der Knielinie an der hinteren Innenbeinnaht minus 0,5 bis 1,5 cm übertragen. Die obere Innenbeinnaht der Hinterhose formen.

Die Gesäßnaht leicht nach unten gerundet in die Hinterhosen-Mitte einlaufend nach P27 formen. Dann die hM-Naht in leichter Kurve bis zum P34 formen.

Von P34 im rechten Winkel die Taillennaht zum Abnäher rund formen und von P35 zum Abnäher die restliche Taillennaht rund formen.

Kontrollen und Korrekturen der Grundschnitt-Schablone
am Beispiel der Standardhose

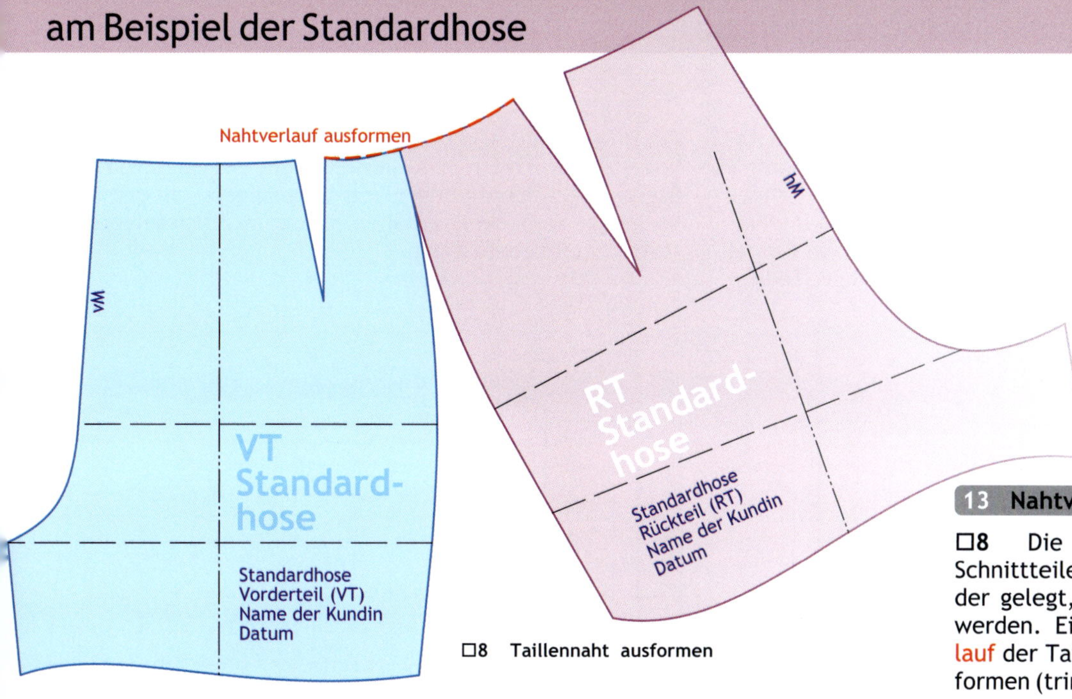

□8 Taillennaht ausformen

13 Nahtverläufe ausformen

□8 Die Seitennähte der fertigen Schnittteile werden oben so aneinander gelegt, wie sie zusammengenäht werden. Einen ungünstigen Nahtverlauf der Taillennaht wie skizziert ausformen (trimmen).

□9 Ebenso werden die Innenbeinnähte aneinander gelegt und die Gesäßnaht ausgeglichen.

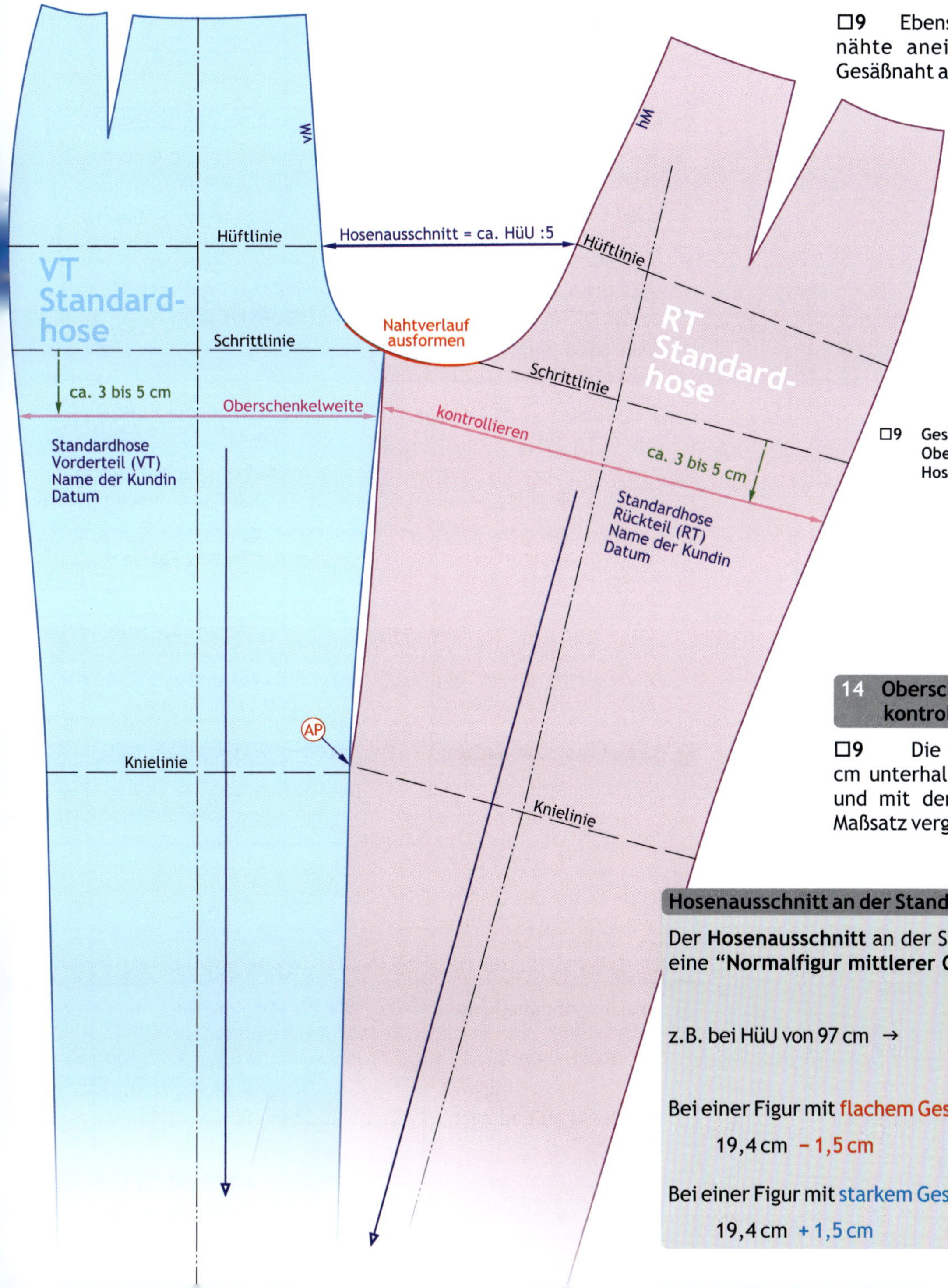

□9 Gesäßnaht ausformen
Oberschenkelweite und
Hosenausschnitt kontrollieren

14 Oberschenkelweite kontrollieren

□9 Die Oberschenkelweite ca. 5 cm unterhalb der Schrittlinie messen und mit dem gewünschten Wert im Maßsatz vergleichen.

Hosenausschnitt an der Standardhose kontrollieren:

Der **Hosenausschnitt** an der Standardhose beträgt für eine **"Normalfigur mittlerer Größe"**

	HüU :5	(± 1 cm)
z.B. bei HüU von 97 cm →	97 cm **:5**	
	= **19,4 cm**	(± 1 cm)

Bei einer Figur mit flachem Gesäß **ca. 1,5 cm weniger:**

19,4 cm **– 1,5 cm**	= 17,9 cm	(± 1 cm)

Bei einer Figur mit starkem Gesäß **ca. 1,5 cm mehr:**

19,4 cm **+ 1,5 cm**	= 20,9 cm	(± 1 cm)

Produktionsschnitt (1)
am Beispiel einer Standardhose

An der rechten Vorderhose wird an die vM 1 cm NZg zum Annähen des **Übertrittbelegs** angezeichnet oder wie in **Abb. 3** ein Übertritt-Einschlag angeschnitten. Der Hosenschlitz wird abgesteppt. Die Absteppung einzeichnen und die Fläche zur vM kopieren (gelb). Diese bildet die Vorlage für die Konstruktion des Übertritt-Belegs und des Untertritt-Teils.

Am Hosenschlitz wird an der **Untertritt**seite (linke Vorderhose) zusätzlich zu 1 cm Untertritt ein Einschlag von 1 cm Breite angezeichnet und später umgebügelt, um den Reißverschluss verdeckt anzunähen und das im Bruch gelegte Untertritt-Teil zu befestigen.

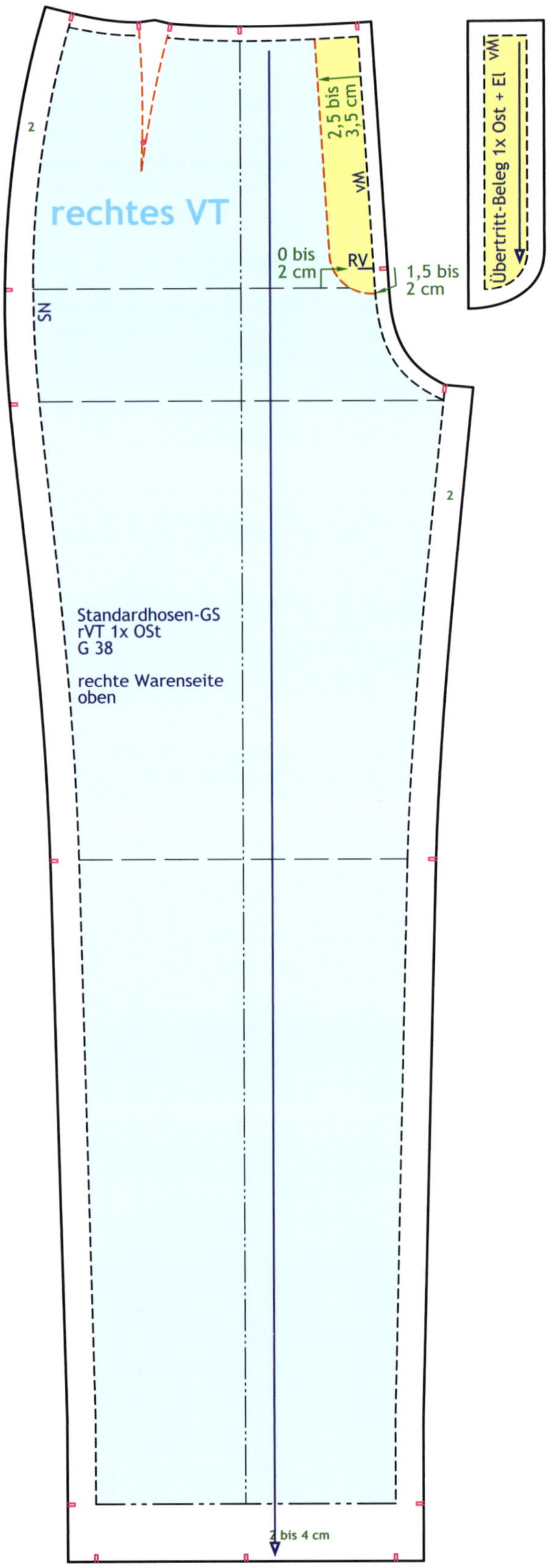

□1 Produktionsschnitt der rechten Vorderhose mit Übertritt-Beleg

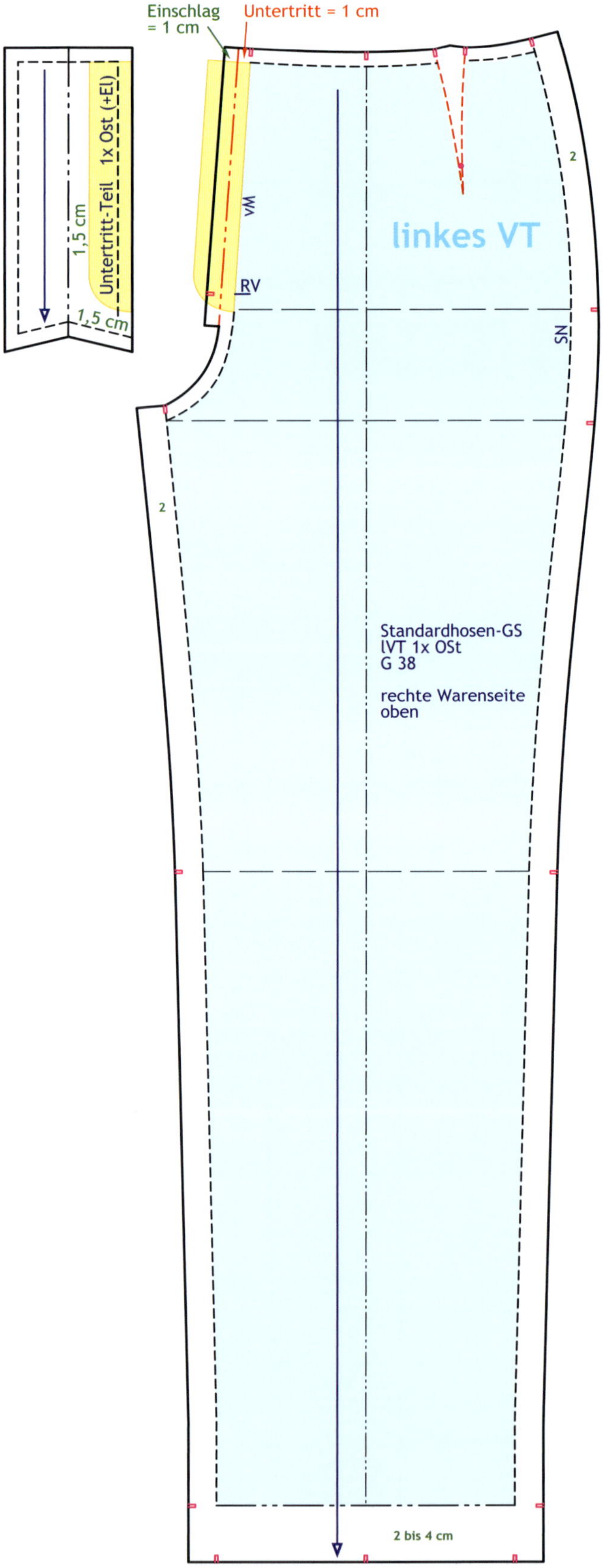

□2 Produktionsschnitt der linken Vorderhose mit separatem Untertritt-Teil

Produktionsschnitt (2)
am Beispiel einer Standardhose

Rechte Vorderhose mit Schlitz-Einschlag:

Der Übertrittbeleg kann auch angeschnitten werden, dann spricht man von einem Einschlag. Je nach gewünschter Absteppbreite sollte er ca. 3 bis 5 cm breit sein.

Der Einschlag darf nur dort angezeichnet werden, wo die vM noch gerade ist!

Um eine Weitenregulierung vornehmen zu können, wird an der hM oben eine NZg von ca. 3 cm und zur Gesäßnahtrundung auf 1 cm verlaufend eingezeichnet.

Der **Hosenbund** ist im Kapitel Röcke beschrieben.

Alle Abnäher anatomisch gerecht formen, siehe Seite 36.

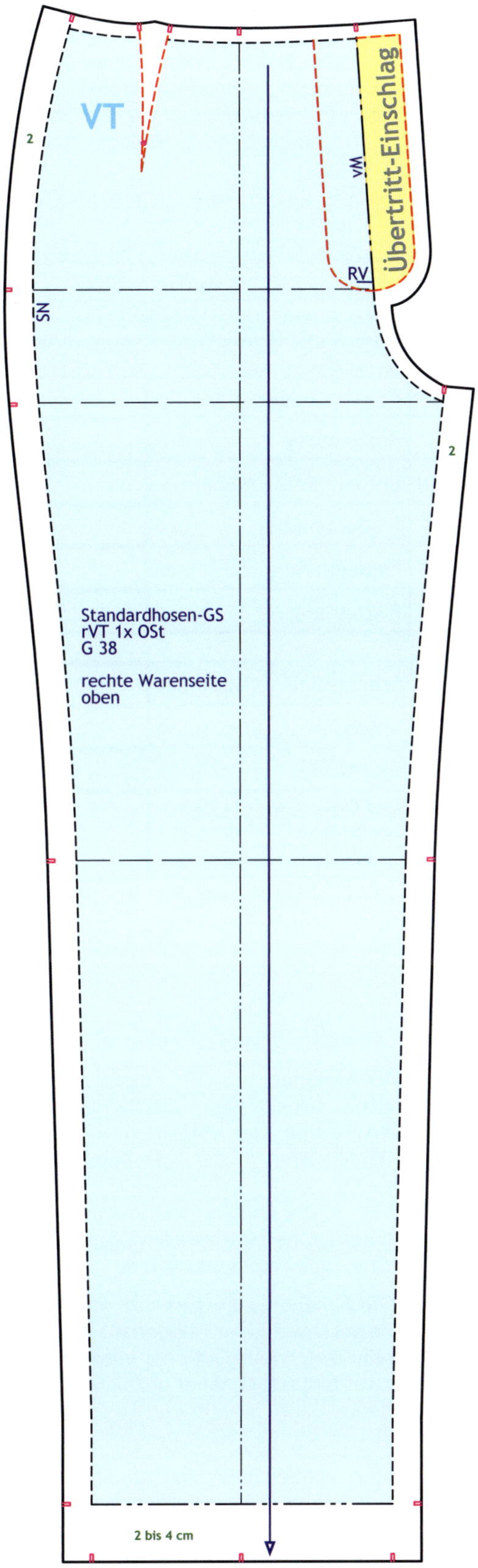

□3 Produktionsschnitt der rechten Vorderhose mit Übertritt-Einschlag

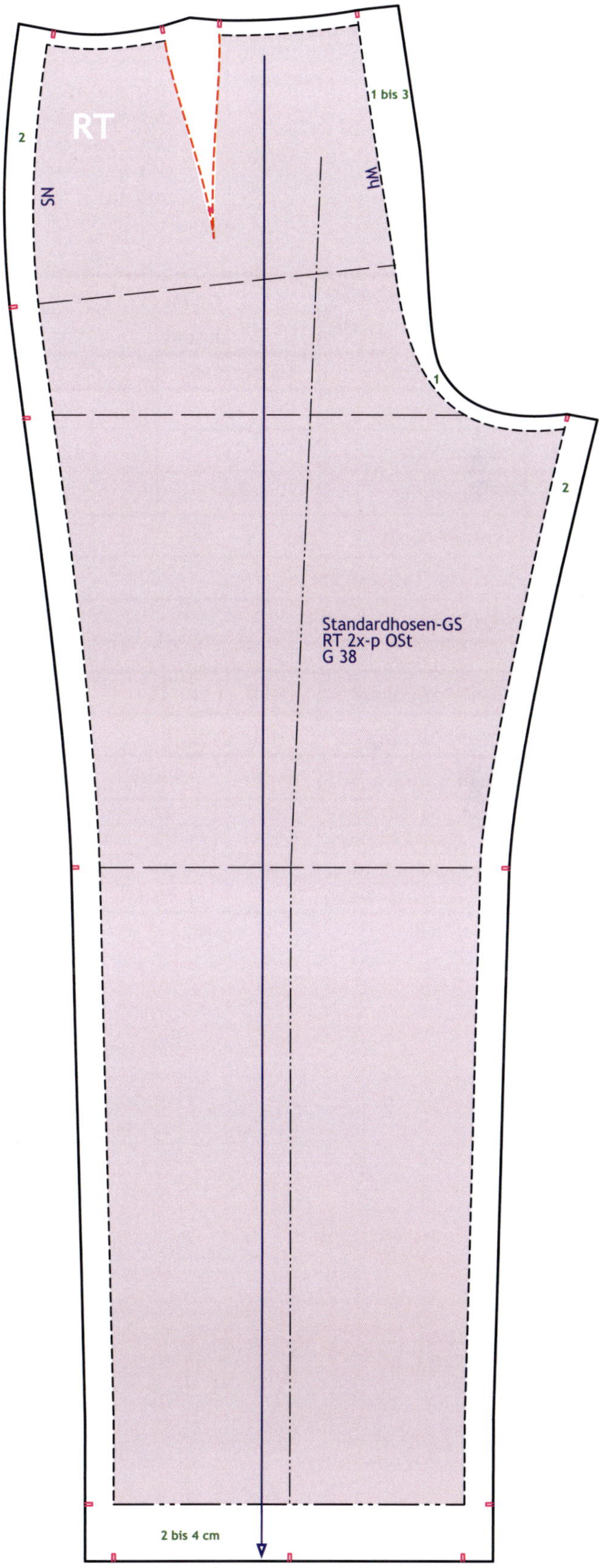

□4 Produktionsschnitt der Hinterhose

Individuelle Taillenvertiefung an der Hose (1)
Hüfthose an figurbedingter Bundposition

Jede Grundschnitt-Konstruktion einer Hose endet oben an der waagerechten Taille. Nicht jede Kundin aber kann oder möchte den Hosenbund dort tragen.

Modisch werden Hosen auch tiefer getragen. Die Bundposition ist häufig nicht anatomisch zwingend an einer bestimmten Körperstelle. Die Tiefe des Bundes kann nach **gestalterischen Aspekten** bestimmt werden, insbesondere bei Konstruktionen für einen anonymen Kundenkreis.

Individuelle Taillenvertiefung

Sehr häufig, insbesondere bei stärkeren Figuren, neigt der Bund allerdings dazu, sich vorne unter den Bauch in die Bauchfalte zu legen. Der Bund rutscht automatisch an die **figurbedingte Bundposition**. Die Passform einer Hose mit einem Bund an der waagerechten Taille wäre sehr unschön.

☐1 Da die Vertiefung anatomisch durch den Körper vorgegeben ist, können die Abstände von der Unterkante des waagerechten Taillenbandes zur Unterkante des umgelegten Bundbandes gemessen werden, siehe Seite 13 und 38).

Bei einer individuellen Anfertigung werden die Bundabstände an der Kundin von der waagerechten Taille gemessen, wo sie den Bund tragen möchte und in die Konstruktionstabelle eingetragen (siehe unten).

Sollten die Bundabstände links und rechts nicht allzu unterschiedlich sein, können die Werte für einen symmetrischen Grundschnitt gemittelt werden. Sind die Werte sehr verschieden, ist vermutlich die Hüftform schief und die Figur benötigt einen asymmetrischen Schnitt mit linker und rechter Hosenhälfte (siehe Band 2, Maßschnitte und Passform).

Konstruktionstabelle Maßangaben in cm **Hose**		Name						Größe	38
		Datum					Modell	Standard-Hose mit vertieftem Bund	
Hauptmaße (Kennmaße)		Körpermaße	Proportionsmaße (Konstruktions-, Kontroll-, Hilfsmaße)						
TaU	Taillenumfang	72	½	36	¼	18	OsU	Oberschenkelumfang	55,5
HüU	Hüftumfang	97	½	48,5	¼	24,25	KnU	Knieumfang	
BuU	Bundumfang	80	½	40	¼	20	uKnU	unterer Knieumfang	
BuA	Bundabstände	v -6	r -3,5	l -3,5	h -2		WaU	Wadenumfang	
sTaH	seitliche Taillenhöhe					106	FeU	Fesselumfang	
SiH	Sitzhöhe					26	RiU	Ristumfang	

vHoB	Vorderhosenbreite	¼ HüU −1 cm	±		23,2
hHoB	Hinterhosenbreite	¼ HüU +1 cm	±		25,2
GeWi	Gesäßwinkel α (in °)	flache	normale	starke	Gesäßform
Enge Hose bzw. große Sitzlänge		80°	77°	74°	82°
Standard bzw. mittlere Sitzlänge		85°	82°	79°	
Legere Hose bzw. kurze Sitzlänge		88°	85°	82°	
Starke Figur (auch starkes Gesäß)		84° bis 90°			
längs-elastischer Stoff		zusätzlich +1° bis +2°			

SrH	Schritthöhe	sTaH − SiH	80
KnH	Kniehöhe	SrH :10 · 4	32
SaW	Saumweite		42
	Enge Hose	32 bis 40	
	Standardhose	40 bis 48	
	Weite Hose	48 bis 56	

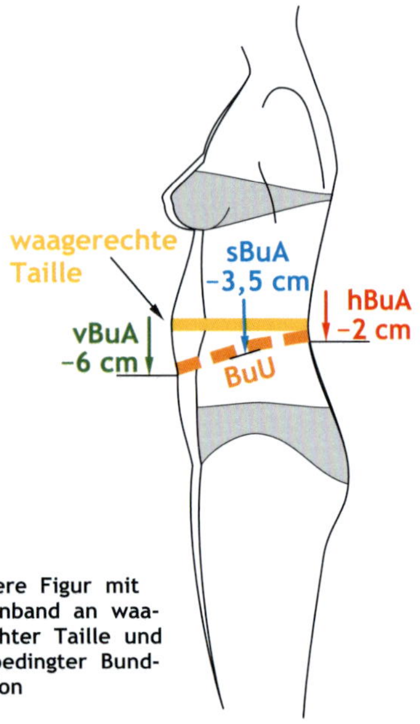

☐1 Stärkere Figur mit Taillenband an waagerechter Taille und figurbedingter Bundposition

Die Hose wird wie beschrieben konstruiert. Die Ausfallberechnung **mit dem Bundumfang** erfolgt erst **nach** dem Einzeichnen der Taillenabtrennung.

☐2 Die Taillenabtrennung (gestrichelt) wird mit Hilfe der Bundabstände vorne, seitlich und hinten aus dem Maßsatz in der für die Figur notwendigen Form eingezeichnet.

Für einen schönen Übergang kann die Vorderhose an der Seitennaht an die Hinterhose angelegt werden.

Die gesamte (vordere + hintere) Taillenabtrennung (gestrichelt) messen und den Taillenausfall berechnen:

Taillenausfall-Berechnung

TaAf = Taillenabtrennung – ½ BuU
(ggf. – 0,5 cm EW)
= 44,3 cm – 40 cm (hier – 0 cm)
= 4,3 cm

Verteilung des Taillenausfalls

VT-Abnäher: 1 cm
(kann je nach Figur oder bei großer Vertiefung auch entfallen)
RT-Abnäher: 3,3 cm

☐3 Die Abnäherpositionen und Abnäherformen sind wie am Grundschnitt bzw. figurbedingt zu wählen.

Die Abnäher „figurgerecht" und für eine geschwungene Taillennaht leicht erhöht zeichnen. Optional können auch zwei hintere Abnäher gezeichnet werden.

Die Bund- bzw Taillennaht wie skizziert einzeichnen. An Abnähern und Hüftbogen schöne Nahtübergänge formen. Die Bundnaht wird durch die Formung noch etwas länger und gewinnt dadurch ggf. zusätzliche Einhalteweite.

Individuelle Taillenvertiefung an der Hose (2)
Hüfthose an figurbedingter Bundposition

117

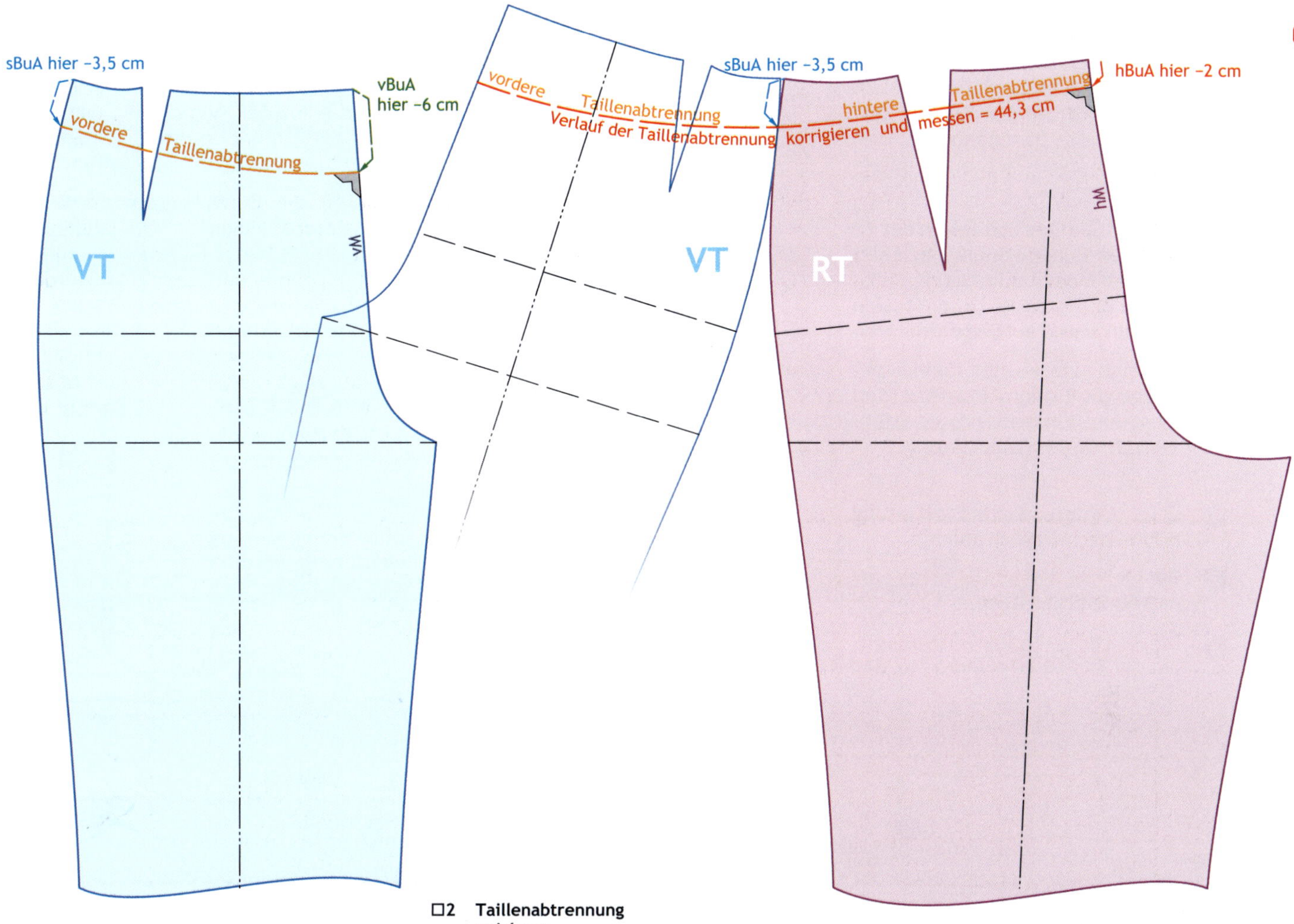

☐2 Taillenabtrennung zeichnen

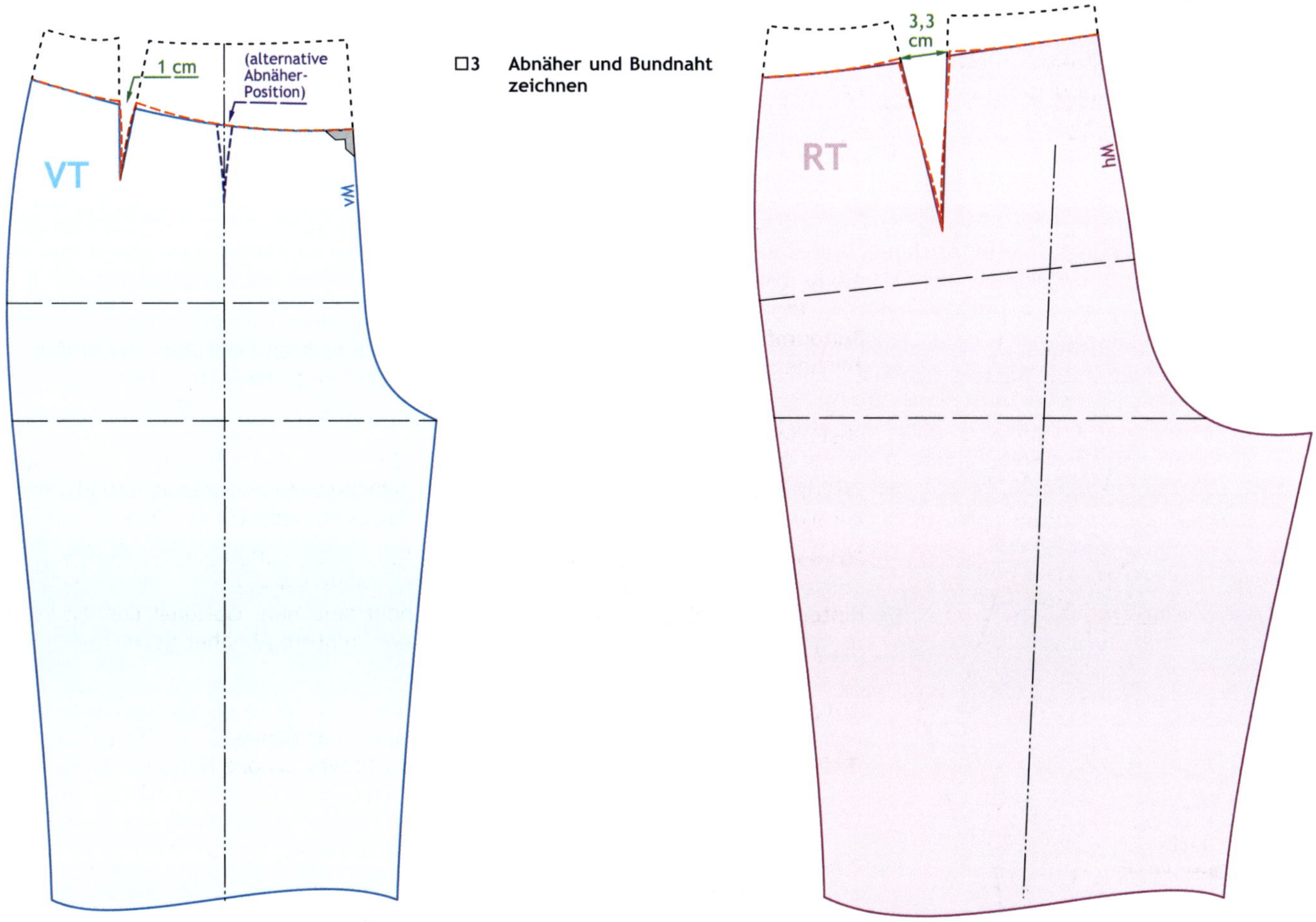

☐3 Abnäher und Bundnaht zeichnen

Vereinfachte Taillenvertiefung
Hüfthose mit **geringer** bis **starker** Taillenvertiefung

117 Taillenvertiefungen sind **modische Veränderungen** für Rock- und Hosen-Modelle (siehe Jeansrock, Jeanshose). Das Thema wird bei den Röcken ausführlich ab Seite 38 behandelt. Man kann generell zwei Methoden unterscheiden:

1. Für den Sitz des Bundes an der figurbedingten Bundposition, bei einer individuellen Modellanfertigung, müssen die Bundabstände bekannt sein (siehe weiter vorne auf Seite 13).

2. Für eine unbekannte Kundin bestimmt man die **Taillenvertiefung** (dies entspricht dem Bundabstand) aus Erfahrungswerten. Dies wird hier gezeigt:

1. □1 Vordere Taillenvertiefung (vTaV) nach Wunsch abtragen.
2. Die hintere Vertiefung (hTaV) ermitteln und abtragen.
3. Die seitliche Taillenvertiefung ca. der Hälfte zwischen vTaV und hTaV.

Hintere Taillenvertiefung bei kleiner Taillenvertiefung

Bis zu einer vorderen Taillenvertiefung (vTaV) von ca. 3 cm kann man hinten ca. denselben Wert vertiefen.

bei mittlerer Taillenvertiefung ¾

Ab einer vTaV von ca. 4 cm bis zu 6 cm sollte man die Taille hinten um ca. ¾ vertiefen.

bei größerer Taillenvertiefung ⅔

Ab einer vTaV von ca. 7 cm bis 9 cm sollte die Vertiefung hinten um ca. ⅔ reduziert werden.

bei sehr großer Taillenvertiefung ⅗

Ab einer vTaV von ca. 10 cm bis 12 cm sollte die Vertiefung hinten um ca. ⅗ reduziert werden.

bei extremer Taillenvertiefung ½

Ab einer vTaV von ca. 13 cm sollte die Vertiefung hinten nur um ca. ½ reduziert werden, **da ansonsten z.B. beim Bücken das Gesäß unbeabsichtigt sehr schnell entblößt wird.**

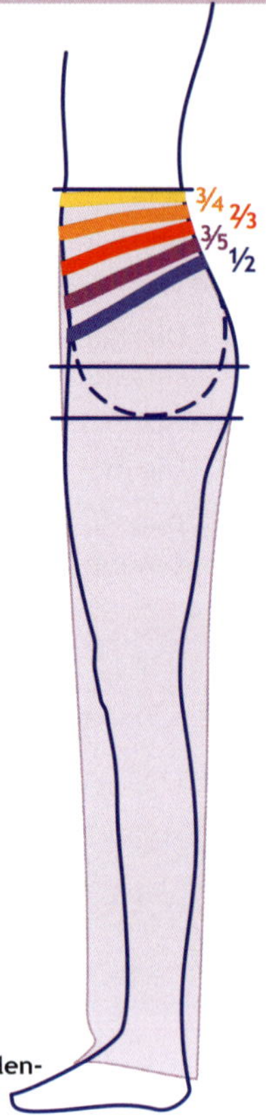

□1 Mögliche Taillenvertiefungen

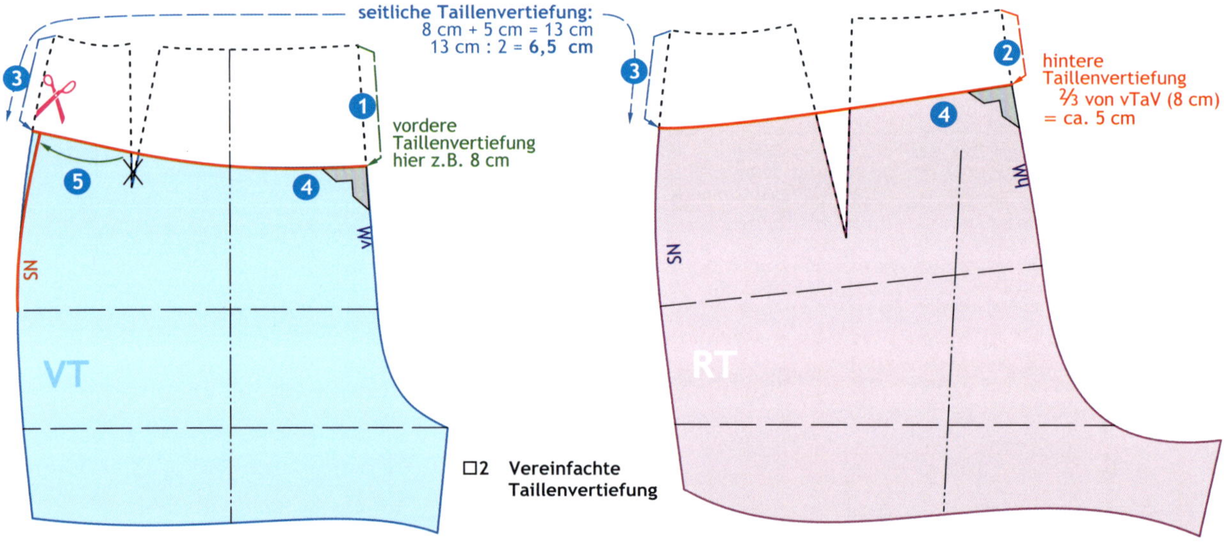

□2 Vereinfachte Taillenvertiefung

4. □1 Abtrennungslinien einzeichnen. Diese müssen jeweils im rechten Winkel aus der vM und der hM heraus verlaufen.
5. ! Nur wenn der Restabnäher kleiner als 1 cm ist **und kein Formbund oder eine Passe** geplant ist, kann er an der Seitennaht weggenommen werden. Allerdings ist es immer besser, den Restabnäher später im Formbund oder an einer Passe zu schließen. Zudem kann er beim Verstürzen mit einem Taillenbeleg eingehalten werden.
6. □2 Die Taillenweite an der hM geringfügig (bis ca. 0,5 cm) reduzieren (oder bei der Anprobe abstecken).
7. Die Schnittteile an den Seitennähten bis ca. 1 cm übereinander kleben. Auch dadurch wird die Taillenweite reduziert. Jetzt die obere Hosenkante formen und die Teile in geradem Nahtverlauf formen und trennen.

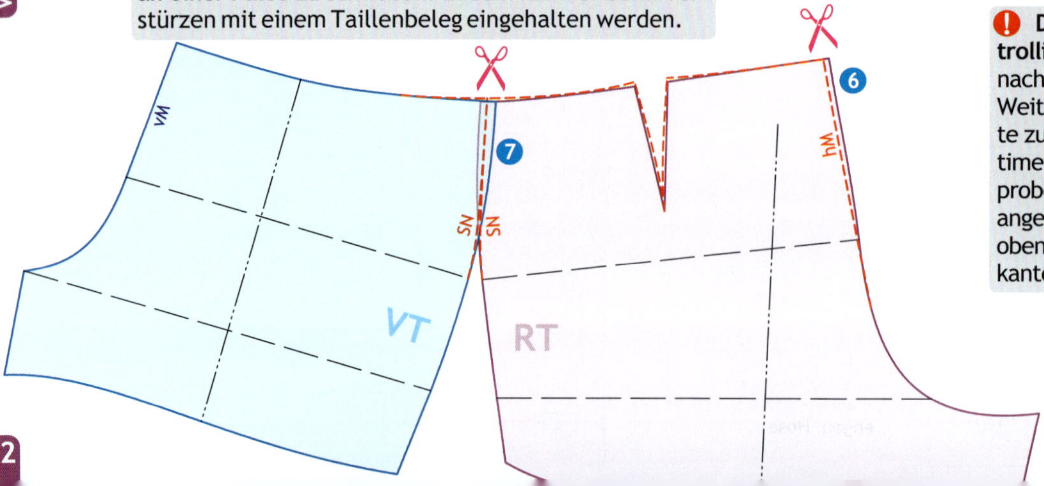

! **Die Passform sollte unbedingt kontrolliert werden.** Ein Hosenschnitt ist nach einer Taillenvertiefung oft trotz Weitenreduzierung an der oberen Kante zu weit, so dass die Hose einige Zentimeter nach unten rutscht. Bei der Anprobe muss die Hose im Schritt wieder angehoben werden. Erst dann darf man oben die Weite an der oberen Hosenkante korrigieren.

□3 Taillenweite reduzieren, Naht ausgleichen, Abnäher formen

Weitenreduzierung an der Standardhose
und für Hosen aus elastischem Material

Weitenreduzierungen an Hosen sind nicht nur modische Veränderungen, sondern werden auch vorgenommen, wenn die Oberschenkelweite zu groß ist. Dabei wird auch der Hosenausschnitt verkleinert. Die Sitzlänge muss bei schenkelengen Hosen vergrößert werden.

1. Die Knieweite gleichmäßig an der Vorderhose und der Hinterhose reduzieren.
2. Die Sitzlänge an engen Hosen muss vergrößert werden. Die hintere Hosenmitte um ca. 1,5 bis 2,5 cm öffnen.
3. Den Hosenausschnitt an der Innenbein- und an der Seitennaht in Höhe der Schrittlinie reduzieren.
4. Für Hosen aus längselastischem Material sollte die SiH um ca. 1 bis 2 cm reduziert (erhöht) werden - hinten nur um ca. 0 bis 1 cm.
5. Die hHoB um bis zu 1 cm reduzieren und
6. die Gesäßnaht an der hM einstellen und den Abnäherinhalt um denselben Betrag reduzieren.

   Die Seitennähte, die Innenbeinnähte und den vorderen Hosenausschnitt in gefälliger Form neu formen.
7. Den hinteren Hosenbruch neu in die Mitte zeichnen.
8. Die Oberschenkelweite und gegebenenfalls die Wadenweite kontrollieren.
9. Eine saumenge Hose muss gekürzt werden.

117

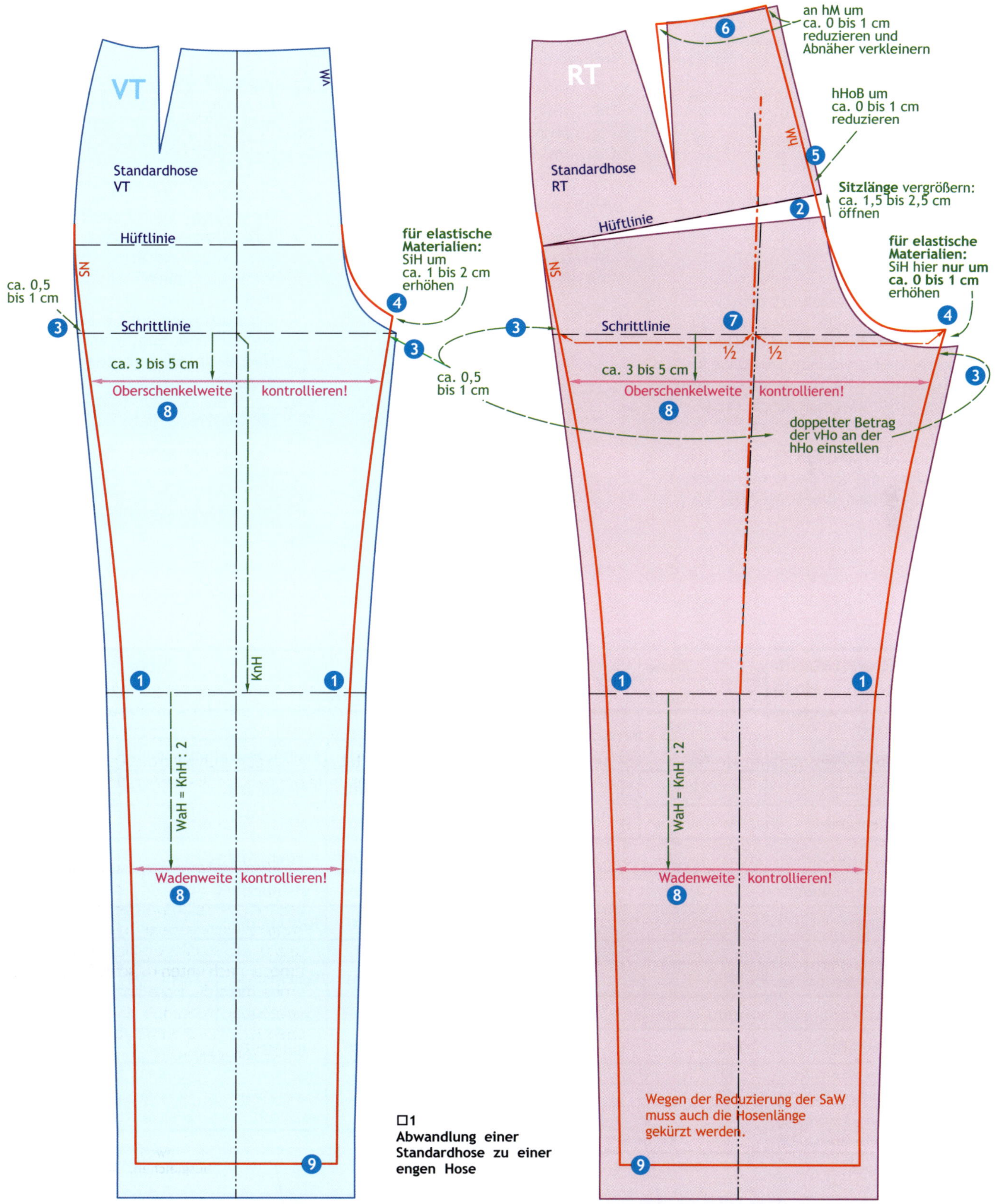

1 Abwandlung einer Standardhose zu einer engen Hose

Enge Hose (1)
Grundschnitt

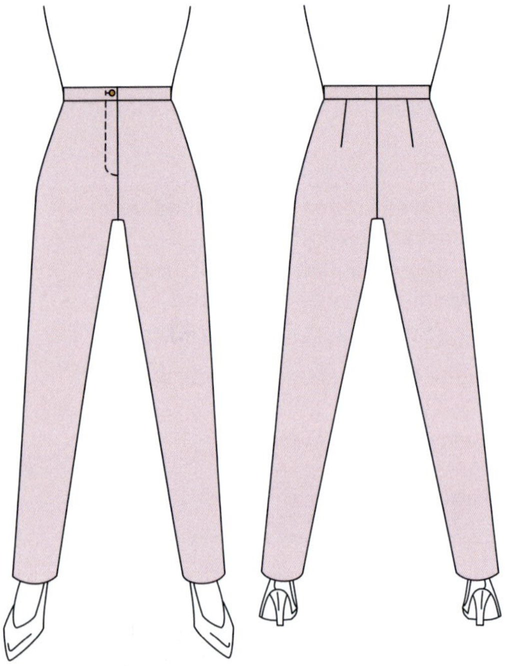

□1 Enge Hose

Diese Hosen-Grundschnittform wird gerne für enge Jeans verwendet. Sie sitzt enger am Oberschenkel und hat einen schmalen Beinverlauf. Wird eine lockere Hosenform für die Jeanshose gewünscht, verwendet man für die Modellentwicklung z.B. die Standardhose.

Es werden hier nur diejenigen Schritte beschrieben, die von der Konstruktion der Standardhose (ab Seite 109) abweichen.

1 Grundgerüst der Vorderhose

4 ! Soll dieser Grundschnitt für eine Hose aus längselastischem Material verwendet werden, sollte die SiH um ca. 1 bis 3 cm reduziert werden.

6 Bei geringerer Saumweite (SaW) sollte die Hose um 0 bis 8 cm gekürzt werden.

10 Von **P8** aus um **vHoB : 4 – 0,5 bis 1 cm** die Hüftlinie nach rechts verlängern.

Es entsteht der vordere Hosenausschnitt für eine "normal" proportionierte Figur (siehe Thema "Kontrollen und Korrekturen", Seite 117).

Der vordere Hosenausschnitt für **Figuren mit breiten Hüften und flachem Gesäß** benötigt einen kleineren Abtrag:

vHoB : 4 – 1 bis –1,5 cm

Figuren mit schmalen Hüften und starkem Gesäß benötigen einen größeren Abtrag:

vHoB : 4 + 0 bis + 0,5 cm

2 Vorderhose

15 Von **P12** aus SaW : 4 – 0,5 cm nach rechts

16 und nach links abtragen → **P15** und **P16**.

20 Von **P9** aus 1,5 bis 2 cm nach innen abtragen → **P20** (wenn kein Abnäher gewünscht wird)

21 Von **P8** aus 0 bis 0,5 cm nach außen abtragen und die vM-Naht nach **P20** zeichnen.

Von **P20** wird TaU : 4 + 1 cm + gewünschte Einhalteweite auf die erhöhte Taillenlinie abgetragen → **P21**.

! Dieser VT-Grundschnitt ohne Abnäher ist für schlanke Figuren geeignet. Bei Figuren mit großer Differenz zwischen Taillen- und Hüftumfang sollte unbedingt im VT ein Abnäher eingezeichnet werden.

Diese Zugabe von 1 cm, die zum ¼ TaU addiert wird, verhindert einen allzu starken Hüftbogen. Wenn hier kein Abnäher in der Vorderhose konstruiert wird, würde der Hüftbogen ohne diese Zugabe viel zu rund. Später wird der Betrag an der Hinterhose wieder abgezogen.

3 Hosenbein formen

Dies erfolgt wie bei der Standardhose.

4 Die fertige Vorderhose kopieren

Konstruktionstabelle Maßangaben in cm **Hose**	Name		Größe	38
	Datum		Modell	Enge Hose

Hauptmaße (Kennmaße)		Körpermaße	Proportionsmaße (Konstruktions-, Kontroll-, Hilfsmaße)			
TaU	Taillenumfang	72	½	36	¼	18
HüU	Hüftumfang	97	½	48,5	¼	24,25
BuU	Bundumfang		½		¼	
BuA	Bundabstände	v 0	r 0		l 0	h 0
sTaH	seitliche Taillenhöhe					106
SiH	Sitzhöhe					26

OsU	Oberschenkelumfang	55,5
KnU	Knieumfang	34
uKnU	unterer Knieumfang	31
WaU	Wadenumfang	35
FeU	Fesselumfang	23
RiU	Ristumfang	32

vHoB	Vorderhosenbreite	¼ HüU -1 cm	±		23,2
hHoB	Hinterhosenbreite	¼ HüU +1 cm	±		25,2
GeWi	Gesäßwinkel α (in°)	flache	normale	starke	Gesäßform
Enge Hose bzw. große Sitzlänge		80°	77°	74°	76°
Standard bzw. mittlere Sitzlänge		85°	82°	79°	
Legere Hose bzw. kurze Sitzlänge		88°	85°	82°	
Starke Figur (auch starkes Gesäß)		84° bis 90°			
längs-elastischer Stoff		zusätzlich +1° bis +2°			

SrH	Schritthöhe	sTaH – SiH	80
KnH	Kniehöhe	SrH :10 · 4	32
SaW	Saumweite		
	Enge Hose	32 bis 40	32
	Standardhose	40 bis 48	
	Weite Hose	48 bis 56	

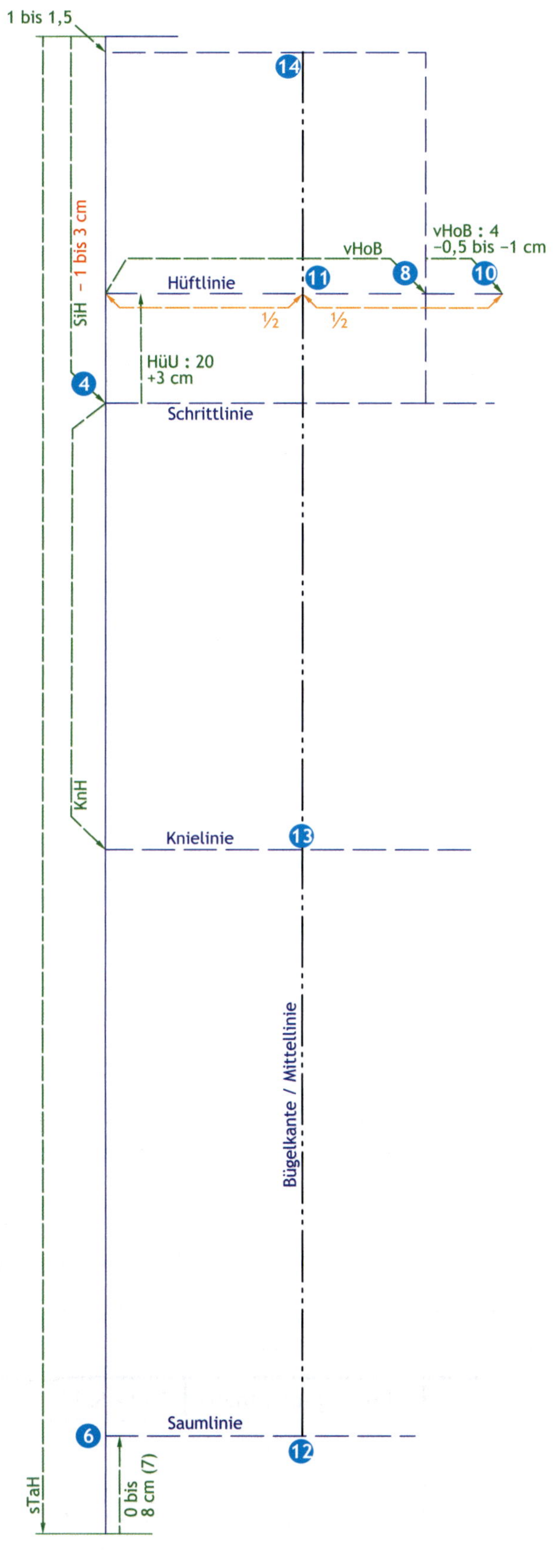

□2 Grundgerüst für die Enge Hose

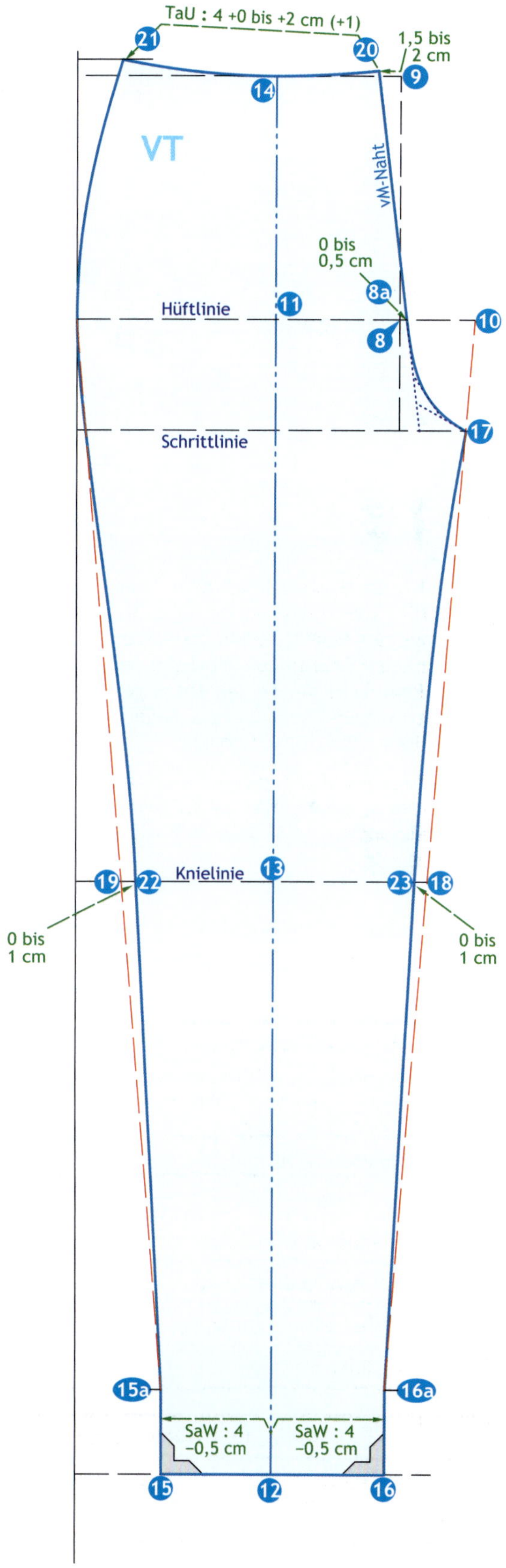

□3 Konstruktion der Vorderhose

Enge Hose: Grundschnitt

Enge Hose (3)
Grundschnitt

Es werden nur diejenigen Schritte beschrieben, die von der Konstruktion der Standard-Hose abweichen.

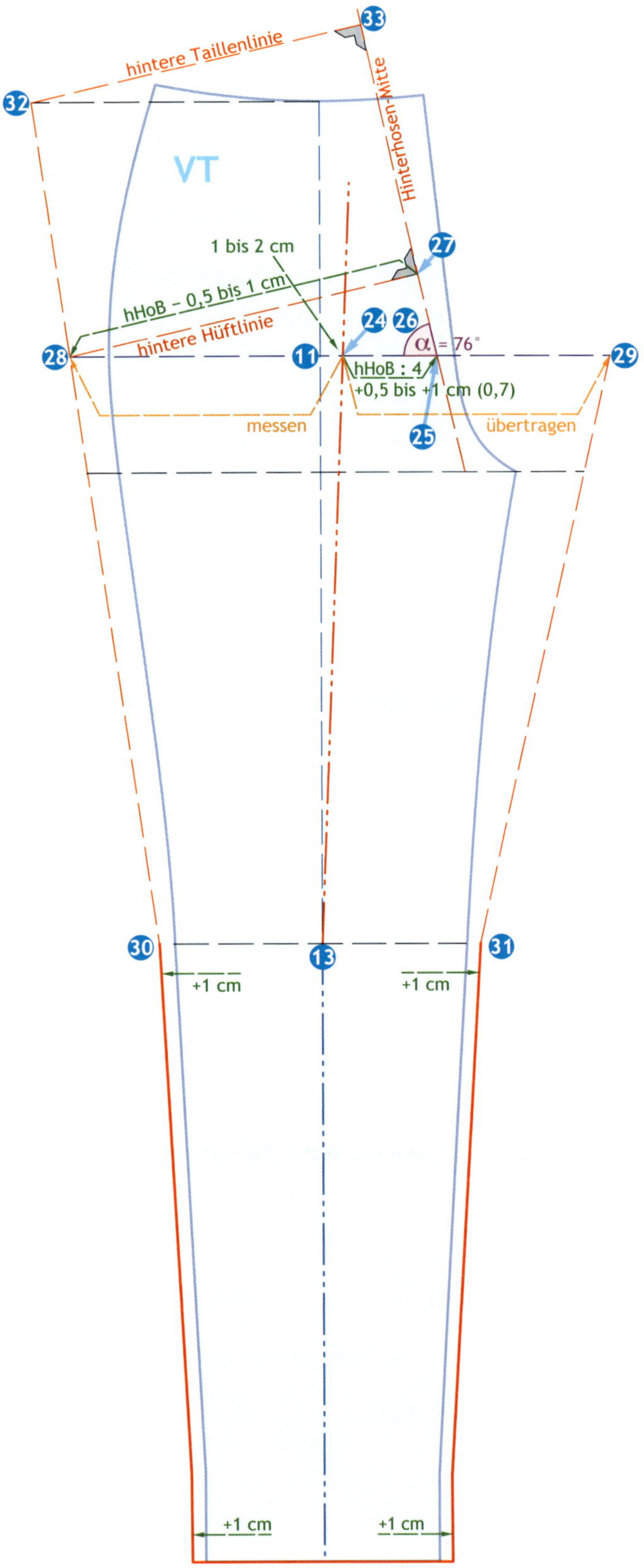

□4 Form und Lage der Hinterhose

6 Form und Lage der Hinterhose

24 Von **P11** nach rechts 1 bis 2 cm (besser 2 cm) abtragen → **P24**. Von hier aus den neuen **Hinterhosenbruch** bis **P13** zeichnen und nach oben verlängern.

Für Figuren mit starkem Gesäß wird nur 1 cm abgetragen (das ergibt etwas mehr Länge im Gesäßbereich).

25 Von **P24** aus hHoB : 4 + 0,5 bis 1 cm nach rechts abtragen.

Durch diese Messung ergibt sich der hintere Hosenausschnitt, siehe auch das Thema "Kontrollen und Korrekturen", Seite 117.

Figuren mit starkem Gesäß benötigen für einen größeren hinteren Hosenausschnitt

hHoB : 4 – 0,5 bis – 1 cm

Figuren mit flachem Gesäß benötigen für einen kleineren hinteren Hosenausschnitt

hHoB : 4 + 0,5 bis + 1 cm

26 In **P25** den Gesäßwinkel α (hier 76°) für die Schrägstellung der Hinterhose-Mitte nach oben und unten abwinkeln (siehe Maßsatz auf Seite 124):

+1° bis 2° zusätzlich für Hosen aus längselastischem Material

7 Weitere Konstruktion der Hinterhose

Im rechten Winkel zur Hinterhosenmitte die hHoB – 0,5 bis – 1 cm auf die Hüftlinie der Vorderhose zeichnen → hintere Hüftlinie

Die untere Innenbein- und Seitennaht für die Hinterhose 1 cm parallel zu den Vorderhosen-Nähten anzeichnen.

32 Gerade Hilfslinien von **P29** bis **P31** und von **P30** über **P28** zur Taillenlinie zeichnen.

33 Von der Hinterhosen-Mitte auf den **P32** abwinkeln → hintere Taillenlinie.

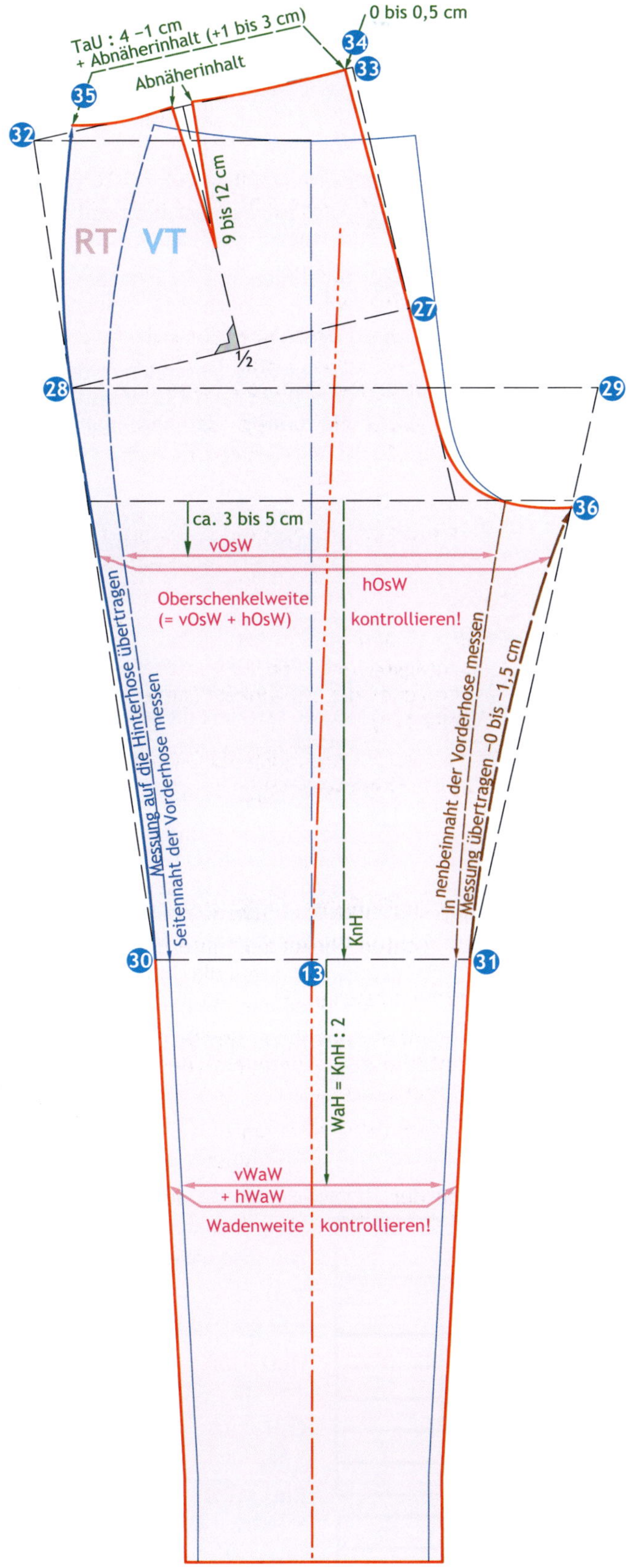

8 Abnäher, Seiten- und Taillennaht

117

(35) Von P34 aus TaU : 4 − 1 cm + Abnäherinhalt +1 bis 3 cm auf der neuen Taillenlinie abtragen.

Die Zugabe von 1 cm wurde an der Vorderhose zum ¼ TaU hinzuaddiert. Hier wird sie jetzt wieder abgezogen. Somit ist die Taillenweite wieder exakt.

SN der Vorderhose messen und auf die Hinterhose nach oben übertragen → P35.

Abnähermitte zwischen P27 und P28 bestimmen, zur Taillenlinie abwinkeln und die Abnäherlänge 9 bis 12 cm abtragen. Den gewünschten Abnäherinhalt abtragen und den Abnäher zeichnen.

9 Innenbein- und Gesäßnaht

(36) Innenbeinnaht der Vorderhose messen und auf die Hinterhose nach oben übertragen → P36.

Die Innenbeinnaht wie an der Vorderhose im oberen Bereich unterhalb der Schrittlinie stärker formen. Das verringert die Oberschenkelweite.

Die Gesäßnaht **waagerecht** von P36 und dann gerundet in die Hinterhosen-Mitte bei P25 formen. Bei P27 dann die hM-Naht in leichter **Kurve** zum P34 formen.

10 Kontrollen (siehe Seite 123)

Oberschenkelweite von Vorder- und Hinterhose ca. 5 cm unterhalb der Schrittlinie messen. Der Vergleich mit dem Oberschenkelumfang sollte mindestens 1 bis 4 cm Mehrweite ergeben.

Wadenweite von Vorder- und Hinterhose auf Wadenhöhe (WaH) messen. Der Vergleich mit dem Wadenumfang sollte mindestens 1 bis 2 cm Mehrweite ergeben.

Seiten-, Taillen- und Gesäßnaht ausformen.

Hosenausschnitt an der Engen Hose kontrollieren:

Der **Hosenausschnitt** an der Engen Hose beträgt für eine **"Normalfigur mittlerer Größe"**

(Messung siehe Seite 117)	**HüU :6**	(± 1 cm)
z.B. bei HüU von 97 cm →	97 cm **:6**	
	= **16,2 cm**	(± 1 cm)

Bei einer Figur mit flachem Gesäß ca. **1 cm** **weniger:**

16,2 cm − 1 cm = 15,2 cm (± 1 cm)

Bei einer Figur mit starkem Gesäß ca. **1 cm** **mehr:**

16,2 cm + 1 cm = 17,2 cm (± 1 cm)

□5 Konstruktion der Hinterhose mit Kontrollen

Weitenreduzierte enge Hose für elastische Materialien (1)
Grundschnitt

□1 Sehr enge Hose

❗ Diese Hosen-Grundschnittform kann nur für hautenge Hosen aus elastischem Material verwendet werden. Sie sitzt sehr eng an Gesäß und Oberschenkel und hat einen anliegenden Beinverlauf.

Sämtliche Umfangsmaße werden um die materialabhängige prozentuale Dehnung (in %) reduziert. Diese Reduktion kann, je nach Dehnbarkeit des Materials, zwischen **5 % und 20 %** betragen - selten auch mehr.

Die Körpermaße sollten nachvollziehbar mit einer Berechnung notiert und neu ermittelt werden (siehe die Spalte neben der Konstruktionstabelle). Die reduzierten Werte werden in die Konstruktionstabelle geschrieben, hier in Rot.

Die Bestimmung der Dehnung in %

Die prozentuale Dehnung (in %) muss vor der Schnittkonstruktion für jedes verwendete Material ermittelt werden.

1. Die Breite einer Materialprobe in Schussrichtung ausmessen → Ausgangsbreite.
2. Materialprobe in Schussrichtung dehnen und
3. beim Dehnen die Breite des gedehnten Materials messen.

Die aufgewendete Dehnkraft sollte ungefähr so groß sein, wie die gewünschte Kompression, die das Material beim Tragen auf den Körper ausüben soll.

Dehnungsbreite	in cm	
– Ausgangsbreite	in cm	≙ 100 %
Dehnung	in cm	≙ x %

Beispielrechnung:

Dehnungsbreite	=	24 cm	
– Ausgangsbreite	=	20 cm	≙ 100 %
Dehnung	=	24 cm – 20 cm	
	=	**4 cm**	

$$\textbf{Dehnung in \%} = \frac{100\ \% \cdot \text{Dehnung}}{\text{Ausgangsbreite}} = \frac{100\ \% \cdot 4\ \text{cm}}{20\ \text{cm}} = \mathbf{20\ \%}$$

Hinweise zur Konstruktion

Die Konstruktion ist bis auf die weitenreduzierten Konstruktionsmaße und die Beinform identisch mit dem Schnitt der Engen Hose (ab Seite 87). Es werden hier nur diejenigen Schritte beschrieben, die von dieser Konstruktion abweichen.

Die verwendeten reduzierten Körpermaße und die verwendeten Werte sind in Rot gedruckt.

1 Neue Schritte an der Vorderhose

Im oberen Bereich der Hosenkonstruktion gibt es keine Veränderungen zum Engen Hosen-Grundschnitt

5a, 13a Die Wadenhöhe (WaH) mit **KnH : 2** parallel zur Knielinie nach unten zeichnen → **P13a**.

22, 23 Die Knieweite **KnU : 4 – 0,5 cm** von **P13** aus nach links und rechts abtragen → **P22** und **P23**.

22a, 23a Die Wadenweite **WaU : 4 – 0,5 cm** von **P13a** aus nach links und rechts abtragen → **P22a** und **P23a**.

17 Hilfslinien von **P22** nach **P7** und von **P23** nach **P10** zeichnen → **P17**.

Die untere Seitennaht von **P15** über **P22a** nach **P22** identisch wie die untere Innenbeinnaht zwischen **P16** über **P23a** nach **P23** formen.

Tipp: Am Saum und an der Wade verlaufen SN und Innenbeinnaht senkrecht - nicht aber am Knie. Die engste Stelle befindet sich unterhalb des Knies.

Die Seitennaht wie skizziert über **P7** nach **P21** weiterformen ebenso wie skizziert die Innenbeinnaht nach **P17**.

2 Neue Schritte an der Hinterhose

30, 31 Die untere SN und Innenbeinnaht werden jeweils 1 cm weiter gezeichnet → **P30** und **P31** und parallel zu den Vorderhosen-Nähten zum Saum gezeichnet.

32 Hilfslinie von **P30** über **P28** zur Taillenlinie zeichnen → **P32**.

Hilfslinie von **P31** nach **P29** zeichnen.

Konstruktionstabelle Maßangaben in cm **Hose**	Name				Größe	38
	Datum		Modell	Enge Hose weitenreduziert		

Hauptmaße (Kennmaße)		Körpermaße	Proportionsmaße (Konstruktions-, Kontroll-, Hilfsmaße)			
TaU	Taillenumfang	72 → 68,4	½	→ 34,2	¼	→ 17,1
HüU	Hüftumfang	97 → 87,3	½	→ 43,7	¼	→ 21,8
BuU	Bundumfang		½		¼	
BuA	Bundabstände	v 0	r 0	l 0	h 0	
sTaH	seitliche Taillenhöhe					106
SiH	Sitzhöhe					26

OsU	Oberschenkelumfang	→ 50
KnU	Knieumfang	→ 36,6
uKnU	unterer Knieumfang	31
WaU	Wadenumfang	→ 31,5
FeU	Fesselumfang	23
RiU	Ristumfang	→ 28,8

vHoB	Vorderhosenbreite	¼ HüU –1 cm	±	→ 20,8
hHoB	Hinterhosenbreite	¼ HüU +1 cm	±	→ 22,8

GeWi Gesäßwinkel α (in °)	flache	normale	starke	Gesäßform
Enge Hose bzw. große Sitzlänge	80°	77°	74°	76°
Standard bzw. mittlere Sitzlänge	85°	82°	79°	
Legere Hose bzw. kurze Sitzlänge	88°	85°	82°	
Starke Figur (auch starkes Gesäß)	84° bis 90°			
längs-elastischer Stoff	zusätzlich +1° bis +2°			

SrH	Schritthöhe	sTaH – SiH	80
KnH	Kniehöhe	SrH :10 · 4	32
SaW	Saumweite		
	Enge Hose	32 bis 40	→ 25
	Standardhose	40 bis 48	
	Weite Hose	48 bis 56	

Reduzierung der notwendigen **Umfangsmaße** um **10 %**

TaU – 5 %
= 72 cm · 0,95 = **68,4 cm**

HüU – 10 %
= 97 cm · 0,9 = **87,3 cm**

OsU – 10 %
= 55,5 cm · 0,9 = **50,0 cm**

KnU – 10 %
= 34 cm · 0,9 = **30,6 cm**

WaU – 10 %
= 35 cm · 0,9 = **31,5 cm**

RiU – 10 %
= 32 cm · 0,9 = **28,8 cm**

Weitenreduzierte enge Hose für elastische Materialien (2)
Grundschnitt

Hinweise zur Materialauswahl

Aus diesem Grundschnitt können nur Modelle für elastische Materialien entwickelt werden.

Insbesondere wegen der engen Knieweite sollte das Material eher weich sein - ansonsten benötigt man am Knie mehr Weite.

Da hier die Taillenweite reduziert ist, muss auch der Bund aus elastischem Material, aber mit **dehnbarer** oder besser **ohne Einlage** gefertigt werden.

Hinweise zur Fertigung

Auf das dehnbare Material müssen die Nähgarne und der Maschinennaht-Typ abgestimmt sein. Die Nähte müssen dehnbar sein und mit dem Material harmonisieren.

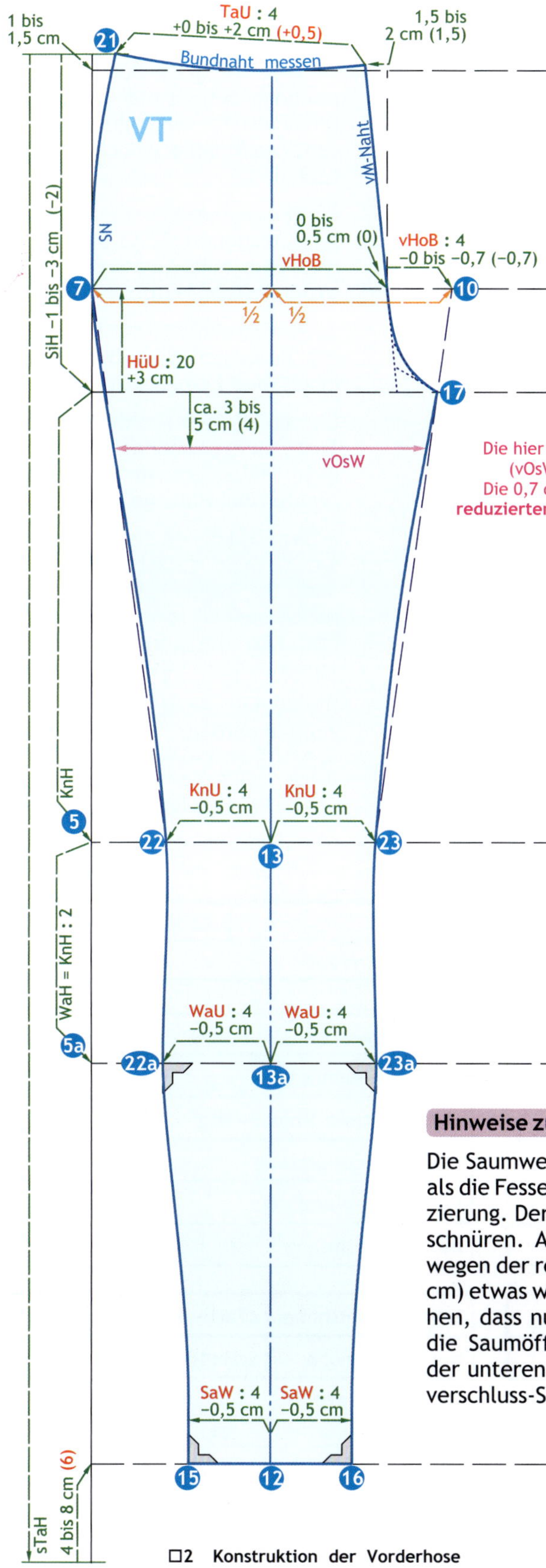

□2 Konstruktion der Vorderhose

Die hier **gemessene** Oberschenkelweite (vOsW + hOsW) beträgt **49,3 cm.** Die 0,7 cm Fehlweite zu den **50 cm** des **reduzierten OsU** sind hier zu vernächlässigen!

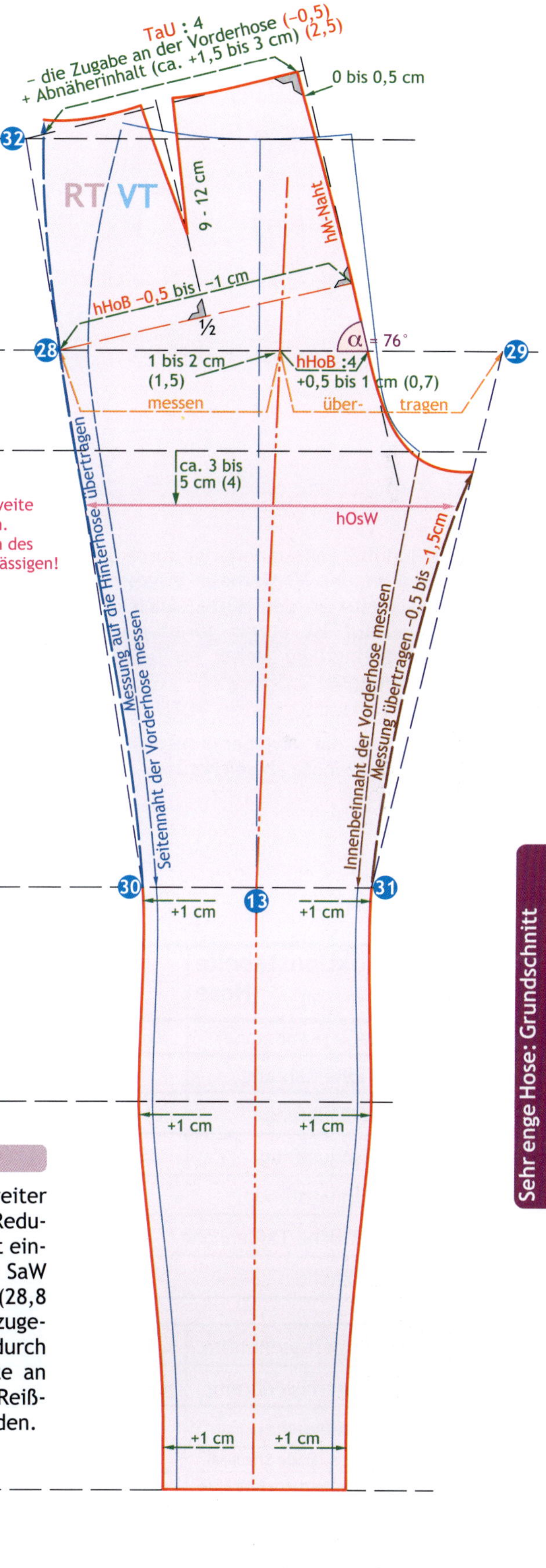

Hinweise zur Modellgestaltung

Die Saumweite (25 cm) ist hier weiter als die Fesselweite (23 cm) ohne Reduzierung. Der Saum wird also nicht einschnüren. Allerdings müsste die SaW wegen der reduzierten Ristweite (28,8 cm) etwas weiter sein. Um sicherzugehen, dass nun der Fuß bequem durch die Saumöffnung gelangt, könnte an der unteren Seitennaht z.B. ein Reißverschluss-Schlitz gearbeitet werden.

□3 Konstruktion der Hinterhose

Bundfaltenhose (1)
Grundschnitt

110

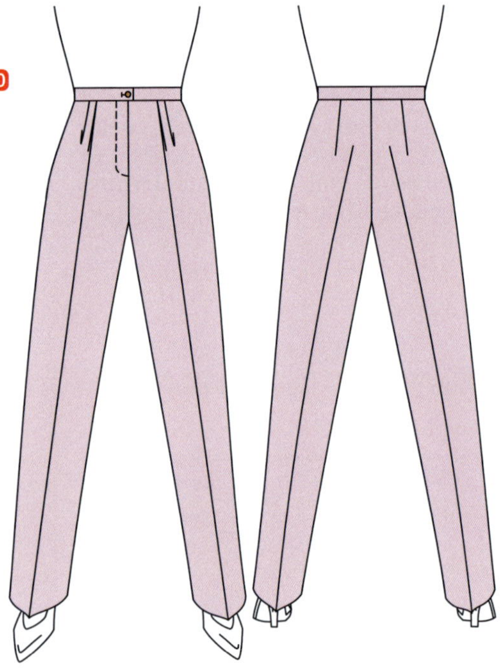

□1 Bundfaltenhose

Die Bundfaltenhose benötigt durch die Falten in der Vorderhose insgesamt mehr Weite an der Hüfte. Auch der Beinverlauf ist etwas gerader und meist geringfügig weiter als bei der Standardhose.

Es werden nur diejenigen Schritte beschrieben, die von der Konstruktion der Standardhose abweichen.

1 Grundgerüst zeichnen

Die Größe der zu konstruierenden Bundfalten festlegen.
Hier: **Bundfalteninhalt = 6 cm**

8 Von P7 auf der Hüftlinie die vHoB + ½ gewünscher Bundfalteninhalt abtragen → **vHoB1** .

10 Von P8 aus vHoB1 : 4 die Hüftlinie nach rechts verlängern.

Es entsteht der vordere Hosenausschnitt für eine “normal proportionierte“ Figur (siehe Thema “Kontrollen und Korrekturen”, Seite 117.

Der vordere Hosenausschnitt für **Figuren mit breiten Hüften und flachem Gesäß** benötigt einen kleineren Abtrag:

vHoB1 : 4 – 0,5 bis – 1 cm

Figuren mit schmalen Hüften und starkem Gesäß benötigen einen größeren Abtrag:

vHoB1 : 4 + 0,5 bis + 1 cm

2 Vorderhose

15 16 Von **P12** aus SaW : 4 – 1 cm nach rechts und nach links abtragen → **P15** und **P16**.

20 Von **P9** aus 0 bis 0,5 cm nach innen abtragen.

21 Von **P20** wird TaU : 4 + gewünschten Bundfalteninhalt + gewünschte Einhalteweite auf die erhöhte Taillenlinie abgetragen.

3 Hosenbein formen

Vorgehensweise wie bei der Standardhose.

4 Bundfalten einzeichnen

Es können eine oder zwei Bundfalten konstruiert werden. Bei einer einzelnen Bundfalte sollte diese nicht tiefer als **ca. 3 cm** sein. Beide Bundfalten werden auf die Taillenlinie gezeichnet.

Von **P14**, der späteren Bügelkante, wird die **erste Bundfalte** gezeichnet. Sie hat hier **4 cm** Falteninhalt. Es verbleiben für die seitliche Bundfalte noch **2 cm** Falteninhalt.

Ein Faltenabstand von mindestens der seitlichen Bundfaltentiefe muss eingehalten werden (hier also mindestens 1 cm).

Jetzt wird die **seitliche Bundfalte** mit dem restlichen Bundfalteninhalt (hier 2 cm) gezeichnet.

Die Bundfalten werden auf die Taillenlinie gezeichnet. Die gebogene Taillennaht wird danach zur zweiten Bundfalte geformt.

Alternativ können die Bundfalten am Schnitt gefaltet werden, dann die Taillennaht durch Zurückschneiden formen. So ergeben sich die korrekten Rückschnitte.

Die Vorderhose ist fertig und kann kopiert werden.

Konstruktionstabelle Maßangaben in cm **Hose**	Name				Größe	38
	Datum		Modell	Bundfalten Hose		

Hauptmaße (Kennmaße)		Körpermaße	Proportionsmaße (Konstruktions-, Kontroll-, Hilfsmaße)			
TaU	Taillenumfang	72	½	36	¼	18
HüU	Hüftumfang	97	½	48,5	¼	24,25
BuU	Bundumfang		½		¼	
BuA	Bundabstände	v 0	r 0	l 0	h 0	
sTaH	seitliche Taillenhöhe				106	
SiH	Sitzhöhe				26	

OsU	Oberschenkelumfang	55,5
KnU	Knieumfang	
uKnU	unterer Knieumfang	
WaU	Wadenumfang	
FeU	Fesselumfang	
RiU	Ristumfang	

vHoB	Vorderhosenbreite	¼ HüU –1 cm	± +3	23,2 → 26,2
hHoB	Hinterhosenbreite	¼ HüU +1 cm	± 0 bis +1	25,2 → 26

GeWi Gesäßwinkel α (in °)	flache	normale	starke	Gesäßform
Enge Hose bzw. große Sitzlänge	80°	77°	74°	85°
Standard bzw. mittlere Sitzlänge	85°	82°	79°	
Legere Hose bzw. kurze Sitzlänge	88°	85°	82°	
Starke Figur (auch starkes Gesäß)	84° bis 90°			
längs-elastischer Stoff	zusätzlich +1° bis +2°			

SrH	Schritthöhe	sTaH – SiH	80
KnH	Kniehöhe	SrH :10 · 4	32
SaW	Saumweite		
	Enge Hose	32 bis 40	42
	Standardhose	40 bis 48	
	Weite Hose	48 bis 56	

110

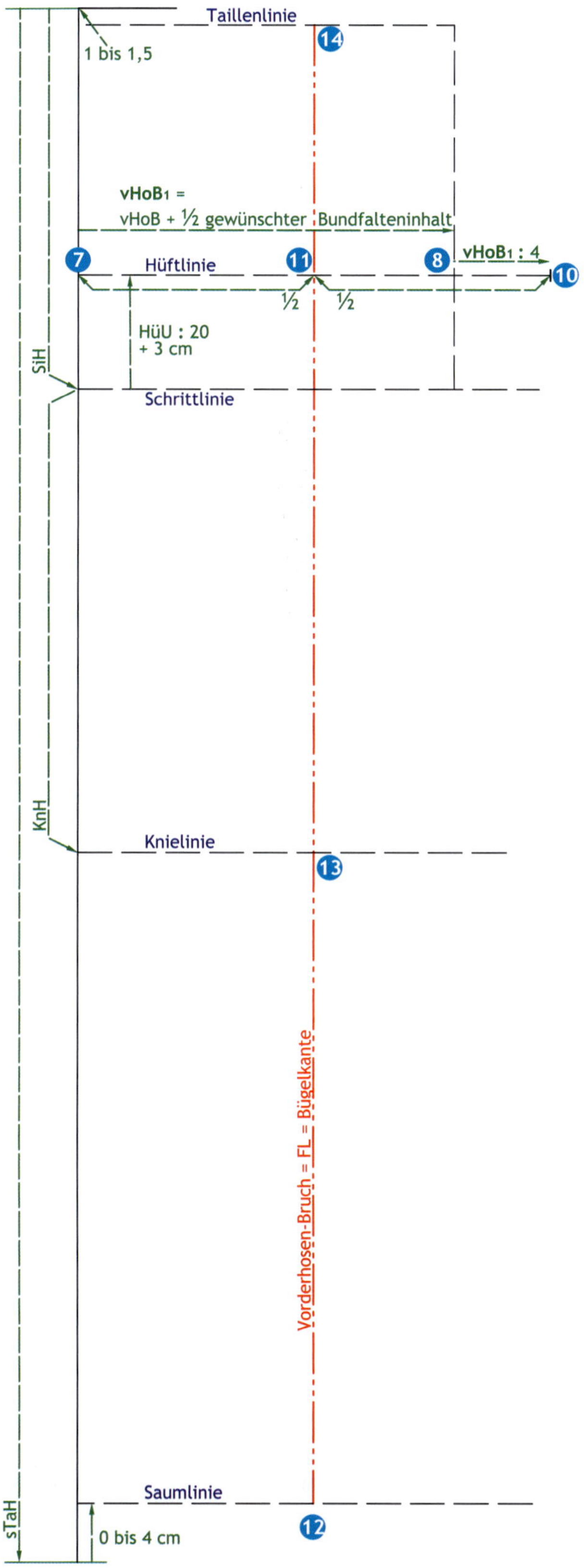

□2 Grundgerüst für die Bundfaltenhose

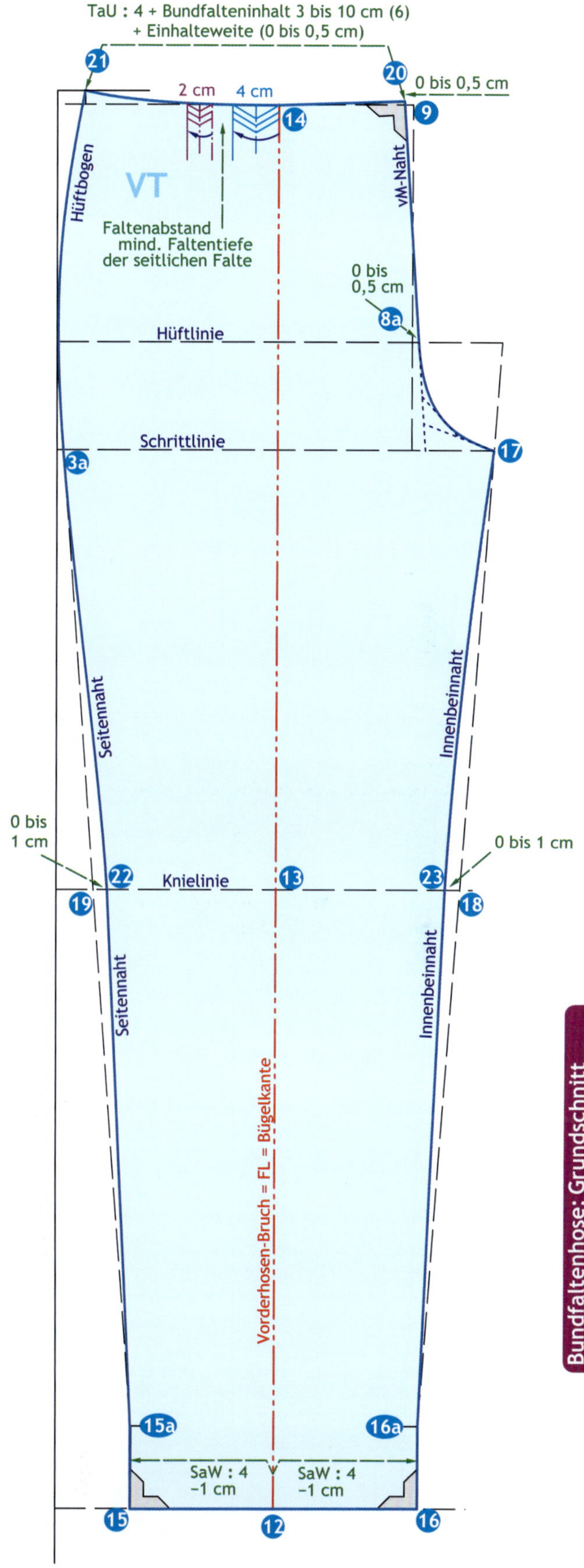

□3 Konstruktion der Vorderhose

Bundfaltenhose (3)
Grundschnitt

110

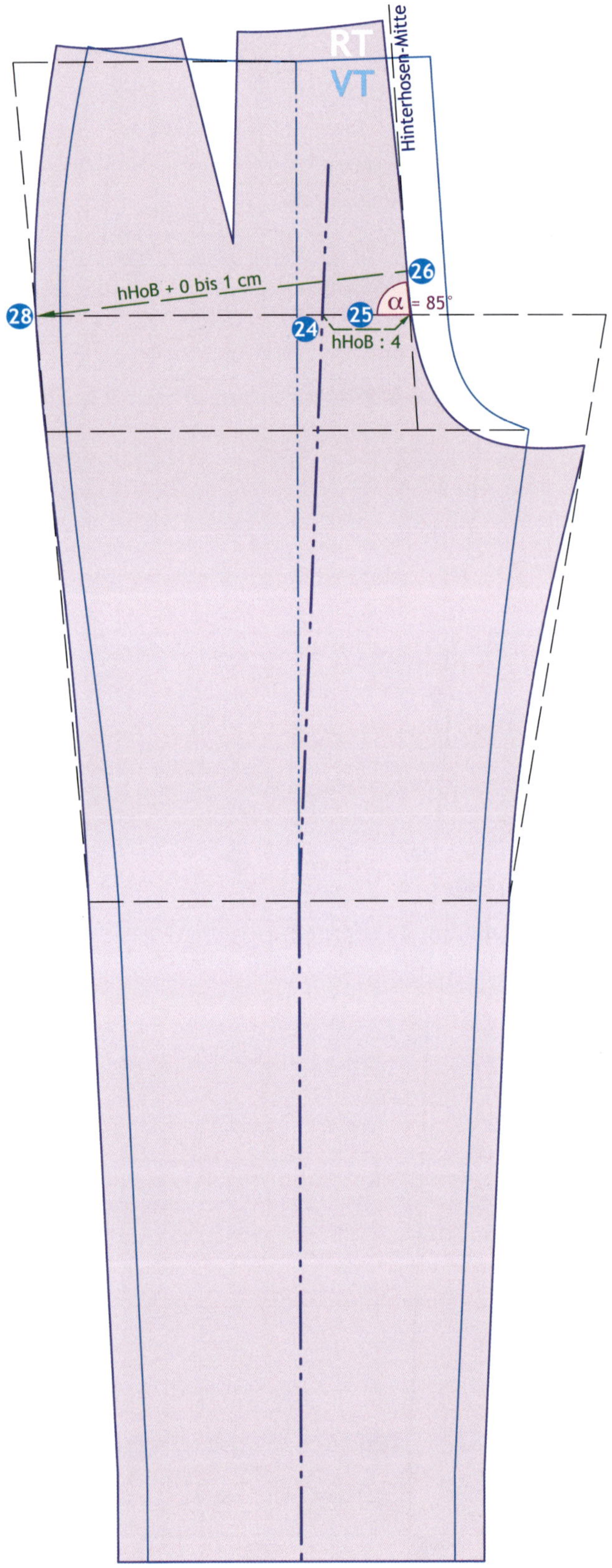

117

□4 Hinterhose

5 Hinterhose der Bundfaltenhose

Die Hinterhose der Bundfaltenhose (hier rot) wird über die zuvor erstellte vordere Bundfaltenhose konstruiert (hier blaue Linie). Die Konstruktionsschritte sind bis auf den **P28** exakt dieselben wie an der Standardhose.

Auch wenn die Konstruktionsschritte nahezu dieselben sind wie bei der Standardhose, darf man nicht die Hinterhose der Standardhose als Hinterhose für die Bundfaltenhose verwenden.

Die Bundfalten haben die Hüftweite der Vorderhose vergrößert. Evtl. kann die Hüftweite der Hinterhose ebenfalls etwas vergrößert werden.

Zum Abwinkeln der Hinterhosen-Mitte in **P25** wird ein steiler Gesäßwinkel α von ca. 85° für eine kürzere Sitzlänge verwendet.

28 Von **P27** wird die hHoB + 0 bis 1 cm abgetragen.

Nahtverläufe an der Seiten-, Taillen und Gesäßnaht ausgleichen (siehe Seite 117).

Hosenausschnitt an der Bundfaltenhose kontrollieren:

Der **Hosenausschnitt** an der Bundfaltenhose beträgt für eine **“Normalfigur mittlerer Größe”**

(Messung siehe Seite 117)	**HüU : 4 – 4 cm**	(± 1 cm)
z. B. bei HüU von 97 cm →	97 cm : 4 – 4 cm	
	= **20,3 cm**	(± 1 cm)

Bei einer Figur mit flachem Gesäß ca. **1,5 cm weniger:**

20,3 cm **– 1,5 cm**	= 18,8 cm	(± 1 cm)

Bei einer Figur mit starkem Gesäß ca. **1,5 cm mehr:**

20,3 cm **+ 1,5 cm**	= 21,8 cm	(± 1 cm)

Der Hosen-/Saumaufschlag (folgende Seite)

(Folgende Seite) Für den Hosenaufschlag wird die Hose um die doppelte Aufschlagbreite verlängert. Die dunklere Fläche ist jeweils die notwendige anzuschneidende Fläche.

1. An der Hosenlänge die Aufschlagbreite parallel nach oben anzeichnen → Anstoßlinie
2. und zwei Mal parallel nach unten anzeichnen.
3. Den benötigten Saumeinschlag anzeichnen.
4. Die obere Kante des Aufschlags nach außen etwas erweitern.
5. Da der Aufschlag nach oben gefaltet und gebügelt wird, ist er hier als Falte markiert.

Bundfaltenhose mit Saumaufschlag

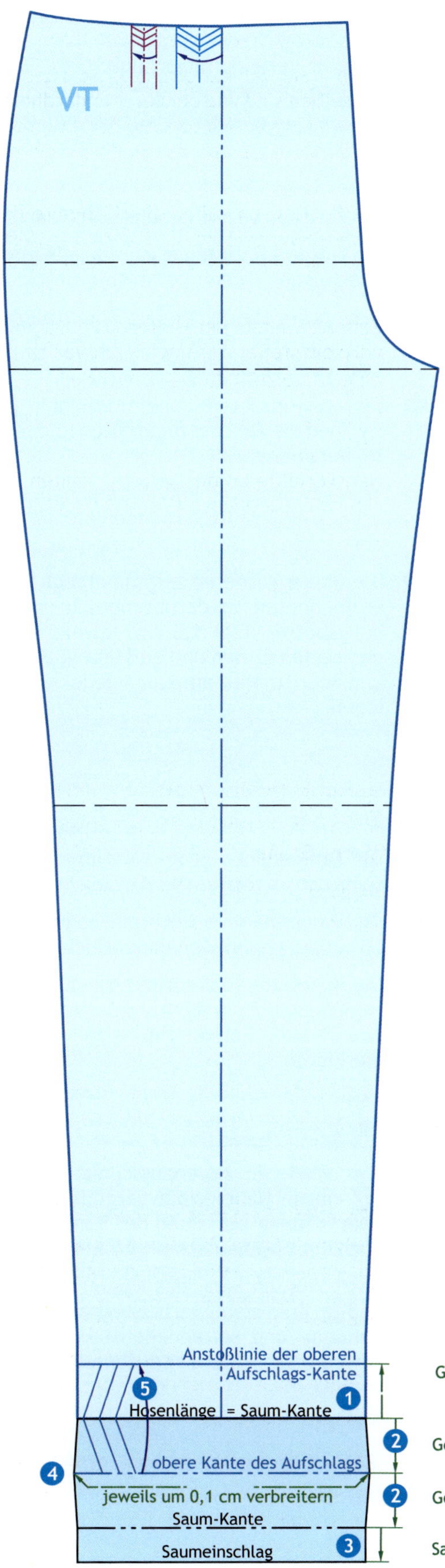

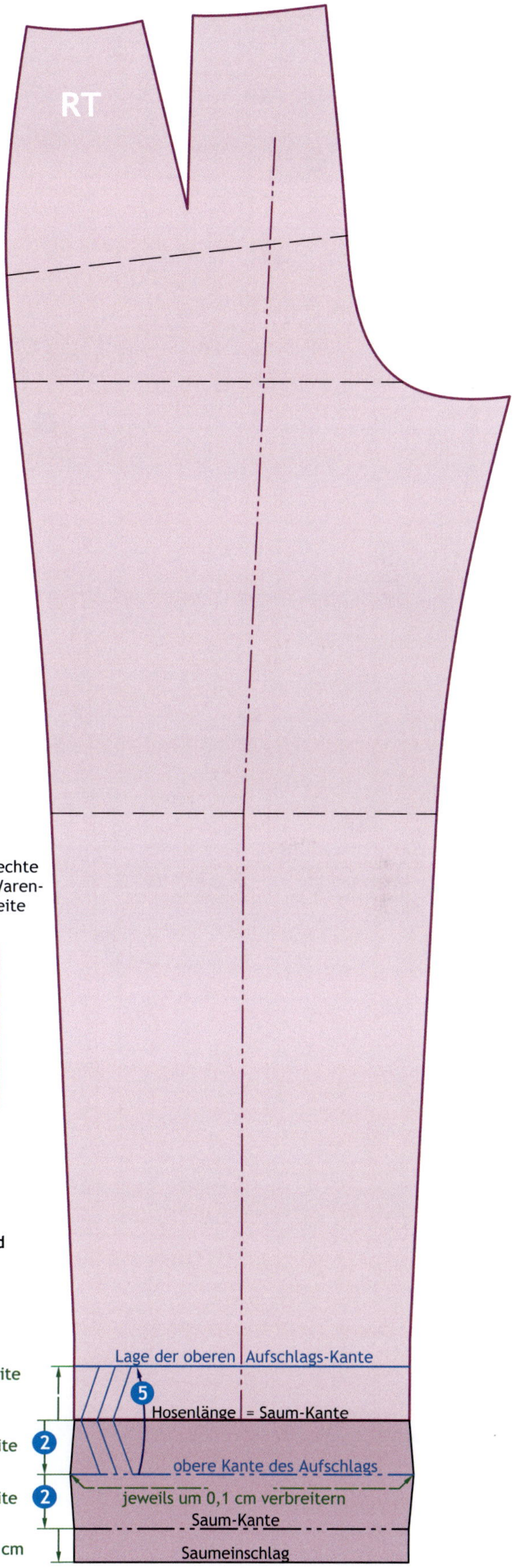

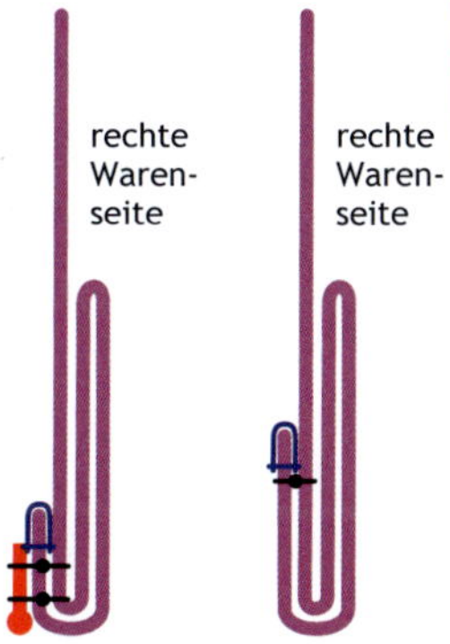

□2 **Querschnitt eines Saumaufschlags, links mit und rechts ohne Stoßband**

□1 **Bundfaltenhose mit Saumaufschlag**

Bundfaltenhose aus der Standardhose (1)
Hosensaum formen

117

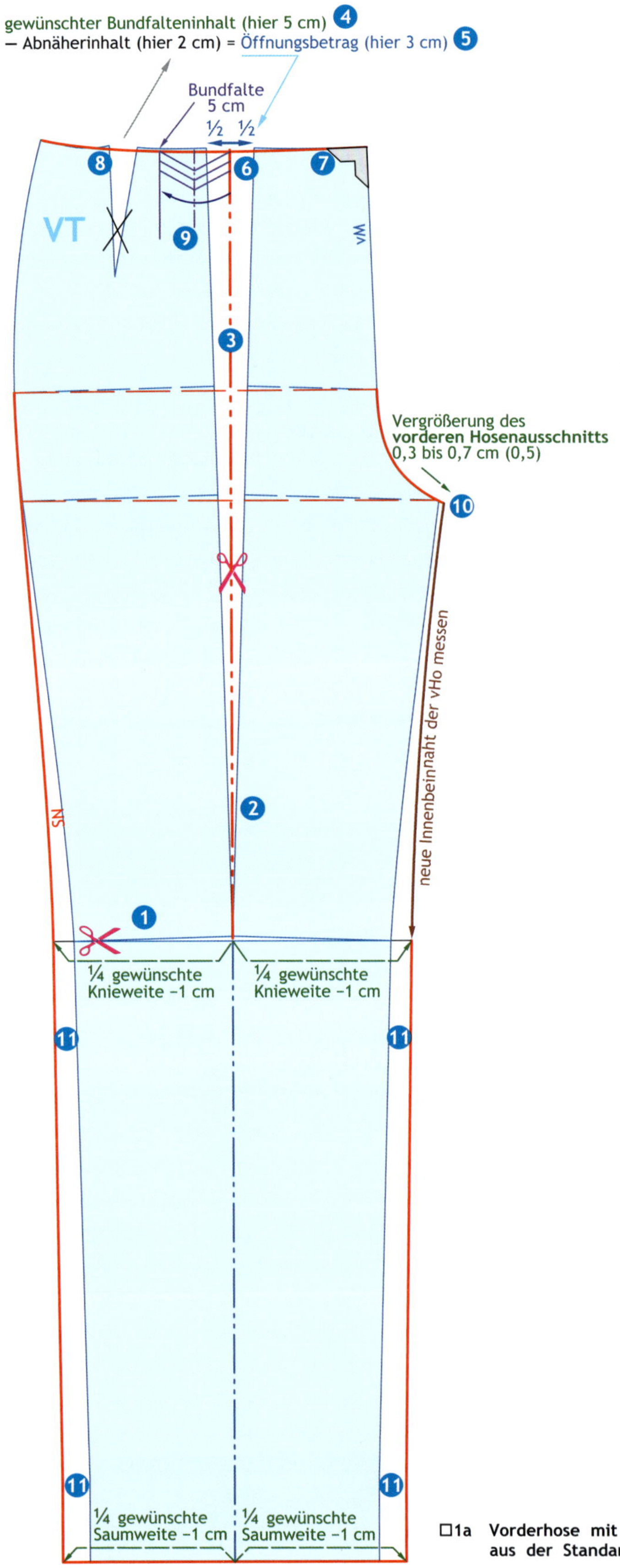

☐1a Vorderhose mit Bundfalte aus der Standardhose

Mit einem ausprobierten gut passenden Standardhosen-Grundschnitt kann man auf eine Neukonstruktion der Bundfaltenhose verzichten.

Für eine Abwandlung kopiert man den Standardhosen-Grundschnitt und führt die folgenden Veränderungen durch. Die Flächen der Standardhose sind hier blau und rosa.

1 Bundfaltenweite zugeben

1. Die Vorderhose in Kniehöhe durchtrennen.
2. Am vorderen Hosenbruch (Bügelkante) von oben bis zur Trennlinie am Knie einschneiden.
3. Das untere Hosenbein auf Schnittpapier kleben und den vorderen Hosenbruch wieder nach oben einzeichnen.
4. Den gewünschten Bundfalteninhalt (hier **5 cm**) und die Zahl der Bundfalten (hier **eine** Falte) bestimmen.
5. Vom gewünschten Bundfalteninhalt wird der bereits im Schnitt vorhandene Abnäherinhalt abgezogen → Öffnungsbetrag (hier **3 cm**).
6. Die obere Vorderhose symmetrisch zum eingezeichneten Vorderhosenbruch um ½ Öffnungsbetrag (hier **1,5 cm**) jeweils nach links und rechts öffnen und aufkleben. Die Seiten- und Schrittnähte am Knie wieder aneinander legen.

2 Bundfalten einzeichnen

7. Die Taillennaht von der vM zum vorderen Hosenbruch im rechten Winkel zeichnen.
8. Die Taillennaht in leichtem Bogen zum Einschnitt zeichnen. Abnäher streichen.
9. Die Bundfalte vom Vorderhosenbruch (spätere Bügelkante) in Richtung Seitennaht zeichnen und die Faltenrichtung mit einem Pfeil markieren.

3 Hosenbein anpassen

10. Den vorderen Hosenausschnitt um 0,3 bis 0,7 cm im Nahtverlauf vergrößern. Bei großem Öffnungsbetrag an der Vorderhose muss auch der Hosenausschnitt größer werden.
11. Nach Wunsch kann das Hosenbein am Saum und am Knie etwas verbreitert werden. Die Innenbein- und Seitennaht ist dabei am Knie bzw. am Saum immer um denselben Betrag zu verändern.

☐1b Ggf. den Hosensaum formen.

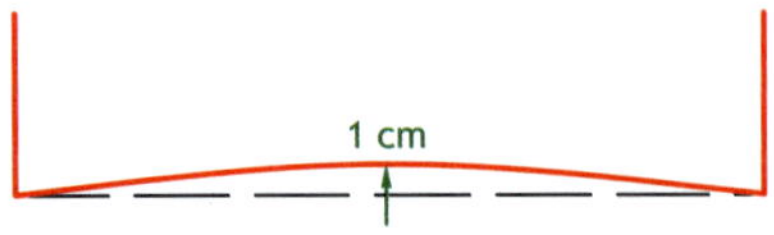

☐1b Formen des Saums an der Vorderhose um 1 cm nach oben, damit die Vorderhose auf dem Schuh nicht so stark aufliegt und unschön gestaucht wird.

Bundfaltenhose aus der Standardhose (2)
Hosensaum formen

117

4 Hinterhose verändern

12 An der Hinterhose kann die Hinterhosenbreite um 0 bis 1 cm vergrößert werden.

13 Wird an der Vorderhose das Hosenbein an Knie und Saum verändert, muss jetzt dieselbe Veränderung auch an der Hinterhose vorgenommen werden.

14 Je nach Größe des Öffnungsbetrags der Vorderhose wird der hintere Hosenausschnitt an der Gesäßnaht um das Doppelte der Verbreiterung wie an der Vorderhose verbreitert.

15 Die obere Innenbeinnaht formen und die Länge der vorderen Innenbeinnaht minus 0 bis 1,5 cm auf die Hinterhose übertragen.

16 Die Hüftlinie einschneiden und den oberen Teil an der hM ca. 0 bis 1 cm zudrehen. Dadurch erhält man eine kürzere Sitzlänge.

17 Die Gesäßnaht neu zeichnen.

18 Den neuen oberen Hinterhosenbruch (spätere Bügelkante) in die Mitte zwischen neuer Seiten- und Innenbeinnaht zeichnen.

Nahtverläufe an Seiten-, Taillen und Gesäßnaht ausgleichen (siehe Seite 117).

□2b Ggf. den Hosensaum formen.

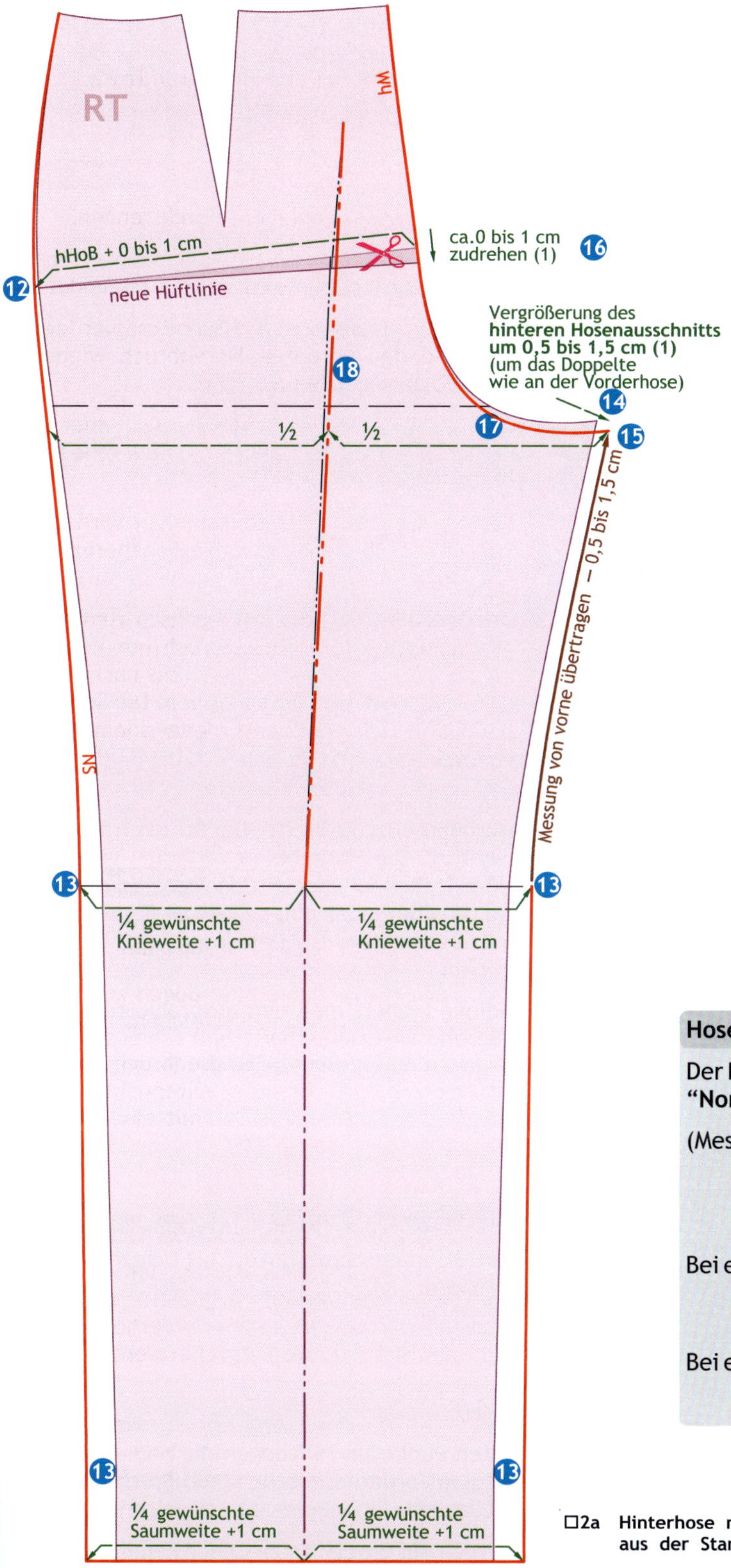

□2a Hinterhose mit Bundfalte aus der Standardhose

Hosenausschnitt an der Bundfaltenhose kontrollieren:

Der **Hosenausschnitt** an der Bundfaltenhose beträgt für eine **"Normalfigur mittlerer Größe"**

(Messung siehe Seite 117)	**HüU : 4 – 4 cm**	(± 1 cm)
z.B. bei HüU von 97 cm →	97 cm : 4 – 4 cm	
	= **20,3 cm**	(± 1 cm)

Bei einer Figur mit flachem Gesäß ca. **1,5 cm weniger:**

20,3 cm **– 1,5 cm**	= 18,8 cm	(± 1 cm)

Bei einer Figur mit starkem Gesäß ca. **1,5 cm mehr:**

20,3 cm **+ 1,5 cm**	= 21,8 cm	(± 1 cm)

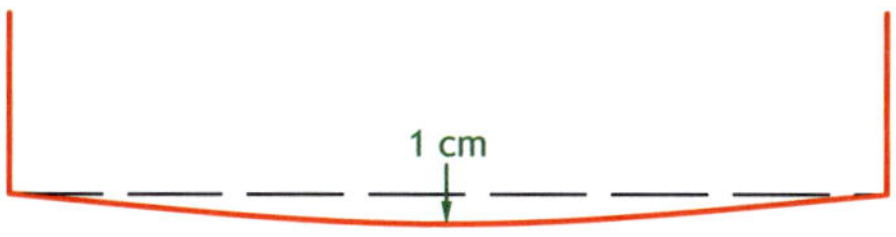

□2b Formen des Saums an der Hinterhose um 1 cm nach unten, damit der Schuh-Absatz verdeckt wird. Insgesamt verläuft der Hosensaum so vorne höher und hinten tiefer. Er wird mit einem Hosenschonerband verarbeitet.

Legere Hose (1)
aus der Standardhose

110
117

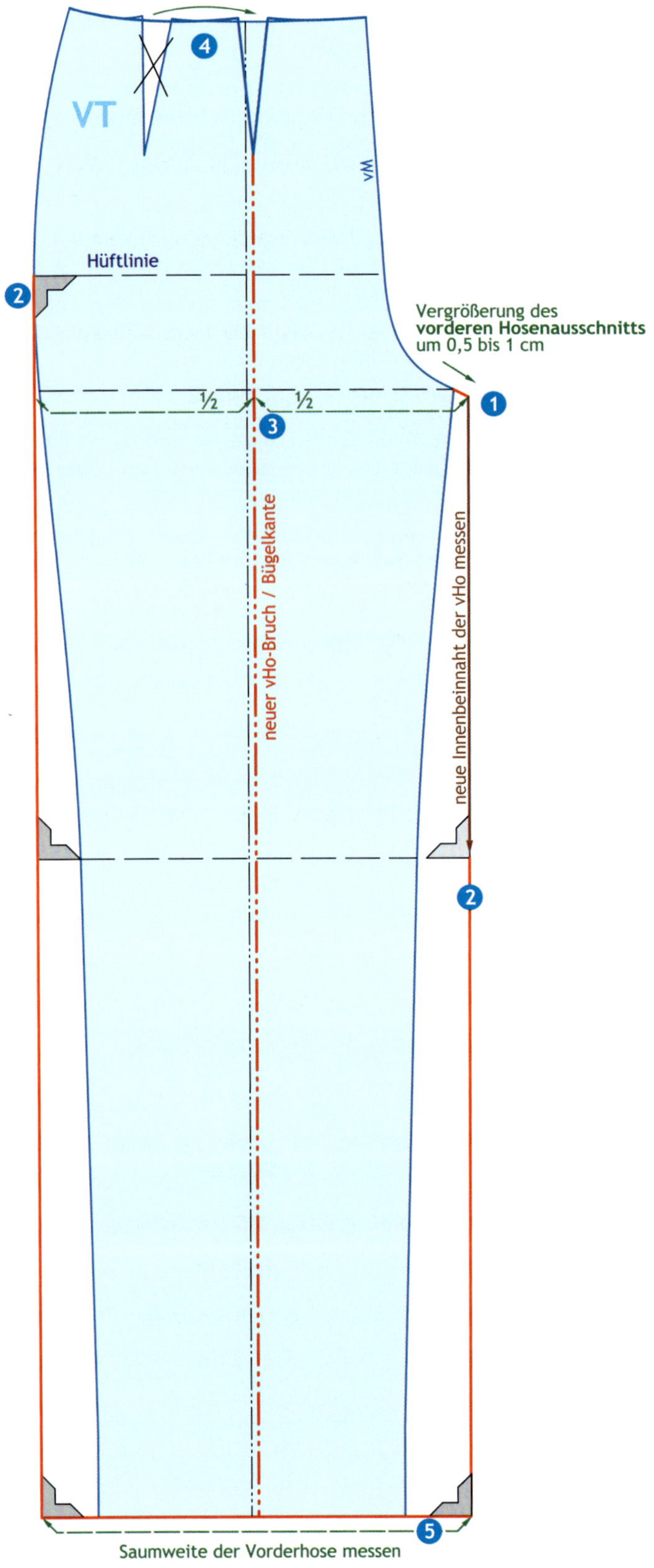

□2 Vorderhose

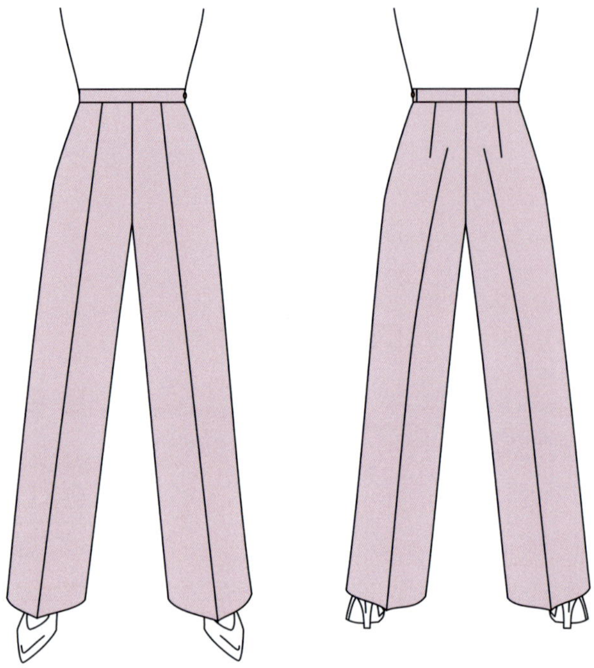

□1 Legere Hose

Die legere oder gerade Hose sitzt zwischen Taille und Hüfte sehr körpernah.

Ab der Hüfte vergrößert sich die Weite. Der Schritt ist leicht vertieft und erweitert. Die Hosenbeine verlaufen gerade. Hier ist der vordere Taillenabnäher an den vorderen Hosenbruch verlegt, so dass bei einer eingebügelten Bügelkante der Abnäher nahezu unsichtbar ist. Der Hosenverschluss ist hier an der Seitennaht.

Für eine Abwandlung kopiert man den ausprobierten, gut passenden Standardhosen-Grundschnitt und führt die folgenden Veränderungen durch. Die Fläche der Standardhose ist hier blau.

1 Hosenausschnitt vergrößern

1. Den vorderen Hosenausschnitt um 0,5 bis 1 cm im Nahtverlauf vergrößern.

2 Hosenbein verbreitern

2. Vom breitesten Punkt am Hüftbogen die neue Seitennaht parallel zum Vorderhosenbruch (vHo-Bruch) zeichnen. Parallel dazu die Innenbeinnaht neu zeichnen.
3. Neuen vHo-Bruch auf die Hälfte zwischen neuer Seiten- und neuer Innenbeinnaht zeichnen.
4. Der vordere Abnäher kann nach Bedarf zum neuen Hosenbruch verschoben werden. Die neue Taillennaht zum Abnäher formen.
5. Knie- und Saumlinie verlängern. Neue Saumweite der Vorderhose messen.

Legere Hose aus der Standardhose

110
117

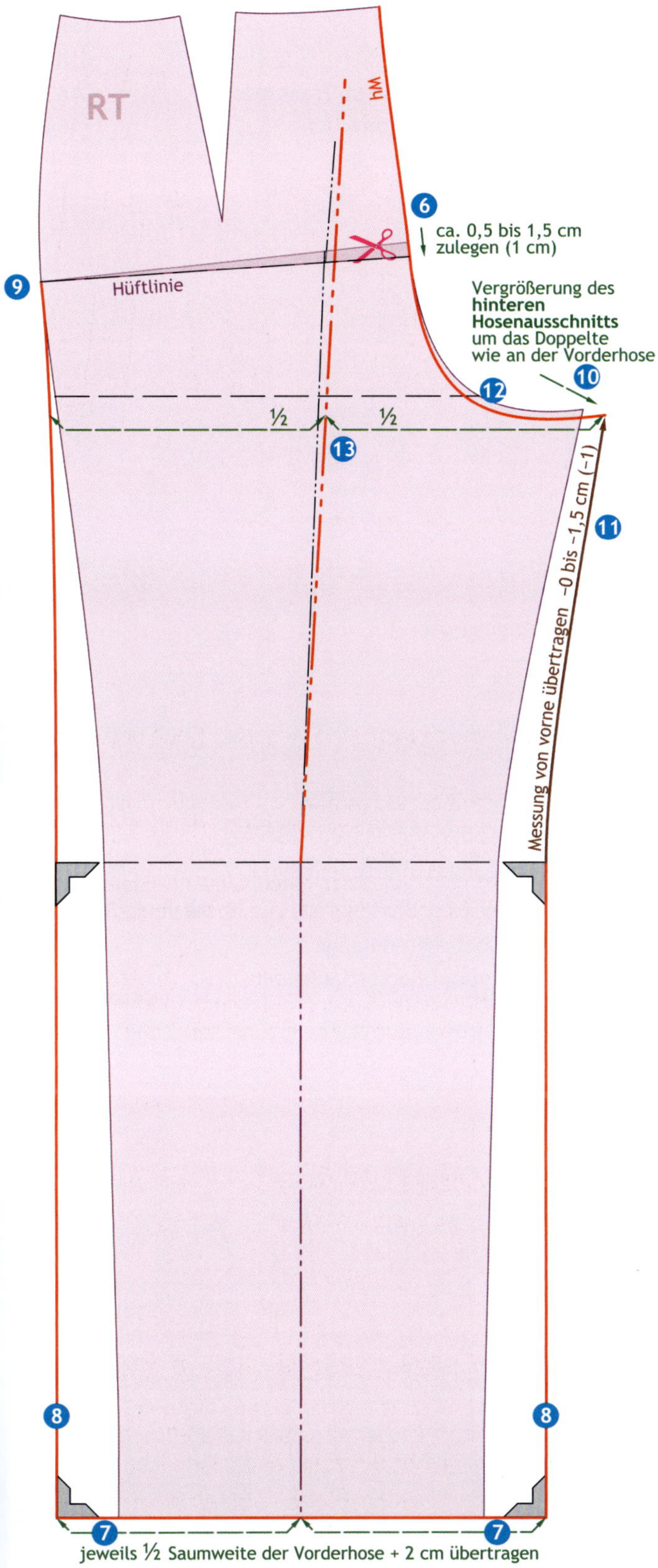

☐3 Hinterhose

3 Hinterhose anpassen

6 Die Sitzhöhe an legeren Hosen kann verringert werden: An der hinteren Hosenmitte ca. 0,5 bis 1,5 cm zulegen.

7 Vom hinteren Hosenbruch (hHo-Bruch) jeweils die halbe Saumweite der Vorderhose + 2 cm nach links und rechts übertragen.

8 Untere Innenbein- und Seitennaht senkrecht zur Kniehöhe nach oben zeichnen.

9 Vom breitesten Punkt am Hüftbogen die neue Seitennaht zur Knielinie leicht geformt zeichnen.

4 Hosenausschnitt vergrößern

10 Den hinteren Hosenausschnitt an der Innenbeinnaht um das Doppelte wie an der Vorderhose verbreitern.

11 Die obere Innenbeinnaht formen und die Länge der vorderen Innenbeinnaht −0 bis −1,5 cm auf die Hinterhose übertragen.

12 Die Gesäßnaht neu formen.

13 Den neuen oberen Hinterhosenbruch (spätere Bügelkante) in die Mitte zwischen neuer Seiten- und Innenbeinnaht zeichnen.

Nahtverläufe an Seiten-, Taillen und Gesäßnaht ausgleichen (siehe Seite 117).

Hosenausschnitt an der Bundfaltenhose kontrollieren:

Der **Hosenausschnitt** an der Bundfaltenhose beträgt für eine **"Normalfigur mittlerer Größe"**

(Messung siehe Seite 117)		**HüU : 4 − 3 cm**	(± 1 cm)
z.B. bei HüU von 97 cm →		97 cm : 4 − 3 cm	
	=	**21,3 cm**	(± 1 cm)

Bei einer Figur mit flachem Gesäß ca. **1,5 cm weniger:**

21,3 cm − 1,5 cm	=	19,8 cm	(± 1 cm)

Bei einer Figur mit starkem Gesäß ca. **1,5 cm mehr:**

21,3 cm + 1,5 cm	=	22,8 cm	(± 1 cm)

Übersicht
Hosenlängen mit Modellbeispielen

Übersicht

Hosenlängen mit Modellbeispielen

1	**sehr kurz**	**Hot-Pants** im Jeans-Style aus der engen Hose
2	**kurz**	**Kurze Shorts** aus der Standardhose
3	**oberschenkellang**	**Jamaika-Shorts** aus der Standardhose
4	**kniefrei**	**Bermuda-Shorts** mit Bundfalten
5	**knielang**	**Hosenrock** mit Bundfalten
6	**kniebedeckt**	**Kniebundhose** mit Bundfalten
7	**wadenlang ¾**	**Fischer-Hose** aus der Bundfaltenhose oder der legeren Hose
8	**wadenbedeckt**	**Schmale Hose** aus der engen Hose mit angeschnittenem Bund
9	**knöchelfrei ⅞**	**Gekürzte Hose** aus der Bundfaltenhose oder der legeren Hose im **Marlene-Stil**
10	**knöchellang bis köchelbedeckt**	**Jeans-Hose** aus der engen Hose, klassische Hosenlänge
11	**bodenlang bis fußbedeckt**	**Schlaghose** aus der Standardhose mit vergrößerter Saumweite

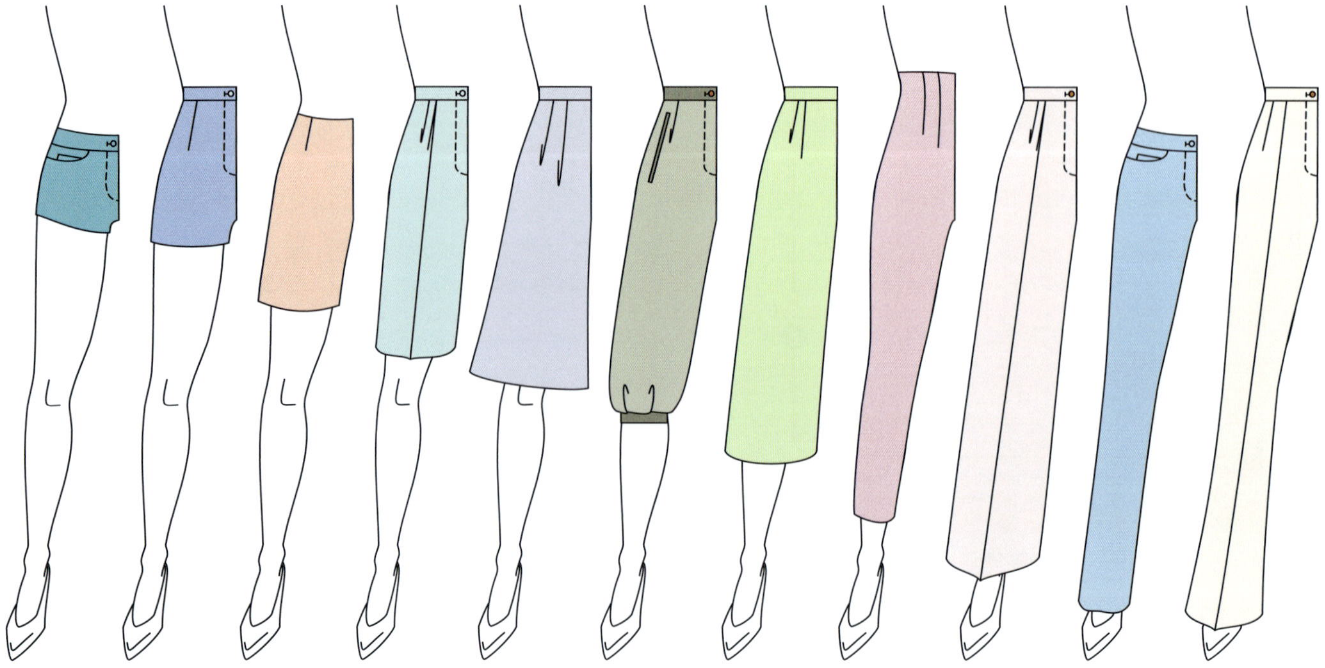

Hosenlängen am Schnitt

Die Bezeichnungen der Hosenlängen und Hosenformen sind regional und international sehr unterschiedlich.
Bei den Hosenlängen sind hier nur Längenbereiche angegeben, da diese sehr stark dem Modewandel unterworfen sind.

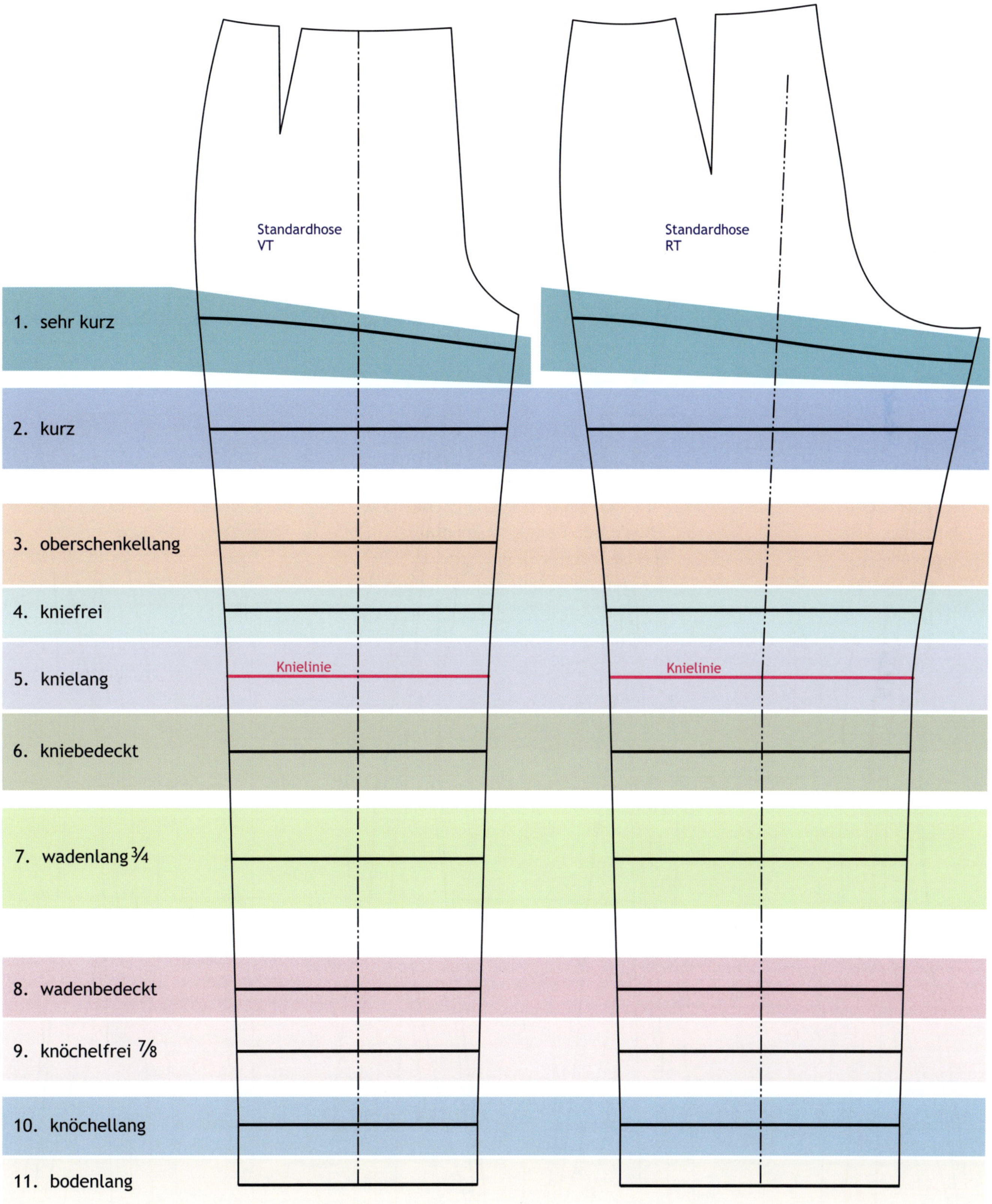

□1 Hosenlängen am Beispiel der Standardhose

Gestaltung von Hosenbeinen (1)

Regeln für die Gestaltung von Hosenbeinen

- Hosenbeine können nahezu beliebig am Knie und am Saum erweitert werden.
- Eine Reduzierung der Weite ist bei der Verwendung unelastischer Materialien begrenzt durch den Körperumfang an der betreffenden Stelle. Für elastische Materialien kann die Weite auch geringer sein.
- Veränderungen müssen in der Regel an beiden Hosenbeinen identisch an der Innenbein- und an der Seitennaht erfolgen (Ausnahme z.B. bei Modell 8).
- Die Hosenbeine müssen in der Regel zwischen Saum und Sitzhöhe zum jeweiligen Bruch symmetrisch sein (Ausnahme z.B. bei Modell 8).
- Der Übergang von der Seitennaht zur Saumlinie verläuft am Günstigsten im rechten Winkel. So ergibt sich ein schöner Saumverlauf an den Nähten (Ausnahme siehe folgende Seite, □3).

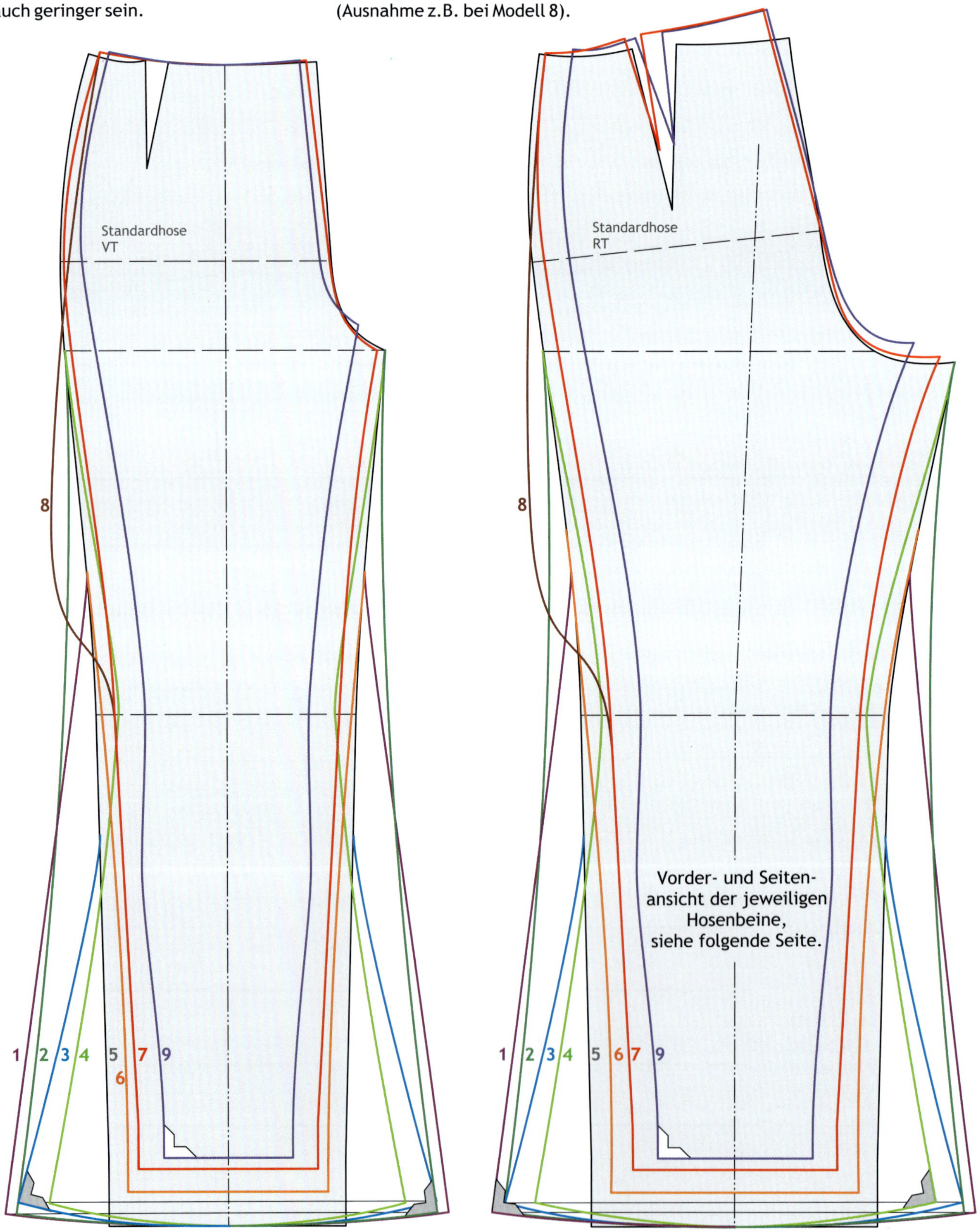

□1 Gestaltung langer Hosenbeine im Vergleich zur Standardhose (in Grau). Modelle 7+8 sind enge Hosen, Modell 9 eine sehr enge Hose

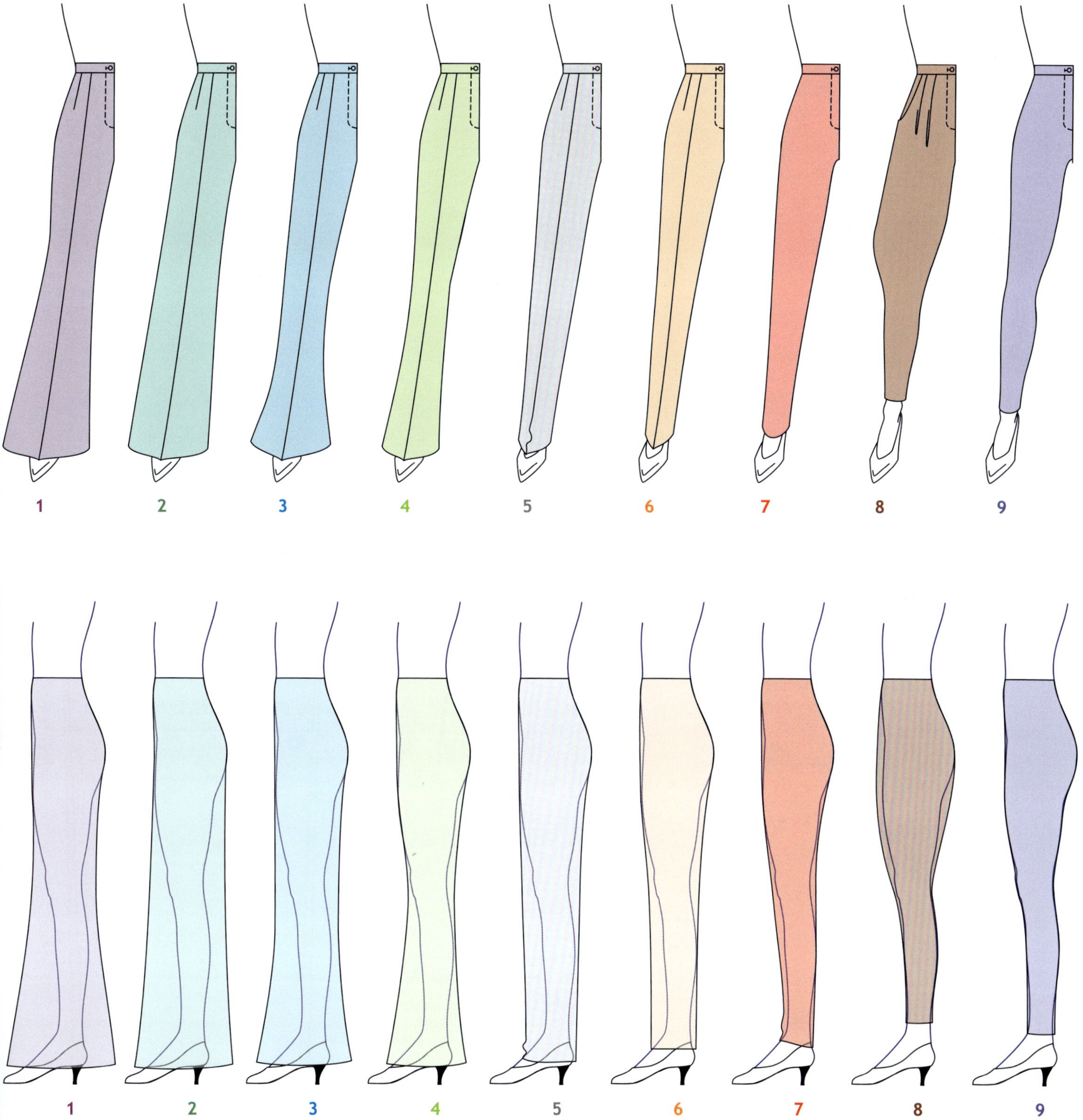

□2 Vorder- und Seitenansicht der Hosenbeine

Das Formen des Hosensaums

Bei mäßig weiten Hosensäumen, die auf dem Fußrücken aufliegen, kann der Hosensaum vorne um ca. 1 cm kürzer und hinten um ca. 1 cm länger geformt sein. Dadurch wird der Saumverlauf geschwungen. Die gekürzte Vorderhose wirft auf dem Fußrücken weniger Falten und die Hinterhose fällt hinten gerade zur Oberkante des Absatzes der Schuhe, siehe auch Seite 134 f.

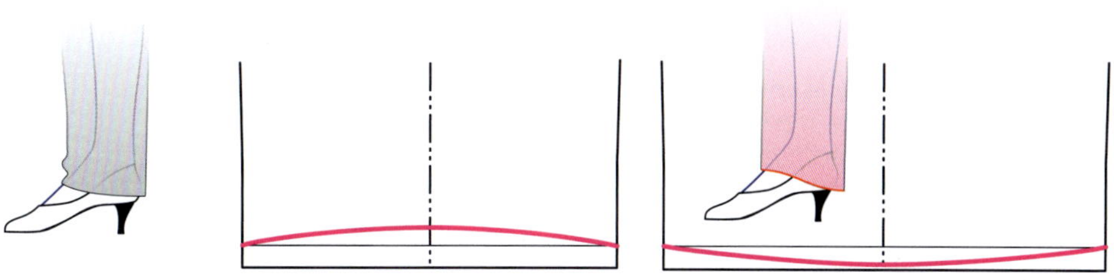

□3 Geschwungener Hosensaum

Chinos (1)
VT mit Schubtasche

117

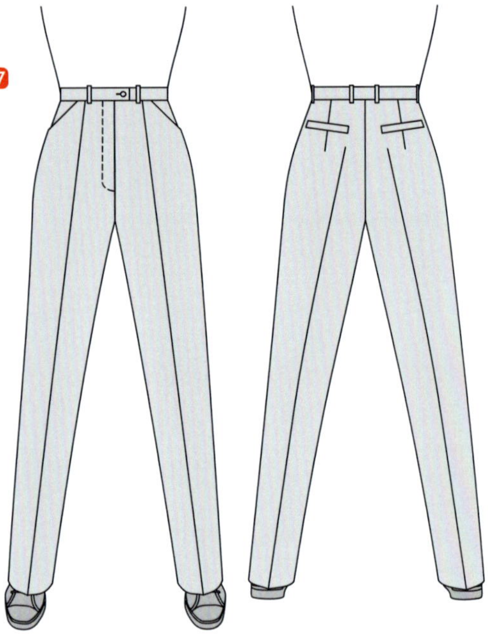

□1 Chinos

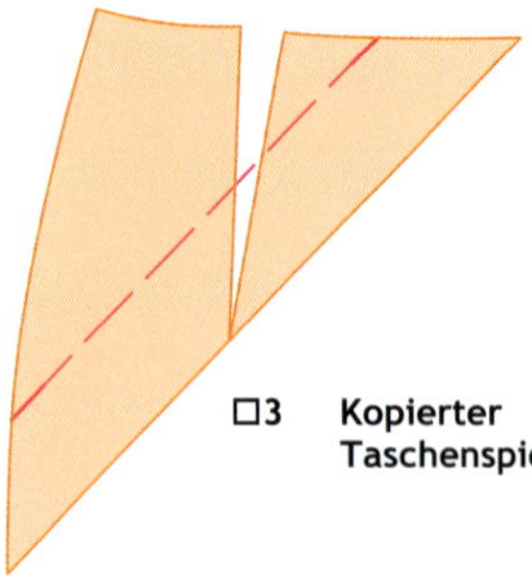

□3 Kopierter Taschenspiegel

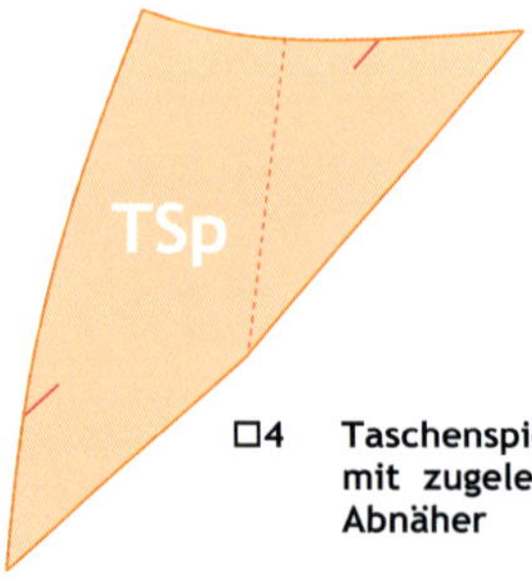

□4 Taschenspiegel mit zugelegtem Abnäher

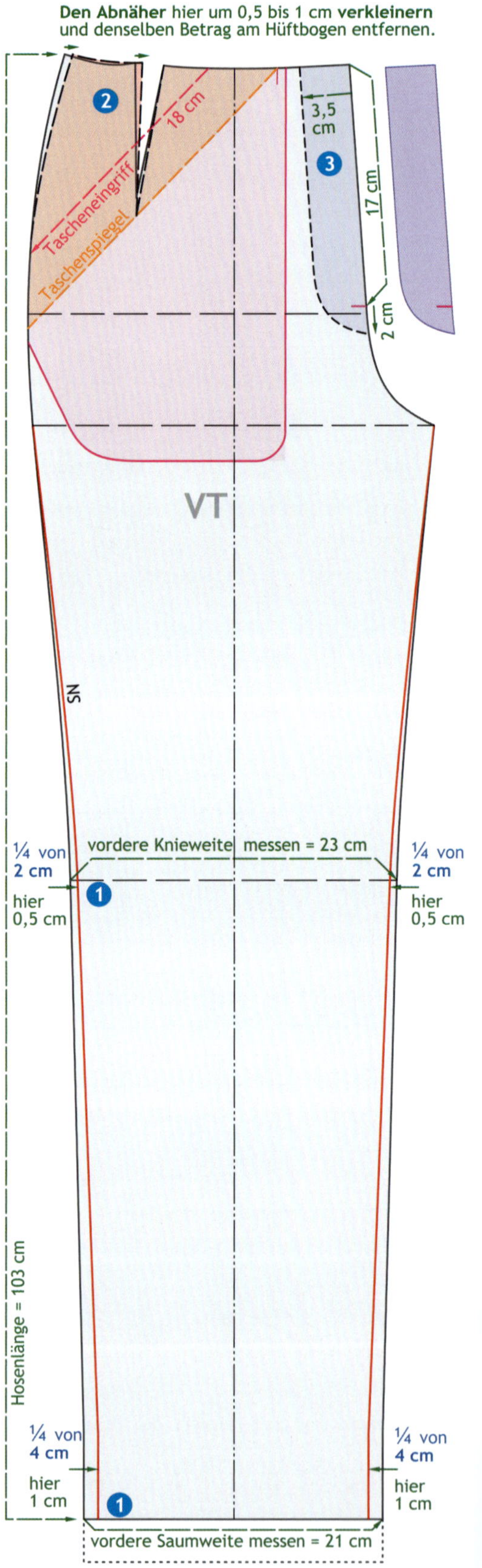

□2 VT Modellentwicklung der Chinos

□1 Die **Chinos** ist eher eine Freizeithose, wird aus hochwertiger Baumwolle gefertigt und am besten aus der Standardhose entwickelt. Charakteristisch ist der klassisch-sportliche Look - hier mit Seitentaschen (Schubtaschen) und Gesäßtaschen (hier versenkte Leistentaschen). Üblich ist ein guter Sitz an der Taille, gerader Bund und Gürtelschlaufen sowie nicht zu weit geschnittene Hosenbeine mit und ohne Bügelkanten.

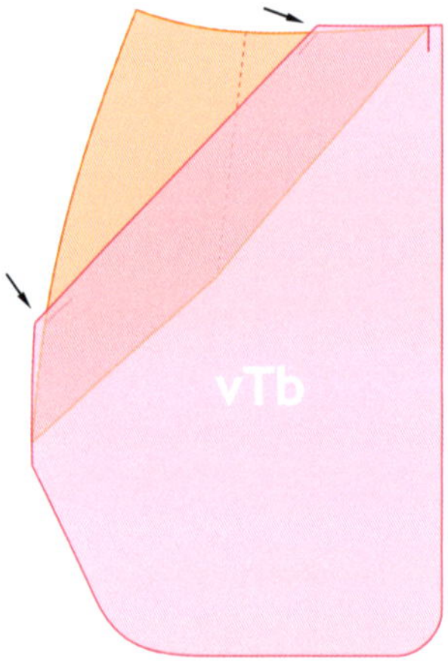

□5 DerTaschenspiegel ist unter den vorderen Taschenbeutel gelegt. Man sieht die durch den zugelegten Abnäher entstandene Mehrweite im Tascheneingriff.

Fertigmaße für Größe 38 (Vorschlag)

Hosenlänge (bei TaH 106 cm)	103 cm
Knieweite KnW	48 cm
Saumweite SaW	42 cm
Tascheneingriff vorne	18 cm
Tascheneingriff hinten	14 cm
Reißverschlusslänge	17 cm

1 ModellentwicklungVT

❶ □2 Die **Hosenlänge** am Grundschnitt ist auf 103 cm gekürzt. Die **KnW** und die **SaW** der Hose messen, die Differenzen berechnen, abtragen und die **neuen Nähte** einzeichnen.

❷ □2-5 Für die **Schubtasche** werden Tascheneingriff, Taschenspiegel (TSp) und Taschenbeutelform wie skizziert gestaltet. Der Abnäher im Taschenbeutel (Tb) wird genäht und am TSp zugelegt. Zuvor kann der Abnäher etwas verkleinert werden, damit der Tascheneingriff nicht zu viel Weite erhält.

❸ □1 Für den **Hosenverschluss** die notwendige Länge markieren und die Absteppung einzeichnen sowie die beiden Schnittteile fertigstellen (siehe Seite 118).

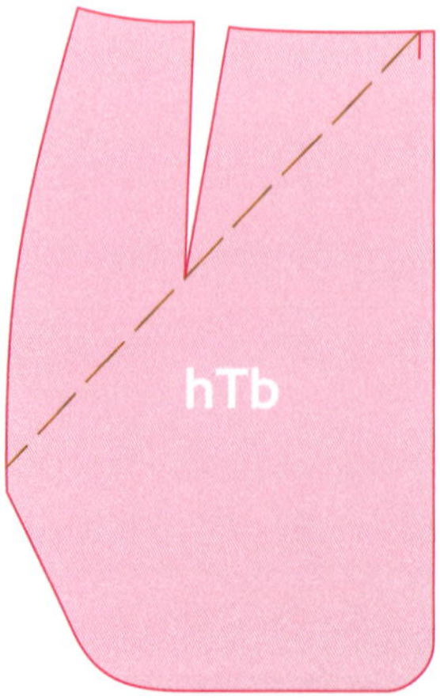

□6 Hinterer Taschenbeutel mit zu nähendem Abnäher und der Taschenspiegellinie

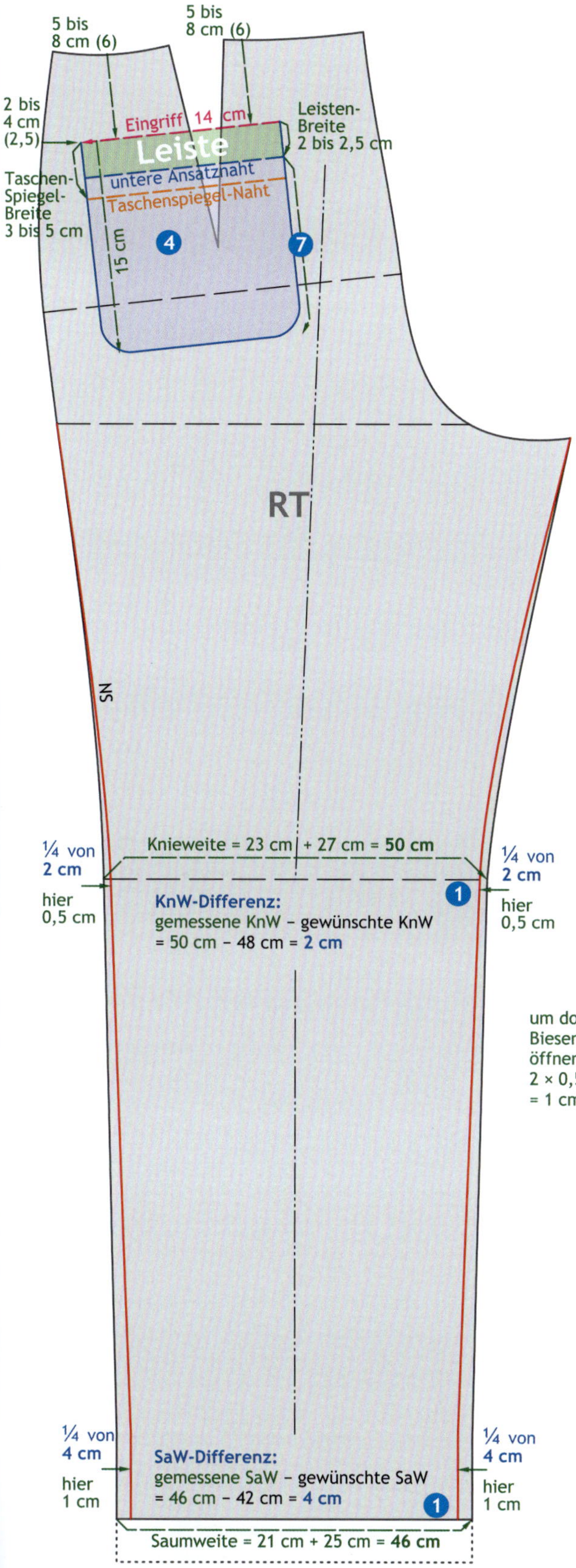

□7 RT Modellentwicklung der Chinos

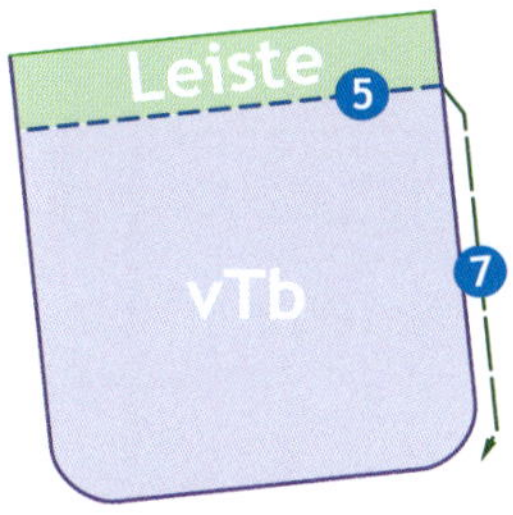

□8 Fläche für hinteren Taschenbeutel = Leiste + vorderer Taschenbeutel

□13 Gespiegelte Leiste

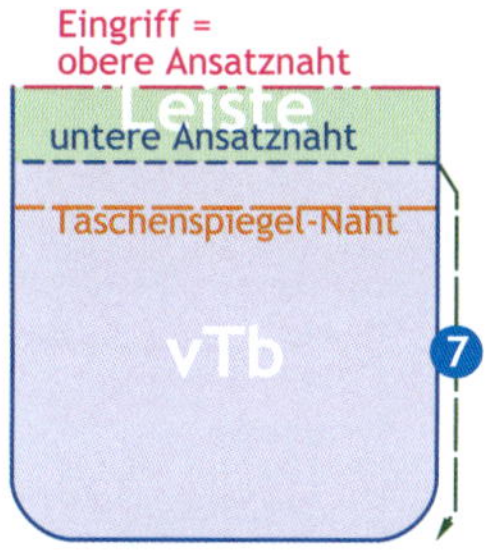

□9 Wie □8 mit TSp-Naht noch ohne Biese

2 Modellentwicklung und Bund

4 □7 Für die **versenkte Leistentasche** werden Leiste, Taschenspiegel und Taschenbeutelform wie skizziert gestaltet.

5 □8+9 Für den hinteren Taschenbeutel (hTb) die Fläche mit der Leiste kopieren, den Abnäher ignorieren.

6 □10 Optional kann der Taschenspiegel (TSp) mit einer Biese im hTb gearbeitet werden. Hierzu bei 0,5 cm Biesenbreite am unteren TSp um 1 cm öffnen.

7 □11 Der vTb reicht von der unteren Ansatznaht nach unten.

8 □13 Für die Leiste die Fläche an der Leistenkante noch oben spiegeln.

Den Bund wie ab Seite 39 konstruieren.

9 □14 Den Untertritt am Bund in der Breite des Schnittteils für den Untertritt anzeichnen und den Übertritt wie gewünscht gestalten.

□15 Fünf oder sechs Gürtelschlaufen positionieren.

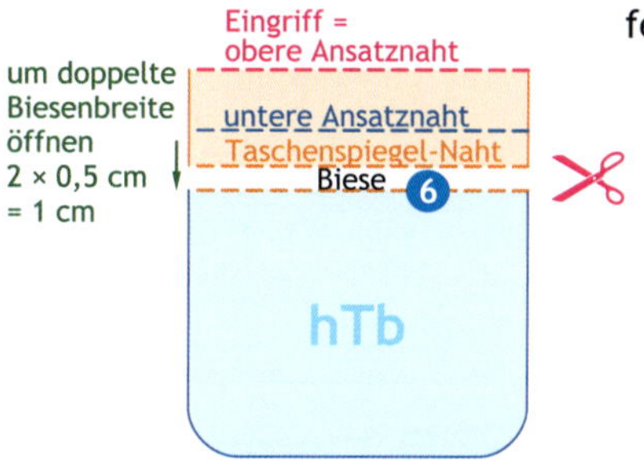

□10 Hinterer Taschenbeutel mit Biesenöffnung für eine saubere Taschenspiegelverarbeitung

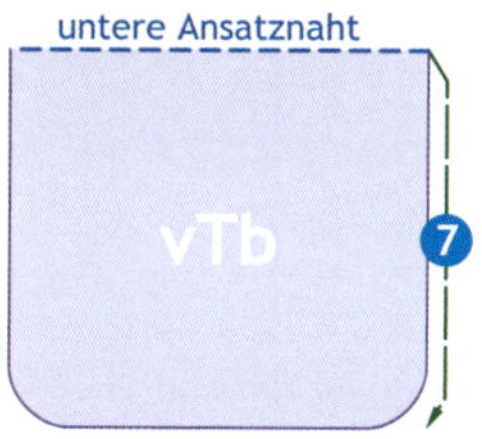

□11 Vorderer Taschenbeutel

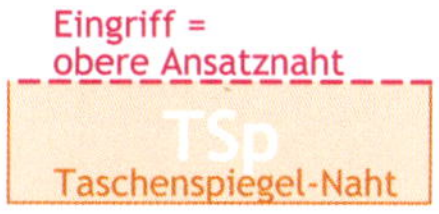

□12 Taschenspiegel

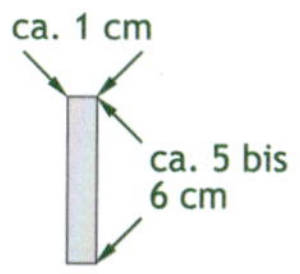

□15 Gürtelschlaufe

S.39

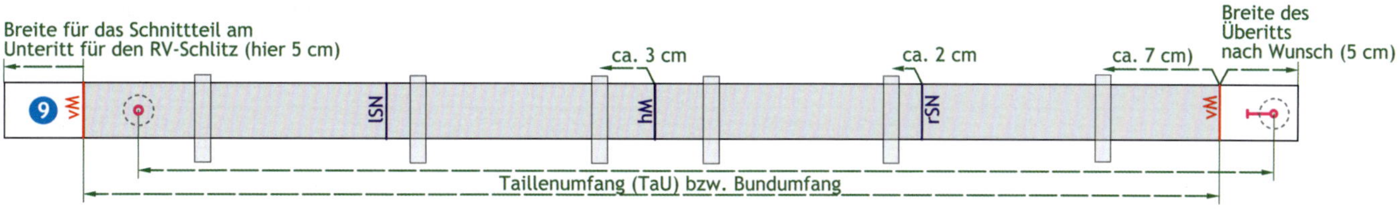

□14 Bund einteilen, Untertritt (Breite des Schnittteils, siehe folgende Seite) und Übertritt für den Knopfverschluss gestalten

Chinos (3)
Produktionsschnitt

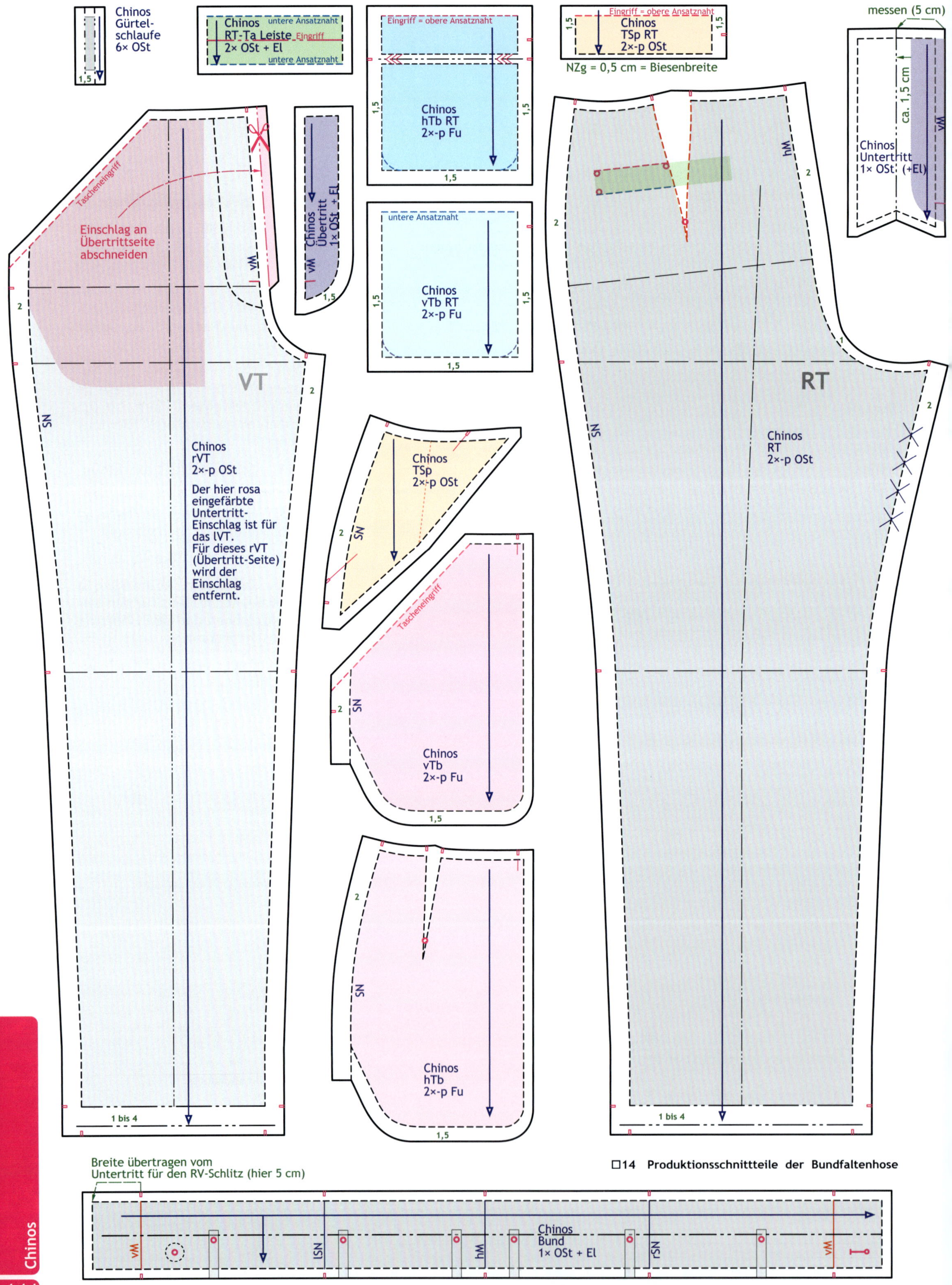

□14 Produktionsschnittteile der Bundfaltenhose

Bundfaltenhose in Karottenform (1)
VT mit seitlichen Paspeltaschen

130

□1 Die **Bundfaltenhose** als formelle Hose, häufig aus Wollstoff gefertigt, wird als Grundschnitt mit gewünschtem Bundfalteninhalt entwickelt (siehe ab Seite 130). Obligatorisch sind eingeschnittene Taschen in VT und RT (hier Paspeltaschen vorne und hinten paspelierte Pattentaschen) sowie ein gerader Bund. Charakteristisch für eine **Karottenform** sind am Saum sehr enge und oben sehr weit geschnittene Hosenbeine mit zwei Bundfalten und Bügelkanten.

Fertigmaße für Größe 38 (Vorschlag)

Hosenlänge (bei TaH 106 cm)	100 cm
Bundfalteninhalt (6 bis 10 cm)	8 cm
Knieweite KnW	ergibt sich
Saumweite SaW	34 cm
Tascheneingriff vorne	16 cm
Tascheneingriff hinten	14 cm
Reißverschlusslänge	17 cm

1 Modellentwicklung VT

❶ □2 Die **Hosenlänge** anpassen. Die **SaW** der Hose messen (siehe auch folgende Seite), die Differenzen berechnen und abtragen.

❷ Die SN gerade einzeichnen und die Innenbeinnaht entsprechend einstellen und nach oben formen.

❸ □2-4 Die **Paspeltasche** mit dem Taschenbeutel (Tb) hier bis in die vM gestalten. Für den vTb die Tb-Naht einzeichnen.

❹ □3 Tb kopieren, die Bundfalten als Abnäher zulegen und dann den Taschenspiegel (TSp) formen.

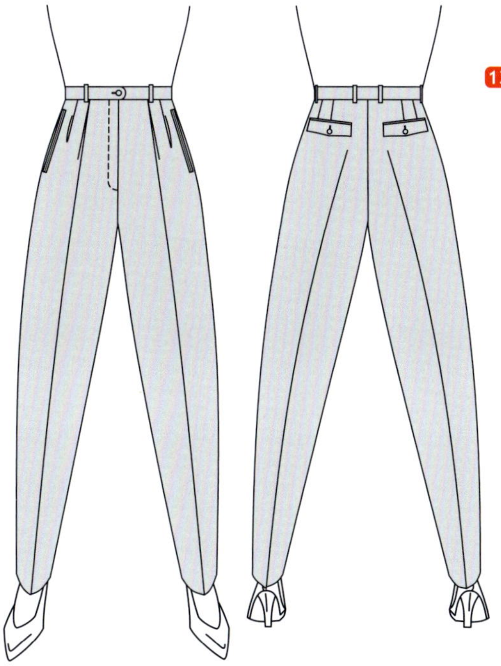

□1 Bundfaltenhose in Karottenform

❺ □4 Die drei Tb-Teile kopieren.

❻ □1 Den **Hosenverschluss** wie bei der Chinos fertigen.

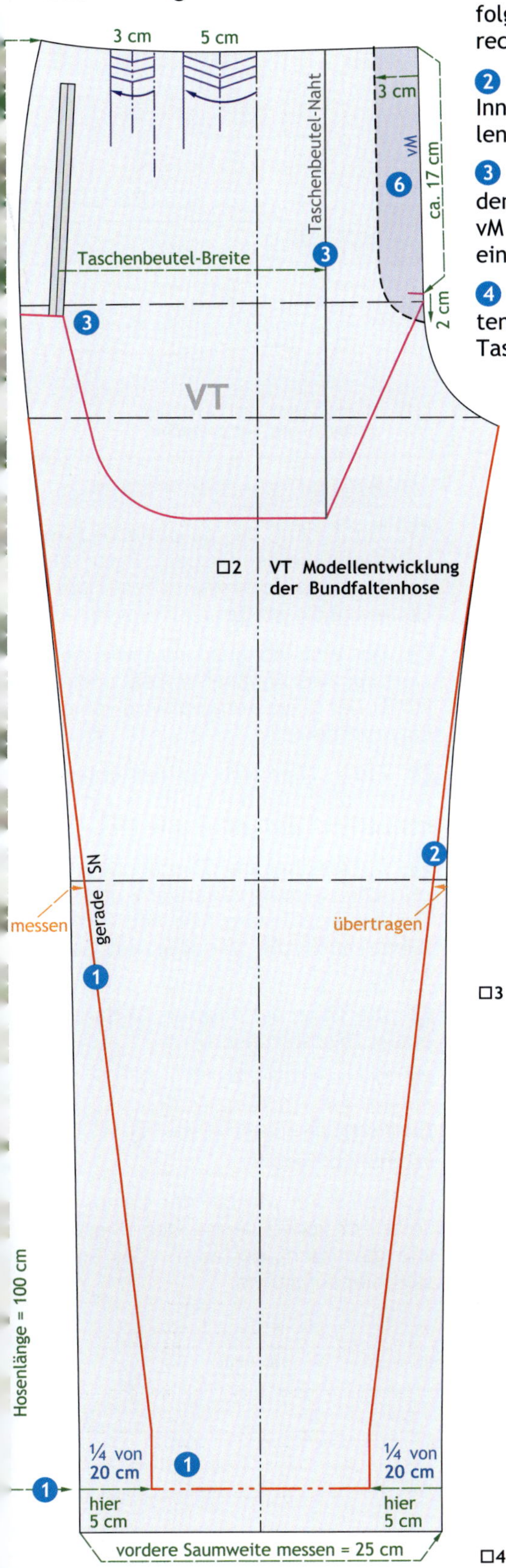

□2 VT Modellentwicklung der Bundfaltenhose

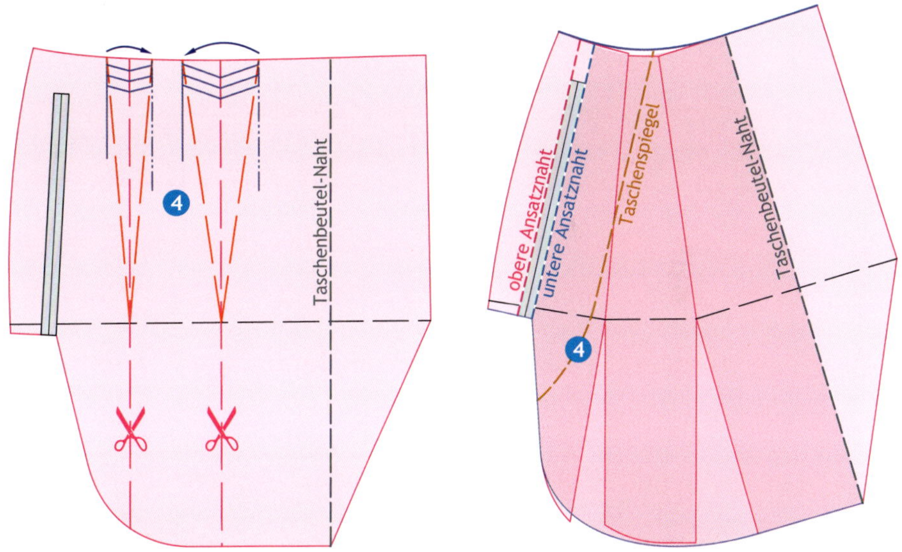

□3 Falten im Taschenbeutel wie Abnäher zulegen, dann Taschenspiegel einzeichnen

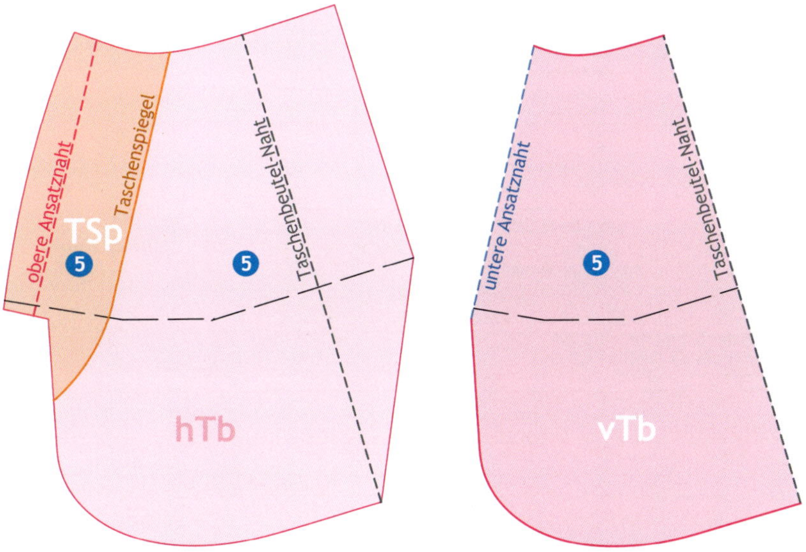

□4 Hinterer Taschenbeutel mit positioniertem Taschenspiegel sowie vorderer Taschenbeutel

Bundfaltenhose in Karottenform (2)
RT mit paspelierten Pattentaschen

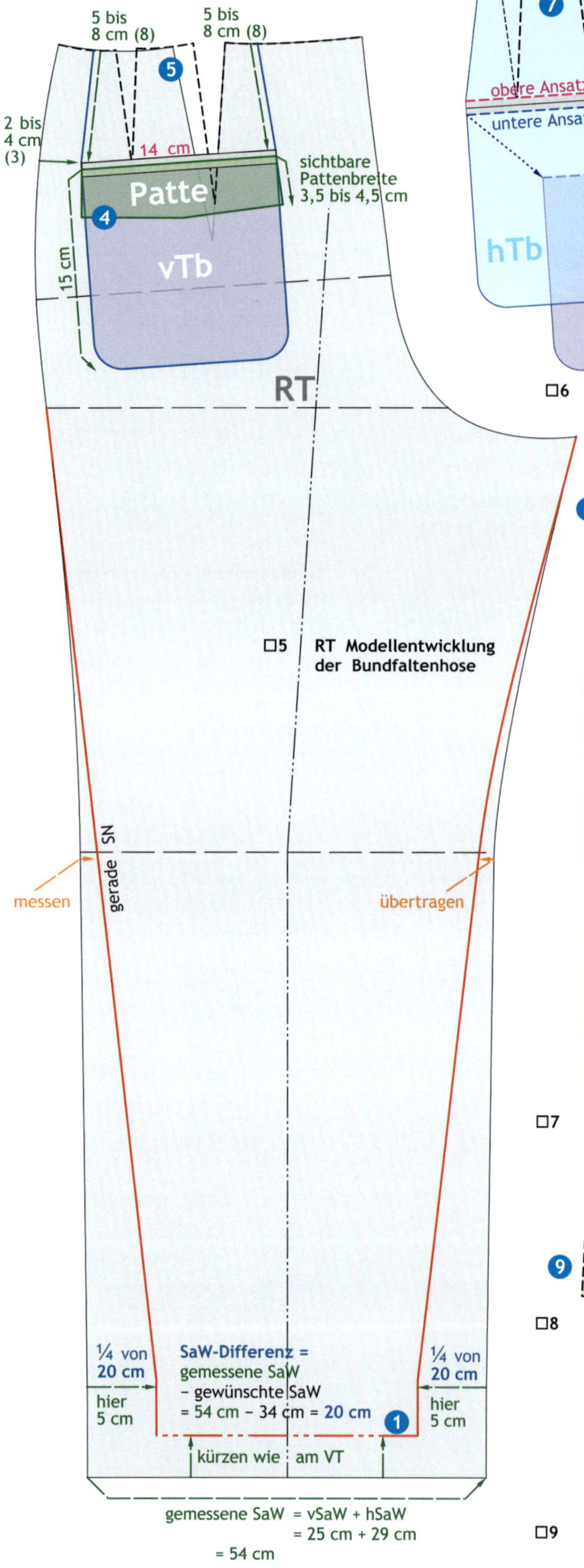

□5 RT Modellentwicklung der Bundfaltenhose

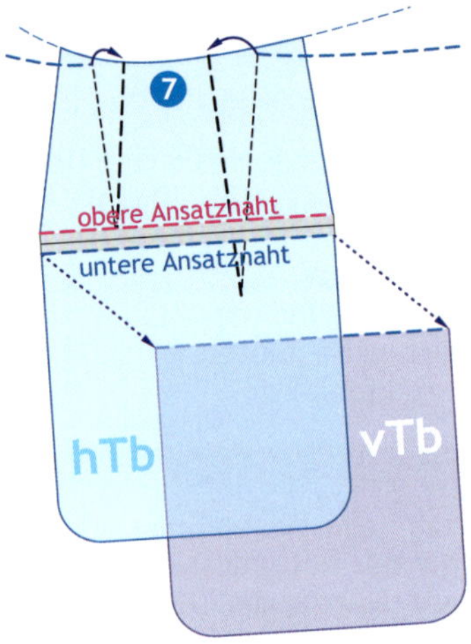

□6 hTb durch Zulegen der Abnäher entwickeln. vTb kopieren

□7 hTb und vTb zu einem Tb anschneiden

□8 Pattenansatznaht um Paspelbreite erhöhen

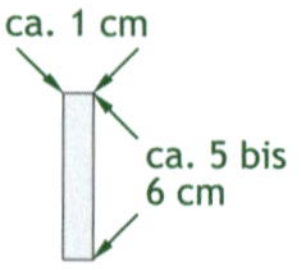

□9 Gürtelschlaufe

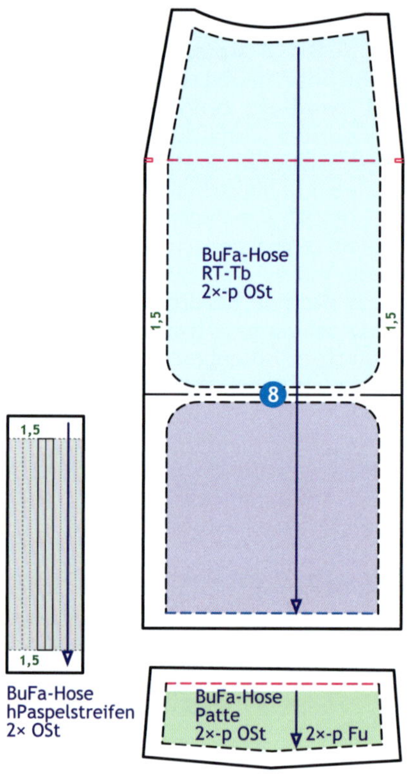

□10 Produktionsschnittteile der paspelierten Pattentasche

2 Modellentwicklung RT und Bund

❹ □5 Für die **paspelierte Pattentasche** werden Paspeln, Patte und Taschenbeutelform wie skizziert positioniert und gestaltet.

❺ Der eine Abnäher wird wie skizziert auf zwei Abnäher verteilt und gekürzt. Der lange Abnäher wird von der Patte verdeckt.

❻ □6 Den vTb ab der unteren Ansatznaht bis unten kopieren und den hTb bis hoch zur Taille kopieren.

❼ Die Abnäher am hTb schließen, die seitlichen Linien verlängern und die Taillennaht für den hTb neu formen (Siehe auch die Variante auf Seite 165).

❽ Die Tb an der unteren Tb-Naht zu einem Tb anschneiden.

❾ Die sichtbare Patte (grün) reicht bis zum Eingriff zwischen den Paspeln. Die Patte wird aber an der oberen Ansatznaht befestigt.

❿ Den Bund wie bei den Chinos auf Seite 143 konstruieren. Den Übertritt wie gewünscht gestalten, der Knopf sitzt hier auf der vM.

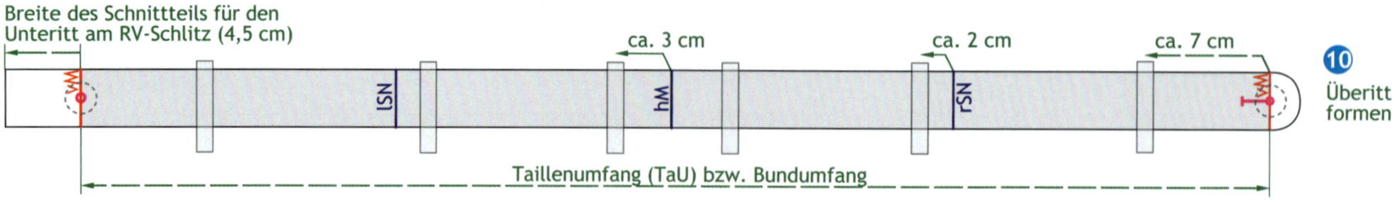

□11 Bund einteilen, Untertritt (siehe folgende Seite) und Übertritt für einen Knopf auf der vM gestalten

Bundfaltenhose in Karottenform (3)
Produktionsschnitt

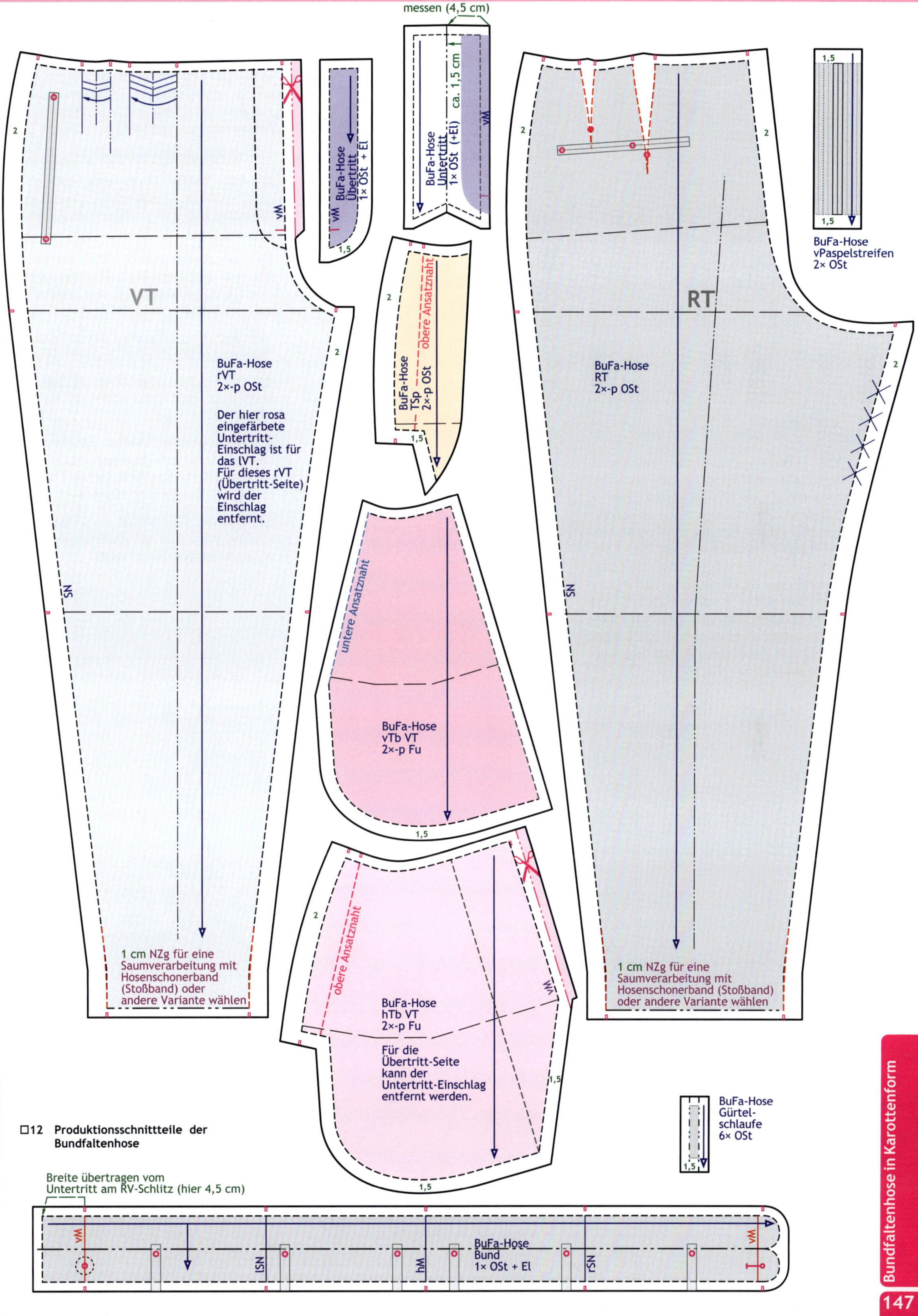

□12 **Produktionsschnittteile der Bundfaltenhose**

Bermudas (1)
mit Stecktaschen und Cargotaschen

S.130

□1 Bermudas

□1 Die Bermudas wird am besten aus der Standard- oder Bundfaltenhose entwickelt und besitzt einen geraden Bund mit Gürtelschlaufen. Das Vorderteil hier ist mit Bundfalten und Seitentaschen im klassischen Look, das Rückteil mit flachen aufgesetzten Uniformtaschen mit Quetschfalten und Patten im sportlichen Look gestaltet. Die nicht zu weit geschnittenen Hosenbeine können mit oder ohne Bügelkanten sowie mit oder ohne Aufschlägen gestaltet werden.

Fertigmaße für Größe 38 (Vorschlag)

Hosenlänge (bei TaH 106 cm)	103 cm
5 bis 10 cm oberhalb des Knies	
Saumweite SaW	42 cm
Tascheneingriff vorne ergibt sich	
Tascheneingriff hinten	14 cm
Tascheneingriff seitlich	16 cm
Reißverschlusslänge	17 cm

1 Modellentwicklung VT

❶ **□2** Der Grundschnitt für dieses Modell ist eine Bundfaltenhose mit jeweils einer Bundfalte im VT. Die **Länge** wird oberhalb der Knielinie um 5 bis 10 cm gekürzt. Die **SaW** der Hose könnte nach Wunsch neu bestimmt werden.

❷ Der Tascheneingriff einer **Stecktasche** verläuft waagerecht bzw. leicht schräg und endet hier an der Faltentiefe. Für ausreichende Eingriffweite werden seitlich 0,5 cm angezeichnet.

❸ Den Taschenbeutel (Tb) und Taschenspiegel (TSp) wie skizziert gestalten. Die Taschenbreite ist hier schmaler und beginnt an der Bügelkante, damit die Falte im Tb nicht zugelegt werden muss.

❹ Für den **Hosenverschluss** die notwendige Länge markieren und die Absteppung einzeichnen. Die Anweisung zur Fertigstellung der Verschlussteile findet man auf Seite 118.

2 Modellentwicklung RT

❺ Die **flache Uniformtasche mit Quetschfalte** symmetrisch gestalten. Den Abstand der Faltenbrüche einzeichnen.

❻ Den Abnäher im RT ggf. auf zwei Abnäher aufteilen und so weit kürzen, dass die Abnäherspitzen von der Patte verdeckt sind.

Die Uniformtasche wird auf Seite 364 fertiggestellt.

❼ Die Flächen und Linien der Seitentasche für den Taschenbeutel kopieren.

❽ Die entsprechenden Flächen so spiegeln und anschneiden, dass aus vTb und hTb **ein gemeinsamer Tb** entsteht. Die Taillennaht ausformen.

❾ Aus der Fläche für den **Taschenspiegel** wird hier gleichzeitig ein **Taschenbeleg** für den Eingriff.

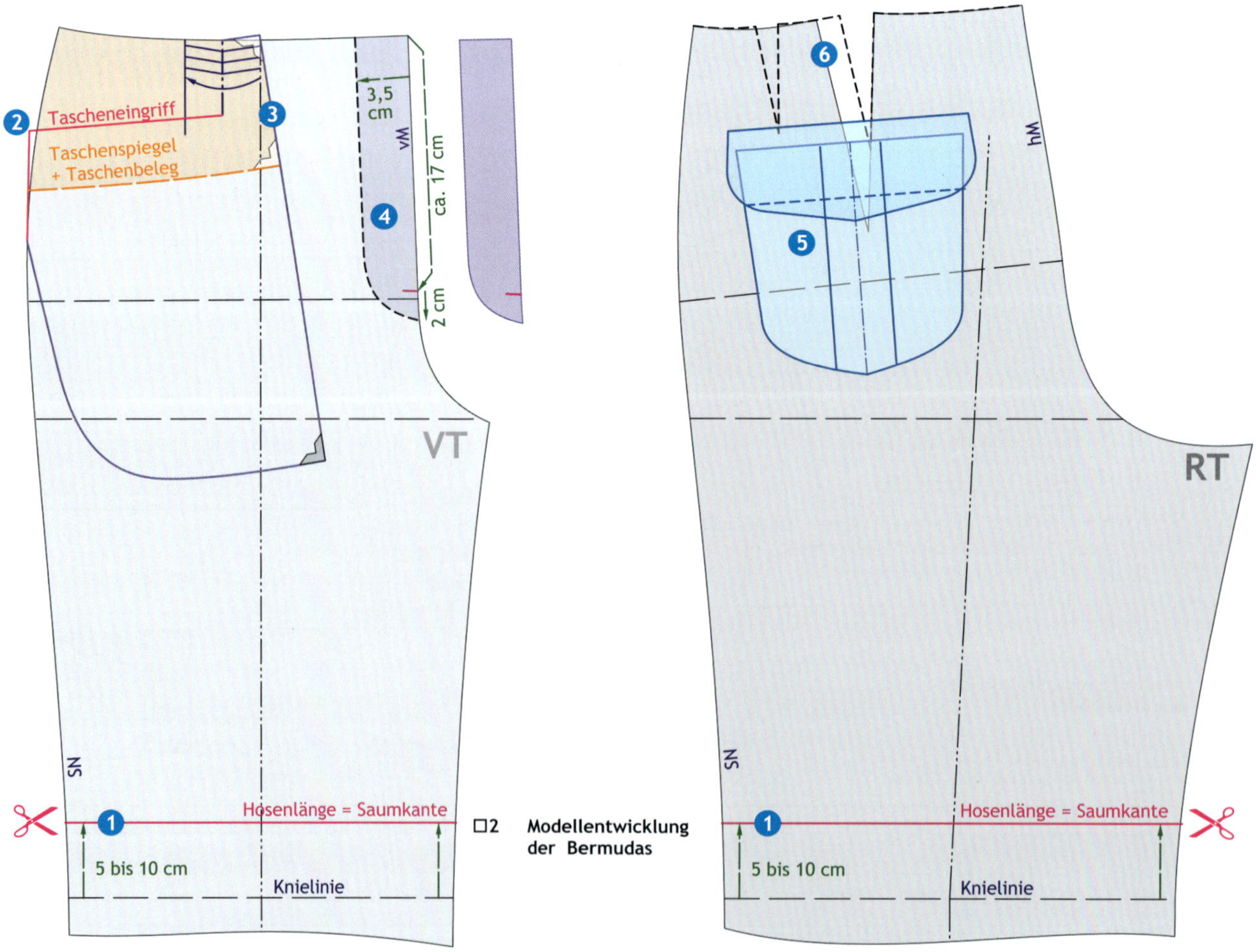

□2 Modellentwicklung der Bermudas

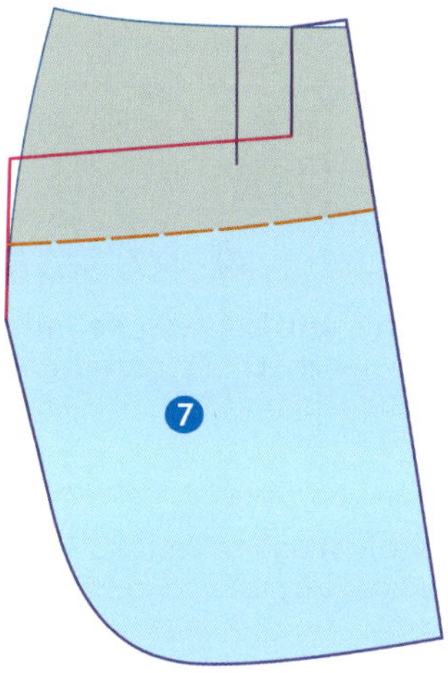

□3 Flächen und Linien für die Tasche

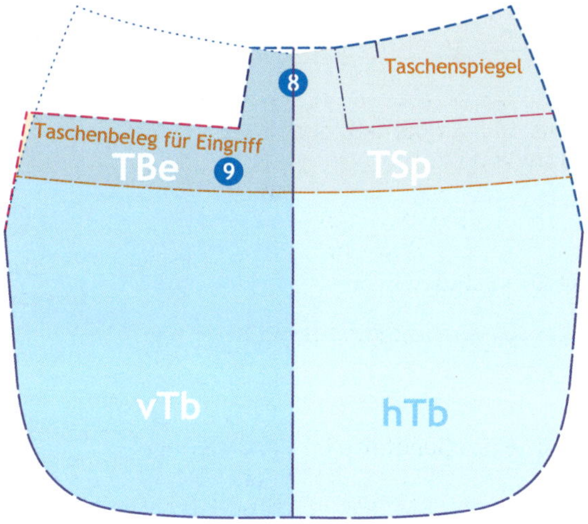

□4 Flächen zu einem Tb anschneiden

10 An VT und RT von der Saumkante aus die Hosen-Aufschlagbreite (AB) (hier 4 cm) nach oben und zwei Mal nach unten anzeichnen.

11 Die Nahtenden an der Saumkante nach unten spiegeln → Aufschlagskante und

12 dort 0,2 cm ausstellen für Mehrweite an der Aufschlagskante.

13 Den Saumeinschlag anzeichnen.

An den Produktionsschnittteilen sämtliche Taschenpositionen markieren und Knipse anbringen.

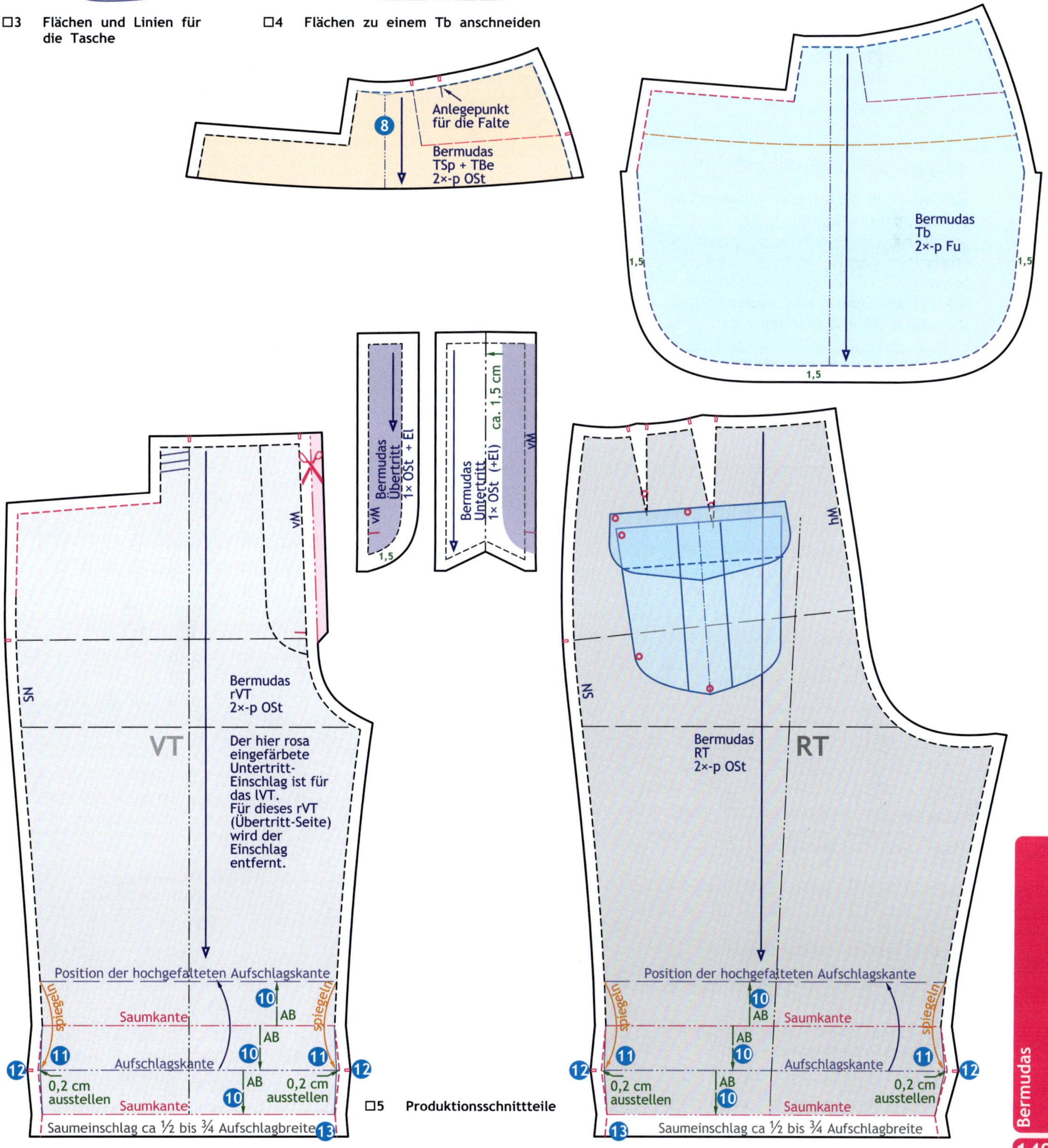

□5 Produktionsschnittteile

Shorts
Enge und mäßig weite Modellformen

124

□1 Shorts aus der engen Hose

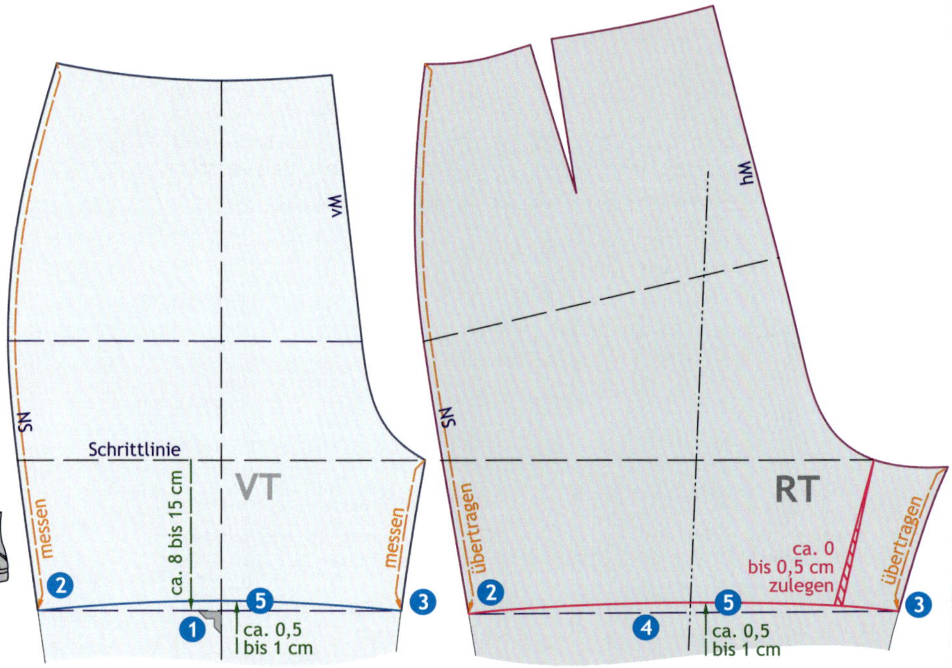

□2 Abwandlung zur der engen Shorts

Shorts aus der engen Hose

1. VT-Hose kürzen und waagerechte Hilfslinie zeichnen.
2. VT-Seitennaht messen und auf hintere SN übertragen.
3. VT-Innenbeinnaht messen und auf hintere übertragen.
4. Hintere Hilfslinie zeichnen.
5. Die Saumkanten zeichnen. Mittig ca. 0,5 bis 1 cm nach oben formen

□3 Shorts aus der Standardhose

117

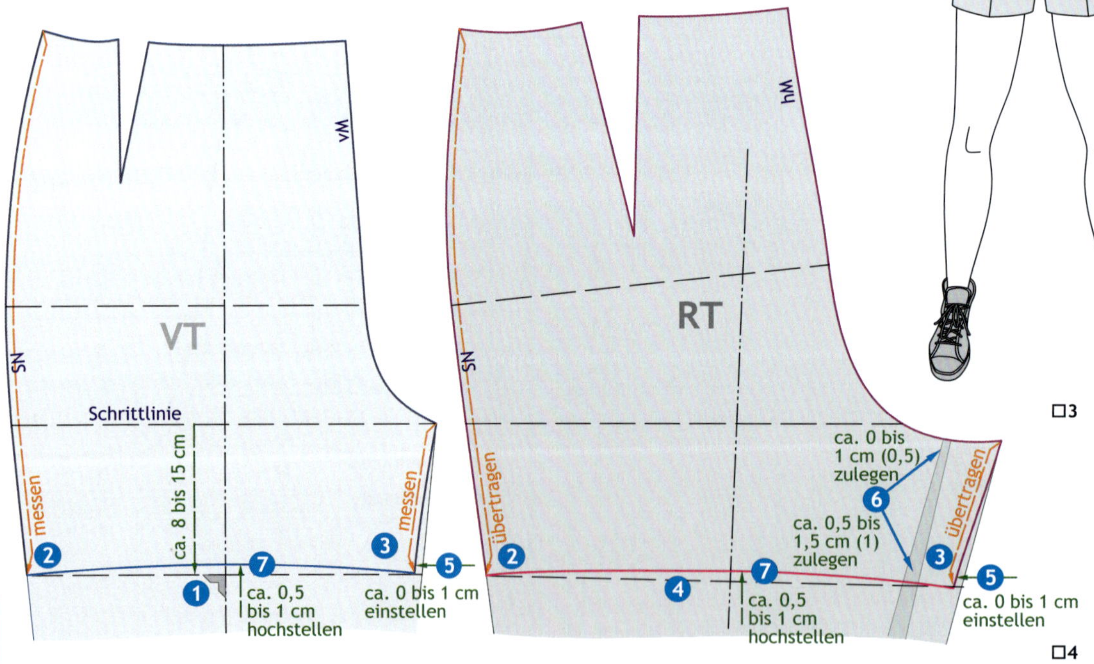

□4 Abwandlung zur lockeren Shorts

Shorts aus der Standardhose

1. VT-Hose kürzen und waagerechte Hilfslinie zeichnen.
2. VT-Seitennaht messen und auf hintere SN übertragen.
3. VT-Innenbeinnaht messen und auf die hintere Innenbeinnaht übertragen.
4. Hintere Hilfslinie zeichnen.
5. Für kürzere Shorts sollte besser die Saumweite am inneren Hosenbein insgesamt um ca. 1 bis 2 cm reduziert werden.
6. Ggf. kann die Gesäßnaht um ca. 0,5 bis 1 cm reduziert werden, nicht jedoch bei längeren Shorts.
7. Die Saumkanten ca. 0,5 bis 1 cm nach oben formen.

Evtl. mit einem kurzen offenen Schlitz in der Seitennaht fertigen.

Caprihose und 3/4-Hose
mit verstürzten Seitenschlitzen

□1 Die Caprihose ist eine schmale knapp kniebedeckende Hose, die aus dem engen und dem Standardhosen-Grundschnitt entwickelt werden kann. Beide Varianten sind hier gezeigt.

Taillenabschluss, Hosenverschluss und Taschenvarianten sind frei wählbar.

Gerne wird die Hose mit einem offenen Schlitz an der Seitennaht gestaltet. Die Schlitzkanten werden hier mit dem Saumeinschlag verstürzt.

117
124

□1 Caprihose aus der Engen Hose (VT, links) und Dreiviertelhose aus der Standardhose (RT, rechts)

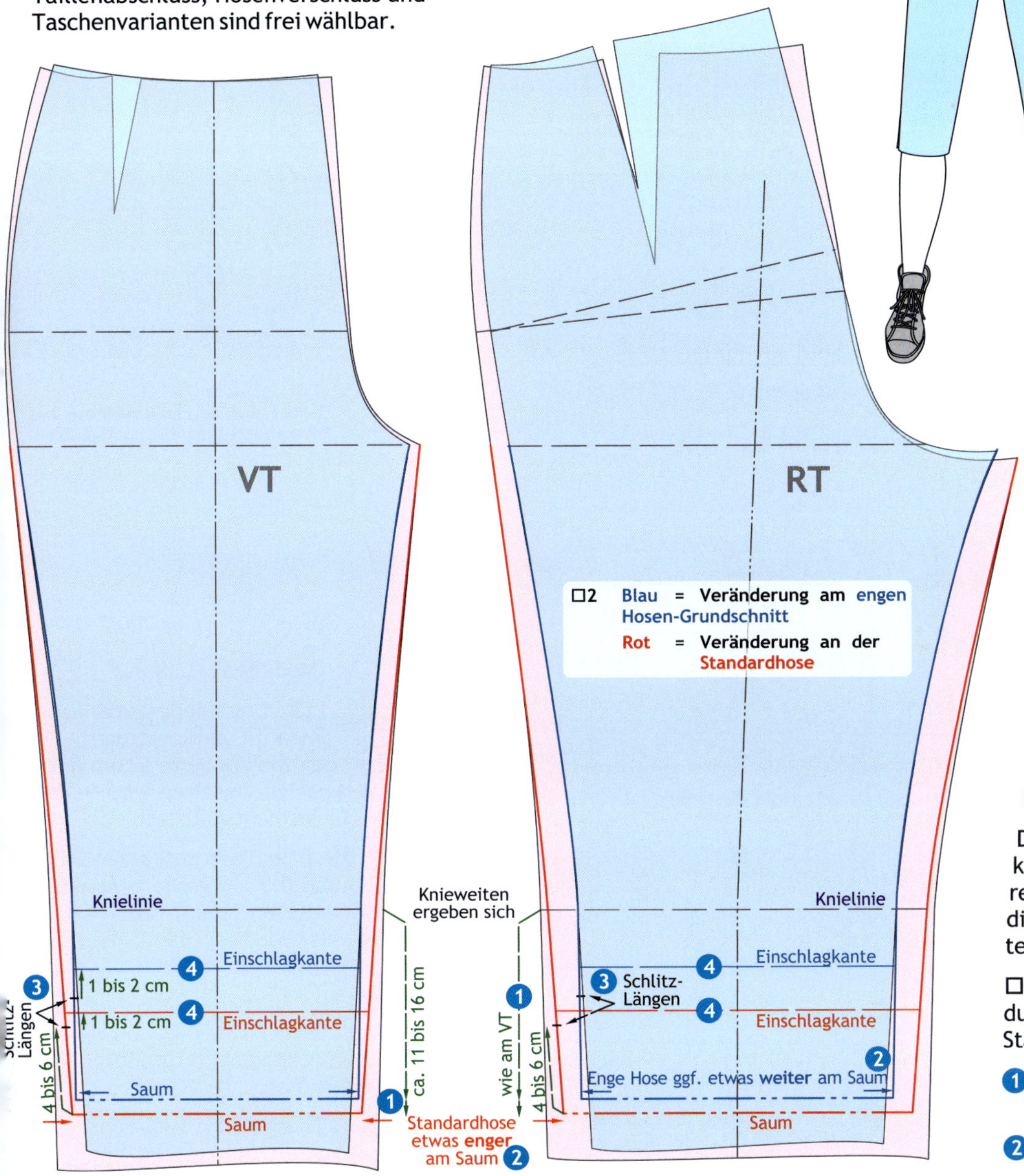

□2 Blau = Veränderung am engen Hosen-Grundschnitt
Rot = Veränderung an der Standardhose

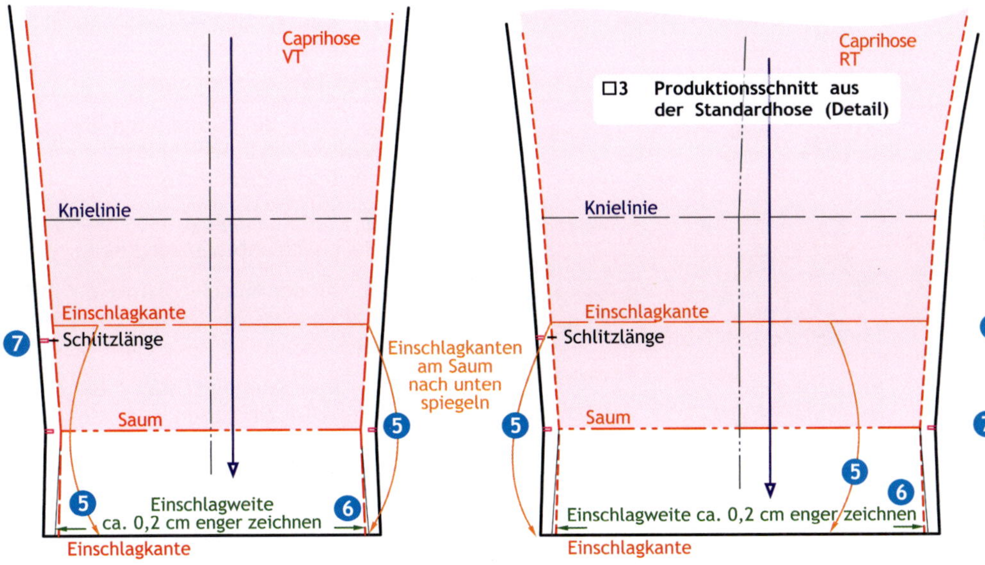

□3 Produktionsschnitt aus der Standardhose (Detail)

Modellentwicklung

□2 Hier liegen die beiden VT und RT von enger Hose und Standardhose übereinander.

Die Veränderungen an der engen Hose sind in Blau, die an der Standardhose in Rot gezeichnet.

Das enge Modell ist etwas kürzer und mit einem breiteren Einschlag versehen. Auch die Schlitzlängen sind hier unterschiedlich.

□3 Der untere Teil der Produktionsschnitte ist an der Standardhose demonstriert.

1. VT- und RT-Hosen vom Knie aus kürzen.
2. Die Saumweite je nach Bedarf enger oder weiter zeichnen.
3. An den SN eine Schlitzlänge von ca. 4 bis 6 cm markieren.
4. Die innere Einschlagkante 1 bis 2 cm breiter als die Schlitzlänge zeichnen.
5. Die Einschlagkanten und Nähte am Saum nach unten spiegeln.
6. An den Nähten die Einschlagweite ggf. um ca. 0,2 cm reduzieren.
7. Nahtzugaben anzeichnen und Knipse an Schlitz und Saum markieren.

⅞-Hose mit Miederbund (angeschnitten) und Saumaufschlägen
Schmale Modellform

117
62

□1 Diese ⅞-Hosenform kann aus der Standardhose (wie hier) oder der Engen Hose konstruiert werden. Die obere Hosenkante wird hier erhöht. Man bezeichnet diese Form auch als angeschnittenen Bund oder als Miederbund. Der Sitz der Hose an der Taille muss sehr eng sein. Die obere Hosenkante sollte etwas lockerer sitzen und kann natürlich auch anders gestaltet sein. Die Kante wird mit einem Taillenbeleg verstürzt (Miederbund siehe Seite 62).

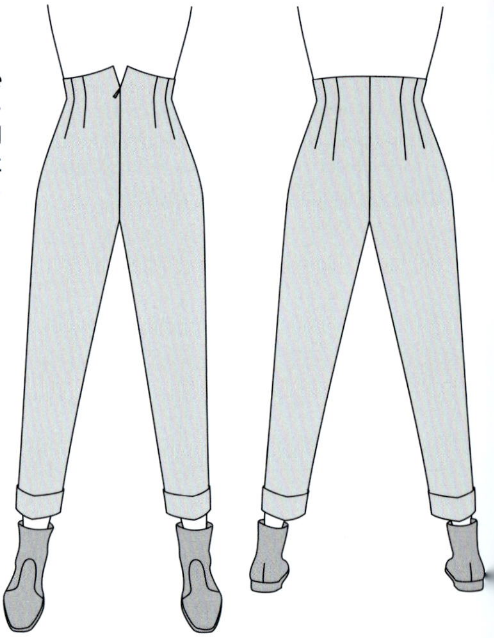

□1 ⅞-Hose aus der Standardhose mit Miederbund und Saumaufschlägen

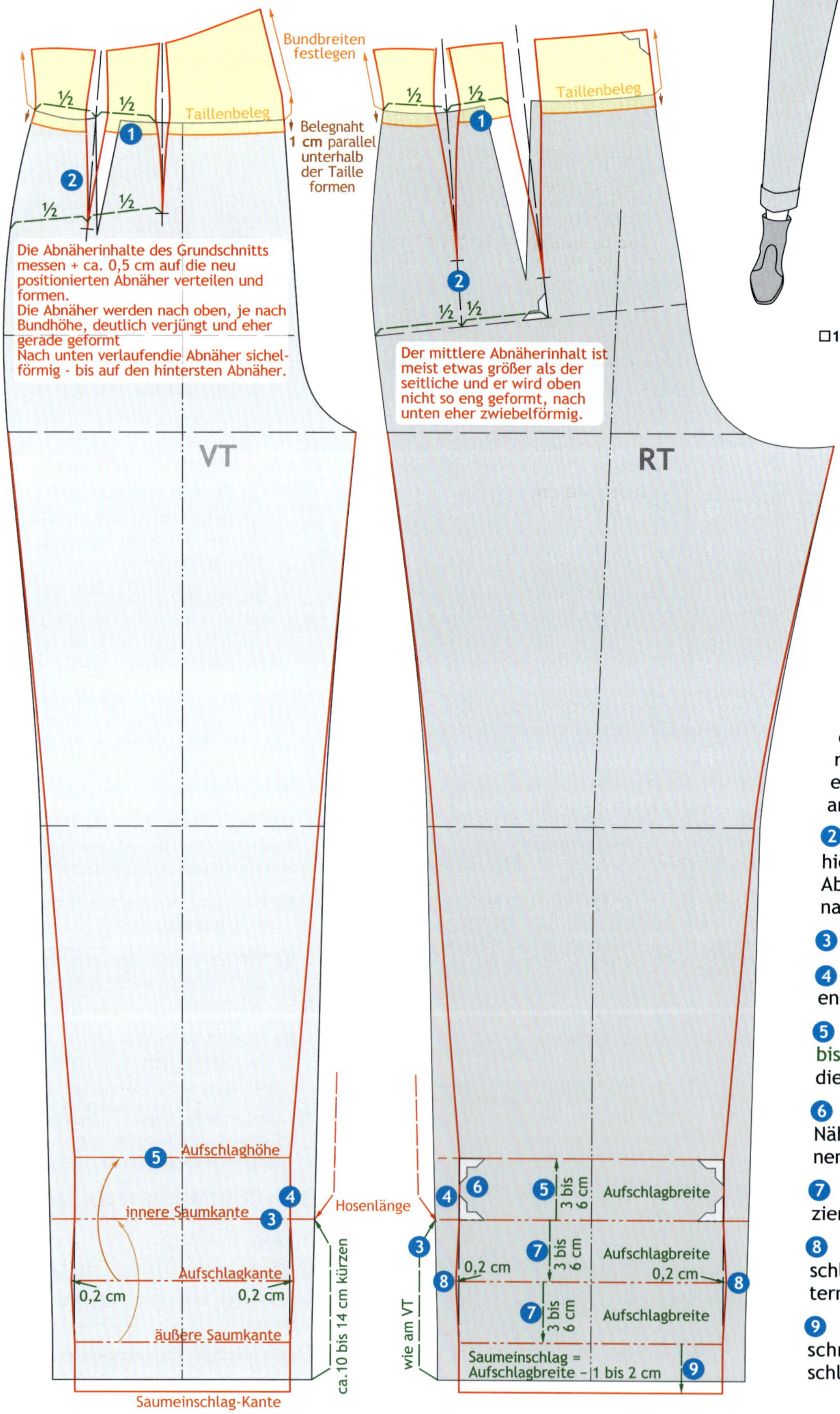

□2 Modellentwicklung 7/8-Hose mit Miederbund und Saumaufschlägen

Modellentwicklung

□3 Der Miederbund kann gestaltet und konstruiert werden wie auf Seite 62 am Rock gezeigt. Die Hose wird in der Regel nicht gefüttert.

1. Die Taillenweite wird durch 0,5 cm größere Abnäherinhalte an jedem Hosenviertel etwas reduziert, damit die Hose an der Taille knapp sitzt.
2. Die seitlichen Abnäher sind hier leicht schräg gestaltet. Die Abnäherlängen vergrößern sich nach hinten.
3. VT- und RT-Hose kürzen.
4. Die Saumweite je nach Bedarf enger oder weiter zeichnen.
5. Die Aufschlagbreite von ca. 3 bis 6 cm nach oben zeichnen, um die Optik zu bestimmen.
6. Von der Aufschlaghöhe die Nähte nach unten senkrecht zeichnen und nach oben formen.
7. Die Aufschlagbreite wie skizziert nach unten anzeichnen.
8. An der Aufschlagkante die Aufschlagweite um ca. 0,2 cm erweitern.
9. Den Saumeinschlag 1 bis 2 cm schmäler zeichnen als die Aufschlagbreite.

Knickerbocker / Golfhose
Weite Modellform

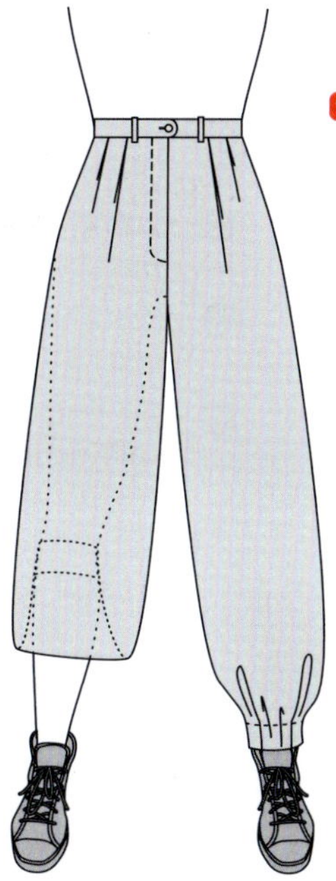

□1 Knickerbocker (links) sowie die Golf- oder Pumphose (rechts)

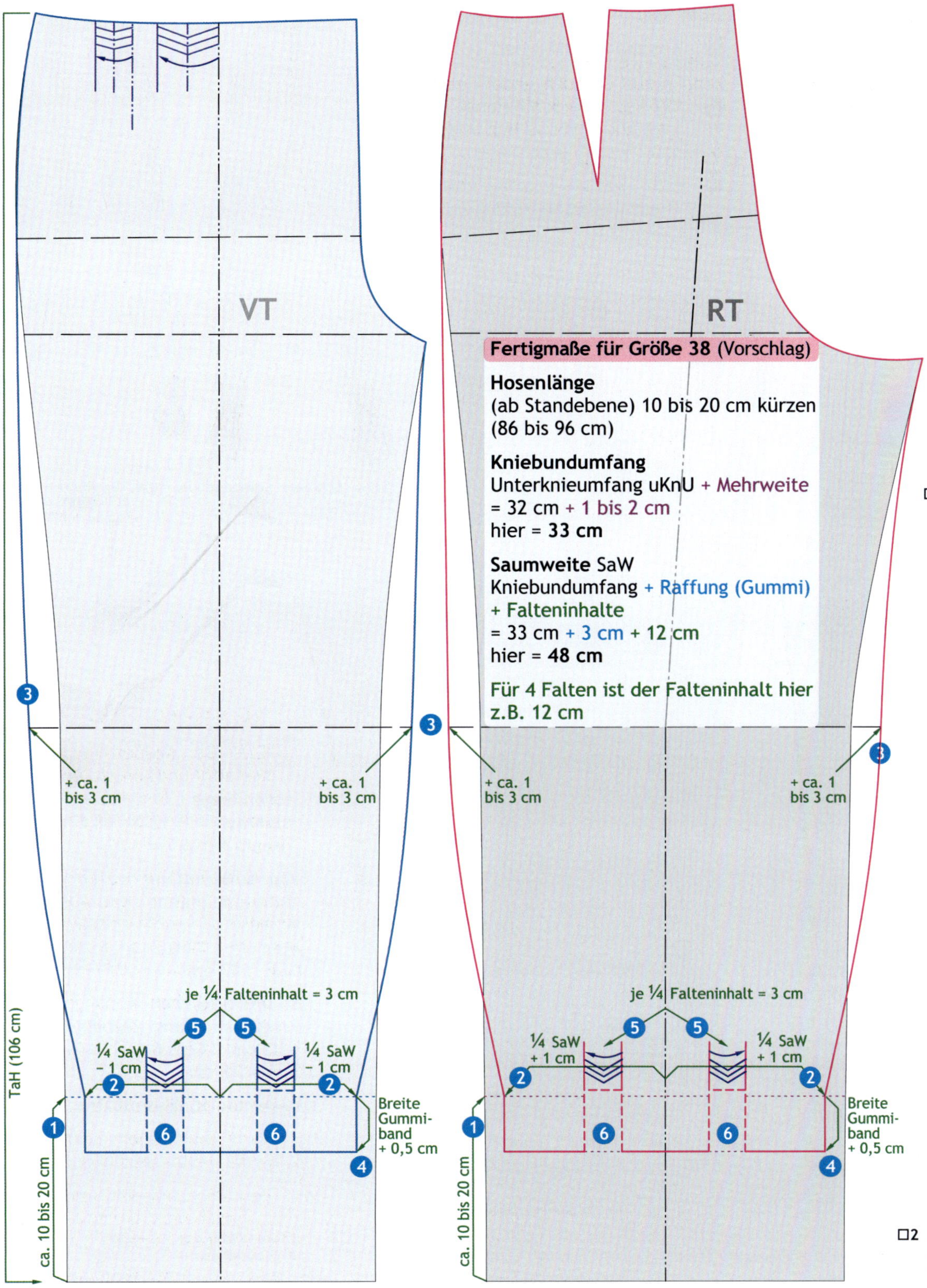

Fertigmaße für Größe 38 (Vorschlag)

Hosenlänge
(ab Standebene) 10 bis 20 cm kürzen
(86 bis 96 cm)

Kniebundumfang
Unterknieumfang uKnU + Mehrweite
= 32 cm + 1 bis 2 cm
hier = **33 cm**

Saumweite SaW
Kniebundumfang + Raffung (Gummi)
+ Falteninhalte
= 33 cm + 3 cm + 12 cm
hier = **48 cm**

Für 4 Falten ist der Falteninhalt hier z.B. 12 cm

□2 Abwandlung zur Knickerbocker bzw. zur Golfhose

Knickerbocker / Golfhose

Beide Hosen unterscheiden sich in der Länge. Die Golfhose ist knöchellang, die Knickerbocker wird wadenlang getragen. Beide werden durch ein Kniebündchen unterhalb des Knies gehalten. Es können Bündchen mit Knopf-, Klett- oder Schnallenverschluss angenäht werden. Hier wird die Variante mit einem Gummizug gezeigt. Die Saumweite wird hierbei durch abgenähte Falten reduziert.

1. **□2** VT- und RT-Hose kürzen und waagerechte Hilfslinie zeichnen.
2. Berechnete Saumweiten an VT und RT abtragen.
3. SN und Innenbeinnähte fast senkrecht verlaufend formen, dass die Knieweite deutlich vergrößert ist.
4. Den angeschnittenen Gummibund für ein 4 cm breites Gummiband + 0,5 cm (= 4,5 cm) anzeichnen.
5. Vier Falten wie skizziert positionieren.
6. Die Faltenabnählinien zeichnen.

! Die Verarbeitung des Saums sollte weich sein, damit das Gummi den Stoff gut kurzhalten kann. Die Faltenabsteppungen können auch herausgeschnitten werden.

Kniebundhose (1)
Schmale Modellform

117

Schmale Kniebundhose aus der Standardhose

1. Fertigmaße berechnen
2. □2 VT- und RT-Hose kürzen und waagerechte Hilfslinie zeichnen.
3. Berechnete Saumweiten an VT und RT abtragen, Säume formen.
4. SN und Innenbeinnähte leicht nach außen gebogen formen.
5. Abnäher wie skizziert positionieren.
6. □2 + 4 Die Schlitzlänge an der SN markieren und den Schlitzeinsatz hierfür konstruieren.
7. □3 Die gewünschte Kniebündchenvariante konstruieren.

□1 Schmale Kniebundhose bzw. Pagenhose

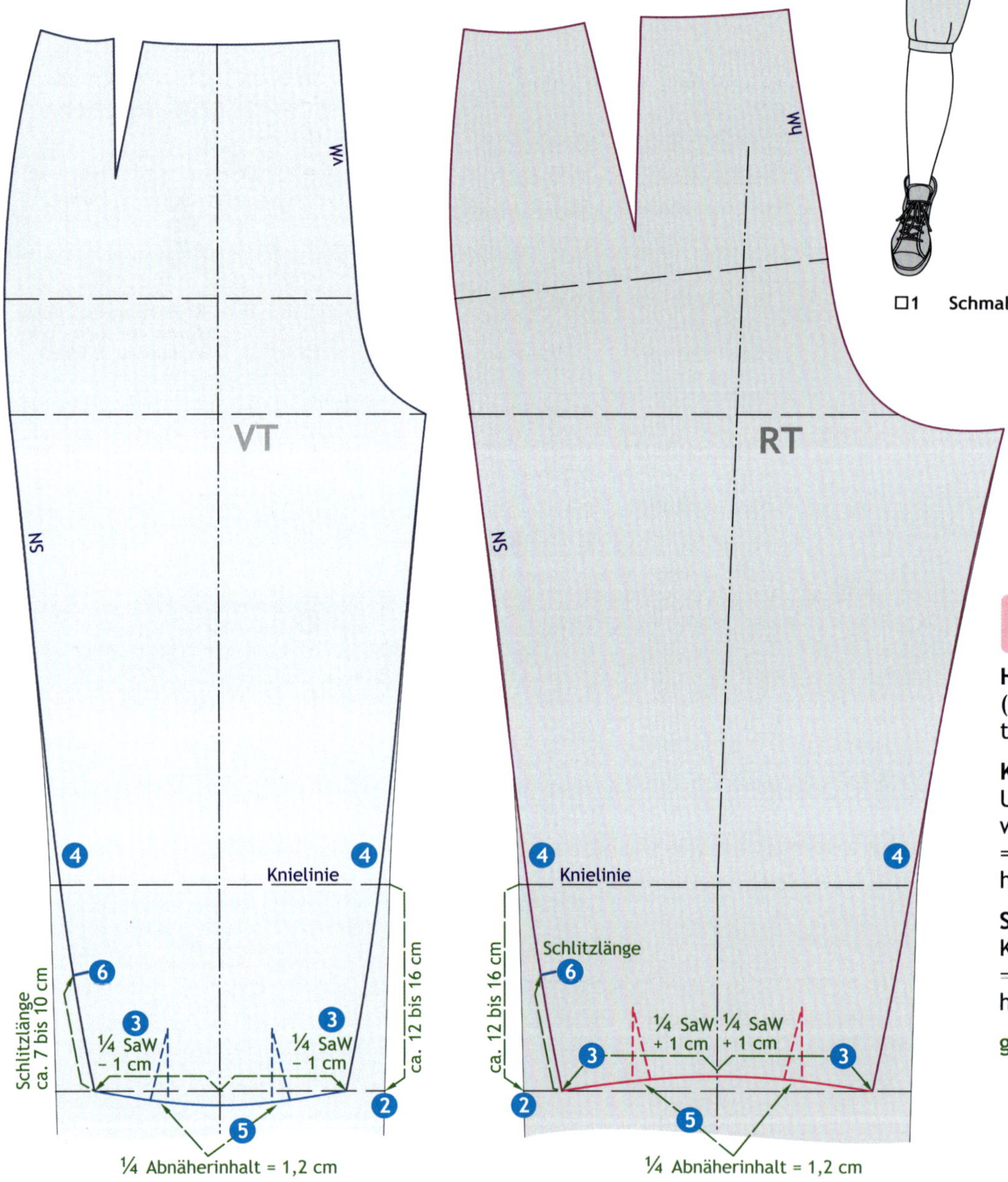

Fertigmaße für Größe 38 (Vorschlag)

Hosenlänge
(ab Kniehöhe) 12 bis 16 cm unterhalb der Knie.

Kniebundumfang
Unterknieumfang uKnU + Mehrweite
= 32 cm + 1 bis 2 cm
hier = **33 cm**

Saumweite SaW
Kniebundumfang + Abnäher
= 33 cm + 4 bis 6 cm
hier = **38 cm**

gesamter Abnäherinhalt = 5 cm

□2 Abwandlung zur schmalen Kniebundhose

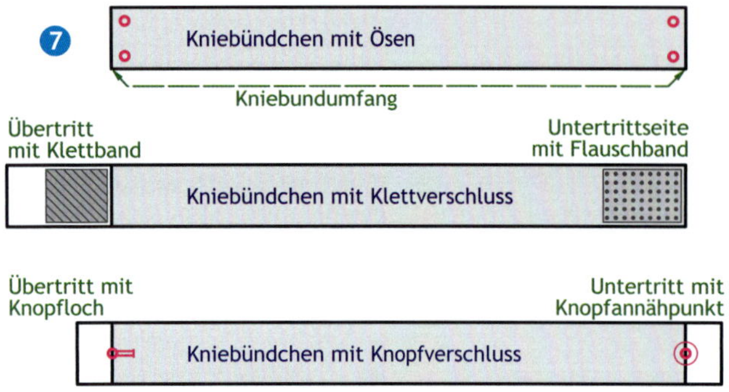

□3 Konstruktionen verschiedener Kniebündchen

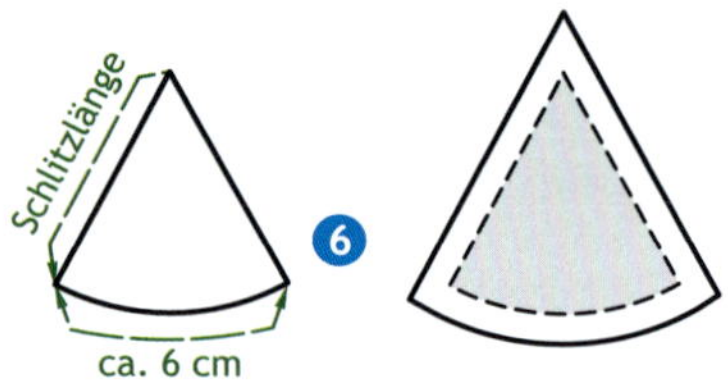

□4 Konstruktionen des Schlitzeinsatzes (Zwickel)

Kniebundhose (2)
Halbweite Modellform

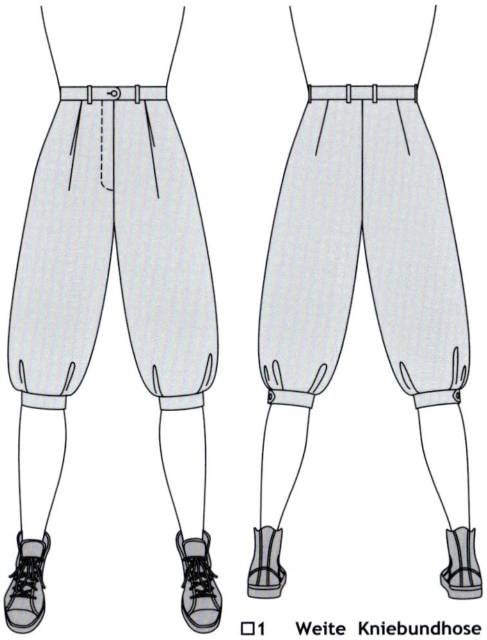

□1 Weite Kniebundhose

Fertigmaße für Größe 38 (Vorschlag)

Hosenlänge
(ab Kniehöhe) 12 bis 16 cm unterhalb des Knies

Kniebundumfang
Unterknieumfang uKnU + Mehrweite
= 32 cm + 1 bis 2 cm
hier = **33 cm**

Saumweite SaW
Kniebundumfang + Falteninhalt
= 33 cm + 10 bis 16 cm
hier = **48 cm**

Für 5 Falten sind dies hier insgesamt 15 cm Falteninhalt.

Weite Kniebundhose aus der Bundfaltenhose

130

1. **□2** VT- und RT-Hose kürzen und waagerechte Hilfslinie zeichnen.
2. Berechnete Saumweiten an VT und RT abtragen, Säume formen.
3. SN und Innenbeinnähte leicht nach außen gebogen formen.
4. Vier Falten wie skizziert positionieren.
5. An der SN entsteht hier durch das Zuknöpfen des Kniebündchens eine fünfte Falte.
6. **□3** Kniebündchen mit Knopf- oder Klettverschluss konstruieren.

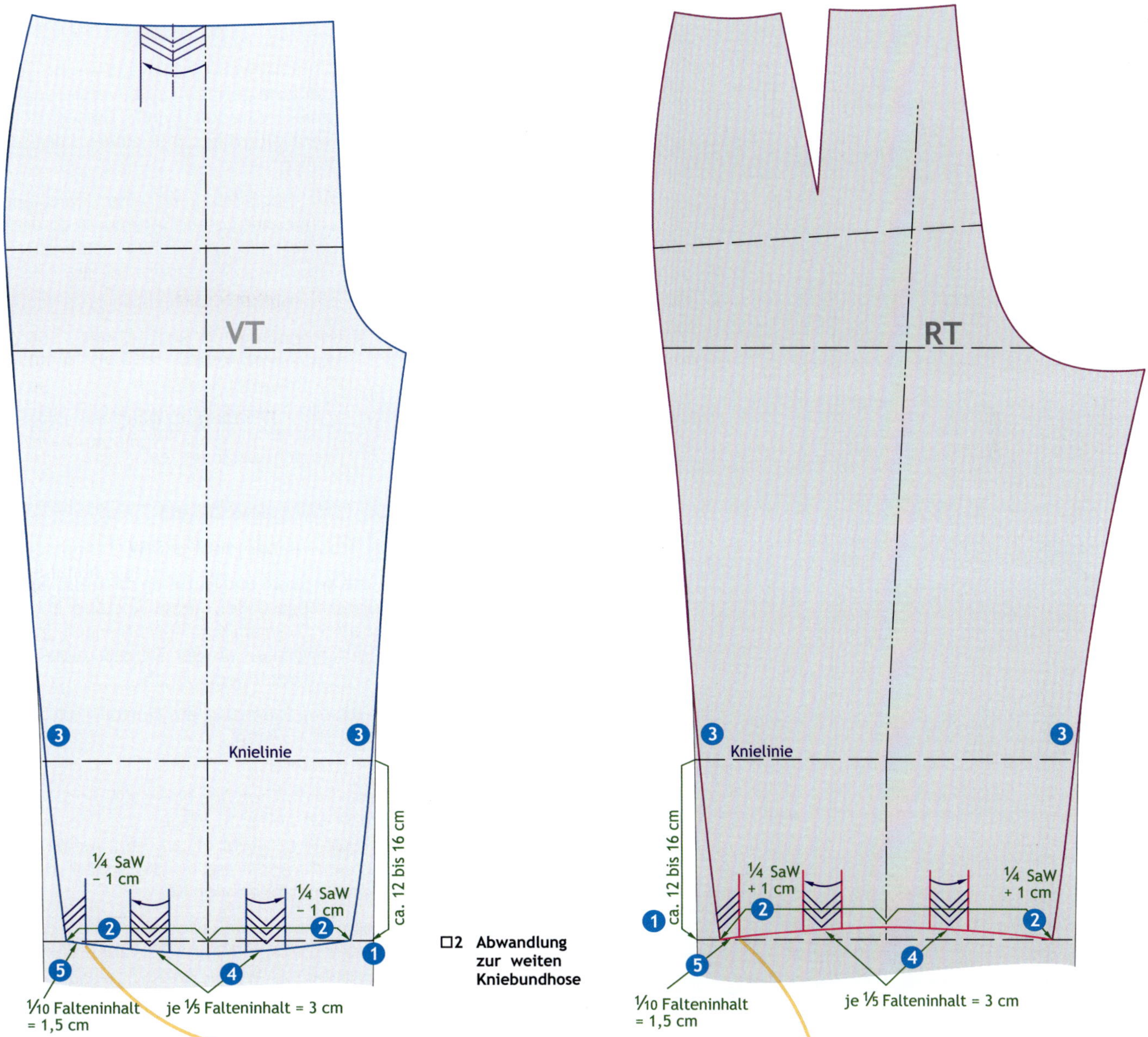

□2 Abwandlung zur weiten Kniebundhose

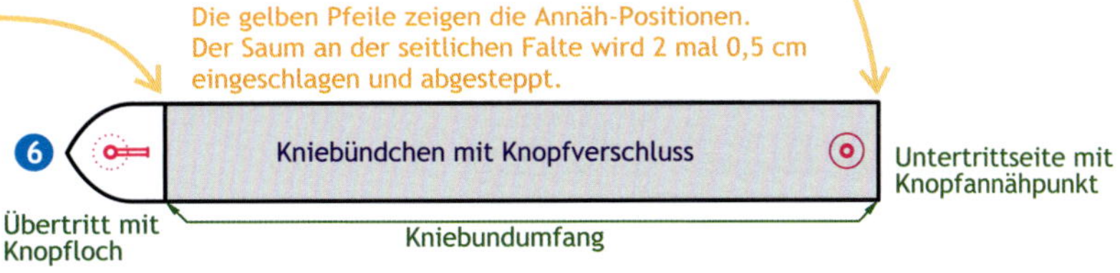

□3 Kniebündchen mit Knopfverschluss

Enge Jeans (1)
mit gerader Seitennaht ("Selvage Jeans")

117
124
128

☐1 Die **Jeanshose**, oft eine Hüfthose, wird gewöhnlich aus Denim gefertigt und ist hier aus der ungekürzten engen Hose mit gewünschten Fertigmaßen entwickelt (siehe Seite 124). Obligatorisch sind im VT runde Seitentaschen mit Münztasche (Swing-Pockets) und im RT die üblichen Spatentaschen sowie eine RT-Passe und ein Formbund mit Gürtelschlaufen.

Hier wird eine Jeansform als **„Selvage Jeans"** gezeigt, d.h. die Webkante wird an der Seitennaht mitverarbeitet und beim Hochkrempeln des Hosensaums gezeigt. VT und RT müssen daher an der SN im geraden Fadenlauf zugeschnitten werden. Die Umstellung des Grundschnitts wird hier gezeigt - eine Jeanskonstruktion ist aber auch ohne diese Umstellung möglich.

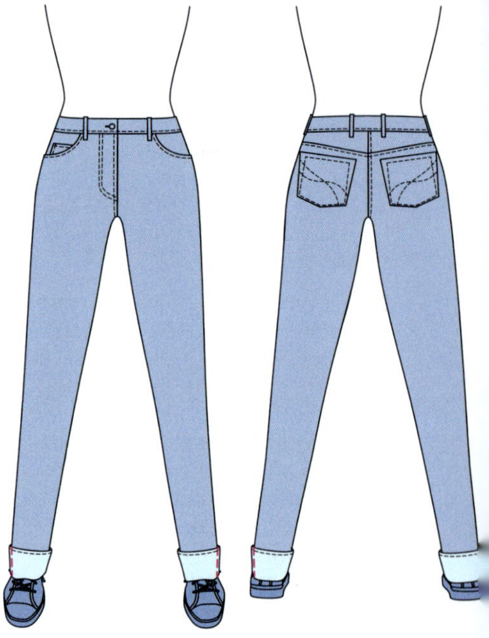

☐1 Enge Jeans

Üblicherweise haben klassische Jeans nur eine geringe Taillenvertiefung und einen geraden Bund. Dieses Modell wird allerdings mit einem Formbund konstruiert.

❗ Natürlich kann eine Jeans auch ohne eine gerade Seitennaht gefertigt werden (dann ab P5 konstruieren).

Fertigmaße für Größe 38 (Vorschlag)

Hosenlänge	= sTaH, hier	106 cm
Knieweite KnW		40 cm
Saumweite SaW		36 cm
Tascheneingriff vorne ergibt sich		
Tascheneingriff hinten		13 cm
Verschlusslänge	ca.	14 cm

1 Enge Hose mit gerade gestellter SN

☐2 Ggf. **Hosenlänge**, **KnW** und **SaW** anpassen.

1. Die VT-Hose an Saum und Hüfte an die **neue gerade Seitennaht** anlegen. Bei einem Abstand am Knie von **mehr als 1,5 cm** am Knie durchtrennen und den Abstand durch Öffnen an der SN reduzieren. Der Drehpunkt ist an der Innenbeinnaht.
2. Jetzt das RT am Saum und am Hüftbereich an die **neue gerade SN** anlegen.
3. Um dieselben Öffnungs- und Abstands-Beträge auch die RT-Hose dort öffnen und ebenfalls die SN an die **neue gerade SN** anlegen. Wegen des Drehpunktes an der Kniekehle entsteht oft an der Innenbeinnaht ein Überschneidungsbetrag, um den später die Naht oberhalb des Knies zu dehnen ist.
4. Die **neuen Innenbein-Nähte** formen, indem der hinzugekommene Abstand (Mehrweite) zur neuen SN an den Innenbeinnähten wieder entfernt wird.
5. Taillenvertiefung nach Wunsch einzeichnen, siehe ab Seite 121. Da zu Jeans meist ein Gürtel getragen wird und die Enge Hose kaum Mehrweite an der Taille besitzt, kann hier eine Weitenreduktion an der Taille entfallen.

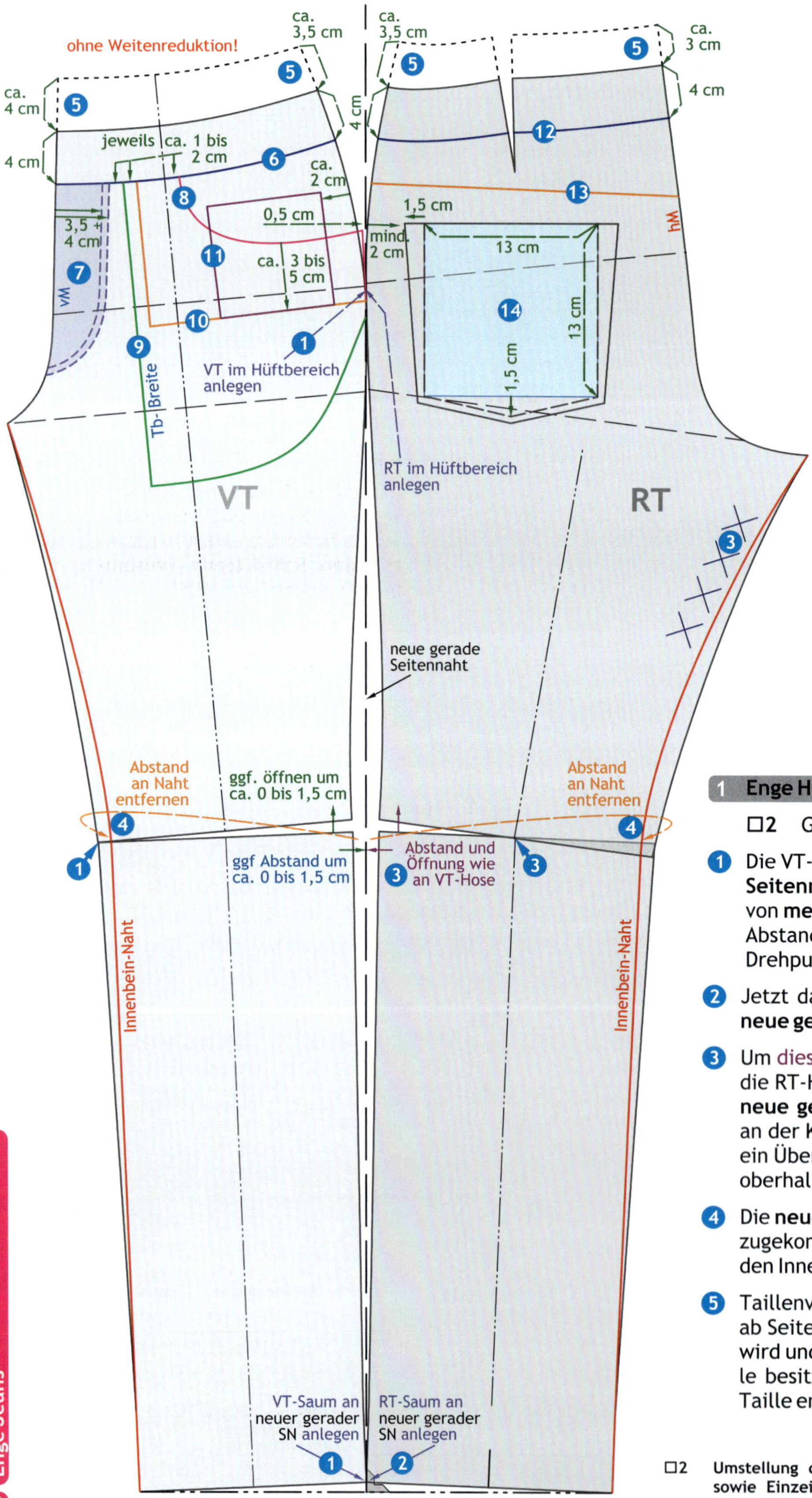

☐2 Umstellung der engen Hose für eine gerade Seitennaht sowie Einzeichnen aller Abtrennungen und Taschenpositionen

Enge Jeans (2)
mit gerader Seitennaht ("Selvage Jeans")

2 Modellentwicklung VT

6 □**2+3** Den Formbund klassisch mit 4 cm Breite parallel zur Taillenvertiefung einzeichnen. Später kommt an der Untertrittseite des Bundes (bei Damen rechts) ein Untertritt hinzu.

7 □**2** Den Hosenverschluss mit doppelter Absteppung einzeichnen. Bei der Kürze der vM wird nun der Verschluss für die drei Knöpfe verlängert.
□**3** Die Knopflochleiste 0,2 cm schmaler zeichnen, Knöpfe markieren, kopieren und spiegeln.
Die Übertritt-Kante (vM) der Vorderhose wird bei einem Knopfverschluss nicht mit einem Beleg verstürzt, sondern 2× 0,5 cm eingeschlagen und abgesteppt.

8 Den Tascheneingriff gestalten. An der SN ca. 6 bis 8 cm unterhalb des Bundes und dort für Eingriff-Mehrweite 0,5 cm ausstellen.

9 Den Taschenbeutel (Tb) knapp neben der Absteppung des Hosenschlitzes beginnend und wie skizziert formen. Es entstehen ein vTb und ein hTb, die zu einem einzigen Tb angeschnitten werden.

10 Den Taschenspiegel (TSp) einzeichnen. Er reicht nicht ganz bis zur Tb-Breite und deckt am Eingriff den hinteren Tb sicher ab.
Prinzipiell kann der TSp - wie bei der Variante bei der Flügeltasche auf Seite 365 - gleichzeitig zu einem Beleg am Tascheneingriff konstruiert werden.

11 Die Münztasche (MüT) ist eine kleine aufgesetzte „Tasche in der Tasche". Sie darf nicht zu schmal und nicht zu tief sein. Sie endet unten an der Taschenspiegelnaht. Es werden oben und seitlich noch Einschläge angezeichnet.

3 Modellentwicklung RT

12 □**2+3** Den Formbund wie am VT einzeichnen, den Abnäher schließen und die Nähte formen. Der Formbund ist hier mit einer Naht an der SN konstruiert. Man kann die Teile auch zu einem Schnittteil fügen und zuschneiden. Auf Schnittteile für einen Innenbund wird hier verzichtet.

13 Die Passe hinten breiter und an der Seite deutlich schmäler als die Formbund-Breite, am besten gerade einzeichnen. Der Abnäher an der Passe wird hierfür zur unteren Naht verlängert und dann zugelegt; die Nähte ausformen.

14 Die aufgesetzte Spatentasche in der gewünschten Breite üblicherweise zunächst als Quadrat formen. Wegen der breiten seitlichen Aufsteppungen der Tasche, wird erst die innere Form gezeichnet. Dann nach außen die gewünschte Breite für die Aufsteppungen und die untere Spitze hinzu geben sowie ringsherum Einschläge anzeichnen (siehe Seite 363). Die Spatentasche wird näher zur SN als zur hM positioniert. Der Eingriff ist ungefähr auf Höhe der Swing-Pocket.

□**2** Die Lage und Form aller Schnittteile sind hier zum besseren Verständnis verschiedenfarbig und übereinander an beiden Hosenteilen dargestellt.

Vorder- und Hinterhosenbruch sind für eine Jeans nicht mehr relevant und werden daher nicht mehr dargestellt.

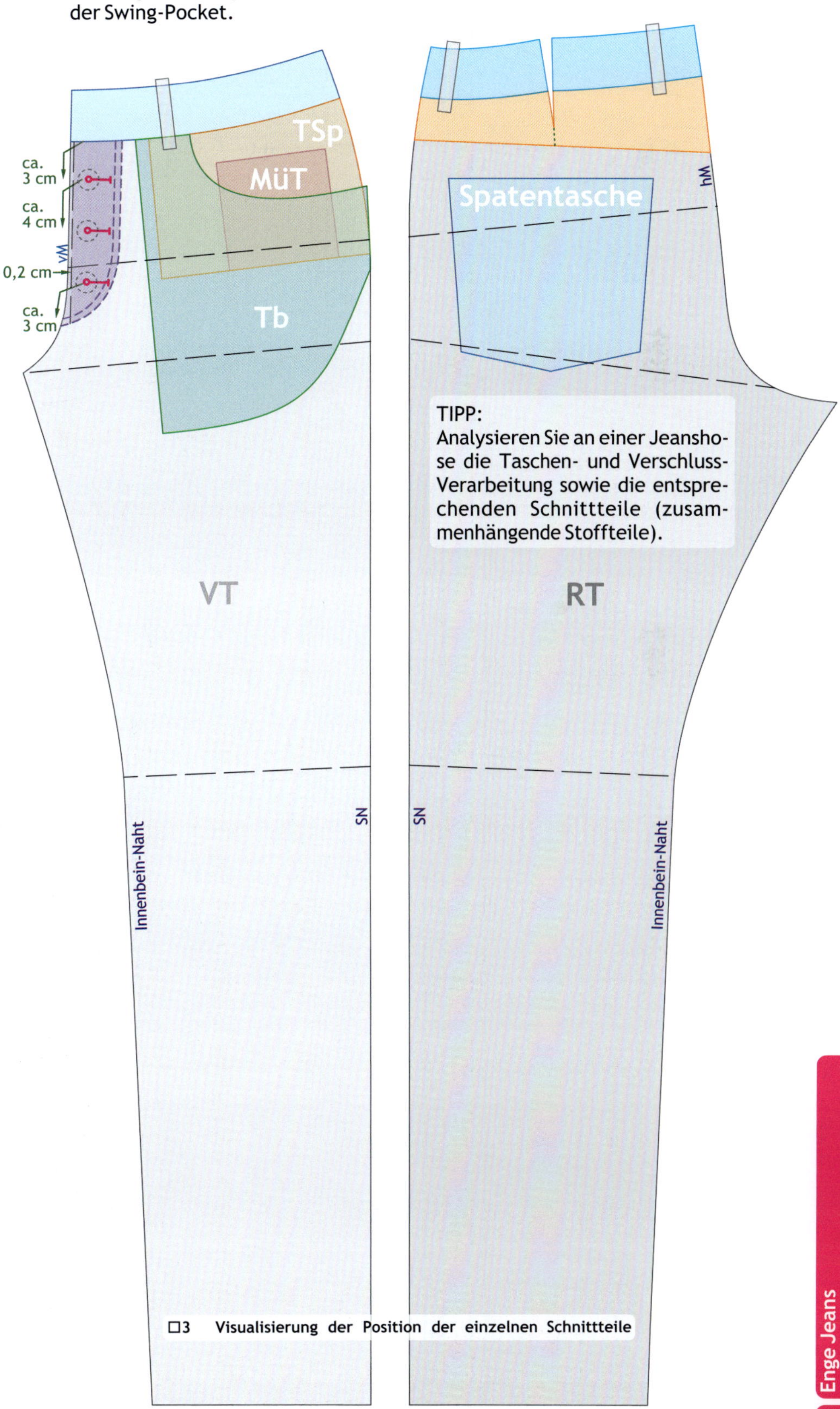

TIPP:
Analysieren Sie an einer Jeanshose die Taschen- und Verschluss-Verarbeitung sowie die entsprechenden Schnittteile (zusammenhängende Stoffteile).

□3 Visualisierung der Position der einzelnen Schnittteile

Enge Jeans (3) mit gerader Seitennaht ("Selvage Jeans") Produktionsschnitt

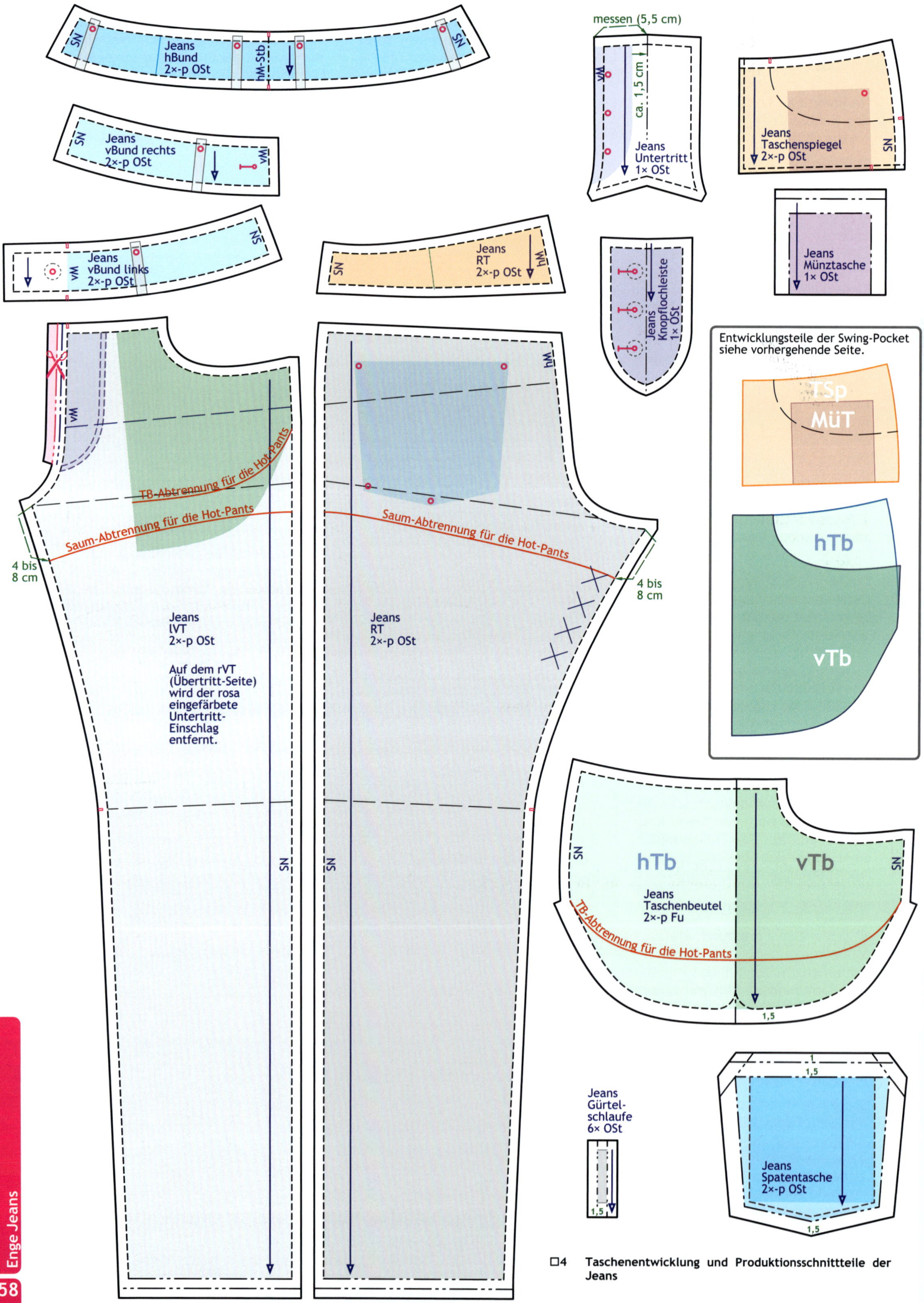

☐4 Taschenentwicklung und Produktionsschnittteile der Jeans

Hot-Pants
aus der engen Jeans

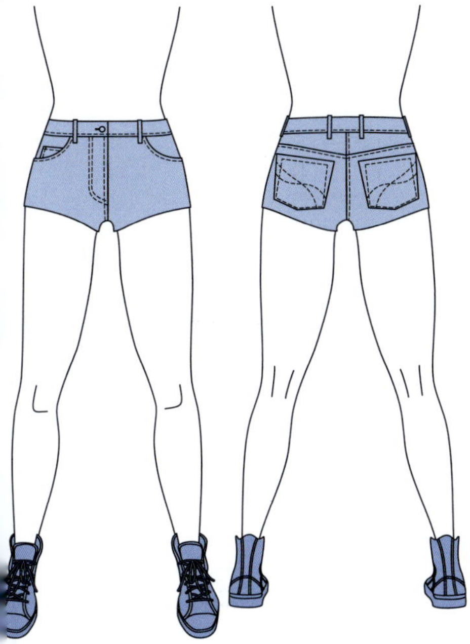

□1 Hot Pants

156

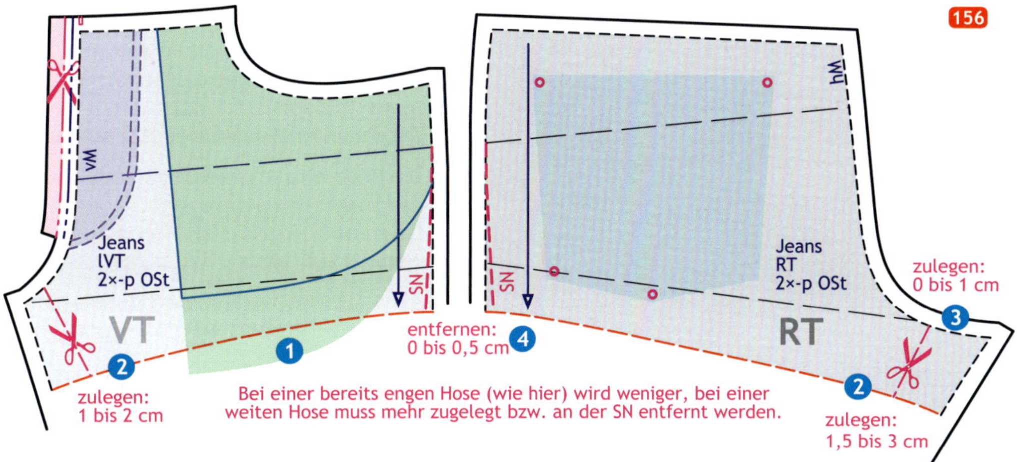

□2 Kürzung der Jeans

□**1** Die **Hot-Pants** ist hier aus der fertigen engen Jeans entwickelt. Sie ist besonders kurz und besitzt ansonsten alle Attribute einer normalen Jeans. Die Abtrennung erfolgt bei den Produktionsschnittteilen der Jeans auf der vorhergehenden Seite.

Bund, Passe und Taschenteile, bis auf den Taschenbeutel, können unverändert verwendet werden. Als Alternative wird hier der durchgehende Formbund gezeigt.

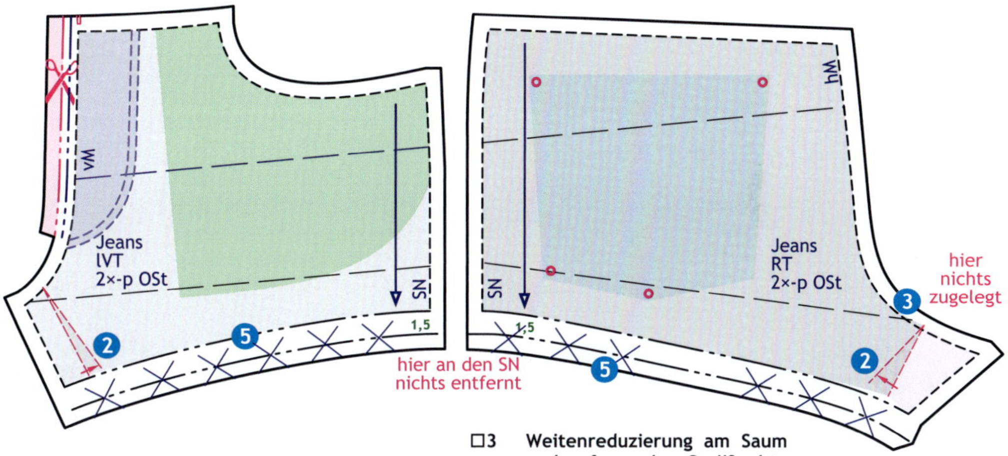

□3 Weitenreduzierung am Saum und ggf. an der Gesäßnaht

Änderungen für die Hot-Pants aus der engen Jeans

1. □**2**+4 Schon bei der Kürzung der Hose fällt auf, dass der vTb am Saum hervorschaut. Dieser muss so weit gekürzt werden, dass auch eine NZg berücksichtigt ist.
2. Eine normal lange Hose besitzt an der gekürzten Saumkante noch Weite, die entfernt werden muss, damit der Saum eng am Bein schließt. Den vorderen und hinteren Hosenausschnitt einschneiden und entsprechend der (voraussichtlich) überschüssigen Weite zulegen.
3. Die Gesäßnaht kann an der Hinterhose um bis zu 1 cm reduziert werden (bei dieser bereits engen Hose wird darauf verzichtet).
4. Auch an den Seitennähten kann Weite von bis zu 0,5 cm entfernt werden (auch darauf wird hier verzichtet).
5. Saum und Gesäßnaht neu formen und Einschläge anzeichnen. Diese sind vor dem Einschlagen zu dehnen.

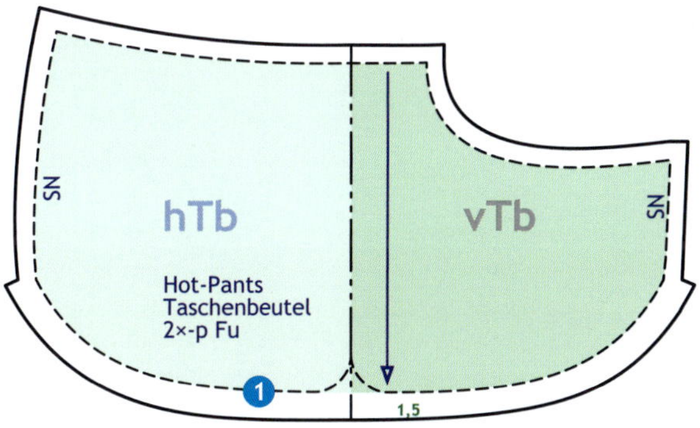

□4 Gekürzter Taschenbeutel

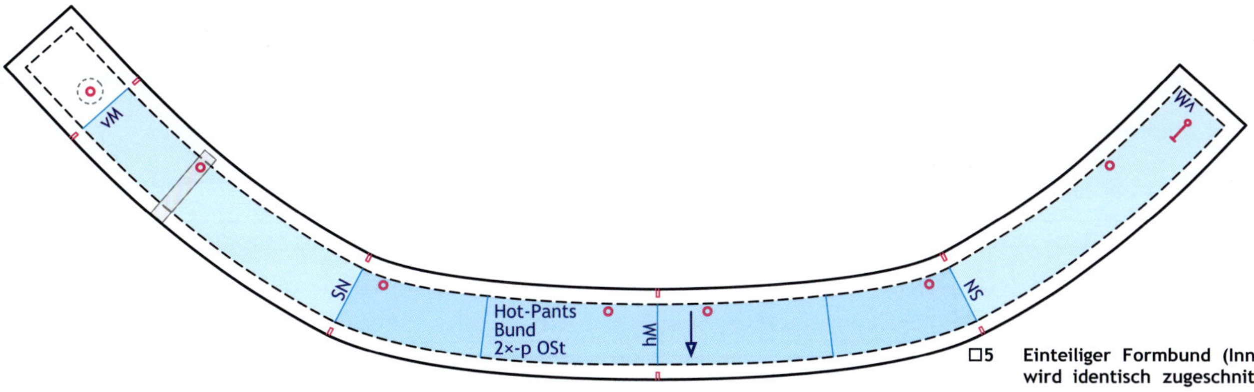

□5 Einteiliger Formbund (Innenbund wird identisch zugeschnitten)

Marlene-Dietrich-Hose (1)
mit Französischen Taschen

136

Die Marlene-(Dietrich-)Hose ist eine legere, ursprünglich im Herrenstil gearbeitete Hose mit großer Saumweite Sie wird gerne auch als Bundfaltenhose gestaltet. Häufig wird sie mit seitlichen Paspeltaschen gefertigt. Hier erhält sie Seitentaschen mit geradem oder leicht gerundetem Eingriff (Französische Tasche). Der Taschenbeutel wird hier zusammenhängend zugeschnitten.

Die Hose wird mit einem geraden Bund versehen und mit einem Verschluss an der linken Seitennaht geschlossen. Trotz des Reißverschlusses ist die Verarbeitung dieser Taschenform möglich. Der Hosensaum wird hier geformt, so dass er auf dem Schuhrücken weniger aufliegt und hinten den Absatz verdeckt (siehe Seite 134, 141).

1 Alternativ kann die Saumweite der Hose zusätzlich auf eine gewünschte Weite vergrößert werden - dann wird die Kürzung anders geformt.

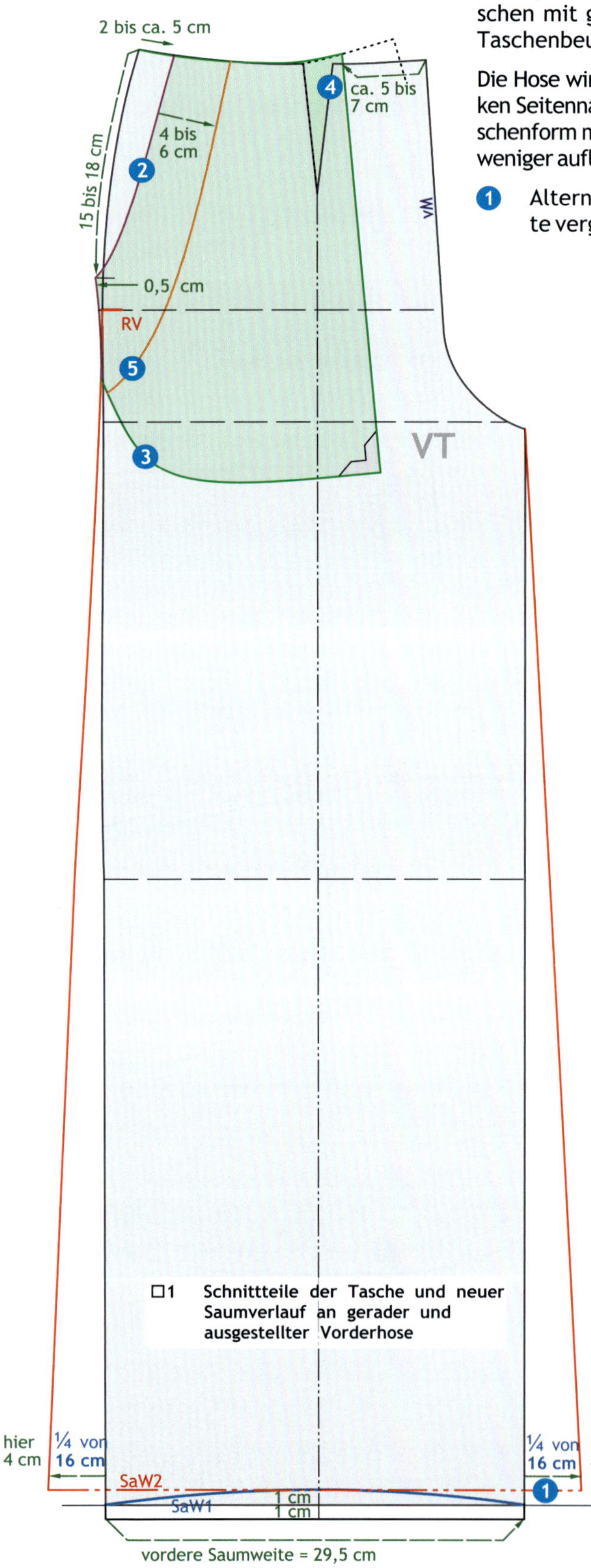

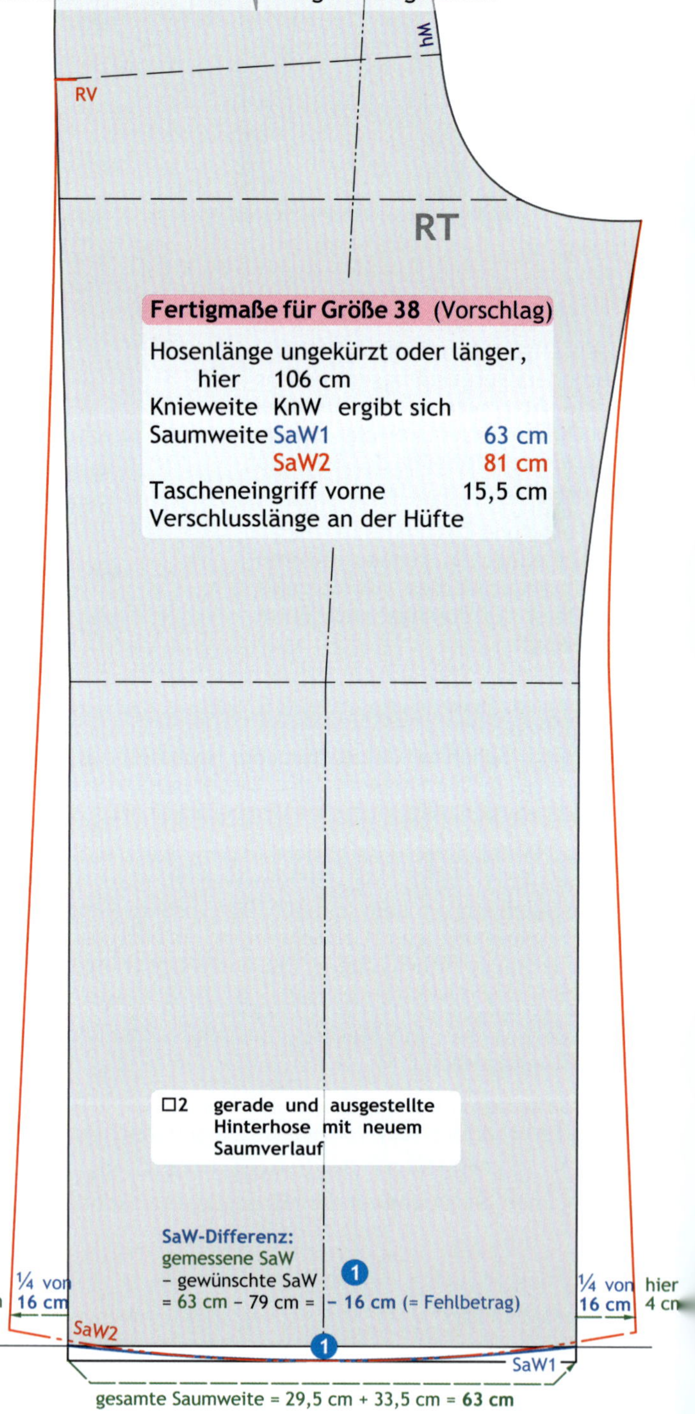

Fertigmaße für Größe 38 (Vorschlag)

Hosenlänge ungekürzt oder länger, hier	106 cm	
Knieweite KnW ergibt sich		
Saumweite	SaW1	63 cm
	SaW2	81 cm
Tascheneingriff vorne		15,5 cm
Verschlusslänge an der Hüfte		

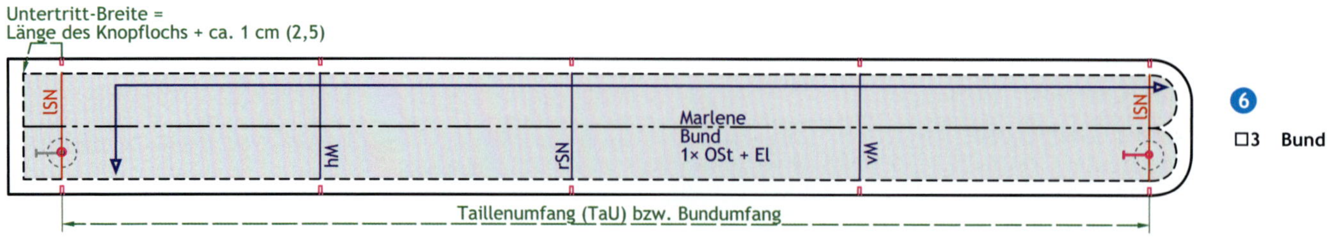

6 □3 Bund

Marlene-Dietrich-Hose (2)
mit Französischen Taschen

1 Modellentwicklung des VT

Wie schon auf Seite 136 gezeigt, besteht die Möglichkeit, den vorderen Hosenabnäher an die Bügelkante zu verschieben. Dort wirkt er weniger auffällig und die Konstruktion der Tasche wird vereinfacht.

2 Den Tascheneingriff zeichnen. Er sollte je nach Größe der Hand 15 bis 18 cm lang sein. Die obere Breite des Eingriffs nach Wunsch gestalten. An der Seitennaht ca. 0,5 cm waagerecht nach außen zeichnen. Dies gibt mehr Weite in den Eingriff für ein besseres Hineingreifen.

3 Den Taschenbeutel (Tb) wie skizziert einzeichnen. Er beginnt etwas unterhalb des Tascheneingriffs an der Seitennaht, damit beim Sitzen keine Gegenstände aus der Tasche rutschen können und reicht deutlich unter sie Schritthöhen-Linie. Die Hand sollte bequem in der Tasche Platz finden.

4 Die Tb-Breite ausreichend wählen. Reicht sie in oder über den Abnäher, wird sie etwas über die Taillennaht gezeichnet, indem man den Abnäher an der Taillennaht zulegt. So ergibt sich die Taillennaht am Tb.

5 Ungefähr 4 bis 5 cm parallel zur Tascheneingriffs-Linie die Form des Taschenspiegels (TSp) einzeichnen.

Die Schnittteile kopieren.

□4 Marlene-Dietrich-Hose mit Französischen Taschen

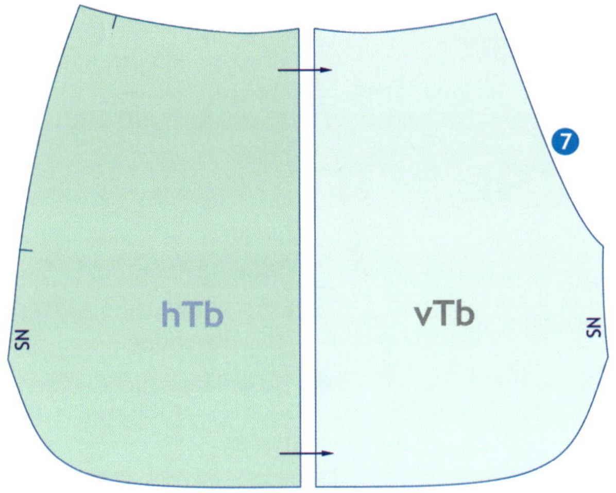

□5 Kopierte Taschenbeutel anschneiden

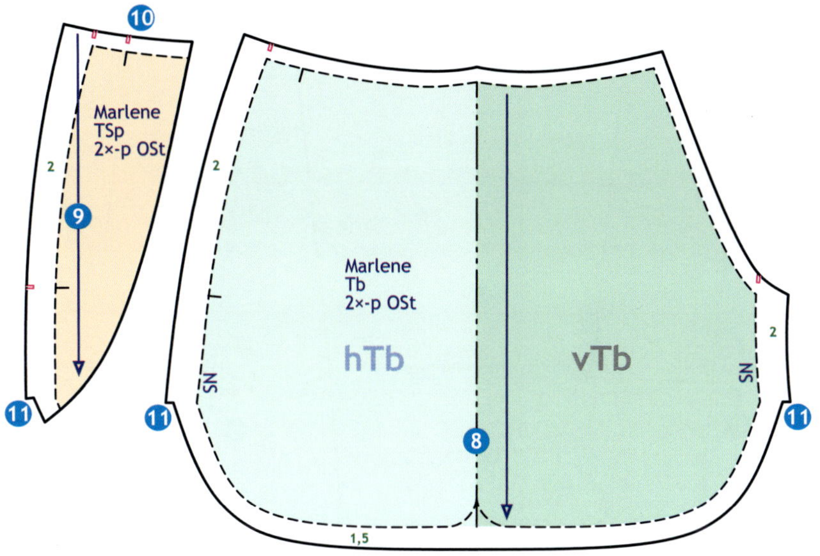

□6 Produktions-Schnitte der Taschenteile

2 Schnittteile fertig stellen

6 □3 Die Konstruktion des Bundes und die Markierung der Knipse für den Verschluss an der Seitennaht ist auf Seite 41 beschrieben - optional mit Gürtelschlaufen.

7 □5+7 Der Tascheneingriff ist an der Vorderhose und am vorderen Tb entfernt. Die 0,5 cm Eingriffs-Erweiterung kommt an diesen beiden Teilen hinzu.

8 □5+6 Die Taschenbeutel kopieren und wie skizziert anschneiden. Somit entsteht ein einziger Taschenbeutel.

9 □6 Der Taschenspiegel wird im selben Fadenlauf wie an der Vorderhose zugeschnitten.

10 Am Taschenspiegel muss der Tascheneingriff an der Taillennaht mit einem Knips markiert werden und

11 die Ecken an den Nahtzugaben müssen an beiden Seiten des Taschenbeutels sowie an der Vorderhose übereinstimmen, damit die Tasche richtig gefertigt werden kann.

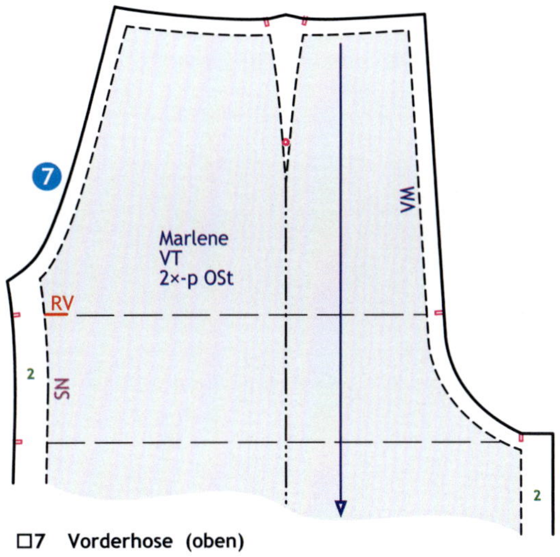

□7 Vorderhose (oben)

Funktionshose (1)
Modellentwicklung mit vielen praktischen Details

117
130

□1 Verschiedene praktische Details, ggf. für spezifische Anwendungsbereiche, kennzeichnen ein funktionales Kleidungsstück: Seitentaschen vorne, Nahttaschen mit Reißverschluss (RV) hinten unter der Rückteilpasse sowie eine Cargotasche seitlich am rechten Hosenbein (hier mit angeschnittenen Seitenteilen und Patte, siehe Seite 359).

Diese Hose wird für bequeme Oberschenkelweite aus der Bundfaltenhose entwickelt. Für ausreichend Sitzlänge wird die Hinterhose an der hM geöffnet. Der teilelastische Bund mit Gürtelschlaufen reguliert die Taillenweite bei Bedarf.

Die Gesäßverstärkung (Besatz) kann optional mit einem anderen Material aufgesetzt oder eingearbeitet sein.

Nicht zu weit geschnittene, teilbare Hosenbeine verwandeln die lange Hose bei Bedarf in eine Bermudas. Der untere Teil des Hosenbeins ist am Knie geformt und vorne verstärkt. Oberhalb des Saumabschlusses kann die Weite durch eine Verstelllasche reguliert werden.

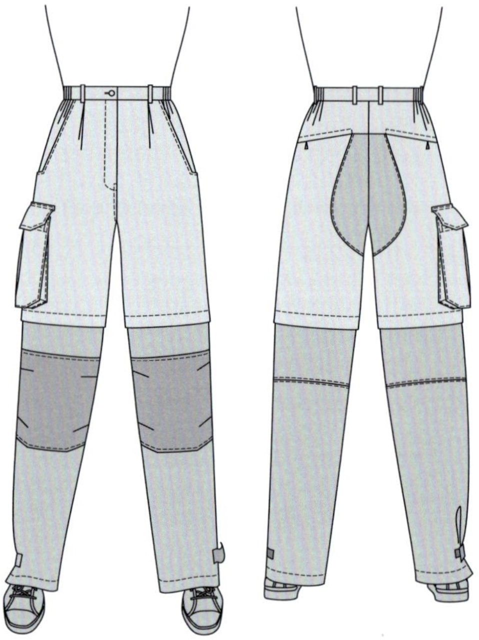

□1 Funktionshose

Fertigmaße für Größe 38 (Vorschlag)

Hosenlänge (bei TaH 106 cm)	106 cm
Saumweite SaW	48 cm
Knieweite KnW	52 cm
Reißverschlusslänge	17 cm
Tascheneingriff vorne	18 cm
Tascheneingriff hinten	14 cm
Tascheneingriff seitlich	16 cm

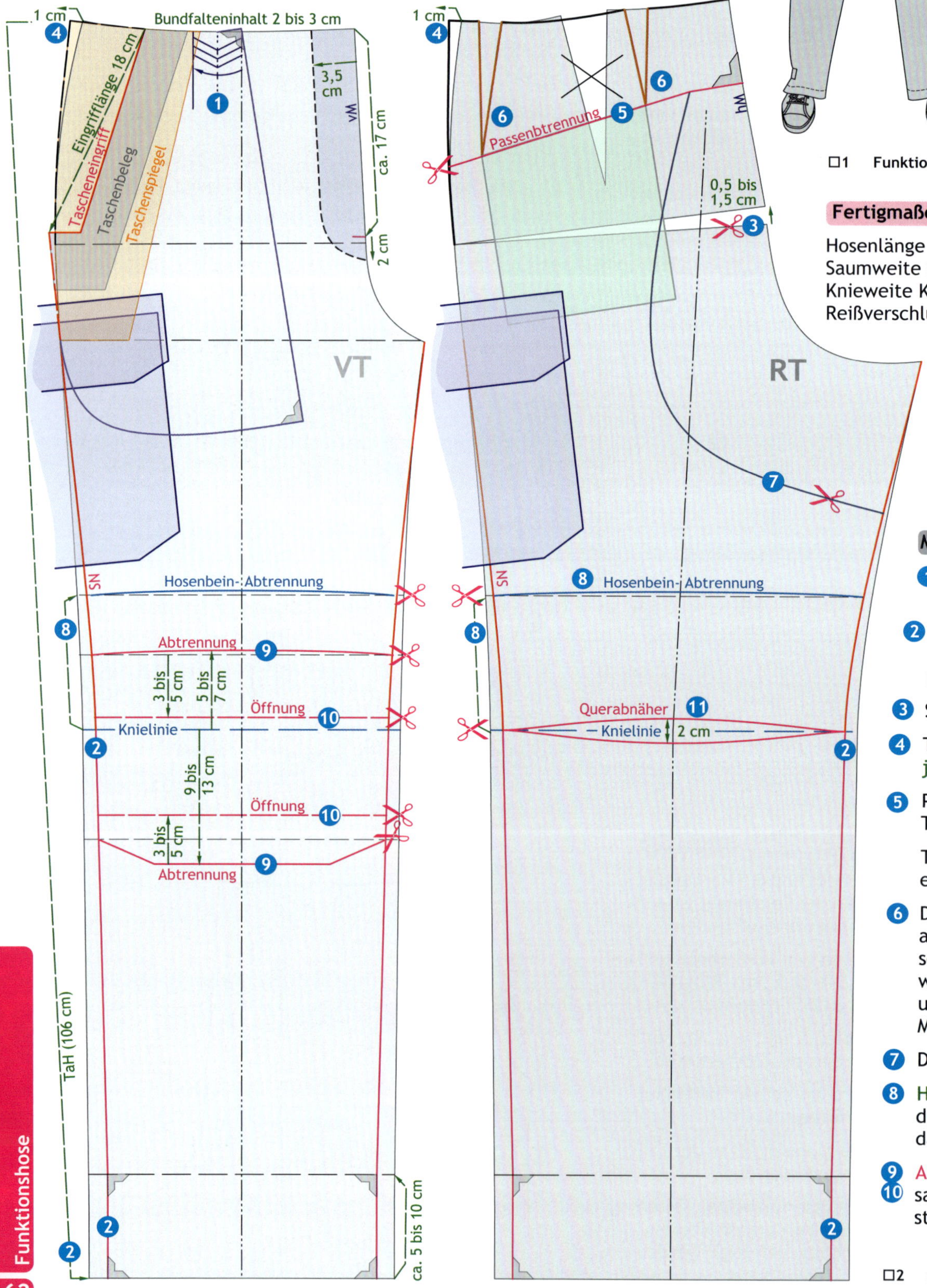

Modellentwicklung

1. □2 Bundfaltenhose als GS verwenden.
2. Hosenlänge nicht kürzen, Saum- und Knieweite anpassen.
3. Sitzlänge vergrößern.
4. Taillenweite an den SN um je 1 cm vergrößern.
5. Passenform im Bereich der Tasche gerade gestalten.

   Taschen und Schnittteile einzeichnen.
6. Die Abnäherspitzen im RT an die Taschenenden verschieben (die Passennaht wird am Eingriff gerader) und kürzen, es entsteht Mehrweite am Gesäß.
7. Den Gesäß-Einsatz formen.
8. Hosenlänge (= Kante) für die Abtrennung zur Bermudas bestimmen.
9. 10. Abtrennungen für Knieeinsatz und Öffnungslinien bestimmen und einzeichnen.

□2 Modellentwicklung

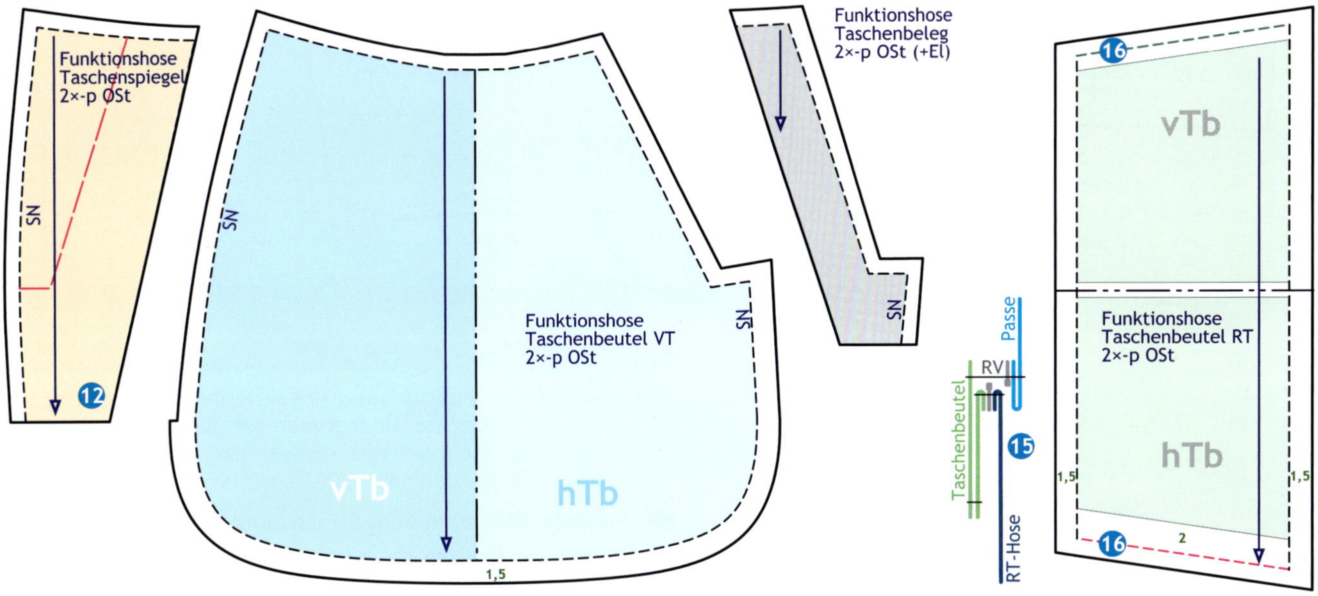

11 An der hinteren Knielinie wird in der Kniekehle 2 cm Länge mit einem Querabnäher entfernt.

2 Produktionsschnitte obere Teile

12 Alle Schnittteile für die Seitentasche hier mit Taschen-(Eingriffs-)Beleg kopieren und fertigstellen.

13 Hosenverschlussteile siehe vorhergehende Modelle.

14 Die Abnäher in der Passe schließen und die untere Kante flach ausformen. An diese Kante kommt im Bereich des Eingriffs ein Einschlag von 2 cm + NZg hinzu.

15 Für die verdeckte Reißverschluss-Gesäßtasche kommt am unteren RT ebenfalls eine Untertritt-Fläche von 2 cm hinzu, die im Bereich des Tascheneingriffs für den RV um 1 cm ausgespart wird (siehe Nahtbild oben).

16 Vorderer und hinterer Tb werden unten angeschnitten. Am Eingriff kommen die Flächen von Passe und RT hinzu, dann erst die NZg.

17 Die Hosenbein-Abtrennung wird mit einem verdeckten teilbaren RV versehen und erhält wie die RV-Tasche einen Einschlag von 2 cm + NZg.

18 Der Bund wird an der SN um die Verbreiterung von VT und RT verlängert.

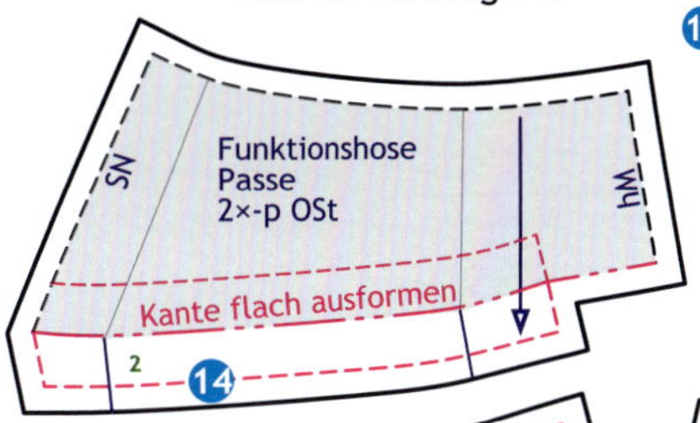

19 Die Stärke des Gummibands muss die gesamte Taillenmehrweite zusammenhalten.

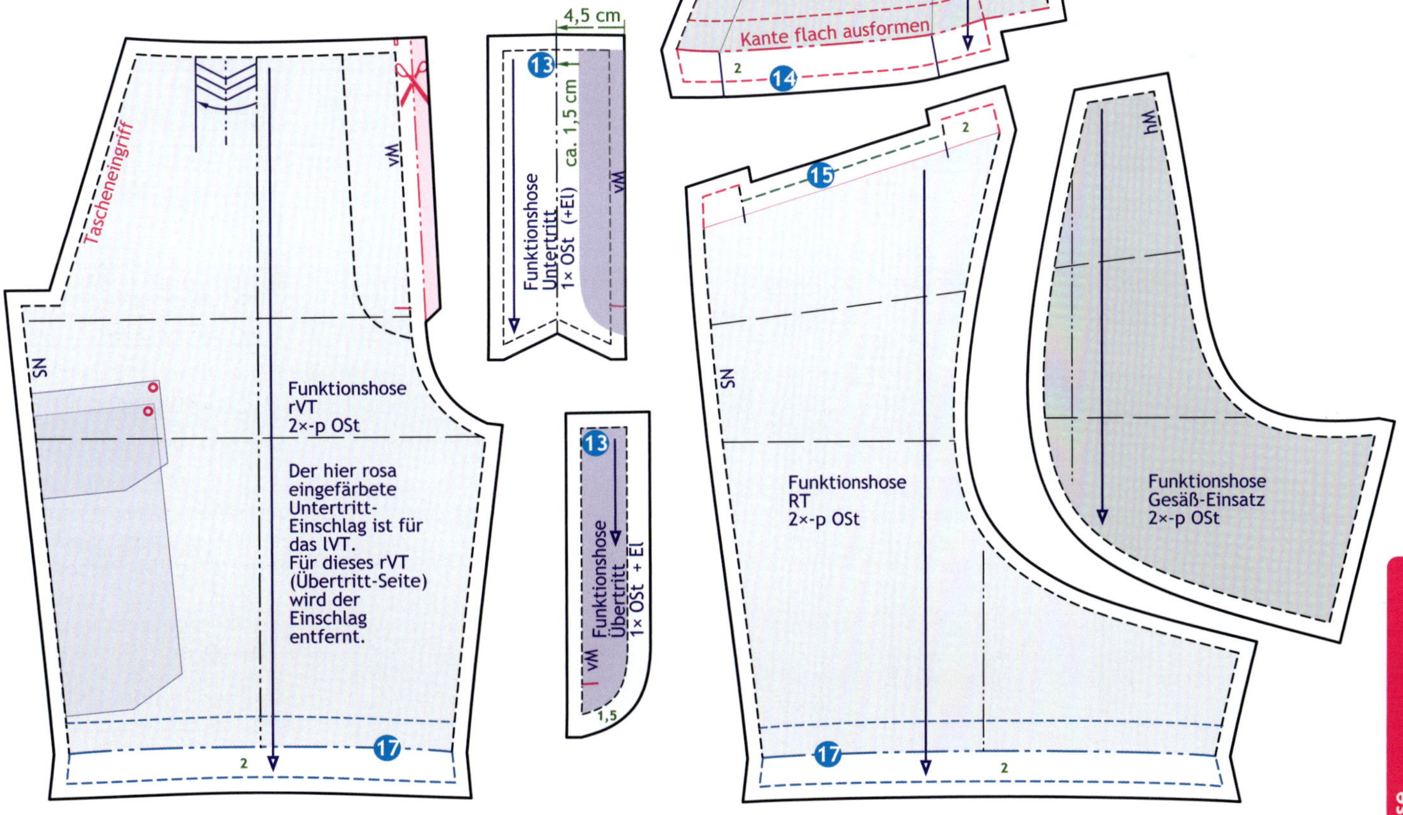

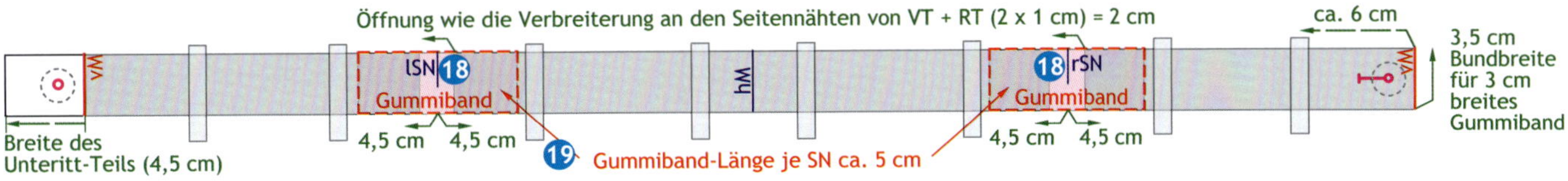

Funktionshose (3)
Produktionsschnitt

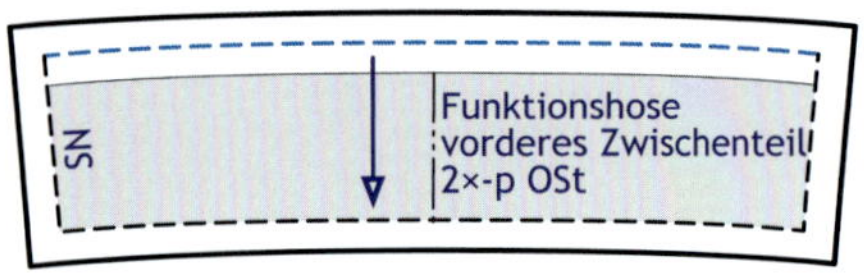

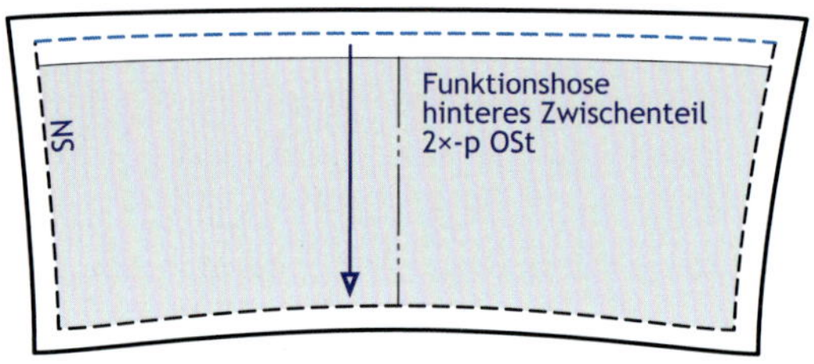

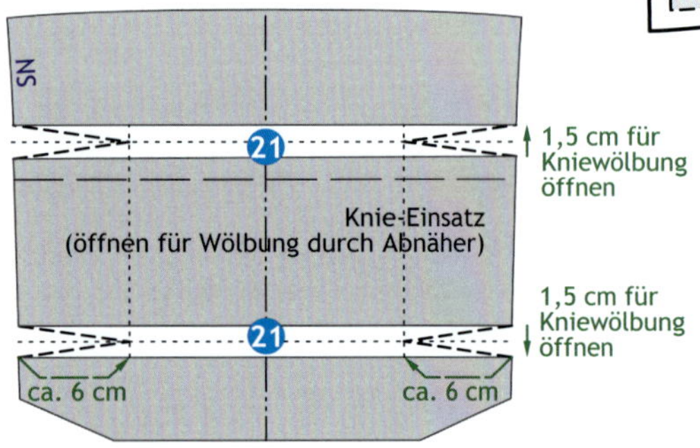

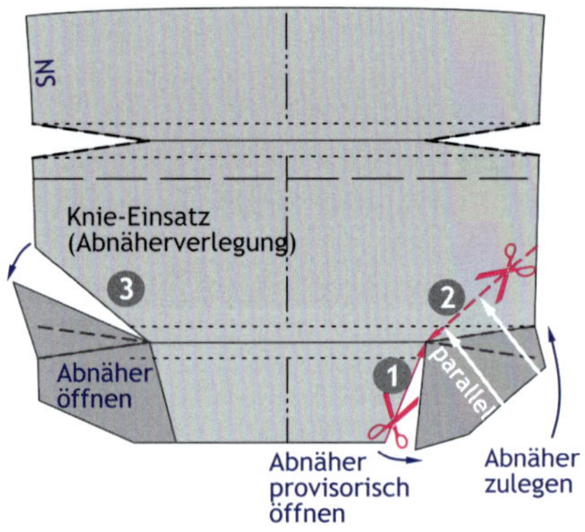

3 Produktionsschnitte untere Teile

20 An die Zwischenteile unter der Hosenbein-Abtrennung wird oben der verdeckte RV angearbeitet und hierfür wie an der RV-Tasche 1 cm weniger Untertritt angezeichnet (siehe auch die Skizze des Naht-Querschnitts oben).

21 Knieeinsatz für Wölbung öffnen und Abnäher zeichnen.

Optional kann die Abnäherrichtung verändert werden:

1 Provisorische Verlegung des Abnähers nach unten.

2 **3** Der Abnäher wird hier parallel zur schrägen Abtrennung gezeichnet und dort geöffnet.

22 An die Hosenbeine ausreichend Saumeinschlagbreite + NZg anzeichen.

23 Die Position und das Schnittteil für die Verschlusslasche am Hosenbein wie skizziert zeichnen.

Verschiedene Volumentaschen findet man im Taschen-Kapitel (ab Seite 359).

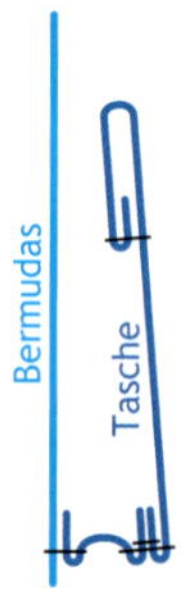

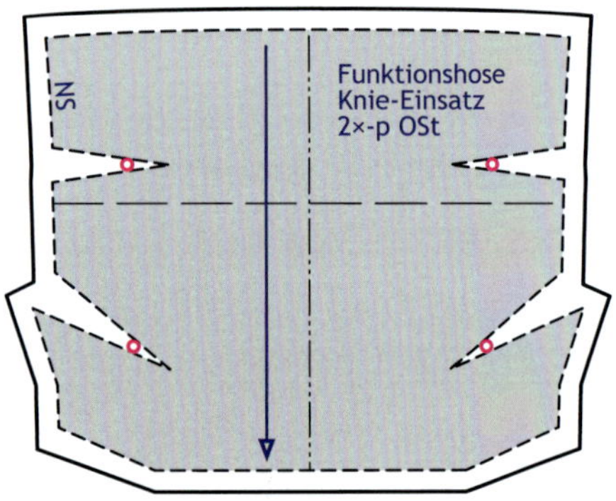

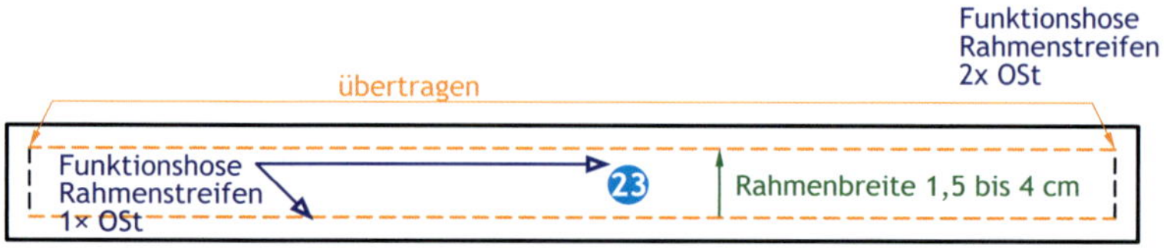

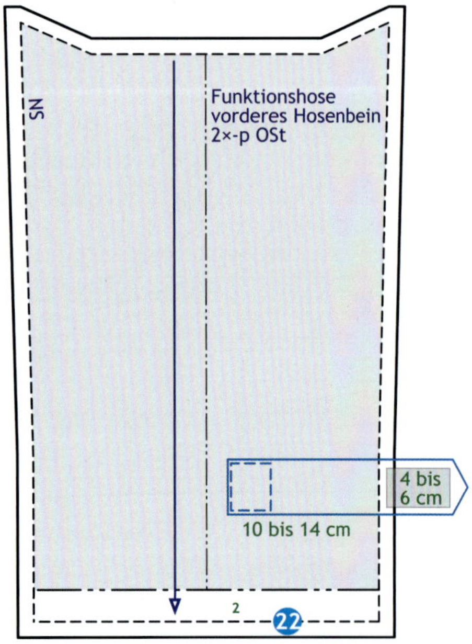

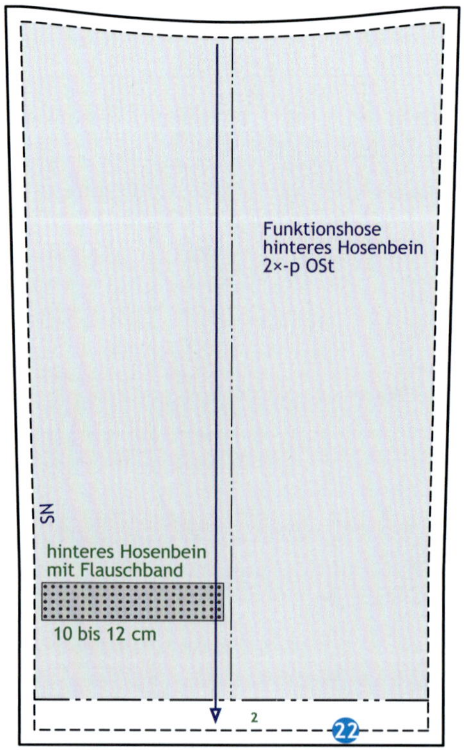

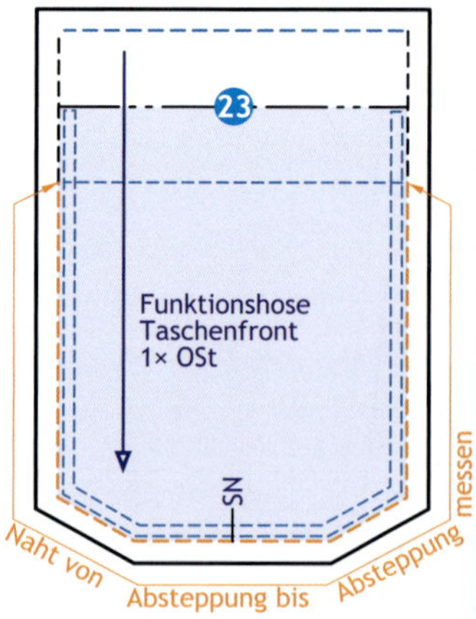

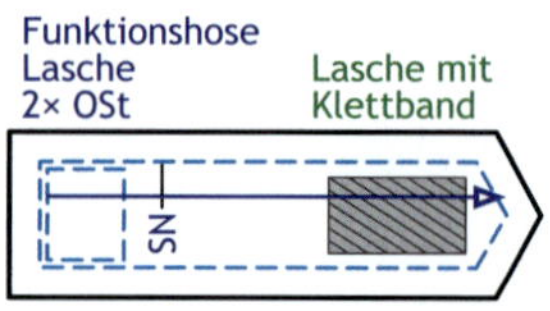

Kurze bayerische Lederhose im Trachtenstil mit Hosenlatz
Traditionelle Modellform

1 Standardhose kürzen, Schritt vertiefen, Taillenweite an Abnähern verringern.

2 Hosenlatz und Untertritt formen.

3 Seiten- und Gesäßtasche gestalten.

4 Formbund vorne mit angeschnittenem Tsp und hinten mit Spitze formen.

5 Ggf. einen Eingriffbeleg und eine kleine aufgesetzte Tasche gestalten.

6 Offener geschnürter oder verdeckter geknöpfter Schlitz in der SN.

Gekennzeichnete Knipse vereinfachen die Montage. Alle Schnittteile kopieren und je nach Material und Verarbeitung mit NZg versehen.

117
124

□1 Leder-Shorts aus der Standardhose, mit Hosenträgern zu tragen

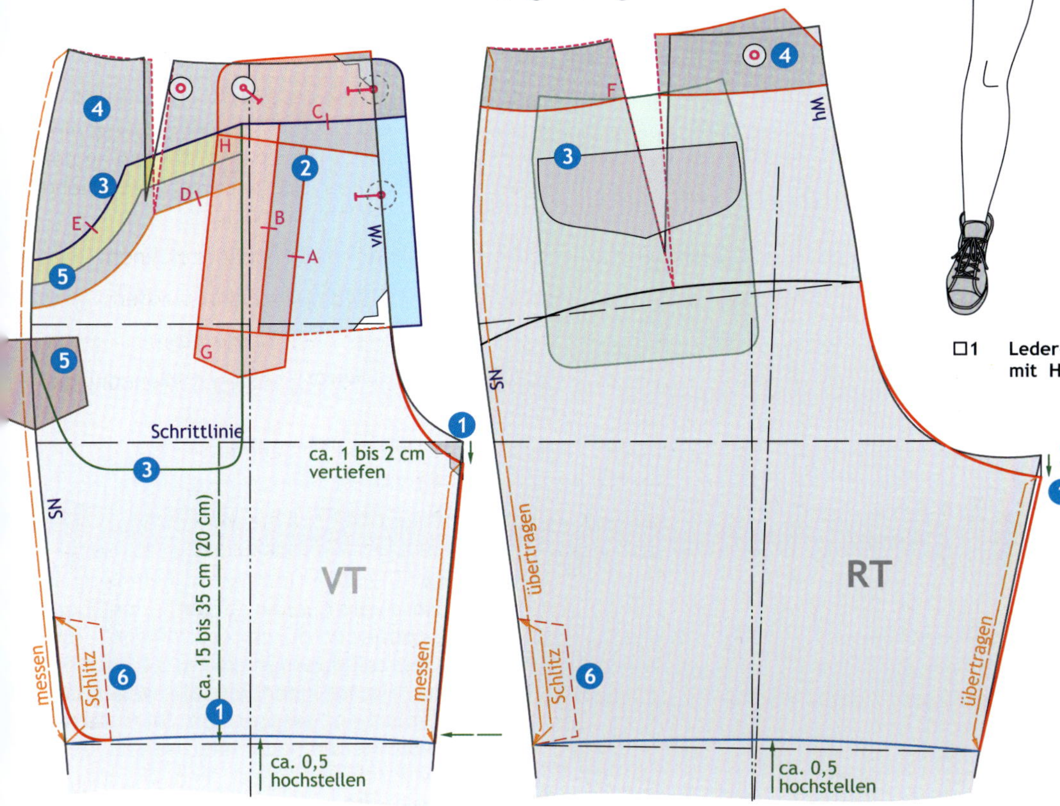

□2 Abwandlung zur Shorts im Trachtenstil mit Hosenlatz

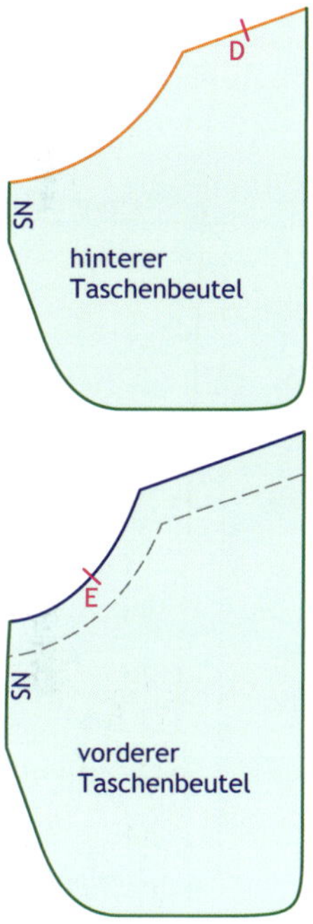

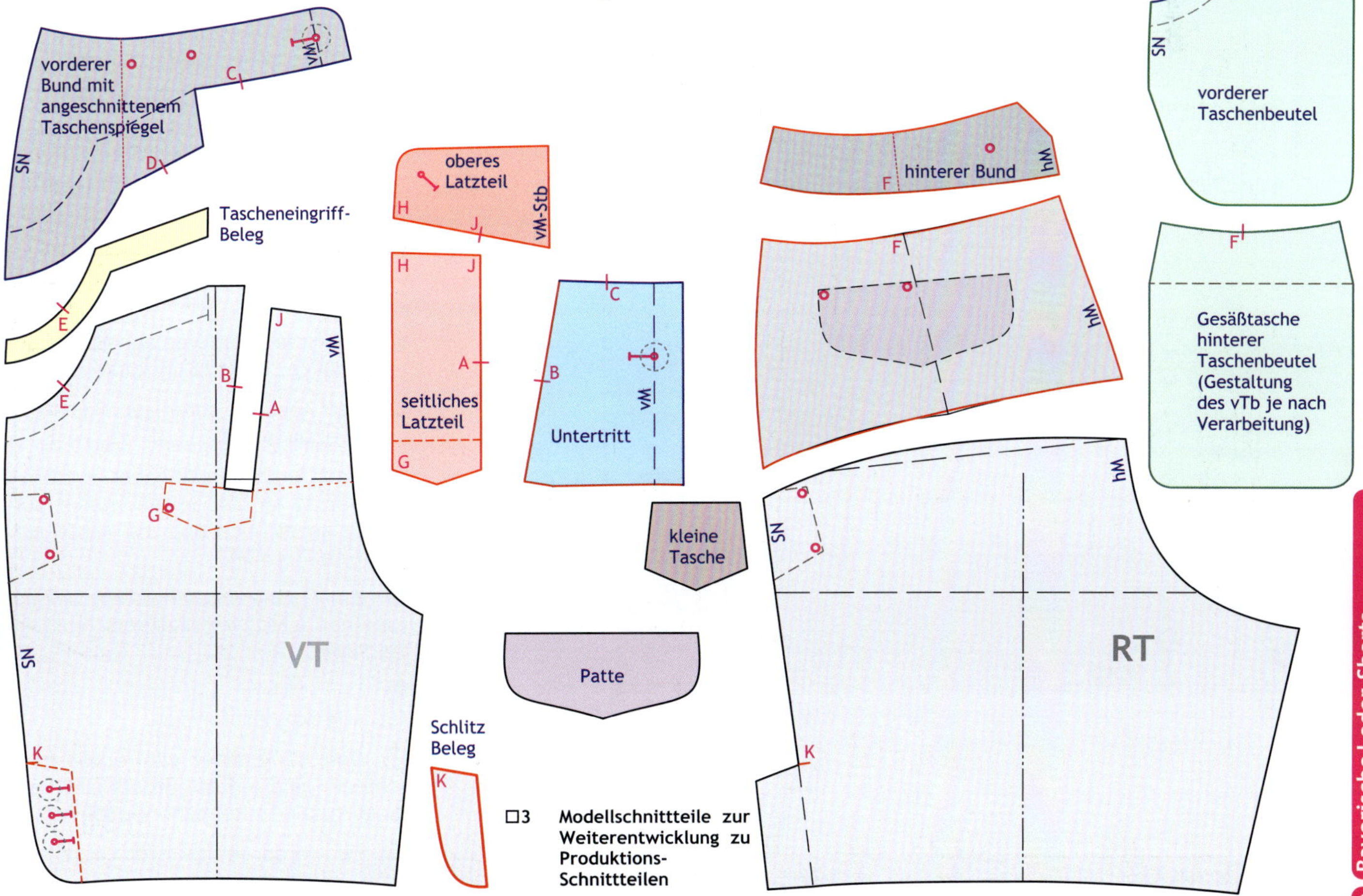

□3 Modellschnittteile zur Weiterentwicklung zu Produktions-Schnittteilen

Reithose für elastische Materialien (1)
aus der weitenreduzierten engen Hose

128

□1 Die Reitsporthose für Reitstiefel wird hier aus der **um ca. 10 % weitenreduzierten engen Hose** (siehe Seite 122) entwickelt. Die Sitzhöhe ist um 2 bis 3 cm reduziert. Man verwendet längs- und querelastische Materialien.

Die Hose besitzt einen geraden Bund mit Gürtelschlaufen und Hosenhaken sowie „Vollbesätze", d.h. durchgehende Gesäß- und Kniebesätze - sie könnten auch bis zum Saum reichen.

Am Saum befindet sich seitlich eine angeschnittene Lasche mit Klettverschluss.

Alle quer oder leicht schräg verlaufenden Seitentaschen (z.B. Stecktaschen) sind möglich. Es sollten wegen des engen Sitzes der Hose aber keine offenen Längstaschen gearbeitet werden. Hier ist eine rund ausgestürzte Tasche mit Reißverschluss geplant (siehe Seite 362).

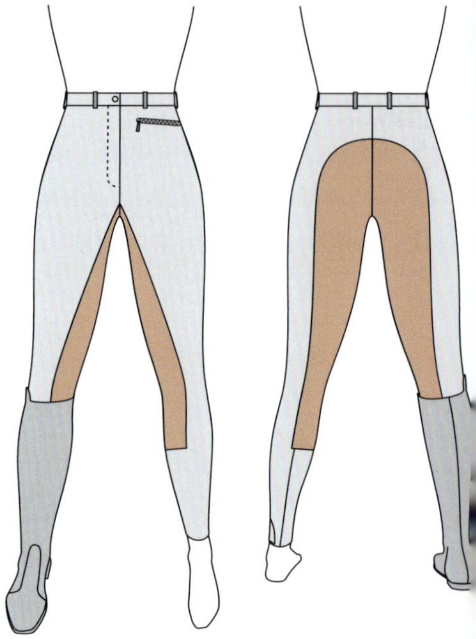

□1 Reithose

362

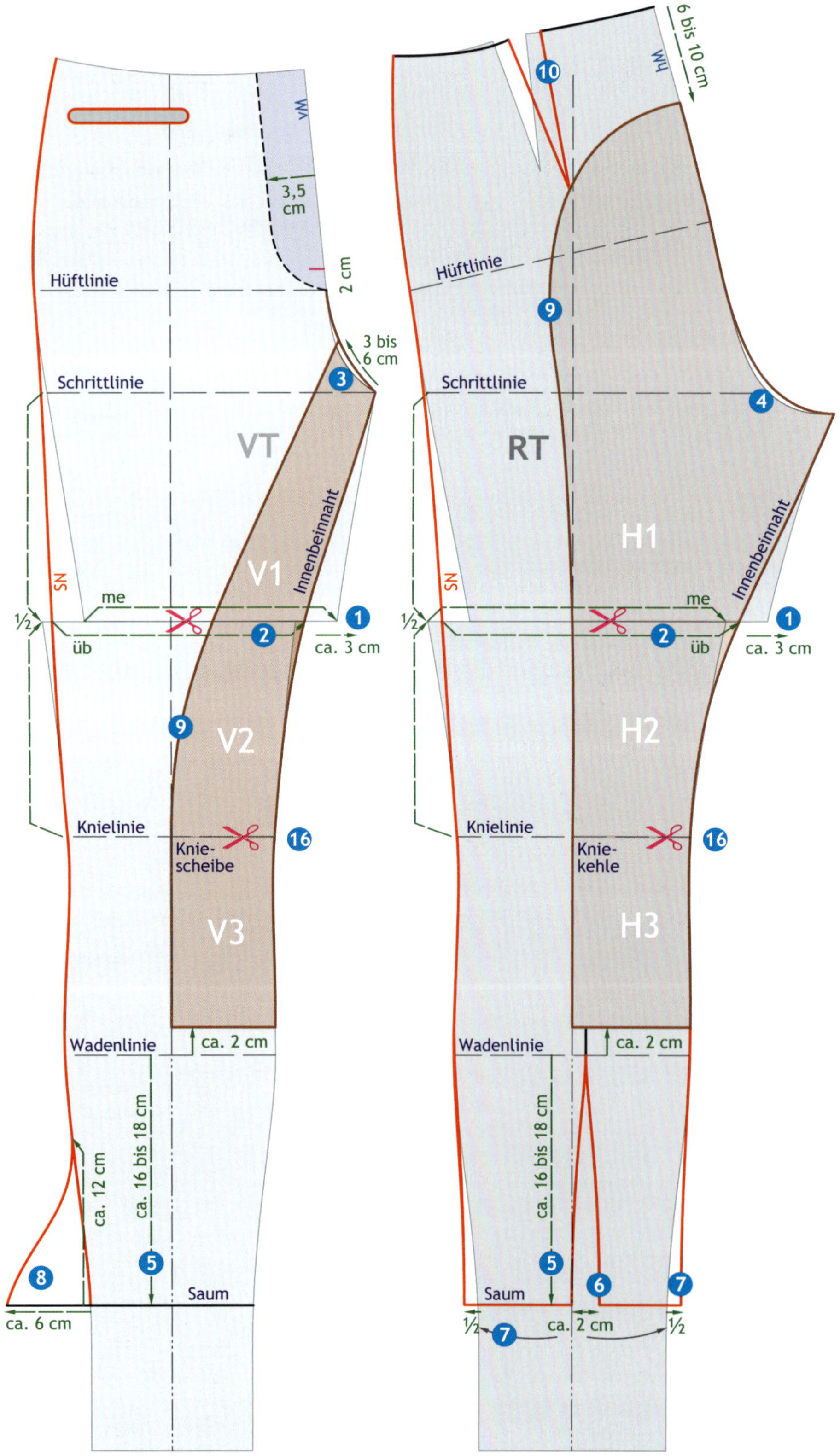

□2 Modellabwandlung der engen Hose zur Reithose

Modellentwicklung

❗ Diese Schritte entfallen für modische Modelle, die nicht zum Reiten getragen werden.

1. □2 Der Grundschnitt der engen Hose wird quer an der Mitte des Oberschenkels durchgeschnitten, die Oberteile werden um ca. 3 cm für eine längere Innenbeinnaht wegen der typischen gespreizten Sitzhaltung beim Reiten nach innen verschoben. Dadurch verlängert sich die Innenbeinnaht.
2. Die Innenbeinnähte und Seitennähte so formen, dass die ursprüngliche Oberschenkelweite beibehalten wird.
3. Ebenfalls wegen der gespreizten Sitzhaltung wird der vordere Hosenausschnitt für mehr Stofffläche flacher geformt.
4. Da die Hose für das Sitzen optimiert ist, wird die Gesäßnaht deutlich flacher ausgeformt.
5. Die Hosenlänge von der Wadenhöhe ab auf ca. 16 bis 18 cm kürzen.
6. Den Abnäher unter der Wade wie vorgegeben formen.
7. Den durch den Abnäher entfernten Betrag an den Seiten wieder zur Hälfte anzeichnen und die Nähte zur Wade neu formen.
8. Am VT eine angeschnittene Lasche für einen Schlitz mit Klettverschluss anzeichnen.
9. Den vorderen und hinteren Vollbesatz wie skizziert formen.
10. Den RT-Abnäher ggf. etwas verschieben und auf die Besatznaht verlängern. Die Taillennaht neu formen.
11. Den vorderen Hosenverschluss wie üblich einzeichnen.

Reithose für elastische Materialien (2)
Modelloptimierung

Modelloptimierung

□3 Wegen der speziellen Sitzhaltung, mit der diese Hose getragen wird, erfolgen jetzt weitere Optimierungen.

❗ Diese Schritte entfallen für modische Modelle, die nicht zum Reiten getragen werden.

12 Das Knie ist beim Reiten deutlich abgewinkelt. Dadurch entsteht in der Kniekehle ein Überschuss an Stoff. Dieser wird am RT und am Besatz größtenteils entfernt.

13 Im Gegensatz hierzu spannt sich der Stoff auf der Kniescheibe. Hier fehlt also bei Abwinkeln des Knies Länge. Durch Öffnen an VT und Besatz an selber Stelle entsteht Mehrlänge.

14 Am RT den Gesäßabnäher zulegen.

15 Unterhalb der Wade wird der Abnäher entfernt, indem das untere innere Teil vom RT gewendet und an das VT angeschnitten wird (Innenbeinnaht an Innenbeinnaht).

16 Der Vollbesatz soll als ein Schnittteil zugeschnitten werden. Die Besatzflächen zusätzlich an der Knielinie aufschneiden.

17 Die vorderen Besatzteile wenden (spiegeln). Jetzt für zusätzliche Mehrlänge am inneren Oberschenkel öffnen.

18 An der Gesäßnaht kann bei sehr elastischen Stoffen zusätzlich Weite entfernt werden.

19 Den Überschneidungsbetrag vom Oberschenkel an den Besatznähten anzeichnen.

20 Alle Nähte an den Hosenschnittteilen und dem Besatz sinnvoll ausformen.

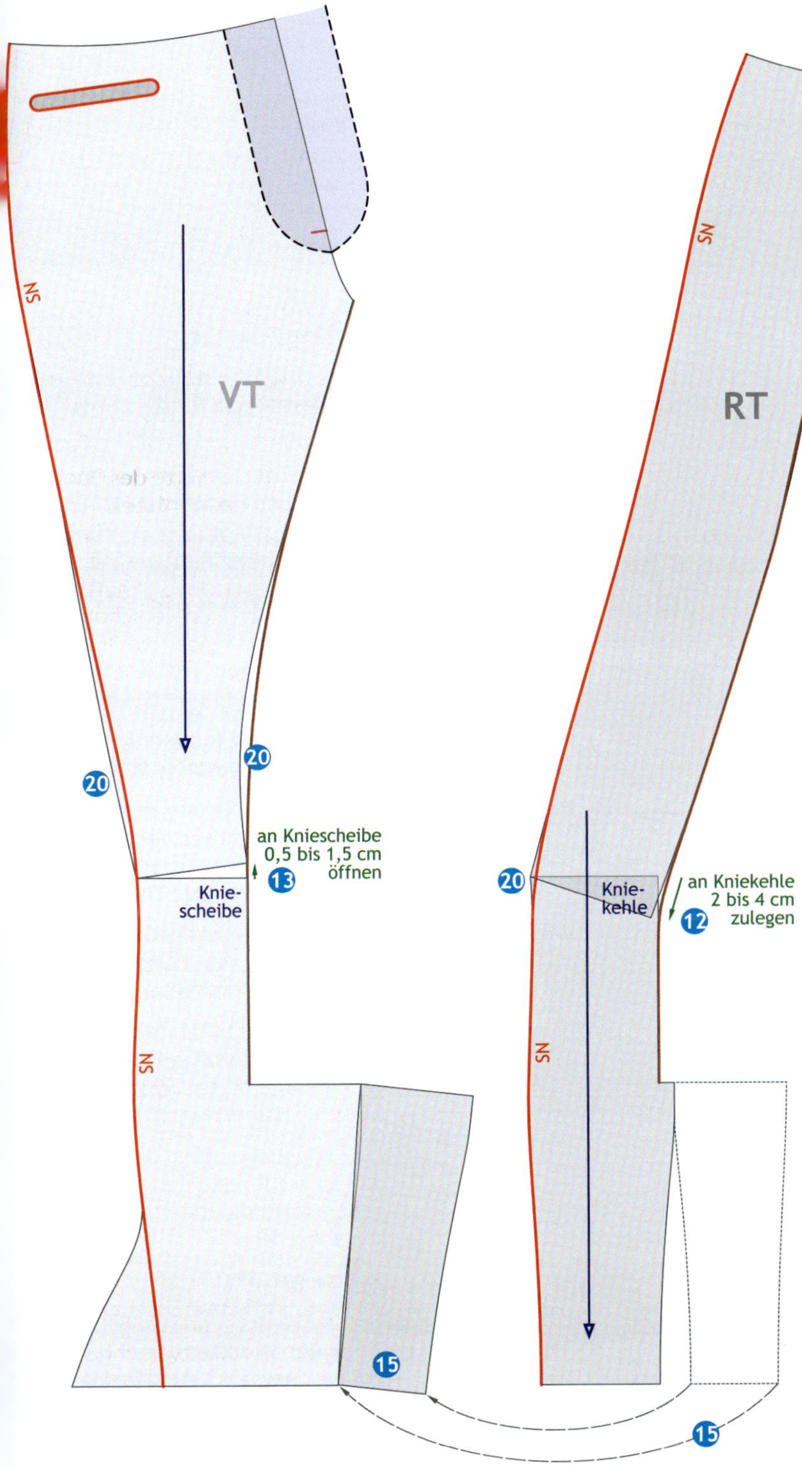

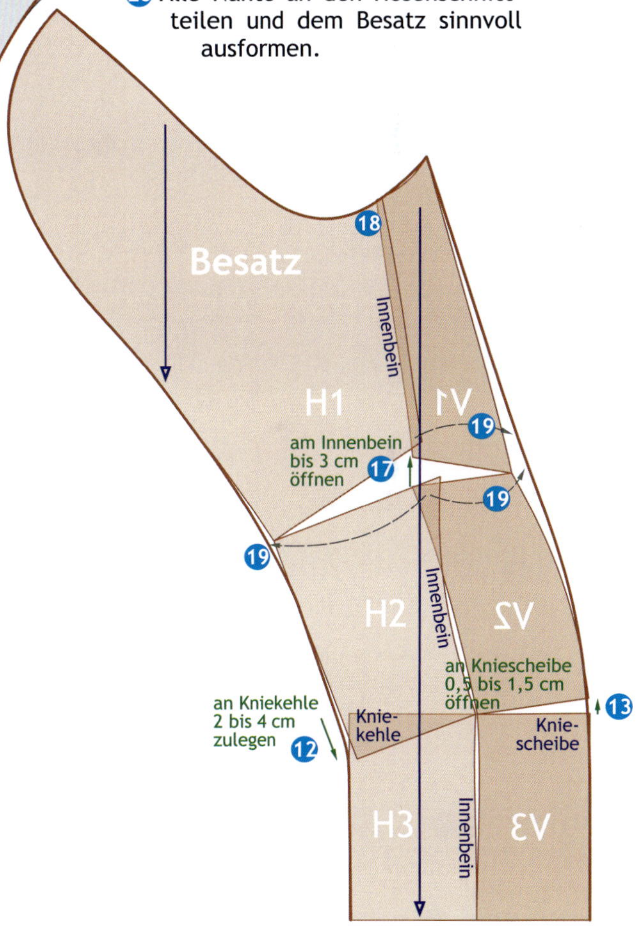

□3 Modellschnittteile zur Weiterentwicklung zu Produktionsschnittteilen

Produktionsschnitt

Je nach verwendetem Material und der geplanten Verwendung des fertigenden Modells wird die jeweilige Verarbeitung gewählt. Zur Verarbeitung passend sind Nahtzugaben, Einschläge und Markierungen anzuzeichnen.

Breeches / Reithose (1)
Modellentwicklung

117
130

Die Breeches ist eine oberschenkelweite Stiefelhose zum Reiten. Sie wird aus unelastischem Material gefertigt und kann aus der Standardhose oder einer Bundfaltenhose mit kleiner Bundfalte entwickelt werden.

Kennzeichnend ist sowohl der Ballon an der Seite als auch die Mehrlänge in der Vorderhose. Dies gibt der Hose die notwendige Bequemlichkeit beim Sitzen und Reiten. In der Kniekehle wird überschüssige Länge entfernt, was bei längerem Sitzen in angewinkelter Kniehaltung Druckstellen verhindert. Alle Nähte, auch an Saum, Verschluss und Patches müssen dementsprechend flach verarbeitet werden. In der Regel ist die Hose mit geradem Bund, vorderem Hosenverschluss und frei wählbaren Taschenvarianten zu sehen, hier mit geknöpfter Flügeltasche (Seite 365) und Paspeltasche (Seite 146+366) mit Knopflasche am Gesäß.

Zum Anziehen muss die Hose am Saum erweitert werden. Hierzu wird ein Reiß- oder ein Schnürverschluss gearbeitet, der an der Seitennaht bis zur Kniekehle reicht - ggf. zusätzlich ein kurzer verdeckter Knopfverschluss am Saum.

Für eine **modische Variante** (nicht zum Reiten!) kann auf die Öffnung am Gesäß, die Formung der Gesäßnaht, die Vertiefung der Knielinie und die geformte Kniekehlen-Naht verzichtet werden. Die Hose darf dann 3 cm mehr gekürzt werden.

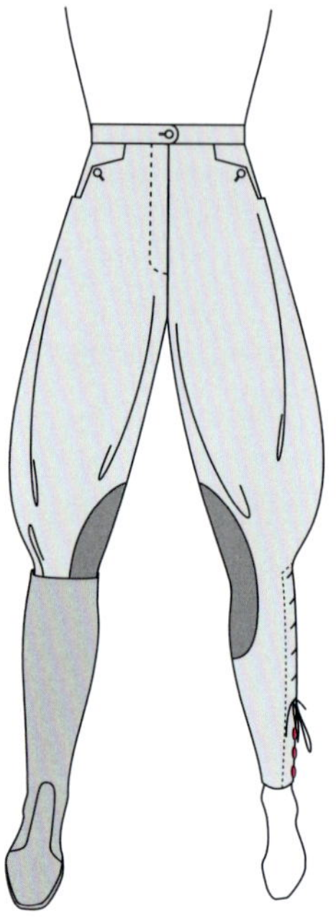

□1 **Breeches zum Reiten**

Modellentwicklung

1 □2 Die Standardhose am Gesäß um bis zu 4 cm für die notwendige Sitzlänge öffnen.

2 Die Gesäßnaht deutlich flacher ausformen.

3 Die Knielinie um 3 cm vertiefen, was mehr Länge an den Oberschenkel gibt.

4 Die Linien für Kniekehle und Wadenhöhe zeichnen.

5 Den Saum kürzen (er sitzt später 3 cm weiter oben).

6 Die vorgegebenen Weiten an den Linien Kniekehle, Wadenhöhe und Saum abtragen (Werte siehe im Maßsatz Seite 109).

7 Die Hilfslinien an der Seite, ausgehend von der Hüftlinie, wie vorgegeben zeichnen.

8 Die vordere neue Seitennaht mit dem Ballon formen, zur neuen Knielinie messen und auf die hintere SN übertragen.

9 Die Abnäher unter der Wade und an der Kniekehle wie vorgegeben formen, die Nahtlängen kontrollieren.

10 Die innere Hilfslinie an den Kniekehlen um 1,5 cm ausstellen.

11 Die anderen Seiten- und Innenbeinnähte wie skizziert formen.

Belege für den Schnürverschluss an der SN konstruieren.

Kniebesatz gestalten und anschneiden. Für eine flache Verarbeitung ohne NZg zuschneiden.

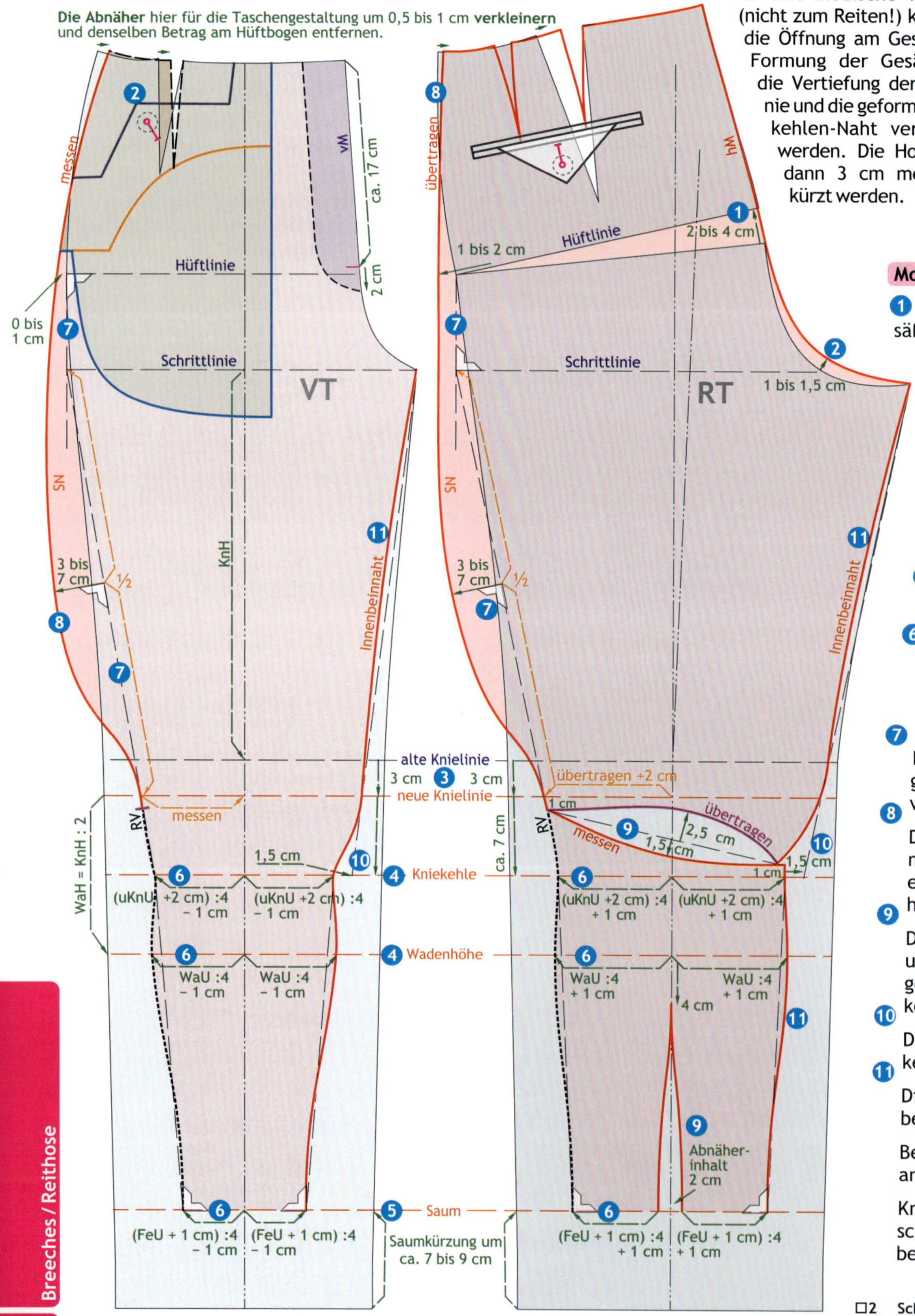

□2 **Schnittentwicklung der Breeches**

Breeches / Reithose (1)
Produktionsschnitt (ohne Gesäßtasche)

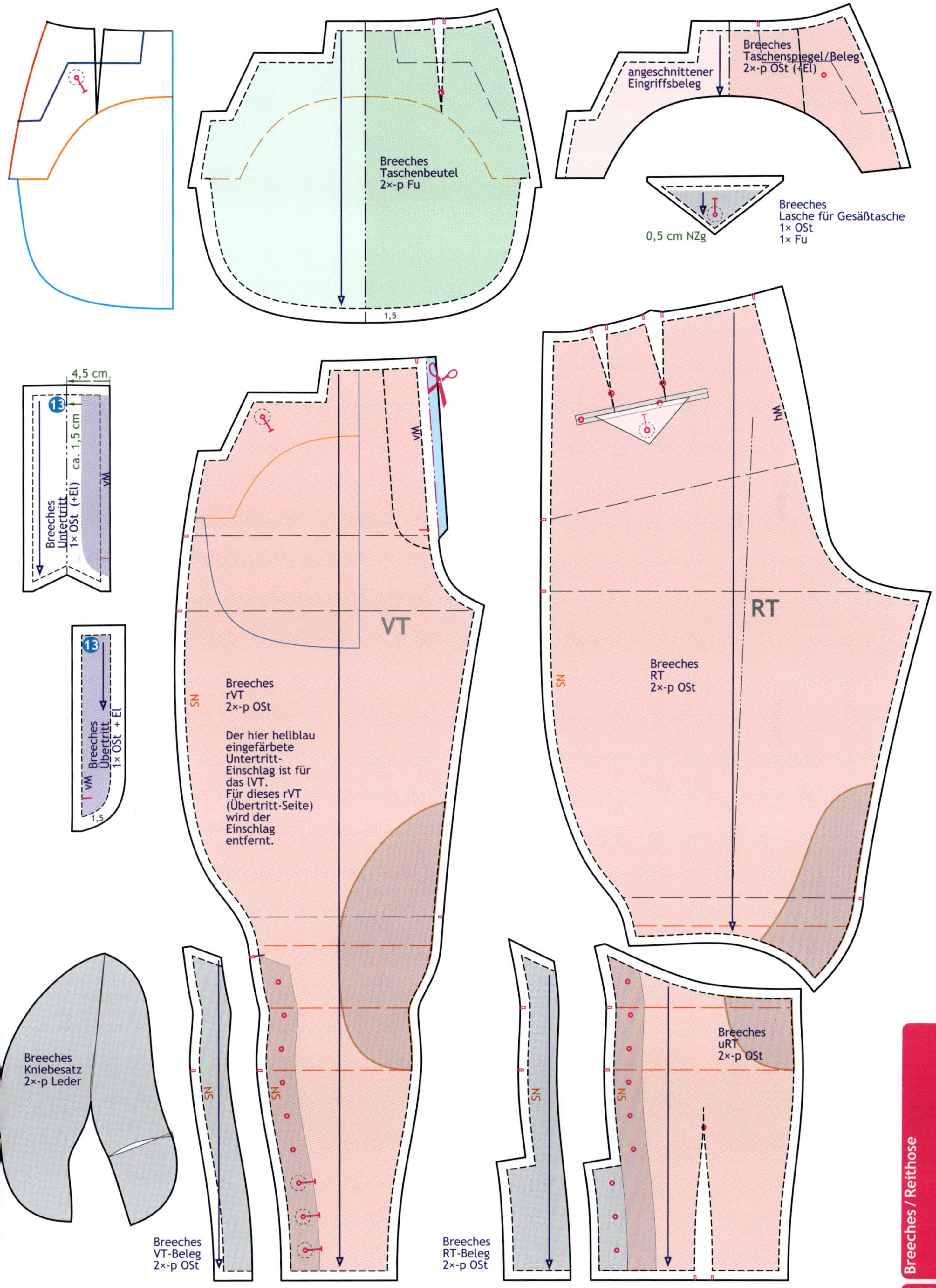

Sarouelhose, Haremshose, Pluderhose (1)
Ethnische Modellformen aus dem Balkan und Mittleren Osten

Auch historische und ethnische Hosenformen können konstruiert oder aus vorhandenen Grundschnitten entwickelt werden, z.B die Sarouel-Hose bzw. Haremshose. Es finden sich in historischen Werken die verschiedensten Schnittformen, die sowohl von Männern als auch von Frauen getragen wurden.

Entscheidend für die Passform sind lediglich die Hosenlänge und ggf. die Saumweite. Für den Taillenabschluss ist der Hüftumfang maßgebend, um in die Hose hineinzugelangen. Die Hüftweite ist wegen der Fülle unbedeutend. Die Taillenweite entspricht mindestens dem Hüftumfang und wurde ursprünglich mit einem Band oder einer Kordel in einem Tunnel zusammengehalten. Heute wird sie häufig mit einem Gummizug oder einer Kombination von beidem an der vM gearbeitet.

Die Bequemlichkeit der Hose resultiert aus der sehr großen Sitztiefe. Um ausreichend große Schritte mit ihr machen zu können, muss zwischen den Beinen eine große Stofffülle vorhanden sein. Je größer der Abstand zwischen den beiden Fußöffnungen ist, desto größere Schritte können mit der Hose gemacht werden.

Für die Saumabschlüsse gibt es vielerlei Varianten: Eng am Bein anliegende einfache Öffnungen (□1), weite Öffnungen (□2), Bündchen mit oder ohne Gummiband (□3), Öffnung mit Gummiband, Kordel oder Bindeband ...

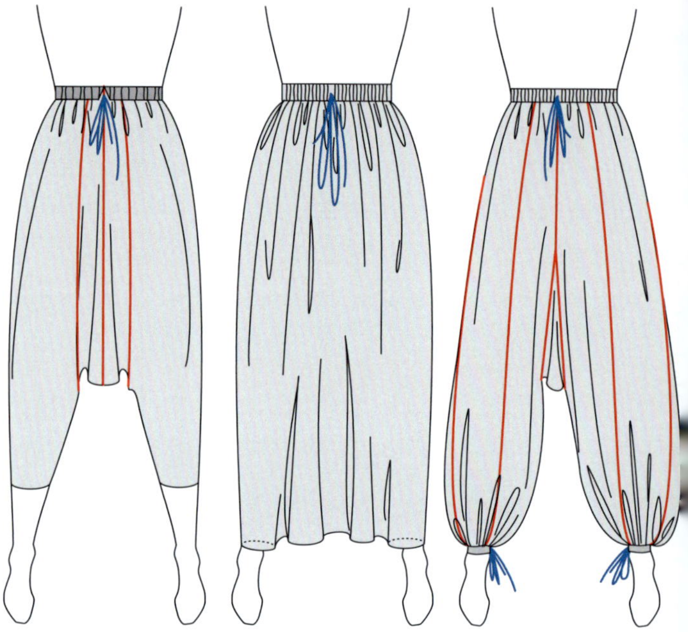

□1 Kürzere beinenge Sarouelhose

□2 Einfache Hose zu □6, Seite 171

□3 Lange weite Pluderhose (Haremshose)

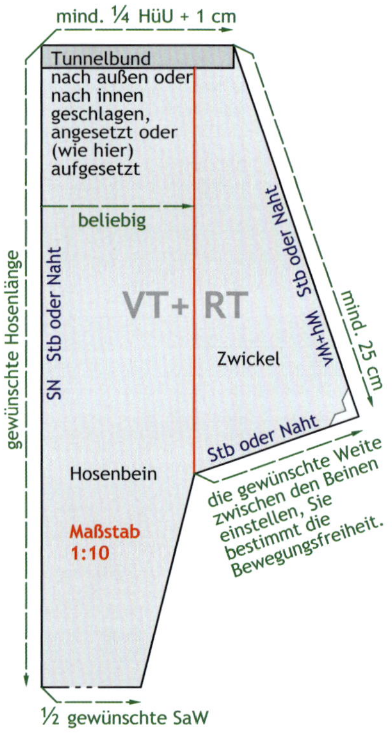

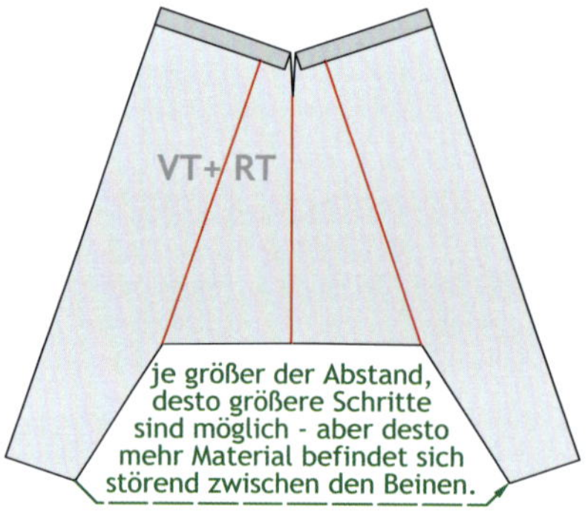

□4 Historische Form zu □1 vom Balkan und dem Mittleren Osten: Kurze bis lange beinenge Hose aus Gewebe mit Tunnelbund

Sarouelhose, historischer Schnitt

□1+4 zeigen die historische Form der Hose mit Längsnähten. Die Warenbreiten der Webstühle waren früher sehr viel geringer als heute und deshalb die Schnittteile zumeist geometrisch, um das wertvolle Material ohne Verschnitt auszunützen.

Das Zwischenbeinteil (Zwickel) beginnt hier an der Taille. An der oberen vM öffnete sich manchmal auch ein kleiner Schlitz. Es gibt auch Formen mit einem rechteckigen Zwickel für große Mehrweite an der Taille oder einem dreieckigen Zwickel.

Die Maße sind je nach Zeit und Region sehr variabel. Es gibt diese Form in den verschiedensten Weiten, Längen und Proportionen. Die Maße hier sind nur ungefähre Werte.

Moderne Modellform für Maschenware aus □1+4

□5 zeigt eine mögliche moderne Schnittform, die deutlich aus der historischen Form von **□1+4** entstanden ist. Man kann diese Hose aus Gewebe oder Maschenware herstellen.

Bei Maschenware kann beispielsweise die Bundweite um einen Dehnfaktor (siehe Seite 128) reduziert werden. Ebenso kann die Zwischenbeinweite reduziert werden, wenn das Material eine entsprechende Dehnbarkeit aufweist.

Die Maße können auch hier sehr variabel sein. Es gelten im Prinzip die Angaben der historischen Vorlage.

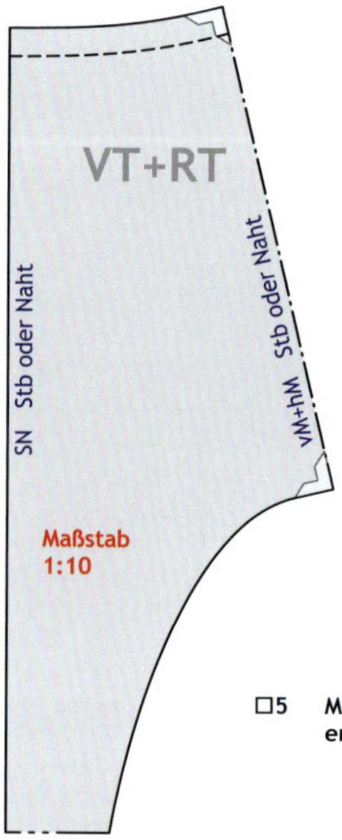

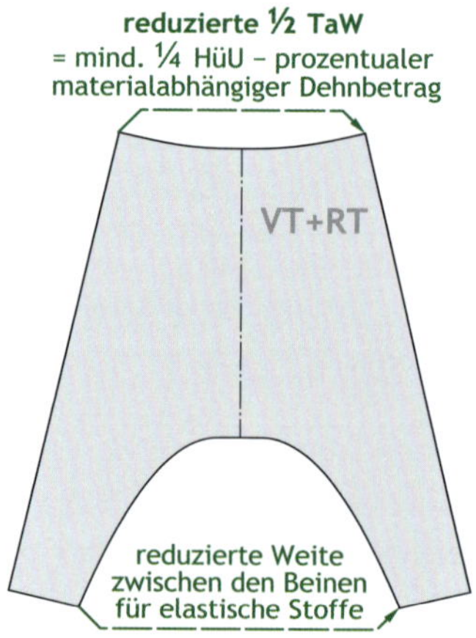

□5 Modernisierte Form einer kurzen beinengen Sarouelhose, hier für Maschenware

Sarouelhose, Haremshose, Pluderhose (2)
Ethnische Modellformen aus Afrika, dem Nahen und Mittleren Osten sowie der Türkei

Historische Schnittkonstruktion zu □2

□**2** zeigt die historische Form der Hose ohne notwendige Längsnähte. □**6:** Am hier dargestellten Schnitt (rechte Hälfte) sind verschiedene Nähte eingezeichnet.

Die Hose besitzt kein Zwischenbeinteil (Zwickel) und kann aus nur einem oder beliebig vielen Schnittteilen zugeschnitten werden. Die einfachste Form ist ein sehr weiter, unten bis auf die Fußöffnungen zugenähter Schlauch. Dort sind manchmal Beinchen angeschnitten oder angesetzt.

Die Maße sind je nach Region sehr variabel. Es gibt diese Form in den verschiedensten Weiten, Längen und Proportionen.

Tunnelzüge: 5 Varianten (siehe unten)

1. nach außen geschlagen
2. nach innen geschlagen
3. mit Bund bzw. breitem Einfass
4. mit Beleg
5. mit Blende

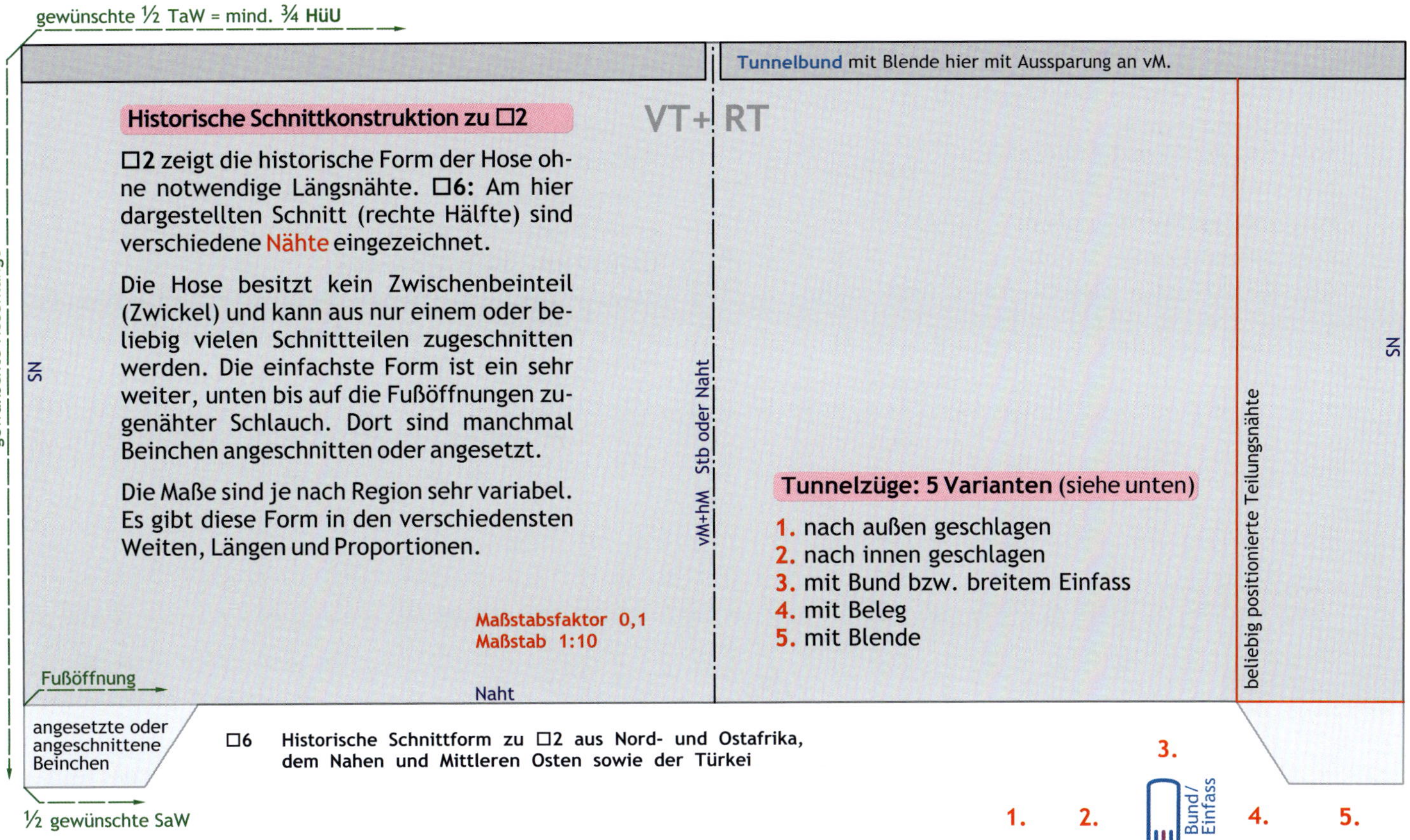

□6 Historische Schnittform zu □2 aus Nord- und Ostafrika, dem Nahen und Mittleren Osten sowie der Türkei

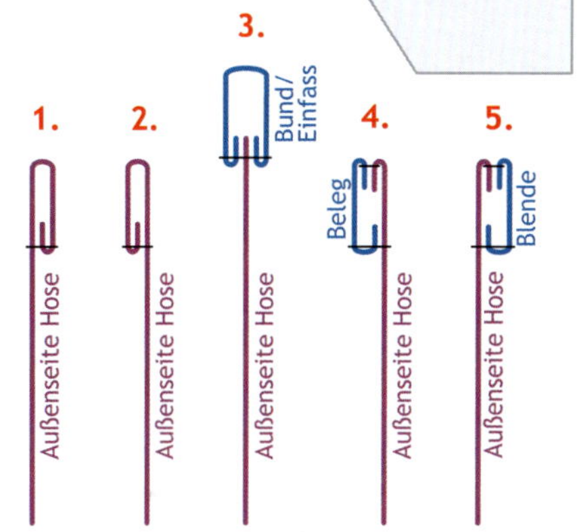

Pluderhose, historischer Schnitt

□**7** zeigt die historische Form der Hose mit Längsnähten und einer dreieckigen Erweiterung an der Seite. Der Saum wird mit einer Kordel gerafft und über der Wade oder am Fußgelenk gebunden. Der Zwickel wurde je nach verwendetem Material und Hosenweite in gewünschter Größe als Quadrat zugeschnitten und in geeigneter Tiefe am inneren Hosenbein angenäht. Die Bundvarianten sindvielfältig (siehe oben).

Pluderhose, moderner Schnitt

□**8** Die Standard- oder Bundfaltenhose kann wie skizziert am Schitt vertieft und verbreitert sowie an der Seite und am Saum erweitert und ggf. verlängert werden.

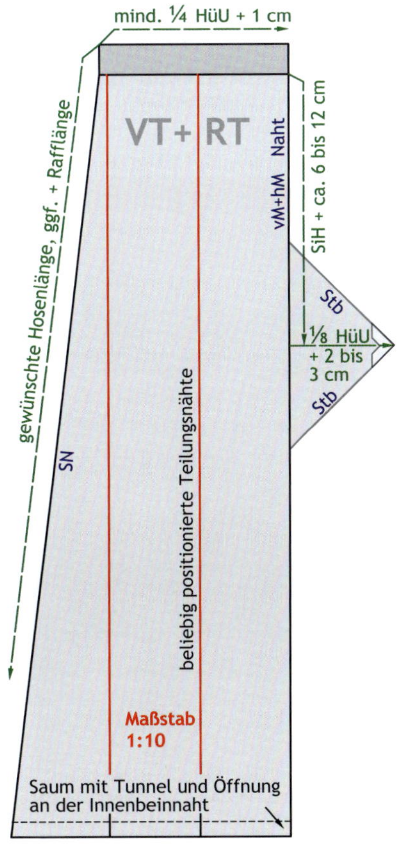

□7 Historische Pluderhose zu □3 aus der Türkei

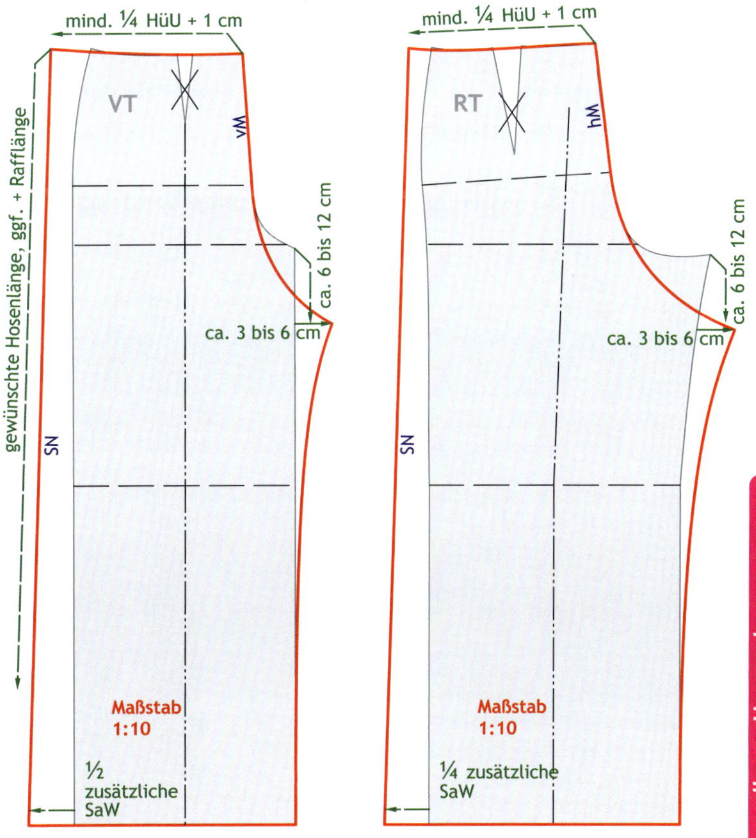

□8 Modernisierte Schnittentwicklung einer weiten Pluderhose (Haremshose) aus dem Standardhosen-Grundschnitt

Übersicht
Analyse verschiedener Oberteile (1)

Übersicht

Zwei Modelle mit gleicher Weite und gleicher Grundschnitt-Konstruktion entwickelt

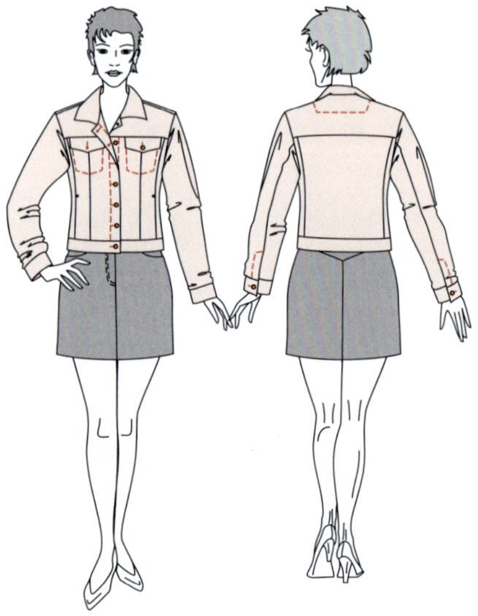

□1 Jeansjacke aus tailliertem OT-GS mit Brustabnäher (PK 4-5)

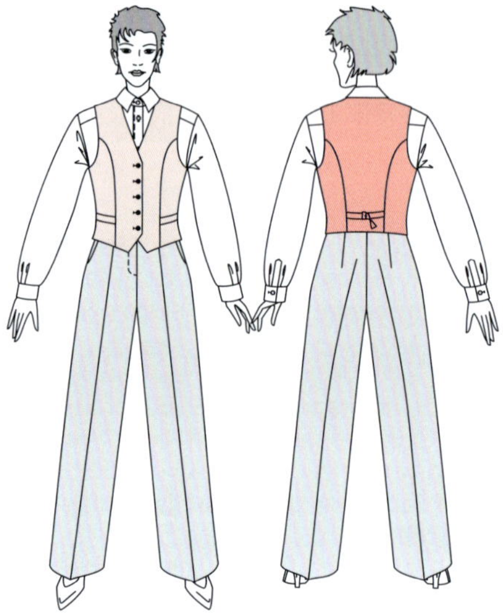

□2 Klassische Weste aus tailliertem OT-GS mit Brustabnäher (PK 4-5)

Die Erläuterungen zur Verwendung des Passform-Piktogramms sind auf der Seite 176 zu finden.

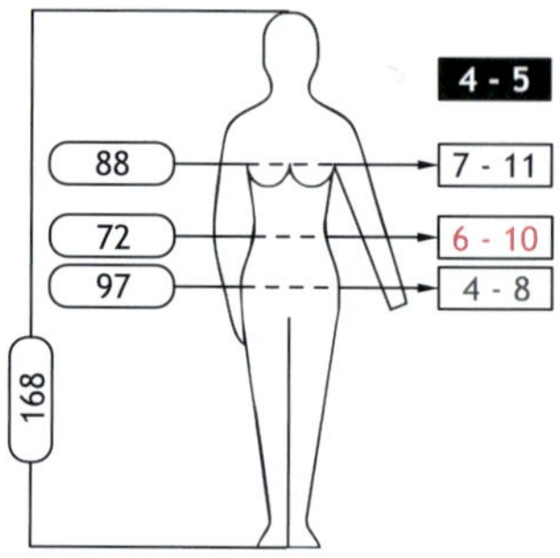

□3 Passform-Piktogramm mit Weitenzugaben

Drei Modelle aus der gleichen Grundschnitt-Konstruktion aber mit unterschiedlichen Weiten

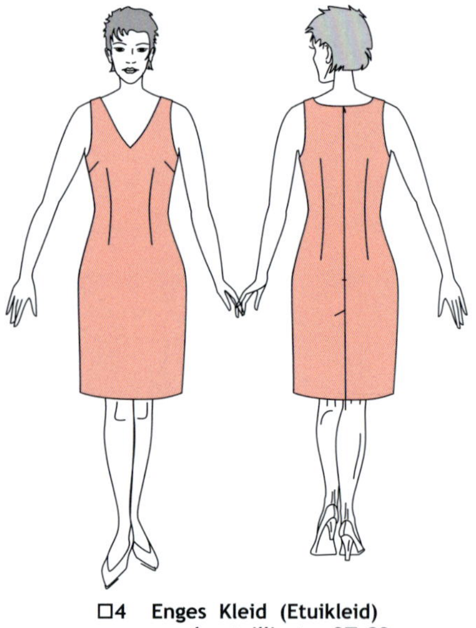

□4 Enges Kleid (Etuikleid) aus dem taillierten OT-GS mit Brustabnäher (PK 3-4)

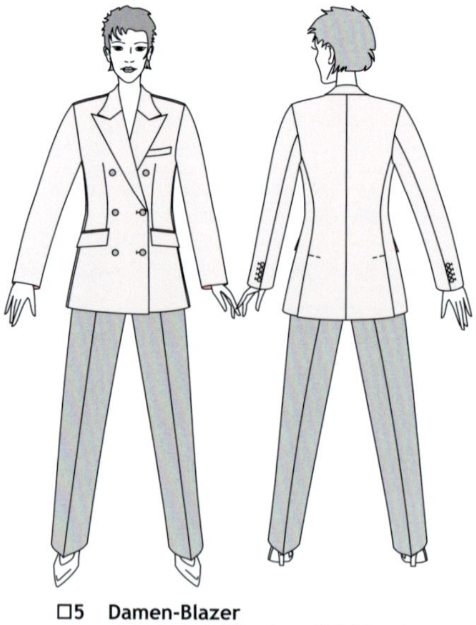

□5 Damen-Blazer aus dem taillierten OT-GS mit Brustabnäher (PK 5-7)

□6 Trenchcoat aus dem taillierten OT-GS mit Brustabnäher (PK 9-10)

Grundschnitt-Typen
Analyse verschiedener Oberteile (2)

Verschiedene Oberteil-Grundschnitt-Typen

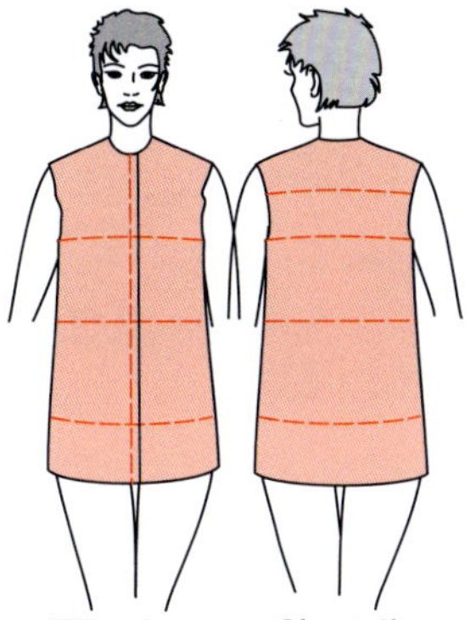

□7 Legerer Oberteil-GS ohne Abnäher

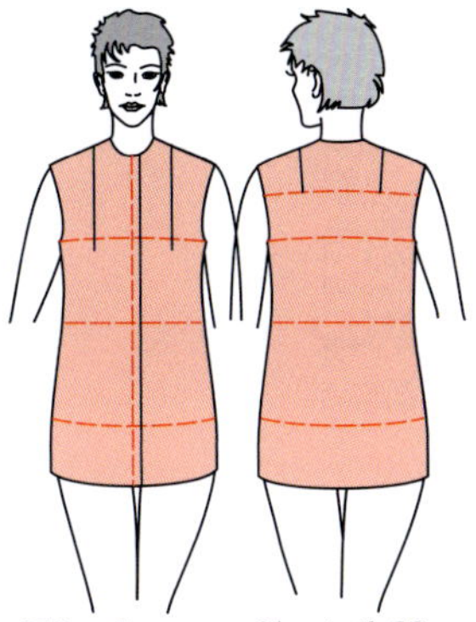

□8 Legerer Oberteil-GS mit Brustabnäher

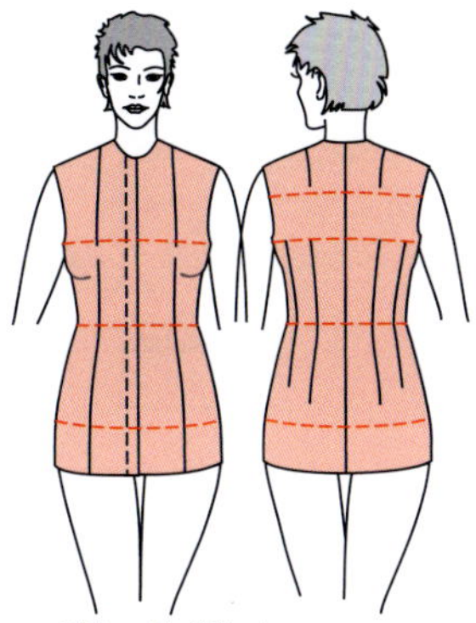

□9 Taillierter Oberteil-GS

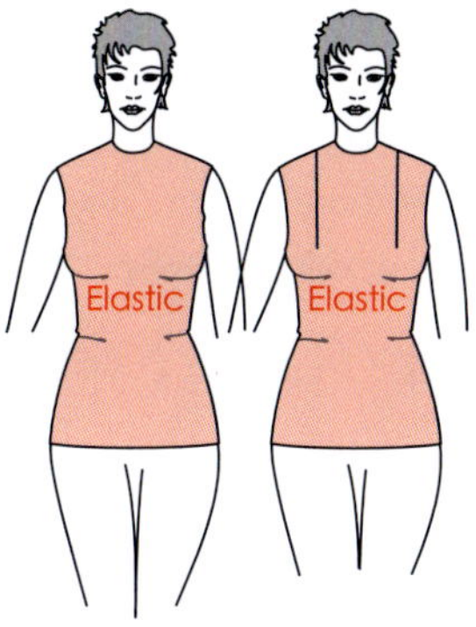

□10 Enger Oberteil-GS für elastische Materialien ohne und mit Brustabnäher

Zwei Modelle mit gleicher Weite, aber unterschiedlichen Grundschnitt-Konstruktionen

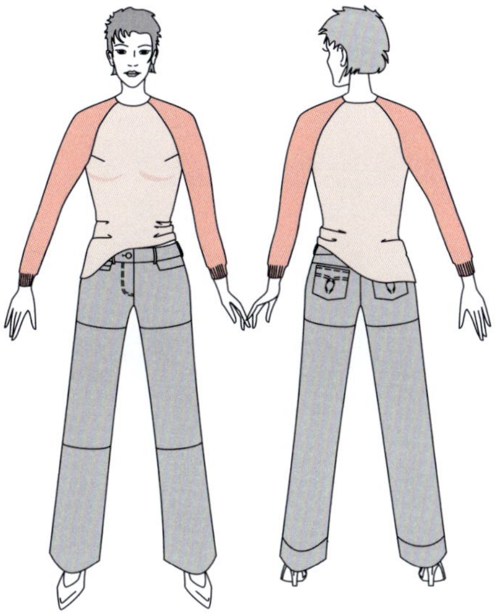

□11 Enges Shirt
aus dem engen OT-GS mit Abnäher für elastische Materialien (PK 1-2)

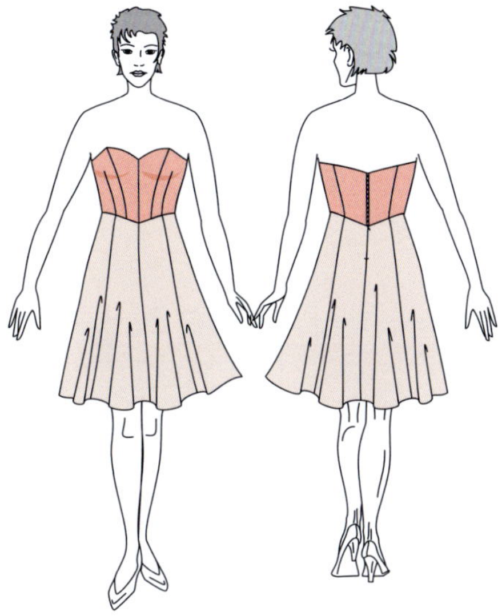

□12 Korsagen-Kleid
aus dem taillierten OT-GS mit Brustabnäher (PK 1-2)

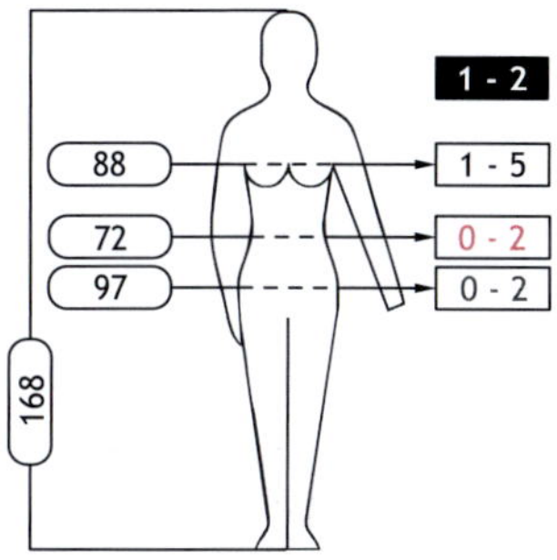

Drei Modelle die jeweils aus den gleichen oder verschiedenen Grundschnitt-Konstruktionen entwickelt werden

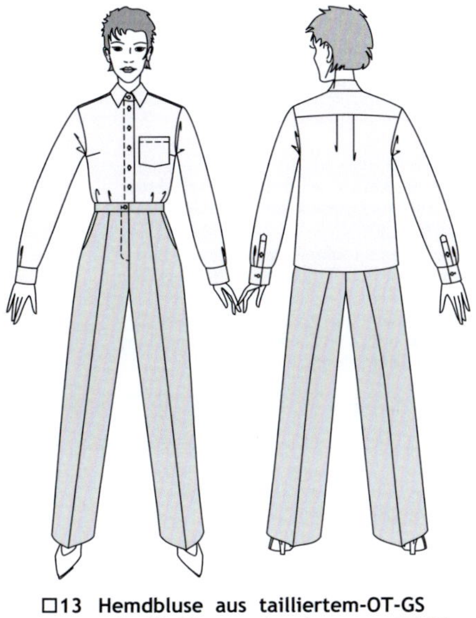

□13 Hemdbluse aus tailliertem-OT-GS mit Abnähern oder legerem OT-GS ohne Abnäher (PK 5-7)

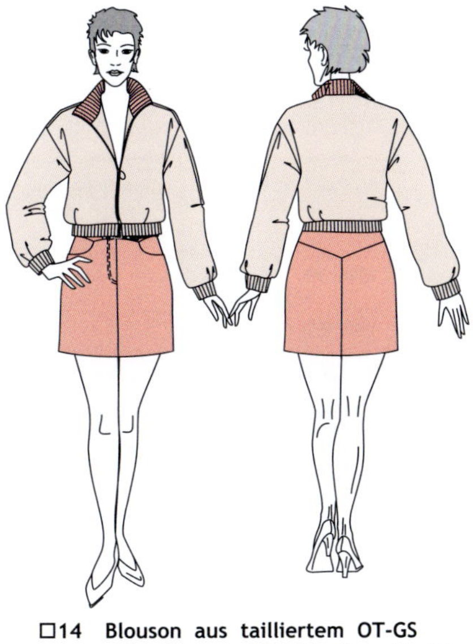

□14 Blouson aus tailliertem OT-GS oder legerem OT-GS ohne Abnäher (PK 7-9)

□15 Outdoor-Jacke aus tailliertem OT-GS oder legerem OT-GS ohne Abnäher (PK 7-9)

Kontrolle und Korrektur der Balance bei schwierigen Figuren (1)
Eine kurze Erläuterung der Vorgehensweise

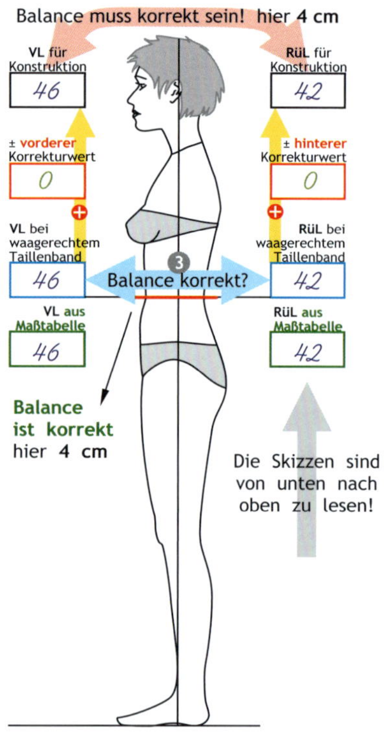

☐1a Figur ohne Wuchs- oder Haltungsabweichung

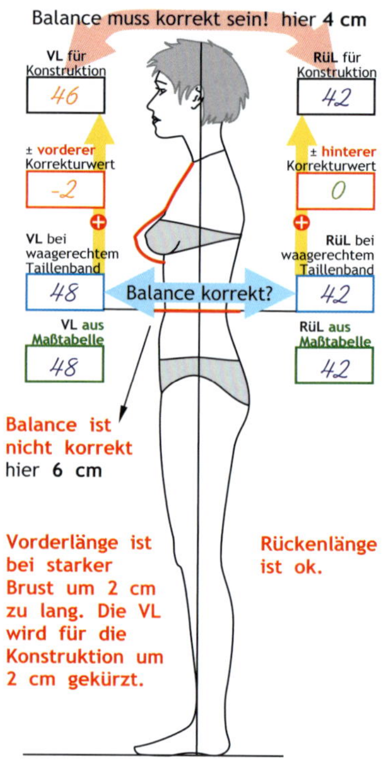

☐2a Figur mit starker Brust

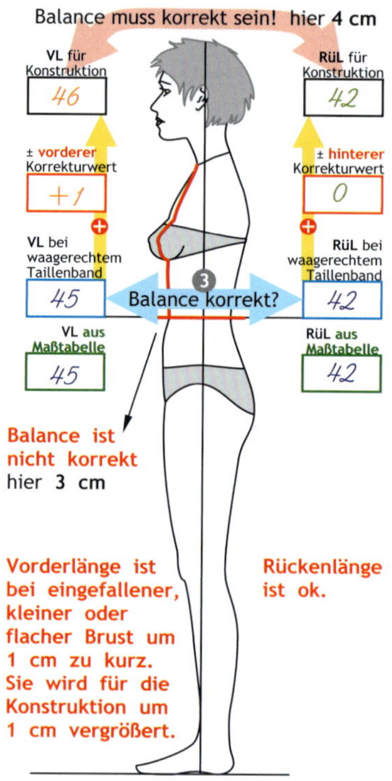

☐3a Figur mit flacher Brust

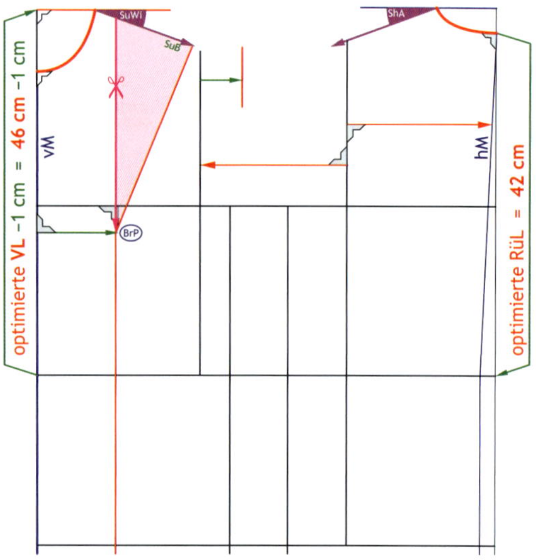

☐1b Das Grundgerüst wird hier für alle sechs Figuren identisch konstruiert. Die VL und die RüL besitzen hier die richtige Differenz (optimale Balance) von 4 cm.

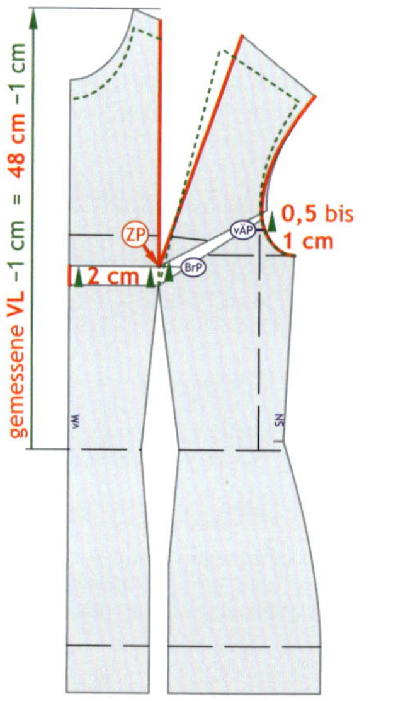

☐2b Optimierung für starke Brust: Für die Konstruktion wurde die VL um 2 cm gekürzt. Diese Kürzung um 2 cm wird nun an der Konstruktion wieder ergänzt. Der Brustabnäher wird größer.

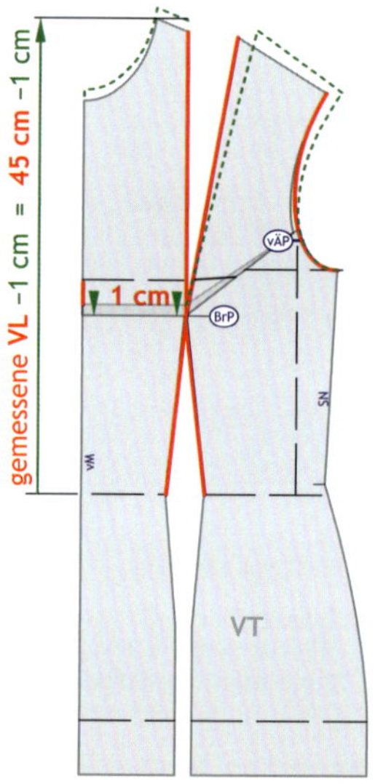

☐3b Optimierung für flache Brust: Für die Konstruktion wurde die VL um 1 cm verlängert. Diese Verlängerung um 1 cm wird nun an der Konstruktion wieder reduziert. Der Brustabnäher wird kleiner.

Entwicklung eines individuellen Oberteil-Grundschnitts (Maßschnitt)

Konstruiert man mit den **gemessenen Körpermaßen** einen Oberteilgrundschnitt für eine **Figur mit Wuchs- oder Haltungsabweichungen,** wird vermutlich der Grundschnitt **nicht passen**, wenn die richtige Differenz zwischen VL und RüL nicht stimmt.

1 Figurbeobachtung

☐1a-6a Grundschnittkonstruktionen benötigen eine optimale Differenz zwischen VL und RüL (optimale Balance). Diese kann in der Maßtabelle (**☐7**) abgelesen, bzw. berechnet werden. Weicht die Differenz bei einer Figur (individuelle Balance) von der optima-

Brustumfang **BrU**	optimale Balance **Bal**	
80 bis 89	+ 3,5	
90 bis 99	+ 4,0	
100 bis 109	(BrU – 100) : 10	+ 4,5
110 bis 119	(BrU – 100) : 10	+ 5,0
120 bis 129	(BrU – 100) : 10	+ 5,5
130 bis 150	(BrU – 100) : 10	+ 6,0
optimale Balance	**Bal**	4,0

Abweichungen von der optimalen Balance bis zu 1 cm können vernachlässigt werden, wenn kein Figurproblem beobachtet werden kann.

Bei Zweifeln sollten die Messungen zum waagerechten Taillenmaßband wiederholt werden!

Die **endgültigen Konstruktionswerte** für **RüL** und **VL** sind durch **Figurbeobachtung** zu ermitteln (siehe Band 2).

VL	48
minus RüL	- 42
individuelle Balance	= 6,0

Bal – individuelle Balance = Balance-Problem = 2

☐7 Auszug aus der Maßtabelle für die Figur mit starker Brust in ☐2a

Kontrolle und Korrektur der Balance bei schwierigen Figuren (2)
Eine kurze Erläuterung der Vorgehensweise

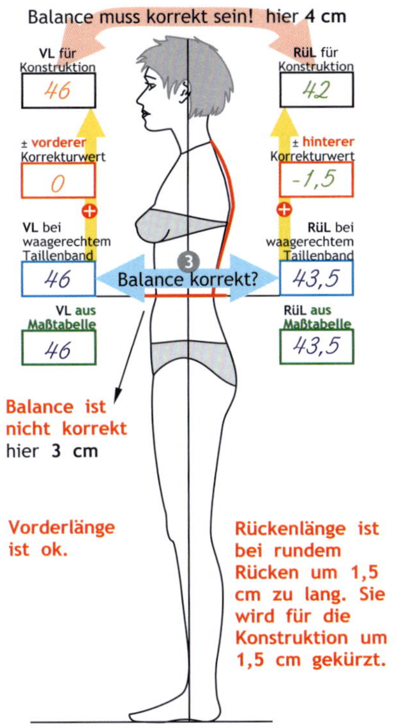

☐4a Figur mit rundem Rücken

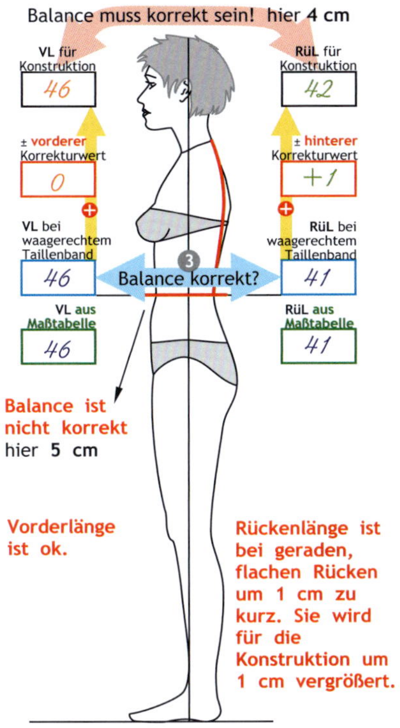

☐5a Figur mit geradem Rücken

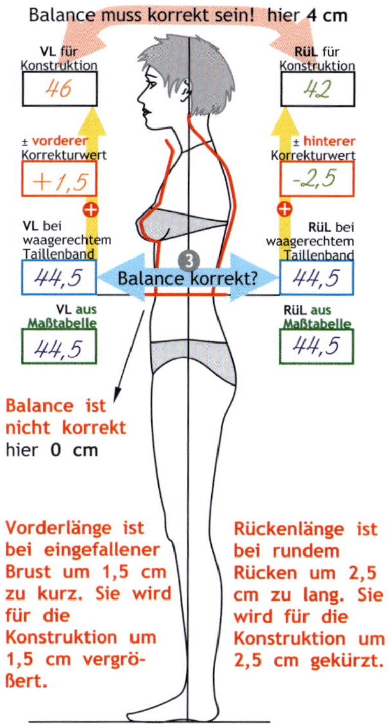

☐6a Figur mit extrem rundem Rücken und eingefallener Brust (Buckel, Skoliose)

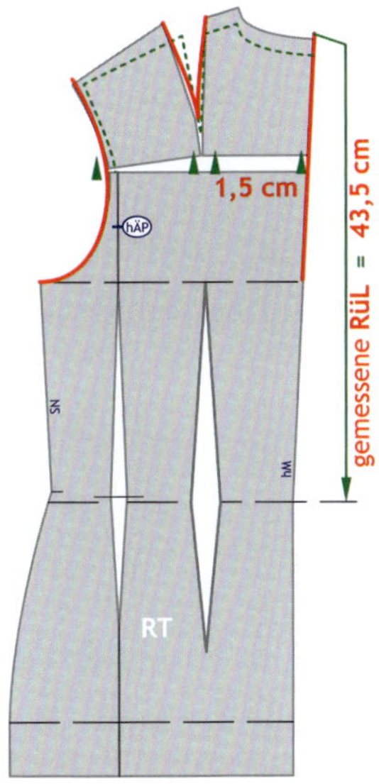

☐4b Optimierung für runden Rücken:
Für die Konstruktion wurde die RüL um 1,5 cm gekürzt. Diese Kürzung um 1,5 cm wird nun an der Konstruktion wieder ergänzt. Der Schulterabnäher wird größer.

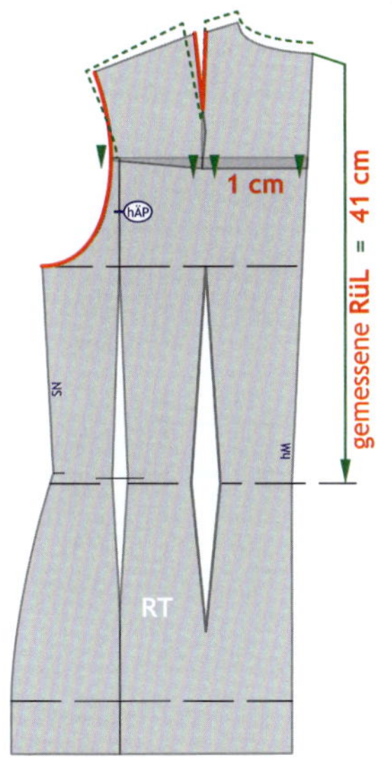

☐5b Optimierung für runden Rücken:
Für die Konstruktion wurde die RüL um 1 cm verlängert. Diese Verlängerung um 1 cm wird nun an der Konstruktion wieder reduziert. Der Schulterabnäher wird kleiner.

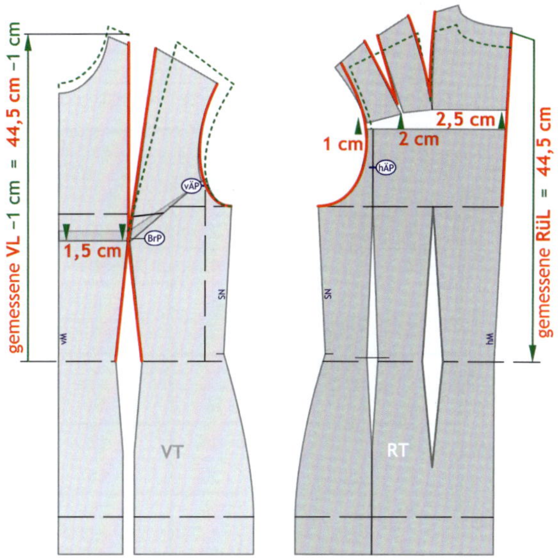

☐6b Optimierung für die Skoliose:
Für die Konstruktion wurde die VL um 1,5 cm verlängert, die RüL um 2,5 cm gekürzt. Diese VL-Verlängerung um 1,5 cm wird nun an der Konstruktion wieder reduziert und die RüL-Kürzung um 2,5 cm wieder verlängert. Der Brustabnäher wird kleiner, der Schulterabnäher wird größer.

len Balance ab, muss nach der Ursache geforscht werden. Die Figur wird in der Seitenansicht analysiert und die Maße ggf. noch einmal zum exakt waagerecht liegenden Taillenband nachgemessen.

2 Konstruktionsmaße normalisieren

☐7 Das Balance-Problem wird errechnet und entsprechend der Figurbeobachtung werden abweichende Maße so korrigiert, dass sie den optimalen Proportionen einer „Normalfigur" entsprechen.

☐2a So wird z.B. bei einer Figur mit starker Brust die **zu lange VL** so weit **gekürzt** dass die „Balance" zwischen VL und RüL stimmt.

3 Grundschnittkonstruktion

☐1b Mit den „normalisierten" bzw. optimierten Balancemaßen der VL und der RüL wird nun der Grundschnitt konstruiert.

Die Maße der Figurbeispiele sind hier so gewählt, dass für alle drei Figuren, obwohl sie sehr unterschiedlich sind, das gleiche Grundgerüst konstruiert wird.

4 Grundschnittoptimierung

☐5 Der auf diese Weise konstruierte Grundschnitt ist für die besondere Figur noch nicht passend. In ☐2b-6b wird gezeigt, wie die jeweiligen Schnittanpassungen für die speziellen Figuren vorgenommen werden.

Dort, wo zuvor ein Balancemaß gekürzt wurde, wird am Grundschnitt geöffnet. Wo ein Balancemaß vergrößert wurde, wird am Grundschnitt zugelegt. Jetzt stimmen die Maße am Grundschnitt wieder mit den gemessenen Körpermaßen VL und RüL überein.

Nur durch diese Anpassungen der Schnittflächen sowie durch die Formung der Nähte erhält ein Grundschnitt die für das Figurproblem notwendige Form.

Weitere wichtige Figurprobleme und deren schnitttechnische Behandlung werden in Band 2 **„Maßschnitte und Passform"** genauer beschrieben.

Passformklassen und Zugaben

Oberteil-Grundschitte werden **mit unterschiedlichen Zugaben konstruiert** - entsprechend der späteren Verwendung, z.B. für eine Korsage, ein Kleid, eine Jacke oder einen Mantel.

Aus den Körpermaßen einer Größe oder Person werden Konstruktionsmaße ermittelt, zu denen dann Zugaben addiert werden.

Die Zugaben für einen bestimmten Grundschnitt müssen proportional ausgewogen sein. Passende Zugaben für ein Oberteil finden sich zeilenweise in der Zugabentabelle.

(1) Die Ziffern einer **Passformklasse (PK)** geben die jeweilige die **Zugabe für den halben Brustumfang** an; hier z.B. für eine enge Jacke:

PK5 2 × 5 cm = **10 cm** BrW-Zugabe (6)

Die Verwendung von Passformklassen ist nicht einheitlich oder genormt. Manche Schnittsysteme arbeiten mit, andere ohne Passformklassen. Bei der Arbeit mit industriellen Schnitten, aber auch im Unterricht, haben sich Passformklassen sehr bewährt.

Tabelle der Passformklassen für Oberteil-Konstruktionen

Anwendung	Passform-Klasse	Modelle Wäsche / Kleid / Bluse	Jacke	Weste / Mantel
extrem körpernah	0	Bademoden, Wäsche		
	1	Korsage		
	2	Dirndl, Mieder		
sehr körpernah	3	Kleid		
	4	Kleid, Bluse eng	Jacke sehr eng	Weste eng
körpernah	5	Kleid, Bluse halbweit	Jacke eng	Weste halbweit
	6	Kleid, Bluse weit	Jacke halbweit	Mantel eng
locker	7	Kleid, Bluse sehr weit	Jacke weit	Mantel halbweit
	8		Jacke halbweit	Mantel weit
körperfern	9		Jacke sehr weit	Mantel weit
	10		Jacke sehr weit	Mantel sehr weit

Zugabentabelle für Oberteil-Konstruktionen

alle Maßangaben in cm

Passform-Klasse	Zugaben (für den ganzen Schnitt) BrU	TaU	HüU	AlT	BrW-Zugaben (für ½ Schnitt) RüB	ArD	BrB	SuB
0	0	0	0	0 - 0,5	0	0	0 - 0,4	0
1	2	0 - 2	0 - 2	0,2 - 0,7	0,1	0,3	0,6	0,1
2	4	2 - 4	2 - 4	0,5 - 1	0,3	0,9	0,8	0,2
3	6	4 - 6	4 - 6	1,3	0,5	1,5	1	0,3
4	8	4 - 8	4 - 8	1,7	0,8	2	1,2	0,4
(1) 5	(6) 10	(7) 8 - 12	(8) 6 - 8	2,1	1,1	2,5	1,4	0,5
6	12	8 - 16	6 - 10	2,5	1,4	3	1,6	0,6
7	14	12 - 16	8 - 12	3	1,6	3,6	1,8	0,7
8	16	12 - 20	8 - 16	3,5	1,8	4,2	2	0,8
9	18	12 - 20	10 - 20	4	2	5	2	0,9
10	20	16 - 24	10 - 24	4,5	2,2	5,8	2	1

Passform-Piktogramm

Dieses gibt in Zentimeter die Körpermaße einer Person an, für die die Kleidung produziert wurde.

(2) Körperhöhe (KöH)
(3) Brustumfang (BrU)
(4) Taillenumfang (TaU)
(5) Hüftumfang (HüU)

Zugaben am Modell

(6) zum Brustumfang
(7) zum Taillenumfang
(8) zum Hüftumfang

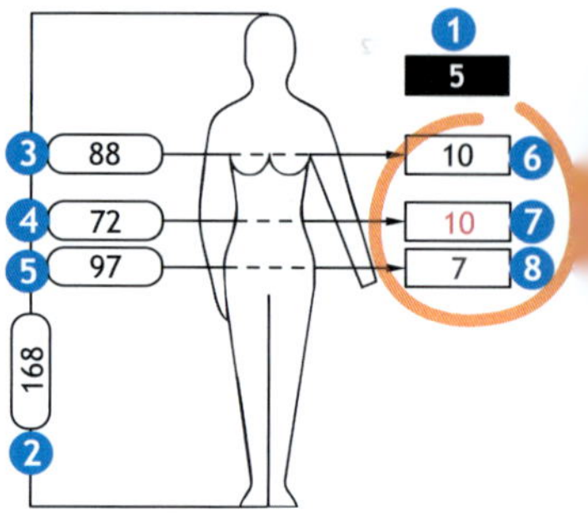

□1 Passform-Piktogramm der Damen-Größe 38 mit Ergänzung der Passformklasse und der Weitenzugaben für eine enge Jacke der PK 5

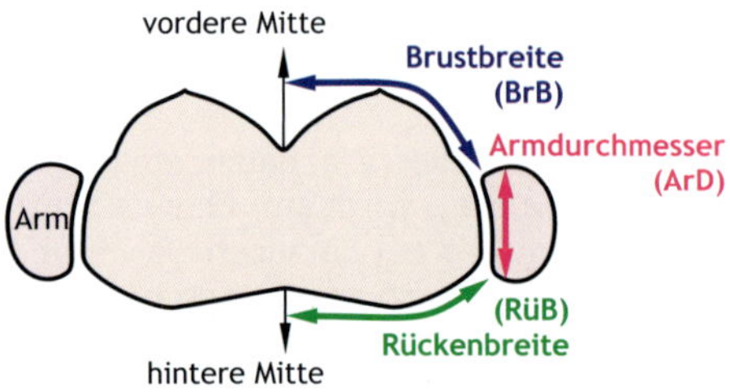

□2 Brustumfangsmaße, dargestellt am Körperquerschnitt in Brusthöhe.

Je nach Verwendung des zu konstruierenden Grundschnitts werden die Weitenzugaben auf die Brustumfangsmaße unterschiedlich verteilt.

Die Zugabentabelle listet eine optimale Verteilung der Brustweitenzugaben für die jeweilige Passformklasse auf.

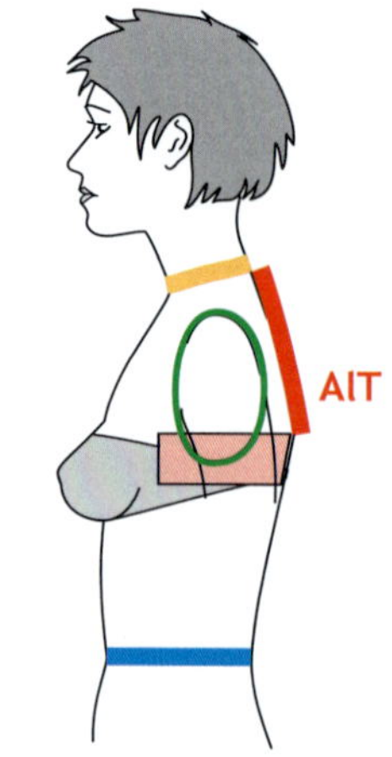

□3 Die (am Rücken) gemessene Armlochtiefe und das Armloch mit addierter Längenzugabe

Konstruktionstabelle ausfüllen

Für einen Grundschnitt werden die Körpermaße aus der **Größentabelle** (Seite 18) oder aus der **Maßtabelle** (Seite 17) in die erste Spalte eingefügt. In die nächste Spalte werden die Zugaben notiert und daraus die Konstruktionswerte in den weiteren Spalten ermittelt (folgende Seite).

Die **Konstruktionstabelle** sollte später mit dem fertigen Grundschnitt aufbewahrt werden.

Korrektur der Balancemaße

Wie auf Seite 174 erläutert, werden bei Figurproblemen die VL und/oder die RüL korrigiert. Diese Korrekturwerte in die Konstruktionstabelle eintragen, **die Konstruktionswerte errechnen und nur diese für die Konstruktion verwenden!**

Konstruktionstabelle Oberteil

alle Maßangaben in cm

Name			Größe	*38*
Datum	Modell	*taillierter Oberteil-GS*	PK	*4*

	Hauptmaße (Kennmaße)	Körpermaße		Zugaben		Proportionsmaße (Konstruktions-, Kontrollmaße)			
KöH	Körperhöhe	*168*							
BrU	Brustumfang	*88*	+	*8*	=	BrW	*96*	½ *48*	← Kontrolle
TaU	Taillenumfang	*72*	+	*6*	=	TaW	*78*	½ *39*	
HüU	Hüftumfang	*97*	+	*4*	=	HüW	*101*	½ *50,5*	
AlT	Armlochtiefe	*20,1*	+	*1,7*	=	AlT+	*21,8*		
HüT	Hüfttiefe	*21*				MoL	Modelllänge	*95*	
BrT	Brusttiefe (ab Schulter)	*28,1*				HlB	Halslochbreite	*6,5*	
RüB	Rückenbreite (½)	*16,5*	+	*0,8*	=	RüB+	*17,3*		
ArD	Armdurchmesser	*9,3*	+	*2*	=	ArD+	*11,3*	¼ *2,8*	⅓ *3,8*
BrB	Brustbreite (½)	*18,2*	+	*1,2*	=	BrB+	*19,4*		
	Kontrolle: Σ = ½ BrU	*44*	+	*4*	=	½ BrW	*48*	← Kontrolle	
SuB	Schulterbreite	*12,2*	+	*0,4*	=	SuNL	*12,6*		
hSuNL	hintere Schulternahtlänge	SuNL + Einhalteweite 0,5 cm bis 1 cm	+	*0,7*	=	hSuNL	*13,3*		
SuWi	Schulterwinkel (in Grad, °)	*20°* – Auflockerung	–	*---*	=	SuWi	*20°*		

	Balancemaße		Korrekturen			Konstruktionsmaße	
RüL	Rückenlänge (waagerechte Taille)	*41,6*	±	*---*	=	RüL	*41,6*
VL	Vorderlänge (waagerechte Taille)	*45,3*	±	*---*	=	VL	*45,3*
Differenz VL – RüL =	individuelle Balance =	*3,7*	korrigierte Balance =				*3,7*
Bal	optimale Balance aus Maßtabelle	*3,5*					

Optimale und korrigierte Balance müssten jetzt sehr ähnlich sein. (± 1 cm Toleranz, nur wenn kein Figurproblem zu beobachten ist)

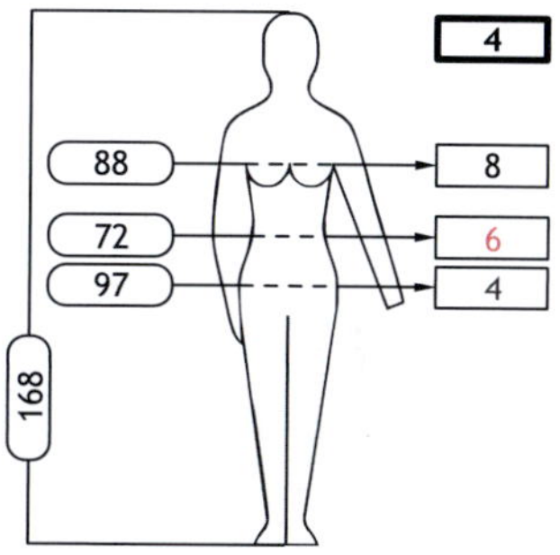

oBrB	Oberbrustbreite (½)	*---*	uBrU	Unterbrustumfang (½)	*---*
oBrA	Oberbrustabstand	*---*	uBrA	Unterbrustabstand	*---*

TaAf	Taillenausfall	gemessene TaB	– ½ TaW	=	
HüFb	Hüftfehlbetrag	gemessene HüB	– ½ HüW	=	
Mehrweite im Armloch		vAlU + hAlU	– AraU	=	
Sollwert der Mehrweite		= 2 · Zugabe zur AlT	(Toleranz +2 cm bis –1 cm)	=	Nur bei Oberteilen mit Brustabnäher!

Zugabentabelle für Oberteil-Konstruktionen

alle Maßangaben in cm

Passform-Klasse	Zugaben (für den ganzen Schnitt) BrU	TaU	HüU	AlT	BrW-Zugaben (für ½ Schnitt) RüB	ArD	BrB	SuB
0	0	0	0	0 - 0,5	0	0	0 - 0,4	0
1	2	0 - 2	0 - 2	0,2 - 0,7	0,1	0,3	0,6	0,1
2	4	2 - 4	2 - 4	0,5 - 1	0,3	0,9	0,8	0,2
3	6	4 - 6	4 - 6	1,3	0,5	1,5	1	0,3
4	8	4 - 8	4 - 8	1,7	0,8	2	1,2	0,4
5	10	8 - 12	6 - 8	2,1	1,1	2,5	1,4	0,5
6	12	8 - 16	6 - 10	2,5	1,4	3	1,6	0,6
7	14	12 - 16	8 - 12	3	1,6	3,6	1,8	0,7
8	16	12 - 20	8 - 16	3,5	1,8	4,2	2	0,8
9	18	12 - 20	10 - 20	4	2	5	2	0,9
10	20	16 - 24	10 - 24	4,5	2,2	5,8	2	1

Grundgerüst für sämtliche Oberteil-Grundschnitte (1)
Konstruktionstabelle

Die Konstruktionsschritte des Grundgerüsts für sämtliche Varianten von Oberteil-Grundschnitten sind identisch.

Die Dimensionen des Grundgerüsts werden bestimmt durch die Körpermaße und durch die verwendeten Zugaben.

Die Konstruktion des Grundgerüsts ist für alle Größen, Passformklassen und nahezu für alle Figurtypen geeignet (Ausnahme sind die sogenannten Bauchfiguren, siehe Band 2).

Die Wahl der Zugaben in der Konstruktionstabelle ist entscheidend für die Verwendung des Grundschnitts (siehe Tabelle der Passformklassen und Zugabentabelle ab Seite 176). Zudem wird eine der beiden **Formen der hinteren Mitte** zu Beginn der Konstruktion festgelegt, siehe Schritt 2 bei **P7** und **P8**.

In □**1a-d** sind verschiedene Grundschnitt-Varianten abgebildet.

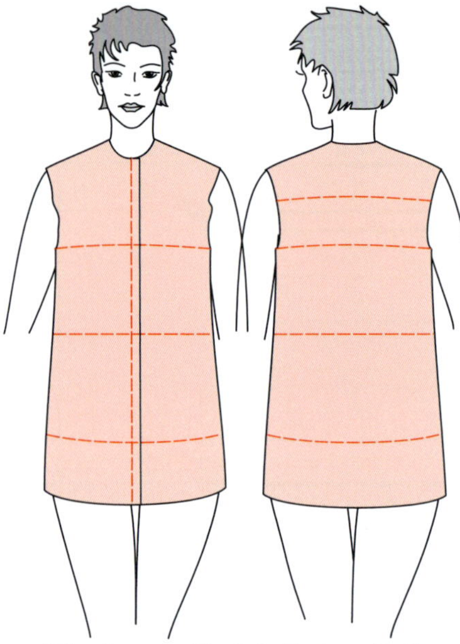

□1a Legerer Oberteil-GS ohne Abnäher

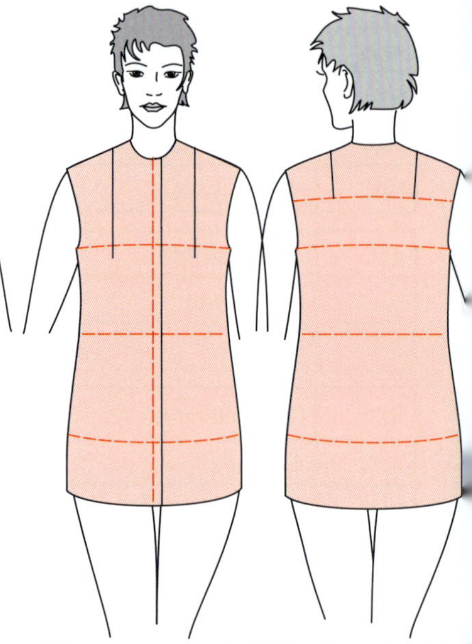

□1b Legerer Oberteil-GS mit Brustabnäher

Konstruktionstabelle alle Maßangaben in cm **Oberteil**	Name				Größe	*38*
	Datum		Modell	*taillierter Oberteil-GS*	PK	*3*

	Hauptmaße (Kennmaße)	Körpermaße		Zugaben		Proportionsmaße (Konstruktions-, Kontrollmaße)			
KöH	Körperhöhe	*168*							
BrU	Brustumfang	*88*	+	*6*	=	BrW	*94*	½	*48*
TaU	Taillenumfang	*68*	+	*4*	=	TaW	*72*	½	*36*
HüU	Hüftumfang	*97*	+	*4*	=	HüW	*101*	½	*50,5*

Der TaU ist hier um 4 cm kleiner als in der Größentabelle für die Größe 38.

AlT	Armlochtiefe	*20,1*	+	*1,3*	=	AlT+	*21,8*
HüT	Hüfttiefe	*21*				MoL	Modelllänge *95*
BrT	Brusttiefe (ab Schulter)	*28,1*				HlB	Halslochbreite *6,5*

RüB	Rückenbreite (½)	*16,5*	+	*0,5*	=	RüB+	*17*				
ArD	Armdurchmesser	*9,3*	+	*1,5*	=	ArD+	*10,8*	¼	*2,7*	⅓	*3,6*
BrB	Brustbreite (½)	*18,2*	+	*1*	=	BrB+	*19,2*				
	Kontrolle: Σ = ½ BrU	*44*	+	*3*	=	½ BrW	*47*				

SuB	Schulterbreite	*12,2*	+	*0,3*	=	SuNL	*12,5*
hSuNL	hintere Schulternahtlänge	SuNL + Einhalteweite 0,5 cm bis 1 cm	+	*0,7*	=	hSuNL	*13,2*
SuWi	Schulterwinkel (in Grad, °)	*20°* – Auflockerung	–	---	=	SuWi	*20°*

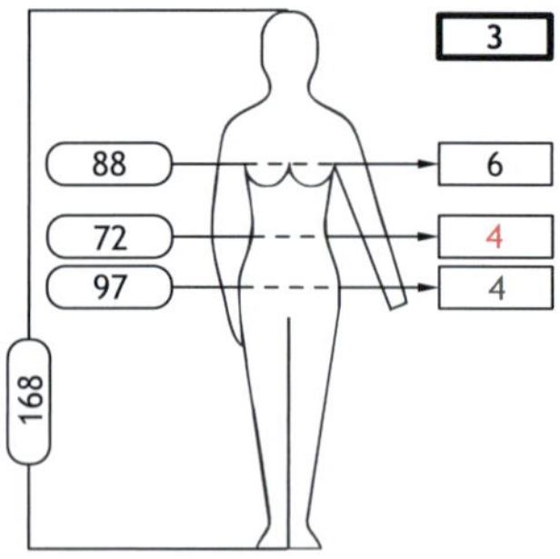

	Balancemaße		Korrekturen			Konstruktionsmaße	
RüL	Rückenlänge (waagerechte Taille)	*41,6*	±	---	=	RüL	*41,6*
VL	Vorderlänge (waagerechte Taille)	*45,3*	±	---	=	VL	*45,3*
Differenz VL – RüL =	individuelle Balance =	*3,7*	korrigierte Balance =				*3,7*
Bal	optimale Balance aus Maßtabelle	*3,5*	Optimale und korrigierte Balance müssten jetzt sehr ähnlich sein. (± 1 cm Toleranz, nur wenn kein Figurproblem zu beobachten ist)				

Die Differenz von 0,2 cm zwischen individueller und optimaler Balance liegt innerhalb der Toleranz und wird vernachlässigt. Somit werden die RüL und die VL unkorrigiert verwendet.

oBrB	Oberbrustbreite (½)	---	uBrU	Unterbrustumfang (½)	---
oBrA	Oberbrustabstand	---	uBrA	Unterbrustabstand	---

TaAf	Taillenausfall	gemessene TaB	– ½ TaW	=	
HüFb	Hüftfehlbetrag	gemessene HüB	– ½ HüW	=	

Mehrweite im Armloch	vAlU	+ hAlU	– AraU	=	
Sollwert der Mehrweite	= 2 · Zugabe zur AlT	(Toleranz +2 cm bis –1 cm)	=		Nur bei Oberteilen mit Brustabnäher!

Die Berechnungen TaAf und HüFb werden erst im Laufe der Konstruktion für den Oberteil-Grundschnitt vorgenommen.

□2 Konstruktionstabelle für einen Oberteil-Grundschnitt der PK 3

Grundgerüst für sämtliche Oberteil-Grundschnitte (2)

Checkliste, hintere Mitte und erste Linien

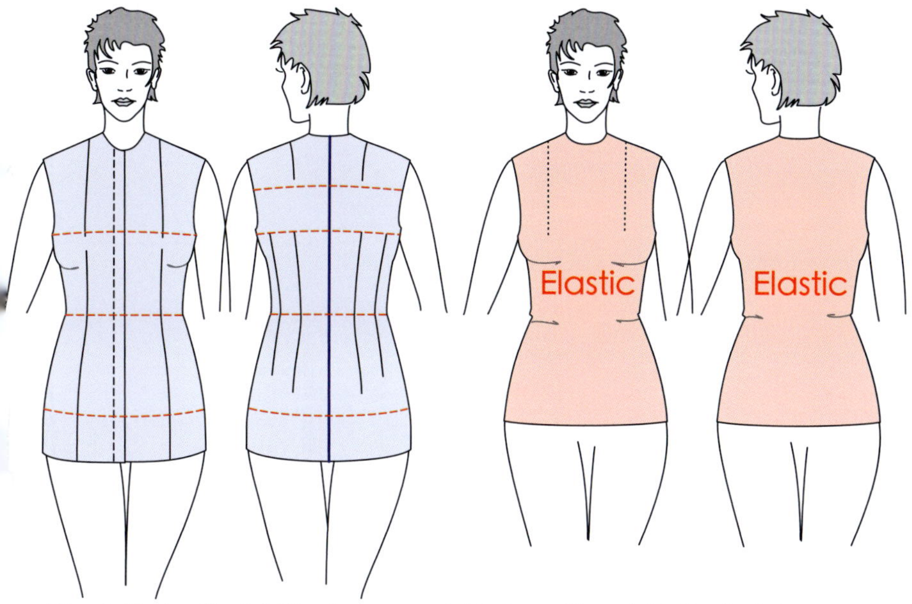

□1c Taillierter Oberteil-GS mit Naht an der hinteren Mitte

□1d Enger Oberteil-GS für elastische Materialien ohne und mit Brustabnäher

1 Checkliste

- ☒ Bei individuellen Maßen: Sind die VL und die RüL kontrolliert und stehen sie in der optimalen Balance (siehe Maßtabelle ab Seite 19, sowie die Infos auf Seite 174)?
- ☒ Sind die richtigen Zugaben für die gewünschte Passform gewählt?
- ☒ Ist die Konstruktionstabelle vollständig ausgefüllt?
- ☒ Ist die Summe der BrU-Maße in der Konstruktionstabelle kontrolliert?

2 Erste Linien und hM zeichnen

1. □3 Senkrechte Grundlinie rechts am Blattrand zeichnen und oben bei **P1** rechtwinklig ca. 20 cm abwinkeln.
2. Von **P1** sind HlB :3 + 1 cm nach unten abzutragen.
3. Von **P2** die Modelllänge (MoL) nach unten abtragen. Von dort weit nach links abwinkeln → Saumlinie
4. Von **P2** die Armlochtiefe mit Zugabe (**AlT+**) nach unten abtragen. Von dort weit nach links abwinkeln → Brustlinie
5. Von **P2** die Rückenlänge (RüL) nach unten abtragen. Von dort weit nach links abwinkeln → Taillenlinie
6. Von **P5** die Hüfttiefe (HüT) nach unten abtragen. Von dort weit nach links abwinkeln → Hüftlinie

Für taillierte Oberteil-Grundschnitte □1c
Konstruktion für eine **taillierte hintere Mitte** mit Naht

7. 8. Von **P5** und **P3** jeweils 2 cm nach links abtragen (schlanke Figuren mit ausgeprägtem Hohlkreuz oder Figuren mit flachem Gesäß tragen hier jeweils 2,5 bis 3 cm ab).

Die taillierte hintere Mitte von **P2** über **P7** nach **P8** jeweils gerade bis zur Saumlinie zeichnen.

Für legere Oberteil-Grundschnitte □1a + □1b sowie für enge Oberteil-Grundschnitte □1d
Konstruktion für eine **gerade hintere Mitte** (ggf. ohne Naht)

6a. Alternativ kann für ein Oberteil ohne Naht an der hM die hM auch **gerade** gezeichnet werden. Hierzu von **P6 an der Hüftlinie 2 cm** nach links abtragen und

die gerade hM von **P2** über **P6a** in einer Geraden zeichnen.

7. 8. Es ergeben sich mit der geraden hM an der Taillenlinie und der Saumlinie die Schnittpunkte **P7** und **P8**.

9. 9. **An der Brustlinie** ergeben sich für beide hM-Varianten **jeweils ein eigener Schnittpunkt** mit der jeweiligen hM. **Der jeweilige Schnittpunkt dient als Ausgangspunkt für die weiteren Konstruktionsschritte!**

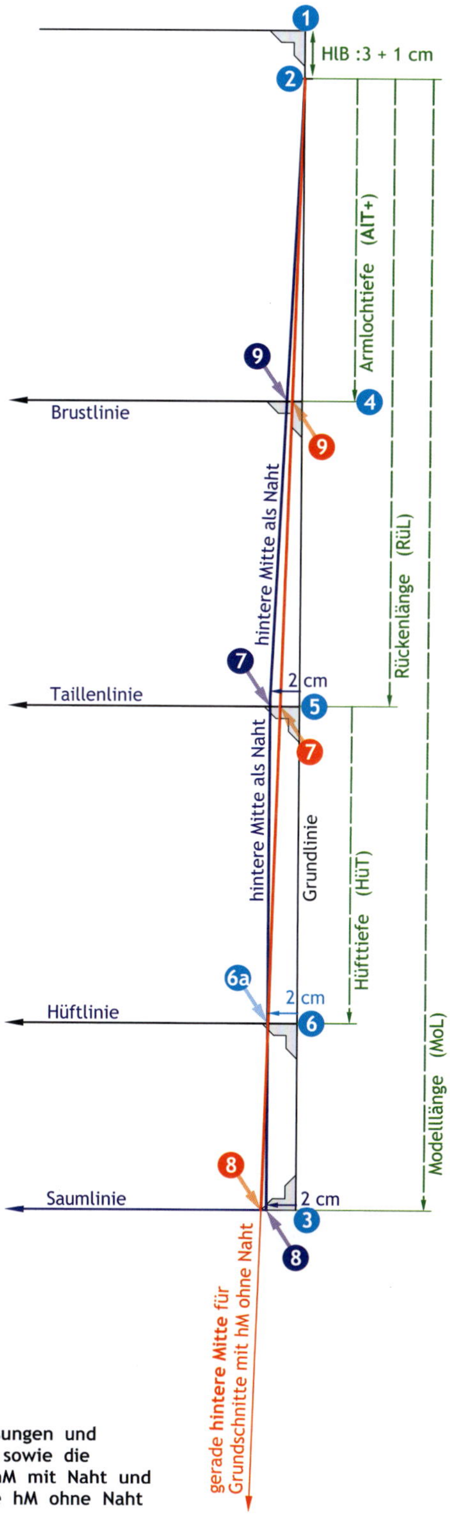

□3 Erste Messungen und Hilfslinien sowie die taillierte hM mit Naht und die gerade hM ohne Naht

Grundgerüst für sämtliche Oberteil-Grundschnitte (3)
Brustweite und Hilfslinien

3 Brustweite abtragen, Hilfslinien und vM zeichnen

10 □4 Vom entsprechenden P9 oder P9 auf der Brustlinie die Rückenbreite+ (RüB+) aus demr Konstruktionstabelle ablesen und abtragen.

→ hintere Armlinie senkrecht zur Brustlinie nach oben und nach unten zur Hüftlinie zeichnen.

11 Von P10 nach links ⅔ Armdurchmesser+ (ArD+) aus der Konstruktionstabelle ablesen und abtragen.

→ hintere Seitenlinie senkrecht von der Brustlinie zur Saumlinie zeichnen.

12 Von P11 nach links einen Zwischenraum zwischen RT und VT von ca. 7 bis 10 cm abtragen

→ vordere Seitenlinie senkrecht von der Brustlinie zur Saumlinie zeichnen.

13 Von P12 nach links ⅓ ArD+ (den restlichen ArD+) aus der Konstruktionstabelle abtragen.

→ vordere Armlinie senkrecht zur Brustlinie nach oben und nach unten zur Taillenlinie zeichnen.

14 Von P13 nach links die Brustbreite+ (BrB+) aus der Konstruktionstabelle ablesen und abtragen.

→ vordere Mitte (vM) senkrecht zur Brustlinie nach oben und nach unten zur Saumlinie zeichnen.

Kontrolle der BrW:

Von P14 bis P12 die vBrW messen und von P11 bis P9 die hBrW messen. Die Summe der Messungen muss ½ BrW ergeben.

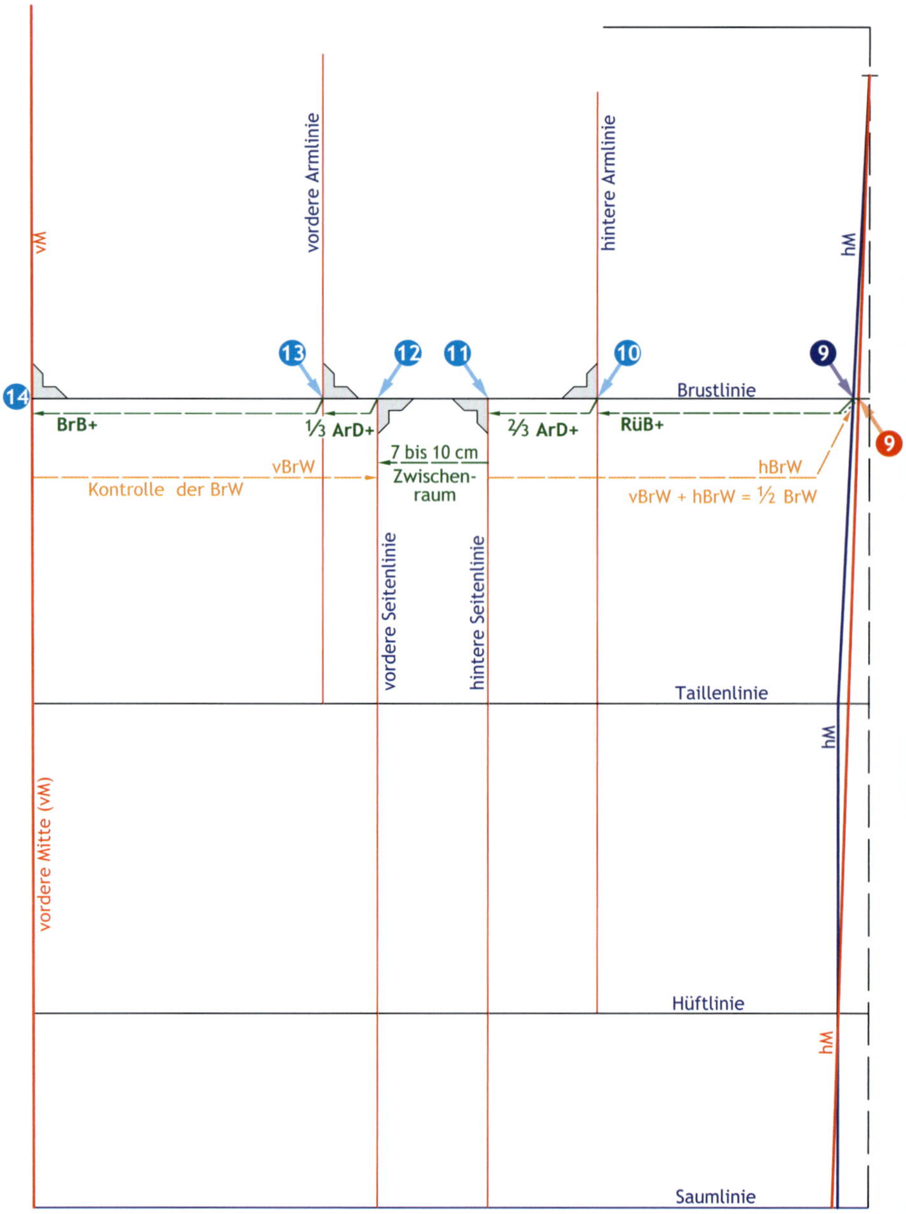

□4 Brustweite abtragen, Hilfslinien und vM zeichnen

Grundgerüst für sämtliche Oberteil-Grundschnitte (4)
Halslöcher und Schultern

4 Hinteres Halsloch und Schulter

(HlP) Von **P1** nach links die Halslochbreite (HlB) + 0,5 cm abtragen.

⓯ Von **P2** das hintere Halsloch rechtwinklig aus der hM formen.

Den **Schulterwinkel** aus der Konstruktionstabelle und –2° vom hinteren HlP nach links unten zeichnen.

(hSuP) hSuNL in der Konstruktionstabelle ablesen und vom HlP aus abtragen → hintere Schulter.

⓰ Ist der Schnittpunkt von hinterer Armlinie und Schulternaht.

Bei großer RüB und schmaler Schulter ergibt sich ggf. kein Schnittpunkt. Dann endet die hintere Armlinie auf Höhe des hSuP → **P16**.

(hÄP) Die Strecke von **P10** bis **P16** halbieren → **P17** und die Schulterblattlinie nach rechts abwinkeln.

⓱ Die untere Hälfte der Strecke nochmals halbieren → hinterer Ärmelpunkt (hÄP) und

⓲ eine Hilfslinie nach links abwinkeln → **P18** = Schnittpunkt mit der vorderen Armlinie.

5 Vorderes Halsloch

⓳ Schnittpunkt von vM und Taille.

⓴ Von **P19** nach oben die Vorderlänge (VL) – 1 cm abtragen

㉑ und von **P20** nach unten die Brusttiefe (BrT) – 1 cm abtragen.

(BrP) Von **P21** nach rechts die halbe Brustbreite+ (½ BrB+) – 0,3 cm abtragen → Brustpunkt.

㉒ → Brustabnäher-Linie senkrecht zur Brustlinie nach oben und nach unten zeichnen.

(HlP) Von **P20** nach rechts die HlB abtragen.

㉓ Von **P20** nach unten HlB + 0,5 abtragen und zum HlP das vordere Halsloch formen.

6 Vordere Schulter

㉔ Aus der Konstruktionstabelle den **Schulterwinkel** ablesen und + 2° vom HlP die vordere Schulternaht nach rechts unten zeichnen.

(vSuP) Die SuNL aus der Konstruktionstabelle ablesen und ab dem Halsloch abtragen → vordere Schulter und vSuP.

(vÄP) □6 An der vorderen Armlinie ¼ ArD+ von **P13** nach oben abtragen → vorderer Ärmelpunkt (vÄP).

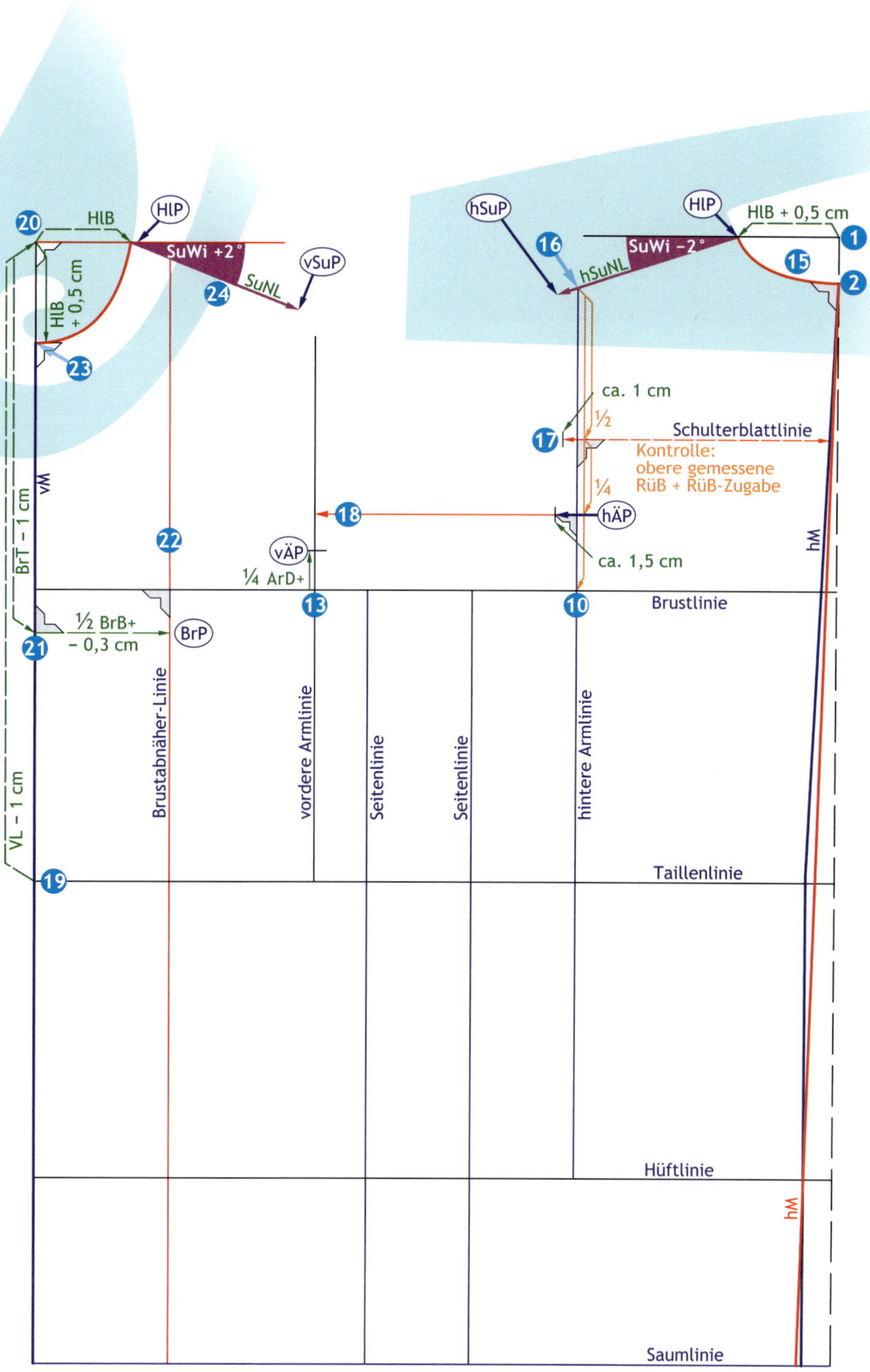

□5 Hintere Schulter, vorderes und hinteres Halsloch zeichnen

Hiermit ist die Konstruktion des Grundgerüsts abgeschlossen

Sämtliche Varianten von Oberteilgrundschnitten können mit diesem Grundgerüst weiter entwickelt werden. Die einzelnen Konstruktionen werden auf den folgenden Seiten gezeigt.

Konstruktionen folgender **Oberteil-Varianten** findet man hier:

Legerer Oberteilgrundschnitt **ohne** Brustabnäher	182
Legerer Oberteil-Grundschnitt **mit** Brustabnäher	183
Taillierter Oberteil-Grundschnitt **mit** Hüftausfall für individuellen Grundschnitt	184
Taillierter Oberteil-Grundschnitt **ohne** Hüftausfall mit einfacher Taillierung für industriellen Grundschnitt	186
Enger Oberteil-Grundschnitt **ohne** Brustabnäher	188
Enger Oberteil-Grundschnitt **mit** Brustabnäher	190

Legerer Oberteil-Grundschnitt (1)
ohne Brust- und Schulterabnäher, ohne Taillierung, ohne Naht an hM

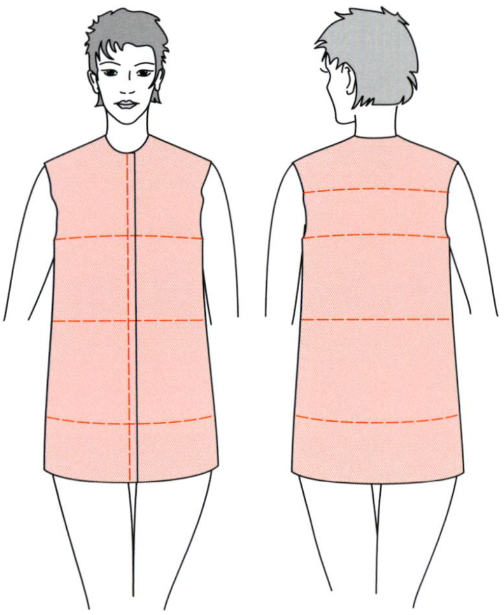

□6a Legerer Oberteil-Grundschnitt ohne Taillierung und ohne Brust- oder Schulterabnäher.

Hier erfolgt die Weiterentwicklung des Grundgerüsts der vorhergehenden Seiten zum legeren Oberteil-Grundschnitt. Ein Schnitt ohne Brustabnäher passt prinzipiell allen Figuren. Verwendet werden können Passformklassen ab PK 3. **Er ist allerdings besser für Figuren mit weniger großer Brustform geeignet.**

Die gerade Seitennaht (alternativ aber auch mit Taillierung der Seitennaht, siehe folgende Seite) und die fehlenden Taillenabnäher geben viel Weite an der Taille in den Schnitt. Das Armloch schließt nicht eng am Körper. Dort befindet sich (je nach Größe der Brust) mehr oder weniger Weite.

Dieser Grundschnitt in PK3 bis PK5 kann für **schmale untaillierte Kleider und Blusen** Verwendung finden. **Für Jacken und Mäntel** verwendet man ggf. **Zugaben größerer Passformklassen** (siehe Seite 176).

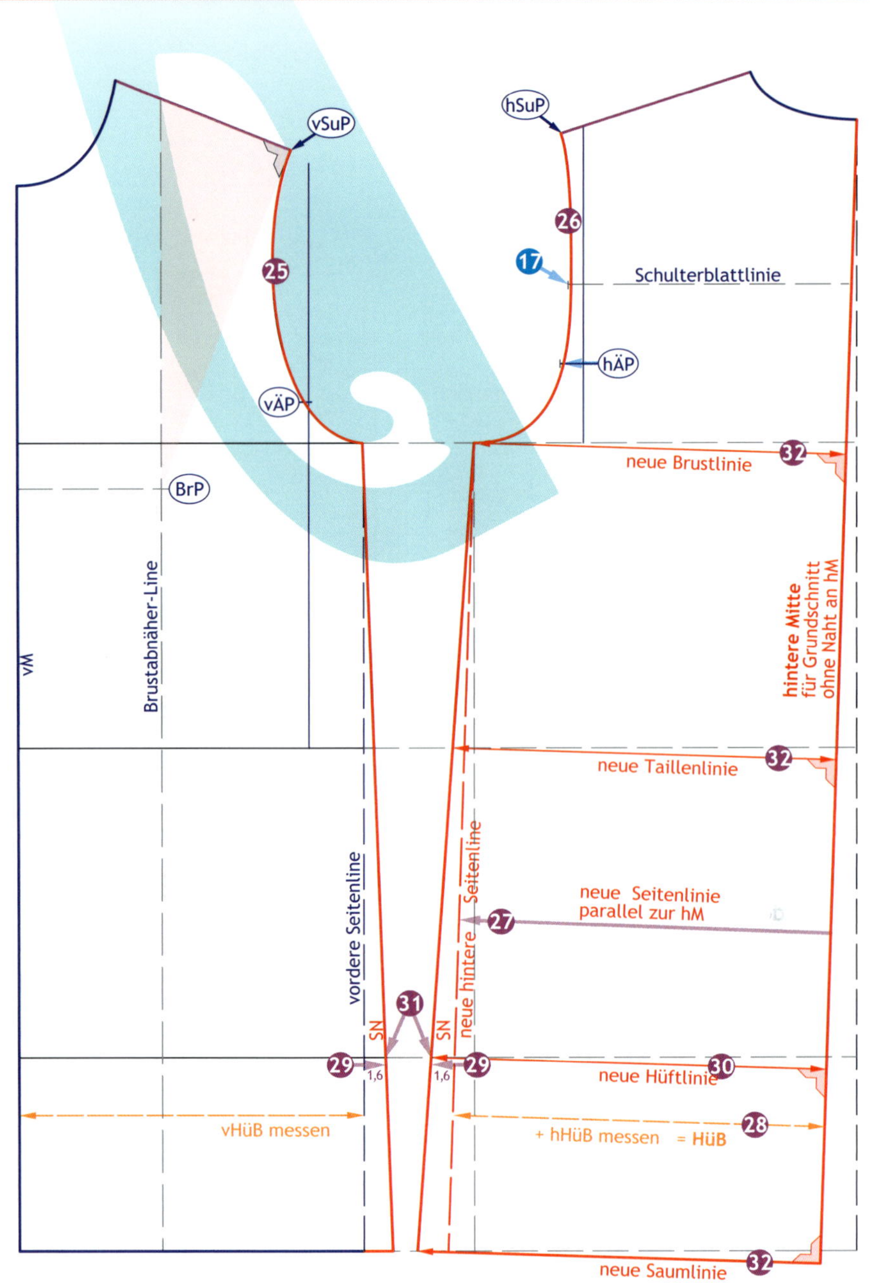

□6b Legerer Grundschnitt ohne Brustabnäher

HüFb	Hüftfehlbetrag	gemessene HüB	47,3	– ½ HüW	50,5	=	-3,2

7 Armlöcher zeichnen

25 □6b Das vordere Armloch vom **vSuP** zur SN formen. Dabei verläuft die Kurve in der Regel seitlich am **vÄP** vorbei.

26 Das hintere Armloch vom **hSuP** über P17 und **hÄP** zur SN formen. zu den Schulternähten verlaufen die Armlöcher nahezu rechtwinklig.

27 Am RT die neue Seitenlinie parallel zur geraden hM zeichnen.

8 Hüft-Fehlbetrag (HüFb)

28 vHüB und hHüB messen und addieren = **HüB**. Die ½ HüW aus der Konstruktionstabelle entneh-men und dort den Hüft-Fehlbetrag berechnen (siehe Tabelle rechts):

Hüft-Fehlbetrag (HüFb)

=	HüB	–	½ HüW
=	47,3 cm	–	50,5 cm
=	– 3,2 cm	→	**3,2 cm ½ = 1,6 cm**

29 Von den Seitenlinien an der Hüfte den ½ Hüft-Fehlbetrag (hier 1,6 cm) anstellen

30 und die neue Hüftlinie rechtwinklig zur hM zeichnen.

9 Seitennähte und Saum zeichnen

31 Die Seitennähte gerade vom Armloch über die Anstellungen an der Hüfte zum Saum zeichnen.

32 Die neue Brust-, Taillen und Saumlinie jeweils rechtwinklig zur hM auf die Schnittpunkte mit der neuen Seitennaht zeichnen.

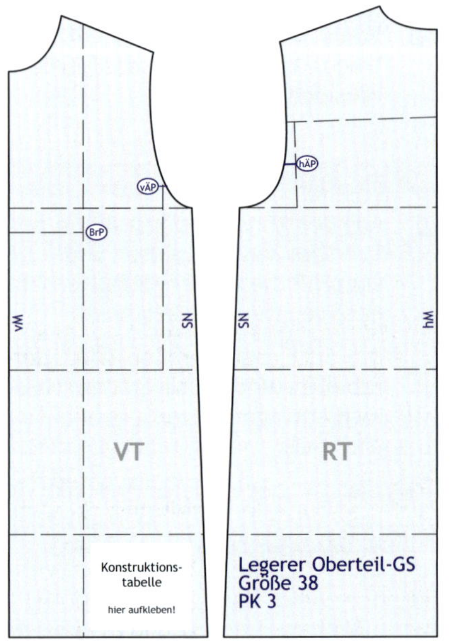

Legerer Oberteil-Grundschnitt (2)
mit Brust- und Schulterabnäher, mit leichter Taillierung, ohne Naht an hM

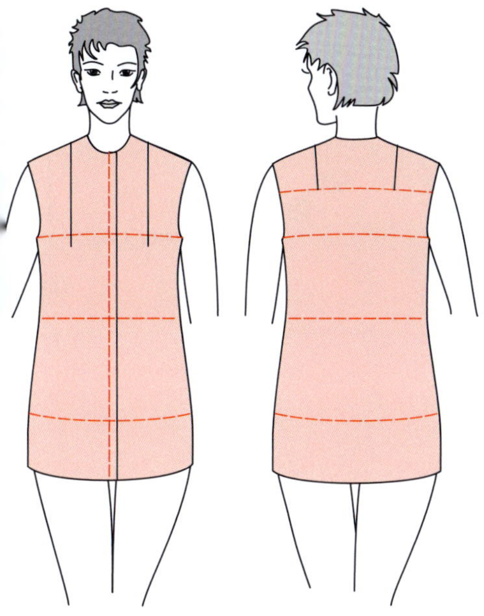

☐7a Legerer Oberteil-Grundschnitt mit Seiten-Taillierung sowie mit Brust- und Schulterabnäher.

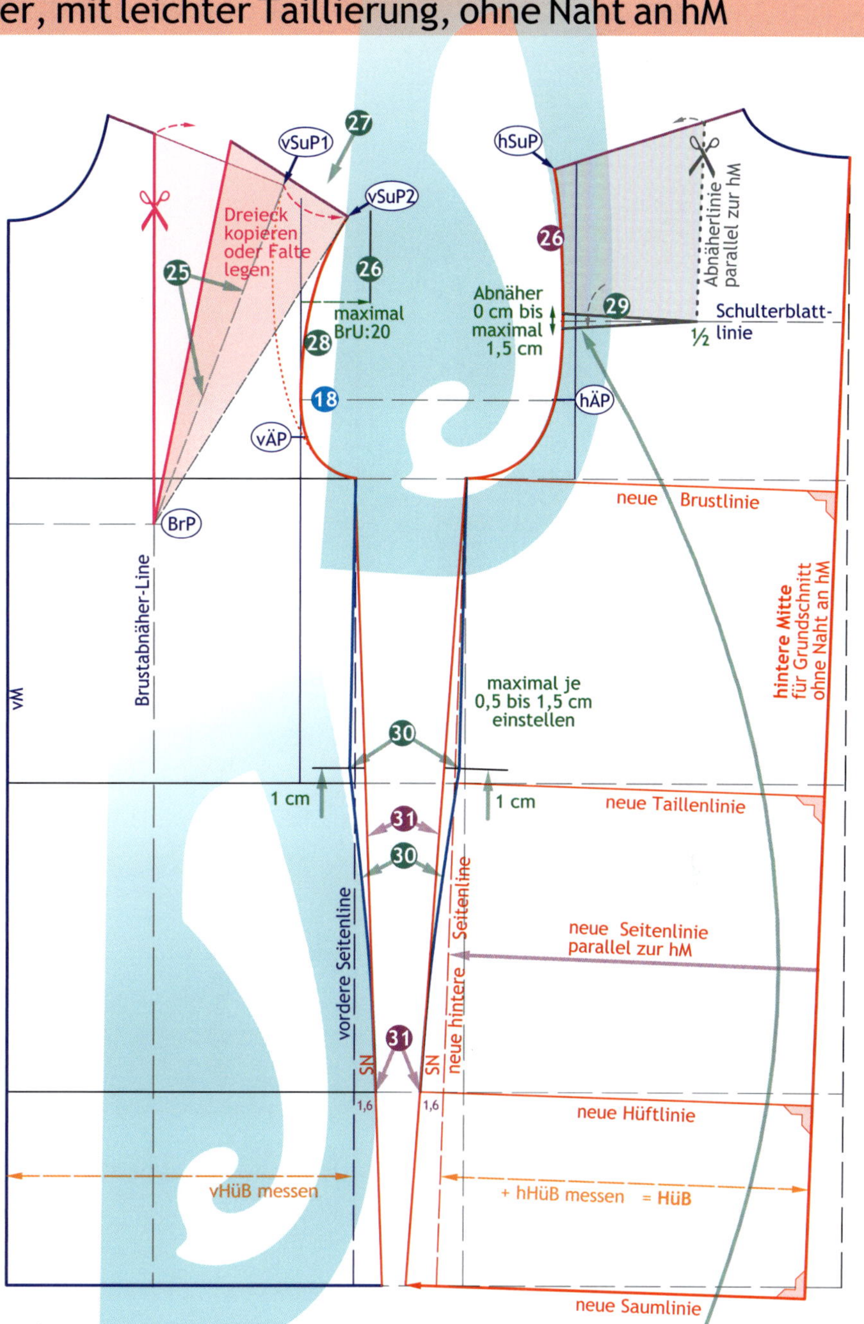

☐7b Legerer Grundschnitt mit Brustabnäher

Dieser Schnitt ist eine Weiterentwicklung des Schnitts auf der vorhergehenden Seite. Er kann mit dem Brustabnäher für alle Figuren, insbesondere für solche mit starker Brustrundung Verwendung finden.

Bei dieser Grundschnitt-Variante ist die Seitennaht leicht tailliert (alternativ aber auch ohne Taillierung möglich). Das Armloch ist hier durch die Brust- und Schulterabnäher verkleinert. Die Passform verbessert sich und wegen des kleineren Armlochs sind schmalere Ärmelkonstruktionen möglich.

PK3 bis PK5 für **Blusen und Kleider. Für Jacken und Mäntel** verwendet man ggf. **Zugaben größerer Passformklassen** (siehe Seite 176).

7 Brustabnäher konstruieren

25 **☐7b** Vom **vSuP1** eine Hilflsinie zum **BrP** zeichnen → Dreieck.

26 Rechts der vorderen Armlinie den maximalen Abstand zur Armlinie anzeichnen → **Li26**.

27 (vSuP2) Das dargestellte Dreieck kopieren, um den **BrP** drehen und den **vSuP1** maximal bis zur **Li26** drehen (hier weniger) und anlegen **oder** zum **BrP** senkrecht einschneiden und das Dreieck zur **Li26** falten.

Je weiter das Dreieck nach außen gedreht wird, desto größer wird der Brustabnäher und damit die Formung für die Brust im Vorderteil. Dabei wird das Armloch kleiner und anliegender.

Das Dreieck kann für eine **Armlochauflockerung** jederzeit zurück nach innen gedreht werden, wodurch sich dann der Brustabnäher wieder verkleinert und das Armloch größer wird. (siehe Seiten 192 und 217).

8 Armlöcher

28 Vorderes Armloch von der Seite, seitlich vorbei am **vÄP**, senkrecht durch **P18** und ungefähr rechtwinklig zur SuN zum **vSuP2** formen.

26 Das hinteres Armloch wie in **☐6b** formen.

29 An der Schulterblattlinie am Armloch den **Schulterabnäher** mit **1 bis 1,5 cm** Inhalt einzeichnen und in die Schulternaht verlegen.

9 Seitennähte zeichnen

28 29 30 Den **Hüft-Fehlbetrag** wie auf vorhergehender Seite berechnen und an der Hüfte anstellen.

31 Die SN gerade zeichnen oder

30 für eine leichte Taillierung die Taille an der Seite um **1 cm** erhöhen und dort **0,5 cm bis 1,5 cm** einstellen. Die Seitennähte wie dargestellt formen.

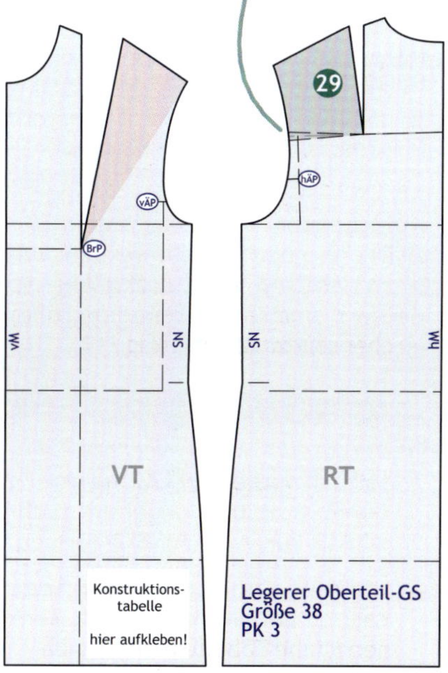

Taillierter Oberteil-Grundschnitt mit Hüftausfall (1)
Brustabnäher, Armlöcher und vorderer Taillenabnäher

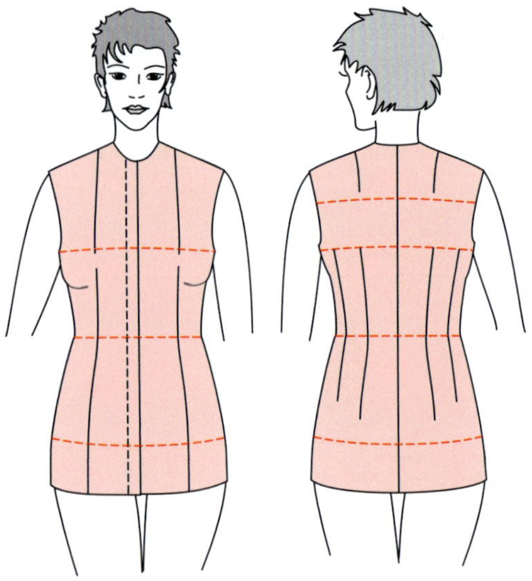

□8a Taillierter Oberteil-GS

Dies ist die Weiterentwicklung des Grundgerüsts von Seite 181 zu einem taillierten Oberteil-Grundschnitt für **Kleider und schmale Blusen.**

Taillierte Oberteil-Grundschnitte ab Passformklasse PK1 sind für alle Größen geeignet. Schulter- und Brustbereich werden körpergerecht geformt.

PK3 bis PK5 für **Blusen und Kleider. Für Jacken und Mäntel** verwendet man ggf. **Zugaben größerer Passformklassen** (siehe Seite 176).

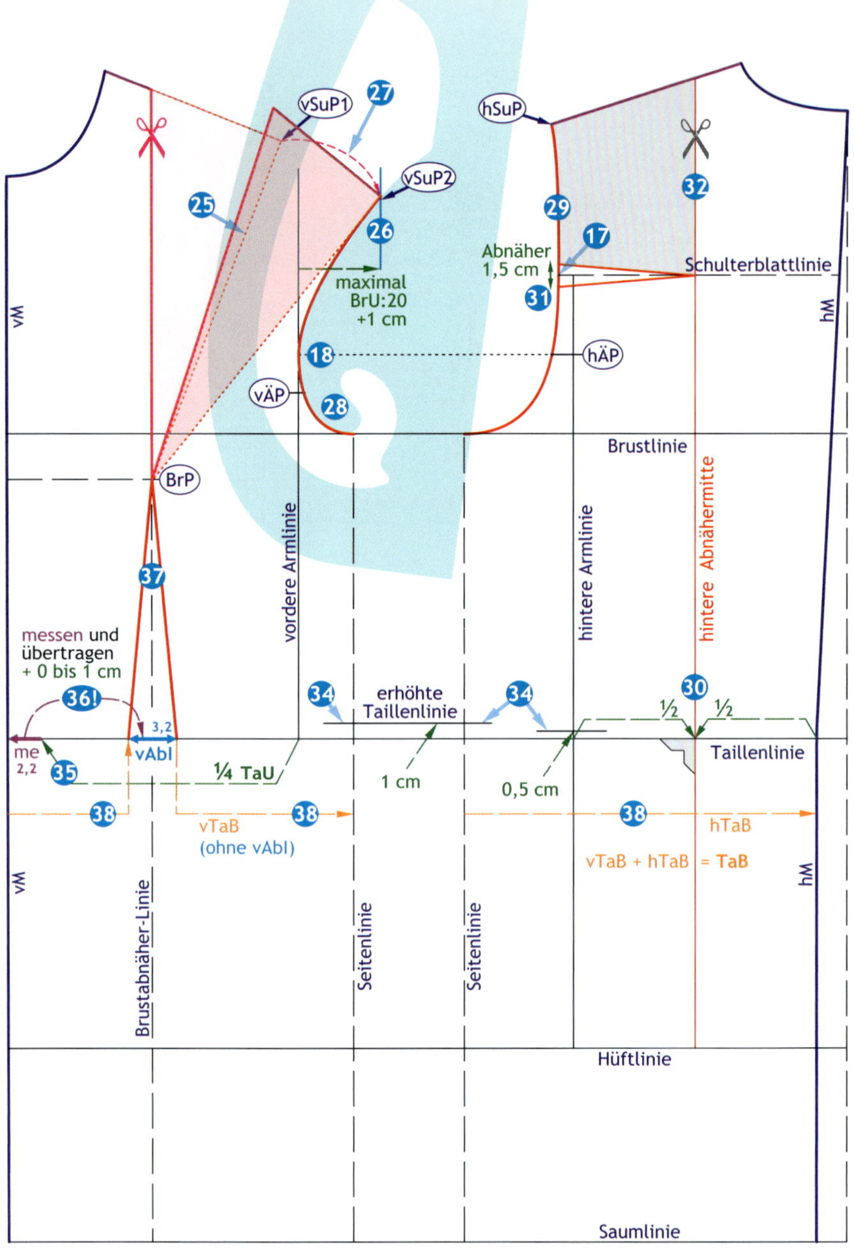

□8b Brustabnäher, Armlöcher und vorderer Taillenabnäher

7 Brustabnäher konstruieren

25 **□8b** Vom **vSuP1** eine Hilfslinie zum **BrP** zeichnen → Dreieck.

26 Rechts der vorderen Armlinie den maximalen Abstand zur Armlinie anzeichnen → Li26.

27 Das dargestellte Dreieck kopieren, um den **BrP** drehen und den **vSuP1** maximal bis zur Li26 drehen und anlegen (**oder** zum **BrP** senkrecht einschneiden und das Dreieck zur Li26 falten).

vSuP2

Je weiter das Dreieck nach außen gedreht wird, desto größer wird der Brustabnäher und damit die Formung für die Brust im Vorderteil. Dabei wird das Armloch kleiner und anliegender.

Das Dreieck kann für eine **Armlochauflockerung** jederzeit wieder zurück nach innen gedreht werden, wodurch sich dann der Brustabnäher verkleinert und das Armloch größer wird. (siehe Seiten 192 und 217).

8 Armlöcher und Schulterabnäher

28 Vorderes Armloch von der Seite, seitlich vorbei am **vÄP**, senkrecht durch **P18** und ungefähr rechtwinklig zur SuN zum **vSuP** formen.

29 Hinteres Armloch von der Seite, ca. 1,5 cm am **hÄP** vorbei, senkrecht an **P17** zum **hSuP** formen.

30 An der Hälfte zwischen **hM** und **hinterer Armlinie** eine Senk-rechte zur hSuN und zur Hüftlinie zeichnen → hintere Abnähermitte

31 Den Schulterabnäher mit 1,5 cm Inhalt ins Armloch zeichnen.

32 An hinterer Abnähermitte senkrecht von der Schulter aus zur Schulterblattlinie einschneiden.

33 **□8c** Schulterabnäher am Armloch zulegen. Hinteres Armloch formen.

9 Taillenabnäher vorbereiten

34 Die Taillenlinie an den Seitenlinien um 1 cm und an der hinteren Armlinie um 0,5 cm erhöhen.

35 Von der vorderen Armlinie zur **vM** **¼ TaU** abtragen **(nicht ¼ TaW !)**

Reicht dieser Abtrag von **¼ TaU über die vM hinaus**, deutet dies auf eine **„Starke Figur"** hin. Nähere Informationen über die Konstruktion für eine Starke Figur findet man in Band 2.

10 Vorderer Taillenabnäher

36 Strecke zur **vM** messen und + 0 bis 1 cm als Abnäherinhalt übertragen. vAbl = me + 0 bis 1cm = 3,2 cm

bis Passformklasse **4**	**+ 1,0 cm**
Passformklasse **5 bis 7**	+ 0,5 cm
ab Passformklasse **8**	+ 0 cm

37 Den Abnäher zum BrP zeichnen.

11 Taillenausfall (TaAf)

38 vTaB (ohne Abnäherinhalt) und hTaB messen, addieren = **TaB**. Die ½ TaW aus der Konstruktionstabelle entnehmen und dort den **TaAf** berechnen:

Taillenausfall (TaAf)			
=	TaB	– ½ TaW	
=	42,8 cm	– 36 cm	= 6,8 cm

Der **Taillenausfall** ist der Betrag, der durch Einstellung an den SN und durch Abnäher im Rückteil entfernt werden kann (der vordere Taillenabnäher ist bereits berücksichtigt).

12 Aufteilung des Taillenausfalls

Hier:

0 bis 2 cm	SN	2× 1 cm	=	2,0 cm
1 bis 3 cm	shAbl		=	2,0 cm
2 bis 4 cm	hAbl		=	2,8 cm
∑ = Kontrolle TaAf			=	6,8 cm

13 Hintere Taillenabnäher

39 Taillierung an der Seitennaht,

40 den seitlichen hinteren Abnäher (shAb) sowie

41 den hinteren Abnäher (hAb) zur BrL und nach unten zeichnen.

14 Hüftausfall im VT

Bei diesem Schnitt wird ein Hüftausfall (HüAf), eine besondere Art des Abnäherinhalts, bis zum Saum gezeichnet, **da ansonsten das Vorderteil im Bereich der Hüfte zu weit wäre.**

Hüftausfall (HüAf)
= vAbl − 2 cm
= 3,2 cm − 2 cm
= **1,2 cm**

42 Den **HüAf** senkrecht bis zur Saumlinie zeichnen.

Ist der Hüftausfall kleiner als 0,5 cm, wird er nicht gezeichnet.

Liegt er zwischen 0,5 und 1 cm kann er ggf. vernachlässigt werden.

Entsteht bei der Berechnung ein Minusbetrag, wird kein Hüftausfall gezeichnet.

In allen diesen Fällen, entsteht der taillierte **Oberteil-Grundschnitt ohne Hüftausfall** auf **Seite 186**.

15 Hüft-Fehlbetrag (HüFb)

43 vHüB und hHüB (ohne Hüftausfall) messen, addieren = **HüB** und in der Konstruktionstabelle (siehe rechts) den **HüFb** berechnen:

Hüft-Fehlbetrag (HüFb)
= HüB − ½ HüW
= 44,9 cm − 50,5 cm
= −5,6 cm → **5,6 cm** **½ = 2,8 cm**

Beträgt der Hüft-Fehlbetrag **weniger als 2 cm**, ist der HüU **unterproportional.** Beträgt der HüFb **mehr als 8 cm**, ist der HüU **überproportional.** In beiden Fällen könnte es sich um ein Figurproblem handeln (siehe Band 2).

44 Jeweils den **halben HüFb (hier 5,6 cm : 2 = 2,8 cm)** an den Seitenlinien in Hüfthöhe ausstellen.

45 Hüftbögen formen und die Seitennähte weiter senkrecht nach unten zur Saumlinie zeichnen.

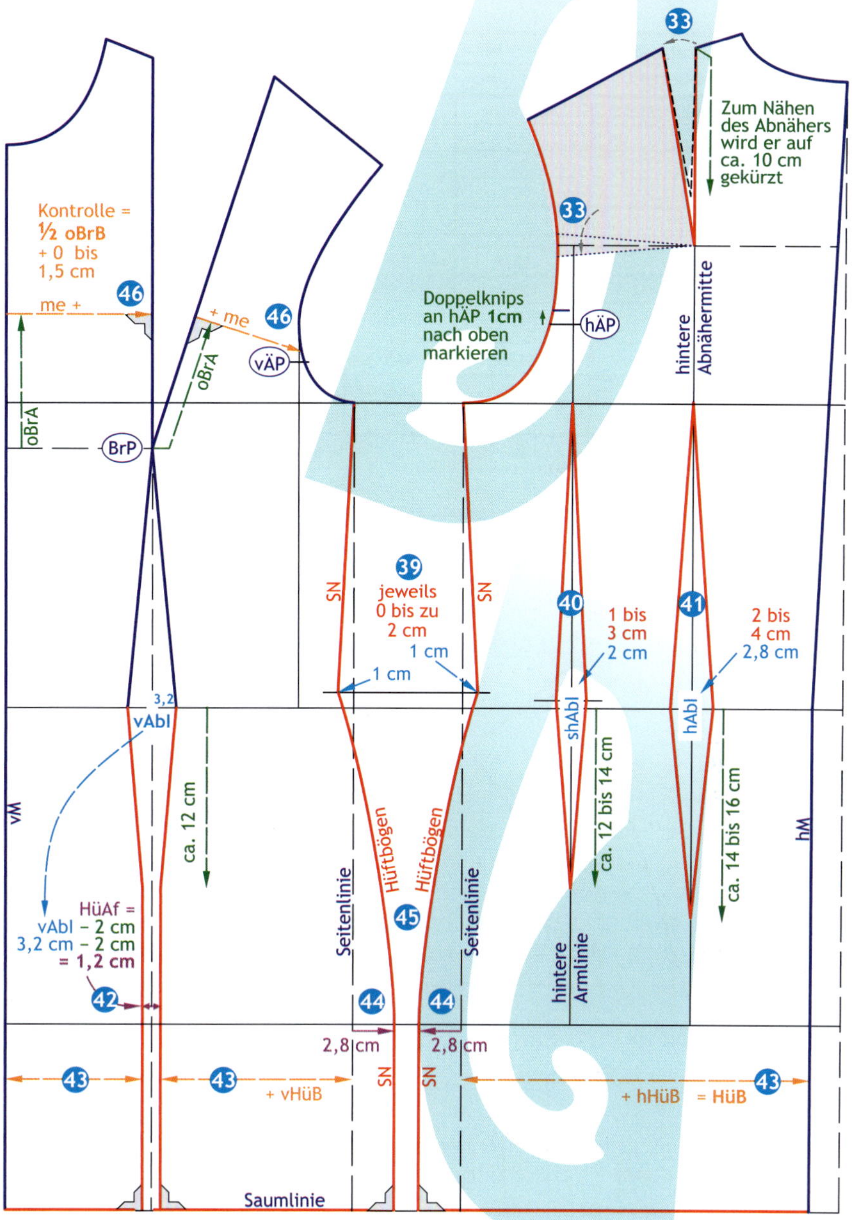

□8c Taillierung, Hüftausfall und Hüftbögen

TaAf	Taillenausfall
HüFb	Hüftfehlbetrag

gemessene TaB	42,8	− ½ TaW	36	=	6,8
gemessene HüB	44,9	− ½ HüW	50,5	=	-5,6

Kontrolle der Oberbrustbreite

46 Die Strecke zwischen vM und Armloch messen und mit der hal-ben Oberbrustbreite vergleichen.

Bei unerwünschter Mehrweite kann diese dort z.B. durch eine Englische Naht reduziert werden (siehe S. 376).

Kontrolle des Armlochumfangs

Beide Armlochkurven messen und addieren. Hiervon den am Körper gemessenen **Armansatzumfang (AraU)** abziehen. Die Differenz ist die **Mehrweite im Armloch**. Sie sollte mindestens dem **ein- bis zweifachen der Zugabe zur AlT** entsprechen (siehe Auszug der Konstruktionstabelle unten).

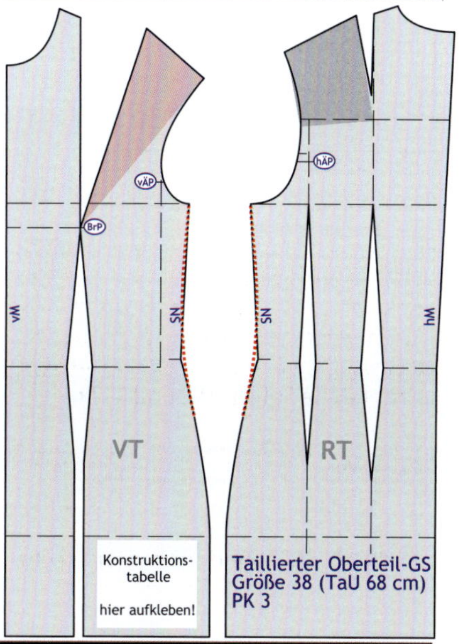

Mehrweite im Armloch	vAlU 22,5	+ hAlU	24,8	− AraU	44,5	=	2,8
Sollwert der Mehrweite	= 2 · Zugabe zur AlT	(Toleranz +2 cm bis −1 cm)			=	2,6	Nur bei Oberteilen mit Brustabnäher!

Taillierter Oberteil-Grundschnitt ohne Hüftausfall für Figuren mit stärkerer Taille (hier mit dem TaU aus der Größentabelle)

Konstruktionstabelle alle Maßangaben in cm **Oberteil**		Name							Größe	*38*	
		Datum				Modell	*taillierter Oberteil-GS*		PK	*3*	
	Hauptmaße (Kennmaße)	Körpermaße		Zugaben		Proportionsmaße (Konstruktions-, Kontrollmaße)					
KöH	Körperhöhe	*168*									
BrU	Brustumfang	*88*	+	*6*	=	BrW	*94*	½	*47*		
TaU	Taillenumfang	*72*	+	*4*	=	TaW	*76*	½	*38*		
HüU	Hüftumfang	*97*	+	*4*	=	HüW	*101*	½	*50,5*		
AlT	Armlochtiefe	*20,1*	+	*1,3*	=	AlT+	*21,4*				
HüT	Hüfttiefe	*21*				MoL	Modelllänge		*95*		
BrT	Brusttiefe (ab Schulter)	*28,1*				HlB	Halslochbreite		*6,5*		
RüB	Rückenbreite (½)	*16,5*	+	*0,5*	=	RüB+	*17*				
ArD	Armdurchmesser	*9,3*	+	*1,5*	=	ArD+	*10,8*	¼	*2,7*	⅓	*3,6*
BrB	Brustbreite (½)	*18,2*	+	*1*	=	BrB+	*19,2*				
	Kontrolle: Σ = ½ BrU	*44*	+	*3*	=	½ BrW	*47*				

□1 Ausschnitt aus der Konstruktionstabelle (TaU der Größe 38 nach der Größentabelle)

Dieser Grundschnitt ist eine Weiterentwicklung aus dem taillierten Oberteil-GS von Seite 184 (bis Schritt **9**, **P31**). Abbildungen des genähten Grundschnitts sind auf Seite 187 **□1**.

Der Unterschied zum vorhergehenden Grundschnitt mit Hüftausfall ist lediglich die **Art der Taillierung**. Diese hier gezeigte Taillierung entsteht beim vorhergehenden Schnitt ohnehin (ab **P31**), sobald die Figur einen größeren Taillenumfang besitzt (hier 72 cm). Dabei entfällt der Hüftausfall automatisch.

Man konstruiert bis **P31** auf vorhergehenden Seiten und fährt hier fort:

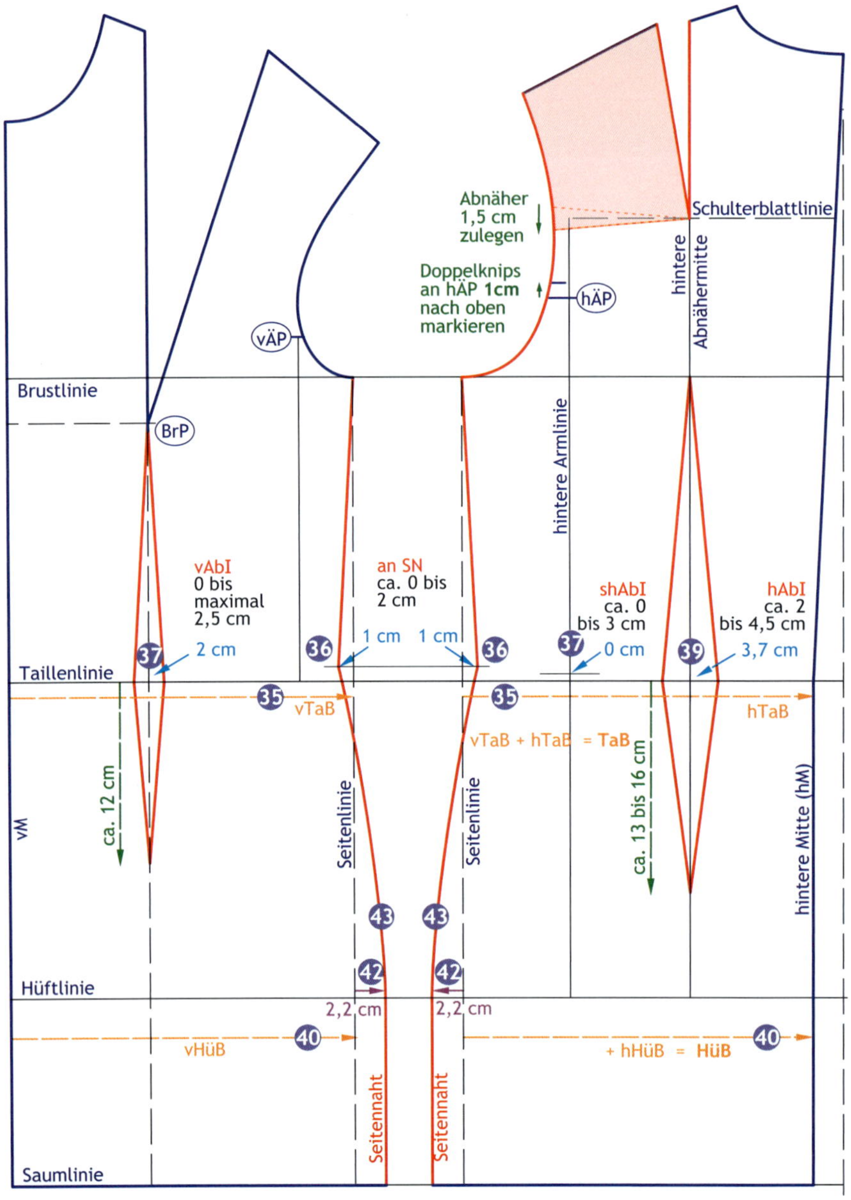

□2 Taillierung am Oberteil-GS ohne Hüftausfall

9 Einfache Taillierung

(35) **□2** Die Abstände an der Taillenlinie von der vM zur Seiten-linie messen = vTaB und von der Seitenlinie zur hM messen = hTaB.

(41) Beide addieren = Taillenbreite (TaB) (Breite an der Taille) und den Taillenausfall in der Konstruktionstabelle berechnen (s. unten):

Taillenausfall (TaAf)
= TaB − ½ TaW
= 46,2 cm − 38,5 cm
= **7,7 cm**

Der Ausfallbetrag wird an verschiedene Stellen verteilt.

Die Taille an den Seitenlinien um 1 cm erhöhen und dort jeweils 0 bis 2 cm einstellen und die oberen Seitennähte (SN) gerade zu den Armlöchern zeichnen. Den Taillen-ausfall auf die entsprechenden Abnäherpositionen am Schnitt ver-teilen und die Abnäher zeichnen.

Bei diesem Beispiel:

(36)	SN	2× 1 cm	=	2 cm
(37)	vAbI		=	2 cm
(38)	optional shAbI	hier	=	0 cm
(39)	hAbI		=	3,7 cm
	Summe des Ausfalls		=	**7,7 cm**

10 Hüftweite und Seitennaht

(40) vHüB und hHüB messen und addieren = Hüftbreite (HüB).

(41) Den Hüftfehlbetrag in der Konstruktionstabelle berechnen:

Hüft-Fehlbetrag (HüFb)
= HüB − ½ HüW
= 46,5 cm − 51 cm
= − 4,5 cm → 4,5 cm ½ = 2,2 cm

(42) Jeweils den **halben HüFb (hier 2,2 cm)** an den Seitenlinien ausstellen.

(43) Hüftbögen formen, dann die Seitennähte nach unten senkrecht zur Saumlinie zeichnen.

(41)

TaAf	Taillenausfall	gemessene TaB	46	− ½ TaW	38	=	8
HüFb	Hüftfehlbetrag	gemessene HüB	46,5	− ½ HüW	50,5	=	-4

Nahtgestaltung und Zuschnitt für die Anprobe
Für taillierte Oberteil-Grundschnitte ohne und mit Hüftausfall

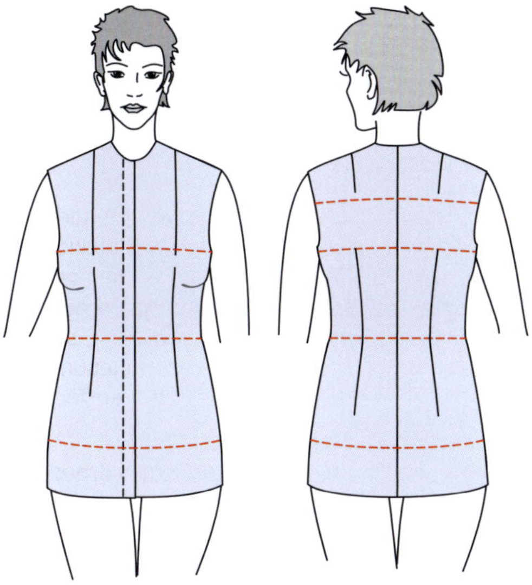

□1 Taillierter Oberteil-GS ohne Hüftausfall zur Anprobe aus Nessel

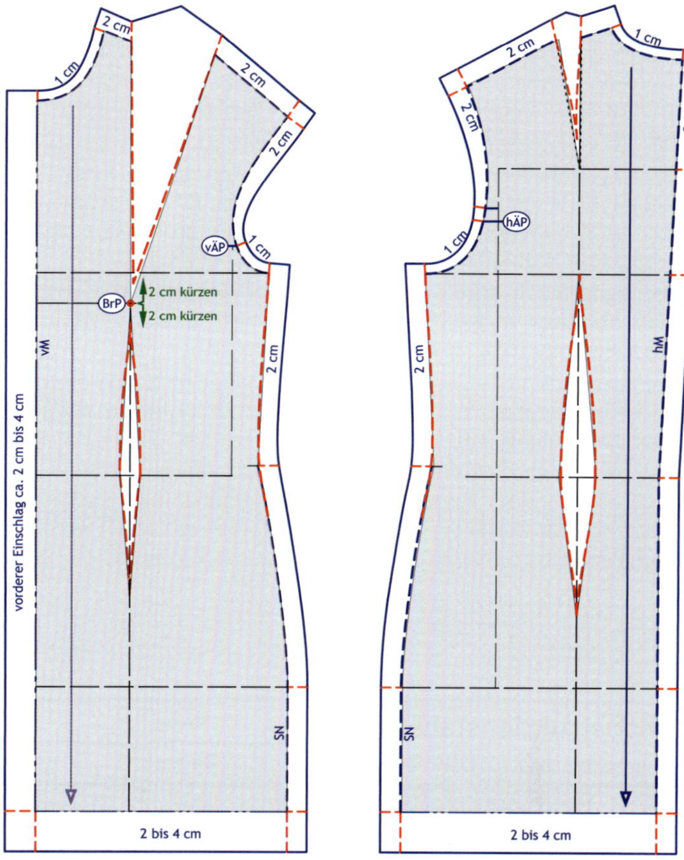

□2 Zuschnitt mit gekürzten und geformten Abnähern

□2 Brust-, Taillen- und Schulterabnäher um 2 cm an der Spitze kürzen und separat nähen. Den Brustpunkt zur Kontrolle ggf. mit einem Bohrloch markieren.

□2+4 Alle Abnäher und Seitennähte wie skizziert formen, um harte Ecken an der Taille zu vermeiden. Diese würden ansonsten Stressfalten am Stoff erzeugen.

Das VT wird bei der Anprobe an der vM zugesteckt und daher mit einem **Einschlag** für die Übertrittseite versehen.

Nahtzugaben nicht am Schnitt, sondern für eine erste Anprobe mit Hilfe der Schablone wie skizziert direkt auf die linke Seite des Stoffs anzeichnen. Außerdem sollten alle Proportionslinien (auch die vM) auf die rechte Stoffseite übertragen werden, um bei der Anprobe den korrekten Verlauf kontrollieren zu können.

Saumeinschläge werden zwischen 2 cm und 4 cm Breite angezeichnet.

□4 Im VT werden hier die Abnäher in einer Englischen Naht (S. 376 ff) aufgenommen.

Das RT ist hier mit einer Flankennaht geteilt (Seite 388 ff). Das Flankenteil sollte wie skizziert optimiert werden, um Schrägzüge unter dem Arm zu verhindern. Darauf kann bei einer Grundschnitt-Anprobe auch verzichtet werden. Im RT könnte auch eine Englische Naht gestaltet werden (Seite 376 ff).

Lange Oberteil-Grundschnitte können an allen Nähten (außer an der hM-Naht) bis zu 1 cm ausgestellt werden. Dadurch wird der Fall etwas besser.

Schrägzüge unter dem Arm zu verhindern. Darauf kann bei einer Grundschnitt-Anprobe auch verzichtet werden. Im RT könnte auch eine Englische Naht gestaltet werden (Seite 376 ff).

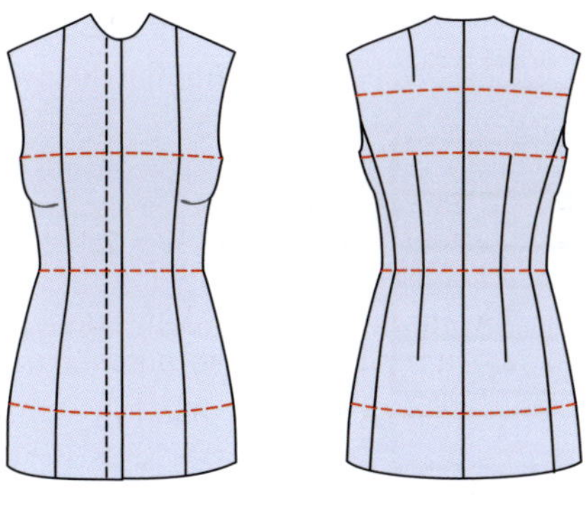

□3 Taillierter Oberteil-GS mit Hüftausfall zur Anprobe aus Nessel

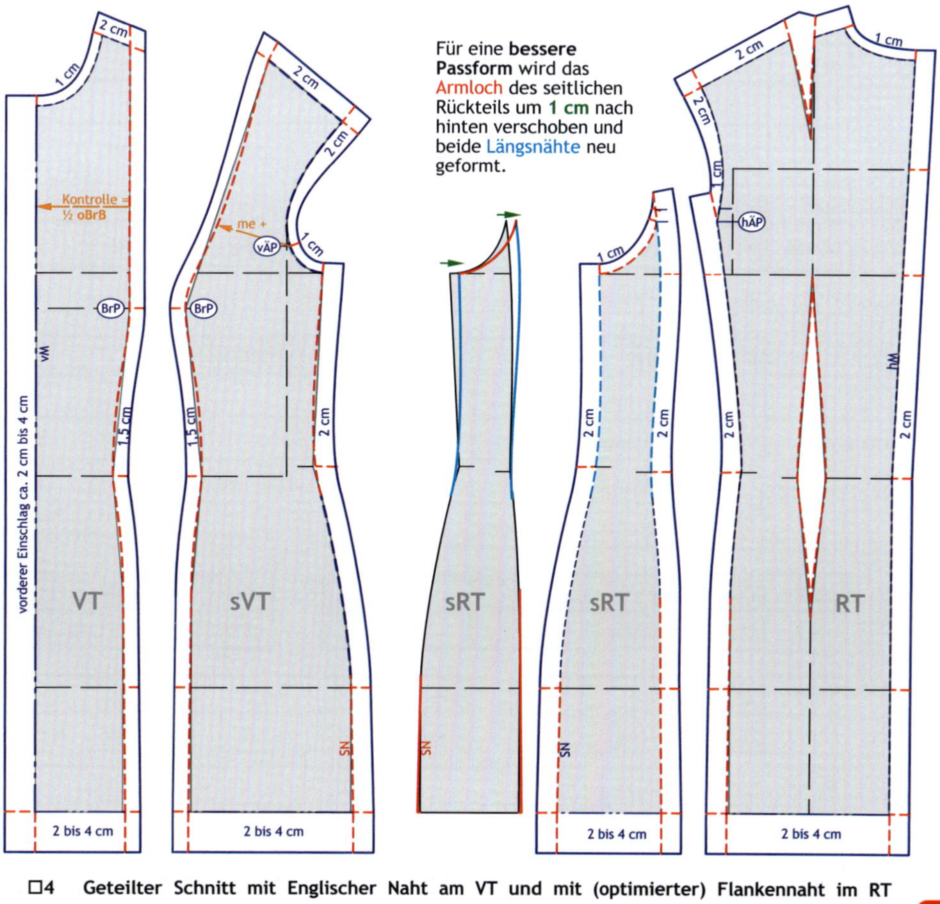

□4 Geteilter Schnitt mit Englischer Naht am VT und mit (optimierter) Flankennaht im RT

Enger Oberteil-Grundschnitt für elastische Materialien (1) mit und ohne Brustabnäher

UNISEX

Dieser taillierte Oberteil-Grundschnitt kann an der Brust **körpernah** sitzen. Das ist aber nur dann möglich, wenn die Kleidungstücke **aus elastischem Material** (Maschenware) hergestellt werden (ab Passformklasse 0).

Beim **Grundschnitt ohne Brustabnäher** können im Vorderteil am Armloch unschöne Falten entstehen. Er wird schmalen, gut proportionierten Figuren mit kleiner Brustgröße ohne größere Probleme passen.

Bei Figuren mit starker Brust sollte der **Grundschnitt mit Brustabnäher** verwendet werden, auch immer dann, wenn das Kleidungsstück am Armloch eng sitzen soll.

Der Grundschnitt eignet sich für körpernahe Shirts und einige Wäscheartikel. Er kann auch als Grundschnitt für enge Sportbekleidung, z.B. Tanztrikots dienen.

Für extrem enge Oberteile kann der enge Schnitt zusätzlich **weitenreduziert** werden. Die materialabhängige Reduzierung muss durch ein geeignetes Verfahren ermittelt werden (siehe auf Seite 518).

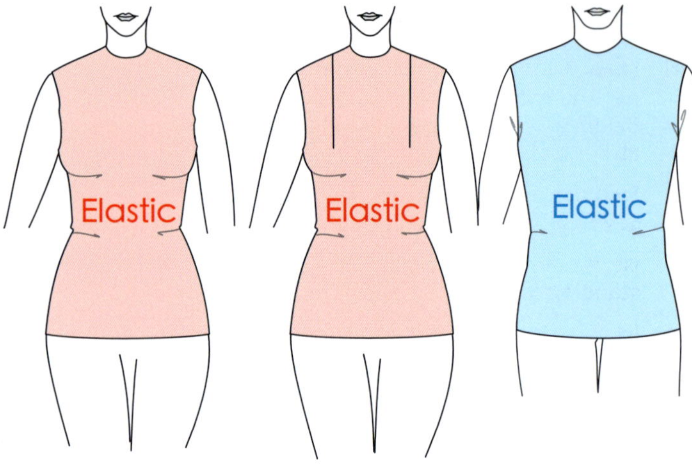

□1d UNISEX: Enger Oberteil-GS für elastische Materialien mit und ohne Brustabnäher

Konstruktionstabelle alle Maßangaben in cm **Oberteil**	Name			Größe	38
	Datum		Modell	enger Oberteil-GS	PK 1

	Hauptmaße (Kennmaße)	Körpermaße		Zugaben		Proportionsmaße (Konstruktions-, Kontrollmaße)			
KöH	Körperhöhe	168							
BrU	Brustumfang	88	+	2	=	BrW	90	½	45
TaU	Taillenumfang	72	+	---	=	TaW	72	½	36
HüU	Hüftumfang	97	+	0	=	HüW	97	½	48,5

AlT	Armlochtiefe	20,1	+	0,5	=	AlT+	20,6	
HüT	Hüfttiefe	21				MoL	Modelllänge	75
BrT	Brusttiefe (ab Schulter)	28,1				HlB	Halslochbreite	6,5

RüB	Rückenbreite (½)	16,5	+	0,1	=	RüB+	16,6				
ArD	Armdurchmesser	9,3	+	0,3	=	ArD+	9,6	¼	2,4	⅓	3,2
BrB	Brustbreite (½)	18,2	+	0,6	=	BrB+	18,8				
	Kontrolle: Σ = ½ BrU	44	+	1	=	½ BrW	45				

SuB	Schulterbreite	12,2	+	0	=	SuNL	12,2
hSuNL	hintere Schulternahtlänge	SuNL + Einhalteweite 0,5 cm bis 1 cm	+	0,2	=	hSuNL	12,4
SuWi	Schulterwinkel (in Grad, °)	20° − Auflockerung	−	---	=	SuWi	20°

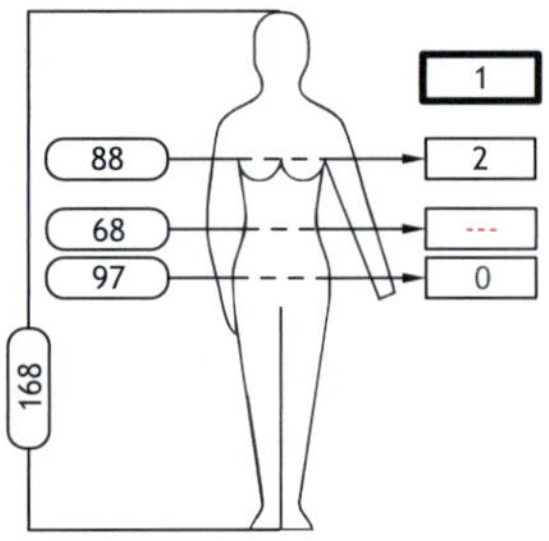

	Balancemaße		Korrekturen			Konstruktionsmaße	
RüL	Rückenlänge (waagerechte Taille)	41,6	±	---	=	RüL	41,6
VL	Vorderlänge (waagerechte Taille)	45,3	±	---	=	VL	45,3
Differenz VL – RüL =	individuelle Balance =	3,7	korrigierte Balance =				3,7
Bal	optimale Balance aus Maßtabelle	3,5	Optimale und korrigierte Balance müssten jetzt sehr ähnlich sein. (± 1 cm Toleranz, nur wenn kein Figurproblem zu beobachten ist)				

Die Differenz von 0,2 cm zwischen individueller und optimaler Balance liegt innerhalb der Toleranz und wird vernachlässigt.
Somit werden die RüL und die VL unkorrigiert verwendet.

oBrB	Oberbrustbreite (½)	---	uBrU	Unterbrustumfang (½)	---
oBrA	Oberbrustabstand	---	uBrA	Unterbrustabstand	---

TaAf	Taillenausfall	gemessene TaB	44,3	– ½ TaW	36	=	8,6
HüFb	Hüftfehlbetrag	gemessene HüB	43,8	– ½ HüW	48,5	=	-4,7

Diese Berechnungen werden erst im Laufe der Konstruktion vorgenommen.

Mehrweite im Armloch	vAlU	+ hAlU	– AraU	=
Sollwert der Mehrweite	= 2 · Zugabe zur AlT	(Toleranz +2 cm bis –1 cm) =		Nur bei Oberteilen mit Brustabnäher!

□2 Konstruktionstabelle für den engen Oberteil-GS in PK1

179

1 Checkliste

- ☒ Sind die VL und die RüL kontrolliert und stehen in der optimalen Balance? (Siehe in der Maßtabelle ab Seite 19)
- ☒ Sind die richtigen Zugaben für die gewünschte Passform gewählt?
- ☒ Ist die Konstruktionstabelle vollständig ausgefüllt?
- ☒ Ist die Summe der BrU-Maße in der Konstruktionstabelle kontrolliert?

2 Konstruktion

Die Grundlage der Konstruktion ist auch hier **das Grundgerüst** von Seite 179 bis 181 **mit der geraden hinteren Mitte (P9).** Die Konstruktionsvorschrift ist prinzipiell für alle Größen mit der Passformklassen ab **PK 0** zu verwenden.

Der Schnitt ist für Figuren mit großem Busen allerdings nur mit Brustabnäher geeignet.

Die Konstruktion des Grundgerüsts erfolgt (ab Seite 179) **mit den Maßen aus der entsprechenden Konstruktionstabelle** (hier links) bis **Punkt24**. Dann geht es hier weiter.

Der Schnitt wird nur bis zur Hüftlinie gezeichnet. Selbstverständlich kann er auch länger konstruiert werden (siehe Seite 190) oder aber nach Fertigstellung der Konstruktion weiter verlängert werden.

3 Taillierung und Hüfte

□3 Dieser Grundschnitt wird nur an der Seite stark tailliert.

1 Die vTaB und hTaB messen, addieren und den Taillenausfall in der Konstruktionstabelle berechnen.

Taillenausfall (TaAf)

=	vTaB + hTaB	– ½ TaW
=	44,6 cm	– 36 cm
=	**7,8 cm**	

2 Den halben Ausfallbetrag an der erhöhten Taillenlinie jeweils nach innen abgetragen.

3 Die vHüB und hHüB messen, addieren und den Hüftfehlbetrag in der Konstruktionstabelle berechnen.

Hüft-Fehlbetrag (HüFb)

=	vHüB + hHüB	– ½ HüW
=	43,8 cm	– 48,5 cm
=	– 4,7 cm → **4,7 cm**	½ = 2,4 cm

4 **□3+5** Den halben Fehlbetrag in Hüfthöhe jeweils an den Seitenlinien hinzu geben.

5 Obere Seitennaht zunächst gerade zeichnen und die untere Seitennaht als Hüftbogen formen.

6 Den Saum rechtwinklig vom Hüftbogen aus auf die hM zeichnen.

Der hierzu passende Enge Ärmel ist ab Seite 200 beschrieben.

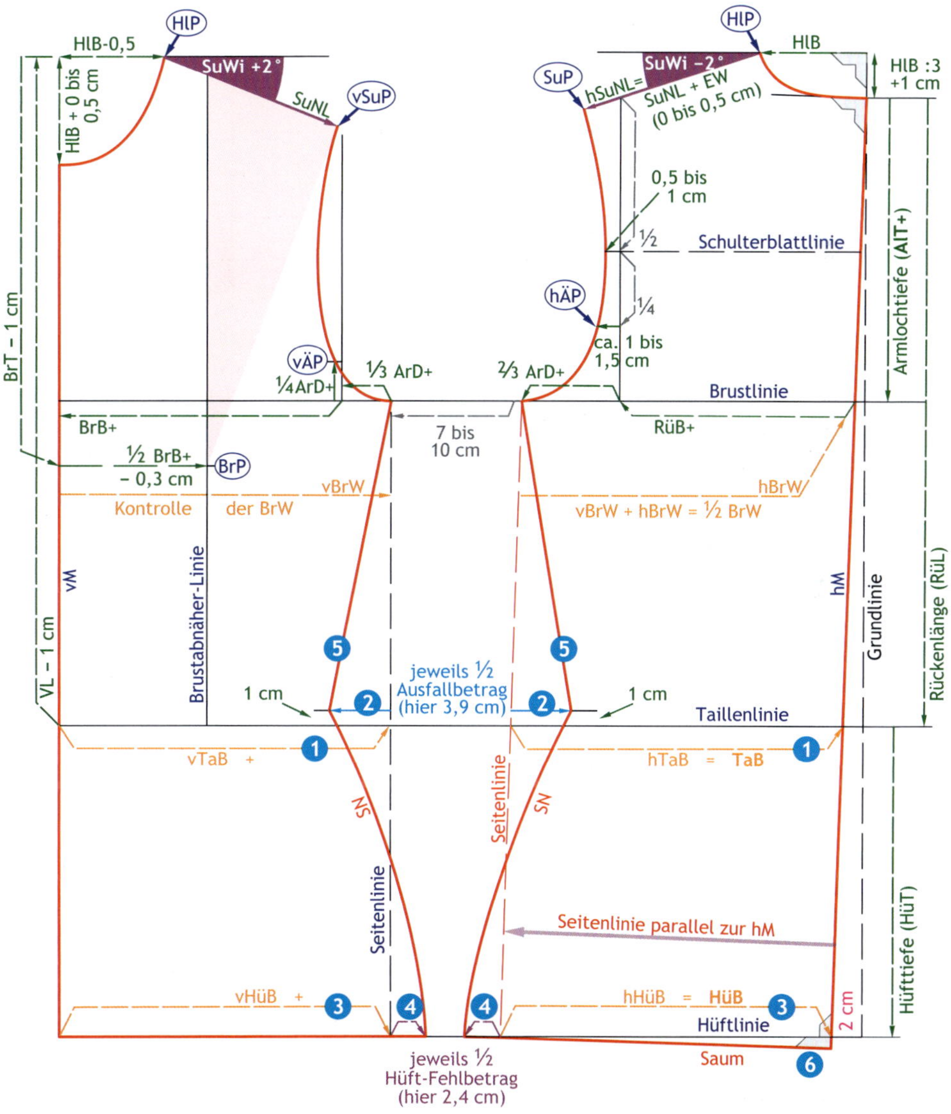

□3 Konstruktion ohne Brustabnäher

Enger Oberteil-Grundschnitt für elastische Materialien (3) mit und ohne Brustabnäher

Hier sind beide **möglichen Konstruktionsvarianten** eines Vorderteils nebeneinander dargestellt. Man sieht am VT ohne Brustabnäher deutlich das höhere Armloch. Die Modelllänge kann jeweils beliebig gewählt werden.

Die Rückteile für beide Varianten sind identisch.

Der hierzu passende Ärmel wird ab Seite 200 beschrieben.

Figuren mit starker Brust haben eine größere VL und hätten damit ein höheres vorderes Armloch. Daher und wegen der starken Brustwölbung entstehen dort meist unschöne Querfalten, die auf die Brust hin zulaufen. Die Passform ist deshalb nur bei Figuren mit flacher Brustwölbung akzeptabel.

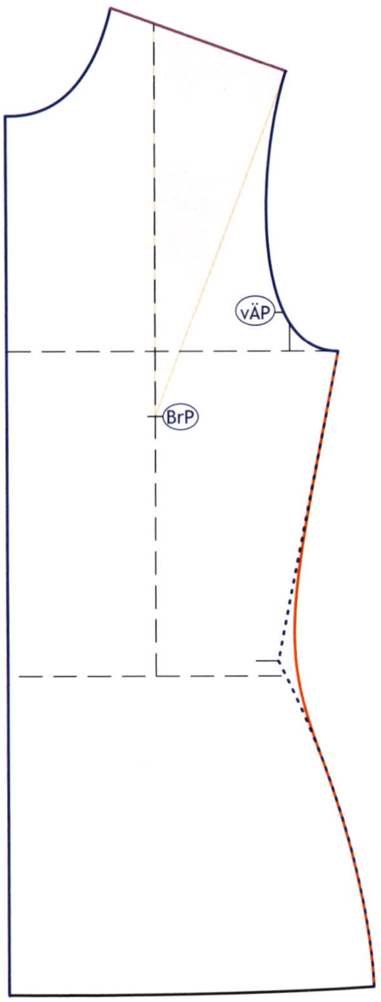

□4 VT ohne Brustabnäher

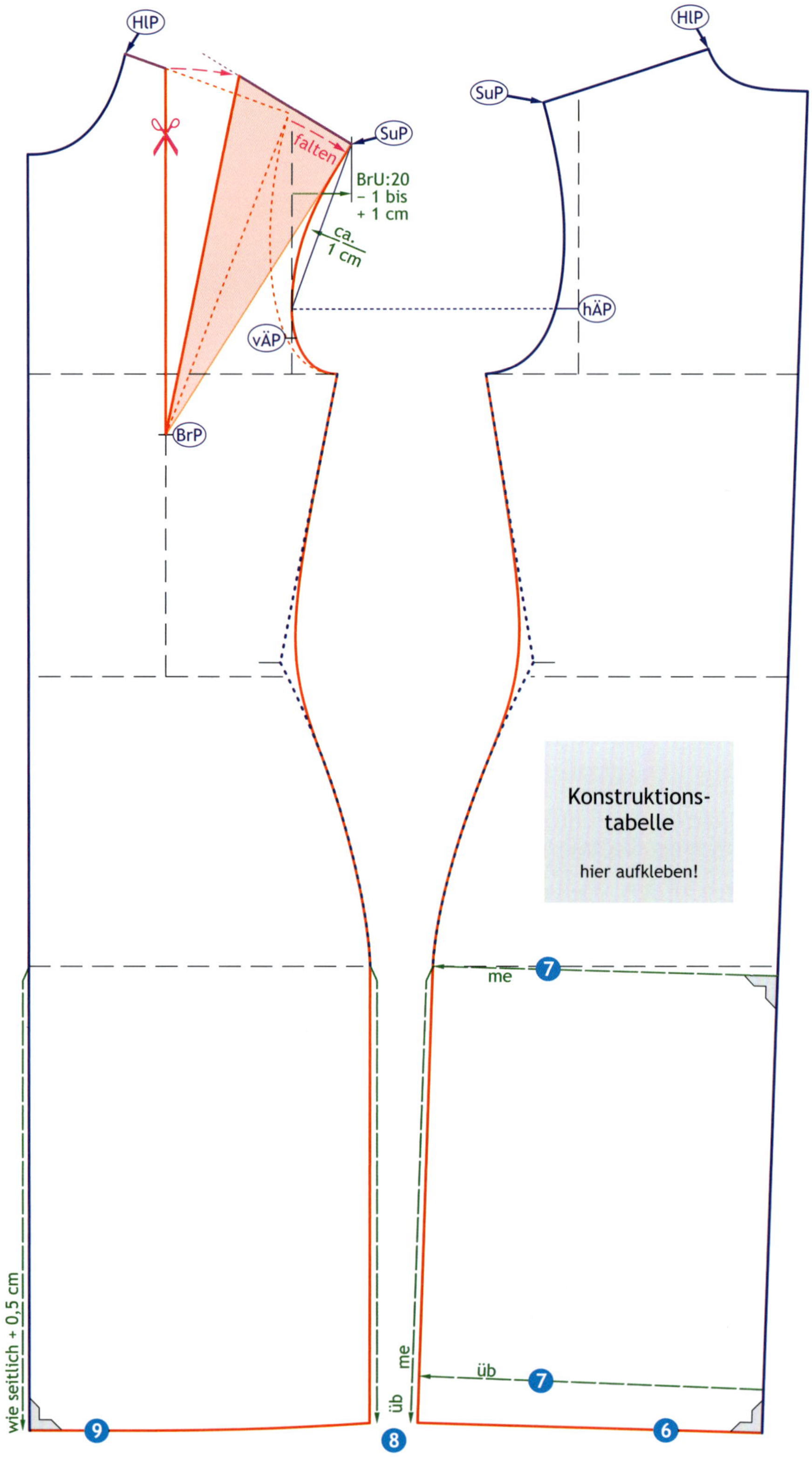

□5 VT mit Brustabnäher und verlängert zu einem Kleid

4 Saumverlauf

6 **□5** Der Schnitt wird auf die benötigte Länge gebracht, unabhängig davon, in welcher Länge der Schnitt benötigt wird. Der hintere Saum wird immer rechtwinklig zur hM gezeichnet.

7 Unterhalb der Hüfte verläuft eine verlängerte hintere Seitennaht parallel zur hinteren Mitte.

8 Die Seitennähte werden auf die gleiche Länge gebracht.

9 Den vorderen Saum an der vM um 0,5 cm verlängern und wie skizziert formen.

Grundschnitt-Vergrößerungen (1) ein Prinzip für alle Oberteil-Grundschnitte
Armloch-Vertiefung und -Verbreiterung

Mit dieser einfachen Grundschnittvergrößerung können aus einem engen taillierten Kleider-Grundschnitt **taillierte Blusen-, Jacken- oder Mantel-Grundschnitte** erstellt werden (erfolgt identisch für einen Schnitt mit Hüftausfall identisch!). Eine gründliche Schnittvergrößerung siehe ab Seite 195.

Zusätzliche Mehrweite ist dann notwendig, wenn weitere Kleidungsstücke wie Blusen, Shirts, Pullover, Westen, usw. unter dem Kleidungsstück getragen werden sollen.

Es verändert sich die Passformklasse. Die Konfektionsgröße bleibt. Die Brust-, Taillen- und Hüftweiten sowie die Tiefe des Armlochs werden vergrößert.

Bei einer starken Vergrößerung, z.B. zu einem weiten Jacken- oder Mantelgrundschnitt, wäre eine Armlochauflockerung zumindest im Vorderteil günstig, wie sie auf den folgenden Seiten gezeigt wird.

Durch die **Armloch-Verbreiterung, hier um 2 cm,** vergrößert sich die **Brustweite** um 4 cm. So wird aus dem Grundschnitt mit PK 3 ein Grundschnitt mit **PK 5**.

Durch die **Armloch-Vertiefung,** hier um 1,5 cm vergrößert sich die **Armlochtiefe** (AlT) um 1,5 cm.

Die gewünschte neue Passformklasse kann in der Tabelle der Passformklassen auf Seite 176 bestimmt und die neuen Zugaben in der Zugabentabelle ausgewählt werden. Die Änderungswerte ergeben sich aus den Differenzen der jeweiligen Zugaben (siehe auch Seite 194).

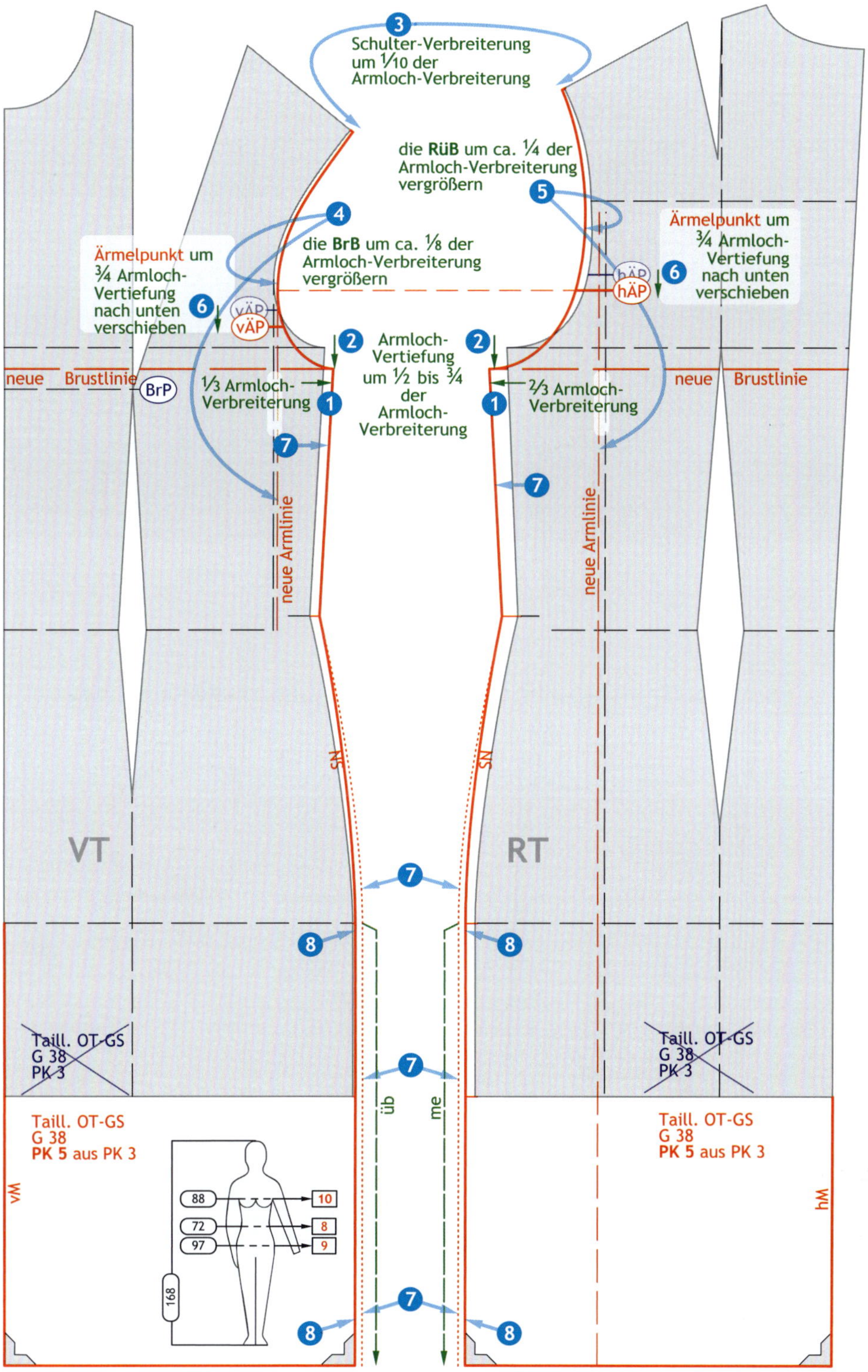

□1 Einfache Grundschnitt-Vergrößerung.

Ärmelanpassung für das vertiefte Armloch siehe Seite 212.

1 Armloch-Vertiefung und Armloch-Verbreiterung

1. Das Armloch kann je nach gewünschter Passformklasse an der Seitennaht um insgesamt 1 bis 6 cm verbreitert werden: **⅓ am VT** und **⅔ am RT**.

Die **Passformklasse** (PK) vergrößert sich um **einen Punkt pro 1 cm** der Armloch-Verbreiterung. Am halben Grundschnitt vergrößert sich die **halbe Brustweite** dabei ebenfalls um 1 cm. Am ganzen Schnitt also um den doppelten Betrag.

2. Das Armloch um ca. ½ bis ¾ der Armloch-Verbreiterung vertiefen; die AlT wird größer.
3. Schulter-Verbreiterung um 1⁄10 der Armloch-Verbreiterung.
4. Beim Formen der **neuen Armlöcher** die BrB um ca. ⅛ der Armloch-Verbreiterung
5. und die RüB um ca. ¼ der Armlochverbreiterung vergrö-ßern. Dabei können auch die Armlinien verschoben werden.
6. Beide Ärmelpunkte um ¾ der Armloch-Vertiefung nach unten verschieben.

2 Seitennähte und Hüftweite

7. Die neuen Seitennähte parallel zu den alten Seitennähten zeichnen (gepunktete Linie), Nahtlängen kontrollieren.
8. Die Hüftweite kann **nach der Verbreiterung** wieder reduziert werden (hier an der Seitennaht um 0,5 cm, das sind insgesamt 2 cm Reduzierung). Die Taillenweite sollte - wenn notwendig - nur an den Abnähern reduziert oder erweitert werden.

Grundschnitt-Vergrößerungen (2) mit gerader hM und Seitennaht für legere Blusen-, Kleider- und Jacken-Modelle ohne Taillierung

Hier wird ein **legerer** „kastenförmiger" **Oberteil-Grundschnitt** mit geraden Seitennähten und hM entwickelt. **Die Taillen-, Hüft- und Saumweite werden zusätzlich vergrößert.**

Die Armlochvertiefung und Armloch-Verbreiterung ist ausführlich auf den Seiten 212 und 217 dargestellt.

1 Armloch-Auflockerung

Das Armloch erhält Mehrlänge. Es liegt damit weniger eng am Körper an. Dabei verkleinern sich Brust- und Schulterabnäher.

Die Armlochauflockerung mit der ggf. notwendigen Ärmelanpassung ist ausführlich **auf Seite 217 beschrieben.**

1. Armloch moderat oder maximal öffnen, dabei den Brustabnäher schließen.
2. Hinten weniger als vorne auflockern. Restlicher Schulterabnäher wird genäht oder verbleibt wie hier als Schulterverbreiterung.
3. Die vordere Schulternaht anpassen.
4. Neue Armlöcher ungefähr über die Öffnungsmitten neu formen.

2 Geradestellung der hM und SN

5. □4 Die Länge der hM bestimmen und gerade über die Hüfte zeichnen.
6. Den Saum abwinkeln.
7. Die Mitten der hinteren Abnäher und die SN parallel zur hM zeichnen.
8. □2-4 Sämtliche Taillenabnäher **reduzieren** oder streichen.
9. □4 Beim VT maximal den halben Hüftausfall an der SN entfernen.
10. Das RT an der Hüfte 1 cm weiter.
11. Die geraden neuen SN über P9 und P10 zum Saum zeichnen. Optional anschließend eine **leichte Taillierung der SN** (hier gestrichelt) formen.
12. Die Längen der neuen SN kontrollieren und angleichen.

Die Optimierung des Saums wird auf folgender Seite gezeigt.

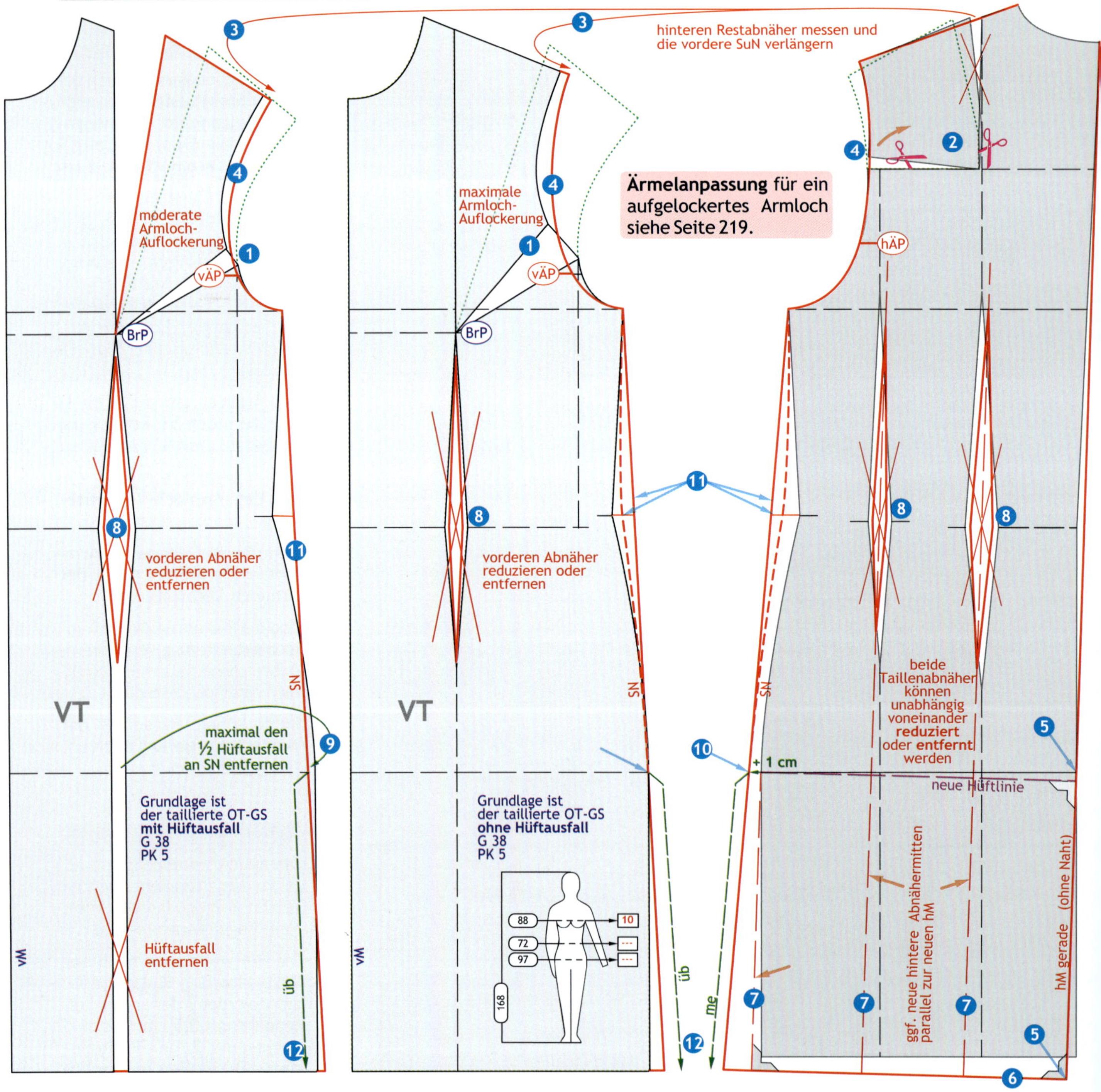

□2 Geradestellen der SN am vordern Oberteil-Grundschnitt mit Hüftausfall ergibt mehr TaW, ohne die HüW zu vergrößern

□3 Geradestellen der SN am vorderen Oberteil-Grundschnitt ohne Hüftausfall erzeugt mehr TaW, ohne die HüW zu vergrößern

□4 Geradestellen der hM und der SN am hinteren Oberteil-Grundschnitt erzeugt mehr TaW und etwas mehr HüW am RT.

Grundschnitt-Vergrößerungen (3) alle Vergrößerungen auf einen Blick für legere Kleider-, Blusen-, Westen-, Jacken- und Mantel-Modelle

Alle Grundschnitt-Vergrößerungen auf einen Blick für einen legeren Schnitt in PK 7 aus dem engen Kleider-Grundschnitt in PK 3.

1 Armloch-Auflockerung

❶ Das vordere Armloch knapp oberhalb des Ärmelpunktes zum BrP einschneiden und wie gewünscht öffnen.

❷ Am RT an der Schulterblattlinie eingeschneiden und öffnen. In den Beispielen hier werden die Abnäher komplett geschlossen.

2 Schulterverbreiterung

❸ Vor dem Einzeichnen der Armlöcher die Schulter am VT um 1/10 Armloch-Verbreiterung verbreitern.

❹ Die hintere Schulternahtlänge angleichen. Sie entspricht der vorderen SuNL + Einhalteweite (0,5 bis 1 cm).

3 Armlöcher neu zeichnen

❺ Die Brustbreite um mind. 1/8 Armloch-Verbreiterung am vorderen Armloch ausstellen (hier ergibt sie sich, bei der Formung über die Mitte der Öffnung).

❻ Durch das Öffnen am Armloch entsteht automatisch etwas Mehrweite oberhalb der Brust, wenn das neue Armloch über die Mitte der Öffnung verläuft. Das neue Armloch formen.

❼ Am hinteren Armloch wird die **Rückenbreite** vergrößert, wie auf Seite 191 beschrieben, um bis zu 1/4 der Armlochverbreiterung .

❽ Die Ärmelpunkte um 3/4 der Armlochvertiefung nach unten verschieben.

4 Hintere Mitte und Seitennähte

❾ Die hintere Mitte wird gerade gestellt wie auf Seite 192 gezeigt.

❿ Für gerade Seitennähte wird vorne an der Hüfte derselbe Betrag wie am vorderen Armloch ausgestellt und die Naht gerade zum Saum gezeichnet.

⓫ Hinten wird an der Hüfte derselbe Betrag wie am hinteren Armloch + 1 cm ausgestellt und die Naht gerade gezeichnet.

⓬ Die Länge der Seitennähte und den Saum wie auf Seite 192 kontrollieren und zeichnen.

⓭ Eine **leichte Taillierung der SN** (hier gestrichelt dargestellt) erfolgt bei Bedarf erst nach der Geradestellung der SN.

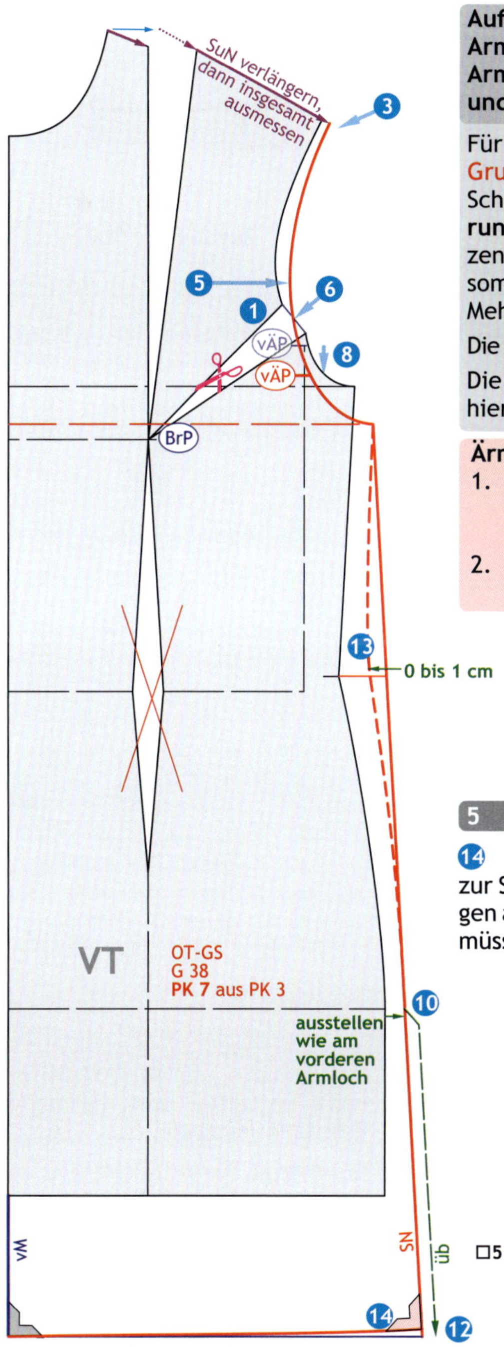

Auflistung der hier verwendeten Armlochvertiefung, Armloch-Verbreiterung und Armloch-Auflockerung

Für den legeren Jacken- bzw. Mantel-Grundschnitt wird hier der halbe Schnitt mit einer **Armlochverbreiterung** von 4 cm erweitert. Für den ganzen Schnitt beträgt die Erweiterung somit ca. 8 bis 8,5 cm, wenn man die Mehrweite an der hM hinzumisst.

Die **Armlochvertiefung** beträgt 2,5 cm.

Die **Armloch-Auflockerung** vorne ist hier 2,5 cm und hinten 1,5 cm.

Ärmelanpassungen

1. für eine **Armloch-Vertiefung** und **Armloch-Verbreiterung** siehe auf Seite 212
2. für eine **Armloch-Auflockerung** siehe auf Seite 217.

5 Optimierung der Saumform

⓮ Die Säume werden rechtwinklig zur SN abgewinkelt, wobei die Kürzungen an VT und RT jeweils identisch sein müssen.

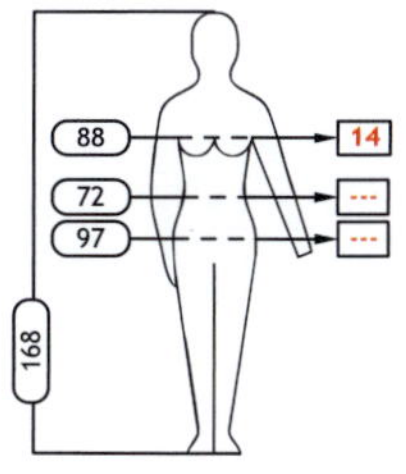

□5 Legerer Jacken-, Mantel-Grundschnitt mit Armloch-Vertiefung, -Verbreiterung und -Auflockerung sowie gerade gestellter Seitennaht

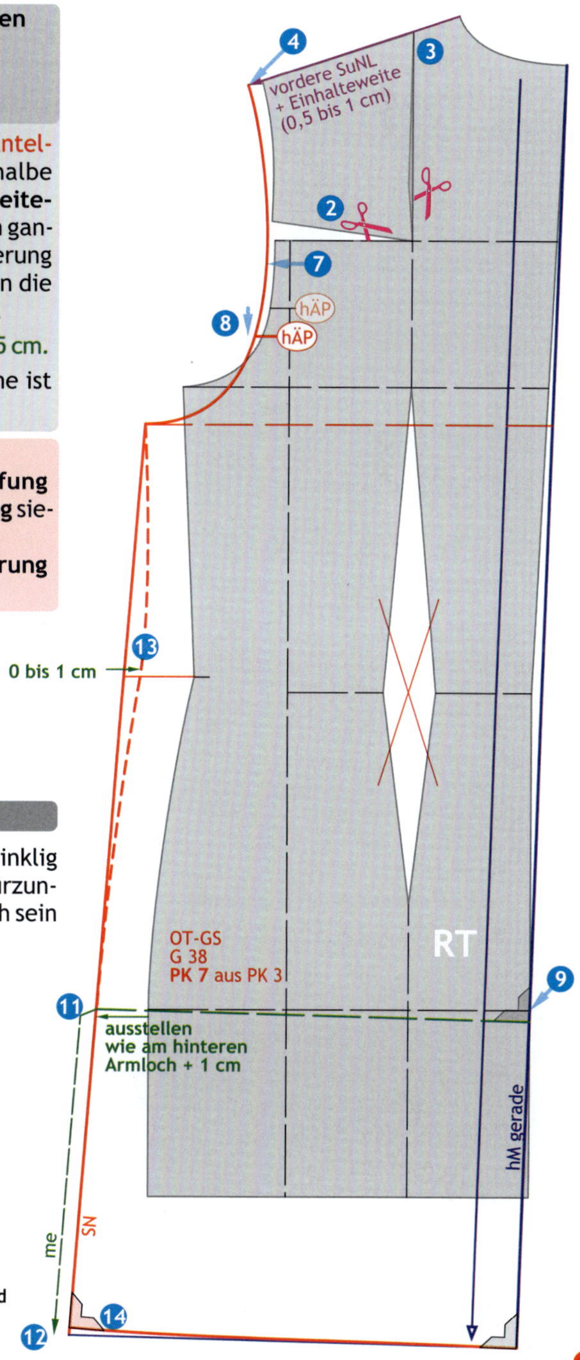

Weite an erprobtem Oberteil-Grundschnitt hinzugeben (1)
Oberteil öffnen, PK 3 nach PK 9 (weiter Mantel-Grundschnitt)

Im Prinzip gibt es **zwei Möglichkeiten**, einen **weiten Oberteil-Grundschnitt** zu erstellen:

1. Man **konstruiert** den gewünschten OT-GS mit den Zugaben der entsprechenden Passformklasse wie auf den vorhergehenden Seiten gezeigt.

2. Man **erweitert** einen erprobten GS zu einem Grundschnitt in benötigter Weite, indem man die fehlende Weite an den Schnittteilen hinzugibt.

Hier wird das Erweitern eines vorhandenen taillierten **Kleider-GS** mit der **Passformklasse 3** zu einem **taillierten Mantel-GS** mit der **Passformklasse 9** gezeigt. Alle anderen Vergrößerungen erfolgen nach demselben Prinzip.

Durch diese Methode erspart man sich eine erneute Konstruktion mit größeren Zugaben und die aufwändige Passformoptimierung. Voraussetzung ist ein optimierter, eng anliegender Oberteil-Grundschnitt

Konstruktionstabelle alle Maßangaben in cm **Oberteil**		Name							Größe	38
		Datum				Modell	*taillierter Oberteil-GS*		PK	*3*
	Hauptmaße (Kennmaße)	Körpermaße		Zugaben		Proportionsmaße (Konstruktions-, Kontrollmaße)				
KöH	Körperhöhe	*168*								
BrU	Brustumfang	*88*	+	*6*	=	BrW	*94*	½	*47*	
TaU	Taillenumfang	*72*	+	*4*	=	TaW	*76*	½	*38*	
HüU	Hüftumfang	*97*	+	*4*	=	HüW	*101*	½	*50,5*	
AlT	Armlochtiefe	*20,1*	+	*1,3*	=	AlT+	*21,4*			
HüT	Hüfttiefe	*21*				MoL	Modelllänge		*95*	
BrT	Brusttiefe (ab Schulter)	*28,1*				HlB	Halslochbreite		*6,5*	
RüB	Rückenbreite (½)	*16,5*	+	*0,5*	=	RüB+	*17*			
ArD	Armdurchmesser	*9,3*	+	*1,5*	=	ArD+	*10,8*	¼ *2,7*	⅓	*3,6*
BrB	Brustbreite (½)	*18,2*	+	*1*	=	BrB+	*19,2*			
	Kontrolle: Σ = ½ BrU	*44*	+	*3*	=	½ BrW	*47*			
SuB	Schulterbreite	*12,2*	+	*0,3*	=	SuNL	*12,5*			
hSuNL	hintere Schulternahtlänge	SuNL + Einhalteweite 0,5 cm bis 1 cm	+	*0,7*	=	hSuNL	*13,2*			
SuWi	Schulterwinkel (in Grad, °)	*20°* – Auflockerung	–	---	=	SuWi	*20°*			

□1 Ausschnitt aus dem Maßsatz des vorhandenen engen Grundschnitts

Zugabentabelle für Oberteil-Konstruktionen (alle Maßangaben in cm)

Passform-Klasse	Zugaben (für den ganzen Schnitt) BrU	TaU	HüU	AlT	BrW-Zugaben (für ½ Schnitt) RüB	ArD	BrB	SuB
9	18	12 - 20	10 - 20	4	2	5	2	0,9

□2 Ausschnitt aus der Zugabentabelle

Differenzen ermitteln

Die Differenzbeträge zwischen den Zugaben von vorhandenem engen OT-GS und gewünschtem weiten OT-GS sind zu ermitteln.

Am vorhandenen engen OT-GS werden dann die entsprechenden **fehlenden Weiten** durch Öffnen bzw. Anzeichnen vergrößert.

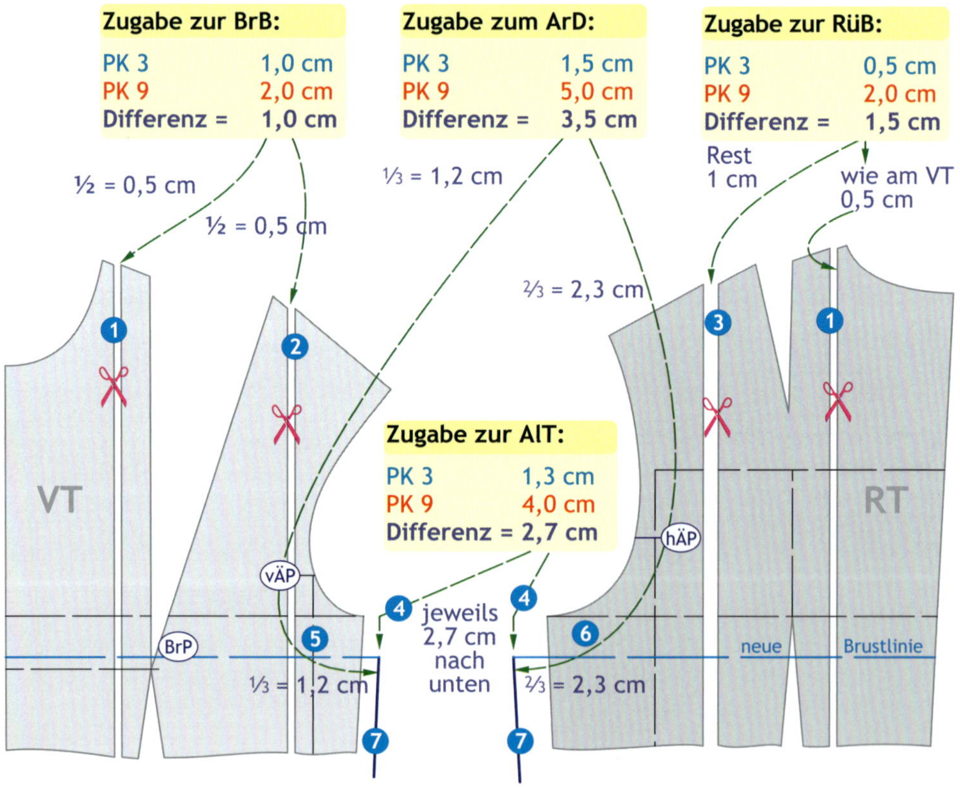

□3: Schnittvergrößerung von PK3 nach PK9

1 OT-GS erweitern

1. An VT und RT ca. 3 cm neben der vM bzw. hM in (oder direkt neben den) den Halslöchern zum Saum einschneiden und **jeweils die Hälfte** der errechneten Mehrweiten-**Differenz zur BrB exakt waagerecht** öffnen. So ergibt sich automatisch der richtige BrPA.

2. Soll das Halsloch nicht erweitert werden, kann alternativ direkt neben den Halslöchern an der Schulter eingeschnitten werden.

An VT und RT seitlich zwischen Armloch und Abnäher zum Saum einschneiden.

3. Am seitlichen VT-Einschnitt wie am VT-Halsloch öffnen (hier 0,5 cm).

4. Am seitlichen RT-Einschnitt den restlichen Differenzbetrag zur RüB-Differenz öffnen (hier 1 cm).

5. Das Armloch um die **AlT-Differenz** vertiefen und die neue Brustlinie zeichnen.

6. **Ein Drittel der ArD-Differenz** an der Seitennaht vom VT ausstellen.

7. **Zwei Drittel** an der Seitennaht vom RT ausstellen.

Die neuen Seitennähte **parallel zu den alten Seitennähten** zeichnen.

Weite an erprobtem Oberteil-Grundschnitt hinzugeben (2)
Schulter, Armlöcher und Seitennähte fertigstellen

2 Schulternähte

8 Die Schulternähte **parallel zu den alten Schulternähten zeichnen**, um den eigentlichen Schulterwinkel zu beizubehalten.

Wenn die BrB und die RüB unterschiedlich erweitert werden, was bei großen Sprüngen zwischen den Passformklassen vorkommt, müssen die Längen der beiden Schulternähte korrigiert werden.

9 Für die neue vordere Schulternaht den Wert aus der Maß- oder Größentabelle ablesen und die **Differenz zur Schulterbreite** addieren. Hier:

neue vSuN = alte vSuN + **Diff**
= 12,5 + **0,6 cm**
= **13,1 cm**

neue **hSuN** = neue vSuN + EW
= 13,1 cm + 0,7 cm
= **13,8 cm**

10 Man verwendet Einhalteweiten zwischen 0,5 und 1 cm.

Beide Armlöcher neu zeichnen.

3 Ärmelpunkte

□4 Für einen eingesetzten Ärmel liegen die Ärmelpunkte nach der Vergrößerung der AlT zu hoch. Für das vergrößerte Armloch benötigt man neue Ärmelpunkte.

11 Die Ärmelpunkte **an beiden Armlöchern** um ¾ der Vertiefung des Armlochs (= ¾ Vergrößerung der AlT) nach unten verschieben.

Zugabe zur SuB:

PK 3	0,3 cm
PK 9	0,9 cm
Differenz =	**0,6 cm**

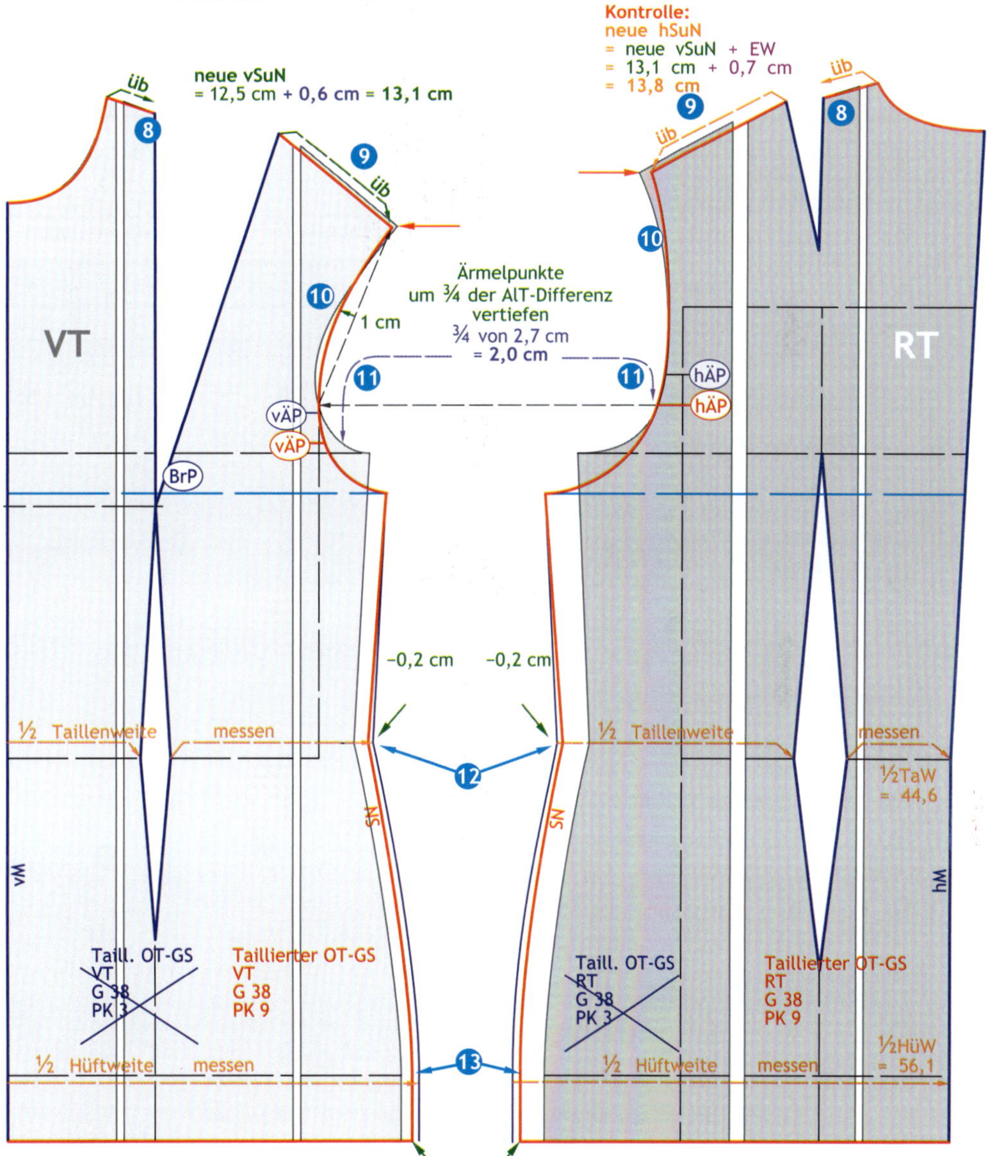

□4: Neue Schultern, neues Armloch, neue Seitennähte

Zugabe zur TaW:

PK 3	4 cm
PK 9	16 cm

Taillenweiten-Korrektur

	½ TaW	- (TaU + Zugabe) : 2
=	44,6 cm	- (72 cm + 16 cm) : 2
=	44,6 cm	- 44 cm
=	**0,6 cm**	**Mehrbetrag**

12 das bedeutet, dass am halben Schnitt **0,4 cm** entfernt werden können. Alternativ kann die Weite auch am hinteren Abnäher entfernt werden.

Zugabe zur HüW:

PK 3	4 cm
PK 9	12 cm

Hüftweiten-Korrektur

	½ HüW	- (HüU + Zugabe) : 2
=	56,1 cm	- (97 cm + 12 cm) : 2
=	56,1 cm	- 54,5 cm
=	**1,6 cm**	**Mehrbetrag**

13 das bedeutet, dass am halben Schnitt **0,8 cm** entfernt werden können.

4 Taillen- und Hüftweite anpassen

Taillen- und die Hüftweite wurden um die Brustweiten-Zugabe vergrößert.

12 13 Nun können die **Taillenweite** und die **Hüftweite** **kontrolliert** werden und anschließend **gleichmäßig reduziert** werden. So bleiben die Form und die Längen der Seitennähte gleich.

5 Ärmel anpassen

In der Regel existiert für einen erprobten Oberteil-Grundschnitt auch ein passender Ärmel-Grundschnitt, der nun an das vergrößerte Armloch anzupassen ist (siehe ab Seite 212).

Alternativ kann man natürlich auch einen neuen Ärmel für das neue Armloch kontruieren.

Weite an erprobtem Oberteil-Grundschnitt reduzieren
Korsagen-Grundschnitt aus dem Kleider-Grundschnitt, PK 0 aus PK 3

Im Prinzip gibt es **zwei Möglichkeiten**, einen **Korsagen-Grundschnitt** zu erstellen:

1. Man **konstruiert** den Korsagen-Grundschnitt im Passformklasse 0 oder 1 wie auf den vorhergehenden Seiten gezeigt.

2. Man **reduziert die Weite** eines erprobten Kleider-Grundschnitt zu einem Korsagen-Grundschnitt.

Hier wird das Verkleinern eines vorhandenen **Kleider-Grundschnitts** mit der **Passformklasse 3** zu einem **Korsagen-Grundschnitt** mit der **Passformklasse 0** gezeigt.

Durch diese Methode erspart man sich eine erneute Konstruktion mit kleineren Zugaben und die aufwändige Passformoptimierung. Voraussetzung ist ein optimierter, eng anliegender Oberteil-Grundschnitt.

Konstruktionstabelle (alle Maßangaben in cm) Oberteil		Name						Größe	38
		Datum			Modell	taillierter Oberteil-GS		PK	3
	Hauptmaße (Kennmaße)	Körpermaße	Zugaben		Proportionsmaße (Konstruktions-, Kontrollmaße)				
KöH	Körperhöhe	168							
BrU	Brustumfang	88	+ 6	=	BrW	94	½ 47		
TaU	Taillenumfang	72	+ 4	=	TaW	76	½ 38		
HüU	Hüftumfang	97	+ 4	=	HüW	101	½ 50,5		
AlT	Armlochtiefe	20,1	+ 1,3	=	AlT+	21,4			
HüT	Hüfttiefe	21			MoL	Modelllänge			95
BrT	Brusttiefe (ab Schulter)	28,1			HlB	Halslochbreite			6,5
RüB	Rückenbreite (½)	16,5	+ 0,5	=	RüB+	17			
ArD	Armdurchmesser	9,3	+ 1,5	=	ArD+	10,8	¼ 2,7	⅓ 3,6	
BrB	Brustbreite (½)	18,2	+ 1	=	BrB+	19,2			
	Kontrolle: Σ = ½ BrU	44	+ 3	=	½ BrW	47			
SuB	Schulterbreite	12,2	+ 0,3	=	SuNL	12,5			
hSuNL	hintere Schulternahtlänge	SuNL + Einhalteweite 0,5 cm bis 1 cm	+ 0,7	=	hSuNL	13,2			
SuWi	Schulterwinkel (in Grad, °)	20° – Auflockerung	– ---	=	SuWi	20°			

□1 Ausschnitt aus dem Maßsatz des vorhandenen Grundschnitts, PK3

Zugabentabelle für Oberteil-Konstruktionen (alle Maßangaben in cm)

Passform-Klasse	Zugaben (für den ganzen Schnitt) BrU	TaU	HüU	AlT	BrW-Zugaben (für ½ Schnitt) RüB	ArD	BrB	SuB
0	0	0	0	0 - 0,5	0	0	0 - 0,4	0

□2 Ausschnitt aus der Zugabentabelle

Differenzen ermitteln

Die **Differenzbeträge** zwischen den Zugaben von **PK 3** und **PK 0** ermitteln.

Am Oberteil-GS der PK 3 werden die **überschüssigen Weiten** durch Zulegen und Wegzeichnen entfernt.

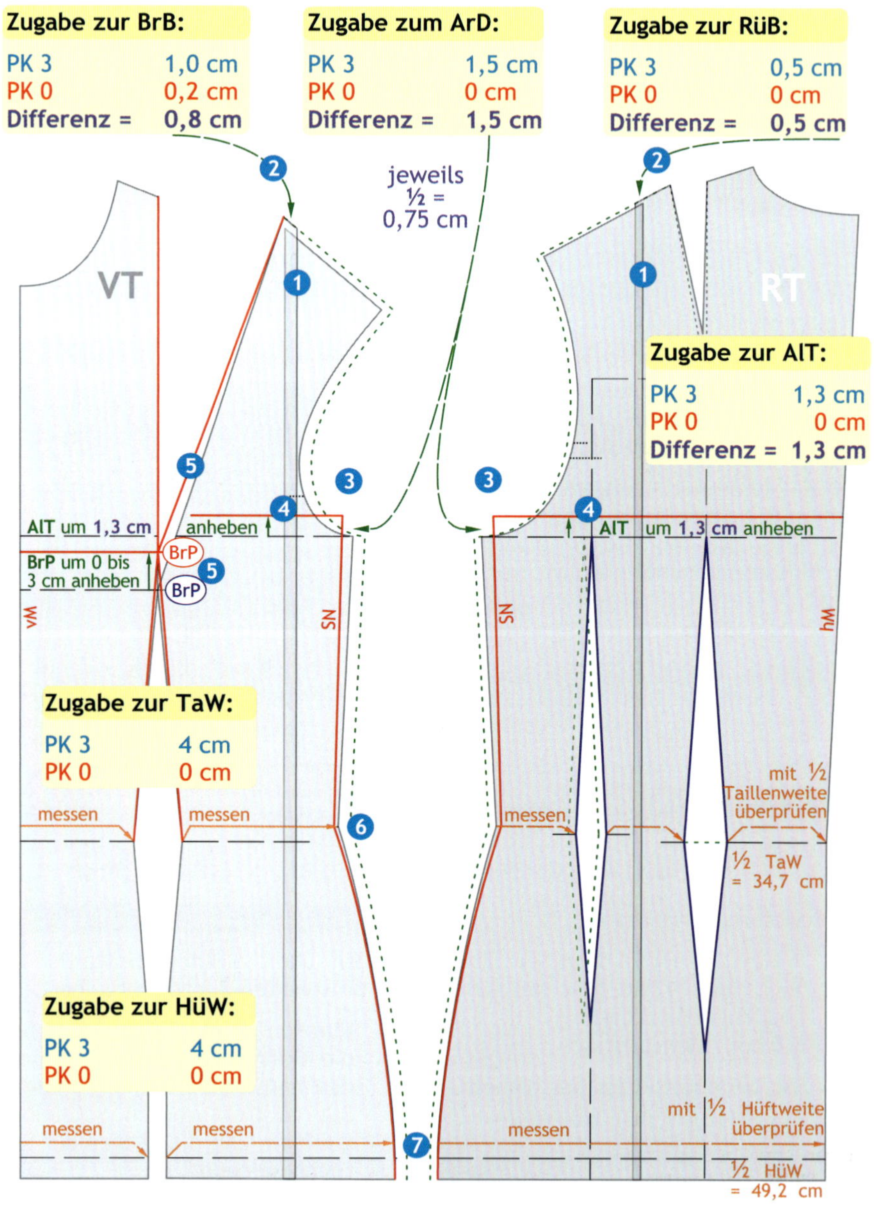

1 BrW reduzieren

1 Für die Reduzierung der BrB und der RüB am VT und am RT so einschneiden, dass kein Abnäher "verletzt" wird.

2 Dann die entsprechenden Differenzbeträge zulegen.

3 Der ArD wird an den SN jeweils um ½ Differenzbetrags verschmälert.

2 Armloch anheben

4 Die AlT um den Differenzbetrag (1,3 cm) (die Brustlinie) anheben.

3 „Puschen"

5 Den Brustpunkt anheben: Für kleinere Brüste ca. 0 bis 1 cm, bei großen Brüsten bis ca. 3 cm. Brust- und Taillenabnäher neu zeichnen.

4 HüW und TaW anpassen

6 Die neue ½ TaW messen und ggf. überschüssige Weite jeweils zur Hälfte an den Seitennähten entfernen.

7 Mehrweite an der Hüfte kann im Korsagen-GS verbleiben. Alternativ kann wie an der Taille überschüssige Weite an der Seitennaht entfernt werden.

Übersicht

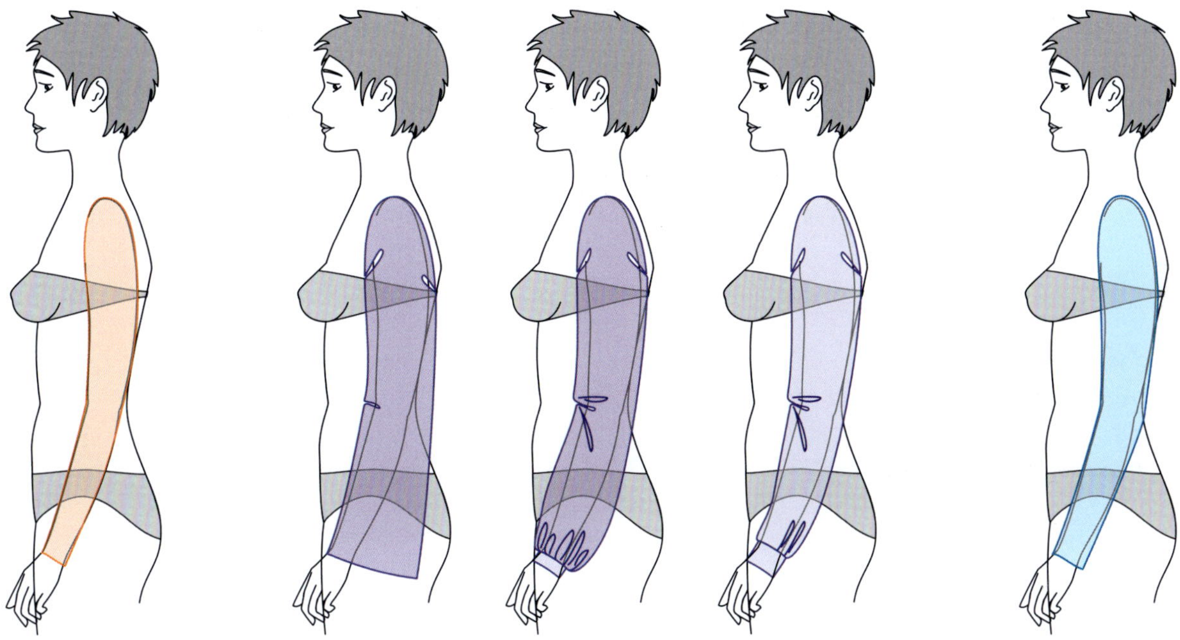

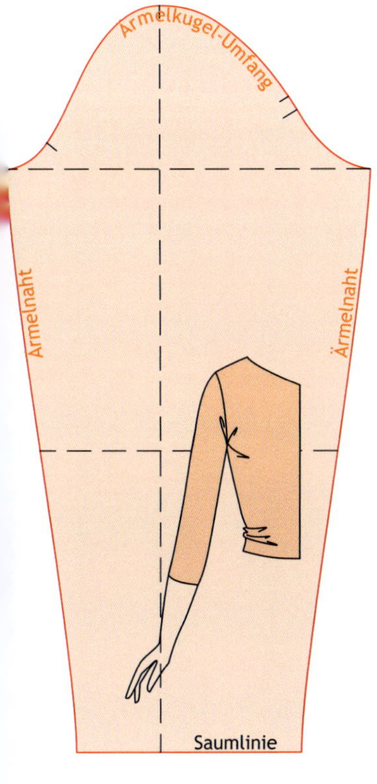

□1
Enger Ärmel für Maschenware mit hoher Ärmelkugel

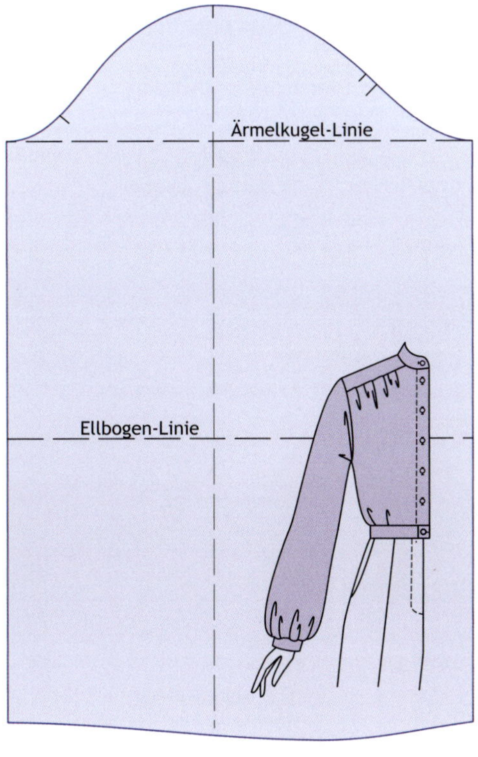

□2
Weiter Ärmel mit flacher Ärmelkugel

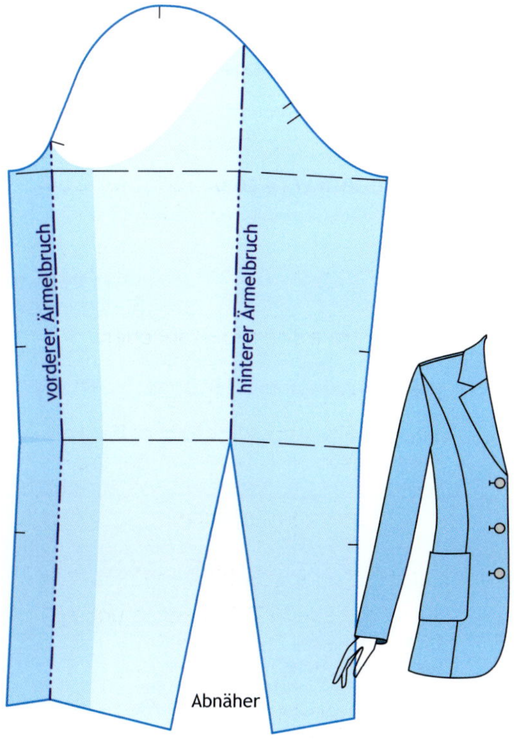

□3
Schmaler Ärmel mit hoher Ärmelkugel

Ärmel-Grundschnittformen (2)

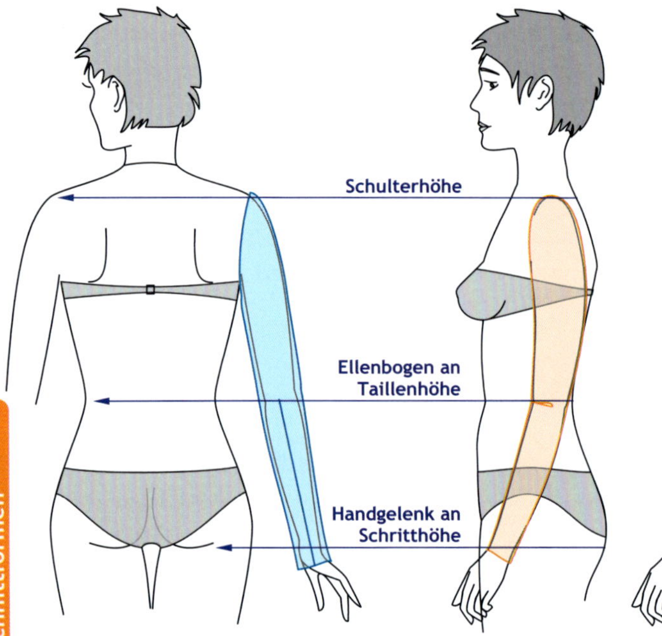

Ärmelgrundformen

Die **drei Ärmel-Grundschnitt-Formen** und Abwandlungen sind hier zum Vergleich am Körper und an den Rumpfschnitten dargestellt.

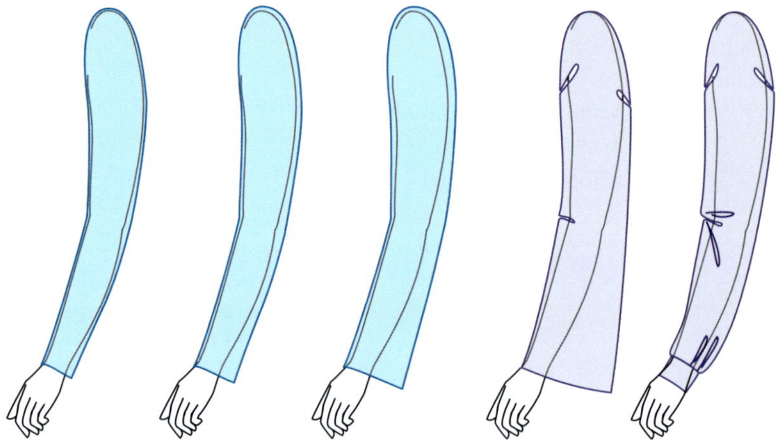

□1
Jackenärmel von hinten betrachtet

□2
Enger Ärmel und natürliche Armhaltung

□3
Schmaler Ärmel mit geringer Weite

□4
Schmaler Ärmel mit mäßiger Weite

□5
Schmaler Ärmel mit großer Weite

□6
Weiter Ärmel mit großer Saumweite

□7
Hemdenärmel aus dem weiten Ärmel mit Falten und Manschette

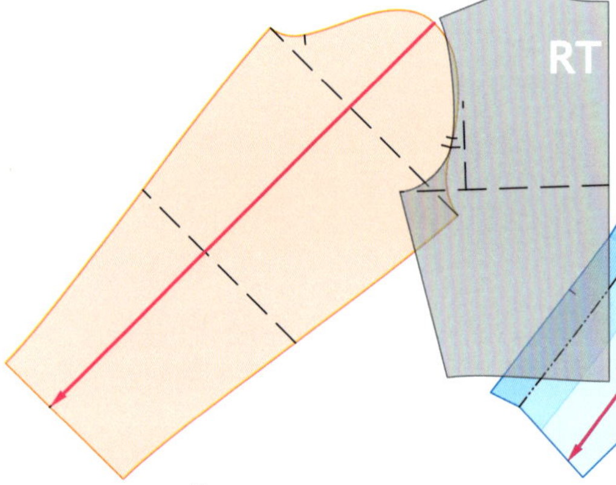

□8 Enger Ärmel
Enge Ärmel mit hoher Kugel sitzen nahezu ohne Einhalteweite im Armloch.
Die Bewegungsfreiheit des Arms ist bei Flexibilität des zu verwendenden Materials stets gewährleistet.

Für Enge Shirt- und Wäschemodelle.

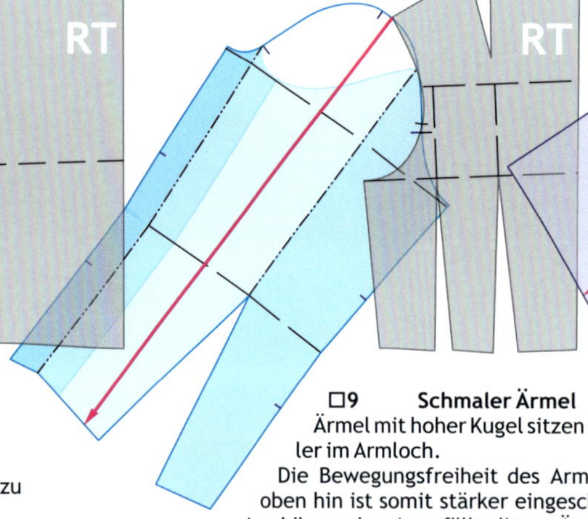

□9 Schmaler Ärmel
Ärmel mit hoher Kugel sitzen steiler im Armloch.
Die Bewegungsfreiheit des Arms nach oben hin ist somit stärker eingeschränkt. Am hängenden Arm fällt dieser Ärmel am schönsten.

Für Blusen-, Kleider-, Jacken- und Mantelmodelle. Grundschnitt für die meisten Abwandlungen.

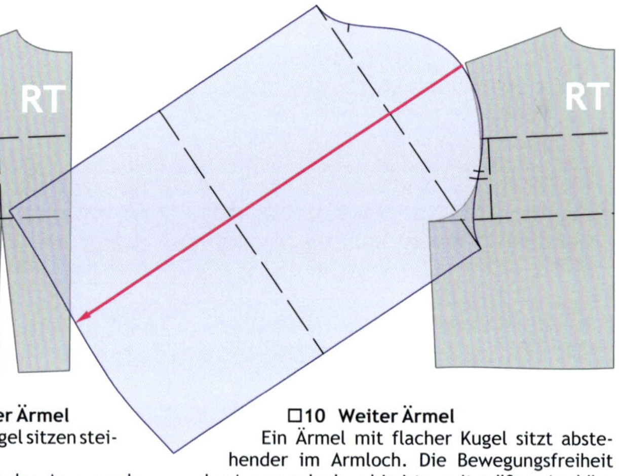

□10 Weiter Ärmel
Ein Ärmel mit flacher Kugel sitzt abstehender im Armloch. Die Bewegungsfreiheit des Arms nach oben hin ist somit größer. Am hängenden Arm bilden sich am Ärmel und u.U am Armloch Falten.

Für Hemden und Blusen sowie für legere Shirt- und Kleidermodelle, z.B. T-Shirts.

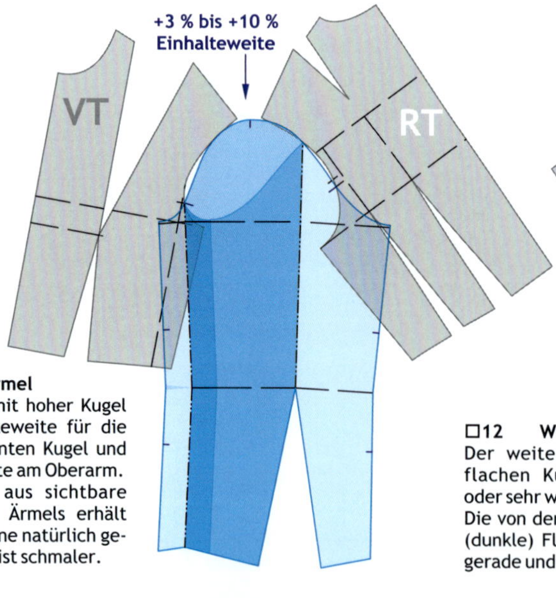

□11 Schmaler Ärmel
Der schmale Ärmel mit hoher Kugel besitzt mehr Einhalteweite für die Formung einer eleganten Kugel und für ausreichende Weite am Oberarm.
Die von der Seite aus sichtbare (dunkle) Fläche des Ärmels erhält durch den Abnäher eine natürlich gebogene Armform und ist schmaler.

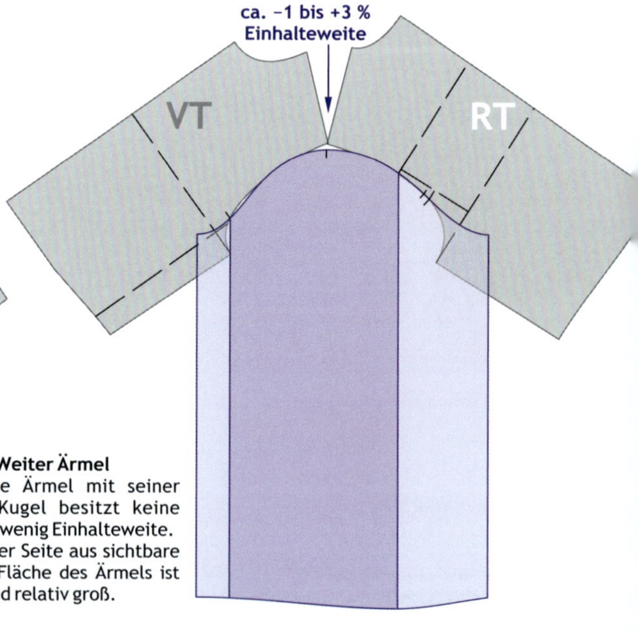

□12 Weiter Ärmel
Der weite Ärmel mit seiner flachen Kugel besitzt keine oder sehr wenig Einhalteweite.
Die von der Seite aus sichtbare (dunkle) Fläche des Ärmels ist gerade und relativ groß.

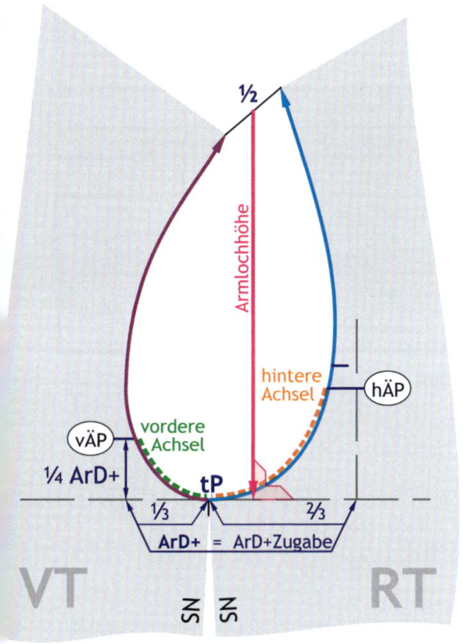

□1 Ausmessen des Armlochs

1 Ärmelmaße am fertigen Oberteil-Armloch bestimmen

Armlochumfang (AlU) messen:

□1 Am VT (vAlU) und am RT (hAlU) mit hochstehendem Maßband von der Schulter zum tiefsten Punkt (tP) messen.

Armlochhöhe (AlH) messen:

Die Armlochhöhe (AlH) von der Hälfte zwischen den Schulterenden senkrecht zur Brustlinie messen.

- Die Armlänge (ArL)/Ärmellänge (ÄL)
- der Oberarmumfang (OaU)
- die Handgelenkumfang (HgU)

werden am Körper gemessen oder aus der Größentabelle entnommen.

- Die Oberarmweite (OaW)
- die Ärmelsaumweite (ÄSaW)
- die Einhalteweite (EW)

sind **unbedingt** mit den Angaben der unten abgebildeten **Berechnungstabelle** zu bestimmen.

Wahl der Einhalteweite (EW):

Sehr geringe EW 0 % bis 3 %
für **spröde Materialien** wie Kunstleder, Laminate, Leder, Leinen, Rips, Taft, Ottoman, Popeline …

Geringe EW 3 % bis 5 %
für **dichte Stoffe:** Alcantara, Canvas, Denim, Drapé, Dupion, Fresko, Gabardine, Glacé, Serge, Lüster, Velveton, Whipcord, diverse Wildseidenstoffe wie Doupion, Shantung …

Mittlere EW 5 % bis 7 %
z.B. **feste Materialien**, Cheviot, Charmelaine, Crêpe, Duvetine, Fil à fil, Georgette, Foulé, Fresko, Frisé, Loden, Lüster, Ratiné, Samt, Vogelauge, Shantung, Webstrickware …

Große EW 7 % bis 10 %
für **locker gewebte, weiche Stoffe**, z.B. Streichgarn-Stoffe, Bouretteseide, Chenille, Loop, Donegal, Flanell, Flausch, Tweed, Panama, Velours …

Allgemeine Informationen für Ärmelkonstruktionen

- Für diese Ärmel-Konstruktionen soll der tiefste Punkt (tP) am Armloch bei ⅓ ArD am VT und bei ⅔ ArD am RT liegen (siehe □1). Die SN kann prinzipiell auch woanders liegen.
- Ein Ärmel kann also nur für ein vorhandenes Armloch in ausreichender Größe konstruiert werden.
- Der Armdurchmesser (ohne Zugabe) muss zum gemessenen Oberarmumfang (OaU) passen. Sicherheitshalber den ArD aus dem OaU berechnen (siehe Seite 14): **OaU : 10 · 6 – 7,5 cm**
- Vor dem Ausmessen des Armlochumfangs und der Armlochhöhe müssen die im Armloch befindlichen Abnäher zugelegt werden.

Passformklasse (PK) ermitteln:

Für einen Ärmel-Grundschnitt müssen die Zugaben zur (Brust-) Weite des jeweiligen Oberteil-Grundschnitts passen. Die Passformklasse (PK) entspricht der verwendeten Zugabe zur halben Brustweite am Oberteil-Grundschnitt. **Berechnung der PK:**

½ Brustweite (Fertigmaß am Oberteil) **minus ½ Brustumfang** (Körpermaß)

Konstruktionstabelle Maßangaben in cm	**Ärmel**	Name				Größe	
		Datum		Modell		PK	
AhH	Armlochhöhe				Armlochumfang	AlU	
			Zugaben aus der **Berechnungstabelle** für Ärmelkonstruktionen				
ÄL	Ärmellänge		±	=	Ärmellänge	ÄL	
OaU	Oberarmumfang		+	=	Oberarmweite	OaW	
HgU	Handgelenkumfang		+	=	Saumweite	ÄSaW	
EW in %	Einhalteweite in %	%	Einhalteweite in cm = AlU · Einhalteweite in %			EW in cm	cm
			Ärmelkugelumfang = AlU + Einhalteweite in cm			ÄKU	

Berechnungstabelle für Ärmel-Konstruktionen

	Oberarmweite (OaW)	Ärmelsaumweite (ÄSaW)	Einhalteweite in %
Schmaler Ärmel	OaU + 0,7 bis 1 · PK* des Oberteils	HgU + 1 bis 2 · PK* des Oberteils	+ 3% bis + 10% des AlU
Enger Ärmel	OaU + 0,5 bis 1 · PK* des Oberteils	HgU + 0 bis 1,5 · PK* des Oberteils	0 % bis + 3% des AlU
Weiter Ärmel	OaU + 1 bis 2,5 · PK* des Oberteils	entsteht automatisch	– 1% bis + 3% des AlU

* PK = BrW-Zugabe zum ½ Grundschnitt oder ½ BrW (½ gemessene BrW am Schnitt) – ½ BrU (½ gemesser BrU am Körper)

Enger Ärmel-Grundschnitt (1) für enge Modelle aus Maschenware
Konstruktion

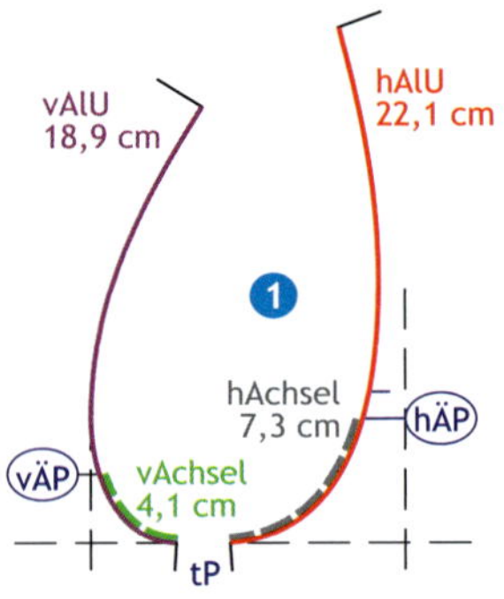

□1 Armloch eines engen Oberteil-Grundschnitts

2

Konstruktionstabelle Maßangaben in cm **Ärmel**		Name					Größe	38
		Datum				Modell	Enger Ärmel	PK 1
AhH	Armlochhöhe	---				Armlochumfang	AlU	41
			Zugaben aus der Berechnungstabelle für Ärmelkonstruktionen					
ÄL	Ärmellänge	60	±	0	=	Ärmellänge	ÄL	60
OaU	Oberarmumfang	28	+	1	=	Oberarmweite	OaW	29
HgU	Handgelenkumfang	16	+	2	=	Saumweite	ÄSaW	18
EW in %	Einhalteweite in %	1 %	Einhalteweite in cm = AlU · Einhalteweite in %				EW in cm	0,8 cm
			Ärmelkugelumfang = AlU + Einhalteweite in cm				ÄKU	41,4

□2 Konstruktionstabelle mit Hilfe der Berechnungstabelle auf Seite 199 aufstellen

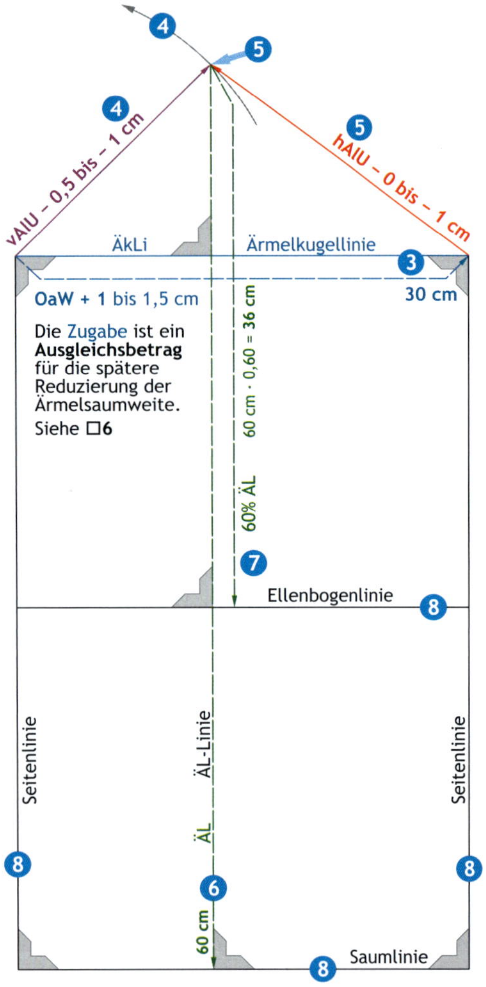

□3 Grundgerüst

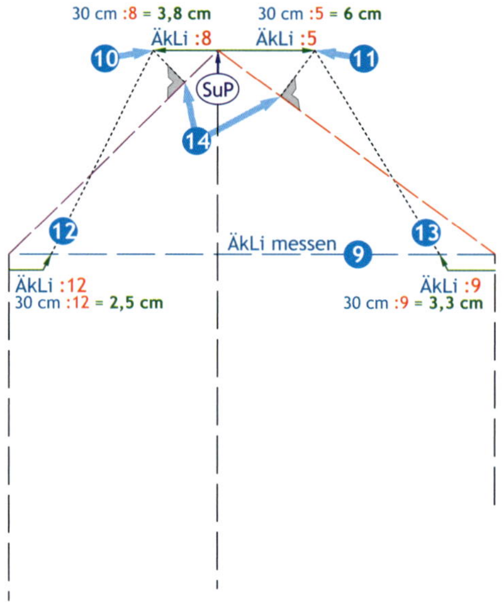

□4 Hilfslinien

1 Armloch ausmessen und Konstruktionstabelle ausfüllen

1. □1 Die Teilstrecken des Armlochumfangs ausmessen und am Schnitt notieren: **vAlU** und **hAlU** jeweils vom **tP** hoch zur Schulter messen. Die **vAchsel** vom **tP** zum **vÄP** und die **hAchsel** vom **tP** zum **hÄP** messen.
2. □2 In der Konstruktionstabelle die Ärmellänge, Oberarmweite, Ärmelsaumweite und die gewünschte Einhalteweite (EW) in % für die Einhalteweite an der Ärmelkugel bestimmen.

2 Grundgerüst zeichnen

3. □3 Die OaW + 1 bis 1,5 cm zeichnen = **ÄkLi.**
4. Vorne (links) **vAlU – 0,5 bis – 1 cm** als **Kreisbogen** zeichnen.
5. Die hintere Linie mit **hAlU – 0 bis – 1 cm** auf den Bogen abtragen und zeichnen. Dann links die vordere **Linie** auf den Schnittpunkt zeichnen.
6. Vom Schnittpunkt (SuP) die ÄL und
7. vom SuP 60% der ÄL abtragen.
8. Rechtwinklig die Saum-, Ellenbogen- und Seitenlinien abwinkeln.

3 Hilfslinien für die Ärmelkugel

9. □4 Die ÄkLi messen → = OaW + Zugabe
10. ÄkLi **:8** vom **SuP** nach vorne (links) abtragen.
11. ÄkLi **:5** nach hinten (rechts) abtragen
12. Vorne auf der ÄkLi die ÄkLi **:12** markieren und zu **P10** und
13. hinten ÄkLi **:9** abtragen und Hilfslinien zu **P11** zeichnen.
14. Von **P1** und **P11** auf die unteren Linien abwinkeln.

4 Ärmelkugel formen

15 **□5** Die vordere **(vÄk)** und **hintere (hÄk)** Ärmelkugel ungefähr über die Mitten der Winkellinien und mit Hilfe der **Kurvenrichtungen** formen.

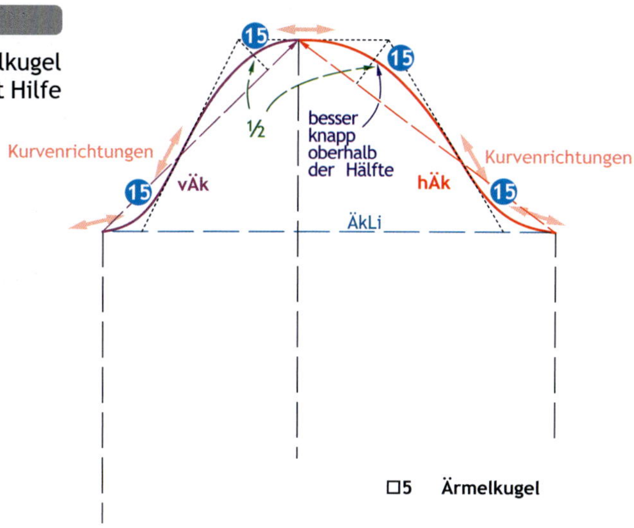

□5 Ärmelkugel

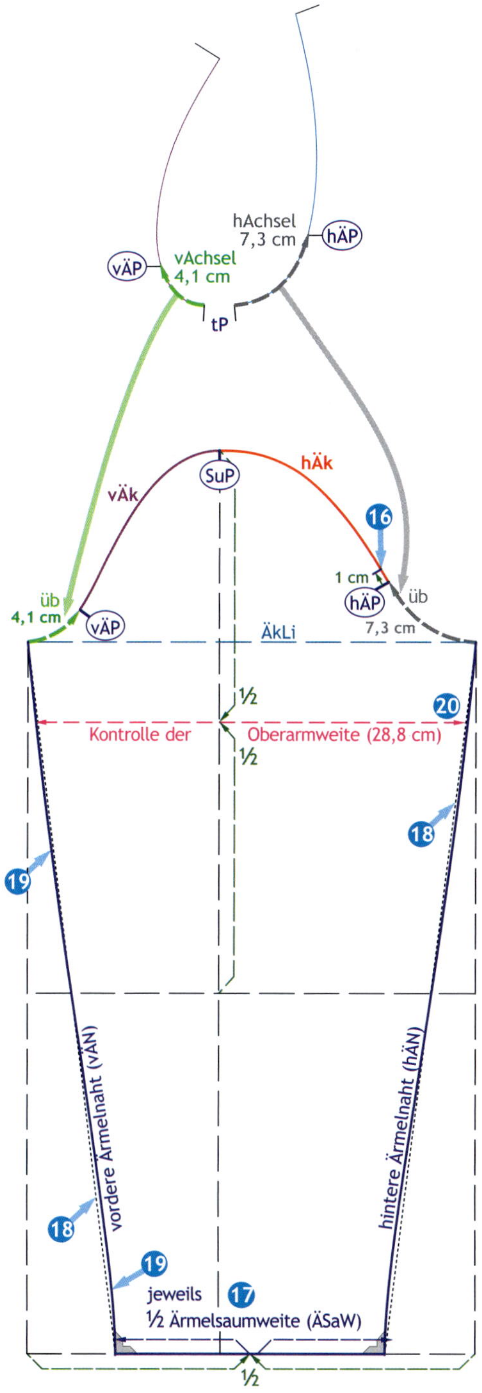

□6 Ärmelpunkte, Ärmelnähte und Saum

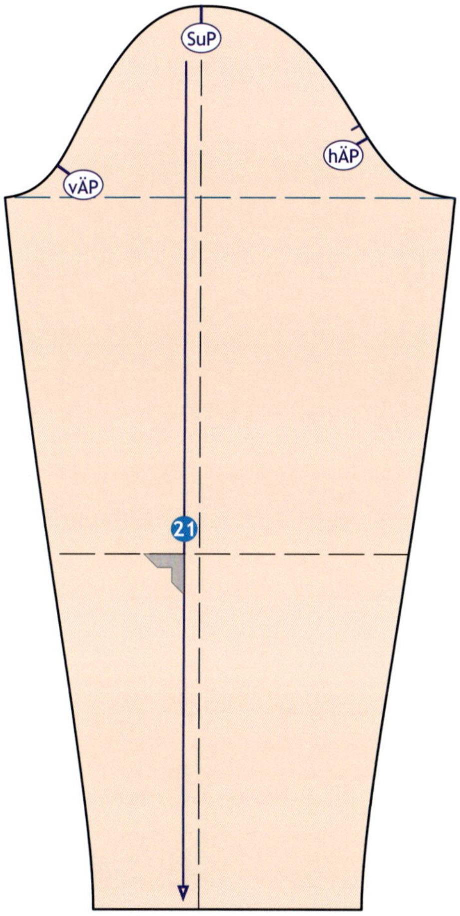

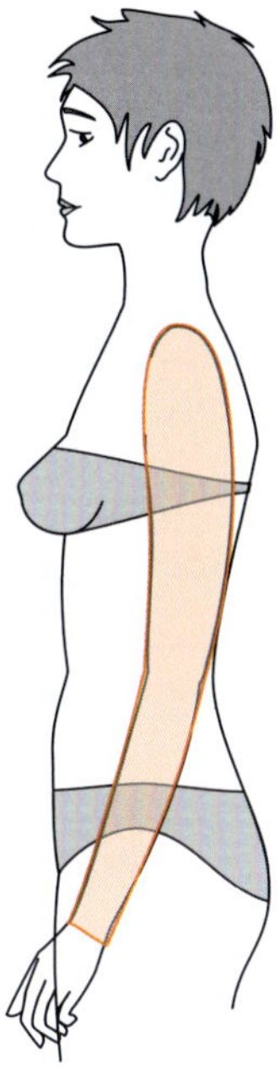

□7 Fertiger enger Ärmel

5 Ärmelpunkte

(fAP) **□6** An der unteren Ärmelkurve die **vAchsel** auf die **vÄk** übertragen → vorderer Ärmelpunkt = **vÄP**.

(bAP) Die **hAchsel** auf die **hÄk** übertragen → hinterer Ärmelpunkt = **hÄP**.

16 Ein zweiter Knips wird **1 cm oberhalb des hÄP** markiert. Damit ist der hintere Ärmelbereich eindeutig definiert.

(ShP) Der **SuP** ist hier der Konstruktionspunkt **P5**.

6 Ärmelnähte und Saum

17 Die Saumlinie **halbieren** und von dort jeweils die **½ Ärmelsaumweite** (ÄSaW) nach links und rechts abtragen.

18 Hilfslinien zur ÄkLi zeichnen und

19 die **Ärmelnähte** vom Saum aus rechtwinklig zur Saumlinie und im Bereich des Oberarms nach außen gewölbt formen.

20 Die OaW kontrollieren (hier 0,2 cm geringer als geplant).

21 **□7** Der Fadenlauf verläuft parallel zur ÄL-Linie.

Weiter Ärmel-Grundschnitt (1) für legere Modelle
Konstruktion

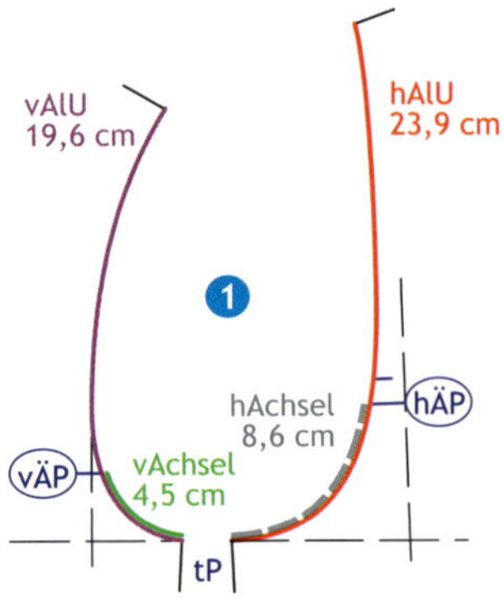

□1 Armloch eines legeren Oberteil-Grundschnitts

2

Konstruktionstabelle		Name					Größe	38
Maßangaben in cm	Ärmel	Datum				Modell	Weiter Ärmel	PK 5
AhH	Armlochhöhe	---				Armlochumfang	AlU	43,5
			Zugaben aus der Berechnungstabelle für Ärmelkonstruktionen					
ÄL	Ärmellänge	60	±	0	=	Ärmellänge	ÄL	60
OaU	Oberarmumfang	28	+	9	=	Oberarmweite	OaW	37
HgU	Handgelenkumfang	16	+	---	=	Saumweite	ÄSaW	= OaW
EW in %	Einhalteweite in %	3	%	Einhalteweite in cm = AlU · Einhalteweite in %			EW in cm	1,3 cm
			Ärmelkugelumfang = AlU + Einhalteweite in cm				ÄKU	44,8

□2 Konstruktionstabelle mit Hilfe der Berechnungstabelle auf Seite 199 aufstellen

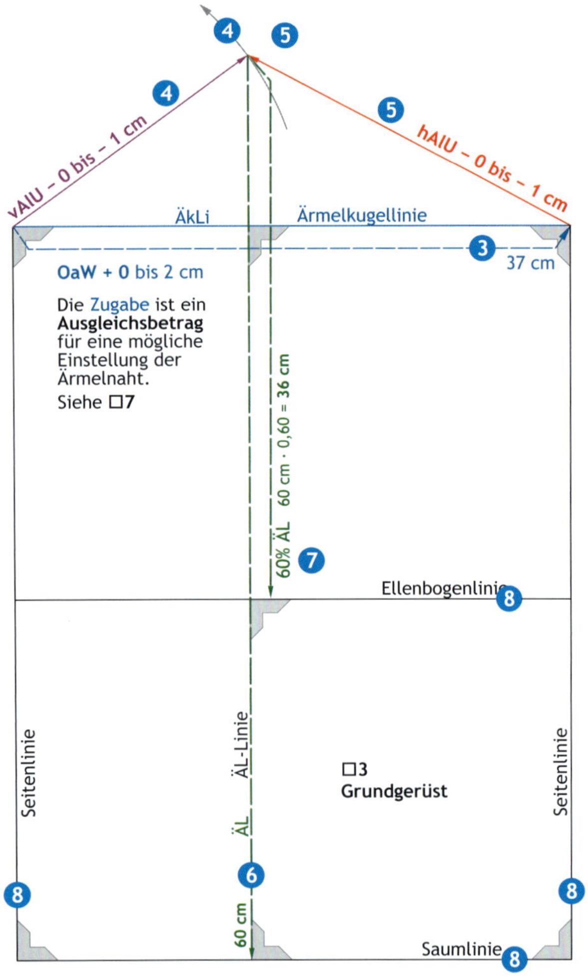

□3 Grundgerüst

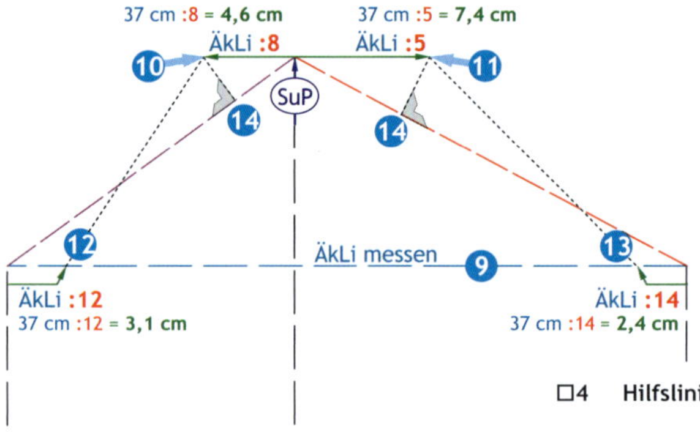

□4 Hilfslinien

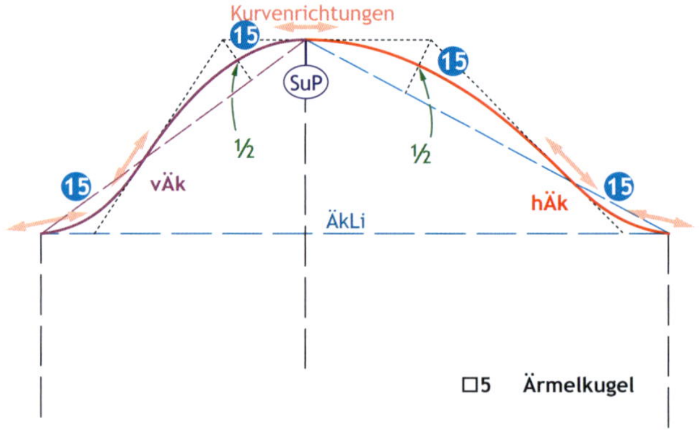

□5 Ärmelkugel

1 Armloch ausmessen und Konstruktionstabelle ausfüllen

1 □1 Die Teilstrecken des Armlochumfangs ausmessen und am Schnitt notieren: **vAlU** und **hAlU** jeweils vom **tP** hoch zur Schulter messen. Die **vAchsel** vom **tP** zum **vÄP** und die **hAchsel** vom **tP** zum **hÄP** messen.

2 □2 In der Konstruktionstabelle die Ärmellänge, Oberarmweite, Ärmelsaumweite und die gewünschte Einhalteweite (EW) in % für die Einhalteweite an der Ärmelkugel bestimmen.

2 Grundgerüst zeichnen

3 □3 Die OaW + 0 bis 2 cm waagerecht abtragen.

4 Vorne den **vAlU – 0 cm bis – 1 cm** als **Kreisbogen** zeichnen.

5 Die **hintere Linie** mit **hAlU – 0 bis – 1 cm** auf den Bogen abtragen und zeichnen. Dann vorne die **vordere Linie** auf den Schnittpunkt zeichnen.

6 Vom Schnittpunkt (SuP) die ÄL

7 und 60% der ÄL abtragen.

8 Rechtwinklig die Saum-, Ellenbogen- und Seitenlinien abwinkeln.

3 Hilfslinien für die Ärmelkugel

9 □4 Die ÄkLi messen → = OaW + Zugabe

10 und ÄkLi :8 vom SuP nach vorne (links) abtragen.

11 ÄkLi :5 nach hinten (rechts) abtragen.

12 Vorne auf der ÄkLi die ÄkLi :12 markieren und zu P10 und

13 hinten ÄkLi :14 abtragen und Hilfslinien zu P11 zeichnen.

14 Von P10 und P11 auf die unteren Linien abwinkeln.

4 Ärmelkugel formen

14 □5 Die vordere (vÄk) und hintere (hÄk) Ärmelkugel ungefähr über die Mitten der Winkellinien und mit Hilfe der Kurvenrichtungen formen.

Weiter Ärmel-Grundschnitt (2) für legere Modelle
Konstruktion

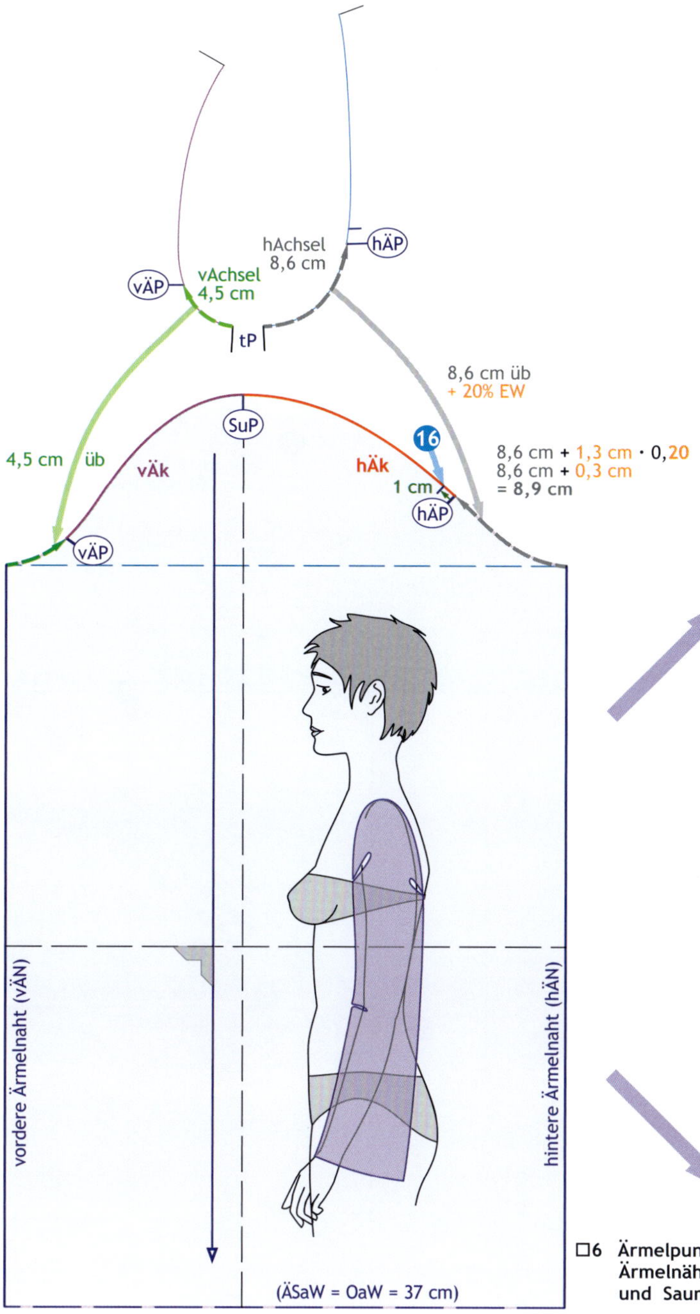

☐6 Ärmelpunkte, Ärmelnähte und Saum

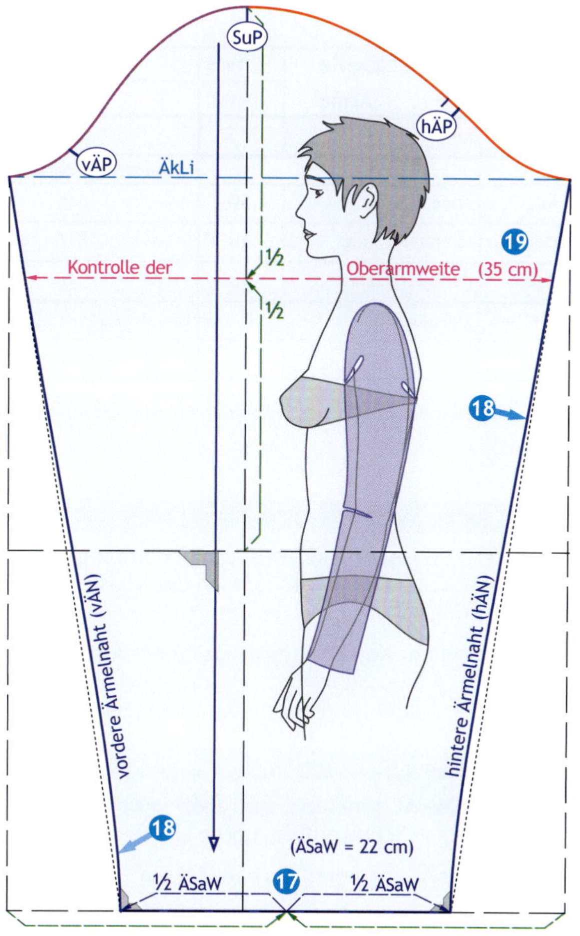

☐7 Reduzierung der Ärmelsaumweite

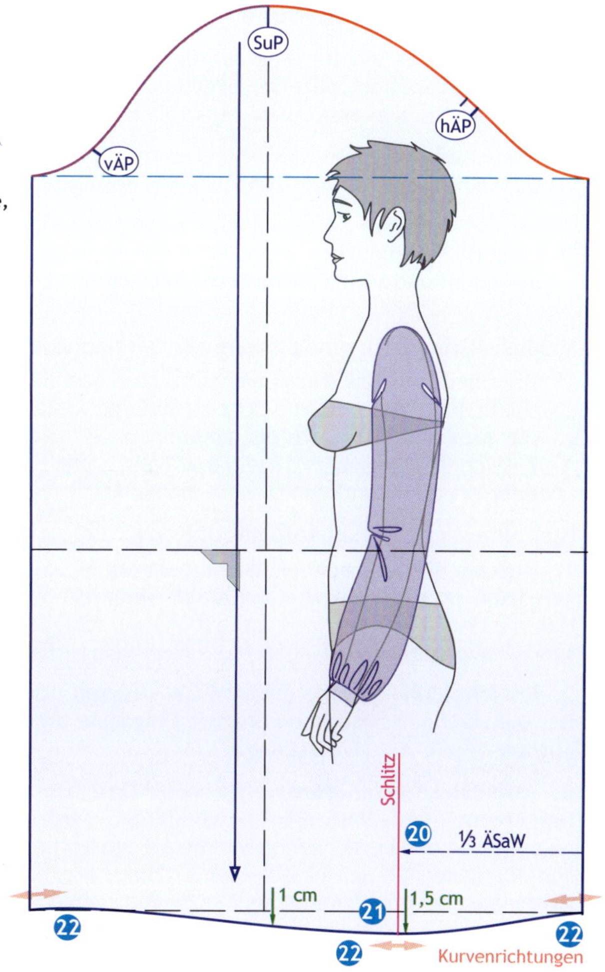

☐8 Saum für weiten Hemdärmel

5 Ärmelpunkte, Ärmelnähte und Saum

(vÄP) **☐6** An der unteren Ärmelkurve die **vAchsel** auf die **vÄk** übertragen → vorderer Ärmelpunkt = **vÄP**.

(hÄP) Die **hAchsel** + 20% der EW (0,3 cm) auf die **hÄk** übertragen → hinterer Ärmelpunkt = **hÄP**.

16 Ein zweiter Knips wird **1 cm oberhalb des hÄP** markiert. Damit ist der hintere Ärmelbereich eindeutig definiert.

17 **☐7** Die Saumlinie halbieren. Von dort jeweils die **½ Ärmelsaumweite** (ÄSaW) nach links und rechts abtragen.

18 Hilfslinien zur ÄkLi zeichnen und die **Ärmelnähte** vom Saum aus rechtwinklig zur Saumlinie nach oben formen.

19 Die OaW kontrollieren (hier 2 cm geringer, da zu Beginn der Konstruktion kein Ausgleichsbetrag addiert wurde).

20 **☐8** Die Schlitzposition bestimmen und einzeichnen.

21 Dieser weite, am Saum gekräuselte Hemdenärmel erhält, wie alle Ärmel mit Bündchen- oder Manschettenabschluss, eine Mehrlänge von **1,5 cm** im Bereich der Elle.

22 Die Manschetten-/Bündchenansatznaht formen, dabei die **Kurvenrichtungen** beachten.

Schmaler Ärmel-Grundschnitt mit hoher Ärmelkugel (1) Grundgerüst

Konstruktionstabelle		Name					Größe	38
Maßangaben in cm **Ärmel**		Datum				Modell: Schmaler Ärmel	PK	3
AhH	Armlochhöhe	17,2				Armlochumfang	AlU	41,2
			Zugaben aus der **Berechnungstabelle** für **Ärmelkonstruktionen**					
ÄL	Ärmellänge	60	±	0	=	Ärmellänge	ÄL	60
OaU	Oberarmumfang	28	+	2,5	=	Oberarmweite	OaW	30,5
HgU	Handgelenkumfang	16	+	5	=	Saumweite	ÄSaW	21
EW in %	Einhalteweite in %	8 %	Einhalteweite in cm = AlU · Einhalteweite in %				EW in cm	3,3 cm
			Ärmelkugelumfang = AlU + Einhalteweite in cm				ÄKU	44,5

☐1 Konstruktionstabelle mit Hilfe der Berechnungstabelle auf Seite 199 aufstellen

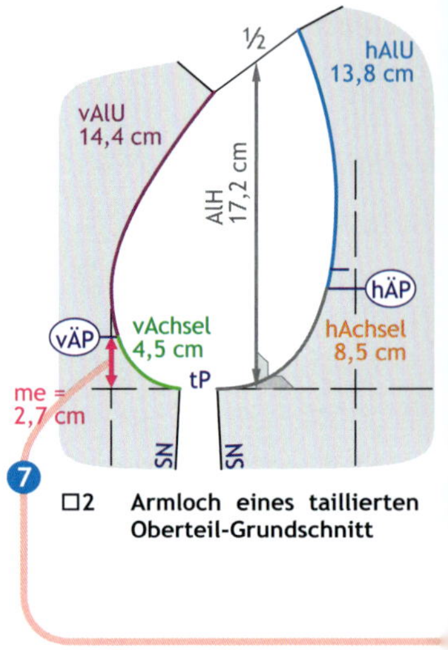

☐2 Armloch eines taillierten Oberteil-Grundschnitt

1 Armloch ausmessen und Maßsatz ausfüllen

☐2 Die Teilstrecken des Armlochumfangs wie skizziert ausmessen und am Armloch und in der Konstruktionstabelle notieren.

☐1 In der Konstruktionstabelle die Ärmellänge, Oberarmweite, Ärmelsaumweite und die gewünschte Einhalteweite (EW) in % oder in cm für die Ärmelkugel bestimmen.

2 Grundgerüst zeichnen

1. ☐3 Die ÄL senkrecht abtragen → vordere Linie. Oben abwinkeln → Schulterlinie, unten abwinkeln → Saumlinie.
2. 60% der ÄL abtragen, dort abwinkeln → Ellenbogenlinie.
3. Auf der Schulterlinie ½ OaW + 0,5 bis 0,7 abtragen (+ 0,5 bis 0,7 cm ist ein Korrekturbetrag) → hintere Linie.
4. Auf der vorderen Linie die AlH abtragen. Von dort ⅒ AlH nach oben messen und ein weiteres Mal ⅒ AlH nach oben abtragen. Dies ist der Bereich der optimalen Ärmelkugellinie.
5. Rechts an der Schulterlinie auf die vordere Linie ½ ÄkU −1 cm abtragen. Dort sollte die Ärmelkugellinie (ÄkLi) liegen. Mathematisch **exakter** wäre es, 48 % ÄkU abzutragen.

Die Achsellinie sollte im Kontrollbereich liegen (eine kleine Überschreitung der Grenzbereiche von wenigen Millimetern ist möglich).

6. Liegt P5 Innerhalb des optimalen Bereichs, wird die ÄkLi abgewinkelt und aus P3 die hintere Linie abgewinkelt.

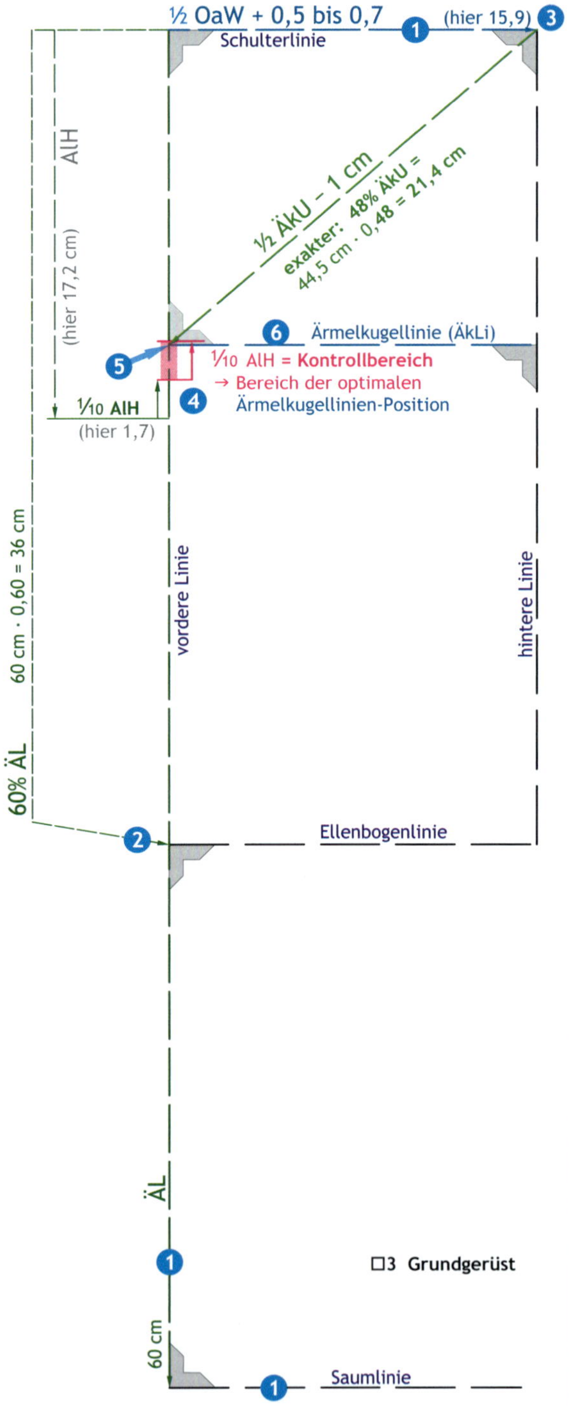

☐3 Grundgerüst

Mögliche Gründe für eine zu hohe ÄkLi (→ flache Kugel)

1. Die Oberarmweite (OaW) wurde zu groß gewählt.
2. Die Einhalteweite (EW) wurde zu klein gewählt.
3. Das Armloch am Oberteil ist zu klein.
   Entweder ist der ArD zu klein und passt nicht zum OaU oder die am Grundschnitt verwendete AlT ist zu klein.

Hier eine sinnvolle Reihenfolge zur Korrektur:

1. **OaU am Körper nachmessen** und am Ärmel-GS korrigieren ggf. kann auch die **Zugabe zur OaW reduziert** werden. Die Hintere Linie am Ärmel nach vorne (links) verschieben, ½ ÄkU – 1 cm (Diagonale) neu abtragen → die **ÄkLi wird tiefer.**

2. **Entscheiden, ob eine größere EW sinnvoll oder möglich ist.** Den ÄkU neu berechnen und die Diagonale am Ärmel neu abtragen → die **ÄkLi wird tiefer.**

3. **Armloch kontrollieren:** ArD = OaU : 10 · 6 – 7,5 cm
Das Armloch am Oberteil-Grundschnitt ggf. verbreitern (ArD nachmessen und berechnen sowie die AlT am Körper nachmessen). Dann den AlU neu messen, den ÄkU neu berechnen und die Diagonale am Ärmel neu abtragen → die **ÄkLi** wird tiefer.

Bei einer zu tiefen Ärmelkugellinie (ÄkLi) werden die hier beschriebenen Korrekturen **umgekehrt** angewendet!

3 Hilfslinien für die Ärmelkugel

7 □2 Den Abstand vom **vÄP** zur Brustlinie messen und

vÄP □4 diesen Abstand (= ¼ ArD+) am Ärmel von der Ärmelkugellinie nach oben abtragen.

8 Denselben Abstand + 0,5 cm an der hinteren Mitte von P3 nach unten abtragen.

9 Die bemaßten Abstände auf der Schulter- und der Ärmelkugellinie abtragen und alle Hilfslinien wie dargestellt zeichnen.

4 Ärmelkugel formen

10 □5 Die vAchsel kopieren, am vÄP anlegen, so dass das
tP Ende auf die um 0,5 cm erhöhte Ärmelkugellinie zu liegen kommt → **P10 = tP**.

11 Die obere Ärmelkugel (**oÄk**) und

12 die untere **Ärmelkugel (uÄk)** mit Hilfe der Hilfslinien und Bemaßungen wie dargestellt formen. Dabei auf die korrekten Formen der Kurven achten!

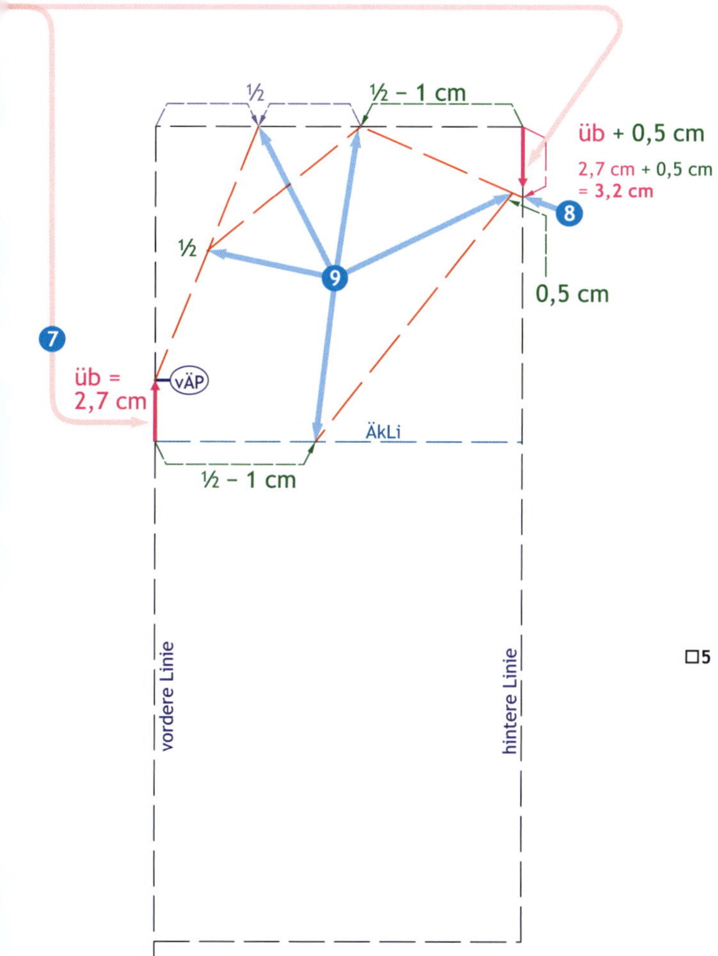

□4 Hilfslinien für die Ärmelkugel

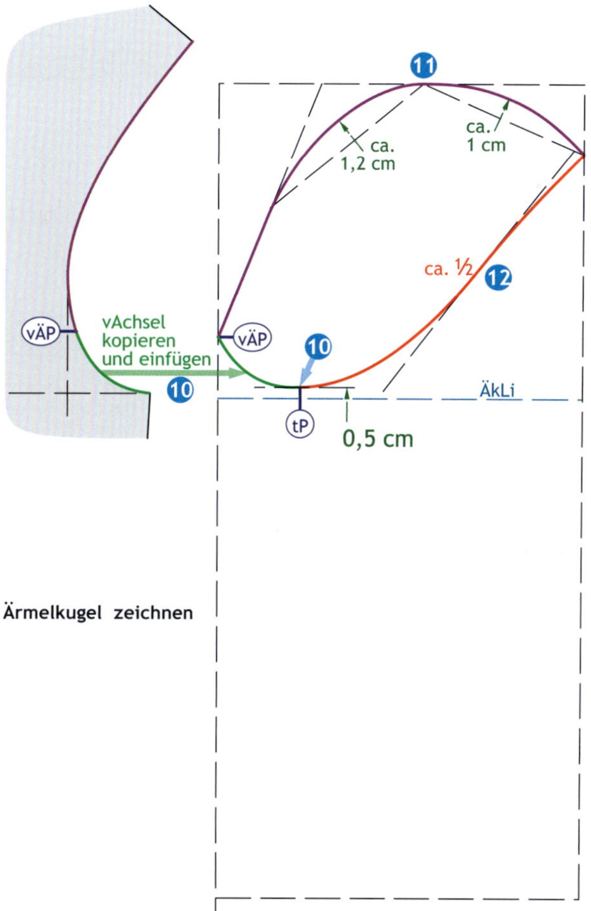

□5 Ärmelkugel zeichnen

Hiermit ist das Grundgerüst und die Ärmelkugel fertig gestellt

Die Varianten von schmalen Ärmeln mit dieser hohen Ärmelkugel können hiermit weiter entwickelt werden. Sie werden auf den folgenden Seiten gezeigt.

Weiterentwicklungen für Ärmel-Varianten

Einnaht-Ärmel mit gerader Ärmelnaht - **mit Abnäher** 206

Einnaht-Ärmel mit gerader Ärmelnaht - **ohne Abnäher** 206

Einnaht-Ärmel mit geformter Ärmelnaht - Vorlage für den Zweinaht-Ärmel 207

Blazer-Ärmel mit geformter Ärmelnaht - Vorlage für den Zweinaht-Ärmel 208

Schmaler Ärmel-Grundschnitt mit hoher Ärmelkugel (3)
Gerader Einnaht-Ärmel - mit und ohne Abnäher

205

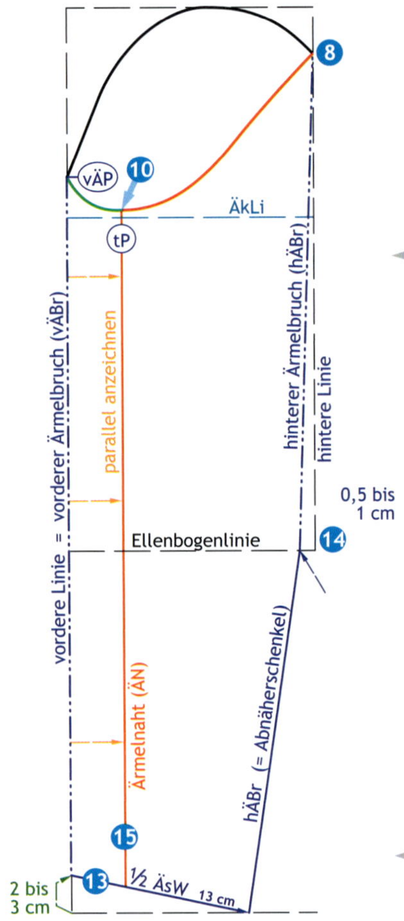

□6 Ärmelnaht, Abnäher und Saum

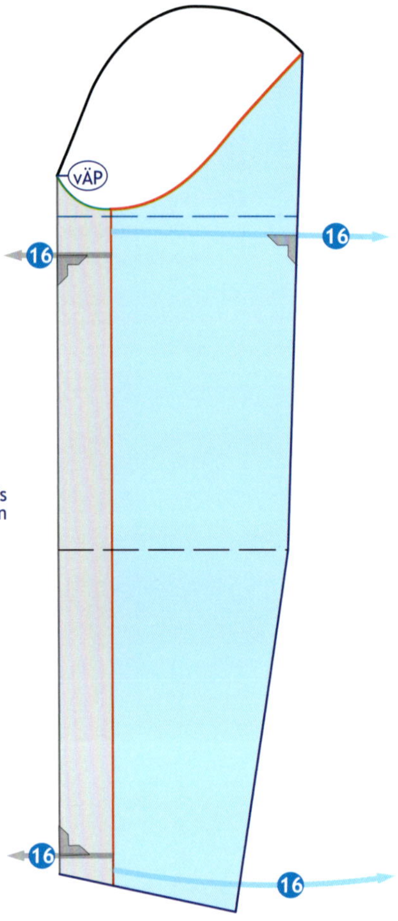

□7 Darstellung der inneren Ärmelflächen

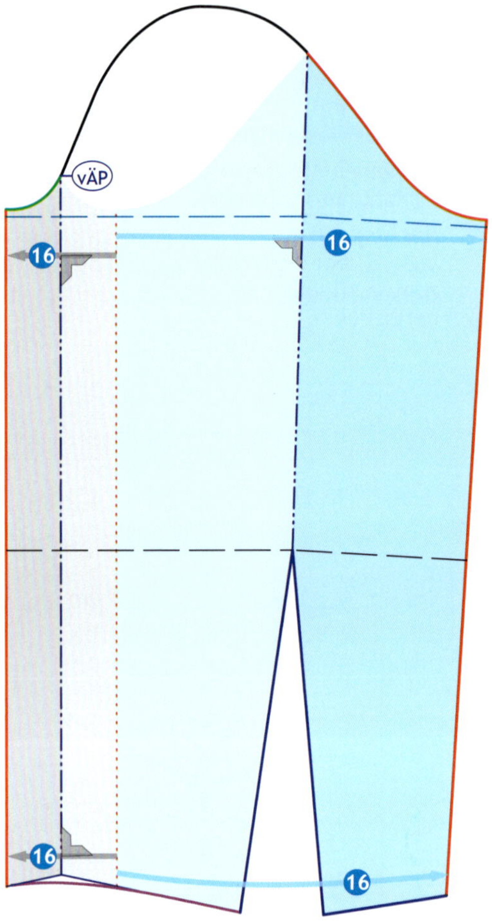

□8 Innere Ärmelflächen spiegeln, fertiger Einnaht-Ärmel mit gerader Ärmelnaht und Abnäher

5 Saum, Ärmelnaht, Ärmelbrüche und Abnäher

13 **□6 Weiterentwicklung von Seite 205:** An der Saumlinie 2 bis 3 cm hochmessen und ½ ÄSaW zur Saumlinie abtragen → Saum.

14 An der Ellenbogenlinie hinten (rechts) 0,5 bis 1 cm einstellen. Von P8 über die Einstellung weiter zum Saum zeichnen → hinterer Ärmelbruch.

15 Von P10 parallel zum vorderen Ärmelbruch die Ärmelnaht zum Saum zeichnen.

6 Ärmelflächen spiegeln

16 **□7+8** Die farbig dargestellten inneren Ärmelflächen kopieren und an den Ärmel-Brüchen spiegeln.

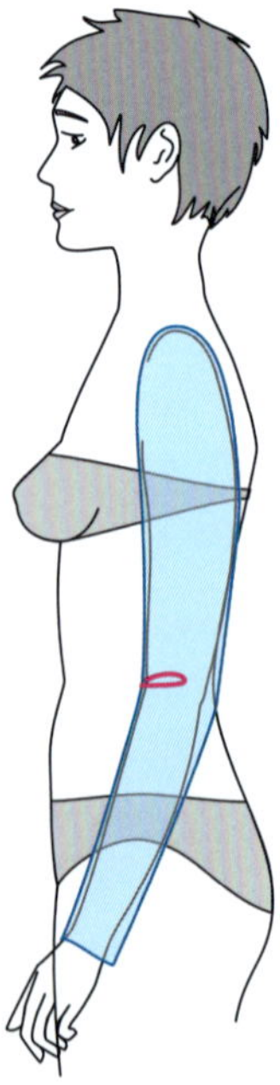

7 Ärmel ohne Abnäher / Ärmelnaht einstellen

□9 Ist kein Abnäher gewünscht, kann dieser entfernt werden. Die ÄSaW kann/sollte bei unelastischen Materialien hierbei etwas größer ausfallen. Die Form des Ärmelfalls ist nicht immer optimal.

17 An beiden Ärmelnähten maximal 4 cm einstellen.

18 Der vordere Ärmelbruch verläuft parallel zur Ärmelnaht, der hintere verlängert zum Saum.

19 Die längere (hintere) Ärmelnaht messen und auf die kürzere (vordere) Ärmelnaht übertragen.

20 Den Saum wie dargestellt formen oder ggf. gerade wie beim engen Ärmel auf Seite 201, □7 formen.

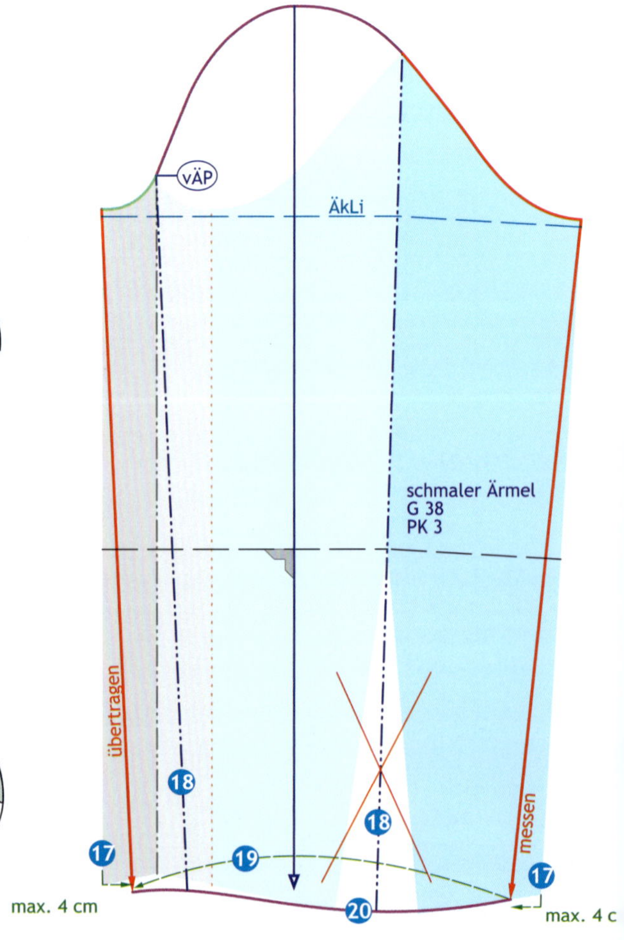

□9 Einnaht-Ärmel mit gerader Ärmelnaht ohne Abnäher

205

5 Saum, Ärmelnaht, Ärmelbrüche und Abnäher

13 **□6 Weiterentwicklung von Seite 205:** An der Saumlinie 2 bis 3 cm hochmessen und ½ ÄSaW zur Saumlinie abtragen → Saum.

14 An der Ellenbogenlinie hinten (rechts) 0,5 bis 1 cm einstellen. Von P8 über die Einstellung weiter zum Saum zeichnen → **hinterer Ärmelbruch.**

15 An der Ellenbogenlinie vorne 0,5 bis 1 cm für die Formung des **Ärmels** einstellen → vÄBr. Von dort zum **vÄP** und zum vorderen Saum zeichnen.

16 Die Ärmelnaht (**ÄN**) parallel zum vÄBr durch den **tP** zum Saum zeichnen (einfache Form).

17 **□7** Nahtmarkierungen (Knipse) an die Ärmelnaht 6 bis 8 cm oberhalb und unterhalb der Ellenbogenlinie anbringen.

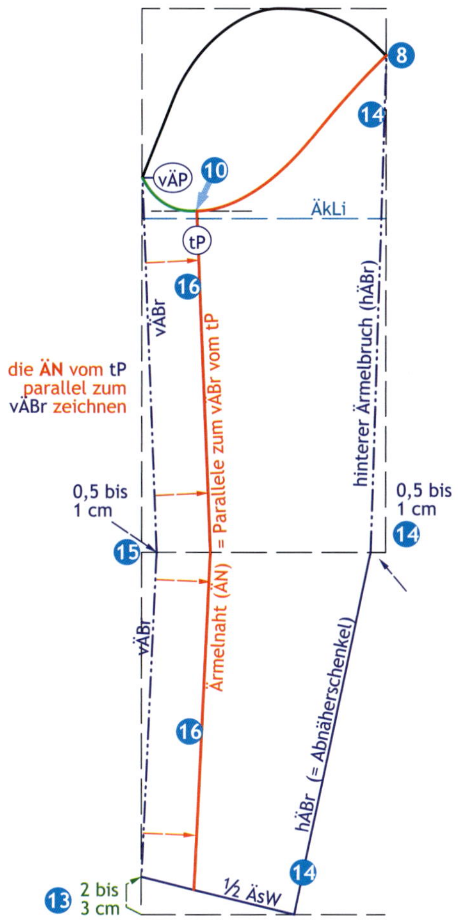

□6 Ärmelnaht, Abnäher und Saum

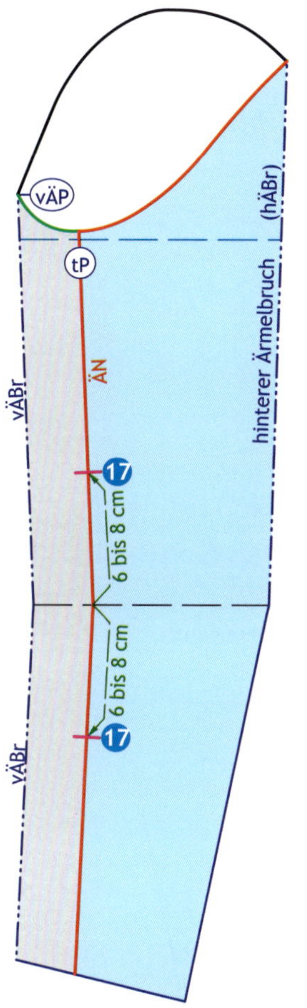

□7 Darstellung der inneren (gefärbten) Ärmelflächen

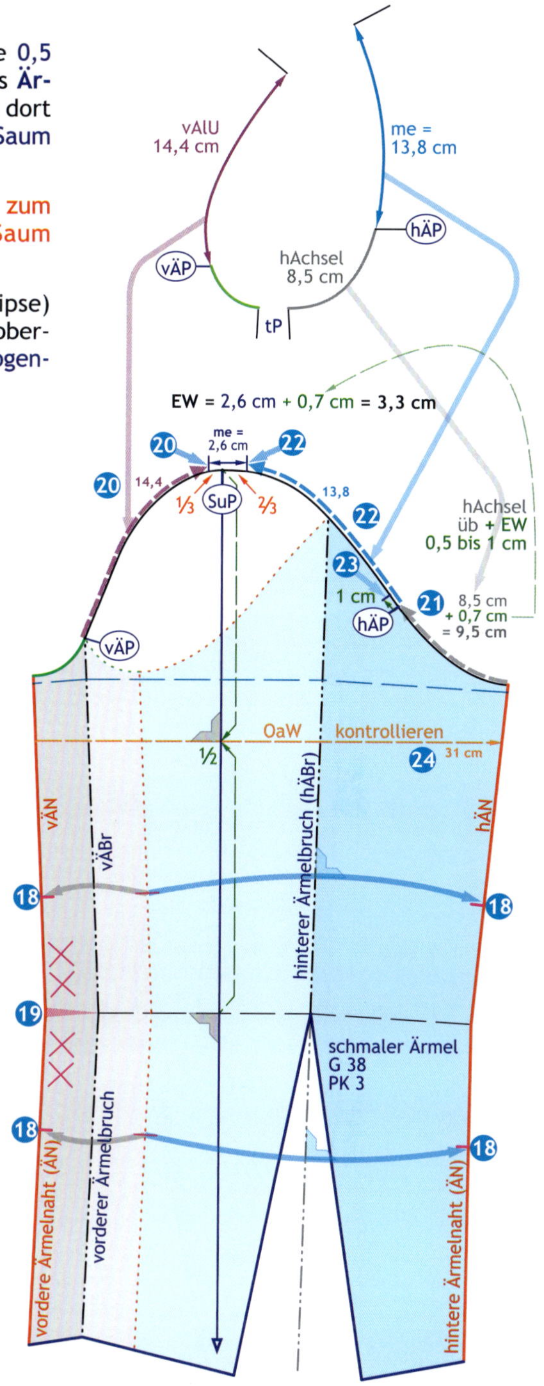

□8 Unterärmel-Flächen spiegeln (einfache Variante), Ärmelpunkte markieren und Oberarmweite kontrollieren

6 Ärmelflächen spiegeln

18 **□7+8** Die Ärmelflächen an **vÄBr** und **hÄBr** nach außen spiegeln.

19 **□8** Am **vÄBr** entsteht **bei diesem Ärmel ein großer Überschneidungsbetrag** an der Ellenbogenlinie. Um diese Strecke ist die **vÄN** kürzer als die **hÄN**.

Hier muss der zugeschnittene Ärmel zwischen den Knipsen stark gedehnt werden. Dieser **Dehnbetrag** ist umso größer, je weiter die **Ärmelnaht** vom **vÄBr** entfernt ist und je größer die Einstellung am **vÄBr** (bei **P15**) ist.

Beim Nähen muss die **Ärmelnaht glatt** sein und die **Knipse exakt passen!**

Ärmelpunkte und Oberarmweite

20 **□8** Den gesamten **vAlU** auf der **vorderen** Ärmelkugel abtragen und oben einen Strich markieren.

hÄP 21 Die **hAchsel** an der **hinteren** Ärmelkugel + EW (0,5 cm bis 1 cm) übertragen. Bei kleiner EW ist 0,5 cm, bei großer EW ist 1 cm, bei mittlerer ist 0,7 cm zu addieren.

22 Von dort die Nahtlänge zwischen hÄp und SuP an der **hinteren** oberen Ärmelkugel abtragen und auch hier einen Strich markieren.

SuP Den SuP bei ⅓ im vorderen Bereich markieren. Somit ist hinten ⅔, also mehr EW vorhanden.

23 Ein zweiter Knips wird **1 cm oberhalb des hÄP** markiert. Damit ist der hintere Ärmelbereich eindeutig definiert.

24 Die Oberamweite (OaW) auf der Hälfte zwischen SuP und Ellenbogenlinie waagerecht kontrollieren.

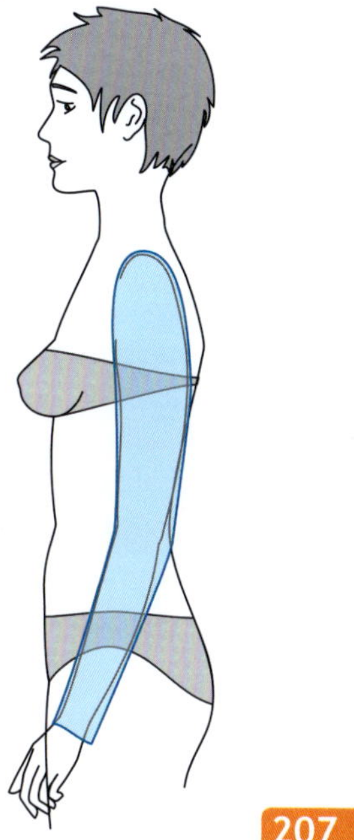

Schmaler Ärmel-Grundschnitt mit hoher Ärmelkugel (5)
Einnaht-Ärmel für schlecht dehnbare Stoffe **Blazerärmel**

Für schlecht dehnbare Stoffe muss der Dehnbetrag an der vorderen Ärmelnaht so gering wie möglich sein. Je näher die Ärmelnaht am vorderen Ärmelbruch (vÄBr) liegt, desto geringer ist der Dehnbetrag. Damit die Ärmelnaht wenig sichtbar bleibt, sollte der Abstand zum vÄBr mindestens 1,5 cm betragen.

Auf dieser Doppelseite sind beide Konstruktionsvarianten gezeigt:

1. Die Grundschnitt-Konstruktion:

5 Saum, Ärmelnaht, Ärmelbrüche und Abnäher

13 **□6 Weiterentwicklung von Seite 205:** An der Saumlinie 2 bis 3 cm hochmessen und ½ ÄSaW zur Saumlinie abtragen → Saum.

14 An der Ellenbogenlinie hinten (rechts) 0,5 bis 1 cm einstellen. Von P8 über die Einstellung weiter zum Saum zeichnen → **hinterer Ärmelbruch.**

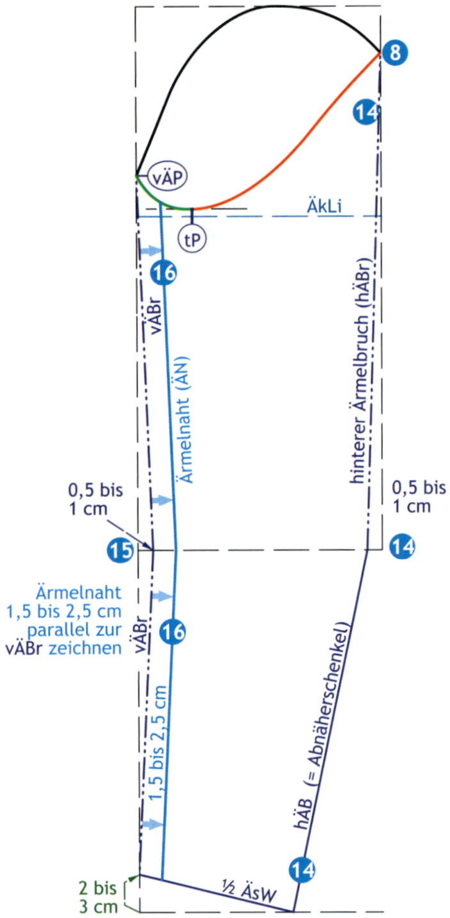

□6 Ärmelnaht, Abnäher und Saum

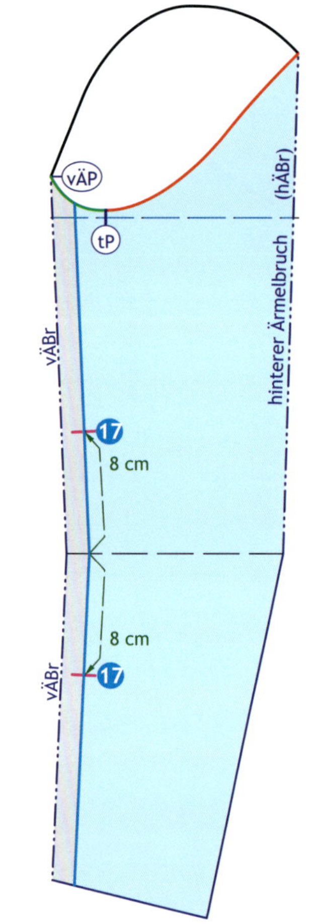

□7 Darstellung der inneren (gefärbten) Ärmelflächen

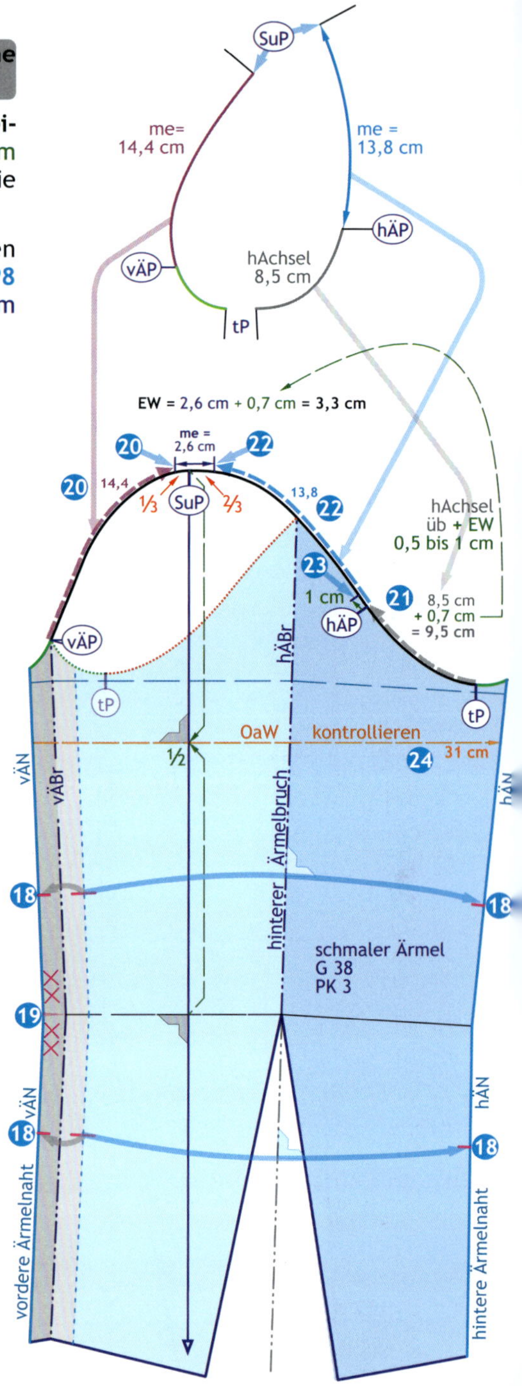

□8 Unterärmel-Flächen spiegeln (mit vorverlegter Ärmelnaht), Ärmelpunkte markieren und Oberarmweite kontrollieren

15 An der Ellenbogenlinie vorne 0,5 bis 1 cm für die Formung des **Ärmels** einstellen → **vÄBr**. Von dort zum **vÄP** und zum vorderen Saum zeichnen.

16 Die **Ärmelnaht (ÄN)** 1,5 bis 2,5 cm parallel zum vÄBr zeichnen.

17 **□7** Nahtmarkierungen an die Ärmelnaht ca. 8 cm oberhalb und unterhalb der Ellenbogenlinie anbringen.

6 Ärmelflächen spiegeln

18 **□7+8** Die Ärmelflächen an **vÄBr** und **hÄBr** nach außen spiegeln.

19 **□8** Am **vÄBr** entsteht **bei diesem Ärmel ein** sehr geringer Überschneidungsbetrag an der Ellenbogenlinie. Um diese Strecke ist die **vÄN** kürzer als die **hÄN.**

Hier muss der __**zugeschnittene**__ **Ärmel zwischen den Knipsen** weniger gedehnt werden. Dieser **Dehnbetrag** ist so klein, weil die **Ärmelnaht** (bei **P16**) so nah beim **vÄBr** verläuft.

Beim Nähen muss die **Ärmelnaht glatt** sein und die **Knipse exakt passen!**

7 Ärmelpunkte und Oberarmweite

20 **□8** Den gesamten **vAlU** auf der **vorderen** Ärmelkugel abtragen und oben einen Strich markieren.

hÄP 21 Die **hAchsel** an der **hinteren** Ärmelkugel + EW (0,5 cm bis 1 cm) übertragen. Bei kleiner EW ist 0,5 cm, bei großer EW ist 1 cm, bei mittlerer ist 0,7 cm zu addieren.

22 Von dort die Armloch-Nahtlänge zwischen **hÄp** und **SuP** an der **hinteren** oberen Ärmelkugel abtragen und auch hier einen Strich markieren.

SuP Den SuP bei ⅓ im vorderen Bereich markieren. Somit ist hinten ⅔, also mehr EW vorhanden.

23 Ein zweiter Knips wird **1 cm oberhalb des hÄP** markiert. Damit ist der hintere Ärmelbereich eindeutig definiert.

24 Die Oberamweite (OaW) auf der Hälfte zwischen SuP und Ellenbogenlinie waagerecht kontrollieren.

2. Die nachträgliche Entwicklung der vorverlegten Ärmelnaht mit der einfachen Variante des schmalen Ärmel-Grundschnitts von Seite 207.

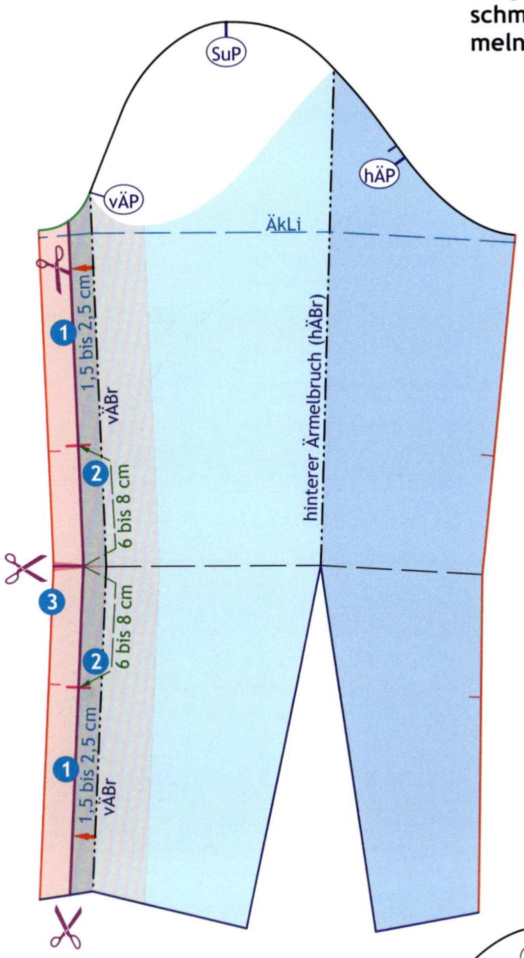

☐1 Neue Ärmelnaht an fertigem Ärmel mit geringerem Abstand zum vÄBr einzeichnen

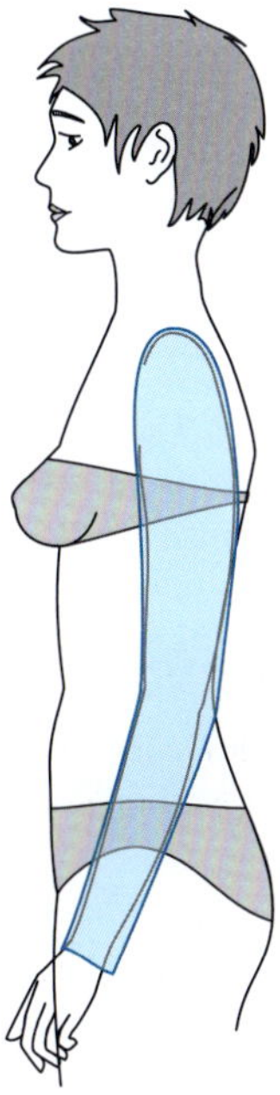

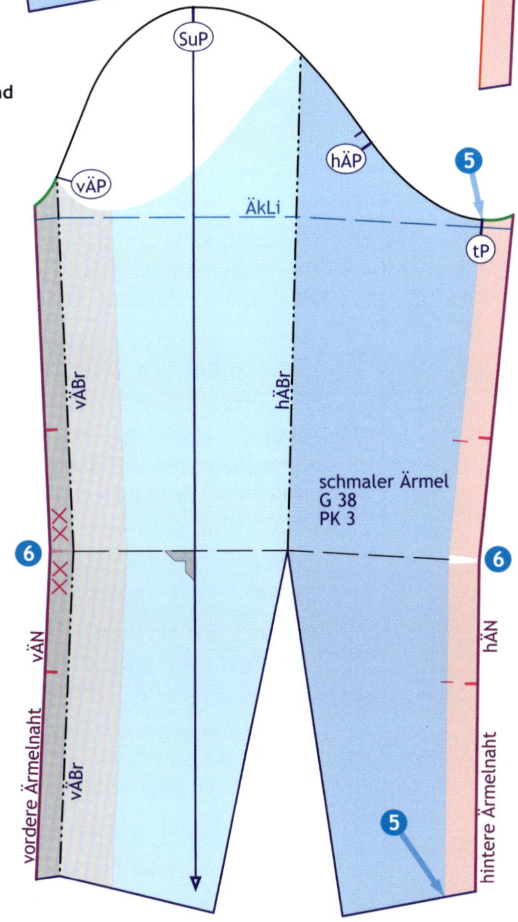

☐3 Abgetrennte Ärmelflächen ansetzen

1 Neue Ärmelnaht bestimmen

Häufig entscheidet man sich für einen (schlecht dehnbaren) Stoff erst nach der Konstruktion eines Ärmels. Liegt die einfache Variante des schmalen Ärmels vor, wird diese Ärmelnaht-Verschiebung empfohlen:

☐1 Um den Dehnbetrag an der vorderen Ärmelnaht für schlecht dehnbare Stoffe zu verringern, wird die Ärmelnaht weiter in Richtung vÄBr vorverlegt:

207

1 Hierzu eine **neue Ärmelnaht** im Abstand von 1,5 bis 2,5 cm vom **vÄBr** entfernt als Abtrennlinie einzeichnen.

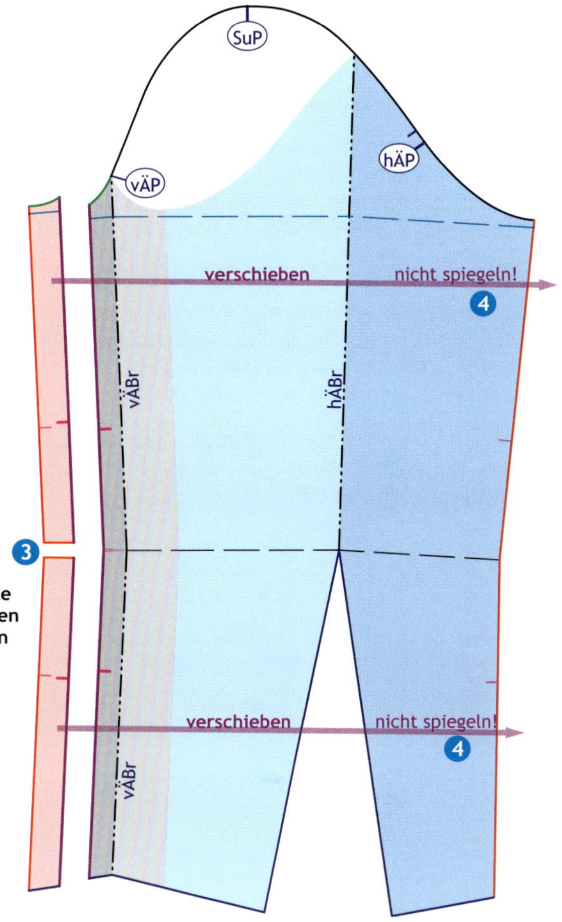

☐2 Abgetrennte Ärmelflächen verschieben

2 An die neue Ärmelnaht **Knipse** im Anstand von 6 bis 8 cm oberhalb und unterhalb der Ellenbogenlinie anbringen.

3 Dann die Schnittfläche an der neuen Ärmelnaht abschneiden und am Ellenbogen durchtrennen.

2 Ärmelflächen verschieben

4 Die beiden abgetrennten Schnittflächen an die hintere Ärmelnaht verschieben.

5 Dort am tiefsten Punkt (tP) und am Saum passend anlegen.

6 Die Lücke an der hinteren Ärmelnaht entspricht dem Dehnbetrag an der vorderen Ärmelnaht. Die neue hintere Ärmelnaht neu zeichnen.

Man sieht hier sehr deutlich, wie stark der Dehnbetrag durch das Verschieben der Ärmelnaht reduziert wird. Für diese Variante des schmalen Ärmels sind spezielle Ärmelanpassungen notwendig (siehe Seite 214).

214

207
208

Oberarmweite vergrößern - mit gleicher Einhalteweite, Ärmel mit flacherer Ärmelkugel aus dem schmalen Ärmel

□**1** Durch die Öffnung des Ärmels entsteht eine Vergrößerung der Oberarmweite, hier um z.B. 2× 1 cm = **2 cm**

Allerdings muss man bedenken, dass durch eine Öffnung auch die Ärmelkugelnaht und damit auch die Einhalteweite (EW) vergrößert wird.

Möchte man **die Einhalteweite nicht vergrößern**, muss eine **Verringerung der Ärmelkugelhöhe** erfolgen.

So entsteht ein ähnlicher Ärmel wie der auf Seite 202, 203 beschriebene **weite Ärmel mit flacher Ärmelkugel**. Der Abnäher kann wie auf folgender Seite entfernt werden .

Bei der Markierung der Ärmelpunkte (siehe Seite 218) wird gleichzeitig die Einhalteweite im Ärmel ermittelt. Sollte diese noch zu groß sein, kann die Kugel noch weiter abgeflacht, d.h. an den Ärmelnähten weiter erhöht werden.

Alternative Vergrößerung der Oberarmweite am Modell

Unterteilt man einen Ärmel mit einer Längs-Teilungsnaht in zwei Schnittteile, kann dort zusätzliche Weite angesetzt werden: Dies ist beim **Ärmel mit Oberarmnaht** (Seite 248 und beim **Zweinahtärmel** (siehe ab Seite 236) möglich.

Bei der Veränderung des **Blazer-Ärmels** von Seite 208 erfolgt die Hochstellung nicht an den Ärmelnähten, sondern **am tiefsten Punkt (tP)!**

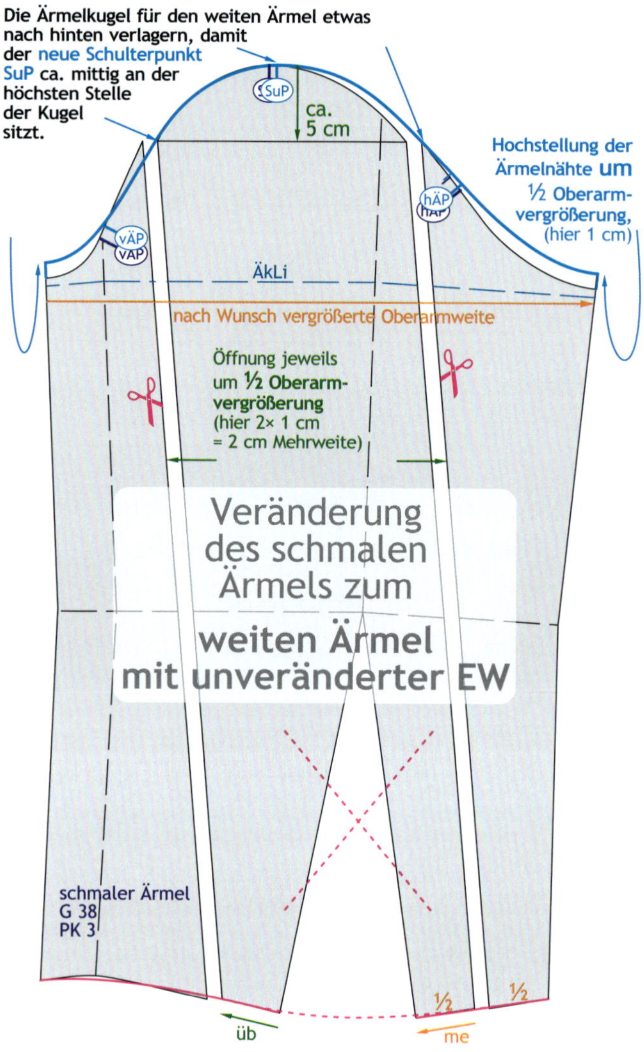

□1 Oberarmweite vergrößern

207

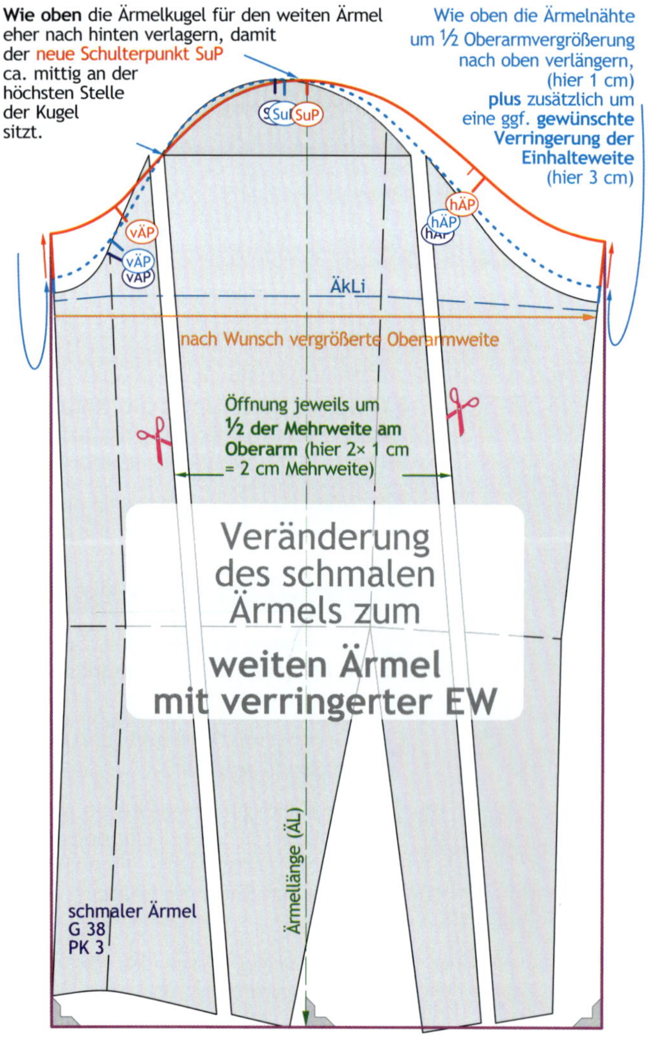

□2 Oberarmweite vergrößern und Einhalteweite verringern

Weiter Ärmel aus schmalem Ärmel - mit verringerter Einhalteweite, z.B. für Hemdärmel, lockere Shirts ...

□**2** Wie oben entsteht durch die Öffnung des Ärmels eine Vergrößerung der Oberarmweite hier z.B. um 2× 1 cm = **2 cm**

Passt man die Ärmelkugel wie oben gezeigt an, bleibt die ursprüngliche Einhalteweite (EW) - also die Länge der Ärmelkugelnaht - erhalten. Die Form der Kugel wird aber flacher.

Möchte man **die Einhalteweite zusätzlich verkleinern**, z.B. für ein Hemd (ca. 0 cm EW) muss eine **weitere Verringerung der Ärmelkugelhöhe** erfolgen.

Sind z.B. noch 3,5 cm Mehrweite in der Ärmelkugel, kann die Ärmelnaht um ca. 3 cm angehoben werden, wodurch die Nahtlänge der Kugel um ca. 3 bis 3,5 cm verringert wird. Die Ärmelkugel wird dadurch noch flacher.

Alle Ärmelpunkte müssen, wie bereits auf Seite 207gezeigt, neu ermittelt werden.

So entsteht ein **weiter Ärmel mit flacher Ärmelkugel und geringer bzw. ganz ohne Einhalteweite.** Der Abnäher kann bei Bedarf entfernt werden.

Die Ärmellänge ab dem SuP senkrecht abtragen und die Saumlinie abwinkeln. Die Ärmelnähte senkrecht zeichnen (sie müssen gleich lang sein).

Den Saum nach Wunsch wie auf Seite 181, □**8** formen.

Für diese Entwicklung sollte der **Blazer-Ärmel** von Seite 186 **nicht verwendet** werden!

1. Saumweite am Ärmel verändern
2. Einhalteweite an der Ärmelkugel anpassen: Vergrößerung und Verkleinerung

207
208

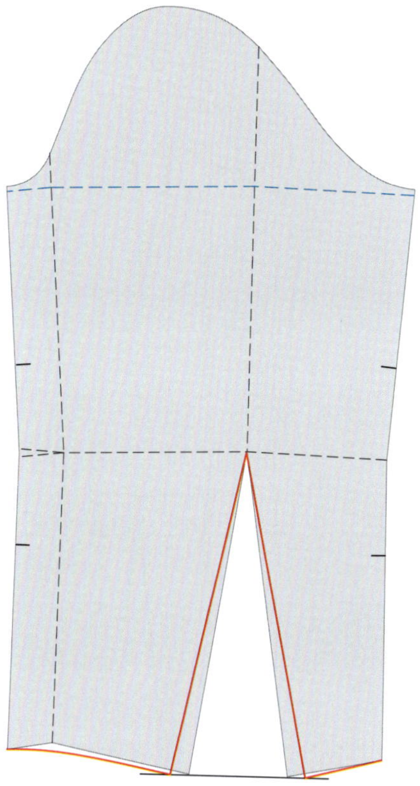

□1 ÄSaW verringern

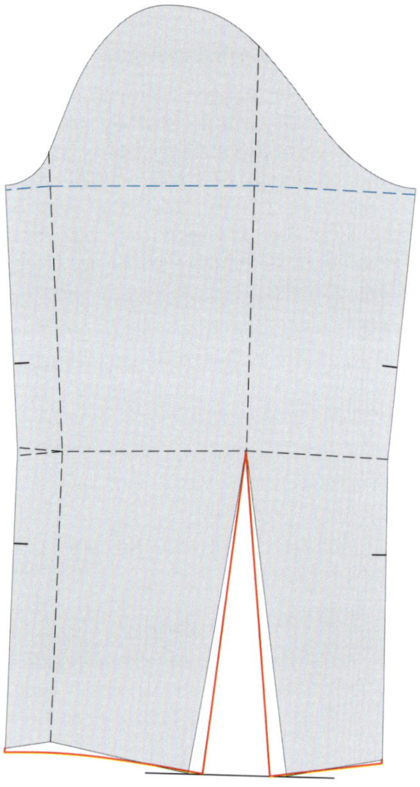

□2 ÄSaW vergrößern

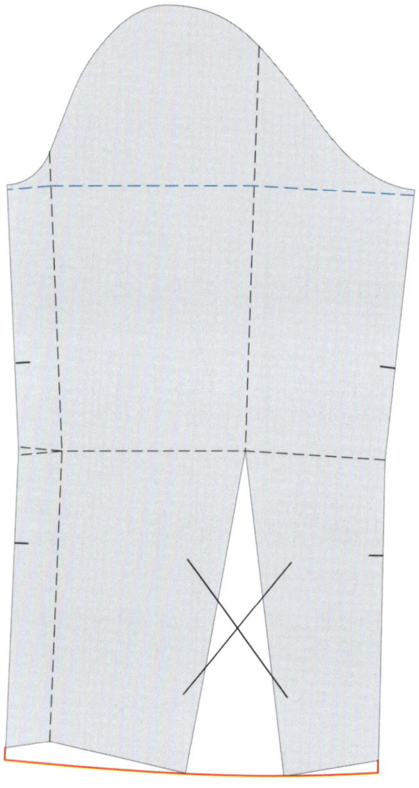

□3 ÄSaW maximieren

Alle Weitenveränderungen am Ärmelsaum (ÄSaW) werden am Abnäher vorgenommen.

1 Ärmelsaumweite verringern

□1 Die Abnäherenden mit einer Hilfslinie verbinden. Die gewünschte Verringerung der ÄSaW jeweils zur Hälfte an den Abnäherenden entfernen.

2 Ärmelsaumweite vergrößern

□2 Eine Hilfslinie über die Abnäherenden zeichnen und den Abnäher durch jeweils die Hälfte der gewünschten ÄSaW-Vergrößerung verkleinern. Durch eine kleine Verlängerung der Ärmelnaht entsteht eine sanftere Saumrundung.

3 Ärmelsaumweite vergrößern

□3 Durch Streichen des Abnähers erhält man die maximale ÄSaW. Die Ärmelnähte können begradigt und in der Länge ausgeglichen werden. Allerdings geht hierdurch die leicht angewinkelte Ärmelsilhouette verloren, der Ärmel fällt absolut gerade. Alternativ kann die Saumrundung auf Seite 203 gezeichnet werden.

Einhalteweite vergrößern bei ähnlicher Oberamweite

□4 Sollte die Einhalteweite des angepassten Ärmels zu gering sein, kann die Ärmelkugel vergrößert werden. Hierbei vergrößern sich die Kugelhöhe und die Kugelbreite, während sich die Oberarmweite nur minimal vergrößert.

Die Einschnitte an der Kugel wie auf Seite 117, **□1** vornehmen, dann jeweils wie dargestellt öffnen oder zulegen.

Einhalteweite verkleinern bei ähnlicher Oberamweite

207
208

□5 Sollte die Einhalteweite des angepassten Ärmels zu groß sein, kann die Ärmelkugel verkleinert werden. Hierbei verkleinern sich die Kugelhöhe und die Kugelbreite, während sich die Oberarmweite nur minimal verkleinert.

Nach den Anpassungen sollten die Ärmelpunkte wie auf Seite 207 markiert und dabei die Einhalteweite kontrolliert werden.

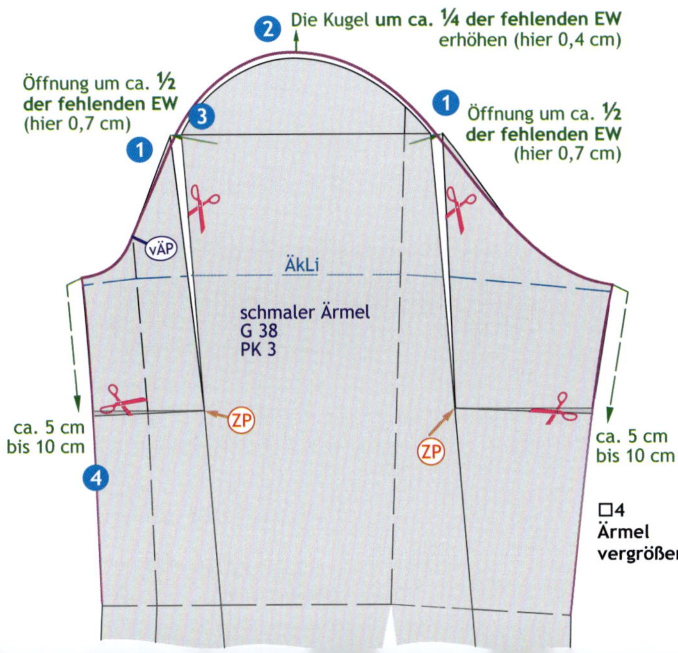

□4 Ärmel vergrößern

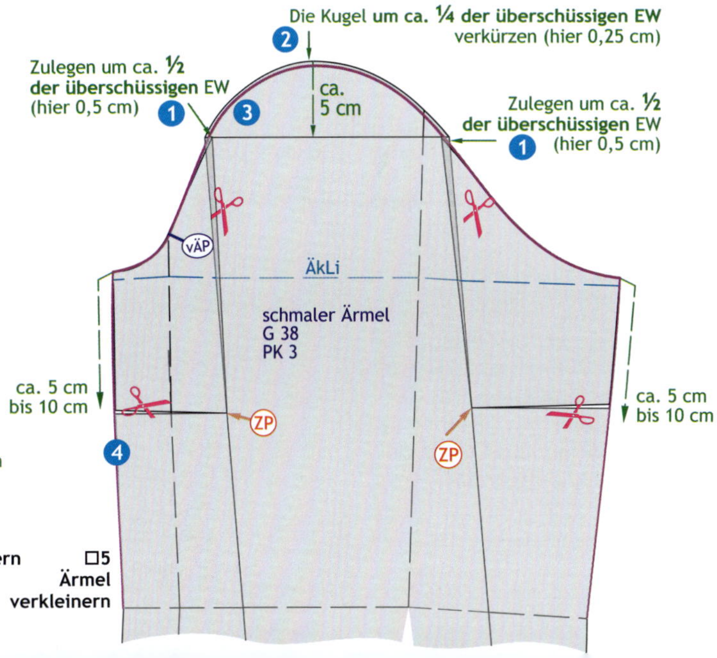

□5 Ärmel verkleinern

Ärmelanpassung nach Armloch-Vertiefung und -Verbreiterung (1)
z.B. nach einer Änderung der Passformklasse (PK) am Grundschnitt

207

Passformklassen-Anpassung

Ab Seite 191 werden Vergrößerungen von Oberteil-Grundschnitten gezeigt. Z.B. entsteht aus einem engen Kleidergrundschnitt in PK3 ein Grundschnitt für weite Jacken in PK8. Dabei vergrößert sich das Armloch und ein PK3-Ärmel muss zu einem PK8-Ärmel angepasst werden.

In diesem Beispiel hier wird ein PK3 Ärmel zu einem **PK8-Ärmel** vergrößert.

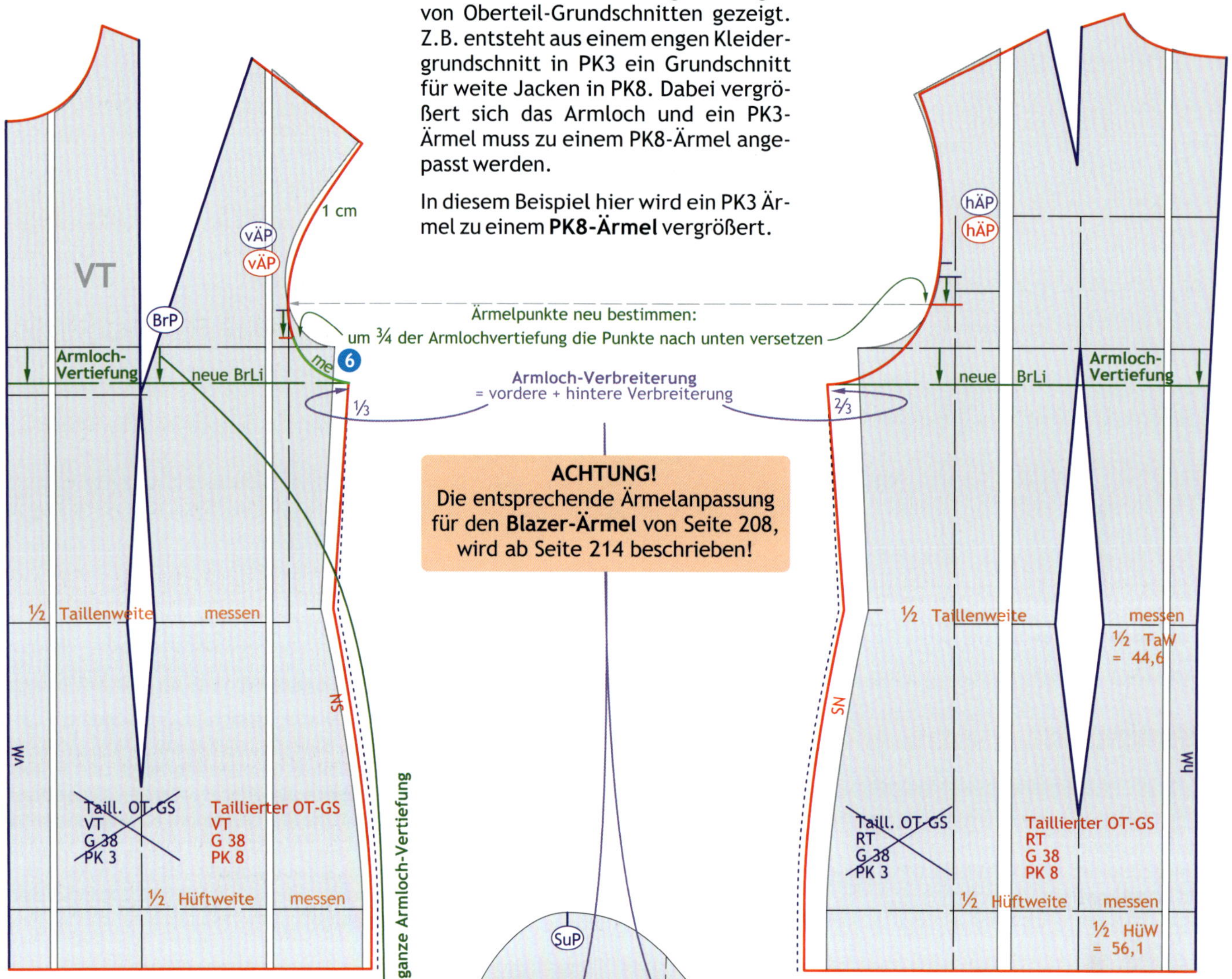

ACHTUNG!
Die entsprechende Ärmelanpassung für den **Blazer-Ärmel** von Seite 208, wird ab Seite 214 beschrieben!

□1: Grundschnitt mit vertieftem und erweitertem Armloch (ab Seite 191)

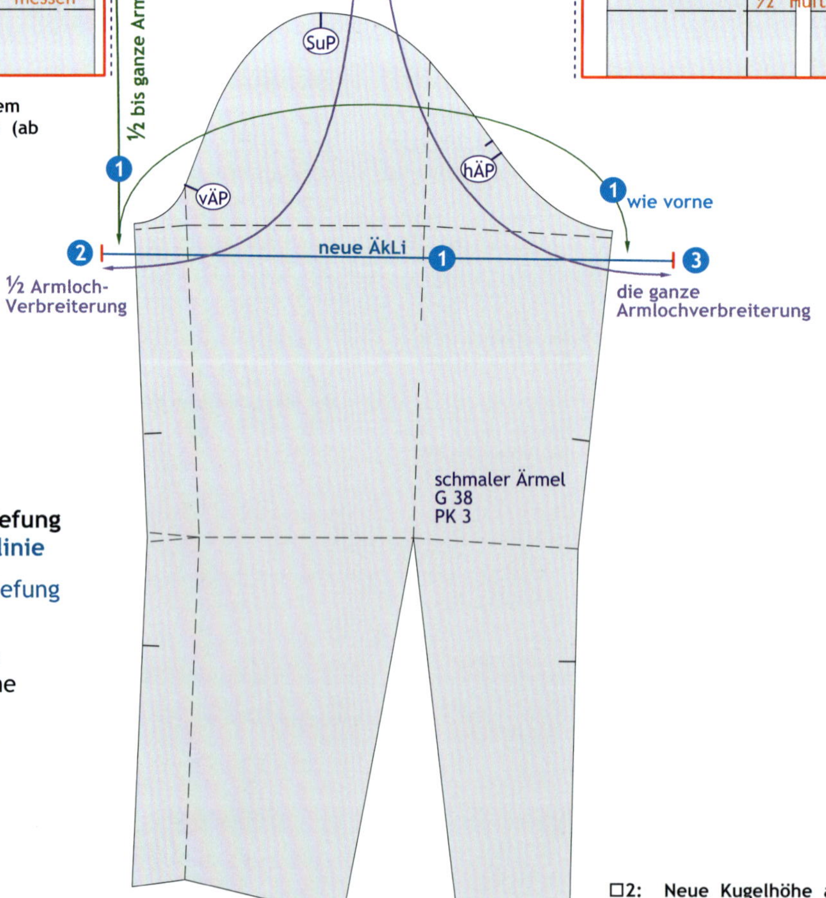

□2: Neue Kugelhöhe am Ärmelgrundschnitt

1 Bemerkung zur Vertiefung der neuen Ärmelkugellinie

½ bis ganze Armlochvertiefung (Normwert = ¾)

Ein **kleiner** Wert ergibt eine **flache** Ärmelkugel sowie eine **kleine** Einhalteweite.
Ein **großer** Wert ergibt eine **hohe** Ärmelkugel und eine **große** Einhalteweite.

Ärmelanpassung nach Armloch-Vertiefung und -Verbreiterung (2)

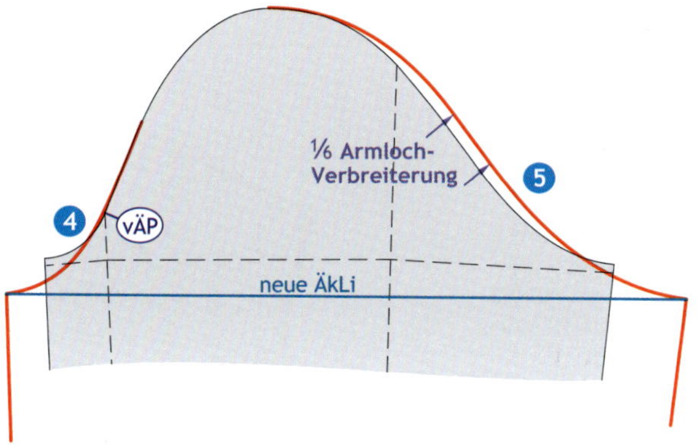

□3 Neue Ärmelkugel formen

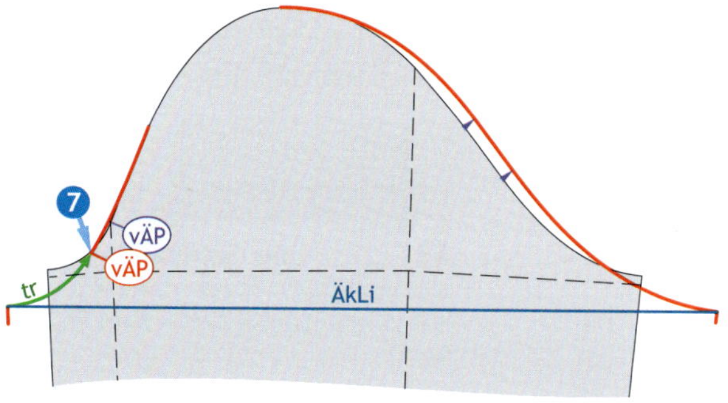

□4 Neuer vorderer Ärmelpunkt

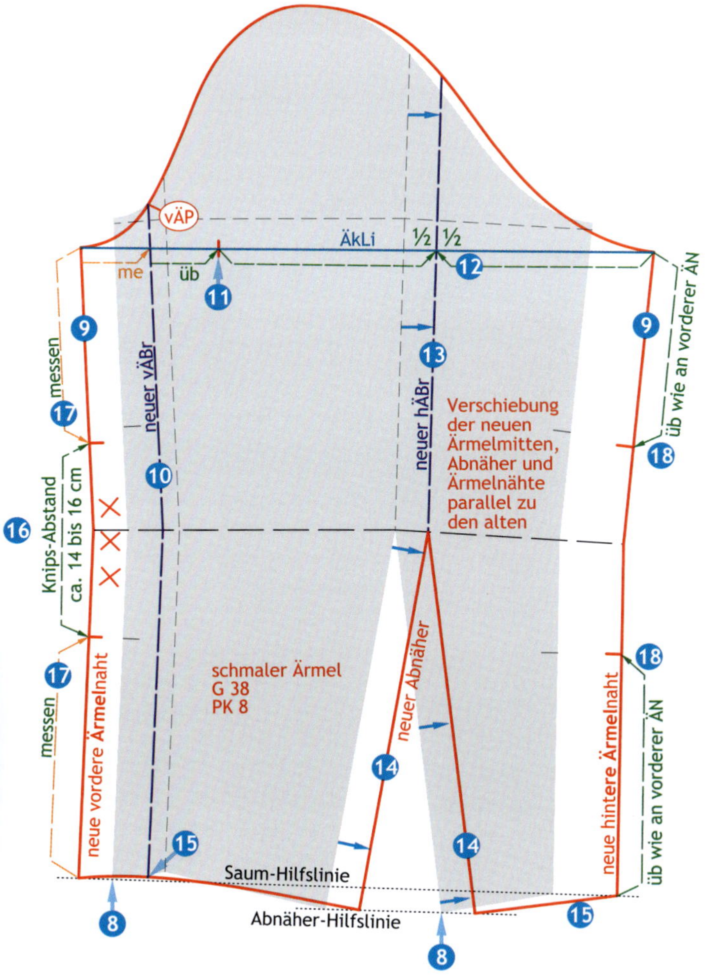

□5 Neue Ärmelnahte, Ärmelmitte, Abnäher, Knipse

3 Ärmelkugelhöhe und -breite anpassen

□2 Da die Veränderung am Armloch unten erfolgt, wird nun auch der Ärmel an der unteren Kurve verändert:

1 An beiden Ärmelnähten für eine höhere Ärmelkugel ½ Armloch-Vertiefung nach unten abtragen, für eine noch höhere Ärmelkugel bis zur ganzen Armloch-Vertiefung. Die **neue ÄKLi** (blau) zeichnen.

2 Auf der neuen Achsellinie an der vorderen Ärmelnaht ½ Armloch-Verbreiterung nach außen abtragen.

3 An der hinteren Ärmelnaht die ganze Armloch-Verbreiterung abtragen.

4 Ärmelkugel neu formen

4 **□3** Die vordere Ärmelkurve wie skizziert neu formen.

5 Am hinteren Ärmel die Kugel verbreitern. Dabei **parallel** zur Ärmelkurve ⅙ der Armlochverbreiterung nach außen zeichnen. Ärmelkugelnaht neu zeichnen und dabei die **ursprüngliche Form** der Ärmelkugel übernehmen.

5 Neuer vorderer Ärmelpunkt

6 **□1+4** Am vorderen Armloch (VT) die Kurve von der oberen Seitennaht zum vÄP messen und

7 vorne auf die neue vordere Ärmelkurve übertragen → **neuer vÄP**.

6 Neue Ärmelnähte, Ärmelmitte, Abnäher, Knipse

8 **□5** Für den Ärmelsaum je eine Hilfslinie über die Ärmelnaht-Enden und eine über die Abnäher-Enden zeichnen.

9 Beide **Ärmelnähte** parallel zu den ursprünglichen Ärmelnähten zeichnen. Die äußeren Enden liegen auf der oberen Hilfslinie.

10 Den neuen vorderen Ärmelbruch (**vÄBr**) vom neuen vÄP ausgehend, **parallel zur vorderen Ärmelnaht** zeichnen.

11 Den Abstand zur Ärmelnaht messen und in den Ärmel übertragen (spiegeln). Diesen Punkt auf der Achsellinie markieren.

12 Von dort die Hälfte der Strecke zur hinteren Ärmelnaht messen, markieren und

13 parallel zum **alten hÄBr** den neuen **hÄBr** zeichnen.

14 Der Ärmelabnäher wird ebenfalls parallel dorthin verschoben. Dabei liegen die Abnäher-Enden auf der unteren Hilfslinie.

15 Den Ärmelsaum vorne ggf. im Bereich des neuen vÄBr formen, im hinteren Bereich gerade zeichnen.

16 Neue Knipse an der **vorderen Ärmelnaht** markieren. Der Abstand sollte ca. 14 bis 16 cm sein.

17 Jeweils vom Armloch und vom Saum die Abstande zu den Knipsen messen und

18 auf die hintere Ärmelnaht übertragen.

Die Ärmelsaumweite kann am Abnäher reguliert werden. Soll z.B. die ÄSaW größer werden, wird der Abnäher entsprechend kleiner gezeichnet (siehe Seite 211).

Den hinteren Ärmeleinsetzpunkt (hÄP) und den Schulterpunkt (SuP) neu bestimmen, siehe Seite 207.

Passformklassen-Anpassung

Auf den vorhergehenden Seiten wird diese Ärmelanpassung für den schmalen Ärmel mit einfacher Variante gezeigt.

□2+3 Für den Fall, dass ein **Blazerärmel** (schmaler Ärmel mit vorverlegter Ärmelnaht) angepasst werden soll, müsste der Ärmel zunächst so umgestellt werden, dass die Ärmelnaht wieder am tiefsten Punkt (tP) liegt.

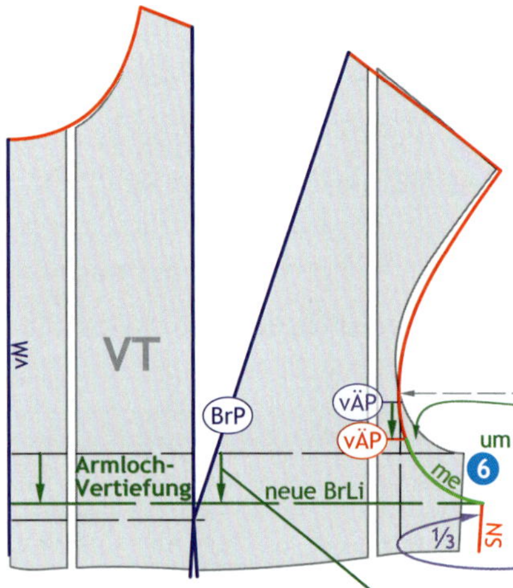

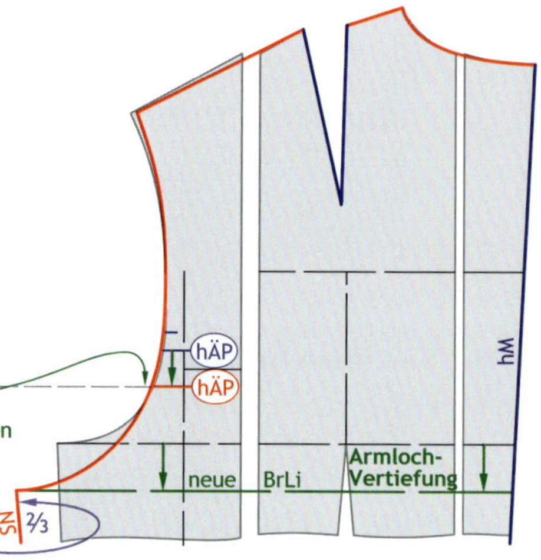

Ärmelpunkte neu bestimmen:
um ¾ der Armlochvertiefung die Punkte nach unten versetzen

Armloch-Verbreiterung
= vordere + hintere Verbreiterung

□1: Grundschnitt mit vertieftem und verbreitertem Armloch (ab Seite 191)

1 Ärmelnaht an den tP verlegen

❶ □2 Den **schmalen Ärmel mit vorverlegter Ärmelnaht** am tP parallel zur hinteren Ärmelnaht durchtrennen.

❷ □3 Die Abtrennung am Ellenbogen durchtrennen und an die vÄN verschieben. Dort wieder anfügen.

❗ Hierbei entsteht nun ein größerer Überschneidungsbetrag an der Ellenbogenlinie.

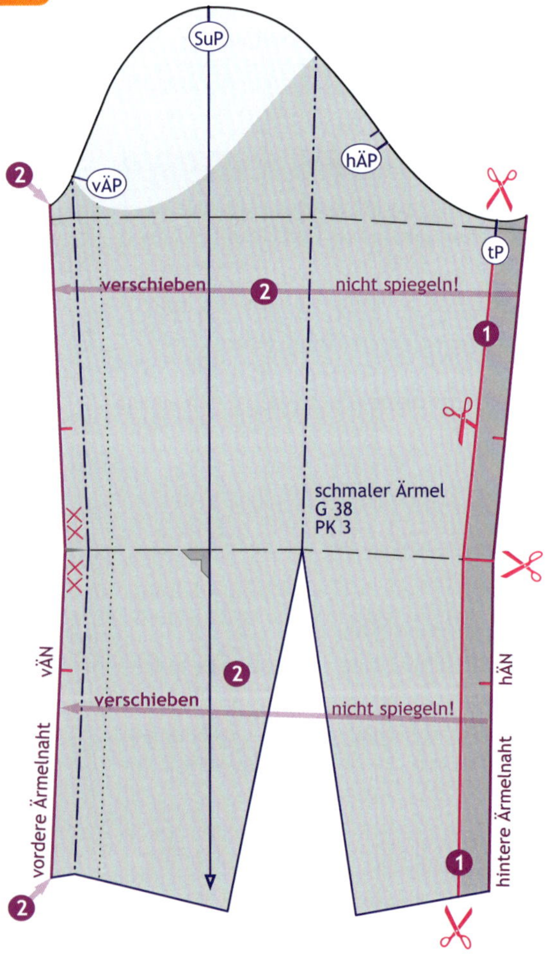

□2: Durchtrennung vom tP parallel zur hÄN und die abgetrennte Fläche an die vordere Ärmelnaht verschieben.

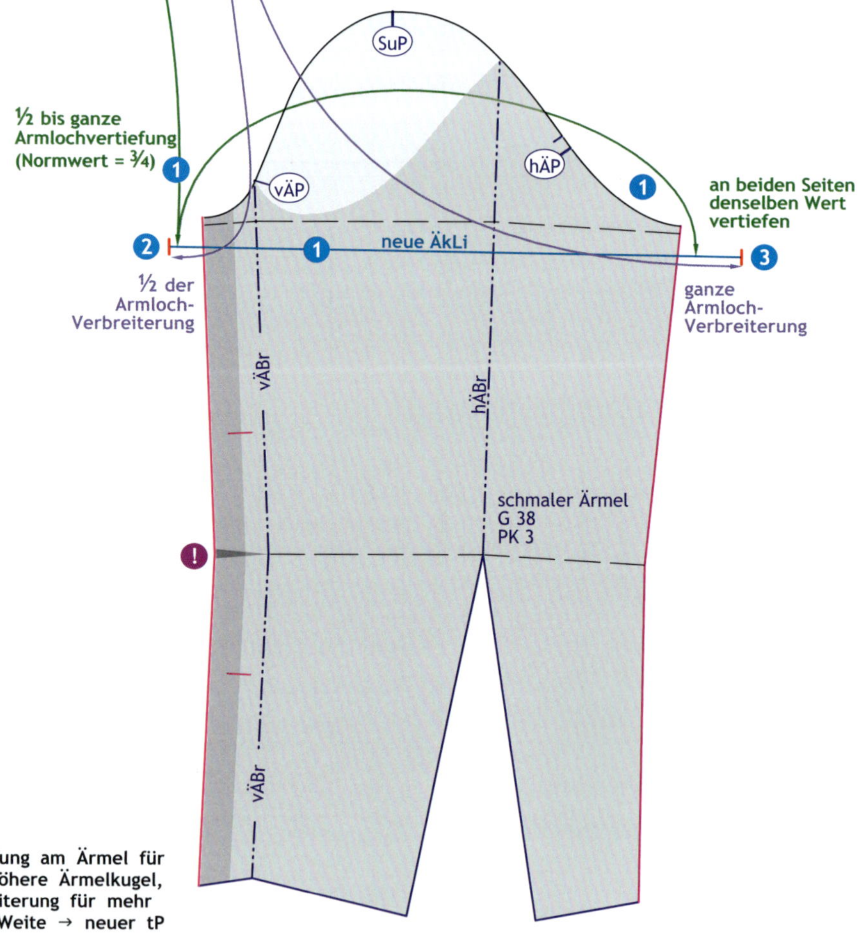

□3: Vertiefung am Ärmel für eine höhere Ärmelkugel, Verbreiterung für mehr Ärmel-Weite → neuer tP

Ärmelanpassung nach Armloch-Vertiefung und -Verbreiterung (4)
hier an einem schmalen Ärmel mit vorverlegter Ärmelnaht (**Blazerärmel**)

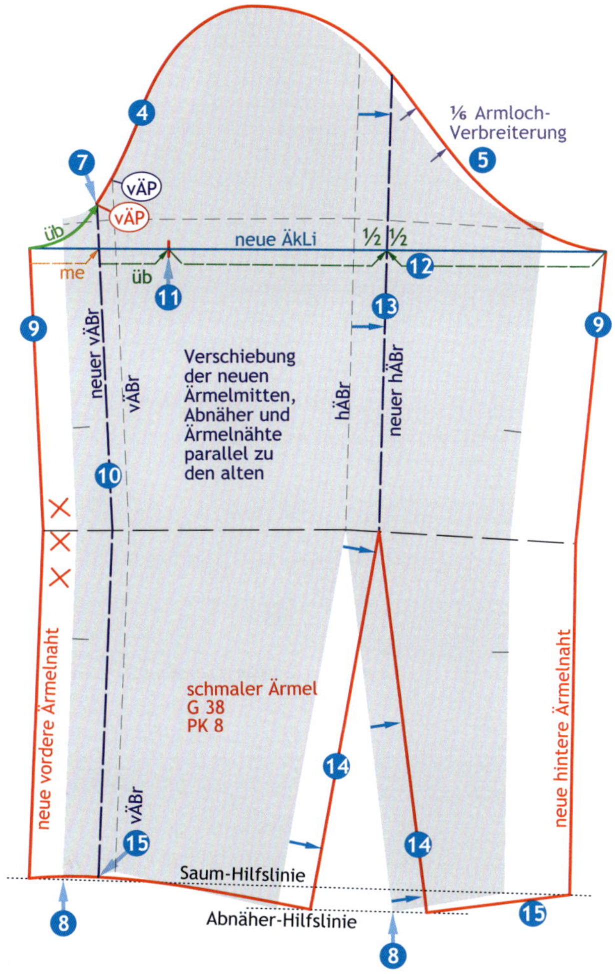

□4 Ärmelanpassung wie ab Seite 212

2 Ärmelanpassung durchführen

212

□3+4 Alle weiteren Schritte der Ärmelanpassung sind identisch mit den auf den Seiten 212 und 213 gezeigten Anpassung. Sie sind hier mit denselben blauen Punkten markiert, wie dort. Auf die Beschreibung der Arbeitsschritte wurde verzichtet. Das Markieren der Knipse (**P17** und **P18**) kann entfallen, wenn die Ärmelnaht noch verschoben wird.

Nach der Anpassung □4 erfolgt (bei Bedarf) dasselbe Verfahren zur Vorverlegung der Ärmelnaht wie bereits auf Seite 209 gezeigt.

3 Ärmelnaht und Knipse anzeichnen

❸ **□5** Eine **neue Ärmelnaht** im Abstand von 1,5 bis 2,5 cm vom vÄBr entfernt einzeichnen.

❹ An die neue Ärmelnaht Knipse im Anstand von 6 bis 8 cm oberhalb und unterhalb der Ellenbogenlinie anbringen.

❺ Die Schnittfläche an der neuen Ärmelnaht abschneiden und am Ellenbogen durchtrennen.

4 Ärmelflächen verschieben

❻ **□6** Die beiden abgetrennten Schnittfläche an die hintere Ärmelnaht verschieben.

❼ Dort am tiefsten Punkt (tP) und am Saum passend anlegen.

❽ Die Lücke an der hinteren Ärmelnaht entspricht dem Dehnbetrag an der vorderen Ärmelnaht. Die neue hintere Ärmelnaht schließen.

Den hinteren Ärmeleinsetzpunkt (hÄP) und den Schulterpunkt (SuP) neu bestimmen, siehe Seite 208 .

208

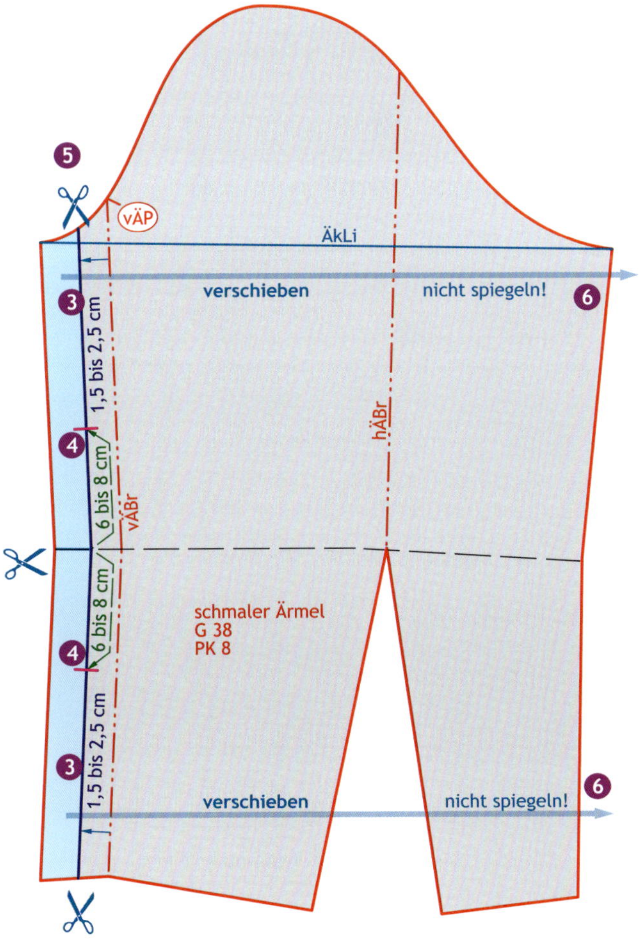

□5 Neue vorverlegte Ärmelnaht bestimmen und abtrennen

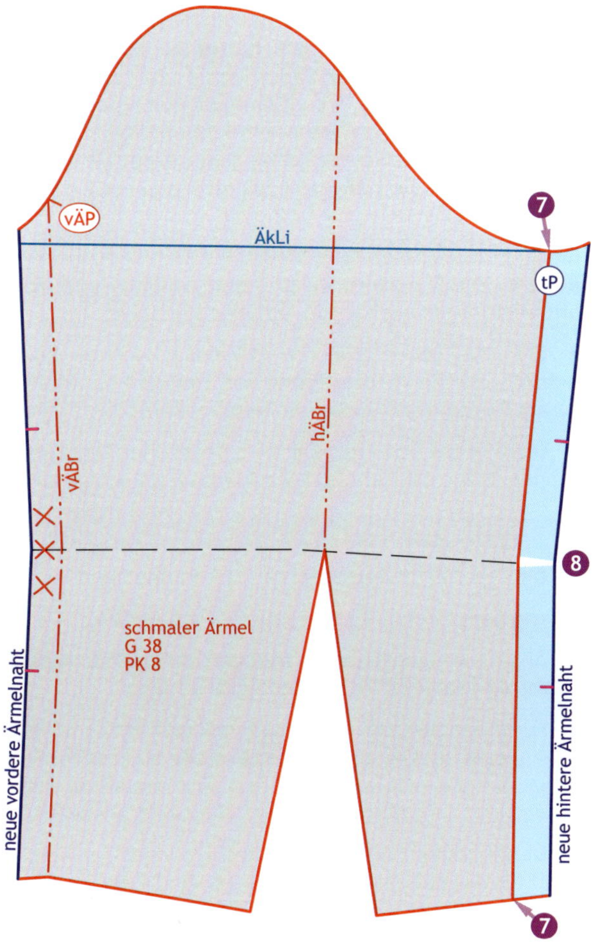

□6 Fertigstellung des Blazerärmels

Ärmelanpassung nach Schulterpolster-Erhöhung

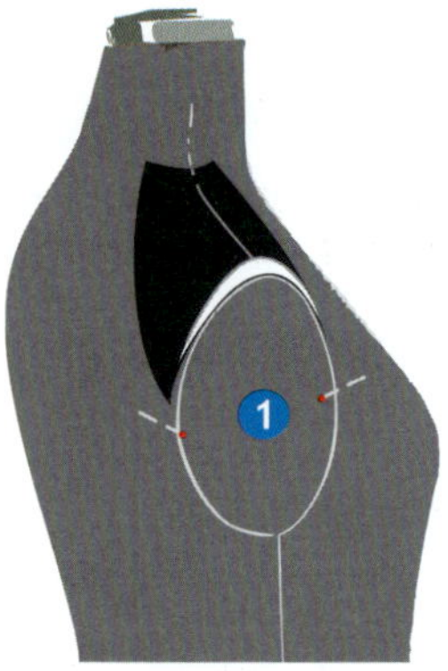

□1 Schulterpolster auflegen und Nadeln stecken

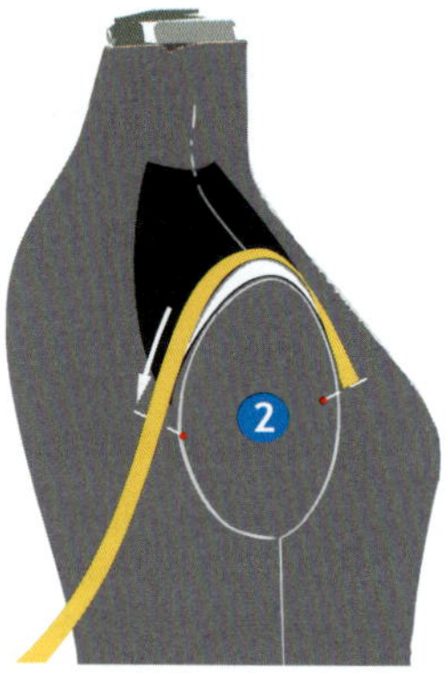

□2 Über das Schulterpolster von Nadel zu Nadel messen

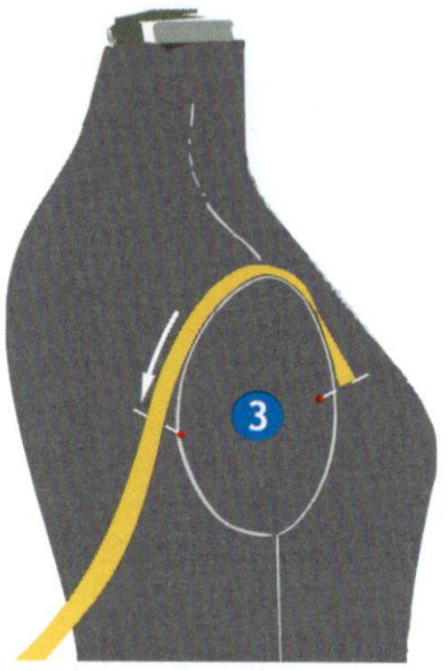

□3 Ohne das Polster von Nadel zu Nadel messen

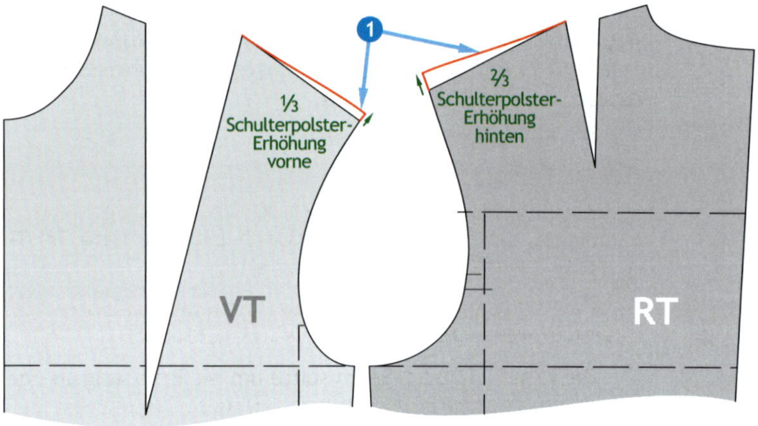

□4 Geringe Schulterpolster-Erhöhung

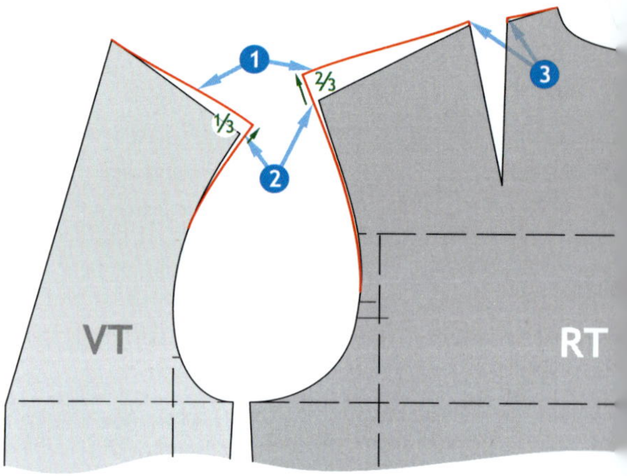

□5 Größere Schulterpolster-Erhöhung mit Schulterverbreiterung

1 Bestimmung der Schulterpolster-Erhöhung

□1-3 Zur Bestimmung des Betrags, um den die Schulter erhöht werden muss, wird ein Schulterpolster auf eine Büste gesteckt und unterhalb der Enden vorne und hinten mit zwei Nadeln an der Büste markiert. Über das Schulterpolster wird von Nadel zu Nadel gemessen. Dann nimmt man das Schulterpolster ab und misst dieselbe Strecke ohne Schulterpolster. **Die Differenz beider Maße ist die benötigte Schulterpolster-Erhöhung.**

2 Schulterpolster-Erhöhung am Schnitt

1 **□4** Die Schultern wie skizziert erhöhen und die Schulternaht leicht S-förmig bis zum Abnäher zeichnen.

2 **□5** Bei einer größeren Erhöhung kann gleichzeitig eine leichte Schulter-Verbreiterung von wenigen Millimetern am VT und am RT identisch vorgenommen werden.

3 Die hintere Schulternaht wird bei größer Schulter-Erhöhung schöner, wenn die Naht bis kurz vor das Halsloch geformt wird.

3 Ärmelanpassung für identische Einhalteweite

4 **□6** Die Ärmelkugel bei ca. 5 cm kappen und

5 wie dargestellt, bis zum Saum einschneiden.

6 An der waagerechten Öffnungen um **ca. ⅓ Schulterpolster-Erhöhung = ungefähre Polsterdicke** öffnen.

7 Für einen proportional ausgewogenen Ärmel jeweils die halbe waagerechte Öffnung **½ Polsterdicke** auch senkrecht öffnen. Am Saum kann (wie auf folgender Seite) derselbe Betrag geöffnet werden (hier allerdings ohne Öffnung dargestellt).

8 Die Kugelnaht außen über die Öffnungen formen. Die Kugel erhält für das Polster die nötige Breite und Mehrlänge.

Sinnvollerweise sollten der SuP und der hÄP neu markiert werden (siehe Seite 207).

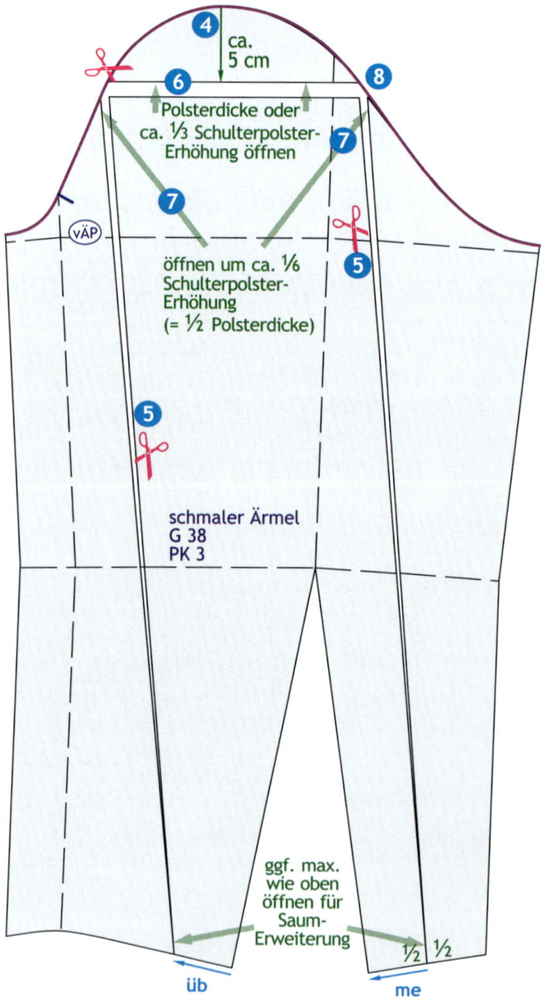

□6 Ärmelanpassung für eine Schulterpolster-Erhöhung

Ärmelanpassung nach Armlochauflockerung

207
208

Liegt das Armloch eines Schnittes sehr eng am Körper an, z.B. bei engen Oberteilgrundschnitten mit Brustabnäher, kann in das vordere und hintere Armloch etwas **Mehrweite** geben werden, z.B. wenn ein Pullover unter dem Kleidungsstück getragen werden soll.

Grundsätzlich sollten die Auflockerungsbeträge vorne eher etwas größer sein als hinten.

Modelle ohne Ärmel erhalten in der Regel keine Armlochauflockerung.

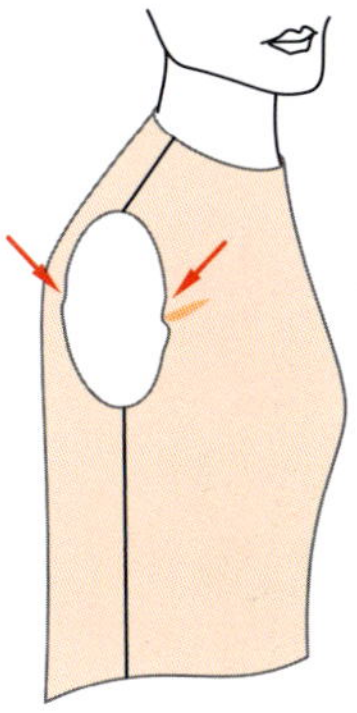

□1 Armlochauflockerung

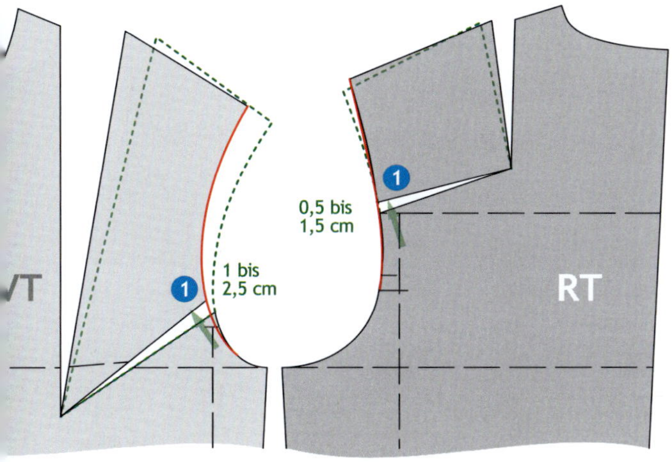

□2 Armlochauflockerung am Schnitt

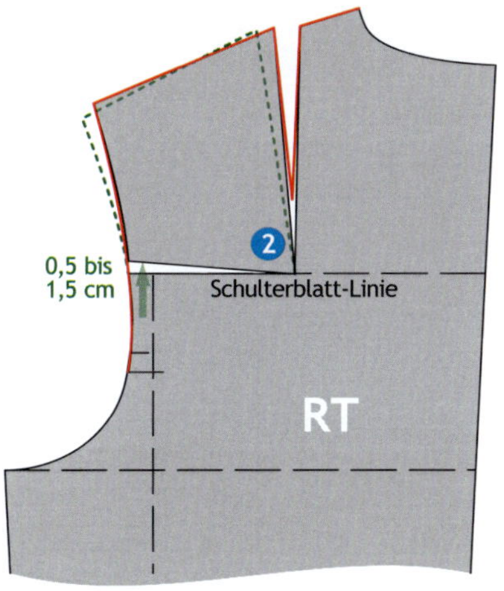

□3 Alternative Armlochauflockerung hinten

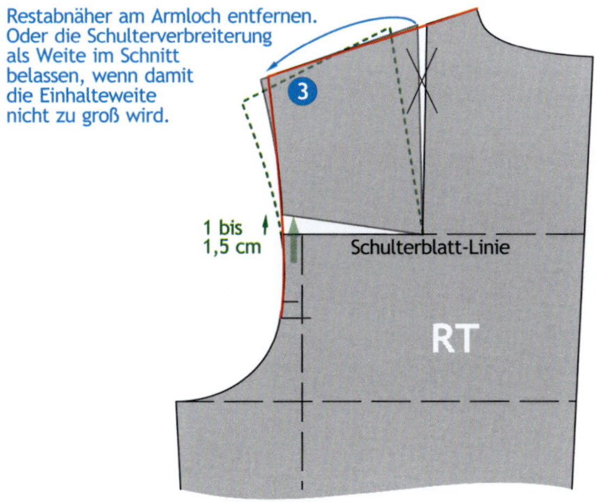

□4 Schulterabnäher duch die Armlochauflockerung entfernen

1 Armlochauflockerung

❶ □2 Die Armlöcher oberhalb der Ärmelpunkte zu den Abnäherspitzen einschneiden und wie skizziert formen.

❷ □3 Alternativ kann auch der Einschnitt zur Schulterblatt-Linie verlängert werden.

❸ □4 Ist die Armlochauflockerung größer, kann der Schulterabnäher auch entfallen.

2 Ärmelanpassung

❹ □5 Eine Hilfslinie ca. 5 cm unterhalb der Kugel einzeichnen und von deren Enden,

❺ wie dargestellt, bis zum Saum einschneiden.

❻ Den Ärmel vorne und hinten wie skizziert längs durchschneiden und vorne und hinten ⅙ bis ⅓ der **gesamten** Armlochauflockerung öffnen. **Durch eine kleinere Öffnung verringert sich die Einhalteweite.**

❼ Für eine harmonische Ärmelform sollte am Saum ebenfalls geöffnet werden.

❽ Anschließend die Kugel um ¼ bis ½ der **gesamten** Armlochauflockerung erhöhen. **Durch eine kleinere Erhöhung verringert sich die Einhalteweite.**

❾ Die Kugelnaht ca. mittig an der Öffnung neu formen, so dass die Kugel ausreichend - aber nicht zu breit wird.

❿ Die Ärmellänge am Saum sollte um die Erhöhung an der Kugel wieder gekürzt und geformt werden. Die Ärmelsaumweite wird am Abnäher reguliert (siehe Seite 211).

Sinnvollerweise sollten der SuP und der hÄP neu markiert werden (siehe Seite 207).

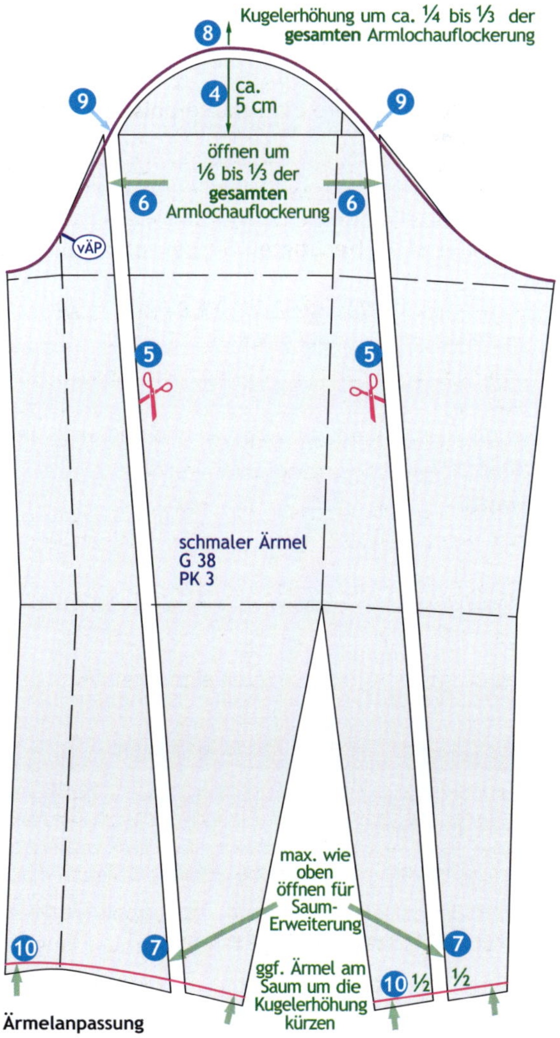

□5 Ärmelanpassung

Ärmelanpassung mit gleichzeitiger Einstellung der Einhalteweite (1)
für einen Ärmel mit Schulterpolstererhöhung und Armlochauflockerung

207
208

Sehr oft gibt es für einen vorliegenden Oberteil-Grundschnitt einen passenden Ärmel-Grundschnitt. Wird nun der Oberteilgrundschnitt z.B. für eine Modellabwandlung am Armloch vergrößert, passt der jeweilige Ärmel nicht mehr in das Armloch (plus notwendiger Einhalteweite). In unserem Beispiel ist der Armlochumfang (50,2 cm) sogar deutlich größer als der Ärmelkugelumfang (48,5 cm).

! Wurde allerdings das Armloch zusätzlich vertieft, muss unbedingt zuvor die Ärmelanpassung wie ab Seite 212 vorgenommen werden!

Grundsätzlich kann für das neue Armloch immer auch ein neuer Ärmel konstruiert werden.

Der Vorteil zu den zuvor gezeigten Anpassungen ist die gleichzeitige Einstellung der gewünschten Einhalteweite an der neuen Ärmelkugel.

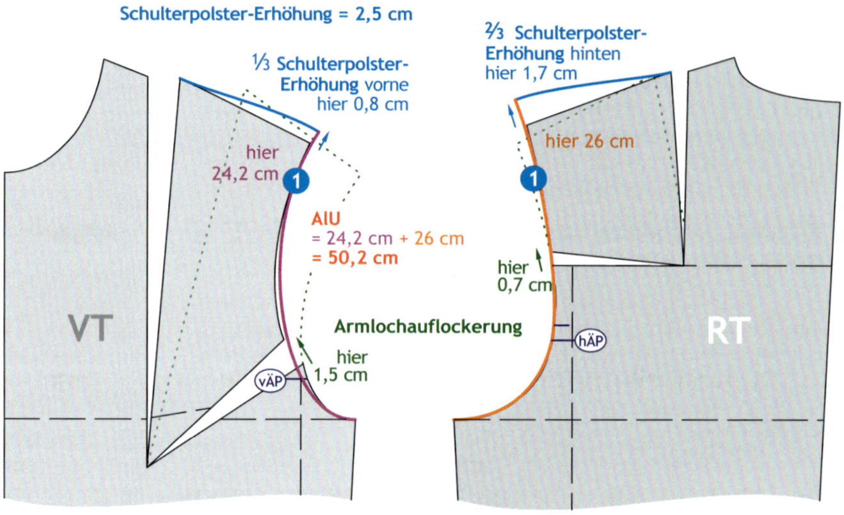

□1 Armlochauflockerung und Schulterpolstererhöhung

1 Neues Armloch und die Ärmelkugel des vorhandenen Ärmels ausmessen

❶ Armlochkurven des erweiterten neuen Armlochs (AlU) messen (Messungen notieren):

AlU = vorderes Armloch + hinteres Armloch

hier = 24,2 cm + 26 cm = **50,2 cm**

❷ Den **Ärmelkugelumfang** (ÄkU_{ALT}) des vorhandenen Ärmels messen und am Ärmel notieren:

hier ÄkU_{ALT} = **48,5 cm**

2 Neuen Ärmelkugel-Umfang berechnen

Die **gewünschte Einhalteweite (EW)** entsprechend der Stoffqualität prozentual bestimmen (hier wird eine EW von 7 % verwendet). Alternativ kann die Einhalteweite auch in cm bestimmt werden.

Da der neue Ärmel in das neue Armloch genäht werden soll, wird nun die EW zum neuen Armlochumfang (AlU) hinzu gerechnet, um den neuen Ärmelkugelumfang (ÄkU_{NEU}) zu erhalten:

ÄkU_{NEU} = AlU · (100% + EW in %) : 100%

hier = 50,2 cm · (100% + 7%) : 100%

= 50,2 cm · 1,07

ÄkU_{NEU} = **53,7 cm**

3 Fehlweite berechnen

zwischen alter Ärmelkugel (ÄkU_{ALT}) und neuem Ärmelkugelumfang (ÄkU_{NEU})

Fehlweite = ÄkU_{ALT} − ÄkU_{NEU}

hier = 48,5 cm − **53,7 cm**

= −5,2 cm → **Fehlweite = 5,2 cm**

4 Einschnittlinien in den Ärmel zeichnen

❸ □2 Die Ärmelkugel bei ca. 5 cm kappen und

❹ wie dargestellt, bis zum Saum einschneiden.

5 Schulterpolster-Öffnung an der Ärmelkugel

❺ **□3** Die Kugel wird waagerecht um ca. ⅓ der Polstererhöhung geöffnet.

hier **Öffnung** = 2,5 cm : 3 = **0,8 cm**

Diese Öffnung erzielt insgesamt ca. die **doppelte Mehrweite** an der linken und an der rechten Ärmelkugel:

hier

2 · ⅓ SuPoE = ⅔ SuPoE → ⅔ von 2,5 cm = ca. **1,7 cm**

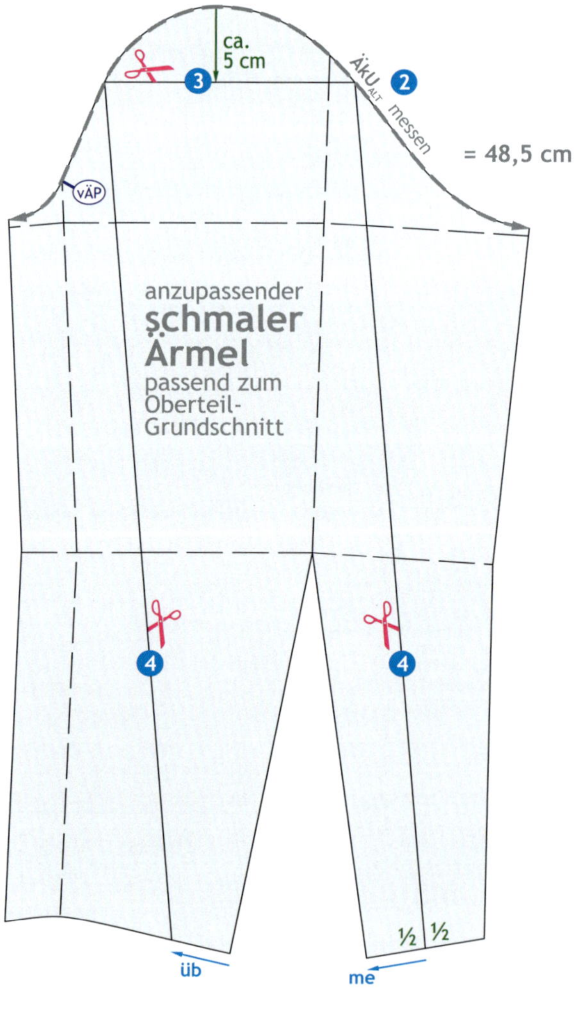

□2 Ärmelanpassung für Armlochauflockerung und Schulterpolstererhöhung

6 Senkrechten Öffnungsbetrag berechnen

Diese bei der waagerechten Öffnung hinzu gekommene Mehrweite wird nun von der berechneten Fehlweite abgezogen und ergibt den senkrechten Öffnungsbetrag:

Öffnung	= Fehlweite – ⅔ SuPoE		
hier	= 5,2 cm – 1,7 cm	=	**4,5 cm**

7 Ärmel anpassen

6 □3 Nach links und nach rechts **ca. ⅓** oder **½** der berechneten **senkrechten Öffnung öffnen**.

> Bei **½ Öffnung - also mehr Öffnung** - entsteht **mehr Oberarmweite** und eine **geringere Ärmelkugelhöhe.**
>
> Bei **⅓ Öffnung - also weniger Öffnung** - entsteht **weniger Oberarmweite** und eine **höhere Ärmelkugelhöhe.**

7 Die neue Oberarmweite kontrollieren, wenn ok, dann fortfahren. Ggf. kann die Öffnung noch etwas verändert werden.

8 Kontrolle des neuen Ärmelkugel-Umfangs

8 □3 Jetzt den gesamten **neuen Ärmelkugel-Umfang** über die Öffnungen hinweg **nachmessen** und mit dem gewünschten **neuen Ärmelkugelumfang** vergleichen.

Fehlbetrag	= $ÄkU_{NEU}$ – nachgemessene neue ÄkU		
hier	= 53,7 cm – 52,5 cm	=	**1,2 cm**

9 Korrektur der neuen Ärmelkugel-Höhe

9 □4 Die **Ärmelkugel** oben um **½ Fehlbetrag erhöhen** und die **Ärmelkugel** wie skizziert formen,

10 dabei oben die neue Ärmelkugel parallel zur alten Ärmelkugel formen und seitlich wenige Millimeter nach innen zeichnen. Jetzt müsste der **neuen Ärmelkugel-umfang** ungefähr die gewünschte Nahtlänge besitzen.

11 Um **½ des Fehlbetrags** sollte der Ärmel am Saum gekürzt und geformt sowie ggf. der Abnäher angehoben werden.

12 Optional kann die Saumweite am Abnäher noch vergrößert werden (siehe auch Seite 211).

Anschließend sollten noch der hintere Ärmelpunkt und der Schulterpunkt markiert werden (siehe Seite 207).

207
208

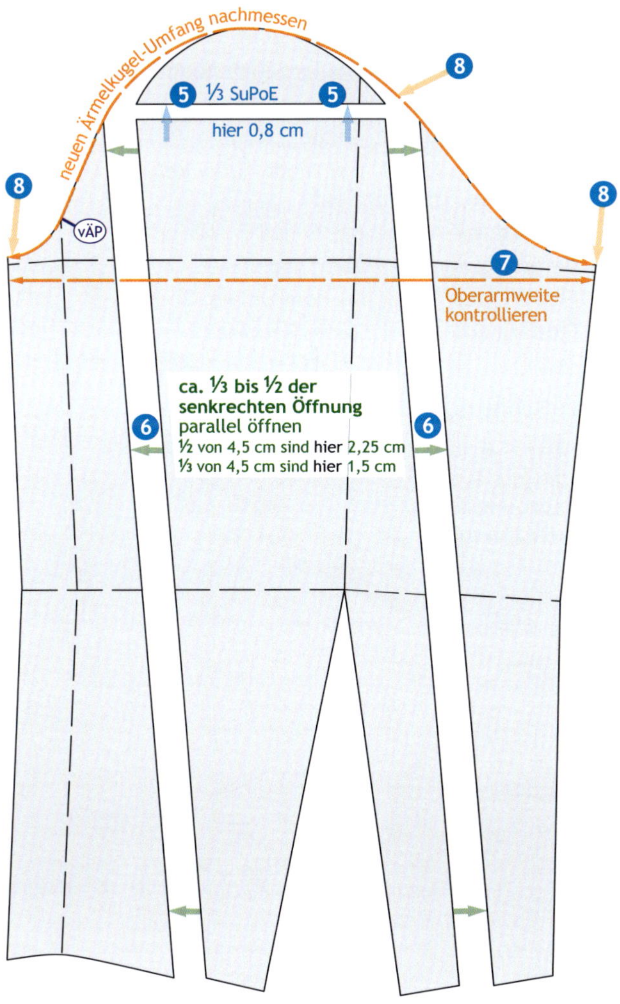

□3 Ärmelanpassung für Armlochauflockerung und Schulterpolstererhöhung

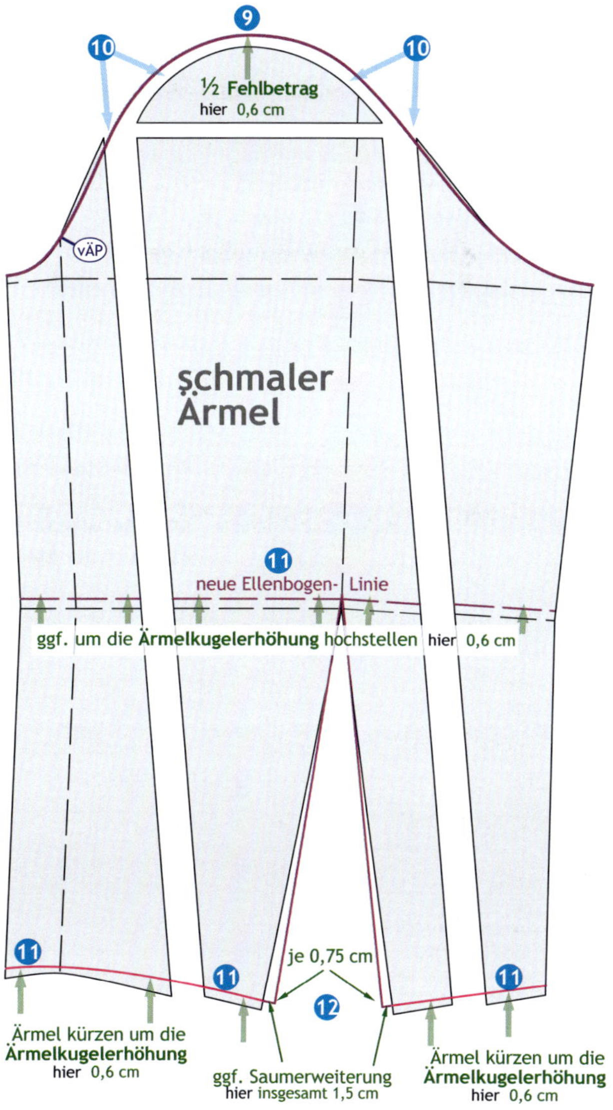

□4 Neue Ärmelkugel

Übersicht
Wahl des passenden Ärmel-Grundschnitts

Übersicht

Übersicht Wahl des passenden Ärmel-GS

Wahl des passenden Ärmel-Grundschnitts

Entscheidend für die Wahl des Ärmel-Grundschnitts sind die gewünschte Optik, die Weite am Oberarm und die benötigte Bewegungsfreiheit, die der Modellärmel später besitzen soll.

202

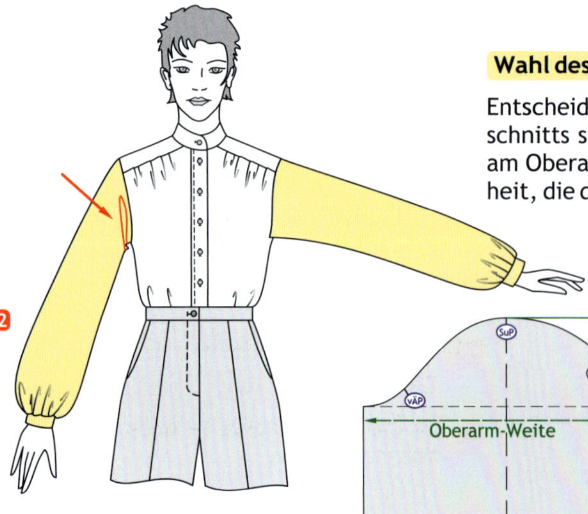

□1 Weiter Ärmel mit flacher Ärmelkugel → Falten am hängenden Ärmel

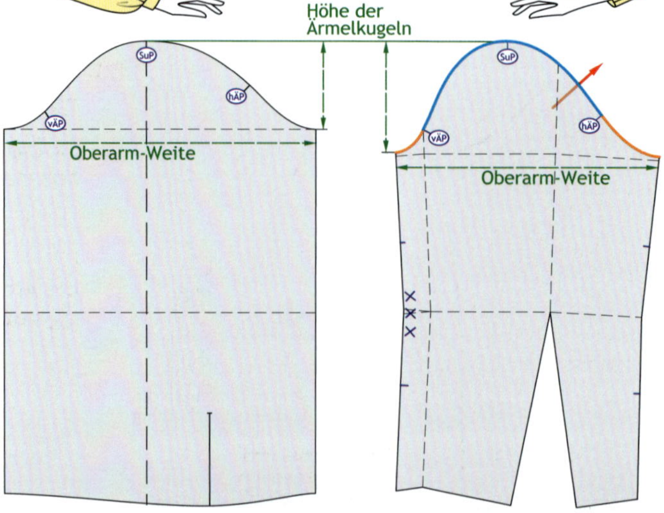

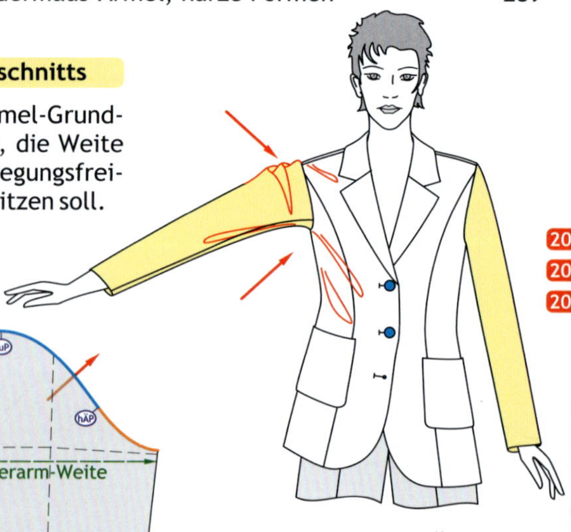

206 207 208

□2 Schmaler Ärmel mit hoher Ärmelkugel → Falten am angehobenen Ärmel

Unterschiedlich hohe Ärmelkugeln und Oberarmweiten sind gut zu erkennen.

Schlitz und Abnäher befinden sich bei beiden Schnitten ungefähr an der selben Position, unterhalb der Ellenbogenspitze.

Kurze Blusen- und Kleiderärmel

202
206
207
208

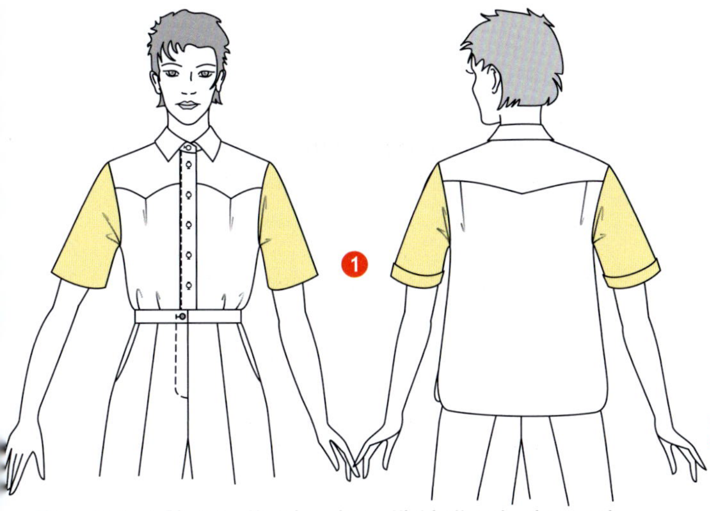

□1 Kurzer Blusen-, Hemden- bzw. Kleiderärmel, ohne und mit Aufschlag

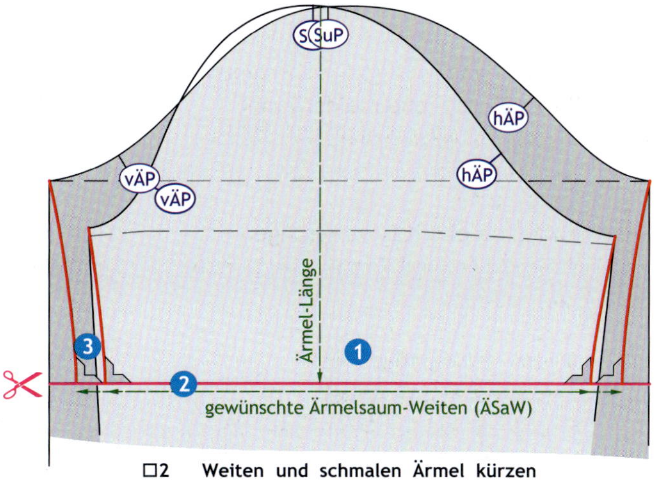

□2 Weiten und schmalen Ärmel kürzen

1 Ärmel kürzen

1. □2 Gewünschte Ärmellänge vom SuP aus bestimmen.
2. Ärmel waagerecht abschneiden und ggf. auf die gewünschte ÄSaW reduzieren.
3. Ärmelnaht mit rechtem Winkel am Saum formen.

In □1 ist bei der Rückansicht ein Ärmel mit Ärmelaufschlag abgebildet. In □4+5 sind die Schnitte mit Nahtdiagrammen der beiden Aufschlag-Varianten gezeigt.

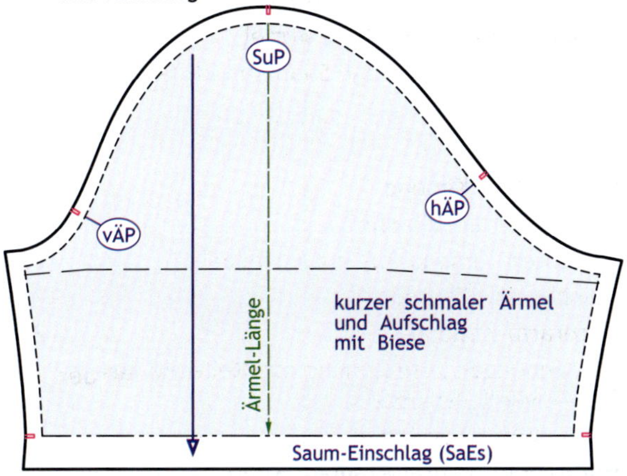

□3
Kurzer Blusen-, Kleider-Ärmel

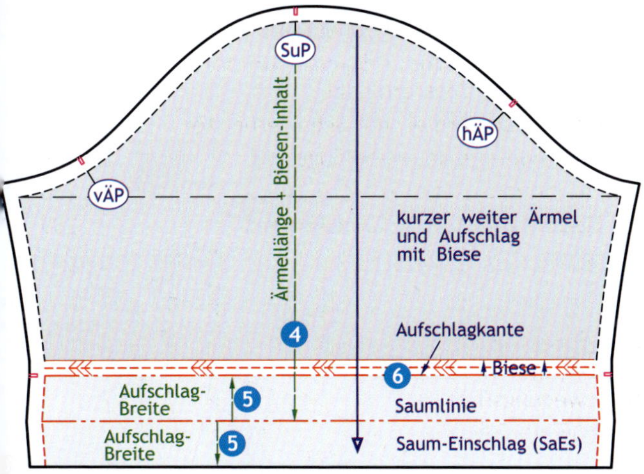

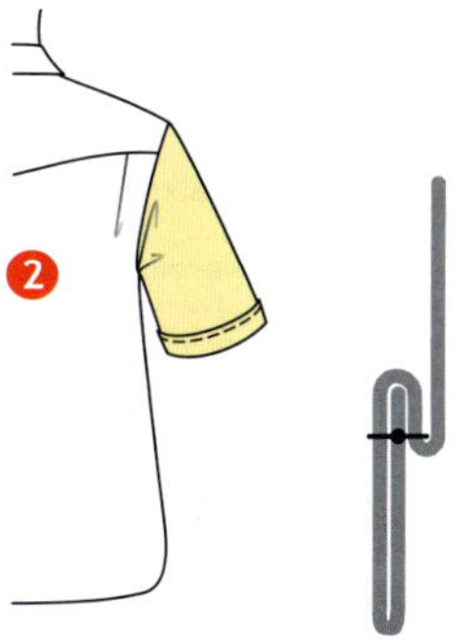

□4
Kurzer Ärmel und Nahtdiagramm mit simuliertem Aufschlag (Biese)

2 Ärmelaufschlag mit Biese

4. □4 Die Ärmellänge + Bieseninhalt festlegen.
5. Die Aufschlagbreite nach oben und nach unten anzeichnen (am unteren Einschlag ist die Schnittkante).
6. An den oberen Aufschlag 2× die Biesentiefe (= Falteninhalt) anzeichnen.

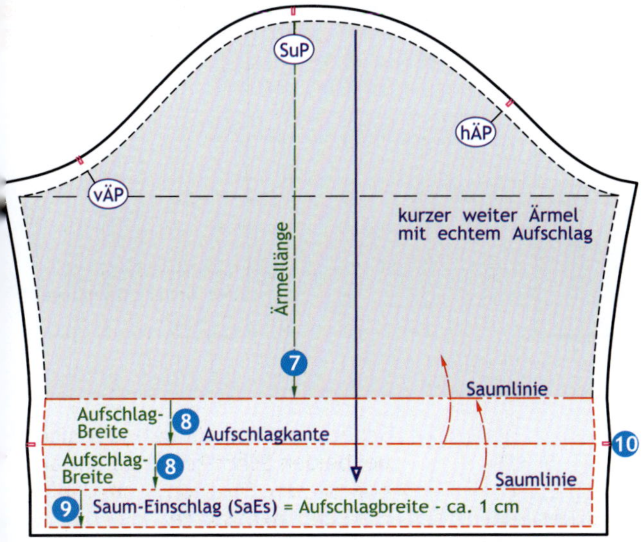

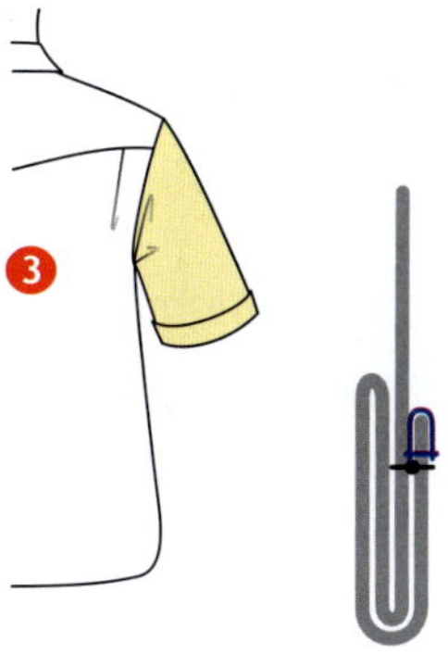

□5
Kurzer Ärmel und Nahtdiagramm mit echtem Aufschlag

3 Echter Ärmelaufschlag

7. □5 Die Ärmellänge festlegen.
8. 2× die Aufschlagbreite nach unten anzeichnen.
9. Den Einschlag etwas schmaler als die Aufschlagbreite anzeichnen.
10. Die Ärmelnähte spiegeln und fertig stellen.

Weiter Bündchenärmel

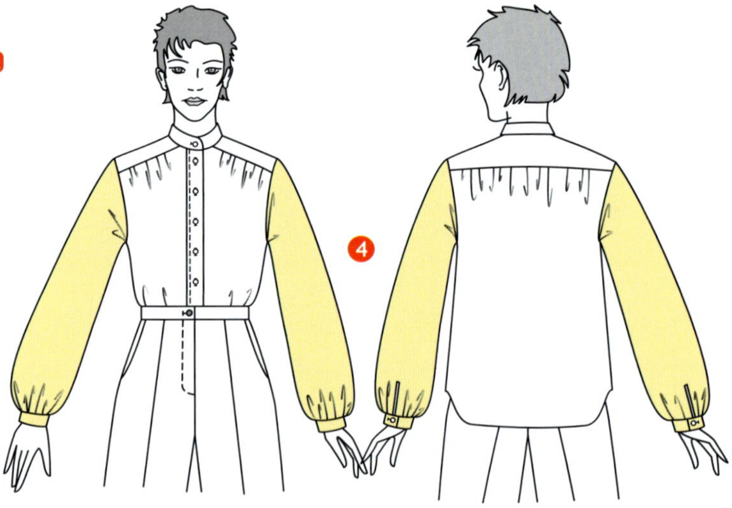

□1 Weiter Blusen,, Hemden- bzw. Kleider-Ärmel mit Kräuselweite und Bündchen

1 Ärmel-Bündchen

1 □2 Ein Bündchen ist im Vergleich zu einer Manschette nur ca. 2 bis maximal 4 cm breit.

2 Hier ist es ca. 3 cm breit mit Über- und Untertritt.

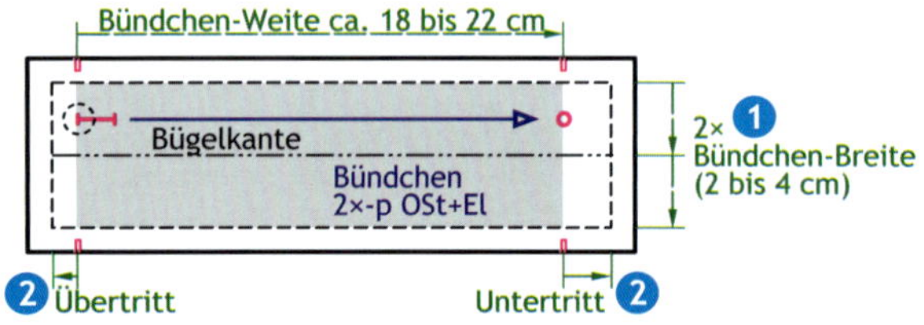

□2 Produlktionsschnitt Ärmel-Bündchen

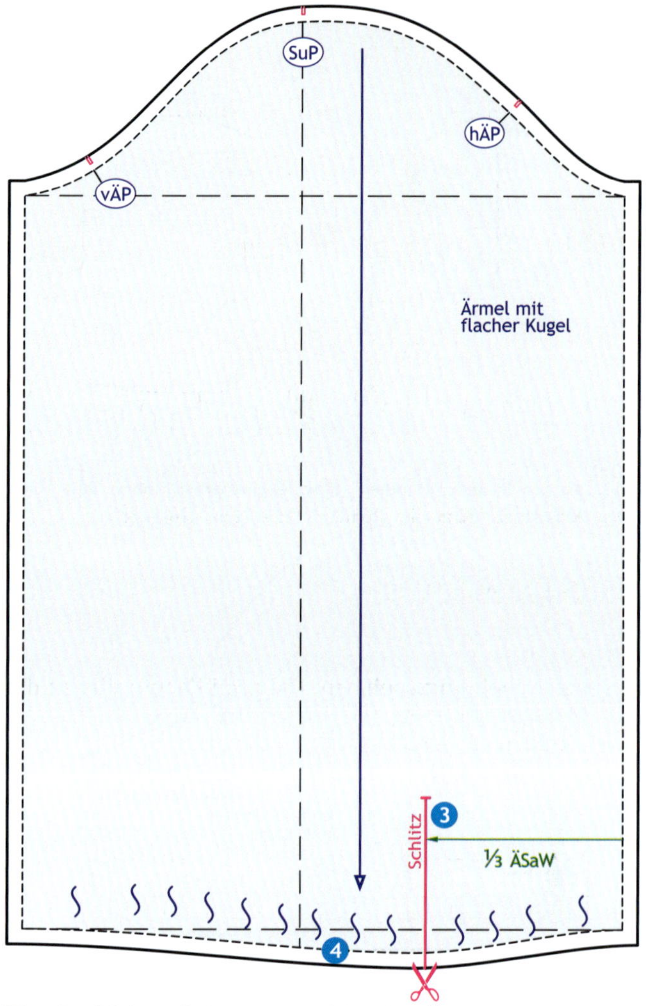

□3 Produktionsschnitt weiter gekräuselter Ärmel

2 Ärmel-Schnitt

□3: Die gesamte Mehrweite am Saum des **weiten Ärmels** wird beim Annähen des Bündchens gekräuselt. Man könnte ebenso einen **Ärmel mit hoher** Ärmelkugel verwenden, wenn man zusätzliche Weite in den Ärmelsaum gibt (Seite 211).

3 Trotz der Ärmelweite ist es notwendig, einen kurzen Schlitz in den Ärmel zu arbeiten, z.B. einen eingefassten oder einen der hier dargestellten Kapellen-Schlitze. Damit bekommt der Ärmel ausreichend Weite beim Anziehen und zum Hochkrempeln.

Sollte mehr Kräuselweite gewünscht sein, kann der Ärmel verbreitert - oder wenn weniger Weite verlangt ist, etwas verschmälert werden (siehe Ärmelmodell auf folgender Seite).

Ist mehr Überschlaglänge gewünscht, kann der Ärmel noch einige Zentimeter verlängert werden.

4 Bei allen Veränderungen die geschwungenen Bündchen-, bzw. Manschetten-Ansatznaht beachten. Markierungen zum Kräuseln an der Ansatznaht anbringen.

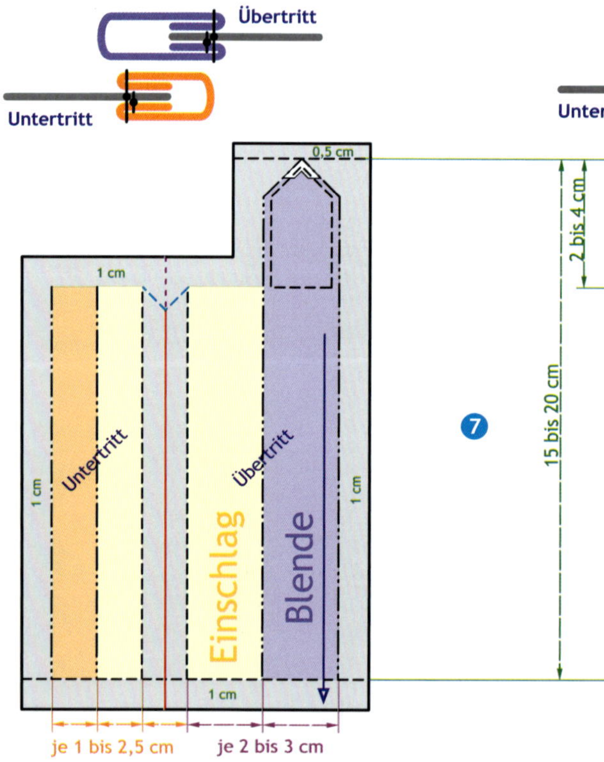

□4a
Nahtdiagramm und Produktionsschnitt für den Kapellen-Schlitz mit eingefasstem Untertritt. Die Übertrittbreite bestimmt die Untertrittbreite für das Bündchen bzw. die Manschette.

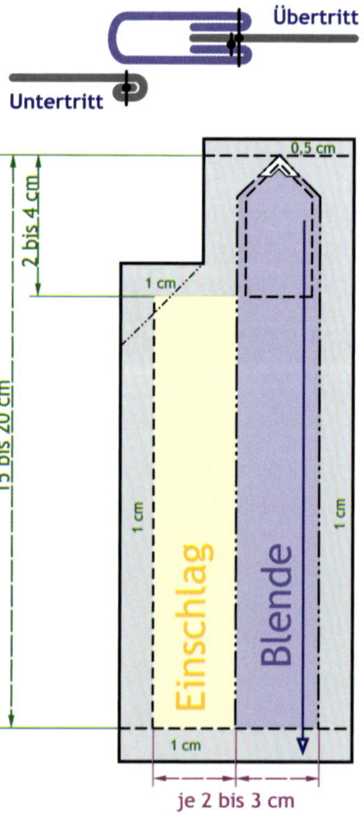

□4b
Nahtdiagramm und Produktionsschnitt für den einfachen Kapellen-Schlitz mit rolliertem Untertritt.

Hemden-, Blusen-Ärmel mit Falten, Schlitz und Manschette

202

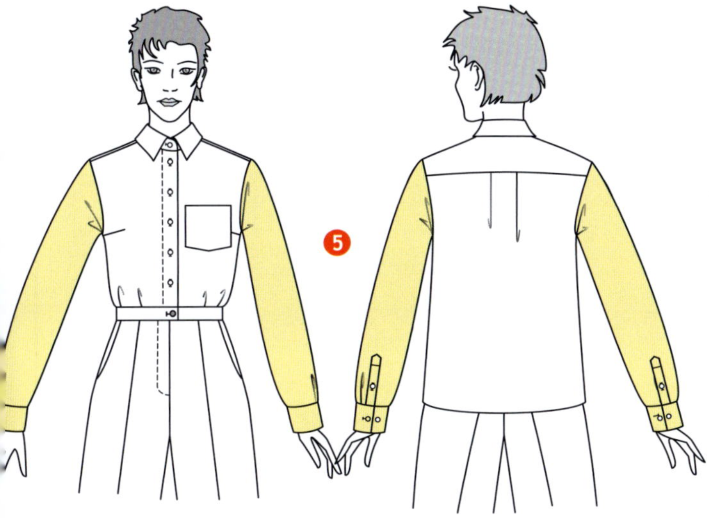

□1 Klassischer schmaler Hemden- bzw. Blusen-Ärmel

1 Manschetten

1 □2 Vor der Ärmel-Gestaltung sollte die Manschette fertig konstruiert sein, um für deren Breite, die Kürzung des Ärmels vorzunehmen. Die zwei Knöpfe dienen der Weitenregulierung. Die Untertritt-Breite entspricht der Breite der Schlitzblende am Kapellen-Schlitz.

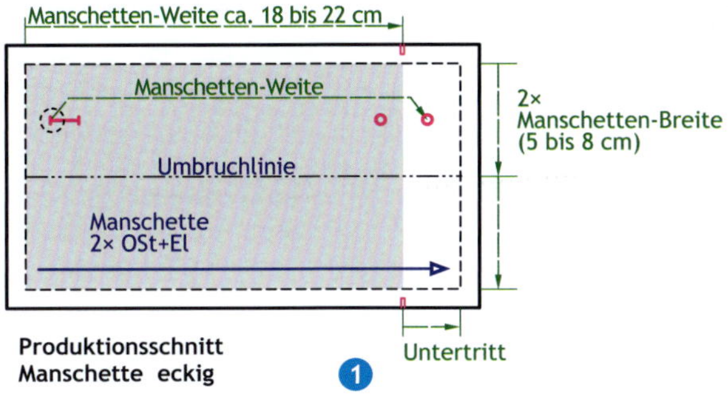

□2a Produktionsschnitt Manschette eckig

□2b Produktionsschnitt Manschette rund

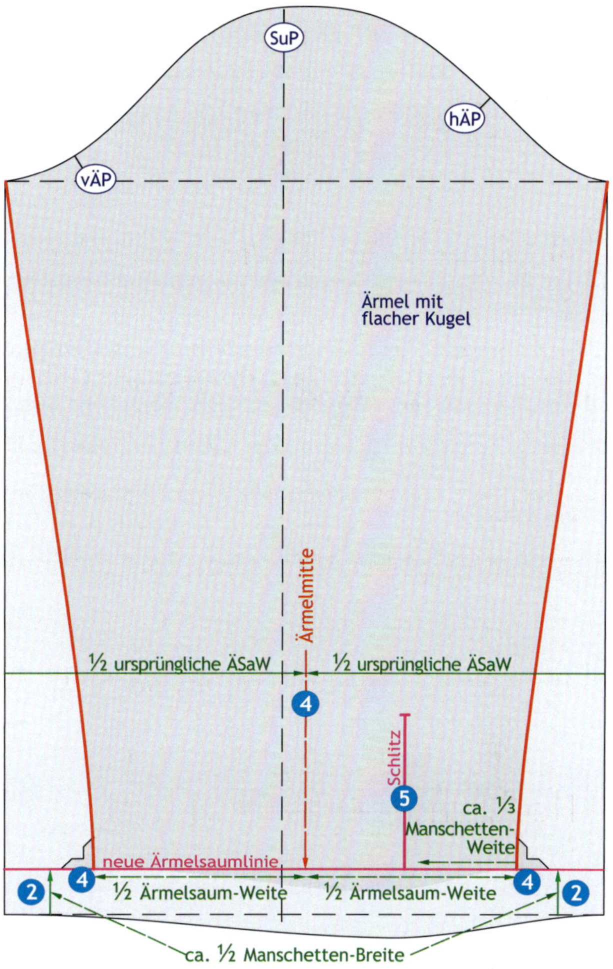

□3 Ärmel-Gestaltung

2 Ärmel-Gestaltung

2 □3 Den Ärmel an der Ärmelsaum-Linie um ca. ½ Manschettenbreite kürzen → neue Ärmelsaum-Linie.

3 **Ärmelsaum-Weite** bestimmen:
Manschettenweite + (Faltenzahl x Falteninhalt)
hier: 20 cm + (2× 4 cm) = **28 cm**

4 Die Ärmelmitte bestimmen und auf beiden Seiten jeweils ½ Ärmelsaum-Weite (hier 14 cm) abtragen. Die neuen Ärmelnähte kurz nach oben abwinkeln.

5 Der Ärmelschlitz bleibt an derselben Stelle, da er ansonsten für die zu legenden Falten zu weit vorne liegt.

6 □4 Den Ärmelsaum über den tiefsten Punkt, ca. am Ärmelschlitz, nicht zu rund formen. Daher sind hier die Ärmelnähte um ca. 0,5 cm nach unten verlängert.

7 Kapellenschlitz einzeichnen und konstruieren (siehe □4 auf vorhergehender Seite).

8 Falten mit den geplanten Falteninhalten und Faltenabständen markieren. Die Faltenöffnung zeigt zum Schlitz.

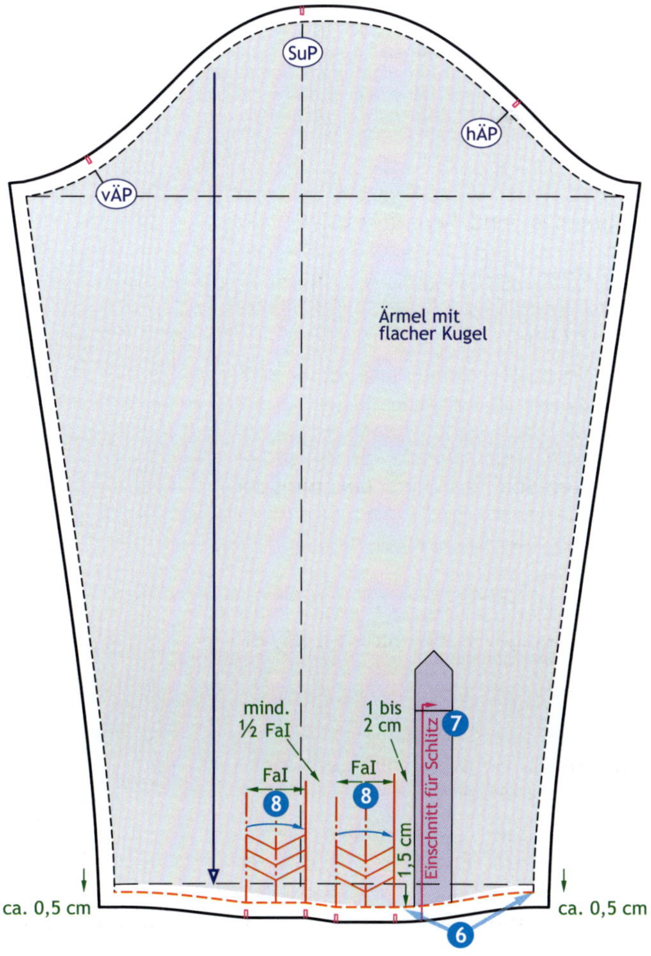

□4 Produktionsschnitt schmaler Blusen- bzw. Hemden-Ärmel

Kurze Ärmel mit Erweiterungen (1)
Glockenärmel

206
207

Schmalen Ärmel kürzen für Modelle mit Erweiterungen

1. □1 Gewünschte Ärmellänge vom SuP bestimmen.
2. Saumlinie waagerecht zeichnen, die Ärmel-Nahtlängen abgleichen und den Saum gerade zeichnen.
3. Ärmelnaht mit rechtem Winkel am Saum formen.

Erweiterungen an kurzen Blusen-/Kleiderärmeln

□2 Für geringe Erweiterung am Ärmel genügt ein Einschnitt vom SuP zum Saum.

□3+4 Ansonsten sollte an mindestens drei Stellen geöffnet werden. 3 bis 4 cm unterhalb des SuP eine Waagerechte und von den Enden aus senkrecht zum Saum einschneiden.

Die Erweiterungsbeträge werden je nach zu erzielender Optik für das entsprechende Material gewählt.

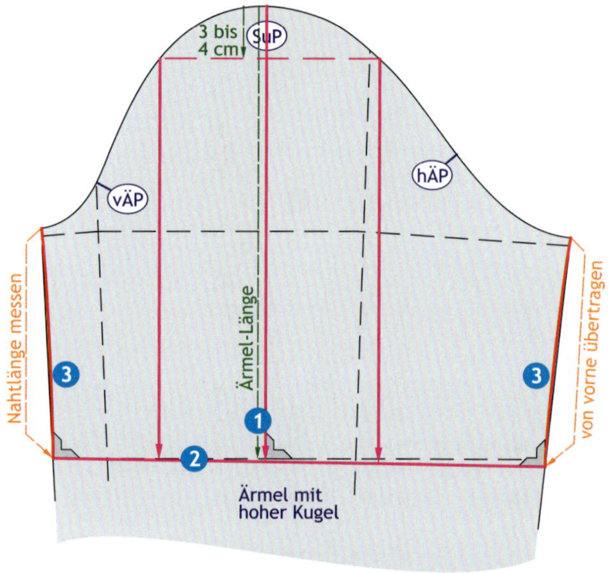

□1 Blusen-/Kleiderärmel kürzen, Einschnittlinien für Erweiterungen

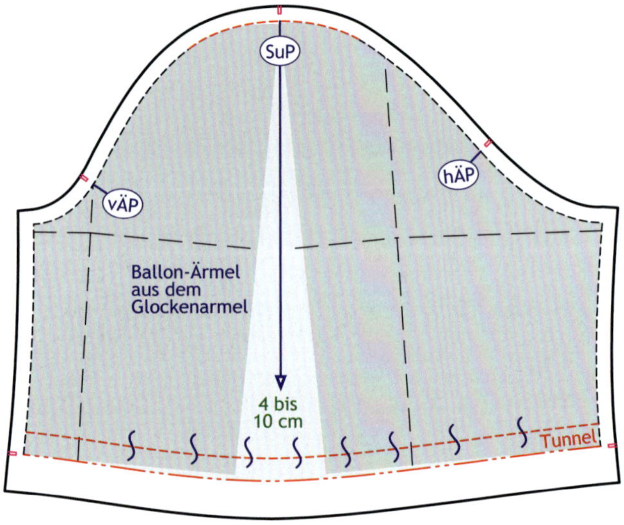

□2 Produktionsschnitt mäßig weiter Glockenärmel (□2a). Der weite Saum kann mit einem Gummi oder einem Kordelzug gekräuselt oder mit einem Bündchen versehen werden (□2b)

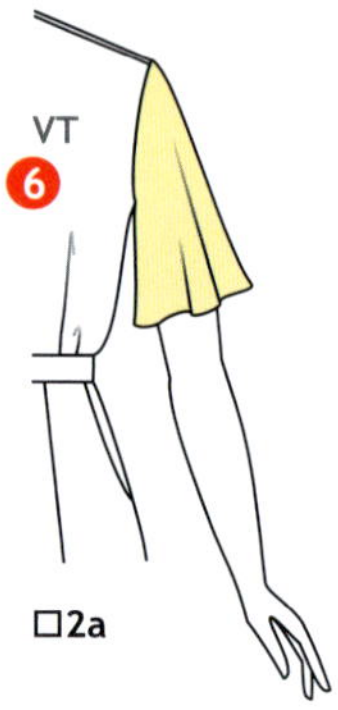

□2a

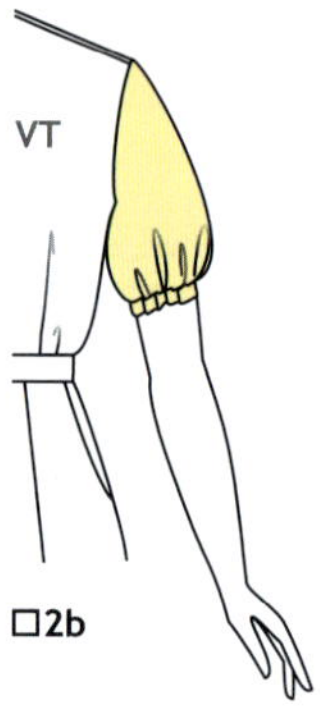

□2b

Glockenärmel

Charakteristisch ist die glatt eingesetzte Ärmelkugel bei glockiger Saumweite.

□2+2a Bei nur einem Einschnitt sollte nicht sehr viel an diesem Einschnitt geöffnet werden. Die entstehende Glocke konzentriert sich ansonsten nur an dieser Stelle - hier am Oberarm.

□2b Hier ist ein Tunnel für ein Gummi oder eine Kordel vorgesehen. Auch ein Bündchen wäre ein möglicher Saumabschluss.

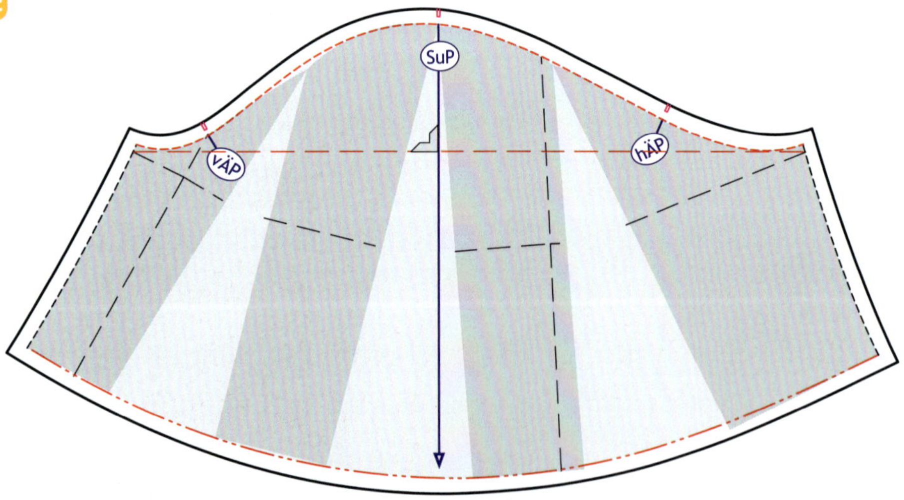

□3 Produktionsschnitt sehr weiter Glockenärmel

□3a

□3 Bei großer Saumweite an verschiedenen Stellen geöffnet, verteilen sich die Glocken besser am Ärmelsaum.

Wie bei **□2b** kann die Saumweite gekräuselt werden; siehe auch bei den Puffärmeln **□6a+6b**.

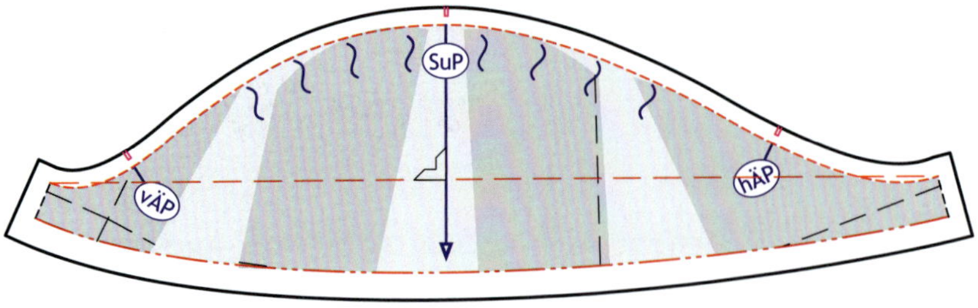

□4 Glockiger Flügelärmel mit Kräuselweite

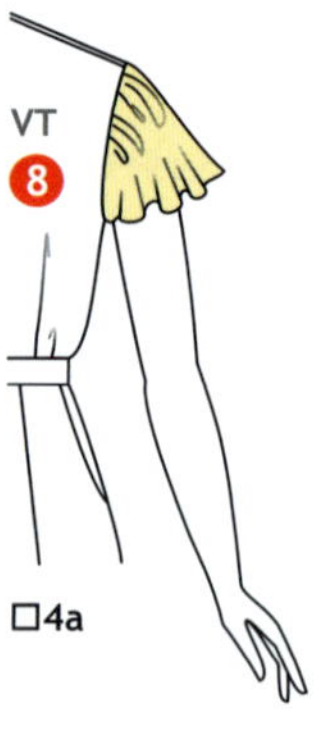

□4a

□4 An diesem Flügelärmel ist zusätzlich zum Saum auch die Ärmelkugel für Kräuselungen oder Fältchen erweitert. Dies ist natürlich auch an längeren Ärmeln möglich.

Ebenso kann auch hier der Ärmelsaum gekräuselt werden. Dabei entstünde ein kurzer Puffärmel.

Kurze Ärmel mit Erweiterungen (2)
Ballon- und Puffärmel

206
207

Ballonärmel

□5+5a An denselben Einschnitten wie beim Glockenärmel wird hier jetzt an der Ärmelkugel geöffnet und es entsteht beim Kräuseln dort ein Ballon. Die Kugel muss deutlich für die gebauschte und kugelige Optik erhöht werden. Für die sehr runde Saumverarbeitung kann die Saumkante rolliert oder mit einem Beleg verstürzt werden (hier ohne Schnitt).

□6+6a Alternativ kann der Ärmel auch mit weniger Kräuselweite gestaltet werden. Dann genügt u.U. auch die Öffnung an einem Einschnitt. Der Einschlag am leicht runden Saum sollte bei der Verarbeitung gedehnt werden.

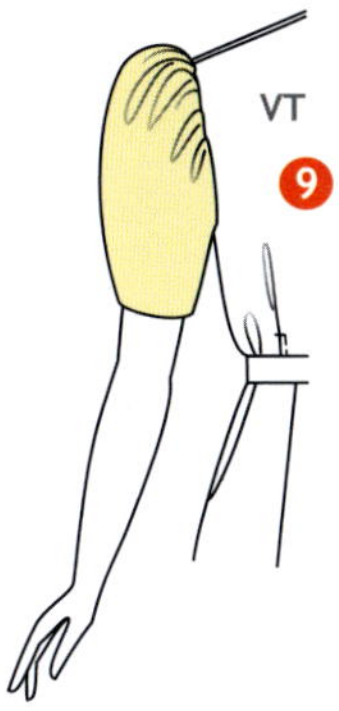

□5a

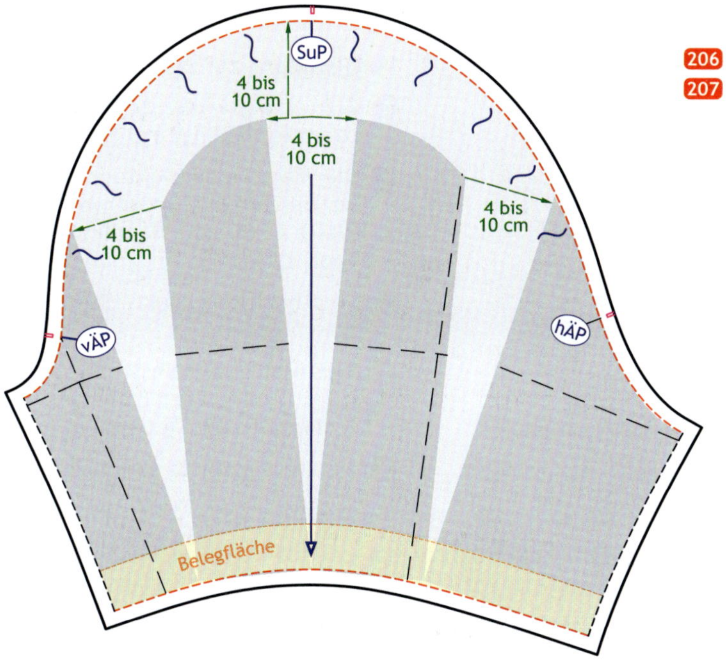

□5 Produktionsschnitt Ballonärmel mit viel Kräuselweite

Puffärmel

□7 Der Puffärmel wird am Saum und an der Ärmelkugel erweitert und gekräuselt. Es entsteht die typische kugelige Form, die u.U. durch zusätzliches Material (Organza, Tüll ...) im Inneren gestützt werden kann.

Die Erweiterung muss nicht gleichmäßig an Kugel und Saum erfolgen.

Eine Verlängerung am Saum und eine Erhöhung der Kugel ist wie beim Ballonärmel notwendig und gibt dem Ärmel die charakteristische Form.

□7a Für den klassischen Puffärmel wird ein Bündchen angesetzt.

□7b Eine schöne Variante kann durch Kräuseln durch einen Gummifaden oder einen Gummi- / Kordeltunnel oberhalb der Saumkante erfolgen. Hierdurch entsteht ein Rüschensaum.

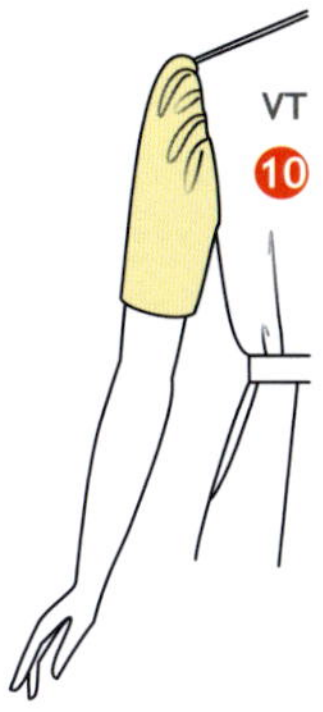

□6a

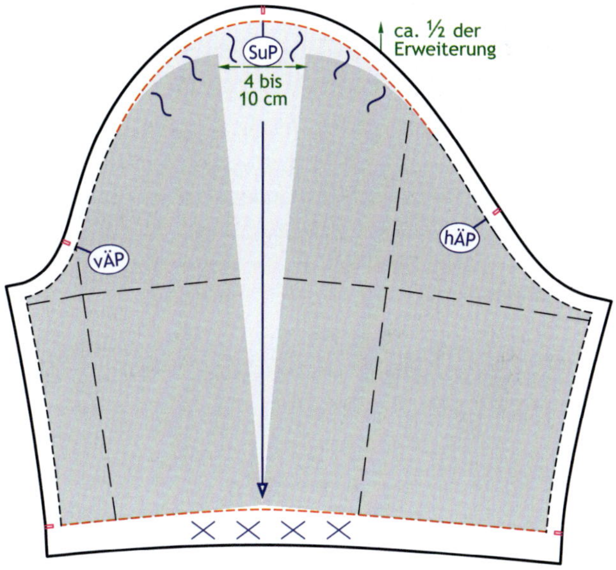

□6 Produktionsschnitt Ballonärmel mit mäßiger Kräuselweite

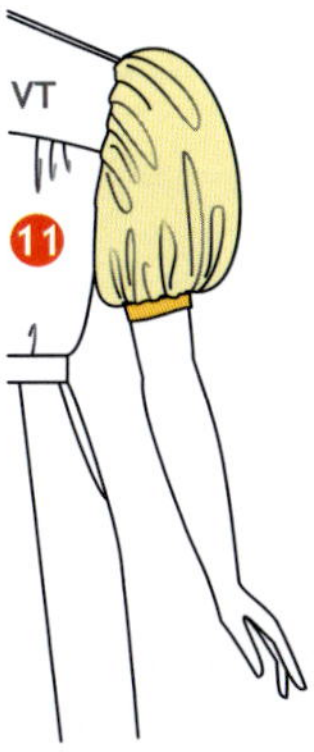

□7a
Puff-Ärmel mit Bündchen

□7b
Puff-Ärmel mit Kräuselnaht (Rüsche)

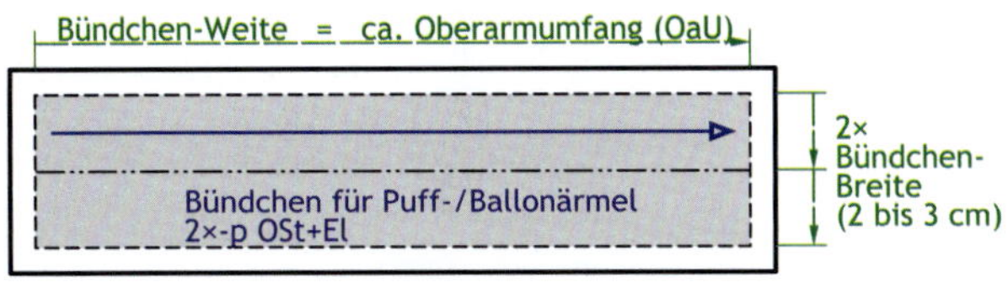

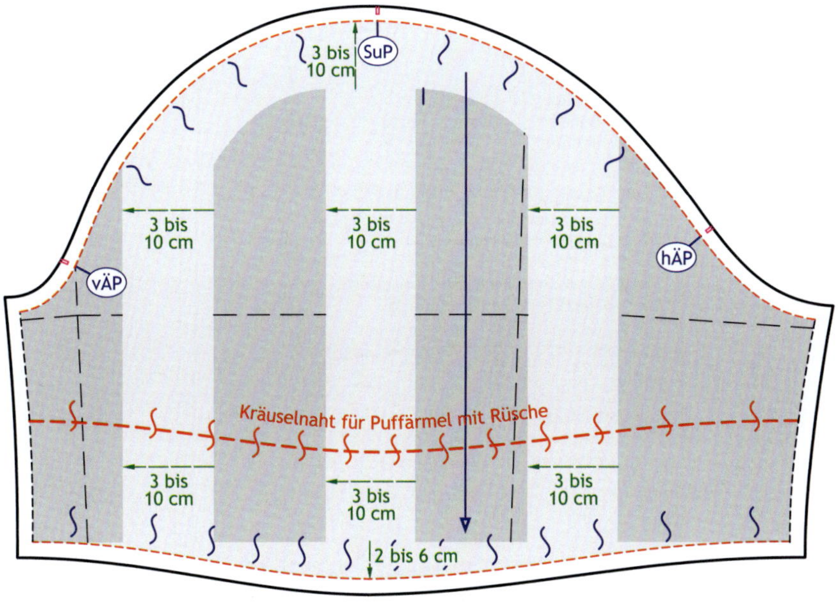

□7 Produktionsschnitt Puffärmel mit Bündchen / Kräuselnaht

Weite Ärmel und Form-Manschetten (1)

206
207

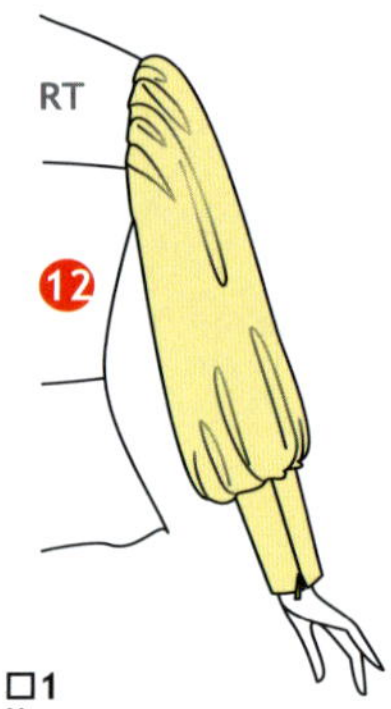

□1
Ärmel 1
Manschette 1

Vorbereitung zur Ärmel-Gestaltung

1. □2 Die gewünschte Manschettenbreite am schmalen Ärmel abtrennen.
2. Die Manschettenweite am Abnäher wie gewünscht reduzieren, wobei die obere Weite mind. dem Handumfang entsprechen sollte.
3. Vom höchsten Punkt (SuP) nach unten einschneiden.
4. 3 bis 4 cm unterhalb des SuP eine Waagerechte und von den Enden aus senkrecht zur Manschetten-Abtrennung bzw.
5. zur Abnäherspitze einschneiden.
6. □3 Den Ärmel für die gewünschte Weite öffnen und
7. überall dort entsprechende Mehrlänge hinzu geben, wo geöffnet wurde, um dem Ärmel eine bauschige Form zu geben.
8. Saum und Kugel formen, SuP neu setzen.

Ärmelgestaltung Variante 1

□3 Dieser Ärmel wird an der Kugel und an der Manschette stark gekräuselt. Er wird parallel geöffnet.

Form-Manschette Grundform , Varianten mit Reißverschluss

9. □3 Die Manschette an der Ärmelnaht zusammensetzen.
10. Ansatznaht (oben) und Saumkante parallel nachformen.
11. □4a Für den verdecken Reißverschluss jeweils die Breite des halben Reißverschlussbandes als NZg anzeichnen.
12. □4b Für den sichtbaren Reißverschluss die halbe Breite der Reißverschlusszähnchen entfernen und ca. 1 cm NZg anzeichnen.

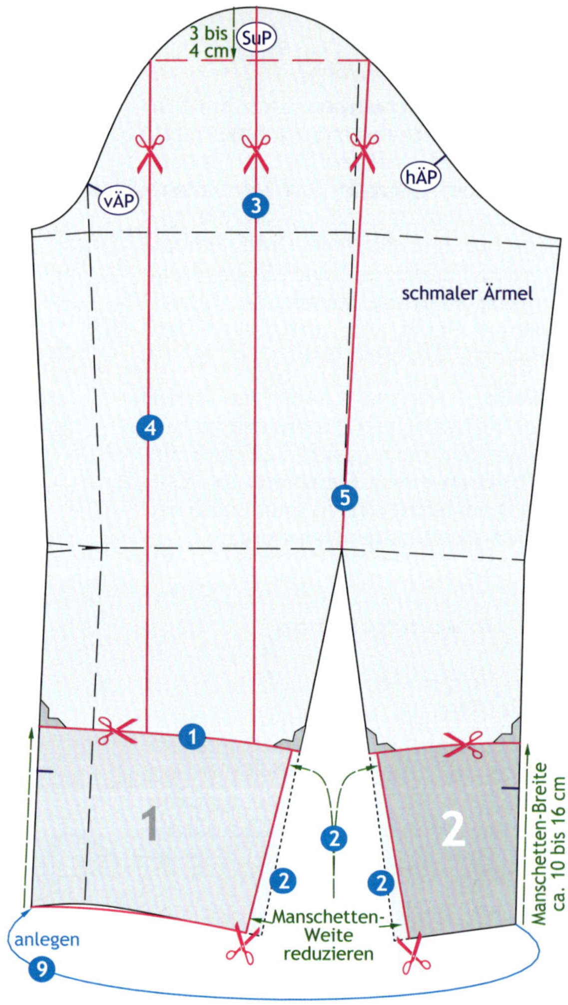

□2 Ärmel-Gestaltung für weite Ärmel mit Form-Manschette

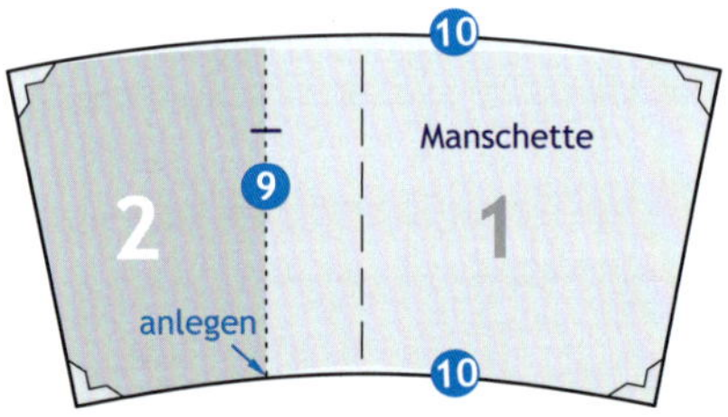

□4 Form-Manschette, Grundform

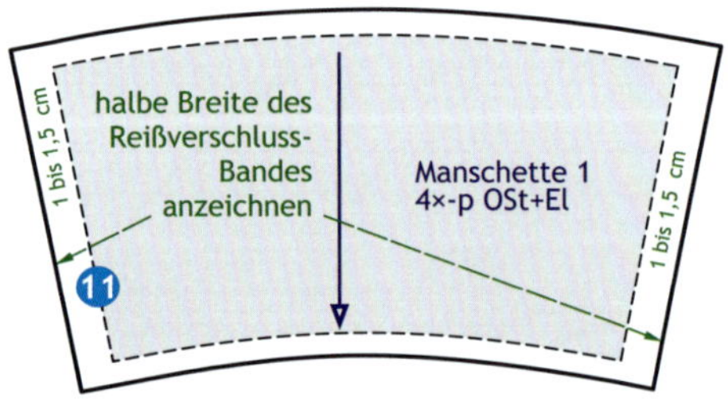

□4a Produktionsschnitt Form-Manschette 1 für verdeckten Reißverschluss

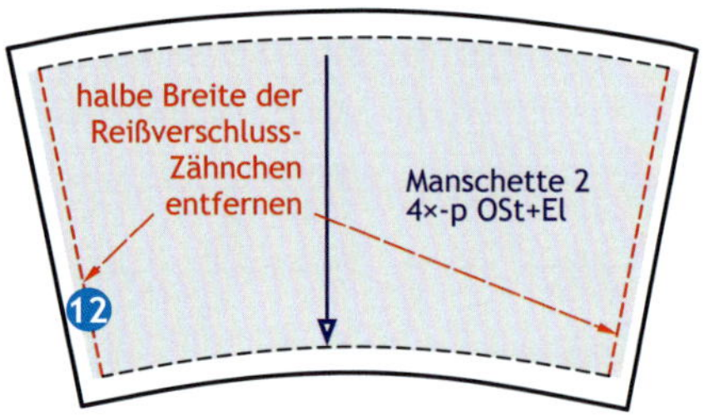

□4b Produktionsschnitt Form-Manschette 2 für sichtbaren Reißverschluss

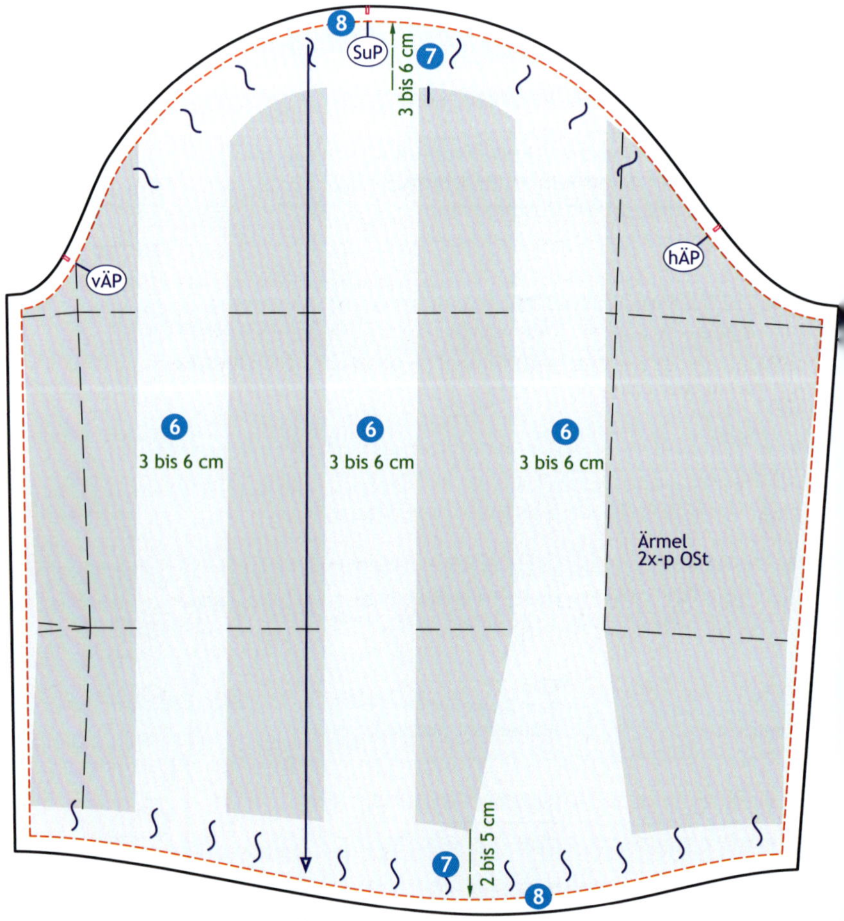

□3a Produktionsschnitt für Variante 1 (parallele Öffnungen)

206
207

Ärmel-Gestaltung Variante 2

□7 Dieser Ärmel wird an der Kugel glatt eingenäht und an der Manschette stark gekräuselt. Er wird nur unten geöffnet.

Form-Manschette 3 mit abstehenden Schlingen

13 □4c Schlingenbasen an der Kante markieren.

14 Knopfpositionen sind entsprechend der Schlingenlänge, von der Untertrittkante entfernt zu markieren.

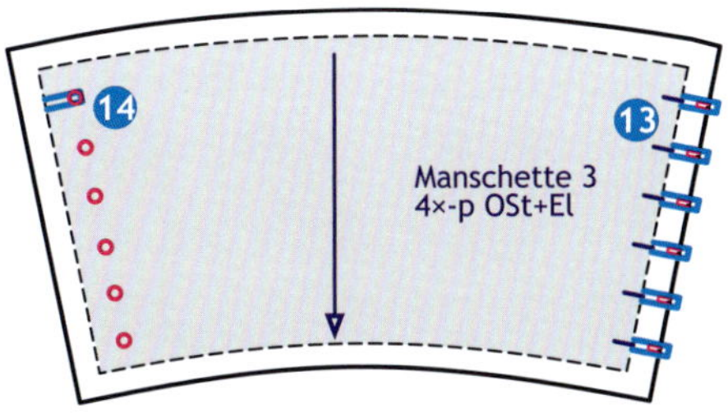

□4c Produktionsschnitt Form-Manschette 3 mit abstehenden Schlingen

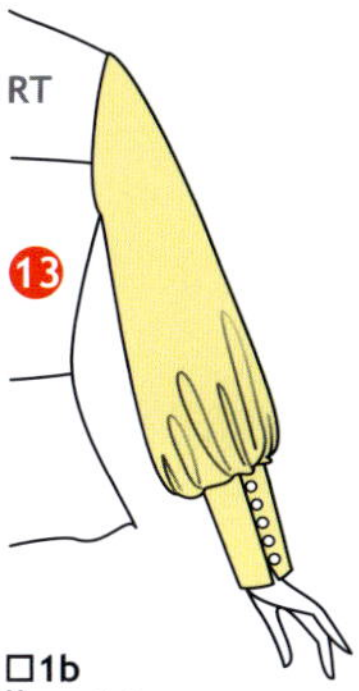

□1b
Ärmel 2
Manschette 3

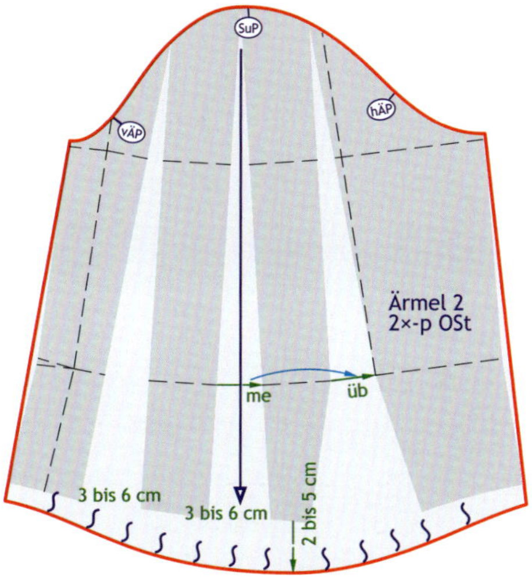

□3b Modellschnitt für Variante 2, (Maßstabsfaktor 0,16̅)

Ärmel-Gestaltung Variante 3

□8 Dieser Ärmel wird an der **hohen** Kugel stark gekräuselt und an der Manschette wenig gekräuselt. Er wird oben weit und unten wenig geöffnet.

Form-Manschette 4 mit flachen Schlingen

15 □4d Die Knöpfe werden hier nahe der Kante angenäht. Ein Untertritt ist also notwendig; diesen anzeichnen und die Knopfpositionen am Untertritt-Ansatz markieren.

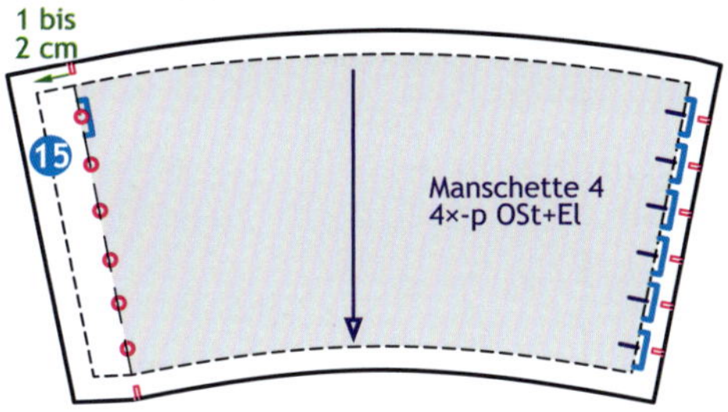

□4d Produktionsschnitt Form-Manschette 4 mit flachen Schlingen.

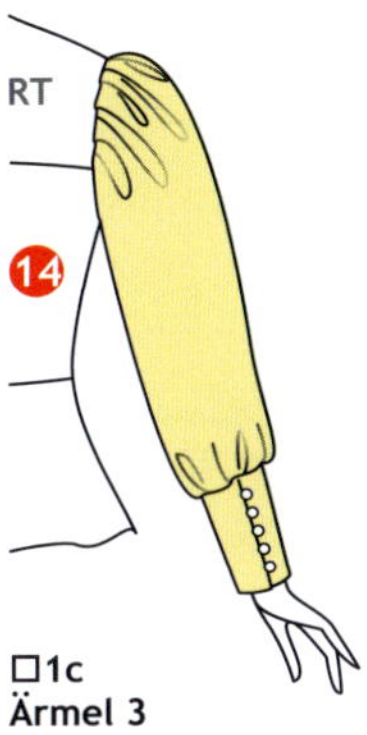

□1c
Ärmel 3
Manschette 4

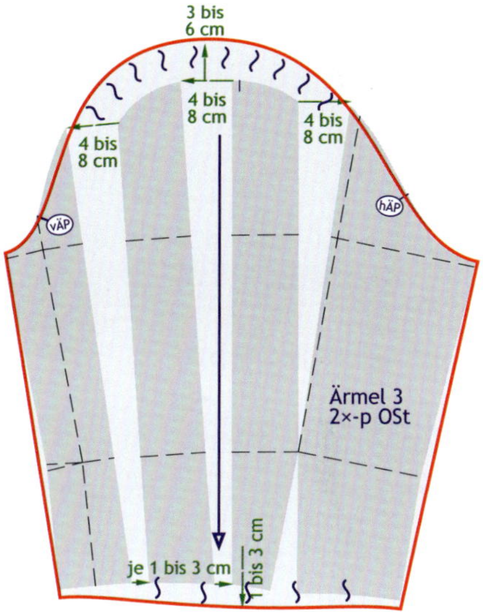

□3c Modellschnitt für Variante 3, (Maßstabsfaktor 0,16̅)

Ärmel-Gestaltung Variante 4

□9 Dieser Ärmel wird an der **hohen** Kugel wenig gekräuselt und an der Manschette stark gekräuselt. Er wird oben wenig und unten weit geöffnet.

Konstruktion einer Form-Manschette hier mit Knopflöchern (separat vom Ärmel konstruiert)

□4e Manschetten-Konstruktion nach Anweisung:

16 Knöpfe und Knopflochaugen sitzen an der Kante.

17 Übertritt entsprechend der Knopfgröße und einen passenden Untertritt anzeichnen.

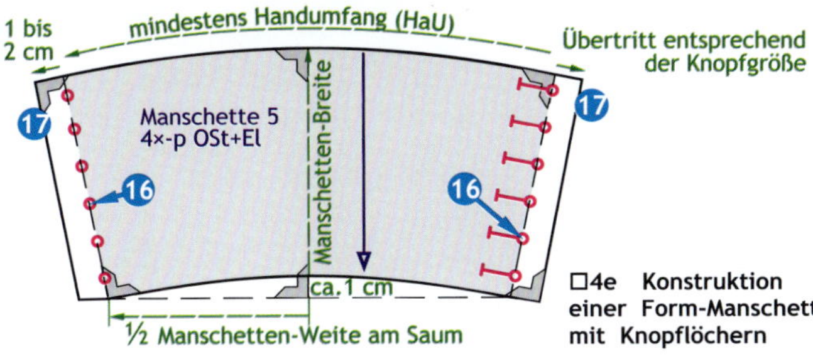

□4e Konstruktion einer Form-Manschette mit Knopflöchern

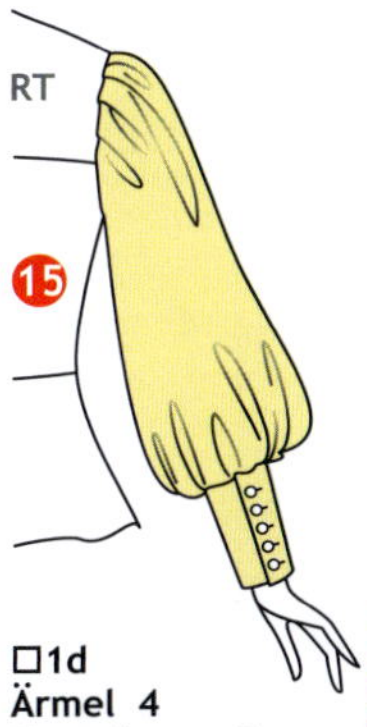

□1d
Ärmel 4
Manschette 5

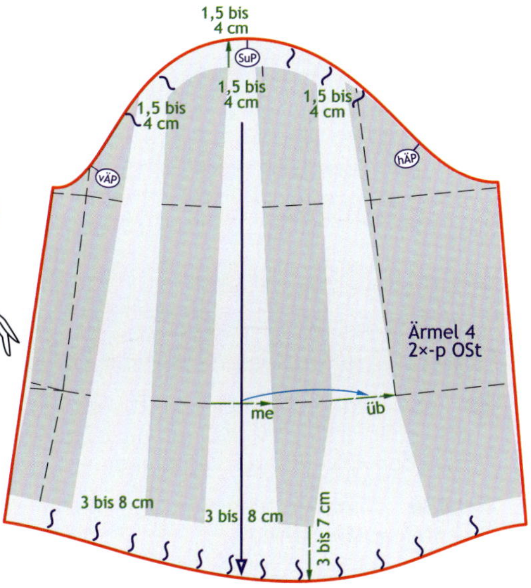

□3d Modellschnitt für Variante 4, (Maßstabsfaktor 0,16̅)

Keulenärmel
2 Varianten

206
207

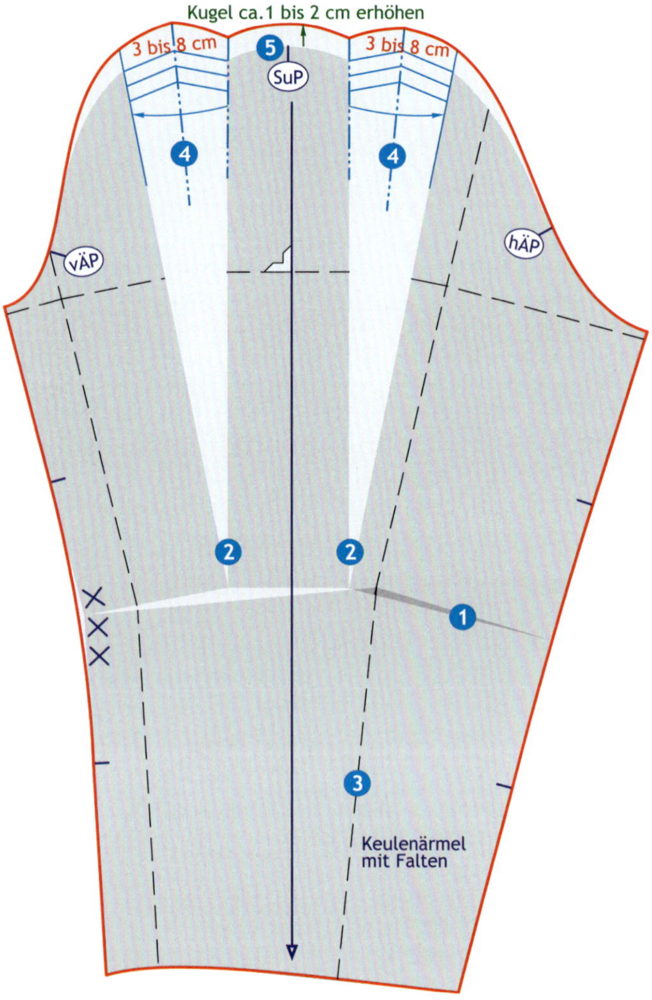

□3 Mäßig weiter Keulenärmel

Mäßig weiter Keulenärmel mit Falten

1. □2+3 Ärmel an der Ellenbogenlinie durchtrennen.
2. Anzahl der gewünschten Falten (hier 2 Falten) bestimmen, entsprechend die Position der Einschnitte wählen und senkrecht so einschneiden, dass die Teile unten zusammenhängen.
3. Abnäher schließen.
4. Falten gleichmäßig öffnen, der mittlere Teil bleibt dabei senkrecht. Die Falten markieren.
5. Ärmelkugel ca. 1 bis 2 cm erhöhen und Rückschnitte ggf. durch Zulegen konstruieren.

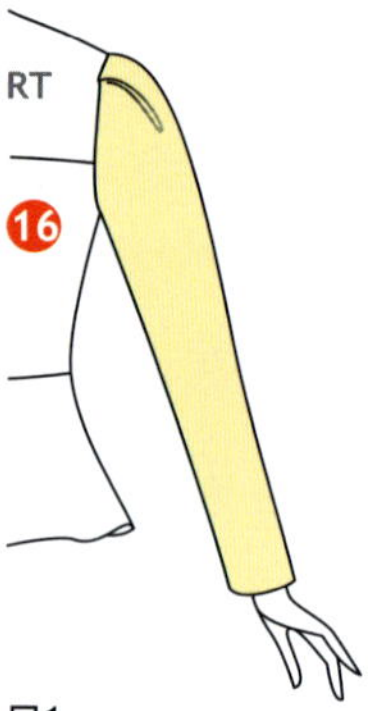

□1
Mäßig weiter Keulenärmel mit Falten

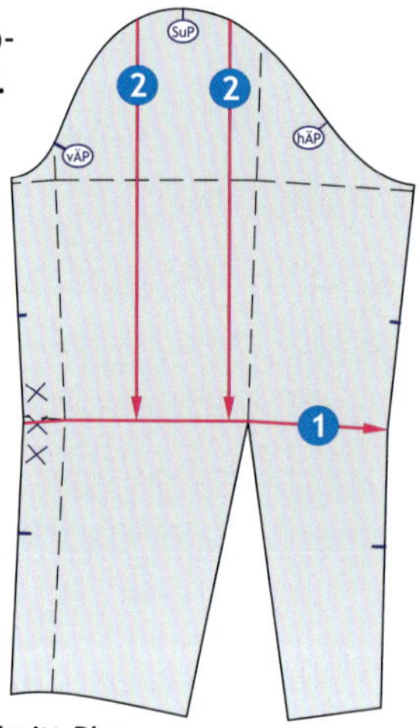

□2
Einschnitt-Plan
(verkleinerter Maßstab)

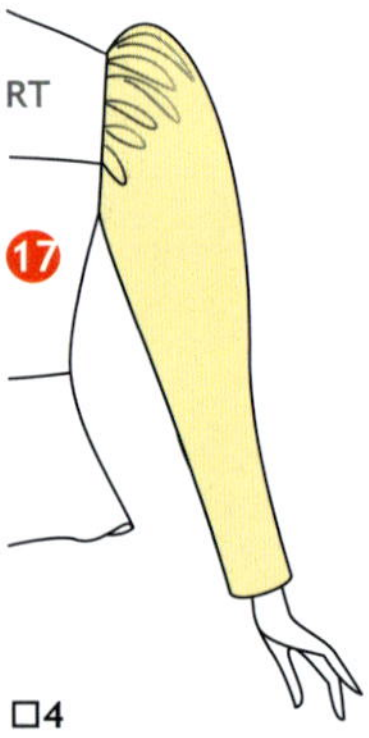

□4
Weiter Keulenärmel
mit Kräuselweite

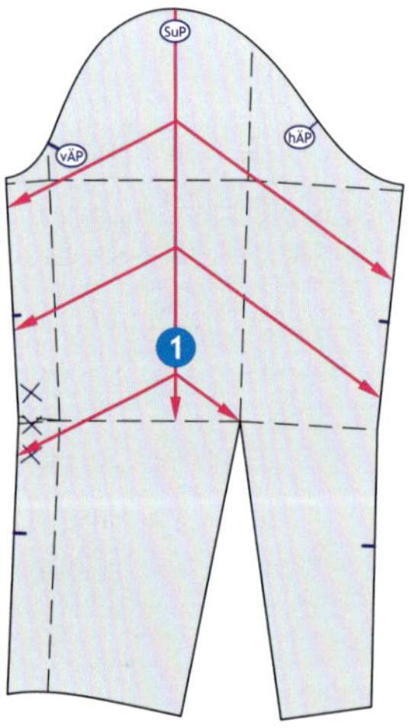

□5 Einschnitt-Plan
(verkleinerter Maßstab)

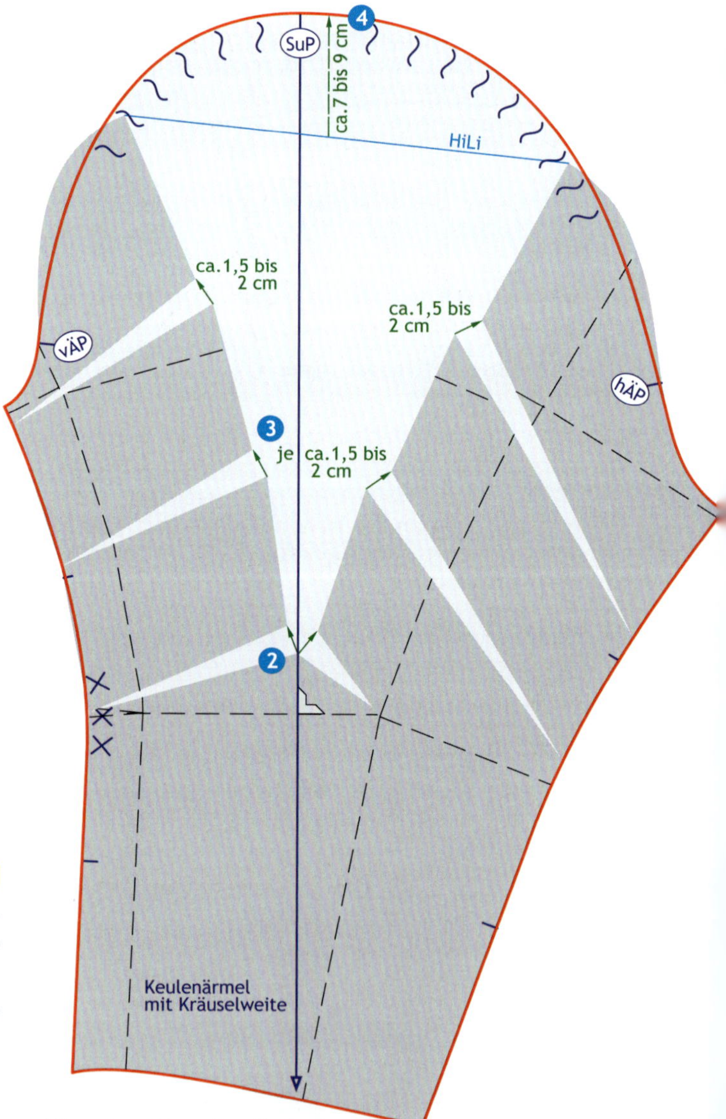

□6 Bauschig-weiter Keulenärmel

Bauschig-weiter Keulenärmel mit Kräuselweite

1. □5 Senkrechten Einschnitt vom SuP zur Ellenbogenlinie und drei schräge Einschnitte über die Abnäherspitze zu den Ärmelnähten vornehmen.
2. □6 Abnäher schließen und die unteren Einschnitte gleichmäßig öffnen.
3. Alle anderen Einschnitte ca. 1,5 bis 2 cm weit öffnen.
4. Hilfslinie (HiLi) zeichnen, Kugel erhöhen und formen.

Schmaler Ärmel in ⅞-Länge mit offenem Schlitz
Trompetenärmel

206
207

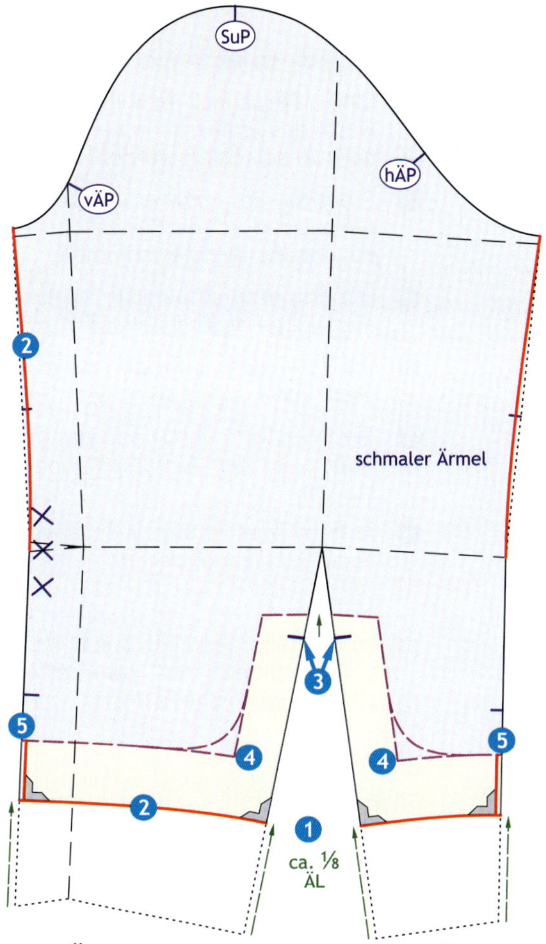

□2 Ärmel kürzen und Belege gestalten

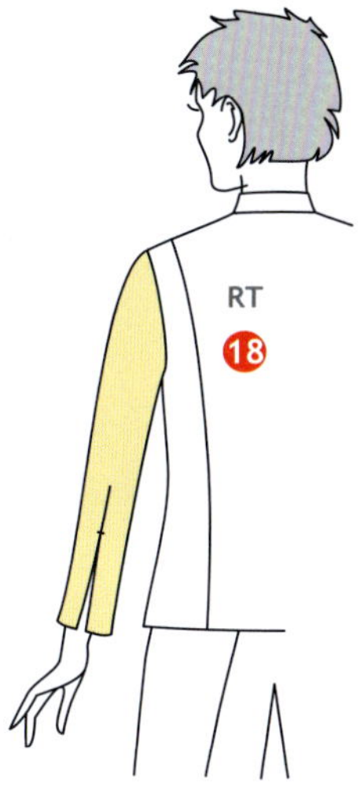

□1 Blusen-/Kleider-Ärmel in ⅞-Länge und offenem Schlitz

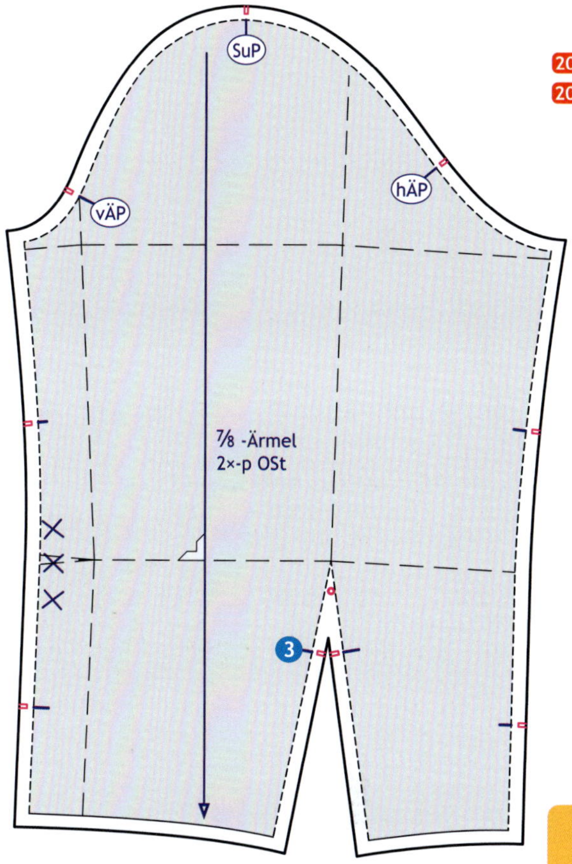

□3 Produktionsschnitt für ⅞-Ärmel

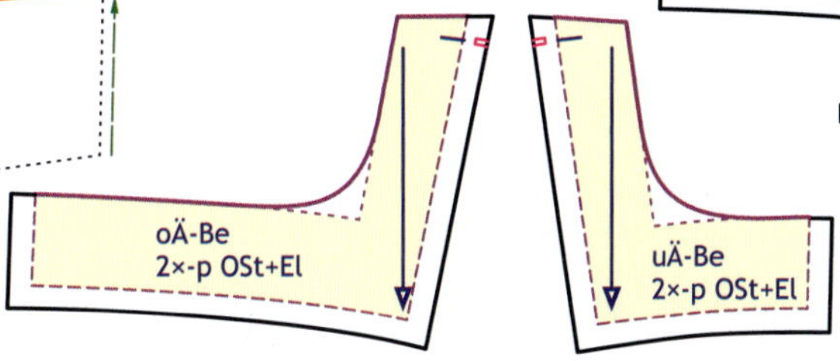

⅞-Ärmel- und Beleg-Gestaltung

1. □2 Ärmel um ca. ⅛ Ärmellänge kürzen
2. Ärmelsaum und -Naht formen.
3. Schlitzlänge so markieren, dass noch Platz für mind. 2x 0,5 cm NZg vorhanden ist.
4. Saum- und Schlitzbelege formen, sie reichen bis ca. 1 bis 2 cm oberhalb des Schlitzes.
5. Belegweite an den Ärmelnähten ca. 0,2 cm reduzieren.

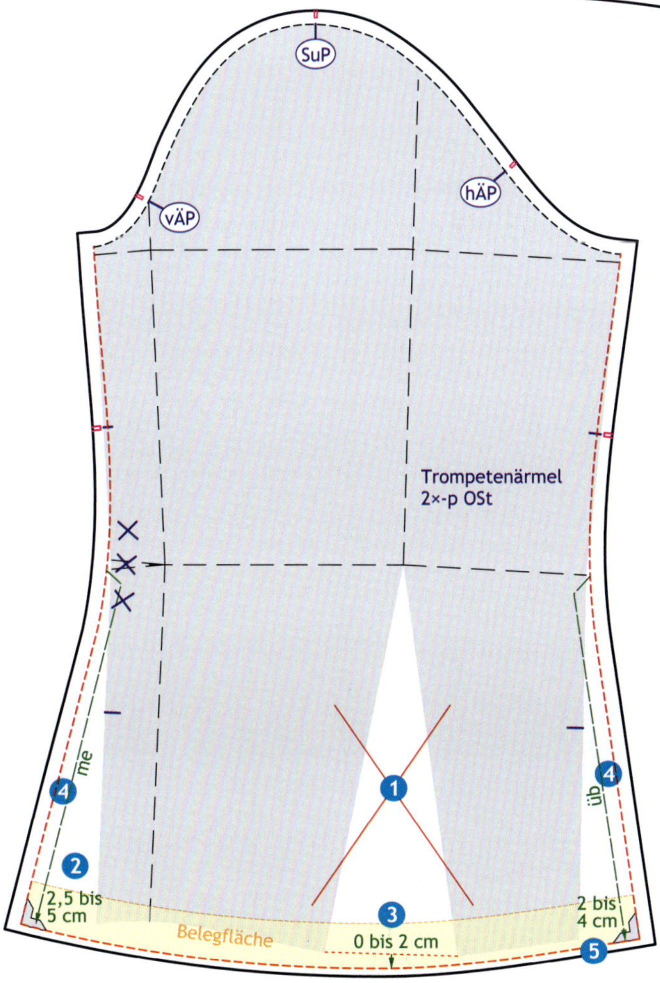

□4a Produktionsschnitt Trompetenärmel

Trompetenärmel

Dieser schmale Ärmel wird glatt eingenäht, ist am Ellenbogen eng, aber am Saum weit.

1. □4a Abnäher streichen für mehr Saumweite.
2. An der vorderen Ärmelnaht ca. ¼ mehr ausstellen als an der hinteren.
3. Saum ca. 0 bis 2 cm verlängern.
4. Ärmelnähte formen, darauf achten, dass beide Nähte gleich lang sind.
5. Den Saum rund, im rechten Winkel zu den Ärmelnähten formen. Die Saum-Zugabe von ca. 0,5 bis 1 cm ist hier für einen Rollsaum vorgesehen. Auch eine Belegverarbeitung ist möglich.

Für noch größere Saumweite wird an einen ellenbogenkurzen Ärmel ein Volant angesetzt.

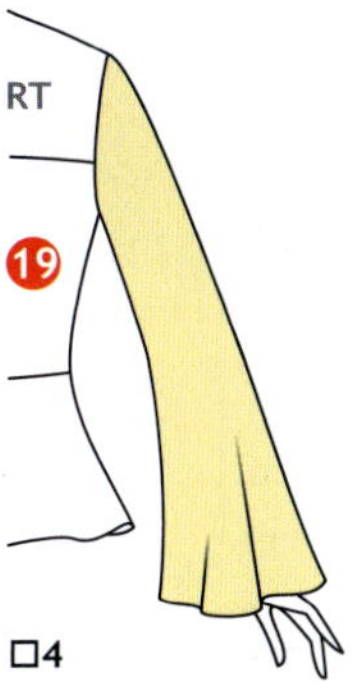

□4

Festlich-elegante Ärmel 1
Mit bedecktem Handrücken und Schlingenverschluss

206
207

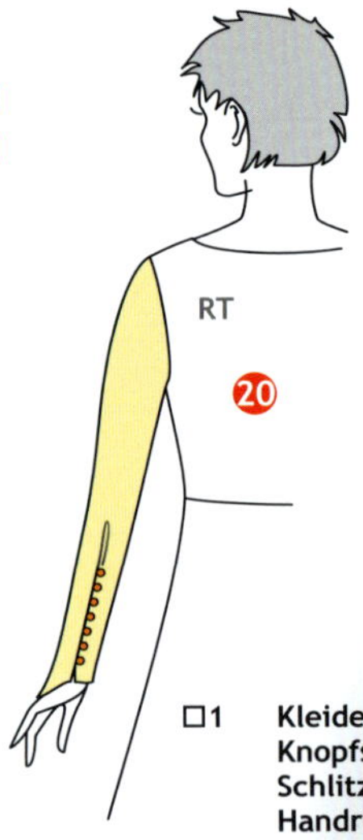

□1 Kleider-Ärmel mit Knopfschlingen am Schlitz, bedeckter Handrücken

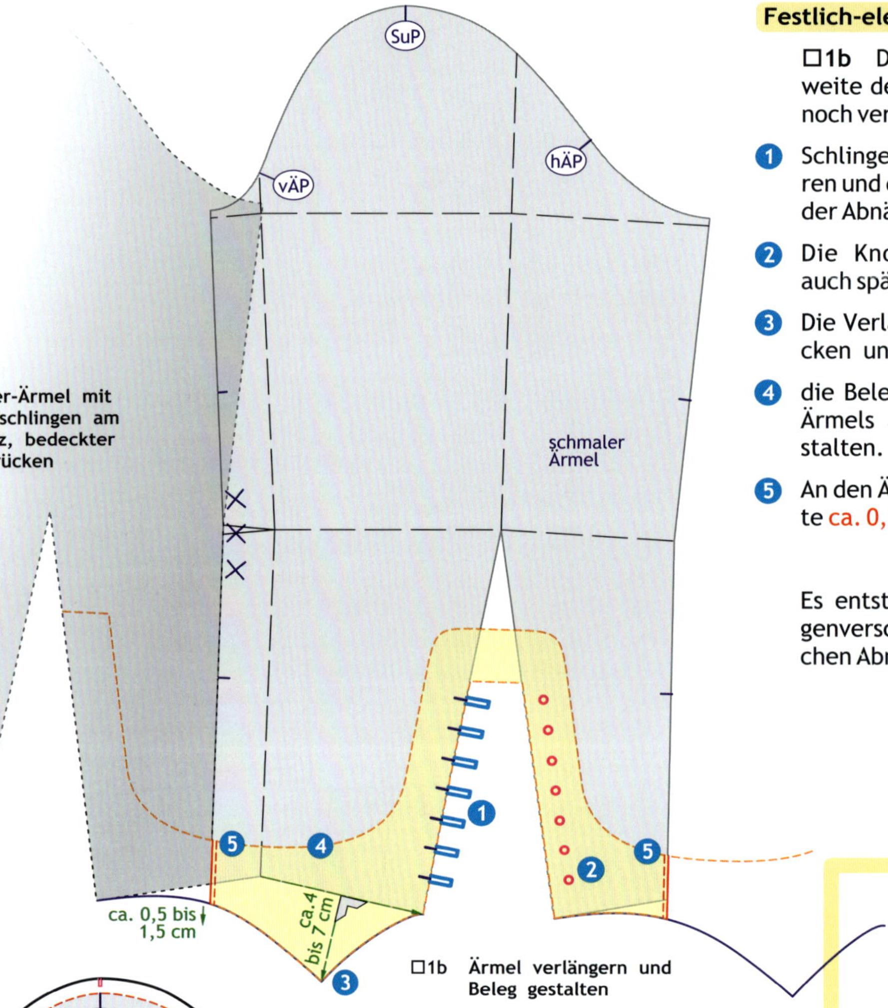

□1b Ärmel verlängern und Beleg gestalten

Festlich-eleganter Ärmel 1

□1b Der Ärmel, bzw die Saumweite des Ärmels kann bei Bedarf noch verschmälert werden.

1. Schlingen am Abnäher positionieren und dadurch die Faltenhöhe an der Abnäherspitze bestimmen.
2. Die Knopfannähpunkte können auch später bestimmt werden.
3. Die Verlängerung für den Handrücken und
4. die Belegform durch Anlegen des Ärmels an den Ärmelnähten gestalten.
5. An den Ärmelnähten die Belegweite ca. 0,2 cm reduzieren.

Es entsteht oberhalb des Schlingenverschlusses aus dem restlichen Abnäher eine Falte.

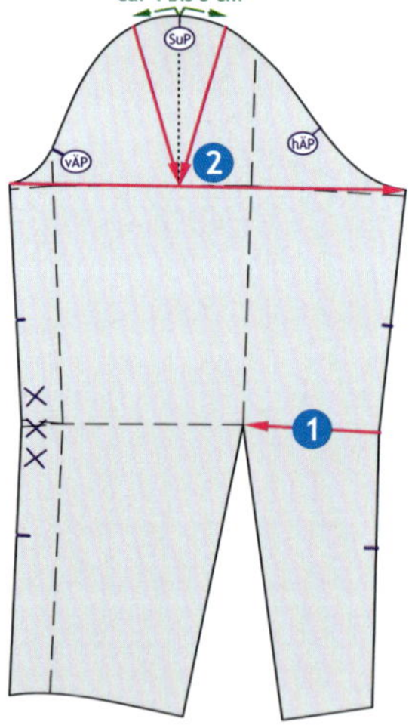

□3b Einschnitt-Plan für den festlich-eleganten Ärmel 2 (verkleinerter Maßstab)

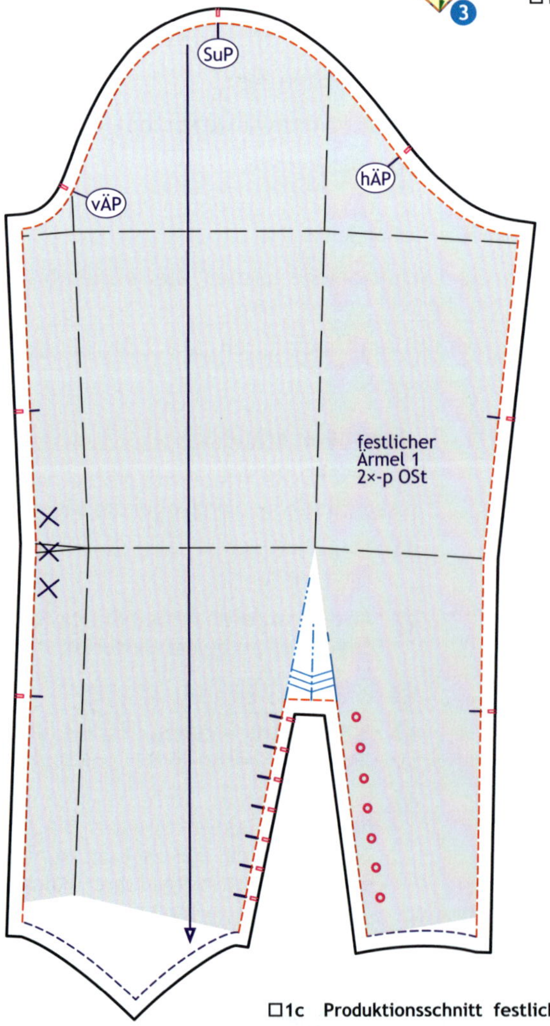

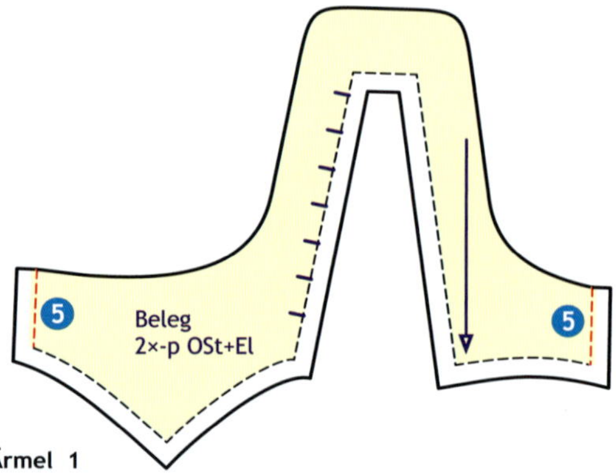

□1c Produktionsschnitt festlich-eleganter Ärmel 1

Festlich-elegante Ärmel 2 Mit Erweiterung am hinteren Ärmel
Festlich-elegante Ärmel 3 Mit ausladender Ärmelkugel

206
207

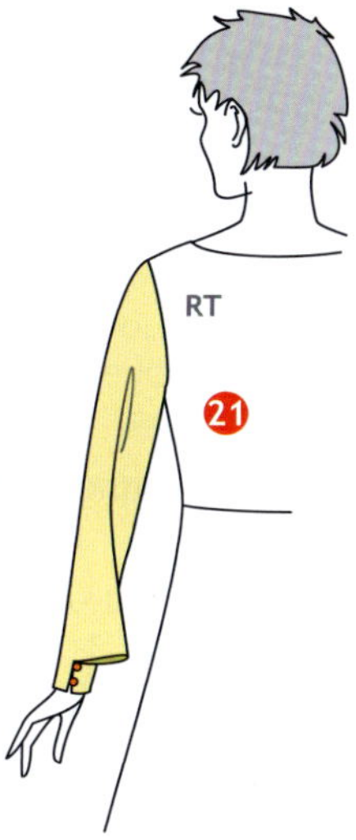

☐2a Kleider-Ärmel mit Erweiterung am hinteren Ärmel

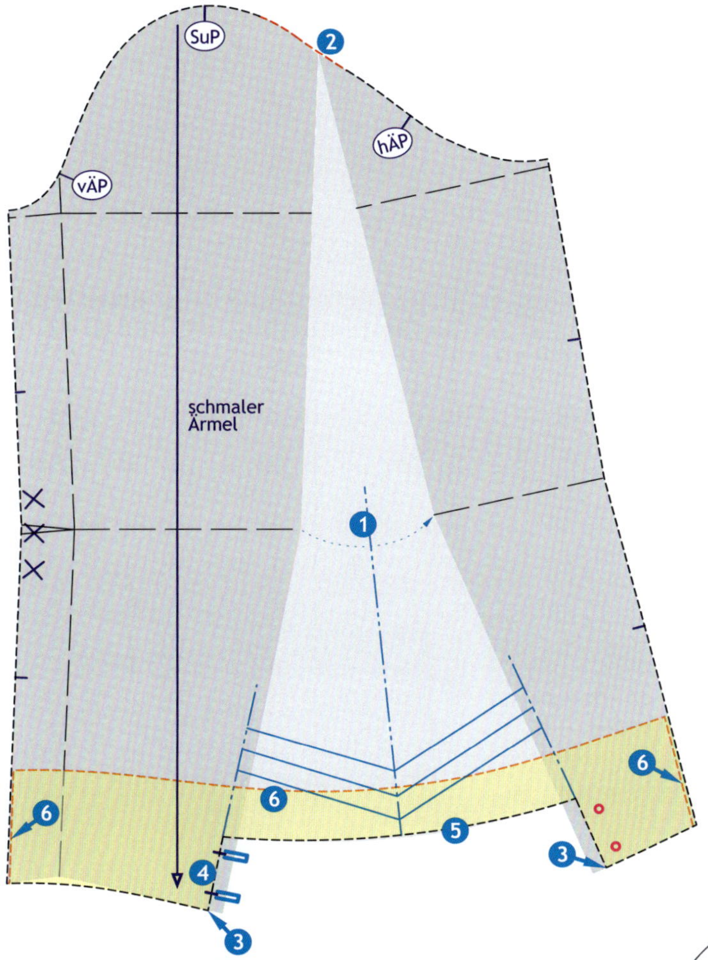

☐2b Ärmel erweitern und Beleg gestalten Modellschnitt

Festlich-eleganter Ärmel 2

1. ☐2b Die Öffnung des schmalen Ärmels am Abnäher kann nach Belieben ausfallen.
2. Die Ärmelkugelnaht am Drehpunkt ausformen.
3. Die Saumweite kann ggf. noch verschmälert werden.
4. Schlingenverschluss am Abnäher gestalten.
5. Die Saumkante des Falteninhalts rund oder gerade formen.
6. Den Beleg gestalten und die Weite an den Ärmelnähten um ca. 0,2 cm reduzieren.

Die Entwicklung der Produktionsschnitte ist sehr ähnlich wie beim festlich-eleganten Ärmel1.

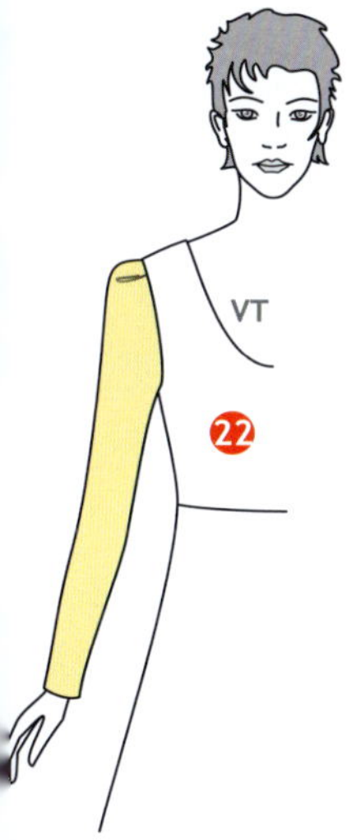

☐3a Kleider-Ärmel mit ausladender Ärmelkugel

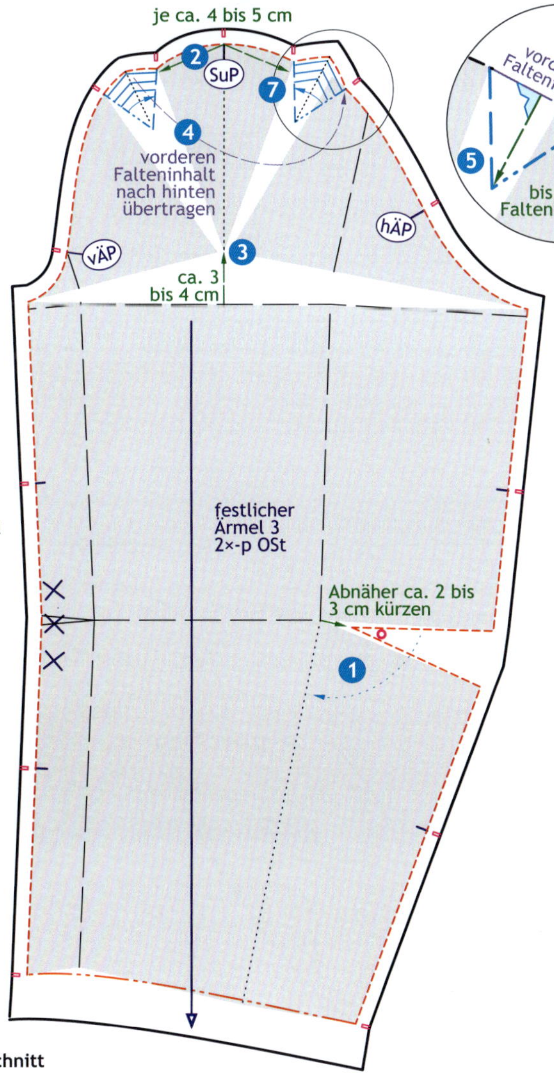

☐3c Ärmel erweitern und Falten gestalten Produktionsschnitt

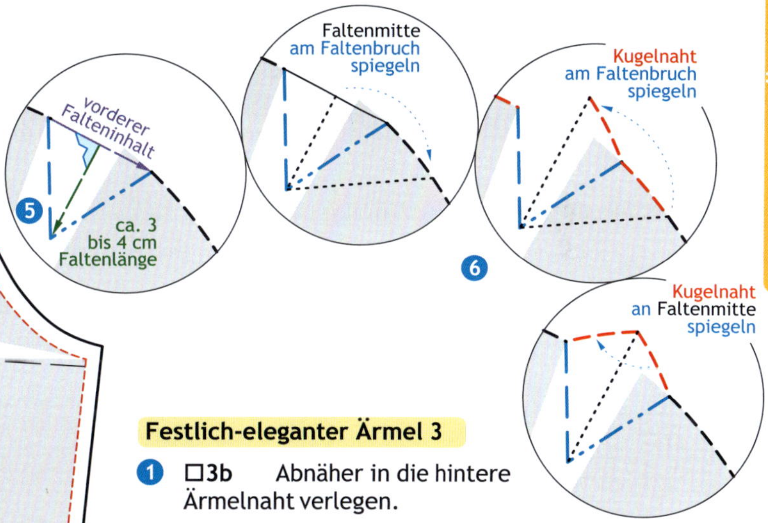

Festlich-eleganter Ärmel 3

1. ☐3b Abnäher in die hintere Ärmelnaht verlegen.
2. Kugel abtrennen. Diese in ca. 4 bis 5 cm Abstand zum SuP zwei Mal einschneiden.
3. ☐3c Alle drei Teile ca. 3 bis 4 cm nach oben schieben, Drehpunkt ist an der Ärmelnaht.
4. Vorne öffnet sich der Schnitt mehr. Dies ist nun der Falteninhalt für beide Falten. Er wird auch nach hinten übertragen. Dadurch verkleinert sich hinten die Einhalteweite.
5. Die Falte wird kurz gelegt. Die Faltenmitte ist ca. 3 bis 4 cm lang, Faltenkante und Faltenanstoßlinie entsprechend der gewünschten Legerichtung einzeichnen.
6. Prinzipiell können die Falten in beide Richtungen gelegt werden. Entsprechend erfolgt der Rückschnitt durch Falten des Papierschnitts oder wie hier, schrittweise dargestellt, durch Spiegeln konstruiert.
7. Die Falten mit Knipsen, Faltenschraffur und Legerichtung markieren.

Festlich-elegante Ärmel 4 mit Oberarm-Drapierung
Festlich-elegante Ärmel 5+6 Kurze blütenblattförmige Ärmel

206
207

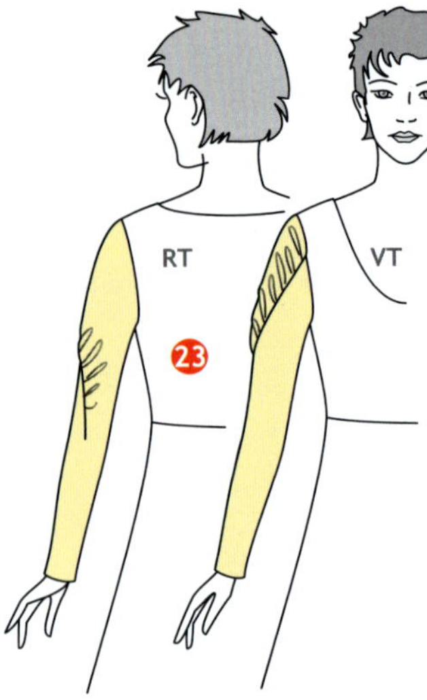

□4a Kleider-Ärmel mit Oberarmdrapierung

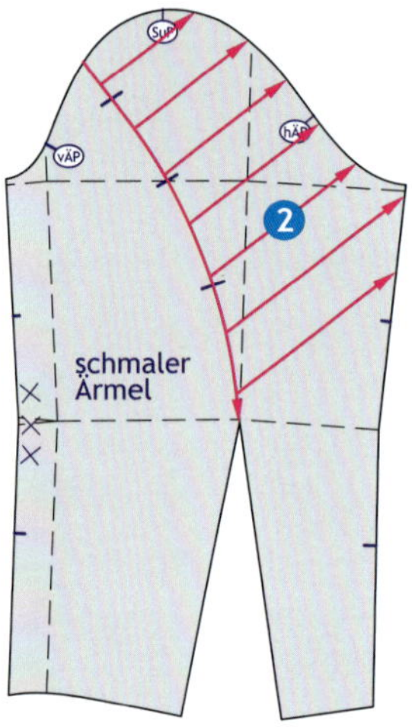

□4b Einschneideplan (verkleinerter Maßstab)

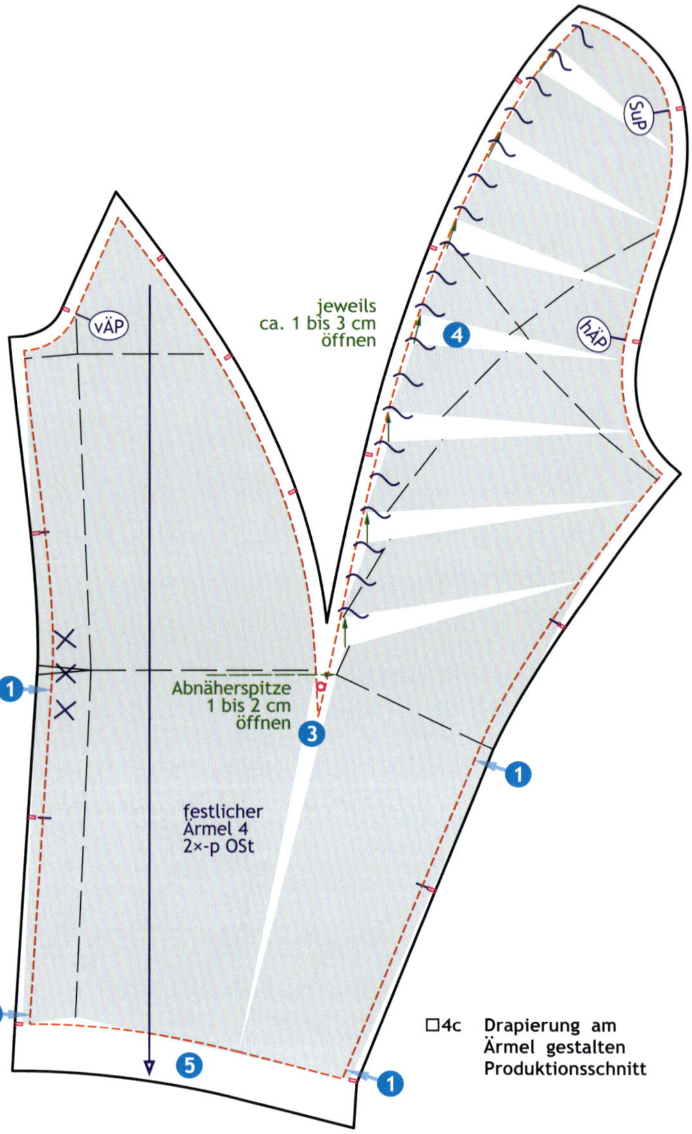

□4c Drapierung am Ärmel gestalten Produktionsschnitt

Festlich-eleganter Ärmel 4

1 □4b Der Ärmel, bzw die Saumweite des Ärmels kann zunächst bei Bedarf noch verschmälert werden.

2 Naht und Einschnitte nach Plan formen. An der Kräuselnaht genügend Knipse setzen. Zunächst die Naht einschneiden.

3 Den Abnäher am Saum schließen und dabei an der Spitze etwas öffnen,

4 dann die Einschnitte für die Drapierung vornehmen. Je nach Stoffqualität und gewünschter Optik sind die Einschnitte für die Kräuselweite oder Fältchen zu öffnen.

5 Saum und Ärmelnähte formen.

Festlich-elegante Ärmel 5+6

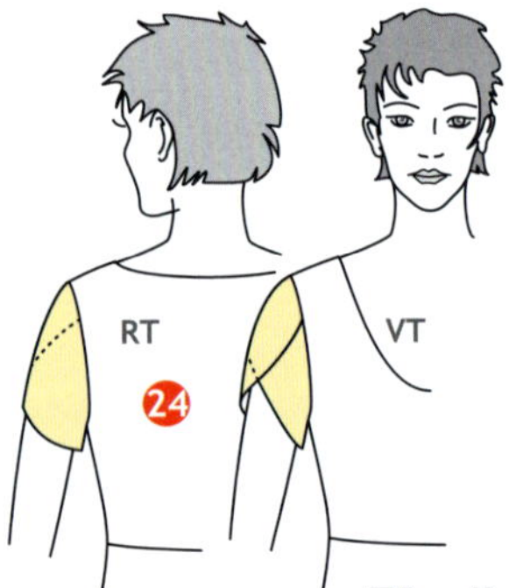

□5a Kurzer blütenblattförmiger Ärmel

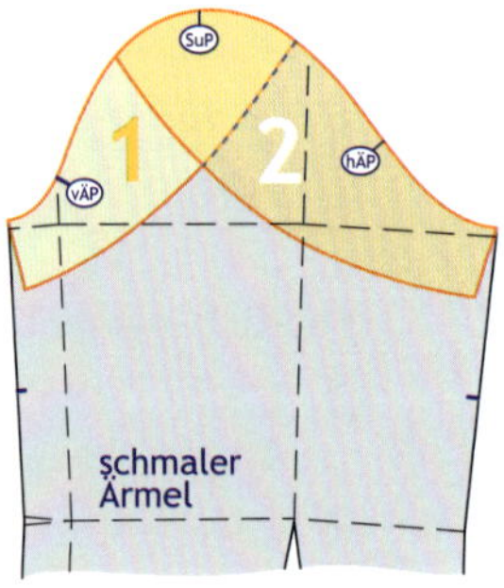

□5b Abtrenn-Plan (verkleinerter Maßstab)

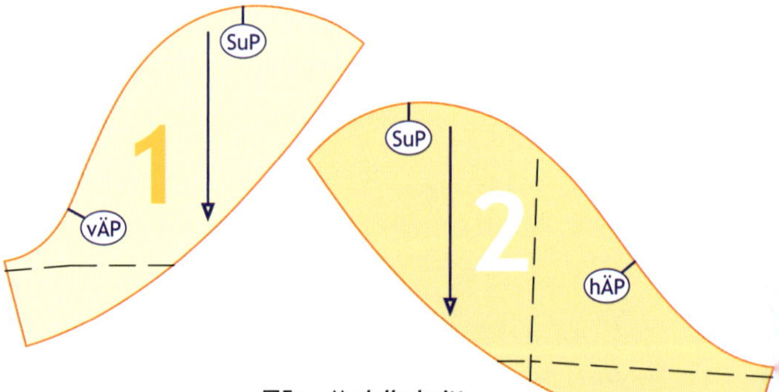

□5c Modellschnitt

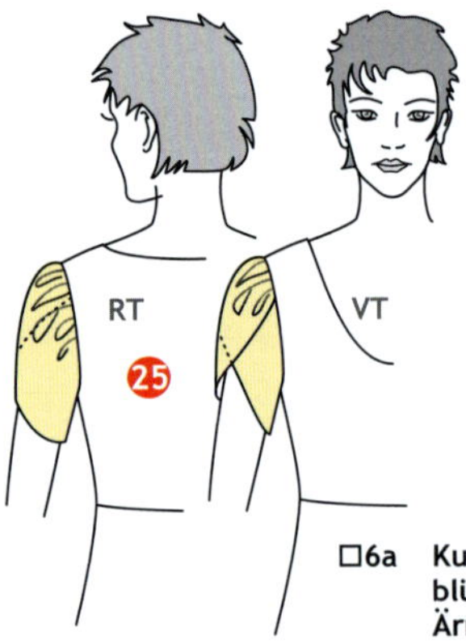

□6a Kurzer blütenblattförmiger Ärmel, gekräuselt

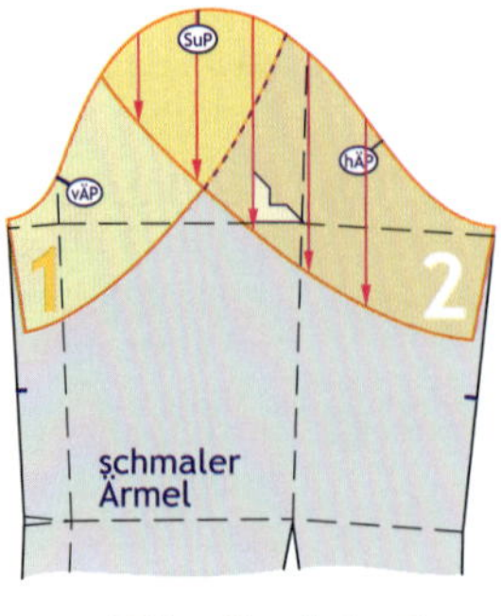

□6b Einschnitt-Plan + Abtrenn-Plan (verkleinerter Maßstab)

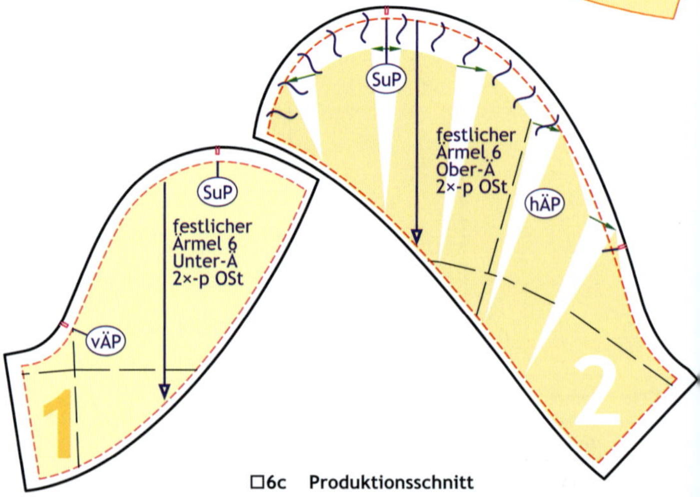

□6c Produktionsschnitt

Festlich-elegante Ärmel

206
207

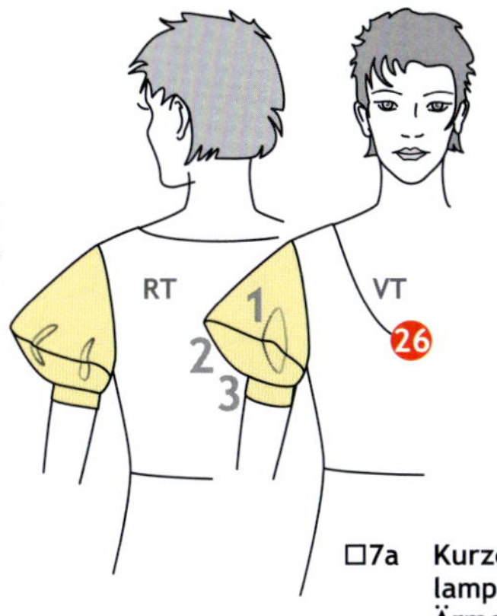

□7a Kurzer glatter lampionförmiger Ärmel

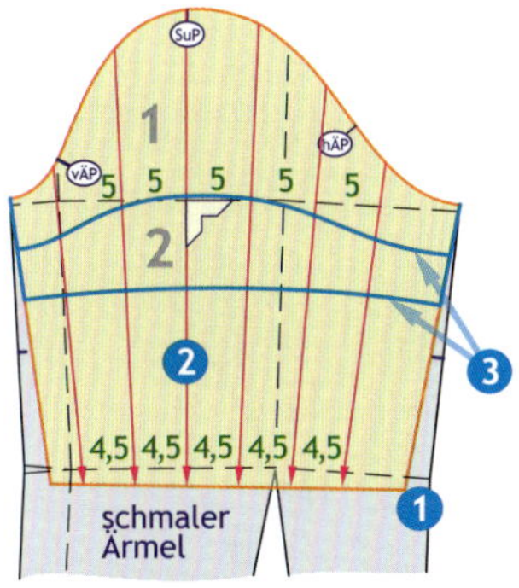

□7b Einschnitt-Plan + Abtrenn-Plan (verkleinerter Maßstab)

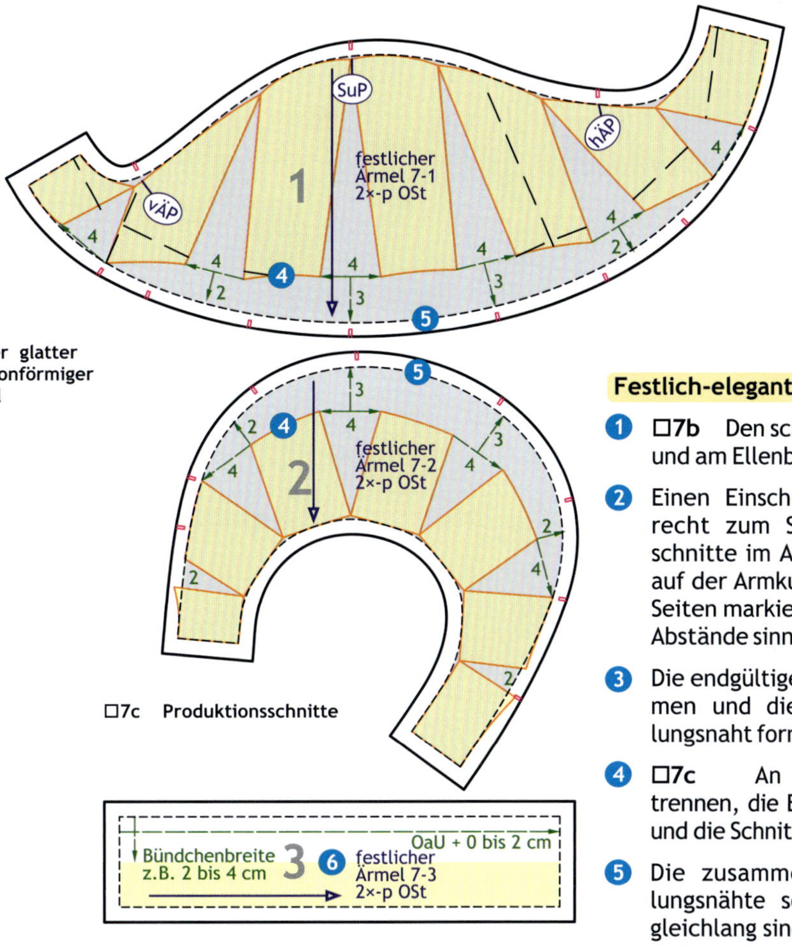

□7c Produktionsschnitte

Festlich-eleganter Ärmel 7

1. □7b Den schmalen Ärmel kürzen und am Ellenbogen einstellen.
2. Einen Einschnitt vom SuP senkrecht zum Saum, weitere Einschnitte im Abstand von ca. 5 cm auf der Armkugellinie nach beiden Seiten markieren und am Saum die Abstände sinnvoll verringern.
3. Die endgültige Ärmellänge bestimmen und die geschwungeneTeilungsnaht formen.
4. □7c An den Öffnungslinien trennen, die Einschnitte ausführen und die Schnitte wie hier öffnen.
5. Die zusammenzunähenden Teilungsnähte so formen, dass sie gleichlang sind. Unbedingt mehrere Knipse markieren.
6. Der Saumabschluss kann mit einem Beleg, einem Bündchen, einem angesetzten Ärmelteil o.ä. erfolgen.

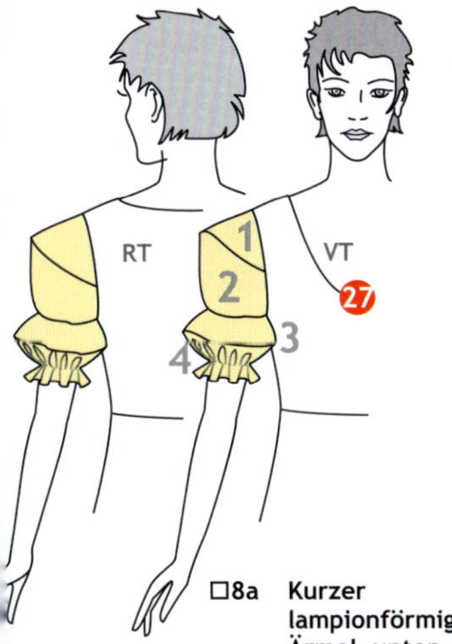

□8a Kurzer lampionförmiger Ärmel unten mit Rüsche

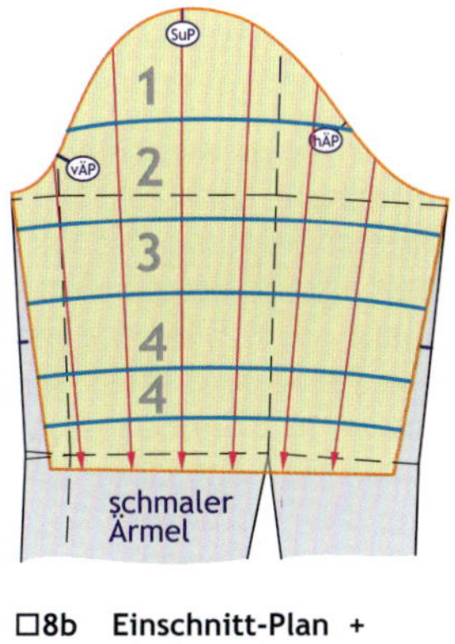

□8b Einschnitt-Plan + Abtrenn-Plan (verkleinerter Maßstab)

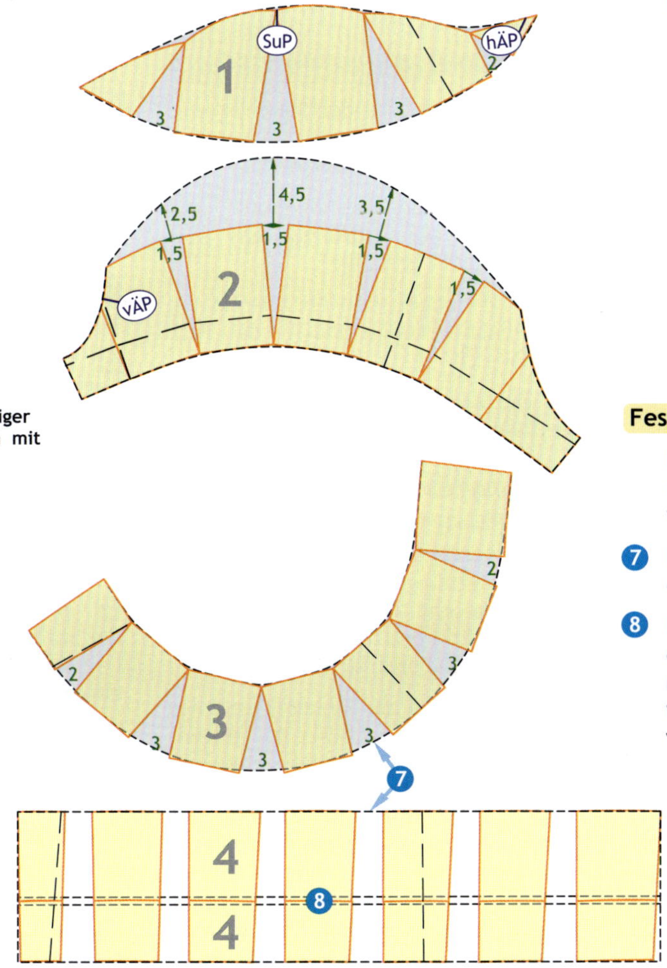

□8c Modellschnitte

Festlich-eleganter Ärmel 8

□8b Dieses Modell wird mit denselben Konstruktionsschritten entwickelt wie in Ärmel 7.

7. Das Rüschenteil erhält die Länge der unteren Naht von Teil 3.
8. Die Mittelnaht der Rüsche kann mit einem Gummifaden genäht oder mit einem Gummi- oder Kordeltunnel zum Kräuseln verarbeitet werden.

Einnaht-Ärmel (1)
Für die Jacken- und Mantelverarbeitung

206
207
208

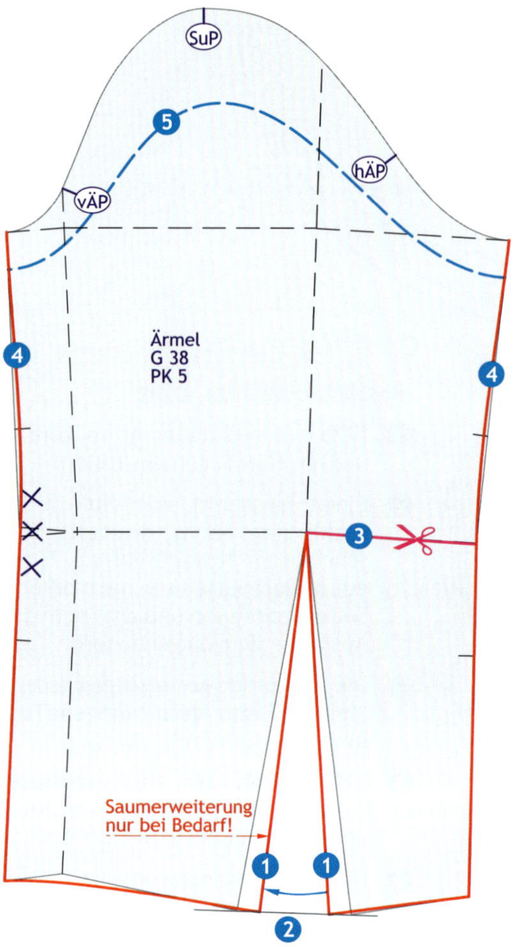

□1 Ärmelmodell gestalten

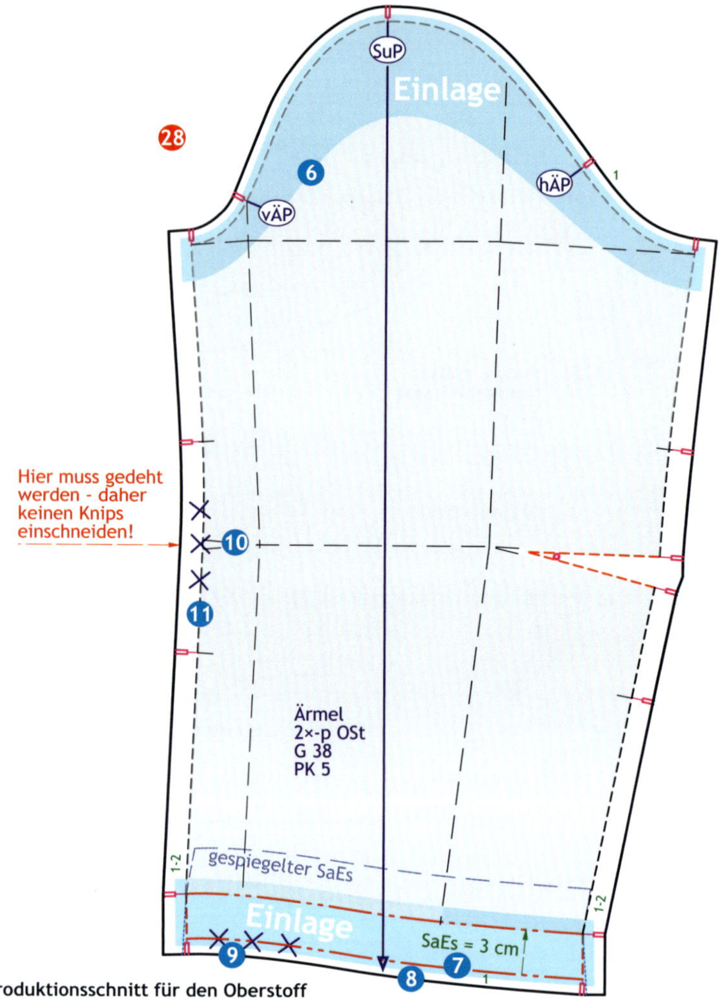

□2 Produktionsschnitt für den Oberstoff

□3 Zuschnitt für Ärmelkugel- und Saum-Einlage

Vorüberlegungen

Folgende Punkte sollte man vor der Ärmelentwicklung für ein Modell immer beachten:

1. Liegt der passende Ärmel zum verwendeten Oberteil(-Grundschnitt) vor?

2. Wurde das Armloch für das Modell vergrößert? Ansonsten muss man zunächst den Ärmel anpassen. Siehe ab Seite 210 ff.

3. Besitzt der Ärmel die richtige Oberarmweite? (siehe ab Seite 210) und Saumweite (siehe Seite 211)

4. Lässt sich die Einhalteweite an der Ärmelkugel mit dem geplanten Stoff verarbeiten? (Anpassung der Einhalteweite siehe ab Seite 211).

Einnaht-Ärmel

□**1** Alle Grundschnitt-Ärmel sind Einnaht-Ärmel. Zur Verwendung kommt hier der **schmale Ärmel** mit hoher Ärmelkugel und mit Abnäher.

1 Ärmelentwicklung

❶ □**1** Hier wird der Saum erweitert. Dies erfolgt zumeist durch die Verkleinerung des Abnähers.

❷ Dabei bleiben die Abnäherschenkel in der ursprünglichen Länge (auf der Hilfslinie).

❸ Anschließend den Abnäher in die Ärmelnaht verlegen und für den Produktionsschnitt kürzen.

❹ Die Ärmelnähte können oberhalb des Ellenbogens leicht geformt werden.

2 Ärmelkugel-Einlage

❺ Für eine klassische Verarbeitung von Jacken und Mänteln kann eine Ärmelkugel-Einlage, hier in Blau skizziert, zugeschnitten werden. Diese Einlage verstärkt und hält die Kugel in der gewünschten Form.

❻ Es ist üblich, die Einlage direkt aus dem Produktionsschnitt zu entwickeln, weil hier die Nahtzugaben bereits angezeichnet sind. Um eine Schnittkante (hier die Ärmelkugel) nicht unnötig zu verdicken, kann man die Einlage nur bis ca. zur Mitte der Nahtzugabe zuschneiden. Dies reduziert das Durchdrücken der Schnittkanten.

3 Produktionsschnitt

❼ □**2** Üblich ist ein Saumeinschlag (SaEs) von 3 cm.

❽ Nahtzugaben anzeichnen, für einen gefütterten Ärmel auch an den Saumeinschlag. Knipse und Bohrlöcher markieren.

❾ Reduzierungen am SaEs kann man vornehmen. Wegen der gebogenen Saumform fehlt etwas Weite an der Kante. Hier sollte man ggf. etwas dehnen.

❿ Bei diesem Ärmeltyp entsteht an der vorderen Ärmelnaht konstruktionsbedingt eine Überschneidung. Die vordere Ärmelnaht ist also im Vergleich zur hinteren Ärmelnaht ca. 0,5 bis 0,8 cm kürzer. **Um diese Fehllänge muss die Naht durch Dehnen in Ellenbogenhöhe verlängert werden.** Am Oberstoff dürfen keinesfalls die Nahtlängen (z.B. durch Kürzen) angeglichen werden!

⓫ Die Nahtzugabe an der Ärmelnaht darf je nach Dehnbetrag und Stoffqualität nicht zu breit sein.

206
207
208

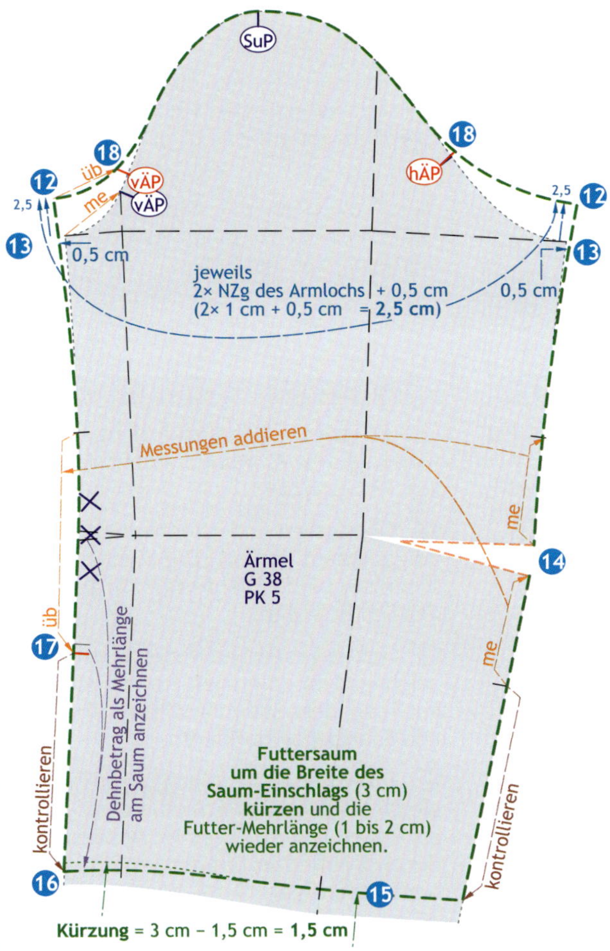

□4 Futterärmel aus dem Ärmelmodell entwickeln

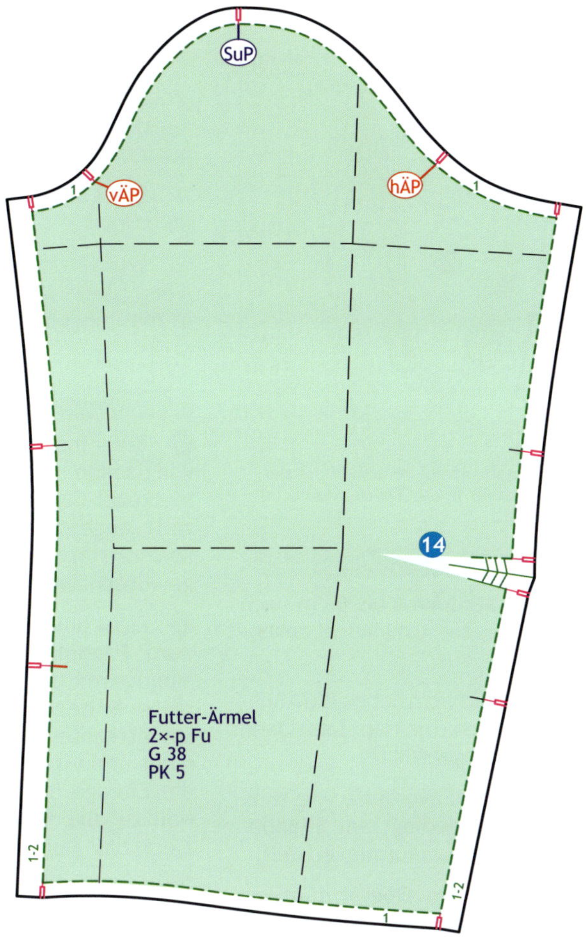

□5 Produktionsschnitt für den Futterärmel

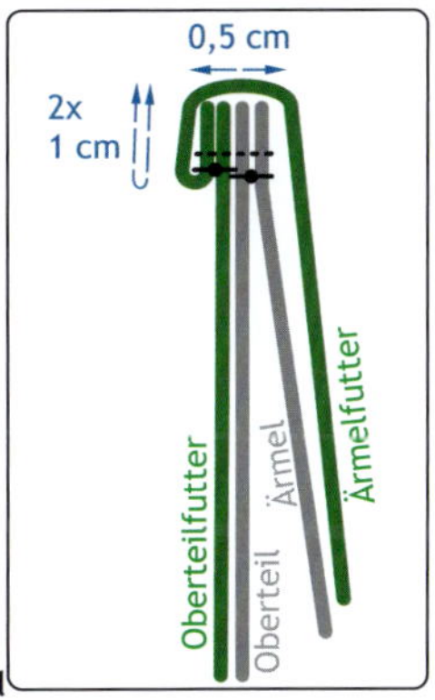

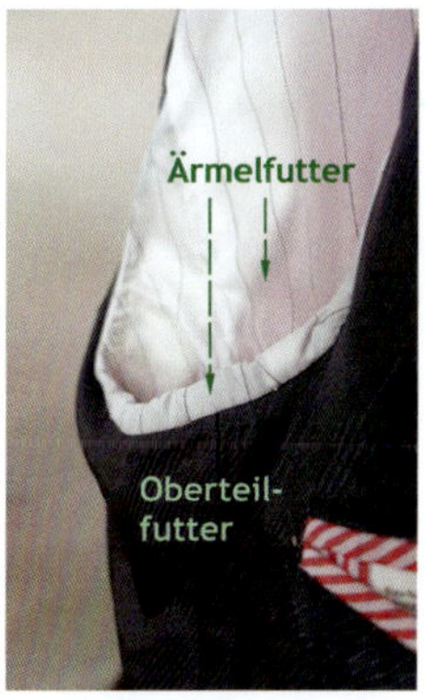

□6 Nahtdiagramm und Foto der Achsel

Futterärmel Prinzipien

Die hier aufgeführten Schritte gelten im Prinzip **für alle Ärmelfutter**.

1. Für die Erstellung eines Futterärmels dient immer der entsprechende Ärmel-Modellschnitt als Grundlage.

2. Ärmelkugelnaht unter der Achsel erhöhen und ausstellen.

3. Futterärmel am Saum um die Breite des Saumeinschlags kürzen.

4. Futterärmel wegen der geringen Elastizität des Materials um **1 bis 2 cm** verlängern oder aber durch Öffnen an der Ellenbogenlinie verlängern.

5. Futterstoff lässt sich nicht dehnen. Daher wird die vordere Ärmelnaht auf die Länge der hinteren Ärmelnaht gebracht; die Fehllänge am Saum verlängern.

4 Entwicklung des Ärmelfutters

12 □4 Die Ärmelkugelnaht (unter der Achsel) wird an den Ärmelnähten um **2× NZg** (der Armlochnaht) **+ 0,5 cm** erhöht. Das Ärmelfutter wird an dieser Stelle um die Nahtzugabe unter dem Arm herübergeführt, siehe **□6.**

13 Seitlich werden ca. 0,5 cm ausgestellt.

Sollte ein Schulterpolster eingearbeitet werden, kann die Schulterpolsterdicke an der Ärmelkugel oben entfernt werden, siehe Seite 219.

14 Modellbedingt wird hier der Abnäher wie am Ärmelmodell genäht oder als Falte gelegt.

15 Da der Einschlag innen liegt, wird die Futterärmellänge um die Einschlagbreite gekürzt. Für eine notwendige Futter-Mehrlänge werden 1 bis 2 cm wieder am Saum hinzu gegeben. Das heißt, die Kürzung wird verringert:

Kürzung	=	SaEs – Futtermehrlänge
	=	3 cm – 1 bis 2 cm
	=	**1,5 cm**

Da bei diesem Modell das Futter an keinem Schlitzeinschlag befestigt werden muss, kann man die Mehrlänge am Ärmelsaum wieder ansetzen.

Für ein Ärmelmodell mit Schlitz muss das Ärmelfutter an der Ellenbogenlinie geöffnet werden, siehe Seite 239.

16 Um die Länge beider Ärmelnähte auszugleichen, wird die vordere Ärmelnaht am Saum verlängert.

17 Der untere Ärmelknips an der vorderen Ärmelnaht muss noch um die Verlängerung nach unten verschoben werden. Abstände kontrollieren.

18 Abstände zwischen den Ärmelnähten und den Ärmelpunkten messen und vÄP und hÄP neu markieren.

Nahtzugaben und Knipse anzeichnen.

Zweinaht-Ärmel aus dem Einnaht-Ärmel
Für die Jacken- und Mantelverarbeitung

206
207
208

□1 Am Zweinaht-Ärmel verschwindet der Ärmelabnäher in der Teilungsnaht

1 Ärmelentwicklung

❶ □1 An der hÄM 4 bis 6 cm nach unten abtragen, zur Ärmelkugel abwinkeln und

❷ eine Hilfslinie 1 cm neben die Abnäherspitze zeichnen. Die Naht läuft dann hinter der Ellenbogenspitze.

❸ Naht- und Saumverläufe wie skizziert formen. Unbedingt am Ellenbogen auf schöne Kurvenformen achten,

❹ dabei kann am Oberarm etwas Mehrweite angezeichnet werden.

❺ Die Nahtlänge des Unterärmels auf die NL des Oberärmels angleichen.

Vorüberlegungen

Folgende Punkte sind vor der Ärmelentwicklung für ein Modell immer zu beachten:

1. Passt der Ärmel zum entsprechenden Oberteil (-Grundschnitt)?

2. Wurde das Armloch am Oberteil vergrößert? Dann muss zunächst der Ärmel angepasst werden (ab Seite 212).

3. Besitzt der Ärmel die gewünschte Oberarmweite (Seite 210) und die richtige Saumweite (Seite 211).

4. Lässt sich die Einhalteweite an der Ärmelkugel mit dem geplanten Stoff verarbeiten? (Anpassung der Einhalteweite ab Seite 211).

2 Ärmelkugel-Einlage

❻ Für eine klassische Verarbeitung von Jacken und Mänteln kann eine Ärmelkugel-Einlage, hier in Blau skizziert, zugeschnitten werden. Diese Einlage verstärkt und hält die Kugel in der gewünschten Form.

❼ Es ist üblich, die Einlage direkt aus dem Produktionsschnitt zu entwickeln, weil hier die Nahtzugaben bereits angezeichnet sind. Um die Schnittkanten (hier die Ärmelkugel) nicht unnötig zu verdicken, kann man die Einlage nur bis ca. zur Mitte der Nahtzugabe zuschneiden. Dies reduziert das Durchdrücken der Schnittkanten.

Beide hier blau dargestellten Flächen sind die Produktionsschnittteile.

3 Produktionsschnitt

□2 Es gelten die ausführlichen Anweisungen wie beim Einnaht-Ärmel auf der Seite 234.

❽ Oberärmel und Unterärmel werden getrennt kopiert. Die Fläche zwischen den beiden Nähten gehört zu beiden Schnittteilen.

❾ Nahtzugaben wie vorgegeben anzeichnen; für einen gefütterten Ärmel auch an den Saumeinschlag. Knipse und Bohrlöcher markieren.

❿ Die vordere Ärmelnaht ist im Vergleich zur hinteren Ärmelnaht ca. 0,5 bis 0,8 cm kürzer. **Dies ist unbedingt durch Dehnen in Ellenbogenhöhe zu berücksichtigen.**

⓫ Ggf. können durchgenähte Knöpfe neben die Naht auf den Oberärmel genäht werden.

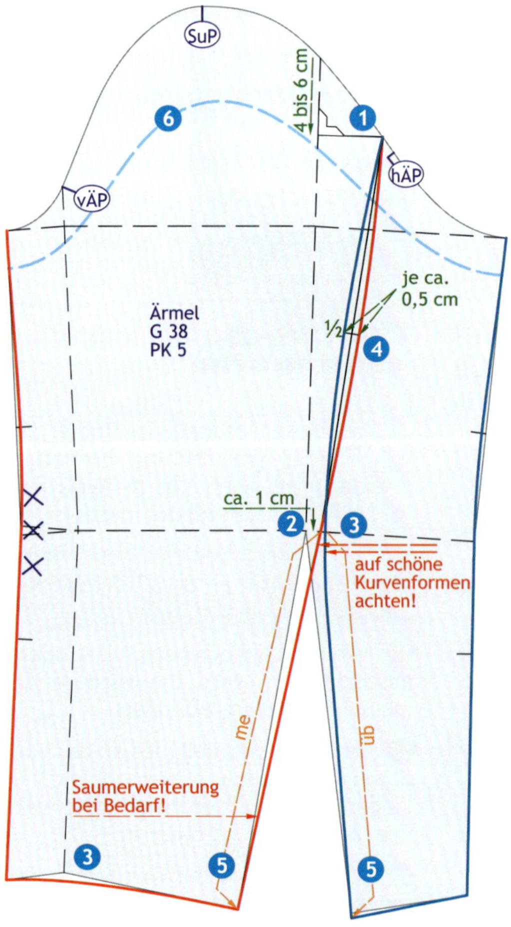

□2 Entwicklung des Zweinaht-Ärmels ohne zusätzliche Saumerweiterung

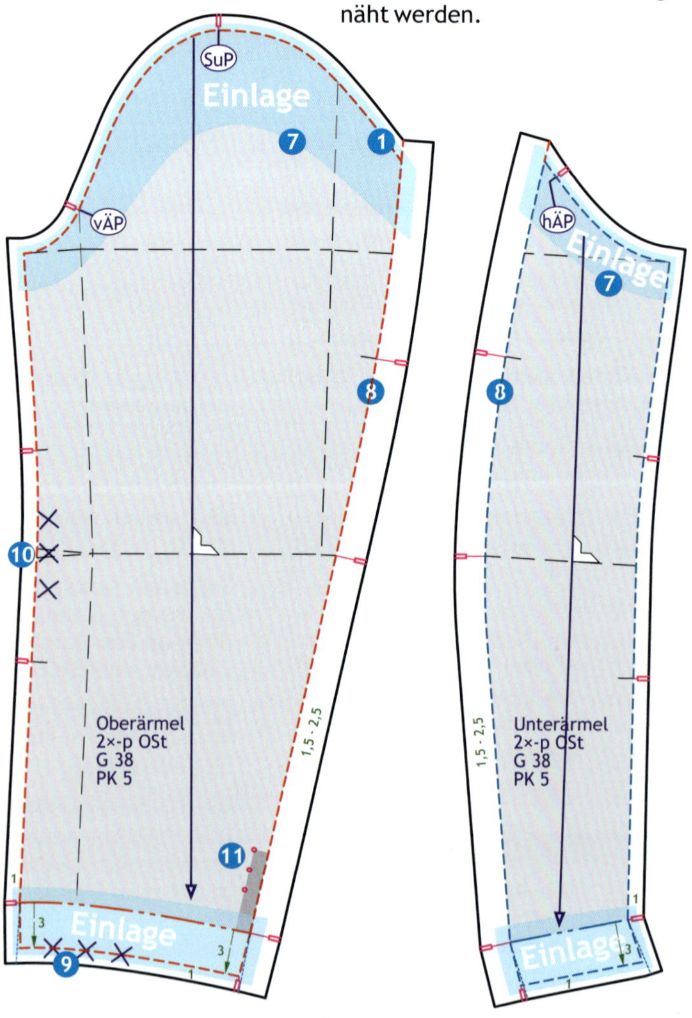

□3 Produktionsschnitt Zweinaht-Ärmel für Oberstoff mit Zierknöpfen

Blazer-Ärmel mit geknöpftem Schlitz sowie „imitierter Ärmel-Schlitz“
Für die Jacken- und Mantelverarbeitung

206
207
208

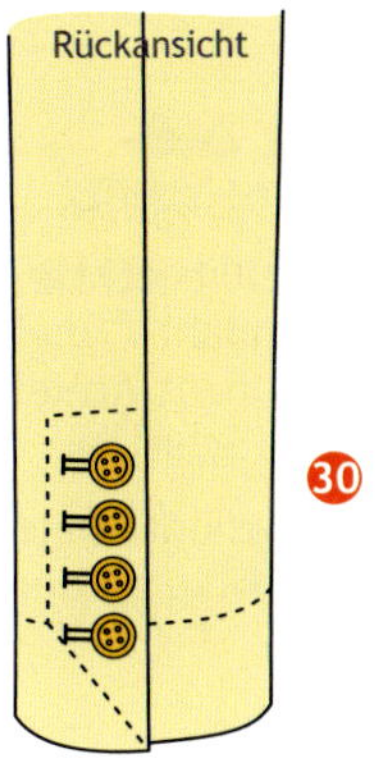

□1 **Zweinaht-Ärmel mit geknöpftem Ärmelschlitz**

1 Ärmelentwicklung

❶ □1 Beispielhaft hier mit einer Saumerweiterung.

❷ Identische Schlitzhöhen und Einschlagbreiten an Ober- und Unterärmel anzeichnen, ggf. oben abschrägen.

❸ Die Knöpfe, wie abgebildet, an die Schlitzkante des Oberärmels positionieren und die Knopflöcher markieren.

❹ Oberärmel-Schlitz an den Unterärmel anlegen und die Knopf-Annähpunkte (Knopflochaugen) auf dem Schlitzeinschlag des Unterärmels markieren.

❺ Saumkante des Untertritts um 0,2 cm kürzen.

❻ Für eine **Reduzierung des Dehnbetrags am Ellenbogen** kann die Ärmelnaht um ca. 2 bis 3 cm nach vorne verlegt werden.

2 Handwerkliche Schlitz-Variante für echten geknöpften Schlitz

□3 Zunächst die Saumkanten, dann den Übertritt-Einschlag (am Oberärmel) einschlagen und bügeln.

3 Schlitz-Variante mit Biefecke

❼ □4 Am Übertritt die Briefecke (siehe ab Seite 23) anzeichnen. Untertitt bleibt unverändert.

4 Variante „imitierter Schlitz“

❽ □5 Verarbeitung mit Briefecke. Die Teilungsnaht bis zum Knips am Schlitzeinschlag zunähen. Ergänzende Informationen zur Fertigung findet man beim Futterschnitt.

Säume und Nahtzugaben anzeichnen sowie die Knipse markieren.

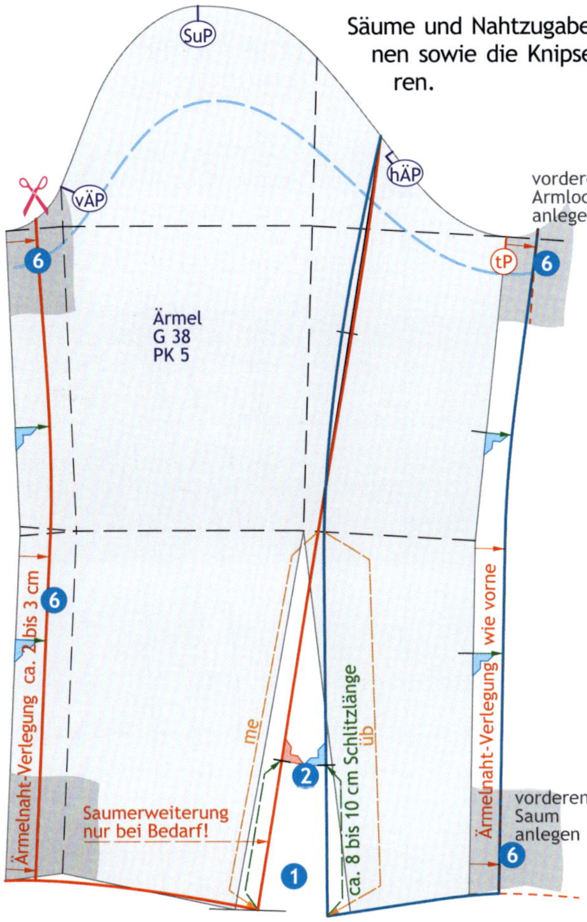

□2 **Entwicklung des Blazerärmels (Zweinaht-Ärmel mit vorverlegter Ärmelnaht) und zusätzlicher Saumerweiterung**

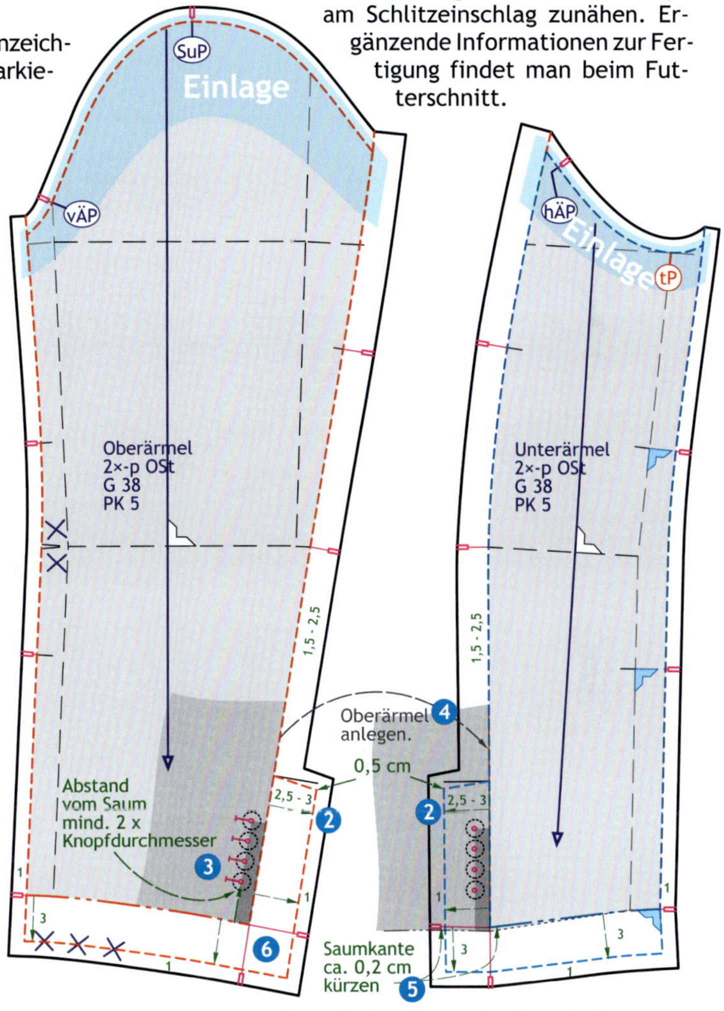

□3 **Produktionsschnitt für Oberstoff mit echtem geknöpftem Schlitz**

Schnittvariante geknöpfter Schlitz Produktionsschnitt **„imitierter Schlitz“**

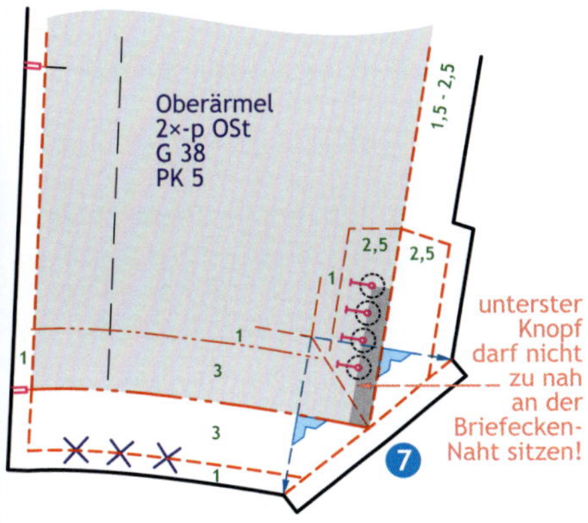

□4 **Produktionsschnitt Oberärmel mit echtem Schlitz und Briefecken-Verarbeitung**

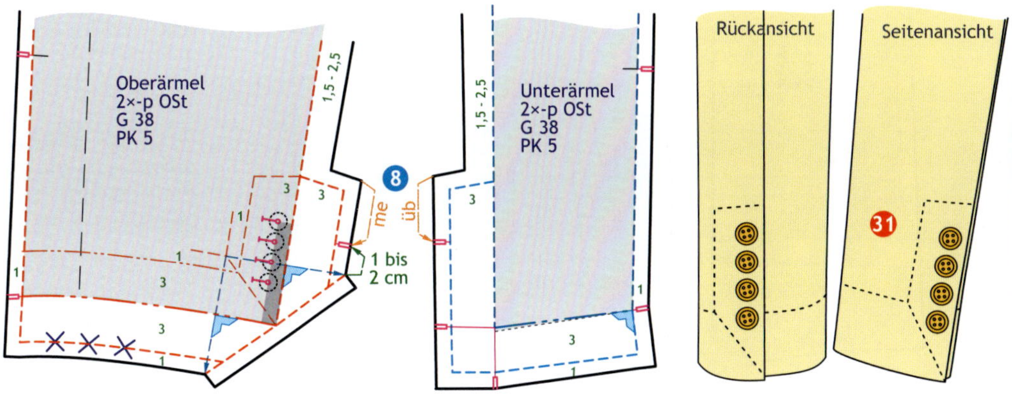

□5 **Produktionsschnitt und Skizze mit Verarbeitung für den „imitierten Schlitz“**

Futterschnitte für Zweinaht-Ärmel (1)

Für die Jacken- und Mantelverarbeitung ohne (echten) Ärmelschlitz

206
207
208

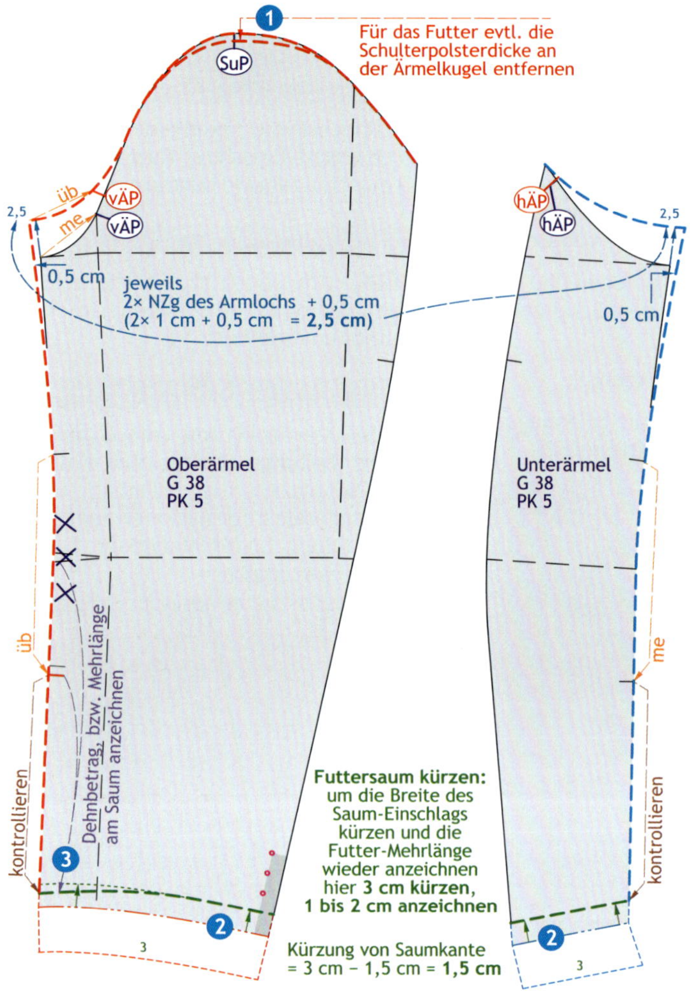

☐1 Entwicklung eines Futters für den Zweinaht-Ärmel aus dem Modellschnitt, hier ohne echte Schlitze

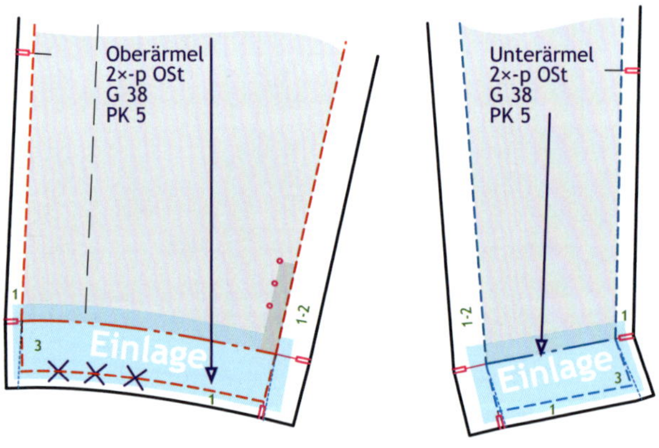

☐2 Produktionsschnitt ohne Schlitz-Verarbeitung

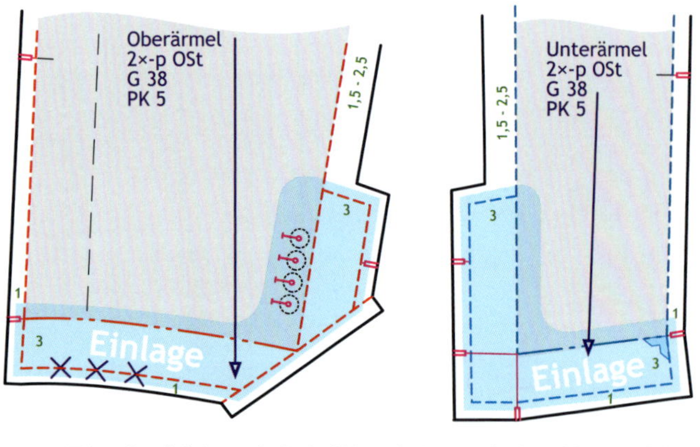

☐3 Produktionsschnitt bei Verarbeitung mit „immitiertem Schlitz"

Futterärmel-Entwicklung für Zweinaht-Ärmel ohne echten Ärmelschlitz

Auf Seite 235 wird ausführlich beschrieben, wie das Futter für den Einnaht-Ärmel konstruiert wird. Für den Zweinaht-Ärmel gelten dieselben Prinzipien und Schritte.

1 ☐**1** Zusätzlich ist hier das optionale Entfernen der Schulterpolsterdicke an der Ärmelkugel gezeigt.

2 Besitzt der Oberstoff-Ärmel keinen echten Schlitz, an dessen Schlitz-Einschlag normalerweise das Futter angenäht wird, kann die **Futter-Mehrlänge** (wie hier) an den Saum angezeichnet werden.

3 Die fehlende Länge des Dehnbetrags am Oberärmel wird am Saum angezeichnet.

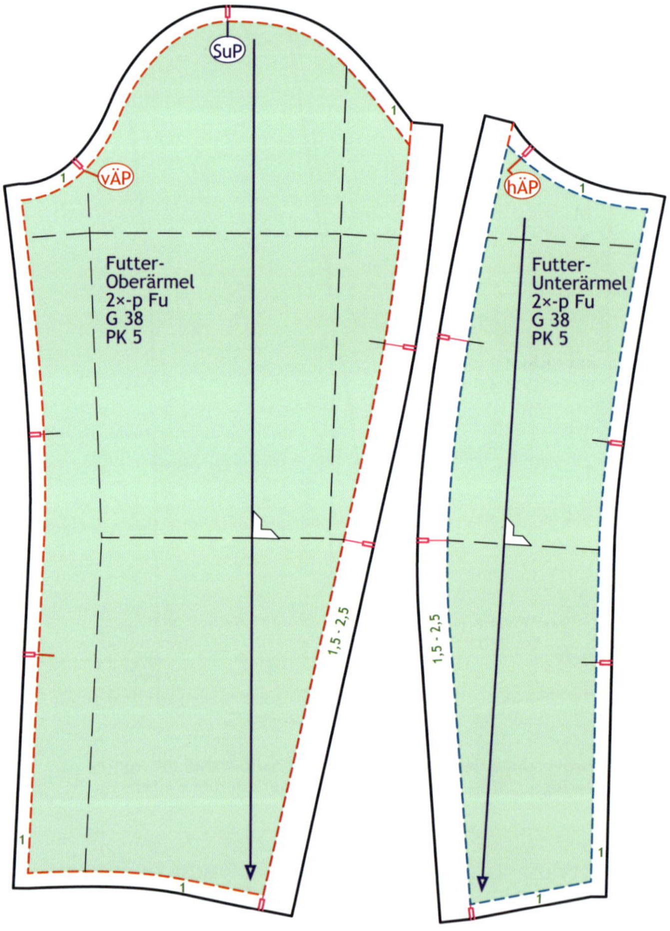

☐4 Produktionsschnitt des Ärmelfutters für beide Zweinaht-Ärmel ohne Ärmelschlitz, bzw. mit „immitiertem Schlitz"

Der **„imitierte Schlitz"** lässt sich nur bis zum Saumeinschlag öffnen. Er kann mit oder ohne Zierknopflöcher gefertigt werden und wird in der Regel mit durchgenähten Knöpfen versehen.

Der Oberstoff-Ärmel wird identisch zugeschnitten wie der Zweinaht-Ärmel mit echtem Schlitz. Zunächst wird die Briefecke genäht und der Untertritt verstürzt, dann die Teilungsnaht bis zum Knips am Einschlag geschlossen.

Das Ärmelfutter wird, am Schlitzeinschlag beginnend, rundherum an die Futteransatznaht genäht.

Futterschnitte für Zweinaht-Ärmel (2)
Für die Jacken- und Mantelverarbeitung mit geknöpften Ärmelschlitzen

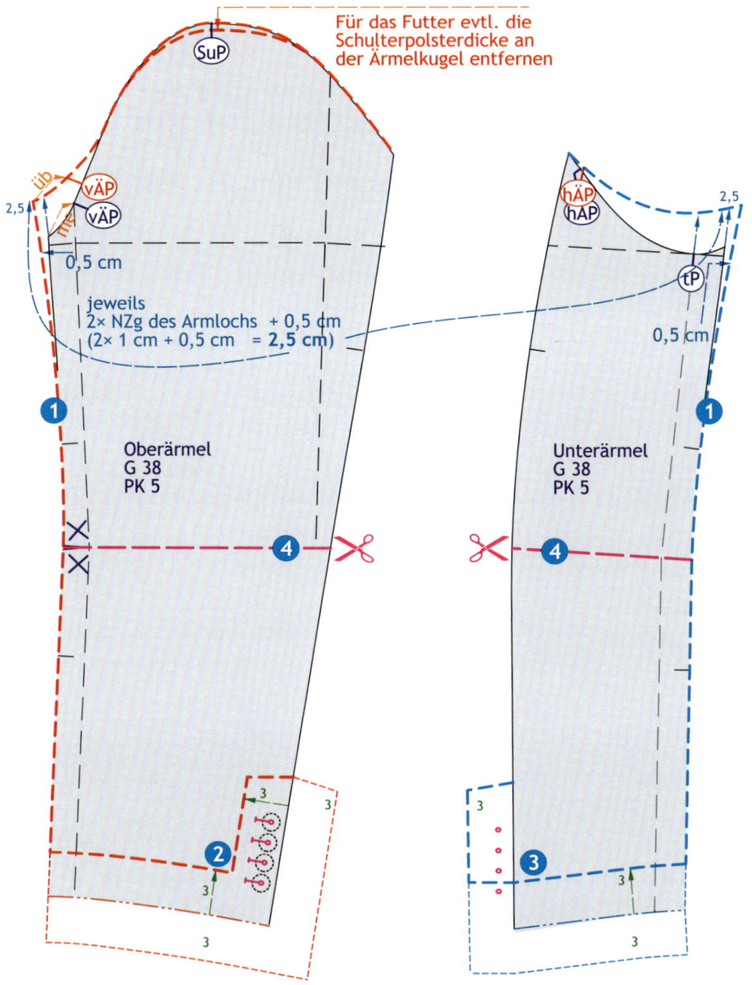

□1 Entwicklung eines Zweinaht-Ärmelfutters aus einem Modellschnitt mit vorverlegter Ärmelnaht und geknöpften Ärmelschlitzen

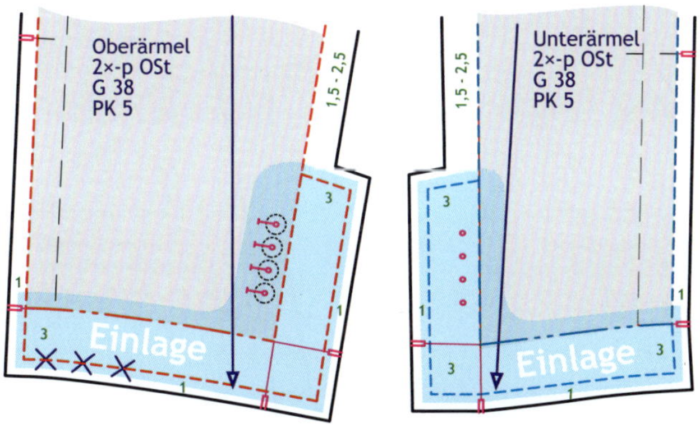

□2 Produktionsschnitt mit handwerklicher Schlitz-Verarbeitung

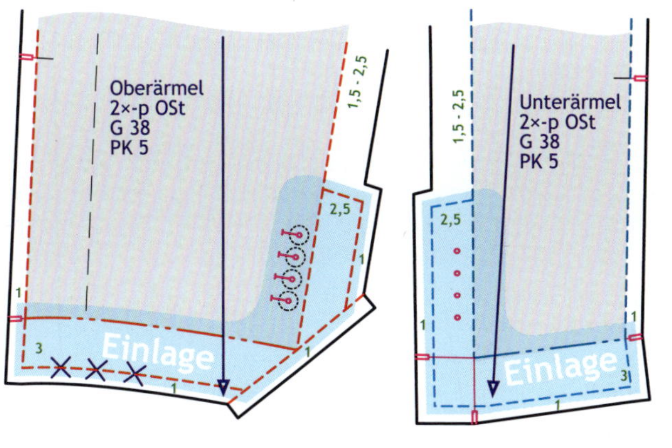

□3 Produktionsschnitt geknöpfter Schlitz mit Briefecken-Verarbeitung

Futterärmel-Entwicklung für Zweinaht-Ärmel mit geknöpftem Ärmelschlitz

206
207
208

Auf Seite 235 und auf vorhergehender Seite werden die wesentlichen Schritte ausführlich beschrieben, wie das Futter für den Zweinaht-Ärmel konstruiert wird.

1 □1 Bei einem Futter für einen Zweinaht-Ärmel mit vorverlegter Ärmelnaht ändert sich an den Konstruktionswerten und im Konstruktionsablauf nichts.

2 Saumeinschlag und Schlitzeinschlag werden am Übertritt nach innen gebügelt. Diese Fläche entfällt am Futter und wird entsprechend in den Ärmel gespiegelt.

3 Am Untertritt wird nur der Saum nach oben gebügelt und für das Futter gespiegelt.

Da das Futter am Ärmelschlitz befestigt wird, muss die Mehrlänge für den Futterärmel oberhalb des Schlitzes hinzukommen.

4 □4 Aus diesem Grund muss der Ärmel z.B. am Ellenbogen für die notwendige Futter-Mehrlänge geöffnet werden.

5 Die fehlende Länge des Dehnbetrags am Oberärmel wird hier am Ellenbogen zusätzlich geöffnet.

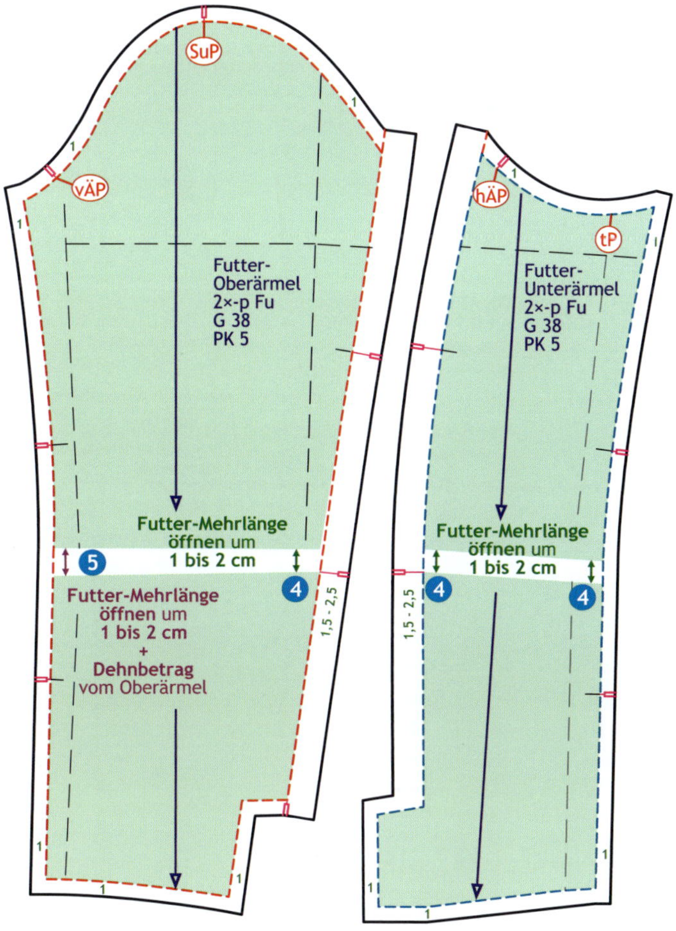

□4 Produktionsschnitt des Ärmelfutters für beide Zweinaht-Ärmel mit den geknöpften Ärmelschlitzen

Zweinaht-Ärmel mit offenem Schlitz, Briefecken und Futterschnitt
Für die Jacken- und Mantelverarbeitung

206
207
208

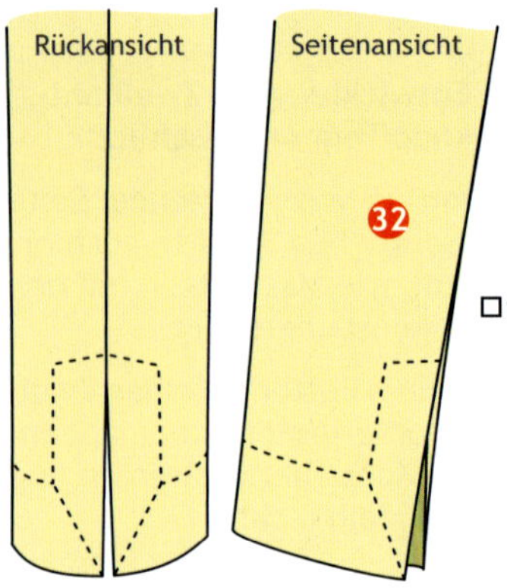

□1 Zweinaht-Ärmel mit offenem Ärmelschlitz und Briefecken. Innenliegende Einschläge und Nähte sind gepunktet dargestellt

Ärmelentwicklung

□1 Der offene Ärmelschlitz an der Teilungsnaht ist eine modische Variante. Er kann genauso auch an der Oberarmnaht (Seite 248) positioniert werden. Während beim verdeckten Schlitz nur der Einschlag am Übertritt nach innen gelegt wird, bügelt man beim offenen Schlitz an beiden Schlitzkanten den Einschlag nach innen.

❶ Am Beispiel hier sind Briefecken gearbeitet. Dies ist nur möglich, wenn die Kanten gerade und der Abschluss am Saum eckig ist.

❷ Das Futter wird aus diesem Modellschnitt wie auf den vorhergehenden Seiten entwickelt. Am Saum wird es um den Saumeinschlag gekürzt, beide Schlitzeinschäge werden nach innen gespiegelt und entfernt.

❸ Da das Futter am Schlitz befestigt wird, muss die Mehrlänge für das Futter durch Öffnen oberhalb des Schlitzes eingearbeitet werden.

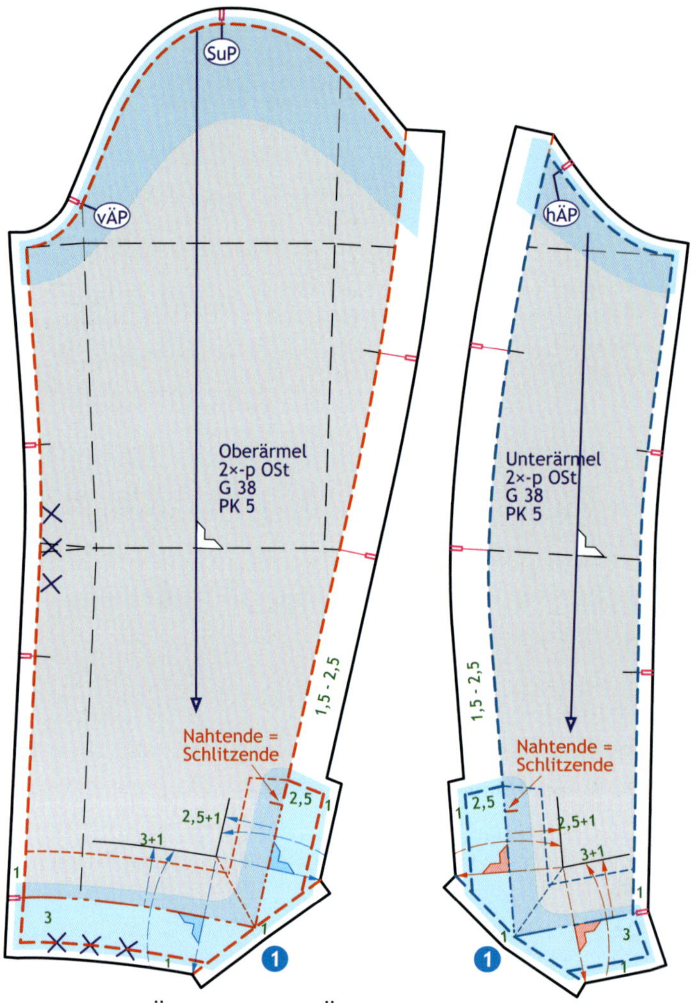

□2 Zweinaht-Ärmel mit offenem Ärmelschlitz, Entwicklung am Produktionsschnitt

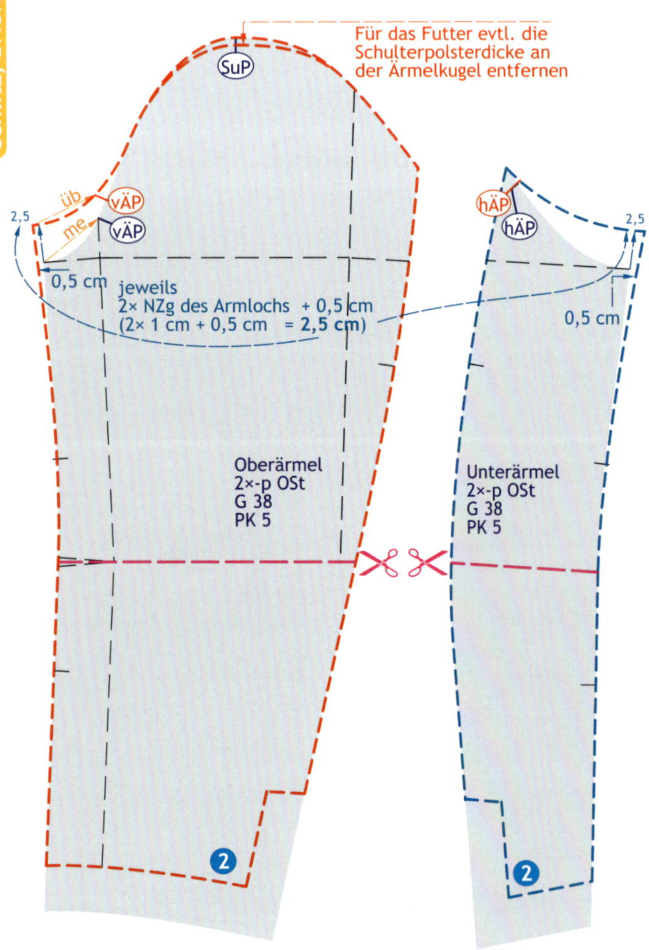

□3 Futter-Entwicklung am Modellschnitt

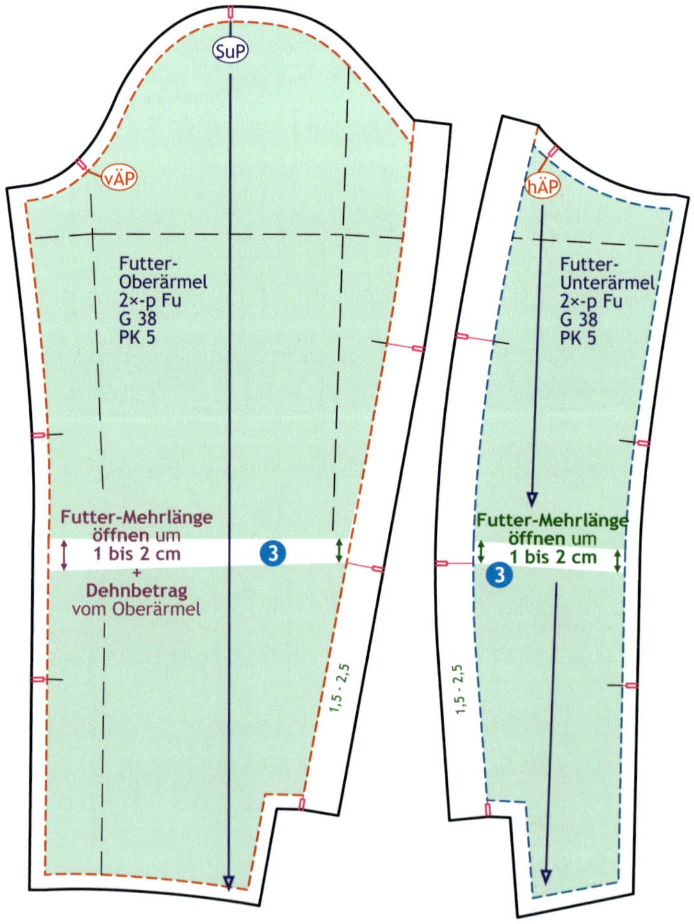

□4 Produktionsschnitt Futter für Zweinaht-Ärmel mit offenem Ärmelschlitz

Zweinaht-Ärmel mit offenem Schlitz, Briefecken und Futter

Zweinaht-Ärmel mit gerundetem offenen Schlitz, Saumbeleg und Futter
Für die Jacken- und Mantelverarbeitung

206
207
208

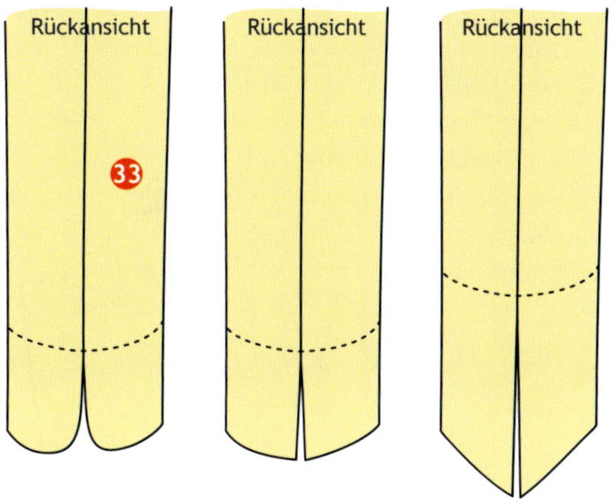

□1 **Zweinaht-Ärmel mit offenen Ärmelschlitzen, eckig, gerundet sowie verlängert und ausgestellt. Innenliegende Belege sind gepunktet dargestellt**

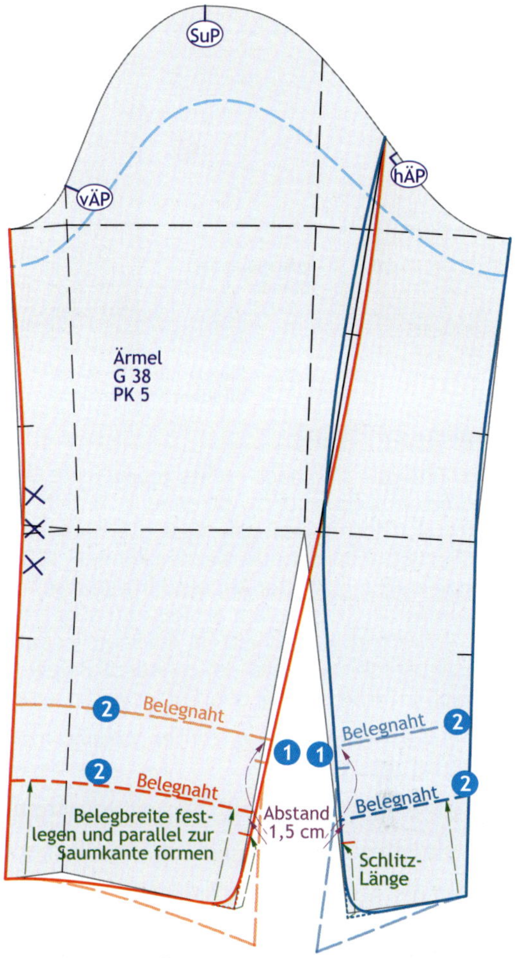

□2 **Entwicklung des Zweinaht-Ärmels mit gerundetem offenen Schlitz und Beleg. Die verlängerte und ausgestellte Variante ist hier fein gestrichelt dargestellt,**

Ärmelentwicklung

□1 Ein offener Ärmelschlitz kann auch mit einem Beleg verarbeitet werden. Von Vorteil ist, dass die Schlitz- und Belegform hierbei beliebig gestaltet werden kann.

□2 Alle drei der oben dargestellten Varianten sind in der Entwicklung gezeigt.

1. Die Belegbreite etwas oberhalb der Schlitzlänge festlegen, damit das Futter nicht am Schlitz hervorschauen kann.
2. Die Belegnaht etwa parallel zur Saumkante formen.
3. Die Belege kopieren und an der Ärmelnaht anschneiden.
4. **□3** Das Futter für diesen Modellschnitt wie auf den vorhergehenden Seiten entwickeln, am Saum um den Beleg kürzen.
5. Die Futter-Mehrlänge kann durch Öffnen hinzu kommen. Eine Verlängerung am Saum ist hier ebenso möglich.

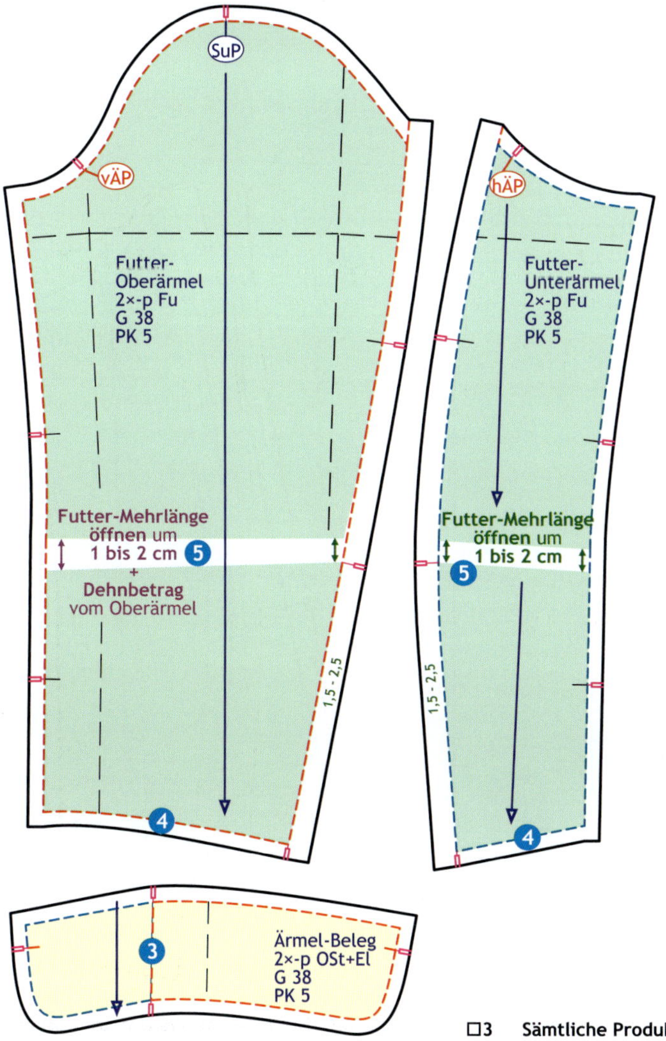

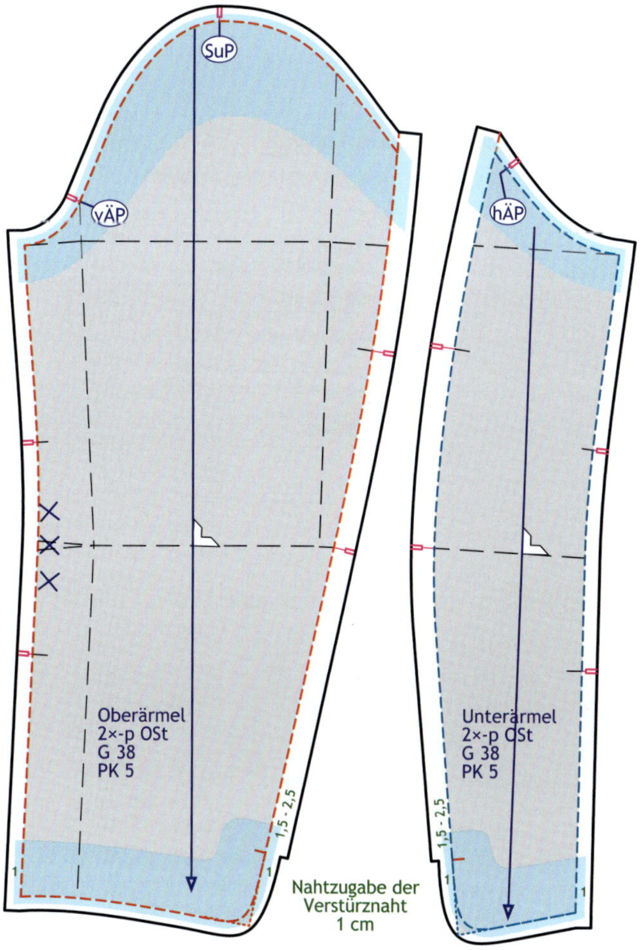

□3 **Sämtliche Produktionsschnitte für den Ärmel mit gerundetem offenen Ärmelschlitz**

Zweinaht-Ärmel mit Blende und Futterschnitt
Für die Jacken- und Mantelverarbeitung

206
207
208

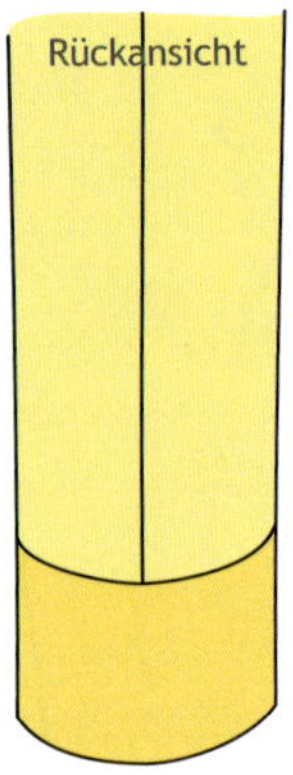

□1 Zweinaht-Ärmel mit geschlossener Blende

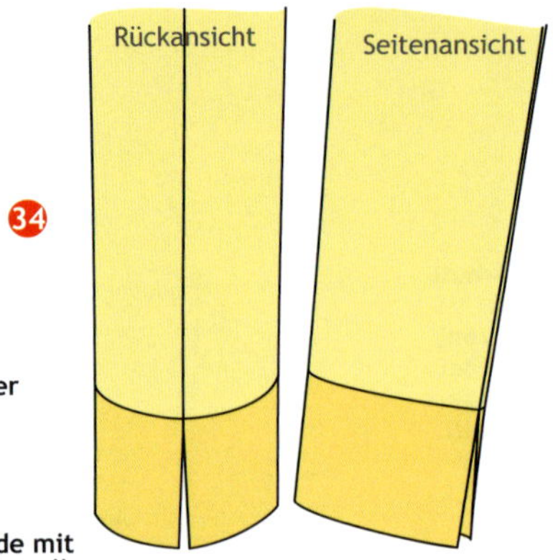

□2 Blende mit offenem Ärmelschlitz

Ärmelentwicklung

□1 Blenden sind nach rechts gearbeitete Besätze an Kanten und entstehen durch Abtrennung von Schnittflächen. Gestalterisch interessant ist, dass die Blendenantrennungen hierbei beliebig gestaltet werden können. **□2** Auch in eine Blende kann ein offener Ärmelschlitz gearbeitet werden. Hier wird ein Streifen am Ärmelsaum abgetrennt und in einem Schnittteil zugeschnitten. Am Saum ist die Blende mit einem Beleg (der Innenblende) verstürzt. Belege sollten immer einfach geformt und mit dem Futter gut zu verarbeiten sein.

□3 Beide der oben dargestellten Varianten sind in der Entwicklung gezeigt.

1. Die Blendenbreite festlegen und vom Ärmel abtrennen.
2. Die Belege kopieren, die Teile am Abnäher oder
3. an der Ärmelnaht anschneiden, je nach Gestaltungsvariante.
4. Die einfach geformte Innenblende (=Beleg) kann an den Nähten weitenreduziert werden. Hier besitzt der Beleg dieselbe einfache Form der (Außen-)Blende.

Das Futter für dieses Ärmelmodell ist identisch mit dem Futter für den Ärmel mit Saumbeleg (Seite 241) und ist hier nicht dargestellt.

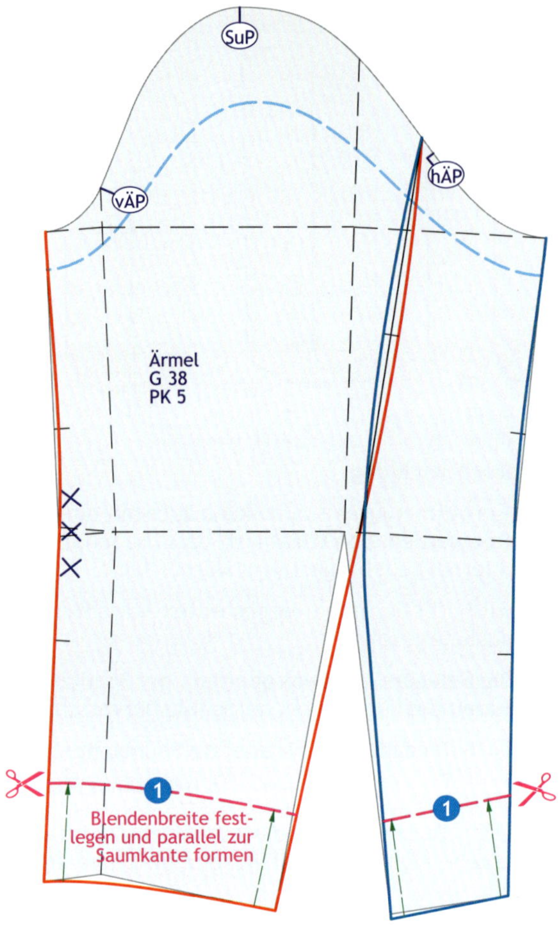

□3 Entwicklung des Zweinaht-Ärmels mit parallel verlaufender Blendenabtrennung

Geschlossene Blendenvariante

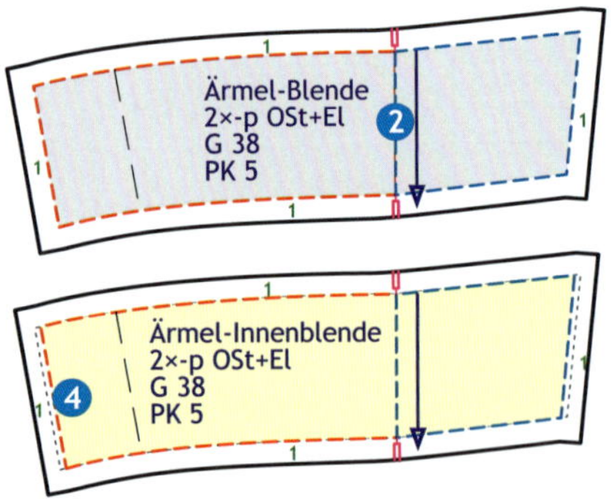

Blendenvariante mit offenem Schlitz

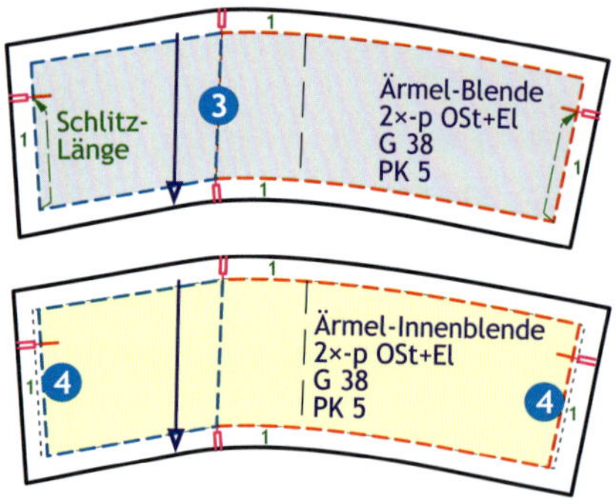

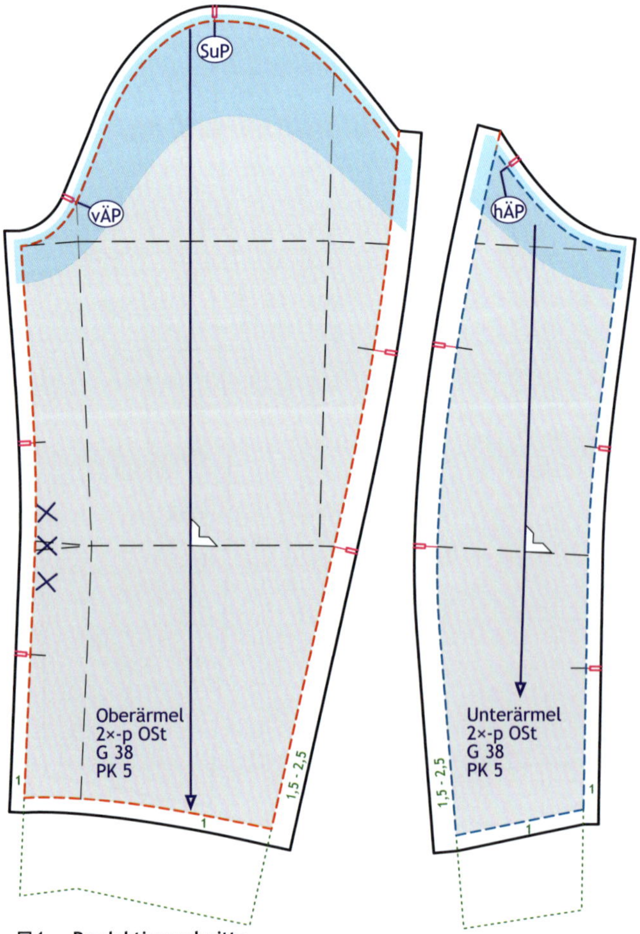

□4 Produktionsschnitte für Ärmel mit einfachen Blendenvarianten mit und ohne Schlitz

Zweinaht- und Einnaht-Ärmel mit dekorativ geformten Blenden
Für die Jacken- und Mantelverarbeitung

206
207
208

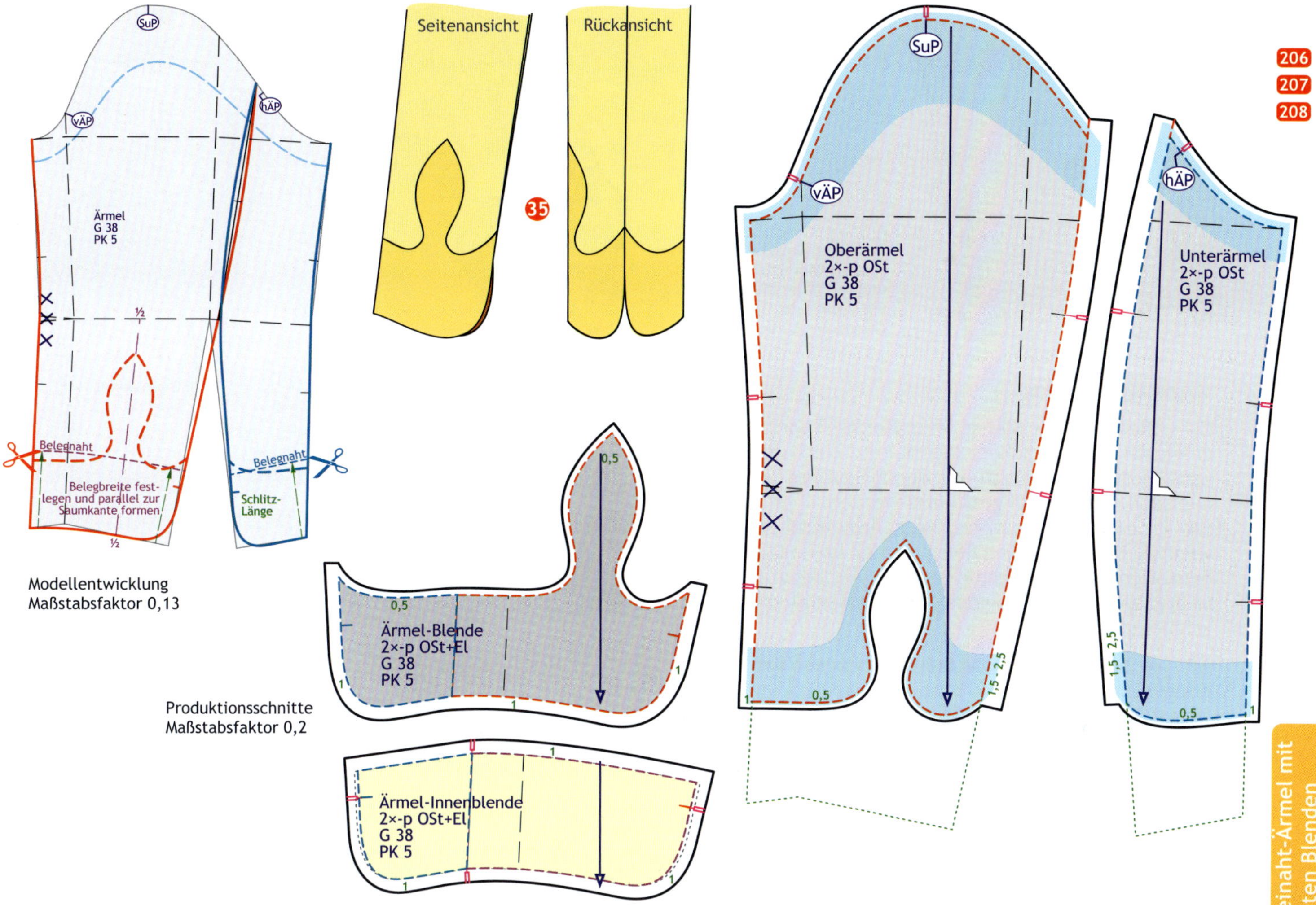

□1 **Entwicklung und Produktionsschnitte einer ornamentalen Ärmelsaum-Blende mit gerundetem Schlitz**

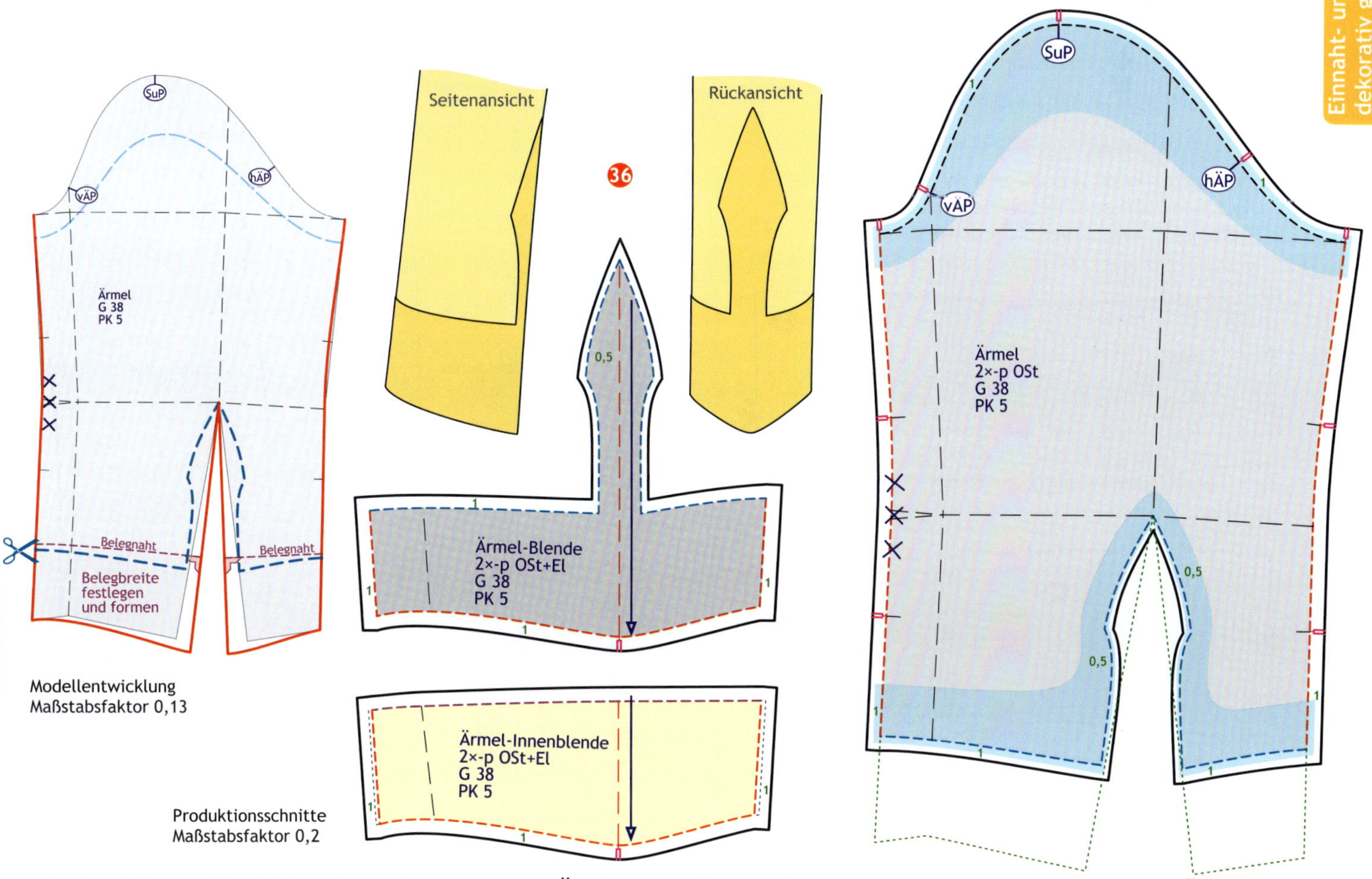

□2 **Entwicklung und Produktionsschnitte einer ornamentalen Ärmelsaum-Blende mit Verlängerung und Saumerweiterung aus dem Einnaht-Ärmel**

Zweinaht-Ärmel mit schmaler Schlitz-Blende an verdecktem Schlitz
Für die Jacken- und Mantelverarbeitung

206
207
208

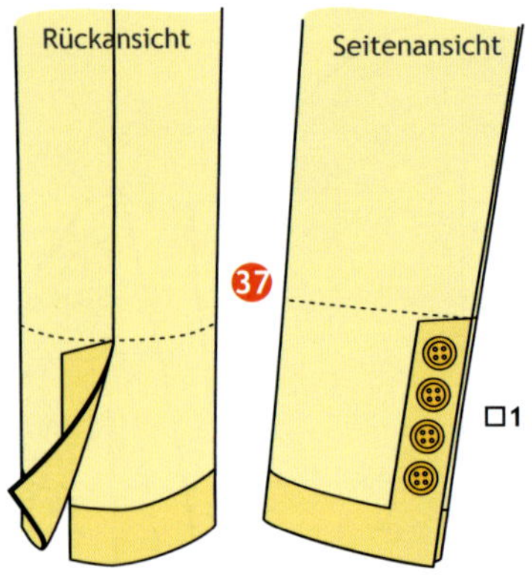

□1 **Zweinaht-Ärmel mit verdecktem Schlitz und schmaler Blende. Die Belegnaht ist gepunktet dargestellt.**

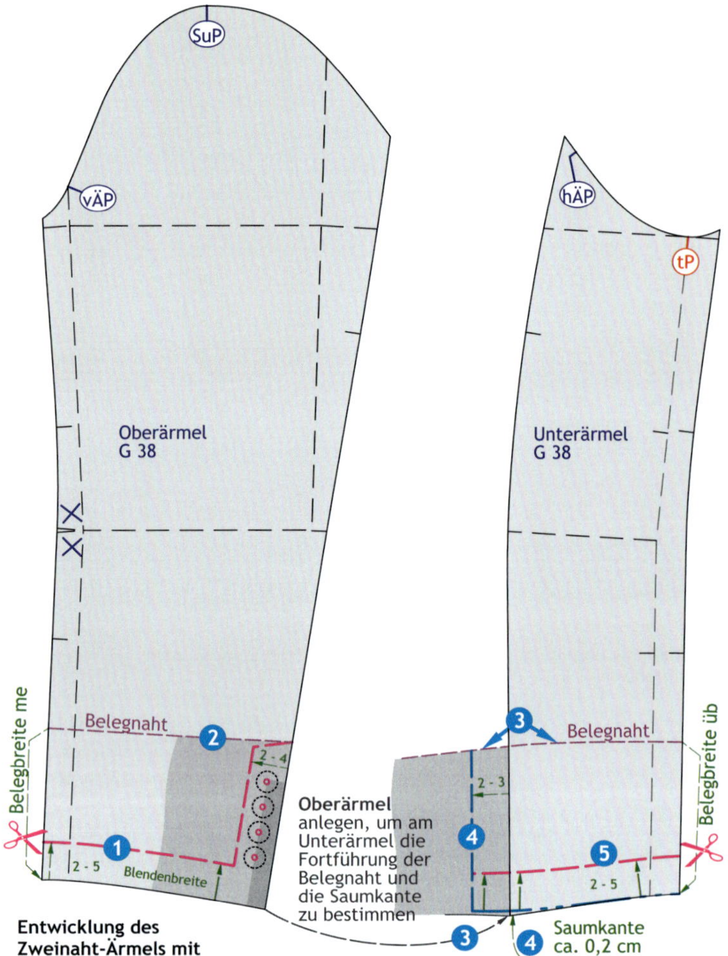

□3 **Entwicklung des Zweinaht-Ärmels mit schmalen Blenden am verdeckten Schlitz**

Ärmelentwicklung

□**1** Diese strenge Blende im Uniformstil wird an einen verdeckten Schlitz gearbeitet. Zierknöpfe werden durchgenäht. An breiteren Blenden können auch Knopflöcher gearbeitet werden.
Hier ist der Ärmel mit vorverlegter Ärmelnaht verwendet. Für Blende und Beleg werden beide Möglichkeiten des Zuschnitts gezeigt: Als separate Schnittteile bzw. als verbundene (angeschnittene) Schnittteile.

1. Die Blendenbreite und Blendenform am Oberärmel gestalten.
2. Die Belegnaht am Oberärmel zum oberen Ende der Blende formen.
3. Den Oberärmel an den Unterärmel anlegen und die Belegnaht dort weiterzeichnen.
4. Die Saumkante am Unterärmel für den Untertritt kürzen und die Untertrittbreite anzeichnen.
5. Die Blende am Unterärmel gestalten.
6. Die Blenden einzeln kopieren (bzw. abtrennen)
7. oder zu einem Schnittteil anschneiden.
8. Die Belege einzeln kopieren oder
9. die Belege an der Ärmelnaht anschneiden.
10. Die Belege ggf. weitenreduzieren.

Das Futter wird aus diesem Modellschnitt identisch wie für den Ärmel mit Saumbeleg konstruiert (Seite 241) und ist hier nicht dargestellt.

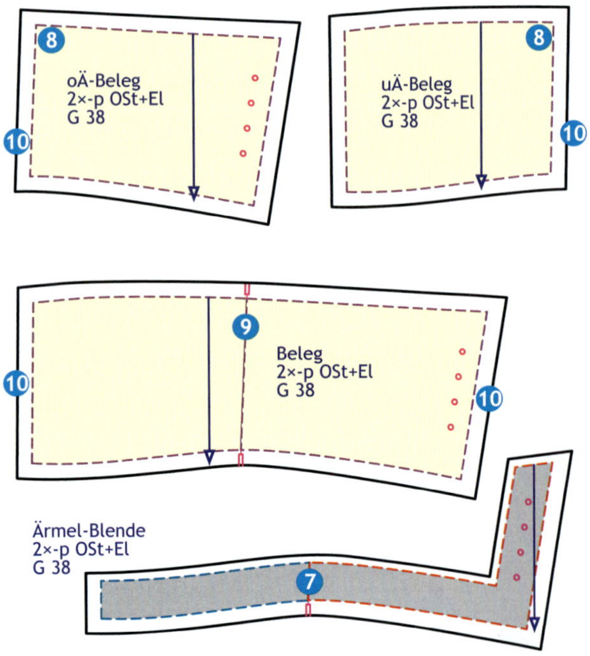

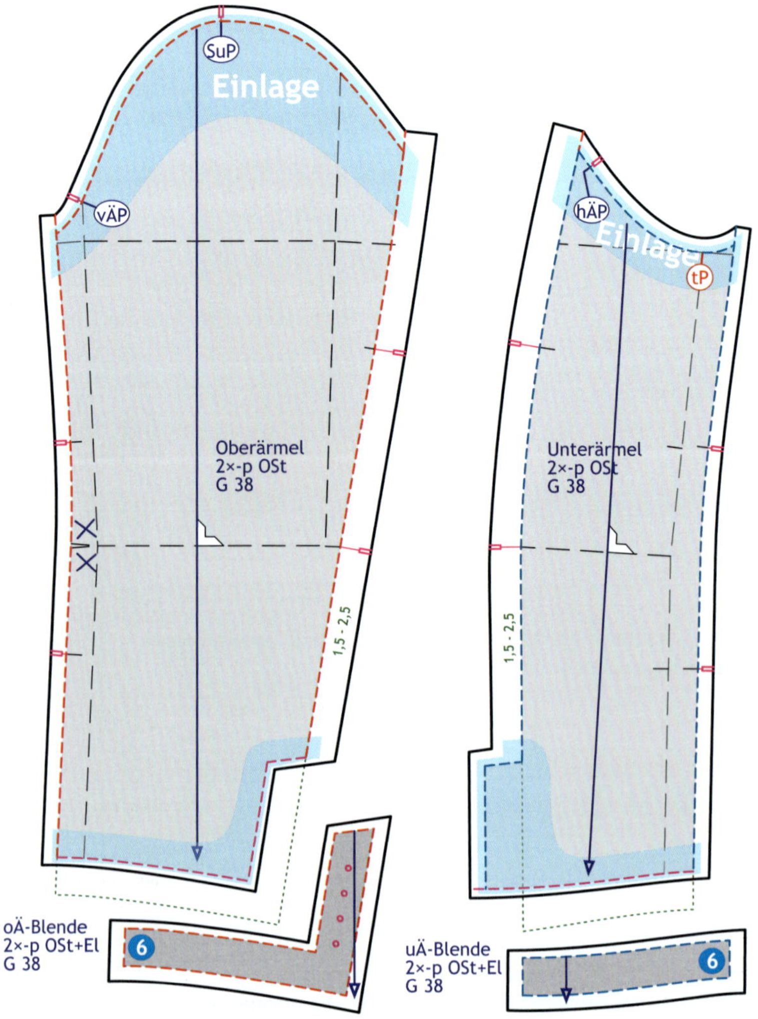

Einnaht-Ärmel mit angeschnittem Saumaufschlag
Für die Jacken- und Mantelverarbeitung

206
207
208

□1 **Einnaht-Ärmel mit angeschnittenem Aufschlag**

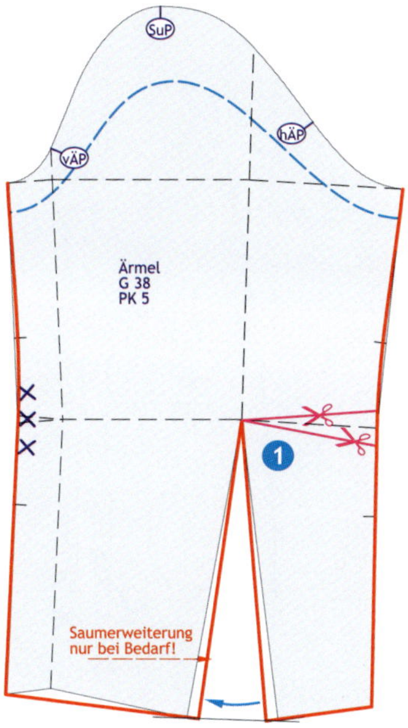

Modellentwicklung 1
Maßstabsfaktor 0,13

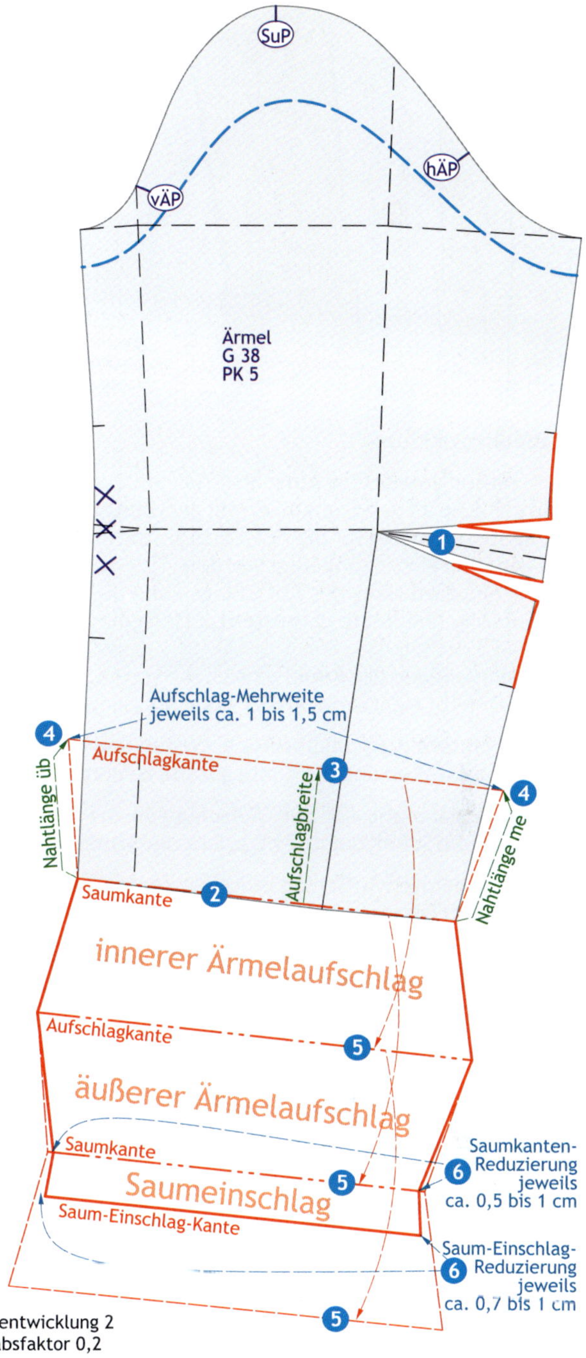

Modellentwicklung 2
Maßstabsfaktor 0,2

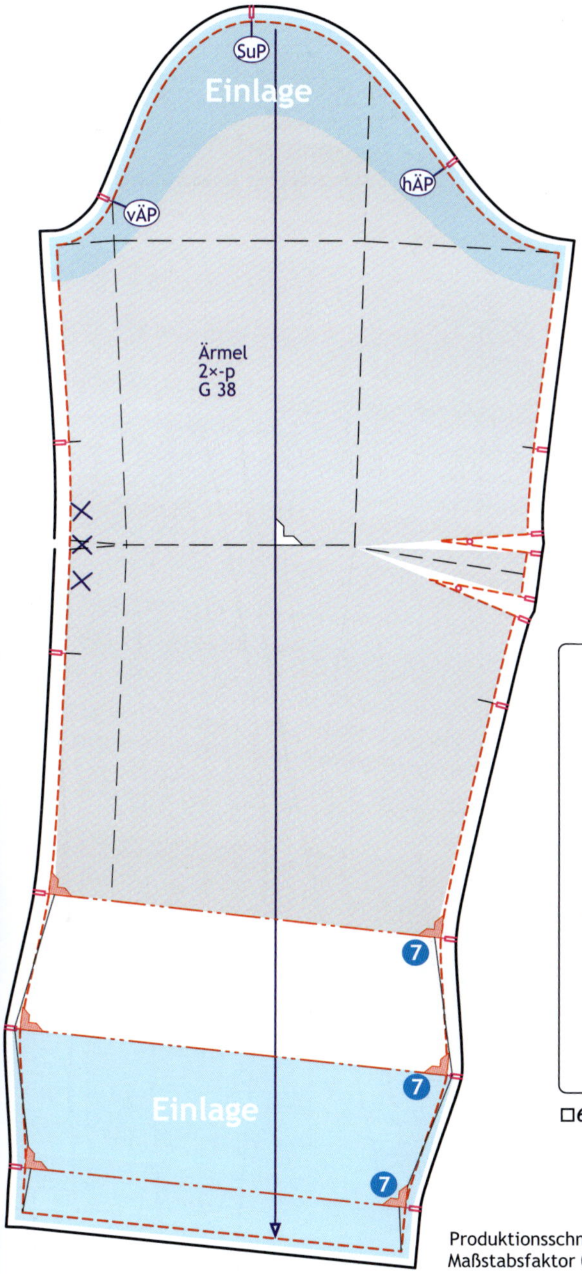

Produktionsschnitt
Maßstabsfaktor 0,2

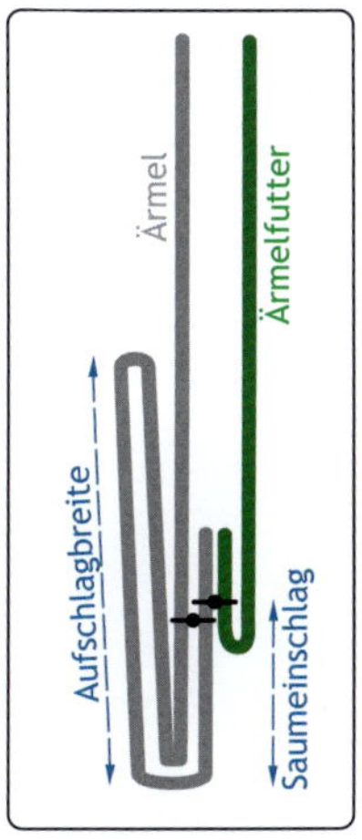

□6 **Nahtdiagramm angeschnittener Ärmelaufschlag**

Ärmelentwicklung

□1 Dieser einfache Ärmelaufschlag kann genauso an jedem anderen Ärmeltyp gearbeitet werden.

1 Den Abnäher aus dem Saum entfernen, hier durch zwei (fast) parallele Abnäher in der Unterarm-Naht.

2 Den Saum begradigen.

3 Die Aufschlagkante in gewünschter Breite in den Ärmel zeichnen, die Kanten großzügig für Mehrweite verlängern.

4 Die seitlichen Nahtlängen kontrollieren.

5 Den gesamten Aufschlag an der begradigten Saumlinie bzw. der Aufschlagkante insgesamt 3× spiegeln.

6 Saumkante und Saumeinschlag reduzieren.

7 Alle Reduzierungen und Mehrweiten beim Ausgleichen der Naht teilweise wieder egalisieren.

Das Futter für dieses Ärmelmodell wird genauso wie für den Einnaht-Ärmel mit Saumeinschlag konstruiert (Seite 235).

Zweinaht-Ärmel mit Saumaufschlag
Für die Jacken- und Mantelverarbeitung

206
207
208

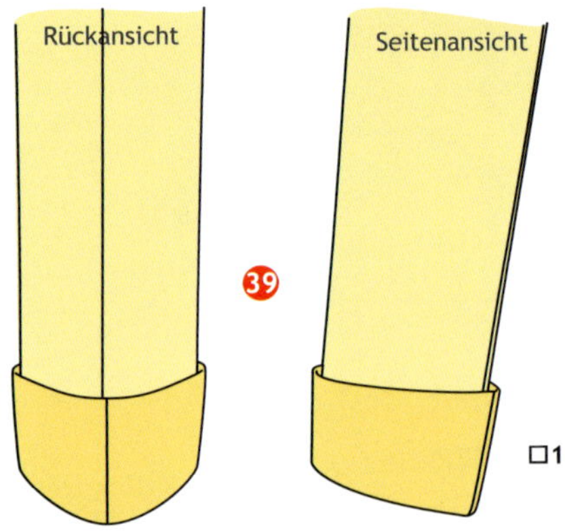

□1 Zweinaht-Ärmel mit angenähtem (separatem) Aufschlag

Ärmelentwicklung

□1 Dieser angesetzte Aufschlag für den Zweinaht-Ärmel, kann genauso an den Einnaht-Ärmel gearbeitet werden. Hierzu müsste der Ärmel für die Aufschlaggestaltung am Abnäher getrennt und ebenso angelegt werden.
An der hinteren Naht des Aufschlags kann auch ein Schlitz, wie auf folgender Seite dargestellt, offen gelassen werden.

1. Beim Anlegen der Ärmel eine Lücke von ca. 1 bis 2 cm am Ellenbogen für Mehrweite an der Aufschlagskante lassen.
2. Die hintere Aufschlagbreite abtragen und dabei ca. 0,5 bis 1 cm ausstellen und die Kante gerade zeichnen.
3. Die Ansatznaht für den Aufschlag in die Ärmelfläche zeichnen; die Schnittkante entspricht der Ärmellänge.
4. Den gesamten Aufschlag zwischen Kante und Ärmellänge 2× gespiegelt kopieren und an der Kante aneinanderlegen.
5. An der Seite, an der der Saumeinschlag angezeichnet ist (Außenseite des Aufschlags), wird Mehrweite von ca. 0,2 bis 0,5 cm benötigt.
6. Den üblichen Saumeinschlag von 3 cm und für das Herumführen an der Ärmellänge weitere 0,5 cm (Rollweite, siehe **□3** Nahtdiagramm) addieren = 3,5 cm.
7. An der Mitte des runden Saumeinschlags muss dieser gedehnt werden, damit er innen glatt liegt. Daher sollten hier ca. 0,5 cm mehr SaEs angegeben werden, als seitlich.

Das Futter für dieses Ärmelmodell wird gleich wie für den Zweinaht-Ärmel konstruiert (Seite 238).

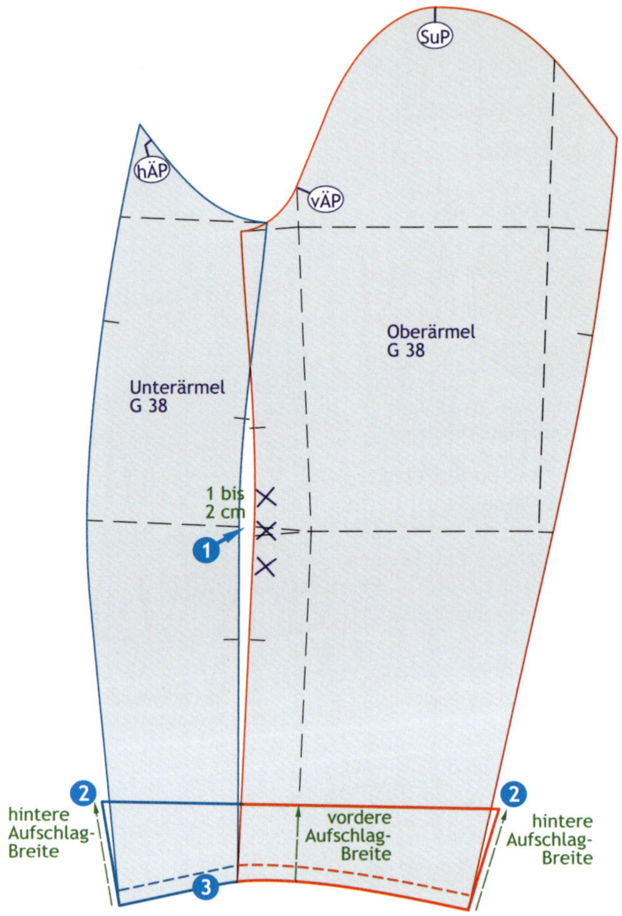

□2 Entwicklung des separaten Aufschlags mit gerader Aufschlagkante

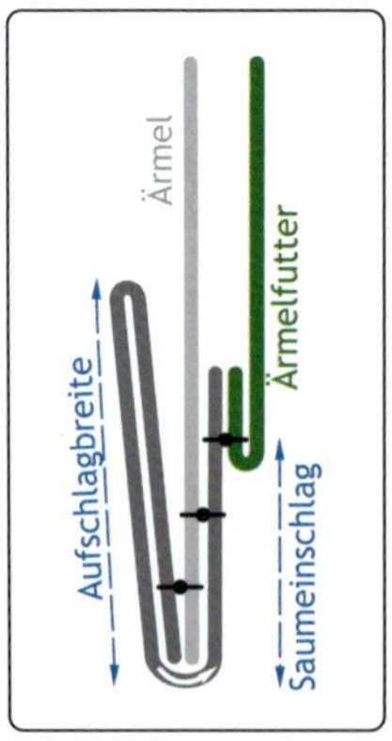

□3 Nahtdiagramm

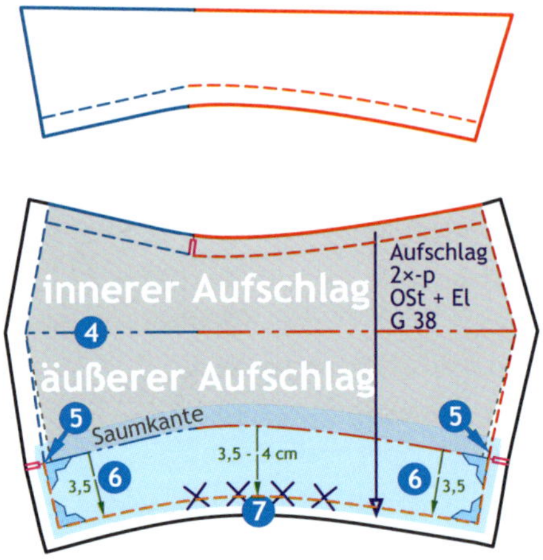

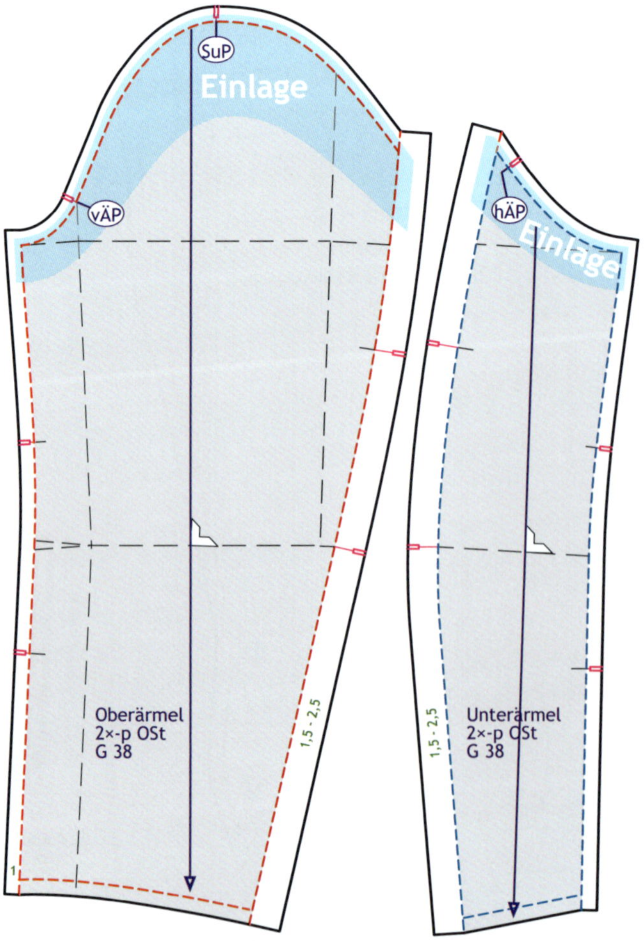

□4 Produktionsschnitt Zweinaht-Ärmel mit separatem Aufschlag und gerader Aufschlagkante

Zweinaht-Ärmel mit besonderen Saumaufschlägen
Für die Jacken- und Mantelverarbeitung

206
207
208

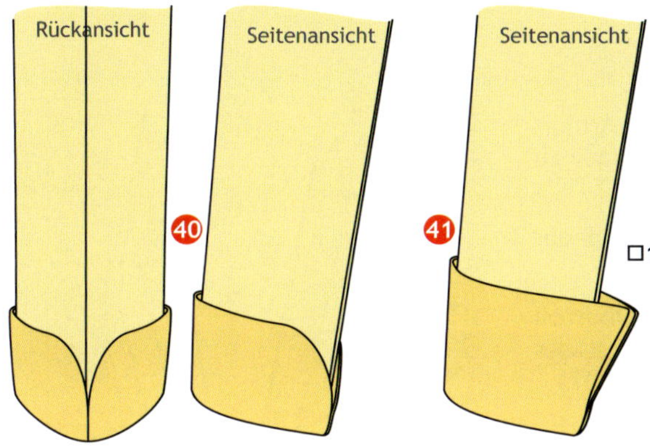

□1 Zwei besonders geformte angenähte Aufschläge, parallel zur Saumkante und mit Schlitzen hinten

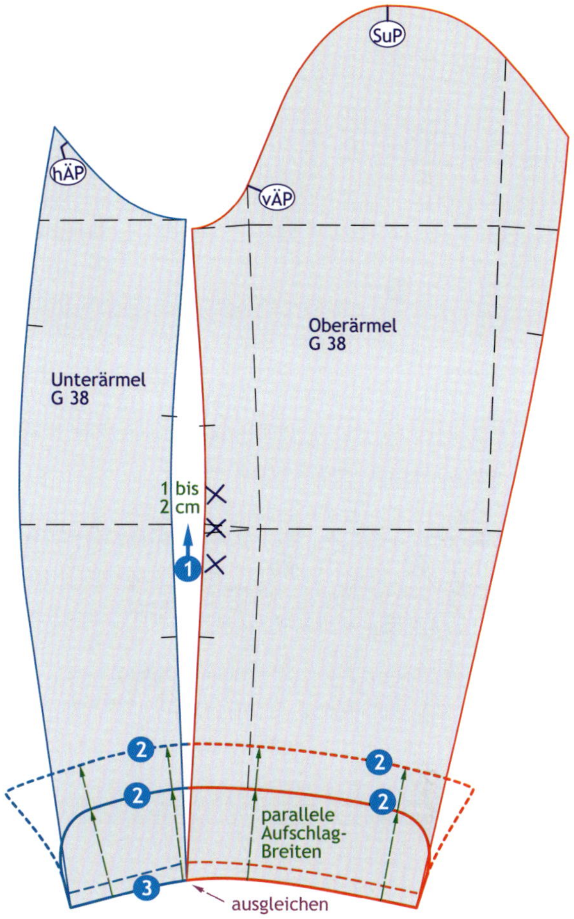

□2 Entwicklung von separaten, besonders geformten Ärmelaufschlägen

Ärmelentwicklung

□1 Diese angesetzten Aufschläge für den Zweinaht-Ärmel, können genauso an den Einnaht-Ärmel gearbeitet werden. Hierzu müsste der Ärmel für die Aufschlaggestaltung am Abnäher getrennt und ebenso angelegt werden.
Die hintere Naht des Aufschlags kann auch ohne Schlitz, wie auf vorhergehender Seite dargestellt, gearbeitet werden.

❶ Beim Anlegen der Ärmel eine Lücke von ca. 1 bis 2 cm am Ellenbogen für Mehrweite an der Aufschlagskante lassen.

❷ Die Aufschlagbreite gestalten und dabei wie gewünscht ausstellen und die Kante parallel zeichnen.

❸ Die Ansatznaht für den Aufschlag in die Ärmelfläche zeichnen; die Schnittkante entspricht der Ärmellänge.

❹ Den gesamten Aufschlag zwischen Kante und Ärmellänge 2× kopieren.

❺ An der Seite, an der der Saumeinschlag angezeichnet ist (Außenseite des Aufschlags), wird Mehrweite von ca. 0,2 bis 0,5 cm benötigt.

❻ Den üblichen Saumeinschlag von 3 cm und für das Herumführen an der Ärmellänge weitere 0,5 cm (Rollweite, siehe **□3** Nahtdiagramm) addieren = 3,5 cm.

❼ An der Mitte des runden Saumeinschlags muss dieser gedehnt werden, damit er innen glatt liegt. Daher sollten hier ca. 0,5 cm mehr SaEs angegeben werden als seitlich.

Der Produktionsschnitt des Ärmels ist auf vorhergehender Seite abgebildet.

Das Futter für dieses Ärmelmodell wird gleich wie für den Zweinaht-Ärmel konstruiert (Seite 238).

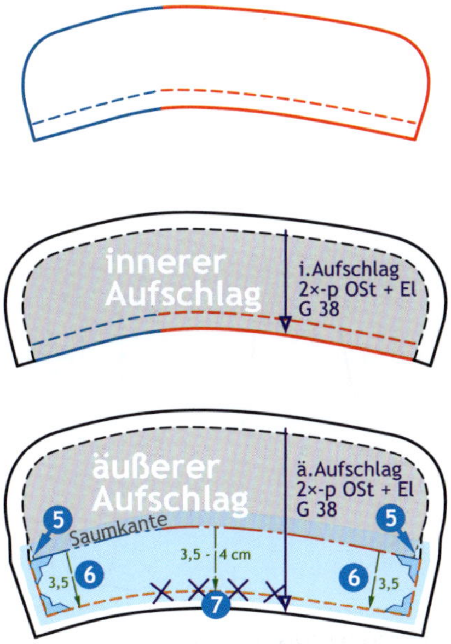

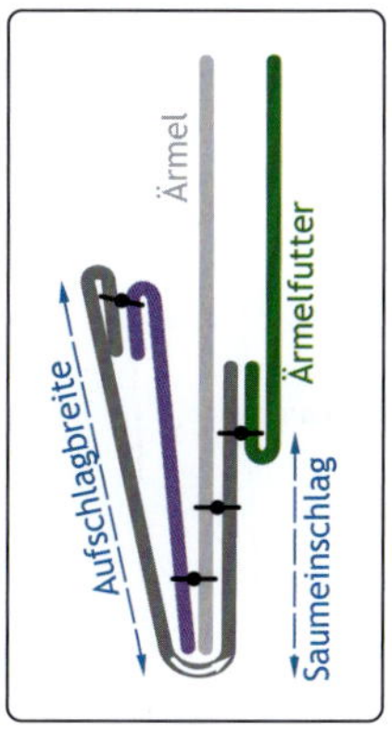

□3 Nahtdiagramm

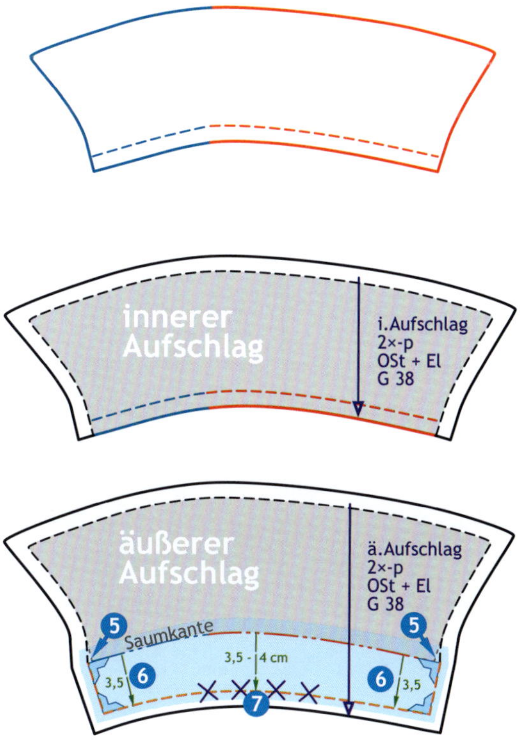

□4 Produktionsschnitt Zweinaht-Ärmel mit separatem Aufschlag und besonderen Aufschlagkanten

Ärmel mit Oberarmnaht
Für alle Modelle

206
207
208

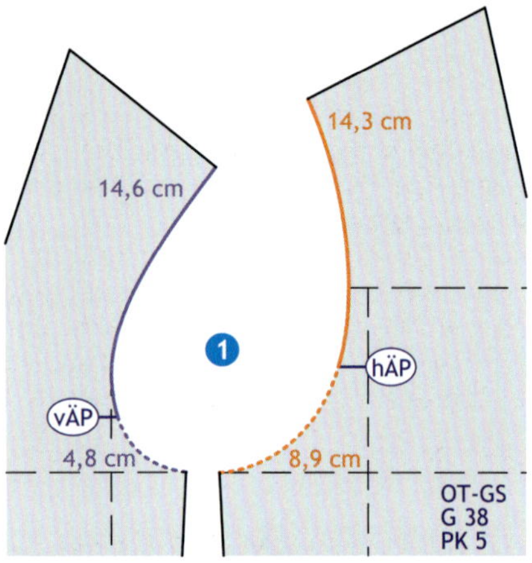

□1 Armloch des verwendeten Oberteils

Vorüberlegungen

Folgende Punkte sind vor der Ärmelentwicklung für ein Modell immer zu beachten:

1. Passt der Ärmel zum entsprechenden Oberteil (-Grundschnitt)?
2. Wurde das Armloch am Oberteil vergrößert? Dann muss zunächst der Ärmel angepasst werden (Seite 212).
3. Besitzt der Ärmel die gewünschte Oberarmweite (Seite 210) und die richtige Saumweite (Seite 211)?

□2 Die Oberarmnaht verläuft aus der Schulternaht zum Saum

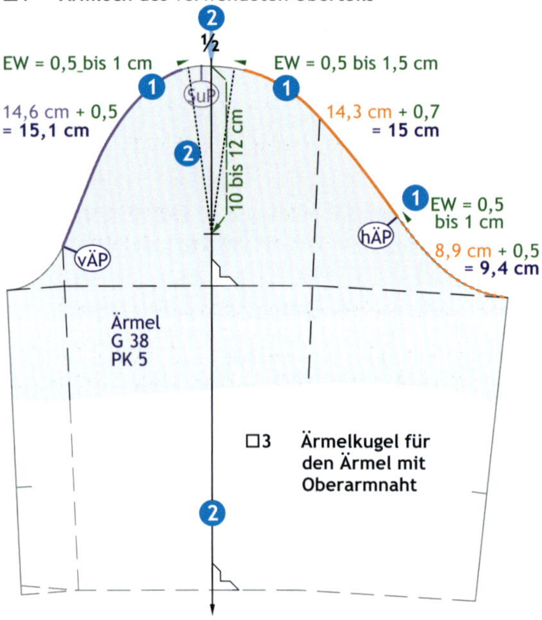

□3 Ärmelkugel für den Ärmel mit Oberarmnaht

Ärmelentwicklung

1. □1 Teilstrecken am Armloch abmessen und auf die Ärmelkugel □3 plus der entsprechenden Einhalteweiten abtragen.
2. An der Hälfte der Lücke eine Senkrechte und den Abnäher zeichnen.
3. Die zukünftige Oberarmnaht am Ärmelsaum ca. 2 cm vorverlegen.
4. □4 Die Naht für den Vorderärmel formen, dabei am Oberarm etwas Mehrweite anzeichnen und dann die Naht des Hinterärmels formen.

Auch für diesen Ärmel kann die Ärmelnaht, wie auf Seite 209 gezeigt, vorverlegt werden.

5. Ärmelnähte und Saum formen.
6. Ggf. die Ärmelkugel-Einlage einzeichnen und den Schnitt, wie bereits zuvor gezeigt, zu einem Produktionsschnitt fertigstellen.

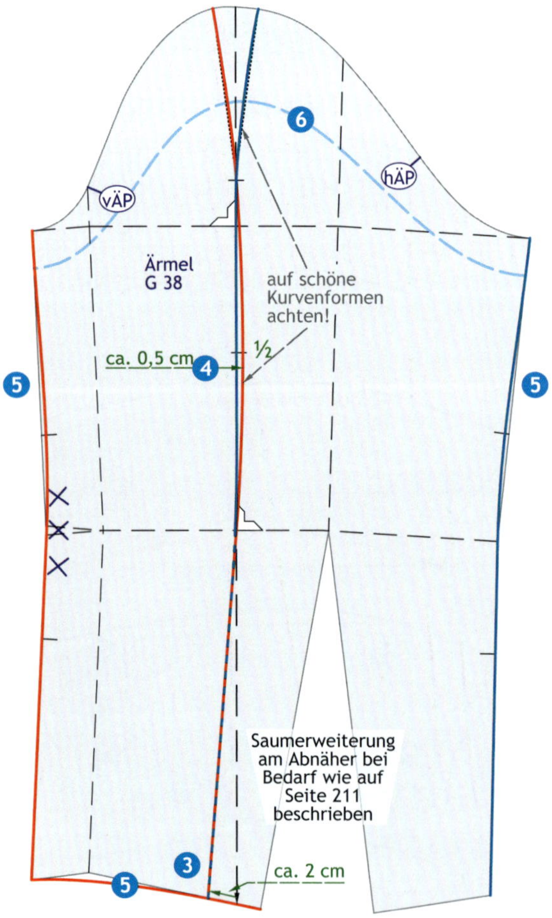

□4 Entwicklung der neuen Nähte

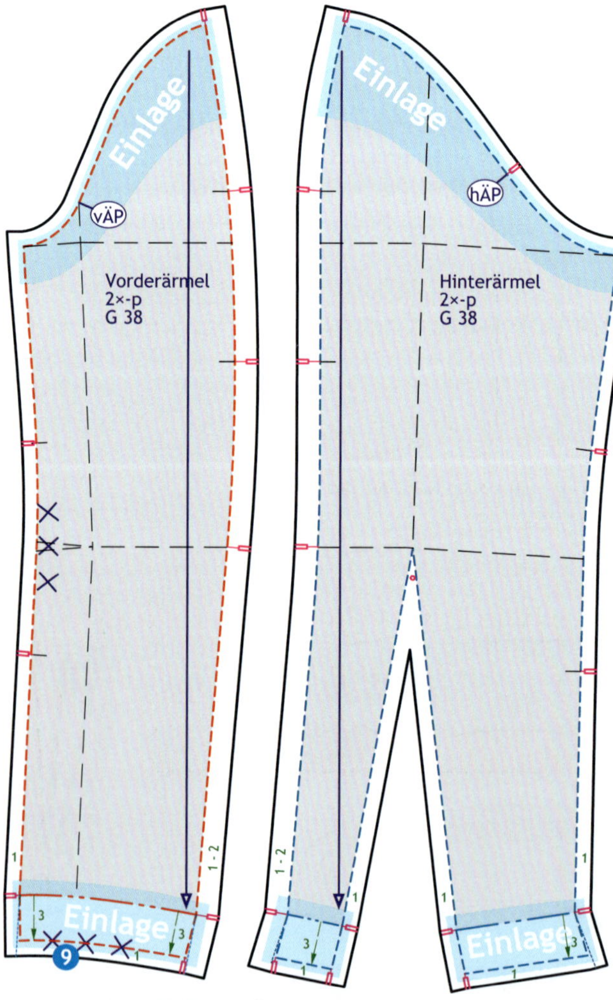

□5 Produktionssschnitt Ärmel mit Oberarmnaht

Ärmel mit Oberarmnaht, hintere Teilungsnaht und Ärmelgurt
Für die Jacken- und Mantelverarbeitung

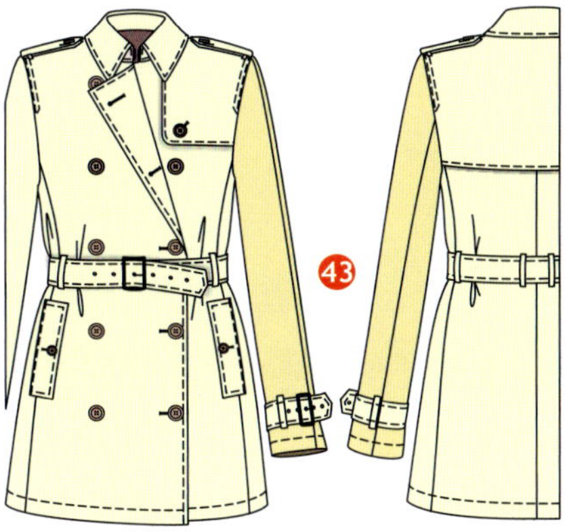

□1 **Zusätzlich zur Oberarmnaht nimmt die hintere Teilungsnaht den Ärmelabnäher auf**

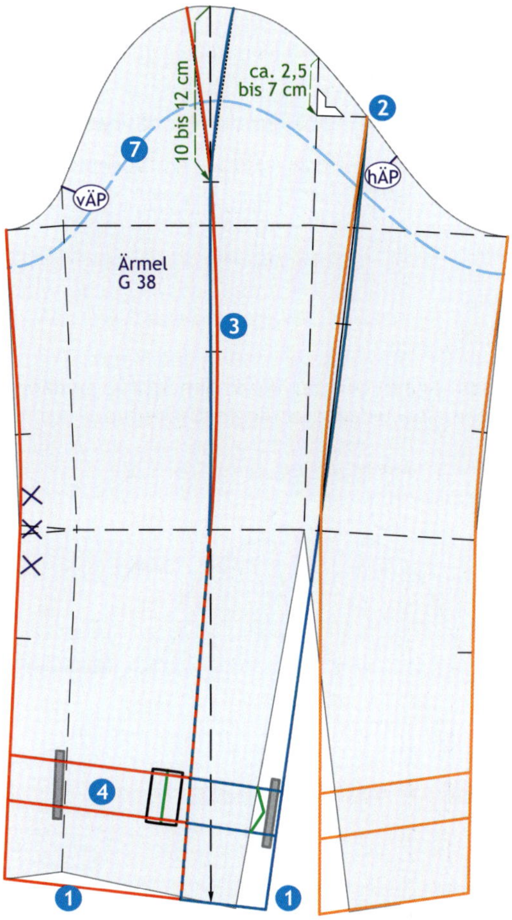

□2 **Entwicklung der neuen Naht und des Ärmelgurts**

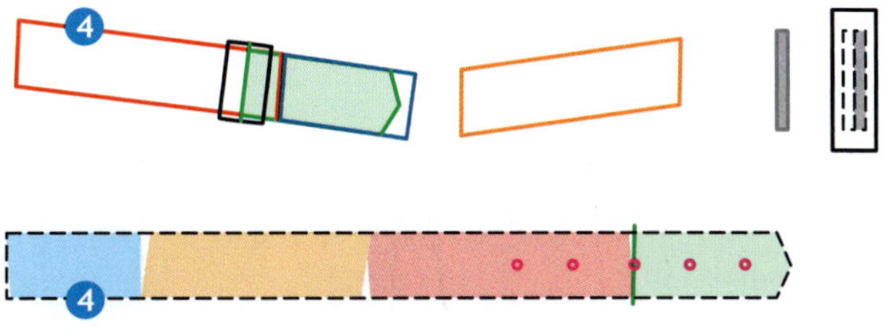

□3 **Entwicklung des Ärmelgurts**

Ärmelentwicklung

206 207 208

□1 Für einen Trenchcoat verwendet man z.B. Baumwoll-Popeline. Das Material lässt sich an der Ärmelkugel schlecht einhalten. Beim Ärmel mit Oberarmnaht kann übermäßige Einhalteweite größtenteils durch den oberen Abnäher herausgenommen werden.
Der Ellenbogen-Abnäher wird wie beim Zweinaht-Ärmel in die Teilungsnaht verlegt. Mit dem Ärmelgurt kann die Ärmelsaumweite eingestellt werden. Gürtelschlaufen halten den Gurt an der vorgesehenen Position. Der Ärmelsaum ist modellbedingt extrabreit. Für diesen Ärmel kann es sinnvoll sein, die Ärmelnaht, wie auf Seite 209 gezeigt, vorzuverlegen.

1 Die Saumweite am Abnäher vergrößern und die Saumkante vorne gerade zeichnen.

2 Die hintere Teilungsnaht an der Ärmelkugel hier etwas höher als beim Zweinaht-Ärmel gestalten.

3 Die Oberarmnaht in den Ärmel einzeichnen, wie zuvor beschrieben.

4 Ärmelgurt und Gürtelschlaufen platzieren, kopieren und die Produktionsschnittteile von beiden Schnittteilen wie skizziert entwickeln.

5 Ärmelschnittteile kopieren und die extragroße Ärmelsaumbreite hier mit 7 cm nach oben zeichnen.

6 Die Ärmelnähte und die nach oben gezeichnete Ärmelsaumbreite an der Saumkante nach unten spiegeln (siehe Seite 26) → Saumnaht.

7 Ggf. die Ärmelkugel-Einlage einzeichnen und den Schnitt mit Nahtzugaben und Markierungen zu einem Produktionsschnitt fertigstellen.

Das Futter wird aus vorliegendem Modellschnitt prinzipiell wie für den Zweinaht-Ärmel mit Saumeinschlag konstruiert (Seite 238). Es kann aus allen drei, aus zwei oder nur aus einem Schnittteil (dann mit Abnäher, Seite 235) zugeschnitten werden.

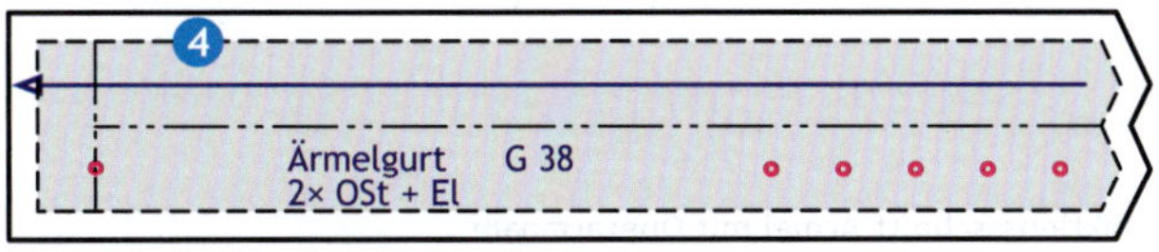

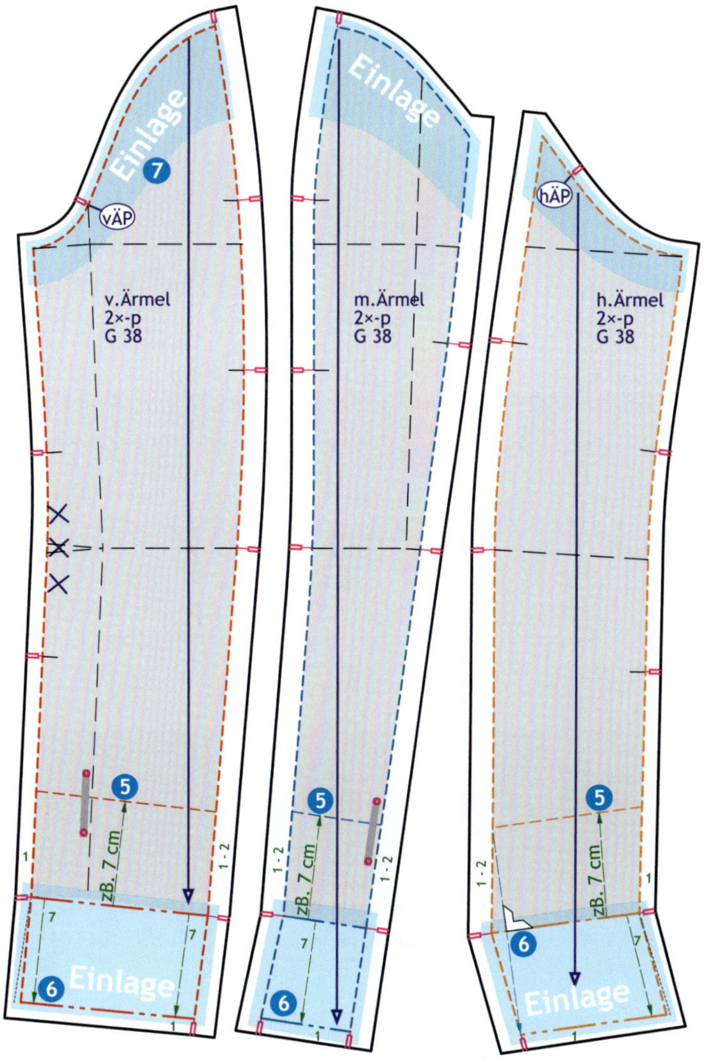

□4 **Produktionssschnitt Ärmel, Ärmelgurt und Gürtelschlaufe**

Vorbereitungen für eine Ärmelanlage
Für alle Arten von Ärmelanlagen

206
207
208

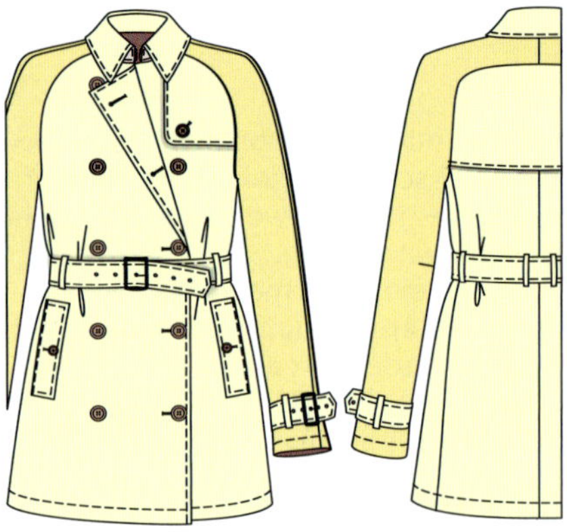

□1 Trenchcoat vorne mit Zungenraglan und hinten mit Passenraglan

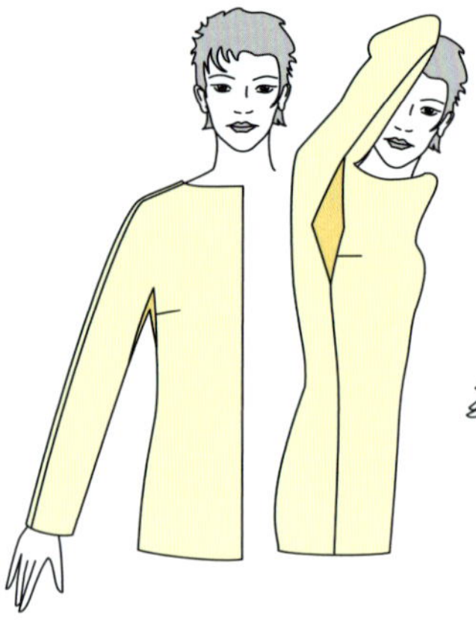

□2 Shirt mit Drachenkeil-Kimono

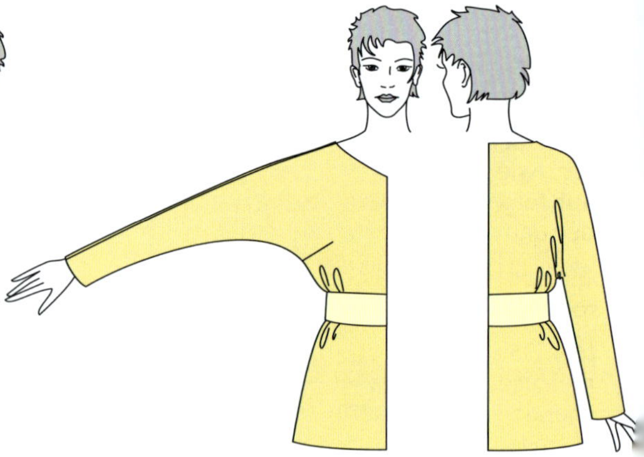

□3 Kleid mit Fledermaus-Ärmel

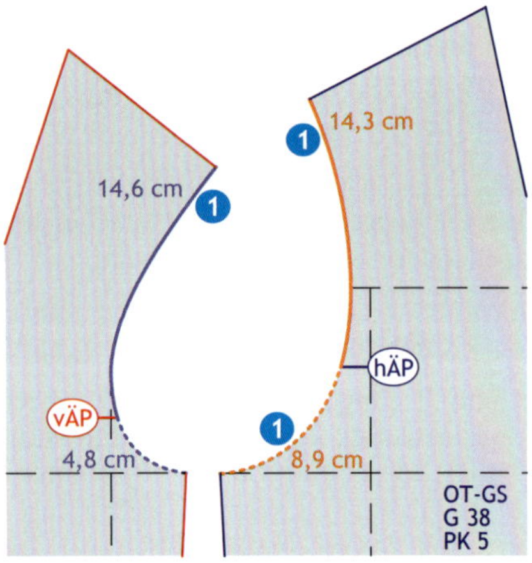

□4 Armloch des verwendeten Oberteils

Was ist eine Ärmelanlage?

Die Ärmelanlage ist das **Anschneiden** der Ärmelteile an die Rumpfteile. Dabei verbinden bzw. verschmelzen die Ärmel-Schnittteile mit den Schnittteilen des Rumpfes. Die Ärmelkugelnaht wird durch eine andere Nahtführung ersetzt.

Prinzipiell kann an jeden Oberteil-Grundschnitt ein zum Armloch passender Ärmel angelegt werden.

Ob ein taillierter oder legerer Oberteil-Grundschnitt oder ein Grundschnitt für elastische Materialien, ob für Blusen, Kleider, Sportswear, Jacken oder Mäntel - Ärmelanlagen ermöglichen interessante Schnittgestaltungen.

Vorüberlegungen

Folgende Punkte sind vor der Gestaltung einer Ärmelanlage zu beachten:

1. Passt der Ärmel zum entsprechenden Oberteil (-Grundschnitt)?
2. Soll das Armloch am Oberteil vergrößert werden? Dann wird der Ärmel vor der Anlage speziell präpariert.
3. Oberarmweite und Saumweite können im Rahmen des Möglichen während der Anlage eingestellt werden.
4. Style, Funktion und Material müssen bei der Wahl der Anlage bedacht werden. Ein korrekt sitzender Ärmel benötigt eine hohe Kugel, ein legerer Ärmel besitzt mehr Stofffülle.

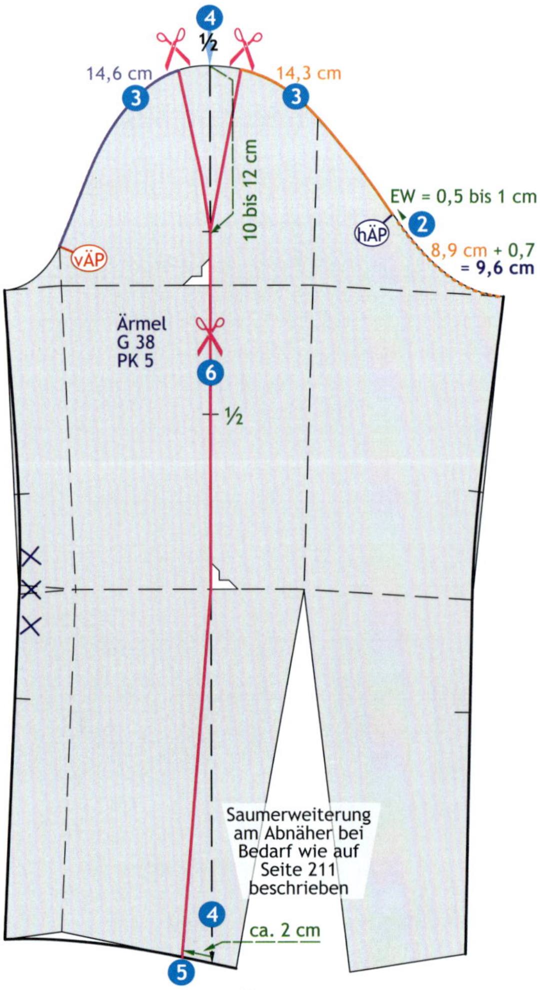

□5 Teilung des Einnaht-Ärmels in Vorder- und Hinterärmel

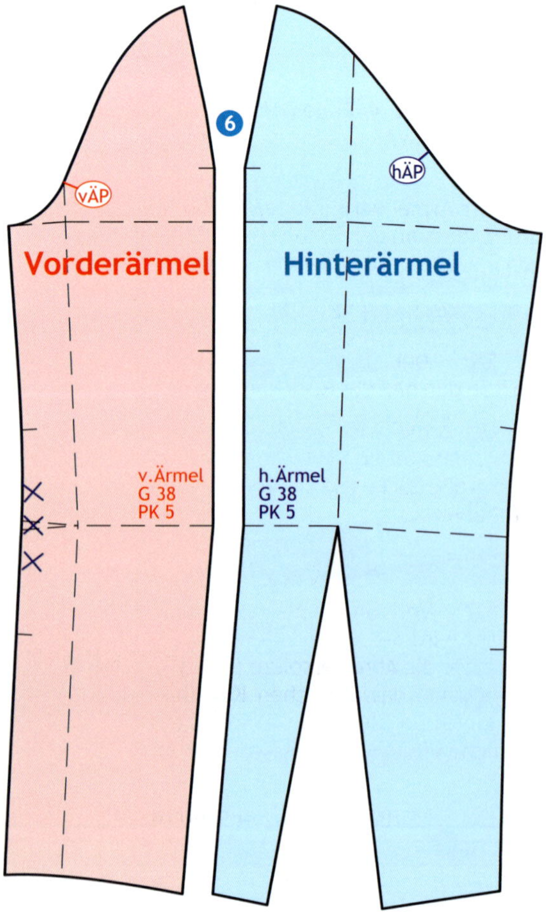

□6 Vorder- und Hinterärmel für die Anlage

Ärmelanlage mit korrektem Ärmelfall
Enge Ärmelanlage / einfach

182
183
185
18

Teilung des Ärmels am Oberarm in Vorder- und Hinterärmel

Liegt bereits ein Ärmel mit Obernaht vor (wie auf Seite 248 gezeigt) kann auf folgende Schritte verzichtet werden und die Anlage sofort erfolgen.

❶ □4 Die Teilstrecken am Armloch abmessen.

❷ □5 An der hinteren, unteren Ärmelkugel den Betrag plus der entsprechenden Einhalteweite (0,5 bis 1 cm) abtragen.

❸ Die Beträge der oberen Teilstrecken des Armlochs ohne Einhalteweiten auf die Ärmelkugel abtragen.

❹ An der Hälfte der (großen) Lücke eine Senkrechte zum Saum und den Abnäher an der Ärmelkugel zeichnen.

❺ Die zukünftige Oberarmnaht am Ärmelsaum ca. 2 cm vorverlegen.

❻ □6 Vorder- und Hinterärmel trennen. Der Abnäher entfällt - er entpricht der Einhalteweite an der Ärmelkugel.

❗Die vereinfacht konstruierten Ärmelteile sind schnell vorbereitet und ausreichend exakt für die Ärmelanlage.

Die endgültige Form der Oberarmnaht entsteht nach dem Anlegen der Ärmel.

Auch die Saumweite kann später am Abnäher eingestellt werden (Seite 211).

1 Vorderärmel ans Vorderteil

❼ □7 Der vÄP des Vorderärmels wird an den vÄP des Vorderteils angelegt.

❽ Der Ärmel wird um den vÄP so gedreht, dass an der Schulter eine Lücke von 0,5 bis 1 cm entsteht.

2 Hinterärmel ans Rückteil

❾ □8 Der hÄP des Hinterärmels wird an den hÄP des Rückteils angelegt.

❿ Der Ärmel wird um den hÄP so gedreht, dass an der Schulter eine identisch große Lücke wie am Vorderteil geöffnet bleibt.

3 Formung der Oberarmnähte

⓫ □7 Verlaufend aus der Schulternaht wird die vordere Oberarmnaht über die Abnäherspitze (Pfeil) so geformt, dass zwischen Kugelhöhen-Linie und Ellenbogen-Linie eine zusätzliche Weite von ca. 0,5 bis 1 cm entsteht.

⓬ □8 Verlaufend aus der Schulternaht wird die hintere Oberarmnaht über die Kugelhöhen-Linie so geformt, dass keine zusätzliche Weite am Oberarm entsteht.

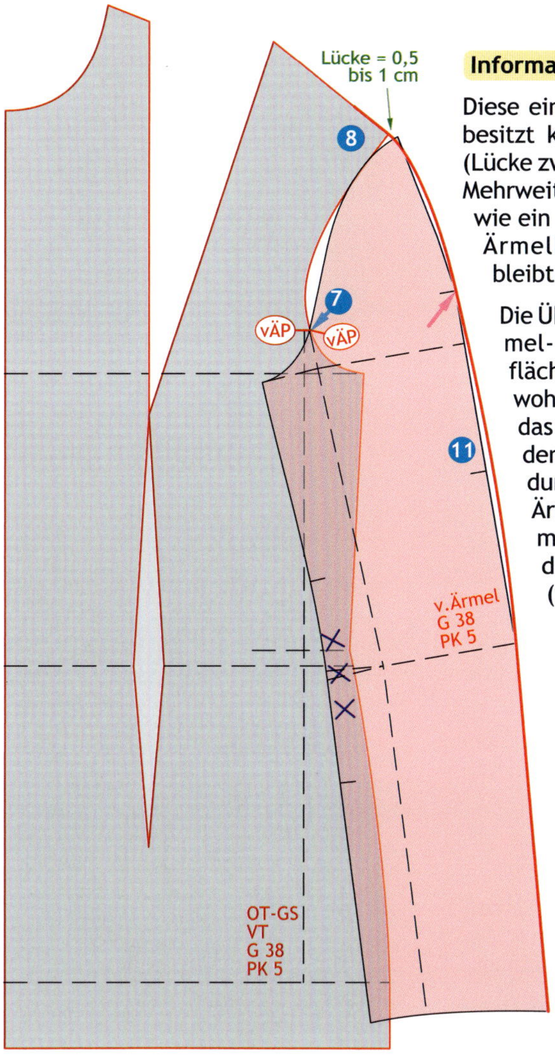

□7 Vorderärmel ans Vorderteil anlegen

Informationen zu dieser Anlage

Diese einfache und enge Ärmelanlage besitzt kaum Mehrweite am Armloch (Lücke zwischen Ärmel und Oberteil ist Mehrweite). Der Ärmel fällt ähnlich wie ein eingesetzter Ärmel mit hoher Ärmelkugel. Die Oberarmweite bleibt unverändert eng.

Die Überschneidungsbeträge der Ärmel- und der Oberteil-Schnittflächen unter dem Arm müssen sowohl für den Ärmel als auch für das Oberteil berücksichtigt werden. Dies erfolgt im Anschluss durch eine neue Nahtführung am Ärmel oder am Oberteil. Hierbei müssen die neuen Nähte unbedingt über die Ärmelpunkte (vÄP und hÄP) verlaufen.

Fertigmaße

BrW	98 cm
TaW	82 cm
HüW	103 cm
AlT	22,2 cm
OaW	33 cm
ÄSaW	23 cm

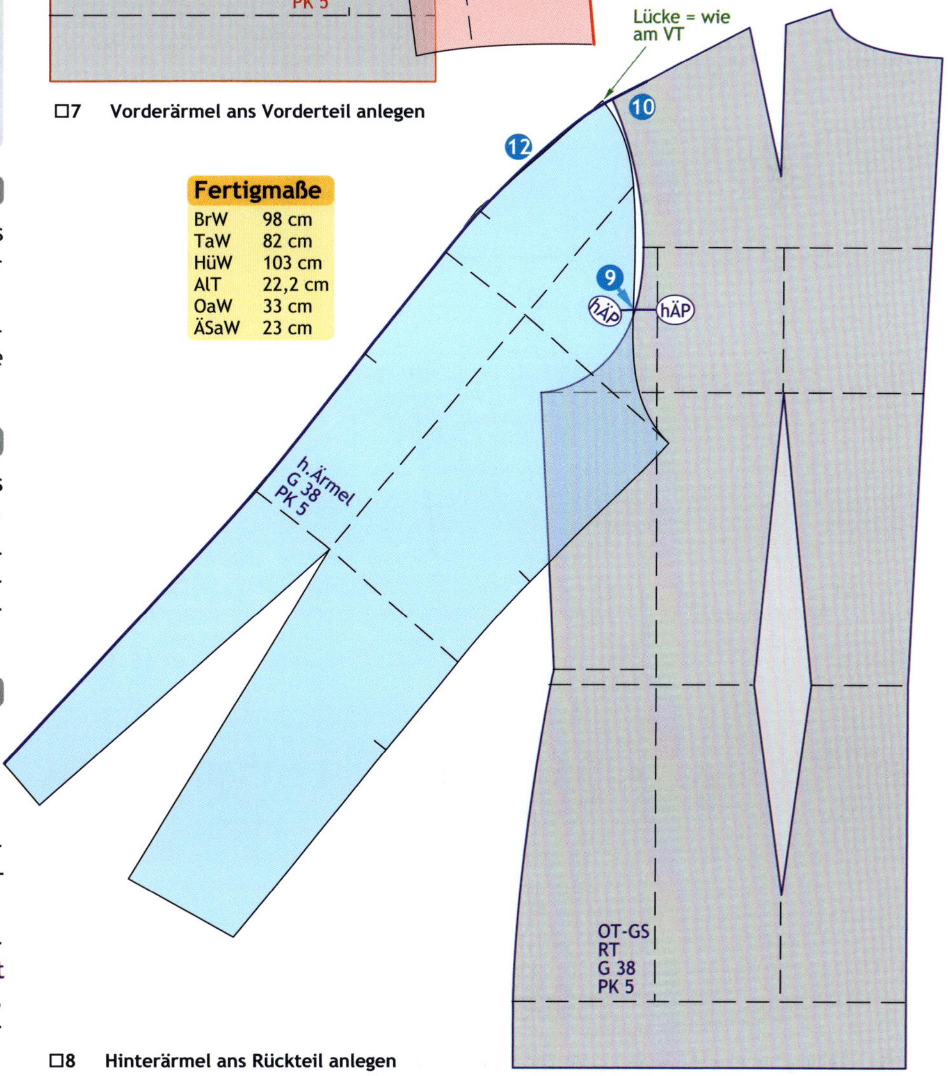

□8 Hinterärmel ans Rückteil anlegen

Aufgelockerte Ärmelanlage mit korrektem Ärmelfall (1)

182
183
185
186
248
250

□1 Blazer mit Zungenraglan

Oberteil und Ärmel vorbereiten

Das Oberteil und der Ärmel mit Oberarmnaht, bzw. Oberarmteilung, wie auf den Seiten 248 + 250 gezeigt, liegen vor.

1 □2 Benötigte Armlochauflockerungen am Oberteil vornehmen; siehe auch ab Seite 217.

2 □3 Am geteilten Ärmel ca. 5 cm unterhalb der Kugel wie skizziert die Öffnungslinien einzeichnen.

3 □4 An der Ärmelkugel die jeweilige Armlochauflockerung öffnen.

4 Am Saum nicht öffnen oder **an beiden Ärmelteilen** bis maximal zum größeren Armlochauflockerungsbetrag öffnen.

5 □3+4a Sollen Saum- und Ellenbogenweite nicht vergrößert werden, kann an den alternativen Linien geöffnet werden.

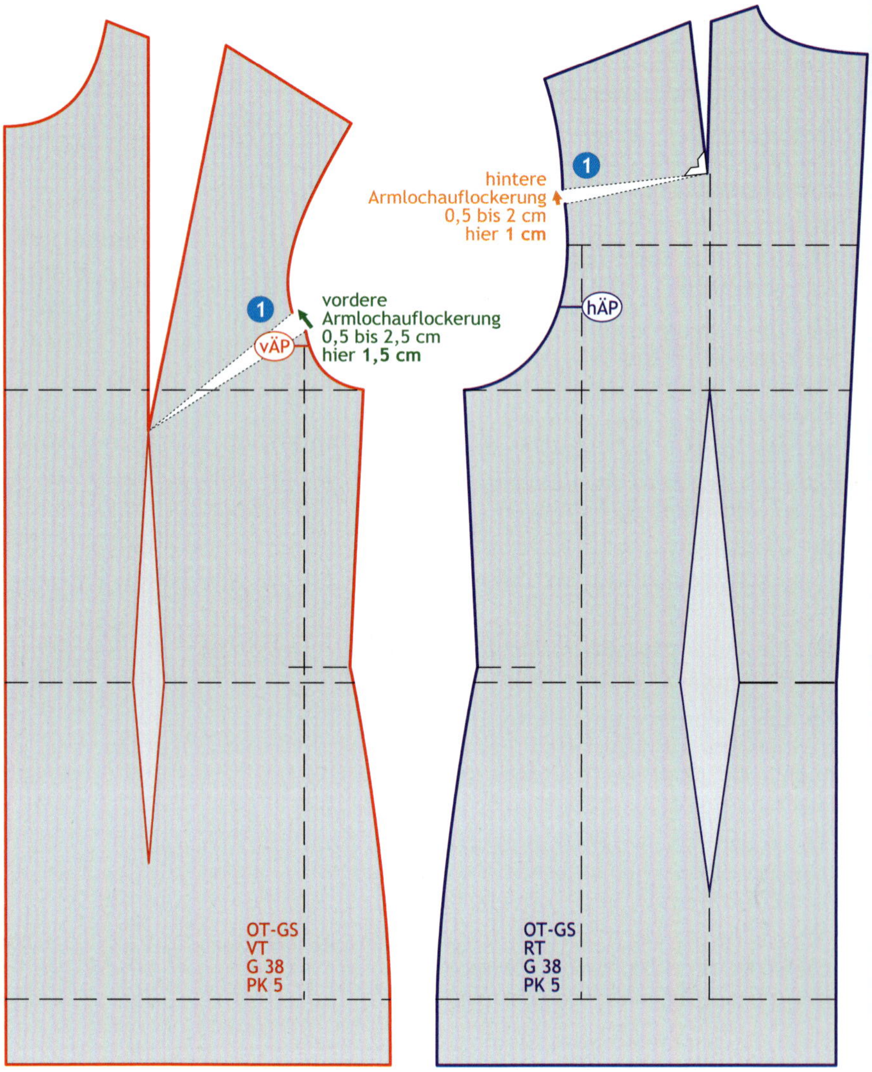

□2 Oberteil mit Armlochauflockerung

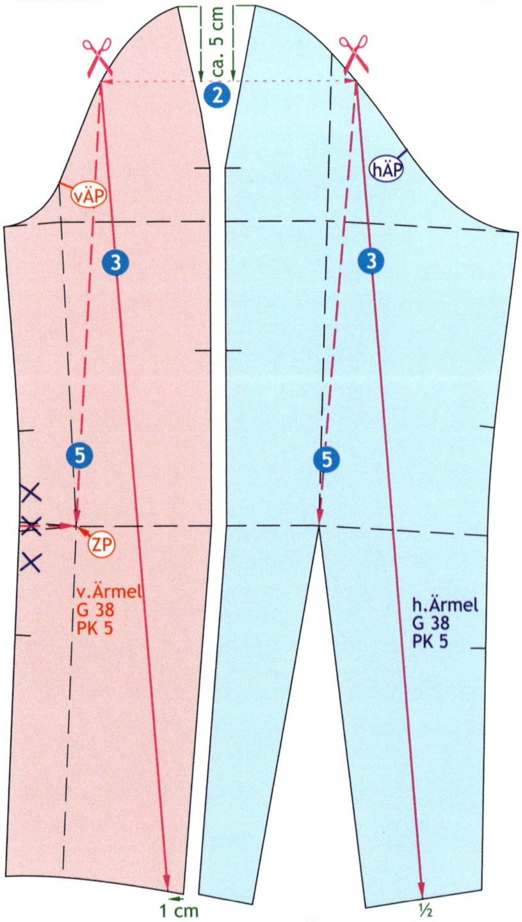

□3 Ärmelteile mit möglichen Öffnungspositionen

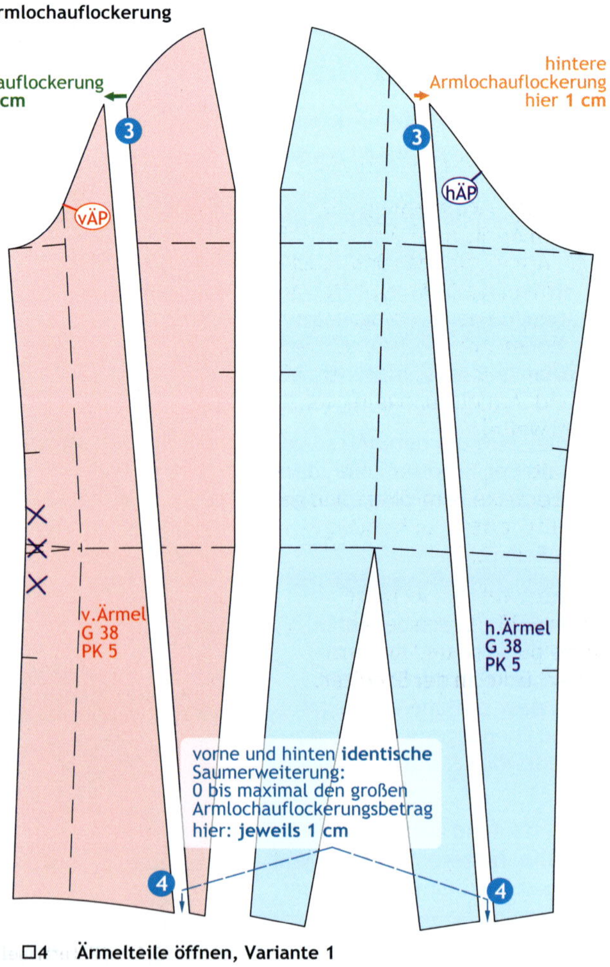

□4 Ärmelteile öffnen, Variante 1

Aufgelockerte Ärmelanlage mit korrektem Ärmelfall (2)

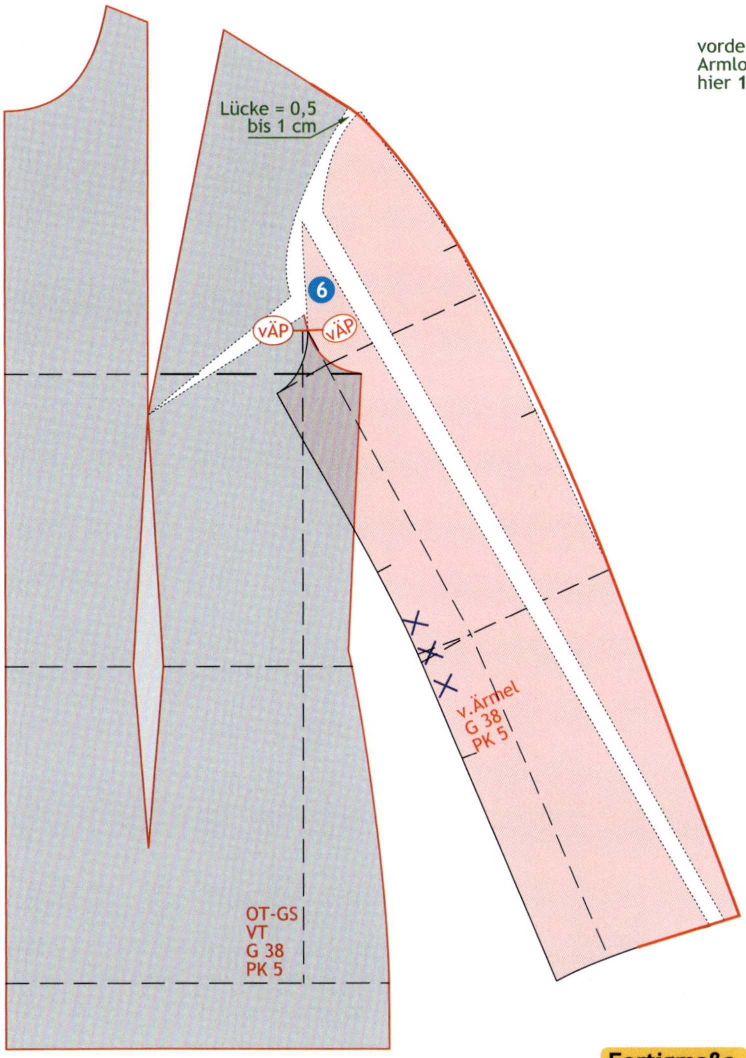

□5 Vorderärmel ans Vorderteil anlegen

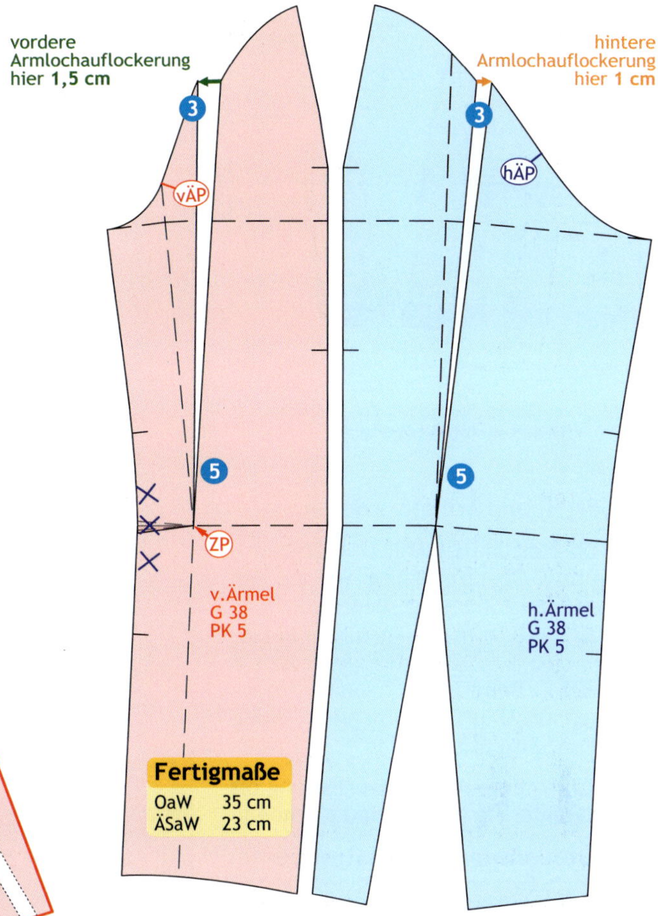

Fertigmaße

OaW	35 cm
ÄSaW	23 cm

□4a Ärmelteile öffnen, Variante 2

Fertigmaße

BrW	98 cm
TaW	82 cm
HüW	103 cm
AlT	22,2 cm
OaW	35,5 cm
ÄSaW	25 cm

Informationen zu dieser Anlage

Diese **halbweite Ärmelanlage** besitzt Mehrweite am Armloch (= Armlochauflockerung, Ärmelöffnung und Lücke zwischen Ärmel und Oberteil). Der Ärmel fällt ähnlich wie ein eingesetzter Ärmel mit hoher Ärmelkugel. Je nach Öffnungsvariante des Ärmels ist die Oberarm und Ärmelsaumweite leicht oder nicht erweitert.

Für ein **Schulterpolster** wird die Lücke um die Polsterdicke vergrößert und die Oberarmnaht entsprechend geformt, siehe Seite 255.

❻ Die Ärmelanlage erfolgt wie auf Seite 251 beschrieben an den Ärmelpunkten und mit entsprechender Lücke an der Schulter.

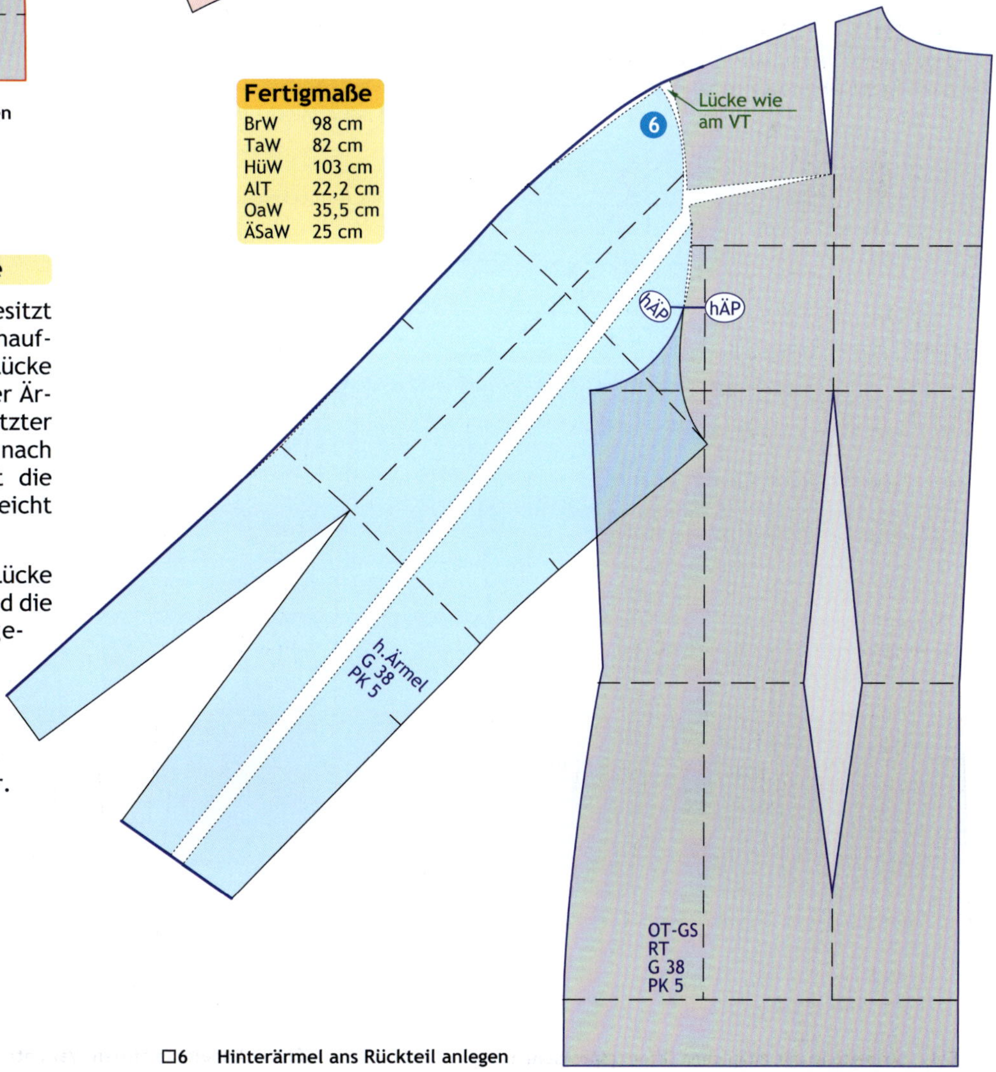

□6 Hinterärmel ans Rückteil anlegen

Aufgelockerte Ärmelanlage mit korrektem Ärmelfall (3)
Armlochvertiefung und Schulterpolster-Erhöhung

182
183
185
186
248
250

☐1 Trenchcoat, vorne mit Zungenraglan und hinten mit Passenraglan

Oberteil und Ärmel vorbereiten

Das Oberteil und der Ärmel mit Oberarmnaht bzw. Oberarmteilung, wie auf den Seiten 248 + 250 gezeigt, liegen vor.

1 Oberteil vergrößern

1 ☐2 Benötigte Armlochauflockerungen am Oberteil vornehmen; siehe auch ab Seite 217.

2 ☐2 Eine Armlochvertiefung bis 3 cm wählen, Brustlinie neu zeichnen.

3 Die Armlochverbreiterung am Armloch entspricht ½ bis der ganzen Armlochvertiefung. Vorne wird ⅓ und hinten ⅔ an die SN angezeichnet.

4 Die Seitennähte zunächst parallel und die Armlöcher neu formen und ausmessen.

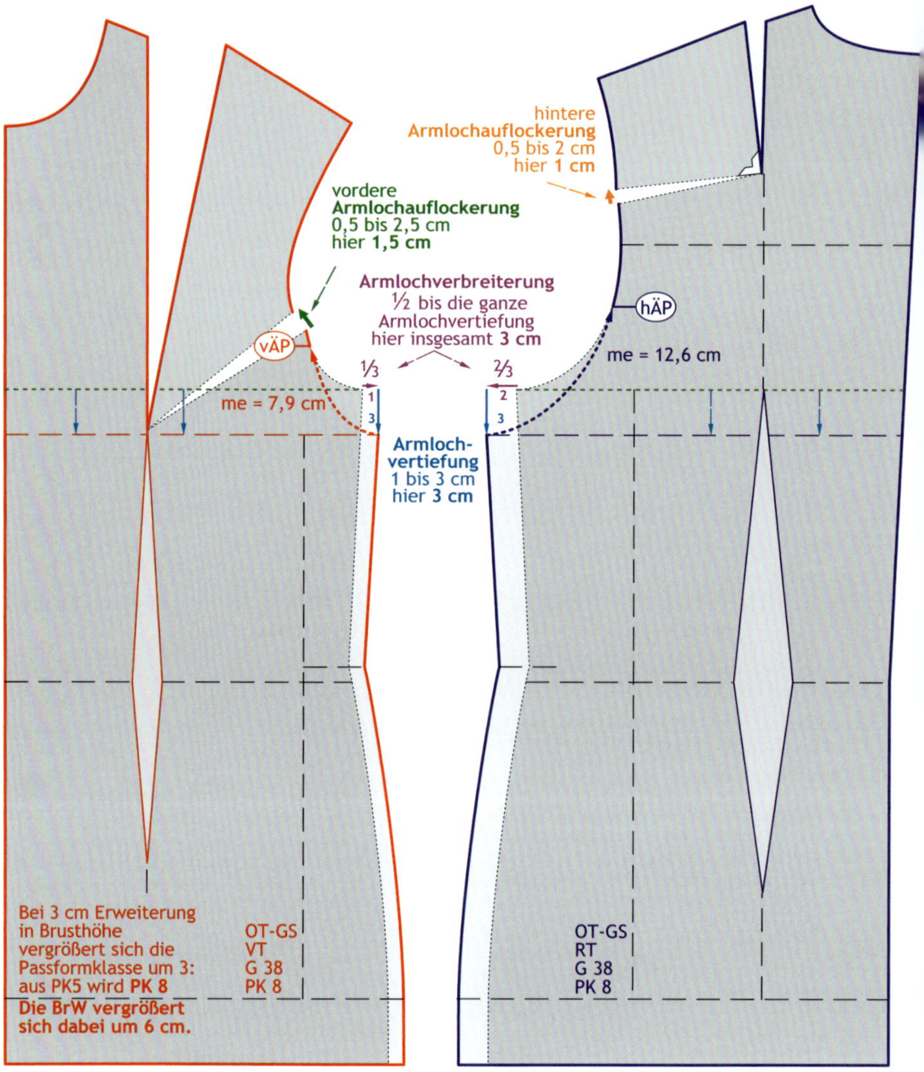

☐2 Oberteil mit Armlochauflockerung sowie Armlochvertiefung und Armlocherweiterung

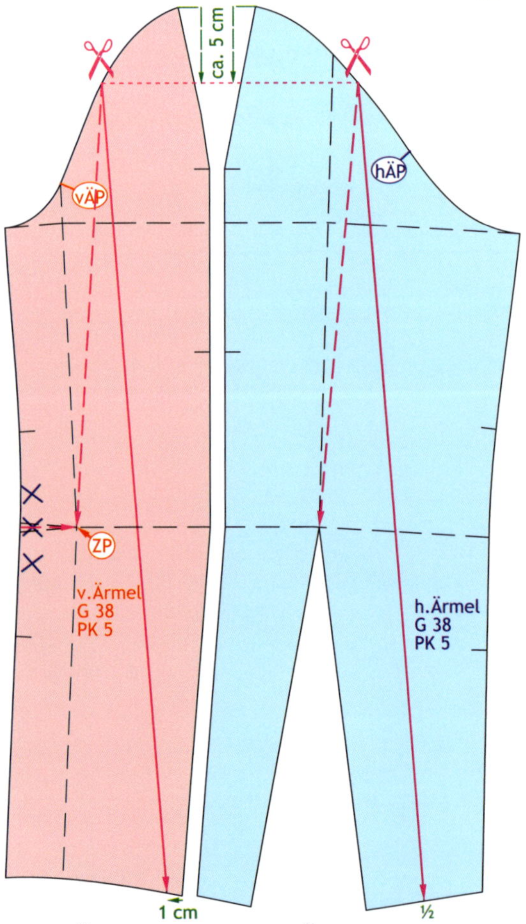

☐3 Ärmelteile mit möglichen Öffnungspositionen

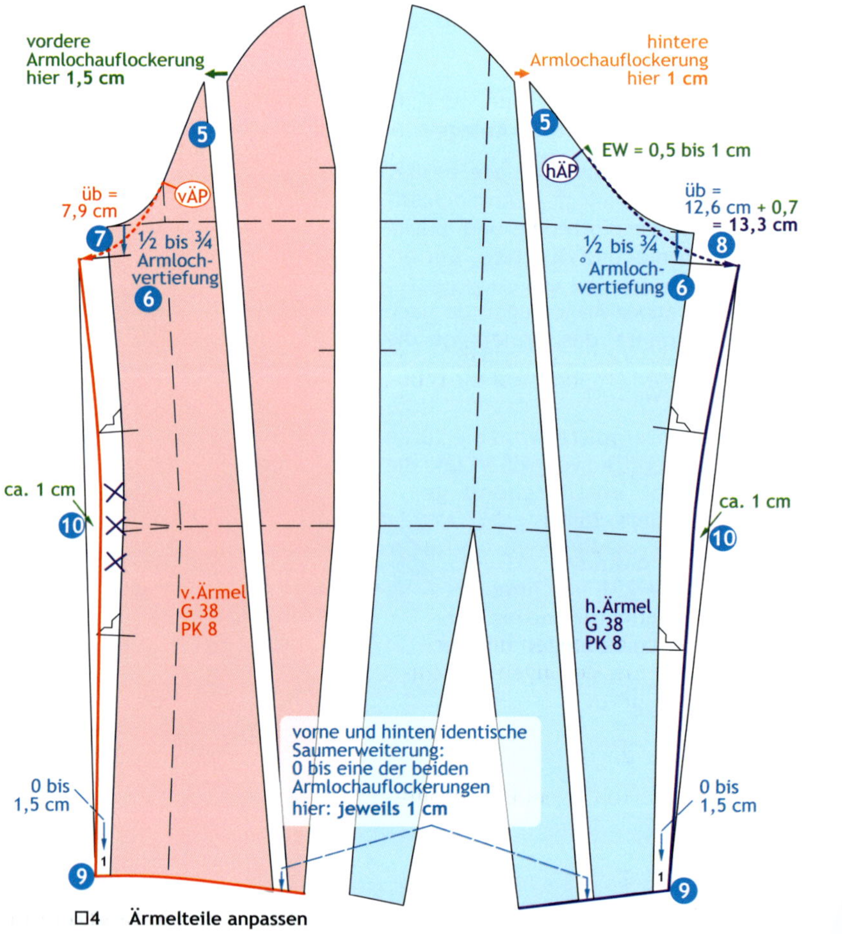

☐4 Ärmelteile anpassen

Aufgelockerte Ärmelanlage mit korrektem Ärmelfall (4)
Armlochvertiefung und Schulterpolster-Erhöhung

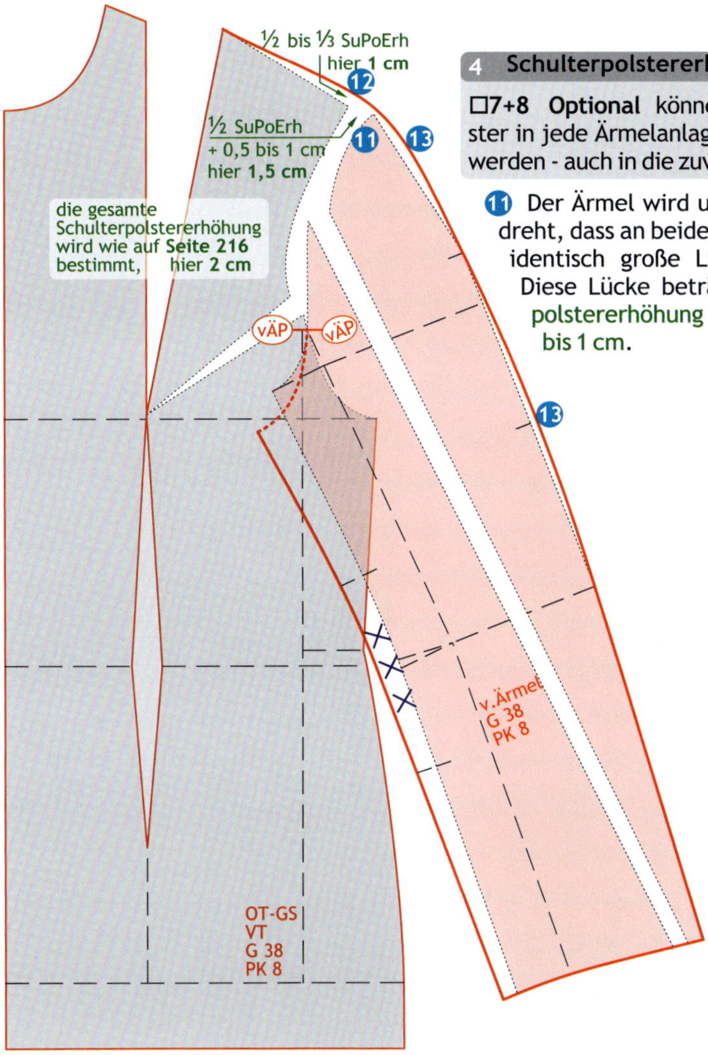

□7 Vorderärmel ans Vorderteil anlegen

2 Ärmelteile anpassen

❺ □3+4 Den Ärmel mit einer der beiden Varianten, entsprechend der Armlochauflockerung öffnen (siehe Seite 252).

❻ An den Ärmelnähten ½ bis ¾ der Armlochvertiefung abtragen und eine Hilfslinie parallel zur dortigen Kugel-Linie zeichnen.

❼ Die vordere Ärmelkurve in der Länge des vorderen Armlochs auf die Hilfslinie formen.

❽ Die hintere Ärmelkurve + Einhalteweite (EW) formen.

❾ Am Saum ggf. waagerecht ausstellen und eine Hilfslinie nach oben zeichnen.

❿ Die Ärmelnähte am Ellenbogen ca. 1 cm einstellen und formen. Die Nahtmarkierungen übertragen und den Saum neu formen.

3 Ärmelanlage

Die so erweiterten Ärmel können wie zuvor beschrieben auch ohne eine Schulterpolstererhöhung an das Vorderteil und das Rückteil angelegt werden!

4 Schulterpolstererhöhung

□7+8 Optional können Schulterpolster in jede Ärmelanlage eingearbeitet werden - auch in die zuvor gezeigten!

⓫ Der Ärmel wird um die ÄP so gedreht, dass an beiden Schultern eine identisch große Lücke ent-steht. Diese Lücke beträgt ½ Schulterpolstererhöhung (SuPoErh) + 0,5 bis 1 cm.

5 Formung der Oberarmnähte

⓬ □7 Eine Schulterpolstererhöhung (SuPoErh) an beiden Schultern anzeichnen. Man kann vorne und hinten jeweils die halbe SuPoErh oder vorne⅓ und hinten ⅔ der SuPoErh vornehmen.

⓭ Die Oberarmnähte wie skizziert formen.

Informationen zu dieser Anlage

Diese erweiterte Ärmelanlage besitzt größere Mehrweite am Armloch (Armlochauflockerung, Ärmelöffnung und wegen der Schulterpolstererhöhung auch eine größere Lücke zwischen Ärmel und Oberteil).

Zudem ist jetzt der Ärmel vertieft, wodurch sich die Brust- und die Oberarmweite vergrößern.

Der Ärmel fällt trotz der großen Weite immer noch ähnlich wie ein eingesetzter Ärmel mit hoher Ärmelkugel.

Die Ermittlung der Schulterpolstererhöhung ist abhängig vom einzuarbeitenden Polster und wird auf Seite 216 beschrieben.

Fertigmaße

BrW	104 cm
TaW	88 cm
HüW	109 cm
AlT	25,2 cm
OaW	40,5 cm
ÄSaW	27 cm

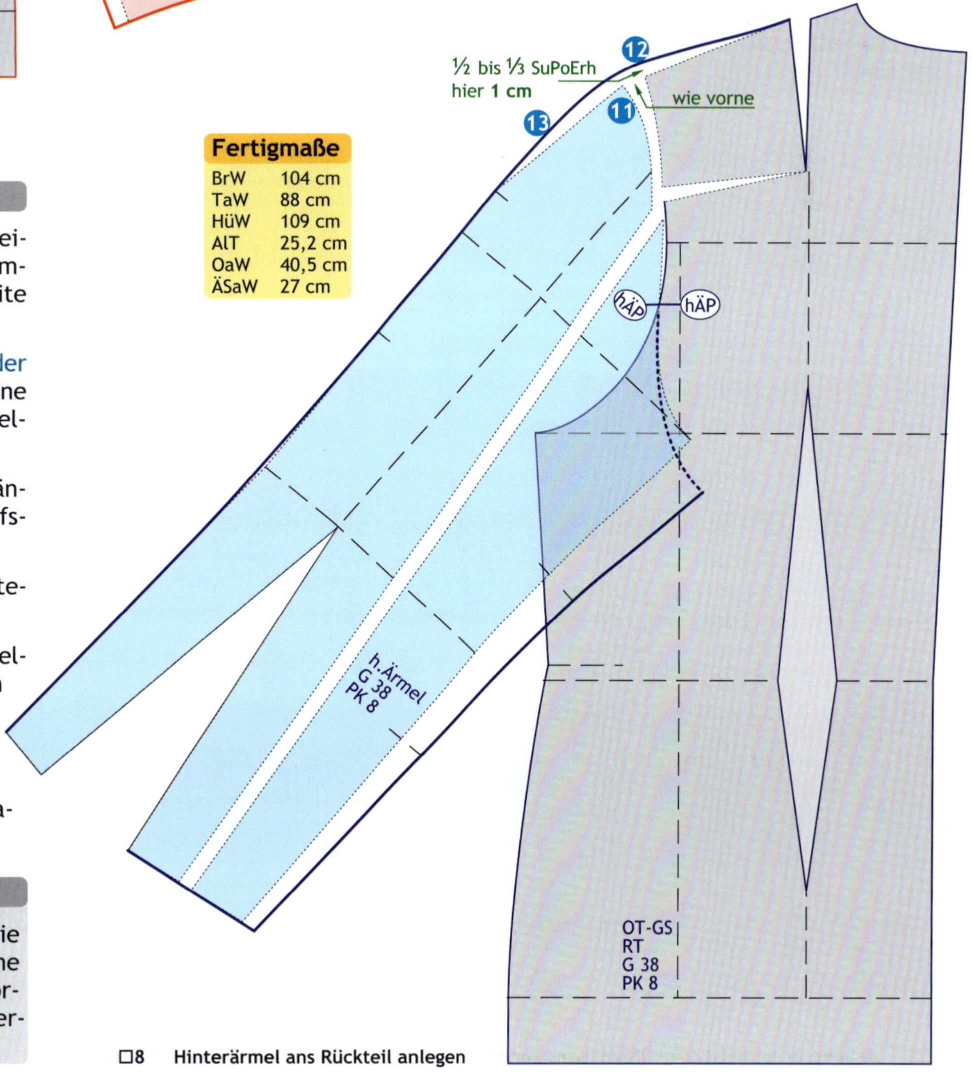

□8 Hinterärmel ans Rückteil anlegen

Legere Ärmelanlage mit großer Hebelänge (1)
Mit Armlochauflockerung, großer Armlochvertiefung und Armlochweite

182
183
185
186
248
250
254

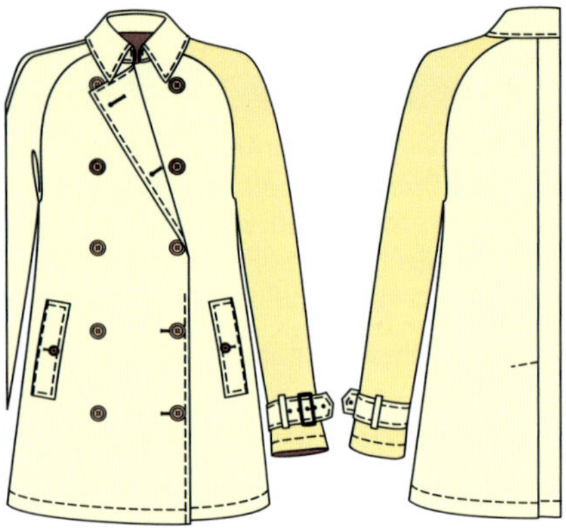

□1 Legerer Trenchcoat mit Zungenraglan

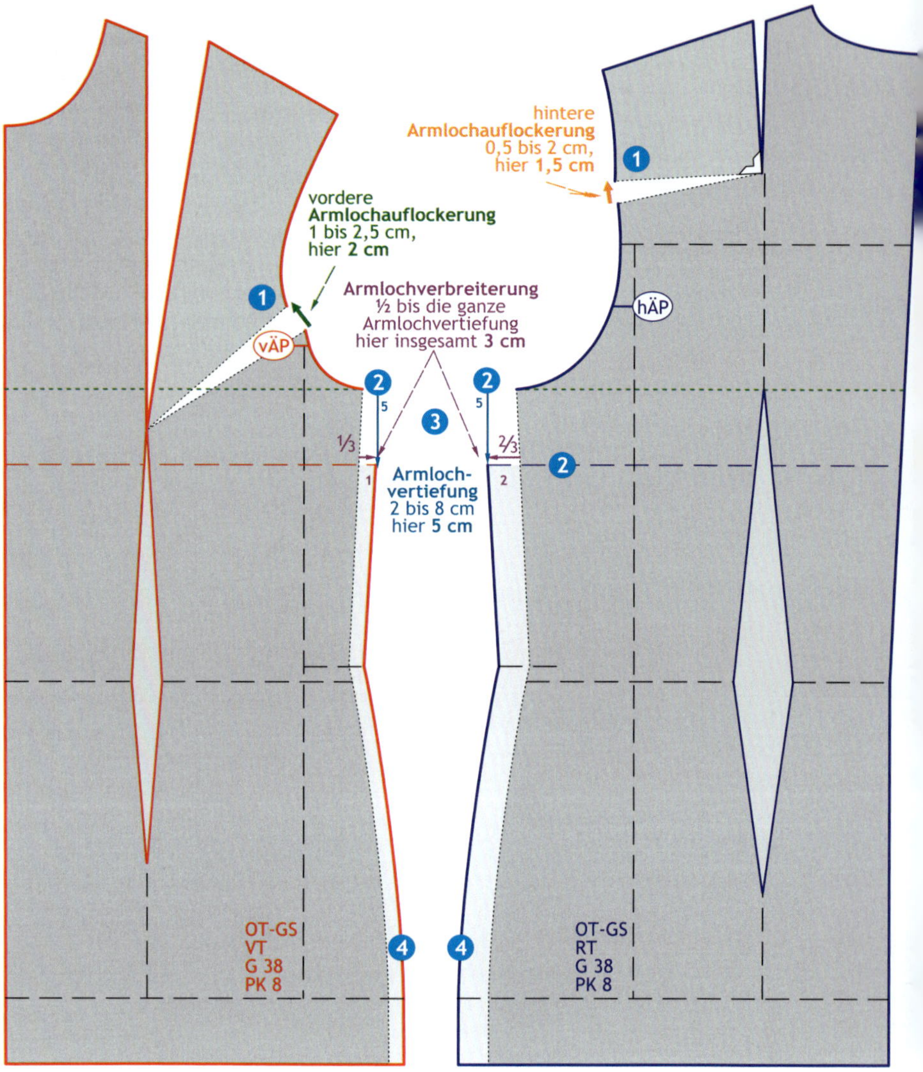

Oberteil und Ärmel vorbereiten

Das Oberteil und der Ärmel mit Oberarmnaht bzw. Oberarmteilung, wie auf den Seiten 248 + 250 gezeigt, liegen vor.

1 Oberteil vergrößern

1 □2 Benötigte Armlochauflockerungen am Oberteil vornehmen; siehe auch auf Seite 217.

2 □2 Eine Armlochvertiefung ab 2 cm wählen, Brustlinie neu zeichnen.

3 Die Armlochverbreiterung am Armloch entspricht ½ bis der ganzen Armlochvertiefung. Vorne wird ⅓ des Betrags und hinten ⅔ an die SN gezeichnet.

4 Die Seitennähte zunächst parallel zum Saum zeichnen.

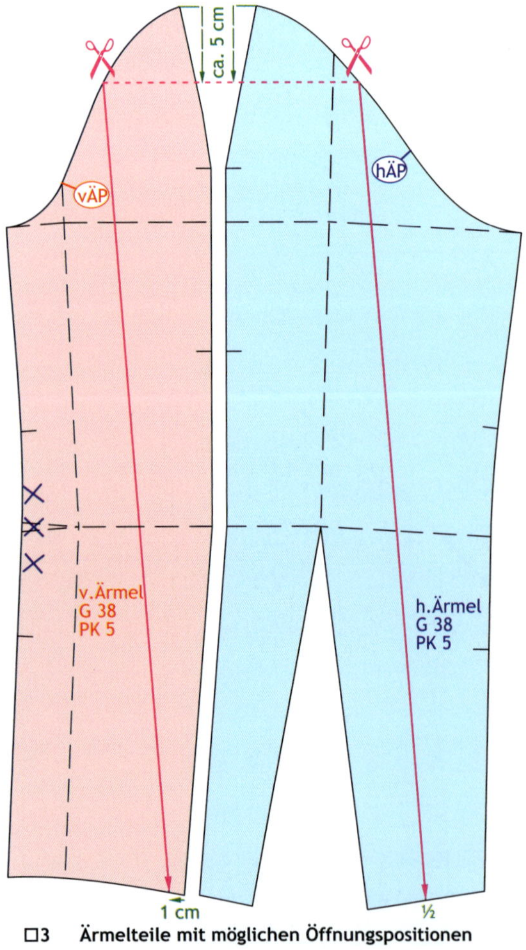

□3 Ärmelteile mit möglichen Öffnungspositionen

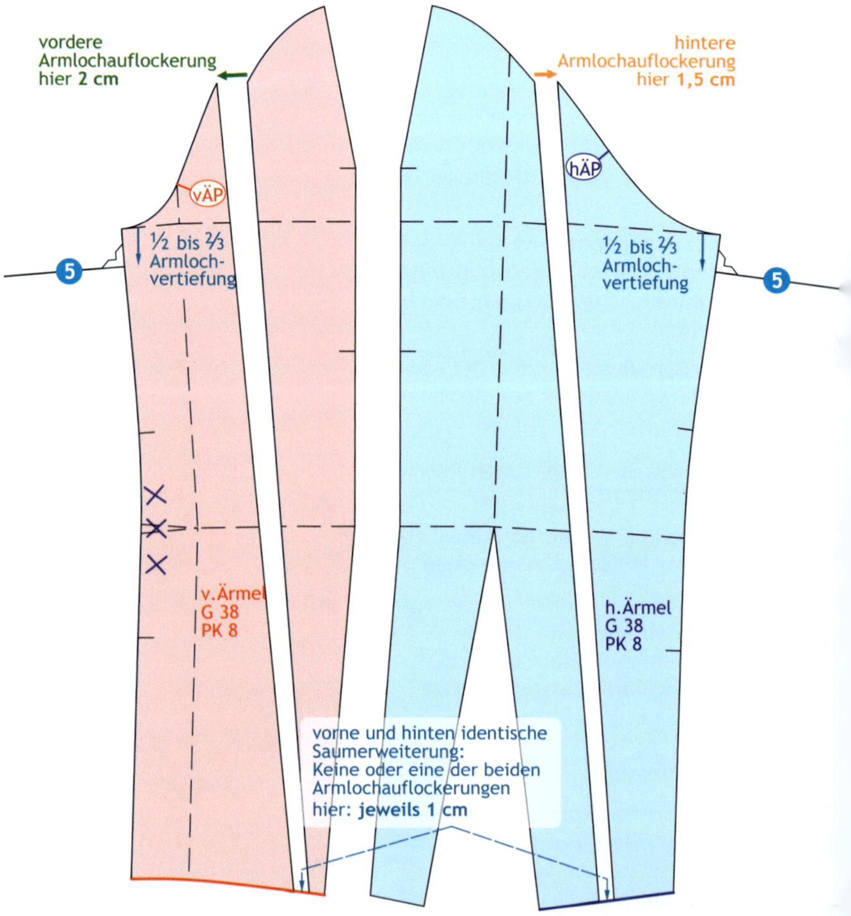

□4 Ärmelteile anpassen

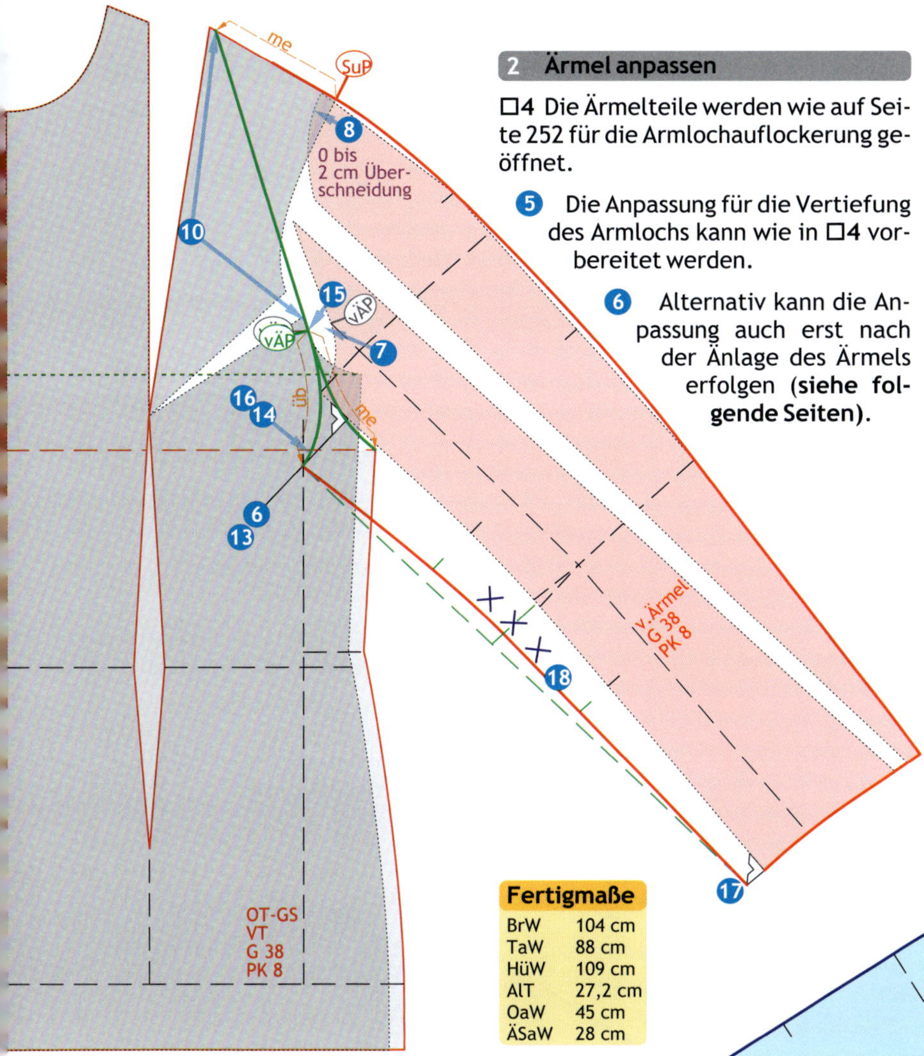

☐5 Legere Anlage, Vorderärmel ans Vorderteil, Variante 1

2 Ärmel anpassen

☐4 Die Ärmelteile werden wie auf Seite 252 für die Armlochauflockerung geöffnet.

5 Die Anpassung für die Vertiefung des Armlochs kann wie in ☐4 vorbereitet werden.

6 Alternativ kann die Anpassung auch erst nach der Anlage des Ärmels erfolgen **(siehe folgende Seiten)**.

Fertigmaße

BrW	104 cm
TaW	88 cm
HüW	109 cm
AlT	27,2 cm
OaW	45 cm
ÄSaW	28 cm

Informationen zu dieser Anlage

Diese etwas aufwendigere legere Ärmelanlage besitzt viel Mehrweite am Armloch (= Lücke zwischen Ärmel und Oberteil), auch wegen der speziellen Lücke zwischen den Ärmelpunkten. Der Ärmel sitzt deutlich vertieft, wobei auch die Brust- und die Oberarmweite vergrößert wird. Er fällt lockerer und hat mehr Stofffülle unter dem Arm, wodurch er sich bei Armbewegungen besser anheben lässt. Dies wird durch den größeren Winkel zwischen Ärmel und Oberteil erzielt.

Für ein **Schulterpolster** siehe die Anweisungen auf Seite 255.

Je nach Verlauf der neuen Nahtführung im Bereich der Ärmelpunkte entsteht zunächst die Armlochnaht und anschließend die untere Ärmelkugelnaht. Diese Anlagevariante bietet mehr Gestaltungsspielraum im Bereich der Ärmelpunkte. Die dadurch erzielte Oberarmweite kann variieren.

☐6 Halbraglan

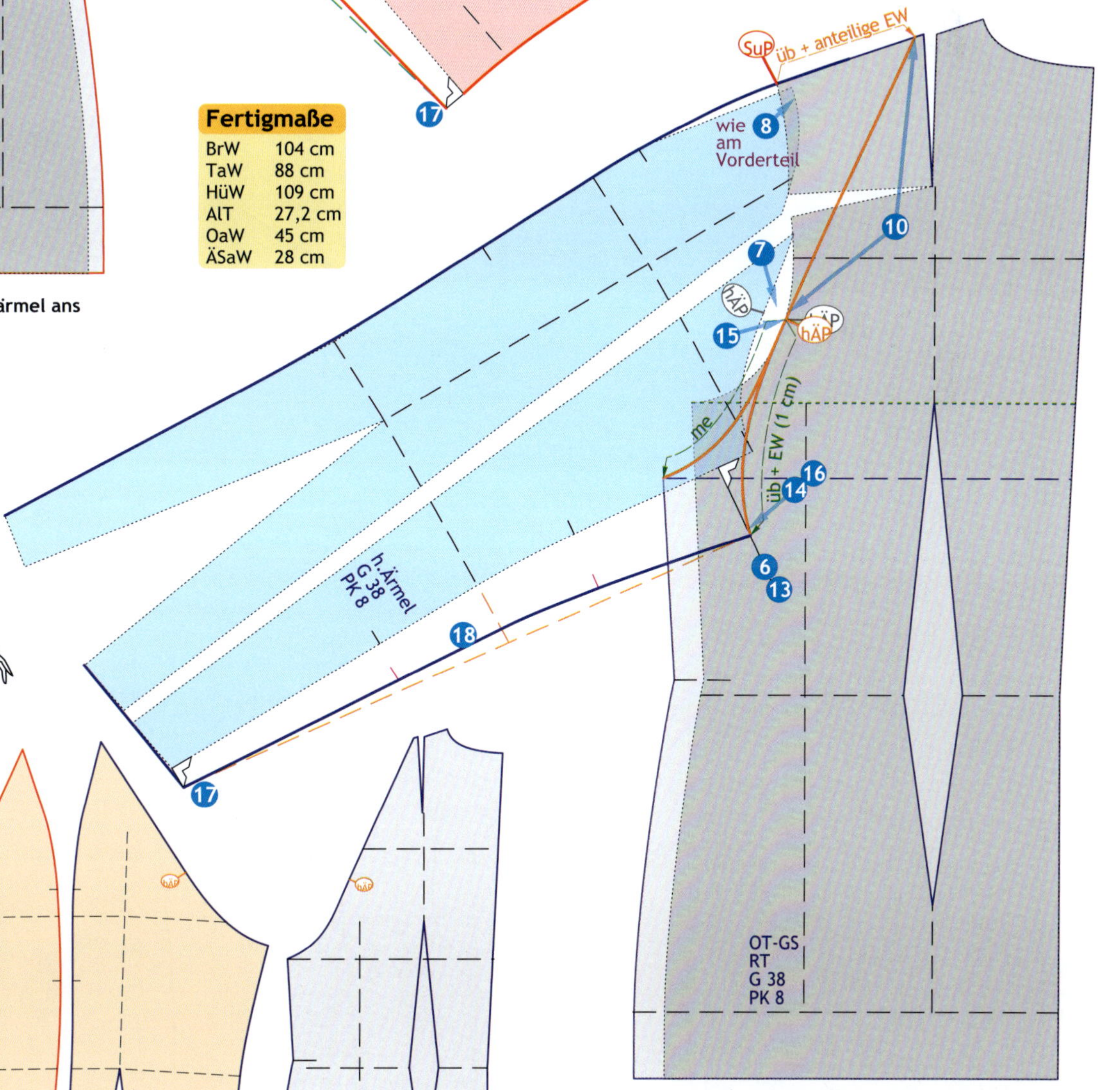

☐7 Legere Anlage, Hinterärmel ans Rückteil, Variante 1

Beschreibung der Konstruktionspunkte 7 bis 18 auf folgender Seite!

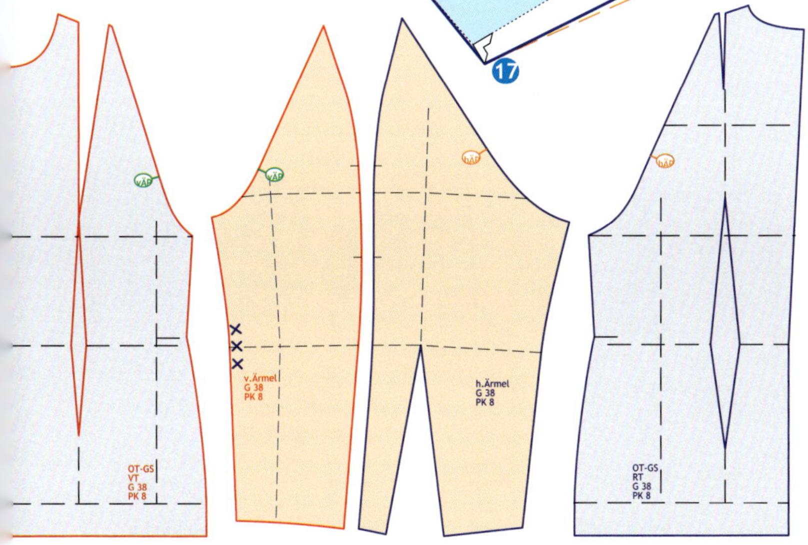

☐8 Modellschnittteile Variante 1

Legere Ärmelanlage mit großer Hebelänge (3) Ärmelpunkt am Ärmel
Überschnittener Ärmel Modellschnittteile im Maßstabsfaktor 0,1

182
183
185
186
254
256

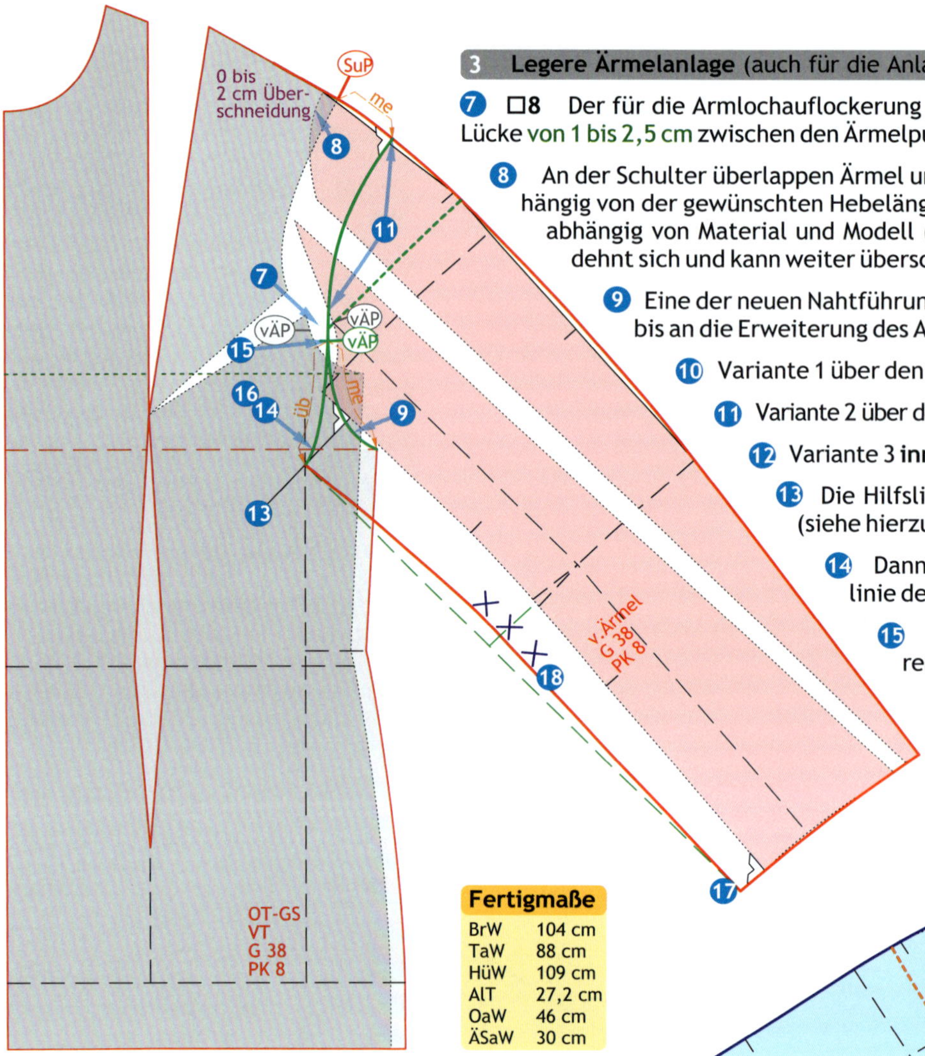

□8 Legere Anlage, Vorderärmel ans Vorderteil, Varianten 2

3 Legere Ärmelanlage (auch für die Anlage auf vorhergehender Seite)

7 □8 Der für die Armlochauflockerung angepasste Ärmel wird hier mit einer Lücke von 1 bis 2,5 cm zwischen den Ärmelpunkten (ÄP) angelegt.

8 An der Schulter überlappen Ärmel und Rumpfteil zwischen 0 bis 2 cm - abhängig von der gewünschten Hebelänge (2 cm erzielt mehr Hebelänge) oder abhängig von Material und Modell (Kimonoärmel im schrägen Fadenlauf dehnt sich und kann weiter überschnitten werden).

9 Eine der neuen Nahtführungen gestalten: **Zunächst das Armloch** bis an die Erweiterung des Armlochs an der Seitennaht zeichnen:

10 Variante 1 über den **ÄP am Armloch** (siehe Seite 257)

11 Variante 2 über dem **ÄP am Ärmel** (gepunktete Linie)

12 Variante 3 **innerhalb des Rumpfteils** (auf Seite 259)

13 Die Hilfslinie für die Ärmelvertiefung zeichnen (siehe hierzu Seite 256).

14 Dann die **untere Ärmelkurve** auf die Hilfslinie der Ärmelvertiefung formen.

15 Die neuen Ärmelpunkte dort markieren, wo die Nähte ineinander übergehen.

16 Vom ÄP aus die unteren Armlochlängen auf die unteren Ärmelkurven abtragen, hinten + 1 cm Einhalteweite.

Fertigmaße

BrW	104 cm
TaW	88 cm
HüW	109 cm
AlT	27,2 cm
OaW	46 cm
ÄSaW	30 cm

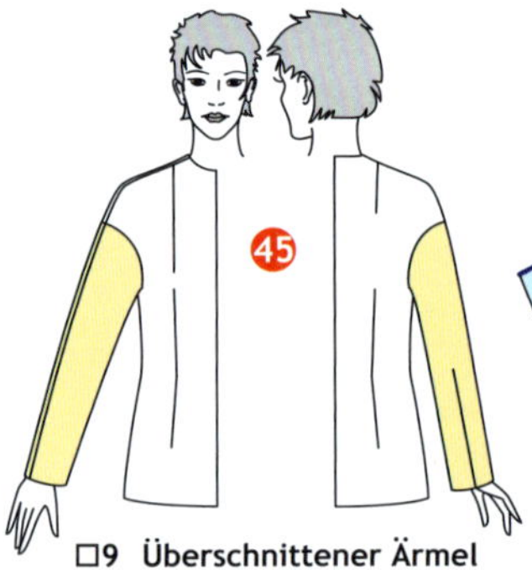

□9 Überschnittener Ärmel

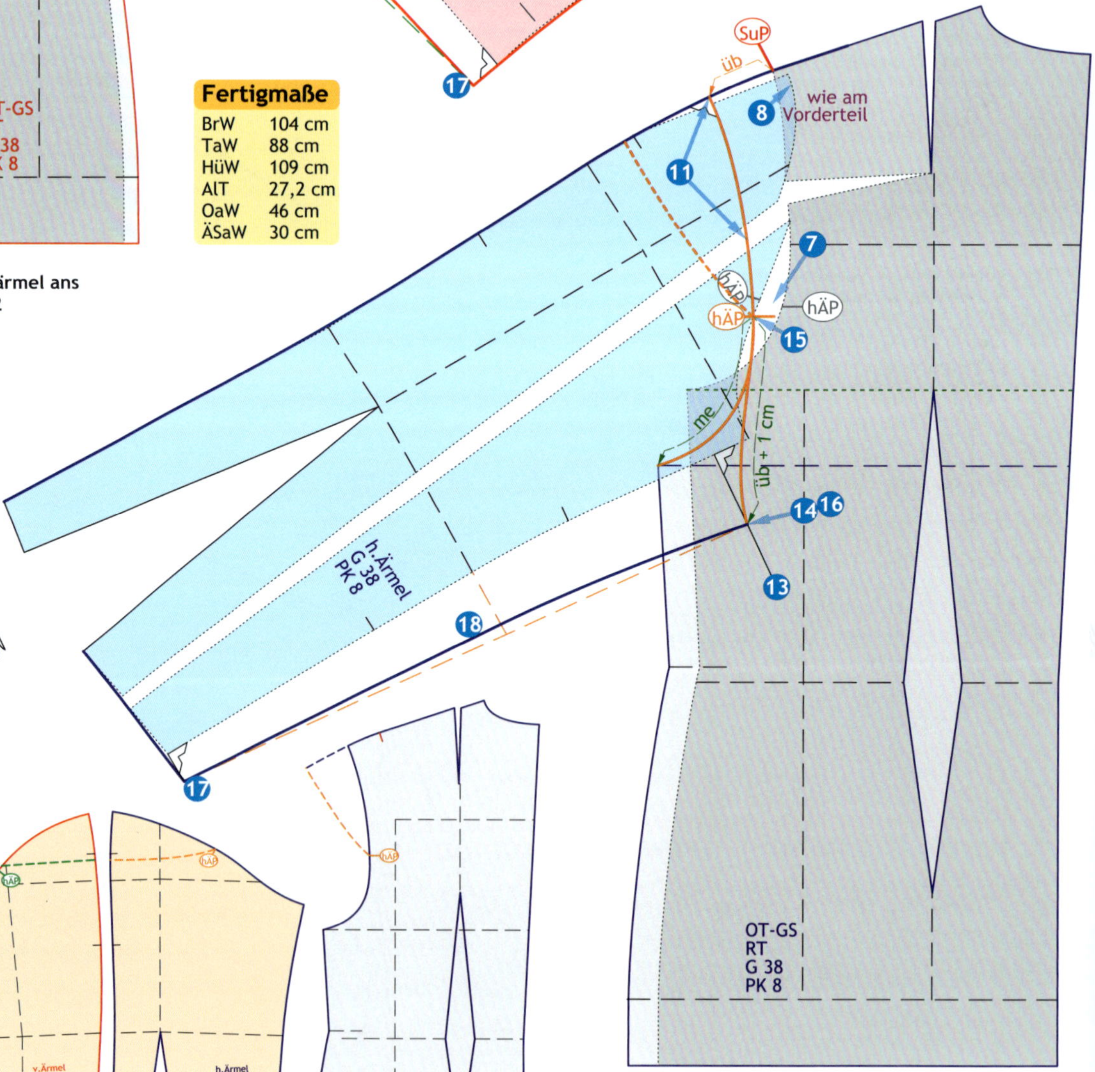

□10 Legere Anlage, Hinterärmel ans Rückteil, Variante 2

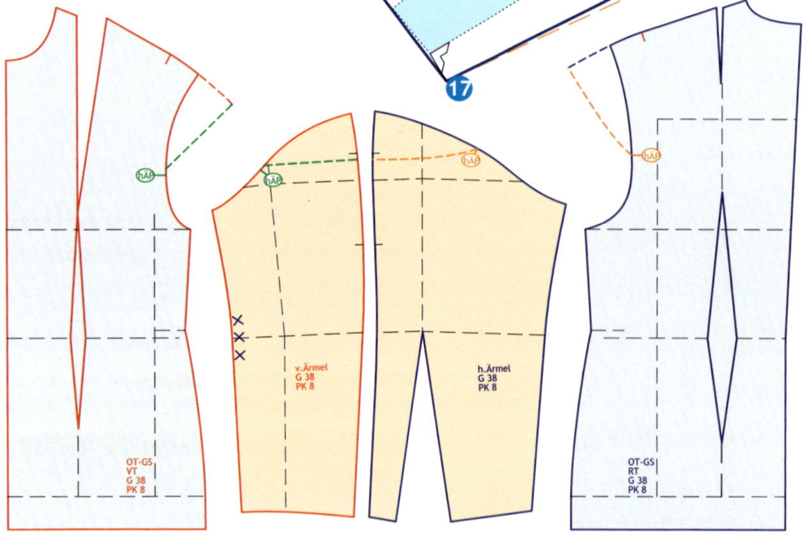

□11 Modellschnittteile der Variante 2 überschnittene Ärmel mit runder Ärmelkugel und mit abgeschnittener Ärmelkugel (gepunktet)

Legere Ärmelanlage mit großer Hebelänge (4) Ärmelpunkt im Rumpf
Hoch angesetzter Ärmel (mit extrem hoher Ärmelkugel) Modellschnittteile im Maßstabsfaktor 0,1

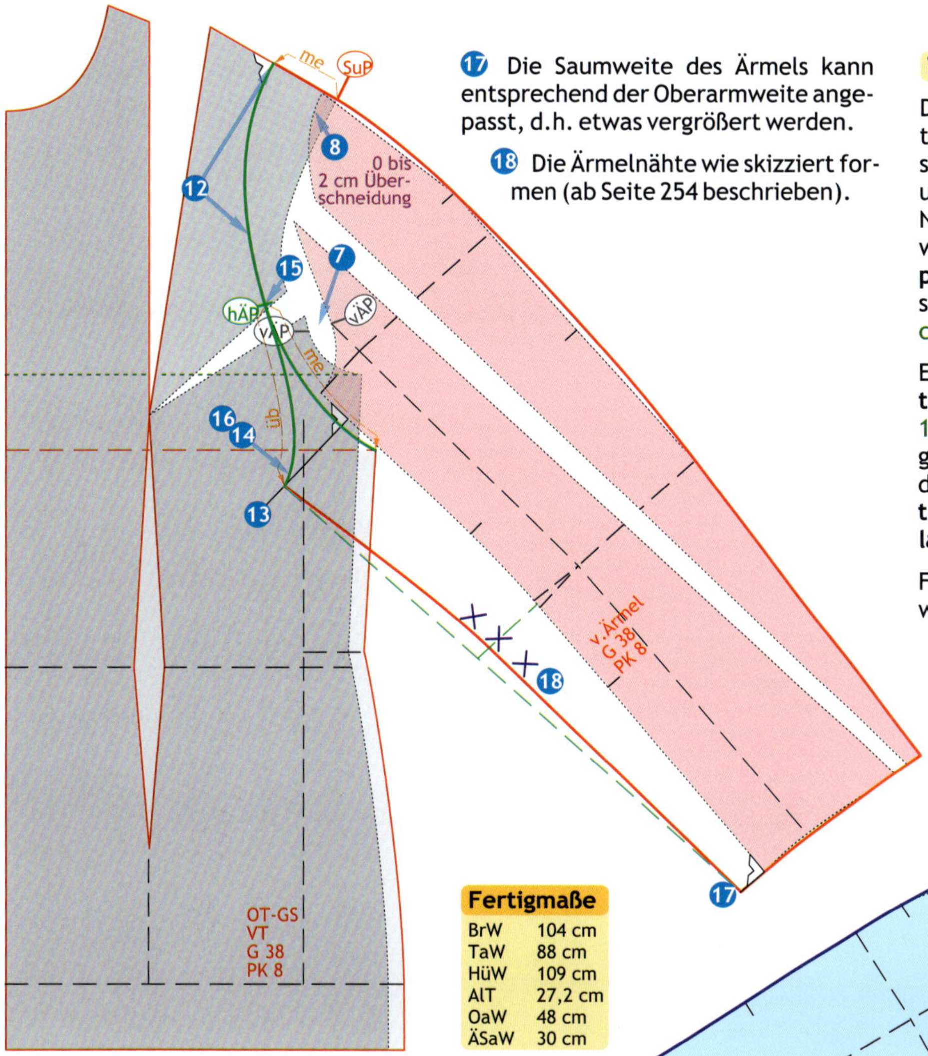

⓱ Die Saumweite des Ärmels kann entsprechend der Oberarmweite angepasst, d.h. etwas vergrößert werden.

⓲ Die Ärmelnähte wie skizziert formen (ab Seite 254 beschrieben).

Fertigmaße

BrW	104 cm
TaW	88 cm
HüW	109 cm
AlT	27,2 cm
OaW	48 cm
ÄSaW	30 cm

□11 **Legere Anlage, Vorderärmel ans Vorderteil, Variante 3**

Weitere Informationen

Die Flexibilität dieser Ärmelanlage betrifft nicht nur die auf Seite 257 beschriebene Gestaltung der Abtrennung und dessen Einfluss auf die Form der Naht unter dem Arm und der Oberarmweite. Auch der **Abstand der Ärmelpunkte** kann vorne und hinten unterschiedlich gewählt werden (1 bis 2,5 cm).

Ebenso kann die **Höhe der Ärmelpunkte** beim Anlegen des Ärmels (um bis zu 1 cm) variieren. Sie müssen nicht auf gleicher Höhe liegen. Damit kann mit der **Wahl des Überschneidungsbetrags** auch ein **Höhenausgleich der Anlage** an der Schulter erfolgen.

Für ein **Schulterpolster** siehe die Anweisungen auf Seite 255.

□12 **Hoch angesetzter Ärmel**

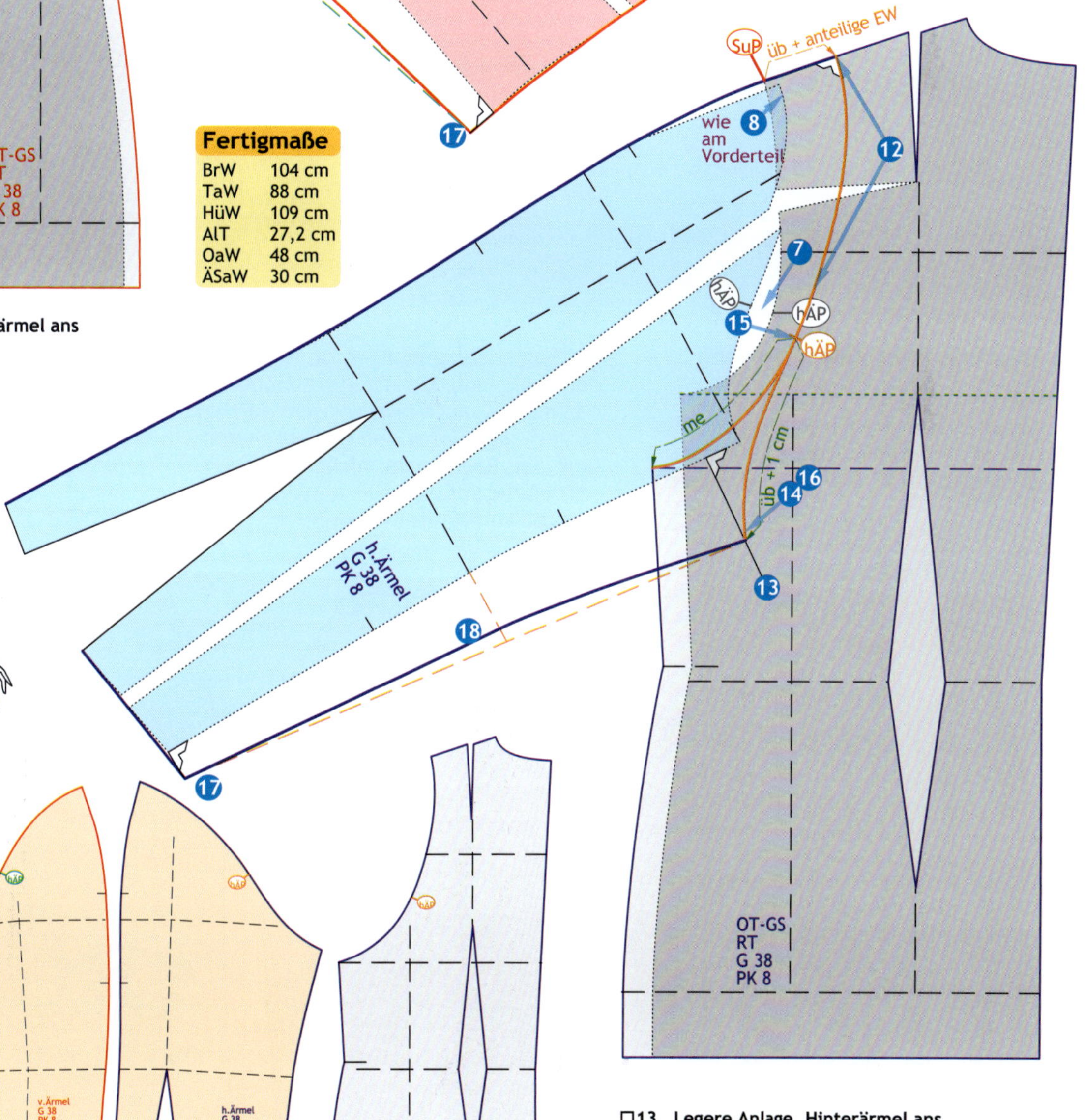

□13 **Legere Anlage, Hinterärmel ans Rückteil, Variante 3**

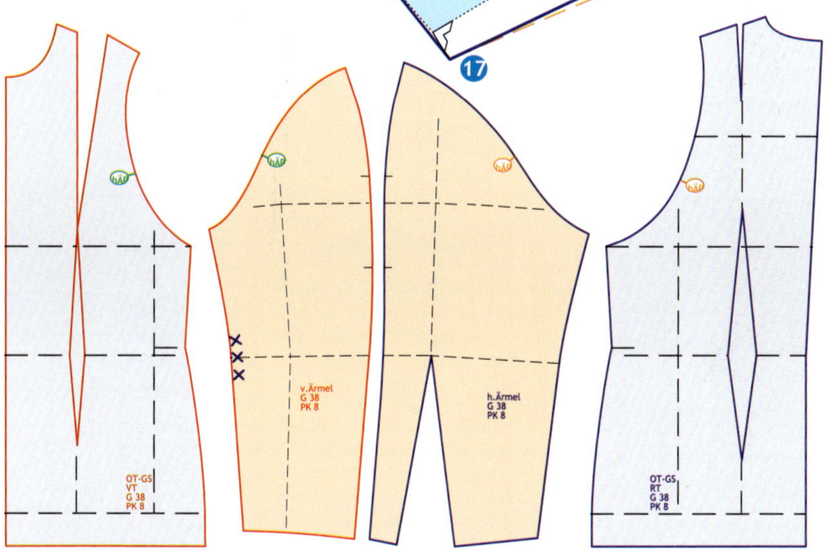

□14 **Modellschnittteile Variante 3**

Raglan-Abtrennungen (1)
Verschiedene Nahtformen

182
183
185
186
248
250
254
256

Raglanärmel kennzeichnen sich durch **Abtrennungen im oberen Bereich der Rumpfteile.** Die Raglannaht kann in die Schulternaht (Halbraglan, Seite 257), ins Halsloch (Zungenraglan, Seite 262) oder in die vordere- oder hintere Mitte (Passenraglan) einlaufen.

Die hier verwendete Ärmelanlage ist auf Seite 253 + 255 beschrieben.

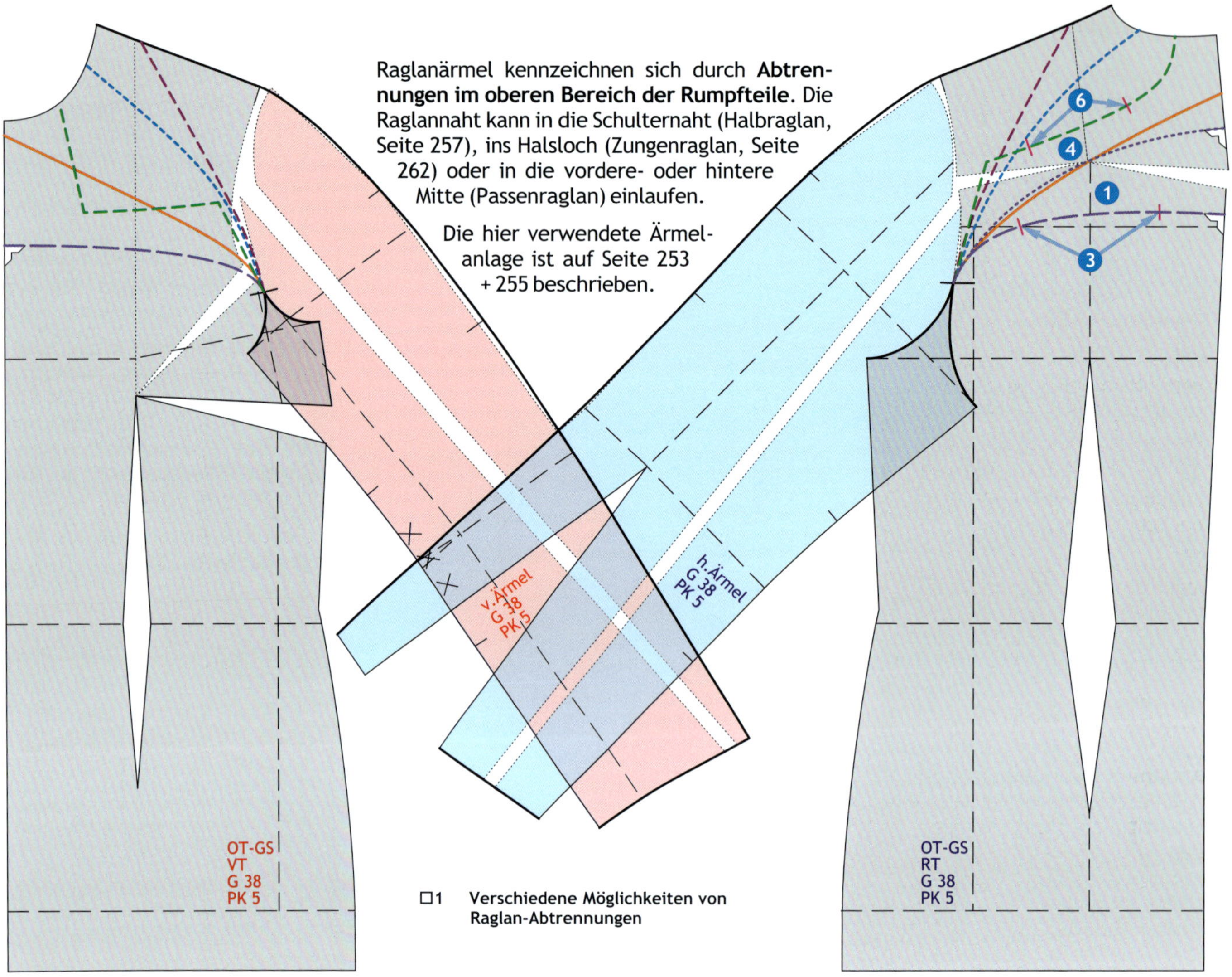

□1 **Verschiedene Möglichkeiten von Raglan-Abtrennungen**

Mögliche Raglan-Abtrennungen

□1 Generell kann man am Vorderteil und am Rückteil auch verschiedene Raglanvarianten gestalten. Z.B. vorne ein Zungen- und hinten ein Passenraglan.

Für Raglanabtrennungen ist es ratsam, den Brust- und den Schulterabnäher zunächst (ggf. auch provisorisch) dorthin zu verlegen, wo er den geplanten Verlauf der Raglannaht nicht stört. Anschließend müssen die Abnäher noch sinnvoll verarbeitet werden.

Im Rückteil ist es auch möglich (hier nicht gezeigt), zunächst die Naht vom Armloch bis zum Abnäher zu gestalten und dann den Schulterabnäher auf die Raglannaht zu kürzen oder zu verlängern. Dann wird der Abnäher zugelegt und der Rest des Nahtverlaufs gestaltet. Somit erhält man keine Einhalteweite an der Raglannaht.

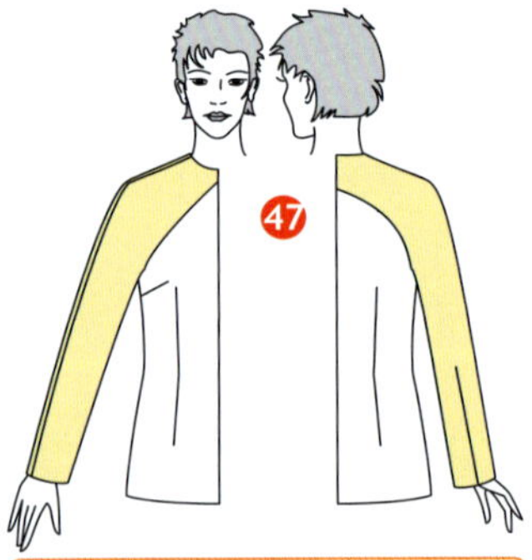

Passenraglan 1

□1+2 Bei dieser Variante verläuft die Raglannaht an die vM bzw. an die hM nicht im rechten Winkel.

Am Rückteil verläuft die Raglannaht über die Schulterabnäherspitze, d.h. ungefähr über die Schulterblätter. Das erleichtert das Zulegen des Abnähers.

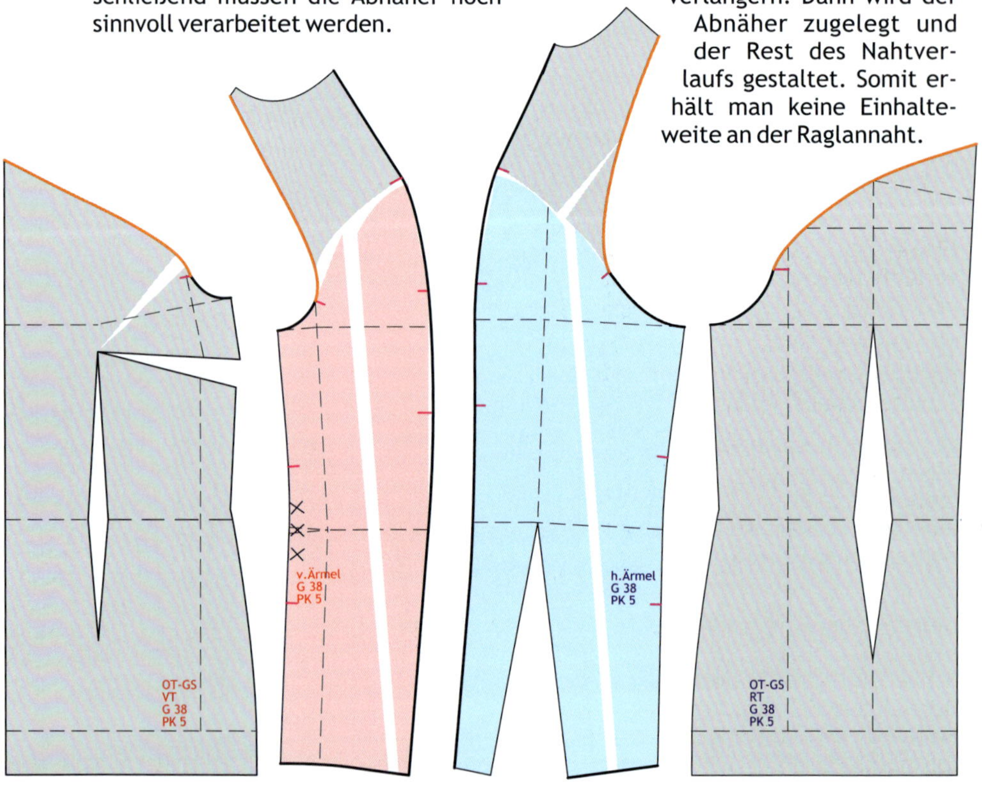

□2 **Modellschnittteile für einen Passenraglan (Variante 1)**

Raglan-Abtrennungen (2)

Verschiedene Nahtformen Maßstabsfaktor 0,15

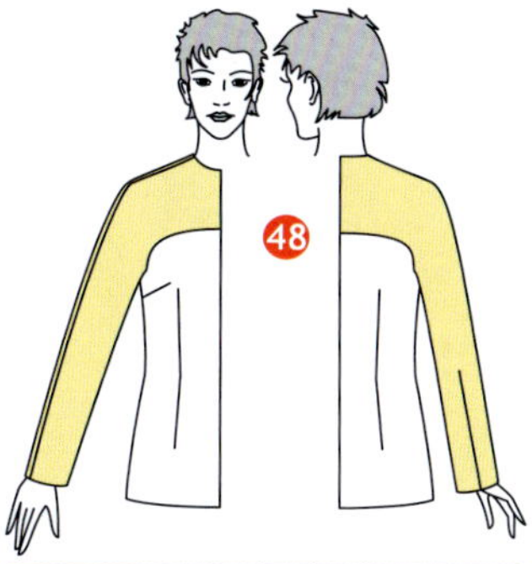

Passenraglan 2

□1+3 Bei dieser Variante verläuft die Raglannaht im rechten Winkel an die vM bzw. an die hM.

❶ Am Rückteil verläuft die Raglannaht nun **unterhalb** der Schulterabnäherspitze.

❷ Hier öffnet sich beim Zulegen des provisorisch verlegten Abnähes am Ärmelteil eine geringe Mehrweite, die dort eingehalten wird.

❸ Für eine korrekte Verarbeitung der Einhalteweite muss vor dem Schließen des Abnähers der Einhaltebereich durch Knipse an beiden Schnittteilen markiert werden.

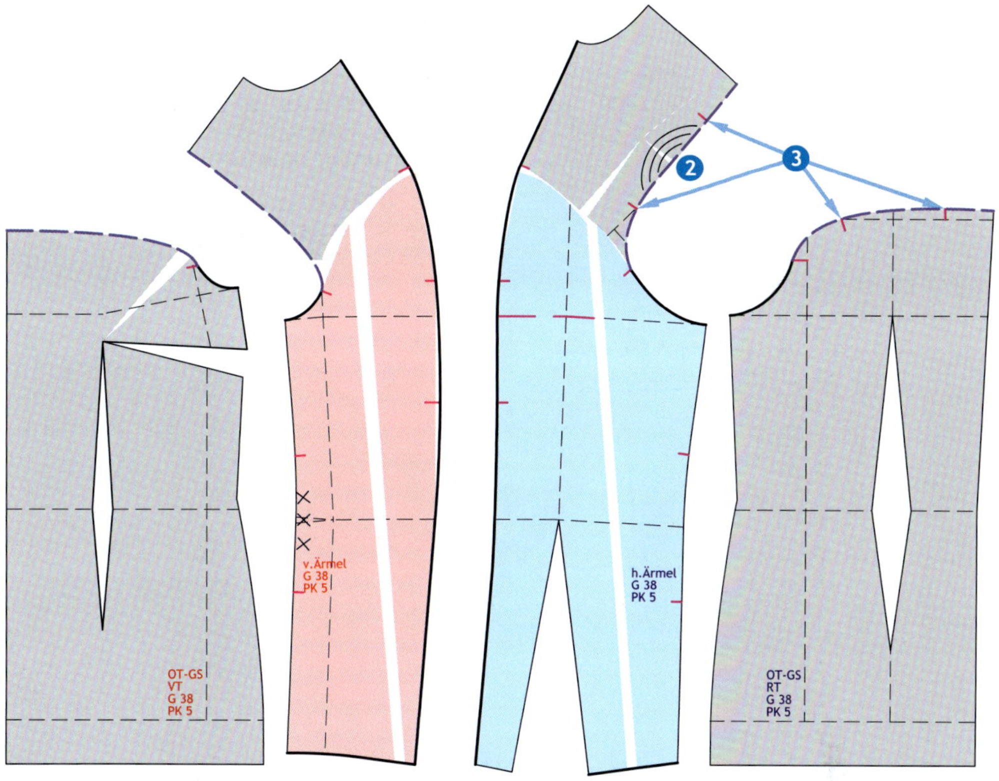

□3 Modellschnittteile für einen Passenraglan (Variante 2)

□3+4 Die **Einhalteweite** im Ärmelteil und RT kann vermieden werden, wenn der ursprüngliche Schulterabnäher nicht in die hM verlegt, sondern gleich bei der Raglannahtgestaltung auf die Naht gekürzt oder verlängert wird. Dann entsteht beim Zulegen keine Einhalteweite.

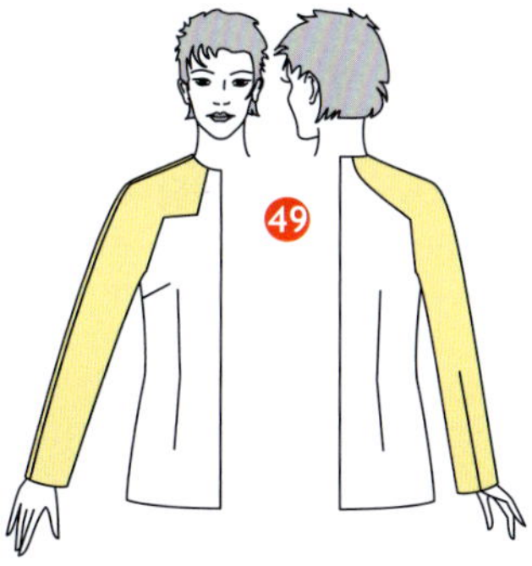

Fantasie-Raglanabtrennung

□1+4 Bei dieser Variante verläuft die Raglannaht eckig oder kurvig z.B. ins Halsloch.

❹ Am Rückteil verläuft die Raglannaht nun **oberhalb** der Schulterabnäherspitze.

❺ Hier öffnet sich beim Zulegen des provisorisch verlegten Abnähes am Rückteil eine geringe Mehrweite, die dort eingehalten wird.

❻ Für ein korrektes Verarbeiten der Einhalteweite muss, wie oben, vor dem Schließen des Abnähers der Bereich des Einhaltens durch Knipse an beiden Schnittteilen markiert werden.

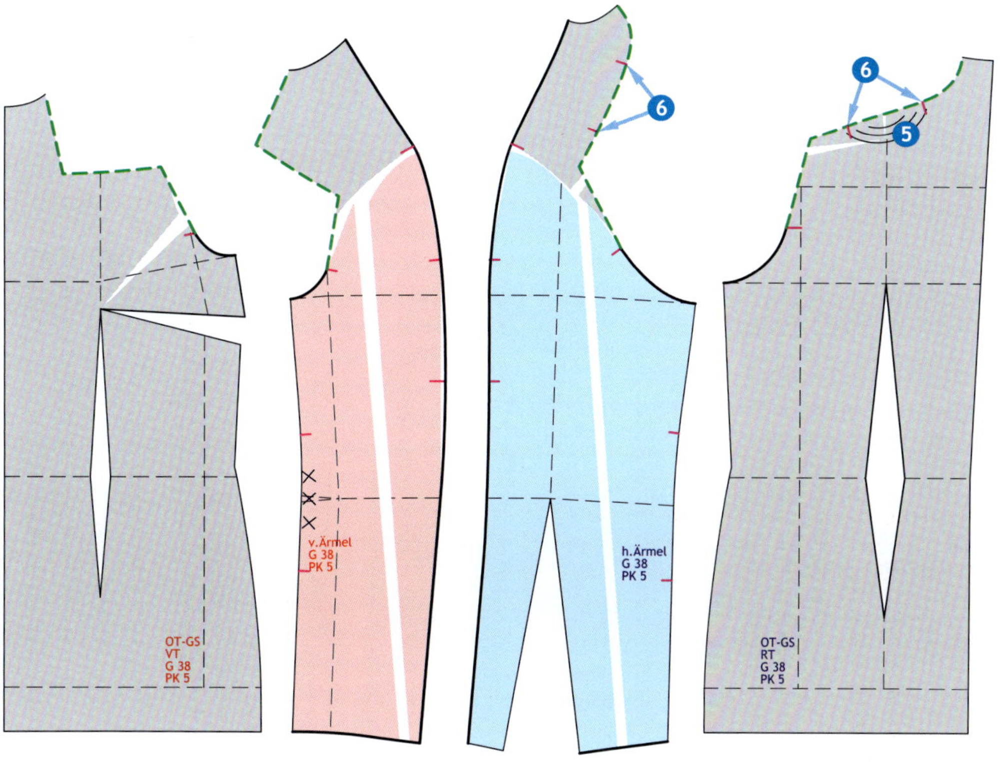

□4 Modellschnittteile für einen Fantasieraglan

Raglan-Abtrennungen (3)
Zungenraglan mit enger Formung am Vorderteil

182
183
185
186
248
250
254
256

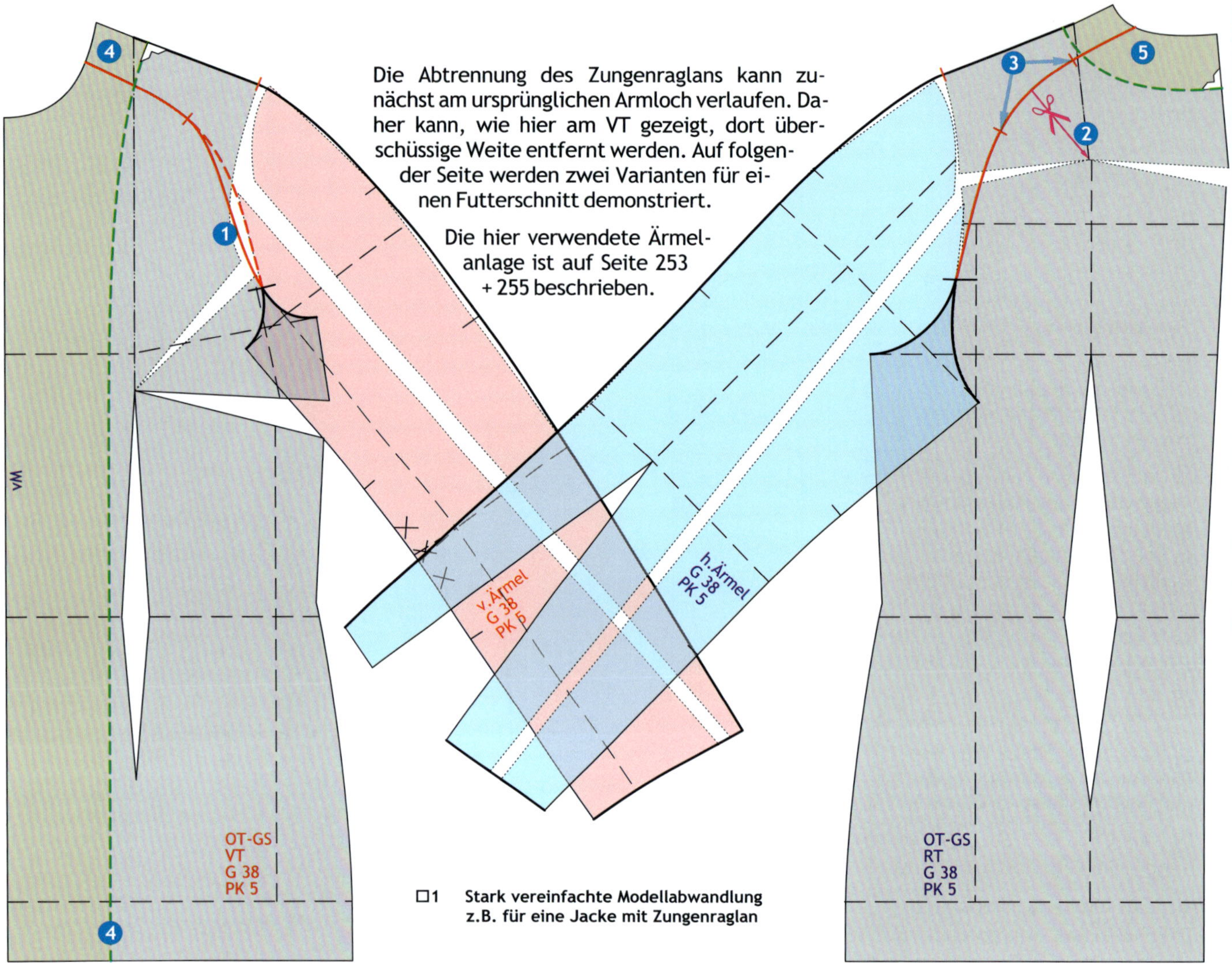

Die Abtrennung des Zungenraglans kann zunächst am ursprünglichen Armloch verlaufen. Daher kann, wie hier am VT gezeigt, dort überschüssige Weite entfernt werden. Auf folgender Seite werden zwei Varianten für einen Futterschnitt demonstriert.

Die hier verwendete Ärmelanlage ist auf Seite 253 + 255 beschrieben.

□1 **Stark vereinfachte Modellabwandlung z.B. für eine Jacke mit Zungenraglan**

Klassischer Zungenraglan mit Weitenreduktion am Vorderteil

❶ □1 Zwischen Vorderteil und angelegtem Ärmel entsteht zumeist eine Lücke. Diese Mehrweite kann bei einer geschickten Raglan-Nahtführung entfernt werden.

Hierbei ist darauf zu achten, dass die beiden Nahtlängen zwischen den Knipsen im Vorderteil identisch sind.

❷ Im Rückteil kann der provisorisch verlegte Schulterabnäher als Einhalteweite zur Raglannaht verlegt werden.

❸ □1+2 Vor dem Öffnen der Naht wird der Bereich zum Einhalten durch zwei Knipse markiert.

Belege

❹ □1 Vorderteil-Beleg je nach Verschluss z.B. bis an die Schulter einzeichnen.

❺ Rückteil-Beleg in derselben Breite an der Schulter parallel zum Halsloch formen.

□2 Schnittteile für den Oberstoff kopieren: Belege, Rumpf- und Ärmelflächen.

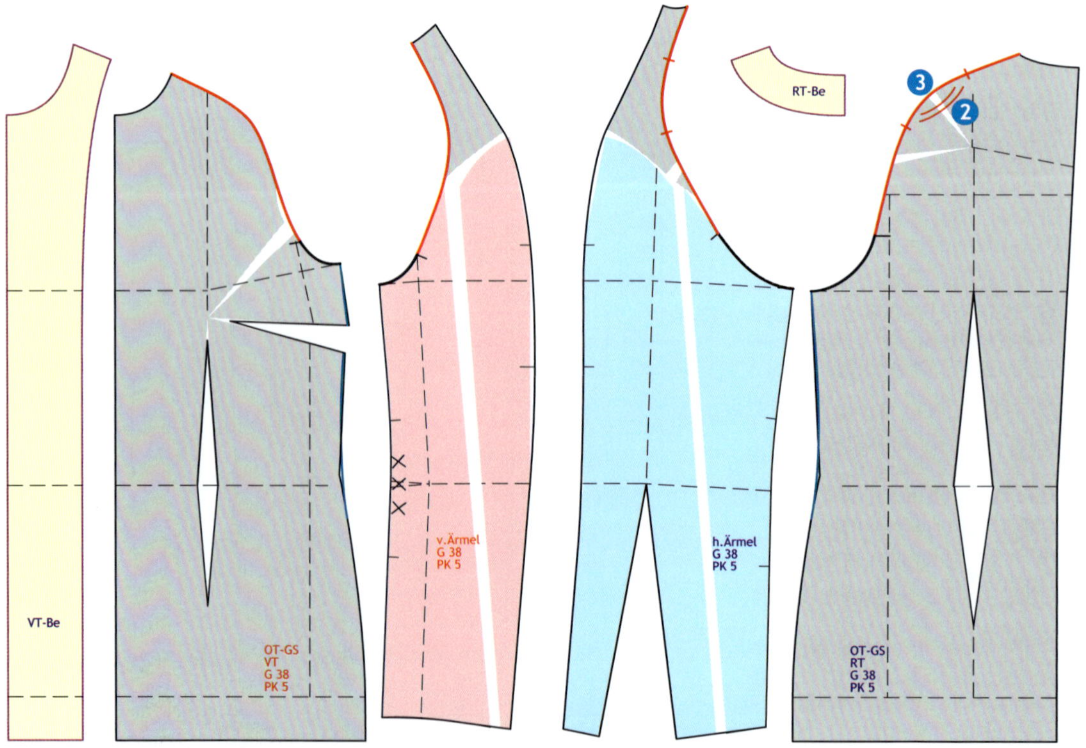

□2 **Modellschnittteile mit Belegen (für Oberstoff)**

Raglan-Abtrennungen (4)
Zwei Varianten für Jacken-Futter mit Raglanärmel Modellschnitte im Maßstabsfaktor 0,15

Futterschnitt-Entwicklung

□**3** Die Oberteil- und Ärmelschnittflächen ohne die Belegflächen (gelb) ergeben die Futterschnitt-Flächen (grün). Die grauen Oberstoff-Flächen liegen sichtbar darunter.

! Futterschnitte müssen geringfügig **weiter und länger** als die entsprechenden Rumpf- und Ärmelteile sein. Bei den Rumpfteilen entsteht am Saum eine Futterfalte durch das Einschlagen des Saums am Oberstoff. Die untere Futternaht entspricht der Saumkante. Zudem muss das Futter eine möglichst unkomplizierte Nahtführung besitzen, damit es **einfach zu verarbeiten** ist.

6 Der Taillenabnäher im VT wird ca. zur Hälfte an die Belegnaht verschoben.

7 Die Futterärmel sind am Saum um ca. die Hälfte des Ärmelsaum-Einschlags gekürzt.

8 An der Achsel wird wie ab Seite 235 beschrieben erhöht.

9 Der hintere Taillenabnäher wird für Mehrweite verkleinert.

10 Die zusätzliche Fläche für die Bewegungsfalte an der hinteren Mitte wird entweder an der Taille abgenäht

11 oder reicht in gerader Linie bis oberhalb des Saums.

12 Am VT-Futter sollte sicherheitshalber etwas Länge in die Belegnaht hinzukommen.

Produktionsschnitte für Futter werden ab Seite 235 beschrieben.

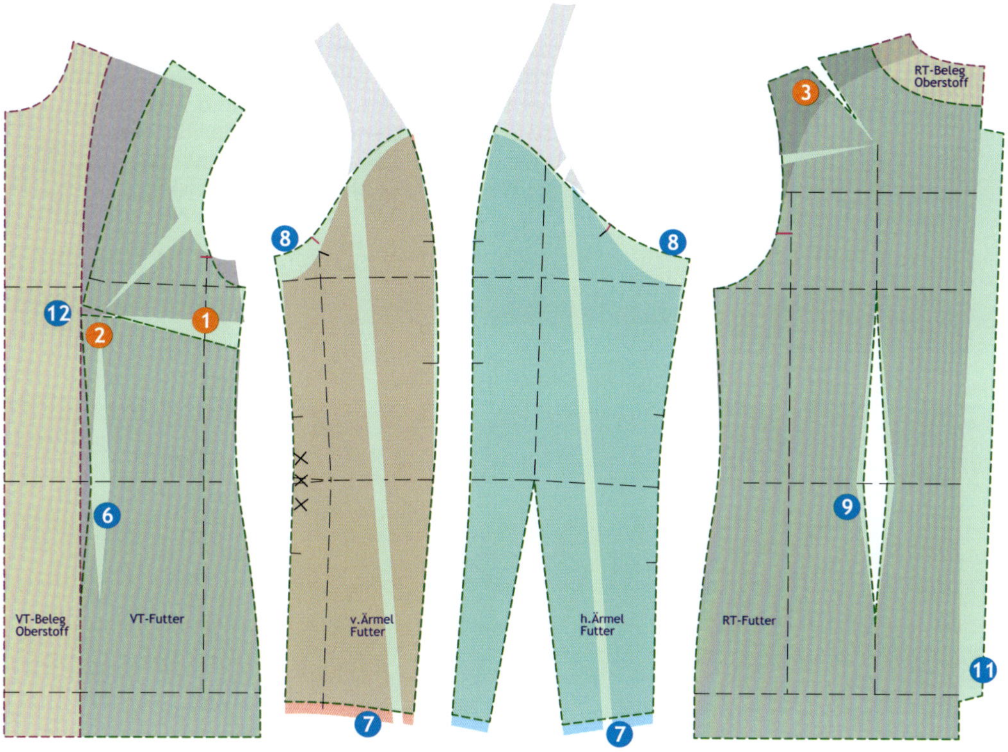

□3 **Futterschnitt-Entwicklung Variante 1 mit eingesetzten Ärmeln**

Futter-Variante 1 mit eingesetzten Ärmeln

□**3** Hier wird die Abtrennung für den Raglanärmel ignoriert. Die Futterschnitte sind aus der Modellentwicklung zu entnehmen, damit dortige Änderungen mit in den Schnitt einfließen.

1 Der Brustabnäher wird zugelegt und die Weite in die Belegnaht gelegt.

2 Dadurch entsteht die notwendige Mehrlänge in der Naht. Überschüssige Weite kann dort als Fältchen gelegt werden.

3 Der Schulterabnäher kann in die Schulternaht oder ins Armloch verlegt und dort deutlich gekürzt und genäht oder (hier nicht gezeigt) als Falte gelegt werden.

Futter-Variante 2 mit Raglanärmeln

□**4** Bei dieser Variante wird die unkomplizierte Abtrennung für den Raglanärmel auch beim Futter verwendet.

4 Der Brustabnäher kann genäht oder als aufspringenden Abnäher (abgenähte Falte) gearbeitet werden. Eine Falte ergibt Weite im Brustbereich.

5 Die Verlängerung für die Belegnaht wird hier am VT-Saum angezeichnet.

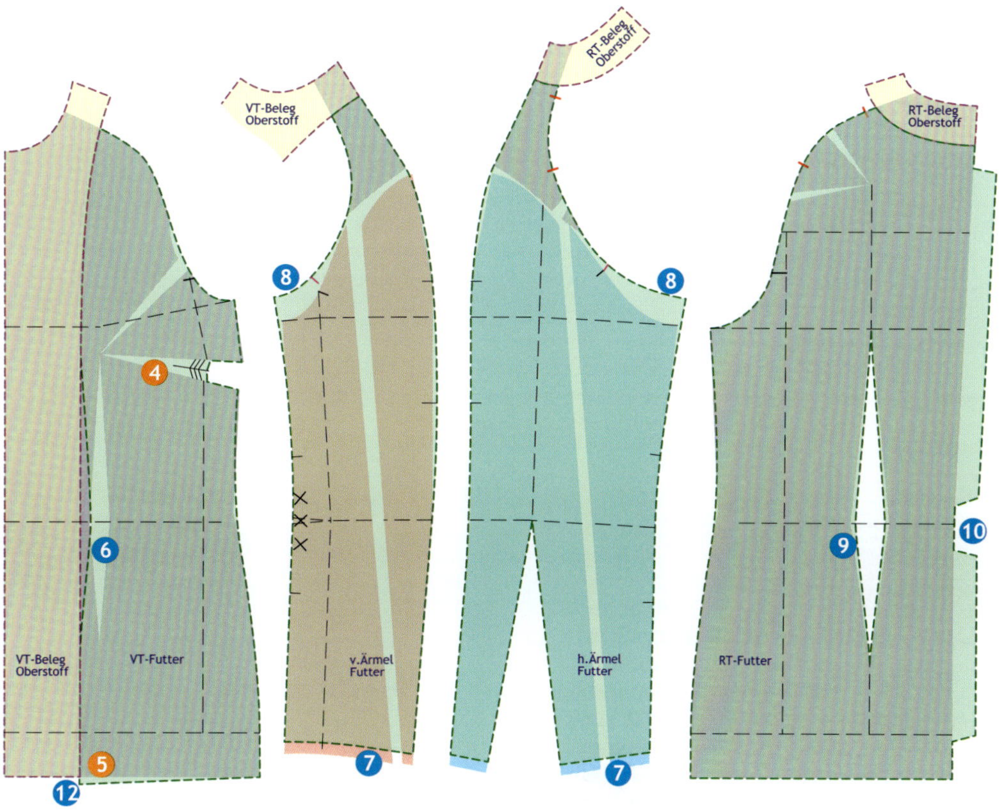

□4 **Futterschnitt-Entwicklung Variante 2 mit Raglanärmeln**

Kimono-Abtrennungen mit Teilungsnähten (1)
Verschiedene Nahtformen im Rumpfteil

182
183
185
186
248
250
254
256

Kimonoärmel kennzeichnen sich durch **Abtrennungen im unteren Bereich der Ober- und Ärmelteile.** Kimononähte können in den Saum oder in die Seiten- bzw. Ärmelnaht verlaufen. An den Säumen kann für mehr Saumweite ausgestellt werden. Die Taillenabnäher können für mehr Taillenweite schmaler gezeichnet werden. Die hier verwendete Ärmelanlage ist auf Seite 253 + 255 beschrieben.

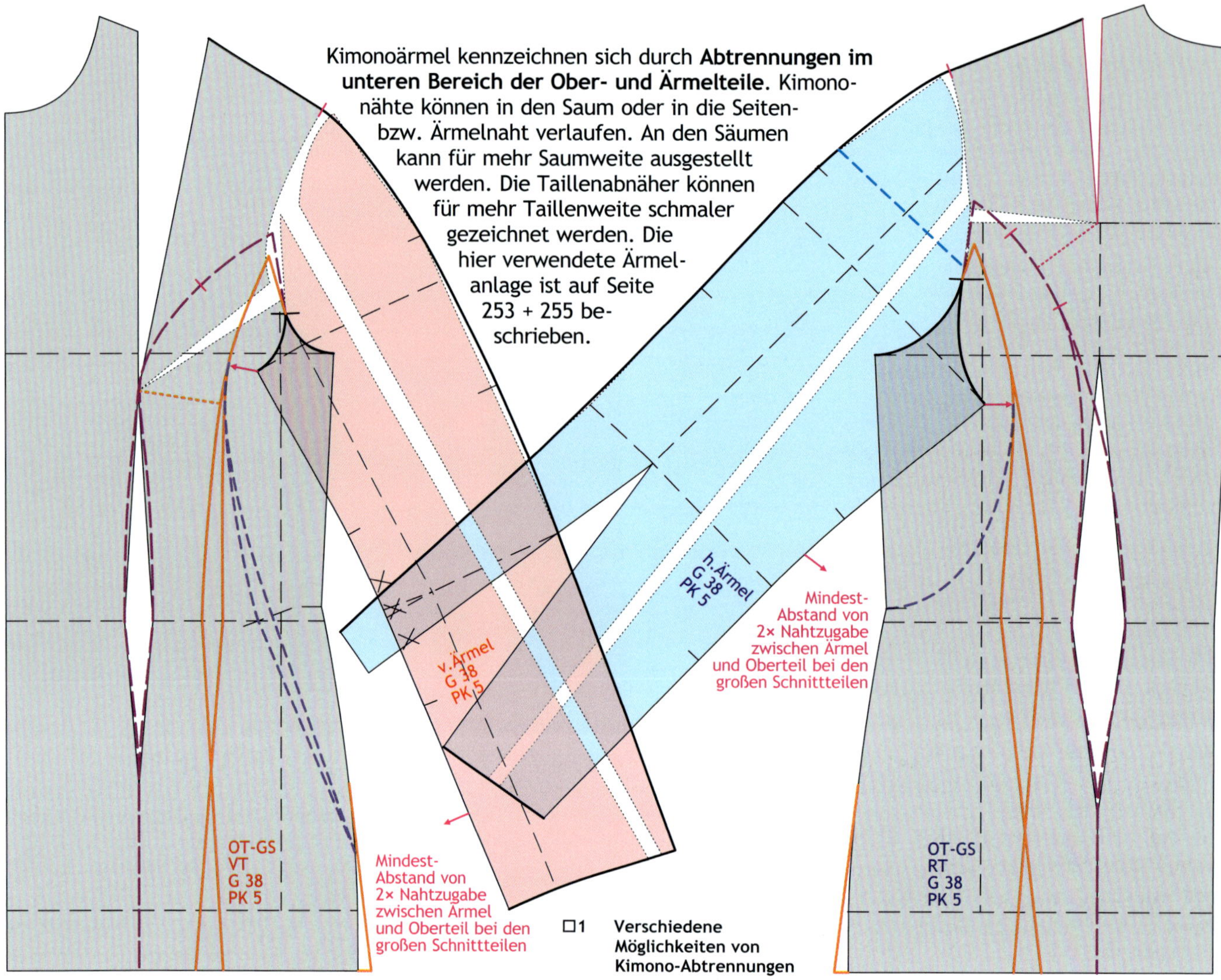

□1 **Verschiedene Möglichkeiten von Kimono-Abtrennungen**

Kimono-Abtrennungen am Rumpf

□1 Kimonoabtrennungen werden im unteren Rumpf- und Ärmelbereich vorgenommen. Der Brust- und der Schulterabnäher können an der ursprünglichen Position (wie hier dargestellt) verbleiben. Anschließend können Brust- und Schulterabnäher nach Wunsch weiterverarbeitet werden.

Die Teilungsnähte haben den Zweck, die Überschneidungsflächen unter dem Arm mit separaten Schnittteilen zu isolieren, so dass diese Flächen wieder doppelt vorliegen. Hierzu ist wichtig, dass ein Mindestabstand zwischen Ärmel- und Rumpf beim großen Schnittteil 2× Nahtzugabe beträgt!

Die Taillenabnäher können (je nach individueler Passform) an die gewünschte Teilungsnaht verschoben werden.

Generell kann man am Vorderteil auch eine andere Kimonovariante als am Rückteil gestalten. Sogar eine Raglanvariante wäre möglich.

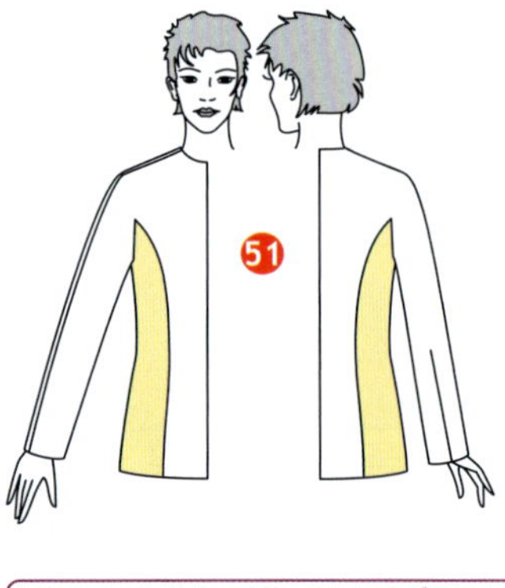

Kimono mit Wiener Naht

□1+2 Die Nähte verlaufen zunächst im alten Armloch und von dort mit einer Ecke in Form einer Wiener Naht (am VT über oder am Brustpunkt vorbei) zum Saum. Die Taillenabnäher sind in die Nähte integriert, ggf. den Saum erweitern. Weitere Informationen findet man ab Seite 376.

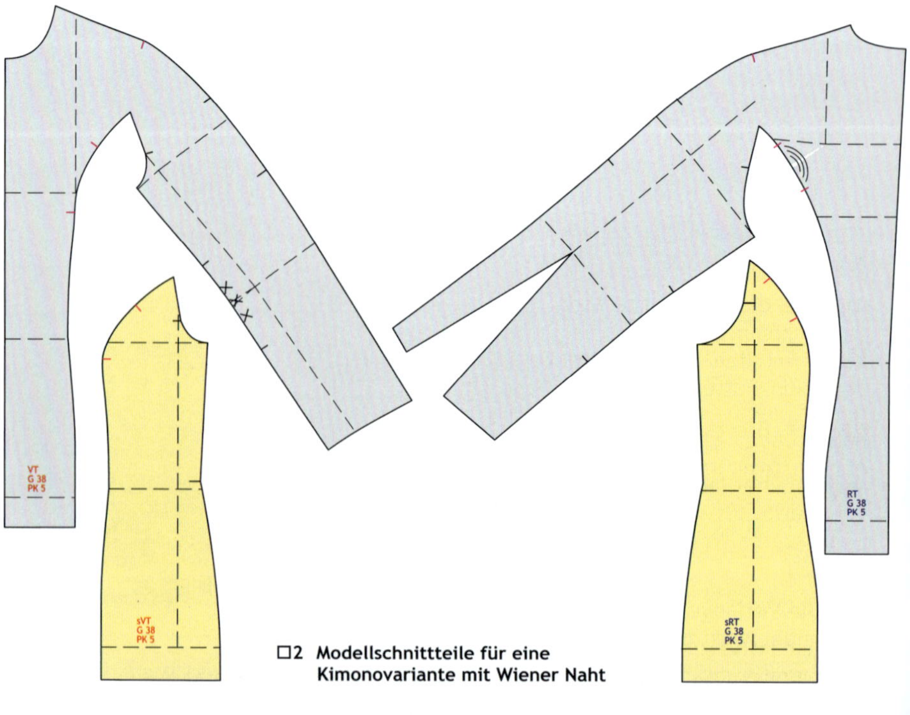

□2 **Modellschnittteile für eine Kimonovariante mit Wiener Naht**

Kimono-Abtrennungen mit Teilungsnähten

Kimono-Abtrennungen mit Teilungsnähten (2) seitlich
Verschiedene Nahtformen im Rumpfteil Maßstabsfaktor 0,1

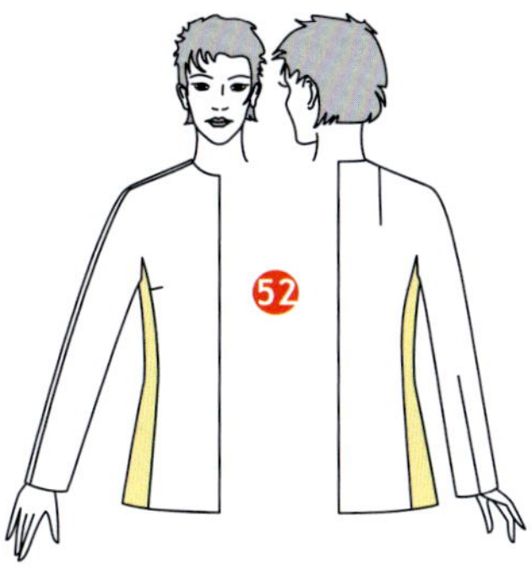

Kimono mit Flankennaht

□1+3 Die Nähte verlaufen zunächst im alten Armloch zu einer Ecke; von dort in einem möglichst flachen Bogen zur Taille und dann zum Saum. Der Abstand der beiden Nähte ist zu beachten. Die Taillenabnäher können in die Nähte integriert sein, der Saum ist hier erweitert.

Im VT wird der Rest-Brustabnäher gekürzt und genäht. Weitere Varianten findet man ab Seite 388. Z.B. kann eine Nahttasche eingearbeitet werden.

Die Flankennaht im RT wird ebenfalls eher gerade geformt und der ggf. verschmälerte Taillenabnäher integriert. In die hintere Naht kann z.B. ein Schlitz eingearbeitet werden.

Bei taillierten Modellen sollte unbedingt die Optimierung des hinteren Flankenteils wie auf Seite 389 beschrieben vorgenommen werden.

An den Schnittteilen ist der Saumverlauf noch nicht ausgeformt.

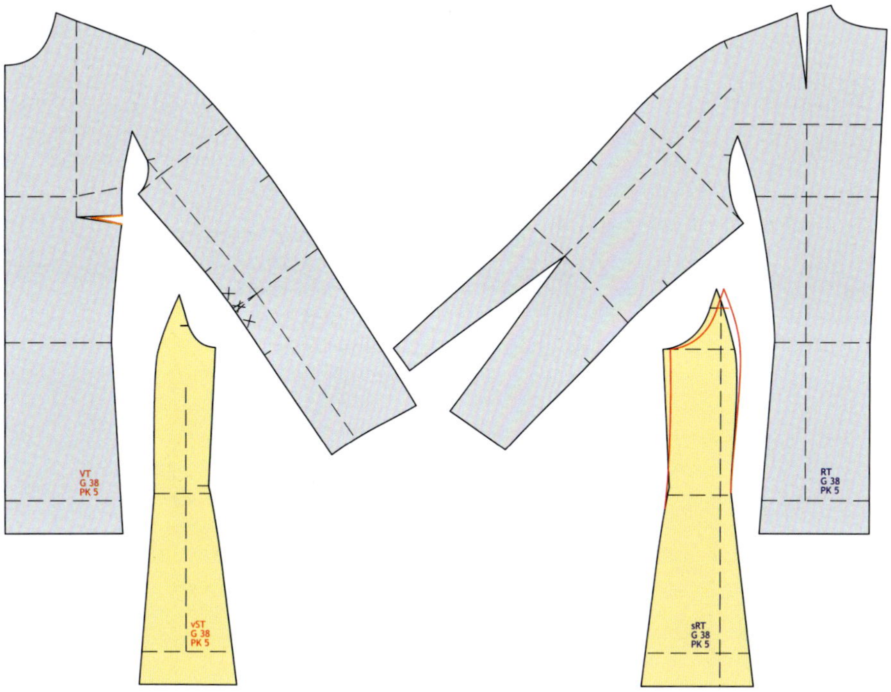

□3 Modellschnittteile für eine Kimonovariante mit Flankennaht

Kimono mit Fantasienähten

□1+4 Die Nähte verlaufen zunächst im alten Armloch zu einer Ecke. Von dort in einem runden Bogen zur Seitennaht. Dabei ist der Nahtabstand zur oberen Ärmelnaht zu beachten. Der Taillenabnäher kann in die vordere Naht integriert sein, wenn der Abnäher insgesamt schräg gezeichnet wird. In diesem Fall kann vorne eine Nahttasche eingearbeitet werden.

Hier ist im VT der Brustabnäher noch nicht weiterverarbeitet.

Die Teilungsnaht im RT ist hier sehr rund in die Seitennaht geformt. Sie könnte auch in den Saum oder in die hM verlaufen.

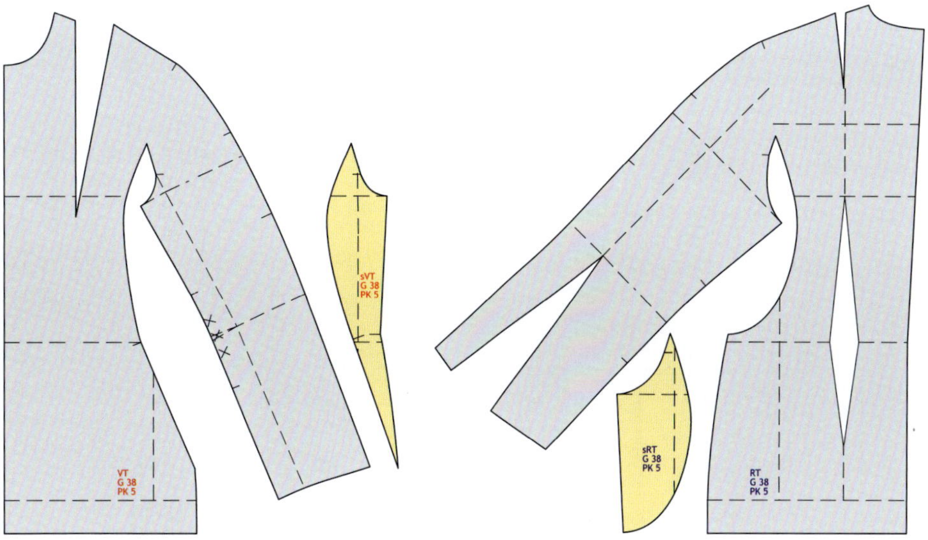

□4 Modellschnittteile für eine Kimonovariante mit Fantasienähten

Kimono-Abtrennungen mit Teilungsnähten (3)
Verschiedene Nahtformen am Ärmel

182
183
185
186
248
250
254
256

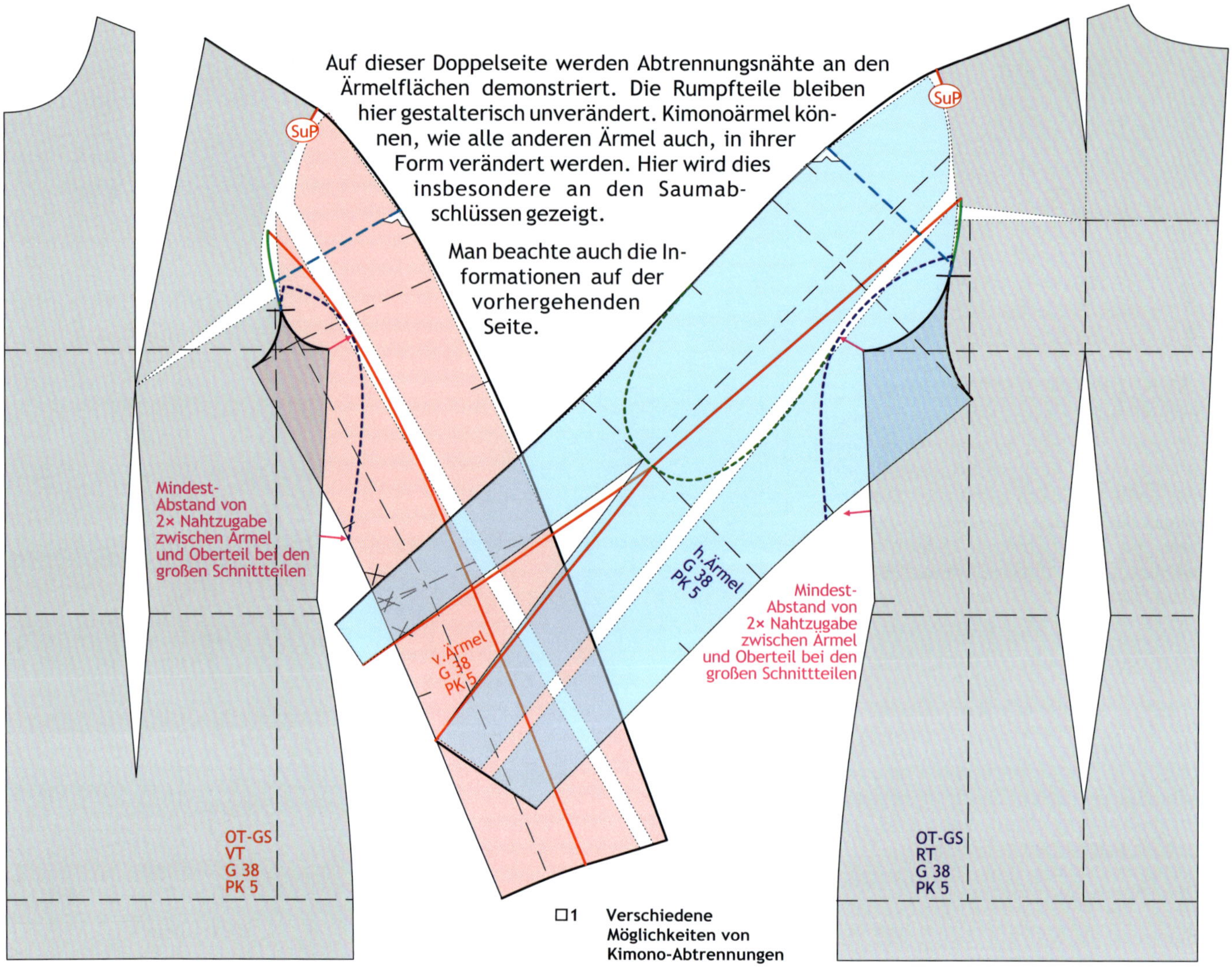

Auf dieser Doppelseite werden Abtrennungsnähte an den Ärmelflächen demonstriert. Die Rumpfteile bleiben hier gestalterisch unverändert. Kimonoärmel können, wie alle anderen Ärmel auch, in ihrer Form verändert werden. Hier wird dies insbesondere an den Saumabschlüssen gezeigt.

Man beachte auch die Informationen auf der vorhergehenden Seite.

□1 Verschiedene Möglichkeiten von Kimono-Abtrennungen

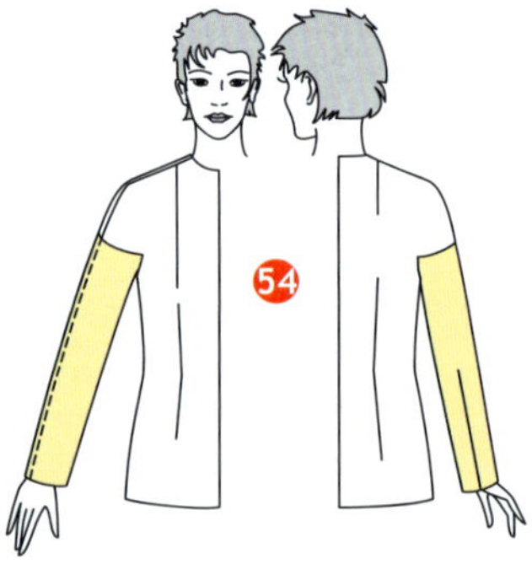

Kimono-Abtrennungen am Ärmel

□1 Auch hier haben die Teilungsnähte den Zweck, die Überschneidungsflächen unter dem Arm mit separaten Schnittteilen zu isolieren, so dass diese Flächen wieder doppelt vorliegen. Der Mindestabstand zwischen Ärmel- und Rumpf von 2× Nahtzugabe muss eingehalten werden.

Überschnittener Ärmel

□1+2 Die Nähte verlaufen oberhalb der Ärmelpunkte ungefähr im Bereich des alten Armlochs und von dort, meist mit einer Ecke, gerade zur Oberarmnaht. Die Abstände zwischen SuP und Naht müssen an VT und RT identisch sein.

Der abgetrennte Ärmel kann an der Oberarmnaht getrennt bleiben oder wieder zu einem Ärmel vereint werden.

□2 Exemplarisch ist hier der Ärmel zu einem Keulenärmel erweitert worden. Prinzipiell sind alle möglichen Variationen der Gestaltung denkbar.

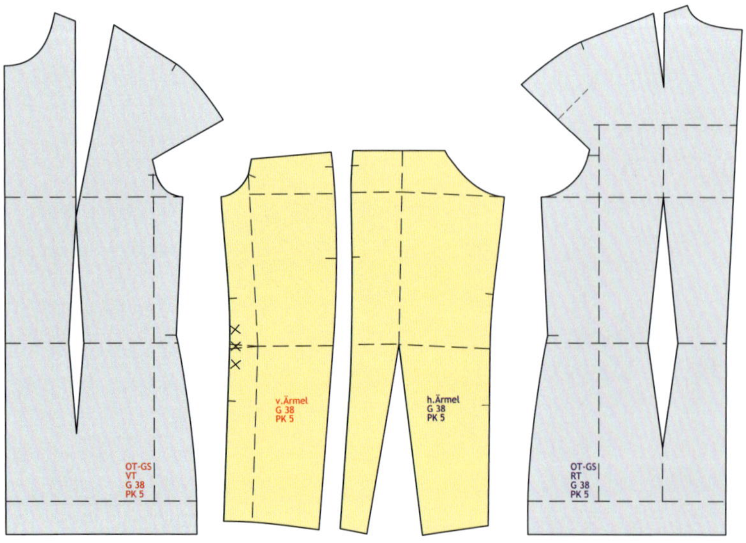

□2 Modellschnittteile für überschnittenen Ärmel mit schmalem angesetzten Ärmel

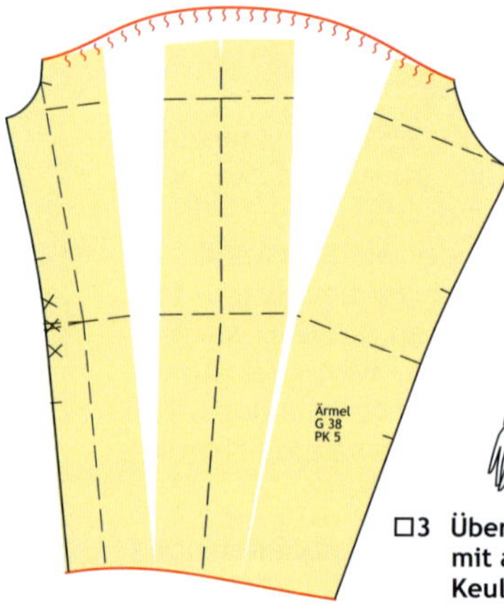

□3 Überschnittener Ärmel mit angesetzem Keulenärmel

Kimono-Abtrennungen mit Teilungsnähten

Kimono-Abtrennungen mit Teilungsnähten (4) am Unterarm
Verschiedene Nahtformen und Saumabschlüsse am Ärmel Maßstabsfaktor 0,1

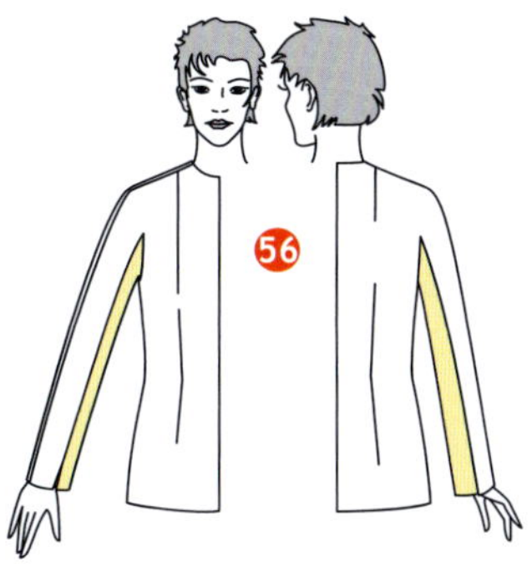

Kimono mit Unterarm-Abtrennung 1

□1+4 Die hintere Naht nimmt den Ärmelabnäher in sich auf und wird prinzipiell so gestaltet wie der Zweinaht-Ärmel. Vorne verläuft die Naht gerade in den Saum.

In sämtliche Nähte - auch in die Oberarmnaht - können Schlitze gearbeitet werden. Auch Blenden und Aufschläge sind möglich. Hierzu studiere man die Seiten weiter vorne im Kapitel.

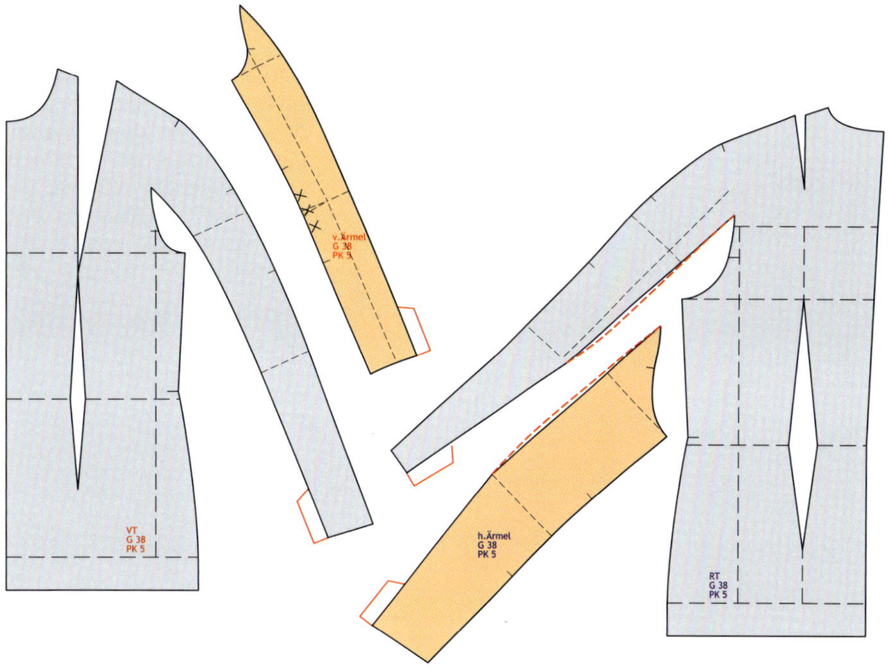

□4 Modellschnittteile für eine Kimonovariante mit Ärmel-Längsnähten und Schlitzen

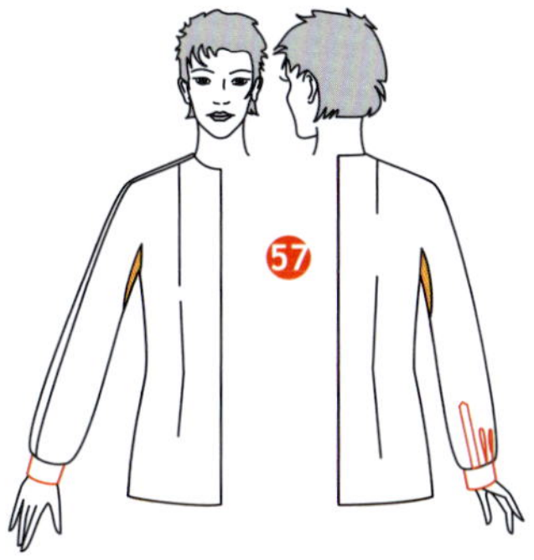

Kimono mit Unterarm-Abtrennung 2

□1+5 Hier wird die kleinstmögliche Abtrennung am Ärmel vorgenommen, um die Überschneidungsfläche zu isolieren.

Der Ärmel ist hier gestaltet wie ein Hemdenärmel mit Schlitz und Manschetten. Auch Kräuselungen mit Bündchen oder Formmanschetten sind denkbar.

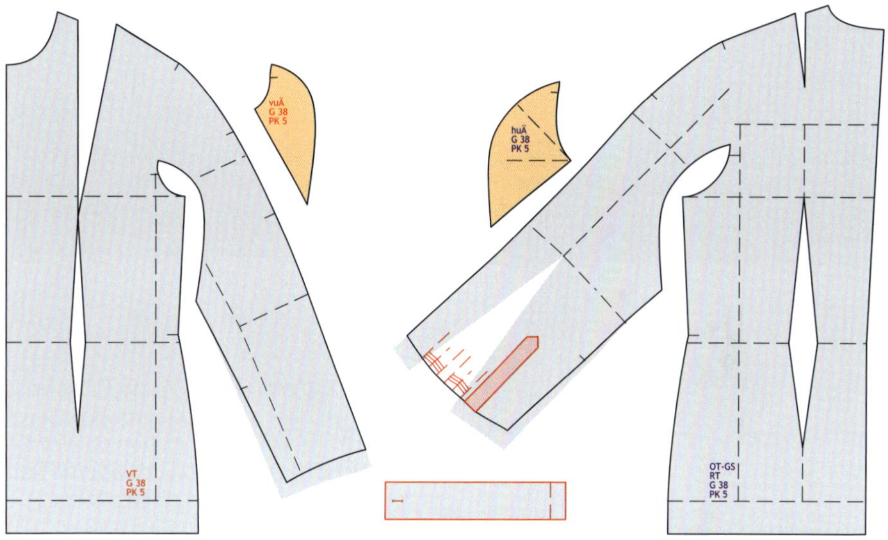

□5 Modellschnittteile für eine Kimonovariante mit kleinen Unterarmabtrennungen und Ärmelabschluss im Hemdblusen-Stil mit Manschetten

Kimono mit Trompetenärmel

□1+6 Hier wird vorne die kleine Abtrennung von oben und hinten eine Abtrennung in die Oberarmnaht vorgenommen, die über die Abnäherspitze läuft.

Der hintere Ärmel kann somit wieder an den vorderen angeschnitten werden. Die Saumweite wird hier durch Öffnungen und Anzeichnen an die Ärmelnaht stark vergrößert.

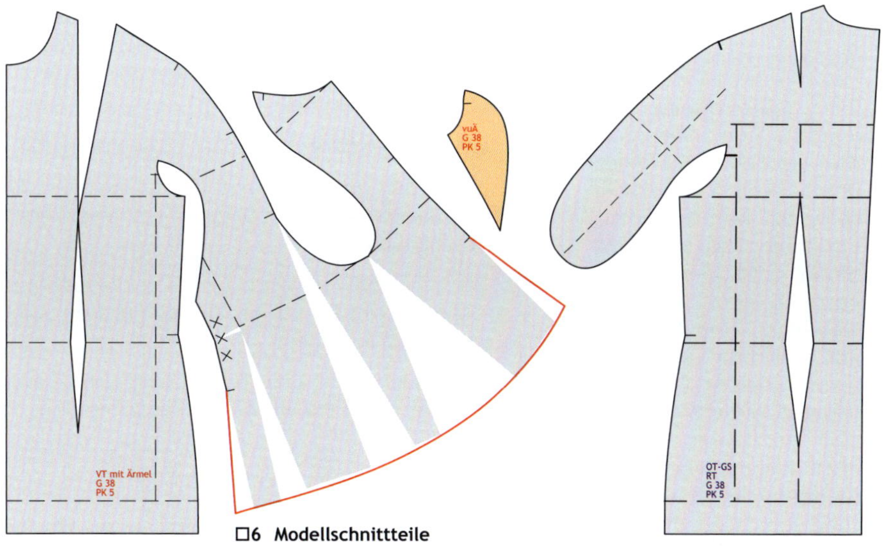

□6 Modellschnittteile Kimono mit Trompetenärmel

Drachenkeil-Kimono (1)

182
183
185
186
250
254
256

Bei dieser Kimono-Variante erfolgt die Berücksichtigung der Überschneidungsflächen von Ärmel und Oberteil durch einen **Drachenkeil (Zwickel)**. Diese Variante kann **an allen zuvor gezeigten Ärmelanlagen bis zu einer Armlochvertiefung von ca. 3 cm** angewendet werden. Dabei sollte der Ärmel am Rückteil stets mit einem Abstand am Ärmelpunkt von ca. 1 cm angelegt werden.

Die hier verwendete Ärmelanlage auf Seite 253 + 255 beschrieben.

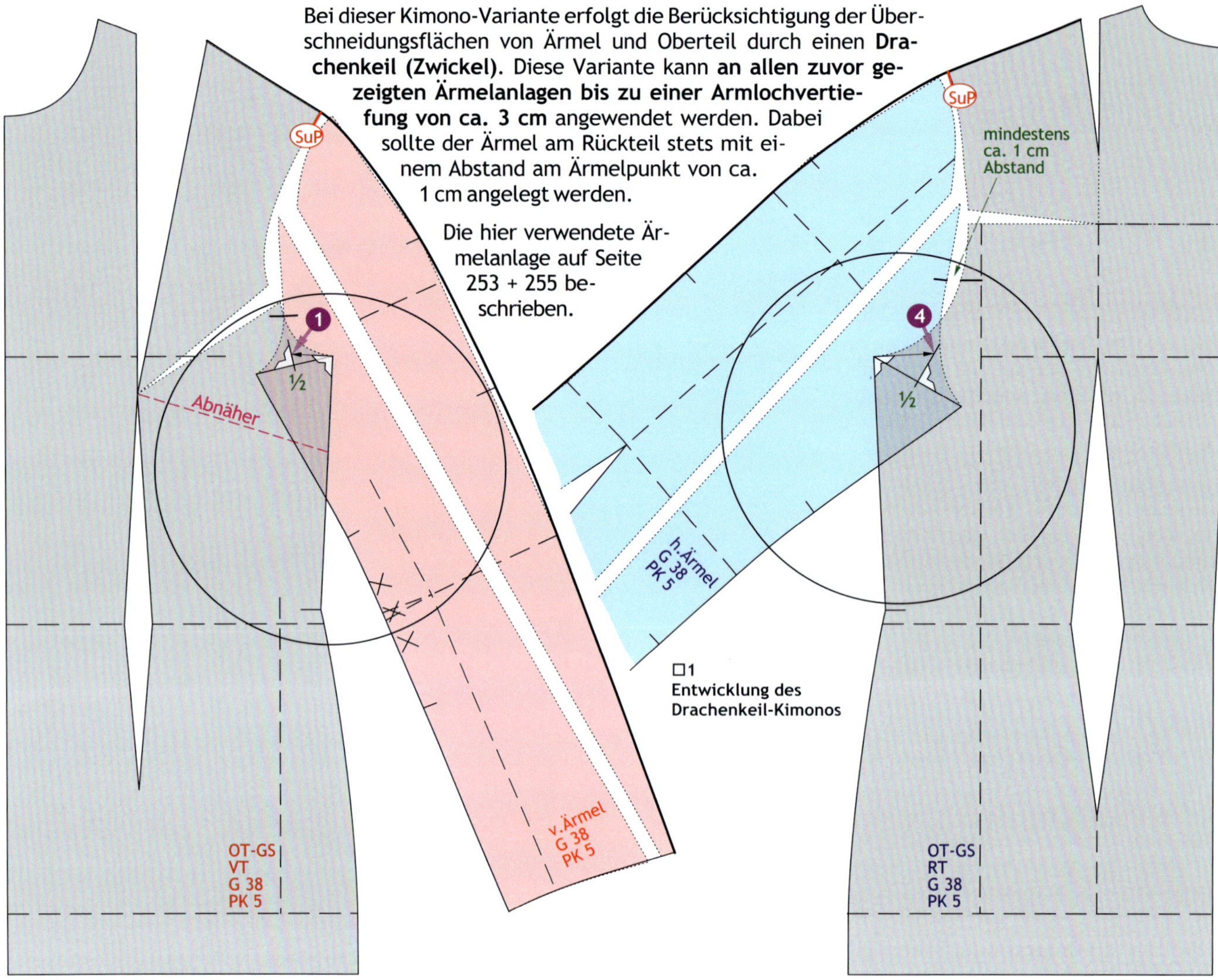

□1 Entwicklung des Drachenkeil-Kimonos

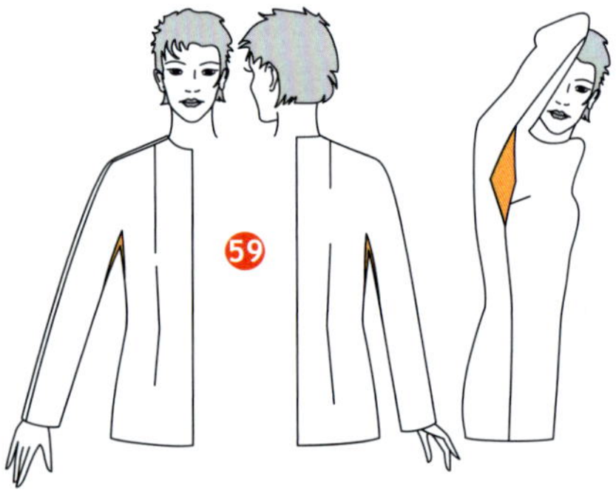

□2 Drachenkeil

Drachenkeil-Kimono

□1 Die Überschneidungsflächen unter dem Arm werden durch einen Drachenkeil (Zwickel) nur teilweise berücksichtigt. Ein kleiner Teil der Fläche direkt unter den Ärmelpunkten geht verloren, weswegen eine Armlochauflockerung unbedingt erforderlich ist. Eine Armlochvertiefung bis zu 3 cm und insbesondere die gleichzeitig vorzunehmende Armlocherweiterung verbessert die Passform (hier nicht gezeigt).

1 4 Hilfslinien an VT und RT jeweils zwischen oberer Ärmelnaht und oberer Seitennaht. Mittig nach oben abwinkeln und am VT bzw. RT von der oberen Seitennaht abwinkeln → Schnittpunkte.

2 Linien jeweils von den oberen Ärmelnähten zu **P1** bzw. **P4** zeichnen.

3 **□3** Von **P1** eine Keilnaht (orange) an die Seitennaht (SN) und von **P1** eine weitere Keilnaht (blau) an die Ärmelnaht (ÄN) zeichnen. Dabei muss der untere Abstand mind. 2× NZg betragen. Die Naht an der Seitennaht sollte so kurz als möglich sein.

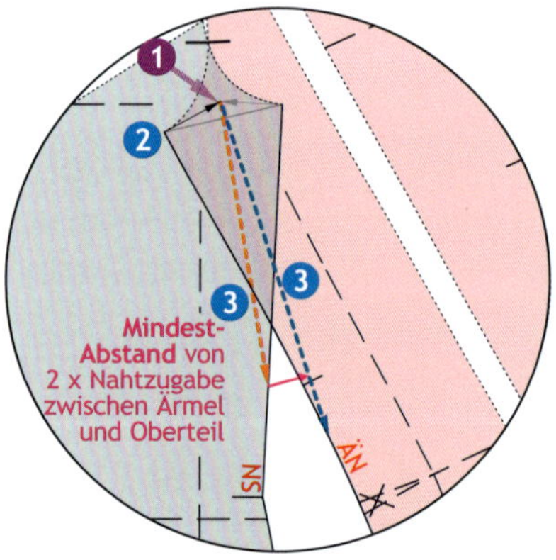

□3 Vordere Keilnähte zeichnen

4 **□4** Die vorderen Keile **A** und **B** kopieren und

5 hinten den vorderen Ärmel-Keil an die obere Ärmelnaht und den vorderen Oberteil-Keil an die obere Seitennaht anlegen.

6 Die hinteren Keilnähte (rot und dunkelblau) vom Schnittpunkt **P4** jeweils zu den unteren Spitzen der Kopien zeichnen.

7 Die beiden Keile **A+D** und **B+C** kopieren. Dann die Keile bei **A** und **B** sowie **C** und **D** anschneiden.

Die Ecke **AB** trifft beim Einsetzen des Zwickels an die Nahtspitze der **vorderen** Keilnähte bei **P1**.

Die Ecke **CD** trifft beim Einsetzen des Zwickels an die Nahtspitze der **hinteren** Keilnähte bei **P4**.

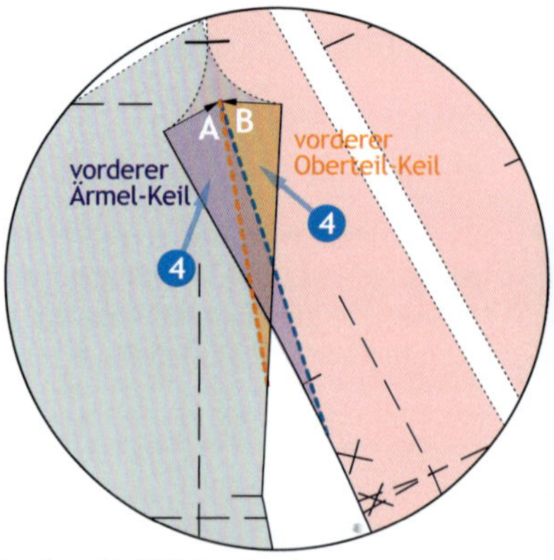

□4 Vordere Keilflächen kopieren

Drachenkeil-Kimono (2)

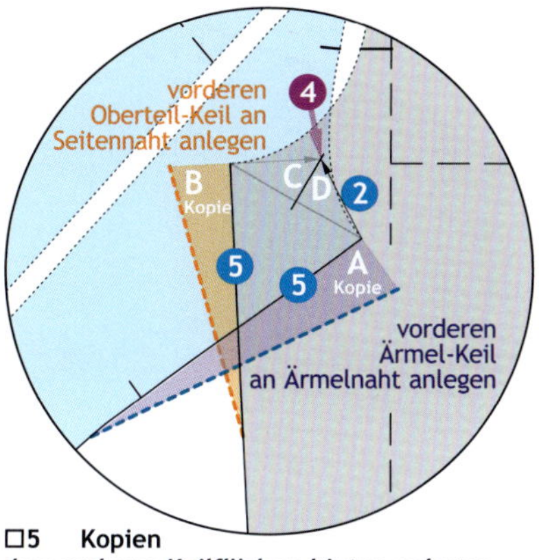

□5 Kopien der vorderen Keilflächen hinten anlegen

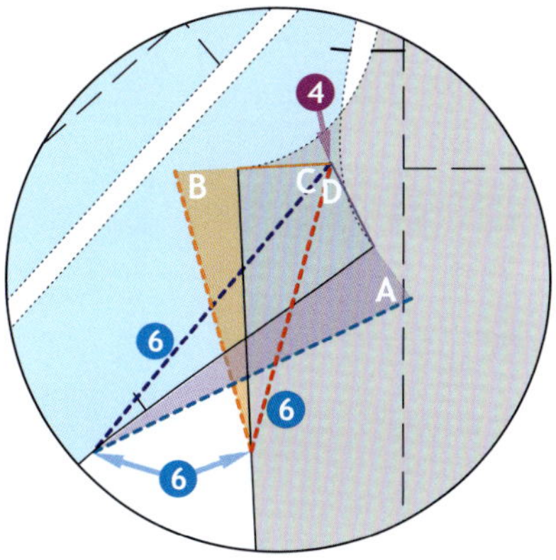

□6 Hintere Keilnähte zeichnen

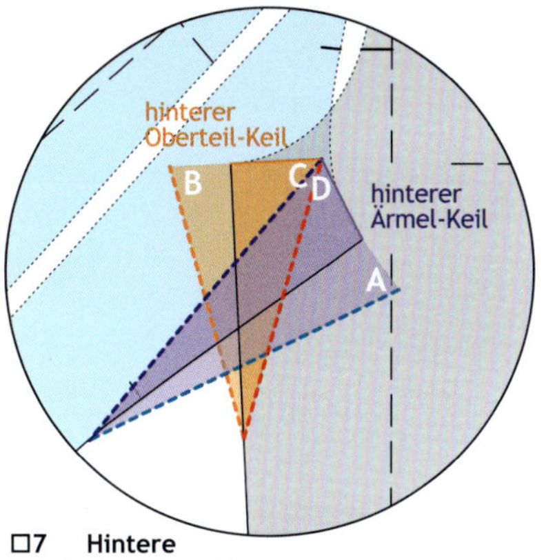

□7 Hintere Keilflächen C und D ergänzen und B+C und A+D kopieren

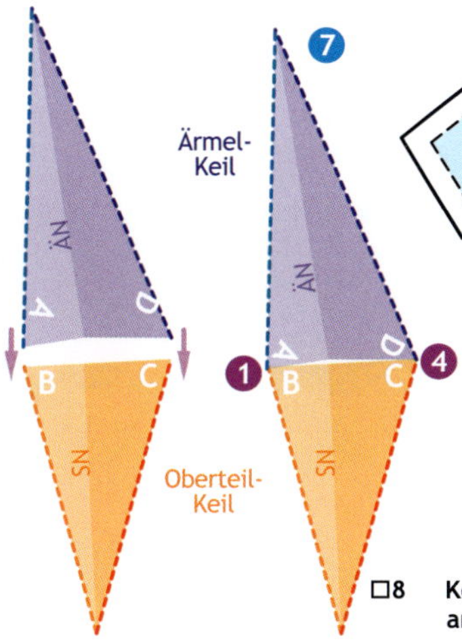

□8 Kopierte Keilflächen anschneiden (anlegen)

□9 Produktionsschnitt Drachenkeil

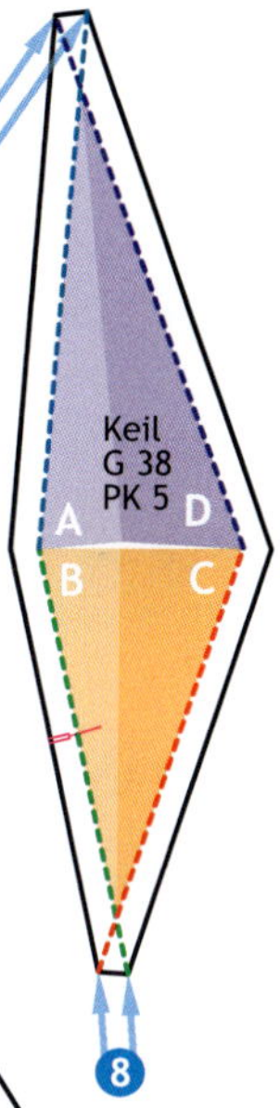

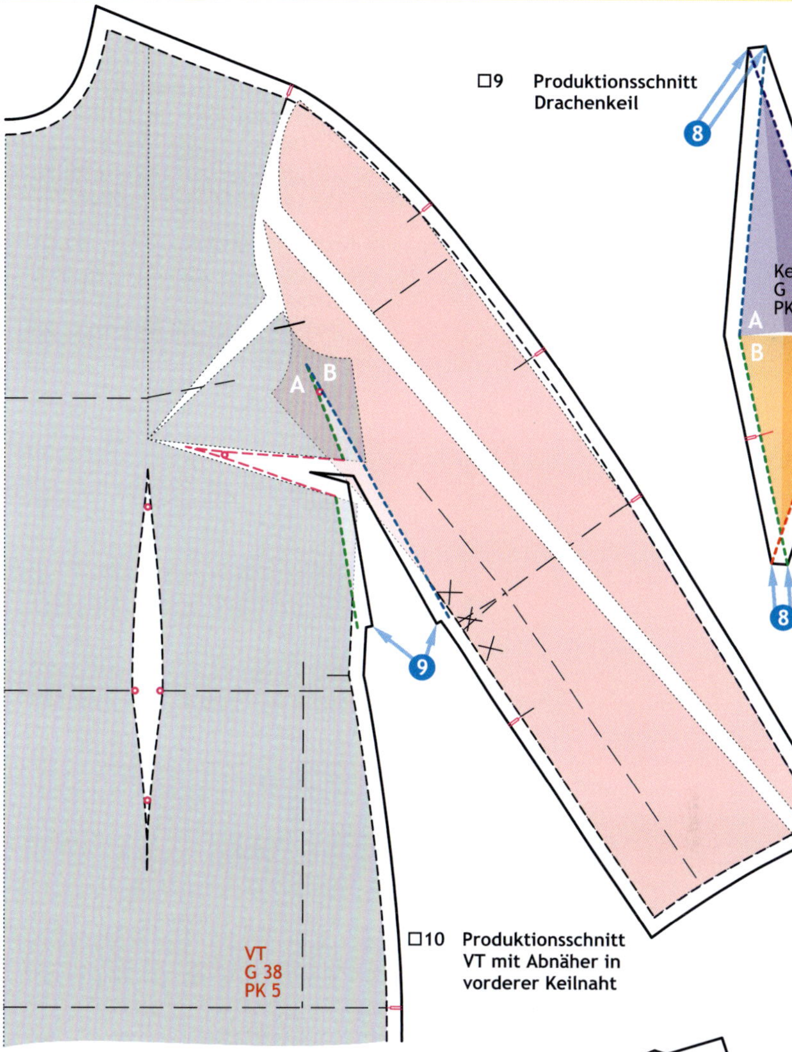

□10 Produktionsschnitt VT mit Abnäher in vorderer Keilnaht

8 Am Keil Nahtzugaben von 1 cm anzeichnen und die Nähte bis zu den NZg verlängern, dort kappen und die Nahtlängen messen.

9 Diese Längen auf die Keilnähte an VT und RT übertragen. An deren Enden können die NZg mit Rückschnitten versehen werden.

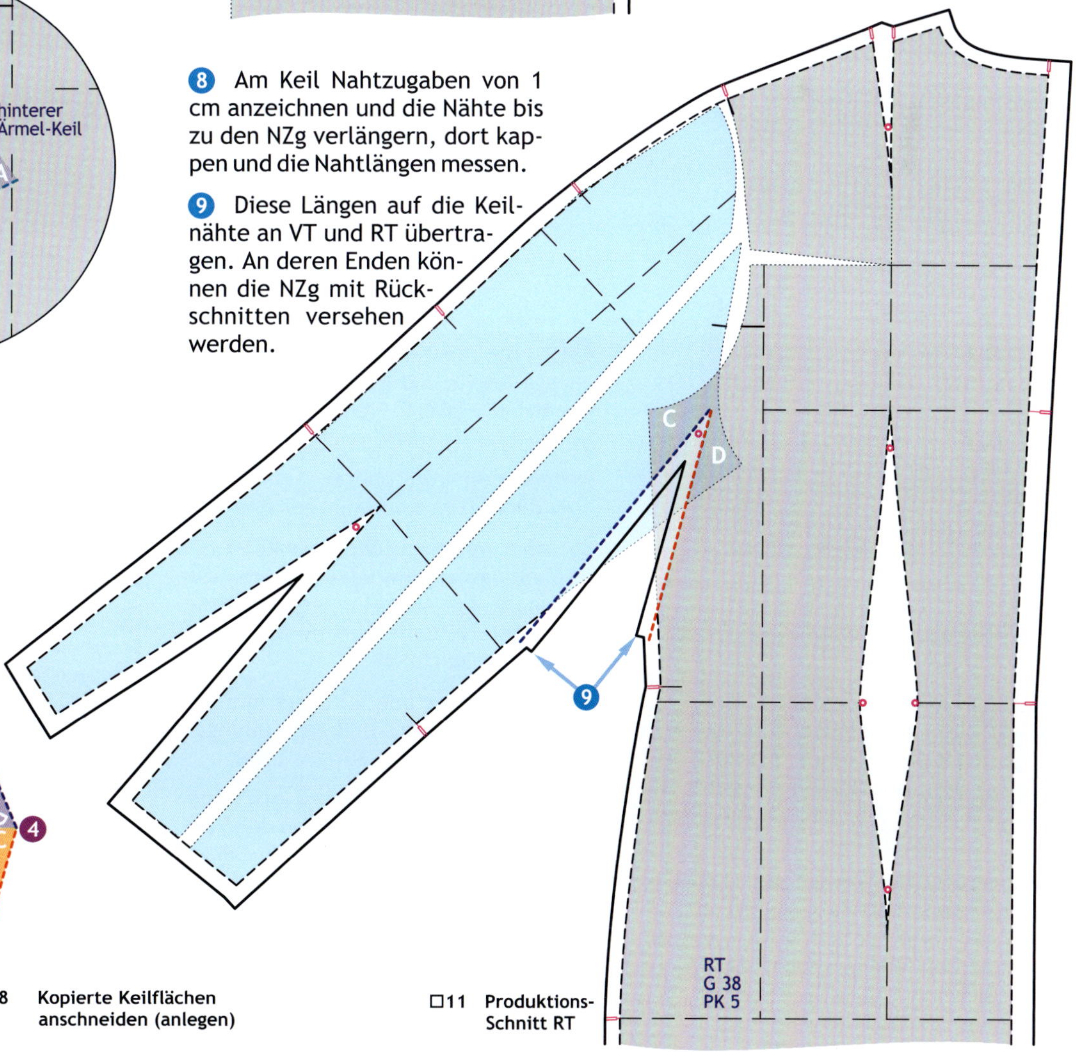

□11 Produktions-Schnitt RT

Seitenstreifen-Kimono (1)
Entwicklung ähnlich der Drachenkeil-Variante

182
183
185
186
250
254
256

Bei dieser Kimono-Variante erfolgt die Berücksichtigung der Überschneidungsflächen von Ärmel und Oberteil durch einen **Seitenstreifen.** Diese Variante kann an allen zuvor gezeigten Ärmelanlagen **bis zu einer Armlochvertiefung von ca. 3 cm** angewendet werden.

Die hier verwendete Ärmelanlage ist auf Seite 253 + 255 beschrieben. Abweichend hierzu ist der Ärmel am Rückteil mit einem Abstand am Ärmelpunkt angelegt.

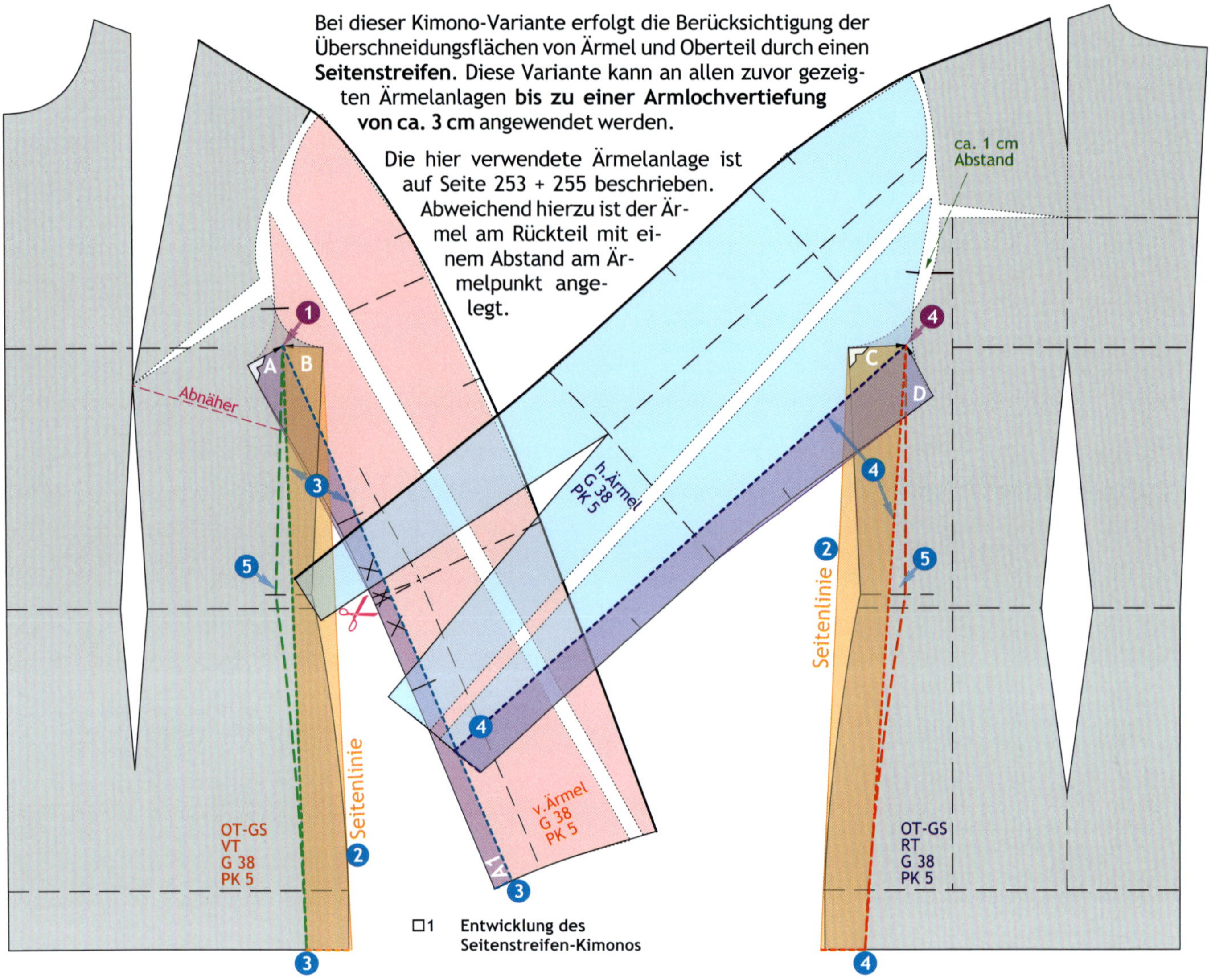

□1 Entwicklung des Seitenstreifen-Kimonos

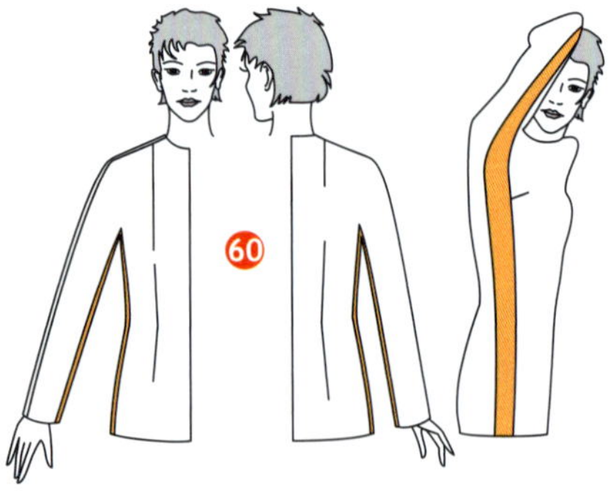

□2 Seitenstreifen-Kimono

Seitenstreifen-Kimono

□1 Die Überschneidungsflächen unter dem Arm werden durch einen Seitenstreifen nur teilweise berücksichtigt. Ein kleiner Teil der Fläche direkt unter den Ärmelpunkten geht wie beim Drachenkeil verloren (ergänzende Infos siehe dort).

Brust- Schulter- Ärmel und Taillenabnäher können durch geeignete Verfahren gestaltend verlegt bzw. verarbeitet werden. Entsprechend der Verarbeitung sind Einschläge, Nahtzugaben und Markierungen zu wählen.

1 4 Die Bestimmung der Schnittpunkte an VT und RT erfolgt genauso wie ab Seite 268, **□1** gezeigt.

2 An VT und RT die beiden geraden Seitenlinien von oberer Seitennaht über die Hüften zum Saum zeichnen.

3 Vom vorderen Schnittpunkt **P1** eine Teilungsnaht im VT und eine Teilungsnaht im Ärmel in gewünschter Breite gerade zum Oberteil- bzw. zum Ärmelsaum zeichnen.

4 Genauso gerade wird die hintere Teilungsnaht im VT und die Teilungsnaht im Ärmel von **P4** aus gestaltet.

5 Die fehlende Taillierung im VT und im RT wird nach Bedarf neben den Teilungsnähten geformt.

6 Die Oberteilstreifen **B und C** werden kopiert und an Saum und Unterarm aneinander gelegt.

7 Der hintere Ärmelstreifen **D** wird zuerst kopiert.

8 Daran den oberen vorderen Ärmelstreifen **A** passend anlegen und kopieren.

9 Dann den unteren vorderen Ärmelstreifen **A2** unten passend ankopieren.

10 Dabei entsteht am Ellenbogen eine Lücke, dies ist der (nun reduzierte) Dehnbetrag.

11 Beide Streifen unter dem Arm anschneiden (= verbinden, d.h. zu einem einzigen Schnittteil vereinen).

12 Der Fadenlauf verläuft in Richtung der Seitennaht des Oberteils.

Entwicklung ähnlich der Drachenkeil-Variante

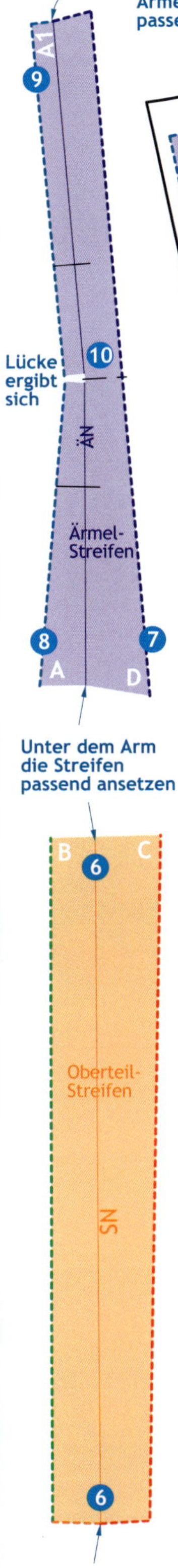

□3 Streifenflächen von Ärmel- und Oberteil beim Kopieren anlegen.

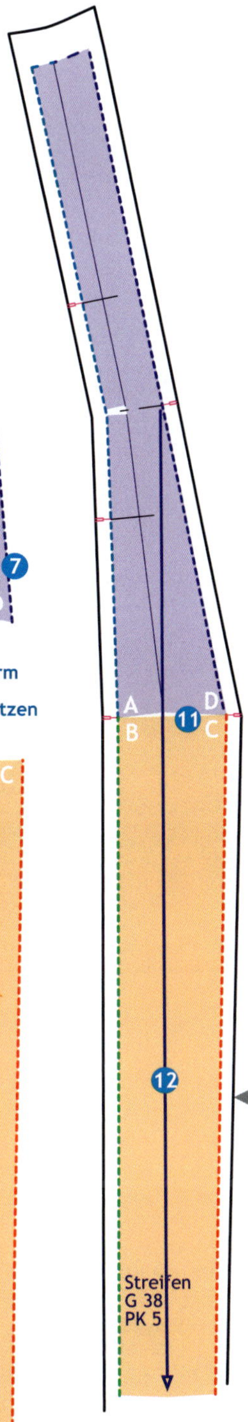

□4 Produktionsschnitt Seitenstreifen

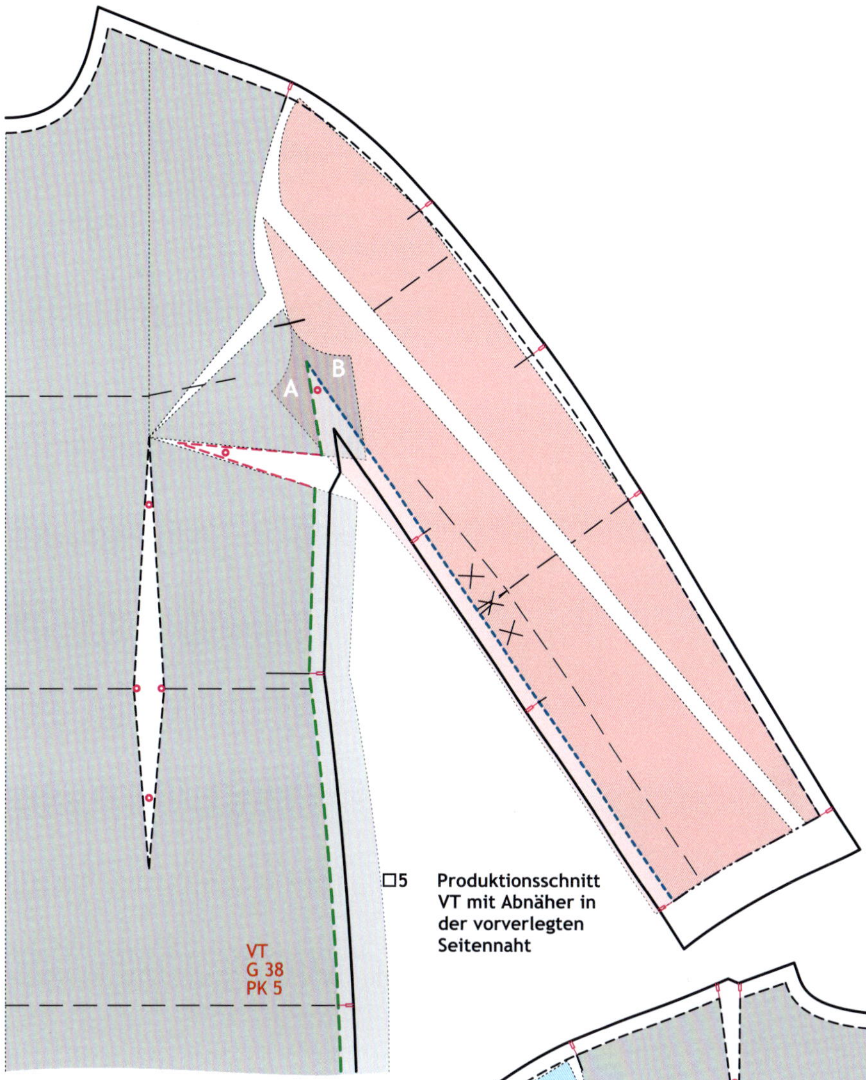

□5 Produktionsschnitt VT mit Abnäher in der vorverlegten Seitennaht

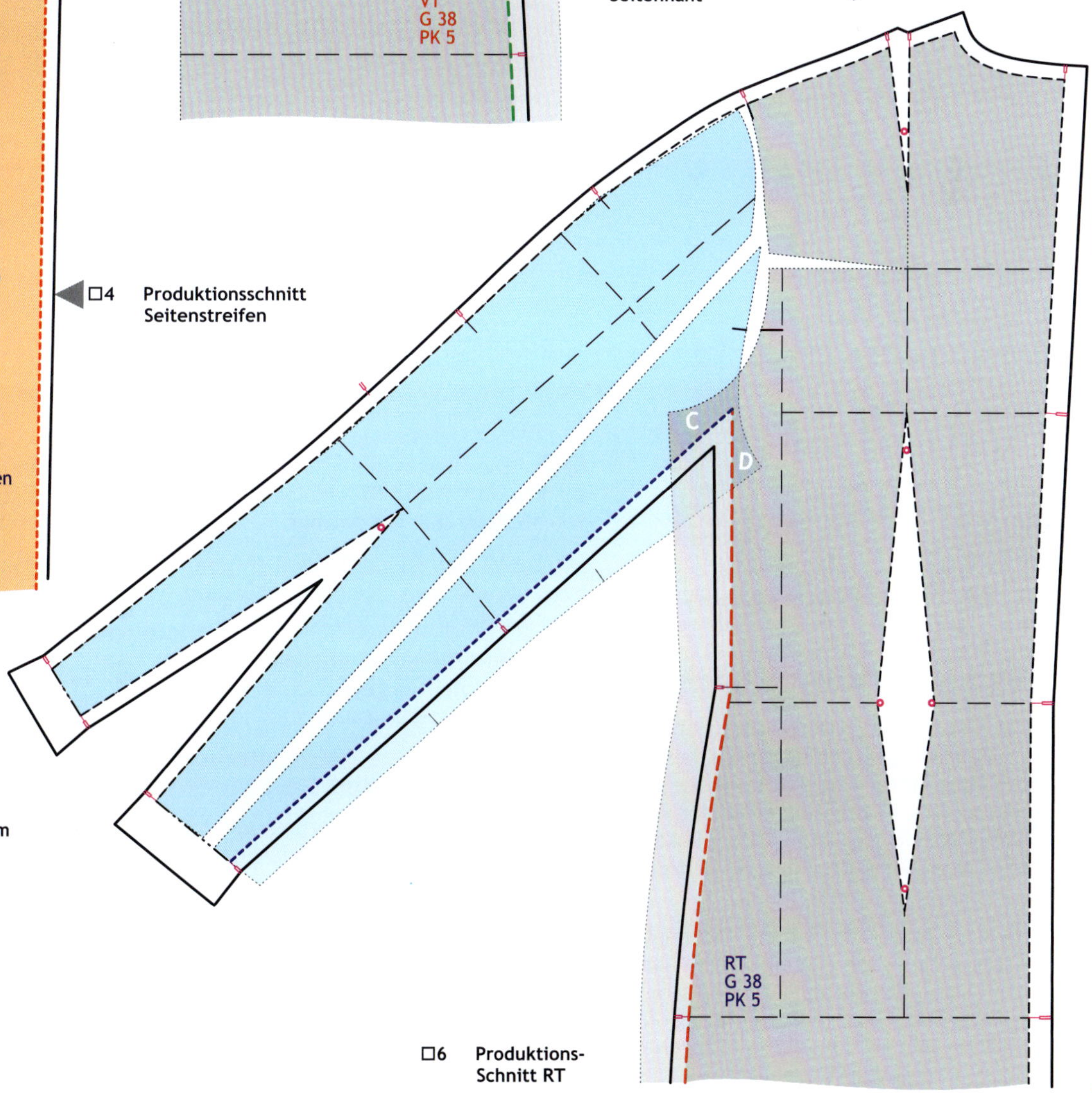

□6 Produktions-Schnitt RT

Seitenteil-Kimono (1)
Mit Unterarmkeil aus der Drachenkeil-Variante

182
183
185
186
250
254
256

Bei dieser Kimono-Variante erfolgt die Berücksichtigung der Überschneidungsflächen von Ärmel und Oberteil durch ein **Seitenteil mit Ärmelkeil**. Diese Variante kann an allen zuvor gezeigten Ärmelanlagen **bis zu einer Armlochvertiefung von ca. 3 cm** angewendet werden.

Die hier verwendete Ärmelanlage ist auf Seite 253 + 255 beschrieben. Abweichend hierzu ist der Ärmel am Rückteil mit einem Abstand am Ärmelpunkt angelegt.

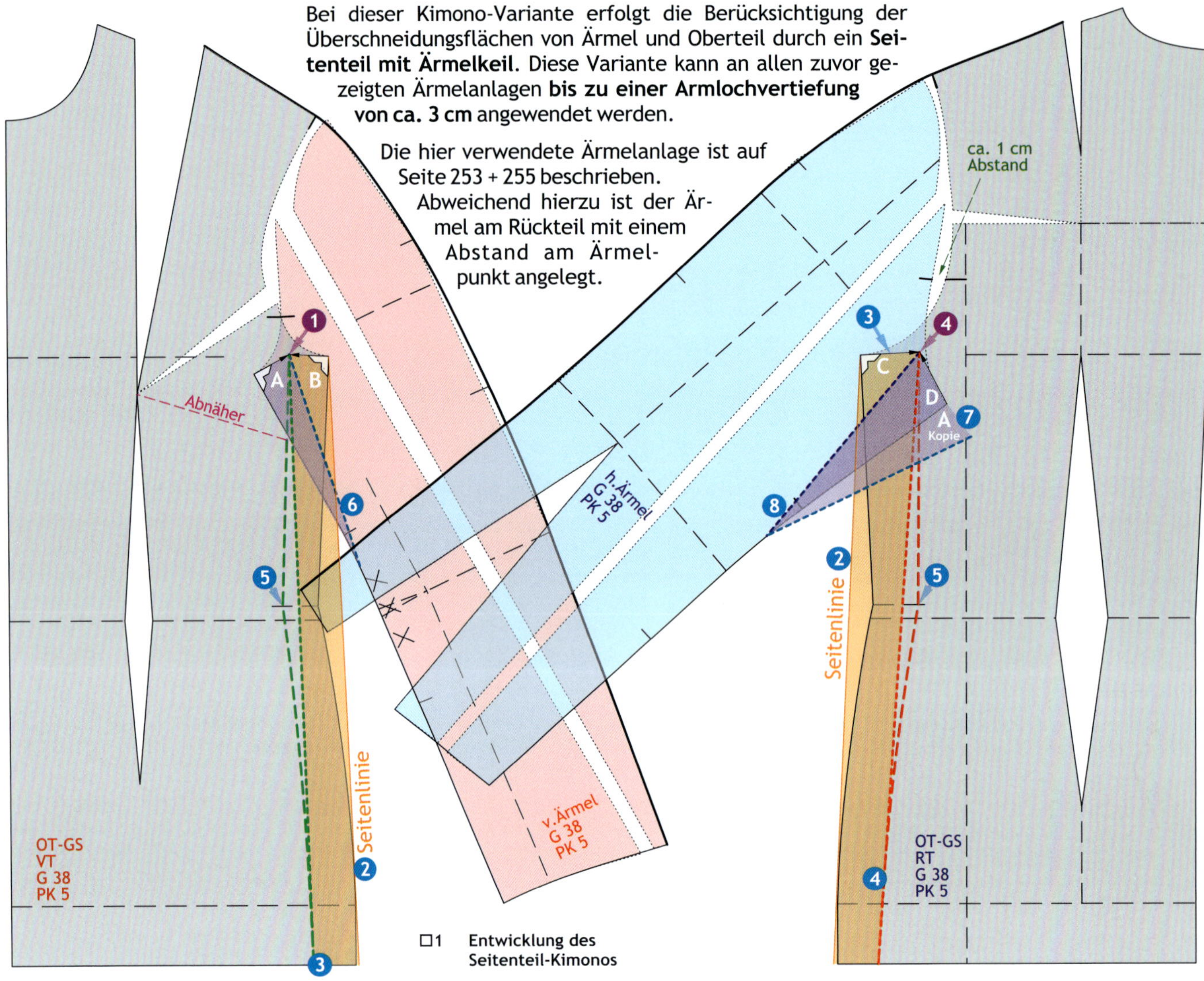

□1 Entwicklung des Seitenteil-Kimonos

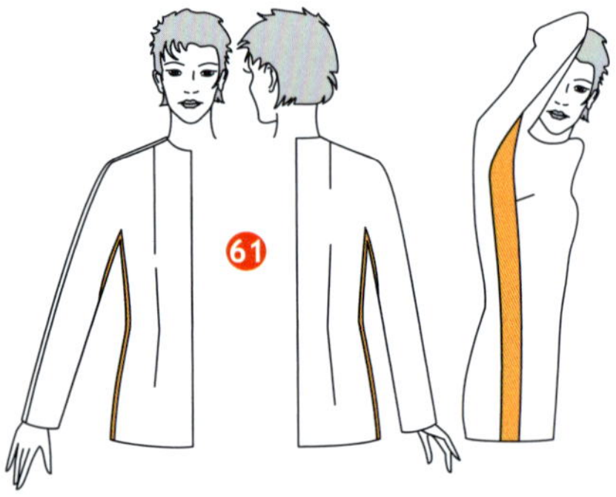

□2 Seitenteil-Kimono mit Ärmelkeil

Seitenteil-Kimono

□1 Die Überschneidungsflächen unter dem Arm werden durch das Seitenteil mit Unterarmkeil nur teilweise berücksichtigt. Ein kleiner Teil der Fläche direkt unter den Ärmelpunkten geht wie beim Drachenkeil verloren (ergänzende Infos siehe dort).

Brust- Schulter- Ärmel und Taillenabnäher können durch geeignete Verfahren gestaltend verlegt bzw. verarbeitet werden. Entsprechend der Verarbeitung sind Einschläge, Nahtzugaben und Markierungen zu wählen.

1 4 Die Bestimmung der Schnittpunkte an VT und RT erfolgt genauso wie ab Seite 268, □**1** gezeigt.

2 An VT und RT die beiden geraden Seitenlinien von oberer Seitennaht über die Hüften zum Saum zeichnen.

3 Vom vorderen Schnittpunkt **P1** eine Teilungsnaht in gewünschter Breite gerade zum Oberteilsaum zeichnen.

4 Auch die hintere Teilungsnaht von **P4** wird gerade gestaltet.

5 Die fehlende Taillierung am VT und am RT wird nun nach Bedarf neben den Streifennähten geformt.

6 Die vordere Keilnaht bei **A** vom vorderen Schnittpunkt **P1** zur Ärmelnaht zeichnen (max. bis zum Ellenbogen).

7 Den vorderen Keil **A** kopieren und hinten an die obere Ärmelnaht (bei **D**) anlegen.

8 Die hintere Keilnaht vom hinteren Schnittpunkt **P4** zur unteren Spitze (des vorderen Keils) zeichnen.

9 Den gesamten Keil **A+D** kopieren.

10 Streifenteile an den geraden Seitenlinien beim Kopieren anschneiden.

11 Keil und Streifen unter dem Arm anschneiden (oder verbinden, d.h. zu einem einzigen Schnittteil vereinen).

12 Die Nahtlängen **A** und **D** am Keil bis zur NZg messen und

13 auf die Keilnähte an VT und RT übertragen. An deren Ende wird die NZg mit Rückschnitten versehen.

Seitenteil-Kimono (2)
Mit Unterarmkeil aus der Drachenkeil-Variante

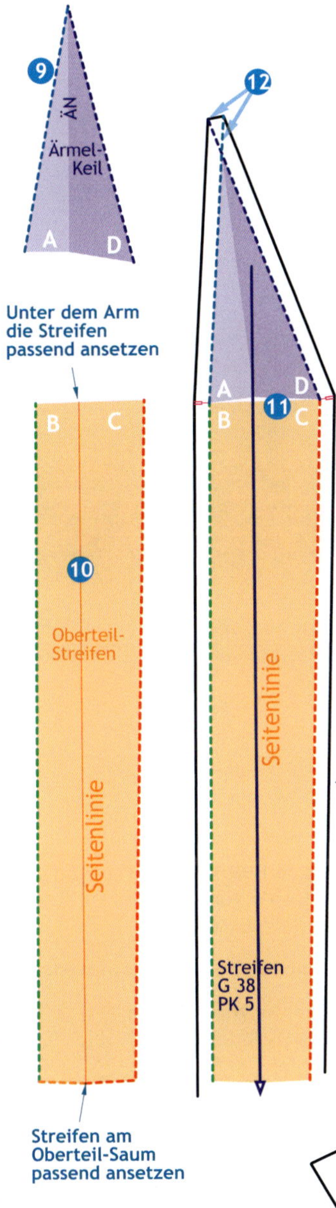

□3 Keilflächen vom Ärmel und die Streifenflächen vom Oberteil beim Kopieren anlegen.

□4 Produktionsschnitt Seitenteil

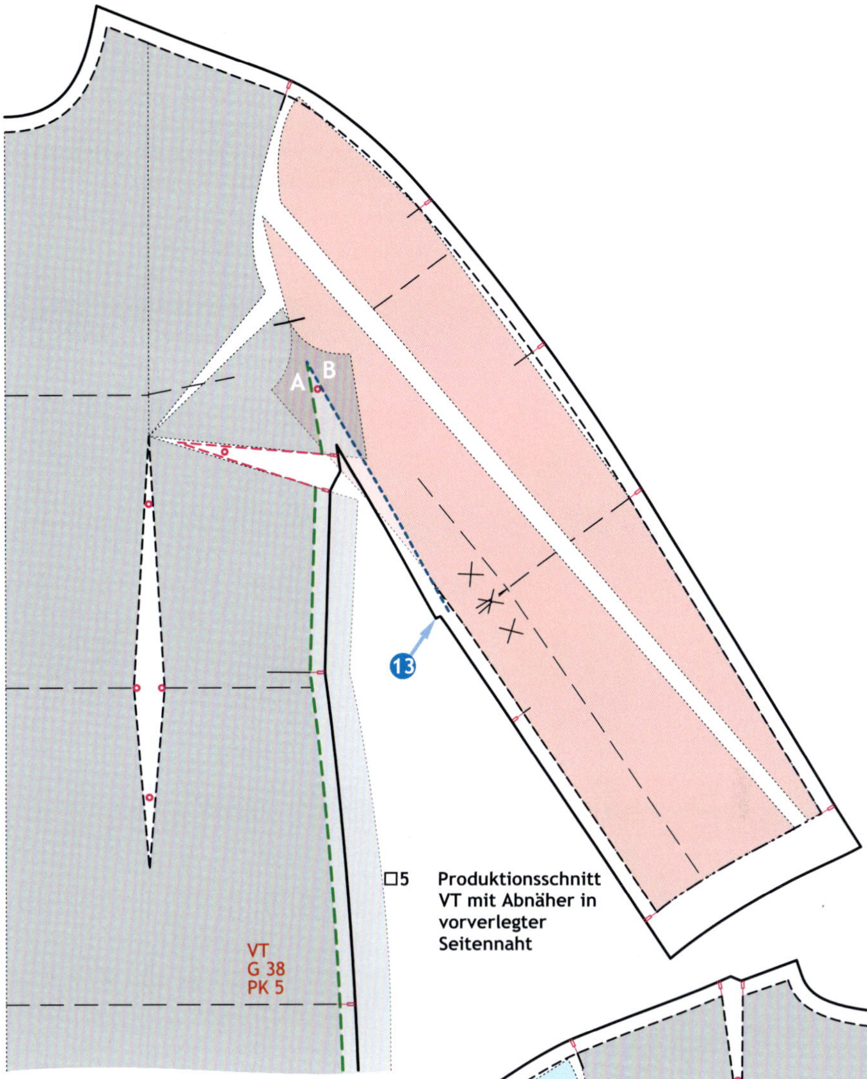

□5 Produktionsschnitt VT mit Abnäher in vorverlegter Seitennaht

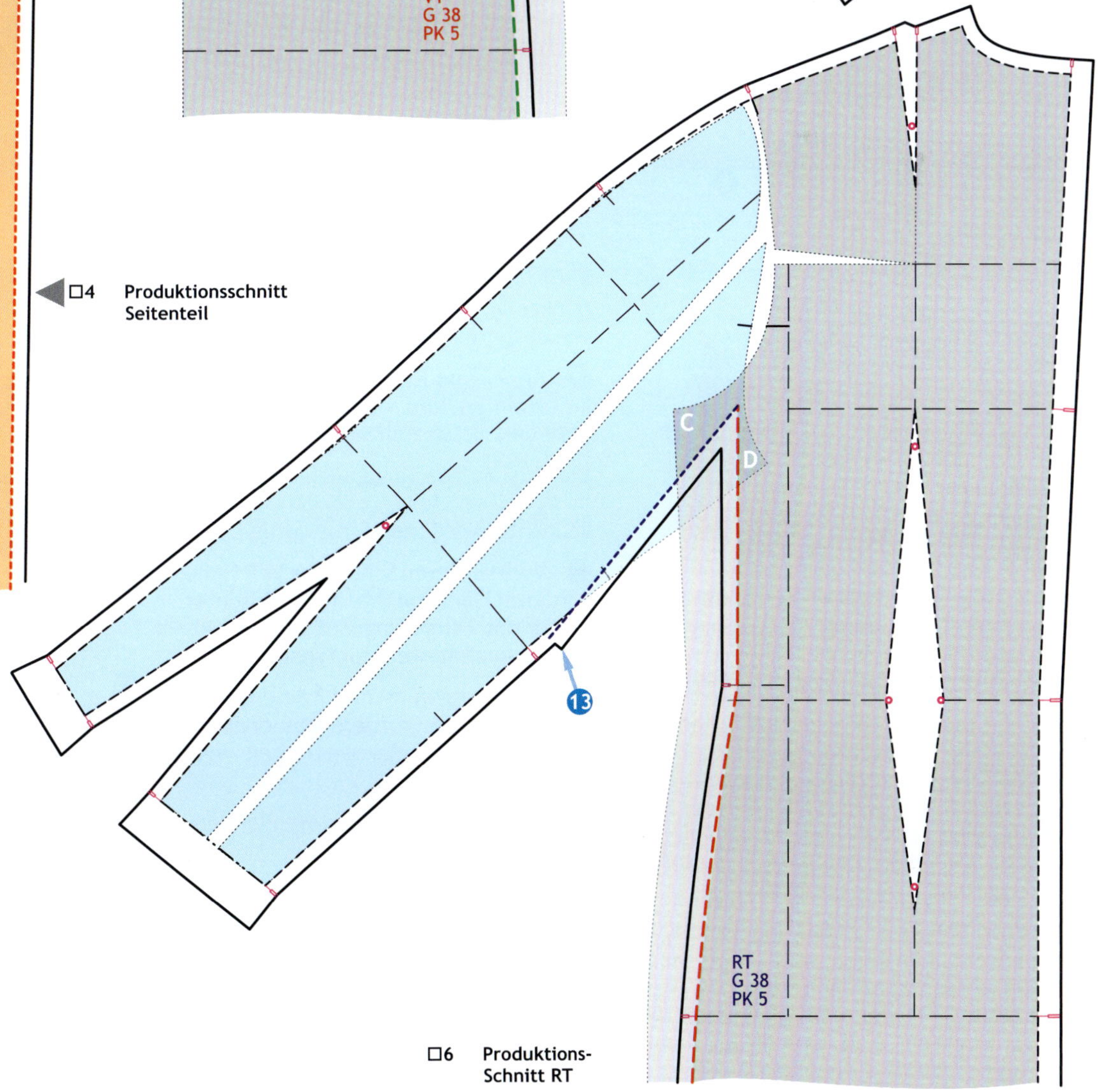

□6 Produktions-Schnitt RT

Flankenteil-Kimono (1)
Mit Unterarmkeil aus der Drachenkeil-Variante

182
183
185
186
250
254
256

Bei dieser Kimono-Variante erfolgt die Berücksichtigung der Überschneidungsflächen von Ärmel und Oberteil durch ein **Flankenteil mit Ärmelkeil**. Diese Variante kann an allen zuvor gezeigten Ärmelanlagen **bis zu einer Armlochvertiefung von ca. 3 cm** angewendet werden.

Die hier verwendete Ärmelanlage ist auf Seite 253 + 255 beschrieben. Abweichend hierzu ist der Ärmel am Rückteil mit einem Abstand am Ärmelpunkt angelegt.

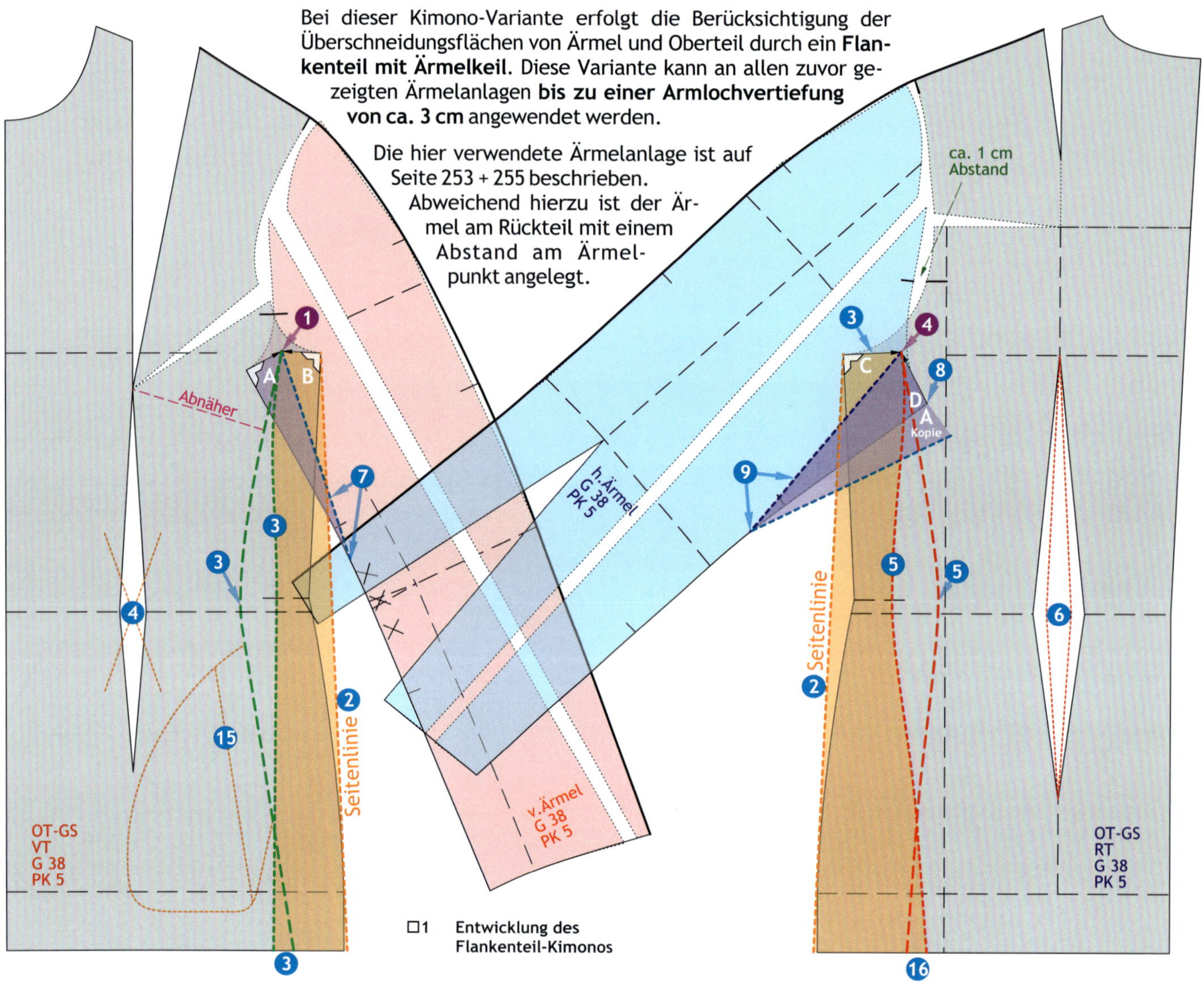

□1 Entwicklung des Flankenteil-Kimonos

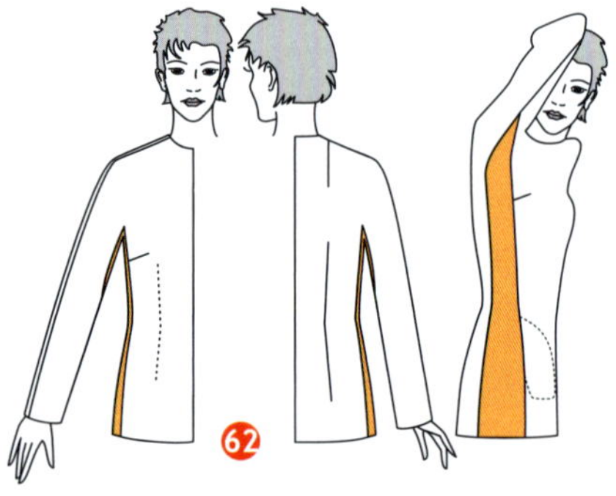

□2 Flankenteil-Kimono mit Ärmelkeil

Flankenteil-Kimono

□**1** Die Überschneidungsflächen unter dem Arm werden durch das Flankenteil mit Unterarmkeil nur teilweise berücksichtigt. Ein kleiner Teil der Fläche direkt unter den Ärmelpunkten geht wie beim Drachenkeil verloren (ergänzende Infos siehe dort).

Brust- Schulter- Ärmel und Taillenabnäher können durch weitere geeignete Verfahren gestaltend verlegt bzw. verarbeitet werden. Entsprechend der Verarbeitung sind Einschläge, Nahtzugaben und Markierungen zu wählen.

1 4 Die Bestimmung der Schnittpunkte an VT und RT erfolgt genauso wie ab Seite 268, □**1** gezeigt.

2 An VT und RT die beiden geraden Seitenlinien von oberer Seitennaht über die Hüften zum Saum zeichnen.

Die entstandene Taillenmehrweite kann im Modell verbleiben oder an den Flankennähten wieder entfernt werden.

3 Vom vorderen Schnittpunkt **P1** die vorderen Flankennähte in gewünschter Breite mit Taillierung und Saumerweiterung zum Oberteilsaum formen.

4 Je nach gewünschter Taillenmehrweite kann der vordere Taillenabnäher verkleinert oder gestrichen werden.

5 Genauso wird die hintere Flankennaht von **P4** aus gestaltet.

6 Wegen der stärkeren Taillierung an der Flankennaht kann der hintere Taillenabnäher verkleinert oder gestrichen werden.

7 Die vordere Keilnaht bei **A** vom vorderen Schnittpunkt **P1** zur Ärmelnaht zeichnen (max. bis zum Ellenbogen).

8 Den vorderen Keil **A** kopieren und hinten an die obere Ärmelnaht (bei **D**) anlegen.

9 Die hintere Keilnaht vom hinteren Schnittpunkt **P4** zur unteren Spitze (des vorderen Keils) zeichnen.

10 Den gesamten Keil **A+D** kopieren.

11 Flankenteile an den geraden Seitenlinien beim Kopieren anschneiden.

12 Keil und Flankenteile unter dem Arm anschneiden (= verbinden, d.h. zu einem einzigen Schnittteil vereinen).

13 Die Nahtlängen **A** und **D** am Keil bis zur NZg messen und

14 auf die Keilnähte an VT und RT übertragen. An deren Ende wird die NZg mit Rückschnitten versehen.

15 Hier ist in der vorderen Flankennaht eine Nahttasche eingezeichnet. Verschiedene Schnittlösungen sind auf Seite 363 beschrieben.

16 An der hinteren Flankennaht könnte bei Bedarf ein Schlitz eingearbeitet werden .

Flankenteil-Kimono (2)
Mit Unterarmkeil aus der Drachenkeil-Variante

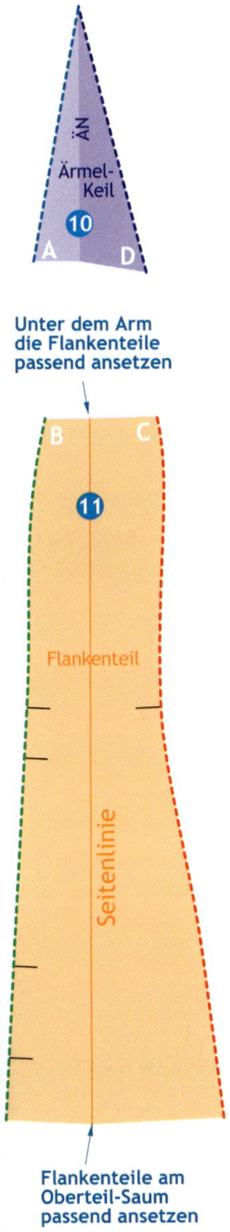

□3 Keilflächen vom Ärmel und die Flankenflächen vom Oberteil beim Kopieren anlegen.

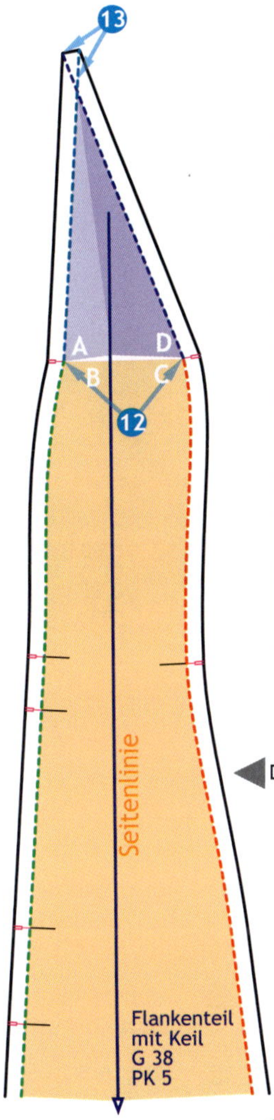

□4 Produktionsschnitt Flankenteil

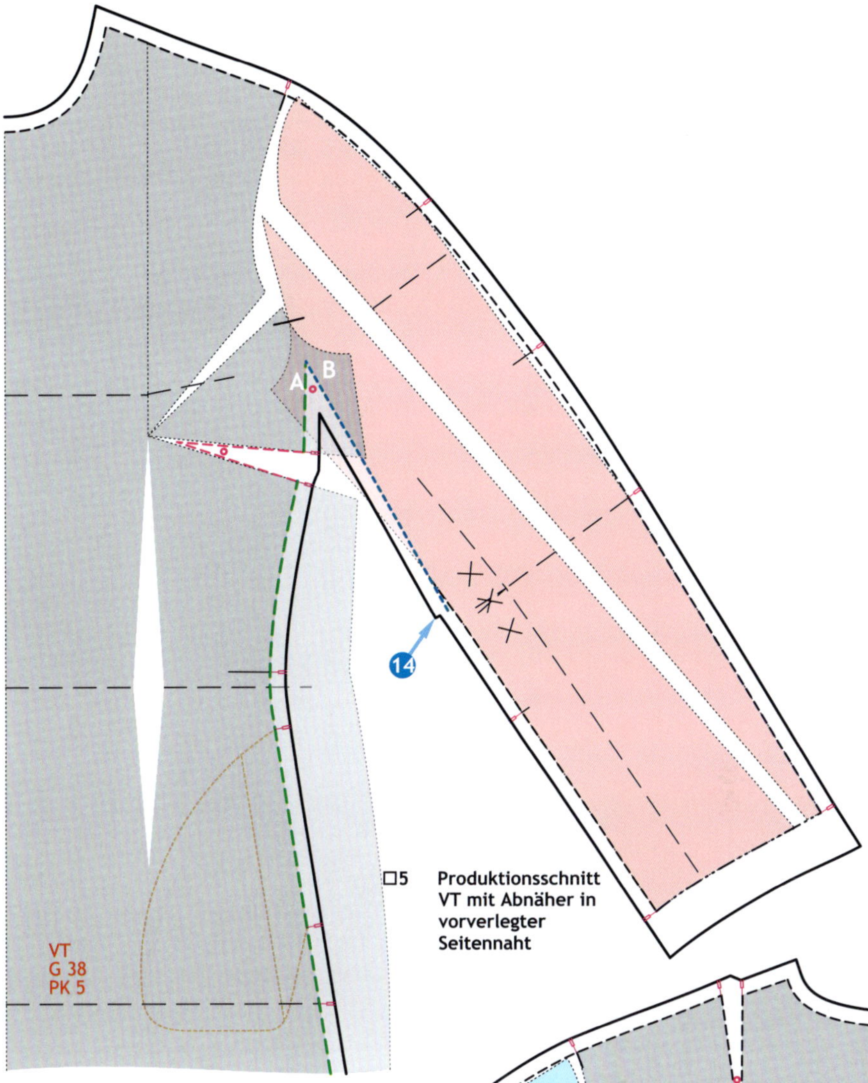

□5 Produktionsschnitt VT mit Abnäher in vorverlegter Seitennaht

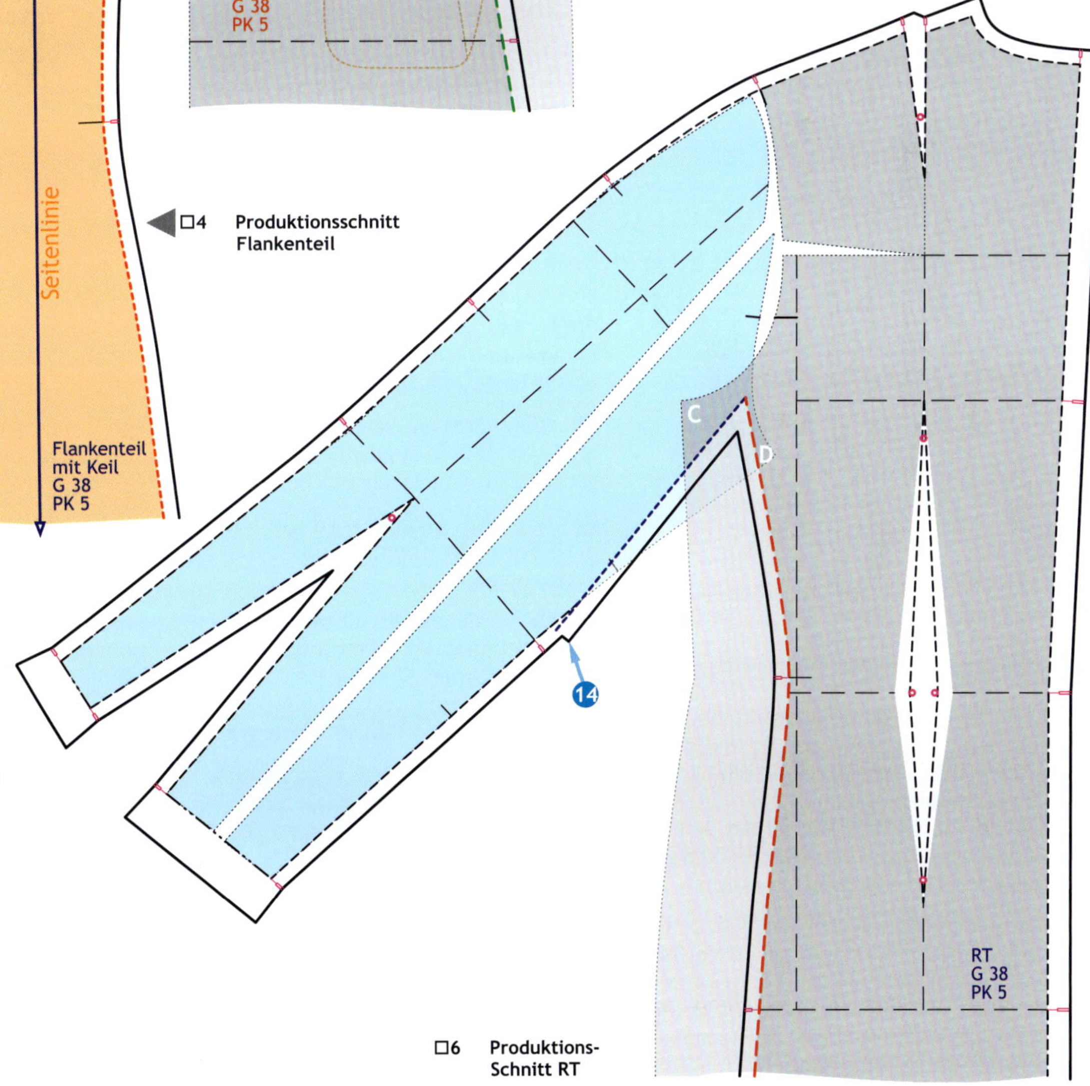

□6 Produktions-Schnitt RT

Unterarm-Kimono (1)
Mit Oberteilkeil aus der Drachenkeil-Variante

182
183
185
186
250
254
256

Bei dieser Kimono-Variante erfolgt die Berücksichtigung der Überschneidungsflächen von Ärmel und Oberteil durch einen **Unterarmstreifen mit Oberteilkeil.** Diese Variante kann an allen zuvor gezeigten Ärmelanlagen **bis zu einer Armlochvertiefung von ca. 3 cm** angewandt werden.

Die hier verwendete Ärmelanlage ist auf Seite 253 + 255 beschrieben. Abweichend hierzu ist der Ärmel am Rückteil mit einem Abstand am Ärmelpunkt angelegt.

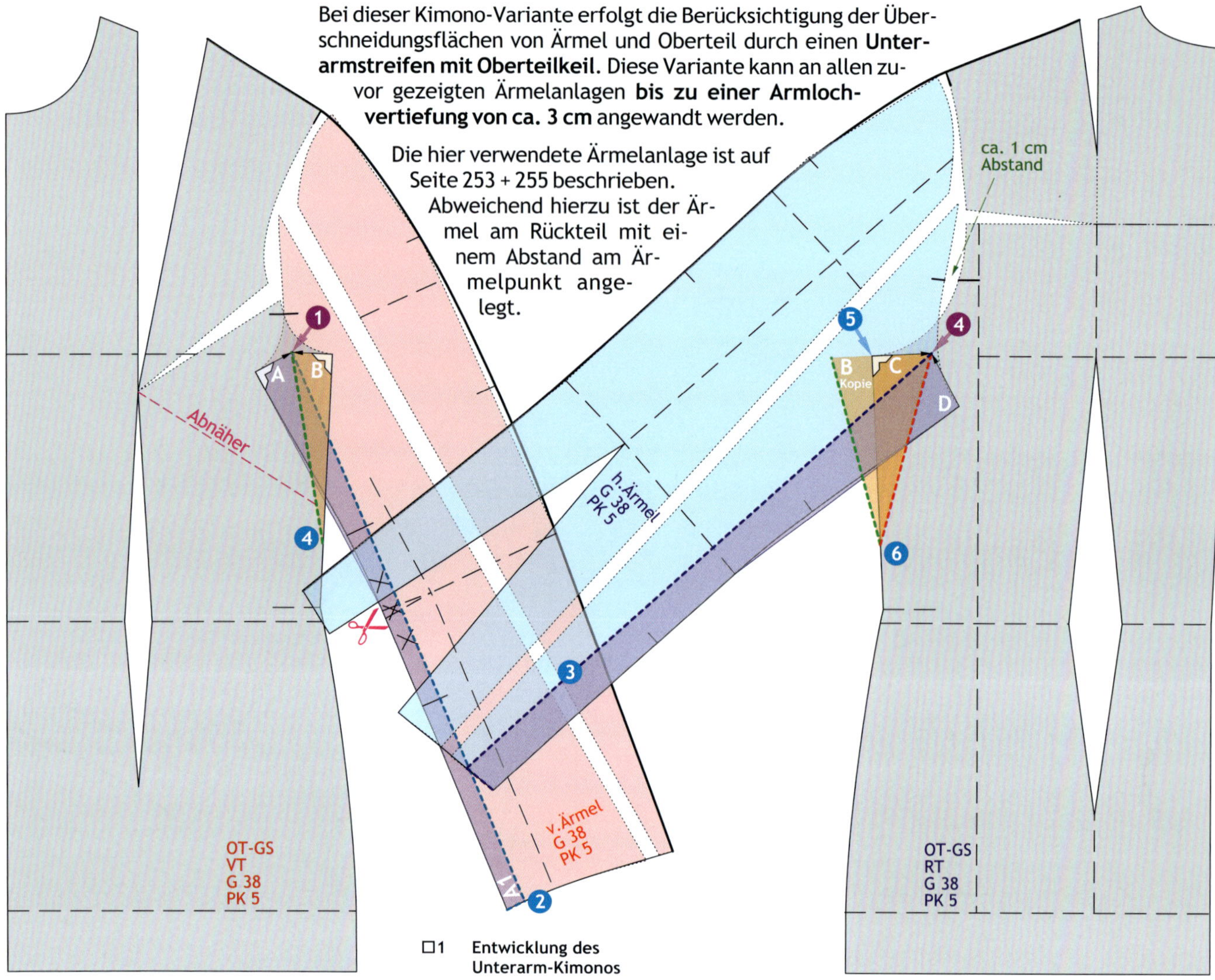

☐1 Entwicklung des Unterarm-Kimonos

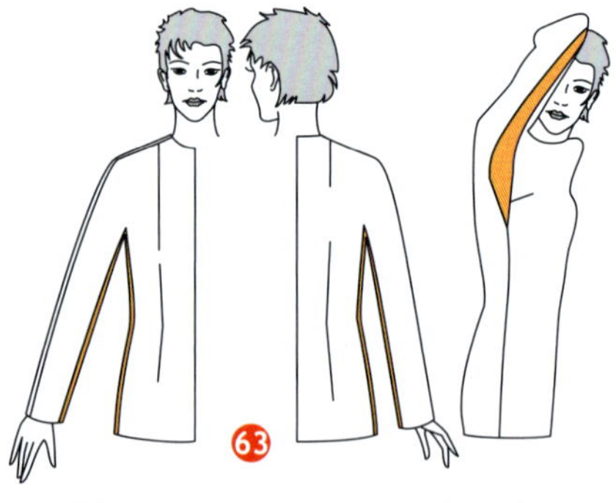

☐2 Unterarm-Kimono mit Seitenkeil

Unterarm-Kimono

☐1 Die Überschneidungsflächen unter dem Arm werden durch den Unterarmstreifen und den Oberteilkeil nur teilweise berücksichtigt. Ein kleiner Teil der Fläche direkt unter den Ärmelpunkten geht wie beim Drachenkeil verloren (ergänzende Infos siehe dort).

Brust- Schulter- Ärmel und Taillenabnäher können durch geeignete Verfahren gestaltend verlegt bzw. verarbeitet werden. Entsprechend der Verarbeitung sind Einschläge, Nahtzugaben und Markierungen zu wählen.

1 4 Die Bestimmung der Schnittpunkte an VT und RT erfolgt genauso wie ab Seite 268, ☐1 gezeigt.

2 Vom vorderen Schnittpunkt **P1** eine Teilungsnaht in gewünschter Breite gerade zum Ärmelsaum zeichnen.

3 Genauso gerade wird am Ärmel die hintere Streifennaht von **P4** zum Ärmelsaum gestaltet .

4 Die vordere Keilnaht bei **B** vom vorderen Schnittpunkt **P1** zur Seitennaht gerade zeichnen. Der Oberteil-Keil sollte so kurz als möglich sein aber der Winkel zwischen den Nähten noch gut zu verarbeiten sein.

5 Den vorderen Keil **B** kopieren und hinten an die obere Seitennaht (bei **C**) anlegen.

6 Die hintere Keilnaht vom hinteren Schnittpunkt **P4** zur unteren Spitze (des angelegten Keils **B**) zeichnen.

7 Den gesamten Keil **B+C** kopieren.

8 Der hintere Ärmelstreifen **D** wird zuerst kopiert.

9 Daran den oberen vorderen Ärmelstreifen **A** passend anlegen und kopieren.

10 Dann den unteren vorderen Ärmelstreifen **A1** unten passend ankopieren.

11 Dabei entsteht am Ellenbogen eine Lücke, dies ist der (nun reduzierte) Dehnbetrag am Ellenbogen des Ärmels.

12 Keil und Streifen unter dem Arm anschneiden (= verbinden, d.h. zu einem einzigen Schnittteil vereinen).

13 Nahtzugaben (NZg) anzeichnen, die Nahtlängen **B** und **C** am Keil bis zur NZg messen und

14 auf die Keilnähte an VT und RT nach unten hin übertragen. An deren Ende werden die NZg mit Rückschnitten versehen.

Der Fadenlauf des Unterarmstreifens verläuft eher mittig, d.h. in Richtung der oberen Ärmelnaht.

Unterarm-Kimono (2)
Mit Seitenkeil aus der Drachenkeil-Variante

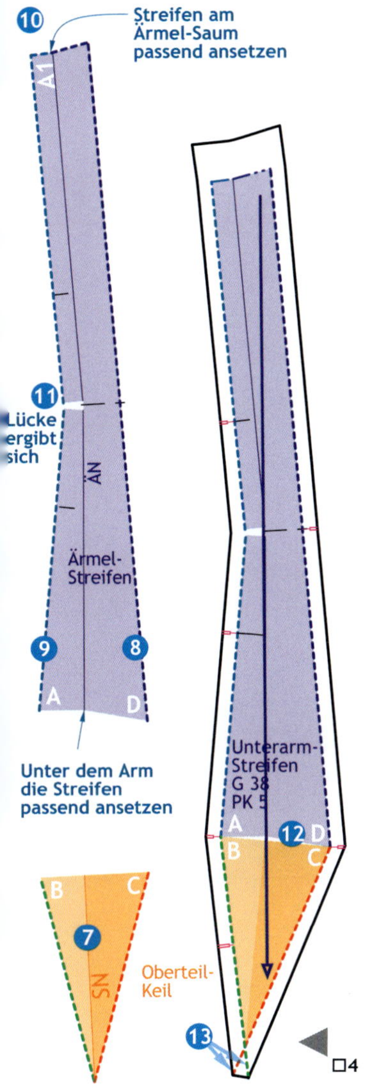

□3 Streifenflächen von Ärmelstreifen- und Seitenkeil beim Kopieren anlegen.

□4 Produktionsschnitt Unterarmstreifen

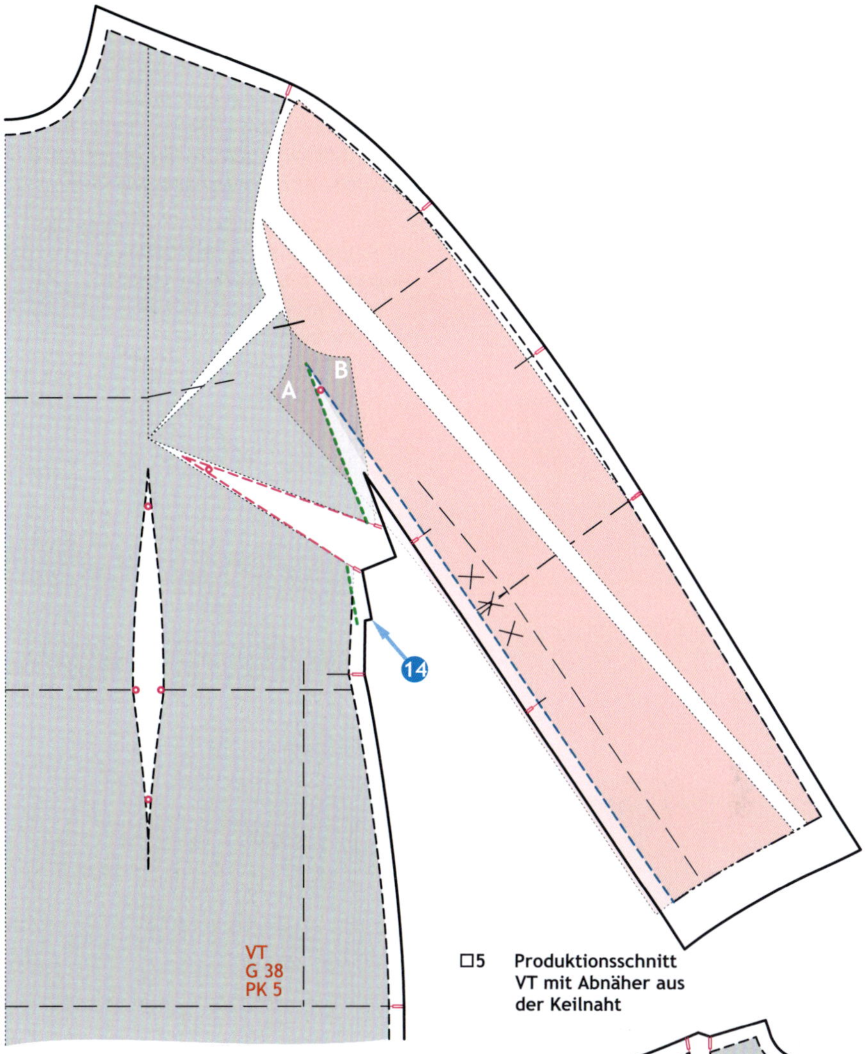

□5 Produktionsschnitt VT mit Abnäher aus der Keilnaht

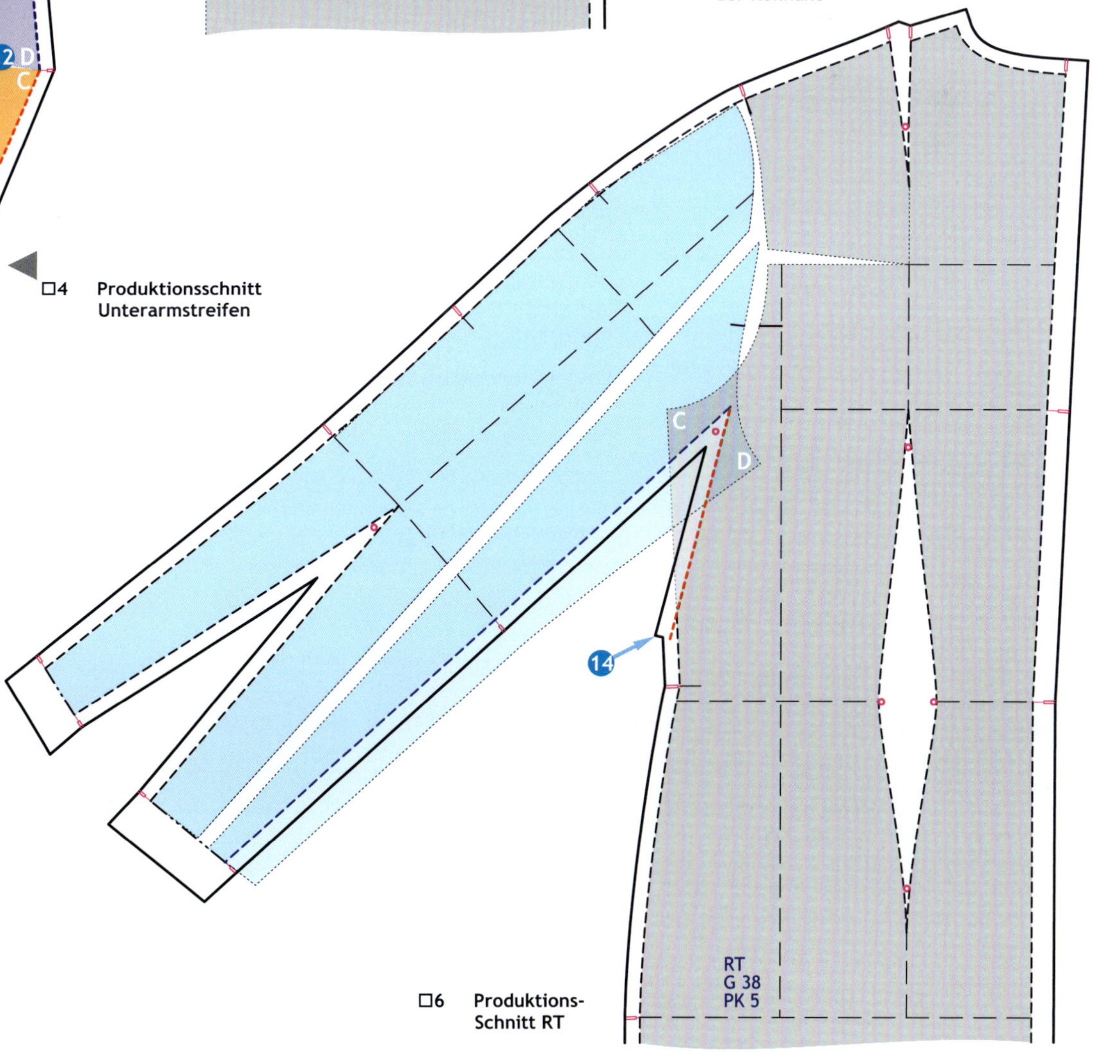

□6 Produktions-Schnitt RT

Abtrennungen zum Kimono mit Keilecke (1)
Aus der Drachenkeil-Variante

182 183 185 186 250 254 256

Bei dieser Kimono-Variante erfolgt die Berücksichtigung der Überschneidungsflächen von Ärmel und Oberteil durch **Trennungen von Oberteil und Ärmel zur Keilecke.** Diese Variante kann an allen zuvor gezeigten Ärmelanlagen **bis zu einer Armlochvertiefung von ca. 3 cm** angewandt werden.

Die hier verwendete Ärmelanlage ist auf Seite 253 + 255 beschrieben. Abweichend hierzu ist der Ärmel am Rückteil mit einem Abstand am Ärmelpunkt angelegt.

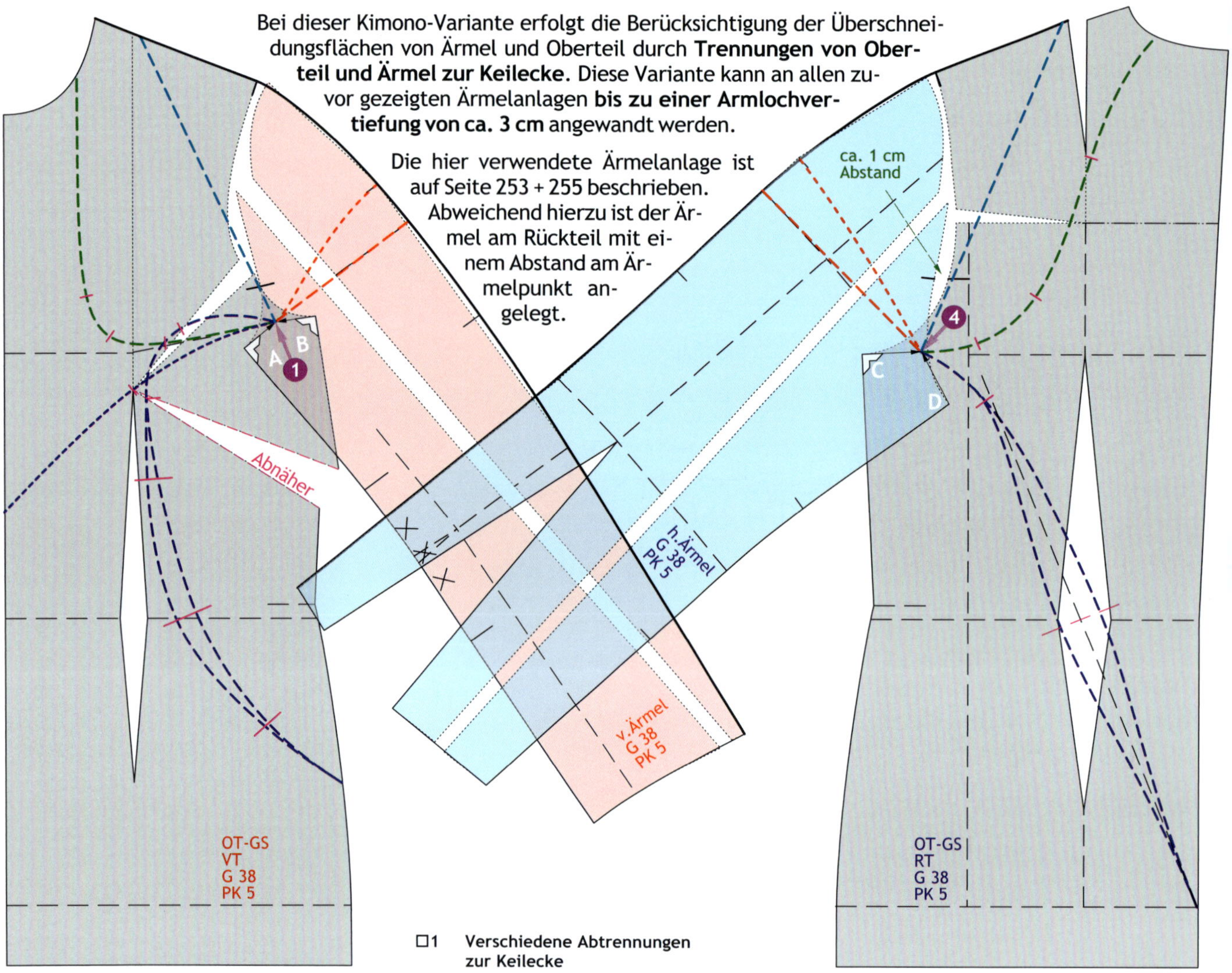

□1 Verschiedene Abtrennungen zur Keilecke

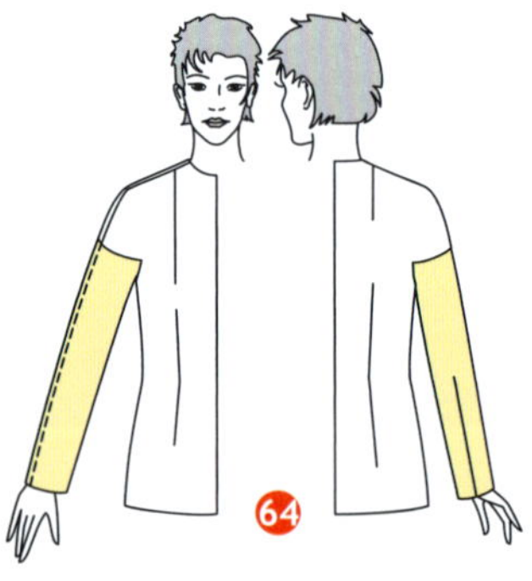

Überschnittener Ärmel mit Keilecke

□1+2 Die Teilungsnähte verlaufen von der Keilecke (**P1** und **P4**) zur Oberarmnaht. Hier ist eine weitere gerundete Form gepunktet gezeigt. Die Abstände zwischen SuP und Teilungsnähten müssen an VT und RT identisch sein.

Der abgetrennte Ärmel kann an der Oberarmnaht getrennt bleiben oder wieder zu einem Ärmel angeschnitten (vereint) werden (siehe folgender Ärmel).

Abtrennungen zur Keilecke

□1 Prinzipiell erfolgt auch hier die Gestaltung der Teilungsnähte wie ab den Seiten 260 und 264 gezeigt, nur verlaufen jetzt die Teilungsnähte aus den Keilecken.

Wegen der zumeist oben verlaufenden Teilungsnähte im VT wird der Brustabnäher provisorisch in die Seitennaht verlegt, wobei auch der Schulterabnäher praktischerweise verlegt werden kann.

Mit allen Ärmeln und Oberteilen können verschiedene Modellformen und Ärmelabschlüsse gestaltet werden.

1 4 Die Bestimmung der Schnittpunkte (**P1** und **P4**) an VT und RT erfolgt genauso wie ab Seite 268, **□3 und □6** gezeigt.

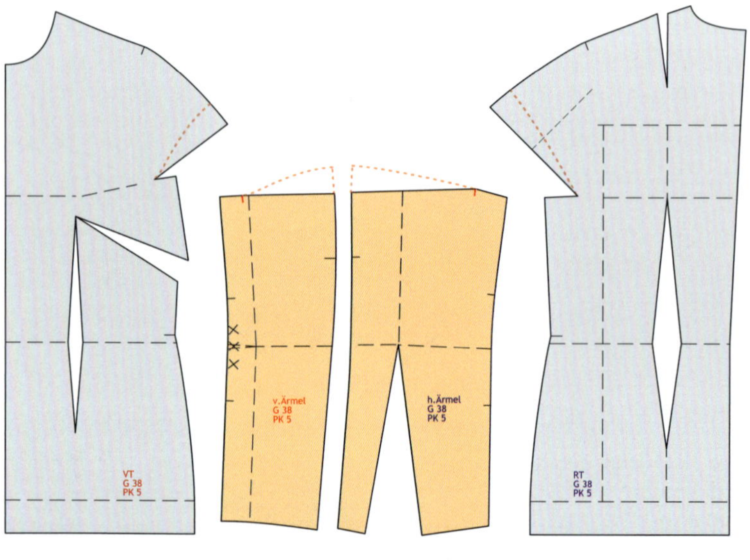

□2 Modellschnittteile für einen überschnittenen Ärmel mit Keilecke

Abtrennungen zum Kimono mit Keilecke (2)

Aus der Drachenkeil-Variante Maßstabsfaktor 0,1

Halbraglan mit Keilecke

□1+3 Die Teilungsnähte verlaufen von der Keilecke (**P1** und **P4**) zur Schulternaht. Die Abstände zwischen SuP und Teilungsnähten müssen an VT und RT identisch sein.

Der abgetrennte Ärmel kann an der Oberarmnaht getrennt bleiben oder wie hier wieder zu einem Ärmel angeschnitten (vereint) werden. An der Schulter entsteht dabei ein Abnäher.

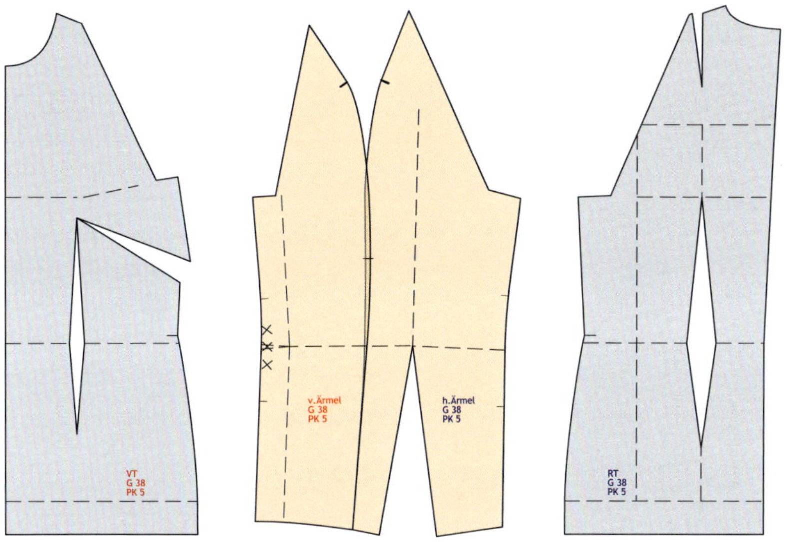

□3 Modellschnittteile für einen Halbraglan mit Keilecke

Fantasieraglan mit Keilecke

□1+4 Hier werden Abtrennungen in das Halsloch gestaltet, so dass Brust- und Schulterabnäher entfallen.

Auch hier können die Ärmel wie oben wieder angeschnitten werden.

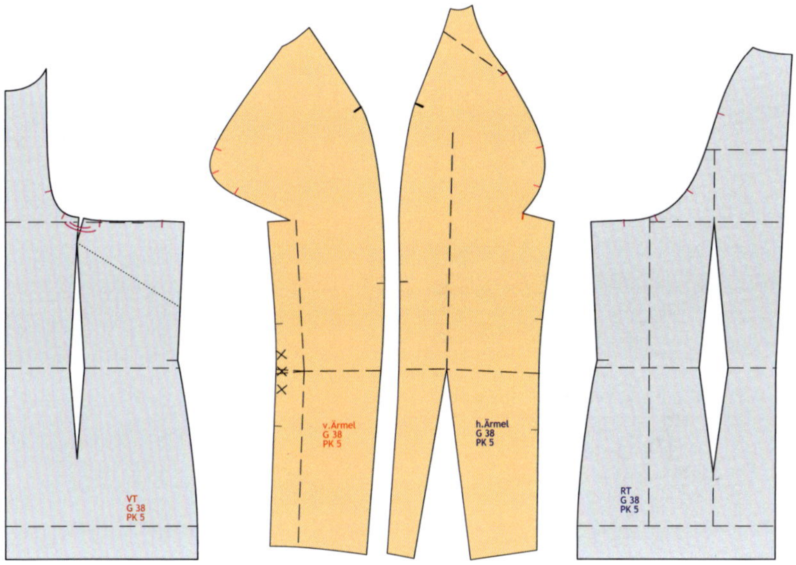

□4 Modellschnittteile für Fantasieraglan mit Keilecke

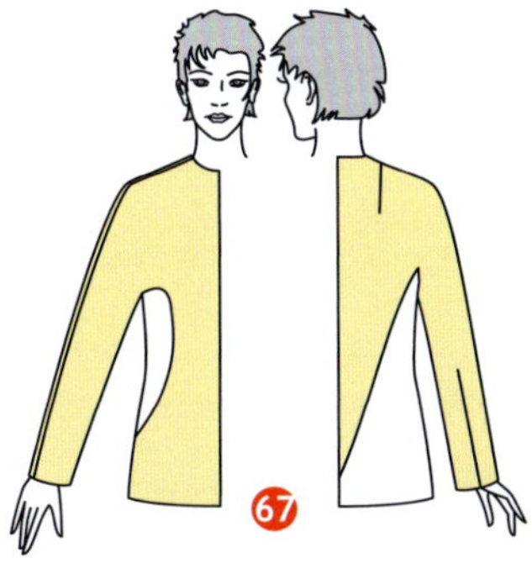

Kimonoabtrennung zur Keilecke

□1+5 Nach unten verlaufende Teilungsnähte können neben dem Brust- auch die Taillenabnäher in sich aufnehmen. Wegen der unterschiedlichen Nahtlängen des runden vorderen Taillenabnähers muss die längere Naht eingehalten werden, da sich auf dieser Seite der ursprüngliche Abnäher befindet. Hier sind Knipse besonders wichtig. Die diagonale Naht hinten wird mit einer Abnähermitte gestaltet.

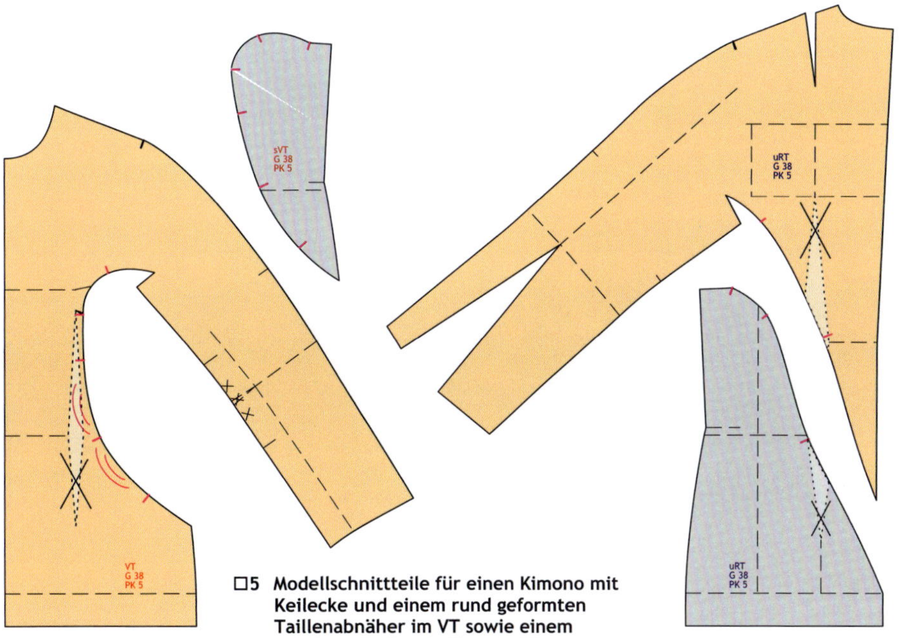

□5 Modellschnittteile für einen Kimono mit Keilecke und einem rund geformten Taillenabnäher im VT sowie einem schrägen Taillenabnäher im RT

Dolman-Ärmel-Anlage (1)
Konstruktion

182
183
185
186
250
254
256

1 Dolman-Ärmelanlage

1. □1+2 Das VT und RT am Armloch auflockern und unbedingt eine Armloch-Vertiefung und -Verbreiterung von mind. 2 cm vornehmen, aber nicht am Ärmel!
2. Der Ärmel wird für die Armlochauflockerung am **Saum vorne und hinten** für mehr Saumweite identisch geöffnet. **Die Öffnung an der Ärmelkugel ergibt sich später** durch die Anlage.
3. An der Ärmelnaht ⅔ bis zum ganzen Betrag der Armlochvertiefung abtragen. Dies ist der Anlagepunkt (AP).
4. An der Schulter 0 bis 1 cm überschneiden. Für einen Ärmel mit Schulterpolster erfolgt die Anlage wie auf Seite 255
5. Die Ärmel werden so weit angehoben, dass jeweils der AP an die Armlochverbreiterung trifft. Die beiden Drehpunkte (ZP) sind an der Schulter und am Ärmelsaum. Die Öffnung an der Ärmelkugel ergibt sich.
6. Die Nahtführungen (eckig oder rund) gestalten: Der Abstand zum unteren Armloch darf maximal 3 cm sein.
7. Die Oberarmnähte formen.

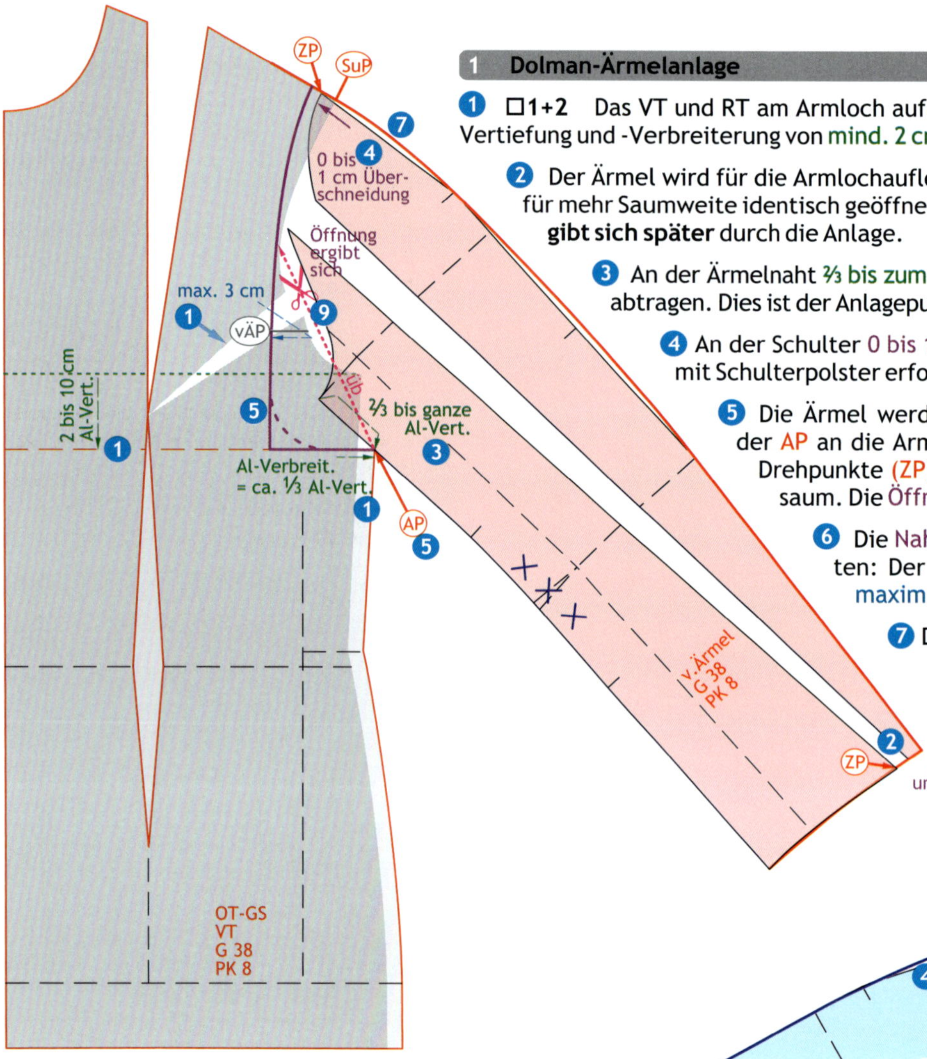

□1 Vorderärmel ans Vorderteil anlegen

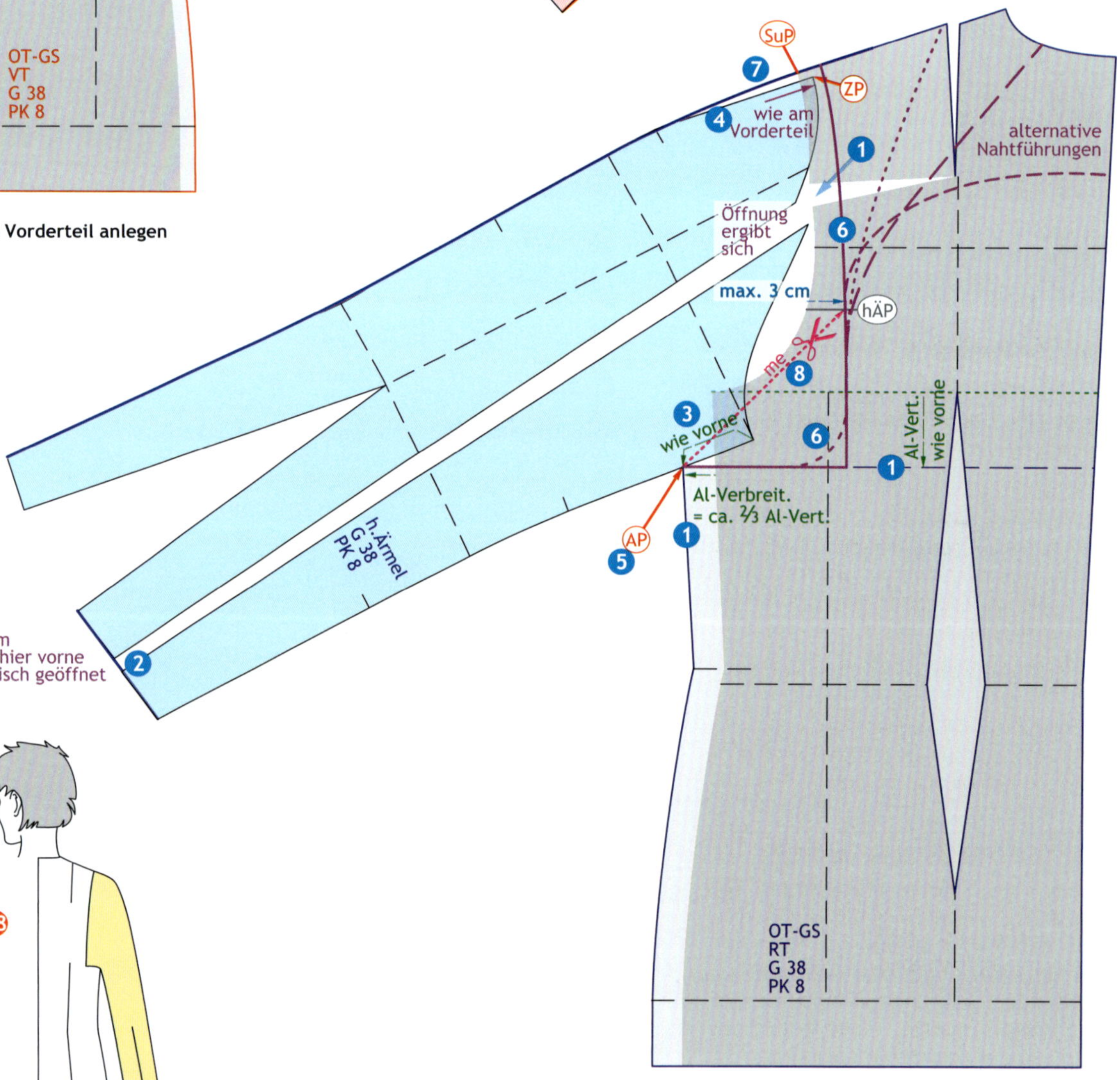

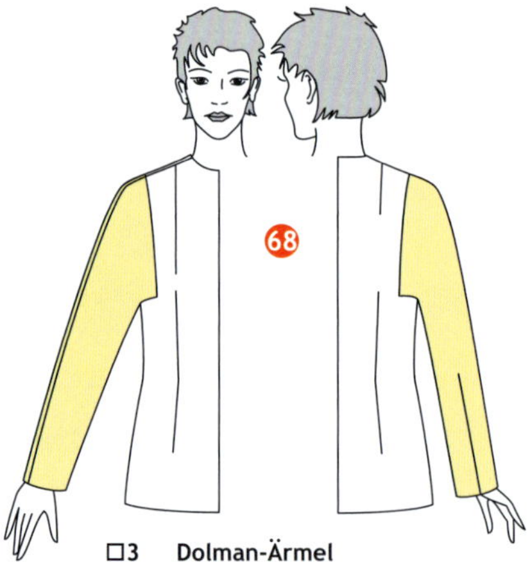

□3 Dolman-Ärmel

□2 Hinterärmel ans Rückteil anlegen

Dolman-Ärmel-Anlage (2)
Fertigstellung

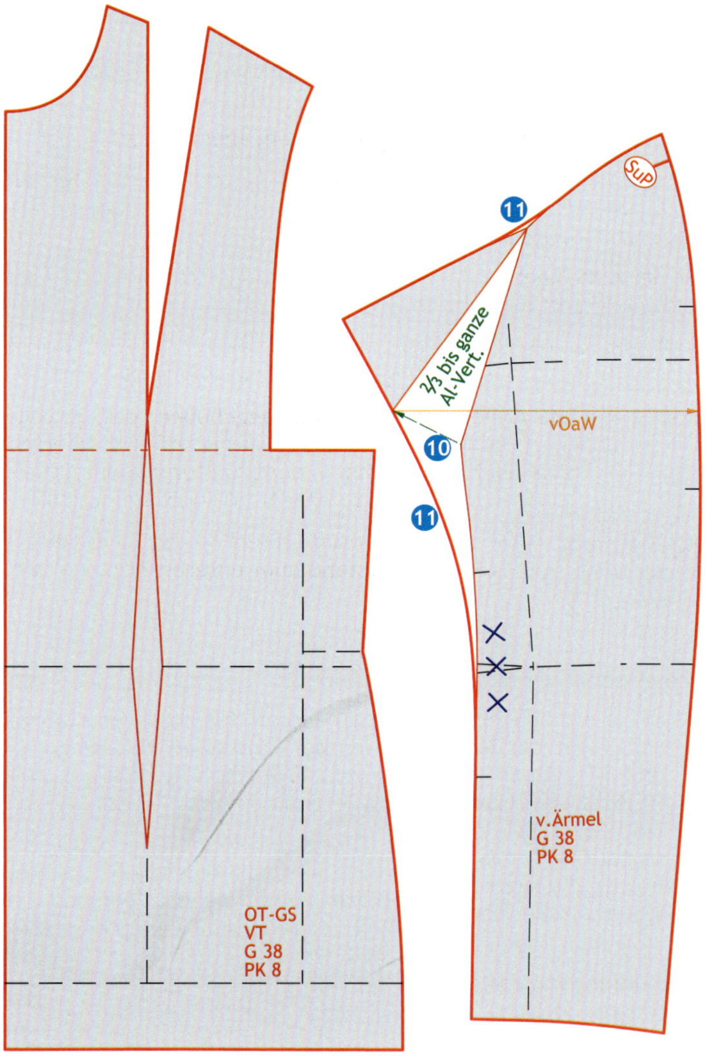

□43 **Modellschnittteile Vorderteil und Vorderärmel**

2 Öffnung für Hebelänge am Ärmel

8 **□2** Am hinteren Ärmel eine Einschnittlinie von AP zur Nahtabtrennung in Höhe des hÄP zeichnen und die Länge messen.

9 **□1** Am vorderen Ärmel einen Einschnitt in derselben Länge wie hinten anzeichnen.

10 **□4+5** An beiden Ärmeln denselben Betrag unter dem Arm um ⅔ bis zum ganzen Betrag der Armlochvertiefung öffnen. Je größer der Öffnungsbetrag, desto größer die Hebelänge des Ärmels.

11 Ärmelkugel und Ärmelnähte wie skizziert formen.

Fertigmaße

BrW	104 cm
TaW	88 cm
HüW	109 cm
AlT	27,2 cm
OaW	45,5 cm
ÄSaW	30 cm

! Wichtige Infos zur Dolman-Anlage

Eine größere Armlochvertiefung bewirkt eine eher geringere Hebelänge des Ärmels.

Bestimmt man den Anlegepunkt (AP) bei ⅔ Armlochvertiefung, wird der Ärmel mit größerem Winkel vom VT und RT abstehen. Dies vergrößert die Hebelänge, erzeugt aber auch mehr Stoffmasse unter dem Arm.

Ein steilerer Ärmelfall wird mit einem AP bei ganzem Betrag der Armlochvertiefung erzielt. Der Ärmel fällt natürlicher mit weniger Stoffmasse unter dem Arm.

Die Öffnung des Ärmels unter dem Arm ersetzt die Berücksichtigung des Überschneidungsbetrags von Rumpf und Ärmel bei der Anlage. Die Öffnung gibt die notwendige Hebelänge, je mehr geöffnet wird.

Die Ärmelsaumweite kann durch weiteres Öffnen am Saum und durch Verkleinern oder Streichen des Abnähers erfolgen.

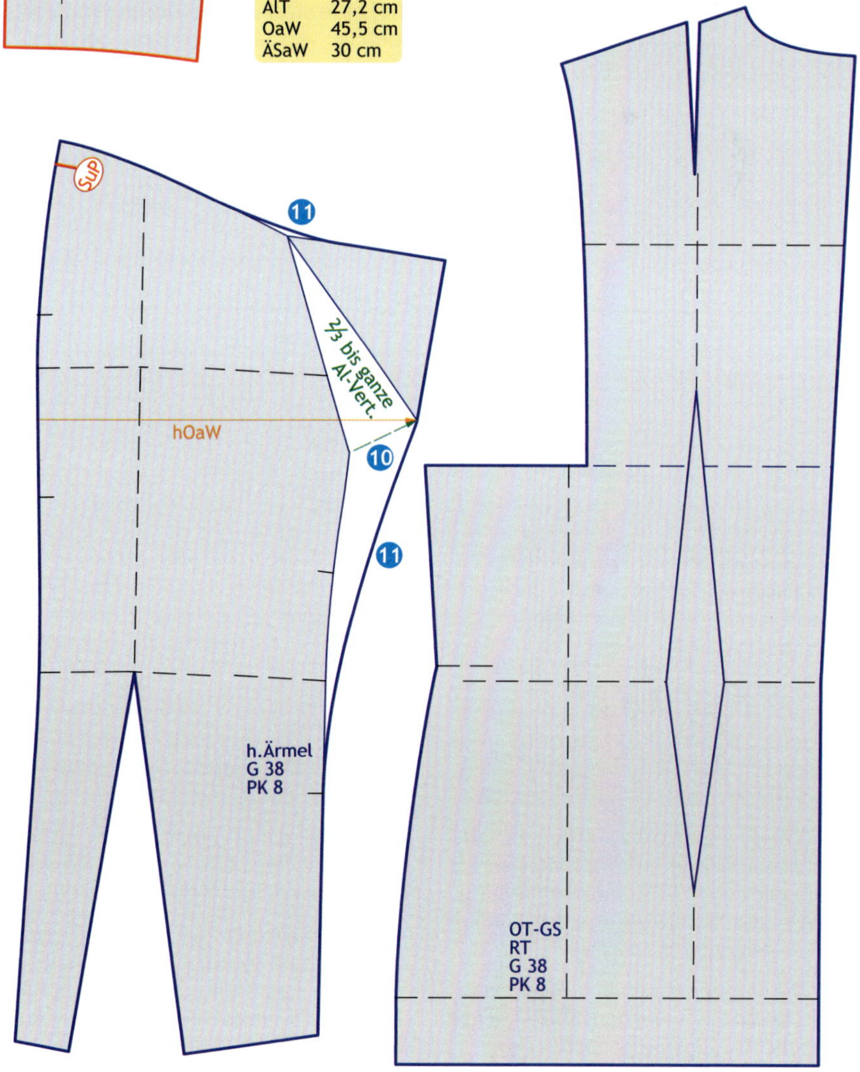

□5 **Modellschnittteile Rückteil und Hinterärmel**

Fledermaus-Ärmel (1)
Grundprinzip der Anlage

182
183
185
186
248
250
252

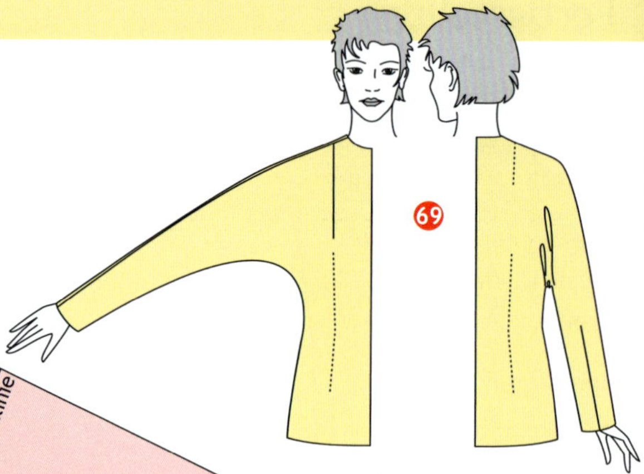

□1 Grundschnitt mit Fledermausärmel

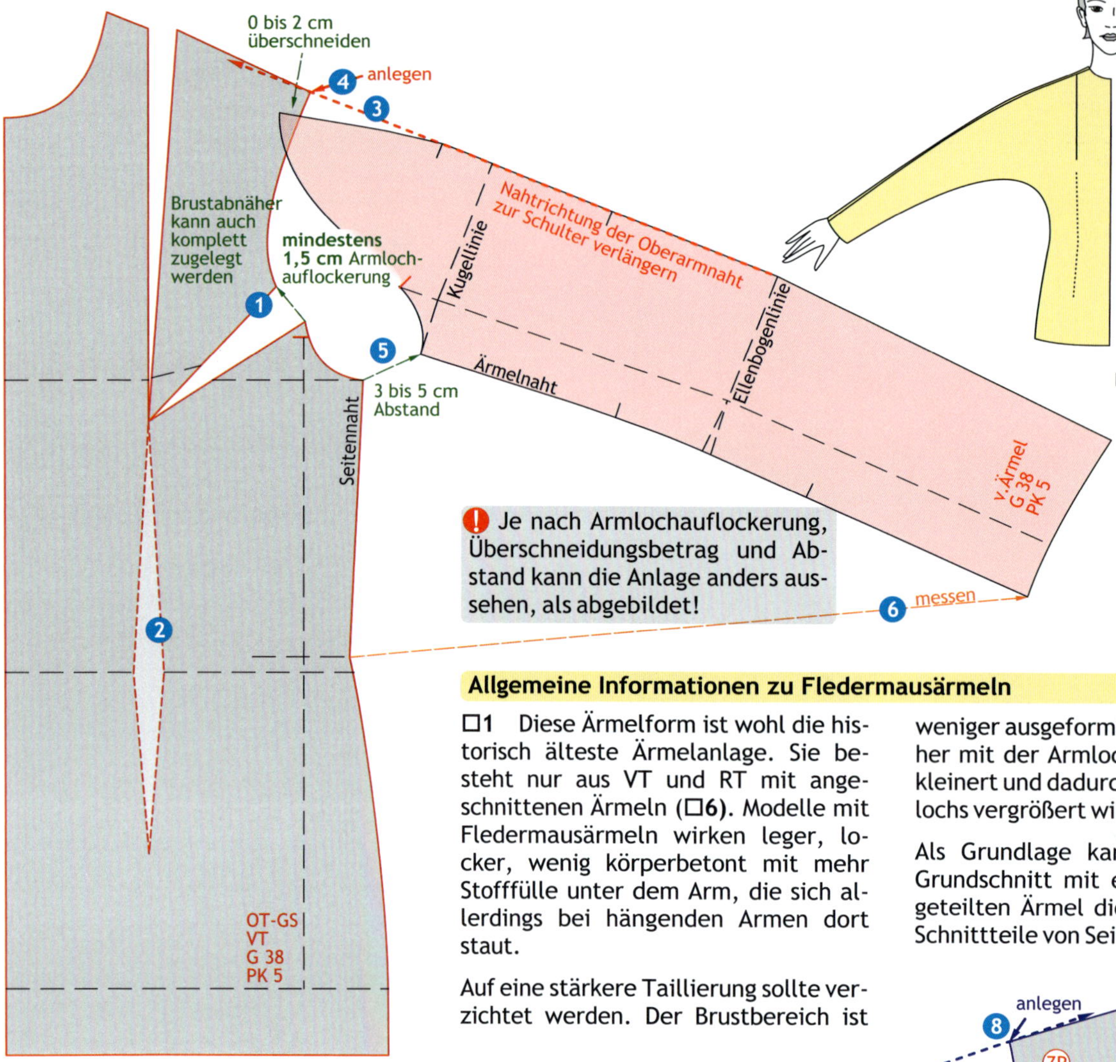

❗ Je nach Armlochauflockerung, Überschneidungsbetrag und Abstand kann die Anlage anders aussehen, als abgebildet!

□2 Vorderärmel ans Vorderteil anlegen

Allgemeine Informationen zu Fledermausärmeln

□1 Diese Ärmelform ist wohl die historisch älteste Ärmelanlage. Sie besteht nur aus VT und RT mit angeschnittenen Ärmeln (□6). Modelle mit Fledermausärmeln wirken leger, locker, wenig körperbetont mit mehr Stofffülle unter dem Arm, die sich allerdings bei hängenden Armen dort staut.

Auf eine stärkere Taillierung sollte verzichtet werden. Der Brustbereich ist weniger ausgeformt, da der Brustabnäher mit der Armlochauflockerung verkleinert und dadurch die Höhe des Armlochs vergrößert wird.

Als Grundlage kann jeder Oberteil-Grundschnitt mit einem am Oberarm geteilten Ärmel dienen. Hier sind die Schnittteile von Seite 250 verwendet.

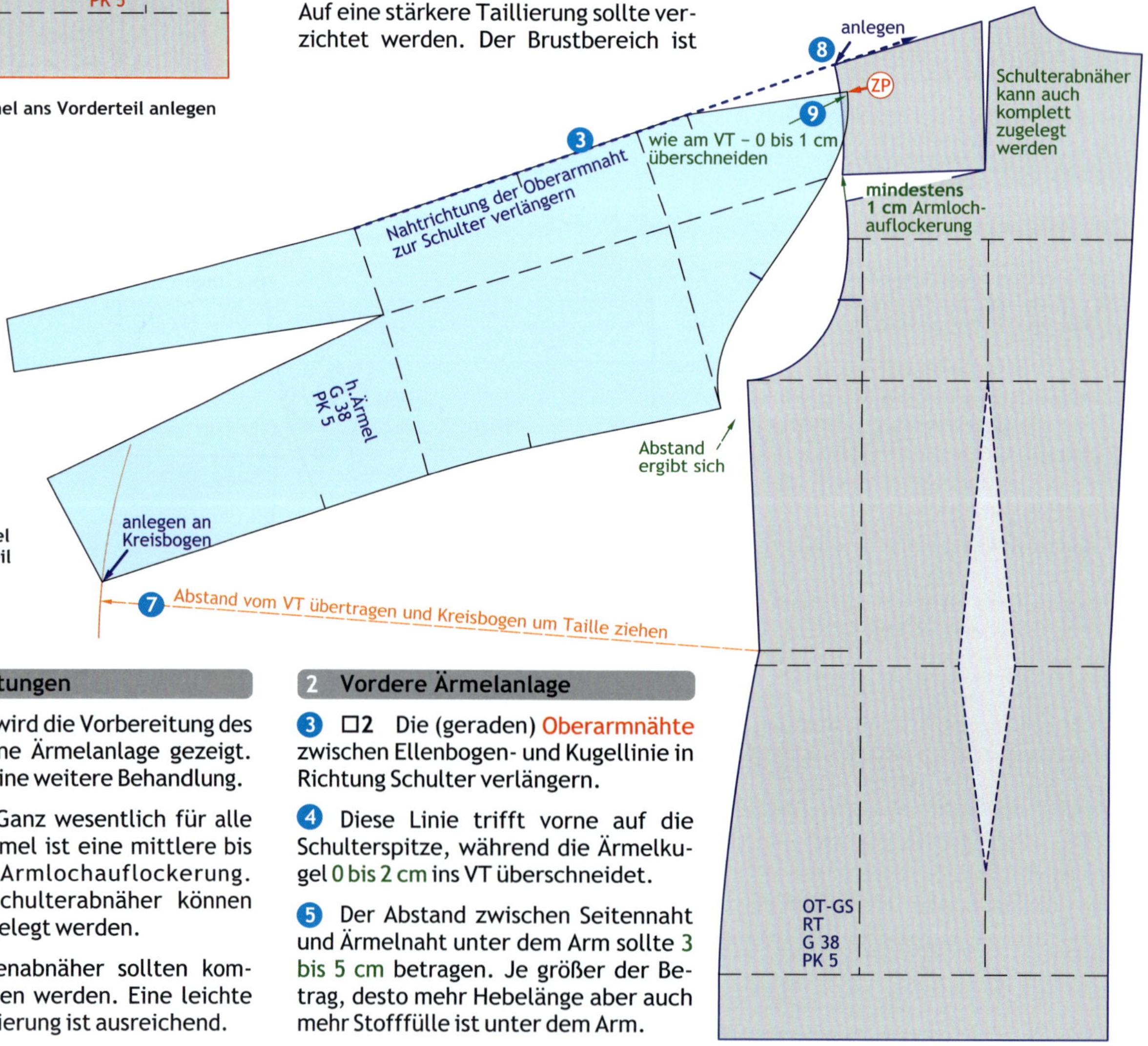

□3 Hinterärmel ans Rückteil anlegen

1 Vorbereitungen

Auf Seite 250 wird die Vorbereitung des Ärmels für eine Ärmelanlage gezeigt. Er benötigt keine weitere Behandlung.

❶ □2+3 Ganz wesentlich für alle Fledermausärmel ist eine mittlere bis sehr große Armlochauflockerung. Brust- und Schulterabnäher können auch ganz zugelegt werden.

❷ Die Taillenabnäher sollten komplett gestrichen werden. Eine leichte seitliche Taillierung ist ausreichend.

2 Vordere Ärmelanlage

❸ □2 Die (geraden) Oberarmnähte zwischen Ellenbogen- und Kugellinie in Richtung Schulter verlängern.

❹ Diese Linie trifft vorne auf die Schulterspitze, während die Ärmelkugel 0 bis 2 cm ins VT überschneidet.

❺ Der Abstand zwischen Seitennaht und Ärmelnaht unter dem Arm sollte 3 bis 5 cm betragen. Je größer der Betrag, desto mehr Hebelänge aber auch mehr Stofffülle ist unter dem Arm.

Fledermaus-Ärmel (2)
Fertigstellung der Schnittteile

3 Hintere Ärmelanlage

❻ □2 Am VT den Abstand zwischen Taille an der SN und unterer Saumecke des angelegten Ärmels messen.

❼ □3 Am RT um die Taille einen Kreisbogen mit dem Radius des vorderen Messbetrags ziehen.

❽ Den hinteren Ärmel mit der Nahtverlängerung ebenso an der Schulterspitze anlegen.

❾ An der hinteren Ärmelkugel ggf. etwas weniger überschneiden als am VT. Wird die Naht im Bereich von Schulter und Oberarm etwas eingehalten, legt sich der Ärmel schöner nach vorne.

4 Oberarmnaht und Unterarmnaht

❿ Die Oberarmnaht wie skizziert gefällig ausformen. Vorne kann am Oberarm etwas aufgesetzt werden.

⓫ Am VT die Unterarmnaht mit einem Mindestabstand von ca. 6 cm zum unteren Armloch formen. Je größer der Abstand, desto flacher die Rundung und umso schwerer lässt sich der Arm nach oben bewegen.

⓬ Die hintere Unterarmnaht kopieren und an das VT übertragen. Somit sind beide Nähte identisch und die Verarbeitung ist unproblematisch.

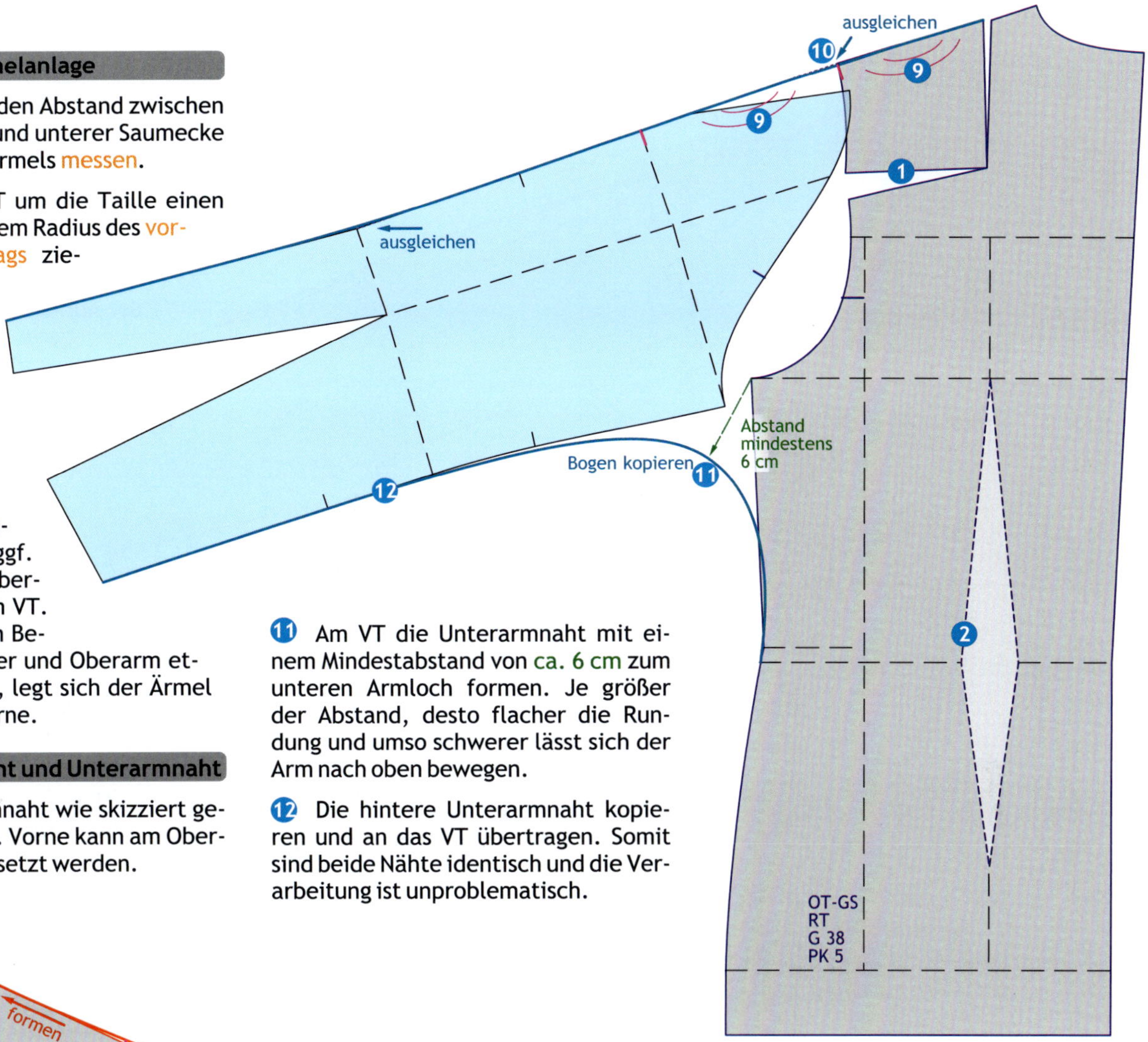

□4 **Oberarm- und Unterarmnaht am RT formen**

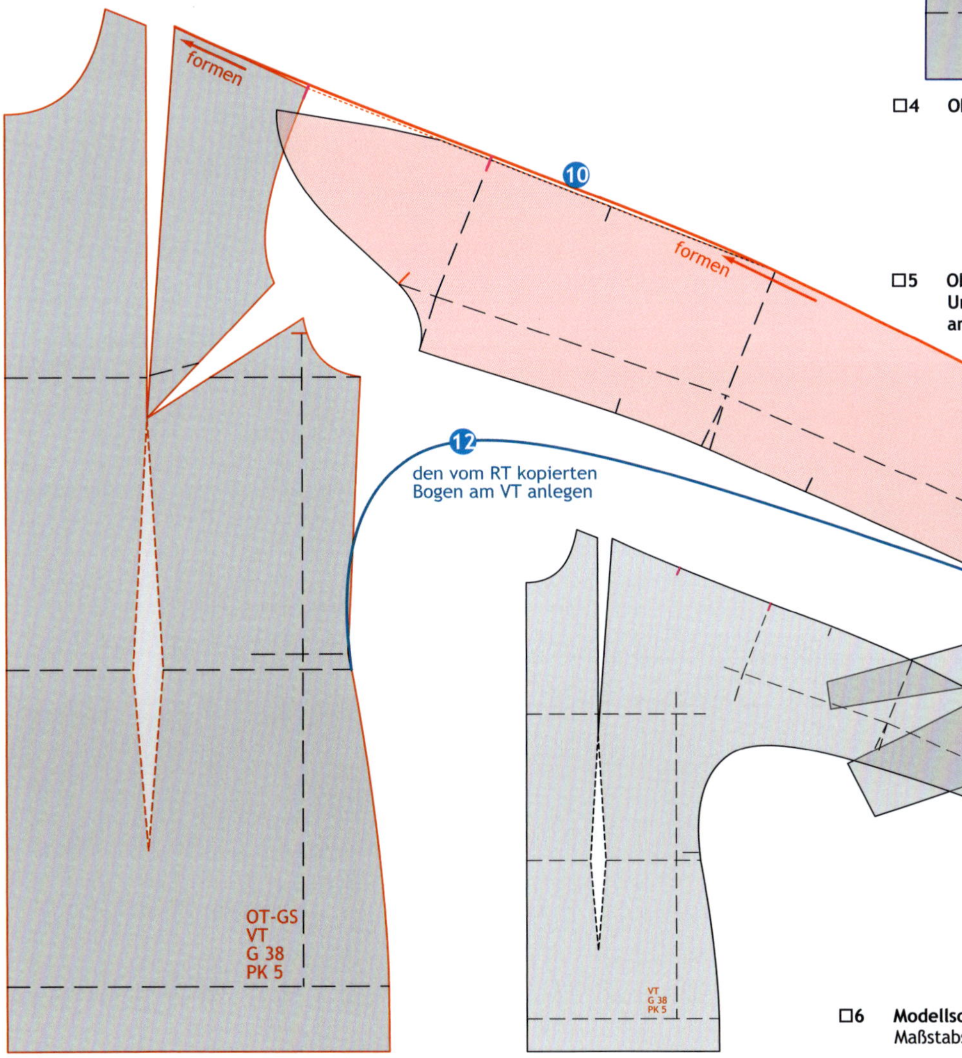

□5 **Oberarm- und Unterarmnaht am VT formen**

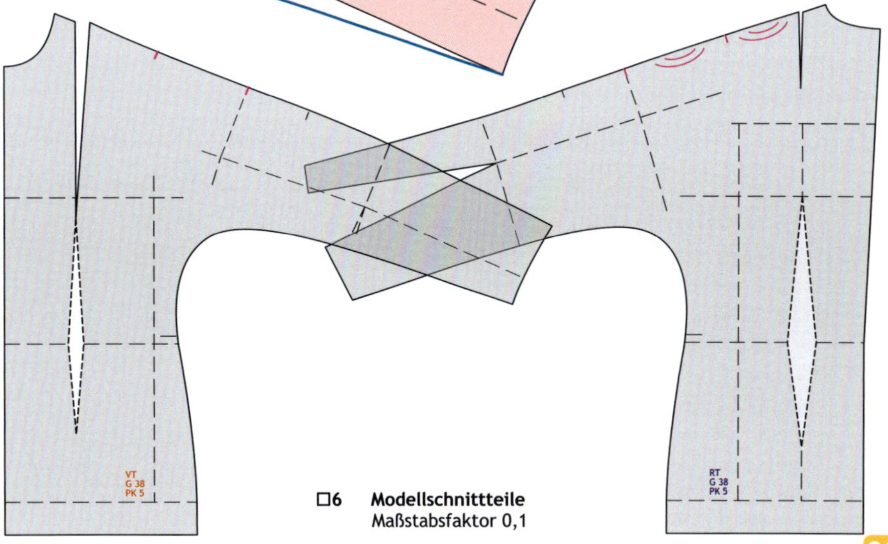

□6 **Modellschnittteile**
Maßstabsfaktor 0,1

Fledermaus-Ärmel (3)
Auswirkung der Armlochauflockerung auf die Hebelänge

182
183
185
186

248
250
252

☐1+2 Für die Fledermausärmel-Anlage auf den vorhergehenden Seiten werden hier die Auswirkungen verschiedener Armlochauflockerungen an den Rumpfteilen demonstriert.

Die Überschneidungsbeträge an Ärmelkugel und Schulter sind jeweils identisch gewählt.

Man beachte, dass hiermit auch der Abstand unter dem Arm mit größerer Armlochauflockerung automatisch größer wird.

Die Vorschriften und die Reihenfolge der Ärmelanlage bleiben identisch.

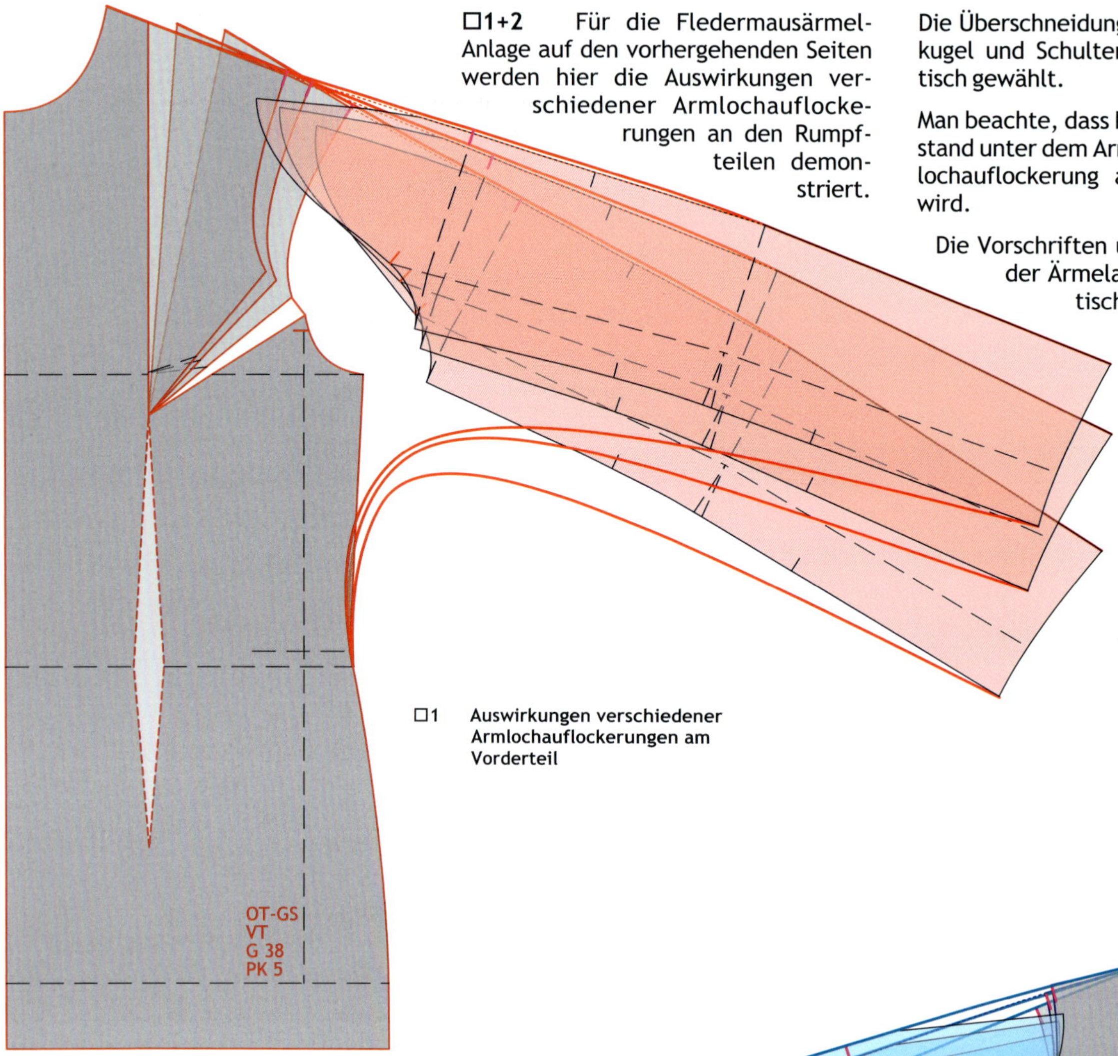

☐1 Auswirkungen verschiedener Armlochauflockerungen am Vorderteil

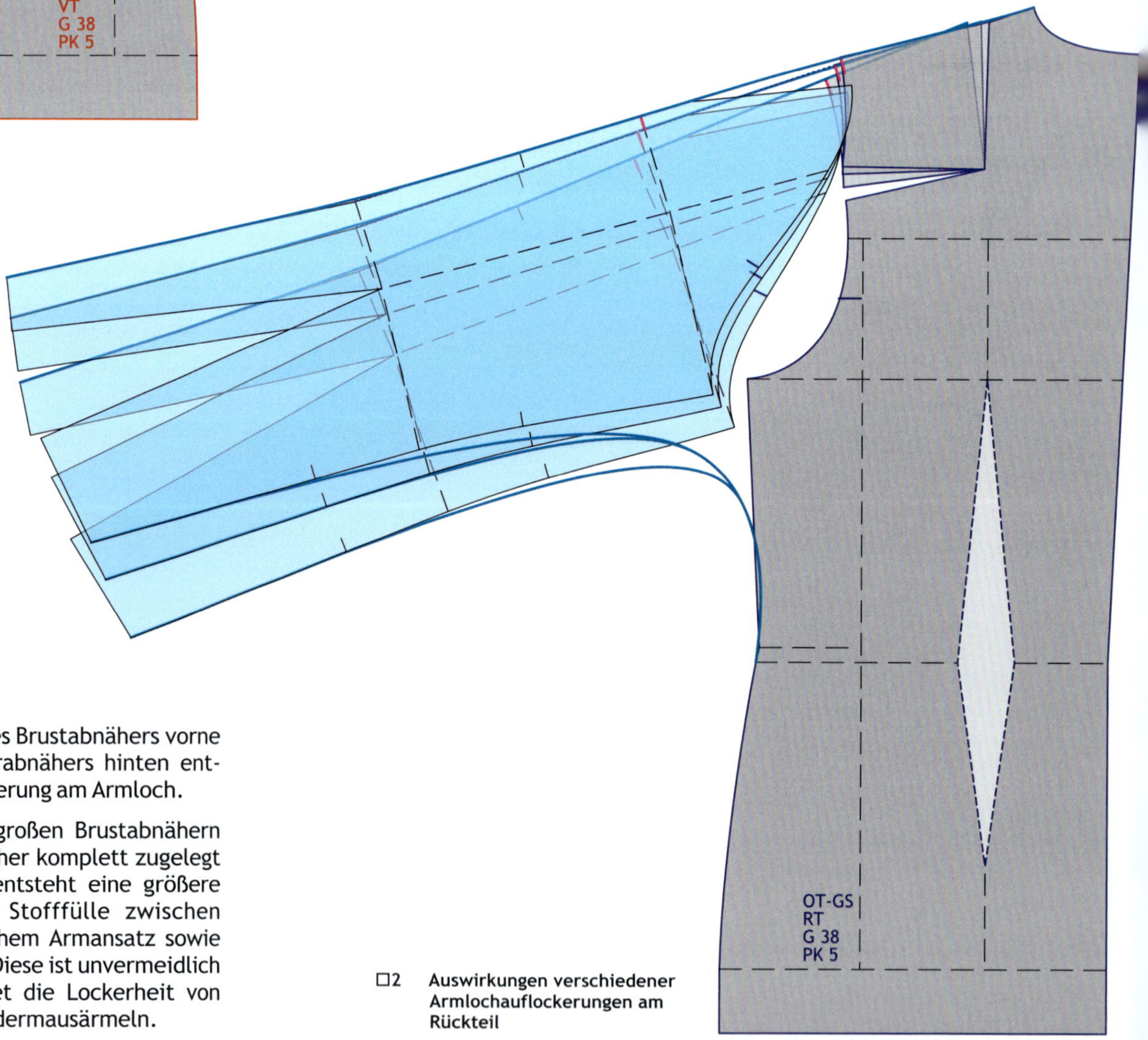

☐2 Auswirkungen verschiedener Armlochauflockerungen am Rückteil

Durch Zulegen des Brustabnähers vorne und des Schulterabnähers hinten entsteht die Auflockerung am Armloch.

Selbst bei sehr großen Brustabnähern können die Abnäher komplett zugelegt werden. Dabei entsteht eine größere Mehrweite und Stofffülle zwischen Brust und seitlichem Armansatz sowie unter dem Arm. Diese ist unvermeidlich und kennzeichnet die Lockerheit von Modellen mit Fledermausärmeln.

Fledermaus-Ärmel (4)

Mehrweite an der Seitennaht und flachere Unterarmnaht Maßstabsfaktor 0,15

□1+2 Sehr häufig werden Modelle mit vergrößerter Weite an Taille und Hüfte gewählt. Eine starke Taillierung macht bei der typischen Lockerheit und Stofffülle eines Fledermausärmels keinen Sinn. Zusätzlich kann die Weite an der Taille durch das Entfernen der Taillenabnäher erfolgen. Die Gestaltung der hinteren Unterarmnaht erfolgt nach der Erweiterung an Taille und Hüfte. Erst anschließend wird die hintere Unterarmnaht an das Vorderteil übertragen.

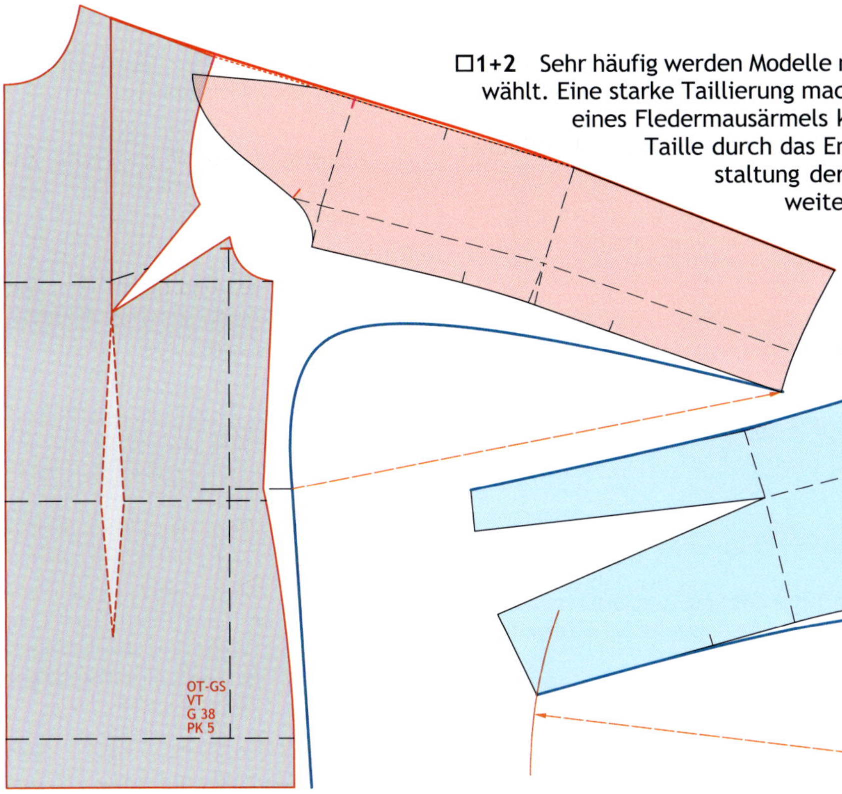

□1 Seitennaht-Erweiterung am Vorderteil

70

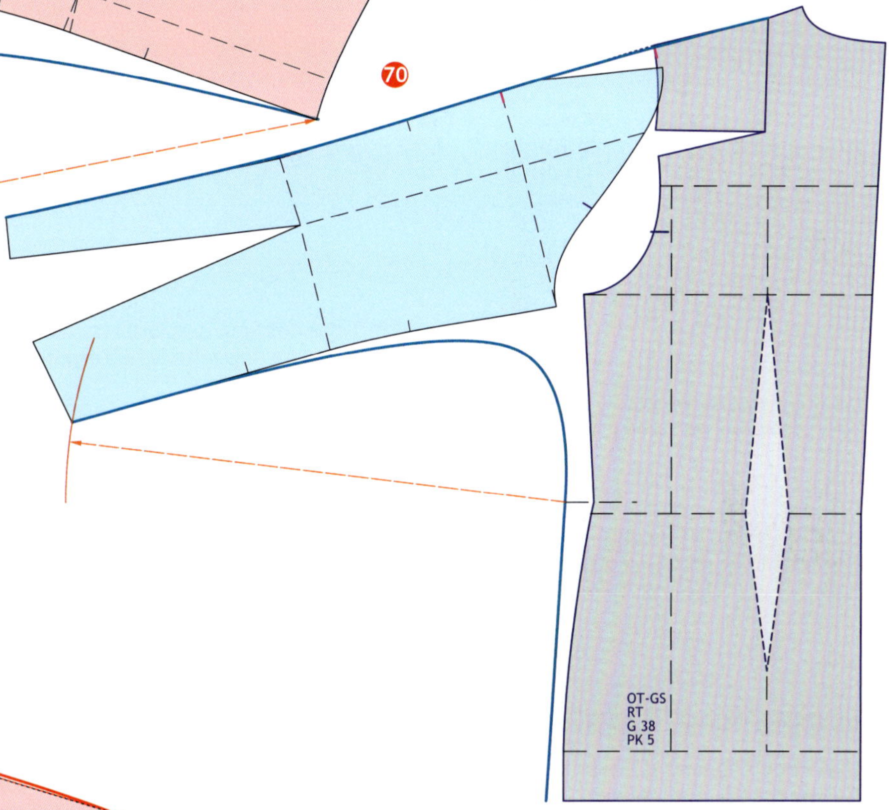

□2 Seitennaht-Erweiterung am Rückteil

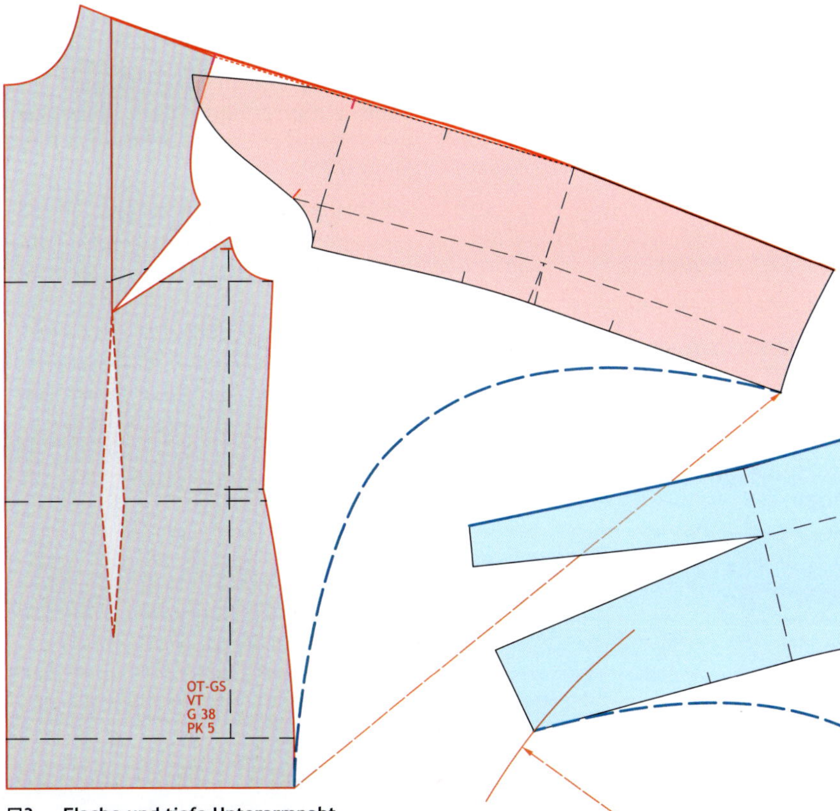

□3 Flache und tiefe Unterarmnaht am Vorderteil

71

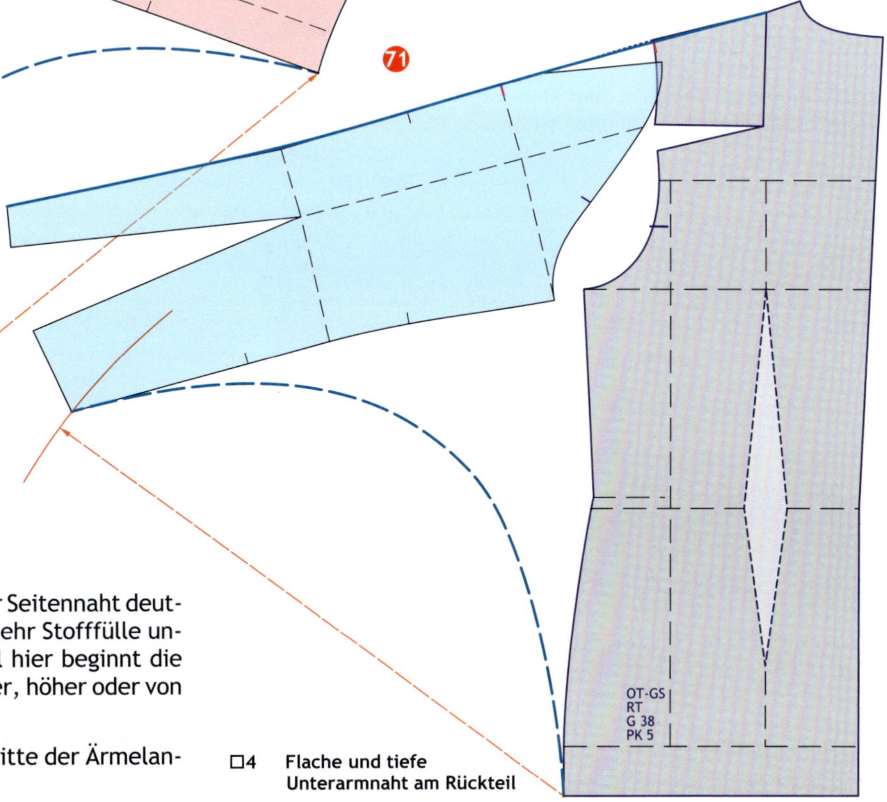

□4 Flache und tiefe Unterarmnaht am Rückteil

□3+4 Die Unterarmnaht kann auch von der Seitennaht deutlich unterhalb der Taille aus mit deutlich mehr Stofffülle unter dem Arm gestaltet werden. Im Beispiel hier beginnt die Naht bereits am Saum - kann aber auch tiefer, höher oder von einer erweiterten Seitennaht aus erfolgen.

Wieder sind auch hier die Konstruktionsschritte der Ärmelanlage identisch, wie zuvor beschrieben.

Fledermaus-Ärmel (5) Maßstabsfaktor 0,1
Mit Schulterpolster und mit nachträglicher Vergrößerung der Hebelänge

182
183
185
186

248
250
252

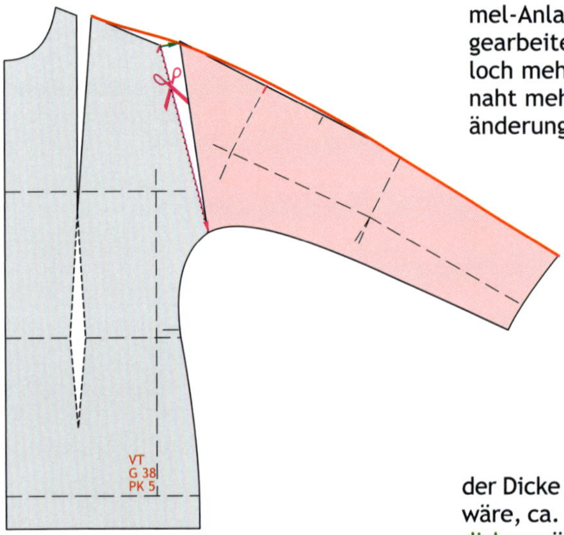

□1 Schulterpolster-Öffnung und -Erhöhung am Vorderteil

Schulterpolster-Erhöhung

Soll in ein Modell mit Fledermausärmel-Anlage ein **Schulterpolster** eingearbeitet werden, benötigt das Armloch mehr Höhe und die Oberarmnaht mehr Länge. Die notwendige Abänderung wird hier demonstriert.

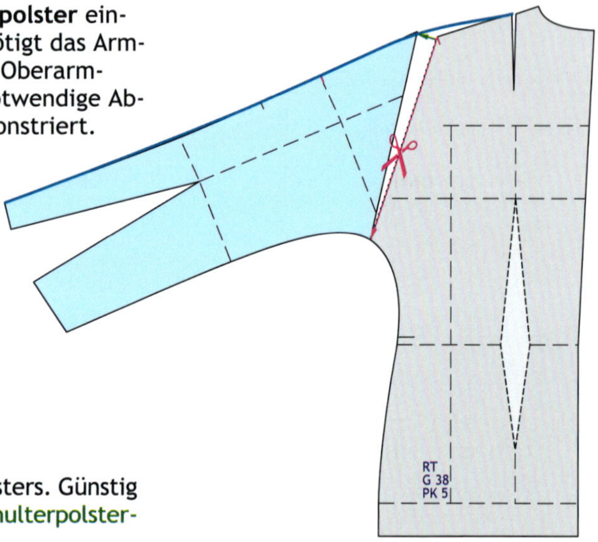

□2 Schulterpolster-Öffnung und -Erhöhung am Rückteil

□1+2 Vom Knips am Schulterpunkt wird an VT und RT an dieselbe Stelle zur Unterarmnaht eingeschnitten. Die Öffnung an der Schulter ist abhängig von der Dicke des Schulterpolsters. Günstig wäre, ca. die doppelte Schulterpolsterdicke zu öffnen.

Bei der Öffnung erhöht sich die Schulter am Ärmel. Die Oberarmnaht muss nun in skizzierter, leicht S-förmiger Naht ausgezeichnet werden. Hierbei sollte die extreme Ärmelecke oben etwas entschärft werden. Die Erhöhung an der Schulter kann vorne und hinten gleichmäßig erfolgen. Wie auf Seite 255 gezeigt, wäre allerdings eine Aufteilung vorne ⅓ und hinten ⅔ der Schulterpolster-Erhöhung optimal.

Vergrößerung der Hebelänge

Die Hebelänge ist ganz entscheidend für die Bewegungsfreiheit, die das Modell der Person gestattet. Zwar ist ausreichend Weite bei Fledermausmodellen vorhanden, aber die Möglichkeit, den Arm anzuheben, ist begrenzt durch die Weite unter dem Arm und die Form der Anlage.

Je waagerechter der Ärmel vom Rumpf absteht, desto leichter lässt sich der Arm anheben. Der Arm lässt sich sogar über die Schulter anheben, wenn wie bei der oberen Ärmelöffnung, der Ärmel extrem unter dem Arm geöffnet wird. Allerdings vergrößert sich die Stofffülle unter dem Arm teilweise extrem.

Eine weitere Möglichkeit wird auf folgender Seite gezeigt.

Zwei Verfahren sind möglich:

1. Exakt identisches Öffnen nach Bedarf an VT und RT unter dem Arm:

Formen der Unterarmnaht am RT und Übertragen auf das VT. Dabei muss vermutlich die Öffnung des VT korrigiert werden.

2. Öffnen am VT nach Bedarf und dann entsprechend dem Konstruktionsablauf der Fledermausanlage (Seite 286):

- Formung der Unterarmnaht,
- Messen der Weite zwischen Taille (bzw. Hüfte, Saum) und unterer Ärmelspitze,
- Kreisbogen um denselben Messpunkt an der Seitennaht des RT ziehen,
- am RT öffnen, bis die untere Ärmelspitze auf dem Kreisbogen liegt,
- Unterarmnaht formen und auf das VT übertragen.

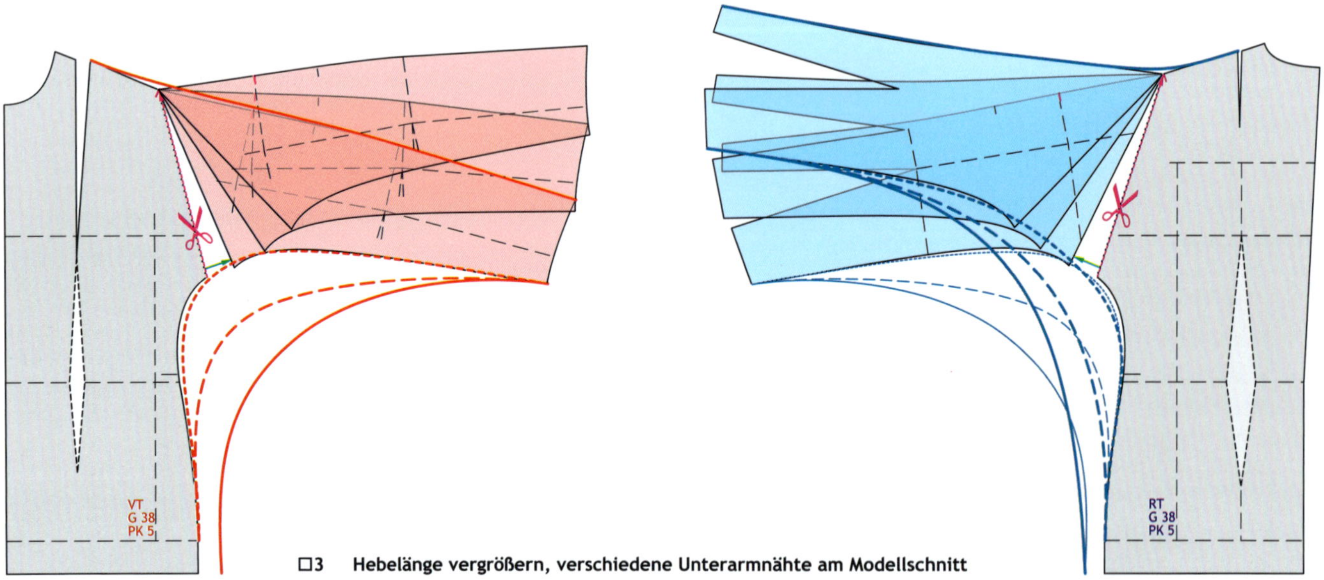

□3 Hebelänge vergrößern, verschiedene Unterarmnähte am Modellschnitt

Fledermaus-Ärmel (6) Maßstabsfaktor 0,1

Oberteilmodell in einem Schnittteil mit extremer Vergrößerung der Hebelänge

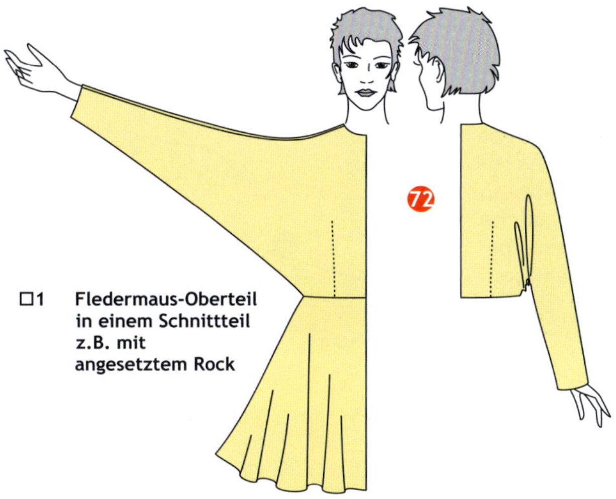

□1 Fledermaus-Oberteil in einem Schnittteil z.B. mit angesetztem Rock

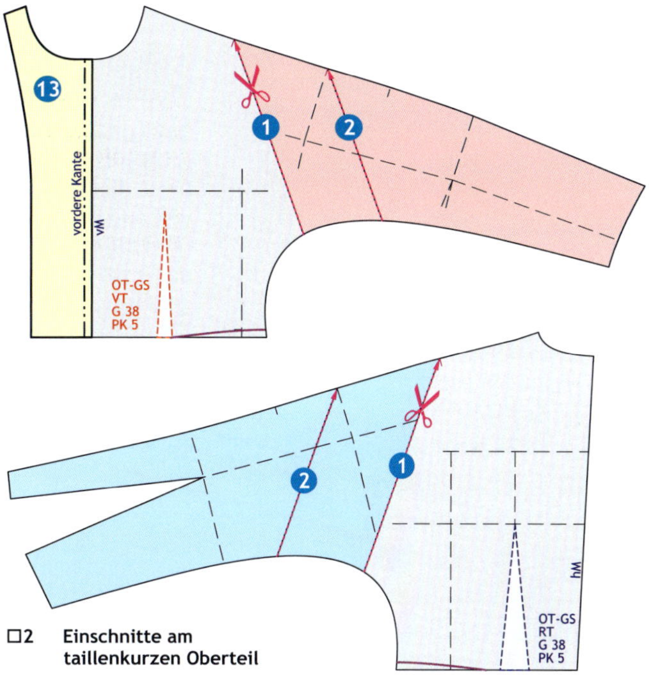

□2 Einschnitte am taillenkurzen Oberteil

Extreme Hebelänge an Oberteilmodell in einem Schnittteil

Hier wird auf die Unterarmnaht verzichtet, Vorder- und Hinter-Ärmel sind dort angeschnitten. Das RT ist somit am VT angeschnitten. Die vM und hM stehen im rechten Winkel zueinander. VT und RT berühren sich seitlich an der hochgestellten Taillenlinie. Der Ärmelabnäher wird ignoriert. Die Oberarmnähte müssen gleich lang sein.

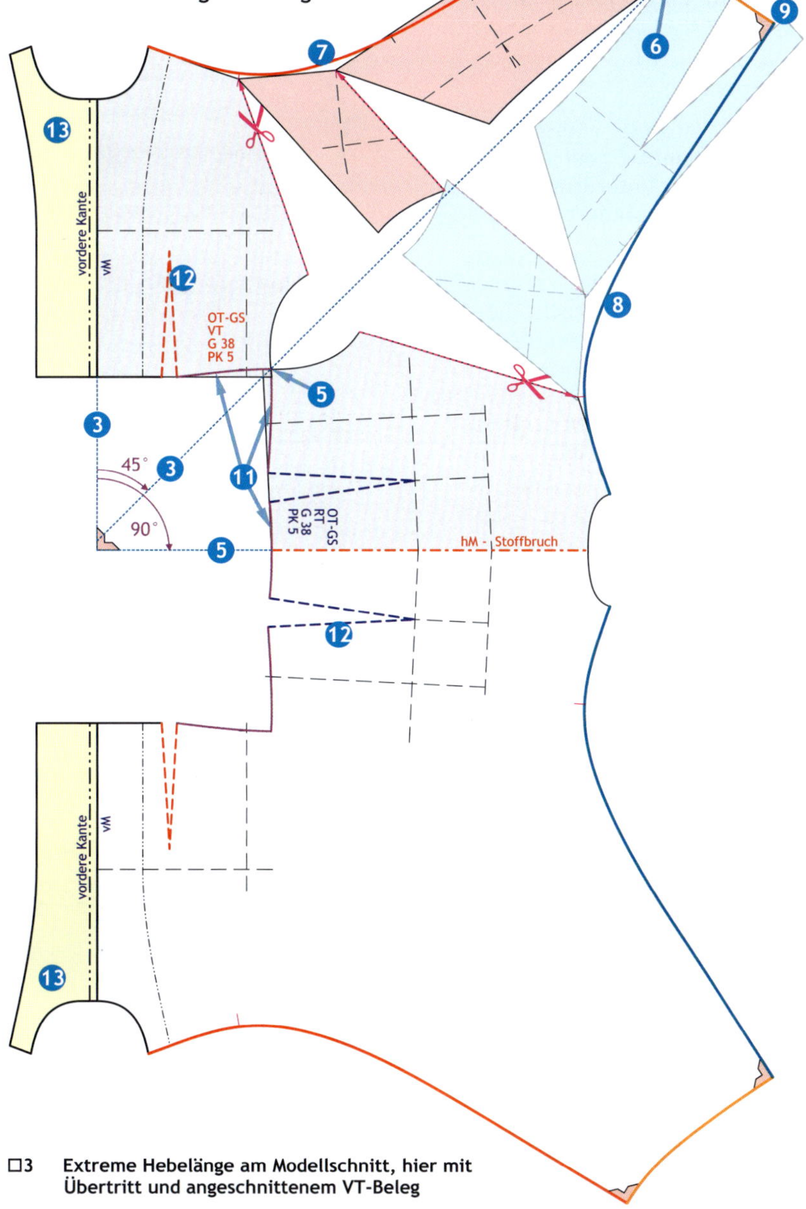

□3 Extreme Hebelänge am Modellschnitt, hier mit Übertritt und angeschnittenem VT-Beleg

Vergrößerung der Hebelänge

1 □2 Ein Einschnitt erfolgt wie in □3 auf vorhergehender Seite.

2 Der zweite Einschnitt verläuft ca. parallel zur Kugellinie des Ärmels.

3 □3 Die vM des VT nach unten verlängern und eine Hilfslinie im 45°-Winkel hierzu durch die erhöhte Taillenlinie zeichnen.

4 Den vorderen Ärmel an den Einschnittlinien so öffnen, dass die untere Ärmelecke die Hilfslinie berührt.

5 Die hM des RT rechtwinklig zur vM anlegen, so dass sich die erhöhten Taillenlinien berühren.

6 Den hinteren Ärmel so öffnen, dass er die untere Ärmelecke des vorderen Ärmels berührt.

7 Die vordere Oberarmnaht formen.

8 Diese kopieren und in derselben Form gespiegelt für das RT verwenden.

9 Dabei die gewünschte Ärmelsaumweite bestimmen und den Ärmelabnäher ignorieren.

10 Den Ärmelsaum formen.

11 Die Taillennähte formen.

12 Die Taillenabnäher können genäht oder ignoriert werden.

13 Wie bereits in □2 gezeigt, kann ein Beleg oder eine Knopfleiste an die vM angeschnitten werden. Auch eine Reißverschluss-Verarbeitung ist möglich.

Fledermaus-Ärmel (7)
Aus dem Unisex-Oberteil mit Anpassung für Damen-Oberteil

508
512

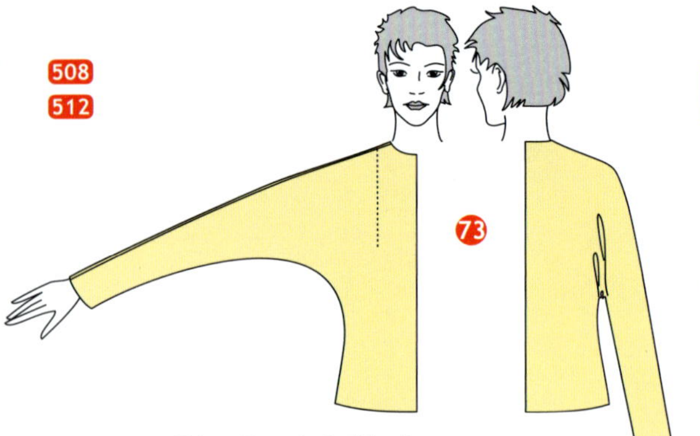

□1 Grundschnitt mit Fledermaus-Ärmel

Einfache Entwicklung aus dem Unisex-Oberteil-Grundschnitt

Der auf den Seiten 508 + 512 gezeigte Unisex-Oberteil-Grundschnitt kann relativ einfach mit Fledermaus-Ärmeln versehen werden. Eine nachträgliche Öffnung des VT für eine übergroße Vorderlänge ist möglich und wird unten gezeigt. Hierdurch entsteht der Brustabnäher.

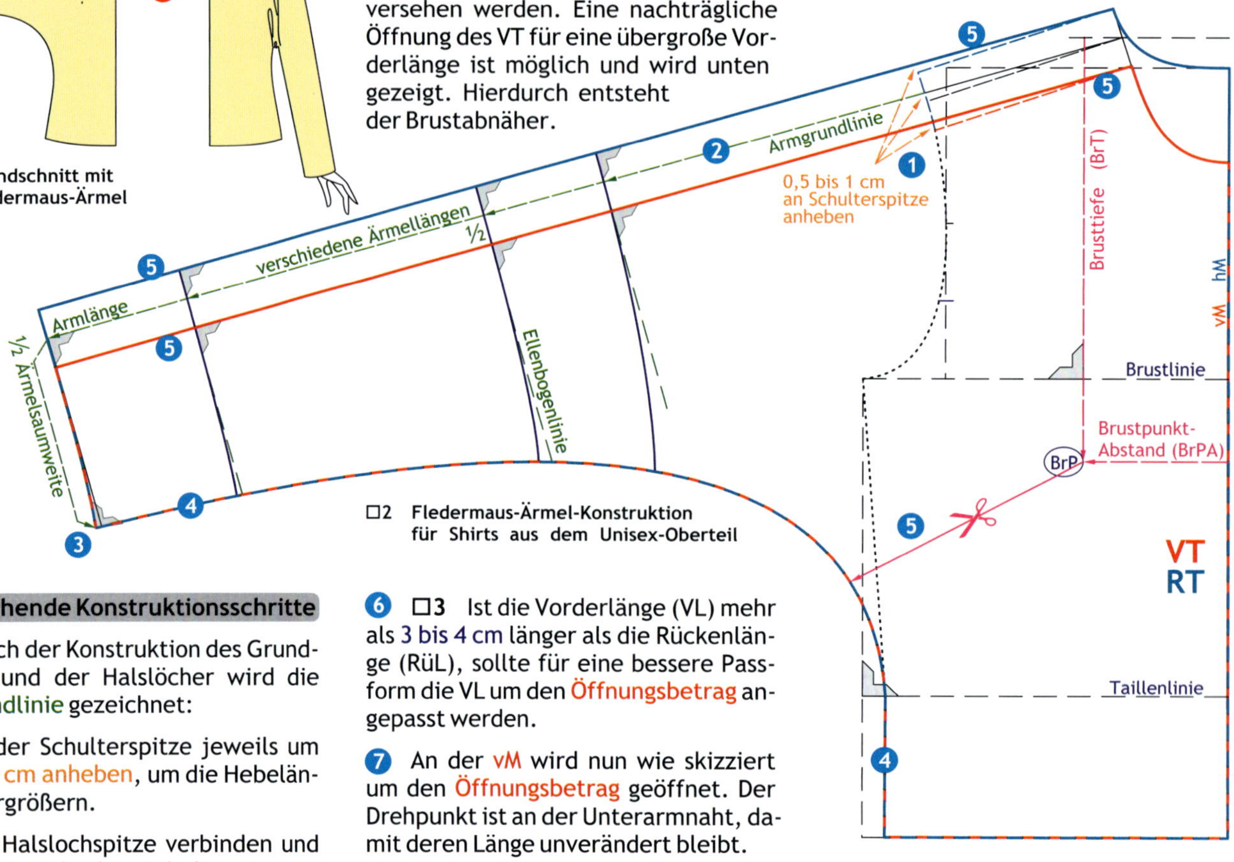

□2 Fledermaus-Ärmel-Konstruktion für Shirts aus dem Unisex-Oberteil

Abweichende Konstruktionsschritte

□2 Nach der Konstruktion des Grundgerüsts und der Halslöcher wird die Armgrundlinie gezeichnet:

1. An der Schulterspitze jeweils um 0,5 bis 1 cm anheben, um die Hebellänge zu vergrößern.
2. Zur Halslochspitze verbinden und nach links ab der Schulter in gewünschter Ärmellänge verlängern.
3. ½ Ärmelsaumweite abwinkeln.
4. Die Unterarmnaht für VT und RT zur (ggf.) eingestellten Taille formen.
5. Die hintere und die vordere Oberarmnaht parallel zur Armgrundlinie durch die Halslochspitzen zeichnen.

Die Schnittteile kopieren und ggf. das VT bei übergroßer Vorderlänge durch Öffnen mit einem Brustabnäher versehen.

6. □3 Ist die Vorderlänge (VL) mehr als 3 bis 4 cm länger als die Rückenlänge (RüL), sollte für eine bessere Passform die VL um den Öffnungsbetrag angepasst werden.
7. An der vM wird nun wie skizziert um den Öffnungsbetrag geöffnet. Der Drehpunkt ist an der Unterarmnaht, damit deren Länge unverändert bleibt.
8. Bei dieser alternativ zur Methode auf Seite 510 gezeigten Variante springt der Abnäher senkrecht über dem Brustpunkt an der Schulternaht auf und wird mittig in die Öffnung gezeichnet und ggf. gekürzt.

510

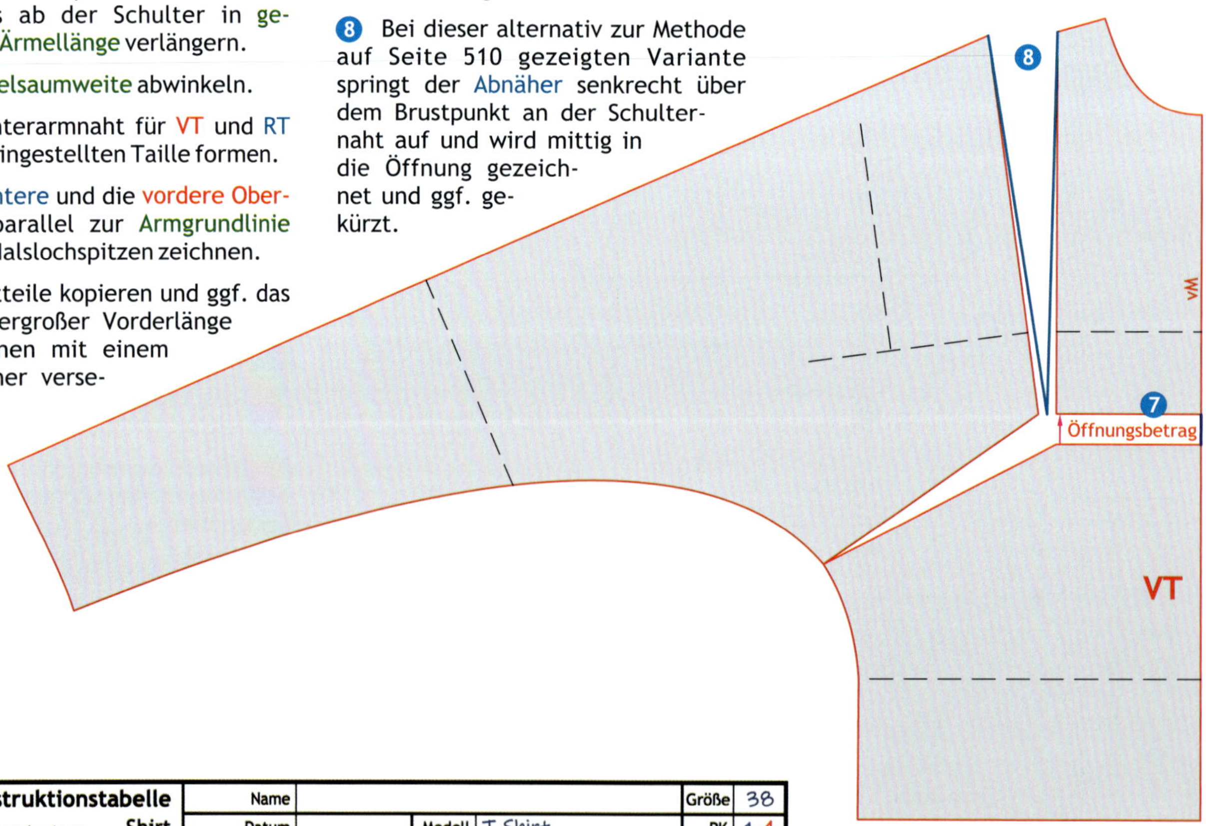

Konstruktionstabelle alle Maßangaben in cm. Shirt			Name		Größe 38
			Datum	Modell T-Shirt	PK 1-4
RüL	Rückenlänge (waagerechte Taille)	41,6			
VL	Vorderlänge (waagerechte Taille)	46,8	⑥		⑥
	Differenz VL – RüL	5,2	– 3 bis 4	= Abnäherinhalt	1,2 bis 2,2

□3 Auszug aus dem Konstruktionstabelle

□4 Anpassung für eine große Vorderlänge bei Damen am Shirt aus dem Unisex-Oberteil

182
183
185
186

□1 Angezeichnete kurze Ärmel

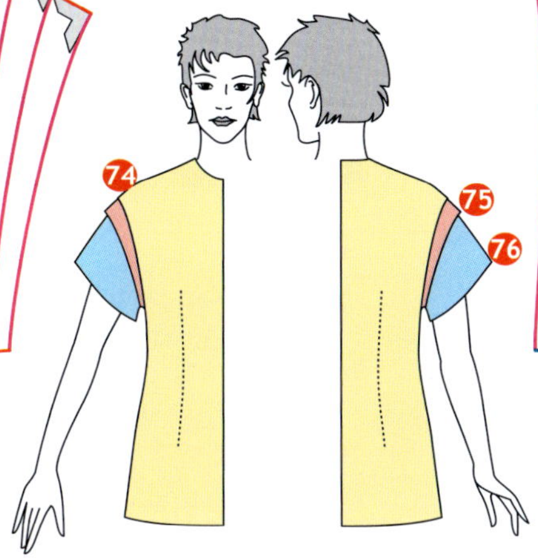

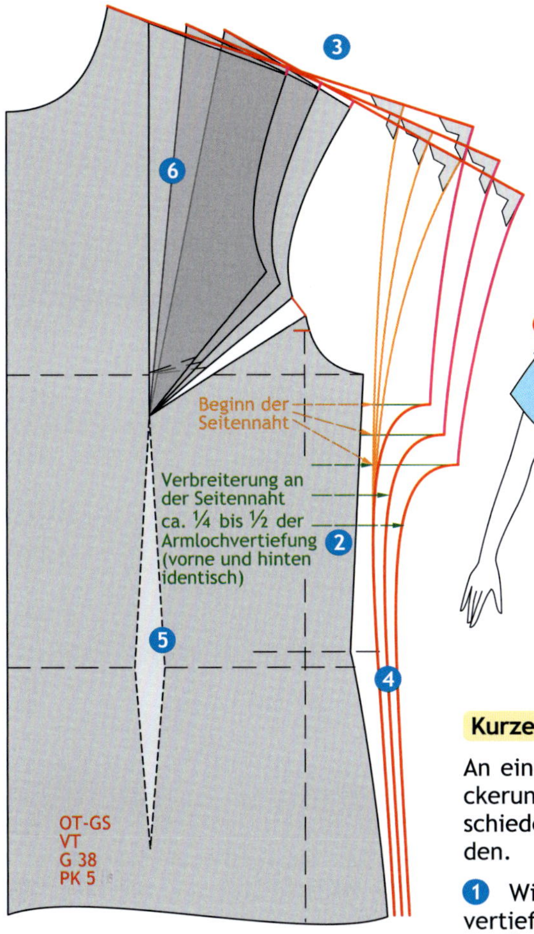

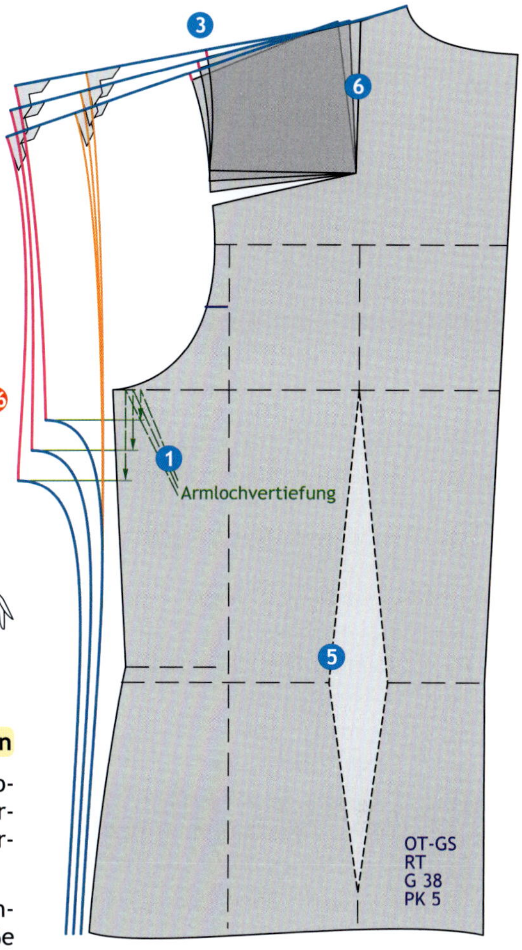

□2 Kurze Fledermaus-Ärmel-Konstruktion am taillierten Oberteil

Kurze Fledermaus-Ärmel anzeichnen

An einem Oberteil mit Armlochauflockerungen können kurze Ärmel in verschieden Längen angezeichnet werden.

❶ Wichtig ist hierbei eine Armlochvertiefung je nach gewünschter Größe der Ärmelöffnung und

❷ eine Armlochverbreiterung, die die Brustweite vergrößert.

❸ Des Weiteren ist eine Anhebung an der Schulterspitze um 0,5 bis 1 cm sinnvoll, um die Hebelänge und die Ärmelöffnung weiter zu vergrößern.

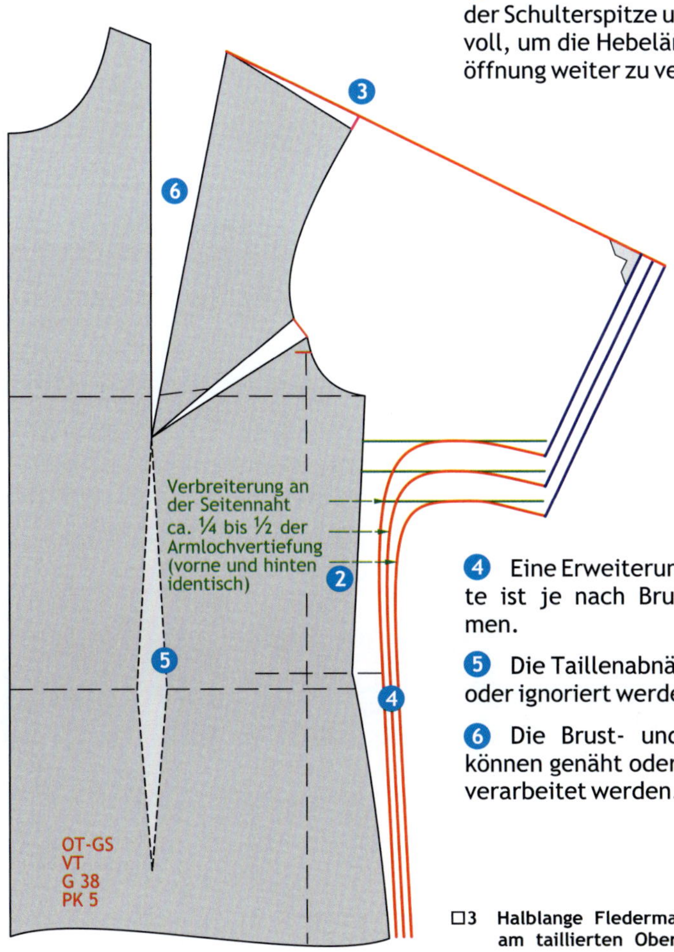

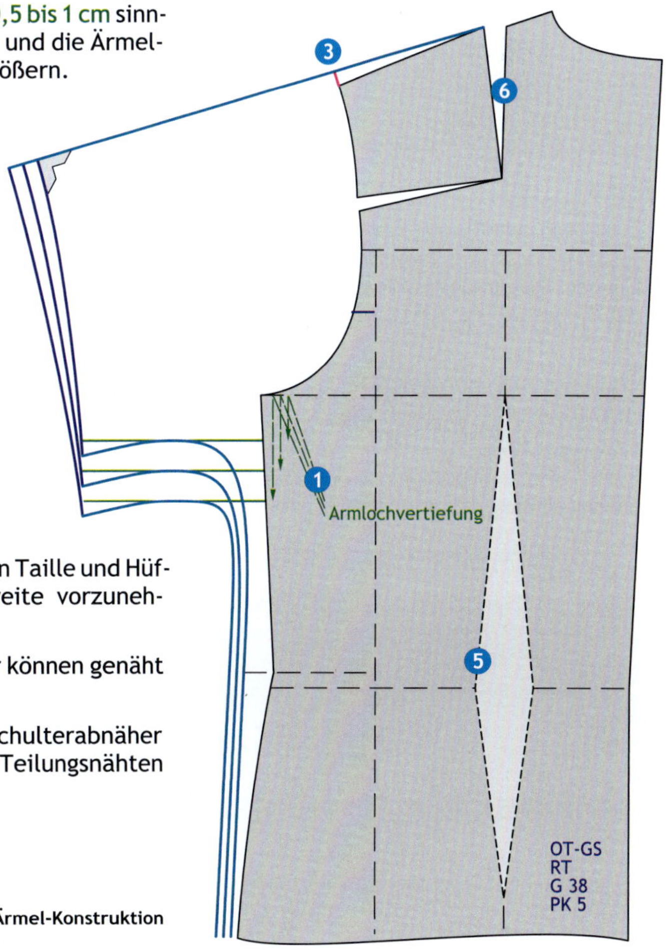

❹ Eine Erweiterung an Taille und Hüfte ist je nach Brustweite vorzunehmen.

❺ Die Taillenabnäher können genäht oder ignoriert werden.

❻ Die Brust- und Schulterabnäher können genäht oder in Teilungsnähten verarbeitet werden.

□3 Halblange Fledermaus-Ärmel-Konstruktion am taillierten Oberteil

Übersicht
Kragen- und Kapuzenformen

Übersicht

Kragenformen

Kragen sichern das Halsloch vor Ausdehnen, schließen das Kleidungsstück am Hals schmückend ab und können wärmende und schützende Funktion erfüllen.

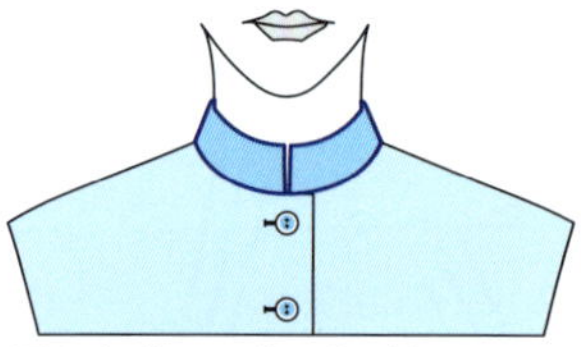
□1 Anliegender Stehkragen

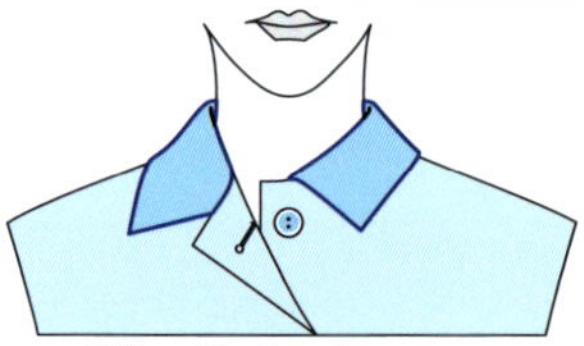
□2 Umlegekragen einteilig

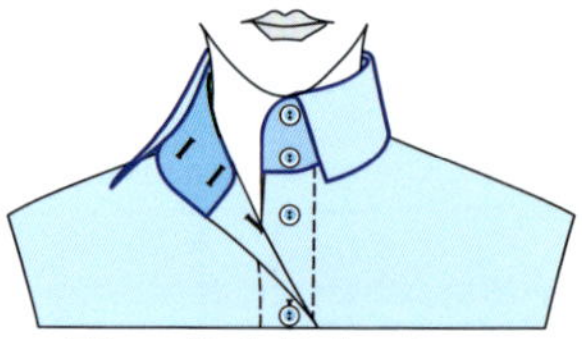
□3 Steh-Umlegekragen zweiteilig

Kragen in das runde Halsloch

□1-3 Viele verschiedene Kragenformen werden in das runde, manchmal erweiterte Halsloch gearbeitet: Stehkragen, ein- und zweiteilige Umlegekragen, Hemdenkragen, Flachkragen, Volantkragen u.v.m.

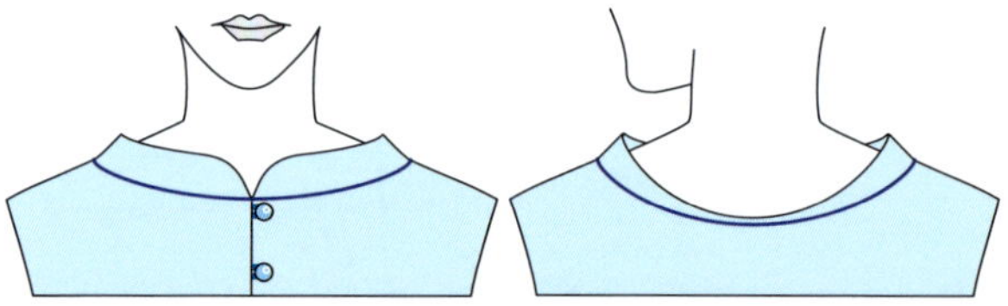
□4 Schmaler Blendenkragen, durch Abtrennung konstruiert

Durch Abtrennung konstruierte Kragen

□4 Blendenkragen entstehen durch Abtrennungen vom Rumpfteil. Sie werden anschließend nach Wunsch geformt.

An das Oberteil angeschnittene Kragen

□5 An das Vorder- und/oder Rückteil angeschnittene Kragen können interessante Schnittlösungen ergeben.

An das Vorderteil konstruierte Kragen

□6 Zu dieser sehr variantenreichen Kragenform gehören die häufig verwendeten Schal- und Reverkragen. Der V-förmige Ausschnitt wird durch den Revers- bzw. Kragenbruch gebildet.

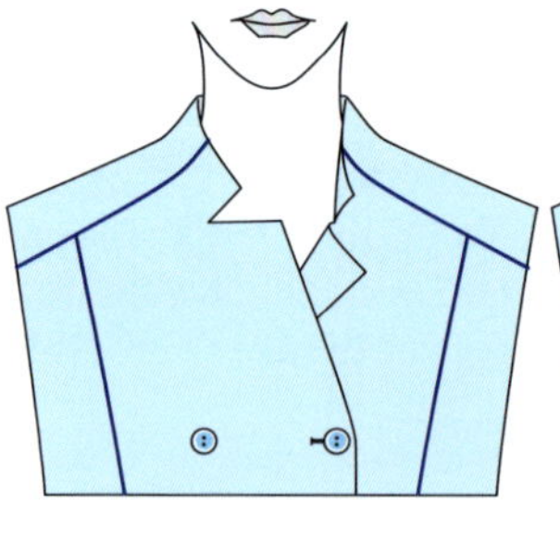
□5 Angeschnittener Stehkragen mit Kante in Reversoptik

□6 Reverskragen

Kragen- und Kapuzenformen
Halslochvorbereitung

Kragen durch Rückteil-Anlage

□7+9 Flache Kragenformen, die breiter als ca. die halbe Schulterbreite sind, erfordern eine spezielle Konstruktion. Hier wird der obere Teil des Rückteils an das Vorderteil angelegt, wodurch die Kragenrundung (-Form) entsteht. Die Gestaltung der Kragenkante ist nahezu beliebig.

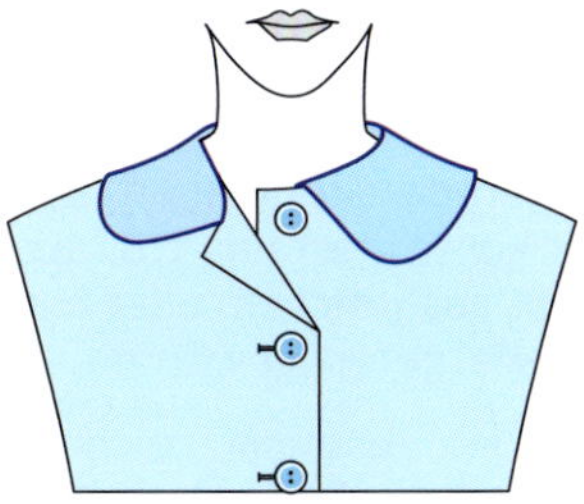

□7 Liegekragen

□8 Matrosenkragen mit Bindeband

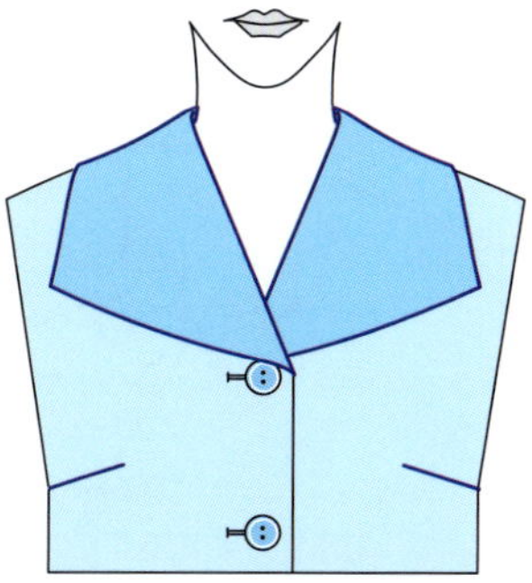

□9 Breiter Spatenkragen

Kapuzenformen

Einfache Kapuzen-Grundformen

□10+11 Die einfachen Kapuzenformen ohne Abnäher, zeigen anschaulich das Konstruktionsprinzip von Kapuzen und deren Veränderung.

Sie sind in der Passform sowie optisch und funktional noch nicht optimiert.

Kapuzen mit Abnähern und Nähten

□11+12 Kapuzen-Grundformen sind eher flach, auch diejenigen, mit einem Abnäher an der Schulter. Durch einen Abnäher an der Hinterkopfrundung wölbt sich die Kapuze seitlich und passt sich besser der Kopfform an.

Kapuzen mit Verschluss

□13 Hoch geschlossene Kapuzen schützen sehr gut vor Wettereinflüssen. Der Kapuzenausschnitt ist hier verkleinert. Ein Verschluss an der vM ist notwendig und kann mit Knöpfen, Klettband oder mit einem Reißverschluss geschlossen werden. Verschiedene Details wie Tunnelzüge oder Schirme können ergänzt werden.

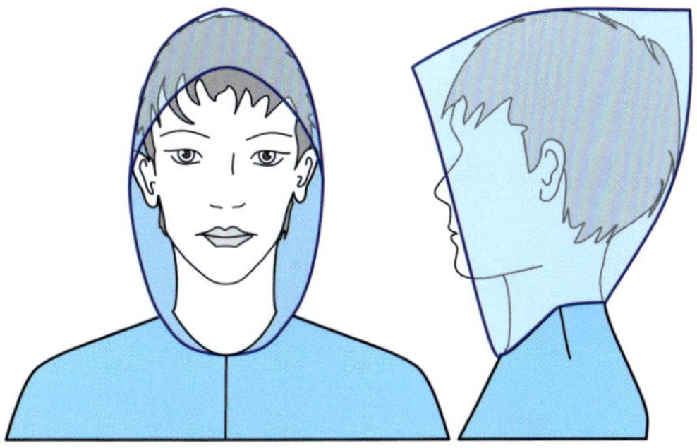

□10 Einfache Kapuzen-Grundform

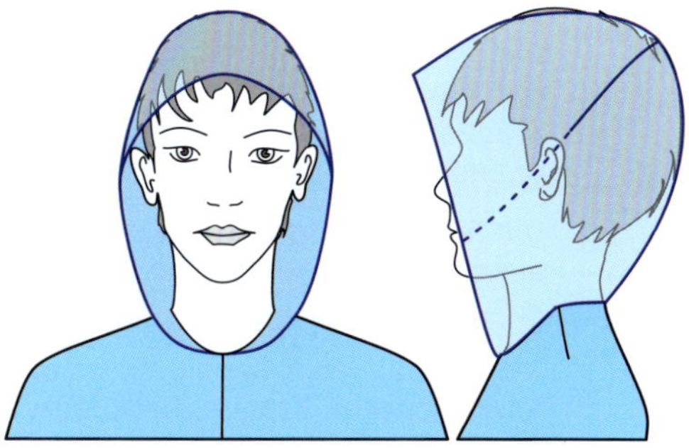

□11 Mit Hinterkopfabnäher oder mit Teilungsnaht

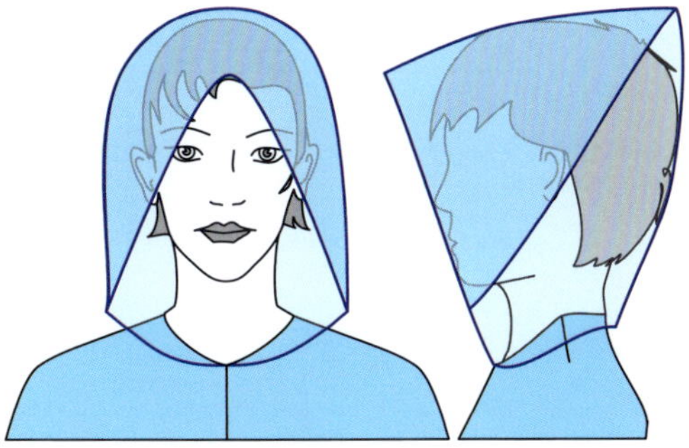

□12 Elegante Kapuze mit tiefer Diagonal-Naht

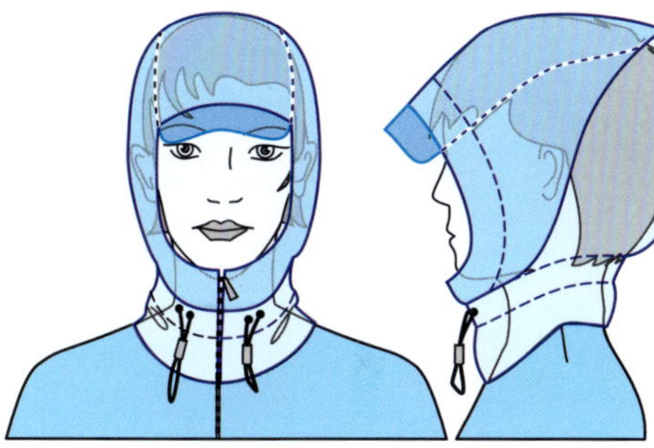

□13 Sportliche Kapuze mit Schirm und mit hohem Verschluss

Halslochvorbereitung

□13 Das Halsloch kann bis zu 1,5 cm an der Schulternaht verbreitert werden.

Dabei sollte das hintere Halsloch um maximal den halben Verbreiterungsbetrag und das vordere Halsloch um maximal den doppelten Verbreiterungsbetrag vertieft werden.

Die neuen Halslochnähte sind wie die ursprünglichen Kurven zu formen.

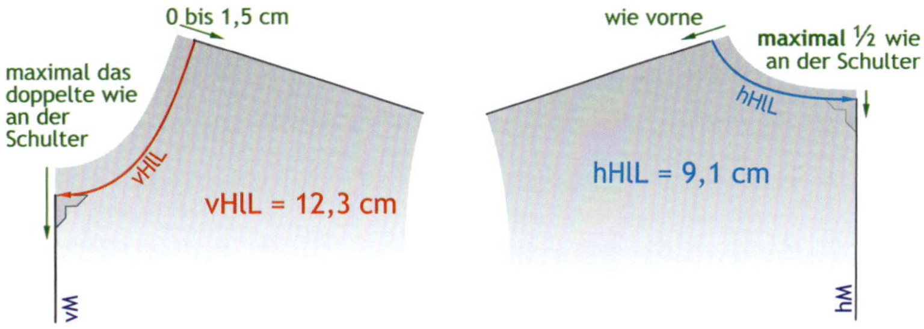

□13 Halslochvergrößerung und das Abmessen der Nahtlängen von vorderer Halsloch-Länge (vHlL) und hinterer Halsloch-Länge (hHlL)

Eine Halslochvergrößerung schafft Raum

□14 Es bildet sich am Halsansatz ein Hohlraum zwischen Kragen und Hals. Die Größe des Raums ist auch abhängig von der Kragenform.

Die Kragenkante steht mehr oder weniger weit vom Hals ab. Ein eher gerade geformter Kragen steht weiter ab, er ist halsfern. Anliegende Kragen sind stärker gerundet und liegen näher am Hals. Bei vergrößertem Halsloch kann stärker gerundet werden.

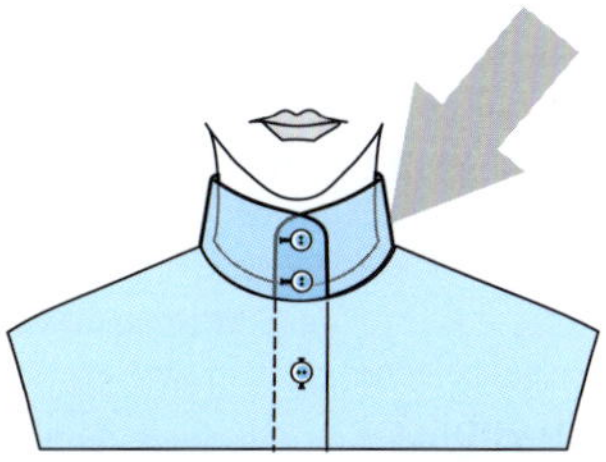

□14 Raum zwischen Kragen und Hals am Beispiel eines anliegenden breiten Stehkragens

Stehkragen (1)
Winkelkonstruktionen

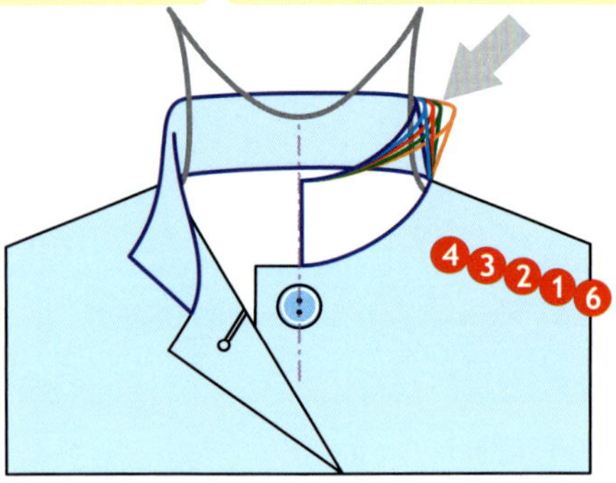

□1a Verschiedene Weiten von Stehkragen

Stehkragen

□1-7 Die Kragen auf dieser Doppelseite unterscheiden sich in ihrer Form. Die Länge der Kragenkante beeinflusst die **Weite am Hals.** Ein anliegender Kragen benötigt eine kurze Kragenkante und ist daher rund geformt.

Die Kragenbreiten sind bei den Kragen auf dieser Seite identisch.

Ein Verständnis für die Stehkragenformen ist hilfreich für die Konstruktion aller weiteren Kragen, beispielsweise die der Umlegekragen.

Grundform: Gerader Stehkragen

□2 Der gerade Stehkragen kann auch breiter konstruiert und z.B. auch als Rollkragen aus weichem oder elastischem Material gefertigt werden.

1. Untere Linie und hM zeichnen, hHlL abtragen → SuP.
2. vHlL abtragen → vM. Von dort nach oben abwinkeln.
3. Die (hintere) Kragenbreite (KrB) bestimmen und an der hM abtragen, die Kragenkante zeichnen.

Ergänzende Schritte für alle anliegenden Stehkragen

□3-5 Die Konstruktion erfolgt zunächst wie beim geraden Stehkragen.

4. Vorne hochstellen, ca. ¼ Hochstellung nach rechts abtragen und Hilfslinie nach ⅓ vHlL zeichnen.

Die Hochstellung bestimmt die Kragenrundung und damit die **Weite der Kragenkante.**

5. Kragennaht formen und ab SuP die vHlL nachmessen → vM.
6. Die vM an der Hilfslinie nach oben hin abwinkeln und die Kragenkante parallel zur KrN formen.

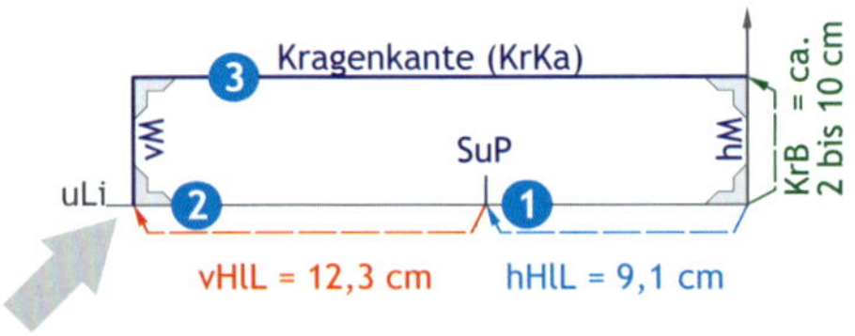

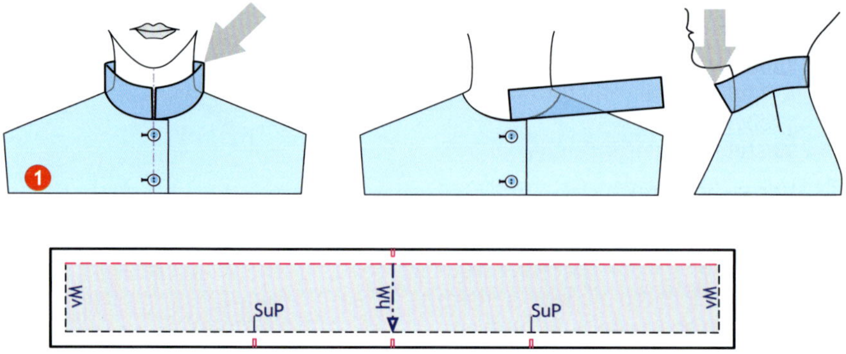

□1 Gerader Stehkragen, seitlich und vorne abstehend

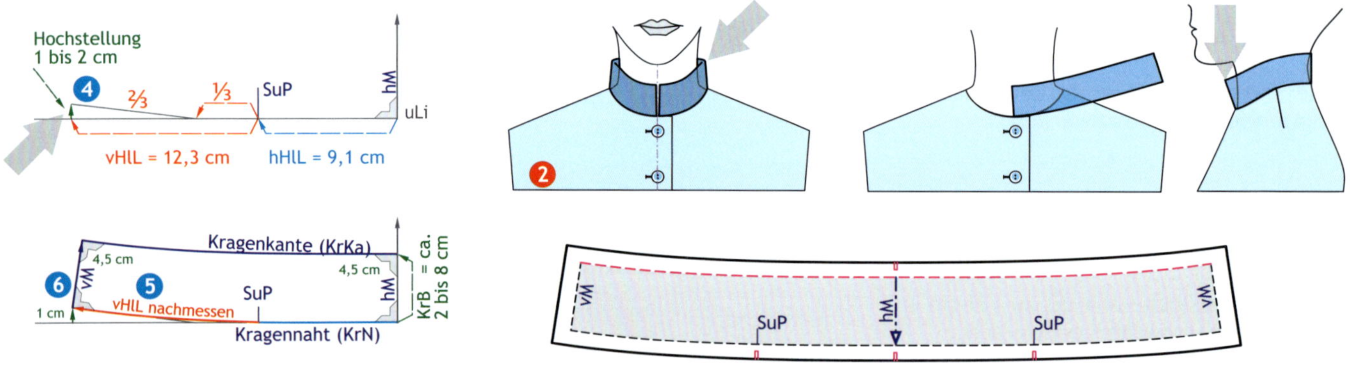

□2 Leicht gerundeter Stehkragen, weniger stark abstehend als der gerade Stehkragen

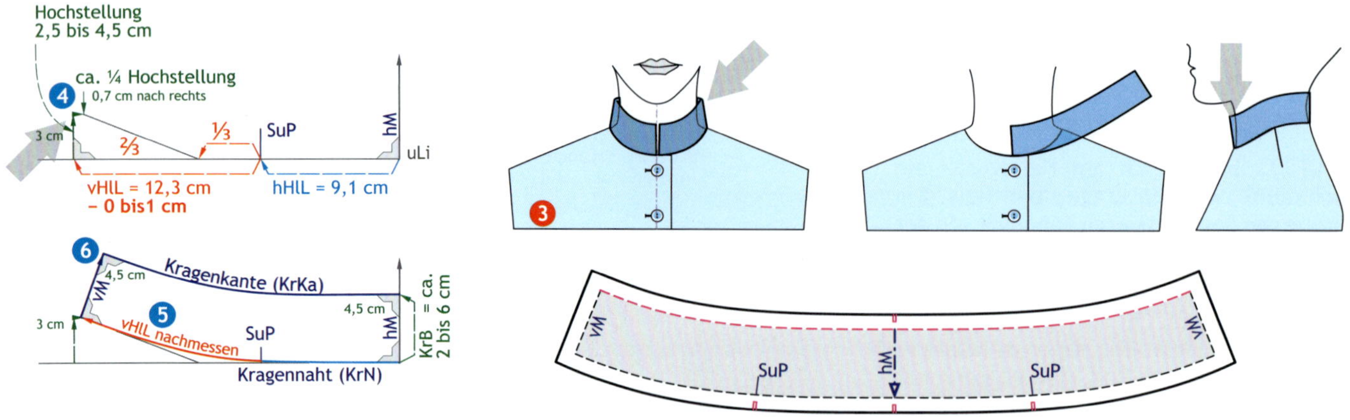

□3 Anliegender Stehkragen, bequemer Stehkragen mit ausreichend Abstand zum Hals

Stehkragen (2)
Winkelkonstruktionen

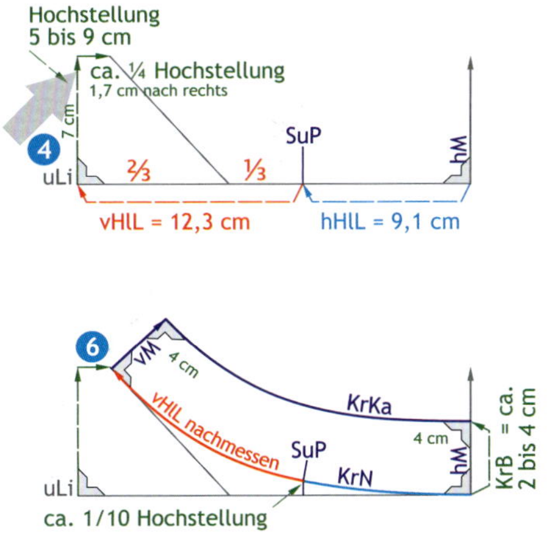

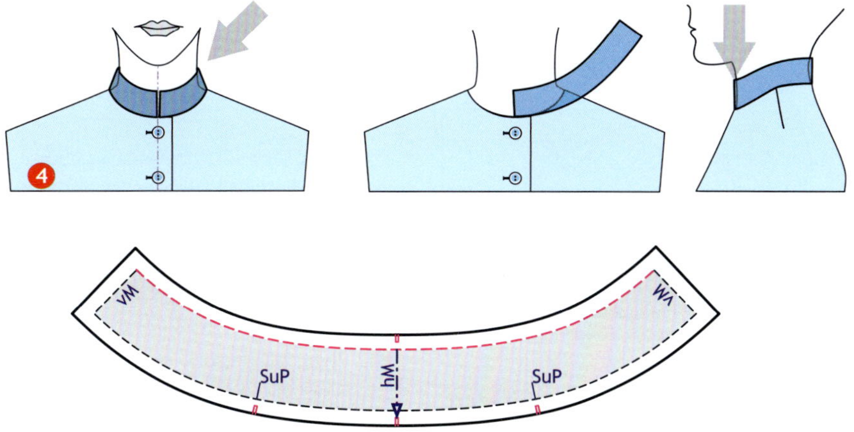

□4 Sehr anliegender Stehkragen, liegt eng an, fast ohne Abstand zum Hals

S-förmig gerundeter Stehkragen

3 □5a Die obere Linie über die uLi 0,7 bis 1,5 cm hochstellen. Ein größerer Betrag sorgt für mehr Abstand am seitlichen Hals.

4 Vorne hochstellen und Hilfslinie zu ⅓ vHlL zeichnen, auf der später die Kragennaht (KrN) verläuft.

5 Kragenbreite ab der oLi abtragen

6 KrN formen, vHlL nachmessen → vM und die KrKa in leichter S-Form **nicht unbedingt parallel formen.**

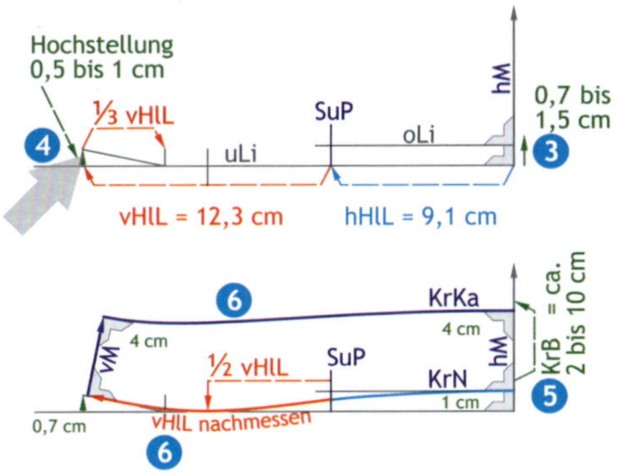

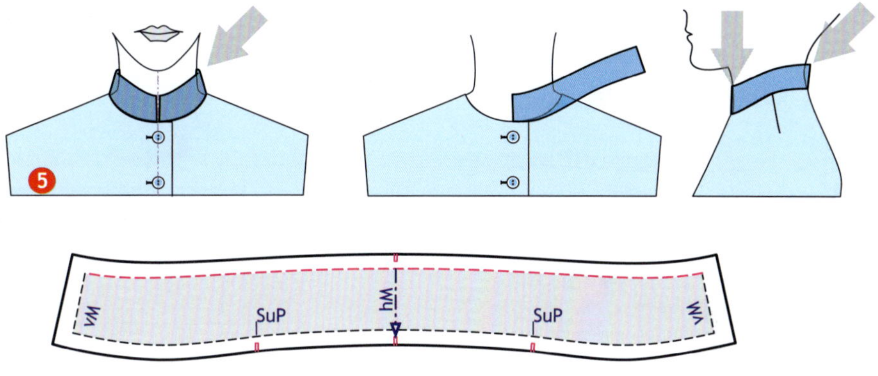

□5 S-förmig gerundeter Stehkragen, vorne sehr anliegend, hinten am Hals nicht zu eng

Abstehender Stehkragen

4 □6 Vorne 2 bis ⅔ vHlL nach unten und ¼ der Tiefstellung nach rechts abtragen. Ein großer Betrag sorgt für eine stärkere Kragenrundung.

5 Die Hilfslinie zu ⅓ vHlL zeichnen.

6 KrN formen, die vHlL nachmessen → vM ,dort an der Hilfslinie abwinkeln und die KrKa parallel formen.

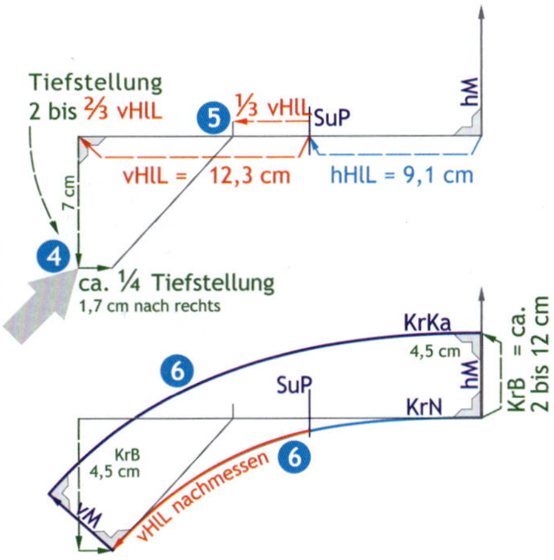

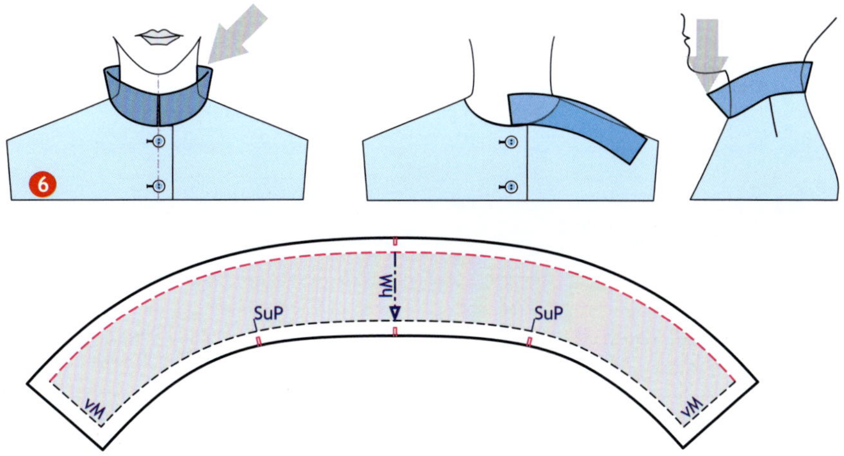

□6 Abstehender Stehkragen, kelch- bzw. trichterförmiger Kragen mit großer Kragenweite

Einteilige Umlegekragen (1)

Anliegende Umlegekragen in Winkelkonstruktion für Maschenware

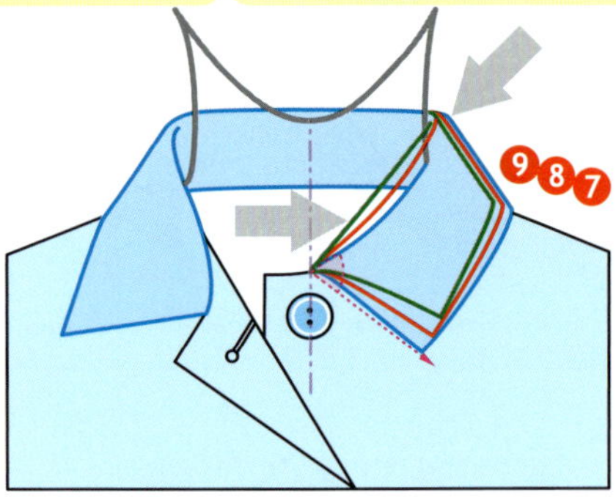

□1 Anliegende Umlegekragen mit eher geradem vorderen Kragenbruch

Anliegende Umlegekragen für den Zuschnitt aus Maschenware

□1 Die Kragen auf dieser Doppelseite unterscheiden sich in der Form, in der Länge der Kragenbrüche und dadurch in der **Weite am Hals.**

Die Kragenabstich-Längen, die Abstichwinkel und die (hinteren) Kragenbreiten sind bei allen Kragen gleich.

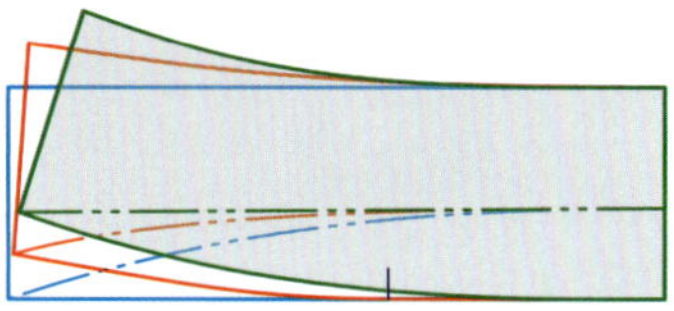

□1a Gestapelte Kragen-Schnittteile

1. **□1a** Untere Linie (uLi) und hM zeichnen, hHlL abtragen → SuP.
2. vHlL abtragen → vM. Von dort nach oben abwinkeln.
3. An der hM die Breite des Stegs (StegB) und darüber die Kragenbreite (KrB) abtragen.

Für den ersten rechteckigen Kragen (**□1a**) wird die Kragenkante (KrKa) senkrecht zur hM gezeichnet und der Kragenbruch (KrBr) zur vM geformt.

4. **□1b** Vorne 0 bis 3 cm hochstellen, ggf. ¼ Hochstellung nach rechts. Vom SuP ⅓ vHlL abtragen und mit einer Hilfslinie verbinden.
5. Kragennaht (KrN) auf die Hilflinie formen und vom SuP nochmals die vHlL nachmessen → vM.
6. Kragenbruch von der hM abwinkeln und zur vM formen.
7. Den Kragenabstich gestalten.

Auf dieser Doppelseite wird bei allen Kragen derselbe Winkel zum Kragenbruch verwendet - sichtbar am transparenten Kreissegment. Auch die Kragenabstich-Länge ist überall gleich.

8. Die Kragenkante von der hM aus abwinkeln und ggf. formen.
9. Aus dem Unterkragen wird der **Oberkragen** mit Roll- und Verstürzweite an Kragenkante und Abstich entwickelt; siehe hierzu auch Seite 324.

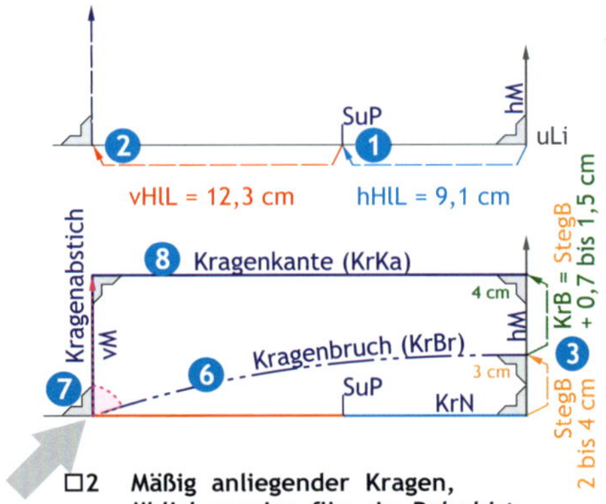

□2 Mäßig anliegender Kragen, üblicherweise für ein Poloshirt aus Maschenware

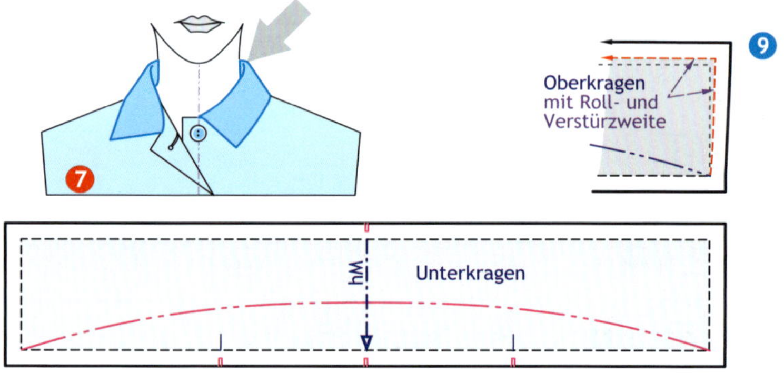

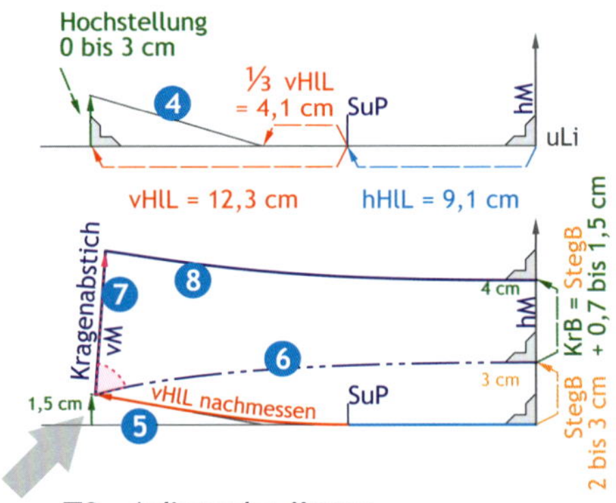

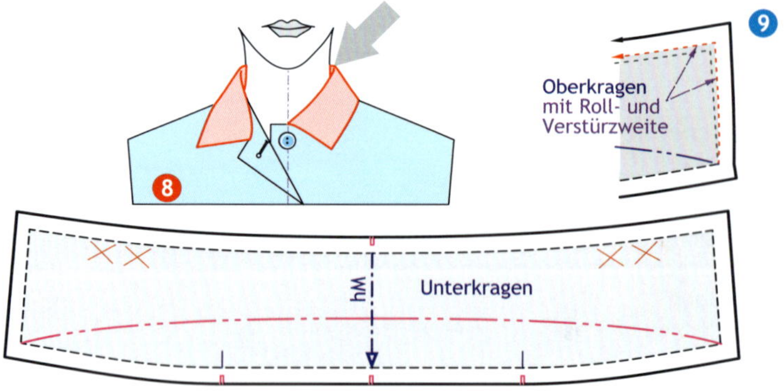

□3 Anliegender Kragen, Zuschnitt aus Maschenware, oberster Knopf bleibt offen

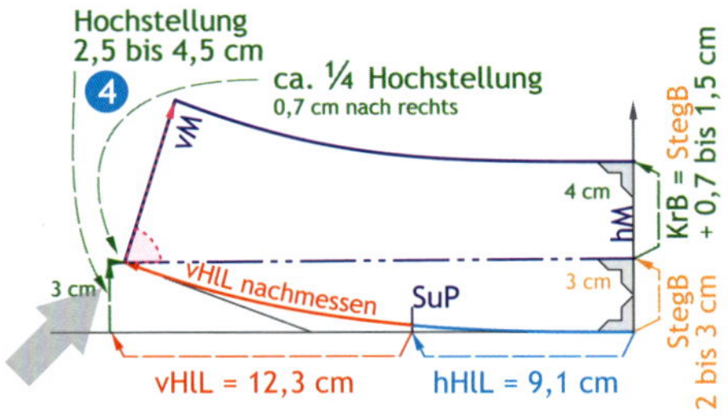

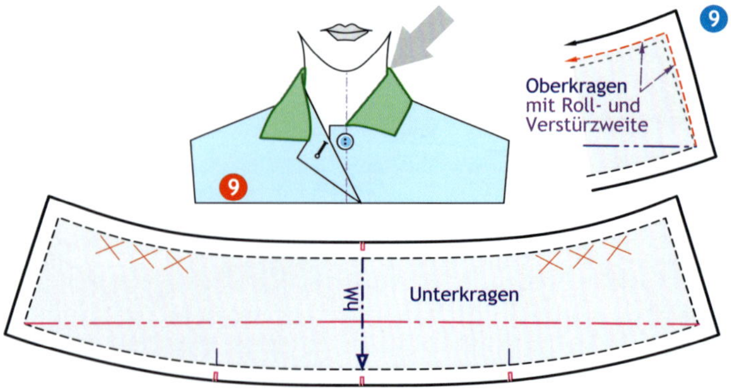

□4 Eng anliegender Kragen Zuschnitt aus Maschenware, oberster Knopf bleibt offen

Einteilige Umlegekragen (2)
Halsferne Umlegekragen in Winkelkonstruktion auch für Gewebe

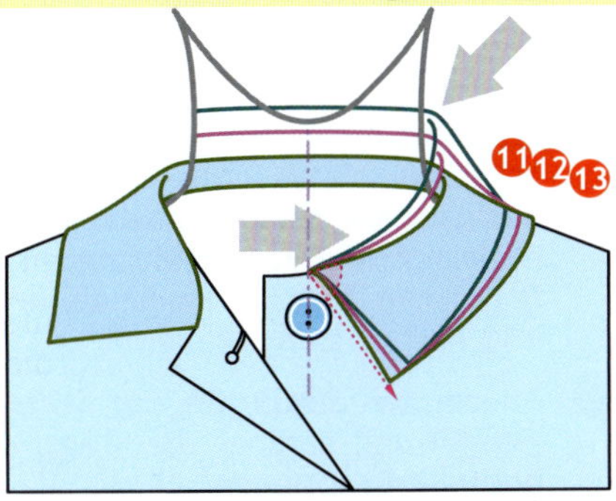

□5 Halsferne und flache Umlegekragen mit runderem vorderen Kragenbuch

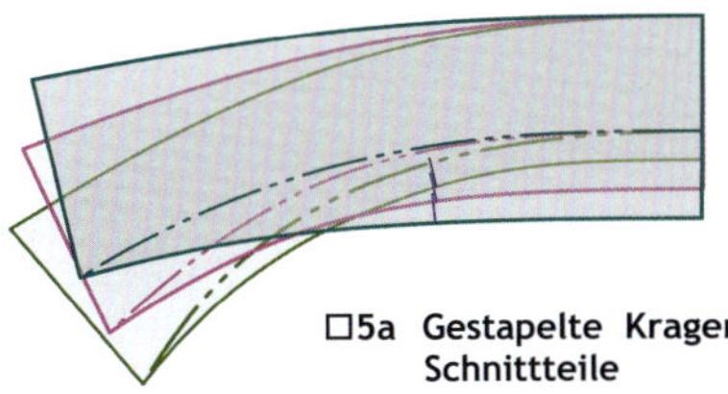

□5a Gestapelte Kragen-Schnittteile

Halsferne Umlegekragen

□5-8 Die sehr runden Kragen auf dieser Seite unterschieden sich durch die Stegbreite, d.h., durch die Höhe des hinteren Kragenbruchs zum Halsloch (bzw. zur Kragennaht).

1. □2a Untere Linie (uLi) und hM zeichnen, hHlL abtragen → SuP.
2. Vom SuP vHlL abtragen und von dort 1 bis 8 cm nach unten abwinkeln. Nach rechts ¼ Tiefstellung abtragen → vM.
3. Vom SuP ⅓ vHlL abtragen und mit einer Hilfslinie zur vM verbinden.
4. Kragennaht auf die Hilflinie formen und vom SuP nochmals die vHlL nachmessen → neue vM.
5. An der hM die Breite des Stegs (StegB) und darüber die Kragenbreite (KrB) abtragen.
6. Kragenbruch von der hM abwinkeln und zur vM formen.
7. Den Kragenabstich gestalten (Hinweis oben im grauen Kasten).
8. Die Kragenkante von der hM aus abwinkeln und formen.
9. **Oberkragen** mit Roll- und Verstürzweite (siehe auch Seite 324) entwickeln.

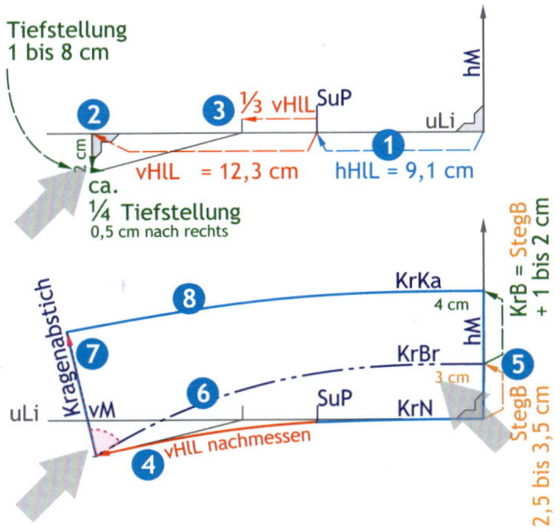

□6 Leicht halsferner Kragen

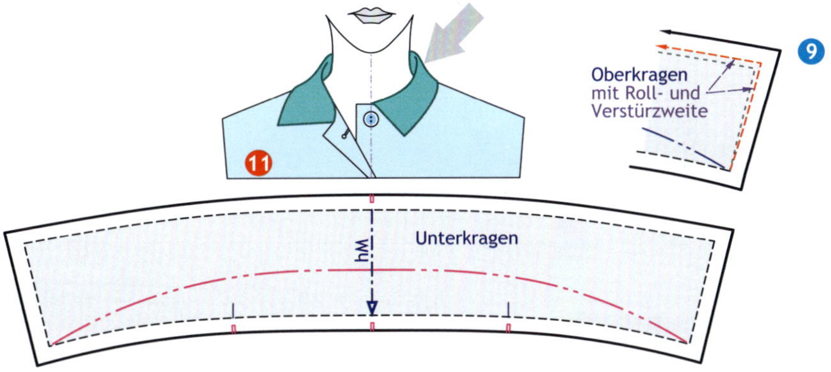

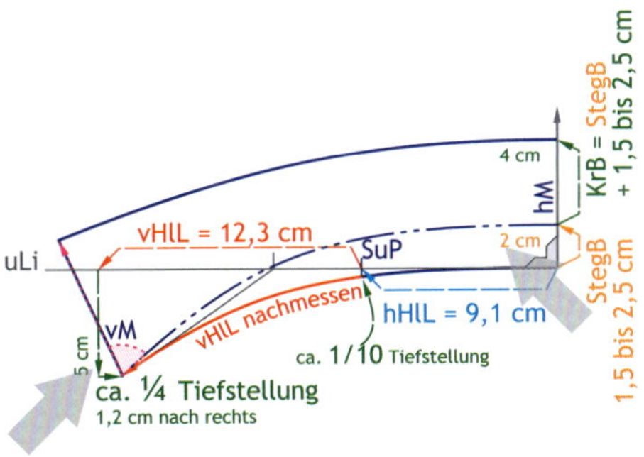

□7 Halsferner Kragen, eher flach

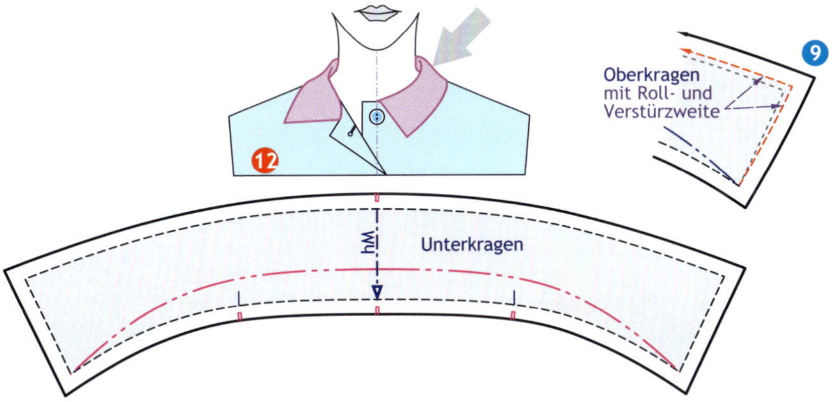

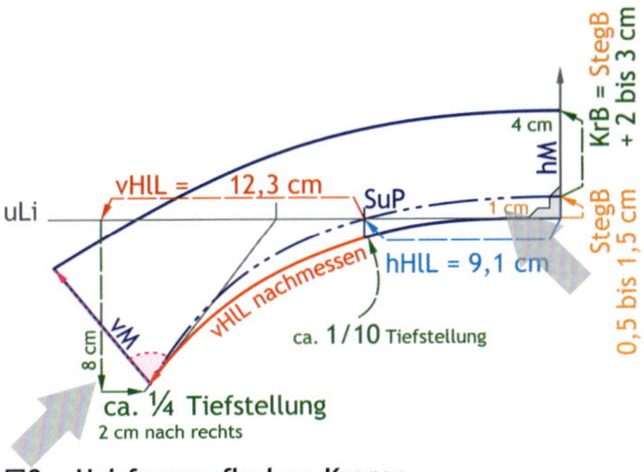

□8 Halsferner flacher Kragen

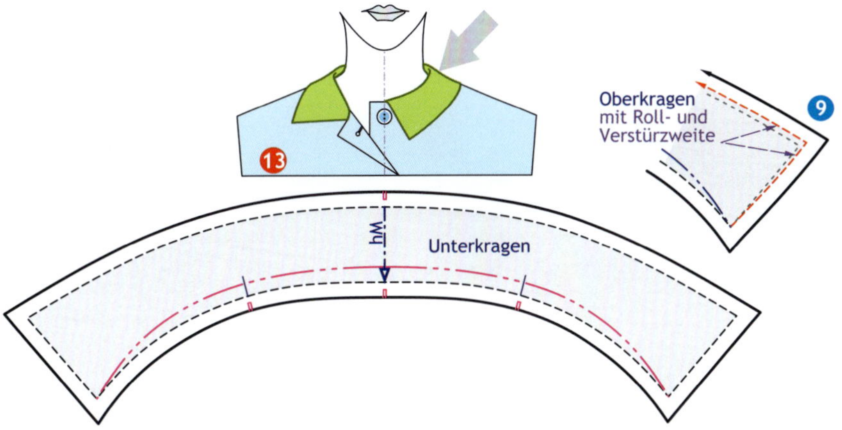

Einteilige Umlegekragen

Einteilige Umlegekragen (3)
Winkelkonstruktion mit S-förmiger Kragennaht

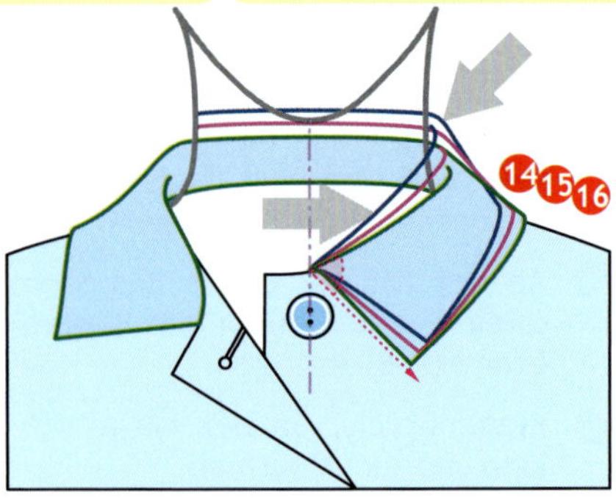

□1 Kragenform mit vorne anliegendem Kragenbruch, hinten und seitlich eher etwas weiter

Vorne enger anliegender Kragen, hinten und seitlich etwas weiter

□1-4 Diese Kragenformen liegen etwas enger am vorderen Hals an und besitzen je nach Kragenrundung seitlich und hinten bequeme Weite.

Die Kragenabstich-Längen, die Abstichwinkel und die (hinteren) Kragenbreiten sind bei allen Kragen gleich.

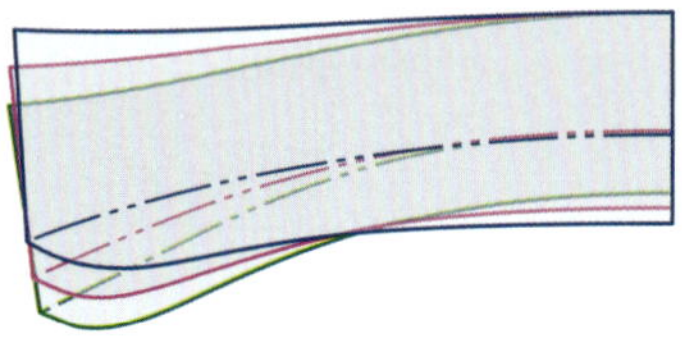

□1a Gestapelte Kragen-Schnittteile

1. **□1a** Untere Linie (uLi) und hM rechtwinklig zeichnen.
2. Über der uLi die obere Linie (oLi) im gewünschten Abstand zeichnen.

   Der Abstand bestimmt die spätere **Kragenrundung** und damit den seitlichen Abstand vom Hals.

3. Auf uLi die hHlL abtragen → SuP.
4. vHlL abtragen → vM. Dort nach oben 0,2 bis 1 cm abwinkeln.
5. Kragennaht von dort wie skizziert auf die oLi zur hM formen. Zur Formung der Kurve kann man das untere Halsloch des Vorderteils zur Hilfe nehmen. Vom SuP nochmals die vHlL nachmessen → neue vM.
6. An der hM die Breite des Stegs (StegB) und darüber die Kragenbreite (KrB) abtragen.
7. Den Kragenbruch von der hM abwinkeln und zur vM formen.
8. Den Kragenabstich gestalten.

   Bei allen Kragen ist der Winkel zum Kragenbruch wie die Kragenabstich-Länge überall dieselbe.

9. Die Kragenkante von der hM aus abwinkeln und formen.
10. **Oberkragen** mit Roll- und Verstürzweite (siehe auch Seite 324) entwickeln.

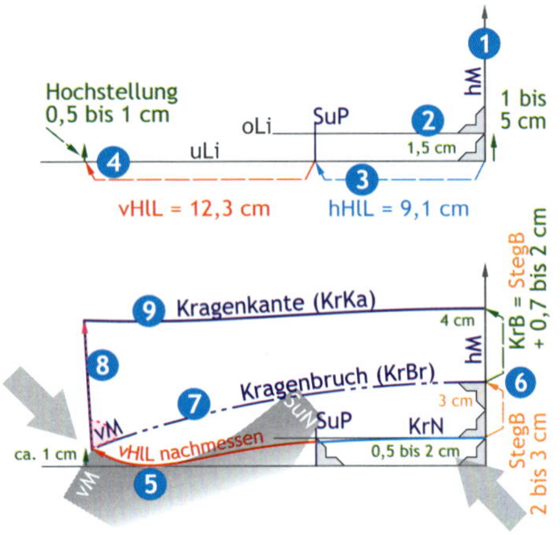

□2 Mäßig anliegender Kragen, üblicherweise für ein Poloshirt, oberster Knopf bleibt geöffnet

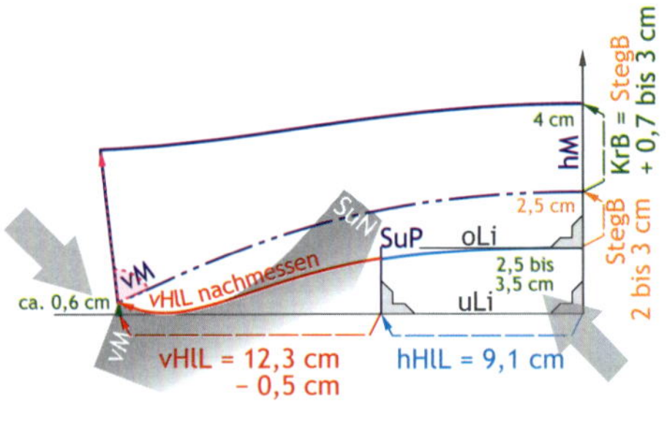

□3 Flacherer weiter Kragen, oberster Knopf bleibt geöffnet

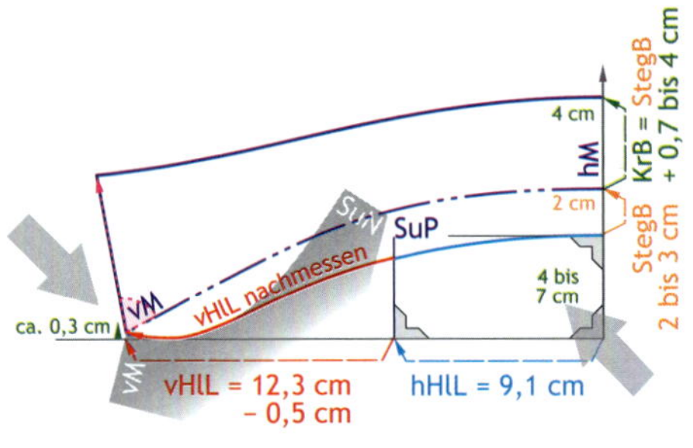

□4 Halsfernerer flacher Kragen mit reichlich Außenlänge, oberster Knopf kann geknöpft werden

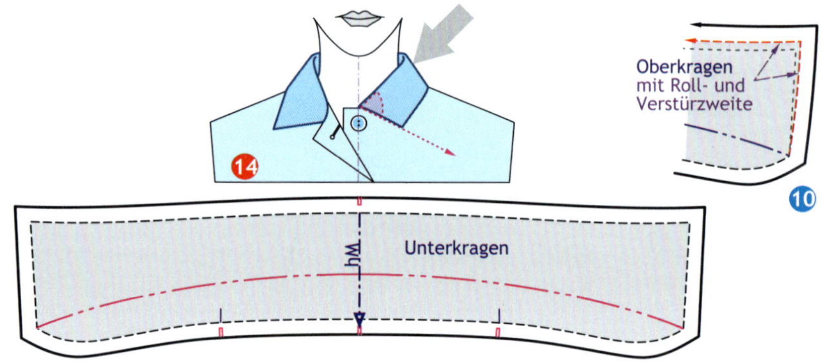

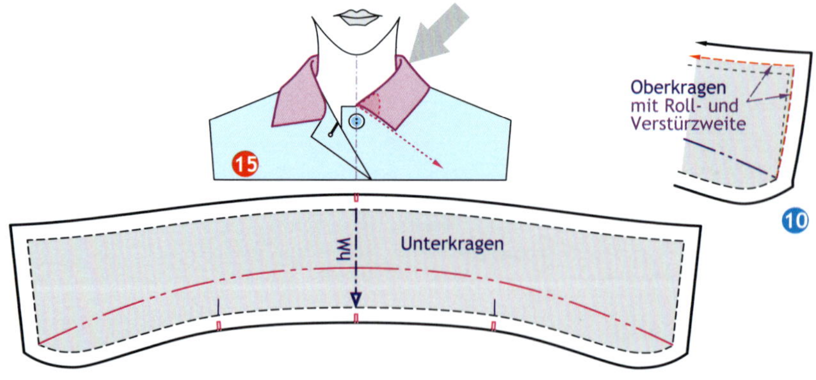

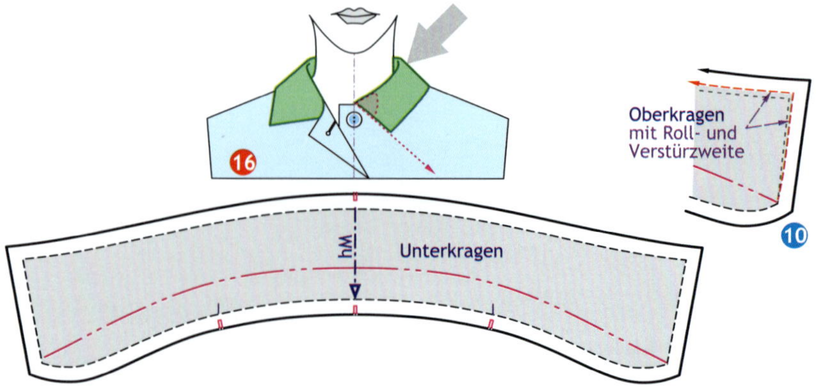

Einteiliger Steh-Umlegekragen mit geradem vorderen Kragenbruch

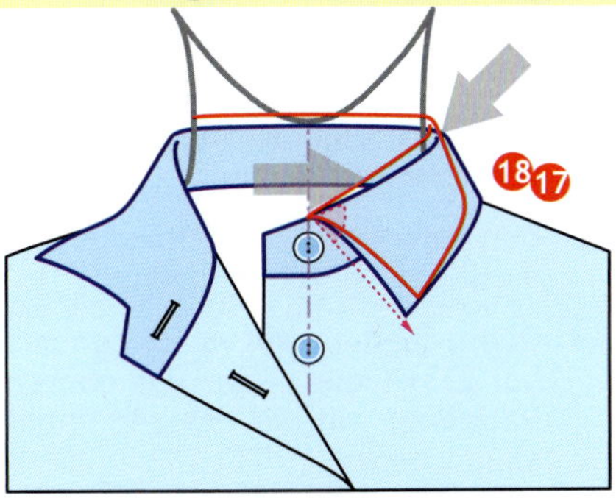

□5 Einteiliger Steh-Umlegekragen, d.h. mit angeschnittenem Steg und geradem vorderen Kragenbruch

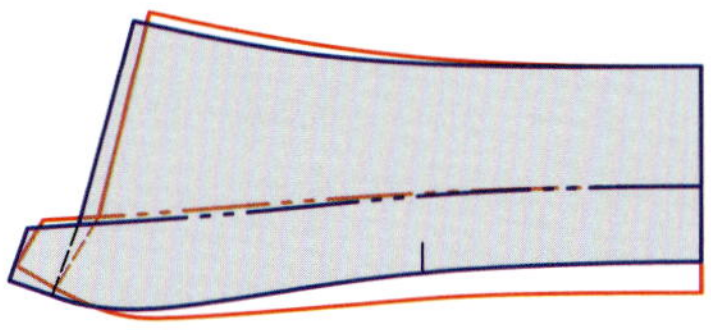

□5a Gestapelte Kragen-Schnittteile

Einteiliger Steh-Umlegekragen mit geradem vorderen Kragenbruch

□5-7 Diese Kragen mit angeschnittenem knöpfbaren Steg liegen enger am vorderen Hals.

Die Kragenabstich-Längen, der Winkel und die (hinteren) Kragenbreiten sind bei beiden Kragen identisch.

Eine größere Hochstellung vergrößert die Weite am Hals.

1. **□1a** Untere Linie (uLi) und hM rechtwinklig zeichnen.
2. Über der uLi die obere Linie (oLi) im gewünschten Abstand zeichnen.

   Der Abstand bestimmt die spätere **Kragenrundung** und damit den seitlichen Abstand vom Hals.
3. Auf uLi die hHlL abtragen → SuP.
4. vHlL abtragen → vM. Dort nach oben 0,5 bis 1 cm abwinkeln.
5. Kragennaht von dort wie skizziert auf die oLi zu formen. Zur Formung kann man das untere Halsloch des Vorderteils zur Hilfe nehmen.
6. Vom SuP nochmals die vHlL nachmessen → neue vM.
7. Von hier aus die Übertrittbreite weiterzeichnen, wie sie am VT vorgegeben bzw. geplant ist und nach oben abwinkeln.
8. An der vM nach oben abwinkeln und die vordere Stegbreite bestimmen, hier ca. 0,5 cm weniger als an der (hinteren) Stegbreite (StegB) (P9).
9. An der hM die Breite des Stegs (StegB) und darüber die Kragenbreite (KrB) abtragen.
10. Den Kragenbruch von der hM abwinkeln, zur vM formen und weiter über die vM bis zur vorde-ren Übertrittkante verlängern.
11. Den Kragenabstich mit einem Abstand zur vM gestalten.

    Auf dieser Seite sind verschiedene Winkel zum Kragenbruch verwendet - sichtbar am transparenten Kreissegment Die Kragenabstich-Länge ist allerdings überall dieselbe.
12. Die Kragenkante von der hM aus abwinkeln und formen.
13. **Oberkragen** mit Roll- und Verstürzweite (siehe auch Seite 324) entwickeln.

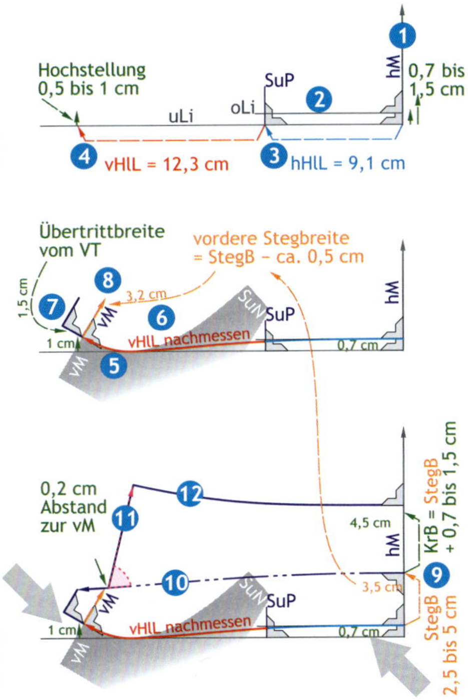

□6 Anliegender Kragen mit hohem Steg in Haifisch-Form

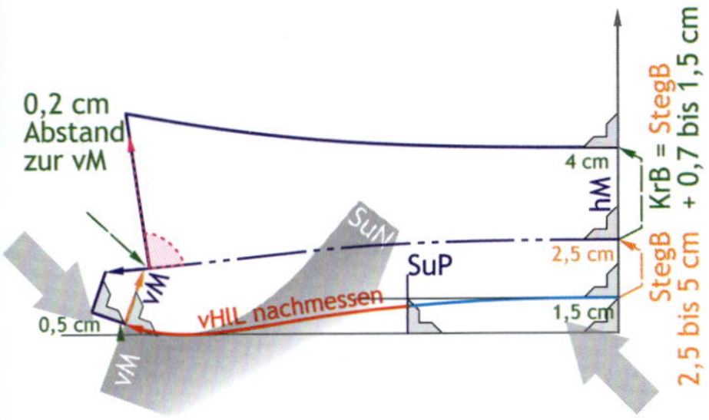

□7 Halsferner Kragen mit schmalem Steg

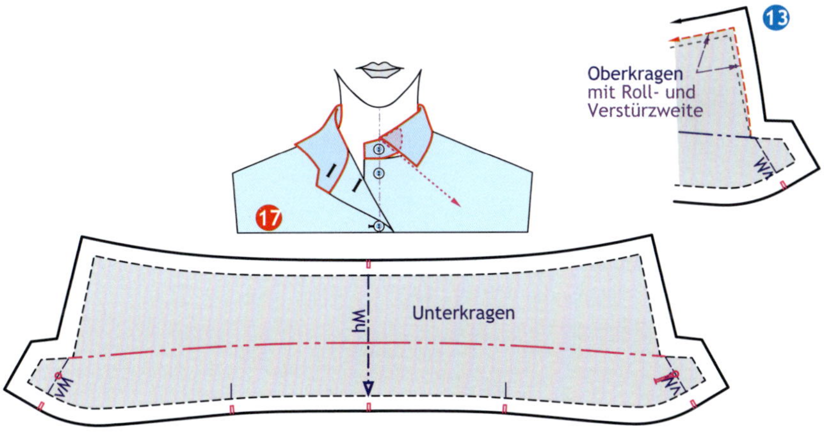

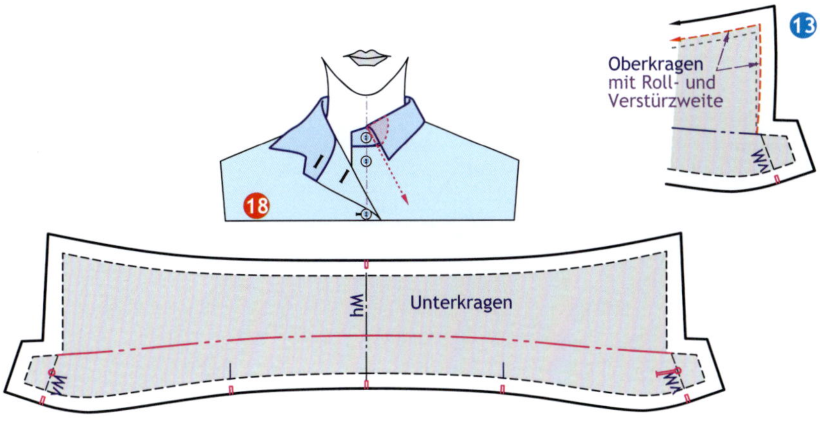

Zweiteiliger Steh- Umlegekragen mit angesetztem Steg (1)
Klassische Hemden- und Blusenkragen

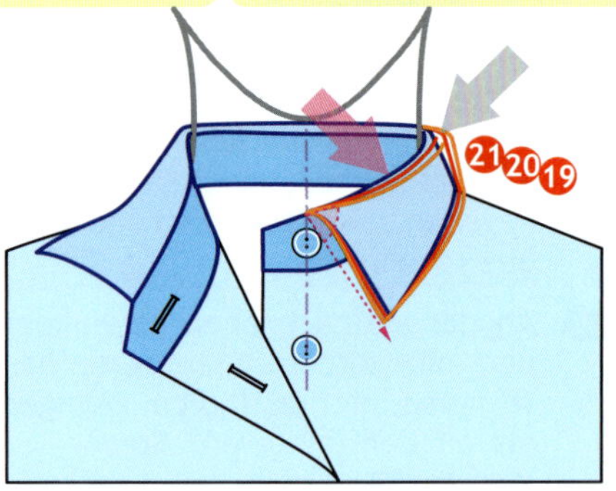

□1 Seitlich halsferner Umlegekragen mit geradem vorderen Kragenbruch

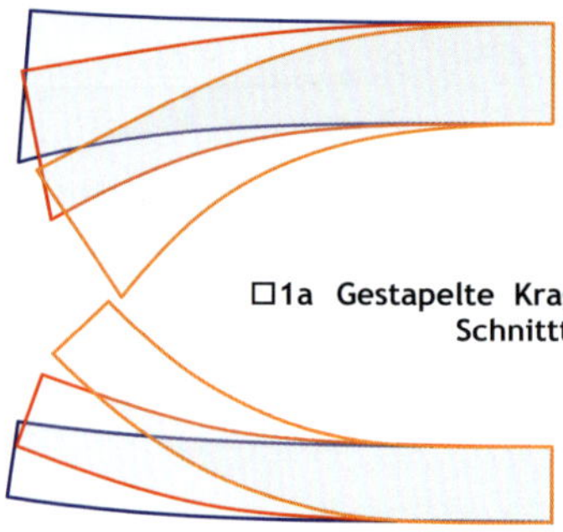

□1a Gestapelte Kragen-Schnittteile

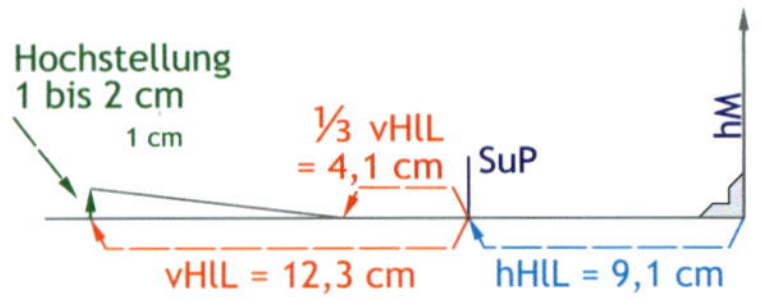

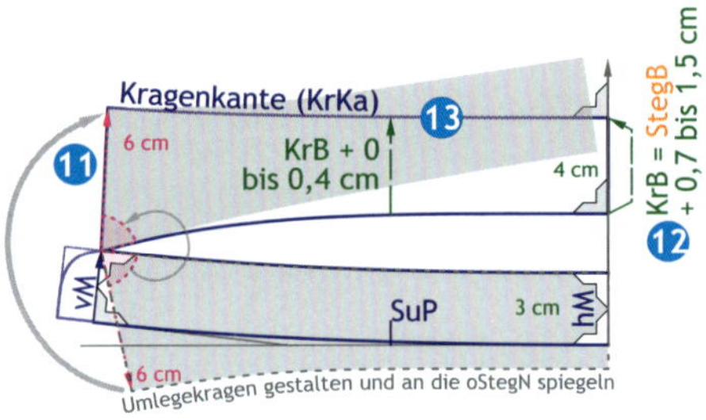

Zweiteilige Umlegekragen mit rundem vorderen Kragenbruch

□1-6 Die Kragen auf dieser Doppelseite unterscheiden sich in der Form und den Längen der Kragenbrüche und dadurch in der **Weite am Hals**.

Die Kragenabstich-Längen, die Abstichwinkel, die Steg- und die Kragenbreiten sind bei allen Kragen gleich.

□2 Der Kragensteg ist identisch mit dem Stehkragen (Seite 292) und bis **P5** gleich zu konstruieren.

6 Die untere Stegnaht von der hM abwinkeln und in StegB (2,5 bis 7 cm), je nach Stegrundung) parallel zur vM formen.

7 Von dort eine Hilfslinie waagerecht zur hM zeichnen.

8 Den Abstand zur StegN messen und darüber + 1 cm übertragen.

9 Obere Stegnaht zur vM formen und bei **□3+4** die Länge der oberen Nahtlänge mit der unteren StegN abgleichen.

10 Von dort aus den Kragenabstich gestalten (Winkel und Länge).

11 Alternativ kann man den Umlegekragen über den Kragensteg nach Wunsch gestalten, kopieren und an der oberen StegN gespiegelt an der vM anlegen (hier in Pink).

Der Kragenabstich-Winkel zum Kragenbruch ist hier bei allen Kragen identisch - sichtbar am transparenten Kreissegment - auch die Kragenabstich-Länge ist überall dieselbe.

12 An der hM die Kragenbreite (KrB) = StegB + 0,7 bis 1,5 cm abtragen.

13 Die Kragenkante formen.

14 **Oberkragen** mit Roll- und Verstürzweite (siehe auch Seite 324) entwickeln.

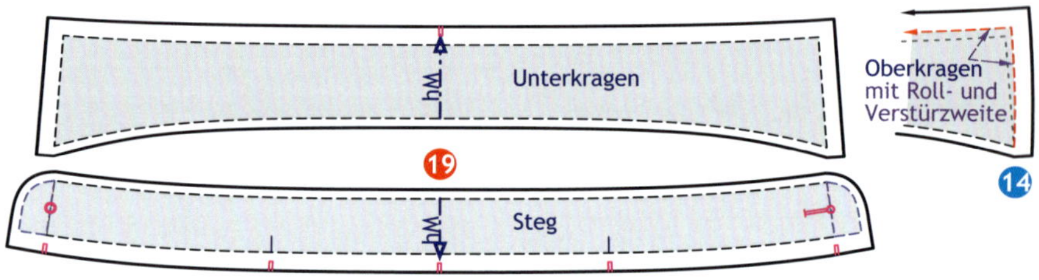

□2 Leicht halsferner Kragen, hier mit gerundetem Übertritt, Breite entsprechend des Modells

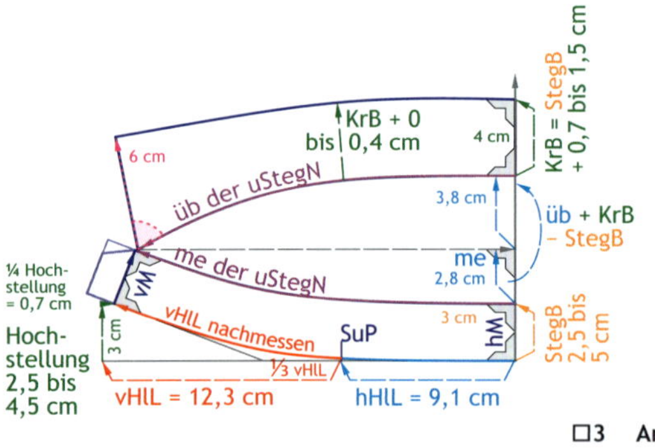

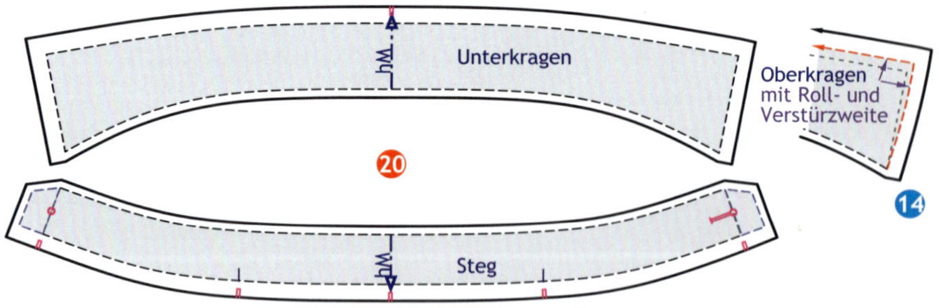

□3 Anliegender Kragen, hier mit abgeschrägtem Übertritt, Breite entsprechend des Modells

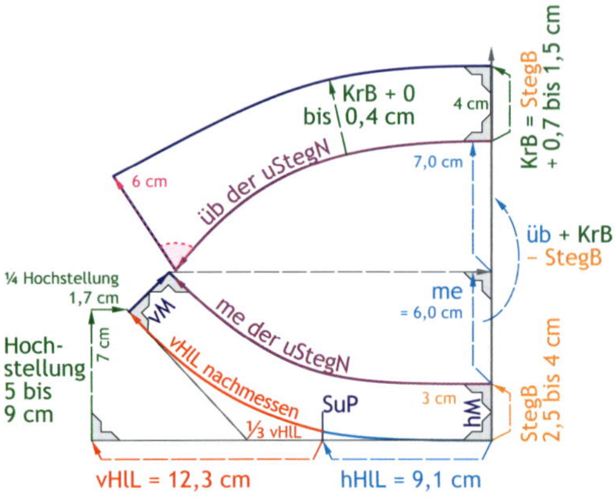

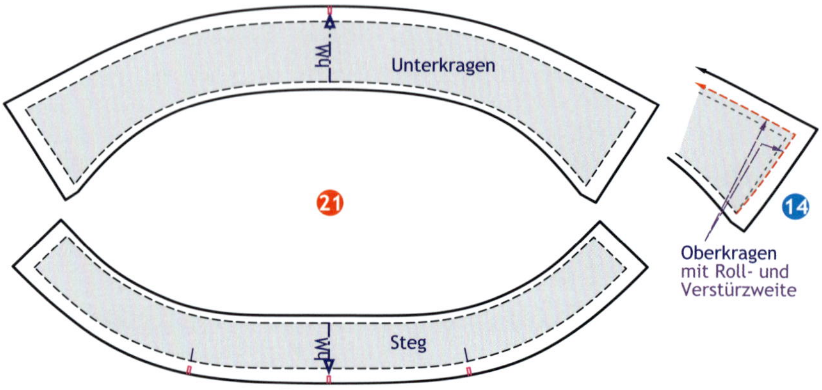

□4 Eng anliegender Kragen, hier ohne Übertritt, für eine Halslochverbreiterung ab ca. 1 cm

Zweiteiliger Steh- Umlegekragen mit angesetztem Steg (2)
Klassischer Hemdkragen

Zweiteiliger Umlegekragen mit geradem vorderen Kragenbruch im Herrenstil

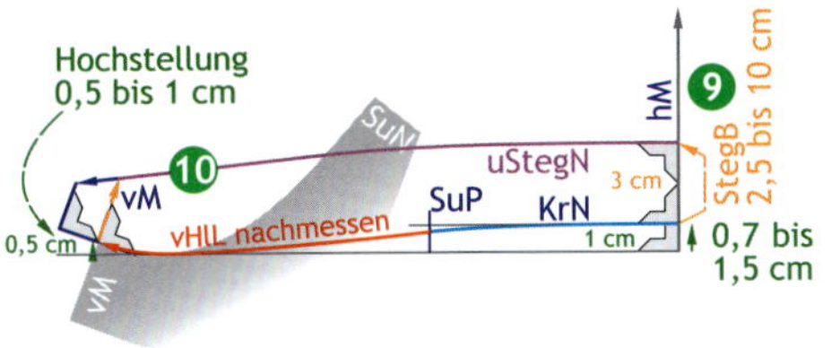

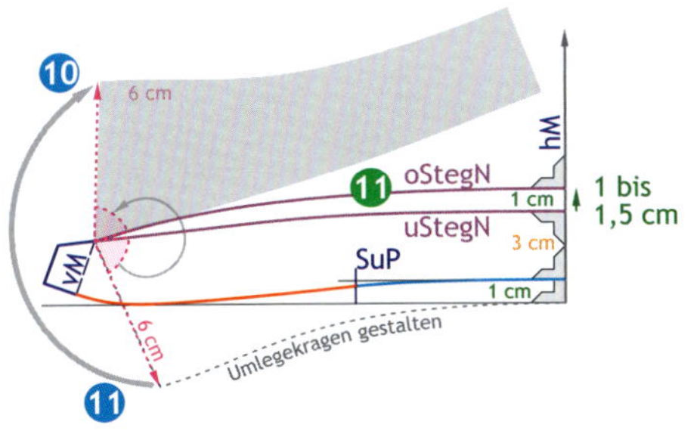

☐6+7 Der Kragensteg ist identisch mit dem einteiligen Steh-Umlegekragen (Seite 293) und ist bis P8 gleich zu konstruieren. Die abweichenden Schritte sind mit grünen Punkten dargestellt.

9 An der hM die Breite des Stegs (StegB) abtragen.

10 Die untere Stegnaht zur vM formen und weiter über die vM bis zur vorderen Übertrittkante verlängern.

11 Den Abstand zwischen den Stegnähten bestimmen und die obere Stegnaht zur vM formen.

10 bis 13 Kragenabstich und Kragenkante werden wie auf vorhergehender Seite ab Punkt 10 kontruiert.

293

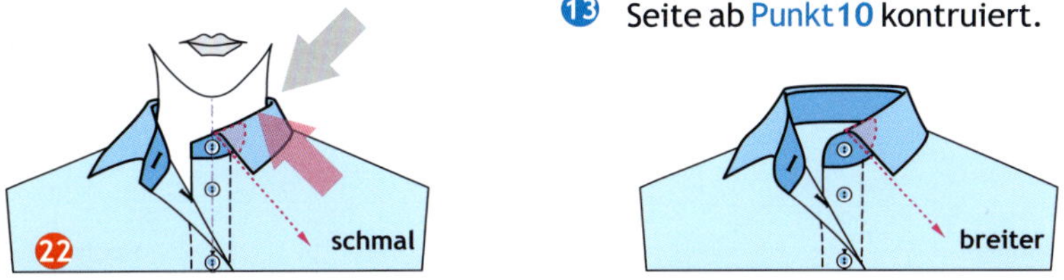

☐6 Steh-Umlegekragen, Hemden-Kragen im Herrenstil mit geradem vorderen Kragenbruch

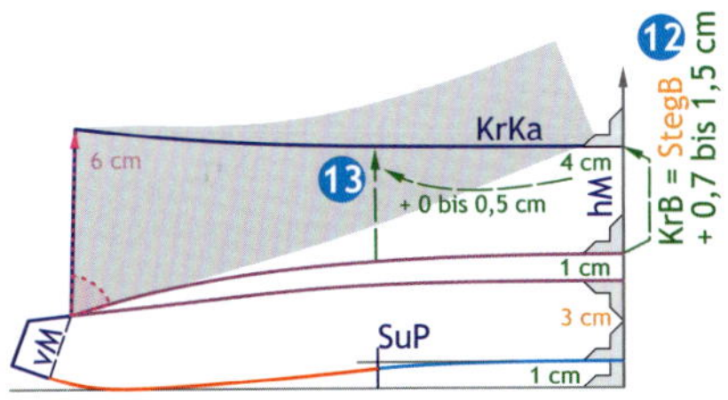

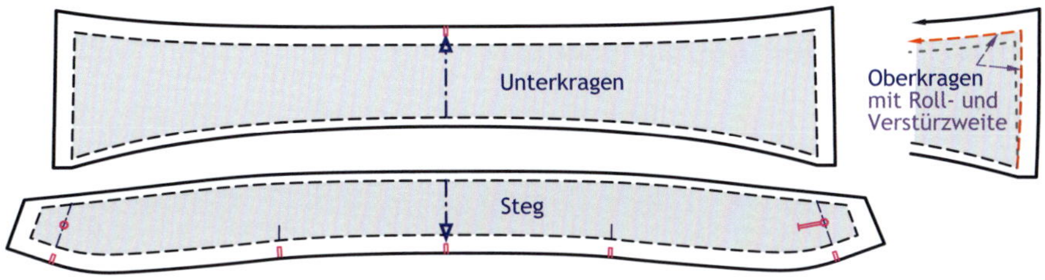

☐7 Bequemer Kragen im Herrenstil mit schmalem Steg und geradem Kragenbruch

Varianten breiter zweiteiliger Umlegekragen insbesondere für Jacken und Mäntel

☐8+9 Beide sehr breite Kragen unterscheiden sich insbesondere durch die Form der Stegnähte. Die Kragenabstiche sind optisch identisch gestaltet. Die Winkel zur Stegnaht, bzw. zum Kragenbruch sind allerdings verschieden.

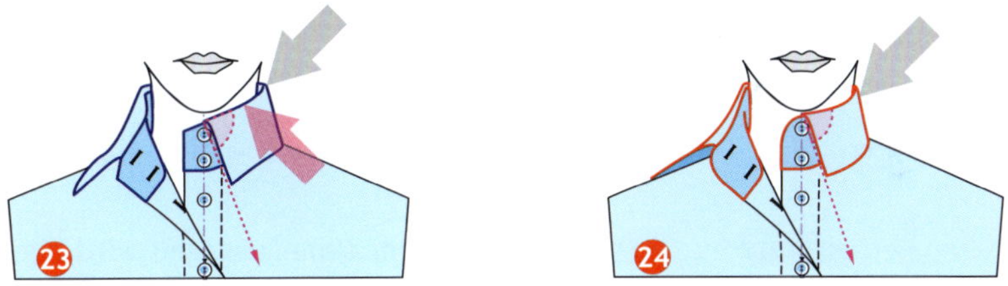

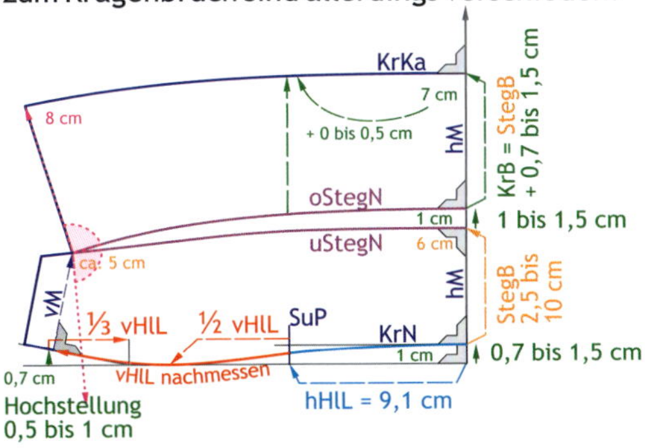

☐8 Konstruktion des breiten Steh-Umlegekragens auf der Basis des oben beschriebenen Kragens

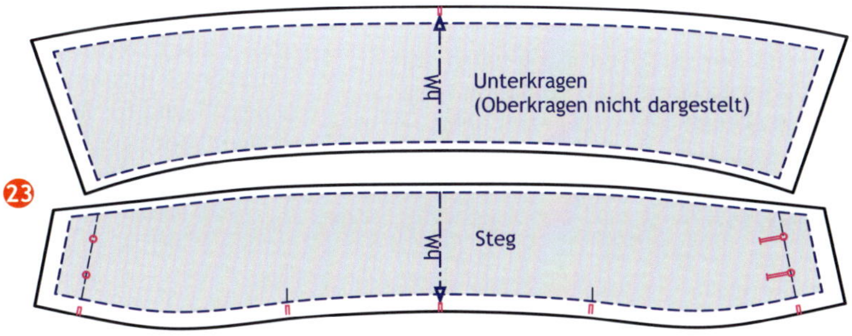

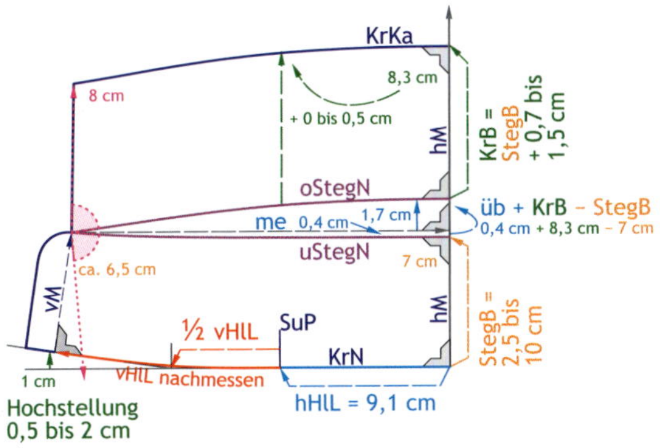

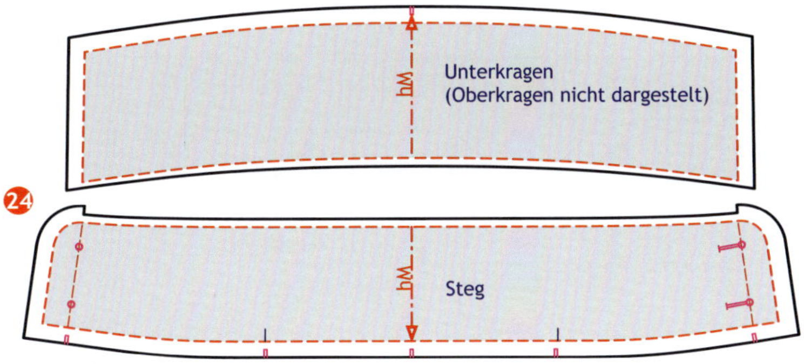

☐9 Konstruktion des breiten Steh-Umlegekragens auf der Basis des auf vorhergehender Seite beschriebenen Kragens

Konstruktions-Varianten von besonderen Steh-Umlegekragen
Napoleon-Kragen und Trenchcoat-Kragen jeweils ohne Übertritt

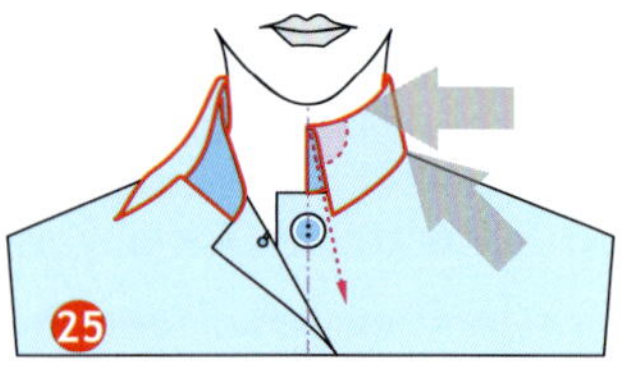

□1a Napoleon-Kragen

Anliegende zweiteilige Steh-Umlegekragen mit rundem vorderen Kragenbruch

□1a+1b Hier werden zwei Konstruktions-Varianten für beide Kragen untereinander dargestellt. Für beide anliegenden Kragenvarianten ist eine Halslochverbreiterung ab 1 cm notwendig. Der Napoleon-Kragen besitzt keinen Verschluss, der Trenchcoat meistens aber einen Hakenverschluss. Die vordere Stegbreite kann, wie hier, schmaler sein, als die hintere Stegbreite. Die Produktionsschnitte werden entwickelt, wie ab Seite 292 beschrieben.

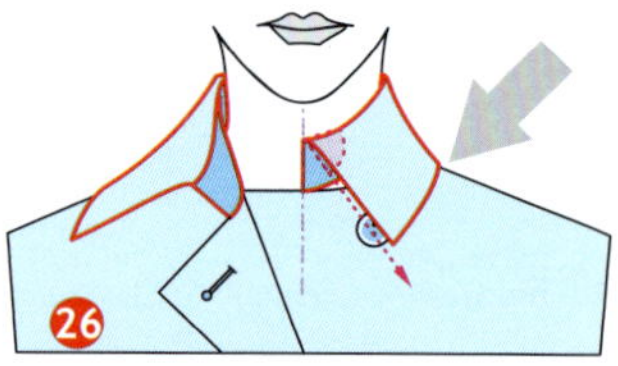

□1b Trenchcoat-Kragen

292

□2 Konstruktionen der Kragenstege (Stehkragen)

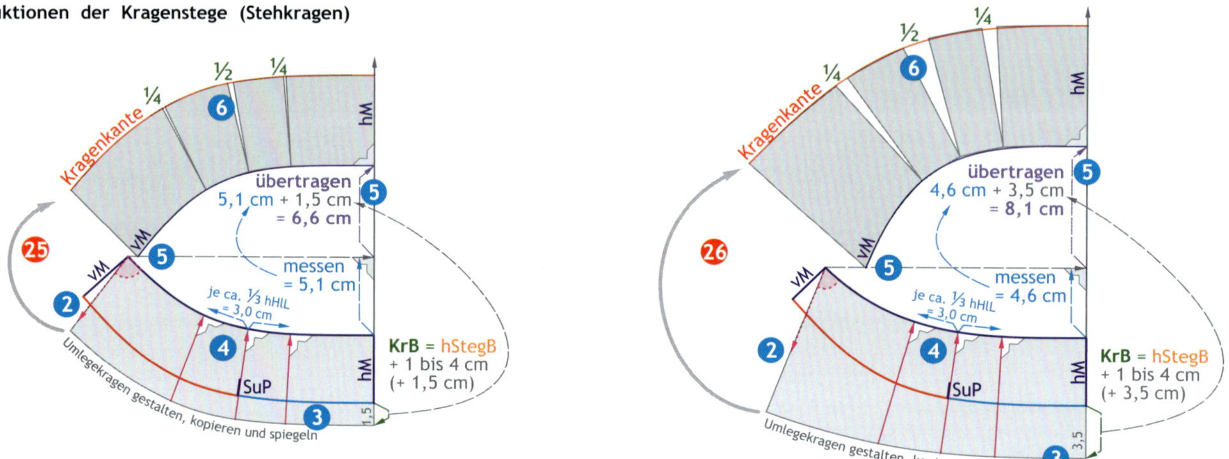

□3 Konstruktionsvariante 1 mit Gestaltung des Umlegekragens über dem Kragensteg.

Konstruktionsvariante 1

1. □2 Die Stehkragenkonstruktion für den Kragensteg erfolgt wie ab Seite 292 beschrieben.
2. □3 Der Kragenabstich wird mit dem gewünschten Winkel am Kragenbruch des Stegs gezeichnet.
3. Der Umlegekragen wird über den Kragensteg in gewünschter Breite gezeichnet
4. Anschließend werden wie skizziert die Einschnittlinien gezeichnet und der Umlegekragen kopiert, gespiegelt und für Mehrweite an der Kragenkante geöffnet.
5. Im entsprechenden Abstand den Umlegekragen an der hM anlegen. Die Kragenkante wie angegebenen öffnen, dass die vM an die waagerechte Hilfslinie zu liegen kommt.
6. Dabei entsteht die perfekte Kragenform. Die Längen der Stegnähte an Umlegekragen und Steg sind automatisch identisch.

Konstruktionsvariante 2 unkommentierte Anweisung

292
298

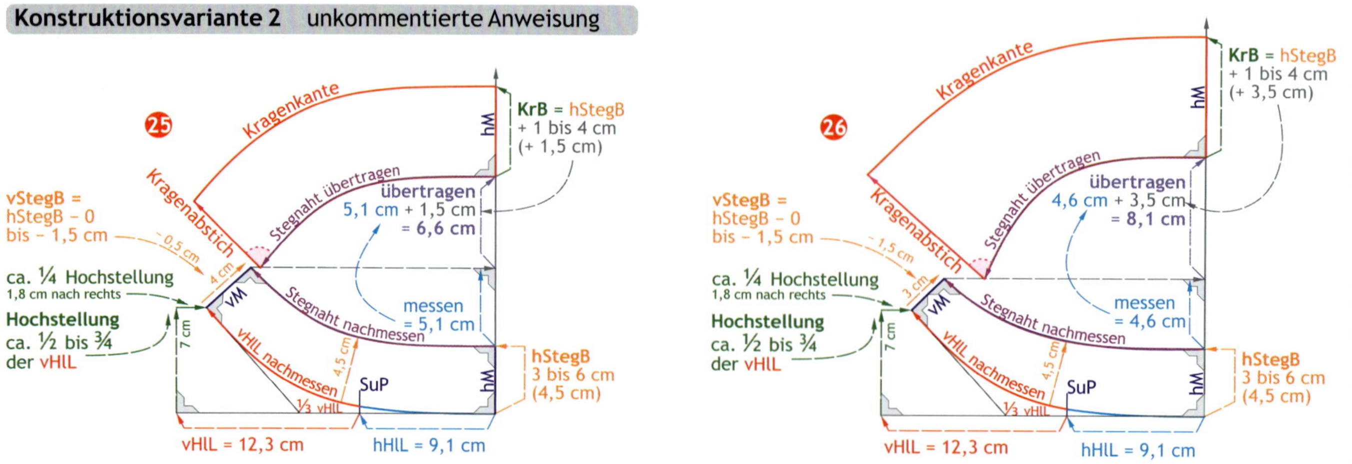

□4 Konstruktionsvariante 2 in typischer Winkelkonstruktion. Die Länge der Stegnaht muss gemessen und für den Umlegekragen auf die waagerechte Hilfslinie übertragen werden; die Form der Stegnaht kann nur geschätzt werden.

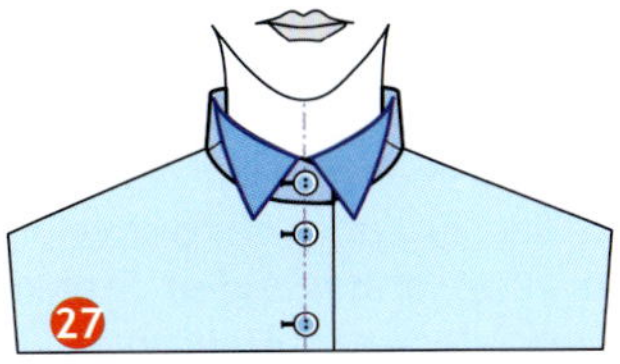

□1 Flügel-Kragen aus dem Stehkragen, Seite 292, □2

Flügelkragen

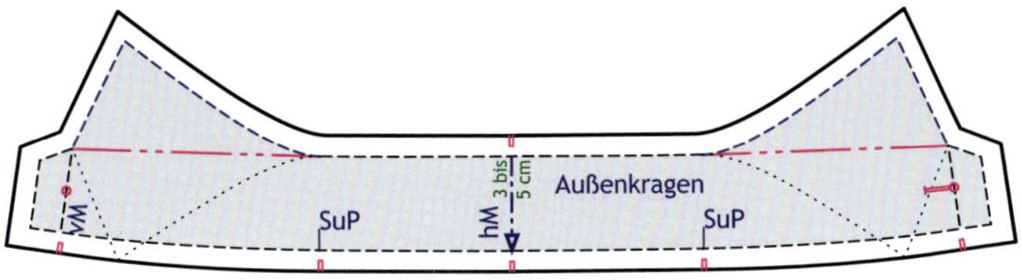

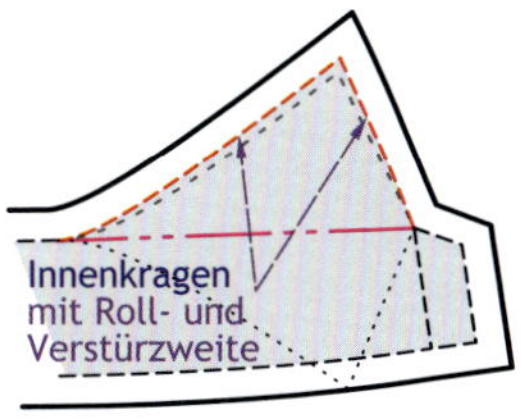

292

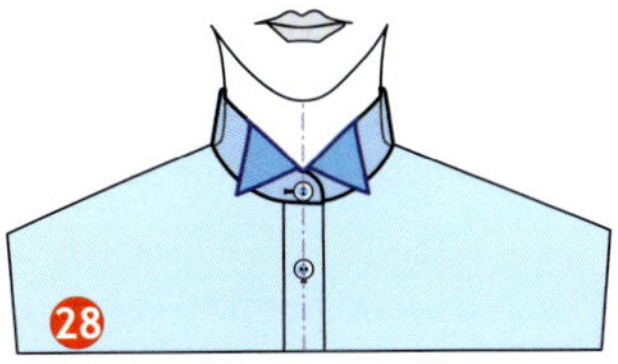

□2 Frack-Kragen aus dem S-förmig gerundeten Stehkragen, Seite 297, □5

Frackkragen

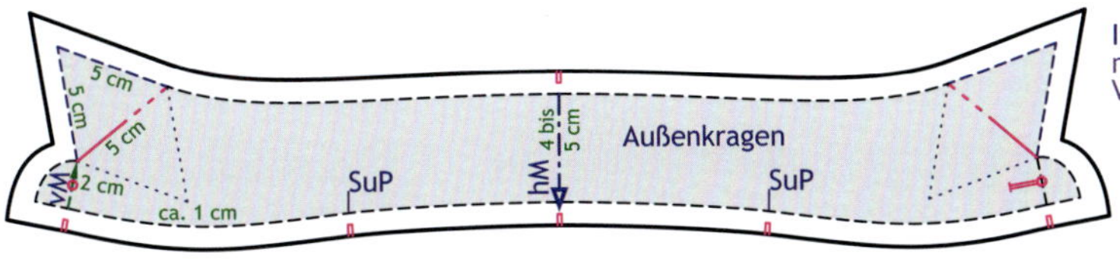

297

□3 Binde- / Schluppenkragen aus dem geraden Stehkragen von Seite 296

Binde- / Schluppenkragen

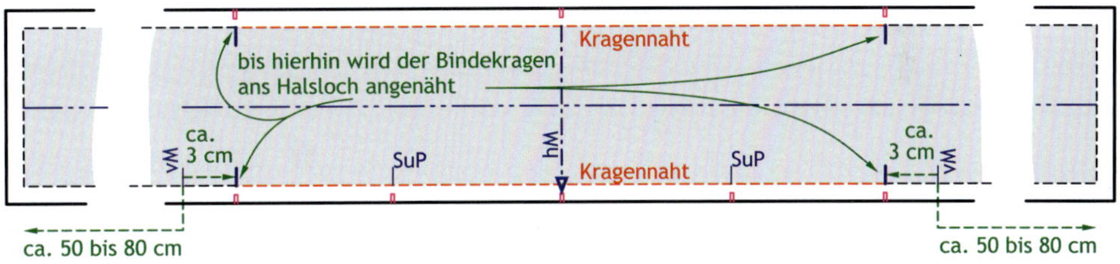

296

Lidokragen

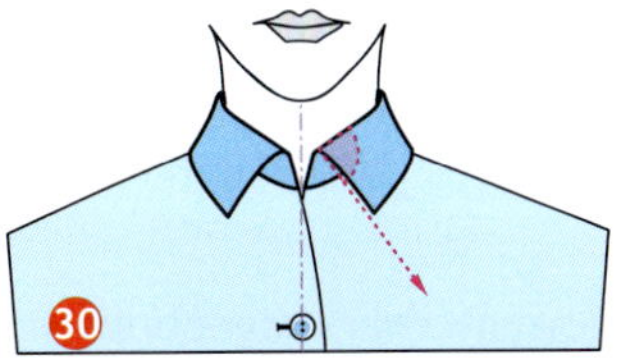

□4 Lido-Kragen aus dem einteiligen S-förmigen Steh-Umlegekragen von Seite 300, □2+3
Oder entsprechend wie dort gleich ohne Übertritt konstruiert.

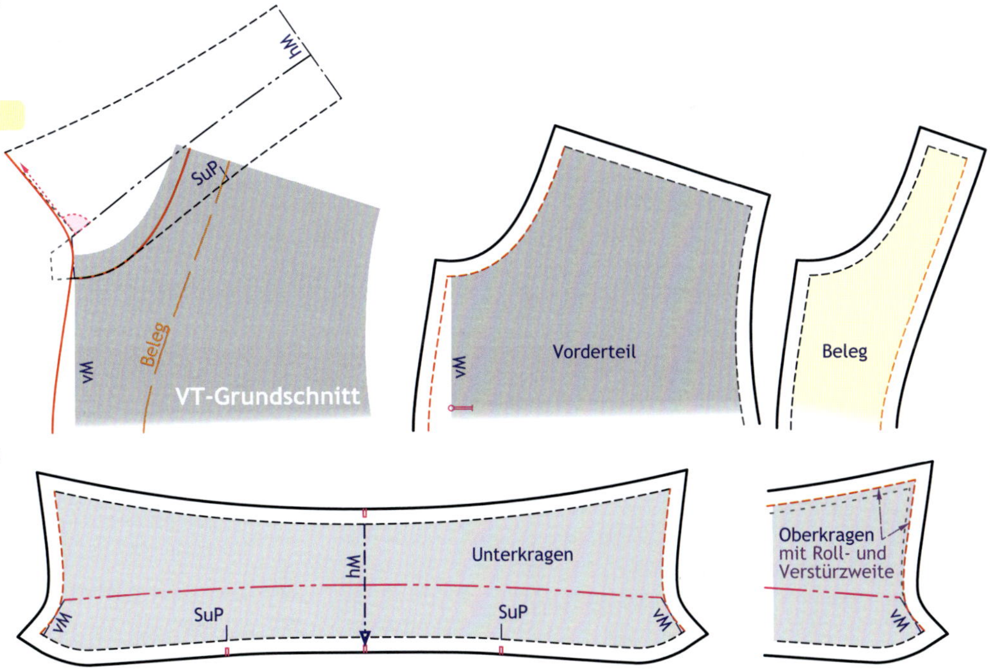

300

Weitere beliebte Kragenformen ohne Konstruktion. Sie sind Gestaltungsvarianten von zuvor beschriebenen Kragen

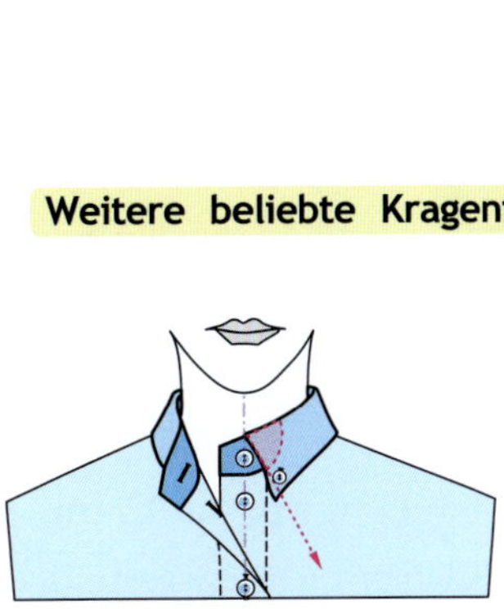

□5 Button-Down-Hemdkragen (Steh-Umlegekragen)

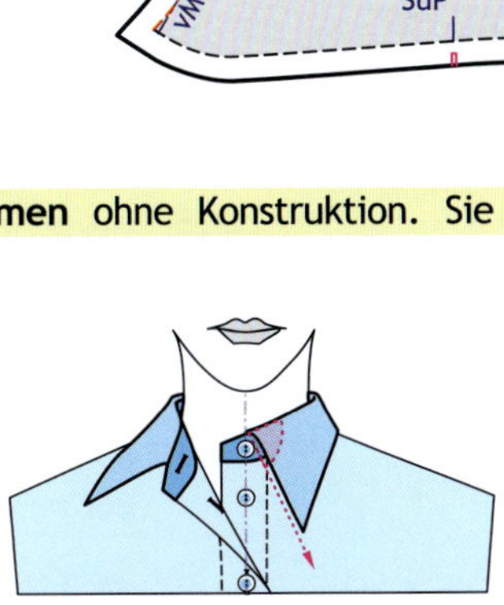

□6 70er-Jahre Hemdenkragen (Steh-Umlegekragen)

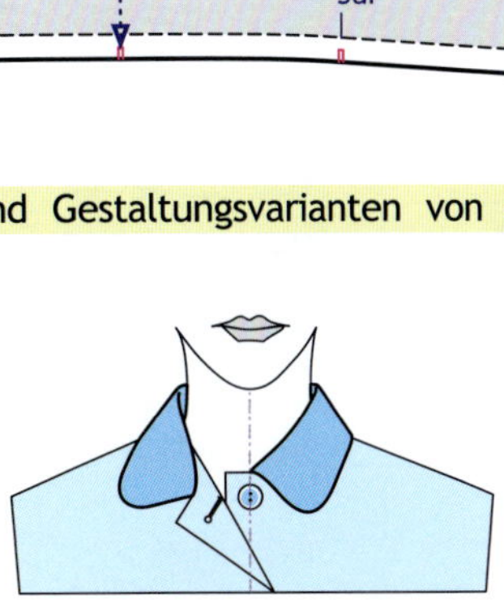

□7 Umlegekragen mit rundem Abstich

□8 Umlegekragen in Fantasie-Formen

Anliegender Umlegekragen mit innenliegendem Kragensteg
Beschreibung der Winkelkonstruktion

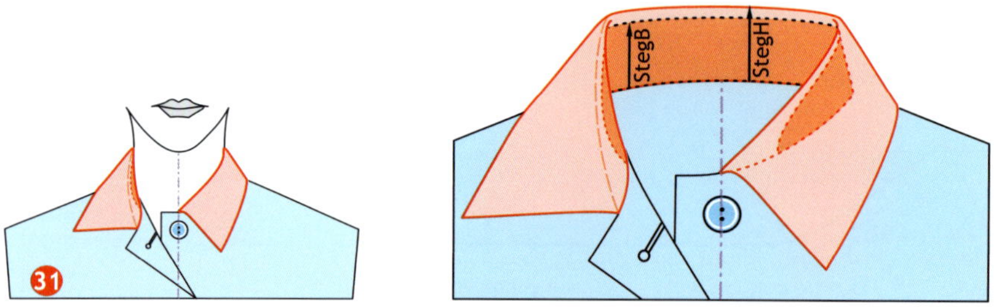

□1 Anliegender schmaler Umlegekragen mit innenliegendem Kragensteg

Anliegende Umlege- und Flachkragen mit innenliegendem Kragensteg

□1 Der Kragensteg ist von außen nicht sichtbar. Er endet vor der vM, hat die Form eines anliegenden Stehkragens und liegt daher am Hals an.

Die Kragen auf dieser Doppelseite unterscheiden sich in der Steghöhe, der Breite an der hM und an der Schulter.

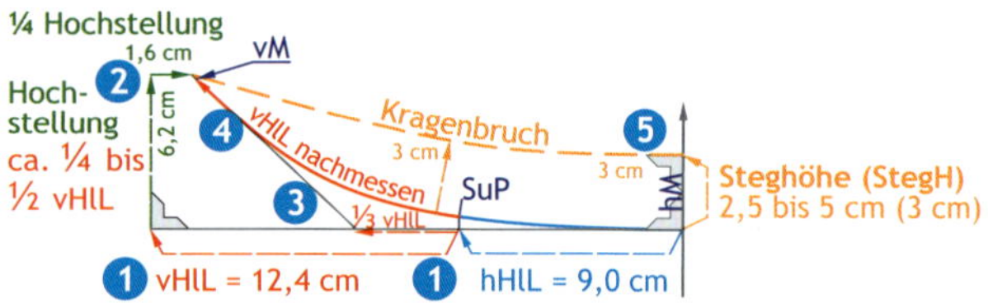

□2 Kragennaht und Kragenbruch formen

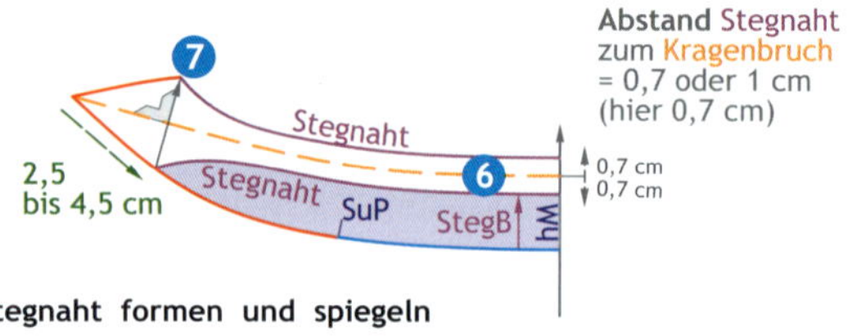

□3 Stegnaht formen und spiegeln

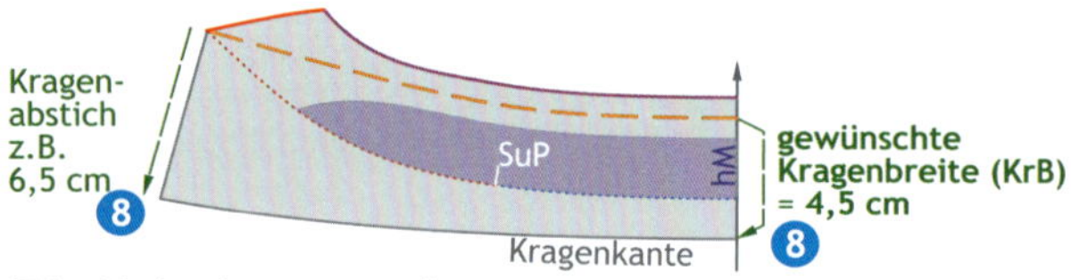

□4 Umlegekragen gestalten

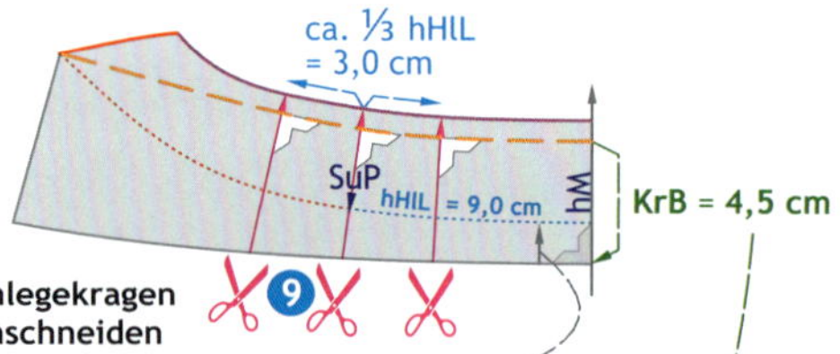

□5 Umlegekragen einschneiden

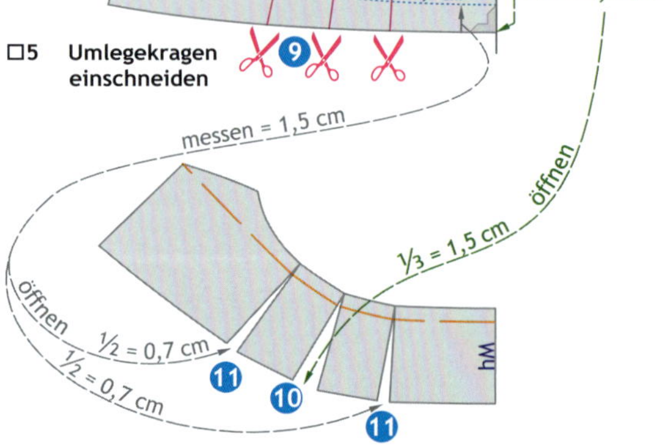

□6 Umlegekragen formen

> **!** **Je schmaler** der Steg, **desto flacher** der Kragen.
>
> **Je runder** der Steg, **desto enger** liegt der Kragen am Hals an.
>
> **Je höher** der Steg, **desto schwächer** sollte **die Rundung** des Stegs sein.
>
> **Je größer die Halslochverbreiterung, desto größer wird der Abstand zum Hals.** Der Kragen kann dann ggf. runder konstruiert werden.
>
> Für alle diese Kragen sollte wenigstens eine moderate Halslochverbreiterung vorgenommen werden.
>
> **Entsprechend sollte für einen hohen und runden Kragensteg eine größere Halslochverbreiterung gewählt werden.**

Eine Halslochverbreiterung vornehmen (siehe Seite 291 **□13**) und die Halslochlängen (vHlL und hHlL) ausmessen.

1. □2 hHlL und vHlL abtragen.
2. Eine Hochstellung von ca. ¼ bis ½ vHlL abtragen und ca. ¼ der Hochstellung nach rechts abtragen. Je größer die Hochstellung, desto runder der Kragensteg und umso näher liegt der Kragenbruch am Hals.
3. Hilfslinie von dort zu ⅓ vHlL.
4. Kragennaht rund von der hM auf die Hilfslinie formen und die vHlL nachmessen → vM.
5. An der hM die Steghöhe abtragen und den Kragenbruch wie skizziert formen. Zur vM verläuft der Bruch gerade.
6. □3 Die Stegnaht und den vorderen Teil der Kragennaht mit einem verarbeitungsbedingten Abstand (0,7 bis 1 cm) zum Kragenbruch von der hM aus wie skizziert formen
7. und am Kragenbruch spiegeln.
8. □4 Den Umlegekragen in gewünschter Kragenbreite und passendem Kragenabstich gestalten.
9. □5 Die Fläche des Umlegekragens benötigt für eine optimale Passform eine rundere Kragenkante. Hierfür wird der Kragen an der Schulter zur Stegnaht eingeschnitten, ebenso links und rechts davon im Anstand von ca. ⅓ hHlL.
10. □6 Der mittlere Einschnitt erhält ca. ⅓ KrB.
11. Die Öffnung der beiden seitlichen Einschnitte ist ca. ½ der Differenz zwischen Kragenbreite (KrB) und Steghöhe (StegH), hier 4,5 cm – 3 cm = 1,5 cm → ½ = **0,7 cm.**

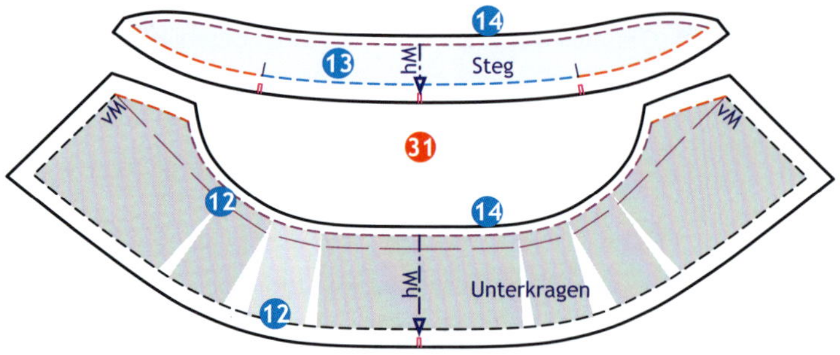

□7 Produktionsschnitt, Oberkragen ist nicht abgebildet

12. □7 Kragenkante und Stegnaht neu formen.
13. Den Steg kopieren.
14. Die Stegnaht erhält bei **0,7 Abstand** eine Nahtzugabe (NZg) von **0,5 cm** und bei **1 cm Abstand** eine NZg von **0,7 cm.**

Der Oberkragen ist hier nicht dargestellt. Dieser wird aus dem Umlegekragen entwickelt, siehe folgende Seite.

Anliegende Umlege- und Flachkragen mit innenliegendem Kragensteg
Winkelkonstruktionen mit verschiedenen Steghöhen und Kragenbreiten

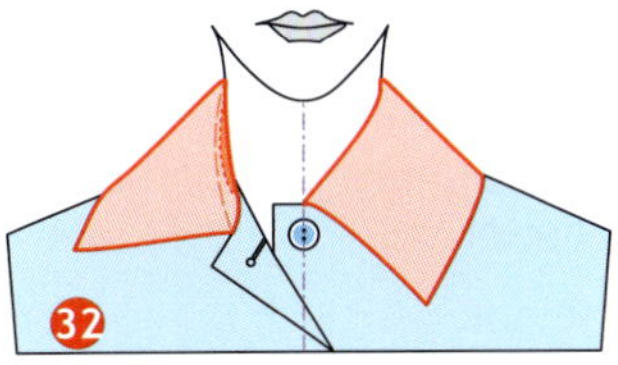

□1 Anliegender hoher und breiter Umlegekragen

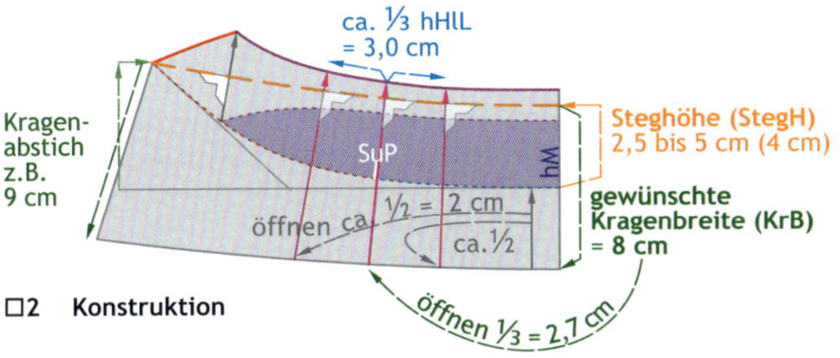

□2 Konstruktion

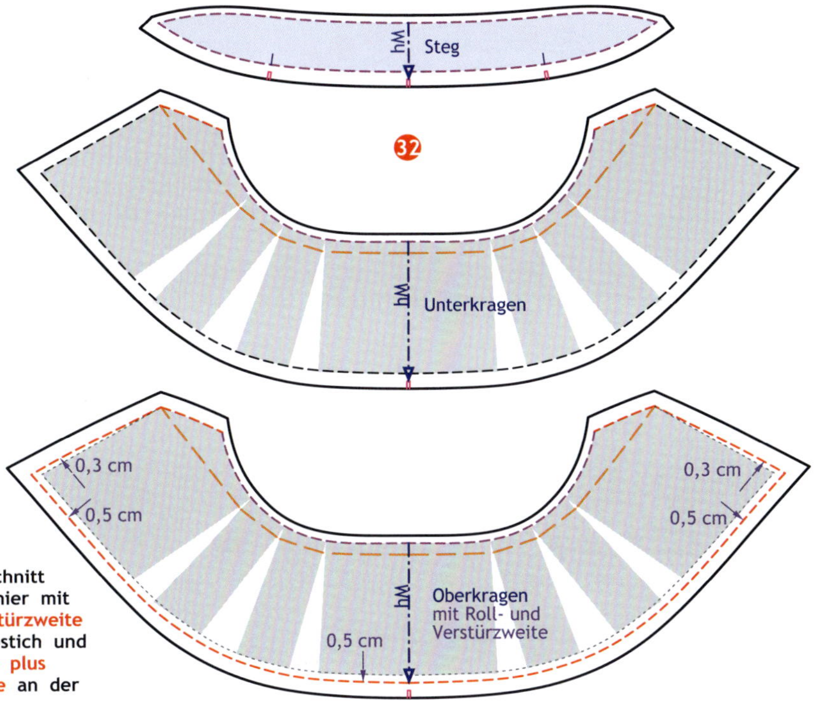

□3 Produktionsschnitt Oberkragen hier mit **0,3 cm Verstürzweite** am Kragenabstich und **0,5 cm Roll- plus Verstürzweite** an der Kragenkante

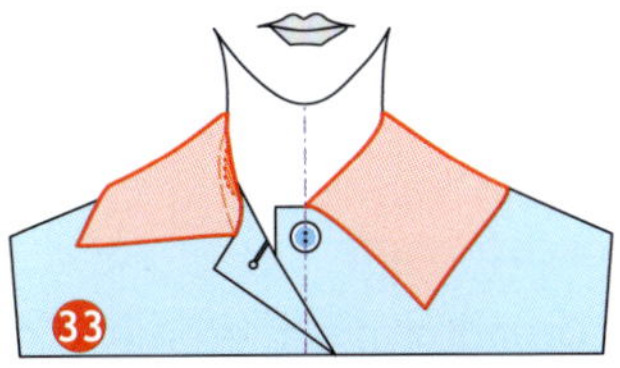

□4 Anliegender mittelbreiter Flachkragen

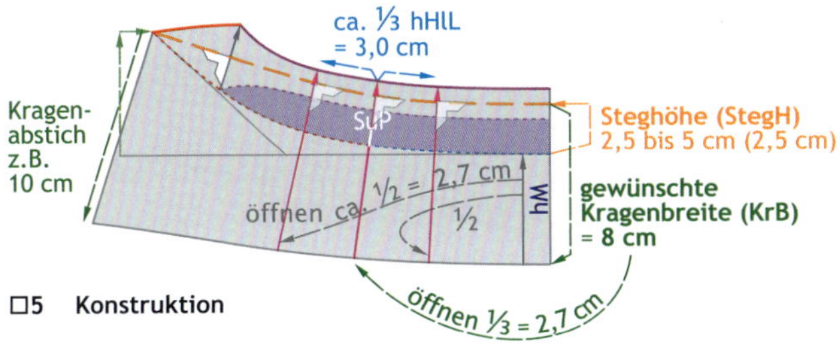

□5 Konstruktion

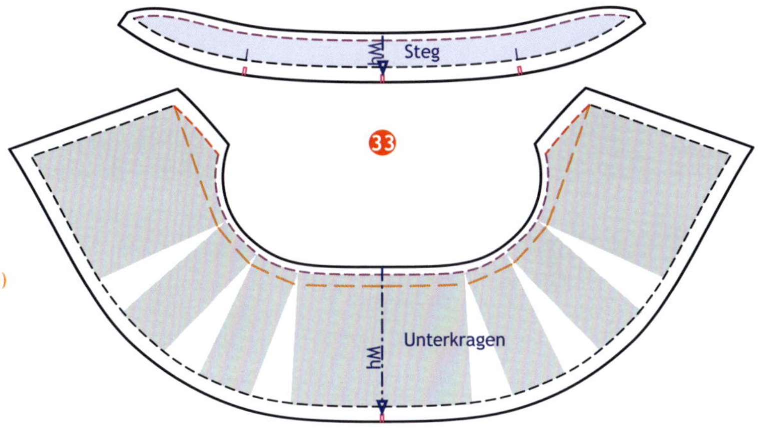

□6 Produktionsschnitt, Oberkragen ist nicht abgebildet

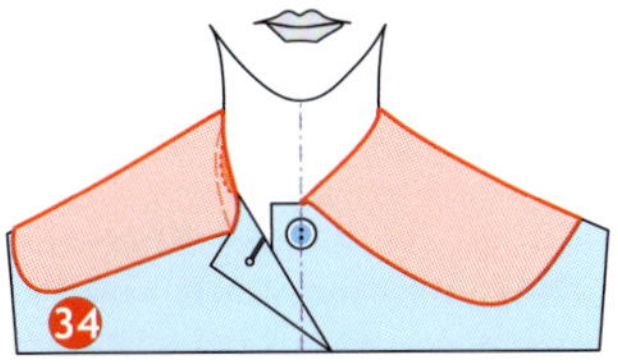

□7 Anliegender breiter Flachkragen

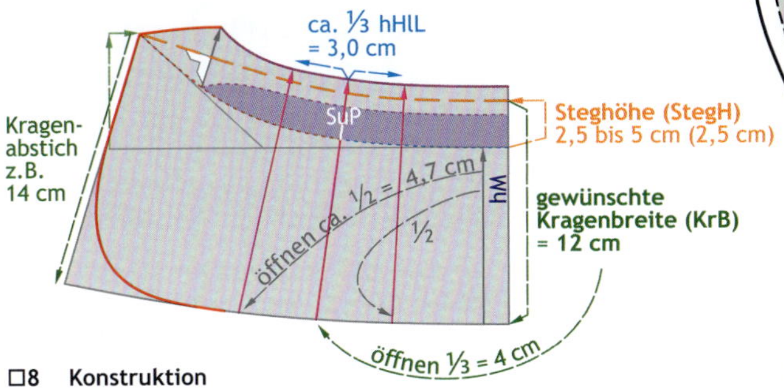

□8 Konstruktion

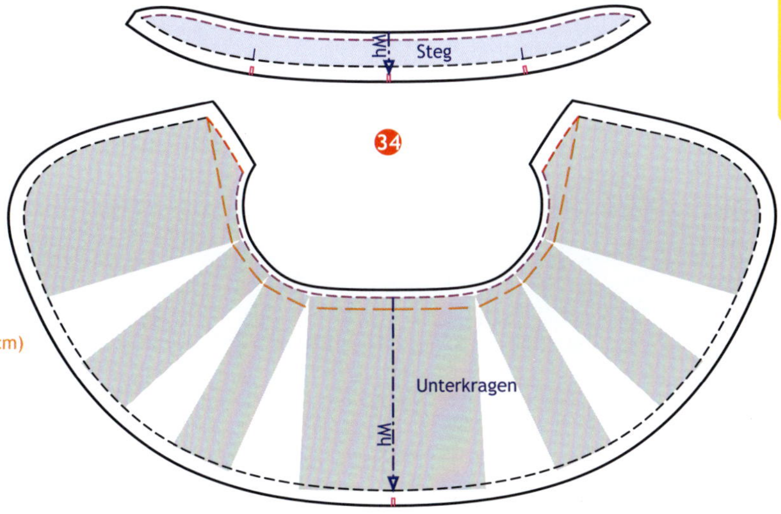

□9 Produktionsschnitt, Oberkragen ist nicht abgebildet

Einfache Flachkragen

Anlagekonstruktionen mit verschiedenen Steghöhen

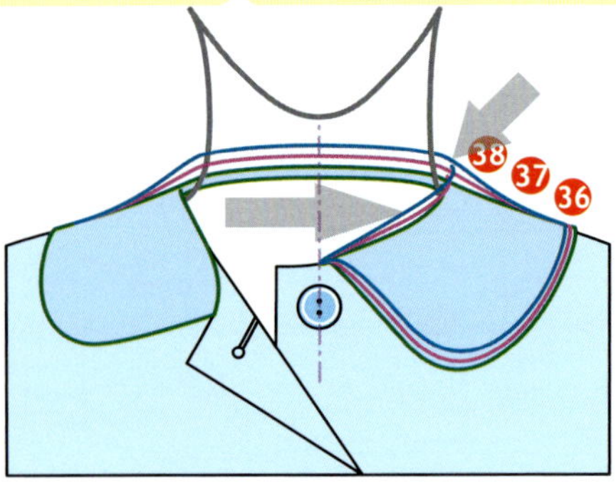

□1 Flachkragen (Peter-Pan-Kragen) mit minimalem Kragenbruch

Flachkragen, bzw. Liegekragen, wie z.B. der Bubikragen oder Peter-Pan-Kragen, sind eher breite, flach auf der Schulter liegende Kragen.

Je ähnlicher die Kragenform der Grundform ist (siehe □3), d.h. je runder die Kragennaht ist, desto flacher liegt der Kragen auf der Schulter.

Öffnet man bei einem solchen Kragen den obersten Knopf, wird sich der Kragen in seiner Form kaum verändern - der Verschluss springt nicht auf wie bei einem Umlegekragen mit hohem Kragensteg.

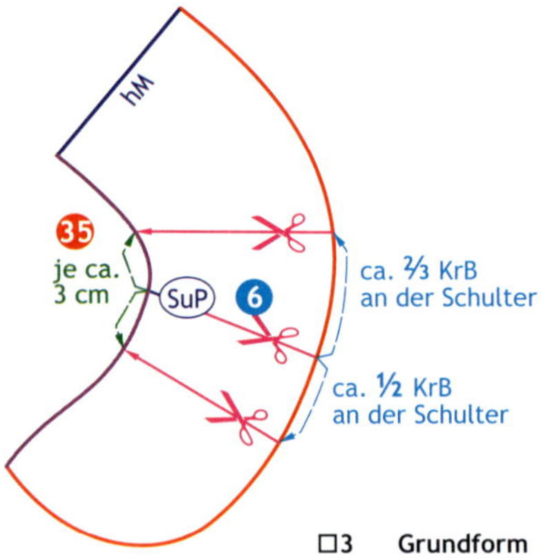

□3 Grundform des Flachkragens

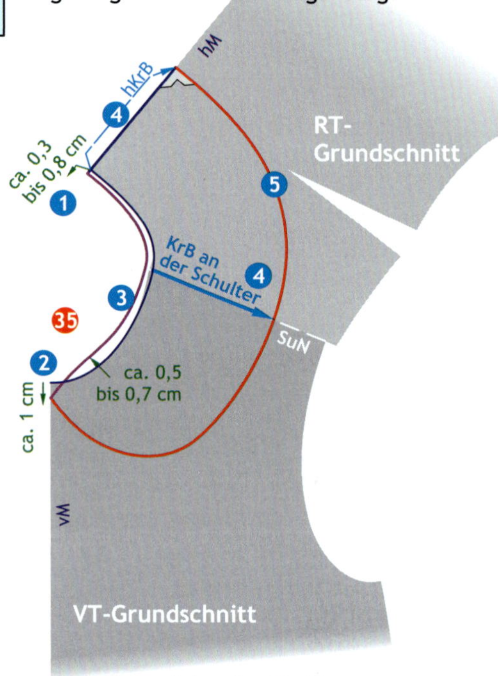

□2 Konstruktion des Flachkragens

Entwicklung des Flachkragens

Die Entwicklung der Flachkragen-Grundform erfolgt über das Anlegen von Vorder- und Rückteil. Zuvor müssen die Brust- und Schulterabnäher aus der Schulternaht verlegt werden.

Ebenso kann zuvor das Halsloch vergrößert werden.

1. Die Kragennaht an der hM ca. 0,3 bis 0,8 cm ins Halsloch zeichnen.
2. An der vM die Kragennaht um ca. 1 cm vertiefen.
3. Am vorderen Halsloch wie in □1 die Kragennaht ca. 0,7 cm ins Halsloch zeichnen und an der Schulter ausformen.
4. Die Kragenbreiten an der hM und an der Schulter festlegen.
5. Die Kragenkante wie in □1 nach Wunsch formen.

   Die Grundform kopieren und den Schulterpunkt markieren.
6. Für die Kragen mit leichtem Steg schneidet man an und neben der Schulter von der Kragenkante aus zur Kragennaht ein.

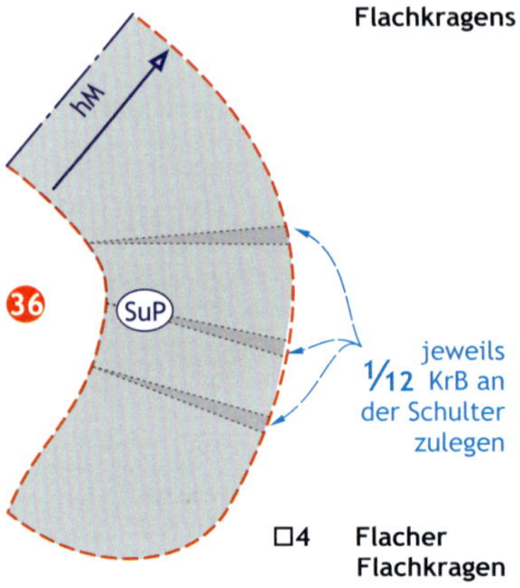

□4 Flacher Flachkragen

□4 Flacher Kragen
(Steghöhe ca. 0,5 cm)

An der Schulter bis ca. ¼ KrB zulegen.

□5 Höherer Flachkragen
(Steghöhe ca. 0,5 bis 1 cm)

An der Schulter bis ca. ½ KrB zulegen.

□6 „Hoher" Flachkragen
(Steghöhe ca. 0,7 bis 1,5 cm)

An der Schulter bis ca. ¾ KrB zulegen.

Vor dem endgültigen Zuschnitt sollten die Kragen unbedingt zur Probe (zumindest in Papier) an das Halsloch gesteckt werden, um die gewünschte (Pass-)Form zu kontrollieren und dabei bei Bedarf zu optimieren.

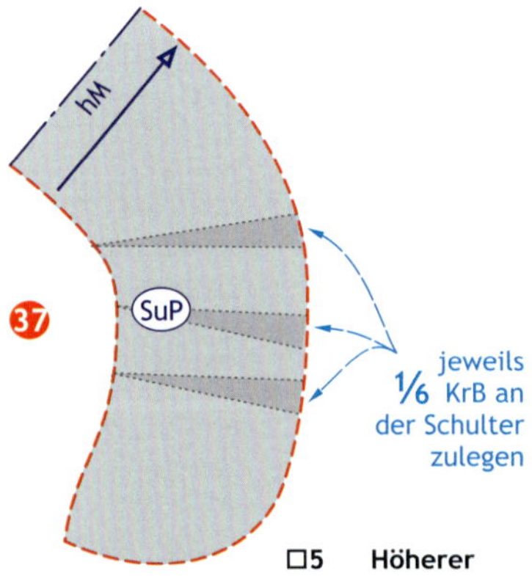

□5 Höherer Flachkragen

Flachkragen in unterschiedlichen Steghöhen am Hals

□1, □4-6: Je runder die Kragennaht am Schnitt, desto flacher liegt der Kragen auf der Schulter. Die Kragenkante ist dabei sehr rund und lang.

Wird die Länge der Kragenkante verringert, begradigt das die Kragennaht und der Kragenbruch am Hals rutscht nach oben und vom Hals weg → Steg.

Die Grundform des Flachkragens ohne Reduzierung an der Kragenkante ist der flachste Kragen.

Der Kragen Nr. 38 ist der Kragen mit der geradesten Kragennaht, der kürzesten Kragenkante und dem höchsten Steg und Abstand am Hals.

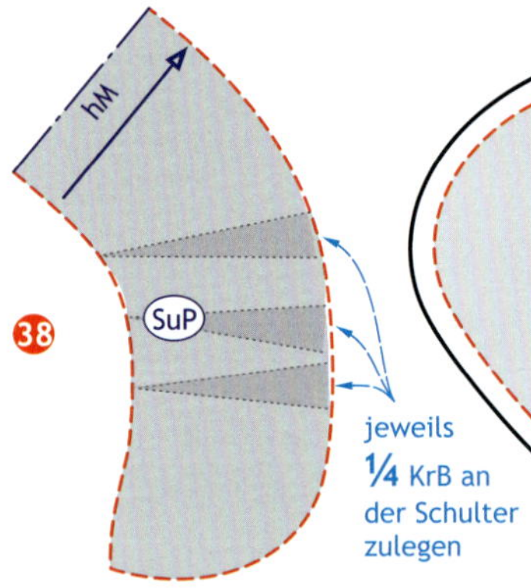

□6 „Hoher" Flachkragen

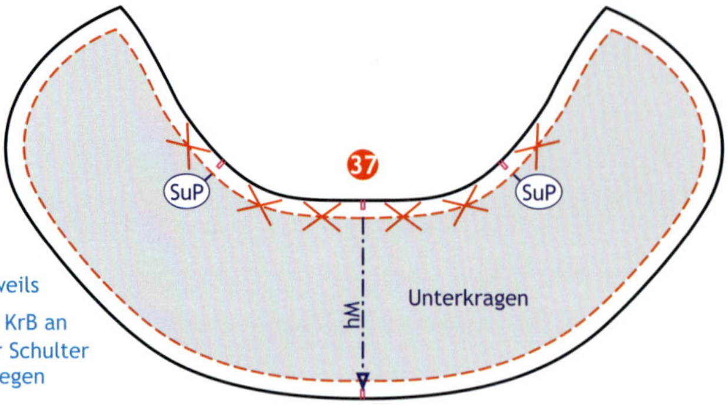

□7 Produktionsschnitt Unterkragen

Verarbeitung von Flachkragen

□7 Die Kragennaht ist bei diesen Flachkragen kürzer als die Halslochnaht. Durch das Dehnen der Kragennaht erhält der Kragen etwas Höhe am Hals. Dies verdeckt die Halslochnaht.

Hier sind die Unterkragen dargestellt. Für den Oberkragen muss wie bei allen Kragen noch Roll- und Verstürzweite angezeichnet werden.

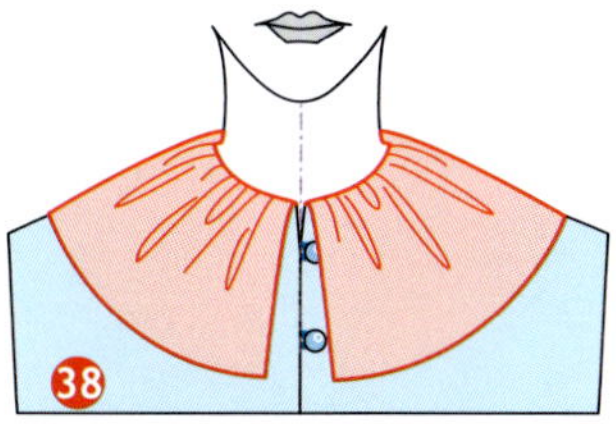

□1 Flacher Rüschenkragen

Rüschenkragen

Dieser flache Rüschenkragen wird aus der Anlage von Vorder- und Rückteil entwickelt.

Zuvor können - müssen aber nicht - die Brust- und Schulterabnäher aus der Schulternaht verlegt sowie das Halsloch vergrößert werden.

1. Die Kragenbreiten an hM, vM und an der Schulter festlegen.
2. Die Kragenkante nach Wunsch formen und mindestens vier Einschnitte zum Öffnen bestimmen.

   Die Grundform kopieren und den Schulterpunkt markieren.
3. Die Einschnitte an der Kragennaht so öffnen, dass die Bogen der Kragenkante auf einer geraden Linie liegen und sich berühren.
4. Schnittteil wie bemaßt verbreitern und verlängern. In beide Richtungen gespiegelt zuschneiden.

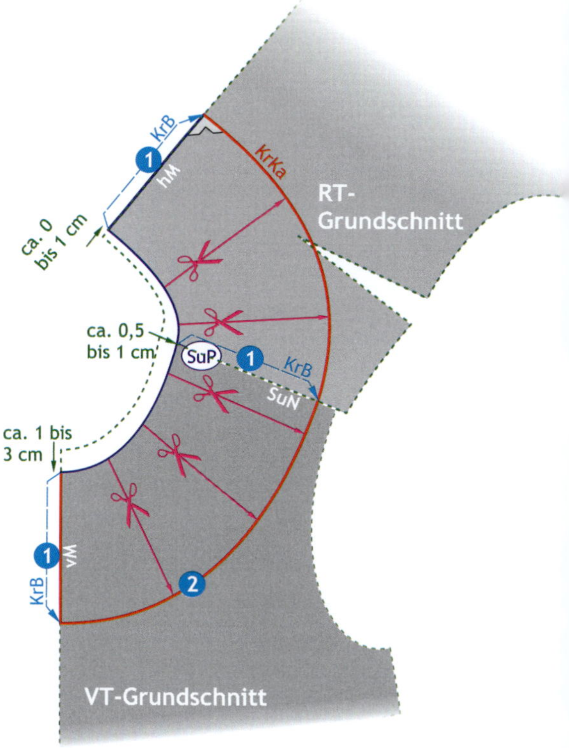

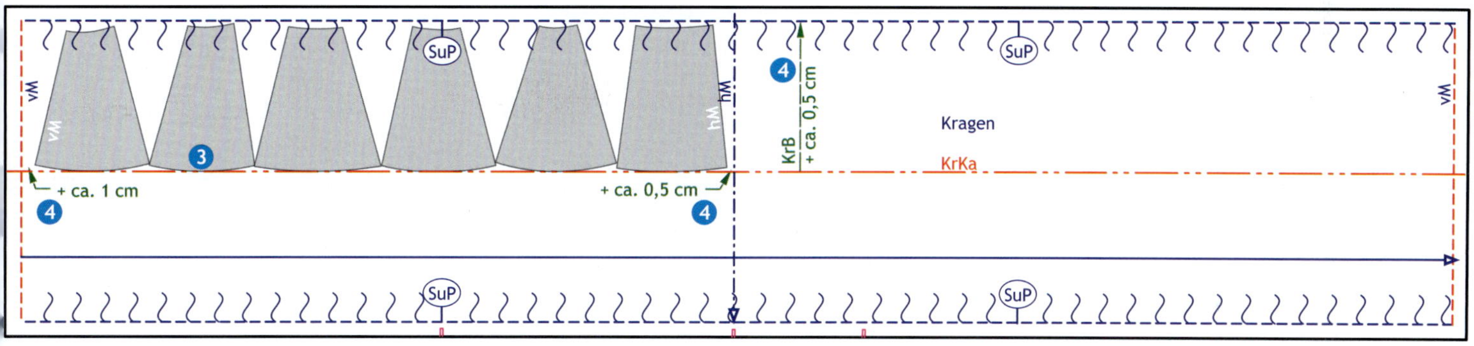

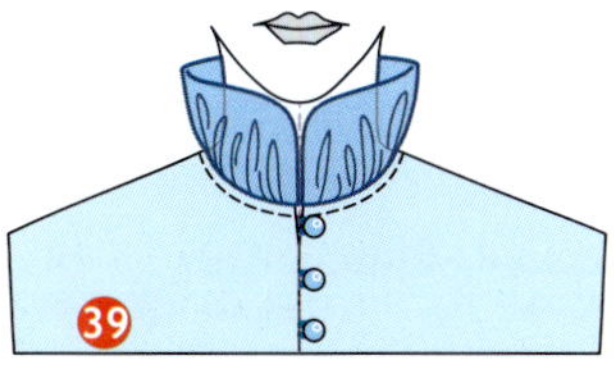

□1 Stehender Rüschenkragen

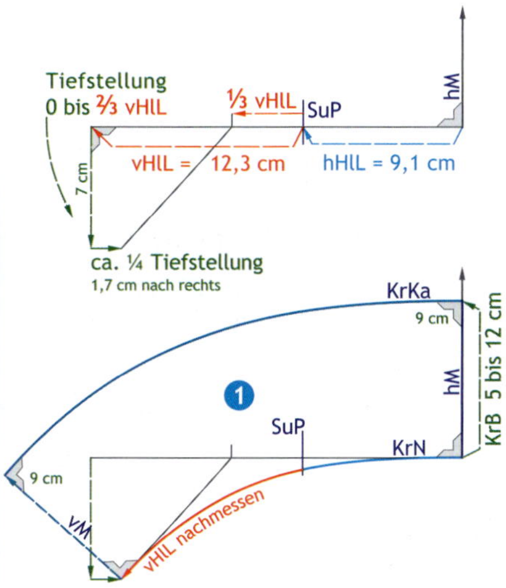

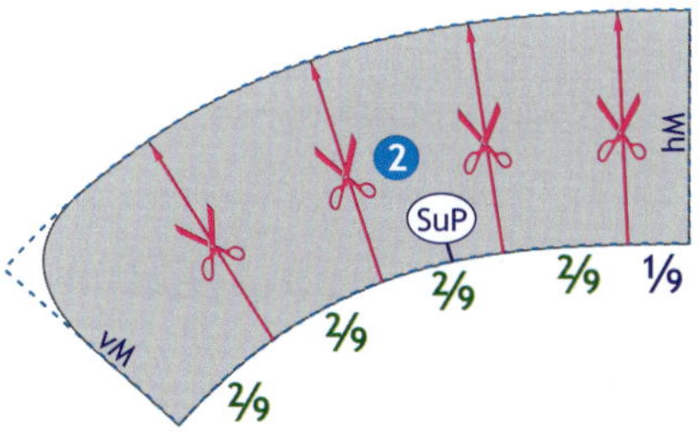

Der stehende Rüschenkragen erinnert an einen Blütenkelch. Er kann auch anstatt gekräuselt, in kleine Fältchen gelegt werden.

1. Einen Stehkragen in gewünschter Weite und Breite konstruieren, siehe auch Seite 293.
2. Die Grundform kopieren, den Schulterpunkt markieren und mindestens vier Einschnitte zum Öffnen bestimmen.
3. Die Einschnitte an der Kragennaht so öffnen, dass die notwendige Kräuselweite oder die gewünschten Fältcheninhalte entstehen.

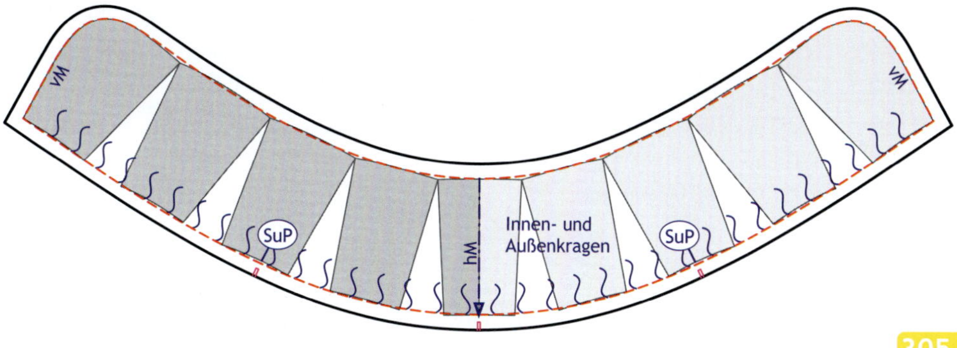

Volantkragen an einem runden sowie an einem V-Ausschnitt
Anlagekonstruktionen

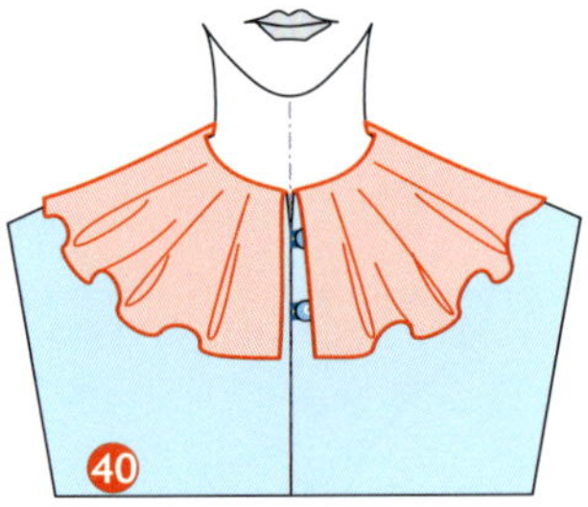

□1a Runder Volantkragen - Harlekin-Kragen

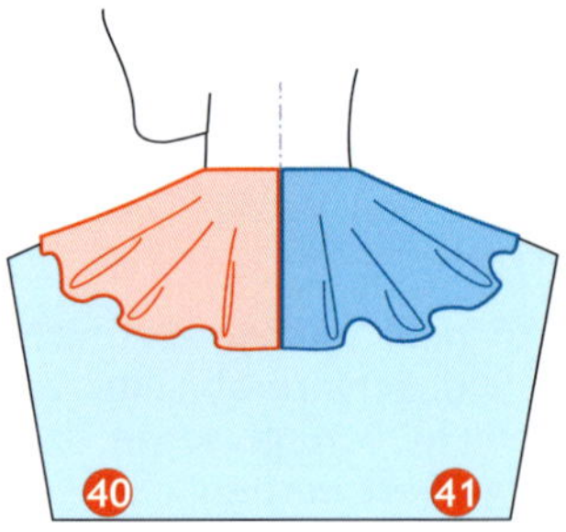

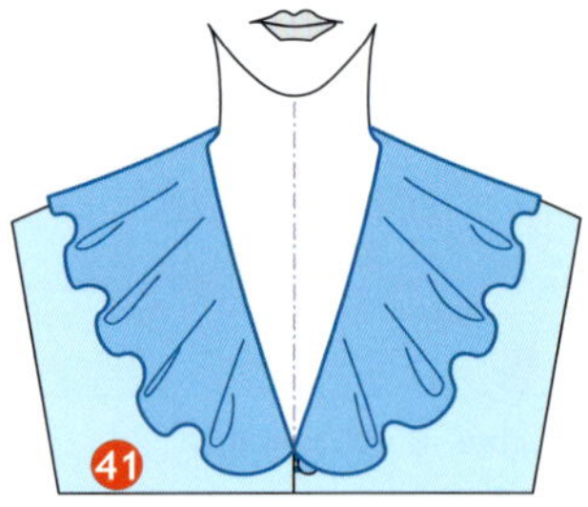

□2a Volantkragen an V-Ausschnitt

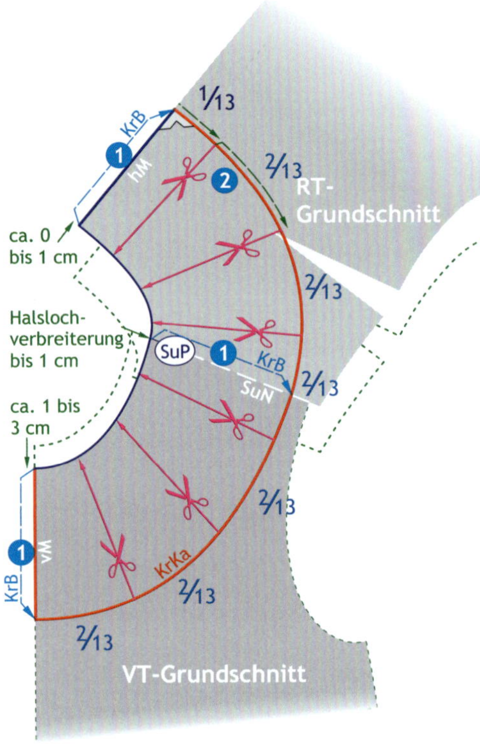

□1b Konstruktion runder Volantkragen

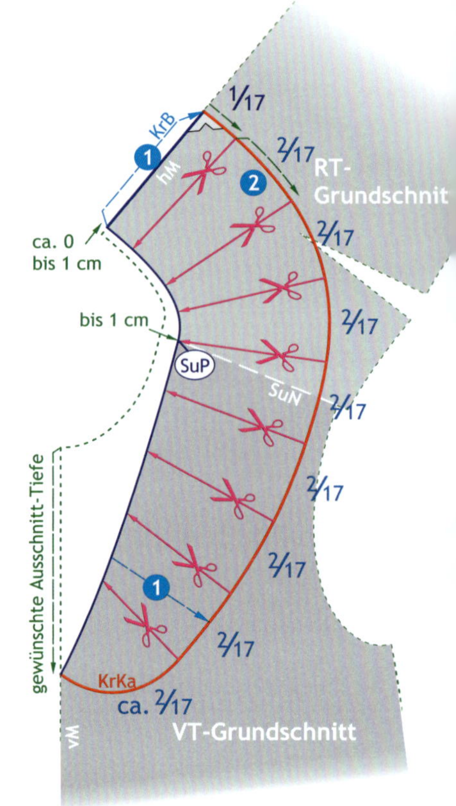

□2b Konstruktion runder Volantkragen

Der hintere Abstand des Einschnitts an der Kragenkante beträgt:

1 : (geplante Einschnitte · 2 + 1)

hier: 1 : (6 Einschnitte · 2 + 1) = 1/13

Alle anderen Abstände sind doppelt so weit entfernt → 2/13

Der hintere Abstand des Einschnitts an der Kragenkante beträgt:

1 : (geplante Einschnitte · 2 + 1)

hier: 1 : (8 Einschnitte · 2 + 1) = 1/17

Alle anderen Abstände sind doppelt so weit entfernt → 2/17

Volantkragen

Ähnlich wie der zuvor beschriebene flache Rüschenkragen wird dieser Harlekin-Kragen (links), wie der Volantkragen für den V-Ausschnitt (rechts) aus der Anlage von Vorder- und Rückteil entwickelt.

□1b+2b Zuvor können - müssen aber nicht - die Brust- und Schulterabnäher aus der Schulternaht verlegt, sowie das Halsloch vergrößert werden.

1. Die Kragenbreiten an hM, Ausschnitt und Schulter festlegen.
2. Die Kragenkante nach Wunsch formen und für **jede gewünschte Glocke** einen Einschnitt zum Öff-nen bestimmen. An der hM wird sich später eine Naht befinden. Daher wird dort keine Glocke geplant.

   Die Grundform kopieren und den Schulterpunkt markieren.
3. **□1c+2c** Die Einschnitte an der Kragenkante so weit öffnen, dass sich die gewünschte Glocke bilden kann.
4. Das jeweilige Schnittteil mit Naht an der hM zuschneiden.

□1c Sollen sich die Glocken klar und exakt am geplanten Einschnitt bilden, werden die Ecken an der Ansatznaht (Kragennaht) nicht abgerundet.

□2c Die Glocken fallen weicher und weniger prä-zise, wenn die Ecken rund geformt werden.

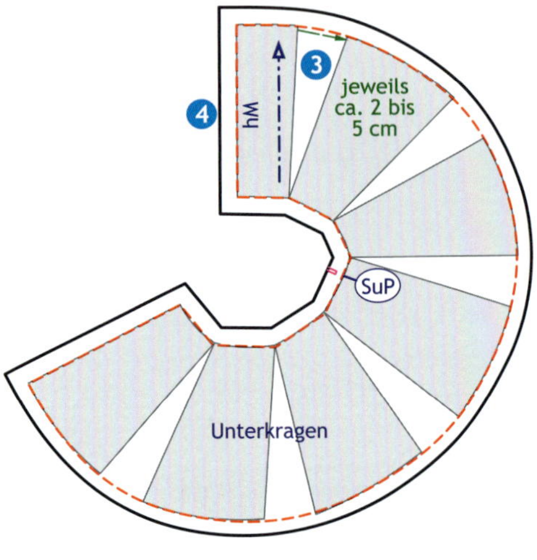

□1c Produktionsschnitt runder Volantkragen

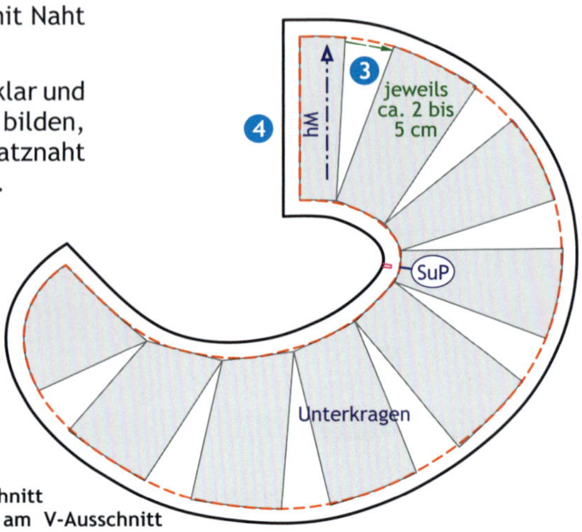

□2c Produktionsschnitt Volantkragen am V-Ausschnitt

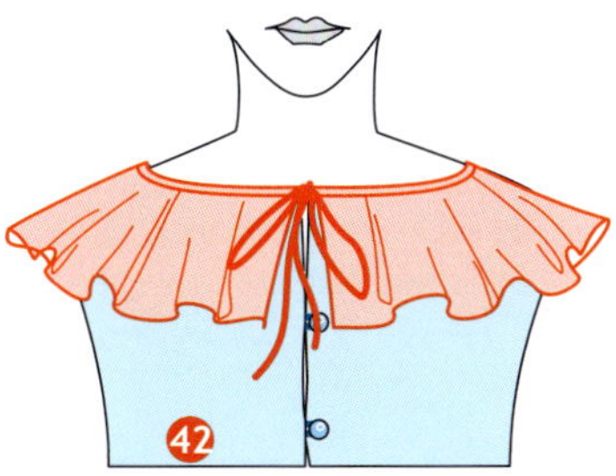

□3a Volantkragen an breitem Ausschnitt

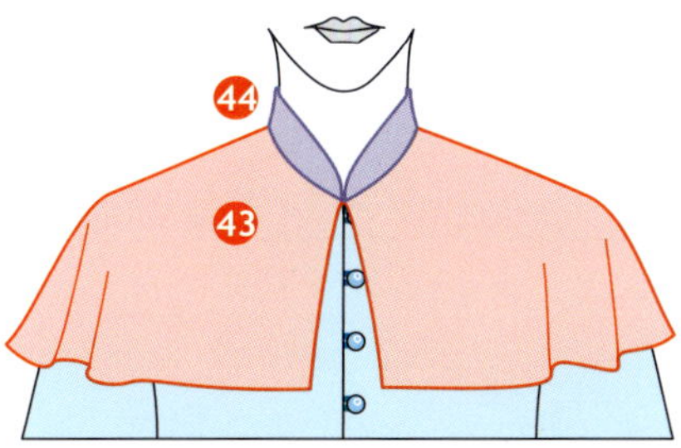

□4a Glatter Goller mit Stehkragen im V-Ausschnitt mit Anlagekonstruktion

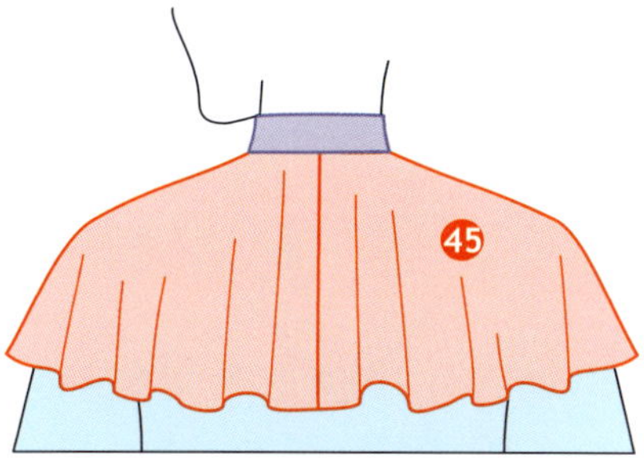

□4b Glockiger Goller mit Stehkragen nur in der Rückansicht

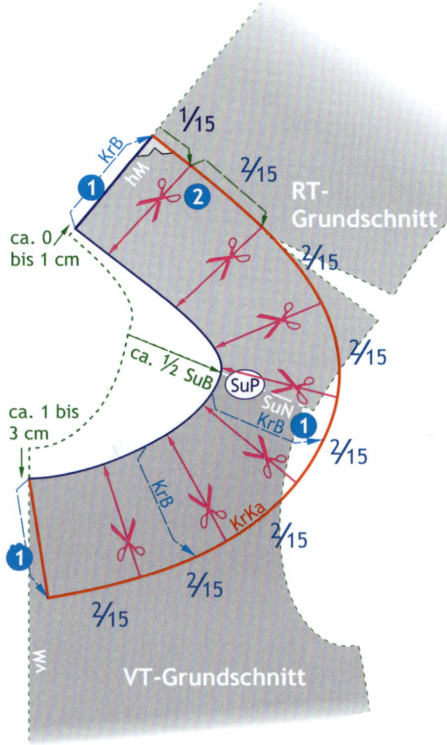

□3b Konstruktion Volantkragen an breitem Ausschnitt

Der hintere Abstand des Einschnitts an der Kragenkante beträgt:

1 : (geplante Einschnitte · 2 + 1)

hier: 1 : (7 Einschnitte · 2 + 1) = 1/15

Alle anderen Abstände sind doppelt so weit entfernt → 2/15

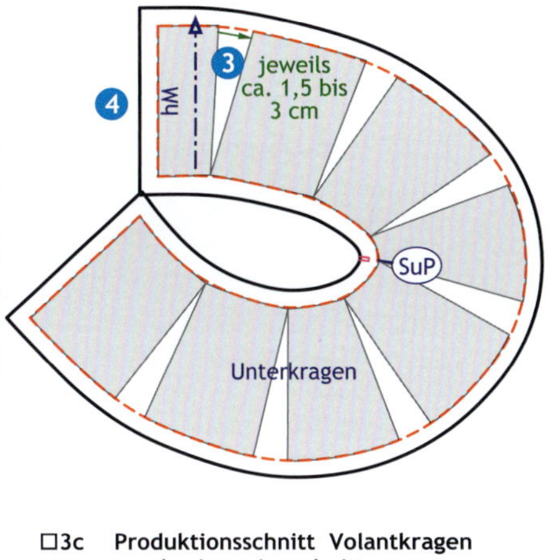

□3c Produktionsschnitt Volantkragen am breiten Ausschnitt

Diese beiden hier dargestellten Kragen werden wie die zuvor beschriebenen Volantkragen aus der Anlage von Vorder- und Rückteil entwickelt.

□3b+4c Zuvor können - müssen aber nicht - die Brust- und Schulterabnäher aus der Schulternaht verlegt, sowie das Halsloch vergrößert werden.

Goller (-kragen)

Die Konstruktionsschritte für den Goller erfolgen wie auf vorhergehender Seite beschrieben. Er kann mit oder ohne einen zusätzlichen Kragen gestaltet werden - hier sind viele Kragenformen möglich. Ebenso kann er mit oder ohne zusätzliche glockige Saumweite konstruiert werden. Öffnungen können, wie hier vorgeschlagen, auch nur an bestimmten Stellen der Kragenkante erfolgen.
Der Produktionsschnitt des Gollers ist wegen Platzmangels nicht dargestellt.

Stehkragen im V-Ausschnitt

Alle Kragen, die in eine besondere Ausschnittform genäht werden, sollten auch in diese Ausschnittform konstruiert werden.

1. Die gewünschte Kragenform ins VT zeichnen.
2. Der Schulterpunkt des Kragens hat 1 cm Abstand zum Halsloch.
3. Von dort die hintere Halsloch-Länge (hHlL) von der Schulternaht abwinkeln.
4. Von dort 0 bis 2 cm (1,5 cm) abwinkeln und eine Hilfslinie zum 1 cm Abstand an der Schulter zeichnen.
5. Darauf die hHlL erneut abtragen.

Je weiter abgewinkelt wird, desto runder der Kragen. Er wird am Hals anliegender sitzen.

6. hKrB bestimmen und die Kragenkante und Kragennaht formen.

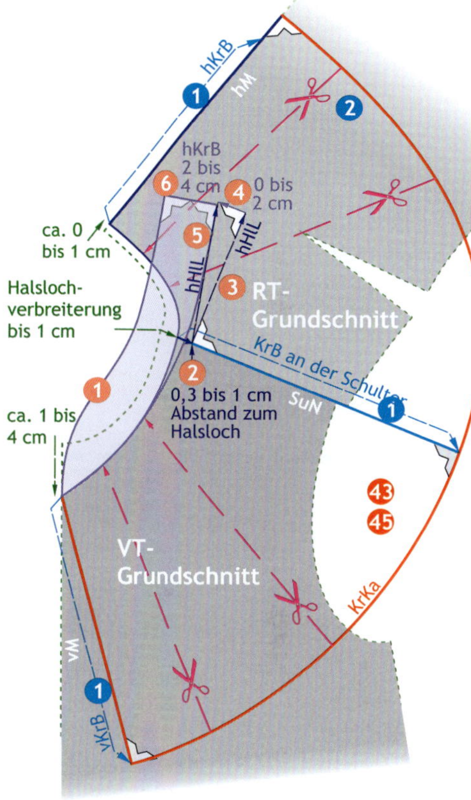

□4c Konstruktion des Goller (-kragens) und Stehkragen mit Anlagekonstruktion

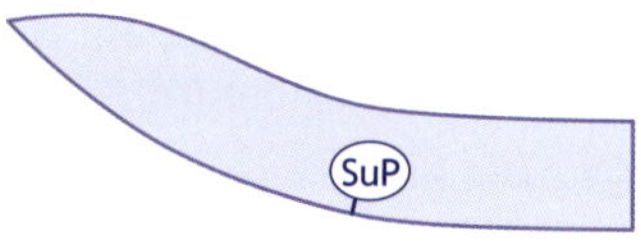

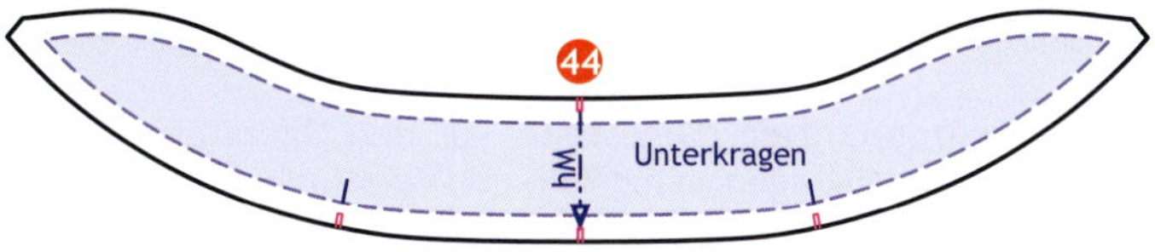

Matrosenkragen
Anlagekonstruktion

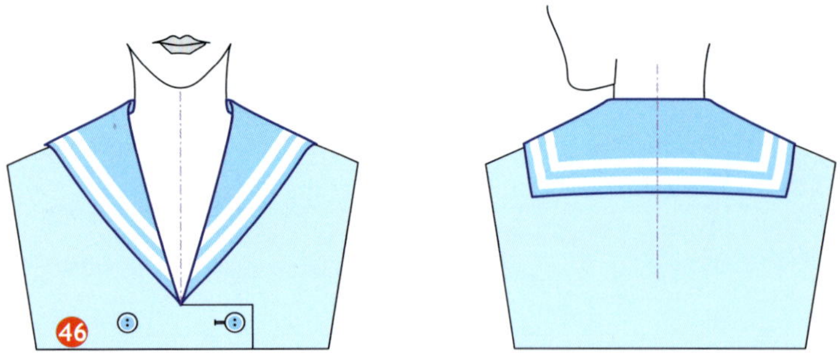

□1 Matrosenkragen

□1 Der Matrosenkragen ist ein Flachkragen, der in einen V-förmigen Ausschnitt genäht wird. Vorne besitzt er eine Schalkragenoptik und hinten die typische viereckige und breite Kragenform. Oft sind weiß-blaue Streifenakzente angebracht.

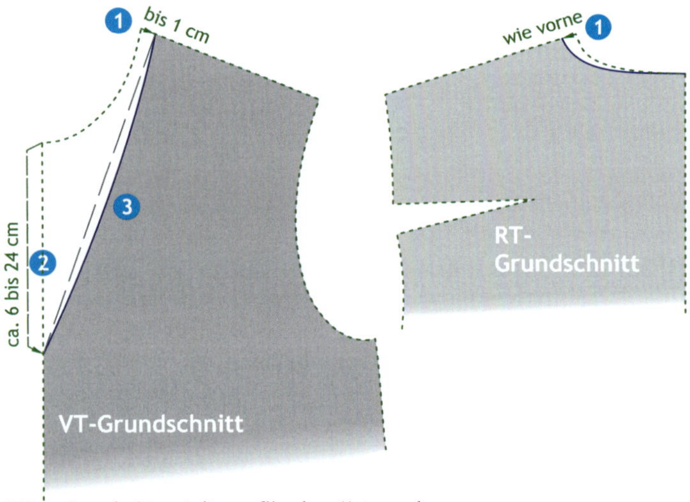

□2 Ausschnittgestaltung für den Matrosenkragen

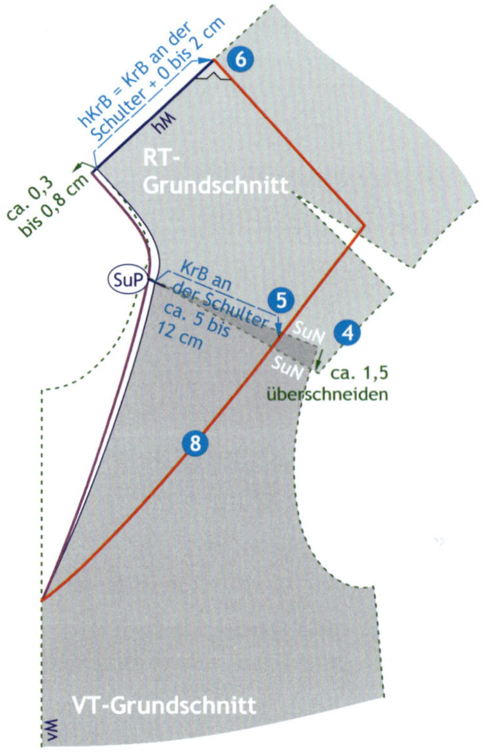

□3 Konstruktion des Matrosenkragens

Entwicklung des Matrosenkragens

Die Entwicklung des Matrosenkragens erfolgt über das Anlegen von Vorder- und Rückteil. Zuvor müssen Brust- und Schulterabnäher entsprechend der Modellentwicklung provisorisch verlegt, der Ausschnitt muss gestaltet werden.

1. □2 Das Halsloch an VT und RT um ca. 1 cm verbreitern. An der hM nicht vertiefen und das hintere Halsloch formen.
2. Die Tiefe des vorderen V-Ausschnitts bestimmen.
3. Den Ausschnitt leicht gebogen formen.
4. □3 VT und RT am Halsoch aneinanderlegen. Dabei die Schulternaht am Armloch ca. 1,5 cm übereinander legen.
5. Die Kragenbreite an der Schulter vom Halsloch aus festlegen.
6. Dann die hintere Kragenbreite ca. 0 bis 2 cm breiter als an der Schulter vom Halsloch aus abtragen.
7. Die Kragennaht an der hM ca. 0,3 bis 0,8 cm ins Halsloch zeichnen.
8. Die Kragenkante und die Kragennaht wie skizziert formen.

Den Kragen kopieren und den Schulterpunkt markieren.

□4 Die Kragennaht ist bei Flachkragen kürzer als die Halslochnaht. Durch das Dehnen der Kragennaht erhält der Kragen etwas Höhe am Hals → Steg. Dies verdeckt die Halslochnaht.

Hier ist nur der Unterkragen dargestellt. Für den Oberkragen muss wie bei allen Flachkragen wenig Roll- und Verstürzweite angezeichnet werden.

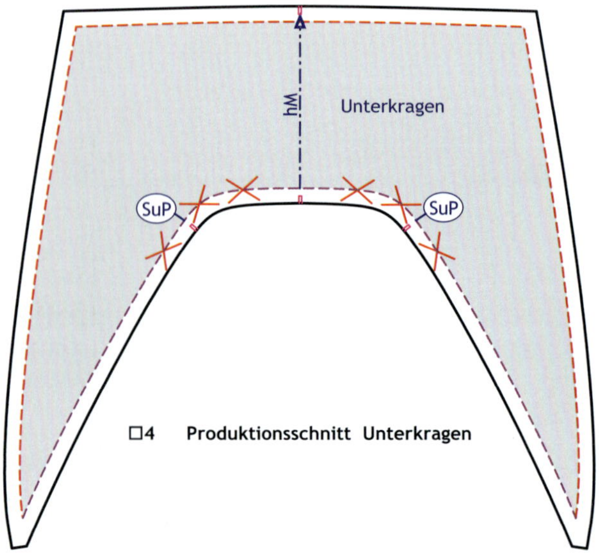

□4 Produktionsschnitt Unterkragen

Matrosenkragen mit Bindeband
Anlagekonstruktion

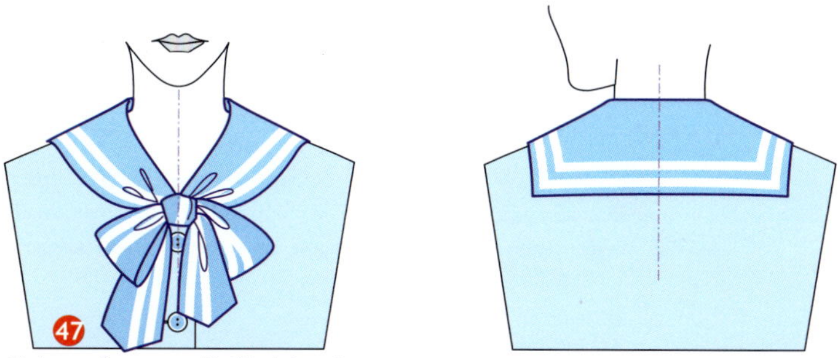

☐1 Matrosenkragen mit Bindeband

☐**1** Der Schalkragen eines Matrosenkragens kann vorne auch breiter und verlängert in einem **Bindeband** auslaufen, das dann geknotet oder als Schleife gebunden wird. Die Ausschnitt-Tiefe des Kragens ist für diesen Bindekragen höher gewählt.

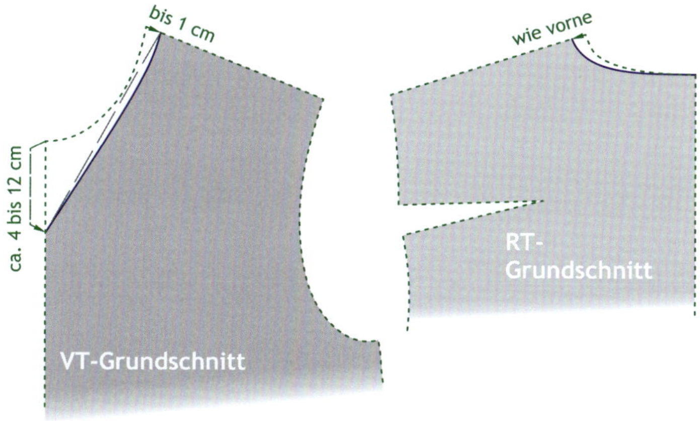

☐2 Ausschnittgestaltung für den Matrosenkragen

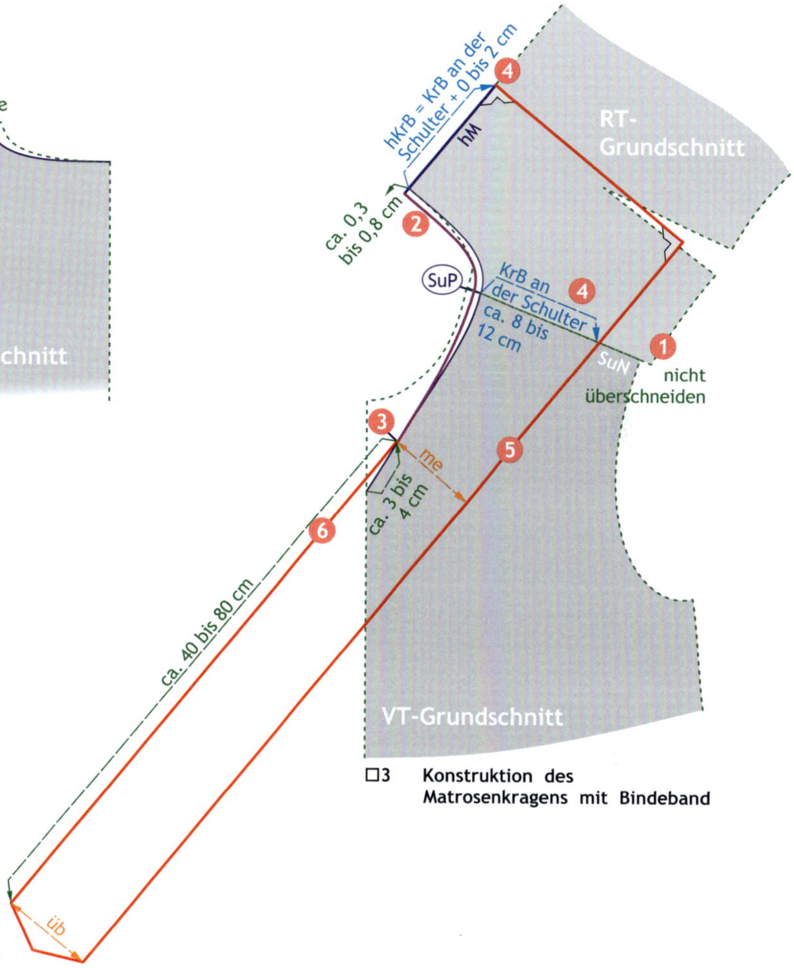

☐3 Konstruktion des Matrosenkragens mit Bindeband

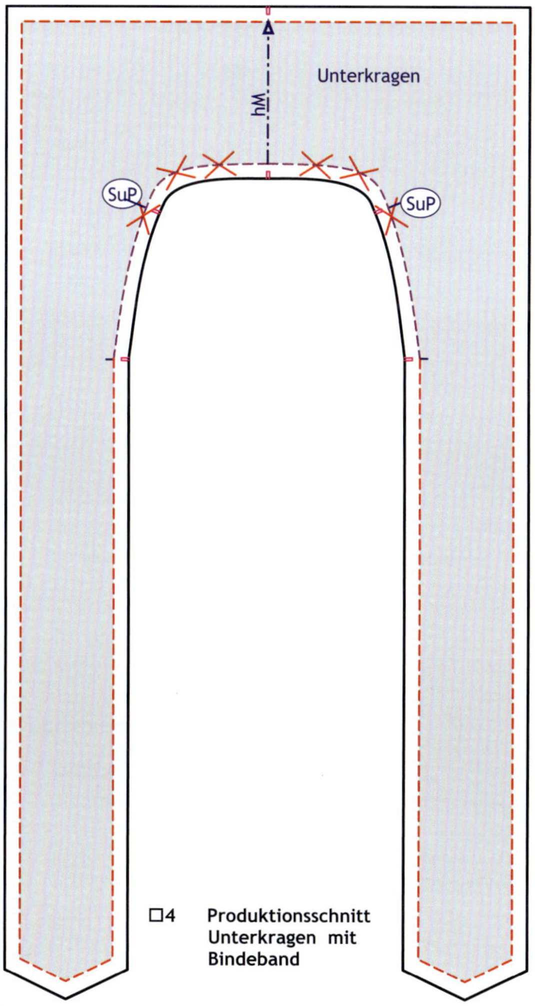

☐4 Produktionsschnitt Unterkragen mit Bindeband

Entwicklung des Matrosenkragens mit Bindeband

Die Entwicklung des Matrosenkragens erfolgt im Prinzip wie auf vorhergehender Seite beschrieben. Hier werden nur die speziell für diesen Kragen notwendigen Schritte beschrieben.

1. ☐**3** VT und RT am Halsoch aneinanderlegen, dabei die Schulternaht am Armloch **nicht** übereinander legen. Für das Binden des Knotens benötigt der vordere Kragen mehr Länge.
2. Die Kragennaht an der hM ca. 0,3 bis 0,8 cm ins Halsloch zeichnen und wie skizziert zur Ausschnitt-Tiefe formen.
3. Von der Ausschnitt-Tiefe den Ansatzpunkt im Abstand von 3 bis 4 cm markieren. Bis dahin wird der Kragen an den Ausschnitt angenäht. Dieser Abstand gibt Platz für den Knoten.
4. Die Kragenbreite an hinterer Mitte und Schulter bestimmen und jeweils abwinkeln.
5. Die Kragenkante von hinten über die Schulter gerade nach vorne zeichnen.
6. Vom Ansatzpunkt aus das Bindeband in gewünschter Länge ca. 40 bis 80 cm und in entsprechender Breite parallel zur Kragenkante zeichnen.

Blendenkragen
Zwei Varianten von Abtrennkonstruktionen

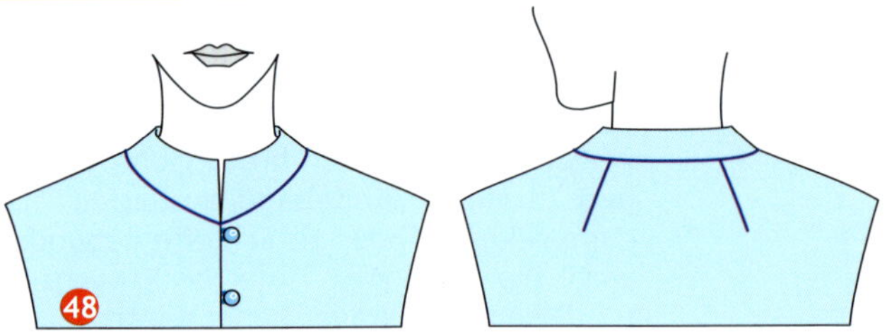

□1a Blendenkragen

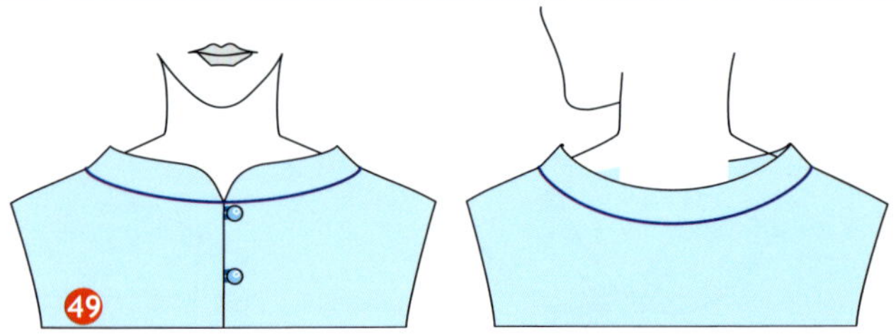

□2a Weiter schmaler Blendenkragen an nackenfreiem Ausschnitt

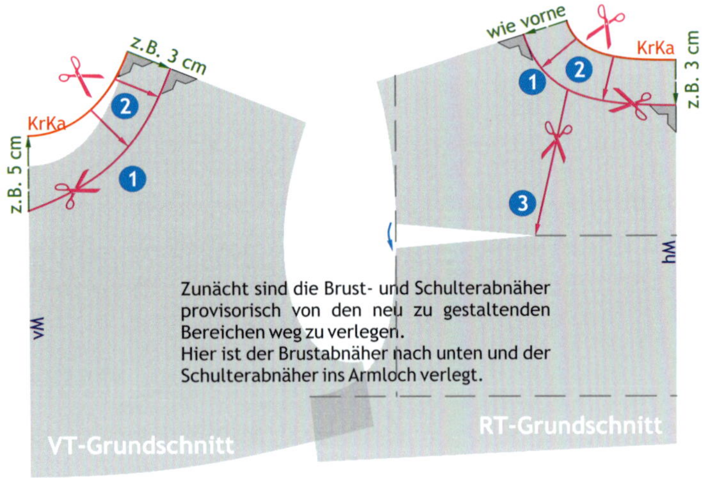

□1b Blende gestalten

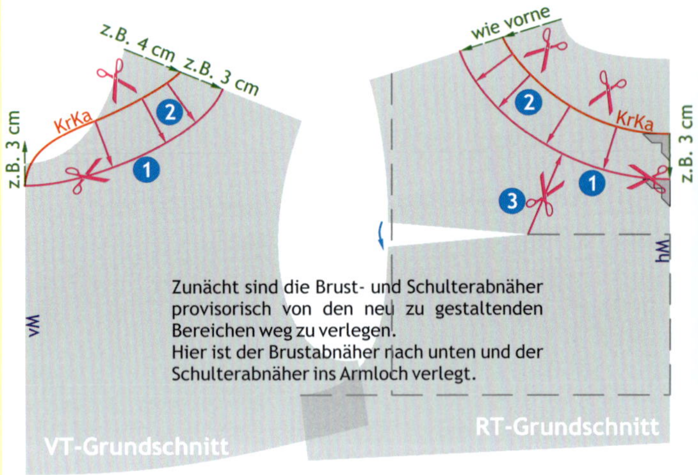

□2a Breite Blende gestalten

□1c Blende öffnen

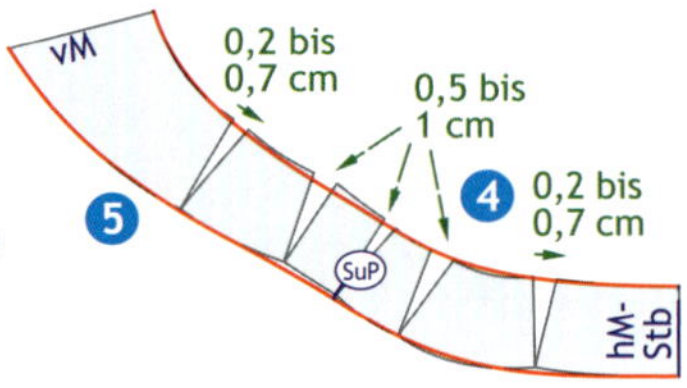

□2c Breite Blende öffnen

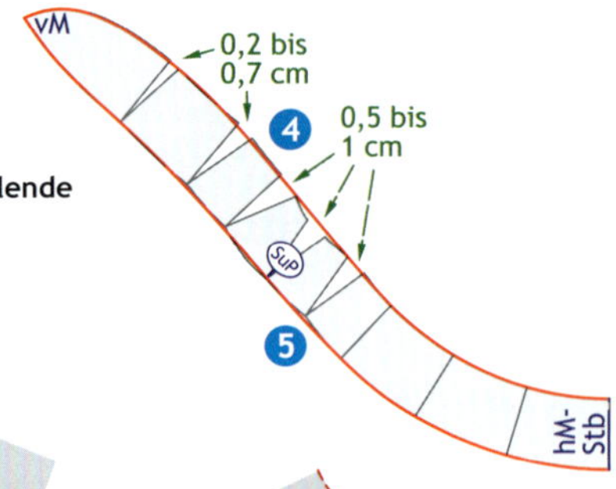

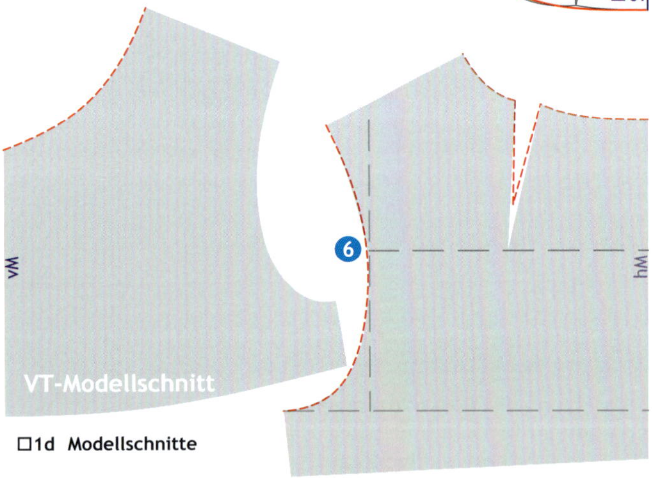

□1d Modellschnitte

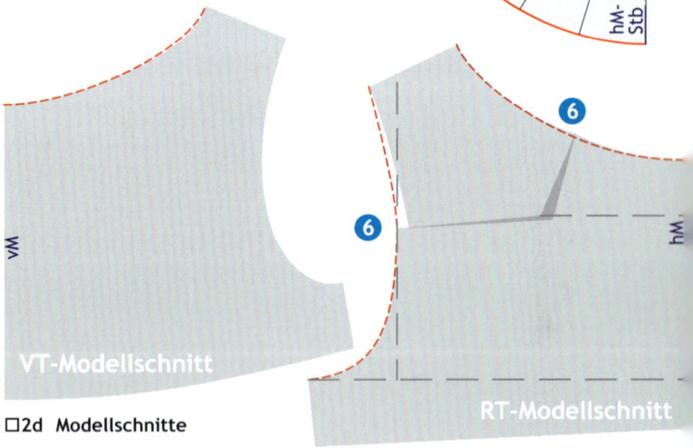

□2d Modellschnitte

Entwicklung von Blendenkragen

Blenden sind streifenförmige Abtrennungen an Kanten. Innen- und Außenblende werden häufig identisch zugeschnitten, die Innenblende kann weitenreduziert zugeschnitten werden. Für einen Blendenkragen wird die Kragen- bzw. Ausschnittkante erweitert.

1. □1b+2b Ausschnittkanten und Blenden formen.
2. Öffnungen bestimmen, an denen Weite gewünscht ist.
3. Ggf. die Verlegung des Schulterabnähers vorbereiten.
4. □1c+2c Blenden abtrennen und Kragenkante öffnen.
5. Kragenkanten und Kragennähte harmonisch formen.
6. Den Schulterabnäher wie geplant verlegen oder entfernen sowie Halsloch- bzw. Armlochnaht nachformen.

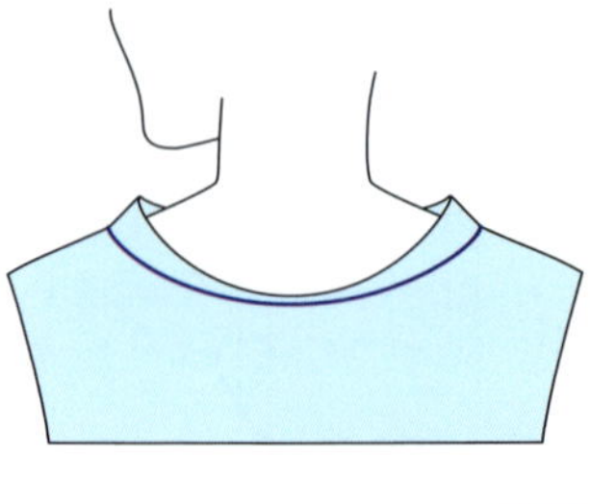

□3 Weiter, hinten abstehender Blendenkragen an nackenfreiem Ausschnitt

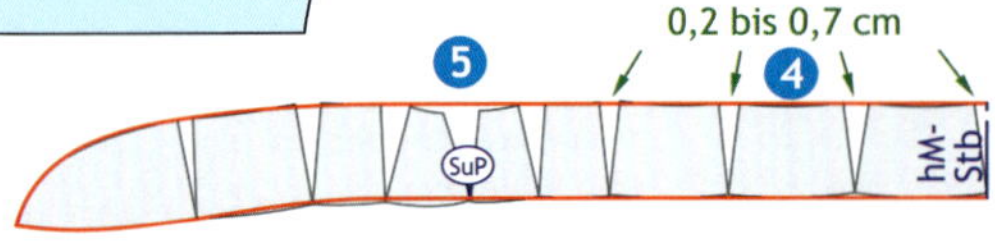

Blendenkragen

Schildkrötenkragen
Anschnittkonstruktion

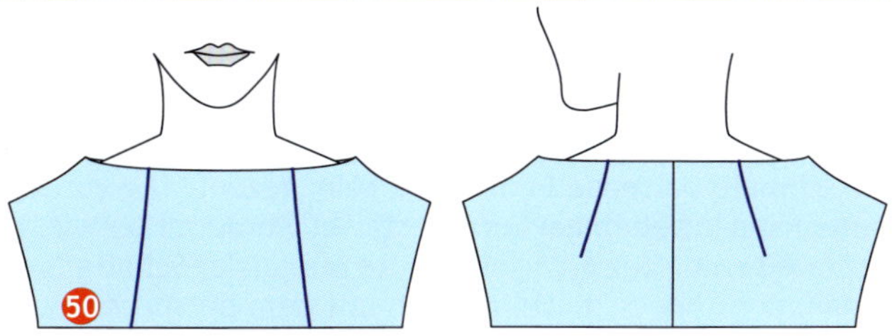

□1 Weiter Schildkrötenkragen

Entwicklung von angeschnittenen Kragen

Die im Folgenden beschriebenen angeschnitten Kragenformen kennzeichnen sich durch Erweiterungen der Ausschnittkanten und durch angeschnittene Kragenteile an das Vorder- bzw. Rückteil. Alle Schnitte müssen mit dem entsprechenden Stoff ausprobiert werden.

Der hier gezeigte Schildkrötenkragen ist eher ein U-Boot-Ausschnitt mit erweiterter Ausschnittkante. Er kann auch näher am Hals gestaltet werden.

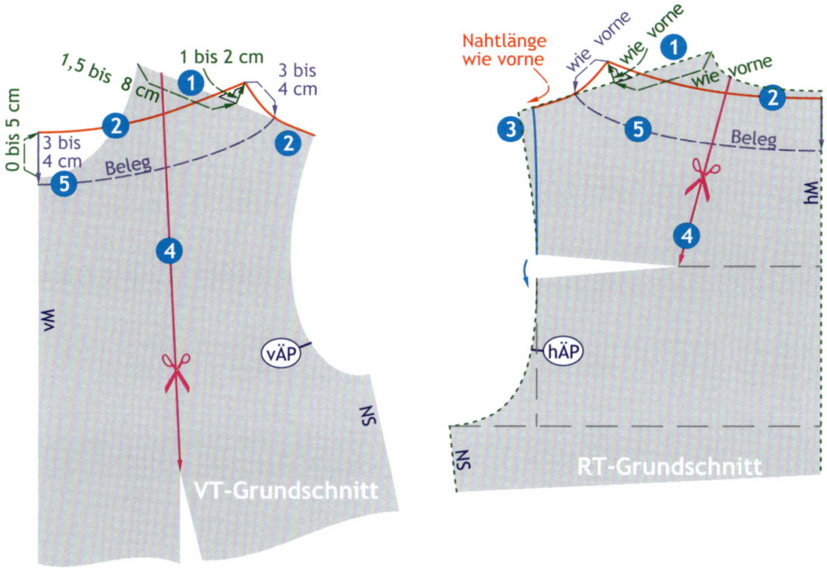

□2 Entwicklung des weiten Schildkrötenkragens

Brust- und Schulterabnäher entsprechend der Modellentwicklung provisorisch verlegen.

1. □2 Identische Ausschnittweite und -Höhe an VT + RT bestimmen.
2. Ausschnittkanten und Schulternähte formen.
3. Überschüssige Schulterweite am hinteren Armloch entfernen.
4. Neue Abnäherpositionen bestimmen.
5. Die Belegbreiten einzeichnen.
6. □3 Abnäher öffnen und formen, dabei Weite an die Kragenkanten anzeichnen.
7. Die neuen Abnäherschenkel am Papier falten und oben aneinander legen, dabei die Kragenkanten formen → neue Kragenkante.
8. Belegflächen kopieren und an den Abnähern anlegen. Dort ca. 0,1 bis 0,2 cm überschneiden. An vM und hM ca. 0,1 bis 0,2 cm entfernen, an den Schulternähten unten bis ca. 0,5 cm abschneiden.
9. □4 Im Bereich der Schulternähte kann es notwendig sein, den Beleg etwas zu dehnen.

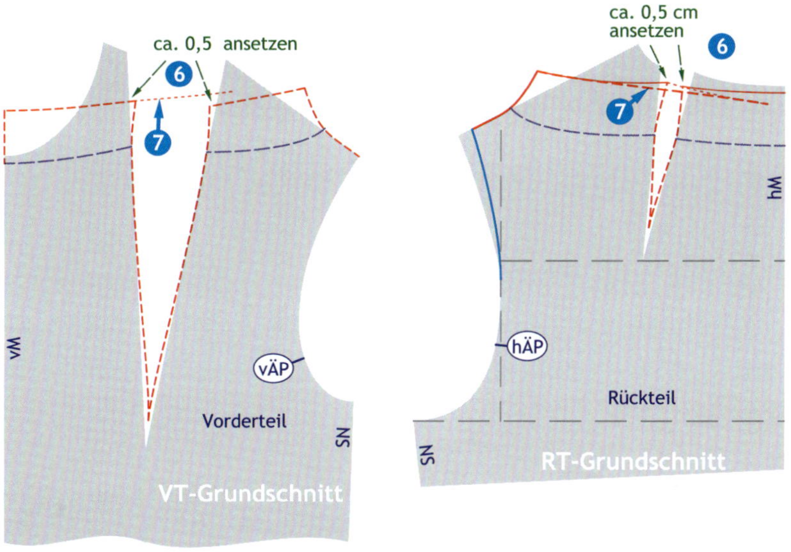

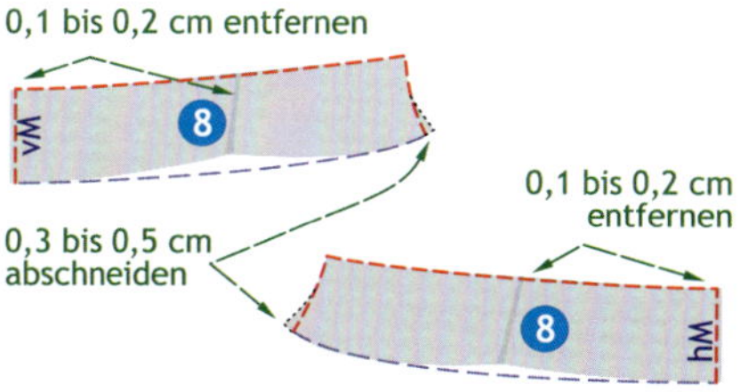

□3 Neue Abnäher, Weite am Auschnitt und Kantenausgleich, Belege fertigstellen

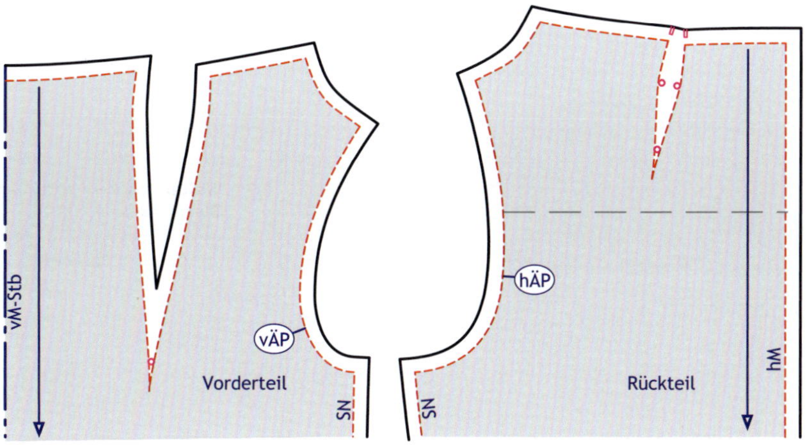

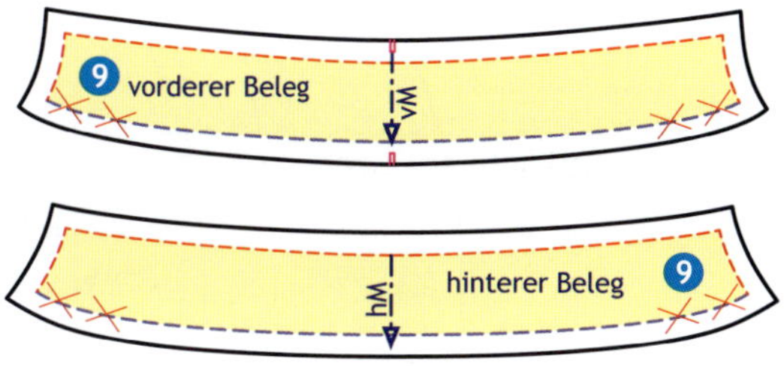

□4 Produktionsschnitte

Flacher angeschnittener Stehkragen mit V-Ausschnitt
Anschnittkonstruktion

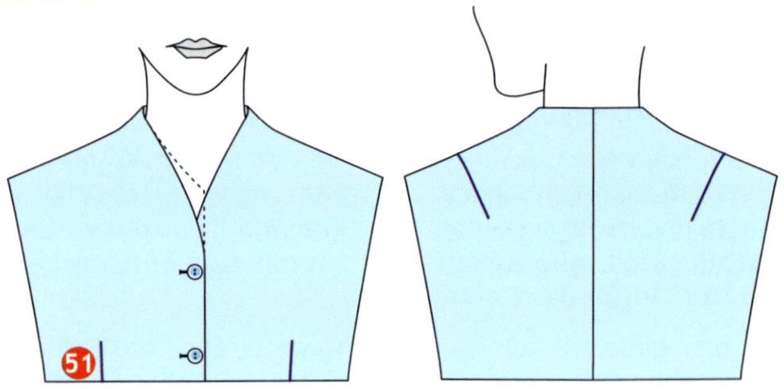

□1 Flacher angeschnittener Stehkragen

Entwicklung eines flachen angeschnittenen Stehkragens

Die schmale halsenge Form wirkt sehr dezent. Die vordere Kante kann in beliebiger Form gestaltet werden. Hier wird eine Erweiterung der Ausschnittkante nur an der Schulter vorgenommen. Alle Schnitte müssen mit dem entsprechenden Stoff ausprobiert werden.

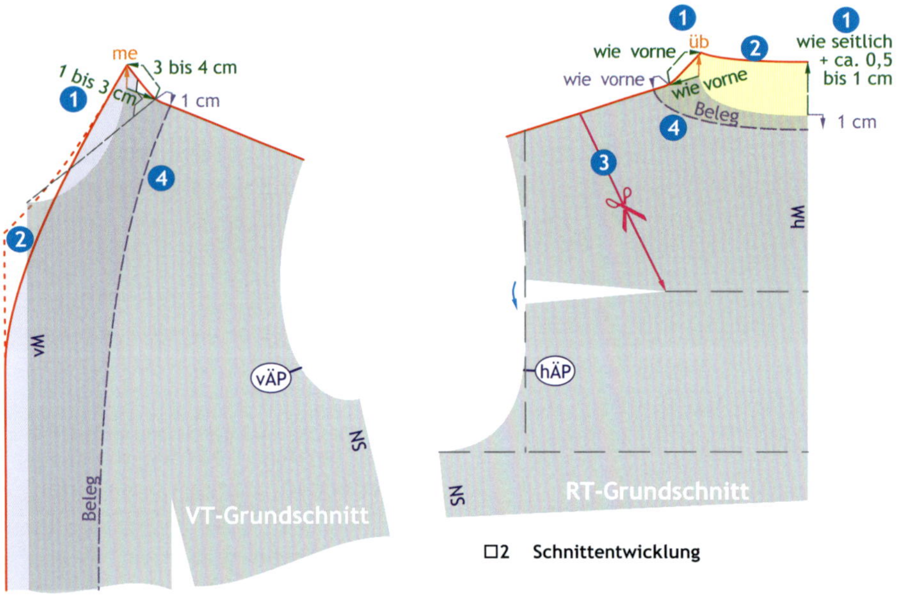

□2 Schnittentwicklung

Brust- und Schulterabnäher entsprechend der Modellentwicklung provisorisch verlegen.

1. □2 Identische Kragenbreite und -Höhe an VT + RT bestimmen.
2. Ausschnittkante und Schulternähte formen.
3. Neue Abnäherposition bestimmenen.
4. Die Belegbreiten und Belegnähte einzeichnen.
5. □3 Belegflächen kopieren und an der Schulternaht anlegen. An der Belegbreite bis ca. 1 cm überschneiden. An der hM ca. 0,1 bis 0,2 cm entfernen.
6. Der komplette Beleg kann auf diese Weise verarbeitet oder an der Schulter getrennt werden.
7. Der dort entstandene Überschneidungsbetrag wird bei der Fertigung gedehnt.
8. □4 Abnäher öffnen, kürzen und formen.

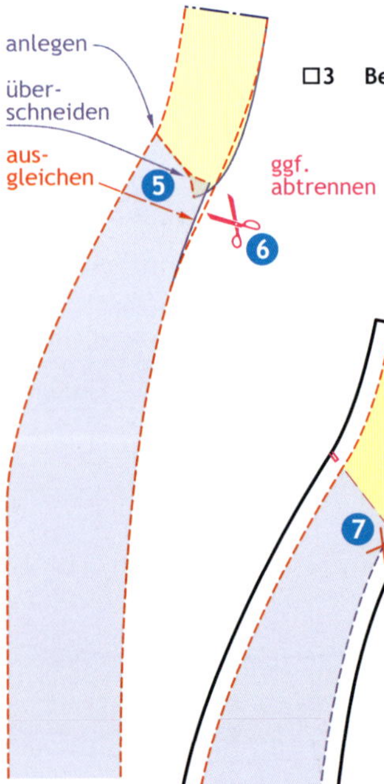

□3 Belegoptimierung

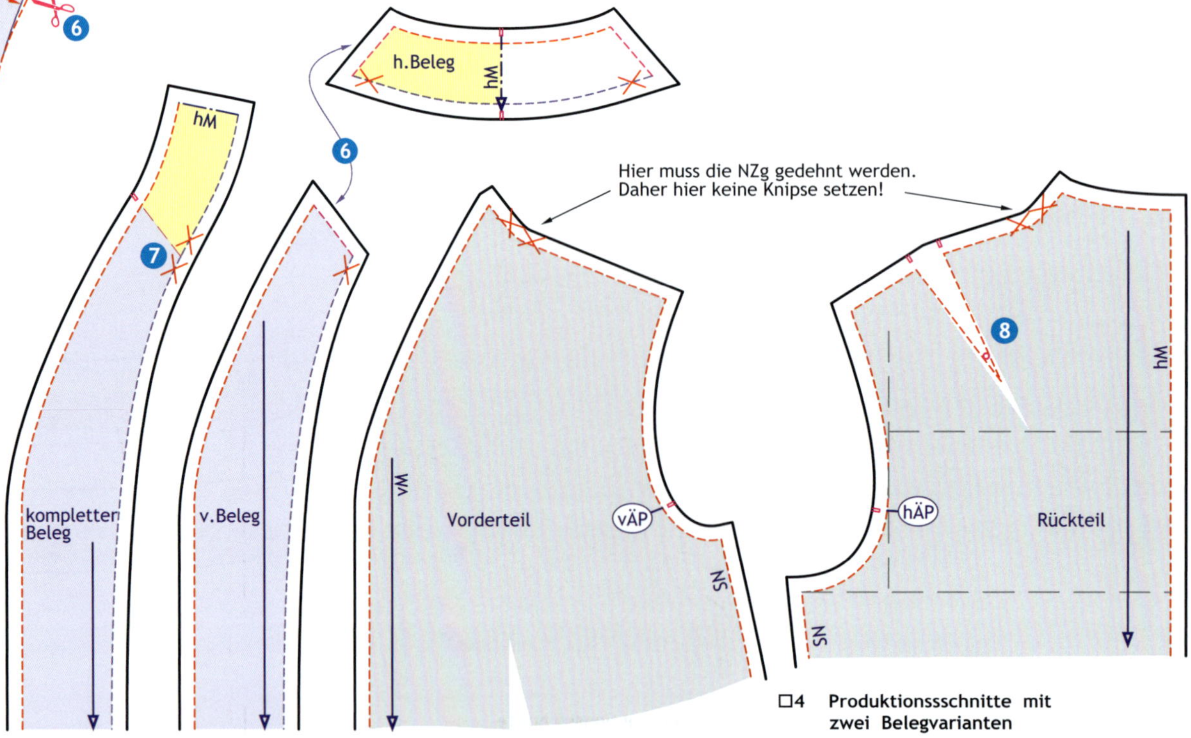

□4 Produktionssschnitte mit zwei Belegvarianten

Hoher angeschnittener Stehkragen ohne Übertritt mit Reißverschluss
Anschnittkonstruktion

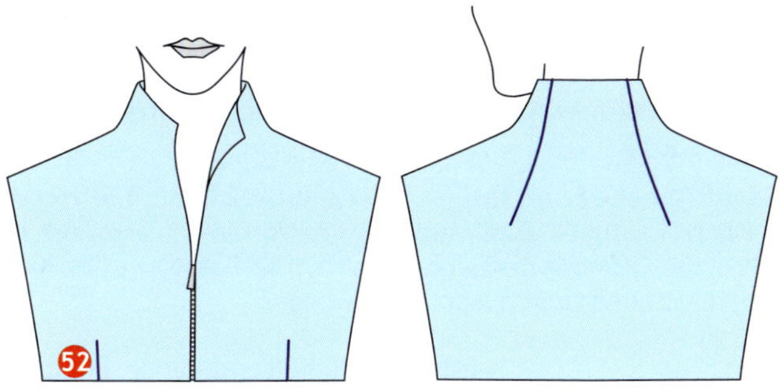

□1 Breiter angeschnittener Stehkragen

Entwicklung eines hohen angeschnittenen Stehkragens

Die Erweiterungen der Ausschnittkanten erfolgt hier durch Öffnung im vorderen Halsloch und hinten durch Zugabe am Abnäher. Alle Schnitte müssen mit dem entsprechenden Stoff ausprobiert werden.

Dieser hohe Kragen sollte nicht hoch geschlossen werden, da hierdurch die Form im vorderen Halsbereich etwas beeinträchtigt wird.

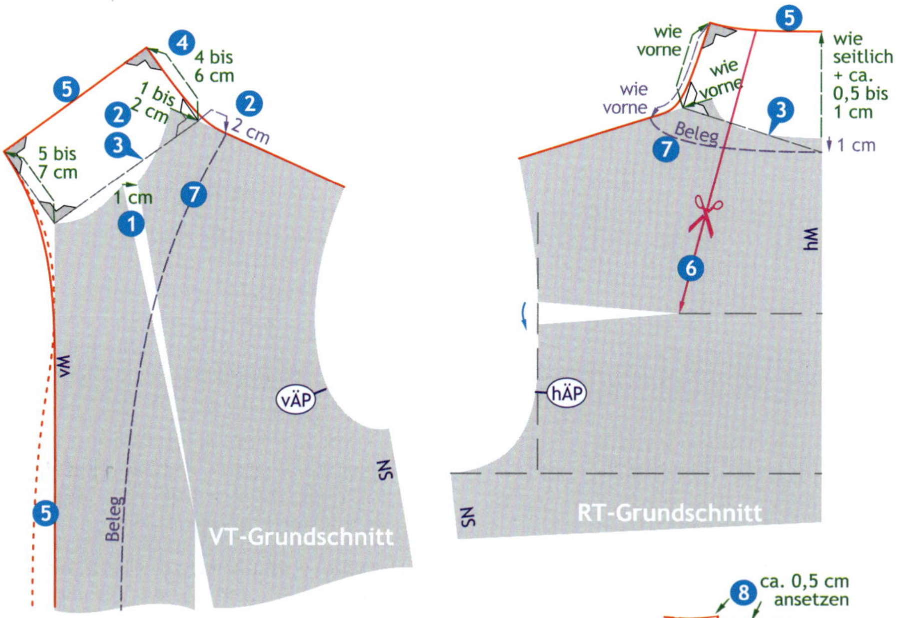

□2 Schnittentwicklung

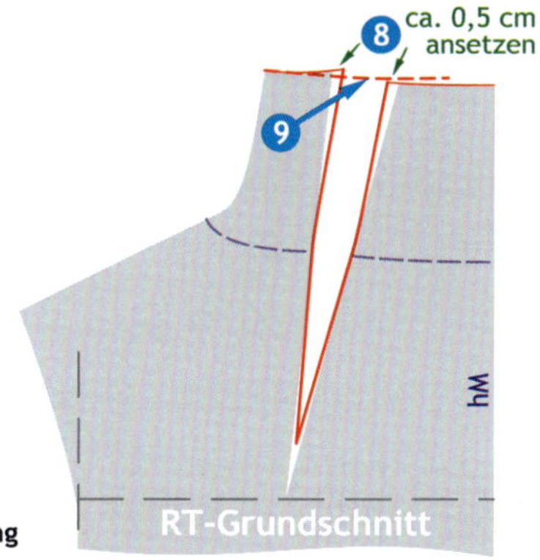

□3 RT-Entwicklung

1. Brust- und Schulterabnäher entsprechend der Modellentwicklung provisorisch verlegen, dabei in das vordere Halsloch ca. 1 cm Weite für die Kragenkante geben.
2. □2 Halsverbreiterung und Tiefe des Belegs an hM bestimmen.
3. Hilfslinien an die Halslöcher und
4. Kragenbreite bestimmen und abwinkeln.
5. Ausschnittkanten mit oder ohne Übertritt (hier ohne) sowie die Kragenkanten und Schulternähte formen.
6. Neue Abnäherposition am RT bestimmen.
7. Die Belegnähte einzeichnen.
8. □3 Abnäher öffnen und formen, dabei Weite an die Kragenkante anzeichnen.
9. Die neuen Abnäherschenkel am Papier falten und oben aneinander legen, dabei die Kragenkanten formen → neue Kragenkante.
10. Belegflächen kopieren und an den Schulternähten unten bis ca. 0,5 cm abschneiden. An der hM ca. 0,1 bis 0,2 cm entfernen.
11. □4 Im Bereich der Schulternähte und am hinteren Abnäher kann es notwendig sein, den Beleg etwas zu dehnen.

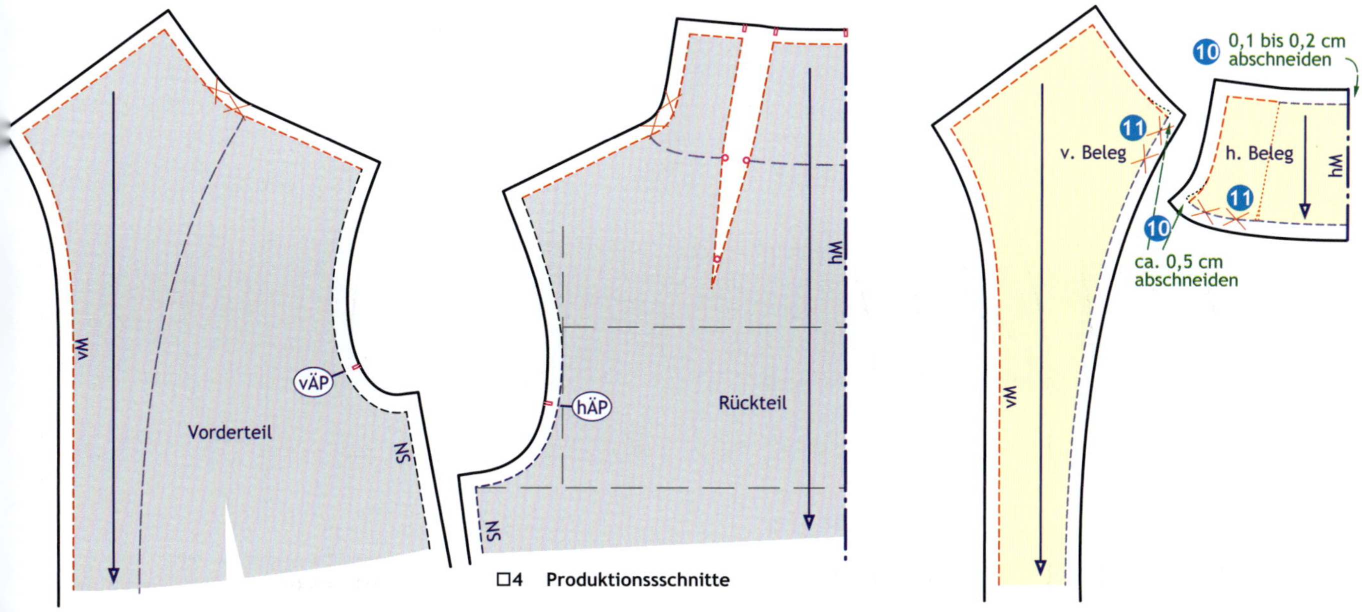

□4 Produktionsssschnitte

Angeschnittene Kragen mit besonderen Formen und Nähten
Anschnittkonstruktion

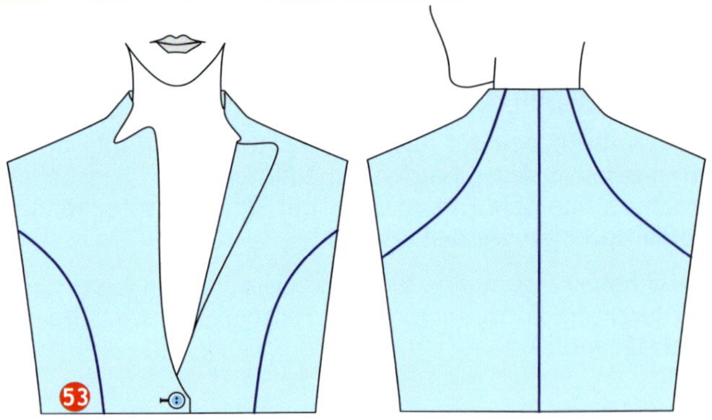

□1 Angeschnittener Kragen mit geschwungener Reversoptik

Angeschnittener Stehkragen mit runden Kanten in Reversoptik

Die mittelhohe Form steigt am Hals nur leicht an. Die vordere Kante kann geklappt werden. Der vordere Kragen erhält durch die Öffnung genügend Weite. Die Passform des Kragens muss unbedingt ausprobiert werden.

Brust- und Schulterabnäher entsprechend der Modellentwicklung provisorisch verlegen.

1. □2 Halslochverbreiterung identisch an VT und RT sowie die Tiefe des Belegs an hM bestimmen.
2. Hilfslinie an hinteres Halsloch und
3. Seitliche Kragenbreite bestimmen und am hinteren Halsloch hochwinkeln. Vorne den Winkel durch eine Erhöhung bestimmen, die bei einer Anprobe noch verändert werden kann.
4. Ausschnittkanten mit oder ohne Übertritt (hier mit) sowie die Kragenkanten entsprechend der Skizze formen.
5. Die Belegnähte einzeichnen.
6. Teilungsnähte formen.
7. □3 Schnittteile an den neuen Nähten teilen, Abnäher schließen und Nahtübergänge formen, dabei hinten jeweils 0,5 bis 0,7 cm Weite an die Kragenkante anzeichnen.
8. Die neuen Abnäherschenkel oben aneinander legen und die Kragenkanten formen → neue Kragenkante.
9. Belegflächen kopieren und an den Schulternähten unten bis ca. 0,5 cm abschneiden. RT-Beleg ca. 0,2 cm überschneiden. An den Belegen im Bereich der Schulternähte wird es notwendig sein, die untere Kante zu dehnen.

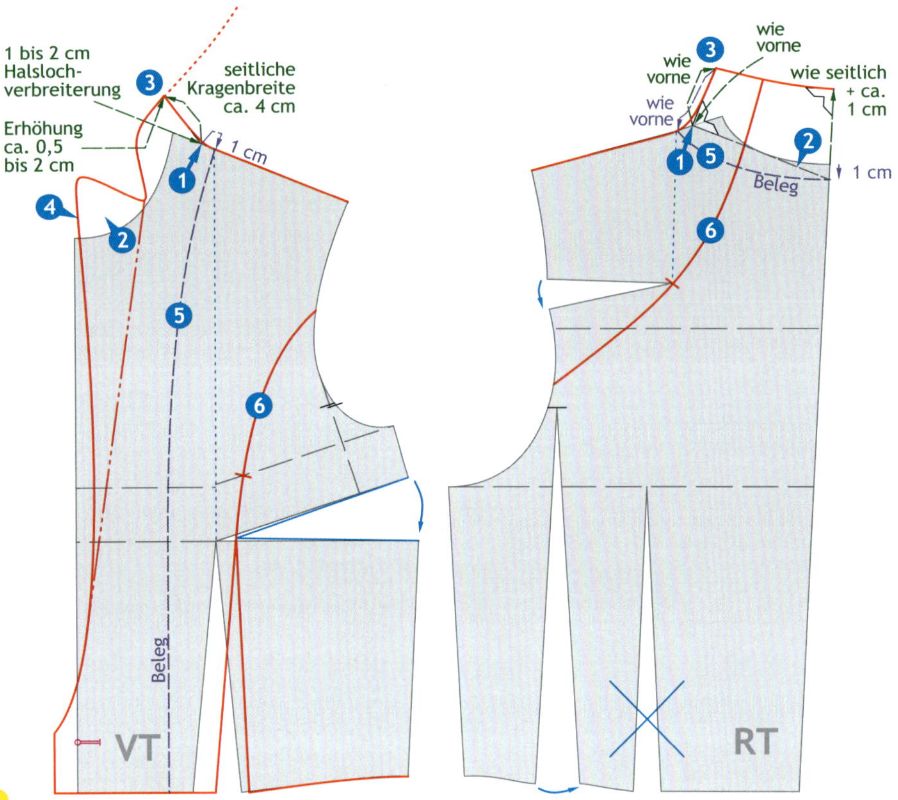

□2 Modellentwicklung

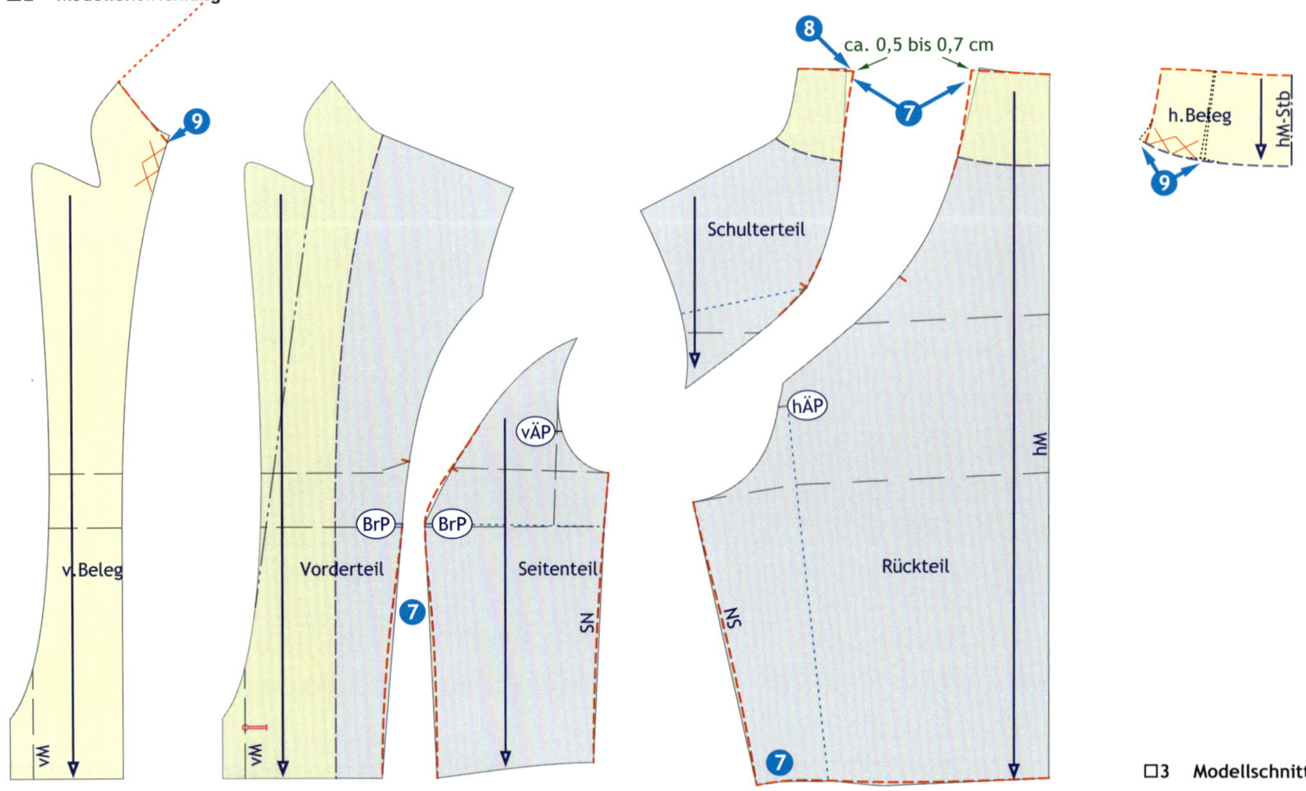

□3 Modellschnitte

Ans Vorderteil angeschnittener Stehkragen
Anschnittkonstruktion

Komplett ans Vorderteil angeschnittener Stehkragen mit geraden Kanten in Reversoptik als Zweireiher

Die mittelhohe halsenge Form steigt am Hals nur leicht an. Die vordere Kante kann geklappt werden. Der vordere Kragen erhält an der Passennaht zusätzliche Weite, der hintere Kragen ist ans Vorderteil angeschnitten. Die Passform des Kragens muss unbedingt ausprobiert werden.

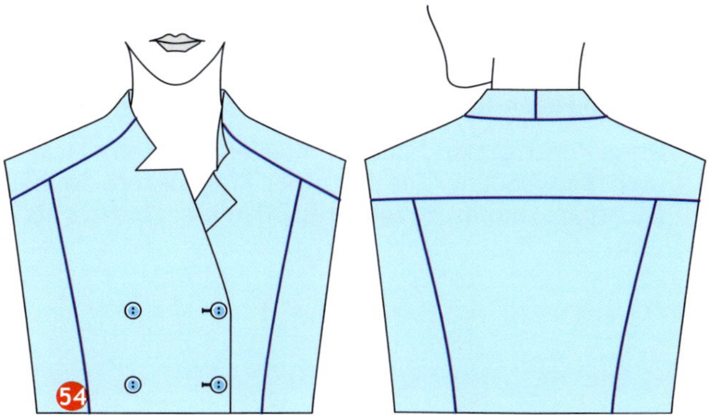

□1 Angeschnittener Kragen mit gerader Reversoptik als Zweireiher

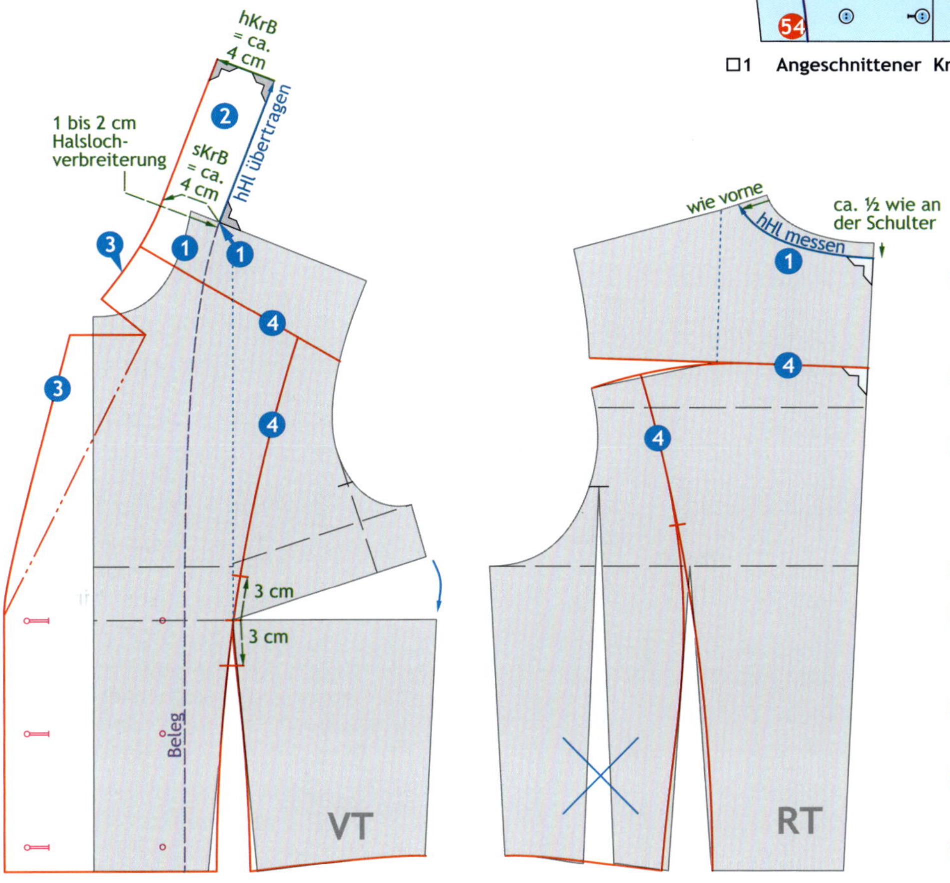

□2 Modellentwicklung

Brust- und Schulterabnäher entsprechend der Modellentwicklung provisorisch verlegen.

1. □2 Halslochverbreiterung identisch an VT und RT bestimmen; das hHl vertiefen, formen und messen.
2. Seitliche und hintere Kragenbreite bestimmen und abwinkeln.
3. Ausschnittkanten mit oder ohne Übertritt (hier mit) sowie die Kragenkanten entsprechend der Skizze formen.
4. Teilungsnähte gestalten, formen.
5. □3 Schnittteile an den neuen Nähten teilen, Abnäher schließen und Nahtübergänge formen.
6. Weite an die Kragenkante von Vorderteil und Beleg hinzufügen.
7. Belegflächen kopieren und an hM ca. 0,2 cm reduzieren.
8. An das Revers des vorderen Belegs kann, wenn es geklappt werden soll, Roll- und Verstürzweite angezeichnet werden.

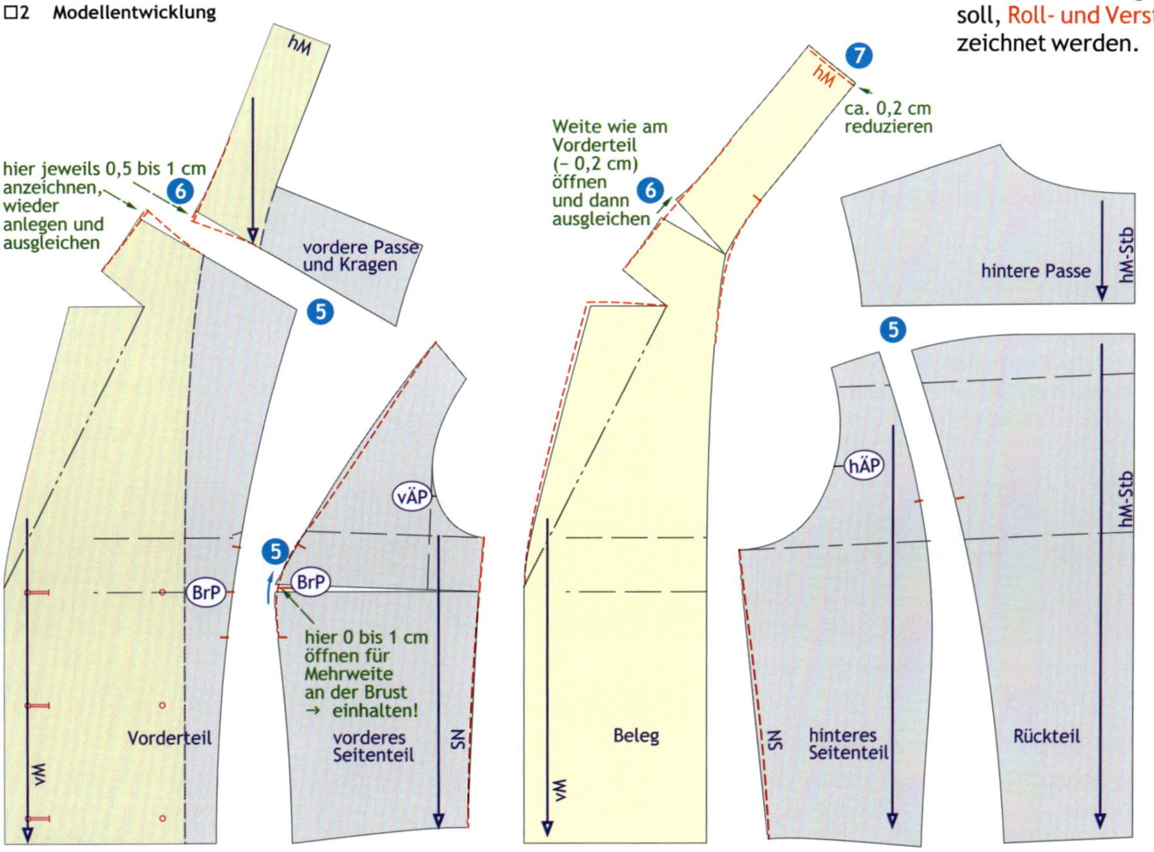

□3 Modellschnitte

Schalkragen (1)
Konstruktion an das Vorderteil (Konstruktion mit Maßstabsfaktor = 0,3)

Schalkragen-Konstruktion an das Vorderteil

Diese Konstruktion findet an Kleidern, Blusen. Jacken, Mänteln usw. Verwendung. Die Form der Kragenkante ist beliebig, die (sichtbare) hintere Kragenbreite darf nicht breiter als 7 cm sein.

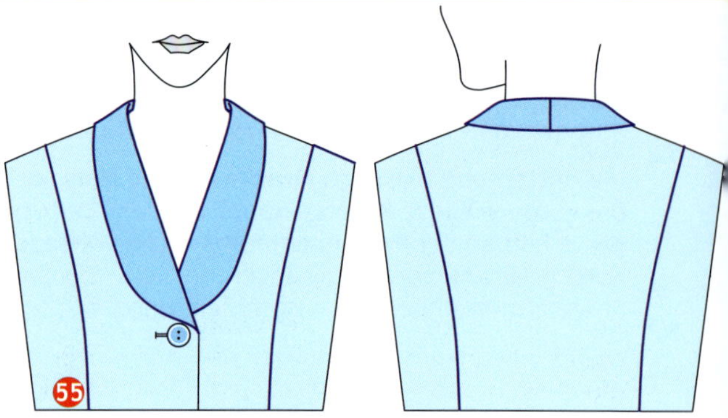

□1 Klassischer Schalkragen

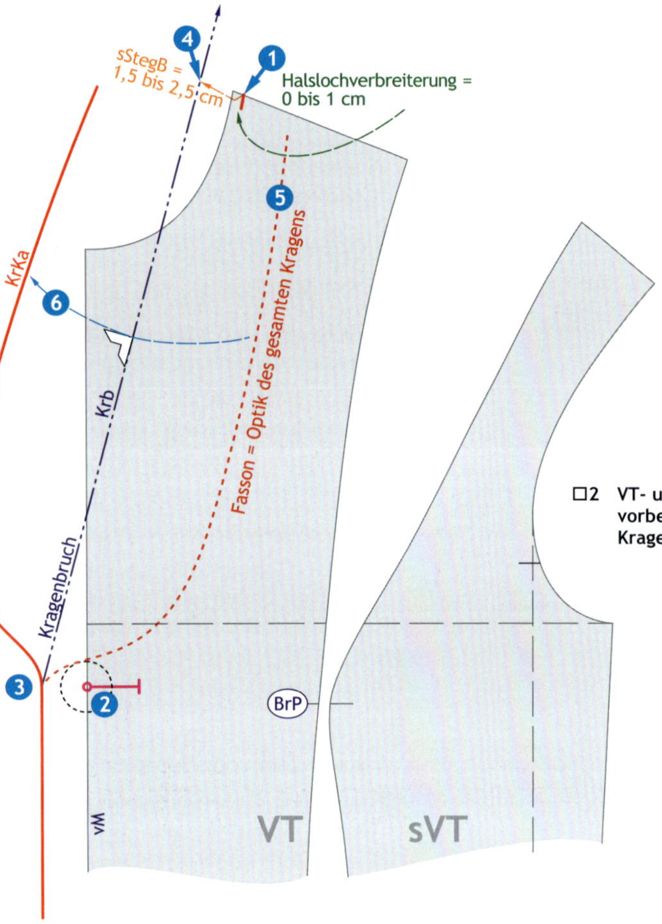

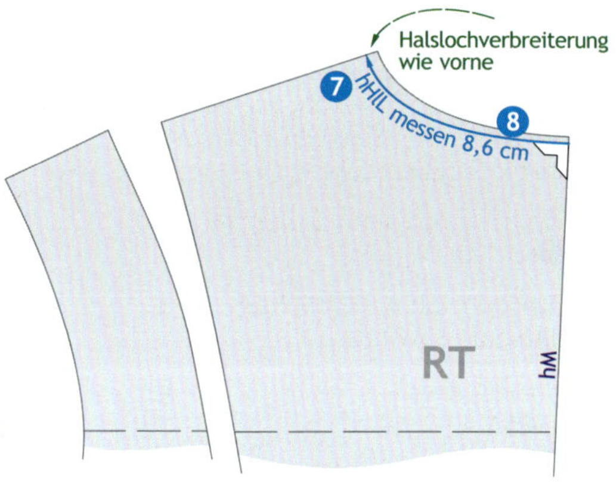

□2 VT- und RT-Grundschnitt vorbereiten. Kragengestaltung

hKrB = mind. hStegB + 1 cm bis max. 7 cm

hKrB + 1/10 X
= 3,5 cm + 4,8 cm : 10
= 3,5 cm + 0,5 cm
= 4,0 cm

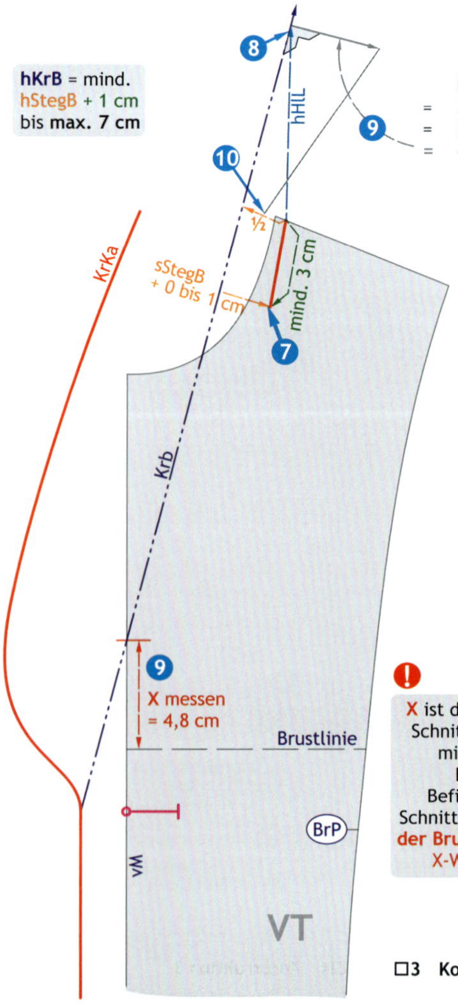

! X ist der Abstand vom Schnittpunkt des Krb mit der VM zur Brustlinie. Befindet sich der Schnittpunkt unterhalb der Brustlinie, wird der X-Wert negativ.

□3 Konstruktion 2

Grundschnitt und Modellgestaltung

Für die Gestaltung des Kragens am Vorderteil sollte der Brustabnäher verlegt werden. Möglich wäre auch, wie hier, die Gestaltung einer Teilungsnaht.

1. □2 Ggf. eine Halslochverbreiterung bis zu 1 cm (hier 0,5 cm) an VT und RT vornehmen. Am VT nur einen Punkt an der Schulter markieren. Das hintere Halsloch neu formen, ausmessen und den Betrag notieren.
2. Die Knopfpositionen bestimmen, die Übertrittbreite wählen und die vordere Kante zeichnen.
3. Den Beginn des Kragenbruchs (Krb) 0 bis 1 cm oberhalb des obersten Knopfes bestimmen (hier 0 cm).
4. Die seitliche Stegbreite (sStegB = 1,5 bis 2,5 cm) in das Halsloch abtragen und den Kragenbruch zeichnen.
5. Die Fasson vom unteren Kragenansatz (P3) bis knapp vor die Schulternaht ins VT gestalten.
6. Am Kragenbruch die Kragenkante nach außen spiegeln.
7. □3 Das Halsloch gerade und parallel zum Kragenbruch oder unten bis zu 1 cm breiter zeichnen. Die Länge des Halslochs sollte mindestens 3 cm betragen.

Schalkragen (2)

Konstruktion an das Vorderteil und Produktionsschnitte (Konstruktion mit Maßstabsfaktor = 0,3)

Schalkragen-Konstruktion

8 Vom (neuen, ggf. verbreiterten) vorderen Halsloch auf den nach oben verlängerten Kragenbruch die Länge des hintern Halslochs (hHlL) abtragen.

9 Von dort eine **Hilfslinie** nach rechts abwinkeln und auf dieser die gewünschte hintere Kragenbreite (hKrB) + 1/10 X abtragen. X ist der Abstand vom Schnittpunkt des Krb mit der vM zur Brustlinie.

10 Eine Hilfslinie zur Mitte zwischen neuem Halsloch und Kragenbruch zeichnen.

10 □4 Die Kragennaht verläuft aus dem Halsloch in leichtem Bogen in die Hilfslinie ein. Dabei schneidet sie die Schulternaht.

11 Die hHlL von der Schulternaht aus darauf abtragen.

12 Von dort die hM des Kragens zur Hilfslinie abwinkeln und

13 die hStegB = sStegB + 0,5 cm abtragen sowie den Kragenbruch in den KrB einlaufend formen.

14 Die hKrB = mind. hStegB + 1 cm bis **max. 7 cm** abtragen.

15 □5 Die Kragenkante abwinkeln und geschwungen formen.

16 Die seitliche Kragenbreite (sKrB) kann im Bereich der Schulter vom Kragenbruch aus kontrolliert werden. Sie entspricht in etwa der hKrB + 0 bis + 1 cm.

17 Die Unterkragenabtrennung mit **nicht zu spitzen Winkel** vom Halsloch aus zur Kragenkante zeichnen.

! Wegen des Überschneidungsbetrags zwischen vorderem Halsloch und Kragennaht muss der Unterkragen vom Vorderteil an der Unterkragenabtrennung abgetrennt werden. Nur dann wird diese Ecke an beiden Schnittteilen berücksichtigt.

18 Die Belegvariante 1 im VT vom unteren Ende des Halslochs zum Saum formen. Die Belegbreite ab der vM beträgt ab ca. 5 cm.

Alternative Belegkonstruktionen mit Rückteil-Beleg

Die **alternativen Belegvarianten 2** oder **3** werden konstruiert, **wenn im RT ein Beleg gewünscht wird.**

1 □1 Die hintere Belegnaht in gewünschter Breite und Form parallel zum neuen hinteren Halsloch formen; Eine Markierung neben der Belegnaht erleichtert das richtige Zusammensetzen der Belege.

2 Dieselbe Belegbreite an der vorderen Schulter vom neuen Halsloch abtragen und

3 die **alternative vordere Belegnaht** zum Saum formen.

! Wegen der Überschneidungsfläche zwischen vorderem Halsloch und Kragennaht müssen beim Beleg mit dem (daran angeschnittenen) Oberkragen und am VT diese Fläche an diesen beiden Schnittteilen vorhanden sein. Da der Oberkragen am Beleg angeschnitten wird, erfolgt am VT-Beleg eine der **beiden dargestellten Abtrennungen** vom unteren Ende des vorderen Halslochs:

4 Entweder wird bei der **Belegvariante 2 gerade** gezeichnet

5 oder die **Beleg-Variante 3** mit einer **flachen Rundung** hin zur alternativen Belegnaht gezeichnet.

Die Fertigstellung der Schnittteile wird exemplarisch auf der folgenden Seite in □8+9 gezeigt.

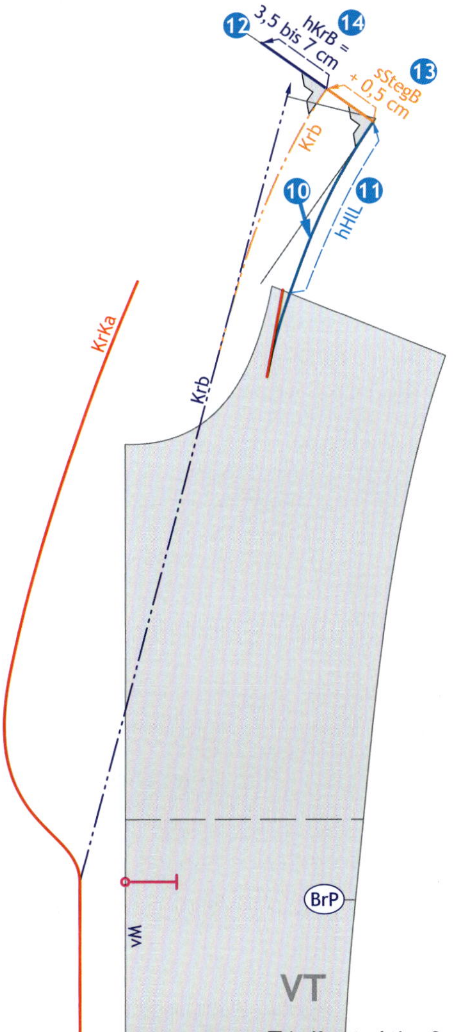

□4 Konstruktion 3

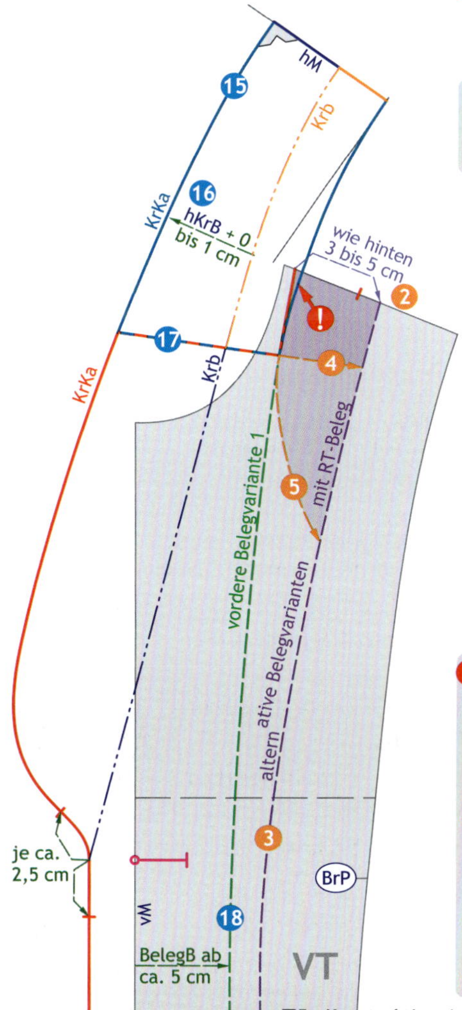

□5 Konstruktion 4

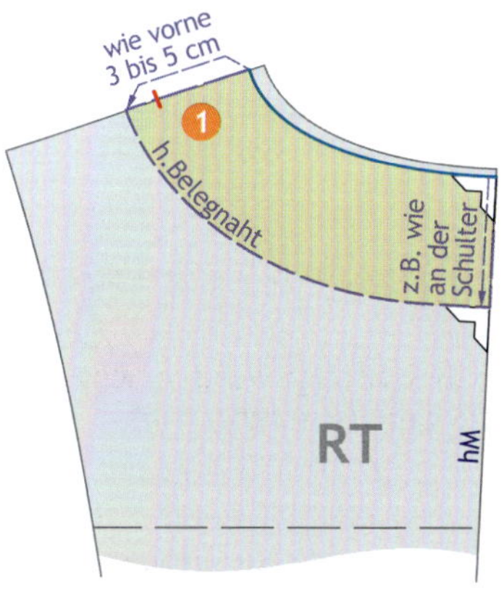

□6 RT mit Belegkonstruktion

! Beim Kopieren von Kragen, Beleg und Vorderteil müssen die richtigen Nähte kopiert werden:

Für den **Unter- und Oberkragen** wird die blaue Kragennaht kopiert, für das **VT** wird das rote Halsloch kopiert.

Bei der **alternativen Belegvariante** wird hier für den **VT-Beleg** mit dem **Oberkragen** die blaue Kragennaht und für die **Abtrennvarianten** das rote Halsloch kopiert!

Schalkragen (3)
Produktionsschnitte (Maßstabsfaktor = 0,3)

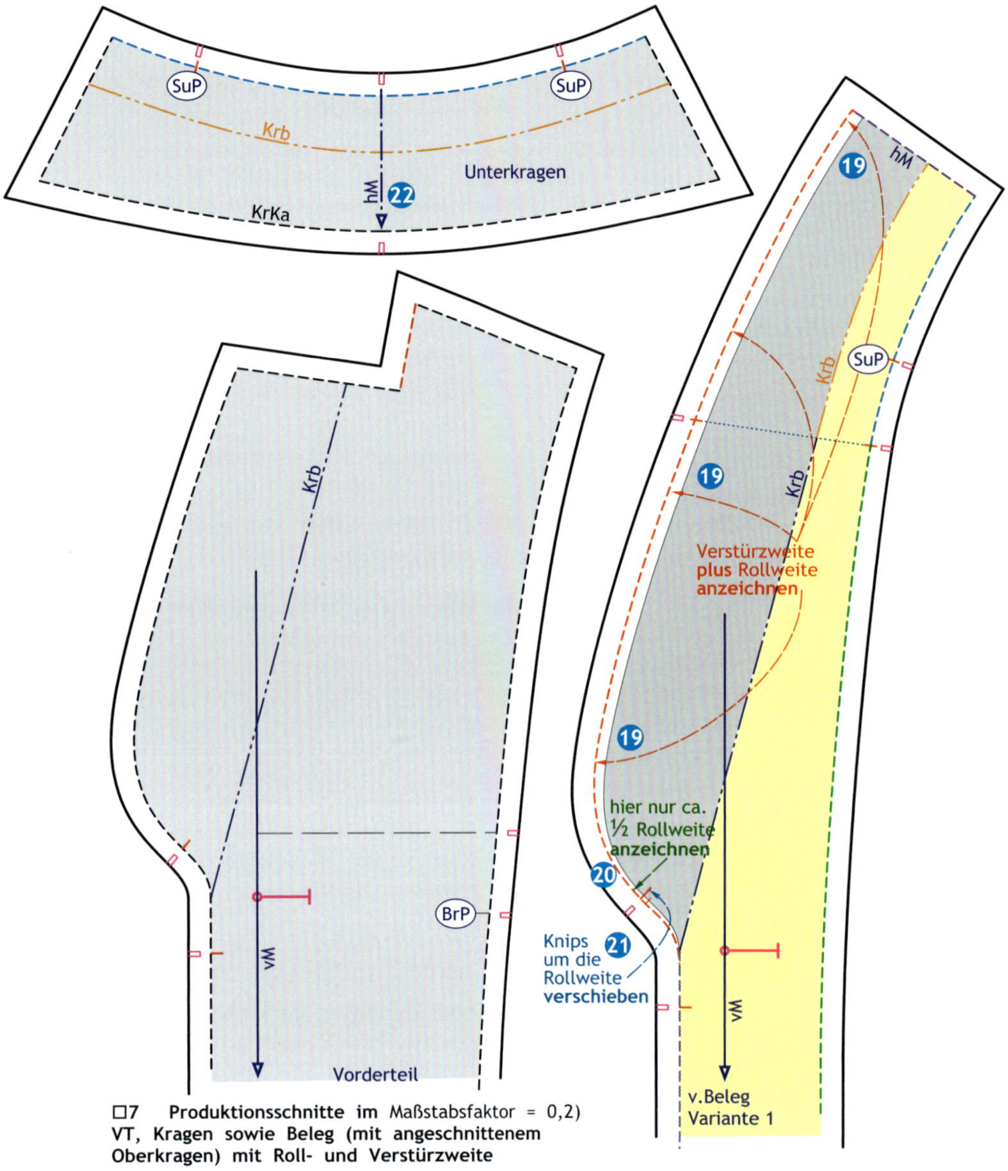

☐7 **Produktionsschnitte im** Maßstabsfaktor = 0,2) **VT, Kragen sowie Beleg (mit angeschnittenem Oberkragen) mit Roll- und Verstürzweite**

Produktionsschnittteile

Der Beleg eines jeden Schalkragens besteht aus der Fläche im Inneren, aus der vorderen „schalartigen" nach außen geklappten Fläche und aus dem daran angeschnittenen Oberkragen.

Beim Kopieren von Kragen, Beleg und Vorderteil ist unbedingt darauf zu achten, die jeweils richtige Naht zu kopieren (siehe vorhergehende Seite)

(19) Am Beleg wird an der Kragenkante (von der hM zur unteren Kragenrundung) Verstürzweite plus Rollweite angezeichnet.

(20) Unten am Kragenbeginn nur ca. ½ Rollweite = Verstürzweite anzeichnen.

(21) Am Kragenbeginn den oberen der beiden Knipse um die Rollweite nach oben verschieben und bei der Fertigung die Kragenkante zwischen den Knipsen einhalten.

(22) Der Unterkragen kann mit Naht an der hM und im schrägen Fadenlauf zugeschnitten werden. Da am Beleg (Oberkragen) bei allen Schalkragen bereits eine Naht an der hM ist, wird der Unterkragen hier ohne Naht zugeschnitten.

Alle Belegvarianten sowie weitere Optimierungen der Belege werden nachfolgend gezeigt.

(7) ☐8+9 Der RT-Beleg und die vordere Beleg-Abtrennung können separat mit Naht an der Schulter zugeschnitten werden oder

(8) es werden beide Schnittteile an der Schulter zu einem Schnittteil angeschnitten und dann zugeschnitten, d.h. ohne Naht an der Schulter.

(9) Desweiteren kann der RT-Beleg mit Naht oder

(10) ohne Naht an der hM zugeschnitten werden.

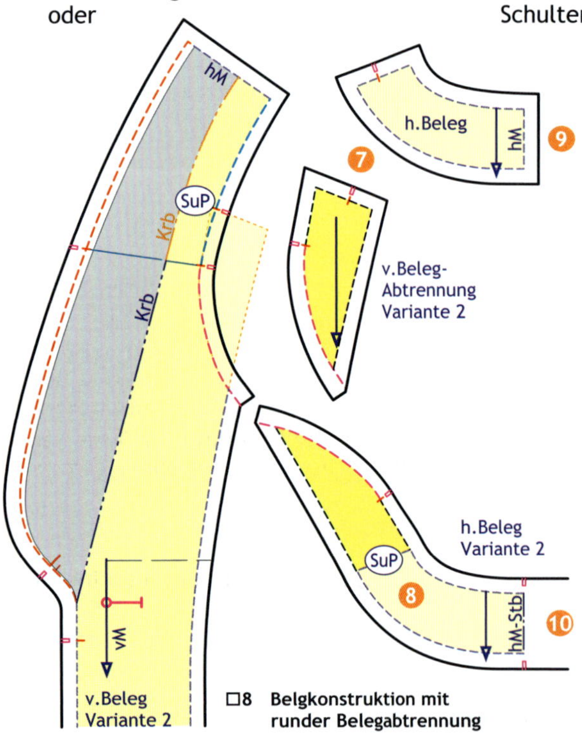

☐8 **Belgkonstruktion mit runder Belegabtrennung**

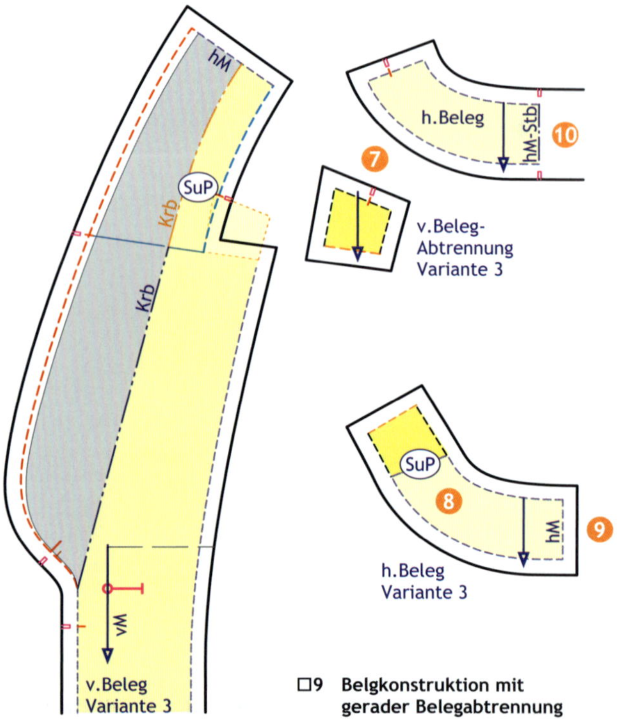

☐9 **Belgkonstruktion mit gerader Belegabtrennung**

Schalkragen-Varianten (4)
sowie Optimierung des Belegs und des Oberkragens

□1 Gestaltungs-Variante des Schalkragens in Reversoptik und 1 cm Halslochverbreiterung

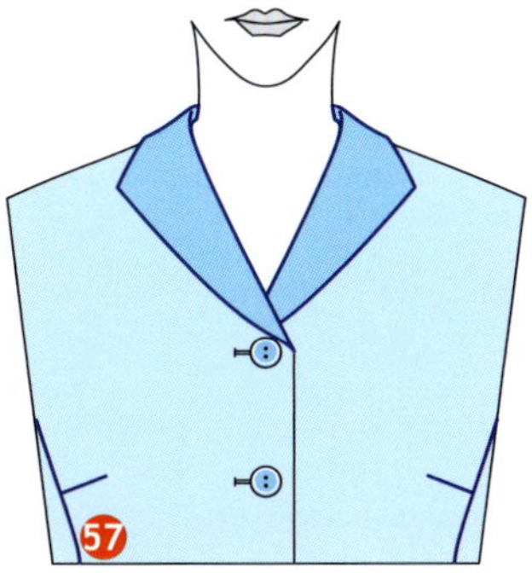

□2 Gestaltungs-Variante als kurzer Spatenkragen ohne Halslochverbreiterung

□3 Gestaltungs-Variante als Zweireiher, mit breitem langen Spatenkragen und 0,5 cm Halslochverbreiterung

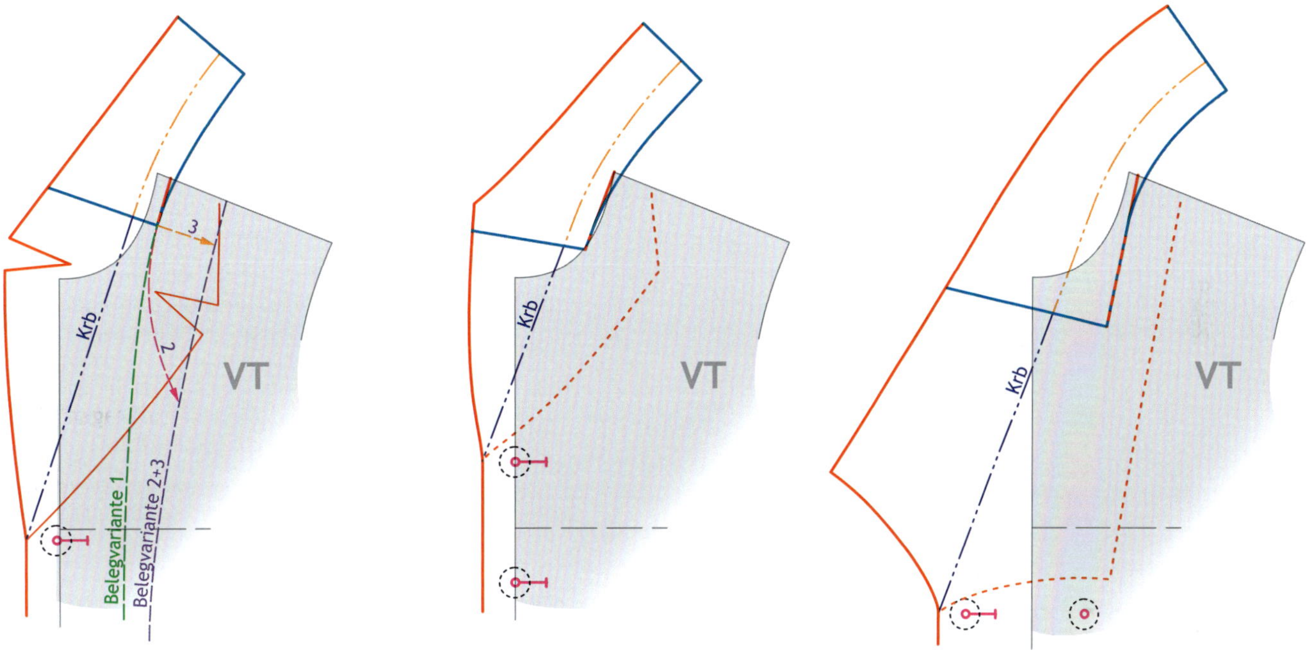

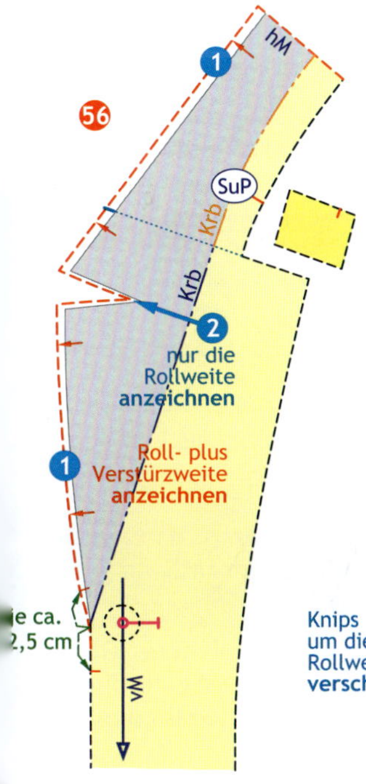

□4 Belegkonstruktion Variante 3 mit Anzeichnen von Rollweite plus Verstürzweite

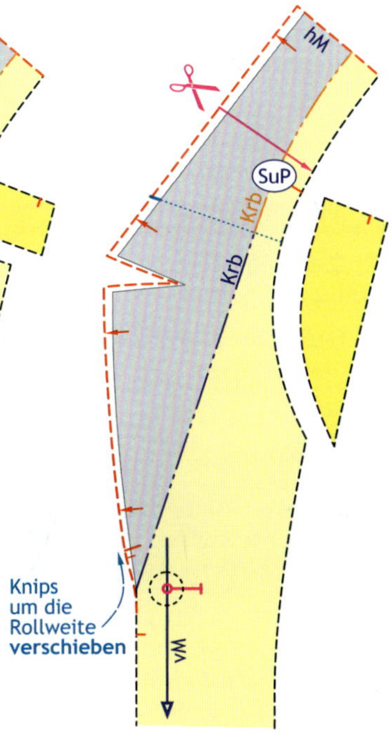

□5 Belegkonstruktion Variante 2 mit Anzeichnen von Rollweite plus Verstürzweite

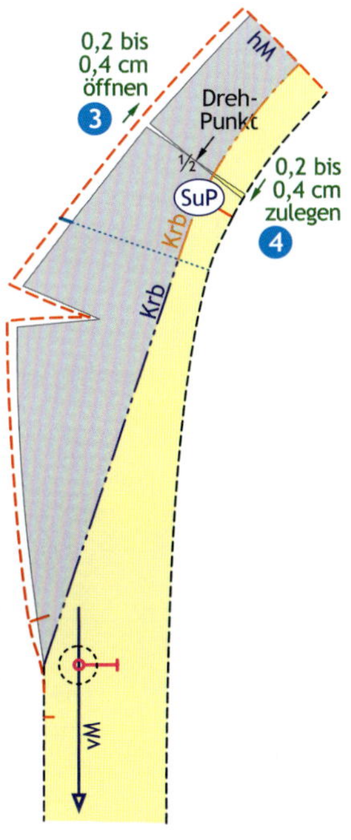

□6 Belegkonstruktion Variante 1 und zusätzliche Optimierung des Oberkragens

Alternative Optimierung am Beleg mit Oberkragen

Hier werden nochmals die verschiedenen Möglichkeiten der Belegkonstruktion gezeigt. Zusätzlich eine Belegoptimierung für sehr gerade Kragenkonstruktionen am Beispiel des Schalkragens in Reversoptik aus □1.

1. □4 Roll- und Verstürzweite an die Kragenkante zeichnen und Knips um Rollweite verschieben.
2. An der ausgestürzten Kerbe wird nur die Rollweite (keine Verstürzweite) an die Ecke gegeben.

Bei dieser sehr geraden Kragenform benötigt der Oberkragen an der Kragenkante etwas mehr Nahtlänge (Weite) als der Unterkragen. Diese kann durch Öffnen hinzugegeben werden.

3. □5 Den Oberkragen hinter dem Schulterpunkt durchschneiden.
4. □6 Die Kragenkante öffnen und an der Kragennaht zulegen. Somit ist jetzt die Weite des inneren Kragenstegs reduziert.

Schalkragen komplett am Oberteil angeschnitten (1)

Konstruktion an das Vorderteil (Konstruktion mit Maßstabsfaktor = 0,3)

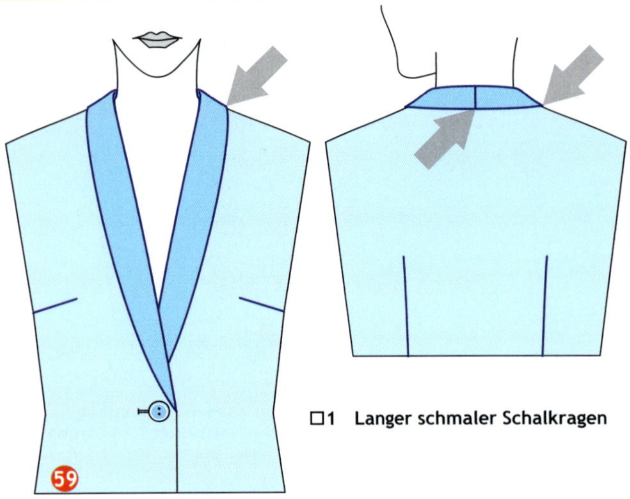

□1 Langer schmaler Schalkragen

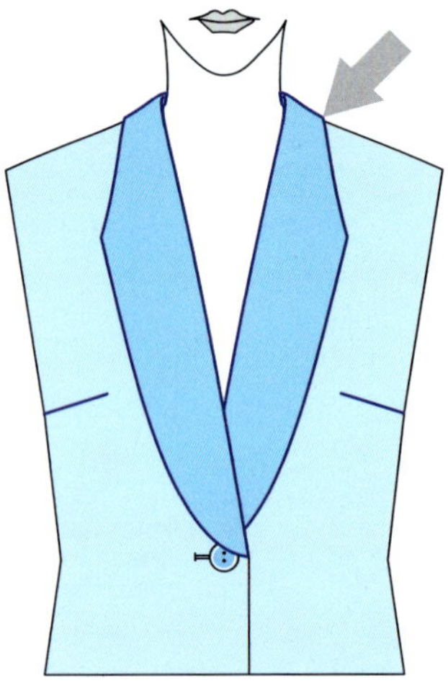

□1a Langer schmaler „Fantasie"-Kragen, hier nicht konstruiert

□1b Langer schmaler Schalkragen, in Reverkragenoptik, hier nicht konstruiert

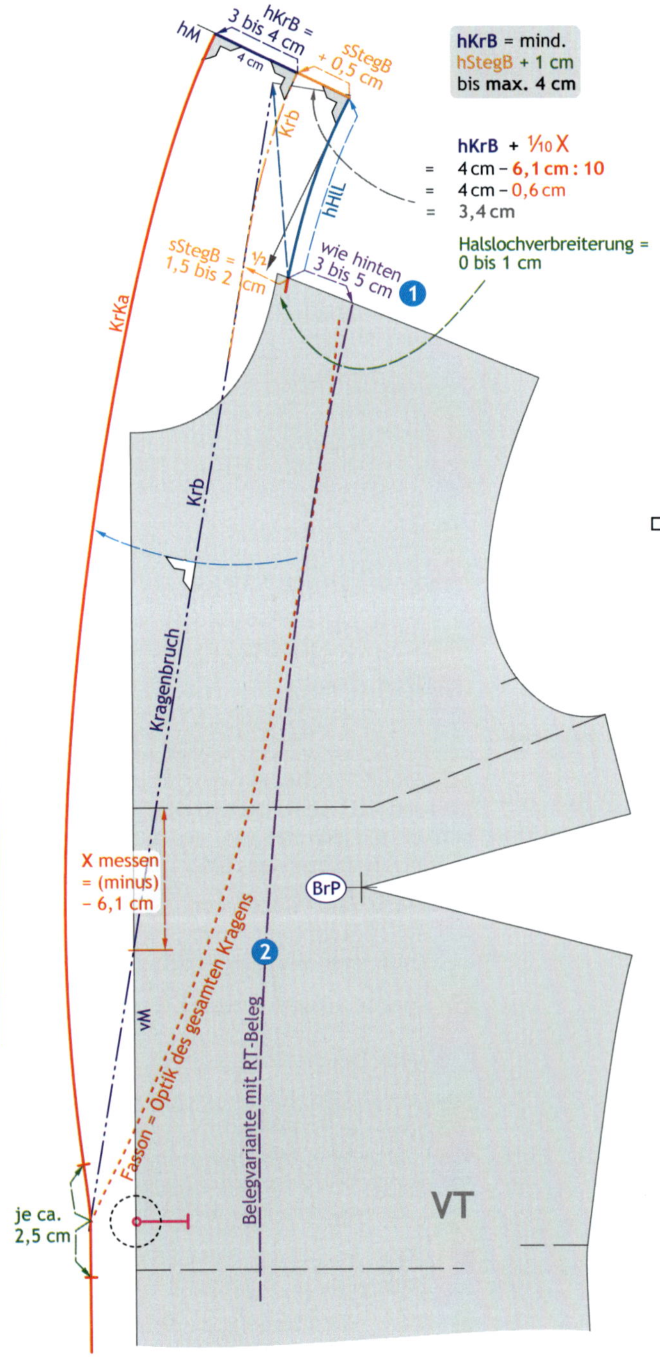

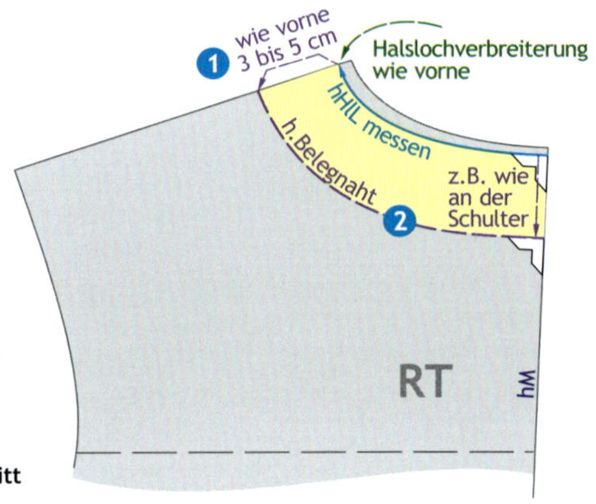

□2 VT- und RT-Grundschnitt vorbereiten. Kragengestaltung

Schalkragen-Konstruktion, Unterkragen an das Vorderteil

Diese Konstruktion findet an Kleidern, Blusen, Jacken, usw. Verwendung. Die Form der Kragenkante ist beliebig, sollte aber zur Schulter und zur hinteren Mitte wieder schmal werden.

Die weiteren Voraussetzungen sind gleichzeitig die Einschränkungen für diese Art der Konstruktion (das Anschneiden des Unterkragens an das Vorderteil).

! Einschränkungen für diese Kragenkonstruktion:

1. Die (sichtbare) hintere und seitliche Kragenbreite darf nicht breiter als 4 cm sein
2. Der Schnittpunkt von Kragenbruch und vM sollte unter der Brustlinie liegen (X = negativ)
3. Eine Halslochverbreiterung sollte nicht größer als 1 cm sein
4. Die seitliche Stegbreite sollte nicht größer als 2 cm sein

Sollte einer dieser fünf Punkte nicht zutreffen, dann muss zwingend eine **Konstruktion mit separatem Unterkragen** (siehe ab Seite 316) konstruiert werden.

Die Konstruktion ist einfacher als die zuvor beschriebene. Ober- und Unterkragen sind angeschnitten, es gibt weder eine Unterkragenabtrennung noch ein Halsloch. Dennoch gelten für den Kragen dieselben Konstruktionvorschriften.

Sämtliche umseitig beschriebenen Belegvarianten sind möglich. Zusätzlich die hier gezeigte Variante, die keine Abtrennung benötigt, da am Halsloch keine Überschneidungsfläche vorhanden ist.

Optimierung Beleg mit Oberkragen

□3 Die hier gezeigte Möglichkeit der Belegkonstruktion an einem Schalkragen ist nur dann möglich, **wenn es am Halsloch konstruktionsbedingt nicht zu einer Überschneidung von Vorderteil und Kragen kommt.** !

1. Die Belegbreite an der Schulter festlegen und für den hinteren Beleg ebenfalls verwenden.
2. Beide Belegnähte formen und kopieren.
3. Die Rollweite plus Verstürzweite insgesamt an der Kragenkante des vorderen Belegs anzeichnen.
4. Am Übergang zur vorderen Kante die Naht einlaufen lassen. Den oberen Knips um die Rollweite nach oben verschieben. Diese Weite zwischen den beiden Knipsen in der Kragenkante einhalten.

Vorderteil

□3 Der Unterkragen ist am Vorderteil angeschnitten. Somit ergibt sich kein vorderes Halsloch.

Die hinteren Mittelnähte vom Vorderteil werden mit einer Naht verbunden - ebenso die hM des vorderen Belegs. Anschließend näht man in einem Arbeitsgang die Schulternähte und die Kragen in das jeweilige hintere Halsloch von Rückteil bzw. hinterem Beleg.

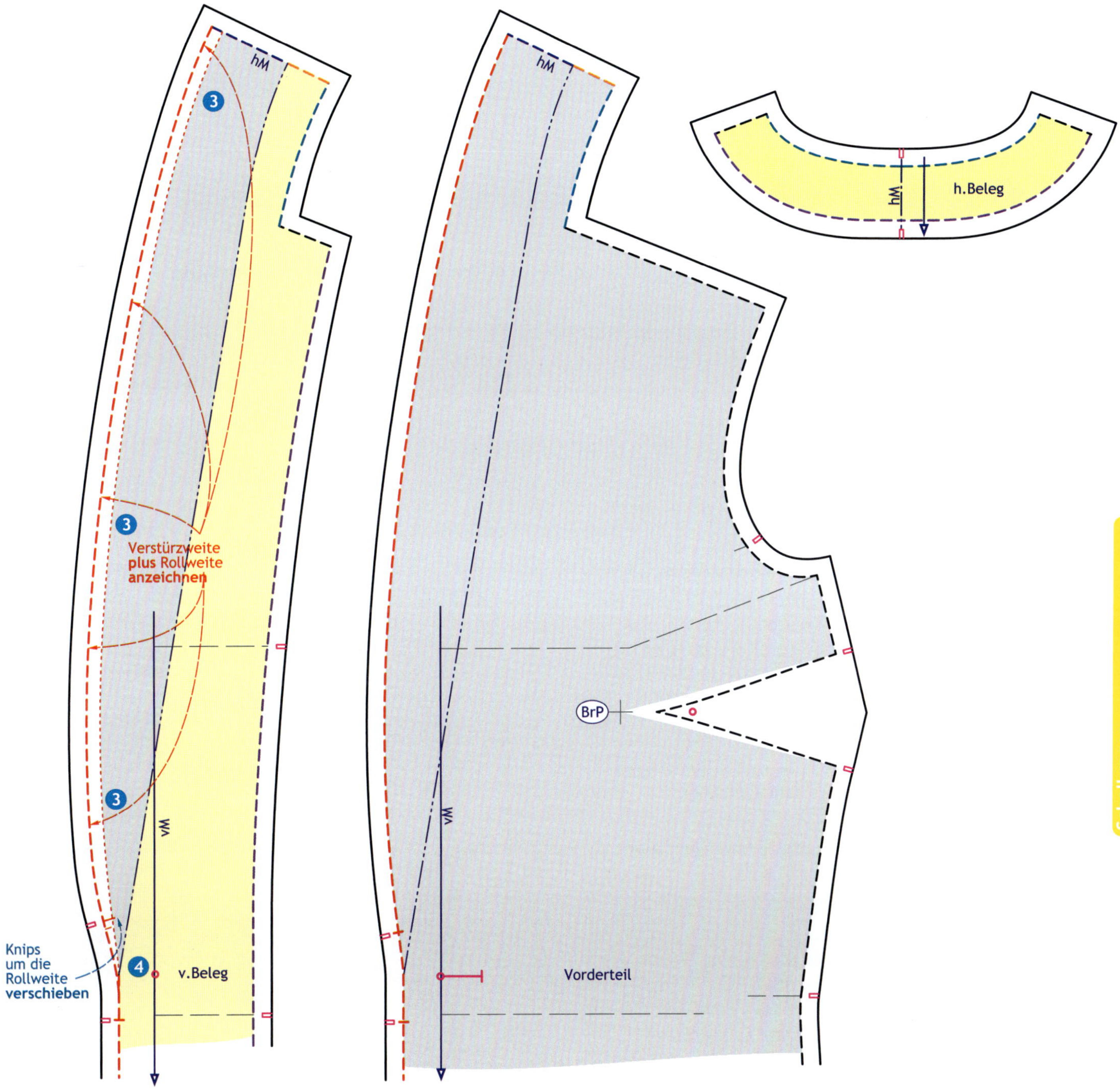

□3 **Produktionsschnitte:**
Eine der möglichen Belegvarianten mit angeschnittenem Oberkragen, Vorderteil mit angeschnittenem Unterkragen sowie der hintere Beleg. Das Rückteil ist nicht dargestellt.

Reverskragen an fallendem Fasson (1)

Konstruktion an das Vorderteil (Konstruktion mit Maßstabsfaktor = 0,3)

Reverskragen-Konstruktion an das Vorderteil

Diese Konstruktion findet an Kleidern, Blusen. Jacken, Mänteln usw. Verwendung. Die Form der Fasson kann vielfältig sein, die (sichtbare) hintere Kragenbreite darf nicht breiter als 7 cm sein.

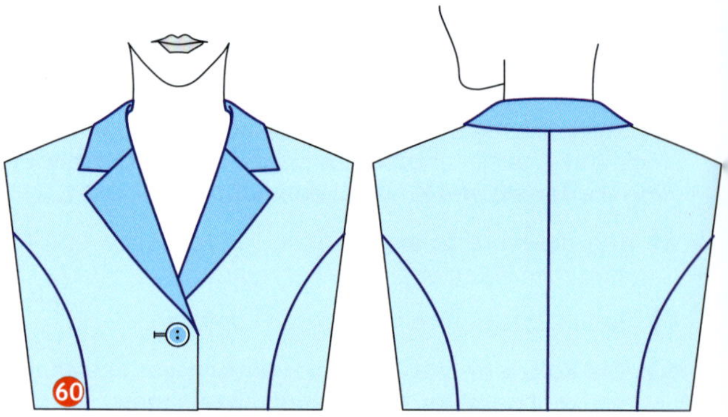

□1 Klassischer Reverskragen

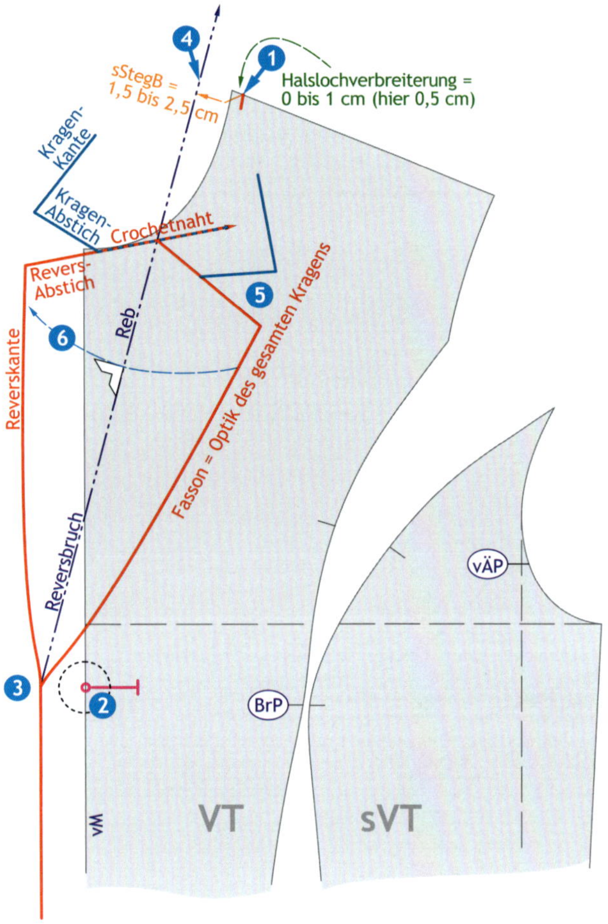

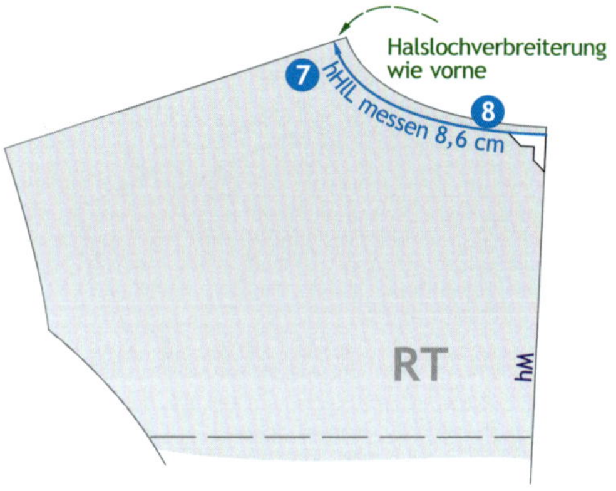

□2 VT- und RT-Grundschnitt vorbereiten. Kragengestaltung

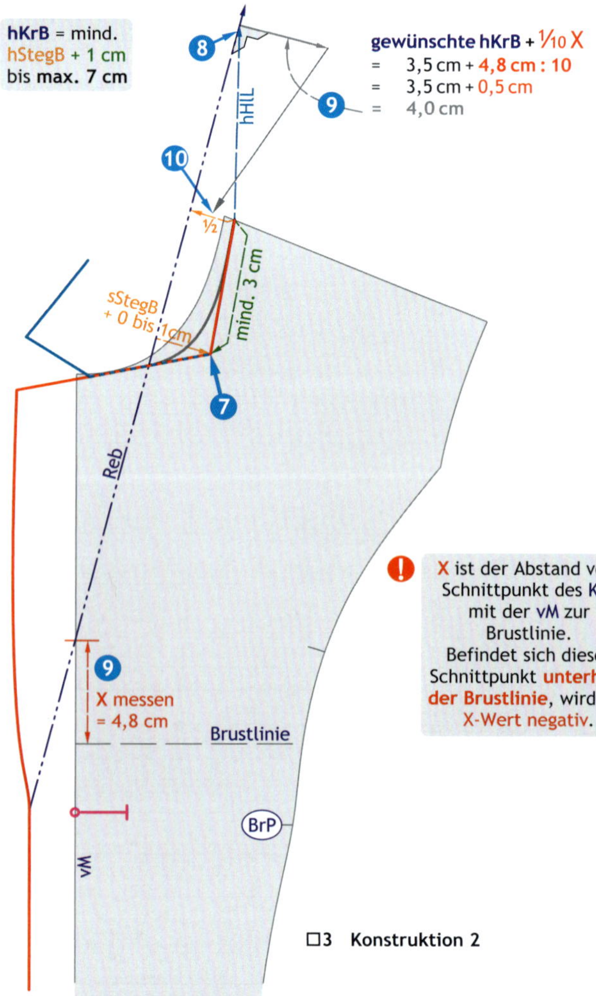

□3 Konstruktion 2

! X ist der Abstand vom Schnittpunkt des Krb mit der vM zur Brustlinie. Befindet sich dieser Schnittpunkt **unterhalb der Brustlinie**, wird der X-Wert negativ.

Grundschnitt und Modellgestaltung

Für die Gestaltung der Fasson (Optik des Kragen) am Vorderteil sollte der Brustabnäher verlegt werden. Möglich wäre auch, wie hier, die Gestaltung einer Teilungsnaht.

1. □2 Ggf. eine Halslochverbreiterung bis zu 1 cm (hier 0,5 cm) an VT und RT vornehmen. Am VT nur einen Punkt an der Schulter markieren. Das hintere Halsloch neu formen, ausmessen und den Betrag notieren.
2. Die Knopfpositionen bestimmen, die Übertrittbreite wählen und die vordere Kante zeichnen.
3. Den Beginn des Reversbruchs (Reb) 0 bis 1 cm oberhalb des obersten Knopfes bestimmen (hier 0 cm).
4. Die seitliche Stegbreite (sStegB = 1,5 bis 2,5 cm) in das Halsloch abtragen und den Reversbruch zeichnen.
5. Die gesamte Fasson (gestrichelt) vom Beginn des Reb (Punkt 3) bis knapp vor die Schulternaht ins VT gestalten.
6. Am Reversbruch die Fasson nach außen spiegeln.
7. □3 Die Crochetnaht verlängern und das Halsloch gerade und parallel zum Reversbruch oder an der Crochetnaht bis zu 1 cm breiter zeichnen. Die Länge des Halslochs sollte mindestens 3 cm betragen. Das Halsloch kann auch rund geformt werden.

Reverskragen an fallendem Fasson (2)

Konstruktion an das Vorderteil (Konstruktion mit Maßstabsfaktor = 0,3)

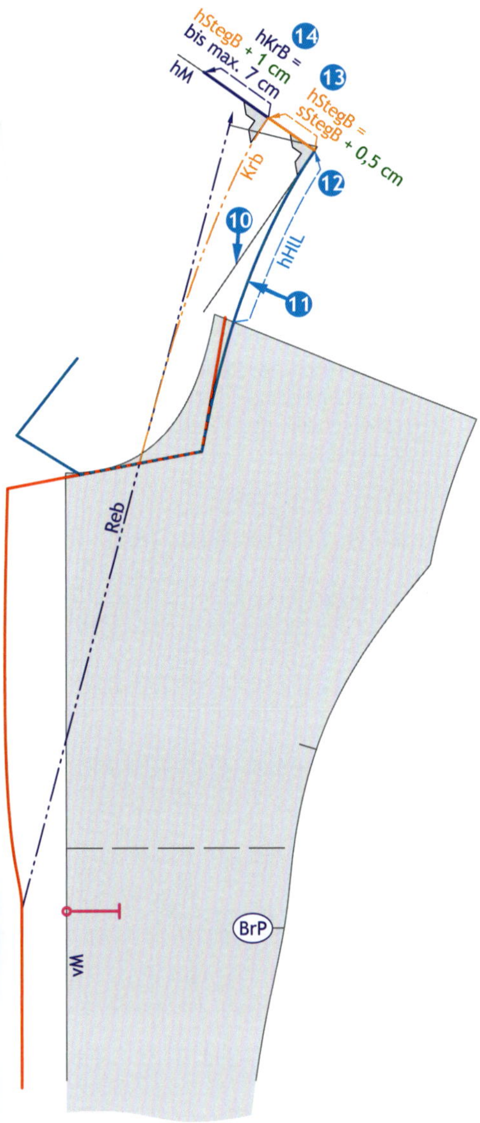

□4 Konstruktion 3

Reverskragen-Konstruktion

8 Vom (neuen, ggf. verbreiterten) vorderen Halsloch auf den nach oben verlängerten Reversbruch die Länge des hintern Halslochs (hHlL) abtragen.

9 Von dort eine Hilfslinie nach rechts abwinkeln und auf dieser die gewünschte hintere Kragenbreite (hKrB) + 1/10 X abtragen. X ist der Abstand vom Schnittpunkt des Reversbruchs mit der vM zur Brustlinie

10 Eine Hilfslinie zur Mitte zwischen neuem Halsloch und Reversbruch zeichnen.

11 □4 Die Kragennaht verläuft aus dem Halsloch in leichtem Bogen in die Hilfslinie ein. Dabei schneidet sie die Schulternaht.

12 Die hHlL von der Schulternaht aus darauf abtragen.

Von dort die hM des Kragens zur Hilfslinie abwinkeln und

13 die hStegB = sStegB + 0,5 cm abtragen. Dann den Kragenbruch in den ReB einlaufend formen.

14 Die hKrB = mind. hStegB + 1 cm bis **max. 7 cm** abtragen.

15 □5 Die Kragenkante abwinkeln und geschwungen formen.

16 Die seitliche Kragenbreite (sKrB) kann im Bereich der Schulter vom Kragenbruch aus kontrolliert werden. Sie entspricht in etwa der hKrB + 0 bis + 1 cm.

17 Die Belegvariante 1 im VT einzeichnen: Vom unteren Ende des Halslochs zum Saum formen. Die Belegbreite ab der vM beträgt mindestens ca. 5 cm.

18 □9 Den Unterkragen mit Naht an der hM und im schrägen Fadenlauf zuschneiden (45° zur hM). Der Strich verläuft in Richtung Kragenkante.

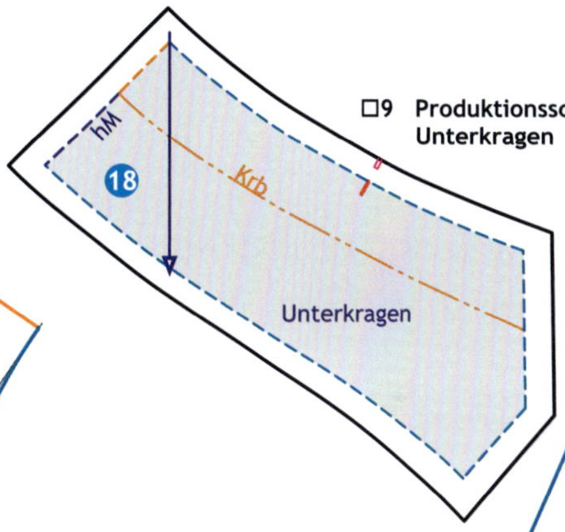

□9 Produktionsschnitt Unterkragen

□8 Schnittfläche des Unterkragens

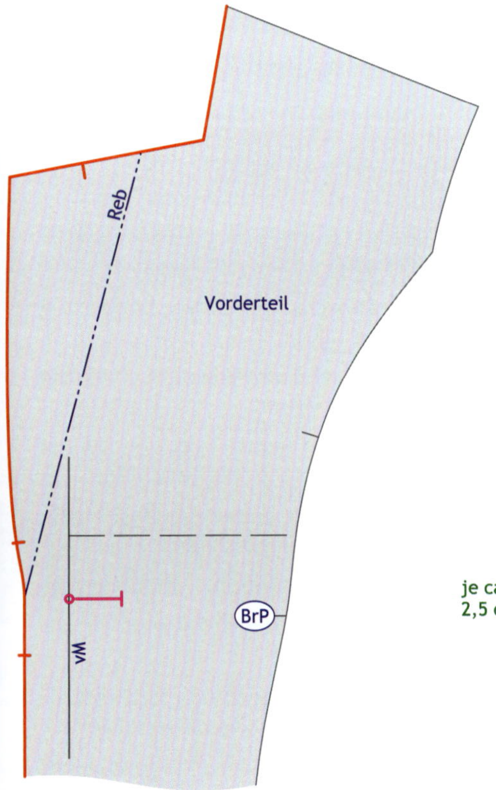

□6 Vorderteil

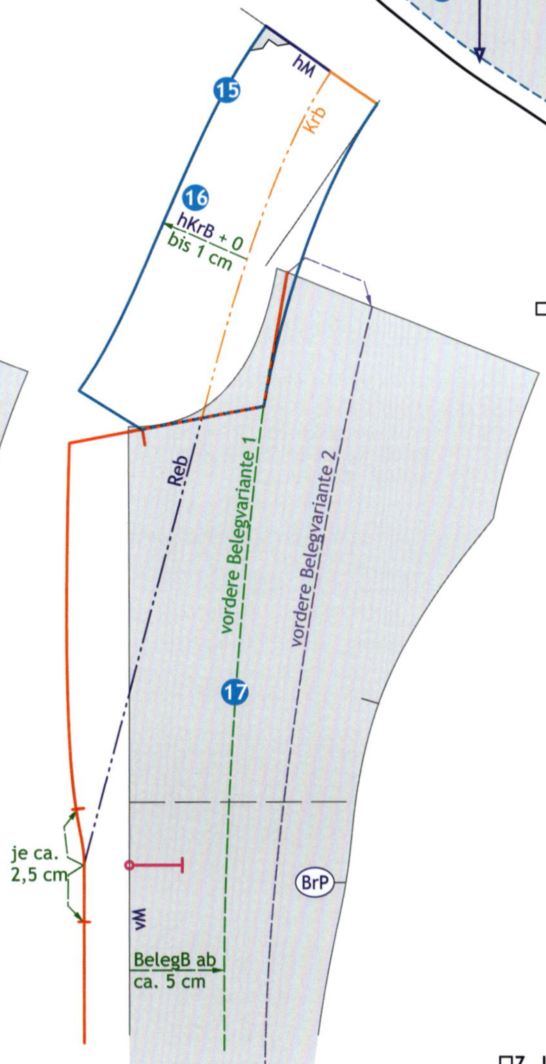

□5 Konstruktion 4

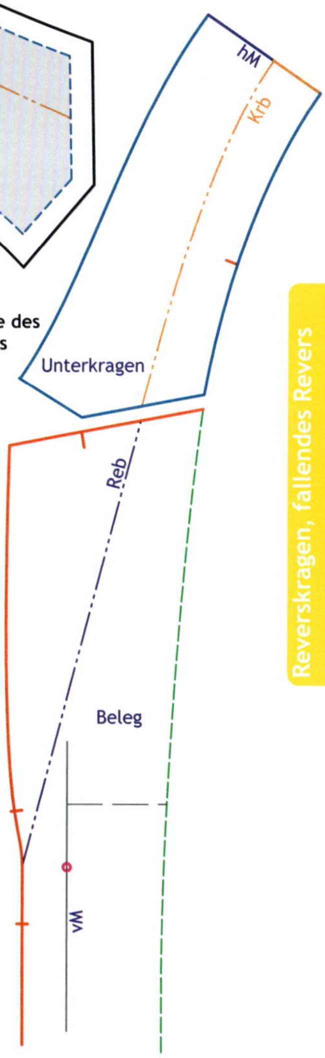

□7 Unfertige Schnittfläche der Belegvariante 1 Fertigstellung auf nächster Seite

Reverskragen (3)

Roll- und Verstürzweite sowie Produktionsschnitte (Konstruktion mit Maßstabsfaktor =

Rollweite durch Öffnen

Wenn **Crochetnaht und Reversabstich eine Linie bilden**, ist das Öffnen am Reversbruch **nicht unbedingt notwendig.**

❶ □4 Am Beleg wird der Reversbruch (Reb) an der Crochetnaht für die Rollweite geöffnet und

❷ unten am Kragenbeginn nur ca. die Hälfte der Rollweite geöffnet.

❸ An Reverskante und am Reversabstich eine Verstürzweite von ca. 0,2 bis 0,4 cm anzeichnen.

❹ Die Verstürznähte laufen in die vordere Kante, bzw. zum Kragenpunkt an der Crochetnaht ein.

Rollweite durch Anzeichnen

❶ □5 Dies ist eine einfache Variante, wenn Crochetnaht und Reversabstich in einer Geraden verlaufen:

❷ Um Weite am Reversbruch zu erhalten, muss der Kragenpunkt um die Rollweite zur Reversspitze hin verschoben werden.

❸ Am Reversabstich eine Verstürzweite von ca. 0,2 bis 0,4 cm anzeichnen.

❹ An der Reverskante die Roll- **plus** die Verstürzweite anzeichnen.

❺ Die Verstürznähte laufen in die vordere Kante bzw. zum Kragenpunkt an der Crochetnaht ein.

Einhalteweiten am Revers

□4 bis 8 Beim Verstürzen des Revers und des Kragens werden einige Nahtstrecken von **Oberkragen** und **VT-Beleg** eingehalten, damit die Ecken nicht abstehen:

❶ Die Kragen- und der Reversecken rollen sich leicht zum Körper. Von den Kragen- und Reversecken jeweils 5 cm entfernt einen Knips setzen, dazwischen wird eingehalten.

❷ Im Bereich des Reversbeginns wird die im Beleg befindliche Weite (ca. 0,3 cm) zwischen den beiden Knipsen leicht eingehalten.

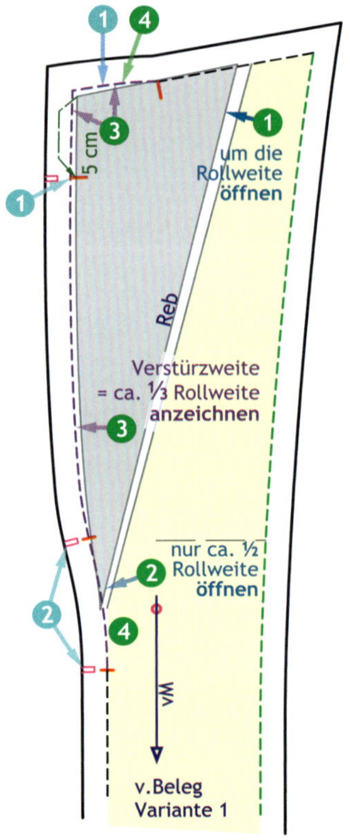

□4 Produktionsschnitt: VT-Beleg 1 Rollweite durch Öffnen am Reversbruch

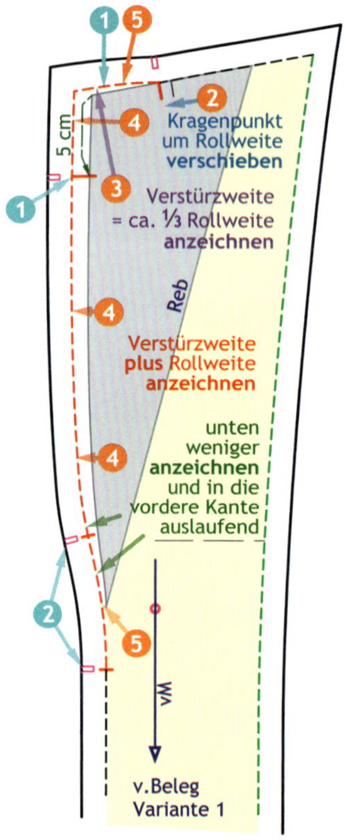

□5 Produktionsschnitt: VT-Beleg Rollweite durch Anzeichnen an der Reverskante

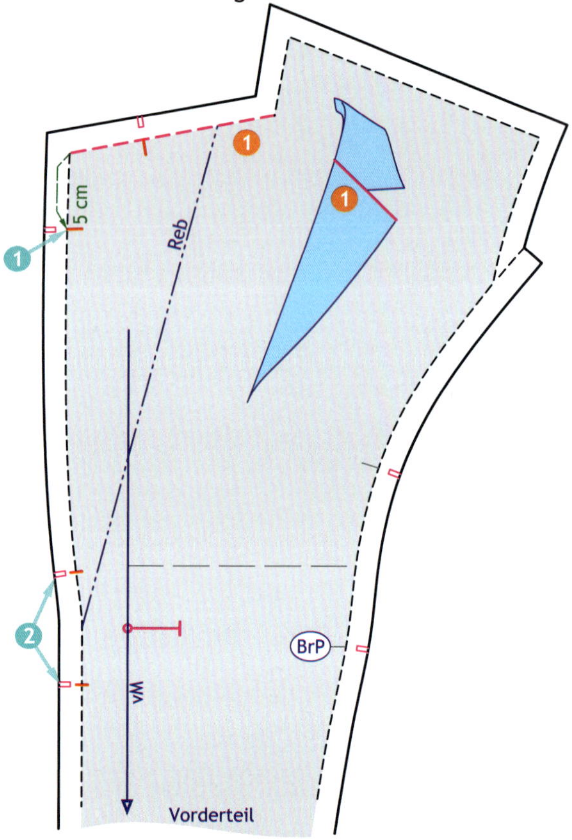

□6 Produktionsschnitt: VT

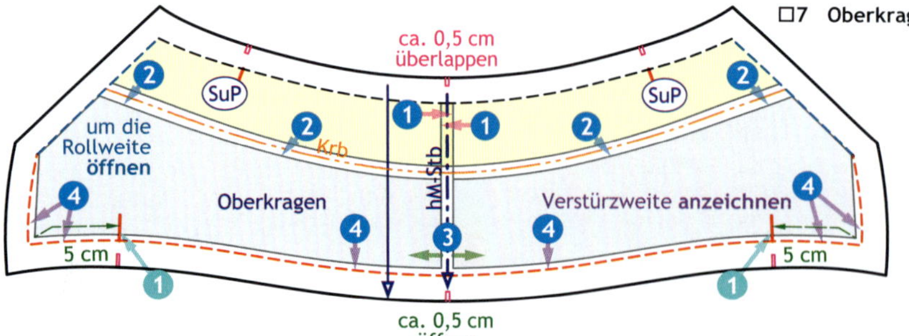

□7 Oberkragen 1

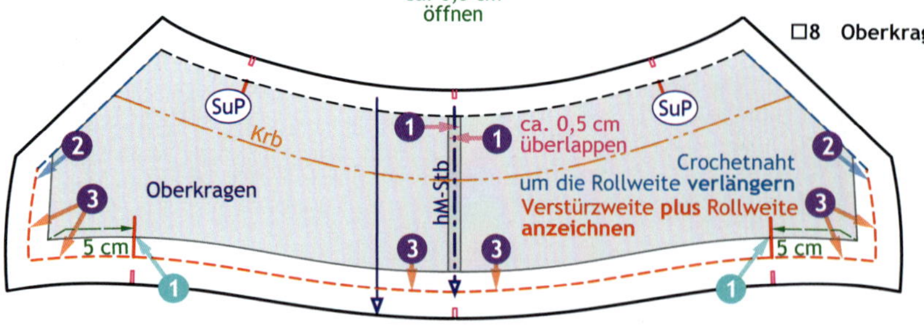

□8 Oberkragen 2

Roll- und Verstürzweite am Oberkragen durch Öffnen

❶ □7 Zunächst wird der Kragensteg an der hM um ca. 0,5 cm überlappt.

❷ Wie in □4 wird am Kragenbruch für die Rollweite geöffnet.

❸ Das Umlegekragenteil an der hM um ca. 0,5 cm für mehr Weite öffnen.

❹ An Kragenkante und Kragenabstich die Verstürzweite anzeichnen

... und durch Anzeichnen - ist identisch!

❶ □8 Der ganze Kragen wird an der hM um ca. 0,5 cm überlappt.

❷ Für Weite am Kragenbruch wird die Crochetnaht um die Rollweite verlängert.

❸ An Kragenkante und Kragenabstich wird die Roll- **plus** die Verstürzweite angezeichnet.

Reverskragen-Varianten (4)
Konstruktion an das Vorderteil

☐1 Reverskragen an schräger vorderer Kante, 1 cm Halslochverbreiterung

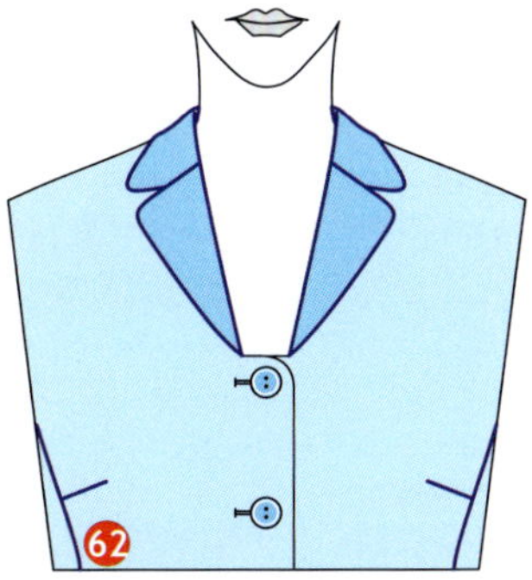

☐2 Kurzer Reverskragen an offener Verschlussform, ohne Halslochverbreiterung

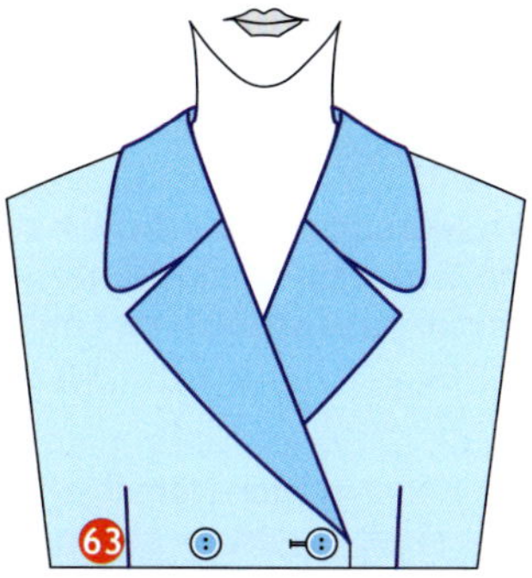

☐3 Runder Reverskragen an extrem fallenden und langen Revers, Zweireiher, 0,5 cm Halslochverbreiterung, rundes Halsloch

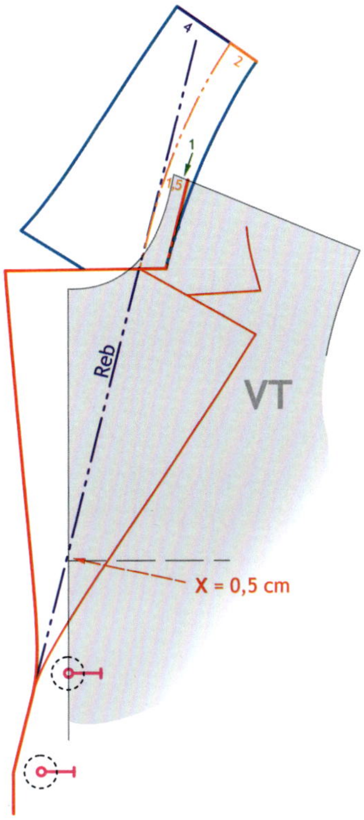

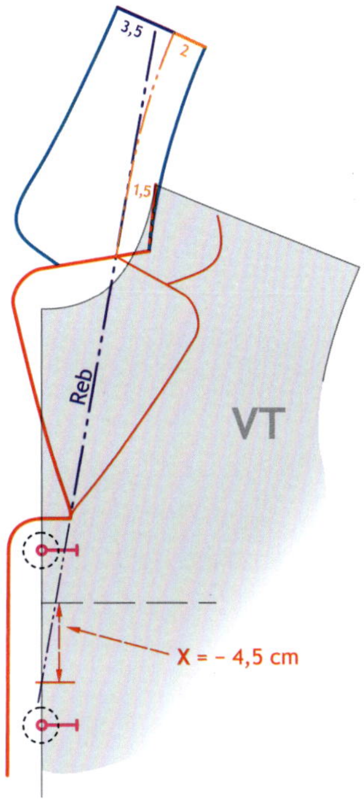

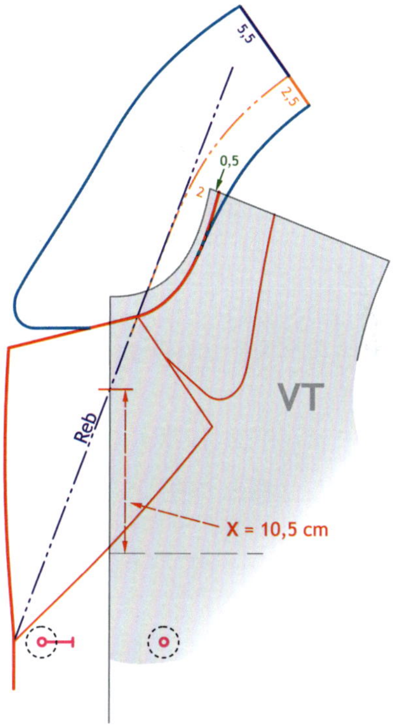

Reverskragen mit Schmuckblende

☐1 Klassischer Reverskragen mit Blenden

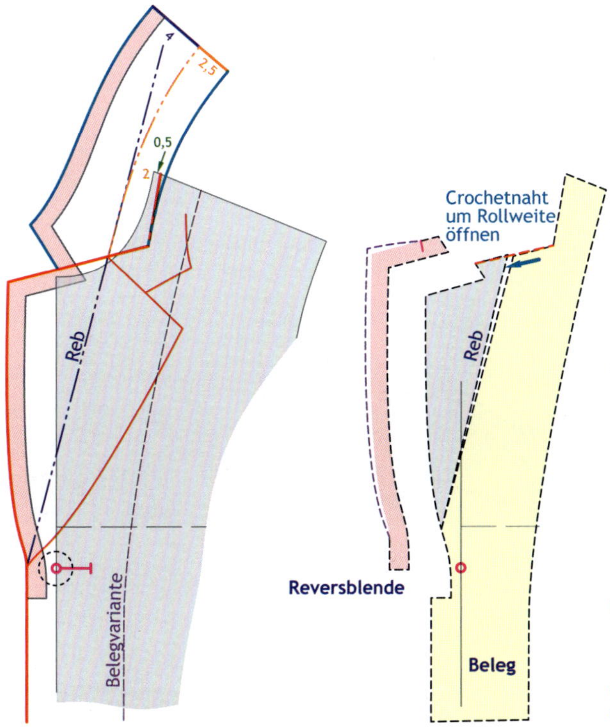

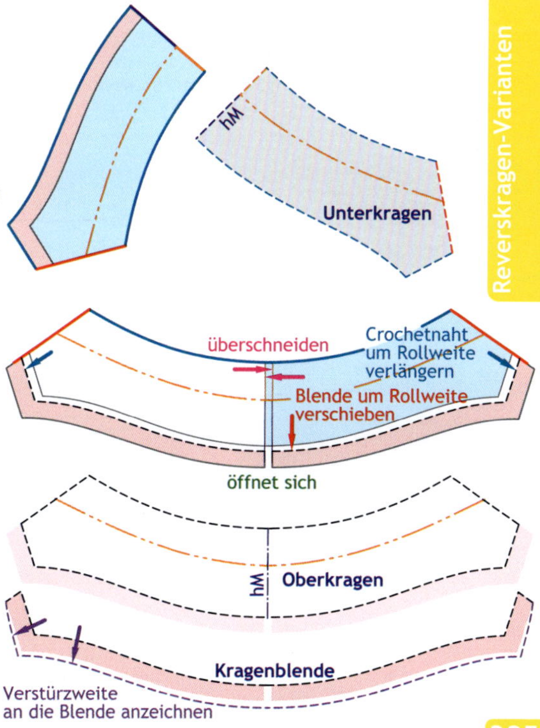

Reverskragen an steigendem Fasson (1)
Konstruktion an das Vorderteil (Konstruktion mit Maßstabsfaktor = 0,3)

Reverskragen an Doppelreiher mit Spitzrevers

Diese Konstruktion findet zumeist an formellen Jacken und Mänteln Verwendung. Der Reversabstich steigt an und bildet eine Spitze. Die hintere Kragenbreite darf nicht breiter als 7 cm sein.

Die Konstruktionsvorschriften sind auf den vorhergehenden Seiten beschrieben. Nur die Gestaltung der Fasson und des Übertitts sind verschieden.

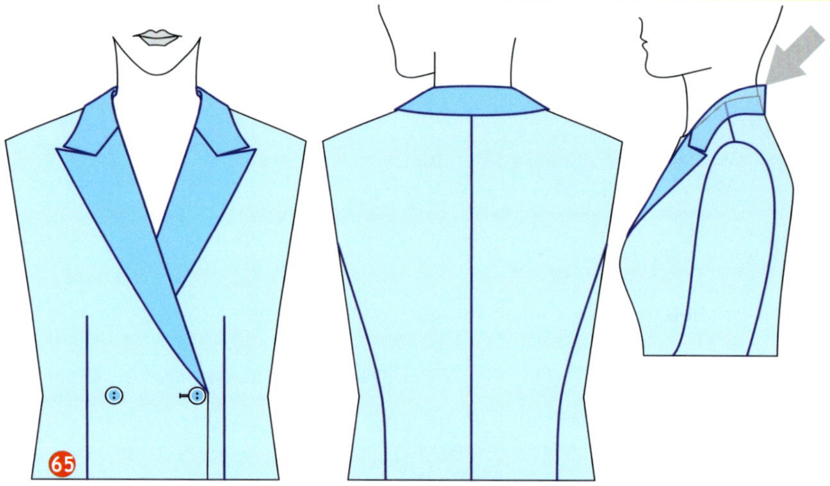

□1 Klassisches Spitzrevers am Zweireiher

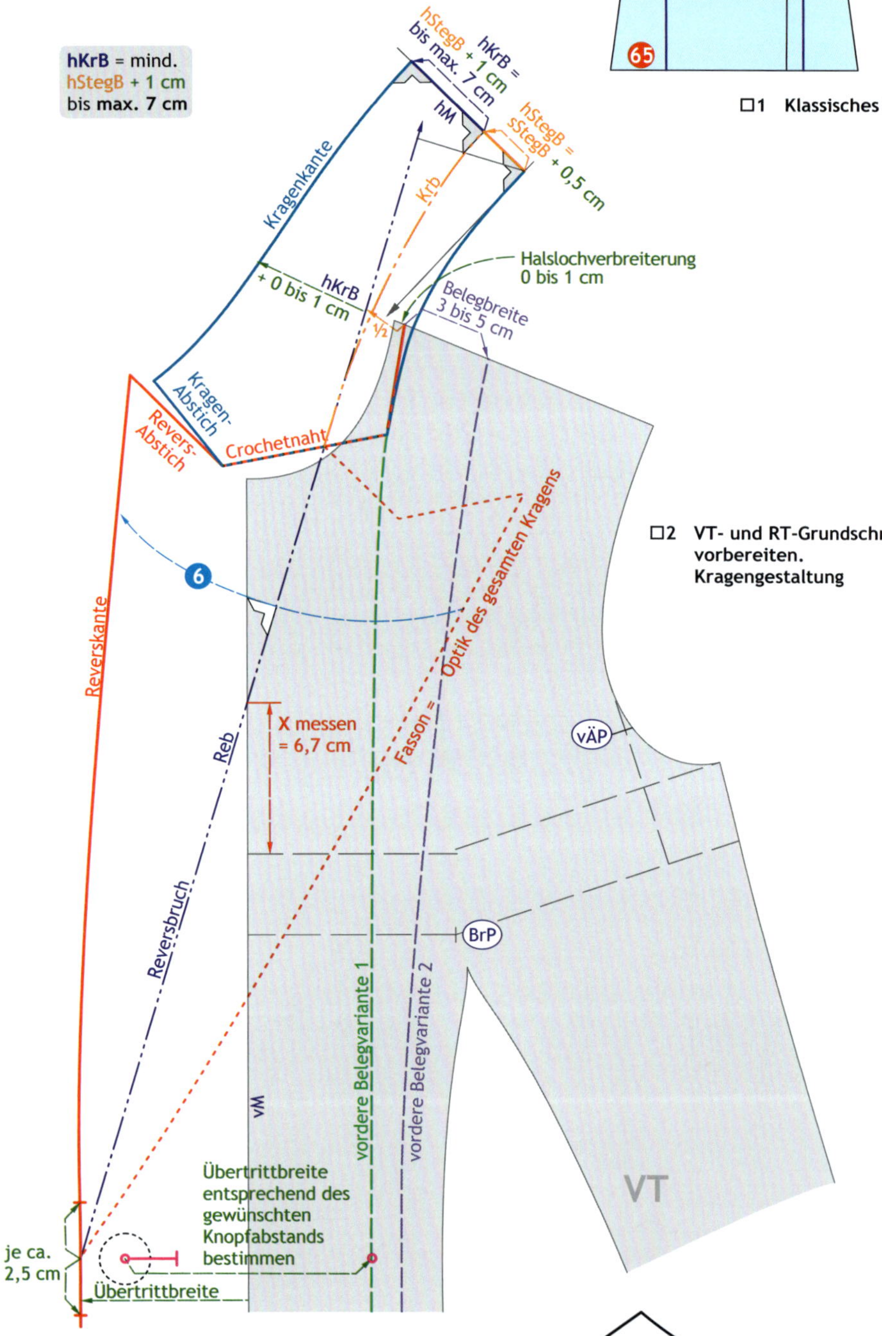

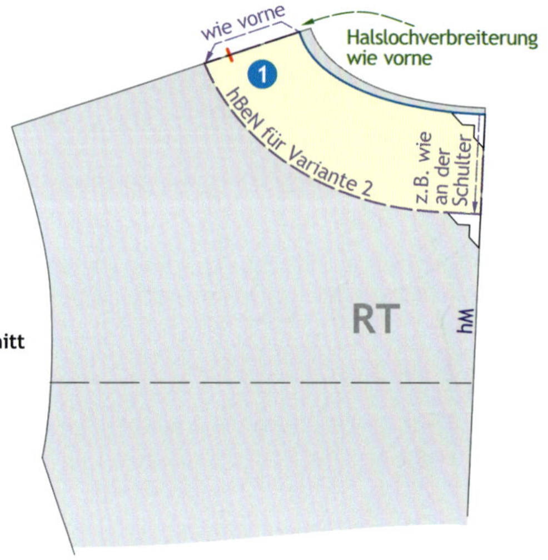

□2 VT- und RT-Grundschnitt vorbereiten. Kragengestaltung

Produktionsschnitte

An Kragen, Beleg und Vorderteil ist unbedingt darauf zu achten, die jeweils richtige Halslochnaht zu kopieren. Für den Kragen die blaue, für das VT (und den Beleg) die rote Naht.

□5 Den Unterkragen mit Naht an der hM und im schrägen Fadenlauf zuschneiden (45° zur hM). Der Strich verläuft in Richtung Kragenkante.

Je dicker der Stoff, desto größer die Beträge von Roll- und Verstürzweite.

□3 Den Oberkragen wie auf Seite 330 optimieren.

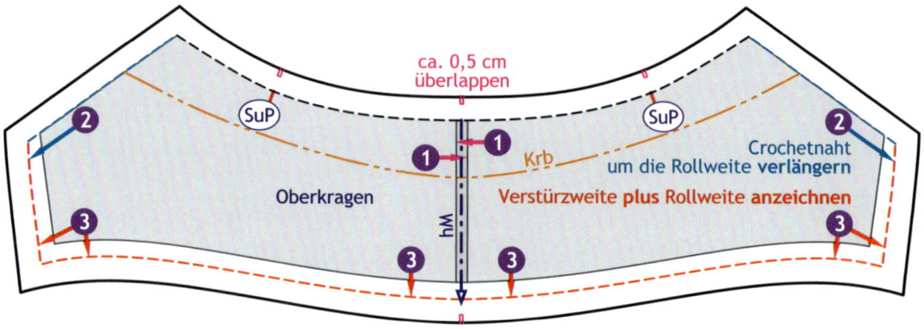

□3 Oberkragen
Rollweite durch Anzeichen an der Kragenkante

Reverskragen an steigendem Fasson (2)

Roll- und Verstürzweite sowie Produktionsschnitte (Konstruktion mit Maßstabsfaktor = 0,3)

Rollweite am VT-Beleg durch Öffnen am Reversbruch

❗ ❶ **□4 wenn die Crochetnaht nicht mit einer geraden Naht in den Reversabstich** übergeht, muss für die Rollweite unbedingt am Reversbruch geöffnet werden!

❷ Am Beleg wird der Reversbruch an der Crochetnaht für die Rollweite geöffnet und

❸ unten am Reversbeginn für ca. die Hälfte der Rollweite geöffnet.

❹ An Reverskante und am Reversabstich eine Verstürzweite von ca. 0,2 bis 0,4 cm anzeichnen.

❺ Die Verstürznähte laufen in die vordere Kante, bzw. zum Kragenpunkt an der Crochetnaht ein.

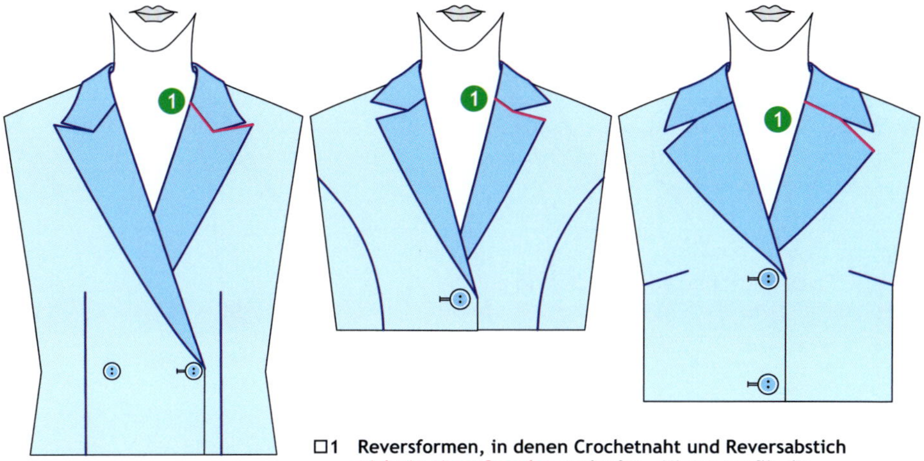

□1 Reversformen, in denen Crochetnaht und Reversabstich nicht in einer Geraden verlaufen. Hier muss für die Rollweite der Reversbruch am Beleg geöffnet werden!

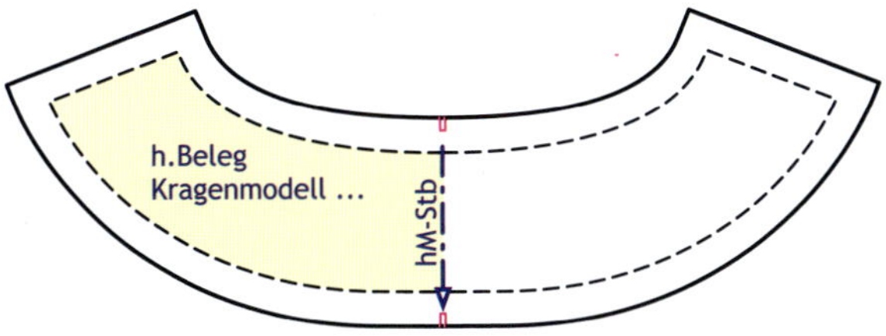

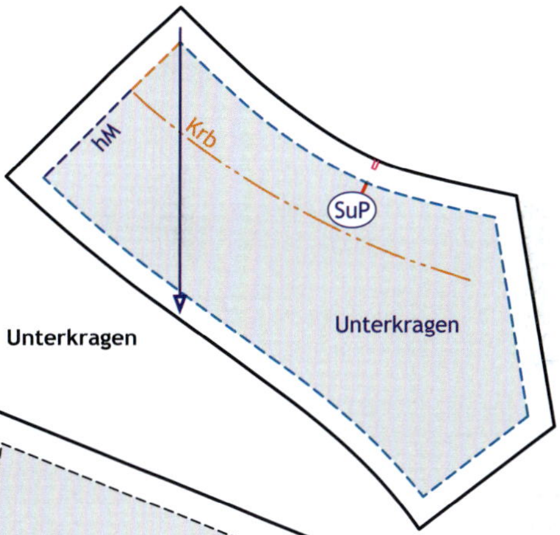

□5 Unterkragen

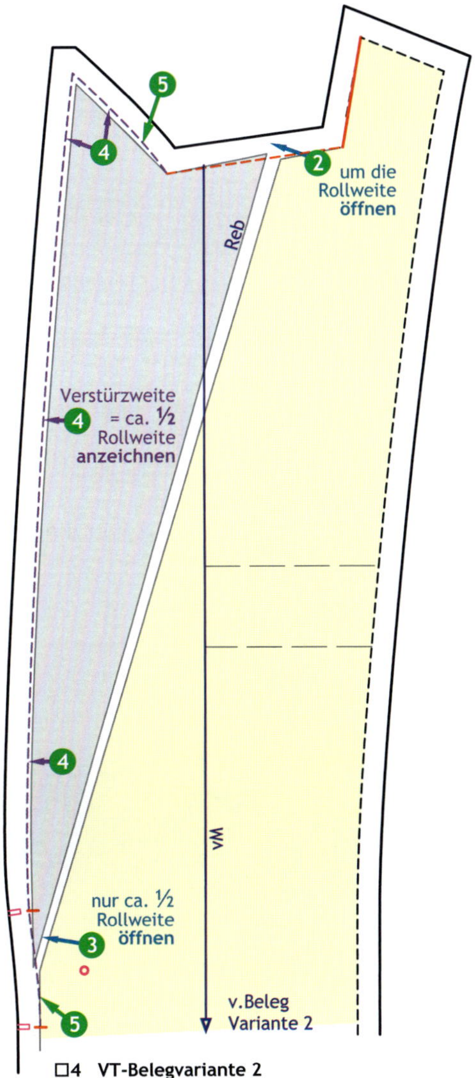

□4 VT-Belegvariante 2
Rollweite durch Öffnen am Reversbruch

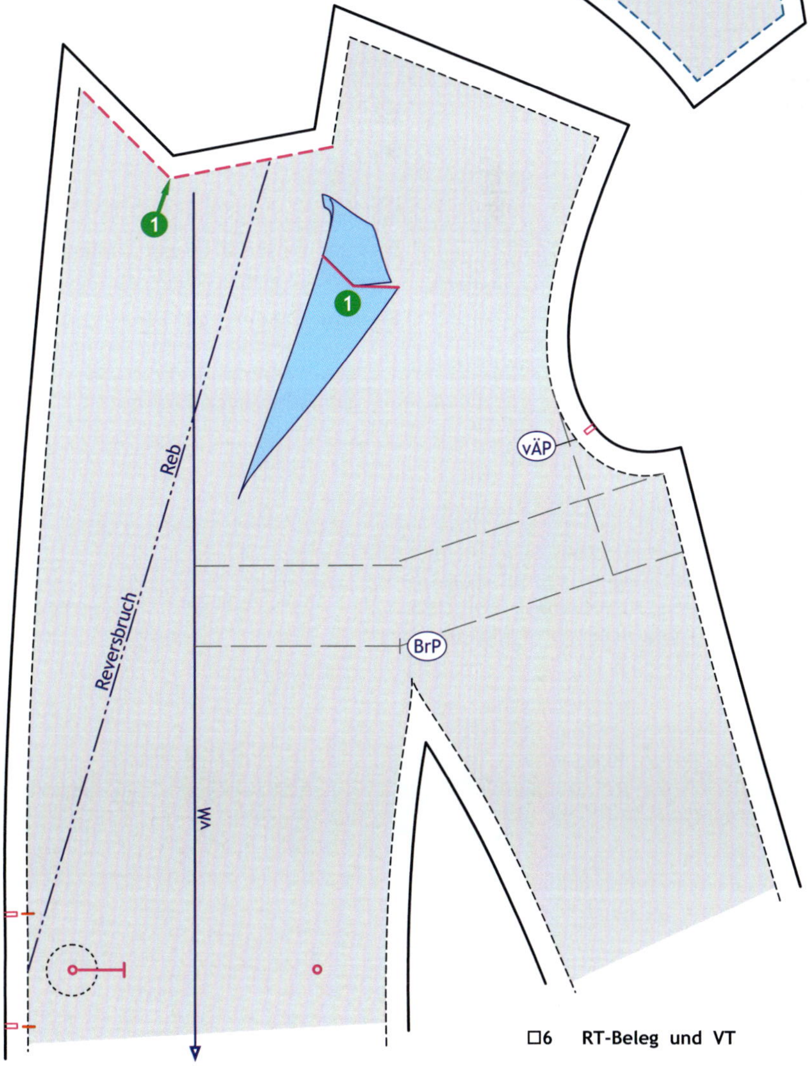

□6 RT-Beleg und VT

Zweiteiliger Reverskragen (1)

Entwicklung aus der Kragen-Grundform (Maßstabsfaktor = 0,3)

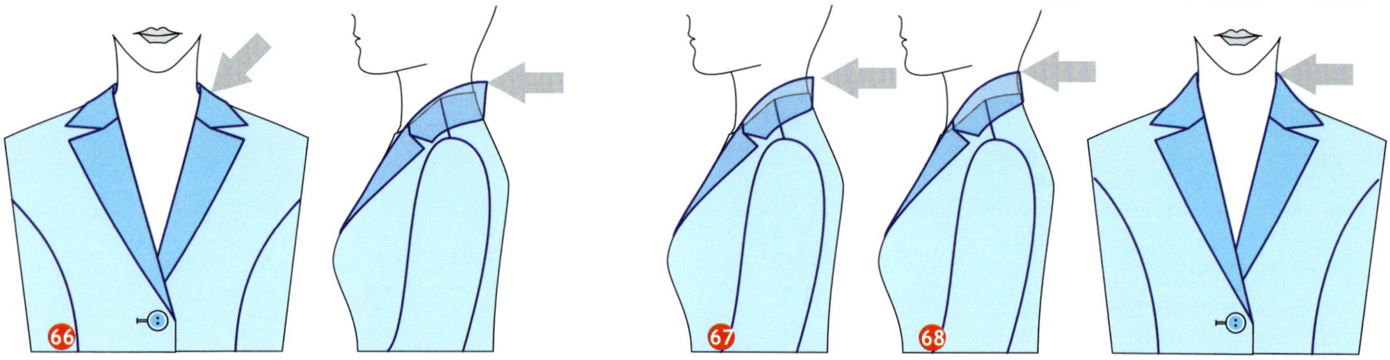

□1 Kragenkonstruktion, die Grundform liegt flach

□2 mit S-förmigem Kragensteg

□3 mit stark gebogenem Kragensteg

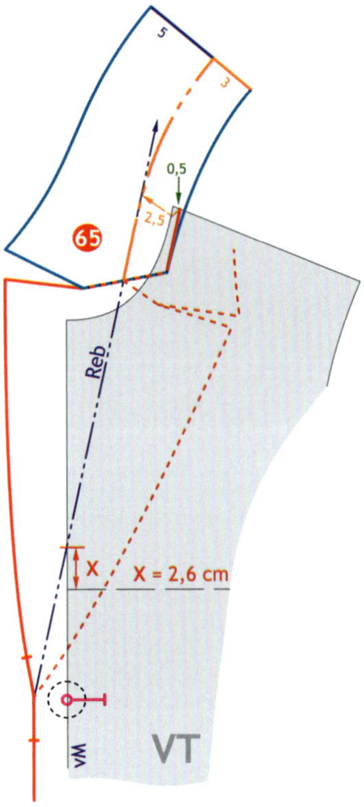

□4 Modisch hohe Reversgestaltung. Die Kragenkonstruktion als (flache und halsweite) Grundform dient für diesen halsengen und hoch stehenden Kragen (Maßstabsfaktor = 0,2).

Zweiteiliger Reverskragen

Ein Kragen mit separatem und in Form eines anliegenden Stehkragens gestalteten Kragenstegs sitzt am Hals enger.

Vorbereitung und Gestaltung

Ein zweiteiliger Kragen kann prinzipiell aus jedem einteiligen Kragen mit ausreichend hohem Steg entwickelt werden.

Betrachtet man die Form des Kragenstegs eines einteiligen Kragens wie hier in □6 (gelb), so erinnert dieser an einen abstehenden Stehkragen.

1. □5 Den Kragensteg 0,7 bis 1 cm parallel unterhalb des Kragenbruchs abtrennen.
2. □6 Am Schulterpunkt eine Einschnittlinie rechtwinklig zum Kragenbruch einzeichnen.
3. Drei weitere Einschnitte wie skizziert, im Abstand von ca. ⅓ hintere HlL einzeichnen.
4. □7 Kragensteg abtrennen und
5. Die Einschnitte am Umlegekragenteil durchtrennen.
6. Am Kragensteg die unteren Einschnittenden zusammen hängen lassen. So bleibt dort die Länge der Kragennaht unverändert.

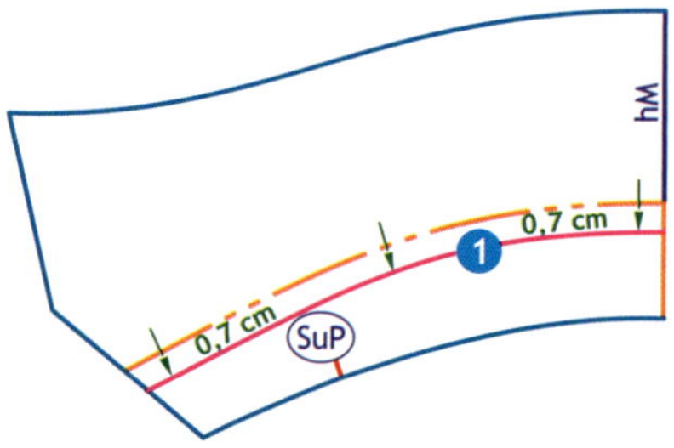

□5 Unterkragen kopieren und die Stegnaht einzeichnen

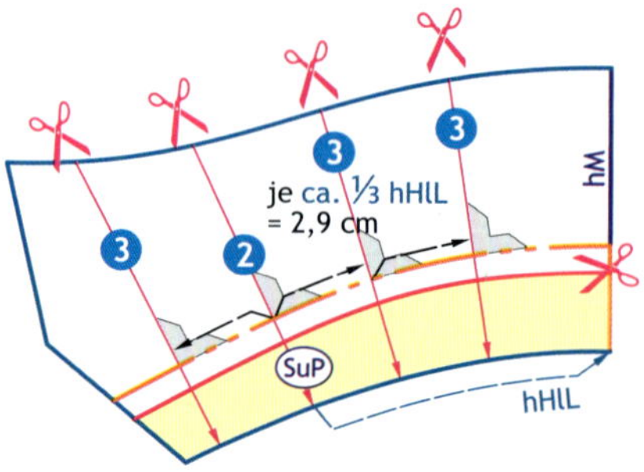

□6 Einschnittlinien einzeichnen

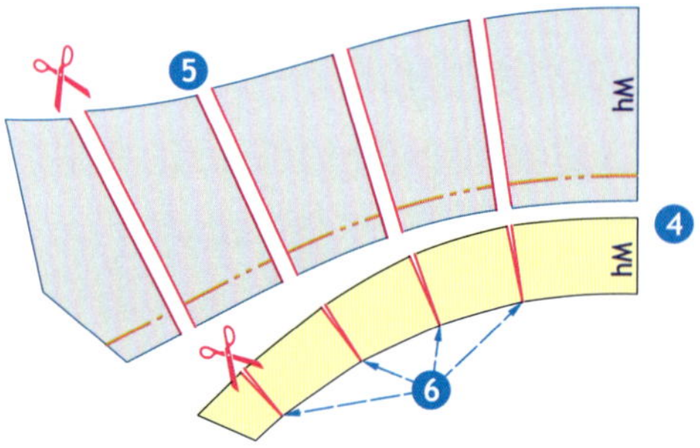

□7 Unterkragen an der Stegnaht teilen und Einschnitte vornehmen

Zweiteiligen Reverskragen formen

7. □8a Den Kragensteg so formen, dass ein Kragensteg mit einer **S-förmigen Kragennaht** entsteht, siehe hierzu die Konstruktion auf Seite 293, □5.
8. □8b Entsprechend einen anliegenden Kragensteg mit einer **stark gebogenen Kragennaht** formen, ähnlich wie ein anliegender Stehkragen auf Seite 292, □3.
9. Am Umlegekragenteil an den entsprechenden Einschnitten denselben Betrag zulegen
10. und an der Kragenkante den jeweils halben Betrag zulegen.
11. Die Stegform am stark gebogenen Kragensteg muss ggf. großzügig und deutlich optimiert werden.

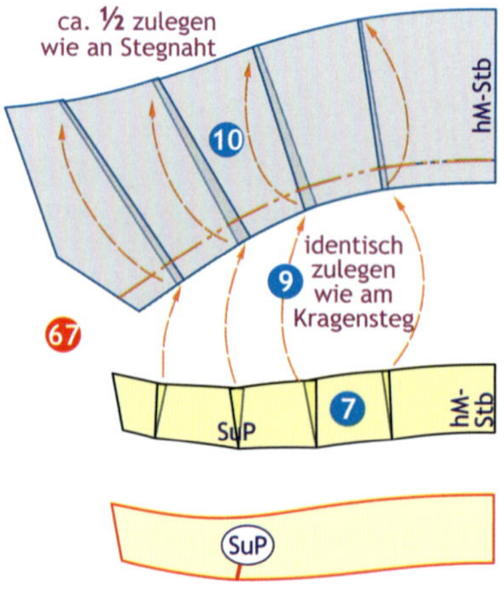

□8a Steg S-förmig formen und Umlegekragenteil anpassen

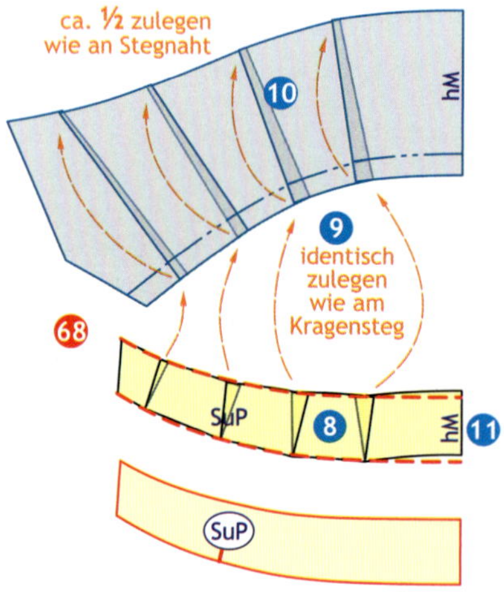

□8b Anliegenden Steg formen und Umlegekragenteil anpassen

Zweiteiliger Reverskragen (2)

Entwicklung aus der Kragen-Grundform (Maßstabsfaktor = 0,3)

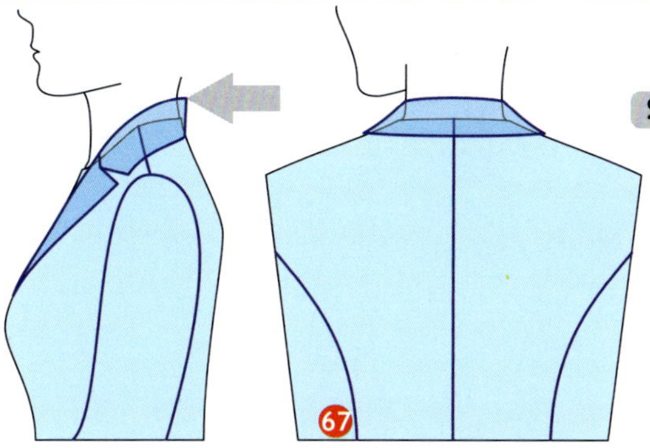

□9 Derselbe modische Reverskragen, etwas höher, seitlich und am hinteren Hals anliegender

S-förmiger Kragensteg für den seitlich enger anliegenden Reverskragen

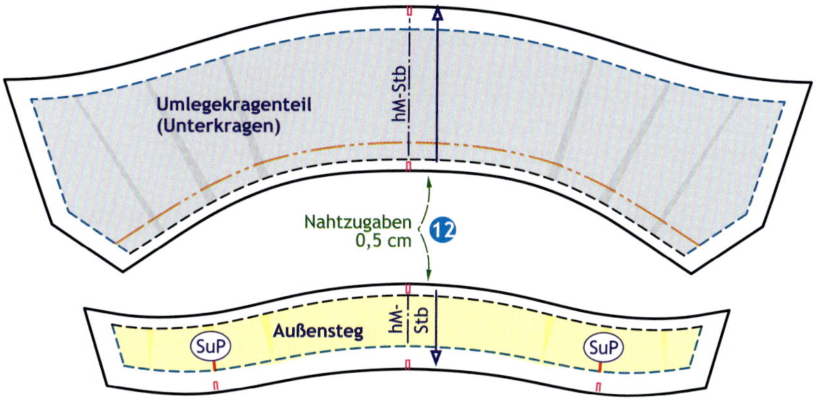

□10 Produktionsschnittteile von Unterkragen und Außensteg werden zusammengenäht

12 **□10** Die für den Unterkragen und Außensteg entwickelten Schnittteile sind fertig und können mit Nähten versehen werden. Bei einem Abstand von Kragenbruch zu Stegnaht von 0,7 cm sind etwas weniger, z.B. 0,5 cm NZg zu wählen, damit die NZg den Kragenbruch nicht stört.

13 **□11** An Oberkragen und Innensteg die Kopien an der hM ca. 0,5 cm überlappen. Dies verringert innen die Weite.

14 Die Rollweite für den Oberkragen wird, wie zuvor beschrieben, durch die Verlängerung der Crochetnaht erzielt

15 sowie durch das Anzeichnen von Roll- plus Verstürzweite an der Kragenkante und dem Kragenabstich.

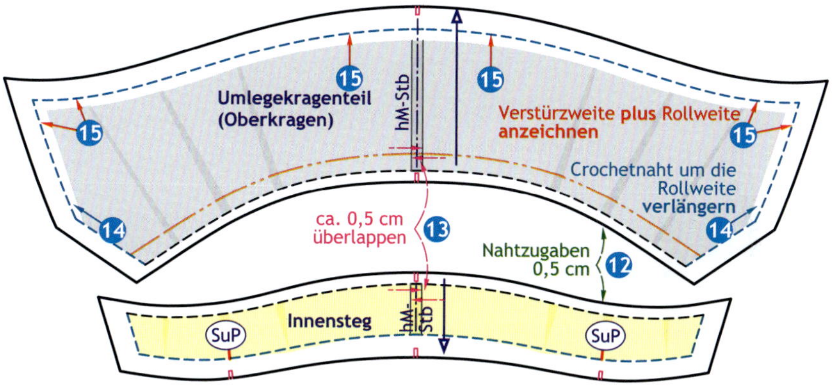

□11 Produktionsschnittteile von Oberkragen und Innensteg werden zusammengenäht

Stark gebogener, seitlich und hinten eng anliegender Reverskragen

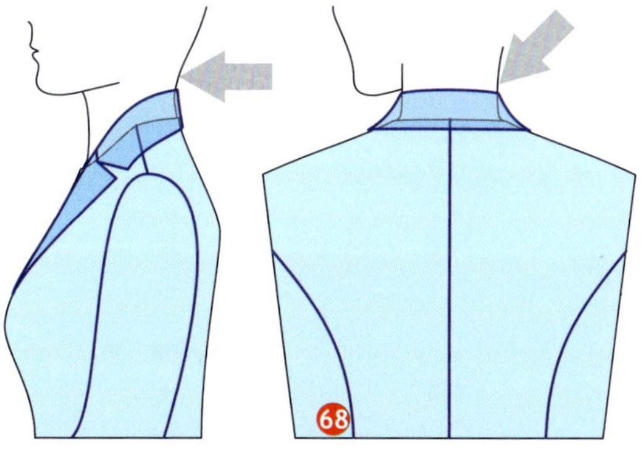

□12 Derselbe modische Reverskragen, seitlich und hinten deutlich höher und eng anliegend

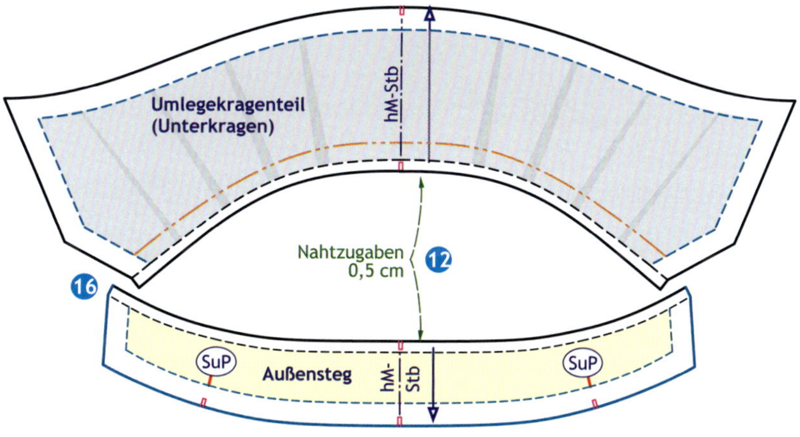

□13 Produktionsschnittteile von Unterkragen und Außensteg werden zusammengenäht

16 **□13+14** Die Nähte der Stegnaht sind hier verlängert und an den Enden abgewinkelt. Dies erleichtert bei der Verarbeitung das Anlegen und definiert eindeutig den Nahtbeginn.

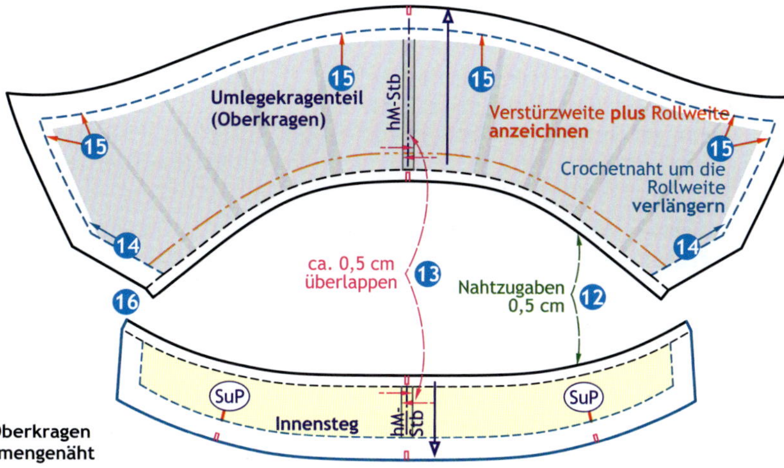

□14 Produktionsschnittteile von Oberkragen und Innensteg werden zusammengenäht

Reverskragen an einem Vorderteil mit angeschnittenem Beleg (1)

Konstruktion an das Vorderteil (Maßstabsfaktor = 0,3)

Reverskragen-Konstruktion an das Vorderteil mit am Vorderteil angeschnittenem Beleg

Diese Konstruktion eines Reverskragens wird gerne an Kleidern und Blusen verwendet. Die Form der Reverskante ist gerade, da der Vorderteil-Beleg ans Vorderteil angeschnitten wird. Die Kragenform kann verschieden gestaltet sein. Je tiefer der Reversbruch ansetzt, desto breiter wird das Revers.

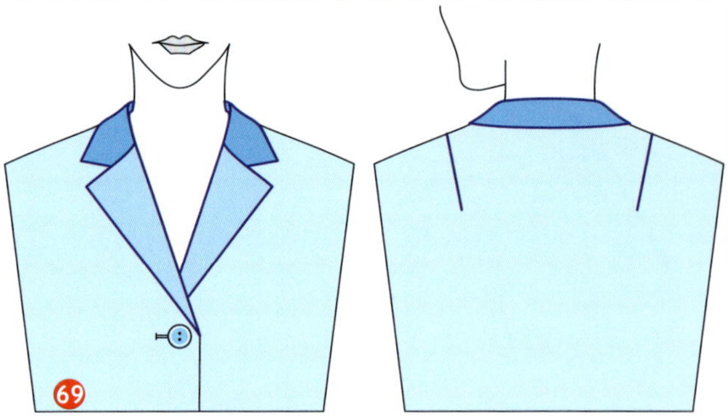

□1 Reverskragen mit am VT angeschnittenen Beleg

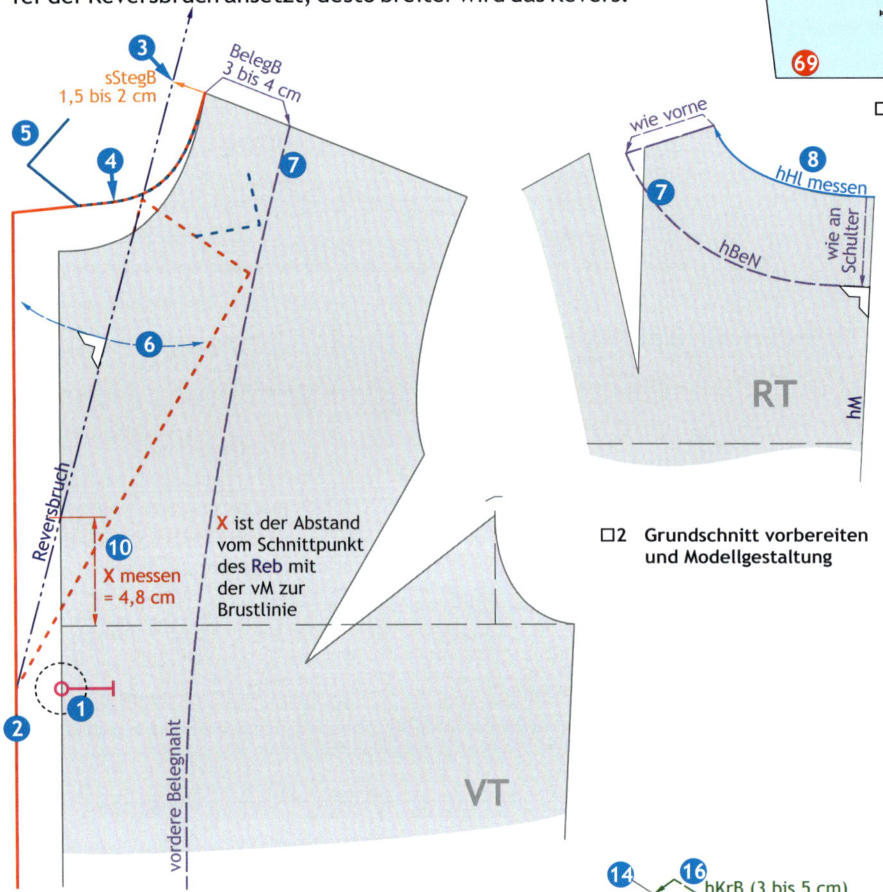

□2 Grundschnitt vorbereiten und Modellgestaltung

Grundschnitt und Modellgestaltung

□2 Ggf. eine Halslochverbreiterung bis 1 cm an VT und RT vornehmen und das hintere Halsloch neu formen, hier ohne Halslochverbreiterung.

1. Die Knopfpositionen bestimmen, die Übertrittbreite wählen und die vordere Kante zeichnen.
2. Den Beginn des Reversbruchs an der Höhe des obersten Knopfes bestimmen. Je tiefer das Revers, desto breiter wird es.
3. Die seitliche Stegbreite (sStegB) in das Halsloch markieren und den Reversbruch zeichnen.
4. Das Halsloch mit der Crochetnaht ist hier rund geformt.
5. Den Kragenabstich gestalten und

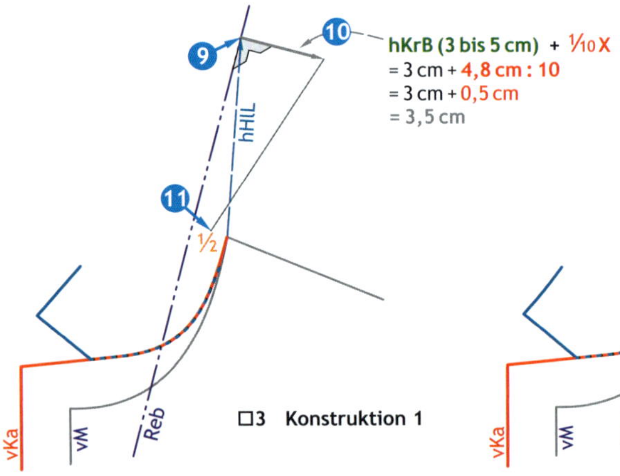

□3 Konstruktion 1

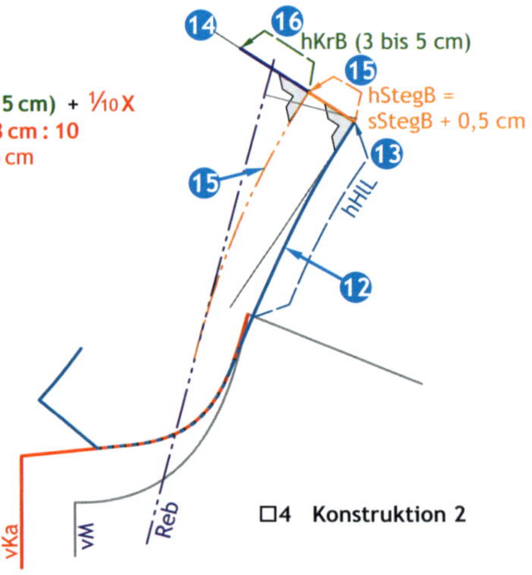

□4 Konstruktion 2

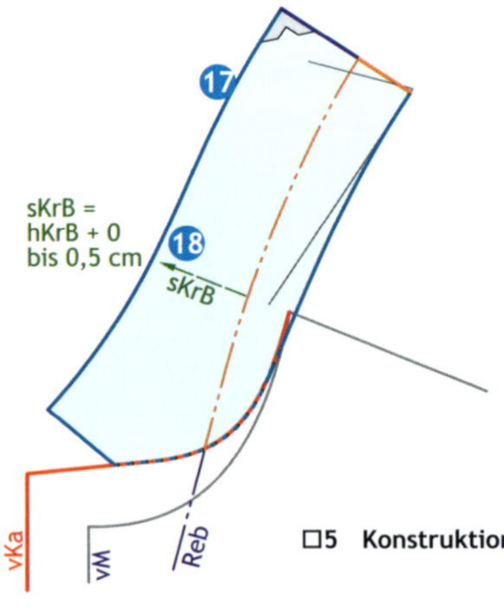

□5 Konstruktion 3

6. bei Bedarf die somit gestaltete **Fasson** zur Kontrolle in das VT spiegeln, ggf. korrigieren und dann zurück spiegeln.
7. Die Belegnähte im VT und RT einzeichnen, an der Schulter in 3 bis 4 cm Breite.

Reverskragen-Konstruktion

8. □2 Die hintere Halslochlänge hHlL ausmessen und
9. □3 vom (neuen, ggf. verbreiterten) vorderen Halsloch auf den verlängerten Reversbruch (Reb) abtragen.
10. Von dort eine **Hilfslinie** nach rechts abwinkeln und die hKrB + 1/10 X abtragen (siehe auch □2).
11. Hilfslinie zur Mitte zwischen Halsloch und Reb zeichnen.
12. □4 Die Kragennaht verläuft aus dem Halsloch in leichtem Bogen in die Hilfslinie ein. Dabei schneidet sie die Schulternaht.
13. Die hHlL von der Schulternaht aus darauf abtragen.
14. Von dort die hM des Kragens zur Hilfslinie abwinkeln und
15. die hStegB = sStegB + 0,5 cm abtragen sowie den Kragenbruch in den ReB einlaufend formen.
16. Jetzt die hKrB abtragen und
17. □5 die Kragenkante abwinkeln und geschwungen formen.
18. Die seitliche Kragenbreite (sKrB) kann im Bereich der Schulter vom Kragenbruch aus kontrolliert werden. Sie entspricht in etwa der hKrB + 0 bis + 0,5 cm.

Reverskragen an einem Vorderteil mit angeschnittenem Beleg (2)
Gestaltungs-Varianten und Produktionsschnitte (Maßstabsfaktor = 0,3)

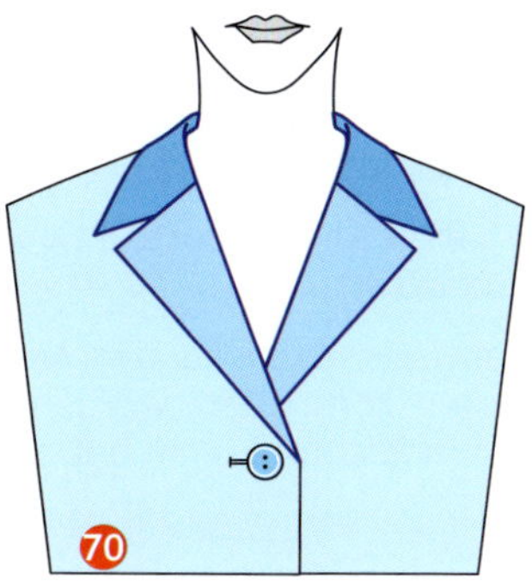

□6 Gestaltungs-Variante mit Crochetecke und Halslochverbreiterung

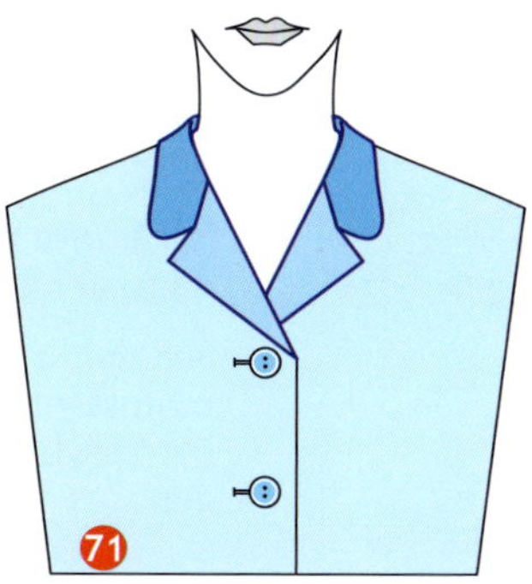

□7 Gestaltungs-Variante mit kurzem Revers, Ecke in Crochetnaht und abgerundetem Kragen

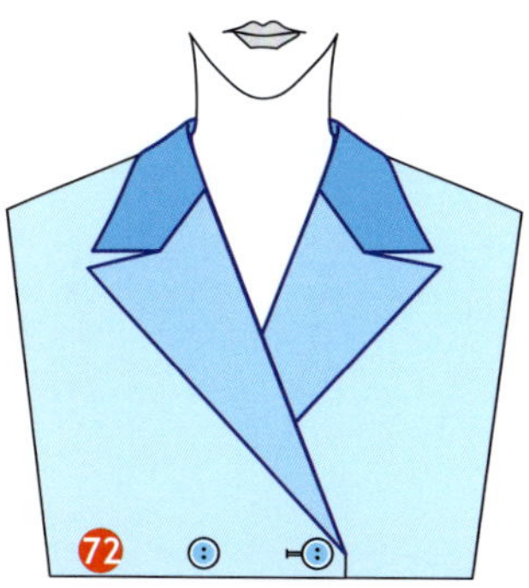

□8 Gestaltungs-Variante als Zweireiher, mit Spitzrevers und kleiner Halslochverbreiterung

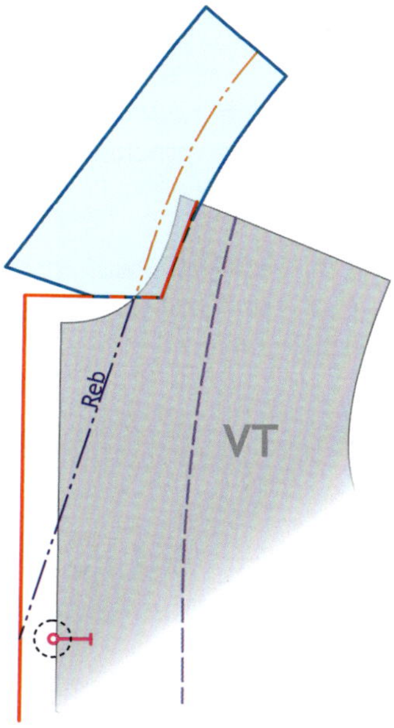

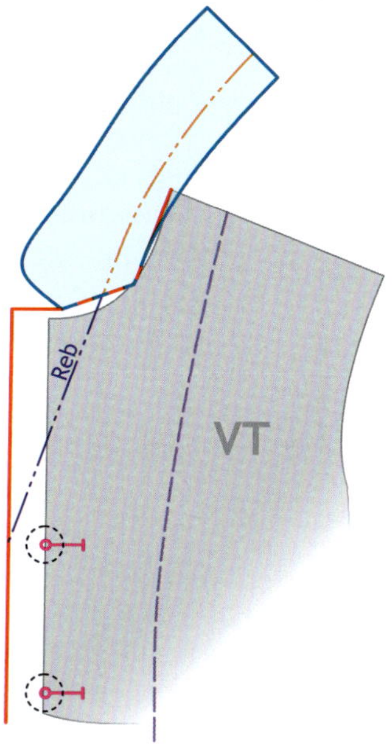

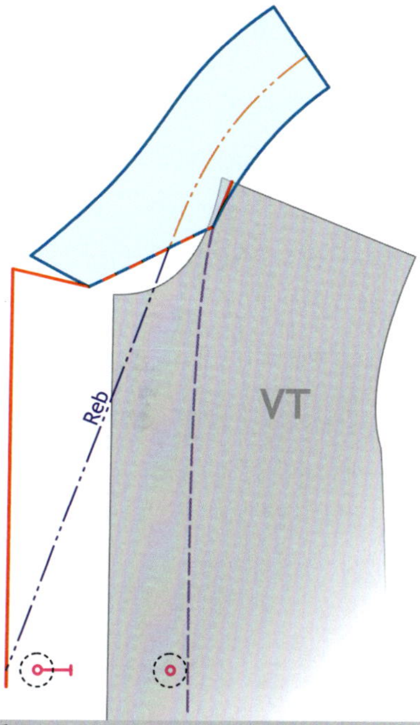

Produktionsschnittteile

19 □9 Die Belegfläche wird an der vKa mit den Kragenpunkten und dem Reversbruch gespiegelt.

20 Am Beleg wird der Reversbruch (vom Halsloch zum Reversbeginn und von der Belegnaht zum Reversbeginn) eingeschnitten und nur oben für die Rollweite geöffnet. Die zugelegte Länge an der Belegnaht kann vernachlässigt werden.

21 □10 Der Unterkragen kann (nicht zwingend) im schrägen Fadenlauf zugeschnitten werden (hier alle Varianten).

22 Den Oberkragen, wie bereits vorne beschrieben, mit Rollweite und Verstürzweite versehen.

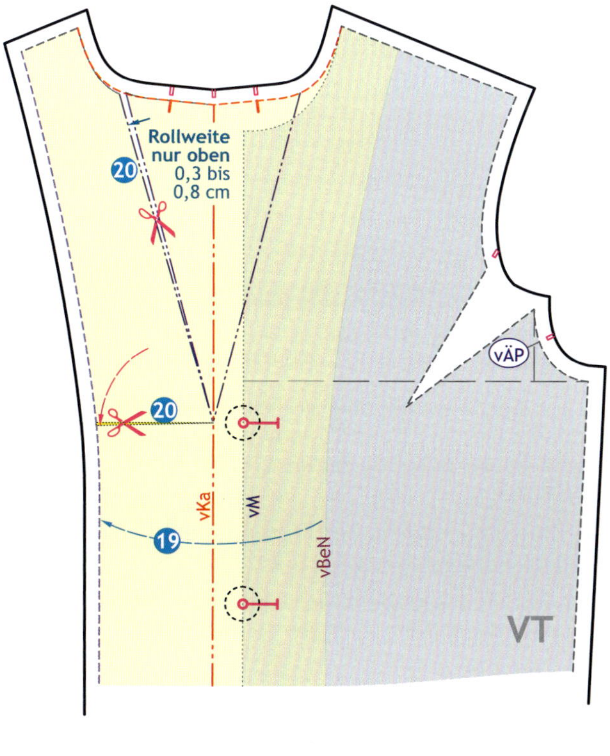

□9 VT-Produktionsschnitt mit angeschnittenem Beleg und Rollweite

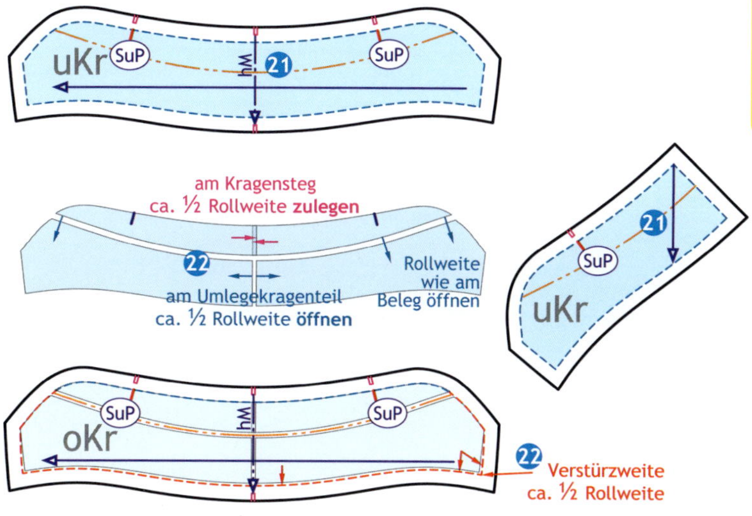

□10 Kragen-Produktionsschnitte, Oberkragen mit Roll- und Verstürzweite

Breiter Schalkragen mit Rückteil-Anlage (1)

Anlege-Konstruktion (Maßstabsfaktor = 0,3)

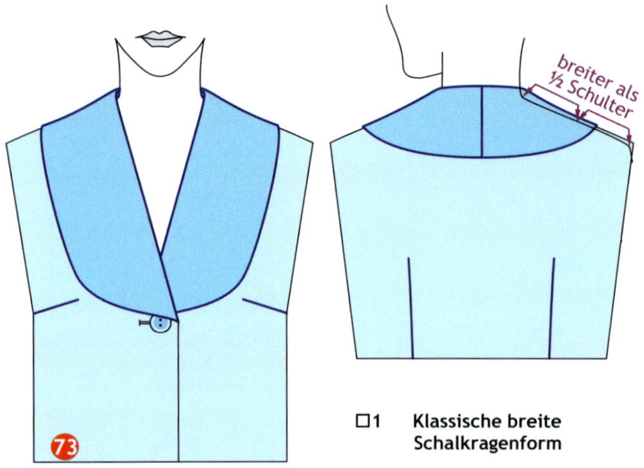

□1 Klassische breite Schalkragenform

Breiter Schalkragen
Kragenbreite bis zur oder über die Schultermitte

Für breite flache Kragen ist die hier gezeigte Konstruktion mit einer **Rückteil-Anlage** erforderlich.

Soll der Kragen enger und höher am Hals sitzen, kann im Anschluss ein anliegender Kragensteg konstruiert werden. Die Stegbreite sollte dann aber mindestens 2,5 cm betragen.

! Bedingungen für die Konstruktion einer Rückteil-Anlage

- der Kragen an der hM ist breiter als **7 cm** - damit reicht i.d.R. der Kragen **über die halbe Schulterbreite**
- die seitliche Kragenkante reicht bis zur oder über die **natürliche Schultermitte** hinaus
- die Fasson besitzt einen **runden Kragenbruch oder Reversbruch**
- der Kragen sitzt **in einem runden oder eckigen Ausschnitt**
- die **Halslochverbreiterung** ist größer als **1 cm**

Sollte einer dieser fünf Punkte zutreffen, dann **muss zwingend eine Rückteil-Anlage** konstruiert werden.

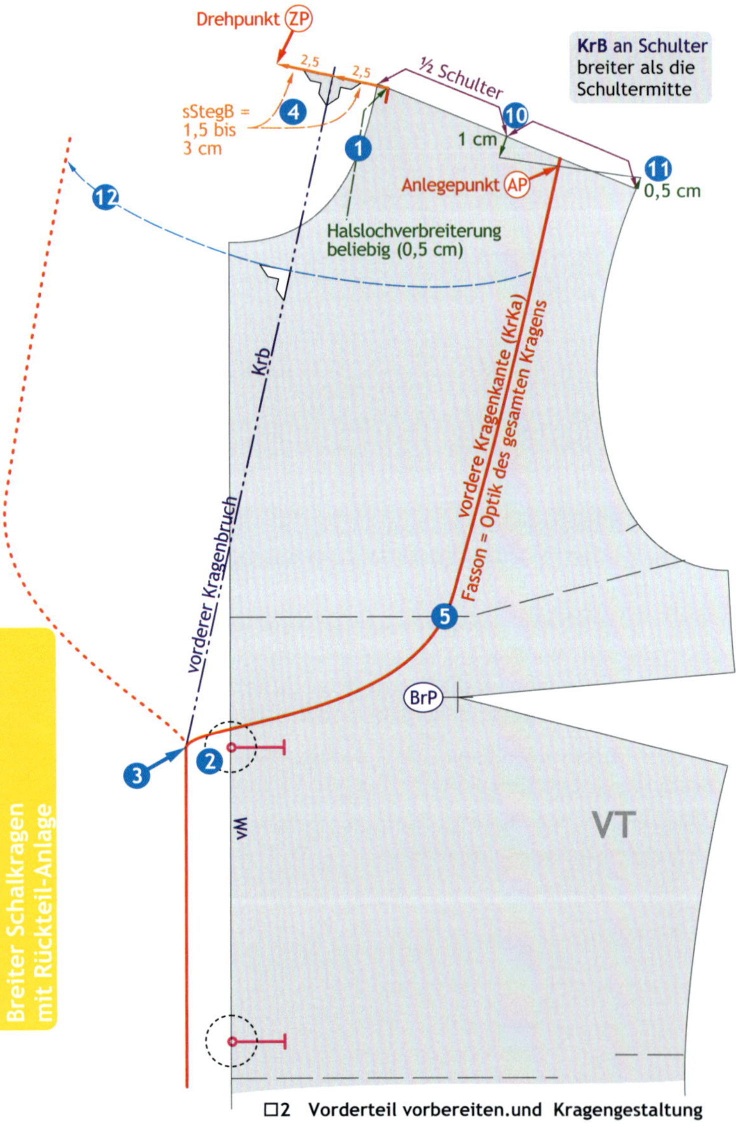

□2 Vorderteil vorbereiten.und Kragengestaltung

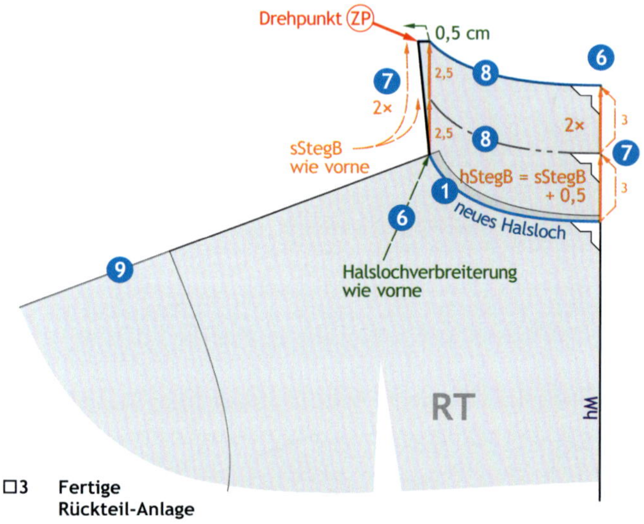

□3 Fertige Rückteil-Anlage

1 Modell- und Kragengestaltung

Für die Gestaltung des Kragens am Vorderteil muss der Brustabnäher aus der Schulter verlegt werden.

1. □2 Ggf. eine beliebig große Halslochverbreiterung (hier 0,5 cm) an VT und RT vornehmen. Am VT nur einen Punkt an der Schulter markieren. Das hintere Halsloch neu formen.
2. Die Knopfpositionen bestimmen, die Übertrittbreite wählen und die vordere Kante zeichnen.
3. Den Beginn des Kragenbruchs (Krb) 0 bis 1 cm oberhalb des obersten Knopfes bestimmen (hier 0 cm).
4. Die seitliche Stegbreite (sStegB = 1,5 bis 3 cm) ins Halsloch abtragen, den Kragenbruch zeichnen und ein 2. Mal (ZP) die sStegB abwinkeln → Drehpunkt für die Kragen-Anlage.
5. Die Fasson vom Kragenansatz zur Schulternaht formen.

Breiter Schalkragen mit Rückteil-Anlage

Breiter Schalkragen mit Rückteil-Anlage (2)

Anlege-Konstruktion (Maßstabsfaktor = 0,3)

2 Rückteil-Kopie zur Anlage vorbereiten

□3 Das obere Rückteil mit dem neuen Halsloch und ggf. einer Schulterpolstererhöhung kopieren, dabei den Schulterabnäher in der Schulternaht zulegen.

6 hM nach oben verlängern und eine Parallele zur hM durch das seitliche (verbreiterte) Halsloch zeichnen.

7 Am seitlichen Halsloch 2× die sStegB nach oben abtragen, an der hM 2× die hStegB (= sStegB + 0,5 cm).

8 Diese Punkte mit flachen Kurven verbinden.

ZP An der seitlichen Spitze 0,5 cm **waagerecht** nach links abtragen → Drehpunkt, dann zum Halsloch zeichnen.

9 Schulternaht verlängern → Rückteil-Anlage ist violett.

3 Anlegepunkt und Rückteil-Anlage

10 □2 Die natürliche Schulterbreite halbieren und von dort 1 cm nach unten abtragen.

11 An der äußeren Schulterspitze 0,5 cm nach oben abtragen, beide Punkte verbinden → **Anlege-Linie.**

AP Der Schnittpunkt der Anlege-Linie mit der Kragenkante ist der Anlegepunkt für die Schulter der Rückteil-Anlage.

ZP □4 Die beiden Drehpunkte (ZP) aneinanderlegen.

AP Die Rückteil-Anlage so weit drehen, bis die (verlängerte) Schulter auf den Anlagepunkt (AP) zu liegen kommt. Alle drei Linien treffen sich jetzt im Anlagepunkt.

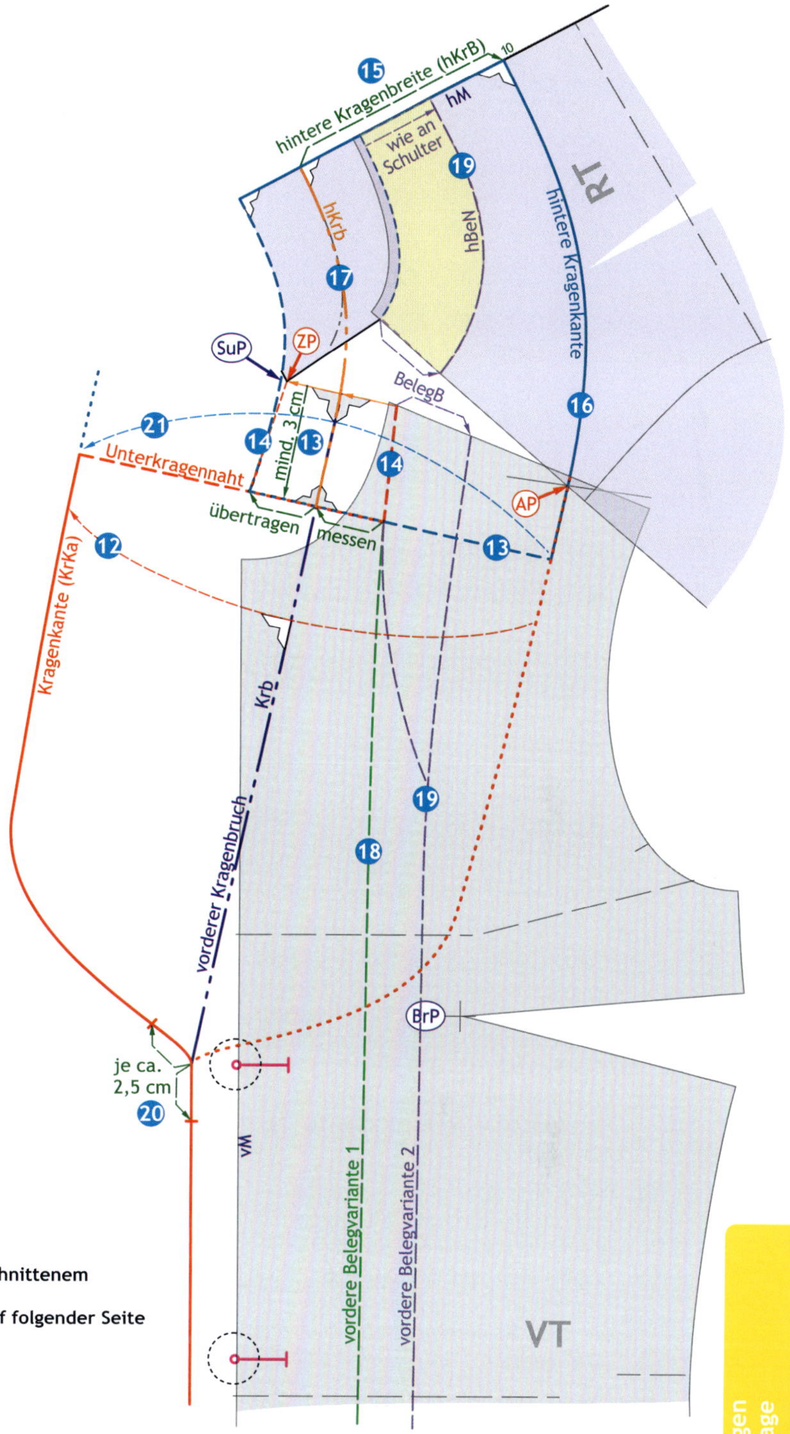

□4 Rückteil-Anlage und Kragenkonstruktion

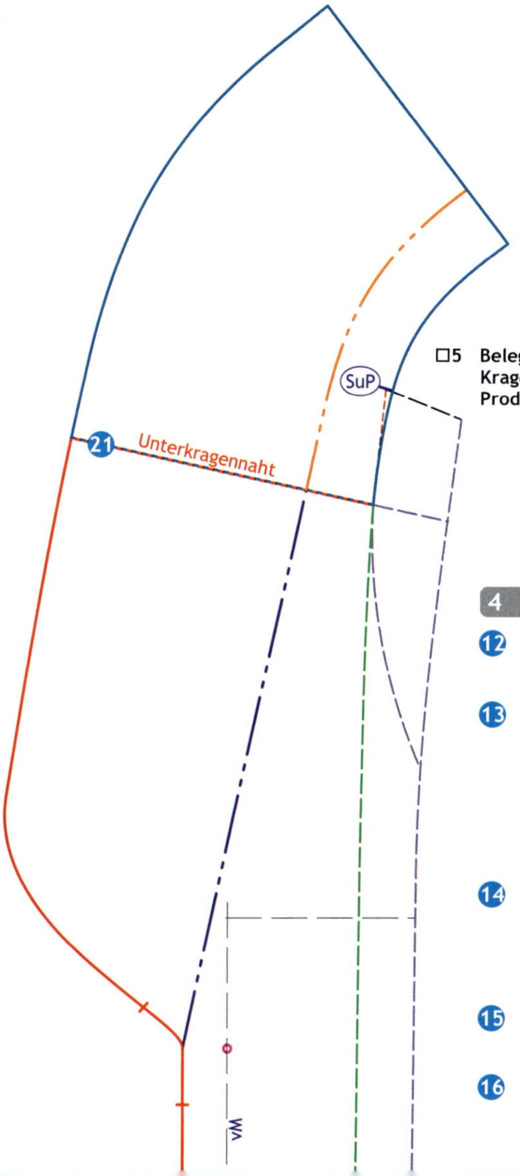

□5 Belegfläche mit angeschnittenem Kragen, noch unfertig. Produktionsschnitte auf folgender Seite

4 Kragen und Beleg

12 □4 Am Kragenbruch (KrB) die Kragenkante nach außen spiegeln.

13 Ab ca. 3 cm unterhalb der Schulter die **Unterkragennaht** rechtwinklig zum Krb zeichnen. Die Naht darf (z.B bei einem Spatenkragen) nicht mit einer Spitze an der Fasson zusammentreffen.

14 Das Halsloch gerade und parallel zum Kragenbruch oder unten etwas breiter zur Unterkragennaht zeichnen und am KrB spiegeln.

15 Die hintere Kragenbreite an der hM ab dem (Krb) abtragen und

16 die hintere Kragenkante in die Fasson einlaufend formen.

17 Den hinteren Kragenbruch in den vorderen Krb neu formen.

18 Vom unteren Halsloch die Belegnaht zum Saum zeichnen.

19 Alternativ einen hinteren Beleg und die Belegnaht von der Schulter zum Saum formen. Eine der Abtrennungen vornehmen.

ZP Der Drehpunkt ZP ist gleichzeitig der Schulterpunkt (SuP).

20 Ca. 2,5 cm ober- und unterhalb des Reversbeginns Knipse setzen.

21 □4+5 Eine gewünschte Belegvariante kopieren. Kragen kopieren, spiegen und an der Unterkragennaht anschneiden.

Breiter Schalkragen mit Rückteil-Anlage (3)
Produktionsschnitte

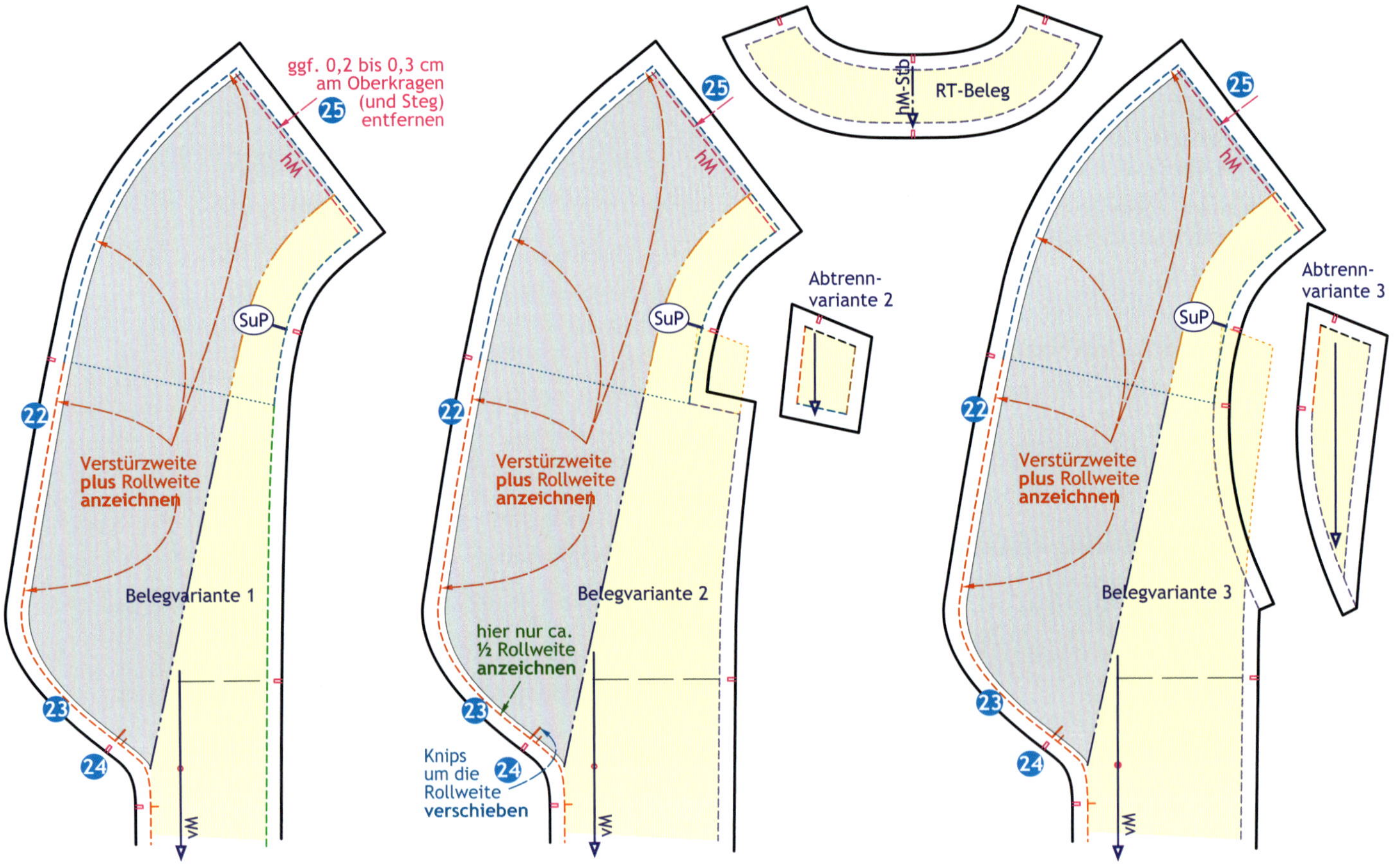

□6 **Produktionsschnitte: 3 Belegvarianten** (mit angeschnittenem Oberkragen)

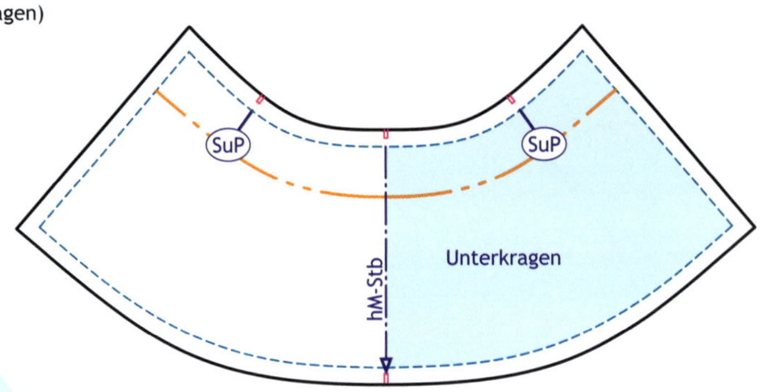

□7 **Unterkragen** (dieser kann auch mit Naht an der hM und im schrägen Fadenlauf zugeschnitten werden)

22 □6 Verstürzweite plus Rollweite an die Belegkante anzeichnen.

23 Unten am Kragenbeginn nur ca. ½ Rollweite = Verstürzweite anzeichnen.

24 Den Knips oberhalb des Kragenbeginns um die Rollweite nach oben verschieben. Dadurch ergibt sich ein Einhaltebetrag zwischen den Knipsen, um den Kragenbruch dort zu formen.

25 □9 Der Oberkragen (und der Innensteg) kann an der hM um ca. 0,5 cm reduziert werden, am (halben) Oberkragen entsprechend um 0,2 bis 0,3 cm reduzieren.

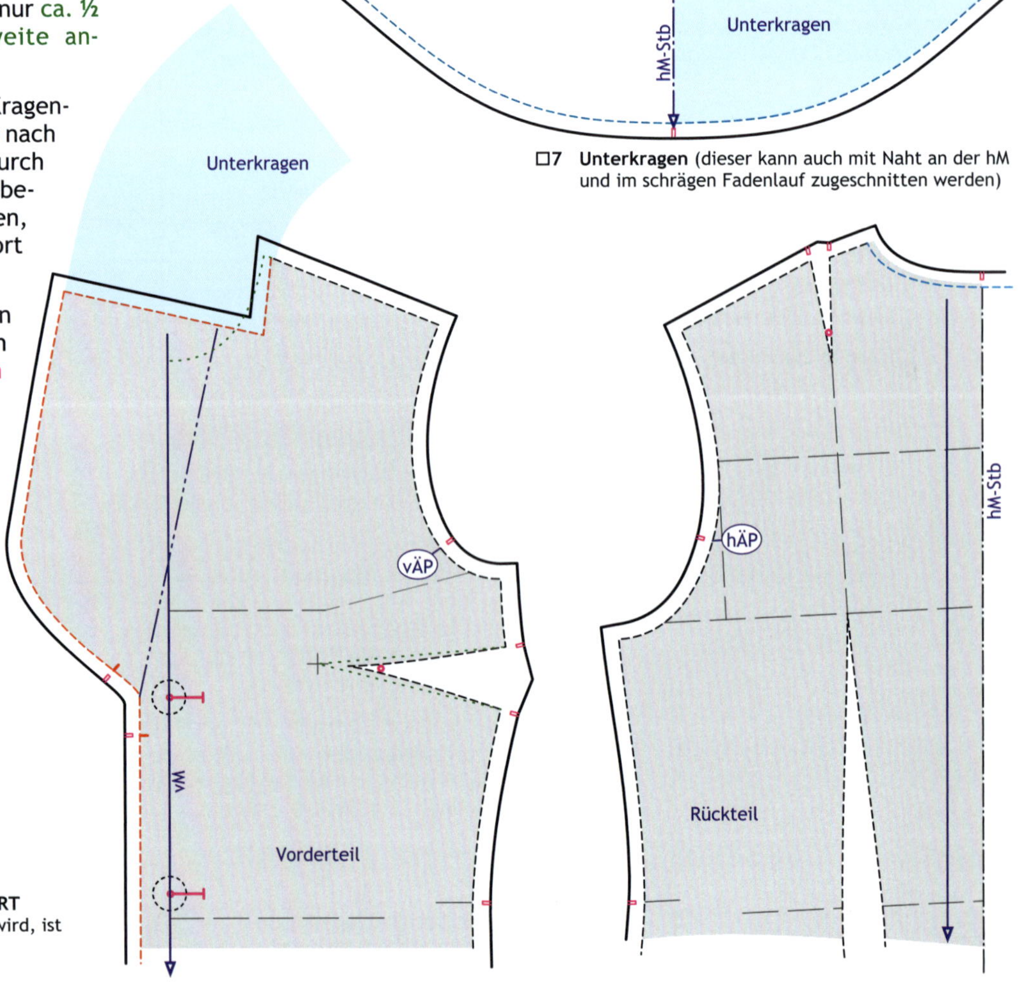

□8 **Produktionsschnitte: VT und RT**
wie der Kragen ans VT gelegt wird, ist optisch in Blau demonstriert

Breite Schalkragen-Varianten
Anlege-Konstruktionen

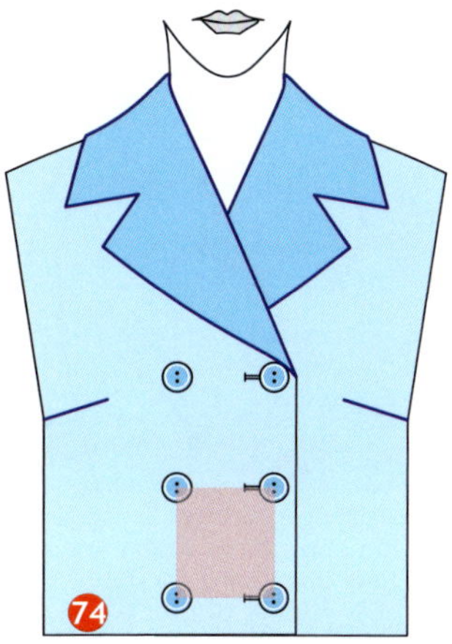

☐1a Breiter, halsnaher Schalkragen in doppelreihiger Reversoptik mit sehr hohem Kragensteg

☐2a Sehr breiter, flacher und halsferner Schalkragen in Matrosenkragenoptik

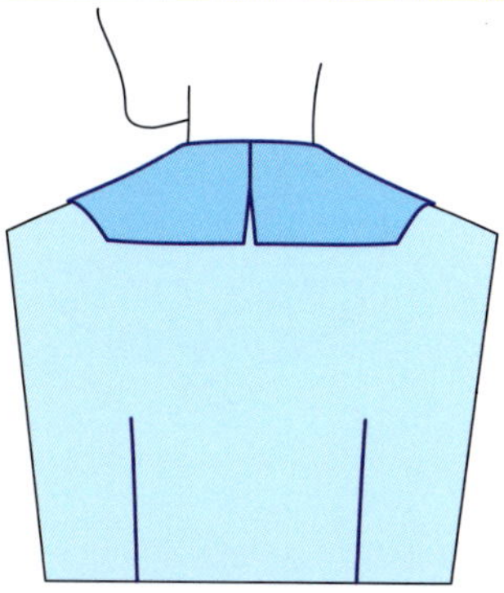

☐3a Hoher breiter Spatenkragen mit eckig geformer hinterer Kragenkante mit Schlitz

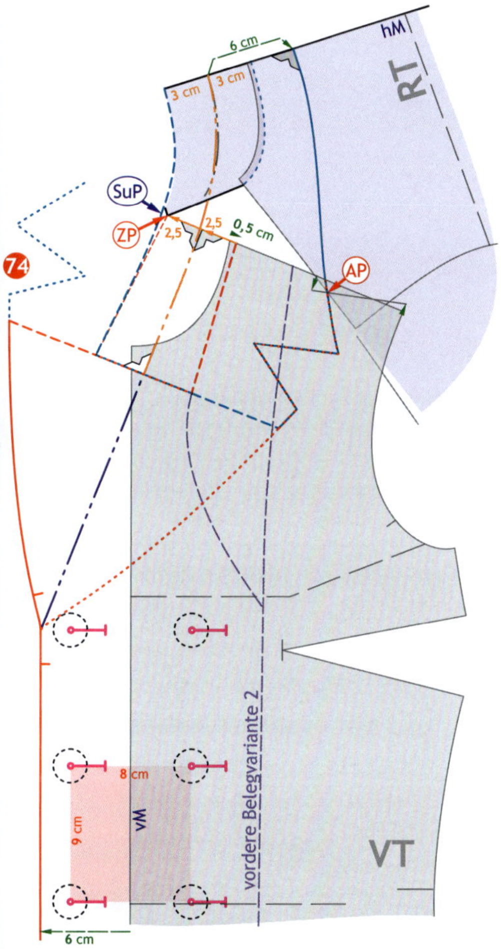

☐1b Modellentwicklung Doppelreiher: Übertritt und Knopfabstände nach den Proportionen der Skizze (siehe rosa Rechteck). Anschließend kann noch, wie auf der Skizze, ein enger Kragensteg konstruiert werden (siehe Beispiel auf folgender Seite).

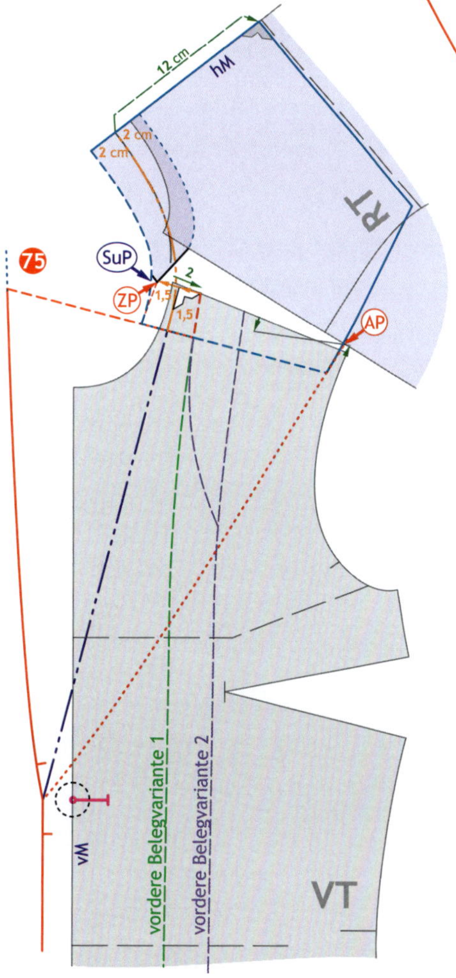

☐2b Modellentwicklung Schalkragen, ähnlich wie ein Matrosenkragen: Halslochverbreiterung 2 cm

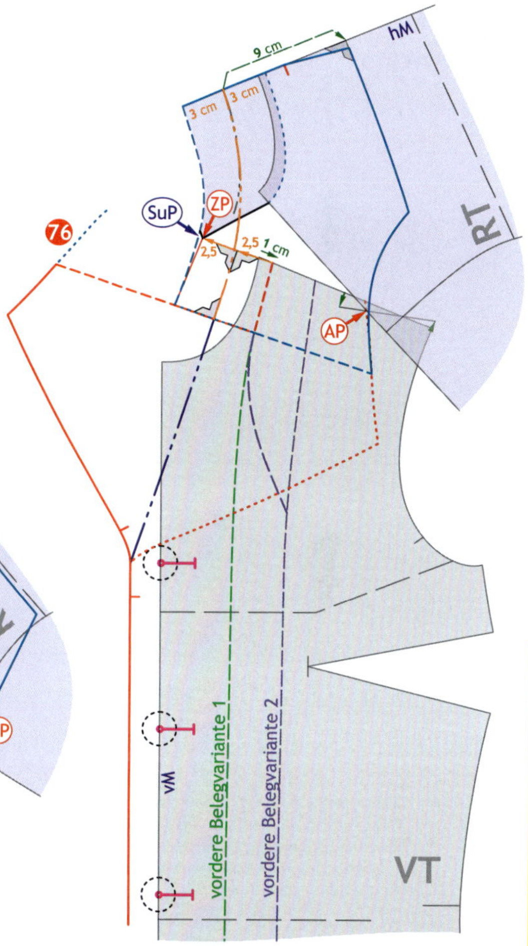

☐3b Modellentwicklung Spatenkragen: Eine halsenge und hohe Variante eines ähnlichen Kragens mit separatem Kragensteg ist auf folgender Seite demonstriert.

Halsnaher breiter Schalkragen mit Kragensteg (1)
Zweiteiliger breiter Schalkragen

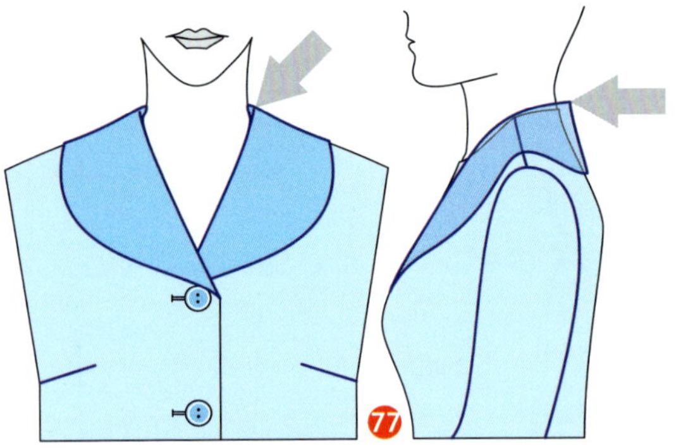

□1 Grundform breiter Schalkragen, zur Vorbereitung für einen zweiteiligen halslengen Kragen mit anliegendem Kragensteg

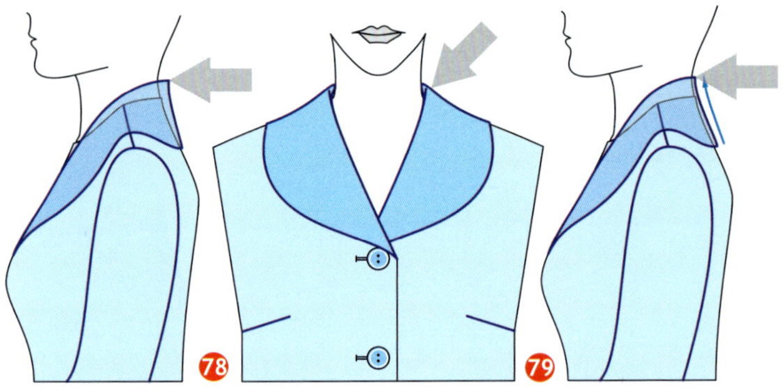

□2 Halsenger breiter Schalkragen mit S-förmigem Kragensteg steht noch etwas an der hM ab

□3 Halsenger breiter Schalkragen mit stark gerundetem Kragensteg liegt übeall eng am Hals

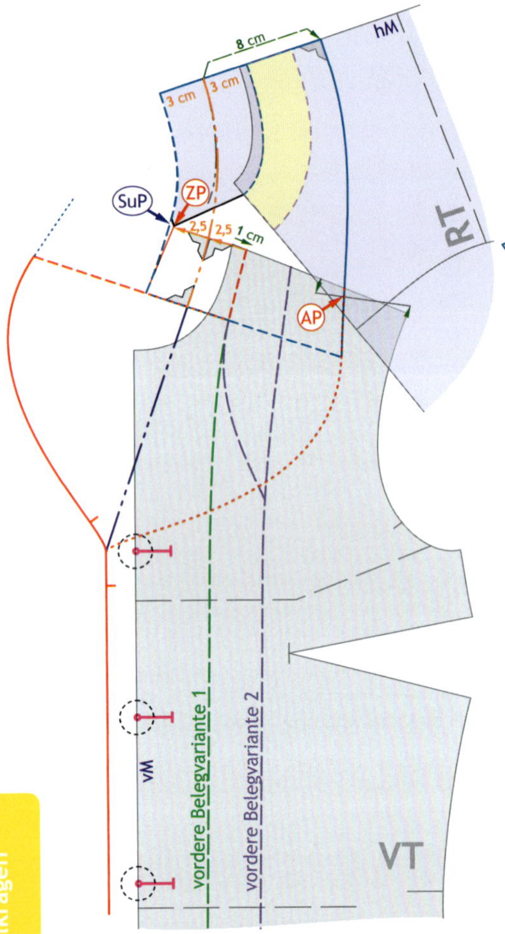

□4 Modellentwicklung Schalkragen: Dieser liegt noch flach auf der Schulter. Aus diesem werden die halsengen, hohen Varianten des Kragens mit separatem Kragensteg entwickelt.

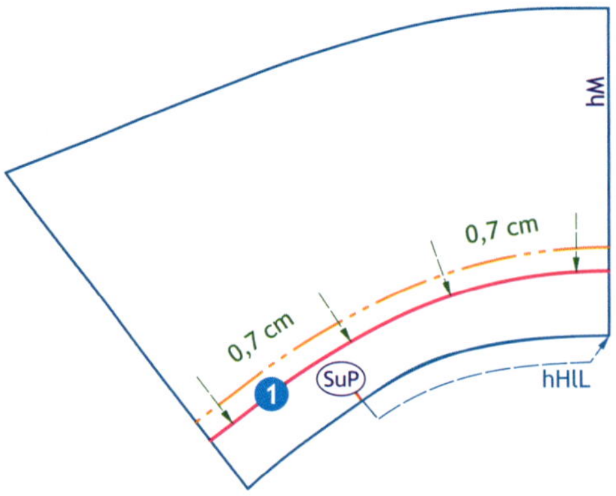

□5 Unterkragen kopieren und die Stegnaht einzeichnen (Maßstabsfaktor = 0,3)

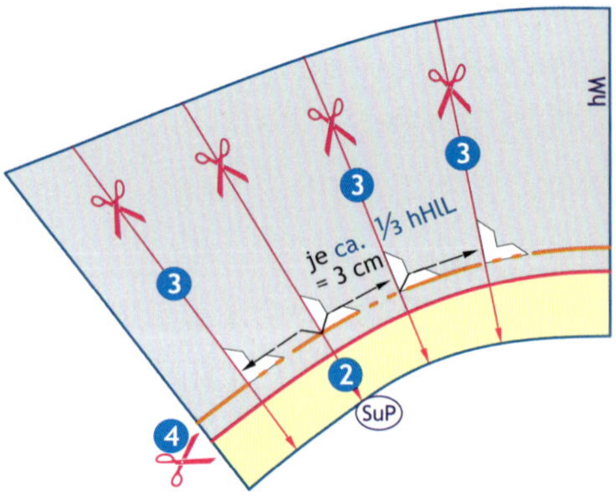

□6 Einschnittlinien einzeichnen (Maßstabsfaktor = 0,3)

Vorbereitung eines zweiteiligen Schalkragens (mit Kragensteg)

Ein Kragen mit separatem und in Form eines anliegenden Kragens gestalteten Kragenstegs sitzt am Hals enger.

Er wird aus einem normal konstruieren Kragen entwickelt. Der Kragensteg entsteht durch Abtrennung und Formung. Auch der Umlegekragen wird geformt.

1 □5 Die Stegabtrennung ist die spätere Stegnaht und befindet sich 0,7 cm parallel unterhalb des Kragenbruchs.

2 □6 Am Schulterpunkt eine Einschnittlinie rechtwinklig zum Kragenbruch einzeichnen.

3 Drei weitere Einschnitte wie skizziert, im Abstand von ca. ⅓ hintere HlL einzeichnen.

4 Kragensteg abtrennen.

Die Einschnitte am Umlegekragenteil durchtrennen. Am Kragensteg die unteren Einschnittenden zusammen hängen lassen. So bleibt dort die Kragennahtlänge unverändert, siehe Seite 328.

Hoher breiter Schalkragen mit S-förmigem Kragensteg

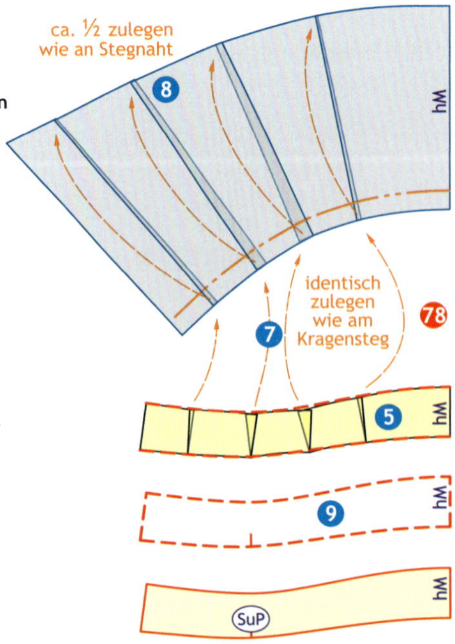

□7 Entwicklung der Kragenteile für den Kragen mit S-förmigen Kragensteg (Maßstabsfaktor = 0,3)

Hoher breiter Schalkragen mit stark gerundetem Kragensteg

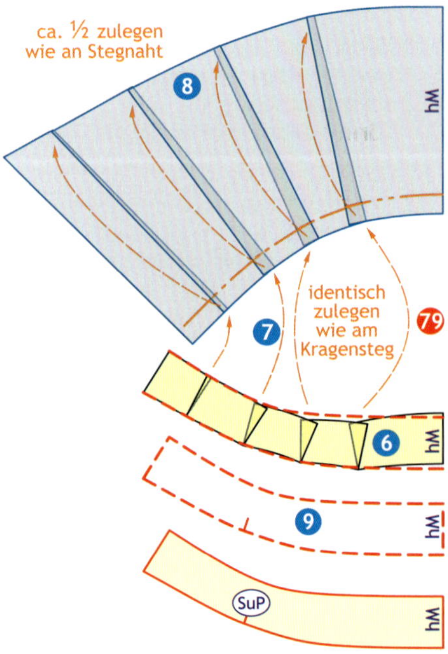

□8 Entwicklung der Kragenteile für den Kragen mit stark gerundeten Kragensteg (Maßstabsfaktor = 0,3)

Halsnaher breiter Schalkragen mit Kragensteg (2)
Zweiteiliger breiter Schalkragen

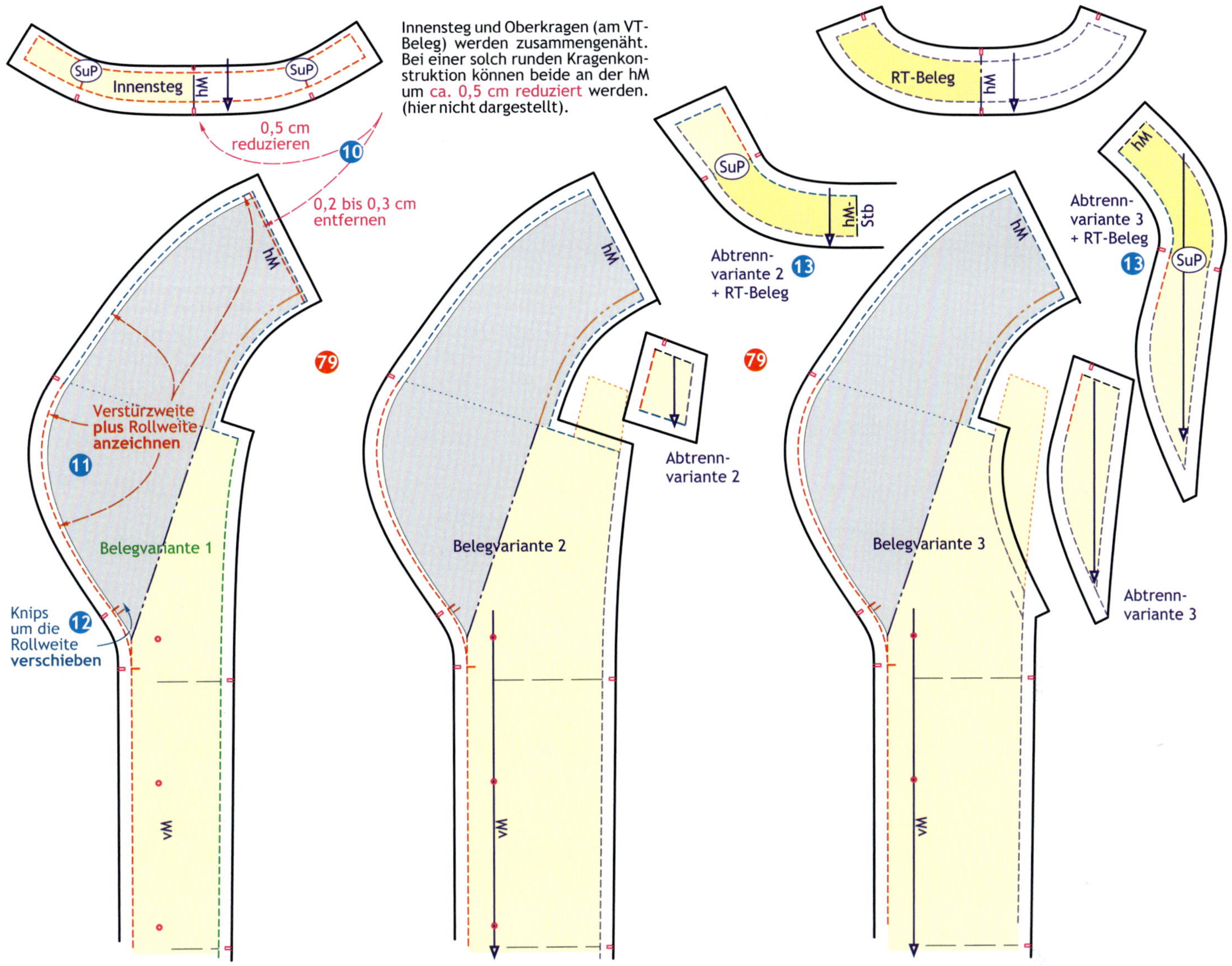

☐9 **Produktionsschnitte für alle drei VT-Belegvarianten, RT-Beleg und Innensteg für das Modell mit stark gerundetem Kragensteg.**
Hier sind alternativ die beiden Schnittteile dargestellt, bei denen die am VT-Beleg abgetrennten Teile am RT-Beleg angeschnitten werden.

Zweiteilige Schalkragen formen

Der gelbe Kragensteg in ☐**6** hat die Form eines am Hals abstehenden Stehkragens. Der Kragen liegt flach auf der Schulter und steht am Hals ab.

5 ☐**7** Für den Kragen in ☐**2** wird der abgetrennte Steg an den Einschnitten so geformt, dass eine **S-förmige Kragennaht** entsteht.

Dies gelingt am besten nach Gefühl. Hilfreich sind die Abbildung von Stehkragenformen auf Seite 292 und 293

6 ☐**8** Für den eng am Hals liegenden Kragen in ☐**3** wird der Steg an den Einschnitten so geformt, dass eine **stark gerundete Kragennaht** entsteht.

7 ☐**6+7** Am Umlegekragenteil legt man an den jeweiligen Einschnitten denselben Betrag zu

8 und an der Kragenkante legt man den jeweils halben Betrag zu.

9 Die Steg- und Kragennähte ausformen. Insbesondere beim Kragensteg ist auf eine optimale Steg- und Kragennaht zu achten. Hier muss großzügig geformt werden!

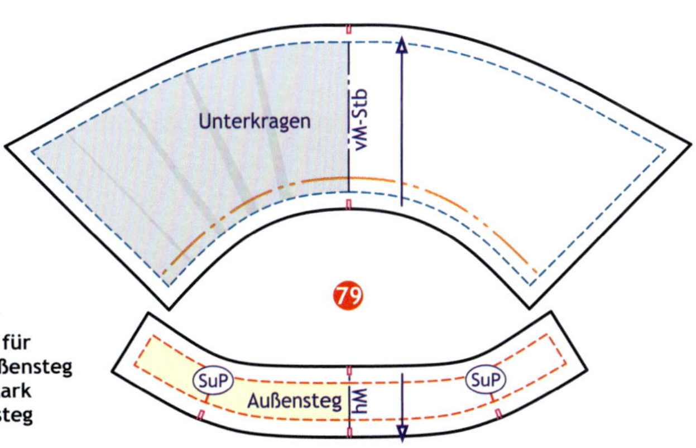

☐10 **Produktionsschnitte für Unterkragen und Außensteg für das Modell mit stark gerundetem Kragensteg**

Beleg und Kragen fertigstellen

Das in ☐**7+8** geformte Umlegekragenteil wird nun an die entsprechende Belegvariante angeschnitten.

10 ☐**9** Der Innensteg kann an der hM um ca. 0,5 cm reduziert werden; am (halben) Oberkragen entsprechend um 0,2 bis 0,3 cm reduzieren.

11 Am Beleg Roll- plus Verstürzweite an der Kragenkante anzeichnen.

12 Der obere Knips am Kragenansatz wird um die Rollweite nach oben verschoben. Dadurch entsteht dort etwas Einhalteweite, die den Kragenumbruch formt.

13 Die Abtrennteile vom VT-Beleg können bei Bedarf mit dem RT-Beleg an der Schulter angeschnitten werden. Diese können alternativ angefertigt werden.

Breiter Reverskragen mit Rückteil-Anlage (1)
Anlege-Konstruktion (Maßstabsfaktor = 0,3)

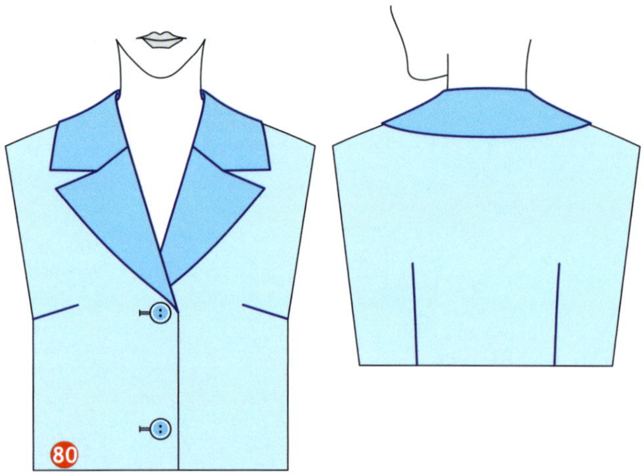

□1 Grundform breiter Reverskragen mit Rückteil-Anlage

Breiter Schalkragen
Kragenbreite bis zur oder über die Schultermitte

Für breite flache Kragen ist die hier gezeigte Konstruktion mit einer **Rückteil-Anlage** erforderlich.

Soll der Kragen enger und höher am Hals sitzen, kann im Anschluss ein anliegender Kragensteg konstruiert werden. Siehe hierzu die Beschreibung auf Seite 328. Die Stegbreite sollte dann aber mindestens 2,5 cm betragen.

! Bedingungen für die Konstruktion einer Rückteil-Anlage

- der Kragen an der hM ist breiter als **7 cm** - damit reicht i.d.R. der Kragen über die halbe Schulterbreite
- die seitliche Kragenkante reicht bis zur oder über die **natürliche Schultermitte** hinaus
- die Fasson besitzt einen **runden Kragenbruch oder Reversbruch**
- der Kragen sitzt **in einem runden oder eckigen Ausschnitt**
- die **Halslochverbreiterung** ist größer als **1 cm**

Sollte einer dieser fünf Punkte zutreffen, dann **muss zwingend eine Rückteil-Anlage** konstruiert werden.

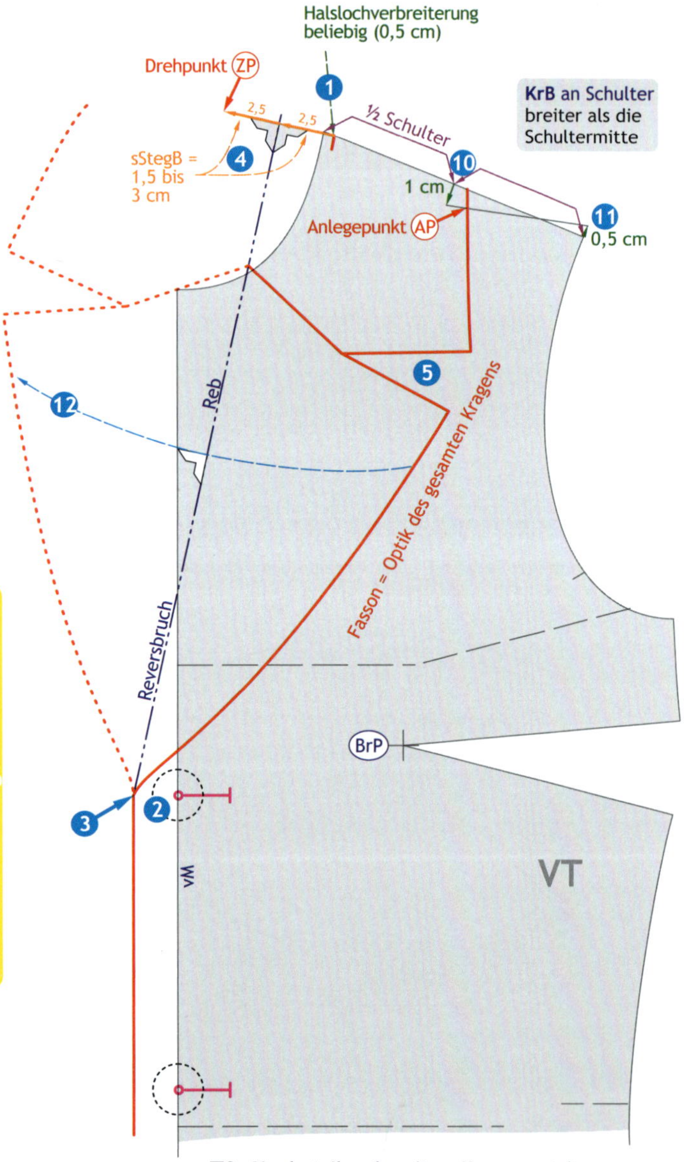

□2 Vorderteil vorbereiten, Kragengestaltung

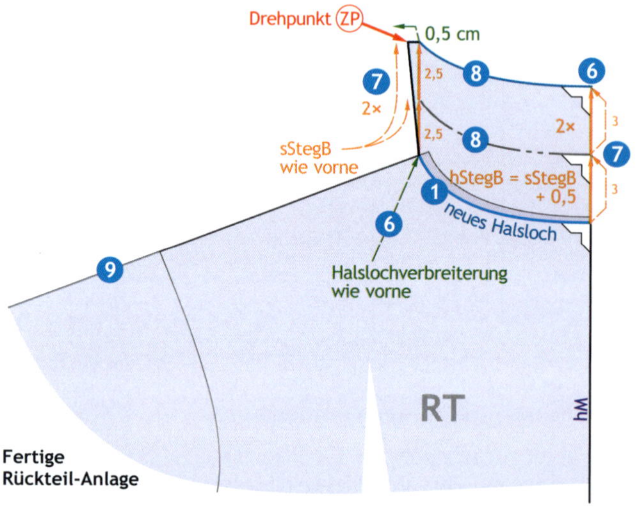

□3 Fertige Rückteil-Anlage

1 Modell- und Kragengestaltung

Für die Gestaltung des Kragens am Vorderteil muss der Brustabnäher aus der Schulter verlegt werden.

1. □2 Ggf. eine beliebig große Halslochverbreiterung (hier 0,5 cm) an VT und RT vornehmen. Am VT nur einen Punkt an der Schulter markieren. Das hintere Halsloch neu formen.
2. Die Knopfpositionen bestimmen, die Übertrittbreite wählen und die vordere Kante zeichnen.
3. Den Beginn des Kragenbruchs (Krb) 0 bis 1 cm oberhalb des obersten Knopfes bestimmen (hier 0 cm).
4. (ZP) Die seitliche Stegbreite (sStegB = 1,5 bis 3 cm) ins Halsloch abtragen, den Kragenbruch zeichnen und ein 2. Mal die sStegB abwinkeln → Drehpunkt für die Kragen-Anlage.
5. Die Fasson mit Revers, Kragen und Crochetnaht vom Kragenansatz zur Schulternaht gestalten.

Breiter Reverskragen mit Rückteil-Anlage (2)
Anlege-Konstruktion (Maßstabsfaktor = 0,3)

2 Rückteil-Kopie zur Anlage vorbereiten

□3 Das obere Rückteil mit dem neuen Halsloch und ggf. einer Schulterpolstererhöhung kopieren, dabei den Schulterabnäher in der Schulternaht zulegen.

6 hM nach oben verlängern und eine Parallele zur hM durch das seitliche (verbreiterte) Halsloch zeichnen.

7 Am seitlichen Halsloch 2× die sStegB nach oben abtragen, an der hM 2× die hStegB (= sStegB + 0,5 cm).

8 Diese Punkte mit flachen Kurven verbinden.

ZP An der seitlichen Spitze 0,5 cm **waagerecht** nach links abtragen → Drehpunkt, dann zum Halsloch zeichnen.

9 Schulternaht verlängern → Rückteil-Anlage ist violett.

3 Anlegepunkt und Rückteil-Anlage

10 □2+4 Die natürliche Schulterbreite halbieren und von dort 1 cm nach unten abtragen.

11 An der äußeren Schulterspitze 0,5 cm nach oben abtragen, beide Punkte verbinden → **Anlege-Linie.**

AP Der Schnittpunkt der **Anlege-Linie** mit der Kragenkante ist der Anlegepunkt für die Schulter der Rückteil-Anlage.

ZP □4 Die beiden Drehpunkte (ZP) aneinanderlegen.

AP Die Rückteil-Anlage so weit drehen, bis die (verlängerte) Schulter auf den Anlagepunkt (AP) zu liegen kommt. Alle drei Linien treffen sich jetzt im Anlagepunkt.

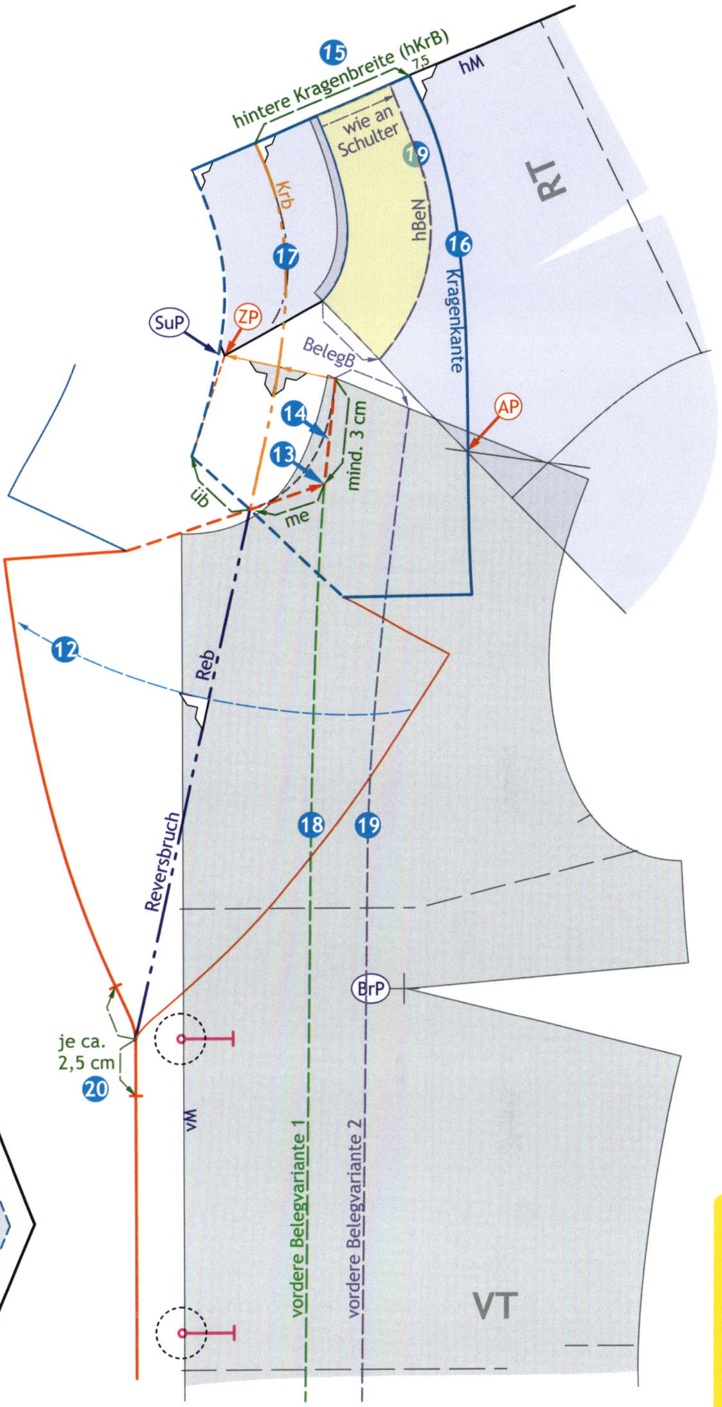

□4 Rückteil-Anlage und Kragenkonstruktion

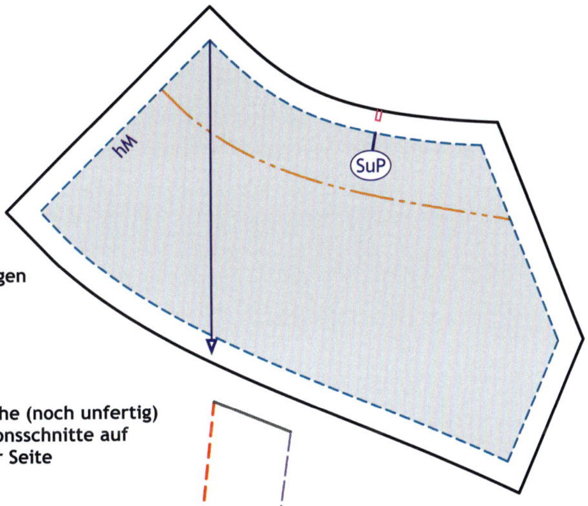

□5 Unterkragen

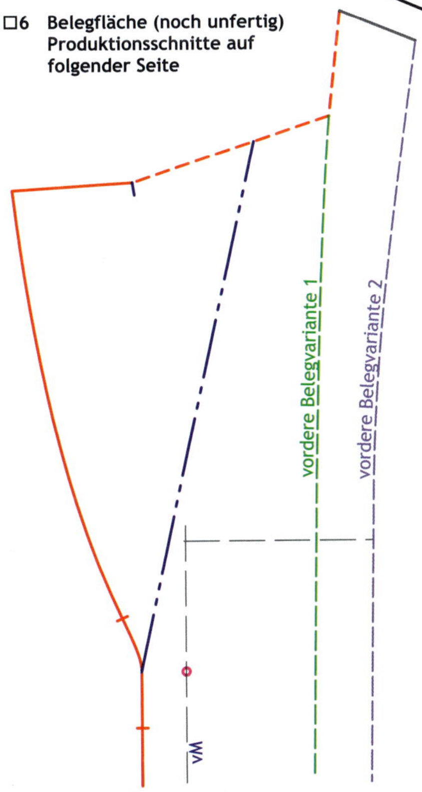

□6 Belegfläche (noch unfertig) Produktionsschnitte auf folgender Seite

4 Kragen und Beleg

12 □4 Am Reversbruch die Fasson nach außen spiegeln.

13 Die gespiegelte Crochetnaht verlängern.

14 Das Halsloch gerade zur (gespiegelten) Crochetnaht zeichnen. Es sollte mindestens 3 cm lang sein.

Das **Halsloch** kann auch gerundet und in die (gespiegelte) Crochetnaht einlaufend geformt werden.

15 Die hintere Kragenbreite an der hM ab dem (Krb) abtragen und

16 die hintere Kragenkante in die Fasson einlaufend formen.

17 Den Kragenbruch (KrB) in den Reversbruch (ReB) neu formen.

18 Vom unteren Halsloch die Belegnaht zum Saum zeichnen.

19 Alternativ einen hinteren Beleg und die Belegnaht von der Schulter zum Saum formen.

ZP Der Drehpunkt ZP ist gleichzeitig der Schulterpunkt (SuP).

20 Ca. 2,5 cm ober- und unterhalb des Reversbeginns Knipse setzen.

21 □4+5 Die gewünschte Belegvariante und den Kragen kopieren.

Halsnaher breiter Reverskragen mit Kragensteg
Zweiteiliger breiter Reverskragen

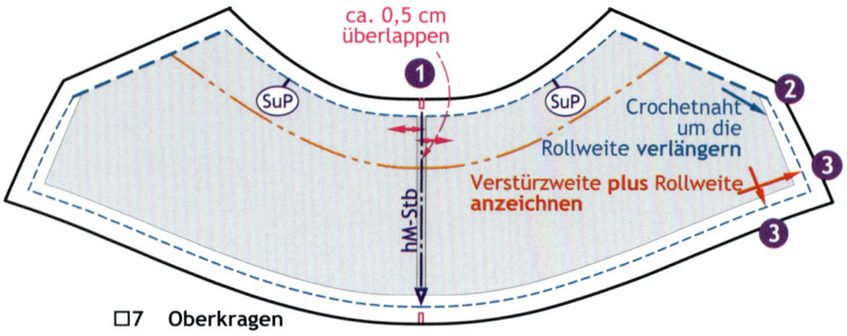

□7 Oberkragen

Roll- und Verstürzweite am Oberkragen durch Anzeichnen

1. □7 Der ganze Kragen wird an der hM um ca. 0,5 cm überlappt.
2. Für Weite am Kragenbruch wird die Crochetnaht um die Rollweite verlängert.
3. An Kragenkante und Kragenabstich die Roll- **plus** die Verstürzweite anzeichnen.

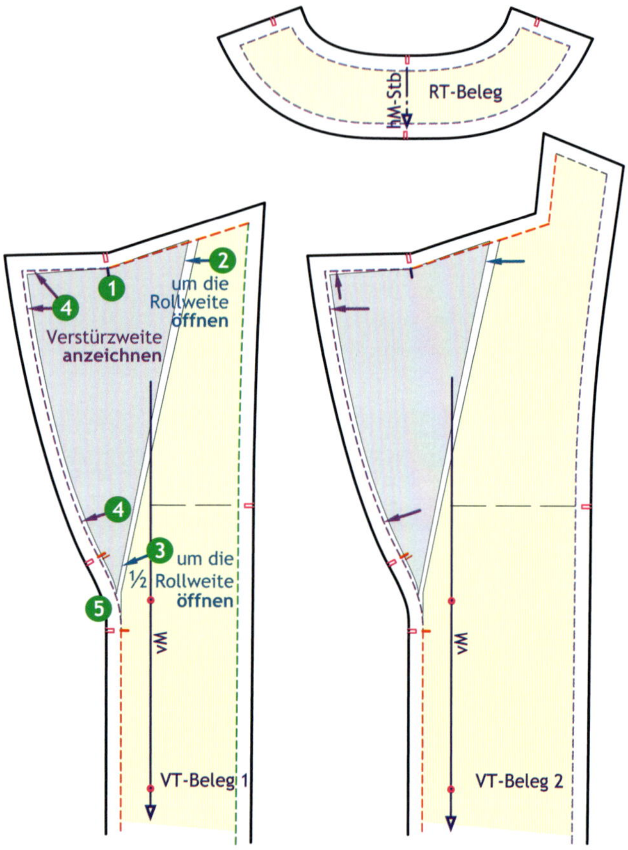

□8 Produktionsschnitte der Belegvarianten

Roll- und Verstürzweite am VT-Beleg durch Öffnen am Reversbruch

1. □8 Wenn die Crochetnaht nicht in einer geraden Linie in den Reversabstich übergeht, muss für die Rollweite **unbedingt** am Reversbruch **geöffnet werden**.
2. Am Beleg wird der Reversbruch an der Crochetnaht für die Rollweite geöffnet.
3. Am Reversbeginn nur ca. die Hälfte der Rollweite öffnen.
4. An der Reverskante und am Reversabstich eine Verstürzweite von ca. 0,2 bis 0,4 cm anzeichnen.
5. Die Verstürznähte laufen in die vordere Kante, bzw. zum Kragenpunkt an der Crochetnaht ein.

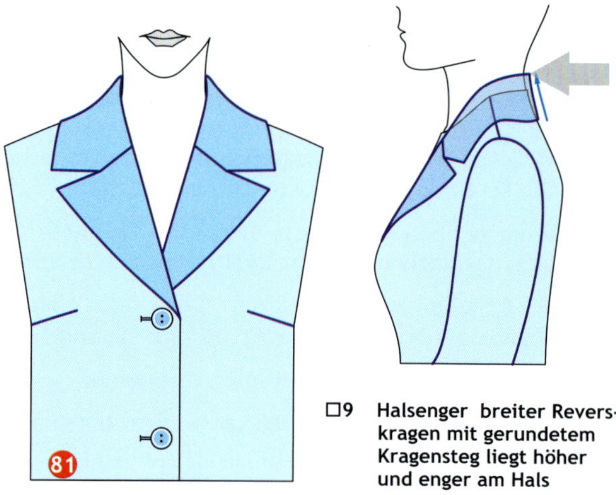

□9 Halsenger breiter Reverskragen mit gerundetem Kragensteg liegt höher und enger am Hals

Anliegender zweiteiliger Reverskragen mit gerundetem Kragensteg

□10 Wie auf den Seite 328 und 336 bereits sehr ausführlich beschrieben, wird auch diese flache Kragengrundform zu einem anliegenden zweiteiligen Kragen verändert.

1. Im Gegensatz zu den dort gezeigten Abtrennungen, ist dieser hier mit einer gerundeten Abtrennung versehen. Diese Rundung kann auch in die Kragennaht einlaufen, wenn der Kragen länger wäre.

   Die Produktionsschnitte werden mit der neu entstandenen Form, wie hier links beschrieben, angefertigt.

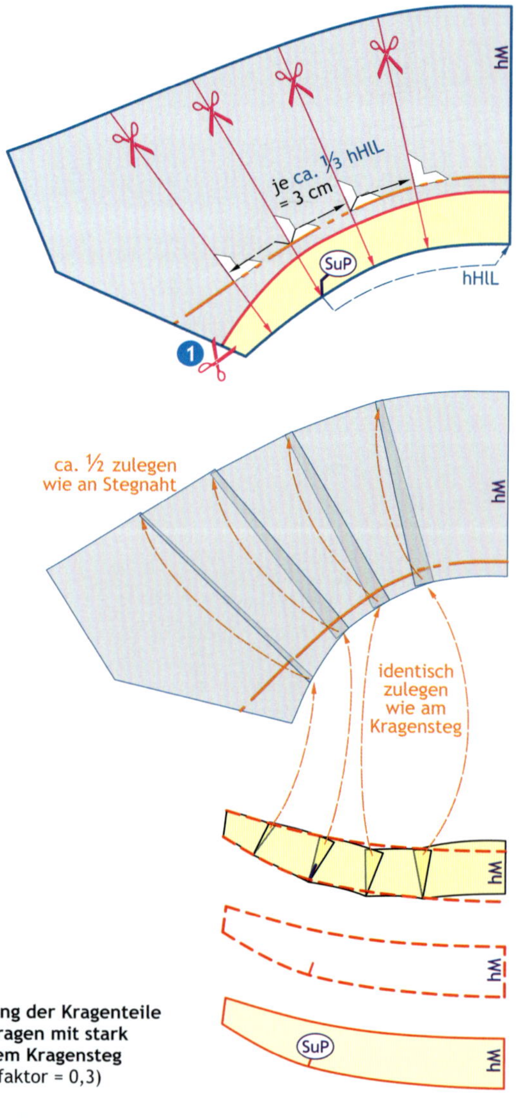

□10 Entwicklung der Kragenteile für den Kragen mit stark gerundetem Kragensteg (Maßstabsfaktor = 0,3)

Breite Reverskragen-Varianten
Anlege-Konstruktionen

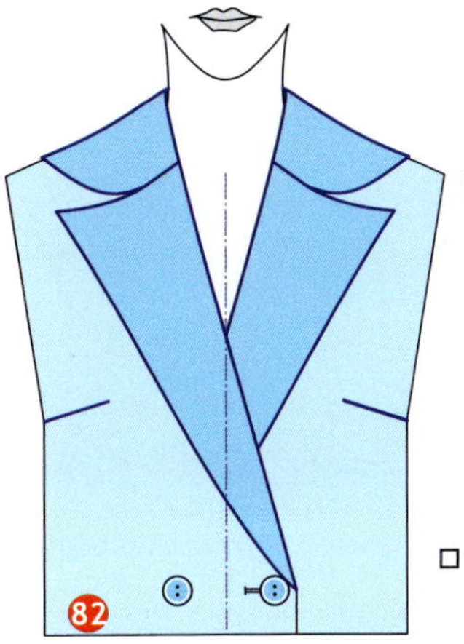

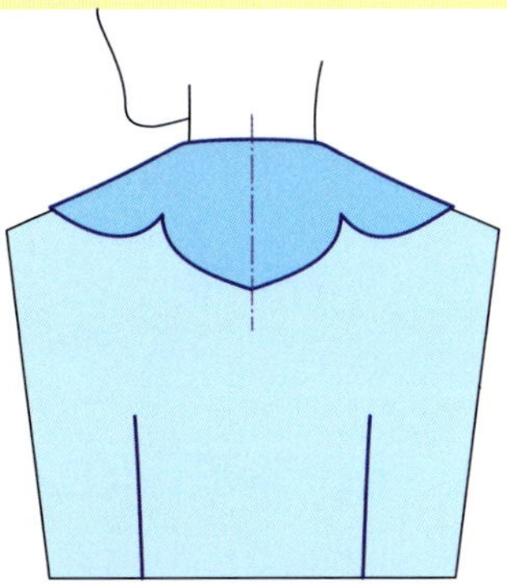

☐11a Breiter Reverskragen mit fantasievoller Kragenform

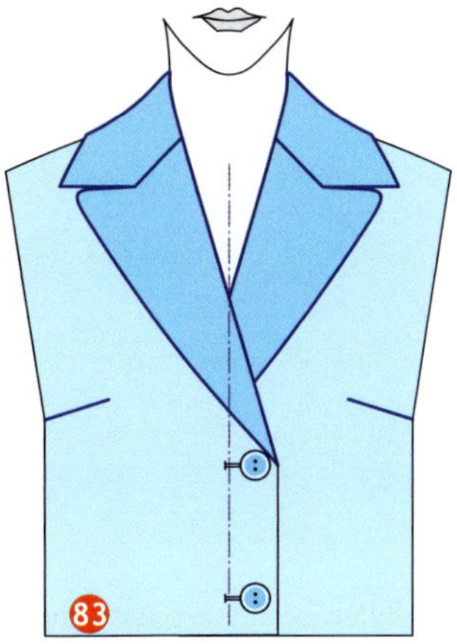

☐12a Breites Spitzreverskragen an breitem Verschluss

☐13a Schmaler, extrem halsweiter, flacher Reversragen

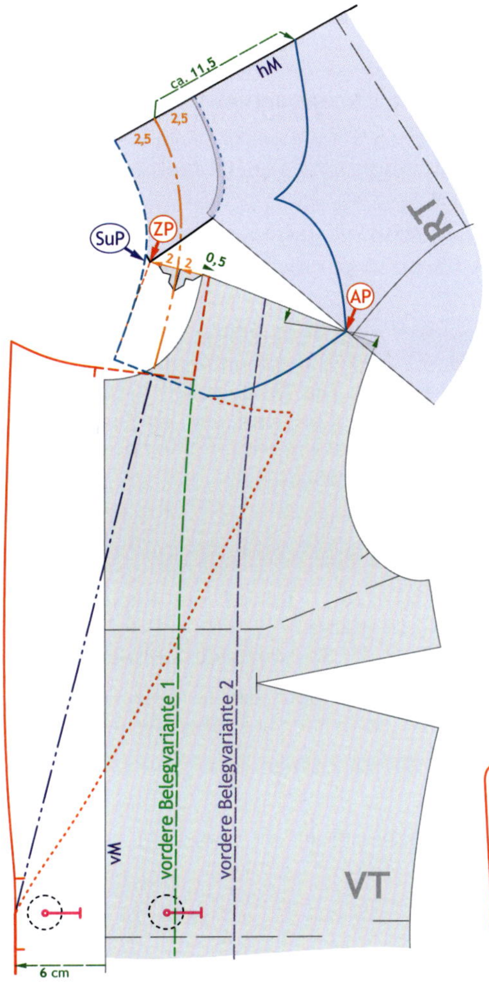

☐11b Modellentwicklung Doppelreiher mit fantasievoller Fassongestaltung. Anschließend könnte noch ein anliegender Kragensteg konstruiert werden.

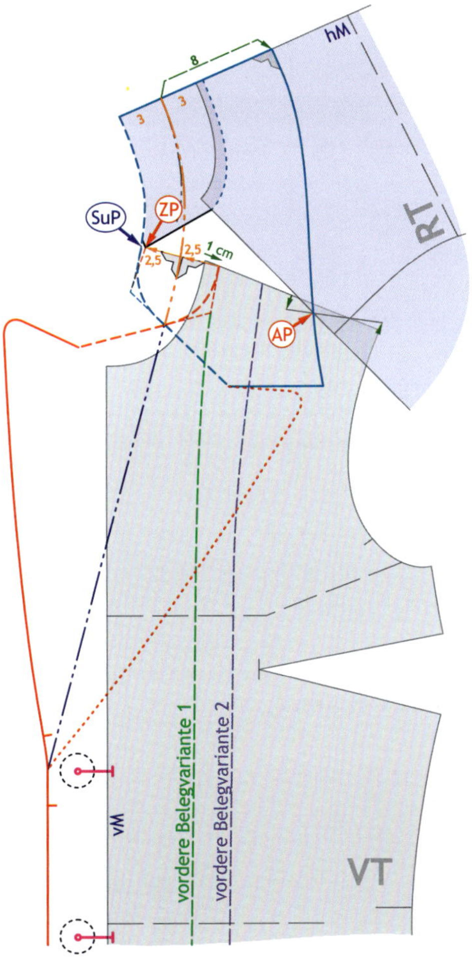

☐12b Modellentwicklung Kragen am Spitzrevers mit breitem einreihigen Verschluss (die Knöpfe sitzen nicht auf der vM), mit rundem Halsloch.
Anschließend könnte, wie auf der Skizze dargestellt, noch ein eng anliegender Kragensteg konstruiert werden.

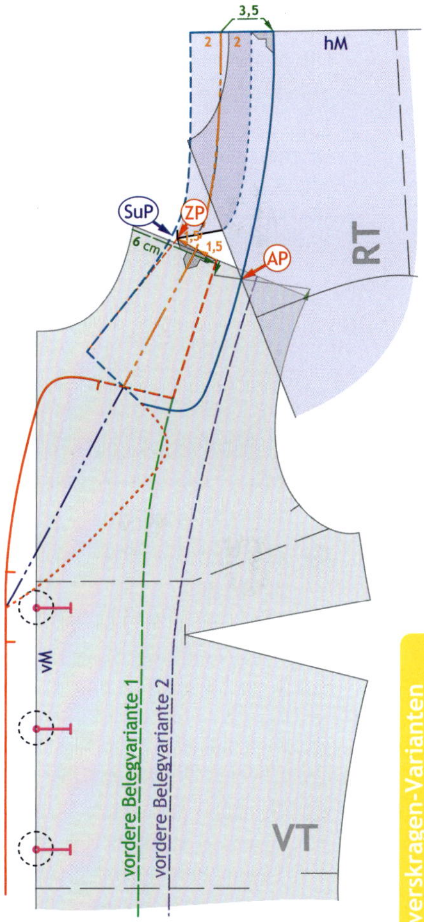

☐13b Modellentwicklung extrem halsferner flacher und schmaler Reverskragen (Halslochverbreiterung 6 cm, an hM 1,5 cm Vertiefung)

Einfache Kapuzen-Grundformen
ohne Abnäher

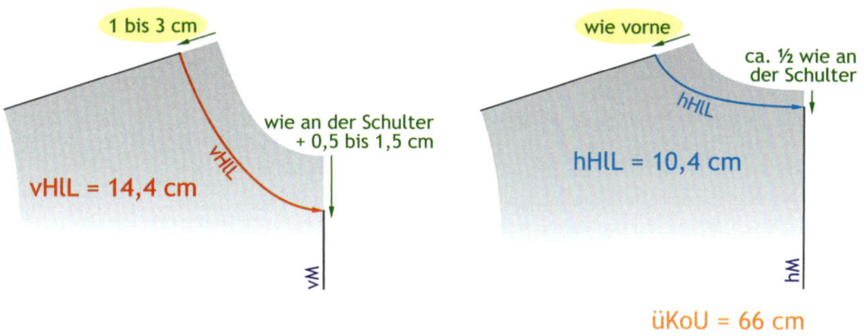

□1 Halslochvergrößerung und Maße vom Modellschnitt

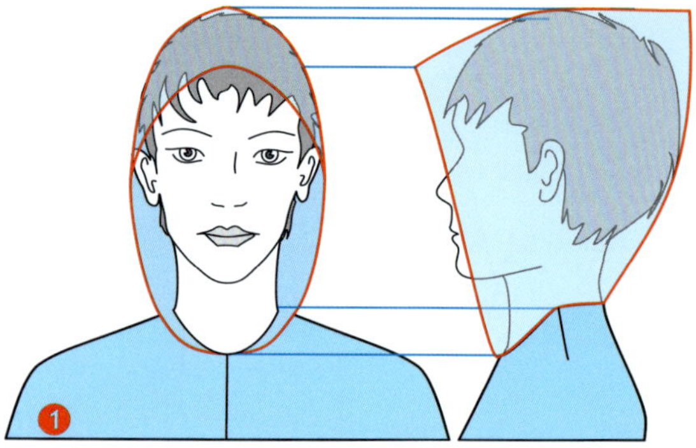

□3 Vorder- und Seitenansicht der einfachen Kapuzen-Grundform

1 Halslochvergrößerung und Konstruktionsmaße

□1 **Für alle Kapuzen muss das Halsloch vergrößert werden!** Vorderes und hinteres Halsloch entsprechend der Skizze verbreitern und vertiefen.

Die hintere Halslochlänge (hHlL) und vordere Halslochlänge (vHlL) messen.

□2 Den Überkopfumfang (üKoU) wie skizziert vom höchsten Punkt des Halslochs an der Schulter über die Ohren und den Kopf zum selben Punkt an der anderen Seite des Halslochs messen.

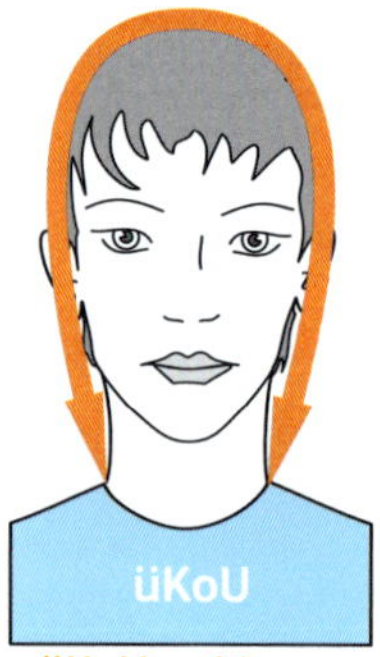

üKoU = 66 cm

□2 Überkopfumfang

Einfache Kapuzen

Die einfachen Kapuzenformen ohne Abnäher zeigen anschaulich das Konstruktionsprinzip von Kapuzen und deren Veränderung. Sie sind eher voluminös und in der Passform sowie schnitttechnisch noch nicht optimiert.

Kapuze 1 ist komplett flach, liegt seitlich sehr eng am Kopf an und steht am Hinterkopf zipfelig ab. Ihr fehlt jegliche Formung durch Abnäher.

Kapuze 2 hat einen Hinterkopfabnäher, der für eine Formung der Schnittfläche sorgt - die Kapuze sitzt gleich sehr viel besser.

Kapuze 3 erhält seitlich zusätzliche Weite, wodurch die Kapuze sehr voluminös wird und heruntergenommen sehr schön auf dem Rücken liegt. Die Teilungsnaht befindet sich bei abgenommener Kapuze direkt auf dem äußeren Kapuzenbruch. Kapuze 21 auf Seite 353 besitzt eine noch schönere Form, dort ist die Naht verdeckt.

2 Grundlinien

1. □4 Die untere Linie (uLi) waagerecht zeichnen.
2. Die Schulterlinie (SuLi) im Abstand von ca. ⅖ bis ⅘ vHlL parallel über die uLi zeichnen.

Die Hochstellung zwischen unterer Linie und Schulter-Linie bestimmt die Ausschnittweite und die mittlere Tiefe der Kapuze, siehe Seite 347 □7+8. Der Betrag kann noch größer sein.

3. Darüber die obere Linie (oLi) im Abstand von ⅓ des unteren Abstands (⅓ von hier ⅗ vHlL) parallel zur SuLi zeichnen.
4. Rechts auf der oLi die hM nach oben abwinkeln.

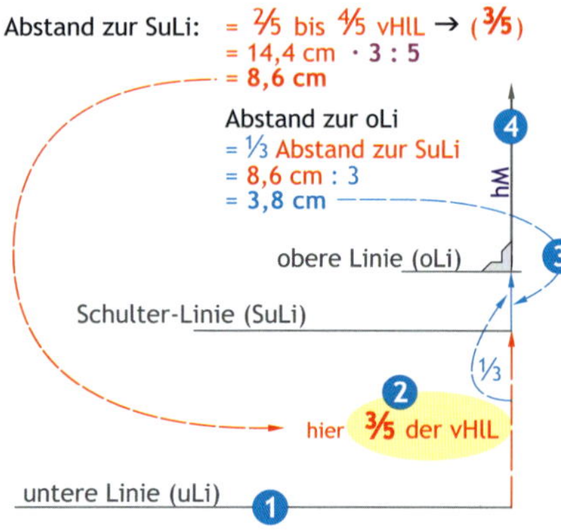

□4 Grundlinien

3 Kapuzennaht

5. □5 Von der hM auf die SuLi die hHlL gerade messen.
6. Jetzt die hintere Kapuzennaht formen. Darauf dann nochmals die hHlL abtragen → SuP.
7. Vom SuP aus die vHlL auf die uLi gerade messen.
8. Die vordere Kapuzennaht formen und darauf dann erneut die vHlL abtragen → vM.

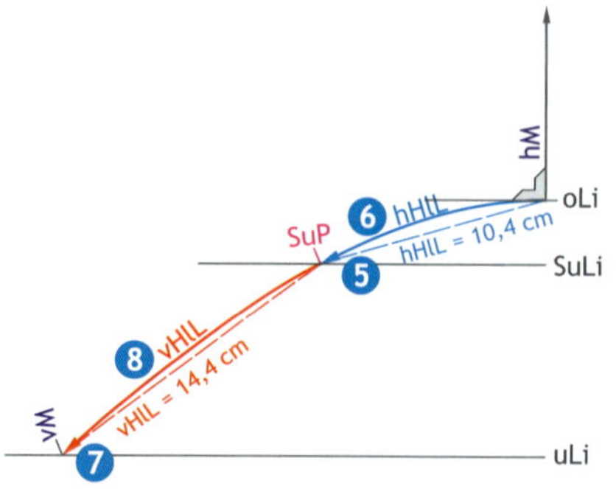

□5 Halsloch-Längen werden zur Kapuzennaht

4 Gerüst der Kapuze

9. □6 Darauf die Kapuzenhöhe (KapH) = ½ üKoU + 2 bis 5 cm von der SuLi aus nach oben abtragen.
10. Die Kapuzentiefe (= KapH – 2 bis 6 cm) nach links abwinkeln.
11. Kapuzenausschnitt zur vM formen.

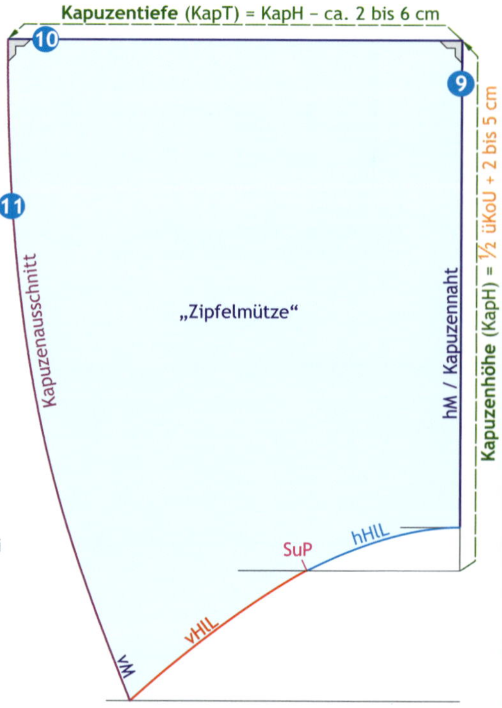

□6 Schnitt der einfachen Kapuze

Einfache Kapuzen-Grundformen
mit Abnäher und mit Teilungsnaht

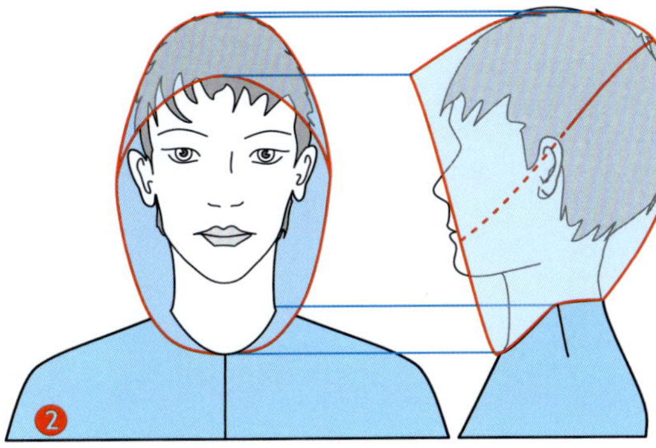

□7 Einfache Kapuzen-Grundform mit einem Hinterkopfabnäher oder alternativ mit Teilungsnaht

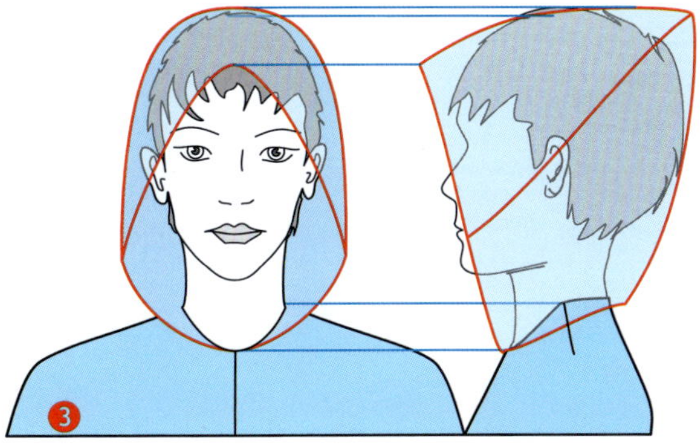

□8 Einfache Kapuze mit diagonaler Teilungsnaht, in der am Hinterkopf eine Mehrweite angeschnitten ist

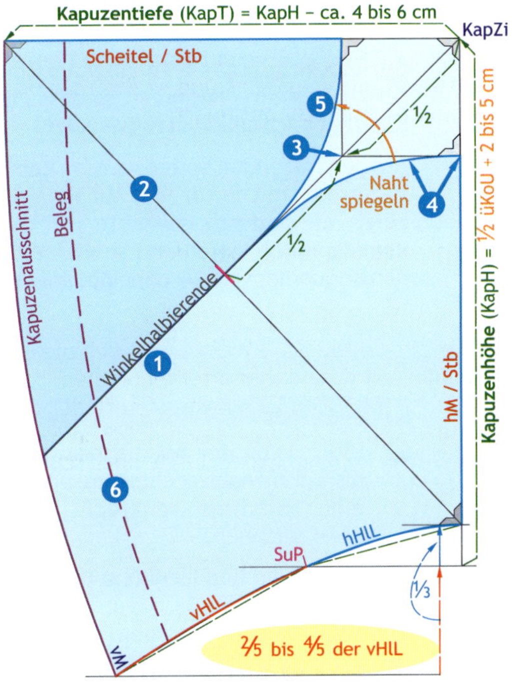

□7a Konstruktion aus □6 mit Hinterkopfabnäher: Winkelhalbierende aus KapZi, Diagonale von hM zur vM am Scheitel, Schnittpunkt bis KapZi halbieren, mit den Hilfslinien den Abnäher formen, Beleg formen

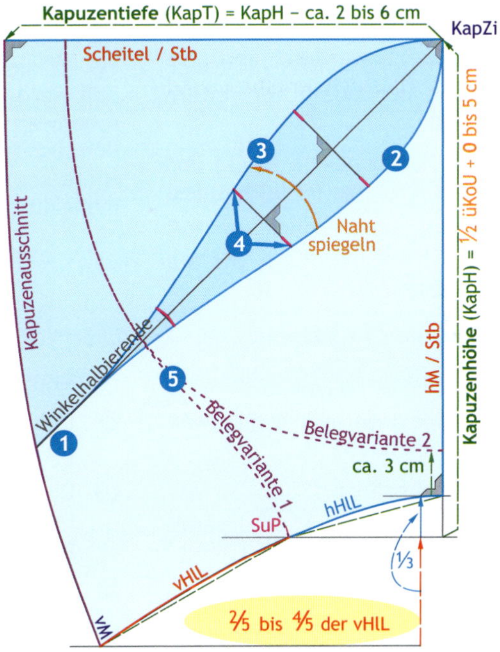

□8a Konstruktion aus □6 mit geringer KapH und Teilungsnähten: Winkelhalbierende aus KapZi, untere Teilungsnaht nach Wunsch formen und an Winkelhalbierender spiegeln, mehrere Knipse markieren, Beleg formen

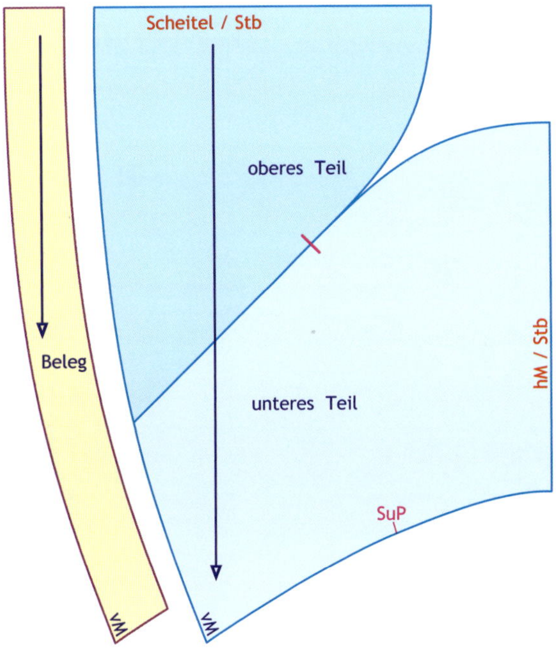

□7b Modellschnitt:
Einteilige Kapuze mit Abnäher oder zweiteilige Kapuze mit Teilungsnaht und jeweils mit schmalem Beleg

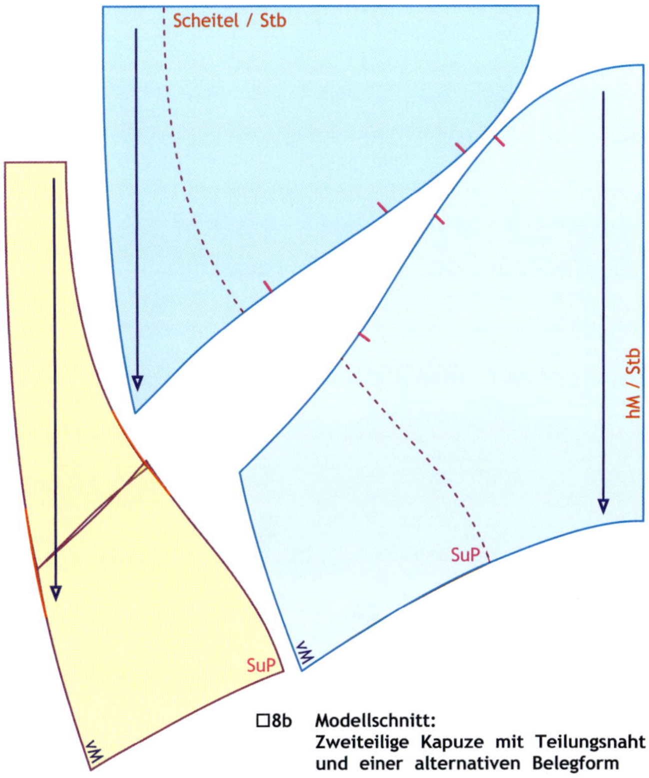

□8b Modellschnitt:
Zweiteilige Kapuze mit Teilungsnaht und einer alternativen Belegform

Einfache Kapuzen-Grundform für Maschenware

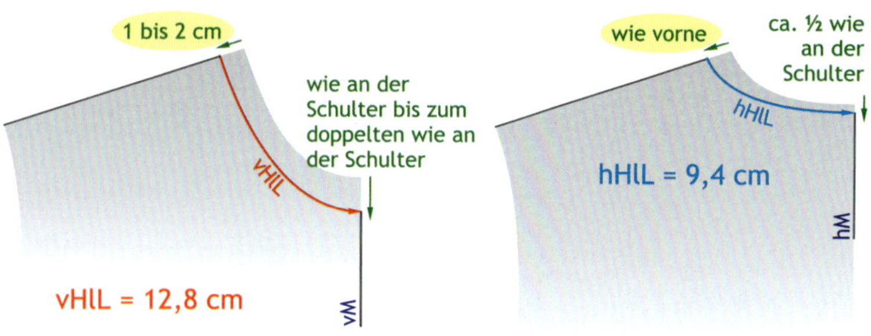

□1 Halslochvergrößerung und Maße vom Modellschnitt

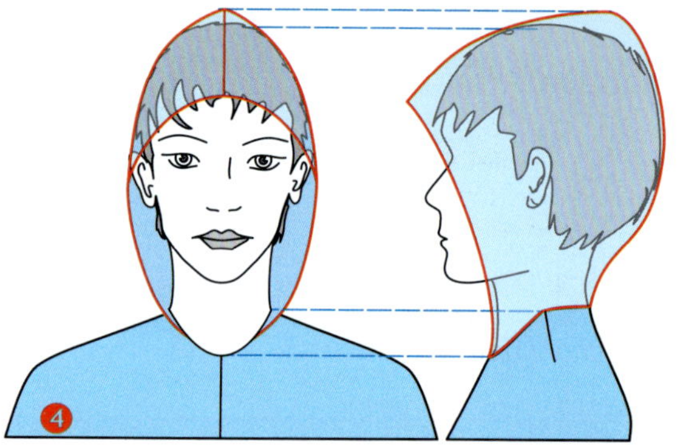

□2 Vorder- und Seitansicht der sehr eng anliegenden Kapuze für Maschenware (siehe auch folgende Seite)

1 Halsochvergrößerung und Konstruktionsmaße

□1 Vorderes und hinteres Halsloch entsprechend der Skizze verbreitern und vertiefen.

Die hintere Halslochlänge (hHlL) und vordere Halslochlänge (vHlL) ausmessen.

Den Überkopfumfang (üKoU) wie auf Seite 342 messen.

Kapuzen mit und ohne Abnäher

Die Kapuzenformen ohne Abnäher, wie sie auf diesen beiden Seiten beschrieben werden, sind vorwiegend aus Maschenware zu fertigen. Sie liegen seitlich sehr eng am Kopf an und stehen am Hinterkopf ab, da ihnen jegliche Formung durch Abnäher fehlt.

Bei Kapuze 5 sorgt ein Abnäher am Hinterkopf für eine Formung, so dass die Kapuze gleich sehr viel besser sitzt.

Auf den folgenden Seiten werden Kapuzenformen mit seitlichem Abnäher gezeigt, die dadurch gewölbter, in der Kapuzenmitte tiefer und somit deutlich bequemer sind als ohne Abnäher.

2 Grundlinien

1. □3 Die untere Linie (uLi) waagerecht zeichnen.
2. Die Schulterlinie (SuLi) im Abstand von ca. ⅖ bis ⅗ vHlL parallel über die uLi zeichnen.
3. Darüber die obere Linie (oLi) im Abstand von ⅓ des unteren Abstands (⅓ von hier ⅖ vHlL) parallel zur SuLi zeichnen.
4. Rechts auf der oLi die hM kurz nach oben abwinkeln.

3 Kapuzennaht

5. □4 Von der hM auf die SuLi die hHlL abtragen.
6. Die hintere Kapuzennaht formen. Darauf nochmals die hHlL abtragen → SuP.
7. Vom SuP aus die vHlL auf die uLi messen.
8. Die vordere Kapuzennaht formen und darauf erneut die vHlL abtragen → vM.

4 Gerüst der Kapuze

9. □5 Von der hM auf der oLi 1 bis 1,5 cm nach rechts messen und eine Hilfslinie senkrecht nach oben zeichnen.
10. Darauf die Kapuzenhöhe (KapH) = ½ üKoU + 0 bis 3 cm von der SuLi aus nach oben abtragen.
11. Die Kapuzentiefe (= KapH – 2 bis 6 cm) nach links abwinkeln.
12. Hilfslinie mit der vM verbinden.
13. Hilfslinien am Hinterkopf wie bemaßt zeichnen.

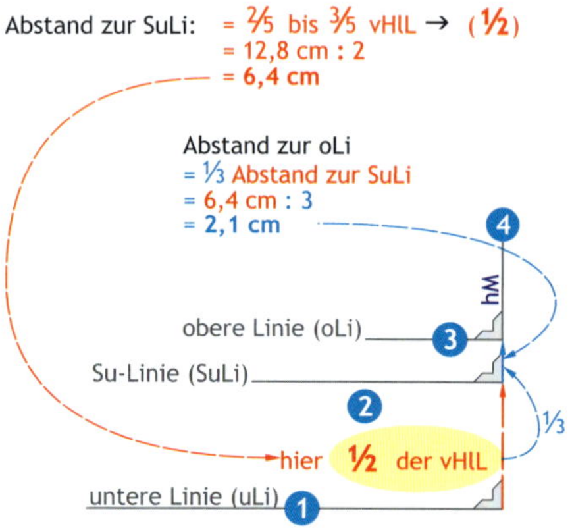

□3 Grundlinien

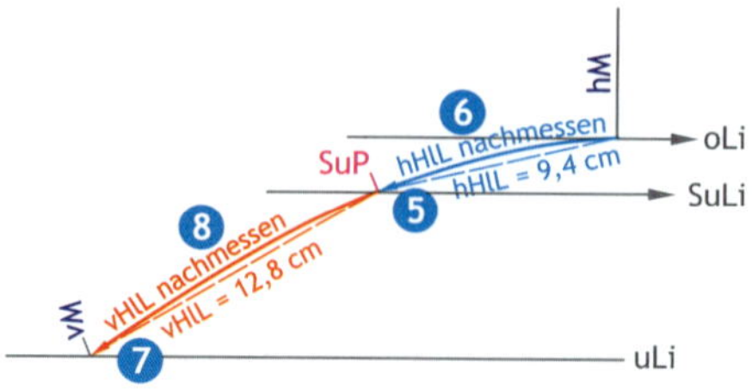

□4 Halsloch-Längen werden zur Kapuzennaht

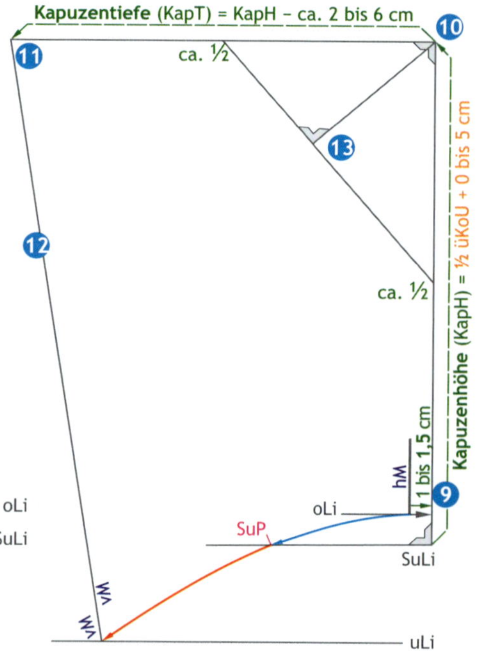

□5 Kapuzengerüst mit ausgestellter hM

Sehr eng anliegende Kapuze ohne und mit Abnäher für Maschenware
mit Mittelnaht sowie mit Hinterkopfabnäher

5 Kapuzenmittelnaht

□6 Die weiteren Schritte sind hier am Bespiel einer eng anliegenden Kapuze für Maschenware gezeigt.

14 Die Formung der Kapuzenmittelnaht erfolgt wie bemaßt und skizziert.

15 Sie verläuft geschwungen von der hM aus, über die Rundung am Hinterkopf, bis senkrecht auf den Kapuzenausschnitt.

16 □7 Der Produktionsschnitt erhält einen Einschlag am Kapuzenausschnitt sowie Nahtzugaben und einen Knips am Schulterpunkt.

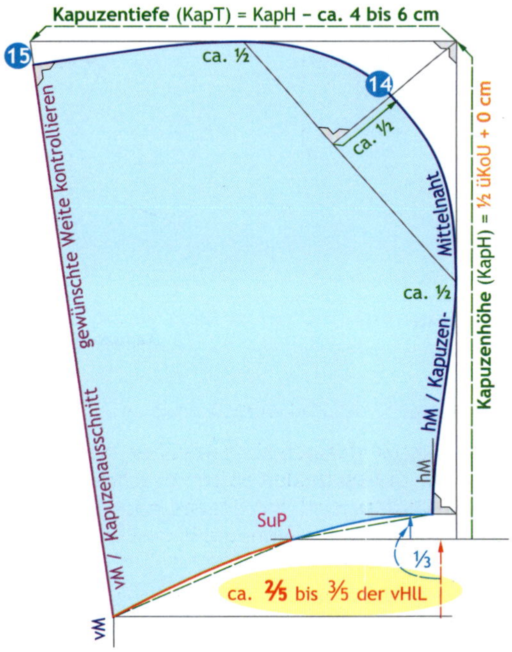

□6 Kapuzenmittelnaht und Reduzierung der Ausschnittweite

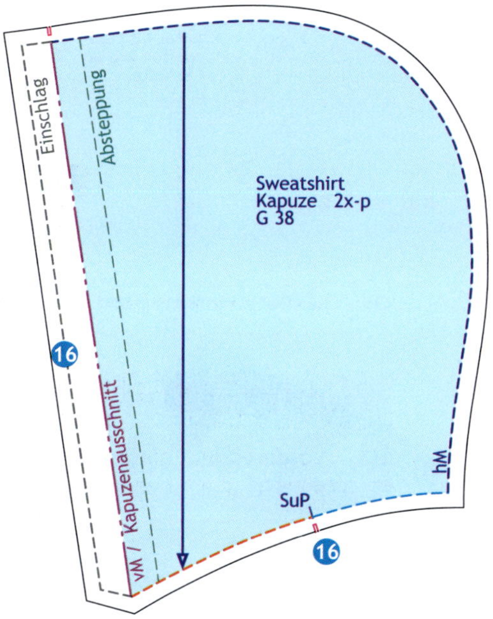

□7 Produktionsschnitt der eng anliegenden Kapuze für Maschenware

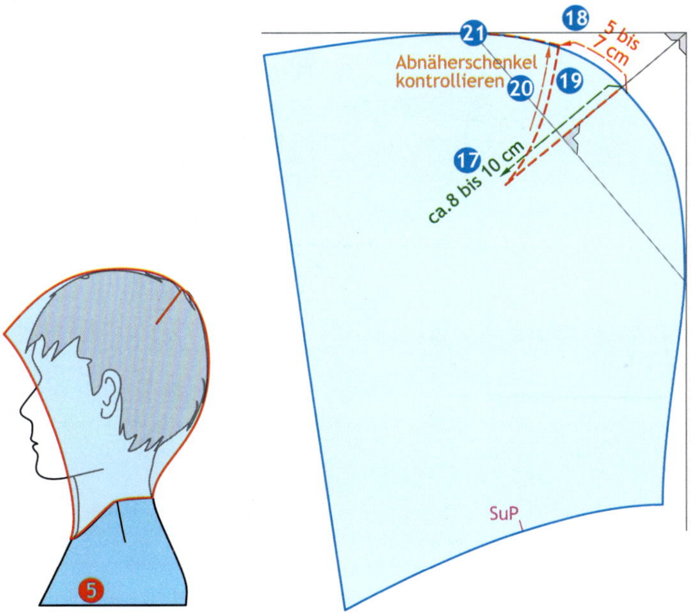

□8 Kapuze mit Abnäher am Hinterkopf für eine bessere Passform

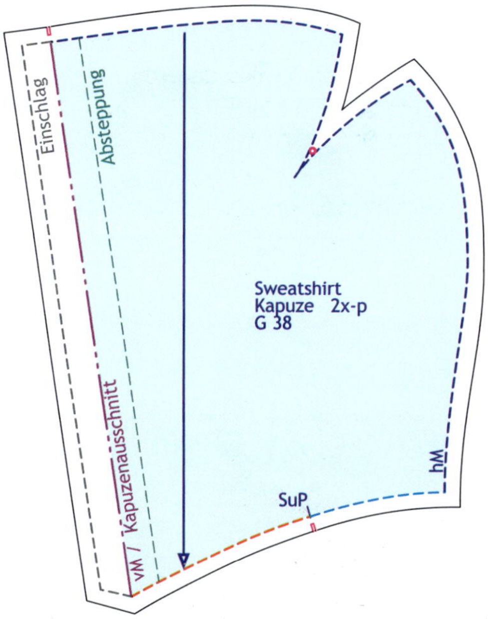

□9 Produktionsschnitt der Kapuze mit Abnäher am Hinterkopf

6 Formung des Hinterkopfes durch einen Abnäher

□8 Die Kapuze ohne irgendeinen Abnäher ist flach. Sie liegt an den Ohren eng an und steht am Hinterkopf nach oben spitz ab. Durch einen **Abnäher** mit einem Inhalt von 5 bis 7 cm erhält die Kapuze eine Wölbung für die Kopfrundung.

17 □8+9 Die Hilfslinie zur Formung der hinteren Rundung auf ca. 8 bis 10 cm verlängern.

18 Den benötigten Abnäherinhalt an der Kapuzenmittelnaht nach oben abtragen und

19 den Abnäher geschwungen zeichnen.

20 Die Abnäherschenkel müssen dieselbe Länge besitzen. Der geschwungene Abnäherschenkel wird angepasst.

21 Anschließend die obere Kapuzenmittelnaht neu formen.

Kapuzen-Grundformen mit Abnäher in verschiedenen Weiten für alle Materialien

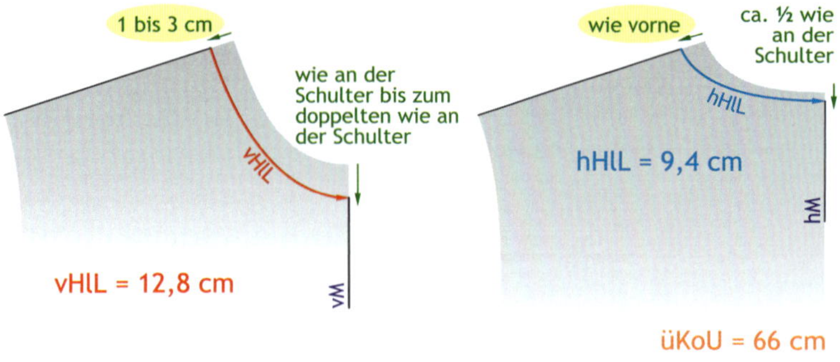

□1 Halslochvergrößerung und Maße vom Modellschnitt

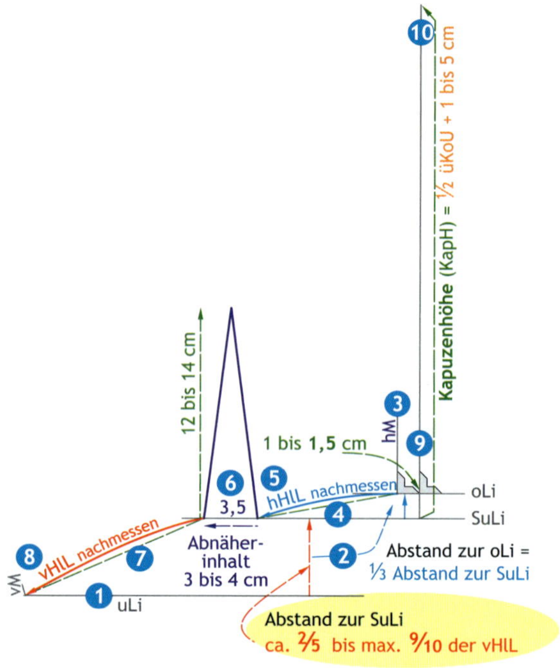

□2 Kapuzennaht und Abnäher

Kapuzen mit Mittelnaht mit seitlichem Abnäher

Die Kapuzenform ist wegen des Abnähers voluminöser, in der Kapuzenmitte tiefer und somit deutlich bequemer als ohne einen seitlichen Abnäher. Sie ist für alle Materialien geeignet.

1 Halsochvergrößerung und Konstruktionsmaße

□1 Das vordere und hintere Halsloch entsprechend der Skizze verbreitern und vertiefen.

Die hintere Halslochlänge (hHlL) und vordere Halslochlänge (vHlL)ausmessen und den Überkopfumfang (üKoU) entsprechend der Beschreibung auf Seite 342 bestimmen.

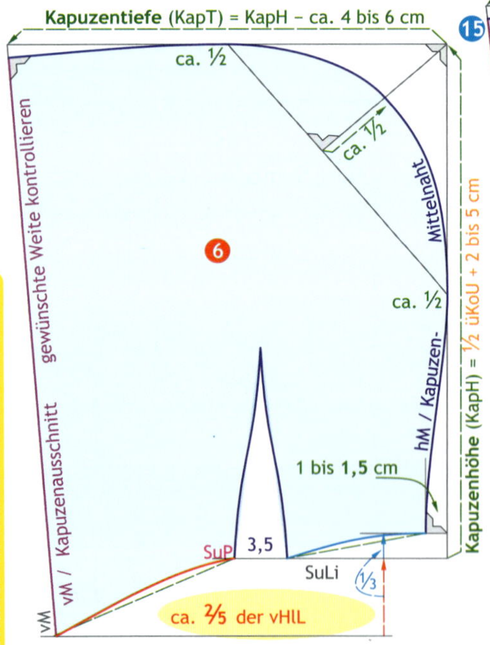

□3 Kapuze mit engem Ausschnitt
sehr schmal

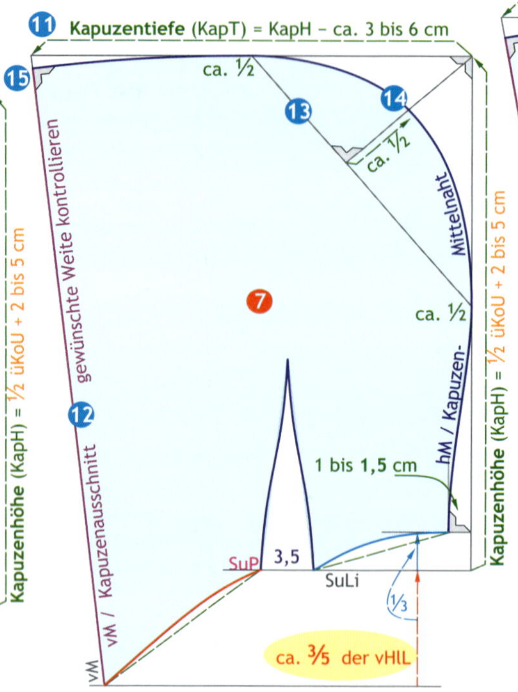

□4 Kapuze mit weitem Ausschnitt
etwas weiter

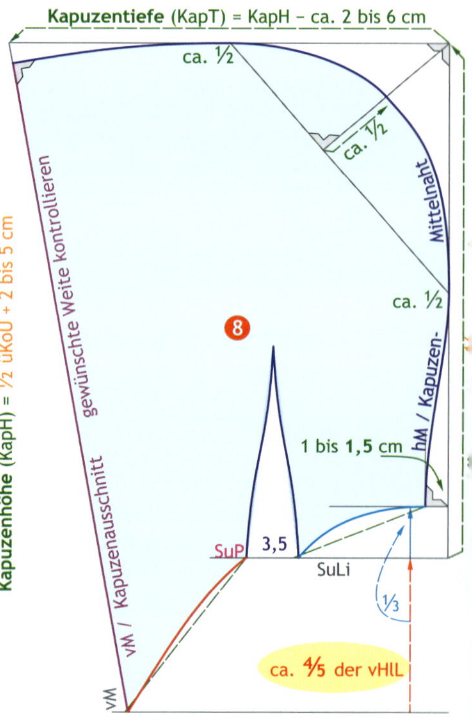

□5 Kapuze mit großem, weitem Ausschnitt
weit

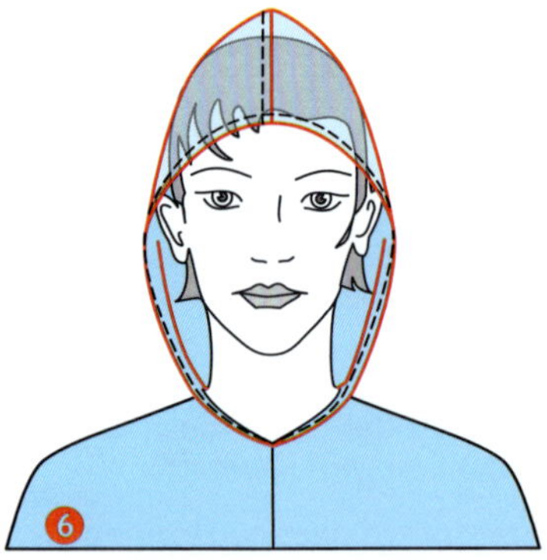

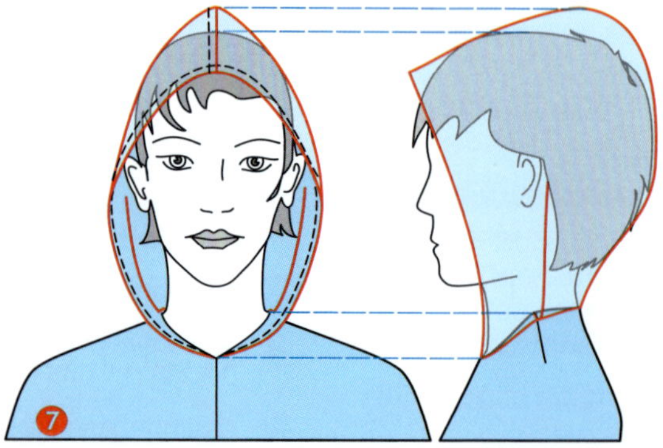

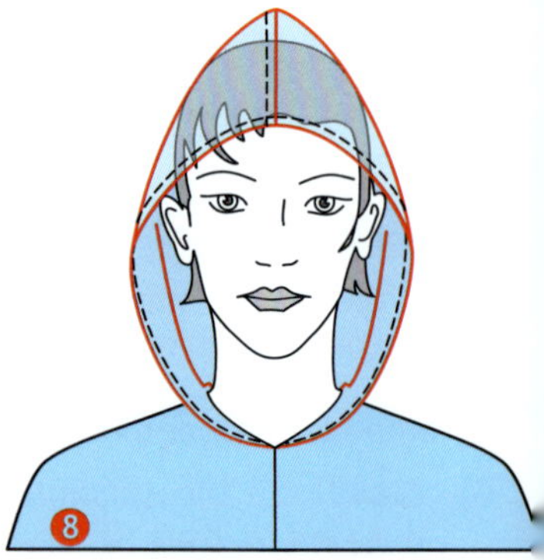

Kapuzen-Grundformen mit Abnäher in verschiedenen Weiten

Kapuzen-Grundformen mit Abnäher und verschiedenen Ausschnittgrößen
für alle Materialien

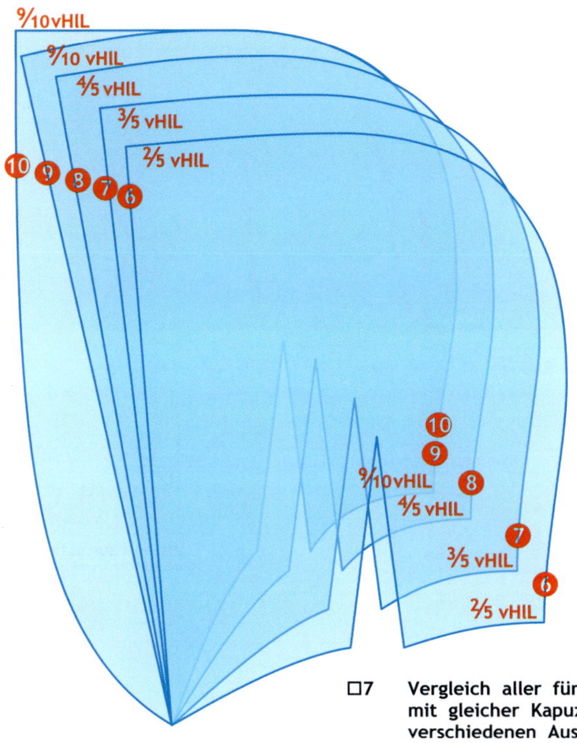

□7 Vergleich aller fünf Kapuzenformen mit gleicher Kapuzenhöhe aber verschiedenen Ausschnittgrößen

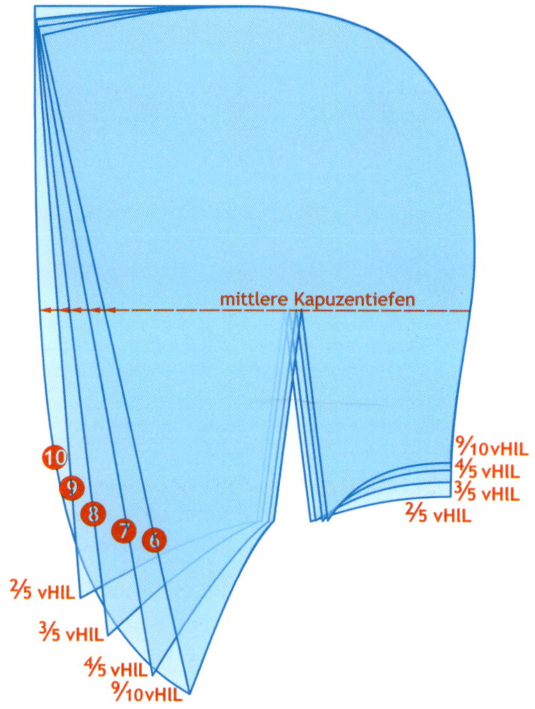

□8 Vergleich der (mittleren) Kapuzentiefen bei allen fünf Kapuzen. Sie besitzen unterschiedliche Hochstellungen aber identische Kapuzenhöhen und -tiefen.

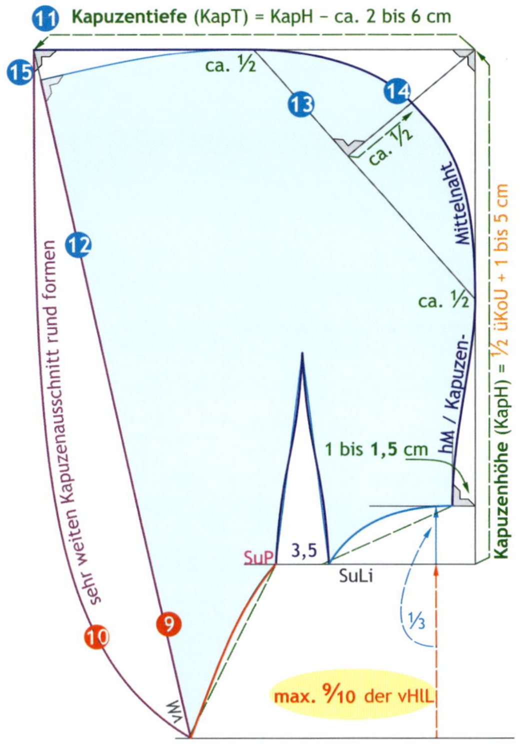

□6 Zwei Kapuzenvarianten mit sehr großem und eine mit zusätzlich rund geformtem Ausschnitt
sehr weit

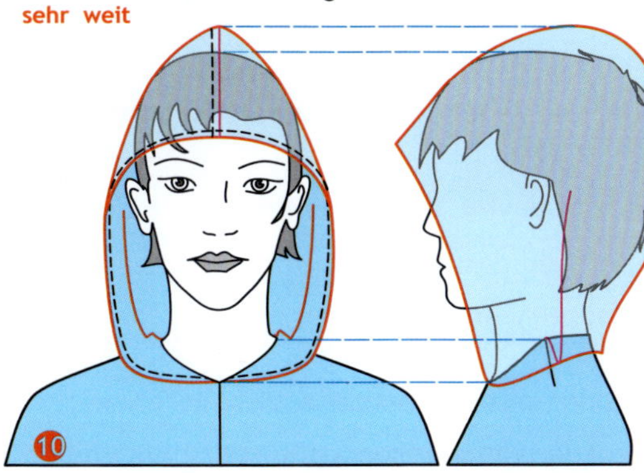

2 Kapuzenkonstruktionen mit Abnäher

1. □2 Die Linien (uLi, SuLi und oLi) wie auf Seite 342 beschrieben, mit den entsprechenden Abständen von ca. 2/5 bis max. 9/10 vHIL für die gewünschten **Kapuzengrößen** (siehe **□7+8**) zeichnen.
2. Darüber die obere Linie (oLi) ist immer im Abstand von 1/3 des unteren Abstands parallel zur Su-Linie zu zeichnen.
3. Rechts auf der oLi die hM kurz nach oben abwinkeln.
4. Die hHlL gerade auf die SuLi abtragen.
5. Darüber die hintere Kapuzennaht formen und darauf nochmals die hHlL abtragen → SuP.
6. Vom SuP auf der SuLi den gewünschten Abnäherinhalt 3 bis 4 cm nach rechts abtragen und den Abnäher 12 bis 14 cm nach oben gerade oder geformt zeichnen. Je mehr Abnäherinhalt, desto gewölbter wird die Kapuze, umso tiefer wird die mittlere Kapuzentiefe.
7. Vom SuP aus die vHlL gerade auf die uLi messen.
8. Darüber die vordere Kapuzennaht formen und darauf erneut die vHlL abtragen → vM.
9. Von der hM auf der oLi 1 bis 1,5 cm nach rechts messen und eine Hilfslinie senkrecht nach oben zeichnen.
10. Darauf die Kapuzenhöhe (KapH) = ½ üKoU + 0 bis 1 cm von der SuLi aus nach oben abtragen.
11. Die Kapuzentiefe (= KapH – 2 bis 6 cm) nach links abwinkeln.
12. Hilfslinie mit der vM verbinden.
13. Hilfslinien am Hinterkopf wie bemaßt zeichnen.
14. Die Formung der Kapuzenmittelnaht erfolgt wie bemaßt und skizziert.
15. Sie verläuft geschwungen von der hM aus, über die Rundung am Hinterkopf, bis senkrecht auf die entsprechenden Kapuzenausschnitte.

Grundformen von hoch geschlossenen Kapuzen mit Verschluss für alle Materialien

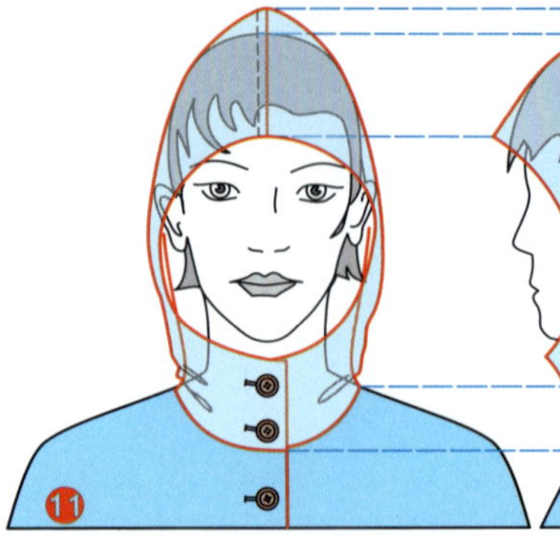

□1 Kapuze mit Abnäher mit kurzem Verschluss, hier für einen Knopfverschluss mit mäßig vergrößertem Halsloch

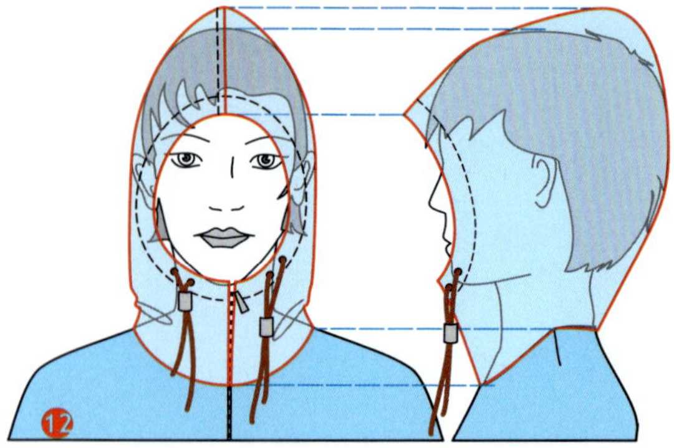

□3 Kapuze ohne Abnäher mit hohem Verschluss, hier für einen Reißverschluss, mit stark vergrößertem Halsloch

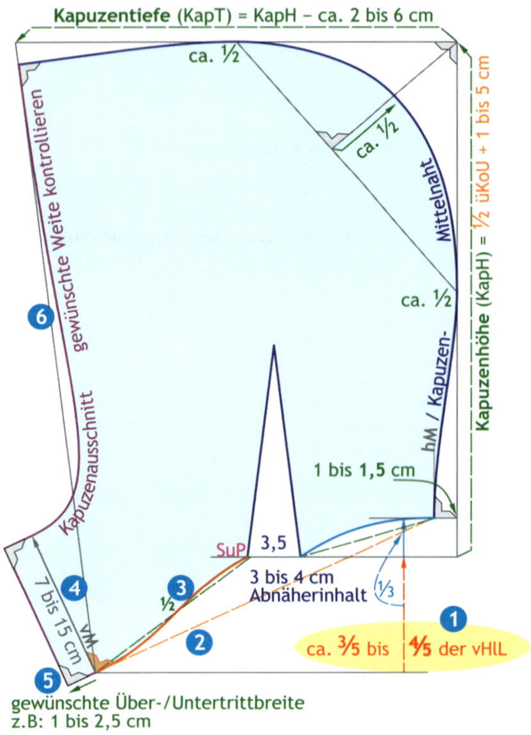

□2 Konstruktion mit Abnäher, hier mit kurzem Verschluss (z.B. mit Knöpfen)

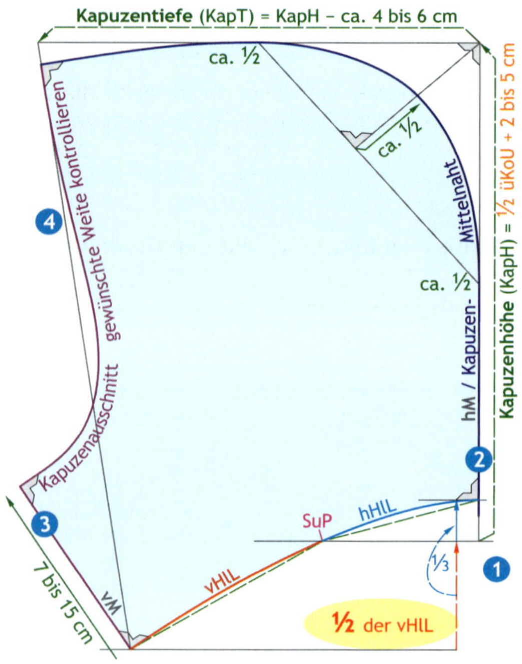

□4 Konstruktion ohne Abnäher, hier mit hohem Verschluss (z.B. mit Reißverschluss)

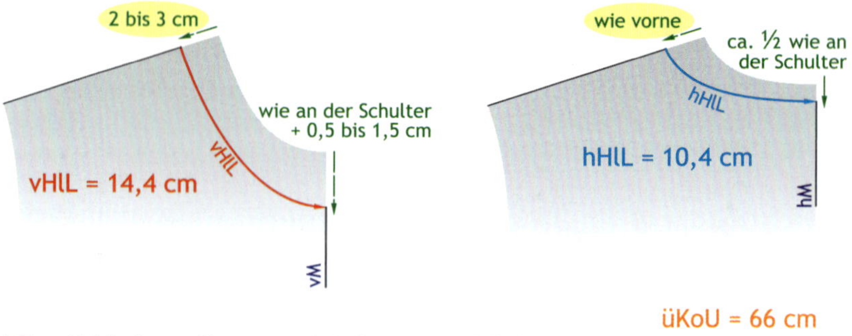

□5 Halslochvergrößerung und Maße vom Modellschnitt

Hoch geschlossene Kapuzenkonstruktion

□2 Hier sind nur die Unterschiede zu den bereits beschriebenen Kapuzenkonstruktionen erläutert.

1. Schulterlinie (SuLi) im Abstand von ca. ⅗ bis ⅘ vHlL über die untere Linie (uLi)zeichnen.
2. Hilfslinie von hM zur vM zeichnen.
3. Die vordere Kapuzennaht S-förmig an die Hilfslinie zeichnen.
4. Die vM rechtwinklig zur Hilfslinie 7 bis 15 cm für den hohen Verschluss zeichnen.
5. Über- / Untertritt anzeichnen.
6. Hilflinie am Ausschnitt zeichnen und den Kapuzenausschnitt formen.

Alle anderen Schritte sind auf den vorhergehenden Seiten beschrieben.

Hoch geschlossene einfache Kapuzenkonstruktion

□4 Das Halsloch muss für diese Variante stärker verbreitert sein. Als Grundlage dient der Schnitt auf Seite 342.

1. Schulterlinie (SuLi) ca. ⅖ bis ⅘ vHlL über die untere Linie (uLi) zeichnen.
2. Die hM ohne Einstellung sofort gerade nach oben zeichnen.
3. Die vM rechtwinklig zur Kapuzennaht 12 bis 15 cm für den hohen Verschluss zeichnen.
4. Hilflinie am Ausschnitt zeichnen und den Kapuzenausschnitt formen.

Alle anderen Schritte sind auf den vorhergehenden Seiten beschrieben.

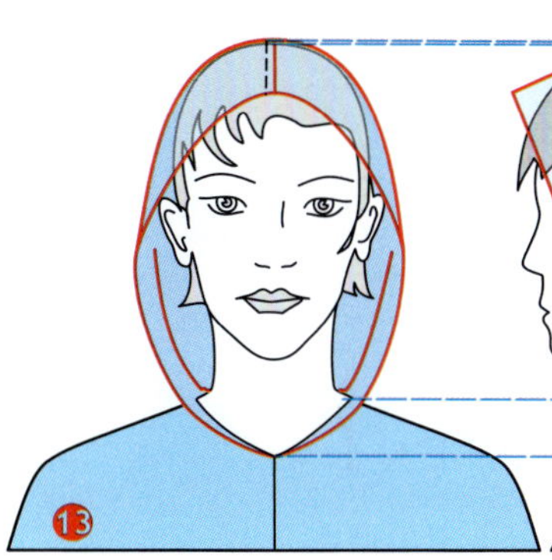

☐1 Aus der **Grundform 7** hier mit gebogener Längs-Teilungsnaht, die den Abnäher wie in **Kapuze 2** oder **Kapuze 5** integriert

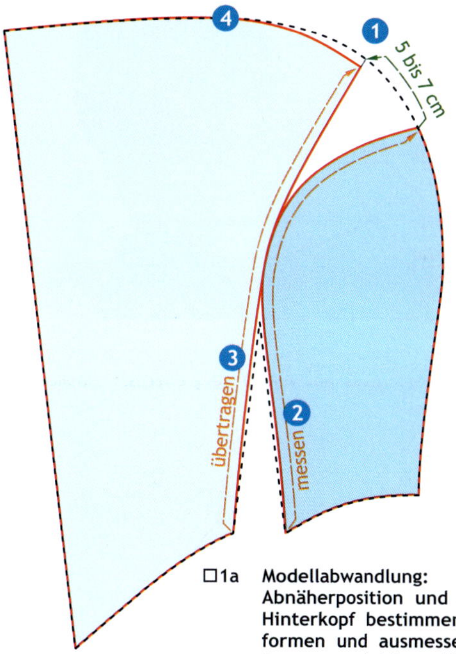

☐1a Modellabwandlung:
Abnäherposition und -inhalt am Hinterkopf bestimmen, hintere Naht formen und ausmessen. Andere Naht formen und Länge übernehmen, obere Mittelnaht neu formen

Formung von Kapuzen durch Teilungsnähte

Kapuzengrundformen sind eher flach, auch diejenigen mit einem Abnäher an der Schulter. Durch einen Abnäher an der Hinterkopfrundung wird die Kapuze seitlich ausgewölbt und passt sich besser der Kopfform an. Auf den folgenden Seiten werden verschiedene der zahllosen Möglichkeiten gezeigt.

Alle Modelformen leiten sich aus den Grundformen ab und sind in der Darstellung bemaßt. Die blauen Nummern zeigen eine mögliche Konstruktionsreihenfolge.

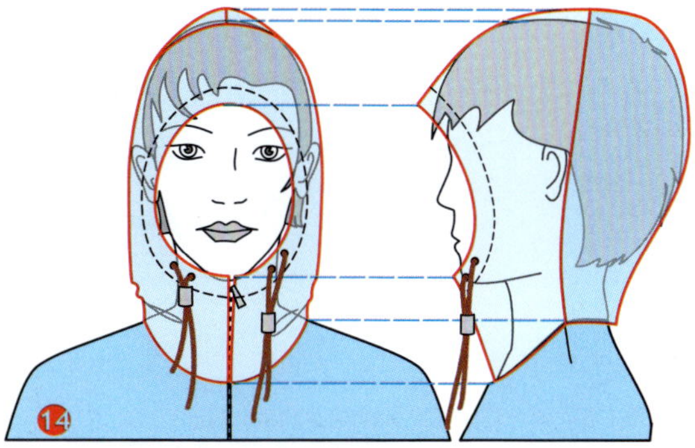

☐2 Kapuze mit Längs-Teilungsnaht, aus der **Grundform 11** entwickelt, hier mit einem hohen Verschluss mit Reißverschluss und Beleg für den Kordel-Tunnel

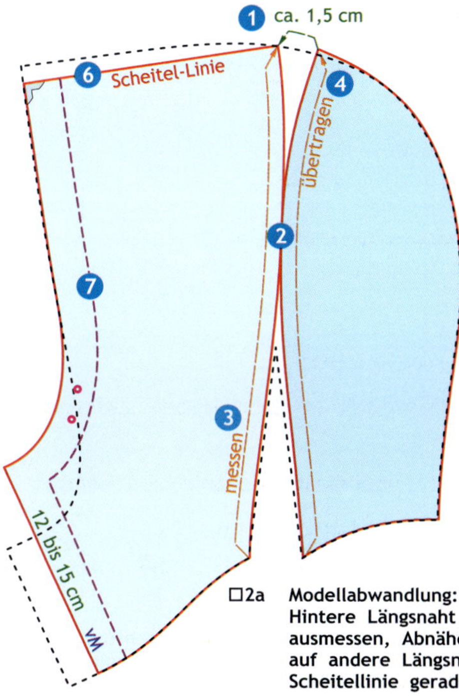

☐2a Modellabwandlung:
Hintere Längsnaht formen und ausmessen, Abnäherinhalt bestimmen, auf andere Längsnaht übertragen, Scheitellinie gerade und Beleg zeichnen

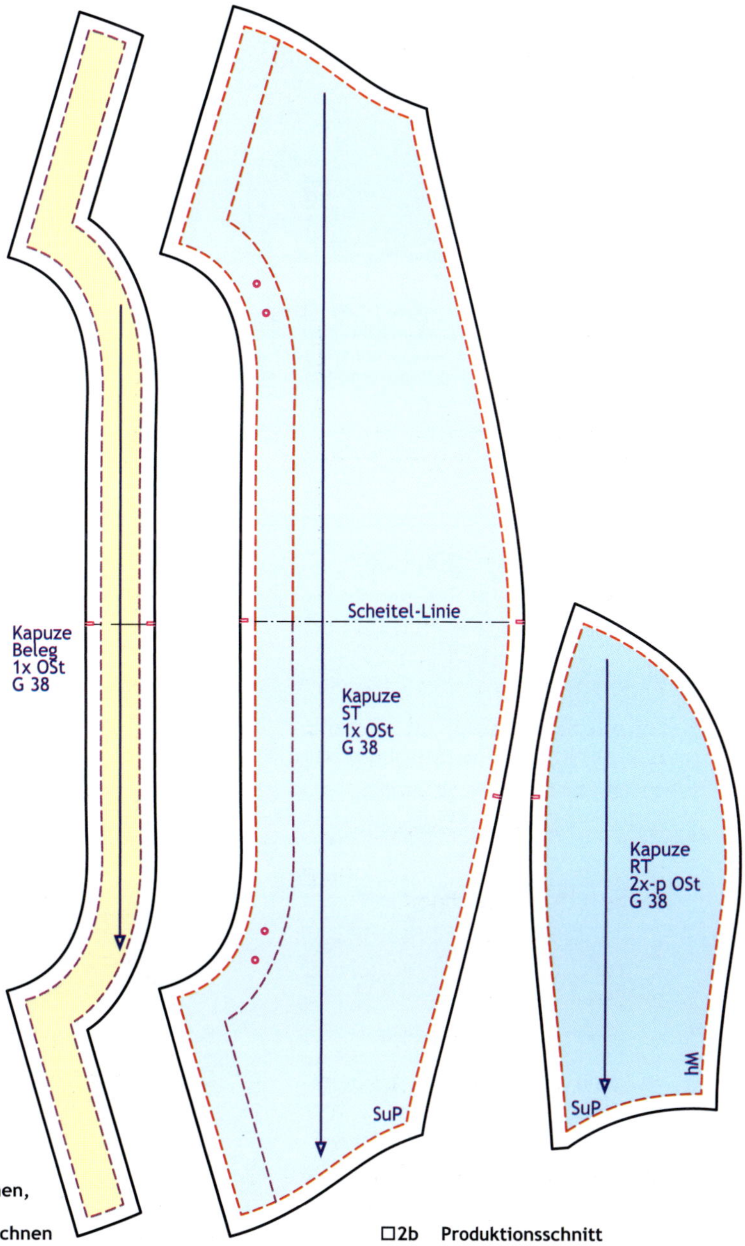

☐2b Produktionsschnitt

Kapuzenvarianten mit Teilungsnähten (2)
für alle Materialien

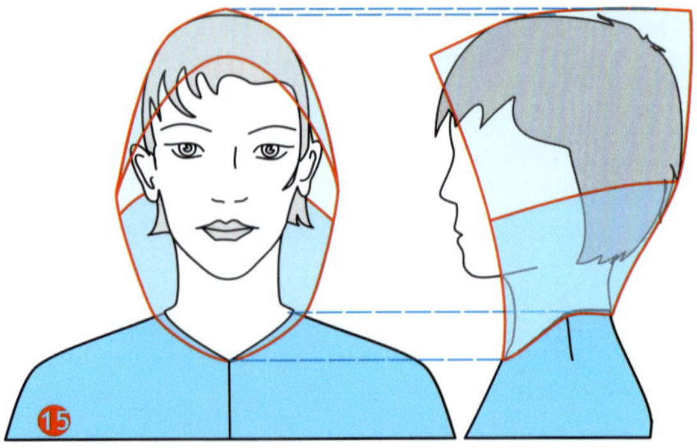

□3 Modell aus der **Grundform 7** hier mit Quer-Teilungsnaht, spitzem Hinterkopf und reduzierter Ausschnittweite

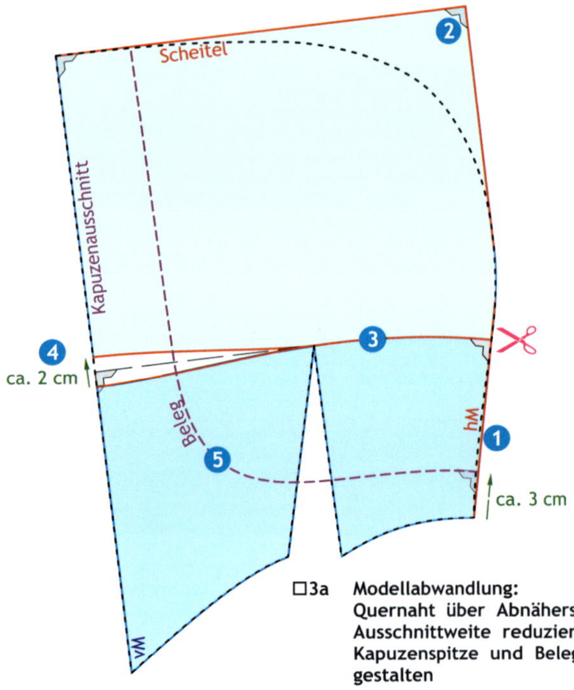

□3a Modellabwandlung:
Quernaht über Abnäherspitze, Ausschnittweite reduzieren, Kapuzenspitze und Belegnaht gestalten

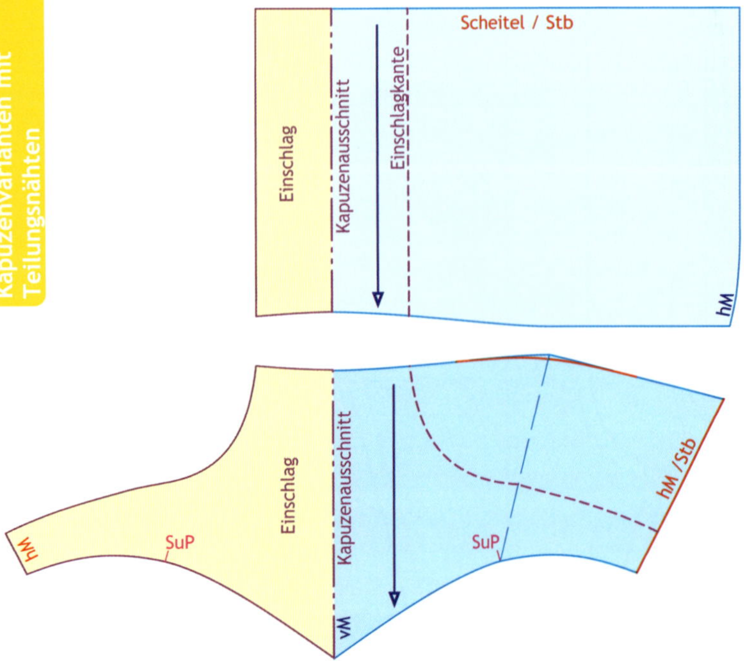

□3b Modellschnitt mit angeschnittenen Belegen (Einschlägen): Abnäher zulegen und Naht ausformen

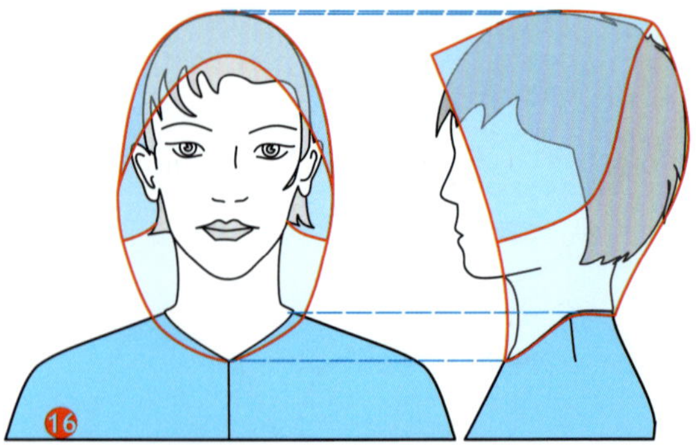

□4 Modell aus der **Grundform 7** mit Mehrweite am Hinterkopf, hier mit gebogener Diagonal-Teilungsnaht, die den Abnäher wie in **Kapuze 2** oder **Kapuze 5** integriert

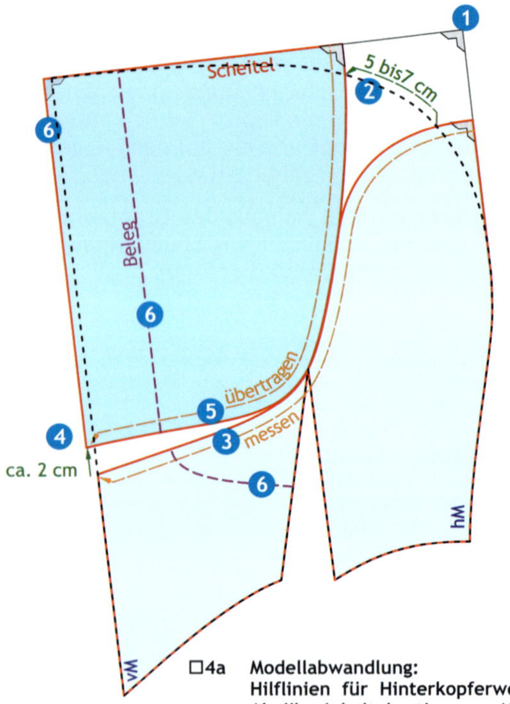

□4a Modellabwandlung:
Hilflinien für Hinterkopferweiterung, Abnäherinhalt bestimmen, Nähte formen und Längen kontrollieren, Ausschnittweite reduzieren

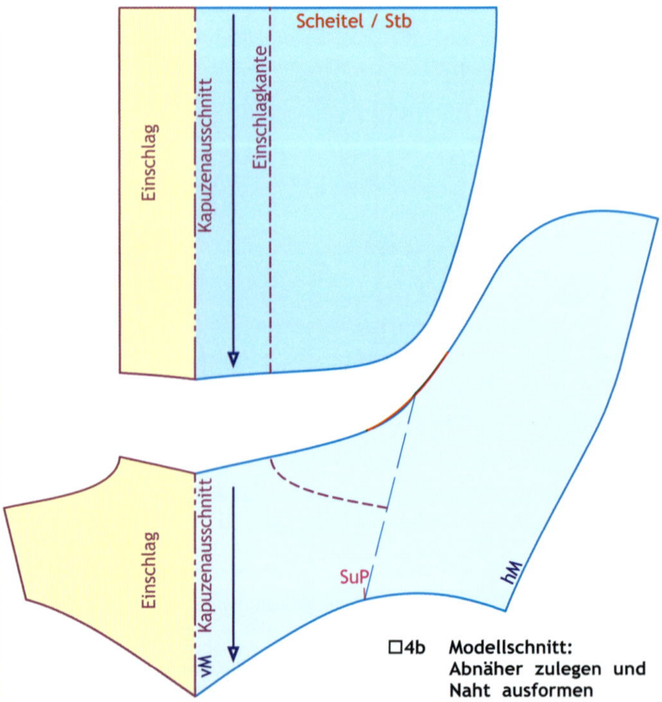

□4b Modellschnitt:
Abnäher zulegen und Naht ausformen

Kapuzenvarianten mit Teilungsnähten (3)
für alle Materialien

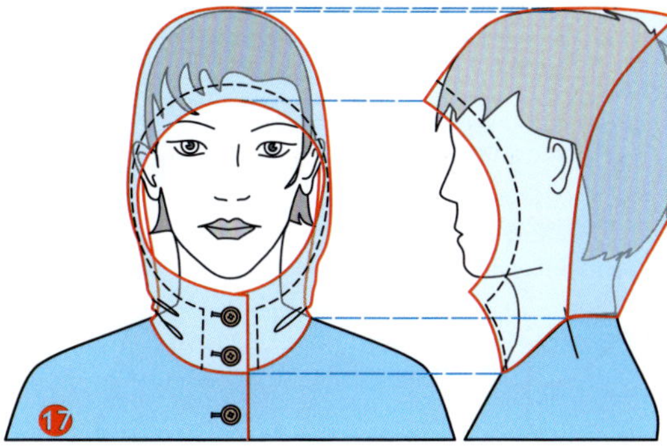

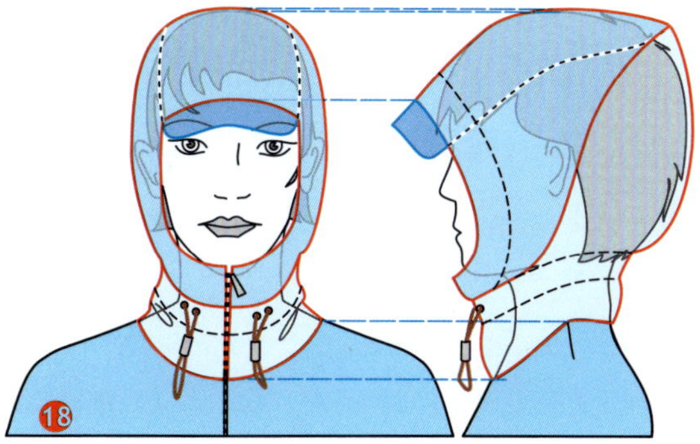

□5 Modell aus der Grundform 11 mit Verschluss und Längs-Teilungsnaht

□6 Sportliche Kapuze mit Schirm und Diagonal-Naht aus der Grundform 12 mit hohem Verschluss (hier für Reißverschluss), zusätzlich ein Tunnelzug am Hals und mit Belegverarbeitung

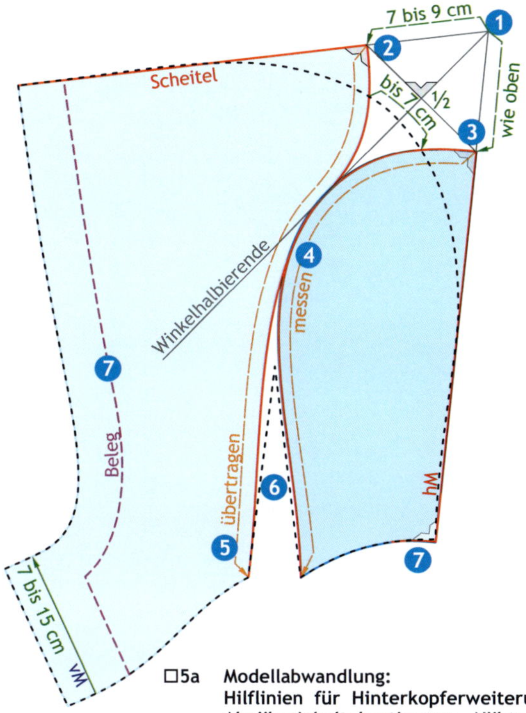

□5a Modellabwandlung: Hilflinien für Hinterkopferweiterung, Abnäherinhalt bestimmen, Nähte formen und Längen kontrollieren, Halsloch auswinkeln, Absteppung für Beleg

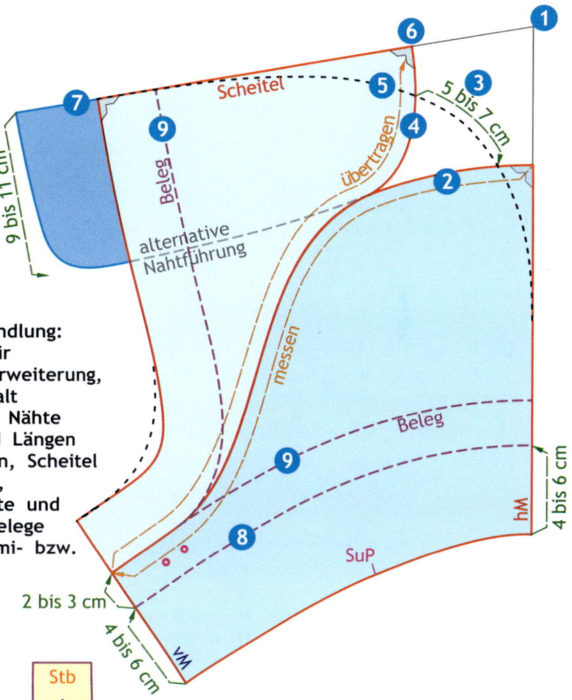

□6a Modellabwandlung: Hilflinien für Hinterkopferweiterung, Abnäherinhalt bestimmen, Nähte formen und Längen kontrollieren, Scheitel und Schirm, Absteppnähte und Ösen für Belege sowie Gummi- bzw. Kordelzug

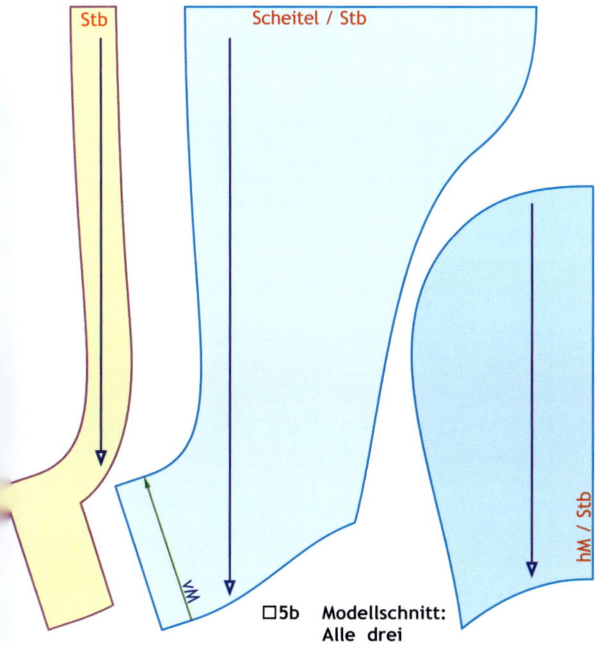

□5b Modellschnitt: Alle drei Schnittteile im Stoffbruch

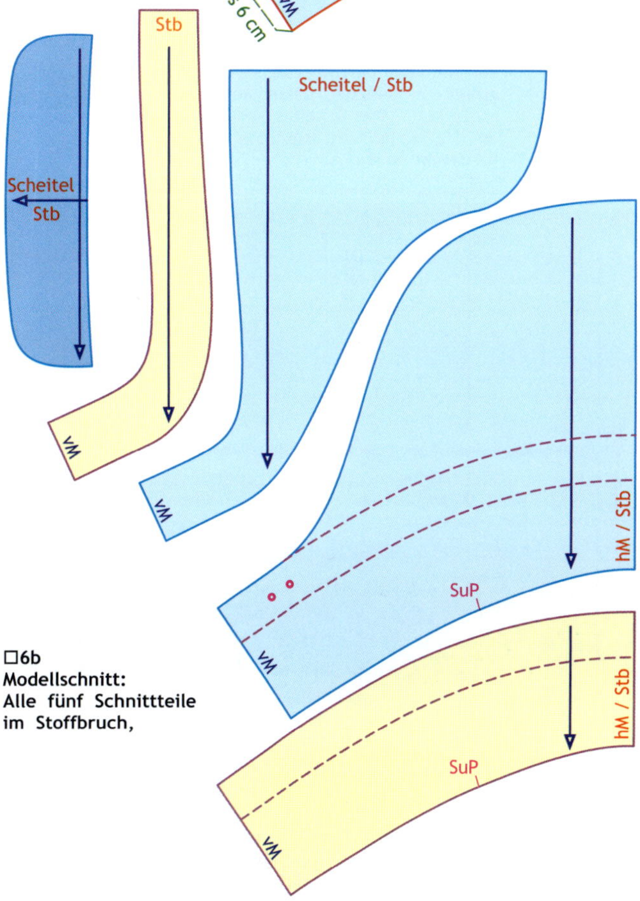

□6b Modellschnitt: Alle fünf Schnittteile im Stoffbruch,

Kapuzenvarianten mit Teilungsnähten (4)
für alle Materialien

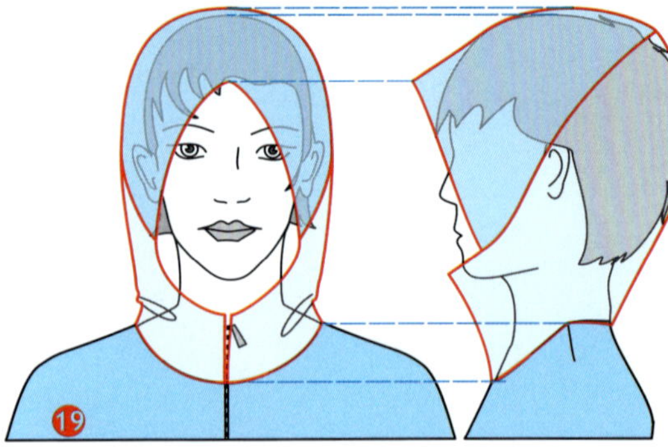

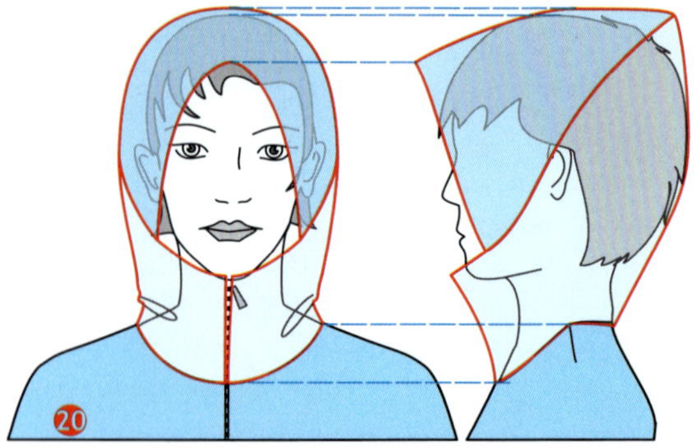

□7 Sportliche Kapuze mit Diagonal-Naht, anliegender am Hinterkopf, tieferer Ausschnitt; aus der **Kapuze 12** mit hohem Verschluss (hier für Reißverschluss)

□8 Sportliche Kapuze mit Diagonal-Naht und zusätzlicher Weite am Hinterkopf und seitlich; aus der **Kapuze 12** mit hohem Verschluss (hier für Reißverschluss)

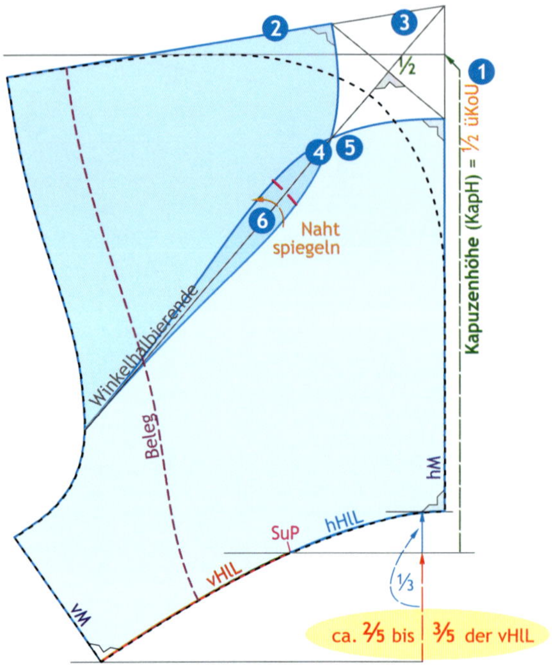

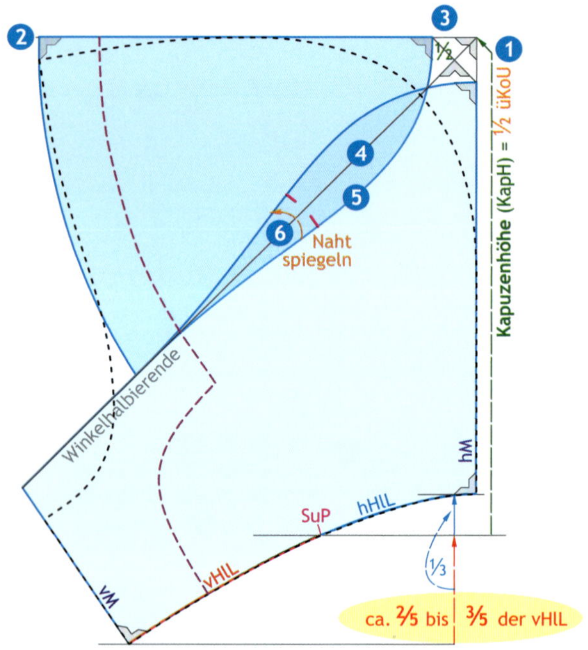

□7b Modellabwandlung:
Variante mit verringerter Ausschnitthöhe und größerem Abnäher, daher anliegender am Hinterkopf. Der Scheitel verläuft schräg wie an der Grundform; ansonsten siehe die Konstruktion 7a.

□8a Modellabwandlung:
Hilfslinien für Hinterkopferweiterung, Abnäherinhalt bestimmen, Nähte formen und Längen kontrollieren, Scheitel und Schirm, Absteppnähte und Ösen für Belege sowie Gummi- bzw. Kordelzug

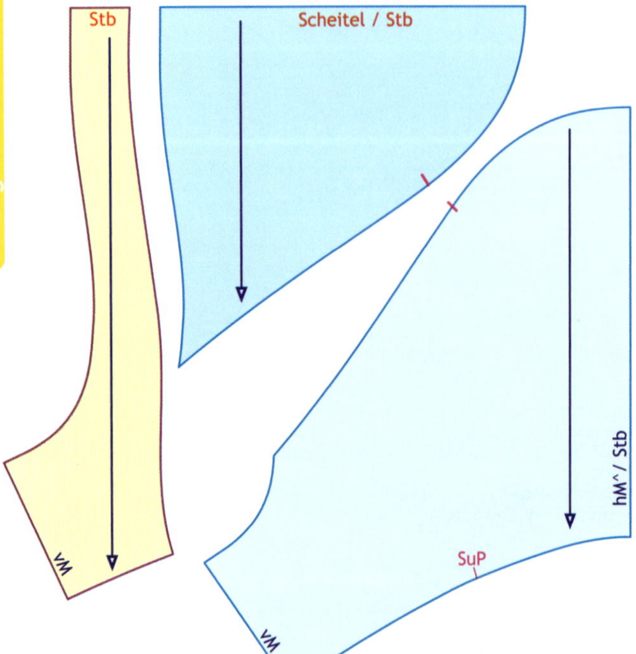

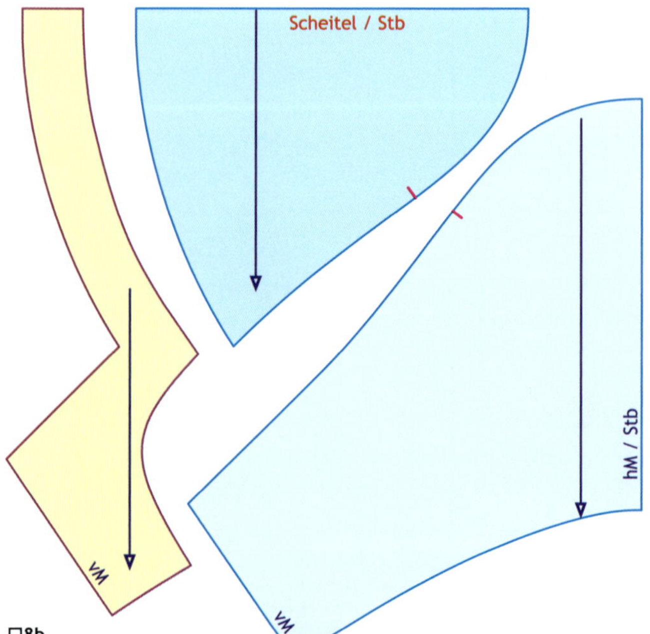

□7b □8b
Modellschnitte: Alle äußeren Schnittteile im Stoffbruch

Kapuzenvarianten mit Teilungsnähten (5)
für alle Materialien

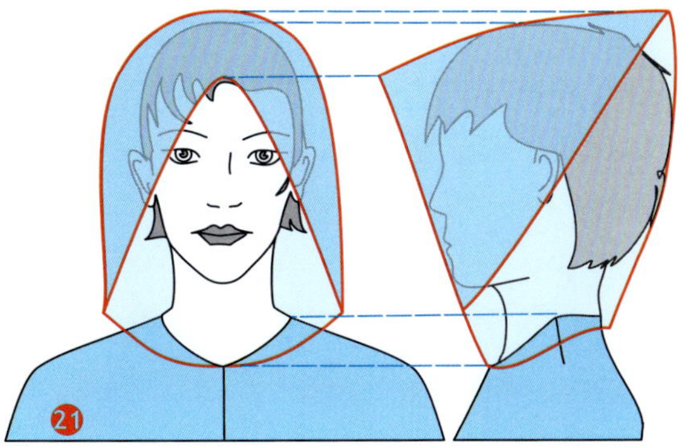

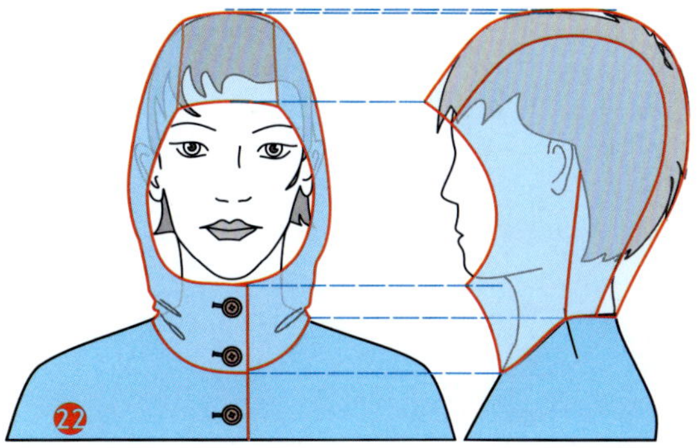

☐9 **Elegante Kapuze mit tiefer Diagonal-Naht und sehr viel zusätzlicher Weite seitlich und am Hinterkopf aus der Kapuze 3**

☐10 **Aus der Kapuze 11 mit Mittelstreifen**

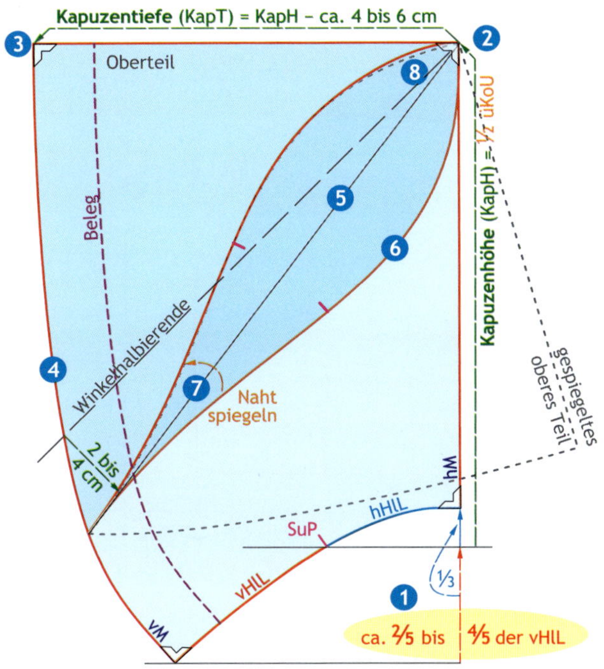

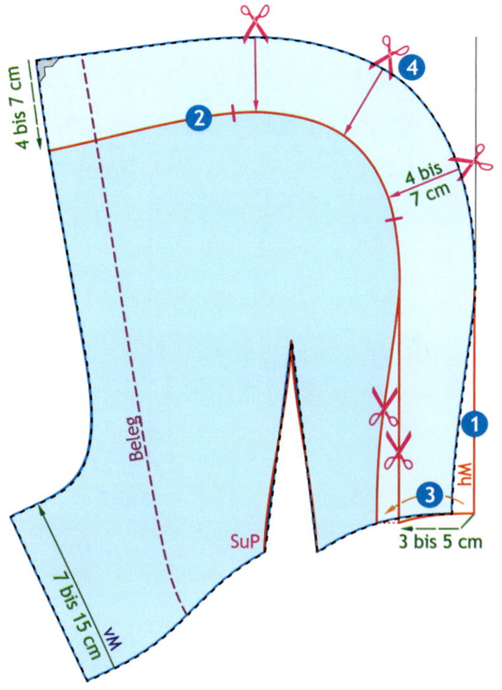

☐9a **Modellabwandlung:**
Grundform rechtwinklig mit gerundetem weiten Ausschnitt aufstellen, für Hinterkopferweiterung die Mittellinie unter der Winkelhalbierenden nach Wunsch zeichnen, untere Naht formen, diese spiegeln und ggf. im oberen Bereich rechtwinklig ausformen

☐10a **Modellabwandlung:**
hM gerade zeichnen, Naht formen, Betrag zur hM als Abnäher formen, Einschnittlinien für Mittelstreifen und dort zwei Knipse markieren, Beleg einzeichnen

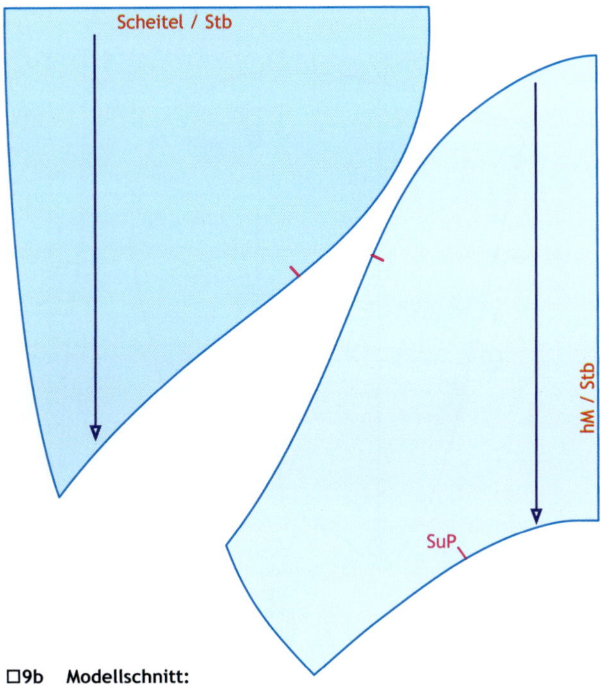

☐9b **Modellschnitt:**
Alle Schnittteile im Stoffbruch, Beleg ist nicht dargestellt

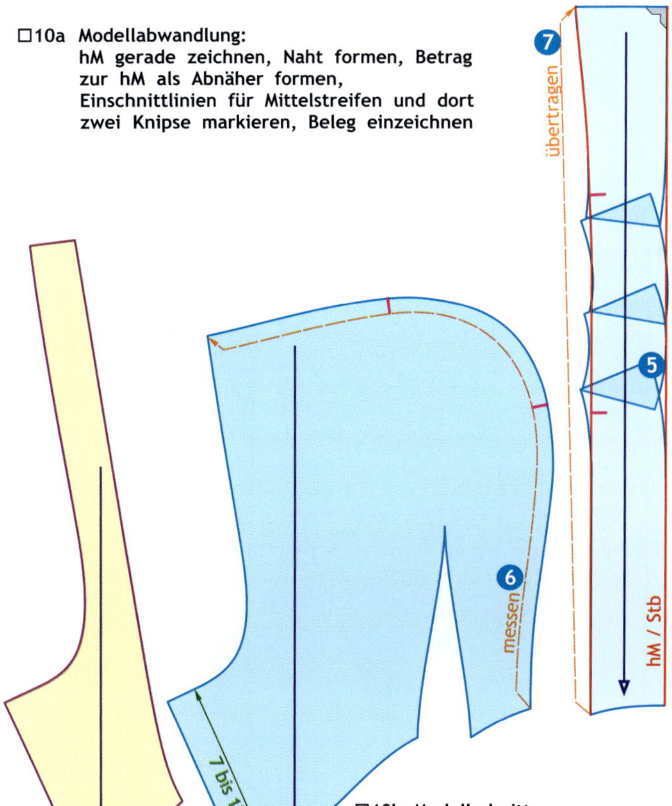

☐10b **Modellschnitt:**
Segmente an gerader hM anlegen, Nahtlänge messen und übertragen, hM im Stoffbruch

Kapuzenvarianten mit Teilungsnähten

Kapuzenvarianten mit Teilungsnähten (6)
für alle Materialien

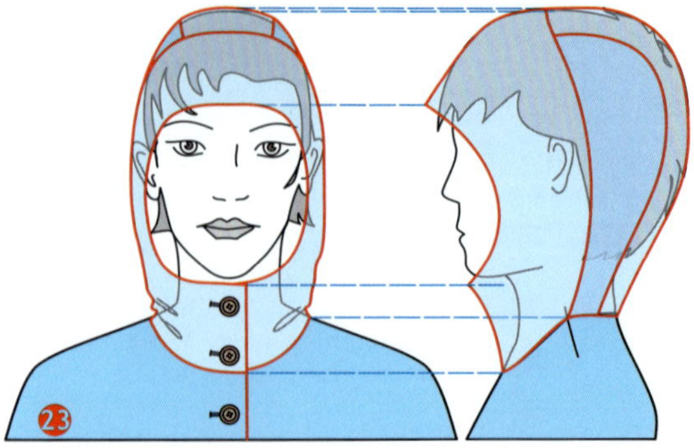

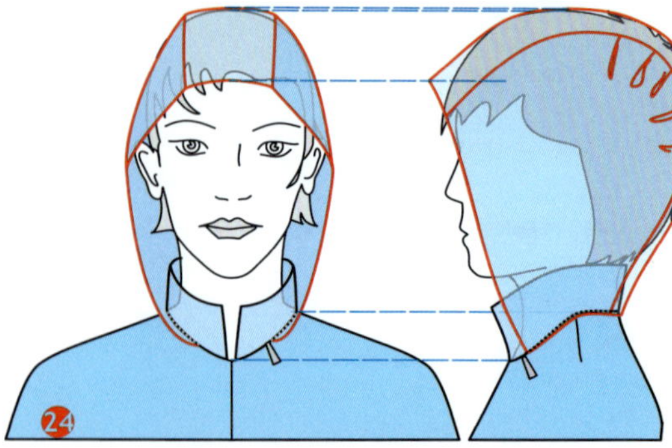

□11 Aus der **Kapuze 11** mit Mittelstreifen am Hinterkopf und vorderes Teil im Stoffbruch

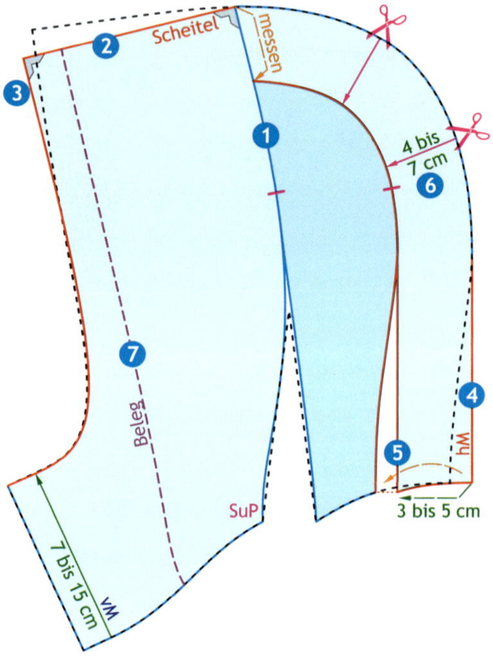

□11a Modellabwandlung:
Abnähernähte zum Scheitel verlängern, hierzu rechtwinklig den Scheitel zeichnen und den Ausschnitt formen, hM gerade zeichnen, Betrag zwischen alter und neuer hM als Abnäher und Mittelstreifennaht formen, Einschnittlinien für Mittelstreifen und dort einen Knips markieren, Beleg einzeichnen

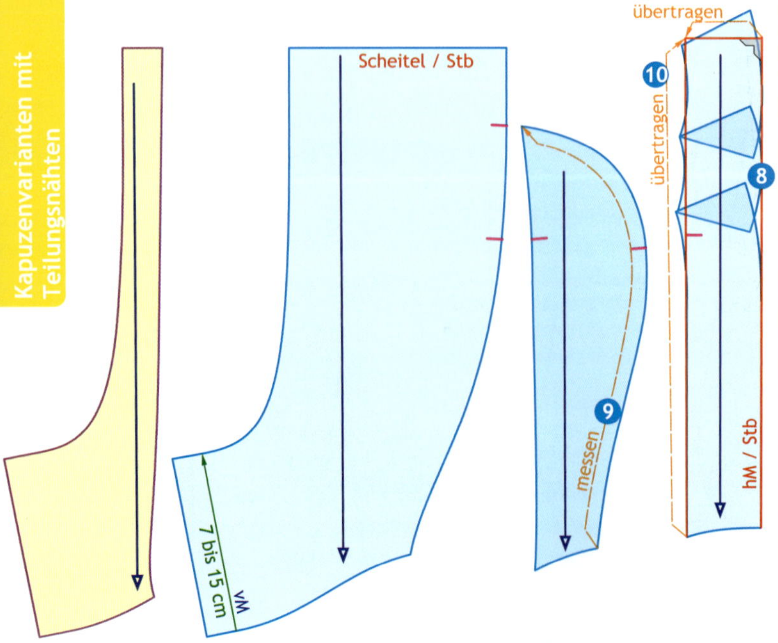

□11b Modellschnitt:
Segmente an gerader hM anlegen, Nahtlänge messen und übertragen, hM im Stoffbruch

□12 Einrollbare Kapuze in die Kragennaht aus der **Kapuze 7** für leichte Wetterjacken. Hier mit Mittelstreifen und Kräuselweite sowie reduziertem Ausschnitt.

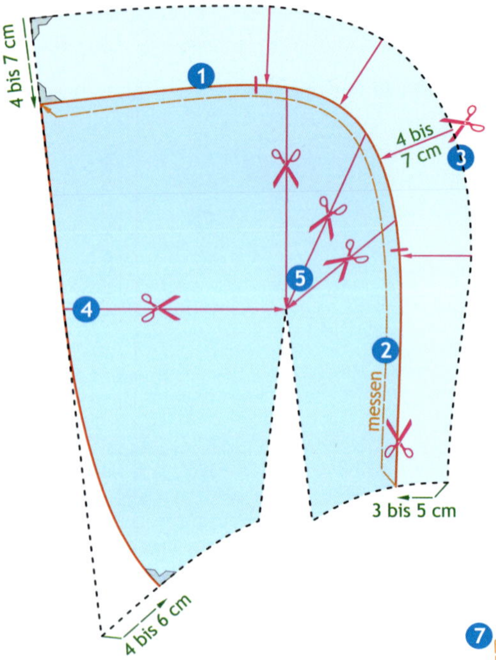

□12a Modellabwandlung:
Naht gestalten, Nahtlänge messen, Einschnittlinien für Mittelstreifen und Kräuselung, zwei Knipse markieren, Kapuzenausschnitt an vM bis zum Beginn des Reißverschlusses kürzen und Kapuzenausschnitt neu formen

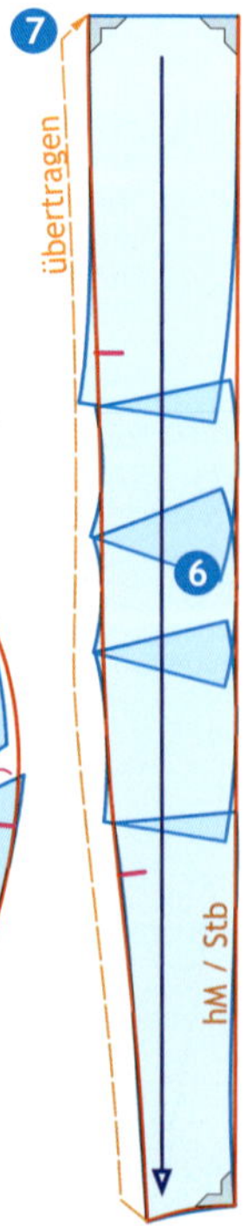

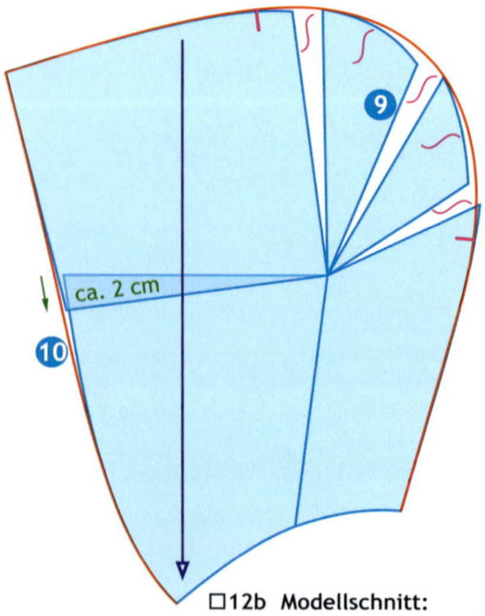

□12b Modellschnitt:
Segmente an gerader hM anlegen, und Nahtlänge übertragen, Ausschnitt zulegen, Kräuselweite öffnen, Ausschnitt formen, ggf. Beleg einzeichnen, hM im Stoffbruch

Funktion, Position und Größe von Taschen an Bekleidungsstücken
Modellformen von aufgesetzten Taschen und Patten

Taschen an Bekleidungsstücken haben den Zweck, Gegenstände zu verstauen und diese zu schützen sowie den Händen bei kalter Witterung Schutz zu gewähren.

Entscheidend für die **Position der Tasche** ist deren Zweck. Ein Notizzettel oder ein Kugelschreiber findet oft in der Brusttasche Platz, ein Taschentuch in der vorderen Rock- oder Hosentasche, ein Telefon in der Innentasche einer Jacke, eine Uhr in einer Tasche unter dem Bund oder der fünften Tasche einer Jeans, ein Kamm in der Kammtasche eines Sakkos, der Geldbeutel in der Gesäßtasche einer Hose, die Brieftasche in der Innentasche einer Jacke oder eines Mantels, diverse Werkzeuge in speziellen Taschen von Berufsbekleidung und die Hände in vorderen Hosentaschen sowie Jacken- und Manteltaschen unterhalb der Taille, aber auch in Kanguruh-Taschen von Sweatshirts und senkrechten Taschen in Bauchhöhe von z.B. Outdoorjacken.

Die **Taschengröße** ist natürlich abhäng vom Zweck und dem zu verstauenden Inhalt (**□2+5+10+20**). Für Taschen, in denen eine Hand Platz haben soll, gilt **□3+4**: **Die Taschentiefe entspricht ungefähr der Eingriffslänge.** Bei zu schmalen Taschen wird es ansonsten schwierig, den Inhalt wieder herauszunehmen. **□4**: Eine **Schrägstellung des Eingriffs** kann das Hineingreifen in die Tasche ergonomisch erleichtern.

Patten und **Laschen** sind optional anzubringende Abdeckungen von Tascheneingriffen. Sie können die verschiedensten Formen besitzen. Mit Knöpfen, Druckknöpfen oder Klettband kann die Tasche verschlossen werden.

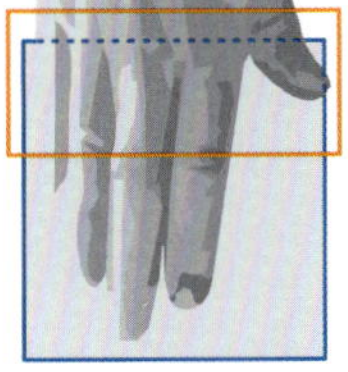

□1 Rechteckige Tasche z.B. für Brusttaschen an Blusen

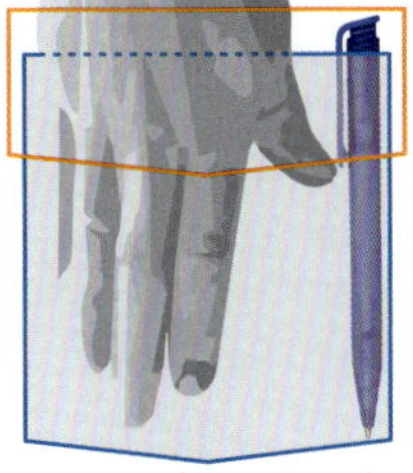

□2 Tasche mit spitzem Boden, z.B. für Brusttaschen an Hemden

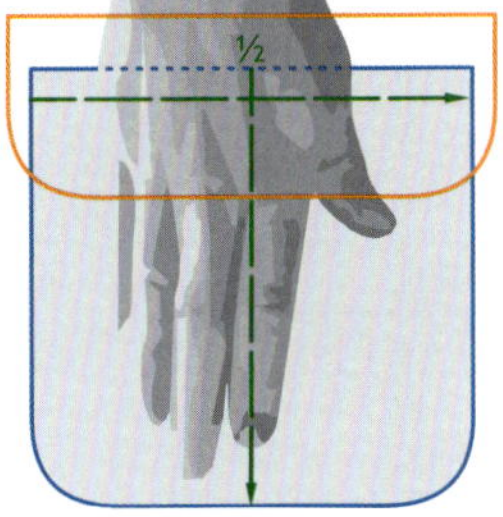

□3 Quadratische Tasche mit abgerundeten Ecken, z.B für Gesäßtasche an Hosen

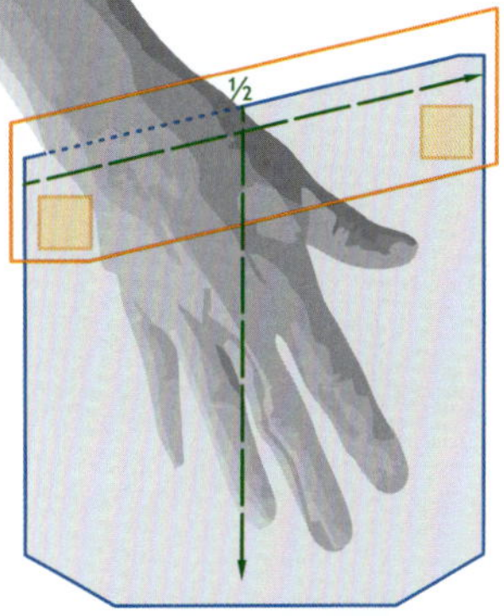

□4 Asymmetrische Tasche mit abgeschägten Ecken und Patte mit Klettverschluss, z.B. an Funktionsbekleidung

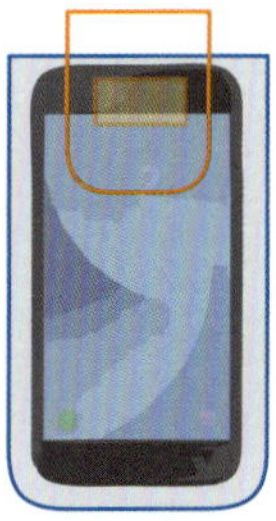

□5 Phone Pocket mit Lasche und Klettverschluss z.B. als, Innentaschen oder Funktionsbekleidung

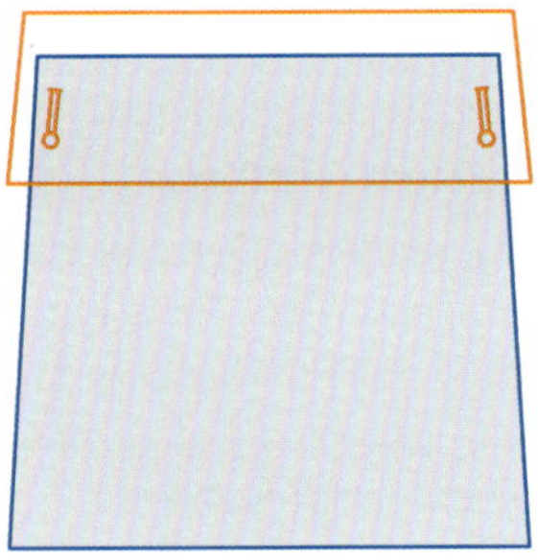

□6 Trapezförmige Tasche mit Patte und Knopfverschluss

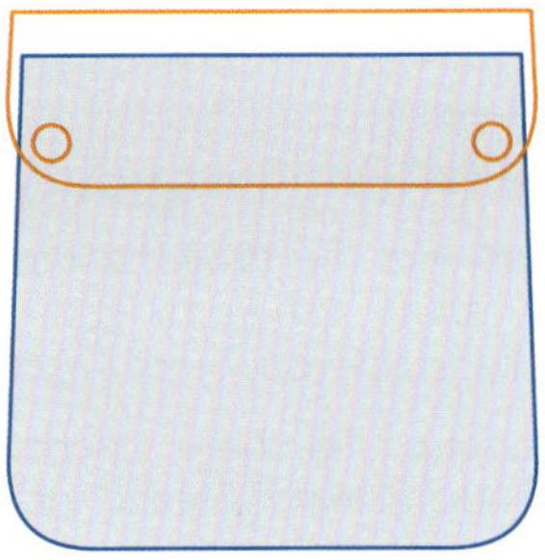

□7 Trapezförmige Tasche mit abgerundeten Ecken mit Patte und Druckknopfverschluss

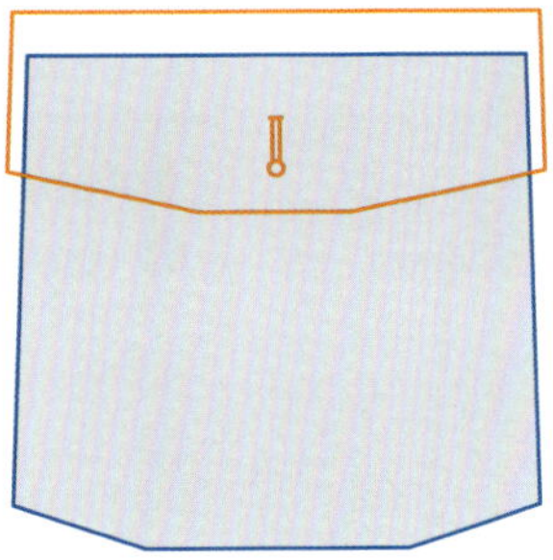

□8 Trapezförmige Tasche mit abgeschrägten Ecken mit Patte und Knopfverschluss

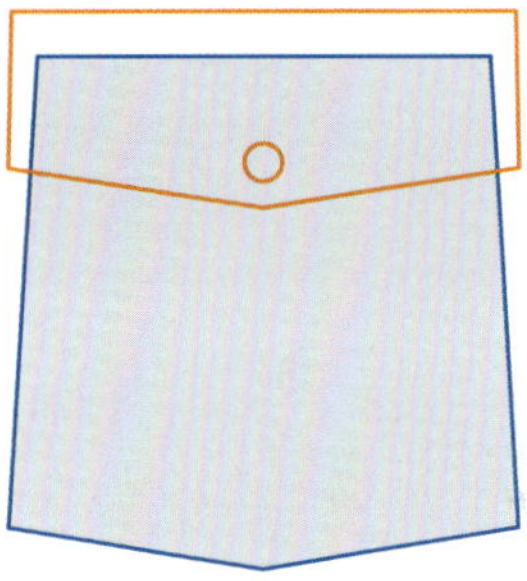

□9 Trapezförmige Tasche mit Spitze mit Patte und Druckknopfverschluss

□10 Uhrentasche, Watch- oder Coin-Pocket

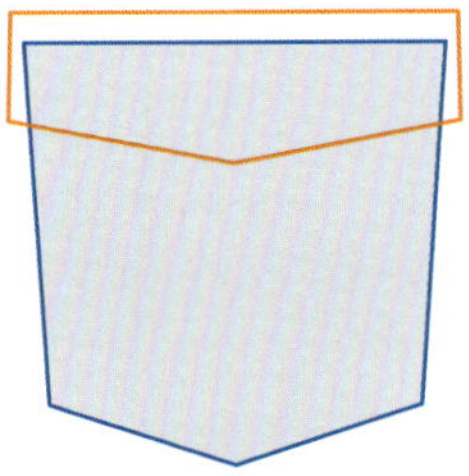

□11 Spatentasche mit Patte

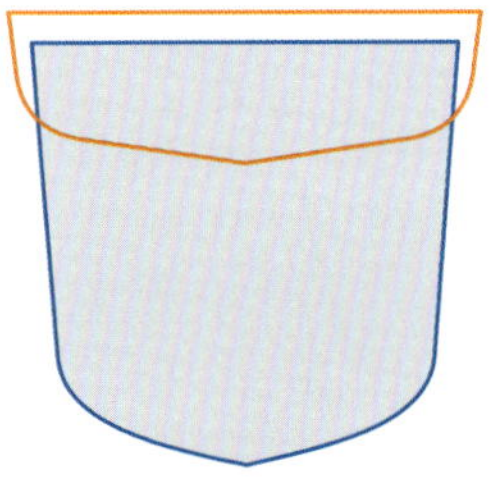

□12 Spatentasche mit abgerundeten Ecken und Patte

□13 Spatenförmige runde Tasche mit Patte

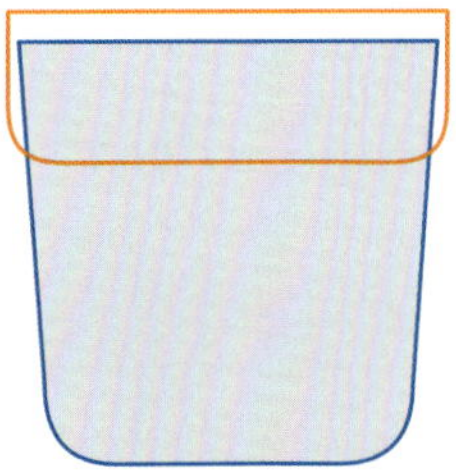

□14 Spatenförmige Tasche mit abgerundeten Ecken und Patte

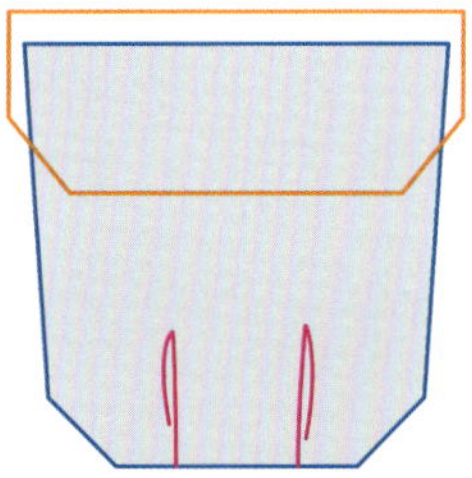

□15 Spatentasche ähnlich einer Beuteltasche mit Quetschfältchen mit Patte

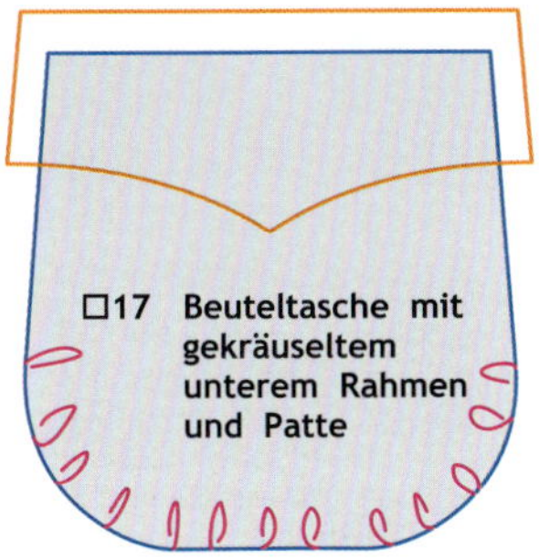

□17 Beuteltasche mit gekräuseltem unterem Rahmen und Patte

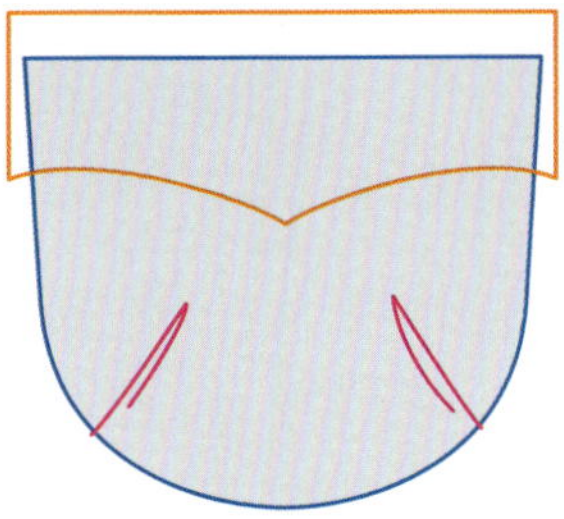

□18 Beuteltasche mit Falten und Patte

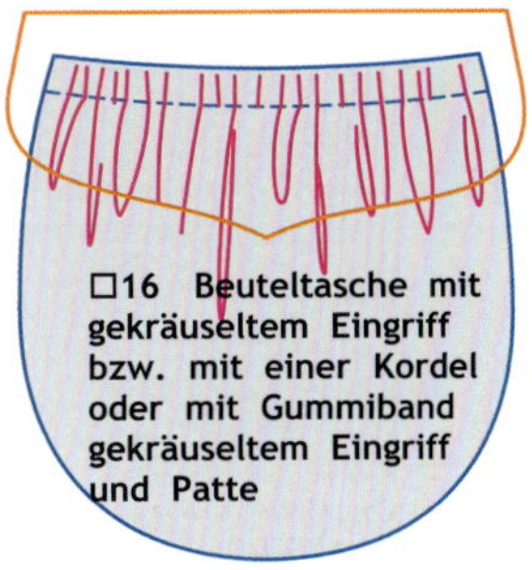

□16 Beuteltasche mit gekräuseltem Eingriff bzw. mit einer Kordel oder mit Gummiband gekräuseltem Eingriff und Patte

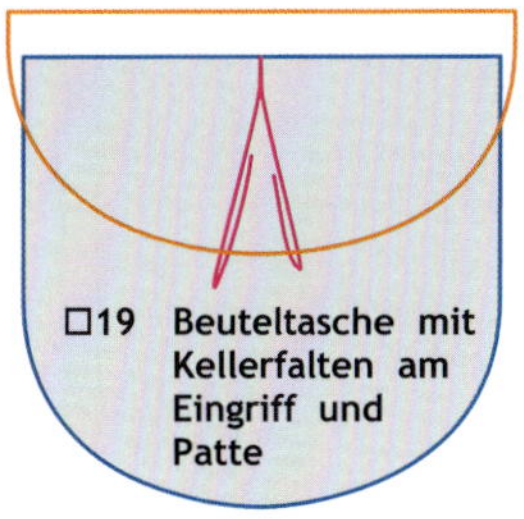

□19 Beuteltasche mit Kellerfalten am Eingriff und Patte

□20 Zollstock-Tasche

Flach aufgesetzte Taschen (1)
Blusen- und Hemden-Brusttasche, Tasche mit Patte

Aufgesetzte Taschen wirken unabhängig von ihrer Form und Größe eher sportlich und informell.

Volumentaschen sind auffällige voluminöse aufgesetzte Taschen, wie z.B. Cargo-, Blasebalg- oder Beuteltaschen. Sie können entsprechend an allen Kleidungstypen angebracht werden, insbesondere dort, wo bestimmte Gegenstände verstaut werden sollen.

Alle im Folgenden entwickelten Taschen sind **mit Längs-, ggf. auch mit Querschnitten** dargestellt.

Desweiteren ist eine **schnitttechnische Darstellung** abgebildet, wie sie auf dem Modell- bzw. Produktionsschnitt platziert sein könnten. Notwendige Positions-Markierungen sind mit Bohrpunkten gekennzeichnet.

Die endgültigen **Produktionsschnittteile** entstehen durch das Kopieren der schnitttechnischen Darstellung. Entsprechend der Verarbeitung einer Tasche müssen die Schnittteile ggf. anders als hier gezeigt konstruiert und mit anderen Nahtzugaben versehen werden.

Nahtzugaben sind im Allgemeinen 1 cm. Für etwas Spielraum bei der Fertigung sind bei Taschenbeuteln 1,5 cm NZg günstiger.

1

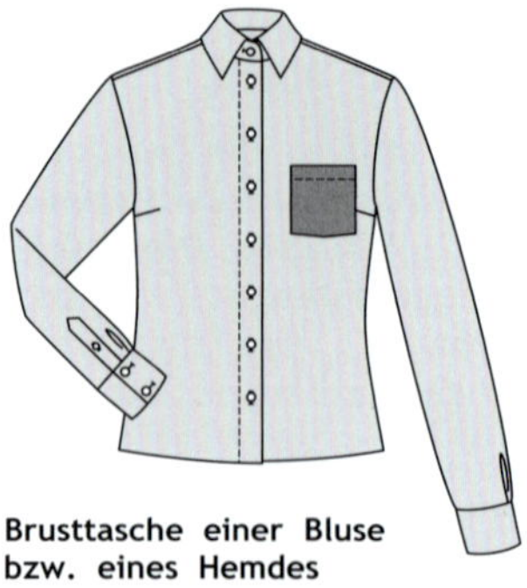

□1 Brusttasche einer Bluse bzw. eines Hemdes

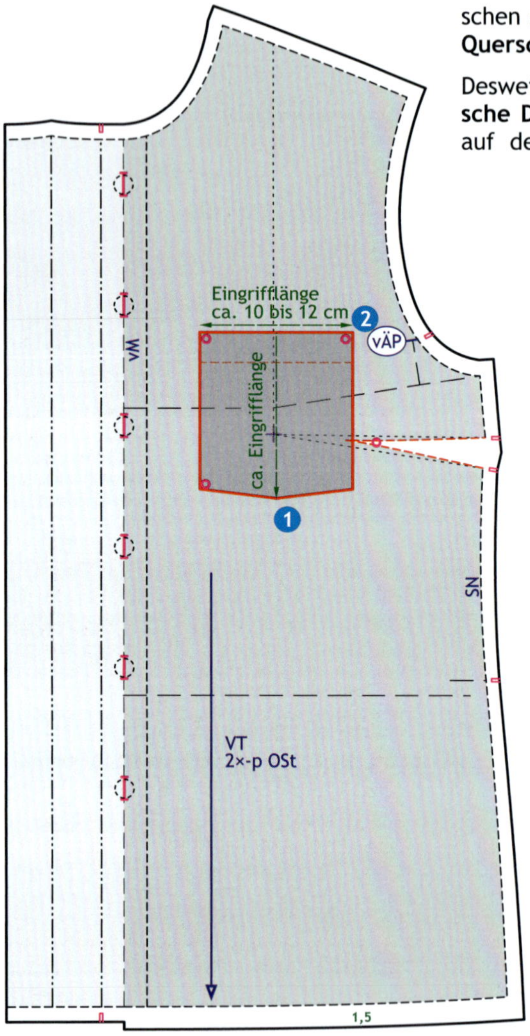

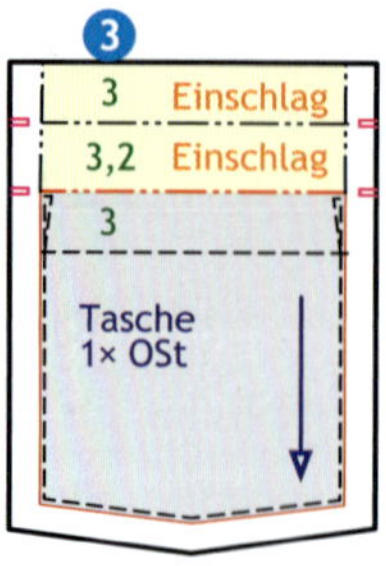

Brusttasche an einer Bluse

1 Sie ist zumeist (fast) quadratisch bzw. oft mit einer sehr flachen unteren Spitze, die dort das Einschlagen der Kanten erleichtert.

2 Die Höhe des Tascheneingriffs liegt ungefähr auf Höhe des vÄP. Die Tasche liegt etwas näher am Armloch als an der vM.

3 Taschenform kopieren und die Produktionsschnittteile mit doppeltem Einschlag am Eingriff (gelb) und Nahtzugaben (NZg) versehen.

Aufgesetzte Tasche mit abgeschrägten Ecken und Patte

1 Die Größe und die Proportionen sind nach Bedarf und Geschmack zu wählen. Die Form ist am einfachsten mit Hilfe eines Quadrats zu konstruieren; diese Tasche ist etwas tiefer.

2 Die Patte muss die obere Taschenkante vollständig abdecken. Die Form ist entsprechend passend zur Taschenform zu wählen.

3 Patten- und Taschenform kopieren und die Produktionsschnittteile mit einfachem Einschlag am Eingriff (gelb) und Nahtzu-gaben (NZg) versehen.

4 Üblich sind NZg von 1 cm; an der Patte oben ggf. nur 0,5 cm.

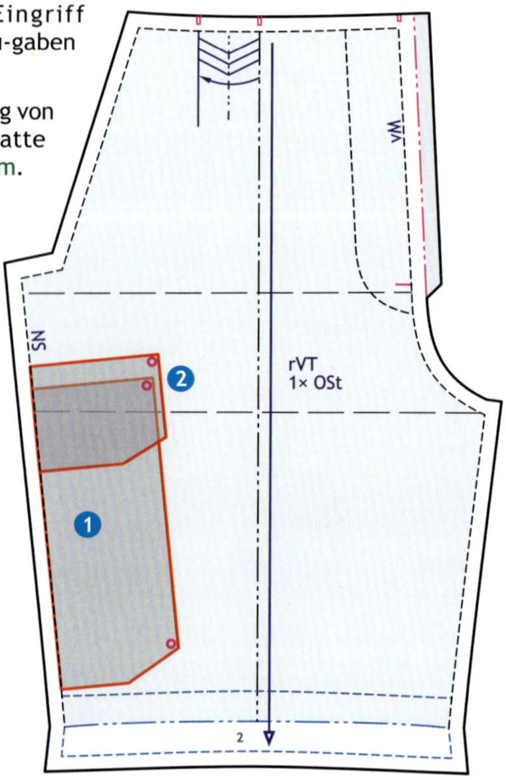

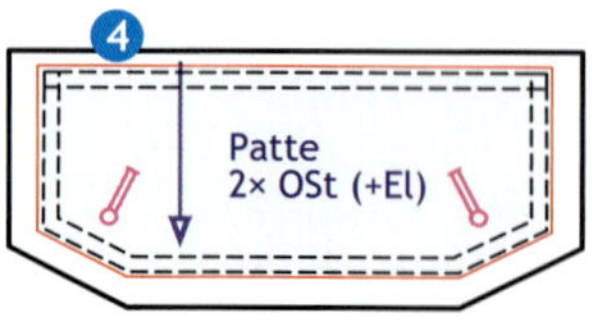

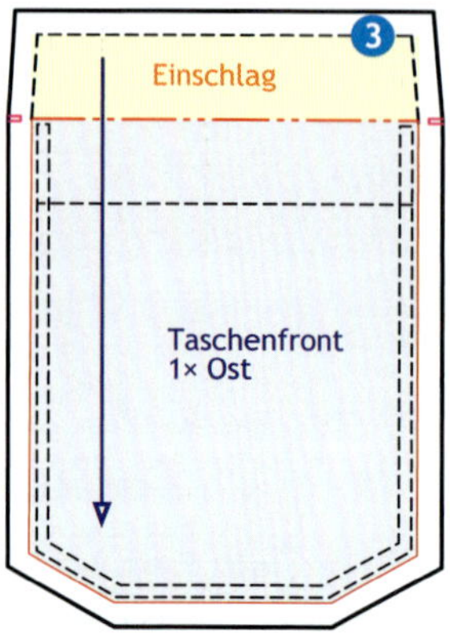

2

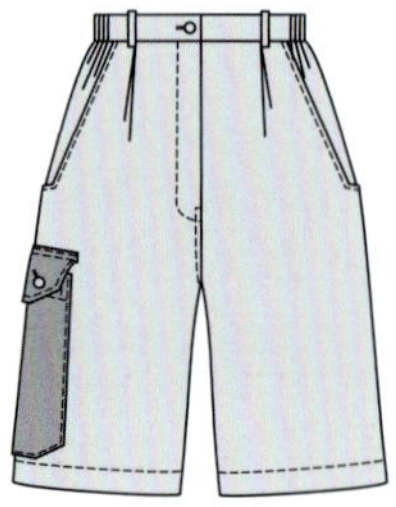

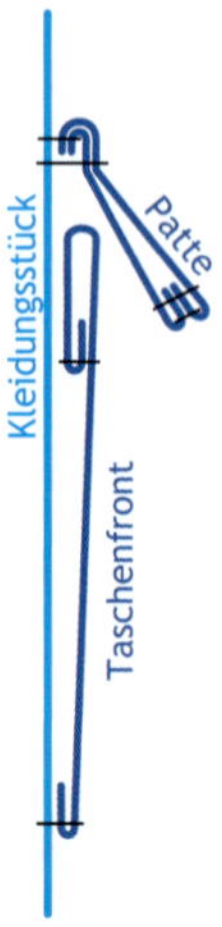

□2 Aufgesetzte Tasche mit abgeschrägten Ecken und Patte

Flach aufgesetzte Taschen (2)
Im Jeans-Stil und gefütterte Tasche für hochwertige Verarbeitung

Taschenbreite und Eingrifflänge sind nicht immer identisch!

Wegen der Absteppungen am Tascheneingriff verliert die Tasche am Eingriff Weite. Dadurch verkürzt sich die Eingrifflänge. **Deshalb zunächst die Eingrifflänge und dann die Art der Absteppung wählen. Die Taschenbreite ergibt sich aus der Eingrifflänge plus zwei mal Absteppbreite!**

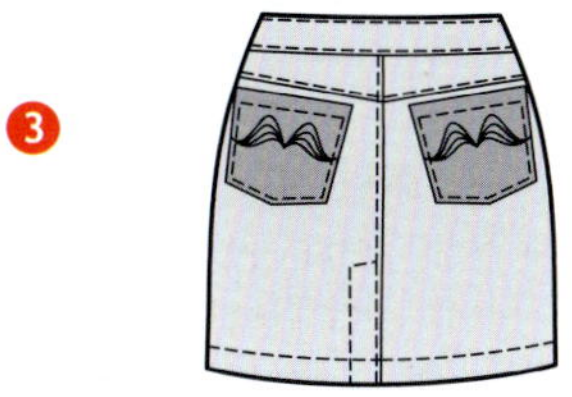

□3 Spatentasche im Jeans-Stil

Spatentasche im Jeans-Stil

Ohne Patte und ohne Futter findet man Spatentaschen vorwiegend als Gesäßtaschen an Jeanshosen.

❶ Die Größe und die Proportionen sind nach Bedarf und Geschmack zu wählen. Die Form ist am einfachsten mit Hilfe eines Quadrats zu konstruieren.

❷ Die Taschenform kopieren und den Produktionsschnitt mit Einschlag

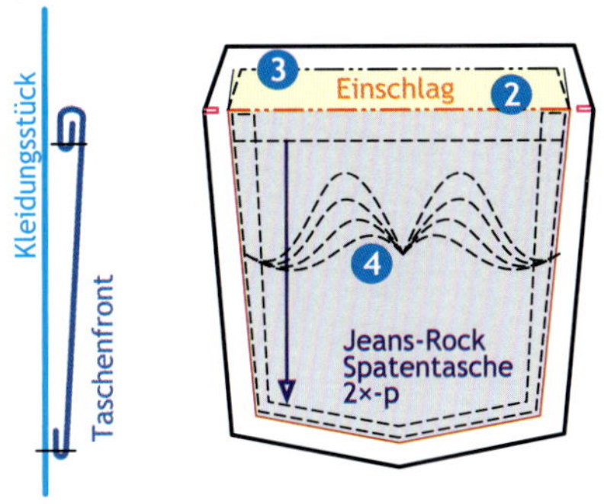

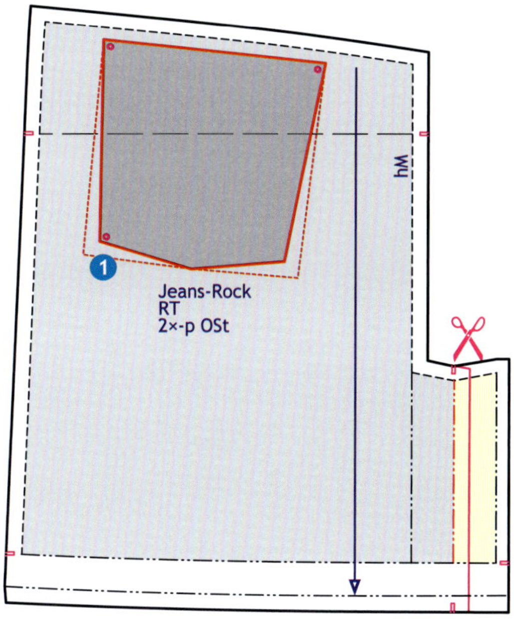

am Eingriff (gelb) und Nahtzugaben (NZg) versehen.

❸ Die sehr schrägen Rückschnitte am Einschlag vereinfachen das Einschlagen der Kanten. Üblich sind NZg von 1 cm.

❹ Traditionell sind die typischen Absteppungen auf der Tasche.

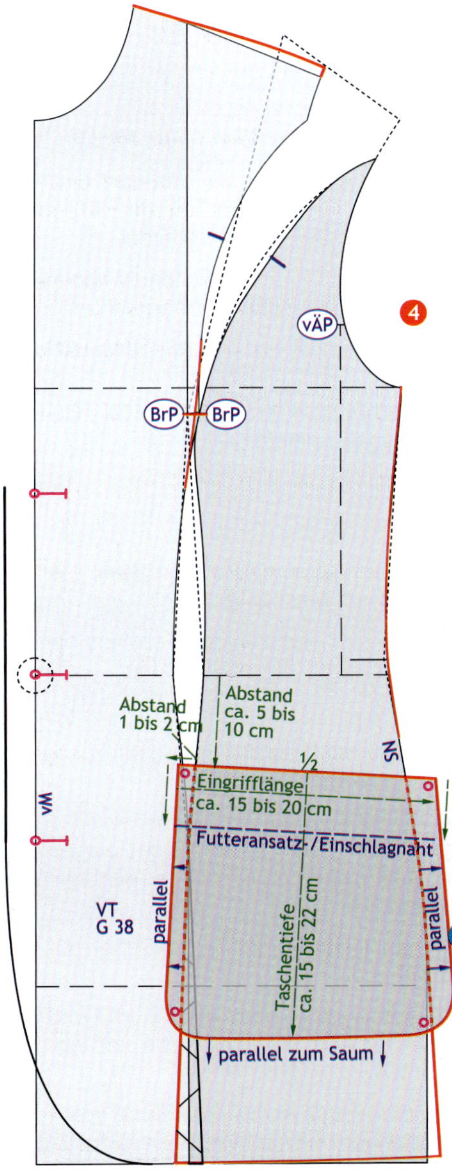

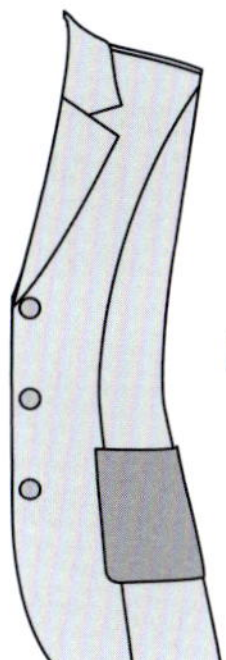

Mit Futter verstürzte aufgesetzte Tasche

Hochwertige Jacken- und Manteltaschen werden mit Futter verarbeitet und seitlich auf dem VT positioniert.

Die Größe und die Proportionen sind nach Funktion und Geschmack zu wählen.

❶ Die Taschenkanten orientieren sich üblicherweise an den Nahtverläufen und ggf. dem Saum des entsprechenden Kleidungsstücks. Z.B. besitzt diese Taschenform hier keine parallel zueinander verlaufenden Kanten. Das muss aber nicht so sein.

Zusätzlich könnte die Tasche mit einer gefütterten Patte gestaltet werden.

❷ Die Einschlagbreite von ca. 2 bis 5 cm parallel zur oberen Kante zeichnen.

❸ Die Taschenform kopieren. Den Einschlag (gelb) an der Eingriffkante nach oben spiegeln und die Produktionsschnittteile mit Nahtzugaben (NZg) versehen. Üblich sind NZg von 1 cm.

Für diese gefütterte aufgesetzte Taschenvarianten gibt es die verschiedensten Verarbeitungsmethoden. Die Tasche kann u.a. verstürzt und aufgesteppt oder blind aufgenäht werden. Entsprechend müssen die Schnittteile ggf. anders als hier gezeigt konstruiert und mit anderen Nahtzugaben versehen werden.

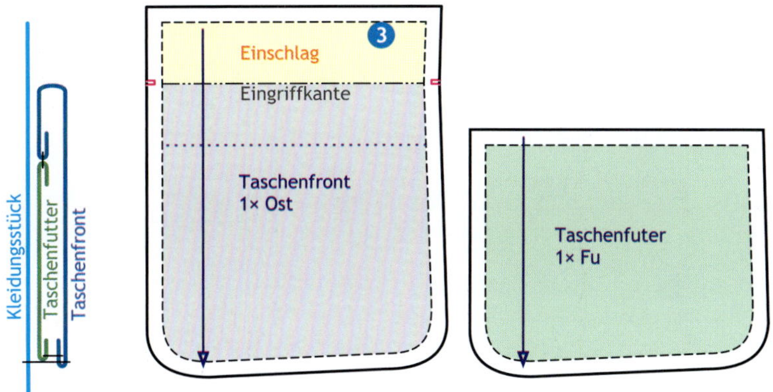

□5 Produktionsschnittteile für eine Verarbeitung mit Verstürzen

□4 Position und Größe einer klassischen Jacken- oder Manteltasche

Flach aufgesetzte Taschen (3)
Uniformtaschen mit Falten

Uniformtaschen sind flache Taschen mit gelegten Falten im Vorderblatt oder an den Seiten. Sie werden direkt an das Kleidungsstück angenäht. Das Volumen entsteht durch Öffnung der Falten, wenn die Tasche gefüllt ist. Zumeist ist der Eingriff mit einer Patte versehen, die entsprechend der Taschenform und des Verschlusses gestaltet wird.

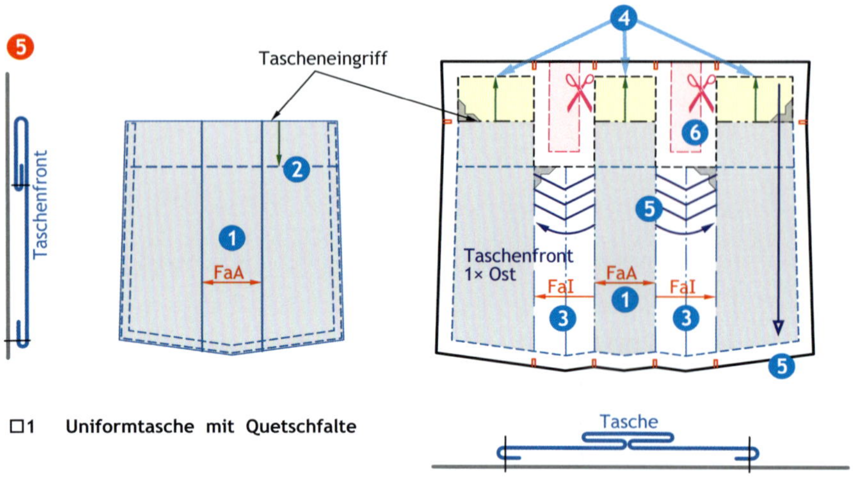

□1 Uniformtasche mit Quetschfalte

Uniformtasche mit Quetschfalte

1. Die Taschenform nach Wunsch gestalten und die beiden Faltenkanten in gewünschtem Faltenabstand (FaA) mittig ins Vorderblatt einzeichnen.
2. Tascheneinschlagbreite ca. 2 bis 4 cm einzeichnen.
3. Taschenform kopieren und dabei den Falteninhalt (FaI) für die beiden Falten öffnen Der FaI entspricht maximal dem FaA.
4. Den Einschlag (gelb) an der Eingriffkante nach oben spiegeln. Durch rechtwinkliges Anzeichnen ist hier die Einschlagweite reduziert.
5. Am Produktionsschnittteil die Falten markieren und das Schnittteil mit Nahtzugaben (NZg) von 1 cm versehen.
6. Die Falten können bei Bedarf bis zur Absteppnaht des Einschlags abgenäht werden. Dort kann überschüssiger Stoff am Falteninhalt herausgeschnitten werden. Das sähe dann ungefähr so aus wie bei der folgenden Tasche mit Kellerfalte.

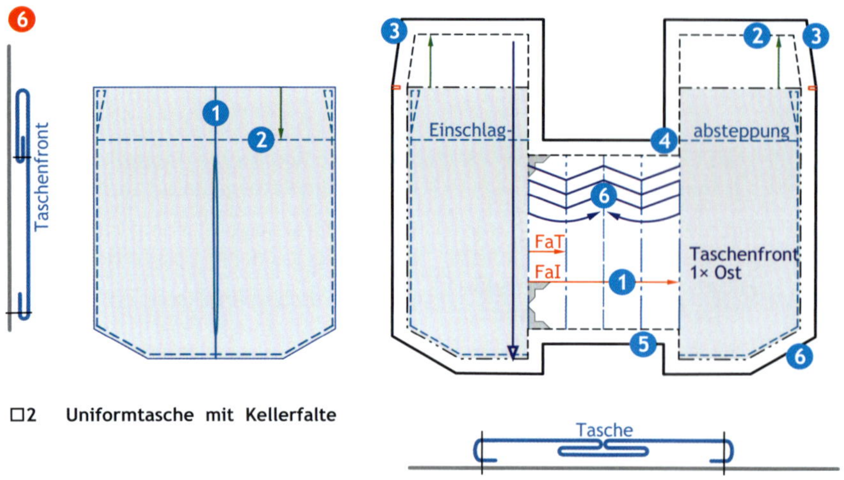

□2 Uniformtasche mit Kellerfalte

Uniformtasche mit Kellerfalte

1. Die Taschenform nach Wunsch gestalten und das halbierte Vorderblatt waagerecht um den gesamten Falteninhalt (4× FaT) öffnen.
2. Einschlag ca. 2 bis 4 cm am Tascheneingriff nach oben anzeichnen.
3. Durch leicht eingestelltes Anzeichnen ist hier die Einschlagweite reduziert.
4. Falteninhalt bis zum oder knapp unterhalb des Einschlags abnähen.
5. Ggf. kann auch der Falteninhalt an der unteren Taschenkante abgenäht werden.
6. Falten markieren und überall eine NZg von 1 cm anzeichnen.

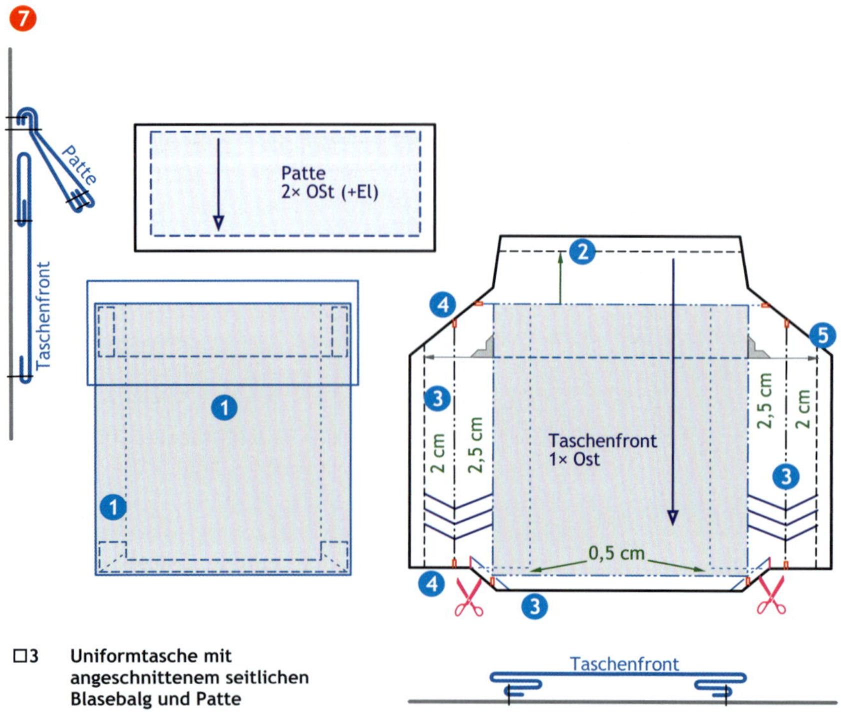

□3 Uniformtasche mit angeschnittenem seitlichen Blasebalg und Patte

Uniformtasche mit Patte und mit seitlichem Blasebalg

1. Die hier **rechteckige** Taschenform ist mit seitlichen Blasebalgrahmen und notwendigen Absteppungen gestaltet. Sie kann mit Patte und mit zusätzlicher Keller- oder Quetschfalte in der Taschenfront gearbeitet werden.
2. Einschlag am Tascheneingriff nach oben anzeichnen (durch leicht eingestelltes Anzeichnen ist hier die Einschlagweite reduziert).
3. Blasebalgrahmen an den Seiten mit Faltenmarkierung anzeichnen.
4. Faltenrückschnitt am Eingriff und am Saum für eine einfache Verarbeitung vornehmen.
5. Nahtzugaben wo notwendig von 1 cm anzeichnen und Markierungen vornehmen.

Voluminöse aufgesetzte Taschen (1)
Cargotaschen, Blasebalgtaschen

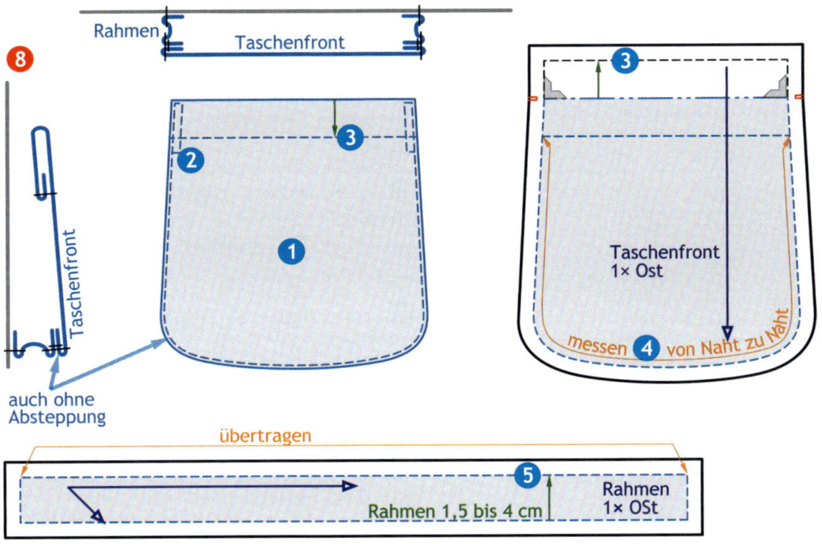

□1 Abgerundete Cargotasche mit separatem Rahmen

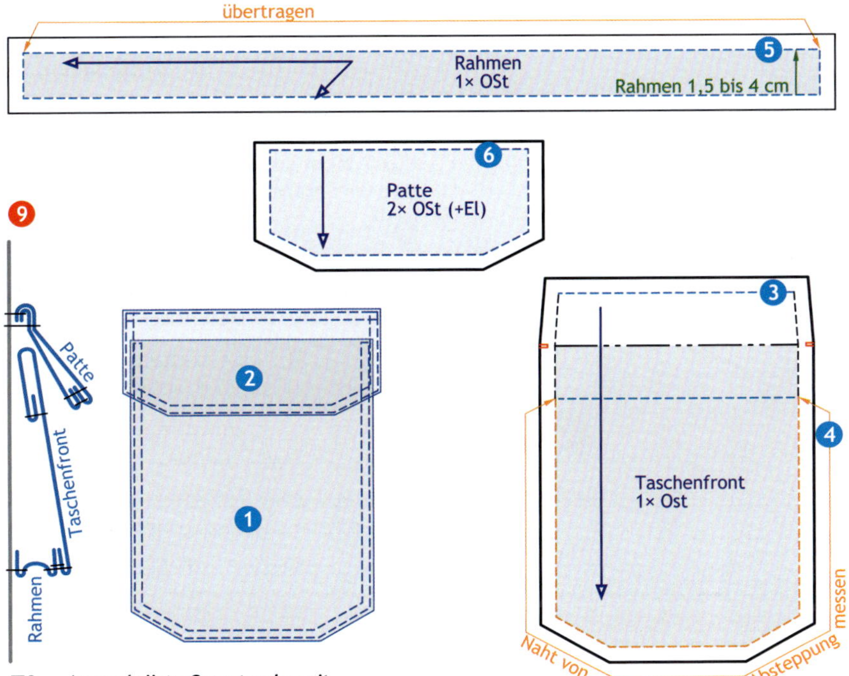

□2 Angeschrägte Cargotasche mit separatem Rahmen und Patte

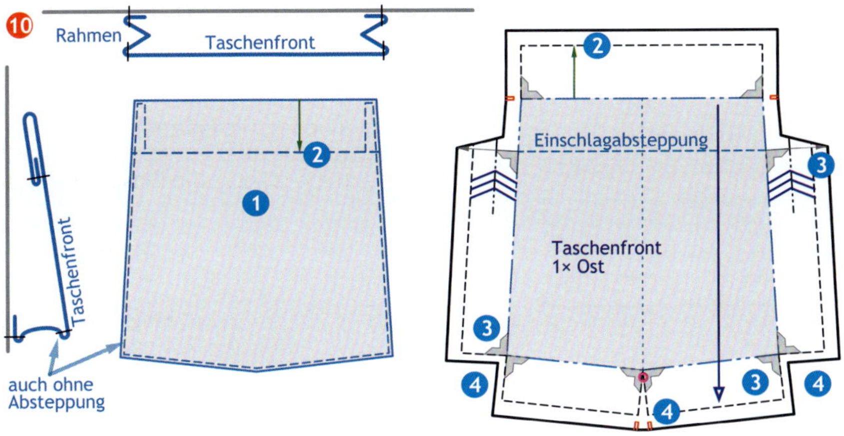

□3 Cargotasche mit angeschnittenen Rahmen

Cargotaschen bzw. **Blasebalgtaschen** sind funktionale oder sportliche Taschen, bei denen sich zwischen Taschenfront der Tasche und Bekleidungsstück ein Rahmen befindet, der das Volumen der Tasche vergrößert. Der Rahmen kann angeschnitten, angesetzt, glatt oder gefaltet sein.

Cargotaschen mit separatem Rahmen

1 **□1+2** Separate Rahmen für das Taschenvolumen sind an allen Taschenformen möglich, aber an runden Formen am einfachsten zu fertigen.

2 Die Taschenform ggf. mit Patte nach Wunsch gestalten und Absteppungen einzeichnen.

3 Einschlag ca. 2 bis 4 cm am Tascheneingriff nach oben anzeichnen (Die Einschlagweite wird hier reduziert).

4 An der Außenkante der Tasche die Nahtlänge zwischen den Absteppungen des Einschlags messen.

5 Den Rahmen in gewünschter Breite und Messlänge zeichnen.

6 Nahtzugaben von 1 cm - an der oberen Pattennaht ggf. nur 0,5 cm anzeichnen und Markierungen vornehmen.

Cargotasche mit angeschnittenem Rahmen, seitlich gefaltet

□3 Angeschnittene Rahmen für das Taschenvolumen sind nur an **eckigen Taschenformen** möglich.

1 Die Taschenform, ggf. mit Patte nach Wunsch gestalten und Absteppungen einzeichnen.

2 Einschlag ca. 2 bis 4 cm am Tascheneingriff nach oben anzeichnen (durch senkrechtes Anzeichnen ist die Einschlagweite hier reduziert).

3 Ab der Einschlagabsteppung an allen Seiten den Rahmen rechtwinklig in gewünschter Breite anzeichnen.

4 An den Ecken entstehen Abnäher. Diese können auch als Falte gelegt werden.

Nahtzugaben von 1 cm anzeichnen und Markierungen vornehmen. An den Abnähern ggf. mit 0,5 cm NZg.

Voluminöse aufgesetzte Taschen (2)
Blasebalgtaschen

Angeschnittene Rahmen für das Taschenvolumen sind nur an **eckigen Taschenformen** möglich.

11

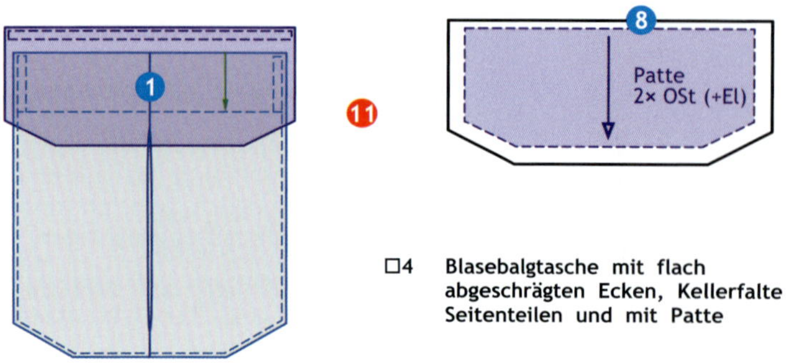

□4 Blasebalgtasche mit flach abgeschrägten Ecken, Kellerfalte Seitenteilen und mit Patte

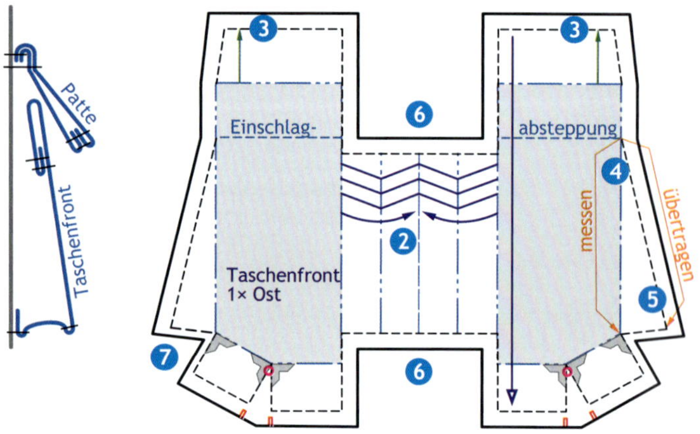

Cargotasche mit angeschnittenem Rahmen und Kellerfalte sowie Patte

1. Die Form mit Patte nach Wunsch gestalten und Absteppungen einzeichnen.
2. Die Tasche in der Mitte für die Kellerfalte teilen und entsprechend den gesamten Falteninhalt öffnen (4× FaT, hier 4 mal 1,5 cm).
3. Einschlag ca. 2 bis 4 cm am Tascheneingriff nach oben anzeichnen (durch leichte Abschrägung ist die Einschlagweite hier reduziert).
4. Ab der Einschlagabsteppung verlaufend, dann unten an allen Seiten das Taschenvolumen rechtwinklig in gewünschter Breite anzeichnen.
5. Der nach oben spitz zulaufende Rahmen reduziert dort das Volumen und vereinfacht die Verarbeitung.
6. Falteninhalt der Kellerfalte sowohl am Einschlag oben bis mindestens zur Einschlagabsteppung und an der unteren Taschenkante abnähen.
7. Falten markieren und Nahtzugaben von 1 cm - an den Abnähern ggf. nur 0,5 cm anzeichnen und Markierungen vornehmen.
8. Die Patte mit 1 cm Nahtzugaben versehen. An der Ansatznaht nur mit 0,5 cm, dann verschwindet die Schnittkante zwischen den Absteppungen der Ansatznaht.

12

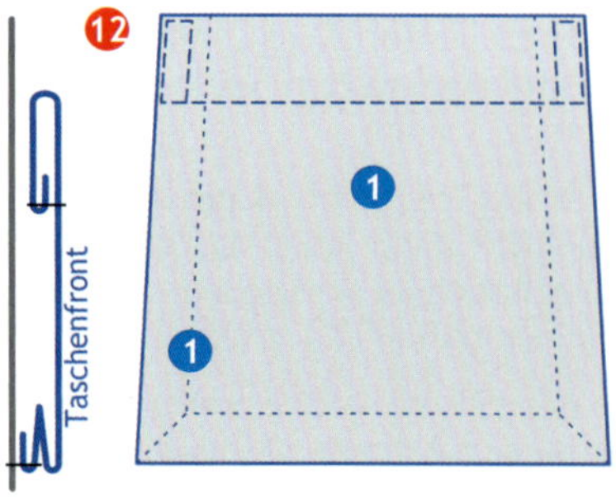

□5 Echte Blasebalgtasche mit Rundum-Blasebalg

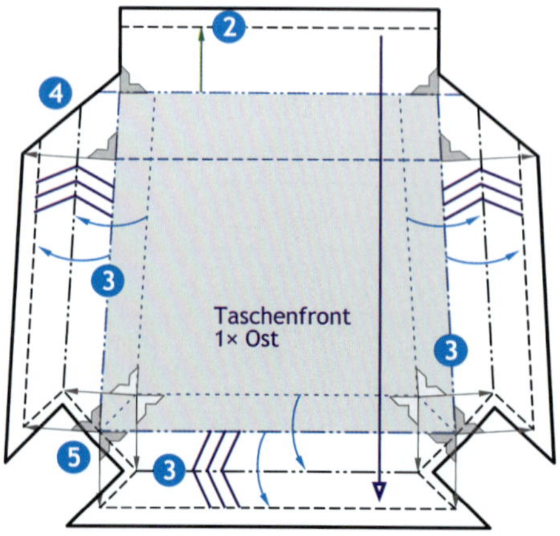

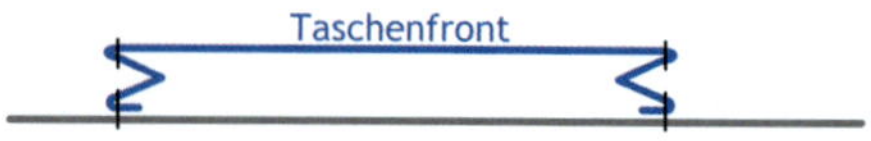

Echte Blasebalgtasche mit angeschnittenem Rundum-Blasebalg

1. Die Taschenform mit den Blasebalgrahmen, Absteppungen und ggf. mit Patte nach Wunsch gestalten.
2. Einschlag am Tascheneingriff nach oben anzeichnen (durch senkrechtens Anzeichnen ist die Einschlagbreite hier reduziert).
3. Den Rahmen für die Blasebalgfalten an den Seiten und unten anzeichnen.
4. Faltenrückschnitt am Eingriff für eine einfache Verarbeitung vornehmen.
5. Nahtzugaben überall 1 cm. An den Abnähern ggf. nur 0,5 cm anzeichnen und Markierungen vornehmen.

Voluminöse aufgesetzte Taschen (3)
Beuteltaschen

Beuteltaschen besitzen in der Regel runde Formen und erhalten ihr Volumen durch Kräuselungen oder gelegte Falten.

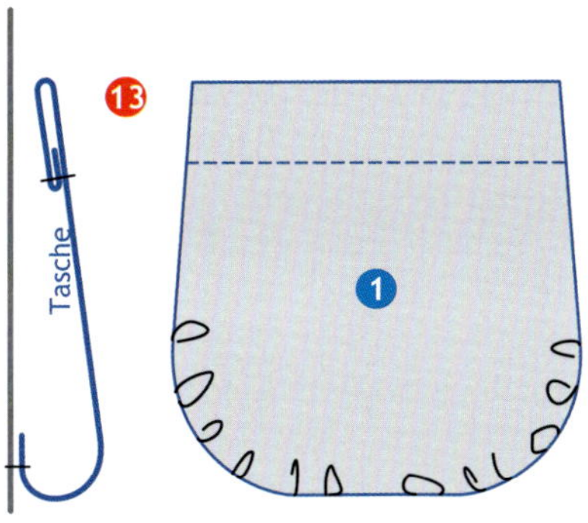

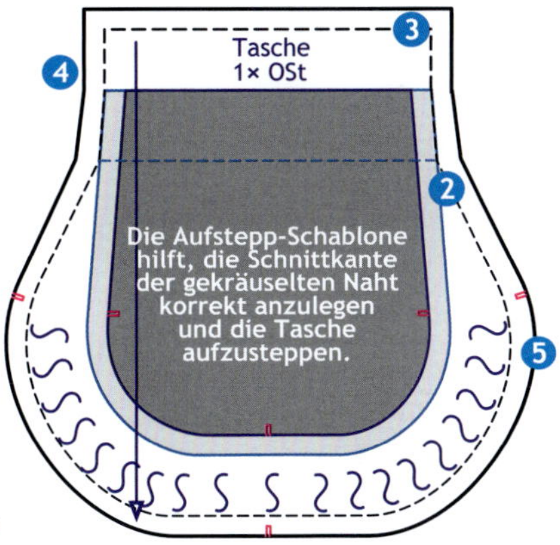

□1 Beuteltasche mit gekräuseltem Rahmen

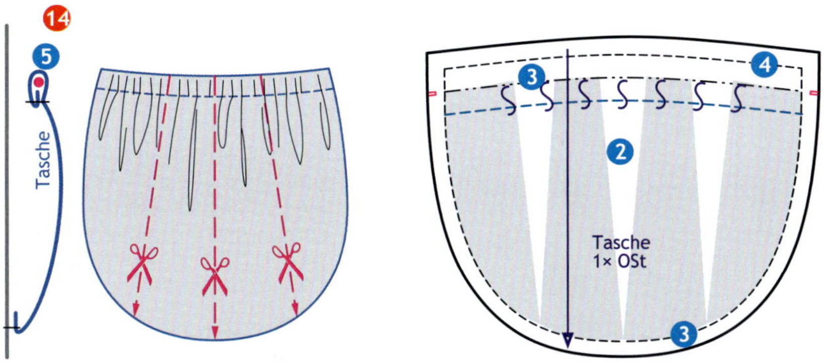

□2 Beuteltasche mit gekräuseltem Eingriff, bzw. mit einer Kordel oder mit Gummiband gekräuseltem Eingriff

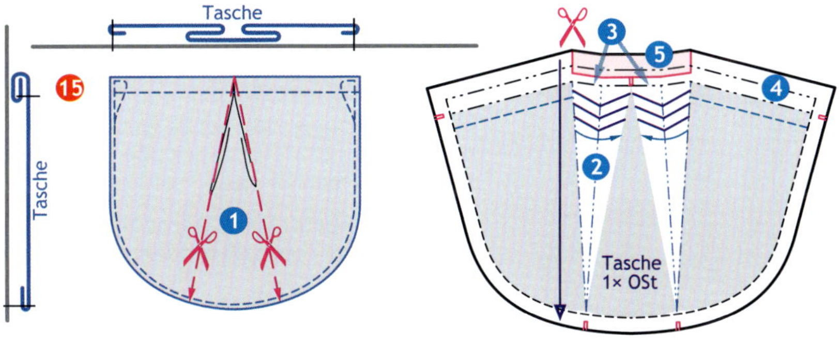

□3 Beuteltasche mit Kellerfalte am Eingriff

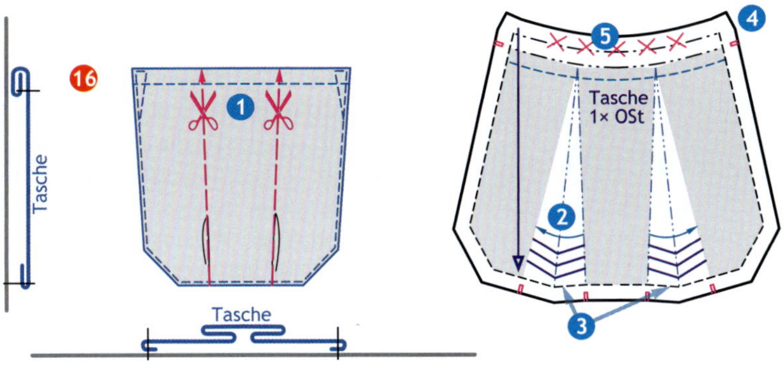

□4 Beuteltasche in Form einer Spatentasche mit Quetschfalte

Beuteltasche mit gekräuseltem Rahmen

1. Die **runde** Taschenform ggf. mit Patte nach Wunsch gestalten.
2. Taschenvolumen verlaufend vom Eingriff aus parallel zur Taschenform zeichnen.
3. Einschlag am Tascheneingriff nach oben zeichnen. Durch senkrechtes Anzeichnen ist die Einschlagbreite hier reduziert.
4. Nahtzugaben von 1 cm anzeichnen.
5. Die oberen Seiten der Tasche mit Knipsen begrenzen, wo nicht gekräuselt wird. Die Rundungen werden stark gekräuselt, wodurch die Tasche die Form eines Beutels erhält.

Beuteltasche mit gekräuseltem Eingriff

1. Die **sehr runde** Taschenform - ggf. mit Patte - nach Wunsch gestalten und drei Einschnittlinien bestimmen.
2. Die Einschnittlinien am Eingriff je nach Stoff und Geschmack öffnen.
3. Eingriffkante und Tasche ausformen.
4. Einschlag am Tascheneingriff sowie Nahtzugaben von 1 cm anzeichnen.
5. Der Eingriff kann z.B. mit einem Gummi oder einer Kordel auf die gewünschte Eingriffbreite gekräuselt werden.

Die Beuteltasche kann durch die große Öffnung von innen angenäht werden. Somit ist von außen keine Naht sichtbar.

Beuteltasche mit Kellerfalte am Eingriff

1. Die **sehr runde** Taschenform - ggf. mit Patte - nach Wunsch gestalten und zwei Einschnittlinien bestimmen.
2. Die Einschnittlinien am Eingriff öffnen.
3. Die Kellerfalte mit Rückschnitten legen.
4. Einschlag am Tascheneingriff sowie Nahtzugaben von 1 cm anzeichnen.
5. Am Einschlag kann, wie skizziert, Stoff entfernt werden, da dort je nach Stoffstärke, der Einschlag sehr dick wird.

Beuteltasche in Form einer Spatentasche mit Quetschfalte

1. Die Form - ggf. mit Patte - nach Wunsch gestalten und zwei Einschnittlinien bestimmen.
2. Die Einschnittlinien an unterer Taschenkante öffnen.
3. Die Quetschfalte mit Rückschnitten versehen und markieren.
4. Einschlag am Tascheneingriff sowie Nahtzugaben von 1 cm anzeichnen.
5. Den runden Einschlag dehnen.

Reißverschlusstaschen und Schlitztaschen
Modellformen und Produktionsschnitte

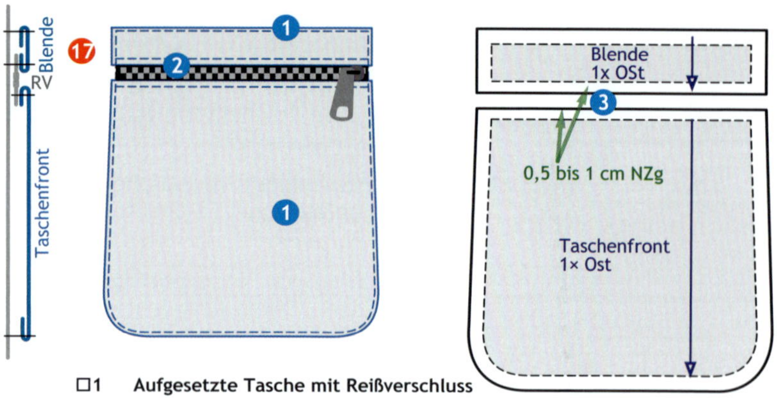

□1 Aufgesetzte Tasche mit Reißverschluss

Aufgesetzte Tasche mit RV

1. Die Taschen- und Blendenform nach Wunsch und der Länge des RV gestalten. Die Blende verdeckt das obere RV-Band.

2. Die Lücke zwischen Blende und Tasche wird durch die Dicke der RV-Zähnchen bestimmt.

3. Die Schnittteile kopieren und mit NZg versehen. Je nach Breite des RV-Bandes ist die NZg zu wählen.

Die Enden des Reißverschlusses müssen bei der Verarbeitung eingeschlagen und von Tasche und Blende verdeckt werden.

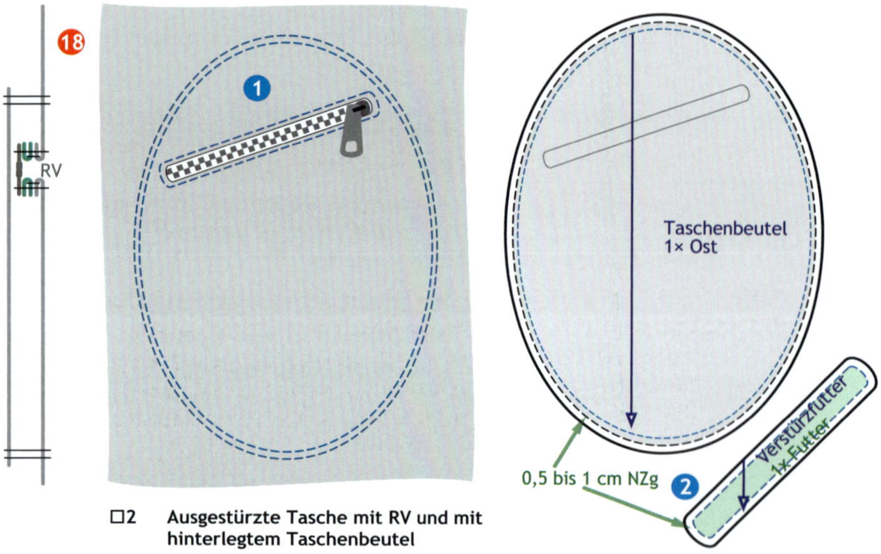

□2 Ausgestürzte Tasche mit RV und mit hinterlegtem Taschenbeutel

Ausgestürzter Schlitz mit (oder ohne) RV und hinterlegtem Taschenbeutel

1. Die Taschenform wird bestimmt durch die Form des Schlitzes und der Absteppung des Taschenbeutels (Tb) am jeweiligen Schnittteil des Kleidungsstücks. Diese können nach Wunsch gestaltet werden (hier abgerundet).

Für einen RV ist ein längliches Rechteck entsprechend des zu verwendenden RV zu wählen. Ohne einen RV kann für den Eingriff jede beliebige Öffnungsform ausgestürzt werden.

2. Die Schlitzöffnung wird mit einem dünnen Futterstück ausgestürzt, das ca. 1 cm NZg zur Verstürznaht besitzt.

Der hinterlegte Taschenbeutel kann aus Oberstoff oder aus Futter mit Taschenspiegel (TSp) zugeschnitten werden.

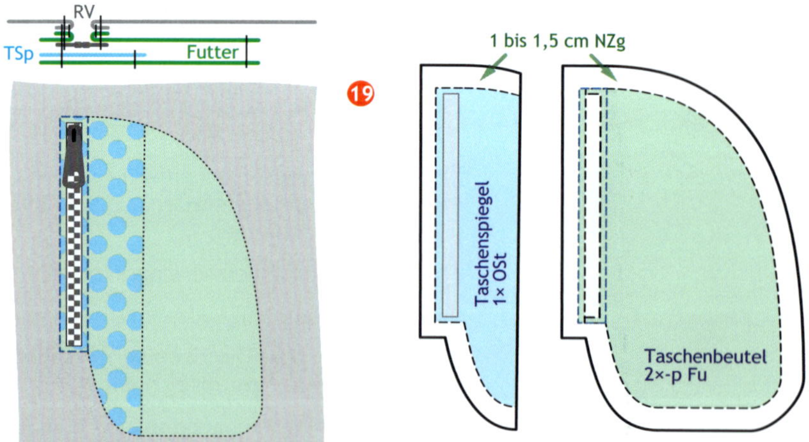

□3 Ausgestürzte Tasche mit RV und mit separatem Taschenbeutel

Ausgestürzter Schlitz mit (oder ohne) RV und separatem Taschenbeutel

1. Die Taschenposition am jeweiligen Schnittteil des Kleidungsstücks bestimmen und den Schlitz als Rechteck oder mit abgerundeten Enden (siehe □3) einzeichnen.

2. Taschenbeutel und Taschenspiegel entsprechend der Funktion formen.

3. Schnittteile kopieren, NZg anzeichnen.

4. Mit einem der identisch zugeschnittenen Tb wird der Schlitz verstürzt, auf den anderen Tb wird der TSp aufgenäht.

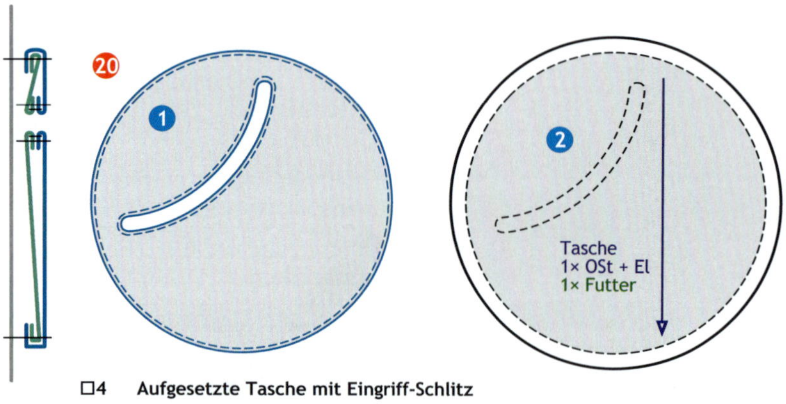

□4 Aufgesetzte Tasche mit Eingriff-Schlitz

Aufgesetzte Tasche mit Schlitz mit Eingriff-Schlitz

1. Eine aufgesetzte Taschenform nach Wunsch gestalten und den Schlitz gestalten.

Für einen RV wäre ein längliches Rechteck entsprechend des zu verwendenden RV zu wählen. Ohne einen RV kann für den Eingriff jede beliebige Öffnungsform ausgestürzt werden, hier halbmondförmig.

2. Der Schlitz wird mit dem Taschenfutter und dem Oberstoff verstürzt, der RV ggf. dahinter genäht und die Tasche an den Außenkanten aufgesteppt.

Nahttaschen
Modellformen und Produktionsschnitte

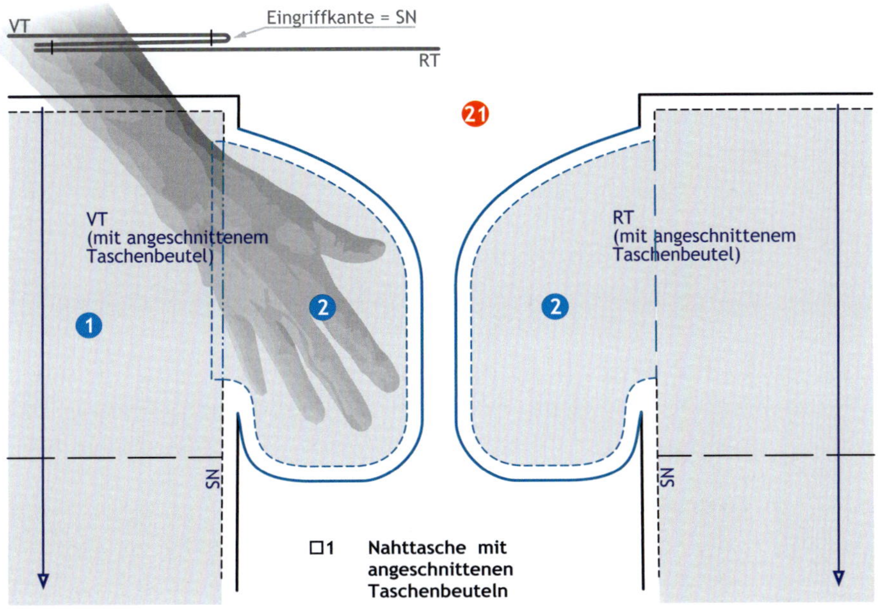

□1 Nahttasche mit angeschnittenen Taschenbeuteln

Nahttasche mit angeschnittenen Taschenbeuteln

❶ Angeschnittene Taschenbeutel können nur an eine **gerade Naht** angeschnitten werden. Diese Variante eignet sich nur für Stoffe, die sich auch als Taschenbeutel eignen.

❷ Die Größe des Taschenbeutels ist abhängig von der Funktion und der Handgröße.

Die NZg der Seitennaht wird bei angeschnittenen Taschenbeuteln auf eine Seite (hier ins VT) gebügelt.

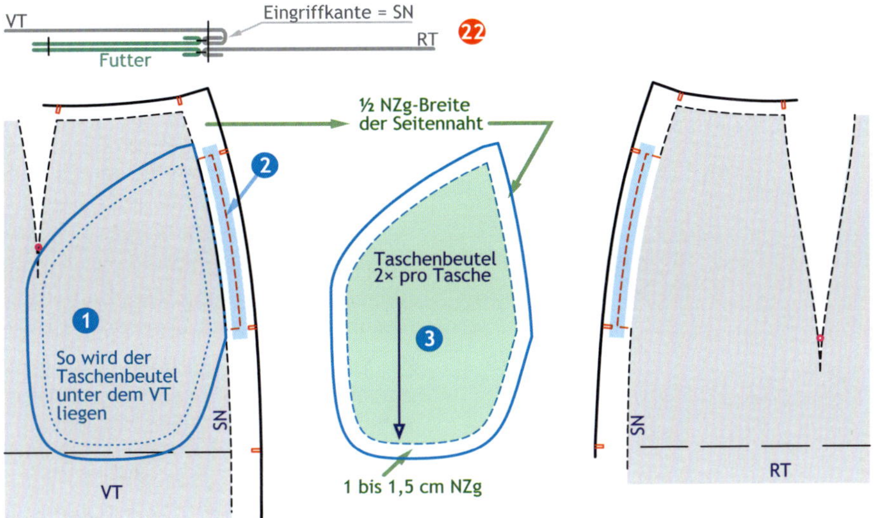

□2 Nahttasche mit separaten Taschenbeuteln

Nahttasche mit separaten Taschenbeuteln

□2 Bei Stoffen, die sich nicht für Taschenbeutel eignen oder für **Nahttaschen an einer geformten Naht** müssen separate Taschenbeutel konstruiert werden. Ggf. kann ein Taschenspiegel verarbeitet werden.

❶ Die gewünschte Taschenbeutelform in das VT zeichnen und kopieren.

❷ Je nach Verarbeitungstechnik wird der Schnitt mit NZg versehen. Um die Ansatznaht zu verdecken, wird hier der Taschenbeutel am Eingriff in der Mitte der NZg angenäht. Der blaue Streifen symbolisiert ein Nahtband.

❸ Den Taschenbeutel als separates Schnittteil mit NZg konstruieren.

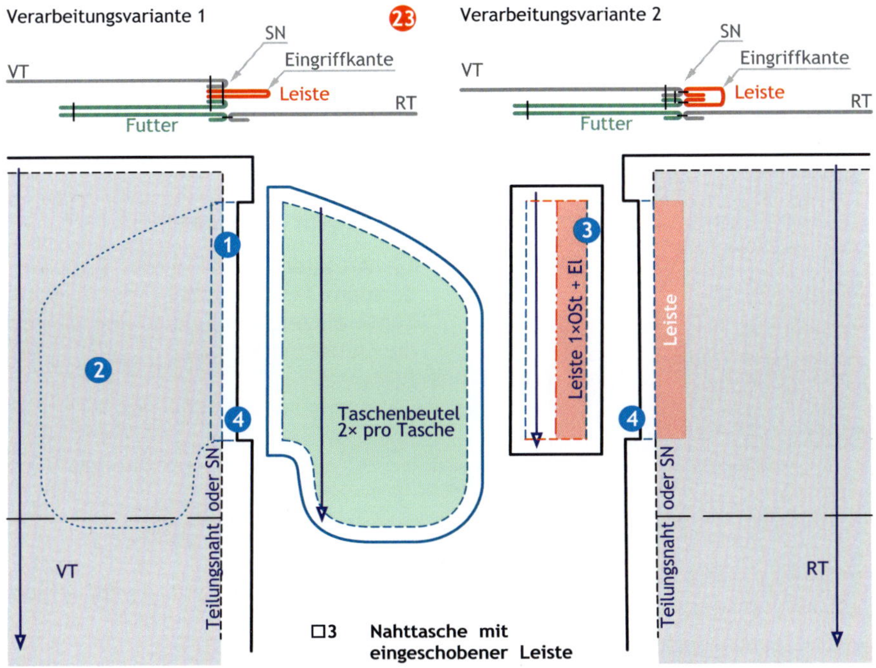

□3 Nahttasche mit eingeschobener Leiste

Nahttasche mit eingeschobener Leiste

❶ □3 Die gewünschte Taschenposition und Eingrifflänge an einer **geraden Naht** bestimmen. Die Leiste wird am Eingriff in das VT mitgenäht.

❷ Die gewünschte Taschenbeutelform in das VT zeichnen, kopieren und mit 1 cm NZg fertigstellen.

❸ Die Leiste in gewünschter Breite und in Eingriffslänge als Rechteck zeichnen, spiegeln und mit 1 cm NZg fertigstellen.

❹ Am Tascheneingriff der Seiten- oder Teilungsnaht 1 cm NZg anzeichnen, am Rest der jeweiligen Naht kann auch eine andere Nahtbreite gewählt werden.

Ist die Leiste sehr schmal, verdeckt sie den Eingriff nur wenig. Dann kann der hintere Taschenbeutel auch mit einem Taschenspiegel versehen werden.

Seitentaschen für Röcke und Hosen
Französische Tasche

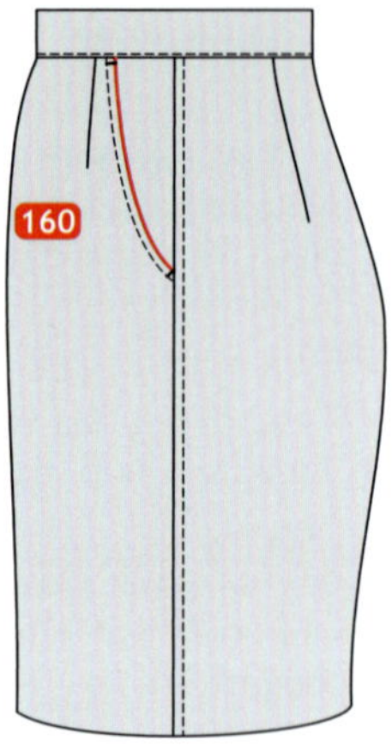

□1
Bananentasche

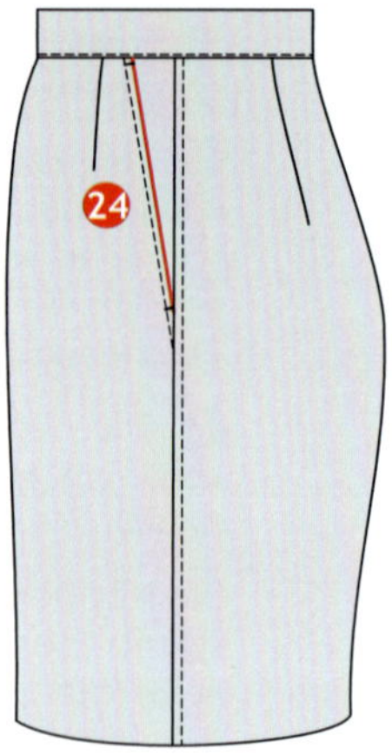

□2
Französische Tasche

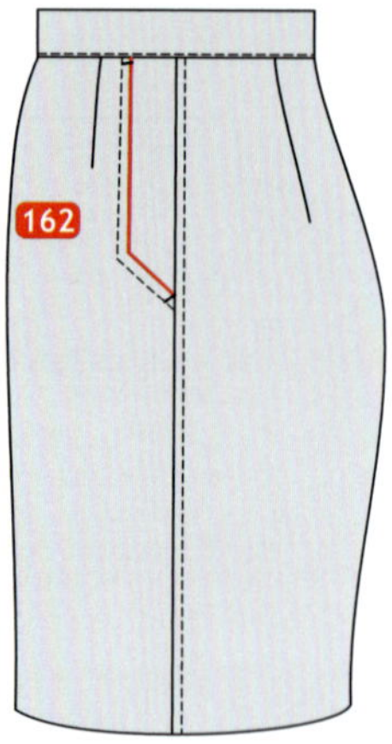

□3
Eckige Seitentasche

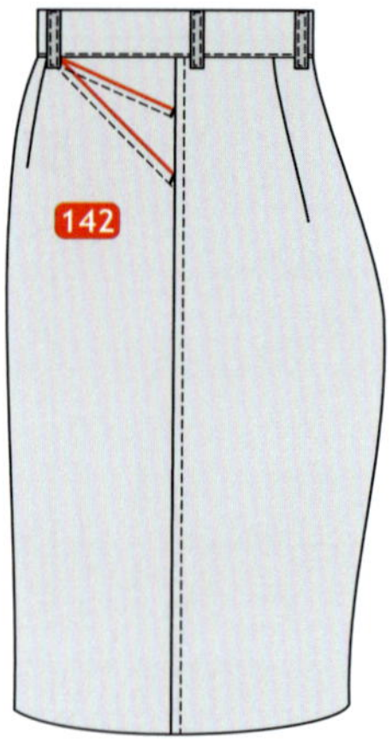

□4
Steck-Tasche (oben)
Schub-Tasche (unten)

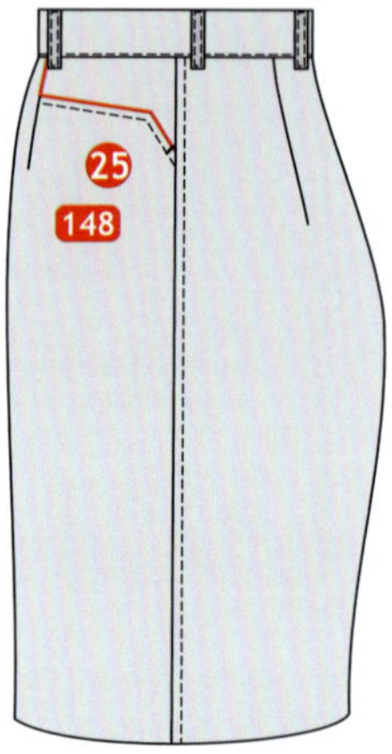

□5
Flügeltasche auch an einer Bundfalte

Seitentaschen sind die am häufigsten verwendeten Taschenformen an Röcken und Hosen, sie können aber auch in Jacken und Mäntel eingearbeitet werden. Der Tascheneingriff ist hier eine **seitliche Abtrennung am Vorderteil**, an den der vordere Taschenbeutel verstürzt wird. Dahinter befindet sich ein Passenteil mit dem Taschenspiegel auf dem hinteren Taschenbeutel.

Grundsätzlich bestehen alle Seitentaschen also aus drei Schnittteilen: Vorderer- und hinterer Taschenbeutel sowie Taschenspiegel (Hüftpasse), der das Futter des hinteren Taschenbeutels verdeckt. Am Eingriff des vorderen Taschenbeutels kann zusätzlich bei Bedarf ein Beleg von ca. 2 bis 3 cm Breite gearbeitet werden.

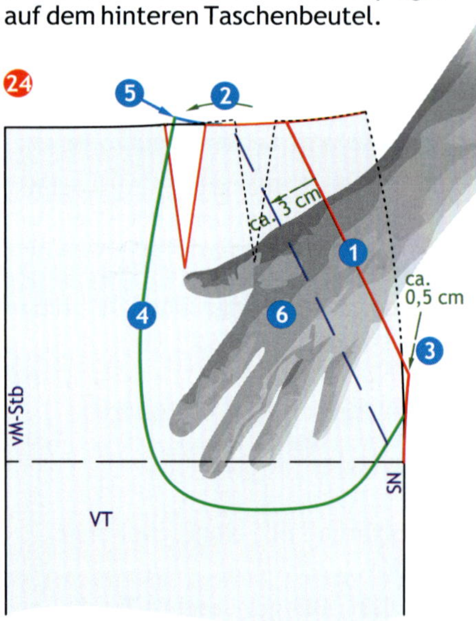

□6 Entwicklung der Französischen Tasche

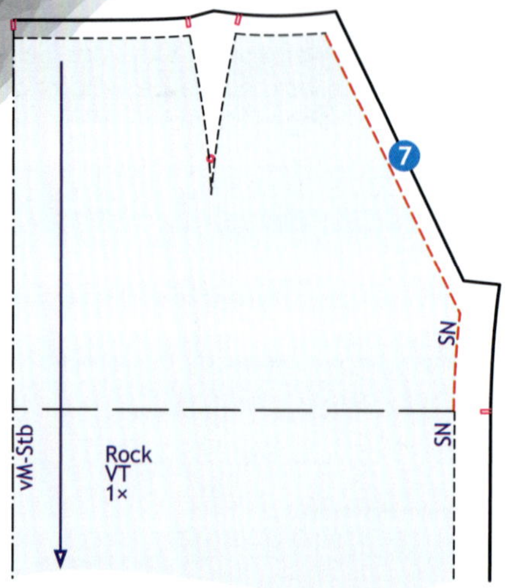

□7 Produktionsschnitt Rock-VT

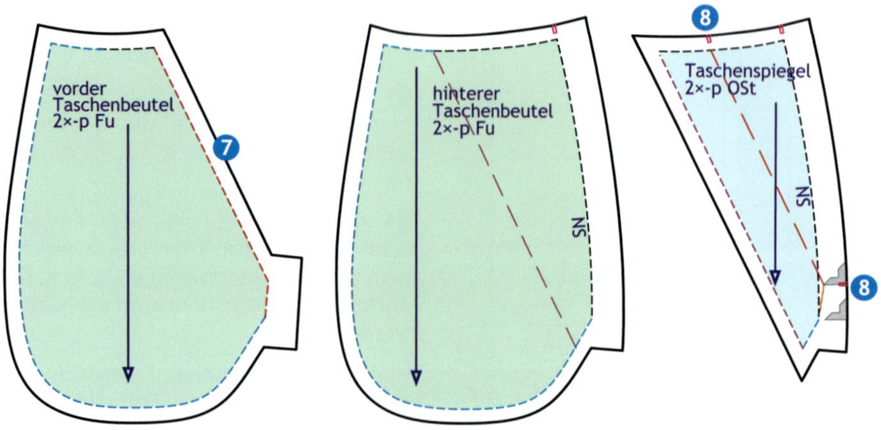

□8 Produktionsschnitte der Taschenteile

Französische Tasche

1 **□6** Den Tascheneingriff wie in **□1+2** gestalten.

2 Wenn der vordere Abnäher für den Eingriff stört, kann er etwas in die Richtung zur vM verschoben werden.

3 An der Seitennaht die Eingriffsweite um ca. 0,5 cm vergrößern. Die Mehrweite gehört zum Vorderteil und zum vorderen Taschenbeutel.

Prinzipiell sind die Konstruktionsschritte aller Seitentaschen identisch ungeachtet spezieller Verarbeitungstechniken.

4 Die Form des Taschenbeutels (Tb) einzeichnen. Er sollte vor allem praktikabel sein. Die Hand muss bequem hinein passen und er sollte tief genug sein, damit beim Sitzen seitlich nichts herausrutschen kann.

5 Am Taschenbeutel wird der Abnäher ignoriert. Die Taillennaht wird hierfür (wie skizziert) so rund geformt, wie der Abnäher genäht werden würde.

6 Den Taschenspiegel (TSp) ca. 3 cm parallel zum Tascheneingriff einzeichnen. Aus Oberstoff zugeschnitten, verdeckt er das hintere Taschenfutter.

□7+8 Alle Schnittteile kopieren.

7 Am Vorderteil und am vorderen Tb den Eingriff wegschneiden.

8 An allen Schnittteilen, insbesondere am Taschenspiegel, die Eingriff-Kante einzeichnen und an den Nähten die Knipse markieren.

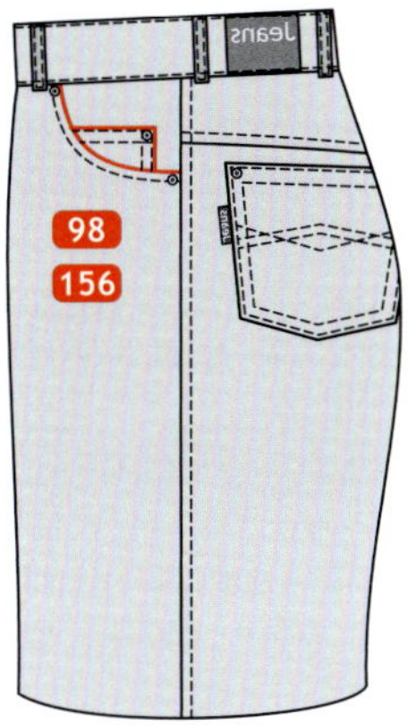

□9
Swing-Pocket mit Münztasche

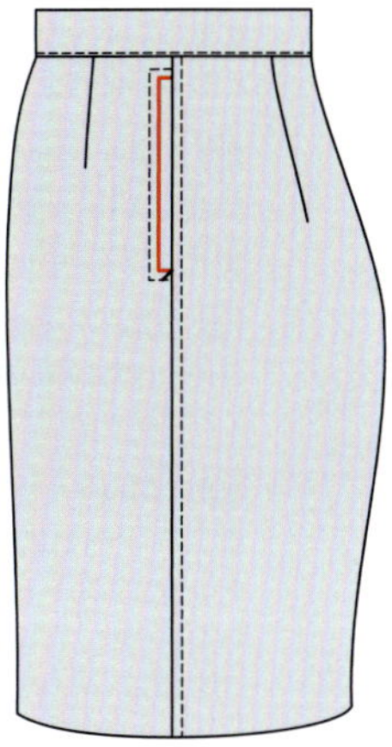

□10
Eckig ausgeschnittene Seitentasche, ggf. auch mit Reißverschluss

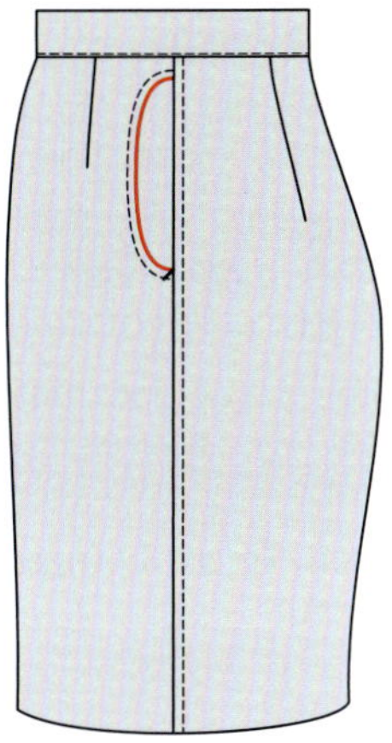

□11
Rund ausgeschnittene Seitentasche

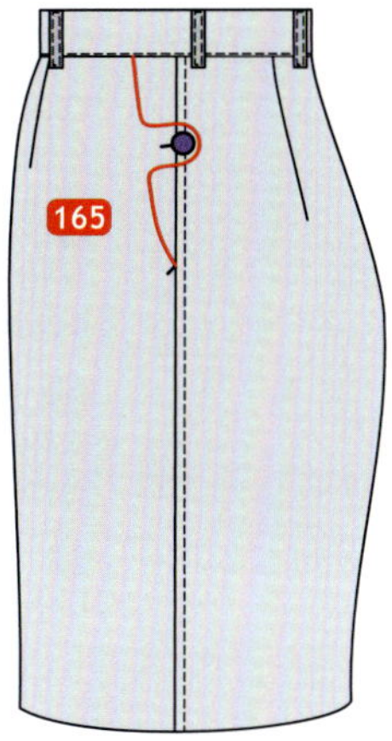

□12
Bananentasche mit Knopfverschluss-Lasche

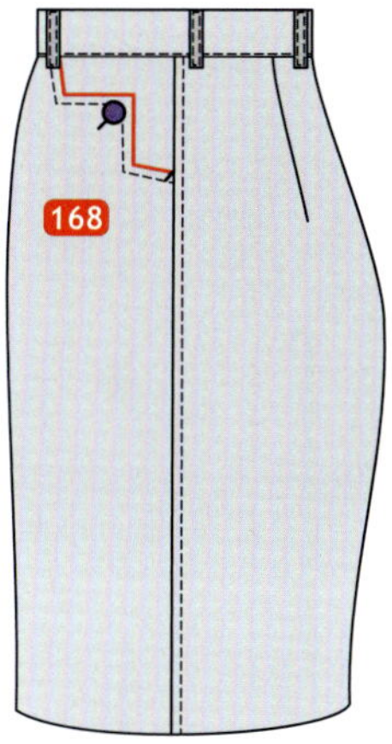

□13
Flügeltasche mit Knopfverschluss

25

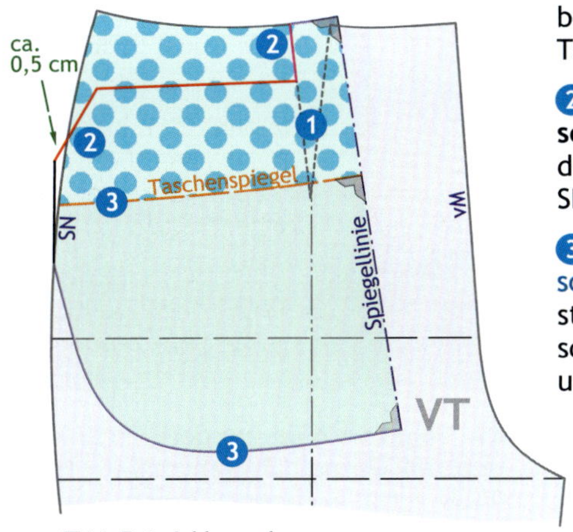

□14 Entwicklung der Flügeltasche

Flügeltasche

❶ **□5+14** Ein seitlicher Abnäher wird an den Vorderhosenbruch oder bei einem Rock dorthin verlegt, wo der Tascheneingriff enden soll.

❷ Den Tascheneingriff der **Flügeltasche** wie gewünscht einzeichnen. Er endet mit dem Abnäherschenkel. An der SN ca. 0,5 cm Mehrweite anzeichnen.

❸ Den Taschenbeutel (Tb) und Taschenspiegel (TSp) wie skizziert gestalten. Von der Spiegellinie des Taschenbeutels wird an Taille, TSp und unterer Naht abgewinkelt.

Die Flächen und Linien der Seitentasche für Taschenbeutel und Taschenspiegel kopieren, spiegeln und jeweils an der Spiegellinie anlegen.

❹ Es entsteht aus vTb und hTb **ein ganzer zusammenhängender Tb**.

❺ Ebenso entsteht aus der Fläche für den **Taschenspiegel** und dem **Taschenbeleg** für den Eingriff auch ein **zusammenhängendes Schnittteil**.

❻ Am VT wird an der Eingriffkante geschnitten und die entsprechenden NZg angezeichnet. Der Abnäher verbleibt und wird genäht.

❼ An allen Schnittteilen wird die Fertigung durch identische Rückschnitte an den NZg erleichtert.

❽ Wichtige Knipse sind für das Anlegen des verstürzten Tascheneingriffs am Taschenspiegel anzubringen.

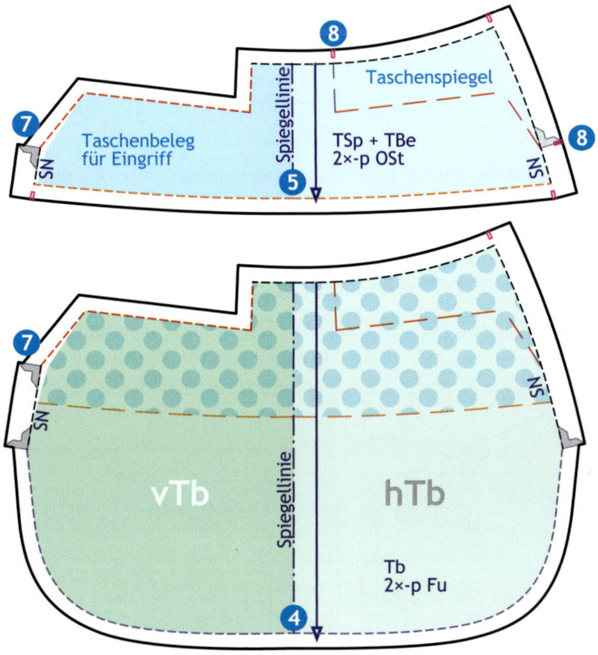

□15 Produktionsschnitt Taschenspiegel und Taschenbeutel

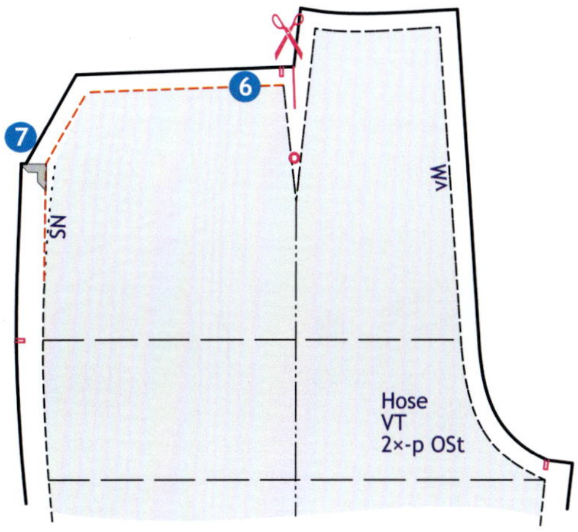

□16 Produktionsschnitt VT

Seitentaschen

Eingeschnittene Taschen (1)
Gerade und schräge Paspeltaschen

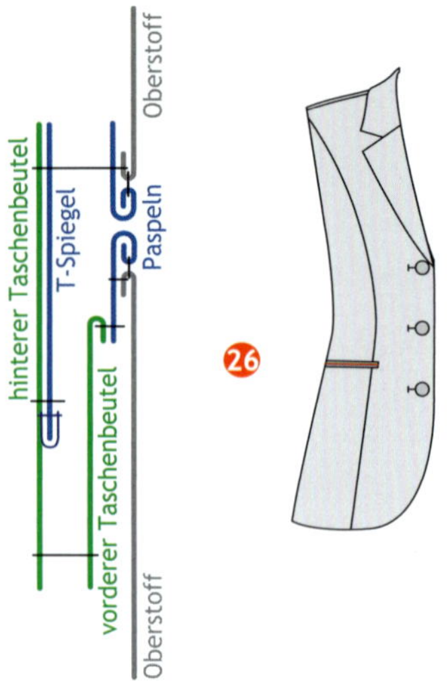

Gerade Paspeltasche

Die Taschenposition im Modellschnitt, z.B. im Jacken-VT einzeichnen.

1 Taschenbeutel (Tb) und Taschenspiegel (TSp) einzeichnen; Taschenbeuteltiefe ist ca. Eingrifflänge.

2 Taschenspiegel und hinterer Taschenbeutel von oberer Paspelnaht aus kopieren.

3 Vorderen Tb ab unterer Paspelnaht kopieren.

4 Der vordere Tb kann oben 0 bis 2 cm gekürzt werden.

5 Um diesen Kürzungsbetrag muss dann der untere Paspelstreifen verlängert werden.

6 Die Paspelstreifen je nach Verarbeitungsvariante und wie in den Skizzen bemaßt zuschneiden.

7 Alternativ kann für eine handwerkliche Fertigungsvariante auch nur ein einzelner Paspelstreifen zugeschnitten werden, der nach dem Aufnähen durchgeschnitten wird.

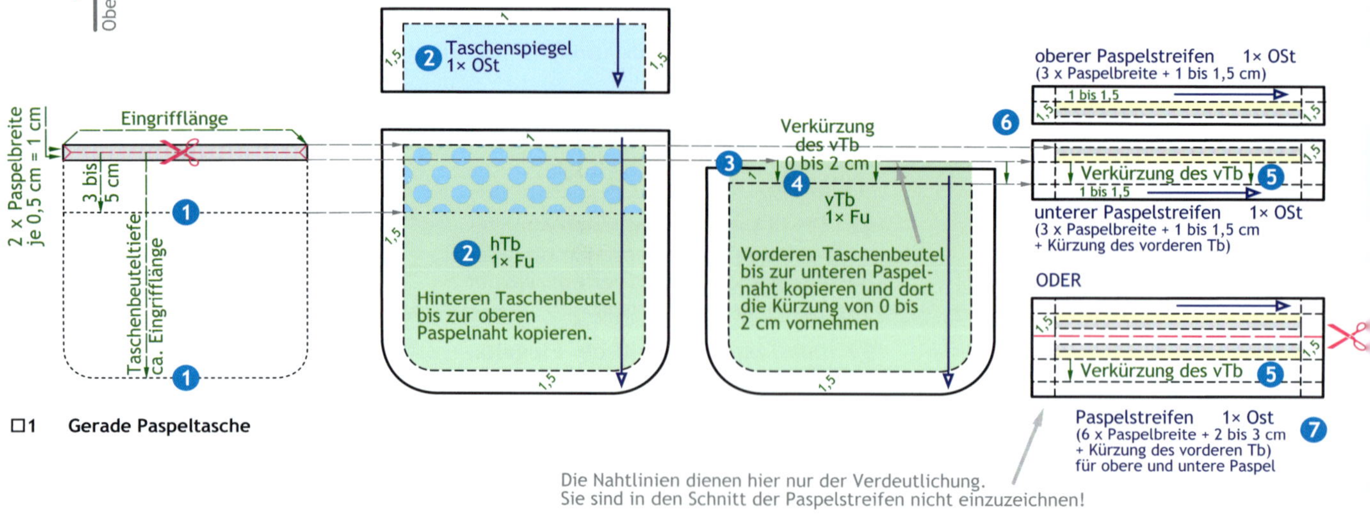

□1 **Gerade Paspeltasche**

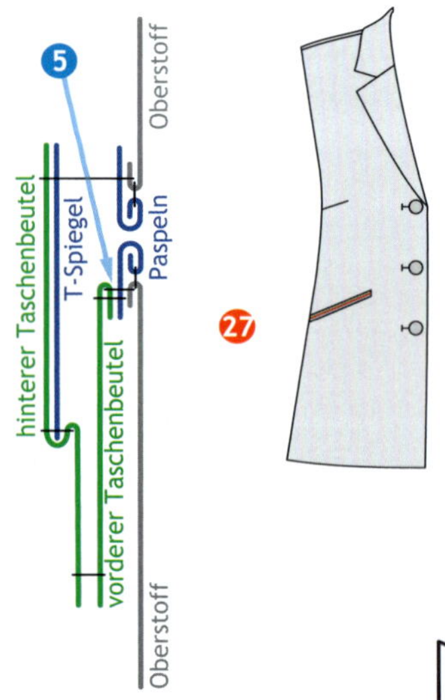

Schräge Paspeltasche

Die Taschenposition im Modellschnitt, z.B. im Jacken-VT einzeichnen.

1 Taschenbeutel (Tb) und Taschenspiegel (TSp) einzeichnen; die Taschenbeuteltiefe ist ca. die Eingrifflänge.

2 Taschenspiegel und hinterer Taschenbeutel von oberer Paspelnaht aus kopieren.

3 Vorderen Tb ab der unteren Paspelnaht kopieren.

4 Der vordere Tb kann oben bis zu 2 cm gekürzt werden (siehe oben); hier wurde er nicht verkürzt.

5 Somit wird der vordere Tb an der unteren Paspelnaht angenäht. Hier muss jetzt auch der untere Paspelstreifen nicht verlängert werden.

6 Die Paspelstreifen je nach Verarbeitungsvariante und wie in den Skizzen bemaßt zuschneiden.

7 Alternativ kann für eine handwerkliche Fertigungsvariante auch nur ein einzelner Paspelstreifen zugeschnitten werden, der nach dem Aufnähen durchgeschnitten wird.

Für eine sehr saubere Verarbeitung des Taschenspiegels verschwindet dessen untere Schnittkante in einer Biese des hinteren Tb.

8 Hierfür den hinteren Tb an der Naht des Taschenspiegels um 2 x Biesentiefe rechtwinkelig zur Naht öffnen.

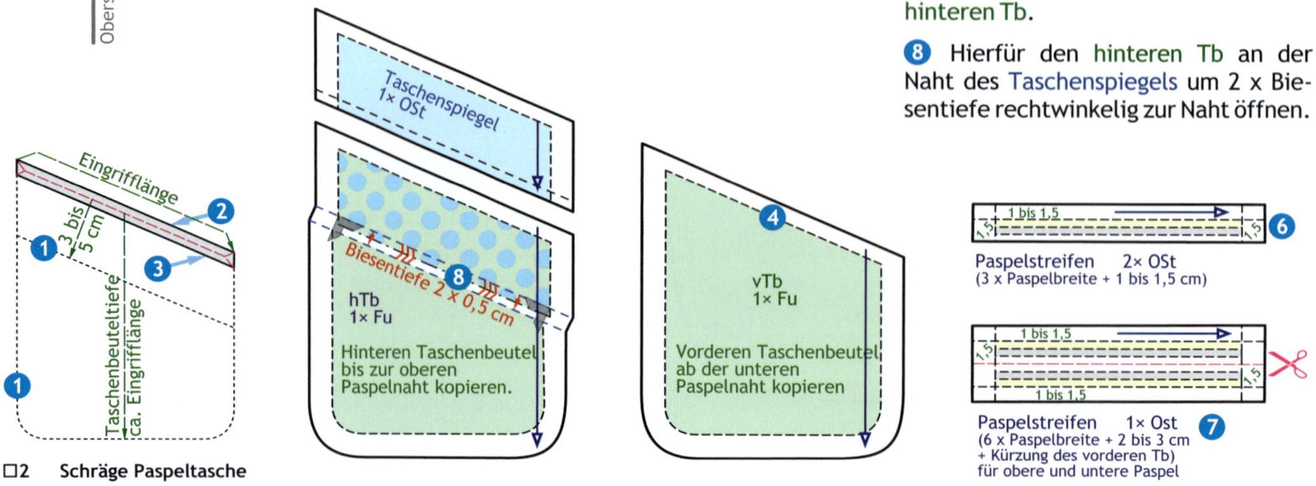

□2 **Schräge Paspeltasche**

Eingeschnittene Taschen (2)
Geschweifte Paspeltasche und paspelierte Pattentasche

□3 Senkrechte Paspeltasche

□4 Gerade Paspeltasche

□5 Schräge Paspeltasche

□6 Geschweifte Paspeltasche

□7 Paspelierte Pattentasche

Geschweifte Paspeltasche

Die Taschenposition im Modellschnitt, z.B. im Rock-VT einzeichnen.

❶ Taschenbeutel (Tb) und Taschenspiegel (TSp) einzeichnen; Taschenbeutelform nach Bedarf festlegen.

❷ Tsp und hinteren Tb von oberer Paspelnaht aus kopieren.

❸ Vorderen Tb ab unterer Paspelnaht kopieren und an die Paspelnaht 0,5 cm NZg anzeichnen. Oder ihn, wie skizziert, aus dem hinteren Tb durch Kürzen entwickeln.

❹ Die beiden Paspeln wie beschrieben, aber im schrägen Fadenlauf zuschneiden, damit sie (vor dem Aufsteppen) rund geformt werden können.

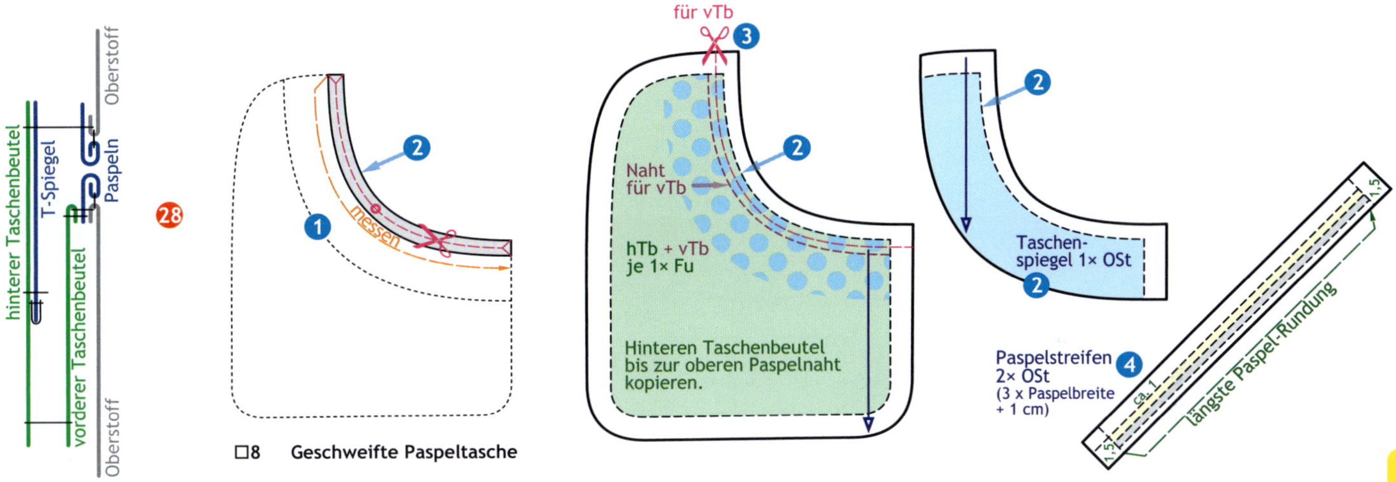

□8 Geschweifte Paspeltasche

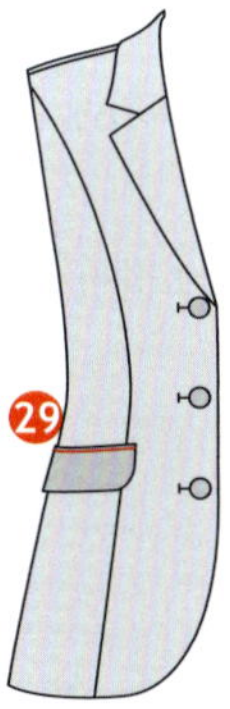

Paspelierte Pattentasche

Die Taschenposition und die gewünschte Form der Patte (ob eckig oder gerundet) im Modellschnitt einzeichnen.

❶ Taschenbeutel (Tb) seitlich der Patte 0,3 cm breiter zeichnen, damit später die Patte im Tb Platz findet. Taschenbeuteltiefe ist ca. Eingrifflänge.

❷ Taschenbeutel und Patte von oberer Paspelnaht aus kopieren.

❸ Vorderen Tb ab unterer Paspelnaht kopieren oder ihn, wie skizziert, aus dem hinteren Tb durch Kürzen entwickeln.

❹ Die Paspelstreifen je nach Verarbeitungsvariante und wie in den Skizzen bemaßt zuschneiden.

Zwei alternative Gesäßpaspeltaschen findet man auf den Seiten 146 und 168.

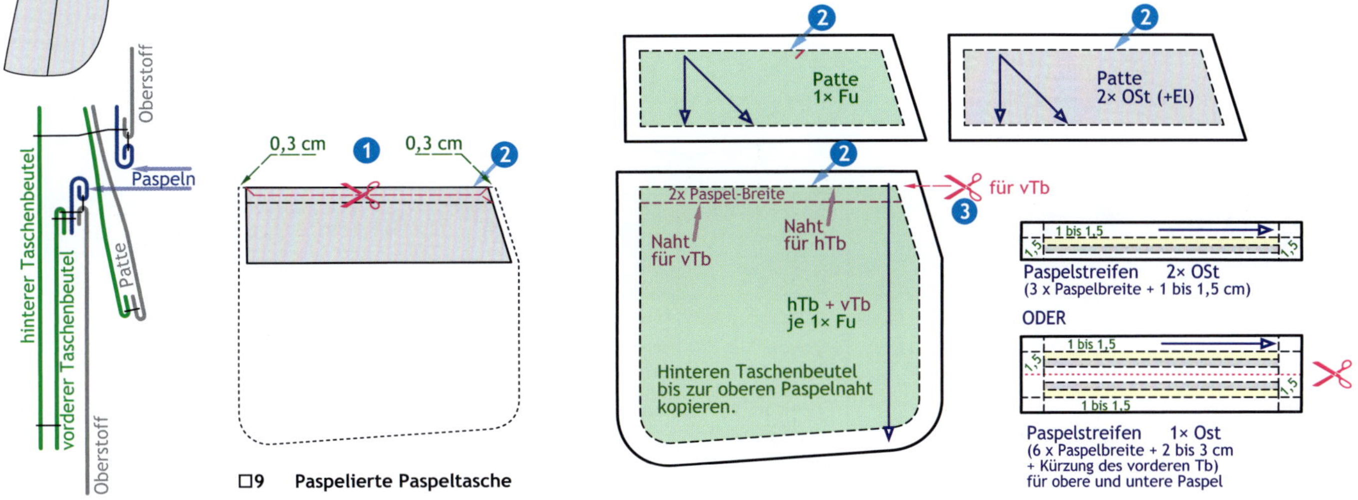

□9 Paspelierte Paspeltasche

Eingeschnittene Taschen (3)
Brustleistentasche und Pattentasche

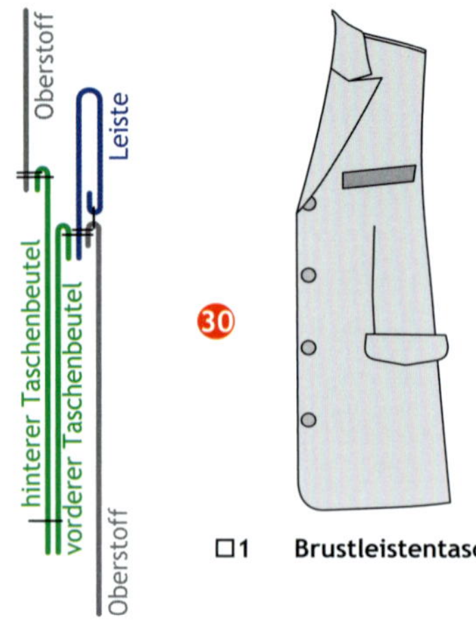

□1 Brustleistentasche

Brustleistentasche

1. Die Höhe des Tascheneingriffs (obere Leistenkante) liegt ungefähr auf Höhe des vÄP. Die Tasche liegt ca. 2 bis 3 cm neben dem vÄP.
2. Die Leiste leicht schräg (vorne ca. 1 bis 1,5 cm tiefer) einzeichnen.
3. Taschenbeutel (Tb) einzeichnen; Taschenbeuteltiefe ist ca. Eingrifflänge.
4. Ansatznaht 1 cm oberhalb der Leistenansatznaht (untere Leistenkante). Diese wird seitlich 0,3 mm gekürzt.
5. Hinterer Taschenbeutel von oberer Paspelnaht aus kopieren.
6. Vorderen Tb ab unterer Leistenkante kopieren oder hTb 1 cm kürzen.
7. Die Innenseite der Leiste nach oben spiegeln.
8. Damit die seitlichen Verstürznähte der Leiste unsichtbar bleiben, wird die Naht seitlich um 0,3 cm gekürzt.
9. Nun wird die Ansatznaht der Leiste um eben diese 0,3 cm verlängert.
10. NZg an der Leiste seitlich 1 cm und zum Ansetzen 0,5 cm anzeichnen.
11. An den Tb seitlich 1,5 cm und zum Ansetzen ebenfalls 0,5 cm anzeichnen.

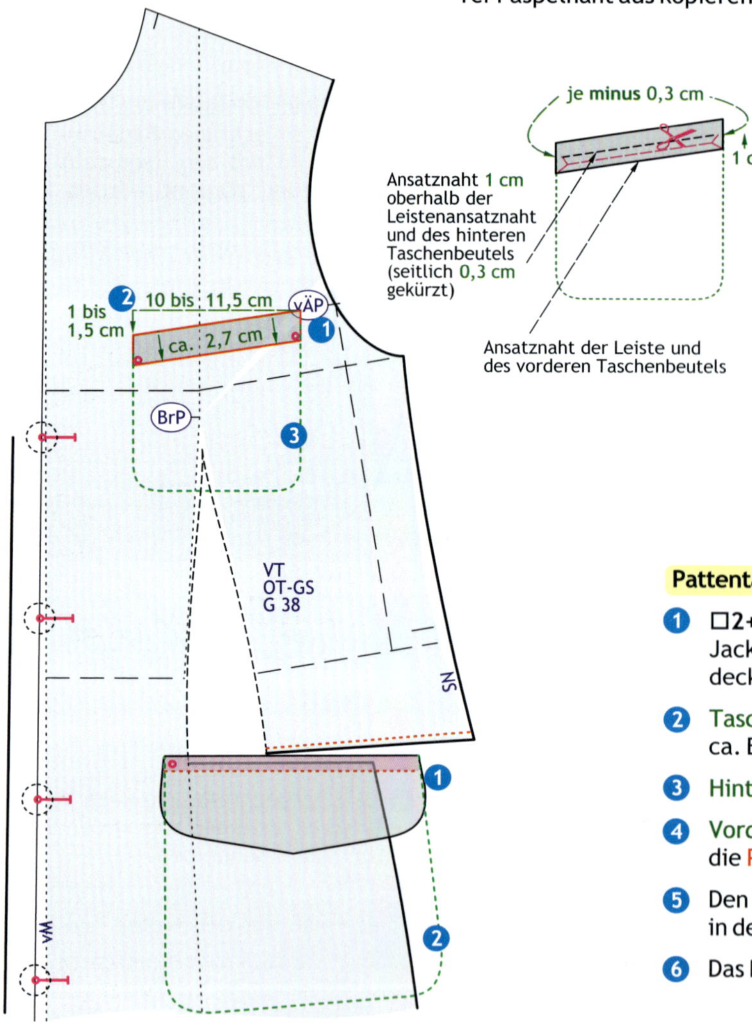

□2 Jacken-VT mit Brustleisten- und Pattentasche

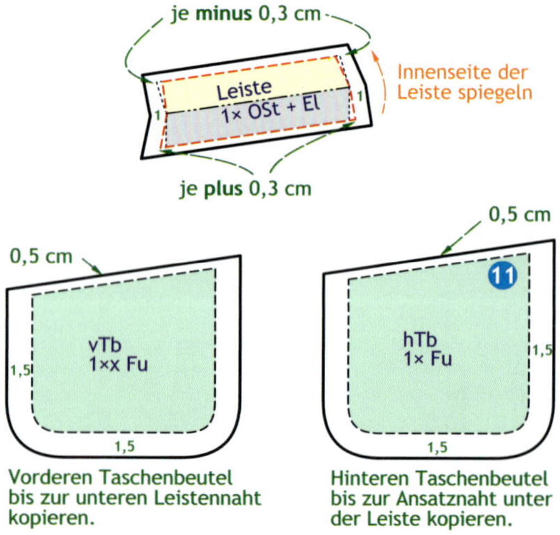

Pattentasche mit unten liegender Paspel (schmale Leiste)

1. □2+3 Die Patte wie gewünscht im Modellschnitt, z.B. im Jacken-VT positionieren. Sie sollte seitlich den Paspel abdecken.
2. Taschenbeutel (Tb) einzeichnen; Taschenbeuteltiefe ist ca. Eingrifflänge.
3. Hinteren Tb von oberer Pattennaht aus kopieren.
4. Vorderen Tb ab Paspelnaht kopieren bzw. hinteren Tb um die Paspelbreite oben kürzen.
5. Den Paspelstreifen je nach Verarbeitungsvariante und wie in den Skizzen bemaßt zuschneiden.
6. Das Pattenfutter gerade oder schräg zuschneiden.

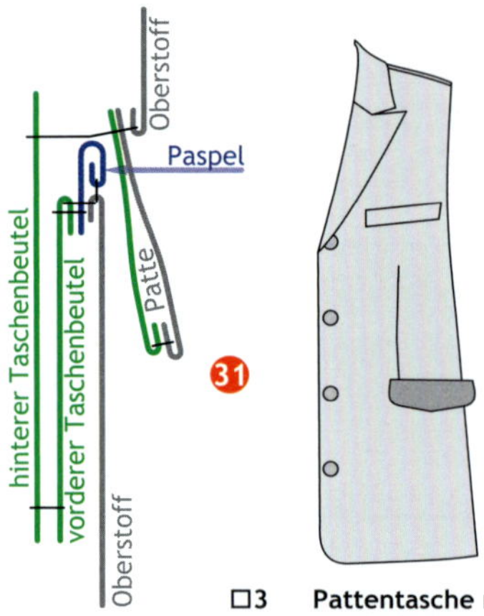

□3 Pattentasche mit einer verdeckten Paspel

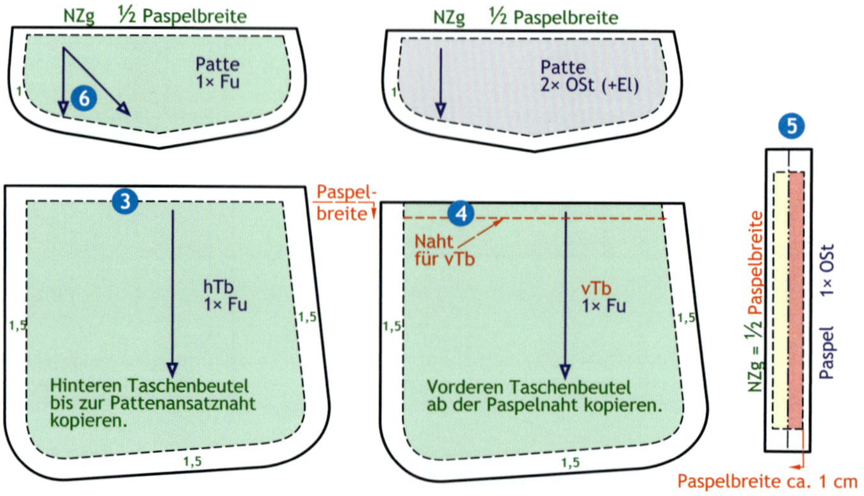

32

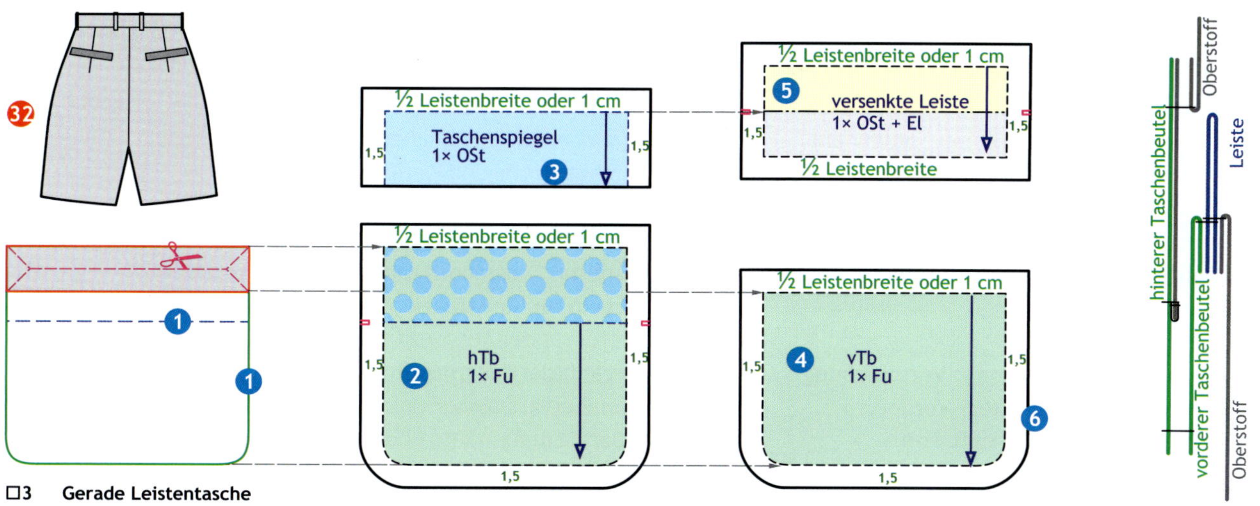

□3 Gerade Leistentasche

Versenkte Leistentasche

Die Taschenposition z.B. im Hosen-RT oder Rock-VT einzeichnen.

❶ Taschenbeutel (Tb) und Taschenspiegel (TSp) einzeichnen; Taschenbeutelform nach Bedarf festlegen.

❷ Für den hinteren Taschenbeutel (hTb) die Fläche der Leiste mitkopieren.

❸ Optional kann der Taschenspiegel (TSp) mit einer Biese im hTb gearbeitet werden. Hierzu bei 0,5 cm Biesenbreite am unteren TSp um 1 cm öffnen (siehe auch S. 366, □2).

❹ Der vordere Tb reicht von der unteren Ansatznaht nach unten.

❺ Für die Leiste die Fläche an der Leistenkante nach oben spiegeln.

❻ Die Nahtzugaben an allen Schnittteilen 1 bis 1,5 cm anzeichnen. An den Ansatznähten von allen Schnittteilen wird, je nach Verarbeitungsvariante, die halbe Leistenbreite oder 1 cm angezeichnet.

33

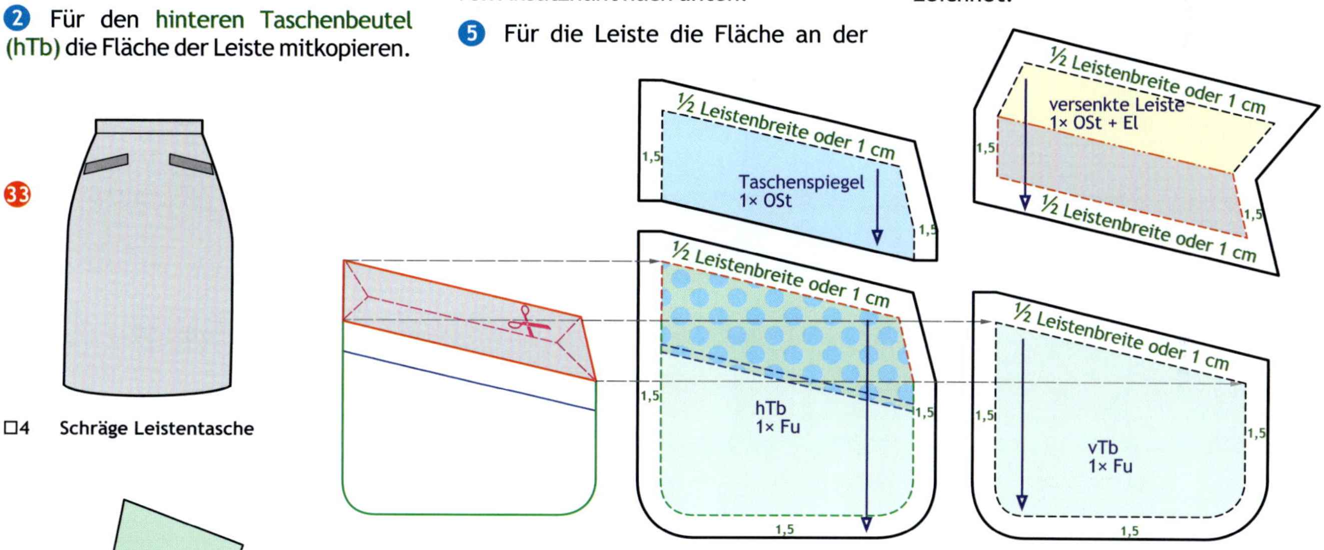

□4 Schräge Leistentasche

34

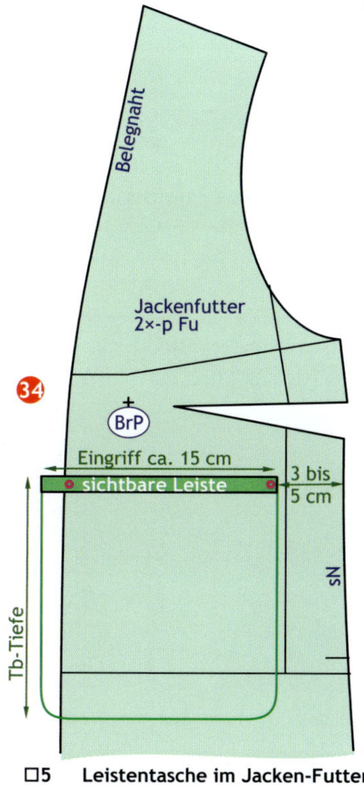

□5 Leistentasche im Jacken-Futter

Rationelle Innentasche bzw. Brusttasche mit schmaler Leiste

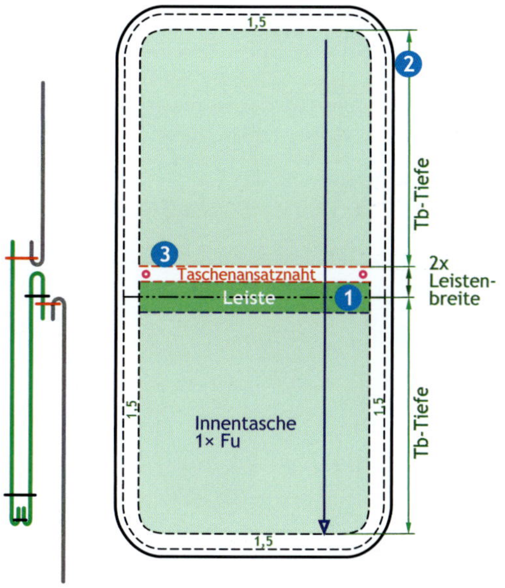

Als Innentasche kann eine einfache Leistentasche komplett aus Futter gearbeitet werden. Auch an **Blusen, Hemden usw.** kann diese Tasche gefertigt werden, wenn der zu verarbeitende Stoff für einen Taschenbeutel geeignet ist.

❶ Für das durchgehende Schnittteil die Leiste (dunkelgrün) mit dem Taschenbeutel kopieren und um 2× Leistenbreite nach oben verlängern.

❷ Für den hinteren Taschenbeutel 1× Taschenbeuteltiefe nach oben anzeichnen.

❸ Die Taschenansatznaht und die Leistenbreiten wie skizziert markieren und die NZg z.B für eine französische Naht (verstürzter Tb) anzeichnen.

Oberteil-Grundformen anwendbar für Kleider, Blusen, Westen, Jacken, Mäntel

Abnäher, Nähte und Ausschnitte an Oberteilen für Kleider, Blusen und Shirts

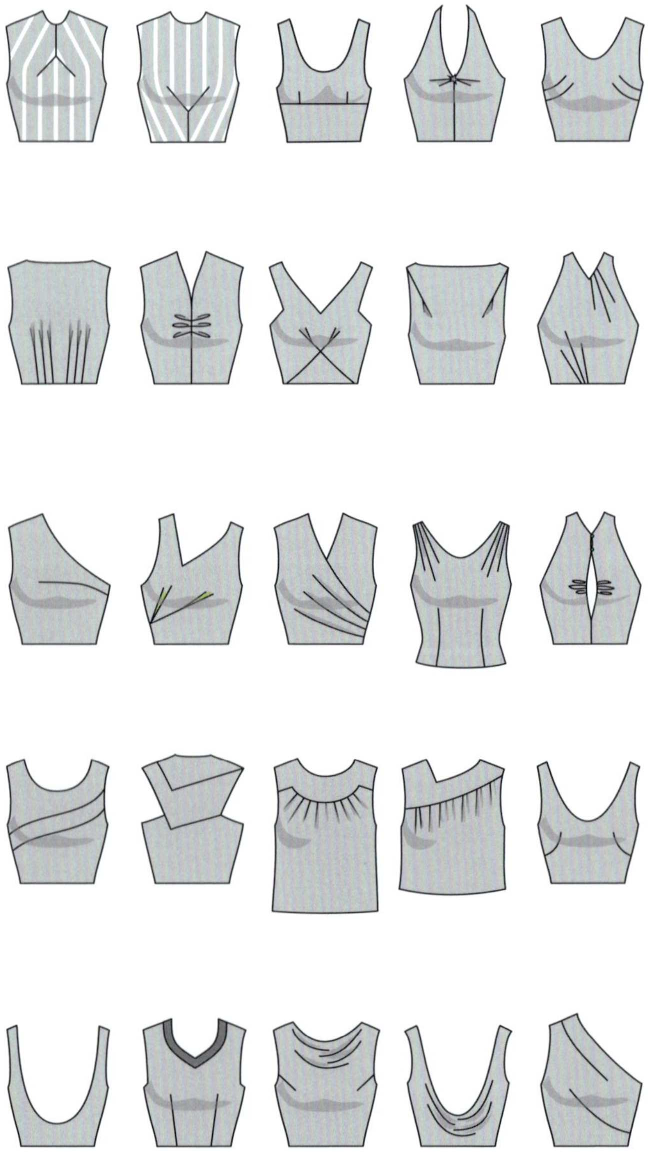

Sehr lockeres Oberteil in A-Form ohne jegliche Abnäher aus einem beliebigen Oberteil-Grundschnitt

Für ein einfaches, stark saumerweitertes Modell werden sämtlich Abnäher entfernt und Brust und Schulterabnäher in den Saum verlegt.

❶ Hintere Mitte (hM) vom Halsloch zum Saum begradigen.

❷ Die vordere Mitte an der Hüfte um 0,7 cm ausstellen und zum Saum + 0,5 cm verlängern.

❸ Da es sich um ein Modell ohne Ärmel handelt, wird der Armdruchmesser (ArD+) um insgesamt ca. 1,5 cm verkleinert.

❹ Von dort die Seitennähte in Hüfthöhe vorne um ca. 1 cm und hinten um ca. 2 cm ausstellen und zum Saum gerade formen.

❺ Einschnitte jeweils vom Saum zu den Brust- und Schulterabnäher-Spitzen und

❻ den Saum möglichst gleichmäßig an VT und RT öffnen.

❼ Sollte die Mehrweite am Saum (wie hier an diesem Beispiel) am VT größer ausfallen, kann diese durch eine moderate Armlochauflockerung reduziert werden.

Genauso könnte das Armloch am RT etwas aufgelockert werden, wenn dort die Saumweite größer ausfallen sollte.

❽ Die Säume formen und sämtliche Taillenabnäher streichen.

Konstruktion eines A-förmigen Oberteils

□4 Durchgehendes Oberteil in A-Form ohne jegliche Abnäher, Hängerform

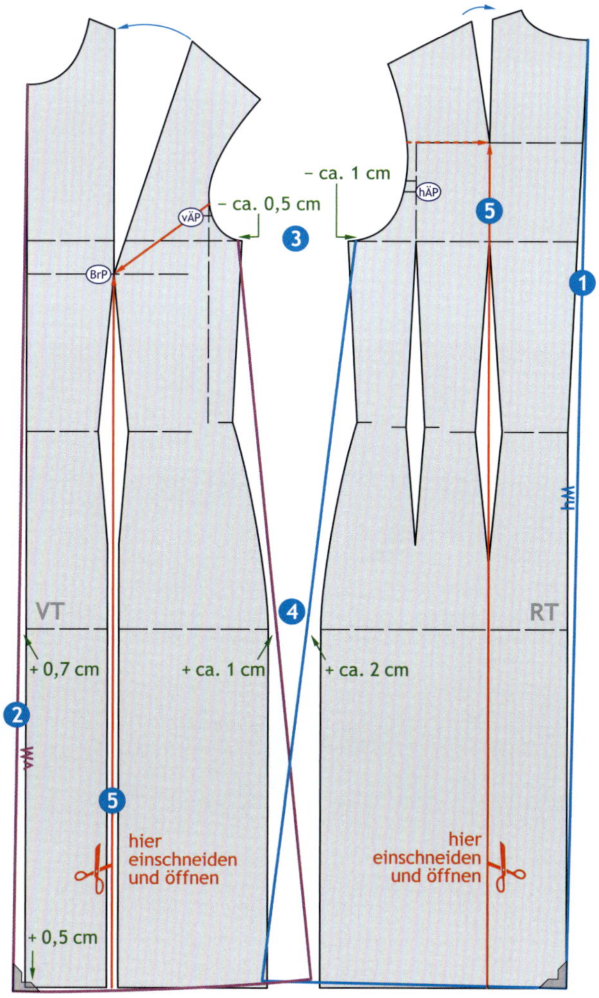

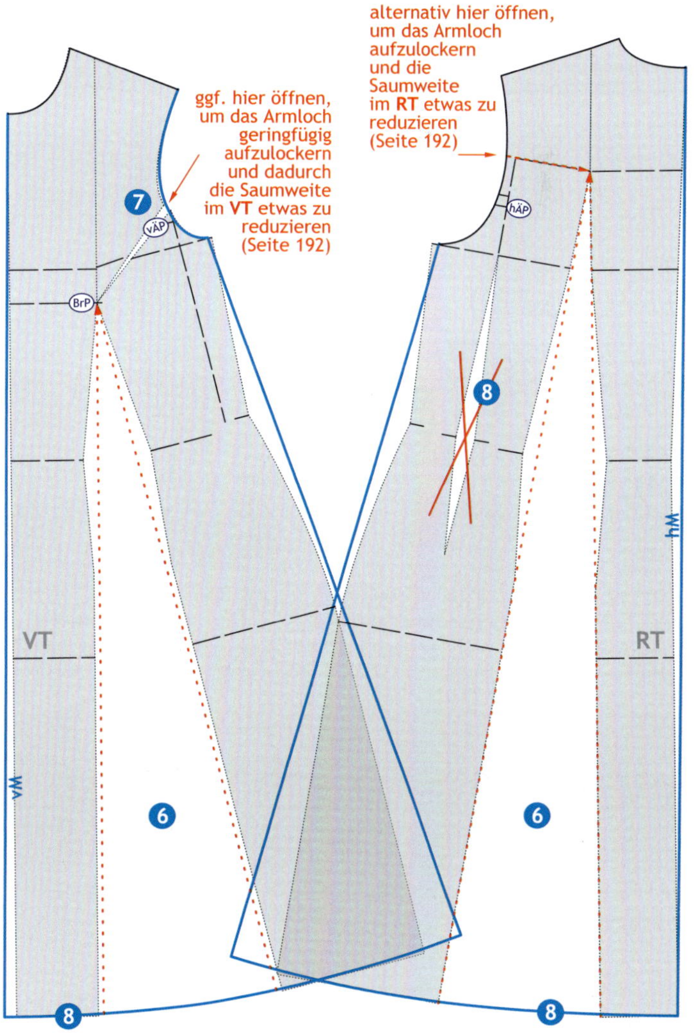

□6 Öffnung des Grundschnitts, Brust- und Schulterabnäher zulegen

Taillierter Oberteil-Grundschnitt mit Taillennaht (1) aus dem Grundschnitt **ohne Hüftausfall**

185 **Unabhängig von Passformklassen** können
186 Grundschnitte durch Teilungsnähte getrennt werden. **Geteilte Grundschnitte sind oft handlicher.** Sie lassen sich schnell wieder durch Anschieben und Ansetzen in die ursprüngliche Konstruktionsform zusammenfügen.

❶ **□2** Eine Taillenabtrennung erfolgt an der Taillenlinie und zur seitlich erhöhten Taille. Sie trennt das Oberteil vom Rock.

❶ Alternativ kann die Taillenabtrennung, wie in **□5 gezeigt,** bis ca. 1,5 cm oberhalb der Taille erfolgen. Diese leichte Erhöhung sieht optisch besser aus und der Rock fällt insbesondere bei geringer Taillenweite im Bereich unterhalb der Taille besser.

❷ Die engste Stelle der Taillenabnäher (Abnäherbreite) wird in diesem Fall zur erhöhten Taillennaht verschoben.

❷ **□2** Die oberen Seitennähte formen

❸ Die Taillennähte für das Oberteil werden leicht nach oben geformt, die Taillennähte des Rocks werden (wie beim Rock-GS) nach unten geformt. Dazwischen werden ca. 0,5 cm entfernt.

Die Abnäher können nach Wunsch

❹ verlegt,

❺ verschoben und ggf. gekürzt,

❻ geneigt und/oder geformt werden.

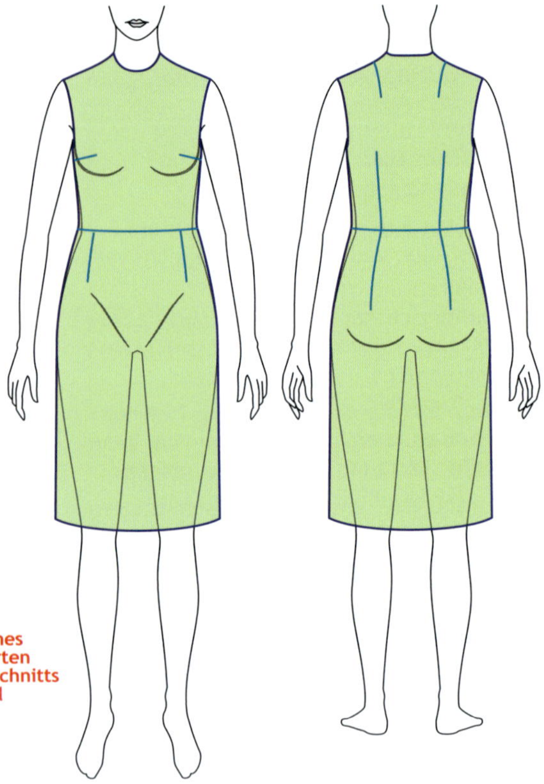

Konstruktion eines geteilten taillierten Oberteil-Grundschnitts ohne Hüftausfall

□1 An der Taille quergeteilter Grundschnitt für Modelle mit Taillennaht

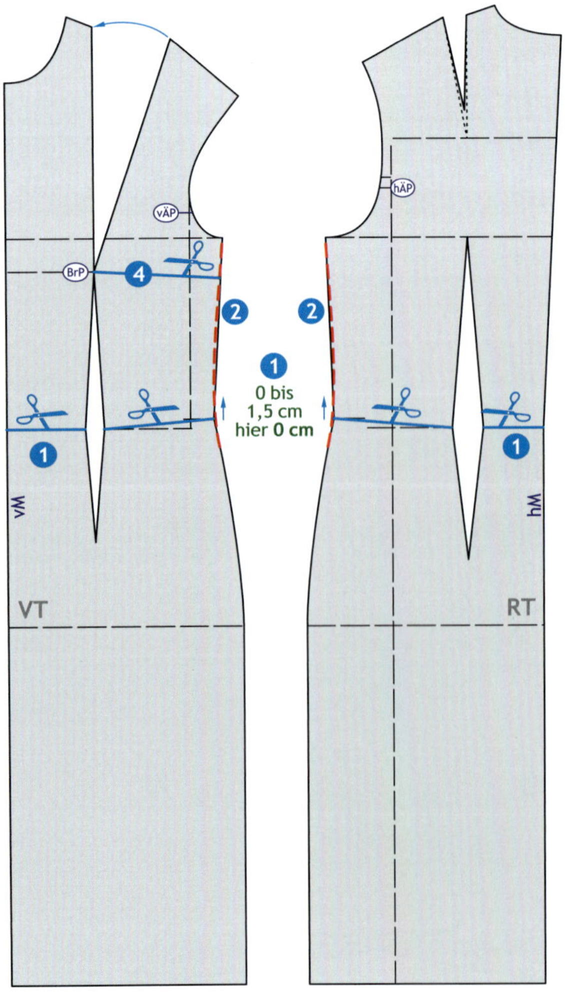

□2 Nähte und Abnäher positionieren, Seitennaht ausformen

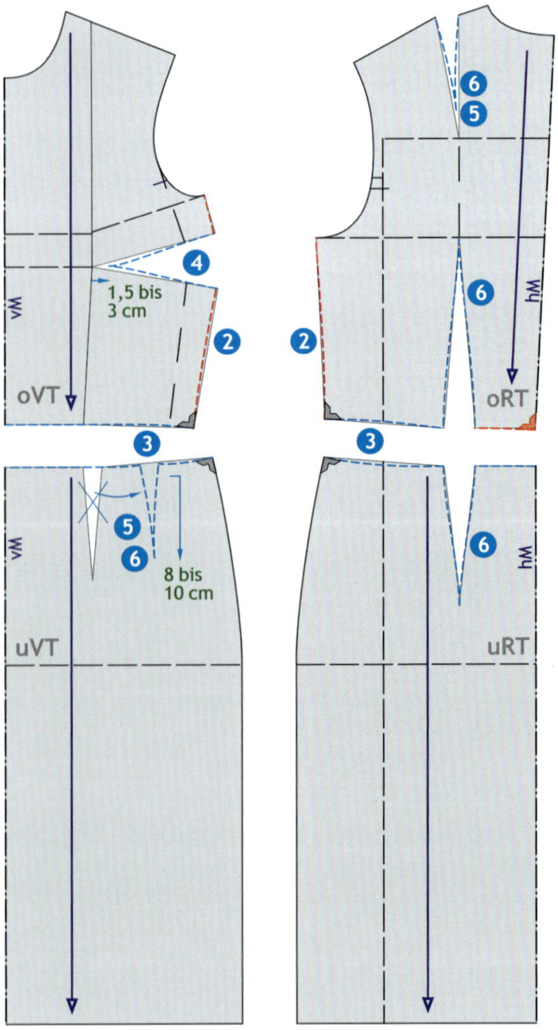

□3 Teilung des Grundschnitts, Brustabnäher verlegen

Taillierter Oberteil-Grundschnitt mit Taillennaht (2)
aus dem Grundschnitt **mit Hüftausfall**

185
186

Am Beispiel des taillierten Oberteil-Grundschnitt **mit Hüftausfall** wird gezeigt, wie der Hüftausfall durch die Trennung verschwindet. Außerdem wird hier eine zusätzliche Taillierung durch einen seitlichen Abnäher gezeigt.

❸ **Optional** formt hier ein **zusätzlicher seitlicher Abnäher** (hier in Rot) bei schlanken Figuren die Taille sowie die Wölbung für einen größeren Busen. Der Abnäherinhalt beträgt maximal 2 cm. Die Taillenweite (TaW) kann mit diesem Abnäher zusätzlich reduziert werden.

❹ Ist aber eine **engere Taille nicht gewünscht**, kann der eigentliche Taillenabnäher des Grundschnitts um den zusätzlichen seitlichen Abnäherinhalt verkleinert werden. Dadurch erhält das VT wieder mehr Taillenweite.

❺ Der Hüftausfall am Rockteil wird nach dem Abtrennen an der Taille zusammengelegt. Es entsteht ein kleinerer Abnäher, der an dieser Stelle gekürzt und geformt werden sollte.

❻ Der Brustabnäher wird hier in den Taillenabnäher verlegt, die Inhalte werden dabei zusammengefasst. Anschließend den Abnäher entsprechend formen.

Konstruktion eines geteilten taillierten Oberteil-Grundschnitts mit Hüftausfall

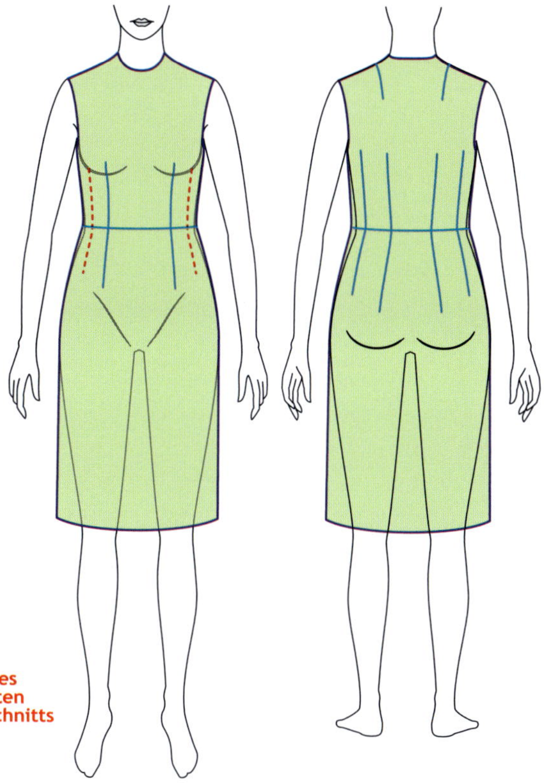

□4 An der Taille quergeteilter Grundschnitt für Modelle mit Taillennaht. Hier zusätzlich mit weiteren Abnähern.

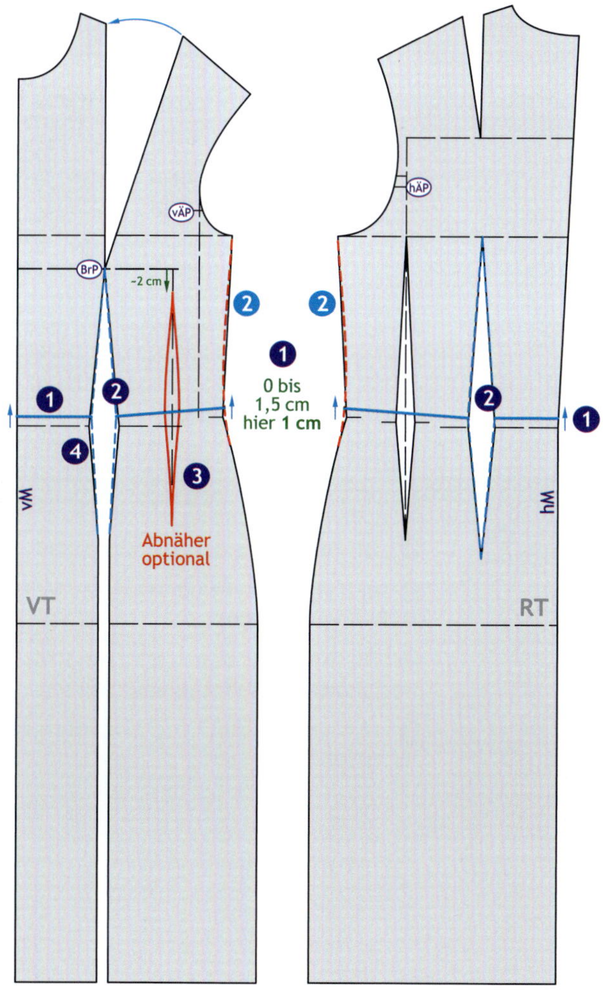

□5 Nähte und Abnäher positionieren, Seitennaht ausformen

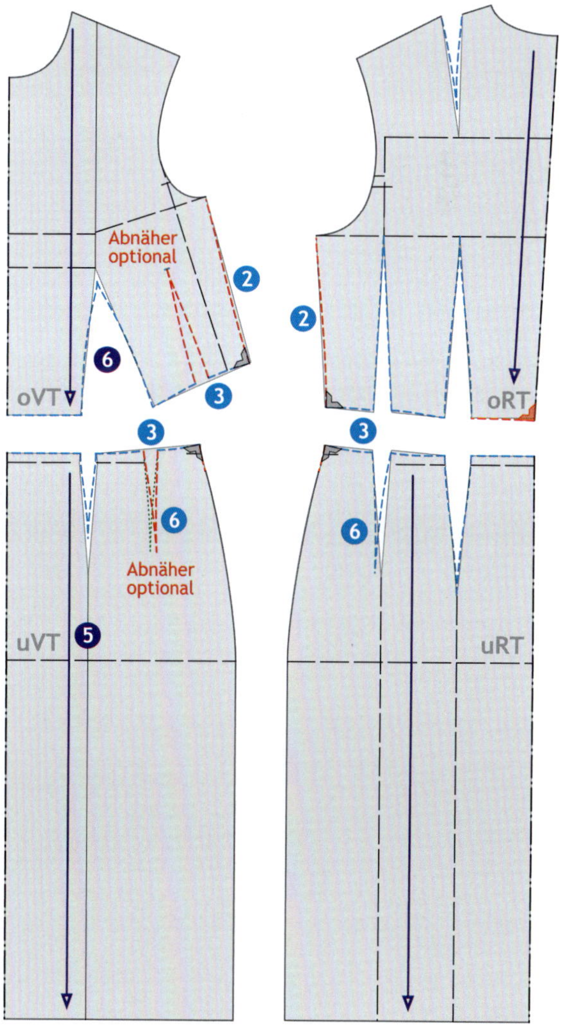

□6 Teilung des Grundschnitts, Brustabnäher verlegen

Schablonen für das obere Vorderteil
Verkleinerung von Abnähern

185
186

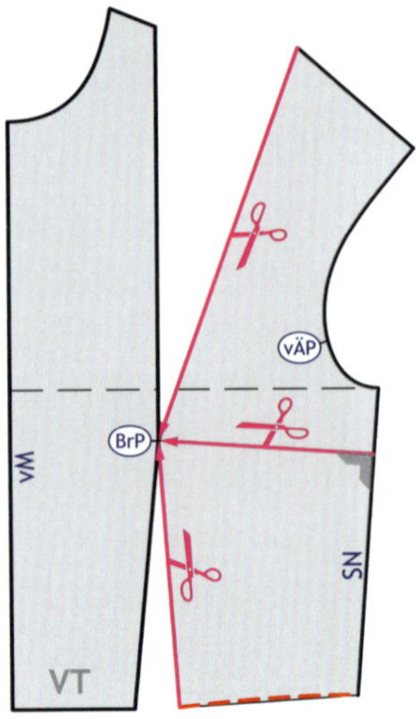

□1 Vorderteil aus der Konstruktion

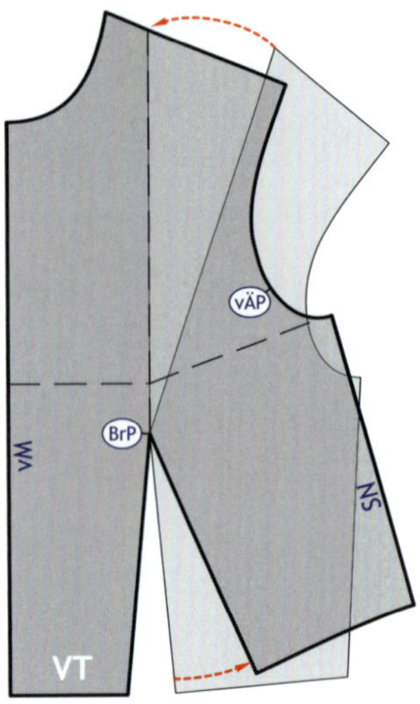

□2 Vorderteil-Schablone nur mit Taillenabnäher

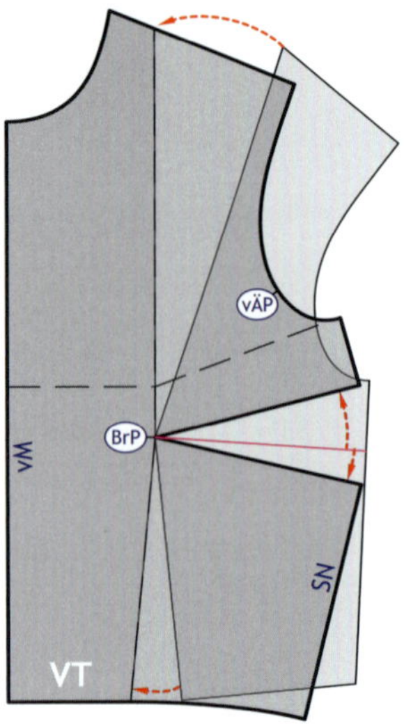

□3 Vorderteil-Schablone mit Abnäher aus der Seitennaht

Vorderteil-Schablonen

Das an der Taille abgetrennte Oberteil wird gerne zu handlichen Schablonen verändert.

□2 zeigt eine weiterentwickelte Grundschnittschablone, bei dem die Brust- und Taillenabnäher zu einem großen Taillenabnäher zusammengeführt sind.

□3 Dieser große Abnäher wird häufig auch in die Seitennaht verlegt.

Eine weitere Variante mit einem Taillen- und einem Brustabnäher aus der Seitennaht ist ebenfalls auf Seite 272, □3 abgebildet.

192

Verkleinerung von Brustabnäher und Schulterabnäher durch Armlochauflockerungen (Detaillierte Infos siehe Seite 192)

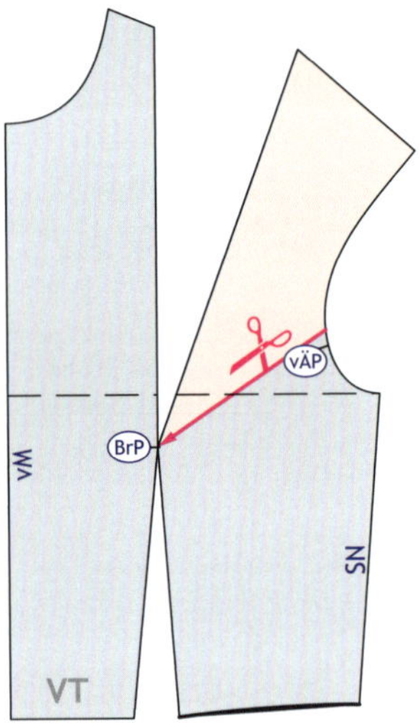

□4 Einschnitt 1 cm oberhalb des vÄP zum BrP

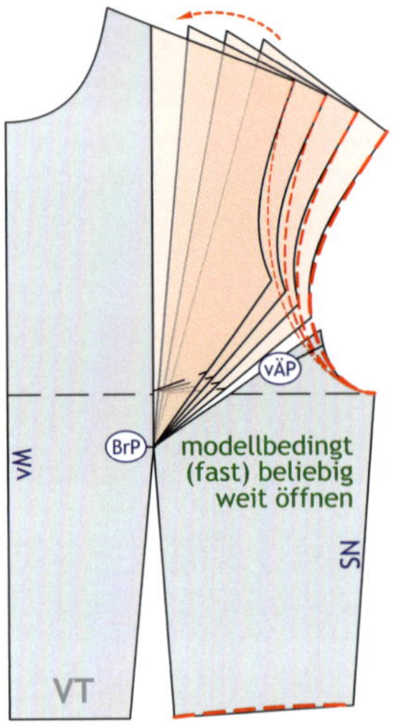

□5 Mögliche Öffnungen für vordere Armlochauflockerungen

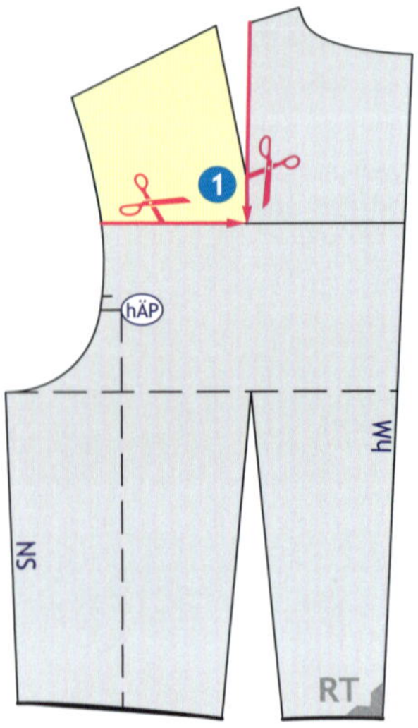

□6 Einschnitte an und zur Schulterblattlinie

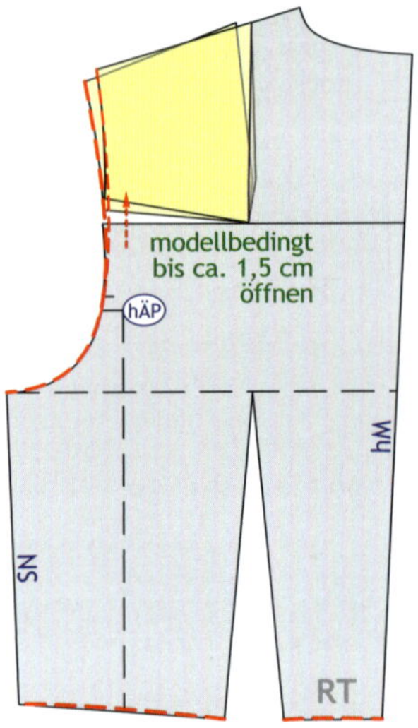

□7 Mögliche Öffnungen für hintere Armlochauflockerungen

Für Modelle, bei denen das Armloch etwas Mehrweite besitzen darf, wird dieses aufgelockert. Ein oftmals beabsichtigter Nebeneffekt ist die Verkleinerung des Brust- bzw. des Schulterabnähers (siehe Seite 192).
Der Abnäher kann bei extremer Auflockerung komplett entfernt werden.

Die Armlöcher werden größer und müssen neu geformt werden, weswegen ggf. vorhandene Ärmel angepasst werden müssen (siehe Seite 217 ff).

Verkleinerung des Schulterabnähers mit runder Naht an hinterer Mitte

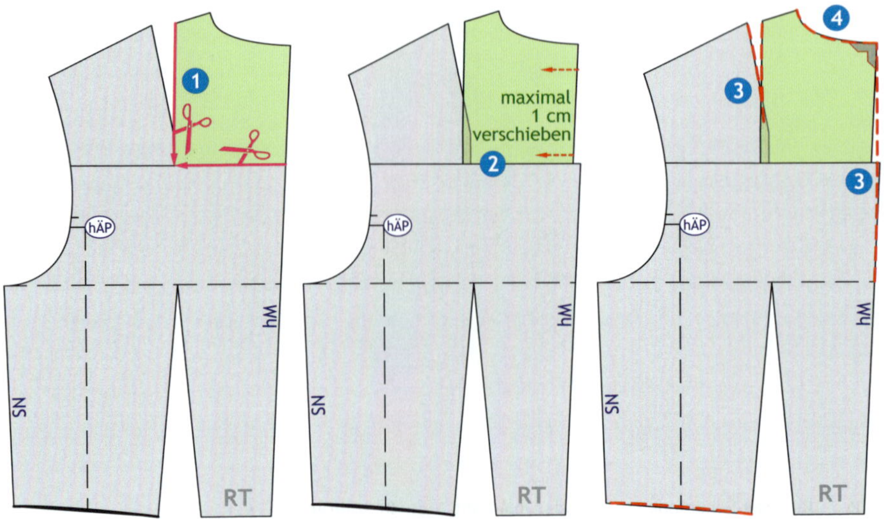

1 **Hinteres Halslochteil** abtrennen

2 und waagerecht um **maximal 1 cm** nach innen schieben.

3 Die **neue hM** sehr leicht rund formen und **den Schulterabnäher** kürzen.

4 Das **neue Halsloch** rechtwinklig aus der neuen hM formen.

□8 Einschnitte und waagerechte Verschiebung des hinteren Halslochteils um maximal 1 cm und neue Nähte formen

Schablonen für das obere Rückteil Schulterabnäher entfernen

Rückteil-Schablonen

☐**1-4** Zeigen gängige Schablonen. Die Taillennaht ist an separaten Oberteilen nach oben geformt.

☐**3** Den seitlichen Taillenabnäher um ZP neben dem hÄP, zudrehen. Armloch und Taillennaht formen.

☐**4** Die RT-Schablone ohne Schulterabnäher kann nur bei einer Naht an der hM gefertigt werden (Konstruktionen siehe unten).

185
186

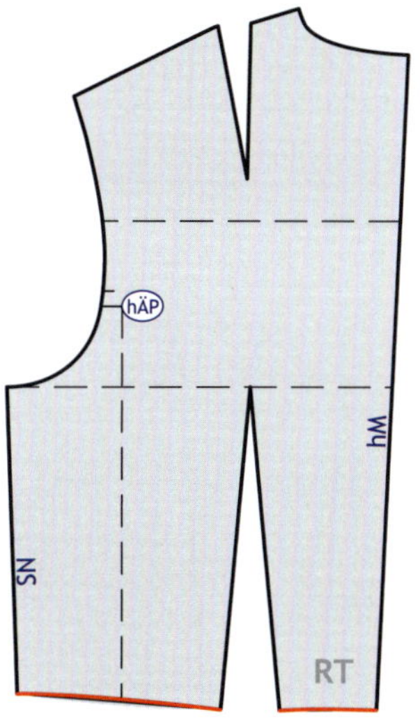

☐1 Rückteil mit einem Taillenabnäher aus der Konstruktion

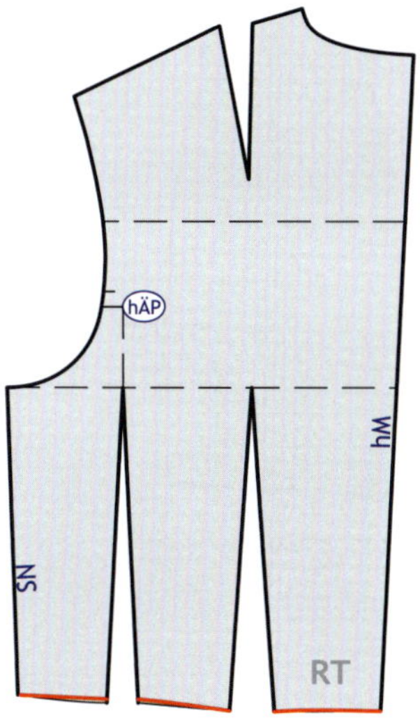

☐2 Rückteil mit zwei Taillenabnähern aus der Konstruktion

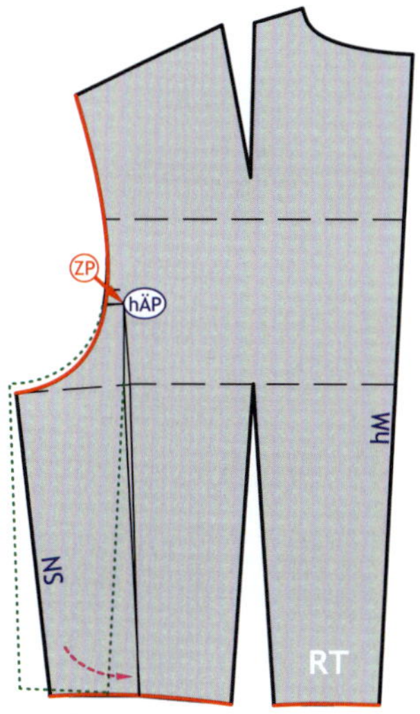

☐3 Rückteil mit zusammengelegtem seitlichen Taillenabnäher

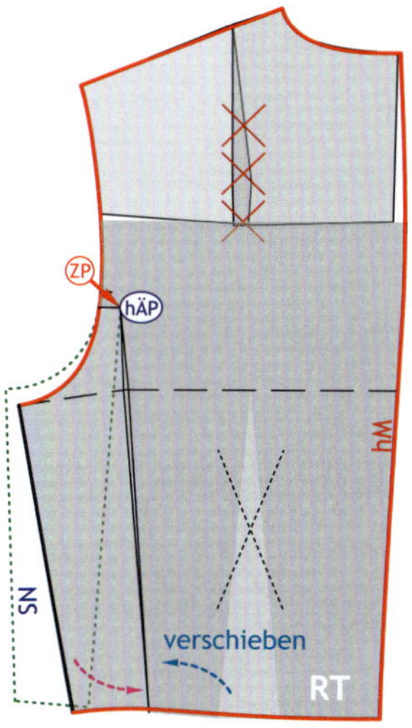

☐4 Rückteil komplett ohne Taillen- und Schulter-Abnäher (hM mit Naht) siehe ☐5+6 unten

Schulterabnäher entfernen Variante 1 mit Armlochauflockerung

1. ☐**5** Schablone durchschneiden.
2. Halsloch-Teil1 waagerecht um maximal 1 cm nach innen schieben und
3. Armloch-Teil2 so drehen, bis der Schulterabnäher geschlossen ist.
4. Die neue hM leicht rund formen.
5. Das neue Halsloch rechtwinklig aus der neuen hM formen.
6. Schulternaht gerade und Armlochnaht über die Armloch-Öffnung (Armloch-Auflockerung) formen.

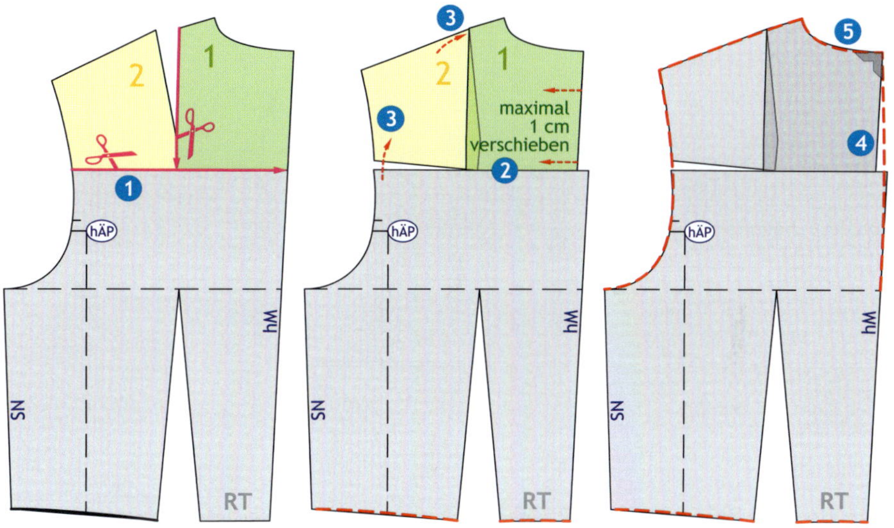

☐5 Einschnitte und waagerechte Verschiebung des hinteren Halslochteils um maximal 1 cm sowie Drehung des hinteren Armlochteils, bis der Schulterabnäher entfernt ist.

Schulterabnäher entfernen Variante 2 mit Dressieren des RT

1. ☐**5** Schablone durchschneiden.
7. ☐**6** Teil1 waagerecht um ca. 0,5 bis 1 cm nach innen schieben und
8. am Schulterblatt um max. 0,5 cm nach unten drehen. Teil2 genauso um max. 0,5 cm am Schulterblatt nach unten drehen.
9. Teil2 um das Schulterblatt ZP so weit drehen, bis der Schulterabnäher geschlossen ist.
10. Am Armloch kann eine leichte Öffnung entstehen.
11. Alle Nähte wie oben formen. Die Öffnung am Armloch kann eingehalten werden.
12. Die Kürzung durch die Überschneidung am Schulterblatt längs dehnen (= Dressieren), nur möglich, wenn das Material in Längsrichtung dehnbar ist.

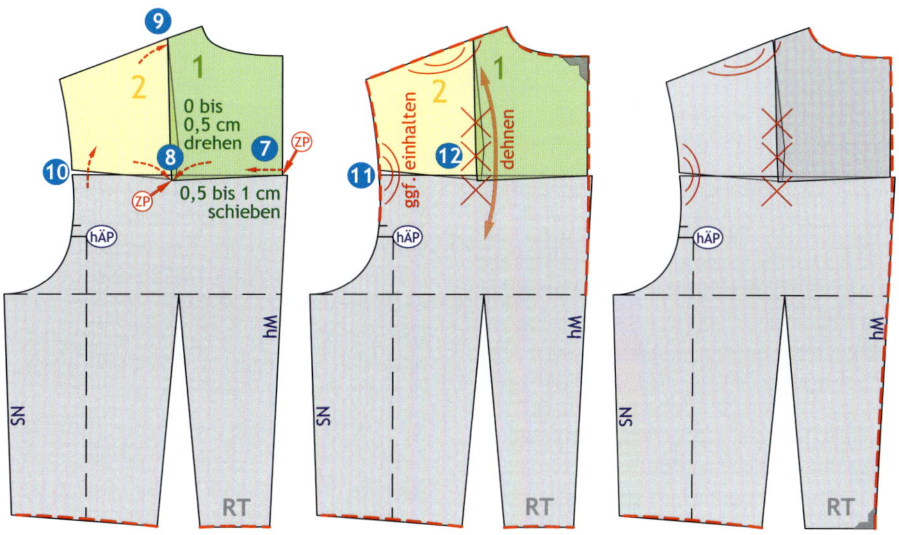

☐6 Rückteil-Schablone mit runder hM-Naht zum Dressieren

Englische Naht am taillierten Oberteil-Grundschnitt (1) mit ausgestellten Teilungsnähten

185
186

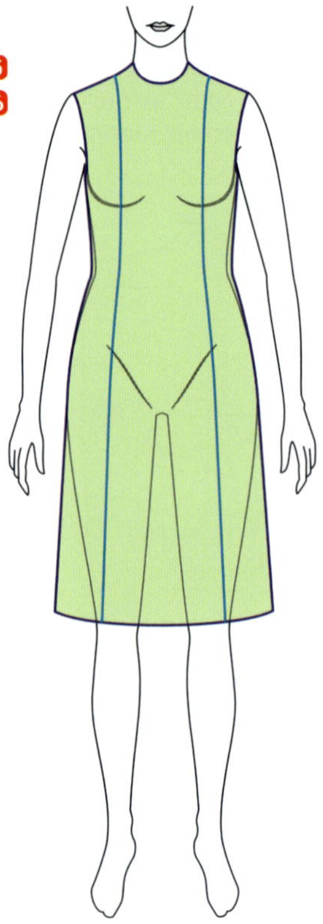

□1
Leicht erweiterte Oberteil-Form mit Englischen Nähten aus dem tailliertem OT-GS mit Hüftausfall. Die "Englische Naht" nimmt Brust- und Taillenabnäher in sich auf. An der Schulter treffen sich die Nähte von VT und RT.

Konstruktion des taillierten Oberteil-Grundschnitts mit Hüftausfall

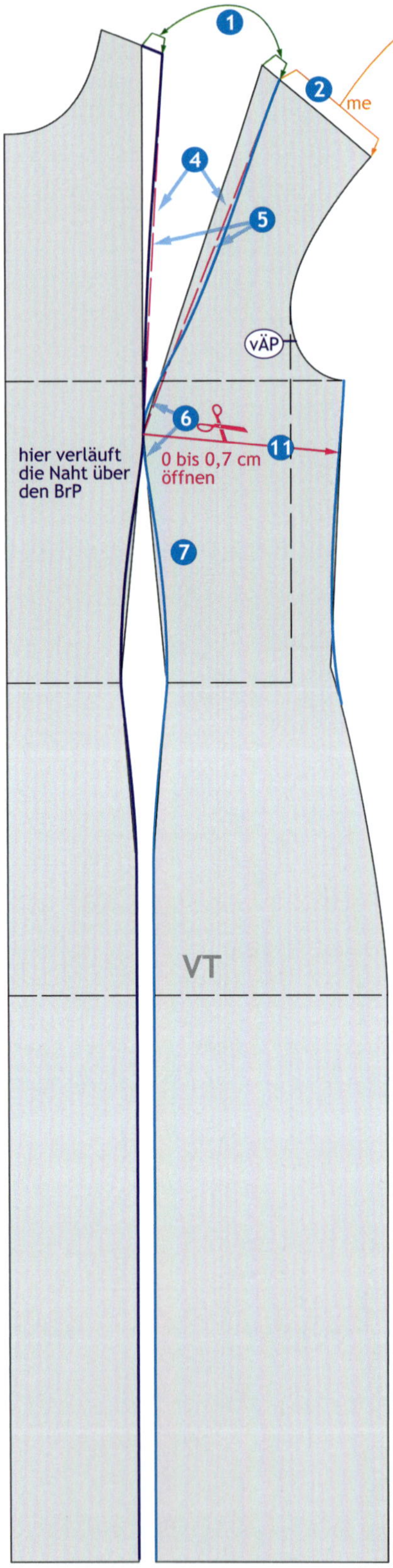

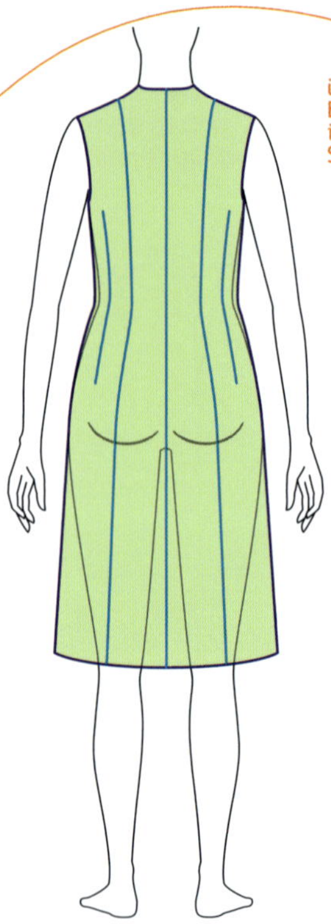

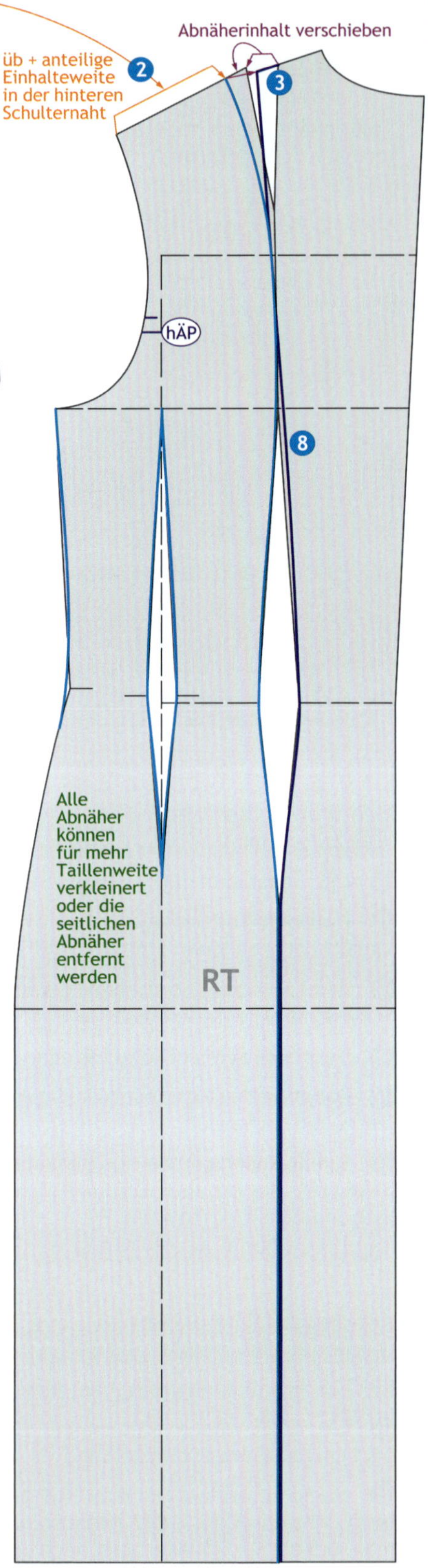

□2 **Modellentwicklung hier am taillierten Grundschnitt mit Hüftausfall**

❶ □2 Den Nahtbeginn an der Schulter bestimmen und den Abstand auf die andere Seite des Abnähers übertragen.

❷ Den neuen Nahtabstand zum Armloch (oder zum Halsloch) messen. Diesen + anteilige Einhalteweite auf die RT-Schulter entsprechend übertragen.

❸ Von hier aus den Inhalt des Schulterabnähers auf die (vom Halsloch aus) verlängerte Schulternaht übertragen. Jetzt treffen an der Schulternaht beide Teilungsnähte aneinander.

❹ Am VT zwei Hilfslinien jeweils vom Nahtbeginn an der Schulter bis zum BrP einzeichnen (Alternative hierzu siehe folgende Seiten).

❺ Zur Optimierung der Passform, oberhalb der Brust an beiden Hilfslinien bis zu 0,5 cm einstellen.

❻ Die seitliche Brustrundung formen. Zur Öffnung siehe folgende Seite.

❼ Die Teilungsnaht unter der Brust formt den dortigen Hohlraum.

❽ Im RT ist auf einen harmonischen Nahtverlauf zu achten. Es sollte immer zunächst diejenige Nahtlinie gestaltet werden, die das mittlere Schnittteil begrenzt (dunkelblaue Naht).

An allen Längsteilungsnähten und der Seitennaht kann die Taillenweite verringert oder vergrößert werden.

❾ □3 Die Saumweite kann nach Bedarf aus- oder eingestellt werden. Hier wird an allen Nähten am Saum derselbe Betrag von 2,25 cm ausgestellt.

Dies bedeutet eine Erweiterung der Saumweite an jeder Naht um 4,5 cm.

Erweiterung = 4,5 cm · 6 Nähte = **27 cm**

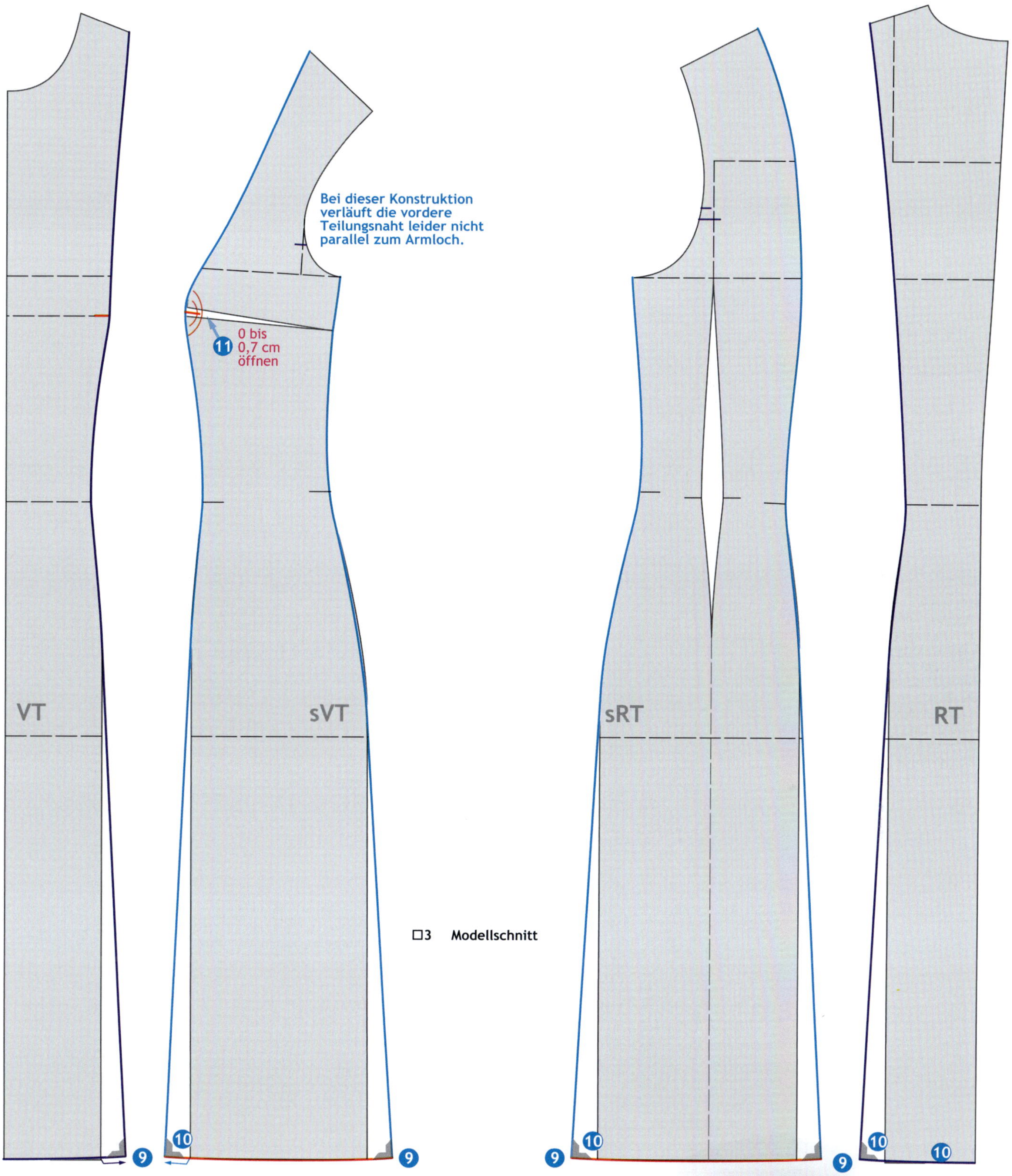

☐3 Modellschnitt

Nähte identisch ausstellen, am VT ab den Hüftausfallnähten abtragen.

10 Alle Säume an ausgestellten Nähten rechtwinklig und rund formen.

Optimierung des seitlichen Vorderteils

11 **☐2+3** Eine optimale Passform für eine mittlere bis stärkere Brustrundung erhält man bei wenig elastischen Materialien durch das Öffnen des seitlichen Vorderteils (sVT) um ca. 0,3 bis 0,7 cm. Es entsteht hierbei Mehrlänge in der Naht des sVT, die im Bereich des Brustpunktes (BrP) eingehalten wird. Dadurch bildet sich im sVT eine leichte Wölbung seitlich der Brust.

12 **☐4** Die durch diese Öffnung erzielte Mehrweite entsteht beispielsweise ebenso durch das übliche Kürzen eines Brustabnähers, der in die Seitennaht verlegt wurde.

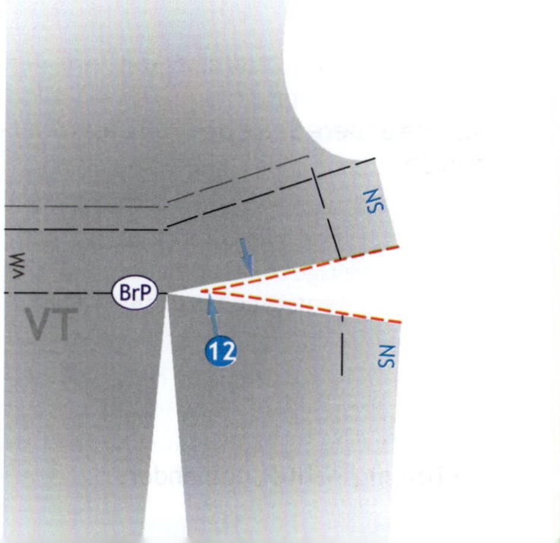

☐4 Mehrweite durch Kürzung des seitlichen Brustabnähers

Englische Naht am taillierten Oberteil-Grundschnitt **(3)** mit Nahtverschiebung und reduzierter Saumweite sowie Schlitz an hM

185
186

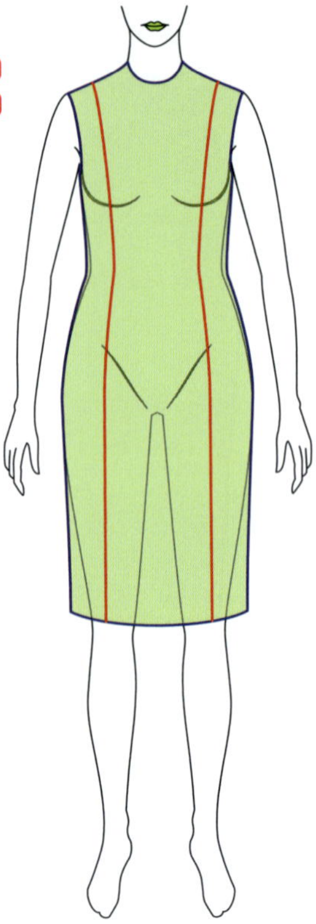

□1 Saumenges (eingestelltes) Oberteil in Etui-Form mit zur Seite verschobenen Englischen Nähten aus dem tailliertem OT-GS ohne Hüftausfall.
Die "Englische Naht" nimmt Brust- und Taillenabnäher in sich auf. An der Schulter treffen sich die Nähte von VT und RT.

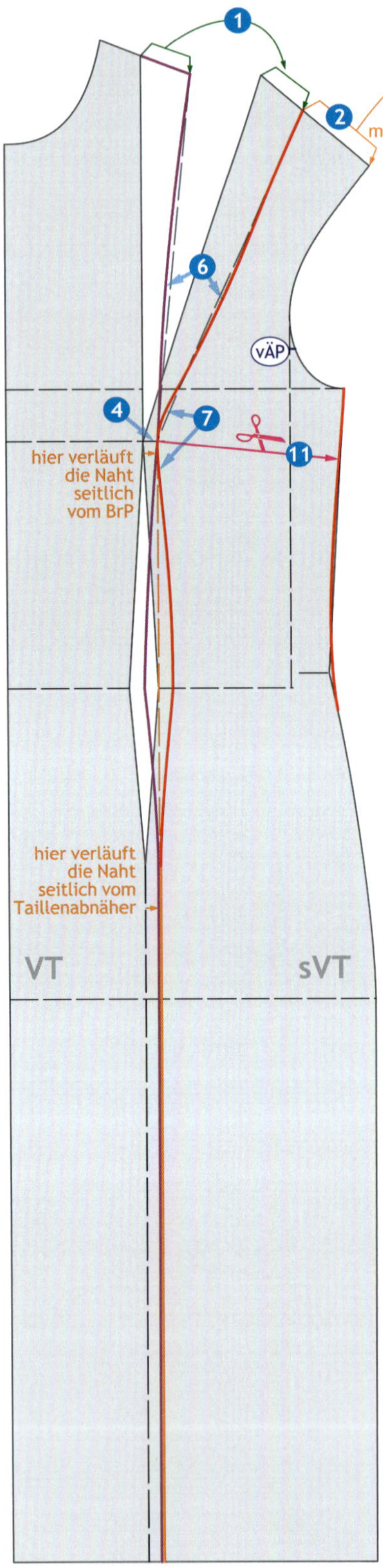

Konstruktion des taillierten Oberteil-Grundschnitts ohne Hüftausfall

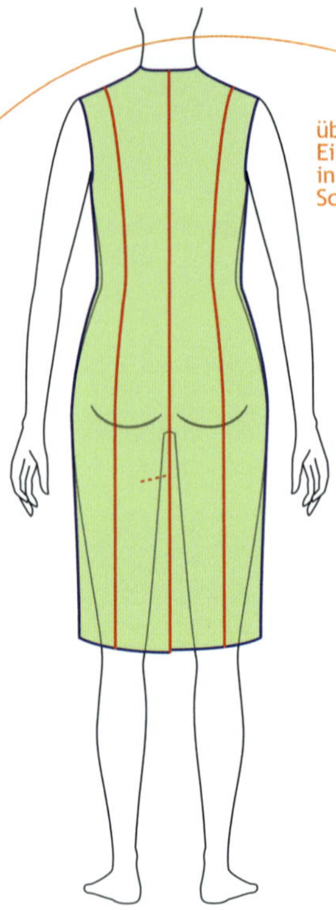

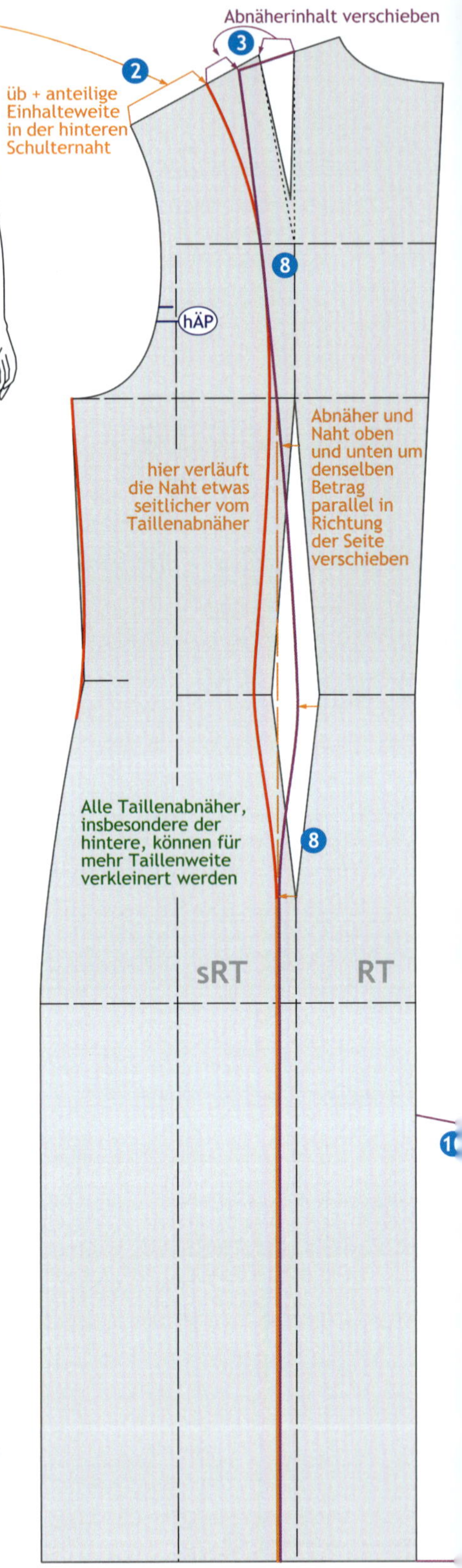

□2 Modellentwicklung hier am einfach taillierten Grundschnitt

1 **□2** Den Nahtbeginn an der Schulter bestimmen und den Abstand auf die andere Seite des Abnähers übertragen.

2 Den neuen Nahtabstand zum Armloch (oder zum Halsloch) messen. Diesen + anteilige Einhalteweite auf die RT-Schulter entsprechend übertragen.

3 Von hier aus den Inhalt des Schulterabnähers auf die (vom Halsloch aus) verlängerte Schulternaht übertragen. So treffen an der Schulternaht die Teilungsnähte von VT und RT aneinander.

4 Für eine Nahtverschiebung am VT den BrP um bis zu 2 cm zur Seite verschieben und von dort eine Hilfslinie senkrecht zum Saum zeichnen.

5 Zwei Hilfslinien jeweils vom Nahtbeginn an der Schulter bis zum verschobenen BrP zeichnen.

6 Zur Optimierung der Passform oberhalb der Brust an beiden Hilfslinien bis zu 0,5 cm einstellen.

7 Die seitliche Brustrundung formen (zur Öffnung siehe Seite 377).

8 Im RT können die Nähte ebenfalls verschoben werden. Bei der Formung ist auf einen harmonischen Nahtverlauf zu achten. Es sollte immer zunächst diejenige Nahtlinie gestaltet werden, die das mittlere Schnittteil begrenzt (lila Naht).

An allen Längsteilungsnähten und der Seitennaht kann die Taillenweite verringert oder vergrößert werden.

9 **□3** Die Saumweite kann nach Bedarf aus- oder eingestellt werden. Hier wird an allen Nähten am Saum derselbe Betrag von 0,5 cm eingestellt.

Englische Naht am taillierten Oberteil-Grundschnitt **(4)** mit Nahtverschiebung und reduzierter Saumweite sowie Schlitz an hM

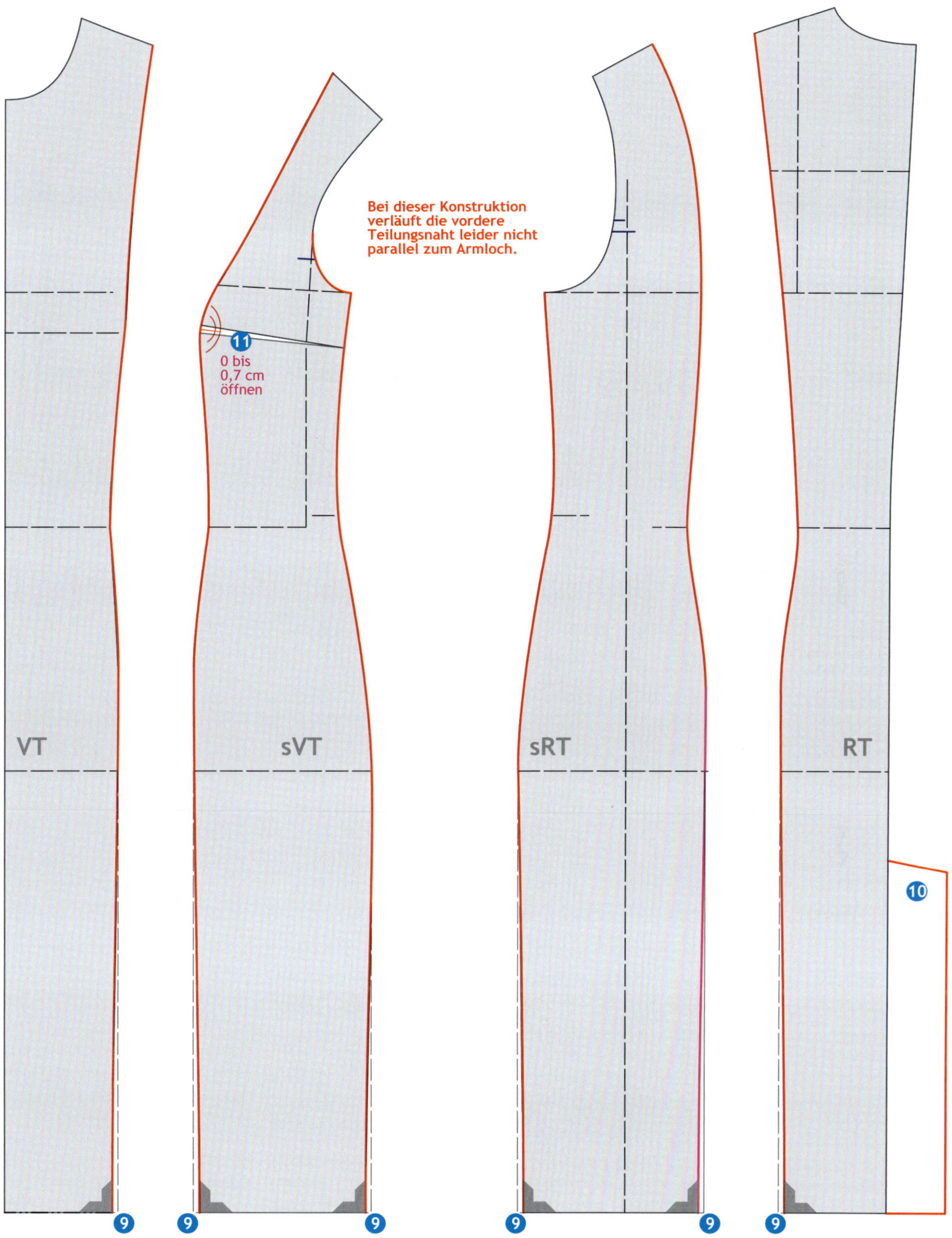

□3 **Modellschnitt**

Dies bedeutet eine Reduzierung der Saumweite an jeder Naht um 1 cm.

Reduzierung der Saumweite:

= 1 cm × 6 Nähte am gesamten Modell

= **6 cm**

(10) Bei saumengen Modellen sollte je nach Modelllänge und Querdehnbarkeit des Materials ein Schlitz oder eine Falte in eine der Längsnähte eingearbeitet werden, damit normal große Schritte gemacht werden können.

(11) **□2+3** Eine optimale Passform für eine stärkere Brust erhält man bei wenig elastischen Materialien durch das Öffnen des seitlichen Vorderteils um ca. 0,3 bis 0,7 cm. Siehe hierzu auch Seite 377.

Englische Naht am taillierten Oberteil-Grundschnitt **(5)**
Parallel zum Armloch verlaufend; alternative Methode

185
186

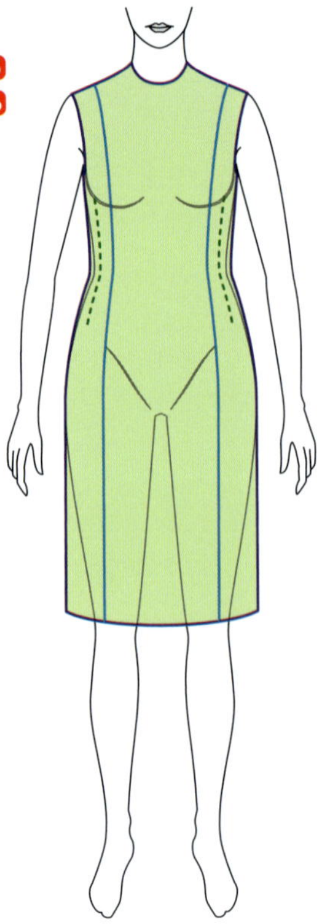

□1
Leicht erweitertes Oberteil in Etui-Form mit Englischen Nähten aus dem tailliertem OT-GS mit Hüftausfall. Die "Englische Naht" nimmt Brust- und Taillenabnäher in sich auf. An der Schulter treffen sich die Nähte von VT und RT.

Konstruktion des taillierten Oberteil-Grundschnitts mit Hüftausfall

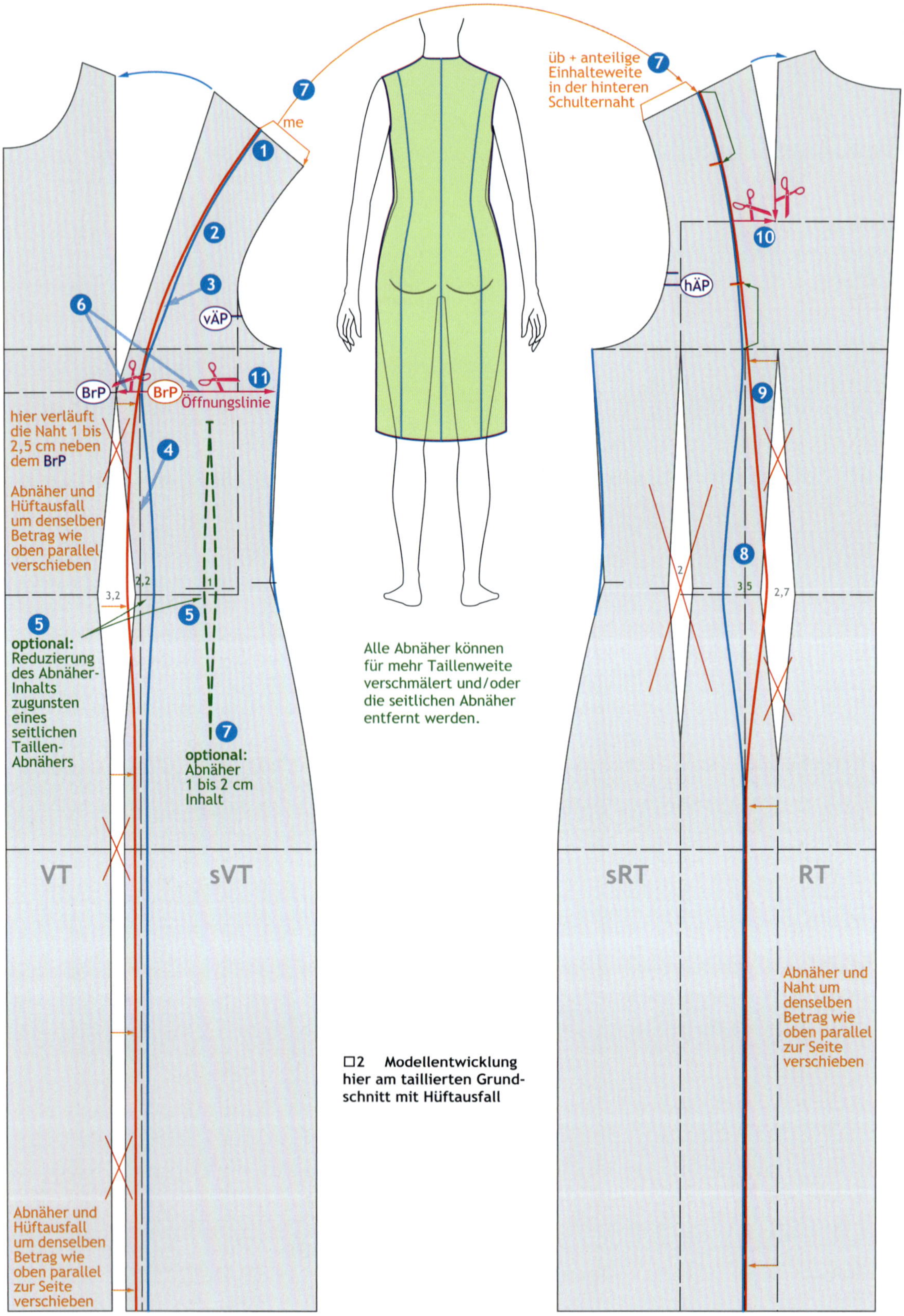

Alle Abnäher können für mehr Taillenweite verschmälert und/oder die seitlichen Abnäher entfernt werden.

□2 **Modellentwicklung** hier am taillierten Grundschnitt mit Hüftausfall

1 □2 Den Nahtbeginn an der vorderen Schulter nahe des Armlochs bestimmen.

2 Am VT die Englische Naht parallel zum Armloch formen. Sie verläuft ca. 1 bis 2,5 cm seitlich am BrP vorbei.

3 Zur Optimierung der Passform oberhalb der Brust bis zu 0,5 cm Weite zwischen den Nähten entfernen.

4 Vom verschobenen BrP eine senkrechte Hilfslinie zum Saum zeichnen und dorthin den Taillenabnäher und Hüftausfall verschieben.

5 **Optional** kann bei einer runden großen Brust der Inhalt des Taillenabnähers verkleinert werden und dieser Betrag durch einen seitlichen Taillenabnäher wieder entfernt werden.

6 Zwei Öffnungslinien vom neuen BrP zur SN und zum alten BrP zeichnen.

7 Den Nahtabstand zum vorderen Armloch messen. Diesen + die anteilige Einhalteweite auf die RT-Schulter entsprechend übertragen.

8 Im RT können beide Taillenabnäher in der Teilungsnaht aufgenommen werden. Dabei sollte der dort entfernte Abnäherinhalt nicht mehr als ca. 4 cm betragen. Hier wird deutlich weniger Weite (3,5 cm) an der Naht entfernt, als Abnäherinhalte (2 cm + 2,7 cm = 4,7 cm) im Grundschnitt vorhanden sind. Es entsteht somit Mehrweite im RT.

9 Es sollte immer zunächst diejenige

Englische Naht am taillierten Oberteil-Grundschnitt **(6)**
Parallel zum Armloch verlaufend; alternative Methode

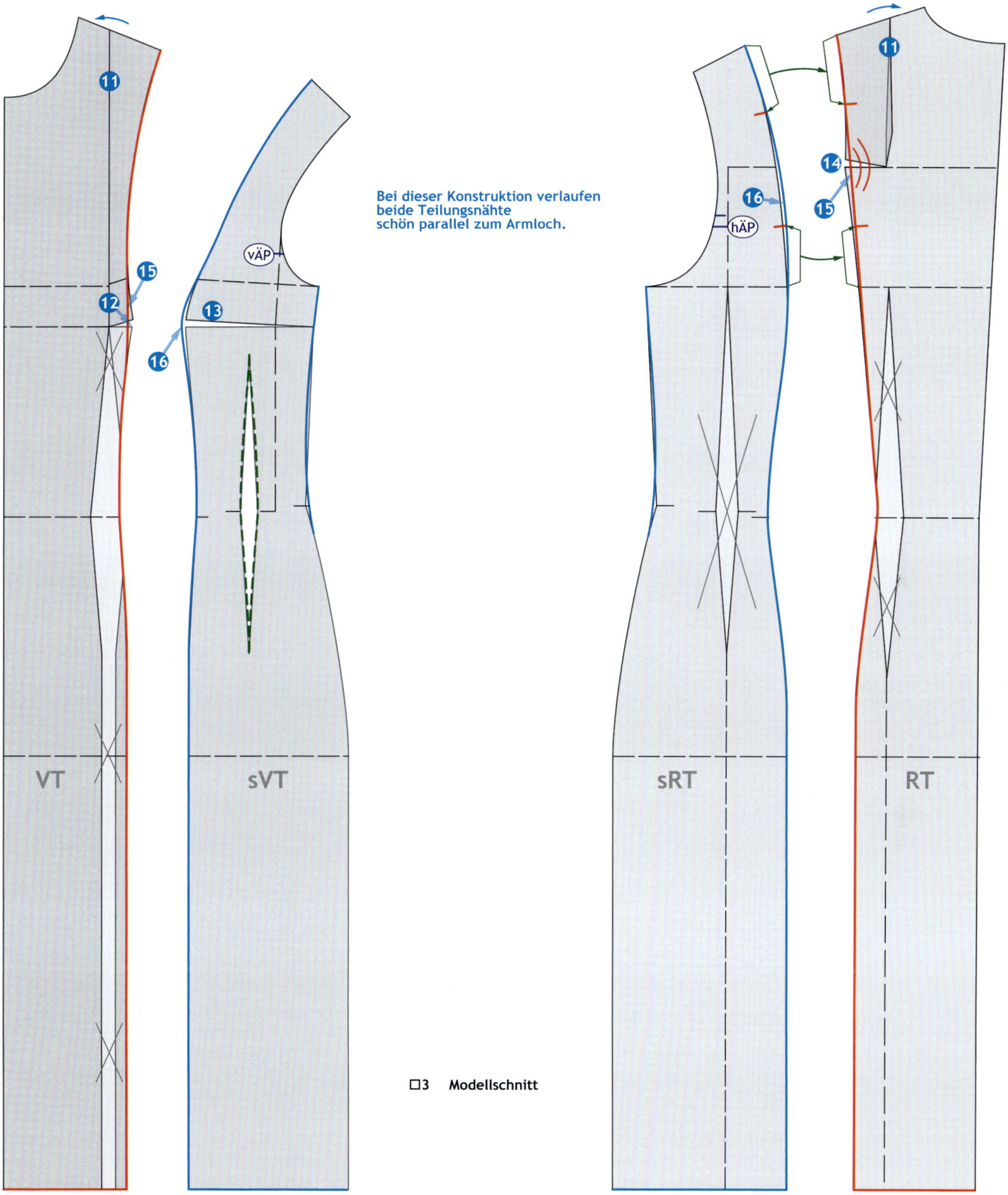

□3 Modellschnitt

Nahtlinie gestaltet werden, die das mittlere Schnittteil begrenzt (rote Naht). Insgesamt muss auf harmonische Nahtverläufe geachtet werden.

⑩ Einschnittlinien an der Schulterabnäherspitze wie skizziert einzeichnen.

⑪ □3 Brust- und Schulterabnäher wie dargestellt zulegen.

⑫ Am BrP entsteht eine Öffnung.

⑬ Das seitliche VT wird um diesen Öffnungsbetrag geöffnet. Es entsteht optimale Mehrlänge und Weite im Brustbereich (genauso wie durch das Kürzen eines Abnähers, siehe Seite 377).

⑭ Am RT entsteht am Schulterblatt ebenfalls eine Öffnung. Diese muss eingehalten werden.

⑮ Die Teilungsnähte über die Öffnungen neu formen. Hierbei müssen die zu den mittleren Schnittteilen (roten Nähte) zunächst harmonisch geformt werden. Dabei wird meist etwas Schnittfläche entfernt.

⑯ Anschließend an den seitlichen Schnittteilen (blaue Nähte) diese Flächen ungefähr wieder anzeichnen und die Nähte ebenfalls harmonisch formen.

Wie bei den zuvor beschriebenen Nahtbeispielen, kann die Saumweite auch hier durch Ausstellen vergrößert oder durch Einstellen verkleinert werden.

Wiener Naht am taillierten Oberteil-Grundschnitt **(1)**
Modifikation mit Beibehaltung der Abnäherpositionen und Abnäherinhalte

185
186

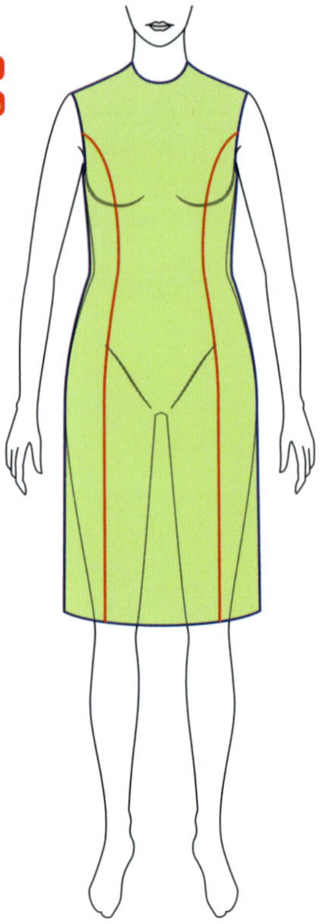

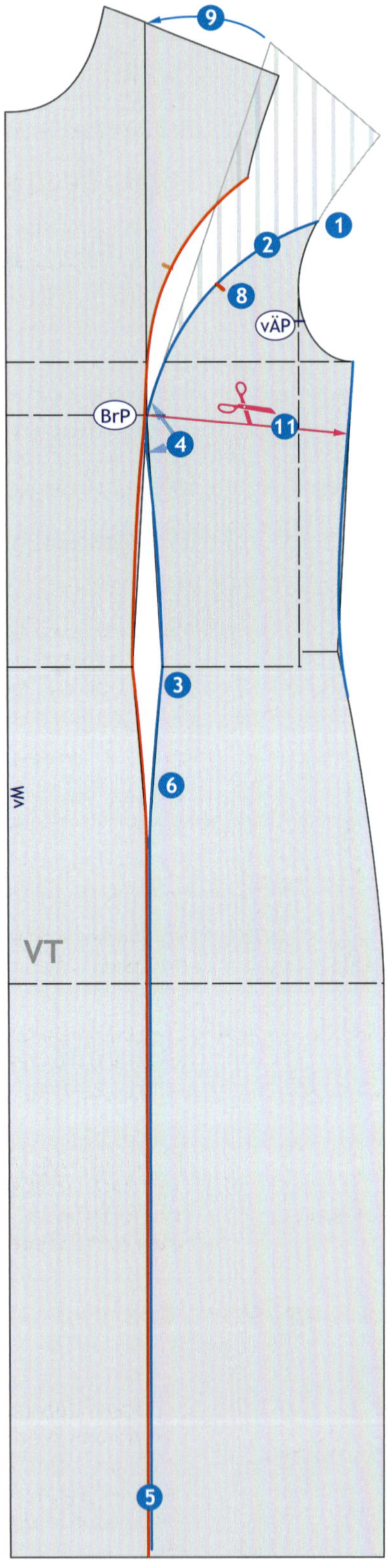

☐1 Gerades Modell in Etui-Form aus tailliertem OT-GS mit einfacher Taillierung (ohne Hüftausfall).
Die Wiener Nähte verlaufen hier aus der Mitte des Armlochs.
Die Nähte nehmen die Taillenabnäher in sich auf, im VT zusätzlich den Brustabnäher.
Im RT wird hier der Schulterabnäher genäht.

Konstruktion des taillierten Oberteil-Grundschnitts ohne Hüftausfall

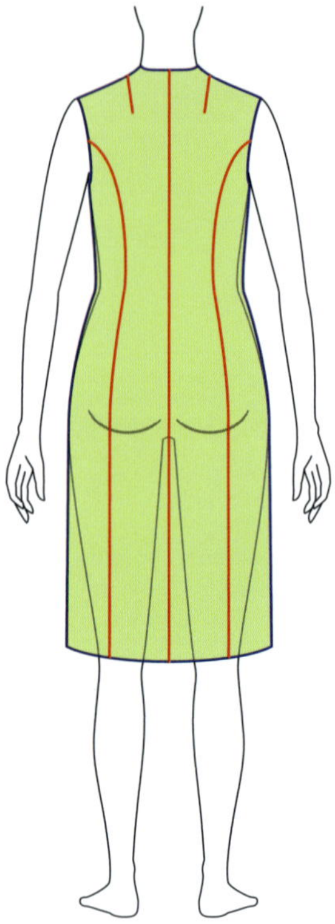

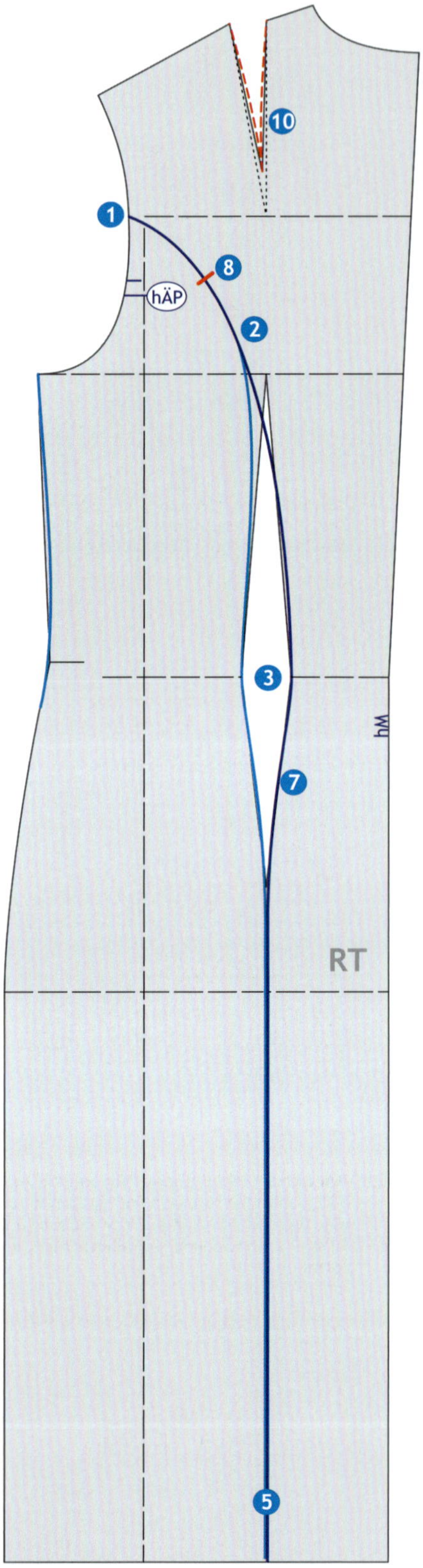

☐2 Modellentwicklung hier am einfach taillierten Grundschnitt

❶ **☐1+2** Den Nahtbeginn an bzw. oberhalb der Armlochmitten bestimmen. Dieser muss an VT + RT nicht identisch sein.

❷ **☐1a** Beide Wiener Nähte rund formen, am VT über den Brustpunkt (bzw. bis zu 2 cm seitlich des BrP vorbei formen, siehe folgende Seiten).

❸ Die Taillenabnäher werden in den Nähten aufgenommen. Dabei kann die Taillenweite an den Abnähern nach Bedarf verändert bzw. neu bestimmt werden (siehe benachbarte Seiten).

❹ Das vST erhält dabei unterhalb des BrP die typische Brustrundung

❺ Für eine engere oder größere Saumweite können die Nähte entsprechend gestaltet werden (siehe vorhergehende und folgende Seiten).

❻ Am VT die Naht unterhalb der Taille eher sichelförmig bis gerade formen.

❼ Am RT die Naht unterhalb der Taille eher zwiebelförmig bis gerade formen. Insgesamt ist überall auf einen harmonischen Nahtverlauf zu achten!

❽ In den Rundungen der Wiener Nähte mittig einen Knips markieren.

❾ Den Brustabnäher zum BrP einschneiden und den Abnäher zulegen.

❿ Der Schulterabnäher wird gekürzt und genäht oder er wird entfernt, wie auf der folgenden Seiten gezeigt.

⓫ **☐2+3** Eine optimale Passform für eine stärkere Brust erhält man bei wenig elastischen Materialien durch das Öffnen des seitlichen Vorderteils um ca. 0,3 bis 0,7 cm. Siehe Seite 377.

Möglichkeiten für die Entfernung des Schulterabnähers an der Wiener Naht

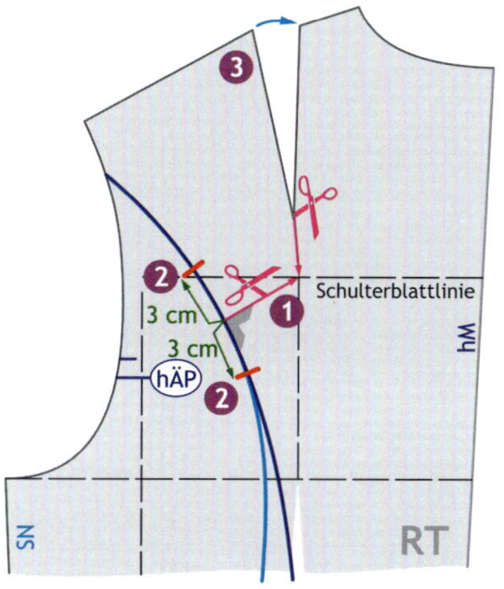

☐1 Modellentwicklung des RT von Seite 382, Schulterabnäherverlängerung und Abnäherverlegung zur Wiener Naht

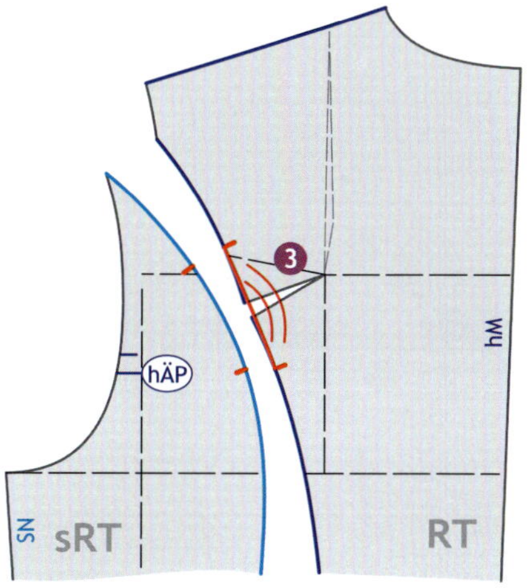

☐2 Modellschnittteile trennen. Einhaltebetrag entsteht durch Zulegen des Schulterabnähers.

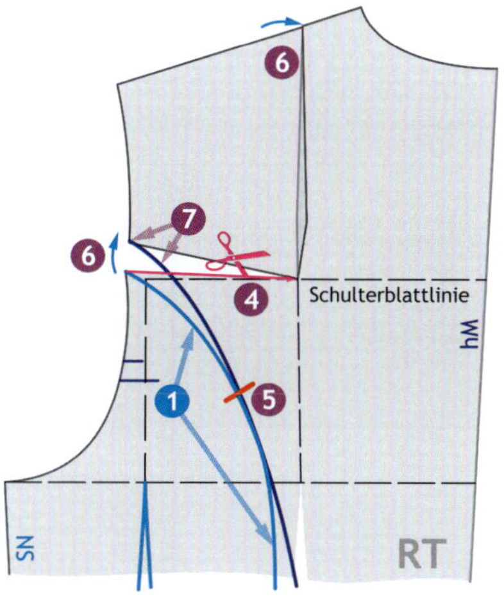

☐3 Modellentwicklung des RT von Seite 382, Schulterabnäher ins Armloch an die Wiener Naht zurück verlegen und RT-Naht an oberen Abnäherschenkel formen

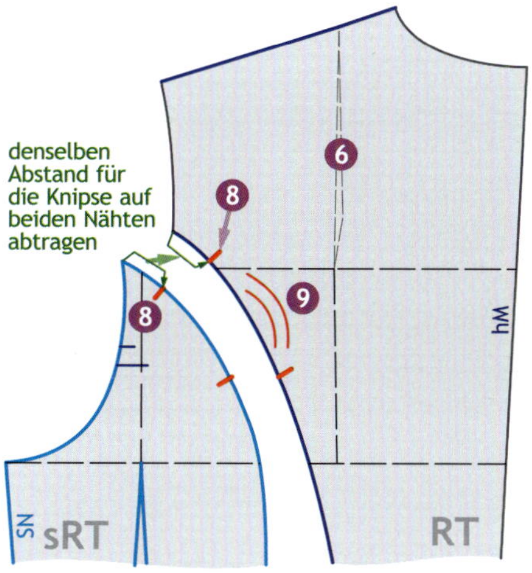

☐4 Modellschnittteile trennen. Einhaltebetrag entsteht durch korrektes Markieren der Knipse.

Entfernen des Schulterabnähers

Der Schulterabnäher kann so wie im Grundschnitt genäht werden, siehe Seite 382, ☐**2**. Hier zwei Möglichkeiten, ihn an einer Wiener Naht zu entfernen:

1 Abnäher zur Wiener Naht verlegen

❶ ☐1 Die Wiener Naht gestalten

❶ und senkrecht dazu zur verlängerten Abnäherspitze auf der Schulterblattlinie eine Öffnungslinie einzeichnen.

❷ Zwei Knipse ca. 3 cm seitlich davon markieren

❸ Beim Kopieren den Schulterabnäher zulegen, die einzuhaltende Öffnung an der Naht entsteht.

2 Abnäher ins Armloch zurücklegen

❶ ☐**3** Die Wiener Naht gestalten

❹ Vom Schnittpunkt der Wiener Naht und dem Armloch eine Öffnungslinie zur verlängerten Abnäherspitze auf der Schulterblattlinie einzeichnen.

❺ Knips etwas tiefer markieren.

❻ ☐**4** Den Abnäher zulegen; es öffnet sich der Abnäher im Armloch.

❼ Vom oberen Schenkel des Abnähers im Armloch die obere Naht formen.

❽ An beiden Nähten je einen Knips in gleichem Abstand vom Armloch aus markieren.

❾ Der Abstand zwischen den Knipsen ist am RT größer. Dort wird zwischen den Knipsen der Stoff eingehalten.

Einschränkung: Ein Schulterabnäher sollte genäht werden, wenn der **Inhalt sehr groß ist** und wenn **Materialien** verwendet werden, die schlecht einzuhalten sind (siehe z.B. unten).

Variante eines Schulterabnähers an einem Rückteil mit Wiener Naht. Passende Gestaltung zum Nahtverlauf formen.

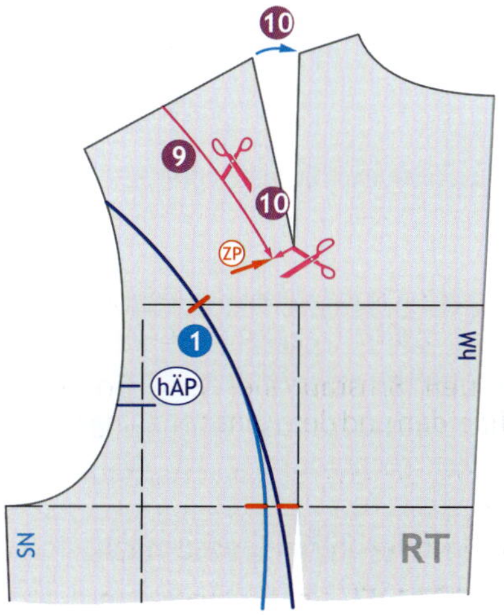

☐5 Modellentwicklung der Wiener Naht im Rückteil mit parallelem, leicht runden Schulterabnäher in die Schulternaht

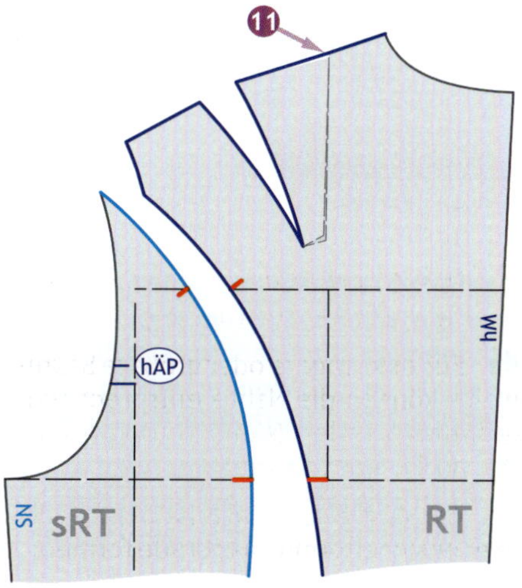

☐6 Modellschnittteile trennen, neuen Schulterabnäher einschneiden, öffnen und Schulternaht ausgleichen

In diesem Kapitel werden später kreative Abnäherverlegungen gezeigt, siehe ab Seite 413. Hier ist vorab eine Abnäherverlegung in geschweifter Form entsprechend der Wiener Naht gestaltet.

❶ ☐**5** Die Wiener Naht gestalten und einen oder zwei Knipse markieren.

❾ Parallel zur, bzw. entsprechend der Form der Wiener Naht, etwas seitlich einen Abnäher bis auf Höhe der Abnäherspitze zeichnen. Die neue Abnäherspitze kann exakt an der alten Abnäherspitze oder etwas seitlich davon liegen. Dies ist dann der ZP (Drehpunkt).

❿ Den neuen Abnäher einschneiden und den alten Abnäher zulegen.

⓫ Die Schulternaht an der Zulegestelle ausgleichen.

Wiener Naht am taillierten Oberteil-Grundschnitt (3) mit verschobenen und geraden Teilungsnähten

185
186

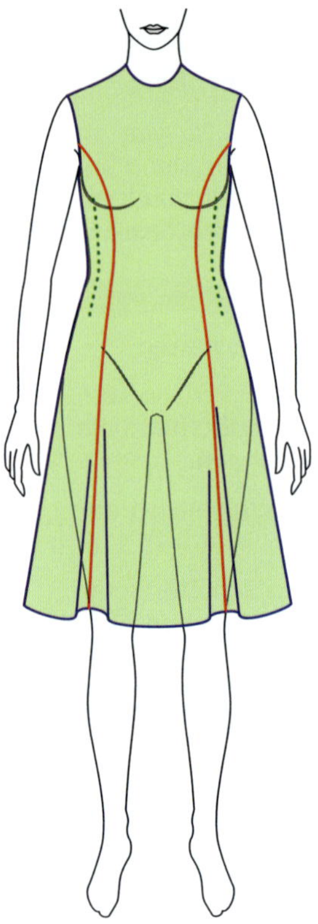

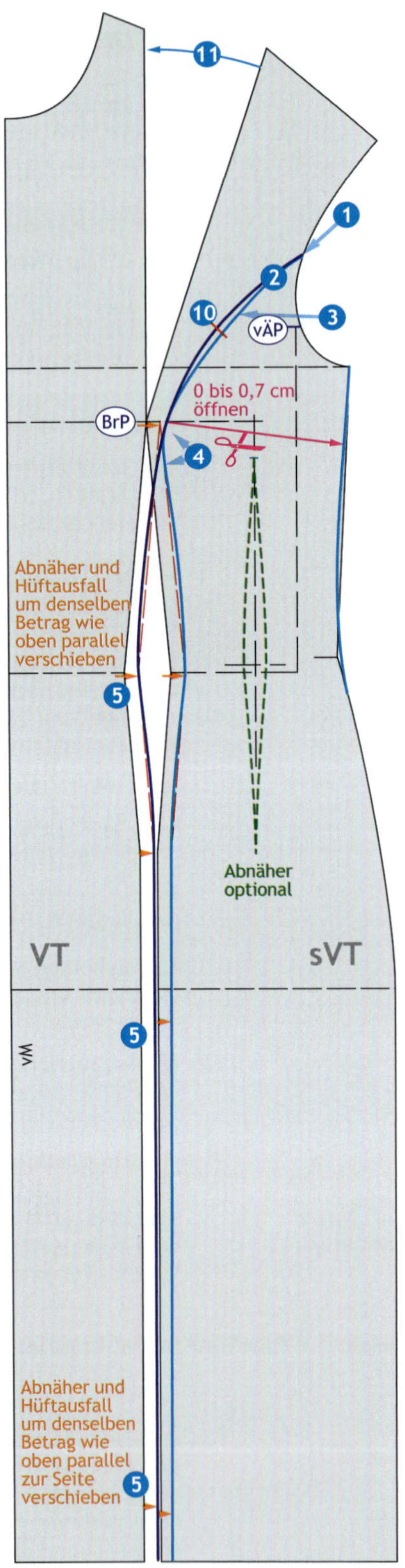

□1 Stark ausgestelltes (saumweites) Modell in Prinzess-Form mit Wiener Nähten.

Aus dem tailliertem OT-GS mit Hüftausfall.

Mit etwas seitlicher verlaufenden Nähten im VT und im RT.

Konstruktion des taillierten Oberteil-Grundschnitts mit Hüftausfall

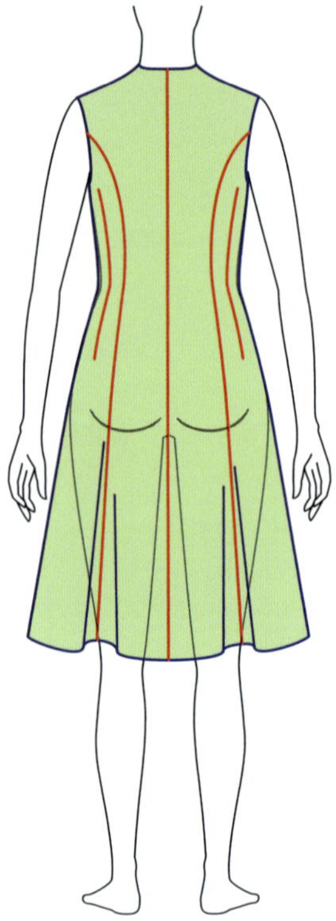

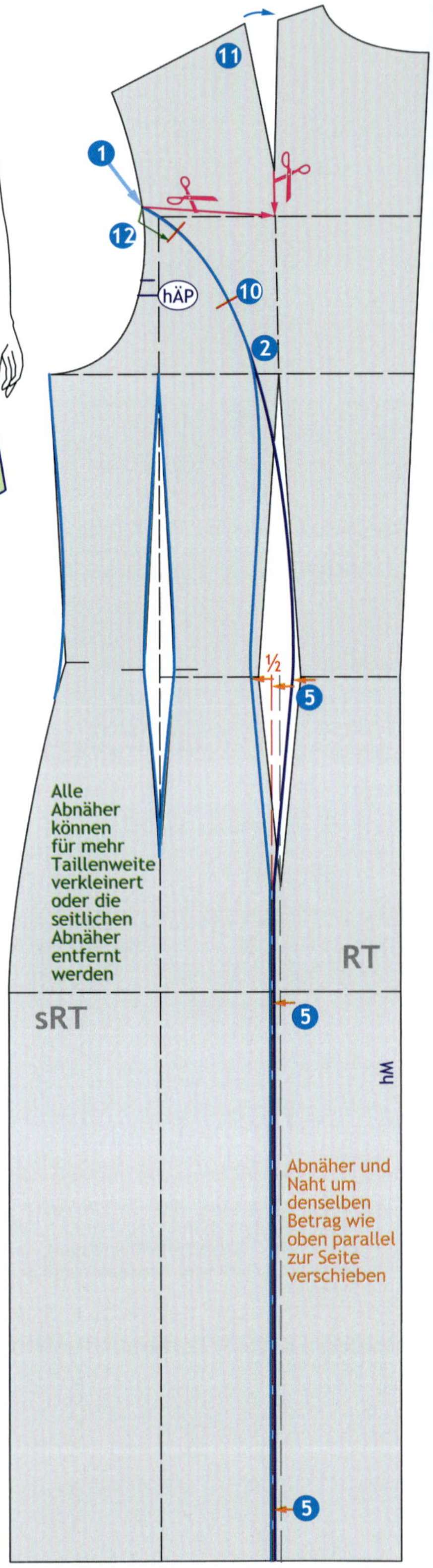

□2 Modellentwicklung hier am taillierten Grundschnitt mit Hüftausfall

1 □2 Den Nahtbeginn an bzw. oberhalb der Armlochmitten bestimmen (muss an VT + RT nicht identisch sein).

2 Wiener Naht rund formen, am VT über den Brustpunkt - sie kann auch bis zu 2 cm seitlich des BrP verlaufen.

3 Oberhalb der Brust bei Bedarf 0 bis 0,7 cm Weite reduzieren.

4 Das vST erhält dabei unterhalb des BrP die typische Brustrundung. Zur Öffnung siehe vorhergehende Seiten.

5 Sollen die Nähte weiter seitlich verlaufen, werden der Abnäherinhalt und die Abnähermitten parallel verschoben. An allen Nähten kann die Taillenweite an den Abnähern nach Bedarf verändert bzw. neu bestimmt werden.

6 □3 Für eine Saumerweiterung kann an allen Nähten am Saum jeweils der identischen Betrag ausgestellt werden.

7 Am vorderen Hüftausfall jeweils von den (verschobenen) Nähten ausstellen.

8 Bei dieser großen Saumerweiterung verlaufen die Teilungsnähte gerade zur Taille. Insgesamt ist auf harmonische Nahtverläufe zu achten!

9 An ausgestellten Nähten alle Saumkanten rechtwinkelig zur Naht und sehr leicht rund formen.

10 In den Nahtrundungen mittig einen Knips markieren.

11 Am VT zum BrP einschneiden und den Abnäher zulegen. Zur Behandlung der Brust- und Schulterabnäher siehe vorhergehende Seiten.

Wiener Naht am taillierten Oberteil-Grundschnitt **(4)** mit verschobenen und ausgestellten Teilungsnähten

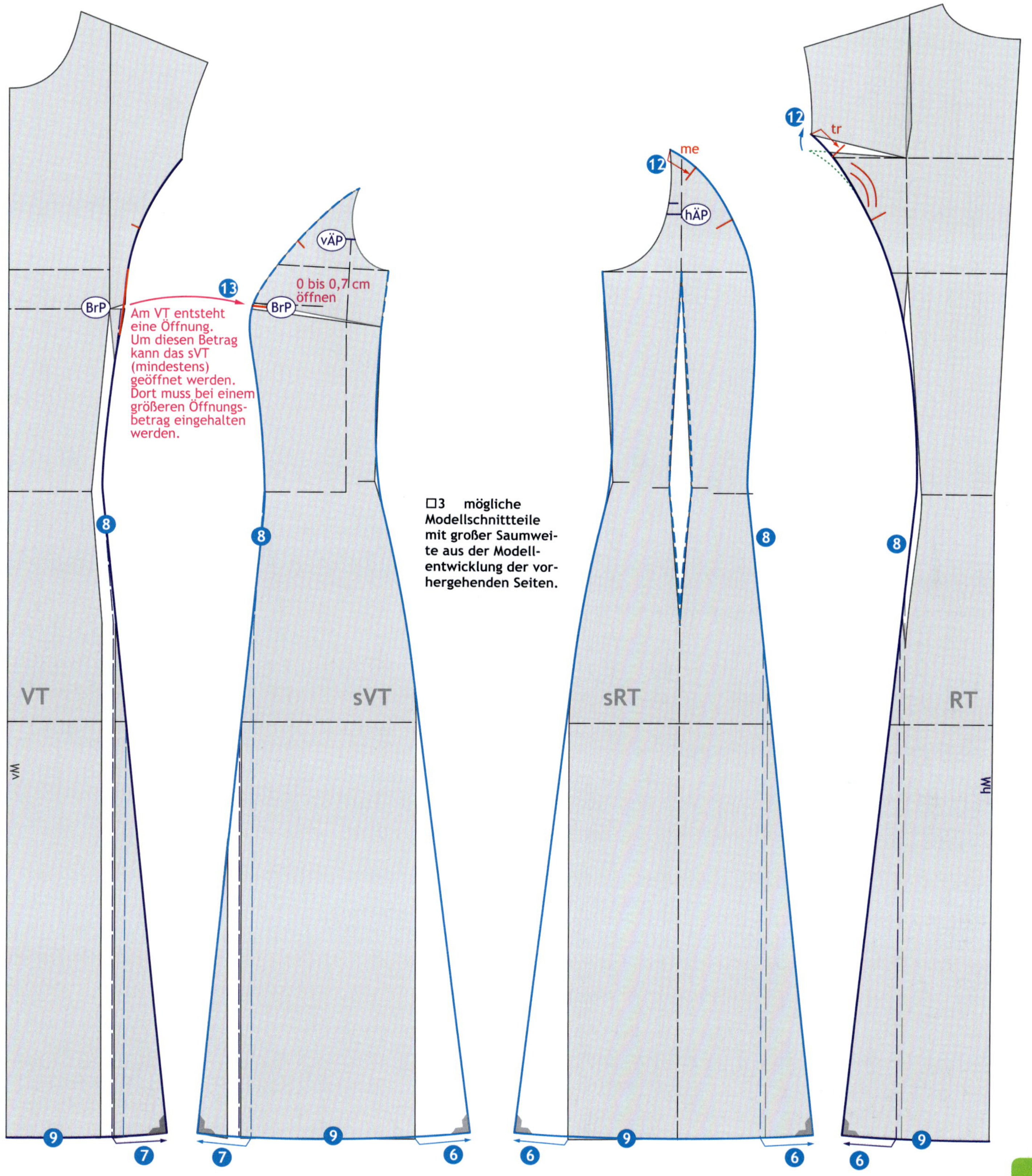

☐3 mögliche Modellschnittteile mit großer Saumweite aus der Modellentwicklung der vorhergehenden Seiten.

⓬ Wie dort beschrieben, die obere Naht neu formen und den Knips in demselben Abstand setzen wie an seitlichem RT.

⓭ Das seitliche VT vom BrP zur Seitennaht einschneiden und mindestens den Öffnungsbetrag des VT am BrP öffnen, siehe Seite 377.

Wiener Naht am taillierten Oberteil-Grundschnitt (5) mit Abnäherverschiebung und Geradestellung der hM

185
186

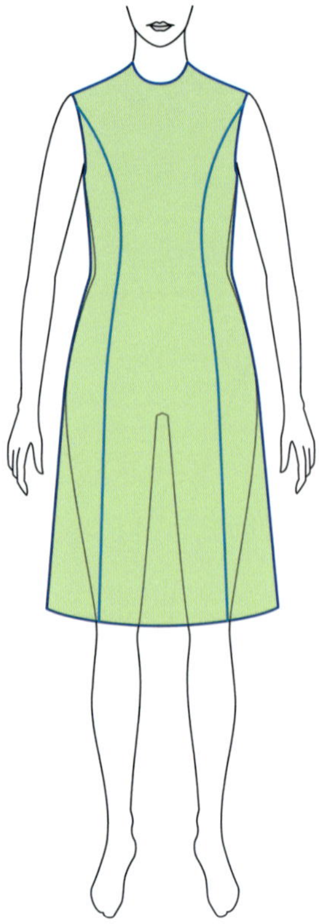

☐1a Ausgestelltes (saumweites) Modell mit hoch an den Armlöchern beginnenden Wiener Nähten.

Aus tailliertem OT-GS mit einfacher Taillierung (ohne Hüftausfall).

Die hintere Mitte ist hier ohne Naht, dh. sie ist gerade gestellt.

Aus optischen Gründen sind die Nahtverläufe im VT und RT weiter seitlich gestaltet.

Konstruktion des taillierten Oberteil-Grundschnitts ohne Hüftausfall

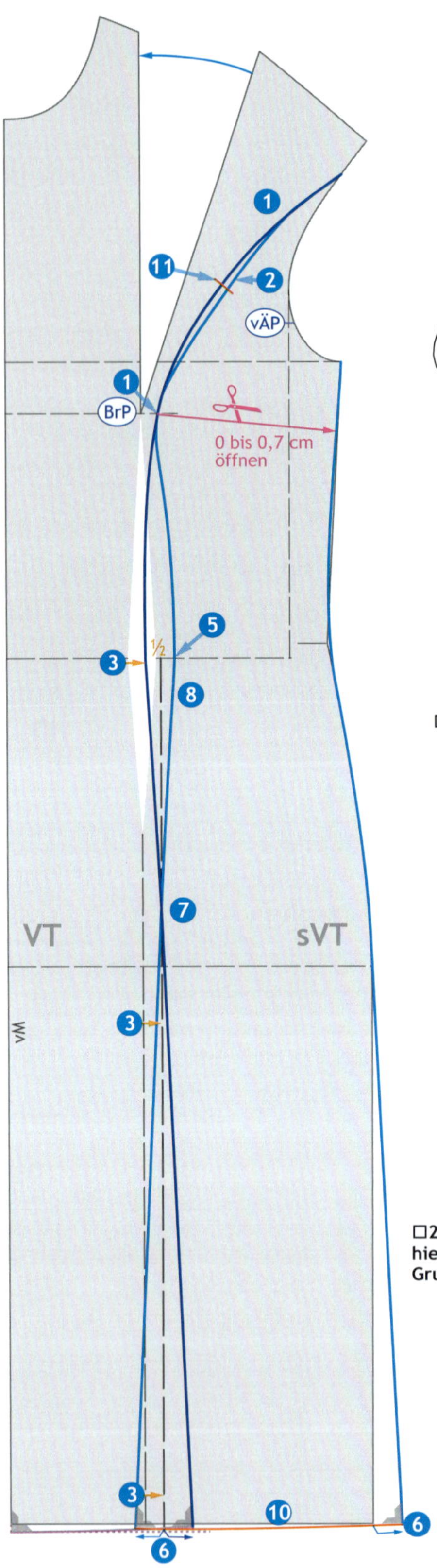

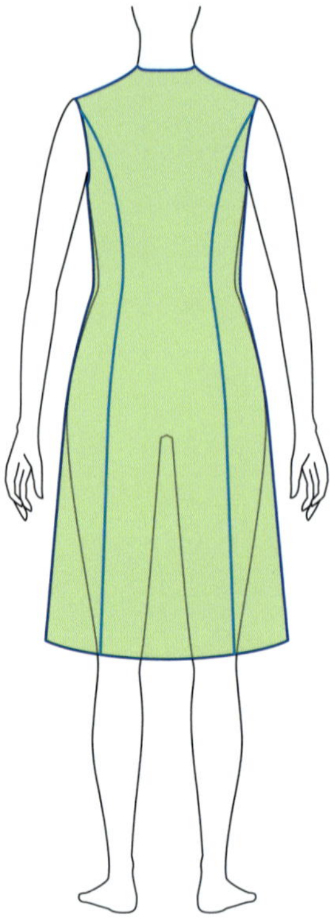

☐1b RT-Ansicht ohne Naht an der hM

☐2 Modellentwicklung hier am einfach taillierten Grundschnitt

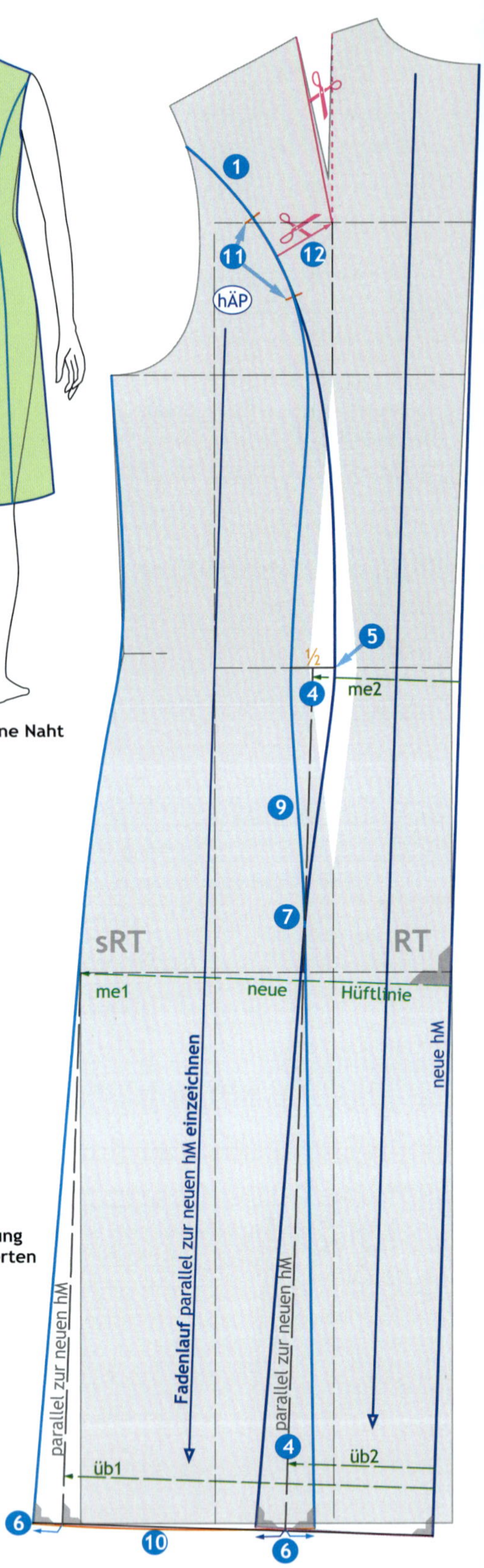

❶ ☐1+2 Beide Wiener Nähte rund formen (siehe auch vorhergehende Seite), am VT über den Brustpunkt oder bis zu 2 cm seitlich am BrP vorbei formen.

❷ Oberhalb der Brust bei Bedarf 0 bis 0,7 cm Weite reduzieren.

❸ Sollen die Nähte weiter seitlich verlaufen, werden Abnähermitte und Abnäherinhalt parallel verschoben.

❹ Hinten die Abnähermitte parallel zur neuen hM zeichnen, dabei, wenn gewünscht, seitlich verschieben.

❺ An allen Nähten kann die Taillenweite an den Abnähern je nach Bedarf verändert bzw. neu bestimmt werden.

❻ Für eine Saumerweiterung von den neuen Abnähermitten und an den Seitennähten am Saum jeweils den identischen Betrag ausstellen.

❼ Der Schnittpunkt der Nähte sollte deutlich über der Hüftlinie liegen.

❽ Am VT die Naht unterhalb der Taille eher sichelförmig bis gerade formen.

❾ Am RT die Naht unterhalb der Taille eher zwiebelförmig bis gerade formen. Insgesamt ist überall auf einen harmonischen Nahtverlauf zu achten!

❿ Alle Säume an ausgestellten Nähten rechtwinklig zur Naht und sehr leicht rund formen.

⓫ An Rundungen der Wiener Nähte einen Knips markieren, am VT zum BrP einschneiden und den Abnäher zulegen.

Wiener Naht am taillierten Oberteil-Grundschnitt **(6)** mit Abnäherverschiebung und Geradestellung der hM

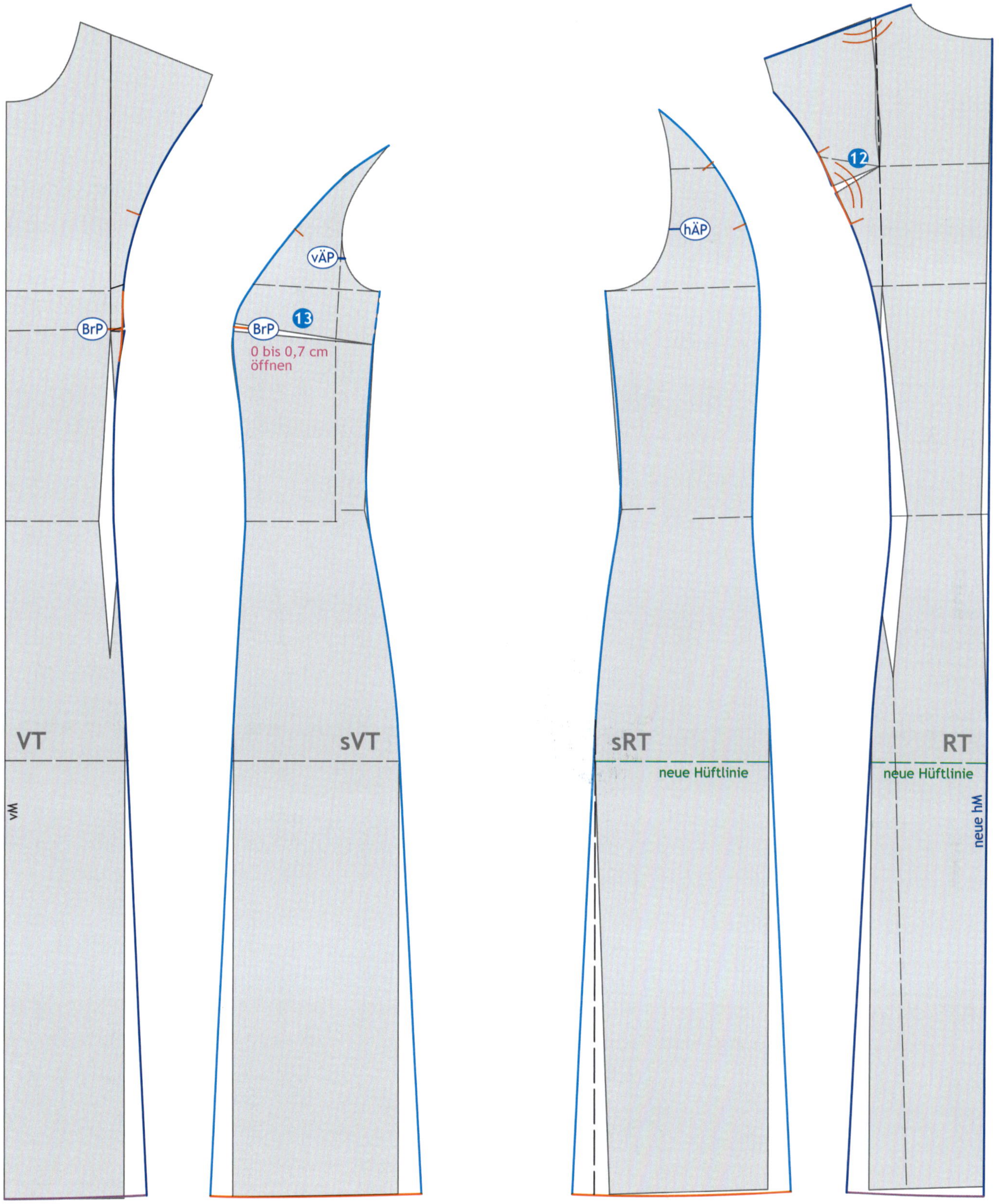

□3 Modellschnitt

12 Zur Behandlung des Schulterabnähers im RT siehe Seite 383.

Wie dort beschrieben, zum Schulterabnäher einschneiden, diesen zulegen und die Naht über die Öffnung neu formen. In diesem Bereich wird die Naht eingehalten.

Damit der Einhaltebetrag an der Naht nicht zu groß ist, wird bei dieser Variante wird der Schulterabnäher nicht komplett zugelegt. Der verbleibende Restabnäher in der Schulter wird eingehalten oder ggf. am Armloch entfernt.

13 Das seitliche VT vom BrP zur Seitennaht einschneiden und min-destens den Öffnungsbetrag des VT am BrP öffnen, siehe vorhergehende und Seite 377.

Flankennaht am taillierten Oberteil-Grundschnitt (1) mit Abnäherverschiebung

185
186

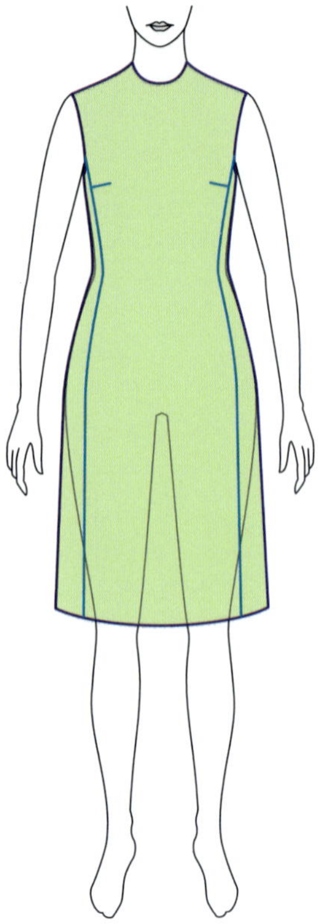

☐1a Leicht saumerweitertes Modell mit Flankennähten im VT und im RT.
Aus tailliertem OT-GS mit einfacher Taillierung (ohne Hüftausfall)

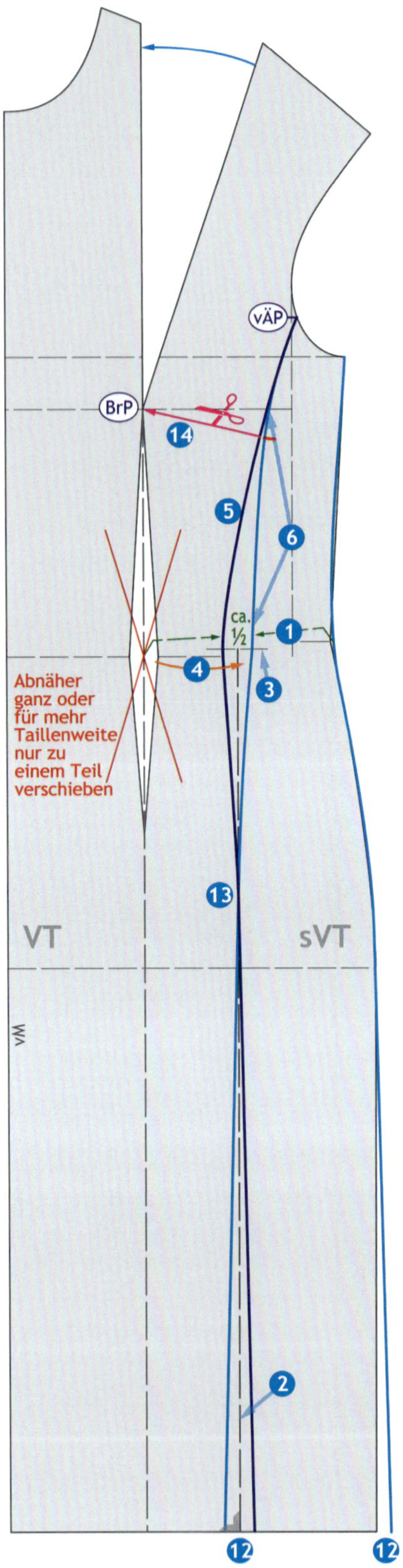

Konstruktion des taillierten Oberteil-Grundschnitts ohne Hüftausfall

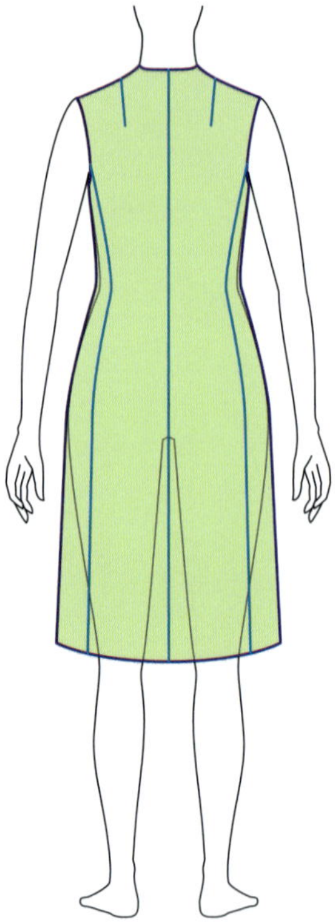

☐1b RT-Ansicht

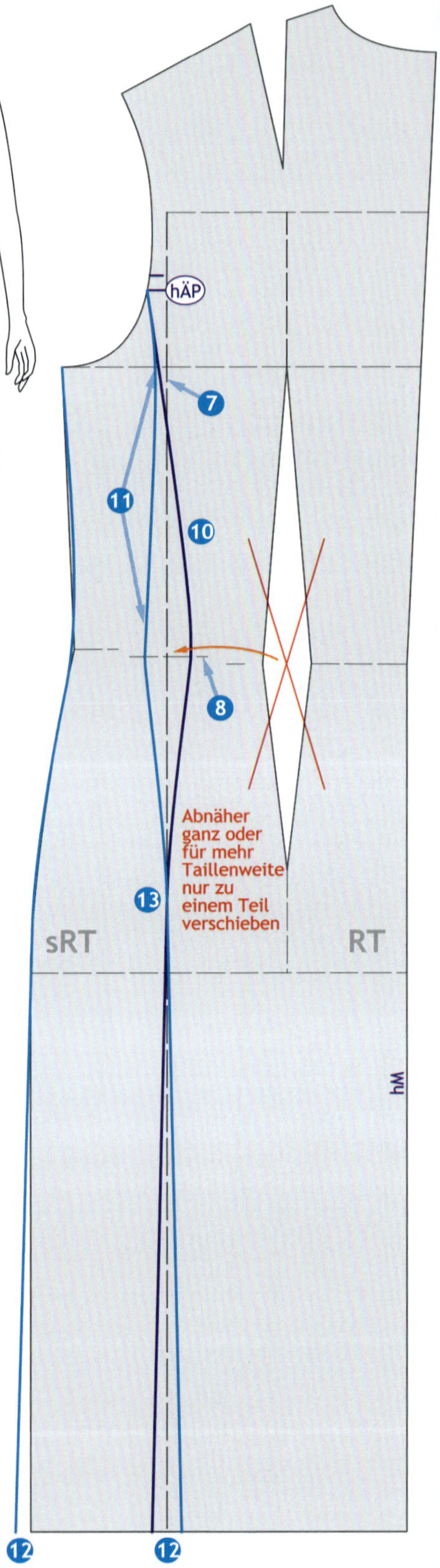

☐2 Modellentwicklung hier am einfach taillierten Grundschnitt

1 ☐1+2 Am VT wird die Position der Flankennaht ca. mittig zwischen vorderer Abnähermitte und der Seitennaht bestimmt. Sie kann auch weiter seitlich verlaufen.

2 Von dort eine senkrechte Nahtmitte zum Saum einzeichnen.

3 Die Taillenlinie dort 0,5 cm erhöhen und

4 den ganzen Taillenabnäherinhalt (oder für mehr Taillenmehrweite nur einen Teil davon) dorthin verschieben.

5 Die obere vordere Flankennaht bis maximal hoch zum vÄP in einer sehr flachen Rundung formen.

6 Die seitliche Flankennaht bis auf Brusthöhe gerade und dann in die vordere Flankennaht einlaufen lassen.

7 Die beste Position für die hintere Flankennaht ist die hintere Armlinie.

8 Ebenfalls dort die Taillenlinie um 0,5 cm erhöhen und

9 Hinten ebenfalls den ganzen Taillenabnäherinhalt (oder für mehr Taillenmehrweite nur einen Teil davon) dorthin verschieben.

10 Die obere hintere Flankennaht bis maximal hoch zum vÄP in einer sehr flachen Rundung formen.

11 Die seitliche Flankennaht bis auf Armlochhöhe gerade und dann in die hintere Flankennaht einlaufen lassen.

12 Für eine Saumerweiterung von den Nahtmitten sowie an den Seitennähten jeweils den identischen ge-

Flankennaht am taillierten Oberteil-Grundschnitt **(2)** mit Abnäherverschiebung

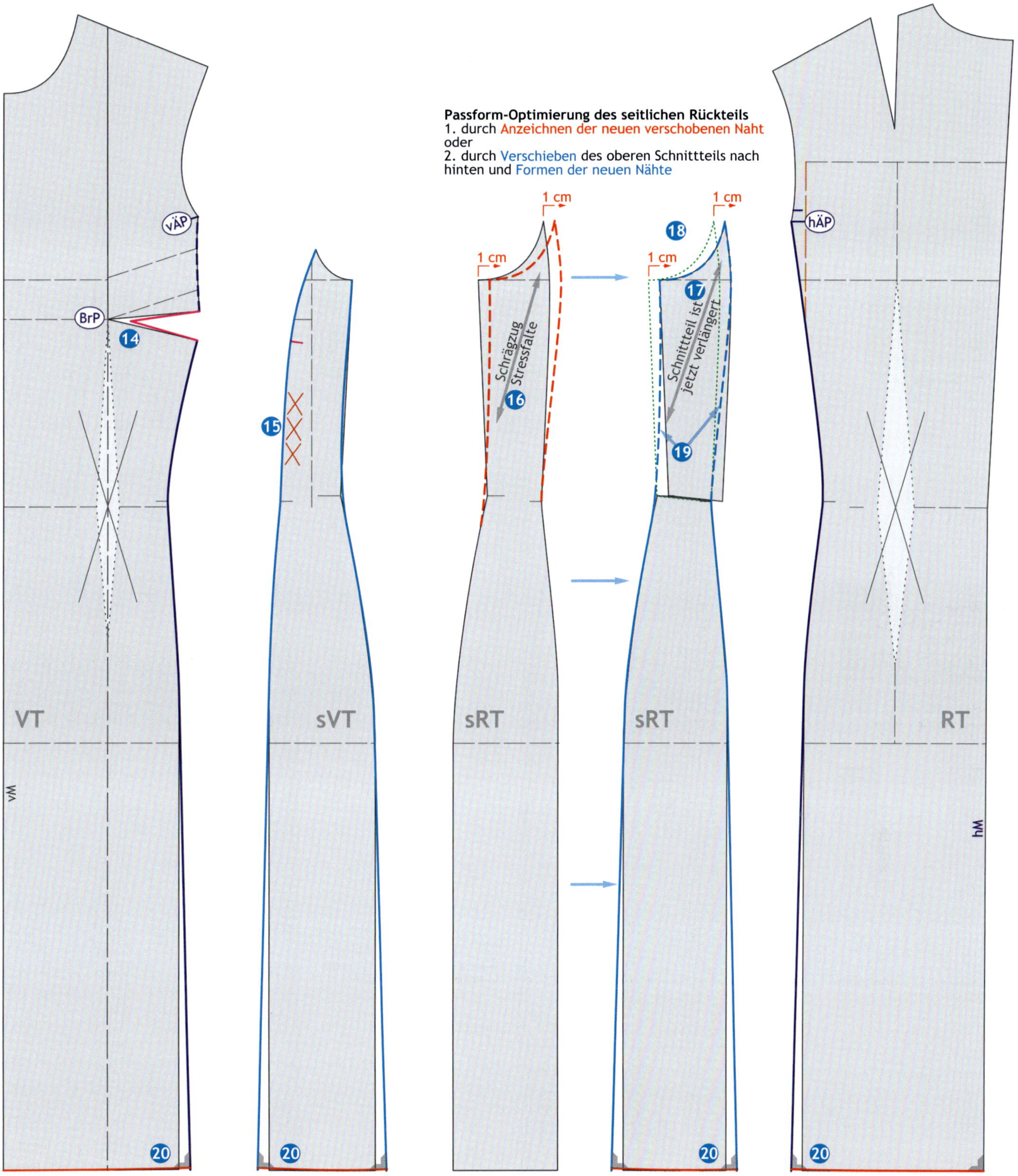

☐3 Modellschnitte, Optimierung des seitlichen RT (sRT)

wünschten Betrag ausstellen und die Nähte gerade zeichnen.

13 Der Schnittpunkt der Nähte sollte deutlich über der Hüftlinie liegen.

14 Der Brustabnäher wird nun an die vordere Flankennaht gezeichnet und beim Kopieren dorthin verlegt. Anschließend um ca. 2 cm kürzen.

15 Am sVT ist die Flankennaht etwas kürzer als die vordere Flankennaht. Sie kann durch Dehnen der Naht am zugeschnittenen Stoff angepasst werden.

Passformoptimierung am seitlichen Rückteil (bzw. am **Seitenteil**)

16 Häufig treten bei taillierten Oberteilen Schrägzüge unter dem Arm auf. Diese können nur bei Schnittteilen behoben werden, die in diesem Bereich Nähte besitzen.

17 Bei hinteren Flankenteilen, bzw. (hinteren) Seitenteilen ist dieses Problem relativ einfach zu lösen. Es wird im Folgenden die Strecke zwischen Taille und hÄP verlängert.

18 Das Armloch wird um 1 cm waagerecht nach hinten verschoben.

19 Anschließend werden die Seiten- und die Flankennaht sanft geschwungen neu geformt.

20 Die Saumkanten rechtwinklig zu den Teilungsnähten ausformen.

Flankennaht am taillierten Oberteil-Grundschnitt **(3)** mit Abnäherverschiebung am VT Hüftausfall und zwei Abnähern im RT

185
186

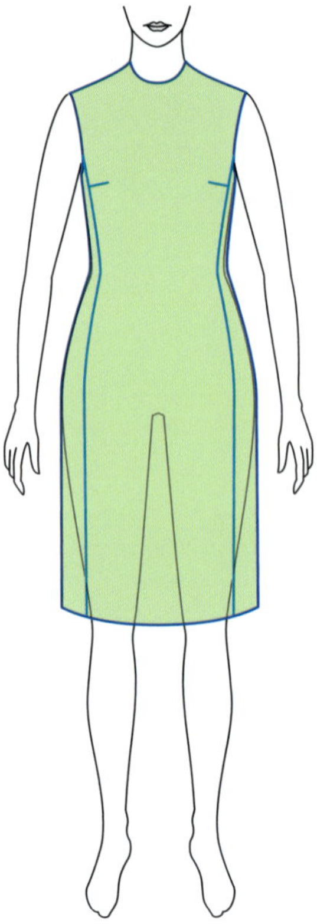

□1a Gerades Modell mit Flankennähten im VT und im RT.
Aus tailliertem OT-GS mit Hüftausfall.

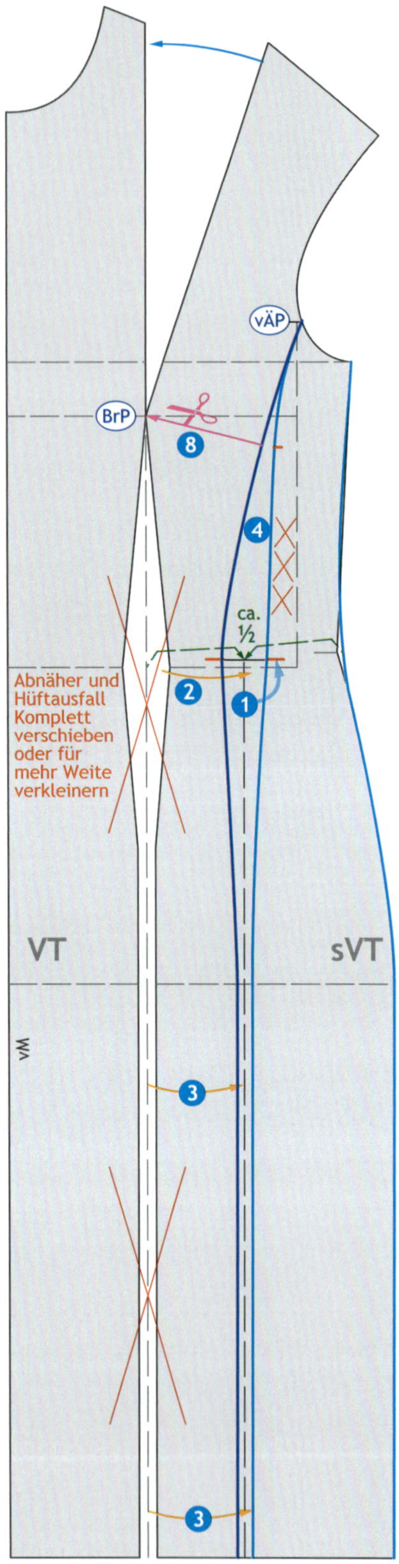

Konstruktion des taillierten Oberteil-Grundschnitts mit Hüftausfall

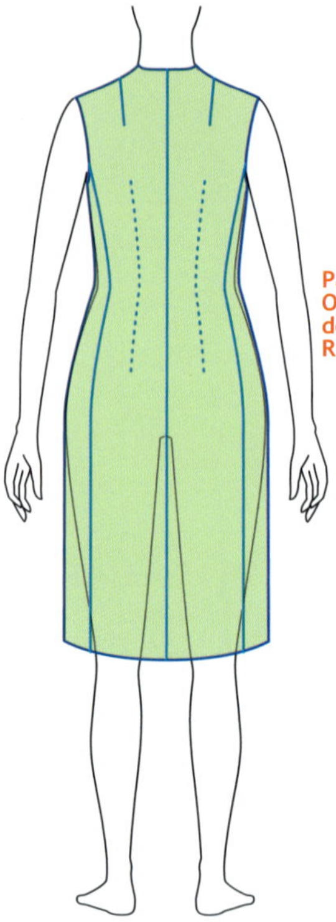

□1b RT-Ansicht

Alle Abnäher können für mehr Taillenweite verkleinert oder entfernt werden

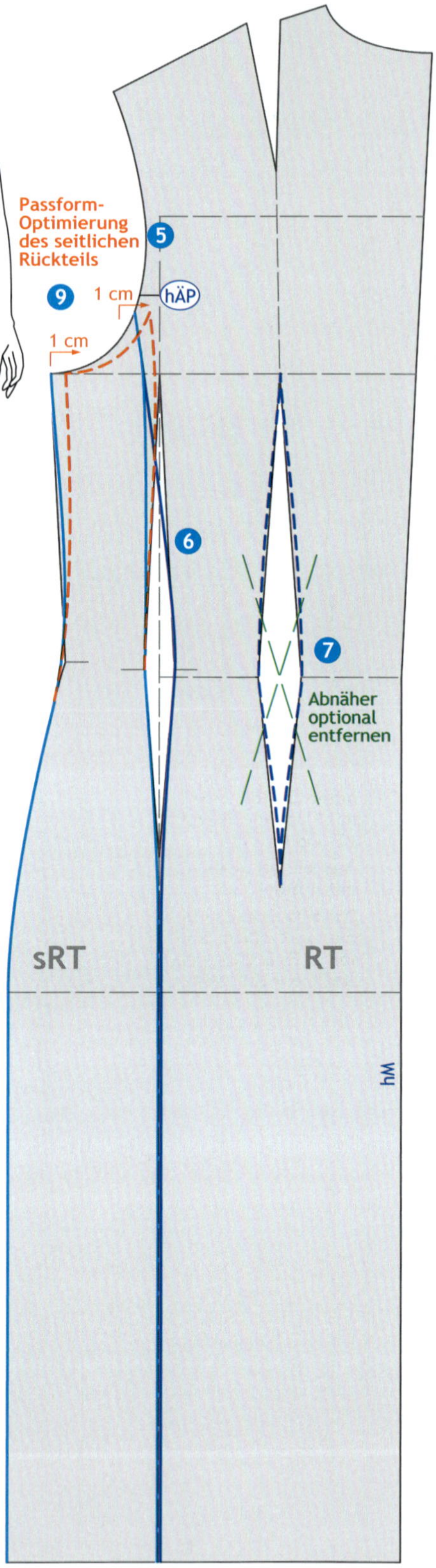

□2 Modellentwicklung hier am taillierten Grundschnitt mit Hüftausfall

□1+2 Die Gestaltung der Nähte und der Modellschnittteile erfolgt im Prinzip identisch wie auf vorhergehender Seite beschrieben.

1 Am VT die Position der Flankennaht bestimmen und von dort eine senkrechte Nahtmitte zum Saum einzeichnen sowie die Taillenlinie dort um 0,5 cm erhöhen.

2 Den ganzen Taillenabnäher-Inhalt (oder für mehr Taillenweite nur einen Teil davon) dorthin verschieben.

3 Den ganzen Hüftausfall-Inhalt (oder für mehr Hüftweite nur einen Teil davon) dorthin verschieben.

4 Die vorderen Flankennähte wie skizziert und beschrieben formen.

5 Die beste Position für die hintere Flankennaht ist die hintere Armlinie. Den dort befindlichen Abnäher mit in die Flankennaht integrieren.

6 Die hinteren Flankennähte wie skizziert und beschrieben formen.

7 Den hinteren Taillenabnäher nähen oder für mehr Taillenweite verkleinern oder streichen.

8 Den neuen Brustabnäher, wie bereits beschrieben, an die Flankennaht verlegen und kürzen.

9 Das seitliche Rückteil wird optimiert. Dies wird auf Seite 389 gezeigt. Das Armloch wird um 1 cm nach hinten verschoben und die Seiten- und die Flankennaht neu geformt.

Flankennaht am taillierten Oberteil-Grundschnitt **(4)** mit Abnäherverschiebung am VT Hüftausfall und zwei Abnähern im RT

185
186

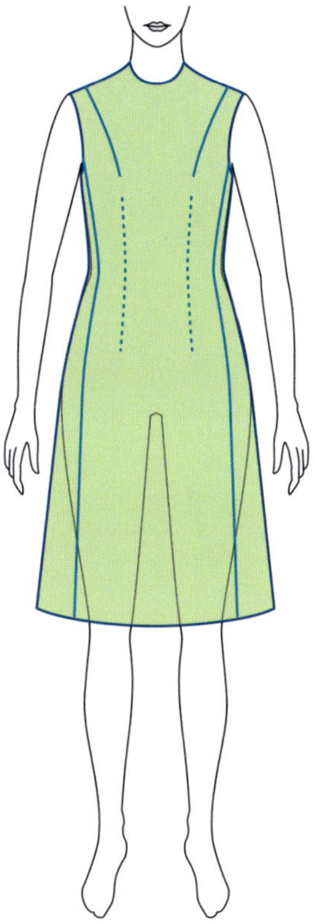

□1a Ausgestelltes Modell mit Flankennähten im VT und im RT.

Aus tailliertem OT-GS mit Hüftausfall.

Der Hüftausfall wird hier vereinfacht entfernt. Es entsteht etwas mehr Hüftweite.

Konstruktion des taillierten Oberteil-Grundschnitts mit Hüftausfall

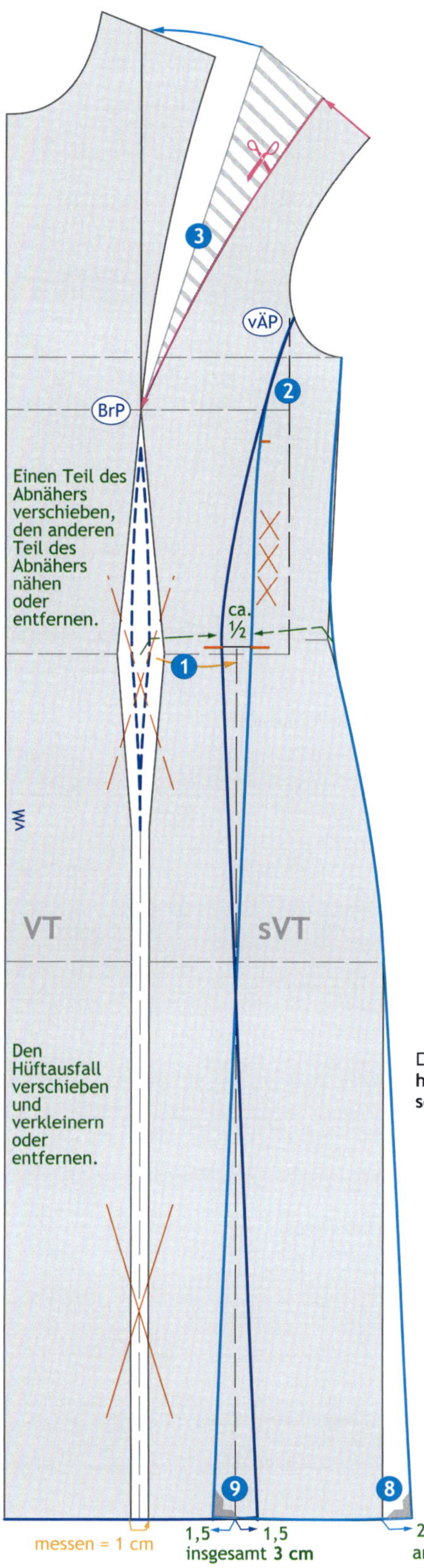

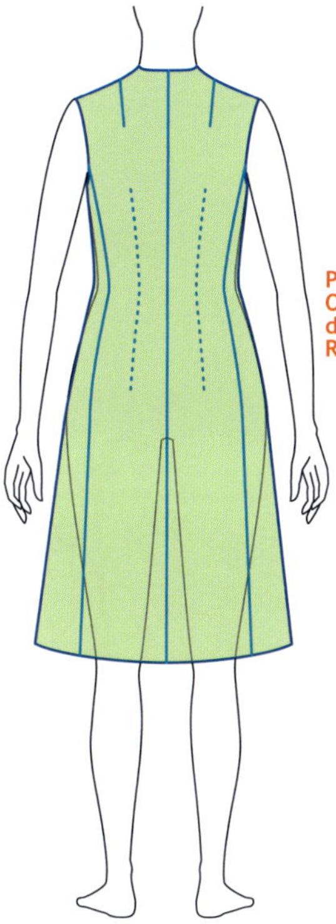

□1b RT-Ansicht

Alle Abnäher können für mehr Taillenweite verkleinert oder entfernt werden

□2 Modellentwicklung hier am taillierten Grundschnitt mit Hüftausfall

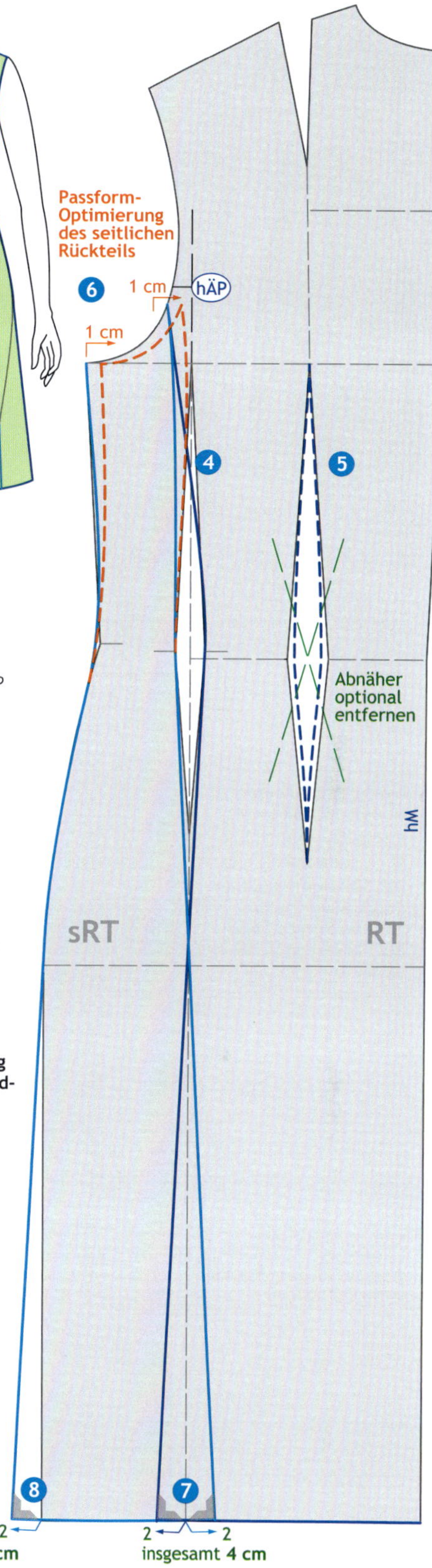

□1a Die Gestaltung der Nähte und der Modellschnittteile erfolgt im Prinzip identisch wie auf den vorhergehenden Seiten beschrieben.

1 Alternativ ist hier am VT der Taillenabnäher auf zwei Positionen aufgeteilt. Er ist an der üblichen Stelle verschmälert gezeichnet und der Rest des Abnäherinhalts wird zur Flankennaht verschoben.

2 Die vorderen Flankennähte wie skizziert und beschrieben formen.

3 Die hinteren Flankennähte wie skizziert und beschrieben formen.

4 Den hinteren Taillenabnäher nähen oder für mehr Taillenweite verkleinern oder streichen.

5 Den neuen Brustabnäher wie bereits beschrieben, an die Flankennaht verlegen und kürzen.

6 Das seitliche Rückteil wird so beschrieben, wie auf Seite 389, die Seiten- und Flankennaht neu geformt.

Saumerweiterung bei Hüftausfall

Die geplante Saumerweiterung ist 24 cm. Bei diesem Modell wird an **insgesamt** 6 Nähten erweitert:

24 cm Saumerweiterung : 6 Nähte = **4 cm** an jeder Naht:

7 am Rückteil:	**4 cm**
8 an den SN: 2 · **2 cm** =	**4 cm**
9 am Vorderteil:	

Ausstellbetrag minus Hüftausfall (kommt durch Entfernen im VT als Weite hinzu) = 4 cm – 1 cm = 2 · **1,5 cm** = **3 cm**

Flankennaht am taillierten Oberteil-Grundschnitt **(5)**
mit einem Seitenteil durch Seitennahtverschiebung ins Vorderteil

185
186

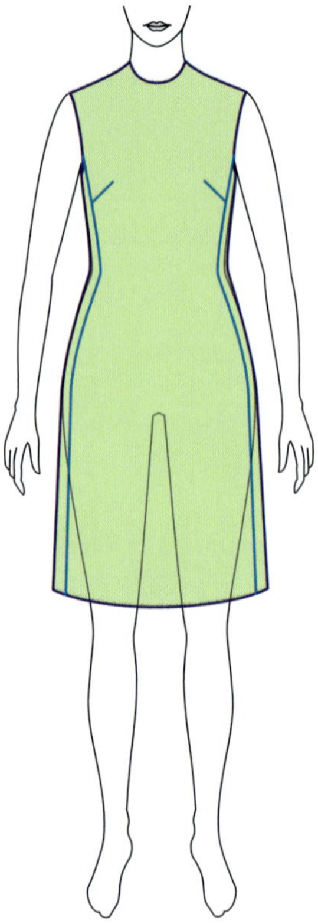

☐1a Leicht ausgestelltes Modell mit Seitenteil.
Aus tailliertem OT-GS ohne Hüftausfall.
Das Seitenteil entsteht durch eine Flankennaht im Rückteil und der vorverlegten Seitennaht.

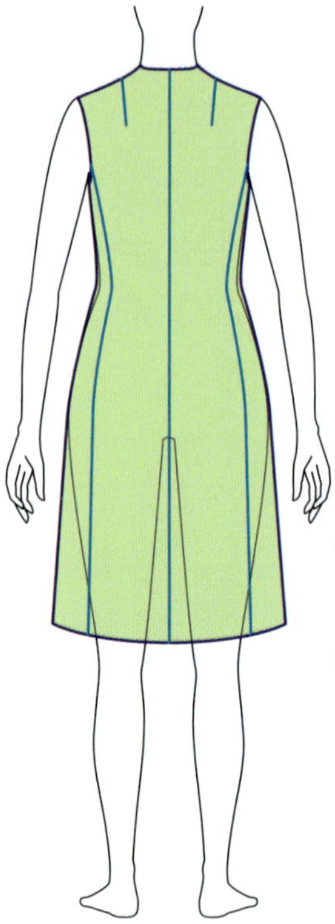

☐1b RT-Ansicht

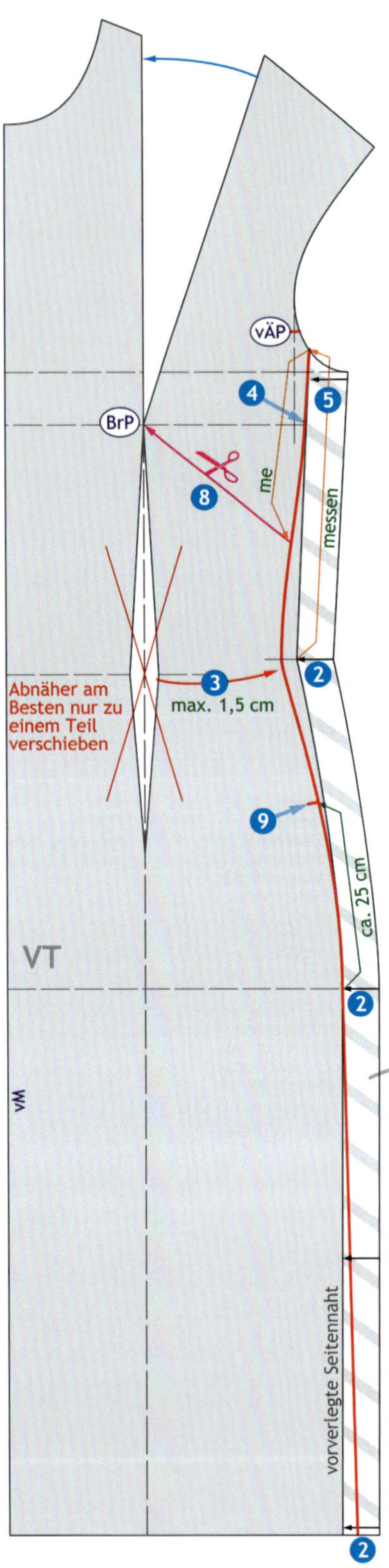
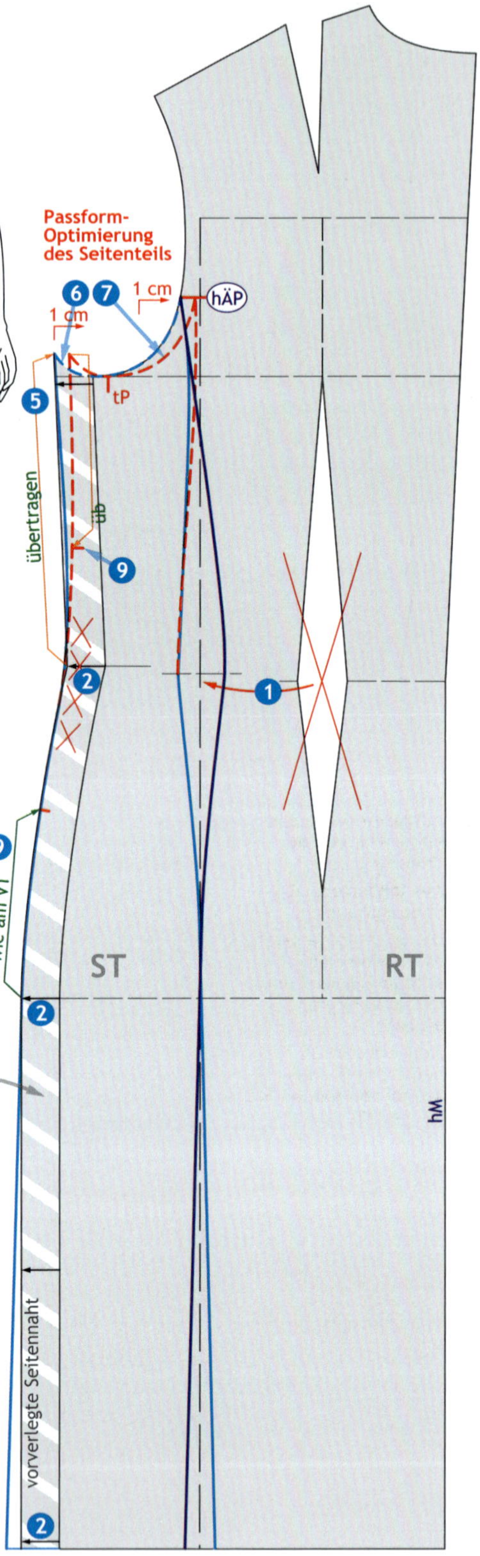

Konstruktion des taillierten Oberteil-Grundschnitts ohne Hüftausfall

☐2 Modellentwicklung hier am einfach taillierten Grundschnitt

☐**1+2** Für ein Modell mit einem seitlichen Rückteil, wird oft die Seitennaht nach vorne verschoben. So wird das dabei entstehende Seitenteil deutlich breiter und optisch ansprechender. Zusätzlich kann ein Teil des vorderen Taillenabnähers in die vorverlegte Seitennaht aufgenommen werden.

❶ Den hinteren Taillenabnäher an die hintere Armlinie verschieben und die Flankennaht wie skizziert und wie zuvor beschrieben formen.

❷ Zunächst am VT bis maximal zum vÄP die SN parallel verschieben. Dann am RT die Seitennaht um denselben Betrag ebenfalls parallel verschieben.

❸ Einen Teil des Taillenabnäherinhalts (max. 1,5 cm) verschieben.

❹ Die neue Seitennaht läuft etwa in Brusthöhe in die vorverlegte SN ein.

❺ Die **vordere** vorverlegte SN von Taille zum Armloch messen und auf die **hintere** vorverlegte SN übertragen.

❻ Das Armloch des Seitenteils ergänzen und formen.

❼ das Seitenteil optimieren. Dies ist auf vorhergehenden Seiten gezeigt: Das Armloch um 1 cm nach hinten verschieben und die Seiten- und die Flankennaht neu formen. Den tiefsten Punkt (tP) am Armloch ebenfalls verschieben.

❽ Den Brustabnäher verlegen.

❾ Knipse an der neuen SN markieren, um den Dehnbereich an der Taille für das Seitenteil zu begrenzen (die vordere SN ist wegen der stärkeren Taillierung länger als die SN am RT).

Bei Bedarf Saumweite anzeichnen.

Flankennaht am taillierten Oberteil-Grundschnitt **(6)**
mit einem Seitenteil und mit besonderen Teilungsnähten

185
186

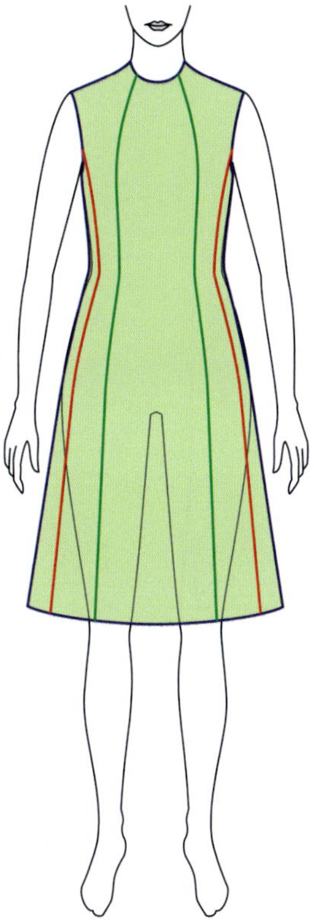

□1a **Ausgestelltes Modell mit Seitenteil und Teilungsnähten.**

Aus tailliertem OT-GS ohne Hüftausfall.

Das Seitenteil entsteht durch eine Flankennaht im Rückteil und der vorverlegten Seitennaht.

Saumerweiterung bei unterschiedlicher Anzahl von Nähten in VT und RT.

Konstruktion des taillierten Oberteil-Grundschnitts ohne Hüftausfall

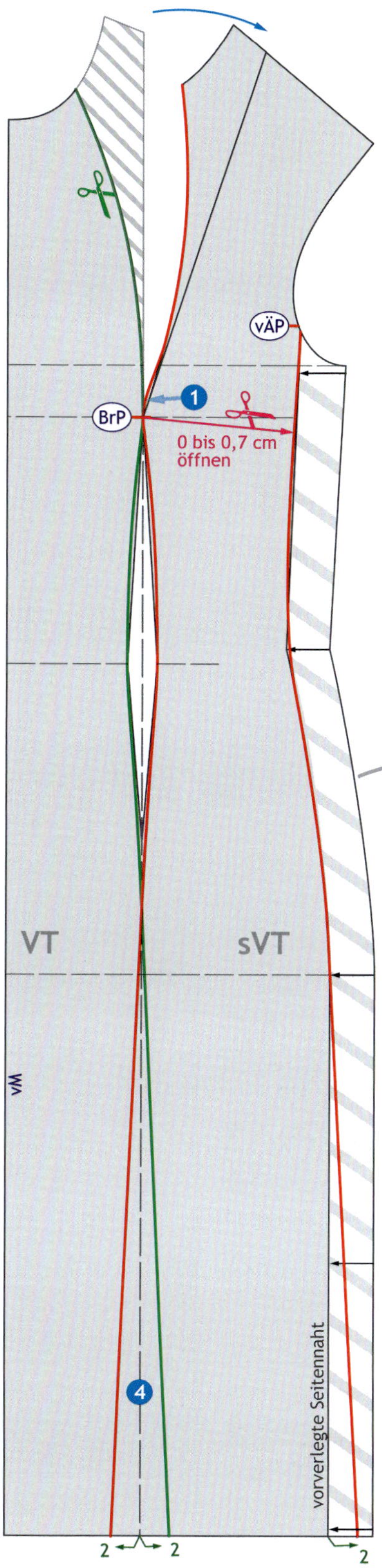

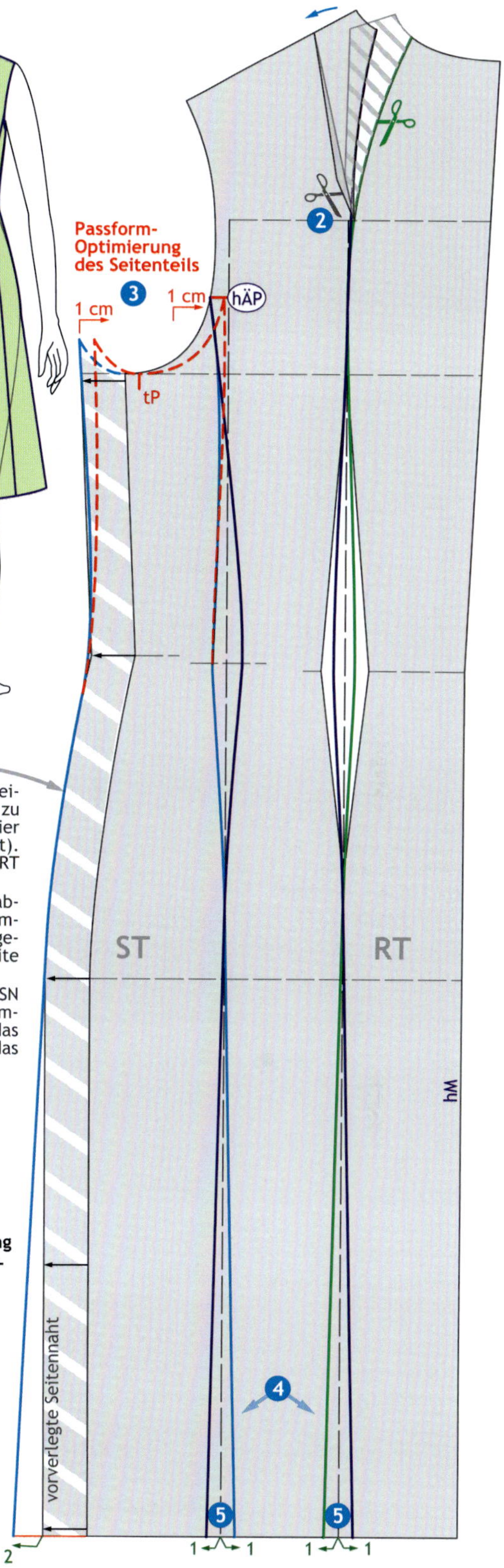

Die am VT vorverlegte Seitennaht bestimmt die zu entfernende Fläche (hier schraffiert darge-stellt). Diese Fläche wird am RT wieder angesetzt.

Dabei muss der am VT abgetrennte Teil des Armlochs am RT noch angesetzt werden, siehe Seite 392.

Hierzu wird die obere SN zwischen Taille und Armloch gemessen und auf das RT übertragen. Dann das Armloch am RT formen.

□2 **Modellentwicklung hier am einfach taillierten Grundschnitt**

□**1+2** Die Taillierung kann an VT und RT auch durch Teilungsnähte erfolgen. Bei diesem Modell mit Seitenteil werden die vorderen und hinteren Taillenabnäher in Teilungsnähte aus dem Halsloch aufgenommen.

Die hintere Flankennaht sowie die Verschiebung der Seitennaht ist auf vorhergehender Seite beschrieben.

❶ Eine Formung des sVT im Brustbereich ist nach dem Zulegen des Brustabnähers notwendig.

❷ Der Schulterabnäher wird in die Teilungsnaht aufgenommen und hierfür auf die Teilungsnaht verlängert.

❸ Das Seitenteil optimieren. Dies ist auf vorhergehenden Seiten gezeigt: Das Armloch um 1 cm nach hinten verschieben und die Seiten- und die Flankennaht neu formen. Den tiefsten Punkt (tP) am Armloch ebenfalls verschieben.

Eine Dehnung des Seitenteils ist nicht erforderlich, da die Nähte gleich lang sind.

Saumerweiterung bei unterschiedlicher Anzahl von Nähten an VT und RT

❹ In diesem Beispiel sind am VT eine Teilungsnaht und am RT zwei Teilungsnähte vorgesehen.

❺ Die Erweiterung sollte an VT, SN und RT insgesamt identisch sein. Daher wird am RT die Erweiterung auf jeweils beide Nähte verteilt.

Die Säume sollten noch abgerundet werden (hier nicht dargestellt).

Flankennaht am taillierten Oberteil-Grundschnitt **(7)** **mit einem Seitenteil** und Berücksichtigung des Hüftausfalls

185
186

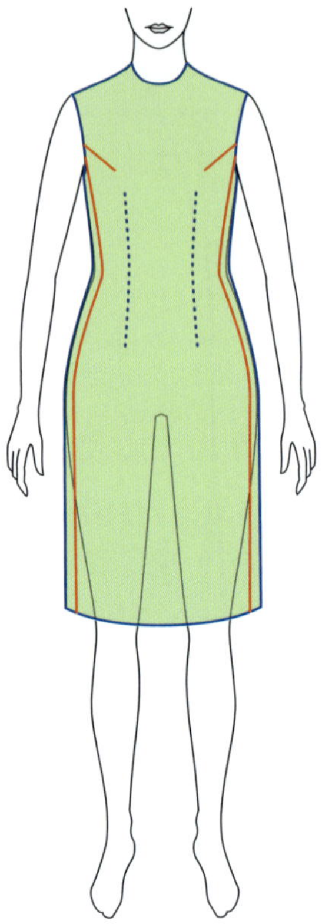

□1a **Gerades Modell mit Seitenteil und verschmälerten Taillenabnähern. Aus tailliertem OT-GS mit Hüftausfall.**

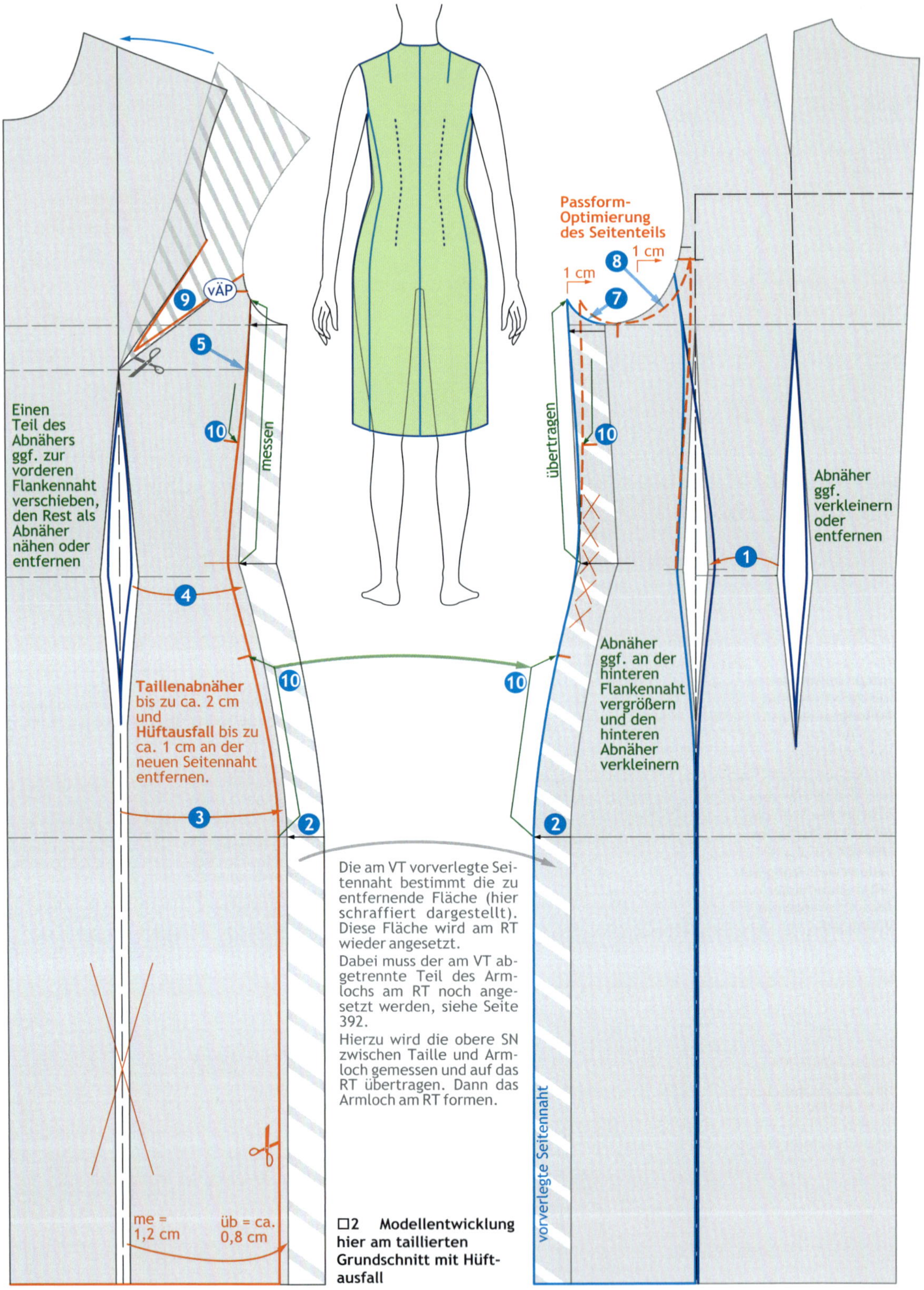

□2 **Modellentwicklung hier am taillierten Grundschnitt mit Hüftausfall**

□1+2 Bei einem Grundschnitt mit einem Hüftausfall kann dieser bis ca. 1 cm an der vorverlegten Seitennaht entfernt werden. Der ignorierte restliche Hüftausfall vergrößert die Hüftweite.

❶ In dieser Variante ist ein Teil des hinteren Taillenabnähers zum seitlichen Abnäher für die Flankennaht verschoben worden. Die Flankennaht wie skizziert und wie zuvor beschrieben formen.

❷ Zunächst am VT bis maximal zum vÄP die SN parallel verschieben. Dann am RT die Seitennaht um denselben Betrag ebenfalls parallel verschieben.

❸ Den Hüftausfall bis maximal 1 cm an die vorverlegte Seitennaht verschieben.

❹ Einen Teil des Taillenabnähers (max. 1,5 cm) an die vorverlegte Seitennaht verschieben.

❺ Die neue Seitennaht läuft etwa in Brusthöhe in die vorverlegte SN ein.

❻ Die **vordere** vorverlegte SN von Taille zum Armloch messen und auf die **hintere** vorverlegte SN übertragen.

❼ Das Armloch des Seitenteils ergänzen und formen.

❽ das Seitenteil optimieren. Dies ist auf vorhergehenden Seiten gezeigt: Das Armloch um 1 cm nach hinten verschieben und die Seiten- und die Flankennaht neu formen. Den tiefsten Punkt (tP) am Armloch ebenfalls verschieben.

❾ Den Brustabnäher verlegen.

❿ Knipse an der neuen SN markieren, um den Dehnbereich an der Taille für das Seitenteil zu begrenzen (Siehe auch Modell auf Seite 392).

Flankennaht am taillierten Oberteil-Grundschnitt **(8)** **mit einem Seitenteil** und alternativ mit weiteren möglichen Teilungsnähten

185
186

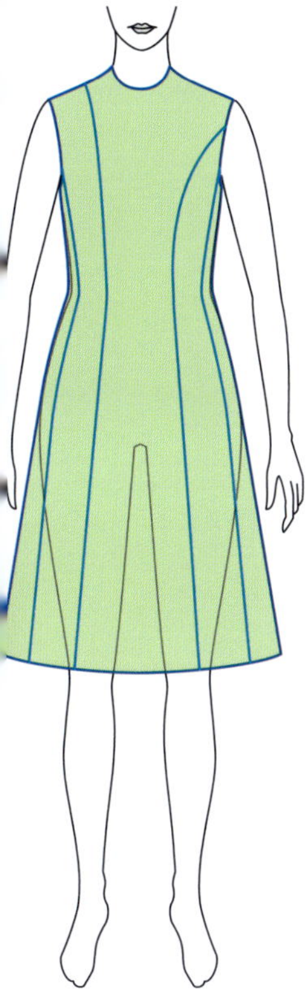

☐1a Ausgestelltes Modell in Prinzess-Form mit Seitenteil und mit verschiedenen Nahtvarianten

Aus tailliertem OT-GS mit Hüftausfall.

Die hintere Mitte ist hier ohne Naht, dh. sie ist gerade gestellt.

Saumerweiterung bei unterschiedlicher Anzahl von Nähten in VT und RT.

Konstruktion des taillierten Oberteil-Grundschnitts mit Hüftausfall

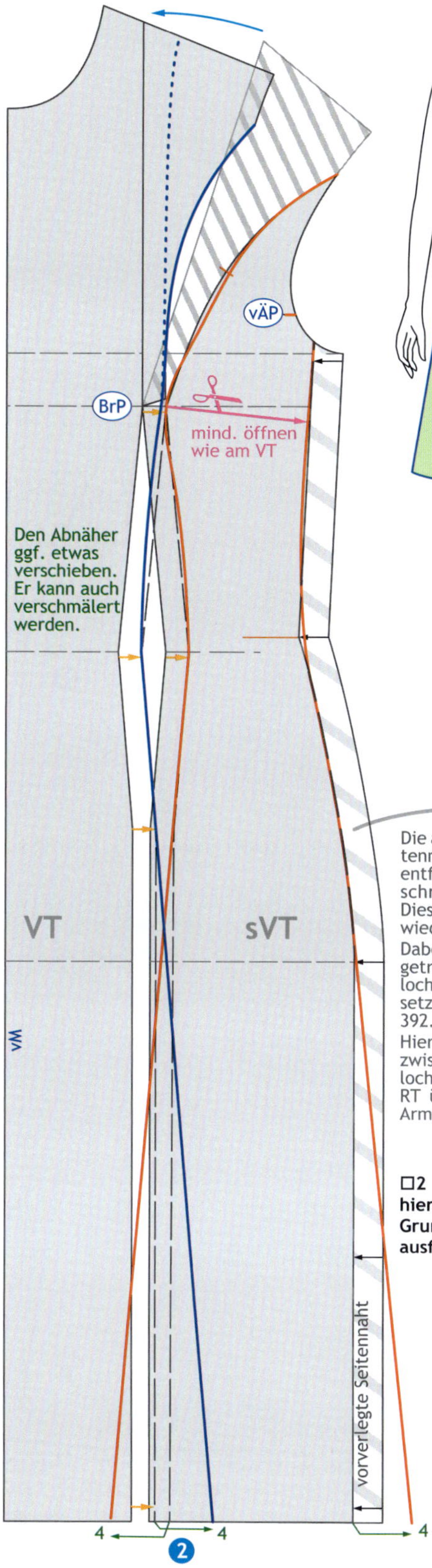

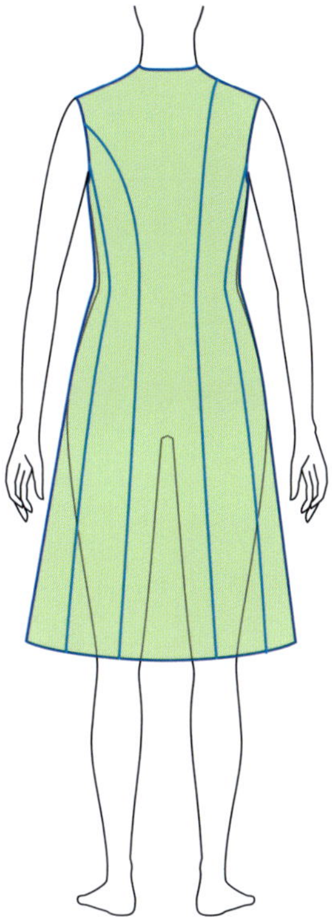

☐1b RT-Ansicht mit verschiedenen Nahtvarianten

Die am VT vorverlegte Seitennaht bestimmt die zu entfernende Fläche (hier schraffiert dargestellt). Diese Fläche wird am RT wieder angesetzt.
Dabei muss der am VT abgetrennte Teil des Armlochs am RT noch angesetzt werden, siehe Seite 392.
Hierzu wird die obere SN zwischen Taille und Armloch gemessen und auf das RT übertragen. Dann das Armloch am RT formen.

☐2 Modellentwicklung hier am taillierten Grundschnitt mit Hüftausfall

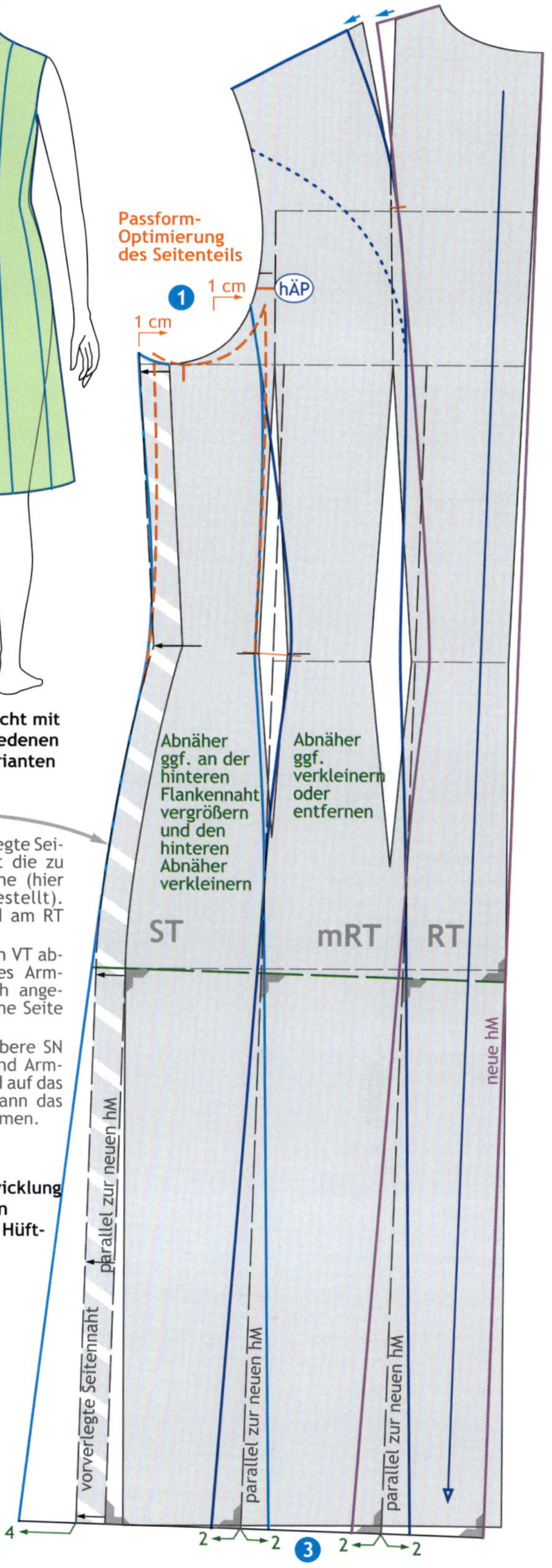

☐**1+2** Die Taillierung kann an VT und RT auch durch Teilungsnähte erfolgen. Bei diesem Modell mit Seitenteil werden die vorderen und hinteren Taillenabnäher in eine Wiener oder in eine Englische Naht aufgenommen. Natürlich entscheidet man sich bei einem Modell jeweils für eine Nahtvariante!

Die hintere Flankennaht sowie die Verschiebung der Seitennaht ist auf vorhergehenden Seiten beschrieben.

Die weiteren Teilungsnähte sind ab den Seiten 376 beschrieben.

1 Das Seitenteil optimieren. Dies ist auf den vorhergehenden Seiten beschrieben.

Eine Dehnung des Seitenteils ist hier nicht erforderlich, da die Nähte gleich lang sind.

Saumerweiterung bei unterschiedlicher Anzahl von Nähten an VT und RT

2 In diesem Beispiel sind am VT eine Teilungsnaht und am RT zwei Teilungsnähte vorgesehen.

3 Die Erweiterung sollte an VT, SN und RT insgesamt identisch sein. Daher wird am RT die Erweiterung auf jeweils beide Nähte verteilt.

Die Säume müssen noch abgerundet werden (dies ist hier aus Gründen der Übersichtlichkeit nicht dargestellt).

„Sakkoabnäher" am VT des taillierten Oberteil-Grundschnitts (1) mit eingeschnittener (Patten-)Tasche und Seitennahtverschiebung

185
186

□1a Saumweites Modell mit Sakkoabnähern und mit vorverlegter Seitennaht. Diese Modellvarianten sind nur in Verbindung mit eingeschnittenen Taschen möglich.

Auf dieser Seite ist nur die Entwicklung des VT aus dem taillierten OT-GS mit einfacher Taillierung (ohne Hüftausfall) und

auf folgender Seite aus dem taillierten OT-GS mit Hüftausfall gezeigt.

Die Rückteile sind passend zu gestalten.

Konstruktion des taillierten Oberteil-Grundschnitts ohne Hüftausfall

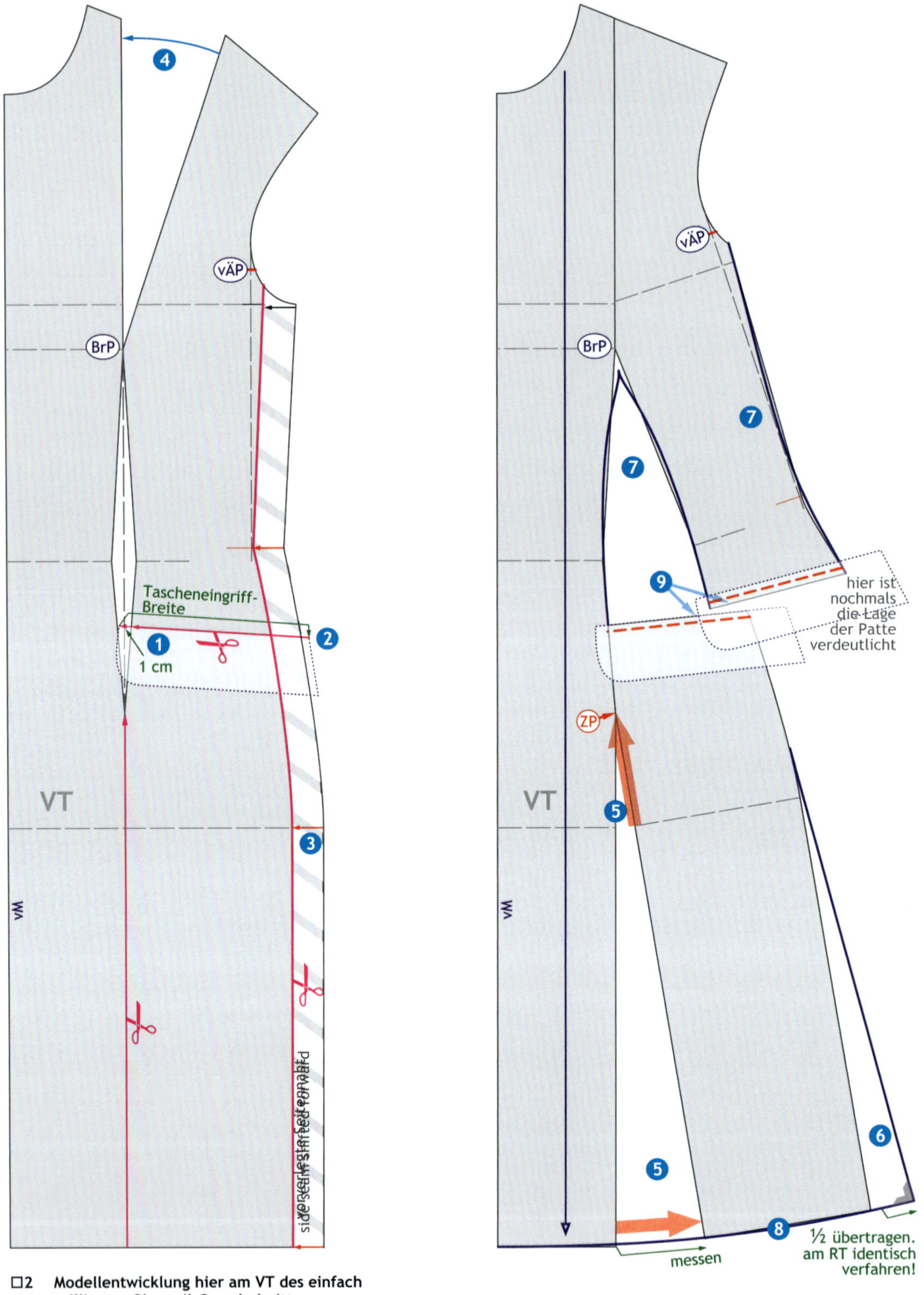

□2 Modellentwicklung hier am VT des einfach taillierten Oberteil-Grundschnitts

□1+2 Mit diesem sogenannten „Sakkoabnäher" ist ein Taillenabnäher gemeint, in den der Brustabnäher integriert ist und an dessen unterem Ende eine eingeschnittene Tasche gefertigt wird. Dieser Abnäher ist in der Regel an Herrensakkos zu finden - daher die Bezeichnung „Sakkoabnäher". **Natürlich kann diese Gestaltungsvariante auch an Kostümjacken, Damenmänteln und Kleidern verwendet werden.**

❶ Zunächst die Tasche an oder besser unterhalb der Taille in gewünschter Größe zwischen Taillenabnäher und Seitennaht positionieren. Für eine ein-fache Fertigung reicht das Taschenende vorne ca. 1 bis 1,5 cm über die seitliche Abnähernaht hinaus. Dabei sollte der Tascheneinschnitt waagerecht oder besser **zur Seitennaht hin leicht abfallend** eingezeichnet werden.

❷ Sehr häufig befindet sich dabei das seitliche Tascheneinschnittende ganz in der Nähe der Seitennaht. Dies ist für die Fertigung einer Eingriffstasche zumeist ungünstig. Leichter zu verarbeiten wäre es, wenn am Ende der Tascheneinschnitte keine Nahtzugabe hinderlich wäre.

❸ Aus diesem Grund ist eine Verschiebung der Seitennaht ins VT nahezu obligatorisch.

❹ Den Tascheneinschnitt einschneiden und den Brustabnäher schließen.

❺ Jetzt den unteren Teil des Taillenabnähers schließen. In den Abbildungen □1+2 ist hierbei gezeigt, wie sich die Höhe des Drehpunktes (ZP) auf die Saumweite und auf die Hüftweite auswirkt. Der ZP sollte an oder ober-halb der Hüftlinie liegen.

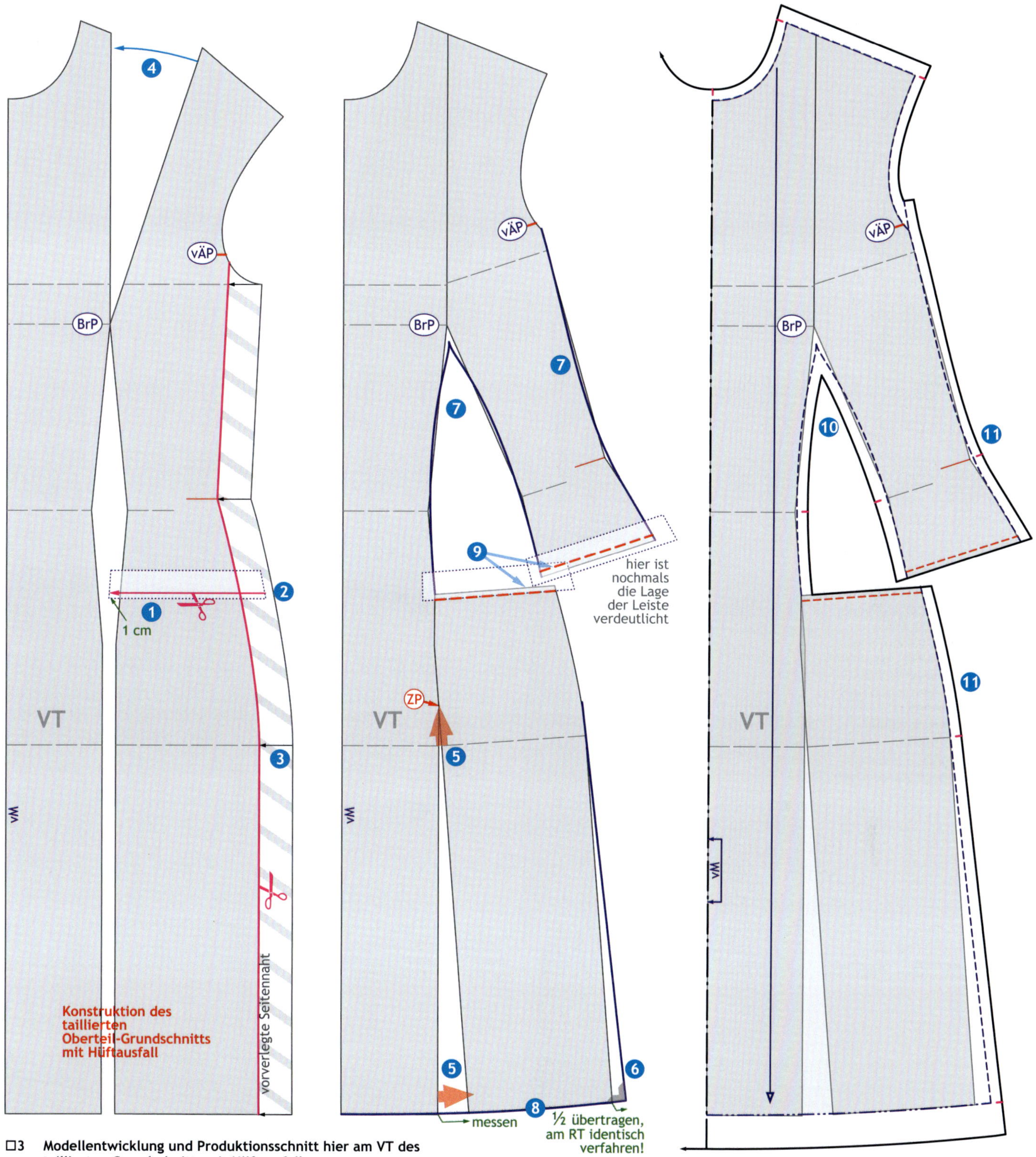

□3 Modellentwicklung und Produktionsschnitt hier am VT des taillierten Grundschnitts mit Hüftausfall

Es handelt sich beim VT nur um ein Schnittteil. Die Flächen dürfen sich am Tascheneinschnitt nicht überschneiden!

6 An der vorverlegten Seitennaht den halben Öffnungsbetrag des VT am Saum ausstellen.

7 Die Seitennaht und den Brustabnäher wie skizziert formen.

8 Den Saum sehr leicht rund formen.

9 Der an der Schnittkonstruktion eingeschnittene Tascheneinschnitt ist tatsächlich der Einschnitt, der am Stoff und bei der Verarbeitung der Tasche verwendet wird. Somit sind die Ansatznähte von Paspeln, Patten und Leisten entsprechend der Verarbeitungsvariante 0,5, 0,7 oder 1 cm vom Einschnitt entfernt. **Am Einschnitt kommen also keine Nahtzugaben hinzu!**

10 Am Produktionsschnitt wird der Taillenabnäher mit einer NZg von 1 cm versehen.

11 Die Seitennaht erhält ebenfalls nur 1 cm NZg, da die Naht wegen der eingeschnittenen Tasche nicht mehr verändert werden kann.

Bei der Verarbeitung wird zunächst der Taillenabnäher genäht und gebügelt. Jetzt liegen die Tascheneingriffkanten exakt aneinander. Sie können mit einem Einlagestreifen zusammengeklebt werden. Anschließend wird die Seitennaht geschlossen und nun kann die Tasche gefertigt werden.

Körpernaher Oberteil-Schnitt mit zugelegten Taillenabnähern (1)
Shift-Form für weiche, elastische Stoffe

185
186

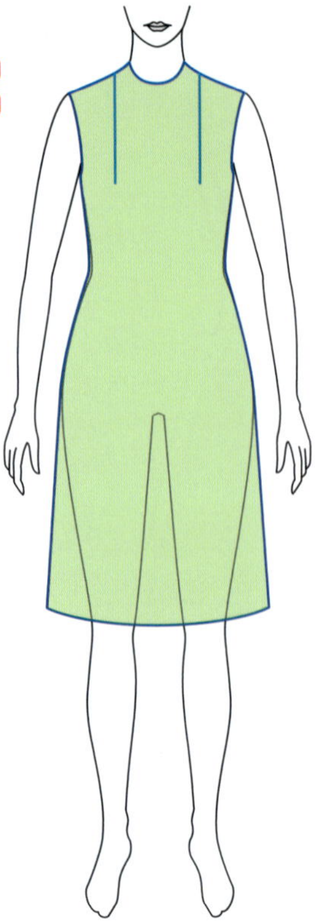

□1a Saumweites Modell in Shift-Form mit Abnähern aus der Schulter (zur weiteren Modellgestaltung).
Aus tailliertem OT-GS mit einfacher Taillierung (ohne Hüftausfall).
Die hintere Mitte ist hier noch stärker tailliert.

Konstruktion des taillierten Oberteil-Grundschnitts ohne Hüftausfall

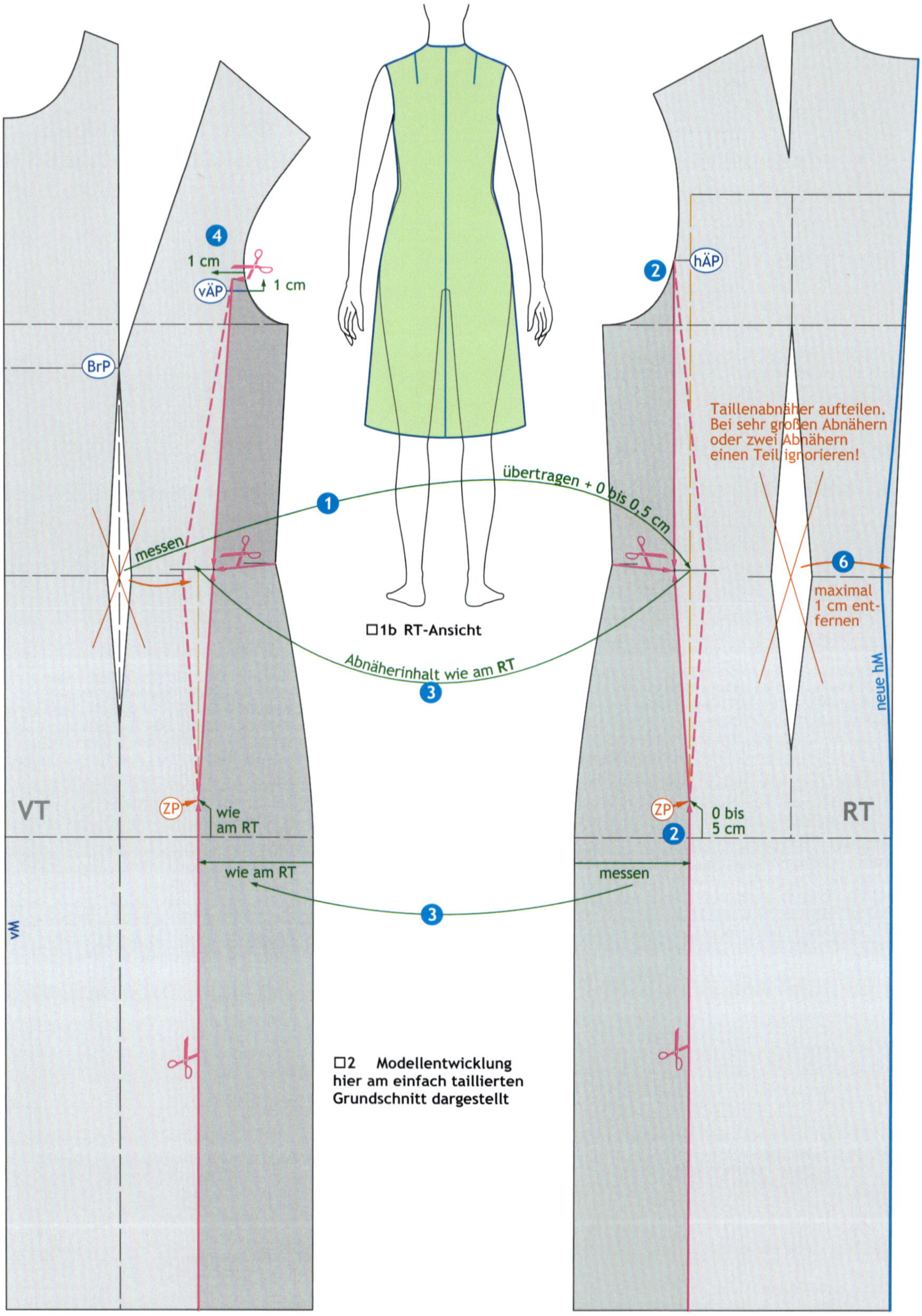

□1b RT-Ansicht

□2 Modellentwicklung hier am einfach taillierten Grundschnitt dargestellt

□1+2 Diese taillierte Modellvariante ganz ohne Taillenabnäher aber, zwingend mit Saumerweiterung, sollte eher mit weichen dehnbaren Materialien gefertigt werden. Die Seitennaht ist an der Taille kürzer und muss dort gedehnt werden.

Ein Grundschnitt mit Hüftausfall kann genauso verwendet werden. Hierbei kann der Hüftausfall mitsamt dem Taillenabnäher zur Seite verschoben und zugeschoben sowie der Abnäher zugedreht werden. Die Überschneidungsfläche an der Taille ist dabei geringfügig größer als am RT. Man sollte kontrollieren, ob die Saumöffnungen an VT und RT identisch sind.

❶ VT-Taillenabnäher messen und + 0 bis 0,5 cm zur Armlinie (Position der Flankennaht) ins RT übertragen.

❷ Den Zulege-Abnäher im RT nach oben zum hÄP und nach unten bis zu 5 cm oberhalb der Hüftlinie einzeichnen = ZP. Je höher der ZP, desto mehr Saumweite entsteht. Ebenso entsteht mehr Überschneidungsfläche an der Taille beim Zulegen des Abnähers.

❸ Die Einschnitt- und Abnäherposition sowie den Zulege-Abnäherinhalt am VT genauso wie am RT einzeichnen.

❹ Die obere Abnäherspitze befindet sich dabei ca. 1 cm über dem vÄP und ca. 1 cm innerhalb des Schnittteils. Hier entsteht beim Zulegen des Abnähers eine minimaler Öffnung am Armloch, die ignoriert werden kann.

Körpernaher Oberteil-Schnitt mit zugelegten Taillenabnähern **(2)**
Shift-Form für weiche, elastische Stoffe

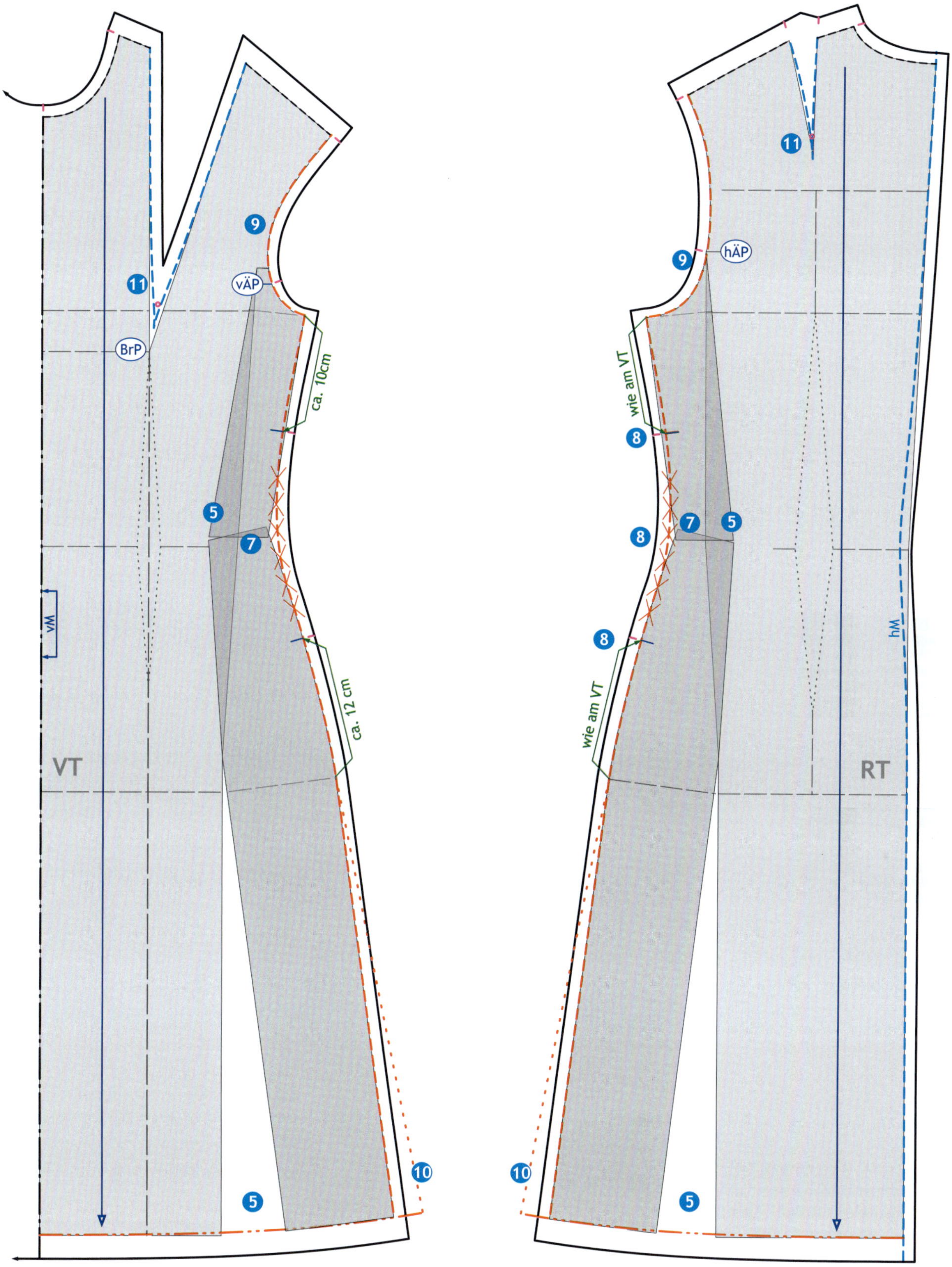

□2 Taillenabnäher entfernen; Produktionsschnitt

❺ Die Zulege-Abnäher werden an VT und RT wie dargestellt zugelegt, wobei sich der Saum öffnet. Die Öffnungen an VT und RT sollten identisch sein.

❻ Der Taillenabnäherinhalt im RT ist zumeist allerdings noch nicht ganz berücksichtigt. Hier gibt es die Möglichkeit, die Naht an der hM um bis zu 1 cm zu taillieren. Der unberück-sichtigte Rest der Abnäherinhalte wird ignoriert.

❼ Im Bereich der Taille entsteht eine Überschneidungsfläche. Hier ist die Seitennaht zu kurz. Der Überschneidungsbetrag muss am Stoff an beiden Nähten gedehnt werden. Aus diesem Grund darf an der Taille kein Knips markiert werden.

❽ Die Nahtzugaben sollten schmal sein (1 cm) breit. Die Knipse sind oberhalb und unterhalb des Dehnbereichs wie dargestellt zu markieren.

❾ Die Armlöcher neu formen.

❿ Bei Bedarf kann die Saumweite durch Ausstellen an der SN weiter vergrößert werden.

⓫ Sollten die Brust- und Schulterabnäher wie im Grundschnitt genäht werden, wird der Brustabnäher ge-kürzt und beide Abnäher werden wie dargestellt geformt.

Empire-Form aus tailliertem Oberteil-Grundschnitt (1)
ohne Ausschnitt-/Verschlussgestaltung; Kragen und Ärmel sind möglich

185
186

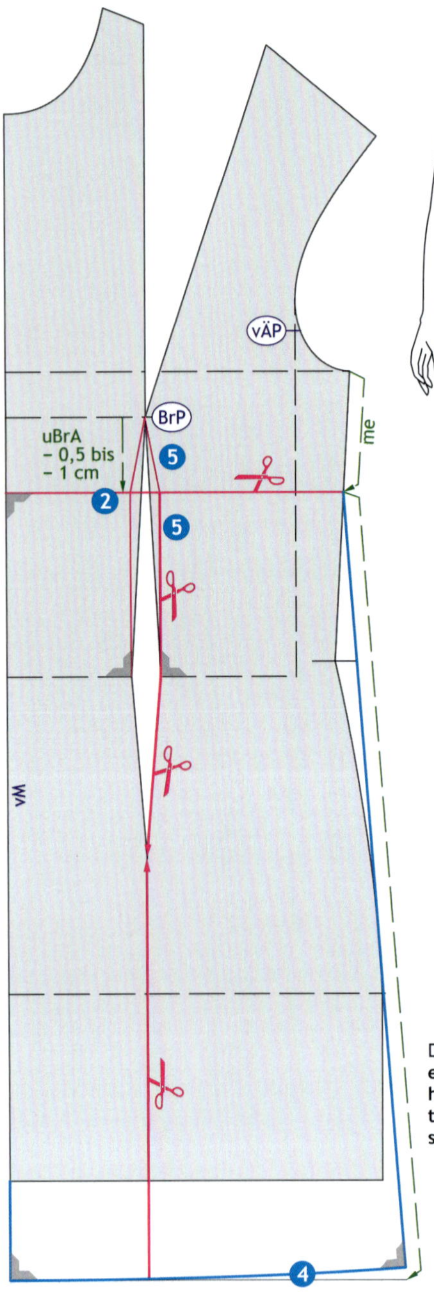

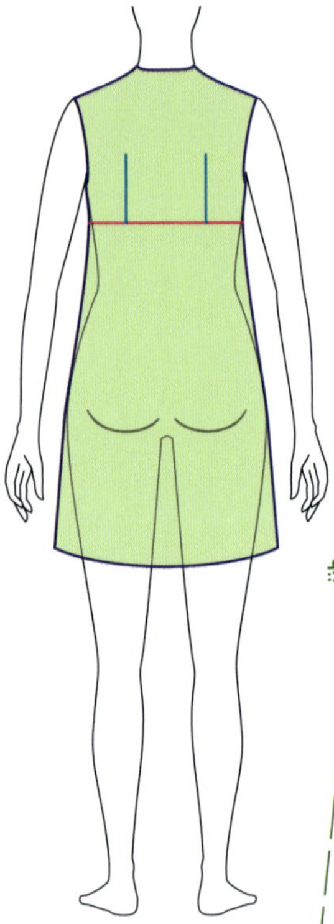

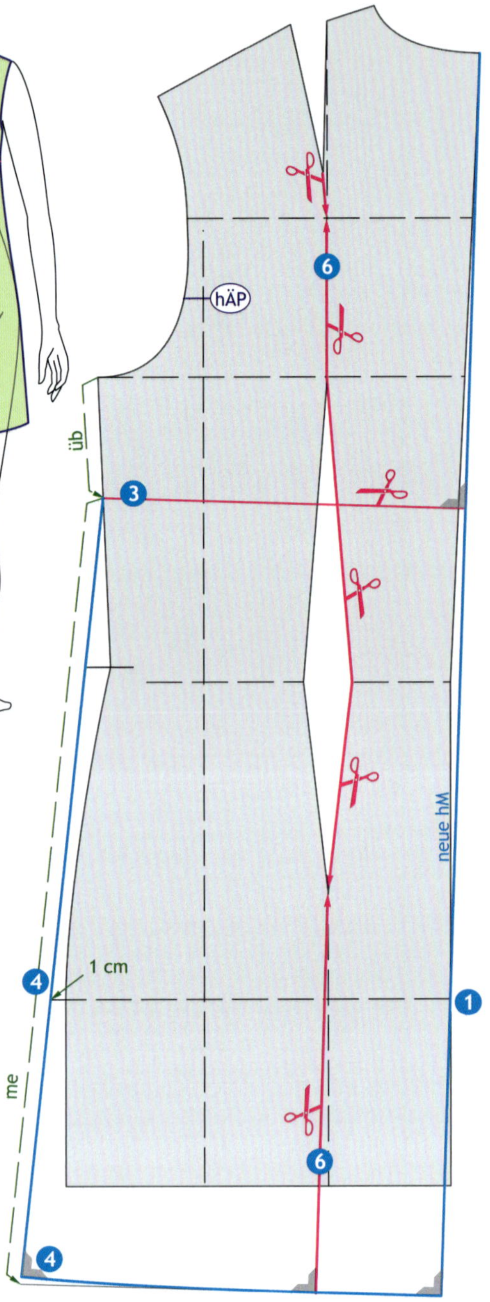

□1a Saumweites untailliertes Modell mit Empire-Naht (zur weiteren Modellgestaltung).
Aus tailliertem OT-GS in PK3 mit einfacher Taillierung (ohne Hüftausfall).
Die Seitennaht und die hintere Mitte sind gerade gestellt.
Bei Kleidern kann das Armloch unverändert hoch und eng sein.
Bei Blusen, evtl. mit Armlochvertiefung, Armlochverbreiterung sowie ggf. mit Armlochauflockerung

Konstruktion des taillierten Oberteil-Grundschnitts ohne Hüftausfall

□1b Die Modellentwicklung ist hier am einfach taillierten Grundschnitt dargestellt

□1 Empire-Modelle besitzen eine Naht unter dem Busen. Dort ist dann die engste Stelle am Modell. Das Oberteil ist am Busen eng geformt, dies erfolgt wahlweise durch Abnäher (□1), Falten (□2) oder Kräuselweite (□3). Oft werden Kleider mit mehr oder weniger tiefen Dekolletes, Trägern und mit kurzen bis langen Ärmeln gestaltet, selten mit Kragen. Blusen-, Jacken- und Mantel-Modelle sind häufig mit zusätzlicher Armlochvergrößerung und Verschlussblenden versehen.

Ein Grundschnitt mit Hüftausfall kann genauso verwendet werden. Hierbei wird der Hüftausfall nach dem Durchtrennen an der Hüfte aneinander gelegt und das Modell identisch gestaltet, wie hier dargestellt.

1 **□1b** Die hM begradigen und die Modelllänge bestimmen.

2 Die Empire-Naht unterhalb der Brust zeichnen (uBrA – 0,5 bis 1 cm) bei großer Brustform mehr abziehen.

3 Am RT seitlich wie am VT und rechtwinklig zur hM.

4 SN gerade zeichnen, Saum zeichnen, Taille- und Hüftlinie verlängern.

5 Vom Taillenabnäher gerade nach oben zeichnen, von dort zum BrP.

6 Am RT die Abnäherspitzen bis zum Saum verbinden und einschneiden.

7 **□1c** Brust- und Schulterabnäher zulegen.

8 Die obere Unterbrustnaht nach unten um 0,5 bis 1 cm verlängern (bei großer Brust eher mehr anzeichnen).

9 Den neu entstandenen hinteren Schulterabnäher leicht formen.

10 Die Abnäher der Rockteile wie dargestellt zulegen, wodurch am Saum leichte Saumweite entsteht.

11 Alle Unterbrust-Nähte an Oberteil und Rockteil formen.

12 **□2** Für das weiterentwickelte Modell aus □1 wird der Brustabnäher in zwei Falten mit entsprechendem Abstand zueinander aufgeteilt und wie dargestellt geöffnet.

13 Am RT wird der Schulterabnäher ebenfalls als Falte gelegt.

14 Die Rockteile nach Bedarf öffnen. Vorne eine Quetschfalte, hinten eine nach außen gelegte Falte arbeiten.

Für ein Modell mit Kräuselweite können alle Falten alternativ auch gekräuselt werden.

Empire-Form aus tailliertem Oberteil-Grundschnitt **(2)**
ohne Ausschnitt- / Verschlussgestaltung; Kragen und Ärmel sind möglich

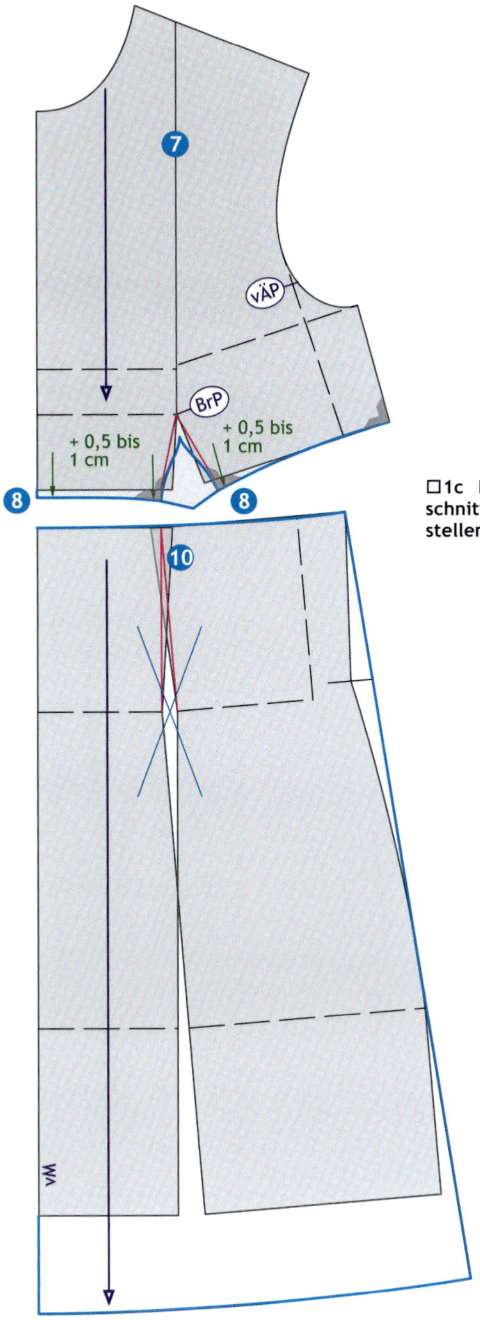

☐1c Die Modellschnittteile fertig stellen

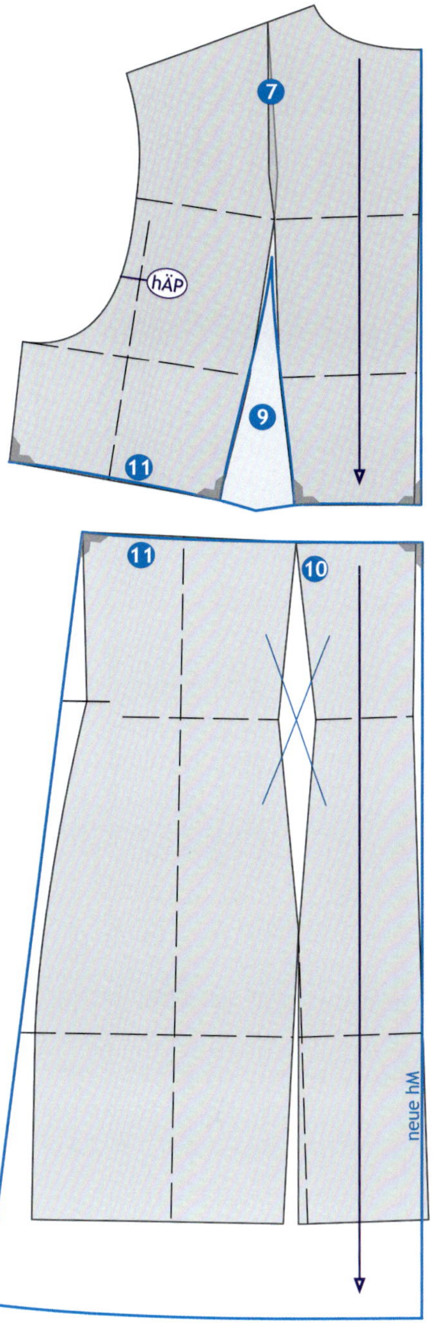

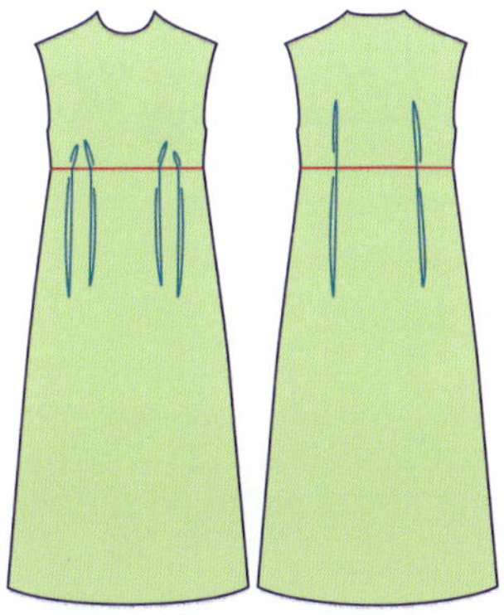

☐2 Saumweites untailliertes Modell mit Empire-Naht aus dem ersten Modell ☐1c weiterentwickelt.

Modell mit zwei Falten im oberen und unteren VT sowie mit je einer Falte im oberen und unteren RT.

Alternativ können anstatt der Falten, die Nähte auch gekräuselt werden (Nahtband verarbeiten!).

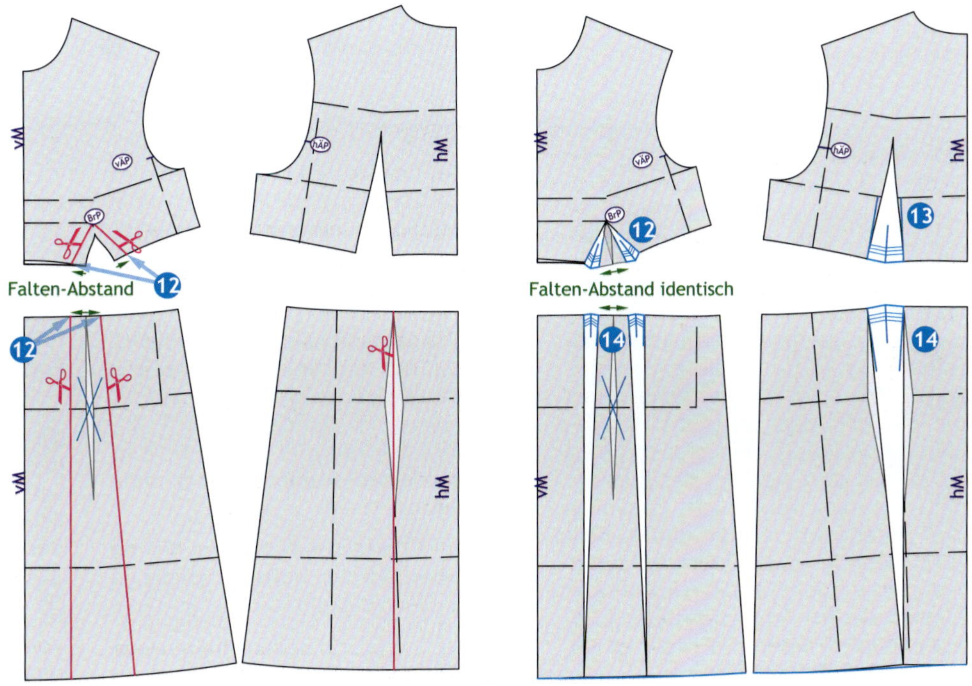

Charleston-Form mit hüfttiefer Quer-Teilungsnaht (1)
ohne Ausschnitt-/Verschlussgestaltung, Kragen und Ärmel sind möglich

183
185
186

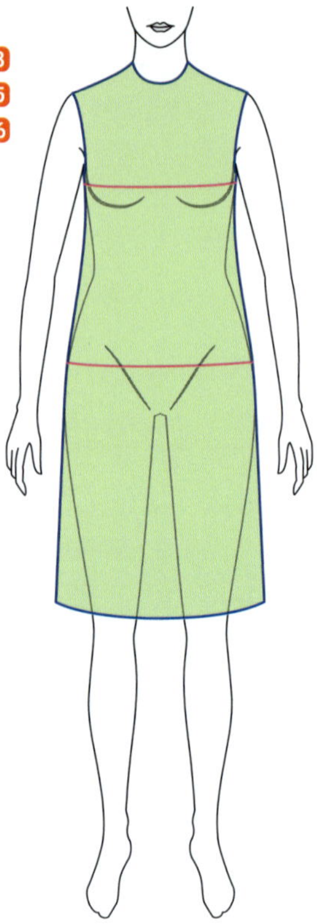

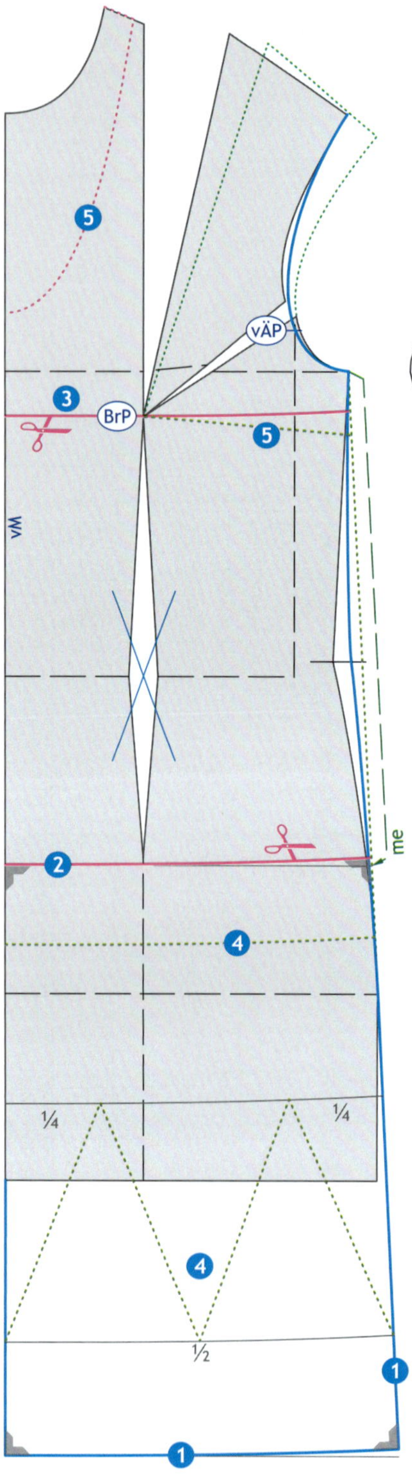

☐1a Modellvariante 1
Saumweites antailliertes Modell mit Teilungsnaht oberhalb der Hüfte (zur weiteren Modellgestaltung).
Aus tailliertem OT-GS in PK3 mit einfacher Taillierung (ohne Hüftausfall).
Die hintere Mitte und die Seitennähte sind gerade gestellt.
Für ein Kleid kann das Armloch unverändert hoch und eng sein.

Konstruktion des taillierten Oberteil-Grundschnitts ohne Hüftausfall

oder

Konstruktion des legeren Oberteil-Grundschnitts

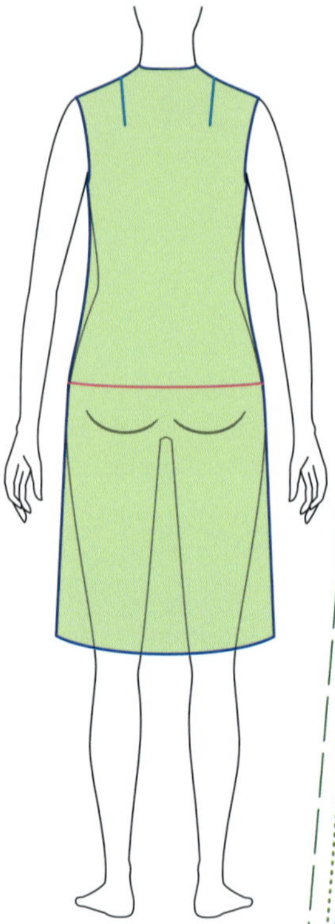

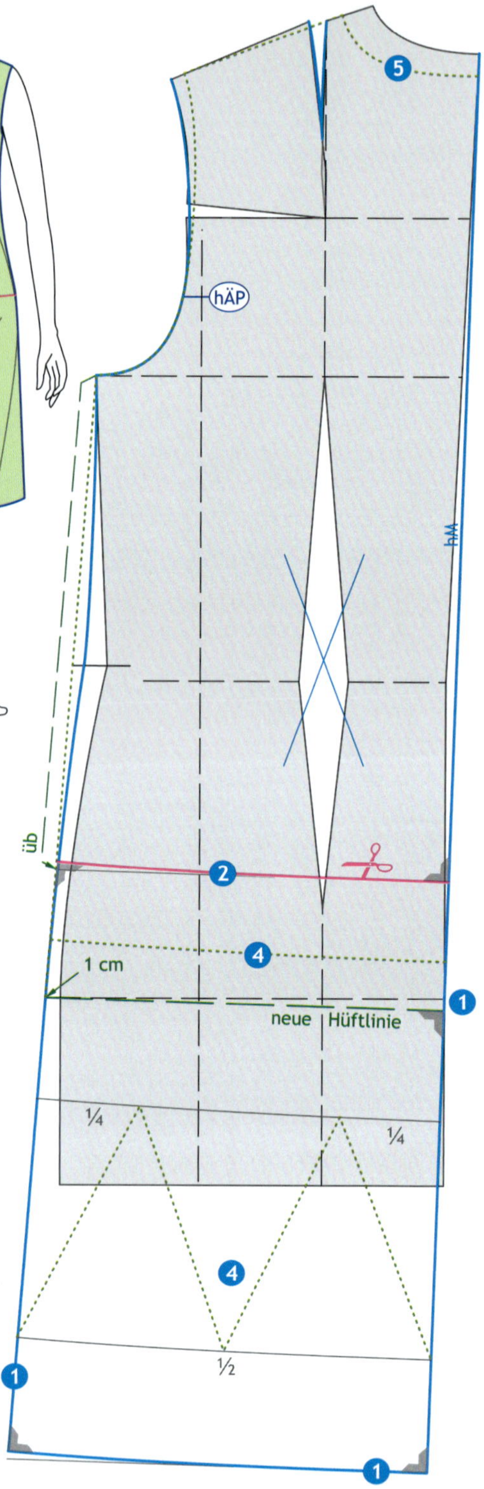

☐1b Die Modellentwicklung ist hier am einfach taillierten Grundschnitt dargestellt.
Für die kürzere Modellvariante 2 ist ein Brustabnäher, eine tiefere Teilungsnaht und ein Zipfelsaum gestaltet.

☐1 Charleston-Kleider der 1920-er Jahre sind maximal kniekurz bis wadenlang, sehr wenig bis gar nicht tailliert und haben eine vertiefte Taillennaht bzw. Quernaht oberhalb bis unterhalb der Hüfte (siehe einleitende Seite). Sie sind zumeist ohne Ärmel und mit mehr oder weniger tiefen Dekolletés gestaltet. Ein großer Busen sollte kaschiert werden, der Brustabnäher ist somit verkleinert. Er kann in die Seitennaht verlegt und genäht (☐**2**) oder in einer Quernaht aufgenommen werden (☐**1**). Das Rockteil ist hier entweder leicht ausgestellt (☐**1**), zipfelig mit Fransen (☐**2**) oder als Volant (☐**3**) gestaltet.

❶ **☐1** Die Grundform ist auf Seite 194 gezeigt: Die hM und die Seitennähte begradigen und dabei die Modelllänge bestimmen und den Saum formen. Die SN kann dabei leicht tailliert werden. Die Hüftlinie neu einzeichnen. Da es sich eher um ein lockeres Kleidungsstück handelt, sollte die Brustformung reduziert werden, d.h. eine moderate Armlochauflockerung erfolgen.

❷ Die Charleston-Naht am VT an bzw. oberhalb der Hüfte einzeichnen und zur SN abwinkeln.

❸ Der Brustabnäher kann hier in eine Quer-Teilungsnaht verlegt werden.

❹ **☐2a+b** Das Rockteil kann vielfältig gestaltet werden. Für das weiterentwickelte Modell aus ☐**1** wird das Rockteil tiefer abgetrennt und zipfelig gestaltet.

❺ Zudem ist hier alternativ das Modell für die Fransen etwas gekürzt, die Seitennaht begradigt, ein Brustabnäher in die Seitennaht verlegt und ein Dekolleté gestaltet.

❻ **☐3a+b** Eine weitere Möglichkeit ist, das Modell aus ☐**1** mit mehreren Volants oder einem Kreisrock zu versehen (siehe auch Seiten 44 und 75).

Charleston-Form (2)
zwei weitere Varianten

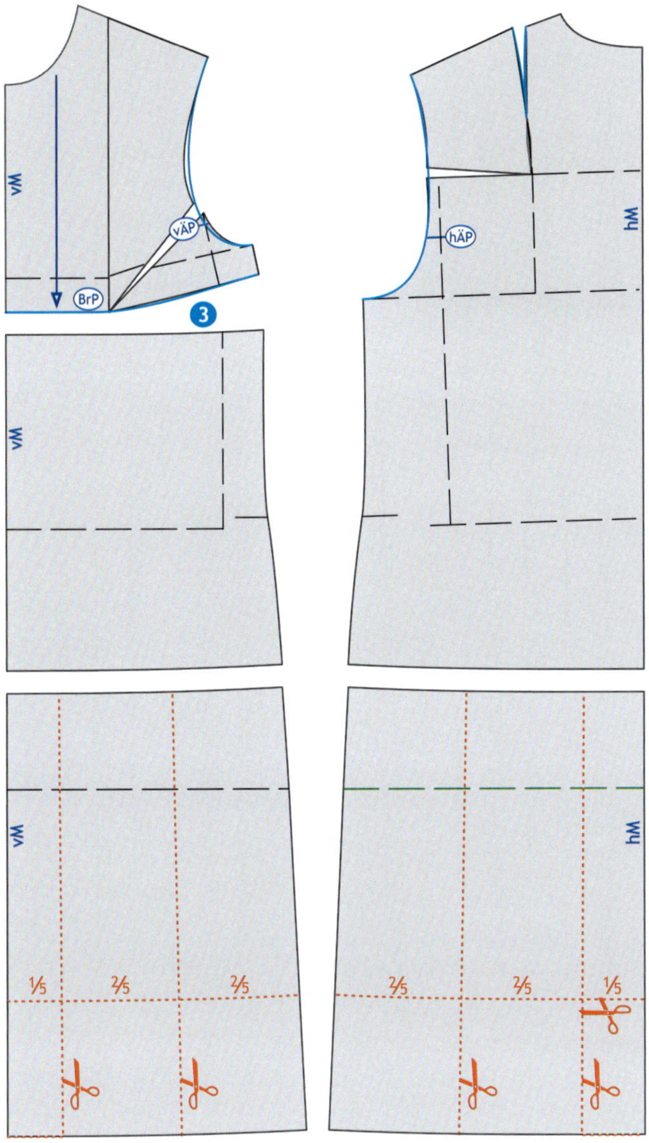

☐1c Modellschnitte für die leicht ausgestellte Variante 1
Für Modellvariante 3 sind Einschnittlinien für einen Stufenvolant gezeichnet.

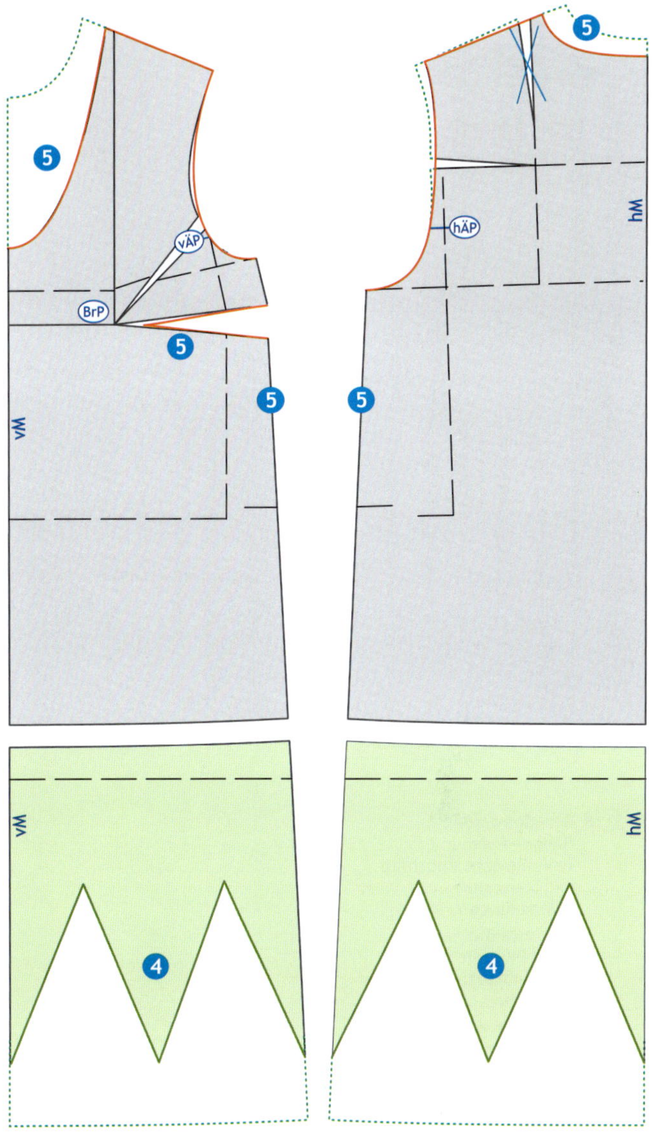

☐2b Modellschnitte für die Variante 2 mit Zipfelsaum (und angenähter Fransenborte) aus ☐1b

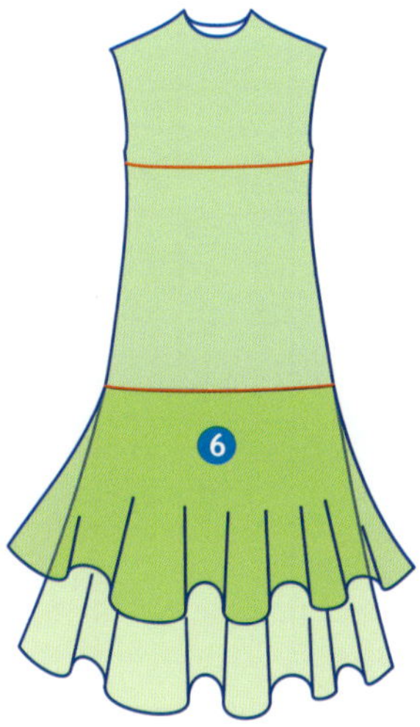

☐3a Modellvariante 3 mit Stufenvolants aus der Abwandlung ☐1c

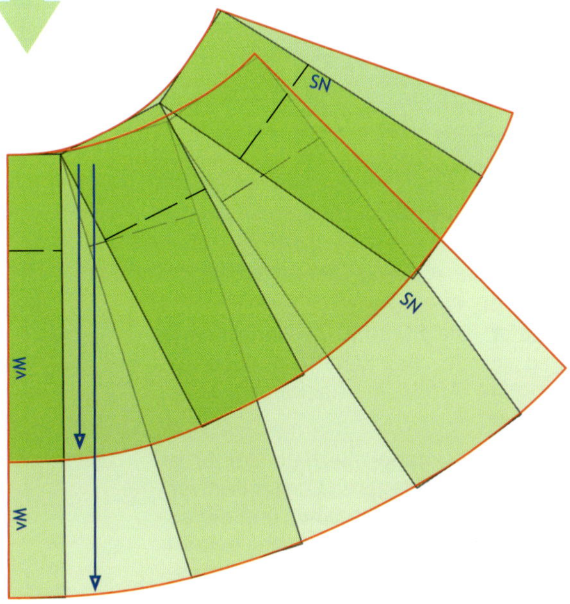

☐3b Hier sind beide Volantschnitte nur für das vordere Rockteil der Variante 3 gezeigt (übereinander liegende Volants)

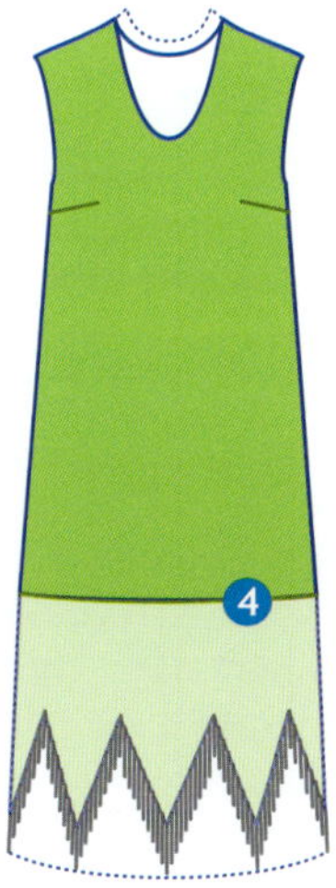

☐2a Modellvariante 2 mit Ausschnitt, Zipfelsaum (und Fransen)

Quer-Teilungsnaht (Passe) **oberhalb der Brust mit Kräuselung**
ohne Ausschnitt- / Verschlussgestaltung, Kragen + Ärmel sind möglich

183
185
186

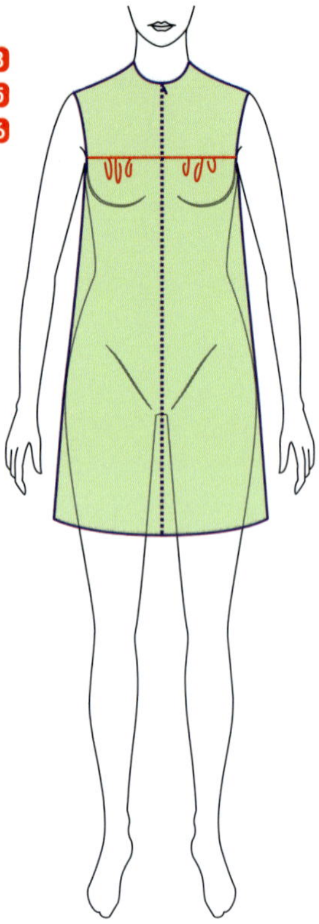

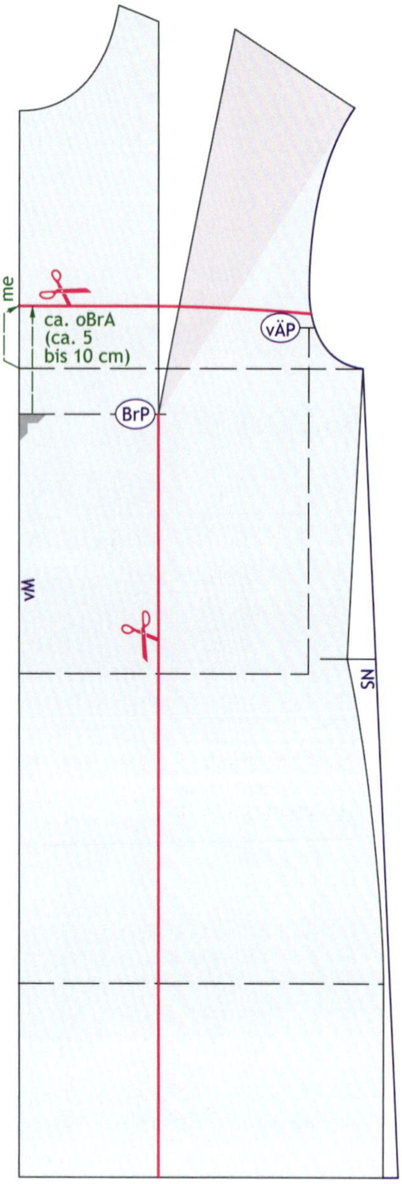

☐1a Gerades Modell in Hänger-Form mit Teilungsnaht oberhalb der Brust und Kräuselungen.

Aus antailliertem OT-GS in PK3 mit aufgelockertem Armloch.

Die **hintere Mitte** und die Seitennähte sind gerade gestellt.

Für ein Kleid kann das Armloch unverändert hoch und eng sein.

Konstruktion des legeren Oberteil-Grundschnitts mit aufgelockertem Armloch und verkleinertem Brustabnäher

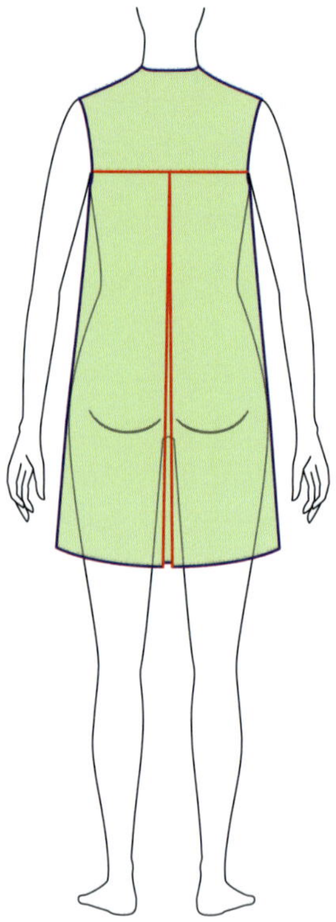

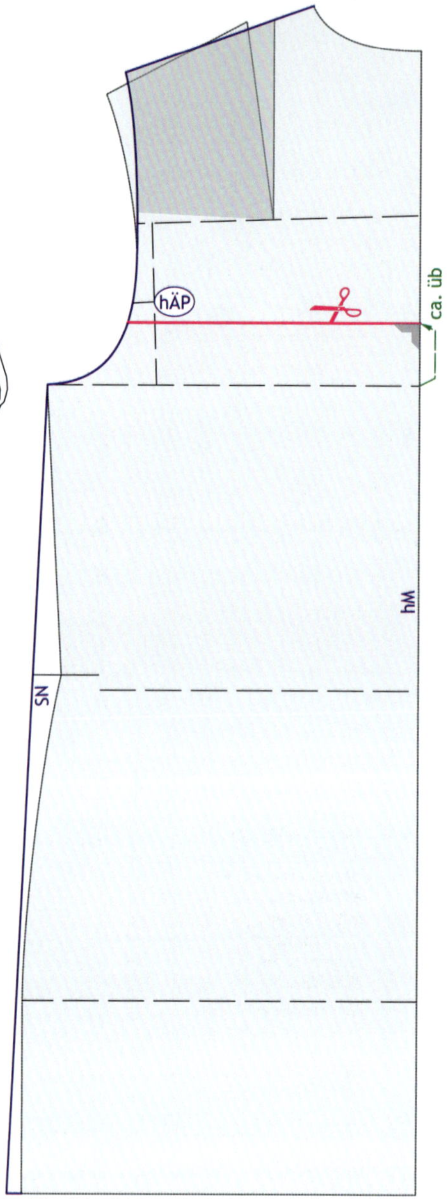

☐1b Das RT ebenfalls mit Teilungsnaht sowie mit Kellerfalte an der hM.

☐1c **Modellschnittteile**

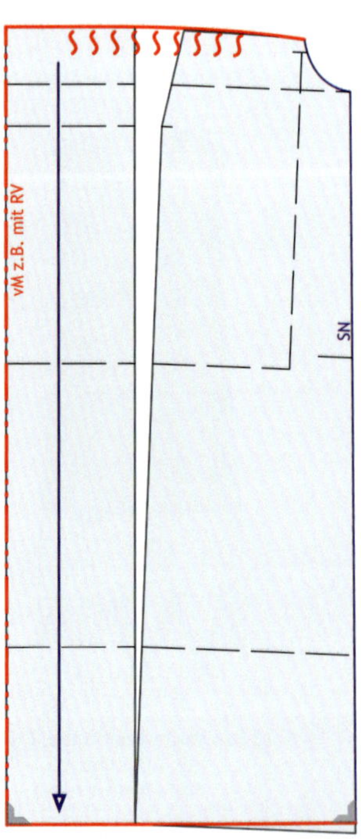

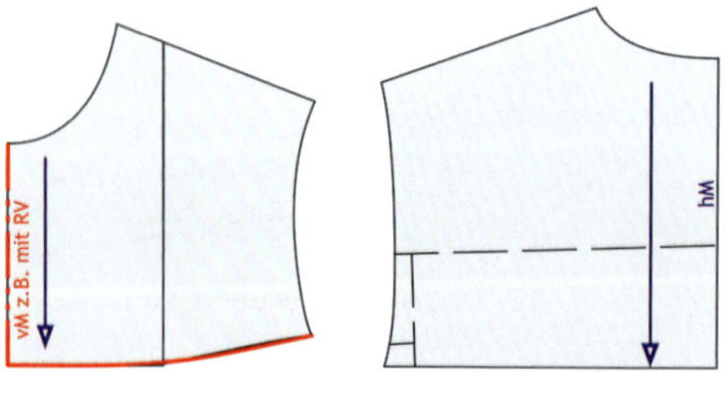

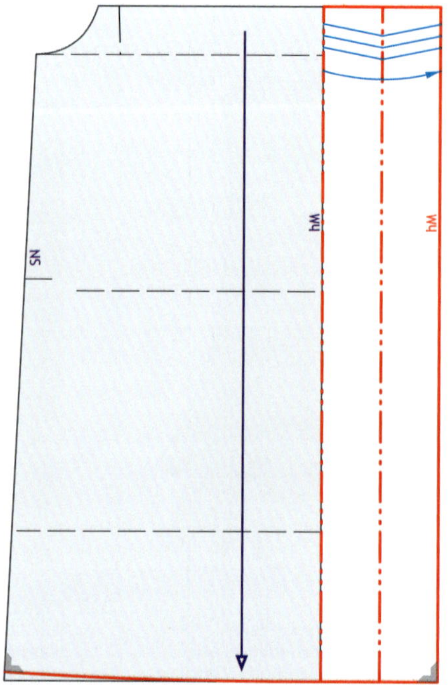

☐1 Die Grundform ist auf Seite 183 gezeigt: Die hM und die Seitennähte sind gerade. Der Schulterabnäher ist für eine Armlochauflockerung zugelegt.

Eine Passe knapp oberhalb der Brust wird gerne bei legeren Oberteilen verwendet. Der Brustabnäher und die zusätzliche Weite im VT ist hier gekräuselt (☐**1c**). Bei Bedarf kann auch zusätzliche Saumweite ins VT gegeben werden. Im RT ist beispielhaft an der hM eine Kellerfalte angeschnitten, die den Saum erweitert. Den Saum an den Seitennähten formen.

Hemdblusen-Form mit Passennähten an legerem Oberteil Verschlussgestaltung mit Knopfblende, Kragen + Ärmel sind möglich

183
185
186

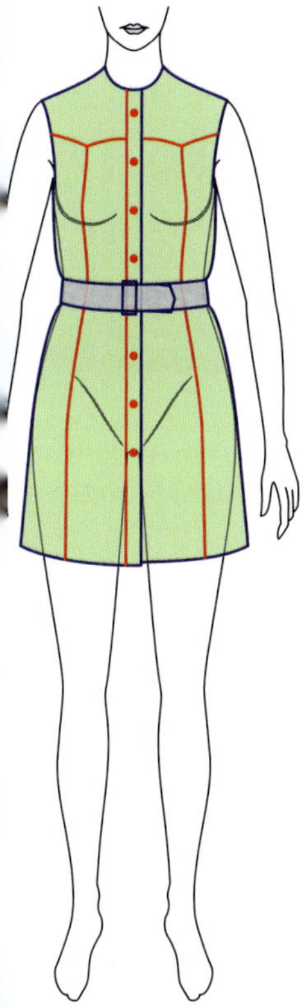

☐1a Kurzes legeres Kleid in Hemdblusen-Form, antailliert mit Passen, Längsnähten, angesetzter Knopfleiste, ggf. gegürtet

Konstruktion des legeren Oberteil-Grundschnitts

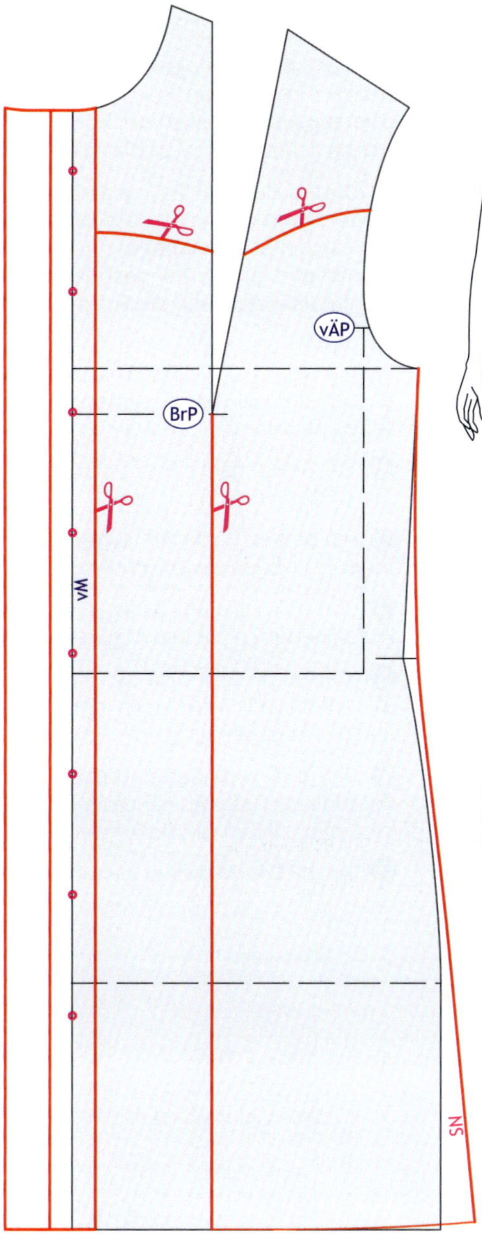

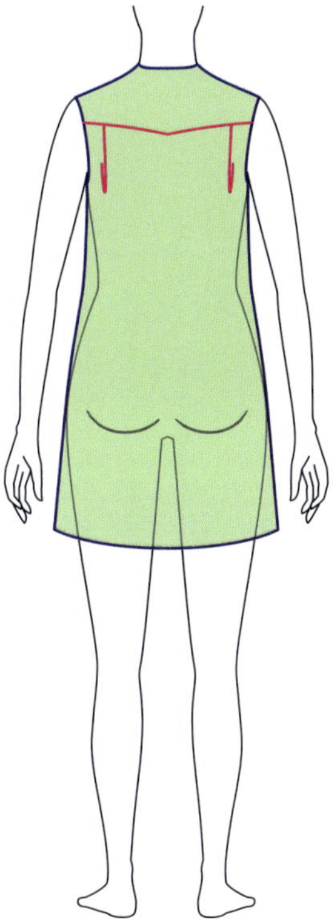

☐1b Das RT ebenfalls mit Teilungsnaht sowie mit Kellerfalte an der hM.

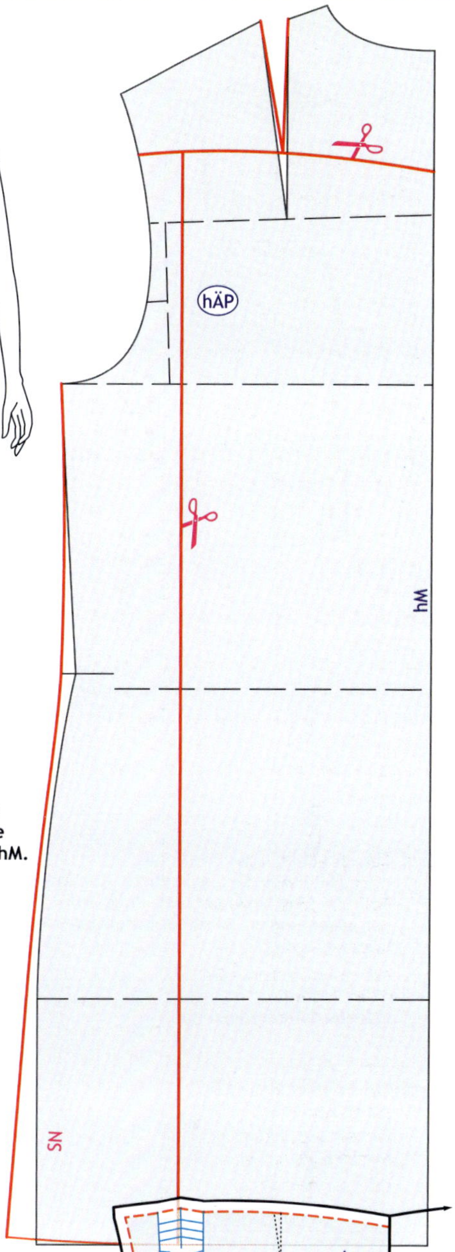

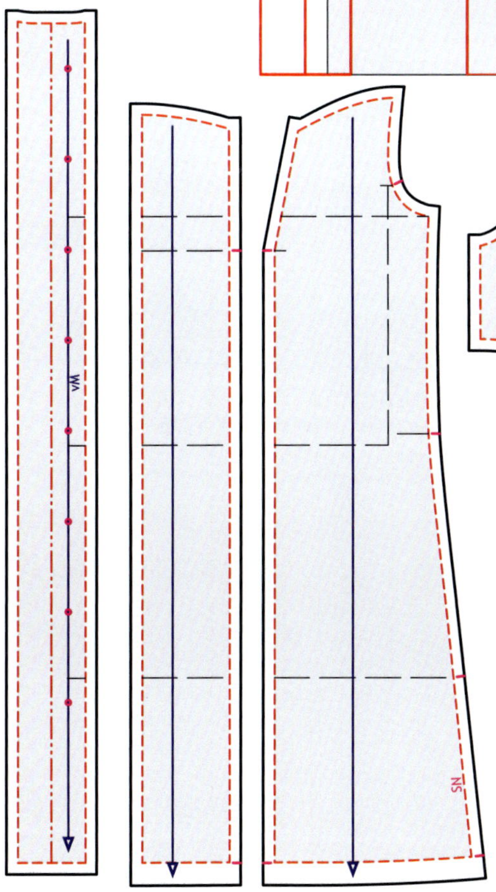

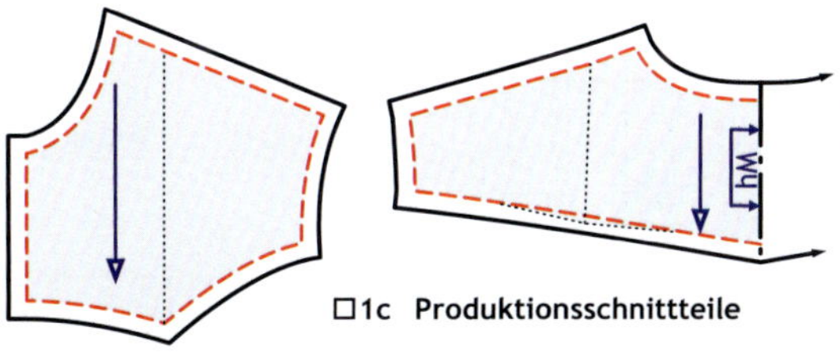

☐1c Produktionsschnittteile

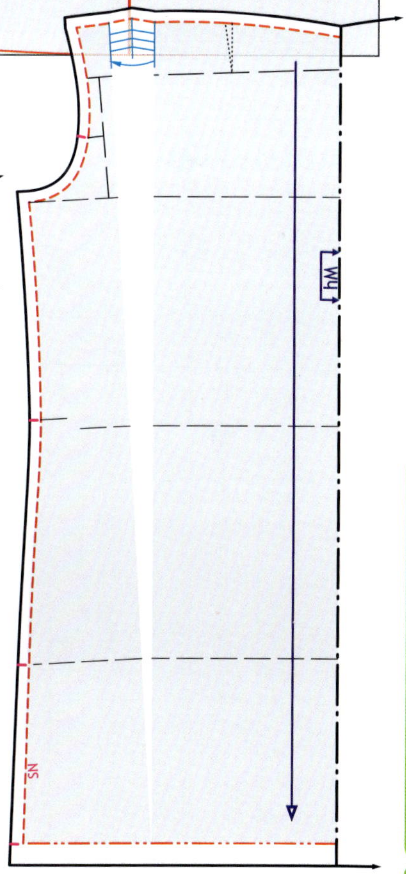

☐1 Die Grundform ist auf Seite 185 gezeigt: Die hM ist gerade, die Seitennähte sind leicht tailliert und ausgestellt. Der Schulterabnäher ist für eine Armlochauflockerung zugelegt.

Die hintere Passe nimmt den Schulterabnäher auf, die hintere Passe den oberen Teil des Brustabnähers. Da die Passe in die vM verläuft, muss eine Knopfleiste abgetrennt (und später angenäht) werden. Der untere Brustabnäher wird in der Längsteilungsnaht aufgenommen. Hier kann bei Bedarf zusätzliche Saumerweiterung eingearbeitet werden. Im RT ist eine Falte aus der Passe geöffnet. Auch hier kann ebenfalls für mehr Weite am Saum geöffnet werden.

Etui-Form mit Taillennaht (1), besondere Abnähermodifikationen ohne Ausschnittgestaltung, Kragen und Ärmel sind möglich

185
186

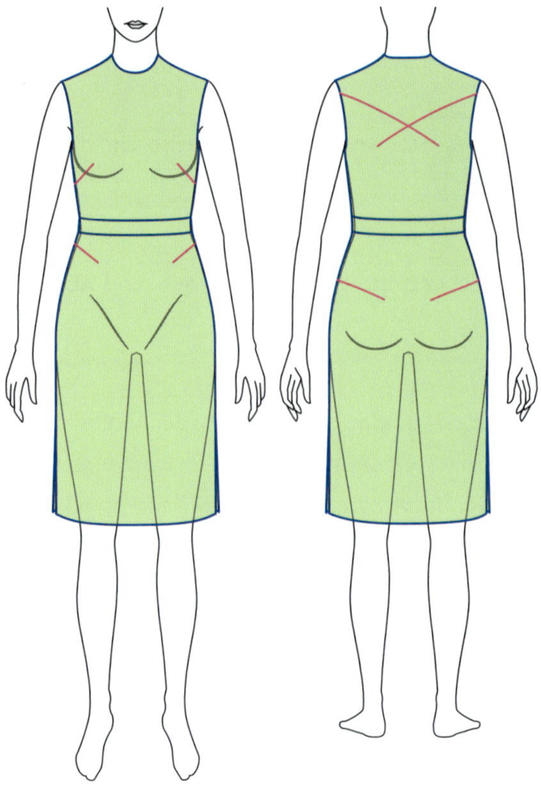

□1 Kleid in Etui-Form mit Taillenblende, gekreuzte Abnäher im Oberteil, gerader Rock mit besonderen Abnähergestaltungen

□1 Für körperanliegende Kleider mit geringer bis mäßiger Saumweite wird der Begriff **Etui-Form** verwendet. Wird das Oberteil an der Taille vom Rock getrennt, **sind viele Gestaltungsvarianten** bzw. **schnitttechnische Details** möglich.

In diesem Beispiel ist zusätzlich eine Taillenblende abgetrennt. Hintere und vordere Mitte sind ohne Naht. Das Modell wird an der Seitennaht geschlossen. Zusätzlich muss ein Ausschnitt und ggf. Ärmel gestaltet werden. Die Saumweite ist hier unverändert und die Seitennaht mit Schlitzen versehen.

1. Am VT und am RT wird die Taillenblende abgetrennt. Sie kann alternativ auch zur Hälfte am Oberteil und am Rockteil abgetrennt werden. Es sollen gerade (rechteckige) Schnittteile entstehen.
2. Die Seitennähte formen und an den Rockteilen an den SN die Taillenweite korrigieren.
3. An beiden Rockteilen werden Schlitzeinschläge (hier offener Schlitz) in gewünschter Höhe und Breite angezeichnet.
4. Am oVT wird der Brust- und Taillenabnäher gemeinsam in den neuen seitlichen Abnäher verlegt.
5. Der an diesem Grundschnitt vorhandene Hüftausfall im uVT (Rockteil) wird nach der Taillenabtrennung zugelegt und der Abnäher zur Seite verlegt.
6. Am oRT wird der seitliche Taillenabnäher zugelegt und der hintere Taillenabnäher an der hM gespiegelt, um die Teilungsnaht zu formen. Der untere Teil wird zurück gespiegelt.
7. Am uRT den Abnäher gestalten und die Abnäher schließen.

□2 Modellentwicklung

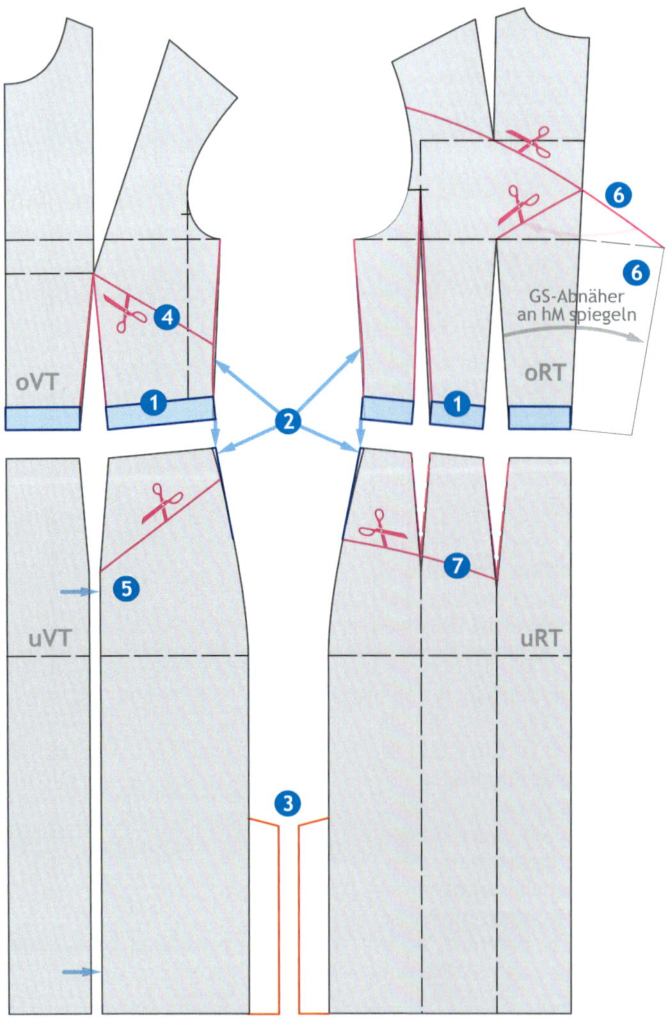

□3 Modellschnitte

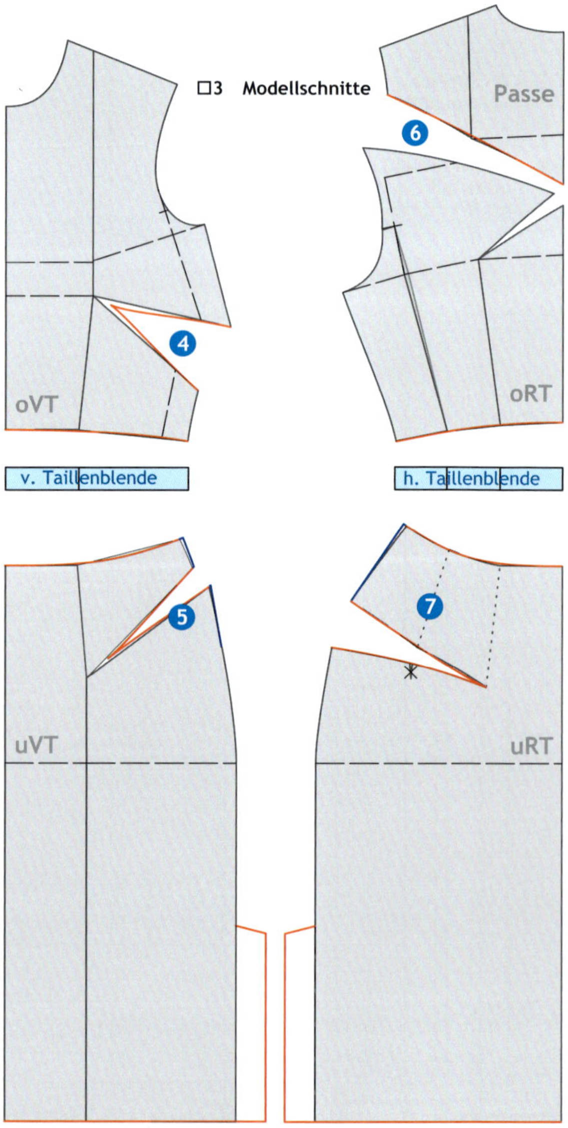

Prinzess-Form mit Taillennaht (2), saumweite Form ohne Ausschnittgestaltung, Kragen und Ärmel sind möglich

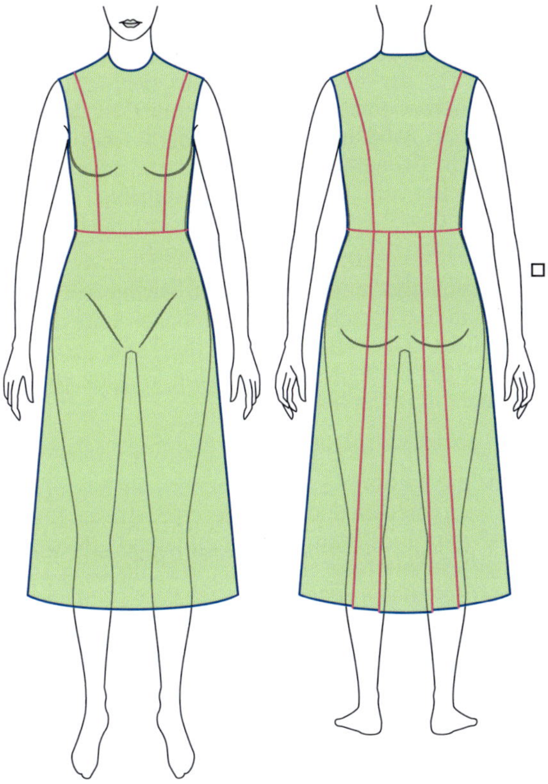

Konstruktion des taillierten Oberteil-Grundschnitts ohne Hüftausfall

Grundschnitt-Teilungs-Varianten

□1 Prinzess-Form mit Taillennaht, Englischen Nähten, saumweite Rockteile ohne Abnäher, mit gelegten Falten im RT (möglich sind u.a. auch Kellerfalten)

185
186

□1 Für taillierte Kleider und Mäntel mit Teilungsnähten und größerer Saumweite wird auch der Begriff Prinzess-Form (Prinzess-Linie) verwendet. Üblicherweise sind die Modelle durchgehend geschnitten. Wird eine Trennung an der Taille vorgenommen, sind **sehr viele Gestaltungsvarianten und große Saumweiten** möglich. Häufig ist diese Schnittform auch in der **Braut- und Abendmode** zu finden, dann mit femininen Ausschnitten, interessanten Ärmeln und ggf. sehr viel mehr Saumweite als hier dargestellt - möglich sind Reifröcke unter dem Oberrock.
Ein Mantelmodell wäre z.B. der Redingote.

❶ Grundlage ist hier das VT mit gekürztem Brustabnäher aus der SN. Englische Nähte formen, siehe Seite 376, alle oberen Abnäher werden aufgenommen.

❷ Den vorderen Taillenabnäher schließen und nach Bedarf am Saum öffnen. Den Gesäßabnäher in zwei Abnäher aufteilen, den seitlichen wie am VT am Saum öffnen und an der SN jeweils die Hälfte der Öffnung ausstellen.

❸ Ggf. Faltenkanten am RT positionieren (hier am Saum größerer Faltenabstand als an der Taille), diese einschneiden und wie gewünscht öffnen (hier am Saum mehr Weite).

□2 Modellentwicklung

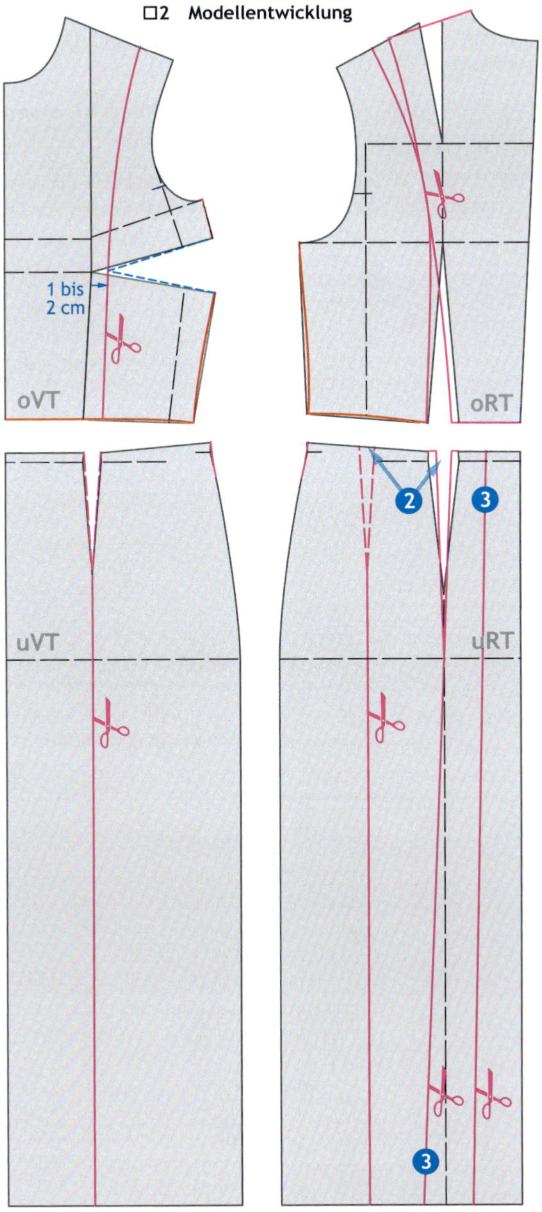

□3 Modellschnitte

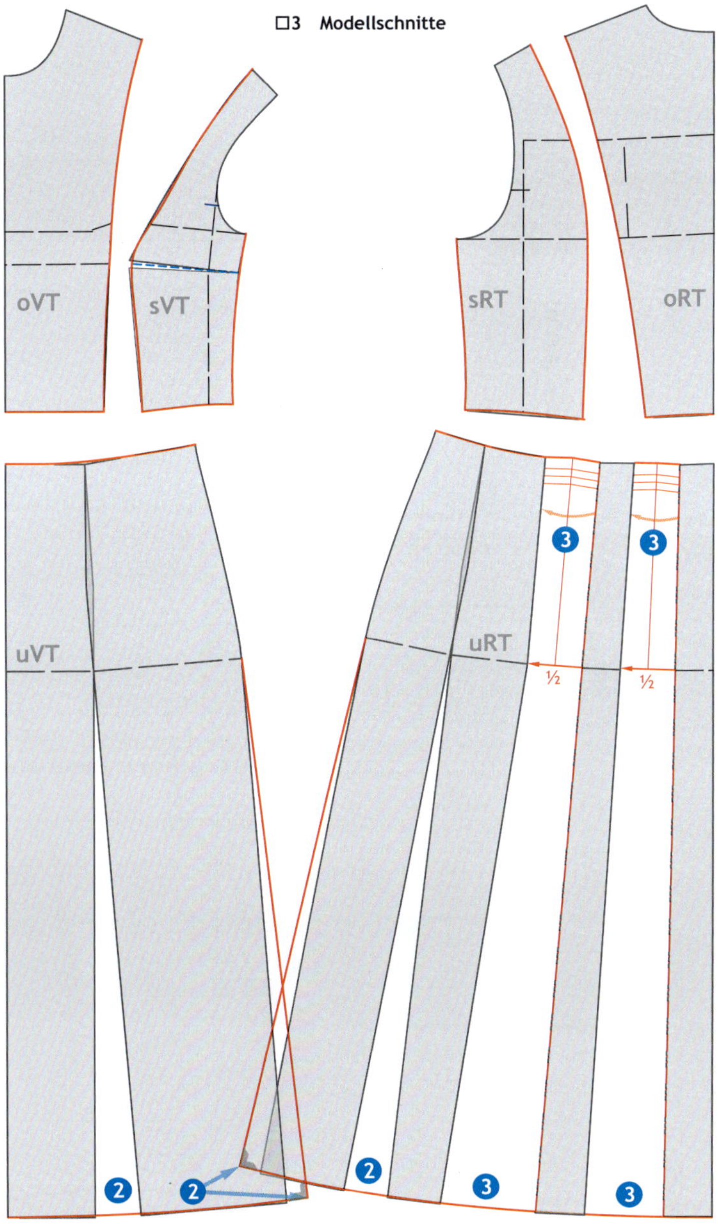

Wickel-Form, besondere Falten, Belege, Bindeband (1)
Prinzip für Kleider-, Blusen-, Jacken-, Mantel-Modelle

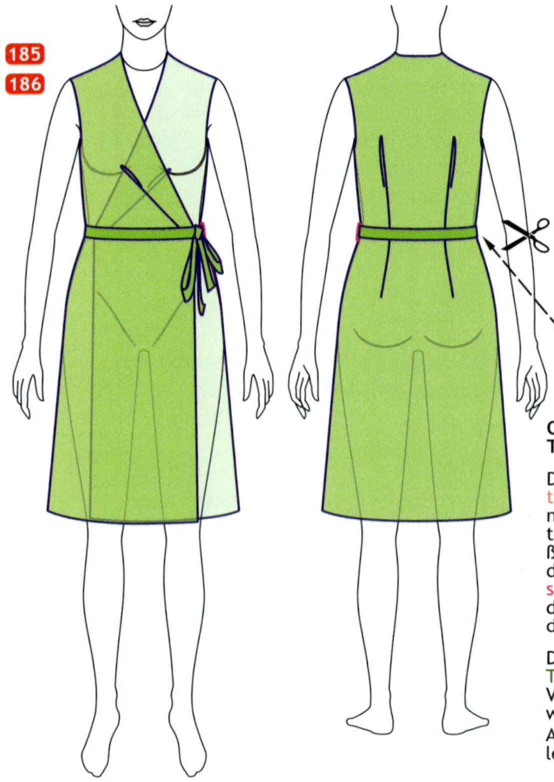

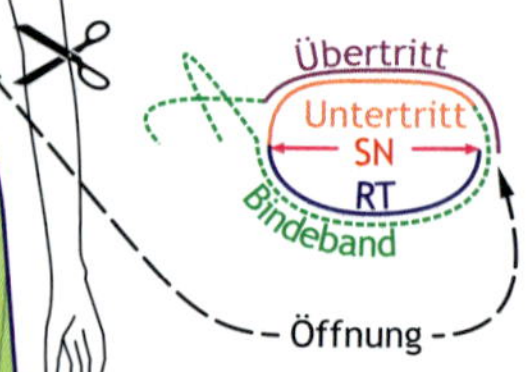

Querschnitt durch die Taille:

Das Bindeband des Untertritts kommt durch eine **Öffnung** an der rechten Seitennaht nach außen und verläuft über das RT durch die Gurtschlaufe zum Bindeband des Übertritts und wird dort (links) gebunden.

Die Verlängerungen der Taillenblenden an den Vorderteilen bilden jeweils das Bindeband. Am RT ist hier keine Taillenblende vorgesehen.

□1 Kleid in Wickel-Form mit Binde-/Gurtbändern aus den vorderen Taillenblenden, saumerweitert mit aufspringenden Abnähern im VT und im RT.

□1 Wickel-Oberteilmodelle kennzeichnen sich durch einen größeren Obertritt, der an oder oberhalb der Taille geschlossen wird. Hierbei entsteht ein V-Ausschnitt. Ist die Ausschnittkante gerade, kann auch ein Schal oder Reverskra-gen gearbeitet werden. Grundlage können taillierte oder legere Oberteilgrundschnitte sein. Sie besitzen meist mäßige bis größere Saumweiten. Das Oberteil kann wie hier vom Rock an der Taille getrennt werden (ist aber nicht notwendig).

Hier ist eine Taillenblende am VT eingesetzt, dessen Verlängerung als Bindeband zum Verschließen an der linken Seite dient. Der links abgebildete **Querschnitt durch die Taille** verdeutlicht den Verlauf des Bindebands durch eine Öffnung an der rechten Seitennaht in Taillenhöhe.

1. □2 Das VT an der vM spiegeln, da es asymmetrisch ist.
2. Am VT hier die Taillenblende abtrennen. Sie kann (wie hier) zur Hälfte am Oberteil und zur anderen Hälfte am Rockteil abgetrennt werden. Daraus entstehen (siehe □6) gerade (rechteckige) Schnittteile mit einer Verlängerung zum Binden; dies werden die Bindebänder.
3. Die Ausschnittkante am Brustpunkt vorbei und in gewünschtem Abstand zur SN gestalten. In gleichem Abstand zur SN die Übertrittkante am Rock einzeichnen.
4. Den aufspringenden Abnäher wie abgebildet oder nach Wunsch einzeichnen und öffnen. Am Untertritt kann der Abnäher genäht werden.
5. Einschnitte für die Öffnung des Rockteils einzeichnen, die Abnäher schließen und den Saum für die gewünschte Saumweite öffnen.
6. Die Seitennaht und ggf. auch die Übertritt-Kante ausstellen.
7. Einen Ausschnittbeleg am Oberteil in gewünschter Breite einzeichnen. Am Rock einen etwas breiteren Einschlag einzeichnen.
8. Der Übertritt sollte um ca. 0,5 cm länger als der Untertritt sein, damit der Untertritt nicht am Saum hervor schaut.

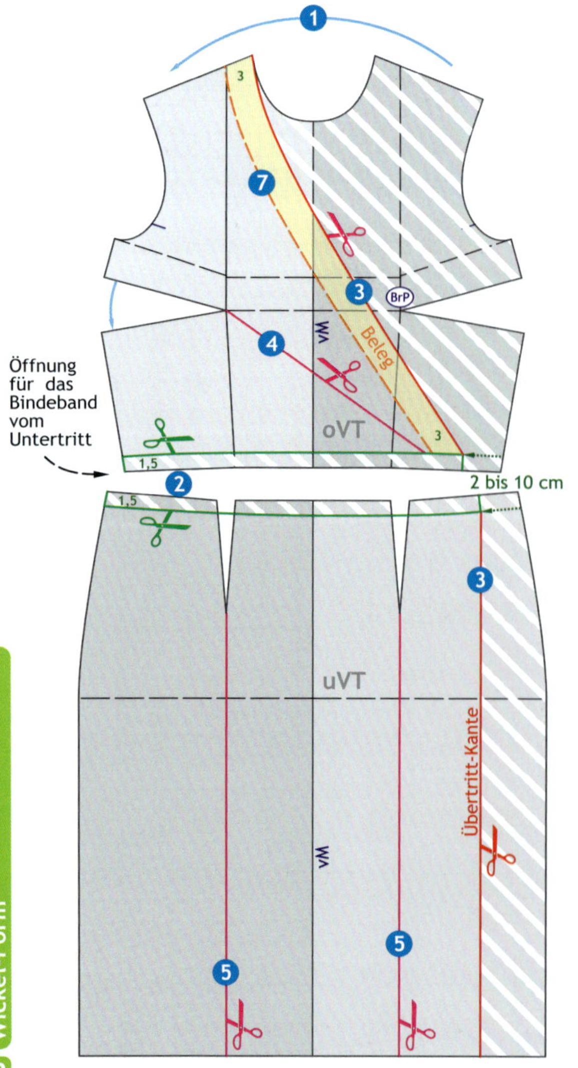

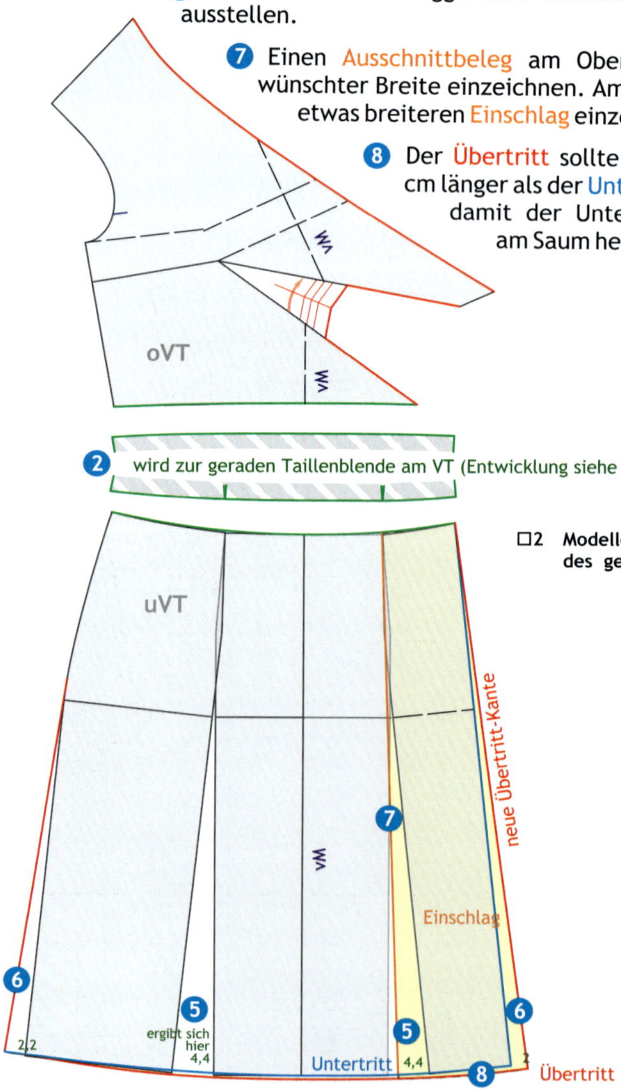

□2 Modellentwicklung des gespiegelten VT

Wickel-Form, besondere Falten, Belege, Bindeband **(2)**
mit V-Ausschnitt. Ärmel sowie Revers- und Schalkragen sind möglich

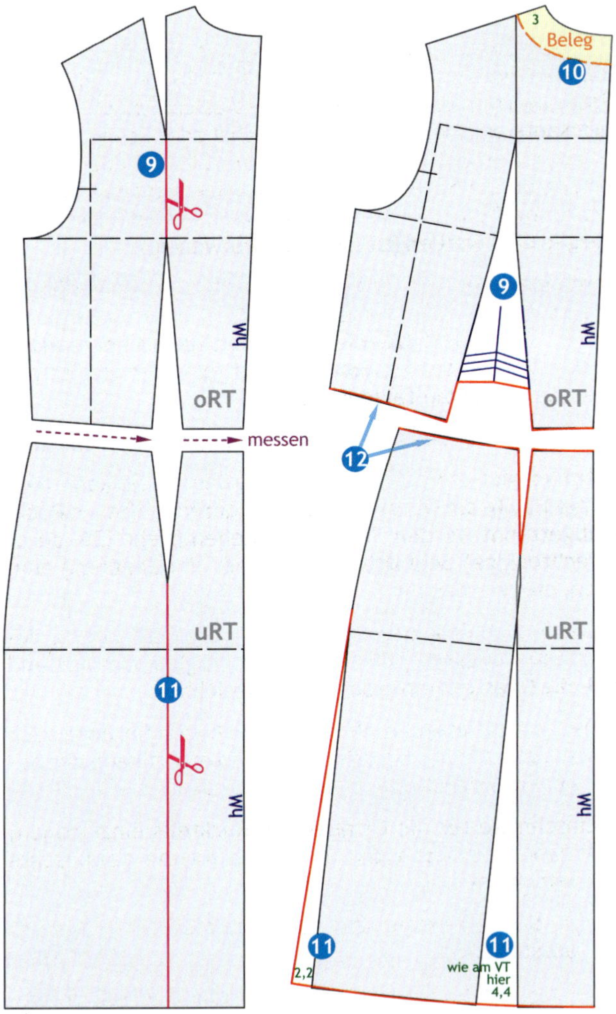

□3 Modellentwicklung des RT

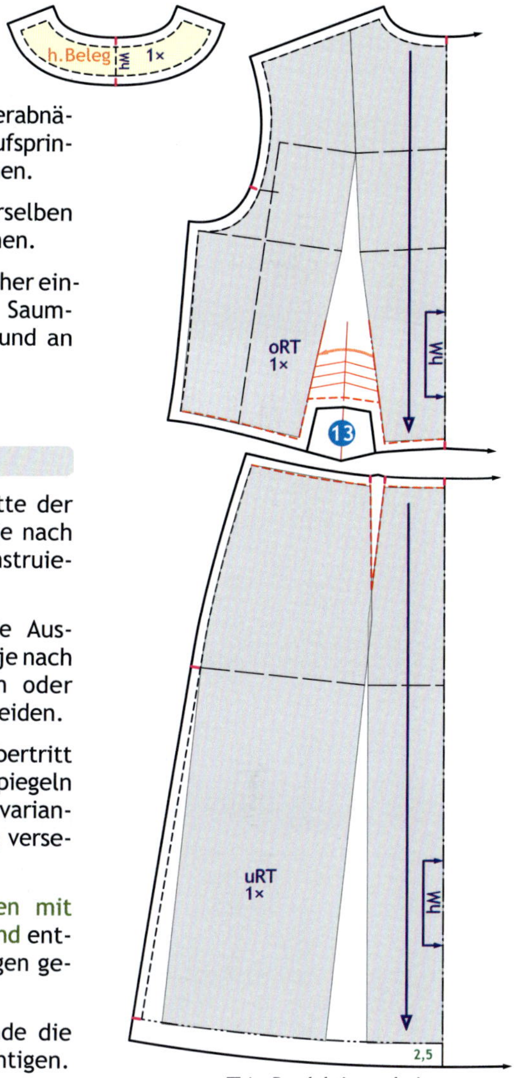

□4 Produktionsschnitte der Rückteile

9 **□3** Am RT den Schulterabnäher zulegen und für den aufspringenden Taillenabnäher öffnen.

10 Den Halsbeleg in derselben Breite wie am VT einzeichnen.

11 Das Rockteil zum Abnäher einschneiden und für mehr Saumweite wie am VT öffnen und an der SN anzeichnen.

12 Taillennähte formen.

Produktionsschnittteile

13 **□4+5** Die Rückschnitte der aufspringenden Abnäher je nach Verarbeitungsvariante konstruieren.

14 Den VT-Beleg für die Ausschnittkante kopieren und je nach Stoffqualität im geraden oder schrägen Fadenlauf zuschneiden.

15 Den Einschlag am Übertritt des Rocks an der Kante spiegeln und je nach Verarbeitungsvariante mit NZg/Saumeinschlag versehen.

16 **□6** Die Taillenblenden mit angeschnittenem Bindeband entsprechend der Abtrennungen gerade konstruieren.

17 An der Untertrittblende die Länge für das RT berücksichtigen.

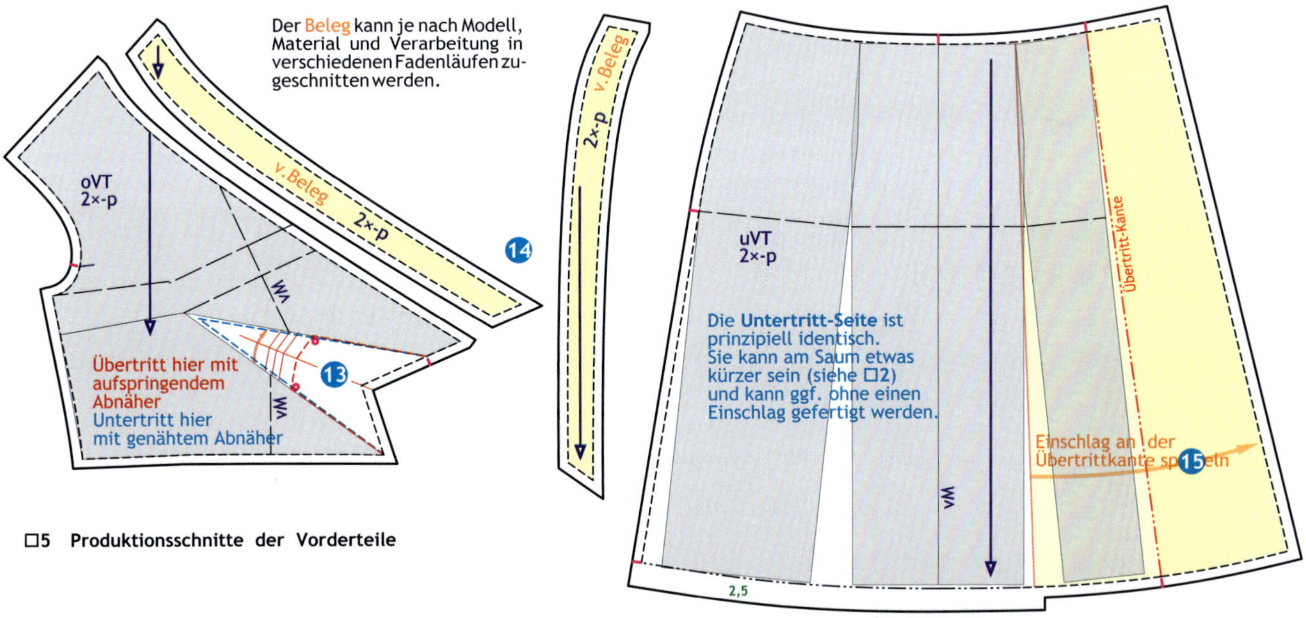

□5 Produktionsschnitte der Vorderteile

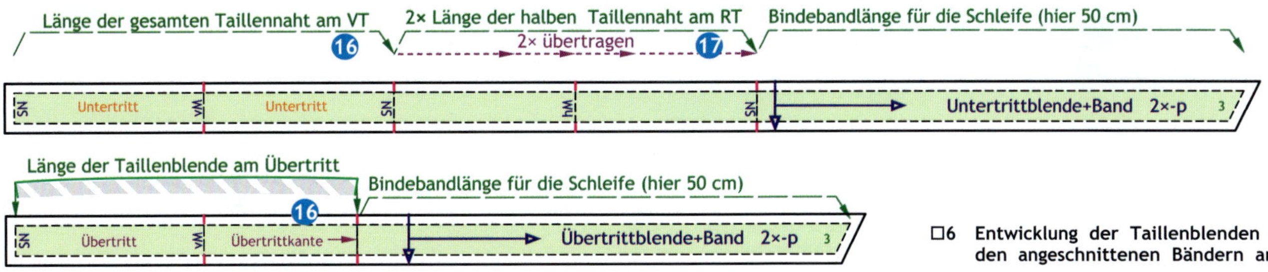

□6 Entwicklung der Taillenblenden mit den angeschnittenen Bändern am VT

Methoden der Abnäherverlegung (1)
Einschnitt-Methode, optimierter Musterverlauf am Abnäher

Einschnitt-Methode

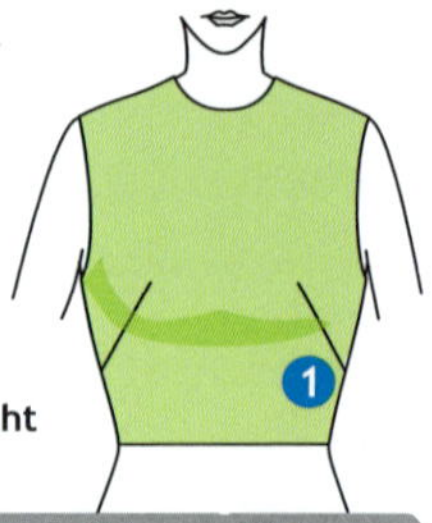

□1 Vorderteil mit steilem Abnäher aus der Seitennaht

1 Neue Abnäherposition wählen

1. Grundschnitt kopieren und den neuen Abnäher gerade oder in gewünschter Form zur ursprünglichen Abnäherspitze einzeichnen.
2. Neuen und alten Abnäher einschneiden.

2 Alten Abnäher schließen und neuen Abnäher öffnen

3. □3 Die Fläche zwischen den Einschnitten um die Abnäherspitze (ZP) drehen.

Möchte man den Schnitt nicht zerschneiden, kann man auch die Fläche zwischen den Einschnittlinien kopieren, den alten Abnäher zulegen und dort aufkleben.

3 Ausformen

4. □4 Die Taillennaht an der alten Abnäherposition ausformen.
5. Den neuen Abnäher mit Papier unterkleben und um ca. 2 cm kürzen.
6. Den Rückschnitt vornehmen, dabei den Abnäher an den **neuen** Schenkeln falten und je nach Verarbeitung legen. Den Rückschnitt vornehmen, siehe auch Seite 235

4 Produktionsschnitt

7. □5 Die NZg anzeichnen, sie ist am Rückschnitt immer dieselbe wie an der Naht.
8. Die Knipse und Bohrlöcher markieren. Abstand zur Abnäherspitze ist 2 cm.

Den Brustpunkt zur Orientierung auf dem Schnitt immer markieren.

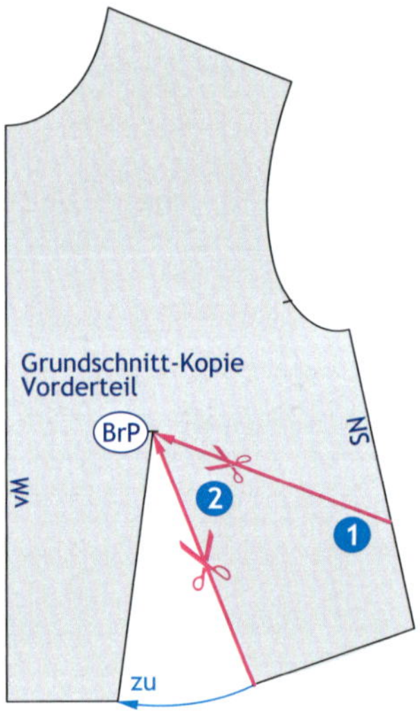

□2 Neuen Abnäher einzeichnen und einschneiden

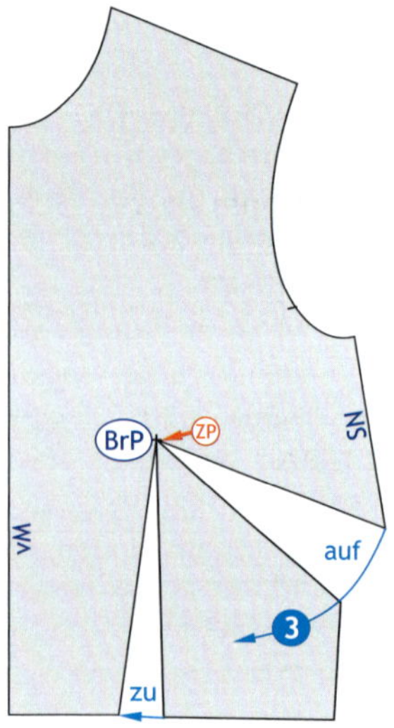

□3 Zu verlegende Fläche um den BrP (=ZP) drehen und befestigen

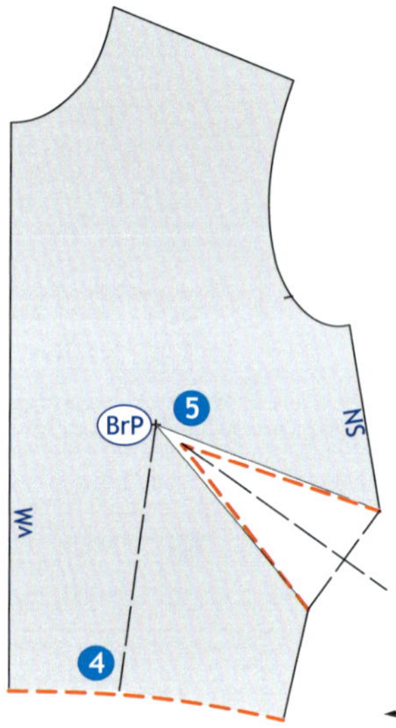

□4 Ausformen und Rückschnitt am Abnäher

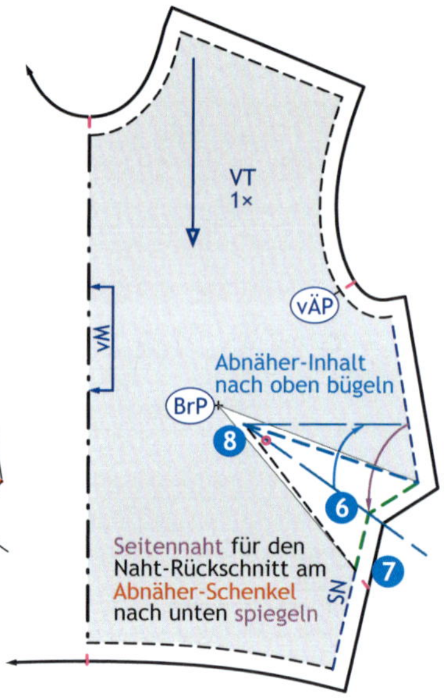

□5 Produktionsschnitt

Abnäher mit optimiertem Musterverlauf bei Streifen- und Karomustern

□1 Wird der Musterverlauf an einer Naht oder einem Abnäher unterbrochen, kann dies entweder interessant oder aber auch störend wirken.

□2 Es gibt an der Seitennaht **nur eine Abnäherposition**, an der senkrechte Musterverlauf am Abnäher ineinander übergeht.

Die □3 und □4 zeigen auf, wie diese Abnäherposition gefunden wird. Bei □5 ist der Abnäher geöffnet sowie mit Rückschnitt und Nahtzugaben versehen (siehe S. 25).

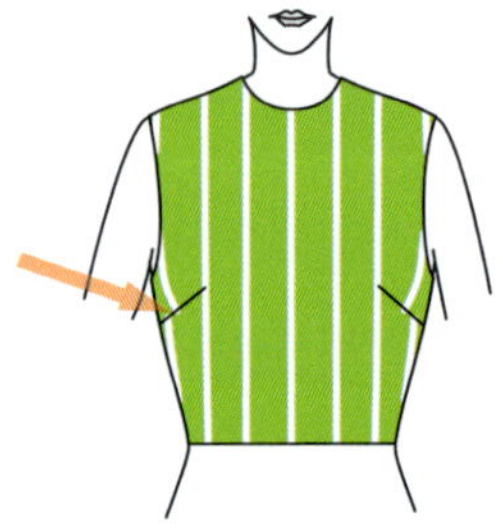

□1
Nicht passender Musterübergang

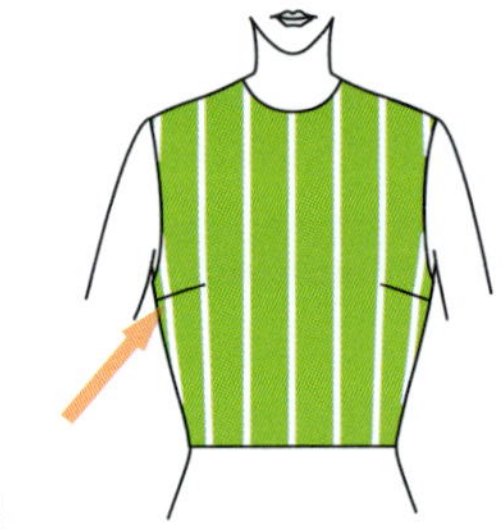

□2
Optimaler Musterübergang

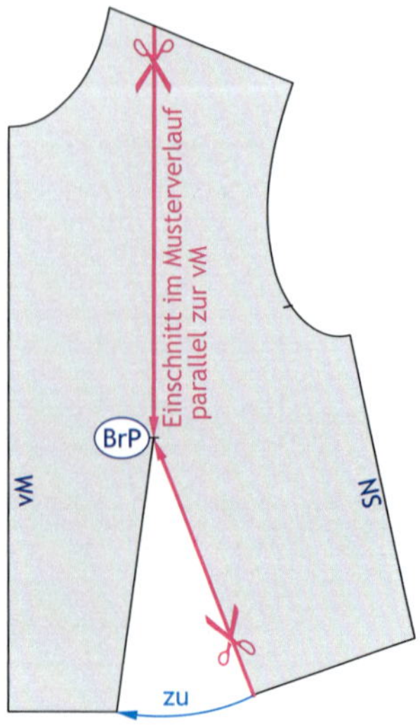

□3 Provisorische Abnäherverlegung im Musterverlauf

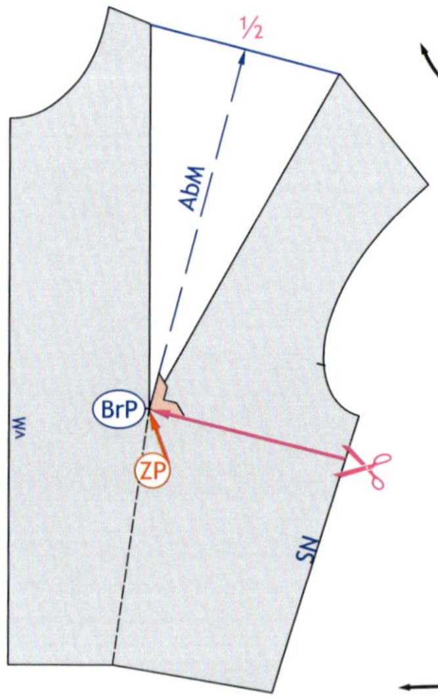

□4 Neue Abnäherposition rechtwinklig zur Abnähermitte einzeichnen und einschneiden

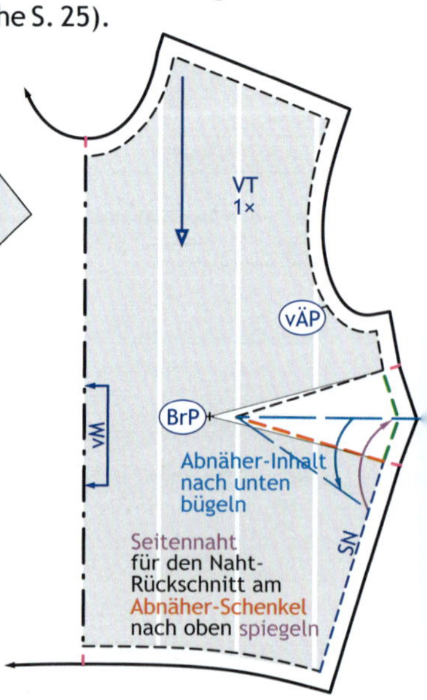

□5 Neuen Abnäher öffnen, kürzen und mit Rückschnitt

Methoden der Abnäherverlegung (2)
Dreh-Methode

Vorteile der Einschnitt-Methode (siehe vorhergehende Seite)

- Die Arbeitsweise ist leicht nachvollziehbar.
- Beliebige Formen von Abnähern, z.B. runde Abnäher, **können nur** mit dieser Methode gestaltet und verlegt werden (□**1**).
- Die Aufteilung eines Abnähers in mehrere Abnäher ist einfacher (□**2**).
- Komplizierte Abnäherverlegungen wie asymmetrische oder sich kreuzende Abnäher (□**3+4**) sind möglich.

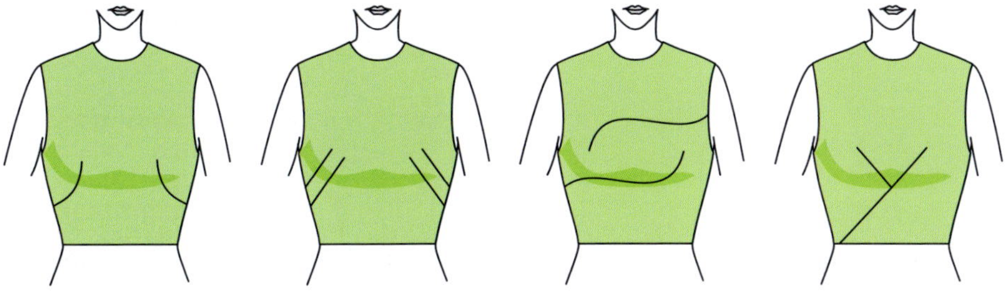

□1 Geschweifte Abnäher

□2 Parallele Abnäher

□3 Asymmetrische Abnäher

□4 Asymmetrische, sich kreuzende Abnäher

Dreh-Methode

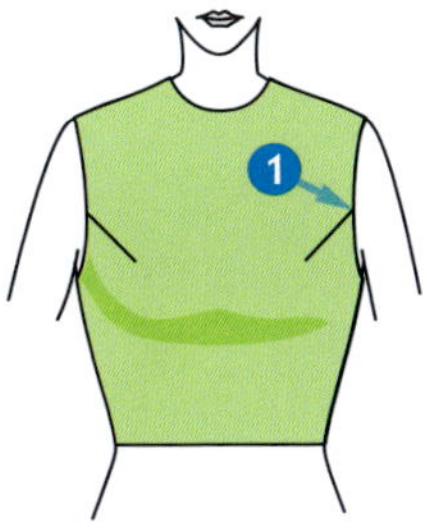

□1 Vorderteil mit Abnäher aus dem Armloch

1. Eine Grundschnitt-Schablone aus festem Material (z.B. aus Pappe) wird beim Verlegen des Abnähers wie beschrieben auf einem Arbeitsblatt um den Brustpunkt (bzw. um die Abnäherspitze) gedreht.

2. Alternativ kann der Grundschnitt auch unter dem Arbeitsblatt liegen.

Beim Verlegen des Abnähers wird das Schnittpapier gedreht, die Grundschnittlinien werden durchgepaust.

Für diese zeitsparende Technik benötigt man keine Kopie des Grundschnitts und erspart sich das Einschneiden und Kleben bei der Abnäherverlegung.

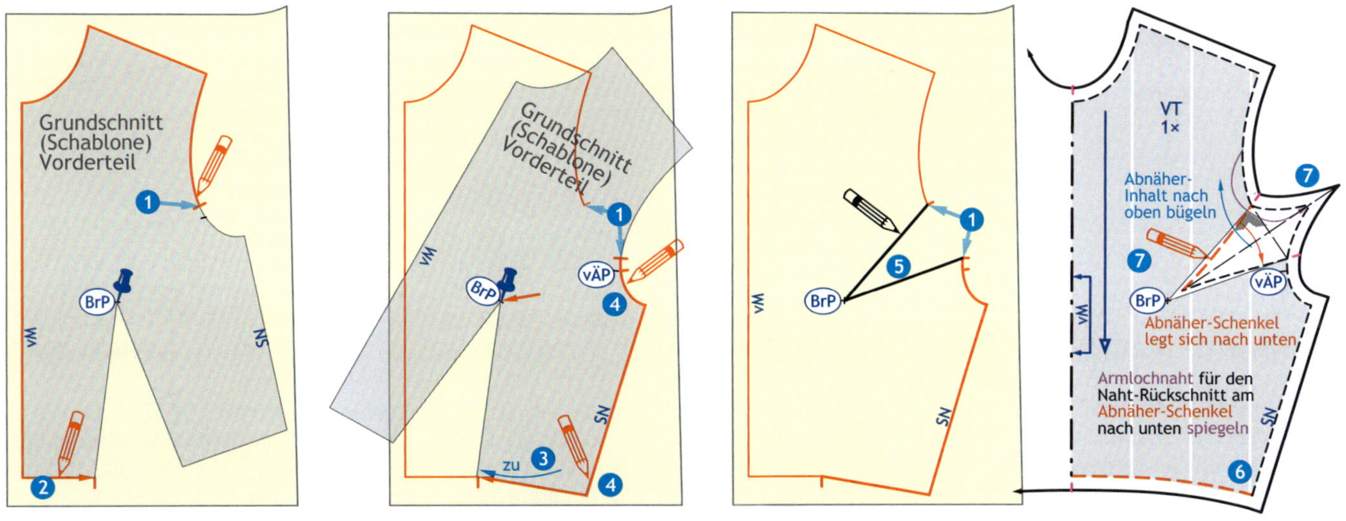

□2 Abnäherposition wählen und Schablone bis zum zu verlegenden Abnäher umzeichnen

□3 Schablone drehen, dabei den Abnäher zulegen und den Rest der Schablonenkontur umzeichnen

□4 Von den entstandenen Enden der Schablonenkontur den Abnäher zeichnen

□5 Für den Produktionsschnitt den Abnäher kürzen und formen

1 Abnäherposition

1. □**2** Die Schablone auf das Schnittpapier legen und die neue Abnäherposition auf Papier und an der Kontur der Schablone mit Bleistift markieren.
2. Von dort die Fläche des Schnitts, die in ihrer Lage bestehen bleiben soll, an der Schablonenkontur bis zum alten (zu verlegenden) Abnäherschenkel umfahren; Abnäherposition markieren.

2 Schablone drehen

3. □**3** Die Schablone um den Brustpunkt (BrP) so drehen, dass der Abnäher geschlossen wird.
4. Von der Abnähermarkierung (P1), die restliche Schablonenkontur umfahren und den vÄP markieren.

3 Abnäher zeichnen

5. □**4** Die Schablone entfernen und den **neuen Abnäher** zeichnen.

4 Produktionsschnitt

6. □**5** Taillennaht neu formen.
7. Abnäher kürzen, ggf. formen und einen Rückschnitt vornehmen; NZg anzeichnen und beschriften.

Rückschnitte an Abnähern und Falten
Abnähergröße und Passform

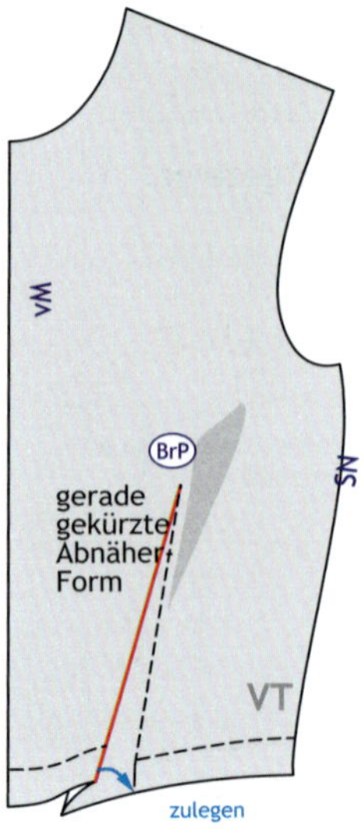

□2 Abnäher/Falte exakt falten

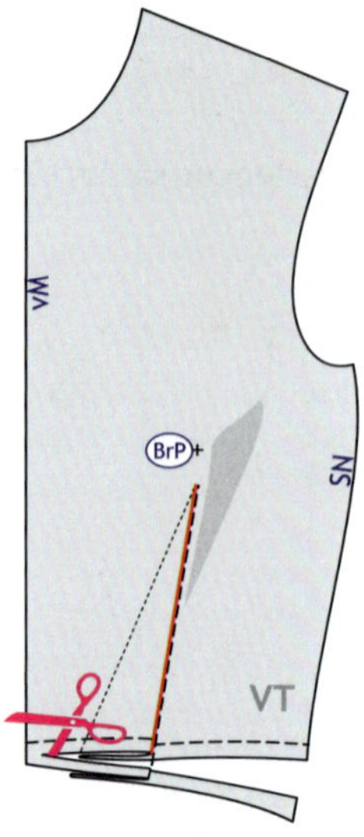

□3 Naht/Nahtzugabe zurückschneiden

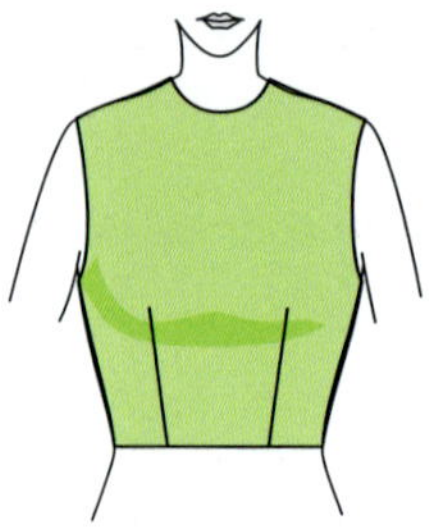

Rückschnitt durch Falten und abschneiden

An der Abnäherbreite wird der Abnäher, bzw. der Falteninhalt mitgesteppt. Dort entsteht der Rückschnitt:

□2 Hier ist der Abnäherinhalt zur vM (links vom Abnäher) gebügelt. Der linke Abnäherschenkel liegt jetzt auf dem rechten Schenkel.

□3 Anschließend exakt an der Naht (hier an der Taillennaht) zurückschneiden. Bei Rückschnitten **am Stoff** oder an **Produktionsschnitten** wird (wie hier) **an der Nahtzugabe** geschnitten.

□7 Beim Auffalten des Schnitts entsteht der Rückschnitt.

Konstruktion eines Rückschnitts

□**4-7** Alternativ kann der Rückschnitt durch Spiegeln derjenigen Ansatznaht, unter der der Abnäherinhalt liegt, konstruiert werden. Spiegellinie ist hier der linke Abnäherschenkel (Faltenkante bzw. der Faltenaußenbruch).

1. Abnäherbreite halbieren und die Abnähermitte zeichnen.

2. Rechtwinklig zum Abnäher, an dem gespiegelt, bzw. gebügelt oder gefaltet wird so lange ein transparentes Lineal verschieben, bis zwischen Abnähermitte und Ansatznaht die Abstände identisch sind.

3. Zu diesem Punkt an der Abnähermitte die Rückschnittnaht zeichnen.

4. Für eine Falte muss der Abnäher zuvor nicht gekürzt worden sein.

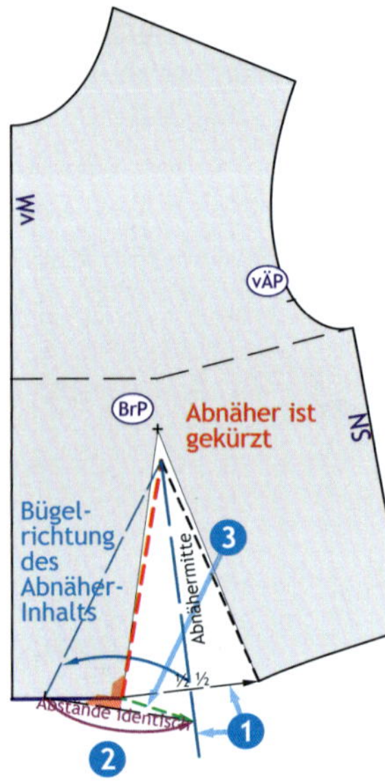

□4 Rückschnitt konstruieren

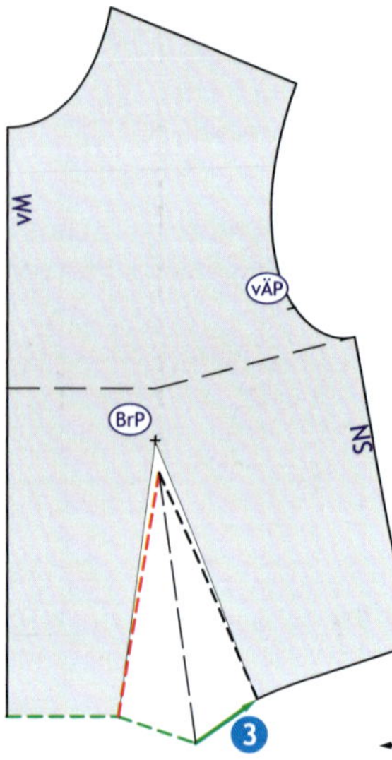

□5 Rückschnitt-Naht fertig

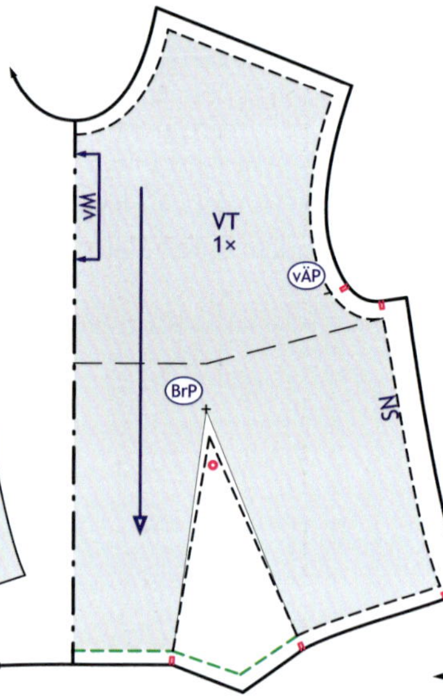

□6 Produktionsschnitt mit Abnäher

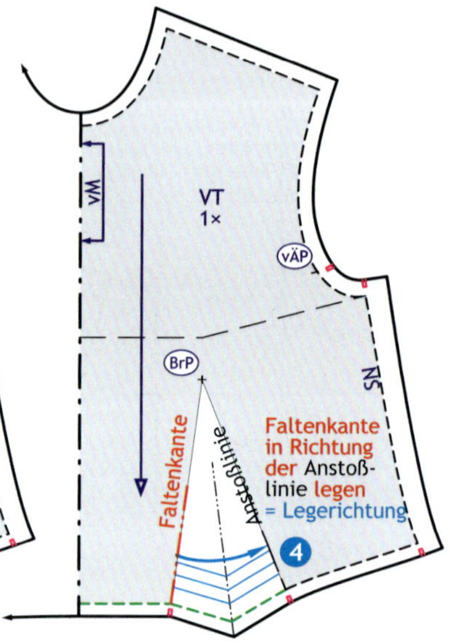

□7 Produktionsschnitt mit Falte

Passt ein Schnitt nach einer Abnäherverlegung überhaupt, wenn der Abnäher anschließend viel größer oder kleiner ist?

Ein Abnäher kann an die verschiedensten Positionen der Kontur eines Schnitts verlegt werden.

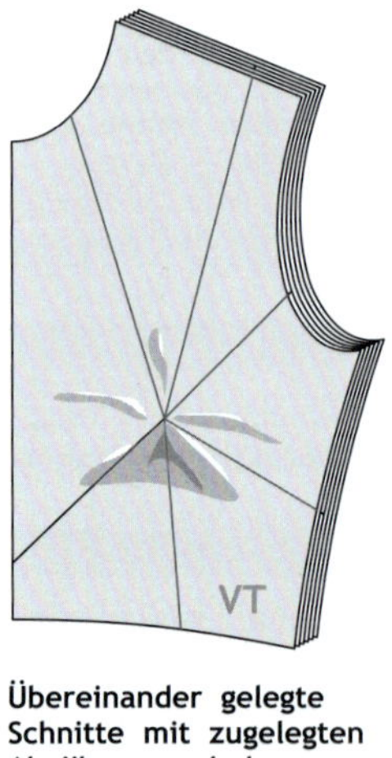

□1 Übereinander gelegte Schnitte mit zugelegten Abnähern und der Wölbung am Brustpunkt.

Die Schnittflächen verändern sich dabei erheblich. Es stellt sich nun die Frage, ob sich diese verschiedenen Schnitte der Körperform alle gleich gut anpassen.

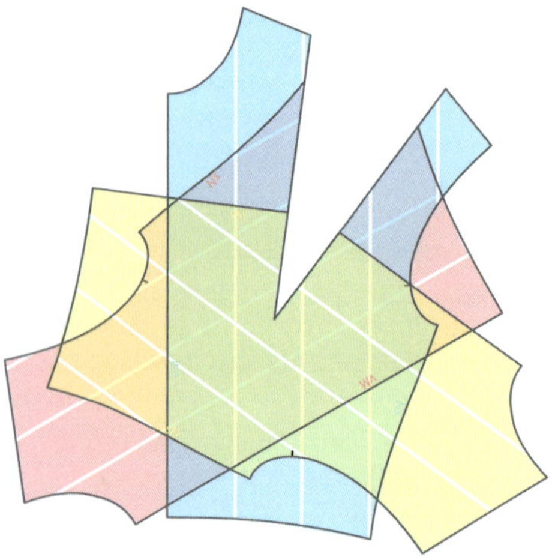

□2 Am Abnäher übereinander gelegte Schnitte

Um dies zu überprüfen, kann man an einigen der Schnitte die Abnäher zukleben bzw. bei einem Test mit Stoff zusammenstecken oder zunähen.

□1 So ergibt sich an jedem der Vorderteile exakt dieselbe Wölbung:

Die Passform bleibt tatsächlich gleich!

Dies scheint so zu sein, obwohl die Abnäherinhalte (Abnäher-Flächen) und die Abnäherlängen nach der Abnäherverlegung an einem Schnitt nahezu alle verschieden groß sind.

□2 Ein weiteres Experiment verdeutlicht den Zusammenhang:

Man legt verschiedene Abnäherverlegungen eines Grundschnitts an der Abnäherspitze und den Abnäherschenkeln passgenau übereinander:

Die Abnäherwinkel sind alle identisch!

Varianten der Brustabnäher-Verlegung

Auf der Grundschnittschablone in □1 ist der Faden- bzw. der Musterverlauf z.B. eines Streifenstoffs aufgedruckt. Dieser Musterverlauf findet sich wieder auf der Modellskizze für das genähte Modell.

Durch die unterschiedlichen Abnäherpositionen und die dadurch entstandenen Formen der Schnittteile ergeben sich verschiedene Musterverläufe an den genähten Vorderteilen. 185 186

Methoden der Abnäherverlegung sind ab Seite 410 gezeigt.

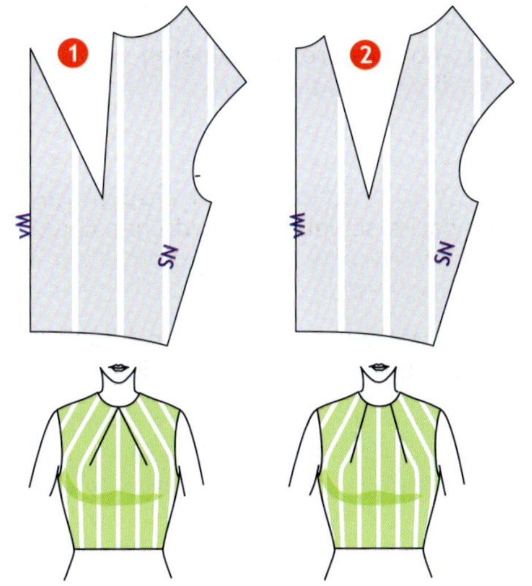

Insbesondere bei Abnähern die aus Ecken (1 3 5 9 11) und Nähten (12 13 14) entspringen ist die Verarbeitung etwas schwierig, aber nicht unmöglich.

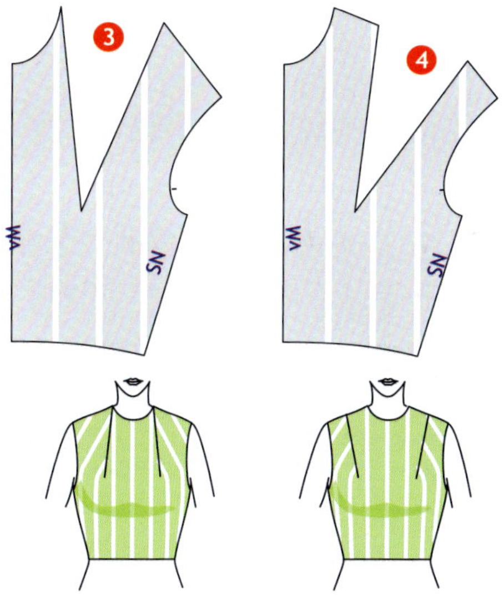

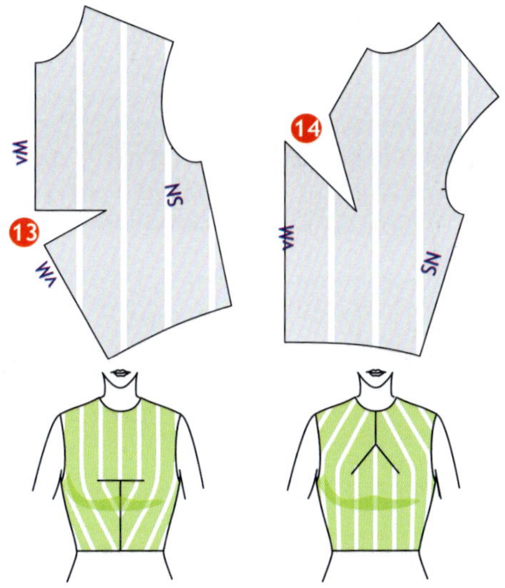

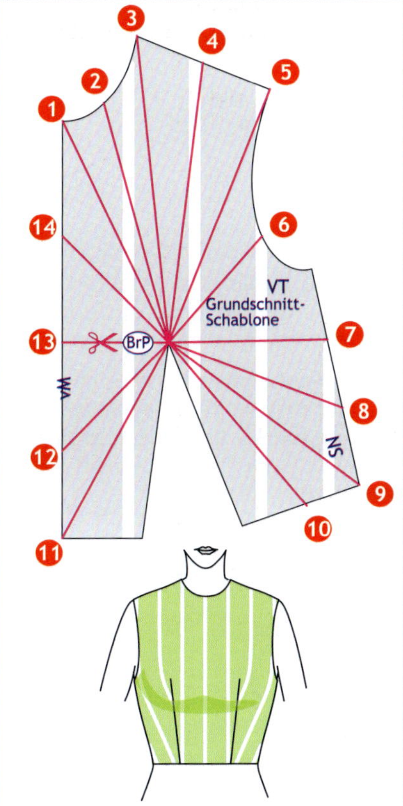

□2 Taillierte VT-Schablone mit Faden- bzw. Musterverlauf und 14 möglichen Abnäherpositionen

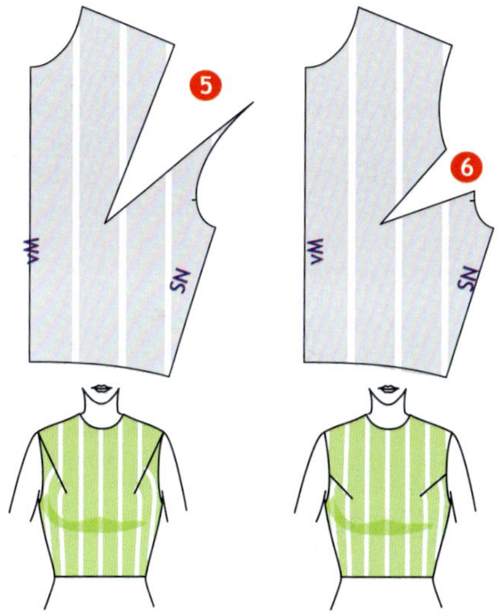

□1 14 Modell-Skizzen mit Faden- bzw. Musterverlauf sowie die jeweiligen Schnitte

Gestaltung und Verarbeitung von Abnäherflächen (1)
Abnäher, aufspringender Abnäher, gelegte Falte,

Abnäherformung

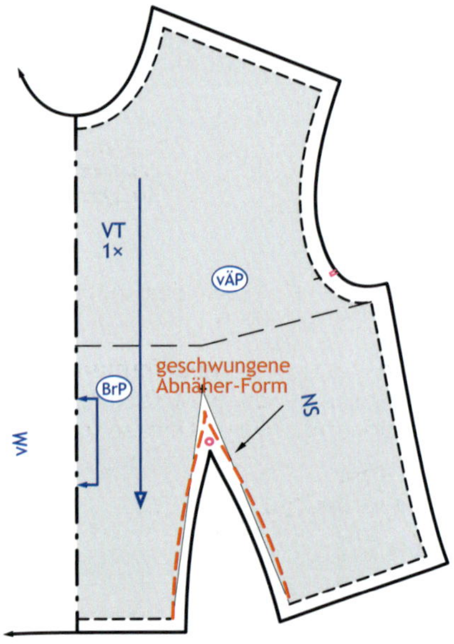

□1 Produktionsschnitt mit geformtem Abnäher

Entsprechend der **Körperform** können bei starker Taillierung die Schenkel der Taillenabnäher geformt werden.

In □3 sieht man, wie die gerade Abnäherform zwar die notwendige Formung für die Brust in die Stofffläche bringt, aber es bleibt ein Hohlraum unter der Brust.

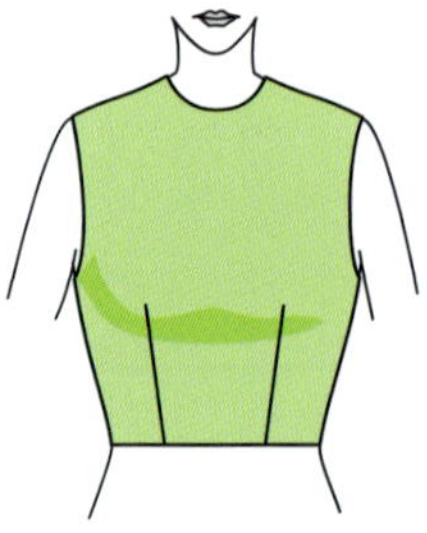

□2 Modell mit Taillenabnähern

□1 Die hier dargestellte Abnäherform entfernt unter der Brust etwas Weite. Das Vorderteil wird ideal geformt.

Bei stark geformten Abnähern wird, abhängig von der Stoffqualität, der Abnäherinhalt herausgeschnitten. Ein zur Seite gebügelter Abnäher könnte Schrägzüge verursachen.

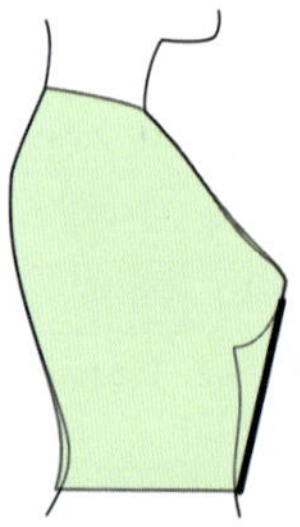

□3 Seitenansicht bei geradem Abnäher

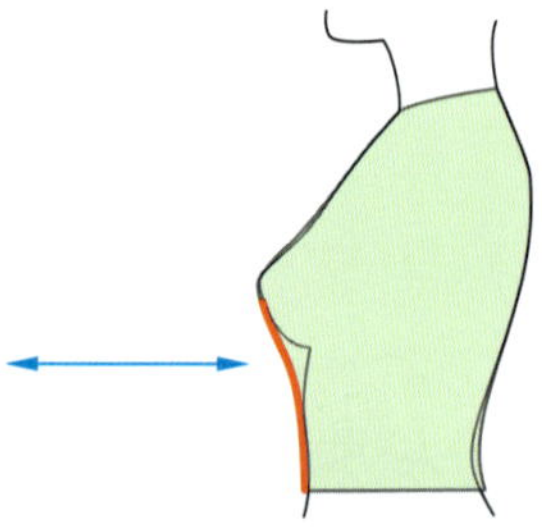

□4 Seitenansicht bei geformtem Abnäher

Gestalterische Alternativen von Abnähern

Abnäherinhalte können nicht nur genäht oder verlegt oder aufgeteilt werden. Sie können auch als Mehrweite in den Saum gelegt oder als Kräuselweite in einer Naht belassen werden. Auch ungenäht als Falte oder als aufspringender Abnäher (unvollständig genähter Abnäher) können Schnitte mit Abnähern interessant gestaltet und verarbeitet werden.

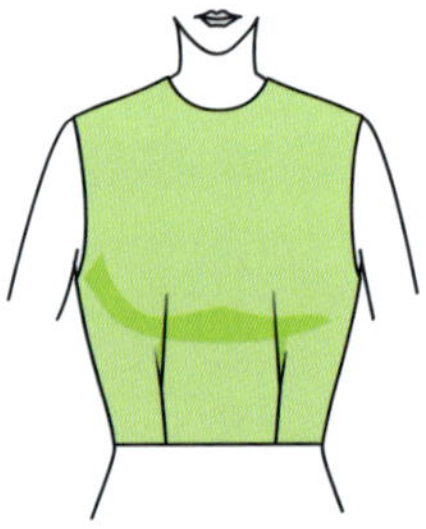

□1 Aufspringender Abnäher: Abnäherspitze springt als Falte auf

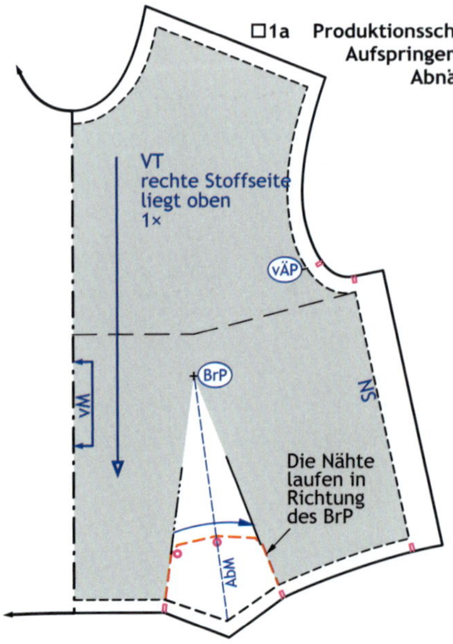

□1a Produktionsschnitt Aufspringender Abnäher

Während ein Abnäher komplett genäht wird, werden die anderen Variationen nur teilweise oder gar nicht genäht.

Der Unterschied zwischen einem Abnäher und einer Abnäher-Variation ist außerdem die Art und Weise, wie sie am Schnitt markiert und im Stoff weiterverarbeitet wird.

Aufspringender Abnäher

□1 Wird ein Abnäher nicht vollständig ausgenäht, springt die Abnäherspitze mehr oder weniger lang als Falte auf (z.B. Seite 421+422). Wird der Abnäher "auf den Kopf" gebügelt (Abnäherinhalt liegt beidseitig der Abnäher-Naht), springt die Falte wie eine Kellerfalte beidseitig auf (siehe □3).

□1a Am Schnitt wird der aufspringende Abnäher nicht gekürzt und der Schnitt ist mit einem Rückschnitt zu versehen. Die gewünschte Nahtlänge wird mit einem Bohrloch neben der Naht und in der Abnähermitte markiert. An die NZg kommen Knipse zur Markierung des Abnäherinhalts.

Gelegte Falte

□2 Siehe auch Seite 419+423. Sie wird genauso wie der Faltenabnäher konstruiert und markiert, mit Ausnahme der Bohrlöcher.

Faltenbruch und Faltenanstoßlinie werden durch den Pfeil definiert, der die Legerichtung der Falte angibt. Die Schraffuren im Abnäher kennzeichnen die Fläche als Falte.

Dekorative weich gelegte Falten werden als **Drapierung** bezeichnet.

Diese Variationen können prinzipiell an allen Abnähern von Schnitten für Bekleidung verwendet werden.

Die entstehenden Effekte sind vielfältig und abhängig vom verwendeten Material. Die geplante Wirkung sollte vor der Produktion eines Modells möglichst im Originalstoff ausprobiert werden.

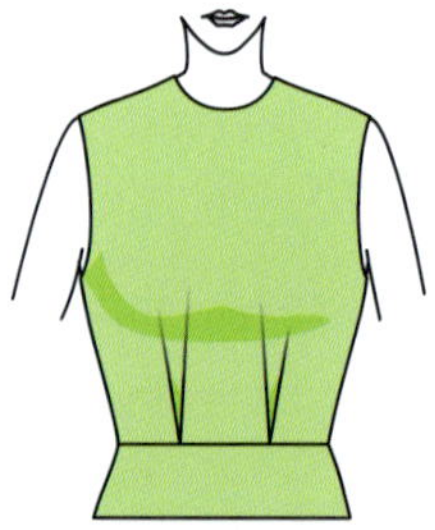

□2 Gelegte Falte: Die Abnäher am Ansatz als Falten legen

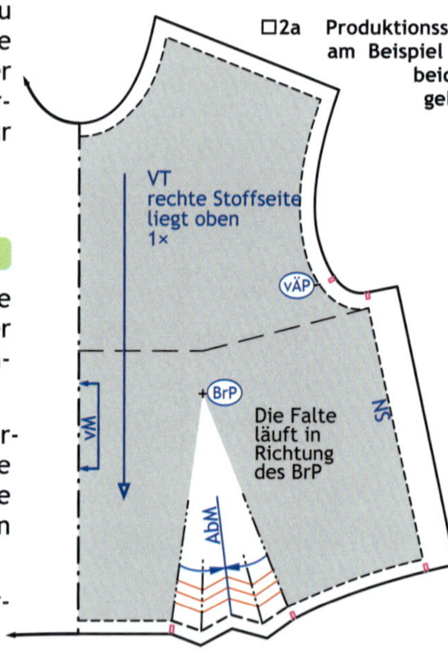

□2a Produktionsschnitt am Beispiel einer beidseitig gelegten Falte

Glockige Weite

□3 Der Abnäherinhalt kann auch zur Vergrößerung der Saumweite verwendet werden.

□3a An der Seitennaht des Vorderteils wird die Hälfte des Abnäherinhalts angezeichnet. Eventuell das Modell verlängern. Die Seitennaht ausstellen, als Gerade zeichnen und den Saum rechtwinklig zur Seitennaht formen.

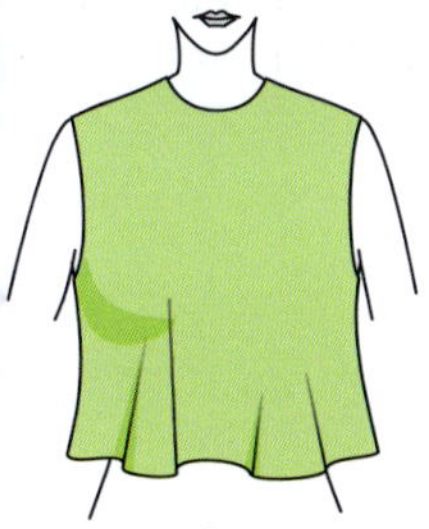

□3 Glockige Weite: Abnäherfläche in den Saum legen

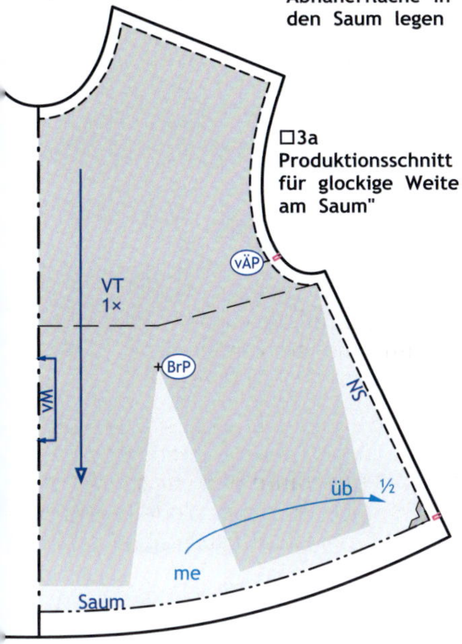

□3a Produktionsschnitt für glockige Weite am Saum"

Kräuselungen

□4 sind unregelmäßig gelegte Fältchen, die entstehen, wenn zwei deutlich unterschiedlich lange Nahtstrecken aneinander genäht werden. Die Naht des gekräuselten Schnittteils ist um die Kräuselweite länger. Hier wird die Kräuselung in der Passennaht befestigt.

1. **□4a** Passennaht einzeichnen.
2. mindestens drei Einschnitte für die Kräuselung einzeichnen
3. und den Kräuselbereich an der Passennaht markieren.
4. **□4b** Die Passe abtrennen und
5. am unteren VT die Einschnitte für die Kräuselung öffnen.
6. Die Ansatznaht neu formen, den Kräuselbereich mit Kräuselzeichen markieren. NZg und Knipse setzen.

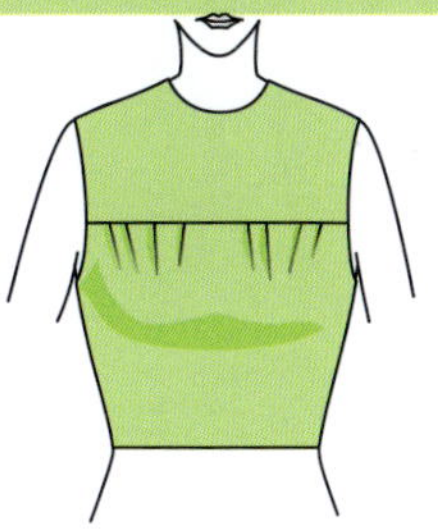

□4 Kräuselung: Abnäherinhalt wird gekräuselt

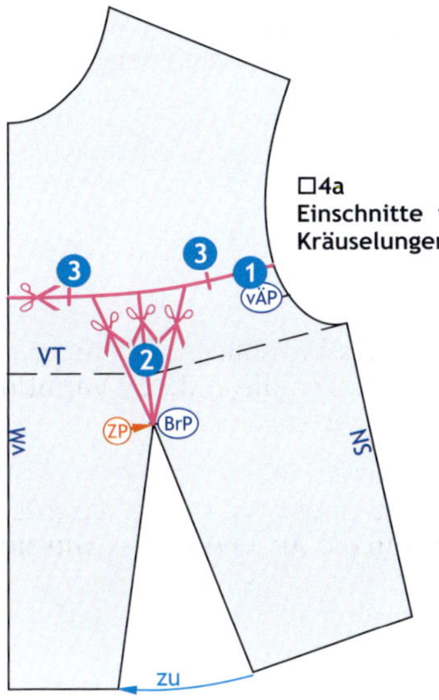

□4a Einschnitte für Kräuselungen

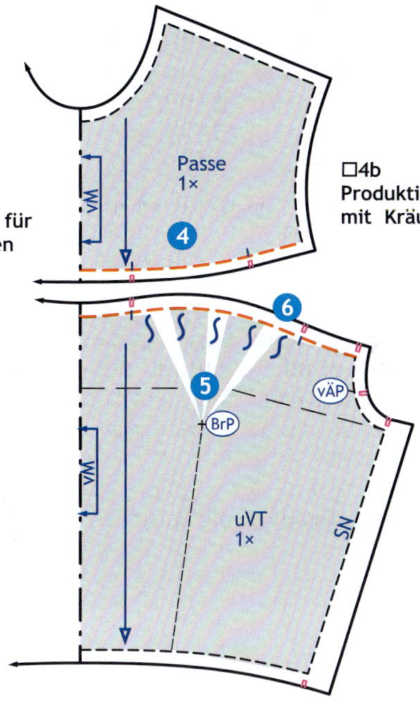

□4b Produktionsschnitt mit Kräuselung

Einfluss des Zuschnitts auf den Musterverlauf und auf den Produktionsschnitt (und damit auf die Fertigung)

□5 Schnitt und Modellskizze: Schräger Abnäher aus der vM, obere vM im Musterverlauf

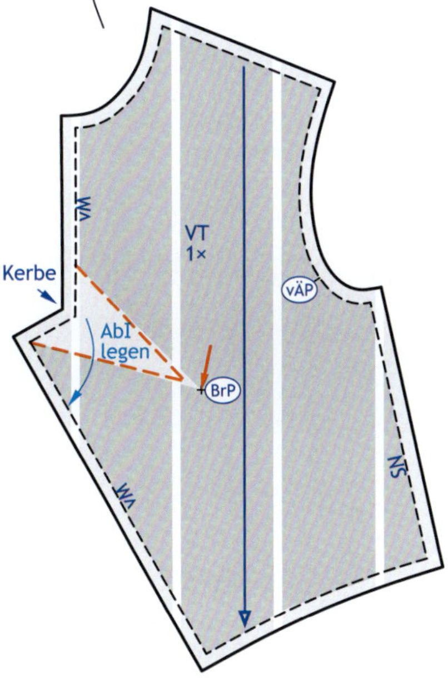

An der Abnäher-Variante Nr. 14 von Seite 259 kann demonstriert werden, welchen Einfluss der Zuschnitt auf Optik und Verarbeitung eines Kleidungsstücks hat.

□5 Oberhalb der Brust verläuft das Muster senkrecht. Dies ist auch der Fadenlauf. Das Muster unterhalb der Brust kippt in den schrägen Faden- bzw. Musterverlauf.

Es ist hier nicht möglich, die obere vM im Stoffbruch zuzuschneiden. Somit ist an der gesamten vM eine Naht. Der Abnäher kann nach oben oder nach unten gelegt werden.

□6 Das Muster verläuft hier unter der Brust parallel zur vM im Stoffbruch, also im Fadenlauf. Dadurch kippt das Muster an der Schulter in den schrägen Faden- bzw. Musterverlauf. Unterhalb des Abnähers verläuft das Schnittteil im Stoffbruch und der Abnäherinhalt muss komplett nach oben gebügelt werden.

□6 Schnitt und Modellskizze: Schräger Abnäher aus der vM, untere vM im Musterverlauf

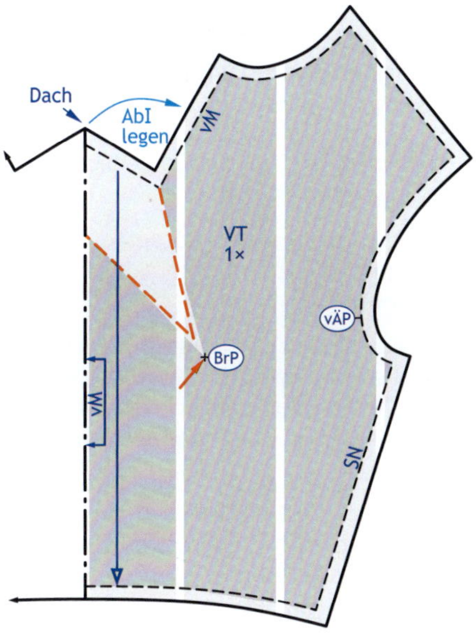

Naht- und Ausschnitt-Optimierung nahe der Brust
Ausschnitt Reduzierungen

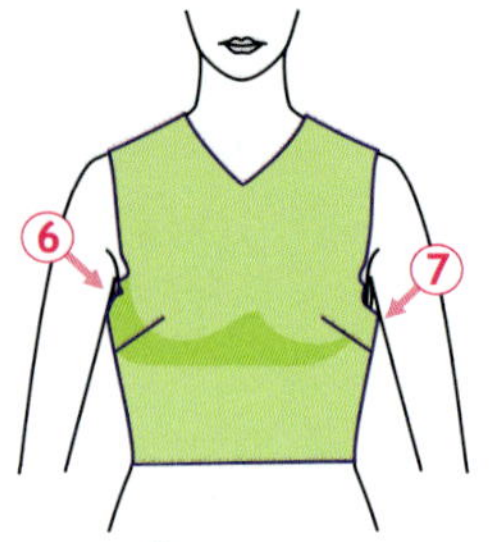

□1 Ärmelloses OT

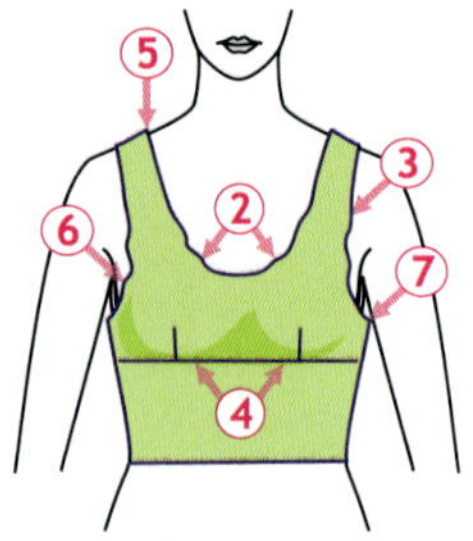

□2 Träger-Top mit Empire-Naht

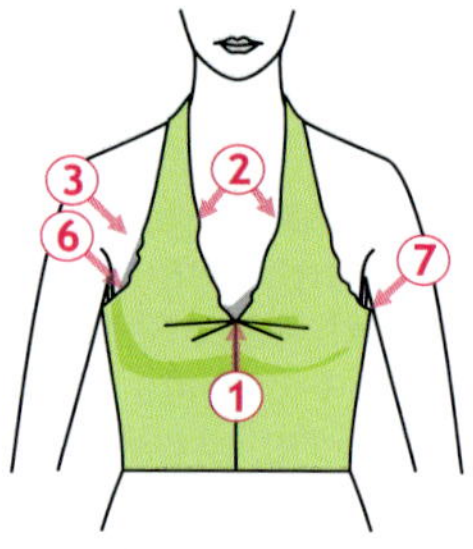

□3 Oberteil mit Neckholder

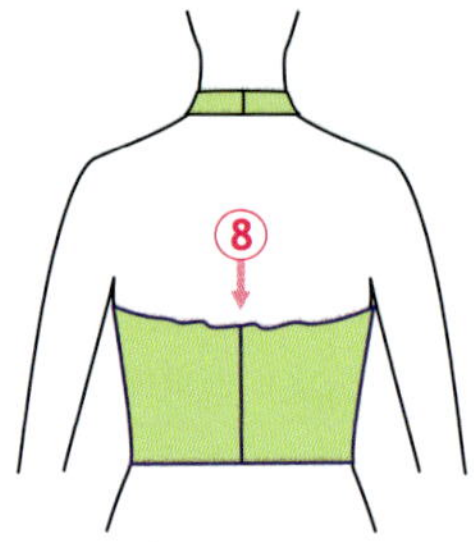

□4 Rückteil des Neckholder-OT

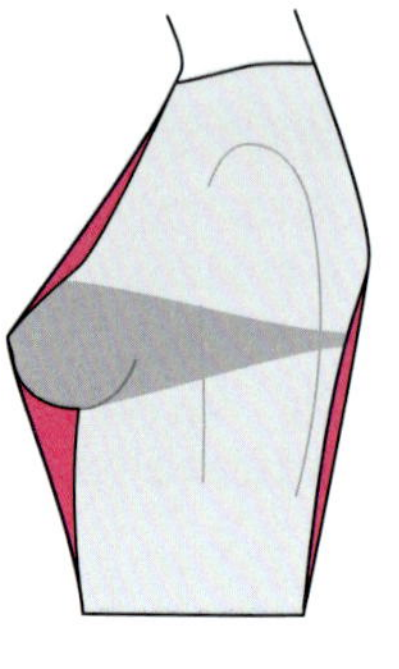

□5 Hohlräume zwischen Grundschnitt und Körper

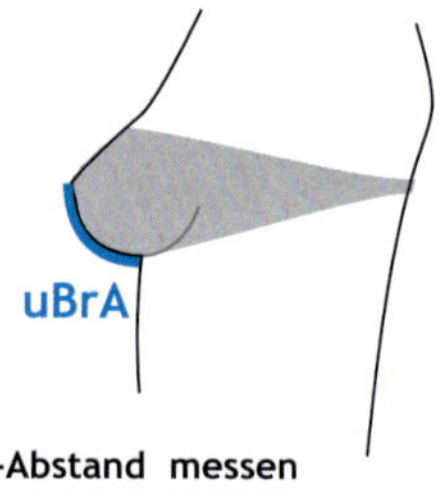

□6 Unterbrust-Abstand messen

Passformprobleme an Ausschnitten

□1-4 Modellabwandlungen mit größeren Ausschnitten an Hals und Armloch weisen zunächst unschöne Weiten an diversen Ausschnitt-Kanten auf. Sie liegen nicht am Körper an (Pfeile).

An diesen Stellen besitzt der Köper unterschiedlich tiefe Vertiefungen, die mit dem Grundschnitt nicht berücksichtigt werden konnten. **□5** zeigt einige dieser Bereiche zwischen dem Grundschnitt und dem Körper. Diese Vertiefungen können individuell gemessen werden, siehe **□7**, um den Modellschnitt bereits während der Modellabwandlung zu optimieren.

Hier werden die Messungen am Körper und die Optimierungen während der Modellschnitt-Abwandlung gezeigt.

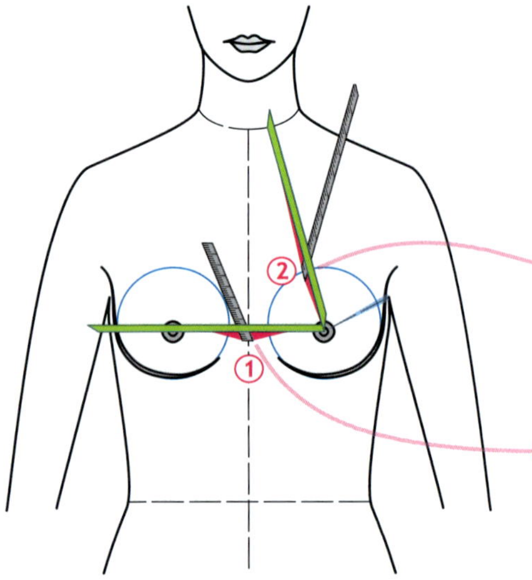

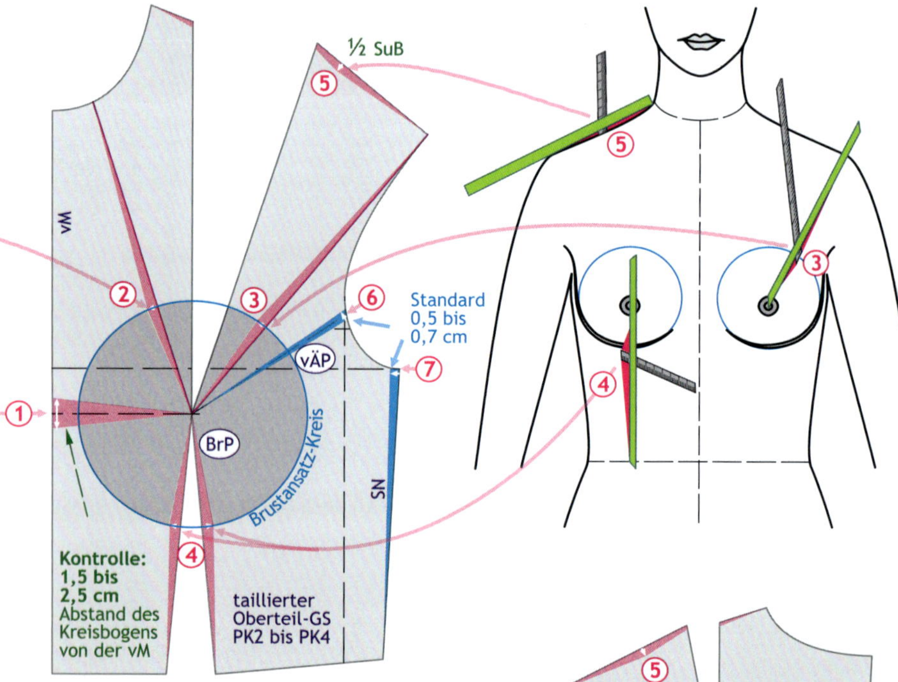

□7 Reduzierflächen am Brustansatz mittels zusätzlicher Körpermessungen

Reduzierbeträge bestimmen

Für die hier abgebildeten eng anliegenden Modelle werden üblicherweise Grundschnitte in den Passformklassen **PK2** bis **PK4** verwendet.

□6 Den Unterbrust-Abstand (uBrA) am Körper messen. Dieser ist der Radius für den Brustansatz-Kreis um den BrP. Zur Kontrolle sollte der Abstand zum Kreis bei großen Brüsten eher weniger ca. 1,5 cm und bei kleinen Brüsten eher mehr, ca. 2,5 cm von der vM sein. Eine weitere Möglichkeit für die Berechnung des Radius wäre: ½ BrB – 2 cm

An der Figur werden Körpervertiefungen an fünf Stellen wie skizziert gemessen:

① Ein Lineal auf beide Brüste legen und die Tiefe zwischen den Brüsten messen. Diesen Betrag am Schnitt an der vM und am Kreis in Brusthöhe entfernen.

② Das Lineal an den Halsansatz ca. 3 cm neben die vM legen und die tiefste Stelle oberhalb der Brust messen. Am Schnitt am Kreisbogen wie skizziert einzeichnen.

③ ④ Ebenso zwischen Brust und Schulterknochen sowie zwischen Brust und Taille verfahren.

⑤ Zwischen seitlichem Halsansatz und Schulterknochen ebenso messen.

⑥ ⑦ Am Armloch und an der Seitennaht den Standardbetrag nur bei ärmellosen Modellen entfernen.

⑧ Am Rückteil die Abnäherbreite auf die Schulterblattlinie verlängern. So entsteht automatisch die Reduzierfläche.

Nähte und Kanten, die über diese farbig markierten Flächen verlaufen, werden um die entsprechende Fläche zum Brustpunkt reduziert.

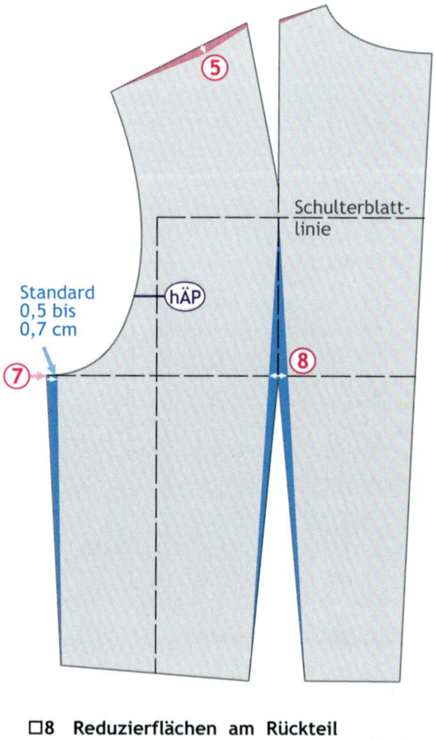

□8 Reduzierflächen am Rückteil

Regeln zur Konstruktion von Ausschnitten (1)
mit Passform-Optimierung

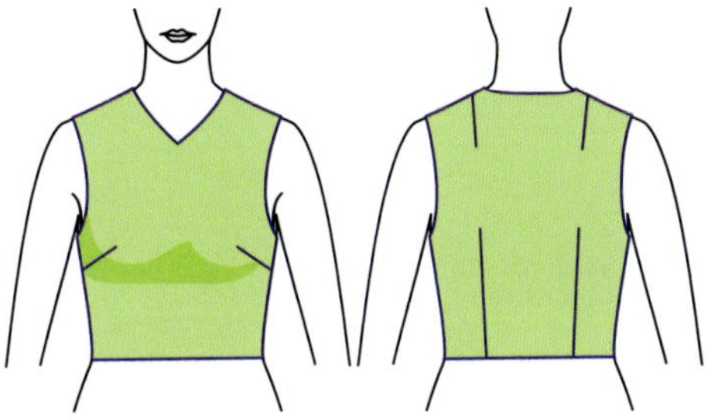

□1 Ärmelloses OT

Konstruktion von Ausschnitten

❶ □2 Am VT die Weiten von Halsausschnitt und Armausschnitt **bestimmen und unbedingt vom Halsloch aus abtragen**. Dann erst die Hals- und Armausschnitte formen.

❷ Die neue vordere Schulternahtlänge messen.

❸ Am RT die Halsausschnittweite übertragen und das Halsloch formen.

❹ Schulternahtlänge vom VT auf der hinteren Schulter abtragen, dabei ggf. Einhalteweite addieren und dann den Armausschnitt formen.

❺ An Modellen ohne Ärmel das Armloch um die Reduzierung an der Seitennaht verschmälern (die BrW wird dadurch verkleinert).

❻ Am VT den neuen Brustabnäher positionieren.

❼ Den Brustansatz-Kreis und die Reduzierflächen zeichnen.

Reduktion der Ausschnitte

□3 Die beiden Modellschnittteile sind hier bereits an **P3** und **P6** reduziert. Ebenso an der Seitennaht an **P7**.

Reduziert wird immer derjenige Betrag, der sich durch die Reduzierflächen am jeweiligen Ausschnitt ergibt.

Theoretisch wäre auch am Halsausschnitt bei **P2** und an der Schulternaht bei **P5** eine Reduzierung an Hals- und Armausschnitt möglich. Wegen des geringen Betrags an den Ausschnitten sollte hier auf die Reduktion verzichtet werden.

❽ Das vordere Armloch muss jetzt neu ausgeformt werden.

An diesem VT ist nun das Armloch deutlich enger geworden. Es liegt somit knapper am Körper an. Die überschüssige Weite, die am Grundschnitt bei einem Armloch für einen Ärmel notwendig ist, wurde somit entfernt.

Alle anderen Reduzierflächen können hier nicht berücksichtigt werden. Dort werden zwischen Stoff und Körper Hohlräume verbleiben.

❾ Am RT kann der Taillenabnäher wie am Grundschnitt genäht werden. Bei Bedarf kann der Abnäher aber auch, wie skizziert, weiter verlängert werden. Hierbei wird die Reduzierfläche bei **P8** teilweise berücksichtigt.

❿ Der gekürzte Brustabnäher kann bei dieser Position bis zum Brustansatz gerade und dann deutlich sichelförmig geformt werden.

⓫ Eine Taillennaht wird in Richtung der Seitennaht nach oben geschwungen geformt. Somit ergeben sich am Abnäher ein schöner Verlauf und an der Seitennaht ein schöner Übergang.

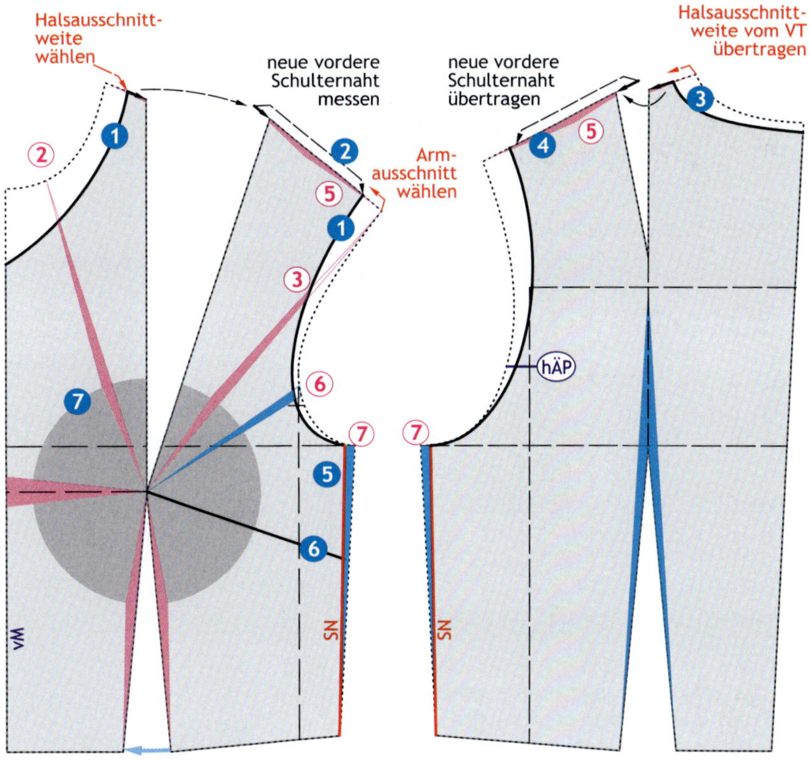

□2 In den Oberteil-Grundschnitt die Arm und Halsausschnitte sowie den Brustansatz-Kreis und die Reduzierflächen einzeichnen

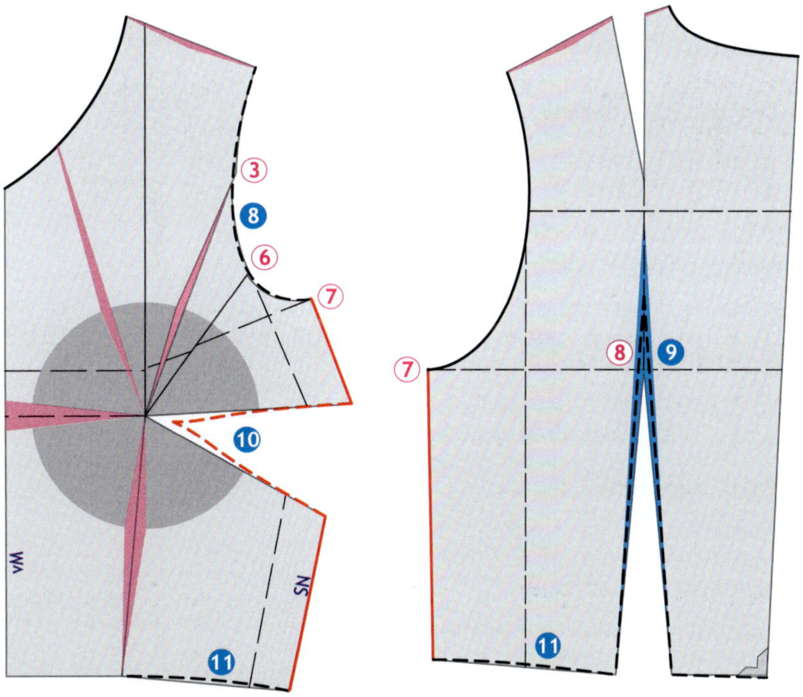

□3 Am Modellschnitt die Arm und Halsausschnitte sinnvoll reduzieren

Regeln zur Konstruktion von Ausschnitten (2) Tiefer runder Ausschnitt mit Passform-Optimierung

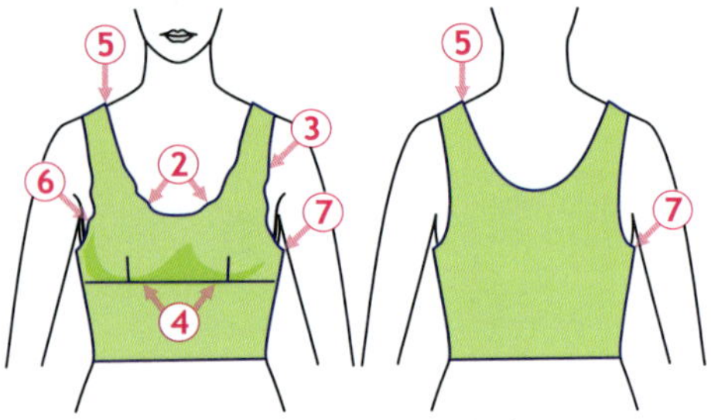

□1 Träger-Top mit Empire-Naht

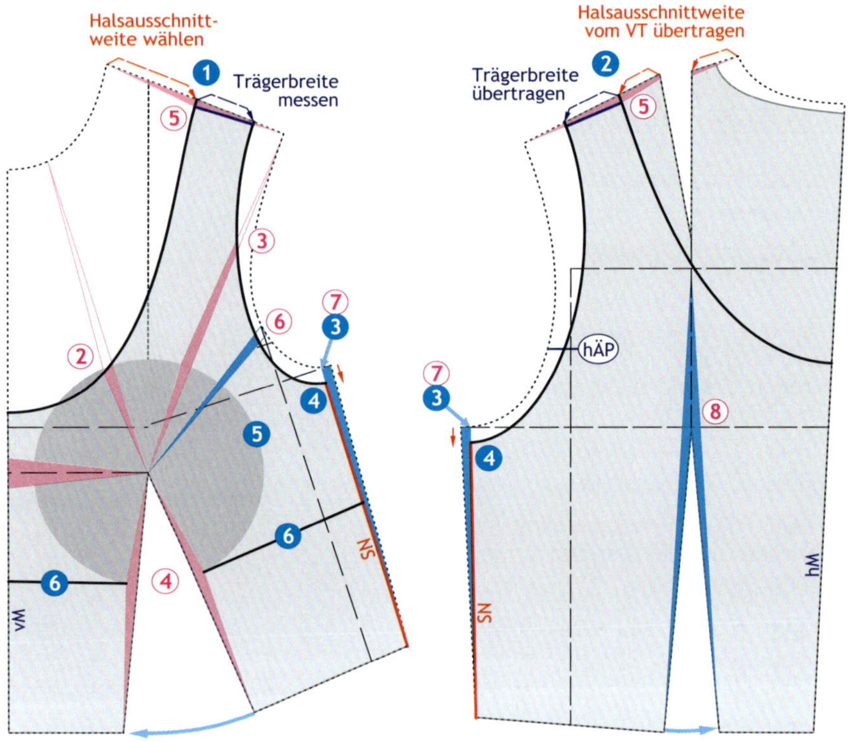

□2 In den Oberteil-Grundschnitt die Arm- und Halsausschnitte sowie den Brustansatz-Kreis und die Reduzierflächen einzeichnen

Ausschnitte und Unterbrust-Naht

❶ □2 Am VT die Weite des Halsausschnitts und die Trägerbreite **bestimmen und die Halsausschnittweite unbedingt vom Halsloch aus abtragen.** Die Hals- und Armausschnitte formen.

❷ Am RT die Halsausschnittweite und die Trägerbreite übertragen und die Hals- und Armausschnitte formen.

❸ An Modellen ohne Ärmel das Armloch um die Reduzierung an der Seitennaht verschmälern.

❹ Das Armloch kann vertieft werden.

❺ Zunächst den Brustansatz-Kreis und die Reduzierflächen zeichnen.

❻ Dann die Unterbrust-Naht an oder knapp unter dem Brustansatz formen.

Reduktion Ausschnitte und Naht

□3 Die Modellschnittteile sind am Halsausschnitt bei P2 reduziert. Der Armausschnitt ist bei P3 und P6 reduziert.

Beim VT und beim RT ist an der Seitennaht bei P7 reduziert sowie der Träger um die Reduzierfläche an der Schulter bei P5 reduziert.

Bei diesem Modell kann an der Unterbrust-Naht die Reduzierfläche bei P4 komplett entfernt werden.

❼ Arm- und Halsausschnitte müssen jetzt neu ausgeformt werden.

❽ An der Unterbrust-Naht wird je nach Brustgröße Mehrlänge von 0 bis 1 cm hinzu gegeben und der Abnäher gekürzt und geformt.

❾ Das untere VT ist um die Reduzierfläche bei P4 und P7 reduziert.

❿ Beim RT ist der Taillenabnäher komplett geschlossen worden. Da die Reduzierfläche bei P8 fast bis an den Halsausschnitt reicht. Der Drehpunkt ist am Ausschnitt; diesen noch formen.

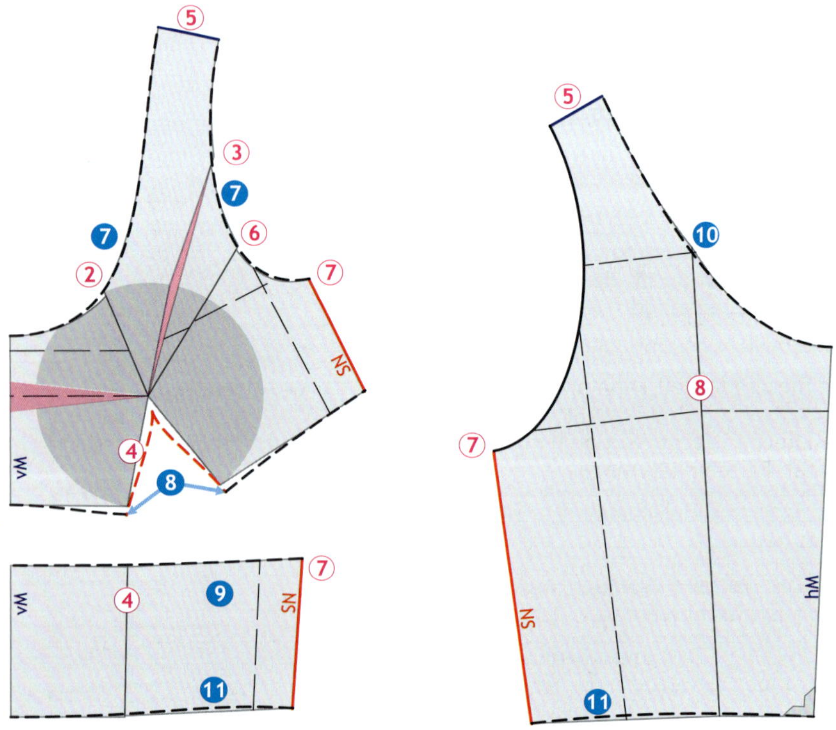

□3 Am Modellschnitt die Arm und Halsausschnitte reduzieren

Am VT sind alle Ausschnitte deutlich enger geworden. Alle anderen Reduzierflächen konnten nicht berücksichtigt werden. Dort werden zwischen Stoff und Körper Hohlräume verbleiben.

⓫ Taillennähte geschwungen formen.

Anstatt eines Abnähers kann unter der Brust auch eine Falte oder die Abnäherfläche gekräuselt werden.

Alternativ können auch Teilungsnähte gestaltet werden, in die der Brustabnäher aufgenommen werden kann.

Regeln zur Konstruktion von Ausschnitten (3) Neckholder mit spitzem Ausschnitt mit Passform-Optimierung

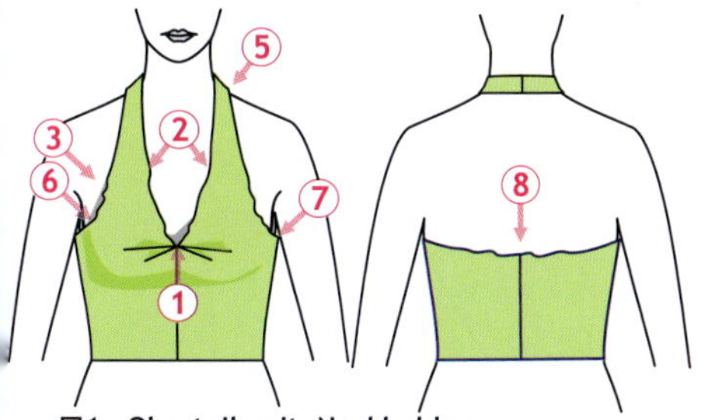

□1 Oberteil mit Neckholder

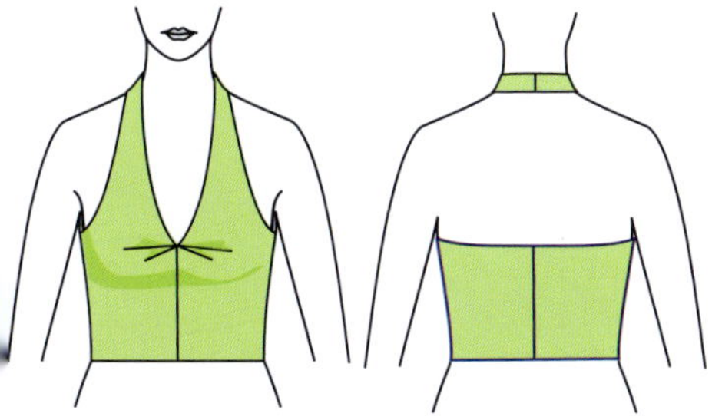

Neckholder und Ausschnitte

1 **□2** Den Nacken-Träger mit der gewünschten Trägerbreite (TrB) am Rückteil wie skizziert konstruieren.

2 Diesen an das Vorderteil anlegen. und den Hals- und Armausschnitt gestalten. Hier endet das Decolleté zwischen den Brüsten.

3 Am RT die Ausschnittkante provisorisch gerade zur hM zeichnen.

4 An Modellen ohne Ärmel das Armloch um die Reduzierung an der Seitennaht verschmälern.

5 Den Brustansatz-Kreis und die Reduzierflächen zeichnen.

Reduktion der Ausschnitte

□3 Die Modellschnittteile sind am Halsausschnitt bei **P2** reduziert. Der Armausschnitt ist bei **P3**, **P5** und **P6** reduziert sowie an der Seitennaht bei **P7**.

Bei diesem Modell kann an der vorderen Mitte die Reduzierfläche bei **P1** komplett entfernt werden und kommt hier als Falteninhalt hinzu.

6 Arm- und Halsausschnitte müssen jetzt neu ausgeformt werden, wobei darauf zu achten ist, dass die obere Strecke am Öffnungsbetrag an der vM gleich lang ist, wie die untere.

Beim Rückteil ist an der Seitennaht bei **P7** reduziert sowie die komplette Reduzierfläche bei **P8**. Somit ist der Taillenabnäher komplett geschlossen.

7 Die RT-Ausschnittkante wird gerade im rechten Winkel zur hM gezeichnet.

Am VT sind alle Ausschnitte deutlich enger geworden. Alle anderen Reduzierflächen konnten nicht berücksichtigt werden. Dort werden zwischen Stoff und Körper Hohlräume verbleiben.

8 Taillennähte geschwungen formen.

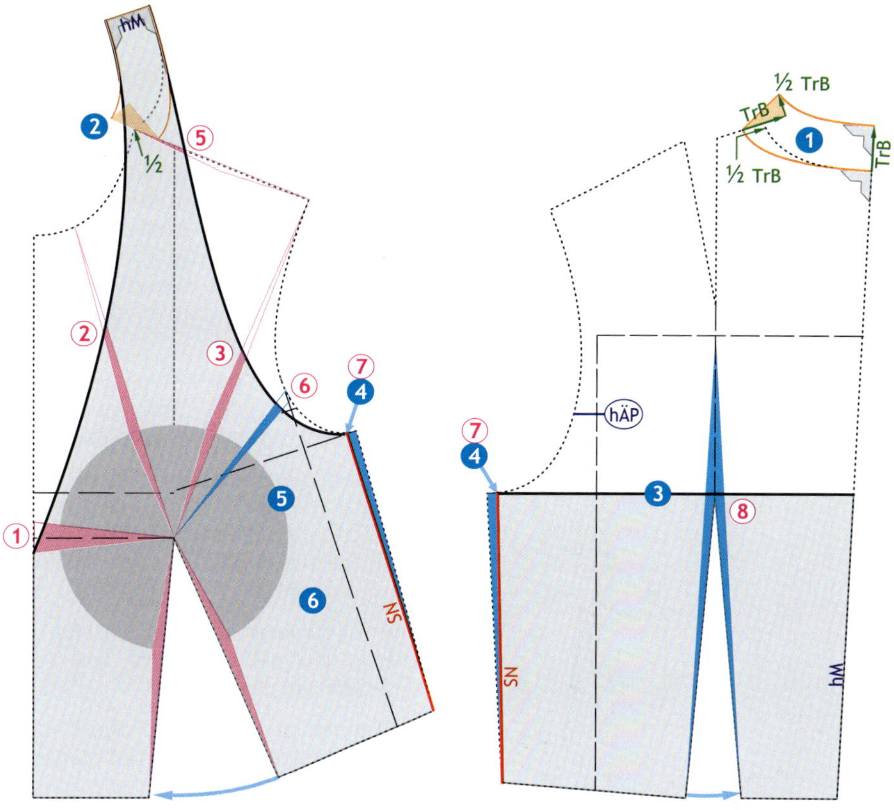

□2 Den Nacken-Träger konstruieren, diesen ans VT anlegen und die Arm- und Halsausschnitte sowie den Brustansatz-Kreis und die Reduzierflächen einzeichnen

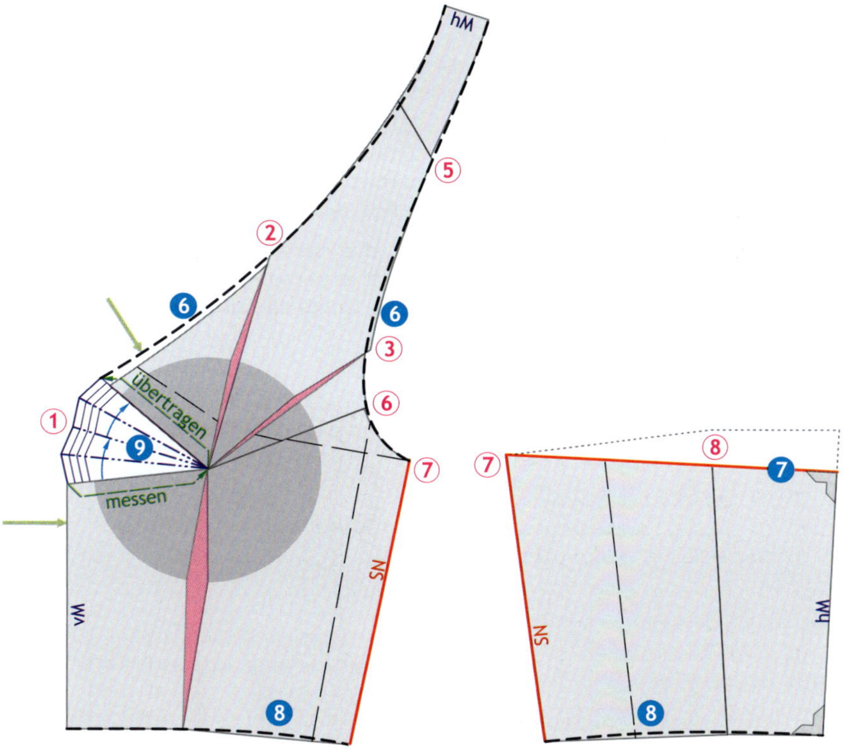

□3 In den Oberteil-Grundschnitt die Arm und Halsausschnitte sowie die Reduzierflächen einzeichnen

9 Hier sind zwei gelegte Falten zwischen den Brüsten gezeichnet, die nach oben gelegt werden. Der Falteninhalt wird somit nach unten liegen.

Anstatt der Falten kann die Abnäherfläche auch gekräuselt werden. Dann müsste sich die Kräuselfläche allerdings über einen größeren Bereich erstrecken, damit die Öffnungsfläche komplett gekräuselt werden kann (ggf. im Bereich zwischen den Pfeilen).

Alternativ können auch Teilungsnähte gestaltet werden, in die der Brustabnäher aufgenommen werden kann.

Abnähervariationen und Ausschnittgestaltung (1)
Parallele Abnähervariationen an VT und RT

□1 Vorderteil mit zwei parallelen runden Abnähern sowie einem runden tiefen Ausschnitt

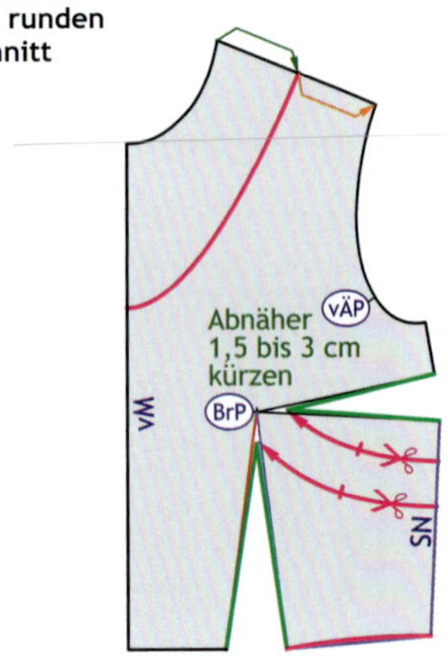

□1a Abnäher kürzen und dorthin die parallelen Abnäher formen
Ausschnitt am VT formen

Zwei parallele runde Abnäher

□1a-b Für die Entwicklung von zwei parallelen Abnähern empfiehlt sich ein Oberteil-Grundschnitt mit **zwei bereits gekürzten Brustabnähern**. Bei Bedarf können die Abnäher zunächst auch an andere Stellen verlegt werden, wenn die beiden parallelen Abnäher z.B. aus dem Armloch oder aus der vM entspringen.

Der Brustpunkt der beiden parallelen Abnäher liegt dabei immer genau zwischen den beiden Abnäherspitzen.

Die parallelen Abnäher müssen nicht gekürzt werden da sie aus den bereits gekürzten Abnähern entwickelt wurden. Sie enden beide also nicht direkt am Brustpunkt.

Hier ist die Ausschnittkonstruktion und die Passform-Optimierung von Seite 418 nicht gezeigt.

Der Inhalt an runden Abnähern muss ausgeschnitten werden. Nahtzugaben so schmal wie möglich anzeichnen (hier 0,5 cm).

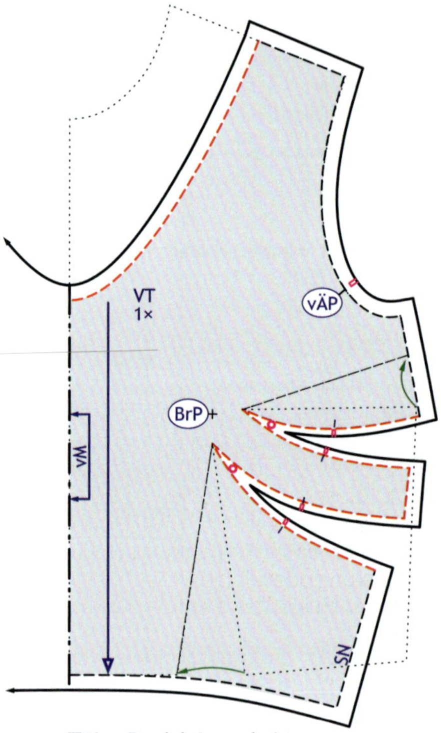

□1b Produktionsschnitt

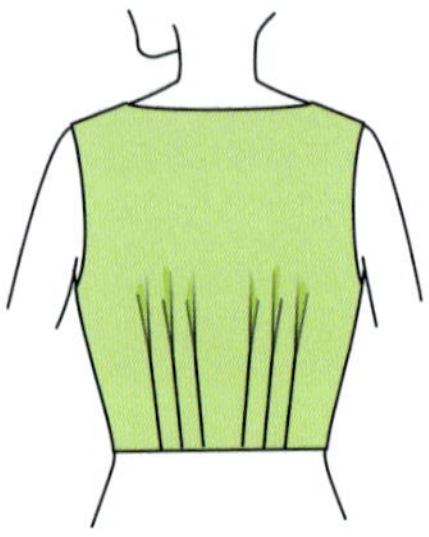

□2 Rückteil mit drei parallelen aufspringenden Abnähern sowie einem zum oberen VT passenden flachen Ausschnitt

Parallele Abnähergruppen

□2a Grundlage ist hier ein Grundschnitt, bei dem der Schulterabnäher bereits in den Taillenabnäher integriert wurde. Andere Lösungen sind möglich.

Für die neuen Abnäher sind die Einschnitte parallel bis unterhalb der Abnäherspitze wie skizziert einzuschneiden und gleichmäßig zu öffnen.

Genauso gut könnte diese Variante mit parallelen Taillenabnähern auch am Vorderteil oder mit Falten realisiert werden.

Hier ist die Ausschnittkonstruktion und die Passform-Optimierung von Seite 418 nicht gezeigt.

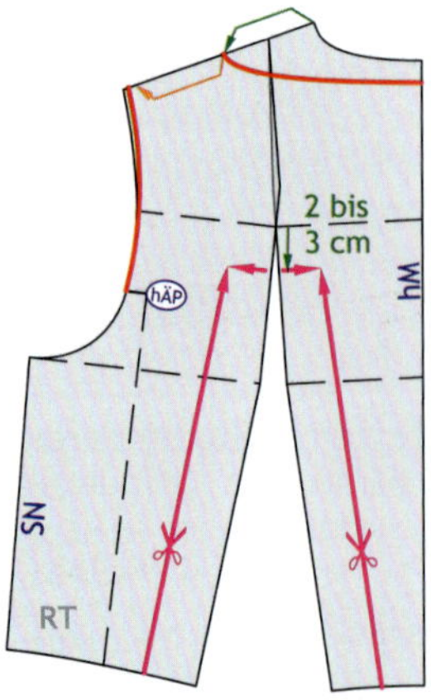

□2a Einschnitte gestalten

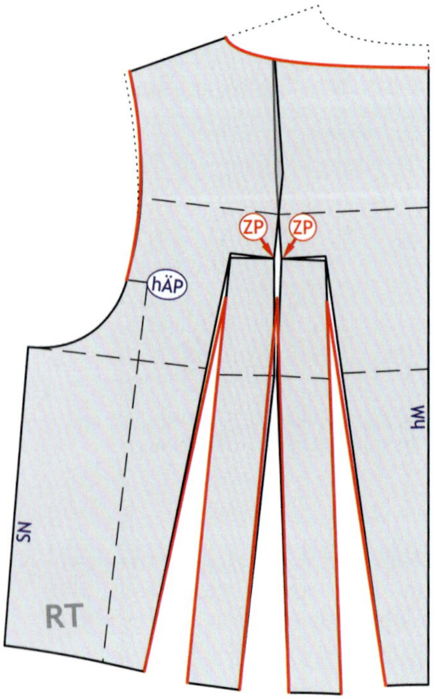

□2b Aufdrehen und Abnäher neu zeichnen

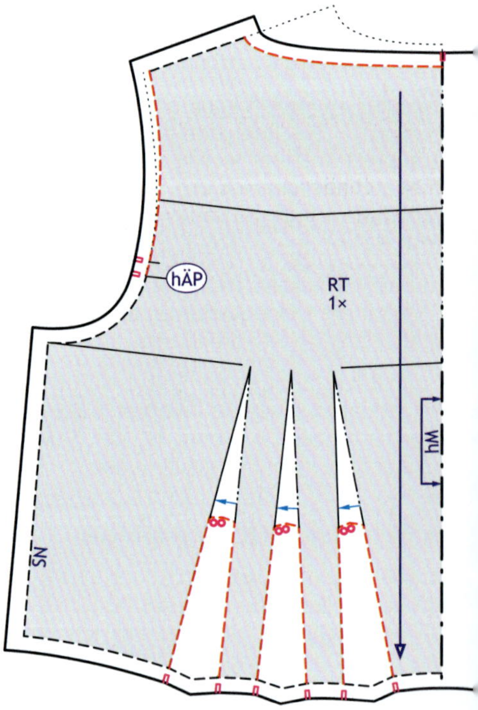

□2c Produktionsschnitt

Abnähervariationen und Ausschnittgestaltung (2)
Faltengruppe und gekreuzter aufspringender Abnäher

□3 Faltengruppe aus der vorderen Mitte

Faltengruppe aus der vorderen Mitte

□3 Man verwendet für diese Abnähergruppe eine Schnittschablone mit Brust- und Taillenabnäher oder den taillierten Oberteil-GS mit Taillennaht. Diese müssen für diese Abwandlung gekürzt werden. Die Falten aus der vorderen Mitte können sowohl als Kräuselung oder, indem man sie vorher kürzt, auch als Abnäher gearbeitet werden.

Hier ist die Passform-Optimierung von Seite 418 nicht gezeigt - aber möglich.

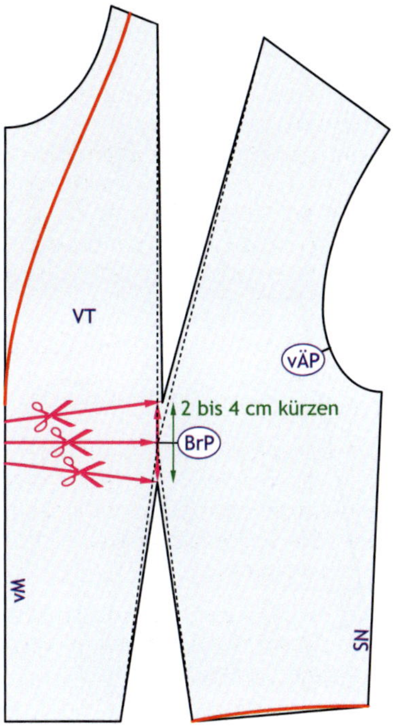

□3a Einschnitte positionieren

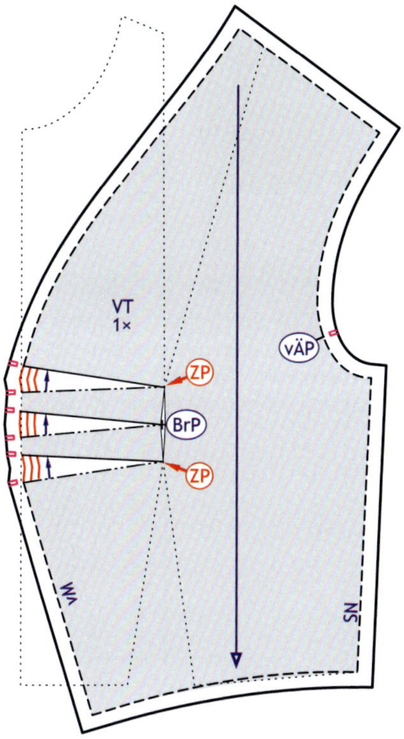

□3b Falten im Produktionsschnitt

Bei Falten und aufspringenden Abnähern wird der Falten- bzw. der Abnäherinhalt nach unten gelegt, so dass die Falten nach oben hin aufspringen. Das gilt insbesondere für alle Arten von Drapierungen.

□4 Aufspringende Abnäher aus diagonalen, sich kreuzenden Nähten

Aufspringende Abnäher aus diagonalen, sich kreuzenden Nähten

□4 Zunächst muss der Brustabnäher dorthin verlegt werden, wo er die neuen Naht- bzw. Abnähergestaltung nicht stört. hier in die Seitennaht.

Das VT muss an der vM gespiegelt werden, da die gekreuzte, diagonale Naht der gegenüberliegenden Taillennaht entspringt. Die gewünschte diagonale Naht zum Brustpunkt formen und spiegeln sowie die Ausschnitte formen.

Hier ist die Passform-Optimierung von Seite 418 nicht gezeigt - aber sinnvoll.

Das untere ST wird abgetrennt und der Abnäher geöffnet. Dieser kann wie hier als aufspringender Abnäher, als Falte oder als Kräuselweite verarbeitet werden.

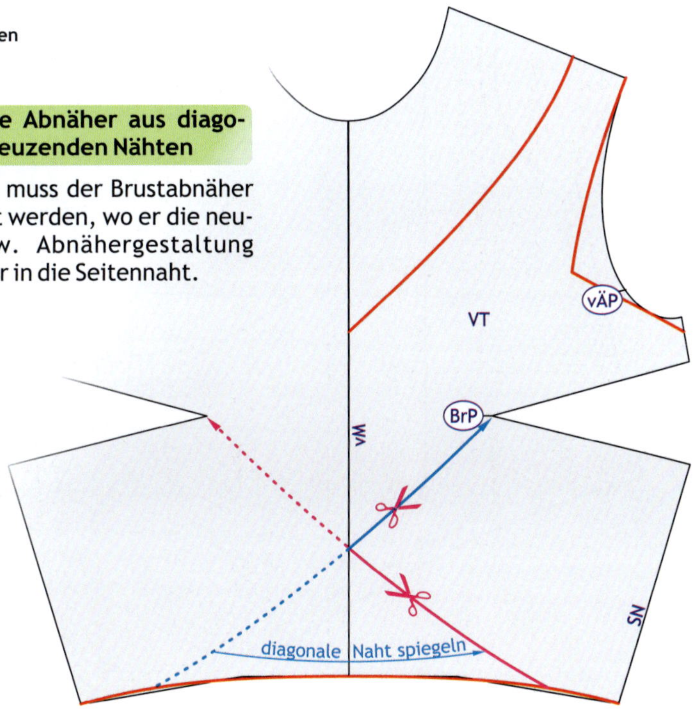

□4a Gekreuzte Naht entwickeln

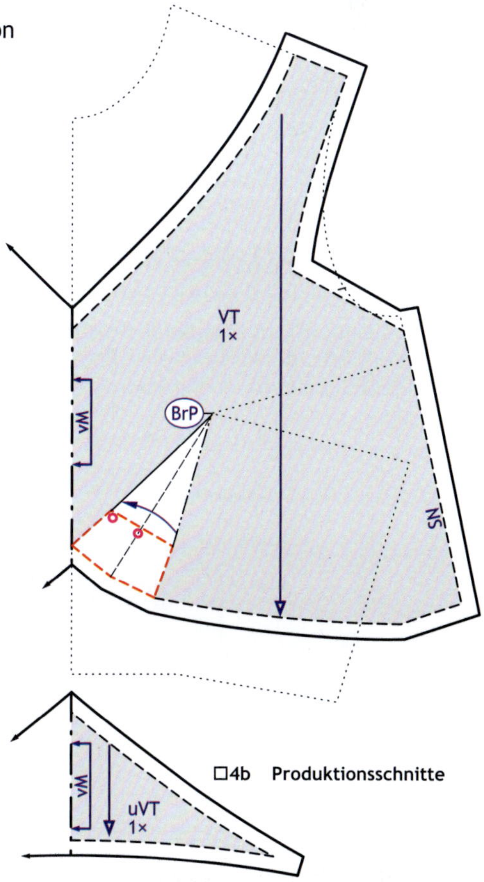

□4b Produktionsschnitte

Abnähervariationen und Ausschnittgestaltung (3)
Asymmetrische Schnittgestaltungen

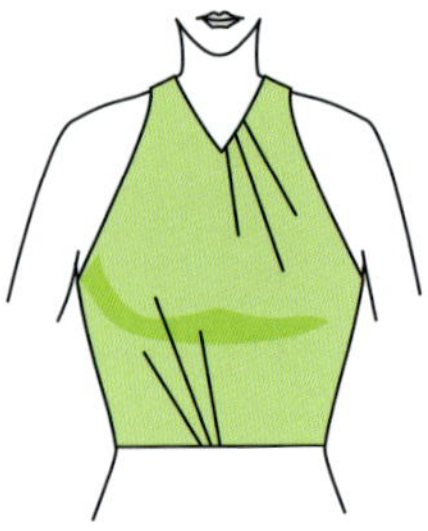

□5 Asymmetrische OT-Gestaltung mit amerikanischem Armausschnitt und fächerförmigen Abnähern

Fächerförmige Abnäher

□5 Die seitlichen Abnäherspitzen der neuen Abnäher enden deutlich neben dem Brustpunkt. Deshalb werden sie nur sehr schmal mit wenig Abnäherinhalt genäht.

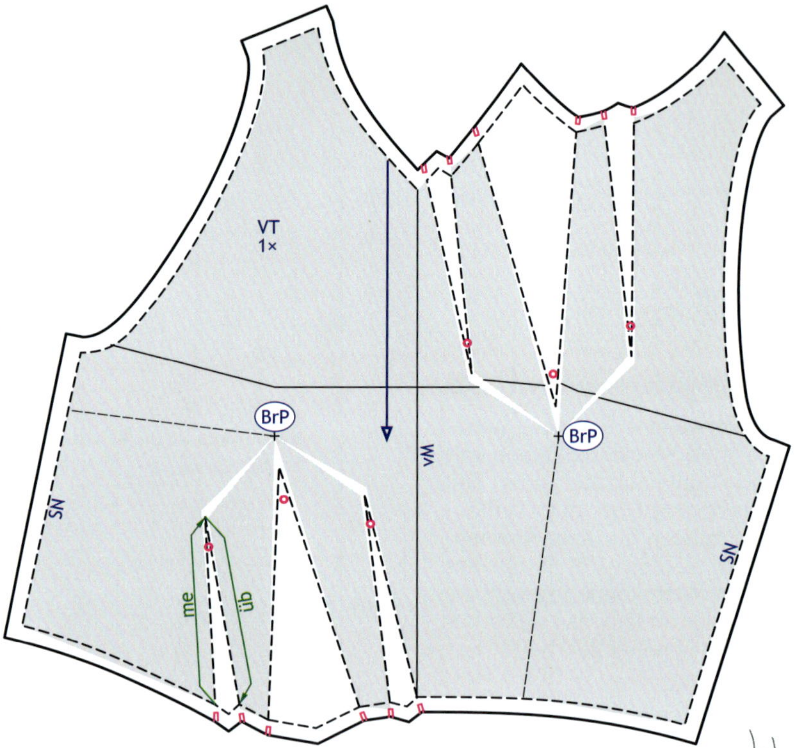

□5b Abnäher öffnen und die jeweils seitlichen Abnäherschenkel auf gleiche Längen kürzen

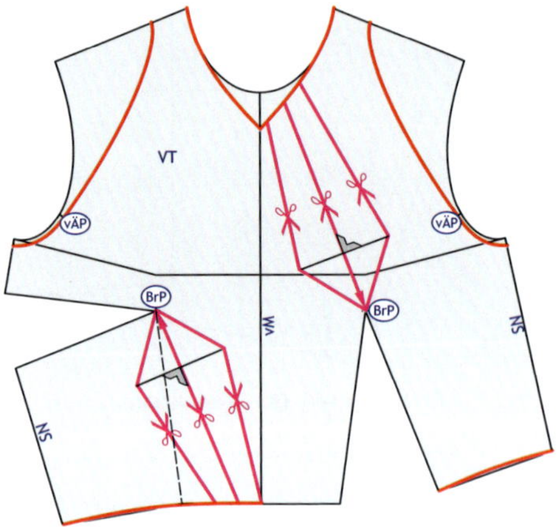

□5a Störenden Grundschnittabnäher verlegen und Abnäher gestalten

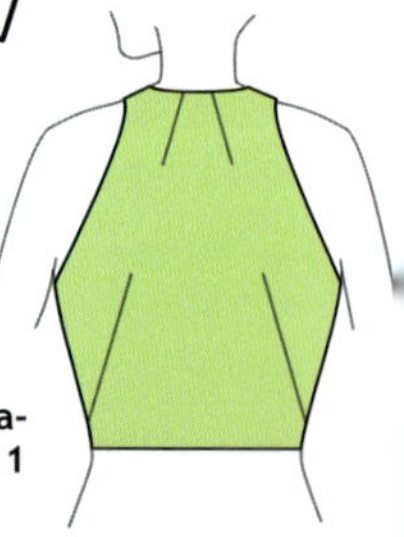

□5c Eine passende RT-Gestaltung für den amerikanischen Armausschnitt zeigt z.B. das Modell in □11

Bei asymmetrischen OT-Gestaltungen muss mit einem kompletten (an vM oder hM gespiegelten) OT-Grundschnitt gearbeitet werden.

Je nach Position der zu gestaltenden Abnäher müssen die Abnäher im Grundschnitt zunächst dorthin verlegt werden, wo sie für die Abnähergestaltung nicht stören.

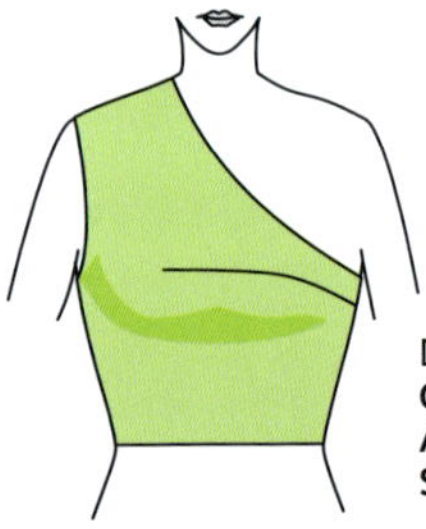

□6 Asymmetrische OT-Gestaltung mit nur einem Abnäher aus der Seitennaht

Asymmetrischer Abnäher verbindet beide Brustabnäher zu einem Abnäher

□6 Die neue Naht über beide Brustpunkte führen. Vom Brustpunkt kann eine Falte aufspringen, der Rückschnitt ist hier blau dargestellt.

Für die Modelle auf dieser Doppelseite ist die Passform-Optimierung von Seite 418 nicht gezeigt, da diese bei asymmetrischen Modellen nicht immer sinnvoll ist.

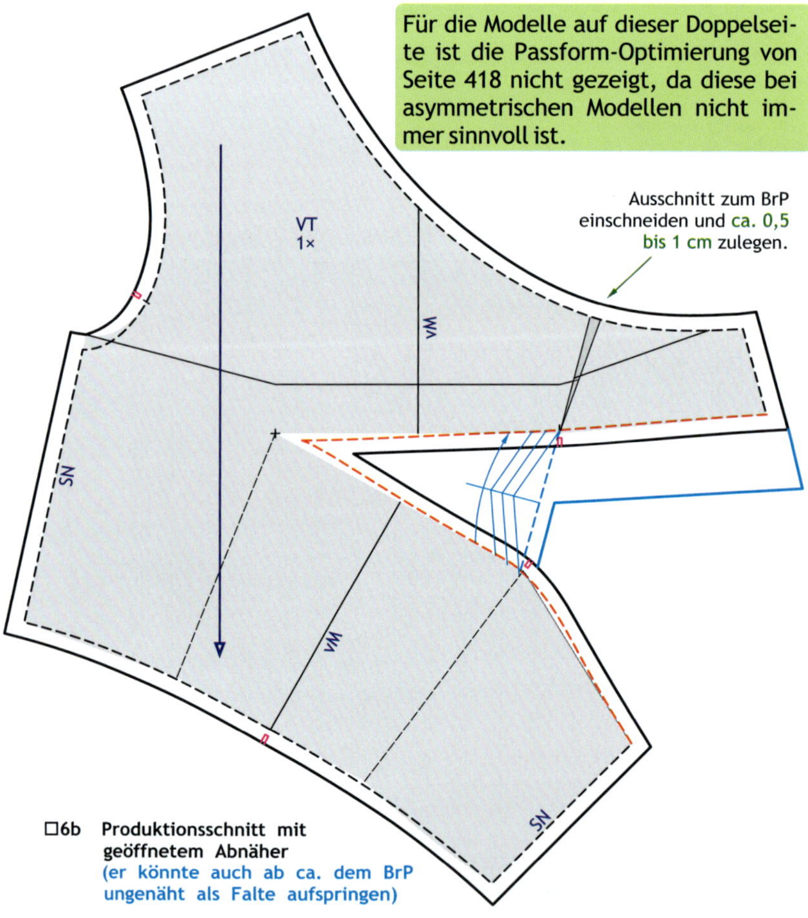

□6b Produktionsschnitt mit geöffnetem Abnäher
(er könnte auch ab ca. dem BrP ungenäht als Falte aufspringen)

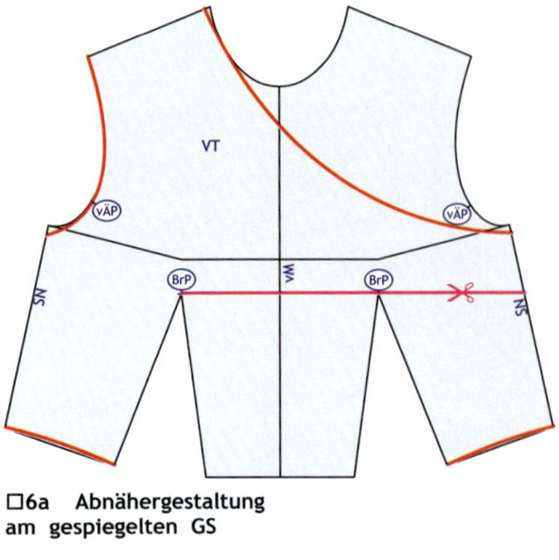

□6a Abnähergestaltung am gespiegelten GS

Asymmetrische Schnittgestaltungen

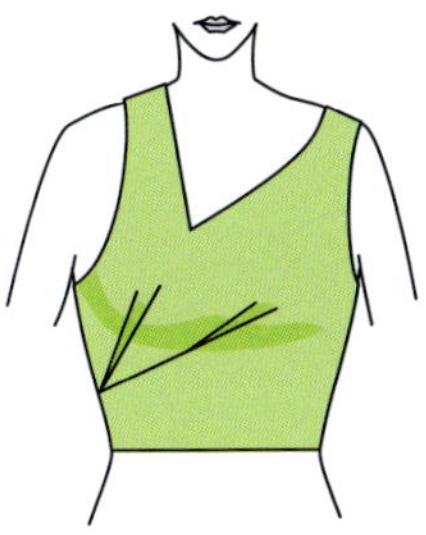

□7 Diagonale Falten bzw. aufspringende Abnäher aus der Seitennaht

Diagonale Falten und aufspringender Abnäher

□7 Beide Abnäher können aufspringend oder als Falte verarbeitet werden.

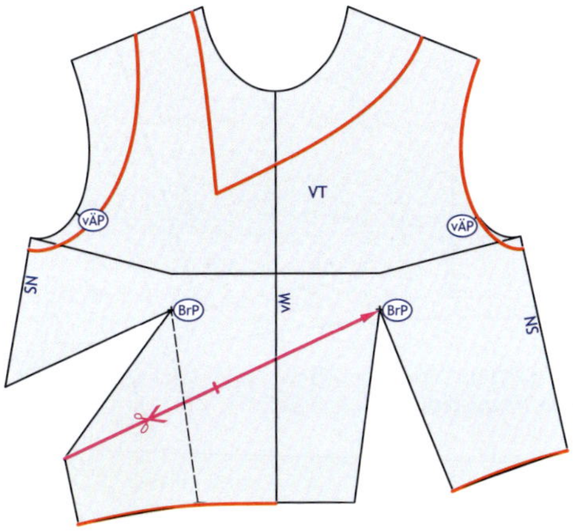

□7a Störenden Abnäher zulegen und zweiten Abnähereinschnitt vornehmen

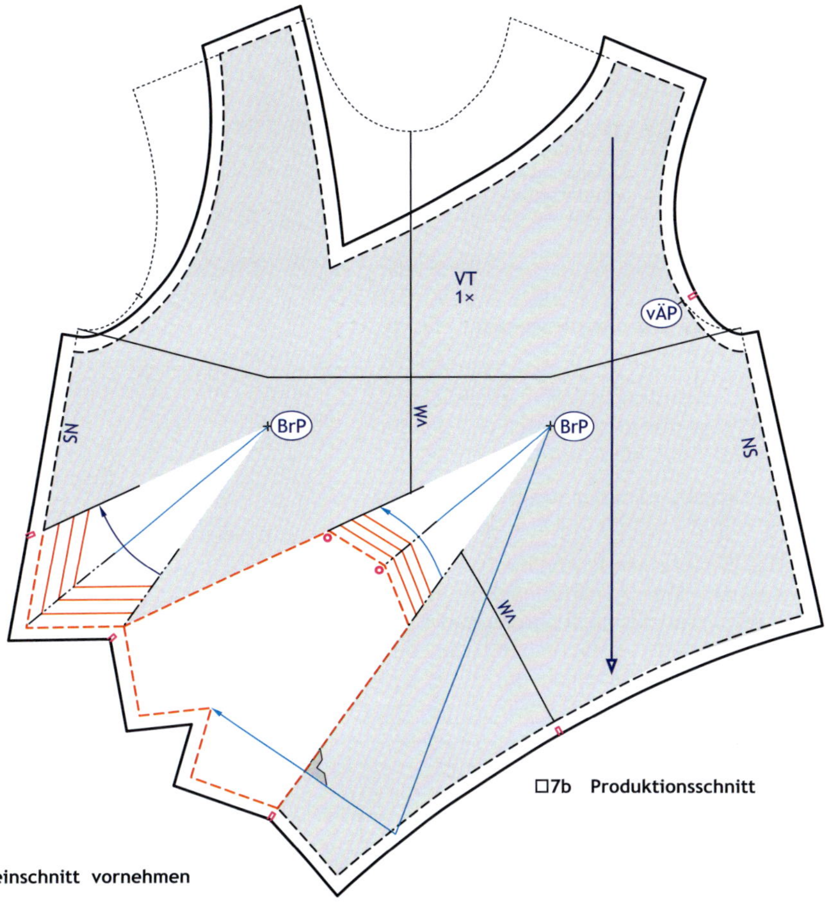

□7b Produktionsschnitt

Kreuzt ein neuer Abnäher einen bestehenden, noch zu verlegenden Abnäher, so muss dieser störende Abnäher zunächst an eine andere Stelle verlegt werden.

Am schönsten fallen drapierte Stoffe, wenn die Faltenkanten im schrägen Fadenlauf liegen.

□8 Asymmetrische OT-Gestaltung in drapierter Wickeloptik

Asymmetrische drapierte Wickeloptik

□8 Hier wird das obere Wickelteil in der Seitennaht mit genäht. Andere Gestaltungsvarianten sind möglich (Binden, Knöpfen ...)

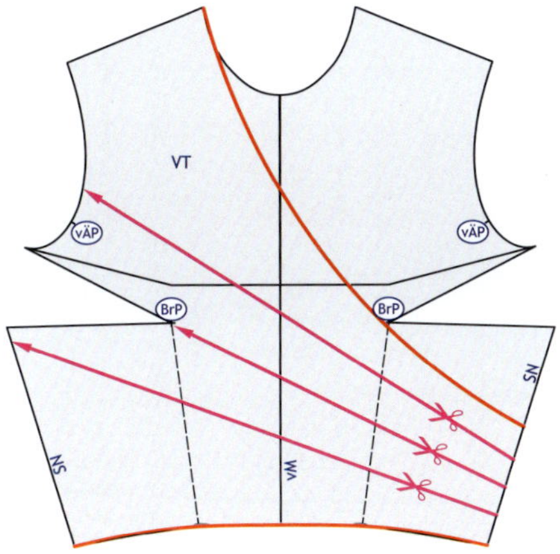

□8a Falten- und Ausschnittgestaltung am gespiegelten GS

□7b+8b Den Falten- bzw. Abnäherinhalt nach unten legen. Den Rückschnitt vornehmen oder konstruieren.

□8b Die Hauptfalte zum BrP wird zugunsten der schmaleren Falten etwas reduziert. Die Passform leidet bei schrägem Fadenlauf nicht.

Das linke VT (Untertritt) kann mit einem gewöhnlichen Brustabnäher gearbeitet werden.

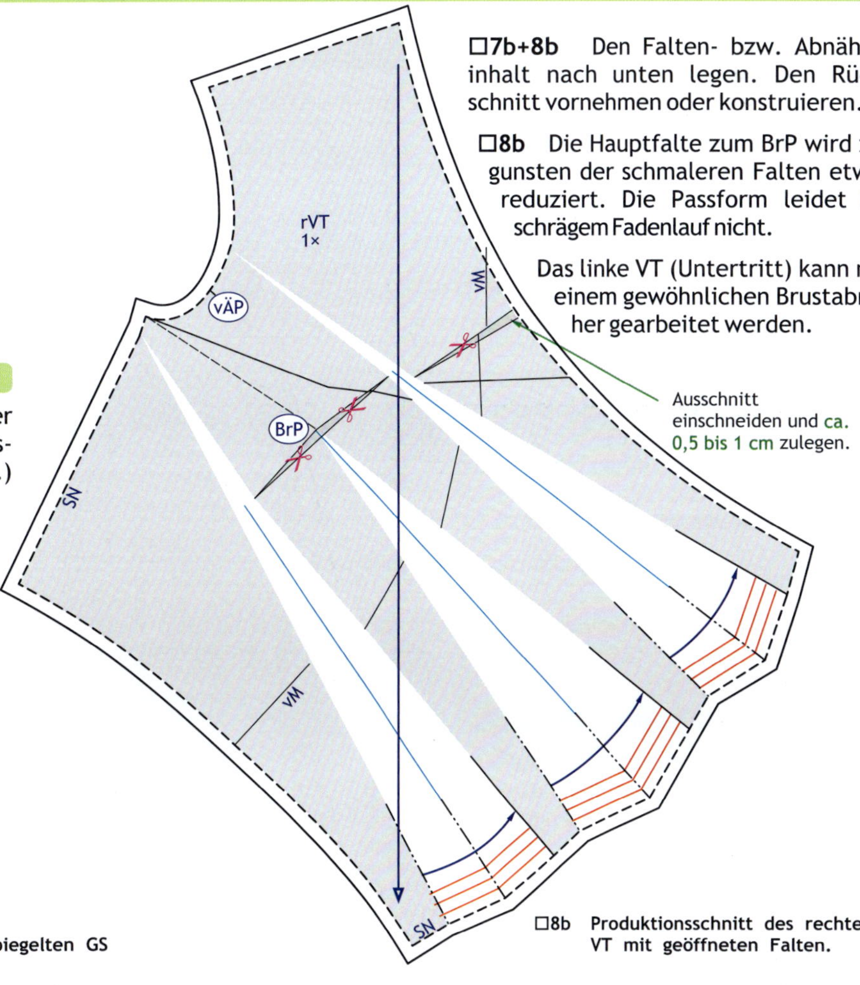

□8b Produktionsschnitt des rechten VT mit geöffneten Falten.

Abnähervariationen und Ausschnittgestaltung (5)
Faltenvarianten aus der Schulter am VT

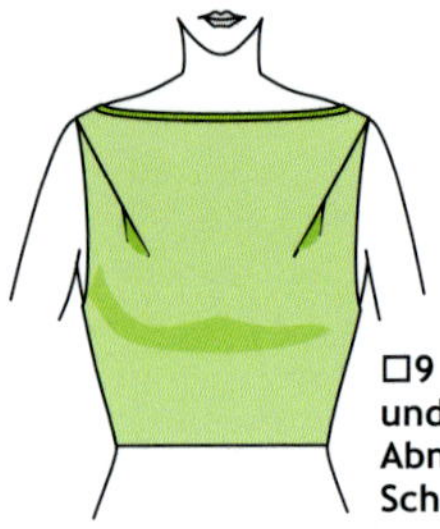

□9 U-Boot-Ausschnitt und aufspringender Abnäher aus verbreiterter Schulterspitze

Abnäher aus verbreiterter Schulterspitze

□9a Schulter etwas überschneiden, die Trägerbreite markieren und den flachen U-Boot-Ausschnitt formen.

Den Abnäher aus der Schulterspitze zum Brustpunkt einschneiden und öffnen.

Der aufspringende Abnäher wird nicht gekürzt. Der Abnäherinhalt wird am günstigsten in die Richtung des Halslochs gelegt. Entsprechend den Faltenrückschnitt anzeichnen.

Hier ist die Passform-Optimierung von Seite 418 nicht gezeigt - aber möglich.

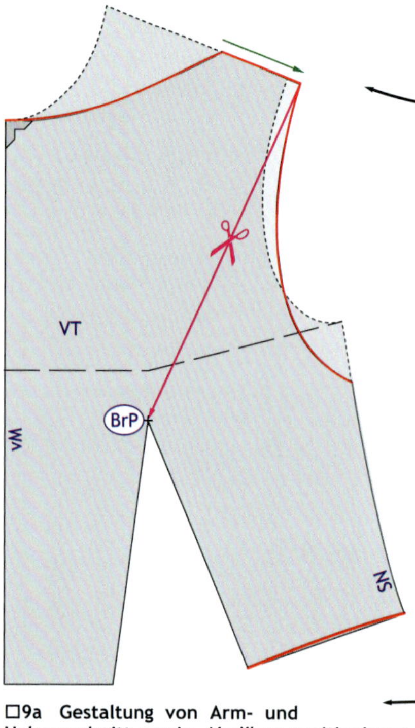

□9a Gestaltung von Arm- und Halsausschnitt sowie Abnäher positionieren

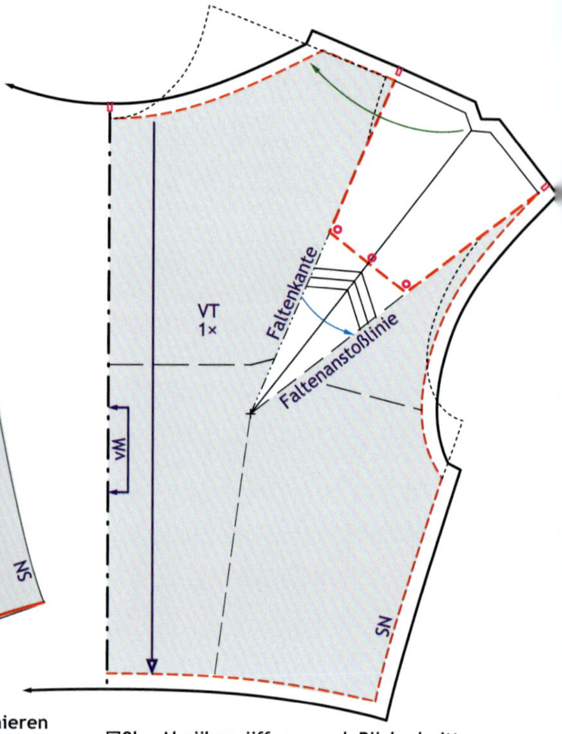

□9b Abnäher öffnen und Rückschnitt konstruieren

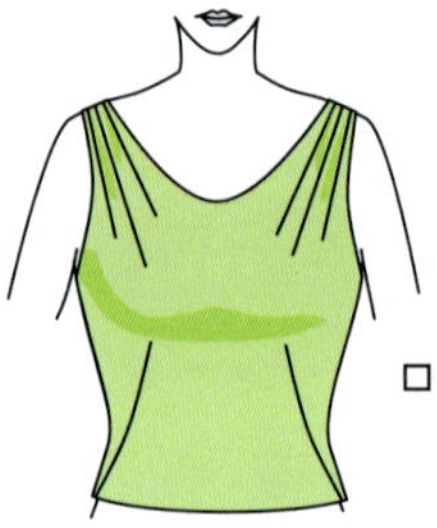

□10 Drapierfalten aus dem Träger

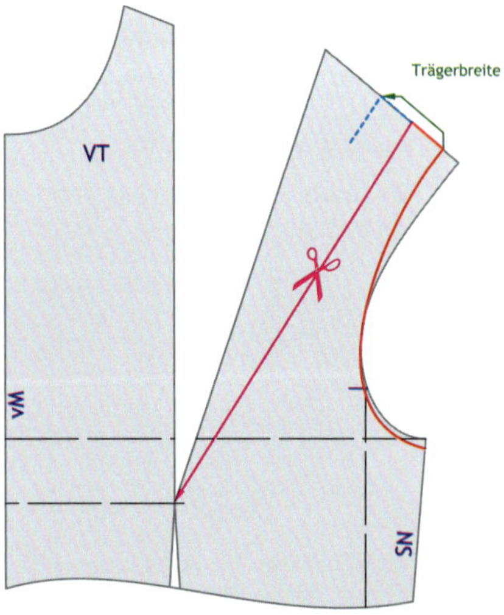

□10a Gestaltung von Halsausschnitt und Träger

Drapierfalten aus dem Träger

□10a Ähnlich wie in **□9** entstehen hier Falten aus der Schulter. Abweichend hierzu wird der Falteninhalt vergrößert, indem Arm- und Halsausschnittweite reduziert werden.

Hier ist die Passform-Optimierung von Seite 418 nicht gezeigt - aber möglich.

□10a Armausschnitt formen und Trägerbreite an Schulter markieren. Aus der Trägermitte zum Brustpunkt einschneiden.

□10b Den Abnäher öffnen und neben den Abnäherschenkeln weitere Einschnitte wie skizziert einzeichnen sowie Einschnitte zu den Ausschnitten markieren.

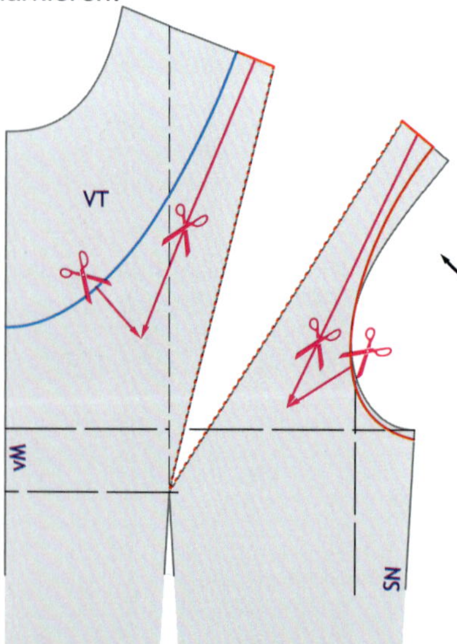

□10b Einschnitte für mehr Weite und zur Reduzierung der Ausschnitte

□10b Am Träger für mehr Drapierweite öffnen. Die Gesamtweite ist abhängig vom verwendeten Material.

Die Art der Faltenlegung kann variieren: Klar definierte gelegte Falten, ungleichmäßig gelegte Falten nach Optik oder abgenähte Falten (aufspringende Abnäher).

Arm- und Halsausschnitt sowie die Seitennaht, den Taillenabnäher und den Saum formen.

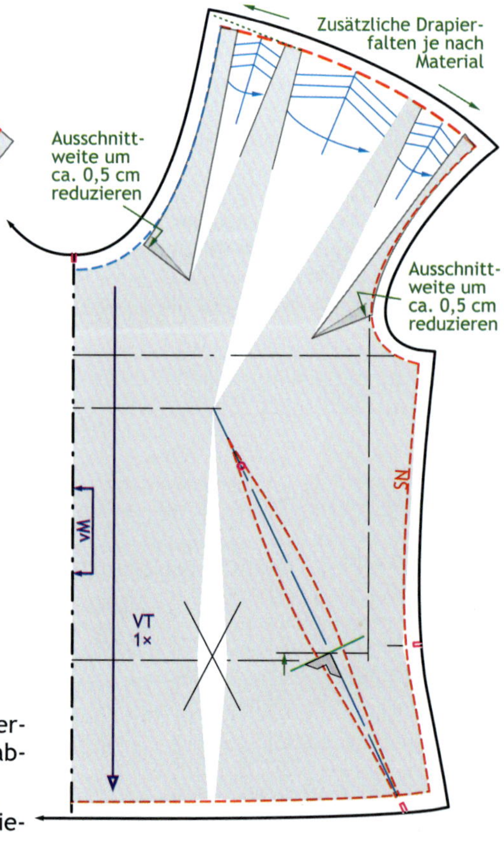

□10c Weitenöffnung und Formung von Nähten und Ausschnitten

Kräuselungen am Ausschnitt

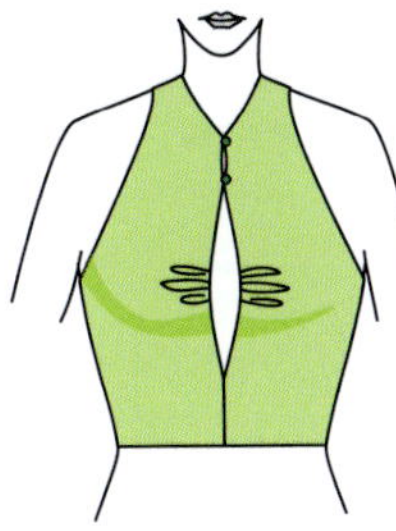

□11a OT-Gestaltung mit amerikanischem Armausschnitt, Kräuselung an der Brust sowie einem Ausschnitt-Schlitz

Ausschnittgestaltung mit Kräuselung

❶ □**11b** Arm- und Halsausschnitte sowie die Öffnung und die Belegform gestalten.

❷ □**11b** Die Kräuselungsweite durch Einschnitte und Knipse vorbereiten und den Brustabnäher zulegen.

❸ □**11d** Am Beleg sollte für eine bessere Formung an der Brust der Bereich der Kräuselung ca. 0,5 bis maximal 1 cm zugelegt werden. Die Kräuselung wird hierdurch etwas stärker.

❹ Die Verstürzkanten am Beleg etwas reduzieren (siehe ab Seite 429).

Hier ist die Passform-Optimierung von Seite 418 nicht gezeigt - aber sinnvoll.

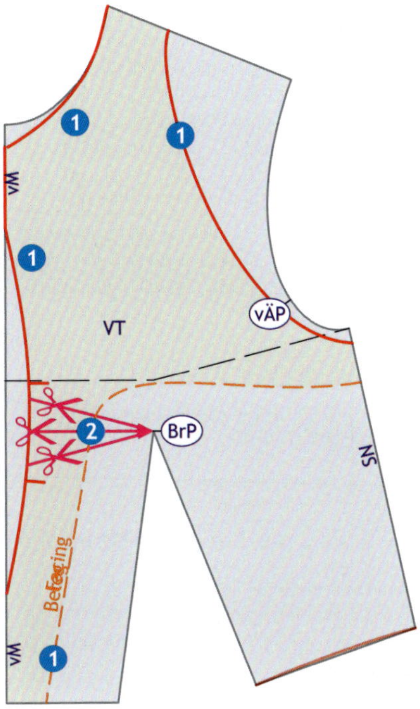

□11b Vorderteil gestalten

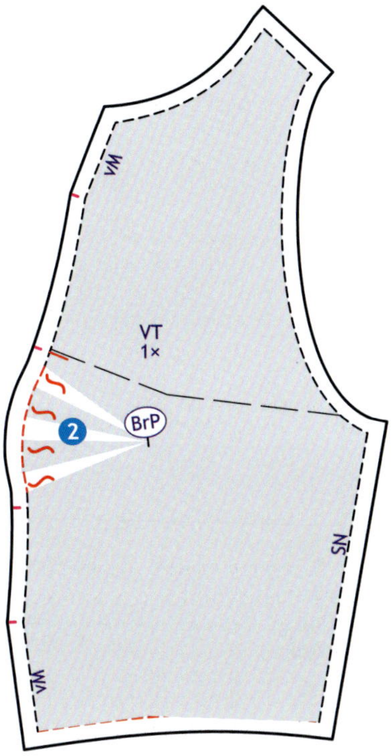

□11c VT mit Kräuselung

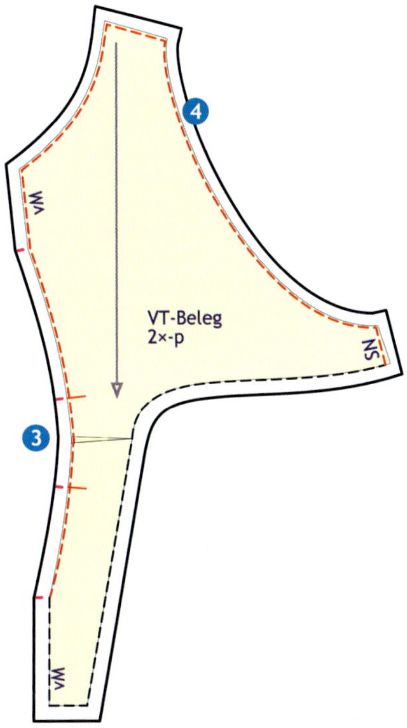

□11d Vorderer Beleg mit Reduzierungen

Am Rückteil mit seinem Taillen- und Schulterabnäher können ebenfalls Abnähervariationen durchgeführt werden. Allerdings wird dies aus gestalterischen Gründen weitaus seltener praktiziert. Weite im oberen Rückenbereich könnte unförmig wirken. Hier ist kein RT-Beleg vorgesehen, aber möglich.

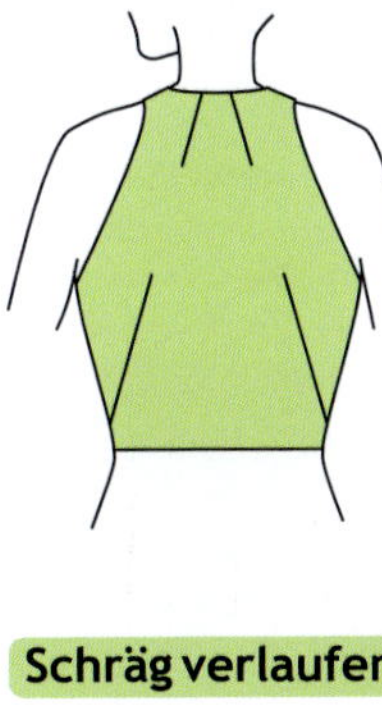

□11e Amerikanischer Ausschnitt und schräge Abnäher im Rückteil durch Verlegen der Schulter- und Taillenabnäher

Schräg verlaufende Abnäher

□**11f** Optisch parallel zum amerikanischen Armausschnitt werden die Abnäher neu gezeichnet. Dorthin wird der Schulterabnäher verlängert und der Taillenabnäher verschoben, damit er in die Teilungsnaht aufgenommen werden kann.

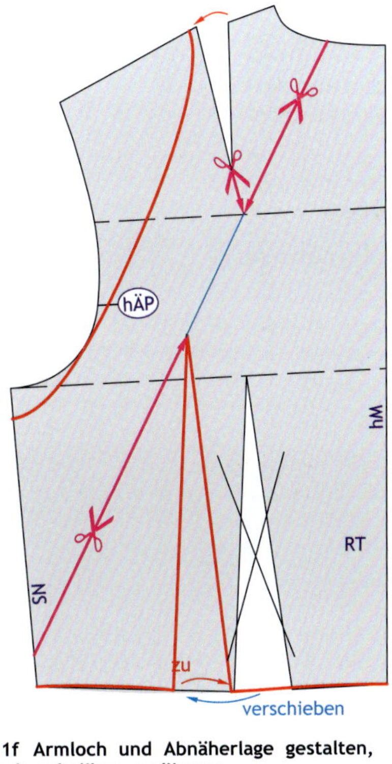

□11f Armloch und Abnäherlage gestalten, Schulterabnäher verlängern, Taillenabnäher verschieben.

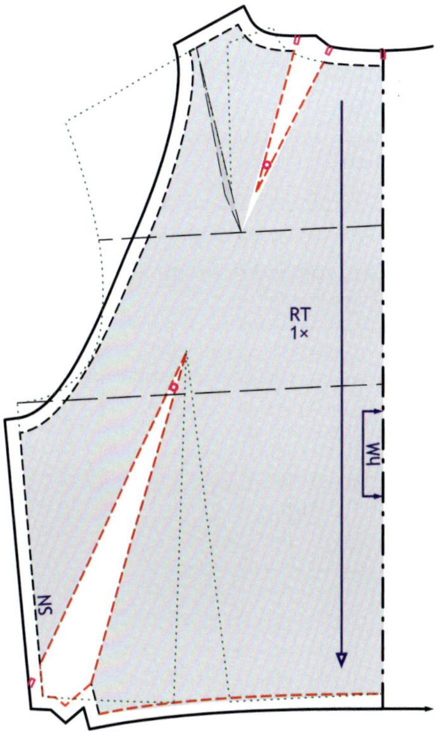

□11g Produktionsschnitt mit Rückschnitt

Quer-Teilungsnähte und Ausschnittgestaltung (1)

□1 Asymmetrische parallele Diagonalnähte

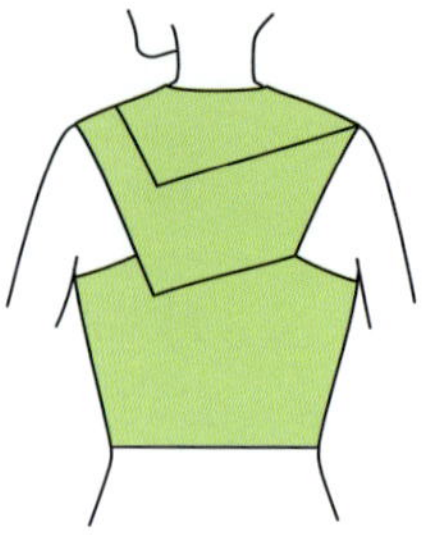

□2 Asymmetrische Diagonalnähte

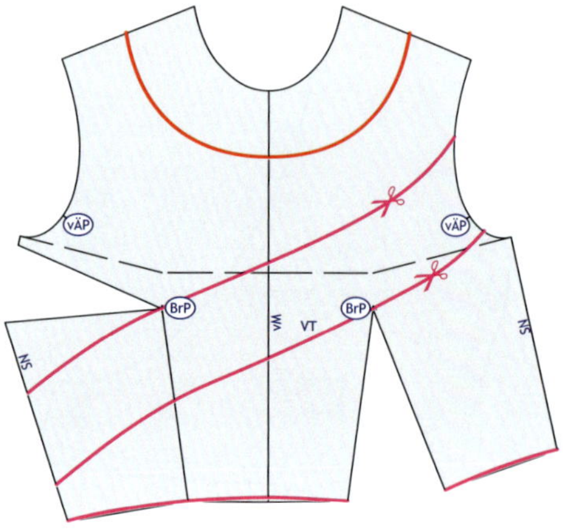

□1a Ausschnitt und Teilungsnähte gestalten

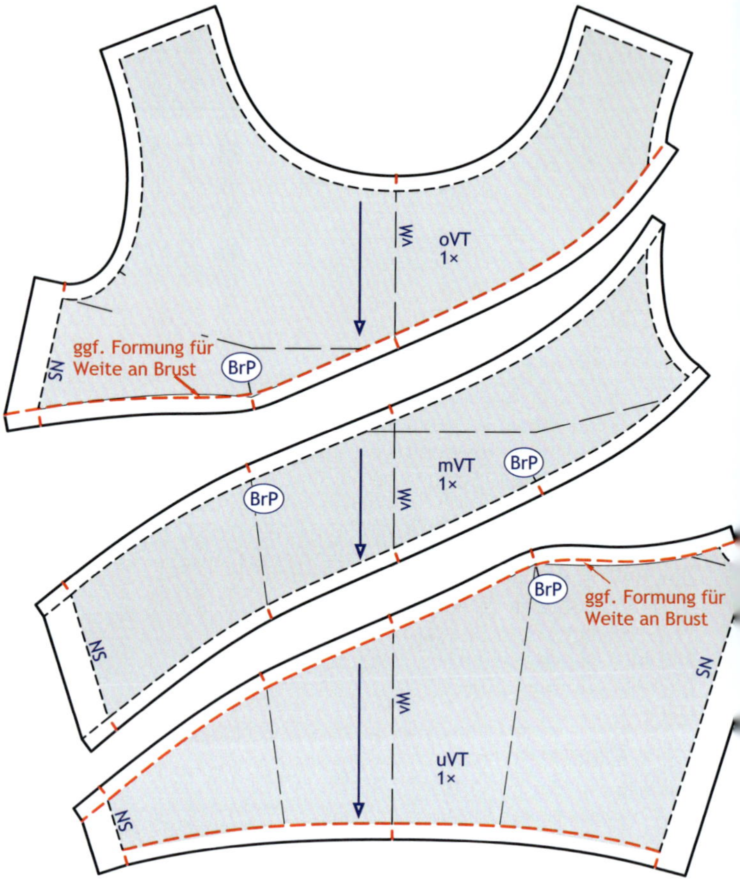

□1b Abnäher in die Teilungsnähte verlegen und ausformen

Asymmetrische parallele Diagonalnähte (nur VT)

□1a Zunächst den Grundschnitt spiegeln. Beim Kopieren können die im Grundschnitt befindlichen Abnäher dorthin verlegt werden, wo sie beim Einzeichnen der Teilungsnähte nicht stören.

Die Teilungsnähte werden parallel zueinander geformt. Dabei verlaufen sie über die Abnäherspitzen oder bis zu einem **maximalen** Abstand von **2 cm** daran vorbei.

Nach dem Schließen der alten Abnäher, die Nähte an den Abnäherspitzen ausformen. Hier ist die Passform-Optimierung von Seite 418 nicht gezeigt, da wenig sinnvoll.

Asymmetrische Diagonalnähte (nur RT)

□2a Die Schulterabnäher auf die Passennaht kürzen. Der linke Schulterabnäher wird zur Seite verschoben.

Am unteren RT wird der linke Taillenabnäher gekürzt, der rechte verlängert und komplett geschlossen.

Der Abstand der Naht zur Abnäherspitze sollte **maximal 2 cm** betragen.

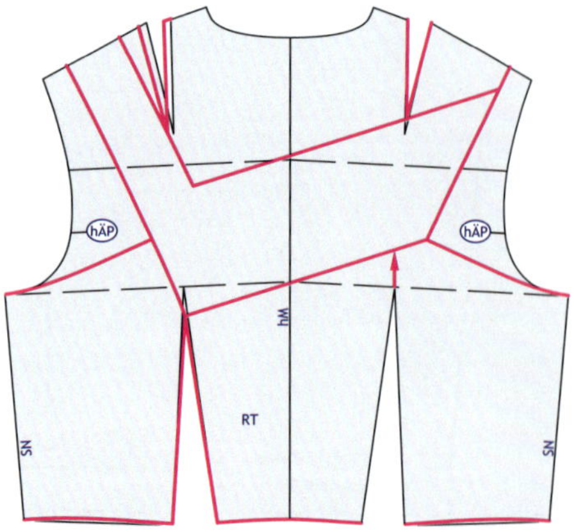

□2a Abnäher auf die Teilungsnähte verkürzen oder verlängern

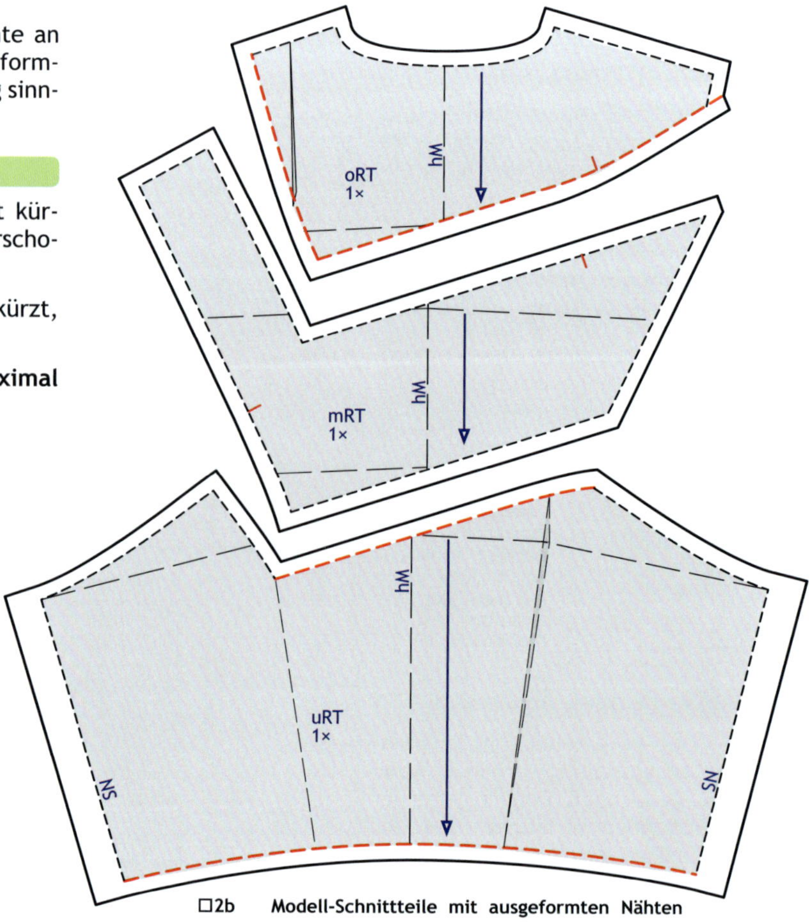

□2b Modell-Schnittteile mit ausgeformten Nähten

Quer-Teilungsnähte und Ausschnittgestaltung (2)
mit Schnittteil-Erweiterungen

□3 Formpasse mit strahlenförmig gelegten Falten

Vorderteil mit Formpasse und strahlenförmig gelegten Falten

□3 Die Passenform kann jederzeit auch anders gestaltet sein.

□3a Brustabnäher zunächst verlegen, dass er die Ausschnittgestaltung nicht stört, dann die Formpasse parallel abtrennen.

□3b Die Falten strahlenförmig in das uVT einzeichnen und gleichmäßig öffnen. Dabei den Taillenabnäher nicht ganz zulegen, damit etwas SaW ins VT kommt. Das Modell etwas verlängern und die Seitennaht formen und ausstellen.

Für das Rückteil muss eine entsprechende Abwandlung erfolgen, damit BrW und SaW zusammenpassen.

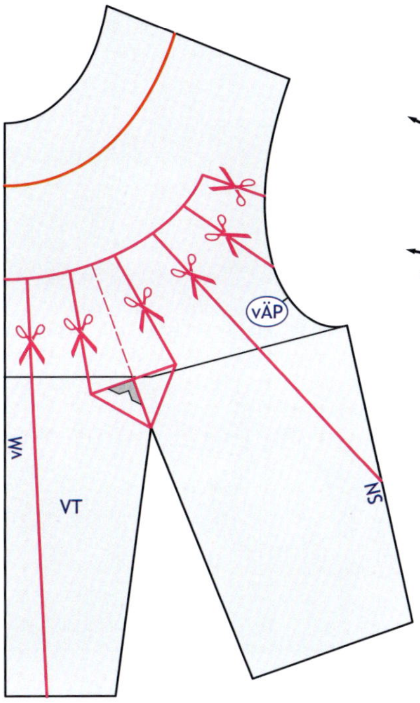

□3a Teilungsnaht, Ausschnitt und Falten gestalten

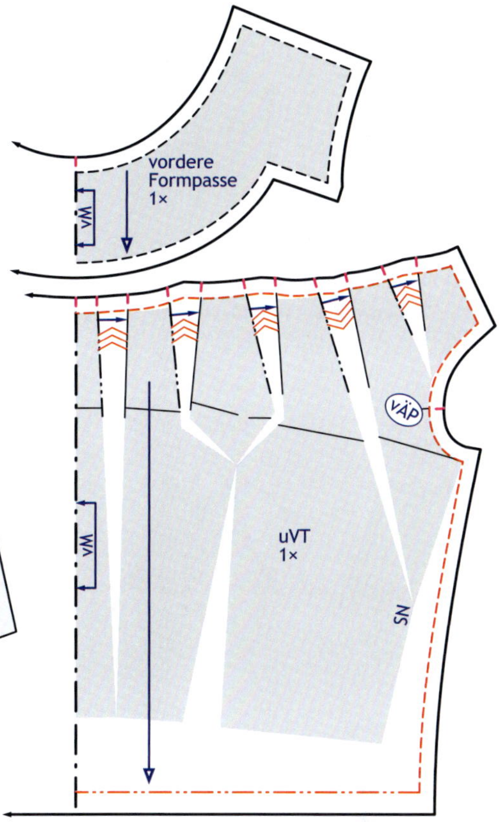

□3b Falten öffnen, Länge und Saumweite bestimmen

□4 Asymmetrische Passe mit Kräuselung

Vorderteil mit asymmetrischer Formpasse und Kräuselung

□4 Für die Schnittgestaltung das VT zunächst spiegeln.

□4a+b Die Abwandlung erfolgt im Wesentlichen wie oben beschrieben.

Für das Rückteil muss eine entsprechende Abwandlung erfolgen, damit BrW und SaW zusammenpassen.

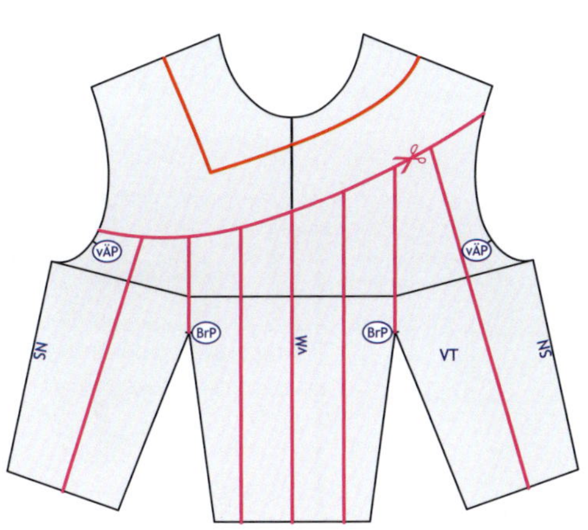

□4a Ausschnitt gestalten und Einschnitte einzeichnen

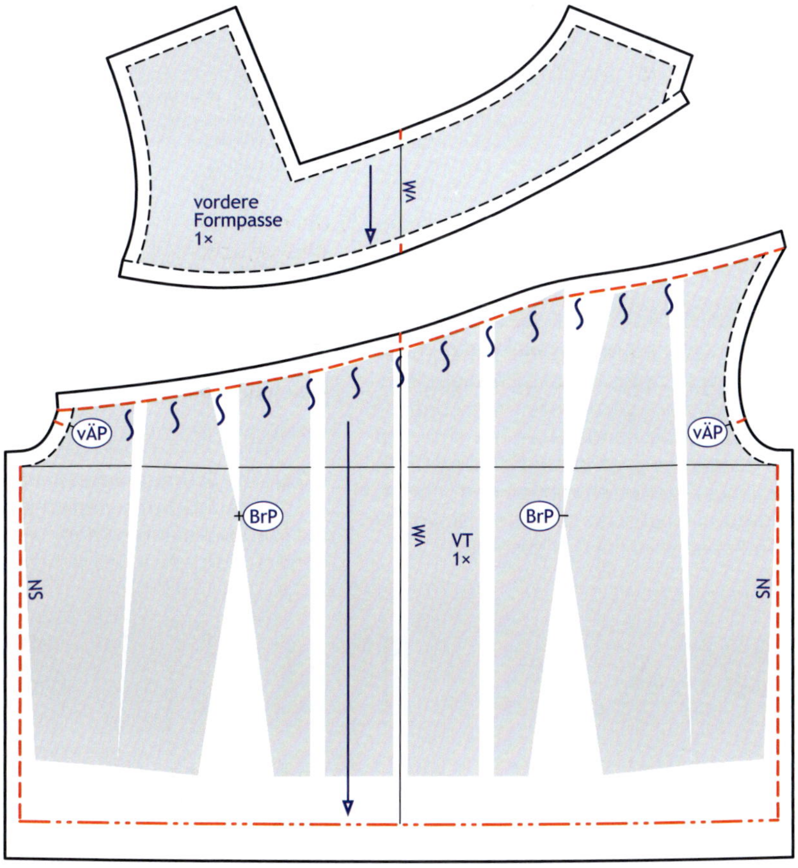

□4b Öffnen für Kräuselweite und Saumweite; Produktionsschnittteile

Verschlussvarianten an Oberteilen
Kantenverarbeitung von Hals- und Armausschnitten (1)

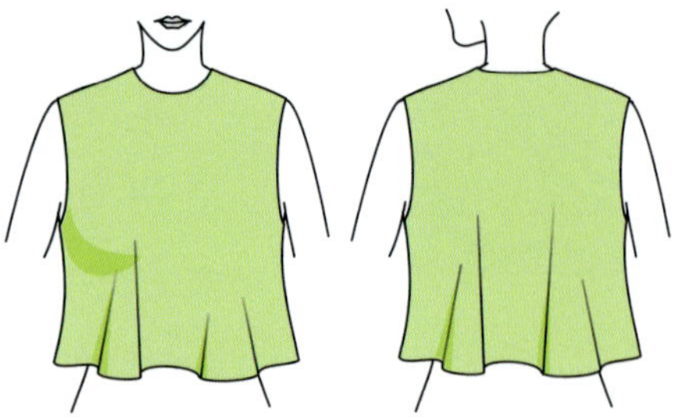

□1 Taillenweites Oberteil ohne Verschluss mit ausreichend großem Halsloch, so dass der Kopf hindurch passt.

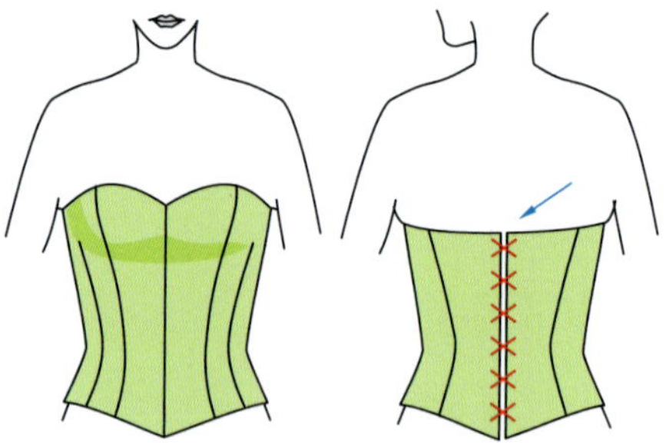

□2 Den Oberkörper sehr eng formende Mieder-Korsage mit Schnürung

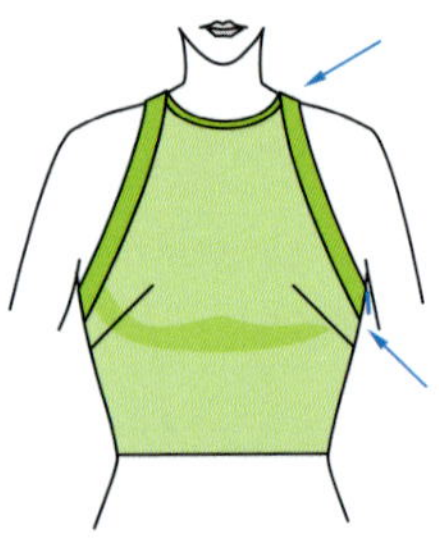

□3 Tailliertes Oberteil mit Verschluss an der Seitennaht und an der Schulter

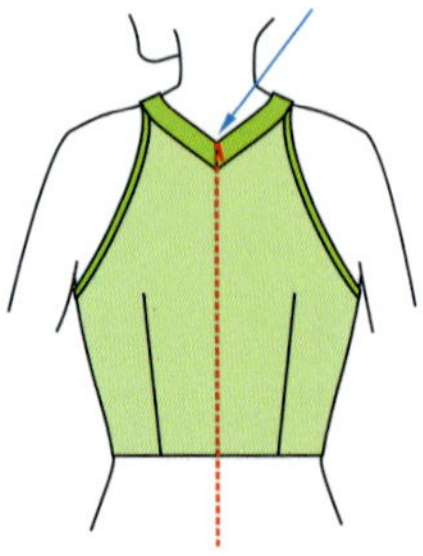

□4 Modell mit durchgehendem (Reiß-) Verschluss an der hM

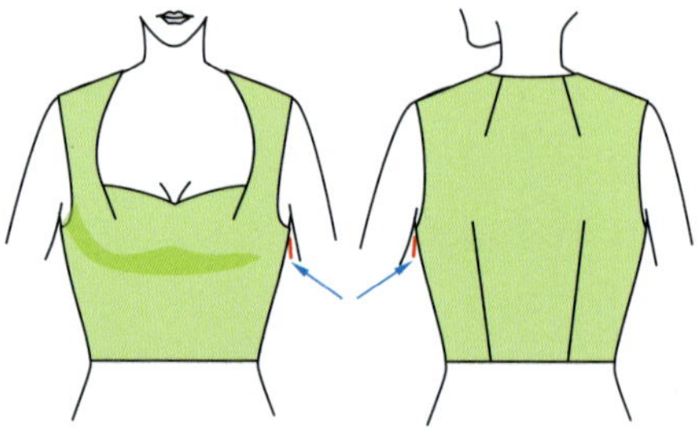

□5 Tailliertes Oberteil mit großem Halsausschnitt und Reißverschluss in der linken Seitennaht

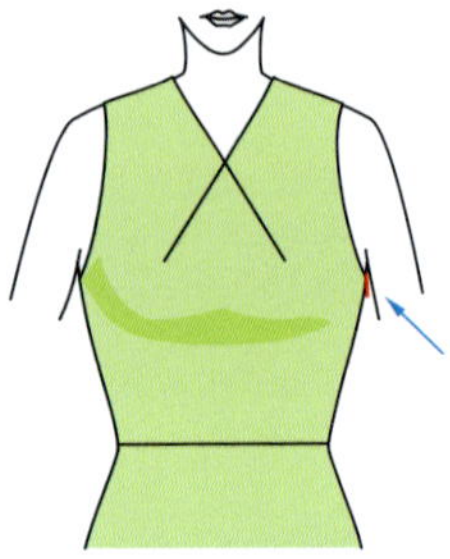

□6 Tailliertes Oberteil mit engem V-Ausschnitt, Schlitz in der hM und RV an der Seitennaht

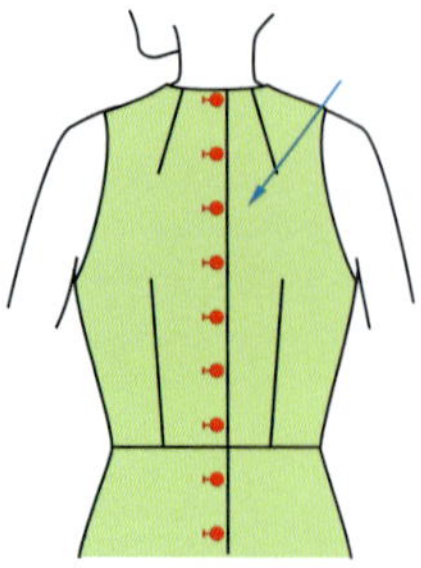

□7 Modell mit durchgehendem Knopfverschluss an der hM

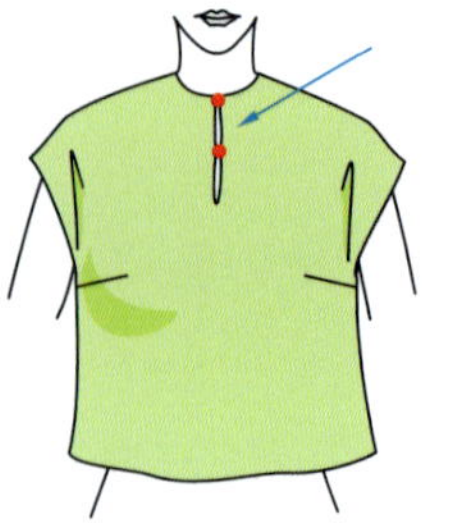

□8 Taillenweites Oberteil mit Schlingen-Verschluss am engen Halsloch

□9 Knopfleiste an Blusen

Verschlüsse an Oberteilen

Bei der Gestaltung und Planung eines Bekleidungsstückes muss man berücksichtigen, dass das Kleidungsstück genügend Weite benötigt, um es über die Schultern, die Brust oder die Hüfte (das sind die breitesten Körperteile) zu ziehen, wie in **□1**.

Betrachtet man ein Oberteil, das an Halsausschnitt und Taille sehr eng ist, wird man es weder über den Kopf und die Schultern, noch über die Hüfte anziehen können. Es fehlt an Weite. Um diese in das Kleidungsstück zu bekommen, muss es an den engen Stellen von Taille und/oder Halsloch geöffnet und wieder verschlossen werden können. Bei Kleidungsstücken aus **elastischen Materialien** können, je nach Elastizität, die Schlitze kleiner ausfallen oder ganz wegfallen.

Geeignete Verschlüsse sind Knöpfe mit Knopflöchern oder Schlingen, Haken, Reißverschluss oder Schnürungen für extrem enge Kleidungsstücke

Bei einem taillenengen Kleid muss der Verschluss mindestens bis kurz über die Hüfte reichen, um die Enge an der Taille bis zur stärksten Stelle an der Hüfte ganz zu öffnen.

Mögliche einfache Kantenverarbeitungen von Hals- und Armausschnitten

Einfassen

□1 Das **Einfassen** mit **Schrägband** oder mit **Tresse** bietet sich hauptsächlich an stark gerundeten Ausschnitten an, weil die Bänder formbar sind. Mit Tressen wird offenkantig eingefasst. Ein Schrägstreifen wird an den Schnittkanten eingeschlagen oder ist vorgefalzt und wird dann angesteppt.

Die Schnittteile erhalten an den Ausschnittkanten keine Nahtzugaben, da die Schnittkanten die späteren Ausschnittkanten sind.

Schmuckband und Borte

□2a Ein **Schmuckband** kann innen angesteppt und nach außen umgelegt oder nur von außen aufgesteppt werden. Das Band ist also von außen sichtbar.

□2b Borten können nur an gerade Kanten gearbeitet werden. Sie legen sich kaum in eine Rundung. An Ecken werden sie mit einer Naht gefaltet.

Belege und Einschläge ab Seite 429.

Blenden siehe Seite 432.

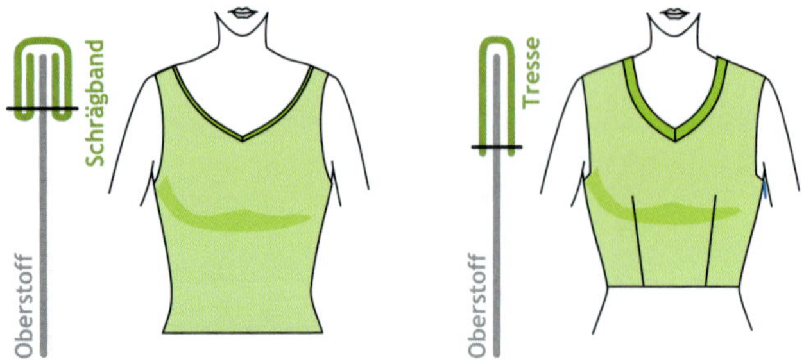

□1a+b Ausschnitte mit schrägem Einfassband und mit Tresse

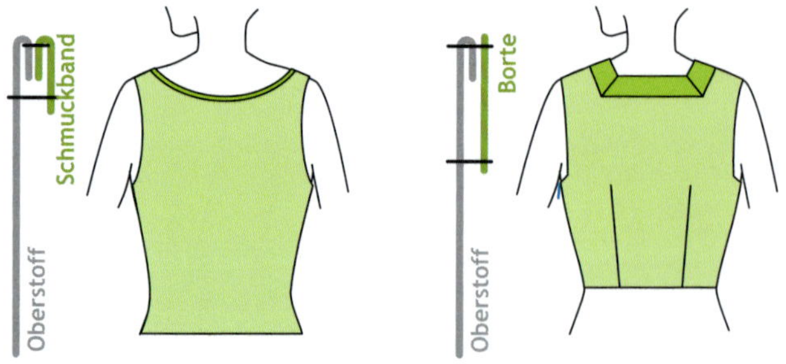

□2a+b Ausschnitte mit schmalem Schmuckband und mit Borte

Belege und Einschläge mit Futterentwicklung (1)

Beleg und Einschlag konstruieren

□2-7 **Belege** und **Einschläge** sind am Kleidungsstück innen liegende Stoffflächen aus Oberstoff, die die Ausschnittkanten sichern und verblenden. **Der Beleg wird angenäht (verstürzt), während der Einschlag an der Kante nach innen gebügelt wird.** Der Beleg darf von außen nicht sichtbar sein.

Hier ist die Passform-Optimierung von Seite 418 nicht gezeigt - aber möglich.

1 Belege einzeichnen

❶ □2 Die Belege parallel zu den Ausschnittkanten formen. Belegbreiten sind 3 bis 5 cm.

❷ An der Schulter werden ca. 0,2 cm reduziert.

❸ Am unteren Armloch an der SN bis zu 0,4 cm reduzieren.

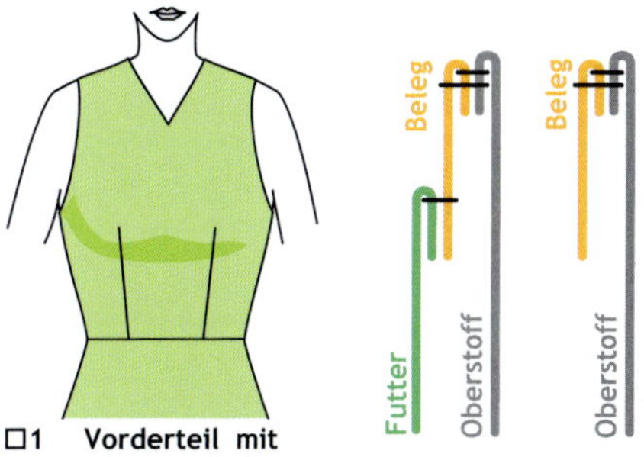

□1 Vorderteil mit engem V-Ausschnitt

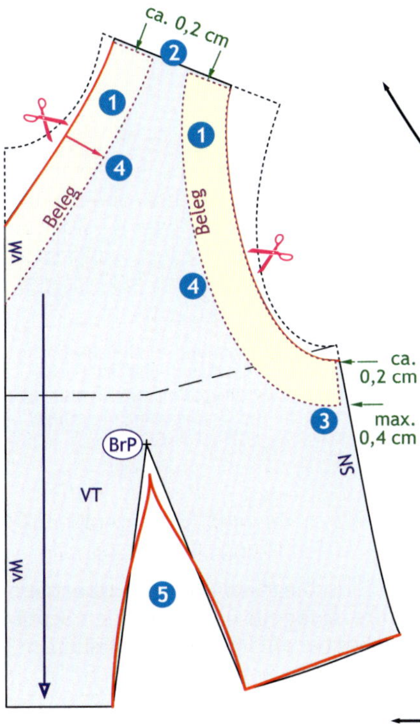

□2 Ausschnitte und separate Belege für Arm- und Halsausschnitt

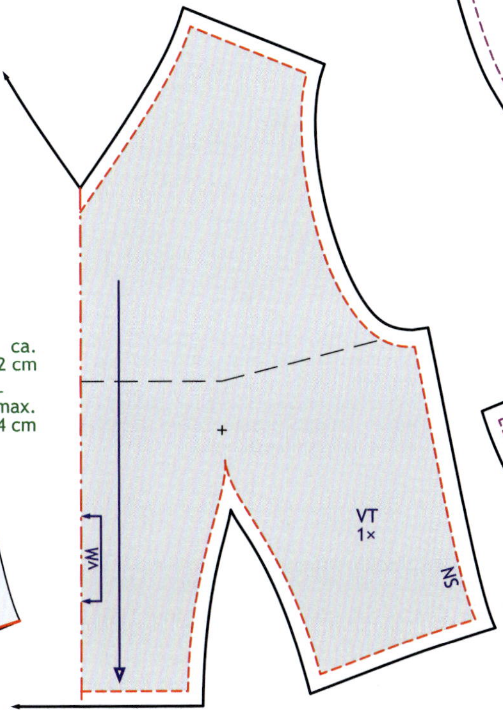

□3 Produktionsschnitt des VT

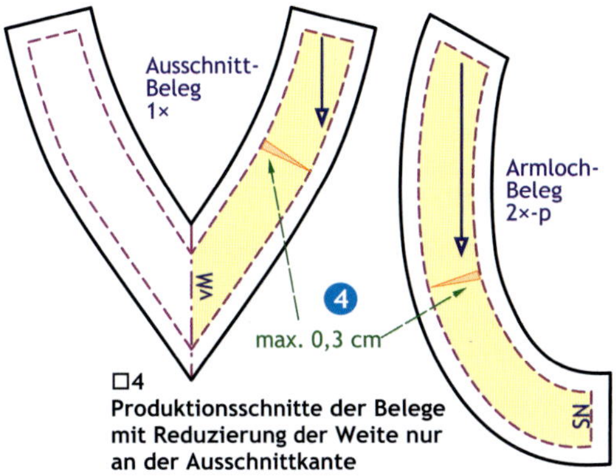

□4 Produktionsschnitte der Belege mit Reduzierung der Weite nur an der Ausschnittkante

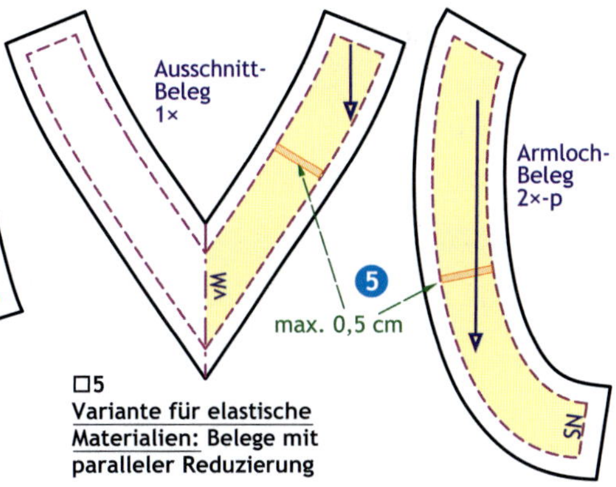

□5 Variante für elastische Materialien: Belege mit paralleler Reduzierung

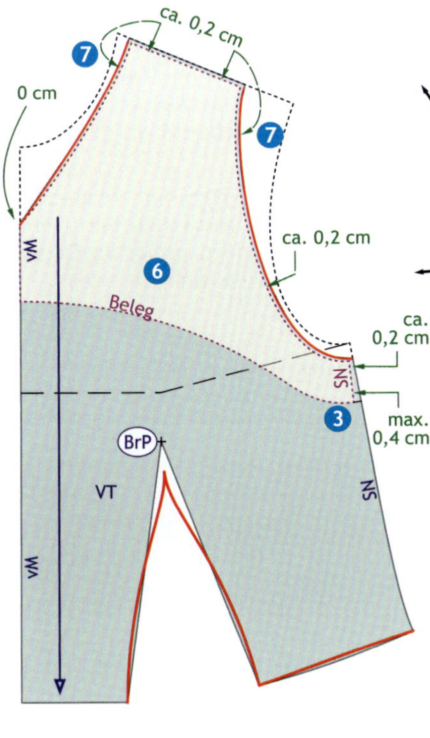

□6 Entwicklung + Modellschnitt Ausschnitte und verbundene Belege für Arm- und Halsausschnitt

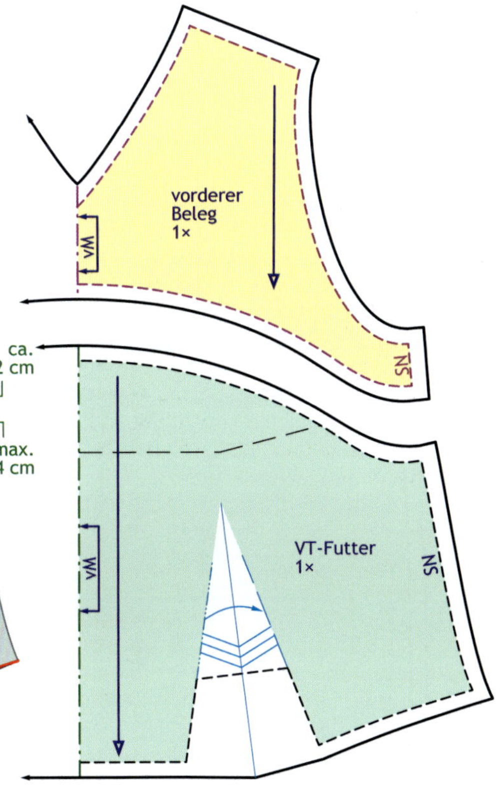

□7 Produktionsschnitte vorderer Beleg und VT-Futter

2 Belege optimieren

❹ □4 Je nach Material kann es günstiger sein, die Länge der Belege in ca. der Mitte des Ausschnitts um bis zu 0,3 cm zu reduzieren. Nähte formen.

❺ □5 Bei **elastischen Materialien** ist es sinnvoll, die Länge der Belege je nach Elastizität des Materials **parallel** um bis zu 0,5 cm zu **reduzieren.**

3 Verbundener Beleg

❻ □6 Die beiden oben entwickelten Belege können auch zu einem Schnittteil verbunden werden.

❼ Zusätzlich zur Schulter sind an den Ausschnittkanten hier ca. 0,2 cm und bis zu 0,4 cm an der SN reduziert.

4 Futterentwicklung

❽ **Futterfläche ist alles, was innen nicht Beleg oder Einschlag ist.** Für das Futter wird die ursprüngliche SN verwendet.

❾ Der geformte Abnäher wird als aufspringender Abnäher gearbeitet. Dies ergibt ausreichend Weite an der Brust.

Belege und Einschläge mit Futterentwicklung (2)

□8 Rückteil mit durchgehendem Knopfverschluss

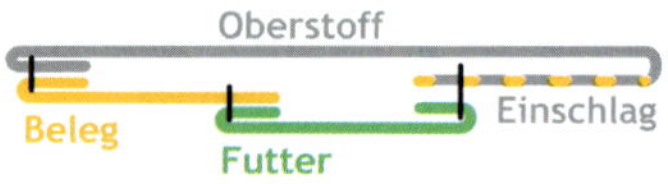

4 Ausschnitt am Armloch

❽ □9 Am RT wird der separate Armloch-Beleg wie am VT mit denselben Breiten konstruiert.

❾ Die Reduzierungen sind ebenso identisch.

5 Einschlag (angeschnittener Beleg)

❿ Obersten Knopf positionieren und die Knopflöcher markieren. Für den Knopfverschluss kommt ein zum Knopfdurchmesser passender Übertritt an die hM. Die Kante einzeichnen.

⓫ Den Einschlag ins Rückteil einzeichnen und an Schulter und Halsloch reduzieren.

⓬ Einschlag an der Kante spiegeln.

6 RT-Futter 1

⓭ Wie am VT-Futter wird auch hier die ursprüngliche SN und die ursprüngliche Schulternaht verwendet.

⓮ □10 Der Schulterabnäher wird in die Mitte der Schulternaht verlegt.

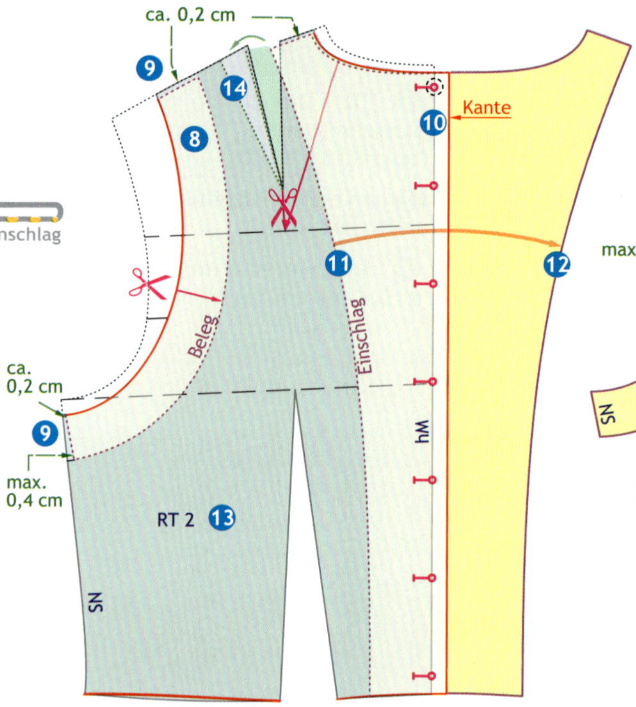

□9 Entwicklung des Rückteils (der Schulterabnäher muss noch verlegt werden, siehe unten)
Einschlag (angeschnittener Beleg) an einer Knopflochkante sowie separater Beleg am Armausschnitt.

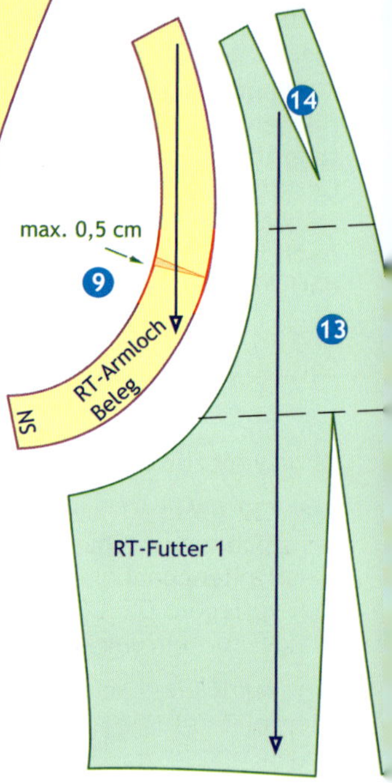

□10 Entwicklung + Modellschnitte von Armloch-Beleg und RT-Futter. Der Schulterabnäher am Futter ist hier in die Schultermitte verlegt.

7 Verbundener Einschlag

⓯ □11 Schulterabnäher ins Halsloch verlegen.

⓰ Den Einschlag in Höhe des Schulterabnähers mit dem Beleg für den Armausschnitt verbinden.

⓱ Einschlagfläche **an der Übertritt-Kante spiegeln** und dabei den Schulterabnäher am Einschlag schließen.

⓲ Um einen sparsameren Zuschnitt zu erhalten, kann am Einschlag ein Armloch-Beleg abgetrennt werden, allerdings nicht an einer Verstürznaht!

⓳ Das Nahtbild zeigt den Querschnitt von Einschlag und Beleg.

⓴ □12 Alternativ zum RT-Futter 1 ist beim RT-Futter 2 der Taillenabnäher an die Belegnaht verlegt. Er kann auch als Falte verarbeitet werden.

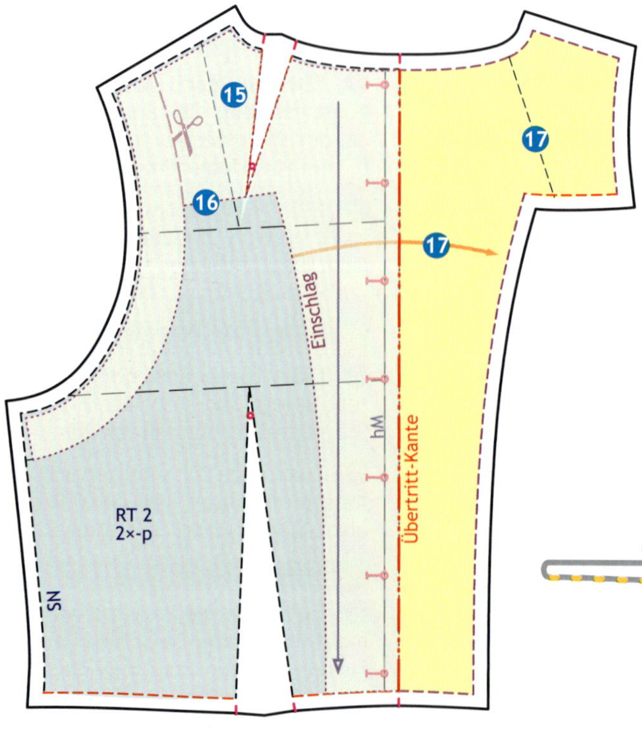

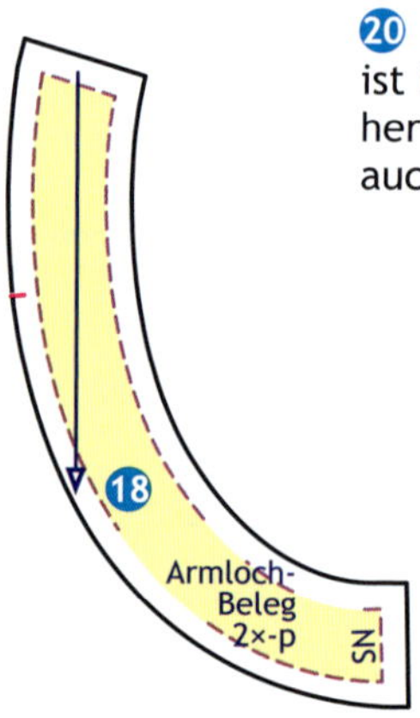

□11 Entwicklung + Produktionsschnitt
Rückteil mit Einschlag inklusive durchgehendem Beleg für den Armausschnitt, an dem hier der Schulterabnäher zugelegt wurde.

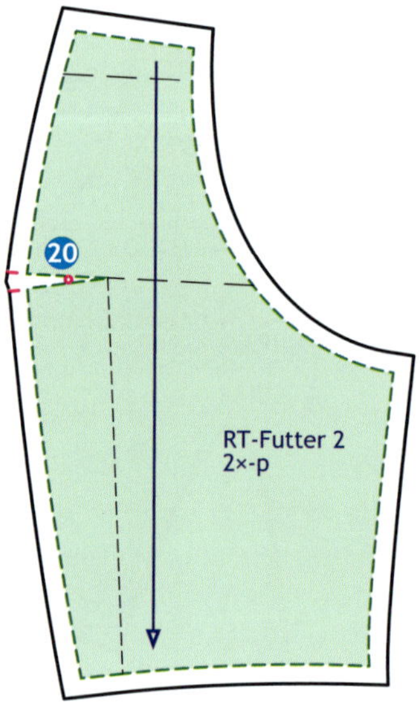

□12 Produktionsschnitt
RT-Futter 2 mit Abnäher/Falte an der Einschlag-Naht

Tiefe Dekolltés
mit verbundenen Belegen

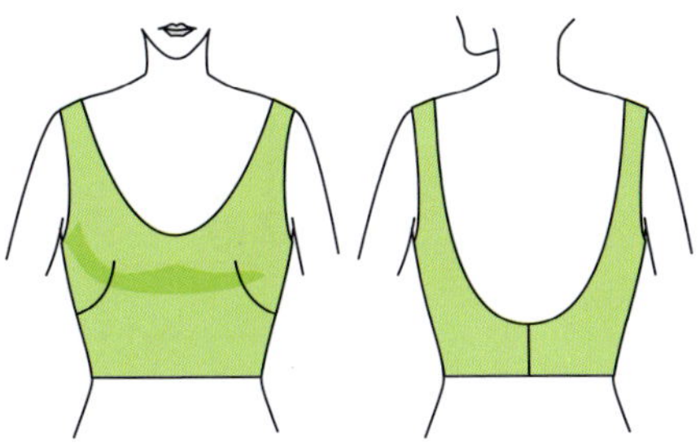

☐1 Tiefe Dekolltés

Tiefes Dekolleté und Träger

1 Für ein ärmelloses Oberteil die Brustweite an der SN reduzieren.

2 **☐2** Am VT den neuen Abnäher einzeichnen und dann den Brust- und den Taillenabnäher in den neuen Abnäher verlegen. **☐3** Die Abnähernaht gerundet formen und kürzen.

3 Am RT den Schulterabnäher ignorieren. Den Taillenabäher in die hM verlegen.

4 Dekolletéweite und Trägerbreite an VT und RT **vom Halsloch aus abtragen.**

5 Beginn des Trägers und Trägerbreite vom VT an das RT übertragen.

6 Dekolletés und Armlöcher formen.

7 Einschnitte für die Reduzierung der Ausschnitte ähnlich wie auf Seite 418 einzeichnen (Änderungen möglich).

8 **☐3** Schnittteile kopieren und die Ausschnitte reduzieren.

9 Für die verbundenen Belege an Schulter, SN und parallel zu den Ausschnittkanten reduzieren.

Alternativ kann sowohl das VT als auch das RT mit einer zweiten Stofflage aus Futter oder Stoff belegt werden.

Hinweis für die Gestaltung eines Modells mit tiefem Ausschnitt:

Es ist fast unmöglich, ein Kleidungsstück mit tiefem Dekolleté vorne **und** hinten zu tragen. Es würden unweigerlich die Träger von der Schulter rutschen. Abhilfe könnte eine Verbindung zwischen den Trägern schaffen, z.B. eine Kette oder ein Band. An der Träger-Unterseite könnte man auch ein haftendes Material anbringen.

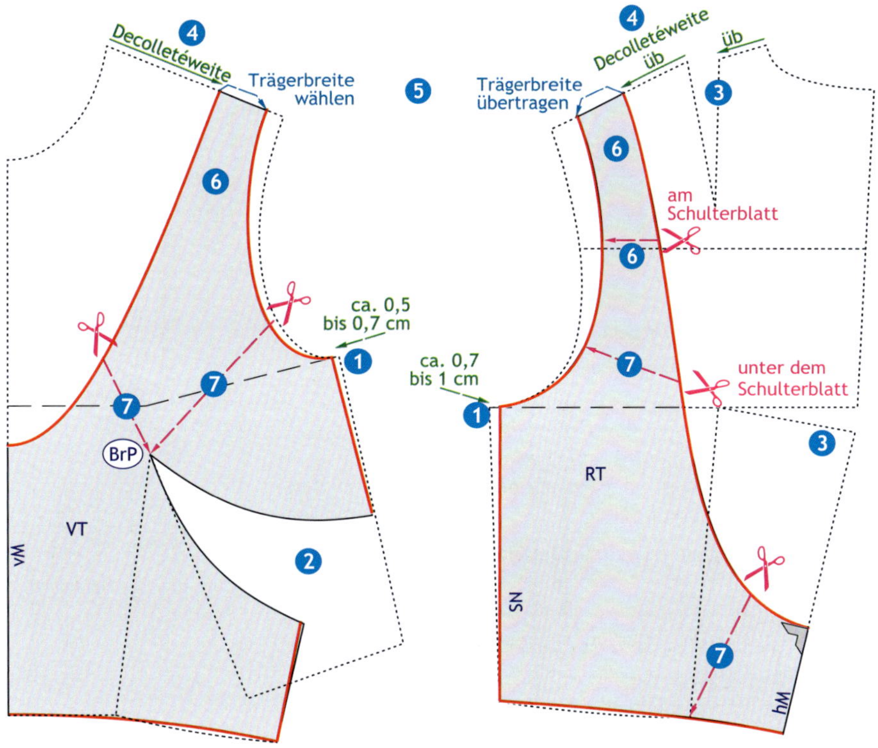

☐2 Abnäher verlegen und Dekolletees gestalten

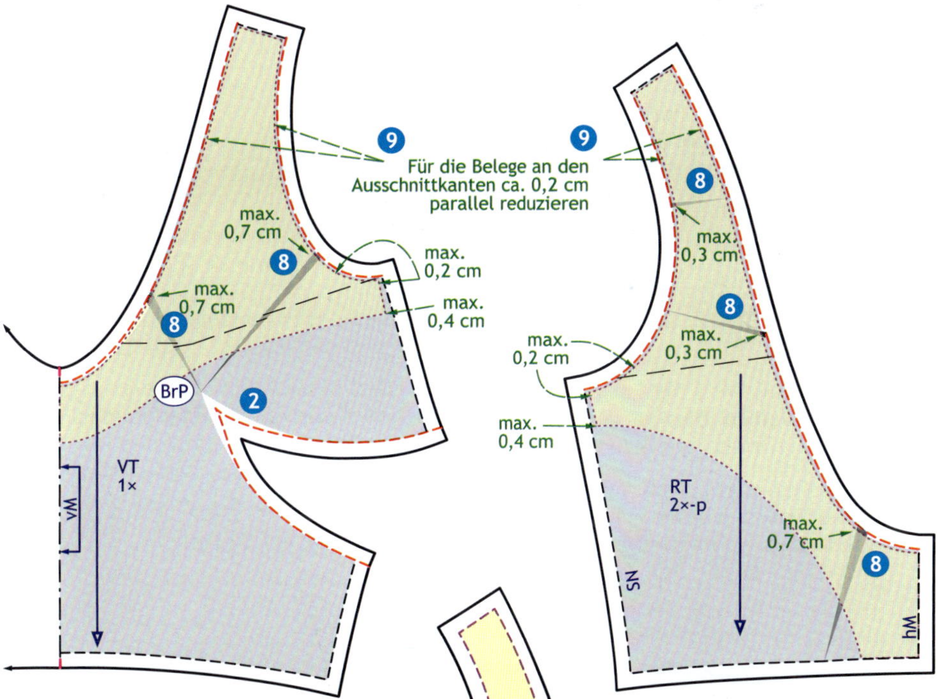

☐3 Produktionsschnitte von VT und RT an den Ausschnittkanten zulegen (kneifen, reduzieren), dann die Belege formen und ebenfalls an den Nähten reduzieren

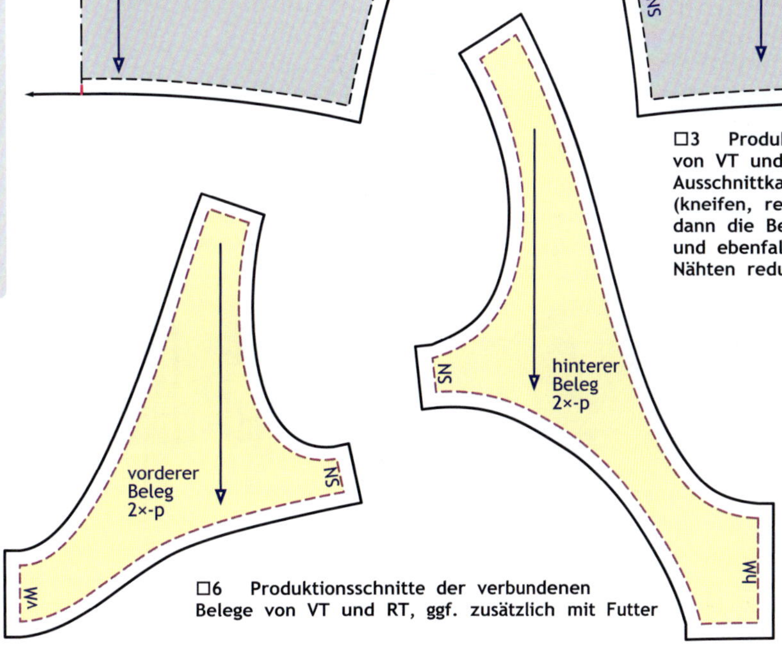

☐6 Produktionsschnitte der verbundenen Belege von VT und RT, ggf. zusätzlich mit Futter

Ausschnitte mit Blenden (1)
Blendenvarianten und Naht-Querschnitte

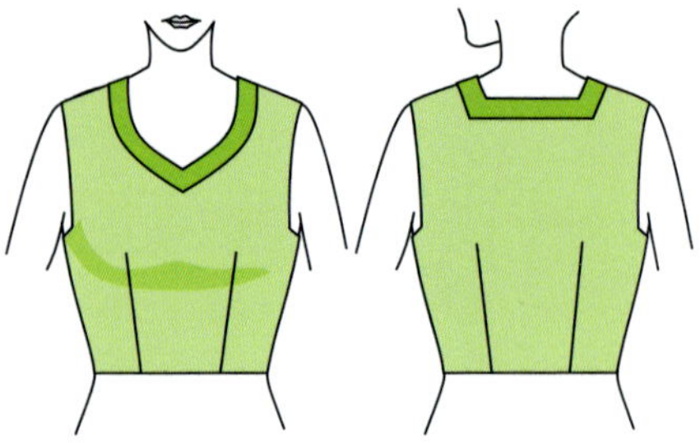

□1 Blenden am Halsausschnitt

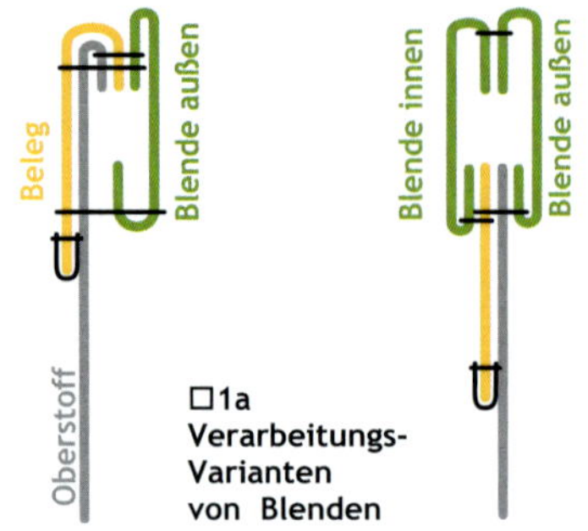

□1a Verarbeitungs-Varianten von Blenden

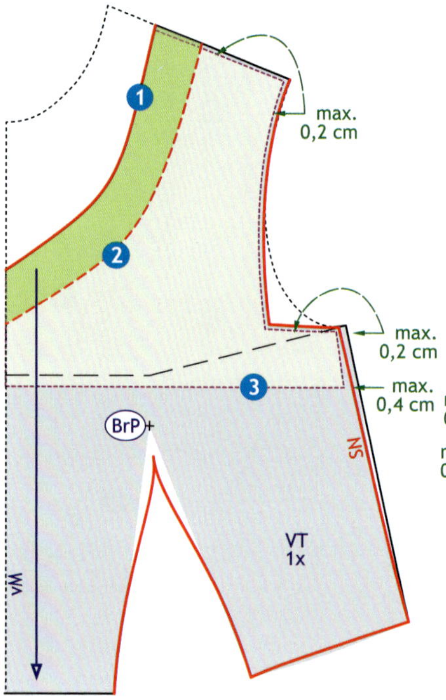

□2 Modellentwicklung des Vorderteils mit einfacher, aufgesetzter Blende und Beleg

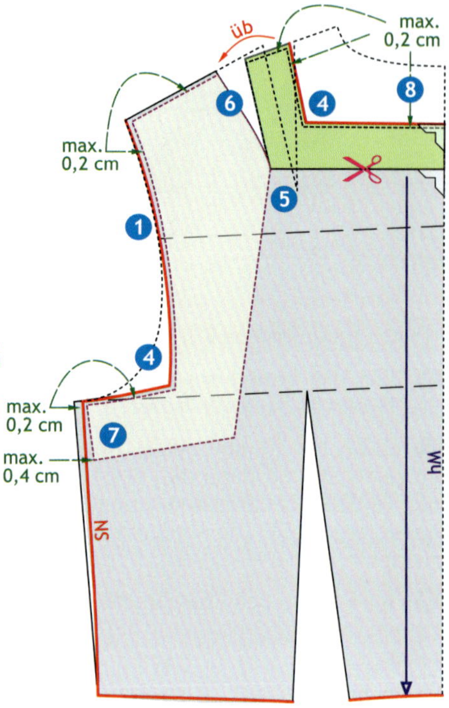

□3 Modellentwicklung des Rückteils mit doppelter, angesetzter Blende und Armloch-Beleg

Einfache, aufgesetzte Blende

❶ □2 Ausschnitte an Hals- und Armloch formen. Für ein ärmelloses Oberteil wird die Brustweite unter dem Arm reduziert (siehe Seite 418).

❷ Blende parallel zum Ausschnitt formen und kopieren.

❸ Verbundenen Beleg einzeichnen, an Schulter, SN und Armloch reduzieren und kopieren.

Am Rückteil wird die Entwicklung einer **doppelten Blende** gezeigt. Man sieht innen die innere Blende.

Von außen sieht man keinen Unterschied zwischen beiden Varianten. Normalerweise verwendet man bei einem Modell **eine der beiden** Varianten.

Doppelte, angesetzte Blende

❹ □4 Hals- und Armausschnitte an Schulter und SN wie im VT formen.

Es ist möglich, in einer Blendennaht einen Abnäher zu verarbeiten.

❺ Der Schulterabnäher wird in die Blendenansatznaht aufgenommen. Die Blende muss also ungefähr so lang gestaltet und geformt sein wie der Abnäher.

❻ Den Abnäher neben die Blende verschieben und ggf. kürzen.

❼ Den Beleg an der SN in identischer Breite wie am VT formen, reduzieren und kopieren.

❽ Die Innenblende wird wie ein Beleg reduziert und kopiert.

Für eine **Futterverarbeitung** sind eckige Belegnähte ggf. einfacher zu verarbeiten. Das Nahtbild unten zeigt eine Variante mit Futter.

Die **Doppelblende an einer geraden Kante** kann im Stoffbruch aus einem geraden Stoffstreifen mit abgenähter Ecke gearbeitet werden.

Blendenvarianten

Blenden können an vielen Kleidungsstücken verarbeitet werden.

□4 Hier ist eine Weste mit Blenden am Arm sowie verbundene Blenden an Hals, vorderer Kante und Saum dargestellt. Sie reichen von der Schulternaht über die vordere Kante zur Seitennaht.

In einer Knopfblende (Knopfleiste) werden stets Längs-Knopflöcher gearbeitet.

Man kann aufgesetzte und angesetzte Blenden unterscheiden. In den Naht-Querschnitten □6+7 sind ergänzende Möglichkeiten von Blendenverarbeitungen dargestellt.

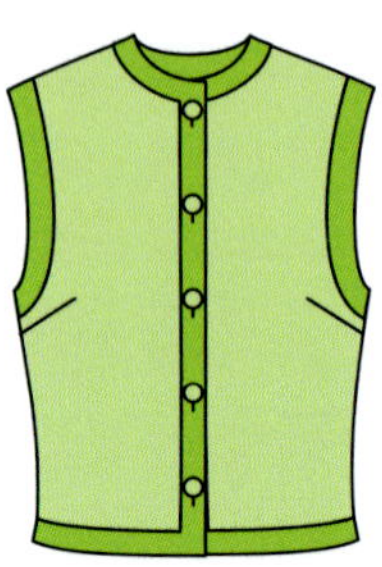

□4 Weste mit Blenden und Knopf-Blende

□5 Reverskragen mit Blenden

□6 Aufgesetzte Blende

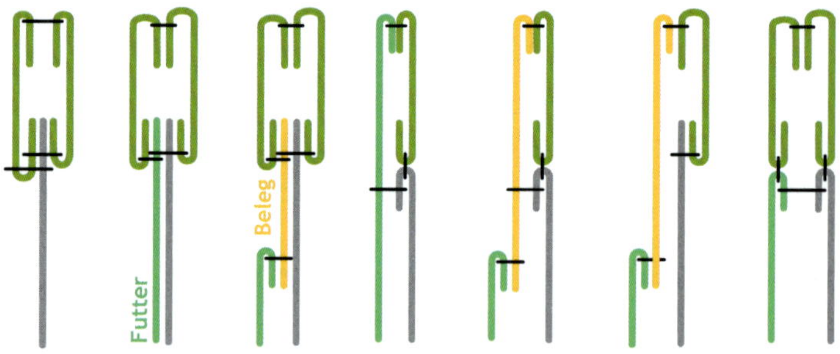

□7 Naht-Querschnitte angesetzter Blenden mit und ohne Beleg/Futter

Ausschnitte mit Blenden (2)
Blendenvarianten und Naht-Querschnitte

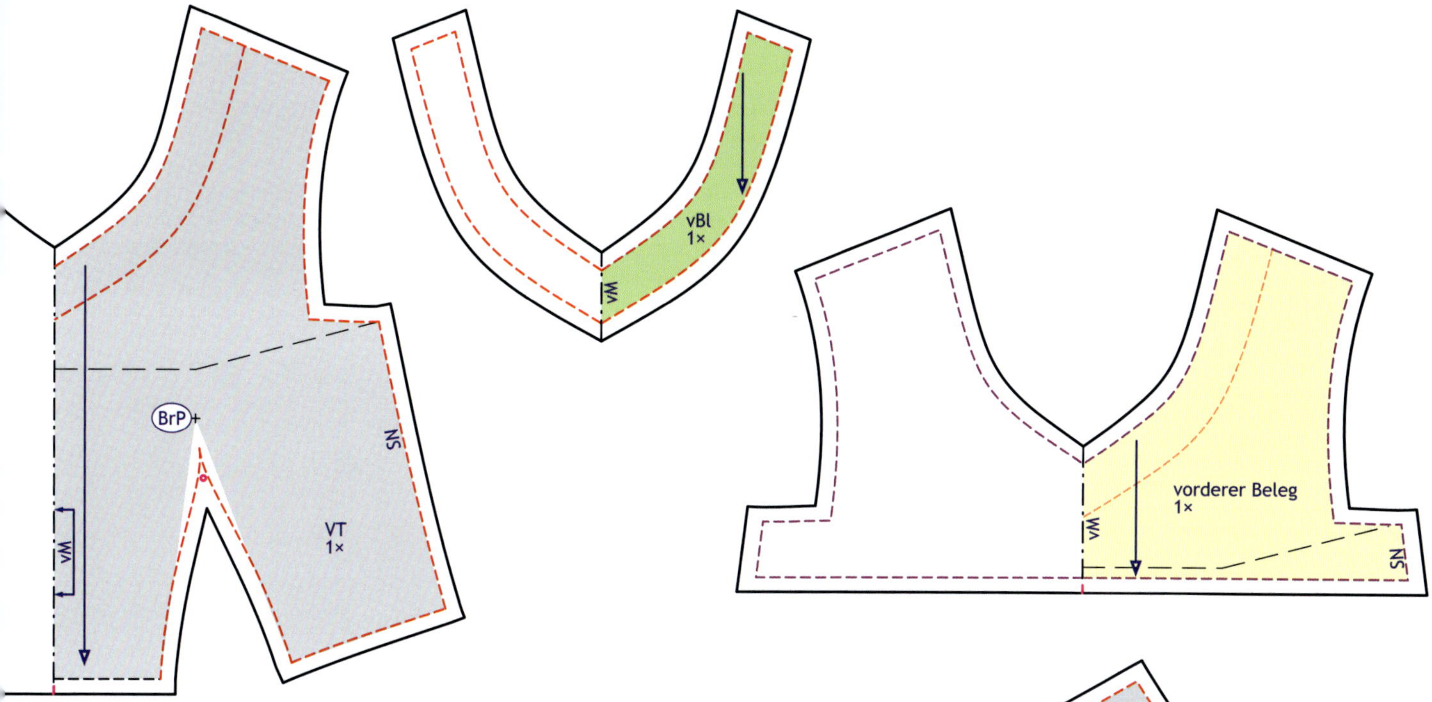

□8 Produktionsschnitte das Vorderteil, Blende und Beleg

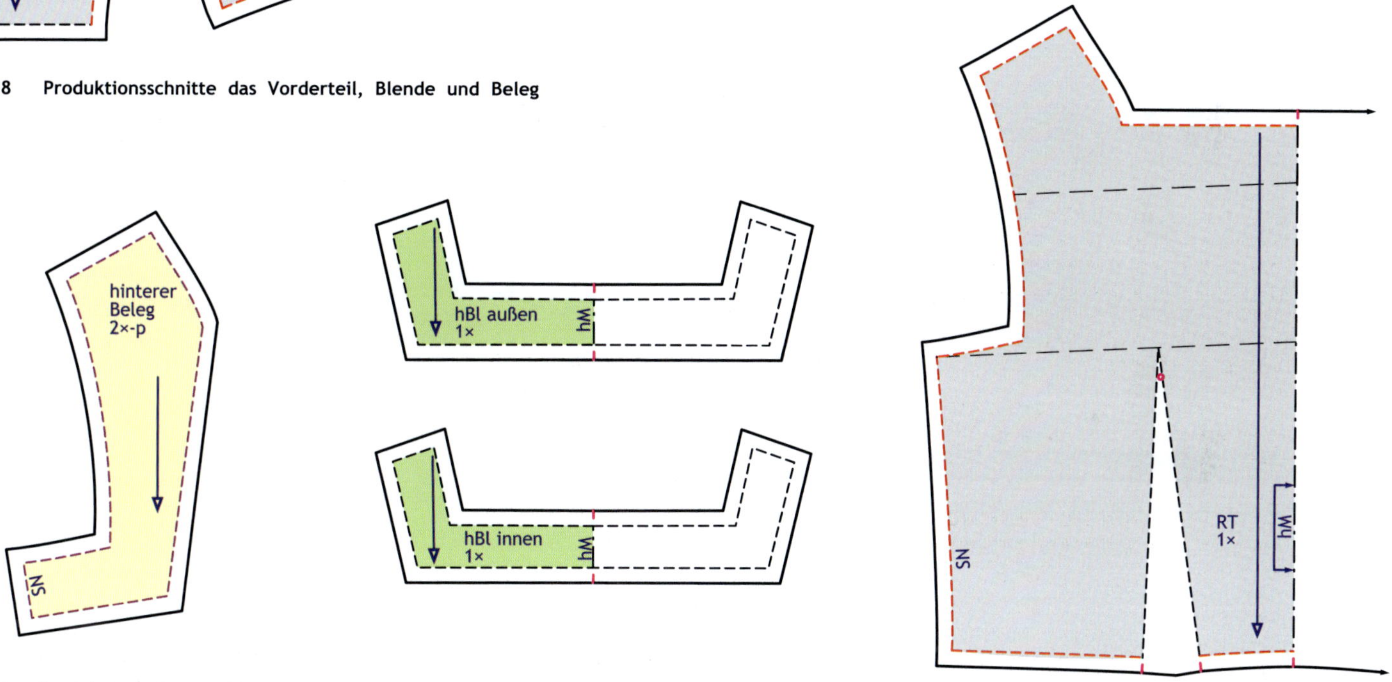

□9 Produktionsschnitte für das Rückteil, Blende und Beleg

Blendenvarianten

Auch an Tascheneingriffen, Kragenkanten, Rock-, Hosen und Ärmelsäumen, Schlitzkanten uvm. können Blenden gearbeitet werden.

Blenden müssen nicht unbedingt parallel verlaufen. Sie dürfen auch, wie hier an einer aufgesetzten Tasche, schmückende Formen besitzen. Die Innenblende könnte dann für eine einfache Verarbeitung eine gerade Form besitzen.

Eingesetzte Blenden sind eine Sonderform.

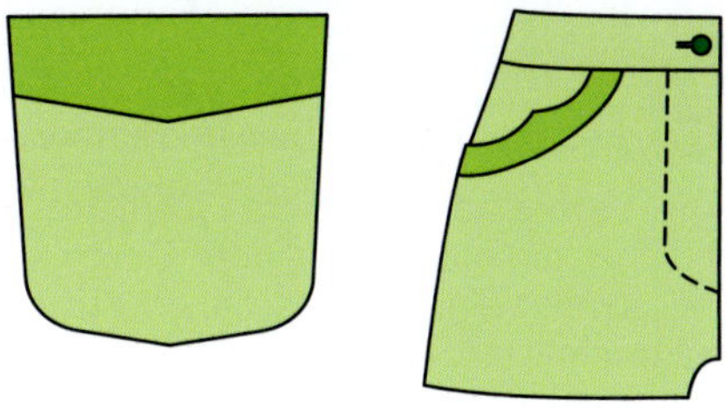

□10 Taschen mit Eingriffblenden

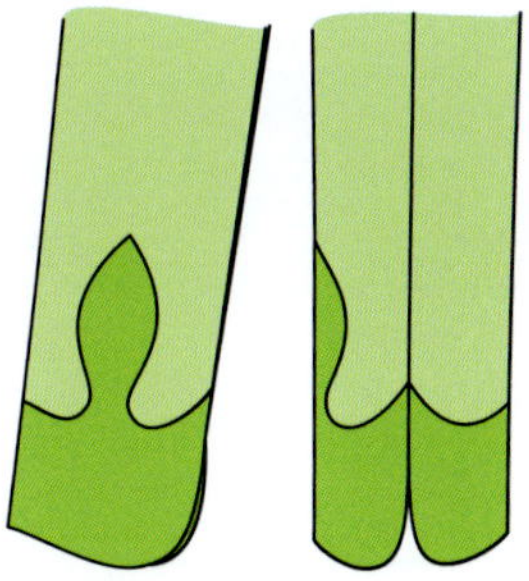

□11 Schmückende Ärmelsaum-Blenden mit Schlitz

□12 Saumblende und eingesetzte Blende

Wasserfall-Ausschnitt (1) am VT

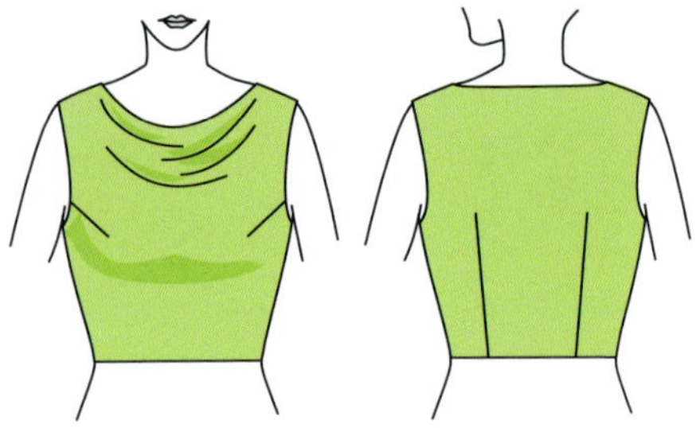

□1 Vorderteil mit Wasserfall-Ausschnitt

Wasserfall-Ausschnitt mit angeschnittenem Beleg (Einschlag)

Das Vorderteil ist mit einem Wasserfallausschnitt, das Rückteil ist schlicht gestaltet.

Ein Wasserfallausschnitt ist ein Ausschnitt mit "zu viel" Weite, die sich am Dekolleté in weichen Falten legt, da die Ausschnittkante im schrägen ("echten" = 45°) Fadenlauf zugeschnitten wird. Beim Zuschnitt in Wirkware bleibt der Fadenlauf gerade, da Wirkware in jeder Richtung weich fällt. Die Ausschnitttiefe kann nach Wunsch stark variieren. Wasserfälle sind auch im Rückteil oder unter dem Arm möglich. Es könnte auch ein separates Schnittteil eingesetzt werden, das den Schnitt erweitert.

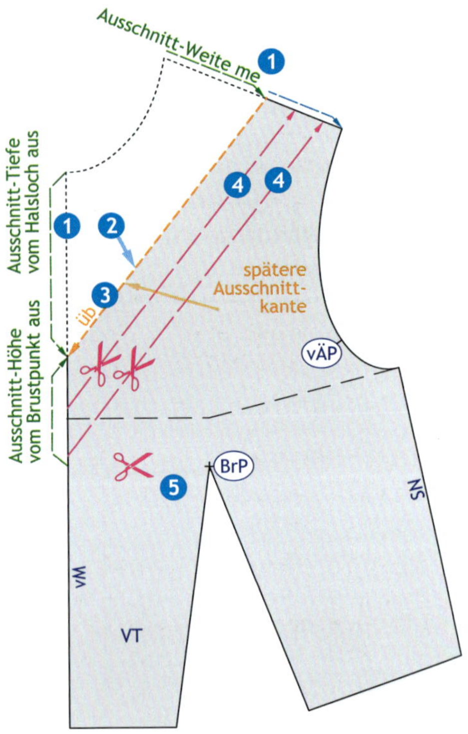

□2 Wasserfall-Ausschnitt

1 Ausschnitte

1 □2+3 Am VT die Ausschnittweite am Hals und die -Tiefe bestimmen. Am RT die identische Ausschnittweite übertragen.

2 An VT und RT die Hals und ggf. die Arm-Ausschnitte formen. Die Länge des vorderen Ausschnitts ausmessen.

3 Diese Länge von der Ausschnittweite als Gerade zur vM abtragen. Das ist die spätere Ausschnittkante.

2 Weite für den Wasserfall

4 □2 Zwei Einschnittlinien parallel zur späteren Ausschnittkante zur vM zeichnen und einschneiden.

5 Von der vM zum BrP einschneiden.

6 □4 Die Schnittteile so drehen und gleichmäßig öffnen, bis die spätere Ausschnittkante rechtwinklig zur verlängerten vM liegt.

7 Die Schulternaht formen.

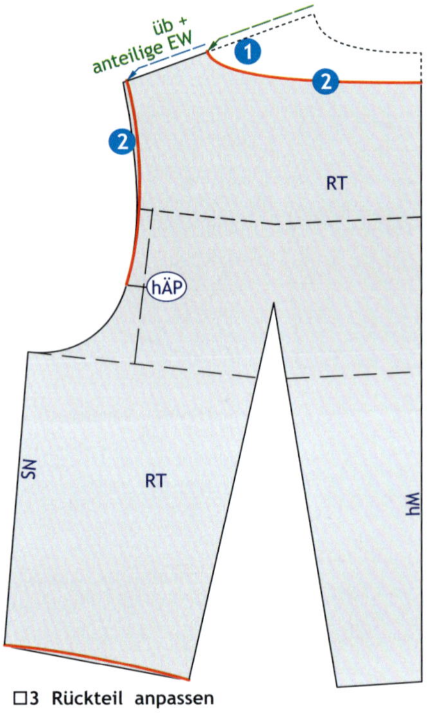

□3 Rückteil anpassen

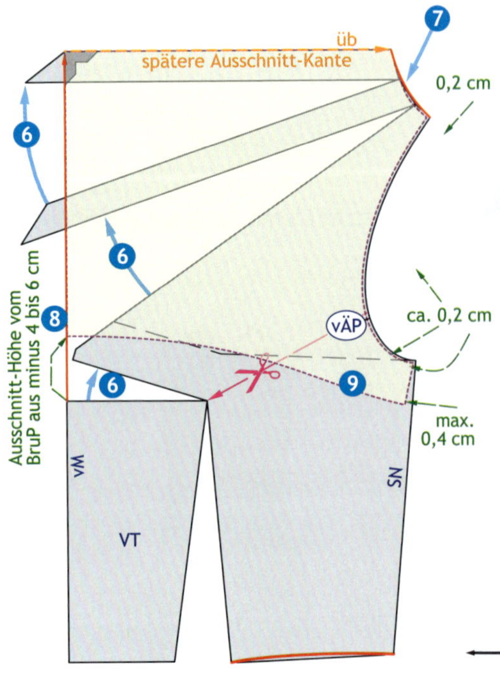

□4 Weite für den Wasserfall-Ausschnitt

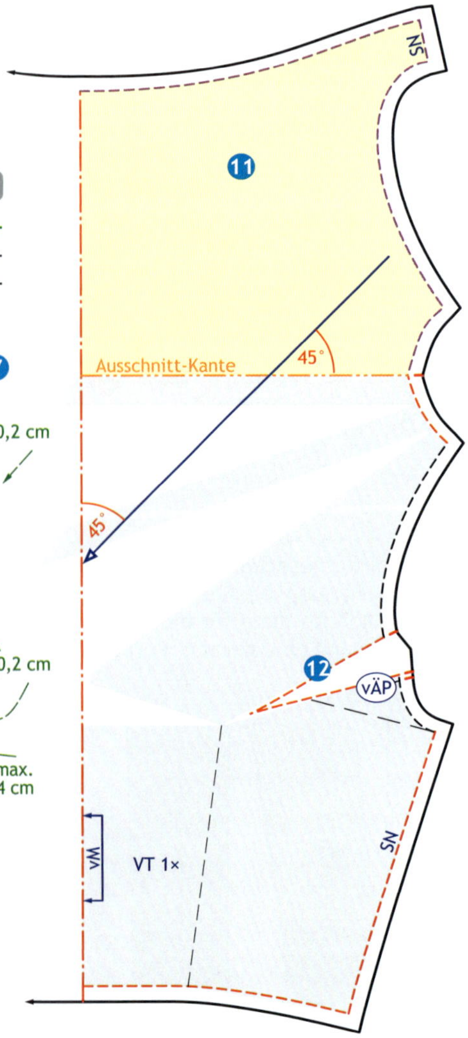

□5 Einschlag spiegeln, Produktionsschnitt

3 Einschlag für den Wasserfall-Ausschnitt

Zur Verarbeitung eines Wasserfallausschnitts gehört immer ein breiter Einschlag, der einen weichen Fall an der Kante ermöglicht.

8 □4 Die Einschlagbreite an der vM so breit wie die Ausschnitthöhe (siehe □2) minus 4 bis 6 cm einzeichnen.

9 Den Einschlag ins Armloch oder wie hier an die SN formen.

10 Einschlag an Verstürzkanten, SN und Schulter reduzieren.

4 Schnittteile fertig stellen

11 □5 Den Einschlag an der Ausschnittkante spiegeln. An dieser, bzw. an der hM verläuft der Fadenlauf schräg im 45°-Winkel.

12 Abnäher im VT öffnen und kürzen.

Die verbleibende innere Schnittteil-Fläche, die nicht Beleg oder Einschlag ist, kann, wenn gewünscht, als Futter zugeschnitten werden. Der Brustabnäher kann dabei beliebig verlegt werden.

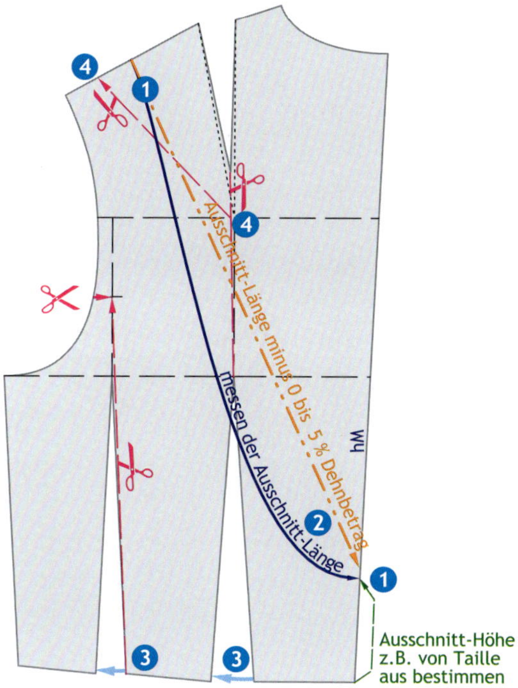

□1 Tiefer Wasserfallausschnitt im RT

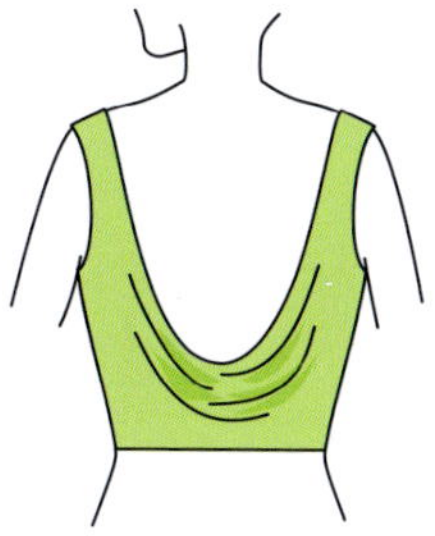

Wasserfallausschnitt im Rückteil

Das Prinzip für die Konstruktion eines Wasserfallausschnitts im Rückteil ist dasselbe wie beim Vorderteil.

1 □7 Ausschnittweite und -höhe wählen sowie den Ausschnitt formen.

2 Ausschnitt-Länge messen und für die spätere Verwendung ca. 0 bis 5 % für die Dehnung der Kante im schrägen Fadenlauf abziehen.

3 Die Taillenabnäher schließen.

4 Einen Einschnitt für Weite in den Ausschnitt und einen Einschnitt an die Trägermitte einzeichnen.

5 Einschnitte öffnen, so dass die notwendige Ausschnittlänge rechtwinklig an die hM läuft.

6 Einschnitt zur Schulter öffen, so dass dort auch ein rechter Winkel und eine gerundete Schulternaht entsteht.

7 Die Einschlagnaht formen: Von der hM oder der Taillennaht bis zum Armausschnitt bzw. zur SN.

8 An Schulternaht, Verstürzkanten und an der SN reduzieren.

9 Den Einschlag an der Ausschnittkante spiegeln. Dort, bzw. an der hM verläuft der Fadenlauf schräg im 45°-Winkel.

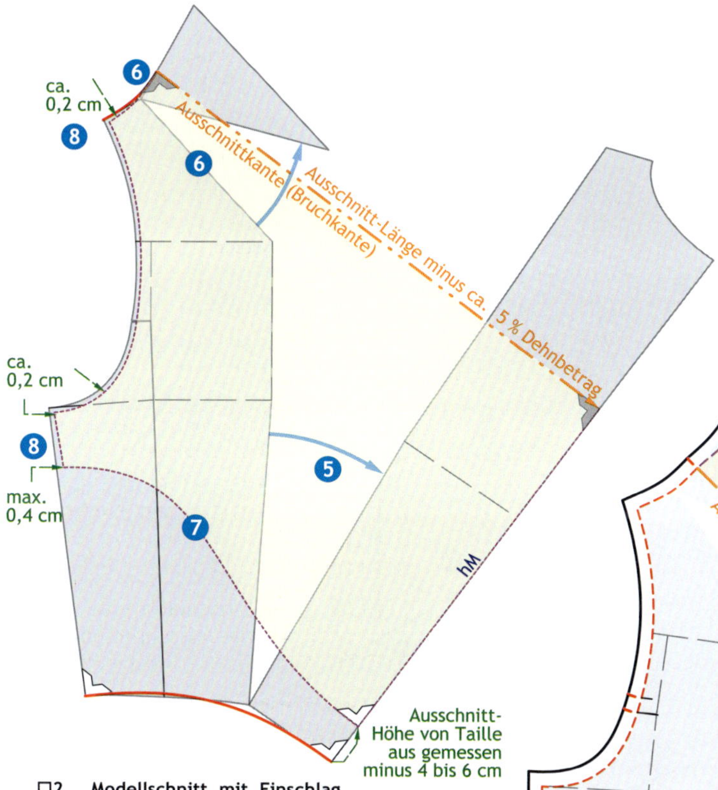

□2 Modellschnitt mit Einschlag

□3 Produktionsschnitt

Asymmetrischer Ausschnitt (1)
Oberteil im Sari-Stil

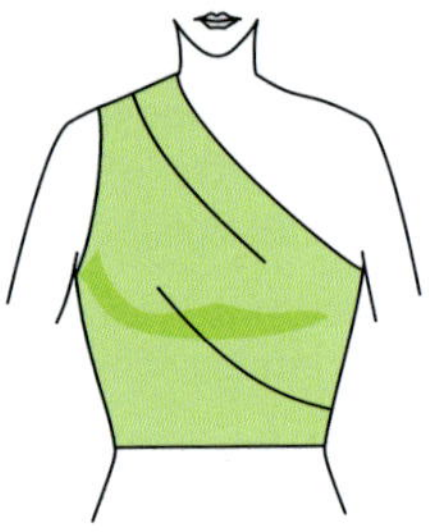

□1 Asymmetrischer Ausschnitt (Vorderansicht)

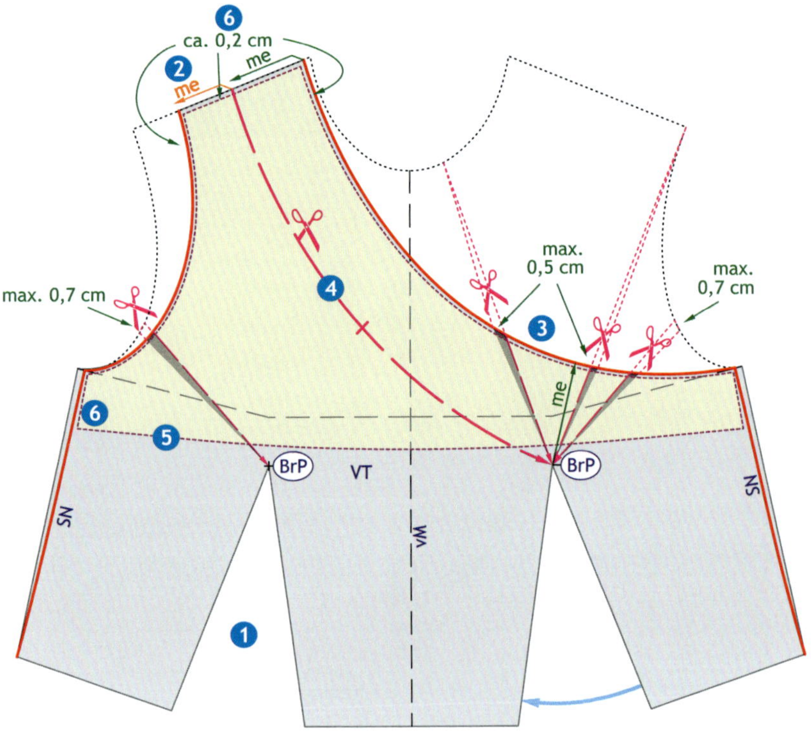

□2 Am VT die Ausschnitte, den oberen Abnäher und den Beleg gestalten

Ausschnitt im Saristil

Diese interessante Ausschnittform ist schnitttechnisch anspruchsvoll. Der Schnitt wird so konstruiert, wie er auf der Skizze zu sehen ist. Damit liegt die rechte Stoffseite beim Zuschnitt oben.

Hals- und Armausschnitt-Beleg werden verbunden.

Der Verschluss kann nur an der Seitennaht realisiert werden.

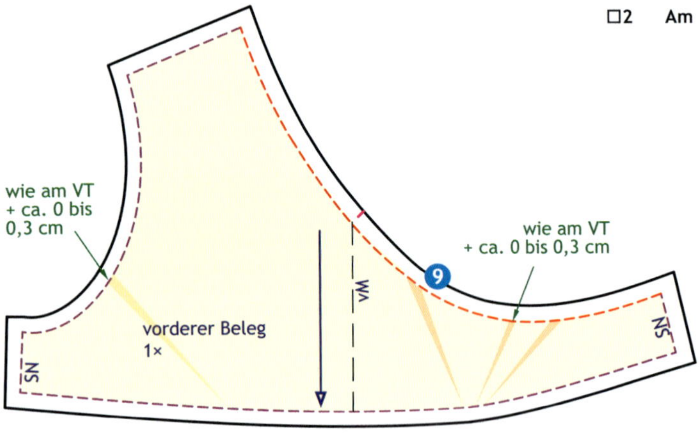

□3 Produktionsschnitt vorderer Beleg

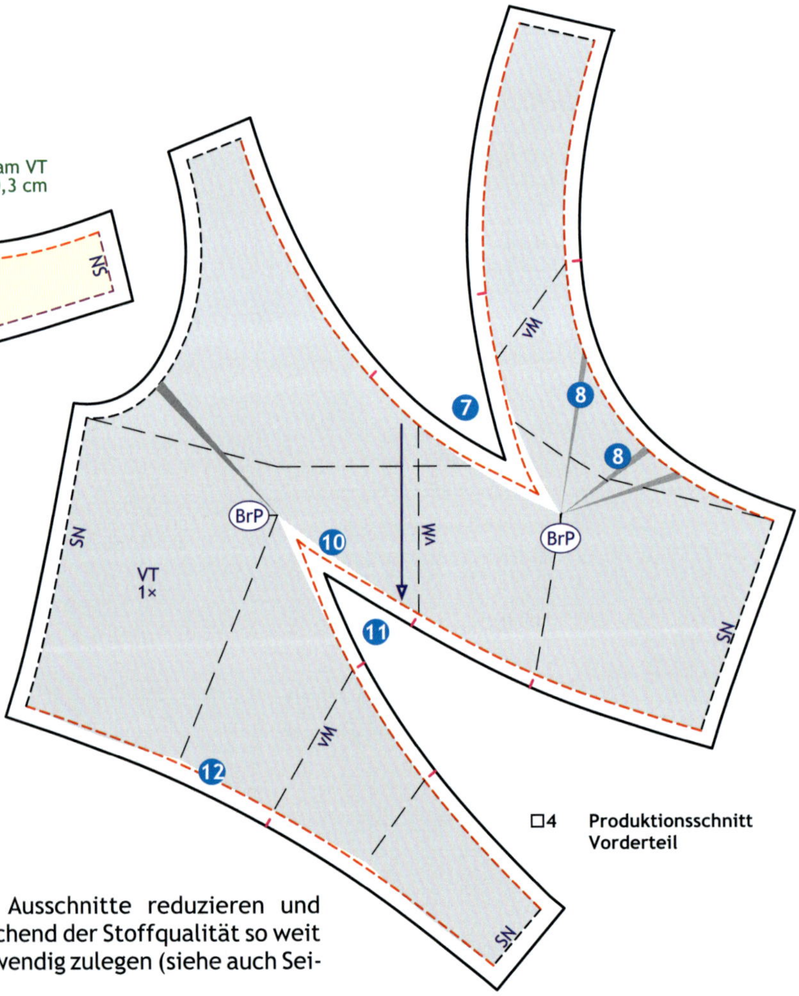

□4 Produktionsschnitt Vorderteil

1 Ausschnitte

❶ □2 Brustabnäher am **gespiegelten VT** zunächst in die Seitennaht oder in die Taille verlegen.

❷ □2+6 Am VT die Ausschnittweite und Schulterbreite bzw. Trägerbreite bestimmen. Am **gespiegelten RT** die identischen Maße übertragen.

❸ Die Ausschnitte formen.

❹ Die oberen Abnäher parallel zum Ausschnitt formen, evtl. die Abnäher am GS verlängern oder verkürzen.

2 Belege

❺ □2+6 Die verbundenen Belege formen. Sie verlaufen von SN zu SN.

❻ Belege an Kanten, SN und Schulter reduzieren, dann kopieren.

3 Abnäher, Kanten und Nähte

❼ □4+8 Den jeweiligen Taillenabnäher schließen und die oberen Abnäher öffnen und im VT kürzen.

❽ Die Ausschnitte reduzieren und entsprechend der Stoffqualität so weit wie notwendig zulegen (siehe auch Seite 418).

❾ An den **Belegen** auch reduzieren, allerdings wenige Millimeter mehr als am Oberstoff.

❿ **Die unteren Abnäher können nur über die zuvor in P7 geschlossenen Taillenabnäher gestaltet werden.**

⓫ Dann die unteren Abnäher öffnen und im VT kürzen.

⓬ Alle Ausschnittkanten, die runden Abnäher und die Taillennähte müssen nun nachgeformt werden.

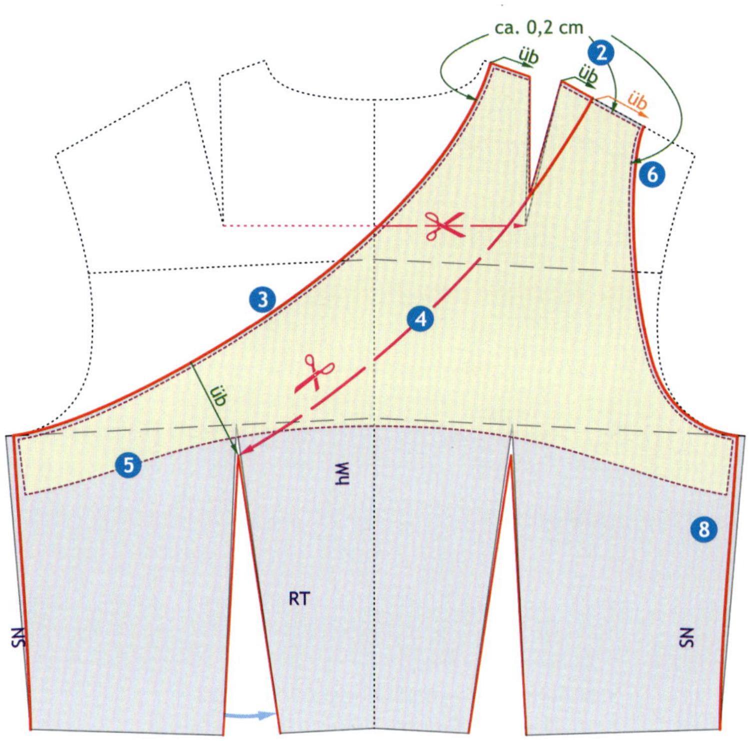

☐6 Am RT die Ausschnitte, den oberen Abnäher und den Beleg gestalten

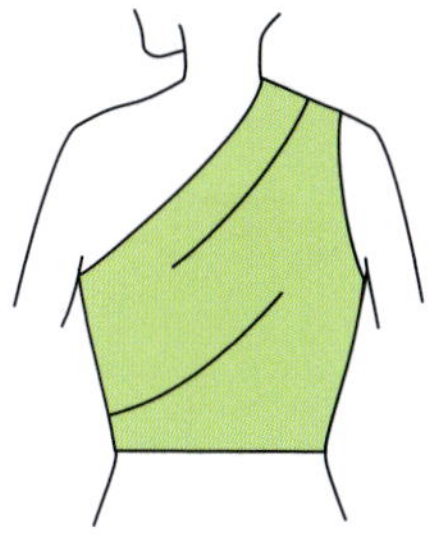

☐5 Asymmetrischer Ausschnitt (Rückansicht)

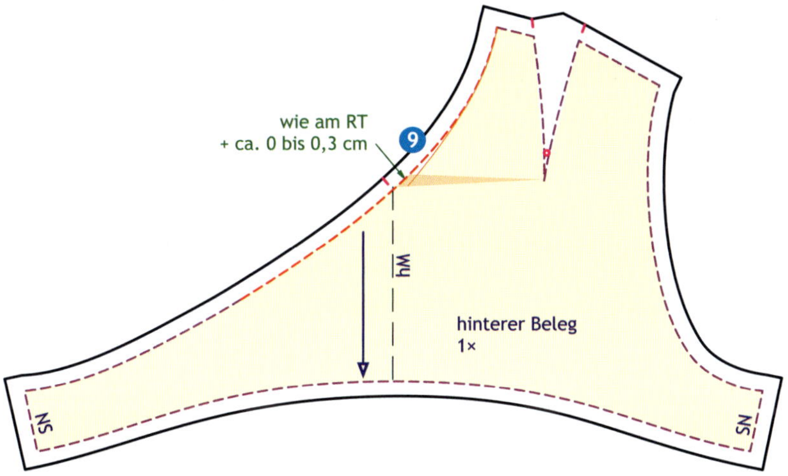

☐7 Produktionsschnitt hinterer Beleg

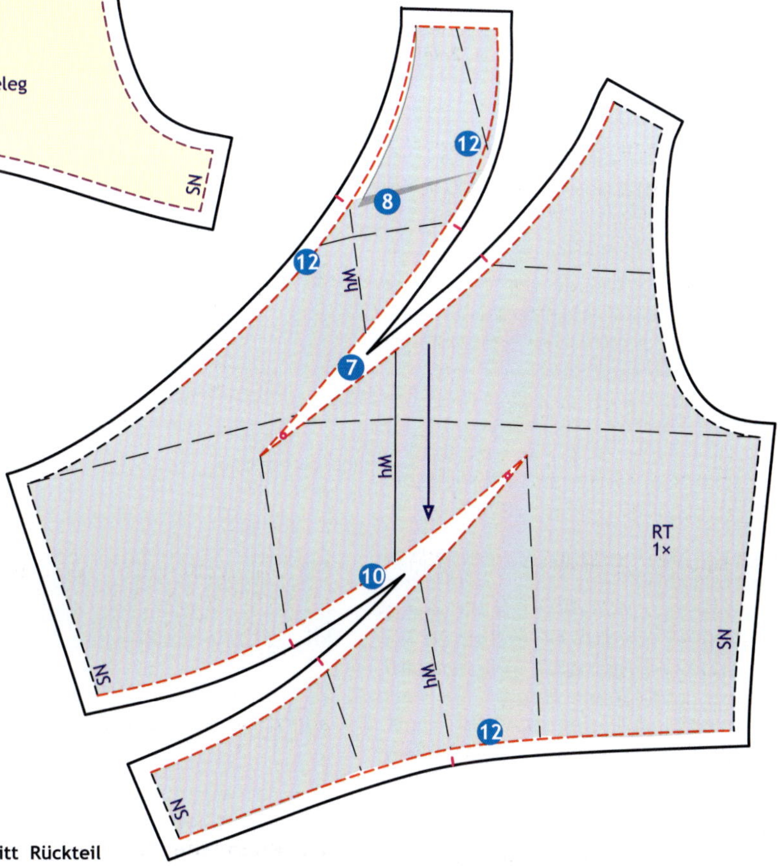

☐8 Produktionsschnitt Rückteil

Übersicht

☐1 Klassische Hemdbluse

☐2
Korsagenkleid mit taillenkurzer Korsage an Stufenrock über einem Reifrock

☐3
verlängerte Miederkorsage

☐4 Klassische Weste im Herrenstil (Gilet)

Durchgehende Kleidformen

☐4 Etuikleid mit reduzierter Saumweite

☐5 Hemdblusenkleid gerade geschnitten

☐6 Babydoll Hängerform

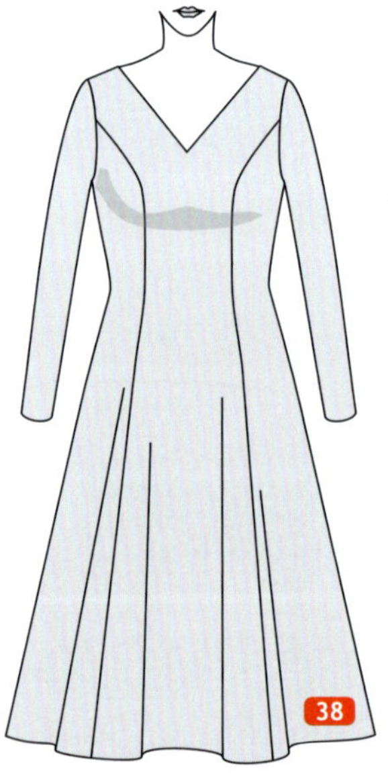

☐7 Saumweites Prinzesskleid mit Wiener Nähten

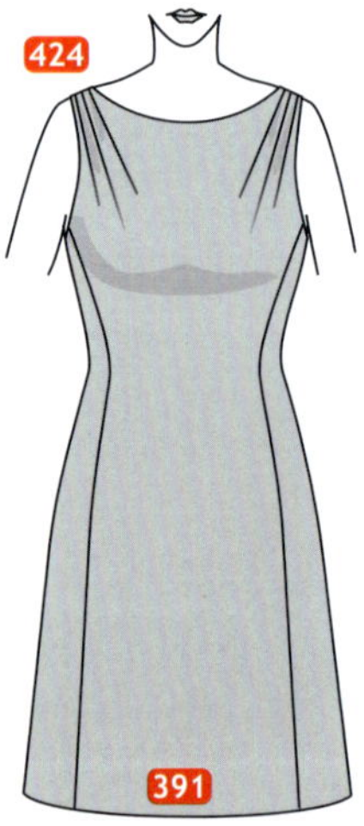

☐8 Ausgestelltes Trägerkleid mit Flankennähten

Bei durchgehenden Kleiderformen sind Oberteil und Rock verbunden, d.h. ohne trennende Quernaht gestaltet. Dabei werden an taillierten Modellen körperformende Teilungsnähte oft bis zum Saum geführt. Je nach Saumweite ist dadurch der Stoffverbrauch relativ hoch, z.B. beim Prinzesskleid.

Grundlage für die Schnittentwicklung ist häufig der durchgehende, taillierte Oberteil-Grundschnitt der Passformklassen 2 bis 4 (PK2 bis PK4). Aber auch legere Grundschnittformen finden für körperferne Modelle ihre Anwendung.

Durch schnitttechnische Modellgestaltung können die unterschiedlichsten Silhouetten und Styles erzielt werden. Zudem können verschiedene Kragen- und Ärmelformen verwendet sowie Verschlusslösungen und Accessoires kombiniert werden.

Vorteile von Taillennähten

Im Handel werden häufig Etui- oder Prinzesskleider **mit einer Taillennaht** angeboten. Man beschreibt mit dem jeweiligen Begriff die bekannte Silhouette und den Style. **Eine Taillennaht bietet mehr gestalterische Möglichkeiten und beim Zuschnitt einen geringeren Stoffverbrauch.**

Zweigeteilte Kleidformen

□1 Wasserfallkleid mit Glockenrock

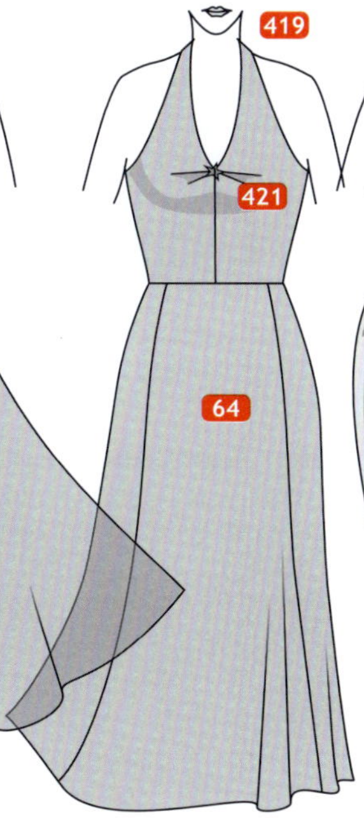

□2 Abendkleid mit Neckholder

□3 Korsagen-Kleid

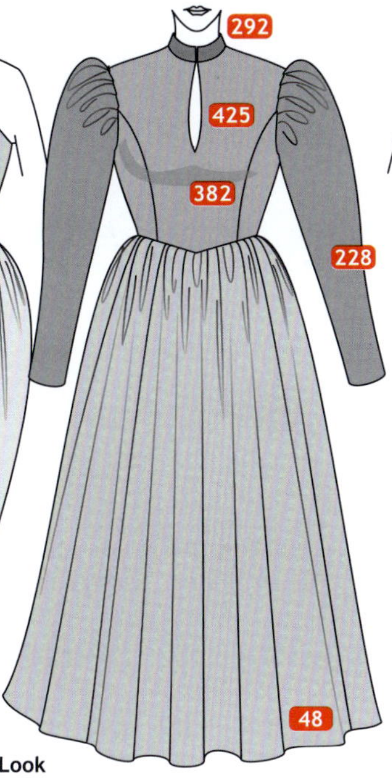

□4 Kleid im Romantik-Look

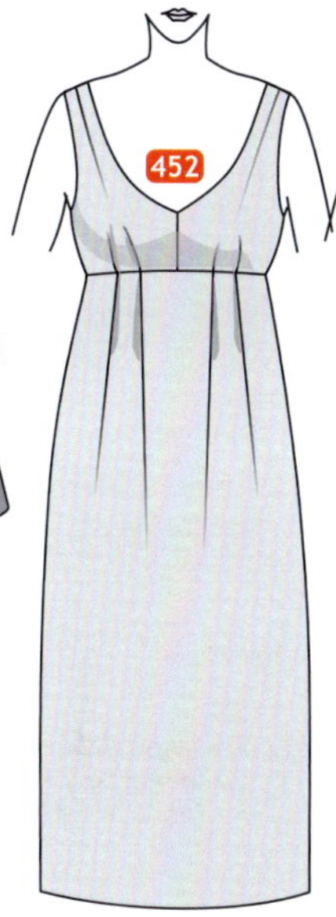

□5 Kleid im Empire-Stil

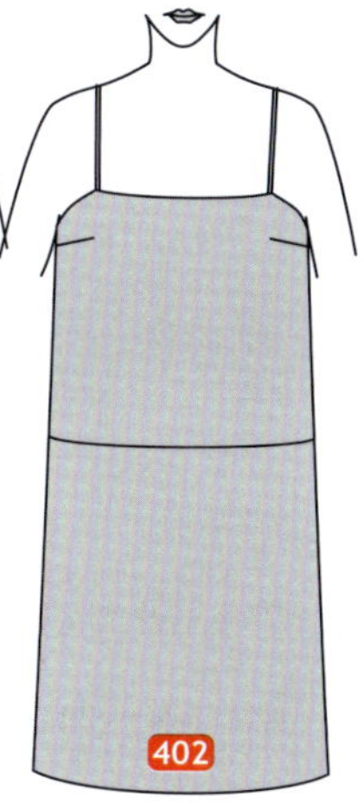

□6 Kleid im Charlston-Stil

Zweigeteilte Kleider, können sehr variantenreich nach dem Baukastenprinzip gestaltet und entwickelt werden:

Für das nach Wunsch modellierte Oberteil wird ein im Stil und zum Material passender Rock ausgewählt. Der Phantasie sind kaum Grenzen gesetzt Die Modellvielfalt ist riesig.

Grundlage für die Schnittentwicklung ist sehr häufig der durchgehende, taillierte OT-GS der Passformklassen 2 bis 4 (PK2 bis PK4). Jetzt wird das Oberteil, wie bereits auf Seite 372 beschrieben, vom Rockteil abgetrennt. Die Trennungsnaht muss dabei nicht unbedingt gerade oder exakt an der Taille verlaufen.

Positionen üblicher Querteilungsnähte:

- an der Taille (**□1+2**)
- knapp über der Taille für Korsagenkleider (**□3+4**)
- an der engsten Stelle unterhalb des Busens für eine Empire-Naht (**□5**)
- deutlich unterhalb der Taille für ein Kleid im Charlston-Stil (**□6**)

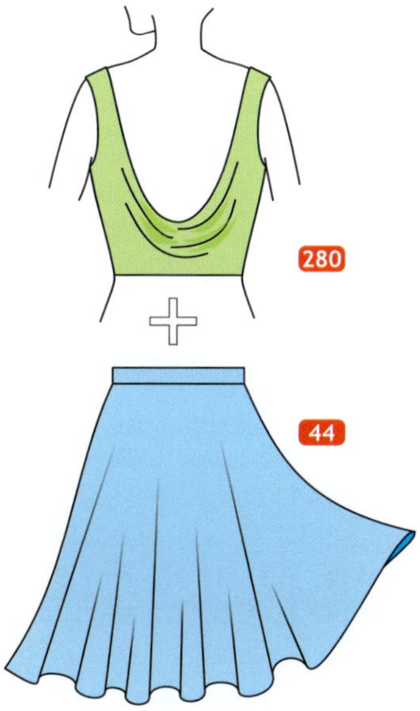

□1a Wasserfall-Rückteil abgewandelt mit Hilfe der Beschreibung für das VT plus Glockenrock

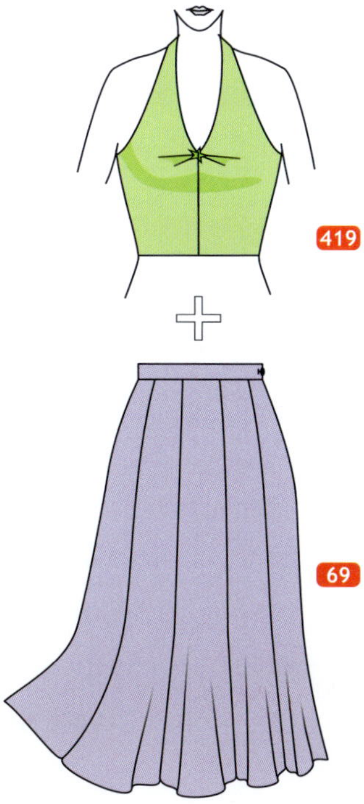

□2a Neckholder-Oberteil plus Bahnenrock leicht abgewandelt ohne mittlere Teilungsnähte und ohne Bund

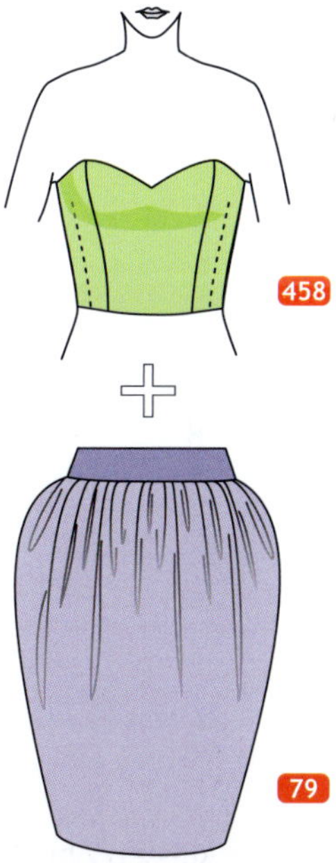

□3a Taillenkurze Korsage plus Ballonrock ohne Bund

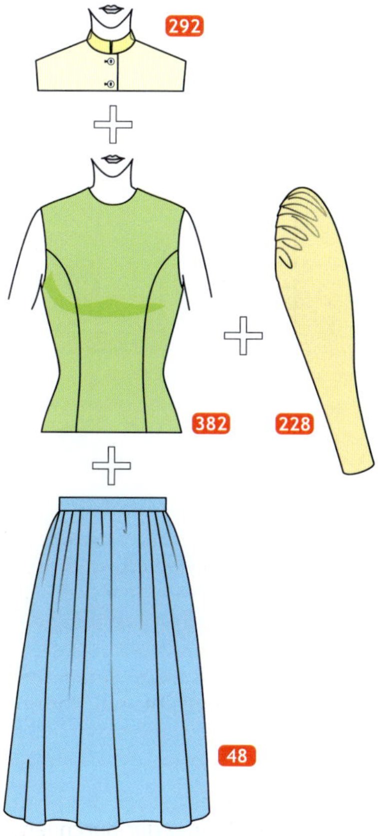

□4a Oberteil mit Wiener Naht, anliegendem Stehkragen und ein (gerader) Rock mit Kräuselweite sowie zum Modell passende Keulenärmel.

Bluse mit Schulterpasse und Kräuselweite (1)
mit anliegendem Stehkragen

183
192

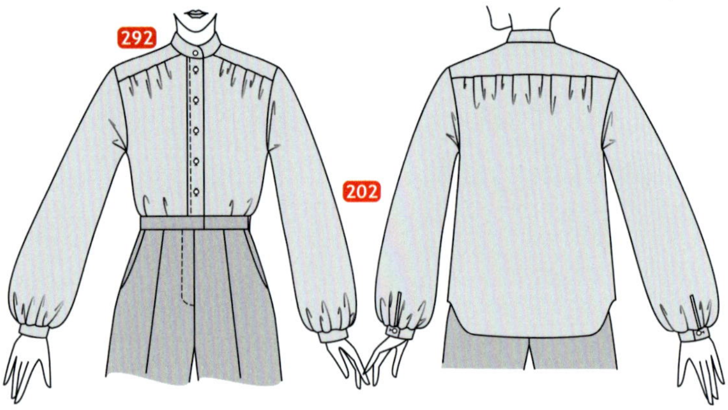

□1 Bluse mit Schulterpasse und Kräuselweite

Grundlage für Blusenmodelle ist ein legerer Oberteil-Grundschnitt der **Passformklasse 5 bis 7 mit Brustabnäher**, ggf. mit Armlochauflockerung und Schulterverbreiterung (siehe Seite 192+193).

Die Details des Modells sind ein anliegender Stehkragen, Knopfleiste mit Biese am Übertritt, am Untertritt ein doppelter Einschlag (siehe folgendes Modell), doppelte durchgehende Schulterpasse, Kräuselung des Vorder- und Rückteils, lange Blusenärmel mit Kräuselweite, eingefasster Schlitz und schmale Bündchen. Der Saum ist hinten verlängert, seitlich kürzer und rund geformt. Durch zusätzliches Öffnen für mehr Kräuselweite erhält das Modell mehr Brustweite.

Die Biese ist eine sehr schmale, kantig abgesteppte und zur Seite gebügelte Falte (siehe Nahtquerschnitt □4). Biesen dienen häufig der Ausschmückung einer Stofffläche oder wie hier der "Versäuberung" der Einschlagkante am Verschluss.

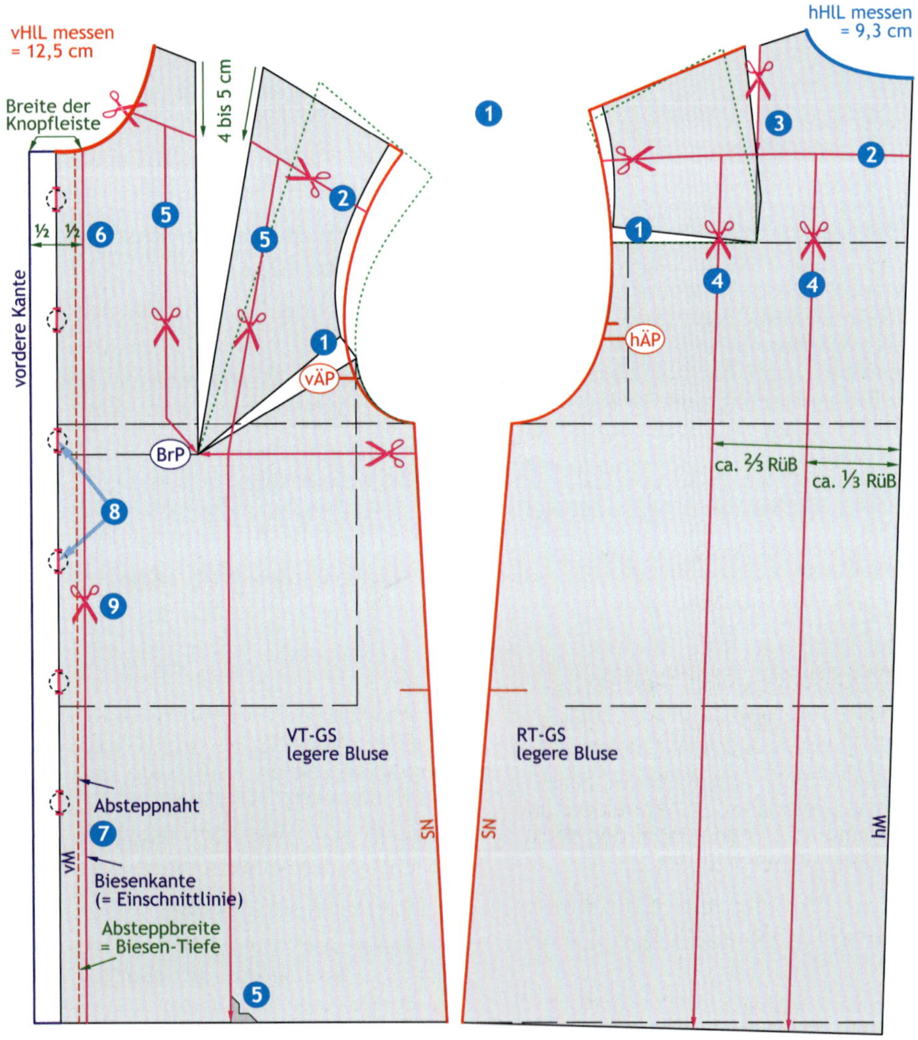

□2 Modellentwicklung

1 Modellentwicklung

1 □2 Armlochauflockerung und Schulterverbreiterung nach Wunsch.

2 Lage der Vorderteil- und der Rückteil-Passe bestimmen.

3 Den Schulterabnäher wenn notwendig, auf die Passennaht verkürzen.

4 Für Kräuselweite im Rückteil Einschnittlinien bei ca. ⅓ und ⅔ RüB,

5 im Vorderteil zwei parallele Einschnittlinien zu den Brustabnäherschenkeln einzeichnen, die seitliche Einschnittlinie bis zum Saum verlängern.

6 Übertritt-Leiste mit Biese in gewünschter Breite (hier 3,5 cm) gestalten. Dazu die Übertrittbreite in halber Leisten-Breite an die vM zeichnen.

7 Die Biesenkante und Absteppnaht einzeichnen.

8 Knopfpositionen und -abstände an der vM bestimmen.

292

2 Die Konstruktion des anliegenden Stehkragen siehe Seite 292

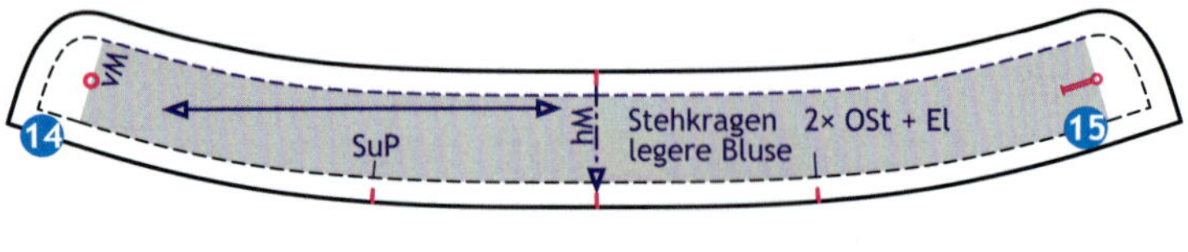

□3 Produktionsschnitt geknöpfter anliegender Stehkragen mit Über-/ und Untertritt

3 Knopfleiste mit Biese

9 □2+4+5 Die Biesenkante einschneiden und um die doppelte Biesentiefe (BiT) öffnen.

10 □4 Einschlag in Knopfleisten-Breite **minus** ca. 0,1 bis 0,2 cm anzeichnen. Der Stoff an der Knopfleiste liegt zweilagig.

12 Rückschnitt am Halsloch anzeichnen und die Biese als Falte markieren.

13 □5 Den Untertritt mit schmalem einfachem Einschlag + NZg versehen.

Bluse mit Schulterpasse und Kräuselweite (2)

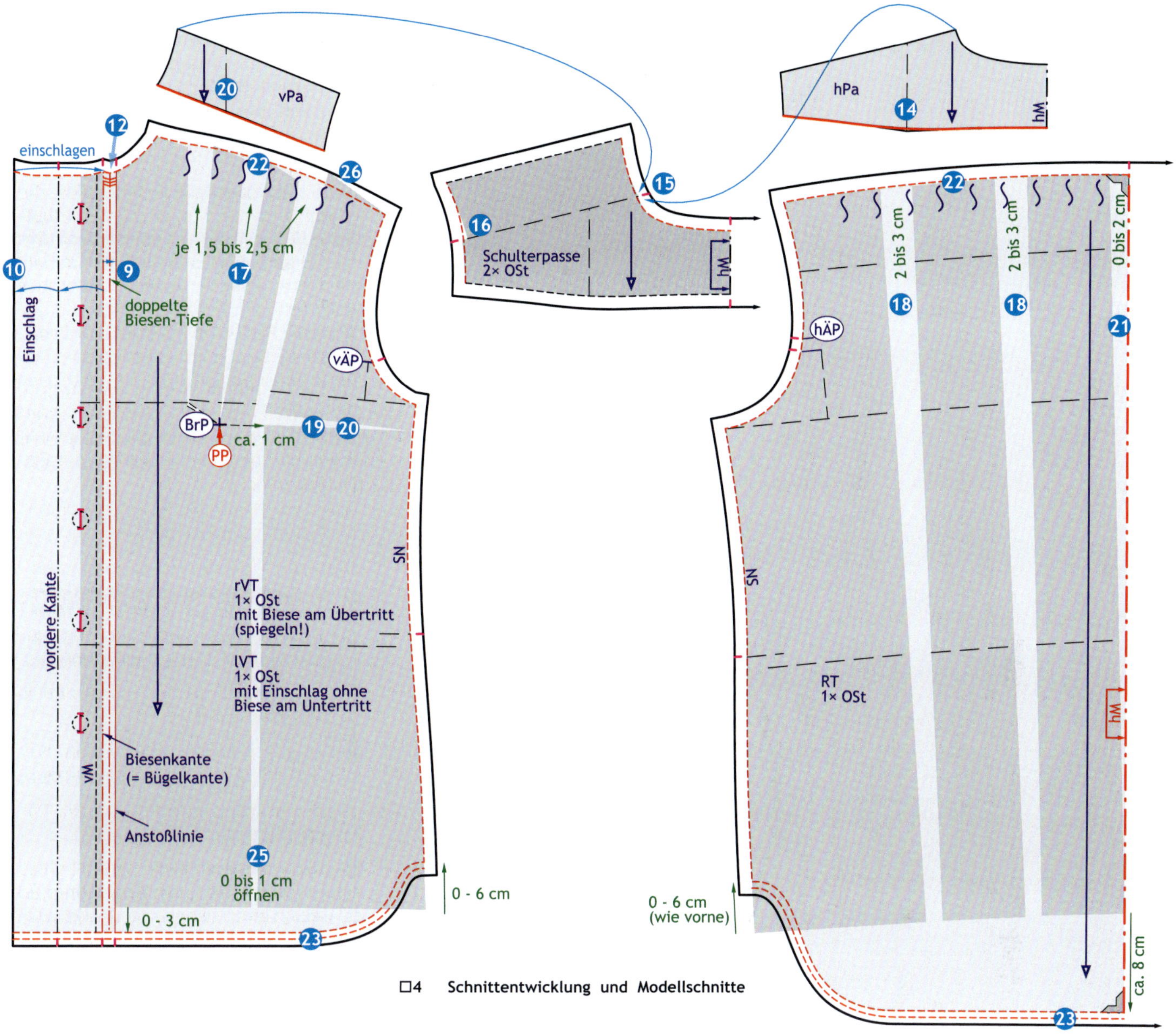

☐4 Schnittentwicklung und Modellschnitte

4 Schulterpasse

14 **☐4** Passen abtrennen, Abnäher zulegen und die Nahtübergänge formen.

Die VT-Passe mit der RT-Passe zu **einer** Schulterpasse verbinden (anschneiden). Sie wird doppelt zugeschnitten. Man könnte alternativ die VT-Passe und die RT-Passe auch getrennt verarbeiten.

15 Die beiden Schulternähte werden aneinander gelegt. **Sie müssen am Halsloch zusammenpassen!**

16 Anschließend das Armloch und das Halsloch ausformen.

5 Kräuselweite und Saum

17 **☐4** Am VT wird der Inhalt des Brustabnähers zur Kräuselweite. Am VT die Linien zum Kräuseln parallel zum Brustabnäher einschneiden und gleichmäßig öffnen. Dabei den Brustabnäher-Inhalt verteilen.

18 Am RT wird die Kräuselweite durch Öffnen des Schnittteils hinzu gegeben.

19 Am seitlichen Einschnitt evtl. auch an Saum und Brust etwas öffnen.

20 Hierzu muss zur Seitennaht eingeschnitten und geöffnet werden. Der Öffnungsbetrag in Brusthöhe wird oben wieder weggeschnitten.

21 Am RT gleichmäßig öffnen und ggf. an der hM noch etwas Weite hinzufügen.

22 Die Kräuselnähte ausformen.

23 Säume wie vorgeschlagen vorne und hinten verlängern, seitlich kürzen und wie gewünscht formen. Einschlag je nach Verarbeitung 2× 0,5 cm.

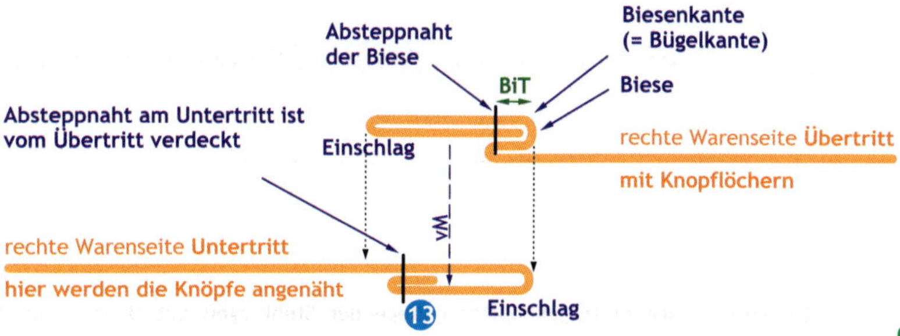

☐5 Nahtdiagramm der Übertritt-Leiste (oben) mit Biese und einer sehr einfachen Untertritt-Leiste (unten)

Polobluse (1)
Schlupfbluse mit einteiligem Umlegekragen

183
192

□1 Polobluse mit geschweiften Passen und Falten

Grundlage für Blusenmodelle ist der legere Oberteil-Grundschnitt der **Passformklasse 3 bis 6 mit oder ohne Brustabnäher,** ggf. mit Armlochauflockerung und Schulterverbreiterung (siehe Seite 192+193).

Typisch für Oberteile im Polostil ist die Schlupfform und eine kurze Knopfleiste (Pololeiste) mit einteiligem Umlegekragen. Dieses Modell hat zudem geformte Schulter-Passen, Falten in Vorderteil als Abnäherersatz und zusätzliche Falten im Rückteil sowie kurze Ärmel. Der Saum ist bei diesem Modell hinten verlängert, die seitlichen Schlitzkanten sind rund geformt.

Da das Kleidungsstück über den Kopf angelegt wird, ist zu beachten, dass es an der Taille nicht zu eng sein darf, damit es über die Schulter und die Arme gezogen werden kann.

Dies ist insbesondere bei einem Kleidungsstück aus **unelastischem Gewebe** wichtig (**PK5** bis **PK6**). Kommen dehnfähige Materialien wie **Strick- und Wirkwaren** zum Einsatz (Poloshirt in **PK3** bis **PK4**) kann es auch leicht tailliert sein (dann ohne Passen, Falten, verlängertem Saum und Schlitz).

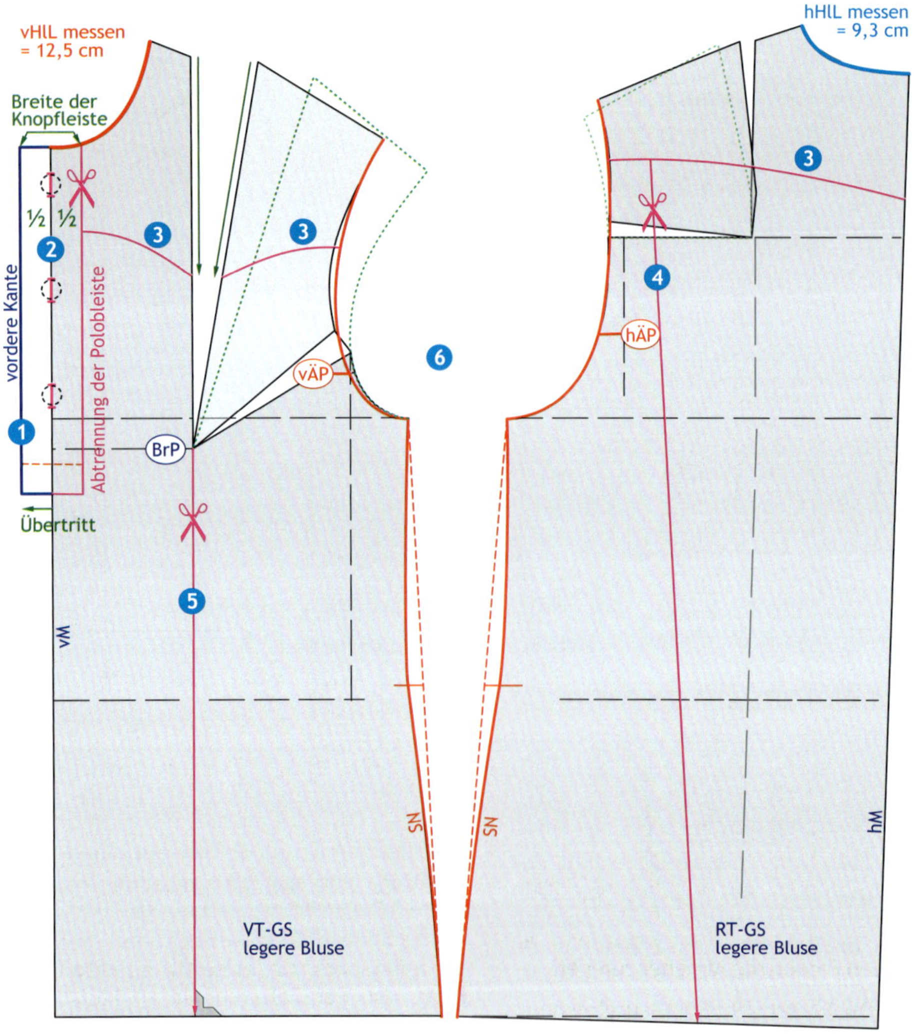

□2 Modellentwicklung

1 Modellentwicklung

1 □2 Pololeiste in gewünschter Breite (hier 4 cm) und Länge (hier 23 cm) gestalten. Übertritt (ist ½ Leisten-Breite) anzeichnen.

2 Knopfpositionen und -abstände an der vM bestimmen.

3 Lage der Vorderteil- und der Rückteil-Passe bestimmen.

4 Einschnittlinie für die Falte im Rückteil einzeichnen.

5 Hier ist der Brustabnäher für eine Falte an der Passenabtrennung zu schmal. Es kann für die Vergrößerung der Falte im Vorderteil evtl. eine Öffnungslinie vom Brustpunkt zum Saum gezeichnet werden.

294

2 Die Konstruktion des halsfernen Polokragens siehe Seite 294 für Maschenware und Gewebe

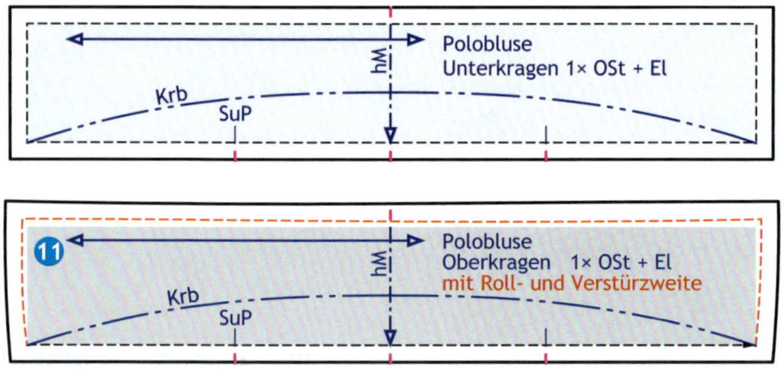

□3 Produktionsschnitt, einteiliger Polokragen

Polobluse (2)
Poloblende

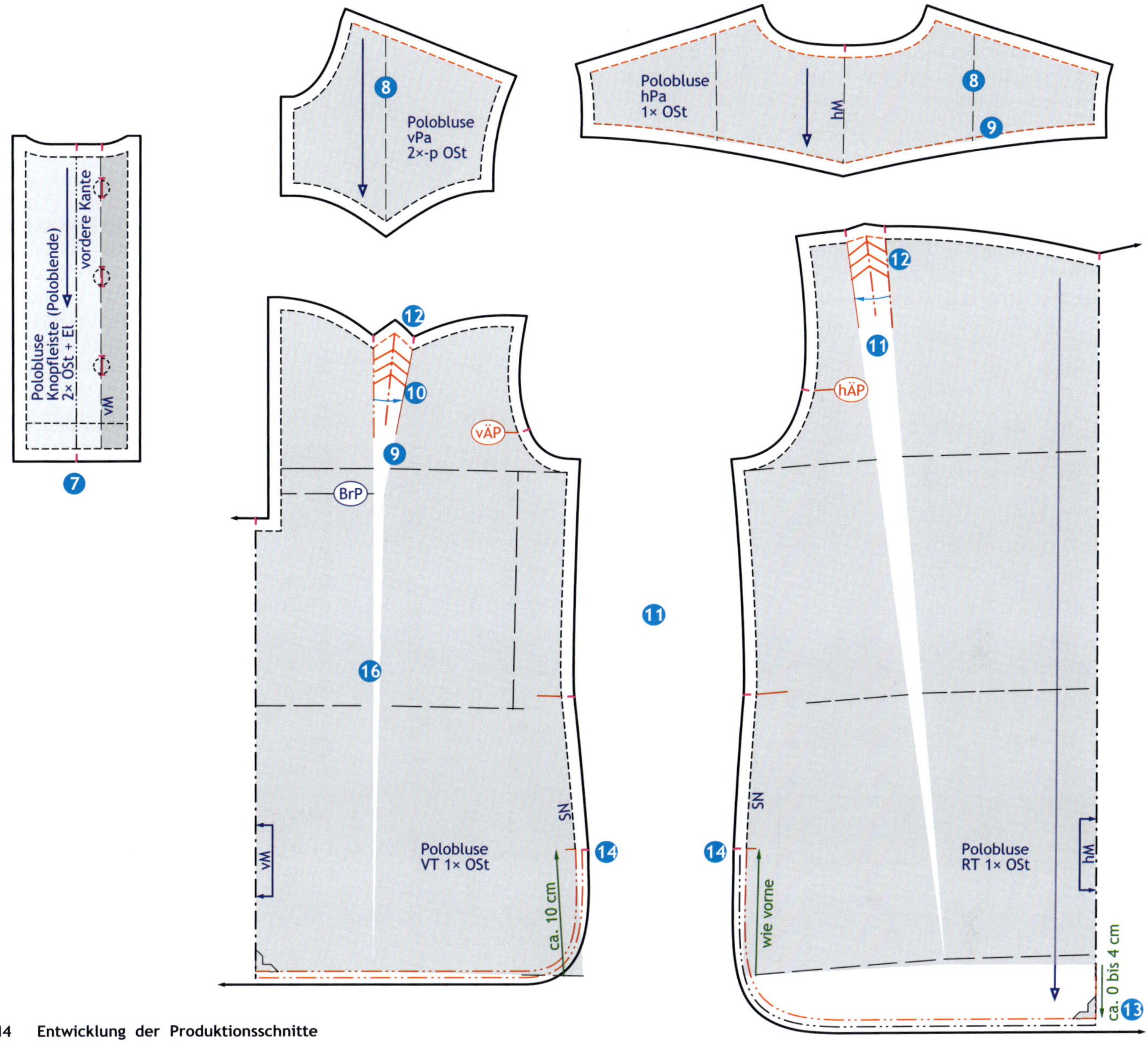

□4 Entwicklung der Produktionsschnitte

3 Poloblende

6 □2+4 Die eingezeichnete Poloblende abtrennen.

7 Die Fläche für den inneren Teil der Blende an der vorderen Kante spiegeln (Bügelkante). Die NZg beträgt 1 cm.

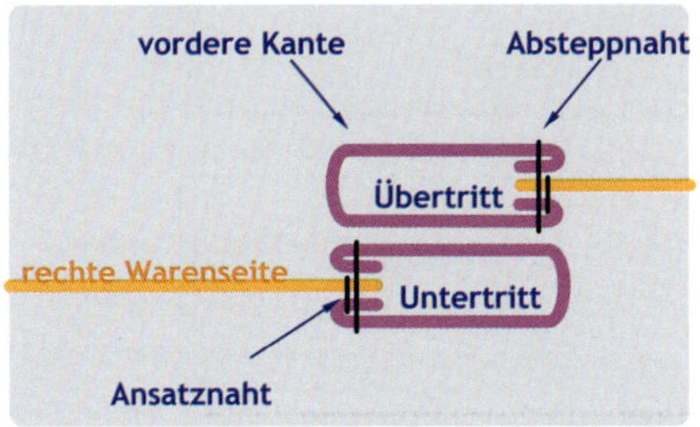

□5 Nahtdiagramm der Pololeiste bzw. einer angesetzten Knopfleiste

4 Passen

8 □4 Passen abtrennen und an beiden Passen die Abnäher zulegen

9 Die Passennähte ggf. ausgleichen.

Man kann die Passen getrennt verarbeiten oder (wie am Modell auf Seite 441) zu einer durchgehenden Schulterpasse verbinden.

5 Falten

10 □4 Im VT wird der Inhalt des Brustabnähers zur einseitig gelegten Falte. Ist der Falteninhalt zu klein, kann dieser durch Öffnen bis zum Saum vergrößert werden.

11 Im RT wird die Falte durch Öffnen des Schnittteils konstruiert.

12 Falten mit Rückschnitten versehen und markieren.

6 Saum

13 □4 Säume evtl. verlängern.

14 Seitlich einen Schlitz anzeichnen und nach Wunsch die Ecken an der Seitennaht rund formen.

Klassische Hemdbluse (1)
mit zweiteiligem Hemdblusen-Kragen

183
192

Grundlage für Blusenmodelle ist der legere Oberteil-Grundschnitt der **Passformklasse 5 bis 7 mit oder ohne Brustabnäher,** ggf. mit Armlochauflockerung und Schulterverbreiterung (siehe Seite 192/193).

Die klassischen Details einer **klassischen Hemdbluse im Herrenstil** sind ein zweiteiliger Steh-Umlegekragen, angeschnittene abgesteppte Knopfleisten, ggf. mit Biese (siehe Seite 440), ggf. eine aufgesetzte Brusttasche, Schulterpasse und Falte(n), lange Hemdärmel mit flacher Ärmelkugel und ausreichend Oberarmweite, Saumfalten, (geknöpftem) Kapellenschlitz und Manschetten.

□1 Klassische Hemdbluse

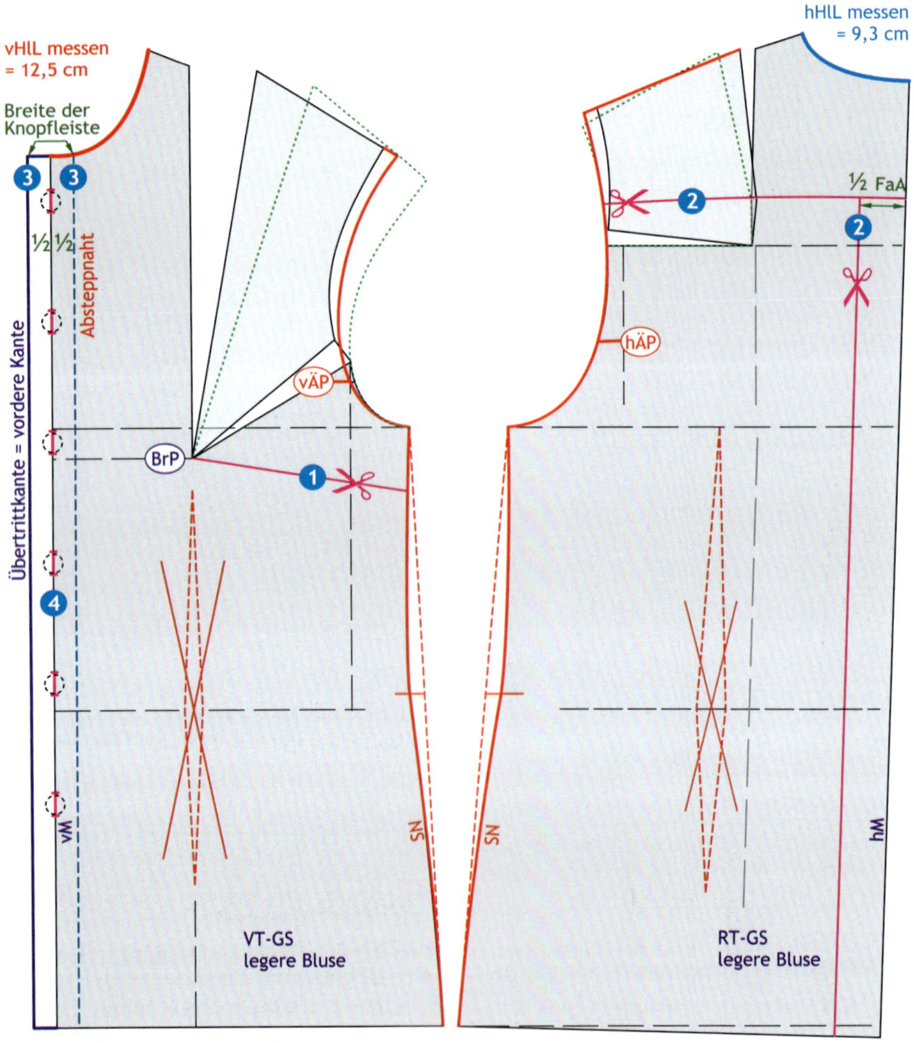

□2 Modellentwicklung

1 Modellentwicklung

1 **□2** Einschnitt für den Brustabnäher an der Seitennaht bestimmen

2 für die Rückteil-Passe und die Quetschfalte in halbem Faltenabstand (FaA) parallel zur hM einzeichnen.

3 Knopfleiste, hier in 3 cm Breite, gestalten, den Übertritt in halber Knopfleisten-Breite an die vM anzeichnen und die Absteppnaht einzeichnen.

4 Knopfpositionen und -abstände an der vM bestimmen.

2 Die Konstruktion des zweiteiligen Steh-Umlege-Kragens siehe Seite 299

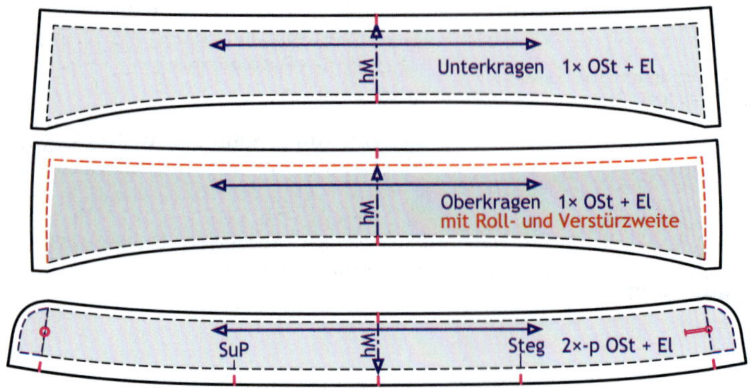

□3 Alle 3 Produktionsschnittteile des zweiteilihgen

3 Doppelt eingeschlagene und abgesteppte Knopfleiste

5 **□4+5** Den Abstand zwischen vorderer Kante und Abstepp-Naht messen und den ersten Einschlag + ca. 0,2 cm anzeichnen.

6 Einen schmaleren zweiten Einschlag ohne die Verbreiterung von 0,2 cm anzeichnen.

Mit zwei Einschlägen liegt an der Knopfleiste der Stoff dreilagig:

Bei sehr dicken Stoffen oder um Stoff zu sparen kann man auch eine NZg von 1 cm anzeichnen.

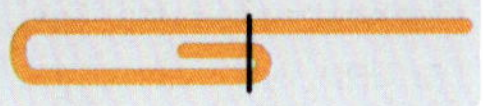

□4
Querschnitt von Varianten der Knopfleisten

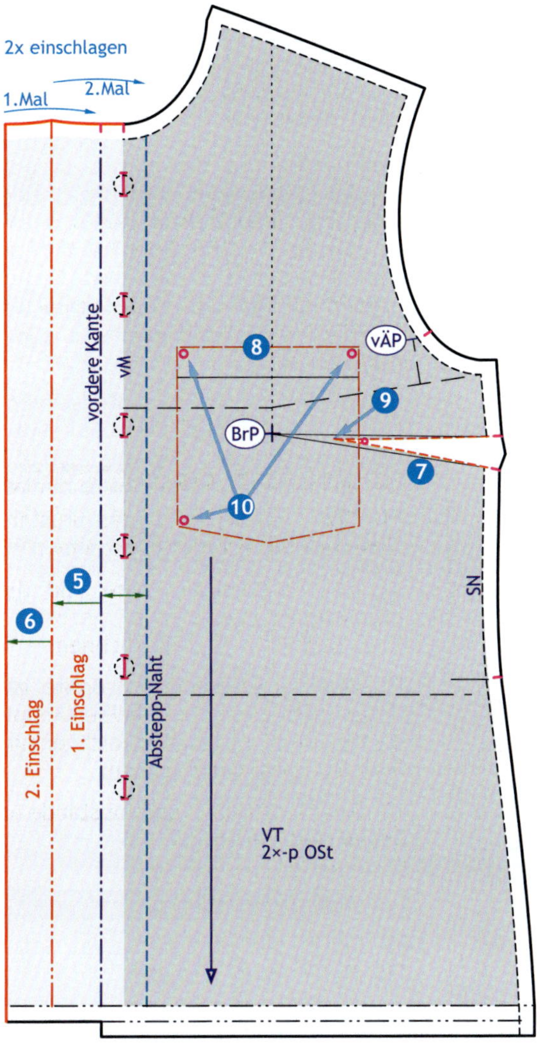

□5 Schnittentwicklung VT und Produktionsschnitt

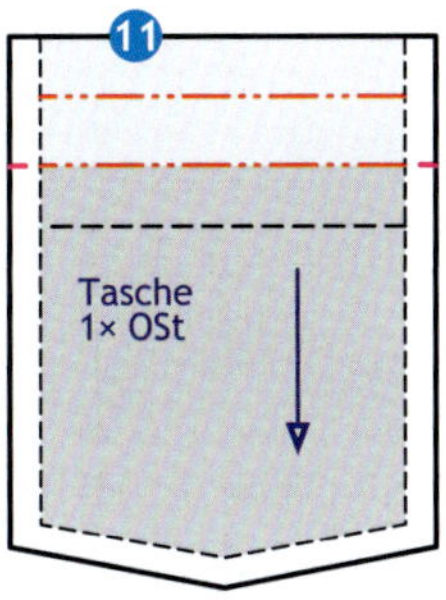

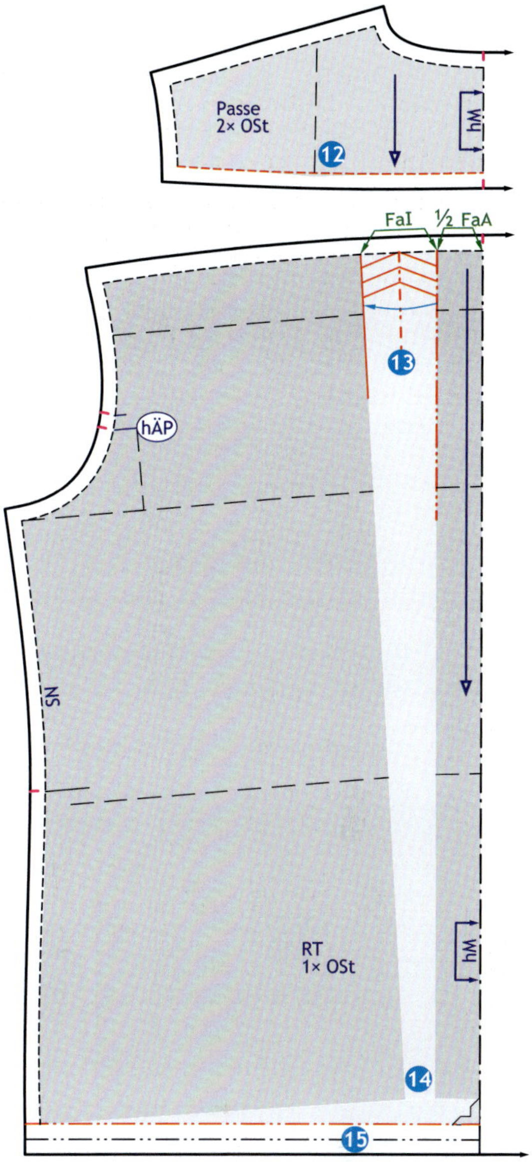

□6 Schnittentwicklung RT und Produktionsschnitt

4 Abnäher und Tasche

7 **□5** Brustabnäher verlegen.

8 Tasche wie gewünscht positionieren. Der Eingriff ist ungefähr auf Höhe des vÄP und liegt ca. in der Mitte zwischen vM und Armloch.

Die Grundform sollte annähernd quadratisch sein. Die Kantenlänge beträgt ca. 10 bis 13 cm.

Die Tasche darf die Abnäherspitze nur so wenig wie möglich bedecken, da sich wegen der Brustwölbung ansonsten Probleme beim Aufnähen der Tasche ergeben.

9 Daher den Abnäher wegen der aufgesetzten Tasche so weit kürzen, dass er ca. 1 cm unter die Tasche reicht.

10 Taschenposition mit drei Bohrlöchern markieren. Die vierte Position unter dem Abnäher ergibt sich.

11 Tasche kopieren und Einschläge (siehe auch **□7**) anzeichnen.

□7
Querschnitt des Einschlags der Tasche mit Absteppung von der Seite

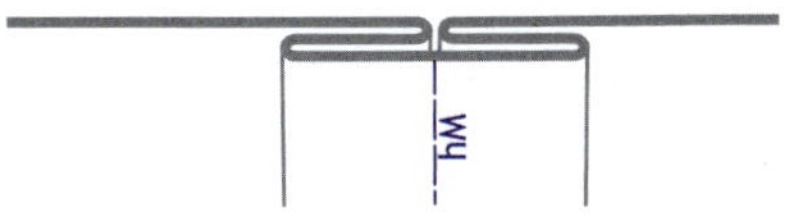

□8
Querschnitt einer Quetschfalte von oben

5 RT-Passe und Falte

12 **□6+8** Passe abtrennen, Abnäher zulegen und die Passennaht formen. Passe doppelt verarbeiten.

13 Einschnitt für die Falte oben mit doppeltem Faltenabstand (= Falteninhalt) öffnen und die Quetschfalte fachgerecht markieren.

Die Quetschfalte ist hier als Normalfalte, kann aber auch als Sparfalte gelegt werden (bei einer Normalfalte stoßen die Falteninnenbrüche aneinander, siehe □8).

14 Am Saum kann die Weitenzugabe für die Falte geringer ausfallen.

15 Den Übergang von hM und Saum rechtwinklig zeichnen. Dabei kann das RT verlängert werden.

Bluse mit Bieseneinsatz (1)
Teilungsnähte, angesetzte Knopfleiste, Stehkragen und Frack-Kragen

183
192

□1 Bluse mit Biesen-Einsatz und angesetzter Knopfleiste

Grundlage für dieses Blusenmodell kann ein legerer oder ein taillierter Oberteil-Grundschnitt der **Passformklasse 4 bis 6 mit** (oder ohne) **Brustabnäher** sein, ggf. mit Armlochauflockerung und Schulterverbreiterung (siehe Seite 192+193).

Dieses Modell hat einen Frack-Kragen aus dem Stehkragen entwickelt, eine angesetzte Knopfleiste; Teilungsnähte, eine Kellerfalte in der hM, offene Schlitze an der Seitennaht sowie Hemdärmel mit eingefassten oder rollierten Schlitzen und Manschetten für Manschettenknöpfe.

Wenn Quer-Nähte zur Knopfleiste verlaufen, würden diese beim Einschlagen an einer angeschnittenen Knopfleiste stören. Für diese Fälle bietet die **angesetzte Knopfleiste** eine sinnvolle Lösung; möglich wäre auch ein angesetzter Beleg an der vorderen Kante.

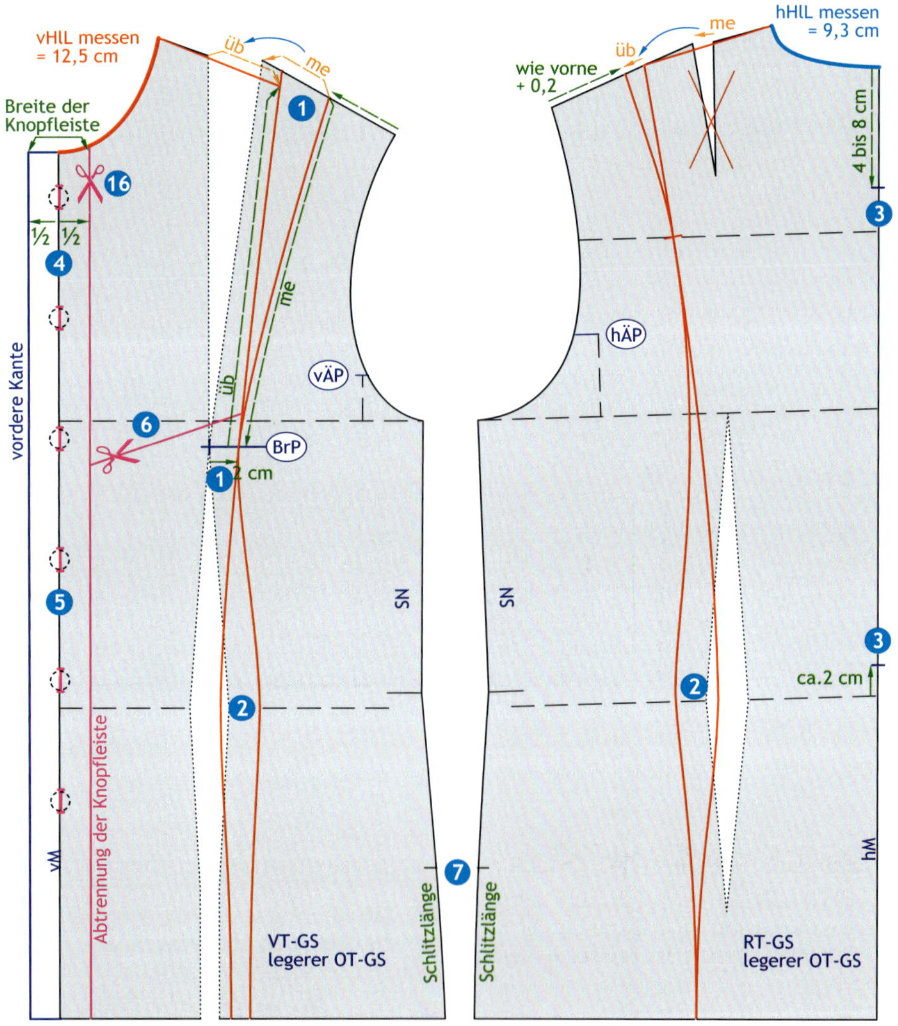

□2 Modellentwicklung

1 Modellentwicklung

1. □2 Prinzessnähte (ab Seite 376) im VT und RT gestalten.
2. Taillenabnäher verschieben und Naht-Längen kontrollieren.
3. Falten-Höhe im RT bestimmen.
4. Knopfleiste in gewünschter Breite (hier 4 cm) gestalten; halbe Leisten-Breite als Übertrittbreite in an die vM.
5. Knopfpositionen bzw. -abstände an der vM markieren.
6. Abtrennung für den Einsatz bestimmen.
7. Schlitzlänge an der SN markieren.

293
301

2 Die Konstruktion des S-förmig gerundeten Stehkragen siehe Seite 293 und des Frack-Kragens siehe Seite 301

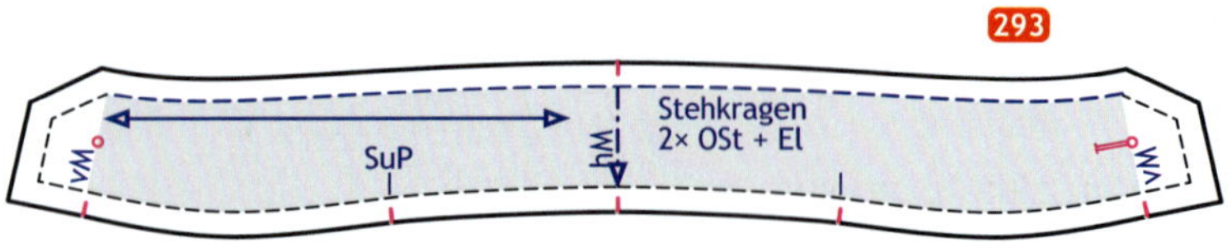

□3 Produktionsschnitt S-förmiger Stehkragen, vorne anliegend, mit Übertritt

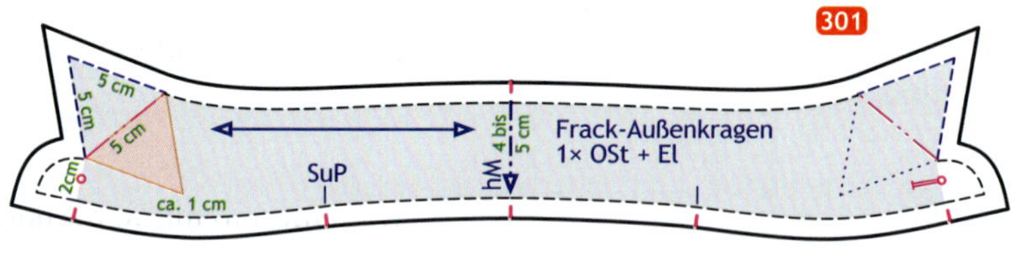

□4 Produktionsschnitt Frack-Kragen, entwickelt aus dem S-förmigen Stehkragen

Bluse mit Bieseneinsatz (2)
Zuschnitt für einen Bieseneinsatz und Kellerfalte an hinterer Mitte

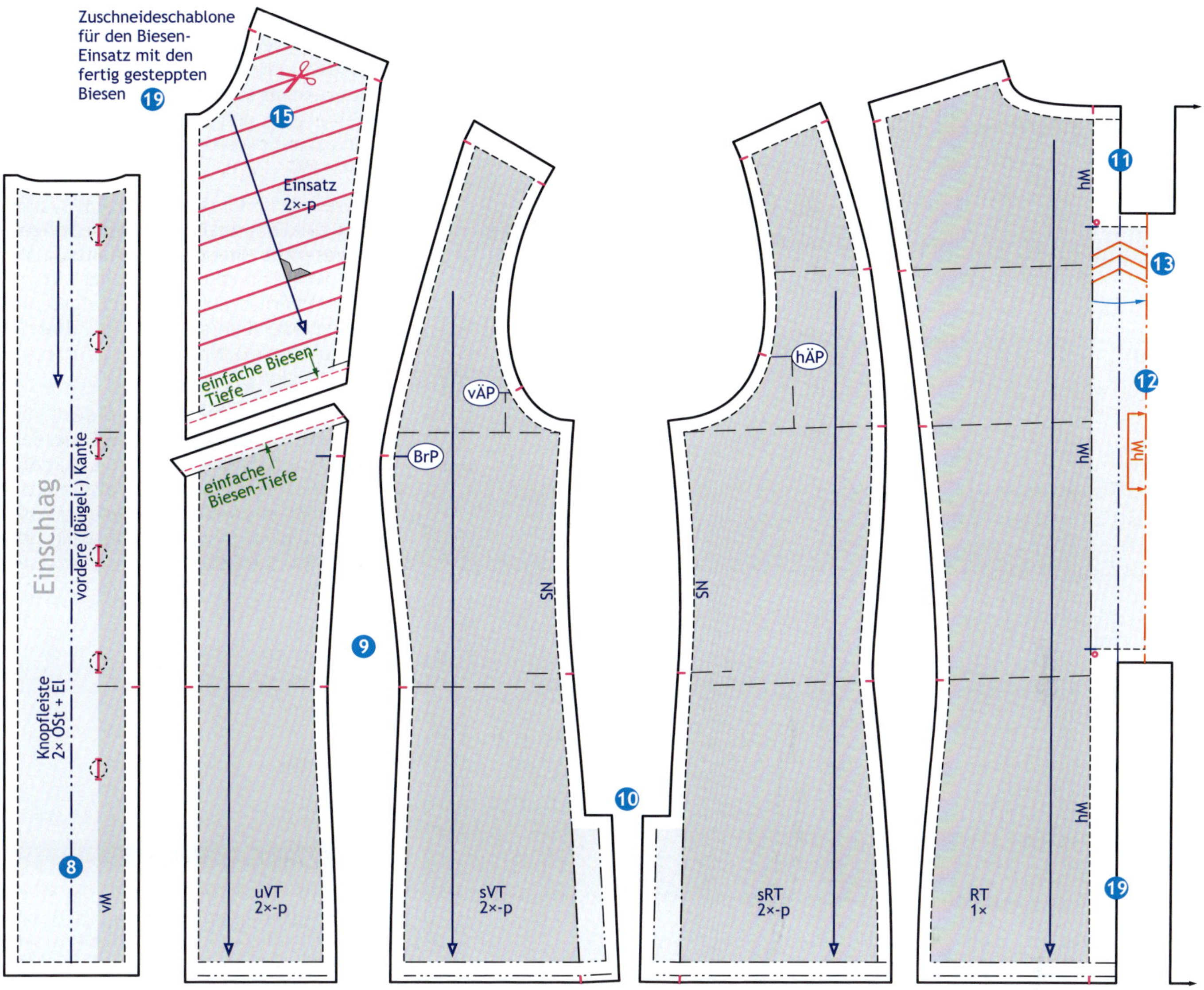

□5 Schnittentwicklung der Produktionsschnitte

3 Separate Knopfleiste

8 □2+5 Die Knopfleiste abtrennen und für den Einschlag an der vorderen Kante spiegeln.

5 Nähte und Schlitz

9 Schnittteile an den Teilungsnähten trennen.

10 An der Seitennaht die Schlitzeinschläge anzeichnen.

4 Kellerfalte an hM

11 □5 Die Faltentiefe an die gesamte Länge der hM anzeichnen.

12 Im Bereich der Kellerfalte eine weitere Faltentiefe anzeichnen plus NZg 1 cm nach oben und unten.

13 Falte markieren.

Die Falte kann an den Falten-Enden auch von rechts abgesteppt werden.

5 Biesen-Einsatz

14 □5 Den Biesen-Einsatz in die gewünschte Anzahl von Biesen oder in gewünschte Biesenabstände unterteilen.

15 □5+6 Die Biesenkanten im Schuss- oder in Kett-Fadenlauf bügeln, steppen und dann nach unten bügeln. Bei schrägen Biesen muss (wie hier) das Schnittteil gedreht werden.

16 An der Biesenposition einschneiden und um jeweils die doppelte Biesen-Tiefe öffnen. Die Öffnung erfolgt immer exakt rechtwinklig zur Biesenrichtung!

17 Exemplarisch ist eine Faltenmarkierung gezeigt. Auf Rückschnitte kann verzichtet werden.

18 □6 Das Biesen-Teil wird großzügig zugeschnitten, dann werden die Biesen gesteppt.

19 □5 Anschließend erfolgt der genaue Zuschnitt mit dem Schnittteil.

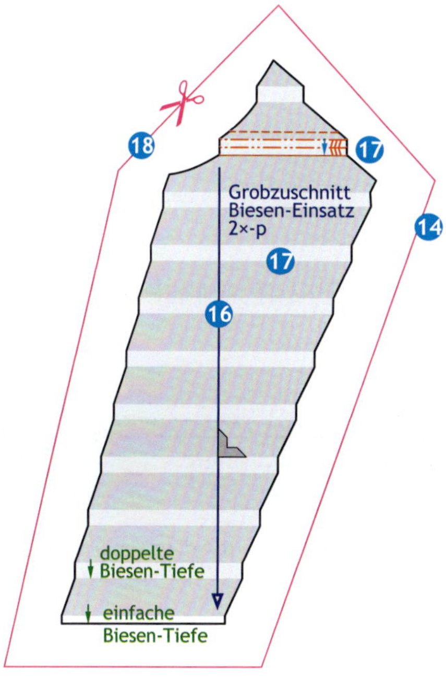

□6 Grobzuschnitt des Biesen-Einsatzes

Taillierte Bluse (1)
Verdeckte Knopfleiste, einteiliger Steh-Umlegekragen

183
192

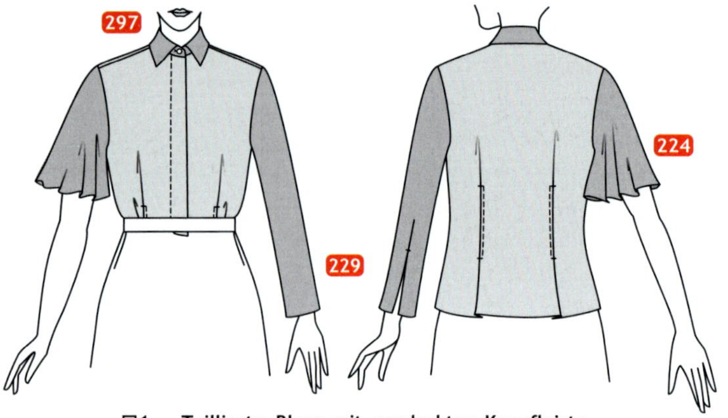

☐1 Taillierte Bluse mit verdeckter Knopfleiste

Grundlage für dieses Blusenmodell kann ein legerer oder taillierter Oberteil-Grundschnitt der **Passformklasse 4 bis 6 mit** (oder ohne) **Brustabnäher** sein, ggf. mit Armlochauflockerung und Schulterverbreiterung (siehe Seite 192+193).

Die Bluse ist durch aufspringende Abnäher tailliert, besitzt einen einteiligem geknöpften Steh-Umlegekragen, eine verdeckte Knopfleiste am Übertritt und ist mit zwei Ärmelmodellen vorgeschlagen: kurzer Glockenärmel und ⅞-Ärmel mit offenem Schlitz.

Die verdeckte Knopfleiste ist nur am Übertritt doppelt gelegt (**☐4**). In die untere Lage der Knopfleiste werden die Knopflöcher genäht. Auf eine Absteppung kann nicht verzichtet werden. Am Untertritt werden die Knöpfe angenäht (**☐5**). Es genügt ein Untertritt mit einem **einfachen** Einschlag.

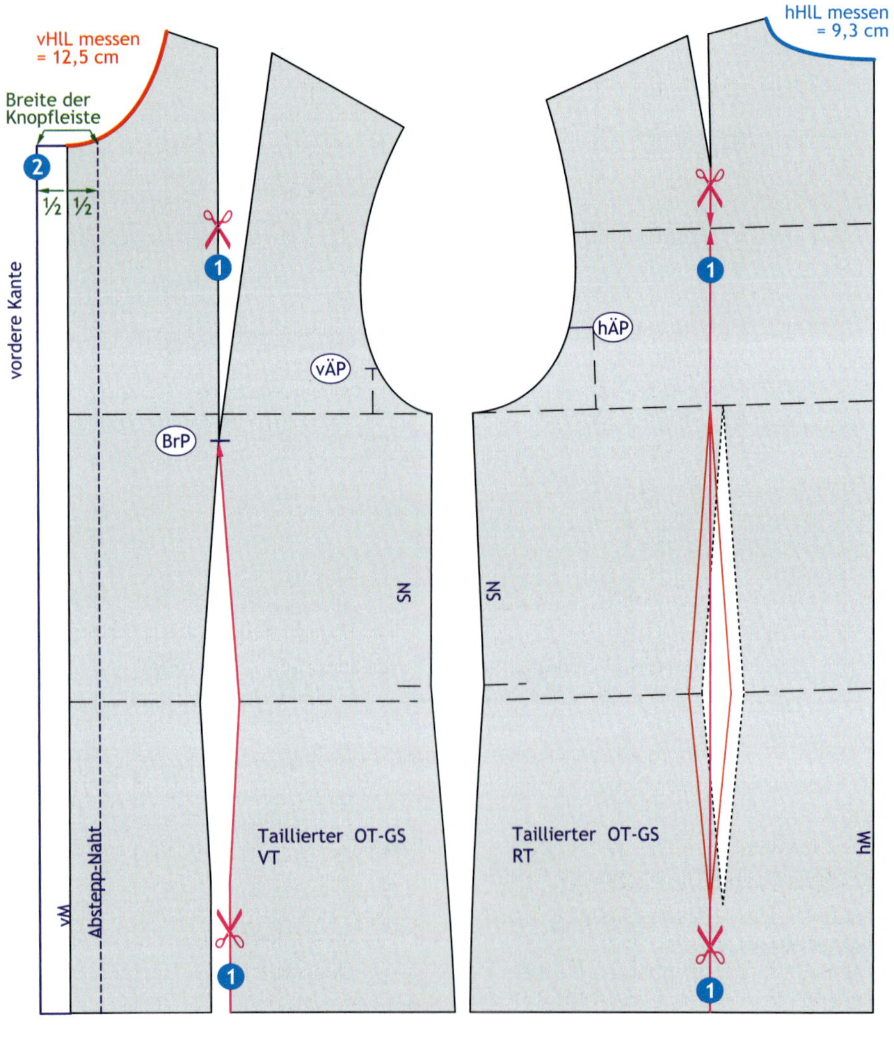

☐2 Modellentwicklung

1 Modellentwicklung

1 **☐2** Abnäher im RT ggf. verschieben, Schulterabnäher verlängern, Einschnitte an VT + RT einzeichnen.

2 Knopfleiste in gewünschter Breite (hier 4 cm) gestalten. Übertrittbreite = ½ Leisten-Breite an die vM zeichnen.

297

2 Die Konstruktion des einteiligen Steh-Umlegekragens siehe Seite 297

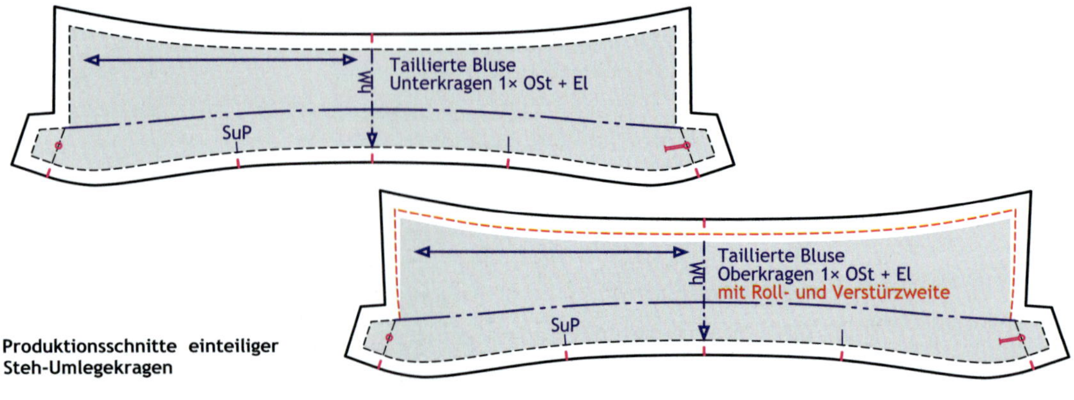

☐4 Produktionsschnitte einteiliger Steh-Umlegekragen

Taillierte Bluse (2)
Verdeckte Knopfleiste

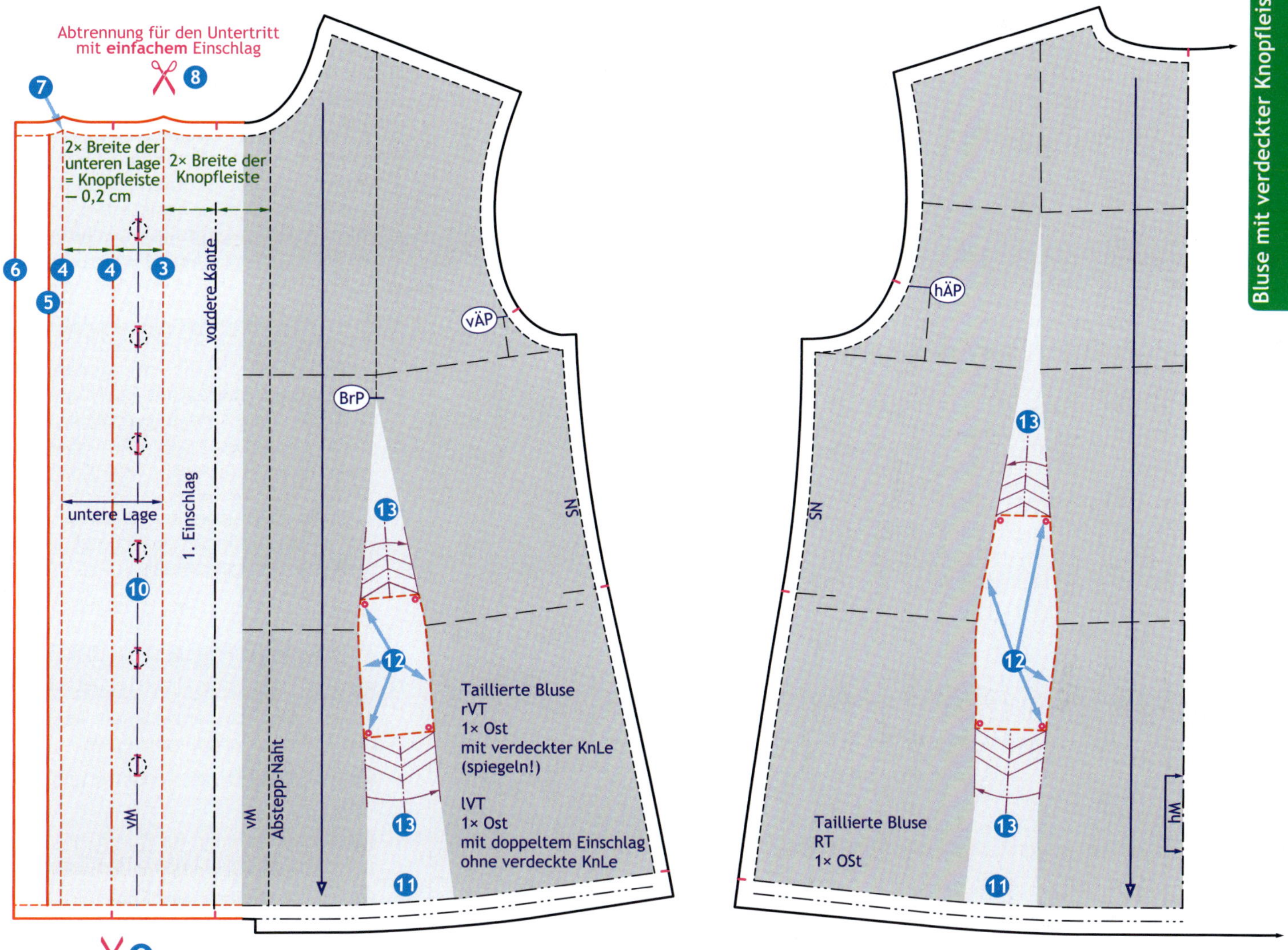

□3 Schnittentwicklung und Modellschnitte

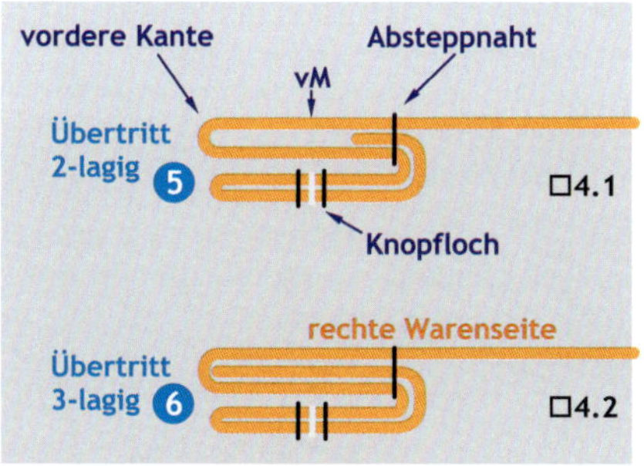

□4 Nahtdiagramme für Varianten verdeckter Knopfleisten

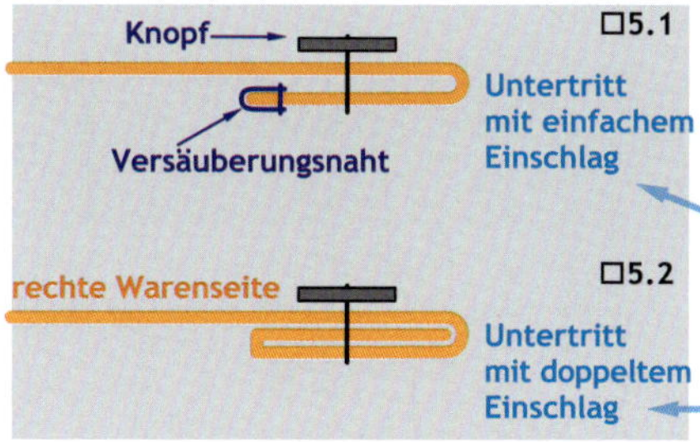

□5 Nahtdiagramme für Untertritt-Varianten ohne Absteppung: Oben mit einfachem, unten mit doppeltem Einschlag

3 Verdeckte Knopfleiste

3 □3 Die Knopfleisten-Breite 1× an die vKa zeichnen → 1. Einschlag.

4 Dann 2× die Knopfleisten-Breite – 0,2 cm anzeichnen → Knopfloch-Leiste. Damit ist die Knopfloch-Leiste schmaler und somit nicht sichtbar.

5 Zuletzt kommt 1 cm NZg hinzu. Die Knopfleiste ist jetzt 4-lagig (**□4.1**).

6 Alternativ 1× die Knopfleisten-breite – 0,2 cm anzeichnen. Damit ist die Knopfleiste 5-lagig (**□4.2**) wichtig bei weißen, transparenten Stoffen.

7 Die Rückschnitte an der oberen Leiste beachten und anzeichnen.

8 Für den Untertritt genügt auch ein einfacher und ggf. schmalerer Einschlag (**□5.1**)

9 oder man wählt einen doppelten Einschlag (**□5.2** wie auf Seite 445). Auch dieser kann schmaler sein als der Übertritt.

10 Knopfpositionen und -abstände an der vM bestimmen. Bei einer verdeckten Knopfleiste darf der oberste Knopf nicht so hoch sitzen, da er ansonsten schwer zu knöpfen ist.

4 Zweiseitig aufspringende Abnäher

11 **□3** Vom Saum zu den Abnäherspitzen einschneiden und sowohl den Brustabnäher als auch den Schulterblattabnäher schließen.

12 Bei den Öffnungen an der Taille die Abnäher markieren (rot) mit Bohrlöchern kennzeichnen.

13 Nach oben und unten die aufspringenden Falten markieren (lila).

Schößchenbluse (1)
mit Quernähten, Schlingenverschluss, Flachkragen

192

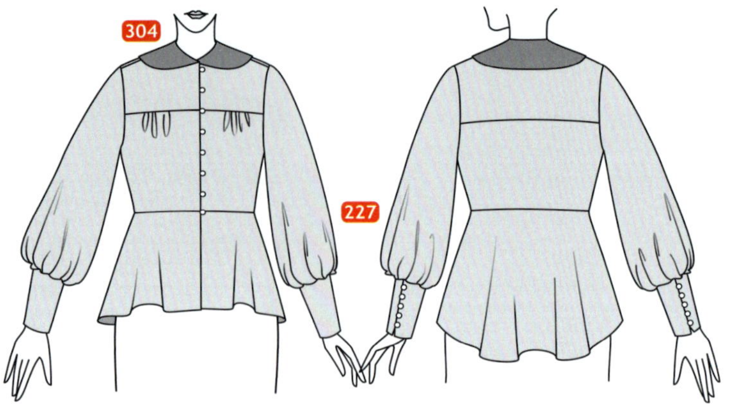

□1 Schößchenbluse mit Schlingenverschluss

Grundlage für dieses Blusenmodell kann ein legerer oder taillierter Oberteil-Grundschnitt der **Passformklasse 4 bis 6** sein.

Das Modell mit einem glockig erweiterten Schößchen, einem Schlingen-Verschluss mit schmalem Übertritt und Beleg, weiten Ärmeln mit Form-Manschetten, ebenfalls mit Schlingen-Verschuss sowie einem Flach-(Liege-) Kragen.

Der Schlingen-Verschluss ist ein Knopfverschluss ohne Knopflöcher. Am Übertritt sind die Schlingen in der Verstürznaht befestigt. Die Überlappung von Über- und Untertritt ist beliebig. Man nennt eine Verarbeitung ohne Überlappung "bord-à-bord" (frz.: Kante an Kante). Die Schlingen können flach an der Kante oder als abstehende Schlingen gearbeitet werden (siehe folgende Seite).

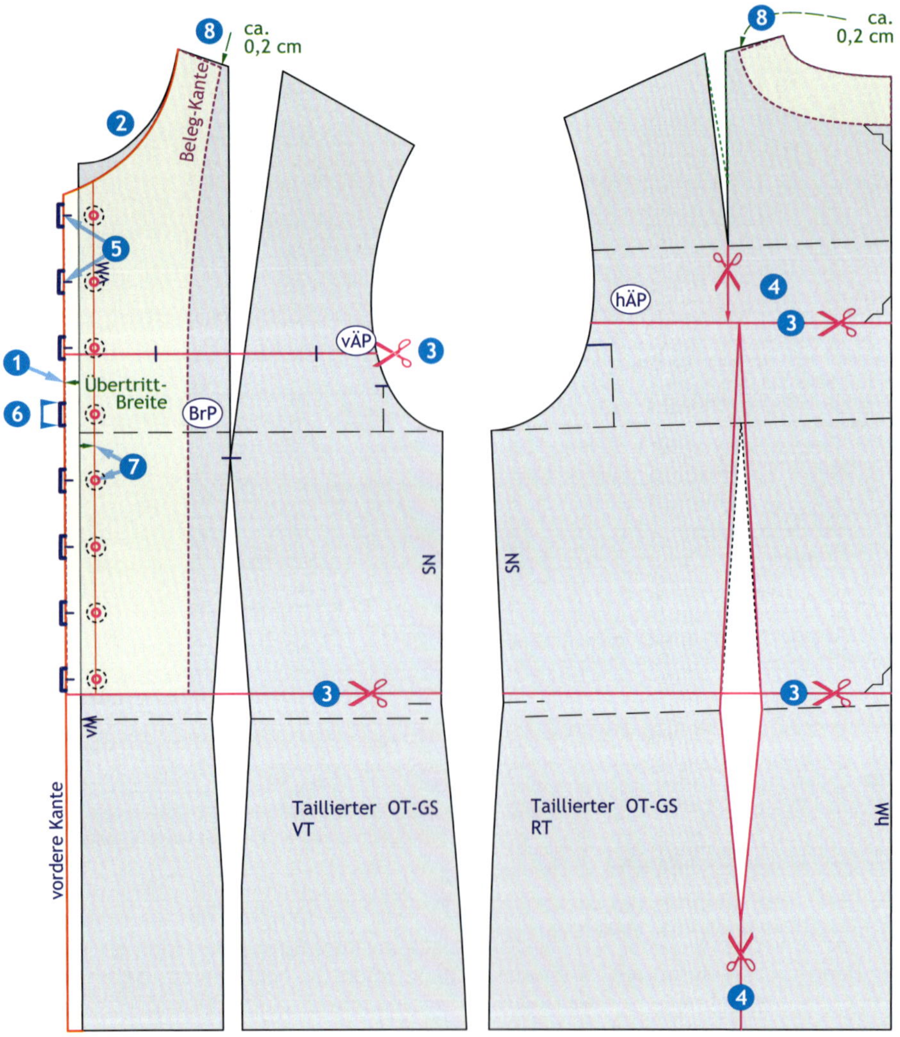

□2 Modellentwicklung

1 Modellentwicklung

❶ □2 **Übertritt** in gewünschter Breite (hier 1 cm) anzeichnen. Dies ergibt 2 cm Überlappung an der vM.

❷ Das Halsloch ggf. vertiefen und formen.

❸ Einschnittlinien für Quernähte einzeichnen, ggf. die Abnäher verlängern.

❹ Belege im VT und RT einzeichnen.

❺ Schlingenpositionen markieren.

❻ Die Schlingenbasis entspricht dem Durchmesser des Knopfes. Dabei bleibt die Schlingenbreite unberücksichtigt.

❼ Die Knöpfe in doppeltem Abstand der Übertrittbreite von der Kante aus gemessen markieren (siehe □4).

3 Belege

❽ □5 Belegflächen an den Belegkanten reduzieren und aus der Modellentwicklung kopieren.

❾ Am vBe die Schlingenpositionen markieren.

304

2 Die Konstruktion des Flachkragens siehe Seite 304

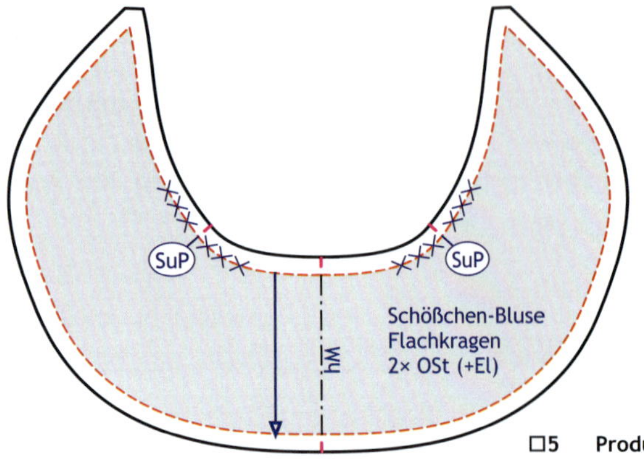

□5 Produktionsschnitt Flachkragen

Schößchenbluse (2)

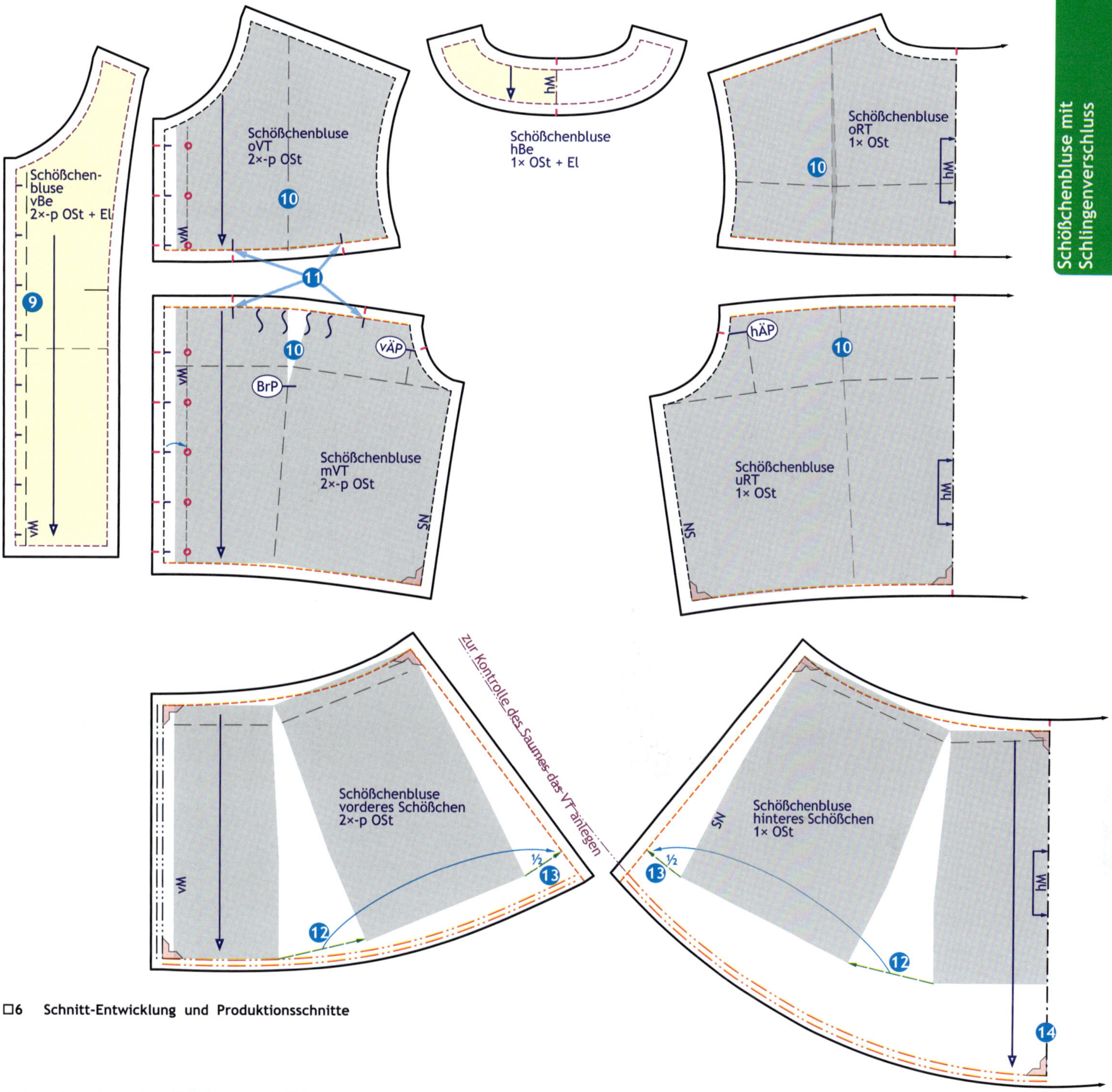

□6 Schnitt-Entwicklung und Produktionsschnitte

4 Schnittentwicklung

10 □3 Schnittteile öffnen, Abnäher zulegen und Nähte nachformen.

11 An den Nähten mit Kräuselweite seitlich der Kräuselungen Knipse markieren um die Kräuselung zu definieren.

12 An VT- und RT-Schößchen für mehr Saumweite gleichmäßig öffnen.

13 An der Seitennaht jeweils die Hälfte der Öffnung anzeichnen.

14 Bei Bedarf das Schößchen verlängern und die Säume rund formen.

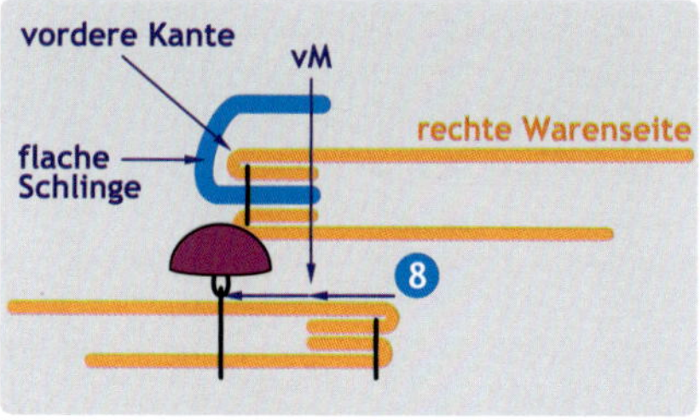

□7 Nahtdiagramm flache Schlinge mit Überlappung (2 cm)

Alternative Schlingenverschlüsse:

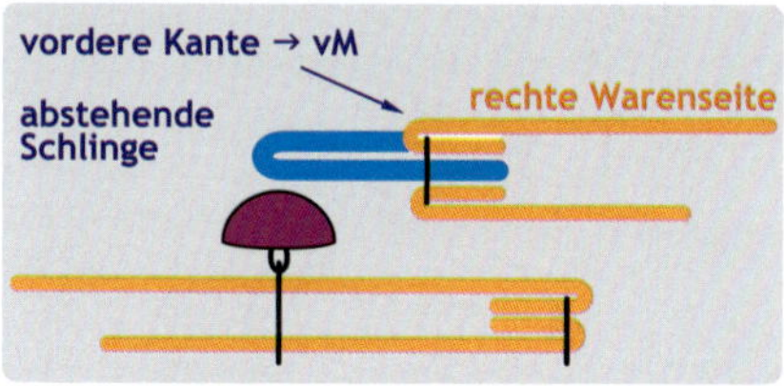

□8 Nahtdiagramm abstehende Schlinge mit Untertritt (2 cm)

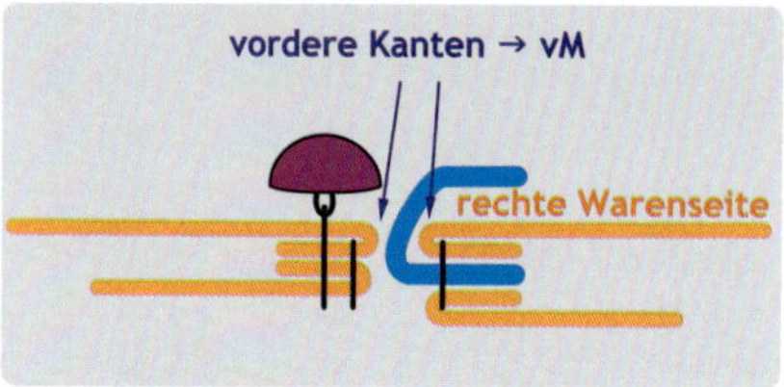

□9 Nahtdiagramm flache Schlinge ohne Überlappung (bord-à-bord)

Trägerkleid im Empire-Stil (1)
Vorderteil mit gelegten Falten

185
186

Modellentwicklung

❶ □2 Das **Brustteil** an der Unterbrust-Naht abtrennen. Der Abstand vom BrP ist je nach Brustgröße ca. ½ BrB – 2 cm oder uBrA. Das Rockteil abtrennen, die SN einstellen, den Brustabnäher schließen und die Ausschnitte formen.

❷ Für anliegende Hals- und Armausschnitte den Brustansatz-Kreis wie auf Seite 416 mit den möglichen Reduzierungen (in Pink) einzeichnen.

❸ □3 Die Reduzierungen zulegen und die Ausschnitte nachformen.

❹ Unterhalb der Brust wird der Abnäherinhalt in zwei Falten gelegt. Vom Brustpunkt zur Schulter für eine weitere Falte einschneiden.

❺ Die Falten am Brustteil öffnen. Unter der Brust müssen beide Faltenlinien gleich lang sein; es entsteht notwendige Mehrlänge.

❻ □2 Für das **Rockteil** unter der Brust Weite reduzieren (Seite 416).

❼ Vom Saum aus einschneiden und den Saum für etwas mehr SaW öffnen.

❽ Die SN (auch am RT) neu zeichnen und die Unterbrust-Naht vor dem Öffnen der Falten formen.

❾ Die Falten an derselben Stelle wie am Brustteil einschneiden und öffnen.

416

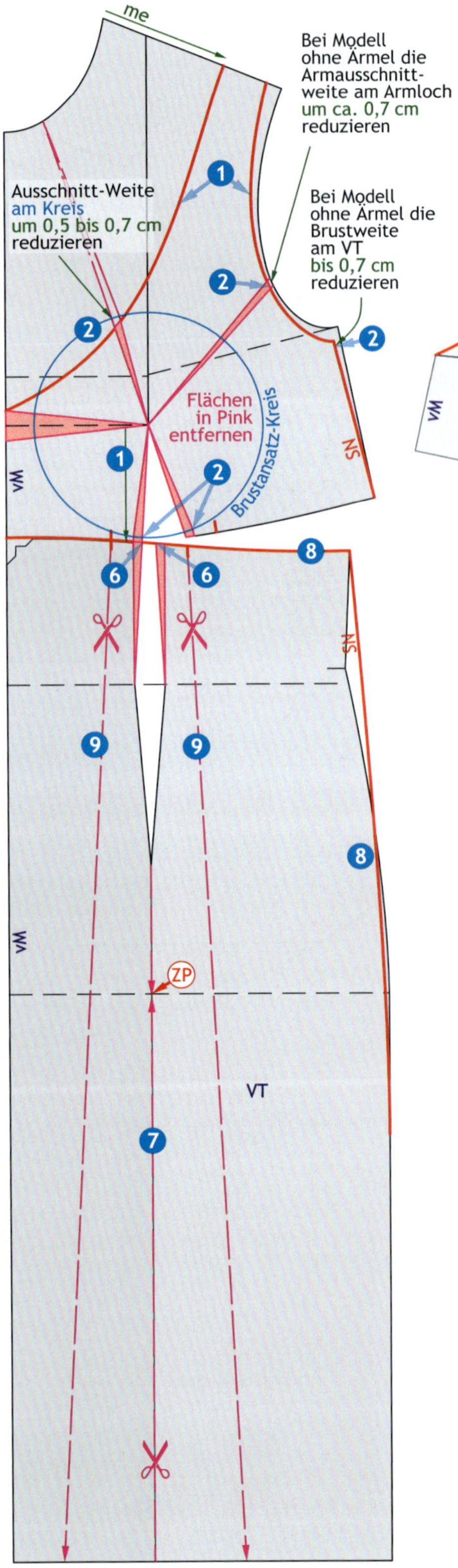

□2 Einschnitte für die Falten am VT

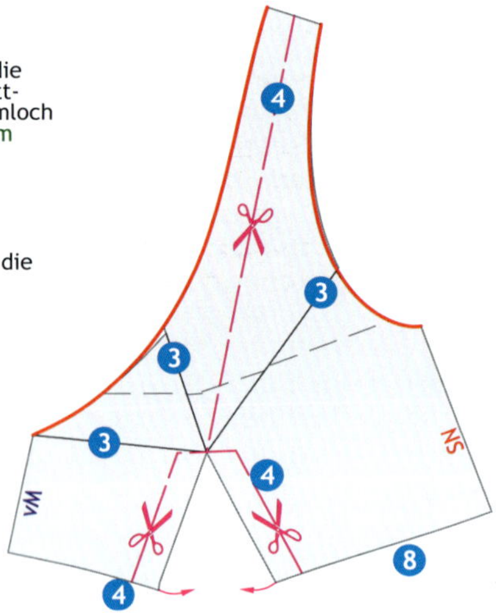

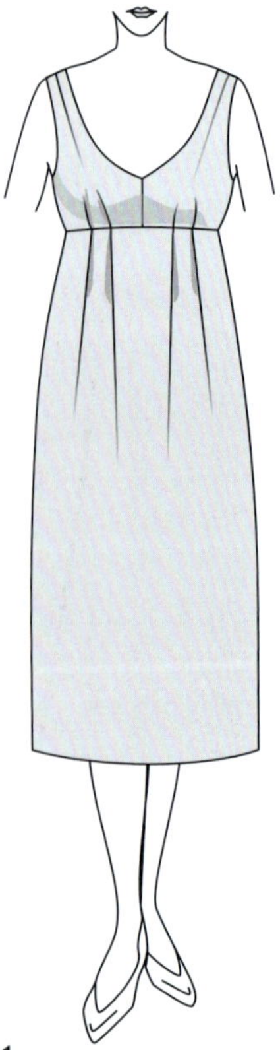

□1
Empire-Kleid mit Unterbrust-Naht und drapiertem Brustteil.
Mit gelegten aufspringenden Falten

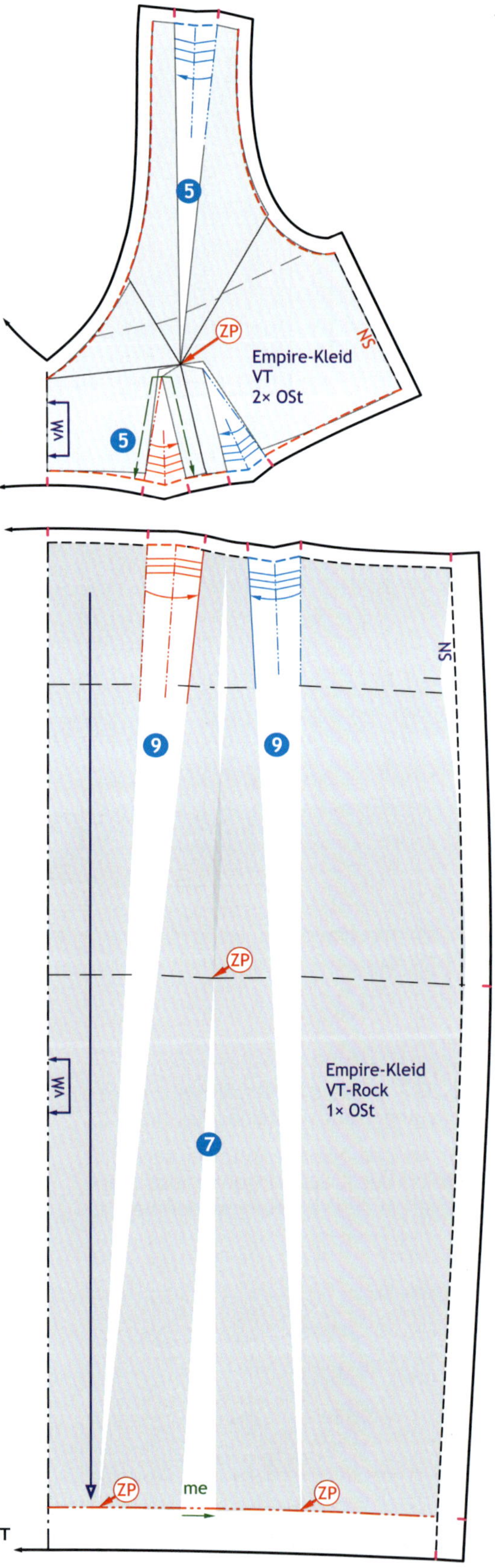

□3 Produktionsschnitte VT mit geöffneten Falten

Trägerkleid im Empire-Stil (2)
Hinterrock mit Scherenfalten

10 Für das **Rückteil** die Tiefe der Unterbrustnaht wie vorne bestimmen. An der SN Weite reduzieren.

11 Diese über den Rücken weiterführen und das Oberteil abtrennen.

12 Um die Richtung des hinteren Trägers zeichnen zu können, muss zunächst die diagonale Teilungsnaht geformt und an der hM gespiegelt werden.

13 Für das **hintere Rockteil** den Abnäher oben zulegen und am Saum wie vorne öffnen.

14 SN und hM neu zeichnen.

Scherenfalten laufen schräg voneinander weg und die eine überlappt die andere Falte.

15 Den Kantenverlauf (= Einschnittlinien) der Scherenfalten gestalten und einzeichnen.

16 Die Überschneidungsfläche der Kanten ist mindestens die jeweilige Faltentiefe (FaT) der beiden Falten. Diese FaT nicht zu schmal gewählt werden. Sie darf also auch größer als die Überschneidung sein.

17 Beide Falten nacheinander aufschneiden und wie skizziert mindestens doppelt so weit öffnen wie die Überschneidung. Dabei ergeben sich die Faltenrückschnitte von selbst.

18 Faltenschraffur und Legerichtung markieren.

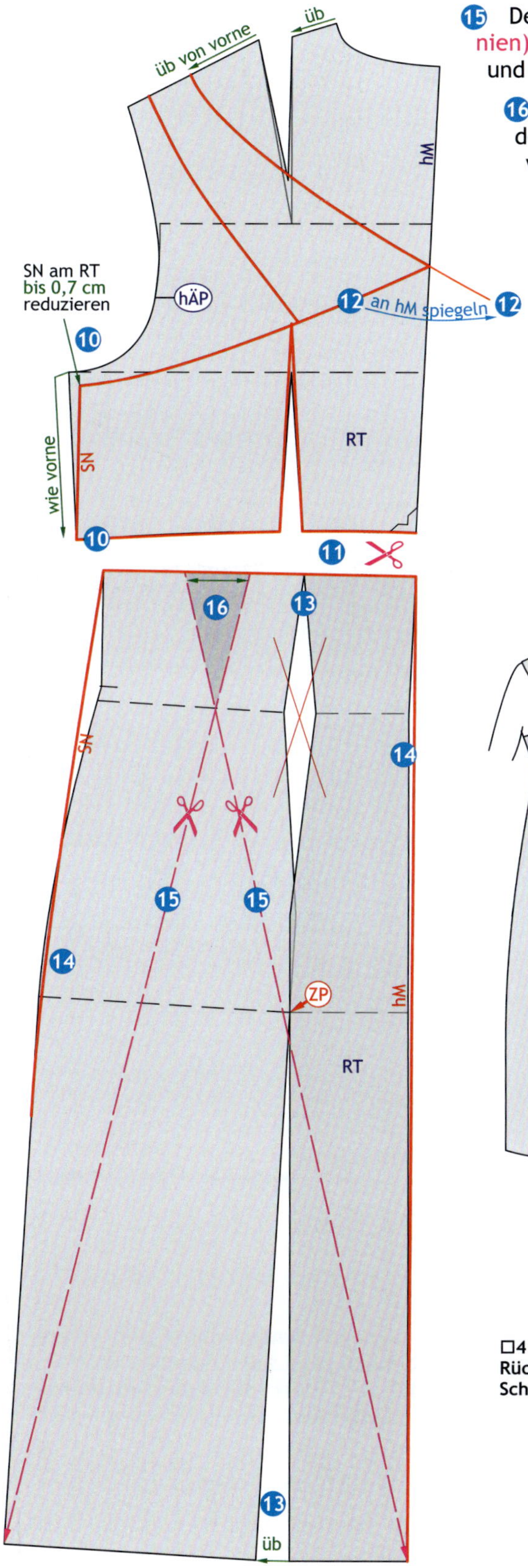

□5 RT mit Trägern, Saumerweiterung und Falten

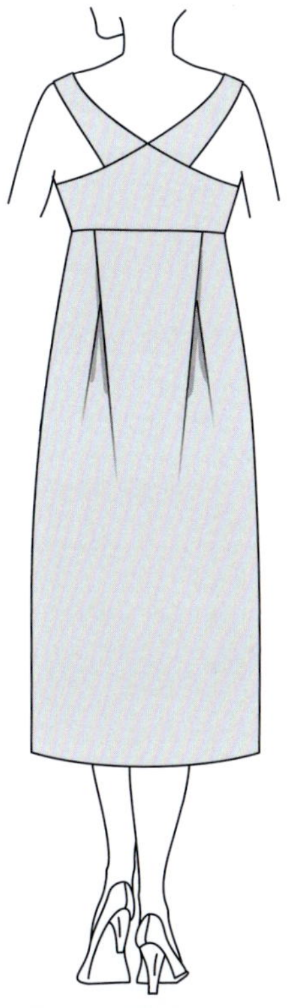

□4 Rückansicht mit Scherenfalten im Rock

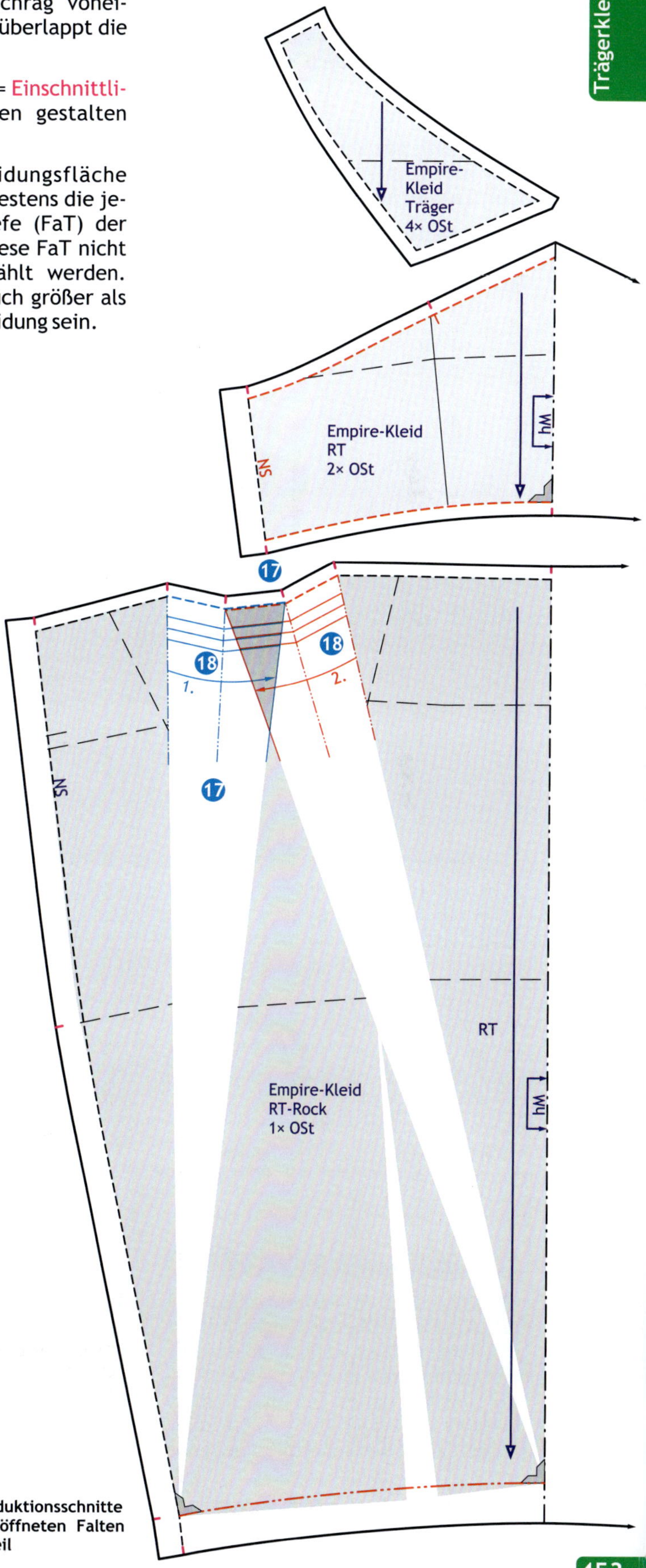

□6 Produktionsschnitte RT mit geöffneten Falten am Rockteil

Etuikleid (1)
Vorderteil

Das Etuikleid schmiegt sich figurbetont an den Körper, ohne ihn einzuengen. Diese einfache Schnittvariante wird häufig für das **"kleine Schwarze"** verwendet, ein Kleid für viele Anlässe, mit verschiedensten Accessoires zu kombinieren, allerdings eher mit weniger tiefem Ausschnitt und gelegentlich mit Ärmeln. Eine Trennung von Oberteil und Rock durch eine Taillennaht bietet schnitttechnisch mehr Gestaltungsspielraum.

185
186

Hier ist eine durchgehende ärmellose Kleiderform gewählt mit einem Reißverschluss und einem verdeckten Schlitz an der hinteren Mitte.

416

Grundlage für solche Modelle sind taillierte Oberteil-Grundschnitte der **Passformklasse PK2 bis PK4.**

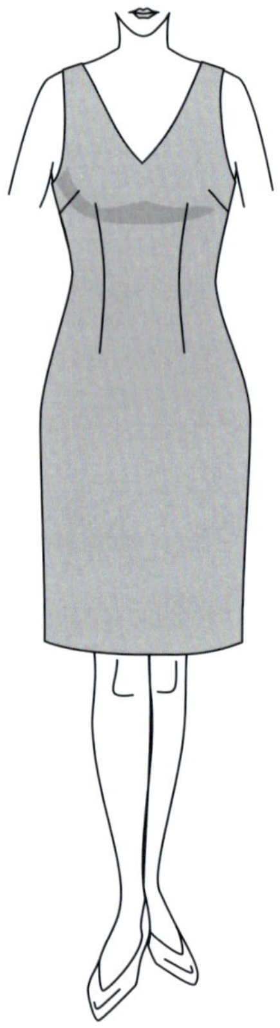

□1 Etuikleid

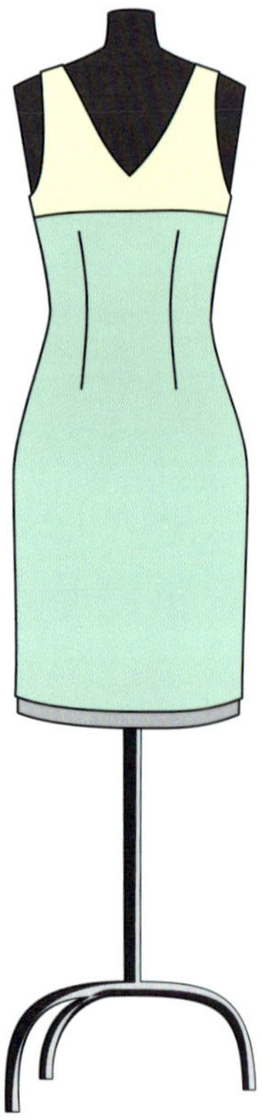

□1a Etuikleid auf Links gewendet

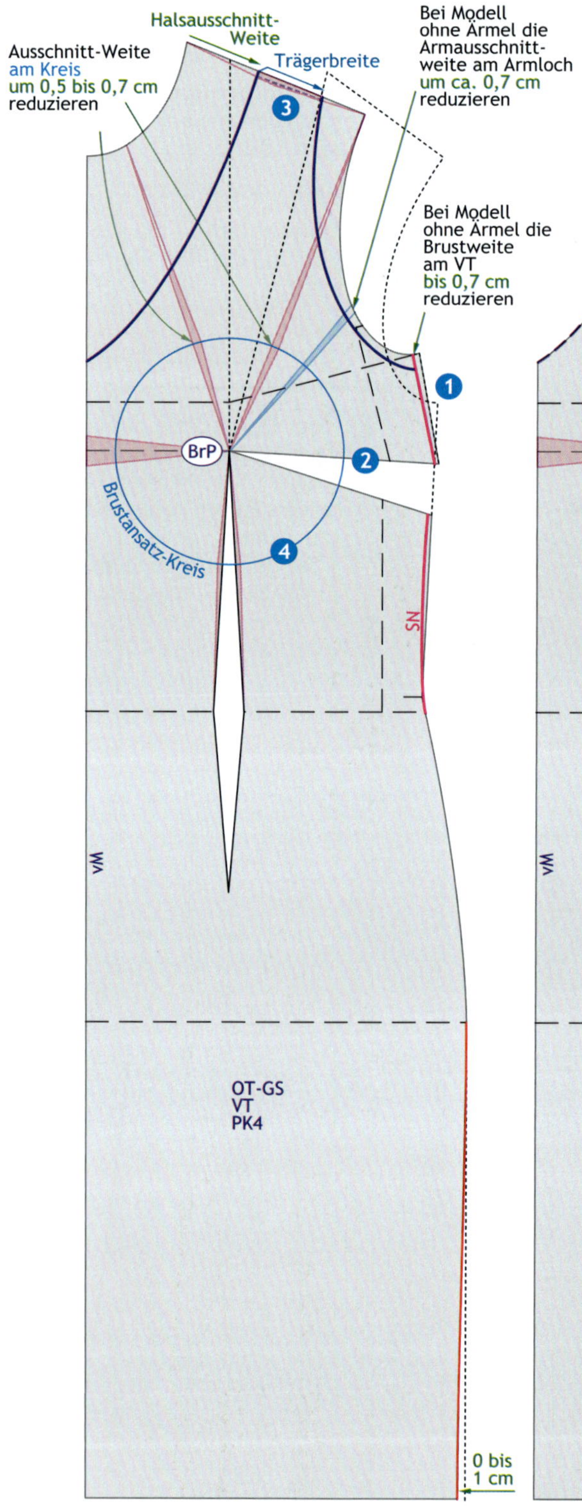

□2 Modellentwicklung Vorderteil (1)

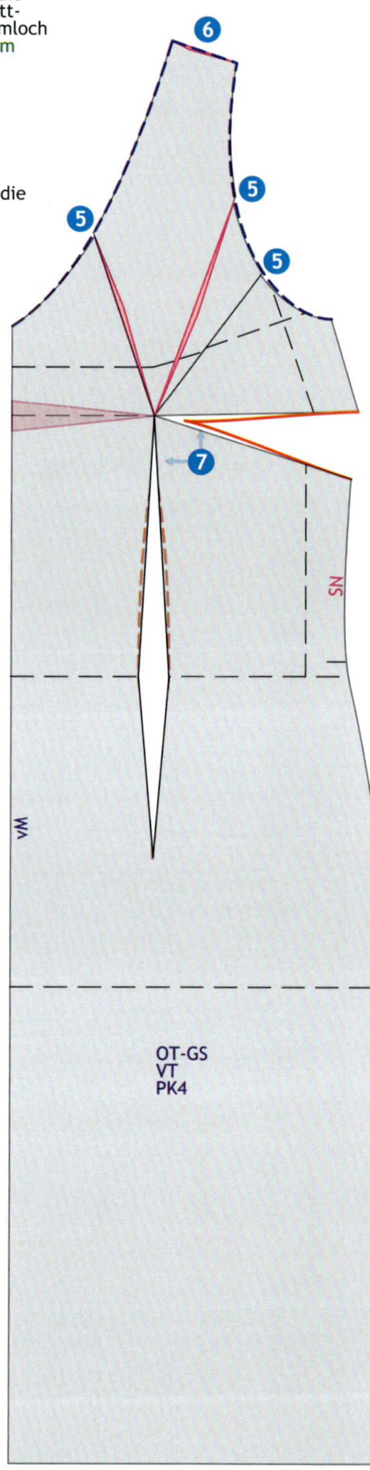

□2a Modellentwicklung Vorderteil (2)

1 Modellentwicklung (Vorderteil)

1 **□2** Da die Weitenzugabe des ArD für einen Oberteilschnitt mit Ärmel konzipiert ist, kann bei diesem engen, ärmellosen Modell die Weite unter dem Arm um ca. 0,5 bis 0,7 cm jeweils an VT und RT reduziert wer-den. Zusätzlich ist hier (allerdings nicht notwendig) das Armloch vertieft.

2 Abnäherposition bestimmen, einschneiden und Brustabnäher zulegen.

3 Hals- und Armausschnitte gestalten. Dabei die Halsausschnitt-Weite und die Schulter-/Trägerbreite festlegen.

4 Den Brustansatz-Kreis und die notwendigen Einschnittlinien zur Reduzierung der Dekolleté-Kante und des Armausschnitts zum BrP zeichnen (siehe Seite 416).

5 □2a Reduzierungen an den Kanten vornehmen. Die restlichen Reduzierungen symbolisieren den verbleibenden Hohlraum zwischen Stoff und Körper. Dort die Ausschnittkanten nachformen.

6 An der Schulter wie auf Seite 416 und 418 ebenfalls reduzieren.

7 Den Taillenabnäher und den Brustabnäher kürzen und formen.

Etuikleid (2)
Vorderteil mit Beleg- und Futterentwicklung

429

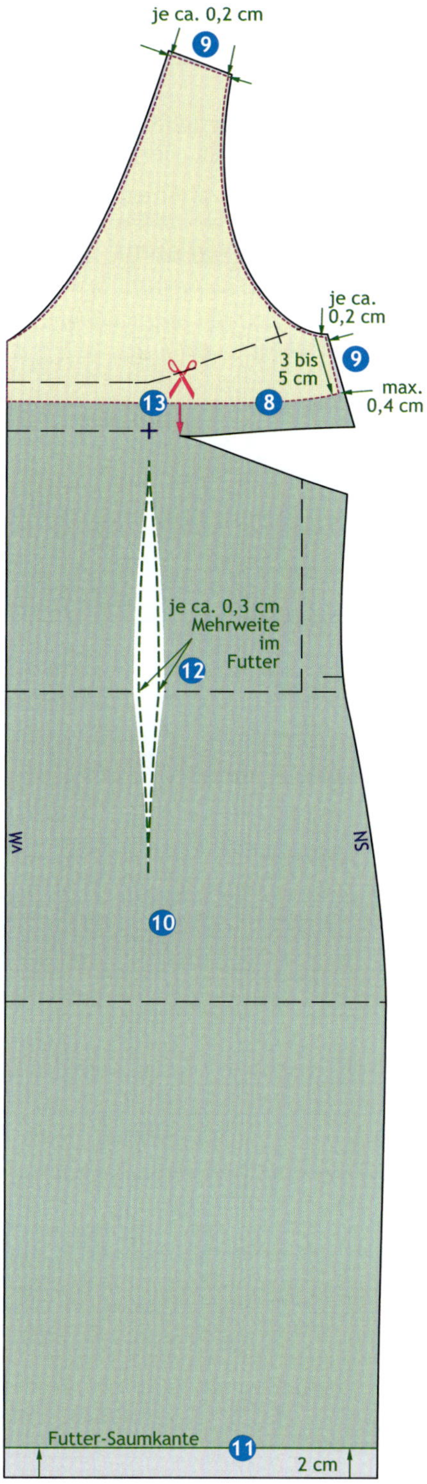

□3 **Futter- und Belegentwicklung am VT**

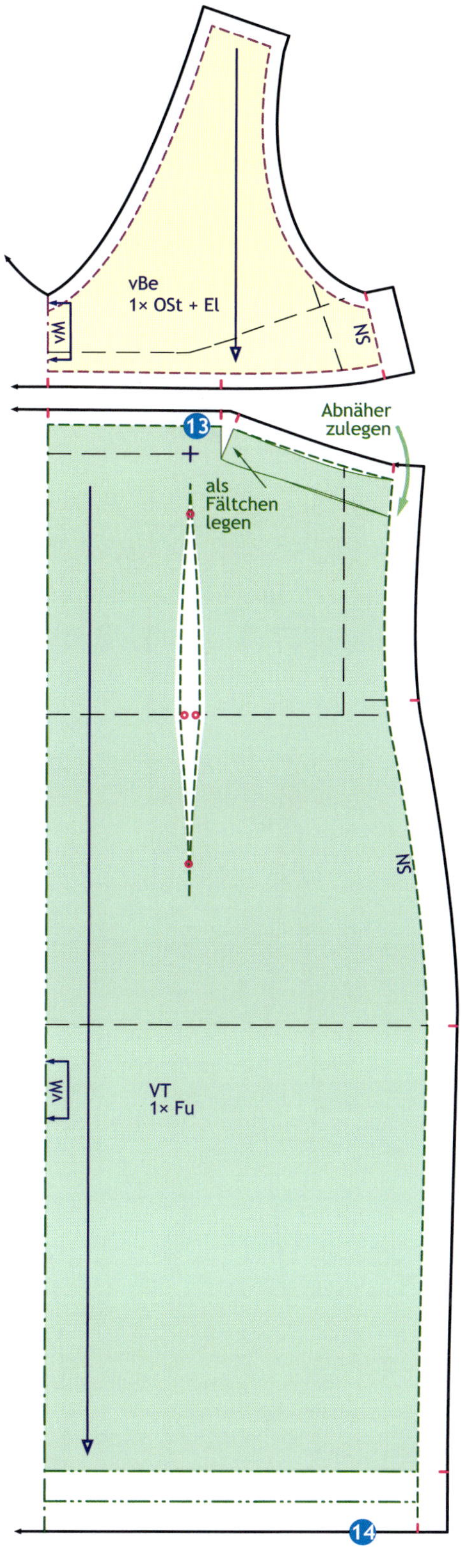

□4 **Produktionsschnitte Beleg und Futter**

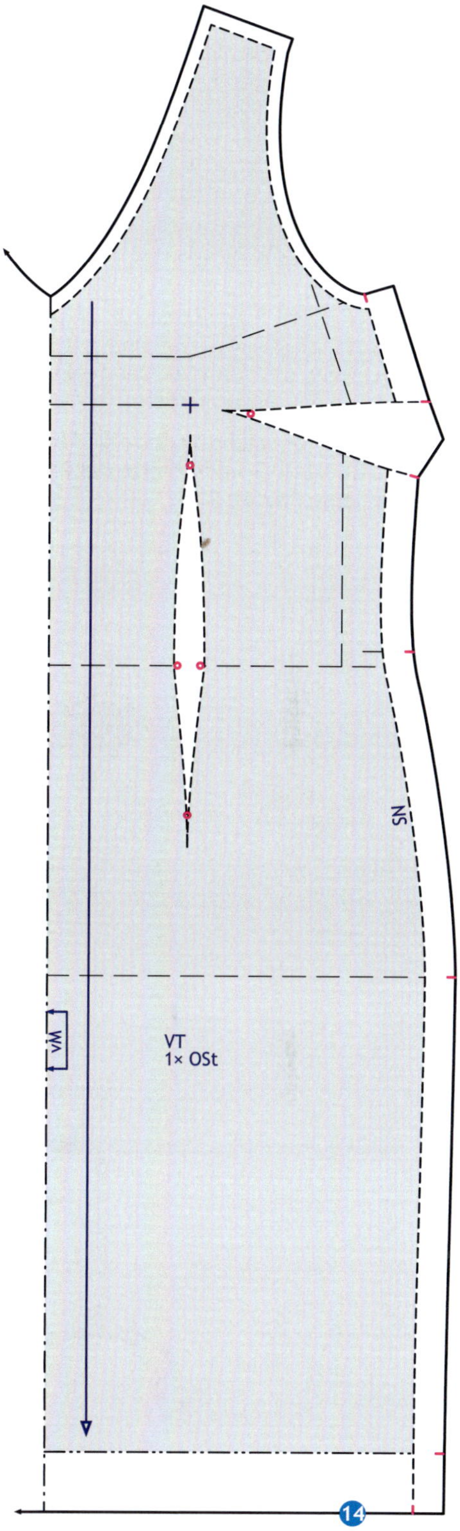

□5 **Produktionsschnitt Vorderteil**

2 Beleg und Futter entwickeln

8 **□4** Für Hals- und Armausschnitt einen verbundenen Beleg einzeichnen. An der Seitennaht ca. 3 bis 5 cm Breite.

9 Beim Kopieren, wie skizziert, den Beleg an den Ausschnittkanten reduzieren. An der Schulter, den Ausschnittkanten und der SN um ca. 0,2 cm, an der unteren SN bis zu 0,4 cm entfernen.

10 Die restliche Fläche kopieren. Sie ergibt das Futter (in Grün).

11 Den Futtersaum um 2 cm kürzen.

12 Am Taillenabnäher, ggf. auch an der Seitennaht, ausreichend Mehrweite am Futter hinzugeben.

3 Produktionsschnittteile

13 **□3+4** Am VT-Futter zum Brustabnäher einschneiden und ihn zulegen. Den entstehenden Abnäher als Fältchen verarbeiten.

14 **□4+5** Saumeinschlag am Oberstoff ca. 3 bis 5 cm, am Futter z.B. 2× 2 cm anzeichnen. Nahtzugaben, Knipse und Bohrlöcher markieren.

Etuikleid (3)
Rückteil mit Schlitz

185
186
416

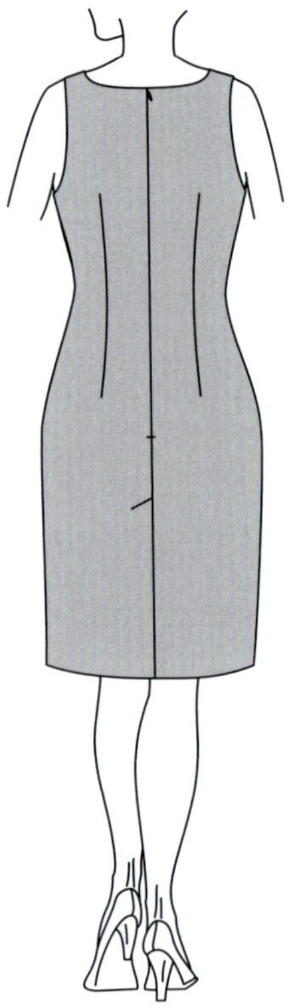

□6 Etuikleid (Rückansicht)

23

4 Modellentwicklung (Rückteil)

15 □7 Die Weite unter dem Arm wie am VT reduzieren sowie das Armloch vertiefen.

16 Schulterabnäher verkleinern: Die blaue Fläche mit dem Halsloch, der Schulter und der hM um 1 cm in den Abnäher verschieben (siehe Seite 374).

17 Die hM neu, mit sehr flacher Rundung formen.

18 Hals- und Armausschnitte gestalten. Dabei die Halsausschnitt-Weite und die Schulterbreite jeweils vom VT übernehmen.

19 An der Schulter (ab Seite 416) den Träger wie am VT reduzieren.

20 Taillenabnäher formen und evtl. etwas nach oben verlängern, um dort die Brustweite zu verringern.

21 Schlitzlänge festlegen und Schlitzbeleg 3 bis 5 cm breit anzeichnen. Evtl. oben leicht abschrägen.

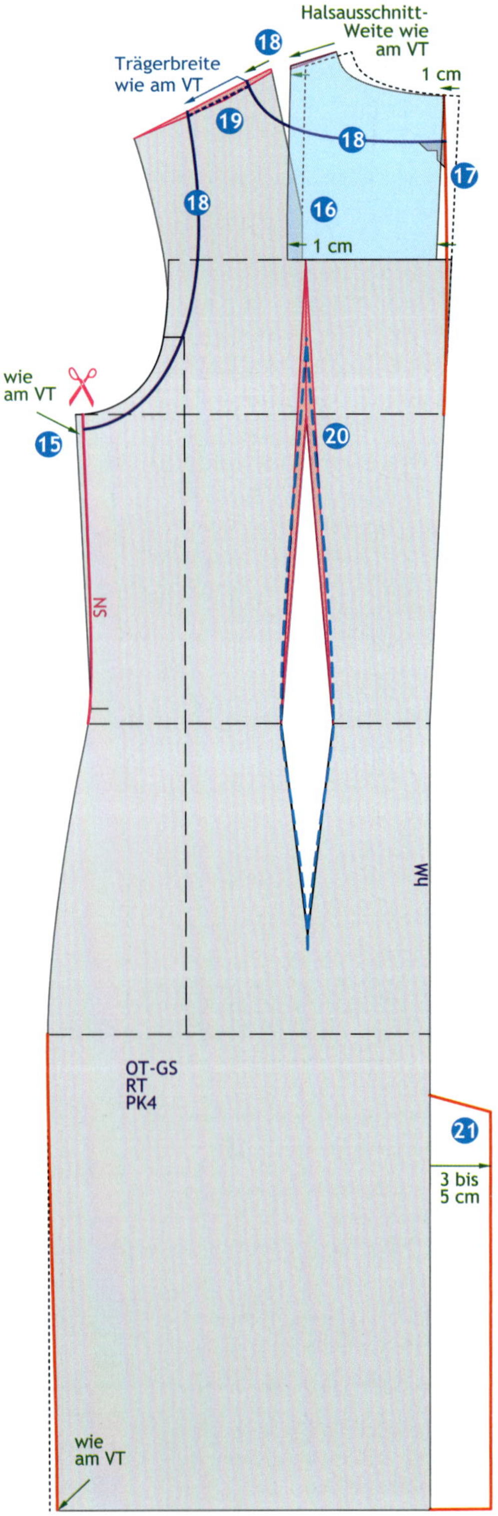

□7 Modellentwicklung Rückteil (1)

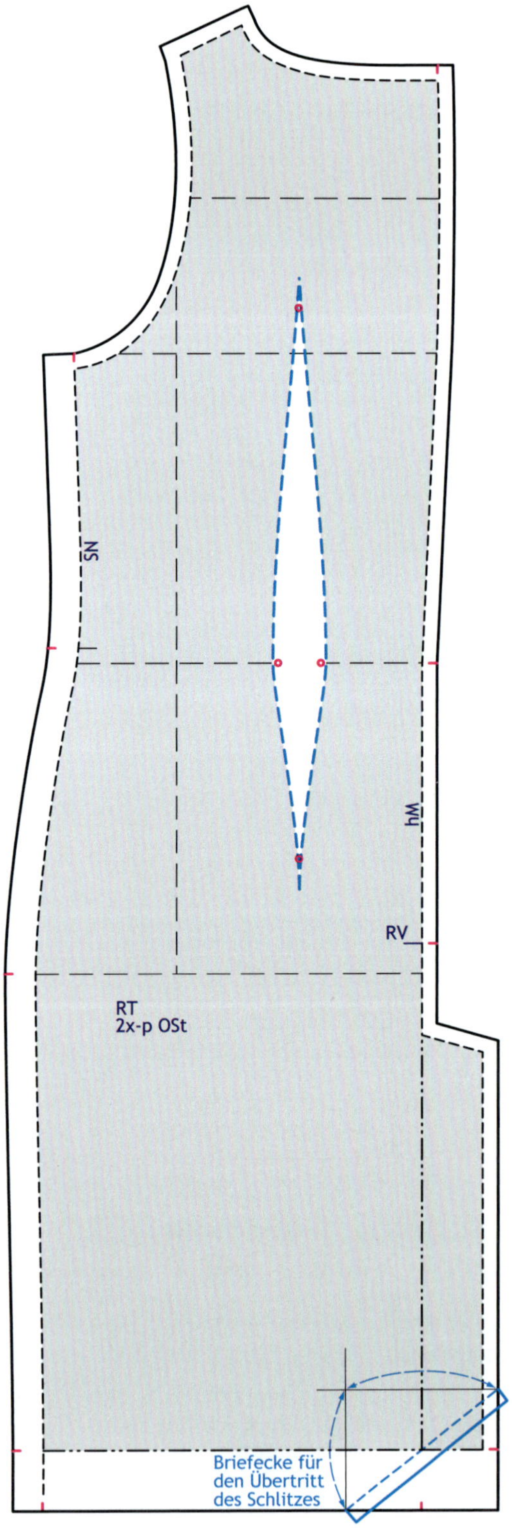

□8 Produktionsschnitt Rückteil

Etuikleid (4)
Rückteil mit Beleg- und Futterentwicklung

5 Schnittteile entwickeln

(22) □8 Die Belegnaht formen.

(23) □9 Beim Kopieren des Belegs an der Schulter, den Ausschnittkanten und der SN um ca. 0,2 cm, an der unteren SN bis zu 0,4 cm entfernen.

(24) Da das Futter am Schlitzbeleg und am Reißverschluss befestigt wird, muss es oberhalb des Schlitzes ca. 1 cm Mehrlänge erhalten.

(25) Der Schlitz für den Reißverschluss ist im Futter ca. 2 bis 3 cm länger.

(26) Im Bereich des RV wird an Beleg und Futter die Naht um ca. 0,5 cm nach innen gerückt.

(27) Den Futtersaum um 2 cm kürzen.

(28) An den Taillenabnähern ca. 0,6 cm Mehrweite in Futter hinzugeben.

(29) Für die Übertrittseite den Schlitzbeleg an der entsprechenden Seite entfernen.

(30) Die Schnittteile anschließend noch mit NZg und SaZg versehen.

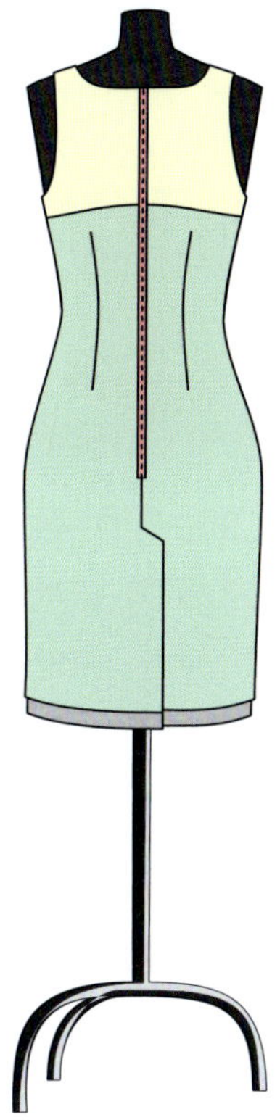

429

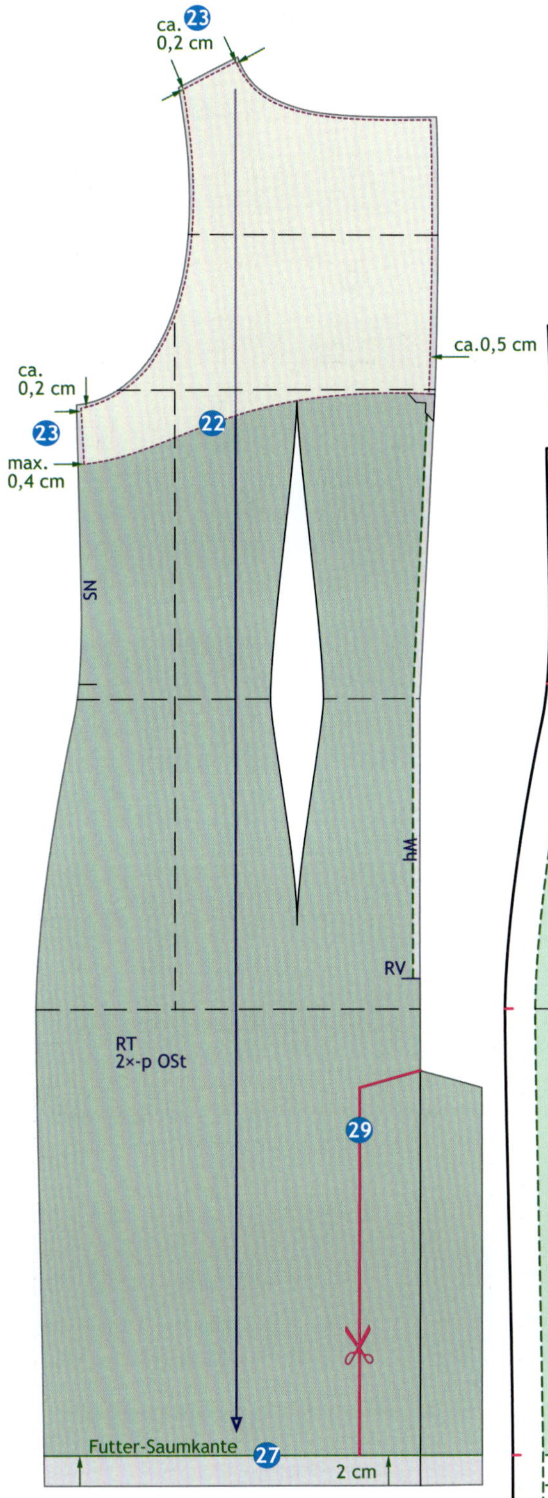

□9 Futter- und Belegentwicklung am VT

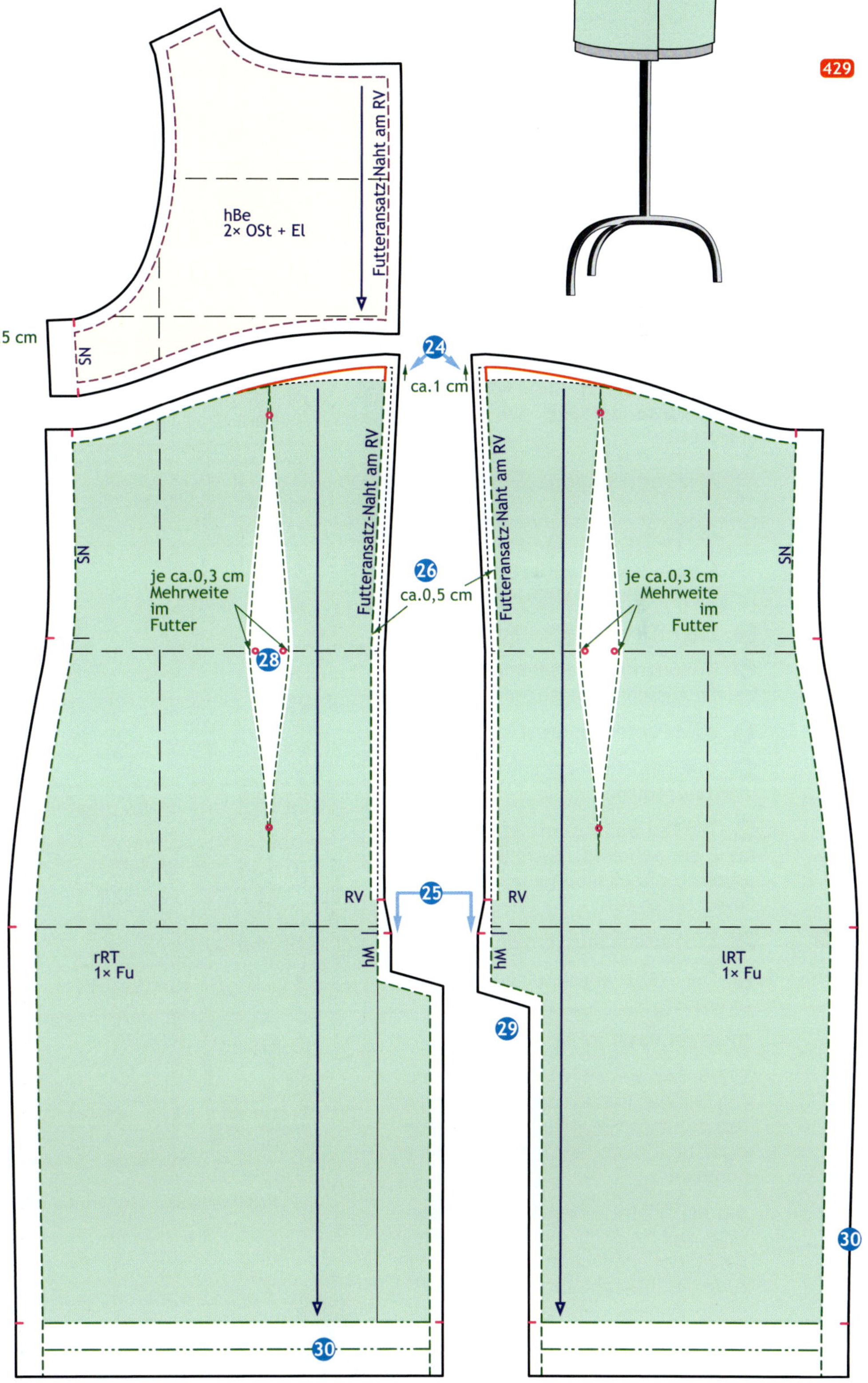

□10 Produktionsschnitte Beleg und Futter

Korsagen-Modellentwicklung (1)

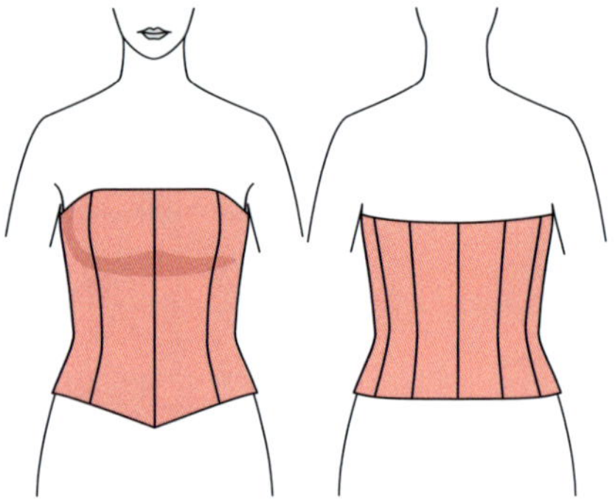

□1 Mieder-Korsage

196

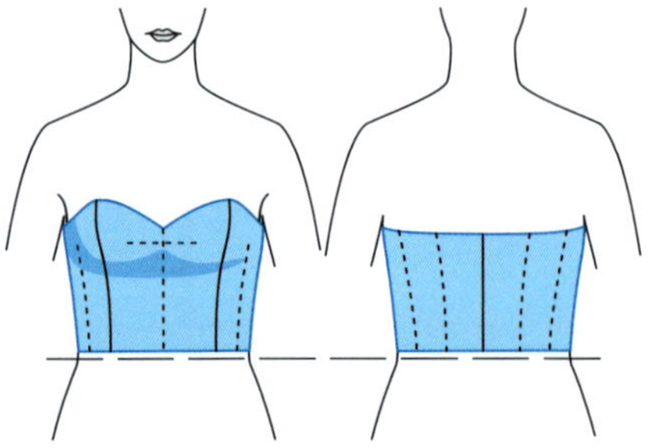

□2 Taillenkurze Korsage

□1 Die längere Mieder-Korsage wird über einem Rock oder einer Hose getragen. Der Verschluss kann an der vM, der hM oder an der SN gearbeitet sein.

□2 Beim Korsagen-Kleid wird an eine taillenkurze Korsage ein Rock gearbeitet.

1 Schnittentwicklung

Grundlage ist ein weitenreduzierter taillierter Oberteil-Grundschnitt (Seite 196) oder eine taillierte Oberteil-Grundkonstruktion in PK0 bis PK1.

❶ □3 Decolleté bestimmen.

❷ Teilungsnaht verschieben und dabei die Ausschnittweite reduzieren

❸ sowie unter der Brust formen.

❹ Die hintere Ausschnittkante formen und reduzieren.

❺ Die Taillenlinie um insgesamt ca. 1 bis 2 cm anheben. So fällt ein angearbeiteter Rock schöner und sitzt nicht an der Hüfte auf.

416

❻ Die Seitennähte formen

❼ Die Weite am verlängerten Saum vergrößern.

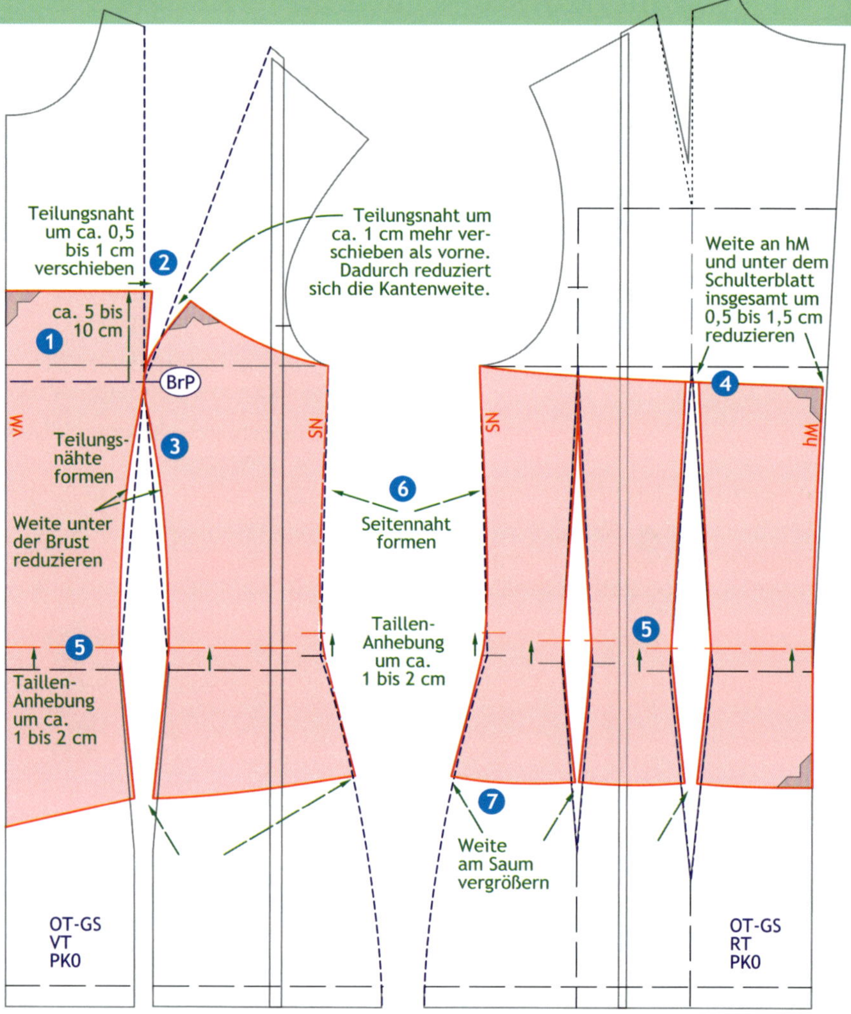

□3 Mieder-Korsage entwickeln

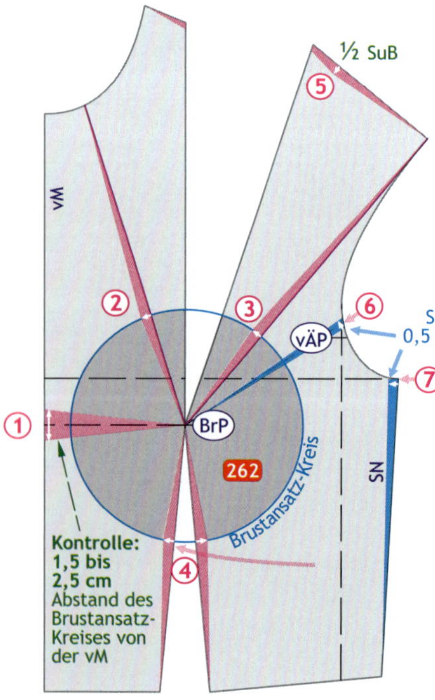

□4 Reduzierflächen am Brustansatz

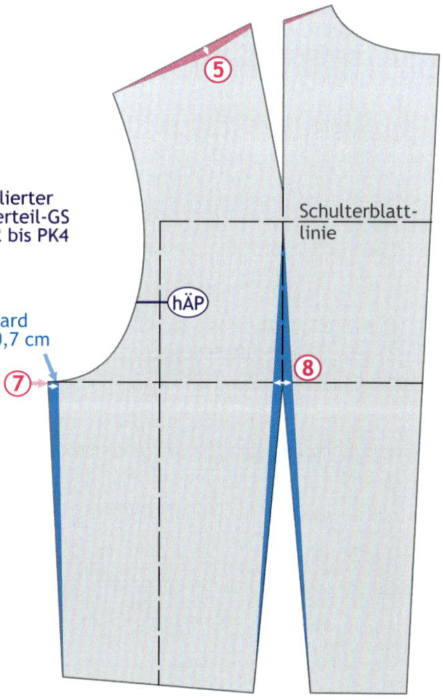

□5 Reduzierflächen am Rückteil

Infos zur Passformoptimierung

□3-5 Ab Seite 416 wird ein Verfahren für die Passformoptimierung an Ausschnitten vorgestellt. Dieses kann prinzipiell auch hier zur Anwendung kommen.

Bei der Schnittentwicklung zur Korsage wurde oben ein vereinfachtes Verfahren angewandt. Die Vergrößerung des Brustabnähers in □3 bei P1 entspricht ca. den Reduzierungen in □4 an P3 und P6, die Ausformung der Teilungsnaht unter der Brust der Reduzierung an P4. Am Rückteil entspricht die Reduzierung in □3 bei P3 ungefähr der Reduzierung in □4 bei P8.

Keine Berücksichtigung finden die Punkte P1, P2, P5 und P7. Bei P1 verbleibt der Hohlraum zwischen den Brüsten. Bei P2 sollte dort noch genügend Weite für das Hochdrücken der Brust (Pushen) gegeben sein. Da die Korsage nicht bis zur Schulter reicht, entfällt P5. Am **Grundschnitt** in **PK0** ist P7 bereits berücksichtigt.

2 Weitere Passformoptimierung

8 □**6** Bei einer größeren Brustrundung kann vorne ein seitlicher Taillenabnäher genäht werden. Entsprechend wird der Taillenabnäher unter der Brust verkleinert.

9 □**8** Um den Bereich zwischen den Brüsten nach innen zu formen, kann an der vM ein 1 bis 2 cm breiter Abnäher zum BrP gezeichnet werden. Dies entspricht der Reduzierung in □**3** bei P1.

Bei drapierten Korsagen wird dieser Abnäher nur im „Innenleben" genäht.

10 Der Abnäher kann auch am Schnitt zugelegt werden. Dann wird die vM ausgeformt und als Naht genäht.

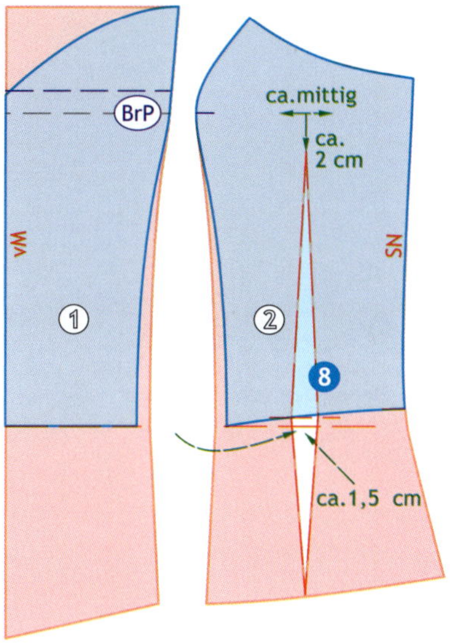

□6 Rosa: Korsage von □3 mit einem weiteren, die seitliche Brust formenden Taillenabnäher. Violett: Modellschnitt einer taillenkurzen Korsage

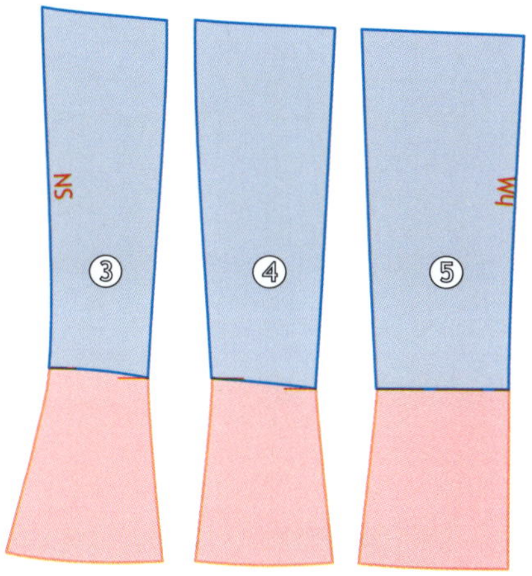

□7 Rückteil in drei Schnittteilen, ideal für die Verarbeitung mit Stäbchen

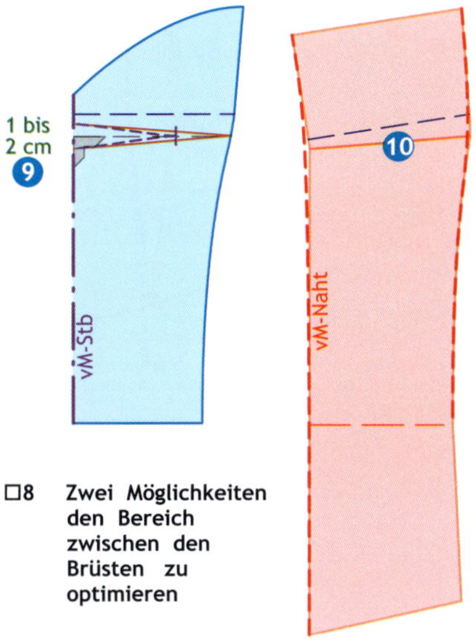

□8 Zwei Möglichkeiten den Bereich zwischen den Brüsten zu optimieren

3 Ausformen der Taillenkante

11 □**9** Alle Schnittteile an den **unteren** 3 cm der Nähte aneinander legen (kleben oder stecken).

12 Die Taillenkante oder Taillennaht in einer schönen Kurve neu formen.

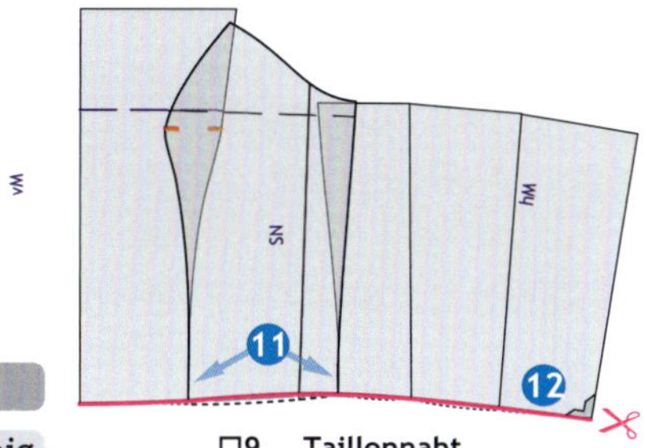

□9 Taillennaht ausgleichen

4 Formen der Ausschnittkante

13 □**10** Alle Schnittteile an den **oberen** 3 cm der Nähte aneinander legen (kleben oder stecken) und beim Vorderteil passend am Brustpunkt.

14 Die Nahtlängen der Teilungsnähte über dem BrP müssen identisch sein.

15 Die Ausschnittkante neu formen.

16 Alternativ sind hier ein tiefer Rückenausschnitt und ein herzförmiges Dekolleté eingezeichnet.

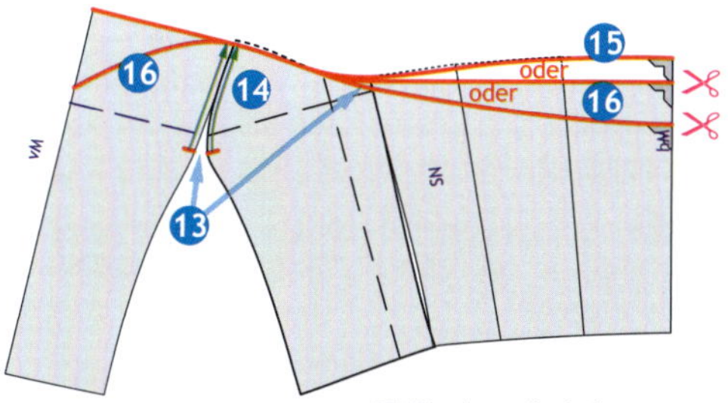

□10 Ausschnittkante ausgleichen

Gestaltungsalternativen

Die Korsagen-Schnittteile können beliebig durch Teilungsnähte unterteilt werden.

Wenn das Rückteil zu breit erscheint, kann es mehrfach unterteilt werden, ebenso das Vorderteil.

Wichtig für ein fehlerloses Zusammensetzen der Schnittteile ist eine gute Beschriftung und Nummerierung der Schnittteile.

Der Fadenlauf des Innenlebens ist immer gerade. Der schmückende Oberstoff kann auch im schrägen FL zugeschnitten werden.

Verschlüsse an Korsagen

Die Verschlussposition an Korsagen kann an der hinteren Mitte, der vorderen Mitte oder an der Seitennaht sein.

Zur Verwendung kommen gerne **Schnürungen** wie an Korsetts oder Miedern. Einfacher zu verarbeiten sind **Reißverschlüsse**. Knopfverschlüsse und Druckknöpfe sind weniger stabil und kommen bei Korsagen kaum zur Anwendung. Sehr stabil sind dagegen **Haken und Ösen** an speziell vorgefertigten Bändern oder Metallleisten.

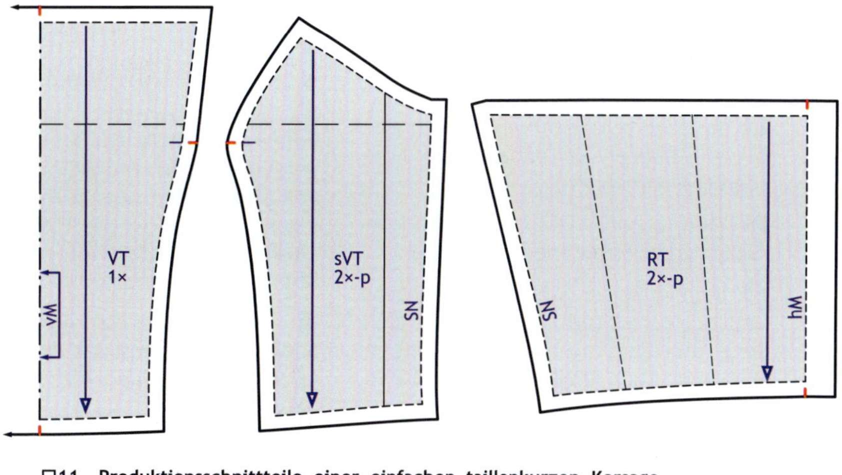

□11 Produktionsschnittteile einer einfachen taillenkurzen Korsage

Miederkorsage (1)

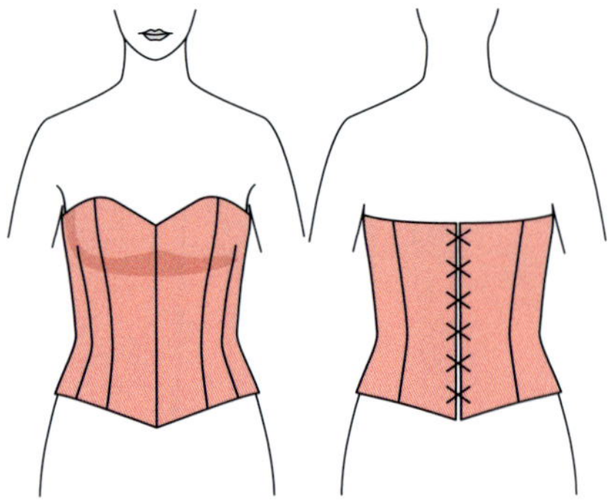

□1 Mieder-Korsage

Die taillenabwärts verlängerte Miederkorsage wird oft separat zu einem Rock oder auch einer Hose getragen. Die Schnürung an der hM ermöglicht die Anpassung an Brust- und Taillenweite. Ein seitlicher Taillenabnäher verhilft zu einer ausgewogeneren Taillierung bei einem großen Busen.

Verwendet wird der taillierte Oberteil-GS oder der Korsagen-GS der **Passformklasse 0 bis 1** von Seite 196.

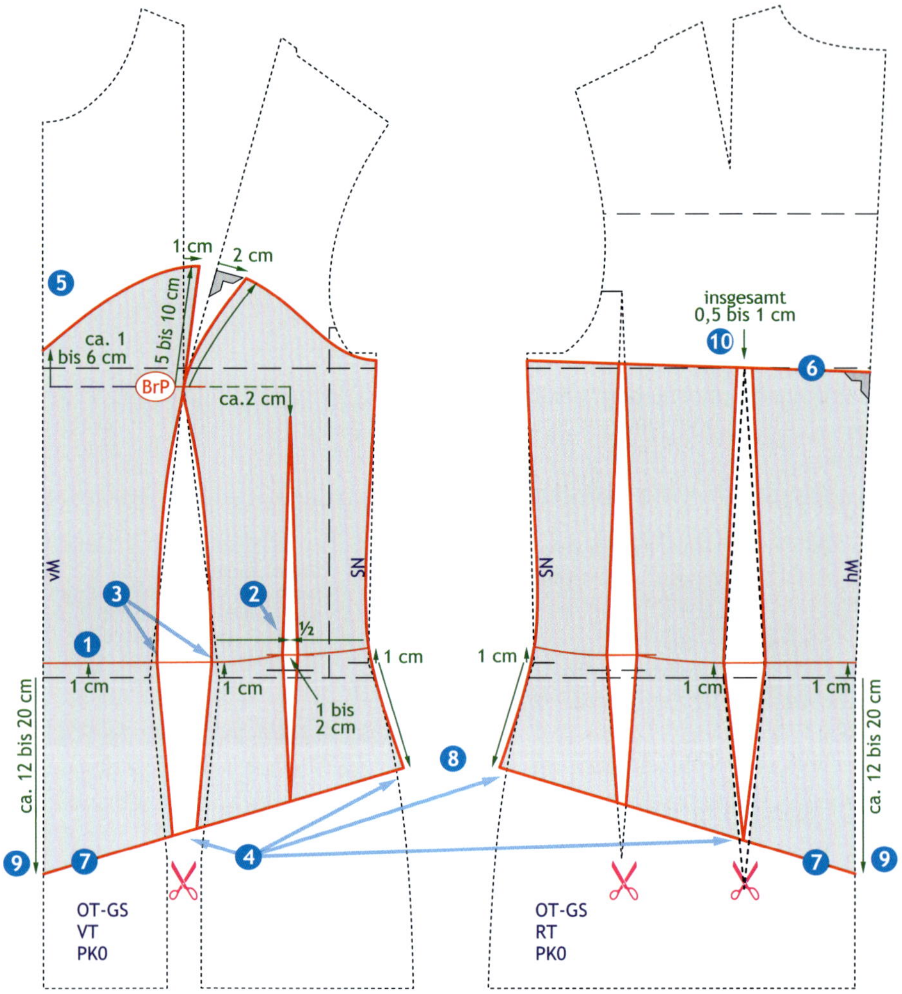

□2 Modellentwicklung RT mit drei Teilen

2 Modellentwicklung

1 **□2** Die Taillenlinie und die Taillennähte um 1 bis 2 cm erhöhen.

2 Bei einer großen Brust kann ein weiterer Abnäher ins VT gezeichnet werden. Die Breite kann bis zu 2 cm betragen.

3 Entsprechend sollte der Taillenabnäher um diesen Betrag reduziert werden.

4 Den Saum an der SN und den Abnähern etwas erweitern.

5 Den herzförmigen Ausschnitt am VT gestalten. Man beachte die Ausschnittreduzierung wie auf Seite 304, **□3+4** beschrieben.

6 Im Rückteil rechtwinklig von der hM zur oberen Seitennaht den Ausschnitt einzeichnen.

7 Den unteren Kantenverlauf zunächst gerade zeichnen.

8 An der Seitennaht ist die Korsage deutlich kürzer (um ca. 4 bis 10 cm kürzer). Allerdings muss die Korsage einen Rockbund auch bei Körper-bewegungen gut verdecken.

9 Die vordere und hintere Spitze liegt ca. 12 bis 20 cm unter der Taille.

2 Abnähergestaltung am Rückteil

10 **□2** Die obere Ausschnittkante um ca. 0,5 bis 1 cm reduzieren.

11 **□3** **Alternativ** können auch die beiden Abnäher im RT zusammengefasst werden. Die Schnittteile trennen und an den Abnähern aneinander legen. **Dabei muss die Taillenhöhe an allen drei Schnittteilen unbedingt übereinstimmen.**

12 Die entstehenden Abnäherinhalte addieren (hellgrau) und den Betrag auf einen Abnäher in der Mitte und an die hM verteilen.

13 Den Saum am Abnäher und an der hM erweitern.

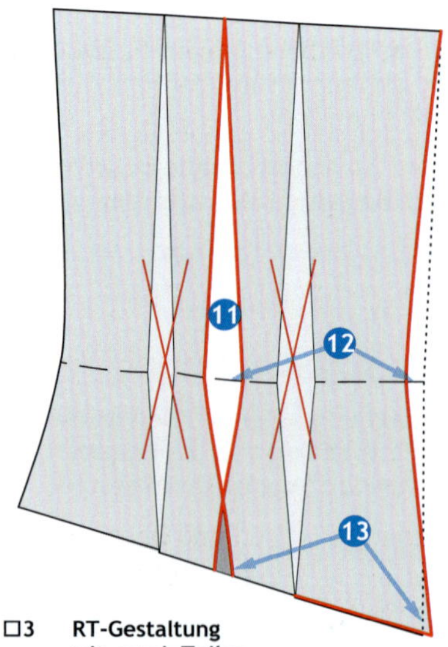

□3 RT-Gestaltung mit zwei Teilen

3 Ausschnittkante und Saumkante formen

14 □4 Alle Schnittteile an den **oberen und unteren** 3 cm der Nähte aneinander legen. **An der Taille bzw. am Brustpunkt müssen die Schnitt-teile exakt in der Höhe aneinander passen.**

15 Die Ausschnitt- und die Saumkanten in schönem Verlauf neu formen.

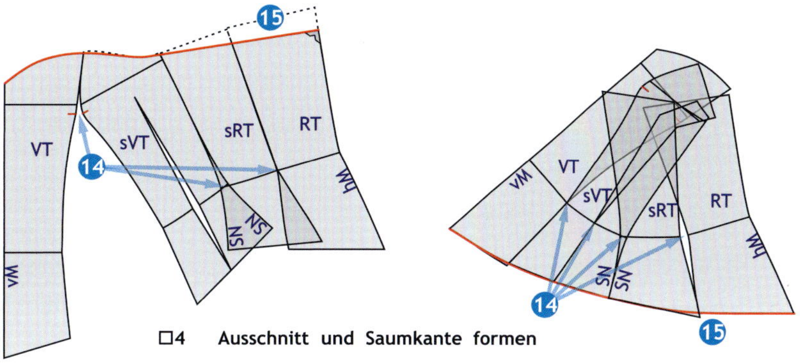

□4 Ausschnitt und Saumkante formen

4 Schnürung am RT

□6 Bei einer Schnürung am RT soll dort eine mehr oder weniger große Öffnung an der hM verbleiben. Die Weite der Korsage lässt sich dadurch besser regulieren.

16 Man kann hierzu an der hM ca. 0,5 bis 1,5 cm abtrennen, so dass sich eine Lücke von bis zu 3 cm öffnet.

17 Die gewünschte Anzahl Schnürlöcher ca. 1 cm von der Kante entfernt markieren. Je mehr Schnürlöcher, desto weniger Belastung entsteht an jedem einzelnen Schnürloch.

5 Untertritt-Teil

□6 Wenn gewünscht, kann unter der Schnürung ein Untertritt-Teil (UT) an eine Seite gearbeitet werden, damit man die Haut nicht durch die Schnürung sieht. Dadurch wäre auch ein unter der Korsage getragener Rock verdeckt.

18 Für das UT das fertige (mittlere) RT kopieren und eine Ansatznaht ca. 1 cm von den Schnürlöchern entfernt anzeichnen.

19 An der ursprünglichen hM das RT gespiegelt, jeweils oben und unten anlegen.

20 Dadurch wird der obere und untere Kantenverlauf sichtbar.

21 Die Breite des UT so einzeichnen, dass die Schnürkanten gut bedeckt sind. Die Abschlusskanten steil abschrägen, da die UT-Kante an der Taille noch durch Dehnen länger wird.

22 Das UT im schrägen FL zuschneiden, an der Taille dehnen und verstürzen und dann

23 an die Ansatznaht, zwischen hinterem Beleg und RT-Futter annähen.

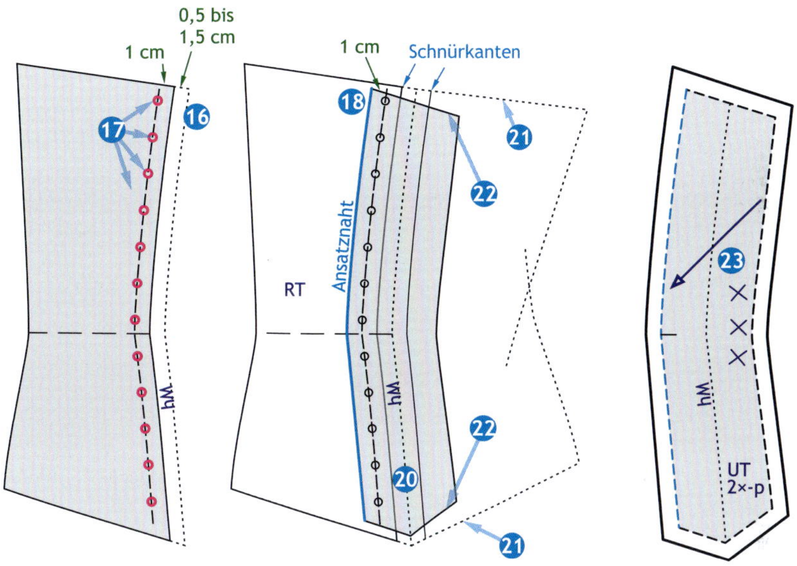

□6 Rückteil für Schnürung und Untertritt-Teil

6 Produktionsschnitt

□7 Es gibt die verschiedensten Varianten, Korsagen zu fertigen, wobei jede Variante eines speziellen Zuschnitts bedarf . Hier ist eine einfache Verarbeitungsvariante dargestellt.

Die grünen Flächen sind Oberstoff- und Futterflächen. Das Futter ist hier nicht separat dargestellt.

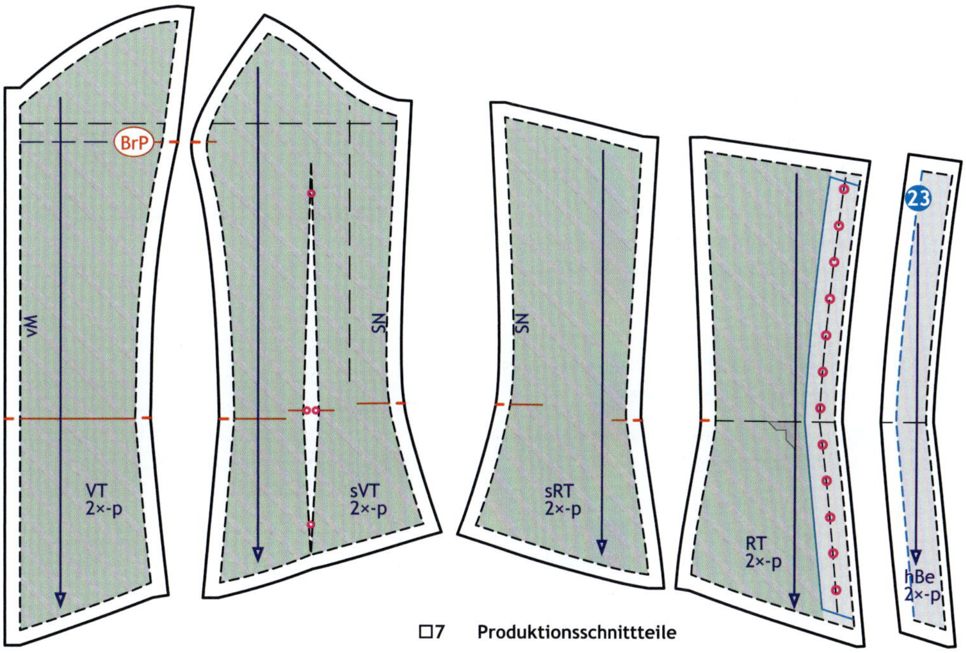

□7 Produktionsschnittteile

Klassische Weste (1)
Modellentwicklung

□1 Klassische Weste im Herrenstil (Gilet)

183
192

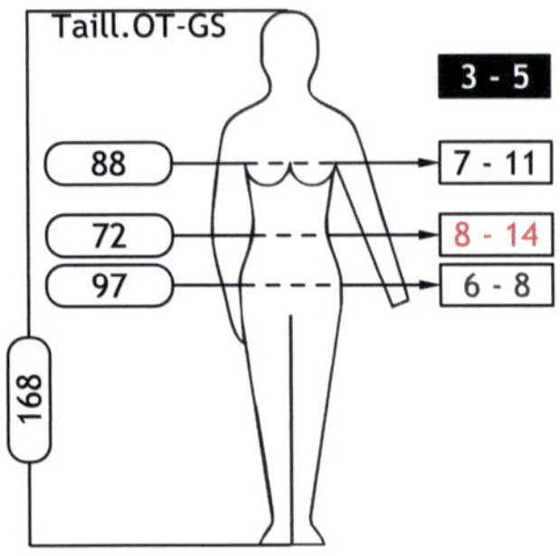

Der Grundschnitt für die Weste wird aus dem taillierten OT-GS mit den Zugaben der **Passformklasse 3 bis 5** entwickelt.

Eine Passform-Veränderung ist wegen der Funktion einer Weste dringend notwendig. Da unter der Weste gewöhnlich ein Hemd oder eine Bluse getragen wird, vertieft und verbreitert man an der Grundschnittkonstruktion das Armloch. Dadurch vergrößert sich, je nach gewünschter Bequemlichkeit, die Armlochtiefe und die Brustweite. Aus demselben Grund lockert man auch das Armloch entsprechend etwas auf.

Die gezeigte Vertiefung des Armlochs wird in dieser Form nur an Modellen ohne Ärmel vorgenommen.

Hier wird der Schulterabnäher am Grundschnitt entfernt. Dies geht allerdings auf diese Weise nur, wenn die hintere Mitte als Naht gefertigt wird (Variante siehe auch Seite 191)

Klassische Weste im Herrenstil

Dies ist eine klassische Weste im Herren-Stil. Sie wird von Damen zu Kostümen und Hosen-Anzügen getragen.

Man sieht einen typisch eckigen Kantenabstich vorne. Die Weste wird auf fünf Knöpfe geschlossen, hat eingeschnittene Taschen, einen Futterrücken und eine Lasche mit Schnalle an der hinteren Taille.

Optional können Westen auch mit vielen Kragenarten gestaltet werden. Im Trachtenstil hochgeschlossen mit Stehragen oder die K ellnerweste mit Schalkragen.

191

1 Passform-Veränderung am taillierten OT-GS

1 □2 Armlochvertiefung ür unter der Weste getragene Kleidung mit Ärmeln um 2 bis 5 cm.

2 Armlochverbreiterung, wenn notwendig, um höchstens ⅓ der Armlochvertiefung.

3 Armlochauflockerung vorne um 0 bis 2 cm, hinten um 0 bis 1 cm.

4 Verkleinerung bzw. Entfernen des Schulterabnähers am Rückteil (siehe Seite 191).

5 Den Restabnäher am Armloch wegschneiden und die Armlöcher und die Seitennaht neu formen.

6 Die Taillenweite kann dabei etwas vergrößert werden.

7 Die Hüftweite kann ebenfalls vergrößert werden; da eine Weste allerdings selten bis zur Hüfte geht, kann auch darauf verzichtet werden.

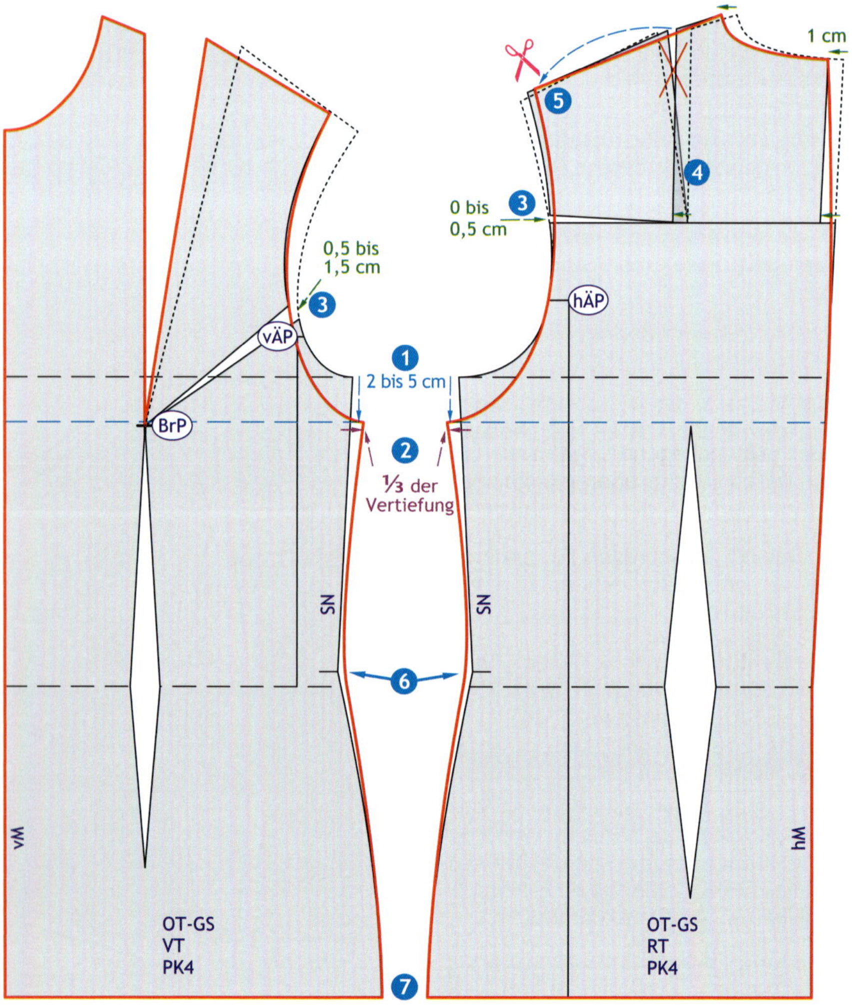

□2 Passform-Veränderung

Klassische Weste (2)
Produktionsschnitt

2 Modellentwicklung

8 □**3** Den Brustabnäher in den Saum verlegen.

9 Die Schulter am vorderen und hinteren Armloch identisch nach Wunsch verschmälern. Dabei ggf. die Einhalteweite an der hinteren Schulter kontrollieren.

10 Ein neues hinteres Halsloch mit einer Halslochverbreiterung von 1 bis 2 cm formen.

11 Knopfpositionen, bzw. Knopflöcher markieren.

12 Dazu passend einen Übertritt anzeichnen.

13 Eine gerade oder geschwungene Ausschnittkante mit derselben Halslochverbreiterung wie am Rückteil zeichnen.

14 Den vorderen Kantenabstich und den Saum formen.

15 Als Taschen kommen (Paspeltaschen (Seite 366), Leistentaschen (Seite 369) oder Pattentaschen (Seite 368) in Frage. Die Position ungefähr parallel zum Saum einzeichnen (**□4**). Die Länge der Tasche ist ca. 9 bis 12 cm. Aufgesetzte Taschen (Seite 357) sind ebenso möglich.

16 Hinteren Taillenabnäher ggf. etwas zur Seite verschieben und beide Abnäher formen.

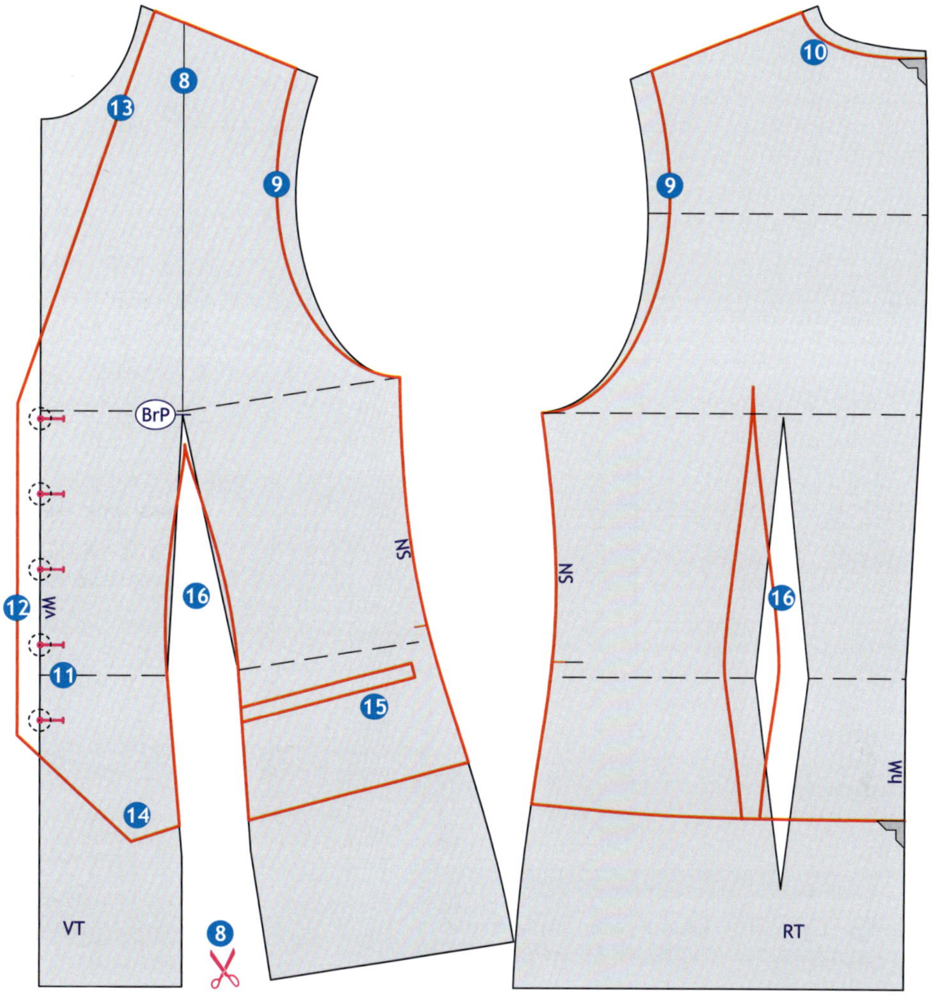

□3 **Modellentwicklung**

17 Am fertigen Vorderteil kann der Ausschnitt anliegender geformt werden. Dazu wird zum oberen Amloch eingeschnitten und die Ausschnittweite um ca. 0,5 bis 1 cm reduziert. Dies entspricht ca. der Reduzierung auf Seite 416.

17a Alternativ kann bei starkem Busen der Einschnitt auch zum Brustpunkt erfolgen. Durch diese Reduzierungen der Ausschnittweite verhindert man das Abstehen der Kante im unteren Ausschnittbereich.

Anschließend den Ausschnitt und das Armloch neu formen.

18 Den Saumübergang am hinteren Abnäher rechtwinklig formen.

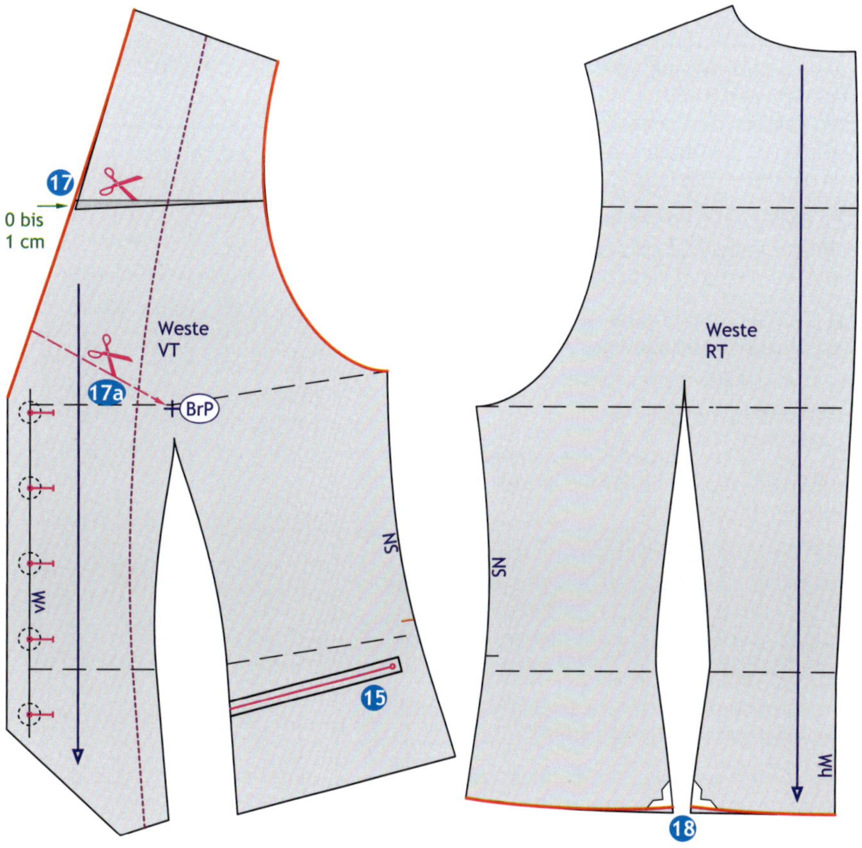

□4 **Modellschnitt**

416
366

Klassische Weste (3)
Belege und Futter

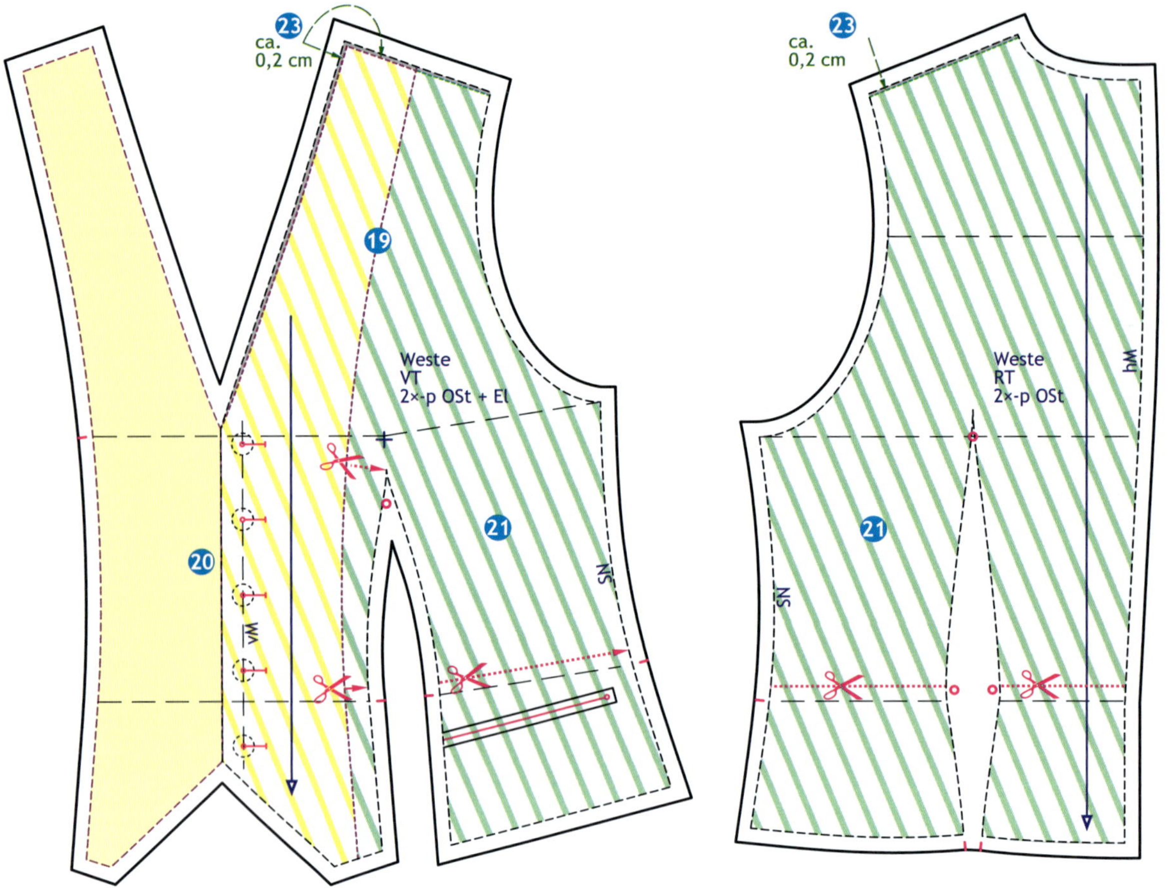

□5 Produktionsschnitt der Oberstoffteile.
Hier dargestellt mit der grün schraffierten Fläche für das Futter sowie den Einschnitten für die Mehrlänge am Futter

3 Entwicklung Produktionsschnitt

(19) □5 Belegnaht wie skizziert einzeichnen. Ausschnitt und Abstich werden somit verstürzt (Gelb).

(20) Den Beleg spiegeln und an die vordere Kante anschneiden.

(21) Die restliche Modellschnittfläche wird mit Futter (Grün) verstürzt.

(22) Das Futter erhält durch Öffnen ca. 1 cm Länge **an der schmalsten Stelle des Schnitts.** Dadurch verhindert man das Hervorschauen des Futters an Saum und Armlöchern. Die Mehrlänge verhindert ein zu kurzes Futter, das dann den Oberstoff hoch ziehen könnte.

(23) Beleg und Futter an Schulter und Ausschnitt um ca. 0,2 cm reduzieren. Das Futter am Armloch nicht reduzieren.

(24) Der Taillenabnäher am Futter wird eingeschnitten und zugelegt.

(25) An beiden Taillenabnähern wird etwas Weite ins Futter gegeben

(26) Das Futter an der Belegnaht ggf. etwas einhalten. Restliche Weite an der Brust als Fältchen legen.

Die **Fertigungsvarianten** von Westen sind vielfältig. Hier mit einem angeschnittenen Beleg und einem Futter, mit dem die Armlöcher, der Saum und das hintere Halsloch verstürzt sind.

Die **Lasche mit Schnalle** am Rückteil dient der Weitenverstellung an der Taille.

Als **Tasche** werden häufig eingeschnittene Taschen gewählt. Gerne wird auch eine zusätzliche Brustleistentasche (Seite 368) gearbeitet.

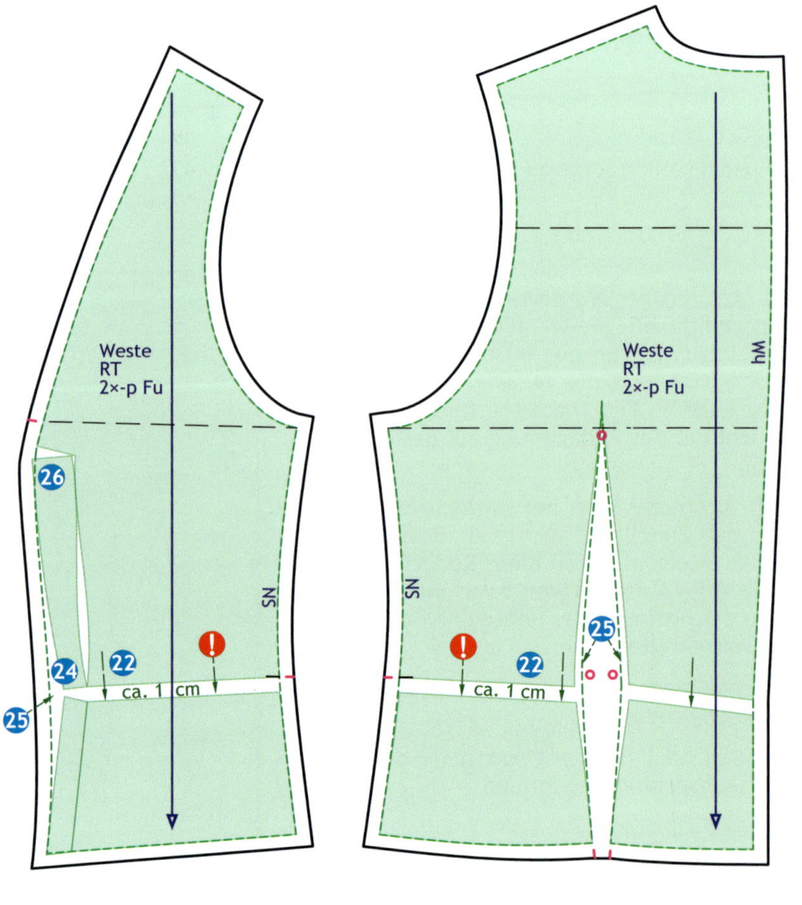

□6 Entwicklung und Produktionsschnitt der Futterteile

Übersicht Jacken und Mantel

☐1 Einfache Jacke, Janker

☐2 Einreihiger Blazer

☐3 Zweireihiger Blazer

☐4 Mantel mit Schalkragen

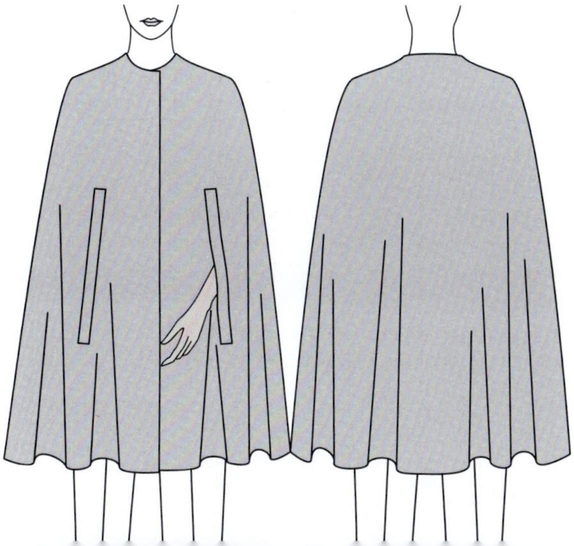

☐5 Cape

Einfache Jacke (1)
Modellentwicklung und Stehkragen

183
185
186
192

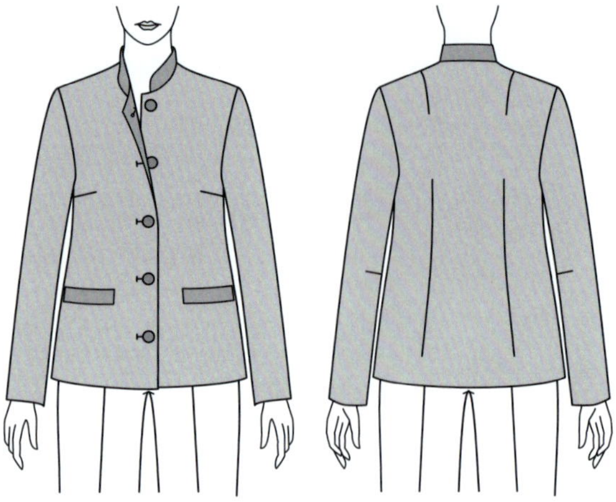

□1 Einfache Jacke, Janker

Grundlage für dieses Jackenmodell kann ein legerer oder ein taillierter Oberteil-Grundschnitt der **Passformklasse 5 bis 7** mit oder ohne Brustabnäher sein (siehe Seite 183 bis 192).

Die leicht taillierte Jacke im Jankerstil mit Brustabnähern aus der Seitennaht hat einen anliegenden Stehkragen sowie versenkte Leistentaschen. Die Ärmel haben eine hohe Kugel und Abnäher zur Ärmelnaht.

Die Jacke hat einen angeschnittenen Vorderteilbeleg, einen Rückteilbeleg, Jackenfutter und eine Innentasche im Futter. Schulterpolster werden hier keine verwendet.

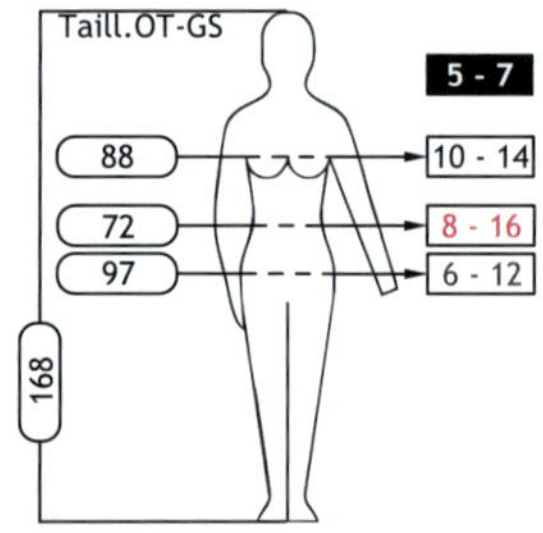

□2 Passform-Piktogramm mit üblichen Weitenzugaben.

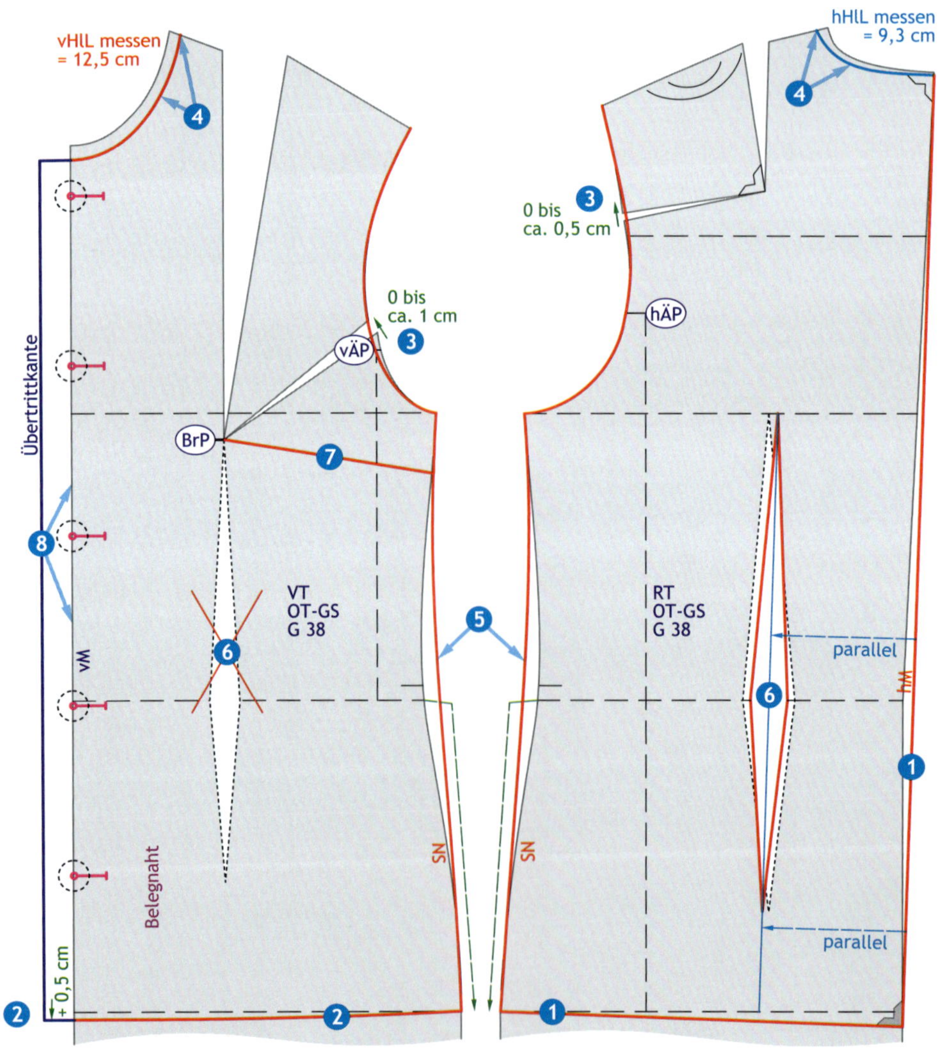

□3 Modellentwicklung

1 Modellentwicklung

1 □3 hM begradigen und den neuen Saum zur SN hin abwinkeln.

2 Vordere Saumlänge 0,5 cm länger als an der SN, den Saum formen.

3 Armlochauflockerungen vorne und hinten, Armlöcher neu formen (Ärmelanpassung auf Seite 217).

4 Eine Halslochverbreiterung an den Schultern um ca. 0,5 bis 1 cm. Halslöcher neu formen und messen.

5 Seitennähte mit Taillenerweiterung neu formen.

6 Taillenweite durch Streichen des vorderen und Reduzieren des hinteren Taillenabnähers vergrößern. Hinteren Taillenabnäher parallel zur hM neigen.

7 BrAb neu positionieren.

8 Knöpfe und Knopflöcher an die vM positionieren und entsprechend der Knopfgröße die Übertrittkante anzeichnen.

293

2 Die Konstruktion des S-förmigen Stehkragens siehe Seite 293:

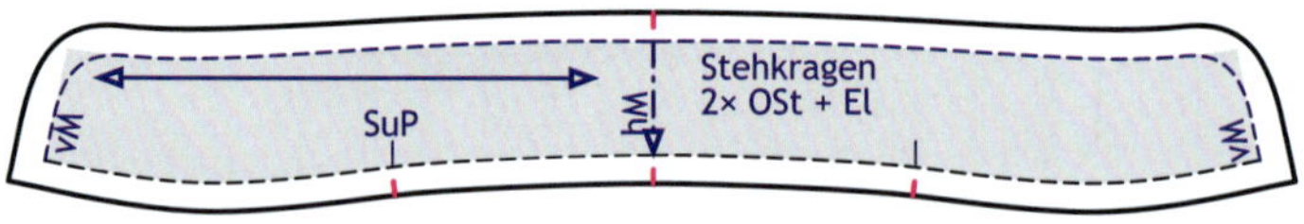

□4 Produktionsschnitt S-förmiger Stehkragen, vorne anliegend, ohne Übertritt

3 Belegkonstruktion

❾ □5 BrAb in die Seitennaht verlegen und um ca. 2 bis 3 cm kürzen.

❿ Belegnähte im VT und im RT formen. Hinteren Beleg kopieren und zur Kontrolle des Nahtübergangs an die vordere Schulter anlegen.

⓫ Vorderen Beleg spiegeln und an die vordere Kante anschneiden.

4 Taschenkonstruktion

⓬ □5+6 Leiste der Tasche positionieren und

⓭ Taschenbeutelgröße einzeichnen.

⓮ Die Tiefe des Taschenspiegels (TSp) bestimmen.

⓯ Vorderen Taschenbeutel (vTb) bis zur (unteren) Leistenansatznaht und

⓰ hinteren Taschenbeutel (hTb) bis zur (oberen) Leistenkante kopieren.

⓱ Den hTb je nach Verarbeitung um 1 cm verlängern. Das entspricht 2× der Biesentiefe (0,5 cm), um die untere TSp-Naht darin zu versäubern.

⓲ Leiste an oberer Kante spiegeln.

An allen vier Schnittteilen NZg anzeichnen:

⓳ Je nach Verarbeitung die Hälfte der Leistenbreite oben anzeichnen.

⓴ Am TSp unten die Biesentiefe und

㉑ beide Tb seitlich und unten, TSp und Leiste nur seitlich mit 1 bis 1,5 cm NZg versehen.

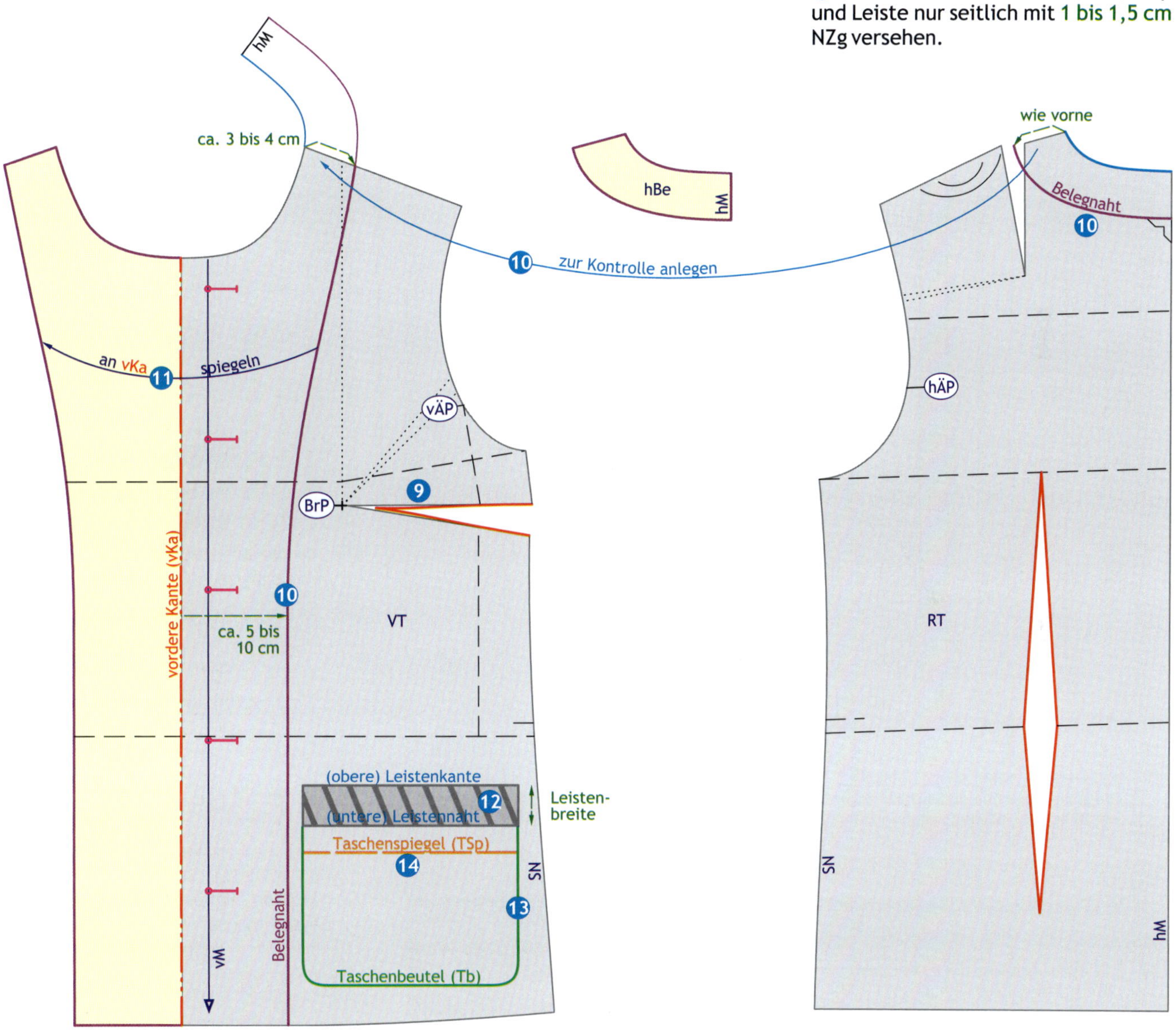

□5 Rumpfteile, Belege und Tasche

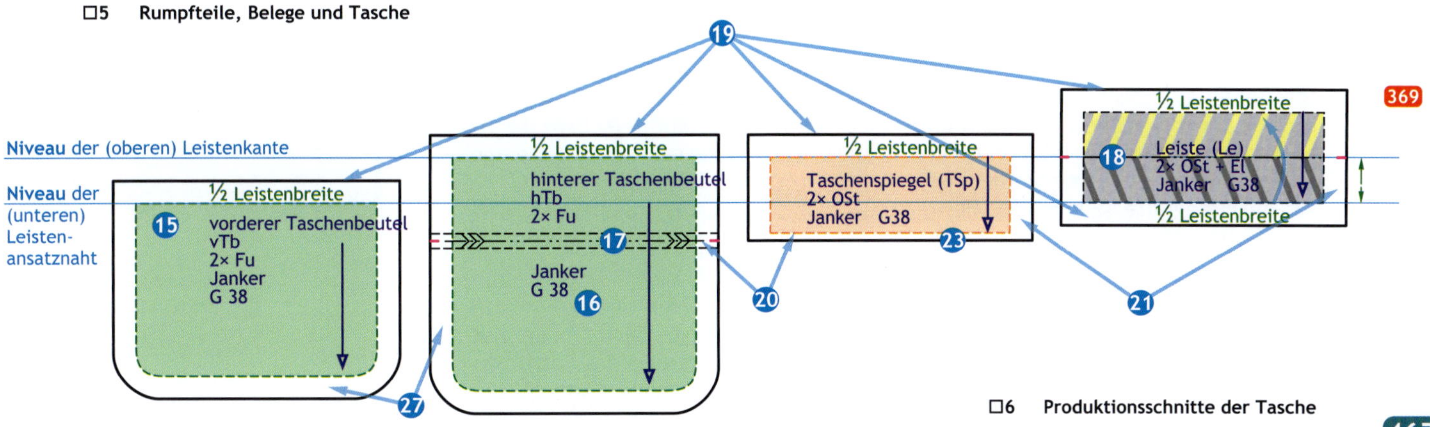

□6 Produktionsschnitte der Tasche

Einfache Jacke (3)

Futter-Entwicklung und Produktionsschnittteile für den Oberstoff

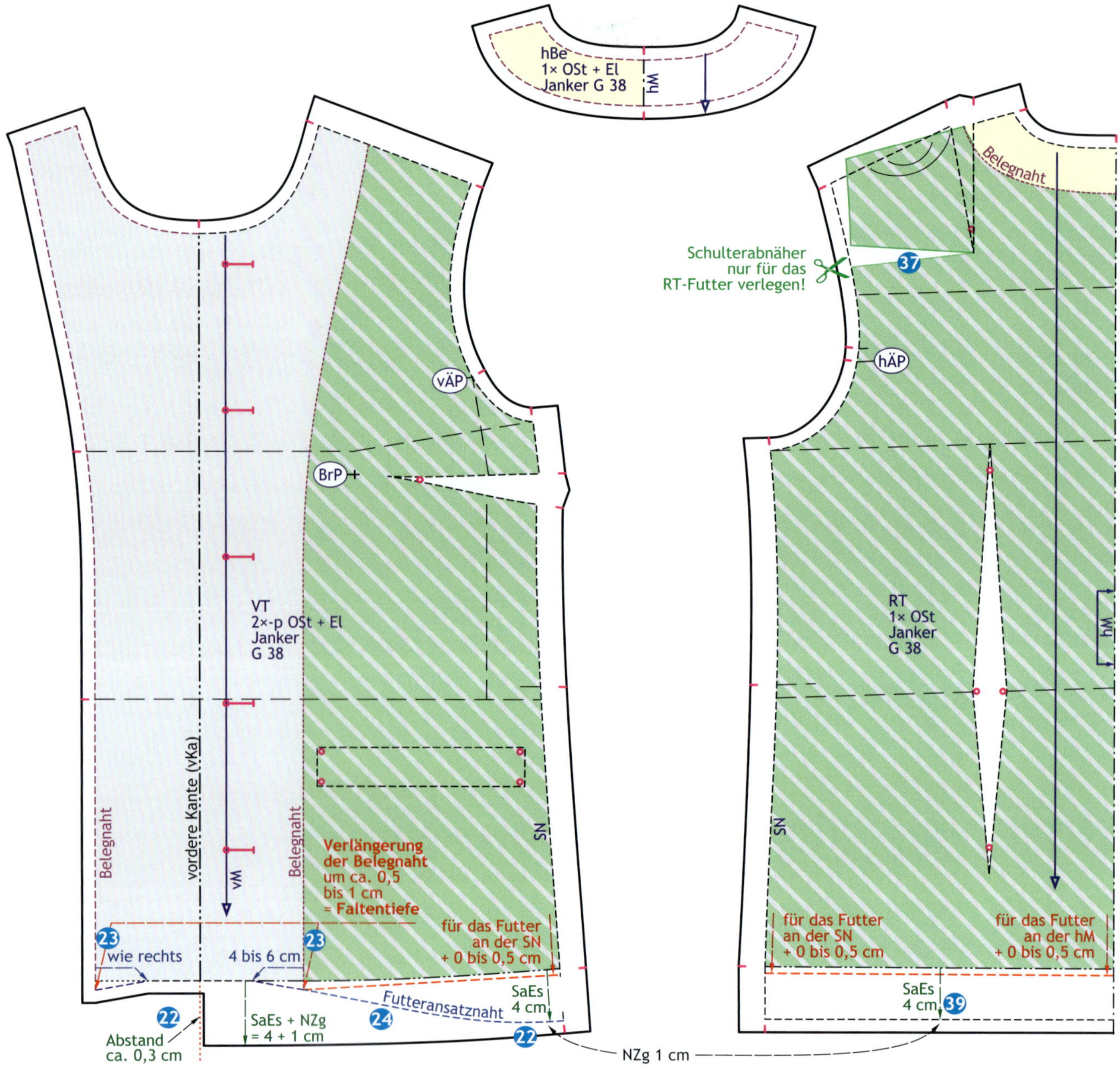

☐7 **Produktionsschnitt der Rumpfteile**
Die grün-schraffierten Flächen zeigen die benötigten Flächen für das Futter, die roten Nähte sind ebenfalls für das Futter.
Die Oberstoff-Flächen liegen in Grau darunter und sind durch die Nähte, Abnäher und die Schnittkonturen definiert.

5 Saumeinschlag und Nahtzugaben an Vorder- und Rückteil

☐7 Die hier abgebildete Variante ist geeignet für Modelle mit eckigem Kantenabstich und angeschnittenem Beleg.

22 Saumeinschlag 4 cm + 1 cm NZg parallel bis ca 0,3 cm vor die vordere Kante zeichnen.

23 Beide Belegnähte am VT sind bei einem längeren Modell um **1 cm** und bei einem kürzeren Modell um **0,5 cm** zu verlängern. So entsteht die Tiefe für die Belegfalte (Beginn der Bewegungsfalte) am Beleg.

24 Die Futteransatznaht wie dargestellt über die Verlängerung für die Belegfalte in sanfter Kurve zur SN formen.

NZg und Markierungen wie skizziert anzeichnen.

6 Vorderteilfutter

☐9 Das Vorderteil für das Futter ohne Saum und Beleg kopieren.

25 Durch das Hochschlagen des Saumeinschlags entsteht eine Futterfalte am Saum, wenn das ungekürzte Jackenfutter am Einschlag angenäht ist (siehe **☐8).**

26 **☐9** Brustabnäher zur Belegnaht verlegen. ZP ist jetzt die Abnäherspitze. Dadurch entsteht Mehrweite um die Brust. Der Restabnäher wird eingehalten oder als Falte gelegt.

27 Am Saum die Verlängerung für die Faltentiefe an der Belegnaht hinzugeben und je nach Modelllänge weitere ca. 0 bis 0,5 cm Mehrlänge (Einhalteweite) dazugeben, damit beim Ausdehnen des Oberstoffs das Futter den Oberstoff nicht nach oben anhebt.

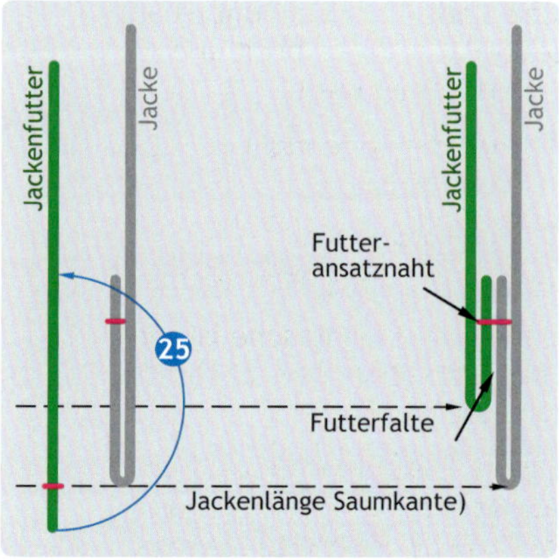

☐8 **Nahtdiagramm eines Jackensaums mit Futter**

Einfache Jacke (4)
Futter-Entwicklung und Futter-Innentasche

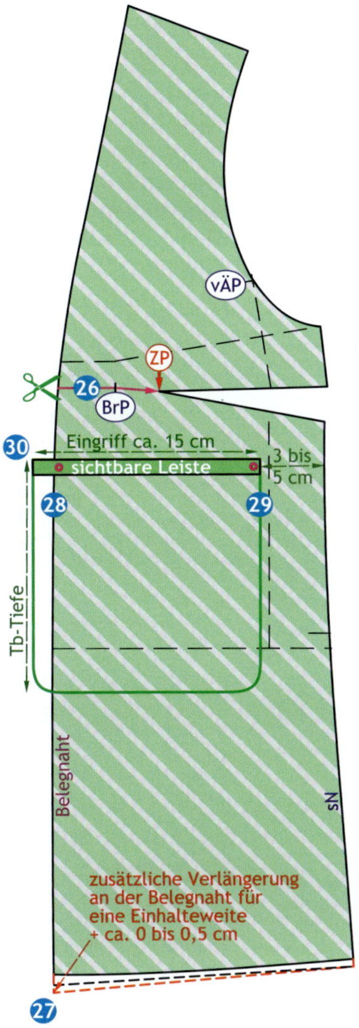

☐9 Vorderteilfutter entwickeln, Taschenposition

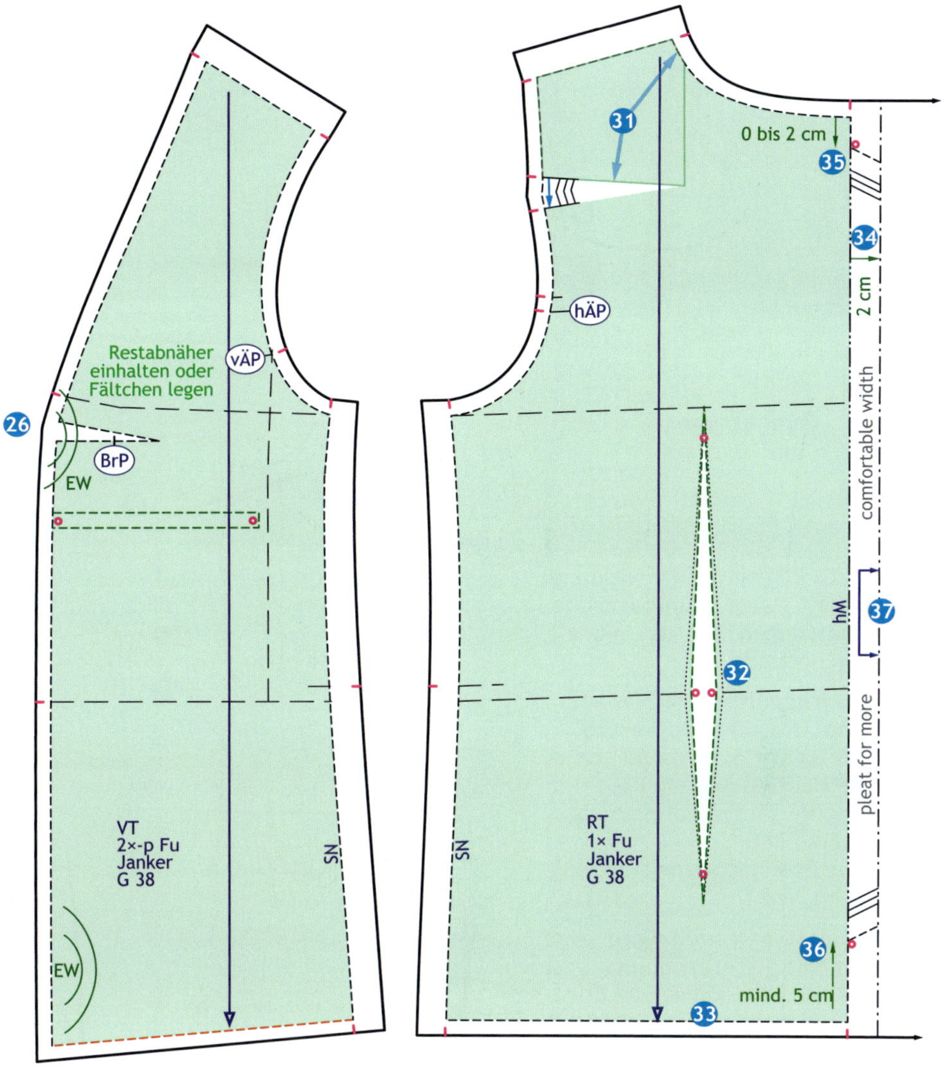

☐10 Produktionsschnitt des Rumpffutters

7 Innentasche

28 ☐**9** Die Maße der Innentasche sind: 4 bis 6 cm unterhalb des BrP, ca. 15 cm breit und ca. 2 cm tiefer als breit.

29 Von der Seitennaht ca. 3 bis 5 cm entfernt.

30 Die Tasche kann ca. 1 bis 3 cm über die Belegnaht reichen.

☐**11** Die Innentasche ist hier eine einfache Leistentasche komplett aus Futter.

Diese Taschenvariante kann auch sehr gut für Kleider, Blusen usw. verwendet werden, bei denen sich der Oberstoff gut für eine Taschenfertigung mit Taschenbeuteln aus Oberstoff eignet.

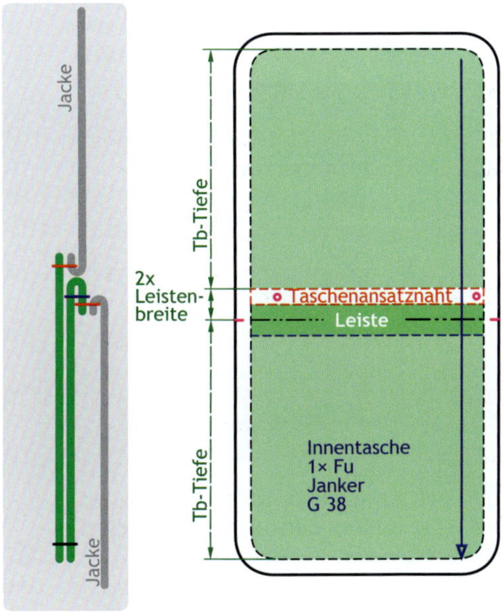

☐11 Nahtdiagramm und Produktionsschnitt für die Futter-Leistentasche

8 Rückteilfutter

31 ☐**7+10** Den Schulterabnäher ins Armloch verlegen und als Falte kennzeichnen.

32 Den Taillenabnäher für etwas Mehrweite an der Taille verkleinern.

33 ☐**10** Die Fläche des Rückteils ohne Saum und Belegfläche kopieren.

34 Eine Bewegungsfalte von 2 cm Tiefe an die hM anzeichnen.

35 Die Bewegungsfalte wird oben ca. 0 bis 2 cm zugesteppt, wenn am RT-Futter ein Beleg gearbeitet ist. Ohne RT-Beleg wird die Falte ca. 4 bis 6 cm zugesteppt.

36 Am Saum werden mind. 5 cm der Falte zugesteppt.

37 Das Rückteilfutter verläuft an der hM meistens ohne Naht. Hierzu muss der Produktionsschnitt an der Faltentiefe gespiegelt werden.

Einreihiger Blazer (1)
Modellentwicklung, Nähte, Taschen, Schlitz, vordere Kante

185
186

□1 Einreihiger Blazer

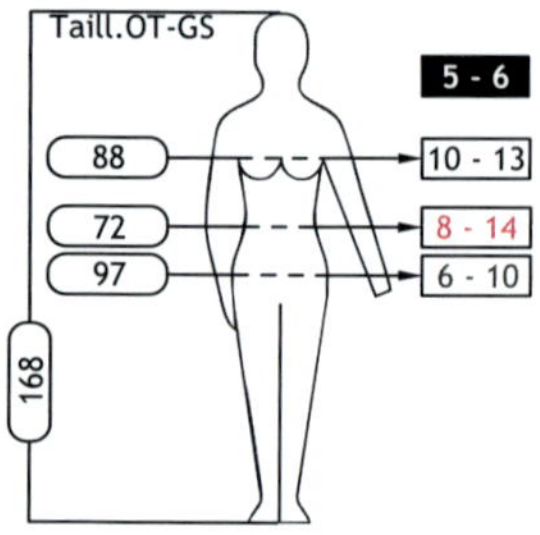

□2 Passform-Piktogramm mit üblichen Weitenzugaben.

Grundlage für dieses Jackenmodell ist ein taillierter Oberteil-Grundschnitt der **Passformklasse 5 bis 6** mit Brustabnäher (siehe Seite 185+186).

Blazer sind immer taillierte, eher klassische halblange Jacken mit Revers- oder Schalkragen. Hier ein Modell mit Wiener Nähten, Reverskragen mit fallendem Revers, Paspeltaschen, verdecktem Schlitz an der hM, Zweinaht-Ärmeln mit Zierknöpfen am imitierten Schlitz. Es werden Schulterpolster eingearbeitet.

1 Modellentwicklung

□7 Zu Beginn der Entwicklung werden einige **grundsätzliche Anpassungen für das Modell** vorgenommen:

- **Die Modelllänge** nach Wunsch
- **Eine Armlochauflockerung** (0 bis ca. 1,5 cm am VT, ca. die Hälfte davon am RT)
- **Eine Halslochverbreiterung** (0 bis 1 cm)
- **Eine Schulterpolstererhöhung** (0 bis 3 cm)

Bei diesem Modell wird eine Schulterpolstererhöhung erst nach der Behandlung von Brust- und Schulterabnäher vorgenommen. Armlochauflockerung und Halslochverbreiterung sind hier nicht vorgesehen.

1 **Die Modelllänge** an der hM festlegen und am hinteren Saum abwinkeln.

2 Die Länge der hinteren SN auf die vordere SN übertragen und den Saum zur vM zeichnen.

3 **Die Wiener Nähte** mit leichter Saumerweiterung im VT und RT nach Wunsch gestalten (siehe die Varianten ab Seite 382).

4 **Die Schulterabnäher** verlegen und passend zum Verlauf der Wiener Naht formen. Andere Formen sind natürlich möglich.

5 **Die Schulterpolstererhöhung** vornehmen (siehe auch Seiten 216 mit Ärmelanpassung).

6 **Die Schlitzlänge** an der hM und **den Schlitzeinschlag** von 3 bis 5 cm Breite anzeichnen. Je länger der Schlitz, desto breiter sollte der Einschlag sein.

7 **Taschenposition** sowie **Taschenlänge** und **Taschenbeutelform** ins VT zeichnen. Beide Paspeln zusammen in 1 cm Breite, Taschenspiegel ca.4 cm parallel zum Eingriff (siehe Seite 366).

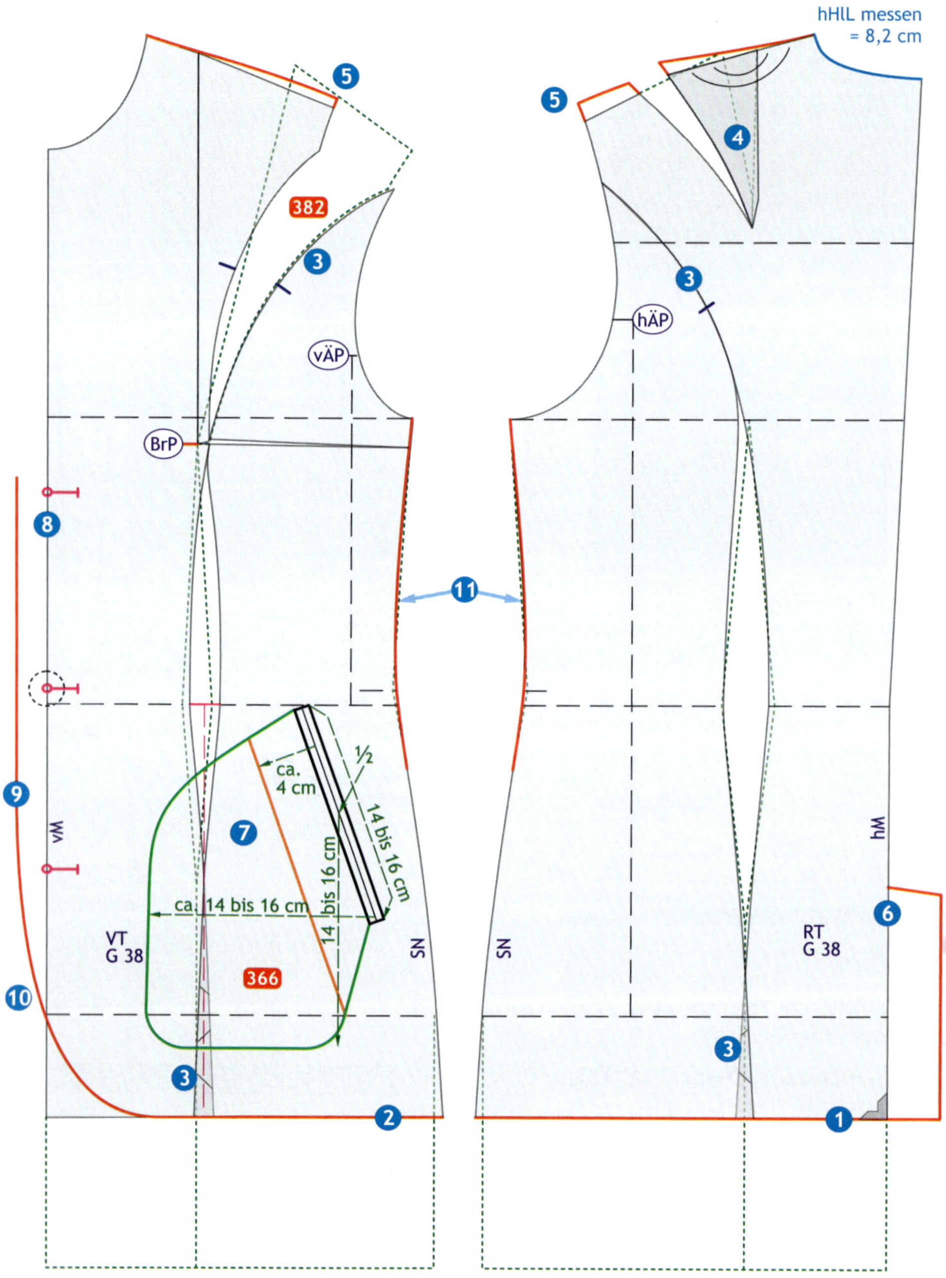

□3 Modellentwicklung

8 **Die Knopflochpositionen** an der vM bestimmen und alle Knopflöcher einzeichnen.

9 **Den Übertritt** entsprechend der geplanten Knopfgröße bis zum obersten Kopf zeichnen.
Die Übertrittbreite entspricht dem ½ Knopfdurchmesser + dem gewünschten Abstand zur Kante.

10 **Den Kantenabstich** hier rund nach der Vorgabe formen.

11 **Die Seitennaht** formen und dieselbe Weite wie an den Wiener Nähten am Saum hinzu geben (ausstellen).

Einreihiger Blazer (2)
VT-Beleg und Kragen

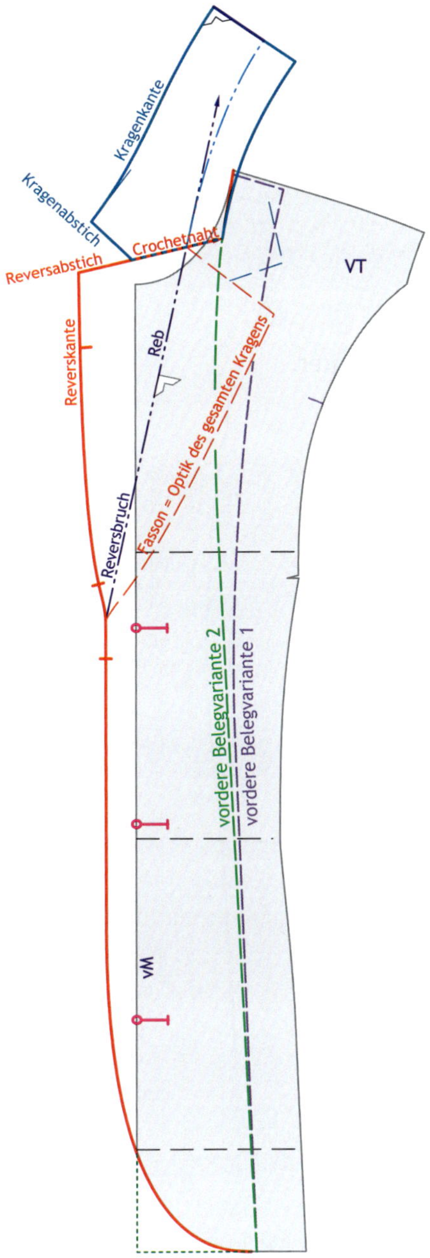

□4 Reverskragen-Konstruktion am VT

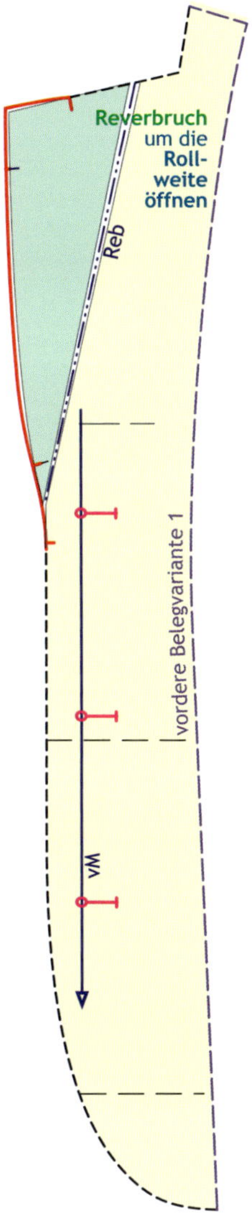

□5 Rollweite durch Öffnen am Reversbruch (hier am Beispiel von Belegvariante 1)

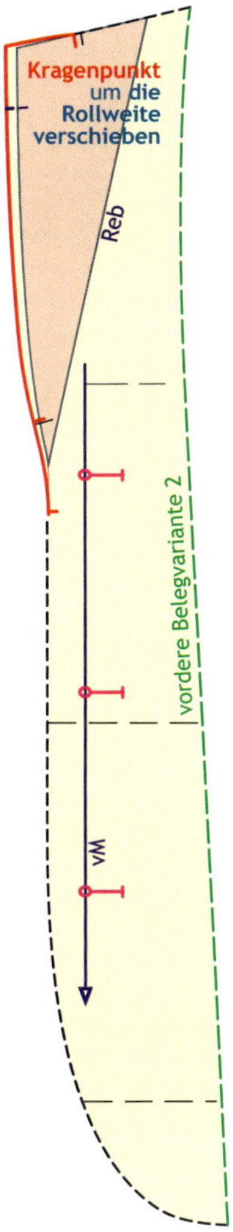

□6 Rollweite durch Anzeichnen
ist nur am VT-Beleg bei **fallendem Revers möglich,** wenn Crochetnaht und Reversabstich **in einer Geraden verlaufen.**
(hier am Beispiel von Belegvariante 2)

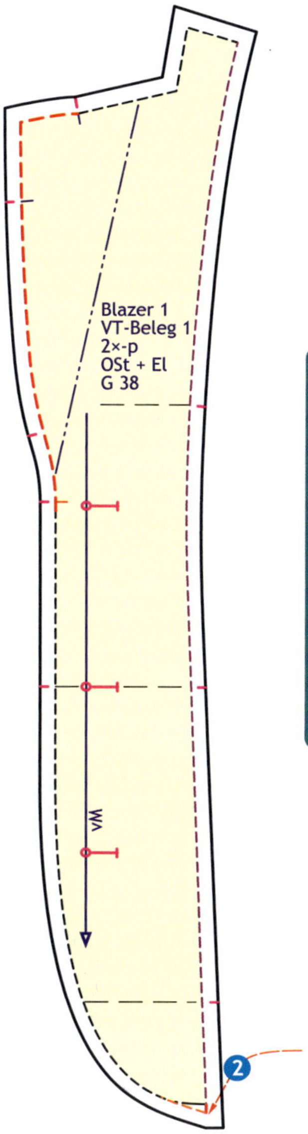

□7 Produktionsschnittteil vorderer Beleg
Verlängerung der Belegnaht um ca. 0,5 bis 1 cm **wie am VT = Faltentiefe** (siehe folgende Seite)

2 Die Konstruktion des Reverskragens siehe Seite 322

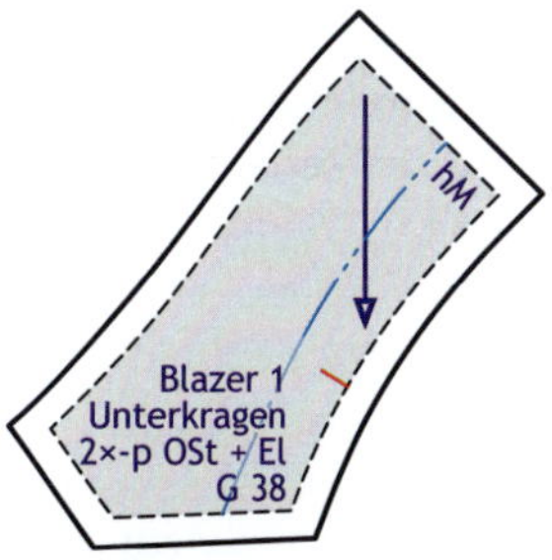

□8 Produktionsschnitt des Unterkragens
mit Naht an der hM und im schrägen Fadenlauf zuschneiden (45° zur hM). Der Strich verläuft in Richtung der Kragennaht, für den Fall, dass der Kragen hochgeschlagen wird.

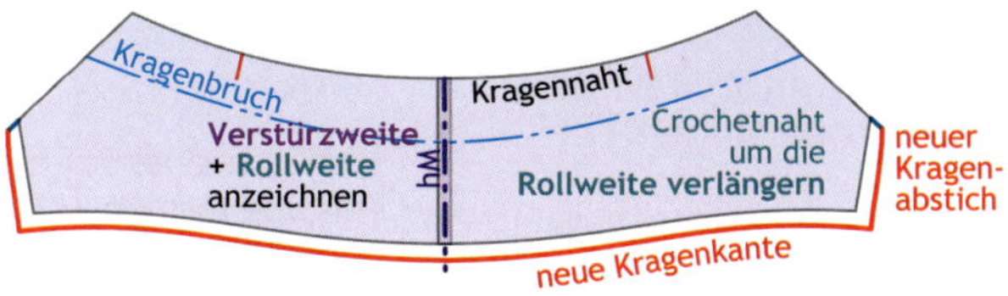

□9 Oberkragen mit Rollweite versehen, siehe Seite 324

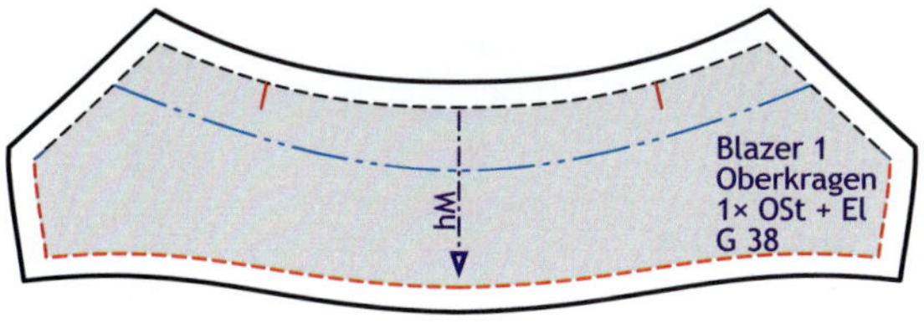

□10 Produktionsschnitt
Der Fadenlauf (Strich) verläuft in Richtung der Kragenkante nach unten (Strichverlauf wie am RT).

322

Einreihiger Blazer (3)
Saum formen, Produktionsschnitte der Rumpfteile aus Oberstoff

29

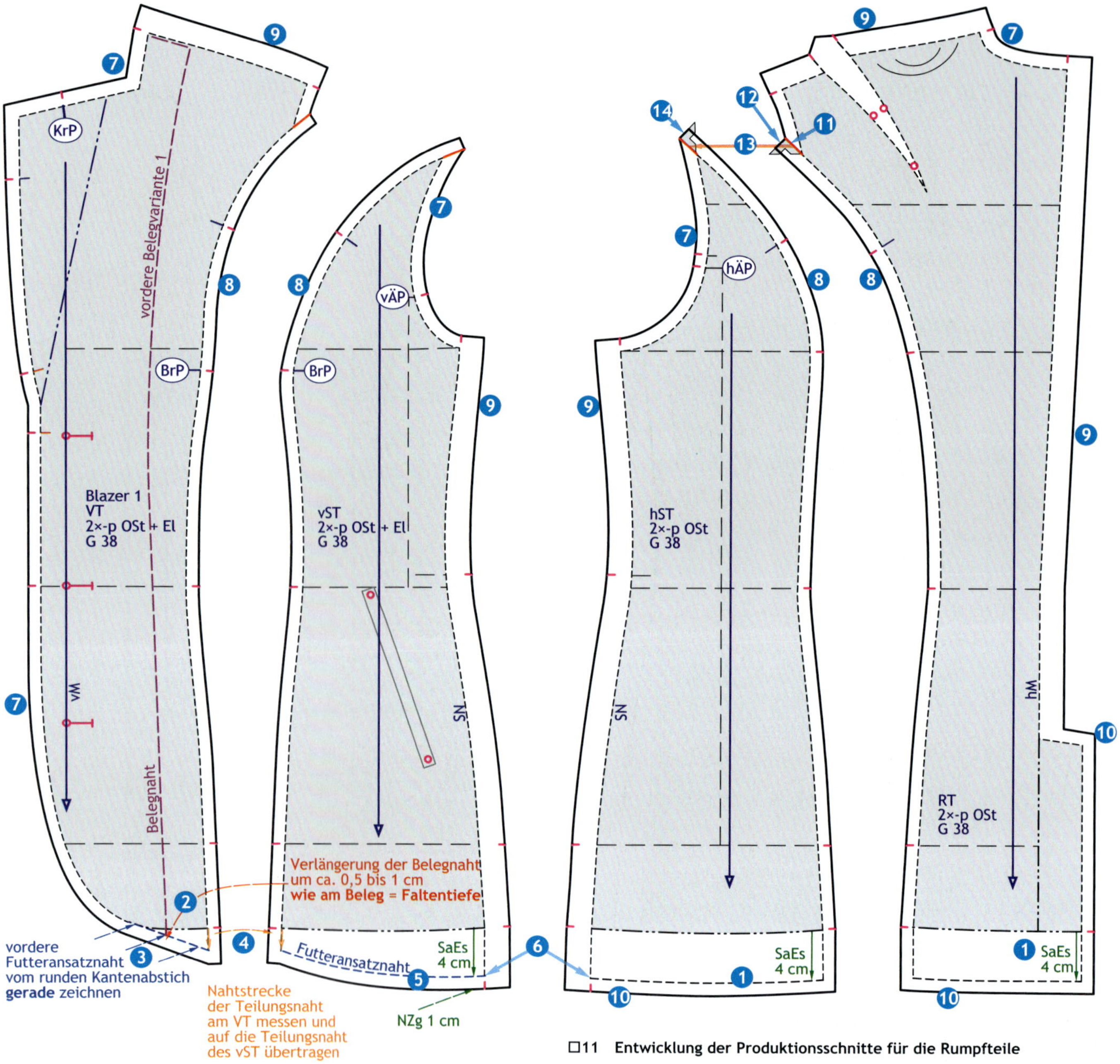

□11 **Entwicklung der Produktionsschnitte für die Rumpfteile**

4 Saumeinschläge (SaEs)

1. □11 Den Saumeinschlag parallel zum Saum anzeichnen.
2. Die Belegnaht am **VT** und am **Beleg** für eine Faltentiefe um ca. 0,5 bis 1 cm verlängern.
3. Die vordere Futteransatznaht vom runden Kantenabstich aus, gerade über die Verlängerung, zur Teilungsnaht (TN) zeichnen.
4. Die dort entstandene Nahtlänge der TN am VT ab dem Saum messen und auf die TN des vST übertragen.
5. Von dort die Futteransatznaht zur SN formen.
6. Bei leicht gerundeten Säumen die Saumbreite leicht einstellen.

5 Nahtzugaben (NZg), Knipse und Bohrlöcher

7. An allen Verstürznähte sowie Hals- und Armloch-Nähten 1 cm NZg anzeichnen.
8. An runde Teilungsnähte (z.B. Wiener Naht) kommen 1 bis 1,5 cm NZg hinzu.
9. Seiten-, Schulter- und hintere Mittel-Naht erhalten 1,5 bis 2,5 cm NZg.
10. Futteransatznähte an Säumen und Schlitzbelegen erhalten stets 1 cm NZg.

Alle wichtigen Knipse setzen.

Böhrlöcher an der Taschenposition und am runden Schulterabnäher setzen.

6 NZg-Abschluss an Nahtenden

11. (Siehe auch Seite 29) An spitzen Nahtenden z.B. von Armlöchern, wird am "stumpfen" Nahtwinkel, der Nahtverlauf bis zur Schnittkante verlängert.
12. Von dort abwinkeln und die NZg fertig zeichnen.
13. Diese verlängerte Nahtstrecke messen und auf das Teil mit dem spitzen Nahtwinkel exakt übertragen.
14. Wie am anderen Schnittteil abwinkeln und die NZg fertig zeichnen.

Einreihiger Blazer (4)
Futterentwicklung VT

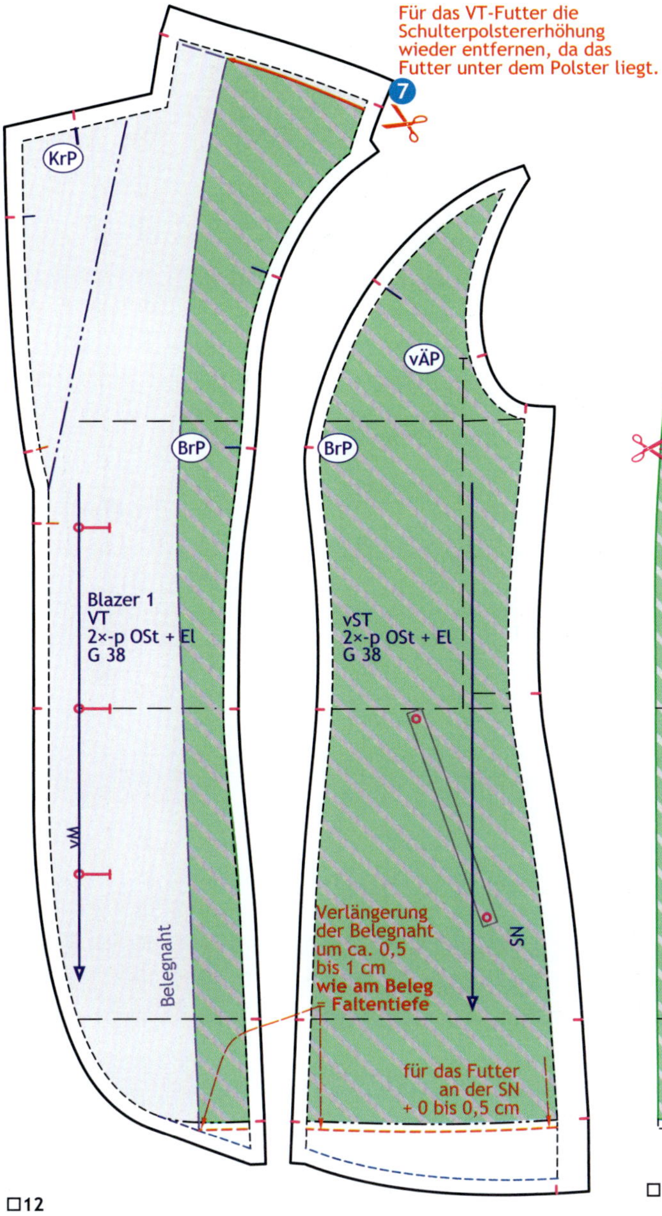

□12
Produktionsschnitt der vorderen Rumpfteile. Die grün-schraffierten Flächen zeigen die benötigten Flächen für das Futter, die roten Nähte sind ebenfalls für das Futter. Die Oberstoff-Flächen liegen in Grau darunter und sind durch die anderen Nähte, Abnäher und durch die Schnittkonturen definiert.

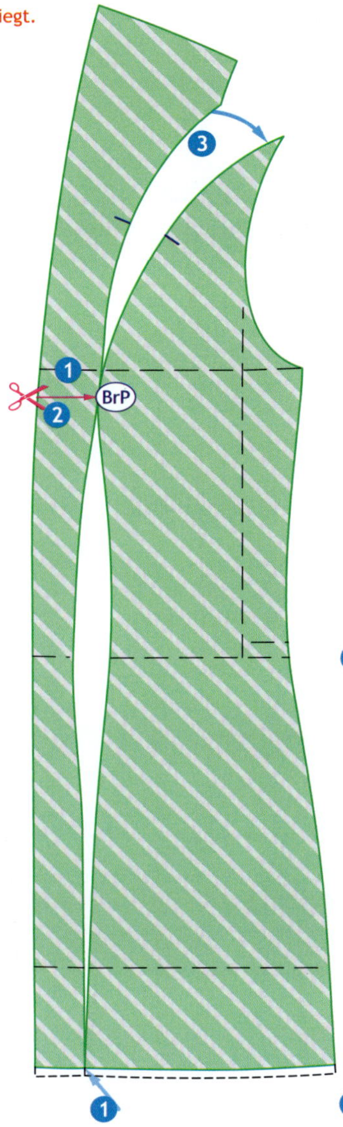

□13 Die grünen Futter-Schnittflächen für das VT-Futter an Saum und Brustpunkt schieben

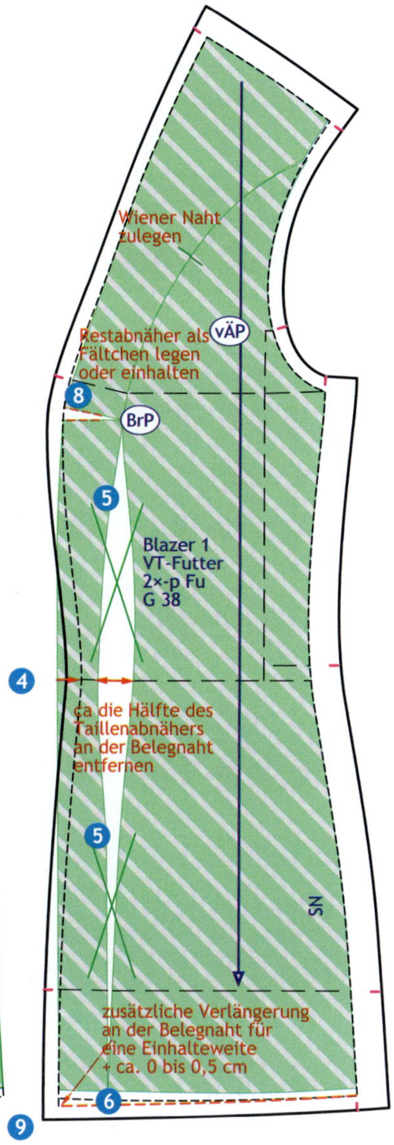

□14 Abnäher schließen und Belegnaht verlängern und formen

Jackenfutter

Das "Innenleben" eines hochwertig verarbeiteten Blazers besteht aus Einlagen, den Belegen, die aus Oberstoff gefertigt werden und aus dem Futter. Dieses wärmt, schützt, verdeckt die Innenverarbeitung der Jacke und erleichtert durch die Glätte des Materials das An- und Ausziehen.

Futterstoffe sind dünner und oft weniger belastbar als Oberstoffe. Das Futter ist an verschiedenen Stellen hoher Belastung ausgesetzt und muss dort Mehrlänge und Mehrweite erhalten.

Der Schnitt sollte unkompliziert sein, um rationell gefertigt werden zu können. Daher werden raffinierte Abnäher und Nähte nach Möglichkeit im Futter wieder zurück konstruiert.

7 Vorderteilfutter

□12 Aus den Oberstoff-Schnittteilen werden Beleg und Futter entwickelt. Die grünen Flächen sind Futterflächen. Da diese Schnittflächen eine ungünstige Form haben, werden sie für eine einfache Verarbeitung verändert.

1 □13 Schnittflächen an Brustpunkt und Saum aneinander legen.

2 Vorderes Schnittteil zum Brustpunkt einschneiden.

3 Obere Teilungsnaht zulegen.

4 Ca. ½ bis ⅔ des Taillenabnäher-Inhalts an die Belegnaht verschieben und diese neu formen.

5 Der alte Abnäher entfällt.

6 Die Belegnaht am Saum verlängern. Den Betrag verwenden, der auch am VT und am Beleg für die **Verlängerung** der vorderen Belegnaht (Belegfalte) verwendet wurde. Zusätzlich kommt eine **Mehrlänge** (zum Einhalten) hinzu.

Diese Mehrlänge wird am Futter eingehalten und ermöglicht es, sich mit dem Oberstoff an der Naht auszudehnen. Somit wird zusammen mit der Belegfalte am Saum verhindert, dass dort das Futter zu kurz wird.

7 □12 Die Schulterpolstererhöhung am Futter kann wieder entfernt werden, da das Futter unter dem Polster liegt.

8 □14 Der entstandene Brustabnäher wird entweder genäht oder besser als Falte gelegt oder auch bei geringer Größe eingehalten.

9 Die NZg an Belegnaht und Futteransatznaht sind 1 cm.

Ansonsten sind die NZg dieselben wie bei den Schnittteilen aus Oberstoff.

Einreihiger Blazer (5)
Futterentwicklung RT

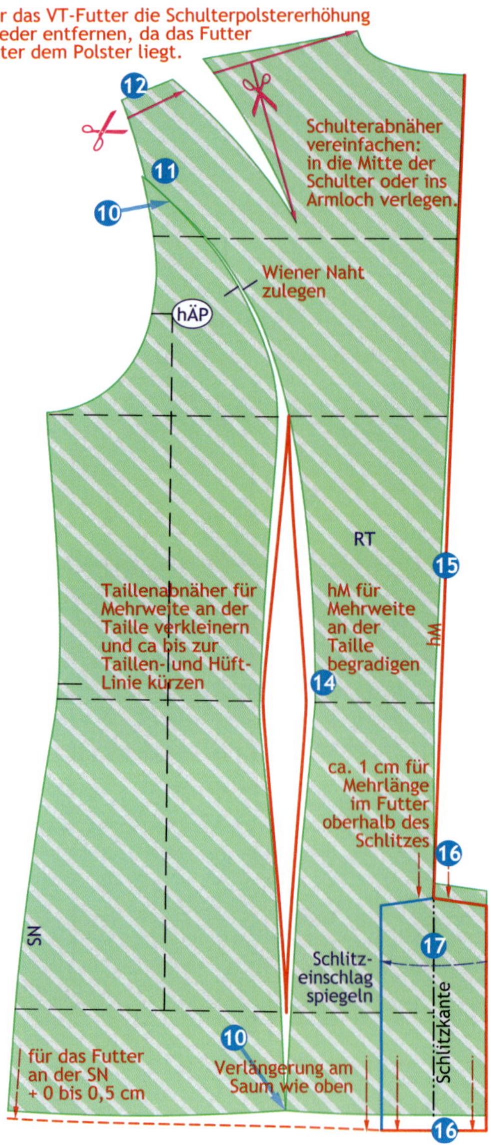

□15
Die Kopien der hinteren Rumpfteile aneinander legen.
Die grün-schraffierten Flächen zeigen die benötigten Flächen für das Futter, die roten Nähte sind ebenfalls für das Futter.
Die Oberstoff-Flächen liegen in Grau darunter und sind durch die Nähte, Abnäher und die Schnittkonturen definiert.

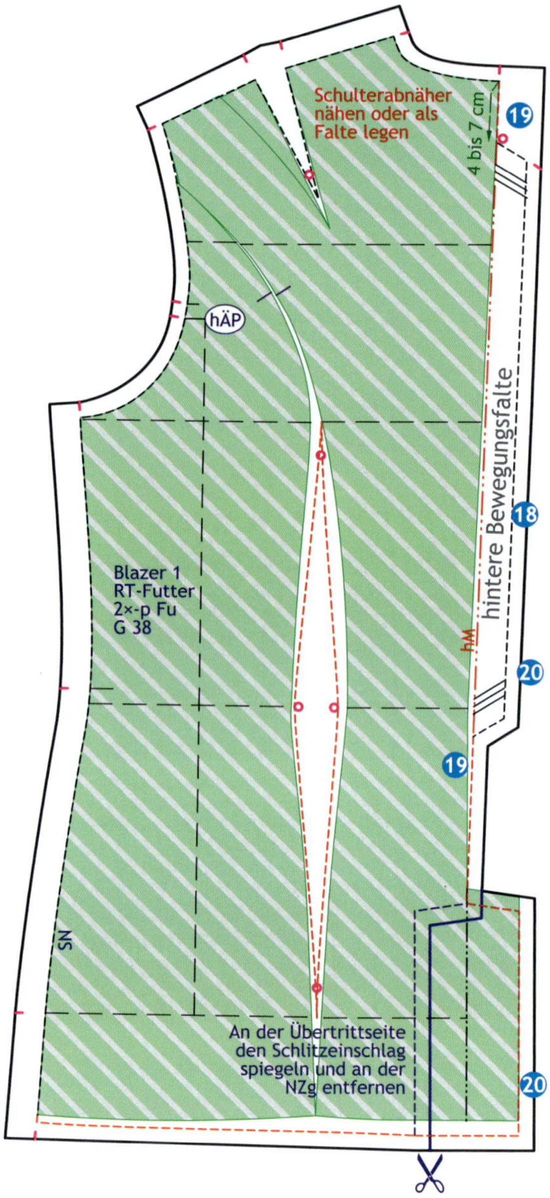

□16 Produktionsschnitt für den Einzel-Zuschnitt in doublierter Stofflage (An der Übertrittseite muss nach dem Zuschnitt die Futterfläche am Schlitz entlang der NZg noch zurückgeschnitten werden.)

8 Rückteilfutter zusammenfassen

Prinzipiell gibt es beim Rückteilfutter zwei Möglichkeiten der Schnittgestaltung. Entweder man verwendet auch im Futter zwei Schnittteile oder man fasst beide Schnittteile zusammen und erhält dadurch wieder einen Taillenabnäher.

Die Schnittteile sollten nicht zusammengefasst werden, wenn die Saumweite insbesondere bei längeren Modellen deutlich vergrößert wurde. Insbesondere dann sind in der Regel zwei Rückteilschnitte (Seite 476) mit Teilungsnaht die bessere Variante.

□15 Hier können trotz moderater Saumerweiterung beide Flächen der Rückteile zu einem RT-Futterschnitt zusammengefasst werden. Wird am RT ein Halslochbeleg konstruiert, muss dieser an der hinteren Futterfläche entfernt werden.

10 **□15** Schnittteile an der Teilungsnaht und am Saum aneinander schieben.

11 Am Armloch könnte sich die Fläche minimal überschneiden, was für das Futter unerheblich ist.

12 Die Schulterpolstererhöhung ggf. wieder entfernen.

13 Den Schulterabnäher vereinfachen: z.B. zur Schultermitte oder ins Armloch verlegen.

14 Für **Mehrweite an Taille** den Taillenabnäher schmaler formen und

15 die hM begradigen.

16 Den gesamten Schlitzeinschlag und den Saum für Mehrlänge im Futter oberhalb des Schlitzes um ca. 1 cm nach unten verschieben.

17 Dann den Schlitzeinschlag an der Schlitzkante für die Übertrittseite des Schlitzes nach innen spiegeln.

Da das Futter am Schlitzeinschlag befestigt wird, muss (wie beim Ärmel mit echtem Schlitz) das Futter genügend Mehrlänge oberhalb des Schlitzes besitzen. Der Oberstoff kann sich ausdehnen, das Futter nicht. Mit der Mehrlänge erhält das Futter die benötigte Länge, damit später keine Probleme auftreten.

18 **□16** Parallel zur hM eine Bewegungsfalte von 2 cm Tiefe bis zur Taille anzeichnen.

19 Die **hM-Naht** verläuft an der hM, nach einigen cm dann in der Faltentiefe und knapp unterhalb der Taille an der hM bis zum Schlitzende.

20 An Bewegungsfalte und Schlitznähten jeweils 1 cm NZg anzeichnen.

Bei Jacken ohne Schlitz endet die Bewegungsfalte ca.6 cm oberhalb des Saums.

Weitere Infos gibt es auf folgender Seite!

Einreihiger Blazer (6)
Futterentwicklung RT

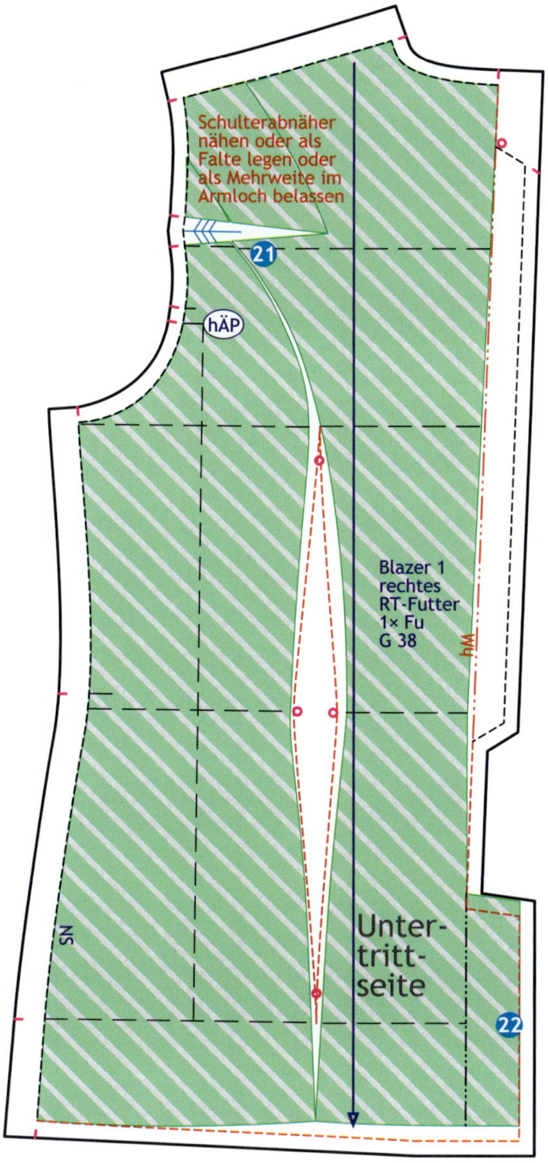

□17 Produktionsschnitt des RT-Futters für die Untertritt-Seite des hM-Schlitzes

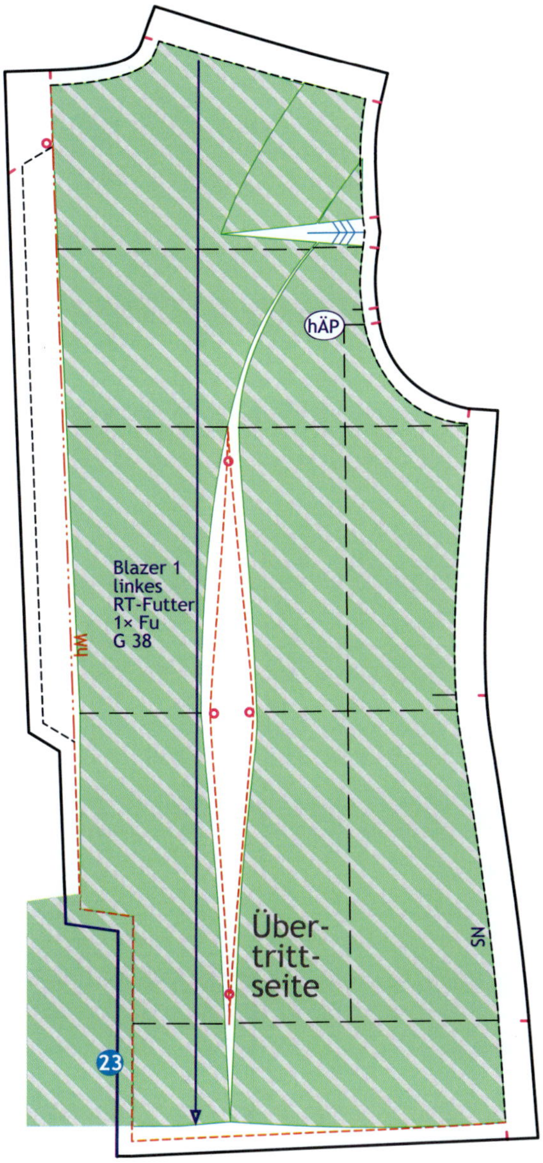

□18 Gespiegelter Produktionsschnitt des RT-Futters für die Übertritt-Seite des hM-Schlitzes

□17+18 zeigen die separierten Schnitteile aus **□16**.

21 Alternativ ist hier der Schulterabnäher als Falte aus dem Armloch dargestellt.

22 In **□17** die (rechte) **Unter**trittseite des RT-Futters.

23 **□18** Für die gespiegelte (linke) **Über**trittseite des Futters wird der Schlitzeinschlag nach innen gespiegelt.

Dieser entfernte Schlitzeinschlag aus Futter wird dort nicht benötigt, da beim Übertritt der Schlitzeinschlag (Oberstoff) nach innen (auf die Futterseite) gebügelt wird.

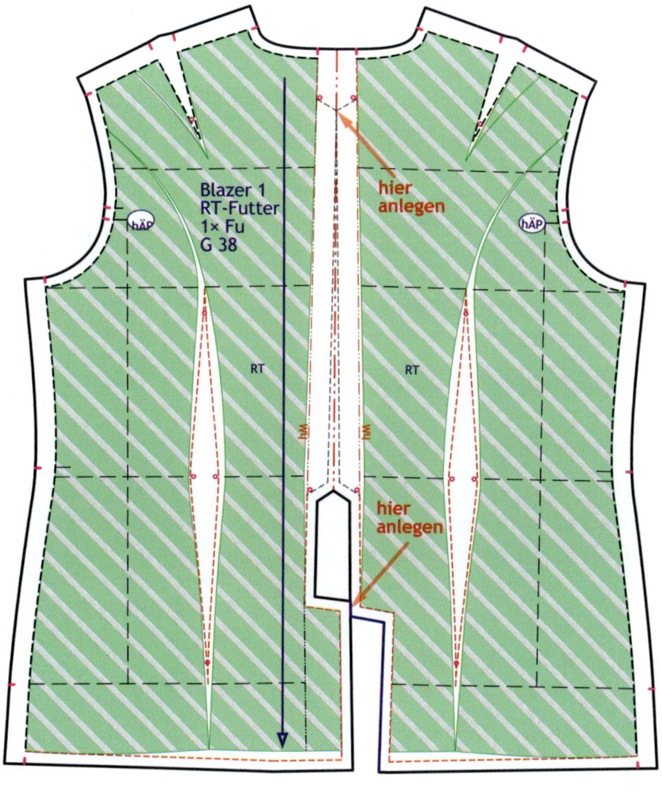

□19 **Für einen materialsparenden Zuschnitt zeigt diese Darstellung eine Möglichkeit, wie die beiden RT-Futter-Hälften an der Bewegungsfalte angeschnitten werden können.**
Zu beachten ist, dass sich die beiden Schnittteile am Schlitz nicht überschneiden!

Einreihiger Blazer (8)
Futterentwicklung RT, Paspeltasche für Jacken

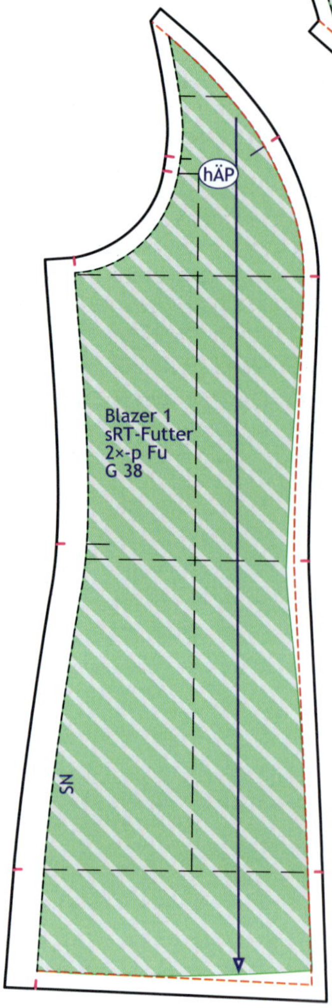

□20 Produktionschnitt des hintern ST-Futters

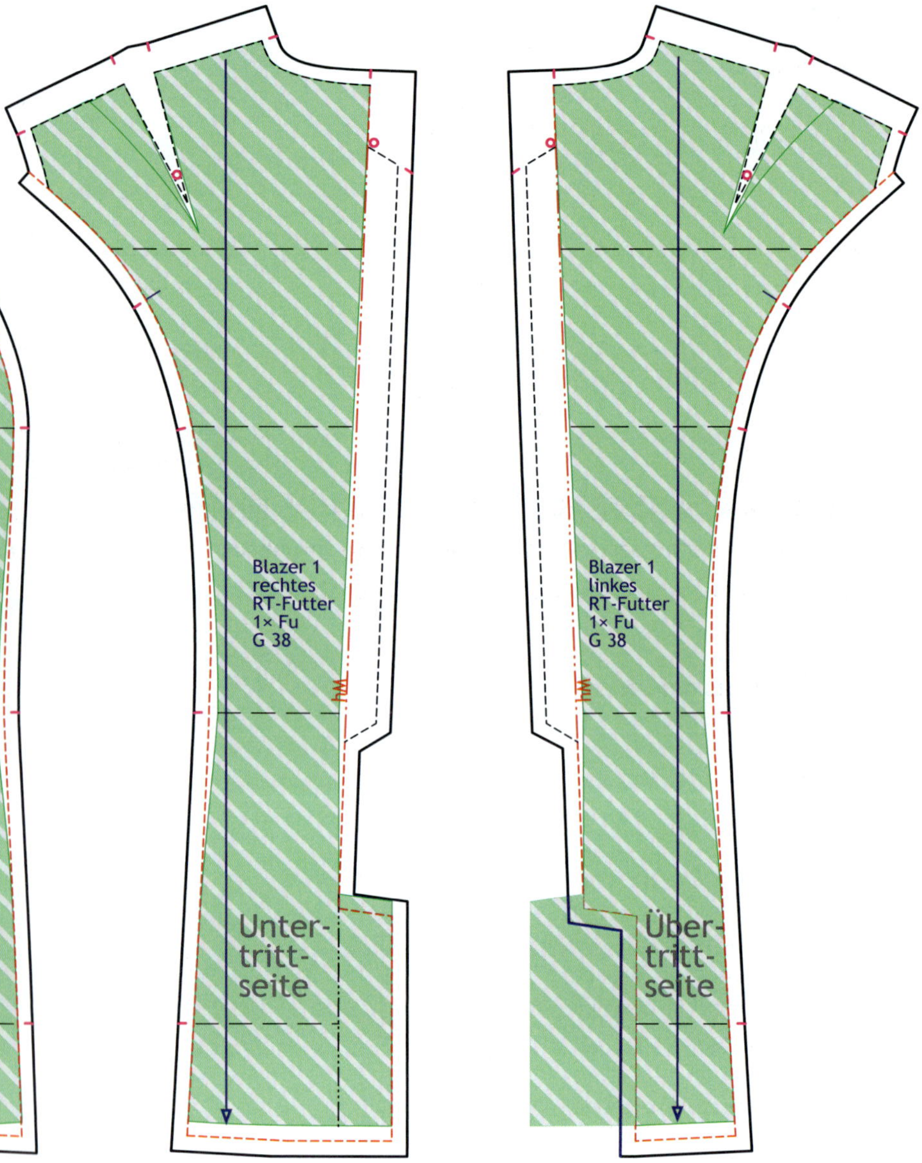

□21 Produktionsschnitte des (mittleren) RT-Futters

9 Rückteilfutter mit Teilungsnaht

□20+21 Beide Flächen bleiben für das Rückteilfutter getrennt. Alle Arbeiten, wie das Entfernen der Schulterpolstererhöhung, die Mehrweitenzugabe an der Taille, die Verlegung des Schulterabnähers oder die Bewegungsfalte an der hM sind, wie zuvor beschrieben, auszuführen.

366

9 Taschen-Schnittteile

24 **□22** Den vorderen Taschenbeutel (vTb) bis zur unteren Paspelnaht,

25 den hinteren Taschenbeutel (hTb) bis zur oberen Paspelnaht kopieren.

26 Für das Versäubern der Taschenspiegelnaht die Biese um die doppelte NZg am Taschenspiegel (TSp) öffnen.

27 Den Taschenspiegel wie dargestellt kopieren (Die Linienfarben beachten).

28 Die Paspelstreifen nicht zu knapp zuschneiden (ca. 6-fache Paspelbreite).

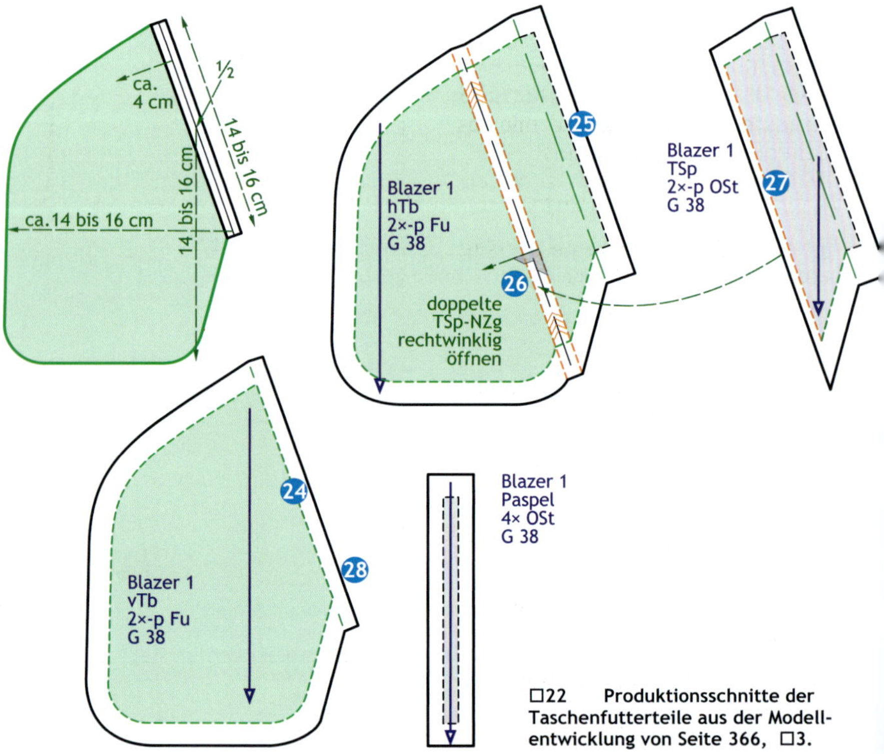

□22 Produktionsschnitte der Taschenfutterteile aus der Modellentwicklung von Seite 366, □3.

Klassischer zweireihiger Blazer (1)
Modellentwicklung

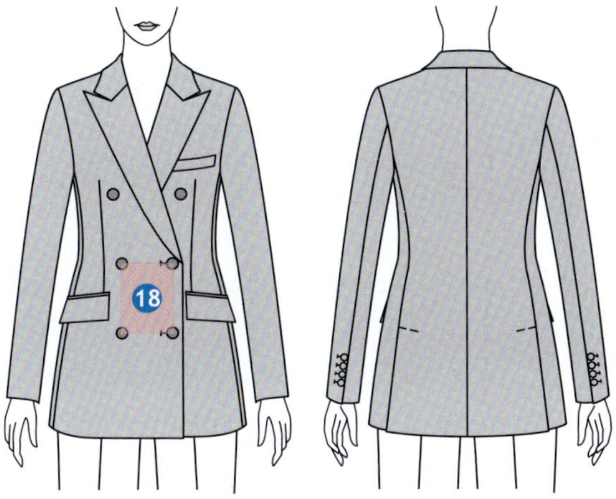

□1 Zweireihiger Blazer

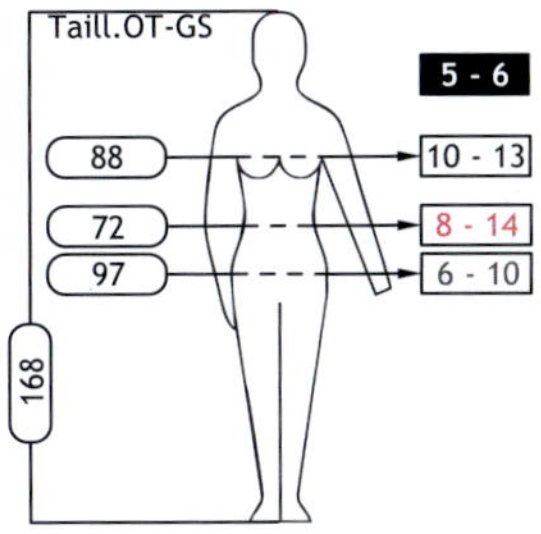

□2 Passform-Piktogramm mit üblichen Weitenzugaben

Grundlage für dieses Jackenmodell ist ein taillierter Oberteil-Grundschnitt der **Passformklasse 5 bis 6** mit Brustabnäher (siehe Seite 185+186). 185 186

Dieser klassische zweireihige Blazer wird mit zwei Knöpfen geschlossen und hat insgesamt vier Zierknöpfe. Typisch ist ein Reverskragen mit langem steigenden Fasson, „Sakkonaht" (Taillenabnäher + Tascheneinschnitt), zwei paspelierte Pattentaschen und eine Brustleistentasche. Das Rückteil wird mit einer Flankennaht mit verdeckten Schlitzen gearbeitet. Die Zweinaht-Ärmel sind mit geknöpften verdeckten Schlitzen versehen.

Viele Details wurden zuvor in den Kapiteln Abnäher und Nähte beschrieben. Hier wird an entsprechender Stelle auf die jeweiligen Seiten hingewiesen.

1 Vorarbeiten zum Modellschnitt

1. Modell-Länge an der hM bestimmen, den Saum zur SN abwinkeln.

2. Die Länge an der hinteren SN an die vordere SN übernehmen.

3. Die vM kann bei Jacken am Saum um 0,5 cm verlängert werden, um das Anheben des Saums dort zu verhindern (Ausstellen der vM entfällt hier wegen des breiten Übertritts des Doppelreihers).

4. Vorderen Saum an vM abwinkeln und zur SN formen.

5. Halslochverbreiterung um 0 bis 1 cm (hier 0,5 cm): Hinteres Halsloch neu formen, vorne für einen Revers- oder Schalkragen nur eine Markierung setzen.

Ggf. eine geringe Armlochauflockerung vornehmen (hier ohne).

6. Taschenposition (-Einschnitt) zwischen Taillenabnäher und SN einzeichnen. Tascheneingriffs-Länge (ca. 13 bis 17 cm). Vom Abnäherschenkel aus beginnend (zum Abschätzen der Taschenlage) abtragen: Tascheneingriff – 1 cm.

2 Seitennaht verschieben

7. Das seitliche Ende der Tasche sollte für die Verarbeitung **mindestens** 1,5 cm über die SN ins Rückteil verlaufen. Deshalb und damit das Seitenteil nicht zu schmal wirkt, wird die SN parallel nach vorne verscho-ben (bis max. zum vÄP).

8. Die Fläche, die vorne entfällt, kommt hinten wieder hinzu.

9. Die vordere Seitennaht-Länge auf die hintere SN übertragen.

10. Das hintere untere Armloch wie vorne ergänzen.

(tP) Den tiefsten Punkt des Armlochs bei der alter SN markieren.

3 Sakkonaht vorbereiten

11. Eine Einschnittlinie vom Taillen-abnäher zum Saum einzeichnen.

(ZP) ZP (Drehpunkt) zwischen Abnä-her und Hüftlinie bestimmen. Je höher der ZP, desto mehr Saumweite entsteht im VT.

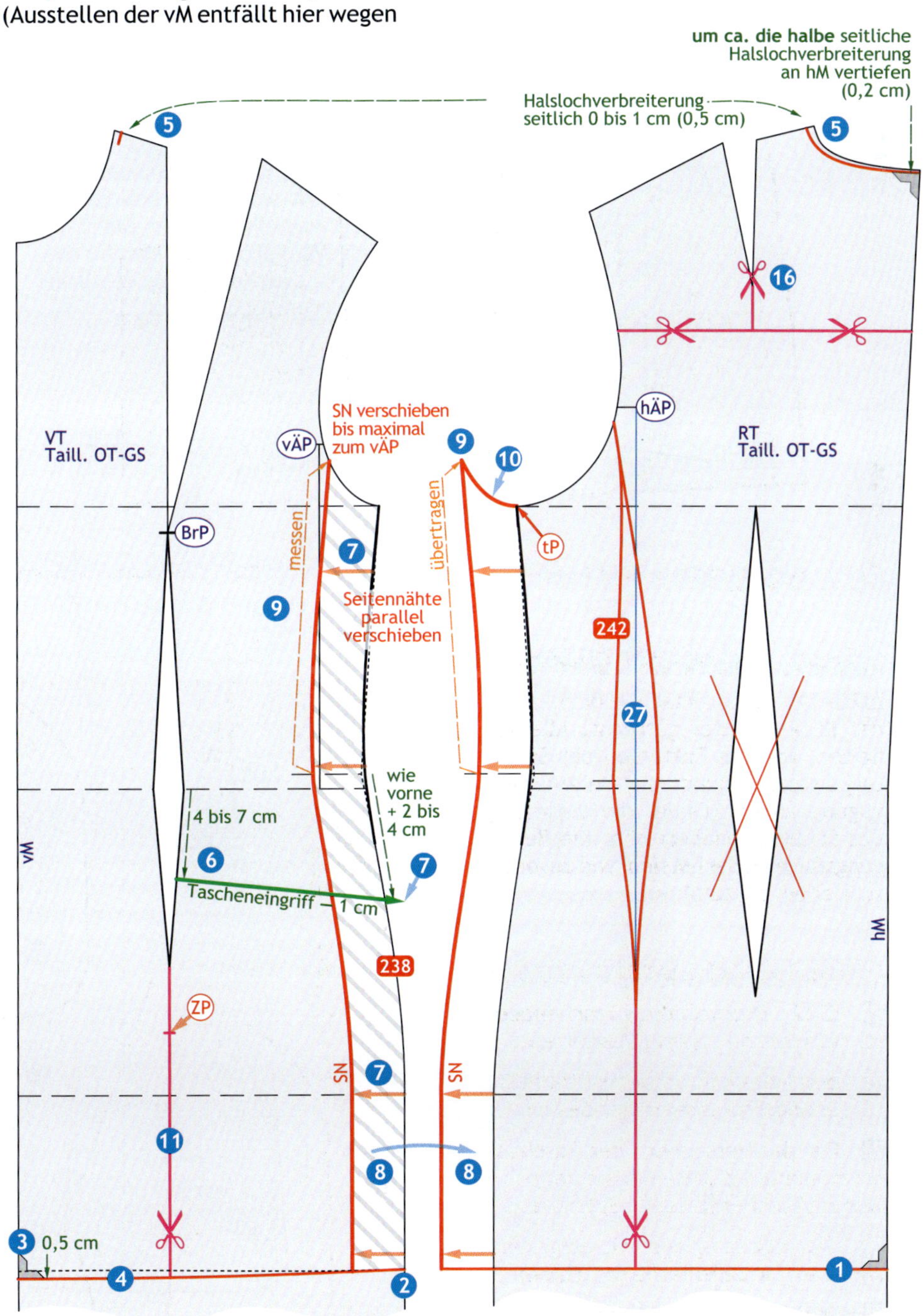

□3 Modellentwicklung

Klassischer zweireihiger Blazer (2)
Modellentwicklung

4 Sakkonaht und Schultern

⑫ ☐4 Taschenposition einschneiden und Brustabnäher zudrehen.

⑬ Unteren Abnäher um ZP drehen und an der Taschenposition zulegen.

⑭ Den neuen Taillenabnäher (Sakkonaht) kürzen und formen.

⑮ Um ca. den ½ Öffnungsbetrag bei P14 die SN gerade ausstellen und den Saum neu formen.

⑯ ☐4+5 Schulterabnäher entfernen und hM-Naht, Halsloch und Armloch neu zeichnen, siehe Seite 375.

⑰ Schulterpolstererhöhung um z.B. 3 cm (siehe Seite 216) vornehmen (vorne ⅓, hinten ⅔). Für den Ärmel die dort beschriebene Ärmelanpassung vornehmen. Wenn zusätzlich eine Armlochauflockerung im Armloch vorgenommen wurde, siehe Seite 218

5 Knöpfe, Kante und Taschen

⑱ ☐4 Bei der Positionierung der Knopfpaare sind die Proportionen (Abstände zu Tasche, Naht und Saum) zu beachten. Das Rechteck in Rosa (☐1) zwischen den Knopfmitten erleichtert die Gestaltung.

⑲ Position des oberen Zierknopfs markieren.

⑳ Übertritt und Saum einzeichnen.

㉑ Pattenform 1 cm neben der Sakkonaht an den Einschnitt zeichnen (Patte reicht deutlich über die SN hinweg).

㉒ Der Taschenbeutel ist oben etwas breiter als die Patte, damit die Patte in die Tasche gesteckt werden kann. Die Paspelbreite (0,5 cm) ist oben entfernt.

Paspelnähte optional anzeichnen

㉓ Die Taschenbeuteltiefe entspricht ca. der Taschenlänge. Ecken abrunden.

㉔ Der Eingriff der Brustleistentasche verläuft leicht schräg. Abstand zum vÄP ist ca. 2 bis 3,5 cm.

㉕ Die Leiste ist 10 bis 12 cm lang und ca. 2 bis 2,5 cm breit. Der BrP liegt zwischen ⅓ bis ⅗ der Leistenlänge.

㉖ Die Tiefe des Taschenbeutels entspricht etwa der Taschenbreite.

6 Flankenteil (Seiten-) und Schlitz

㉗ ☐5 Flankennähte formen und Seitenteil optimieren (Seiten 389).

㉘ Saumerweiterungen wie im VT vornehmen, dabei die Nähte im Bereich der Schlitze unbedingt gerade zeichnen.

㉙ Säume leicht rund ausformen.

㉚ Die Schlitzhöhe beträgt ca. 12 bis 15 cm ab der Taille nach unten gemessen.

㉛ Schlitzeinschläge 3 bis 4 cm breit anzeichnen; evtl. oben abschrägen.

❗ Knöpfe müssen also nicht immer exakt an der vM sitzen. Auch muss nicht unbedingt eine Zierknopfreihe angebracht sein. Dann besitzt das Modell zwar einen breiten Übertritt für die Wärmehaltigkeit aber für die Optik nur eine Knopfreihe, die dann nicht an der vM platziert ist.

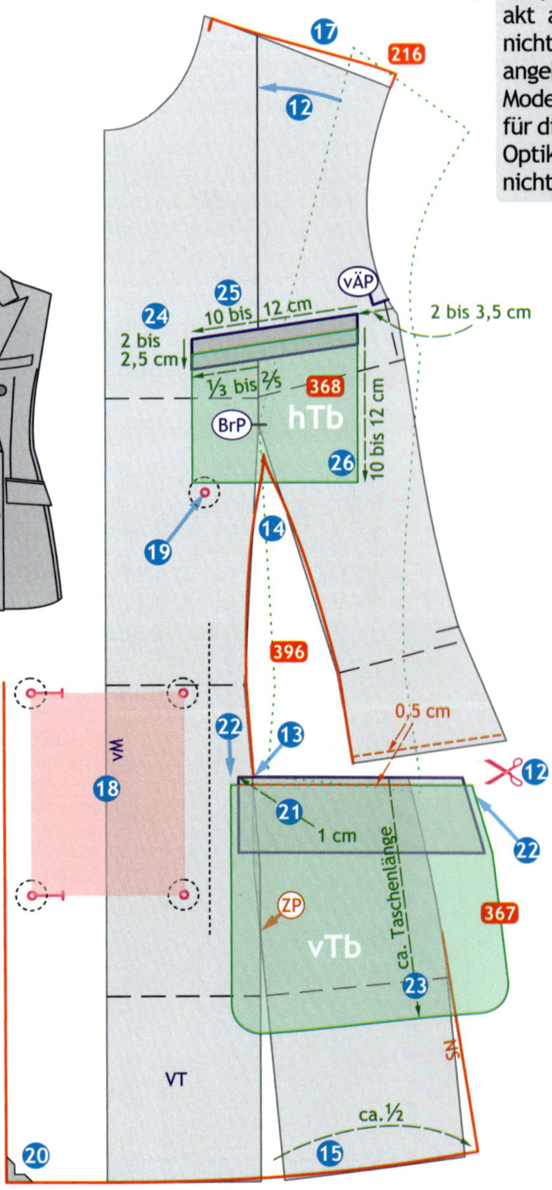

☐4 Abnäher, Schulter, Knopfkante und Taschen

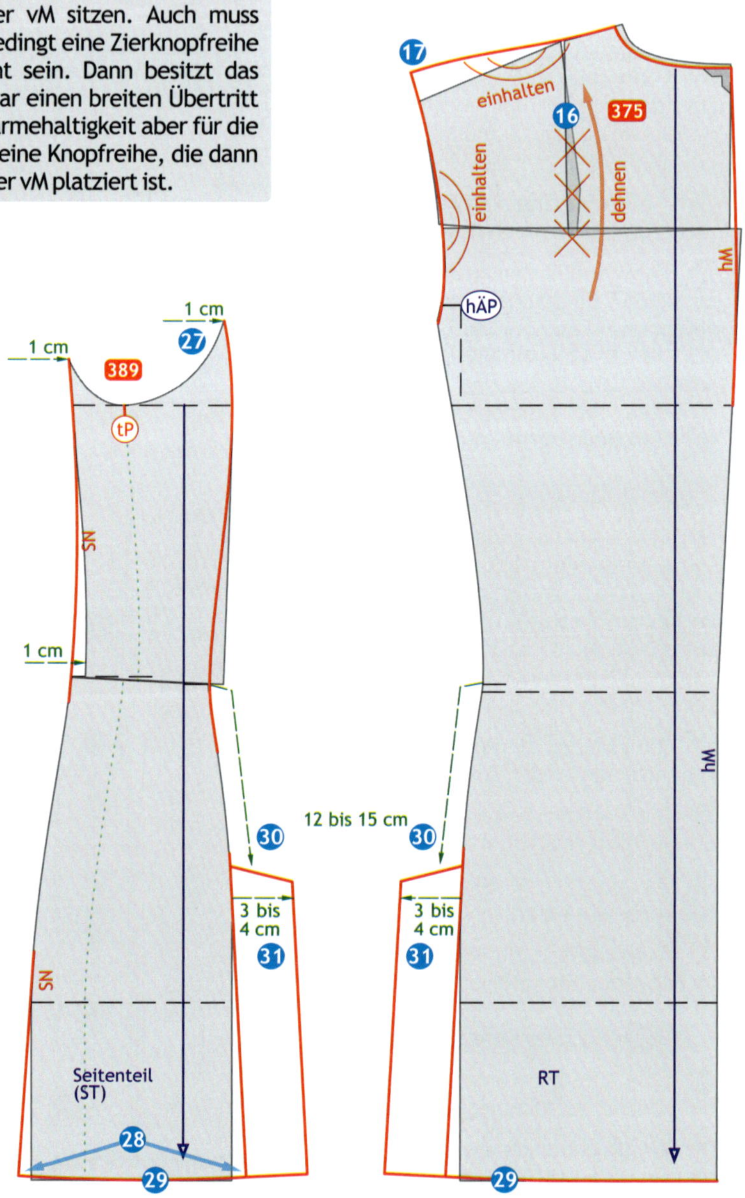

☐5 Seitenteil, RT und Schlitz

Klassischer zweireihiger Blazer (3)
VT-Beleg für steigendes Revers

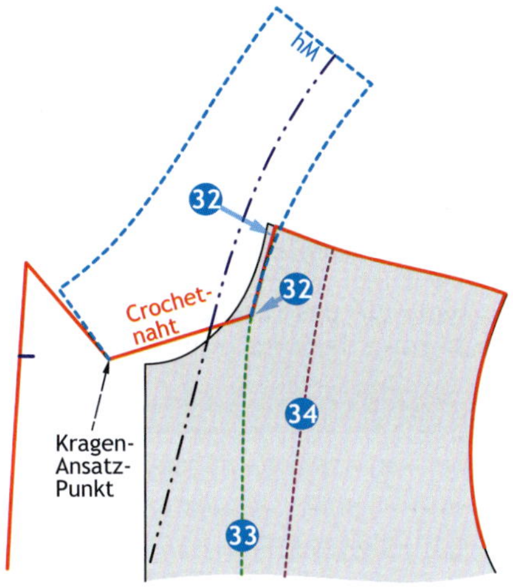

□6 Kragen in steigendem Revers und eckigem Halsloch (P32)

7 Kragen

Die Kragengestaltung und Kragenkonstruktion wird ausführlich ab Seite 326 beschrieben; hier die Reihenfolge:

1. Stegbreite anzeichnen, **2.** Reversbruch zeichnen, **3.** Fasson gestalten und spiegeln, **4.** Halsloch zeichnen, **5.** Kragen konstruieren, **6.** Schnittteile kopieren, **7.** Oberkragen und Beleg mit Roll- und Verstürzweite versehen.

32 Das Halsloch wird ab der Halslochverbreiterung parallel zum Reversbruch (□**6**) oder rund gezeichnet (□**7**).

In der Regel ist eine Ecke leichter und exakter zu arbeiten als eine Rundung.

8 Belegvarianten

33 Die Belegnaht kann für eine rationelle Verarbeitung in die Ecke der Crochetnaht und damit ins Halsloch einlaufen (□**6**) .

34 Alternativ kann die Belegnaht bis zur Schulter verlaufen (□**7**).

326

35 □**8** Dann sollte in derselben Belegbreite an der Schulter auch ein Beleg für das RT (hinterer Beleg) verarbeitet werden (ansonsten ist die Fertigung etwas schwieriger).

36 Die Belege an der Schulter ca. 0,2 cm reduzieren.

9 Rollweite am Spitzrevers-Beleg

37 □**9** Verlaufen Crochetnaht und Reversabstich nicht in gerader Linie, kann die Rollweite zwischen Kragenansatzpunkt und Halsloch **nur durch eine Öffnung** erfolgen (Seite 324).

38 Die Verstürzweite wird vom Kragenansatzpunkt bis zum Reversbeginn (oberster Knopf) angezeichnet. (Seite 324, □**9**).

324

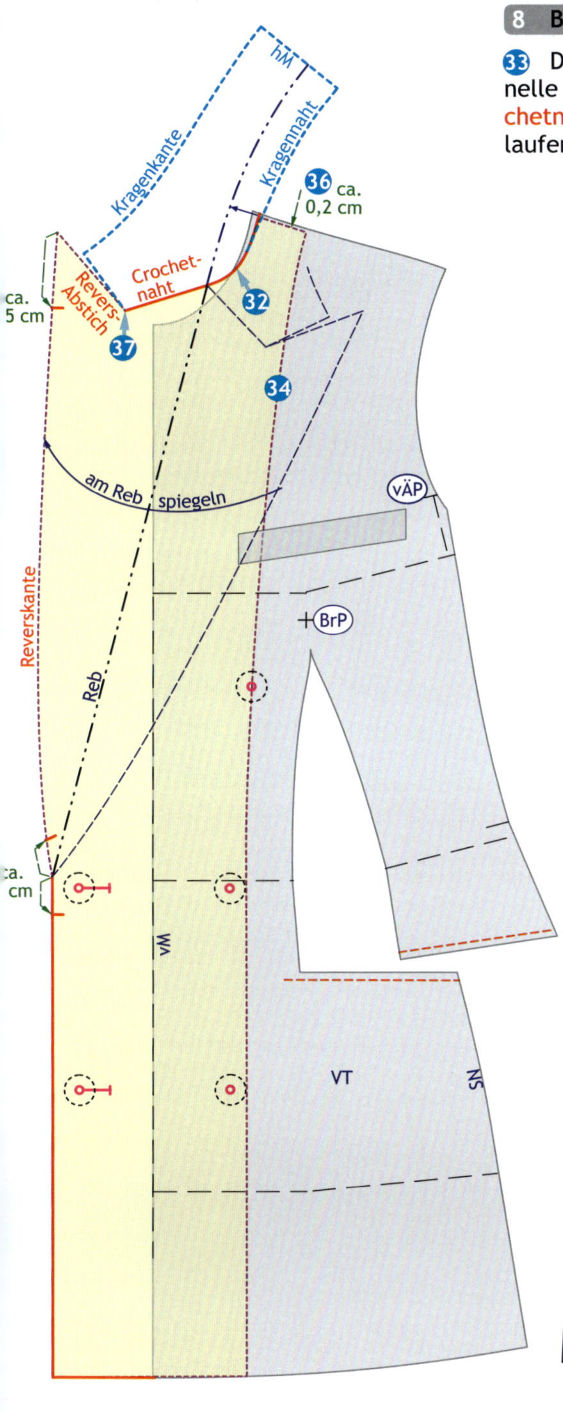

□7 Kragen in steigendem Revers und rundem Halsloch

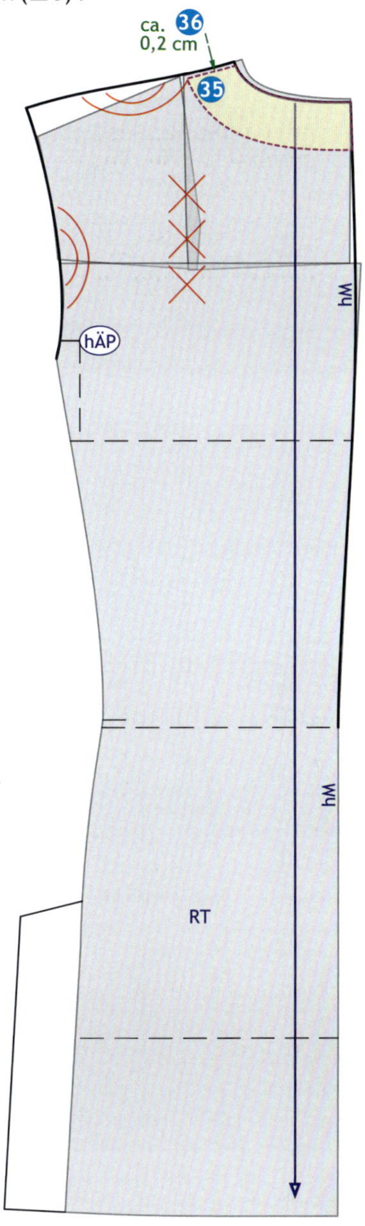

□8 Hinteren Beleg entwickeln

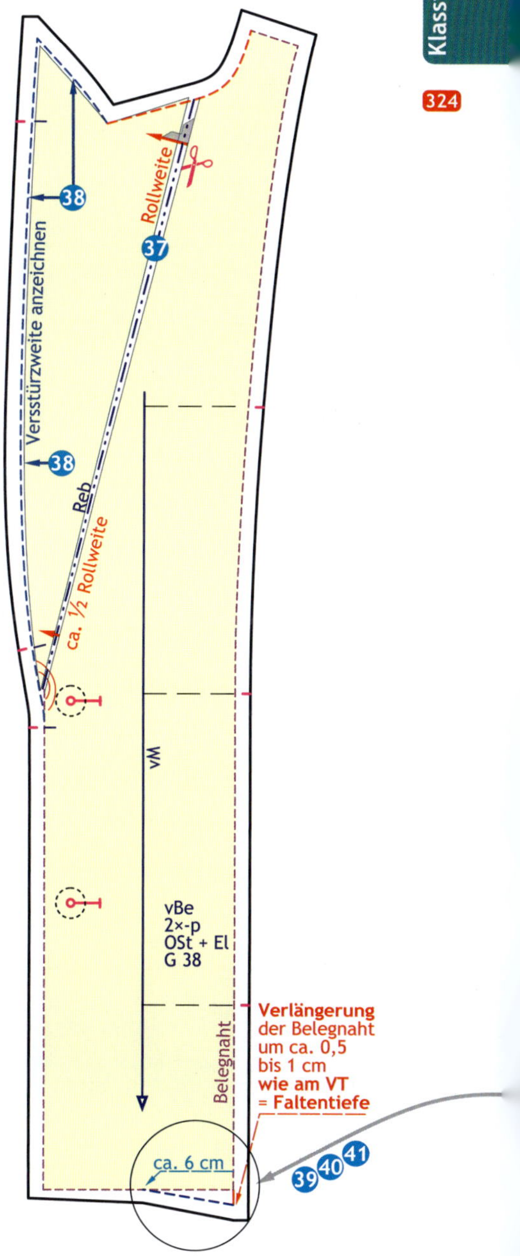

□9 **Beleg fertig stellen.** Hier wird die identische Nahtform des Belegs vom VT auf den Beleg übertragen!

Klassischer zweireihiger Blazer (4)
Produktionsschnitte der Rumpfteile

10 Produktionsschnitt

39 **☐10** Die Belegnaht an VT und Beleg für eine Belegfalte je nach Modelllänge um 0,5 bis 1 cm verlängern.

40 Am VT und Beleg beginnt die Futteransatznaht von der Belegnaht ca. 4 bis 6 cm entfernt.

41 Die Futteransatznaht am VT zunächst gerade, dann leicht geschwungen zur SN formen.

42 Saumeinschläge SaEs an geraden und leicht gerundeten Säumen mit 4 cm anzeichnen.

43 Futteransatznähte an Säumen, Belegen und Schlitzeinschlägen werden immer mit 1 cm NZg versehen.

44 Alle Verstürznähte sowie Hals- und Armloch-Nähte erhalten 1 cm Nzg.

45 Für die vorverlegte Seitennaht genügt 1 cm NZg (die eingeschnittene Tasche kreuzt die SN).

46 An geraden Teilungsnähten wie der Englischen oder der Flankennaht kommen 1,5 bis 2 cm Nzg, ebenso wie an die Schulter- und an die hM-Naht.

47 Der **Tascheneinschnitt** zwischen Seitennaht und "Sakkonaht" erhält **keine NZg**. Die Schnittkanten liegen nach dem Nähen des Abnähers exakt aneinander und werden dann mit einem Einlagestreifen fixiert. Anschließend wird das Seitenteil angenäht und dann die Tasche eingearbeitet.

48 **Rückschnitte** an spitzen Nahtenden z.B. von Armlöchern anbringen (siehe Seite 25): Am "stumpfen" Nahtwinkel wird der Nahtverlauf (hier rot) bis zur NZg des Armlochs verlängert und zur anderen Naht übertragen. Die NZg wird an den (roten) Nahtenden abgewinkelt.

Hier wird auch der vÄP und hÄP von den Armlöchen am VT und am RT an die Armoch-Schnittkante des ST verschoben, da der Knips für den Ärmel an der Armlochnaht sitzen muss (und nicht an der Seitennaht!).

49 Am Übertritt (RT) des verdeckten Schlitzes kann eine Briefecke konstruiert werden (siehe Seite 23).

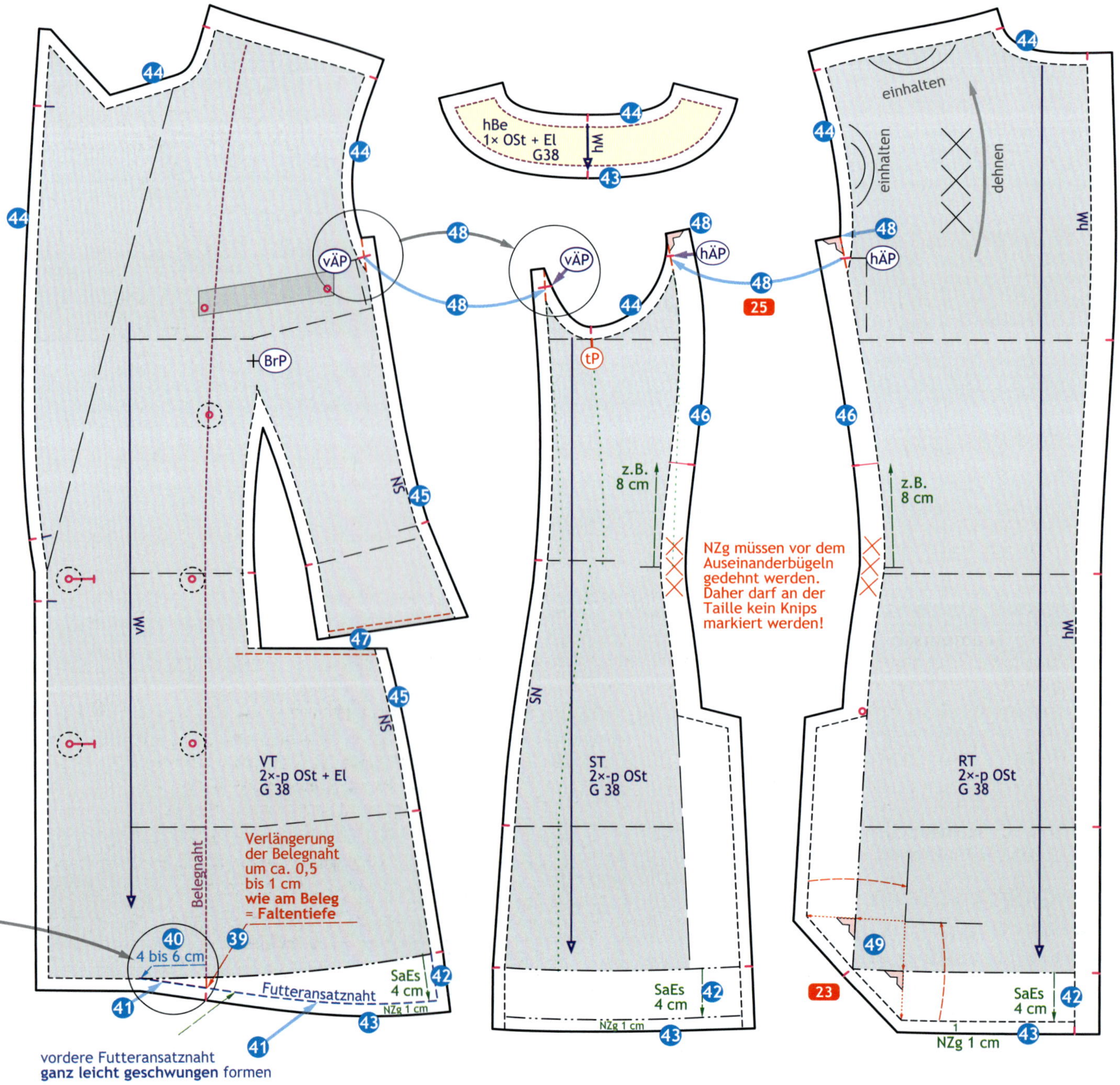

☐10 Produktionsschnitt der Rumpfteile aus Oberstoff

Klassischer zweireihiger Blazer (5)

Futterentwicklung Vorderteil

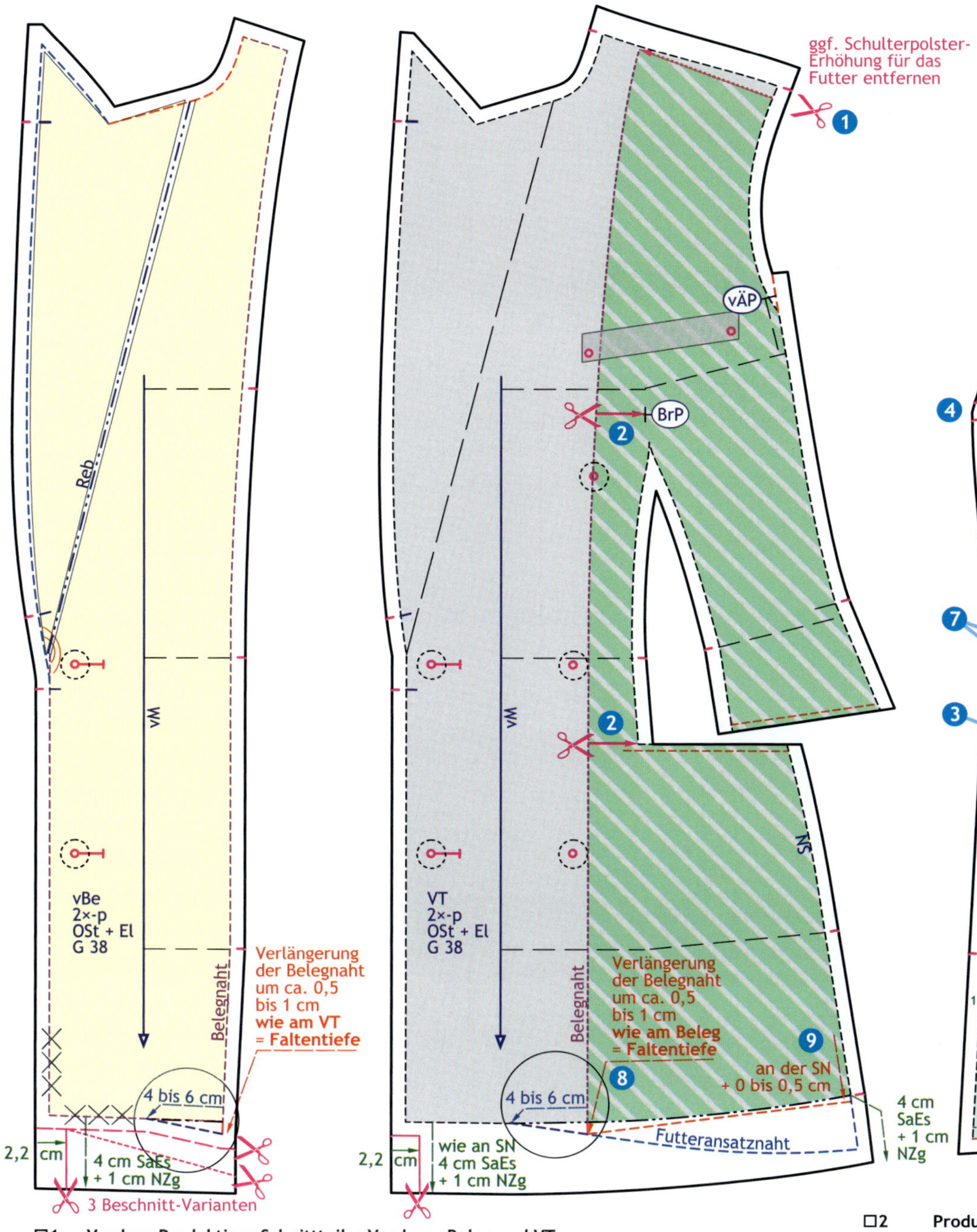

□1 Vordere Produktions Schnittteile: Vorderer Beleg und VT

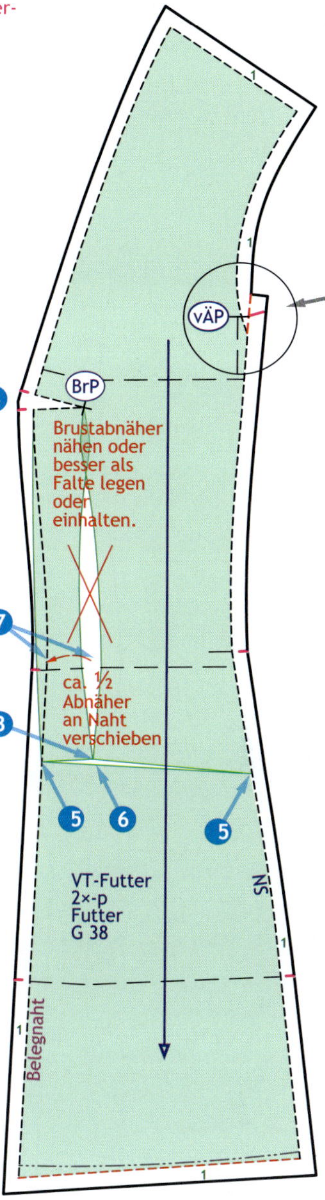

□2 Produktionsschnitt des VT-Futters

Saumeinschlag-Varianten

□1 Die **Saumeinschläge** können auch wie in der hier abgebildeten Variante angezeichnet werden. Diese ist nur bei Modellen mit eckigem Kantenabstichen möglich (mit angeschnittenem Beleg auf Seite 467 gezeigt).

Je nach Verarbeitungsvariante können am Beleg die verschiedenen Beschnittvarianten am Saumeinschlag **nach** dem Verstürzen der Kante gewählt werden.

Futterentwicklung

Die hier grün dargestellte Fläche über dem VT wird zum Vorderteil-Futter.

Die aus dem VT entstandene Futterfläche hat eine sehr ungünstige Form, die so nicht verarbeitet werden kann. Sie wird hier so verändert, dass eine möglichst einfache Verarbeitung möglich ist.

1 Vorderteilfutter

❶ □1 Von der verbleibenden Futterfläche die Schulterpolstererhöhung evtl. wieder entfernen.

❷ Von der Belegnaht jeweils zum BrP und zum Ende des Tascheneinschnitts einschneiden.

❸ □2 Den Taillenabnäher schließen.

❹ Dabei entsteht ein Abnäher in der Belegnaht. Dieser kann genäht oder als Falte gelegt oder eingehalten werden.

❺ Dann die Tascheneinschnittkanten an den Nähten aneinander legen.

❻ Dabei überschneiden sich an der Belegnaht beide Flächen, was ignoriert werden kann

❼ Den verbleibenden Taillenabnäherinhalt um ca. die Hälfte an der Belegnaht entfernen. So entsteht an der Taille etwas Mehrweite im vorderen Futter.

❽ Die Belegnaht an **VT, VT-Beleg und VT-Futter** wird bei einem langen Modell für eine **Belegfalte** um **1 cm** und bei einem kürzeren Modell um **0,5 cm** verlängert. So entsteht die Tiefe für die Belegfalte (Beginn der Bewegungsfalte) am Beleg

Diese **Belegfalte** verhindert das Hochziehen des Oberstoffs durch ein zu kurzes Futter (oder bei einem „ausgeleierten" Oberstoff).

❾ **□1+3** An den Seitennähten von VT und ST sowie an der hM können bis zu 0,5 cm Länge angezeichnet werden.

❿ Die NZg-Breiten werden von den Schnittteilen aus Oberstoff übernommen. Für Futteransatznaht, Belegnaht und Armloch je 1 cm NZg.

Klassischer zweireihiger Blazer (6)
Futterentwicklung Rückteil

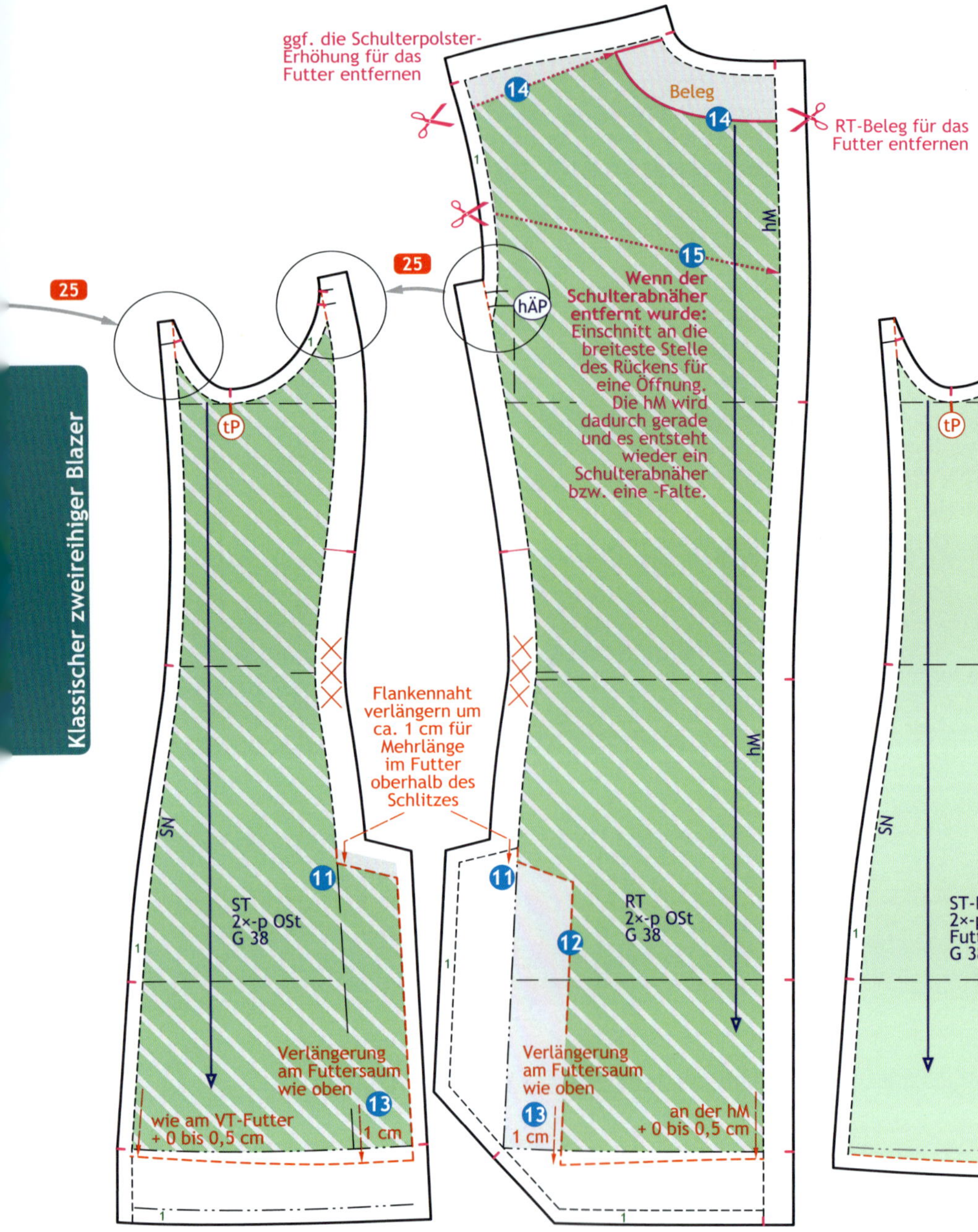

□3 Produktionsschnitte für die hinteren Schnittteile aus Oberstoff und Vorarbeit für die Futterentwicklung (in Rot)

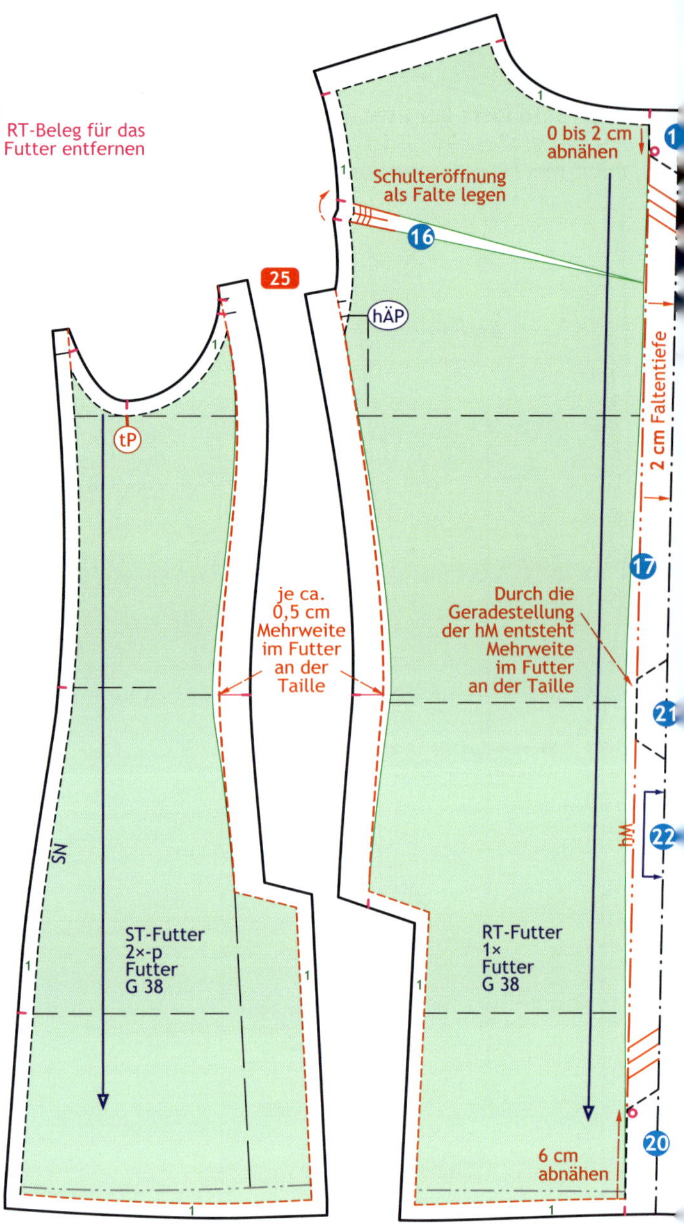

□4 Produktionsschnitte der RT-Futter-Teile inklusive Mehrlänge über dem Schlitz

2 Rückteilfutter

□3 Die hier grün dargestellten Flächen über dem RT für den Oberstoff werden zum RT-Futter.

Da das Futter am Schlitzeinschlag befestigt wird, muss nun wie beim Ärmel mit echtem Schlitz auch am Rumpf-Futter genügend Mehrlänge oberhalb des Schlitzes im Futter sein. Der Grund ist wie beim VT-Futter derselbe: Der Oberstoff kann sich ausdehnen, das Futter nicht. Daher erhält das Futter auf diese Weise die benötigte Mehrlänge, damit später keine Probleme auftreten.

11 Den Schlitzeinschlag für Mehrlänge im Futter oberhalb des Schlitzes um ca. 1 cm nach unten verschieben.

Die verdeckten Schlitze in einer Flankennaht haben ihren Übertritt immer am mittleren Rückteil. Da am Übertritt der Schlitzeinschlag nach innen gebügelt wird, muss dort (am RT) der Schlitzeinschlag am Futter entfernt werden.

12 Schlitzeinschlag an der Übertrittseite des Schlitzes gespiegelt an der Flankennaht nach innen zeichnen.

13 Die Mehrlänge am Saum nach unten zeichnen, damit die Längen der Nähte am Schlitzeinschlag identisch bleiben.

14 Schulterpolstererhöhung und RT-Beleg an der Futterfläche entfernen.

15 Am Modell wurde der Schulterabnäher entfernt, wobei die hM eine Rundung erhielt. Diese Rundung wird am Futter wieder entfernt, auch um die hM wieder zu begradigen. Vom Armloch aus zur Rundung an der hM einschneiden.

16 □4 Am Armloch ca. 1 bis 1,5 cm öffnen, so dass die hM gerade wird.

17 Die neue hM vom Halsloch gerade zum Saum zeichnen. An der Taille entsteht dabei Mehrweite.

18 Die Bewegungsfalte von 2 cm Tiefe anzeichnen (= Stoffbruch).

19 Die Falte beginnt entweder an der Belegnaht oder wird noch ca 2 cm abgenäht.

20 Sie muss am Saum ca. 6 cm oberhalb der Saumnaht abgenäht werden.

21 An der Taille kann die Falte ca. 4 cm lang abgenäht werden, damit sie etwas Stabilität gewinnt.

22 Das RT-Futter wird an der Faltentiefe gespiegelt zugeschnitten.

NZg und Markierungen anzeichnen.

Klassischer zweireihiger Blazer (7)
Brustabnäher unter den Kragen verlegen

Brustabnäher unter einem breiten Schalkragen oder einem Revers

□2 Besonders bei einem Brustabnäher mit großem Inhalt ist es günstiger, ihn in mehrere kleinere aufzuteilen.

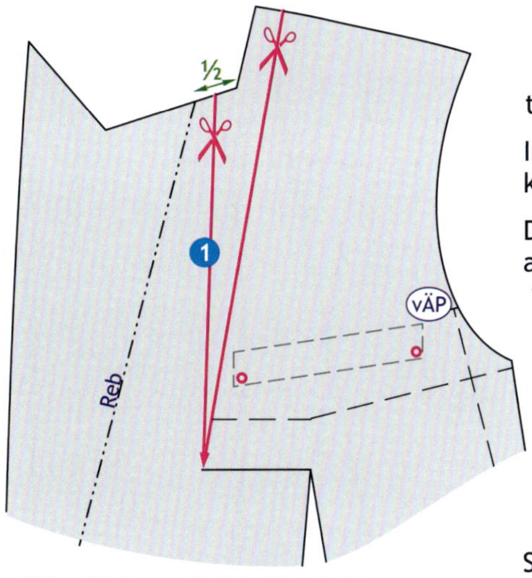

□1 **Weitere mögliche Einschnitte (am Beispiel mit Crochet-Ecke)**

Die Brustpartie wird dadurch etwas harmonischer geformt.

Vorteilhaft ist auch, dass am Übergang des Tascheneingriffs der Faden- bzw. Musterverlauf weniger stark abweicht.

Im dargestellten Beispiel ist in **□2** deutlich die Schräge der oberen Seitennaht und der Tascheneingriff zu beobachten. In **□3** verläuft diese Partie nun wieder fast gerade.

Insbesondere bei Streifen und Karos kann man diese Technik wählen.

Der Schalkragen bzw. das Revers muss allerdings breit genug sein, um den späteren Abnäher zu verdecken.

□1 Auch für Modelle mit Crochet-Ecke kann diese Abnähervariante genutzt werden. Je nach gewünschter Verarbeitung kann dabei der Abnäher entweder aus der Crochetnaht entspringen oder aus dem Halsloch bzw. aus der Schulter konstruiert werden.

Einschnitte

1. **□1** Am Halsloch ca. 1,5 cm hinter dem Reversbruch eine Einschnittlinie unter den Kragen auf Brusthöhe zeichnen, ca. 1 cm von der Revers- bzw. (Schalkragen-) Kante entfernt.
2. Von dort und vom Taillenabnäher zum BrP einschneiden.

Abnäher öffnen

3. **□3** Am Halsloch 2 bis 3 cm öffnen oder wie am Tascheneingriff möglich.
4. Geöffneten Abnäher kürzen. Jetzt sind die Schenkel unterschiedlich lang.
5. Ca. ½ Öffnungsbetrag an der Brusthöhe an Schulter und Halsloch entfernen.
6. Fehlende Länge am linken Schenkel ergänzen. Die Halslochform sollte jetzt etwa die ursprüngliche Form und Länge besitzen.
7. Den Taillenabnäher neu formen.

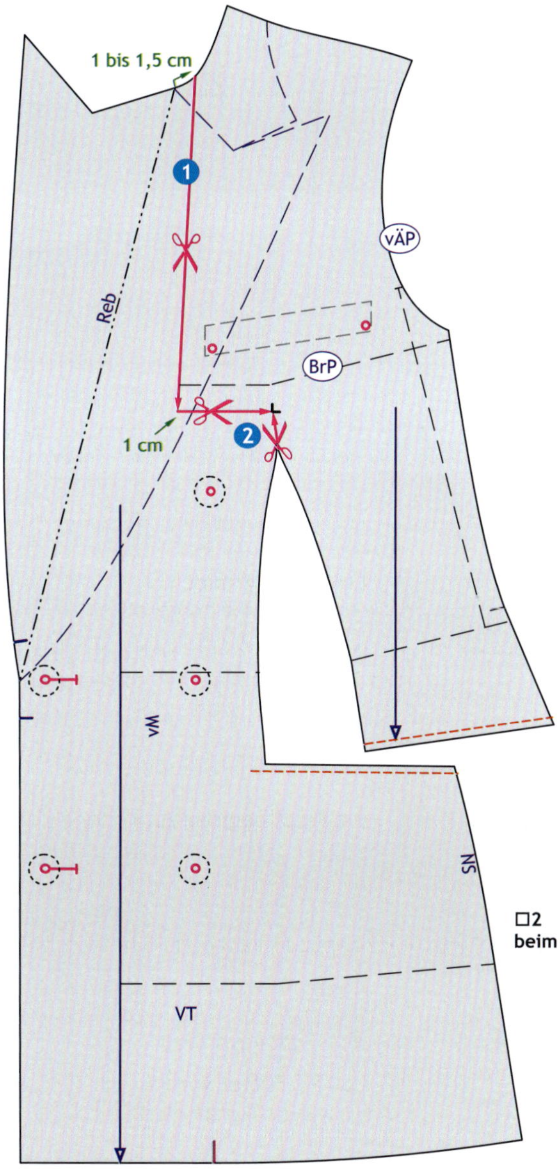

□2 **Einschnittmöglichkeit beim VT mit rundem Halsloch**

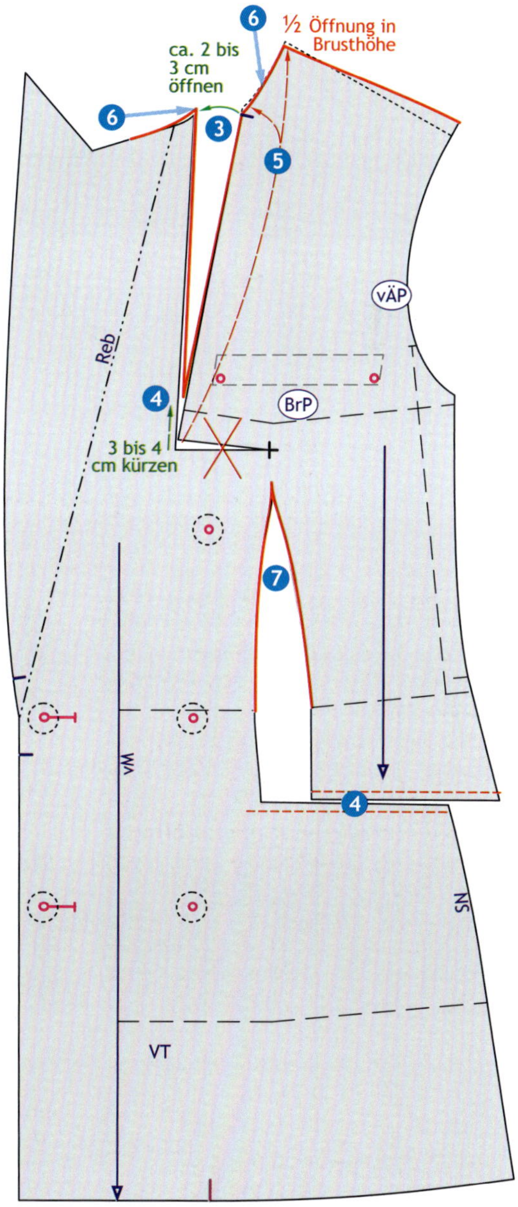

□3 **Abnäher unter dem Revers öffnen und Nähte ausgleichen**

Klassischer zweireihiger Blazer (8)
Taschenschnittteile und Fixierbeispiele

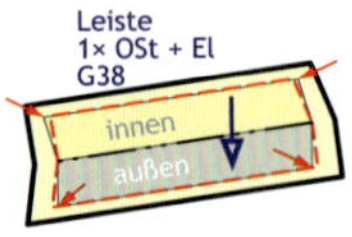

TIPP:
Bei der Leiste können die seitlichen Verstürznähte an der Naht um 0,2 cm verschoben werden. Dadurch verschwinden die seitlichen Nähte hinter die Leiste.

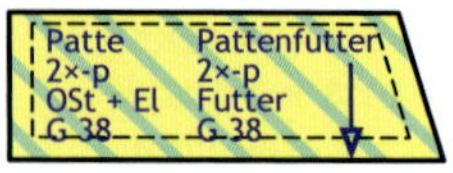

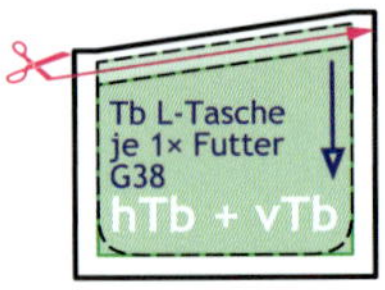

NZg an den Tb sind oben jeweils **0,5 cm**. Die vorderen Tb werden oben entsprechend gekürzt.

Optional können für vTb und hTb auch separate Produktionsschnittteile dargestellt werden.

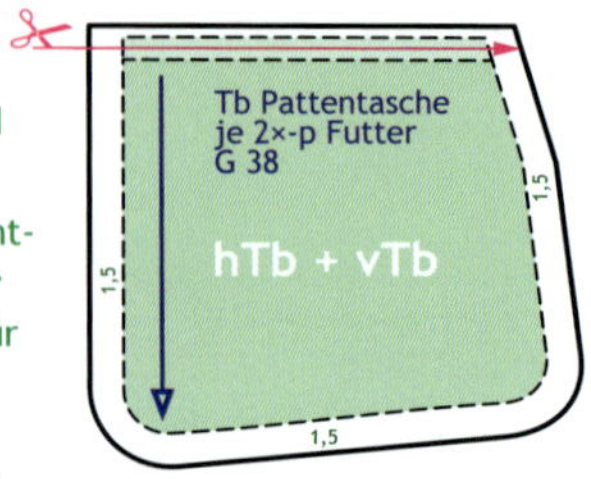

☐2 **Produktions-Schnittteile der Brust-Leistentasche (Maßstab verkleinert)**

☐3 **Produktions-Schnittteile der paspelierten Pattentasche (Maßstab verkleinert)**

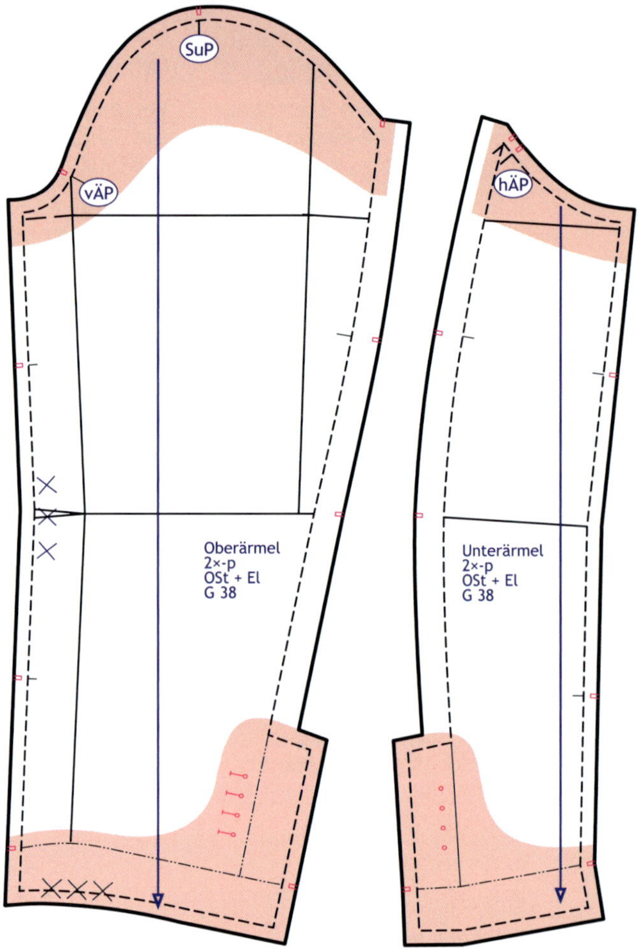

☐1 **Fixierbeispiel (Maßstab verkleinert): Vollfixierung (gelb, gestreift = optional), teilfixierte Flächen (rosa), Nahtbänder (blau)**

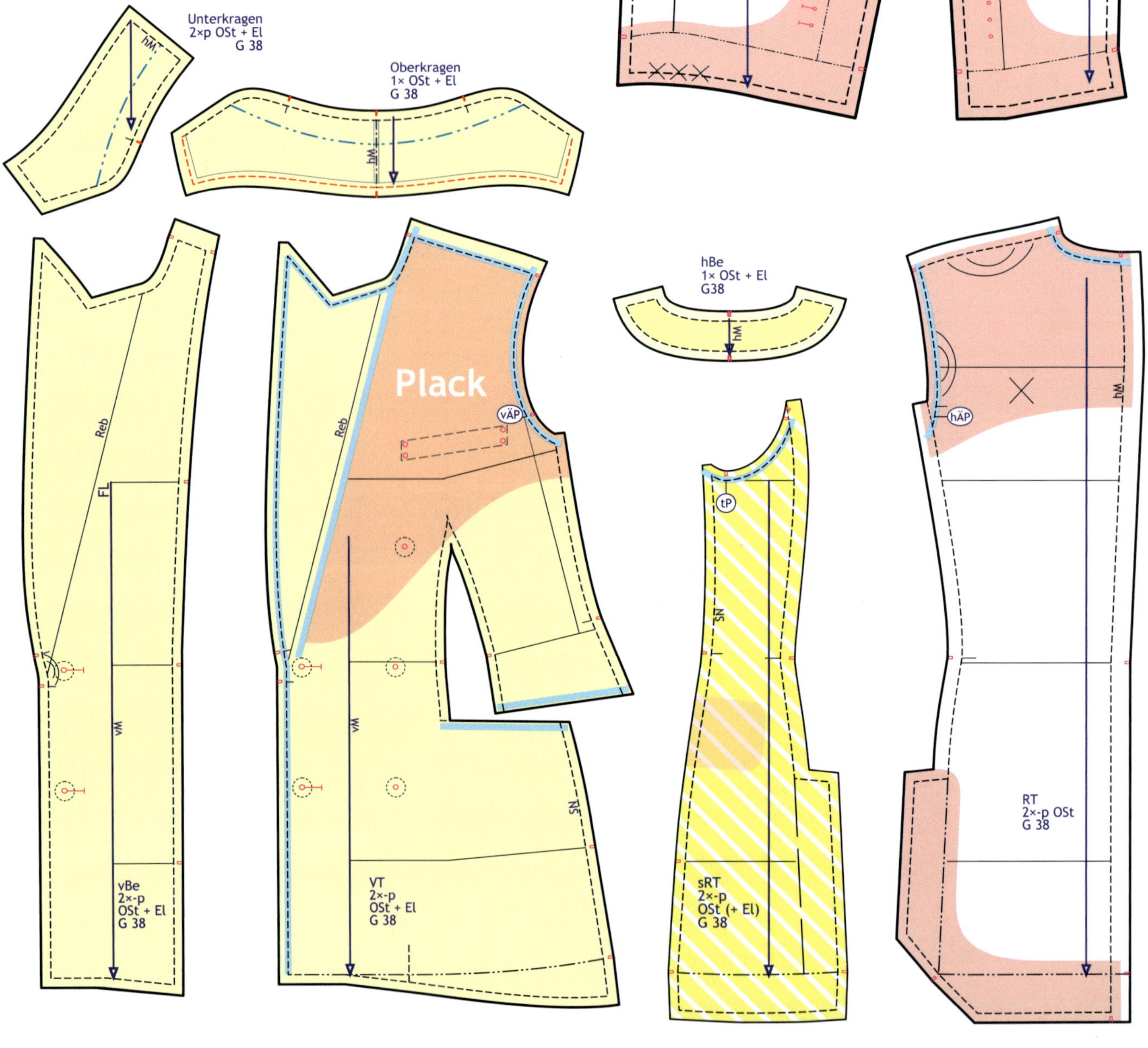

Schnittteileliste		Modell	Livorno - blue coast - No. 1013-26			
Kollektion	Herbst/Winter 2026	Bearbeiter	M. Muster		Datum	23.09.2025
Nr.	**Schnittteilname**	**Material**	**Name intern**	**Farbe**	**No. intern**	**Anzahl**
1.	Vorderteil	OSt	Trikotine	blau	0815	2x - p
2.	Seitenteil	OSt	Trikotine	blau	0815	2x - p
3.	Rückteil	OSt	Trikotine	blau	0815	2x - p
4.	Vorderer Beleg	OSt	Trikotine	blau	0815	2x - p
5.	Hinterer Beleg	OSt	Trikotine	blau	0815	1x
6.	Oberkragen	OSt	Trikotine	blau	0815	1x
7.	Unterkragen	OSt	Trikotine	anthrazit	0818	2x - p
8.	Oberärmel	OSt	Trikotine	blau	0815	2x - p
9.	Unterärmel	OSt	Trikotine	blau	0815	2x - p
10.	Patte	OSt	Trikotine	blau	0815	2x - p
11.	Brustleiste	OSt	Trikotine	blau	0815	1x
12.	Vorderteil-Futter	Futter	Taft	marine	23650	2x - p
13.	Seitenteil-Futter	Futter	Taft	marine	23650	2x - p
14.	Rückteil-Futter	Futter	Taft	marine	23650	2x - p
15.	Oberärmel-Futter	Futter	Taft-Stripe	creme	23-147	2x - p
16.	Unterärmel-Futter	Futter	Taft-Stripe	creme	23-147	2x - p
17.	Brustleistentaschen-Futter vorne	Futter	Serge	blue	23-598	1x
18.	Brustleistentaschen-Futter hinten	Futter	Serge	blue	23-598	1x
19.	Pattentaschen-Futter vorne	Futter	Serge	blue	23-598	2x - p
20.	Pattentaschen-Futter hinten	Futter	Serge	blue	23-598	2x - p
21.	Vorderteil-Einlage	Einlage	Raschel	grau	V-94-5	2x - p
22.	Vorderteil-Plack	Einlage	HairFix	creme	HF-0-22	2x - p
23.	Seitenteil-Einlage	Einlage	Raschel	grau	R-94-5	2x - p
24.	Seitenteil-Taschen-Einlage	Einlage	Vlies	anthrazit	V-94-A	2x - p
25.	Vorderteil-Beleg-Einlage	Einlage	Softlight	grau	S-001-2	2x - p
26.	Rückteil-Beleg-Einlage	Einlage	Softlight	grau	S-001-2	1x
27.	Oberkragen-Einlage	Einlage	Soft	grau	S-001-5	1x
28.	Unterkragen-Einlage	Einlage	Softlight	grau	S-001-2	2x - p
29.	RT-Saum-Schlitz-Einlage	Einlage	Softlight	grau	S-001-2	2x - p
30.	RT-Schulter-Armloch-Einlage	Einlage	Softlight	grau	S-001-2	2x - p
31.	Oberärmel-Saum-Schlitz-Einlage	Einlage	Softlight	grau	S-001-2	2x - p
32.	Unterärmel-Saum-Schlitz-Einlage	Einlage	Softlight	grau	S-001-2	2x - p
32.	Oberärmel-Kugel-Einlage	Einlage	Softlight	grau	S-001-2	2x - p
33.	Unterärmel-Kugel-Einlage	Einlage	Softlight	grau	S-001-2	2x - p
34.	Brustleistentaschen-Einlage	Einlage	Vlies	anthrazit	V-94-A	1x
35.	Pattentaschen-Einlage	Einlage	Softlight	grau	S-001-2	2x - p
36.						
37.						
38.						
39.						
40.						

2x - p (p = paarig) = 2 spiegelsymmetrische Schnittteile

Mantel mit Schalkragen (1)
Modellentwicklung

185
186

Grundlage für diesen Mantel ist ein taillierter Oberteil-Grundschnitt der **Passformklasse 5 bis 8** mit Brustabnäher (siehe Seiten 185+186).

Das saumweite, taillierte Modell ist mit Schalkragen, Englischen Nähten und mit aufgesetzten Taschen gestaltet. Die Ärmel mit geknöpftem Riegel zur Weitenregulierung der Ärmelsaumweite werden hier nicht gezeigt.

□1 Mantel mit Schalkragen

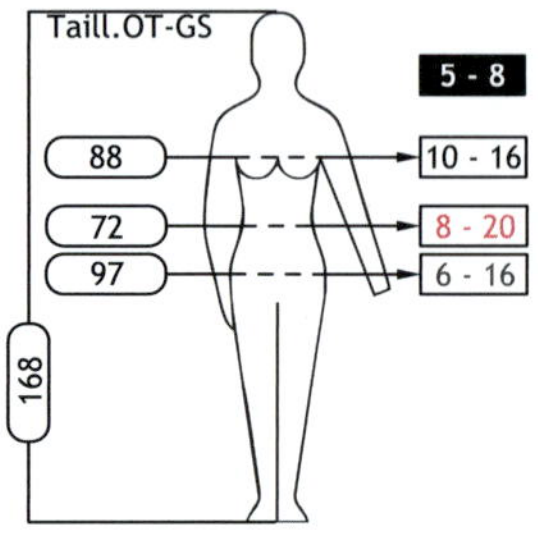

□2 **Passform-Piktogramm mit geeigneten Weitenzugaben**

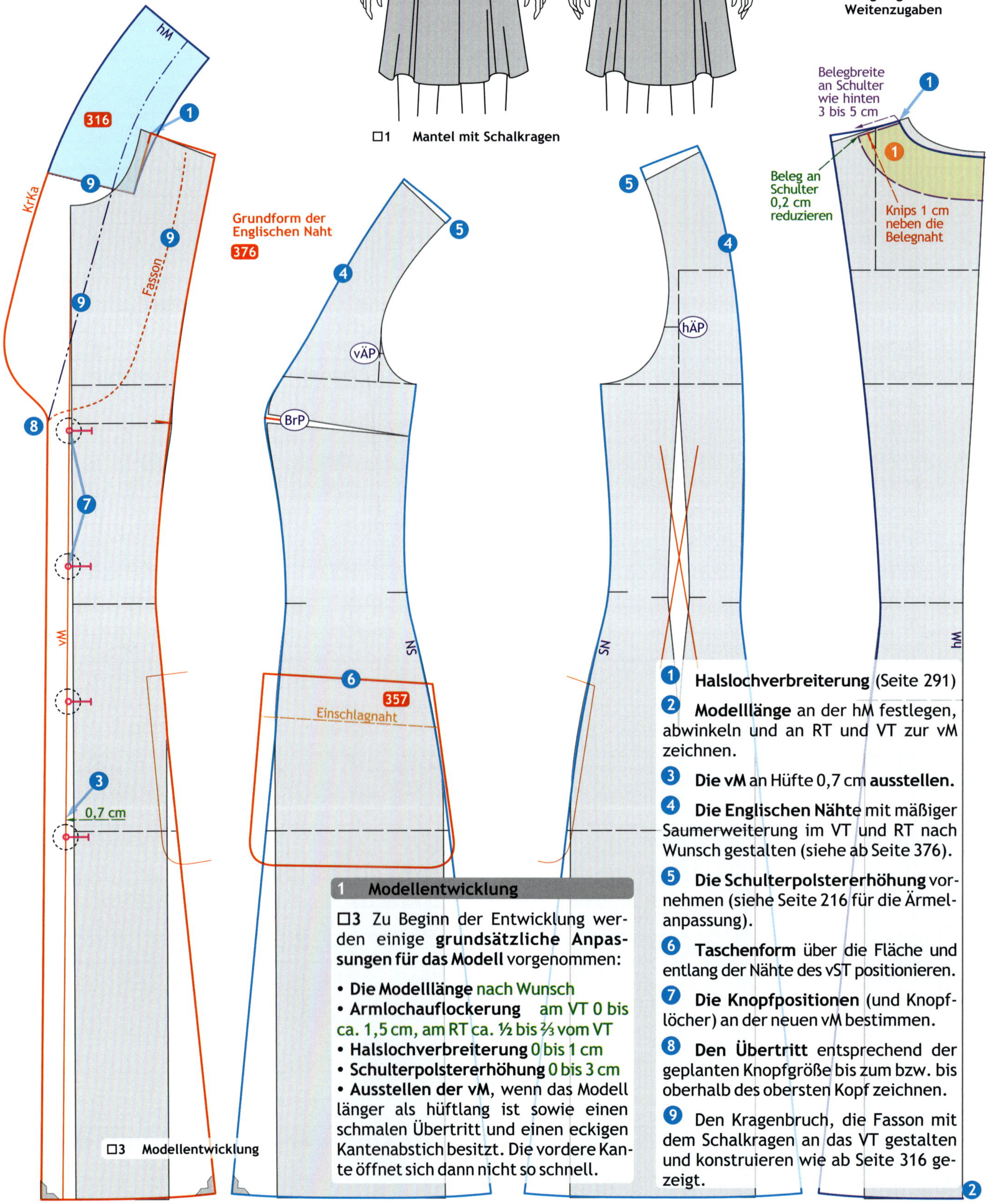

□3 Modellentwicklung

1 Modellentwicklung

□3 Zu Beginn der Entwicklung werden einige **grundsätzliche Anpassungen für das Modell** vorgenommen:

- **Die Modelllänge** nach Wunsch
- **Armlochauflockerung** am VT 0 bis ca. 1,5 cm, am RT ca. ½ bis ⅔ vom VT
- **Halslochverbreiterung** 0 bis 1 cm
- **Schulterpolstererhöhung** 0 bis 3 cm
- **Ausstellen der vM**, wenn das Modell länger als hüftlang ist sowie einen schmalen Übertritt und einen eckigen Kantenabstich besitzt. Die vordere Kante öffnet sich dann nicht so schnell.

1 **Halslochverbreiterung** (Seite 291)

2 **Modelllänge** an der hM festlegen, abwinkeln und an RT und VT zur vM zeichnen.

3 **Die vM** an Hüfte 0,7 cm **ausstellen.**

4 **Die Englischen Nähte** mit mäßiger Saumerweiterung im VT und RT nach Wunsch gestalten (siehe ab Seite 376).

5 **Die Schulterpolstererhöhung** vornehmen (siehe Seite 216 für die Ärmelanpassung).

6 **Taschenform** über die Fläche und entlang der Nähte des vST positionieren.

7 **Die Knopfpositionen** (und Knopflöcher) an der neuen vM bestimmen.

8 **Den Übertritt** entsprechend der geplanten Knopfgröße bis zum bzw. bis oberhalb des obersten Kopf zeichnen.

9 Den Kragenbruch, die Fasson mit dem Schalkragen an das VT gestalten und konstruieren wie ab Seite 316 gezeigt.

Mantel mit Schalkragen (2)
Produktionsschnitte der vorderen Schnittteile

2 Konstruktion des Schalkragens siehe Seite 316

3 Vordere Produktionsschnitte

10 Die Belegfläche wie ab Seite 317 (Variante 1) kopieren und Roll- + Verstürzweite anzeichnen, siehe Seite 318.

11 Unten am Kragenbeginn nur ca. ⅓ Rollweite als Verstürzweite anzeichnen.

12 Belege und Futterflächen liegen innen unter dem Schulterpolster. Dort kann die Schulterpolstererhöhung sowie am Halsloch 0,2 cm entfernt werden.

13 Am Kragenbeginn den oberen der beiden Knipse um ca. ½ Rollweite nach oben verschieben und die Naht dort zwischen den Knipsen etwas einhalten.

14 □5+6+7 Die Weiterentwicklung und die Saumlösungen von VT und ST sind beim vorhergehenden Modell ausführlich beschrieben.

15 Siehe folgende Seite.

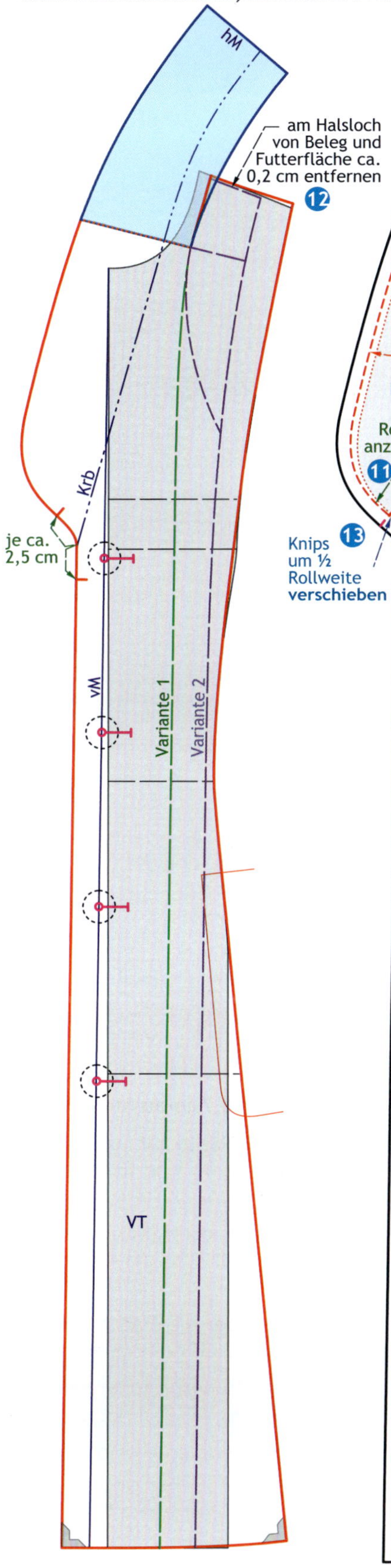

□4 Fertige Konstruktion des Schalkragens am VT; entspricht der □3

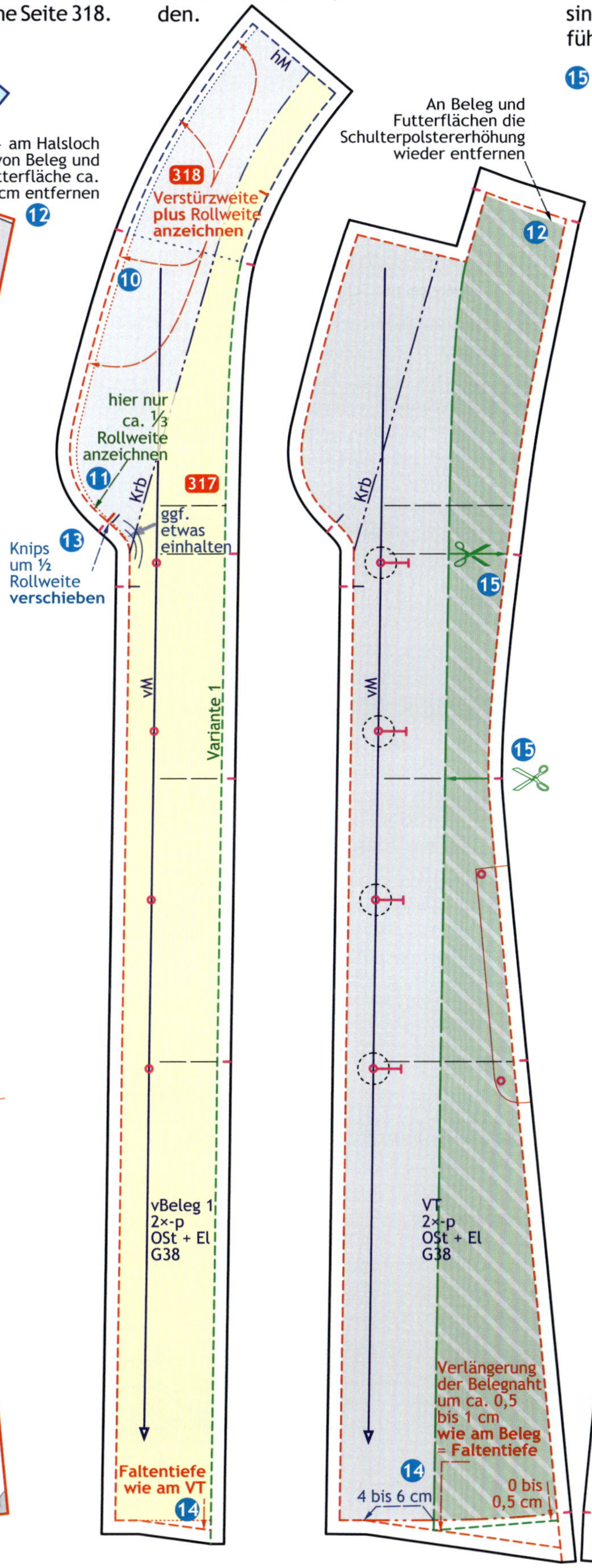

□5 Produktionsschnitte des vorderen Belegs 1 und des VT mit Futterfläche (grün) für Beleg 1

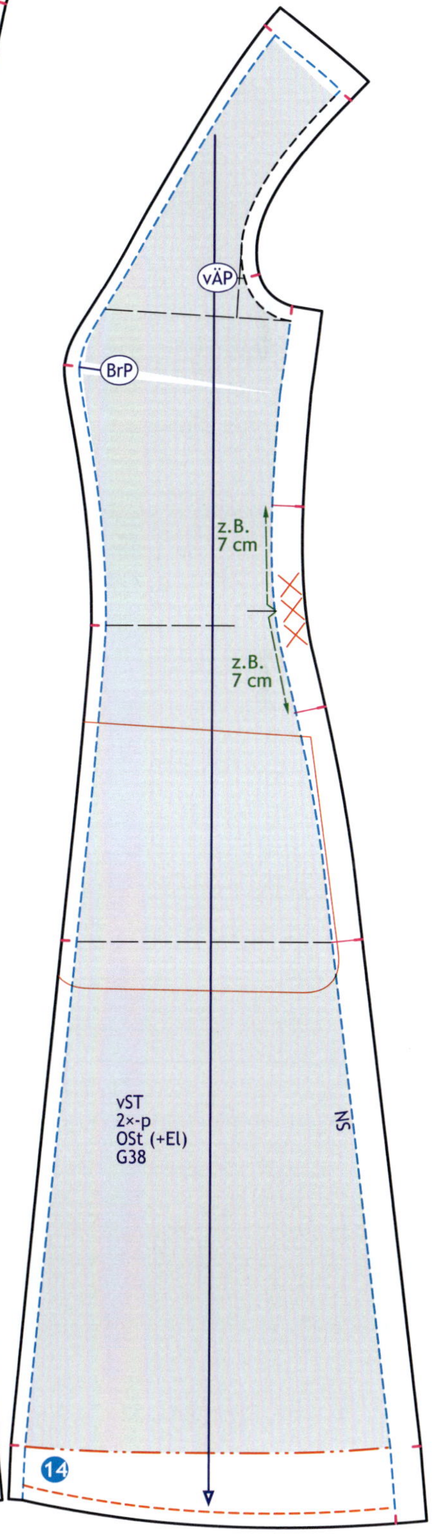

□6 Produktionsschnitt vorderes Seitenteil

Mantel mit Schalkragen (3)
Futterentwicklung VT, Kragen und Tasche

4 Vorderteil-Futter

15 **□5+7** Für das VT-Futter wird die grüne „Futterfläche“ vom VT (alles was auf der Innenseite nicht Beleg ist) kopiert und mit einer ST-Kopie verbunden. Die Futterfläche des VT an die Futterfläche des vST anlegen und Taille und Brust so einschneiden, dass sie an Schulter und Saum zusammenpassen.

16 An Brust, Taille und Hüfte sollte Mehrweite am Futter entstehen.

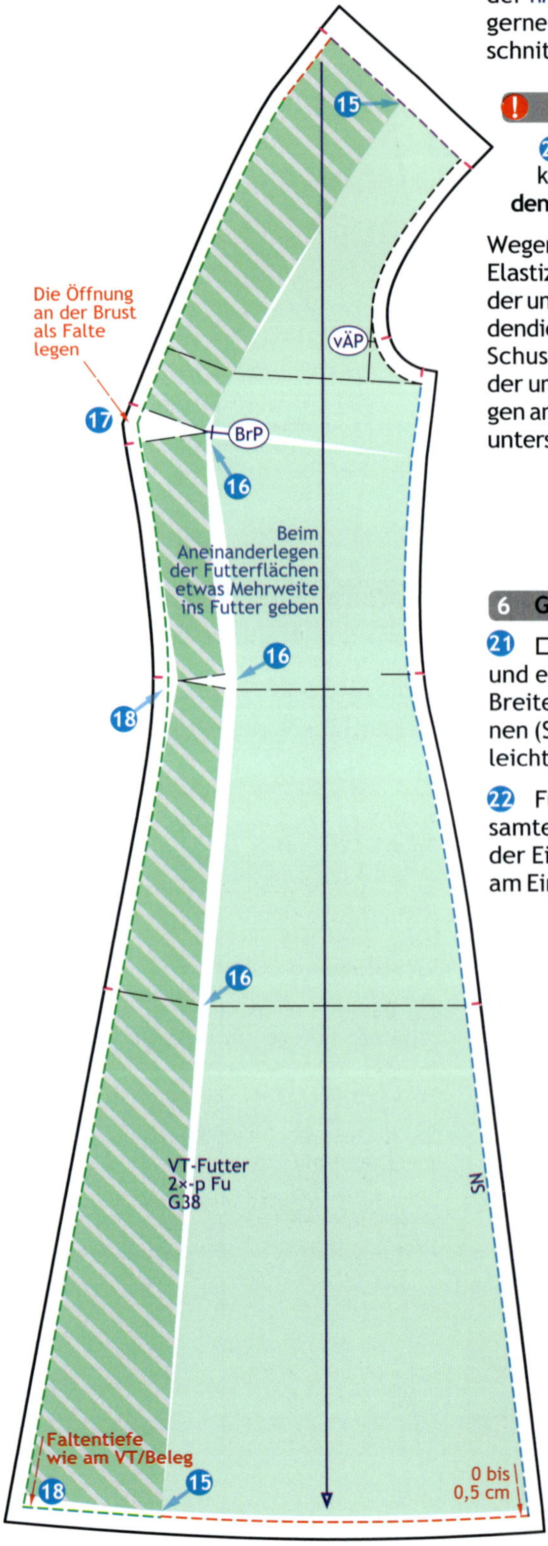

□7 Produktionsschnitt vorderes Futter aus der Futterfläche für Beleg 1 und dem vorderen ST

17 In Brusthöhe öffnet sich eine Falte.

18 Die Belegnaht an der Taille ausformen und am Saum die Faltentiefe vom VT bzw. vom Beleg anzeichnen.

5 Unterkragen

19 **□8** Der Unterkragen kann mit Naht an der hM und im schrägen Fadenlauf zugeschnitten werden.

Da am Beleg (Oberkragen) bei allen Schalkragen bereits eine Naht an der hM ist, wird der Unterkragen auch gerne ohne Naht an der hM zugeschnitten.

! Fadenlauf am Unterkragen

20 **□11** Der gespiegelte Unterkragen darf **nicht im schrägen Fadenlauf** zugeschnitten werden.

Wegen der unterschiedlichen Elastizität der Garne und der unterschiedlichen Fadendichte der Kett- und Schussfäden, würde sich der um den Hals gelegte Kragen an rechter und linker Seite unterschiedlich verhalten.

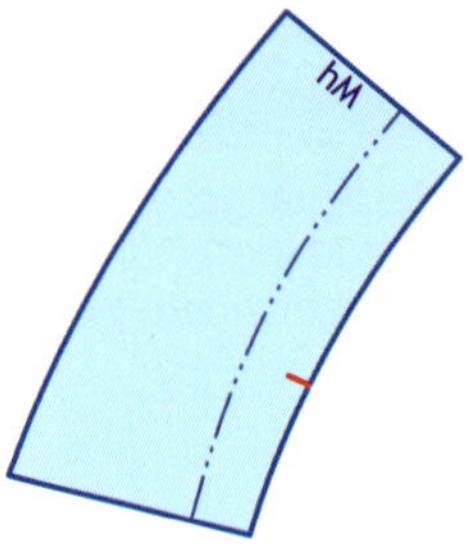

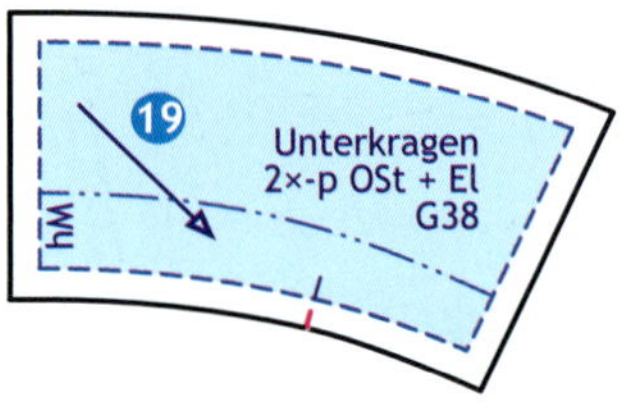

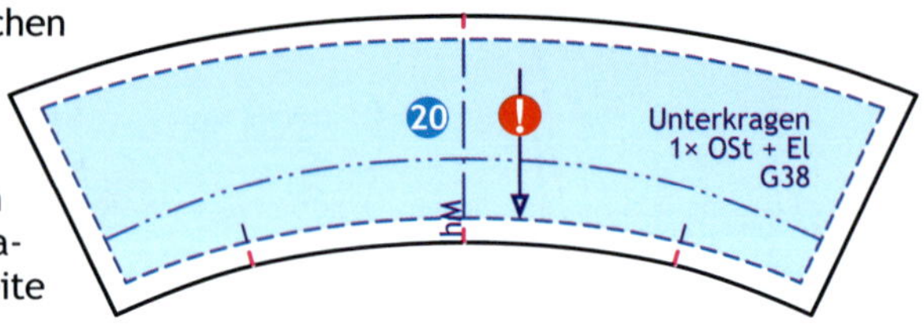

□8 Entwicklung der möglichen Produktionsschnitte für den Unterkragen.

6 Gefütterte aufgesetzte Tasche

21 **□9** Die Taschenform kopieren und einen Einschlag von ca. 3 bis 5 cm Breite parallel zum Eingriff einzeichnen (Seite 357). Ein seitlicher Knips erleichtert das Zusammensetzen.

22 Für die Taschenfront wird die gesamte sichtbare Fläche kopiert und der Einschlag bis zur Futteransatznaht am Eingriff gespiegelt.

23 **□10** Das Taschenfutter entspricht der Fläche unterhalb der Einschlagnaht.

Je nach Verarbeitungsvariante werden die Schnittflächen und Nahtzugaben besonders konstruiert.

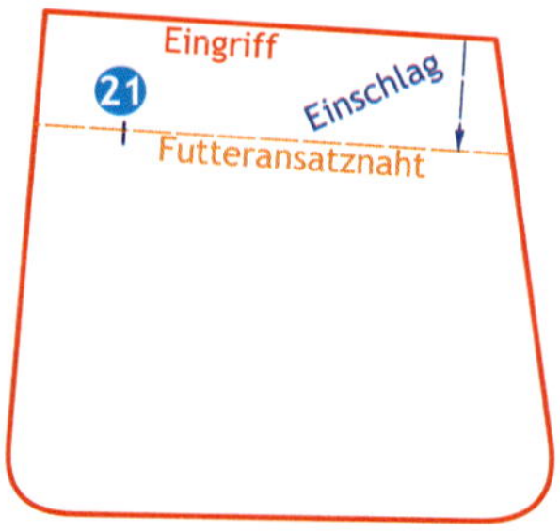

357

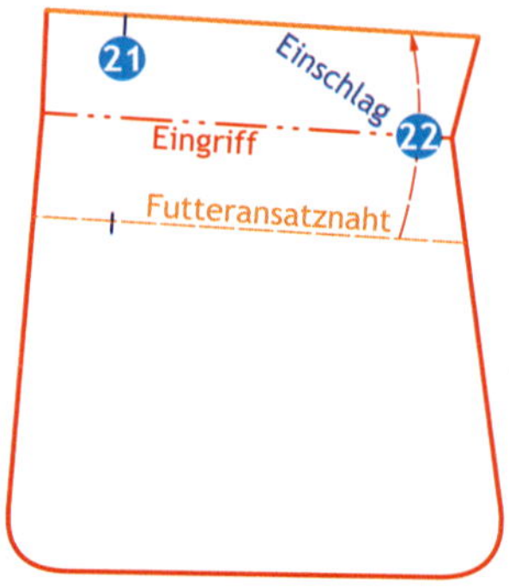

□9 Entwicklung der aufgesetzten Tasche

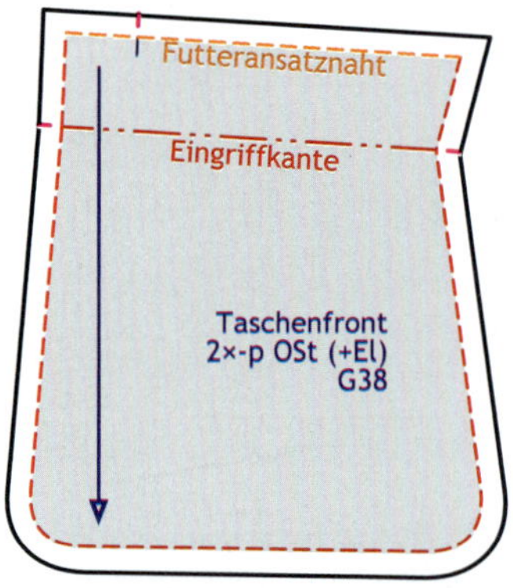

□10 Produktionsschnitte von Taschenfront und Futter

Mantel mit Schalkragen (4)
Produktionsschnitte der alternativen Belege

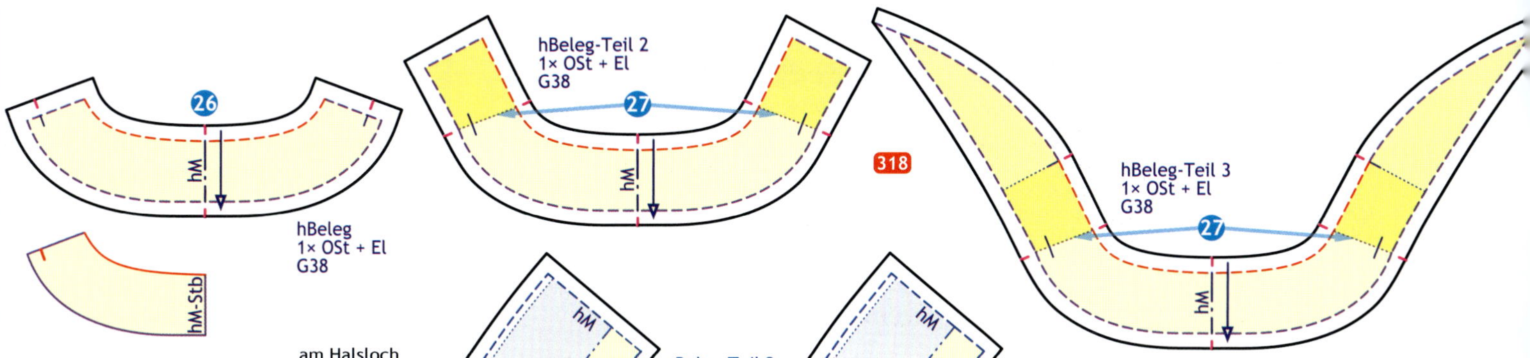

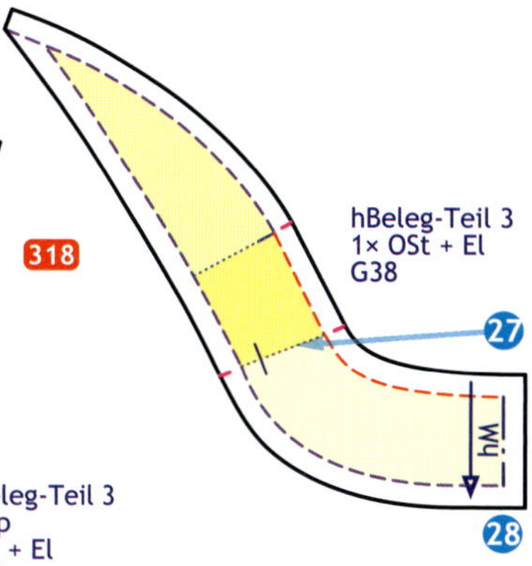

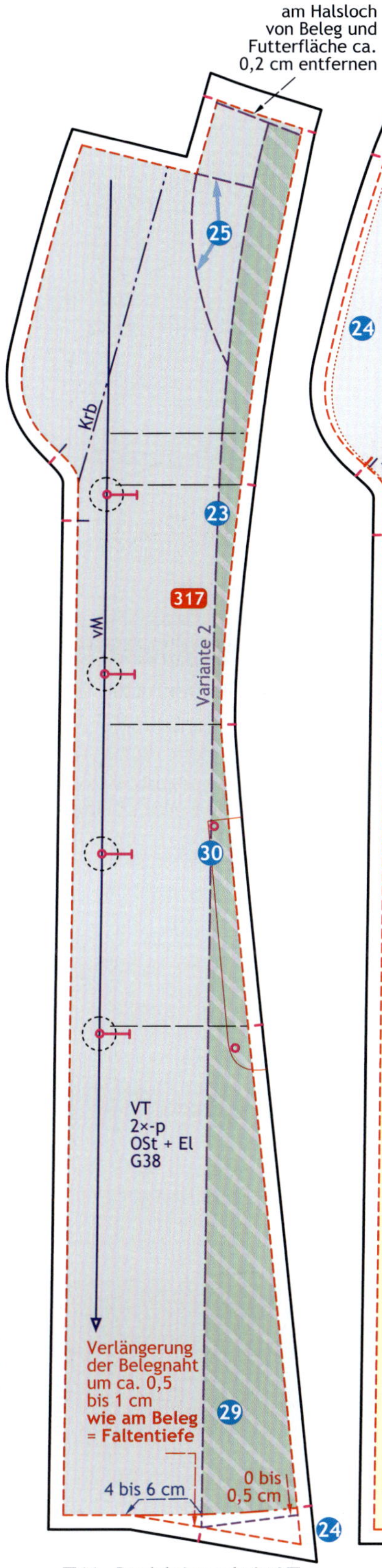

☐11 **Produktionsschnitt VT mit Futterfläche (grün) für die alternativen Belegformen**

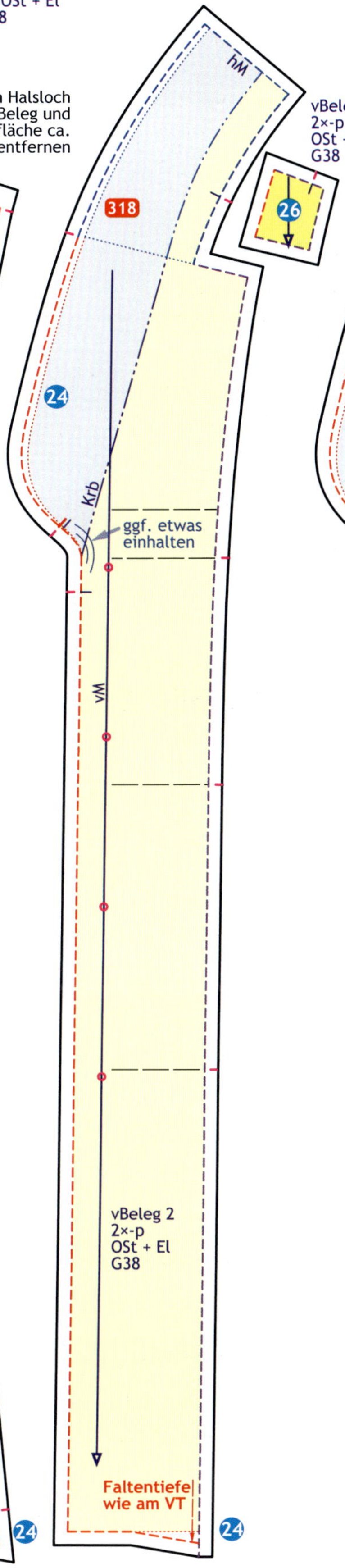

☐12 **Produktionsschnitt alternative Beleg-Variante 2**

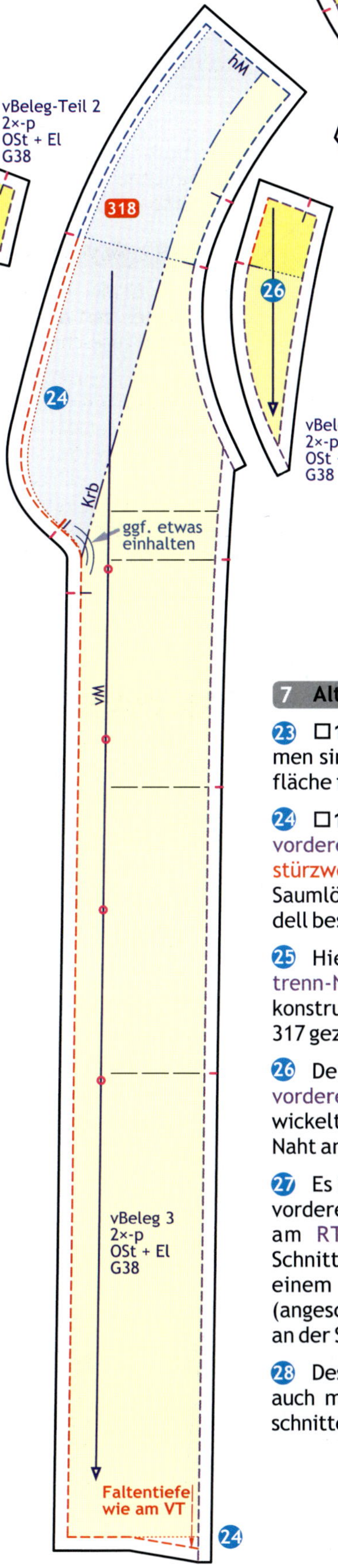

☐13 **Produktionsschnitt alternative Beleg-Variante 3**

☐14 **Produktionsschnitte sämtlicher alternativer Beleg-Varianten in Verbindung mit dem RT-Beleg**

7 Alternative Belegformen

(23) ☐**11** Die alternativen Belegformen sind breiter. Somit ist die Futterfläche für das VT-Futter schmaler.

(24) ☐**12+13** Die Fertigstellung der vorderen Belege mit Roll- und Verstürzweite ist auf Seite 318 sowie die Saumlösungen bei vorhergehendem Modell beschrieben.

(25) Hier werden nochmals die Abtrenn-Nähte der alternativen Belegkonstruktionen wie bereits auf Seite 317 gezeigt.

(26) Der RT-Beleg und die alternativen vorderen Belege sind hier fertig entwickelt. Sie werden separat mit einer Naht an der Schulter zugeschnitten.

(27) Es besteht die Möglichkeit, die am vorderen Beleg abgetrennten Flächen am RT-Beleg anzuschneiden. Die Schnittteile werden an der Schulter zu einem Schnittteil zusammengefasst (angeschnitten, d.h. ohne eine Naht an der Schulter).

(28) Des weiteren kann der RT-Beleg auch mit einer Naht an der hM zugeschnitten werden.

Mantel mit Schalkragen (5)
Produktionsschnitte der hinteren Schnittteile

8 Hintere Produktionsschnitte

(29) □15 Die hinteren Schnittteile (mit Schulterpolstererhöhung) und Saumeinschlägen fertigstellen.

(30) □3+11 Die Positionen der aufgesetzten Tasche hier nur am VT und am hST mit Bohrlöchern markieren. Die Tasche wird dann so aufgenäht, dass die SN auch unten verdeckt ist.

(31) Die hintere Futterfläche ist hier ohne RT-Beleg dargestellt.

9 Rückteil-Futter

(32) □16 Die Futterflächen (grün) können am Saum bis zu 0,5 cm verlän-gert werden.

(33) Die Schulterpolstererhöhung an der Futterfläche entfernen.

(34) Die neue hM vom Halsloch bzw. der Belegnaht gerade zum Saum zeichnen. An der Taille entsteht dabei Mehrweite.

(35) Die Bewegungsfalte von 2 cm Tiefe anzeichnen (= Spiegellinie).

(36) Die Falte beginnt an der Belegnaht oder wird ca. 2 cm tief abgenäht.

(37) Sie muss am Saum ca. 6 cm oberhalb der Saumnaht abgenäht werden.

(38) An der Taille kann die Falte ca. 4 bis 6 cm lang abgenäht werden, damit sie etwas Stabilität gewinnt.

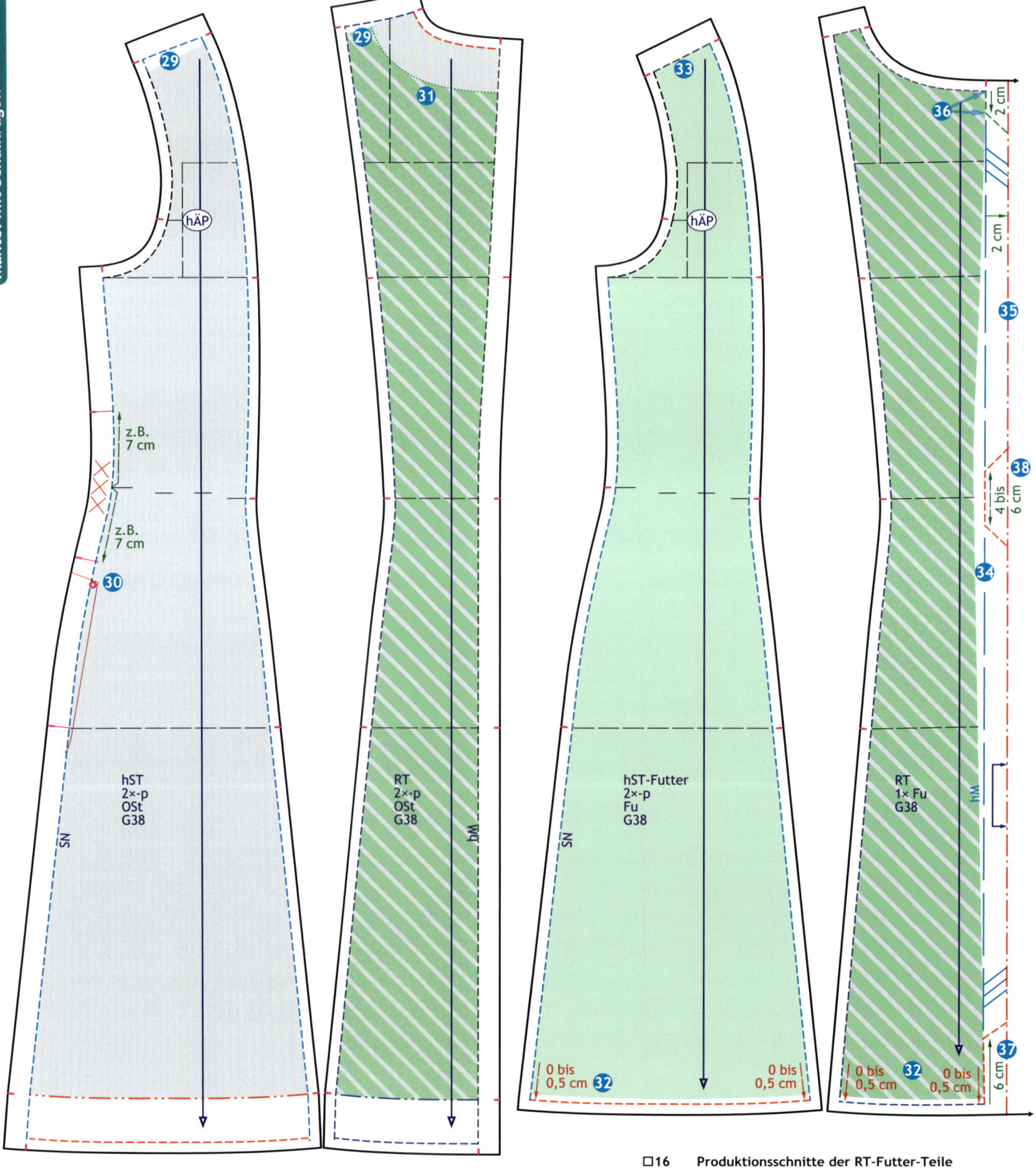

□15 Produktionsschnitte für die hinteren Schnittteile aus Oberstoff

□16 Produktionsschnitte der RT-Futter-Teile inklusive Mehrlänge über dem Schlitz

Cape-Grundschnitt (1)

Für den Cape-Grundschnitt (siehe Abbildung Seite 465) sind viele Konstruktionsschritte identisch mit denen der Oberteil-Grundschnitte.

Abweichende Schritte sind hier in Rot gekennzeichnet und werden unten erklärt. Ansonsten kann die Konstruktion mit den Bemaßungen und Punkten selbsterklärend durchgeführt werden.

Da ein Cape die Arme verdeckt und auch keine Ärmel besitzt, muss ein Armausgriff gefertigt werden, um die Hände verwenden zu können.

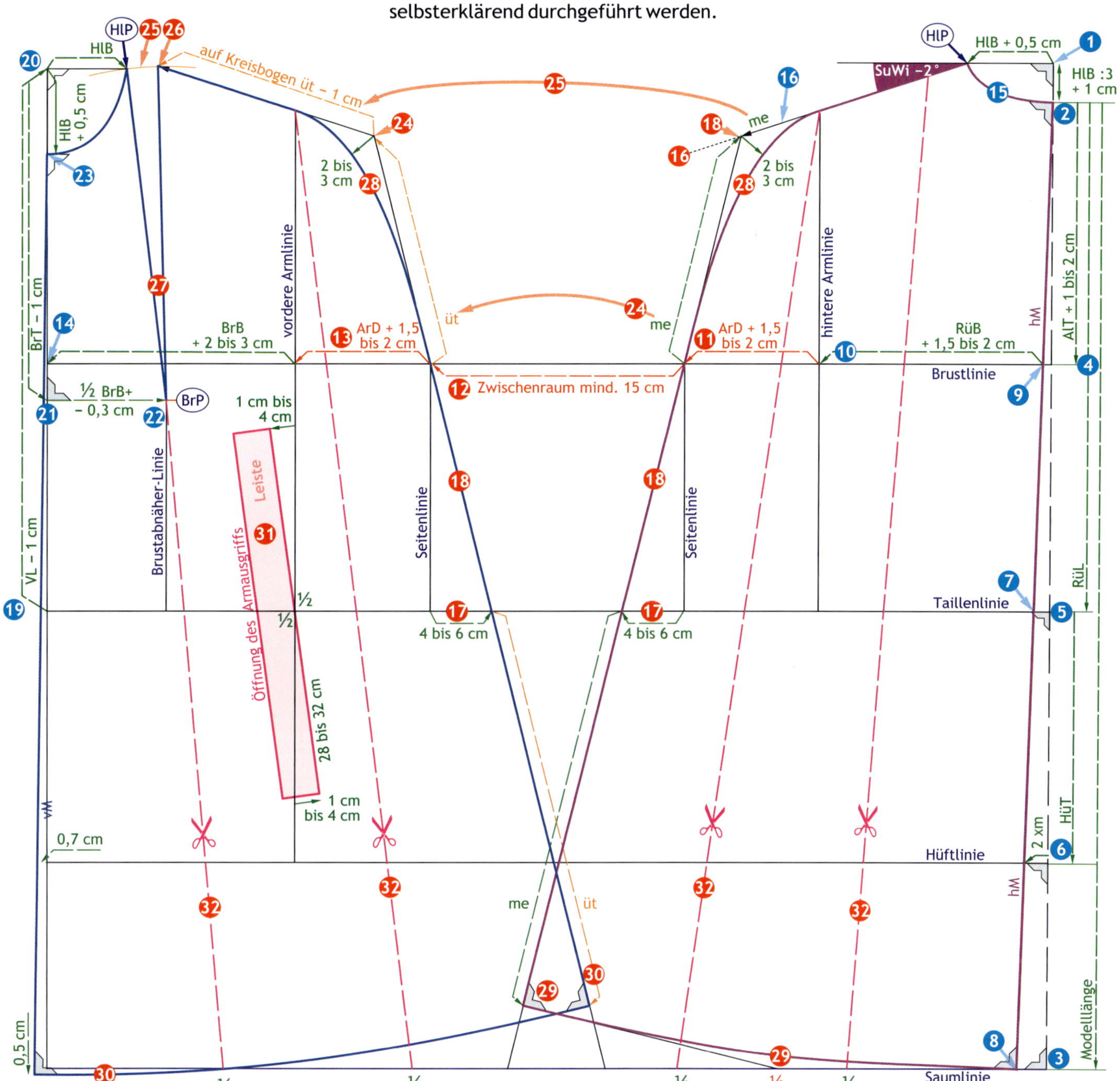

□1 Grundkonstruktion Cape

Besondere Konstruktionsschritte

□1 P1 bis P10 und P14 bis P16 sowie P19 bis P23 sind identisch mit dem Oberteil-GS bis Seite 179.

11 12 13 bemaßt markieren.

16 Die vom hinteren HlP mit dem SuWi – 2° abgewinkelte Schulterlinie wird deutlich verlängert.

17 An den Schnittpunkten von Taillenlinie und Seitenlinien 6 bis 7 cm ausstellen.

18 Von dort jeweils über die Schnittpunkte von Brustlinie und Seitenlinien nach oben und unten verlängern. Schnittpunkt mit Linie 16 und Seitennaht-Linie → P18.

24 Von P18 nach unten zur Brustlinie messen und an der vorderen SN-Linie nach oben abtragen → P24.

25 Einen kleinen Kreisbogen um den BrP durch den vorderen HlP nach rechts zeichnen.

26 hintere Schulternahtlänge bis P18 messen und von P24 auf den Kreisbogen zeichnen → P26.

27 Brustabnäher zum BrP zeichnen.

28 Seitennahtlinien und Schulterlinien rund formen.

29 Von der Hälfte der hinteren Saumlinie ein Lot auf die SN-Linie zeichnen und den Saum formen.

30 SN-Länge auf das VT übertragen und den vorderen Saum formen.

Modellvorbereitung

31 Für den Armaustritt wie bemaßt, eine 28 – 32 cm lange Leiste einzeichnen. Die Öffnung zeigt dabei nach vorne. Die Leiste verdeckt den Schlitz.

32 Einschnittlinien ungefähr von den Saumdritteln zum BrP und den Schulternähten zeichnen.

Hier ist aus dem Cape-Grundschnitt ein sehr einfaches Modell gezeigt. Lediglich der Brustabnäher wurde zugelegt und dadurch die Weite am Saum überall gleich vergrößert.

Die Schulternähte an den Drehpunkten noch ausformen.

Die Saumrundungen ergänzen.

Einen Über- bzw. Untertritt von 2 bis 3 cm anzeichnen. Optional Knöpfe markieren oder mit Haken und Ösen ggf. nur am Kragen schließen.

□3 Sollte auf diese Weise die Saumweite zu gering ausfallen, kann sie nach Belieben vergrößert werden. Die Drehpunkte sind dann - ausgehend von diesem Schnitt mit zugelegtem Brustabnäher - jeweils an den Schulternähten.

□4 Sollte beim Zulegen des Brustabnähers die Saumweite zu groß ausfallen, können die Schnittflächen beim Zulegen am Brustpunkt um bis zu 1 cm überschnitten werden. Der Drehpunkt wäre dann am Halslochpunkt.

Der Brustabnäher aus □1 kann auch verlegt oder in einer Teilungsnaht aufgenommen werden. In diese Naht könnte an dieser Stelle auch der Armausgriff gelegt werden. Ergänzt wird ein Cape gerne durch einen Stehkragen oder eine Kapuze.

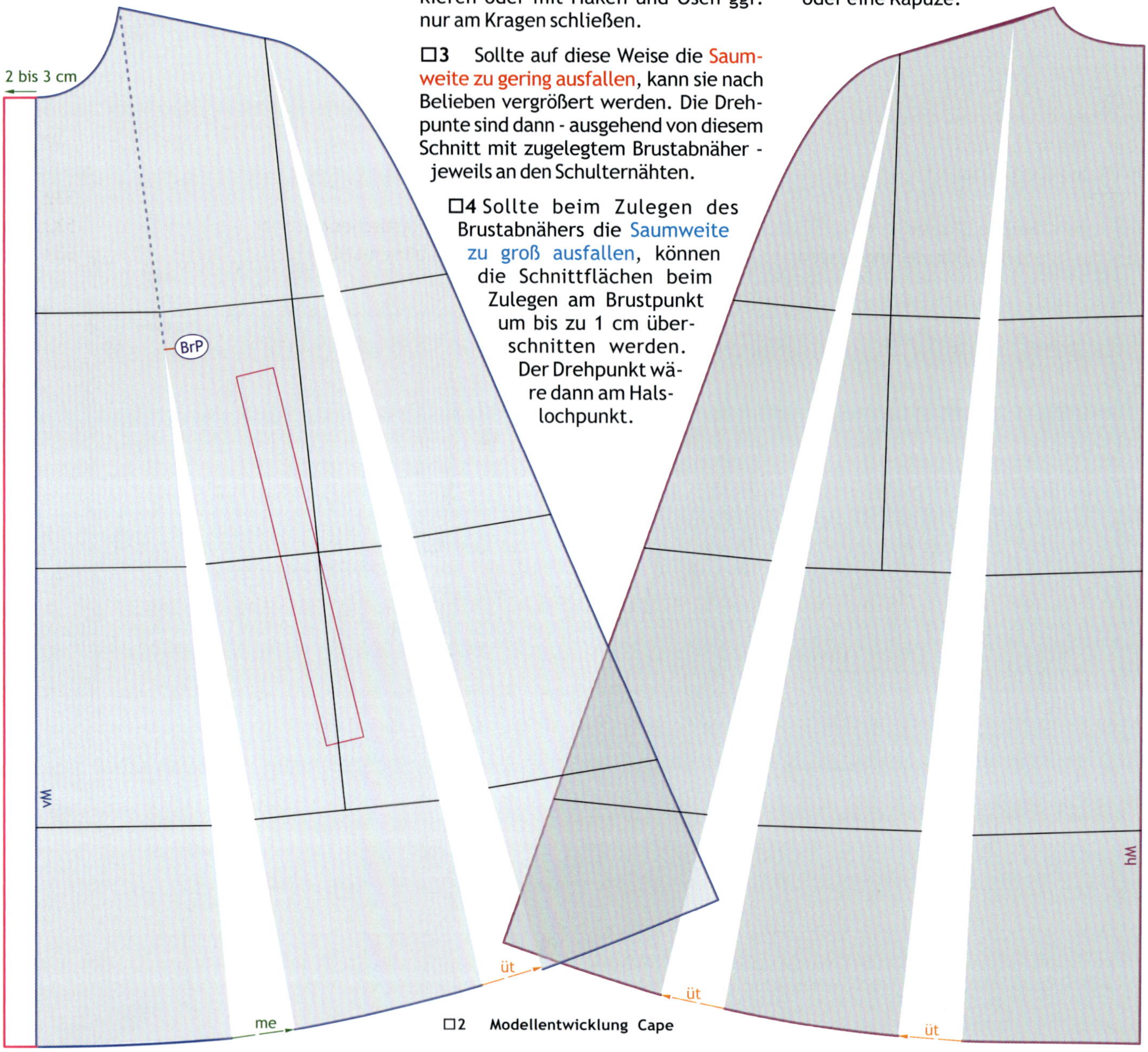

□2 Modellentwicklung Cape

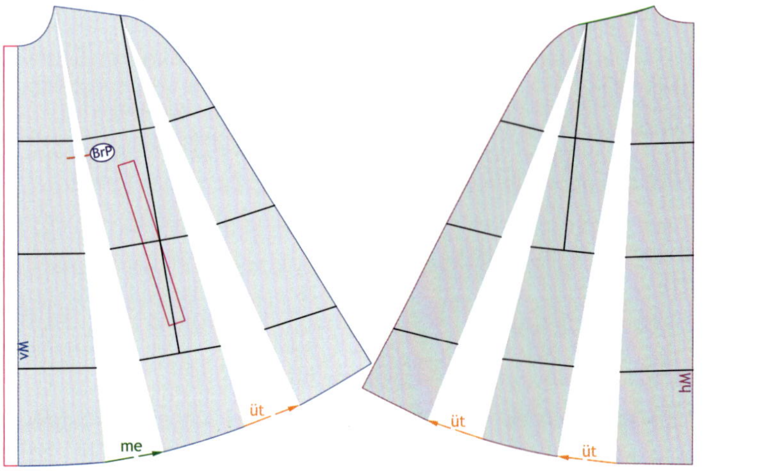

□3 Cape mit großer Saumweite - es ist noch viel mehr Saumweite möglich

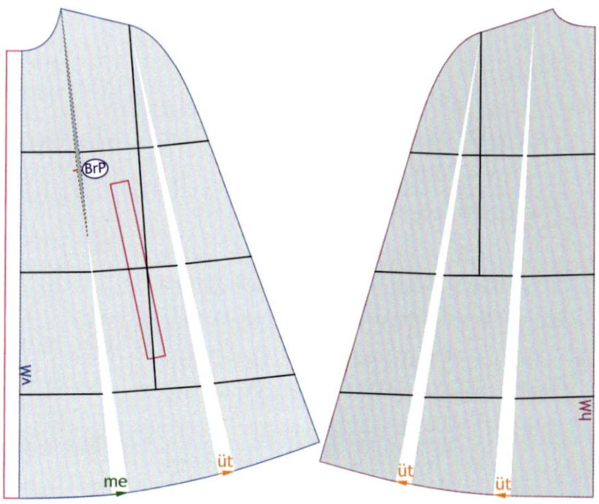

□4 Cape mit reduzierter Saumweite

Übersicht

Einfache Hose (1)
Information und Konstruktionstabelle

Grundschnitt einer einfachen Hose

☐1 Diese hüftweite Hose bietet großzügige Bewegungsfreiheit. Sie wird gerne für Sport- und Freizeitbekleidung verwendet. Der Einsatz elastischer Materialien ist möglich, aber nicht zwingend. Die Konstruktion ist mit den entsprechenden Maßen für beide Geschlechter geeignet.

Der Grundschnitt hat keine Abnäher und hält durch einen Kordel- und/oder Gummibund an der Taille. Es sind weniger Konstruktionsschritte erforderlich, sie weichen etwas von der Standardhose ab.

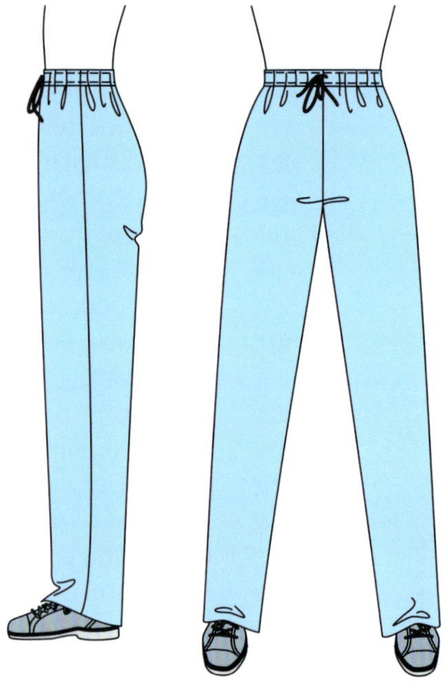

☐1 Einfache Hose mit Gummi- und / oder Kordeltunnel

1 Vorderteil, Vorderhose

1. ☐3 Alle Längenmaße abtragen, die SiH und die TaH ggf. um eine Taillenvertiefung reduzieren.
2. 3. 4. Auf der Hüftlinie nacheinander die vHoB und vHoB : 4 + 0,5 abtragen, halbieren und die vHoM zeichnen.
5. Saumweite zeichnen und kurz senkrecht hochstellen.
6. Von dort die Grundlinien der Hosenbeine zur Hüftlinie zeichnen und an der Knielinie einstellen.
7. Die Hosenbeine formen.
8. Die vM ggf. einstellen und die Taillennaht rechtwinklig formen.
9. Die vM mit dem vorderen Hosenausschnitt wie skizziert entsprechend für eine Damen- oder Herren-Hose zu P9 formen.

Konstruktionstabelle Maßangaben in cm **Hose**	Name			Größe	38
	Datum		Modell	Einfache Hose unisex	

Hauptmaße (Kennmaße)		Körpermaße	Proportionsmaße (Konstruktions-, Kontroll-, Hilfsmaße)					
TaU	Taillenumfang	72	½	36	¼	18		
HüU	Hüftumfang	97	½	48,5	¼	24,25		
BuU	Bundumfang		½		¼			
TaA	Taillenabstände	v 0	r 0		l 0		h 0	
sTaH	seitliche Taillenhöhe				106			
SiH	Sitzhöhe				26			

OsU	Oberschenkelumfang	55,5
KnU	Knieumfang	
uKnU	unterer Knieumfang	
WaU	Wadenumfang	
FeU	Fesselumfang	
RiU	Ristumfang	

vHoB	Vorderhosenbreite	¼ HüU −1 cm	±	+2 bis 2,5	23,2 → 25,5
hHoB	Hinterhosenbreite	¼ HüU +1 cm	±	+2 bis 3	25,2 → 26,5
GeWi	Gesäßwinkel α (in °)	flache	normale	starke	Gesäßform
Enge Hose bzw. große Sitzlänge		80°	77°	74°	82° -5° → 77°
Standard bzw. mittlere Sitzlänge		85°	82°	79°	
Legere Hose bzw. kurze Sitzlänge		88°	85°	82°	
Starke Figur (auch starkes Gesäß)		84° bis 90°			
längs-elastischer Stoff		zusätzlich +1° bis +2°			

SrH	Schritthöhe	sTaH − SiH	80
KnH	Kniehöhe	SrH :10 · 4	32
SaW	Saumweite		
	Enge Hose	32 bis 40	50
	Standardhose	40 bis 48	
	Weite Hose	48 bis 56	

☐2 Konstruktionstabelle für die einfache Hose

2 Rückteil, Hinterhose

Das Vorderteil kopieren.

10. Die unteren Hosenbeine um 1 cm parallel erweitern.
11. An der Hüftlinie 2 cm ausstellen.
12. Von der Knielinie eine Hilfslinie über P11 zur nach außen verlängerten Taillenlinie der Vorderhose zeichnen.
13. Von P10 auf der Hüftlinie die hHoB
14. und von P13 die hHB : 2 – 1 cm abtragen.
15. Aus P12 die hM mit dem reduzierten Gesäßwinkel α = 77 zeichnen.
16. Von P11 zur Kniekehle messen und auf die hM übertragen + 1,5 cm.
17. Taillennaht rechtwinklig formen.
18. Hilfslinie von der Knielinie nach P14 zeichnen.
19. Die Innenbeinnaht der Vorderhose messen und auf der Hilfslinie abtragen.
20. Die Gesäßnaht, wie skizziert, relativ flach formen.
21. Die obere Innenbein- und Seitennaht formen.
22. Die Hose besitzt für das Anziehen keinen Verschluss zum Öffnen. Daher muss die Taillenweite so weit sein, dass die Hose über die Hüfte gezogen werden kann. Die TaW sollte mindestens dem ½ HüU + 2 cm entsprechen.

Taillenweite nachträglich erweitern, wenn die TaW nicht ausreicht:

Nach jedem der folgenden Schritte sollte die Taillenweite erneut kontrolliert werden.

1. An der vM nicht einstellen.
2. An P11 zusätzlich ca. 0,5 cm weiter ausstellen und die Seitennaht von der Knielinie neu zur Taille hochzeichnen.
3. Als nächstes könnte ggf. der Gesäßwinkel um 1° bis 2° senkrechter gestellt werden.
4. Zuletzt kann die vHoB und hHoB um jeweils bis zu 0,5 cm vergrößert werden.

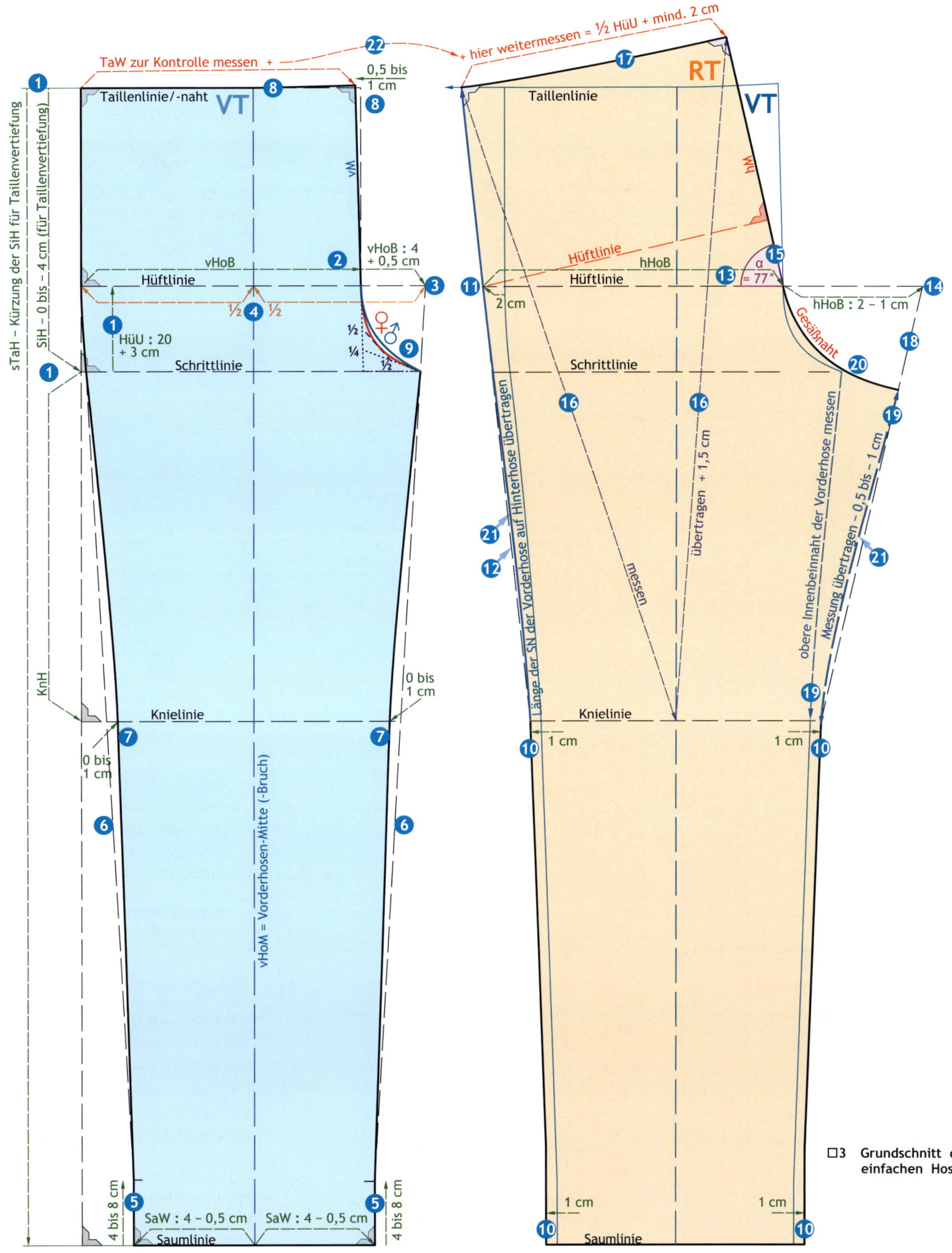

□3 Grundschnitt der einfachen Hose

494

Sporthose

□1 Der Kordeltunnel/Gummizug wird angeschnitten und erhält einen einfachen Einschlag, damit die Taille weich bleibt. Er wird zweimal abgesteppt und mit Kordel-Ösen versehen.

Die Taschen können als Paspel-, als ausgestürzte Reißverschlusstaschen oder mit schmaler Leiste gefertigt werden. Andere Taschenarten, wie z.B. Nahttaschen, sind ebenso möglich.

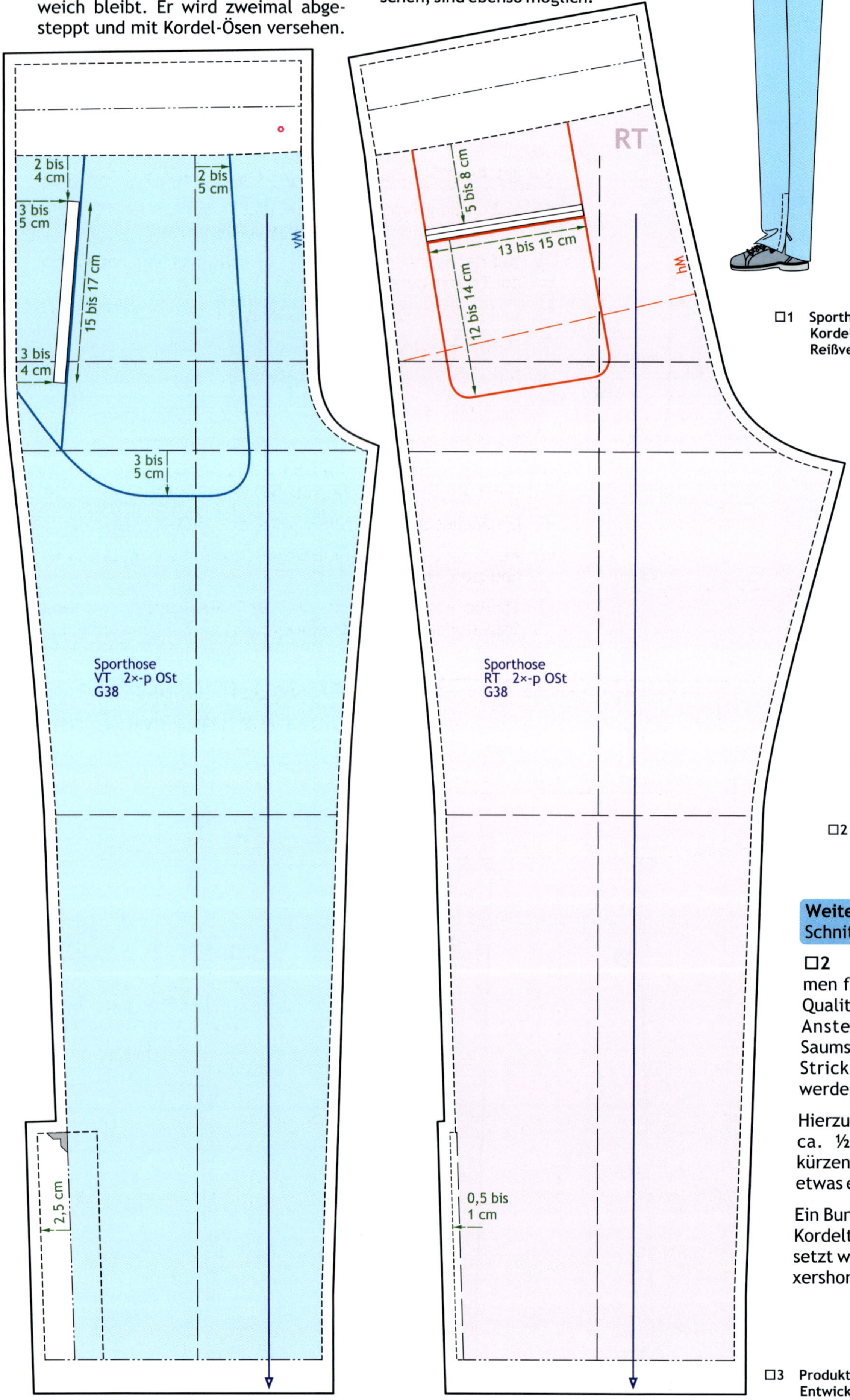

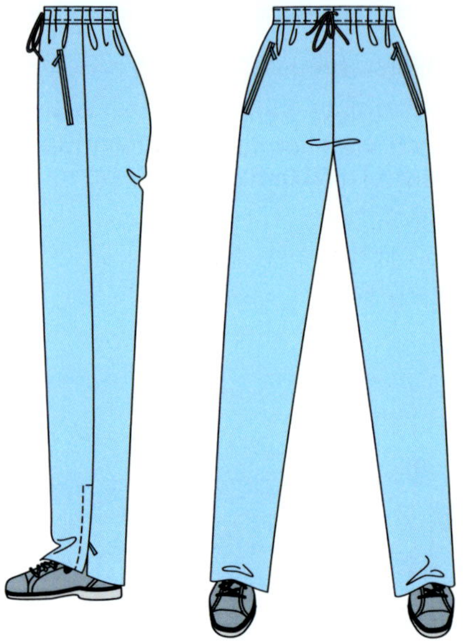

□1 Sporthose mit Gummizug oder Kordeltunnel, Taschen und Reißverschlussschlitzen am Saum

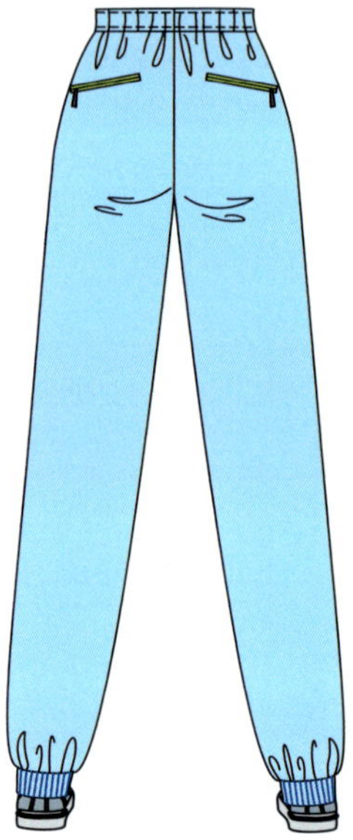

□2 Weite Jogginghose aus demselben Schnitt mit Saumbündchen

Weite Jogginghose
Schnitt hier nicht gezeigt

□2 Als Materialien kommen feste Baumwoll-Strick-Qualitäten zur Anwendung. Anstelle des verdeckten Saumschlitzes können auch Strickbündchen angesetzt werden (siehe Sweatshirt).

Hierzu ist der Hosensaum um ca. ½ Bündchenbreite zu kürzen und kann bei Bedarf etwas erweitert werden.

Ein Bund für Gummizug- oder Kordeltunnel kann auch angesetzt werden, wie bei der Boxershorts gezeigt.

□3 Produktionsschnitt ohne Taschen; Entwicklung siehe Taschenkapitel

Grundschnitt Boxershorts

□1 Diese sehr einfache Unisex-Shorts wird nur mit drei Körpermaßen konstruiert (hier DOB-Größe 38):

Taillenumfang	TaU	72 cm
Hüftumfang	HüU	97 cm
Sitzhöhe	SiH	26 cm

Weitere Modelle, z.B. **kurze Sporthosen**, können auch aus unelastischen Materialien gearbeitet sowie mit oder ohne Seitennaht gestaltet werden. Taschen sind möglich. Der Bund ist ohne Verschluss, er kann angeschnitten oder angesetzt werden. Für Herren kann ein Hosenschlitz in die vordere Hosennaht gearbeitet werden.

□1 Boxershorts mit separatem Gummizug/Kordeltunnel

494

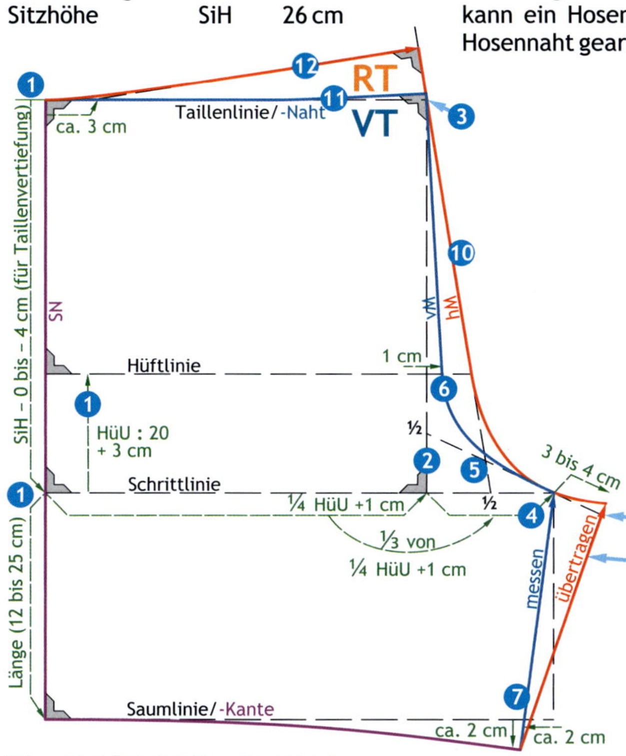

□2 Grundkonstruktion Boxershorts

1 Grundschnittkonstruktion der Boxershorts

1. □2 Längenmaße abtragen, die SiH ggf. um eine Taillenvertiefung reduzieren. Davon jeweils abwinkeln.
2. Auf der Schrittlinie ¼ HüU + 1 cm abtragen und nach oben
3. zur Taillenlinie abwinkeln → P3
4. und ⅓ von ¼ HüU + cm1 weitermessen.
5. Hilfslinien von Halbierungen zu P3 und P4 zeichnen
6. An Hüfte 1 cm ausstellen und die vM zu P3 zu P4 formen.
7. Saum und vordere Innenbeinnaht nach Bemaßung zeichnen.
8. Kurze Hilfslinie um 3 bis 4 cm verlängern (je nach Größe).
9. Hintere Innenbeinnaht zeichnen und auf die Länge der vorderen Innenbeinnaht nach oben hin verlängern.
10. Gesäßnaht auf die Hilfslinie und über P3 hinaus zeichnen.
11. An P3 ca. 0,2 cm hoch und die vordere Taillennaht abgewinkelt zur vM formen.
12. Für die hintere Taillennaht auf der Taillen-Linie ca. 3 cm abtragen und auf die hM anwinkeln, dort die Naht ausformen.

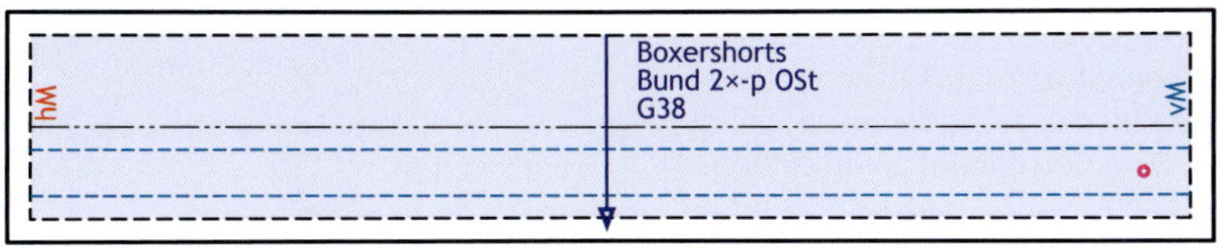

Hosenschlitz mit verdeckter Knopfleiste

□4 **Für Herren:** Einschläge wie skizziert anzeichnen. Übertritt an linker Vorderhose. Der Bund bleibt auch hier ohne Verschluss!

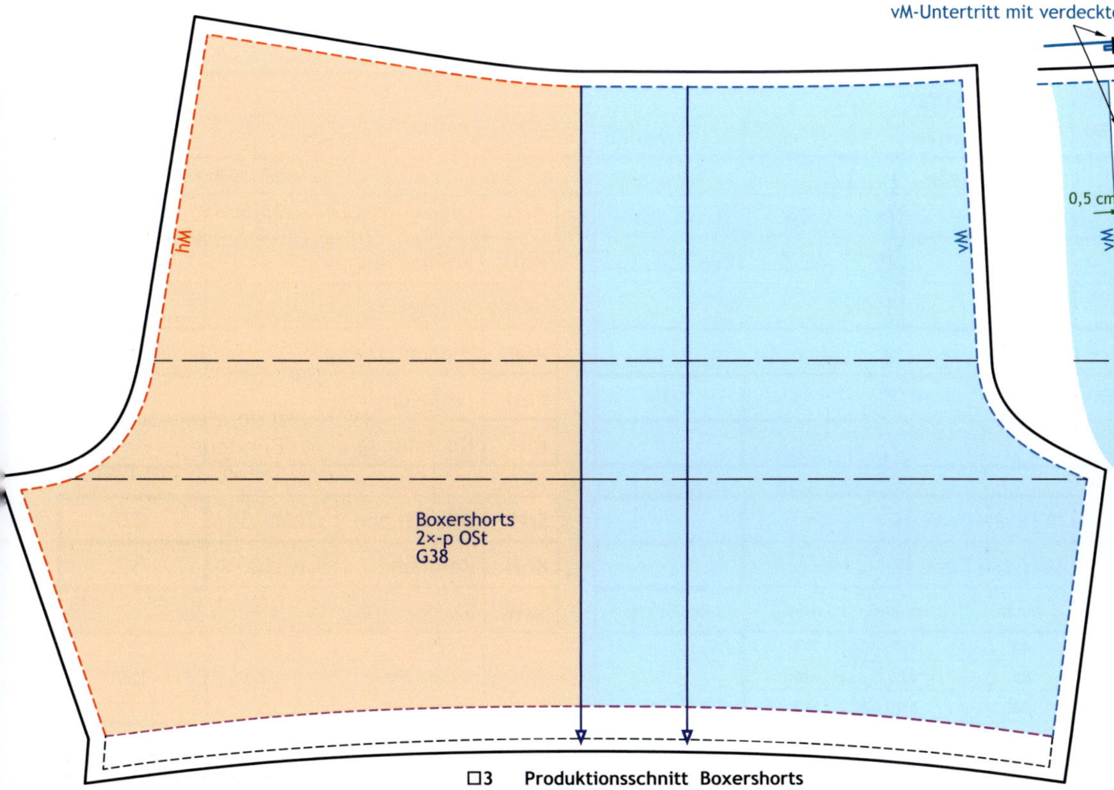

□3 Produktionsschnitt Boxershorts

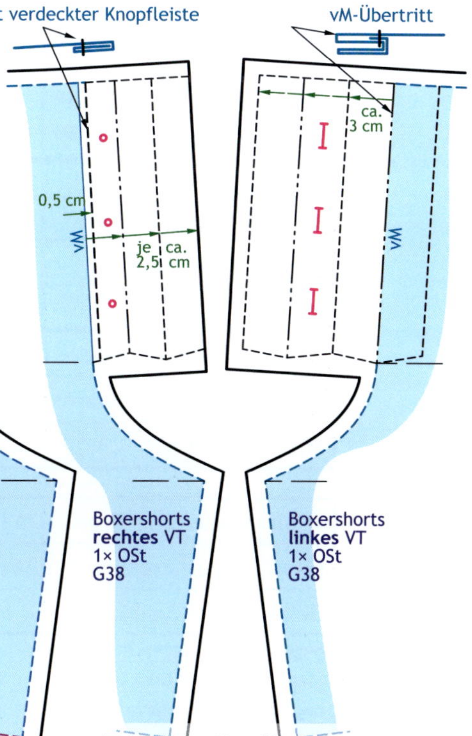

□4 Alternative für Herren: Knopfverschluss an der vM

494

□1 Enge Jogginghose

Der Jogginghosen-Grundschnitt kann als Grundlage für lockere Hosen aus elastischem Material (z.B. die meisten Maschenwaren) verwendet werden. Der Schnitt sitzt locker an Gesäß und Oberschenkel. Die Umfangsmaße werden aus diesem Grund nicht reduziert.

Alternative: Die Sporthose

Für **weite Jogginghosen**, ggf. mit Seitennaht und auch für weniger elastische Maschenwaren kann auch der Sporthosen-Grundschnitt auf Seite 468 verwendet werden.

Modellvarianten und Details

Es können aus diesem Grundschnitt auch bequeme Haushosen, Schlafanzugshosen und ähnliche Modelle für verschiedene Anwendungsbereiche entwickelt werden.

Die Hose kann auf verschiedene Längen gekürzt werden sowie mit separatem Bund, Taschen, vorderem Verschluss und interessanten Abtrenn-Nähten versehen werden.

Auch Seitennähte mit Hüftbögen, um die Taillenweite zu reduzieren, sind möglich. Sind Seitennähte vorhanden, können auch Naht- und Ausschnitt-Taschen gearbeitet werden.

Konstruktion der Jogginghose

1. Senkrechte mit der Länge TaH zeichnen → Seitenlinie.
2. Unten an der Seitenlinie um 6 bis 8 cm kürzen und nach links und nach rechts abwinkeln → Saumlinie.
3. Die SaW : 2 nach rechts und links abtragen.
4. Oben an der Seitenlinie 1 bis 1,5 cm kürzen und ebenfalls abwinkeln → Taillenlinie.
5. Von oben die SiH abtragen, abwinkeln → Schrittlinie.
6. Auf dieser nach rechts und links HüU : 4 + 0 bis 2 cm abtragen und jeweils
7. hoch zur Taillenlinie abwinkeln.
8. Die HüLi links (hinten) um HüU : 10 + 0 bis 1 cm und
9. rechts (vorne) um HüU : 20 + 1 bis 2 cm verlängern.
10. Von der SrLi die KnH nach unten abtragen, abwinkeln → Knielinie.
11. Von dort die WaH abtragen, abwinkeln → Wadenlinie.
12. Den WaU : 2 + 0 bis 1 cm nach links und rechts abtragen.

3a. An P3 jeweils ca. 3 cm nach oben abwinkeln → P3a.

13. Von dort Hilfslinien jeweils von P3a nach P12 und jeweils von P12 nach P8 und P9 zeichnen.
14. An der Knielinie jeweils 1 bis 2 cm einstellen.
15. Die Innenbeinnähte jeweils von P3a über P12 und P13 nach P8 bzw. nach P9 formen.

Konstruktionstabelle Maßangaben in cm **Hose**	Name		Größe	38
	Datum		Modell	Jogging-Hose unisex

Hauptmaße (Kennmaße)		Körpermaße	Proportionsmaße (Konstruktions-, Kontroll-, Hilfsmaße)			
TaU	Taillenumfang	72	½	36	¼	18
HüU	Hüftumfang	97	½	48,5	¼	24,25
BuU	Bundumfang		½		¼	
TaA	Taillenabstände	v 0	r 0		l 0	h 0
sTaH	seitliche Taillenhöhe				106	
SiH	Sitzhöhe				26	

OsU	Oberschenkelumfang	55,5
KnU	Knieumfang	
uKnU	unterer Knieumfang	
WaU	Wadenumfang	35
FeU	Fesselumfang	23
RiU	Ristumfang	

vHoB	Vorderhosenbreite	¼ HüU −1 cm	±		---
hHoB	Hinterhosenbreite	¼ HüU +1 cm	±		---
GeWi	Gesäßwinkel α (in°)	flache	normale	starke	Gesäßform
Enge Hose bzw. große Sitzlänge		80°	77°	74°	---
Standard bzw. mittlere Sitzlänge		85°	82°	79°	
Legere Hose bzw. kurze Sitzlänge		88°	85°	82°	
Starke Figur (auch starkes Gesäß)		84° bis 90°			
längs-elastischer Stoff		zusätzlich +1° bis +2°			

SrH	Schritthöhe	sTaH − SiH	80
KnH	Kniehöhe	SrH :10 · 4	32
SaW	Saumweite		
	Enge Hose	32 bis 40	30
	Standardhose	40 bis 48	
	Weite Hose	48 bis 56	

Enge Jogginghose

Jogginghose (2)
Grundschnitt

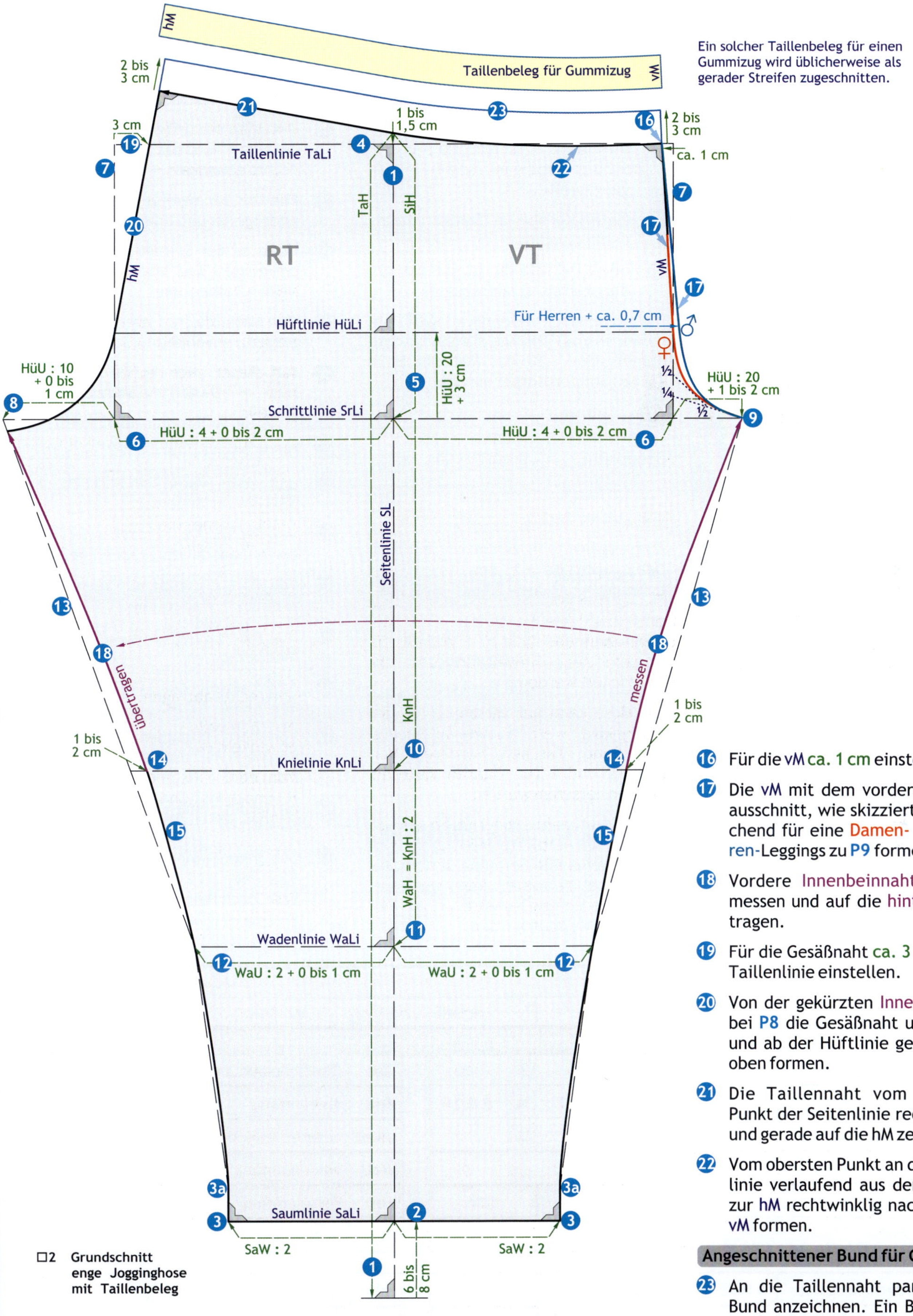

□2 Grundschnitt enge Jogginghose mit Taillenbeleg

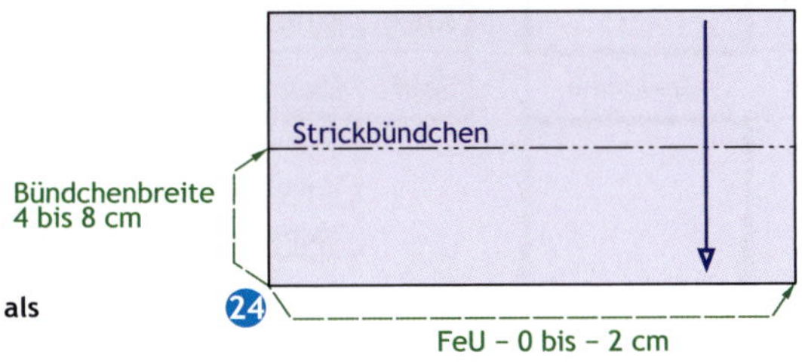

□3 Strickbündchen als Saumabschluss

16 Für die vM ca. 1 cm einstellen.

17 Die vM mit dem vorderen Hosenausschnitt, wie skizziert, entsprechend für eine Damen- oder Herren-Leggings zu P9 formen.

18 Vordere Innenbeinnaht ab KnLi messen und auf die hintere übertragen.

19 Für die Gesäßnaht ca. 3 cm an der Taillenlinie einstellen.

20 Von der gekürzten Innenbeinnaht bei P8 die Gesäßnaht unten rund und ab der Hüftlinie gerade nach oben formen.

21 Die Taillennaht vom obersten Punkt der Seitenlinie rechtwinklig und gerade auf die hM zeichnen.

22 Vom obersten Punkt an der Seitenlinie verlaufend aus der Geraden zur hM rechtwinklig nach P18 zur vM formen.

Angeschnittener Bund für Gummi

23 An die Taillennaht parallel den Bund anzeichnen. Ein Beleg kann je nach gewünschter Verarbeitung angezeichnet werden.

Strickbündchen als Saumabschluss

24 Strickbündchen mit der Weite des Fesselumfangs konstruieren. Die Bündchenbreite nach Wunsch festlegen und nach oben spiegeln.

Leggings (1) Grundschnitt

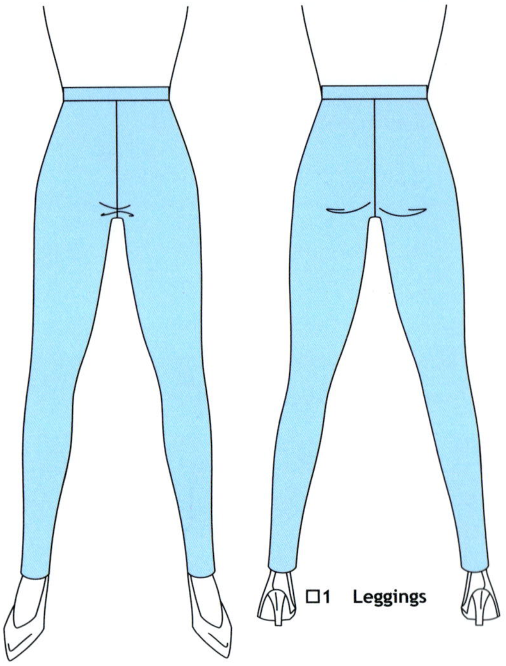

□1 Leggings

Der Leggings-Grundschnitt kann als Grundlage für hautenge Hosen und Unterwäsche aus hochelastischem Material (z.B. Maschenwaren mit Elastan-Beimischung) verwendet werden. Der Schnitt sitzt sehr eng an Gesäß und Oberschenkel und hat einen anliegenden Beinverlauf.

Sämtliche Umfangsmaße werden um die materialabhängige prozentuale Dehnung (in %) reduziert. Diese Reduzierung kann, je nach Dehnbarkeit des Materials, zwischen **5 % und 20 %** betragen - seltener auch mehr.

Die Körpermaße werden neu ermittelt (siehe die Spalte neben der Konstruktionstabelle auf folgender Seite). Die verwendeten Körpermaße und die daraus resultierenden Werte werden in der Konstruktionstabelle notiert hier in Rot.

Die Bestimmung der Dehnung in %

Die prozentuale Dehnung (in %) muss vor der Schnittkonstruktion für jedes verwendete Material ermittelt werden.

1. Die Breite einer Materialprobe in Schussrichtung ausmessen → Ausgangsbreite.
2. Materialprobe in Schussrichtung dehnen und
3. beim Dehnen die Breite des gedehnten Materials messen.

Die aufgewendete Dehnkraft sollte ungefähr so groß sein wie die gewünschte Kompression, die das Material beim Tragen auf den Körper ausüben soll.

Ausgangsbreite	in cm	≙ 100 %
Dehnungsbreite	in cm	
Dehnung	in cm	≙ x %

Beispielrechnung:

Ausgangsbreite = 20 cm ≙ 100 %
Dehnungsbreite = 23 cm
Dehnung = 23 cm − 20 cm = 3 cm

$$\textbf{Dehnung in \%} = \frac{100\,\% \cdot \text{Dehnung}}{\text{Ausgangsbreite}} = \frac{100\,\% \cdot 3\text{ cm}}{20\text{ cm}} = \mathbf{15\,\%}$$

Alternative: Die enge Hose

Für Modelle mit Seitennaht bzw. für elastische Webwaren kann auch der sehr enge Hosen-Grundschnitt auf Seite 128 verwendet werden.

Konstruktion der Leggings

1. Senkrechte mit der Länge TaH zeichnen → Seitenlinie.
2. Unten an der Seitenlinie um 6 bis 8 cm kürzen und nach links und nach rechts abwinkeln → Saumlinie.
3. Für die Saumweite den FeU : 2 nach rechts und links abtragen.
4. Oben an der Seitenlinie 1 bis 1,5 cm kürzen und ebenfalls abwinkeln → Taillenlinie.
5. Von oben die (reduzierte) SiH abtragen, abwinkeln → Schrittlinie.
6. Auf dieser nach rechts und links HüU : 4 abtragen und jeweils
7. hoch zur Taillenlinie abwinkeln.
8. Die HüL links (hinten) um HüU : 10
9. und rechts (vorne) um HüU : 20 + 1 bis 2 cm verlängern.
10. Von der SrL die KnH nach unten abtragen, abwinkeln → Knielinie.
11. Von dort die WaH abtragen, abwinkeln → Wadenlinie.
12. Den WaU : 2 nach links und rechts abtragen.

3a. An P3 jeweils ca. 3 cm nach oben abwinkeln → P3a.

13. Von dort Hilfslinien jeweils von P3a nach P12 und jeweils von P12 nach P8 und P9 zeichnen.
14. An der Knielinie jeweils 2 bis 3 cm einstellen.
15. Die Innenbeinnähte jeweils von P3a über P12 und P13 nach P8 bzw. nach P9 formen.

Konstruktionstabelle Maßangaben in cm **Hose**	Name		Größe	38
	Datum		Modell	Leggings unisex weitenreduziert

Hauptmaße (Kennmaße)		Körpermaße	Proportionsmaße (Konstruktions-, Kontroll-, Hilfsmaße)						
TaU	Taillenumfang	72	½	36	¼	18	OsU	Oberschenkelumfang	72
HüU	Hüftumfang	97 → 82,5	½	→ 41,2	¼	→ 20,6	KnU	Knieumfang	72
BuU	Bundumfang		½		¼		uKnU	unterer Knieumfang	---
TaA	Taillenabstände	v 0	r 0	l 0	h 0		WaU	Wadenumfang	→ 29,8
sTaH	seitliche Taillenhöhe					106	FeU	Fesselumfang	23
SiH	Sitzhöhe					→ 24,7	RiU	Ristumfang	→ 19,6

vHoB	Vorderhosenbreite	¼ HüU −1 cm	±	---
hHoB	Hinterhosenbreite	¼ HüU +1 cm	±	---
GeWi	Gesäßwinkel α (in°)	flache	normale	starke	Gesäßform
Enge Hose bzw. große Sitzlänge		80°	77°	74°	---
Standard bzw. mittlere Sitzlänge		85°	82°	79°	
Legere Hose bzw. kurze Sitzlänge		88°	85°	82°	
Starke Figur (auch starkes Gesäß)		84° bis 90°			
längs-elastischer Stoff		zusätzlich +1° bis +2°			

SrH	Schritthöhe	sTaH − SiH	80
KnH	Kniehöhe	SrH :10 · 4	32
SaW	Saumweite		
	Enge Hose	32 bis 40	FeU → 19,6
	Standardhose	40 bis 48	
	Weite Hose	48 bis 56	

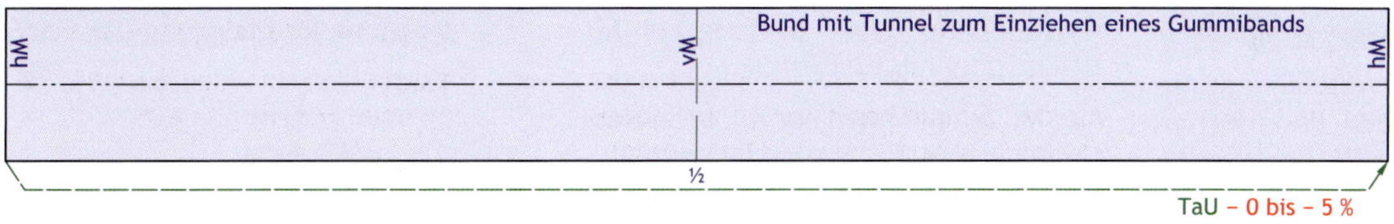

☐2 Bund für Gummitunnel

Kontrollen:

16 Oberschenkelweite ca. 5 cm unterhalb der Schrittlinie kontrollieren. Die Weite sollte höchstens den gemessenen Oberschenkelumfang (OsU) betragen.

17 Knieweite an der Knielinie kontrollieren. Die Weite sollte höchstens den gemessenen Knieumfang (KnU) betragen.

18 Für die vM ca. 1 cm einstellen.

19 Die vM mit dem vorderen Hosenausschnitt wie skizziert, entsprechend für eine Damen- oder Herren-Leggings zu P9 formen.

20 Vordere Innenbeinnaht ab KnL messen und auf die hintere übertragen.

21 Für die Gesäßnaht ca. 3 cm an der Taillenlinie einstellen.

22 Von der gekürzten Innenbeinnaht bei P8 die Gesäßnaht unten rund und ab der Hüftlinie gerade nach oben formen.

23 Die Taillennaht vom obersten Punkt der Seitenlinie rechtwinklig und gerade auf die hM zeichnen.

24 Vom obersten Punkt an der Seitenlinie, verlaufend aus der Geraden zur hM rechtwinklig nach P18 zur vM formen.

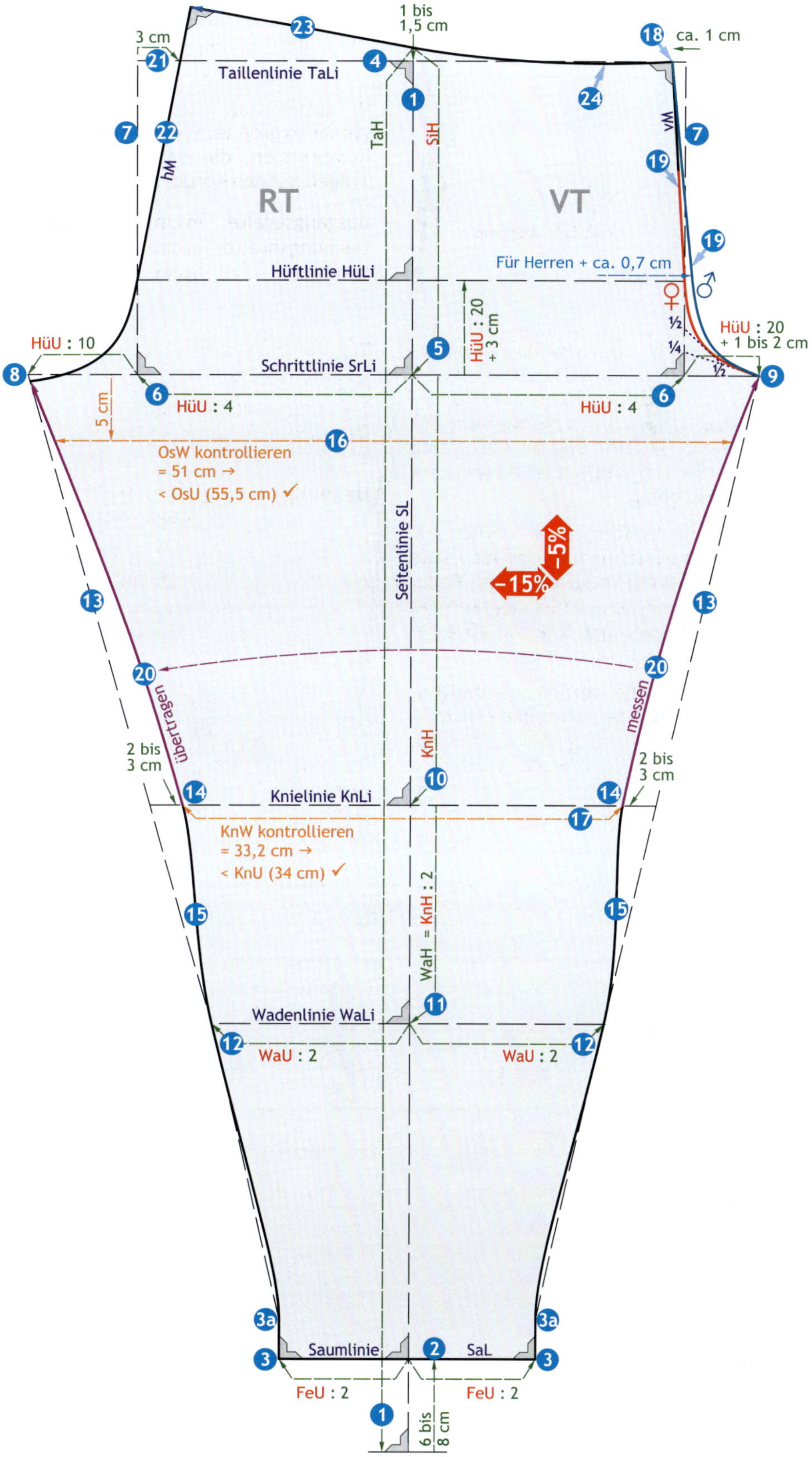

Reduzierung der notwendigen Umfangsmaße: 5 bis 20 %

TaU	– 0 bis – 5 %	= 72 cm
HüU 97 cm	– 15 % · 0,85	= 82,5 cm
WaU 35 cm	–15 % · 0,85	= 29,8 cm
FeU 23 cm	–15 % · 0,85	= 19,6 cm

Reduzierung des Längenmaßes: 0 bis 5 %

SiH 26 cm	–5 % · 0,95	= 24,7cm

Shortpants, Bikerpants (1)
Modellentwicklungen aus der Leggings

500

Modellabwandlungen der Leggings

An einer Leggings sind verschiedene Abwandlungen für Damen und Herren möglich. Auf dieser Seite sind Unisex-Varianten gezeigt.

Anschließend folgen Modelle nur für Damen oder nur für Herren.

Alle Modelle können nur mit sehr elastischen Materialien gefertigt werden.

Mögliche Reduzierung der TaW

TaW = TaU − 0 bis − 5 % ⑤
= 72 cm · 0,95
= **68,4 cm**

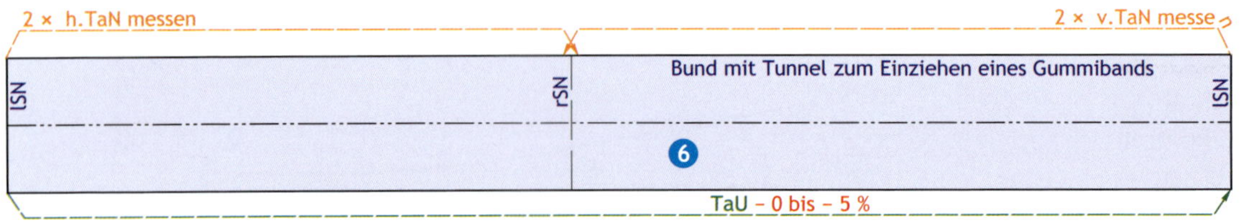

□2 Bund für Gummitunnel

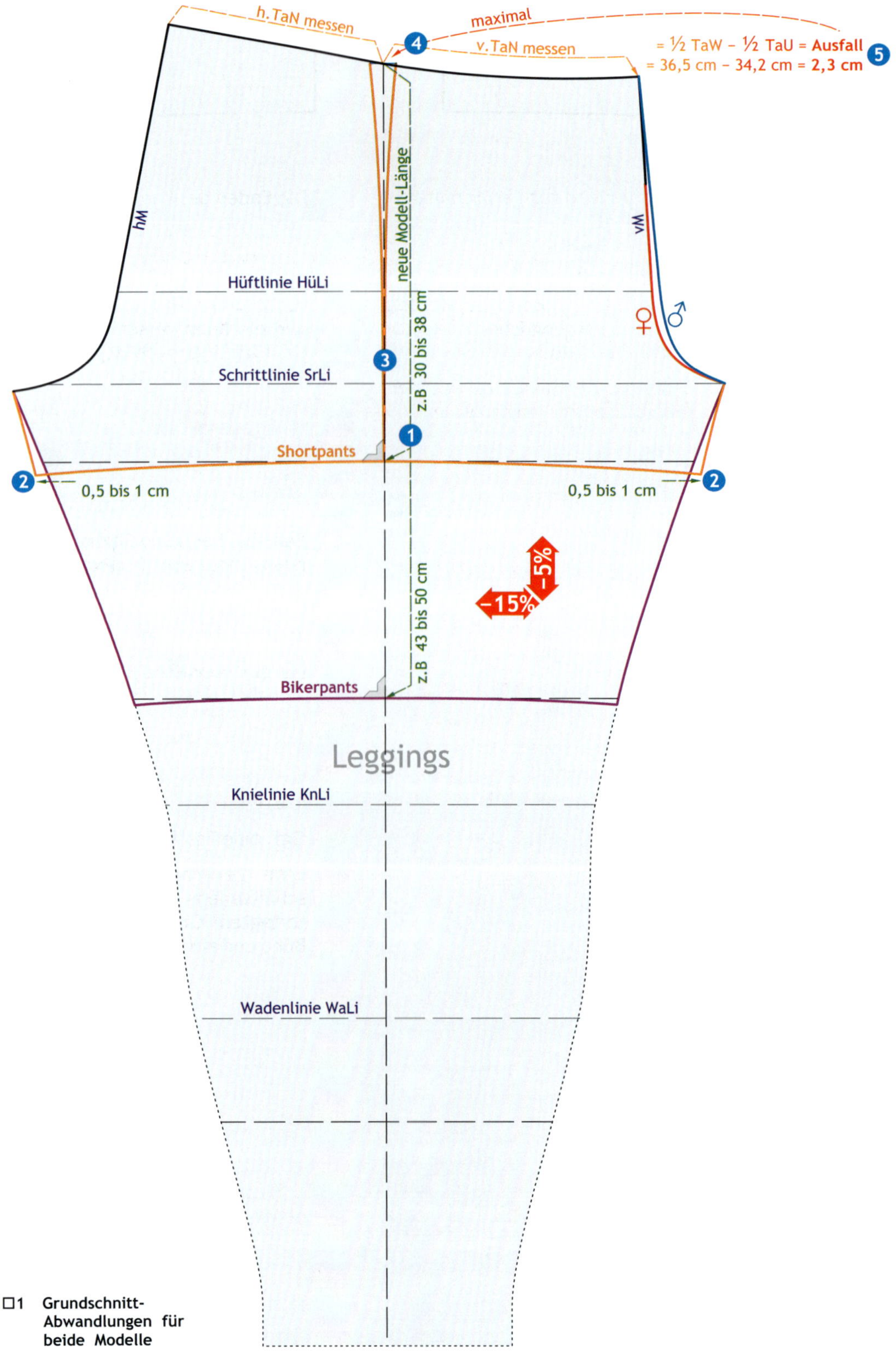

□1 Grundschnitt-Abwandlungen für beide Modelle

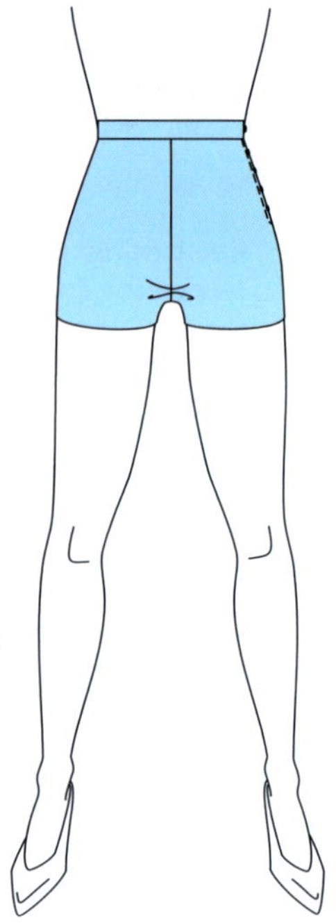

□3 Shortpants

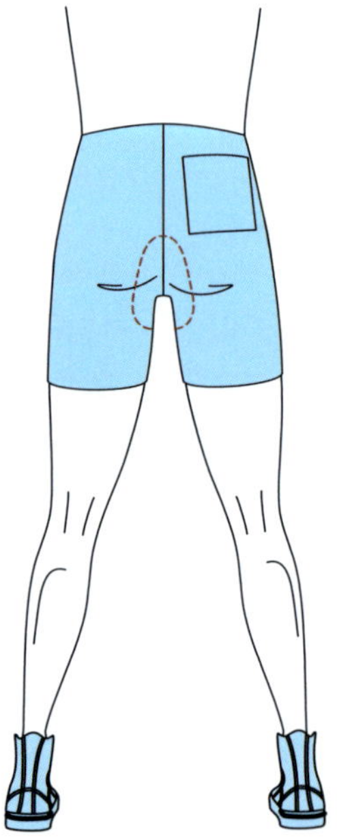

□5 Bikerpants

500

Shortpants

1. Den Leggings-Grundschnitt auf die gewünschte Länge kürzen.
2. Für diese Kürze sollte der Saum etwas erweitert werden, um ein Einschneiden der Saumkante am Oberschenkel zu verhindern.
3. Für ein Modell mit Seitennaht, wird der Schnitt an der Seitenlinie getrennt.

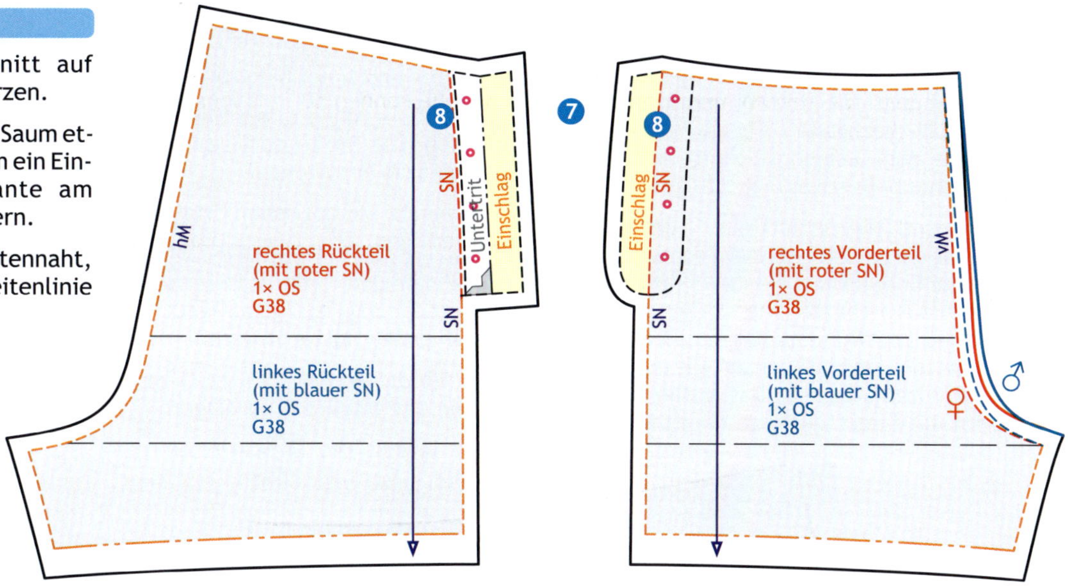

□4 Produktionsschnitt Shortpants

4. Gleichzeitig kann bei Damen die Mehrweite an der Taille nach der Reduzierung um 0 bis 5 % dort als Taillenausfall entfernt werden.
5. Taillenweitenberechnung für die Hose und den Bund durchführen; siehe vorhergehende Seite.
6. Wie gewünscht, eine Knopfleiste an der linken SN oder an der vM anzeichnen (hier Druckknöpfe).
7. Die linken und rechten Schnittteile der Hose sind verschieden, da sich nur an der linken Seite der Verschluss befindet.
8. Die rechten Hosenteile werden mit der ursprünglichen (hier roten) SN verbunden.

Den separaten Bund evtl. mit Weitenreduzierung konstruieren.

Die Enden des Bundes sind nun die linke Seitennaht.

Für den Bundverschluss dort wird an der hinteren Bundseite der Untertritteinschlag angezeichnet und ein Knopfverschluss markiert (hier nicht dargestellt).

Bikerpants (Hose zum Radfahren)

9. Für eine bequeme Sitzhaltung benötigt diese Sporthose eine schrägere Gesäßnaht, an der hM mehr Länge und an der vM weniger Länge. Die Taillenlinie neu formen.

   Für eine modische Bikerpants entfällt diese Änderung!
10. Den Leder- bzw. Polsterbesatz einzeichnen zu einem Schnittteil verbinden und die Gesäßnaht optimieren.
11. Ggf. eine Tasche gestalten.
12. Eine Verarbeitung mit angeschnittenem Einschlag und hinterlegtem Gummiband kann am Bund und am Saum erfolgen.

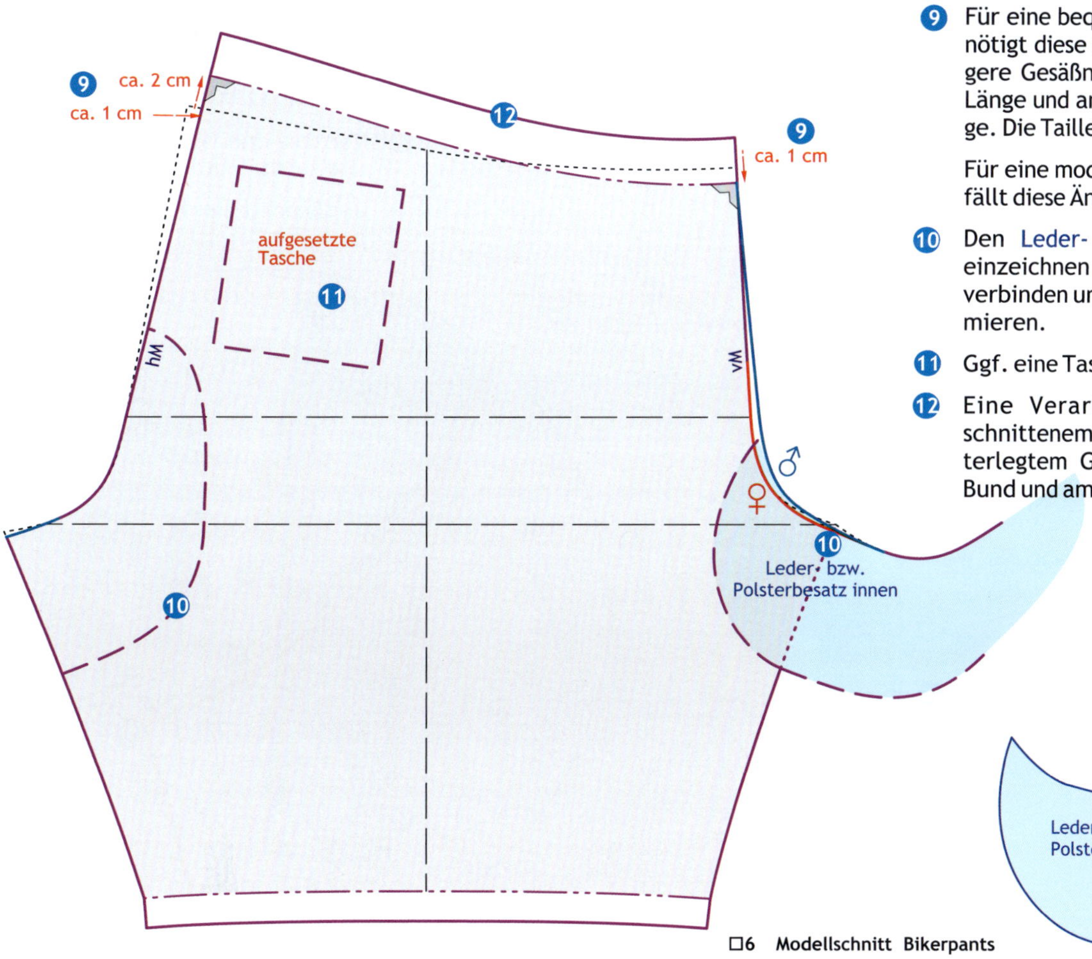

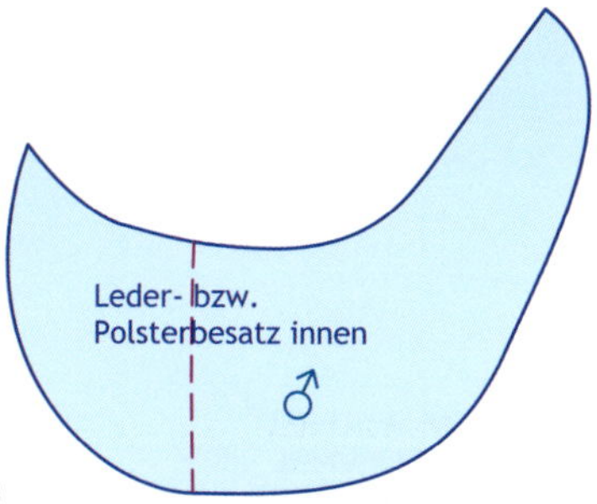

□6 Modellschnitt Bikerpants

500

Longpants mit Nahtabtrennungen

Die hier gezeigte Damen-Longpants imitiert durch die Nahtabtrennungen einen übergezogenen Tanga. Im Vergleich zum Leggings-Schnitt besitzt das Innenbein etwas mehr Länge.

Hier sind die Schnittteile nicht getrennt dargestellt, sondern so, wie sie bei der Entwicklung entstehen. Die beiden blauen Tanga-Teile werden separat und an vM und hM gespiegelt zugeschnitten. Ein Einsatz kann wie am Slip gearbeitet werden. Das gelbe Bein wird wie dargestellt zugeschnitten.

Modellentwicklung

1. Modell-Länge und Saum zeichnen.
2. „Tanga"-Abtrennung zur Hüftlinie formen. Die Breite dort kann ca. 3,5 bis 5 cm betragen.
3. Seitennaht aus optischen Gründen vorverlegen, ggf. etwas schräg.
4. Gesäßnaht und vorderen Hosenausschnitt der Leggings (gepunktet) jeweils von der HüLi aus messen
5. und um diesen Betrag + ca. 1 cm die hM und vM gerade verlängern.
6. Dort jeweils die ½ Schrittbreite von ca. 2,5 cm abwinkeln.

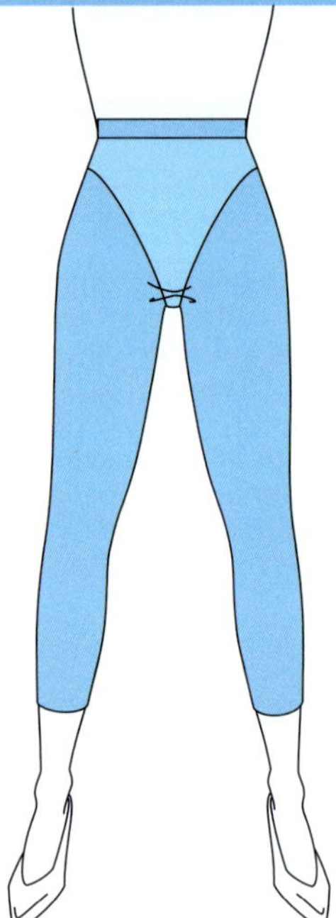

☐7 Longpants

7. Die Beinausschnitte des Tangas entsprechend der Skizze formen. Die Tanga-Teile sind fertig und können so an vM bzw. hM gespiegelt zugeschnitten werden.
8. Am Beinteil die vordere Kurve der Tanga-Abtrennung ab der HüL auf die Schrittlinie formen, hinten tiefer zeichnen auf Höhe der Gesäßnaht.
9. Die Längen der Beinausschnitte an VT und RT ab der Hüftlinie messen
10. und entsprechend auf die geformten Kurven übertragen.
11. Innenbeinnähte formen und ggf. am Knie noch 0 bis 1 cm entfernen.
12. Vordere Innenbeinnaht messen und auf die hintere übertragen.

Der Bund ist hier wie bei der Shortpants mit der Naht an der SN.

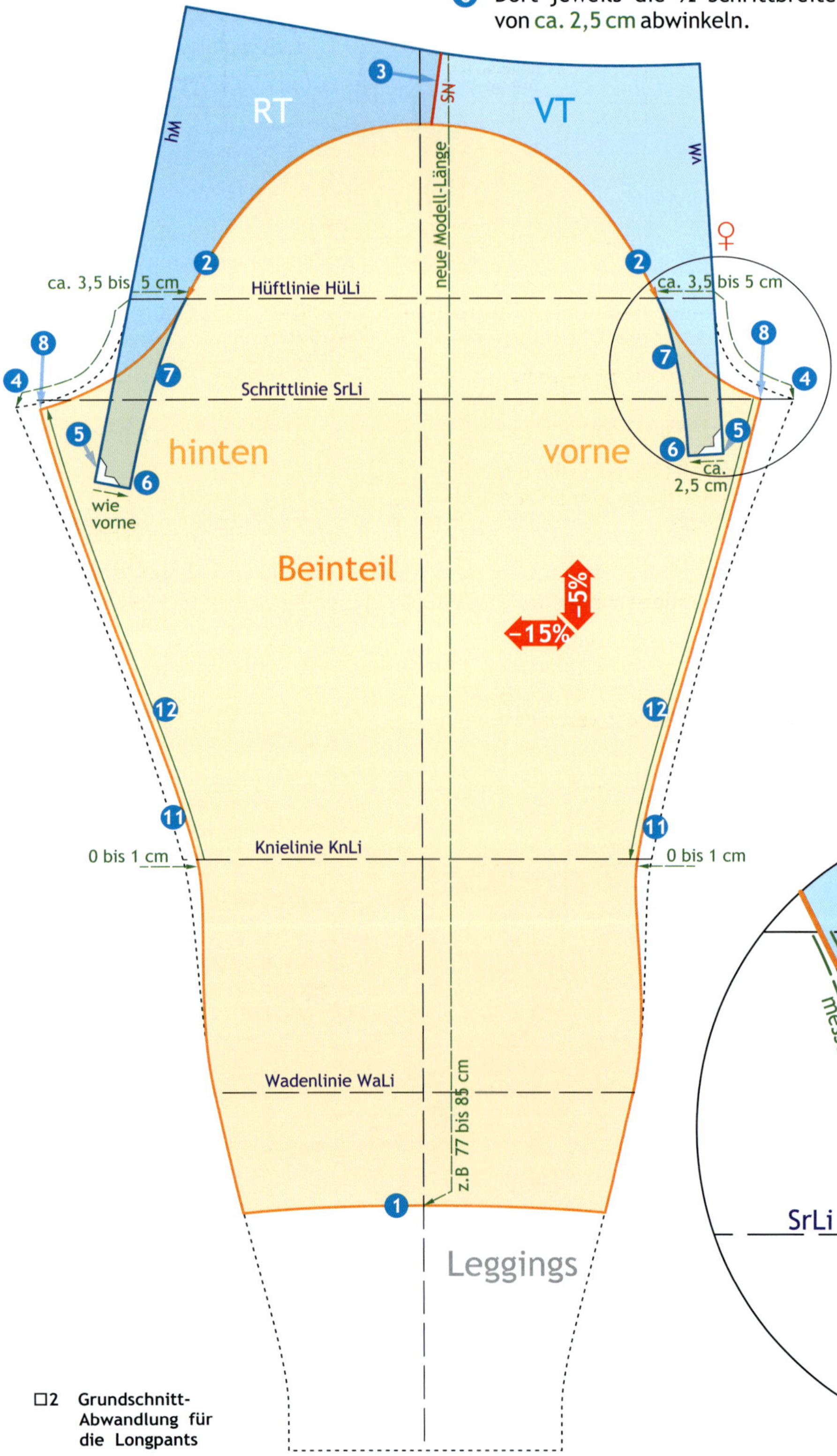

☐2 Grundschnitt-Abwandlung für die Longpants

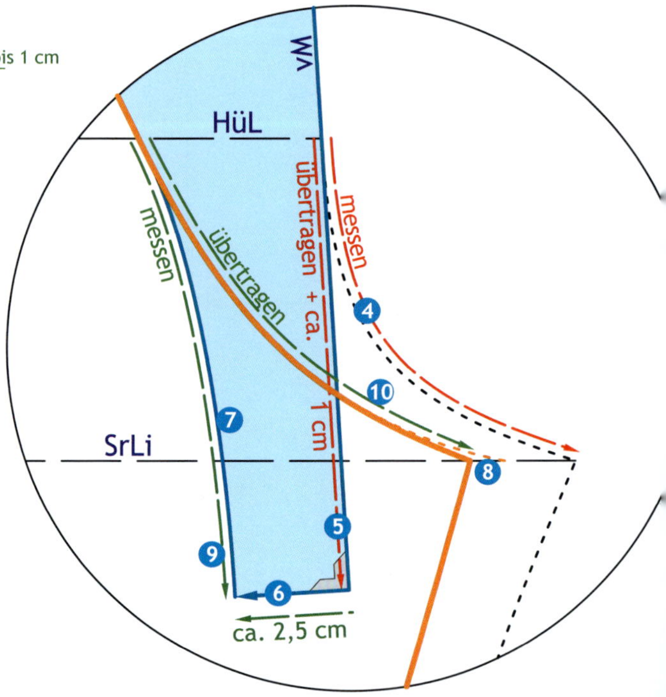

500

Shortpants

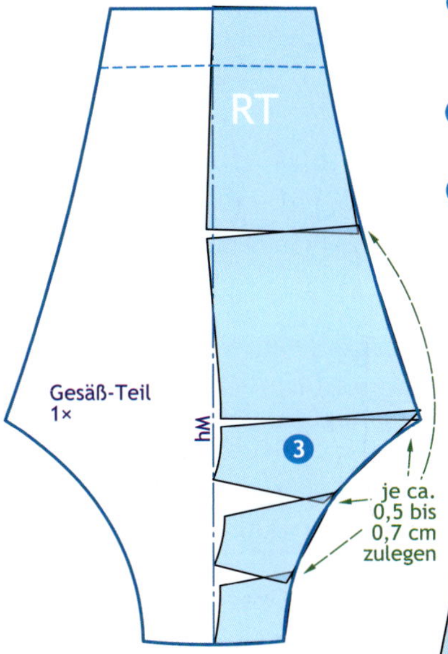

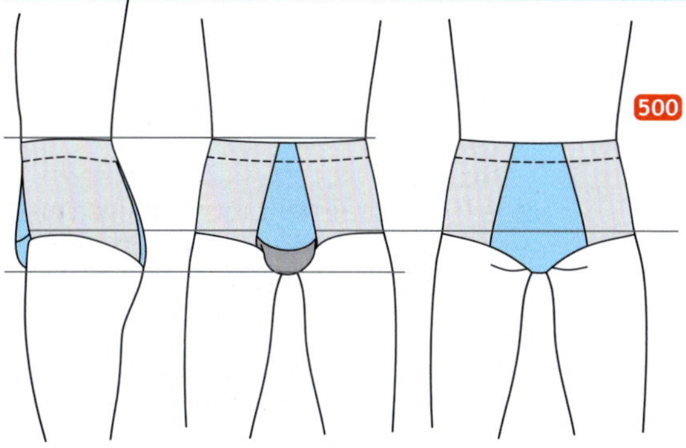

1. Leggings-Grundschnitt mit Erweiterung an der vM verwenden und den Beinausschnitt formen. Die Bundnaht einzeichnen.
2. Unter-, Übertritt sowie das Gesäßteil gestalten und die Einschnittlinien markieren.
3. Teile kopieren und nach Vorlage zu einer guten Form optimieren und spiegeln.

Den Bund mit separatem oder angeschnittenen Gummibundeinschlag versehen.

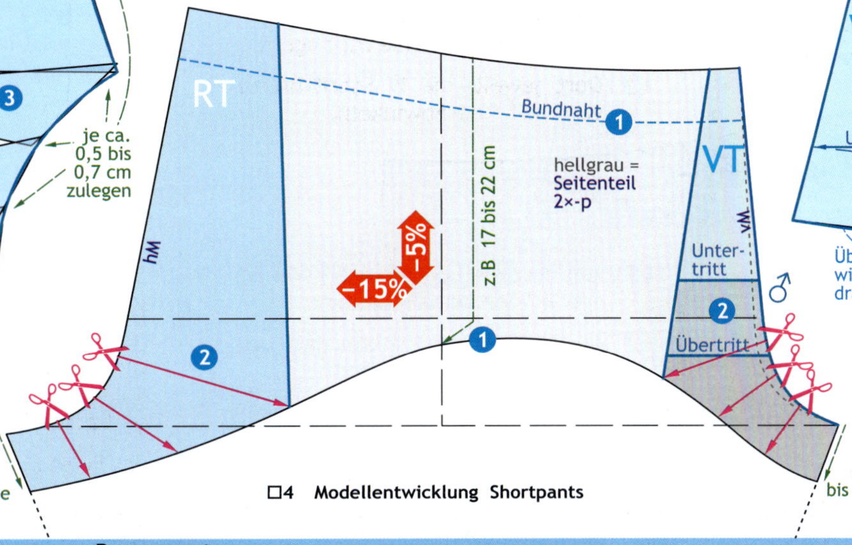

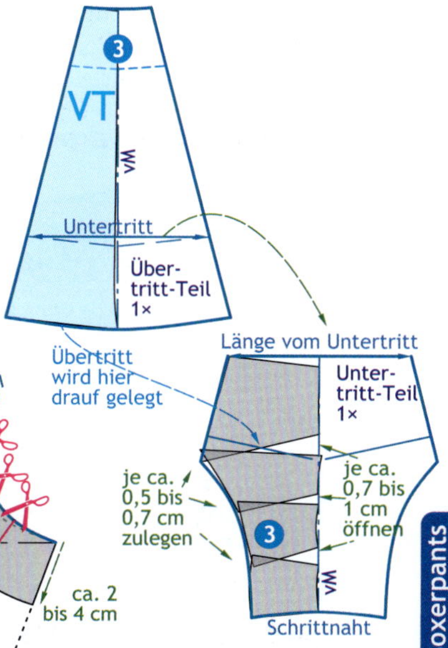

□4 Modellentwicklung Shortpants

Boxerpants

1. Den Leggings-Grundschnitt an der Taille um 1 bis 2 cm kürzen, die Bundnaht formen und die Modelllänge bestimmen.
2. Alle Teilungsnähte formen.
3. Teile kopieren und nach Vorlage optimieren.
4. Das seitliche VT und RT wie auf vorhergehender Seite bei der Longpants optimieren und ggf. (wie hier) an der Innenbeinnaht anschneiden. Saum und Gesäßnaht verbinden (anschneiden).

Bundverarbeitung als separater Bund.

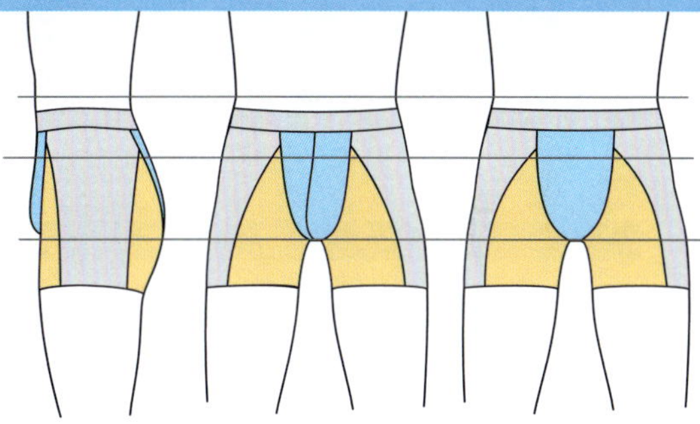

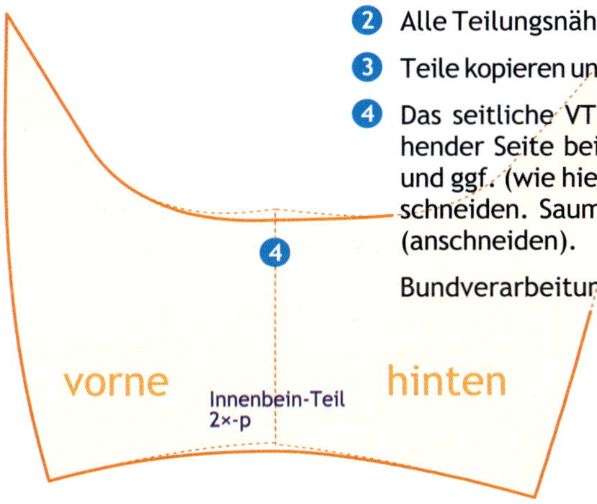

500

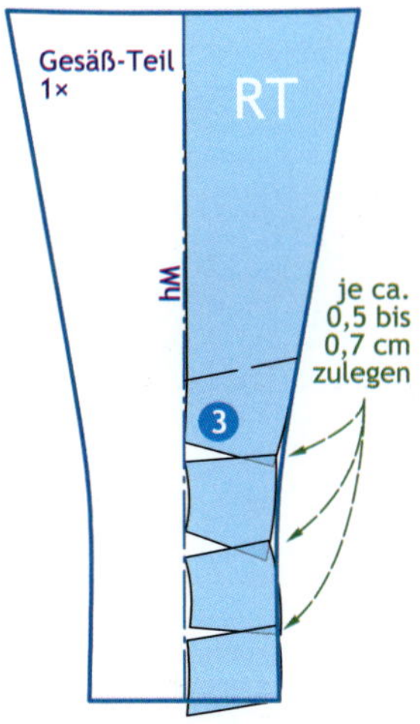

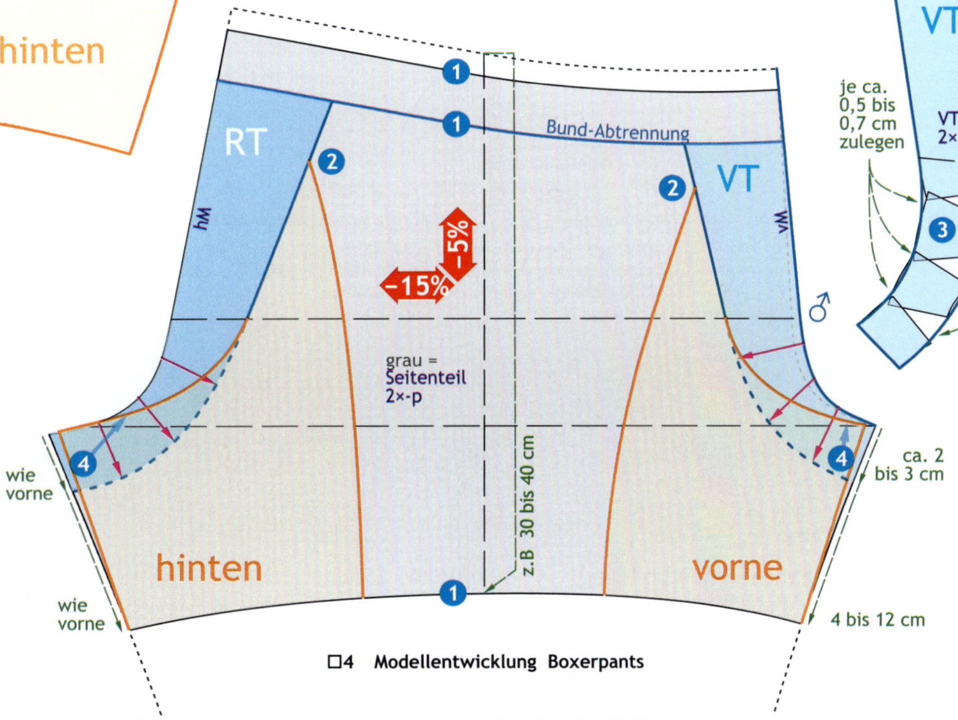

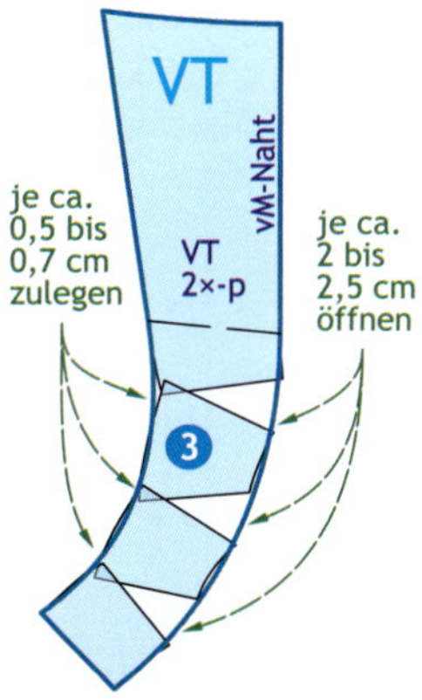

□4 Modellentwicklung Boxerpants

Bade- und Unterwäsche: Slips, Pants, Shorts (1)
Grundschnitte und Modellabwandlungen

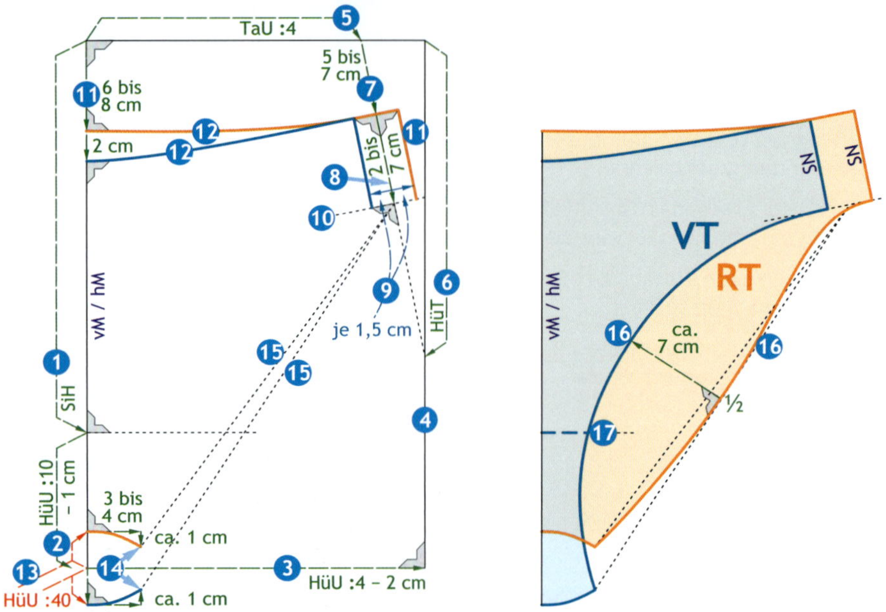

□2 Grundschnitt Damenslip

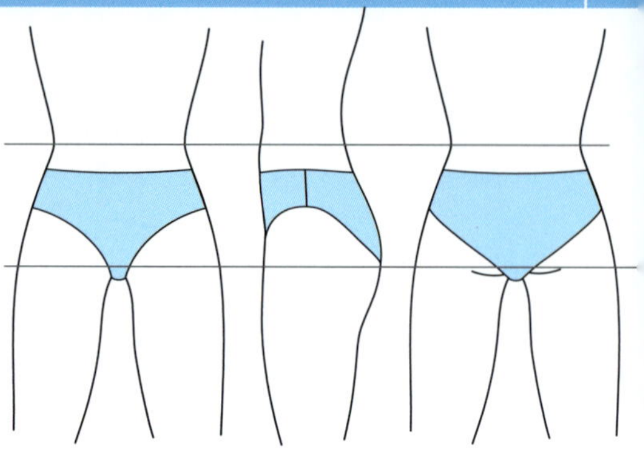

□1 Damenslip

Grundschnitt Damenslip

□1 Diese Konstruktion wird mit vier Körpermaßen konstruiert (hier mit Maßen der DOB-Größe 38):

Taillenumfang	TaU	72 cm
Hüftumfang	HüU	97 cm
Sitzhöhe	SiH	26 cm
Hüfttiefe	HüT	21 cm

Grundkonstruktion Damenslip

1. Auf der Senkrechten SiH abtragen.
2. Um HüU :10 – 1 cm verlängern.
3. Linien abwinkeln. Auf einer der Linien HüU :4 – 1 bis 2 cm abtragen
4. und von dort abwinkeln.
5. Auf oberer Linie TaU :4 abtragen.
6. An rechter Senkrechten die HüT nach unten abtragen und mit P5 verbinden.
7. Darauf von oben wie bemaßt den Abstand zur Taille abtragen und
8. von dort die Länge der SN wie an den Skizzen bemaßt bestimmen.
9. An diesen beiden Punkten nach beiden Seiten abwinkeln und
10. zwei Parallelen im Abstand von 1,5 cm zeichnen → Seitennähte.
11. An linker Senkrechten wie bemaßt nach unten abtragen und 1,5 bis 2 cm weiter messen.
12. An beiden Punkten abwinkeln und wie skizziert den Bund zur Seite formen. Dabei ist die untere blaue Linie für das VT und die obere orange Linie für das RT.
13. Unten an der linken Senkrechten um HüU :40 nach oben und nach unten abtragen und wie an den Skizzen bemaßt abwinkeln.
14. Dort ca. 1 cm nach oben bzw. unten abwinkeln und die Schrittnähte wie skizziert rund formen.
15. Hilfslinie(n) zur Linie an der Seite.
16. Beinausschnitte wie skizziert formen.
17. Naht für Zwickel bzw. Begrenzung für das Schrittfutter zeichnen.

Modellvarianten von Damenslips

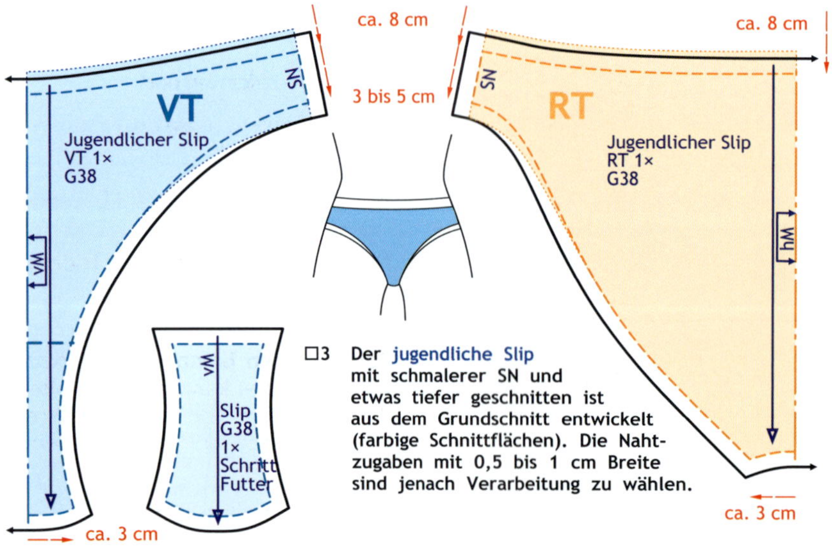

□3 Der jugendliche Slip mit schmalerer SN und etwas tiefer geschnitten ist aus dem Grundschnitt entwickelt (farbige Schnittflächen). Die Nahtzugaben mit 0,5 bis 1 cm Breite sind jenach Verarbeitung zu wählen.

□3 Für **jugendliche Slips** ab der Grundlinie von P7 ca. 7 cm und ab P11 ca. 8 cm vertiefen. Die Seitennaht hat dabei eine Länge von 3 bis 5 cm.

Für einen **Tanga** (hier ohne Abbildung) ab P7 ca. 8 cm und ab P11 ca. 9 cm vertiefen. Die Länge der Seitennaht hat ca. 1 bis 2 cm.

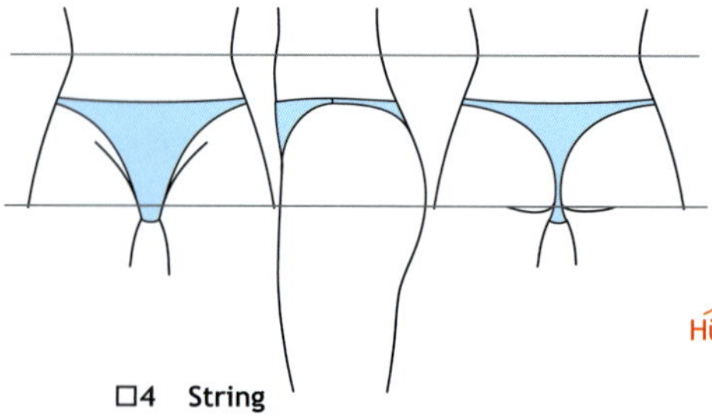

□4 String

□4+5 Der **String** besitzt im Gegensatz zu den anderen Slips nur ein sehr schmales, bändchenförmiges RT. Auch die Schrittnaht ist schmaler.

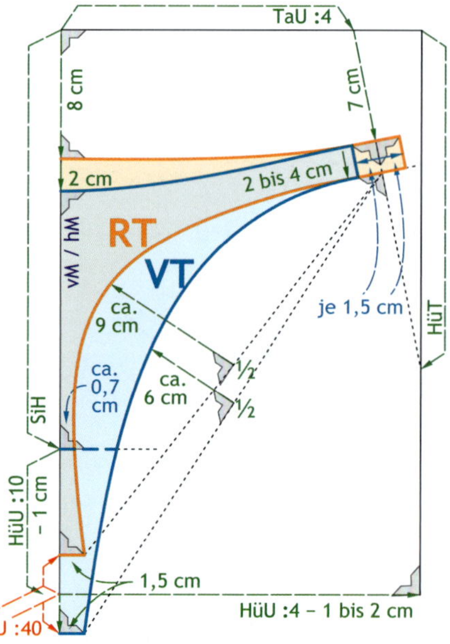

□5 String-Konstruktion wie der Damenslip, allerdings mit leichten Abweichungen

Bade- und Unterwäsche: Slips, Pants, Shorts (1)
Grundschnitte und Modellabwandlungen

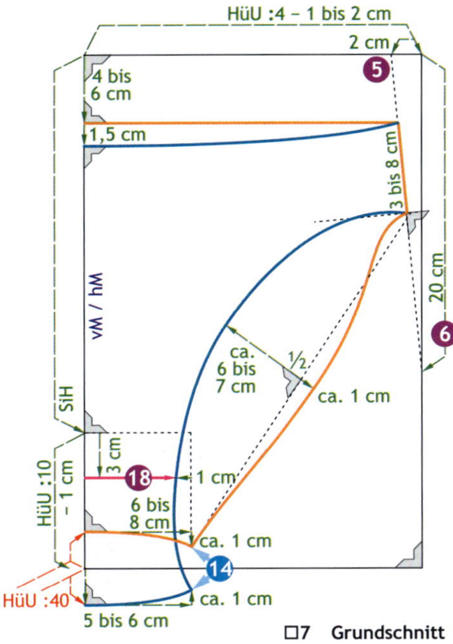

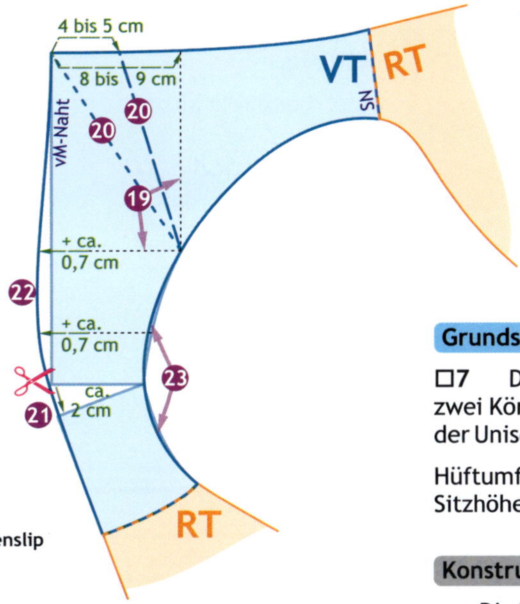

□7 Grundschnitt Herrenslip

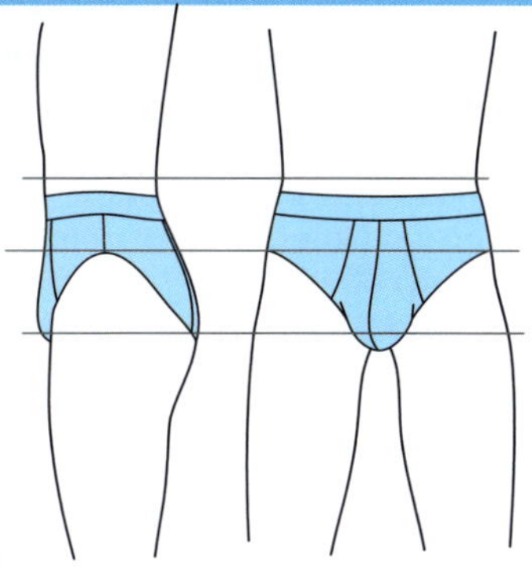

□6 Herrenslip-Variante

Grundschnitt Herrenslip

□7 Diese Konstruktion wird mit zwei Körpermaßen konstruiert (hier in der Unisex-Größe S, Wäschegröße 4):

Hüftumfang	HüU	96 cm
Sitzhöhe	SiH	25 cm

Konstruktion

Die Konstruktion ist ähnlich wie für den Damenslip. Hier werden nur die Unterschiede beschrieben:

5 Von P3 aus nach links 2 cm abtragen.

6 Von P5 aus nach unten 20 cm abtragen.

P7 bis P10 sowie P17 können beim Herrenslip entfallen.

Formung des Vorderteils

17 Zur Formung des vorderen Beinausschnitts eine Hilfslinie senkrecht aus P14 zeichnen.

18 Eine Einschnittlinie 3 cm parallel unterhalb der SiH einzeichnen.

19 Hilfslinien zeichnen und

20 für den Einsatz (doppelte Stofflage) eine Abtrennung einzeichnen.

21 Am Einschnitt an der vM um ca. 2 cm öffnen.

22 Die vM-Naht neu formen. Hierzu an der SiH und der Hilfslinie ca. 0,7 cm ausstellen.

23 Den vorderen Beinausschnitt neu formen. Dabei kann zur Kontrolle der Nahtübergänge das RT an der SN und an der Schrittnaht angelegt werden.

Einen der Einsätze abtrennen.

24 Der **Bund** kann an allen Schnittteilen **angeschnitten** werden (ggf. auch an Einsätzen). Dann wird er mit einem Gummiband hinterlegt und abgesteppt.

Es kann auch ein **separater Bund** angesetzt und mit einem Gummitunnel gearbeitet werden. Die Bundansatzlänge entspricht derselben Länge wie die Länge der Ansatznaht am Slip.

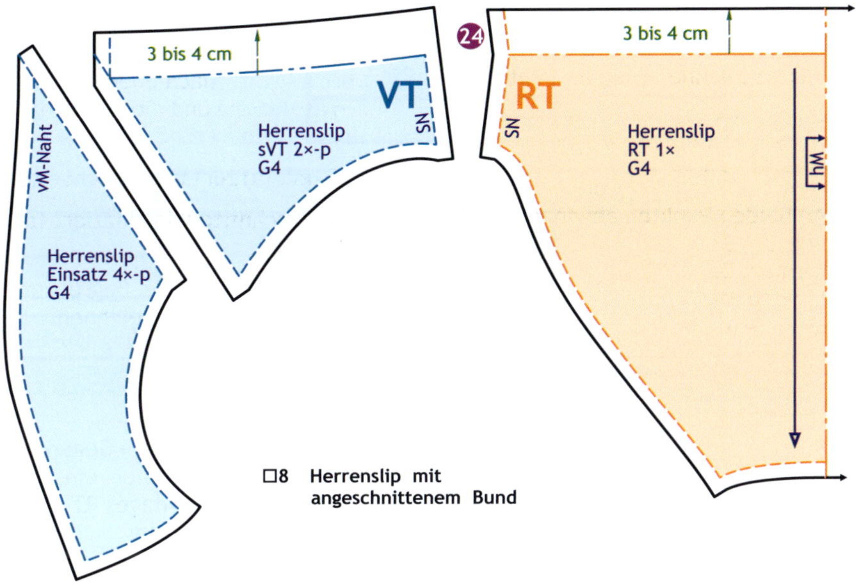

□8 Herrenslip mit angeschnittenem Bund

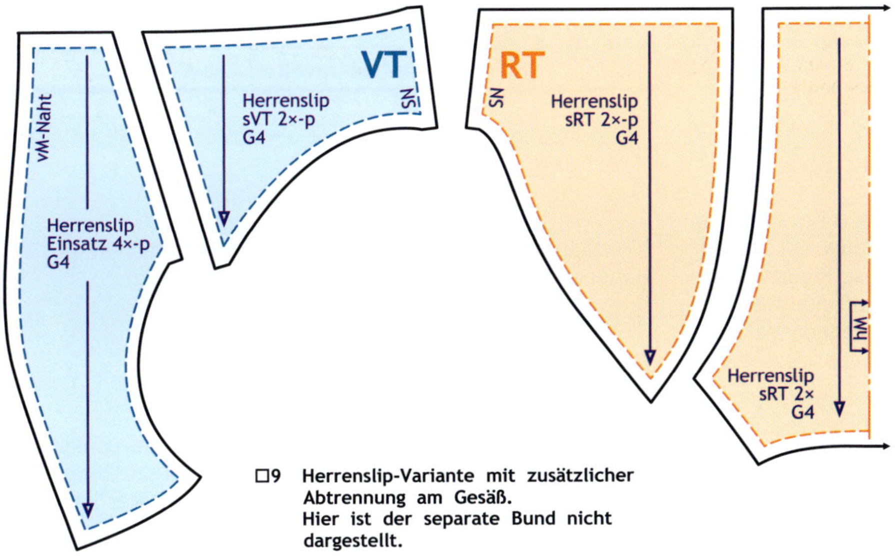

□9 Herrenslip-Variante mit zusätzlicher Abtrennung am Gesäß.
Hier ist der separate Bund nicht dargestellt.

Shirt-Grundschnitte können in verschiedenen Weiten für unterschiedliche Modelle konstruiert werden. Die Schnitte sind eher weit und kaum taillert. Die Verlängerung zu einem Kleid ist zwar prinzipiell möglich, ist aber eher unüblich (es müsste bei entsprechender Länge die Hüftweite berücksichtigt werden).

Zur Konstruktion gehört hier ein einfacher Ärmel, der direkt an das Rumpfteil konstruiert wird.

Für das T-Shirt kann eine Brustweitenzugabe von ca. 6 cm bis 12 cm und für das Sweatshirt von ca. 10 cm bis 16 cm verwendet werden.

Beide Grundschnitte erfolgen über dieselbe Konstruktion und sind für Herren und Damen identisch. Man nennt diese Art von Schnitten „Unisex-Schnitte".

Die Konstruktionstabelle für das Shirt ist nicht so umfangreich wie für andere Oberteil-Konstruktionen, da weniger Konstruktionsmaße benötigt werden. Zusätzlich sind die notwendigen Ärmelmaße aufgeführt.

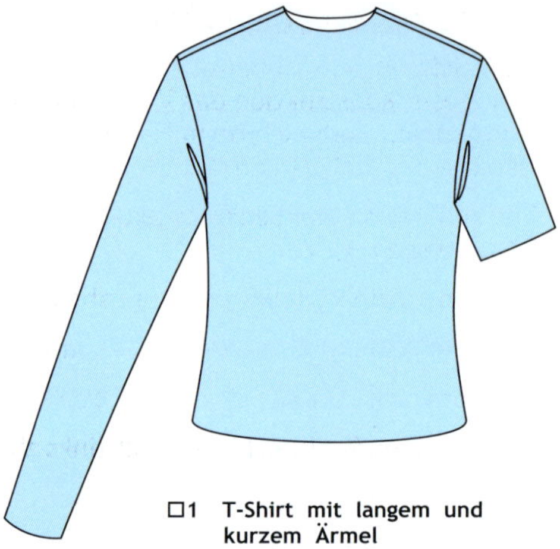

□1 T-Shirt mit langem und kurzem Ärmel

Konstruktionstabelle alle Maßangaben in cm. **Shirt**		Name						Größe	38
		Datum			Modell	T-Shirt		PK	1-4
	Hauptmaße (Kennmaße)	Körpermaße	Zugaben		Proportionsmaße (Konstruktions-, Kontrollmaße)				
KöH	Körperhöhe	168							
BrU	Brustumfang	88	+	8	=	BrW	96	½ 48	¼ 24
TaU	Taillenumfang	72	+	---	=	TaW			
HüU	Hüftumfang	97	+	---	=	HüW			
AlT	Armlochtiefe	20,1	+	0 bis 1	=	AlT+	20,6		
HüT	Hüfttiefe	21			MoL	Modelllänge		51	
BrT	Brusttiefe (ab Schulter)	28,1			HlB	Halslochbreite		6,5	
ArD	Armdurchmesser	9,3	+	1 bis 2	=	ArD+	10,8	½ 5,4	
BrPA	Brustpunktabstand = BrU/10	8,8	+	0,6	=	BrPA+	9,4		
SuB	Schulterbreite	12,2	+	1 bis 2	=	SuNL	13,6		
SuWi	Schulterwinkel (in Grad, °)	20° − Auflockerung	−	0 bis 2°	=	SuWi−	18°		
RüL	Rückenlänge (waagerechte Taille)	41,6							
VL	Vorderlänge (waagerechte Taille)	45,3							
	Differenz VL – RüL	3,7	−	3 bis 4	=	Abnäherinhalt			
ArL	Armlänge	60	−	---	=	Ärmellänge	ÄL	60 / 22	
OaU	Oberarmumfang	28	+	---	=	Oberarmweite	OaW	---	
HgU	Handgelenkumfang	16	−	6	=	Ärmelsaumweite	ÄSaW	22	

□2 Konstruktionstabelle für Shirts

Für Damen mit sehr großer Brust passt diese Konstruktion nicht optimal. Wegen der längeren Vorderlänge (VL) ist der Saum vorne zu kurz und steht ab. Für diese Figuren wäre auch eine gewisse Formung an der Brust vorteilhafter. Die Lösung dieses Problems wird mit einer einfachen Variante der Brustabnäher-Konstruktion in der Seitennaht gezeigt.

Hierzu wird in der Konstruktionstabelle die Differenz zwischen RüL und VL berechnet und diese **Differenz um 3 cm und noch einmal um 4 cm subtrahiert**. Dieser Wertebereich stellt die fehlende Mehrlänge im Vorderteil dar. Beträgt die fehlende Mehrlänge wie in unserem Beispiel um die 0 cm, kann der Grundschnitt ohne weitere Optimierung verwendet werden.

Die Optimierung für größere Differenzen zwischen Vorderlänge und Rückenlänge wird auf Seite 510 gezeigt.

Die nachfolgend gezeigte einfache Ärmelkonstruktion vermittelt intuitiv das Verhältnis zwischen Armloch und Ärmel: Mit der Größe des Armlochs verändert sich auch die Ärmelweite am Oberarm.

Das Armloch kann durch einen größeren Schulterwinkel und durch weniger Längenzugabe zur Armlochtiefe (AlT) verkleinert werden - umgekehrt aber auch vergrößert werden.

Die Einhalteweite (EW) in der Ärmelkugel (ÄK) beträgt 0 cm.

1 Rumpf-Konstruktion

Abweichend von anderen Oberteil-Grundschnitten wird bei dieser Konstruktion das VT und das RT deckungsgleich konstruiert. Lediglich beim Halsloch und der Schulter unterscheiden sich VT und RT.

1 Von P1 an einer Senkrechten die Halslochbreite (HlB) : 3
2 abtragen → P2.

3 Von P2 die Modelllänge (MoL) abtragen.

4 Von P2 die Armlochtiefe+ (AlT+) abtragen.

5 Von P2 die Rückenlänge (RüL) abtragen.

Von allen Punkten Linien nach links abwinkeln.

6 Von P4 die ¼ Brustweite (BrW, hier 24 cm) abtragen.

7 Von P6 den ½ Armdurchmesser+ (ArD+) abtragen.

8 Von P7 nach oben abwinkeln. Schnittpunkt mit der Waagerechten durch P2 → P8.

Diese Strecke halbieren und vierteln → ÄP bei ¼.

9 Von P1 die hintere Halslochbreite Halslochbreite (HlB) + 0,5 cm antragen → P9.

Von P9 den Schulterwinkel+ nach links unten abwinkeln und daran die Schulternahtlänge (SuNL) abtragen.

Von dort das Armloch über ½ AlT+, vorbei an ¼ AlT+ zu P6 wie skizziert formen.

10 Die hintere Schulternaht wird parallel 1 bis 2 cm nach oben verschoben gezeichnet. Entsprechend die vordere Schulternaht nach unten. P10 sind rechtwinklig zu P9.

11 Von P1 die Halslochbreite (HlB) + 2,5 cm abtragen.

Vorderes Halsloch und hinteres Halsloch wie skizziert formen.

12 An der Taillen- und Saumlinie 0 bis 1,5 cm einstellen und die Seitennaht zeichnen.

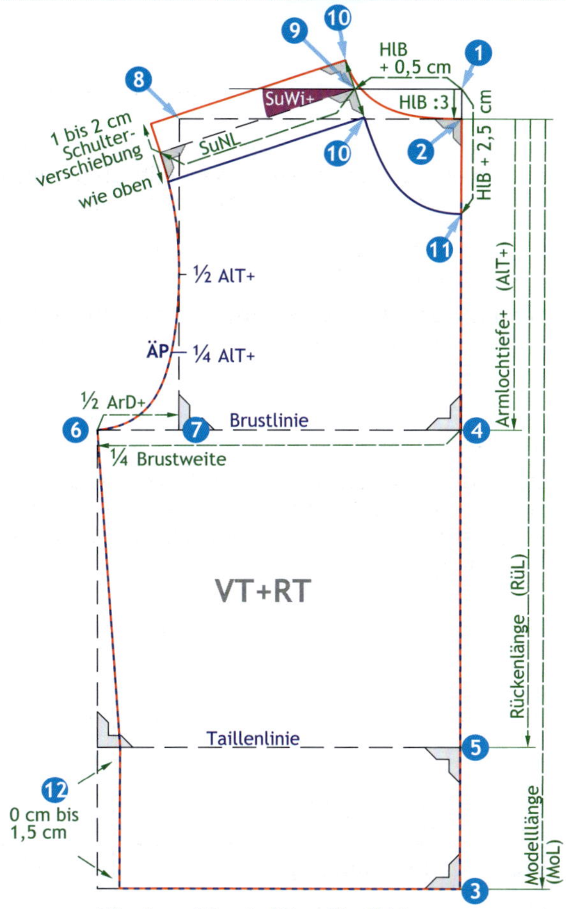

□3 Rumpf-Konstruktion für Shirts

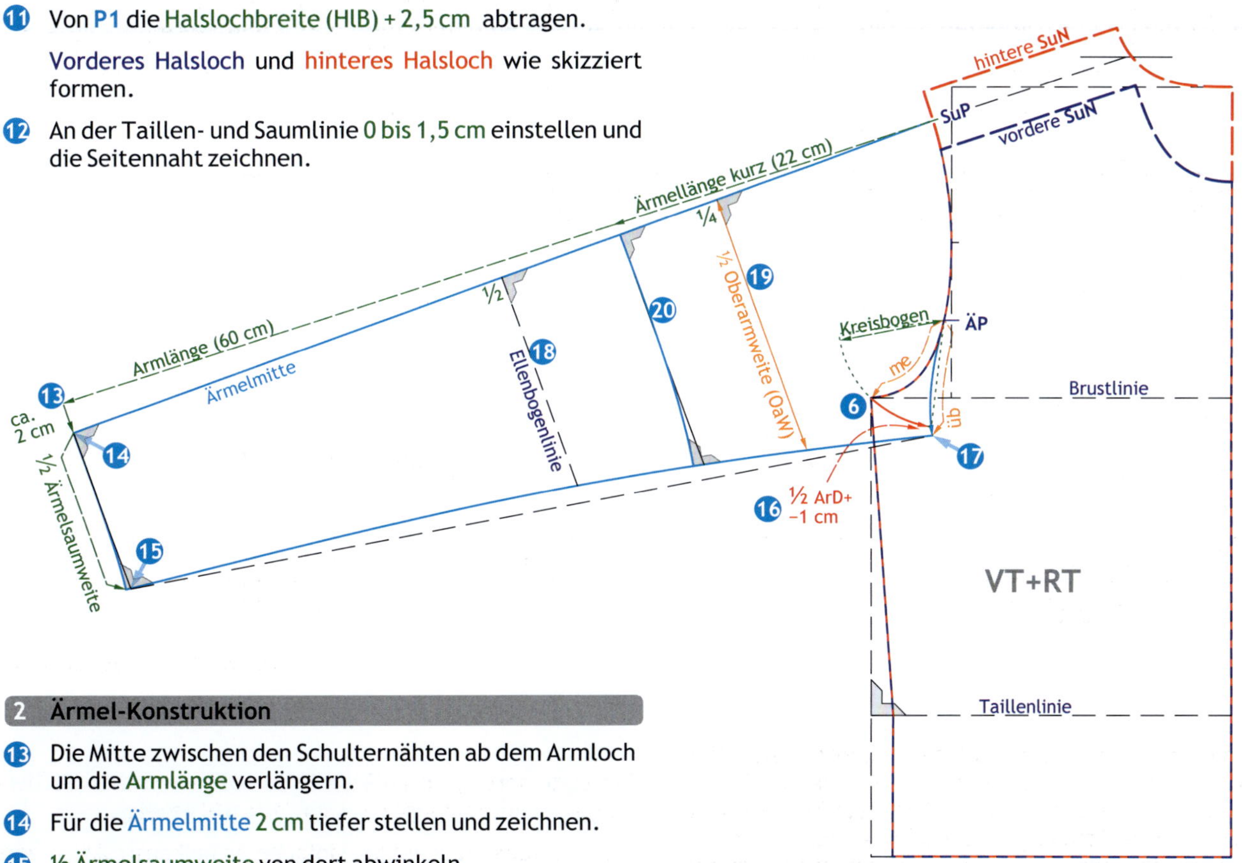

□4 Ärmel-Konstruktion für Shirts

2 Ärmel-Konstruktion

13 Die Mitte zwischen den Schulternähten ab dem Armloch um die Armlänge verlängern.

14 Für die Ärmelmitte 2 cm tiefer stellen und zeichnen.

15 ½ Ärmelsaumweite von dort abwinkeln.

16 Einen Kreisbogen um den ÄP durch P6 zeichnen und darauf ab P6 ½ Armdurchmesser+ (ArD+) –1 cm abtragen.

17 Eine Kurve vom ÄP über P16 formen und die Länge des Armlochs vom ÄP aus übertragen.

P15 und P17 mit einer Hilfslinie verbinden und bei P15 den Ärmelsaum rechtwinklig zur Ärmelnaht formen.

18 Ellenbogenlinie bei ½ und die Oberarmweite bei ¼ der
19 Ärmelmitte abwinkeln und kontrollieren.

20 Nach Wunsch die Ärmellänge kürzen und formen.

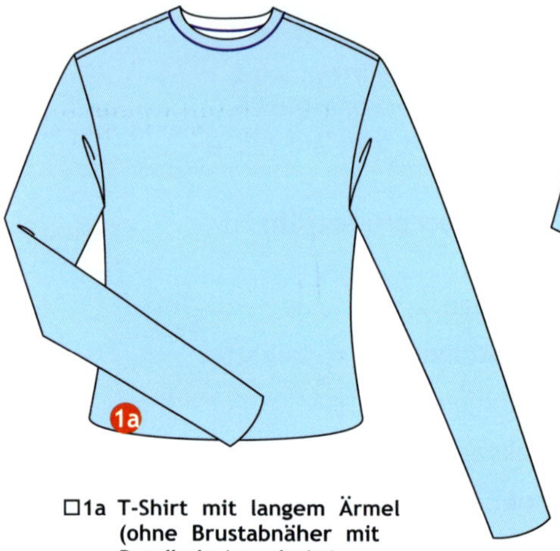

□1a T-Shirt mit langem Ärmel (ohne Brustabnäher mit Rundhals-Ausschnitt)

□1b Damen-Shirt mit kurzen Ärmeln (mit Brustabnäher und V-Ausschnitt)

Optimierung des Vorderteils

Diese Optimierung gilt für alle Konstruktionen dieser Art von Shirt-Grundschnitten, bei denen die Vorderlänge (VL) nicht in der Konstruktion verwendet wird.

Eine Übermäßige Mehrlänge der VL wird hier nachträglich in das Vorderteil hinzu gegeben.

Konstruktionstabelle alle Maßangaben in cm. Shirt		Name					Größe	38
		Datum		Modell	T-Shirt		PK	1-4
RüL	Rückenlänge (waagerechte Taille)	41,6						
VL	Vorderlänge (waagerechte Taille)	46,8						
	Differenz VL – RüL	5,2	–	3 bis 4	=	Abnäherinhalt	1,2 bis 2,2	

□5 Ausschnitt der Konstruktionstabelle mit größerer Vorderlänge

3 Optimierung des Vorderteils

Diese Optimierung gilt für alle Konstruktionen des Shirt-Grundschnitts.

Da die Vorderlänge bislang nicht als Konstruktionsmaß verwendet worden ist, wird sie hier nachträglich am Vorderteil verwendet.

1. Brusttiefe (BrT) von der oberen Grundlinie nach unten abtragen.
2. Brustpunktabstand+ (BrPA+) von der vM ins VT abtragen → BrP
3. Die Öffnungslinie rechtwinklig zur Seitennaht (SN) zum BrP zeichnen.
4. Das VT dort einschneiden und um den Abnäherinhalt nach unten verschieben.
5. Den Abnäher um 2 bis 4 cm kürzen und von dort den unteren Abnäherschenkel zeichnen.
6. Diesen messen und auf den oberen vom BrP zur SN übertragen.
7. Dort entsteht etwas Mehrweite in Brusthöhe - die obere SN wird leicht geschwungen gezeichnet.

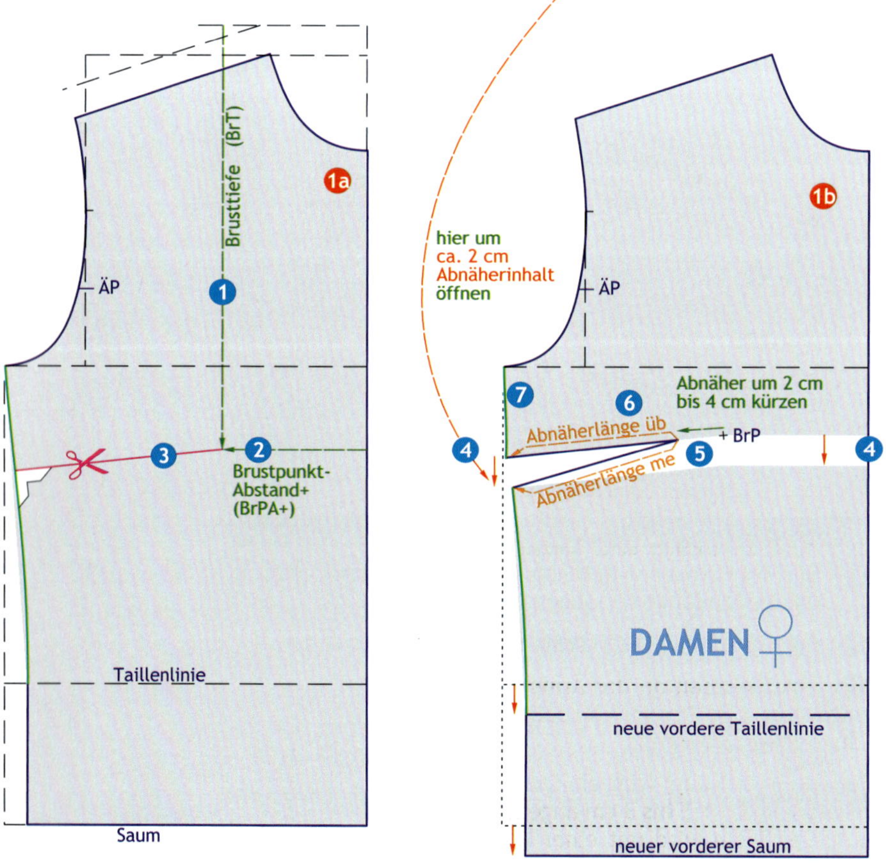

□6 Optimierung des Vorderteils bei größerer Vorderlänge

Modellschnitte der Rumpfteile

Das Vorder- und das Rückteil werden separat kopiert. Die oberen Seitennähte können noch geformt werden.

Halsbündchen

Das **Halsloch** kann bei Bedarf etwas verbreitert und vertieft werden - modellbedingt auch noch mehr. Der vordere Ausschnitt kann rund oder als V-Ausschnitt geformt werden. Vordere und hintere Ausschnittlängen (AusL) messen.

Für das **Halsbündchen** wird ein Streifen konstruiert mit dem Umfang des **gesamten Ausschnitts** abzüglich eines Dehnbetrags, der materialbedingt zu wählen ist (z.B. – 5% bis – 10 %, hier minus 8 %).

Im Beispiel hier:

Ausschnittumfang (rund) (AusU)
AusU = 2× (vAusL + hAusL)
AusU = 42,4 cm

Bündchenweite (BüW)
= AusW · (100% - 8%) : 100%
= 45,4 cm · 0,92
= **41,8 cm**

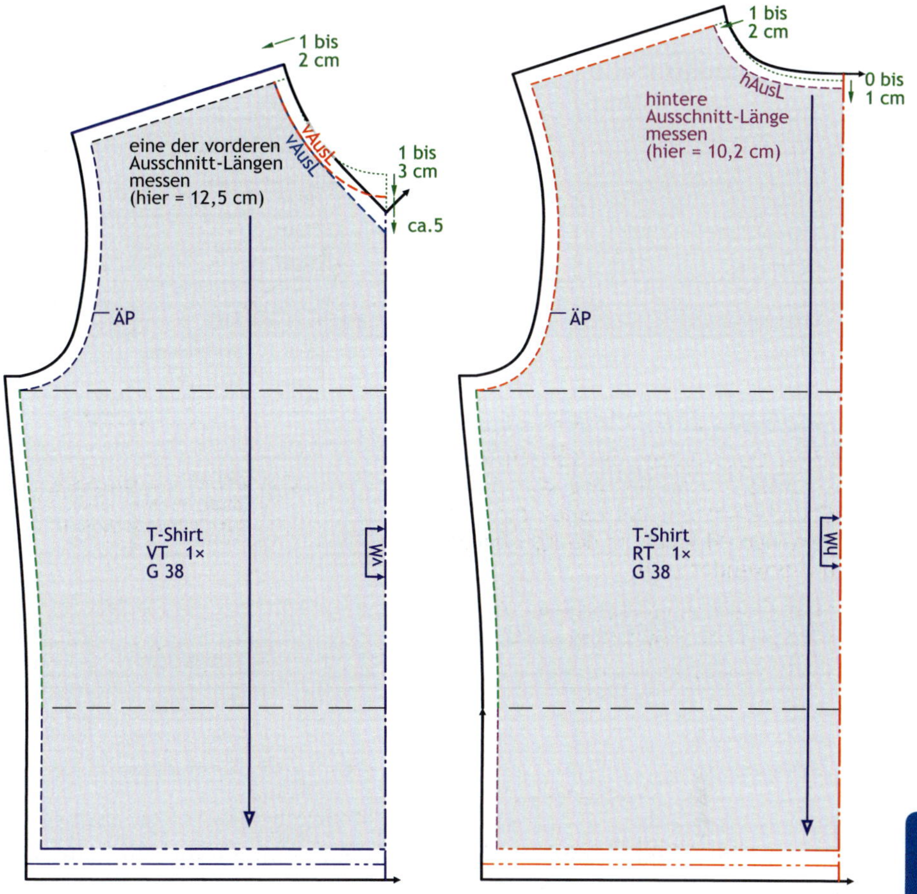

□7 Modellschnittteile des T-Shirts mit gestalteten Ausschnitten

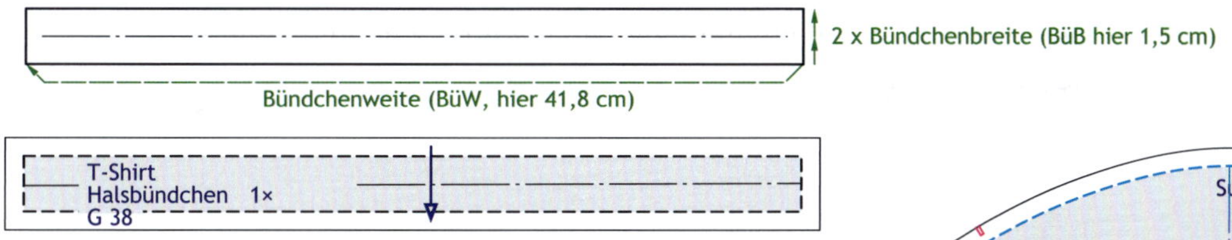

□8 Konstruktion und Produktionsschnitt des Halsbündchens

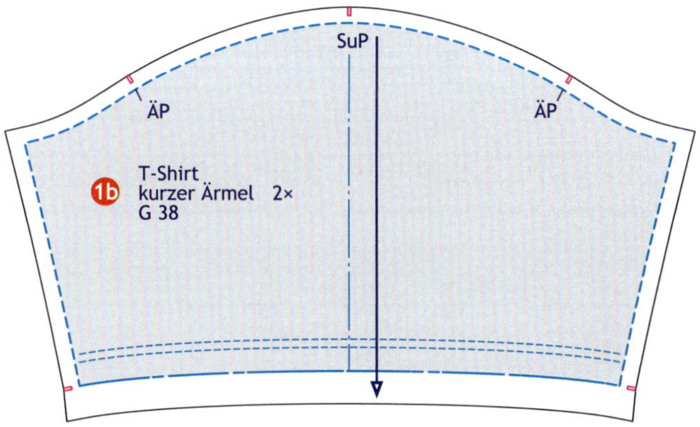

□9 Produktionsschnitt eines kurzen Ärmels

Produktionsschnitte der Ärmel

Die Ärmel werden an der Ärmelmitte gespiegelt. Sie können in beliebiger Länge gekürzt werden.

Für den Ärmelsaum wird ein Saumeinschlag von ca. 1,5 bis 3 cm angezeichnet. Der Saum wird mit einer Coverlock-Naht oder Zweinadel-Doppelkettenstich-Naht verarbeitet.

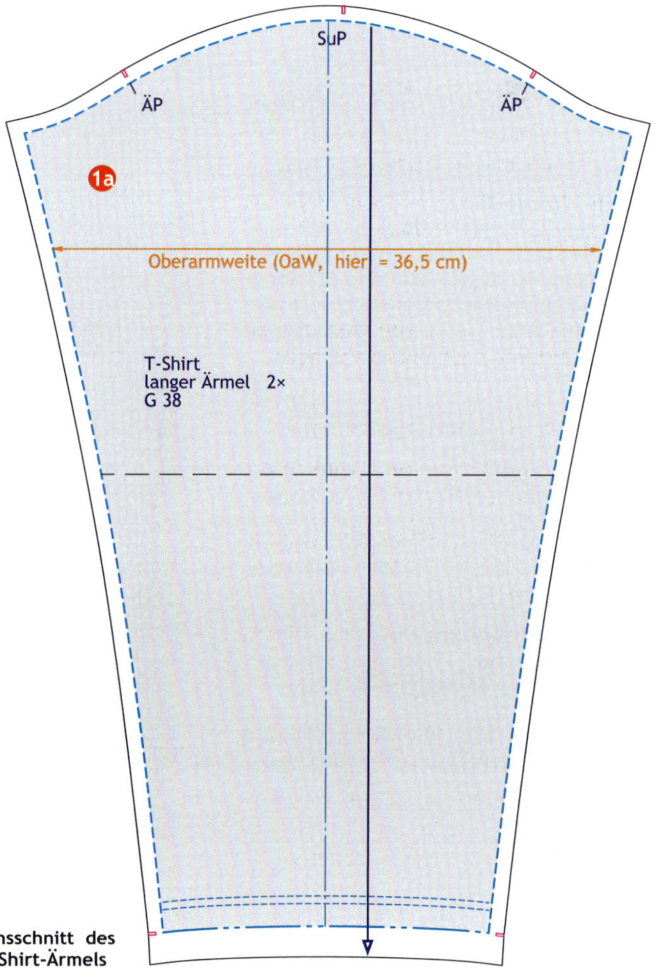

□10 Produktionsschnitt des langen T-Shirt-Ärmels

Konstruktionstabelle (alle Maßangaben in cm.) Shirt		Name						Größe	38
		Datum				Modell	Sweat-Shirt	PK	3-6
	Hauptmaße (Kennmaße)	Körpermaße		Zugaben		Proportionsmaße (Konstruktions-, Kontrollmaße)			
KöH	Körperhöhe	168							
BrU	Brustumfang	88	+	12	=	BrW	100	½ 50	¼ 25
TaU	Taillenumfang	72	+	---	=	TaW			
HüU	Hüftumfang	97	+	---	=	HüW			
AlT	Armlochtiefe	20,1	+	1 bis 3	=	AlT+	22,1		
HüT	Hüfttiefe	21				MoL	Modelllänge	57	
BrT	Brusttiefe (ab Schulter)	28,1				HlB	Halslochbreite	6,5	
ArD	Armdurchmesser	9,3	+	3 bis 4	=	ArD+	12,8	½ 6,4	
BrPA	Brustpunktabstand = BrU/10	8,8	+	0,6	=	BrPA+	9,4		
SuB	Schulterbreite	12,2	+	1 bis 3	=	SuNL	14,2		
SuWi	Schulterwinkel (in Grad, °)	20°	– Auflockerung	0 bis 2°	=	SuWi–	18°		
RüL	Rückenlänge (waagerechte Taille)	41,6							
VL	Vorderlänge (waagerechte Taille)	45,3							
	Differenz VL – RüL	3,7	–	3 bis 4	=	Abnäherinhalt	0,7 bis -0,3		
ArL	Armlänge	60	–	-4	=	Ärmellänge	ÄL	56	
OaU	Oberarmumfang	28	+	---	=	Oberarmweite	OaW	---	
HgU	Handgelenkumfang	16	–	8	=	Ärmelsaumweite	ÄSaW	24	

□3 Konstruktionstabelle für das Sweatshirt

□1 Sweatshirt1 mit Rundhals-Ausschnitt

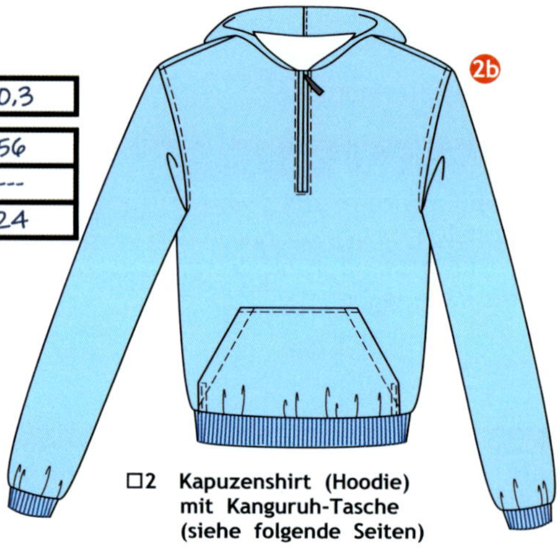

□2 Kapuzenshirt (Hoodie) mit Kanguruh-Tasche (siehe folgende Seiten)

508

1 Schnittkonstruktion Sweatshirt

Die Schnittaufstellung mit den entsprechenden Maßen aus der Konstruktionstabelle ist bis auf die Armlänge und die Modelllänge identisch mit dem ab Seite 508 gezeigten Shirt-Grundschnitt.

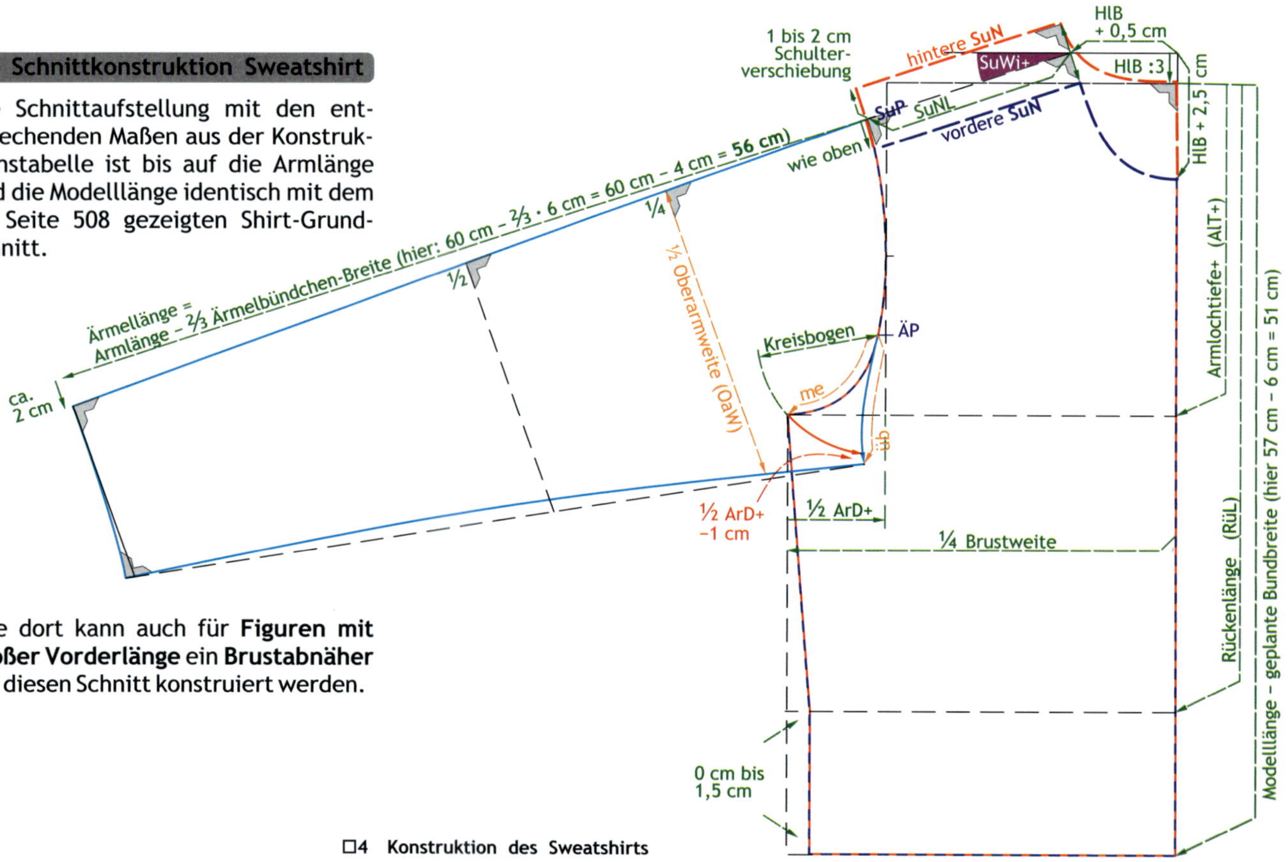

Wie dort kann auch für **Figuren mit großer Vorderlänge** ein **Brustabnäher** für diesen Schnitt konstruiert werden.

□4 Konstruktion des Sweatshirts

500

Modellschnitt-Entwicklungen

Das Vorder- und das Rückteil werden separat kopiert. Die oberen Seitennähte können noch geformt und der Halsausschnitt vergrößert werden. Den Ausschnitt-Schlitz bestimmen.

2 Saumbund

Für den Saumbund wird ein Streifen konstruiert mit der Länge des gesamten Saums von VT und RT abzüglich eines Dehnbetrags, der materialbedingt zu wählen ist (z.B. – 5% bis – 10 %, hier minus 8 %).

Im Beispiel hier:

SaW = 4× 24 cm = 96cm

BuW = SaW · (100% – 8%) : 100%
= 96 cm · 0,92
= **88,3 cm**

3 Kanguruh-Tasche

Die Kanguruh-Tasche wird nach funktionalen Gesichtspunkten und proportional passend in das VT gezeichnet - die Maßangaben sind Vorschläge.

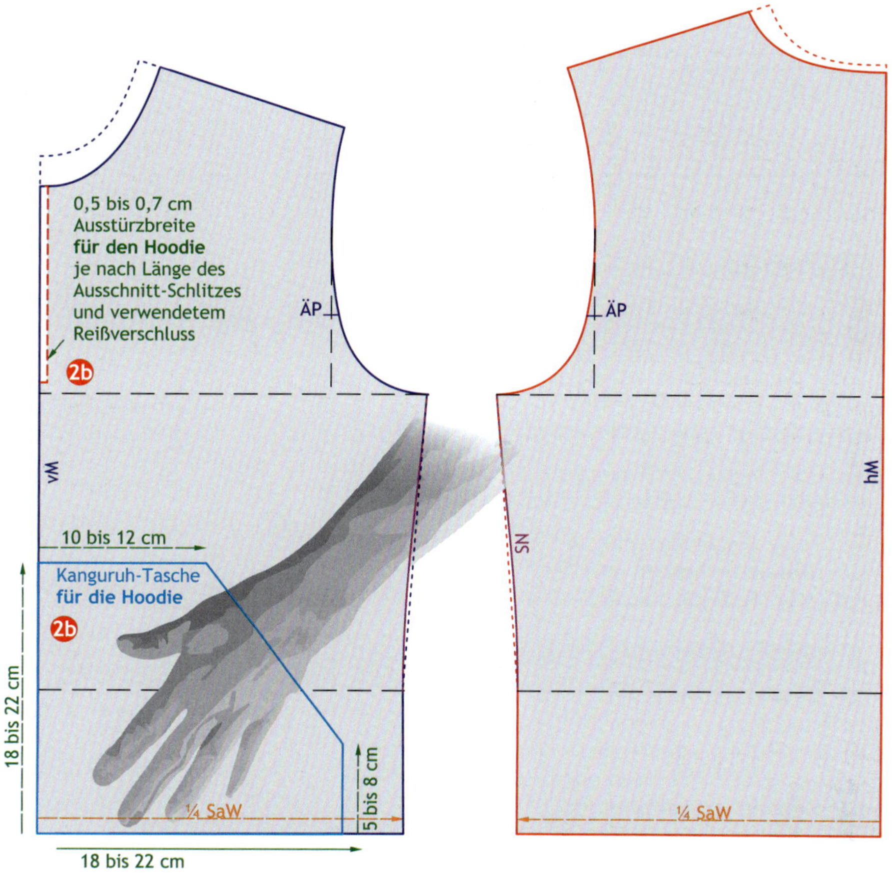

□5 Modellschnitt-Entwicklung der Rumpfteile und der Kanguruh-Tasche

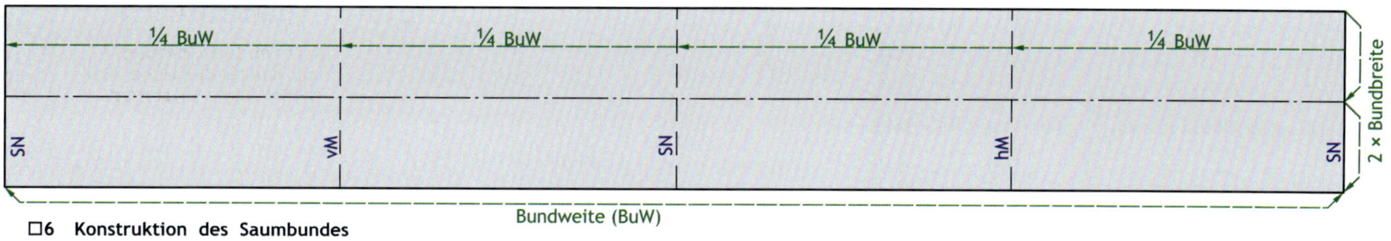

□6 Konstruktion des Saumbundes

4 Ärmel- und Halsbündchen

Für das **Ärmelbündchen** wird ein Streifen konstruiert mit der Länge des Ärmelsaums abzüglich des obigen Dehnbetrags, wenn es sich um dasselbe Strick-Material handelt (hier minus 8 %).

Im Beispiel hier:

ÄSaW = 24 cm

BüW = ÄSaW · (100% – 8%) : 100%
= 24 cm · 0,92
= 22,1 cm

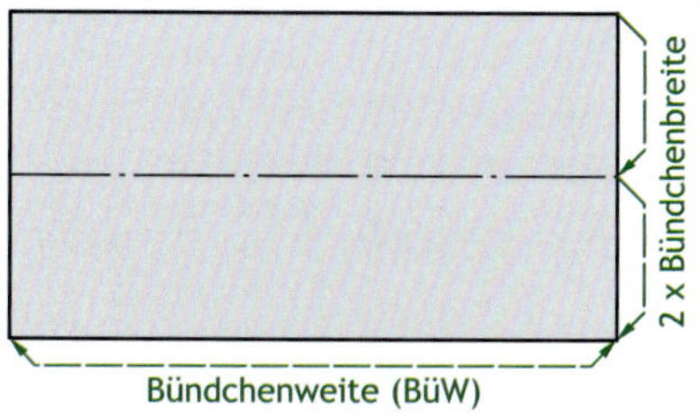

□7 Konstruktion des Strick-Ärmelbündchens

Das **Halsbündchen** nach der Beschreibung von Seite 511 konstruieren.

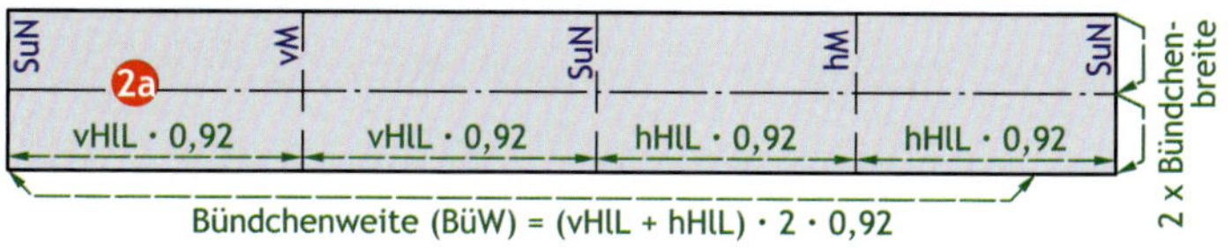

□7 Konstruktion des Halsbündchens für das vergrößerte Halsloch (mit Nahtstrecken, vM, hM, SuN)

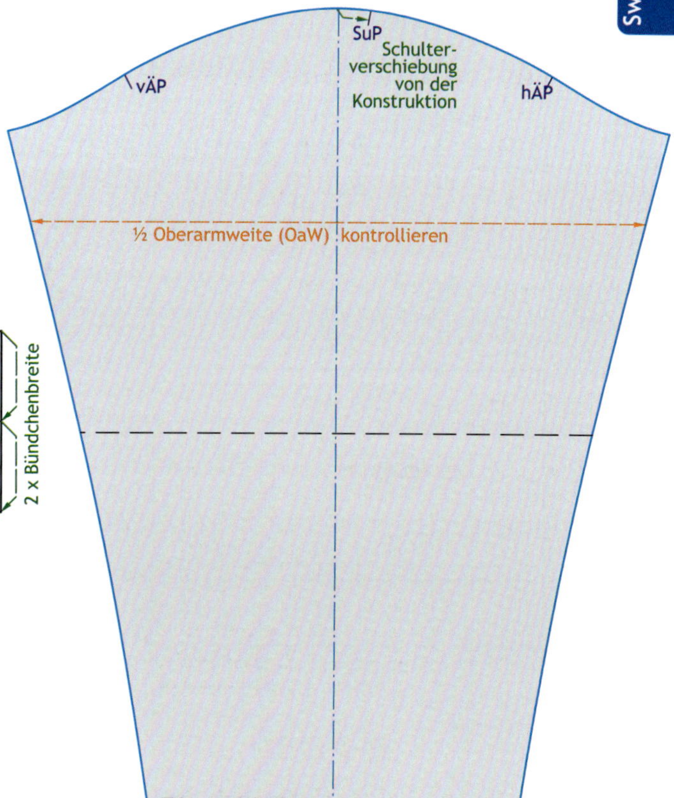

□8 Modellschnitt des gespiegelten Ärmels

Sweatshirt, Hoodie, Troyer (3)
Produktionsschnitte

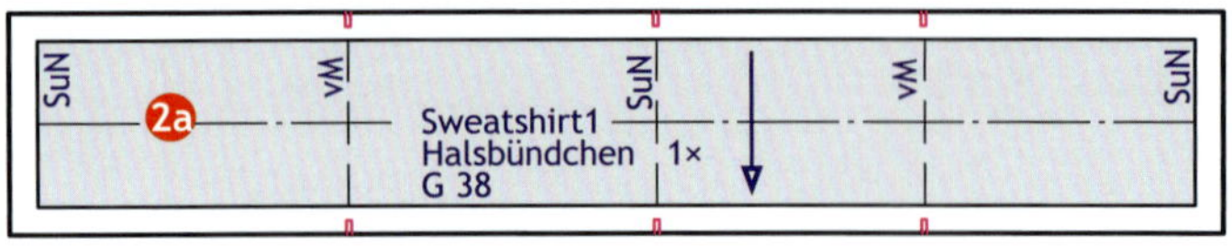

5 Alternative Konstruktionen

2a Ist ein **gewöhnliches Sweatshirt**.

2b Der **Hoodie** mit der hier verwendeten Kapuzenform ist die Nr. 4 auf Seite 344 Andere Kapuzenformen können ebenfalls verwendet werden.

2c Der Kragen des **Troyers** aus Strickware ist mit dem Ausschnitt verbunden.

2d Zeigt ein **Sweatshirt mit schmalem Bündchenkragen** aus Strickware mit einem Reißverschluss.

Produktionsschnitte für die Modelle

Die Schnittteile werden für die industrielle Fertigung an den Körpermitten gespiegelt. Die Schnitteile sind mit Hilfe der roten Punkte den entsprechenden Modellen zugeordnet.

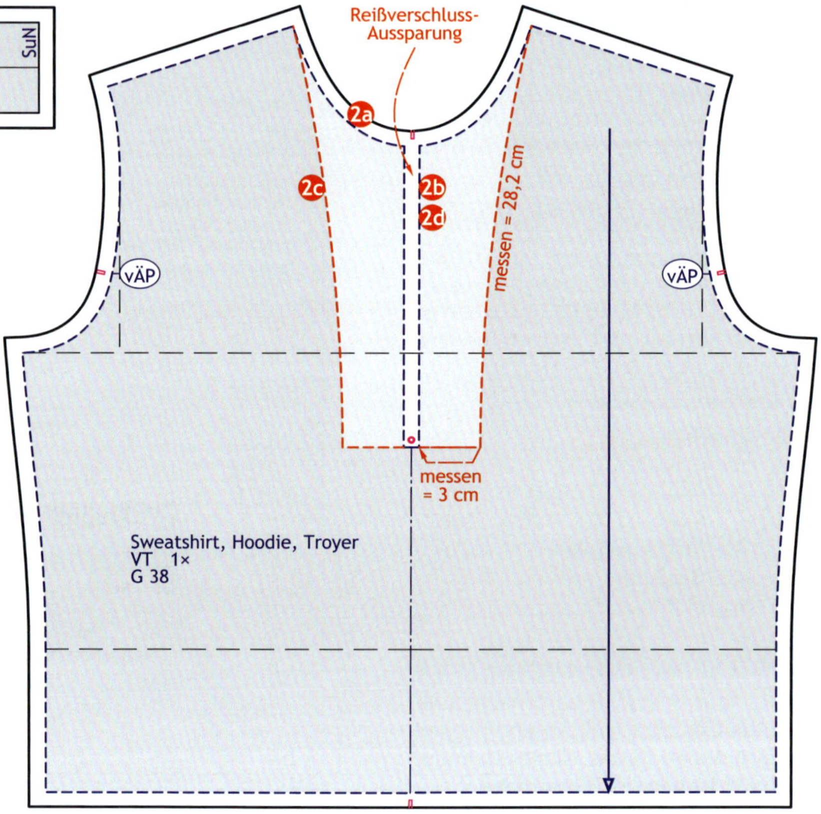

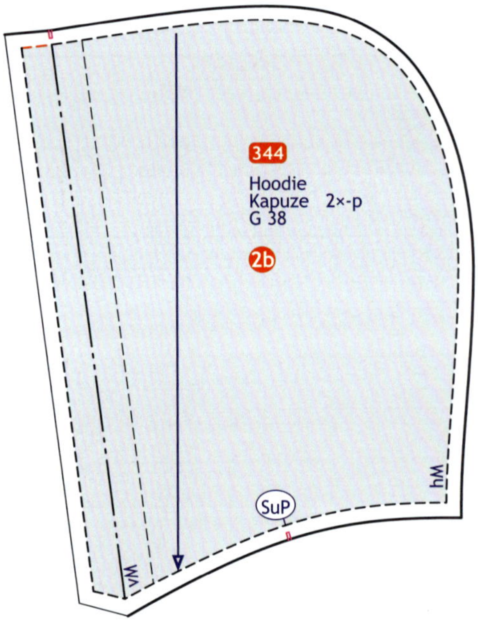

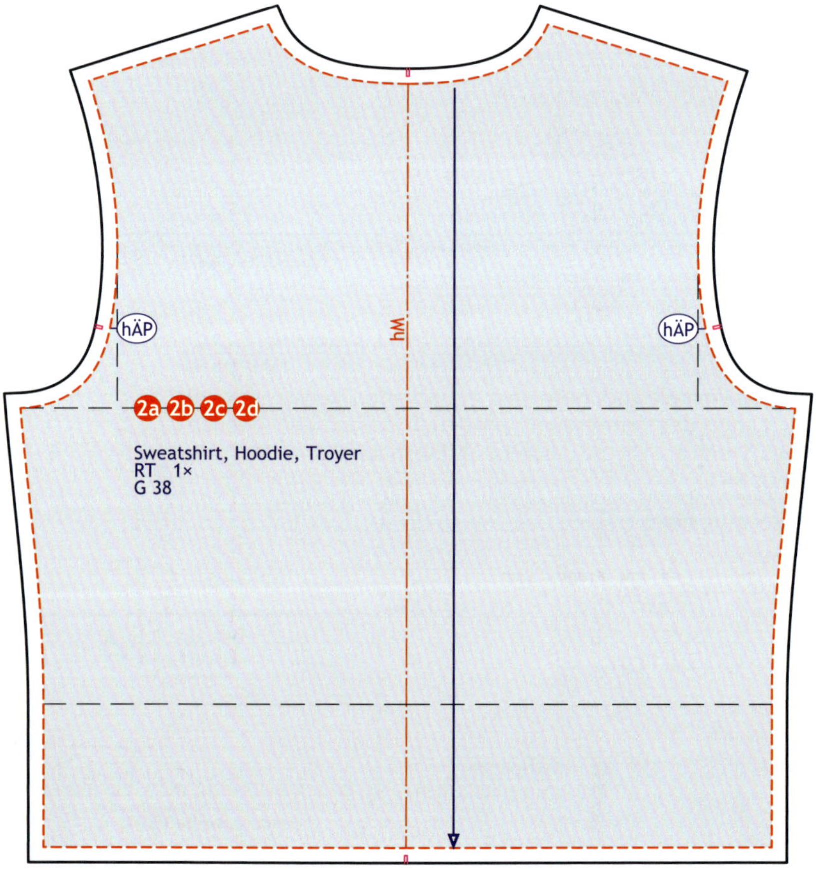

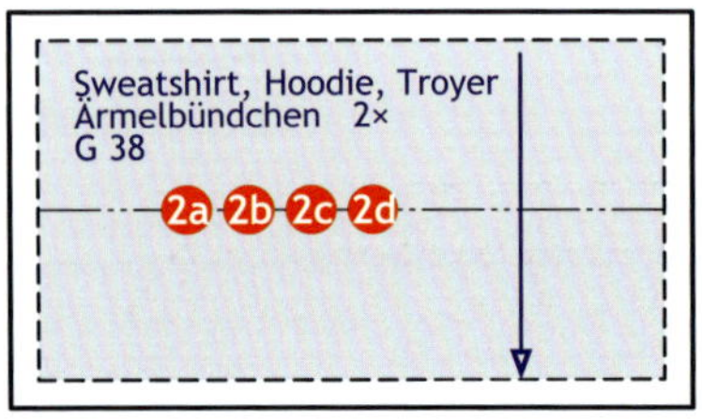

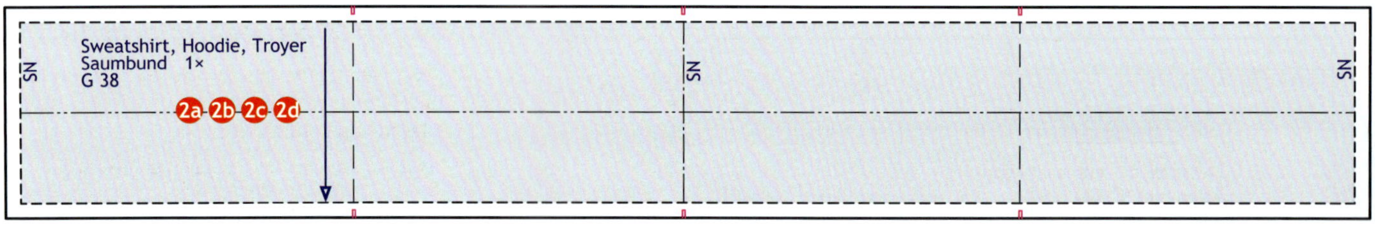

Sweatshirt, Hoodie, Troyer

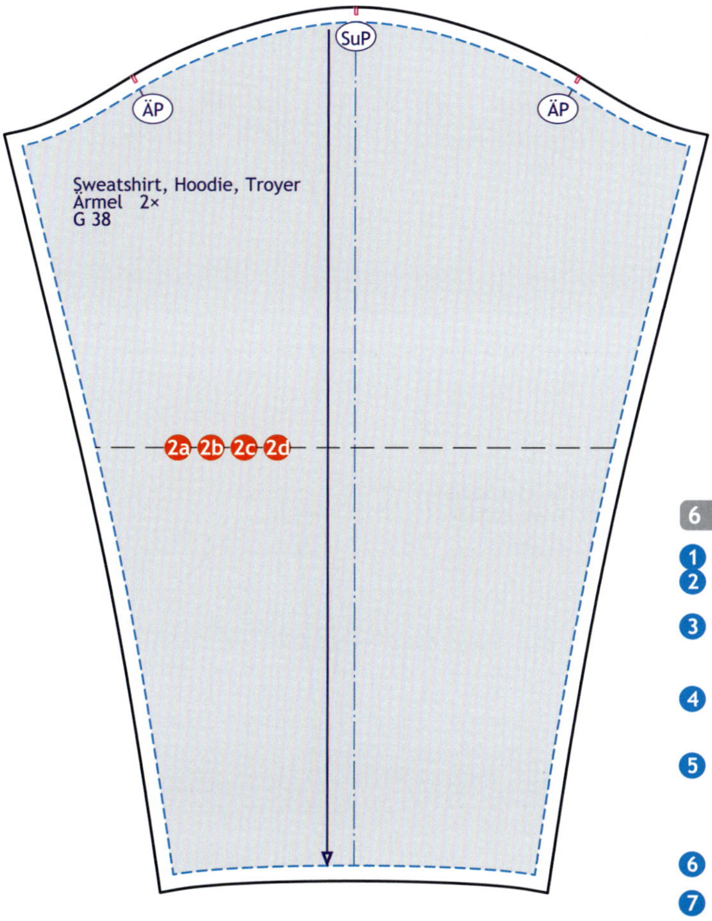

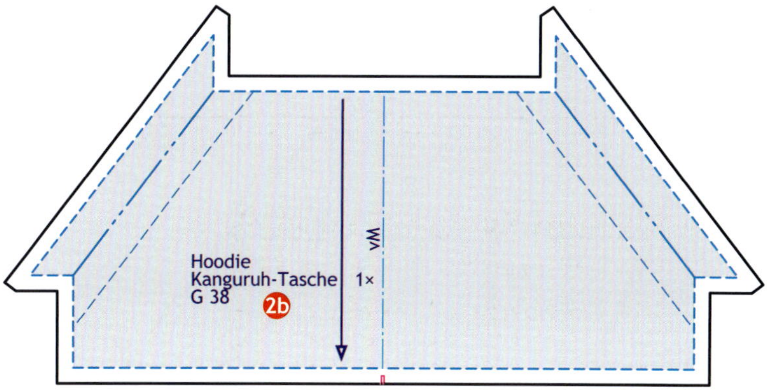

6 Troyerkragen-Konstruktion für 2c

1 2 Kragenbreite (KrB) und hintere Halslochlänge (hHlL) abwinkeln → SuP.

3 vHalL abzüglich der ½ Reißverschluss-Aussparung abtragen und nach unten und oben abwinkeln → vM.

4 Hierzu parallel eine Hilfslinie im Abstand von ½ Kragenblendenbreite wie am VT gemessen einzeichnen.

5 Auf die Hilfslinie vom SuP die vordere Kragennaht formen und darauf die vordere Kragennahtlänge vom SuP aus abtragen minus ein materialabhängiger **Dehnbetrag** (1 bis 3 cm).

6 Die Reißverschlusslänge ergibt sich.

7 Den Kragen an hM und Kragenkante spiegeln.

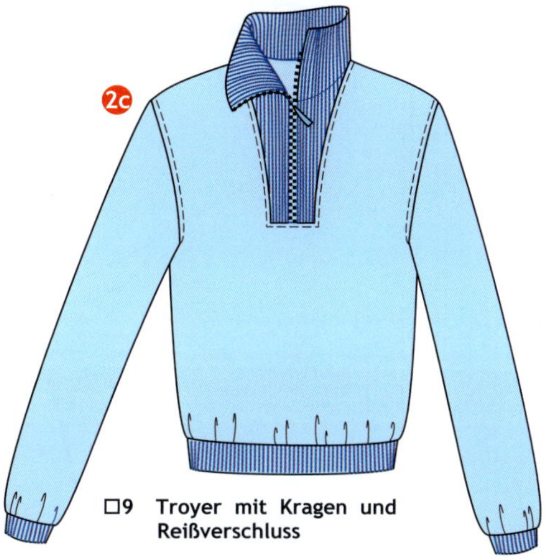

□9 Troyer mit Kragen und Reißverschluss

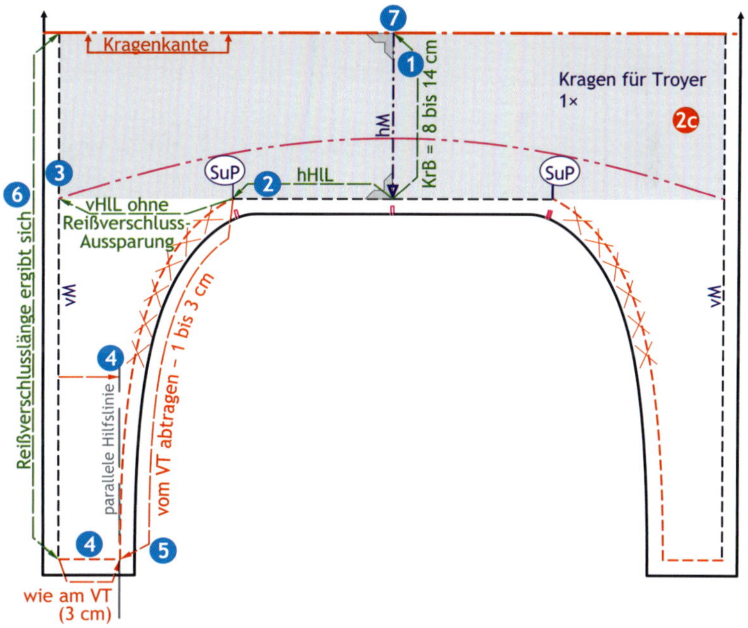

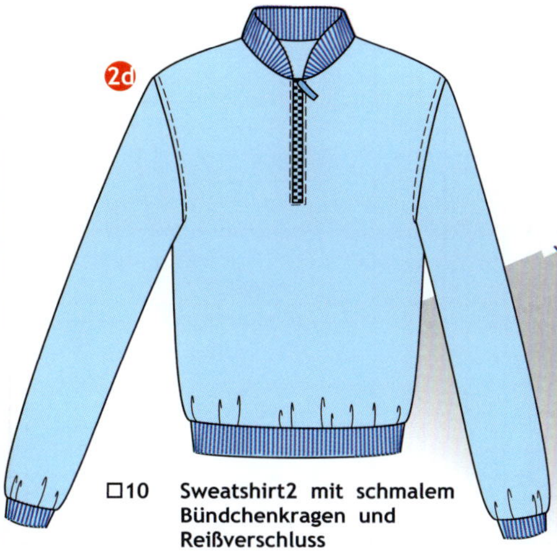

□10 Sweatshirt2 mit schmalem Bündchenkragen und Reißverschluss

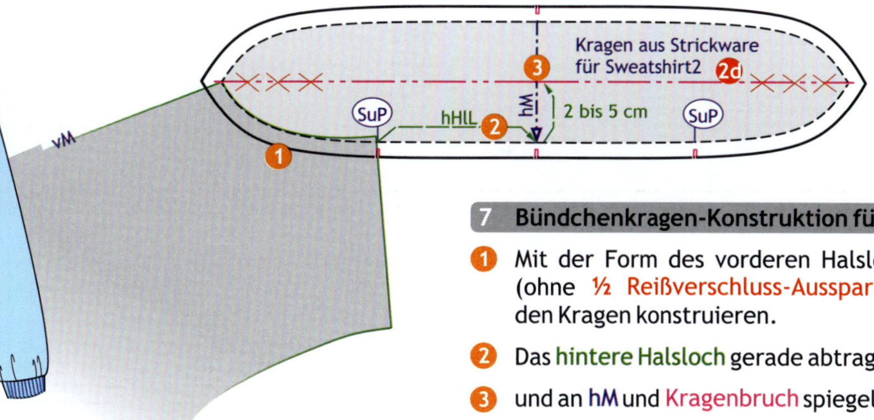

7 Bündchenkragen-Konstruktion für 2d

1 Mit der Form des vorderen Halslochs (ohne ½ Reißverschluss-Aussparung) den Kragen konstruieren.

2 Das hintere Halsloch gerade abtragen

3 und an hM und Kragenbruch spiegeln.

Sportjacke mit Raglanärmel und Kragen (1)
Modellentwicklung

512

□1 Sportjacke

Für eine **Sportjacke** wird üblicherweise Maschenware verwendet. Die Bündchen können aus Strickbundware oder aus derselben Maschenware gefertigt werden.

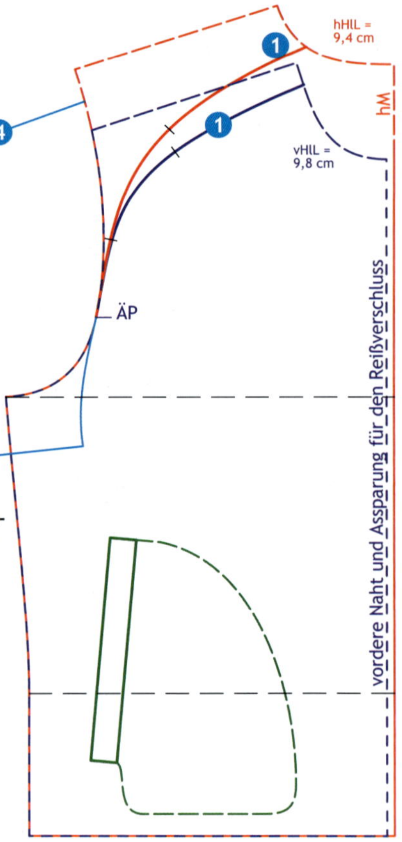

□2 Modellabwandlung des Sweatshirt-Grundschnitts zur Trainingsjacke

1 Schnittkonstruktion Sportjacke

Die Schnittaufstellung erfolgt wie für das Sweatshirt auf Seite 512 mit denselben Weitenzugaben.

Wie beim T-Shirt, auf Seite 508 gezeigt, kann für **Figuren mit großer Vorderlänge** auch ein **Brustabnäher** für diesen Schnitt verwendet werden.

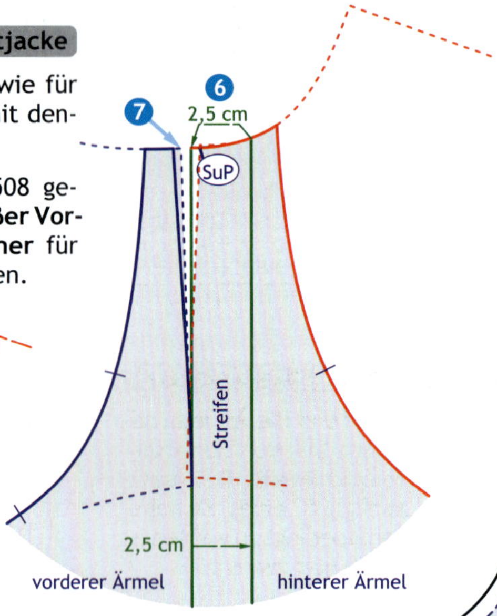

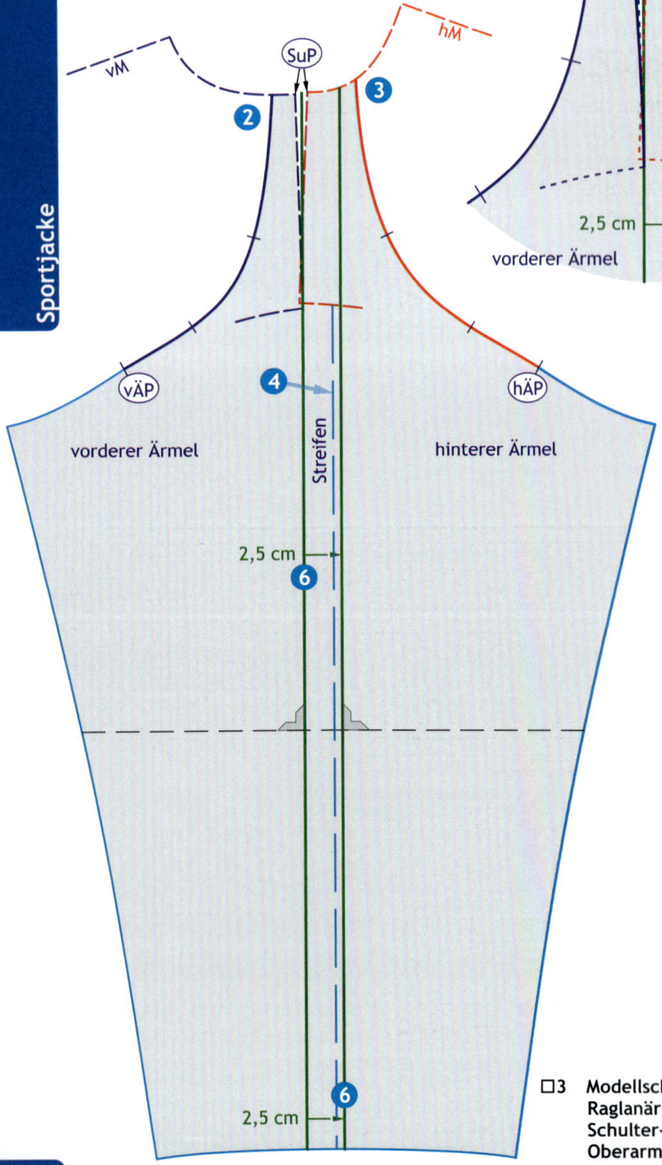

Weitere Formen von möglichen Raglanabtrennungen sind im **Ärmelkapitel** bei den Ärmelanlagen beschrieben.

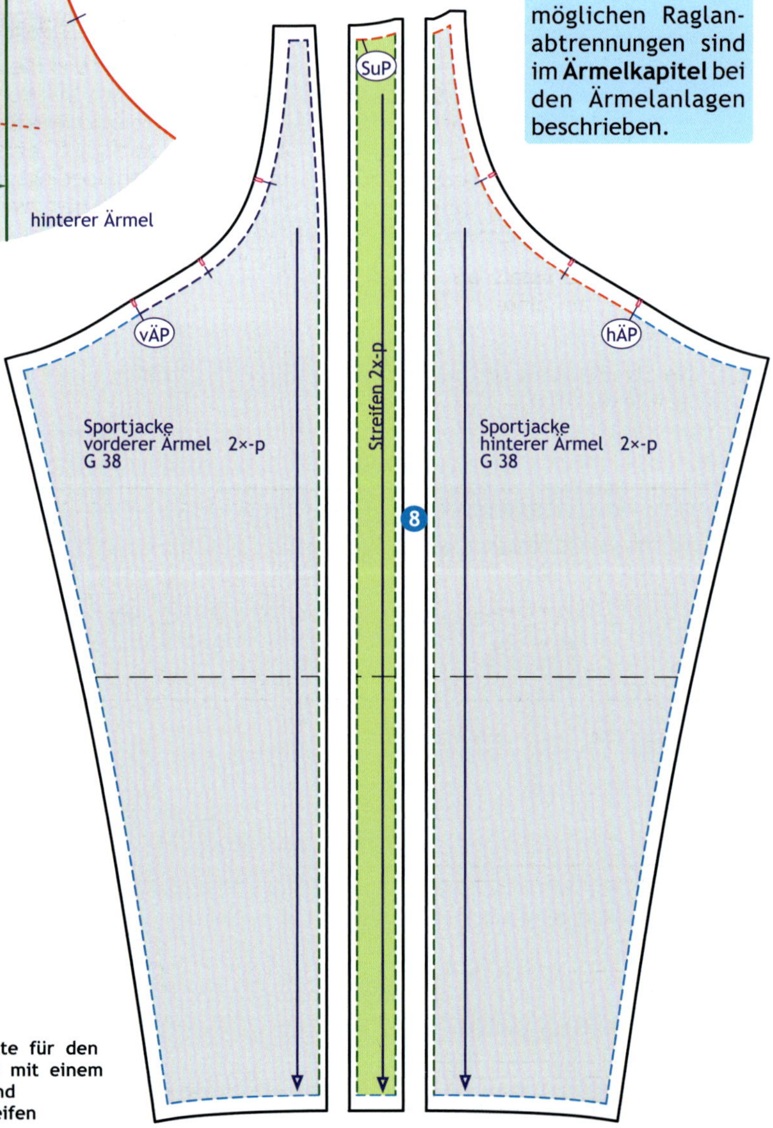

□3 Modellschnitte für den Raglanärmel mit einem Schulter- und Oberarmstreifen

2 Raglanärmel

1. Vom Ärmelpunkt zu den Halslöchern die Nähte in gewünschter Form einzeichnen, hier am VT in Blau, am RT in Rot. Mindestens einen Knips pro Naht setzen.
2. Die Ärmelflächen kopieren: Mit vorderer Raglannaht plus Armloch
3. und einmal mit hinterer Raglannaht plus Halsloch.
4. An der Ärmelmitte ansetzen.
5. Am Halsloch bildet sich eine Lücke (Abnäher). Für einen einteiligen Raglanärmel kann dessen Inhalt zur Hälte an den beiden Raglannähten entfernt werden.

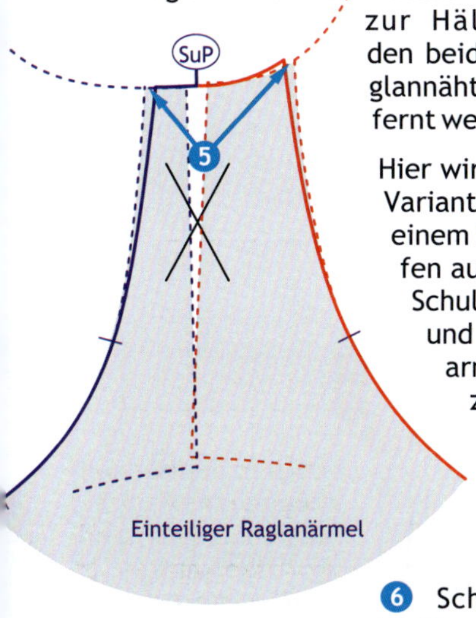

Hier wird eine Variante mit einem Streifen auf Schulter und Oberarm gezeigt.

6. Schmuckstreifen platzieren. Z.B. durch die Abnäherspitze eine Senkrechte zum Saum und eine Parallele in gewünschter Streifenbreite zeichnen.
7. Den Abnäherinhalt an vorderem und/oder am hinteren Ärmel entfernen.
8. Die Streifennaht ist hier mit 0,5 cm NZg versehen.

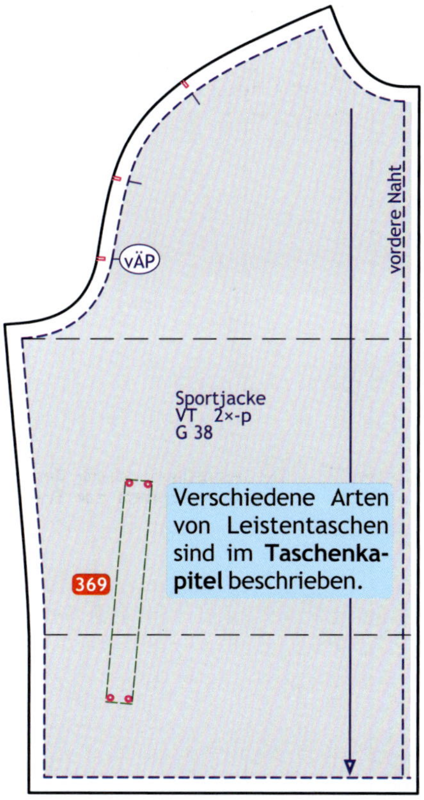

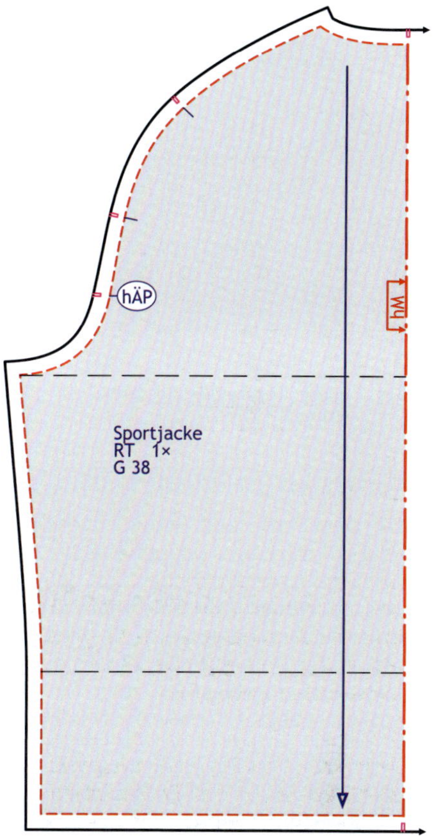

3 Saum-, Ärmelbund und Kragen

Für den Saumbund und die Ärmelbündchen jeweils einen Streifen konstruieren. Die Längen sind jeweils die Ansatznahtlängen abzüglich eines Dehnbetrags, der materialbedingt zu wählen ist (z.B. – 0% bis – 5 %, hier minus 3 %).

Für den Saumbund:

SaW = 4 · 24 cm = 96cm

BuW = SaW · (100% – 3%) : 100%
= 96 cm · 0,97
= **93,1 cm**

Für die Ärmelbündchen:

ÄSaW = 24 cm

BuW = ÄSaW · (100% – 3%) : 100%
= 24 cm · 0,97
= **23,3 cm**

Maße für den Kragen Nr. 5 auf Seite 297:

vHlL = 9,4 cm · 0,97 = **9,1 cm**

hHlL = 9,8 cm · 0,97 = **9,5 cm**

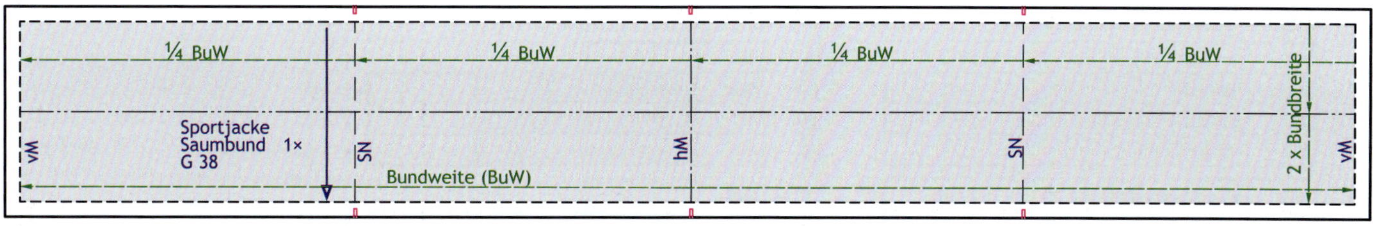

□6 Konstruktion des Saumbundes

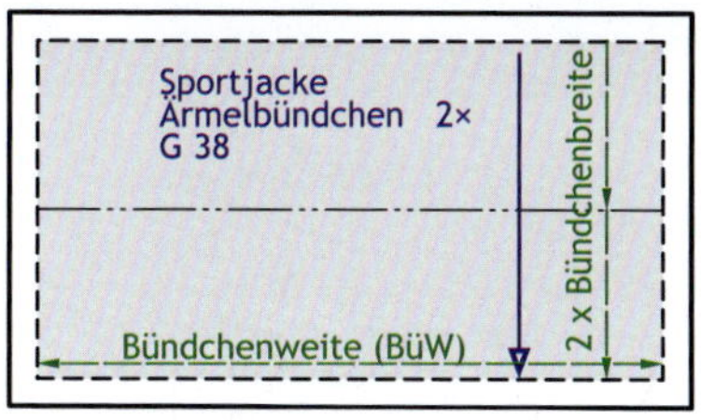

□7 Konstruktion des Ärmelbündchens

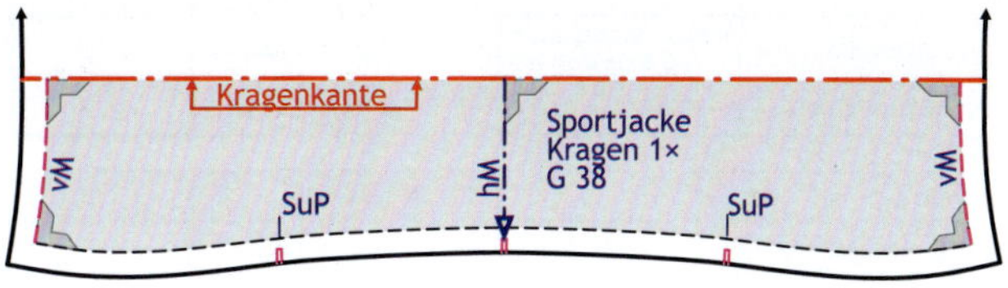

□5 S-förmig gerundeter Strick-Stehkragen, vorne anliegend, hinten am Hals nicht zu eng (Vergleiche Seite 293 Kragen Nr. 5)

293

Enger Oberteil-Grundschnitt mit Weitenreduzierung (1) mit Damenmaßen konstruiert

188

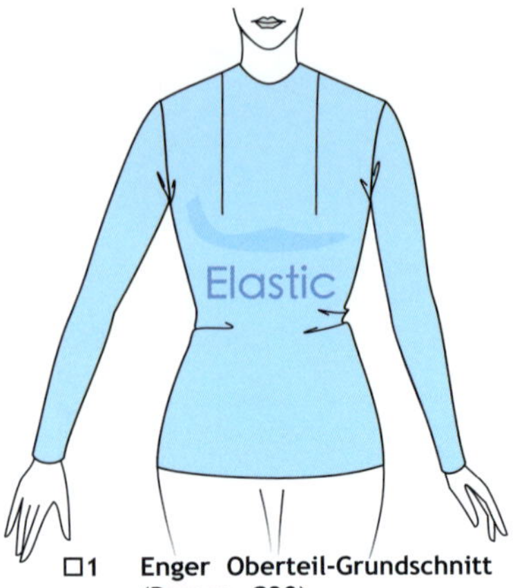

□1 Enger Oberteil-Grundschnitt (Damen G38)

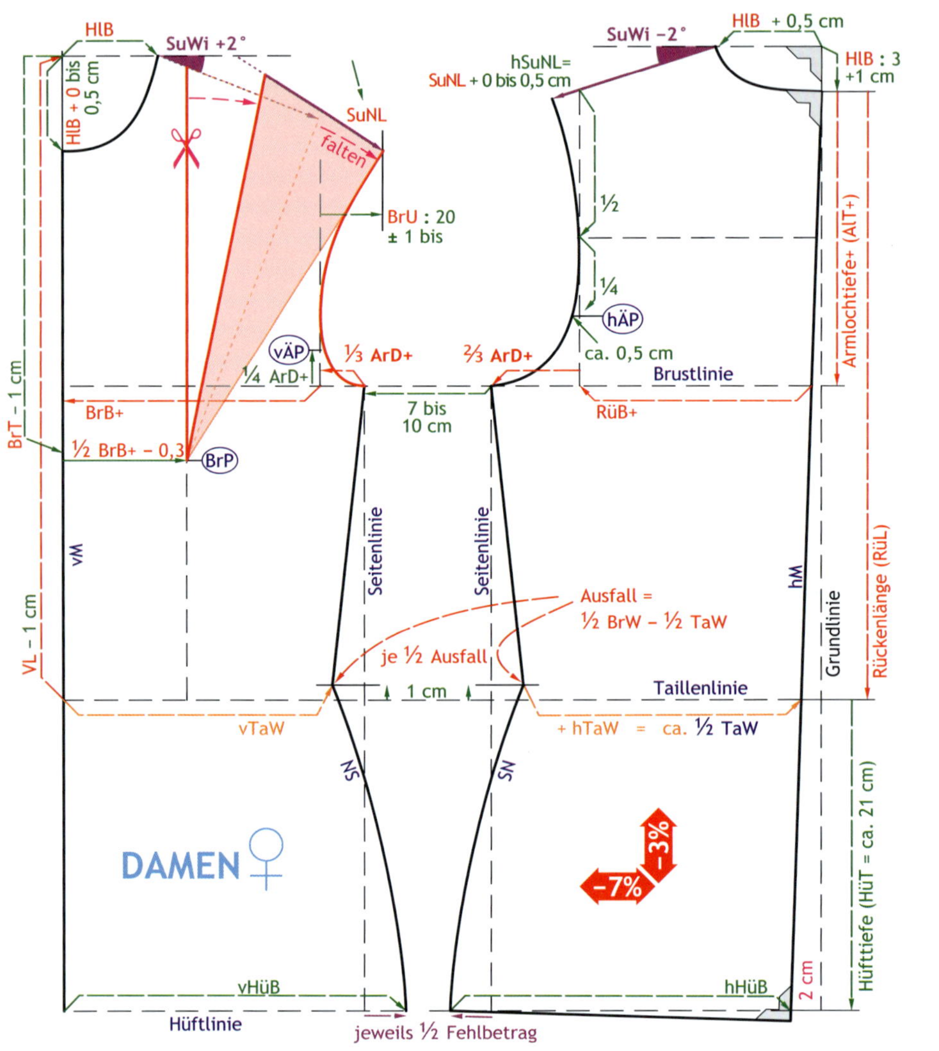

□2 Enger Oberteil-Grundschnitt für Damen mit Brustabnäher

Enger Oberteil-Grundschnitt

Für den Shirt- und Body-Grundschnitt sind auf folgender Doppelseite die Unisex-Schnittkonstruktionen für den **engen Oberteilgrundschnitt** mit und ohne Brustabnäher dargestellt. Er wird einmal in der **Damengröße 38** und einmal in der **Herrengröße 50** gezeigt. Der Konstruktionsablauf ist nahezu derselbe.

Die Konstruktion wird ab Seite 188 gezeigt. Hierfür gilt weitestgehend die Beschreibung des taillierten Oberteilgrundschnitts ab Seite 184.

Für Damen kann optional ein Brustabnäher konstruiert werden. Für einen Herrn entfällt dieser. Je nach Notwendigkeit kann die Lage der Seitennaht bei ½ oder wie üblich bei ⅓ und ⅔ **ArD** positioniert werden.

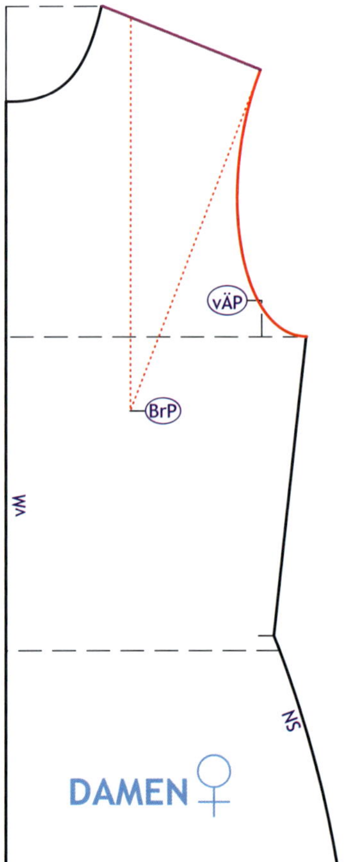

□3 Enger Oberteil-Grundschnitt für Damen ohne Brustabnäher

Konstruktionstabelle	Name	DAMEN	Größe	38
alle Maßangaben in cm Oberteil	Datum	Modell: enger Oberteil-GS	PK	0

	Hauptmaße (Kennmaße)	Körpermaße		Zugaben		Proportionsmaße (Konstruktions-, Kontrollmaße)				
KöH	Körperhöhe	168								
BrU	Brustumfang	88	+	- 7%	=	BrW	81,8	½	40,9	
TaU	Taillenumfang	72	+	0	=	TaW	72	½	36	
HüU	Hüftumfang	98	+	- 7%	=	HüW	90,2	½	45,1	
AlT	Armlochtiefe	20,1	+	- 3%	=	AlT+	22,6			
HüT	Hüfttiefe	21				MoL	Modelllänge			---
BrT	Brusttiefe (ab Schulter)	28,1		- 3%		BrT	Brusttiefe (ab Schulter)			27,3
HlB	Halslochbreite	6,5		- 3%		HlB	Halslochbreite			6,3
RüB	Rückenbreite (½)	16,5	+	- 7%	=	RüB+	15,3			
ArD	Armdurchmesser	9,3	+	- 7%	=	ArD+	8,7	¼	2,2	3,9
BrB	Brustbreite (½)	18,2	+	- 7%	=	BrB+	16,9			
	Kontrolle: Σ = ½ BrU	44	+	- 7%	=	½ BrW	40,9			
SuB	Schulterbreite	12,2	+	- 7%	=	SuNL	11,3			
hSuNL	hintere Schulternahtlänge	SuNL + Einhalteweite 0,5 cm bis 1 cm	+	0	=	hSuNL	11,3			
SuWi	Schulterwinkel (in Grad, °)	20° – Auflockerung	–	0	=	SuWi	20°			

	Balancemaße		Korrekturen			Konstruktionsmaße					
RüL	Rückenlänge (waagerechte Taille)	41,6	±	---	=	RüL	41,6	+	- 3%	=	40,3
VL	Vorderlänge (waagerechte Taille)	45,3	±	---	=	VL	45,3	+	- 3%	=	43,9
Differenz VL – RüL =	individuelle Balance =	3,7	korrigierte Balance =				3,7				
Bal	optimale Balance aus Maßtabelle	3,5	Optimale und korrigierte Balance müssten jetzt sehr ähnlich sein. (± 1 cm Toleranz, nur wenn kein Figurproblem zu beobachten ist)								

188

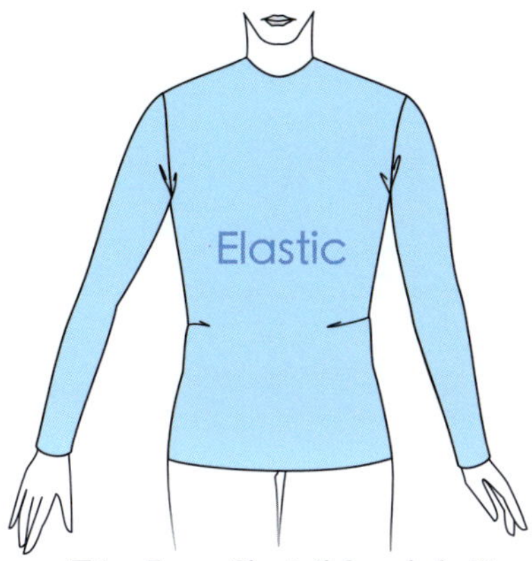

□4 Enger Oberteil-Grundschnitt (Herren G50)

Für diese **weitenreduzierten** Grundschnitte werden Konstruktionstabellen erstellt, in denen alle relevanten Maße entsprechend reduziert wurden.

Elastizität des Materials

Alle relevanten Konstruktionsmaße müssen um einen Dehnungsfaktor reduziert werden.

Auf Seite 500 wird ein Verfahren beschrieben, wie die prozentuale Reduzierung ermittelt werden kann.

Eine **Weitenreduzierung** kann zwischen **0 bis ca. 20 %** betragen.

Eine **Längenreduzierung** kann zwischen **0 bis ca. 5 %** betragen.

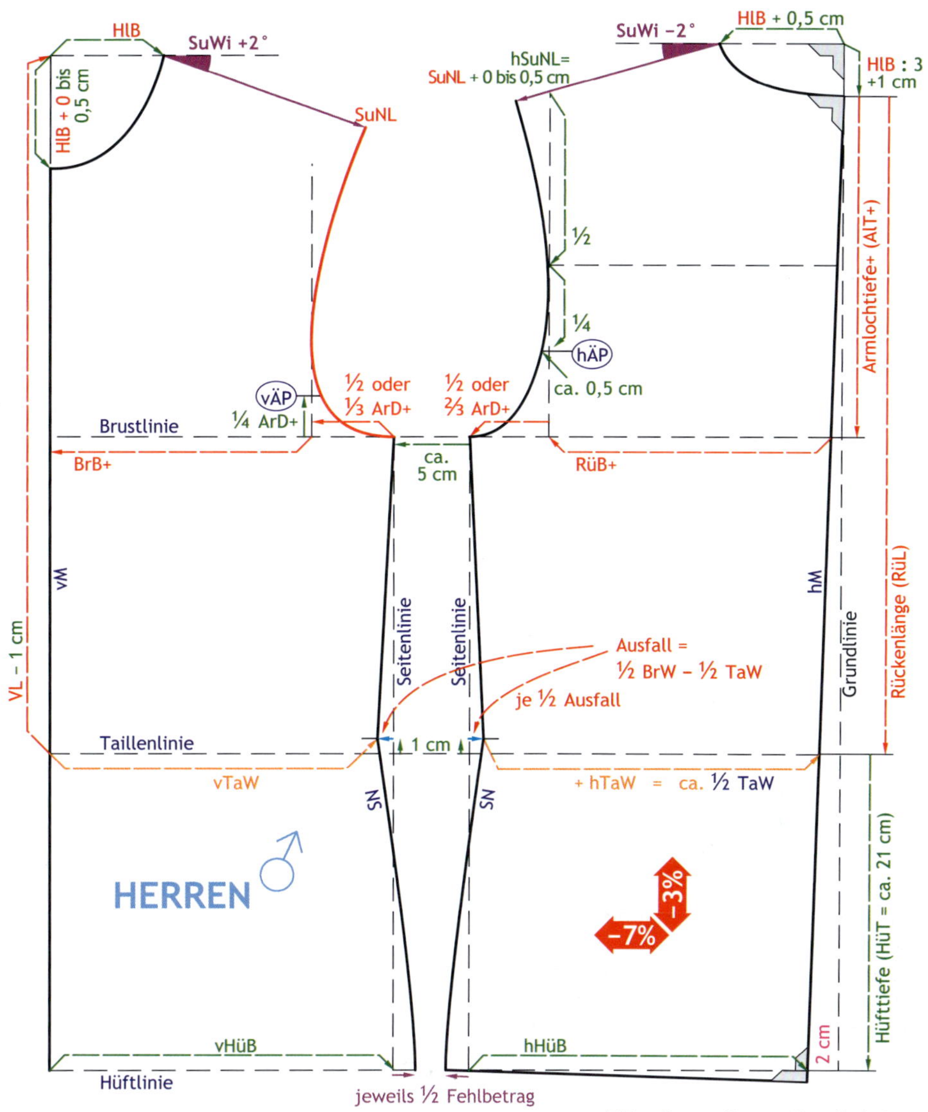

□5 Enger Herren-Grundschnitt ohne Brustabnäher (Herren G50)

Konstruktionstabelle alle Maßangaben in cm **Oberteil**		Name	HERREN				Größe	50
		Datum			Modell	enger Oberteil-GS	PK	0

	Hauptmaße (Kennmaße)	Körpermaße	Zugaben		Proportionsmaße (Konstruktions-, Kontrollmaße)			
KöH	Körperhöhe	177						
BrU	Brustumfang	100	+ - 7%	=	BrW	93	½	46,5
TaU	Taillenumfang	88	+ 0	=	TaW	88	½	44
HüU	Hüftumfang	104	+ - 7%	=	HüW	96,7	½	48,3
AlT	Armlochtiefe	23,4	+ - 3%	=	AlT+	22,6		
HüT	Hüfttiefe	ca. 21			MoL	Modelllänge		---
BrT	Brusttiefe (ab Schulter)	---	- 3%		BrT	Brusttiefe (ab Schulter)		---
HlB	Halslochbreite	7,7	- 3%		HlB	Halslochbreite		7,5
RüB	Rückenbreite (½)	20	+ - 7%	=	RüB+	18,6		
ArD	Armdurchmesser	11,5	+ - 7%	=	ArD+	10,7	¼ 2,7	3,6
BrB	Brustbreite (½)	18,5	+ - 7%	=	BrB+	17,2		
	Kontrolle: Σ = ½ BrU	50	+ - 7%	=	½ BrW	46,5		
SuB	Schulterbreite	15	+ - 7%	=	SuNL	14		
hSuNL	hintere Schulternahtlänge	SuNL + Einhalteweite 0,5 cm bis 1 cm	+ 0	=	hSuNL	14		
SuWi	Schulterwinkel (in Grad, °)	18° — Auflockerung	− 0	=	SuWi	18°		

	Balancemaße		Korrekturen		Konstruktionsmaße				
RüL	Rückenlänge (waagerechte Taille)	45	± ---	=	RüL	45	+ - 3%	=	43,6
VL	Vorderlänge (waagerechte Taille)	47,7	± ---	=	VL	47,7	+ - 3%	=	46,3
Differenz VL − RüL =	individuelle Balance =	---	korrigierte Balance =		---				
Bal	optimale Balance aus Maßtabelle	---	Optimale und korrigierte Balance müssten jetzt sehr ähnlich sein. (± 1 cm Toleranz, nur wenn kein Figurproblem zu beobachten ist)						

Enger Ärmel für engen weitenreduzierten Oberteil-Grundschnitt

UNISEX

200

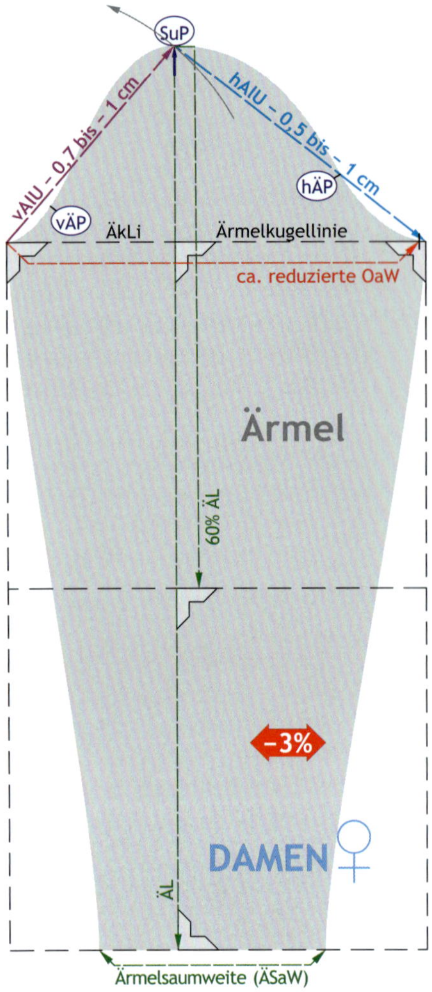

☐1 Grundschnitte der engen Ärmel für weitenreduzierte Oberteile

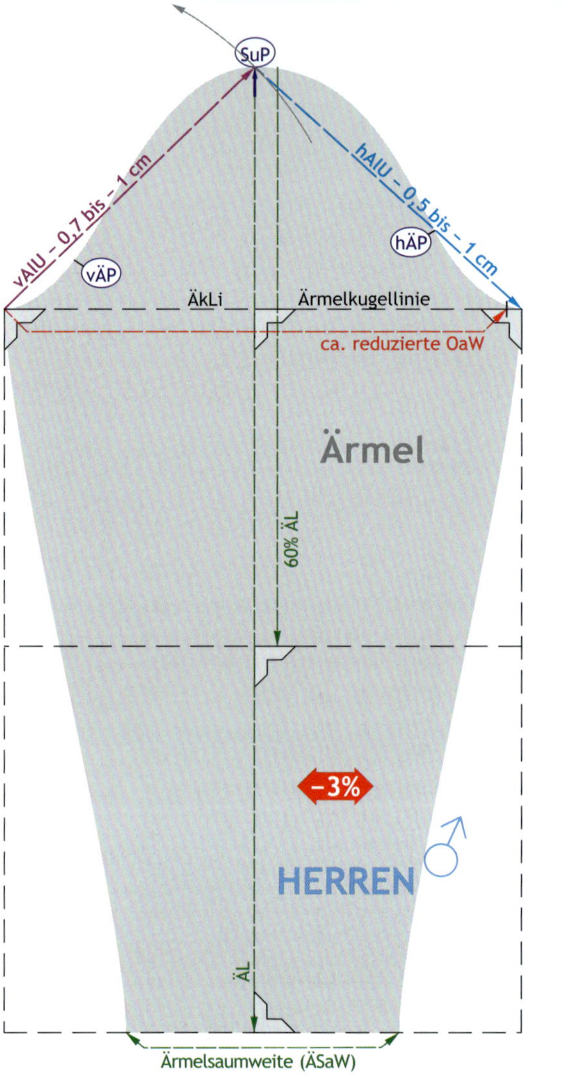

Enger weiten-reduzierter Ärmel-Grundschnitt

Der hierzu passende enge Ärmel wird weiten- aber nicht längenreduziert. Siehe ab Seite 200.

Er besitzt keine Einhalteweite. Die Ärmelsaumweite kann ggf. reduziert werden.

Konstruktionstabelle		Name	DAMEN				Größe	38
Maßangaben in cm	**Ärmel**	Datum				Modell: Enger Ärmel	PK	0
AhH	Armlochhöhe	---				Armlochumfang	AlU	39,1
ÄL	Arm- / Ärmellänge	60	**Zugaben** aus der **Berechnungstabelle** für **Ärmelkonstruktionen**					
OaU	Oberarmumfang	25	+	- 3%	=	Oberarmweite	OaW	27,2
HgU	Handgelenkumfang	16	+	0	=	Saumweite	ÄSaW	16
EW in %	Einhalteweite in %	0 %	Einhalteweite in cm = AlU · Einhalteweite in % =				EW in cm	0 cm
			Ärmelkugelumfang = AlU + Einhalteweite in cm				ÄKU	39,1

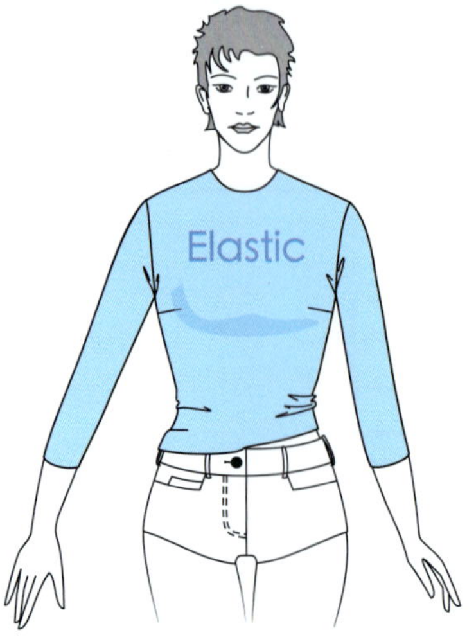

☐1 Enges Shirt mit Brustabnäher und ¾-Ärmeln

Enges Shirt hier mit ¾-Ärmeln

Zunächst wird entschieden, ob ein Abnäher zur Formung der Brust notwendig ist. Entsprechend wird das Grundschnitt-Vorderteil gewählt.

Ebenso kann ein Herren-Shirt gestaltet werden.

Die **Seitennähte** wie skizziert formen.

Für ein Modell mit **Brustabnäher,** kann dieser wie gewünscht verlegt, gekürzt und genäht werden. Auch eine Verarbeitung mit einer Teilungsnaht ist möglich.

Säume entsprechend kürzen oder für ein Kleid verlängern und die Saumweite etwas vergrößern sowie den **Halsausschnitt** rund, V-förmig - oder in anderen Formen gestalten.

Der Ärmel wird lediglich gekürzt, siehe rechts.

518

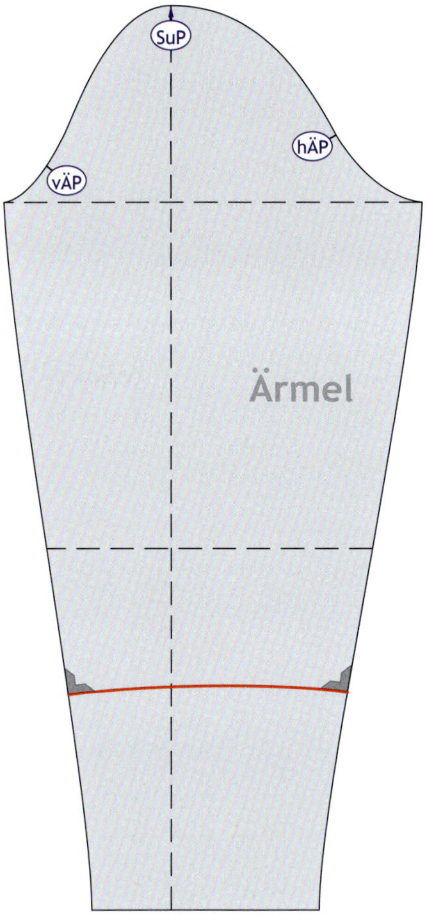

□3 Modellschnittentwicklung Ärmel

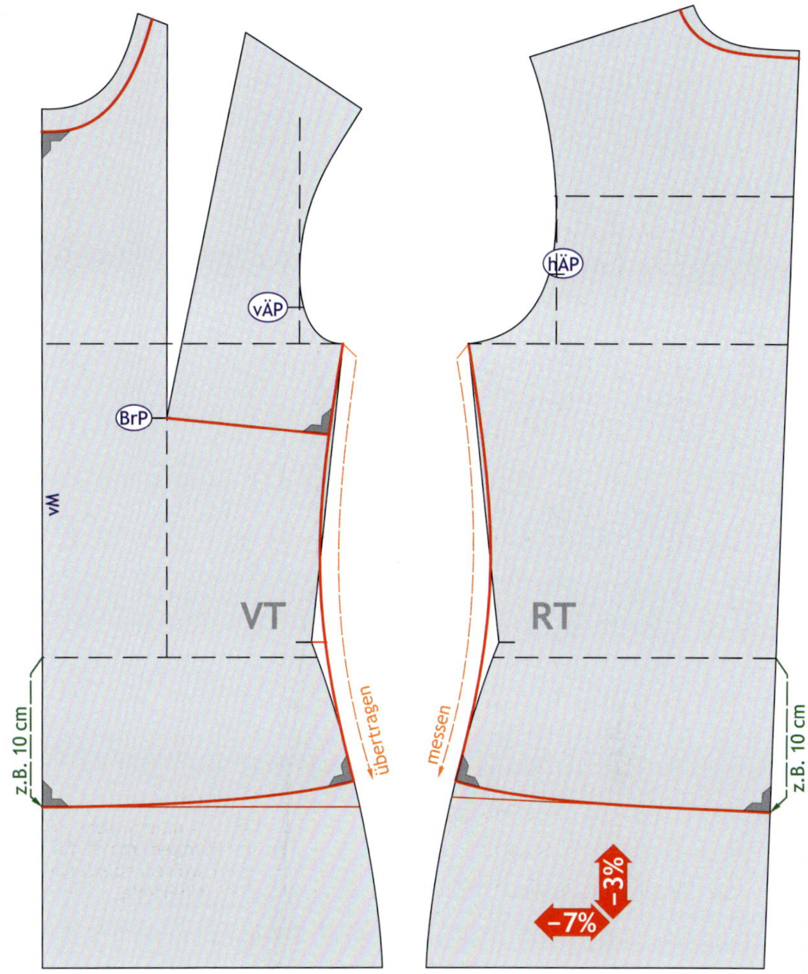

□2 Modellschnittentwicklung enges Shirt

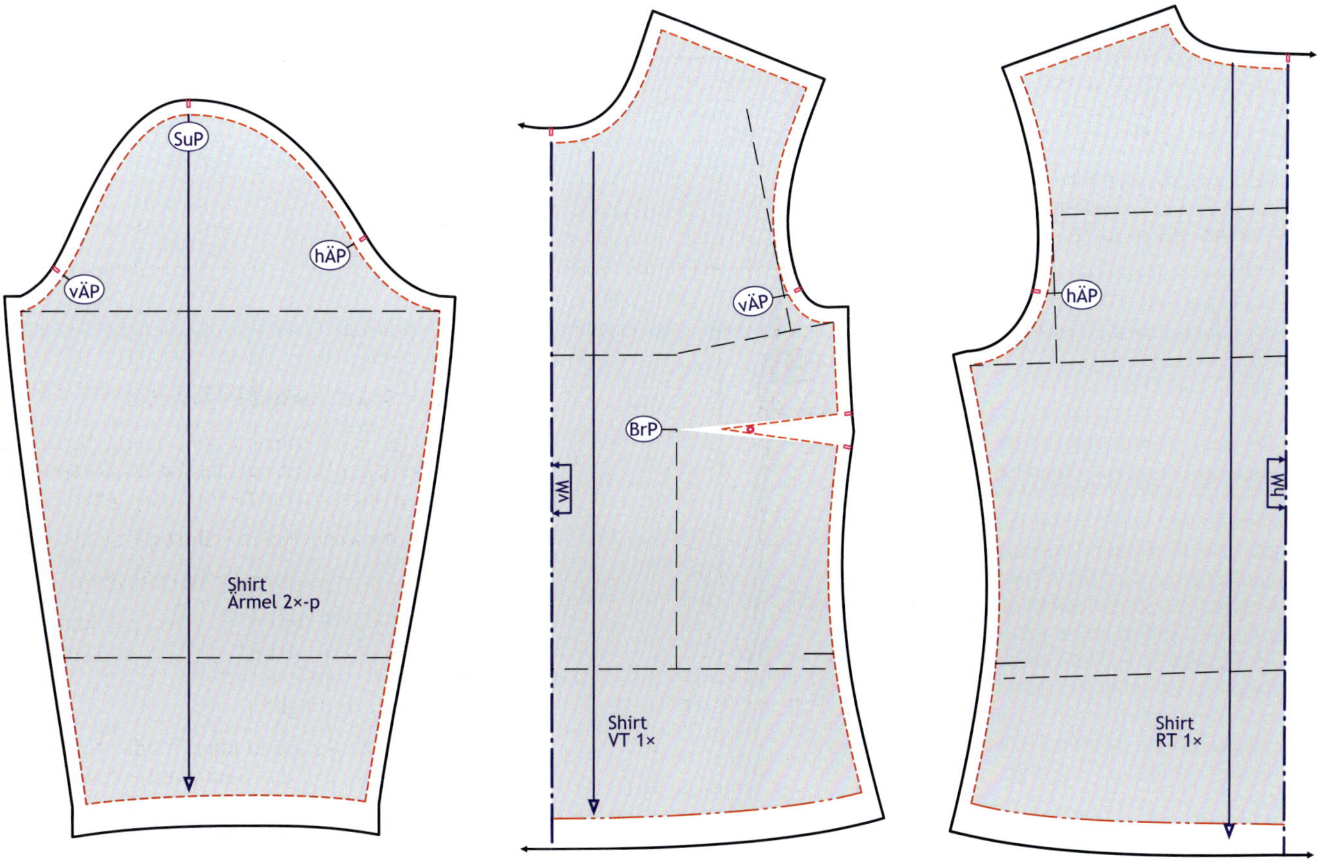

□4 Produktionsschnitte enges Shirt mit Brustabnäher

Enges Shirt

Tanktop
für Damen und Herren

518

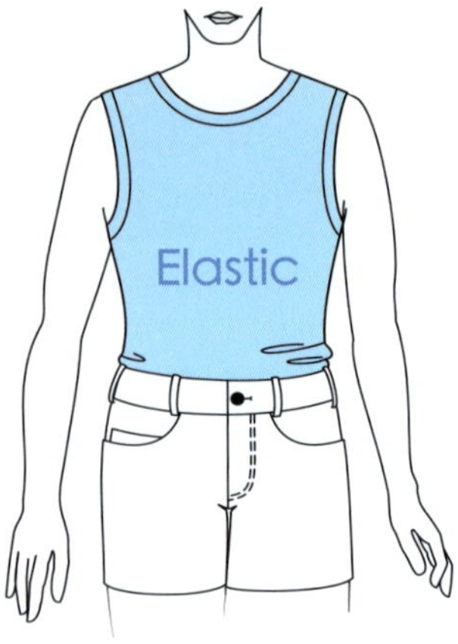

□1a Tanktop für Herren

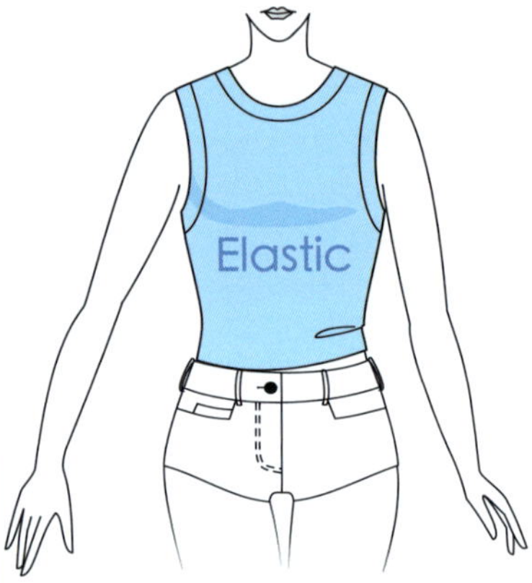

□1b Tanktop für Damen

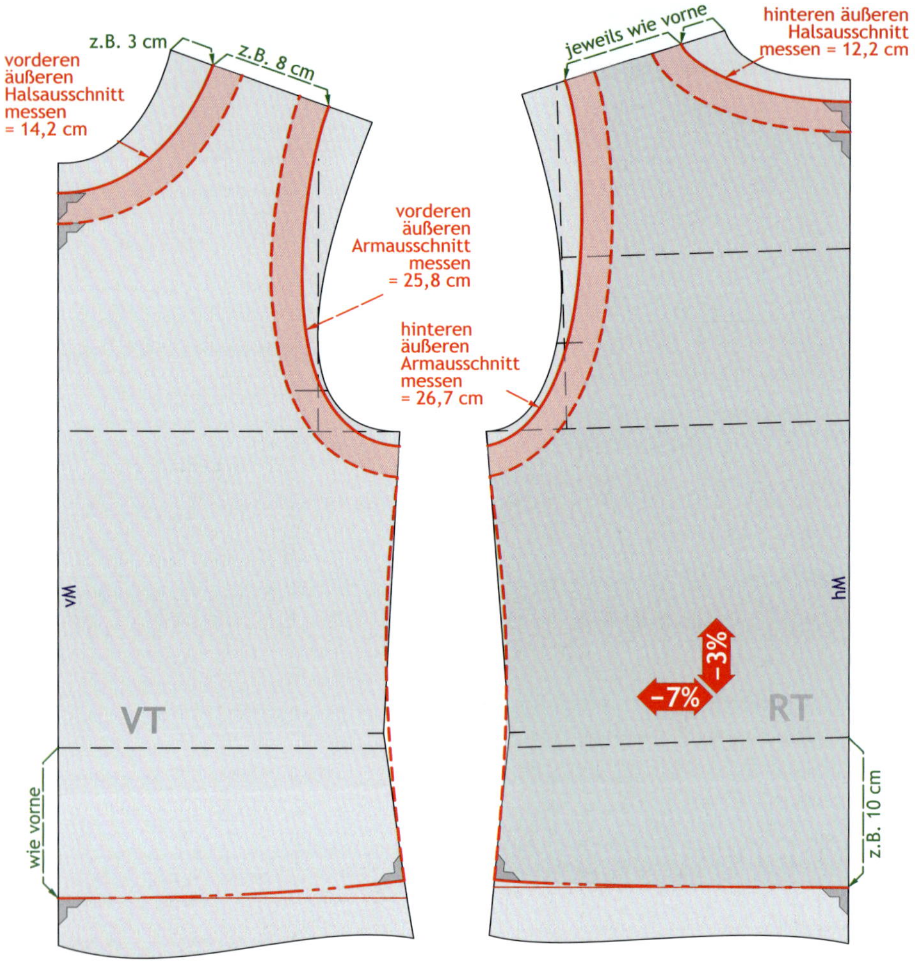

□2 Modellentwicklung Tanktop

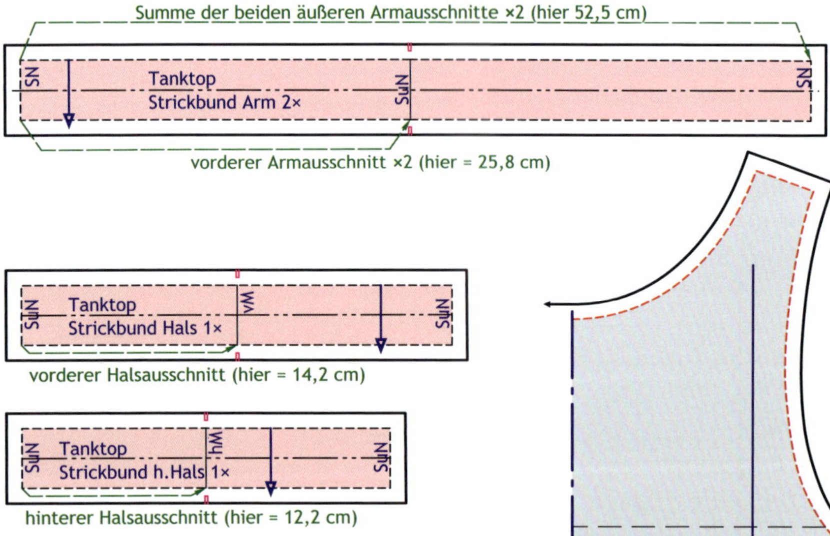

Tanktop / Unterhemd

Modelllänge bestimmen, Seitennähte, Ausschnitte und Saum wie oben formen. Die Ansatznähte für die Strickbündchen sind gestrichelt. Sie werden gerade zugeschnitten. Die Längen betragen die Außenkanten der Ausschnitte. Sie werden beim Einnähen gedehnt. Das Halslochbündchen kann auch in einem Schnittteil zugeschnitten werden, wenn die beiden Teile an einer Schulter verbunden (angeschnitten) werden.

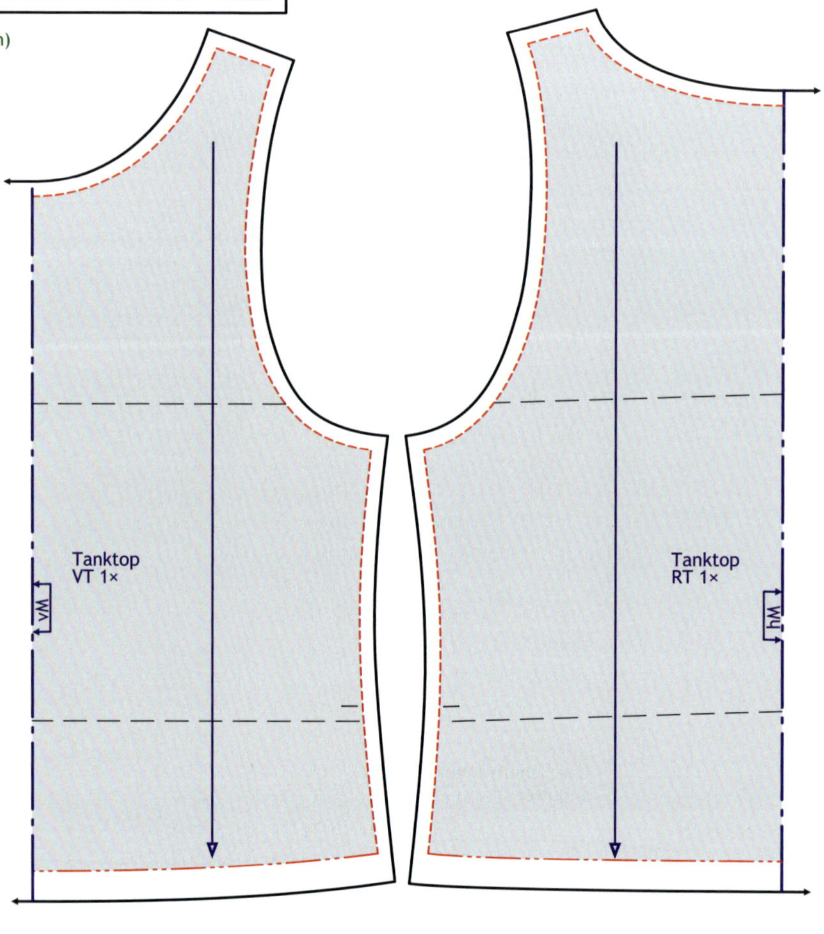

□3 Produktionsschnitte Tanktop

Enge Kleider
Modellabwandlungen (Maßstabsfaktor = 0,1$\overline{6}$)

518

Einfache Modellabwandlungen für enge Kleider

Wird ein Grundschnitt mit Brustabnäher verwendet, sollte der Abnäher für beide Modelle ins Armloch verlegt werden. Für das Modell mit überschnittenen Schultern unter dem vÄP einschneiden!

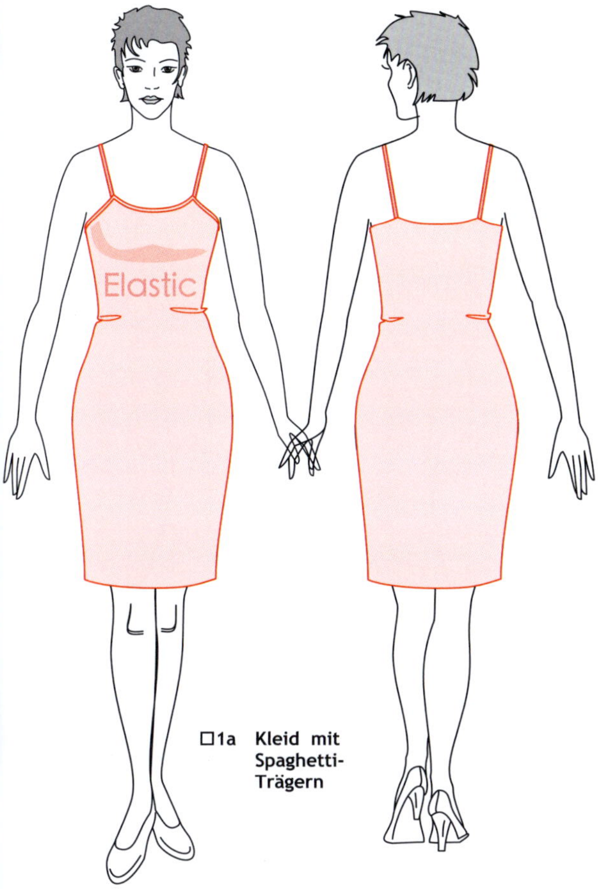

□1a Kleid mit Spaghetti-Trägern

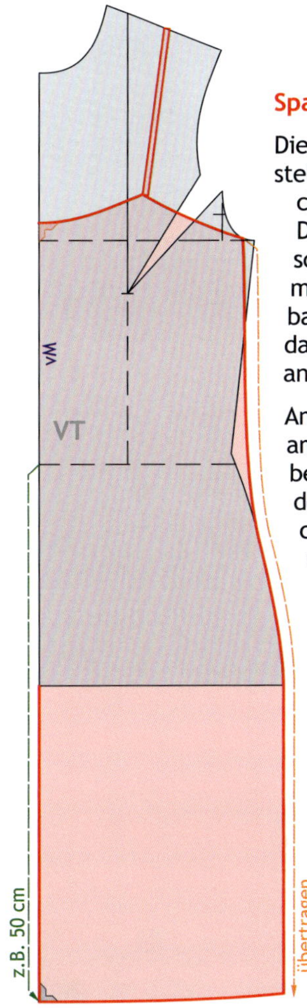

Spaghettiträger Kleid

Die reduzierte Weite stellt den Saum natürlicherweise ein. Die vordere Ausschnittkante z.B. mit einem Einfassband kurz halten, damit die Kante eng anliegt.

An der Seitennaht am VT ca. den halben Öffnungsbetrag der Armlochauflockerung entfernen. Die Seitennaht-Längen ausgleichen.

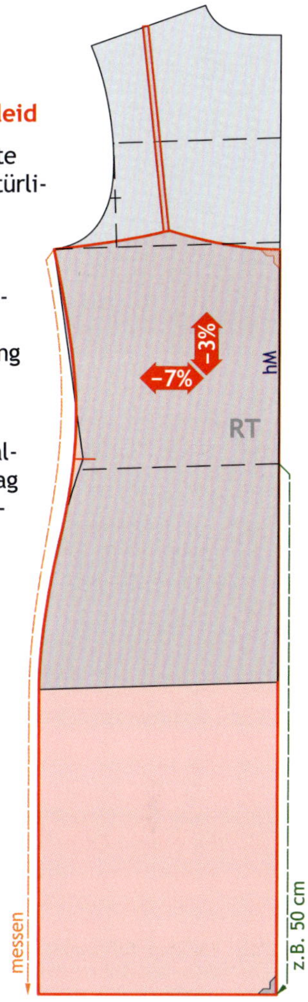

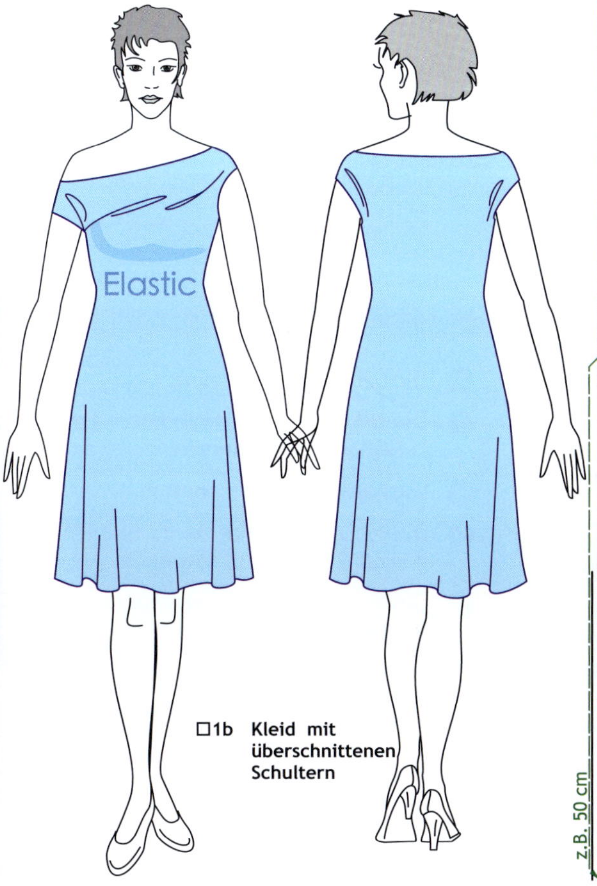

□1b Kleid mit überschnittenen Schultern

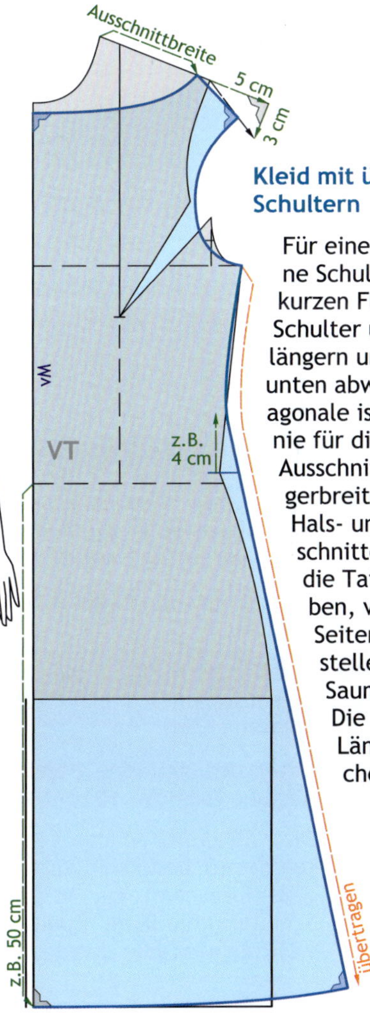

Kleid mit überschnittenen Schultern

Für eine überschnittene Schulter oder einen kurzen Flügelärmel die Schulter um 5 cm verlängern und 3 cm nach unten abwinkeln. Die Diagonale ist die Anlagelinie für die Ärmelkontur. Ausschnittbreite und Trägerbreite bestimmen, Hals- und Armausschnitte formen. Ggf. die Taillierung anheben, von dort die Seitennaht ausstellen und den Saum formen. Die Seitennaht-Längen ausgleichen.

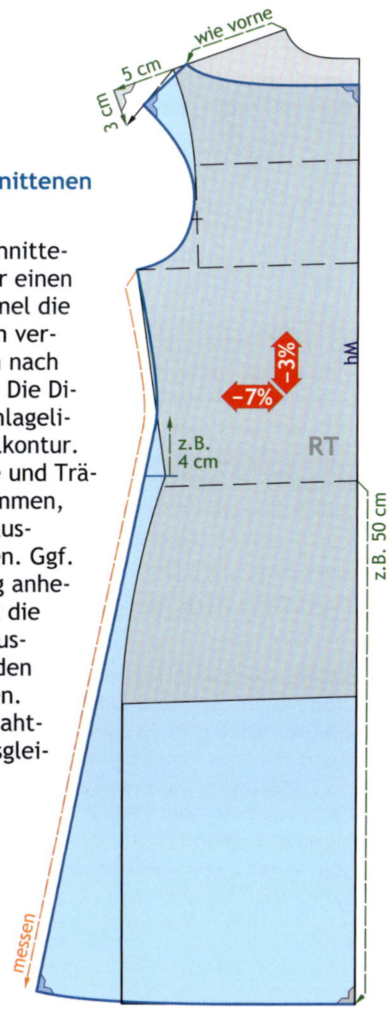

Body-Grundschnitt Variante 1 mit hM-Naht (1)
mit Weitenreduzierung

518

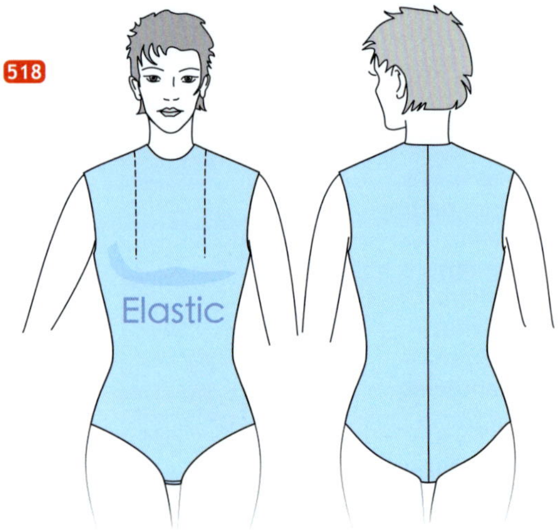

□1 Body-Grundschnitt mit hM-Naht aber ohne Taillenabnäher

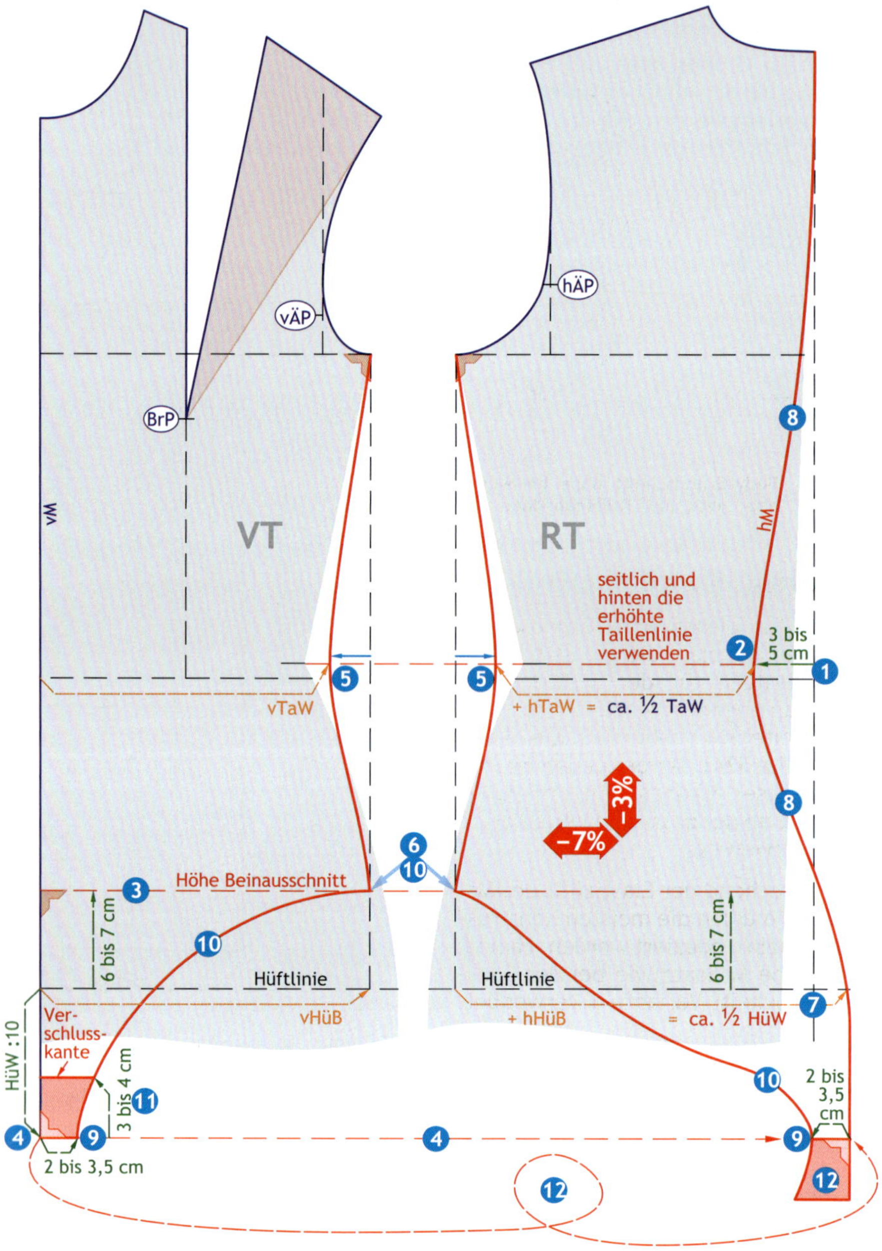

□2 Schnittentwicklung Body-Grundschnitt Variante 1

Body-Grundschnitt 1

Für den Body-Grundschnitt hier und auf folgender Doppelseite verwendet man die Konstruktionsvorschriften für den **engen Oberteilgrundschnitt mit Weitenreduzierung** (evtl. auch ohne Brustabnäher) ab Seite 518.

Kleidungsstücke aus diesen engen Oberteil- und Ärmel-Grundschnitten können nur aus Maschenware, ggf. mit elastischen Faserzusätzen (wie z.B: Elastan) zugeschnitten werden. Die Schnitte besitzen keine Mehrweite sondern **Minderweite** und können mit oder ohne Brustabnäher konstruiert werden.

Liegt dieser Grundschnitt nicht vor, dann ist es durchaus auch möglich, lediglich die für diesen Body-Grundschnitt notwendigen Konstruktionsschritte des engen Oberteilgrundschnitts durchzuführen, um dann diese Konstruktion fertig zu stellen. Hiermit ist man bedeutend schneller.

Die hier gezeigte **Body-Gundschnittvariante 1** besitzt an der hinteren Mitte eine sehr rund gebogene Naht - dafür kommt er ohne Abnäher aus.

Sehr häufig werden Bodys und Badeanzüge an der hM ohne Naht gewünscht.

Alternativ ist auf folgender Seite der **Body-Grundschnitt 2** ohne Naht an der hM aber mit Taillenabnäher gezeigt.

Body-Grundschnitt-Variante 1 Ergänzung des engen Oberteil-GS

1. Die erhöhte Taillenlinie im RT und die senkrechte Grundlinie aus der Konstruktion verwenden.
2. An der hinteren Taille 3 bis 5 cm einstellen.
3. Parallel zur Hüftlinie die Höhe des Beinausschnitts 6 bis 7 cm nach oben zeichnen.
4. Unter der HüL eine Parallele im Abstand von HüW :10 zeichen.
5. Die Taillierung an den Seitennähten des VT und RT so vornehmen, dass insgesamt ca. ½ TaW im Schnitt verbleiben. Etwas Mehrweite an der Taille ist möglich.
6. Die Seitennähte formen.
7. Die hM an der Hüftlinie durch ca. ½ Hüftweite bestimmen.
8. Die hM wie skizziert formen.
9. Die ½ Schrittbreite an VT und RT von ca. 2 bis 3,5 cm abwinkeln.
10. Die Beinausschnitte wie skizziert formen.
11. Für den Body-Verschluss die Naht nach oben verschieben und
12. das untere (rote) Teil am VT abtrennen, drehen und am RT anschneiden.

Ein Einsatz kann dort ebenso wie an einem Slip konstruiert werden.

Body-Grundschnitt Variante 2 ohne hM-Naht, mit Taillenabnäher (2)
mit Weitenreduzierung

518

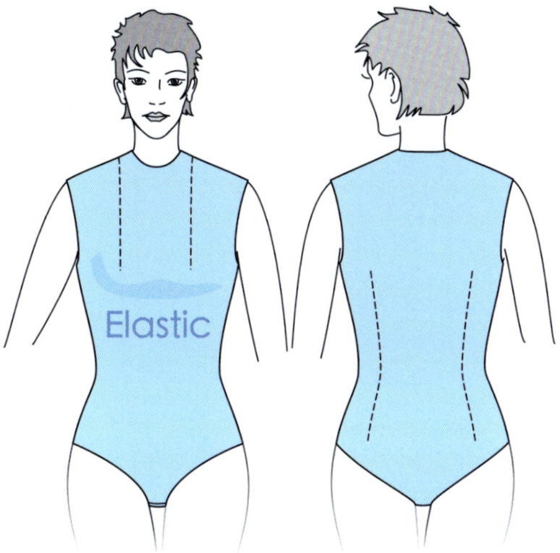

□1 Body-Grundschnitt ohne hM-Naht aber evtl. mit Taillenabnäher

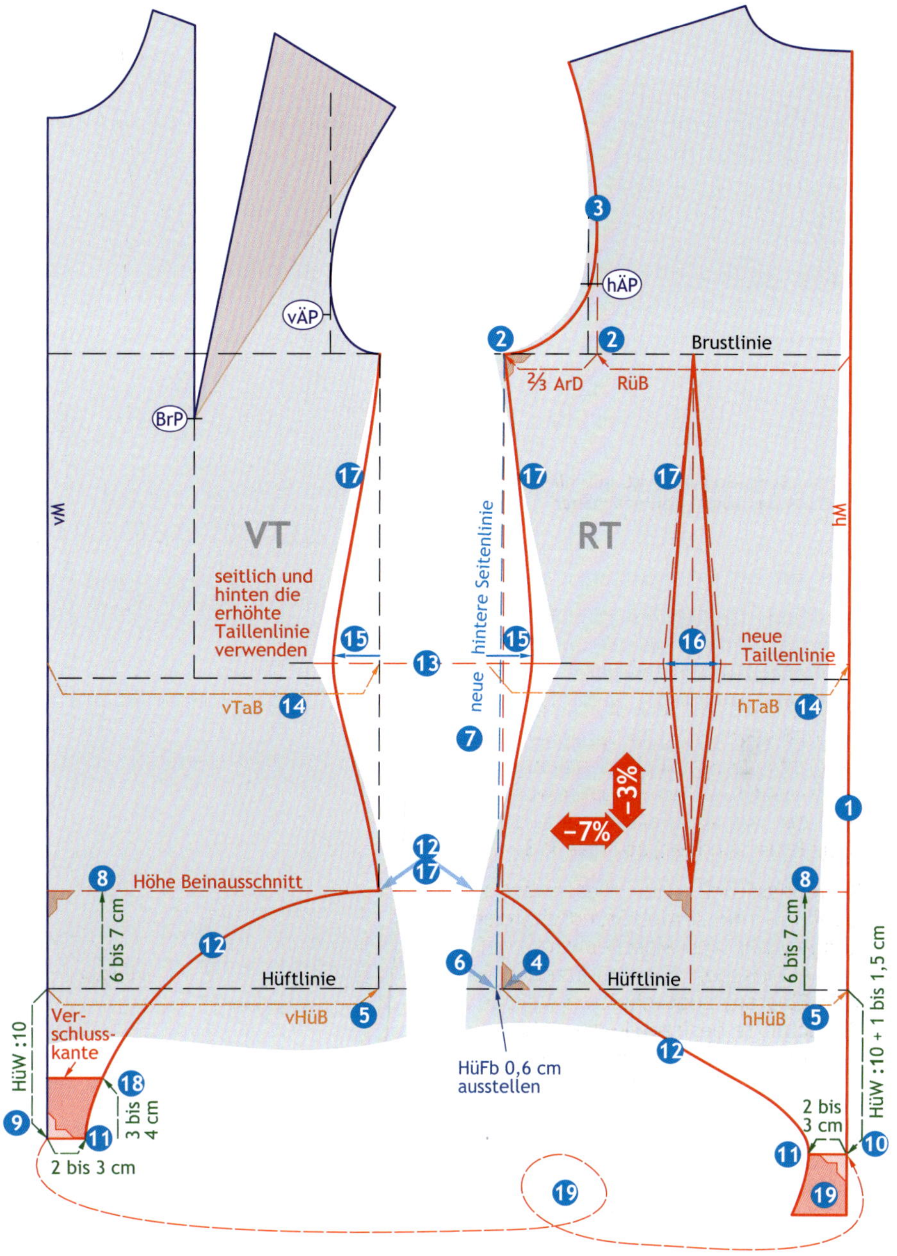

□2 Schnittentwicklung Body-Grundschnitt Variante 2

Body-Grundschnitt 2

Auch für diesen Body-Grundschnitt verwendet man die Konstruktionsvorschriften für den **weitenreduzierten engen Oberteilgrundschnitt** von Seite 518 (siehe auch die Skizze auf Seite 524). Mit der neuen hM sind bei dieser Grundschnittergänzung bereits an der Brustlinie Veränderungen notwendig.

Entsprechend der Elastizität des Materials müssen die meisten Konstruktionsmaße reduziert werden. Hier ist derselbe Maßsatz wie bei der Body-Grundschnitt-Variante 1 verwendet. Die prozentualen Reduzierungen können **bis 20 %** betragen.

Die hier gezeigt Body-Gundschnitt-Variante 2 hat an der hinteren Mitte keine Naht, dafür gegebenenfalls Taillenabnäher, sofern nicht der gesamte Taillenausfall an der Seite entfernt werden kann.

Body-Grundschnitt-Variante 2 Ergänzung des engen Oberteil-GS

1. Die **neue hM** entspricht der Grundlinie an der Grundkonstruktion.
2. Von dort an der Brustlinie erneut die RüB und ⅔ ArD abtragen.
3. Die RüB-Linie verschieben und das Armloch neu formen.
4. Von ⅔ ArD eine Senkrechte zur Hüftlinie zeichnen.
5. Die vHüB und hHüB messen und den Hüft-Fehlbetrag berechnen:

Hüft-Fehlbetrag (HüFb)

=	vHüB + hHüB	– ½ HüW (S.518)
=	44,5 cm	– 45,1 cm
=	– 0,6 cm	→ **0,6 cm**

6. An der Hüftlinie seitlich den HüFb ausstellen und
7. eine neue hintere Seitenlinie zum hinteren Armloch zeichnen.
8. Die Höhe des Beinausschnitts parallel zur Hüftlinie nach oben im Abstand von 6 bis 7 cm zeichnen.
9. Die vM nach unten um HüW :10 verlängern.
10. Die hM nach unten um HüW :10 + 1 bis 1,5 cm verlängern.
11. Dort jeweils die ½ Schrittbreite an VT und RT von ca. 2 bis 3 cm abwinkeln.
12. Zu den Schnittpunkten jeweils die Beinausschnitte formen.
13. Erhöhte Taillenlinie einzeichnen.
14. vTaB und hTaB wie skizziert messen und den Taillen-Ausfall berechnen:

Taillenausfall (TaAf)

=	vTaB + hTaB	– ½ TaW
=	45,8 cm	– 36 cm
=	**9,8 cm**	

15. Vom TaAf an den Seiten ca. 2 bis 4 cm einstellen, den Rest für den Abnäher im RT vorsehen.
16. Den Abnäher mittig zwischen SN und hM positionieren und wie skizziert formen. Dabei kann etwas Mehrweite an der Taille verbleiben (hier ca. 1 cm).
17. Zu den Schnittpunkten die Seitennähte und den RT-Abnäher formen.
18. Für den Body-Verschluss die Naht nach oben verschieben und
19. das untere (rote) Teil am VT abtrennen, drehen und am RT anschneiden.

524
520

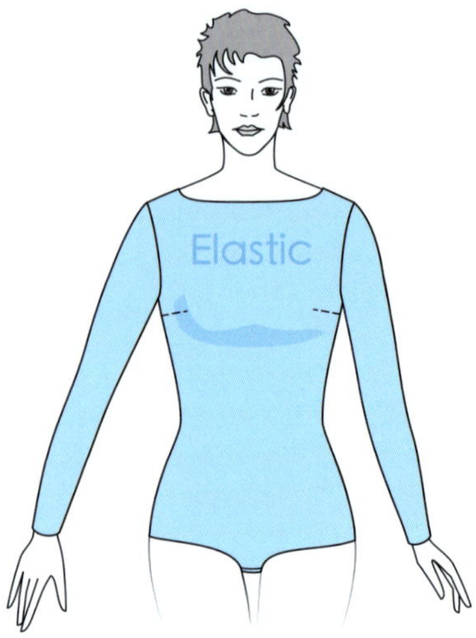

□1a Body-Badeanzug-Modell 1 mit langem Arm

Verwendete Grundschnitte

Zum Body-Grundschnitt mit Brustabnäher, wird der passende enge Ärmel verwendet, der ab Seite 520 beschrieben ist.

Wie bereits erwähnt, können Kleidungsstücke aus weitenreduzierten Grundschnitten nur aus Maschenware, ggf. mit elastischen Faserzusätzen gefertigt werden. Die Schnitte besitzen keine Mehrweite sondern **Minderweite**.

Modellgestaltung

1. Gestaltung und Formung der Beinausschnitte. Die hier gezeigte Verlängerung ist für einen Body die maximal mögliche.
2. Ggf. eine Gestaltung und Formung der Hals- und Armausschnitte vornehmen. Auch Kragenlösungen oder Blenden sind möglich.
3. Eine Abnähergestaltung vornehmen. Auch die Gestaltung mit formenden Teilungsnähten ist möglich.

Verschluss im Schrittbereich

Ein Verschluss kann, muss aber nicht zwingend gearbeitet werden. Z.B. an Badeanzügen gibt es keinen Verschluss im Schritt. In der Regel werden Druckknöpfe zum Schließen verwendet.

4. An die Verschlusskante im Vorderteil wird ein Einschlag angezeichnet und gespiegelt.
5. Am Rückteil wird dieser Einschlag ebenfalls angeschnitten (in Weiß). Hier werden entsprechend wie am Übertritt die Druckknöpfe markiert.
6. Ein separat angenähter Beleg dient auch als Einsatz und Verstärkung im Schritt. Er wird entsprechend kopiert und ohne hM-Naht zugeschnitten.

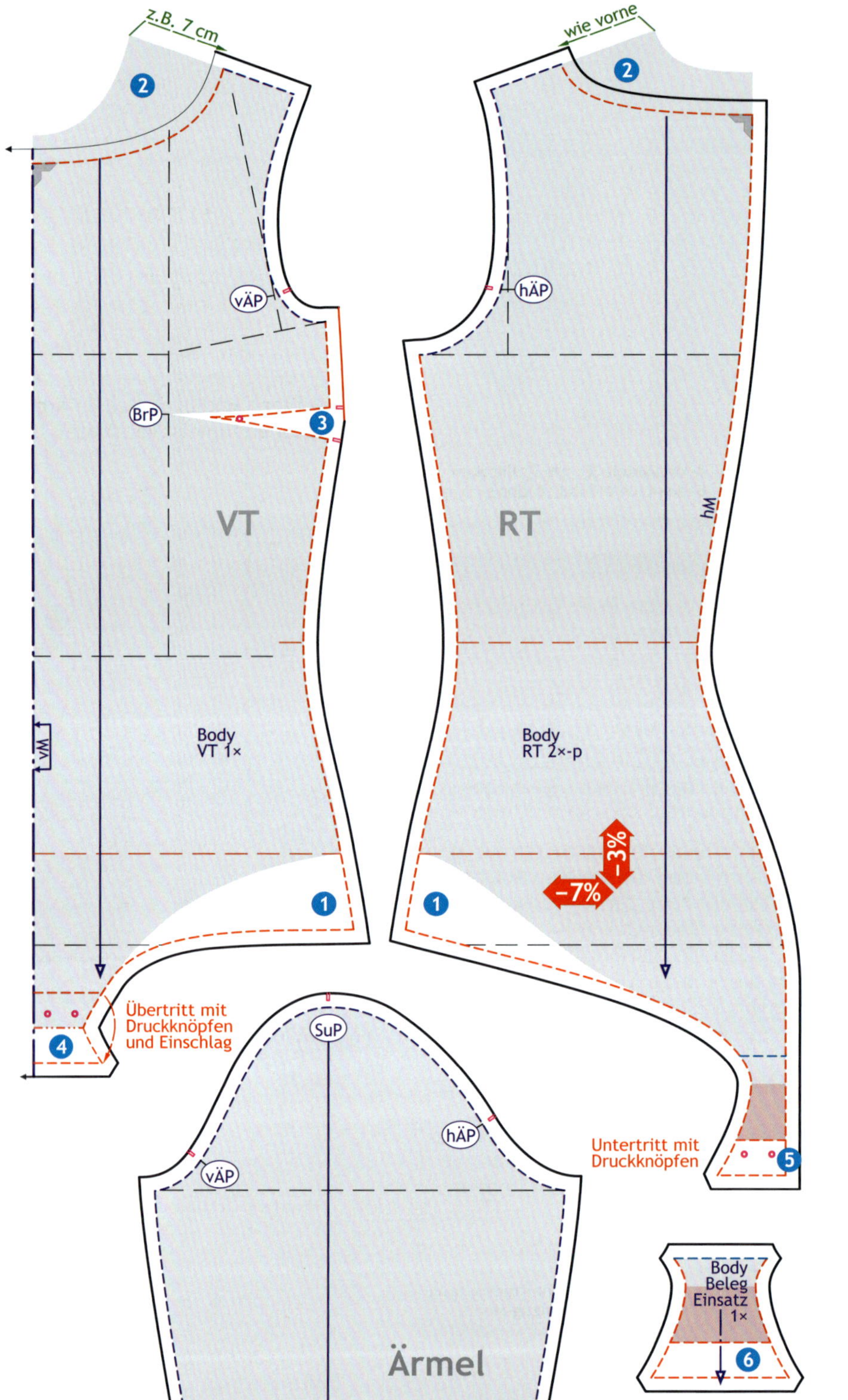

□1b Modellschnittgestaltung Body-Badeanzug-Modell 1

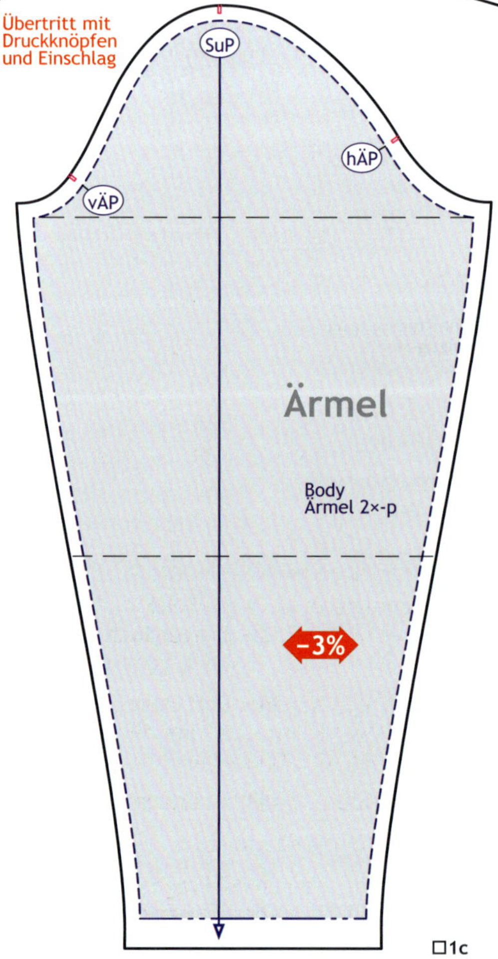

□1c Enger Ärmel

524
525

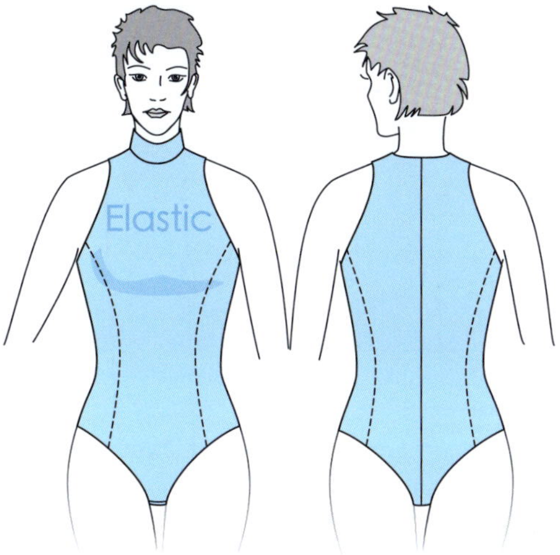

Unterschiede Bodies / Badeanzüge

Badeanzüge werden, wie der Body, über denselben Grundschnitt konstruiert. In der Regel verwendet man für Bademoden hochelastische Materialien. Somit kann ein Grundschnitt mit größerer prozentualer Reduzierung verwendet werden.

Im Unterschied zu Bodies, wird bei Badeanzügen im Schritt kein Verschluss gearbeitet. Die Schrittnaht liegt somit wieder an der engsten Stelle am Schritt. Auf Ärmel wie in Modell 1 oder einen Kragen wie in Modell 2 wird bei Badeanzügen zumeist verzichtet.

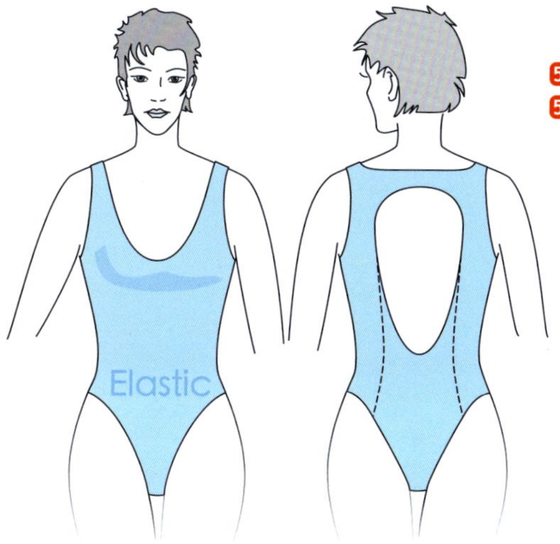

□2a VT: Body-Modell 2 mit Rollkragen
RT: Badeanzug-Modell 2 ohne Kragen

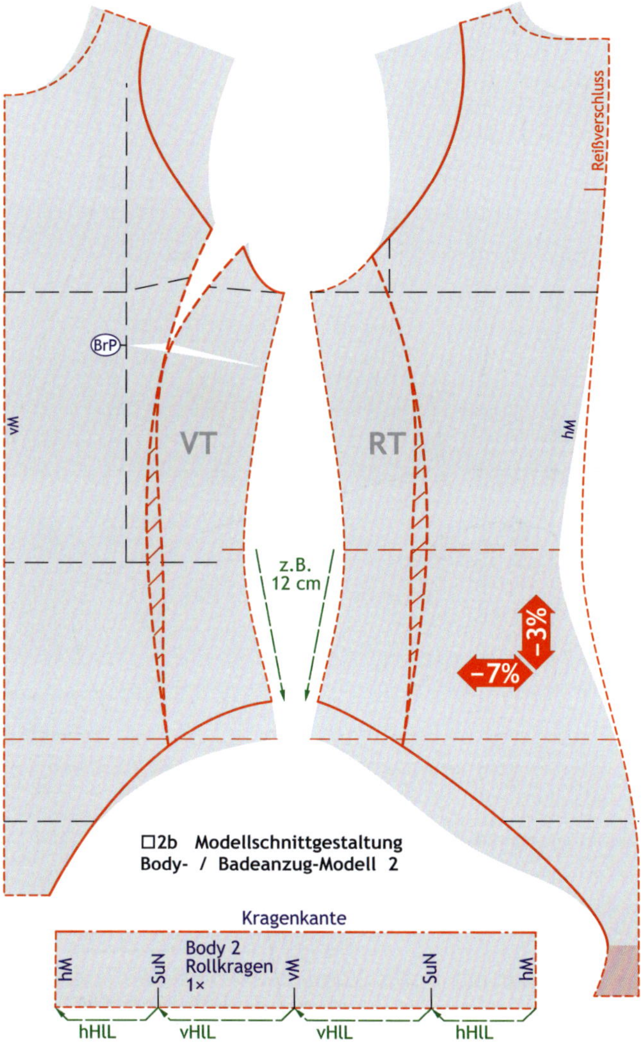

□2b Modellschnittgestaltung
Body- / Badeanzug-Modell 2

□3a Body- / Badeanzug-Modell 3
ohne Brustabnäher

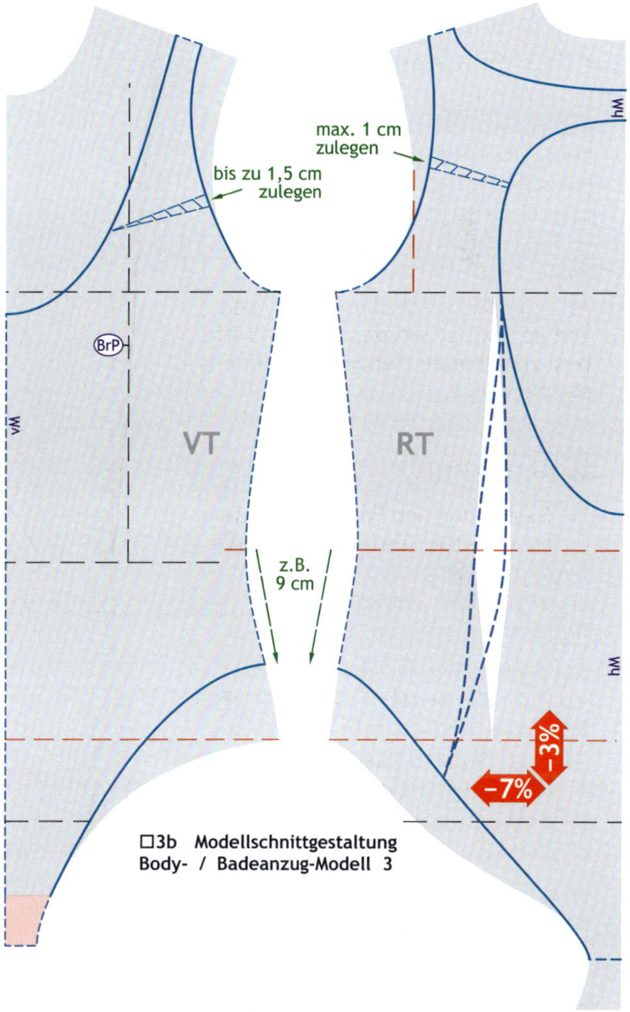

□3b Modellschnittgestaltung
Body- / Badeanzug-Modell 3

Modellgestaltung

Beinausschnitte und (amerikanischen) Armausschnitt formen. Das Halsloch verbreitern, es bleibt für den Kragen in seiner Form erhalten.

Wiener Nähte nehmen im VT den Brustabnäher auf. In Brusthöhe kann am seitlichen Busen etwas Mehrlänge entstehen, je nach Abstand der Wiener Naht vom Brustpunkt.

An der hM Taillierung entfernen und an die Nähte verlegen.

Für einen engen Halsausschnitt ggf. einen Verschluss planen.

Für den Kragen (Seite 292, Kragen Nr. 1) einen Rollkragen konstruieren. Er wird wie oben konstruiert, an der Kragenkante gespiegelt und an der hM mit Reißverschluss geschlossen.

Modellgestaltung

Grundlage ist hier ist der Body-Grundschnitt mit gerader hM und ohne Brustabnäher.

Formung der Beinausschnitte und der Arm- und Halsausschnitte.

Formung des runden Rückenausschnitts.

Formung der RT-Taillierung zur Teilungsnaht.

Die Träger im VT und RT können ggf. am relativ weiten (hohen) Armloch und Ausschnitt bis zu 1,5 cm zugelegt werden.

Ein Badeanzug hat keinen Verschluss am Schritt. Die Schrittnaht liegt somit an der engsten Stelle am Schritt.

Bodysuit
mit Knopfleiste und kurzen Ärmeln

519

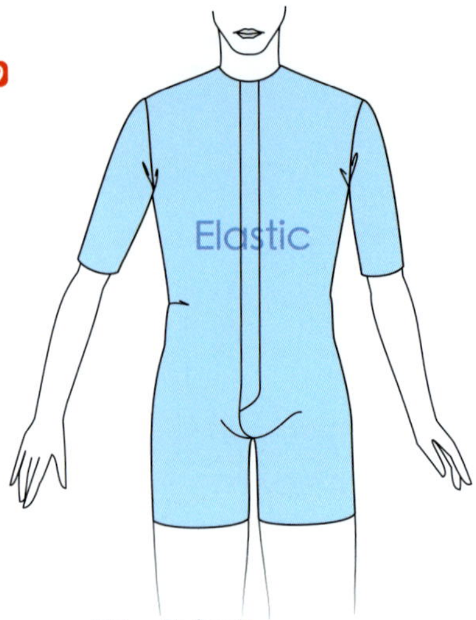

□1 Bodysuit

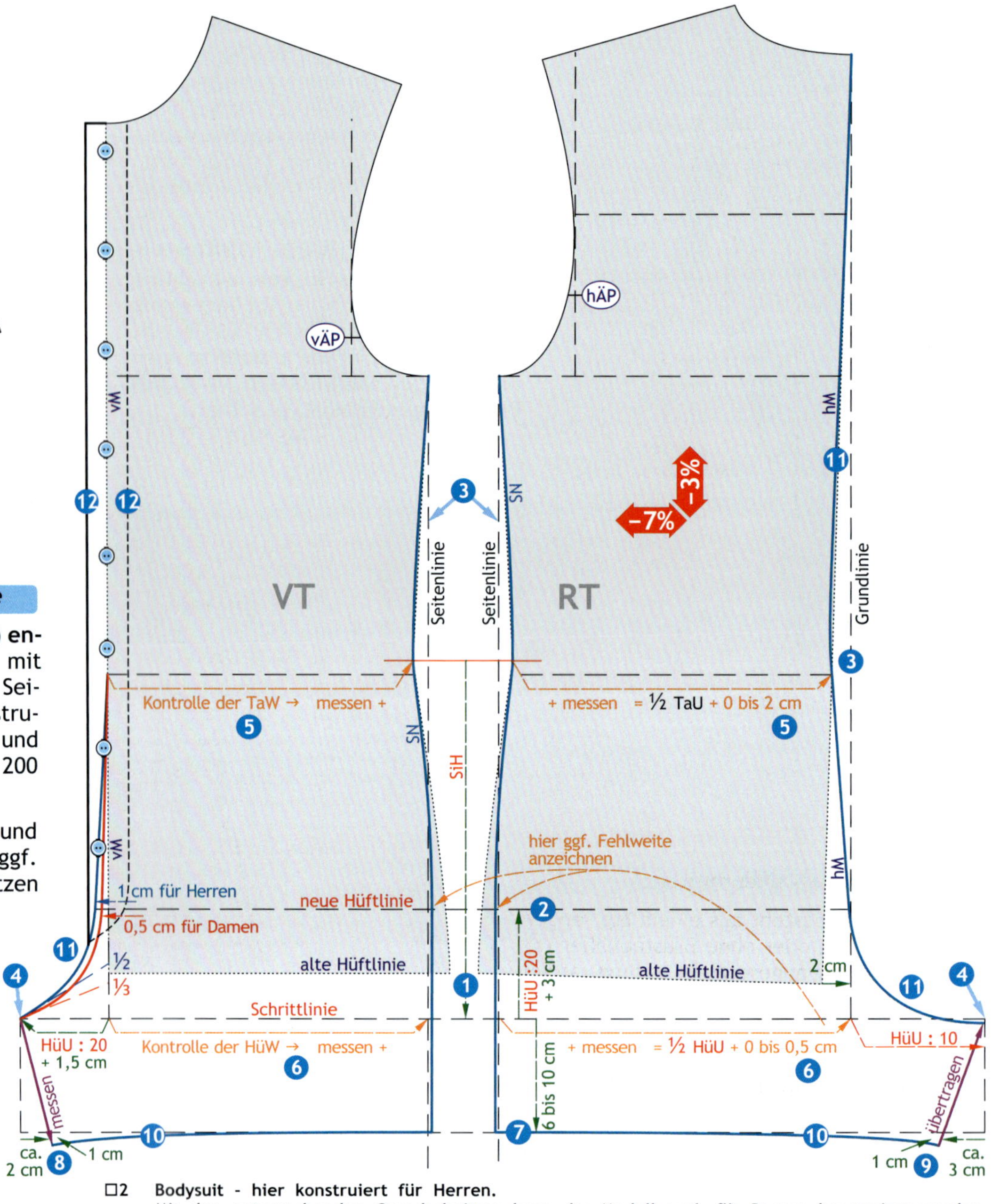

□2 Bodysuit - hier konstruiert für Herren.
Mit den entsprechenden Grundschnitten kann das Modell auch für Damen konstruiert werden.

Verwendete Grundschnitte

Ein (ggf. weitenreduzierter) **enger Oberteil**-Grundschnitt mit oder ohne Brustabnäher (ab Seite 188 oder 518) mit ankonstruierter **Pants** (ab Seite 503) und ggf. **engen Ärmel** (ab Seite 200 oder 520).

Das Modell kann für Damen und Herren aus Maschenware, ggf. mit elastischen Faserzusätzen gearbeitet werden.

Elastizität des Materials

Alle relevanten Konstruktionsmaße müssen um einen Dehnungsfaktor reduziert werden.

Auf Seite 500 wird ein Verfahren beschrieben, wie die prozentuale Reduzierung ermittelt werden kann.

Eine **Weitenreduzierung** kann zwischen 0 bis ca. 20 % betragen.

Eine **Längenreduzierung** kann zwischen 0 bis ca. 5 % betragen.

Hier mit Herrenmaßen der Größe 50:

TaU	88 cm		
HüU	102 cm	- 7%	= 94,9 cm
SiH	26 cm	- 3%	= 25,2 cm

Modellgestaltung

An diesem Beispiel ist die **Pants ankonstruiert.** Für eine längere Pants ist es günstiger, die **Leggings anzusetzen** (siehe Catsuit, Seite 529 da ansonsten die Gesäßlänge nicht ausreicht).

Ggf. eine Formung der Hals- und Armausschnitte vornehmen. Auch Kragenlösungen, Blenden oder Strickbündchen sind möglich. Auch die Gestaltung mit formenden, Teilungsnähten ist möglich.

Bodysuit-Grundschnitt Ergänzung des engen Oberteil-GS

1. Von der erhöhten Taillenlinie die SiH abtragen und abwinkeln.
2. Von dort die neue Hüftlinie mit HüU : 20 + 3 cm bestimmen.
3. Die **senkrechte Grundlinie** aus der Konstruktion (oder 2 cm an hM an Hüfte des Oberteils nach außen) und die **Seitenlinien** verlängern.
4. An der Schritthöhe ab der vM HüU : 20 + 1,5 cm und ab der **Grundlinie** HüU : 10 abtragen.
5. Kontrolle der Taillenweite.
6. Kontrolle der Hüftweite. Ermittelte Fehlweite an der Seite anzeichnen und SN und Hüftbögen formen.
7. Modelllänge von der Schrittlinie abtragen und an den Enden nach oben abwinkeln.
8. Vorne 2 cm einstellen, 1 cm vertiefen und die Innenbeinnaht gerade zeichnen und messen.
9. Hinten 3 cm einstellen, 1 cm vertiefen, die Innenbeinnaht zeichnen und von vorne übertragen.
10. Den Saum formen.
11. Den vorderen Hosenausschnitt, die Gesäßnaht und die hM wie skizziert formen.
12. Für den Verschluss ggf. die **Übertrittkante** und Absteppnaht einzeichnen.

Für Herren ist ein Knopf- oder Reißverschluss an der vM aus praktischen Gründen üblich.

Catsuit (2)
mit Ärmeln, Reißverschluss und Fersensteg

UNISEX

188
500
200

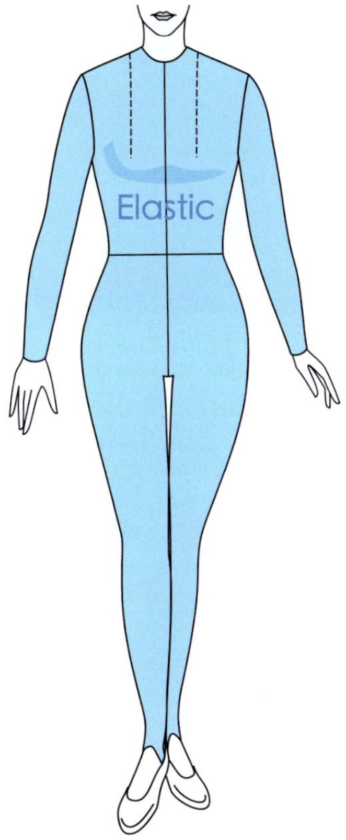

□1 Catsuit

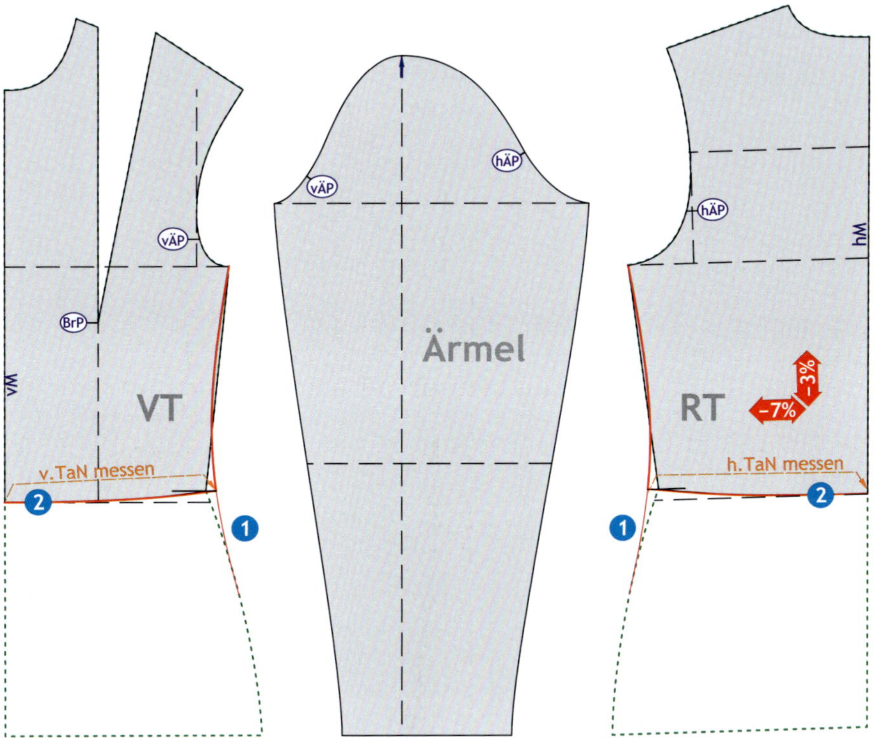

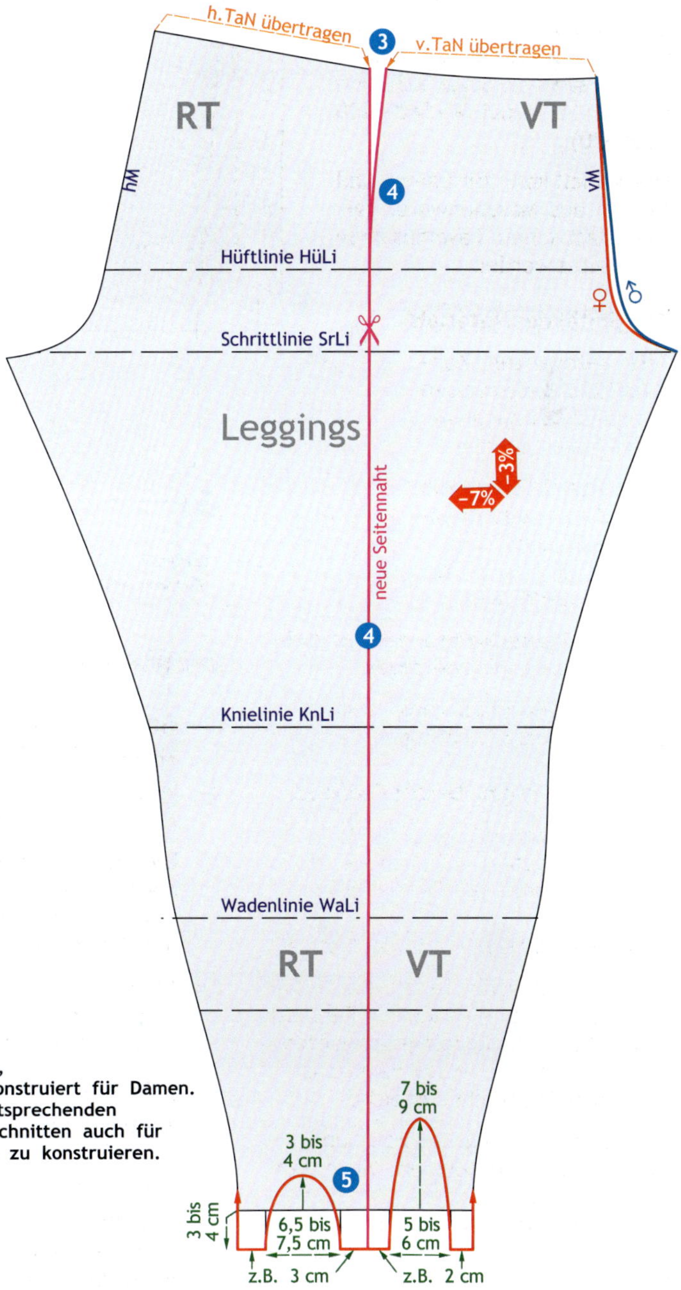

□2 Catsuit, hier konstruiert für Damen. Mit entsprechenden Grundschnitten auch für Herren zu konstruieren.

Verwendete Grundschnitte

Der Catsuit besteht aus einem ggf. **engen Oberteil** mit oder ohne Brustabnäher (ab Seite 188) mit angesetzter **Leggings** (ab Seite 500) und ggf. passendem **engen Ärmel** (ab Seite 200).

Wenn Weitenreduzierungen verwendet werden, sollten sie nach Möglichkeit bei allen Grundschnitten identisch sein.

Ansonsten gelten die zuvor beim Bodysuit erwähnten Bedingungen.

Modellgestaltung

Die **Leggings wird an das Oberteil angenäht.** Das vordere Teil der Leggings könnte allerdings angeschnitten werden. Beim Anschneiden des hinteren Hosenteils würde der Fadenlauf am oberen RT ansonsten sehr ungünstig verlaufen.

1. Die Seitennähte am Oberteil auf den Hüftbogen formen.
2. Die Taillennaht an der natürlichen Taille formen und dort abtrennen.
3. Die Taillennähte am VT und RT messen und auf die Leggings von der vM und der hM aus übertragen.
4. Den entstehenden Abnäher im RT gerade und am VT gebogen formen; Es entsteht eine neue senkrechte Seitennaht.
5. Den Saum, wenn gewünscht, für den Fersensteg nach der bemaßten Skizze verlängern und die Ausschnitte für den Fuß formen.

Latzhose und Overall

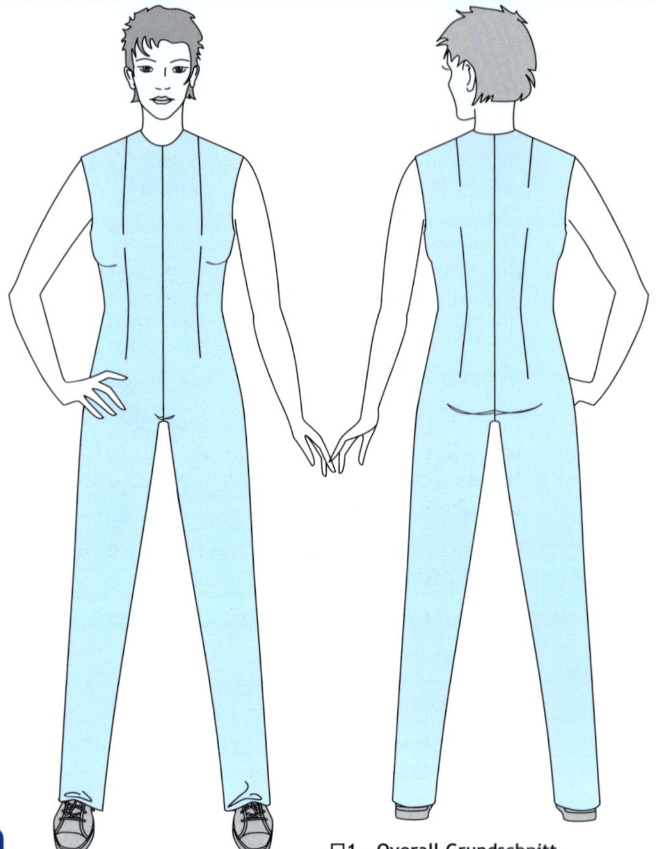

☐1 Overall-Grundschnitt

☐2 Latzhose auf Seite 532

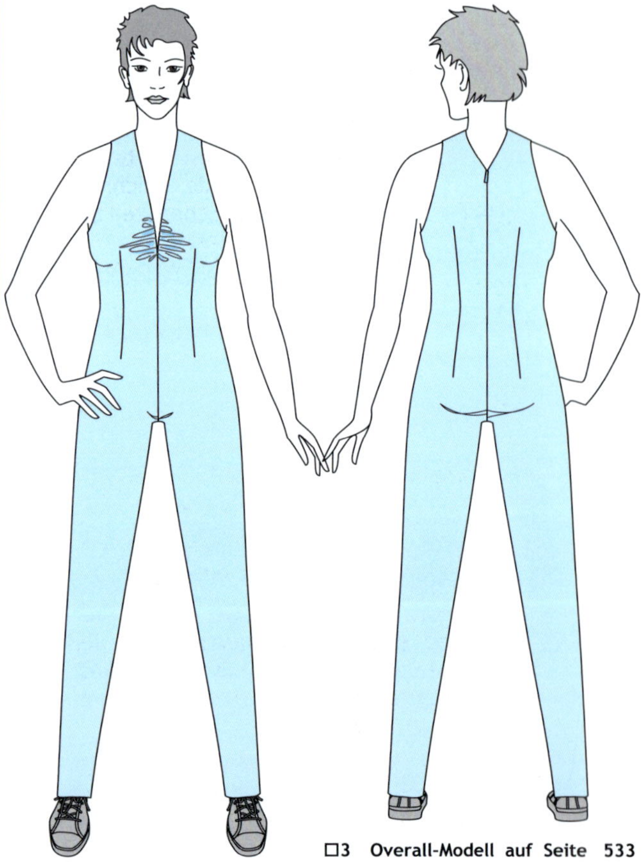

☐3 Overall-Modell auf Seite 533

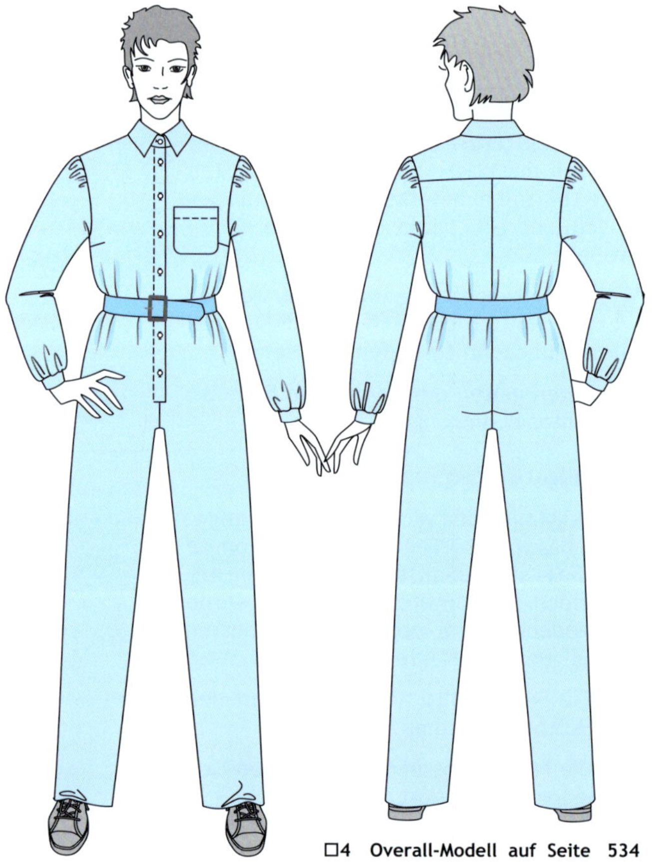

☐4 Overall-Modell auf Seite 534

Besonderheiten eines Overalls

Ein Overall ist ein durchgehendes Kleidungsstück an dem ein Oberteil und eine Hose miteinander verbunden sind - selbst eine Bluse mit einem Hosenrock oder eine Korsage mit einer weiten Hose sind möglich.

Dabei können Hose und Oberteil als durchgehende Schnittteile oder durch Querteilungsnähte, zumeist an der Taille, getrennt sein.

Für ausreichende Bewegungsfreiheit beim Sitzen und Beugen des Rumpfes, ist eine ausreichend große Sitzlänge im Rückteil notwendig. Diese wird durch das Öffnen an der hM in Taillenhöhe erreicht. Alternativ oder zusätzlich kann die Schrittnaht an der Hose vertieft und erweitert werden. Es ist zumeist günstiger, eine moderate hintere Taillenöffnung zu wählen und lieber erst später die Schrittvertiefung vorzunehmen, wenn die Sitzlänge bei einer Anprobe nicht ausreicht.

Overall-Grundschnitt
Anlage des Oberteils an die Hose

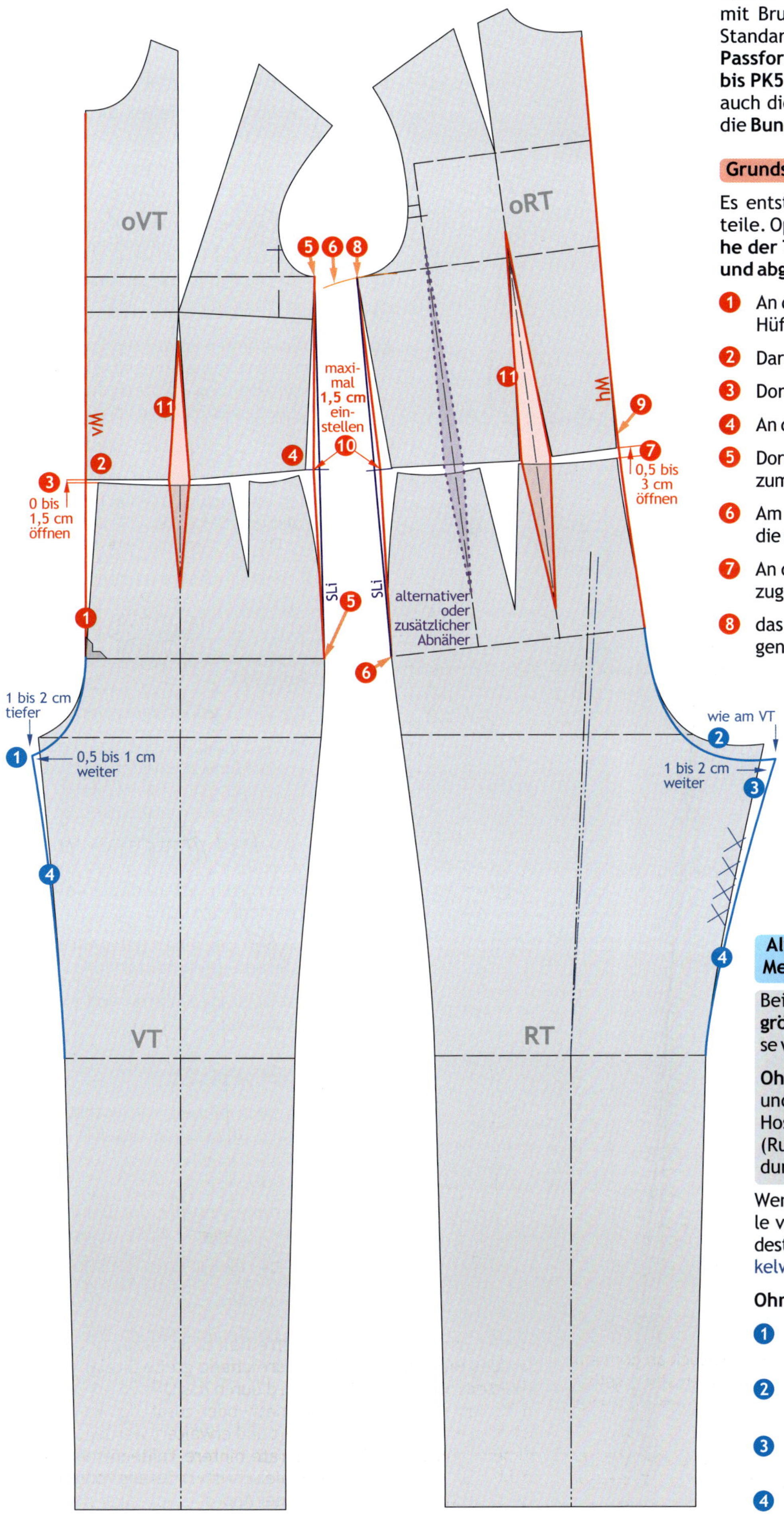

185
109

Verwendete Grundschnitte

Der Overall-Grundschnitt besteht hier aus einem **taillierten Oberteil bis zur Taille** mit Brustabnäher (ab Seite 185) und der Standardhose (ab Seite 109). Geeignete **Passformklassen** für das Oberteil sind **PK2 bis PK5.** Anstelle der Standardhose könnte auch die **enge Hose**, die **weite Hose** oder die **Bundfalten-Hose** verwendet werden.

Grundschnitt

Es entstehen zwei durchgehende Schnittteile. Optional kann eine **Taillennaht in Höhe der Taillennaht des Oberteils geformt und abgetrennt werden.**

1. An der Vorderhose eine Senkrechte zur Hüftlinie nach oben zeichnen → vM.
2. Daran die vM des VT-Oberteils anlegen.
3. Dort ca. 0 bis 1,5 Mehrlänge öffnen.
4. An der SN ergibt sich die Mehrlänge.
5. Dort eine Gerade (SLi) von der Hüfte zum Armloch zeichnen und ausmessen.
6. Am RT diese Strecke als Kreisbogen um die seitliche Hüfte nach oben zeichnen.
7. An der Taille der hM 0,5 bis 3 cm Länge zugeben und dabei
8. das seitliche Armloch an den Kreisbogen drehen → SLi in gleicher Länge.
9. Die hM sanft formen.
10. Die SN zwischen Hüfte und Armloch gerade zeichnen, ggf. an jedem Schnittteil maximal 1,5 cm einstellen.
11. Die Abnäher entweder für viel Mehrweite an der Taille streichen oder wie skizziert formen.

Alternative Konstruktion ohne Mehrlänge an der Taille

Bei **Längs-Elastizität** des Stoffes und **größerer Oberschenkeweite** der Hose wird **weniger Länge** benötigt.

Ohne Längs-Elastizität des Stoffes und **enger Oberschenkeweite** der Hose sowie **für mehr Beweglichkeit** (Rumpfbeugen, z.B. bei Arbeitskleidung) wird **mehr Länge** benötigt.

Wenn also auf die Mehrlänge an der Taille verzichtet werden soll, muss zumindest die Sitzlänge und die Oberschenkelweite etwas vergrößert werden:

Ohne Änderung der Knieweite:

1. **Vertiefung** an der Vorderhose 1 bis 2 cm, **Verbreiterung** 0,5 bis 1 cm.
2. **Vertiefung an der Hinterhose** 0 bis 0,5 cm mehr als an der Vorderhose,
3. die **Verbreiterung** um ca. das Doppelte wie an der Vorderhose.
4. Innenbein-Nähte formen.

Latzhose
Modellentwicklung aus dem Overall-Grundschnitt

531

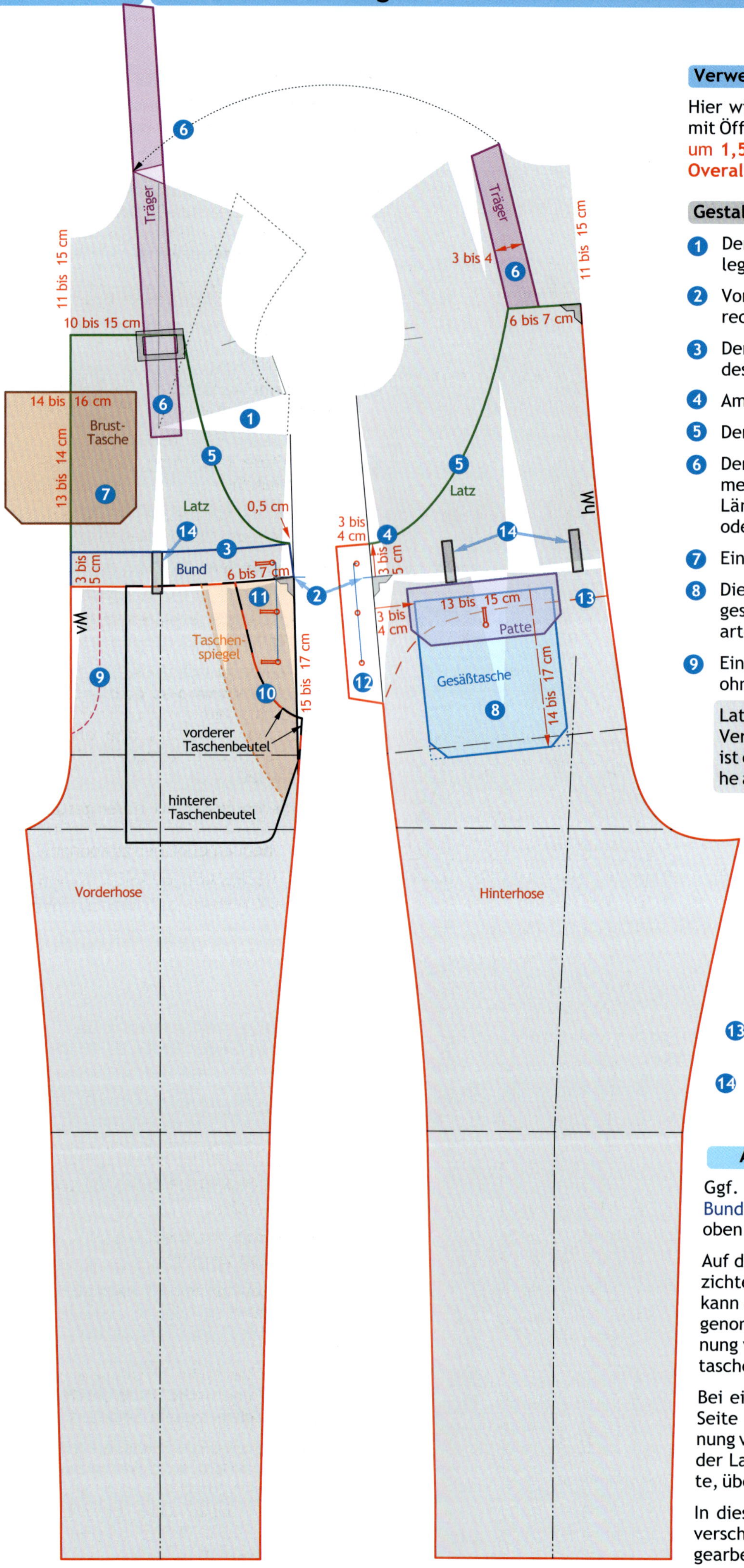

Verwendete Overall-GS-Variante

Hier wird die links beschriebene Variante mit Öffnungen vorne um **0,5 cm** und hinten um **1,5 cm** verwendet (ohne Vertiefung). **Overall-GS wie auf Seite 531 erstellen.**

Gestaltung und Modifikation

1. Den Brustabnäher in die Seitennaht verlegen.
2. Von den Unterkanten des Oberteils rechtwinklig zu den SN abwinkeln.
3. Den Bund vorne, von der Unterkante des Oberteils, nach oben formen.
4. Am RT um die Bundbreite erhöhen.
5. Den Latz vorne und hinten formen.
6. Den Träger hinten an das Halsloch formen und dann vorne anlegen. Für eine Längeneinstellung mittels Schließe oder Schnalle ausreichend verlängern.
7. Eine aufgesetzte Brusttasche gestalten.
8. Die Gesäßtasche mit oder ohne Patte gestalten. Möglich sind viele Taschenarten, siehe ab Seite 356.
9. Eine Verschlussabsteppung an der vM ohne RV genügt für eine Damenhose.

Latzhosen benötigen einen seitlichen Verschluss. Sind Knöpfe gewünscht, ist eine breite **Seitentasche** ideal, siehe ab Seite 364.

10. Den **Taschenbeutel** formen.
11. Am Bund das oberste Knopfloch und zwei oder drei weitere Knopflöcher auf dem Taschenspiegel positionieren.
12. An der Hinterhose einen Untertritt für die Knöpfe anzeichnen. Dieser kann etwas kürzer als die Taschenlänge sein.
13. Von dort aus einen Beleg für den hinteren Latz zur hM formen.
14. Gürtelschlaufen hinten und vorne positionieren.

Alternative Details

Ggf. kann auch hinten, wie vorne, ein Bund ab der Unterkante des RT nach oben geformt werden.

Auf den Bund im VT kann auch ganz verzichtet werden. Anstelle der Bundnaht kann auf dem Latz eine Absteppung vorgenommen werden. Die Taillenabtrennung vorne ist allerdings für eine Seitentasche notwendig.

Bei eingeschnittenen Taschen, siehe ab Seite 367, kann auf eine Taillenabtrennung verzichtet werden. Allerdings sollte der Latz seitlich, wie hier die Bundbreite, über die Taillennaht reichen.

In diesem Fall kann anstelle des Knopfverschlusses auch ein Reißverschluss eingearbeitet werden.

Overall-Anlage mit tailliertem Oberteil an enger Hose

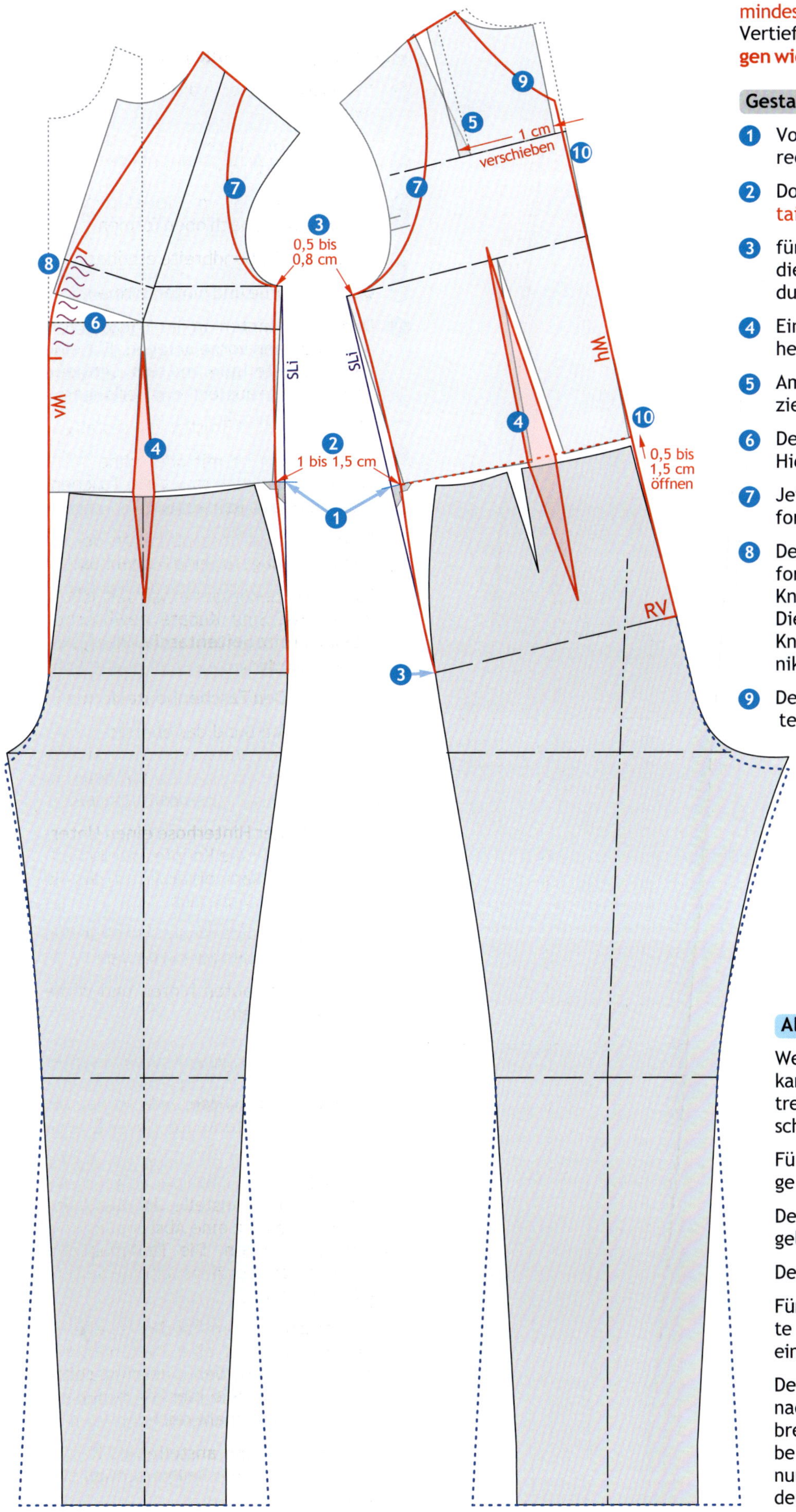

Verwendete Grundschnitt-Variante

Hier wird das taillierte Oberteil in PK2 oder PK3 mit der engen Hose verbunden. Am VT vorne **ohne** Öffnung. An der Taille hinten mindestens **0,5 cm** öffnen (zunächst ohne Vertiefung). **Den Overall-GS mit obigen Längen wie auf Seite 531 erstellen.**

Gestaltung und Modifikation

1. Von den Unterkanten des Oberteils rechtwinklig zu den SLi abwinkeln.
2. Dort jeweils die SN um ca. 1 bis 1,5 cm taillieren und
3. für ein ärmelloses Modell, am Armloch die Weite um jeweils 0,5 bis 0,8 cm reduzieren.
4. Eine weitere Taillierung durch Abnäher ist möglich.
5. Am RT den Schulterabnäher wie skizziert entfernen bzw. reduzieren.
6. Den Brustabnäher an der vM öffnen. Hier ist eine Kräuselung vorgesehen.
7. Jetzt können die Armausschnitte geformt werden.
8. Den vorderen Ausschnitt wie skizziert formen. Die vM wird ab dem unteren Knips geschlossen → Ausschnitt-Tiefe. Die Ausschnittkante bis zum oberen Knips wird mit einer geeigneten Technik gekräuselt.
9. Den hinteren Ausschnitt tiefer gestalten, um den Reißverschluss an der hM bequemer öffnen zu können.
10. Die hM in einer sanften Form zeichnen.

Alternative Details

Wegen des schrägen Fadenlaufs im RT kann dieses auch an der Taille abgetrennt und im geraden Fadenlauf zugeschnitten werden.

Für die Ausschnitte müssen noch Belege konstruiert werden.

Der Brustabnäher kann auch als Falte gelegt werden.

Den Hosensaum ggf. ausstellen.

Für dieses enge Model wären aufgesetzte Taschen oder wagerechte Tascheneingriffe möglich, siehe ab Seite 364.

Den Schritt - wenn notwendig - (auch nachträglich) noch vertiefen und verbreitern. Das Vertiefen bei der Anprobe ist immer möglich - das Verbreitern nur bei ausreichender Nahtzugabe an der Innenbein-Naht.

Overall im Hemden-Stil (2)

531

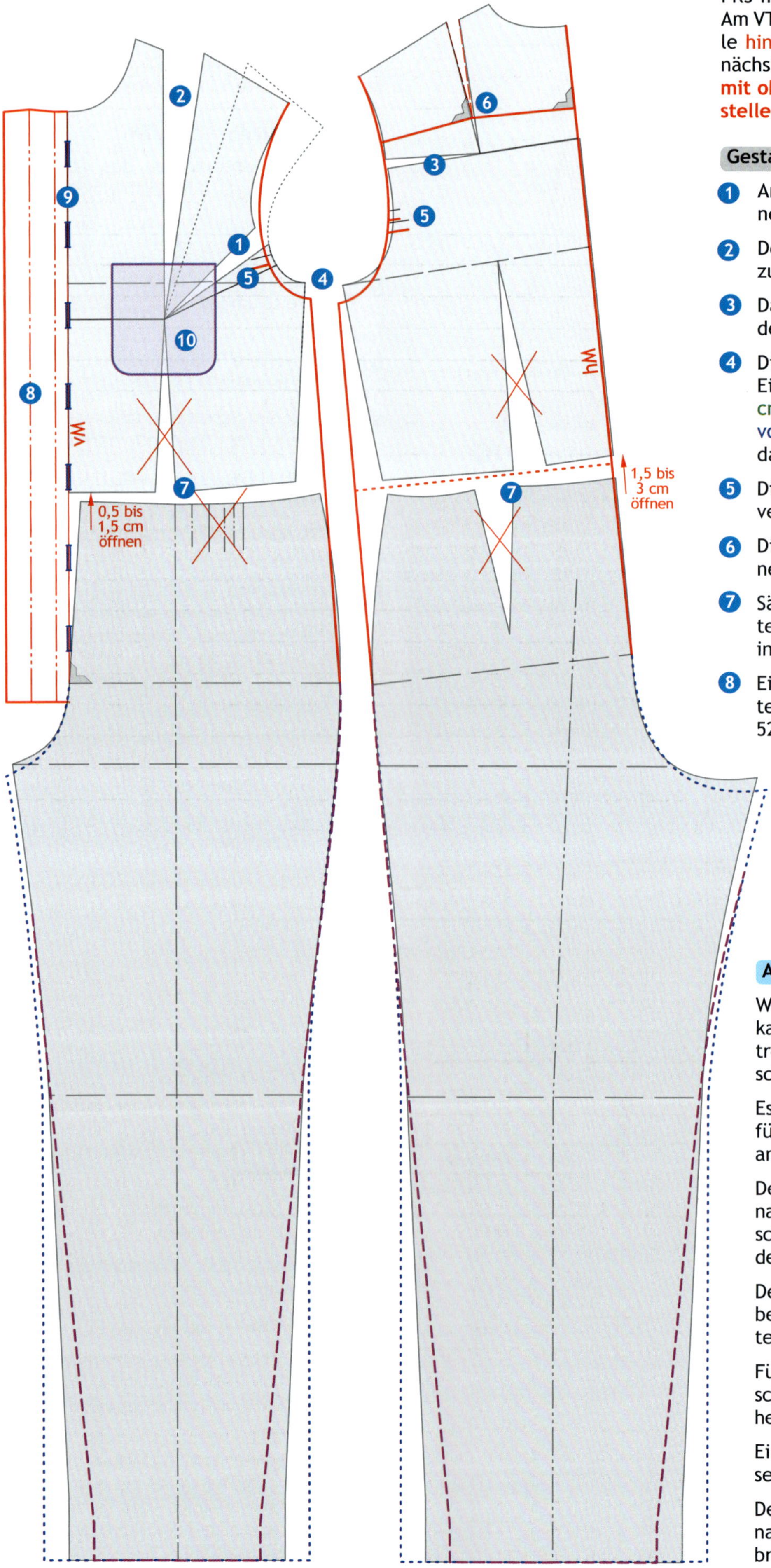

Verwendete Grundschnitt-Variante

Hier wird das taillierte Oberteil in PK3 bis PK5 mit einer Bundfaltenhose verbunden. Am VT vorne **ca. 1 cm** Öffnung. An der Taille hinten mindestens **1,5 cm** öffnen (zunächst ohne Vertiefung). **Den Overall-GS mit obigen Längen wie auf Seite 531 erstellen.**

Gestaltung und Modifikation

1. Am VT eine Armlochauflockerung vornehmen.
2. Der restliche Brustabnäher verbleibt zunächst in der Schulter.
3. Das hintere Armloch um ca. die Hälfte der vorderen Auflockerung öffnen.
4. Die SLi vom Grundschnitt ignorieren. Eine **Armlochvertiefung** von ca. 0 bis 2 cm und eine **Armlochverbreiterung** von jeweils 0 bis 1 cm vornehmen, dann die Armlöcher neu formen.
5. Die Ärmelpunkte um ¾ der Armlochvertiefung nach unten verschieben.
6. Die Schulterpasse gestalten, abtrennen und den Abnäher zulegen.
7. Sämtliche Taillenabnäher und die Falten der Hose verbleiben als Mehrweite in der Taille.
8. Eine Knopfleiste bis an oder knapp unter die Hüfte anzeichnen, siehe Seite 528.
9. Knopflöcher auf der vM markieren.
10. Eine aufgesetzte Brusttasche auf das VT über der Brust gestalten und positionieren.

Alternative Details

Wegen des schrägen Fadenlaufs im RT kann dieses auch an der Taille abgetrennt und im geraden Fadenlauf zugeschnitten werden.

Es können sämtliche Kragenvarianten für Kleider und Blusen konstruiert und angearbeitet werden.

Der Brustabnäher sollte in die Seitennaht verlegt und bis knapp vor die Tasche gekürzt werden. Die ist aus Gründen der Übersichtlichkeit nicht gezeigt.

Den Hosensaum ggf. für gerade Hosenbeine ausstellen oder für eine Karottenform einstellen.

Für dieses weite Model wären Nahttaschen in der Seitennaht vorteilhaft, siehe Seite 363.

Ein Gürtel mit Gürtelschlaufen und Blusenärmel vervollständigen das Modell.

Den Schritt - wenn notwendig - (auch nachträglich) noch vertiefen und verbreitern.

Schnittteileliste		Modell				
Kollektion		Bearbeiter			Datum	
Nr.	**Schnittteilname**	**Material**	Name intern	Farbe	No. intern	**Anzahl**
1.						
2.						
3.						
4.						
5.						
6.						
7.						
8.						
9.						
10.						
11.						
12.						
13.						
14.						
15.						
16.						
17.						
18.						
19.						
20.						
21.						
22.						
23.						
24.						
25.						
26.						
27.						
28.						
29.						
30.						

Konstruktionstabelle alle Maßangaben in cm. **Shirt**		Name					Größe	
		Datum		Modell			PK	
	Hauptmaße (Kennmaße)	Körpermaße	Zugaben	Proportionsmaße (Konstruktions-, Kontrollmaße)				
KöH	Körperhöhe							
BrU	Brustumfang		+	=	BrW		½	¼
TaU	Taillenumfang		+	=	TaW			
HüU	Hüftumfang		+	=	HüW			
AlT	Armlochtiefe		+	=	AlT+			
HüT	Hüfttiefe			MoL	Modelllänge			
BrT	Brusttiefe (ab Schulter)			HlB	Halslochbreite			
ArD	Armdurchmesser		+	=	ArD+		½	
BrPA	Brustpunktabstand = BrU/10		+	=	BrPA+			
SuB	Schulterbreite		+	=	SuNL			
SuWi	Schulterwinkel (in Grad, °)	– Auflockerung	–	=	SuWi+			
RüL	Rückenlänge (waagerechte Taille)							
VL	Vorderlänge (waagerechte Taille)							
	Differenz VL – RüL		±	=	Abnäherinhalt			
ArL	Armlänge		–	=	Ärmellänge	ÄL		
OaU	Oberarmumfang		+	=	Oberarmweite	OaW		
HgU	Handgelenkumfang		–	=	Ärmelsaumweite	ÄSaW		

Alle Formulare sind auch unter folgendem Link zu finden: www.europa-lehrmittel.de/62369

Konstruktionstabelle Maßangaben in cm **Rock**		Name				Größe	
		Datum		Modell			
Hauptmaße (Kennmaße)		Körpermaße	Zugaben	Proportionstionsmaße (Konstruktions-, Kontroll-, Hilfsmaße)			
HüU	Hüftumfang		+ 2 - 3 =	Hüftweite	HüW	½	¼
TaU	Taillenumfang		+ 1 - 2 =	Taillenweite	TaW	½	¼
TaAf	Taillenausfall				½ HüW – ½ TaW =		½
gBuU	gem. Bundumfang		+ =	Bundumfang	BuU	½	

HüT	Hüfttiefe		
MoL	Modelllänge		
TaA	Taillenabstände	v	
		s	
		h	

Hüftabstich	½ TaAf ± 1	
v. Abnäher	0 oder 1,5 bis 2,5	
1.h. Abnäher	bis 4,5	
2.h. Abnäher	optional	
Kontrolle:	Σ = TaAf	

Konstruktionstabelle Maßangaben in cm **Hose**		Name				Größe	
		Datum		Modell			
Hauptmaße (Kennmaße)		Körpermaße	Proportionsmaße (Konstruktions-, Kontroll-, Hilfsmaße)				
TaU	Taillenumfang		½	¼			
HüU	Hüftumfang		½	¼			
BuU	Bundumfang		½	¼			
TaA	Taillenabstände	v	r	l	h		
sTaH	seitliche Taillenhöhe						
SiH	Sitzhöhe						

OsU	Oberschenkelumfang	
KnU	Knieumfang	
uKnU	unterer Knieumfang	
WaU	Wadenumfang	
FeU	Fesselumfang	
RiU	Ristumfang	

vHoB	Vorderhosenbreite	¼ HüU –1 cm	±	
hHoB	Hinterhosenbreite	¼ HüU +1 cm	±	
GeWi	Gesäßwinkel α (in °)			

	flache	normale	starke	Gesäßform
Enge Hose bzw. große Sitzlänge	80°	77°	74°	
Standard bzw. mittlere Sitzlänge	85°	82°	79°	
Legere Hose bzw. kurze Sitzlänge	88°	85°	82°	
Starke Figur (auch starkes Gesäß)	84° bis 90°			

längs-elastischer Stoff zusätzlich +1° bis +2°

SrH	Schritthöhe	sTaH – SiH	
KnH	Kniehöhe	SrH :10 · 4	
SaW	Saumweite		
	Enge Hose	32 bis 40	
	Standardhose	40 bis 48	
	Weite Hose	48 bis 56	

Konstruktionstabelle Maßangaben in cm **Ärmel**		Name				Größe	
		Datum		Modell		PK	
AhH	Armlochhöhe			Armlochumfang	AlU		
ÄL	Arm- / Ärmellänge		**Zugaben** aus der **Berechnungstabelle** für Ärmelkonstruktionen				
OaU	Oberarmumfang		+ =	Oberarmweite	OaW		
HgU	Handgelenkumfang		+ =	Saumweite	ÄSaW		
EW in %	Einhalteweite in %	%	Einhalteweite in cm = AlU · Einhalteweite in % =		EW in cm	cm	
			Ärmelkugelumfang = AlU + Einhalteweite in cm		ÄKU		

Berechnungstabelle für Ärmel-Konstruktionen

	Oberarmweite (OaW)	Ärmelsaumweite (ÄSaW)	Einhalteweite in %
Schmaler Ärmel	OaU + 0,7 bis 1 · PK* des Oberteils	HgU + 1 bis 2 · PK* des Oberteils	+ 3% bis + 10% des AlU
Enger Ärmel	OaU + 0,5 bis 1 · PK* des Oberteils	HgU + 0 bis 1,5 · PK* des Oberteils	0 % bis + 3% des AlU
Weiter Ärmel	OaU + 1 bis 2,5 · PK* des Oberteils	entsteht automatisch	– 1% bis + 3% des AlU

* **PK** = BrW-**Zugabe** zum ½ **Grundschnitt** oder ½ **BrW** (½ gemessene BrW am Schnitt) – ½ **BrU** (½ gemesser BrU am Körper)

Alle Formulare sind auch unter folgendem Link zu finden: www.europa-lehrmittel.de/62369

Konstruktionstabelle

alle Maßangaben in cm **Oberteil**

Name				Größe	
Datum		Modell		PK	

	Hauptmaße (Kennmaße)	Körpermaße	Zugaben		Proportionsmaße (Konstruktions-, Kontrollmaße)		
KöH	Körperhöhe						
BrU	Brustumfang		+	=	BrW		½
TaU	Taillenumfang		+	=	TaW		½
HüU	Hüftumfang		+	=	HüW		½

AlT	Armlochtiefe		+	=	AlT+		
HüT	Hüfttiefe				MoL	Modelllänge	
BrT	Brusttiefe (ab Schulter)				HlB	Halslochbreite	

RüB	Rückenbreite (½)		+	=	RüB+			
ArD	Armdurchmesser		+	=	ArD+		¼	⅓
BrB	Brustbreite (½)		+	=	BrB+			
	Kontrolle: Σ = ½ BrU		+	=	½ BrW			

SuB	Schulterbreite		+	=	SuNL	
hSuNL	hintere Schulternahtlänge	SuNL + Einhalteweite 0,5 cm bis 1 cm	+	=	hSuNL	
SuWi	Schulterwinkel (in Grad, °)	– Auflockerung	–	=	SuWi	

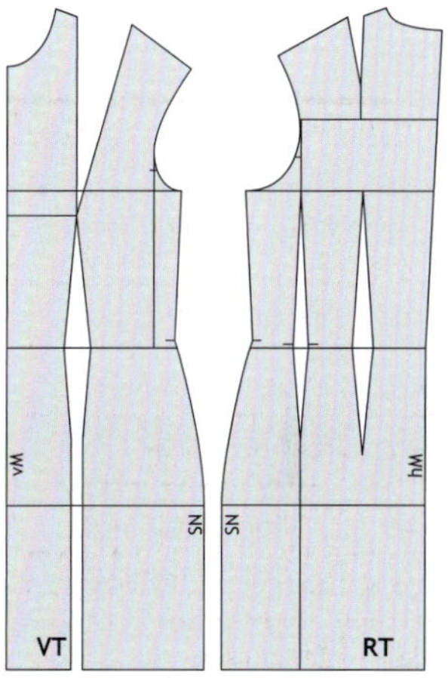

	Balancemaße		Korrekturen		Konstruktionsmaße	
RüL	Rückenlänge (waagerechte Taille)		±	=	RüL	
VL	Vorderlänge (waagerechte Taille)		±	=	VL	
Differenz VL – RüL =	individuelle Balance =		korrigierte Balance =			
Bal	optimale Balance aus Maßtabelle					

Optimale und korrigierte Balance müssten jetzt sehr ähnlich sein. (± 1 cm Toleranz, nur wenn kein Figurproblem zu beobachten ist)

oBrB	Oberbrustbreite (½)		uBrU	Unterbrustumfang (½)	
oBrA	Oberbrustabstand		uBrA	Unterbrustabstand	

TaAf	Taillenausfall	gemessene TaB	– ½ TaW	=	
HüFb	Hüftfehlbetrag	gemessene HüB	– ½ HüW	=	

Diese Berechnungen werden erst im Laufe der Konstruktion vorgenommen.

Mehrweite im Armloch	vAlU	+ hAlU	– AraU	=	
Sollwert der Mehrweite	= 2 · Zugabe zur AlT	(Toleranz +2 cm bis –1 cm)	=		

Nur bei Oberteilen mit Brustabnäher!

Zugabentabelle für Oberteil-Konstruktionen

alle Maßangaben in cm

Passform-Klasse	Zugaben (für den ganzen Schnitt) BrU	TaU	HüU	AlT	BrW-Zugaben (für ½ Schnitt) RüB	ArD	BrB	BrPA	SuB
0	0	0	0	0 - 0,5	0	0	0 - 0,4	0 - 0,2	0
1	2	0 - 2	0 - 2	0,2 - 0,7	0,1	0,3	0,6	0,3	0,1
2	4	2 - 4	2 - 4	0,5 - 1	0,3	0,9	0,8	0,4	0,2
3	6	4 - 6	4 - 6	1,3	0,5	1,5	1	0,5	0,3
4	8	4 - 8	4 - 8	1,7	0,8	2	1,2	0,6	0,4
5	10	8 - 12	6 - 8	2,1	1,1	2,5	1,4	0,7	0,5
6	12	8 - 16	6 - 10	2,5	1,4	3	1,6	0,8	0,6
7	14	12 - 16	8 - 12	3	1,6	3,6	1,8	0,9	0,7
8	16	12 - 20	8 - 16	3,5	1,8	4,2	2	1	0,8
9	18	12 - 20	10 - 20	4	2	5	2	1	0,9
10	20	16 - 24	10 - 24	4,5	2,2	5,8	2	1	1

Alle Formulare sind auch unter folgendem Link zu finden: www.europa-lehrmittel.de/62369

Das Formular der **Maßtabelle** findet man auf **Seite 19**
Die **DOB-Größentabelle der Damen-Konfektionsgrößen** auf **Seite 20**

DOB-Größentabelle der Starken Figuren

basierend auf dem IGF-Projekt von 2009 „Starke Figuren" ** alle Maßangaben in cm **© Europa-Lehrmittel**

G	Größe	48	50	52	54	56	58	60	62	64	G
KöH	Körperhöhe für alle Größen					168					KöH
BrU	Brustumfang	110	116	122	128	134	140	146	152	158	BrU
uBrU	Unterbrustumfang	93,0	99,0	105,0	111,0	117,0	123,0	129,0	135,0	141,0	uBrU
TaU	Taillenumfang	94,5	101	107,5	114	120,5	127	133,5	143,0	149,5	TaU
nTaU	natürlicher Taillenumfang	100,5	107,0	113,5	120,5	127,5	134,5	141,5	148,5	155,5	nTaU
TaA	Taillenabstand TaU bis nTaU	4,4	5,2	5,9	6,5	7,0	7,4	7,7	8,0	8,3	TaA
mHüU	mittlerer Hüftumfang	109,5	115,0	120,5	126,5	132,5	138,5	144,5	150,5	156,5	mHüU
HüU	Hüftumfang	114	119	124	129	134	139	144	153	159	HüU
HaU	Halsansatzumfang	41,1	42,1	43,1	44,3	45,5	46,7	47,9	49,1	50,3	HaU
HlB	Halslochbreite (½)	7,3	7,5	7,7	7,9	8,1	8,3	8,5	8,7	8,9	HlB
AlT	Armlochtiefe	22,1	22,5	22,9	23,3	23,7	24,1	24,5	25,8	26,5	AlT
RüL	Rückenlänge 7.HW bis Taille	42,2	42,4	42,6	42,8	43,0	43,2	43,4	43,6	43,8	RüL
	7.HW bis Kniekehle	103,2	103,5	103,8	104,1	104,4	104,7	105,0	105,3	105,6	
	7.HW bis Fußsohle	148,7	149,0	149,3	149,6	149,9	150,2	150,5	150,8	151,1	
HüT	Hüfttiefe					18,5					HüT
BrT	Brusttiefe	31,4	32,6	33,8	35,0	36,2	37,4	38,6	39,8	41,0	BrT
VL	Vorderlänge	48,9	49,9	50,9	51,9	52,9	53,9	54,9	55,9	56,9	VL
RüB	Rückenbreite (½)	20,1	20,8	21,4	22,1	22,7	23,4	24,0	24,7	25,3	RüB
ArD	Armdurchmesser	13,2	14,0	14,8	15,6	16,4	17,2	18,0	18,8	19,6	ArD
BrB	Brustbreite ½BrU - RüB - ArD	21,7	23,2	24,8	26,3	27,9	29,4	31	32,5	34,1	BrB
BrPA	Brustpunktabstand (½)	22,1	23,2	24,3	25,5	26,7	27,9	29,1	30,3	31,5	BrPA
SuB	Schulterbreite	13,2	13,3	13,4	13,5	13,6	13,7	13,8	13,9	14,0	SuB
SuWi	Schulterwinkel in Grad	21,0	20,6	20,2	19,8	19,4	19,0	18,6	18,2	17,8	SuWi
ArL	Armlänge	60,3	60,6	60,9	61,3	61,7	62,1	62,5	62,9	63,3	ArL
OaU	Oberarmumfang	33,7	35,3	36,9	38,5	40,1	41,7	43,3	44,9	46,5	OaU
EbU	Ellbogenumfang	28,0	29,2	30,4	31,6	32,8	34,0	35,2	36,4	37,6	EbU
HgU	Handgelenkumfang	17,5	18,1	18,7	19,3	19,9	20,5	21,1	21,7	22,3	HgU
sTaH	seitliche Taillenhöhe	105,8	105,9	106,0	106,1	106,2	106,3	106,4	106,5	106,6	sTaH
SiH	Sitzhöhe	29,8	30,1	30,4	30,7	31	31,3	31,6	31,9	32,2	SiH
SrH	Schritthöhe	76,0	75,8	75,6	75,4	75,2	75,0	74,8	74,6	74,4	SrH
KnU	Knieumfang	41,8	43,4	45,0	46,6	48,2	49,8	51,4	53,0	54,6	KnU
uKnU	Unterknieumfang	38,2	39,6	41,0	42,4	43,8	45,2	46,6	48,0	49,4	uKnU
WaU	Wadenumfang	40,7	42,0	43,3	44,6	45,9	47,2	48,5	49,8	51,1	WaU
OsU	Oberschenkelumfang	64,2	66,5	68,8	71,1	73,4	75,7	78,0	80,3	82,6	OsU
RiU	Ristumfang	33,3	33,9	34,5	35,1	35,7	36,3	36,9	37,5	38,1	RiU
FeU	Fesselumfang	24,0	24,7	25,4	26,1	26,8	27,5	28,2	28,9	29,6	FeU
TaSrTa	Taille-Schritt-Taille	73,0	74,3	75,5	76,8	78,0	79,3	80,5	81,8	83,0	TaSrTa
KoU	Kopfumfang	56,8	57,0	57,2	57,4	57,6	57,8	58,0	58,2	58,4	KoU
	Gewicht in kg	81,0	88,0	95,0	102,0	109,0	116,0	123,0	130,0	137,0	

* Quelle: Presseinformation, Deutsche Reihenmessung „Size Germany"

** IGF-Projekt 15144 BG, August 2009, Starke Figuren

Size Germany *

Die letzte Reihenmessung aus den Jahren 2007 und 2008 und deren Auswertung im Jahr 2009 hat deutliche Veränderungen der Körpermaße in der deutschen Bevölkerung ergeben. Es wurden insgesamt 13.362 Männer, Frauen und Kinder berührungslos mit 3D-Scannern vermessen. Anhand der so ermittelten Daten können mithilfe eines Programms dreidimensionale Figuren erzeugt und vermessen werden.

Die Daten geben der Bekleidungs-, aber auch der Automobilindustrie und überall dort, wo Körpermaße für die Entwicklung von Produkten notwendig sind, wichtige Informationen. Nicht allein die durchschnittlichen Körpermaße sondern auch deren Verteilung innerhalb der Bevölkerung sind wichtige Informationen.

Bislang wurden vier **durchschnittliche Abweichungen** zu den DOB-Werten von 1994 veröffentlicht:

Körperhöhe	+ **1,0 cm**
Brustumfang	+ **2,3 cm**
Taillenumfang	+ **4,1 cm**
Hüftumfang	+ **1,8 cm**

Diese Werte können bei Bedarf zu den entsprechenden Werten der Konfektionsmaße der Reihenmessung von 1994 addiert werden.

Zudem wurde eine **durchschnittliche Zunahme des Brustumfangs um 2,3 cm** ermittelt. Dieser darf aber nicht zur Konfektionsgröße addiert werden!

Die Reihenmessung wurde von über 160 Unternehmen finanziert, die dadurch einen exklusiven Zugriff auf die ermittelten Messwerte besitzen.

Allerdings wurden in einer Studie von 2009** die Körpermaße der Starken Figuren veröffentlicht, deren wichtigste Maße hier aufgeführt sind:

Schnitttechnische Begriffe, Körperbereiche

Schnitttechnische Begriffe

Ab	Abnäher
AbI	Abnäherinhalt
Ä	Ärmel
ÄK	Ärmelkugel
Al	Armloch
Af	Ausfall
AnN	Ansatznaht
Bal	(optimale) Balance
Be	Beleg/Besatz/Besetz/Besetzen
Bi	Biese
Bl	Blende
Bu	Bund
Bü	Bündchen
El	Einlage
Es	Einschlag
EW	Einhalteweite
Fu	Futter
Fa	Falte
Fb	Fehlbetrag
FL	Fadenlauf, Kett-, Strichrichtung
G	Größe
GS	Grundschnitt
Hl	Halsloch
HLi	Hilfslinie
Ho	Hose
Ka	Kante
KF	Kräuselfaktor
Kn	Knopf
Knl	Knopfloch
Kr	Kragen
Krb	Kragenbruch
KW	Kräuselweite
Li	Linie
Mo	Modell
N	Naht
OT	Oberteil
OSt	Oberstoff
P	Punkt
Pa	Passe
PK	Passformklasse
Po	Polster
Re	Revers
Reb	Reversbruch
RT	Rückteil
Rs	Rüsche
RV	Reißverschluss
Sa	Saum
Sl	Schlitz
SN	Seitennaht
ST	Seitenteil
Stb	Stoffbruch (Symmetrie-, Spiegelachse)
TB	Taschenbreite
Tb	Taschenbeutel
TSp	Taschenspiegel
TN	Teilungsnaht
Üt	Übertritt
Ut	Untertritt
Vo	Volant
VT	Vorderteil
Ws	Warenseite
Zg	Zugabe
ZP	Zirkel-, Drehpunkt

Gebräuchliche Abkürzungskombinationen

vM	vordere Mitte
hM	hintere Mitte
sRT	seitliches Rückteil
SN	Seitennaht
NL	Nahtlänge
NZg	Nahtzugabe
TaWZg	Taillenweitenzugabe
hAb	hinterer Abnäher
hÄP	hinterer Ärmelpunkt
FaI	Falteninhalt
FaA	Faltenabstand
FaT	Faltentiefe
FaZ	Faltenanzahl, Zahl der Falten
KnD	Knopfdurchmesser
SlL	Schlitzlänge
HlP	Halslochpunkt
SuP	Schulterpunkt
ÜtB	Übertrittbreite
PK5	Passformklasse 5
vÄP	vorderer Ärmel(einsetz)punkt
2×-p Fu	Zuschnitt 2 Teile paarig aus Futter
1× OSt	Zuschnitt ein Mal aus Oberstoff
G38	Schnittteil in Konfektionsgröße 38
OT-GS	Oberteil-Grundschnitt
vHl	vorderes Halsloch
KnlL	Knopflochlänge
Klett-V	Klettverschluss
KnZ	Knopfanzahl, Zahl der Knöpfe
SuNL	Schulternahtlänge
SuPoE	Schulterpolstererhöhung
SaEs	Saumeinschlag
SaKa	Saumkante
vKa	vordere Kante

Körperbereiche

Ar	Arm	die seitliche Extremität ab dem Schultergelenk
Br	Brust	der Bereich an der stärksten Stelle am Oberkörper, Brustkorb, Busen
Ba	Bauch	der vordere gewölbte Bereich unterhalb des Brustbeins
Fe	Fessel	der Bereich an der engsten Stelle oberhalb des Fußes
Ge	Gesäß	die Wölbung des Gesäßmuskels
Ha	Hals, Halsansatz	der Bereich an der tiefsten Stelle des Halses zwischen Hals und Oberkörper
Hg	Handgelenk	der Bereich an der schmalsten Stelle oberhalb der Hand
Hü	Hüfte	der Bereich an der stärksten Stelle der seitlichen Hüftwölbung und dem Gesäß
Kc	Knöchel	der Bereich des inneren und äußeren Knöchels oberhalb des Fußes
Kn	Knie	der Bereich des Gelenks zwischen Ober- und Unterschenkel mit Kniescheibe
Kö	Körper	der gesamte menschliche Körper
Ko	Kopf	der gesamte Kopfbereich bis zum oberen Halsbereich
Oa	Oberarm	der Bereich vom Schultergelenk bis zum Ellenbogengelenk
Ok	Oberkörper	der Bereich vom Halsansatz bis zur Taille, oberer Bereich des Rumpfes
Os	Oberschenkel	der Bereich zwischen Hüftgelenk und Kniegelenk
Ri	Rist	der Bereich auf dem Fußrücken
Rü	Rücken	der hintere Körperbereich zwischen 7. Halswirbel und Taille
Sr	Schritt	die höchste Stelle des Innenbeins bzw. die tiefste Stelle des Unterleibs
Su	Schulter	der Bereich zwischen seitlichem Halsansatz und Schultergelenk (Akromion)
Ta	Taille	der Bereich an der schmalsten Stelle zwischen Oberkörper und Unterleib
Wa	Wade	der Bereich an der stärksten Stelle des Unterschenkels
7.HW	7. Halswirbel	vom höchsten Punkt des etwas vorstehenden 7. Halswirbels werden diverse wichtige Maße gemessen. Besser mit einer Halskette oder ähnlichem zu finden.

Körpermaße und Abkürzungen

ÄkH	Ärmelkugelhöhe	Konstruktionsmaß zur Erstellung des Ärmelschnitts, Strecke zwischen Achselebene und Schulterpunkt
ÄL	Ärmellänge	Fertiges Längenmaß eines Ärmelmodells, Konstruktionsmaß eines langen Ärmels
ÄSaW	Ärmelsaumweite	Konstruktionsmaß, fertige gewünschte Saumweite eines Ärmels
AlH	Armlochhöhe	Durchschnittliche Höhe der Armlöcher am Oberteil-Schnitt, jeweils senkrecht von der Brustlinie zum SuP an VT und RT am fertigen Al gemessen
AlT	Armlochtiefe	Körpermaß, Konstruktionsmaß, bestimmt die Tiefe des Armlochs
AlU	Armlochumfang	Umfang des Armlochs, am fertigen Schnittteil gemessen
AraU	Armansatzumfang	Umfangsmessung mit schmalem Maßband unter dem Arm und über die seitliche Schulter
ArD	Armdurchmesser	Konstruktionsmaß, Strecke vom hinteren bis vorderen Armansatz unter dem Arm
ArL	Armlänge	Körpermaß, am angewinkelten Arm vom Schulterpunkt über die Ellenbogenspitze bis zum äußerem Knöchel gemessen
Bal	(optimale) Balance	Differenz zwischen VL und RüL, aus der Maßtabelle abzulesen
BrB	Brustbreite	Konstruktionsmaß, vorderer Armansatz bis Mitte zwischen den Brustspitzen; BrB = gBrB : 2
BrT	Brusttiefe	gBrT wird vom 7. HW am Hals vorbei zur Brustspitze gemessen; BrT = gBrT — HlB
BrU	Brustumfang	Von hM über Brustspitzen zur hM, über die unteren Schulterblätter gemessen
BrW	Brustweite	Brustumfang plus Weitenzugabe (BrU + Wzg)
BrPA	Brustpunktabstand	berechnetes Konstruktionsmaß, Abstand zwischen den Brustpunkten
BuU	Bundumfang	Umfang an der gewünschten Bundposition gemessen (siehe nTaU)
EW	Einhalteweite	Berechneter oder gewünschter Betrag, der an einer Nahtstrecke kurz gehalten werden soll
FeU	Fesselumfang	Die engste Stelle oberhalb des Fußes gemessen
GeD	Gesäßdurchmesser	Proportionsmaß, in Höhe der stärksten Stelle am Gesäß von vorne bis hinten durch Körper
GeW	Gesäßwinkel	Konstruktionsmaß, abhängig von Gesäßform und Hosentyp, aus dem Maßsatz
HaU	Halsansatzumfang	Umfang des Halses, 2 bis 3 cm unterhalb des Kehlkopfes und in Höhe des 7. Halswirbels
HgU	Handgelenkumfang	Umfang über beide Handknöchel oberhalb der Hand gemessen
hHoB	Hinterhosenbreite	Konstruktionsmaß, Abstand hM bis SN am hinteren Hosenschnitt
HlB	Halslochbreite	Konstruktionsmaß, ist ½ Halsdurchmesser (Breite des Halslochs) HaU : 6 + 0,5 cm
HlU	Halslochumfang	Halslochkurven an VT und RT am fertigen Halsloch gemessen
HüD	Hüftdurchmesser	Proportionsmaß, von rechter Seite bis linker Seite an stärkster Stelle in Hüftebene durch den Körper gemessen
HüT	Hüfttiefe	Die Strecke von der Taille bis zur Hüfte an der Seite gemessen
HüU	Hüftumfang	Umfang über die stärkste Stelle in Hüfthöhe gemessen
HüW	Hüftweite	Hüftumfang plus Weitenzugabe für die Hüfte (HüU + Wzg)
KcU	Knöchelumfang	Umfang über inneren und äußeren Knöchel, oberhalb des Fußes gemessen
KnH	Kniehöhe	Konstruktionsmaß, Standebene bis Knieebene, wird berechnet
KnU	Knieumfang	Umfang der stärksten Stelle am Knie gemessen
KöH	Körperhöhe	Von der Schädeldecke bis zur Standfläche gemessen
KoU	Kopfumfang	Umfang der stärksten Stelle um den Kopf knapp über den Ohrenspitzen gemessen
Koü	Kopf-über-Maß	Von seitlichem Halsansatz über den Kopf zu anderem seitlichem Halsansatz gemessen
MoL	Modelllänge	Konstruktionsmaß, Fertigmaß; von oberer Kante (Halsloch oder seitlichem Halsloch) bis Saumkante, bzw. die fertige gewünschte Modelllänge an der hM gemessen
nTaU	natürlicher Taillenumfang	dort, wo die Person den Bund eines Rocks, einer Hose zu tragen wünscht
OaU	Oberarmumfang	Umfang der stärksten Stelle am Oberarm gemessen
oBrA	Oberbrustabstand	Abstand Maßbandmitte zwischen Messung der Oberbrustbreite und Brustpunkt
oBrB	Oberbrustbreite	Messung oberhalb der Brust zwischen den unteren vorderen Armansätzen
OsU	Oberschenkelumfang	Umfang der stärksten Stelle am Oberschenkel gemessen
RiU	Ristumfang	Umfang über Ferse und Fußrücken gemessen
RüB	Rückenbreite	Konstruktionsmaß, Strecke von hM bis hinteren Armansatz; RüB = gRüB : 2
RüL	Rückenlänge	Balancemaß, Konstruktionsmaß, vom 7. Halswirbel zur Unterkante Taillenband
SiH	Sitzhöhe	Maß von der Sitzfläche bis zur Unterkante Taillenband an der Seite im Sitzen gemessen
SrH	Schritthöhe	Das Maß zwischen Schritt und Standfläche kann gemessen oder berechnet werden
SuB	Schulterbreite	Seitlicher Halsansatz bis äußere Begrenzung der Schulter zum Oberarm gemessen
SuWi	Schulterwinkel	Mit einem Winkelmesser zwischen Halsansatz zur höchsten Stelle an äußerer Schulter
TaA	Taillenabstand	Abstand zwischen Unterkanten der Maßbänder waagerechter und natürlicher TaU
TaH	Taillenhöhe	Mit dem Lotband von der Standfläche zur Unterkante Taillenband gemessen; die sTaH werden links und rechts an den Körperseiten, die mTah vorne und hinten gemessen
TaSrTa	Taille-Schritt-Taille	Unterkante Taillenband hinten bis Unterkante Taillenband vorne
TaU	Taillenumfang	Umfang an engster Stelle des Körpers auf Höhe zwischen unterem Rippenbogen und Hüftknochen gemessen
TaW	Taillenweite	Taillenumfang plus Weitenzugabe an der Taille (TaU + Wzg)
uBrA	Unterbrustabstand	Senkrechte Messung von Oberkante Maßband zum Brustpunkt (bei uBrU-Messung)
uBrU	Unterbrustumfang	Horizontaler Körperumfang direkt unterhalb der Brüste
uKnU	Unterknieumfang	Umfang an engster Stelle unterhalb des Knies gemessen
üKoU	Überkopfumfang	Zwischen den seitlich höchsten Punkten am Hals über den höchsten Punkt des Kopfes
UlU	Unterleibumfang	Von der Unterkante des Taillenmaßbandes vorne zwischen den Beinen hindurch zur Unterkante des Maßbandes hinten messen
vHoB	Vorderhosenbreite	Konstruktionsmaß, Abstand vM bis SN am vorderen Hosenschnitt
VL	Vorderlänge	Konstruktionsmaß, Balancemaß, gVL wird vom 7. Halswirbel am sHa vorbei über die Brustspitze zur Unterkante Taillenband gemessen; VL = (gVL — HlB)
WaT	Wadentiefe	Konstruktionsmaß, vom Knie zur stärksten Stelle der Wade gemessen
WaU	Wadenumfang	Umfang der stärksten Stelle an der Wade gemessen

Sachwortverzeichnis

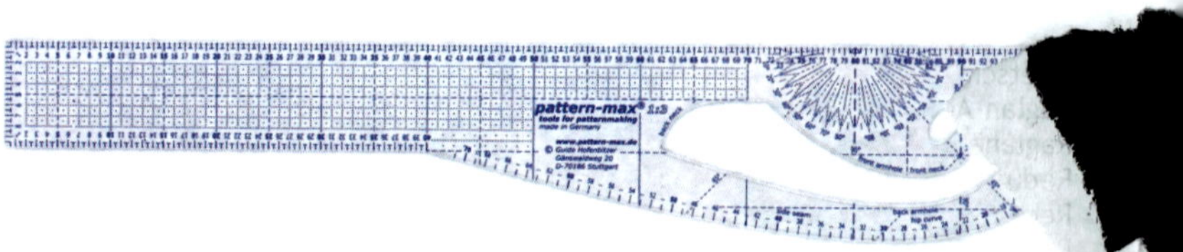
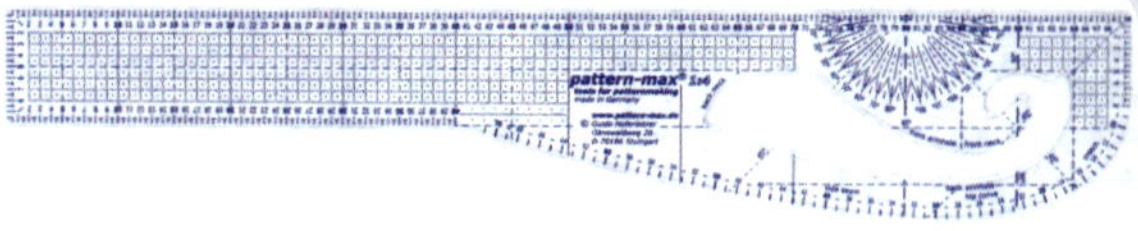
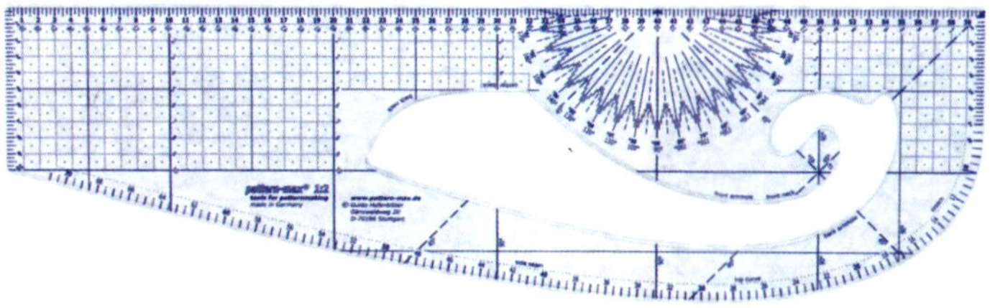
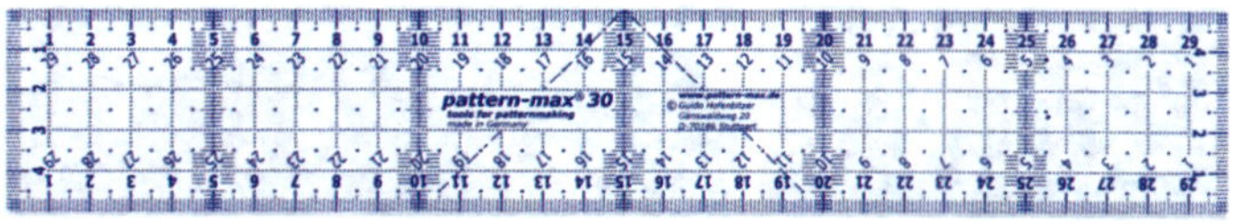

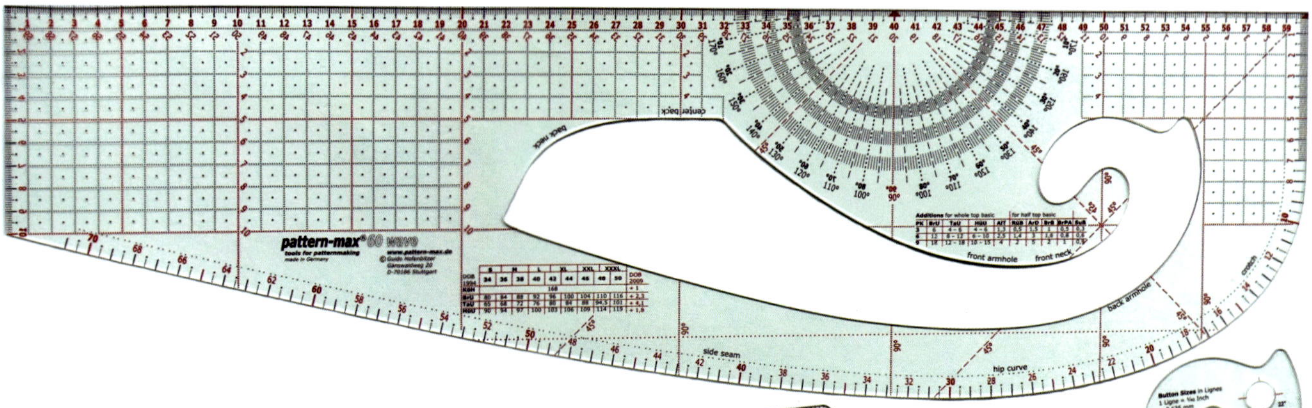
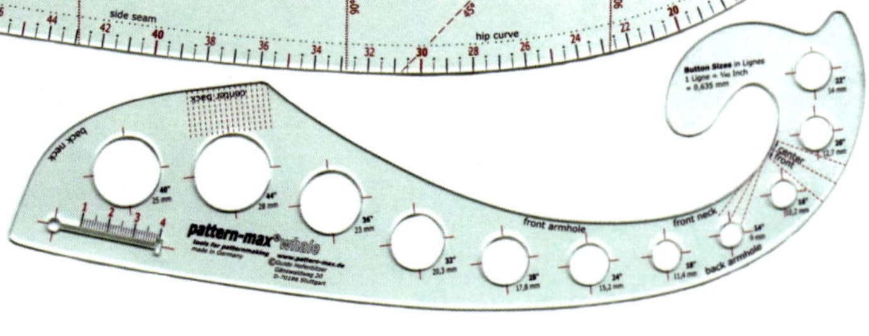